矿产标本

重 812.5 克的狗头金

自然金

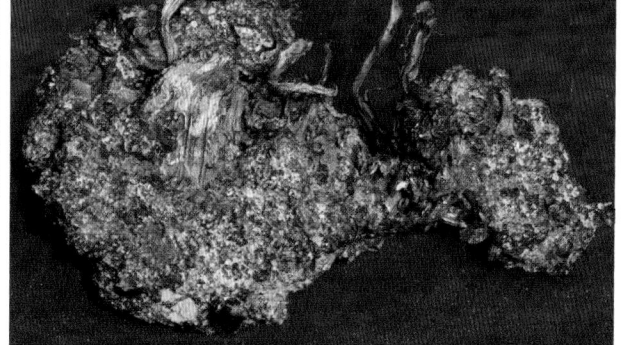

自然银

辉锑矿

自然硫

翡翠原石

琳琅满目的翡翠制品

碧　玺

孔雀石

海蓝宝石

常林钻石（我国现存最大钻石，重
158.768 克拉，长 17.3 毫米）

"蒙山一号"（重 119.01 克拉）

"蒙山二号"（重 65.07 克拉）

"蒙山三号"（重 67.23 克拉）

"蒙山四号"（重 45.74 克拉）

"蒙山五号"（重 101.46 克拉）

和田玉籽料

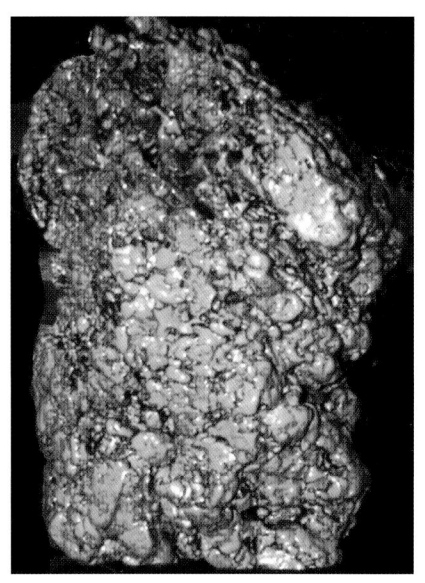

孔雀石

欧泊原石

大海航行靠舵手—玛瑙

发晶

萤石

红宝石

黄水晶

蓝宝石

托帕石

紫水晶

青金石

葡萄玛瑙

重晶石

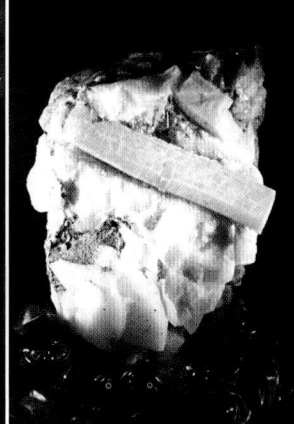

祖母绿

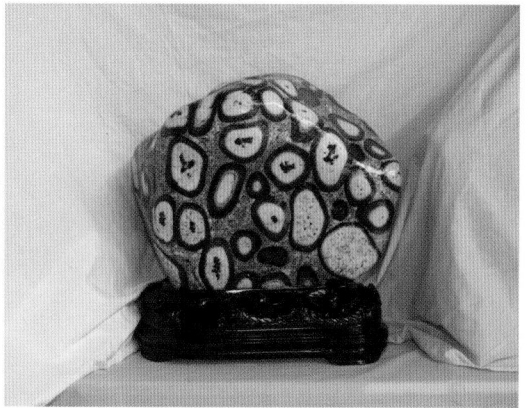

金钱石

山东红丝石

泰山玉

泰山石

灵璧石

临朐五彩石

红丝石

淄博文石

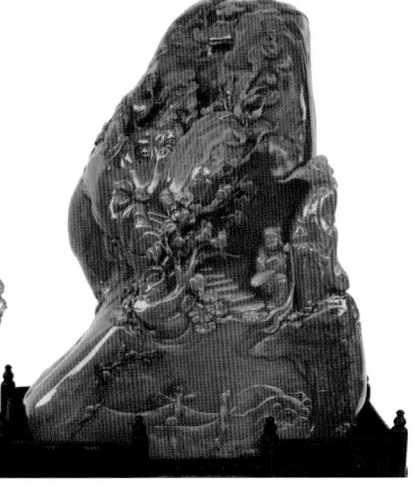
寿山石

长岛球石滩

千层石

长岛球石

寿山石

海百合化石

崂山绿石

砣矶石砚

昌化鸡血石

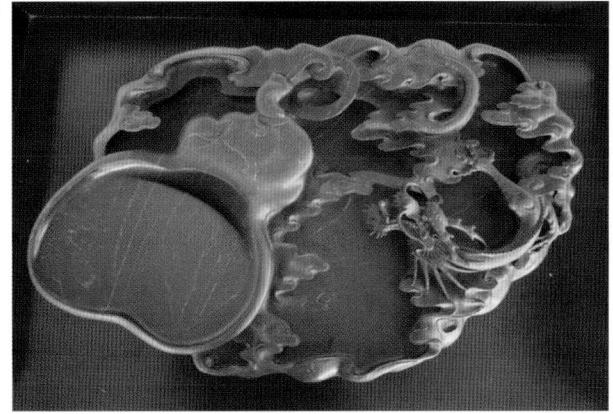

砣矶石砚

燕子石砚

地质公园

雄伟泰山

泰山十八盘

远眺泰山

泰山拱北石　王德全摄

泰山玉皇顶、唐摩崖

泰山碧霞祠

泰山天烛峰

泰山扇子崖

泰山天街

泰山彩石溪　桑新华摄

泰山桃花源彩石溪　王德全摄

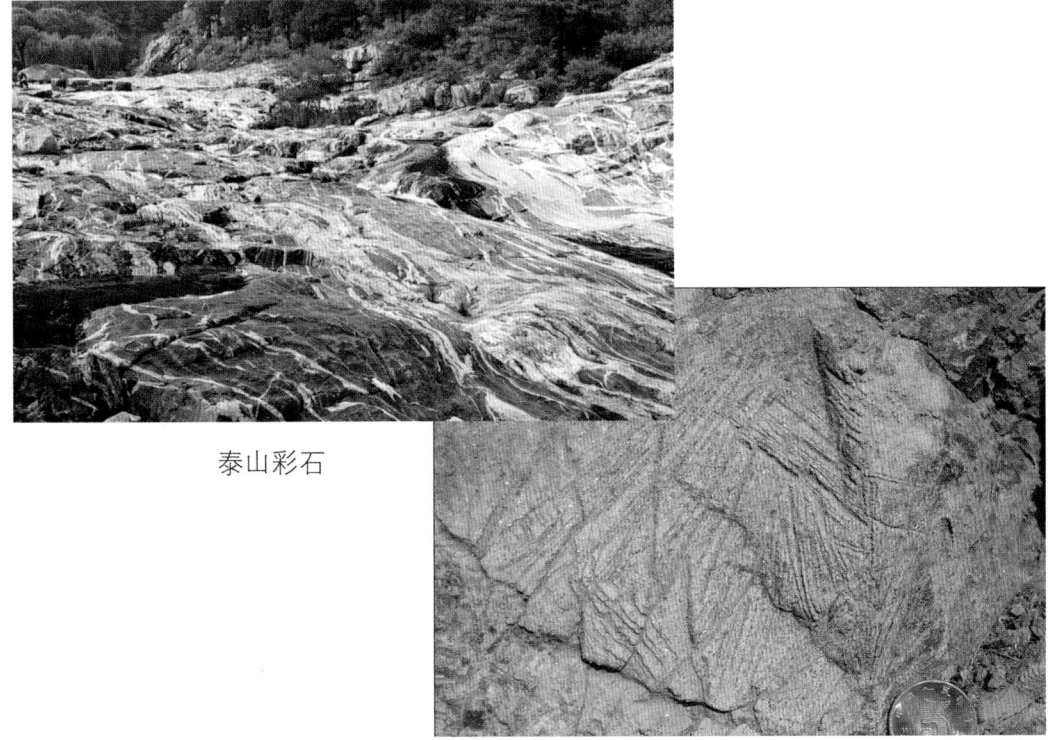

泰山彩石

蒙阴苏家沟泰山岩群雁翎关岩组科马提岩　王世进摄

泰山松

泰山云步桥

泰山冰瀑

泰山山溪

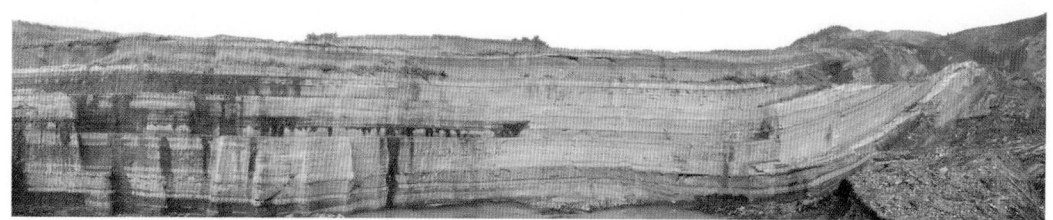

山东临朐县山旺地层层型剖面（第三纪中新世时期距今 1 800 万年山旺玛珥湖沉积岩）

山东临朐山旺硅藻土采坑

山东临朐山旺硅藻土层的滑塌揉皱

山东山旺国家地质公园

山东临朐山旺蚊子化石标本

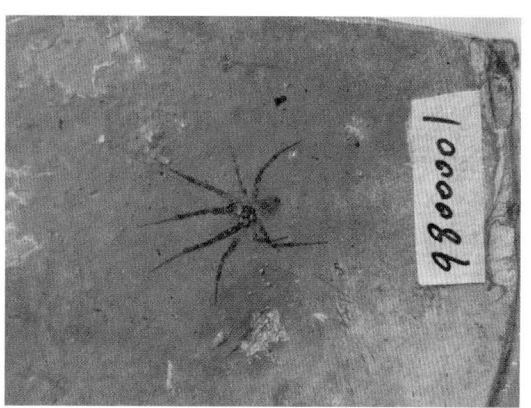

山东临朐山旺青蛙化石标本

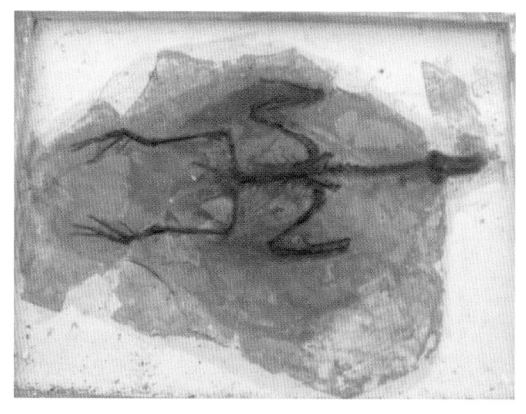

山东临朐山旺鸟类化石标本

山东临朐山旺鱼类化石

山东临朐山旺树叶化石

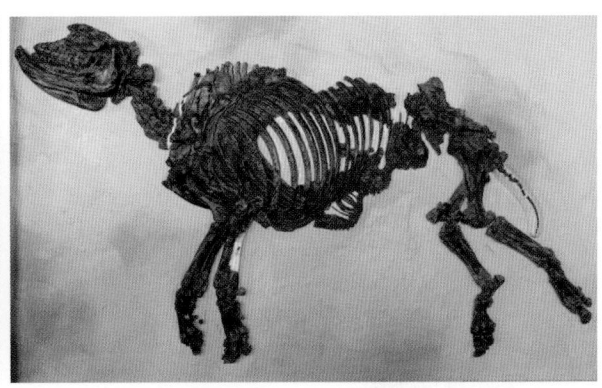
山东临朐山旺雌性简单近无角犀化石

山东枣庄熊耳山地质公园

山东枣庄熊耳山抱犊崮红叶

山东枣庄熊耳山抱犊崮

山东枣庄熊耳山崮形地貌

山东枣庄熊耳山裂谷

山东枣庄熊耳山双龙大裂谷

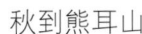

山东枣庄熊耳山龙床瀑布　　　　　　　　　　秋到熊耳山

山东东营黄河入海口沙嘴景观（1986）　　　　山东东营黄河入海口沙嘴景观（1996）

山东东营黄河入海口沙嘴景观（2002）

山东东营黄河入海口沙嘴景观（2009）

山东东营黄河三角洲国家地质公园

山东东营黄河三角洲天然贝壳堤

山东东营黄河三角洲入海口心滩

山东东营黄河三角洲黄龙入海

山东东营黄河三角洲日出

山东东营黄河三角洲湿地

山东东营黄河三角洲湿地

山东烟台长岛群岛　孙春明摄

山东烟台长岛黄渤海交汇线　侯加俊摄

山东烟台长岛挡浪岛　于恩元摄

山东烟台长岛月牙湾　沈荣民摄

山东烟台长岛高山岛　沈荣民摄

山东烟台长岛月牙湾球石

山东烟台长岛宝塔礁

山东烟台长岛海蚀崖

山东烟台长岛彩石画廊

山东烟台长岛龙爪山　孙春明摄

巍巍蒙山

山东蒙阴岱崮不同发育阶段的崮

山东沂山狮子崮

山东蒙阴岱崮世外桃源

山东沂蒙山石林

山东临朐沂山冰瀑

山东蒙山一角

山东蒙阴岱崮崮群风光

山东蒙山寿星

玉泉枕流

山东蒙山龟蒙景区云海

山东蒙山群龟探海

山东临沂蒙山露天矿坑　公维勇摄

山东临沂蒙山钻石博物馆

山东临沂蒙山博物馆内钻石模型　杨德忠摄　山东临沂蒙山博物馆一楼展厅　杨德忠摄

山东莱阳白垩纪国家地质公园

山东莱阳红石峡

山东莱阳恐龙谷

山东莱阳红石峡

山东莱阳 1951 年采集到的翼龙化石

山东莱阳中国鹦鹉嘴龙化石

山东莱阳棘鼻青岛龙及其骨架图

山东莱阳 1923 年采集到的中国谭氏龙头
骨化石

山东莱阳 1960 年发现的"莱阳足印"化石

山东莱阳金岗口长形类恐龙蛋化石　　　　山东莱阳将军顶圆形恐龙蛋化石

山东诸城恐龙国家地质公园霸王龙复原骨架

山东诸城古菱齿象化石骨架（山东省博物馆）

山东诸城鹦鹉嘴龙化石骨架

山东诸城挖掘修复的恐龙蛋

山东青州国家地质公园仰天山

山东青州仰天山仙人桥

山东青州仰天山奇剑——石柱景观

山东青州仰天山水韵三叠

仰天槽

山东青州仰天山仰天槽

山东青州陀山石窟

山东青州仰天山溶洞

山东青州仰天山黄花溪水帘洞

山东沂源鲁山地质公园水景

山东沂源鲁山溶洞奇观

山东沂源鲁山怪石峪

山东沂源鲁山沿裂隙排列的石笋

山东沂源鲁山溶洞石琴

山东沂源鲁山溶洞石钟乳

山东沂源鲁山石葡萄

山东沂源鲁山石灵芝

山东沂源鲁山羊奶沉积

山东泰山邱家店地下溶洞石笋

山东泰山邱家店地下溶洞奇景

山东泰山邱家店地下溶洞石钟乳

山东泰山邱家店地下溶洞石柱

山东潍坊昌乐北岩远古火山口

山东潍坊昌乐团山子火山口

山东青岛即墨马山石柱群

山东烟台海阳招虎山花岗岩山岳景观

山东烟台栖霞艾山花岗岩山岳景观

山东烟台栖霞牙山风光

山东威海荣成槎山

山东威海荣成槎山千真洞

山东淄博淄川九龙潭

山东淄博淄川跃龙潭

山东东平湖水浒寨美景

山东东平湖湿地

山东济南趵突泉

山东济南黑虎泉

山东济南五龙潭

山东济南章丘墨泉

山东济南长清张夏馒头山

山东济南仲宫象山

地矿知识大系

Encyclopedia of Geology and Mineral Knowledge

下册

孔庆友 主编

山东科学技术出版社

图书在版编目 (CIP)数据

地矿知识大系：全 2 册 /孔庆友主编. —济南：山东
科学技术出版社，2014（2015. 重印）

ISBN 978－7－5331－7479－8

Ⅰ.①地… Ⅱ.①孔… Ⅲ.①地质 —普及读物②矿
产 —普及读物 Ⅳ.① P5-49 ② P617-49

中国版本图书馆 CIP 数据核字 (2014) 第 098707 号

地矿知识大系

孔庆友　主编

主管单位：山东出版传媒股份有限公司
出 版 者：山东科学技术出版社
　　　　　　地址：济南市玉函路16号
　　　　　　邮编：250002　电话：(0531)82098088
　　　　　　网址：www.lkj.com.cn
　　　　　　电子邮件：sdkj@sdpress.com.cn
发 行 者：山东科学技术出版社
　　　　　　地址：济南市玉函路 16 号
　　　　　　邮编：250002　电话：(0531) 82098071
印 刷 者：山东新华印刷厂潍坊厂
　　　　　　地址：潍坊市潍州路 753 号
　　　　　　邮编：261031　电话：(0536)2116806

开本：787mm×1092mm　1/16
印张：130.5
彩页：40
版次：2014 年 7 月第 1 版　2015 年 8 月第 2 次印刷

ISBN 978—7—5331—7479—8
定价：400.00 元（上、下册）

目　录

第九篇　矿产资源导论

第十篇　能源矿产资源

第十一篇　金属矿产资源

第十二篇　非金属矿产资源

第十五篇　山东地质

第十六篇　山东矿产资源

第十九篇　我国矿产资源法律制度与政策

第九篇
矿产资源导论

矿产资源是具有现实或潜在经济价值的天然富集物

矿产资源是赋存于地下或地表，呈固态、液态或气态的自然资源

不同的地质作用可以形成不同类型的矿产资源

按用途矿产可分为能源矿产、金属矿产、非金属矿产和水气矿产

中国地处欧亚板块东南部，东与太平洋板块，南与印度板块相接

中国成矿地质条件优越，矿产资源丰富，勘查开发前景广阔

第一章 矿产资源概述

第一节 矿产资源的概念

矿产资源是指赋存于地下或地表的，由地质作用形成的，呈固态、液态或气态的，具有现实或潜在经济价值的天然富集物。矿产资源法实施细则规定，"矿产资源是指由地质作用形成的，具有利用价值的，呈固态、液态、气态的自然资源"。这两个定义是一致的。其内涵为：矿产资源是地球演化过程中经过地质作用形成的，是天然产出于地表或地壳中的原生富集物；产出形式有固态、液态和气态；既包括已经发现的对其数量、质量和空间位置等特征已取得一定认识的矿产，也包括经预测或推断可能存在的矿物质；既包括当前开发并具有经济价值的矿产，也包括将来可能开发并具有经济价值的资源。

矿产资源是重要的自然资源，是社会生产发展的重要物质基础，也是人类社会生产的劳动对象，对矿产资源的开发利用是人类社会发展的前提和动力。矿产资源属于非可再生资源，其储量是有限的。世界已发现矿产近 200 种，其中 80 多种应用较广泛。对人类最为重要的有煤、石油和铁等。

人类历史上每一次社会生产力的巨大进步都伴随着矿产资源利用水平的巨大飞跃。在现代社会经济发展中，矿产资源起着重要的基础性作用，在国民经济各部门中有着广泛的产业关联和波及效应。一些主要国家工业化阶段及一些不发达国家经济起飞阶段，矿产资源的开发利用起着重要的支柱作用和启动作用。

矿产资源是采掘工业的生产对象。矿产资源的品种、分布和储量决定着采矿工业可能发展的部门、地区及规模；其质量、开采条件及地理位置直接影响矿产资源的利用价值，采矿工业的建设投资、劳动生产率、生产成本及工艺路线等，并对以矿产资源为原料的初加工工业（如钢铁、有色金属、基本化工和建材等）乃至整个重工业的发展和布局有重要影响。矿产资源的地域组合特点影响地区经济的发展方向与工业结构特点。矿产资源的利用与工业价值同生产力发展水平和技术经济条件有紧密联系，随着地质勘探、采矿和加工技术的进步，对矿产资源利用的广度和深度将不断扩大。

第二节　矿产资源的分类

　　矿产资源的分类体系各异。主要有：根据矿产的成因和形成条件，分为内生矿产、外生矿产和变质矿产；根据矿产的物质组成和结构特点，分为无机矿产和有机矿产；根据矿产的产出状态，分为固体矿产、液体矿产和气体矿产；根据矿产特性及其主要用途，分为能源矿产、金属矿产、非金属矿产和水气矿产。

　　本书根据《中国矿床》（宋叔和等著）中对矿产资源的分类及《非传统矿产资源概论》（赵鹏大等编著）对非传统矿产资源的论述，考虑到宝石、玉石、观赏石、砚石、药石等资源的特殊性，将矿产资源分为传统矿产资源、非传统矿产资源和特种矿产资源。

一、传统矿产资源

　　本书所描述的传统矿产资源主要指那些具有工业利用价值，在当前经济技术条件下已经开发利用的矿产资源。包括能源矿产、金属矿产、非金属矿产及水气矿产。

　　1. 能源矿产

　　能源矿产又称燃料矿产、矿物能源。是指赋存于地表或地下，由地质作用形成，呈固态、气态和液态，具有提供现实意义或潜在意义能源价值的天然富集物。传统的分类方法按照它们的物理状态又可以分为三类：

　　固体能源矿产：如煤、泥炭、石煤、油页岩、天然气水合物、天然沥青等；

　　气体能源矿产：如天然气、煤层气；

　　液体能源矿产：如石油、地热。

　　铀是金属矿产资源，但它的主要工业用途是核能发电，故本书将其列为能源矿产范畴。

　　2. 金属矿产

　　金属矿产是指能够从中提取金属原料的矿产资源。按照其工业用途又可以分为：

　　黑色金属矿产：如铁、锰、铬、钒、钛、镍、钴、钨、钼等22种；

　　有色金属矿产：如铜、铅、锌、锡、铋、锑、汞、铝、镁等13种；

　　贵金属矿产：如金、银、铂、钯、锇、铱、钌、铑等8种；

　　稀有金属矿产：包括原子序数57－71和39（钇）共计16个元素；如铌、钽、铍、锂、锆、铯、铷、锶等。

　　稀土金属矿产：如锗、镓、铟、铊、镉、铪、铼、钪、硒、碲等20种。

　　3. 非金属矿产

　　非金属矿产是指可以作为非金属原料或利用其特有物理性质、化学性质或工艺特性来为人类经济活动服务的矿产资源。按照其工业用途可以分为：

　　冶金辅助原料：如萤石、菱镁矿、耐火黏土、白云石和石灰岩等；

　　化学工业原料：如磷灰石、磷块岩、黄铁矿、钾盐、岩盐、明矾石和石灰岩等；

　　工业制造原料：如石墨、金刚石、云母、石棉、重晶石和刚玉等；

压电及光学原料：如压电石英、光学石英、冰洲石和萤石等；

陶瓷及玻璃工业原料：如长石、石英砂、高岭土和黏土等；

建筑材料及水泥材料：如砂石、砾石、沸石、白垩、石膏、花岗岩、珍珠岩、松脂岩和大理岩等；

宝玉石材料：如金刚石、红宝石、蓝宝石、翡翠、硬玉、水晶、蛇纹石、叶蜡石、绿松石和玛瑙等。

4. 水气矿产

水气矿产包括地下水、矿泉水、二氧化碳气、硫化氢气、氦气和氡气共 6 个矿种。

二、非传统矿产资源

非传统矿产资源是指受目前经济、技术或环境因素的限制，尚难发现、尚难被工业利用、尚未被看作矿产或尚未发现其用途的潜在矿产资源。本书根据其赋存和形成条件，将其分为：陆地非传统矿产资源、海洋矿产资源、太空矿产资源。

1. 陆地非传统矿产资源

陆地非传统矿产资源根据其开发利用条件，可分为：传统矿产非传统矿床新类型、难采、难选、难冶、难提纯型矿产资源、再生再造型（人工）矿产资源、极地大深度矿产资源。

2. 海洋矿产资源

海洋矿产资源是指在当前技术经济条件下，具有工业利用前景的海底矿产资源。按其产出区域分为滨海砂矿资源、海底矿产资源、深海大洋矿产资源（主要包括铁锰结核、钴锰结核、多金属硫化物、天然气水合物等）。

3. 太空矿产资源

太空矿产资源是目前人类获取矿产资源的期望，是赋存于星际空间，在当前技术经济条件下还难实现系统勘查和开发的矿产资源。主要期望目标是：月球矿产资源、火星矿产资源、近地小行星及彗星矿产资源。

三、特种矿产资源

本书所述特种矿产资源是指那些用于满足人们精神文化需求的矿产资源和用于入药的矿物和岩石（简称药石）。这类矿产资源不作为工业原料用于加工和生产工业利用的产品，但在当今社会仍然具有广泛的需求，主要包括：宝石、玉石、观赏石、砚石和药石等五大类。

第三节　矿产资源的特点

一、矿产资源的基本特点

矿产资源作为自然资源的一部分，具有不同于其他自然资源的特点。主要表现为不可再生性和可耗竭性，区域分布不均衡性，隐藏性、多样性和产权关系的复杂性，动态性和可变性。

1. 不可再生性和可耗竭性

矿产资源多是在几千万年、几亿年地质作用过程中形成的，这一漫长的自然再生过程，相对于人类社会的短暂过程而言，它是不可再生的、有限的。它可以通过人们的努力去寻找和发现，而不能人为地创造。

2. 综合性

矿产资源大部分不是单一组分，通常是多种组分共生或伴生的复合体。在许多复合矿石中，共、伴生组分常具有重要的经济价值。矿产资源赋存的这一特点，决定了在矿产资源的勘查和开发中，应重视矿产资源的综合勘查、综合开发和综合利用。

3. 区域分布不均衡性

由于地壳运动和成矿地质作用的不平衡性，因而造成了各种矿产资源在地理分布上的不均衡状态。许多矿产存在于局部高度富集区，使矿产资源的分布具有明显的地域性特点。如我国的煤矿集中分布于北方，磷矿集中分布于南方。这种区域分布不均衡性，增加了工业布局和开发利用的困难。

4. 隐藏性、多样性和产权关系的复杂性

矿产资源除少数表露者外，绝大部分都埋藏在地下，看不见，摸不着，矿产资源种类复杂、多样。人们对其开发利用，必须在"租地"的前提下通过一定程序的地质勘探工作才能实现。这种"有形资产"必须以"无形资产"——地质勘探报告、储量来表示，因而带来了矿产资源产权关系的复杂性。

5. 动态性和可变性

矿产资源是指在一定科学技术水平下利用的自然资源，它是一个地质、技术、经济的三维动态概念，即随着科学技术、经济社会发展以及地质认识水平的提高，原来认为不是矿产的，现在可以作为矿产予以利用，现在是矿产的也能在未来失去其利用价值。

二、世界矿产资源特点

目前，全世界已发现的矿产近 200 种。其基本特点是：

1. 探明储量分布广泛，但相对集中于少数国家和地区

美国、俄罗斯、中国、南非、澳大利亚、加拿大等国拥有的矿产资源，无论其种类，还是数量都位居世界前列。就某种矿产而言，也是如此。如以下国家所拥有的某种矿产在世界上都占有举足轻重的地位。

中东的石油；

俄罗斯和中东的天然气；

俄罗斯、美国、中国、澳大利亚、德国、印度、南非等国的煤炭；

俄罗斯、澳大利亚、巴西、加拿大的铁矿；

南非和俄罗斯的金矿和锰矿；

澳大利亚、几内亚、巴西、牙买加的铝土矿；

中国的稀土矿。

2．世界范围内的矿产资源保证程度较高，但地区与国家之间的差别较大

在世界各国中，矿产资源保证程度很高的有俄罗斯、加拿大和澳大利亚等国，绝大部分矿物原料资源能自给，并有大量出口；保证程度较高的有中国、美国、印度、墨西哥等国，主要矿物原料资源能基本自给，部分矿种自给有余，可供出口，少部分矿种不能自给，需从国外进口；保证程度较差的如日本、意大利、比利时等国，绝大部分矿物原料依赖国外进口。

三、我国矿产资源的主要特点

目前，我国已发现近 200 种矿产。其主要特点表现为：

1．资源量大，但人均占有量少

我国的矿产资源总量仅次于美国居世界第二位，单位国土面积矿业产值也居世界第二位，但人均水平极低。我国在世界十大矿业国中，国民经济支柱性矿产资源的国际竞争力多数居最后，如石油、天然气、铁矿、锰矿、铜矿、金矿、钾盐的竞争力均居最后一位，铝土矿居第九位。

2．贫矿多、富矿少，共（伴）生矿多、独立矿少

我国矿石品位一般低于世界平均水平，如：铁矿品位比世界平均品位低 10 个百分点以上，仅为 33%；锰矿平均品位为 22%，不足世界商品矿石标准工业品位 48% 的一半；铜矿平均品位仅是智利和赞比亚铜矿平均品位的一半左右；铝土矿几乎全为耗能高、碱耗大、生产流程长、生产成本高的一水硬铝石矿，而国外则大部分为生产成本低的三水软铝石矿。

组分复杂的共生伴生矿多是我国矿产资源的又一显著特点。特别是有色金属矿产常含有多种可综合利用的组分。如我国铅锌矿中共（伴）生有用元素达 50 多种；全国银矿 60% 的储量、70% 的产量源于铅锌矿中的共（伴）生组分。我国 1/3 的铁矿储量和 1/4 的铜矿储量均为共（伴）生矿。这类矿石选冶难度大，生产成本高，易造成资源浪费。

3．大矿少、中小矿多，坑采矿多、露采矿少

我国已探明的 2 万多个矿床，多为中小型矿床。可露天开采的煤炭储量仅占 7%，且多为褐煤。我国大多数铝土矿、铜矿、镍矿、硫矿都需地下开采，严重制约了我国矿产资源开发的规模效益和生产效率的提高。

4．矿产分布区与加工消费区分离，开发利用受交通条件严重制约

我国矿产品的加工消费区在东部沿海地区，而矿产富集区则多在中部或西部地区，矿石或原材料需长途运输，仅铁路对主要原材料的年运量就在十多亿吨，平均铁路运输里程达八百多公里。

第二章　全球地质构造与成矿

第一节　全球大地构造基本轮廓

一、板块构造的基本概念

板块构造是一种全球构造理论。板块构造认为，地球表层是由为数不多、大小不等的岩石圈板块拼合起来的，每个板块漂浮在地幔软流层之上，彼此能独立运动并相互挤压、摩擦与碰撞。

板块构造在现代科学技术成就的基础上，继承并发展了大陆漂移和海底扩张的概念，对地球的演化得出的结论十分简洁：大陆的分合与大洋的启闭，实际就是岩石圈板块的生长、漂移、俯冲与碰撞的历史。它合理地解释了地球上绝大多数的地质现象与地质作用。它所取得的成就，具有划时代的意义。

板块构造说的基本概念揭示了地球的表壳——岩石圈被裂解为若干巨大的板块，坚硬的岩石圈板块驮伏在塑性软流圈之上，横跨地球表面发生大规模水平运动。板块与板块之间，或相互分离，或相互聚合，或相互平移。在分离处，软流圈地幔物质上涌，冷凝成新的大洋岩石圈，导致板块增生；在聚合处，大洋板块俯冲至相邻板块之下，返回地幔，导致板块消亡。板块运动及其相互作用激起了地震和火山活动，带动了大陆漂移和大洋盆地的张开与关闭，也导致了多种地质构造作用。可以说，直至板块学说问世之后，地球科学家才第一次比较成功地回答了"地球是怎样活动的"这一重大问题。

板块构造的基本原理可归纳为以下四点：

（1）固体地球上层在垂向上可划分为物理性质截然不同的两个圈层：上部的刚性岩石圈和下垫的塑性软流圈。

（2）岩石圈在侧向上又可划分为若干大小不一的板块。板块是运动的，其边界性质有三种类型：①分离扩张型，伴随着洋壳新生和海底扩张；②俯冲汇聚型，伴随着洋壳消亡或大陆碰撞；③平移剪切型，沿着转换断层发生。地震、火山和构造活动主要集中在板块边界。

（3）岩石圈板块横跨地球表面的大规模水平运动，可用欧勒定律描绘为一种球面上的绕轴旋转运动。在全球范围内，板块沿分离型边界的扩张增生，与沿汇聚型边界的压缩消亡相互补偿抵消，从而使地球半径保持不变。

（4）岩石圈板块运动的驱动力来自地球内部，最可能是地幔中的物质对流。

"板块"这一术语系 1965 年威尔逊在论述转换断层时首先提出。因为在中脊与中脊，中脊与海沟、海沟与海沟之间都可以由转换断层连接起来，中脊、转换断层、海沟（或年青造山带）这三种构造活动带就好似没有端点，它们连绵不断地从一种活动带转换成另一种活动带，直到最后封住自己的端部。这样，整个地球表壳（岩石圈）并不是连续完整的圈层，它被这几种首尾相接的活动带分割成若干大小不一的块体，叫作岩石圈板块，简称板块。

二、全球板块划分及板块边界类型

1. 地震带与板块划分

很久以来，人们就已经认识到，地震活动在地球表面上的分布极不均匀。大部分地区地震活动性较弱，95% 以上的地震集中在一些狭长的地震带内（图 9 - 2 - 1）。地震带的位置与上述构造活动带相吻合。就全球而论，主要有环太平洋地震带（这里所释出的地震能量约占全球总量的 80%），阿尔卑斯 - 喜马拉雅地震带（所释出的地震能量占总量的 10% 以上），大洋中脊地震带（所释出的地震能量约占总量的 5%）。大洋中脊地震带纵贯于太平洋、印度洋、大西洋、北冰洋之中，在各大洋之间彼此相连，成为统一连贯的大洋中脊地震带，同时还与环太平洋地震带、阿尔卑斯 - 喜马拉雅地震带相连接。印度洋中脊东南支向东南方向延伸，在麦阔里岛以南与环太平洋地震带西段相交。

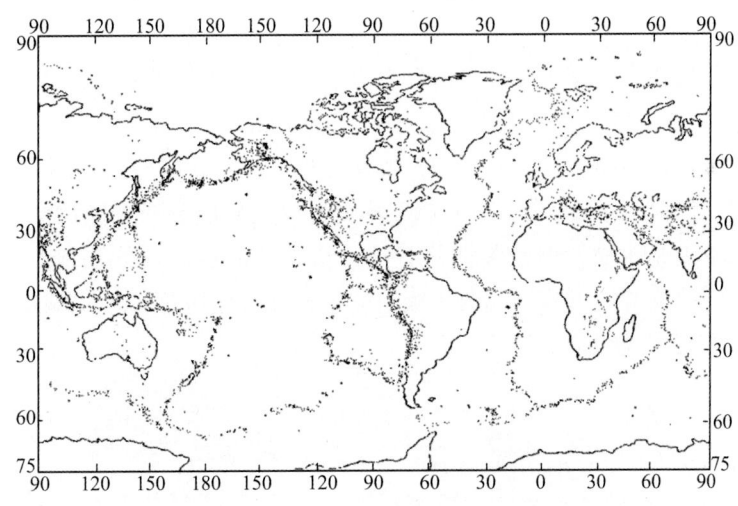

图 9 - 2 - 1　全球地震带分布示意图

（据 M. Barazangi 等，1969）

1961~1967 年期间记录到的全球 29 000 次地震（≥4~5 级）震中的分布

在大西洋南端，大西洋中脊地震带一方面向东绕过非洲南端与印度洋中脊西南支相接，另一方面向西通过南桑德韦奇群岛与环太平洋地震带东段相接。在大西洋中部，大西洋中脊地震带通过亚速尔群岛至直布罗陀海峡一线，与阿尔卑斯 - 喜马拉雅地震带相连。阿尔卑斯 - 喜马拉雅地震带东段，在印度尼西亚群岛东面与环太平洋地震带相连。在东太平洋海隆东面，沿加拉帕戈斯海岭和智利海岭有两条地震带，把东太平洋海隆地震带与中、南美洲西缘的地震带（属环太平洋地震带）连接起来。从磁异常条带的分布看来，加拉帕戈斯海岭和智利海岭也是海底扩张中心，智利海岭且有中洋脊所特有的纵向脊槽相间的地形，这两海岭实际上是东太平洋海隆的侧向分支。

上述全球各地震带相互交接、首尾相接、没有尽头，它们把岩石圈划分为若干内部地震活动较弱的板块。这些地震带上地震的发生，正是板块运动及其相互作用的结果。95%以上的地震都集中在板块边界（地震带）上，可见板块的相互作用是地震的一种基本成因。板块内部也有一些地震。运动着的板块体系，处于一种应变状态。大部分应变能在板块边界通过地震活动释放出来。积蓄在板块内部的少量应变能，可以沿着板块内部的一些薄弱面发生断裂而释放出来，从而导致板块内部的地震。此外，板块内部火山活动也会造成一些地震（如夏威夷岛），但它们所释放的能量是有限的。

通常，可以把地震带当作板块划分的首要标志。一条明显的地震带一般对应两个现代板块之间的边界；相反，如果不存在地震带，不管其他标志多么明显，那里也不可能是现代板块的边界。地貌特征是板块划分的另一标志，现代板块边界一般在地形上有很突出的表现，如中洋脊、海沟、褶皱山系等。地质（主要是岩石）的标志，在古板块边界的鉴别中亦具有决定性的意义，如蛇绿岩套等。

2. 全球板块划分

现代板块边界主要是根据全球地震活动带和各种地质、地球物理资料划分的。法国地球物理学家勒皮雄（X. LePichon，1968）将全球岩石圈划分为六大板块：欧亚板块、非洲板块、美洲板块、印度板块（或称印度洋板块、澳大利亚板块）、南极洲板块和太平洋板块（图 9-2-2）。这六大板块属于一级的大板块，它们决定了全球板块运动的基本特点。大板块一般既包括陆地又包括海洋。如美洲板块除包括美洲大陆外，还包括大西洋中央裂谷以西的半个大西洋（美洲板块尚包括西伯利亚最东端的楚科奇地区）。太平洋板块基本上是水域，但也包括北美圣安德烈斯断层以西的陆地及加利福尼亚半岛。因此，海陆的交界，即海岸线对于板块的划分没有任何意义。大型板块不可能纯属大陆板块，它们必定还包括大洋部分。

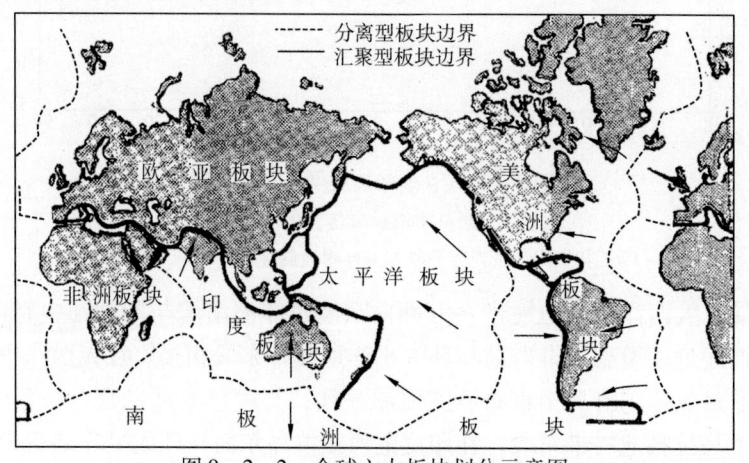

图 9-2-2　全球六大板块划分示意图

（据 X. LePichon，1968）

在全球六大板块中，又有人将美洲板块划分为北美洲板块和南美洲板块，这样全球共有七大板块。在此基础上，又有人进一步细分为十二个板块：加勒比板块、北美板块、南美板块、非洲板块、南极洲板块、阿拉伯板块、欧亚板块、印度板块、菲律宾海板块、太平洋板块、可可板块、纳兹卡板块。纳兹卡板块位于东太平洋海隆以东，秘鲁－智利海沟以西，加拉帕戈斯海岭和智利海岭之间；可可板块位于加拉帕戈斯海岭以北，东太平洋海隆与中美海沟之间；加勒比板块位于中美海沟和西印度群岛之间；菲律宾海板块位于琉球、菲律宾岛弧－海沟系与马里亚纳岛弧－海沟系之间；阿拉伯板块位于红海、亚丁湾裂谷系与扎格罗斯褶皱山系之间。这五个独立的板块相对于邻接板块有显著的位移，其作用虽不及上述七大板块，但在板块运动的全球分析中也是不容忽视的。纳兹卡、可可、菲律宾海等板块属于大洋板块。

3. 板块边界类型

全球地震带勾画出了板块的轮廓，这些地震带又相当于大洋中脊、转换断层、岛弧－海沟系及年青造山带等构造活动带。它们分别对应于不同的板块相互运动方式。

从板块间的相对运动方式来看，可将板块边界分为三种基本类型：

（1）分离性（张性）板块边界，相当于大洋中脊轴部，两侧板块相背分离。中脊轴部是海底扩张中心，当两侧板块分离拉开，软流圈物质夺隙上涌，冷凝成新的洋底岩石圈，并添加到两侧板块的后缘上，故分离型边界也是板块的增生边界，或称建设型板块边界。

（2）汇聚型（压性）板块边界，相当于海沟及年青造山带，两侧板块相对而行。汇聚型边界也可以与板块的运动方向斜交，但相邻板块之间必定包含有一定的汇聚运动分量，汇聚型边界是最复杂的板块边界，又可进一步划分为俯冲边界和碰撞边界两种亚型：

A. 俯冲边界，相当于海沟，相邻板块相互叠覆。由于大洋板块厚度小、密度大、位置低，大陆板块厚度大、密度小、位置高，故一般总是大洋板块俯冲于大陆板块之下。俯冲边界主要分布在太平洋周缘，亦称太平洋型汇聚边界。沿这种边界大洋板块潜没消亡于地幔之中，所以也称消亡型或破坏型板块边界。俯冲边界又包括：（a）岛弧－海沟系，若岛弧远离大陆，发育于洋壳之上，如马里亚纳弧、汤加弧（属未成熟的洋内弧），沿着岛弧，一大洋板块俯冲于另一大洋板块之下；（b）安第斯型大陆边缘，大洋板块沿陆缘俯冲于大陆之下。

B. 碰撞边界，相当于年青造山带，为大洋闭合、大陆碰撞接触的地缝合线，现代碰撞边界主要见于欧亚板块南缘，亦称阿尔卑斯－喜马拉雅型汇聚边界。

（3）平错型（剪性）板块边界，相当于转换断层，两侧板块相互滑过，通常既没有板块的生长，也没有板块的消亡。

第二节　成矿作用与板块构造

长久以来，人们已经认识到，成矿作用与大地构造之间存在着密切的关系，不同类型的金属矿床展布的侧向分带性及矿带的平行排列证明了这一点。由于在板块的边界上，火山喷发和岩浆侵入、热力变质和动力变质、侵蚀和堆积都十分活跃，在那里提供了最丰富的成矿物质来源和能量来源，所以有许多矿床聚集在板块边界地区，最引人注目的是板块俯冲边界。

板块构造活动对于矿床形成的制约作用，就内生矿床来说，主要是通过对岩浆活动的控制；就外生矿床而言，主要是控制于沉积环境。不同大地构造环境有着不同的岩浆活动和沉积作用，从而出现不同的成矿作用。

一、大陆裂谷与大洋中脊成矿作用

在该带内，稀土以及铌、钽等矿床与碱性岩浆活动、碳酸岩有关。碳酸岩中尚伴生磷灰石、磁铁矿等。锡、氟、钽铌酸盐等矿床可与双峰系列火山岩及碱性花岗岩伴生。一些产于碱性花岗岩中的锡矿床在裂谷发育的早期，即穹形隆起阶段已有出现。上述矿床见于东非裂谷、莱茵地堑等处，也埋藏在古裂谷或拗拉槽中，以及大西洋型大陆边缘之下。大陆裂谷带的金伯利岩中，产金刚石矿床，但多见于古老的裂谷带。

在大陆裂谷的陆相碎屑岩系中，有时形成蒸发盐矿床（见于干旱气候带），与其伴生的尚有砂岩型铜、铀矿床及铅锌矿床。现代东非裂谷系的高盐度卤水湖，湖底正在形成富含金属的卤泥沉积物。随着海水入侵，可形成含铜页岩型铜矿床、铅锌银矿床及海相盐类矿床等。裂谷内矿床多产于巨厚的火山岩和沉积岩系中，属层状或层控类型。通常需经过后期构造变动，有关矿床才得以从埋藏深处上升到地表附近。

当裂谷拉张，轴部出现拉斑玄武岩以至大洋型地壳时，应注意裂谷轴带与外缘成矿作用的差别，这种差别是由岩浆活动的差异性决定的。轴带多形成铅、锌、铜、银以及铁、锰等矿床，两缘则是铌、钽、稀土一类矿床。

大陆裂谷进一步扩张，生成红海型幼年洋，进而形成广阔的成年大洋。在幼年洋阶段可形成厚大的蒸发岩矿床。红海中央裂谷以及各大洋中脊轴部均是地幔上涌形成新洋壳的地方，在那里发生着极其活跃的成矿作用。如前文所述，在中脊顶部，由于张性裂隙众多、沉积盖层菲薄，海水易于渗入洋壳内部。中脊轴带地温梯度很高，渗入的冷海水受热，尔后又会以热泉形式从海底泄出。在冷海水不断渗入、热海水不断排出的循环过程中，洋壳玄武岩中铁、锰、铜、锌等元素被淋滤出来，溶于热海水中，成为富含金属的热液。在热液上升冷却、最终被逐出海底的过程中，金属沉淀于上部洋壳中和 海底上。红海轴部裂谷带发生着类似的热液活动，已经查明，在热液冷却或与海水混合的过程中，金属的析离沉淀作用遵循一个确定的顺序：热液中的金属元素先与硫化合，形成闪锌矿、黄铁矿、黄铜等硫化物，并沉淀下来，然后是铁、硅酸铁的氧化物，最后是锰的氧化物沉淀下来。红海海底的重金属软泥早已为世人瞩目，其中富含铁、锰、铜、锌、铅、银、金等金属。

在大洋中脊轴带，除了形成直接覆于基底之上的含金属沉积物，新生的洋底岩石圈的其他层次也含有矿床。

二、岛弧成矿作用

横跨岛弧，从洋侧往陆侧，成矿作用表现出一定的侧向分带性：

（1）海沟内壁的增生楔形体，可含塞浦路斯型硫化物矿床、铬铁矿、镍和铂等。

（2）弧－沟间隙，缺乏岩浆活动及与其相伴的成矿作用。

（3）岛弧火山活动带，产斑岩铜矿，含铜黄铁矿，铅、锌、银等多金属矿。

（4）相当于边缘海的陆源拗陷带，在相应岛弧的形成阶段，缺乏内生矿床，如边缘海大洋基底暴露出来，可见到赋存于蛇绿岩套中的矿床。

斑岩铜矿是俯冲带环境的重要矿床。中、新生代的斑岩矿床基本上产于环太平洋造山带和阿尔卑斯造山带。美洲西部斑岩矿带从阿根廷西部、智利、秘鲁向北经巴拿马、墨西哥和北美西部，直延至阿拉斯加。在西太平洋岛弧地带，斑岩矿带见于我国台湾地区、菲律宾、加里曼丹、伊里安及所罗门群岛等处。在阿尔卑斯造山带则沿罗马尼亚、南斯拉夫、保加利亚、伊朗至巴基斯坦一带展布。斑岩矿床的形成与俯冲带的钙碱性岩浆活动有关，其所含金属来自大洋岩石圈。当大洋岩石圈潜入俯冲带，发生部分熔融，所含金属作为钙碱性岩浆的组分而上升，并可富集于热液中，进而在火成岩及围岩中发生矿化作用，形成斑岩铜矿（含金或钼）及其他矿床。值得注意的是，当富含水的洋壳俯冲潜没时，沿俯冲带的脱水和部分熔融泌析出大量含金属热液和挥发性组分。这一机制对于认识岛弧和活动陆缘的成矿作用具有重大意义。

三、安第斯型大陆边缘成矿作用

科学研究表明，安第斯山系的成矿作用具有明显的侧向分带性，从洋侧至陆侧，依次出现下列矿带：西部的接触交代型或矽卡岩型铁矿床，斑岩铜矿（铜－钼矿床和铜－金矿床）；中部的铜、铅、锌、银等多金属矿床；东部的锡（钨、银、铋）矿床。

安第斯型大陆边缘成矿作用的分带性与岩浆活动的分带性有关，两种分带性都是大洋板块沿贝尼奥夫带俯冲的结果。那些较轻易熔化的成矿组分在俯冲带浅部即熔离出来，分布在近大洋一侧；而那些不大活跃、难熔的元素和化合物，俯冲至较大深处才泌析出来，于是分布于内陆一侧。我国华南和我国东南沿海一带在中生代期间属于活动大陆边缘，亦出现这种成矿作用的侧向分带性。

四、岛弧－大陆碰撞带和大陆－大陆碰撞带成矿作用

岛弧－大陆碰撞带以岛弧仰冲于被动大陆边缘之上较为常见，大陆－大陆碰撞带主要是被动大陆边缘与活动大陆边缘相互冲撞。在这两种情况下，被动大陆边缘的巨厚沉积层均有陷入俯冲带的趋势，或称被岛弧（或活动大陆边缘）所仰冲推掩，在强大压

应力作用下，可形成再生花岗岩类及伟晶岩，与其相关的有锡、钨及稀有金属矿床。在碰撞带有时还出现碱性花岗岩，伴随着生成稀土和铌、钽等矿床。碰撞缝合线的蛇绿岩带，产铬铁矿、铂、含铜黄铁矿等。与俯冲带高压变质作用有关的硬玉，有时也可产于缝合线附近。在山前磨拉石坳陷中可有铀矿床。

古中国地块一度被古海洋所包围，周缘广泛发育岛弧与陆缘地带，随着古陆缘带在大陆增生过程中向洋侧推移，以及微型陆块、大陆的多次碰撞镶接，形成了一系列古俯冲带或碰撞缝合带。因此，我国的古板块缝合带纵横迭布，其数量之多，延伸之远，在世界各国中实属少见，这是我国独特的板块构造位置所决定的。由此看来，我国内生矿床的勘探开发，具有十分广阔的前景。李春昱等（1981）已经指出，我国内生矿床的形成和分布与板块构造密切相关，例如，沿中朝－塔里木地块北缘的古俯冲带产白乃庙式铜矿；在东准噶尔的古生代俯冲带上，铬铁矿与蛇绿岩套伴生，其北有斑岩铜矿，再北至阿尔泰为我国著名的稀有金属矿带；沿中朝－塔里木地块南缘，山西、河南的一些铜、钼矿床与北倾的古俯冲带有关；我国西南的特提斯构造域，古俯冲带或缝合线最为发育，如玉龙式斑岩铜矿与钙碱性岩浆活动有关；华南－东南沿海－台湾地区一带，也有几列古俯冲带，伴生的矿床如绍兴的含铜黄铁矿床，中生代至新生代早期的大陆边缘俯冲带上盘，矿床最为丰富，如浙江黄岩的大型铅锌矿，闽、赣、湘一带的矿床尤引人注目。

五、转换断层成矿作用

从理论上说，纯剪切的转换断层缺乏岩浆活动，其本身一般难以直接生成矿床。不过，单纯剪切的转换断层不多见。沿张性的泄漏型转换断层可发生类似于中洋脊的岩浆和热液活动。在加勒比海的开曼海槽（属张性转换断层）曾采集到新鲜的玄武岩，这种转换断层处可形成与蛇绿岩套有关的各种矿床。此外，洋底转换断层使洋壳发生剪切变形，沿断层带洋壳岩石遭受明显蚀变，从而有可能形成一些次生矿床，如石棉。

转换断层对矿床的分布有重大影响，尤以大陆裂谷和陆间裂谷区最为显著。在红海海底，下垫有重金属软泥的热卤水洼地在分布上深受转换断层控制，热卤水洼地位于中央裂谷与转换断层的交汇处。在红海海岸，中新世的铅、锌、铜、锰矿床沿断裂带展布，这些断裂带看来是红海中转换断层延伸上陆的段落。一些学者指出，在非洲，产各种矿床的碱性杂岩和碳酸岩，以及含金刚石的金伯利岩岩筒呈线状排布，它们受到基底古老转换断层带的控制。

转换断层对于造山带成矿作用的影响似乎不十分清晰，可能为后期推覆体及其他作用所掩盖。据研究，新西兰的一些低温热液汞矿床、菲律宾的斑岩铜矿、泰国的含锡花岗岩的分布皆与陆上横断层（可能是转换断层或其延续）有关。许多大型内生矿床产于两个方向断裂带交切的部位，其中的横向断裂带有可能属转换断层性质，因为只有转换断层才具有足够大的规模，并深切至软流圈，便于熔融岩浆通达至地壳浅部。

六、板块内部成矿作用

板块内部环境包括大西洋型大陆边缘、大洋盆地（深克拉通）和大陆地台（高克拉通）。与板块边界的矿床不同，成生于板块内部的矿床在分布上多不呈带状，缺乏明显的方向性，但某些内生矿床可顺深断裂延展。

1. 大西洋型大陆边缘

赋存大型滨海砂矿，包括金刚石、金红石、磁铁矿、钛、锡以及含稀土、铀、钍的锆石和独居石等，盛产石油和天然气，在碳酸盐沉积和陆源沉积中还有层控铅锌矿床。大西洋型边缘的陆架、陆坡上，是形成磷酸盐（磷钙石）的重要场所（如非洲西部岸外）。鉴于大西洋型大陆边缘发展的早期经历过大陆裂谷和陆间裂谷阶段，故在其下部地层中可望找到与裂谷及红海型环境有关的矿床，如蒸发岩、铅锌等矿床。

2. 大洋盆地

洋底沉积表层广布着数量惊人的多金属结核及多金属结壳（亦称铁锰结核及铁锰结壳）。这种结核除富含 Mn 和 Fe 外，尚含 Ni、Cu、Co、Ti、Pb 等多种元素，其中锰、镍、铜、钴的储量超过陆上储量的十余倍至千余倍，是深海底奉献给人类的一份最丰厚的礼物。多数多金属结核分布在沉积速度极低的深海远洋地区，特别是太平洋的深海红黏土分布区，而在隆起的中洋脊上十分少见。看来，多金属结核的形成，与板块边界的活动并无直接联系。结核形成后，可随板块运移至海沟，卷进增生楔形体的混杂岩中，由于蒙受剪切和变质，往往难以辨识结核的本来面目，但在帝汶岛及其他一些地方已有。多金属结核也可能陷入俯冲带，从而为发生于俯冲带的岩浆增添了大量金属。

3. 大陆地台区或大陆板块内部

有许多形成于造山阶段的矿床，即与古板块边界有关的矿床，它们不应归属于板块内部环境。形成于板内或大陆地台阶段本身的矿床，有各种外生矿床，如与风化作用有关的铝土矿、高岭土矿、冲积、坡积等成因的砂矿。此外，还有含金（铀）砾岩矿床，产于页岩和粉砂岩中的层状铜矿床，沉积型铀、钒矿床，钾盐、岩盐、石膏等蒸发岩矿床。板块内部也有岩浆活动（有些可能与热点活动有关），主要有碱性－超基性岩（如碳酸岩）、金伯利岩、暗色岩（溢流式玄武岩）等，伴随着形成各种内生矿床，如与碳酸岩共生的铌、钒、磷、稀土、铜等矿床，金伯利岩中的金刚石，斜长岩内的铁、钛矿床，与溢流式玄武岩伴生的铜镍硫化物矿床等。

第三节　全球成矿区域

地壳中的矿产在空间和时间上的分布都是不均匀的，在地壳中某些矿产大量集中的那一部分地区，称为成矿区域。在一个成矿区域中，矿化往往集中地发生在某些地质时期内，这些在地质历史中矿化比较集中的时期，称为成矿时代。

成矿区域是已知矿床集中和具有资源潜力的地质单元，它可以是一个独立的大地构造单元，也可以跨越两个或两个以上的大地构造单元。每个成矿区域中都有特定的成矿环境和成矿系统。科学的圈定成矿区域和对成矿区域分级［成矿域、成矿省、成矿区（带）等］是区域成矿学的基础研究内容，是深入探讨成矿规律的前提。

作为一个自然作用体系，成矿系统有其时间和空间边界。一个成矿系统所占有的区域空间包括矿源场、运矿通道、矿石堆积以及矿化异常场等。这些可统称为矿化场或成矿场，其体积大小视不同的成矿系统类型而不同。例如沉积成矿系统的成矿场一般都大于斑岩成矿系统的成矿场。据统计，矿化场或成矿场的面积一般在几百平方千米到几千平方千米之间，大体相当于矿带的面积。

成矿区（带）是一个地质地域概念，是经过长期地史演化的一个或几个地体组成的复杂的地质巨系统，其中包括一个或多个成矿系统。成矿区（带）是成矿系统作用的环境，也是成矿系统的载体，而成矿系统则是成矿区（带）这个复杂系统中的一个起核心作用的子系统。正是由于成矿系统发生和存在于该地域中，才使它能区别于一般的地体而成为成矿区（带）。

研究成矿系统，都是在一定的成矿区带中进行的，成矿区（带）是研究成矿系统最好的天然实验室，也是研究成矿系统的起点和归宿。在一个研究程度较高的成矿区（带）中，对其成矿系统形成的规律性有较多认识之后，则可以指导在本区的勘查工作，发现更多的矿床；再则可以参照这些认识在条件可类比的新区（无矿区域或少矿区域）进行成矿预测，如经勘查工作发现新矿床和成矿系统，则该地域即可视为成矿区（带）。

一、成矿区域划分依据

成矿区域划分是一个复杂的工作，一般考虑以下依据：

1. 区域矿产在空间的集中分布

在一个成矿区（带）中应有大型矿床产出，且矿床（大、中、小）常成群分布。

2. 按大地构造和区域构造性质划分

大地构造的形成和演化制约着相关的沉积、岩浆、变质、流体等作用。在大多数情况下，大地构造运动的转化过程（如挤压—拉张、沉降—隆升……）是成矿物质在壳幔中重新分配和再分配的过程，它控制了区域成矿作用的发生、发展和演化。

3. 成矿区域与成矿系统相对应

成矿系统包括成矿作用及产物，这一整体是在一定地质环境中发生的，而成矿区（带）则是成矿系统形成和演变的地质环境，是成矿系统的载体。正是成矿环境中地层、构造、岩石等条件耦合及矿源、水源、能源的良好匹配，才促成了成矿元素的高度富集。换言之，正是由于成矿系统发生和存在于该地域中，才能使该地域区别于一般区域而成为成矿区（带）。一般在成矿区域中包括一个以上的成矿系统。

4. 以重要地质界线作边界，逐级圈定

克拉通、造山带、大盆地的边界是最基本的地质界线，可以其为基础划定巨大成矿区域的边界。可首先圈定出全球性的成矿域Ⅰ级）再根据断层带、构造层、盆地边界等，逐次圈定其以下的各级成矿区（带）。

5. 以区域成矿作用为地质依据，地球物理、地球化学及遥感等信息印证

成矿系统作用的产物是矿床系列和各类异常，因此，成矿区（带）中除赋存着各种矿床外，均有自身的地球物理场和地球化学场。各类场的边界也是划定各级成矿区（带）边界的参考依据。遥感影像特征从更宽广的范围反映大型地质构造和区域构造的边界，是圈定成矿区（带）的佐证之一。

成矿区（带）命名常冠以构造单元（或地名）名称和区域成矿作用发生的主要地质年代、主要成矿元素组合，如我国西南区的云开隆起燕山期金－锡－锰－银－稀有金属成矿区。

二、成矿区域分级

成矿区域有大有小，有不同的层次和级别。按成矿作用涉及的范围和成矿地质背景，可将成矿区域分为三级，即成矿域、成矿省和成矿区（带），其内涵简述如下：

1. Ⅰ级——全球成矿域

全球成矿域即跨洲的全球成矿构造单元，它反映全球范围内核、幔、壳物质运动的不均一性，一般与全球性的巨型构造相对应。在全球范围内，目前已划定的成矿域有滨太平洋成矿域、古亚洲成矿域和特提斯成矿域。一个成矿域内经历多期的构造－岩浆作用或构造－沉积作用演化，发生多期次继承、叠加和改造等复杂的区域成矿作用，形成的矿床类型和矿种类型繁多，可以划分出多个成矿系统和矿床系列。

2. Ⅱ级——成矿省

成矿省是Ⅰ级成矿域内部的次级成矿单元，与大地构造单元相对应或跨越多个大地构造单元的矿床集中区，其区域成矿作用是在全球性大地构造－岩浆旋回演化的某一时期。特定的成矿地质背景和成矿作用演化过程控制了成矿物质的富集，赋存的矿床类型明显受多级或多种构造形式控制，矿床集中区分布在该成矿省特定的构造部位。赋存的矿种和矿床类型与构造地质背景有关，具有明显的区域成矿特征，如华北陆块金银钼多金属成矿省、华南活动带钨锡铅锌银金锑稀土元素成矿省。成矿省内可划出多个成矿系统。

3. Ⅲ级——成矿区（带）

成矿区（带）是在Ⅱ级的成矿省内的单一成矿地质背景（如岩浆弧、海沟、裂谷、隆起区、凹陷区等）范围内圈出的较低级次的成矿区域，是受区域成矿作用控制的几种矿床类型集中分布的地区，其作带状分布的为成矿带，作面状分布的称为成矿区。在成矿区（带）内可划分出一个或多个成矿系统，如长江中下游燕山期铁铜金硫铅锌成矿带。

在一些地质构造复杂的地区，各个地质时期均可形成相应的成矿区（带），因而在这些地区存在不同地质时期成矿区（带）的交叉和重叠，构成复杂的区域成矿背景。

成矿系统也有不同层次，由大到小，有成矿全球系统、成矿巨系统、成矿大系统、成矿系统、成矿亚系统等，其与成矿区域和构造的对应关系如下表（表9－2－1）。

表 9 - 2 - 1　　　　　　　　　　　　成矿系统的分级

成矿系统	控矿构造	成矿区域
成矿全球系统	全球构造	全球成矿网络
成矿巨系统	大地构造	成矿域
成矿大系统	区域构造	成矿省
成矿系统	大型构造	成矿带（区）
成矿亚系统	中型构造	成矿亚带（区）
成矿子系统	矿田构造	矿田（矿床）

三、全球成矿区域划分

裴荣富等（2009）根据全球地质构造背景与成矿特征，划分出劳亚、冈瓦纳、特提斯和环太平洋4大成矿域和21个巨型成矿区带（图9-2-3），各大成矿域的特征如下：

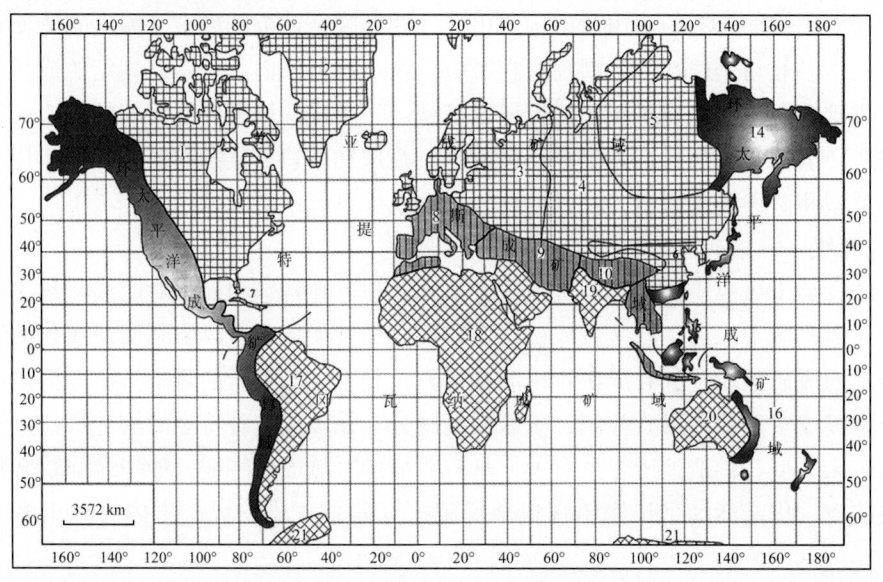

图 9 - 2 - 3　全球成矿区域划分略示意图

1—北美成矿区；2—格陵兰成矿区；3—欧洲成矿区；4—乌拉尔‐蒙古成矿带；5—西伯利亚成矿区；6—中朝成矿区；7—加勒比成矿带；8—地中海成矿带；9—西亚成矿带；10—喜马拉雅成矿带；11—中南半岛成矿带；12—北科迪勒拉成矿带；13—安第斯成矿带；14—楚科奇‐鄂霍茨克成矿带；15—东亚成矿带；16—伊里安新西兰成矿带；17—南美成矿区；18—非洲‐阿拉成矿区；19—印度成矿区；20—澳大利亚成矿区；21—南极成矿区

1. 劳亚成矿域

劳亚成矿域位于地球北半部，横跨北美洲、欧洲和亚洲三大洲，包括北美成矿区、格陵兰成矿区、欧洲成矿区、乌拉尔‐蒙古成矿带、西伯利亚成矿区和中朝成矿区六个巨型成矿区带，是世界最大的成矿域。该成矿域由一系列前寒武纪陆块和介于其间的显生宙造山带组成，成矿地质构造背景复杂，以前寒武纪地块及叠加其上的显生宙沉积盆地和构造带为主，其次是显生宙造山带，在新生代风化壳中也有少量大型超大型矿床产出。

劳亚成矿域以天然气、煤炭、铁、钾盐、石油、铀、锰、铬、铅锌、镍、钨、钼、锑、金、银、磷、金刚石等的大规模成矿作用为特色。成矿时代贯穿整个地质时代，以古生代为主，中生代和元古宙次之。矿床类型众多，主要有沉积油气矿床、沉积煤矿床、沉积锰矿床、沉积磷矿床、BIF 型及变质型铁矿床、铜镍硫化物矿床等，著名矿床有俄罗斯乌连戈伊天然气田和通古斯卡煤田、乌克兰尼科波尔锰矿床、蒙古库苏古尔磷矿床、俄罗斯库尔斯克铁矿床和诺里尔斯克铜镍硫化物矿床、加拿大萨德伯里铜镍硫化物矿床和萨斯喀彻温钾盐矿床、朝鲜检德铅锌矿床、中国白云鄂博稀土铁矿床和金川铜镍矿床等。

2. 冈瓦纳成矿域

冈瓦纳成矿域位于地球南半部，横跨南美洲、非洲、大洋洲和亚洲四大洲，包括南美成矿区、非洲－阿拉伯成矿区、印度成矿区、澳大利亚成矿区及南极成矿区五个巨型成矿区带，是世界第二大成矿域。该成矿域主要由一系列前寒武纪陆块组成，成矿地质构造背景以前寒武纪地块及叠加其上的显生宙沉积盆地和构造带占绝对优势，新生代风化壳中亦有较多的大型超大型矿床产出。

冈瓦纳成矿域以石油、天然气、铝土矿、金刚石、铅锌、铜、镍、铁、金、铬、锡、铀等的大规模成矿作用为特色，成矿时代亦贯穿整个地质时代，但以元古宙和新生代为主，太古宙和中生代次之。矿床类型众多，主要类型有沉积油气矿床、红土型铝土矿矿床、金伯利岩型金刚石矿床、砂页岩型铜矿床、SEDEX 型铅锌矿床、BIF 及变质型铁矿床、红土型镍矿床、层状杂岩体型铬矿床、铜镍硫化物矿床等，著名矿床有沙特阿拉伯加瓦尔油气田、科威特布尔甘油气田、几内亚图盖－达博拉铝土矿矿床和博克铝土矿矿床、刚果（金）基布阿金刚石矿床和科尔韦济铜矿床、澳大利亚奥林匹克坝铀铜金矿床、澳大利亚布罗肯希尔铅锌矿床和哈默斯利铁矿床、巴西乌鲁库姆－木通铁锰矿床、巴西巴鲁阿尔托镍矿床和尼克兰迪亚镍矿床、南非布什维尔德铬镍矿床和乌基普铜镍硫化物矿床、南非卡拉哈里锰矿床和穆奇森锑矿床、南非维特瓦特斯兰德金矿床等。

3. 特提斯成矿域

特提斯成矿域横亘于地球中部，地跨北美洲、欧洲、非洲、亚洲四大洲，包括加勒比成矿带、地中海成矿带、西亚成矿带、喜马拉雅成矿带和中南半岛成矿带五个巨型成矿区带，是世界最小的成矿域。该成矿域主要由显生宙造山带组成，其展布范围与特提斯造山带的范围相当。成矿地质构造背景比较简单，主要是显生宙造山带，其次是新生代风化壳。

特提斯成矿域以锡、钾盐、铅锌、铝土矿、铜钼等的大规模成矿作用为特色，成矿时代以中新生代占绝对优势。矿床类型较多，主要类型有砂锡矿床、蒸发岩型钾盐矿床、热液型汞矿床、红土型铝土矿矿床等，著名矿床有印度尼西亚邦加岛锡矿床和西加里曼丹铝土矿矿床、泰国拉郎－普吉锡矿床、中国冈底斯的驱龙铜矿、土库曼斯坦卡尔柳克－卡拉比尔钾盐矿床、西班牙阿尔马登汞矿床、摩洛哥乌拉德－阿卜墩磷矿床和甘图尔磷矿床等。

4. 环太平洋成矿域

环太平洋成矿域环绕太平洋周缘展布，地跨亚洲、大洋洲、北美洲和南美洲四大洲，包括北科迪勒拉成矿带、安第斯成矿带、楚科奇－鄂霍次克成矿带、东亚成矿带和伊里安新西兰成矿带五个巨型成矿区带，是世界第三大成矿域。该成矿域主要由显生宙造山带组成。成矿地质构造背景主要是显生宙造山带及新生代风化壳。

环太平洋成矿域以铜、钼、金、银、镍、钨、锡、铅锌等的大规模成矿作用为特色，成矿时代以中新生代占绝对优势。矿床类型较多，斑岩型铜钼矿床非常发育，火山岩型银矿床、红土型镍矿床、矽卡岩型钨锡矿床亦很发育，著名矿床有智利楚基卡马塔铜钼矿床和埃尔特尼恩特铜钼矿床、美国克莱梅克斯钼钨矿床、玻利维亚波托西银矿床、新喀里多尼亚戈罗镍矿床、中国锡矿山锑矿床、中国柿竹园钨－多金属矿床和个旧锡－多金属矿床、加拿大马克通钨矿床、澳大利亚韦帕铝土矿矿床等。

第四节　全球成矿演化与主要成矿期

在成矿学研究中，成矿作用在时间上的分布规律是一个重要内容。地球在不断变化，作为地球物质运动的一种特殊形式——成矿系统也在不断地演化，并表现出某些规律性。

一、全球成矿演化趋势

大量的地球科学和矿产资源资料表明，随着地球各层圈包括地核、地幔、岩石圈、水圈、大气圈、生物圈的形成和发展，地史上的成矿作用呈前进的、不可逆的发展过程，主要表现在四个方面。

1. 成矿物质（矿种）由少到多

从地球古老时期到显生宙时期，在地壳中的成矿物质（元素及其化合物、矿种）数量在逐步增加。由太古宙时的 Fe，Ni，Cr，Cu，Zn 等少数几种元素成矿，发展到中生代—新生代时有几十种元素成矿，包括一大批有色金属、稀有金属和放射性金属等。对一些丰度很低、高度分散的元素如碲、锗等过去只认识到它们在一些金属矿床中作为伴生有益组分产出，但近年来也发现它们在中－新生代时也能高度富集形成独立矿床。实例有四川石棉县的燕山期大水沟碲矿、云南临沧新近系和第四系煤系中的锗矿以及内蒙古锡林郭勒盟胜利煤田的锗矿等。大量的有机物质如碳、碳氢化合物等生成石油、天然气和煤，也主要是在晚古生代、中生代和新生代。

2. 矿床类型由简到繁

矿床成因类型从古到今也有由简到繁，数量在增加的趋势。已知太古宙时只有绿岩型金矿、火山岩型铜－锌矿、阿尔果马型铁矿和科马提岩型镍矿等少数几种矿床类型，反映了当时成矿环境的单调和含矿介质种类的单一。这种情况随时间前进而发生重大变化，成矿环境类型增多，含矿介质如各类热液和地表水也是种类繁多，因而到中 - 新生代时，矿床成因类型已增到几十种。例如，生物成因矿床（包括金属、非金属和能源）在前寒武纪数量稀少，只在显生宙以来在地球的广大地域内生物大量繁衍时期，才显著增多。多因复成矿床是经过两个地质时代的成矿叠加形成的，也只有在古生代以来才大量出现。

3. 成矿频率由低到高

成矿频率指单位地质时期内发生成矿作用的次数。成矿频率自古至今由低到高。根据叶锦华统计，中国 631 个大中型金属矿床（包括铁、锰、铬、钛、铜、铝、铅、锌、锡、钨、锑、汞、钼、镍、银、金和稀土共 17 个矿种）的成矿时代，它们在各地质时代的分配是：太古宙有 45 个，占 7.1%；元古宙 64 个，占 10.1%；古生代 151 个，占 24%；中生代—新生代，占 58.8%。考虑到太古宙占时有 20 亿年，而中生代开始至今只有 2.5 亿年，更明显地表明成矿频率有随地史进化而迅速增长的趋势。成矿频率增大这一趋势与上述的矿种、成矿环境、成矿介质的增加有关联；同时，很多种地球化学元素在地壳中经历多次循环，其浓集度提高也是一个重要的背景因素。当然，这只是就被保存下来的矿床进行统计的。考虑到成矿时代越早，被破坏矿床的概率越大。实际的精确的成矿频率比较还有待深入研究。

4. 聚矿能力由弱到强

聚矿能力或矿化强度，也是随地史演化而增强的。成矿强度的一个辨认标志是形成矿床的规模和品位。矿床规模越大，品位越富，表示成矿强度越大。如果成矿物质能高度浓集，则能形成超大型矿床。因此，一个地质时代的成矿强度在一定程度上可以用所形成的超大型和大型矿床的数量来衡量。据裴荣富等（2009）统计分析，已知超大型矿床的数量，从太古宙到新生代是不断增加的，新生代达到高峰。各地质时代已知的大型超大型矿床数量从太古宙的每十亿年九个增加到中生代的每十亿年 589.2 个，新生代则高达每十亿年 2 507.7 个。这形象地说明，随着地球演化和各层圈的发育，成矿系统日趋成熟，成矿强度显著增强，因而超大型矿床的数量有从老到新，呈近似等比级数增长的趋势。李人澍（1991）将各地质时期金的储量作了统计对比，则太古宙（不包括远太古）、古生代、中生代、新生代单位时间产金率或成矿强度之比为 1∶1∶3.8∶6.9，说明金矿成矿强度随地质时代变新而增强的趋势是很明显的。

二、全球主要成矿期

成矿作用总的是由低级向高级发展。在演化过程中，由于受到地球上若干重大地质事件如古陆聚散、大气成分突变、生命活动爆发等因素制约和影响（这些重大事件有的可能受到天文事件的影响），成矿作用的地质环境和矿化特征等会出现突然变化，即由渐变到突变。这些突变使地球历史上总的成矿过程表现为阶段性或节律性。以这种地质成矿过程中的突变为依据，可以划出地史中几个大的成矿阶段。Meyer（1981）指出，在地史上存在三个成矿转变期，并据此将地史上的成矿时期划分为太古宙期（3 800 ~ 2 500 Ma）、古元古代期（2 500 ~ 1 800 Ma）、新古生代期（1 800 ~ 600 Ma）和显生宙期（600 Ma 至今）。他还详细介绍了每个时期中的矿床类型等基础资料。Veizer（1976）依据地史上地壳、生物圈、沉积岩及矿石的成分变化趋向，提出了类似的划分方案。他与 Meyer 不同之处在于以 4 亿年左右为界，以大陆扩展、生物活动从海洋大量迁上陆地为标志，将显生宙又分为两个成矿时期，即早古生代和晚古生代—中新生代两个时期。

翟裕生等参照上述划分方案，考虑到中国及东南亚等地印支期构造（早中生代）的重要性，依据成矿演化与地壳演化、大地构造演化的紧密联系，将地史上的成矿过程划分为 7 个阶段，即：①太古宙成矿期（＞2 500 Ma）；②古元古代成矿期（2 500 ~ 1 800 Ma）；③中元古代成矿期（1 800 ~ 1 000 Ma）；④新元古代成矿期（1 000 ~ 543 Ma）；⑤早古生代成矿期（543 ~ 410 Ma）；⑥晚古生代及早中生成矿期（410 ~ 200 Ma）；⑦晚中生代—新生代成矿期（200 Ma ~ ）（表 9 - 2 - 2）。在每两个成矿期间都有一段时间的转变期，时限或长或短。在①，②，③，④间的转变期为 ± 100 Ma；在④，⑤，⑥，⑦间的转变期限则为 ± 30 ~ 50 Ma。从表 9 - 2 - 2 可见，太古宙与元古宙间的转变主要与地壳组成和结构的显著变化有关，而以后的几个转变主要与水圈、大气圈中化学组成（如 O_2 和 CO_2 量的变化），以及生物圈的变化有关。其中，⑥与⑦两个成矿期的突变则与联合古陆解体后现代板块构造体制的全面展开有关。至今，晚中生代（侏罗纪）以来的地质成矿作用仍在大陆和海洋的各种构造环境中持续地进行。

表 9 - 2 - 2　　　　　　　全球主要成矿时期与矿种及矿床类型

序号	主要成矿期（Ma）	大地构造背景和重要地质事件	主要矿种	主要矿床类型
1	太古宙成矿期（＞2500）	地球降温，陆核形成；原始地壳薄，成分偏基性，表层热流值高；镁质火山活动强烈，绿岩带发育	铁、铬、镍、铜、锌、金	绿岩型金矿，阿尔果马型铁矿，火山岩型铜、锌矿，科马提岩型镍（铜）矿，含金-铀砾岩型矿
2	古元古代成矿期（2500 ~ 1800）	富钾花岗岩发育，硅铝质陆壳增生加厚，花岗质及玄武质层圈形成；原始地台形成，大陆架宽广，杂砂岩、砾岩层发育	金、铀、银、铜、锌、铬、镍	含金-铀砾岩型，苏必利尔型铁矿，层状火成杂岩型铬-铂-钒-钛矿，VMS 型铜-锌-铅矿
3	中元古代成矿期（1800 ~ 1000）	稳定地台形成，出现宽阔盆地及狭长地槽；长期古陆风化剥蚀；大气和水圈中 O_2 剧增，氧化-还原状态急剧变化，红层出现，1 600 ~ 1 400 Ma 地球膨胀明显	稀土、铅、铁、锰、铜、铀、钒、钛	SEDEX 型铅锌（铜）矿，红层铜矿，赤铁矿矿床，岩浆熔离型铜-镍矿，奥林匹克坝铜-铀-金矿，白云鄂博稀土-铁矿，斜长岩型钒-钛-铁矿
4	新元古代成矿期（1000 ~ 543）	超大陆形成（Pangea，850 Ma）；生命活动显著增长，沉积物中有机碳增加，全球性造山及褶皱带，其后发育震旦纪盖层	锰、磷、铀、铜、铅、锌、钨、锡、铁	海相沉积锰、磷、铁矿，砂页岩型铜矿，碳酸盐岩型铅-锌矿，火山岩型铜矿，与花岗岩有关的钨、锡矿

（续表）

序号	主要成矿期（Ma）	大地构造背景和重要地质事件	主要矿种	主要矿床类型
5	早古生代成矿期（543~410）	显生宙开始，板块构造活动明显；高等生物大量发育（生物大爆发）；黑色岩系、硅质岩、含磷岩系发育；台地型礁灰岩广布	锰、磷、锌、铜、钼、钒、铅、锌、石油、盐类	黑色页岩型铜-钒-铀矿，火山岩型铜铅锌矿，生物成因磷矿，海相沉积铁、锰、磷矿，碳酸盐岩中的铅-锌矿
6	晚古生代及三叠纪成矿期（410~200）	大陆扩张，生命活动大量由海登陆，陆上高等生物剧增，陆相及海相交互相沉积岩发育；地球膨胀明显（290~230 Ma），裂谷发育	铅、锌、铜、铀、钒、铝、铁、锡、银、石油、煤、盐类	SEDEX 型铅-锌-银矿；陆缘浅海铁、铝矿，煤田、油气田、盐类矿床
7	晚中生代-新生代成矿期（200~）	陆内造山带，盆山系统，线性构造带；地中海、环太平洋挤压-俯冲带；大洋底中脊及转换断层；花岗岩类有陆内碰撞型和陆缘俯冲型；大陆风化壳，稳定海岸带	钨、锡、钼、铜、铅、锌、稀土、铌、钽、汞、锑、砷、锗、碲、铝、镍、铬、锰、钛、锆、盐类、石油、煤等	斑岩铜（钼、金）矿，浅成低温热液金矿，黑矿型，花岗岩型钨-锡、钼矿，砂岩型铅-锌矿，塞浦路斯型锡矿，蒸发盐湖，现代洋底热水型硫化物矿床，红土型镍矿，滨海砂矿

第三章　中国大地构造与成矿

第一节　中国大地构造轮廓

一、中国大地构造的大势

中国地处亚欧板块的东部，东与太平洋板块相碰撞，西南与印度板块相碰撞。在此大地构造格局下，中国大陆又进一步划分为中朝地块（或称中朝准地台）、塔里木地块（或称塔里木地台）和扬子地块（扬子准地台），它们都是具有太古代和元古代变质杂岩基底的古地台（克拉通）。中朝地块包括秦岭以北的整个华北、东北南部、渤海、黄海北部及朝鲜北部，是我国最古老的地块。中朝地块的初始陆核约形成于30亿年前，地块最终形成于7亿年前。塔里木地块呈菱形，夹于天山、昆仑山之间，最后固结于7亿～8亿年前。扬子地块从云南东部顺长江流向延至江苏，并可能延入南黄海乃至朝鲜南部。扬子地块最终形成于7亿～8亿年前。这些大陆地块形成后，时而隐伏于水下接受沉积，时而露出水面遭受剥蚀，一般升降幅度不大，上覆沉积盖层多属陆相和浅海相。

中国大陆以这3个地块为核心，周围环绕着一系列不同时代的地槽褶皱带。塔里木－中朝地块以北，为天山褶皱系、内蒙古、大兴安岭褶皱系等；该地块以南为昆仑、祁连、秦岭褶皱系；其西南方向，依次为松潘甘孜褶皱系、三江褶皱系、唐古拉褶皱系、喜马拉雅褶皱系等。扬子地块东南侧，依次为华南褶皱系、东南沿海褶皱系、台湾地区褶皱系。一些褶皱系中间还夹有较老的稳定地块，如柴达木地块、拉萨地块等。随着远离古中国地块（中朝、塔里木、扬子地块的总称），各褶皱系形成的时代，从加里东期到海西期、印支期、燕山期和喜山期，大体有向外依次变新的趋势，这种趋势以中国地块西南一翼表现最为清晰。它明显地反映了各褶皱系环绕着古地块依次形成，并镶接于地块边缘，使大陆逐渐增生扩展的过程。

现已查明，古中国地块周围展布着多列板块结合带或缝合线，如台东纵谷缝合线、雅鲁藏布江缝合线、班公湖－怒江缝合线，可可西里－金沙江缝合线和西拉木伦缝合线等。它们是各期板块构造活动的重要标志。

二、中国四大构造域

中国显生宙的板块构造发展形成了四个构造域：（1）天山－内蒙古－兴安岭构造

域，其发展与中国、西伯利亚地块之间中亚－蒙古大洋的俯冲关闭有关。（2）昆仑－祁连－秦岭构造域，位于塔里木、中朝地块以南，东段夹于中朝地块与扬子地块之间，其发展与两地块的汇聚合拢有关。（3）青藏－川西－滇西构造域，即黄汲清等所称之特提斯－喜马拉雅构造域，其发展与特提斯洋关闭、微型陆块的碰撞镶接、印度与亚洲主体的最终碰撞有关。（4）华南－东南沿海－台湾地区构造域，属于与太平洋邻接的边缘地域，其发展与西太平洋区域的板块相互作用有关。

1. 天山－内蒙古－兴安岭构造域

本构造域位于塔里木－中朝地块以北。古生代期间，在塔里木－中朝地块与西伯利亚地块之间，曾被深广的中亚－蒙古大洋隔开。

古生代的中亚－蒙古大洋，其南、北两缘均有俯冲带发育，洋底板块分别潜入西伯利亚和古中国地块之下，在北缘和南缘形成了一系列的槽褶皱带。

中亚－蒙古大洋北缘，黑龙江省西北部为额尔古纳地槽褶皱系，其大部延入蒙古、俄罗斯境内，褶皱系东南侧展布着德尔布干深断裂，可能是一条早古生代的板块俯冲带。寒武纪时，额尔古纳地槽在俯冲作用下褶皱隆起，镶接于西伯利亚地块南缘。褶皱山系以南，仍属大洋环境，发育了内蒙古－大兴安岭地槽。随着地槽在俯冲作用下不断褶皱隆起，古大洋及洋缘俯冲带向南退却。新疆地区，北端为阿尔泰褶皱系，早古生代发生中酸性岩浆活动，含钙碱性火山岩，并见到含红柱石、硅线石等标型矿物的高温低压变质带，推断阿尔泰山南麓的额尔齐斯深断裂为一北倾的早古生代俯冲带，其南为准噶尔褶皱系。东准噶尔有两列蛇绿岩带，标志了晚古生代的俯冲带。东准噶尔蛇绿岩带向东，经蒙古可能与内蒙古的索伦山－贺根山蛇绿岩带相延续，为一向北俯冲的弧形俯冲带，其北侧布有中酸性岩浆岩带。东准噶尔－索伦山一线以北，从额尔古纳到大兴安岭，从阿尔泰到准噶尔，褶皱系的年代自北向南逐渐变新，它们依次褶皱隆起，镶接于西伯利亚地台南缘。这些褶皱系应属于中亚－蒙古大洋北缘、西伯利亚地块南缘的陆缘山系。

中亚－蒙古大洋南缘，天山、北山、阴山等则属于塔里木－中朝地块北缘的陆缘山系。沿这一缘的向南俯冲作用，约开始于奥陶志留纪，晚于大洋北缘的向北俯冲作用。天山一些地段可能具前寒武纪基底，它约自奥陶纪开始从塔里木地块分裂出来，成为断续的岛链。岛链南侧与塔里木地块之间为南天山边缘海盆地。南天山在奥陶纪为冒地槽沉积，志留纪以后进一步裂陷张开。早石炭世末，边缘海东端最先闭合，褶皱隆起；海盆的关闭逐渐向西推移，至早二叠纪末完全关闭，南天山全部转化为褶皱带。沿北天山展布近东西向蛇绿岩带，中亚－蒙古大洋板块沿其向南俯冲，早石炭世时北天山西段先褶皱隆起，此后，北天山东段也相继褶皱成山，成为海西褶皱带。至早二叠世北天山、北山已出现陆相和海陆交互相沉积，但残留海槽可苟延至晚二叠世。

中亚－蒙古大洋东面，中朝地块以北，阴山－图们蛇绿岩带见于阴山北麓、吉林省东南部等处，沿中朝地块北缘（内蒙古地轴）发育了加里东期和海西期花岗岩。推测古生代时中朝地块北缘为一安第斯型大陆边缘，内蒙古地轴在当时应属滨太平洋型大陆活动带。

在南、北两缘俯冲作用下，中亚－蒙古大洋逐渐退缩，至晚二叠纪完全闭合。最终的缝合线可能位于天山褶皱系北缘，东段则沿内蒙古西拉木伦河一线，它大致相当于安加拉、华夏植物区之间的分界线。东段的缝合晚于西段。至早二叠世东段仍存在一定规模的海域，西拉木伦河断裂带南、北两侧的生物群和沉积相差异显著。至晚二叠世东段才关闭缝合起来，随之出现广泛的陆相和残留半咸水沉积，并使安加拉、华夏植物群彼此混生。

除中国地块与西伯利亚地块之间的汇聚碰撞作用外，黑龙江省、古林省东部濒临太平洋，在晚古生代至中生代可能发生过大洋板块向陆侧的俯冲作用。

2. 昆仑－祁连－秦岭构造域

昆仑－祁连－秦岭构造域延展于塔里木－中朝地块南缘，特提斯古洋北缘，主要是古生代地槽区。

（1）祁连褶皱系：祁连褶皱系可分北祁连优地槽、中祁连中间隆起带和南祁连地槽带。北祁连优地槽向东北，经河西走廊过渡带与阿拉善地块（属中朝地块）相接。从古大地构造分析，北祁连可能是边缘海盆地，河西走廊冒地槽带属边缘海靠陆侧的陆架浅海。中祁连由前寒武纪变质杂岩组成，可能是从塔里木－中朝地块裂离出来的边缘弧。北祁连边缘盆地的扩张约始于震旦纪，其间沉积了厚逾 20 000 m 的震旦纪和早古生代地层，包括深海复理石、碳酸盐岩、火山岩系等，蛇绿岩套十分发育。寒武纪后，边缘盆地趋于关闭。沿中祁连岛弧北缘，祁连县有标准的蓝闪石片岩带，说明这里有一条海沟俯冲带，北祁连边缘海洋壳可能部分地向南俯冲于中祁连之下。志留纪时岛弧与大陆碰撞，北祁连边缘海封闭。南祁连为岛弧外海洋盆地，也有蛇绿岩带发育，亦可能发生过俯冲作用。在板块俯冲碰撞作用下，志留纪末整个祁连地槽系褶皱隆起，成为加里东褶皱系，归并于中朝地块。褶皱山系南缘，仍面临特提斯古洋。

（2）昆仑褶皱系：昆仑褶皱系位于祁连褶皱系南侧和西侧，它基本上为一海西褶皱系。褶皱系内夹有柴达木地块。柴达木北缘和南面的褶皱山系中，均有蛇绿岩带出露，可见柴达木地块一度被古海洋包围，推测它可能是从塔里木－中朝地块裂离出来的微型陆块。早古生代晚期，柴达木地块向北推进，它与塔里木－中朝地块之间的古洋盆在俯冲作用下渐趋关闭。可能在泥盆纪时，柴达木地块北端与塔里木地块首先相撞，激起了早海西期造山运动，导致柴达木北缘上泥盆统与下状岩系之间的不整合，晚泥盆世－早石炭世发育了红色磨拉石建造。碰撞缝合作用进一步向两侧扩展，大约至石炭纪末，柴达木地块完全镶接于塔里木－中朝地块（及祁连褶皱系）南缘，伴随着在柴达木北缘形成了晚海西期花岗岩带。

柴达木地块南缘，沿祁曼塔格山、布尔汉布达山一带，古生代期间南临浩瀚的特提斯古洋，也有地槽发育。布尔汉布达山、积石山一带有蛇绿岩出露。特提斯大洋板块向北俯冲于塔里木、柴达木地块之下。整个昆仑地槽，褶皱封闭于古生代末期。古特提斯洋退缩至昆仑山系以南。

（3）秦岭褶皱系：秦岭褶皱系展布于祁连褶皱系东南，其东段犹如一条盲肠伸入中朝地块与扬子地块之间。东段的北秦岭加里东褶皱带（旧称秦岭地轴）可能与祁连山加里东褶皱系相延续，北秦岭断续出露蛇绿岩带，向西北也可能与祁连的蛇绿岩带相延续。河南信阳地区还发育高压低温变质带，推断沿北秦岭褶皱带南缘曾有一列俯冲带。俯冲带以北发生过多期火山活动。该俯冲带很可能向北倾斜，夹于中朝地块与扬子地块之间的古海洋板块向北潜没。当这一古海洋在俯冲作用下关闭，两地块碰撞相遇。印支期的南秦岭地槽延展于祁连褶皱系南缘（古特提斯北缘）。向西北，有一支海槽呈指状伸进柴达木与南祁连山之间。这里曾是柴达木地块与祁连褶皱系碰撞汇合之处，石炭、二叠纪末已褶皱成陆，古生代末期曾发生过大陆裂谷作用，裂谷进一步扩张形成如加利福尼亚湾的指状海槽（幼年海盆）。

南秦岭地槽褶皱系北侧，沿青海湖西南延至河南南阳，为一深断裂带。其西段，混杂岩体十分发育，二叠、石炭纪灰岩混杂于三叠纪页岩、板岩之内，岩块大小悬殊，大者在一公里以上；其东段见有高压低温变质带。这深断裂是一条古板块俯冲带。南秦岭地槽褶皱系南缘，从马沁到洛阳也有一深大断裂带。该断裂带上出露蛇绿岩套和混杂岩体，向西与布尔汉布达山、积石山的蛇绿岩带相延续。这一深断裂也是一条古板块缝合线，可称东昆仑南缘缝合线。它成了昆仑秦岭褶皱系与南面松潘－甘孜褶皱系的分界。在板块俯冲汇聚作用下，南秦岭地槽于三叠纪晚期褶皱成陆，华北、华南二陆块完全连接成统一的整体。特提斯洋进一步向西南退却。

3. 青藏－川西－滇西构造域

本构造域占据昆仑－秦岭褶皱系以南，扬子地块以西的广大地区。自北而南主要有三条大型缝合线：可可西里－金沙江缝合线、班公湖－怒江缝合线、雅鲁藏布江缝合线。在东昆仑南缘缝合线与可可西里－金沙江缝合线之间（扬子地块以西）的三角形地区为松潘－付孜褶皱系（印支期）；可可西里－金沙江缝合线与班公湖－怒江缝合线之间为唐古拉褶皱系（早燕山期）和三江褶皱系（印支期）；在班公湖－怒江缝合线与雅鲁藏布江缝合线之间为冈底斯褶皱系（晚燕山期）；雅鲁藏布江缝合线以南则是喜马拉雅褶皱系（喜马拉雅期）。自东北往西南方向，这些褶皱系的形成时代逐渐变新。

三条缝合线上，皆有蛇绿岩套及混杂岩体断续露出，蛇绿岩套在雅鲁藏布江缝合线最为发育。这些缝合线之间的褶皱系，内部隐伏着一系列中间地块。松潘－甘孜褶皱系中，东部有川西北的若尔盖地块，南部有川西南的巴塘－得荣地块等；唐古拉－三江褶皱系中，有藏北的羌塘地块、昌都地块、滇西的保山地块等；冈底斯褶皱系中有西藏南部的拉萨地块。这些地块存在古老基底，上覆地台型古生代沉积。如羌塘地块出露结晶片岩，泥盆纪至三叠纪接受碎屑岩和碳酸盐岩等浅海沉积。在拉萨北面纳木湖附近，念青唐古拉山见有变质岩系，且有奥陶、志留纪的灰岩和笔石页岩，因而认为这一带可能有一硬性地块。若尔盖地块则隐伏在三叠纪地层之下，其存在是结合航空磁测和卫星照片判定的。这些地块夹于缝合线或优地槽之间，在褶皱带形成之前，应是散布于大洋中的带有陆壳性质的微型陆块或岛弧。微型陆块与大陆之间，及微型陆块与微型陆块之间原曾被洋盆隔开，尔后它们碰撞汇合，镶接于大陆。上列缝合线便是微型陆块及印度次大陆依次镶接于大陆的产物。微型陆块碰撞镶接之前，通常发生过陆块间洋盆的俯冲作用。在西藏地区每一条近东西向展布的缝合线附近，蛇绿岩混杂岩体（有时还有高压变质带）所标出的缝合线位于南侧，时代相当的花岗闪长岩带、中酸性火山岩带或高温变质带位于北侧，显示各个时期的大洋板块均以向北俯冲为主。

据推断，在古生代晚期至三叠纪初的古特提斯洋中，沿中国地块西南的海域，散布着若尔盖、巴塘－得荣、羌塘、昌都等一系列微型陆块。三叠纪期间，随着陆块之间以及它们与中国地块之间古洋盆的俯冲关闭，这些微型陆块相继镶接于中国地块西南缘。陆块间挤压碰撞所引起的褶皱造山作用，形成了广阔的印支期接皱系（松潘－甘孜褶皱系、三江褶皱系）巴塘－得荣地块西缘，沿金沙江缝合线见有蛇绿混杂岩体和高压低温变质矿物，其东侧发生钙碱性系列和碱性系列火山活动及高温低压变质作用，火山岩中的含钾量和总碱量向东递增，可见发生过向东的俯冲作用。这里的俯冲活动于三叠纪终止，可能被陆块间的碰撞作用所取代。

三叠纪以后，由于印支褶皱系的形成，中国地块的面积大大扩展，特提斯洋退缩至羌塘地块和三江褶皱系西南面。

雅鲁藏布江一带露出典型的蛇绿岩套，深海硅质岩、枕状熔岩、席状岩墙群、火成堆积杂岩及变质的橄榄岩等发育完好，可与世界上典型的蛇绿岩套对比，普遍认为它是印度板块与欧亚板块之间的缝合线。

原处于冈瓦纳古陆北部的喜马拉雅地区，奥陶纪至中三叠世经常处于浅海环境，接受几乎连续的地台型沉积，至晚三叠世才部分地裂陷，转化为地槽。喜马拉雅地区在三叠纪前还不是真正的大陆边缘，其洋侧贴连着另一个不大的地块，故喜马拉雅地区常处于陆缘海的内陆架或陆表海环境，当时还不是地槽。及至三叠纪，冈瓦纳古陆的北缘破裂（伴随着火山活动），喜马拉雅洋侧的不大地块裂离冈瓦纳古陆，其间打开新的洋盆（中生代特提斯），才使喜马拉雅北部地区沦为大陆边缘地槽，亦即成为中生代特提斯南缘的地槽，晚三叠纪开始出现巨厚的复理石及含放射虫硅质岩。可见，北喜马拉雅是一个发生于中生代的新生地槽。这是地台解体，转化为地槽的突出例证。假如喜马拉雅地区在中生代前一直是冈瓦纳古陆的北缘，其洋侧根本不存在别的地块，那么，北喜马拉雅地槽的历史不可能仅限于中生代以来。雅鲁藏布江与北喜马拉雅地区蛇绿岩套的时代限于三叠纪以来，也表明闭合于雅鲁藏布江缝合线的洋盆，是三叠纪开始张开的新生洋盆。鉴于雅鲁藏布江江南、江北早期地史的相似性，可以推断，原处于喜马拉雅地区洋侧的不大地块可能就是拉萨地块。

根据上述资料，可以将羌塘、拉萨、印度诸地块的漂移和碰撞历史初步归纳为简化图 9－3－1。

4. 华南－东南沿海－台湾地区构造域

本构造域包括扬子地块东南一侧的广大陆区和海域，古生代的褶皱造山作用形成了广阔的华南、东南沿海褶皱系。中生代期间，在扬子地块东翼和华南、东南沿海褶皱系上发生强烈的滨太平洋型活化作用，叠置了活动陆缘火山带。新生代以来，随着冲绳海槽等边缘盆地的张开，形成了沟－弧－盆体系；在台湾地区则发生剧烈的岛弧－大陆碰撞作用。

（1）古生代褶皱带：古生代褶皱带紧邻扬子地块东南，为广阔的华南加里东褶皱系。它包括广东、广西、湖南、江西、福建、浙江等省的大部分地区。震旦系至志

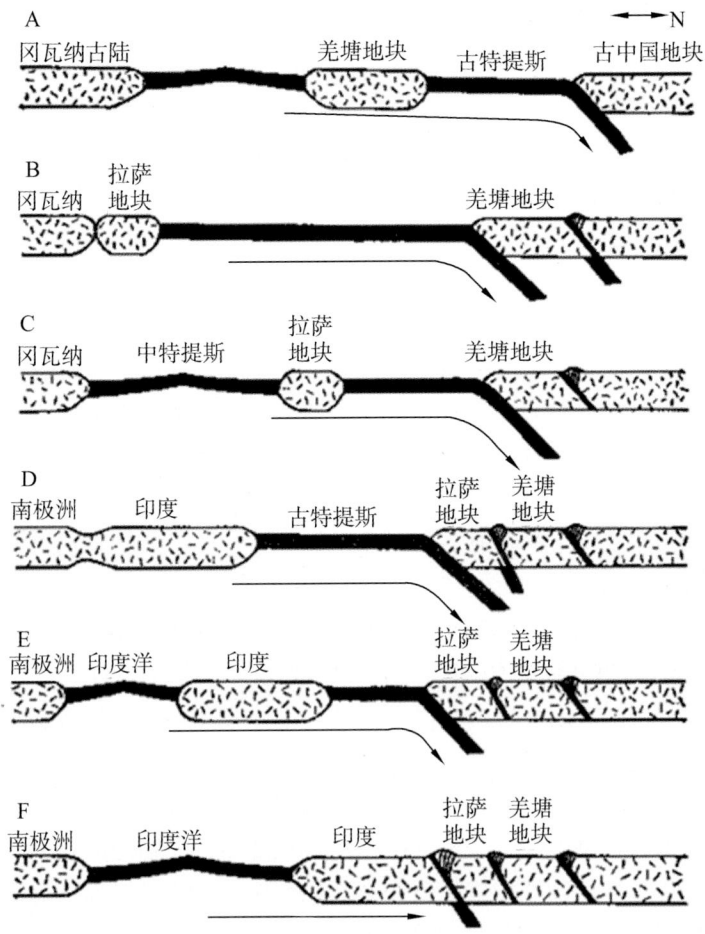

图 9-3-1　羌塘地块、拉萨地块、印度洋次大陆漂移和碰撞的发展过程
据《板块构造学基础》

留系为复理石、类复理石等地槽型沉积，志留纪末强烈褶皱，转化为后加里东地台，归并于扬子准地台。可认为，华南地槽的主体在早古生代时曾为广阔的边缘海，边缘海陆侧属大西洋型大陆边缘；早古生代末期，该边缘海关闭，边缘海洋侧的岛弧（或古地块）与大陆（扬子地块）碰撞，激起了加里东运动。华南地槽的东侧和南段直接卷进了强烈的碰撞作用，褶皱、变质和岩浆活动剧烈；西缘及北段则可能远离碰撞带或者是未遭直接碰撞的死角或缺口，褶皱、变质和岩浆活动较弱，主要受到抬升作用。至晚古生代，进入新的构造旋回，可能又有新的拉张与碰合。由于后期沉积盖层和中生代火山岩的覆盖，对于本区古生代板块构造演化的详情，犹须进一步研究。

（2）中生代火山岩带：中生代期间，本区出现大规模岩浆活动，形成广阔的火山岩带和巨大的花岗岩基。这一火山岩带属中国东部中生代火山岩带的一部分。中国东部中生代火山岩的基本特点是碱质（特别是钾）的含量高，包括钙碱性系列中的高钾组和碱性系列中的钾碱组；有的地区硅的含量很高，形成酸性系列火山岩。

郯庐断裂西侧及宁芜地区显示出高碱的特色，东南沿海火山岩带则以酸性岩类占绝对优势。在长江下游地区，火山岩含钾量自东向西升高，火山岩酸度则自西向东升高。

我国东部在中生代火山活动带辽阔，活动异常强烈，就板块俯冲的观点有三种可能的解释：①当时有一列倾角十分平缓的安第斯型俯冲带，只要俯冲带的倾角小到30°左右，深约 600 km 的俯冲带就可以影响到上千公里宽的地域。随着俯冲带的倾角由缓变陡，火山活动带的范围逐渐向东退缩。②俯冲带的尾部不一定延伸到火山岩带的最西缘，但俯冲下插的板块，对于地幔对流是一种不可逾越的屏障，俯冲活动所引起的热力和动力作用扰乱了俯冲带上方和后方的热平衡或化学平衡状态，有可能诱导出次生地幔流。正是这种次生地幔流激起了东亚地区的构造－岩浆活化。次生地幔流的影响范围可不局跟于俯冲带的正上方。③随着库拉板块、太平洋板块向北推进，库拉－太平洋扩张脊的西段，潜入亚洲东部之下，倾没扩张脊掠过之处，引起了强烈的岩浆活动。以上三种解释，哪一种是主要的，本区中生代大规模的构造－岩浆活动与板块俯冲作用之间的具体联系，有待进一步研究。

（3）形成于新生代的冲绳海槽：位于东海东部的冲绳海槽，最大水深 2 716 m，据折射地震测量，海槽西南段中部的地壳厚约 14 km，属过渡型地壳的范畴。海槽热流值很高，平均值 18.2 $\mu J/cm^2/s$，暗示地壳之下一定深处隐伏着热而膨胀的异常地幔层。

冲绳海槽两翼和槽底广泛发育张性断裂，断裂面向槽内倾斜。海槽地壳厚度明显大于一般边缘盆地的大洋型地壳，一些地段槽内沉积层略有向轴带加厚的趋势。看来，冲绳海槽的大部分由拉薄的陆壳构成，属张裂断陷性质。一些学者推测海槽形成于一千万年以来，设海槽形成前原地壳厚度为 30 km，目前整个海槽的平均地壳厚度为 20 km，那么，宽约 120 km 的海槽，其实际拉张量应是 40 km，平均扩张率为 0.4 cm/y。这一扩张率小于陆间裂谷和大洋裂谷，但高于一般的大陆裂谷。

（4）台湾地区的板块构造问题：自晚古生代以来，台湾地区长期处于大陆边缘地槽环境。在这期间，日本、琉球及菲律宾等同样沦为地槽。台湾地区褶皱系曾经历多次褶皱和变质作用，晚古生代和中生代变质岩系构成了台湾地区的核心和中央山脉的基底。或许自那时起已发生过板块俯冲作用。台湾地区中央山脉东部的大南澳片岩中，西侧相当于绿片岩相，为高温变质组合，东侧接近于蓝片岩相，属高压低温组合，相应的变质作用可能发生在中生代，看来与当时的板块俯冲有关。

通常将台湾地区当作西太平洋岛弧系之一，实际上它并不是典型的岛弧。台湾地区的洋侧无海沟展布，陆侧不见边缘海深海盆地发育，且此区震源分布散乱，并未显示出向大陆倾斜的震源带。不少学者认为台湾地区有向洋侧倾斜的反向俯冲带，但从台湾地区震源分布来看，反向俯冲带并不清晰，况且台湾地区一带缺失深源地震，中源地震也不多见，所以，倒不如说台湾地区的震源分布形式有点类似于喜马拉雅等碰撞带。

三、中国板块构造演化的基本特点

1. 游离的古中国地块与两次剧烈的大陆碰撞

如前文所述,古生代期间古中国地块与西伯利亚地块之间被中亚-蒙古大洋隔开。而古中国地块的西南方,属冈瓦纳大陆的一部分,它曾经远在特提斯洋的彼岸;南面,印支地块也曾与古中国地块隔海相望。这样,古生代时,古中国地块有如巨大的岛屿,曾是游离于其他大陆以外的独立地块。正因为如此,古中国地块才有可能向外侧逐渐增生扩展,其周围才得以发育成重重的地槽褶皱带,且褶皱带的时代大体有向外缘变新的趋势。

沿中国地块北缘和西南缘,先后发生两次全球规模的大陆碰撞作用,构成了古生代以来中国板块构造演化的最重要事件。第一次发生于古生代末期,中亚-蒙古大洋关闭,中国地块与西伯利亚地块碰撞,它激起了海西造山运动,使准噶尔、天山、内蒙古、大兴安岭等地槽褶皱隆起,形成了古亚洲大陆,这次碰撞还最终导致联合古陆的形成。第二次开始于始新世晚期,特提斯洋关闭,印度地块与中国地块相撞,它激发了喜马拉雅造山运动,形成了现代亚洲大陆。它也是中生代联合古陆解体以来全球最剧烈的一次大陆碰撞作用。

中国地块原被古海洋包围。第一次碰撞结束了中国地块的隔绝、孤立状态,使之成为古亚洲的一部分。第二次碰撞进一步使中国地块的西南翼结束了面临大洋的状态。两次碰撞先后相隔近两亿年。前一次碰撞和中亚-蒙古大洋的关闭,以及扬子地块与华北地块之间的挤压汇合作用,决定了中国古生代以南北构造分异占优势的大地构造格局。后一次碰撞及特提斯洋的关闭,则对中新生代中国大地构造的发展,产生极其深远的影响。至于中国地块东缘,长期以来一直处于面临大洋的大陆边缘环境,随着大陆向洋侧增生扩展,发育成极其宽阔而复杂的陆缘褶皱带。

2. 微型陆块的碰撞镶接与全球最复杂的镶嵌体系

中国地块周围布列着重重褶皱带,不能简单地认为它们全都是洋壳转化为陆壳的产物。在这些褶皱带之间或褶皱带内部可隐伏着大大小小的微型陆块。有的微型陆块看来是黄汲清等所论的古中国地台在寒武纪前后破裂解体的产物,另一些微型陆块则是冈瓦纳古陆(可能还有西伯利亚陆块等)的裂解碎块。对于微型陆块的碰撞镶接在中国板块构造演化中所起的作用,值得予以重视。举例说,沿古中国地块西南翼,从祁连山至喜马拉雅山,至少发生过五次碰撞作用,中祁连岛链、柴达木地块、羌塘地块、拉萨地块等相继碰撞镶接于中国地块的西南缘,这些微型陆块的碰撞镶合实际上属于大洋最终关闭之前的非终极缝合,形成一系列次一级缝合线;最后,发生印度地块与中国地块之间的碰撞和终极缝合作用,形成规模宏大的巨型缝合线。这五次碰撞,相应地依次形成祁连加里东褶皱带、昆仑海西褶皱带、松潘-甘孜印支褶皱带、藏北燕山褶皱带和喜马拉雅褶皱带,为地槽褶皱带的多旋回发展提供了富有说服力的例证。沿特提斯-喜马拉雅构造域发育的世界上规模最大的印支褶皱带,实际上就是若干微型陆块碰撞镶接的结果。

与北美、非洲、西伯利亚等克拉通相比,华北、塔里木、扬子地块的规模较小。如果把后三者也当作大陆碎块或微型陆块看待，那么，中国大陆实际上是由大小不一的大陆碎块拼合镶接而成。

3. 西部的挤压隆起与东部的拉张陷落

中生代晚期，特别是新生代以来，中国板块构造的一个重要特点是西部挤压隆起，东部拉张陷落。

中、新生代，沿特提斯－喜马拉雅构造域，发生过多次碰撞镶接作用，特别是印度次大陆与中国地块的最终碰撞，强度极大，影响范围很广。这一碰撞挤压作用，迄今仍在继续。它导致我国西部地区发生强烈褶皱和逆冲作用，地壳在水平方向缩短而厚度增大，莫霍面下凹，青藏高原地壳厚达 70 km，是全球地壳最厚的地区之一。与此同时，地面急剧抬升，造成了号称世界屋脊的山系和高原。许多资料表明，我国西部地区，特别是青藏高原的巨厚地壳和雄伟地势，主要是上新世以来强烈挤压隆升（即晚喜马拉雅运动）的产物。根据动、植物化石、孢粉组合及地貌分析，青藏高原自上新世以来约抬升了 3 600 ~ 4 000 m。地质构造以及地震震源机制诸方面的研究表明，晚近地质时期以来，我国西部地区的主压应力方位以北东至北北东向为主；自喜马拉雅山向北往昆仑、天山方向，地形高度、地壳厚度、山前磨拉石的厚度以及构造变形和地震的强度均逐渐减小，极其醒目地显示出构造应力由南向北传递的图像。很明显，控制我国西部地区构造应力场的决定性因素，是印度板块的碰撞挤压作用。

另一方面，我国东部地区，大致在早白垩世早期和晚期之交至晚白垩世初期构造格局发生重要转折，即从挤压作用占优势逐渐转变为拉张作用占优势，从隆起转化为沉降，从高耸的地势转化为低平的盆地，中酸性为主的大规模爆发式喷出活动逐渐被基性宁静式喷溢活动所取代。

白垩世中期以来中国东部迭次的拉张作用，使一些地区地壳变薄，莫霍面上升，地体陷落。东北地区引张作用发生略早，白垩纪时形成大型的松辽盆地，华北、华南地区则形成中小型断陷盆地。至早第三纪，拉张作用使华北、苏北等地进一步断陷，形成大型沉积盆地。盆地中张性断裂十分发育。松辽盆地张裂带呈北东向，张裂活动从白垩纪延续至早第三纪，晚第三纪以来渐趋衰落；张裂带莫霍面上隆，地壳减薄至 33 ~ 34 km（东西两侧地壳厚近 40 km）。华北盆地张裂带的大规模活动出现于第三纪，地壳减薄为 30 ~ 36 km。

第三纪以来，中国东、南边缘发生规模宏大的弧后张裂活动，导致中国东部从活动大陆边缘转化为边缘海－岛弧－海沟系。东海冲绳海槽约于晚第三纪张开，伴随着琉球岛弧向东推移，莫霍面显著上隆，海槽底部地壳减薄至约 14 ~ 20 km，槽底陷落至 2 000 m 左右的水深处。南海中央盆地在第三纪中期张开，在海底扩张作用下已形成典型的大洋型地壳，地壳减薄至 5 ~ 8 km，海盆水深达 3 000 m 以上。

第二节　中国成矿区域

成矿区带划分是一项综合性的地质矿产基础研究工作。由于各国地质发展历史和地质成矿特征的差异，划分成矿区域的原则和依据也不尽相同，一般以大地构造单元作为划分成矿区带的背景和基础。

我国地质学家对中国成矿域进行了深入系统的研究，取得了一系列成果，主要是

（一）郭文魁等人的划分方案

郭文魁（1987）根据中国的主要成矿地质事件，以构造岩浆为主要因素，兼顾金属元素性能，作为成矿区划的原则，在《中国内生金属成矿图》（1∶400 万）中划分了中国的一级和二级成矿单元与 66 个成矿区带。

1．古亚洲成矿域

2．滨太平洋成矿域

（1）滨太平洋成矿域外带。

（2）东北成矿省。

（3）华北成矿省。

（4）华南成矿省。

（5）滨太平洋成矿域内带。

3．特提斯喜马拉雅成矿域

（二）裴荣富等人的划分方案

裴荣富等（1995）在论述中国矿床模式的地质环境时，按成矿地质背景将中国划分出 4 个构造成矿域和 27 种成矿环境。这 4 个构造成矿域是：

1．前寒武纪构造成矿域

2．古亚洲构造成矿域

3．特提斯－喜马拉雅构造成矿域

4．滨西太平洋构造成矿域

（三）陈毓川等人的划分方案

陈毓川和陶维屏（1996）在其《中国的金属和非金属矿产》一文中，划分了中国的 5 个成矿域：

1．前寒武纪中朝－扬子古陆成矿域

2．古亚洲成矿域

3．中－新生代环太平洋成矿域

4．特提斯成矿域

5．秦岭－祁连山－昆仑山成矿域

这一划分方案与裴荣富的类似，不同之处是将处于中国中部的秦岭－祁连山－昆仑山成矿域独立划出，其依据是李春昱在 1984 年提出的将秦-祁-昆构造域作为中国 4 大成矿域的观点。

（四）翟裕生的划分方案

翟裕生（1999）认为，区域矿床的分布主要受构造运动控制。成矿区域的范围大小有不同，但它总与一定的大地构造单元，一定的构造－岩浆带和构造－岩相带相吻合。因此，成矿区域的划分，应以大地构造单元或区域构造单元作为划分的基础，而一

定的大地构造单元又产出一定的岩石建造，大多数工业矿床又萌生和依附于一定的岩石建造之中。因此，构造 – 岩浆 – 成矿带或构造 – 岩相 – 成矿带是对大多数成矿区、岩浆成矿带或构造域的合理概括。

　　根据这一理论认识，翟裕生以区域大地构造演化为基础，区域构造、成矿时代和区域岩石圈三者结合作为划分成矿区域的依据，将中国境内的成矿区域划分为 6 个成矿域。这 6 个成矿域是：

　　Ⅰ. 天山 – 兴蒙成矿域。

　　Ⅱ. 塔里木 – 华北成矿域。

　　Ⅲ. 秦 – 祁 – 昆成矿域。

　　Ⅳ. 扬子成矿域。

　　Ⅴ. 华南成矿域。

　　Ⅵ. 喜马拉雅 – 三江成矿域。

　　每个成矿域中包括不同成矿时代，其中Ⅱ和Ⅳ是以前寒武纪陆块为主体及外围造山带构成的成矿域，Ⅰ、Ⅲ、Ⅴ、Ⅵ则是以造山带为主体（其中夹有微陆块）的成矿域。而滨西太平洋构造成矿域的有关内容则被包括在中国东部的几个成矿域或成矿带（兴蒙、华北、扬子、华南和东秦岭）中，未将其单独划出。

　　翟裕生将扬子成矿域和华南成矿域两者独立分出，主要是考虑到这两个区域的成矿特色都比较明显，而且地质构造背景也有很大差异，为了突出扬子陆块在中国大陆形成史中的特殊地位，也为了显示华南成矿域花岗岩型钨、锡、稀土金属在全球金属成矿中的重要意义，将扬子和华南这两个成矿域分开是必要的。

　　在以上 6 个成矿域中，又按照次一级的地质构造单元和成岩、成矿特征，特别是成矿组分特征，再划分为 27 个成矿带，每个带中都有一定的成矿系统。

　　1. 阿尔泰金 – 铅 – 锌 – 铜 – 镍 – 铁成矿带

　　2. 准噶尔铬 – 金 – 锡 – 铁 – 铜成矿带

　　3. 天山铁 – 铜 – 锰 – 金 – 镍成矿带

　　4. 鄂尔古纳铜 – 钼 – 银 – 金 – 铅 – 锌成矿带

　　5. 大兴安岭 – 东蒙铜 – 铅 – 锌 – 钨 – 锡 – 钼 – 金 – 铁成矿带

　　6. 小兴安岭 – 佳木斯铅 – 锌 – 铁 – 金 – 铜 – 镍 – 钼成矿带

　　7. 塔里木及周边铅 – 锌 – 铁 – 铜 – 金成矿带

　　8. 华北陆块北缘铅 – 锌 – 金 – 铁 – 钼 – 铜 – 稀土成矿带

　　9. 华北陆块东部铁 – 铝 – 金 – 铜成矿区

　　10. 华北陆块南缘东缘金 – 钼 – 铜 – 铅 – 锌成矿带

　　11. 阿拉善地块及南缘镍 – 铜 – 金 – 铁成矿带

　　12. 北秦岭银 – 金 – 铜 – 铁 – 铅 – 锌成矿带

　　13. 南秦岭铅 – 锌 – 金 – 汞 – 铜成矿带

　　14. 祁连山铜 – 铁 – 铅 – 锌 – 铬 – 镍 – 钨 – 钼成矿带

　　15. 柴达木及周边铅 – 锌 – 铬 – 钾成矿带

16. 东昆仑 – 阿尔金铁 – 铬 – 镍 – 铅 – 锌 – 铜成矿带
17. 西昆仑铁 – 铬 – 铜成矿带
18. 江南地块金 – 锑 – 钨 – 铅 – 锌 – 锡成矿带
19. 长江中下游铁 – 铜 – 金 – 硫 – 铅 – 锌成矿带
20. 上扬子汞 – 锑 – 金 – 铅 – 锌成矿带
21. 康滇地块铁 – 铜 – 钒 – 钛 – 镍 – 锡 – 钨 – 铅 – 锌成矿带
22. 东南沿海铅 – 锌 – 银 – 铜 – 金成矿带
23. 湘赣粤桂钨 – 锡 – 稀土 – 铅 – 锌 – 铀成矿带
24. 右江铅 – 锌 – 金 – 银 – 梯 – 锡成矿带
25. 松潘 – 甘孜金 – 铀 – 铜 – 钴 – 镍成矿带
26. 三江铜 – 铅 – 锌 – 锡 – 钼 – 金 – 银 – 镍 – 钴成矿带
27. 雅鲁藏布江铬成矿带

（五）中国成矿区带划分方案

近年来，我国地质大调查和有关矿产勘查工作特别是在中西部地区找矿工作中，取得了如冈底斯成矿带等一系列重大发现，形成了《中国成矿区带划分方案》（2008）。该方案充分反映了地矿工作新成果，按规模将中国成矿区带（成矿单元）划分为Ⅴ级：

Ⅰ级成矿单元　为全球性的成矿域。受控于全球性的洋、陆格局及其地球动力学体系，先分出与古亚洲、特提斯和滨太平洋三大构造域相对应的三大成矿域后，再考虑到秦-祁昆巨型造山系之宏大规模以及在中国地壳演化及其成矿作用中之重要性，分出秦-祁-昆成矿域；而对十分重要的前寒武纪成矿作用及其矿产，则置于四个显生宙成矿域中，以"基底"成矿作用方式加以表现。

Ⅱ级成矿单元　为区域性的成矿省。Ⅲ级成矿单元称为成矿区带，其范围总体上相当于成矿省内较大级别、相对独立的成矿单元，是成矿省内一种或多种矿化集中分布区，是全国成矿区带划分中的核心。在Ⅲ级成矿区带内还可分出Ⅳ级（成矿亚带或矿带）和Ⅴ级（矿田）成矿单元。

中国西部的地壳演化主要表现为陆块裂解成洋、洋盆俯冲 – 闭合、陆（或弧）– 陆汇聚碰撞及其碰撞后造山伸展等诸多板块构造活动及相应的成矿作用，其板块构造格局及其地球动力学特征仍较清晰，成矿构造单元（以Ⅱ级和Ⅲ级为主）与古板块及其内的大地构造分区能较好吻合；而中国东部晚前寒武纪 – 古生代（或南华纪 – 中三叠世）古板块体制受到中 – 新生代滨太平洋构造域/成矿域的强烈改造，成矿作用亦以中 – 新生代为主，并主要受控于由中 – 新生代地球动力学和先期构造（如基底之隆坳构造和大型断裂构造）所形成的构造 – 岩浆带，致使许多中 – 新生代成矿区带斜叠在先期的成矿区带（或大地构造分区）之上。因此，对中国西部，把由地块及其周缘造山带组成之古板块作为成矿省，将地块及周缘的一些造山带视为Ⅲ级成矿区带；而对中国东部，则将华北和扬子两陆块及兴蒙、吉黑、秦岭 – 大别 – 苏鲁和华南诸造山带作为成矿省，再兼顾其内次级（Ⅲ级）构造单元及上叠的中 – 新生代构造 – 岩浆 – 成矿带，划分出Ⅲ级成矿区带。

　　《中国成矿区带划分方案》（2008）将中国西部分为阿尔泰、准噶尔、伊犁、塔里木、华北（仅指阿拉善地区）、阿尔金－祁连、昆仑、秦岭－大别（西段）、巴颜喀拉－松潘、喀喇昆仑－三江、冈底斯－腾冲和喜马拉雅11个成矿省（未计阿拉善地区）和45个Ⅲ级成矿带。将中国东部分为大兴安岭、吉黑、华北、秦岭－大别（东段）、扬子和华南5个成矿省（秦岭－大别成矿省东段未重复计入）和45个Ⅲ级成矿区带，全国共计分出4个成矿域（Ⅰ级成矿区带）16个成矿省和90个Ⅲ级成矿区带。

　　另外，还分出了中国海区石油—天然气—天然气水合物成矿省及其所辖的4个Ⅲ级成矿区。划分结果见表9－3－1。

表9－3－1　　　　　　　　　　　　中国成矿区带划分

全国成矿域 （Ⅰ级成矿区带）	全国成矿省 （Ⅱ级成矿区（带））	全国成矿区（带） （Ⅲ级成矿区（带））
Ⅰ-1 古亚洲成矿域	Ⅱ-1 阿尔泰成矿省	Ⅲ-1 北阿尔泰稀有 Pb-Zn-Au-白云母-宝石成矿带
		Ⅲ-2 南阿尔泰 Cu-Pb-Zn-Fe-Au-稀有－白云母－宝石成矿带
	Ⅱ-2 准噶尔成矿省	Ⅲ-3 北准噶尔 Cu-Ni-Mo-Au 成矿带
		Ⅲ-4 唐巴勒－卡拉麦里 Cr-Cu-Au-Sn-硫铁矿－石墨－石棉－水晶成矿带
		Ⅲ-5 准噶尔盆地石油－天然气-U-煤－盐类－膨润土成矿区
		Ⅲ-6 准噶尔南缘 Cu-Mo-Au-W-Fe-Cr-Mn-稀有－硼－石墨－透闪石玉成矿带
		Ⅲ-7 吐哈盆地石油－天然气－煤-U-盐类－膨润土成矿带
		Ⅲ-8 觉罗塔格－黑鹰山 Fe-Cu-Ni-Au-Ag-Mo-W-石膏－硅灰石－膨润土－煤成矿带
	Ⅱ-3 伊犁成矿省	Ⅲ-9 伊犁微板块北东缘（造山带）Au－Cu-Mo-Pb-Zn-Fe-W-Sn-磷－石墨成矿带
		Ⅲ-10 伊犁（地块）Fe-Mn-Cu-Pb-Zn-Au 成矿带
		Ⅲ-11 伊犁微板块南缘（造山带）Cu-Ni-Au-Fe-Mn-Pb-Zn-白云母成矿带
	Ⅱ-4 塔里木成矿省	Ⅲ-12 塔里木板块北缘 Fe-Ti-Mn-Cu-Mo-Pb-Zn-Sn-Au-Sb-白云母－菱镁矿－铝土矿－石墨－硅灰石－红柱石成矿带
		Ⅲ-13 塔里木陆块北缘（隆起）Cu－Ni-Au-Fe-Ti-V-Pb-Zn-RM-REE-蛭石成矿带
		Ⅲ-14 磁海-公婆泉 Fe-Cu-Au-Pb-Zn-Mn-W-Sn-Rb-V-U-磷成矿带
		Ⅲ-15 敦煌（地块）Au-磷-芒硝成矿区
		Ⅲ-16 塔里木盆地石油-天然气－煤-U-盐－砂金－砂铂－金刚石成矿区
		Ⅲ-17 塔里木陆块（西）南缘铁克里克（断隆）Fe-Pb-Zn 成矿亚带
		Ⅲ-18 阿拉善（隆起）Cu-Ni-Pt-Fe-REE-磷－石墨－芒硝－盐类成矿带

（续表）

全国成矿域 （Ⅰ级成矿区带）	全国成矿省 （Ⅱ级成矿区（带））	全国成矿区（带） （Ⅲ级成矿区（带））
Ⅰ-2 秦祁昆成矿域	Ⅱ-5 阿尔金－祁连（造山带）成矿省	Ⅲ-19 阿尔金 Au-Cr-石棉－和田玉成矿带 Ⅲ-20 河西走廊 Fe-Mn-萤石－盐类－凹凸棒石－石油成矿带 Ⅲ-21 北祁连 Cu-Pb-Zn-Fe-Cr-Au-Ag-硫铁矿－石棉成矿带 Ⅲ-22 中祁连 Fe- Cu- Cr- W- Mo- Pb-Zn-磷－石墨－红柱石－菱镁矿成矿带 Ⅲ-23 南祁连（含拉鸡山）Pb-Zn-Au-Cu-Ni-Cr-磷成矿带
	Ⅱ-6 昆仑（造山带）成矿省	Ⅲ-24 柴达木北缘 Pb-Zn-Mn-Cr-Au-白云母成矿带 Ⅲ-25 柴达木盆地 Li-B-K-Na-Mg 盐类－石膏－天然气成矿区 Ⅲ-26 东昆仑 Fe-Pb-Zn-Cu-Co-Au-W-Sn-石棉成矿带 Ⅲ-27 西昆仑 Fe-Cu-Pb-Zn-RM-REE-硫铁矿－水晶－白云母－宝玉石成矿带
	Ⅱ-7 秦岭－大别（造山带）成矿省	Ⅲ-28 西秦岭 Pb-Zn-Cu（Fe）Au-Hg-Sb 成矿带
Ⅰ-3 特提斯成矿域	Ⅱ-8 巴颜喀拉－松潘（造山带）成矿省	Ⅲ-29 阿尼玛卿 Cu-Co-Zn-Au-Ag 成矿带 Ⅲ-30 北巴颜喀拉－马尔康 Au-Ni-Pt-Fe-Mn-Pb-Zn-Li-Be-白云母成矿带 Ⅲ-31 南巴颜喀拉－雅江 Li-Be-Au-Cu-Zn-水晶成矿带
	Ⅱ-9 喀喇昆仑－三江成矿省	Ⅲ-32 义敦－香格里拉 Au-Ag-Pb-Zn-Cu-Sn-Hg-Sb-W-Be 成矿带 Ⅲ-33 金沙江 Fe-Cu-Pb-Zn 成矿带 Ⅲ-34 墨江－绿春 Au-Cu-Mo-Pb-Zn 成矿带 Ⅲ-35 喀喇昆仑－羌北 Fe-Au-石膏成矿带 Ⅲ-36 昌都－普洱 Cu-Pb-Zn-Ag-Au-Fe-Hg-Sb-石膏－菱镁矿－盐类成矿带 Ⅲ-37 羌南 Fe-Sb-B（Au）成矿带 Ⅲ-38 昌宁－澜沧 Fe-Cu-Pb-Zn-Ag-Sn 成矿带 Ⅲ-39 保山 Pb-Zn-Sn-Hg-Fe-Cu-Au 成矿带
	Ⅱ-10 冈底斯－腾冲（造山系）成矿省	Ⅲ-40 班公湖－怒江（缝合带）Cr 成矿带 Ⅲ-41 狮泉河－申扎（岩浆弧）W-Mo（Cu-Fe）-硼－砂金成矿带 Ⅲ-42 班戈－腾冲 Sn-W-Be-Li-Fe-Pb-Zn 成矿带 Ⅲ-43 拉萨地块（冈底斯岩浆弧）Cu-Au-Mo-Fe-Sb-Pb-Zn 成矿带
	Ⅱ-11 喜马拉雅（造山系）成矿省	Ⅲ-44 雅鲁藏布江（缝合带，含日喀则弧前盆地）Cr-Au-Ag-As-Sb 成矿带 Ⅲ-45 喜马拉雅（造山带）Au-Sb-Fe-白云母成矿带

（续表）

全国成矿域 （Ⅰ级成矿区带）	全国成矿省 （Ⅱ级成矿区（带））	全国成矿区（带） （Ⅲ级成矿区（带））
Ⅰ-4 滨太平洋成矿域	Ⅱ-12 大兴安岭成矿省	Ⅲ-46 上黑龙江（边缘海）Au-Cu-Mo 成矿带
		Ⅲ-47 新巴尔虎右旗－根河（拉张区）Cu-Mo-Pb-Zn-Ag-Au-萤石－煤（U）成矿带
		Ⅲ-48 东乌珠穆沁旗－嫩江（中强挤压区）Cu-Mo-Pb-Zn-W-Sn-Cr 成矿带
		Ⅲ-49 白乃庙－锡林浩特 Fe-Cu-Mo-Pb-Zn- Mn-Cr（Au）Ge-煤－天然碱－芒硝成矿带
		Ⅲ-50 突泉－翁牛特 Pb-Zn-Ag-Cu-Fe-Sn-REE 成矿带
	Ⅱ-13 吉黑成矿省	Ⅲ-51 松辽盆地石油－天然气-U 成矿区
		Ⅲ-52 小兴安岭－张广才岭（造山带）Fe-Pb-Zn-Cu-Mo-W 成矿带
		Ⅲ-53 佳木斯－兴凯（地块）Fe-Au-磷－石墨－矽线石成矿带
		Ⅲ-54 完达山 Au-Ag-Cu-Pb-Zn 成矿带
		Ⅲ-55 吉中延边（活动陆缘）Mo-Au-As-Cu-Zn-Fe-Ni-W 成矿带
	Ⅱ-14 华北（陆块）成矿省	Ⅲ-56 辽东（隆起）Fe-Cu-Pb-Zn-U-硼－菱镁矿－滑石－石墨－金刚石成矿带
		Ⅲ-57 华北陆块北缘东段 Fe-Cu-Mo-Pb-Zn-Ag-Mn-U-磷－煤－膨润土成矿带
		Ⅲ-58 华北陆块北缘西段 Au-Fe-Nb-REE-Cu-Pb-Zn-Ag-Ni-Pt-W-石墨－白云母成矿带
		Ⅲ-59 鄂尔多斯西缘（陆缘坳褶带）Fe-Pb-Zn-磷－石膏－芒硝成矿带
		Ⅲ-60 鄂尔多斯（盆地）U-石油－天然气－煤－盐类成矿区
		Ⅲ-61 山西（断隆）Fe-铝土矿－石膏－煤－煤层气成矿带
		Ⅲ-62 华北盆地（断坳）石油天然气成矿区
		Ⅲ-63 华北陆块南缘 Fe-Cu-Au-Mo-W-Pb-Zn-铝土矿－硫铁矿－萤石－煤成矿带
		Ⅲ-64 鲁西（断隆、含淮北）Fe-Cu-Au-铝土矿－煤－金刚石成矿区
		Ⅲ-65 胶东（次级隆起）Au-Fe-Mo-菱镁矿－滑石－石墨成矿带
		Ⅲ-66 东秦岭 Au-Ag-Mo-Cu-Pb-Zn-Sb-非金属成矿带
		Ⅲ-67 桐柏－大别－苏鲁（造山带）Au-Ag-Fe-Cu-Zn-Mo-金红石－萤石－珍珠岩成矿带
	Ⅱ-15 扬子成矿省	Ⅲ-68 苏北（断陷）石油－天然气－盐类成矿区
		Ⅲ-69 长江中下游 Cu-Au-Fe-Pb-Zn（Sr-W-Mo-Sb）－硫铁矿－石膏成矿带
		Ⅲ-70 江南隆起东段 Au-Ag-Pb-Zn-W-Mn-V-萤石成矿带
		Ⅲ-71 武功山－杭州湾 Cu-Pb-Zn-Ag-Au-W-Sn-Nb-Ta-Mn-海泡石－萤石－硅灰石成矿带

（续表）

全国成矿域 （Ⅰ级成矿区带）	全国成矿省 （Ⅱ级成矿区（带）	全国成矿区（带） （Ⅲ级成矿区（带）
		Ⅲ-72 江汉 – 洞庭（断陷）石膏 – 盐类 – 石油 – 天然气成矿区 Ⅲ-73 龙门山 – 大巴山（陆缘坳陷）Fe-Cu-Pb-Zn-Mn-V-磷 – 硫 – 重晶石 – 铝土矿成矿带 Ⅲ-74 四川盆地 Fe-Cu-Au-石油 – 天然气 – 石膏 – 钙芒硝 – 石 盐 – 煤和煤层气成矿区 Ⅲ-75 盐源 – 丽江 – 金平（陆缘拗陷和逆冲推覆带）Au-Cu-Mo- Mn-Ni-Fe-Pb-硫成矿带 Ⅲ-76 康滇隆起 Fe-Cu-V-Ti-Sn-Ni-REE-Au-蓝石棉 – 盐类成矿带 Ⅲ-77 上扬子中东部（坳褶带）Pb-Zn-Cu-Ag-Fe-Mn-Hg-Sb-磷 – 铝土矿 – 硫铁矿 – 煤 – 煤层气成矿带 Ⅲ-78 江南隆起西段 Sn-W-Au-Sb-Fe-Mn-Cu-重晶石 – 滑石成矿带
	Ⅱ-16 华南成矿省	Ⅲ-79 台湾 Au-Ag-Cu-Fe-硫 – 明矾石 – 滑石 – 石油 – 天然气成 矿带 Ⅲ-80 浙闽赣粤沿海 Pb-Zn-Cu-Au-Ag-W-Sn-Mo-Nb-Ta-叶蜡石 – 明 矾石 – 萤石成矿带 Ⅲ-81 浙中 – 武夷山（隆起）W-Sn-Mo-Au-Ag-Pb-Zn-Nb-Ta-U-叶 蜡石 – 萤石成矿带 Ⅲ-82 永安-梅州 – 惠阳（坳陷）Fe-Pb-Zn-Cu-Au-Ag-Sb 成矿带 Ⅲ-83 南岭 W-Sn-Mo-Be-REE-Pb-Zn-Au 成矿带 Ⅲ-84 粤中（坳陷）稀有-Sn-W-U-Au-Ag-Cu-Pb-Zn-水晶 – 萤石 – 高岭土成矿带 Ⅲ-85 粤西 – 桂东南 Sn-Au-Ag-Cu-Pb-Zn-Fe-Mo-W-Nb-Ta-硫铁矿 成矿带 Ⅲ-86 湘中 – 桂中北（坳陷）Sn-Pb-Zn-W- Fe-Cu-Sb-Hg-Mn 成 矿带 Ⅲ-87 钦州（残海）Au-Cu-Mn-石膏成矿带 Ⅲ-88 桂西 – 黔西南 – 滇东南北部（右江海槽）Au-Sb-Hg-Ag- Mn-水晶 – 石膏成矿区 Ⅲ-89 滇东南南部 Sn-Ag-Pb-Zn-W-Sb-Hg-Mn 成矿带 Ⅲ-90 海南 Fe-Cu-Co-Au-Mo-水晶 – 铝土矿成矿区
	Ⅱ-17 中国海区石 油 – 天然气 – 天然 气水合物成矿省	Ⅲ-91 渤海石油 – 天然气成矿区 Ⅲ-92 黄海石油 – 天然气成矿区 Ⅲ-93 东海石油 – 天然气成矿区 Ⅲ-94 南海石油 – 天然气 – 天然气水合物成矿区

　　为了更好地反映中国成矿区带划分之成矿地质背景及其与大地构造单元之间的关系，徐志刚等编制了《中国成矿区带划分图（1:500 万）》。

第三节　中国大地构造演化与成矿系统

中国大陆地处欧亚板块、印度板块与太平洋板块的交汇区，经历了漫长的地质演化历史，地质构造复杂多样。深入研究中国大地构造演化与矿床形成分布的关系，对成矿预测、矿产资源潜力评价及制定勘查战略，具有重要的指导意义。翟裕生等以王鸿祯（1996）、任纪舜（1998）、程裕淇（1994）关于中国大地构造和区域地质的论述为基础，参照陈毓川等（2006）"中国成矿体系与区域成矿评价"项目系列丛书的有关资料，以对我国若干成矿区带的实际研究和调查为依据，对中国的成矿构造背景与成矿系统做了系统论述。

一、前寒武纪构造演化与成矿

（一）太古宙阶段

中国太古宙地层出露不广，大部分太古宙基底被后来的地层覆盖。太古宙地层变质较深，其构造面貌较难恢复。在辽宁鞍山地区的古老变质岩中获得过 3 800 Ma 的同位素年龄（刘敦一等，1994，SHRIMP 锆石 U – Pb 法）。以华北古陆为例，大约在3 600 Ma期间，曾发生海相环境中的基性 – 超基性岩浆火山活动，形成喷发 – 沉积岩。在 3 500 ~ 3 000 Ma 期间，广泛发育麻粒岩相变质作用，并有富钠花岗岩类侵位，形成了原始陆核。在2 800 ~ 2 500 Ma 新太古代期间，硅铝质陆壳逐渐增厚，陆地面积也随之扩大。这个时间在裂解大陆边缘海中生成了鞍山式铁矿（相当于 Algoma 型 BIF），是中国最重要的铁矿床类型，主要分布在辽宁、冀东一带。此外，绿岩带中的火山岩型铜矿和铜 – 锌 – 银矿床也有发育，如辽宁红透山铜矿床。在一些深变质岩相中还产生了石墨、白云母和磷矿床。

（二）元古宙阶段

华北、塔里木、扬子陆块已完全克拉通化。古元古代和中元古代时期，3 个克拉通地块的内部和部分边缘区发育了裂陷槽和裂谷，显示了古老陆块的开裂扩张机制。在张裂性海盆中形成了与海相火山 – 沉积岩有关的 VMS 型铜 – 锌矿床；在火山活动不发育区则形成了以碳酸盐岩 – 泥质岩为主要容矿围岩的层状铅 – 锌矿床（SEDEX 型），构成了中国十分重要的成矿时期。有关矿床基本上产在华北陆块的内部和边缘。著名的有辽宁青城子铅 – 锌矿、宽甸翁泉沟硼矿（2 167 Ma）、海城大石桥菱镁矿（ > 1 900 Ma），它们都位于辽宁古元古代裂陷槽内。另有胡家峪铜矿（2 300 ~ 1 800 Ma）产在山西南部中条山裂谷中。大致在同一时期，在扬子克拉通西南缘的康滇地轴位置，在拗拉槽内（2 000 ~ 1 800 Ma）生成四川会理拉拉厂和通安铜矿，以及其南部的大红山铜 – 铁矿床（1 800 ~ 1 700 Ma），在古元古宙期间，山西、冀北和辽吉裂陷槽内产有一些沉积变质铁矿，胶辽古陆区产有较重要的石墨矿和滑石矿，云南东川中元古代裂谷发育了火山喷气、喷流作用形成的层状铜矿床（东川式铜矿）。

中元古代早期（1 800~1 400 Ma）内蒙古北部的狼山－阴山地区在当时属于大陆斜坡－断陷槽，其中发育了巨厚的狼山群（渣尔泰群）和白云鄂博群，前者中产出了SEDEX 型 铅－锌－铜－硫矿床（东升庙、霍各乞等矿床），后者中产出著名的超大型白云鄂博稀土－铌－铁矿床。大体在同一时代，华北陆块东北缘的承德纬向深断裂带中侵位有斜长岩－苏长岩杂岩体及生成有关的铁－钒－钛－磷成矿系统（河北大庙－黑山矿田）。

中元古代后期，随着陆地范围的扩大和岩石刚性程度的增强，华北陆块边缘发育有深断裂带，陆块西南缘断裂带有幔源镁铁质－超镁铁质岩浆侵入并伴有铜－镍－铂成矿系统，形成著名的甘肃金川镍－铜矿（曾获得 1 526~1 509 Ma 的年龄）。根据近年的精细成岩成矿年龄测定，金川矿床的成矿年龄为 850 Ma，相当于 Rodinia 大陆的汇聚边缘的裂谷发育时期。

新元古代时期相当于青白口纪和震旦纪，上扬子陆缘海中广泛发育硅质碎屑岩含磷建造，产有较多的磷矿床，构成中国南方的磷矿基地，代表矿床有湖北保康白竹矿床等。

总的看来，中国太古宙地层分布区尚未发现有重要价值的科马提岩系中的镍－铜－金矿床（如西澳和加拿大的克拉通内），并缺少花岗－绿岩带中在太古宙时形成的大型金矿床。

元古宙时期，中国的克拉通面积虽有所扩大，但它在较长时期内处于不稳定状态，缺少像南非大陆中存在的巨型稳定克拉通盆地，似乎不具备 Witwatersrand 型（含金－铀砾岩型）金矿的形成条件；也缺乏像西澳 Pilibara 克拉通上稳定的古陆风化壳环境，难以形成 Hamsley 式的巨型富铁矿床。

沈保丰等（2006）较系统地研究了中国前寒武纪超大陆碰撞汇聚和裂解离散作用及有关的成矿区带和成矿系列，得出以下认识：

1. 前寒武纪超大陆增生碰撞汇聚环境下的成矿区带和成矿系列：产于活动大陆边缘环境，与海相火山岩系密切相关，形成了一批绿岩带型金、铁、铜、锌矿床及与蛇绿岩套有关的铁、铜、锌、金矿床等。这些成矿区带、成矿系列主要分布在华北陆块北缘、南缘，扬子陆块的西南缘、东南缘。

2. 前寒武纪超大陆裂解离散环境下的成矿区带和成矿系列：主要产在裂谷等拉伸构造环境，形成一批铜、铁、镍、铅锌、稀土、石墨、菱镁矿、滑石、硫铁矿、磷等大型、特大型、超大型矿床。这些矿床广泛分布在各陆块边缘和陆内裂谷（或裂陷槽），尤以华北陆块北缘东段、西段，华北陆块南缘和西南缘，扬子陆块的西南缘、东南缘较为发育。

3. 在我国的前寒武纪成矿过程中也形成了一些超大型矿床，它们的大地构造背景和成矿时代见表 9－3－2（沈保丰等，2006）。

表 9 - 3 - 2　　　　　　　　　中国前寒武纪大地构造演变与大规模成矿作用

大规模成矿时代（Ma）	大地构造演变	成矿构造环境	大型、超大型矿床类型
中太古代（3200~2800）	陆核形成，地壳薄，地温梯度大		沉积变质型条带状铁建造铁矿
新太古代（2800~2500）	陆核焊接，超大陆形成，地壳薄，地温梯度大	陆核边缘岛弧盆地	绿岩带中阿尔戈马型铁矿（BIF）、绿岩带脉型金矿、VHMS型铜锌矿
古元古代（2500~1800）	超大陆破裂和焊接，硅铝质地壳加厚	大陆裂谷、裂陷槽、克拉通盆地	苏必利尔湖型铁矿（BIF），变质改造热水沉积型硼矿，滑石矿，沉积变质石墨矿，SEDEX型铅锌矿，变质海相火山-斑岩型铜矿、海相火山-沉积型铁、铜矿
中新元古代（1800~800）	超大陆形成，发生再破裂，板块构造体制开始，水气圈中氧气显著增加，中国古大陆汇聚和拼贴	裂谷、裂陷槽、克拉通盆地	SEDEX型锌、铅、铜、黄铁矿、喷流-沉积热液交代型稀土、铌、铁矿、海相沉积型锰矿、岩浆深部熔离-贯入型镍、铜矿、沉积-深源热水叠加改造型铜矿、受变质沉积型铁矿
新元古代（800~543）	800~600 Ma超大陆形成后，地壳再度拉张、破裂	大陆边缘盆地（冒地槽）、陆内裂谷、褶皱带	海相沉积型锰矿、沉积型磷矿、变质型金红石矿

翟裕生等对前寒武纪构造与成矿提出以下几个观点：

1. 前寒武纪矿种有铁、铜、镍、钛、稀土元素、铅、锌、磷、硼等，以铁、铜矿床居多。稀土、硼、菱镁矿的成矿强度大，有世界级的超大型矿床，这是中国前寒武纪成矿的一个重要特色。

2. 前寒武纪成矿系统与矿床类型，以 BIF、SEDEX、VMHS、岩浆分异型和陆缘沉积型为主。与其他国家的绿岩型金矿主要形成在前寒武纪不同，在我国，该时代形成的金矿规模较小，但绿岩带中某些岩层作为金的矿源层则有普遍意义，它们为后来的众多中生代岩浆-热液金矿形成过程中提供了必要的矿源。

3. 前寒武纪成矿系统的产出环境主要在陆缘及陆内裂谷和深断裂带中。到新元古代时，古陆已经具有一定规模，广泛分布的陆缘海，是磷、锰、铁等贫床的有利成矿环境。

4. 中国的前寒武纪陆块较小，也较分散，缺乏巨型克拉通中产有特大型金矿、铬铁矿、铁矿、铜矿的有利地质和构造-热动力条件。

需要指出的是，我国出露的前寒武纪地层面积不大，上述的认识还是阶段性的。随着深部探测包括深部找矿的开展，将揭露出更多的古老变质基底及前寒武纪形成的矿床，这就有可能对前寒武纪成矿特征有进一步的认识。

二、加里东期构造演化与成矿

（一）加里东期构造演化

经过晋宁期造山运动，华北和扬子两个陆块已经联合一起，从新元古代起开始接受盖层沉积，包括在前 800~540 Ma 期间形成的南华纪和震旦纪的巨厚沉积地层。发展到加里东初期，中国古陆重新解体为塔里木、华北和扬子诸陆块，陆块间发育了秦-祁-昆、天山-北山等小洋盆或有限洋盆。到加里东运动晚期，广泛的加里东运动使中华陆块群又重新会聚拼接。在华北陆块的北侧和南侧分别受到古蒙古洋板块向南和古秦岭洋板块向北的俯冲，形成了陆缘增生褶皱带。

在内蒙古的中部及东部一带，早寒武世发育的火山-沉积岩系，包括蛇绿岩套和放射虫硅质岩，可能代表着新元古代——早古生代的岛弧张裂环境。火山-沉积岩中的火山-热液矿床和火山-沉积矿床，经过俯冲热动力变质变形及后来花岗岩-闪长岩类的侵位、叠加和改造加富形成一系列大型矿床。代表性矿床有白乃庙铜-金-钼矿床和温都尔庙铁矿床等。根据同位素年龄测定，白云鄂博矿床的火成碳酸岩及有关的稀土元素矿化也是加里东期的产物。在阿尔泰造山带则生成了稀有金属和白云母的大型矿床。

在华北陆块的南缘，由于古秦岭洋板块向北俯冲削减，北祁连-秦岭一线成为活动大陆边缘，寒武纪和奥陶纪强烈的海相火山活动和岩浆侵入活动，形成了多种类型的金属矿床，最有代表性的是黄铁矿型块状硫化物铜-铅-锌-金-银矿床。例如与细碧角斑岩建造有关的甘肃白银厂铜-多金属矿床，以及与超镁铁质岩有关的铬矿和镍矿。

加里东期的华南陆块表现为陆内造山运动，华夏地块向北西方向运动并与扬子板块汇聚。扬子板块北缘沿现今的南秦岭山脉，在寒武纪沉积了一套富炭黑色页岩建造，是中国南方重要的富含钒-铀-钼-稀土的金属矿源层，对华南地区后来的成矿事件起了重要作用。

扬子板块东南边缘为持续发展的岛弧-海槽沉积，并递次褶皱上升为陆，至晚志留纪闭合，形成大面积华南加里东褶皱带，广泛伴有造山花岗岩侵位，其中有一些断层和花岗岩联合控制的钨-锑-金矿床。在扬子板块西南缘则有大面积的磷矿床形成。

（二）加里东构造期的成矿特征与成矿带

早古生代时期，中国的构造-岩浆-成矿作用主要集中在北祁连和秦岭地区的古陆边缘裂陷带中。加里东成矿期是北祁连等区的结束时期，也是阿尔泰、天山、南秦岭和东北广大地区华力西成矿期的孕育期。加里东期已经生成的一些内生矿床，也可在华力西或更晚期褶皱带的古老陆块中找到。

1. 加里东构造期中国境内的成矿特征

（1）金属矿床以铜、铅、锌、金、银、稀土、铁、铀等为代表；非金属矿产以磷块岩、重晶石和石膏等较重要。

（2）矿床类型以 VMS，SEDEX，生物沉积型和剪切带型为主。寒武纪以发育含多种金属的黑色页岩建造为特征，虽未发现大规模矿床，却是很重要的金属矿源层。

（3）成矿环境有大陆边缘裂谷、岛弧和弧后盆地、大陆架、褶皱带变质岩块中发育的剪切带等。

2. 加里东运动期形成的主要矿带

（1）阿尔泰加里东晚期变质－深熔作用有关的稀有金属－白云母成矿带（新疆三号伟晶岩脉等）。

（2）华北陆块西北缘早古生代喷流－沉积型稀土－铁－铌－金成矿带（白云鄂博矿床的一个成矿阶段）。

（3）华北陆块东部陆内深断裂带的金伯利岩型金刚石成矿带（山东蒙阴、辽宁瓦房子）。

（4）北祁连加里东早－中期沟－弧－盆环境的 VHMS 铜铅锌（白银厂）、钨、钼、金成矿带。

（5）扬子陆块西缘早寒武世陆缘海磷成矿带（云、贵）。

（6）扬子陆块北缘早寒武世深海环境黑色岩系钒－钼－铀－稀土和重晶石成矿带（大河边等）。

三、华力西－印支期构造演化与成矿

（一）华力西－印支期构造演化

与加里东期比较，华力西－印支期是中国的重要成矿时期。华力西运动往往与印支运动不易明显分开，在中国南部和中部更是如此。根据王鸿祯等研究，这一阶段的总特征是分散的巨型陆块向统一的联合古陆发展。华北板块与西伯利亚板块在早二叠世时靠近，并在索伦－西拉木图一线碰撞对接，导致重大构造热事件和大规模成矿作用，形成广阔的内蒙古－天山华力西褶皱带，成为中亚构造成矿域的组成部分。在阿尔泰、东天山、北秦岭，以及大兴安岭一带的泥盆纪－石炭纪地层中，生成数量不等的海相或海陆交互相火山岩及火山沉积岩，其中赋存有铜、金、铅、锌、铁等重要矿床。例如天山的阿希金矿，吉林的小西南岔铜－金矿床。

中国华力西运动阶段的另一特点是环特提斯大洋的大陆边缘裂解。在伸张构造动力作用下，扬子板块可能与澳大利亚板块移离并向北迁移。晚二叠世时，在其西缘的康滇、黔西一带大规模开裂，有由地幔柱引发的大规模大陆玄武岩溢流（峨眉山玄武岩），并在攀西裂谷区产有与镁铁质岩相关的铁、钛、钒矿床，规模巨大，矿种也多，有重大的经济和社会价值。

在南秦岭和扬子板块东南缘的广大被动陆缘，发育了自泥盆系到中三叠统的海相沉积岩。一些次级断陷海沟（台沟）中发育了热水沉积型矿床，如广西大厂锡－多金属矿田中的层状矿体。还有盆地演化后期的密西西比河谷型铅－锌矿，如广东凡口铅－锌矿床。在广东大宝山地区还形成了火山－沉积型铁－铜－多金属矿床。在上述矿床的形成过程中，含矿盆地中发育的大型同生断层起了重要作用。

长江中下游地区，上泥盆统五通组石英砂岩之上、中石炭世石灰岩层之下，广泛分布的同生黄铁矿层和赤铁矿层也是华力西期热水活动的产物，作为矿层或矿胚，为该区后来的中生代大规模成矿作用打下一定的物质基础，提供了丰富的铁、硫等成矿组分。

中国的印支运动阶段大致相当于三叠纪，是中国大地构造发展的一个重大转折期。

此时，华北与扬子两大板块对接形成统一陆块，川西、松潘、甘孜及巴颜喀拉山一带广大印支褶皱带形成，伴有若干铁、铜、镍、稀有元素、石棉、云母矿床。在华南加里东褶皱带的东南侧，华南陆块又向南东方向扩展增生，直到沿海岸带发育了华力西期和印支期褶皱带，形成了华南统一大陆。

在基本形成中国大陆的基础上，古构造线方向发生了重大变化，由印支期前的近纬向构造系统为主转变为北东向和北北东向为主的构造系统，并陆续出现了一系列内陆盆地，产生了重要的煤、石油、天然气、石膏和盐类矿床。

（二）华力西-印支期成矿带

经过加里东期地体增生以后，塔里木-华北联合陆块刚性增强，陆壳厚度加大，成为东西向贯通的大陆骨架，其北缘和南缘的构造-岩浆带成为华力西期的主要成矿带，其次是扬子-华夏两陆块拼接后形成华南陆块上的几个成矿带。

1. 华力西-印支期成矿主要特征

（1）矿床种类多样，主要有铜、镍、钴、金、铅、锌、铁、钒、钛、铝等。

（2）矿床类型较多，有岩浆型，VMS，MVT，SEDEX，斑岩型，含金石英脉型，陆缘海沉积型，红土风化型等，其中斑岩型和红土风化型矿床在中国更早的成矿时期中少见。

（3）成矿构造环境包括增生的大陆边缘带、陆缘深断裂带、花岗-绿岩带、陆缘裂谷带、陆缘浅海盆地和陆缘岛弧带等。

2. 华力西-印支期的主要成矿区带

（1）阿尔泰-西准噶尔铜-镍-铁-锌-铅-金成矿带（喀拉通克等）。（2）北天山金-铜-铁-钼成矿带（雅满苏、土屋、黄山等）。（3）大兴安岭铜-金-钼成矿带（多宝山等）。（4）华北陆块东北缘铜-金-镍成矿带（红旗岭等）。（5）南秦岭泥盆纪铅-锌成矿带（西成盆地等）。（6）晋豫陆缘石炭纪铝土矿-煤成矿带。（7）攀西裂谷铁-钛-钒成矿带（攀枝花等）。（8）桂粤锡-金-锑-铅-锌-铜成矿带（大厂、戈塘等）。（9）粤北晚古生代铅-锌-铁-铜成矿带（凡口、大宝山等）。（10）滇东特提斯区铅-锌成矿带（会泽等）。（11）松潘-甘孜及附近的铜-钴-锌-镍成矿带（丹巴、德尔尼等）。

四、燕山-喜马拉雅期构造演化与成矿

（一）燕山-喜马拉雅期构造演化

印支运动以后，中国的地质构造格局发生显著变化，以贺兰山-康滇隆起一线为界，可将中国分为差异明显的东西两大部分。东部地区，由于东亚大陆与西太平洋板块间的相互作用不断加强，导致滨太平洋构造带发生强烈的火山-侵入活动，而在大陆内部则发育各类沉积盆地。西部地区，从冈瓦纳大陆母体移离的青藏诸地块则逐次向北运移，最终与属于欧亚板块的中国北方大陆碰撞结合为一个整体。

中国东部构造域的西带，中生代时发育有内陆断陷盆地，如鄂尔多斯盆地和四川盆地，其中蕴藏了丰富的煤层、石油和天然气。在大陆的中带和东带，发育有近海盆地，如松辽、华北和江汉等，其中松辽盆地以白垩系深水湖相沉积物为主，形成大型的大

庆、辽河等油田。

中国东部构造域的东带，以发育大量火山岩为特征，伴有丰富的斑岩型、矽卡岩型和浅成低温热液型矿床，有三条火山岩带呈北北东 - 南南西向作雁行状排列。其西北带为大兴安岭富碱火山岩带，伴有金 - 铅 - 锌 - 锡 - 铁矿成矿系统；中带是基本沿郯 - 庐断裂延伸的偏碱性安山质火山岩，它从胶辽东部经山东、苏北一直延伸到下扬子地区，燕山期花岗岩类包括钾玄岩（Shoshonite）在此带内广泛出露，以发育铜 - 铁 - 金 - 硫矿床为特征，如著名的长江中下游成矿带。东南边的闽、浙陆缘火山岩带北延与朝鲜半岛南部地区相接，以安山岩和流纹岩类为主，广泛形成中低温热液型铅 - 锌 - 银 - 铜 - 金矿床，代表性的有紫金山金 - 铜矿床，以及偏西北侧的元古宙浅变质基底中的铜厂 - 银山的铜 - 金 - 银矿集区。

中国东部地区，由于华北地块和扬子地块的演化历史和物质组成的明显差异，因而形成印支期后不同的区域地球化学块体和成矿带。在华北地区，以华北地块边缘的大规模金 - 钼成矿为特征，如地块北缘的杨家杖子、涞源等钼矿和冀北金矿（东坪、金厂峪等），地块南缘的小秦岭金矿和钼矿（文峪、金堆城等）和胶东金矿。在华南地区，由于受到印度板块和西太平洋板块的双重推挤，原先的华南加里东增生褶皱带发育强烈的构造热事件，软流圈和下地壳的深源物质上涌，中深部的硅铝质地壳部分熔融，形成大规模的重熔花岗岩，它们沿深断裂和热穹窿广泛分布，伴有一系列重要的钨 - 锡 - 铋 - 稀土矿床，如柿竹园和西华山矿床。

就铜矿而言，华北和扬子地块上均有大型矿床分布，但在秦岭区则相对缺少。

中国金矿主要形成在燕山期，多分布在前寒武纪花岗 - 绿岩带。太古宙和元古宙地层中的变基性火山岩为含金矿源层，经历多次改造富集，主要是受到燕山期花岗岩浆活动的影响而高度富集成矿，这与世界上其他古老变质岩区金成矿时代集中在前寒武纪是明显不同的。

中国西部的巨大盆岭系统由断块山脉与大型山间盆地相间排列构成，可以阿尔金巨型走滑断裂分为西北部的塔里木 - 天山区和东南部的昆仑山 - 祁连山区。其中，塔里木盆地经历复杂的历史，盆地边缘及其内部蕴藏了丰富的石油和天然气资源。在柴达木盆地则有大量的石油、石盐、钾、锂和硼矿资源。

喜马拉雅运动期，大约在 60 ~ 65 Ma，印度板块与欧亚板块开始碰撞对接，青藏地区大部隆升。在喜马拉雅褶皱带，发育有蛇绿岩套中的铬铁矿床（如罗布莎）；在冈底斯构造带，发育了巨型斑岩型铜 - 钼 - 金成矿带，已发现多个大型铜矿床，如驱龙，其金属储量已近千万吨。在三江地区的对接消减带中，发育了与钙碱性花岗岩有关的斑岩铜矿带（如玉龙铜矿）、与构造混杂岩带有关的金矿带（如老王寨金矿），以及陆相断陷盆地碎屑岩中的铅 - 锌矿床（如兰坪金顶矿）。在中国台湾地区北部，受西太平洋板块俯冲带直接影响，产出有著名的火山岩系中的浅成低温热液型金矿（金瓜石矿床）。

（二）燕山 - 喜马拉雅期成矿

1. 燕山期构造与成矿特点

燕山期成矿在中国大陆上尤其是东部地区广泛发育，成矿强度大，是中国多数金属矿产的主要形成时代。其特征是：

（1）矿床种类多。金属矿有金、银、铜、铁、钨、锡、钼、铋、铅、锌、汞、锑、铍、铌、钽等；非金属矿有萤石、明矾石、叶蜡石、重晶石、水晶、石棉等；能源有石油、天然气、煤、铀等。

（2）矿床类型多。有蚀变花岗岩型、云英岩型、矽卡岩型、斑岩型、热液脉型、浅成低温热液型、蚀变－剪切带型、次火山－矿浆贯入型、沉积和生物沉积型等。

（3）成矿环境以大陆板内构造活化带为主，有大陆边缘及内部的构造－岩浆带、火山－次火山岩带、陆内断褶带、俯冲带、陆缘剪切带、陆内拗陷带、陆内深断裂带，以及陆内断陷盆地等。

（4）成矿带主要集中在中国东部构造域，包括下列的成矿区带：

①大兴安岭——太行山铁－铜－钼－金－铅－锌成矿带；②郯——庐断裂铜－金－金刚石成矿带；③华北陆块北缘铁－稀土－铅－锌－金－银－铜成矿带；④小秦岭金成矿带；⑤豫西金－钼－钨－铁－铜－锑成矿带；⑥长江中下游铁－铜－金－硫成矿带；⑦东南沿海火山岩铅－锌－金－银成矿带；⑧湘中锑－锡－铅－锌成矿带；⑨南岭钨－锡－秘－铌－钽－稀土成矿带；⑩扬子陆块西南缘汞－锑－砷－金成矿带。

燕山期成矿带或是发育在前寒武纪变质结晶基底中，或是叠加在古生代构造层之上，或是叠加在早中生代—三叠纪地层之上，总体上是受中国大陆东部岩石圈—软流圈的强烈扰动而发生的岩浆、流体、盆地沉积作用控制的。

2. 喜马拉雅期成矿特点

喜马拉雅构造运动主要发育在中国西南地区，由于印度板块向喜马拉雅－特提斯地体的推挤，造成青藏高原及三江区域的多个构造－岩浆－成矿带，矿产资源丰富，潜力巨大。喜马拉雅期成矿主要表现出壳－幔成矿系统的特色：

（1）矿床种类包括金、铜、铅、锌、银、铬等，喜马拉雅期碱性玄武岩中有橄榄石、红宝石、蓝宝石等。

（2）矿床类型有斑岩铜－钼矿、矽卡岩型铁铜矿、岩浆型铬矿、剪切带型金矿、火山－次火山岩型金矿、热泉型金矿，以及广泛分布的红土风化壳矿床及各类河海砂矿。

（3）成矿环境有造山带、裂谷、地堑及裂陷盆地、内陆湖盆及滨海岸带等。

喜马拉雅期的主要成矿区带有：

①雅鲁藏布江超镁铁质岩铬铁矿成矿带；②冈底斯中酸性岩铜－钼－金成矿带；③三江特提斯铜－金－钨－锡多金属成矿带；④川西构造－岩浆铜多金属成矿带；⑤东北－华北碱性玄武岩类宝石成矿带；⑥台湾地区金瓜石金－铜成矿带。

五、我国矿产资源的保证程度

（一）矿产资源供需形势

截至 2012 年底，中国已查明资源储量的矿产有 159 种，包括石油、天然气、煤、铀、地热等能源矿产 10 种，铁、锰、铜、铝、铅、锌、金等金属矿产 54 种，石墨、磷、硫、钾盐等非金属矿产 92 种，地下水、矿泉水等水气矿产 3 种。在 45 种主要矿产中，有 24 种矿产名列世界前三位，其中钨、锡、稀土等 12 种矿产居世界第一位；煤、钒、钼、锂等 7 种矿产居第二位；汞、硫、磷等 5 种矿产居第三位。丰富多样的矿产资源，为我国的工业化、现代化建设提供了良好的矿物原料支撑。

中国人口众多，矿产资源人均探明储量占世界平均水平的 58%，位居世界第 53 位。石油、天然气人均探明储量分别仅相当于世界平均水平的 7.7% 和 8.3%，铝土矿、铜矿、铁矿分别相当于世界平均水平的 14.2%、28.4% 和 70.4%；镍矿、金矿分别相当于世界平均水平的 7.9%、20.7%；一般认为非常丰富的煤炭人均占有量仅为世界平均水平的 70.9%，铬、钾盐等矿产储量更是严重不足。

在能源矿产中，煤炭资源比重大，油气资源比重小。中国钨、锡、稀土、钼、锑等用量不大的矿产储量位居世界前列，而需求量大的富铁矿、钾盐、铜、铝等矿产储量不足。大矿、富矿、露采矿很少，小矿、贫矿、坑采矿比较多，开采难度大、成本高。铁矿平均品位为 33%，富铁矿石储量仅占全国铁矿石储量的 2% 左右，而巴西、澳大利亚和印度等国铁矿石平均品位分别为 65%、62% 和 60%。中国铜矿平均品位为 0.87%，不及世界主要生产国矿石品位的 1/3，大型铜矿床仅占 2.7%；铝土矿储量中，98.4% 为难选冶的一水型铝土矿。

2011 年，我国进口铁矿石 68 606 万 t，同比增长 10.9%，全年对外依存度为 60.0%，进口额 1 124.07 亿美元，同比增长 40.9%，是世界第一大进口国；锰矿砂进口量 1 297.5 万 t，同比增长 12.0%，居世界进口量首位，进口额 267 456.3 万美元；铬铁矿进口 944.3 万 t，同比增长 9.0%，创历史纪录。中国、美国、德国、韩国、科索沃、瑞典、比利时、西班牙、印度、日本、法国、巴西等，是当前世界上镍的主要进口国家和地区，2011 年消费量和产量的缺口约 80.6 万 t。中国是世界镍矿产品消费头号大国，中国政府为保持经济快速健康发展，制定了开发新能源产业、高新技术产业、飞机制造业和节能降耗的产业政策，这些产业的发展均需要镍。可以预见，随着中国国民生产总值的增加，镍资源需求缺口将越来越大。2011 年，世界各类铜矿产品贸易进口总量为 1 365.3 万 t，进口铜精矿的国家和地区有：日本、中国、西班牙、德国和加拿大等；进口精炼铜的国家和地区有：美国、法国、德国、意大利、英国、中国、日本、韩国和中国台湾地区等。中国是除美国之外的世界第二大石油进口国，2011 年进口量为 3.28 亿 t。由此可见，在我国国民经济发展中，大宗、支柱性矿产资源的缺口是明显的。

矿产资源的供给能力，可以从矿产资源的禀赋程度和对社会经济发展的保障能力来反映。如前所述，我国是全球矿产资源种类比较齐全的国家之一，资源总量也较大，但主要矿产储量占世界比例并不高，人均资源占有量也很不乐观。与占世界 21% 的人口比例相比，中国已发现的主要矿产资源的储量不是丰富，而是相当贫乏。对社会经济发展的保障程度还十分有限。

（二）矿产资源保证程度

储产比是资源保障程度的一种表达方法，它表达了储量可供开采的年限。中国主要矿产资源的静态储产比大多低于世界平均水平，就连储量丰富的煤炭，静态保障程度也不及世界平均水平的一半。石油、铁、锰、铬、铜、铝、钾盐等矿产的消费依赖于大量的进口，现有储量对消费的保障程度（储消比）更低。见表9-3-3。

表9-3-3　　　　　　　中国及世界主要矿产资源的静态保障程度

矿产			石油	煤炭	天然气	铁矿石	锰矿石	铬矿	铜矿	锌矿	铝土矿	钨矿	稀土矿	钾盐矿
静态保障年限	储产比	世界	43.0	228	64.0	141	100	257	27.0	24.0	189	87.0	1 012	327
		中国	15.3	113	44.2	48.3	23.3	18.0	32.1	14.3	32.1	31.9	324	242
	储消比	中国	11.6	113	44.2	39.2	21.6	4.1	12.5	19.1	30.5	62.2	1 135	14.5

注：世界储产比约等于储消比。（据王安建，王高尚，矿产资源与国民经济发展，2002）。

从目前情况看，45种主要矿产资源中，有包括煤、稀土、钨、锡、锌、锑、菱镁矿、石膏、石墨等在内的23种矿产，可以保证且有部分矿产或矿产品可供出口创汇；有包括铝、铅、磷等在内的7种矿产属于基本保证但在储量或品种上还存在不足；有包括石油、天然气、铁、锰、铜等在内的10余种矿产不能保证、部分矿产需长期进口补缺；而铬、钴、铂、钾盐、金刚石等5种矿产资源短缺，主要依赖于进口。在全部45种矿产中，中国有27种矿产的人均占有量低于世界人均水平，有22种属于对经济建设不能保证或基本保证但存在不足的矿产。在可以保证的优势矿产中，相当多的矿产是市场容量不大的非大宗使用的矿产，而在基本保证程度以下的矿产又多数是经济建设需求量大的重要矿产或支柱性矿产。

研究表明，经济发展程度与矿产品消费之间存在较强的规律性。我国从20世纪90年代后期开始，已经进入对矿产资源的需求加速增长时期，而且这一时期还将持续相当长的一段时间。

先期工业化国家经济增长与金属消费需求的理论和经验表明（中国地质科学院全球矿产资源战略研究中心，2002年），人均国内生产总值（GDP）与人均金属消费量之间存在着很强的相关关系（图9-3-2），西方有关学者将其归纳为"S"形模式。该模式认为，在农业社会，金属的消费量与人均收入增长的关系并不确定，随着人均收入的增长，经济发展的重点由农业转向制造业，矿产资源的人均消耗开始增长，人均收入的进一步增长，消费者需求将成为人均金属消费量增长的驱动力。一旦人均收入达到一定水平，金属需求量就会在一定时期内成倍增加，经济发展到成熟期后，消费增长会保持在一定水平，最后呈下降趋势。

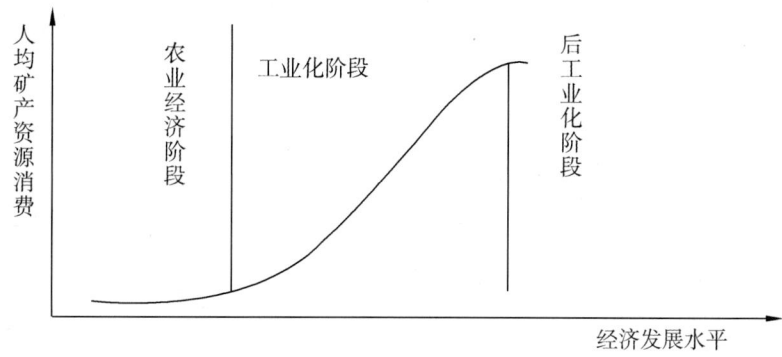

图9-3-2　经济发展水平与人均矿产消费关系

有关专家通过对 17 个主要发达国家 1960 年以来人均能耗与人均 GDP 关系的分析表明，除个别国家外，几乎所有先期工业化国家人均能源消费量在整个经济发展中一直保持近于直线上升，即能源消费不具有明显的"S"形模式，这与金属矿产是明显不同的。

以上分析表明，我国能源矿产资源和主要金属矿产资源的消耗，将随人均 GDP 的增长而增加，主要矿产品的保证程度在短期内不仅不会得到缓解，相反，其缺口将会逐渐加大。

从 2006 年至 2010 年，我国石油进口由 1.82 亿 t 增至 2.76 亿 t，年均增长 11.0%；铁矿石由 3.25 亿 t 增至 6.19 亿 t，年均增长 17.4%。2010 年，中国石油、铁矿石、铜、铝和钾等大宗矿产对外依存度分别为 54.8%、53.6%、71.0%、52.9% 和 52.4%。2006 年以来，受矿产资源需求旺盛等因素影响，重要矿产品价格高位运行。石油和黄金价格大幅攀升，铁、铜、铝、铅、锌、镍等重要矿产品价格持续走高。随着经济的发展，我国对主要矿产品的需求将越来越多，经济发展的资源成本将进一步加大。

第十篇

能源矿产资源

中国已发现的能源矿产资源有10余种

中国国民经济中92％的一次能源取自矿物能源

石油、天然气和煤是目前最重要的能源矿产

中国正在全面实施能源战略

稳定、经济、清洁、安全能源供应保障经济社会可持续发展

第一章 煤 炭

第一节 概 述

煤炭是古代植物埋藏在地下经历了复杂的生物化学和物理化学变化逐渐形成的一种固体可燃有机岩,主要由植物遗体经生物化学作用,埋藏后再经地质作用转变而成。煤炭被人们誉为黑色的金子,工业的食粮,它是十八世纪以来人类世界使用的主要能源之一。

煤炭是千百万年来植物的枝叶和根茎,在地面上堆积而成的一层极厚的黑色的腐殖质,由于地壳的变动不断地埋入地下,长期与空气隔绝,并在高温高压下,经过一系列复杂的物理化学变化,形成的黑色可燃沉积岩。

煤炭的用途十分广泛,是世界使用的主要能源之一。根据其使用目的,可将煤炭的用途分为三大类:①动力煤;②炼焦煤;③煤化工用煤。主要包括气化用煤,低温干馏用煤,加氢液化用煤等。

煤的主要成分是碳、氢、氧三种元素,含有少量的氮、硫、磷和微量元素,还含有一些矿物杂质和水分。不同的煤中,各种元素的含量和化学结构皆不相同,造成煤的炼焦性能、发热量、化学活性、热稳定性等物理化学性质和加工性能的差异,直接影响其工业用途和经济价值。煤中的水分和矿物杂质绝大多数是有害成分,对煤的加工、利用有不良影响,会降低煤的利用价值。而煤伴生的有益元素,如锗、镓、铀、钒、铍、铼、铟、铊、铌、钽等,当富集到一定程度时,可作为重要的资源进行综合利用。

一、煤质评价

评价煤质的主要指标包括:水分、灰分、挥发分、焦渣、胶质层厚度、发热量、硫和磷的含量等。

1. 水分 (W)

煤中水分的含量和存在状态是评价煤炭经济价值最基本的指标之一。一般情况下,水分对煤的储存、运输和加工利用不利。水的含量越低越好。

2. 灰分（A）

灰分是煤完全燃烧后，所剩的残渣，是衡量煤炭使用价值的重要指标。煤的灰分是由各种硅酸盐、碳酸盐、硫酸盐、金属硫化物和氧化亚铁等矿物组成。灰分能降低煤的发热量，影响煤的实用价值。按原煤灰分含量分为五级：特低灰煤（≤10.00%）、低灰煤（10.01%~20.00%）、中灰煤（20.01%~30.00%）、中高灰煤（30.01%~40.00%）和高灰煤（40.01%~50.00%）。

3. 挥发分（V）

挥发分主要成分是甲烷、氢及其他碳氢化合物等。是煤炭工业的重要副产品，可制取液体燃料、人造纤维、塑料、橡胶、化肥、炸药等多种化工制品。根据煤中挥发分的高低，能反映煤中有机质的性质，可确定煤的工业用途。

4. 焦渣和固态炭

煤在高温下隔绝空气分解后的固态残留物为焦渣，焦渣减去灰分为固态炭。煤中固态炭随煤化程度的增高而增加。一般褐煤的固态炭含量≤60%，烟煤为50%~90%，无烟煤>90%。

5. 胶质层厚度（Y, mm）

胶质层厚度是表示煤的黏结性的参数。黏结性好的煤密封加热时形成的胶质层厚度大。一般中等变质程度的煤胶质层厚度大，适合于炼成焦炭，用于冶金工业。

6. 发热量（Q）

发热量是评定煤的燃烧价值的重要指标。煤的发热量的大小主要与煤的可燃元素（碳、氢）含量有关，因而与煤的变质程度有关，变质程度越高，发热量越大。

7. 硫分和磷分（S、P）

硫和磷是煤中的主要有害杂质，是评价煤质的极重要的指标。

按含硫量大小，可把煤分为五类：特低硫煤（≤0.50%）、低硫煤（0.51%~1.00%）、中硫煤（1.01%~2.00%）、中高硫煤（2.01%~3.00%）和高硫煤（>3.00%）。

按原煤含磷量可分为四级：特低磷煤（<0.010%）、低磷煤（≥0.010%~0.050%）、中磷煤（≥0.050%~0.100%）和高磷煤（>0.100%）。

二、煤的工业分类

煤的性质不同，用途也就不一样。世界各产煤国对煤的工业分类由于所采用的分类参数和指标不同而有所差异。我国为区分不同性质的煤，确定其工业用途，通常根据煤的挥发分和胶质层厚度两项指标对煤进行工业分类。分类方案见表10-1-1。

表 10 - 1 - 1　　　　　　　中国煤炭分类国家标准（GB/T 5751 - 2009）

类别		代号	编号	分类指标[④]						
大类	亚类			V_{daf}/%	$G^{①}$	Y/mm	b/%	$P_M^{②}$/%	H_{daf}/%	$Q_{gr,maf}^{③}$/MJ·kg^{-1}
无烟煤	一号	WY1	01	≤3.5					≤2.0	
	二号	WY2	02	>3.5~6.5					>2.0~3.0	
	三号	WY3	03	>6.5~10.0					>3.0	
烟煤	贫煤	PM	11	>10.0~20.0	≤5					
	贫瘦煤	PS	12	>10.0~20.0	>5~20					
	瘦煤	SM	13	>10.0~20.0	>20~50					
			14	>10.0~20.0	>50~65					
	焦煤	JM	15	>10.0~20.0	>65	≤25.0	≤150			
			24	>20.0~28.0	>50~65					
			25	>20.0~28.0	>65	≤25.0	≤150			
	肥煤	FM	16	>10.0~20.0	(>85)	>25.0	>150			
			26	>20.0~28.0	(>85)	>25.0	>150			
			36	>28.0~37.0	(>85)	>25.0	>220			
	1/3焦煤	1/3JM	35	>28.0~37.0	>65	≤25.0	≤220			
	气肥煤	QF	46	>37.0	(>85)	>25.0	>220			
	气煤	QM	34	>28.0~37.0	>50~65	≤25.0	≤220			
			43	>37.0	>35~50					
			44	>37.0	>50~65					
			45	>37.0	>65					
	1/2中黏煤	1/2ZN	23	>20.0~28.0	>30~50					
			33	>28.0~37.0	>30~50					
	弱黏煤	RN	22	>20.0~28.0	>5~30					
			32	>28.0~37.0	>5~30					
	不黏煤	BN	21	>20.0~28.0	≤5					
			31	>28.0~37.0	≤5					
	长焰煤	CY	41	>37.0	≤5					
			42	>37.0	>5~35					
褐煤	一号	HM1	51					≤30		—
	二号	HM2	52					>30~50		≤24

注：表中①在 $G > 85$ 的情况下，用 Y 值或 b 值区分肥煤、气肥煤和其他煤类，当 $Y > 25.00$ mm 时，根据 V_{daf}

的大小可划分为肥煤或气肥煤；当 $Y \leqslant 25.00$ mm 时，则根据 V_{daf} 的大小可划分为焦煤、1/3 焦煤或气煤。按 b 值划分类别时，当 $V_{daf} \leqslant 28.0\%$ 时，$b > 220\%$ 的为肥煤或气肥煤。如按 b 值和 Y 值划分的类别有矛盾时，以 Y 值划分的类别为准。

②对 $V_{daf} > 37.0\%$，$G \leqslant 5$ 的煤，再以透光率 P_M 来区分其为长焰煤或褐煤。

③对 $V_{daf} > 37.0\%$，$P_M > 30\% \sim 50\%$ 的煤，再测 $Q_{gr, maf}$，如其值 > 24 MJ/kg，应划为长焰煤，否则为褐煤。

④分类指标及其符号：V_{daf} 为干燥无灰基挥发分（%）；H_{daf} 为干燥无灰基氢含量（%）；G 为烟煤的黏结指数；Y 为烟煤的胶质层最大厚度；P_M 为煤样的透光率（%）；b 为烟煤的奥亚膨胀度（%）；$Q_{gr, maf}$ 为煤的恒温无灰基高位发热量（MJ/kg）。

三、各煤类的特征和用途

1. 褐煤

褐煤是煤化程度最低的煤。呈褐色至黑色，水分含量高，发热量低；挥发分在 40% ~ 60% 之间，含碳量低（$C_T < 77\%$）、氧含量高（$O_T 15\% \sim 30\%$）、氢含量在 4.5% ~ 6.5% 之间，灰熔点低，热稳定性差。主要用于发电和动力燃料，优质褐煤可作为制造活性炭的原料，有的可用于制造合成氨或高热值气体燃料；有的可从中提取褐煤煤蜡，可制成用作离子交换剂的磺化煤等。

2. 长焰煤

长焰煤煤化程度仅高于褐煤，挥发分高，水分低于褐煤，黏结性极弱。主要用于发电和其他动力用煤。有的可作为制造合成氨或气体燃料的原料。

3. 不黏煤

不黏煤是一种特殊的烟煤，其挥发分相当于肥煤，而无黏结性；水分含量高，发热量低；碳含量较低，氧含量较高，氢含量较低。其特点是燃点低，燃烧持续时间长。主要用于燃料和动力，有的也可作生产合成氨原料。

4. 弱黏煤

弱黏煤是一种具较弱黏性、低到中等煤化程度的煤。灰分仅为 5% ~ 15%，硫分多低于 1%。具有黏性差，灰分、硫分、燃点低，发热量高等特点。广泛用于发电、机车和民用。在炼焦工业中作为配煤，可降低炼焦成本。

5. 气煤

气煤是煤化程度最低的一种炼焦用煤。其挥发分大于 30%，隔绝空气加热，能产生大量的煤气和焦油。气煤在焦化时，胶质层最大厚度 Y 值为 5% ~ 25%。气煤主要用于炼焦，也可作为动力和汽化用煤。

6. 肥煤

肥煤是中等煤化程度的烟煤，其胶质层最大厚度 Y 值大于 25%，挥发分一般为 28% ~ 35%，受热产生大量流动性胶质体，热稳定性比气煤好。炼焦时软化温度低，固化温度高，黏结性强，为炼焦的重要配煤使用。

7. 焦煤

焦煤是焦结性最好的炼焦煤。煤化程度高于肥煤，中等挥发分（$V > 18\% \sim 30\%$），胶质层最大厚度 Y 为 12 ~ 25 mm。主要用于炼焦工业。

8. 瘦煤

瘦煤是炼焦煤中煤化程度最高的一种。特点是挥发分低（$V < 14\% \sim 20\%$），焦质体少于焦煤，且软化温度高。主要用于炼焦时的配煤。

9. 贫煤

贫煤是煤化程度最高的烟煤。挥发分低，不产生胶质体。具有不结焦、燃点高、火焰短、发热量高、燃烧持续时间长等特点。主要作为动力用煤和民用煤。

10. 无烟煤

无烟煤是煤化程度最高的煤。其特点是燃烧时无烟，碳含量高，挥发分低，氢、氧、氮的含量都很低。还具有硬度高、比重大、燃点高等特点。主要用于制造氮肥的和制造碳素材料的原料。

四、煤炭成因类型

根据成煤原料和聚积环境的不同，将煤分为腐植煤、腐泥煤、残植煤和腐植腐泥煤4种类型。

1. 腐植煤

腐植煤由高等植物经过成煤过程中复杂的生化和地质变化作用生成。

2. 腐泥煤

腐泥煤主要由湖沼或浅水海湾中藻类等低等植物形成。储量大大低于腐植煤，工业意义不大。

3. 残植煤

残植煤由高等植物残骸中对生物化学作用最稳定的组分（孢子、角质层、树皮、树脂）富集而成。

4. 腐植腐泥煤

腐植腐泥煤是由高等植物、低等植物共同形成的煤。

第二节　世界煤炭资源

一、世界煤炭资源分布

世界含煤地层面积约占陆地总面积的15%。俄罗斯和美国拥有世界煤炭储量的大部分，其含煤地层面积占这两个国家领土面积的13%；欧洲、亚洲和澳大利亚含煤地层所占领土面积的比率大致相同。非洲、南美洲含煤地层占有面积很小。世界上在有含煤地层分布的范围内，平均含煤密度为200万t/km^2。

1. 煤炭在各地质时代的分布

A·N·耶戈罗夫等研究地球含煤地层分布指出，煤炭储量集中分布在石炭系（20.5%）、二叠系（26.8%）、侏罗系（16.3%）、白垩系（20.5%）、古－新近系

（15.8%）。从世界上已探明的各地质时期煤炭储量中可知，地史上主要的聚煤期依次为古生代（占51.2%）、中生代（25.2%）和新生代（23.6%）。其中泥盆纪和三叠纪聚集的煤炭很少，分别为0.000 8%和0.08%，这两个时期的成煤意义不大。

不同地质时代含煤地层在空间上的分布有一定的规律性：石炭纪含煤地层分布在欧洲、亚洲和北美洲东部，占该时期总地质储量和探明储量的99%。二叠纪含煤地层主要发育在亚洲，在非洲和澳大利亚有少量分布；这些地区分别占总地质储量的86%、5.8%和1.8%，以及探明储量的65%、23%和6%。三叠纪聚煤作用在非洲和澳大利亚发育，集中了世界上该时期煤炭总地质储量和探明储量的72%和83%。侏罗纪含煤地层主要发育在亚洲，集中了该时期总地质储量的99%、探明储量的96.8%。白垩纪含煤地层主要分布在亚洲的东部和美洲的西部环太平洋地带，这里集中了世界白垩纪煤炭总地质储量的99%和探明储量的98%。

世界各洲的含煤地层都以一定的地质时代为主。欧洲煤炭地质储量和探明储量主要蕴藏在石炭纪（相应为63%和77%）和新生代（相应为18%和20%），中生代聚煤作用不发育。在亚洲，二叠纪的煤占40%，侏罗纪和白垩纪的占38%，石炭纪和新生代占22%。在北美洲，煤炭储量占主导地位的是白垩纪（47%）、古－新近纪（占34%），其次是石炭纪（17%），二叠纪、三叠纪－侏罗纪该地区聚煤作用较弱。在非洲和澳大利亚，具有工业意义煤炭储量主要聚集在二叠纪、三叠纪和新、古－新近纪地层中。

2. 煤炭在不同类型含煤建造的分布

世界煤系地层90%左右分布在地台型和准地台型建造内，10%分布在地槽型建造内。世界煤炭总地质储量的60%分布在地台型建造，40%分布在地槽型建造。

古生代聚煤作用主要形成于地槽型建造；中生代形成的煤在地台型和地槽型建造中都较发育；新生代的煤则主要分布在地台型建造。地槽型建造的大多数煤田处于地槽的前缘拗陷和内部拗陷地带。地槽内部活动带含煤建造煤田，储量不到总储量的1%，因此这一成因类型的煤炭意义不大。虽然世界煤炭总地质储量主要分布在地台型建造，但有工业意义的煤炭储量却大部分分布在地槽型建造。

地槽型建造主要赋存变质程度高或中等的硬煤（次烟煤、烟煤和无烟煤），呈薄至中厚煤层，蕴藏在垂深10 km以内，主要由井巷开采。地台型建造主要赋存褐煤，煤层埋藏深度不大，厚度较大，中等至特厚，通常适于露天开采。

含煤密度最大的是地槽区的内部拗陷煤田和前缘拗陷煤田（可达6 000万t/ km²）。在地台型建造中，含煤密度较大的煤田和矿区，主要分布在地台边缘部分的拗陷及活动地台的构造凹地建造内。

二、世界煤炭资源储量

全球已发现煤田或煤产地3 600多个，其中有7个为巨大煤田：勒拿、通古斯、泰梅尔、坎斯克－阿钦斯克、库兹涅茨、阿尔塔－亚马孙和阿巴拉契亚煤田，它们的地质储量均 >5 000亿t。有4个煤田储量为2 000～5 000亿t，分别是：下莱茵－威斯特法伦、顿涅茨、伯朝拉和伊利诺斯；大约有 200 多个煤田或煤产地储量为 5～2 000 亿 t；大部分煤田或煤产地储量小于 5 亿 t。

欧洲大陆煤炭总地质储量 13 460 亿 t，其中褐煤 3 260 亿 t，硬煤 10 200 亿 t；探明储量 5 790 亿 t（占总储量的 43%），其中褐煤 1 440 亿 t（占褐煤总储量的 44%），硬煤 4 350 亿 t（占硬煤总储量的 43%）。主要采煤国家是：俄罗斯、波兰、德国、捷克、英国和法国。

亚洲大陆集中了世界煤炭总地质储量的 60%，探明储量的 25%。主要产煤国家和地区，产量在 5 000 万 t 以上的有：苏联亚洲部分、中国、印度、朝鲜；产量为 1 000～5 000 万 t 的国家和地区有：日本、土耳其、韩国。其他国家年产不到 1 000 万 t。

美洲大陆的煤炭总地质储量约为 42 500 亿 t，主要分布在北美洲。其中美国 36 000 亿 t，加拿大 5 470 亿 t。南美洲由于勘探不充分，煤炭储量统计不完整。

非洲大陆含煤地层包括石炭纪、二叠纪、三叠纪、侏罗纪、白垩纪和新近纪。在南部非洲煤田和煤产地主要分布在大卡路含煤区，它的大部分位于南非，并延续到斯威士兰、博茨瓦纳和津巴布韦等邻国境内。北部非洲以石炭纪的煤层为主。分布在靠近阿特拉斯山脉的轴部，撒哈拉地台，苏伊士运河附近等地。北非煤炭勘探程度低，煤炭产量较少。

大洋洲的煤炭总储量占世界煤炭总储量的 2.5%，探明储量占该地区总储量的 96%。煤炭生产量占世界产量的 3%。澳大利亚煤炭资源丰富，属主要产煤国。

截至 2011 年底，世界煤探明可采储量 8 609.38 亿 t，其中无烟煤和烟煤 4 047.62 亿 t，次烟煤和褐煤 4 561.76 亿 t。按 2011 年开采水平（76.95 亿 t），世界现有煤探明可采储量可供开采 112 年（表 10-1-2）。世界煤储量在 20 亿 t 以上的国家有 18 个，合计探明可采储量 8 230.57 亿 t，占世界探明可采储量总量的 95.6%；其中美国、中国、俄罗斯、澳大利亚、印度、德国、乌克兰、哈萨克斯坦和南非 9 个国家煤的探明可采储量都在百亿吨以上，合计煤探明可采储量 7 841.33 亿 t，占世界煤探明可采总储量的 91.1%；其中美国、中国和俄罗斯属于煤资源大国，煤探明可采储量都在千亿吨以上，三国合计煤探明可采储量 5 088.05 亿 t，占世界煤探明可采储量总量的 59.1%。

表 10-1-2　　　　　　　世界煤探明可采储量（截至 2011 年底）　　　　　　单位：亿 t

国家或地区	烟煤和无烟煤	次烟煤和褐煤	总计	占世界比例 / %	R/P（储采比）
美　国	1 085.01	1 287.94	2 372.95	27.6	239
俄罗斯	490.88	1 079.22	1 570.10	18.2	471
中　国	622.00	523.00	1 145.00	13.3	33
澳大利亚	371.00	393.00	764.00	8.9	184
印　度	561.00	45.00	606.00	7.0	103
德　国	0.99	406.00	406.99	4.7	216
乌克兰	153.51	185.22	338.73	3.9	390
哈萨克斯坦	215.00	121.00	336.00	3.9	290

（续表）

国家或地区	烟煤和无烟煤	次烟煤和褐煤	总计	占世界比例 / %	R/P（储采比）
南　非	301.56	—	301.56	3.5	118
哥伦比亚	63.66	3.80	67.46	0.8	79
加拿大	34.74	31.08	65.82	0.8	97
波　兰	43.38	13.71	57.09	0.7	41
印度尼西亚	15.20	40.09	55.29	0.6	17
巴　西	—	45.59	45.59	0.5	*
希腊	—	30.20	30.20	0.4	53
保加利亚	0.02	23.64	23.66	0.3	64
土 耳 其	5.29	18.14	23.43	0.3	30
巴基斯坦	—	20.70	20.70	0.2	*
以上国家合计	3 963.24	4 267.33	8 230.57	95.6	113
其他国家和地区合计	84.38	294.43	378.81	4.4	95
世界总计	4 047.62	4 561.76	8 609.38	100.0	112

注：标有 * 者为保证年限大于 500 年。

资料来源：国土资源部信息中心《世界矿产资源年评》（2011～2012），2012 年。

世界煤探明可采储量在各大区分布：欧洲及亚欧地区居世界第一位（3 046.04 亿 t），占 35.4%；亚太地区居第二位（2 658.43 亿 t），占 30.9%；北美地区居第三位（2 450.88 亿 t），占 28.5%；非洲和中东（328.95 亿 t）占 3.8%；中南美洲地区（125.08 亿 t），占 1.4%。

中国与美国、俄罗斯是世界 3 个煤探明可采储量超过千亿吨的国家。美国煤探明可采储量 2 372.95 亿 t，占世界煤探明可采储量的 27.6%，居世界第一位；俄罗斯煤探明可采储量 1 570.10 亿 t，占世界煤探明可采储量的 18.2%，居世界第二位；中国煤探明可采储量 1 145.00 亿 t，占世界煤探明可采储量的 13.3%，居世界第三位。

表 10 - 1 - 2 中，中国煤探明储量是 20 世纪 90 年代世界能源委员会之中国委员会拟出的数据。目前已经过 20 多年，与当时相比，中国查明煤资源量已增加了近 4 000 亿 t。据估计，中国煤探明可采储量至少在 3 000 亿 t 以上，可能多于美国。

第三节　中国煤炭资源

一、中国的聚煤期与主要含煤地层

1. 中国的聚煤期

中国各地质时代聚煤作用是不均衡的。几个较强的聚煤作用时期是：（1）早古生代：早寒武世；（2）晚古生代：早石炭世；（3）晚石炭世—早二叠世；（4）晚二叠世；

（5）中生代：晚三叠世；（6）早、中侏罗世；（7）晚侏罗世—早白垩世；（8）新生代：古近世。

上述 8 个聚煤期中，除早寒武世属于菌藻植物时代且形成腐泥无烟煤外，其他 7 个聚煤期均为腐植煤的聚煤期。而后 7 个聚煤期中，有 4 个最主要的成煤期，即广泛分布在华北一带的晚炭纪—早二叠纪，广泛分布在南方各省的晚二叠纪，分布在华北北部、东北南部和西北地区的早中侏罗纪以及分布在东北地区、内蒙古东部的晚侏罗纪—早白垩纪等四个时期。这 4 个聚煤期的聚煤作用最强，中国具有开采价值的主要煤层也均属这 4 个聚煤期。它们所赋存的煤炭资源量分别占中国煤炭资源总量的 26%、5%、60% 和 7%，合计占总资源量的 98%。

2. 中国的主要含煤地层

据不完全统计，不包括西藏自治区和台湾省，中国已开发的大小煤田约 187 个。含煤地层属晚古生代石炭二叠纪的占 38%，通称华北型煤田；属二叠、三叠纪的占 30%，通称华南型煤田；属中生代侏罗纪和白垩纪的占 28%，通称华北、东蒙煤田；属新生代古近纪的占 4%。

（1）晚古生代石炭二叠纪煤系地层：

①华北型晚古生代石炭二叠纪煤系地层：华北型晚古生代石炭纪二叠纪含煤建造在华北广泛发育。自中石炭世形成广阔的聚煤坳陷，经中石炭世、晚石炭世、早二叠世沉积，形成中石炭世本溪组、晚石炭世太原组、早二叠世山西组和下石盒子组 4 个含煤地层，其中除本溪组含煤性差外，其余 3 个含煤地层含煤性均好，尤以山西组和下石盒子组的含煤性最好，是中国煤矿主要开采煤层的层位。

华北型晚古生代石炭纪、二叠纪含煤地层广泛分布，北界为阴山、燕山及长白山东段；南界为秦岭、伏牛山、大别山及张八岭；西界为贺兰山、六盘山；东界则为黄海、渤海。遍及京、津、晋、冀、鲁、豫的全部，辽、吉、内蒙古的南部，甘、宁的东部，以及陕、苏、皖的北部。

②南方型晚古生代石炭纪、二叠纪含煤地层：晚古生代石炭、二叠纪含煤地层在中国南方也广泛发育。主要分布在秦岭巨型纬向构造带和淮阴山字形构造带以南，川滇经向构造带以东的华南诸省。具有工业价值的含煤地层有：晚石炭世测水组、早二叠世官山段和梁山段以及晚二叠世龙潭组或吴家坪组，其中晚二叠世龙潭组是中国南方最重要的含煤地层。

（2）中生代含煤地层：

①晚三叠世含煤地层：中国晚三叠世含煤地层分布于天山—阴山以南，而主要含煤地层又大部分分布于中国南方，即：昆仑—秦岭—大别山以南。重要的含煤地层有：湘赣的安源组、粤东北的艮口群、闽浙一带的焦坪组、鄂西的沙镇溪组、四川盆地的溪家河组、云南的一平浪群、滇东和黔西的大巴冲组、西藏的土门格拉组。在昆仑—秦岭构造以北，晚三叠世重要含煤地层有：鄂尔多斯盆地的瓦窑堡组，新疆的塔里奇克组，以及吉林东部局部保存的北山组等。

②早、中侏罗世含煤地层：中国早、中侏罗世的聚煤范围较晚三叠世广泛，几乎遍

及全国多数省区。但聚煤作用最强的主要在中国的西北和华北地区，以新疆维吾尔自治区的储量最为丰富。主要含煤地层有：鄂尔多斯盆地的延安组、山西大同盆地的大同组、北京的窑坡组、北票的北票组、内蒙古石拐子的五当沟组、河南的义马组、山东的坊子组、青海的小煤沟组、新疆的水西沟群等。

（3）晚侏罗世—早白垩世含煤地层：晚侏罗世—早白垩世是中国中生代的第三个重要聚煤期。含煤建造多数发育于孤立的断陷型内陆山间盆地或山间谷地之中，聚煤盆地面积较小，但含有厚或巨厚煤层。上侏罗统—下白垩统是中国东北和内蒙古东部地区最重要的含煤岩系，中国最厚的煤层大都位于本区。主要含煤地层有：黑龙江的穆林组，辽宁的沙海组、阜新组，内蒙古的伊敏组、霍林河组，吉林的九台组等。

（4）新生代含煤地层：古－新近纪是中国主要聚煤期之一，含煤沉积的分布很不均衡。根据聚煤期、盆地成因类型特点，可分南、北两个聚煤地区。

①北区：主要分布在大兴安岭—吕梁山以东地区，最南到河南省的栾川、卢氏，最北至黑龙江的孙吴、逊克，东部分布于三江平原的图们、晖春以及山东的龙口。聚煤时代以新近纪始新世、渐新世为主，主要含煤地层有：辽宁抚顺的老虎台组、栗子沟组、古城子组，吉林的舒兰组、梅河组，黑龙江的虎林组，山东的龙口组（沙河街组）。

②南区：主要分布在秦岭—淮河以南的广大地区，东至台湾省的西部地区、浙江的嵊州市，南达海南省的长坡、长昌，西抵云南的开源、昭通以及西藏的巴喀和四川西部的白玉、昌台等地。聚煤时代为新近纪渐新世、古近纪中新世和上新世，后者是南区的主要聚煤时代。主要含煤地层有：云南开远的小龙潭组、滇东昭通组，台湾省西部地区有古近纪中新世三峡群（南庄组）、瑞芳群（石底组）、野柳群（木山组）。

二、中国煤炭资源分布

中国煤炭资源分布范围很广，储量丰富。全国 31 个省市自治区，除上海市外，都有煤炭资源。概略统计，它们的分布情况见表 10 - 1 - 3。

表 10 - 1 - 3　　　　　　　　中国煤炭分布

省　市	煤田面积/km²	地　点	煤系地层	赋存环境
北京市	1 120	京西门头沟、京东顺义、大兴区	侏罗系门头沟煤系、石炭二叠系杨家屯煤系	低山丘陵区、第四系覆盖区，大部分煤系裸露地表
天津市	300	蓟县、玉田县	石炭二叠系太原组山西组	燕山山前冲积区
河北省	7 000	开滦、峰峰、邢台、邯郸、蔚县、井陉、兴隆、柳江等市县	以石炭二叠系太原组为主，个别为侏罗系下花园组	井陉、兴隆为中低山煤田，其他都是山前（燕山、太行山）冲积、洪积斜坡。冲、洪积覆盖的隐伏煤田

（续表）

省 市	煤田面积/km²	地 点	煤系地层	赋存环境
山西省	57 000	大同、阳泉、太原西山、汾西、潞安、轩岗、晋城、霍县、平朔、宁武、离石、柳林等县市	主要为石炭二叠系太原组、山西组，仅大同矿区有侏罗系大同组	大部分为低山丘陵区，第四系覆盖不厚。
陕西省	45 000	铜川、蒲城、白水、澄城、合阳、韩城、黄陵、神府、彬长、子长等县	东部的蒲城、白水、澄城、合阳、神府、彬长主要为侏罗系，其他为石炭二叠系	大部分被黄土覆盖，仅韩城为低山区
宁夏回族自治区	11 600	石嘴子市、灵武宁东等县	石炭二叠系太原组、山西组和石盒子组，侏罗系延安组	除石炭系煤田位于贺兰山腹地中低山区外，其他位于贺兰山山前黄河冲积平原内
河南省	21 000	平顶山、焦作、鹤壁、郑州、永城、宜阳、义马、新安等县	石炭二叠系太原组、山西组，局部为侏罗系	大部分位于山前倾斜平原区内，区内第四系和古 - 新近系厚度300～500 m
山东省	48 000	淄博、新汶、莱芜、枣庄、藤县、肥城、兖州、济宁、巨野、临沂、龙口等县市	石炭二叠系太原组、山西组，仅龙口为古近系黄县组，坊子为下侏罗系坊子组	第四系覆盖的隐伏煤田
安徽省	18 000	淮北、淮南、宣城、广德等市县	石炭二叠系太原组、山西组和石盒子组，上二叠统龙潭组	大部分为第四系覆盖下隐伏煤田，宣城为低山丘陵
江苏省	2 500	徐州、沛县、苏南的南京、镇江、常州	石炭二叠系太原组、山西组、二叠系龙潭组	徐州和大屯煤田被第四系覆盖，苏南各小煤田位于低山丘陵区
浙江省	900	浙西江山市、浙北长兴县	上二叠统龙潭煤系，局部侏罗系马灶煤系	低山丘陵，第四系冲积层很薄
福建省	100	龙岩、永定	上二叠统龙潭煤系	山间丘陵盆地，第四系厚0～30m
湖北省	20	黄石、松滋、宜都、薄圻、马鞍山、东巩	上二叠统龙潭煤系，下侏罗统香溪煤系	低山丘陵小盆地，第四系不厚
江西省	8 400	萍乡、杨桥、丰城、乐平、清江	上二叠统龙潭煤系，古 - 新近系安源煤系	山间丘陵，第四系厚0～30m

（续表）

省 市	煤田面积/km²	地 点	煤系地层	赋存环境
湖南省	800	涟源、邵阳、资兴、嘉禾、耒阳、韶山、煤炭坝、黔阳、怀化	上二叠统龙潭煤系，下二叠统辰溪组、下石炭统测水煤系，侏罗纪石门组	低山丘陵，山间小盆地、第四系覆盖不厚
广东省	170	梅县、韶关、连阳	上二叠统龙潭煤系，二叠纪、侏罗纪	低山丘陵，山间小盆地、第四系覆盖不厚
广西壮族自治区	170	来宾、罗成、南宁、柳州	上二叠统合山煤系，下二叠统寺门段	低山丘陵，第四系覆盖不厚
贵州省	70 000（煤系）8 600（煤田）	六枝、盘江、水城、织金、毕节、纳雍	上二叠统龙潭煤系	中、高山区，第四系很薄
四川省	2 000	广元、渡口、筠连、重庆、松藻、永川	上二叠统龙潭煤系，三叠系家河组	中低山区，第四系很薄
云南省	20 000（煤系）400（煤田）	邵通、个旧、宣威、楚雄	新近系昭道组、上二叠统龙潭组	中低山区，第四系很薄
辽宁省	2 300	抚顺、阜新、南票、北票、本溪	下侏罗统北票组、石炭二叠系太原组，古近系渐新统	低山丘陵区
吉林省	1 700	辽源、梅河口、通化、舒兰、营城、晖春、蛟河	古近系梅河组和舒兰组、上侏罗统辽源组、石炭二叠系太原组、山西组	低山丘陵区
黑龙江省	12 000	鸡西、鹤岗、双鸭山、集贤、密山、七台河	上侏罗统城子河组、古近系	低山丘陵区，第四系不厚
内蒙古自治区	70 000（煤系）13 000（煤田）	包头、准格尔、乌达元宝山、霍林河、扎贲诺尔、海拉尔、伊梅何、东胜、胜利	下侏罗统石拐子群、中下侏罗统延安组、上侏罗统霍林河组	低山丘陵区，第四系不厚
甘肃省	350	华亭、崇县、窑街、靖远、正定	中下侏罗统延安组，侏罗统窑街组	高中山区
青海省	10 000（煤系）	太通、木里、江仓、柴达木盆地北缘	中侏罗统窑街组，中下侏罗纪延安组	第四系很薄

（续表）

省　市	煤田面积/km²	地　点	煤系地层	赋存环境
新疆维吾尔自治区	88 000（煤系）	准格尔、塔里木、吐鲁番三大盆地边缘	下侏罗统八道湾组，中侏罗统西山窑组	第四系厚0～40 m，哈密煤田厚250 m。（垂深2 000 m，中低山或戈壁滩下范围预测储量16 000亿t）
西藏自治区	资料暂缺			
海南省	20	儋州市、长坡	古－新近系（褐煤、油页岩）	中低山和丘陵区，第四系厚度不大
台湾省	2 000（煤系）	苗栗、基隆、台北、桃园、新竹	古－新近系	中低山和丘陵区，第四系厚度不大

三、中国煤田中可能伴生的矿产资源

我国含煤地层和煤层中的共生、伴生矿产种类很多。含煤地层中有高岭岩（土）、耐火黏土、铝土矿、膨润土、硅藻土、油页岩、石墨、硫铁矿、石膏、硬石膏、石英砂岩和煤层气等；煤层中除有煤层气（瓦斯）外，还有镓、锗、铀、钍、钒等微量元素和稀土金属元素；含煤地层的基底和盖层中有石灰岩、大理岩、岩盐、矿泉水和泥炭等。共30多种，分布广泛，储量丰富。有些矿种还是我国的优势资源。

高岭岩（土）在我国各主要聚煤期的含煤地层中几乎都有分布，并且具有一定的工业价值。其中以石炭二叠纪最重要，矿层多，厚度大，品位高，质量好。代表性产地有山西大同、介休，山东新汶，河北唐山、易县，陕西蒲白和内蒙古准格尔等地的木节土；山西阳泉、河南焦作等地的软质黏土；安徽两淮、江西萍乡的焦宝石型高岭岩。此外，在东北、新疆和广东茂名等地的煤矿区也发现有高岭岩矿床赋存。据不完全统计，目前在含煤地层中高岭土已查明储量为16.73亿t，远景储量为55.29亿t，预测资源量为110.86亿t。矿床规模一般在数千万吨以上，有的达几亿至几十亿吨，属中型至特大型矿床。

我国所有的耐火黏土几乎全部产于含煤地层之中，已发现的产地多达254处。主要分布在山西、河南、河北、山东、贵州等省。到1988年底，保有储量为20.13亿t。其中，华北各煤田占86%。

膨润土矿床主要分布在东北和东南沿海各省（自治区），尤以吉林和广西的储量大、品质优、钠基膨润土所占比例大，是我国最重要的膨润土基地。在全国31个大型膨润土矿床中，产于含煤地层中的有25个。赋存于含煤地层中的探明储量为8.88亿t，其中钠基膨润土在5亿t以上。

硅藻土矿床主要分布在吉林、黑龙江、山东、浙江、云南、四川、湖南、海南、广东、西藏、福建、山西等地。产出时代以古近纪为主，第四纪次之，多与褐煤共生。我

国硅藻土储量超过 22 亿 t，探明储量 2.7 亿 t，其中含煤地层中储量占 70.5%。

我国的油页岩多数与煤层和黏土矿共生，主要成矿期也是历史上的成煤期，在全国主要含煤省（自治区）几乎都有分布。截止 1988 年，共有产地 62 处，探明储量 320.5 亿 t，保有储量 314.6 亿 t，预测资源量 7 277 亿 t，资源十分丰富。

我国的工业硫源 67.6% 来自硫铁矿，而含煤地层中的共生硫铁矿占各类硫铁矿保有储量的 33.9%。主要赋存在南方的上二叠统和北方的中石炭统，产地集中在南、北两大片：南方有四川、贵州、云南和湖北；北方有河南、河北、陕西和山西。据不完全统计，全国共有共生硫铁矿产地 240 处，保有储量（矿石量）34.6 亿 t，预测矿石量 113.7 亿 t。另外，高硫煤层中的伴生硫铁矿也很丰富，全国国有重点煤矿已探明的高硫煤储量达 111.9 亿 t，平均含硫量 3.5%，其中，黄铁矿硫按 55% 计算，则共含有效硫 2.15 亿 t，折合硫标矿 6 亿 t 以上。

从以上所述可以看出，我国含煤地层中的共生、伴生矿产资源非常丰富，开发利用前景十分广阔。充分利用这些矿产资源，不但可以大量节省投资，而且可以延长煤矿的服务年限。

四、中国煤炭资源对国民经济的保证程度及资源特征

截至 2010 年底，我国保有煤炭资源量 13 778.9 亿 t，全国煤炭年开采量 35.2 亿 t。

从数字上看，我国煤炭资源对国民经济具有较高的保证程度。然而我国煤炭资源在地理分布上的总格局是西多东少、北富南贫，且主要集中分布在山西、内蒙古、陕西、新疆、贵州、宁夏等 6 省（自治区），它们的煤炭资源总量占全国煤炭资源总量的 80%以上；而且煤类齐全，煤质普遍较好。而经济发达，工业产值高，对外贸易活跃，需要能源多，耗用煤量大的京、津、冀、辽、鲁、苏、沪、浙、闽、台、粤、琼、港、桂等14 个东南沿海省（市、区），仅占全国煤炭资源总量的 5% 左右，其中，我国最繁华的现代化城市——上海所辖范围内，至今未发现有煤炭资源赋存；开放程度较高的广东省、天津市、浙江省、海南省，不仅资源很少，而且大多数还是开采条件复杂、质量较次的无烟煤或褐煤，不但开发成本大，而且煤炭的综合利用价值不高。我国煤炭资源赋存丰度与地区经济发达程度呈逆向分布的特点，使煤炭基地远离了煤炭消费市场，煤炭资源中心远离了煤炭消费中心，从而加剧了远距离输送煤炭的压力，带来了一系列问题和困难，是影响国民经济快速增长的重要因素。

我国煤类齐全，从褐煤到无烟煤各个煤化阶段的煤都有赋存，能为多个工业部门提供多种用途的煤源。然而各煤类的数量不均衡，地区间的差别也很大，主要表现为：真正具有潜力的是低变质烟煤，而优质无烟煤和优质炼焦用煤都不多，属于稀缺煤种。从煤炭资源开采的角度看，煤层埋藏较深，适于露天开采的储量很少，适于露天开采的中、高变质煤更少。

第二章　石油和天然气

第一节　概　述

石油和天然气是一种天然产出的可燃有机矿产。其主要组成是多种结构的碳氢化合物以不同比例混合在一起形成的液态或气态混合物。在地下石油中常溶有大量的天然气赋存于一定的沉积盆地中形成油气田。

一、石油和天然气的组成及物理性质

石油的化学组成主要为碳、氢、硫、氮、氧等。一般含量：碳80%～88%，氢10%～14%，碳氢含量总和占石油成分的95%～99%。硫、氮、氧总量一般低于2%～3%，个别情况下硫含量可达7%。石油中还发现33种微量元素。

石油的物理性质取决于其化学组成。在常温下呈液态；颜色变化较大，有白色、淡黄、黄褐、黑绿、黑色等；石油的相对密度20℃时在0.75～1.00之间；石油的相对密度是重要的物理参数之一，它的大小反映其工业价值；相对密度小，表明轻馏分多，其工业价值较高。石油的黏度是石油流动性能的量度，也是石油的一种重要物理参数，黏度的大小决定了石油流动能力的强弱，与油井的产油率直接相关。另外，石油在紫外线下发荧光，石油难溶于水，易溶于许多有机溶剂。

天然气是天然生成的可燃气体。元素组成与石油相似；以碳、氢为主，碳占65%～80%，氢占12%～20%，另有少量的氮、氧、硫及微量元素。化合物组成以甲烷为主，其次为重烃气，还含有少量的氮、二氧化碳、硫化氢及惰性气体。

二、石油和天然气的基本特点

石油和天然气是极重要的可燃有机矿产，具有以下特点：

1. 容易引燃、燃烧完全、发热量高，对环境污染较小，是优质的能源矿产（表10-2-1）。

表10-2-1　　　　　　　　　几种主要燃料的热值　　　　　　　　　单位：千卡/kg

燃料名称	木柴	烟煤	无烟煤	焦炭	石油	汽油	天然气
热值	2 000～2 500	5 000	6 500	7 000	10 000	11 000	7 000～12 000

据陈作全《石油地质学简明教程》1987年。

2．相对密度小、具有流动性是较为显著的特点，为石油和天然气的输送提供了方便，由于密度小减轻了运输的负载，提高了运输的效率；因其具有流动性，能以管线的形式进行输送，更是简化了机械内部的传递程序，降低运送成本，提高运输效能。

3．与其他矿产相比，具有开采容易，开采成本低廉等特点。如在一些国家开采一桶油的利润比开采成本高出 50 倍以上，采一吨油的成本大约是开采一吨煤的 1/3。

4．石油及天然气矿产的蕴藏量丰富。据估计，世界现已探明和预期可开采的石油蕴藏量为 1 212 880.9 百万桶，天然气蕴藏量为 1 542 651.4 亿 m^3。随着科技的发展和石油勘探工作的不断深入，石油和天然气的储量还会进一步增加。

三、含油气盆地的形成条件及成因类型

1．石油的成因学说

目前，石油的成因有有机论和无机论两种说法。无机论认为石油是在基性岩浆中形成的；有机论认为各种有机物如动物、植物、特别是低等的动植物像藻类、细菌、蚌壳、鱼类等死后埋藏在不断下沉缺氧的海湾、潟湖、三角洲、湖泊等地经过许多物理化学作用最后逐渐形成为石油。

石油成因的研究非常困难，其原因有以下 3 方面：

（1）石油易于流动，产出石油的地方往往不是生成石油的地方。

（2）石油在运移过程中，其组成及性质发生了变化，致使在生成地的残留部分与产出地的聚集部分在组成和性质上发生差异。

（3）由于受到实验技术水平的限制，对石油的某些组分的生成尚不了解，难以在实验室条件下模拟石油生成的全过程。

目前，石油有机成因说得到绝大多数石油地质学者的支持，特别是石油有机成因的晚期成油说在石油地质勘探工作中占主导地位。石油勘探实践表明，世界上已发现的99％以上的油气田都分布在富含有机质的沉积岩区，火成岩或变质岩中储存的具有工业价值的石油是由附近的沉积岩中生成的石油运移而来。由于干酪根热降解成油说能比较合理地解释石油的生成和分布，因而成为油气资源评价的重要依据。

2．油气藏类型

依据不同的分类标准，油气藏可以分为很多类型。

（1）按照地质空间和油气形成的关系分为：共生油气藏和客生油气藏。共生油气藏是油气赋存于形成时所在的地质空间内；客生油气藏是油气形成后运移到新的地质空间，油气是后来的。

（2）按照油气藏的构造类型分为：褶皱油气藏和断层油气藏。褶皱油气藏可以分为：向斜油气藏、背斜油气藏、单斜油气藏等；断层油气藏可以分为正断层油气藏、逆断层油气藏、平移断层油气藏等。

（3）按照地质空间性质可以分为：原生油气藏和次生油气藏。原生油气藏是指岩体在形成过程中产生的孔隙和裂隙，如碎屑岩颗粒间的孔隙、层面裂隙、岩浆岩的原生节理、喷出岩的孔隙等；次生油气藏是指地层或岩体形成后所产生的地质空间，如构造

运动所形成的地质空间、灰岩所形成的溶洞等。

（4）按照油气藏形成后是否发生变化可以分为：原形油气藏和变形油气藏。油气藏形成后没有发生形态变化的叫作原形油气藏；发生了形态变化的叫作变形油气藏。在构造运动、岩浆活动、地下水活动等的作用下，绝大多数油气藏的形态、大小、埋藏深度等都发生变化，而且变化可能是多次的。不同的研究者和不同的教材有不同的分类，如有的教材将油气藏类型分为：构造油气藏、地层油气藏、岩性油气藏、水动力油气藏和复合油气藏等五大类。

3. 油气藏的成因与油气的运移

（1）共生油气藏的成因：不同类型的油气藏有不同的成因。石油和天然气是水生生物或水中的其他有机质在水的掺入和还原条件下，经成油作用形成的。还原条件必须同外界隔绝，这样就需要对产生油气的有机质进行封闭。封闭产生油气物质的过程叫作油气的封闭作用。依据成因可以将封闭作用分为：沉积封闭作用、构造封闭作用、火山封闭作用和结冰封闭作用。

①沉积封闭作用：湖泊和海洋为盆地或洼地，风化作用所形成的物质在水和风的介质搬运下到湖泊和海洋中沉积，这些沉积物覆盖在有机质之上形成盖层，盖层使有机质同外界隔绝，完成封闭。在盖层之上还会形成有机质的沉积，其上还会形成盖层，可以形成多层有机质及盖层。在成油作用下，形成一层或多层油气层。

②构造封闭作用：构造运动使岩层弯曲、错动，上升或下降等变化。这些变化能直接或间接地将有机质覆盖和封闭。

③火山封闭作用：火山作用形成的熔岩或火山碎屑、火山灰能覆盖在有机质之上形成封闭。

④结冰封闭作用：当水结冰后使水中的有机质与外部空气的隔绝形成封闭。经封闭作用后，在成油作用下，油气就在被封闭的空间内形成。

（2）油气的运移：石油和天然气形成后在地质作用下离开共生油气藏到客生油气藏的过程叫作油气的运移或者叫作油气的运移作用。各种压力作用迫使油气发生运移。这些压力有：

①油气自身的压力。油气形成的过程是体积增大的过程。封闭后，在确定的油气藏内随着油气体积的增大内压也随着增大。盖层、底层或围层如果存在孔隙、裂隙或薄弱处，油气将由此发生运移。

②盖层的压力。如果盖层是沉积物，盖层的成岩作用和有机质的成油作用是同时进行的，所形成的油气存在于沉积物的孔隙中，由此也将这一层沉积物叫作生油层。这一层成岩后叫作生油岩层。生油岩层的上覆岩层叫作盖层。盖层的重力对油气产生压力。

③构造运动所产生的压力。构造运动使地质体发生弯曲、错位和破碎。这些地质活动不仅对油气产生压力，而且对油气藏造成破坏或改造。

④岩浆侵入作用所产生的压力。岩浆侵入到油气藏中或外围都会对油气产生压力。

（3）客生油气藏的成因：已存在的各种地质空间，如岩层中的孔隙、裂隙、破碎带、背斜空间等，油气在地质压力作用下运移到这些空间保存下来，就形成了客生油气藏。

　　地质作用是在不停地进行着，油气在各种地质压力的作用下，会发生一次、两次或多次运移，在不同成因、不同形态、不同大小、不同深度等的空间中保存下来，形成不同的油气藏。

　　（4）含油气盆地的形成条件：

　　①含油气盆地必须是地壳上的一种洼陷地区，即是一个沉积盆地；不论在地史时期形成早晚和时间长短，到目前为止仍必须保持在洼陷状态。

　　②含油气盆地在地质历史中被水体覆盖，并在相当长的时期中保持水下环境，形成含丰富有机质的巨厚沉积物，提供含油气盆地有足够的生油母质来源。

　　③含油盆地必须要有稳定持续下沉、间有周期性上升到的大地构造环境；使有机母岩能得到有效保存和向油气转化的地质和地球化学条件。

　　④含油气盆地必须经过一定程度构造运动；提供油气运移的动力或为油气运移创造必要的构造条件。同时使沉积盖层产生褶皱和断裂，为油气聚集和圈闭形成提供条件。

　　⑤含油气盆地还须有足够数量的空隙地层作为储集层以及不透水地层作为盖层，保证油气有储集和保存的场所。

　　含油气盆地的平面形态，一般为封闭的圆形、椭圆形或半封闭的开放形，盆地形态受区域构造运动的控制。

　　（5）含油盆地的成因类型：

　　含油气盆地的分类以大地构造为基础，根据构造观点的认识有两种分类方法：一种是布罗德的传统大地构造说分类；另一种是克莱姆的板块构造说分类。

　　①地槽—地台构造理论的盆地分类：地台平原盆地；山前盆地；山间盆地。

　　②板块构造理论的含油气盆地分类：根据盆地所在的大地构造位置或盆地的成因特征分八种类型：克拉通克内部盆地；内陆复合盆地；地堑或裂谷盆地；外陆盆地；拉开盆地；横向山间盆地；走向山间盆地；三角洲盆地。

第二节　世界石油和天然气

一、世界石油和天然气分布

1. 油气在空间的分布特点

世界上石油和天然气的分布很不均匀，在空间位置上有如下特点：

（1）从产出的空间地理位置看，全世界石油产区的储量分布，在东半球占74%，西半球（北美和南美洲）占25.9%；北美洲石油储量占世界的17.8%，南美洲占8%；中东地区石油分布集中，储量最为丰富，占全球的一半以上，达56.5%；西欧地区占1.5%，东欧和苏联占6.5%；亚太地区为3.2%，非洲地区占6.4%。而整个北半球的产油区储量占全世界的97%，南半球的石油储量仅为3%。

天然气分布与石油类似，主要分布在东半球，占总储量的90%以上，西半球占9.5%；北半球占98%，南半球仅占2%。天然气集中的产区是中东和俄罗斯，分别占全球总量的36.2%和30.8%。

油气田最集中分布的是波斯湾地区，该地区已发现的油气田约180个，其中大型油气田68个，占世界石油总储量的1/2，总产量的1/3。

（2）从油气田在区域构造上的分布看，油气分布主要与那些长期稳定下沉的盆地有关。不同类型的盆地油气分布有所差异；地台型盆地占石油探明储量的68%，天然气储量的92%；山前拗陷盆地占石油探明储量的18.5%，天然气储量的8%；山间拗陷盆地占石油探明储量的1.5%，天然气未见。

油气在盆地内不同部位分布也是不均匀的。据统计，盆地内油气储量分布集中于枢纽带和陆棚区；在活动边缘带和深拗区分布较少。

（3）从油气田在局部构造上的分布看，在各类聚油构造中以背斜最重要，属于与背斜有关的油气田占世界油气田总数的61%，可采储量的73.9%。

2. 油气在时间上的分布特点

产油层的地质时代各地不同，上至更新世，下自前寒武纪都有分布；但各时代油气藏出现的规模和频率却变化甚大，分布很不均匀。在美国各地质时代的地层中均有产油；加拿大的主要产油层为古生代石炭纪石灰岩；墨西哥为中生代白垩纪石灰岩；南美洲北部油田以古新近纪地层为主；欧洲的主要油田皆产于古新近纪地层，少数产于中生代和古生代地层。亚洲也以古新近纪地层为主。

3. 世界含油气盆地的分布

根据槽、台学说的地壳结构，可将有关含油气盆地分为以下八个带：

（1）北地台带含油气盆地：由北美地台、俄罗斯地台和西伯利亚地台组成。分布在该地台带的重要含油气盆地有：加拿大的阿尔伯达盆地；镁光灯东内盆地；西内盆地、丹佛盆地和阿伯拉契亚盆地、俄罗斯的伏尔加—乌拉尔盆地和蒂曼—别绍拉盆地。

（2）古生代地槽褶皱带含油气盆地：包括介于北地台带各地台之间和介于西伯利亚地台和中国地台之间的一切古生代褶皱带。可分为两大类，一类是以海西褶皱为基底的年青地台盆地，有墨西哥湾盆地和西西伯利亚盆地和西欧海西台地、土兰海西台地上的一些盆地；另一类为与地槽褶皱带有关的山间和山前盆地，主要分布在西伯利亚地台与中国地台之间的中亚蒙古地槽褶皱带中。著名的盆地有苏联的费尔干纳盆地和中国的准噶尔盆地、吐鲁番盆地和松辽盆地。

（3）中地台带含油盆地：属分布在中国的地台，包括塔里木、华北和扬子三部分。有陕甘宁盆地、四川盆地和华北盆地等。

（4）特提斯地槽褶皱带含油盆地：分布于褶皱带两侧的山前盆地或复合型盆地，分布于褶皱带内部的山间盆地。北侧的重要盆地有：比利牛斯山前阿奎坦盆地，阿尔卑斯山前莫拉石盆地，喀尔巴阡山前卡尔巴阡盆地等。南侧重要的有：扎格鲁斯山前的波斯湾盆地，喜马拉雅山脉前的印度河盆地和孟加拉盆地等。

（5）南地台带含油盆地：由巴西地台、非洲——阿拉伯地台、印度地台和澳大利亚地台组成。南地台带因古生代沉积缺乏，所以含油盆地不发育。其中北非——阿拉伯地台的三叠盆地、波利尼亚克盆地、阿赫内特盆地和锡尔特盆地是几个重要的含油盆地。

（6）环太平洋带含油盆地：可分为东西两带。东带包括北美的科特迪勒拉中生代褶皱带和南美的安第斯古—新近纪褶皱带。东带北美部分重要的含油气盆地有，阿尔伯达盆地、丹佛盆地、阿拉加斯盆地何维利斯顿盆地等复合型盆地；分布于太平洋沿岸的山间盆地，包括库克湾盆地、圣朝昆盆地和洛杉矶盆地等。东带南美部分重要的含油气盆地有：奥利诺科盆地，亚马孙河上游盆地等复合型盆地；安第斯褶皱带内的马拉开波盆地、马格达雷纳盆地等山间盆地。

西带包括亚洲东北维尔霍扬中生代褶皱带、我国东北的燕山褶皱带和东南、华南的加里东、海西褶皱带及上述褶皱带以东的边缘海，以中小型山间盆地为主；较重要的含油气盆地有：萨哈林盆地、鄂霍次克海盆地、日本列岛上的盆地、我国台湾西部盆地、菲律宾盆地、印尼的浮格科普盆地、澳大利亚的阿拉弗拉海盆地等。

（7）环大西洋带含油气盆地：含油气盆地大多为现代边缘地槽。现已探明的含油气盆地有非洲西部的几内亚湾盆地、北大西洋东岸的北海盆地、南美洲东岸的巴西海岸盆地、墨西哥湾盆地等。

（8）环印度洋带含油气盆地：发现含油气盆地较少，仅知澳大利亚的卡纳尔文盆地和佩思盆地，印度西岸的坎贝盆地等。

二、世界石油和天然气资源储量

1. 石油资源储量

据《世界矿产资源年评》（2012），2011 年世界石油剩余探明储量 2 086. 82 亿 t（表 10 - 2 - 2），世界石油储量地区分布如图 10 - 2 - 1 所示。

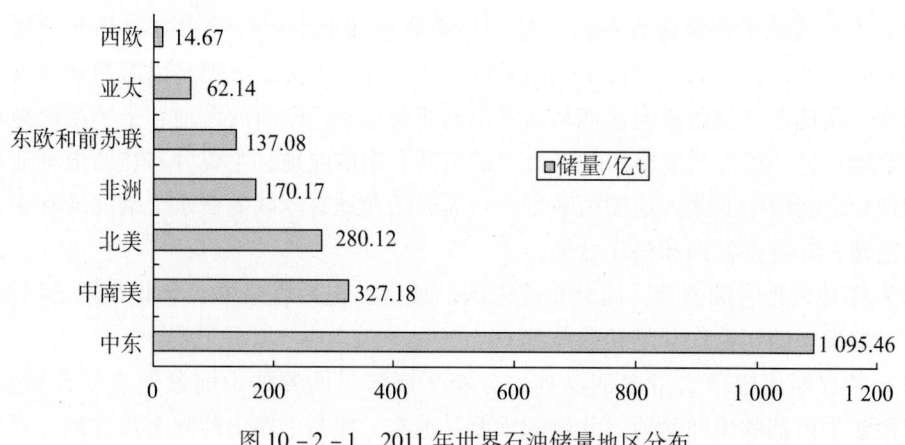

图 10 - 2 - 1　2011 年世界石油储量地区分布

表 10 - 2 - 2　　　　　　　　　　　　世界石油剩余探明储量　　　　　　　　　　　　　单位：万 t

国家或地区	2011 年	国家或地区	2011 年	国家或地区	2011 年	国家或地区	2011 年
世界总计	20 868 187.77	英国	38 735.93	科威特	1 390 550.00	赤道几内亚	15 070.00
亚太	621 428.47	其他	2 192.00	中立区	68 500.00	毛里塔尼亚	274.00
澳大利亚	19 531.54	东欧和苏联	1 370 813.26	阿曼	75 350.00	乌干达	13 700.00
文莱	15 070.00	阿尔巴尼亚	2 728.22	卡塔尔	347 706.00	其他	124.83
中国	278 795.00	克罗地亚	972.70	沙特阿拉伯	3 623 924.00	西半球	6 073 009.62
印度	122 409.50	匈牙利	434.59	叙利亚	34 250.00	阿根廷	34 314.12
印度尼西亚	53 229.16	波兰	2 123.50	也门	41 100.00	玻利维亚	2 874.26
马来西亚	54 800.00	保加利亚	205.50	其他	175.36	巴西	191 617.93
新西兰	1 316.57	罗马尼亚	8 220.00	非洲	1 701 664.83	加拿大	2 378 665.58
巴基斯坦	3 844.86	格鲁吉亚	479.50	阿尔及利亚	167 140.00	智利	2 055.00
巴布亚新几内亚	2 493.40	阿塞拜疆	95 900.00	安哥拉	130 150.00	哥伦比亚	27 230.12
菲律宾	1 897.45	白俄罗斯	2 712.60	喀麦隆	2 740.00	古巴	1 698.80
泰国	6 055.40	哈萨克斯坦	411 000.00	刚果（金）	2 466.00	厄瓜多尔	98 777.00
越南	60 280.00	俄罗斯	822 000.00	刚果共和国	21 920.00	危地马拉	1 138.06
其他	1 705.59	土库曼斯坦	8 220.00	埃及	60 280.00	墨西哥	139 205.70
西欧	146 650.76	乌克兰	5 411.50	加蓬	27 400.00	秘鲁	7 973.81
奥地利	685.00	乌兹别克斯坦	8 137.80	加纳	9 042.00	苏里南	986.40
丹麦	12 330.00	塞尔维亚	1 061.75	科特迪瓦	1 370.00	特立尼达和多巴哥	9 977.71
法国	1 233.16	其他	1 205.59	利比亚	645 270.00	美国	283 343.40
德国	3 781.20	中东	10 954 620.83	尼日利亚	509 640.00	委内瑞拉	2 893 029.00
意大利	7 167.16	阿联酋	1 339 860.00	南非	205.50	其他	122.73
荷兰	3 937.38	巴林	1 706.47	苏丹	68 500.00	欧佩克	15 246 045.00
挪威	72 884.00	伊朗	2 071 029.00	突尼斯	5 822.50		
土耳其	3 704.93	伊拉克	1 960 470.00	乍得	20 550.00		

资料来源：国土资源部信息中心《世界矿产资源年评》（2011~2012），2012 年。

2011 年世界石油剩余探明储量排名前 10 位的国家依次为：沙特阿拉伯、委内瑞拉、加拿大、伊朗、伊拉克、科威特、阿联酋、俄罗斯、利比亚和尼日利亚（图 10 -

2－2）。我国位居第 14 位。

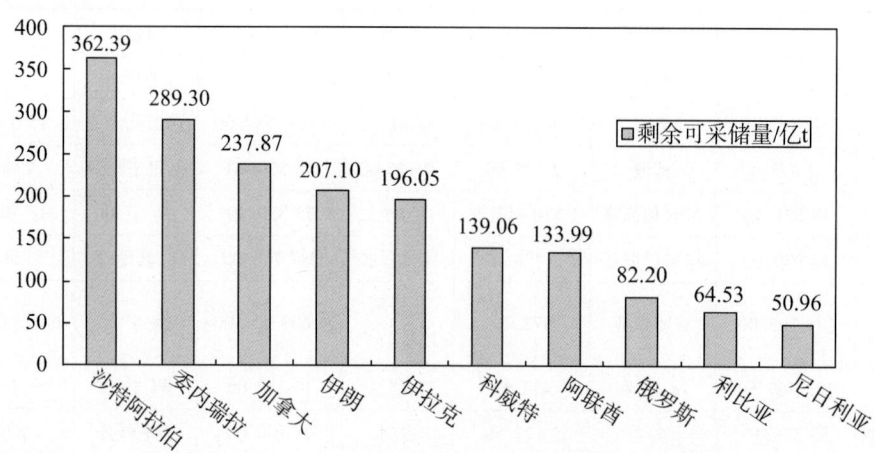

图 10 － 2 － 2　2011 年世界主要国家石油剩余可采储量

据美国《石油情报周刊》2011 年 12 月报道，2010 年石油储量居世界前 10 位的大公司分别为：委内瑞拉国家石油公司、沙特阿拉伯国家石油公司、伊朗国家石油公司、伊拉克国家石油公司、科威特国家石油公司、阿布扎比国家石油公司、利比亚国家石油公司、中国石油天然气集团公司、尼日利亚国家石油公司和俄罗斯石油公司（Rosneft）。

据美国地质调查局（USGS）2012 年对全球待发现油气资源所做的评估，全球待发现的石油资源为 998.40 亿 t（不包括美国），主要分布在南美和加勒比海、非洲次撒哈拉地区、中东和北非以及北美的北极地区。

　2. 天然气资源储量

2011 年，世界天然气剩余探明可采储量 191.05 万亿 m^3，其中欧佩克成员国的天然气剩余探明储量 94.30 万亿 m^3，占世界总储量的 49.4%（表 10 － 2 － 3）。

表 10 － 2 － 3　　　　　　　世界天然气剩余探明可采储量　　　　　　　单位：亿 m^3

国家或地区	2011 年	国家或地区	2011 年	国家或地区	2011 年	国家或地区	2011 年
世界总计	1 910 477.48	土库曼斯坦	75 040.05	克罗地亚	249.19	赤道几内亚	368.12
亚太	142 930.06	乌克兰	11 043.63	匈牙利	80.14	埃塞俄比亚	249.19
孟加拉国	1 837.49	乌兹别克斯坦	18 406.05	波兰	950.04	摩洛哥	14.44
澳大利亚	7 886.28	塞尔维亚	481.39	保加利亚	56.63	纳米比亚	622.97
文莱	3 907.75	其他	294.49	罗马尼亚	630.05	卢旺达	566.34
中国	30 299.19	中东	792 869.49	叙利亚	2 406.95	索马里	56.63
印度	11 537.76	阿联酋	60 891.46	也门	4 785.57	坦桑尼亚	65.13
印度尼西亚	39 943.96	巴林	920.30	以色列	2 706.82	毛里塔尼亚	283.17
马来西亚	23 503.11	伊朗	330 742.56	约旦	60.32	乌干达	141.59
缅甸	2 831.70	伊拉克	31 579.12	非洲	144 248.50	西半球	175 813.46
新西兰	276.37	科威特	17 839.71	阿尔及利亚	45 024.03	阿根廷	3 788.53

（续表）

国家或地区	2011 年	国家或地区	2011 年	国家或地区	2011 年	国家或地区	2011 年
巴基斯坦	7 537.99	中 立 区	283.17	安 哥 拉	3 099.86	玻利维亚	2 814.71
巴布亚新几内亚	1 552.62	阿 曼	8 495.10	喀麦隆	1 350.72	巴 西	4 169.68
菲 律 宾	985.43	卡塔尔	252 021.30	刚 果（金）	9.91	加 拿 大	17 274.50
泰 国	2 998.49	沙特阿拉伯	80 137.11	刚果共和国	906.14	智 利	979.77
越 南	6 994.30	法 国	55.22	埃 及	21 860.72	哥伦比亚	1 341.09
其 他	837.62	德 国	1 755.65	加 蓬	283.17	古 巴	707.93
西 欧	38 972.40	意 大 利	660.07	加 纳	226.54	厄瓜多尔	79.85
奥 地 利	161.41	荷 兰	13 025.82	科特迪瓦	283.17	墨 西 哥	4 903.37
丹 麦	519.90	挪 威	20 068.26	利 比 亚	14 949.96	秘 鲁	3 528.58
格鲁吉亚	84.95	土 耳 其	61.73	尼日利亚	51 100.29	特立尼达和多巴哥	3 811.47
阿塞拜疆	8 495.10	英 国	2 529.84	莫桑比克	1 274.27	美 国	77 166.37
白俄罗斯	28.32	其 他	134.51	苏 丹	849.51	委内瑞拉	55 246.47
哈萨克斯坦	24 069.45	东欧和苏联	615 643.58	突 尼 斯	651.29	其 他	1.13
俄 罗 斯	475 725.60	阿尔巴尼亚	8.50	贝 宁	11.33	欧 佩 克	942 994.89

资料来源：国土资源部信息中心《世界矿产资源年评》（2011～2012），2012 年。

俄罗斯、伊朗和卡塔尔是世界三大天然气资源国，证实储量分别占世界总量的 24.9%、17.3% 和 13.2%。中国天然气剩余探明可采储量世界排名第 13 位（图 10 - 2 - 3）。

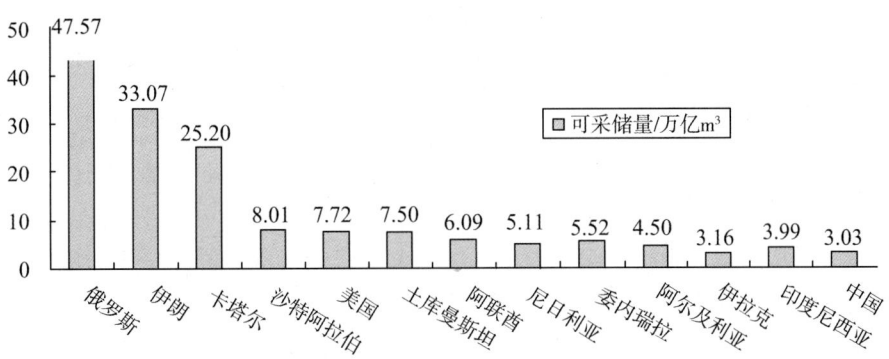

图 10 - 2 - 3　2011 年世界主要国家天然气剩余探明可采储量

按现有开采水平，世界天然气证实储量可供开采 63 年，其中中东地区天然气的可采年限为 187 年，而西半球（包括北美和中南美）可采年限最低，仅为 11 年。

据美国 "Oil & Gas Journal" 数据，2011 年中国天然气证实储量 3.03 万亿 m^3，居世界第 13 位。我国统计的实际天然气储量（包括溶解气）为 2.91 万亿 m^3，主要分布在塔里木、四川、鄂尔多斯、柴达木及浅海海域盆地。

据美国《石油情报周刊》2011 年 12 月报道，2010 年天然气储量居世界前 10 位的大公司分别为：伊朗国家石油公司（33.09 万亿 m^3）、俄罗斯天然气工业股份公司（18.99 万亿 m^3）、卡塔尔石油总公司（18.23 万亿 m^3）、沙特阿拉伯国家石油公司（8.02 万亿 m^3）、委内瑞拉国家石油公司（5.52 万亿 m^3）、阿尔及利亚国家石油公司（4.50 万亿 m^3）、马来西亚国家石油公司（3.32 万亿 m^3）、中国石油天然气集团公司（3.31 万亿 m^3）、阿布扎比国家石油公司（3.26 万亿 m^3）和伊拉克国家石油公司（3.17 万亿 m^3）。

第三节　中国石油和天然气

我国是一个油气资源较丰富的国家，共有大小沉积盆地 500 多个，沉积岩面积 670 多万 km^2。其中面积大于 200 km^2、沉积岩厚度大于 1 000 m 的中、新生代盆地共有 424 个，面积约 527 万 km^2。根据二次资源评价结果，在 150 个盆地、618 个区带、7 792 个圈闭中，共有石油资源量 940×10^8 t，其中陆上 694×10^8 t，海域 246×10^8 t；天然气资源量 38×10^{12} m^3（包括煤成气 16×10^{12} m^3），其中陆上近 30×10^{12} m^3，海域 8×10^{12} m^3。

一、中国油气盆地分布规律

在中国现已勘探过的盆地中，符合含油气盆地界定标准的不超过 20 多个。它们的地理分布有一定的规律性，如在区域上有相同或相似的板块构造演化背景，在油气田类型上有相同的构造样式，在含油气盆地地理分布上，常成群成带。它们在中国大陆及其大陆架上的分布，可归纳为裂谷盆地和克拉通盆地两种不同的类型，每种类型又各有三个油气富集的构造单元，成为中国显著的油气富集地带，拥有中国油气储量的 77% ~ 96% 和油气产量的 95% 以上。

1. 石油富集裂谷盆地带

（1）中国大陆纬向石油富集裂谷盆地带：它西起新疆，经甘肃、宁夏、内蒙古到黑龙江，绵延 3 300 多公里，位于中天山北缘断裂和雅布拉山—赤峰断裂以北到国境线的广大地区。从西向东包括准噶尔盆地、吐哈盆地、银根盆地群、二连盆地、海拉尔盆地和松辽盆地等。在中西段涉及天山和祁连山北缘一些侏罗系盆地。它们共处在准噶尔—内蒙古—松辽缝合带板块背景中，沿古亚洲华力西褶皱带分布。从西向东有裂谷前期的石炭系至侏罗系的火山喷发。具有早期断陷晚期上叠坳陷裂谷盆地的构造类型，均以侏罗系—白垩系为主要产油层，产油层位由西向东，从中、下侏罗统到上白垩统抬升，成为横贯中国东西的纬向产油带。本带以产油为主，拥有石油资源量占全国的24%，石油储量占全国的73%。

（2）中国大陆经向石油富集裂谷盆地带：本带夹持于太行山东断裂和郯城—庐江断裂之间以渤海湾盆地为主体的地区，北延到东北的依兰—依通盆地，南延包括南华北盆地、南襄和江汉盆地，构成一个北北东向的裂谷盆地带。它从北向南横跨三个板块地域，新生代受太平洋板块俯冲的影响，在区域性的张扭应力作用下，形成的陆内裂谷盆地。古近纪为断陷期，新近纪为拗陷期，古 – 新近系发育，最大厚度可达 9 km。它拥有石油资源量占全国石油资源量的 20%，石油储量占全国石油储量的 36%。

（3）中国东南沿海大陆架"镶边"石油富集裂谷盆地带：由东海、台湾西部、珠江口、莺歌海—琼东南、北部湾诸陆架盆地组成，成串珠状分布在中国东海和南海大陆架上，成为中国大陆架"镶边"裂谷盆地油气富集带。它们是在弧后或被动大陆边缘，在地壳伸展背景上形成的裂谷盆地，以古 – 新近系产油气为主。估算天然气资源量占全国资源量的 21%，探明程度仅 3.2%，具有巨大的潜力。

2. 富集以天然气为主的克拉通盆地

在早古生代，中国就存在有前寒武系基底的塔里木、华北和扬子 3 个古板块，游弋于特提斯洋中，沉积了巨厚的海相碳酸盐岩，经过中、新生代大陆板块汇聚的变动，形成塔里木、鄂尔多斯和四川 3 个克拉通盆地，在其腹地保留有较完整的古生代地层，成为中国富集以天然气为主的克拉通盆地。

二、中国油气盆地演化机制及油气藏类型

1. 中国含油盆地构造演化

中国含油气盆地形成机制，实质上是受中国板块构造演化的控制。中国大地构造的独特风格，在全球构造中占有重要地位。古生代时古中国板块与西伯利亚板块之间曾被中亚 – 蒙古大洋隔开。古中国板块西南横隔着古特提斯洋。古生代以来，沿古中国板块北缘和西南缘先后发生过两次全球性的大陆碰撞活动。第一次发生于古生代末期，中亚 – 蒙古大洋关闭，华北 – 塔里木陆块与西伯利亚板块碰撞，激起海西期造山运动，使阿尔泰、天山、内蒙古、大兴安岭等槽区褶皱隆起，形成亚洲古陆。第二次始于始新世晚期，特提斯洋关闭，印度板块与中国板块碰撞，激起喜马拉雅造山运动，形成构造复杂的亚洲大陆。

古生代以来，中国板块构造演化大致以塔里木 – 中朝地块和扬子板块为核心逐渐向外扩展，散布于大洋中的微型陆块与中国板块碰撞并镶接于大陆边缘上，从而扩展大陆范围，微型陆块之间或它们与中国板块之间的褶皱带则是镶接的产物。在这些褶皱带之间或褶皱带内部隐伏或大或小的微型陆块。有一些陆块是古中国板块裂解的块体，而有一些则是冈瓦纳古陆裂解的块体。通过多次碰撞活动，依次形成祁连山加里东期褶皱带，昆仑山海西期褶皱带，松潘 – 甘孜印支期褶皱带。

中国板块是由褶皱带缝合的众多陆块的镶嵌体。这一特点决定了中国大陆上褶皱造山带纵横密布，构成被深断裂围限的性质不一的陆块杂处，褶皱山系与地块盆地相间排列。由于中国板块面积有限，内部结构复杂，沿周缘的俯冲和碰撞作用可以波及板内大部分地区，使中国板块具有较大的活动性。由于板内地壳各向不均一性以及受力性质大小和方向的差异性，因而造成中国东部及西部成因机制不同的沉积盆地，相应的形成不同类型的油气藏系列。

2. 中国东部张扭型裂谷盆地与油气藏类型

中国东部地区张扭型裂谷盆地从发育时间上看从西到东由老到新依次发生。盆地内沉积厚度依次增厚。如鄂尔多斯和四川盆地主要发育于中、晚三叠世和侏罗纪，沉积岩厚度 2 500～4 000 m，此时华北地区仍处于隆起状态，局部地区有小型裂陷活动发生。白垩纪及新近纪时期，华北地区张扭裂陷活动加强，裂谷盆地内沉积了湖相及河湖相沉积，沉积厚达 4 000～9 000 m，此时东海及琉球地区仍处于相对隆起状态，局部地区有新近纪裂谷型沉积。古近纪时期，东海及南海地区张扭型裂谷盆地广泛发育。古近系—第四系陆相及海相沉积厚达 10 000 m。与此相应，火山活动也由西向东迁移，地热流值和地壳厚度亦由西向东依次增高和减薄。这种区域构造演化规律必然对盆地结构、岩性、岩相分布、生油气环境产生影响。不同时期和不同的构造背景形成油气圈闭，都各有其特点。

（1）张扭性断层及断块控制油气聚集带：在张扭型的裂谷盆地内，张扭型的断层及断块控制构造及地层圈闭的复式油气聚集带。由于张扭性裂陷活动，引起基底断块的差异运动，在同生断层的下降盘上，常形成断阶和滚动背斜圈闭油气藏；在断层上升盘的高断凸带上，形成构造及地层圈闭复合油气藏；在断块斜坡上，由于地层超覆或尖灭形成地层圈闭油气藏；基岩的反向正断层形成一列或数列沿走向分布的坡上高潜山和裂谷底部低潜山圈闭油气藏；在裂谷的深拗陷部位常有河道砂体、浊积砂体岩性圈闭油气藏；由于张扭性深断裂派生的压应力，常在裂谷深拗陷区形成挤压背斜圈闭油气藏。这些不同类型的油气藏在三度空间上交替、叠置而成复式的油气聚集带。其规模可达数十至数百公里。例如渤海湾、东海及南海北部地区张扭型裂谷盆地内，多发育这类油气聚集带。

（2）同生背斜圈闭油气藏：同生背斜又称滚动背斜。这种背斜是在沉积过程中沿同生断层上盘重力滑动形成的背斜圈闭。常表现出背斜顶部地层岩性粗、厚度小、倾角陡，翼部地层岩性细、厚度大、倾角缓。这种背斜一般幅度小，但面积大。成群成带的发育于裂谷盆地中央，多与盆地的长轴方向一致。构成长垣或大型低隆起。例如松辽盆地的大庆长垣北部的萨尔图和南部的扶余等背斜油田属于此类。又如东海陆架裂谷盆地内的龙牛、玉泉等背斜带亦属此类。这类背斜圈闭带内常富集丰富的油气资源。

（3）差异压实背斜圈闭油气藏：这类背斜圈闭多发育在地台基底上的拗陷型盆地内。在裂谷盆地内也发育。形成于各种水下古地形凸起上，在凸起部位沉积厚度薄，压实幅度小。在地形低凹处，沉积厚度大，压实幅度大。由于差异压实形成背斜圈闭。例如鄂尔多斯盆地内侏罗系及三叠系中广泛发育有这类油藏，如马坊油田。此外，还有地层不整合及岩性圈闭油气藏，例如马岭油田。在裂谷盆地深拗陷的低凸起上亦有这类油藏，如济阳拗陷内孤岛油田。

（4）底辟构造圈闭油气藏：这类圈闭在中国东部陆上及海域裂谷盆地内均有分布。它们主要由塑性岩层（如盐层、泥岩、泥火山及岩浆侵入体等）向上流动引起上覆地层变形而形成的底辟构造圈闭。它们呈拱形或向上刺穿构造。如江汉裂谷盆地内的王场背斜、华北东营凹陷内的坨胜背斜、濮阳凹陷内的文留背斜等都是和盐体侵入活动有关；苏北裂谷盆地内的真武油田等是和火山岩侵入活动有关，它们沿深断裂成带分布。

（5）逆断层圈闭油气藏：在中国东部裂谷盆地内普遍发育的正断层，近年也发现有逆冲断层，有的已形成断层圈闭油气藏，如下辽河裂谷盆地内冷家堡逆断层就构成断层圈闭油藏。在松辽盆地南部大安、红岗、孤店等逆断层圈闭，也有油气藏分布。在东海裂谷盆地内浙东长垣上，亦有类似的逆冲断层构造圈闭出现。

3. 中国西部压扭型断陷盆地与油气藏类型

中国西部地区，中生代以来，地壳发生了大范围的压扭型的收缩活动。出现两种基本构造型式。一种为基底被卷入的断褶变形，断面平直、倾角陡，断裂切割深，称为"厚皮构造"；另一种为推覆构造，主要发育在沉积盖层中，断面平缓、倾角小，水平位移大，称为"薄皮构造"。前者主要发育于塔里木、准噶尔、柴达木、河西走廊等盆地的边缘；后者在鄂尔多斯及四川盆地西缘上有报道。但推覆构造的规模及形成机制尚有不同认识，有待深入研究。

中国西部大型沉积盆地的基底为刚性地块。地块周缘及其内部基底断裂发育，后期变为稳定区，如塔里木、准噶尔盆地。盆地四周为逆冲断褶带所限。中新生代时山前边缘断陷较发育，形成不同时代的多套生油层系，新生代形成的山前断褶带富集油气。如酒西盆地的老君庙、石油沟，塔里木盆地的柯可亚、依希克里克等背斜带有油气聚集。

中国西部盆地内新近的勘探成果表明，油气聚集主要和隐伏的古逆冲断裂带有关。这个观点已在准噶尔盆地西缘及东缘得到证实。塔北地区沙雅隆起带富集油气，也和隐伏的逆冲断裂构造有关。据研究，以隐伏的古逆冲或逆掩断裂带为基础的地层剥、超带形成众多的地层和构造复合型圈闭，是油气聚集的重要场所。断裂带及断块控制油气藏面积，不整合面上、下的孔渗性岩体控制油气藏体积，地层和构造圈闭综合形成复式的油气聚集带。

中国西部鄂尔多斯盆地沿主断层发育的正和逆牵引背斜圈闭，也是重要的油气藏类型之一。例如盆地西缘燕山期以来形成的南北向的逆冲断裂带，在其上盘形成的逆牵引背斜圈闭发现了马家滩和刘庄气田。

中国西部地区，晚中生代以来发生了大范围的压扭性断褶活动。有人估计地壳缩短量达 200～400 km，斜向的平移断层活动起了转换作用。阿尔金山平移断层及塔里木、柴达木和准噶尔盆地内发育的雁列式断褶构造，标志出平移断层伴生的扭动构造的特点。据最近资料，河西走廊诸盆地的形成就是受晚中生代以来两条大型平移断裂活动控制。盆地内断层纵横展布呈菱形网格状。沿边界主断层之上展布着成排的晚中生代以来的冲积扇体，并且发生过明显的位移。在其主断层西侧分布着一系列与之斜交的背斜和断层。据推测，这些断褶带是基底平移断裂活动引起盖层的形变，其中的背斜圈闭有油气聚集，如老君庙背斜带。

三、中国油气资源的分布特点

我国油气资源在时空分布上具有几个明显的特点，表现在下列几个方面：

（1）资源量主要集中在沉积面积大的盆地内，资源量与面积成正相关关系。在 150 个盆地中面积大于 1 万 km^2 的盆地有 59 个，它们占石油总资源的 91%，占天然气资源的 96%。

（2）油气资源主要集中在华北、西北和东北地区。它们分别占油和气总资源量的 74% 和 80%。

（3）石油资源量主要分布在中、新生界地层，约 760×10^8 t，占总资源量的 80% 以上，天然气资源量主要分布在古生界地层，约 20×10^8 m^3，约占总资源量的一半以上。

（4）油气资源量主要分布在埋深小于 3 500 m 的范围，约 450×10^8 t，占总资源量的 70%。但是深于 3 500 m 的资源量尚有 205×10^8 t，仍有较大的潜力。

（5）目前油气资源量的探明程度很低，在老区的渤海湾盆地，资源量 188×10^8 t，仅找出 72×10^8 t，松辽盆地 129×10^8 t，只探明 55×10^8 t，而新区则仅仅是个开始。

根据全国第二次油气资源评价结果，全国具含油气远景的 150 个沉积盆地石油资源量 940 亿 t，可采资源量 100 亿 ~ 158 亿 t。截至 1999 年底，我国共找出油田 500 多个，探明原油可采储量 59 亿 t，剩余可采储量约 25 亿 t，但人均占有量仅约 2.0 t，为世界人均 24.5 t 的 8%。我国石油资源分布不均，主要分布在松辽、华北（渤海湾盆地）、塔里木及准噶尔四大盆地，占全国石油地质资源量的 52.6%。我国近海海域 10 个沉积盆地也富含石油，占全国石油地质资源量的 26.2%。其余 21.2% 较分散，分布在陆上下 136 个沉积盆地中。

我国石油的探明程度约为 50%。目前，我国一些主要含油气盆地，尤其是西部和海域盆地的研究与勘查程度都还很低，油气情况尚不明朗，因此，我国的石油仍有较大的勘探前景。但是，由于投入不足，致使可供开发的可采储量严重不足。

我国陆上和近海分布 69 个含气盆地，面积 342 万 km^2，共有天然气资源量 38.04 万亿 m^3，专家预测可采天然气资源 7 万亿 ~ 10 万亿 m^3。我国天然气资源也分布不均，主要分布在四川、鄂尔多斯、塔里木、准噶尔、吐哈、柴达木、松辽、华北以及莺歌海、琼东南、东海盆地，渤海海区等 12 个沉积盆地，占全国天然气地质资源量的 81%。截至 1999 年底，全国累计探明气层气可采储量 1.3 万亿 m^3，剩余可采储量 1.02 万亿 m^3，人均占有量 770 m^3，仅为世界人均 2.50 万 m^3 的 3%。总体上，我国天然气探明程度很低，约占可采资源总量的 4%，国内天然气有很大的勘探前景。

我国油气田资源除了时空上的分布特点外还具有以下特点：

（1）资源量大，探明程度低。前面已提到，我国含油气远景的 150 个沉积盆地石油资源量为 940 亿 t（其中陆上 694 亿 t），计算其中 68 个盆地和地区的天然气资源量为 38 万亿 m^3（其中陆上 30 万亿 m^3）。目前，已探明的石油、天然气地质储量分别占总资源量的 22.0% 和 8.2%，勘探潜力依然很大。

（2）石油形成以陆相沉积为主，产出时代相对较新，中、新生代地层占总资源量的 86.3%。天然气资源量，中新生界占 49.2%，古生界占 50.8%，反映了天然气形成环境除陆相外，海相所占比重相当大。

（3）地质条件复杂，资源品质多样。在石油资源量中，常规资源占 87.1%，低渗油资源占 6.1%，稠油占 2.0%，低成熟油占 4.8%。地理环境复杂，给勘查工作带来许多困难。石油资源量的 43.3%、天然气资源量的 66.7% 分布在海滩、沼泽、沙漠、山区、高原等地理、地形条件复杂区。石油资源的 23.3% 深埋于 3 500~4 500 m 范围，还有相当比例的资源超过 4 500 m（如塔里木盆地）。

四、中国主要油气田

尽管我国油气资源丰富，具有很大的勘探潜力，但地质条件较为复杂。在东部地区，除大庆油田外，其他多为断陷盆地。我国石油资源集中分布在渤海湾、松辽、塔里木、鄂尔多斯、准噶尔、珠江口、柴达木和东海大陆架八大盆地，其可采资源量 172×10^8 t，占全国的 81.13%；天然气资源集中分布在塔里木、四川、鄂尔多斯、东海陆架、柴达木、松辽、莺歌海、琼东南和渤海湾九大盆地，其可采资源量 18.4×10^{12} m³，占全国的 83.64%。

从资源深度分布看，我国石油可采资源有 80% 集中分布在浅层（<2 000 m）和中深层（2 000 m~3 500 m），而深层（3 500 m~4 500 m）和超深层（<4 500 m）分布较少；天然气资源在浅层、中深层、深层和超深层分布却相对比较均匀。

从地理环境分布看，我国石油可采资源有 76% 分布在平原、浅海、戈壁和沙漠，天然气可采资源有 74% 分布在浅海、沙漠、山地、平原和戈壁。

从资源品位看，我国石油可采资源中优质资源占 63%，低渗透资源占 28%，重油占 9%；天然气可采资源中优质资源占 76%，低渗透资源占 24%。

自 20 世纪 50 年代初期以来，我国先后在 82 个主要的大中型沉积盆地开展了油气勘探，发现油田 500 多个。以下是我国主要的陆上石油产地。

1. 长庆油田

勘探区域主要在陕甘宁盆地，分布在陕、甘、宁、蒙、晋 5 省区 15 个地市 61 个县（旗），勘探总面积约 37×10^4 km²。油气勘探开发建设始于 1970 年，先后找到油气田 22 个，蕴藏丰富的油气资源，其中：石油地质储量 128.5×10^8 t、天然气地质储量 15×10^{12} m³，被称为"满盆气、半盆油"。2003 年油气产量突破 $1 000 \times 10^4$ t，2009 年油气产量跨越 $3 000 \times 10^4$ t 大关，2012 年生产油气当量 $4 504.99 \times 10^4$ t，首次超越大庆油田，位居我国第一位。

2. 大庆油田

位于黑龙江省西部，松嫩平原中部。油田南北长 140 km，东西最宽处 70 km。由萨尔图、杏树岗、喇嘛甸、朝阳沟等 48 个规模不等的油气田组成，面积约 6 000 km。累计探明石油和天然气地质储量分别为 56.7×10^8 t、548.2×10^8 m³。1960 年 3 月开展石油会战，当年形成了 600×10^4 t 的生产能力，1976 年原油产量突破 $5 000 \times 10^4$ t，成为我国第一大油田。2012 年，生产油气当量 $4 330 \times 10^4$ t，位居第二。

3. 胜利油田

地处山东北部渤海之滨的黄河三角洲地带，主要分布在东营、滨州、德州、济南、潍坊、淄博、聊城、烟台等 8 个城市的 28 个县（区）境内，总面积约 6.53×10^4 km²。

累计探明石油和天然气地质储量分布为 145×10^8 t、$24\ 738.6 \times 10^8$ m³。主要开采范围约 4.4×10^4 km²，2011 年生产原油 $2\ 644.8 \times 10^4$ t，是我国第三大油田。

4. 辽河油田

主要分布在辽河中上游平原以及内蒙古东部和辽东湾滩海地区。已开发建设 26 个油田，建成兴隆台、曙光、欢喜岭、锦州、高升、沈阳、茨榆坨、冷家、科尔沁等 9 个主要生产基地，地跨辽宁省和内蒙古自治区的 13 市（地）34 县（旗），总面积 10.43×10^4 km²。累计探明石油地质储量 21.38×10^8 t。1986 年，原油产量突破 $1\ 000 \times 10^4$ t，曾是我国第三大油田。

5. 克拉玛依油田

1955 年发现以来，在准格尔盆地和塔里木盆地找到了 25 个油气田，探明石油地质储量 18.29×10^8 t、天然气地质储量 766.6×10^8 m³。以克拉玛依为主，开发了 15 个油气田，建成了 792×10^4 t 原油配套生产能力（稀油 603.1×10^4 t、稠油 188.9×10^4 t），从 1990 年起，陆上原油产量居全国第四位。

6. 四川油田

地处四川盆地，已有 60 多年的勘查、开发历史，发现油田 12 个、气田 85 个、含油气构造 55 个。在盆地内建成南部、西南部、西北部、东部 4 个气区。目前生产天然气产量占全国总量近一半，是我国第一大气田。

7. 华北油田

包括京、冀、晋、蒙区域内油气生产区。累计探明石油地质储量 11.28×10^8 t、天然气地质储量 273.65×10^8 m³。1975 年，冀中平原上的一口探井（任 4）喷出日产千吨高产工业油流，发现了我国最大的碳酸盐岩潜山大油田 – 任丘油田。1978 年原油产量达到 $1\ 723 \times 10^4$ t，跃居全国第三位，为当年全国原油产量突破 1 亿 t 做出了重大贡献。直到 1986 年，保有原油产量 $1\ 000 \times 10^4$ t 达 10 年之久。目前原油产量仍在 400×10^4 t 之上。

8. 大港油田

东临渤海，西接冀中平原，东南与山东毗邻，北至津唐交界处，地跨津、冀、鲁 3 省（市）的 25 个县（市、区）。1964 年勘探开发建设，勘探总面积 18 716 km²。累计探明石油地质储量 9.36×10^8 t、探明天然气地质储量 734.77×10^8 m³。现年生产原油 480×10^4 t、天然气 3×10^8 m³，原油产量列居全国第 6 位。

9. 中原油田

主要勘查开发区 – 东濮凹陷凹陷于 1975 年发现，经过近 40 年的勘探、建设，累计勘查面积 5 300 km²，累计探明石油地质储量 5.93×10^8 t、天然气地质储量 $1\ 365.02 \times 10^8$ m³，年生产油气当量 300×10^4 t，是我国东部地区重要的石油天然气生产基地之一。

10. 吉林油田

地处吉林省扶余地区，油气勘探开发在吉林省境内的两大盆地展开，先后发现了 18 个油田，其中扶余、新民两个油田是储量超亿吨的大型油田，油田生产已达到年产原油 350×10^4 t 以上，形成了原油加工能力 70×10^4 t 特大型企业的生产规模。

11. 河南油田

地处豫西南的南阳盆地，矿区横跨南阳、驻马店、平顶山 3 地市，分布在新野、唐河等 8 县境内。已累计找到 14 个油田，探明石油地质储量 1.7×10^8 t 及含油面积 117.9 km^2。

12. 江汉油田

是我国中南地区重要的综合型石油基地。油田主要分布在湖北省境内的潜江、荆沙等 7 个市县和湖南省境内衡阳市。先后发现 24 个油气田，探明含油面积 139.6 km^2、含气面积 71.04 km^2，累计生产原油 2 118.73 $\times 10^4$ t、天然气 9.54 $\times 10^8$ m^3。

13. 江苏油田

油区主要分布在江苏的扬州、盐城、淮阴、镇江 4 个地区 8 个县市，已投入开发的油气田 22 个。目前勘探的主要对象在苏北盆地东台坳陷。

14. 青海油田

位于青海省西北部柴达木盆地。盆地面积约 25×10^4 km^2，沉积面积 12×10^4 km^2，具有油气远景的中新生界沉积面积约 9.6×10^4 km^2。目前，已探明油田 16 个，气田 6 个。

15. 塔里木油田

位于新疆南部的塔里木盆地。东西长 1 400 km，南北最宽处 520 km，总面积 56×10^4 km^2，是我国最大和内陆盆地。中部是号称"死亡之海"的塔克拉玛干大沙漠。1988 年轮南 2 井喷出高产油气流后，经过 7 年的勘探，已探明 9 个大中型油气田、26 个含油气构造，累计探明油气地质储量 3.78×10^8 t，具备年产 500×10^4 t 原油；100×10^4 t 凝折、25×10^8 m^3 天然气的资源保证。

16. 吐哈油田

位于新疆吐鲁番、哈密盆地境内，盆地东西长 600 km、南北宽 130 km，面积约 5.3×10^4 km^2。于 1991 年 2 月全面展开吐哈石油勘探开发会战。截止 1995 年底，共发现鄯善、温吉桑等 14 个油气田和 6 个含油气构造，探明含油气面积 178.1 km^2，累计探明石油地质储量 2.08×10^8 t、天然气储量 731×10^8 m^3。

17. 玉门油田

位于甘肃玉门市境内，总面积 114.37 km^2。油田于 1939 年投入开发，1959 生产原油曾达到 140.29 $\times 10^4$ t，占当年全国原油产量的 50.9%。创造了 20 世纪 70 年代 60×10^4 t 稳产 10 年、80 年代 50×10^4 t 稳产 10 年的优异成绩。被誉为中国石油工业的摇篮。

除陆地石油资源外，我国海洋油气资源也十分丰富。中国近海海域发育了一系列沉积盆地，总面积达近百万 km^2，具有丰富的含油气远景。这些沉积盆地自北向南包括：渤海盆地、北黄海盆地、南黄海盆地、东海盆地、冲绳海槽盆地、台西盆地、台西南盆地、台东盆地、珠江口盆地、北部湾盆地、莺歌海 – 琼东南盆地、南海南部诸盆地等。中国海上油气勘探主要集中于渤海、黄海、东海及南海北部大陆架。

到目前为止，渤海湾地区已发现 7 个亿吨级油田，其中渤海中部的蓬莱 19 – 3 油田是迄今为止中国最大的海上油田。联合国亚洲及远东经济委员会经过对我国东部海底资源的勘查，认为东海大陆架可能是世界上最丰富的油气田之一。南海海域更是石油、天然气资源宝库，与波斯湾、欧洲北海、墨西哥湾共同构成世界四大海洋油气聚集中心。

五、中国油气资源储量条件及保证程度

油气是重要的能源矿产和战略性资源，是现代工业和经济增长的主要能源，在全球经济和国际关系中具有特殊的地位和重要影响。油气资源作为能源，已成为一个国家、一个地区综合实力和发展潜力的重要标志，作为重要战略资源，对于维护国家安全起着重要作用。油气资源开发利用与供需状况，直接影响着国家的经济安全和社会稳定，关系着可持续发展战略目标和全面小康社会目标的实现。

1. 我国油气资源的特点

（1）从地域上看，我国的油气资源主要分布在华北、西北和东北等北方地区。以长江为界，现有大中型油气田都分布在长江以北，其油气产量占全国油气总产量的90%以上；长江以南地区，仅有规模甚小的几个小油气田，其油气产量不到全国油气总产量的1%。就油、气的关系来看，长江以北的东部地区油多气少，中部地区，特别是鄂尔多斯盆地和四川地区气多油少，西部地区油和气各占一半。从资源深度分布看，我国石油可采资源有80%集中分布在浅层（<2 000 m）和中深层（2 000 m～3 500 m），而深层（3 500 m～4 500 m）和超深层（<4 500 m）分布较少；天然气资源在浅层、中深层、深层和超深层分布却相对比较均匀。

（2）油气资源质量较差，勘探与开发成本高，难度较大。我国目前剩余的油气资源，绝大部分分布在海域、沙漠、沼泽、高原和山地等开采条件极为恶劣的地区。据统计，全国陆上石油资源中的27.26%分布在山地、高原、沙漠和海域、沼泽地区，其中未探明的石油资源占全国剩余石油资源的20.13%；全国天然气资源中的85.1%分布在地理条件复杂的海域（渤海湾）、沙漠（塔中、塔北、准噶尔腹部和二连部分地区）、山地（楚雄、十万大山、兰坪、思茅）和高原（青藏、鄂尔多斯）地区，其中未探明的天然气资源占全国剩余天然气资源的86.7%。在已发现的油田中，除大庆、胜利等东部主要油田外，其他油气田单位面积储量普遍偏小，而且埋藏深、质量差、开采难，优质资源明显不足。低渗或特低渗油、稠油和埋深大于3 500 m的超过50%，且大都分布在西北和东部地区，要开发这些资源，技术要求高，资金投入大，经济效益相对较低。

2. 我国油气资源勘探开发的现状

（1）我国油气资源勘探程度不高，不均衡，难度大：我国石油可采资源探明程度32.03%，处在勘探中期阶段，近中期储量发现稳步增长；天然气探明可采储量2.76万亿 m^3，待探明可采资源量19.24万亿 m^3，天然气可采资源探明程度仅为12.55%，处在勘探早期阶段，近中期储量发现有望快速增长。油气资源勘探程度，石油高于天然气，东部高于西部，陆上高于海上；勘探难度增大，发现大油气田的概率减少，勘察对象地下条件越来越复杂，开发工艺要求越来越高；已开发的主力油气田都已进入了高含水、高采出程度阶段，稳产难度大。

（2）风险勘探投入与后备可采储量不足：油气资源前期地质工作周期长、风险大，目前主要由政府投资。企业注重经营性勘探开发，对风险较大的前期地质工作预期投入不大。随着油气勘探程度的提高，发现新油田的规模总体趋势走低。总的来讲，难以实现油气资源重大发现和突破。我国油气资源后备储量不足，特别是优质石油可采储量不足。石油剩余探明储量中的约四分之一是未动用的品质差或规模小的储量，陆上探明石油储量增长缓慢，我国东部油田已处于"找米下锅"的状态。这已成为制约油气资源产量与供应的主要矛盾。

3. 我国油气资源供需形势分析

我国是一个产油大国，又是一个石油消费大国。从 1993 年起，我国由石油自给国变为石油进口国，原油总产量为 14 400 万 t，已不能满足消费需求，供需缺口为 1 602 万 t；到 2011 年，中国石油产量 20 450.0 万 t，石油消费量 46 183 万 t，供需缺口25 733 万 t；天然气产量 1 025.3 亿 m^3，天然气消费量 1 307.10 亿 m^3，供需缺口 281.8 亿 m^3。截至 2011 年底，我国石油查明资源储量 32.4 亿 t，天然气查明资源储量 4.0 万亿 m^3。对比我国石油和天然气的年消费量可以看出，我国石油和天然气后备资源量不足。

第三章 地　热

第一节　概　述

一、地热资源的概念

地热是地热能或地热（能）资源的简称。地热资源（geothermal resources）是指在当前技术经济和地质环境条件下，地壳内能够科学、合理地开发出来的岩石中的热能量和地热流体中的热能量及其伴生的有用组分。它是矿产资源的一部分，也是高清洁度的可再生能源。传统的化石能源对环境的污染十分严重，世界各国一直在研究开发新能源，尤其是可再生能源，以逐渐减少对传统的能源的消耗。地热能由于储存量巨大，对环境的负面影响小，并被称之为清洁能源，被世界各国列为重点研究开发的新能源之一。

在地壳内部各种地质因素（如年轻火山作用、断裂作用、现代造山运动等）的影响下，地球内部的巨大热能通过载热介质 – 地热流体（地热水、地热蒸汽）、热干岩以及炽热的熔岩等被带到地表，或在近地表处汇聚成藏，形成地热田，成为目前钻探技术可及深度上的（最大深度可达 5 000 m）、人类能够经济开发利用的地热（能）资源。

地热资源按其在地下的赋存状态，可以分为水热型、干热岩型和地压型；其中水热型地热资源又可进一步划分为蒸汽型和热水型。按技术经济条件可分为浅于 2 000 m 的经济型地热资源和 2 000 ~ 5 000 m 的亚经济型地热资源；按成因可分为现（近）代火山型、岩浆型、断裂型、断陷盆地型和凹陷盆地型等；按温度可分为高温、中温和低温三类。温度大于 150℃的地热以蒸汽形式存在，叫高温地热，主要出现在地壳表层各大板块的边缘，如板块的碰撞带、板块开裂部位和现代裂谷带；90 ~ 150℃的地热以水和蒸汽的混合物等形式存在，叫中温地热；温度大于 25℃、小于 90℃的地热以温水（25 ~ 40℃）、温热水（40 ~ 60℃）、热水（60 ~ 90℃）等形式存在，叫低温地热。中、低温地热资源则分布于板块内部的活动断裂带、断陷谷和凹陷盆地地区。国际上一般将地热资源评估分为三类：第一类称作"（可及）资源基数"，指地表以下 5 000 m 之内积存的总热量，这部分热量在理论上和技术上是可应用的；第二类称为"资源"，指上述"资源基数"中在 40 ~ 50 年内可望有经济价值的；第三类谓之"可采资源"，指"资源基数"中在 10～20 年内即可具有经济价值的。据帕莫瑞尼估算，全球地热能"资源基数"为 140×10^{10} 亿 J/y。

地热流体（地热水、地热蒸汽）作为载热介质，在长期运移过程中不仅吸收了地壳内部的热能，而且还携带了一些特有的物质组分，成为集热、矿、水于一体的、具有一定物理特性（温度、压力、相态）和特殊化学组成的宝贵矿产资源。目前，世界各国开发地热（能）资源主要通过开发天然出露的温泉资源、开发赋存于地壳深部地层和热干岩体中的地热资源，以及借助于热泵技术开采浅层地热资源来实现的。

二、地热的生成、分布与开采对象

地热资源的生成与地球岩石圈板块发生、发展、演化及其相伴的地壳热状态、热历史有着密切的内在联系，特别是与更新世以来构造应力场、热动力场有着直接联系。从全球地质构造观点来看，大于 150℃ 的高温地热资源主要出现在地壳表层各大板块的边缘，如板块碰撞带，板块开裂部位和现代裂谷带。小于 150℃ 的中、低温地热资源则分布于板块内部的活动断裂带、断陷谷和坳陷盆地地区。

关于地热的来源，有多种假说。一般认为，地热主要来源于地球内部放射性元素蜕变放热能，其次是地球自转产生的旋转能以及重力分异、化学反应，岩矿结晶释放的热能等。在地球形成过程中，这些热能的总量超过地球散逸的热能，形成巨大的热储量，使地壳局部熔化形成岩浆作用、变质作用。

现已基本测算出，地核的温度达 6 000℃，地壳底层的温度达 900～1 000℃，地表常温层（距地面约 15 m）以下约 15 km 范围内，地温随深度增加而增高。平均增温率为 3℃/100 m。不同地区地热增温率有差异，接近平均增温率的称正常温区，高于平均增温率的地区称地热异常区。地热异常区是研究、开发地热资源的主要对象。地壳板块边沿，深大断裂及火山分布带等，是明显的地热异常区。

20 世纪末，地热资源的开采对象主要是埋藏浅、热储量大、有流体（地下水或人工灌水）把热能传引至地表的湿地热田。干热岩地热资源和低温湿地热田的开发利用处在研究试验阶段。

三、地热资源的用途

地热资源是一种十分宝贵的综合性矿产资源，分布广、用途多，作为能源开发利用，早在 20 世纪 70 年代就已引起世界许多国家的重视。目前，地热资源主要用于地热发电、地热采暖、工业及农副业生产、医疗洗浴、地源热泵以及提取矿物原料等方面。世界上利用地热资源发电的国家主要有意大利、美国、新西兰、冰岛、日本、俄罗斯、菲律宾、印度尼西亚、中国等；世界上直接利用地热资源的前 10 位国家是：中国、瑞典、美国、冰岛、土耳其、奥地利、匈牙利、意大利、新西兰和巴西。至 2005 年底，世界地热资源直接利用到各个领域的情况见表 10－3－1。

表 10 - 3 - 1　　　　　　　　2005 年不同种类地热资源直接利用概况

种类	地源热泵	区域供暖	温室加热	地热养殖	农业烘干	工业利用	洗浴游泳	制冷融雪	其他
容量/MW	15 384	4 366	1 404	616	157	484	5 401	371	86
利用量/10^{12} J/a	87 503	55 256	20 661	10 976	2 013	10 868	83 018	2 032	1 045
容量系数	0.18	0.40	0.47	0.57	0.41	0.71	0.49	0.18	0.39

1. 地热发电

指利用地热蒸汽（干蒸汽、湿蒸汽）或地热水的热能生产电力，其低限温度为150℃，但一般要求发电利用温度不小于180℃，甚至在200℃以上才更经济。目前世界上许多国家利用高能位（不小于150℃）地热蒸汽资源发电发展迅速。中国用地热发电的地区有，西藏、广东、湖南、台湾。西藏羊八井地热田一直向拉萨市供电。

2. 地热采暖

主要指寒冷地区利用地热（能）资源作室内供暖的措施。供热采暖的地热水温度一般要求在60℃以上，但50～60℃也可，而较少采用50℃以下的地热水。地热供暖分直接供暖和间接供暖两种方式：直接供暖是将地热水直接送入供热系统，其对地热水的水质要求高，不得对供暖管道系统产生腐蚀和结垢，一般为矿化度比较低的地热水；间接供暖是使地热水通过热交换器将热转换给供热系统进行供暖。开采具有腐蚀性和易产生结垢的地热水供暖，一般采用间接供暖方式。

冰岛早在1928年就开始利用地热采暖，全国人口的70%以上已实现地热采暖，冰岛首都雷克雅未克市已全部"地热化"，被誉为"无烟城"。中国北京、天津、华北油田、大庆油田等地利用地热水为居民住宅供暖和提供生活热水水源，在节省大量煤炭和资源，减少环境污染等方面已取得良好效果。天津地热采暖面积已近1 100万 m²，占全国地热采暖总面积的50%以上。2000年全球地热采暖在地热直接利用类型中的比例已达35%。

3. 地热工业利用

指地热（能）资源在工业领域中的用途，其温度范围为60～150℃。它可以用于烘干和蒸馏，以及用简单的工艺流程供热、制冷，或者用于采油、采矿、原材料处理工业的加温和冰雪、冻土的融化等。中国将地热水用于纺织、印染、洗涤、制革、造纸与木材加工、奶制品、谷物、蔬菜和果品等烘干，以及采油工艺等方面，已取得明显的经济、社会和环境效益。

4. 地热农业利用

主要包括保温育苗、温室栽培、土壤加温及增肥、调节灌溉水温、人工孵化、水产养殖、沼泽池加温以及动物科学管理和建畜牧浴池等。

5. 医疗洗浴

最适于洗浴的地热水温度是40～60℃，温度偏高需加入凉水或适当降低温度后，方可用于洗浴，这样做对地热资源是一种浪费；温度偏低，会使身体感到不适。用于医疗的地热水，除有温度要求外，对水质也有相应的要求。

世界各国将地热水用于医疗洗浴有着悠久的历史。热矿水所含化学成分、气体成分和放射性物质以及温度对人体产生某些显著的生理作用，具有治疗疾病的效果。地热水中含微量元素和气体成分不同，其医疗作用也有不同，主要治疗有关慢性病、疑难病等。

6. 饮用矿泉水

不少低温地热水因其来源于深部，未受人为污染，并含有一些有益于人体健康的微量元素，可作为饮用天然矿泉水开发利用。我国近年来开发的一些饮用天然矿泉水中，就有相当一部分是低温地热水。当地热水的污染物指标、微生物指标及锂、锶、锌、铜、铬、钡等组分的限量指标符合要求时，可作为饮用天然矿泉水开发。

7. 提取工业原料

从地热卤水中提取碘、溴、硼、锶、锂、铷、铯、芒硝、钾盐、硫、氦等有用元素和盐类，如中国在云南腾冲火山温泉区提取硫黄、在云南洱泉九台温泉挖取芒硝和自然硫，以及在台湾大屯火山温泉区开采自然硫等。

四、地热资源的特点

"地热"作为一种矿产与其他矿产资源的区别在于它主要是通过开发其载体（地热水或地热流体）得以利用。因此对地热资源的勘查与开发，主要是对地热水资源的勘查与开发，其开发利用潜力的大小也主要取决于地热水的存储量及其补给速度的大小。在那些有地热而无水的地区，地热资源是难于得到开发利用的，即便是想利用，也必须采取特殊的方式和手段，以水或其他流体作为"热"的载体通过水热交换才能得到实现。地热资源作为能源矿产有几个显著的特点：

1. 作为能源利用的同时，还可以作为水资源予以利用

尤其是那些不含有害组分、矿化度低的地热水，作为地热能利用后，绝大多数都可作为水资源加以利用，是淡水资源的必要补充。

2. 可开采利用的地热能的大小、应用范围，取决于地热水温度及可开采水量

一个地热田可开发利用的地热能，依据地热水温度及可开采的水量确定。

3. 地热水中含有多种有益的矿物组分，具有广泛的用途

地热水是一个大的溶剂，尤其是在热储中滞留时间长、温度高的地热水，溶于其中的矿物质很多，地壳中被发现的所有元素在地热水中几乎都可以找到，有的地热水中矿物质含量可达 100 g/L 以上。一般说来，温度较低的地热水，矿物质绝对含量较少，但其中某些有益于人体的微量元素含量可达到饮用矿泉水标准，可作为饮用天然矿泉水开发利用；温度较高的地热水，矿物质含量都较高，可含多种达到医疗矿水标准的物质组分，一般可作为医疗矿水开发利用；有的地热水中的某一种或几种矿物质含量达到工业开发利用的程度而可作为工业矿床开发利用。

4. 不同程度地含有一些有害成分

地热水中也不同程度地含有一些有害组分，开发利用会给当地环境造成一定的危害和影响，尤其是开发利用矿化度高的地热水，其废热水排放会对附近水体造成一定的污

染。我国不少地区的地热水中氟含量较高，超过生活饮用水标准而不能直接用于饮用，就地排放，对附近水体也形成一定的污染；有的地热水碳酸盐含量高，或二氧化硅含量高，开发利用时，温度降低会产生过饱和沉淀而形成结垢，影响设备的使用寿命；有的地热水中硫化氢含量高，尤其是油田区的地热水，对设备具有较强的腐蚀作用；还有的地热水中含有一定的有毒、有害气体，排放也会给环境造成污染。

第二节　世界地热资源

一、世界地热资源的分布

就全球来说，地热资源的分布是不平衡的。明显的地温梯度每公里深度大于30℃的地热异常区，主要分布在板块生长、开裂－大洋扩张脊和板块碰撞，衰亡—消减带部位。环球性的地热带主要有下列4个：

1. 环太平洋地热带

它是世界最大的太平洋板块与美洲、欧亚、印度板块的碰撞边界。世界许多著名的地热田，如美国的盖瑟尔斯、长谷、罗斯福；墨西哥的塞罗、普列托；新西兰的怀腊开；中国台湾的马槽；日本的松川、大岳等均在这一带。

2. 地中海－喜马拉雅地热带

它是欧亚板块与非洲板块和印度板块的碰撞边界。世界第一座地热发电站意大利的拉德瑞罗地热田就位于这个地热带中。中国西藏的羊八井及云南腾冲地热田也在这个地热带中。

3. 大西洋中脊地热带

这是大西洋海洋板块开裂部位。冰岛的克拉弗拉、纳马菲亚尔和亚速尔群岛等一些地热田就位于这个地热带。

4. 红海－亚丁湾－东非裂谷地热带

它包括吉布提、埃塞俄比亚、肯尼亚等国的地热田。

除了在板块边界部位形成地壳高热流区而出现高温地热田外，在板块内部靠近板块边界部位，在一定地质条件下也可形成相对的高热流区。其热流值大于大陆平均热流值1.46热流单位，而达到1.7~2.0热流单位。如中国东部的胶、辽半岛，华北平原及东南沿海等地。

二、世界主要国家地热资源利用情况

目前，已有110个国家在对地热开发利用。20世纪60年代，意大利利用地热发电点亮了第一个灯泡，成为世界上最早利用地热发电的国家，之后，日本、新西兰、印尼、德国等国家相继开始利用地热发电。现在，有20多个国家利用地热发电，其中，发电量最大的是美国。日本的地热发电量位居世界第二，地热发电居然占到该国电力的三分之一。欧洲的冰岛是利用地热能的典型国家,那里一半以上的居民是靠地下热水取暖的。能源专家普遍预计,到 2100 年,地热利用将在世界能源总值中占30% ~ 80%。

1. 澳大利亚

1986 年在南澳大利亚的 Mulka 养牛厂建设了一个 20 kW 试验地热发电厂。1991 ~ 1992 年在 Birdsville 和 Queensland 建了一个 150 kW 发电厂。到 1999 年地热每季发电量大约 9×10^5 kW·h。联邦和私人对投资干热岩项目产生了浓厚的兴趣,1999 年 4 月,太平洋电力公司被允许在 Muswell brook 地区进行钻探。钻探准备进行 4 个阶段,大约用 4 年时间,花费 2 380 万澳元。

2. 中国

中国已发现地热异常 3 200 处,已打地热井 2 000 多眼,评价的地热田有 50 多处。中国的地热主要应用于取暖(面积近 800 万 m^2)、水产养殖(面积近 300 万 m^2)、浴疗(1 600 多处)、农业和医药等。1977 年以来,几个中高温地热资源被开发应用于发电。在过去 10 年,地热资源发展大约增长了 12%。1995 年预测中国西藏南部潜在地热能有 1 000 MW,云南有 570 MW,四川有 170 MW,台湾大约有 100 MW。

中国最大的地热发电厂在西藏的羊八井,1999 年总装机容量是 25.18 MW,18 口大约 200 m 深的地热井提供 140 ~ 160℃热水。1977 年第一次修建的地热发电站花费了 4 000多万美元,1979 年以来发电 5×10^8 kW·h,到 1993 年底一年发电量达到 1×10^8 kW·h。电站供应了拉萨市夏天41%、冬天 60 %的电力。在过去 5 年,为了保证资源和控制电厂排放出热水的污染,正在执行一个 1 850 m 深井的试验项目。

在四川、西藏、云南已勘探了几个地热田,地热电厂也建在 7 个地区。1995 ~ 1998 年 6 月,执行了 5 个地热发电厂项目,总装机容量是 29.166 MW,每年能发电 1×10^8 kW·h。在过去 5 年,研究了羊八井深层地热和云南省地热资源开发问题。这期间,地热开发的重点是中低温地热资源,现在已有 1 620 多个地热正在使用。

3. 爱尔兰

地热装机容量达 170 MW,占全国总装机的 13.04%,到 2005 年计划安装 16 MW。现在地热能每年产生 1.138×10^9 kW·h 电量,到 2000 年占全国发电量的 14.7%。在 Bjarnarflg 地区,1969 年使用280℃的地热建立了 3.2 MW 发电站。在 Krafla 地区,1996 年打了 4 口地热井,1997 年建设了第二座 30 MW 发电站。该地区地热资源的温度是 210℃,压力 0.77 ~ 0.22 MPa(7.7 ~ 2.2 bar),1999 年该地区装机容量为 60 MW,发电量 4.64×10^5 kW·h。在 Nesjavalltr 地区,2 个单机发电为 30 MW 电站于 1998 年 10 ~ 11 月投入使用。现正在考虑扩建一个 30 MW 电站,使总装机容量达到 90 MW。国家能源部继续执行勘探地热田计划,1995 ~ 1999 年,共钻探了 8 口高温地热井、241 口低温地热井。

4. 意大利

1995 ~ 1999 年期间,地热发电装机容量增加到 785 MW,1999 年发电量达 4.403×10^9 kW·h,占全国装机容量的 1.03%,发电量的 1.68%。在 Lardarello、MT. Amtata 和 Latera 地区,安装了 260 MW,2000 年 1 月正在修建 105 MW 发电站。1995 ~ 1999 年,

已投入生产的有 229 MW。从 1995 年开始，打了 33 口生产井、2 口回灌井，井深 2 000 ~ 4 000 m。在 Tuscany 的 Travale Radtcondolt 地区，打了一口著名的地热井：高温地热的出水量达 70 kg/s，单井装机能力达 30 ~ 40 MW。相关部门计划在这口井附近建设一座 60 MW 的发电站。

5. 日本

1995 年 1 月 1 日，在 11 个地热田中安装了总容量为 312.3 MW 的 12 个发电机组，该装机容量相当于 1999 年日本全国总装机容量的 0.23%，发电量的 0.36%。发电厂的规模从 Yanatzu Ntshtyama 的 65 MW 到 Ktrtshtma 的 100 kW。日本政府 1995 ~ 1999 年投资 4.671 亿美元，比 1990 ~ 1994 年的 6.32 亿美元和 1985 ~ 1990 年的 7.273 亿美元有所减少。

6. 墨西哥

在 3 个地热田安装了 755 MW 的装机容量，占全国总装机容量的 2.11%，总发电量的 3.16%。Cerro Prteto 地区的装机容量达 620 MW，有 9 个发电机组，平均工作效率为 92.4%，计划在 2000 年增加第 4 个 20 MW 机组。Los Azufres 地区的装机容量达 93 MW，有 8 个 5 MW 发电机组，一个 50 MW 发电机组，地热温度 265 ~ 360℃，井深 835 ~ 2 095 m。

Los Humeros 的装机容量达 42 MW，1990 和 1993 年投产了 7 个 5 MW 发电机组，计划 2002 年增加 50 MW 装机容量。

Ansaldo Makrotek 发电站使用 7 口 320 ~ 340℃、0.8 MPa（8 bar）的地热水，井的深度为 1 600 ~ 2 225 m。在 Cerro Prteto 地区，1995 ~ 1999 年钻探了 41 口生产井和 1 口回灌井。在 Los Azufres 地区，钻探了 1 口生产井、1 口勘探井，最后在这个地区施工了 72 口井。在 Los Humeros 地区施工了 4 口生产井、1 口回灌井，现在已施工了 40 口井。到 2005 年将增加 325 MW 地热发电装机容量，这将略为提高地热发电在全国的比例，最大约为 4%。

7. 俄罗斯

在 Kamchatka Pentnsula 和 Kurtle 岛，1994 ~ 1999 年进行了地热勘探，共钻探了 78 口生产和回灌井，一个 12 MW 电站投入使用，1999 年电站和输送线路正在建设。1966 年建设了 Pauzhetkal 1MW 发电站，1980 年进行了扩建，到现在一直在工作，1999 年产生了 3.5×10^7 kW·h 电量。随后在 1979 年开始进行勘探活动，钻探了 255 ~ 2 266 m 深的基岩井 82 口，在 Sveero Mutnovka 地热田开发的 17 口地热井，浅层蒸汽资源的热量是 2 100 ~ 2 700 kJ/kg，700 ~ 900 m 深的地热水热量是 1 000 ~ 1 500 kJ/kg。1998 年施工的平均热量在 1 600 kJ/kg，流量在 330 kg/s。现在正在供应 12 MW 与 3 个 4 MW 发电站。1999 年输送线路建设完工，整个地热电站开始发电，供应 Kamchatka 的电力达到 23 MW。这个能力仅仅相当于全国装机容量的 0.01%，发电量的 0.01%。

8. 美国

美国一直积极应用地热发电，1980 ~ 1989 年增长 18%，1990 ~ 1998 年增长 0.14%，增长速度明显降低。地热装机容量从 1990 年的 2 774 MW、1995 年的

2 816 MW，降到 2000 年的 2 228 MW。2000 年地热装机容量占全国总装机容量的 0.25%，地热发电量大约占全国能源供应量的 0.4%。在加利福尼亚，1994 年以来就没有修建地热发电站的计划，到 2002 年计划增加 98 MW 地热发电站。在 Nevada，正在 10 个地方修建 195.7 MW 的地热发电站，1990～1999 年修建了 4 座发电站，现在没有发展新电站的计划，主要原因是电价非常低。在加利福尼亚，1996～1998 年仅有 13 口生产井和 7 口回灌井，在其他地区，钻井活动也较少，在 Nevada，1995～1999 年钻探了 28 口生产井。1997 年美国能源部终止了在 Valles Caldera 进行干热岩实验项目。

三、世界著名的地热田

1. 拉德瑞罗地热田：世界地热发电的先驱

拉德瑞罗地热田位于意大利罗马西北面约 180 km 处，开发面积大约 100 km^2。该地热田由 8 个地热区组成。拉德瑞罗地热田储集层内蒸汽的最高温度为 310℃。拉德瑞罗地热电厂的总装机容量为 38.06 万 kW，名列世界第四。

2. 盖瑟斯地热田：全球地热田之冠

盖瑟斯地热田是目前所知世界最大的地热田，位于美国加州旧金山北面约 120 km 处，面积超过 140 km^2，储集层蒸汽温度最高达 280℃。1988 年，该地热田电厂的总装机容量达到 204.3 万 kW，真正称得上世界第一。

3. 怀拉基地热田：新西兰的地热之星

怀拉基地热田位于新西兰北岛中部陶波湖的东北侧，是世界上第一个成功开发的大型热水田，利用热水发电的方法和经验从这里开始。该地热田热水温度最高达到 265℃。

4. 菲律宾地热田：地热田中的后来居上者

菲律宾目前共有地热田和地热区 30 处，其中已发电者 4 处，具有开发潜力的 6 处，正在钻探和开发的 9 处，其余 11 处仍在地面研究。1995 年菲律宾地热发电的总装机容量达到 122.7 万 kW，21 世纪以来，更是接近 200 万 kW，仅次于美国，居世界第二。

5. 冰岛地热田：大西洋中脊上的地热奇苑

冰岛已知高温地热田和地热区共 21 处，全部分布在新火山活动带（距今 70 万年以内）之内，其中勘探与开发较多的地区大部分集中在冰岛西南、首都雷克雅未克的附近，以及东北的克拉夫和诺马夫雅克；雷克雅未克附近已开发的地热田包括雷克雅未克市区范围内以及市区东北约 15 km 的雷克低温热水田、斯瓦勤格高温热水田，以及尼斯雅维勒和魁瓦歌帝高温热水田。前二者所产 630～128℃ 的热水全部供首都地区 13 万居民的生活用水和房屋供暖之用，后二者所产高温热水（260～380℃）除一部分准备将来供应首都地区供暖外，其余将用于发电。

四、世界地热资源储量

地球内部蕴藏着难以想象的巨大能量。据估计，仅地壳最外层 10 km 范围内，就拥有 1 254×10^{24} J，相当于全世界现产煤炭总发热量的 2 000 倍。如果计算地热能的总量，则相当于煤炭总储量的 1.7 亿倍，据此估算地热资源要比水力发电的潜力大 100 倍。在全世界，地热"可采资源"总能量为 5×10 亿 J/年，虽然只占"资源基数"（总能量 140×10^{10} 亿 J/年）的很小一部分，但其量仍十分可观，已超过全球一次性能源的年消耗量（约 400 万亿 J/年）。

第三节　中国地热资源

一、地热资源时空分布及形成规律

（一）地热资源形成的地质背景

中国地热资源的形成和分布，受中国地质构造特点和其在全球构造所处部位的控制。全球性的地热带一般都出现在地球表面各大板块的边界附近，低温（小于 90℃）和中温（90～150℃）地下热水的出露和分布，与板内的一些活动性深大断裂和沉积盆地的发育与演化有关，高温地热田则是特定构造部位的产物，它与岩石圈板块的发生、发展有密切的联系，不少都与近期的岩浆活动有关。可开发利用的地热资源，仅赋存于一些特定的地质构造部位。板块构造学说的观点认为：中国地处欧亚板块的东部，中国大陆主体受印度板块（包括缅甸板块）、太平洋板块和菲律宾板块夹持，在上述板块的碰撞和俯冲机制作用下，形成了今日的青藏高原隆起、塔里木及准噶尔等断陷大盆地和以华北为代表的新生代断陷伸展构造及许多复杂而有序的板内断裂格式。这一构造格局，对中国地热资源的形成与分布有重要影响，形成了藏滇及东南沿海两个明显的地热带和高热流值分布区。

分析中国不同地区大地热流值（单位时间内由地球内部通过单位地球表面积散失的热量）的概貌，对了解中国地热资源的形成和赋存的地质背景，判定区域地热资源的潜力有重要意义。中国的大地热流值大多数地区在 40～60 MW/m^2 之间，高值区主要分布在滇西及西藏南部，其次是东南沿海和渤海湾地区。这些地区的大地热流值均在 60 MW/m^2 以上。从总体上看，中国大陆地区大地热流值分布具有西南高、西北低，东部地区略高，中部地区则处于过渡区的特点。这一特点与中国地热田及地热温泉出露点的分布情况作一比较，正好反映出大地热流值高的地区也是地热温泉分布较集中的地区。

中国的地质构造条件，决定了中国的地热资源主要以两种形式存在，一是在构造隆起区（浅山区），沿主要断裂构造出露并受其控制的地热温泉；二是赋存于中、新生代沉积盆地中的地下热水。前者主要以热泉的形式直接出露地表，可开发的地段限于在地表有地热显示及其相关构造分布的地区，其分布受地质构造的控制，地热资源靠循环于断裂带中的地热水所提供，称对流型地热田；后者埋藏于地下深处的各热储层中，地热靠地球内部的传导热提供，通过开采热储层中的地热水得以利用，这类热田称传导型地热田。

（二）地热资源分布的基本规律

中国地热资源以赋存于构造隆起区裂隙带中的热水和赋存于沉积盆地深部热储层的热水两种形式存在，两者的形成与分布有各自的规律，简述如下：

1. 构造隆起区的地热资源

构造隆起区的地热资源状况，可以其热泉天然露头的多少、放热量的强度及露头出露的条件来揭示，依据地热温泉天然露头分布的统计资料，中国地热温泉不论其数量和放热量均以中国西南部的藏南、滇西、川西地区以及东部的台湾省为最多，水热活动也最强烈，中国出露的沸泉、沸温泉、间歇喷泉和水热爆炸等高温热显示多集中分布于此区；其次是东南沿海的闽、粤、琼诸省，这些地区大于80℃的温泉很多；西北地区温泉稀少；华北、东北地区除胶东、辽东半岛外，温泉出露也不多；滇东南、黔南、桂西之间的碳酸盐岩分布区，基本上为温泉空白区。上述分布状况联系中国的地质条件分析，可看出以下特点：

（1）地热活动强度随远离板块边界而减弱。中国西部的滇西地区及东部台湾中央山脉两侧，分别处于印支板块与欧亚板块、欧亚板块与菲律宾板块的边界及其相邻地区，均是当今世界上构造活动最强烈的地区之一，具有产生强烈水热活动和孕育高温水热系统必要的地质构造条件和热背景。靠近此带，地热活动强烈；远离此带，地热活动逐渐减弱。我国西南部的地热活动呈南强北弱、西强东弱；东部区的地热活动呈东强西弱之势，明显地反映了这一特点。

（2）高温水热区与晚新生代火山分布相背离。此特征先后为佟伟、廖志杰等所指出。从中国晚新生代火山群与现代高温水热系统的地理分布可看到，中国高温水热区不但远离晚新生代火山分布，而且绝大多数晚新生代火山区为低温水热区，如中国晚新生代火山分布较多的吉林、黑龙江两省，不仅无高温热显示，而且黑龙江省至今尚未发现大于25℃的温泉，著名的五大连池火山群，尽管非常年轻，却只出露冷矿泉。吉林省的几处温泉，分布于白头山和龙岗火山区附近，泉水温度40～78℃，通过地球化学温标测算，也未呈现高温热储的可能性。表明中国近期火山活动不完全是孕育高温水热系统的必要条件，远离火山活动分布的高热流板块边缘地区，则仍有可能形成高温水热系统。

（3）碳酸盐岩分布区多以低温温泉水形式出露。中国碳酸盐岩分布广泛，出露面积约占全国陆地面积的12.5%，达$120 \times 10^4 \ km^2$，在其分布区大于60℃的温泉较少见。这主要与碳酸盐岩地层具可溶性，出露区岩溶发育，水循环条件好，深部地热水循环至浅部，其热量可为浅部的低温水所吸收有关。

2. 沉积盆地区的地热资源

指地表无热显示的，赋存于中、新生代沉积盆地中的地热水资源。中国的不少沉积盆地，尤其是大型沉积盆地赋存有丰富的地热资源，具以下特点：

（1）大型、特大型沉积盆地有利于地热水资源的形成与赋存。大型、特大型沉积盆地的沉积层厚度大，其中既有由粗碎屑物质组成的高孔隙、高渗透性的储集层，又有由细粒物质组成的隔热、隔水层，起着积热保温的作用。大型沉积盆地又是区域水的汇集区，具有利于热水集存的水动力环境，使进入盆地的地下水流可完全吸收岩层的热量而增温，在盆地的地下水径流滞缓带，成为地热水赋存的理想环境，也是开发利用地热水资源的有利地段，尤其是在沉积物厚度大、深部又有粗碎屑沉积层分布的地区。华北、松辽等大型沉积盆地的中部，均具备这样的条件。与之相对应的规模狭小的盆地，特别是狭窄的山间盆地，整个盆地处于地下水的积极交替循环带中，为低温水流所控制，对聚热保温不利，在相当大的深度内，地热水的温度不高，如太原盆地。

（2）低温背景值决定了盆地一般只赋存低温地热水，大地热流是沉积盆地热储层的供热源。区域热流背景值的大小，对盆地地热水的聚存有重要的决定性作用。中国主要沉积盆地的大地热流背景值，尽管有所差别，但均属正常值范围，介于 $40 \sim 75 \, MW/m^2$ 之间，这就决定了在有限的深度内（3 000 m），不具有高温地热资源形成的条件，而只能是低温（$<90℃$）、部分为中温（$90 \sim 150℃$）的地热水资源。

（3）可供利用的地热水资源，主要赋存于盆地内河湖相淡水沉积层中。中国东部的大型中、新生代沉积盆地，沉积了数千米的沉积层，巨厚的沉积层尽管都赋存有地下热水，但并不能全部开发利用，其底层和中层为含有较高盐分的地下水封闭系统，因水中含盐度高，热储层渗透性差和水的补给循环差，形成不了有开发利用价值的热储层；其上层为分布广、厚度大的河湖相淡水沉积建造，以高砂岩层比值，构成富含低矿化度低温水的半封闭（开放）系统，成为中国东部的主要热水赋存层位。该层位在华北、苏北盆地和江汉盆地以上古－新近系储层为代表；在松辽盆地，则以中、下白垩系储层为代表。

中国中部的鄂尔多斯盆地为三叠纪、侏罗纪广盆式河湖相淡水沉积建造，在其边缘相和河道砂岩相带适于低矿化度的热水赋存。四川盆地三叠系为海相砂、泥岩及碳酸盐岩建造，侏罗系为深湖相碳酸盐、碎屑岩建造，富集卤水，一般不赋存低矿化的地热水，但可在浅部水循环条件较好的构造适宜部位，找到矿化度较低的低温地热水，如重庆市周边地区的低温地热水。

（4）盆地基底赋存有碳酸盐岩的部位，往往形成重要的热储系统。经近年来的勘探证实，在盆地基底隐伏有碳酸盐岩的地区，尤其是在盆地中部构造隆起部位隐伏的碳酸盐岩，通常分布有可供开发利用的地热资源。这是由于中国中、新元古代和下古生代碳酸盐岩地层沉积厚度大，层位稳定、分布广泛，岩溶裂隙发育，水的连通性较好，盆地内的隐伏碳酸盐岩与盆地周边的同类岩层有构造上联系和一定的水力联系，是周边碳酸盐岩裂隙岩溶水的汇流排泄地段或滞流区之故。还由于碳酸盐岩热储层比较稳定，在同一构造部位的隐伏区找到了地热水，在其相邻地段也较容易找到地热水，如北京城东南、天津王兰庄、河北牛驼镇、昆明市区等重要地热田都属这一情况。

（三）地热资源分布

中国地热资源地理分布不均（表10－3－2）。

表 10-3-2 中国主要大、中型地热田基本情况表

图2.5.1上的编号	位置	工作程度	储层岩性	最高水温/℃	热能/MW	水矿化度/mg/L
2	河北怀来后郝窑	普查	第四系火山岩	88.6	12.0	0.99
3	北京昌平小汤山	详查	蓟县系硅质灰岩	64.0	14.4	
1	吉林安图白头山	普查	玄武岩、粗面岩	78.0	10.96	
4	西藏噶尔朗久	调查	砂砾岩	79.0	28.7	4.65
5	西藏那曲	勘探	板岩、砂岩	116.0	109.4	3.02
6	西藏羊八井	勘探	第四系花岗岩	172.0	780.0	6.73
7	西藏羊易	勘探	火山碎屑岩	207.0	235.8	1.59
15	陕西西安市	普查	第三系砂岩	101.0	34.2	1.78
17	陕西长安沣浴	普查	第四系砂砾石	70.0	17.8	0.52
18	四川大邑花水乡	普查	灰岩	68.0	18.4	
19	北京东南城区	勘探	蓟县系硅质灰岩	69.0	40.4	0.68
20	河北雄县牛驼镇	详查	灰岩、第三系砂岩	81.5	277.7	0.5~4.0
21	天津王兰庄	勘探	灰岩、第三系砂岩	96.0	76.2	0.8~4.5
22	天津滨海	普查	第三系砂岩、砾岩	78.0	85.5	1.4~3.9
26	山西新绛阳王乡	普查	寒武系灰岩等	81.0	19.2	1.4
31	湖北应城汤沧	普查	硅质白云岩	65.0	18.4	1.3

资料来源：百度文库《中国地热资源储量及分布概况》。

就目前已勘查可利用地热资源而论，以中国西南地区最为丰富，已探明可利用地热能达 2 204.45 MW，占全国勘查探明可利用地热能总量的 51.05%；其次是华北和中南地区，探明可利用地热能分别达 745.33 MW 和 685.75 MW，占全国可利用地热能总量的 17.27% 和 15.89%；再次为华东地区，占 9.92%；东北、西北地区最少，已探明可利用地热能分别仅占全国总量的 2.53% 和 3.34%（表 10-3-3）。

表 10-3-3 全国各地区探明地热资源可开采量比较表

地区	热田数/个	可开采水量/（m³/d）	热能/MW	相当标准燃煤/×10⁴ t	所占百分比/%
华北	56	447 734	745.33	80.09	17.27
东北	43	74 390	109.25	11.76	2.53
华东	182	304 642	427.81	46.05	9.92
中南	165	696 295	687.75	73.79	15.89
西南	218	701 482	2 204.45	237.08	51.05
西北	74	245 619	144.37	15.53	3.34
合计	738	2 470 162	4 318.96	464.40	100.00

资料来源：地质矿产部矿产资源储量管理局内部统计资料，1996。

二、中国地热资源的成因类型

根据地热资源的成因，我国地热资源分为多种类型（表 10 - 3 - 4）。

表 10 - 3 - 4　　　　　　　中国地热资源的成因类型

成因类型	热储温度	代表性地热田
现（近）代火山型	高温	台湾大屯、云南腾冲热海
岩浆型	高温	西藏羊八井、羊易
断裂型	中温	广东邓屋、东山湖、福建福州、漳州、湖南灰汤
断陷盆地型	中低温	京、津、冀、鲁西、昆明、西安、临汾、运城
坳陷盆地型	中低温	四川、贵州等省分布的地热田

1. 现（近）代火山型

现（近）代火山型地热资源主要分布在台湾北部大屯火山区和云南西部腾冲火山区。腾冲火山高温地热区是印度板块与欧亚板块碰撞的产物。台湾大屯火山高温地热区属于太平洋岛弧之一环，是欧亚板块与菲律宾小板块碰撞的产物。在台湾已探到293℃高温地热流体，并在靖水建有装机 3 MW 地热试验电站。

2. 岩浆型

在现代大陆板块碰撞边界附近，埋藏在地表以下 6 ~ 10 km，隐伏着众多的高温岩浆，成为高温地热资源的热源。如在我国西藏南部高温地热田，均沿雅鲁藏布江即欧亚板块与印度板块的碰撞边界出露，就是这种生成模式的较典型的代表。西藏羊八井地热田 ZK4002 孔，在井深 1 500 ~ 2 000 m 处，探获 329.8℃ 的高温地热流体；羊易地热田 ZK203 孔，在井深 380 m 处，探获 204℃ 高温地热流体。

3. 断裂型

主要分布在板块内侧基岩隆起区或远离板块边界由断裂形成的断层谷地、山间盆地，如辽宁、山东、山西、陕西以及福建、广东等。这类地热资源的生成和分布主要受活动性的断裂构造控制，热田面积一般几平方公里，甚至小于 1 km²。热储温度以中温为主，个别也有高温，单个地热田热能潜力不大，但点多面广。

4. 断陷、坳陷盆地型

主要分布在板块内部巨型断陷、坳陷盆地之内，如华北盆地、松辽盆地、江汉盆地等。地热资源主要受盆地内部断块凸起或褶皱隆起控制，该类地热源的热储层常常具有多层性、面状分布的特点，单个地热田的面积较大，几十平方千米，甚至几百平方千米，地热资源潜力大，有很高的开发价值。

三、我国地热资源勘查开发利用状况

（一）地热资源勘查

我国地热资源勘查活动始于 20 世纪 50 年代中期，当时地热资源的勘查与开发的范围仅限于天然出露的温泉等。在此期间，在全国主要省、自治区、直辖市都开展了地热资源普查。为配合国家医疗卫生保健事业的发展和建立矿泉水疗养院的需要，对一些重要的温泉如北京小汤山温泉等进行了地热资源的勘查评价。

20世纪70年代初期，我国开始了对隐伏地热资源的勘查与开发。以北京、天津地区开展隐伏地热田资源的普查勘探为先导，在李四光部长的积极创导和推动下，相继在天津市近郊、北京城东南地区1 000 m左右深度内打出了温度在40~90℃的地热水，随即在城区开始了地热供暖、医疗洗浴、水产养殖、工业洗涤等方面的应用。在此期间，为满足地热发电的需要，相继在河北后郝窑、广东丰顺、湖南灰汤等地热田进行了地热资源勘查评价，建立了一批试验性的地热电站。

进入20世纪80年代，随着中国改革开放政策的深入推进和社会主义市场经济的逐步发展，国际合作与科技交流得到了加强。1988年在西藏羊八井建立了生产性的地热电站；重视与地区经济发展有影响的地热田资源，并对他们进行了勘查与评价；随着勘探技术水平的提高，加大了开发利用地热资源的深度，从而获得了较高温度的地热资源，扩大了地热资源的利用范围；重视利用地热资源发展当地经济，在地热供热、采暖，温室种植、养殖，温泉疗养，温泉旅游等方面有了长足发展，形成了一批地热产业，从而使中国在地热资源的勘查与开发利用方面进入了一个全新的发展阶段。

（二）地热资源开发利用情况

我国地热资源开发利用，以中低温地热资源的直接利用为主，主要用于以下几个方面：

1. 地热发电

（1）试验性电站：20世纪70年代后期，先后在广东丰顺、湖南灰汤、江西宜春、广西象州、山东招远、辽宁熊岳、河北怀来等地建设了试验性电站。这些电站除个别的（广东省丰顺、湖南灰汤）仍在运行外，多数皆因地热温度偏低，发电效果差而停止。

（2）生产性地热电站：有羊八井（25.18 MW）、朗久（2 MW）、那曲（1 MW）；羊易（具备30 MW装机潜力，待开发）等电站。

2. 地热供暖

主要对北京、天津、西安、咸阳、郑州、鞍山、大庆林甸、河北霸州、固安、雄县等城镇地区进行供暖，面积约2 000万 m²；其中对天津的106家单位供暖，供暖面积940万 m²，位全国第一，年节约原煤22.51万 t。

近10年来，由于热泵技术的应用，浅层地热资源开发有了快速的发展，地源热泵供暖的发展速度已超过常规中低温地热资源利用的发展速度。

3. 医疗保健

我国大多数地热温泉均具有医疗价值，不少地热水可作为医疗矿泉水予以开发利用，实际利用工程也较普遍，遍布全国各省区市。

4. 温泉洗浴和旅游度假

室内水上娱乐健身场所因有温度调控，活动不受气候变化的影响，近年来受到人们的青睐。地热温泉多分布在自然景区，自身集热能、水、矿于一体，既可为发展室内大型水上娱乐健身场所提供稳定的清洁能源，又可为其提供有一定医疗作用的矿水资源，是开发此类项目的首选或必备条件。一些开发商注意到了这点，从 20 世纪 90 年代初，开始利用地热发展室内水上娱乐健身场所，如广东恩平、海南琼海官塘等地，各地相互效仿，近年来发展较快。

5．水产养殖

在北京、于津、福建、广东、昆明、西安等地起步较早，建有养殖场地 200 多处，鱼池面积 200 万 m²，多用于养殖鳗鱼、罗非鱼、对虾、河蟹、甲鱼等。近年来，随着温泉旅游业的发展，利用地热进行水产养殖已呈衰减之势。

6．温室种植

开发地热，建立地热温室，是发展特色农业、生态农业、现代化农业的条件之一，农业利用地热的典型代表是北京小汤山地区的现代农业园，利用不同作物对最低温度的要求，梯级利用地热种植名贵花卉、特色蔬菜、反季节蔬菜和发展观光农业等，效果非常好。

7．农业灌溉

水质好、40℃以下的地热水或利用后的地热尾水，一般都直接用于农田灌溉。

8．工业利用

主要用于印染、粮食烘干和生产矿泉水等。

四、我国地热资源储量

我国是地热资源相对丰富的国家，据估计，地热资源总量约占全球的 7.9%，可采储量相当于 4 626.5 亿 t 标准煤。

第四章　铀

第一节　概　述

一、铀的组成和物理性质

铀是一种银白色金属，由 U^{238}（99.285%）、U^{235}（0.71%）和 U^{234}（0.005%）三种放射性同位素组成。铀是亲石元素，在自然界中呈氧化状态存在，分布于地壳所有年代的岩石中，地壳中铀的丰度值为 2×10^{-6}。铀在矿石中的存在形式可分为三种：呈独立矿物形式，呈类质同象混入物的含铀矿物形式，呈吸附状态存在于矿物中。其中独立的铀矿物是矿石中铀的主要存在形式，其他两种形式存在的铀也可构成工业矿床。

铀是重要的能源，U^{235} 发生裂变能释放出大量能量。铀是制造核武器极其重要的军事物质，也是核能发电的原料。核能是一种能量高度集中的能源，1 磅 U^{235} 完全燃烧时产生的能量相当于 1 360 t 标准煤燃烧的能量。由于近年来的"能源危机"，石油价格上涨，核能发电的重要性显得更为突出。据世界能源保护委员会报告估计：2020 年，世界能源比例中，石油和天然气将从目前的 60% 下降到 25%，而核能和煤的比重将大幅增加，分别达到 30% 和 35%。另外，铀还用于制造有色玻璃和陶瓷彩釉。

自然界已发现的铀矿物和含铀矿物共有 200 余种，但常见的只有 40 多种。铀矿物按成因可分为原生和次生。铀矿资源中，原生铀矿物是铀的主要来源，次生铀矿物是次要的。具有工业价值的铀矿物和含铀矿物见表 10 - 4 - 1。

表 10 - 4 - 1　　　　　　　　几种重要的铀矿物和含铀矿物及其氧化铀含量

矿物成因类型	矿物名称	氧 化 铀 含 量
原生 铀矿物	晶质铀矿	UO_2 27.00% ~72.25%，UO_3 13.27% ~54.59%
	沥青铀矿	UO_2 27.55% ~59.30%，UO_3 22.23% ~52.8%
	铀石	UO_2 46.3% ~68.30%
	铈铀钛矿	U_3O_8 9.8% ~20.0%，
	钛铀矿	UO_2 1.13%，UO_3 36.8%
	人形石	U_3O_8 45%

（续表）

矿物成因类型	矿物名称	氧 化 铀 含 量
次生 铀矿物	钒钾铀矿	UO_3 63% ~ 65%
	钒钙铀矿	UO_3 57% ~ 58%
	钙铀云母	UO_3 55.08% ~ 62.90%
含铀 矿物	钍石	UO_3 0.46% ~ 9.0%
	烧绿石	UO_2 15.55% ~ 18.42%
	独居石	UO_2 0.33% ~ 15.64%

目前大量开采的原生铀矿物是沥青铀矿和晶质铀矿，少量的是钛铀矿及人形石和铈铀钛矿等。在有些铀矿床中次生铀矿物，如铀的钒酸盐和磷酸盐等也被开采。

二、铀矿床的成因类型

铀储量在不同铀成矿时代的分布是不均匀的。其中元古代约占 50%，古生代约占 17%，中新生代约占 33%。明显集中元古生代和中新生代。

世界已发现的铀矿床类型共有 20 多种，但具有工业意义的为 6 种：砂岩型、不整合脉型、古砾岩型、热液脉型、白岗岩型及钙结岩型。其中砂岩型、不整合脉型和古砾岩型 3 种的铀储量占世界工业总储量的 72.8%，其余类型占 27.2%（表 10 - 4 - 2）。

表 10 - 4 - 2　　　　　　　　　　世界主要铀矿床类型的储量分布

铀矿床类型	工业铀储量/kt	占有比例/%	U_3O_8 平均品位/%
砂岩型	601.7	30.3	0.158
不整合脉型	476.3	24.3	1.346
古砾岩型	368.1	18.5	0.090
热液脉型	322.4	16.3	0.648
白岗岩型	150.0	8.0	0.070
钙结岩型	52.0	2.7	0.177

注：本表不包括中国、苏联和东欧国家的储量；据金景福等《铀矿床学》1991。

另外，海水中蕴藏着巨大的铀储量，其总量约为 40×10^8 t，但海水中铀的浓度相当低，平均含量仅为 3×10^{-9} lb/t，现有技术提取成本较高。

铀矿床在各地质时期的分布是不均匀的，铀矿床的主要成矿时代与一定的大地构造单元演化历史有密切关系。地球演化不同时期形成大地构造单元的特点及性质不同，因而产出的铀矿床类型明显不同。晚太古代 ~ 早元古代，主要形成沉积变质含金砾岩型铀矿床；元古代主要形成"不整合脉型"铀矿床；晚元古代 ~ 早古生代，主要有白岗岩型铀矿床；晚古生代主要有花岗岩型和火山岩型铀矿床；中新生代主要形成砂岩型、花岗岩型和火山岩型铀矿床。

铀矿床在空间上的分布也不均匀，常集中分布在一些特殊区域内。其分布与大地构造单元有关。可分为古老地盾、地台型铀成矿区（带）及地槽型铀成矿区（带）。

在古老地盾或地台的一些地段内，发育构造拗陷带、原始地槽和原始活化带，铀矿床集中分布其中。其构造基底大部分为太古界或下元古界角闪岩、副片麻岩、绿岩及花岗岩，其盖层主要为元古界砾岩、砂岩、泥岩、含铁石英岩和绿岩等。世界上该类型大体划可分为：加拿大铀成矿带；南非铀成矿区；中非铀成矿带；澳大利亚铀成矿带；印度铀成矿区和巴西铀成矿区。

地槽褶皱带是构成铀成矿区（带）的主要大地构造单元之一。在地槽褶皱带内，铀矿床赋存于中间地块或隆起带中。该类铀成矿区（带）大体划分为：西欧铀成矿区；美国西部科迪勒拉铀成矿带；南美安第斯铀成矿带；苏联中亚铀成矿带。

现将主要铀矿床类型及典型简述如下：

1. 砾岩型

其特点是品位低，储量大，单个矿床规模可达几十万吨。铀含在由石英卵石组成的砾岩内，产于较稳定地盾区的前寒武纪的克拉通盆地内。矿化产于太古代基底之上，靠近不整合面。主要铀矿物为晶质铀矿、钛铀矿和部分铀钍矿。占铀矿储量的 18.5%。重要的矿床有：加拿大安大略省埃利奥特湖 – 布兰德河含铀砾岩，铀平均品位 0.15%，工业储量 10 万 t 左右；南非维特瓦特斯兰德含铀砾岩，铀平均品位 0.025%，工业储量 14 万 t。

2. 砂岩型

属浅成后生矿床，占世界铀工业储量的 30.3%。分为三个亚类：准整合型、矿卷型和"堆叠"型。

（1）准整合型：沉积环境主要是河流相，也有三角洲相和潟湖相。矿床靠近不整合面。主要矿石矿物是沥青铀矿和铀石；氧化带中有钒钾铀矿、钙钒铀矿等。铀品位 0.15% ~ 0.4%。主要矿产地有美国科罗拉多高原和新墨西哥州的帕奎特 – 格兰茨 – 丘契落客区、尼尔利亚的阿加德兹、阿根廷的外安第斯带和南澳大利亚的弗洛姆湖区。

（2）矿卷型铀矿床：是受岩性和水化学控制的后生矿床；矿体沿氧化和非氧化的砂岩之间接触带产生。主要产于古 – 新近系，少数产于侏罗系。主要矿石矿物是沥青铀矿和铀石。铀平均品位 0.1% ~ 0.5%。主要产地有：怀俄明州的泡德河、谢利盆地和得克萨斯海湾沿岸。

（3）"堆叠"型铀矿床：是受构造 – 岩性控制的后生矿床。岩性为沉积砂岩，铀矿产在渗透性断裂带中。主要矿石矿物是沥青铀矿和少量铀石。铀平均品位 0.1% ~ 0.4%。主要矿床有：加蓬的弗朗斯维尔盆地和美国新墨西哥州的安布罗西亚湖 – 格兰茨。

3. 不整合脉型（似脉型）

该类型成因有：表生成因说、热液成因说和复成因说。其特点是沥青铀矿呈块状产于矿脉或矿体中，也有呈浸染状产在变质岩石和结晶岩石剪切带中。产出地层时代主要是早元古代，其次为海西期。主要矿石矿物多呈胶状沥青铀矿，少见晶质铀矿氧化物；脉石矿物多为石英和碳酸盐。铀平均品位 0.2% ~ 0.35%。主要矿产地有：澳大利亚的纳巴勒克、兰杰铀矿，加拿大的凯湖、克勒夫湖、拉比特湖铀矿；在法国、西班牙、葡萄牙等国也有产出。

4. 热液脉型

该类型是与岩浆热液有关的铀矿脉。矿床可分为：

（1）多金属矿脉，矿石中含 Co、Ni、Ag、Cu 等多种金属，铀呈晶质铀矿产出。

（2）单金属沥青铀矿矿脉，矿石矿物主要为沥青铀矿，脉石矿物为石英、方解石等。产出地质时代为晚元古代和海西期。铀品位 0.1% ~ 1% 以上。主要矿产地有：德国的黑森林、捷克的厄尔士山脉、法国的中央地块、刚果（金）的申戈洛布韦、加拿大的镭绽港矿床、美国的石蛙兹沃德矿床等。

5. 白岗岩型

该类型目前发现不多，但工业意义较大。铀矿床产在侵入前寒武纪变质沉积岩内的白岗岩中。铀矿一般富集在富含云母的伟晶岩体镶边带内。铀呈复杂的氧化物形式，或呈细粒自形晶质铀矿产出。晶质铀矿占 55%，铌钛铀矿占 5%，次生铀矿物占 40%。矿石中 U_3O_8 的平均品位 0.03% ~ 0.04%。主要矿床是纳米比亚的罗辛铀矿床，其 U_3O_8 储量在 15 万 t 以上。

6. 钙质结砾岩型

产于干旱的盐湖区。铀呈透镜状富集在基底为太古代花岗岩的河道洼地的钙质结砾岩中。其矿床特点是埋藏浅、矿化连续。铀呈铀钒酸盐产出，U_3O_8 平均品位 0.15%。主要矿床是位于西澳大利亚的伊利里矿床，已探明工业储量 4.6 万 tU_3O_8。

第二节　世界铀矿资源

一、世界主要铀矿床分布

（一）全球铀成矿的主要时代

1. 古太古代—古元古代（28 ~ 19 亿年）

在一些太古代克拉通的内部洼地或边缘拗陷带内产生铀矿化，矿化类型为石英卵石砾岩型，如南非维特瓦特斯兰德 U – Au 铀矿床、加拿大布兰德湖和巴西雅可宾纳等含金石英卵石砾岩型铀矿床。

2. 中元古代（19 ~ 10 亿年）

该阶段形成多种类型的铀矿床，而产于加拿大和澳大利亚的不整合面型铀矿床是该阶段产出最为突出的铀矿床类型。其他类型如矽卡岩型、碱交代型、基性岩型、含铁石英岩型等。

3. 新元古代（10 ~ 6 亿年）

该时期构造—岩浆活动频繁，变质作用广泛，形成了多种类型铀矿床，如伟晶岩型。

4. 早元古代（6 ~ 4 亿年）

该阶段大陆壳的构造活动强烈，在一些地区形成了地槽褶皱带，而且岩浆作用也较频繁，为铀矿床的形成提供了有利条件。如形成火山岩型、花岗岩型等热液铀矿床和一些低品位的含铀黑色页岩和磷块岩等建造。

5．中生代（230～65 Ma）

该时期大陆壳的改造主要有两种形式：地槽褶皱带和地台的局部活化，有明显的断块活动、岩浆作用和广泛的沉积改造作用，并形成一系列不同类型的铀矿床，如热液型的火山岩型、花岗岩型、沉积成岩型及后生淋积型等不同铀矿床。

6．新生代（6 565 Ma～现在）

主要有火山岩型铀矿床，此外还见有沉积型、钙结岩型及其他类型的铀矿床。

（二）世界铀矿床空间分布

铀矿床的空间分布与一定的大地构造单元有着密切的关系。由于不同大地构造（如地盾、地台、活化地台、地槽等）单元的性质和特点各不相同，因而所产出的铀矿床条件、成因类型、矿石矿物组合及富集程度也有很大差别。全球主要铀成矿区（或带）划分如下：

1．古老地盾或地台型铀成矿区（或带）

主要有①加拿大铀成矿带；②南非铀成矿区；③中非铀成矿区；④澳大利亚铀成矿带；⑤印度铀成矿区；⑥巴西铀成矿区。

2．地槽褶皱带型铀成矿区（或带）

主要有①西欧铀成矿区；②美国西部科迪勒拉铀成矿带；③南美安第斯铀成矿带；④中亚铀成矿区。

世界主要铀矿省分布见表10－4－3。

表10－4－3　　　　　　　　　世界主要铀矿省

北美洲	北萨斯喀彻温铀矿省		加拿大萨斯喀彻温省北部	元古宙不整合型
	布兰德河—埃利奥特湖铀矿省		加拿大安大略省南部	石英卵石砾岩型（U—REE）
	格伦维尔铀矿省		加拿大安大略省东南部及与之相邻的魁北克省西南缘	侵入体伟晶岩脉亚型
	美国西部铀矿省	怀俄明分区	美国怀俄明州	卷状亚型（碎屑炭）
		科罗拉多分区	美国科罗拉多、犹他、亚利桑那和新墨西哥州部分地区	砂岩型 板状亚型
		南得克萨斯分区	德克萨斯州南部	卷状亚型（外来硫）
南美洲	阿根廷铀矿省		阿根廷门多萨、科尔多瓦、萨尔塔、丘布特等省	板状亚型
	帕帕莱玛铀矿省		巴西塞阿拉州和帕拉伊巴州	交代岩型
	埃斯宾哈苏铀矿省		巴西巴伊亚州和米拉斯吉拉斯州	交代岩型，火山岩型

（续表）

欧洲	中欧铀矿省	梅赛特分区	西班牙西南部和葡萄牙	脉型：与花岗岩有关（包括花岗岩体周边地区）
		法国分区	法国中部、西北部和东北角（孚日）	脉型：与花岗岩有关（岩体内部）
		波西米亚分区	德国图林根州、巴登—符腾堡德克森州和巴伐利亚州及捷克西部北波西米亚、中波西米亚和南摩拉维亚等州	脉型：与花岗岩有关（花岗岩体周边地区）
	乌克兰铀矿省		乌克兰中第聂伯尔斯克、基洛夫格勒、克里沃诺格等地区	交代岩型和砂岩型
非洲	尼日尔—马里铀矿省		本部为尼日尔阿加德兹盆地，往西延入马里东部，往东可能延入乍得和苏丹	砂岩型：板状亚型和古河谷亚型
	非洲中部铀矿省	加蓬	加蓬东南部弗朗斯维尔盆地	砂岩型
		纳米比亚	纳米比亚 Swakopmund 县	侵入体：白岗岩亚型
		卢菲利安分区	刚果（金）东南部沙巴区至赞比亚	脉型：变质岩区（Cu-U）
	维特瓦特斯兰德金—铀矿省		南非德兰士瓦省和奥兰自由邦	石英卵石砾岩型（Au—U）
澳洲	派因·克里克铀矿省		澳大利亚北部地区，东阿利盖特河，南阿利盖特及拉姆·詹格尔地区	元古宙不整合面
	伊利里铀矿省		澳大利亚西澳大利亚州	表生型：钙质壳亚型
	南澳铜铀矿省		澳大利亚南澳大利亚州奥林匹克坝	角砾杂岩性（Cu-U-Au）
亚洲	科克切塔夫铀矿省		哈萨克斯坦北部与俄罗斯的西西伯利亚低地接壤部位	脉型
	巴尔喀什—伊利铀矿省	准格尔—天山区	新疆准格尔和北天山、南天山地区，准格尔地块和塔里木地块之间	火山岩型/砂岩型
		巴尔喀什—伊犁铀矿区	哈萨克斯坦东南部，从巴尔喀什湖北西侧卡拉扎尔和北侧阿加德尔到巴尔喀什湖南侧的比什凯克，往东延入中国境内准格尔—天山铀矿省	火山岩型/砂岩型
	东土伦铀省		哈萨克斯坦中南部，被卡拉套高低分隔开的楚河—萨雷苏河洼地和锡尔河洼地	砂岩型：卷状亚型
	中央克兹尔库姆铀矿省		乌兹别克斯坦境内，位于锡尔河与阿姆河之间的克孜尔库姆沙漠区	砂岩型：卷状亚型
	西西伯利亚南部铀矿省		俄罗斯境内，西西伯利亚低地南缘的邻哈萨克斯坦斜坡带和邻阿尔泰山/萨彦岭斜坡带	砂岩型：底河道（古河谷）亚型
	维季姆铀矿省		俄罗斯东部，贝加尔湖东侧和东北侧的布里亚特自治共和国	砂岩型：底河道（古河谷）亚型
	濒额尔古纳铀矿省		俄罗斯东部赤塔州和蒙古东方省（多尔诺特）	火山岩型
	辛布霍姆铀矿省		印度比哈尔邦	脉型（变质岩区）
	华南铀矿省		中国东部、赣、浙、湘、桂、粤、闽等诸省（区）境内	脉型（花岗岩型和火山岩型）：碳、硅、泥岩型

二、世界铀矿资源储量

据国际原子能机构（IAEA - NEA）估计，全球常规铀资源量为 1 620 万 t，如按现在的消费能力可供 250 年。此外，世界还具有丰富的非常规铀资源，如磷酸盐中铀（2 200万 t）和海水中铀资源（超过 40 亿 t），按照现在的市场价格至少需要 10～15 年的时间才能生产。

据 WISE（World information Service on Energy）资料，IAEA 和 OECD/NEA 共同编撰、每两年出版一次的世界铀供需（红皮书）报告称，截至 2010 年底，世界已知常规铀可靠资源回收成本 ≤130 美元/kg 铀的可回收资源量约 345.55 万 t。其中回收成本 ≤80 美元/kg 铀资源量约 201.48 万 t，回收成本 ≤40 美元/kg 铀资源量约 49.39 万 t。

世界铀资源较多的国家有：澳大利亚、尼日尔、哈萨克斯坦、加拿大、纳米比亚、美国、俄罗斯、巴西、南非和中国（表 10 - 4 - 4），铀资源量均在 10 万 t 以上，合计占世界铀资源总量的 91.5%。其次为乌克兰、乌兹别克斯坦、蒙古和坦桑尼亚等。

表 10 - 4 - 4　　　　　　　　　世界可靠铀资源量（截至 2010 年底）　　　　　　　单位：t（铀）

国家或地区	回收成本范围		
	≤40 美元/kg（铀）	≤80 美元/kg（铀）	≤130 美元/kg（铀）
世界合计	493 900	2 014 800	3 455 500
澳大利亚	NA	961 500	1 158 000
哈萨克斯坦	17 400	244 900	319 900
美国	0	39 100	207 400
加拿大	237 900	292 500	319 700
南非	0	96 400	144 600
尼日尔	5 500	5 500	339 000
纳米比亚	0	5 900	234 900
俄罗斯	0	11 800	172 900
巴西	137 900	155 700	155 700
乌克兰	2 800	44 600	86 800
乌兹别克斯坦	46 600	46 600	64 300
中国	45 800	88 500	109 500
蒙古	0	0	30 600
中非	0	0	12 000
马拉维	0	0	10 000
坦桑尼亚	0	0	28 700
阿根廷	0	5 000	8 600
土耳其	0	7 300	7 300
日本	0	0	6 600

（续表）

国家或地区	回收成本范围		
	≤40 美元/kg（铀）	≤80 美元/kg（铀）	≤130 美元/kg（铀）
葡萄牙	0	4 500	6 000
加蓬	0	0	4 800
意大利	0	0	4 800
印度尼西亚	0	2 000	8 400
瑞典	0	0	4 000
罗马尼亚	0	0	3 100
墨西哥	0	0	2 800
津巴布韦	0	0	NA
民主刚果	0	0	NA
秘鲁	0	1 300	1 300
芬兰	0	0	1 100
斯洛文尼亚	0	1 700	1 700
捷克	0	0	300
伊朗	0	0	700

注："NA"指无数据。

资料来源：国土资源部信息中心《世界矿产资源年评》（2011～2012），2012。

按照 2010 年世界铀产量 53 663 t 铀计，现有低成本铀资源（≤80 美元/kg 铀）可供矿山生产约 37 年。

目前，世界上已发现的铀矿的主要类型有不整合型、砂岩型、古砾岩型、热液脉型侵入岩型和角砾杂岩型等。其中高品位的不整合型和可用地浸（ISL）技术开采的低成本砂岩型矿床是当前勘查和生产的最佳类型。

铀矿的勘查工作主要在非洲的纳米比亚、津巴布韦、加拿大的萨斯喀彻温省以及北部地区和澳大利亚进行，以寻找高品位的矿床，在美国、苏联、蒙古、印度和中国寻找可地浸的砂岩型矿床。近年在非洲的纳米比亚等国勘查取得较大进展，该国罗辛南铀矿称为世界级铀矿。此外，瑞典铀矿勘查也取得重要进展，已经拥有两个世界最大的未开发铀矿。

第三节　中国铀矿资源

一、中国铀矿资源的分布概况及特点

（一）分布概况

我国至今已探明大小铀矿 200 多个，证实了相当数量的铀储量。矿石以中低品位为主，0.05% ~0.3% 品位的矿石量占总资源量的绝大部分。矿石组分相对简单，主要为单铀型矿石，仅在极少矿床有其他金属元素共生，形成铀-钼、铀-汞、铀-铜、铀-多金属、铀-钍-稀土矿床。矿床规模以中小型为主（占总储量的60%以上），在一些矿田内，矿体往往成群出现，有的几个，有的几十个，而其中常有 1~2 个主体矿床存在。探明的铀矿体埋深多在 500 m 以内。矿床类型主要有花岗岩型、火山岩型、砂岩型、碳硅泥岩型铀矿床 4 种；其所拥有的储量分别占全国总储量的38%、22%、19.5%、16%。含煤地层中铀矿床、碱性岩中铀矿床及其他类型铀矿床在探明储量中所占比例很少，但具有找矿潜力。

全国铀矿资源分布不均衡，已有23 个省（区）发现铀矿床，但主要集中分布在赣、粤、黔、湘、桂、新、辽、滇、冀、蒙、浙、甘等省（区），尤以赣、湘、粤、桂四省（区）资源为富，占探明工业储量的74%。

中国铀矿成矿时期以中新生代为主，并主要集中在 87~45 Ma。成矿的先后顺序是：混合岩型、伟晶岩型、花岗岩型、火山岩型、碳硅泥岩型和砂岩型。据铀矿床矿化类型、成矿时代和大地构造单元中分布特征，划分了东部铀成矿省、天山-祁连山铀成矿省、滇西铀成矿区。并据矿床成因、富矿围岩和成矿特征将中国主要铀矿床分为内生铀矿床（岩浆型、热液型）、外生铀矿床（成岩型、后生淋积型）和复成因铀矿床三类。

中国是铀矿资源不甚丰富的一个国家。据近年我国向国际原子能机构陆续提供的一批铀矿田的储量推算，我国铀矿探明储量居世界第 10 位之后，不能适应发展核电的长远需要。矿床规模以中小为主（占总储量的60%以上）。矿石品位偏低，通常有磷、硫及有色金属、稀有金属矿产与之共生或伴生。矿床类型主要有花岗岩型、火山岩型、砂岩型、碳硅泥岩型铀矿床 4 种；其所拥有的储量分别占全国总储量的38%、22%、19.5%、16%。含煤地层中铀矿床、碱性岩中铀矿床及其他类型铀矿床在探明储量中所占比例很少，但具有找矿潜力。中国铀矿成矿时代的时间跨度为距今 1 900~3 Ma 之间，即古元古代到新近纪之间，以中生代的侏罗纪和白垩纪成矿最为集中。空间分布上我国铀矿床分南、北两个大区，北方铀矿区以火山岩型为主，南方铀矿区则以花岗岩型。

2013 年 1 月 7 日，国土资源部发布消息：内蒙古中部大营地区发现目前国内最大规模的铀矿床，控制铀资源量跻身世界级大矿行列。此项成果有力支撑了国家已出台的核电发展规划。经过评审验收，大营铀矿达到超大型规模，矿体连续性较好，为第 I 勘探类型，填补了国内砂岩型铀矿第 I 勘查类型的空白。控制铀资源总量达到世界级规模，结束了中国无世界级铀矿历史。

（二）分布特点

1. 空间分布特点

我国已发现的铀矿床基本上产于南部两个大矿区。

（1）北方铀矿区：它是横跨欧亚大陆的一条全球性铀矿带在中国境内的延伸部分。在我国境内属近东西向加里东-海西期地槽褶皱带的东段。中国境内长约 4 400 km。在这条带上广泛发育火山岩型、含铀煤型、含铀地沥青型、碱交代型、伟晶岩型、砂岩型、碱性岩型、混合岩化型等铀矿床。北方铀矿区剥蚀较深，出露早于古生代的铀矿床，另外还残留一些加里东期铀矿床。不过在中国西部，此带受喜马拉雅运动影响，还发育新生代铀矿床；在中国东部此带又受燕山运动影响，形成较多的中生代铀矿床。中国境内此带主要发育热液型铀矿床，和欧亚大陆以热液型铀矿床占压倒优势是完全一致的。

（2）南方铀矿区：总走向北东向，北东起浙江南部，西到广西，在我国境内长度为1 800 km，宽度为600 km。以燕山-喜马拉雅构造-岩浆运动为主。该铀矿区又分为西矿域、中矿域和东矿域。

西矿域：面积最大，西、北界尚未确定，南界为云开隆起区，此矿域中广泛分布古生界，特别是上古生界地台盖层，岩体较少，只在九嶷山天鹅寨见有侏罗纪火山岩。花岗岩体多为浑圆、长圆孤立体，有相当多数尚未出露。大岩体上部的麻疹状小岩体群比较多见。岩体年代也较老，在湖南境内以印支期最多见，向西到广西还残留有加里东期和雪峰期大岩基。此矿域突出特点是广发育上震旦、下寒武、中上泥盆世富铀地层，属富铀碳硅泥岩系。铀矿床主要是碳硅泥岩型铀矿床。大多数矿床均远离岩体，出现于富铀地层之中，以淋积型为主。在贵州铀与汞矿共生。西矿域较靠近喜马拉雅山脉，受喜马拉雅运动影响的地区，铀矿化年龄也较小，或者在燕山期铀矿床中还发现有更小年龄的矿体。

中矿域：以河源-邵武断裂带与东矿域毗邻，西界为郴州-萍乡大断裂与西矿域为邻，南北界同东矿域。此矿域以加里东褶皱系为基底，深部可能有远古宇存在。基底中有众多的燕山期花岗岩体穿插，在区域上构成花岗岩带。花岗岩多为壳源断裂重熔体，岩体上往往发育长而窄的白垩－古－新近纪断陷红盆。矿域中广泛发育花岗岩型铀矿床，多产于岩体内部，少量产于外接触带。另外，花岗岩基底之上的断陷盆地中热液铀矿床也很重要。

东矿域：东界为政和－大埔断裂带，北界为浙赣火山岩构造带，南界为清远－紫金纬向构造带。此矿域以晚元古代裂谷系和加里东地槽褶皱系为基底，上部广泛发育燕山期沉积－火山－侵入岩盖层。此矿域突出地发育火山岩型铀矿床，其次还有沉积盆地上覆火山岩盖的热液型、砂岩铀矿床，前者往往是两层楼结构，上部为火山岩（多为早白垩或晚侏罗世），下部为侏罗纪花岗岩体或下古生界变质岩基底，二者中均有铀矿床产出，但以上部火山岩中最发育。此矿域中的中新生代断陷盆地中火山岩占的比重远比中矿域为大。

我国华南的铀矿床空间分布的另一特点是，铀矿床主要产于上部构造层，即中、新生代构造层。

2. 时间分布特点

我国铀矿床成矿时代范围为1 900～3 Ma，绝大多数集中在120～70 Ma。铀的成矿作用和富矿围岩的成岩作用并非统一作用。铀的成矿时代与富矿围岩的成岩时间有较大时差，矿床对于围岩一般属于后生而非同生。值得指出的是，有一部分火山岩中热液成矿的时代比花岗岩中的要早些，往往达 130~140 Ma，早侏罗世火山岩中热液成矿时代为 120~100 Ma，而闽浙地区大片火山岩中的铀矿化则大多数在 60~90 Ma，与花岗岩中者同期。大量研究结果表明，只有在大规模岩浆侵入和喷发或混合岩化全部结束，所有的钨、锡、钼、铋、铁、铜、锌、铌、钽、稀土等热液矿化全部产生之后，才有铀的矿化，例如白垩纪断陷盆地发生和煌斑岩、辉绿岩侵入之后，才开始铀矿化。铀矿化是在区域上大规模岩浆－热液－构造的鼎盛期过后的余动期才出现的，在华南区域成矿序列中铀矿化总是最晚出现的矿种。其他金属矿化绝大部分发生于白垩纪断陷盆地形成及暗色中基性岩墙侵入之前，而铀矿化却都在其后。

上述事实表明：铀矿床虽然和钨、锡、钼、铋等矿化同属热液矿床，但成因完全不同；铀的热液矿化要求更厚的花岗岩壳凝固以利于从岩石中浸取分散铀成矿。在所有上述金属热液矿床中铀的矿位和矿源距离最大。

二、中国铀矿床类型及分类

黄绍显、杜乐天（1996）将我国主要铀矿床分类为下列几种（表 10-4-5），划分分类主要以富矿围岩为依据，划分亚类时适当考虑成矿作用。

表 10-4-5 铀矿床分类

类	亚类	型
花岗岩型铀矿床	Ⅰ. 岩浆岩型或混合岩型（伟晶岩型）	
	Ⅱ. 热液型（酸性热液型）	1. 微晶石英型 2. 萤石型 3. 黏土化蚀变形
火山岩型铀矿床	Ⅰ. 酸性热液型	1. 迪开石型 2. 水云母型
	Ⅱ. 碱性热液型	1. 钠交代型
	Ⅲ. 复成因型	
碳硅泥岩型铀矿床	Ⅰ. 成岩型	
	Ⅱ. 淋积型	
	Ⅲ. 热液叠加改造型	
陆相砂岩型及煤型铀矿床	Ⅰ. 成岩型	
	Ⅱ. 沉积改造型	
	Ⅲ. 热液改造型	
其他类型铀矿床	Ⅰ. 成岩型	1. 钠交代型 2. 钾交代型
	Ⅱ. 沉积改造型	
	Ⅲ. 热液改造型	

①钠交代型亦可称为碱交代型。本分类表中碱交代型可以发育于花岗岩、火山岩以及其他任何岩性中。

核工业北京地质研究院的黄净白（2005）等，在《中国铀成矿带概论》一书中提出以矿床成因为基础，将中国铀矿床分为 4 大类，又按含矿围岩或产出形态划分若干亚类（表 10 - 4 - 6），并估算了各类型铀资源的百分比。过去以含矿围岩为基础的分类，常将不同成因矿床混为一谈，无法正确判断区域成矿地质条件，例如白面石铀矿床含矿围岩为砂岩，称为砂岩型铀矿床，实为热液型铀矿床。在表 10 - 4 - 6 中可以看出中国铀矿床热液型占绝对优势（62.6%），沉积后生改造型次之（33.1%），岩浆岩型和沉积成岩型仅占 5% 左右。依常见亚型来说，花岗岩型、火山岩型、砂岩型构成中国 3 大主要工业类型，砂岩型所占比例近年有较大的提高。

表 10 - 4 - 6　　　　　　　　　　　　　**中国铀矿床类型**

成因类型	亚类	次亚类	实例
岩浆岩型（3.2%）	碱性岩型		赛马
	伟晶岩型		红石泉、光石沟
热液型（62.6%）	花岗岩型（35.1%）	硅质脉型	希望、东坑
		碎裂蚀变岩型	大布、黄峰岭
		碱交代型	芨岭、连山关
		外带型	大湾、河源
	火山岩型（27.5%）	脉型	相山、沽源
		层型	小丘源
沉积成岩型（1.1%）	磷块岩型		金沙岩孔
	泥岩型		大红山、麻池寨
沉积后生改造型（33.1%）	砂岩型（19.4%）	层间氧化带型	库捷尔泰、十红滩
		潜水氧化带型	测老庙、苏崩
	煤岩型（2.0%）		达拉地、蒙其古尔
	碳硅泥岩型（7.3%）	淋积型	老卧龙、白土
		热造型	董坑、降扎
	碳酸盐岩型（4.4%）		坌头、大新

注：各类型所占百分比，是指各类型储量占探明总资源量的百分比（截至 2003 年底的统计资料）。

中国铀矿床总的特点是：矿床分布不均匀，热液型集中分布在我国的东南地区，砂岩型集中分布在我国的西北地区。其二是绝大多数矿床属中、新生代产物，西北部热液型矿床均为古生代产物，东北部有数个热液型矿床为残留的元古代矿床。其三是矿床规模以中小型为主，常成群出现组成矿田。第四是矿石以中、低品位为主，大部分矿床平均品位 0.1% ~ 0.2%，个别矿床平均品位可达 0.5% 以上，部分火山岩型和花岗岩型矿床品位较高。

根据中国区域铀成矿特征和控矿区域构造单元的级别划分为 4 级成矿单元，由大到小分别称为铀成矿域、铀成矿省、铀成矿带（区）、铀矿化集中区（或称铀矿田）。全国共划分为滨太平洋、古欧亚大陆、特提斯 3 大成矿域，华南活动带、扬子陆块东南缘、天山、祁连 - 秦岭、华北陆块北缘 5 个铀成矿省，赣杭、武夷山等 18 个铀成矿带（区），见表 10 - 4 - 7。每一成矿带包括若干矿化集中区。

中国大部分铀成矿单元发育多种类型铀矿床，往往某种类型矿床占主导，形成一个成矿组合（系列），部分成矿带（区）是以单一类型为主。我国各种成矿类型成矿带的大致分布趋势是：火山岩型铀成矿带主要分布在东南沿海及华北陆块北缘；花岗岩型铀成矿带主要分布在中国中部、东南部中生代构造岩浆活动带内；碳硅泥岩型成矿带主要分布在扬子陆块北缘和东南缘；砂岩型铀成矿区主要分布在中国西北部和西南部陆相盆地中（暂定为 3 个独立成矿区，不归属铀成矿省）。其中 14 个成矿带分布在中国东部，3 个分布在西北部，1 个分布在西南部。中国铀成矿带分布的不均匀性，不仅与区域成矿地质条件密切相关，也受到地区交通、气候条件和工作程度的影响。

表 10 - 4 - 7　　　　　　　　　中国铀成矿带（区）划分

成矿单元名称		矿床类型		主要成矿时代
成矿省	成矿带	主要类型	次要类型	
华南活动带铀成矿省	赣杭铀成矿带	火山岩型		燕山期
	武夷山铀成矿带	火山岩型	花岗岩型	燕山 - 喜马拉雅期
	桃山 - 诸广铀成矿带	花岗岩型	碳硅泥岩型	燕山 - 喜马拉雅期
	郴州 - 钦州铀成矿带	花岗岩型		燕山期
扬子陆块东南部铀成矿省	雪峰山 - 九万大山铀成矿	碳硅泥岩型	花岗岩型	燕山 - 喜马拉雅期
	幕阜山 - 衡山铀成矿带	碳硅泥岩型	花岗岩型	燕山 - 喜马拉雅期
	栖霞山 - 庐枞铀成矿带	火山岩型	煤岩型	燕山期
天山铀成矿省	北天山铀成矿带	砂岩型	煤岩型	燕山 - 喜马拉雅期
	南天山铀成矿带	砂岩型		燕山 - 喜马拉雅期
祁连 - 秦岭铀成矿省	祁连 - 龙首山铀成矿带	碱交代型		海西期
	北秦岭铀成矿带	花岗岩型	伟晶花岗岩型	燕山期、加里东期
	南秦岭铀成矿带	碳硅泥岩型		燕山 - 喜马拉雅期
华北陆块北缘铀成矿省	弓长岭 - 八河川铀成矿带	花岗岩型		吕梁期 - 印支期
	青龙 - 兴城铀成矿带	火山岩型		燕山期
	沽源 - 红山子铀成矿带	火山岩型		燕山期
	鄂尔多斯盆地铀成矿区	砂岩型		燕山 - 喜马拉雅期
	二连 - 测老庙盆地铀成矿区	砂岩型		燕山 - 喜马拉雅期
	滇西铀成矿区	砂岩型		喜马拉雅期

三、中国铀矿资源储量

据能源网介绍（2013 - 06 - 05），我国是铀矿资源不甚丰富的国家之一。据如今我国向国际原子能机构陆续提供的一批铀矿田储量推算，我国铀矿探明储量居世界第 10 位之后，不能适应发展核电的长远需要。矿床规模以中小为主（占总储量的 60% 以上）。矿石品位偏低，通常有磷、硫及有色金属、稀有金属矿产与之共生或伴生。

据报道，2011 年，我国在内蒙古中部大营地区铀矿勘查实现找矿重大突破，可能对我国的铀资源保有量有较大的提升。

第五章　油页岩

第一节　概　述

一、油页岩的概念

油页岩属于非常规油气资源，以资源丰富和开发利用的可行性而被列为 21 世纪非常重要的接替能源，它与石油、天然气、煤一样，都是不可再生的化石能源。它和煤的主要区别是灰分超过 40%，与碳质页岩的主要区别是含油率大于 3.5%。油页岩经低温干馏可以得到页岩油，页岩油类似原油，可以制成汽油、柴油或作为燃料油。

油页岩又称油母页岩，是在内陆湖海或滨海潟湖深水还原条件下，由低等植物和矿物质形成的一种腐泥物质，是高灰分的腐泥煤。油页岩主要由有机质和矿物质组成，有机质的化学成分主要是碳、氢、氧、氮以及有机硫等。有机质是可燃有益组分，为低发热量型，发热量一般为 4.18 ~ 16.74 MJ/kg，一般含油率为 3.5% ~ 15%。油页岩中可燃基氢含量有时高达 6.5% ~ 10%；而油页岩中碳含量则比煤低，油页岩中的氮含量变化较大，从 0.5% ~ 3%。油页岩中矿物质有硅酸盐矿物、碳酸盐矿物、石膏、黄铁矿等。油页岩不含或含少量（一般小于 2%）沥青，但在加热过程中能产生焦解沥青，在自然条件下不溶于有机溶剂。油页岩韧性大，质轻、易燃，燃点小于 150℃，150℃ 以上时，有机部分开始分解释放气体；350 ~ 400℃ 时，分解作用达到最高限度；500℃ 时，几乎全部有机质转化为气体，气体冷却后的产物为页岩焦油。油页岩的最主要质量指标是发热量（干燥油页岩）和焦油产率，油页岩的灰分含量与煤的灰分含量要求不同，灰分再高也不影响其工业利用。

油页岩在能源和化学工业上具存独特的地位，可以获得大量化学、能源 – 燃料产品，建筑材料及其他材料。油页岩主要用途是提取页岩油和可燃气体，以作化工预案料，也可作固体燃料用于发电。干馏后的灰渣可作水泥原料，烧制陶粒、陶瓷纤维等轻质骨料和保温材料。油页岩干馏产品有汽油、轻柴油一号、轻柴油二号、燃料油、重柴油、机油、黄石蜡、粉白蜡、硫铵和油焦一、二号。化工方面，油页岩可用于生产合成氨、酚、吡啶等 150 多种产品。

世界油页岩储量的开发受到现有经济条件的制约。油页岩沉积范围从小型不经济性的储量到大型可商业化开发的储量。确认油页岩的储量是困难的，因为油页岩的化学组成不同，同时其含油量和开采技术有很大差异。油页岩开采的经济可行性在很大程度上取决于常规石油的价格。

因从油页岩中提取的页岩油的方法各不相同，故得到的有用油的数量也不尽相同。各种油页岩的油母质含量有很大不同，其提取的经济可行性大大取决于石油的国际成本和当地成本。一种提取油的标准方法是 Fischer 法。

二、油页岩矿床的类型及特征

一般认为油页岩矿床类型可划分为三类：第一类，黑色海相型。它们与碳酸盐岩、硅质岩和含磷岩相伴，一般层薄，厚几米，个别达 10 m，碳酸盐岩中的油页岩含油较富（可达 20%）；第二类，古近纪黑色湖相油页岩，油页岩层厚达数百米（含油量一般低于 10%，有些层可达 10% ~ 20%）；第三类，与煤系共生的油页岩，层厚 1 ~ 10 m，一般小而富（含油率可达 20%）。

油页岩常与煤共生，有时与软质黏土、高铝黏土等共伴生，且其中含稀有分散元素，可回收利用。瑞士每年加工 100 万 t 黏土页岩，可获得铀（U_3O_8）240 t、甲烷（换算成石油）18 万 t、氧化铝 8.5 万 t、钒 600 t、铜 200 t、镍 200 t、镁盐 7 000 t、磷酸 200 t、石灰 10 万 t、硫酸 20 万 t、硫酸钠 1 000 t、氧化铁 5 万 t。油页岩有机质和氧含量比煤高，碳氧化合物性质更接近天然。在勘查时应注意综合评价与综合利用，以提高经济效益。

第二节　世界油页岩资源

油页岩资源在世界许多国家和地区都有分布，但分布不均衡，主要分布于美国、俄罗斯、加拿大、中国、扎伊尔、巴西、爱沙尼亚、澳大利亚等国家。中国第 3 次油气资源评价结果显示：中国油页岩资源丰富，品质中等偏好，中国油页岩资源量仅次于美国，居世界第 2 位。油页岩沉积环境国外以海相沉积为主，中国主要以陆相沉积为主。

一、世界油页岩资源分布

1. 非洲

非洲的大多数油页岩沉积在刚果（相当于 143.1 亿 t 页岩油）和摩洛哥（123 ~ 81.6 亿 t 页岩油）。在摩洛哥，油页岩储藏在 10 个地点，最大沉积地在 Tarfaya 和 Timahdit。埃及、南非、马达加斯加和尼日利亚也有页岩油储量。埃及主要的沉积地在 Safaga – Al – Qusair 和 Abu Tartour 地区。

2. 亚洲

主要的油页岩沉积地在中国，其他的在泰国（187 亿 t）、哈萨克斯坦（有几个沉积地，主要在 Kenderlyk，约 40 亿 t）、土耳其（22 亿 t）。在印度、巴基斯坦、乌兹别克斯、土库曼斯坦、缅甸也有一些较小的油页岩沉积，亚美尼亚和蒙古也有发现。泰国油页岩沉积在 Tak 省 Mae Sot 附近和 Lamphun 省 Li 地区。土耳其主要发现在 Anatolia 中部和西部。

3. 欧洲

在爱沙尼亚北部 Ordovician kukersite 存在油页岩沉积。

欧洲最大的油页岩储藏在俄罗斯（相当于 354.7 亿 t 页岩油）。主要沉积地在 Volga Petchyorsk 省和波罗的海油页岩盆地。

欧洲其他重要的油页岩沉积地在意大利（104.5 亿 t 页岩油）、爱沙尼亚（24.9 亿 t 页岩油）、法国（10 亿 t 页岩油）、白俄罗斯（10 亿 t 页岩油）、瑞典（8.75 亿 t 页岩油）、乌克兰（6 亿 t 页岩油）和英国（5 亿 t 页岩油）。德国、卢森堡、西班牙、保加利亚、匈牙利、波兰、奥地利、阿尔巴尼亚和罗马尼亚也有油页岩储量。

4. 中东

大部分油页岩沉积在约旦（52.42 亿 t 页岩油或 650 亿 t 油页岩）、以色列（5.5 亿 t 油页岩或 65 亿 t 油页岩）。约旦的油页岩质量高，可与美国西部的油页岩媲美，不过硫含量较高。已较好开发的沉积为位于约旦中西部的 Ellajjun，Sultania 和 Jurefed Darawishare。Yarmouk 沉积接近其北部边陲，拓展到叙利亚。以色列大多数油页岩沉积地在临近死海 Negev desert 的 Rotem 盆地地区。以色列的油页岩相对热值和产油量较低。

5. 北美

美国拥有 3.3 万亿 t 油页岩沉积物，是世界最大的沉积地。两个主要的沉积地是：泥盆系 - 密西西比系（Devonian - Mississippian）页岩的东部沉积地，覆盖 25 万平方英里（650 000 km^2）；科罗拉多州、怀俄明州和犹他州绿河（Green River）盆地的西补沉积地，这些是世界上最富有的页岩沉积。

在加拿大，已确认有 19 个沉积地，最好的沉积地在 Nova Scotia 和 New Brunswick。

6. 大洋洲

澳大利亚的油页岩资源量估计约为 580 亿 t 油页岩或 45.31 亿 t 页岩油。其中约 240 亿 t 为可采量。这些沉积地位于东部和南部一些州。最大潜力沉积为昆士兰东部沉积地。在新西兰也发现有油页岩沉积地。

7. 南美洲

巴西是世界上第二大已知的油页岩资源国（Irati 和 Lacustrino）沉积地，也是世界上最大的页岩油生产国。其油页岩资源在 Sao Matous do Sul，Parand 和 Vale do Paraiba。

巴西已在 Petrasix 开发世界最大的表面油页岩热解干馏釜，立轴直径 11 m。巴西年生产量约为 20 万 t。

在阿根廷、智利、巴拉圭、秘鲁、乌拉圭和委内瑞拉也有少量油页岩资源发现。

二、世界油页岩资源量与产量

现已知世界经济可采储量估计为 2.8 ~ 3.3 万亿桶页岩油。最大的储量在美国，可开采沉积物为 1.5 ~ 2.6 万亿桶页岩油。世界上的页岩油藏包括美国西部绿河沉积，以及法国、德国、巴西、中国和俄罗斯的沉积。预计每吨油页岩可至少生产 40 L 页岩油。

油页岩资源大多沉积在美国绿河（Green River）地区。表 10 - 5 - 1 列出了估算的页岩油数量。页岩油是通过将包含在油页岩中的有机物（油母质）加热到可分离出油、燃烧气体和残炭（残存在废页岩中）的温度而得到的合成油。表 10 - 5 - 2 列出了按地区和国家分布的页岩油资源量和产量。

表 10 - 5 - 1　　　　　　　世界最大的油页岩沉积（超过 10 亿 t）

沉积	国家	页岩油资源量/百万桶	页岩油资源量/百万 t
Green River	美国	1 466 000	213 000
Phosphoria	美国	250 000	35 775
东 Devonian	美国	189 000	27 000
Heath	美国	180 000	25 578
Olenyok 盆地	俄罗斯	167 715	24 000
刚果	刚果	100 000	14 310
Irati	巴西	80 000	11 448
Sicily	意大利	63 000	9 015
Tarfaya	摩洛哥	42 145	6 448
Volga 盆地	俄罗斯	31 447	4 500
St，Petershurg，波罗的海油页岩盆地	俄罗斯	25 157	3 600
Vychegudsk 盆地	俄罗斯	19 580	2 800
Wadi Maghar	约旦	14 009	2 149
Dictyonema	爱沙尼亚	12 386	1 900
Timahdit	摩洛哥	11 236	1 719
Collingwood	加拿大	12 300	1717
意大利	意大利	10 000	1 431

据：《世界油页岩资源及开发前景》《国外石油动态》2008 年第 24 期总第 278 期　钱伯章。

表 10 - 5 - 2　　　截至 2005 底页岩油的资源量和生产量，按地区和国家分布，
超过 100 亿桶（16 亿 m³）页岩油

地区	页岩油资源量/百万桶	页岩油资源量/百万 t	2002 年产量
非洲	159 243	23 317	
刚果	100 000	14 310	
摩洛哥	53 381	8 187	
亚洲	45 894	6 562	180
中国	16 000	2 290	180
欧洲	368 156	52 845	345

地区	页岩油资源量/百万桶	页岩油资源量/百万 t	2002 年产量
俄罗斯	247 883	35 470	—
意大利	73 000	10 446	—
爱沙尼亚	16 286	2 494	345
中东	28 172	5 792	—
约旦	34 172	5 242	—
北美	2 602 469	382 758	—
美国	2 602 469	382 758	—
加拿大	15 241	2 192	—
大洋洲	31 748	4 534	—
澳大利亚	31 729	4 531	—
南美洲	82 421	11 794	157
巴西	82 000	11 734	459
世界合计	3 328 103	487 602	584

据：《世界油页岩资源及开发前景》《国外石油动态》2008 年第 24 期总第 278 期　钱伯章。

第三节　中国油页岩资源

中国油页岩赋存环境以陆相为主，主要分布于东部和中部地区，赋存层系从新生界到上古生界，主要见于中新生界；油页岩富矿主要富集于新生代断陷湖盆中，这往往也是高含油率油页岩的主要富集地；根据对中国油页岩 H/C 原子比与 O/C 原子比投点区域分析，可知中国油页岩有机质类型应属于 Ⅰ - Ⅱ 型干酪根。

一、中国油页岩成矿特征

1. 中国油页岩成矿时代及环境特征

油页岩在中国广泛分布，各个时代地层均有所发现，见表 10 - 5 - 3。中国古近系是油页岩最主要的赋存层位，平面上分布于东部和中部地区，东部自北而南为东北地区、华北地区、鲁西地区、鲁东地区、苏浙皖地区和两广地区，中部从晋东南地区、洛阳地区、南阳地区、江汉地区、赣湘粤地区到雷琼地区。白垩系油页岩主要分布于天山、祁连山、秦岭到淮河以北的广大地区，侏罗系油页岩主要分布于西北地区和东北地区，三叠系油页岩主要分布于鄂尔多斯盆地和滇西断陷带，古生代油页岩分布于山西地区。

表 10 - 5 - 3　　　　　　　　　　中国主要油页岩矿床地质特征

时代		代表性矿床	盆地类型	沉积环境	含油率/%
新生代	新近纪	广东茂名	断陷	湖	6.00 ~ 13.66
	古近纪	吉林桦甸	断陷	内陆湖	8.00 ~ 12.00
		辽宁抚顺	拗陷	内陆湖	6.00 ~ 10.00
		山东龙口	断陷	内陆河湖	9.00 ~ 22.00
中生代	晚白垩世	吉林农安	拗陷	内陆湖（海侵）	3.50 ~ 7.00
	早白垩世	吉林汪清	断陷	内陆河湖	3.50 ~ 7.44
	中侏罗世	甘肃炭山岭	拗陷	内陆湖	5.00 ~ 17.00
		青海小峡	拗陷	内陆湖	5.22 ~ 10.52
	晚三叠世	陕西彬县	拗陷	内陆湖	4.15 ~ 8.47
晚古生代	早二叠世	新疆妖魔山	前陆盆地	近海相	4.65 ~ 18.91
		新疆大黄山	前陆盆地	湖相	8.30（均）
		阜康东区	前陆盆地	湖相	7.98（均）
		阜康市西区	前陆盆地	湖相	7.43（均）

据:《中国油页岩成矿特征分析》2009 年第 15 卷第 6 期　李学永等。

　　中国油页岩沉积环境为陆相、湖海相以及海陆交互相，但以陆相为主。油页岩由低等植物和矿物质形成的一种腐泥物质，是高灰分的腐泥煤。在还原条件下经过成岩作用和煤化作用过程，转变为固体的可燃有机岩。中国陆相油页岩的形成主要受构造、沉积环境、气候等因素控制。也有学者提出中国松辽盆地油页岩的形成与海侵事件有关。对于陆相断陷盆地，气候和构造运动对内陆盆地油页岩的形成、赋存和分布起着重要控制作用，也很大程度上决定了矿产形成和分布规律。赋存油页岩的沉积盆地中生代以拗陷湖盆为主，新生代以断陷湖盆为主。从中国油页岩的时空分布来看，油页岩富矿主要富集于新生代断陷湖盆中。

　　2. 中国油页岩矿宏观特征

　　中国油页岩具有典型的层状构造，可细分为厚层状及块状构造、薄层状构造、微层状或纸状构造，以薄层状构造为主，单层厚一般 0.5 ~ 2.0 m，层面平整；厚层状或块状构造油页岩，较致密坚硬，断口呈泥状或微粒状，后者常含少量粉砂质及钙质、白云质等；微层状或纸状构造油页岩，极易松散破碎，成叶片状，层面平整光滑。局部由于构造作用油页岩破碎变形成角状，由钙质或硅质胶结。

　　油页岩的共同特征是含有不定数量的有机质，因此其颜色普遍为深褐色、褐色、深灰至灰黑色，由于有机质成熟度低，加之以腐泥组分为主，多数油页岩呈褐黑色，且易染手。部分油页岩碎屑能着火燃烧，具浓烈的沥青气味。一般页理越发育的油页岩品质越好。

　　油页岩普遍含微粒状黄铁矿，新鲜断面上清晰可见，闪闪发光。块状及薄层状油页岩局部裂隙发育，一般为斜交层理，普遍见方解石和石英充填，偶见铁质充填。部分油页岩的裂隙中见有固体沥青充填。

3．中国油页岩有机质类型

有机质类型可以由多种方法和多种参数予以确定，常见的方法是通过有机岩石学方法，在对原岩光片和干酪根薄片定量统计后，采用烃源岩评价的通用原则计算类型系数（或类型指数），然后按统一标准将有机质（组合）划分为 3 类 4 型，即腐泥型（Ⅰ型）、腐殖腐泥型（Ⅱ1 型）、腐泥腐殖型（Ⅱ2 型）和腐殖型（Ⅲ型）。

有机质类型表征油页岩（及烃源岩）有机质的质量，所计算的类型指数是评价有机质类型或有机质质量的量化指标。就生油潜力来说，Ⅰ型有机质生油潜力最大，按Ⅰ型、Ⅱ1 型、Ⅱ2 型、Ⅲ型的顺序，生油潜力依次降低，Ⅲ型有机质实际上没有生油能力（但可能为气源岩）。有机质类型好，是优质和中质油页岩的必要条件，但还不是充分条件，至少还必须要腐泥组分绝对含量高，油页岩的工业质量取决于其有机质类型和有机质丰度两个因素，两者缺一不可。

根据对中国油页岩 H/C 原子比与 O/C 原子比投点区域分析，可知中国油页岩有机质类型应属于Ⅰ-Ⅱ型干酪根。

4．中国油页岩含油率

含油率是评价油页岩能否作为炼制页岩油工业原料的重要质量指标，它是指油页岩中页岩油（焦油）所占的质量分数。

由表 10 - 5 - 3 可知，高含油率油页岩主要分布在新生代小型聚煤断陷盆地，如茂名、龙口等地，而低含油率油页岩主要分布在晚白垩纪大型含油气拗陷盆地，如农安、汪清等地。2006 年"全国油页岩资源评价"把中国油页岩含油率分为 3.5% < Tar ≤ 5% 、5% < Tar ≤ 10% 、Tar 大于 10% 3 个等级，分别占全国油页岩总资源的 45.39% 、37% 和 17.6% 。如果按页岩油资源统计，分别占页岩油总资源的 32.3% 、38.25% 和 29.39% ，而含油率大于 5% 的页岩油资源占 67.64% ，表明中国油页岩品质中等偏好。

5．油页岩发热量

发热量是指单位质量的油页岩完全燃烧后所放出的全部热量，是评价油页岩作为工业燃料价值的重要参数。中国陆相油页岩的发热量各地区差别很大，吉林农安地区油页岩发热量最小，为 4.19 MJ/kg，江西敖城地区油页岩发热量最大，可达 34.60 MJ/kg。我国发热量较高的油页岩主要分布于东部龙口含矿区、罗子沟含矿区，发热量中等的油页岩分布于东部桦甸含矿区、达连河含矿区，南方茂名含矿区，西部博格达山北麓含矿区、窑街含矿区，发热量较低的油页岩分布于东部抚顺含矿区、农安含矿区和南方儋州长坡含矿区。

二、中国油页岩勘查现状

近几年，我国油页岩勘查进展迅速，特别是吉林和新疆地区均有重要的勘查发现。截至 2011 年底，我国油页岩查明资源储量 1 183.47 亿 t（表 10 - 5 - 4），折合成可提炼的页岩油为 13 亿 ~ 15 亿 t。油页岩查明资源储量主要分布在吉林、辽宁抚顺、山东龙口、甘肃窑街等地。2005 ~ 2011 年，吉林省地质调查院在松辽盆地东部隆起区探明 4 处超大型油页岩床，包括扶余县长春岭、前郭—农安、三井子—大林子和深井子油页岩矿床，查明资源储量约 1 025 亿 t，含油率 5% 左右。比照正在开发的吉林省王清县罗子沟油页岩矿床，当前条件下可开发利用的矿石资源储量 355.65 亿 t，折合页岩油资源量 19.08 亿 t；如果回采率按 75%、油收率按 80% 计算，可获得页岩油可采储量 11.5 亿 t。

表 10-5-4　　　　　　　　　全国油页岩资源储量数据（2011 年）

地区	矿区数/个	基础储量/亿 t	资源量/亿 t	查明资源储量/亿 t
全国	73	72.96	1 110.51	1 183.47
河北	6	0.24	0.87	1.11
山西	1	0.00	0.03	0.03
内蒙古	5	1.53	3.55	5.08
辽宁	4	33.31	8.40	41.71
吉林	10	3.00	1 022.00	1 025.00
黑龙江	1	0.00	0.22	0.22
山东	13	2.08	8.23	10.31
河南	2	0.00	0.91	0.91
广东	4	8.00	45.92	53.92
广西	1	0.10	0.02	0.12
海南	1	24.50	3.77	28.27
云南	1	0.04	0.05	0.09
陕西	8	0.00	8.85	8.85
甘肃	7	0.00	2.86	2.86
青海	1	0.16	0.00	0.16
新疆	8	0.00	4.83	4.83

据：朱杰等《中国油页岩勘查开发现状与展望》《中国矿业》第 21 卷第 7 期。

此外，大庆油田对大庆勘探区 17 个盆地 21 个油页岩矿点进行了综合评价，完成探井 37 口，评价井 41 口，总进尺 10 345 m，还对 2 100 口老井进行了复查，落实 1 000 m 以内浅油页岩潜在资源量约 6 000 亿 t。辽河油田对探区内的建昌盆地开展了油页岩勘查工作，获得了含油率 3.5% 以上的油页岩资源储量 2 185.67 万 t，平均厚度 4.38 m，平均含油率 4.91%。

总的来看，我国油页岩潜在资源量巨大，但探明程度低。就目前获得的 1 183 亿 t 油页岩查明资源储量而言，绝大多数为经济性较低的资源量。可供商业开采的储量全国仅有 14.52 亿 t，80% 分布在辽宁抚顺地区。已经探明的大部分油页岩矿床为含油率 5% 左右的低品位油页岩，适合露天开采、含油率高的优质储量较少。

第六章 煤层气

第一节 概 述

煤层气是赋存在煤层中以甲烷（CH_4）为主要成分、以吸附在煤基质颗粒表面为主并部分游离于煤孔隙中或溶解于煤层水中的烃类气体，是与煤伴生、共生的矿产资源。1 m^3 纯煤层气的热值相当于 1.13 kg 汽油、1.21 kg 标准煤，其热值与天然气相当，可以与天然气混输混用，而且燃烧后很洁净，几乎不产生任何废气，是上好的工业、化工、发电和居民生活燃料。煤层气空气浓度达到 5% ~ 16% 时，遇明火就会爆炸，这是煤矿瓦斯爆炸事故的根源。煤层气直接排放到大气中，其温室效应约为二氧化碳的 21 倍，对生态环境破坏性极强。在采煤之前如果先开采煤层气，煤矿瓦斯爆炸率将降低 70% 到 85%。煤层气的开发利用具有一举多得的功效，商业化能产生巨大的经济效益。

煤层气资源是指以地下煤层为储集层且具有经济意义的煤层气富集体。其数量表述分为资源量和储量。按储量规模大小，将煤层气田的地质储量分为 4 类，见表 10 - 6 - 1。

表 10 - 6 - 1　　　　　　　　　煤层气储量规模分类

分类	气田煤层气地质储量/m^3
特大型	$> 3\ 000 \times 10^8$
大型	$(300 \sim 3\ 000) \times 10^8$
中型	$(30 \sim 300) \times 10^8$
小型	$< 30 \times 10^8$

据:《煤层气资源/储量规范》（DZ/T 0216 - 2002）。

第二节 煤层气的成因类型与形成机理

植物体埋藏后，经过微生物的生物化学作用转化为泥炭（泥炭化作用阶段），泥炭又经历以物理化学作用为主的地质作用，向褐煤、烟煤和无烟煤转化（煤化作用阶段）。在煤化作用过程中，成煤物质发生了复杂的物理化学变化，挥发份含量和含水量减少，发热量和固定碳的含量增加，同时也生成了以甲烷为主的气体。煤体由褐煤转化为烟煤的过程，每吨煤伴随有 280～350 m^3（甚至更多）的甲烷及 100～150 m^3 的二氧化碳析出。泥炭在煤化作用过程中，通过两个过程，即生物成因过程和热成因过程而生成气体。生成的气体分别称为生物成因气和热成因气。

一、生物成因的煤层气

生物成因气是指在相对低的温度（一般小于 50℃）条件下，通过细菌的参与或作用，在煤层中生成的以甲烷为主并含少量其他成分的气体。生物成因气的生成有两种机制，即二氧化碳的还原作用和有机酸（一般为乙酸）的发酵作用。尽管两种作用都在近地表环境中进行，但根据组分研究，大部分古代聚集的生物气可能来自二氧化碳的还原作用。煤层中生成大量生物成因气的有利条件是：大量有机质的快速沉积、充裕的孔隙空间、低温和高 pH 的缺氧环境。按照生气时间和母质以及地质条件的不同，生物成因气有原生生物成因气和次生生物成因气两种类型，两者在成因上无本质差别。

1. 原生生物成因气

原生生物成因气是在煤化作用阶段早期，泥炭沼泽环境中的低变质煤（泥炭到亚烟煤）经细菌等有机质分解等一系列复杂过程所生成的气体。由于泥炭或低变质煤中的孔隙很有限，加之埋藏浅、压力低，对气体的吸附作用也弱，故一般认为原生生物成因气难以保存下来。对于原生生物成因气和热成因气的形成阶段，不同学者的划分方案不尽相同，A. R. Scott 等以 Ro <0.3% 为原生生物气的界限值，而热成因气开始生成的 Ro 值为 0.5%；Palmer 则将（原生）生物气和热（成因）解气的 Ro 临界值定为 0.5%；Rice 则认为热成因气的形成始于 0.6% 左右。之所以出现这种差异，是因为传统的天然气成因理论认为，生物气一般形成于 Ro 值为 0.3% 以前，而热解气则形成于 Ro 值在 0.6%～0.7% 之后，即生气母质在 Ro 值 0.3%～0.6% 的热演化阶段不生气。但近若干年来的研究表明，生气母质在 Ro 值为 0.3%～0.6% 阶段仍然生气，且可形成相当规模的气田（目前出现的多为煤型气气田），这一阶段所生成的气体称为生物—热催化过渡带气，即有机质生气是一个连续的过程，煤层气也应如此。

2. 次生生物成因气

煤系地层在后期被构造作用抬升并剥蚀到近地表，细菌通过流动水（多为雨水）可运移到煤层含水层中。在相对低的温度下（一般小于 50℃），细菌通过降解和代谢作用将煤层中已生成的湿气转变成甲烷和二氧化碳，即形成次生生物成因气。次生生物气的形成时代一般较晚（几万至几百万年前）。煤层中存留的生物成因气大部分属于次生生物成因气。次生生物成因气的生成和保存需以下条件：①煤级为褐煤或褐煤以上；②煤层所在区域发生过隆起（抬升）作用；③煤层有适宜的渗透性；④沿盆地边缘有流水回灌到盆地煤层中；⑤有细菌运移到煤层中；⑥煤层具有较高的储层压力和能储存大量气体的圈闭条件。

二、热成因气

当温度超过 50℃ 时，煤化作用增强，煤中碳含量丰富起来，而大量富氢和富氧的挥发份释放出来（去挥发份作用），其主要成分是甲烷、二氧化碳和水等。在较高温度下，有机酸的脱羧基作用也可以生成甲烷和二氧化碳。热成因气体的生成一般分为早期阶段和主要阶段（也称为晚期阶段）。

1. 早期阶段

煤化作用早期阶段，从高挥发份烟煤（Ro 介于 0.5% ~ 0.8% 之间）中生成气体。气体的一般特征是含有较多的乙烷、丙烷及其他湿气成分。其中湿气生成阶段（Ro 值为 0.6% ~ 0.8%）产生的煤层气的干燥系数低于 0.80，且乙烷含量可能超过 11%。

2. 主要阶段

根据美国和德国各种煤层的资料，假定只有甲烷和二氧化碳从煤中释放出来，则大量有工业价值的煤层气在煤的 Ro 值介于 0.7% ~ 1.0% 之间时生成。即煤级达到高挥发性 A 烟煤（$Ro = 0.74\% ~ 1.0\%$）时，有显著数量的热成因甲烷生成，在 Ro 值为 1.2% 前后处于生气高峰期。

第三节　世界煤层气资源

国际能源机构（IEA）分析，全世界有近 261×10^{12} m³ 的煤层气资源量（表 10 - 6 - 2）。澳大利亚、中国、加拿大、俄罗斯、英国、印度、德国、波兰、捷克等主要产煤国在美国煤层气商业性开发成功案例的感染下，先后开展了煤层气开发试验工作，同时对相应的鼓励和扶持政策或条例进行了制定，从而形成与发展了本国的煤层气产业。

表 10 - 6 - 2　　　　　　主要产煤国煤层气原地资源量统计

序号	国家	资源量/万亿 m³	序号	国家	资源量/万亿 m³
1	俄罗斯	17 ~ 113	7	波兰	3
2	加拿大	6 ~ 76	8	英国	2
3	中国	27.3	9	乌克兰	2
4	美国	11 ~ 21.9	10	哈萨克斯坦	1
5	澳大利亚	8 ~ 14	11	印度	<1
6	德国	3	12	南非	<1
合计			261		

数据来源：国际能源机构（IEA）2010。

第四节　中国煤层气资源

一、中国煤层气聚集区带划分

在煤层气区划研究中，首先应该考虑煤层气地质条件及资源的特殊性。同时，煤层气资源区域分布规律与煤炭资源分布密切相关，故在全国煤层气区划中无疑应考虑全国富煤区区划的类型和特征。基于以上认识，构造、聚煤期、煤层含气性及其地域分布等4方面因素应是我国煤层气聚集区带划分所要考虑的基本地质条件。

（1）构造因素：我国东西向的天山—兴蒙、祁连山—秦岭—大别山褶皱带和贯穿我国南北的贺兰山—六盘山—龙门山—哀牢山构造带，是决定我国大地构造格局的区划性构造带，构成了我国大陆东北、华北、西北、华南、滇藏5个聚气区的地质边界。在此格局中，二级或三级构造单元限定了聚气带的分布，更次级的构造单元奠定了煤层气目标区的构造基础。

（2）聚煤期因素：在聚气带划分中，强调以某一聚煤期为主，兼顾多纪聚煤作用的实际。例如，在东北聚气区中，三江—穆凌河聚气带以早白垩世煤储层为主，松辽—辽西聚气带以早白垩世和第三纪煤储层为主，而浑江—红阳聚气带则以石炭—二叠纪煤储层为主。

（3）煤层含气性因素：含气量高于4 m³/t的煤储层才可能有煤层气开采的商业价值。因此，煤层含气量普遍低于4 m³/t的矿区或煤田不作为聚气带或目标区看待。在同一构造背景和聚煤期内，考虑含气量高低的区域分布，区划煤层气聚气带。但是，在某些煤层气地质条件下，不同构造单元和聚煤期的单元可以合并成一个聚气带。例如，柴北–祁连聚气带由柴北早–中侏罗世和祁连石炭–二叠纪两个含煤区构成，原因在于两区相邻，煤层含气性普遍较低，富气地段星散分布，因此将其合并为一个带。

（4）地域因素：为便于煤层气资源的行政管理和勘探、开发及利用规划，在区划中必须考虑行政区划因素。譬如，浑江—红阳聚气带在大地构造位置上属于华北地台，聚煤期为石炭—二叠纪，但在行政区划上隶属辽宁省和吉林省，因此将包括该区的华北地台东北部分划归东北聚气区。基于上述基本原则，叶建平等（1999年）提出了"中国煤层气区划方案"，将中国煤层气聚集区带划分为聚气区、聚气带、目标区三级，共包括5个聚气区、30个聚气带和115个目标区。

1. 东北聚气区

以大兴安岭为界，聚气区东部分布着三个聚气带：①三江–穆棱河聚气带，包含鹤岗、集贤–绥滨、鸡西、勃利、双鸭山5个目标区，以下白垩纪含煤地层为主，含气性较好；②松辽—辽西聚气带，以下白垩纪和第三系煤为主，包括铁法、阜新、沈北、抚顺4个煤层气目标区，含气性较好，但聚气带中石炭–二叠系煤层含气量低；③浑江–红阳聚气区，以石炭–二叠系煤层为主，包括红阳和浑江两个目标区，含气性相对较好。聚气区西部晚中生代断陷盆地群中赋存着下白垩统含煤地层，煤级低、含气量小，煤层气资源普遍贫乏，目标区及聚气带不能成立。东北聚气区虽然只有三个聚气带，但其经济地理条件优越，煤层气资源较丰富，煤层气勘探研究基础较好，是我国煤层气勘探开发的一个重要战略地区。

2. 华北聚气区

该聚气区以石炭–二叠纪含煤地层为主，有早–中侏罗世含煤盆地，是我国煤层气资源最为丰富的地区，大地构造上大致相当于华北地台。应予指出，华北聚气区北界东段的界线与华北地台的北界并不吻合，而是与华北富煤区的北界一致，目前的划分主要从资源的行政区划管理和开发角度考虑，参照了华北富煤区北部边界。根据次级构造单元和煤层气赋存特点，华北聚气区可进一步细分为 14 个聚气带和 51 个目标区。该聚气区中，京唐、太行山东、鄂尔多斯东缘、徐淮四个聚气带的含气性最好，华北北缘、冀中平原、沁水、大同—宁武、渭北、鄂尔多斯西部、桌贺、豫西等聚气带的含气性居中，而霍西、豫北—鲁西聚气带的含气性较差。此外，全国煤层气勘探开发最有前景的目标区也多分布于华北聚气区，如阳泉—寿阳、潞安、晋城、霍东、府谷、吴堡、韩城、乡宁、离柳—三交、三交北、开滦、大城、焦作、安阳—鹤壁、峰峰、荥巩、平顶山、淮北、淮南等，这使得该聚气区成为我国目前煤层气勘探开发活动最为活跃的地区。

3. 西北聚气区

该聚气区的地理分布范围与西北富煤区基本一致，包括 3 个聚气带和 10 个目标区：①柴北 - 祁连聚气带含靖远宝积山、窑街海石湾、西宁、木里、鱼卡 5 个目标区，目标区分布星散，面积及煤层气资源量皆小，基本上无经济意义；②淮南聚气带含乌鲁木齐 - 老君庙、乌鲁木齐 - 白杨河、阜康 - 大黄山和艾维尔沟 4 个目标区，是本区煤层气主要相对富集带；③塔北聚气带含俄霍布拉克 1 个目标区。西北聚气区中 - 下侏罗统煤层的煤级总体上较低，多为长焰煤，煤层含气性一般较差，西北的其他含煤区由于煤层含气量小于 4 m^3/t，均未被列入聚气带或目标区范围。

4. 华南聚气区

该聚气区在构造上相当于扬子地台和华南褶皱带的范围。扬子地台区主要发育二叠纪含煤地层，沉积范围广、煤层稳定、含煤性好，尤其是上扬子地区煤层含气性较好。该聚气区包括 10 个聚气带和 43 个目标区，煤层气资源富集区主要集中于川、黔、滇三省，以滇东 - 黔西聚气带煤层气资源最为丰富，资源丰度最高，其次为川东聚气带、川南 - 黔北聚气带，而湘中 - 赣中、上扬子北缘、下扬子北缘、黔桂、东南、楚雄 - 渡口、台湾等聚气带煤层气资源在总体上较为贫乏，目标区规模小，气资源丰度低，不具经济开发价值。

5. 滇藏聚气区

该区在大地构造上属滇藏地槽褶皱区，地跨西藏、滇西、川西及青海南部，聚煤期多，煤产地分布零星。煤田勘探程度低，缺乏钻孔煤心含气量资料。据 25 对矿井的瓦斯资料，所有现采矿井全为低沼矿井，煤层气资源贫乏，无经济意义。

二、中国煤层气聚集区带类型及分布

聚气带类型采用评价面积和资源丰度两个指标进行划分。依据聚气带评价面积 - 煤层气资源量 -《天然气储量规范》国家标准之间的对应关系，评价面积分别采用 1 000 km^2 和 4 500 km^2、资源丰度采用 $0.5 \times 10^8 \ m^3/ \ km^2$ 和 $1.5 \times 10^8 \ m^3/ \ km^2$ 的界线作为划分标准，将全国 30 个聚气带划分为 3 类 8 型（表 10 - 6 - 3）。

表 10 - 6 - 3　　　　　　　　　　　中国煤层气聚集带类型划分

资源丰度/ $(10^8 \ m^3 / \ km^2)$	面积/ km^2		
	大型：超过 4 500	中型：介于 1 000 ~ 4 500	小型：小于 1 000
富气：超过 1.5 含气：0.5 ~ 1.5 低气：低于 0.5	大型富气带（2） 大型富气带（5）	中型富气带（2） 中型富气带（5） 中型富气带（2）	小型富气带（4） 小型富气带（5） 小型富气带（5）

据：《中国煤层气聚集区带划分》叶建平等。括号内数字为聚气带数量。

我国聚气带类型在区域上的分布是不均一的，缺乏大型低气带。大型富气带有 2 个，主要是华南西部地区的滇东 - 黔西聚气带，而华北鄂尔多斯东缘聚气带平均资源丰度为 $1.52 \times 10^8 \ m^3 / \ km^2$，仅达到含气带的临界标准。

中型富气带全部分布于华北聚气区，为太行山东和徐淮 2 个聚气带。中型含气带 5 个，散布于华北、华南和东北聚气区，在华北聚气区的数量最多，如北部的桌贺聚气带、中部的霍西聚气带和东部的冀中平原聚气带。全国仅有的 2 个中型低气带全部分布在华南聚气区，包括东部的湘中 - 赣中聚气带和西部的黔桂聚气带。

小型富气带主要位于西北聚气区的天山南、北两侧，包括淮南和塔北 2 个聚气带，华北京唐和华南渡口 - 楚雄也为小型富气带。全国 5 个小型含气带广泛分布于各个聚气区，如东北的松辽 - 辽西和浑江 - 红阳聚气带，华北的华北北缘和大同 - 宁武聚气带，西北的柴北 - 祁连聚气带，以及华南的东南聚气带。小型低气带有 5 个，除华北的豫北 - 鲁西聚气带外，其余 4 个均位于华南聚气区。

定性地看，在资源规模上有利的大 - 中型富气带和大 - 中型含气带主要集中于华北聚气区中部和华南聚气区西部，是我国煤层气地质选区的重点。但在散布于各聚气区的其他类型聚气带中，往往也不乏具有一定前景的目标区，故在选区工作中应具体分析。

三、中国煤层气资源概况

新一轮全国煤层气资源评价显示，中国埋深小于 2 000 m 的煤层气地质资源量约为 $36.81 \times 10^{12} \ m^3$，与中国陆上常规天然气资源量 $38 \times 10^{12} \ m^3$ 基本相当，仅次于俄罗斯和加拿大，居世界第三位，约占世界煤层气总资源量的 13%。如此大的资源储量为中国煤层气产业的发展提供了良好的物质基础。

第七章 页岩气

第一节 概 述

一、页岩气的概念

页岩气,是指赋存于富含有机质泥页岩及其夹层中的一种以游离或吸附状态为主要存在方式的非常规天然气。其主要成分为甲烷,是一种清洁、高效的能源矿产资源。

页岩气的形成和富集有着自身独特的特点,往往分布在盆地内厚度较大、分布广的页岩烃源岩地层中,因此具有开采寿命长和生产周期长的优点。

但页岩气储集层渗透率低,开采难度较大。随着世界能源消费的不断攀升,包括页岩气在内的非常规能源越来越受到重视。

二、页岩气的成因

页岩气成因类型多,可以形成于有机质演化的各个阶段,包括生物成因气、热成因气和热裂解成因气,源储一体,运聚过程为持续充注、原位饱和聚集。

页岩气主体位于暗色泥页岩或高碳泥页岩中,以吸附或游离状态存在于泥岩、高碳泥岩、页岩及粉砂质岩类夹层中,它可以生成于有机成因的各种阶段天然气主体上以游离相态(大约50%)存在于裂缝、孔隙及其他储集空间,以吸附状态(大约50%)存在于干酪根、黏土颗粒及孔隙表面,极少量以溶解状态储存于干酪根、沥青质及石油中。

据有机质生烃理论及北美产气页岩热成熟度统计,高产富集页岩气成熟度 $R_0 >$ 1.4%,尤以 $R_0 > 2.0\%$ 部分为页岩产气的主体,反映出页岩气以热降解气与原油热裂解气等热成因气为主。

页岩气在形成与富集过程中,页岩中有机物转化成甲烷的过程十分复杂,但其形成模式较为简单。在成岩作用早期阶段,微生物的生化作用将一部分有机物转化成生物成因甲烷,剩余有机物在埋藏和加热条件下转化成干酪根。在后生成岩作用早-中期阶段,干酪根逐渐转化形成液态烃和湿气;在后生成岩作用晚期阶段,干酪根进一步降解成热成因甲烷干气、液态烃热裂解成为热成因甲烷干气。

页岩气成藏机理具有以下四个特点:①页岩气成藏机理兼具煤层吸附气和常规圈闭

气藏特征，体现出了复杂的多机理递变特点；②在页岩气的成藏过程中，天然气的赋存方式和成藏类型逐渐改变，含气丰度和富集程度逐渐增加；③完整的页岩气成藏与演化可分为 3 个主要的作用过程，自身构成了从吸附聚集、膨胀造隙富集到活塞式推进或置换式运移的机理序列；④相应的成藏条件和成藏机理变化对页岩气的成藏与分布产生了控制和影响作用，岩性特征变化和裂缝发育状况对页岩气藏中天然气的赋存特征和分布规律具有控制作用。

三、页岩气和常规天然气的区别

专业上把天然气称为常规天然气，而把页岩气称为非常规天然气，其本质都是"天然气"，即天然形成之气。他们都是古老生物遗体埋藏于沉积地层中，通过地质作用形成的化石燃料，都是自然形成的洁净、优质能源，这是他们的共同点。

页岩气和常规天然气的区别在于：①常规天然气以游离赋存为主，蕴藏在地下多孔隙岩层中，主要存在于油田和天然气田，也有少量出于煤田。其开采时一般采用自喷方式采气、排水式采气，开采技术较简单；②页岩气成藏的生烃条件及过程与常规天然气相同，页岩气藏具有自生自储的特点，页岩既是烃源岩又是储岩。其开采难度较常规天然气大，页岩气具有开采寿命长和生产周期长的优点，且分布范围广、厚度大，能够长期稳定的产气。

第二节　页岩气开发技术

一、地震勘探

地质勘探包括三维地震技术和井中地震技术。三维地震技术有助于准确认识复杂构造、储层非均质性和裂缝发育带，以提高探井或开发井成功率。由于泥页岩地层与上下围岩的地震传播速度不同，结合录井、测井等资料，可识别解释泥页岩，进行构造描述。应用高分辨率三维地震可以依据反射特征的差异识别预测裂缝，裂缝预测技术对井位优化起到关键作用。

井中地震技术是在地面地震技术基础上向"高分辨率、高信噪比、高保真"发展的一种地球物理手段，在油气勘探开发中，可将钻井、测井和地震技术很好地结合起来，成为有机联系钻、测井资料和地面地震资料对储层进行综合解释的有效途径。该项技术能有效监测压裂效果，为压裂工艺提供部署优化技术支撑，这是页岩气勘探开发的必要手段。

二、钻井

自从美国 1821 年完钻世界上第一口页岩气井以来，页岩气钻井先后经历了直井、单支水平井、多分支水平井、丛式井、丛式水平井的发展历程。2002 年以前，直井是美国开发页岩气的主要钻井方式。随着 2002 年 Devon 能源公司 7 口 Barnet 页岩气实验水平井取得巨大成功，水平井已成为页岩气开发的主要钻井方式。丛式水平井可降低成本、节约时间，在页岩气开发中的应用正逐步增多。

国外在页岩气水平井钻/完井中主要采用的相关技术有：①旋转导向技术，用于地层引导和地层评价，确保目标区内钻井；②随钻测井技术和随钻测量技术，用于水平井精确定位、地层评价，引导中靶地质目标；③控压或欠平衡钻井技术，用于防漏、提高钻速和储层保护，采用空气作循环介质在页岩中钻进；④泡沫固井技术，用于解决低压易漏长封固水平段固井质量不佳的难题；⑤有机和无机盐复合防膨技术，确保了井壁的稳定性。

三、测井

现有测井评价识别技术可用于含气页岩储层的测井识别、总有机碳（TOC）含量和热成熟度（R_0）指标计算、页岩孔隙及裂缝参数评价、页岩储集层含气饱和度估算、页岩渗透性评价、页岩岩矿组成测定、页岩岩石力学参数计算。

水平井随钻测井系统可在水平井整个井筒长度范围内进行自然伽马、电阻率、成像测井和井筒地层倾角分析，能够实时监控关键钻井参数、进行控制和定位，可以将井数据和地震数据进行对比，避开已知有井漏问题和断层的区域。及时提供构造信息、地层信息、力学特性信息，将天然裂缝和钻井诱发裂缝进行比较，用于优化完井作业、帮助作业者确定射孔和气井增产的最佳目标。

四、页岩含气量录井和现场测试

页岩孔隙度低，以裂缝和微孔隙为主，绝大多数页岩气以游离态、吸附态存在。游离态页岩气在取心钻进过程中逸散进入井筒，主要是测定岩心的吸附气含量。录井过程中需要在现场做页岩层气含量测定、页岩解吸及吸附等重要资料的录取。这些资料对评价页岩层的资源量具有重要意义。针对页岩气钻井对录井的影响，可以通过改进录井设备、方法和措施，达到取全、取准录井资料的目的。

五、固井技术

页岩气固井水泥浆主要有泡沫水泥、酸溶性水泥、泡沫酸溶性水泥以及火山灰 + H 级水泥等 4 种类型。其中火山灰 + H 级水泥成本最低，泡沫酸溶性水泥和泡沫水泥成本相当，高于其他两种水泥，是火山灰 + H 级水泥成本的 1.45 倍。固井水泥浆配方和工艺措施处理不当，会对页岩气储层造成污染，增加压裂难度，直接影响后期采气效果。

六、完井

国外一些公司认为，页岩气井的钻井并不困难，难在完井。主要是由于页岩气大部分以吸附态赋存于页岩中，而其储层渗透率低，既要通过完井技术提高其渗透率，又要避免其地层损害，这是施工的关键，直接关系到页岩气的采收率。页岩气井的完井方式主要包括套管固井后射孔完井、尾管固井后射孔完井、裸眼射孔完井、组合式桥塞完井、机械式组合完井等。完井方式的选择关系到工程复杂程度、成本及后期压裂作业的效果，适合的完井方式能有效简化工程复杂程度、降低成本，为后期压裂完井创造有利条件。

七、储层改造

页岩气储层改造技术包括水力压裂和酸化，可以通过常规油管或连续油管进行施工。国外在新井、老井再次增产或二次完井中经常采用连续油管进行施工作业，可用于分支水平井。压裂增产措施有多种，包括氮气泡沫压裂、凝胶压裂、多级压裂、清水压裂、同步压裂、水力喷射压裂、重复压裂等。多级压裂、清水压裂、同步压裂、水力喷射压裂和重复压裂是目前页岩气水力压裂常用的技术。

1. 多级压裂

多级压裂是利用封堵球或限流技术分隔储层不同层位进行分段压裂的技术，有两种方式，一是滑套封隔器分段压裂，二是可钻式桥塞分段压裂。美国页岩气生产井85%采用水平井和多级压裂技术结合的方式开采，增产效果显著。

2. 清水压裂

清水压裂是清水加少量减阻剂、稳定剂、表面活性剂等添加剂作为压裂液，又叫作减阻水压裂（Slickwater Fracture）。实验表明，添加了支撑剂的清水压裂效果明显提高，并且成本低、地层伤害小。

3. 同步压裂

同步压裂是对2口或更多的配对井（Offset Wells）进行同时压裂，最初是2口互相接近且深度大致相同的水平井间的同时压裂，目前已发展成3口井，甚至4口井同时压裂。此技术是采用使压裂液和支撑剂在高压下从一口井向另一口井运移距离最短的方法，来增加水力压裂裂缝网络的密度和表面积，利用井间连通的优势来增大工作区裂缝的程度和强度，最大限度地连通天然裂缝。同步压裂对页岩气井短期内增产非常明显，而且对工作区环境影响小，完井速度快，节省压裂成本。

4. 水力喷射压裂

水力喷射压裂是集水力射孔、压裂、隔离一体化的技术，有多种工艺，如水力喷射辅助压裂、水力喷射环空压裂、水力喷射酸化压裂等。此技术优点是不受水平井完井方式的限制，可在裸眼和各种完井结构的水平井实现压裂，不使用密封元件而维持较低的井筒压力，迅速准确地压开多条裂缝，解决了裸眼完井水力压裂常见的储层天然裂缝发育时裸露井壁表面会使大量流体损失，影响压裂效果的难题。

5. 重复压裂

重复压裂是在页岩气井初始压裂处理已经无效或者原有支撑剂因时间关系损坏或质量下降，导致产气量大幅下降的情况下，对气井重新压裂的增产工艺，能在页岩气藏重建储层到井眼的线性流，产生导流能力更高的支撑裂缝，恢复或增加产能。

第三节　世界页岩气资源

一、世界页岩气资源分布及技术可采资源量

全球页岩气资源极其丰富。据 EIA 2013 年 6 月发布的结果，包括美国在内的世界 10 个地理区域的 42 个国家 95 个页岩气盆地 137 个页岩地层，页岩气地质资源量约 1 013 万亿立方米，技术可采资源量 220.73 万亿立方米，主要分布在北美、亚洲、欧洲、非洲、南美等地区。

世界页岩气技术可采资源量排名前十位的国家是美国、中国、阿根廷、阿尔及利亚、加拿大、墨西哥、澳大利亚、南非、俄罗斯和巴西（表 10 - 7 - 1）。美国为 32.87 万亿立方米（约占 14.89%），排名世界第一，中国为 31.57 万亿立方米（约占 14.3%），排名世界第二。

表 10 - 7 - 1　世界主要国家页岩气技术可采资源量（据 EIA 2013 年 6 月报告）

序号	国家	技术可采资源量/（万亿立方米）	所占比例/%
1	美国	32.87	14.89
2	中国	31.57	14.30
3	阿根廷	22.70	10.29
4	阿尔及利亚	20.01	9.07
5	加拿大	16.22	7.35
6	墨西哥	15.43	6.99
7	澳大利亚	15.21	6.89
8	南非	11.04	5.00
9	俄罗斯	8.06	3.66
10	巴西	6.93	3.14
11	其他国家	40.62	18.41
	合计	220.67	100.00

二、国外页岩气勘查开发现状

目前，全球已有 30 多个国家积极开展页岩气相关工作，美国、加拿大、中国、波兰和阿根廷等国已实现商业开发。

（一）美国

页岩气资源研究和勘探开发最早始于美国。自 1821 年美国在页岩中发现页岩气后，经过了页岩气发现及早期发展阶段（1821 ~ 1979 年）、页岩气稳步发展阶段（1979 ~ 1999 年）、页岩气勘探开发快速发展阶段（1999 年以来）三个阶段，逐步形成了页岩

油气成藏理论和相适应的勘探开发技术。随着技术的进步，美国页岩气开发取得突破，产量增长迅猛。特别是 2006 年以后，从年产量 279 亿立方米，以每年 46.6% 的速度递增，2012 年增长到 2 653 亿立方米，2013 年有望突破 3 000 亿立方米，占天然气产量比例有望超过 30%。页岩气八大主力产层为 Haynesville，Marcellus，Barnett，Fayetteville，Eagle Ford，Woodford，Bakken 和 Antrim（表 10 - 7 - 2、图 10 - 7 - 1）。

美国"非常规油气革命"，不仅有效缓解了美国油气供需矛盾，保证了国家能源安全，而且对国际油气格局和地缘政治产生了重大影响，引起了世界各国政府和能源公司的高度重视，在世界范围内掀起了页岩气研究、勘探的高潮。

表 10 - 7 - 2　　　　　　　　　　　　**美国历年页岩气产量**　　　　　　　　　单位：亿立方米

产层＼年份	2000	2001	2002	2003	2004	2005	2006	2007	2008	2009	2010	2011	2012
Antrim	49.78	47.66	45.23	41.88	40.52	39.31	38.50	37.26	34.87	33.77	32.10	30.43	28.64
Barnett	19.03	32.47	52.46	72.89	88.72	117.14	166.34	257.86	385.27	423.19	438.57	483.05	490.81
Fayetteville	0.00	0.00	0.00	0.00	0.03	0.65	4.12	23.80	75.14	144.53	217.57	264.38	286.85
Woodford	0.89	0.89	0.95	1.04	1.56	2.60	7.33	22.26	54.60	87.20	107.89	124.46	117.95
Haynesville	13.22	12.86	12.49	10.95	10.02	9.44	8.47	8.19	14.93	125.30	388.65	669.17	691.87
Marcellus	0.06	0.06	0.04	0.04	0.05	0.24	1.25	2.77	11.71	12.69	132.69	351.92	651.01
Eagle Ford	0.00	0.00	0.00	0.00	0.00	0.00	0.00	0.03	0.17	4.27	26.96	101.42	184.13
Bakken	0.48	0.47	0.43	0.43	0.40	0.49	0.68	1.49	2.69	5.35	11.39	20.01	38.79
Rest of US	34.42	37.09	40.31	42.73	45.31	47.41	52.23	144.28	147.30	147.40	147.83	154.94	163.24
合计	117.89	131.51	151.92	169.97	186.62	217.27	278.92	497.94	726.67	983.70	1 503.66	2 199.79	2 653.28

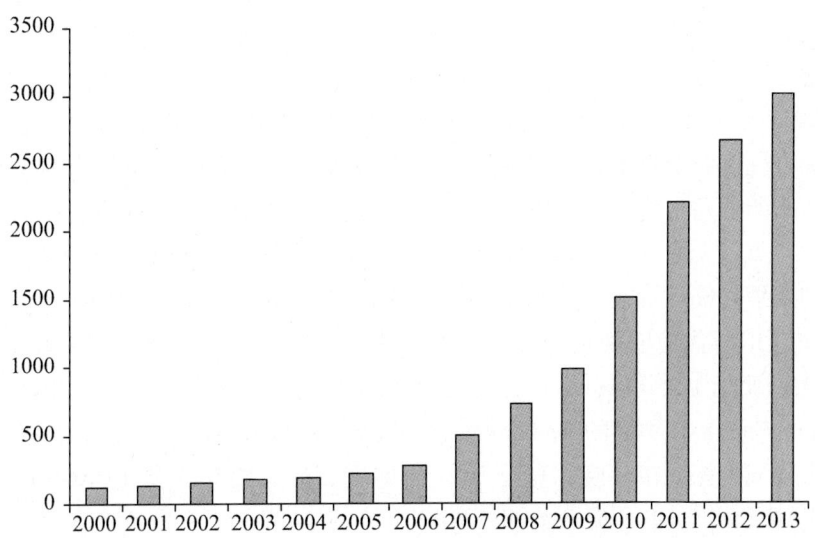

图 10 - 7 - 1　美国历年页岩气产量（单位，亿立方米）

（二）加拿大

加拿大是继美国之后，世界上第二个对页岩气进行勘探与商业开发的国家。加拿大的页岩气资源主要位于西部地区，与美国西部地区地质结构类似，美国发展起来的成熟技术可以较为方便地在当地移植与应用，这是加拿大页岩气能够得以发展的主要原因。2007年，加拿大第一个商业性页岩气藏在不列颠哥伦比亚省东北部投入开发。目前，不列颠哥伦比亚省东部的 Horn River、Montney 和魁北克省的 Utica 页岩是加拿大页岩气主力产区。据加拿大 Questerre 公司的资料，Horn River 页岩的平均单井产气量为0.424 8 万立方米，Utica 页岩为 0.1416 万立方米，均高于美国沃斯堡盆地 Barnett 页岩的平均单井产气量（0.042～0.085 万立方米）。2012年，页岩气产量达到 215 亿立方米，2013 年页岩气产量和 2012 年相当。

（三）阿根廷

据 EIA 资料，阿根廷页岩气技术可采资源量为 22.70 万亿立方米，位居世界第三，是南美天然气开发利用前景最好的国家。其中，内乌肯盆地、Golfo San Jorge 盆地和南麦哲伦盆地页岩具有较大油气资源潜力。2011 年 1 月，法国道达尔公司与 PYF 公司合作获得了位于阿根廷 Neuquen 盆地的 4 个页岩气区块的权益；8 月，油田服务供应商哈利伯顿公司在阿根廷的内乌肯盆地为美国阿帕奇公司完成了第一口水平和多阶段水力压裂页岩气井，发现高产页岩气。目前，阿国有石油公司 YPF 与美国陶氏化学阿根廷子公司签署了初步合作协议，共同开发阿根廷丰富的页岩气资源。

（四）其他国家和地区

2010 年，欧洲启动 9 个页岩气勘探开发项目（波兰 5 个），评价瑞典 Alum 页岩、波兰 Silurian 页岩、奥地利 Mikulov 页岩具有页岩气资源潜力为 30 万亿立方米，可采资源潜力为 4 万亿立方米。尤其是波兰的马尔科沃利亚 1 号井，其 1 620 米深处已出现页岩气初始气流。波兰政府发放了 100 多个页岩气勘探许可证，目前有 20 多家公司在波勘查页岩气。

英国 2013 年 7 月，英国地质调查局公布了英国北部 Bowland – Hodder 页岩的资源评价结果，页岩气资源量介于 23～65 万亿立方米之间，技术可采资源量约为 1.8～13 万亿立方米。康菲公司与英国石油公司签署了波罗的海盆地寻找页岩气协议；为加强页岩气勘查开发，英国大幅度下调页岩气开发收益税率，由当前的 62% 大幅下调至 30%。

澳大利亚页岩气远景区，如 Amadeus，Cooper 和 Georgina 盆地。2010 年澳大利亚全球勘探公司在珀斯盆地发现页岩气，初步评估其资源潜力为 3 680～5 660 亿立方米。2013 年澳大利亚能源公司 Santos 已经在昆士兰实施了第一口页岩气井，澳大利亚自然资源公司 LincEnergy 在中部的 Arckaringa 盆地发现了储量达 370 亿立方米的页岩油。

印度页岩气勘探起步较晚，直至 2011 年印度石油天然气公司（ONGC）在西孟加拉邦东部发现了页岩气。印度石油部长 2013 年 3 月 24 日表示，印度正在筹备页岩气矿权招标。

巴西拥有约 1 万亿立方米的天然气资源，如果算上页岩气，巴西天然气储量可达约14.16 万亿立方米，巴西在 2013 年 10 月启动首轮陆上页岩气区块招标。

沙特页岩气储量居世界第五，约17万亿立方米，在2013年年初开钻7口试验井勘探页岩气。(中国地质调查局油气资源调查中心)。

第四节　中国页岩气资源

一、中国页岩气资源分布

我国富有机质页岩分布广泛。南方地区、华北地区和新疆塔里木盆地等发育海相页岩，华北地区、准噶尔盆地、吐哈盆地、鄂尔多斯盆地、渤海湾盆地和松辽盆地等发育陆相页岩，具备页岩气成藏条件，资源潜力较大。

我国页岩地层在各地质历史时期均发育很好，海相沉积广泛，分布面积多达300万平方公里，海陆交互相沉积200多万平方公里，陆上海相沉积面积约280万平方公里。页岩在南方、北方、西北和青藏等广大地区均有分布，既有有机质含量高的古生界海相页岩、海陆交互相页岩，也有有机质丰富的中、新生界陆相页岩，在油气、煤炭勘探中，甚至固体矿产勘探时已在油气盆地及盆地外的沉积地层中发现多处页岩气显示。川南、川东、渝东南、黔北、鄂西等上扬子地区是我国页岩气主要远景区之一，以四川盆地为例，仅评价的寒武系和志留系两套页岩，页岩气资源量就相当于该盆地常规天然气资源量的1.5~2.5倍。我国页岩气资源勘探开发前景很好，具有加快勘探开发的资源基础。

二、我国页岩气勘查开发现状

我国的页岩气政策体系和勘查开发从无到有，快速发展。国务院批准页岩气作为独立矿种，国家发改委、财政部、国土资源部、能源局联合发布《页岩气发展规划(2011~2015年)》。国土资源部出台《关于加强页岩气资源勘查开采和监督管理有关工作的通知》，明确页岩气资源"开放市场、有序竞争，加强调查、科技引领，政策支持、规范管理，创新机制、协调联动"的资源政策体系，成功完成两次页岩气探矿权招标出让。2011年7月，招标出让2个探矿权，面积共计4200平方千米；2012年招标出让19个，面积1.9万平方千米。国土资源部积极组织编制《页岩气资源/储量计算与评价技术要求》等页岩气标准规范，搭建页岩气联合攻关研究平台，扎实推进页岩气勘查开发快速、有序、健康发展。财政部和国家能源局发布实施《关于出台页岩气开发利用补贴政策的通知》，明确页岩气开发补贴政策。国家能源局发布《页岩气产业政策》，将页岩气开发纳入国家战略性新兴产业。

中国地质调查局及各省加大了页岩气资源调查力度，取得一批调查成果，有力地促进了页岩气勘查。在单井突破的基础上，我国页岩气规模化开发初见端倪。中国石化在涪陵焦石坝地区实现了多口水平井(组)整体突破，川西地区三叠系陆相有望成为页岩气产能建设基地；井研-犍为区块金石1井压裂试获高产页岩气流，实现了我国下寒武统页岩气勘探突破。中国石油在长宁和富顺 – 永川区块开始了水平井组钻探。延长石油在鄂尔多斯盆地三叠系陆相页岩气勘探稳步推进，并对石炭 – 二叠系海陆过渡相页岩气领域开始探索。

　　截至 2013 年底，我国共计完成页岩气钻井 289 口，其中调查井 105 口（直井）、探井 98 口（直井），评价井 86 口（水平井），经过水力压裂和测试，日产超过 10 万立方米 27 口（其中直井 6 口、水平井 21 口），2013 年我国页岩气产量达到 2.0 亿立方米。

第十一篇

金属矿产资源

金属矿产是可从中提取金属单质或化合物的自然资源

从金属矿产中获取金属矿产品需经采、选和冶等生产工序

金属矿产分为黑色、有色、贵重、稀有、稀土、分散元素、放射性金属矿产

金属矿产是人类较早认识和系统开发利用的矿产资源

金属矿产广泛用于工农业和人类生产生活的各个方面

金属矿产是重要的战略物资资源

第一章　铁　矿

第一节　概　述

一、铁的性质与用途

铁是世界上发现最早、利用最广、用量最多的一种金属，其消耗量约占金属总消耗量的95%。钢铁制品广泛用于国民经济各部门和人民生活各个方面，是社会生产和公众生活所必需的基本材料。自从19世纪中期发明转炉炼钢法逐步形成钢铁工业大生产以来，钢铁一直是最重要的结构材料，在国民经济中占有极重要的地位，是社会发展的重要支柱产业，是现代化工业最重要和应用最多的金属材料。所以，人们常把钢、钢材的产量、品种、质量作为衡量一个国家工业、农业、国防和科学技术发展水平的重要标志。

铁是一种化学元素，原子序数为26，符号为Fe，在元素周期表上，它是第四周期第八副族（ⅧB）的元素。

铁是一种灰白色金属，硬而有延展性，熔点为1 535℃，沸点为2 750℃，密度为7.86 g/cm^3，具有很强的铁磁性、良好的可塑性和导热性，比热容为0.46×10^3 J/（kg·℃）。

铁是自然界中最丰富的元素之一，在地球中的含量最高达35%，位居第一。在地壳中的平均含量为5.8%，在丰度表中位于氧、硅和铝之后，居第四位。

二、含铁矿物与铁矿石类型

目前，自然界中已发现的铁矿物和含铁矿物300余种，其中常见的有170余种。但在当前经济技术条件下，具有工业利用价值的主要是磁铁矿（Fe_3O_4）、赤铁矿（Fe_2O_3）、镜铁矿（Fe_2O_3）、褐铁矿（$Fe_2O_3 \cdot nH_2O$）、针铁矿（$Fe_2O_3 \cdot H_2O$）、菱铁矿（$FeCO_3$）等。

铁在自然界中不能以纯金属状态存在，绝大多数以氧化物、硫化物或碳酸盐等化合物的形式出现。不同的岩石含铁品位可以差别很大，凡在当前技术条件下，从中可以经济地提取出金属铁的岩石称为铁矿石。按照铁矿石的矿物组分、结构、构造和采、选、冶及工艺流程等特点，可将其分为自然类型和工业类型两大类。

铁矿石的自然类型是根据矿石的物质组分、结构、构造等划分出来的矿石组合。主要有：①按矿物成分可划分为磁铁矿石、赤铁矿石、假象或半假象赤铁矿石、钒钛磁铁矿石、褐铁矿石、菱铁矿石等，或其中两种以上含铁矿物组成的混合矿石；②按结构构造可划分为致密块状矿石、浸染状矿石、条纹条带状矿石、网脉状矿石、角砾状矿石、鲕状和肾状矿石等；③按铁含量可划分为富矿石（Fe > 45%，即磁、赤铁矿型；Fe 30% ~ 35%，即菱铁矿型）、贫矿石（Fe 25% ~ 45%，即磁、赤铁矿型；Fe 20% ~ 30%，即菱铁矿型）；④按共（伴）生有益组分可划分为单一铁矿石、综合铁矿石（锰、镍、钴、钒、铬、钼、钨等）；⑤按有害杂质（硫、磷、氟、砷等）含量的高低可划分为高硫铁矿石、低硫铁矿石、高磷铁矿石、低磷铁矿石等；⑥按氧化程度可划分为氧化矿石（TFe/FeO > 3.5）、原生矿石（TFe/FeO < 3.5）；⑦按脉石矿物可划分为石英型、闪石型、辉石型、斜长石型、绢云母绿泥石型、夕卡岩型、阳起石型、蛇纹石型、铁白云石型、碧玉型铁矿石等。

铁矿石的工业类型是根据采、选、冶方法及工艺流程不同，按工业要求来划分的矿石类型，主要有炼钢用铁矿石、炼铁用铁矿石和需选矿石。在炼铁用铁矿石中，根据造渣组分又可划分为酸性矿石、自熔性矿石、碱性矿石；在需选矿石中，根据矿石中含铁矿物种类、含有益、有害杂质的情况又可划分为单一弱磁选或其他单一方法选矿的矿石、不同的选矿方法联合流程选矿的矿石。

铁矿石中除主要组分外，还伴生有益组分和有害组分。有益组分是可回收的伴生组分或能改善产品性能的组分，如伴生的锰、镍、铬、钒、钛、钴、铌和稀土金属元素等。有害组分则对矿石质量有很大影响，如硫、磷、砷、钾、钠、氟等。有益组分和有害组分是相对而言的。例如，铁矿石含有少量的锡，就会降低钢铁的强度，是有害组分，但当其达到一定的含量时，并在技术上可以回收，经济上又合理的时候，锡便成为伴生有益组分。

按矿产资源储量规模划分标准，矿石量大于等于1亿 t（贫矿）或 0.5 亿 t（富矿），为大型铁矿；矿石量 0.1 ~ 1 亿 t（贫矿）或 0.05 ~ 0.5 亿 t（富矿），为中型铁矿；矿石量小于 0.1 亿 t（贫矿）或 0.05 亿 t（富矿），为小型铁矿。

第二节　铁矿床主要类型及特征

矿床的形成过程是整个地质作用的一部分，但矿床的形成又有其特殊因素，包括成矿物质及其来源、成矿环境和成矿作用。这三个因素在矿床形成过程中是密切联系的，成矿物质及其来源是成矿的基础和前提，成矿环境是外界条件，而成矿作用则是成矿物质在一定的环境下富集而形成矿床的机制和过程。

按照矿床的形成作用和成因，铁矿床可划分为沉积变质型、岩浆型、接触交代 - 热液型、火山岩型、沉积型和风化型等 6 种主要成因类型。

一、岩浆晚期铁矿床

这是一类与基性、基性－超基性作用有关的矿床，以其铁矿物中富含钒和钛，通常称为钒钛磁铁矿矿床。按照成矿方式又可以分为两类：

1. 岩浆晚期分异型铁矿床

是由岩浆结晶晚期分异作用形成的富含铁、钒、钛等残余岩浆冷凝而成的矿床。产于辉长岩－橄榄岩等基性－超基性岩体中。而岩体多分布于古陆隆起带的边缘，受深大断裂的控制。单个含矿岩体断续延长可达数千米至数十千米，宽一千米至数千米。岩体分异良好，相带明显，韵律清楚。按岩石组合可以分为辉长岩型、辉长－苏长岩型、辉长－橄长岩型、辉长－斜长岩型、辉长－辉岩－橄辉岩型和辉绿岩型等岩相组合类型。

铁矿体多呈似层状，分布于岩体的中部或下部韵律层底部的暗色相带内，与岩体的韵律呈平行的互层。矿床常由数至数十层平行的矿体组成，累计厚度由数十至两三百米，延深可达千米以上，规模多为大型。主要矿石矿物有粒状钛铁矿、磁铁矿、钛铁晶石、镁铝尖晶石等，含少量磁黄铁矿、黄铁矿及钴、镍、铜的硫化物。主要脉石矿物有辉石、基性斜长石、橄榄石，磷灰石等。矿石具陨铁结构、镶嵌结构。矿石呈致密块状、条带状和浸染状结构。矿石品位 $TFe_2O \sim 45\%$、$TiO_2\ 3\% \sim 16\%$、$V_2O_5\ 0.15\% \sim 0.55\%$，$Cr_2O_3\ 0.1\% \sim 0.38\%$，伴生微量的 Cu、Co、Ni、Ga、Mn、P、Se、Te、Sc 和 Pt 族元素，可综合利用，是铁、钒、钛金属的重要来源。

矿床实例有中国四川的攀枝花（攀枝花式）、南非的布什维尔德（Bushveld）钒钛磁铁矿等。

2. 岩浆晚期贯入型铁矿床

为岩浆晚期分异的含铁矿液沿岩体内断裂或接触带贯入而成。矿体产于斜长岩、辉长岩岩体中。矿体形态不规则，多呈扁豆状或脉状，成群出现，作雁行式排列。矿体与围岩界线清楚，产状陡立。从地表到深部，矿体常见分支复合现象，多为盲矿体。单个矿体长数至数百米，厚数至数十米，延深数十至数百米。矿床规模一般为中、小型。主要矿物有磁铁矿、钛铁矿、赤铁矿、金红石和黄铁矿等。脉石矿物有斜长石、辉石、绿泥石、阳起石、纤闪石和磷灰石。矿石结构均匀，常见陨铁结构。具浸染状和块状构造。贫富矿石均有，一般为中、贫矿，含钒、钛以及镍、钴、铂等硫化物。矿石品位 $TFe\ 26.69\% \sim 35.86\%$，$TiO_2\ 7.3\% \sim 8.9\%$，$V_2O_5\ 0.25\% \sim 0.36\%$，$P_2O_5\ 0.36\% \sim 0.58\%$。近矿围岩常有绿泥石化和绿帘石化现象，部分浸染状矿石中含有少量斜长石、辉石、阳起石、纤闪石和磷灰石。有用矿物颗粒大，矿石易选。岩体中局部可形成单独铁磷矿体。

矿床实例有我国河北的黑山（大庙式）、秘鲁的莫利托（Morrito）钒钛磁铁矿等。

二、接触交代－热液型铁矿床

1. 接触交代型矿床

这类矿床常称为夕卡岩型矿床。主要赋存于中酸性－中基性侵入岩类与碳酸盐类岩石（含钙镁质岩石）的接触带或其附近，有的矿体可延伸到非夕卡岩的围岩之中。矿体常成群出现，形态复杂，矿体个数不等，大小各异，厚度、长度变化较大，多呈透镜状、囊状、不规则状和脉状等，矿床规模一般为中、小型，少数为大型。矿石矿物成分较复杂，矿石矿物以磁铁矿为主，假象赤铁矿为次，有的出现较多菱铁矿。脉石矿物以透辉石、石榴子石为主，角闪石、碳酸盐矿物等次之。一般都具有典型的夕卡岩矿物组合（钙铝－钙铁榴石系列、透辉石－铁辉石系列），而在成因和空间分布上，都与夕卡岩有一定的关系。铁矿石以块状构造为主，次为浸染状、斑点状、团块状和角砾状构造。矿石品位较富，TFe 一般为 40% ~ 50%。常伴生有可综合利用的 Cu、Co、Ni、Pb、Zn、Au、Ag、W、Sn、Mo 等，甚至构成铁铜、铁铜钼、铁硼、铁锡、铁金等共（伴）生矿床。

矿床实例有我国湖北的铁山（大冶式）、俄罗斯的马格尼特（Магнитной）、哈萨克斯坦的土尔盖（Turgay）铁矿等。

2. 热液型铁矿床

明显受构造控制，有的是断裂控矿，有的是褶皱控矿，还有断裂与褶皱复合控矿。热液型铁矿床与岩浆岩的关系常因地而异，多数矿体与岩体有一定距离。矿床分高、中、低温热液矿床，多与同时期的接触交代矿床相伴产出，多产于碳酸盐岩层中。高温热液磁铁矿、赤铁矿矿床常与偏碱性花岗岩、花岗闪长岩、闪长岩类有关，中低温热液赤铁矿矿床常与较小的中酸性侵入体有关，两者多保持一定的距离。中低温热液菱铁矿矿床与侵入体无明显关系。围岩蚀变是热液型铁矿的显著特征，高温矿床常见透辉石化、透闪石化、黑云母化、绿帘石化等；中低温矿床多见绿泥石化、绢云母化、硅化、碳酸盐化等。

大多数热液型铁矿体较小，常成群出现。矿体呈脉状、透镜状、扁豆状，多见分支复合，膨胀收缩，尖灭再现现象。矿床规模以中、小型为主。矿石矿物：高温矿床主要为磁铁矿、赤铁矿、黄铁矿，中低温矿床为赤铁矿、菱铁矿、褐铁矿；脉石矿物：高温矿床有阳起石等，中低温矿床有石英、方解石等。矿石构造以致密块状为主，也有浸染状、条带状、角砾状构造，半自形粒状、交代结构结构。矿石品位较高，含铁一般 >45%。常伴生有可综合利用的 Cu、Pb、Zn、Sn 等。

矿床实例有中国贵州的赫章（淄河式）铁矿等。

三、与火山－侵入活动有关的铁矿床

这类矿床是指与火山岩、次火山岩有成因联系的铁矿床。成矿作用与富钠质的中性（偏基性或偏酸性）、基性火山岩侵入活动有关。以成矿地质背景为基础，按火山喷发环境，可分为陆相火山－侵入型铁矿床和海相火山－侵入型铁矿床。

1. 陆相火山－侵入型铁矿床

包括由岩浆晚期－高温、中温，直至中低温一系列成因类型。按矿床在火山机构中的产出特点，大致可分为 3 类：①产于玢岩体内部、顶部及其周围火山岩接触带中的铁矿床；②产于玢岩体与周围接触带中的铁矿床；③产于火山碎屑岩中的火山沉积矿床。

矿体规模大小不等，以玢岩体顶部及其周围的火山岩接触带中的矿体规模最大。大型矿体长千米以上，厚几十至二、三百米，宽数百至近千米，矿床规模一般为中、小型。矿体形状呈似层状，饼状透镜状，团囊状。产状多近水平或缓倾斜。矿石矿物以磁铁矿为主，假象赤铁矿、赤铁矿次之，可见少量菱铁矿。脉石矿物有透辉石、阳起石、磷灰石。矿石构造有块状、浸染状、角砾状、斑杂状、条纹条带状等。TFe 37% ~ 61%，伴生有 V、P、S 等。

矿床实例有中国江苏的梅山（梅山式）、智利北部的拉科（Laco）铁矿等。

2. 海相火山 – 侵入型铁矿床

铁矿床多产于地槽褶皱带的海底火山喷发中心附近，其形成与火山作用有直接的关系。矿体赋存于一套由火山碎屑岩 – 熔岩（细碧岩与角斑岩）组成的建造中，呈层状、似层状、透镜状，少数呈脉状或囊状，常成群出现。单个矿体走向长几十米至千米，厚几米至几十米，最厚达百米，延深百米以上，产状平缓，中小矿体产状较复杂，矿床规模一般为中、小型。矿石矿物磁铁矿与赤铁矿互为主次，另有假象赤铁矿，菱铁矿和硫化物。脉石矿物有石英、钠长石、绢云母、铁绿泥石等。矿石构造主要有块状、浸染状、角砾状、条带状、杏仁状和定向排列构造等。矿石品位较高，TFe 35% ~ 45%，伴生有 Cu、Co、S、P、V 等。

矿床实例有中国云南的大红山铁矿等。

四、沉积铁矿床

按沉积环境，沉积型铁矿床分为浅海相沉积铁矿床和海陆交互 – 湖相沉积铁矿床两种成因类型，以浅海相沉积为主，是沉积铁矿床中重要的成因类型之一。

1. 浅海相沉积铁矿床

铁矿床主要形成于浅海海湾环境，多赋存于浅海边缘，尤其海岸线曲折、构造较为稳定的海湾浅海区。矿体呈单层或多层层状，沿海岸线延伸，可达数十千米至数百千米，厚度变化数米甚至几十米。矿床规模大、中、小型均有，一般规模较大，世界上近年来发现的百亿吨以上的特大型铁矿床，均属此类型。主要矿石矿物为赤铁矿、针铁矿、褐铁矿、菱铁矿等，脉石矿物主要为石英。常呈鲕状、豆状、肾状、块状构造。品位中等，一般含铁 30% ~ 50%，也有富矿。大部分矿石含硫、磷等，有害杂质较少，矿石质量好。

矿床实例有中国河北的庞家堡（宣龙式）、法国的洛林（Lorraine）、美国的克林顿（Clinton）铁矿等。

2. 海陆交互 – 湖相沉积铁矿床

矿体往往与煤系地层关系密切，有的矿层产于碳酸盐类岩石古侵蚀面上，与铝土矿、黏土矿共生。矿体产于煤系砂页岩中，与黏土页岩或煤层组成不连续的菱铁矿、赤铁矿或褐铁矿含矿层。形态呈似层状，层状，透镜状，或由结核状和扁豆状，沿走向变化大。矿体长数十米至数百米，厚一般小于 2 m。矿床规模多为中、小型。矿石以菱铁矿为主，或以赤铁矿为主，或两者兼有。脉石有绿泥石、石英、黏土矿物等。矿石构造主要为鲕状、块状。含铁一般在30%～55%之间，含磷高，含硫低。

矿床实例有中国重庆的土台（綦江式）铁矿。

五、受变质沉积铁矿床

这类铁矿床主要分布在地台和地盾区，时空分布相当广泛，矿床时代最老的已知约30亿年，以26亿～18亿年最多。有不少大型、特大型矿床，是世界上最重要的铁矿类型之一。

1. 受变质铁硅质建造型铁矿床

这类铁矿床是受不同程度区域变质作用并与火山－铁硅质沉积建造有关的铁矿床，主要形成于前寒武纪老变质岩区。含铁变质岩系常常受到不同程度的混合岩化、花岗岩化作用，变质作用大多数属于绿片岩至角闪岩相，个别产于麻粒岩相中。

矿体一般大而贫，一般为多层产出，呈层状、似层状、透镜状等，延长几百米至几千米，少数达十余千米，倾斜延深数百米至千米以上，矿层厚度一般几十至百米，厚者可达二、三百米。矿床规模大多数为大型或特大型。矿石中铁矿物与石英组成具有黑白相间的条带状、条纹状构造，变质程度高时，向片麻状过渡。矿石为磁铁石英岩、赤铁石英岩、绿泥磁铁石英岩、角闪磁铁石英岩。以贫矿为主，含铁品位一般为25%～40%，有时也有含铁品位达50%～60%不同规模、不同成因的富铁矿石。多数矿区含硅较高，含硫、磷低。

矿床实例有中国辽宁的弓长岭（鞍山式）、加拿大的阿尔戈马（Algoma）铁矿等。

2. 受变质碳酸盐建造型铁矿床

这种类型铁矿是受到轻微区域变质作用的碳酸型沉积铁矿床，主要产于元古宇地层中的千枚岩、大理岩、白云质大理岩、板岩等各类岩层之中，或其接触面上。含矿岩系主要由碎屑－碳酸盐岩组成，如砂岩、泥岩、灰岩等。已知矿产地不多。

矿体呈层状、似层状、扁豆状，或不规则形态，一般沿走向长100～300 m，倾斜延深200～500 m，以矿体厚度变化大和富矿占比较大为特征。矿石矿物有赤铁矿、磁铁矿、菱铁矿、褐铁矿等，脉石矿物有石英、绢云母绿泥石等。矿石以块状、条带状构造为主，鲕状构造次之。矿石类型有赤铁矿型、磁铁矿型、菱铁矿型、次生褐铁矿型。磁铁矿型、赤铁矿型矿石围岩多为千枚岩，而菱铁矿型矿石围岩多为大理岩。该类铁矿具有小而富的特点，最高品位可达65%，赤铁矿、磁铁矿型矿石含铁40%～59%，菱铁矿型矿石含铁35%～42%，含锰较高，含硫、磷低。

矿床实例有中国吉林的大栗子（大栗子式）铁矿等。

六、风化淋滤型铁矿床

该类型矿床由各类原生铁矿、硫化物矿床以及其他含铁岩石经风化淋滤富集而成的铁矿床，也称风化壳矿床。主要有菱铁矿（有的矿区含硫化物）风化淋滤褐铁矿床、金属硫化物风化淋滤褐铁矿床、含铁硫化物夕卡岩风化淋滤褐铁矿和玄武岩风化淋滤富集铁。矿床多产于铁矿或硫化矿顶部及其附近的低凹处或山坡上。

该类矿床以"铁帽"分布广泛为特征，矿体呈不规则的透镜状、扁豆状，也有似层状者。规模以中、小型为主，少数达大型。矿石矿物主要为褐铁矿，次为针赤铁矿、赤铁矿、假象赤铁矿、软锰矿、硬锰矿，在多金属硫化矿床铁帽中，还有白铅矿、菱锌矿、水锌矿和孔雀石等。脉石矿物有石英、蛋白石、方解石、白云石和黏土矿物等。矿石具致密块状、蜂窝状、葡萄状和土状等构造。矿石含铁量从 25% ~50% 不等，常含 Pb、Cu、As、Co、Ni、S、Mn、W、Bi 等杂质，矿石难选。

矿床实例有中国广东的大宝山、贵州的观音山、江西的分宜铁矿等。

七、其他重要铁矿床

这类矿床主要包括内蒙古的白云鄂博和海南的石碌铁矿。这两个铁矿床均属大型矿床，因对其矿床成因问题，至今尚有争议。

1. 内蒙古白云鄂博铁矿床

是我国著名的特大型铁、稀土、铌综合矿床，被称为"白云鄂博式"矿床，其成因众说纷纭。除了以沉积变质为主、热动力变质 – 热液作用多次叠加改造的复杂矿床外，还有特种高温热液交代、沉积 – 热液交代变质、含稀有金属碳酸岩浆火山沉积、碳酸岩浆侵入和古台凹（内海）半封闭的湖相沉积和层控铁矿与沉积 – 动力变质等成因看法。

赋矿地层为前寒武纪浅变质的石英岩、板岩、白云岩夹云母片岩。矿体产于白云岩中或白云岩与硅质板岩接触处，呈似层状透镜状顺层产出。含矿带东西长为 16 000 m，南北宽 1 000 ~2 000 m。主矿体长 1 250 m，宽 410 m，厚度 99 m，最大延深 970 m，呈透镜状。铁矿石主要由磁铁矿、赤铁矿组成，含少量至微量的硫化物。脉石矿物有萤石、钠辉石、钠闪石、云母、重晶石、白云石、石英等。与稀有稀土矿共生，有铌铁矿、黄绿石、方解石、钛方解石、铌方解石、铌钙矿、钛铁金红石、包头矿、黄河矿、独居石、氟碳铈矿等。矿石结构、构造复杂，呈自形 – 半自形粒状晶质、他形晶镶嵌、交代残余、花岗变晶、不等粒结构等。矿石构造为块状、浸染状、团块状、条带状、网脉状、斑杂状、角砾状、胶状和环带状等构造。矿石平均品位：TFe 33% ~ 35%、TR_2O_3 3% ~6%、Nb_2O_5 0.07% ~0.28%。

2. 海南石碌铁矿床

关于该矿床成因问题，一般认为是海湾 – 湖环境、氧化条件下形成的沉积矿床。此外，也有人认为属沉积变质矿床、远源火山沉积变质矿床、受变质热卤水沉积矿床等。

矿区主要为一套浅海潟湖相沉积，由砂岩、砂页岩、泥质白云岩、白云岩、白云质灰岩、铁矿所组成，并经受了程度较浅的区域变质和一定的接触变质作用。铁矿体主要赋存于白云岩、白云质结晶灰岩中的透辉石透闪石内，呈层状，似层状产于复式向斜内。主矿体长 2 570 m，宽 320 ~460 m，一般厚度为 100 m 左右，最厚达 430 m，最大垂深 430 m。矿石矿物主要为赤铁矿，局部见菱铁矿、黄铁矿、磁黄铁矿。钴矿物主要为含钴黄铁矿、含钴磁黄铁矿、辉钴矿及少量硫钴镍矿、钴镍铜矿。脉石矿物主要为石英、透辉石、透闪石、重晶石和方解石等。矿石结构主要为细粒鳞片状、鲕状、变余粉砂状结构。矿石构造，富矿以片状构造为主，贫矿以块状、条带状为主，次为角砾状构造。平均品位 TFe 51.15%～42.97%。铁矿体以下有单独的铜、钴矿体。

第三节　世界铁矿资源

一、世界铁矿资源储量及分布

铁矿资源在地球上分布广泛，储量丰富。

据美国地质调查局（USGS）资料，截至 2012 年底，世界铁矿石基础储量为 3 700 亿 t，储量为 1 700 亿 t，铁矿石资源总量估计超过 8 000 亿 t。分国别看，世界铁矿储量主要集中在澳大利亚、巴西、俄罗斯和中国，储量分别为 350 亿 t、290 亿 t、250 亿 t 和 230 亿 t，分别占世界总储量的 20.6%、17.1%、14.7% 和 13.5%，四国储量之和占世界总储量的 65.9%；另外，印度、乌克兰、哈萨克斯坦、美国、加拿大和瑞典铁矿资源也较为丰富（表 11 - 1 - 1）。

表 11 - 1 - 1　　　　　　　　　　世界主要国家基础储量和储量　　　　　　　　　　单位：亿 t

国家	平均铁品位	铁矿石储量	含铁量储量
澳大利亚	49%	350	170
巴西	55%	290	160
俄罗斯	56%	250	140
中国	31%	230	72
印度	64%	70	45
加拿大	37%	63	23
乌克兰	35%	60	21
美国	30%	69	21

资料来源：USGS

由于品位不同，世界铁元素的分布情况与铁矿石基础储量的分布情况并不一致。若按铁元素的储量计，澳大利亚、巴西和俄罗斯是世界铁矿资源最丰富的国家，三者的铁元素储量分别为 170 亿 t、160 亿 t 和 140 亿 t，分别占世界总储量的 21.3%、20.0% 和 17.5%，三国储量之和占世界总储量的 58.8%。中国虽然铁矿石储量很大，但铁矿石品位低，铁元素的储量不突出。

铁矿石富集的地区，往往成为大型铁矿石矿区（表 11 - 1 - 2）。

表 11 - 1 - 2　　　　　　　　　　全球大型铁矿区分布情况　　　　　　　　　　单位：亿 t

国家	矿区名称	基础储量	品位	相关企业
澳大利亚	哈默斯利	320	57%	RIO 公司、BHP 公司
巴西	铁四角	300	35%～69%	VALE 公司
巴西	卡拉加斯	180	60%～67%	VALE 公司

（续表）

国家	矿区名称	基础储量	品位	相关企业
印度	比哈尔奥里萨	67	大于60%	MMTC 公司
俄罗斯	库尔斯克，卡奇卡纳尔	575	46%	列别金、米哈依洛夫、斯托依连公司
加拿大	拉布拉多	206	36~38%	加拿大铁矿公司（IOC）魁北克、卡蒂尔矿山公司（QCM）
美国	苏必利尔	163	31%	明塔克、帝国铁矿、希宾公司、蒂尔登公司等
乌克兰	克里沃罗格	194	36%	英古列茨、南部、北部、中部采选公司
法国	洛林	77	33%	
瑞典	基律纳	34	58~68%	LKAB 公司
委内瑞拉	玻利瓦尔	20	45~69%	CVG Ferrominera Orinoco CA
利比里亚、几内亚	宁巴矿区	20	57~60%	—

　　澳大利亚有丰富的铁矿石资源，澳大利亚95%的铁矿储藏在西澳州，该州90%的铁矿资源蕴藏在皮尔巴拉（Pilbara）地区。目前澳大利亚铁矿石开采公司有20个左右，但铁矿石探明储量，大部分被力拓（RIO）和必和必拓（BHP）掌握。力拓矿业公司（英澳合资）成立于1873年，在澳大利亚境内主要拥有三家铁矿生产企业，即哈默斯利（力拓全资子公司）、罗布河公司（力拓控股53%）以及何普山铁矿（力拓控股50%）；在加拿大境内则拥有加拿大采矿公司。力拓目前探明储量约为21亿t，潜在储量13亿t。必和必拓公司是全球第三、澳大利亚第二的铁矿企业，在2001年由两家巨型矿业公司——BHP与英国比利登（billiton）合并而成，是全球最大的采矿公司。这两家公司合计产量约占澳大利亚总产量的80%。

　　巴西铁矿资源非常丰富，其铁矿石主要产地在米纳斯吉拉斯州，其中伊塔比拉的铁储量最为丰富，具有"铁山"之称。伊塔比拉露天铁矿是世界储量最大的高品位铁矿之一。淡水河谷（VALE）公司几乎垄断了巴西的铁矿石生产市场，淡水河谷成立于1942年，是世界第一大铁矿石生产和出口公司，全球第二大矿业公司，也是美洲最大的采矿业公司。淡水河谷公司拥有MBR公司和萨米特里—萨马尔库两家公司的50%的股权，已实际控制这两家公司，大部分巴西境内的铁矿被淡水河谷公司控股。目前，淡水河谷铁矿石产量占巴西全国总产量的80%左右。

　　俄罗斯铁元素基础储量约占世界的17.5%。俄罗斯有三个地区铁矿石储藏量最丰富，分别是中央黑土区、乌拉尔经济区和西伯利亚。俄罗斯铁矿石开采集中度较高，北方钢铁和新利佩茨克钢铁等控制了本国铁矿石市场份额的80%，近年来，俄罗斯政策倾向于"减少对资源出口的依赖"，俄罗斯出口的铁矿石不足其产量的20%，以供应本国钢铁企业为主。

二、世界铁矿资源特点

1. 世界铁矿资源集中在少数国家和地区，集中度较高

据统计，俄罗斯、乌克兰、澳大利亚、巴西、哈萨克斯坦和中国等 6 个国家铁矿石储量占世界总储量的 75.6%。资源集中的地区也正是当今世界铁矿石的集中生产区，如巴西淡水河谷公司，澳大利亚必和必拓公司和哈默斯利公司的铁矿石产量占世界总产量的 35.5%。

2. 从成因类型上看，受变质沉积型铁矿床居多，其他类型铁矿床少

在世界铁矿资源中，铁矿储量 80% 均属于受变质沉积型铁矿床。目前，澳大利亚、巴西、印度、美国、加拿大、俄罗斯、委内瑞拉、中国等国的铁矿石，主要都是来自此种矿床。

3. 从矿石质量上看，南半球富铁矿多，北半球富铁矿少

巴西、澳大利亚和南非都位于南半球，其铁矿石品位高，质量好。世界铁矿平均品位 44%，澳大利亚赤铁富矿 Fe56% ~ 63%，成品矿粉矿含铁一般 62%，块矿含铁一般能达到 64%。巴西矿含铁品位 53% ~ 57%，成品矿粉矿一般为 Fe65% ~ 66%，块矿Fe64% ~ 67%。这些高品位铁矿大都具备露天开采条件，开采成本低、品位相对较高的特点使这些国家成为全球主要的铁矿石供应国。我国虽然铁矿资源量大，但是品位较低，以贫矿为主，富矿含量较少。

第四节　中国铁矿资源

一、中国铁矿资源储量及分布

中国是铁矿资源总量丰富、矿石含铁品位较低的一个国家。除上海市、香港特别行政区外，铁矿在全国各地均有分布，以东北、华北地区资源为最丰富，西南、中南地区次之。据 2012 年全国矿产资源储量通报，截至 2012 年底，我国累计查明资源总量近 780 亿 t。辽宁以近 200 亿 t 的查明铁矿资源总量位居榜首，超过 30 亿 t 的省份依次为四川、河北、山东、安徽、内蒙古、云南、山西和湖北。全国共有铁矿区 4 214 处，主要相对集中分布在十几个省份。矿区数量超过 100 处的省份依次为：内蒙古 465 处、河北 370 处、辽宁 324 处、安徽 282 处、山东 260 处、河南 246 处、湖北 225 处、新疆 224 处、四川 185 处、贵州 183 处、吉林 170 处、云南 137 处、山西 135 处、湖南 124 处、江西 117 处、甘肃 116 处、福建 114 处、广西 103 处。

1. 铁矿石类型分布

我国幅员辽阔，成矿地质条件复杂多样，为不同类型铁矿的形成创造了条件。我国各类型铁矿的分布如下：

（1）受变质沉积型铁矿床。该类铁矿床是我国最重要的铁矿类型，其查明资源总

量约占全国的55.2%。可分为两类：一是受变质铁硅铁矿床，该类铁矿是受不同程度区域变质作用并与火山－铁硅质沉积建造有关的铁矿床。主要分布于辽宁鞍山—本溪、冀东、晋北、内蒙古南部、豫中、鲁中、皖西北、湘中、江西新余、陕西汉中等地；二是受变质碳酸盐铁矿床，该类铁矿是受到轻微区域变质作用的碳酸盐型沉积铁矿床。主要分布于吉林东南部及云南易门、峨山等地。

（2）岩浆型铁矿床。这是一类与基性、基性－超基性岩浆作用有关的矿床，其查明资源总量约占全国的15.8%。按照成矿方式可分为两类：一是岩浆晚期分异型铁矿床，由岩浆结晶晚期分异作用形成的富含铁、钒、钛等残余岩浆冷凝而成的矿床。主要分布于四川的攀（枝花）西（昌）地区；二是岩浆晚期贯入型铁矿床，为岩浆晚期分异的含铁矿液沿岩体内断裂或接触带贯入而成。主要分布于河北承德地区大庙、黑山一带。

（3）接触交代－热液型铁矿床。该类铁矿的查明资源总量约占全国的13.4%。可分为两类：一是接触交代型铁矿床，通常称为夕卡岩型矿床。是由于交代作用而形成的铁矿，主要赋存于中酸性－中基性侵入岩类与碳酸盐类岩石（含钙镁质岩石）的接触带或其附近。这类铁矿在我国分布十分广泛，主要集中在河北省邯（郸）—邢（台）地区、鄂东、晋南、豫西、鲁中、苏北、闽南、粤北以及川西南、滇西等地区，是我国富铁矿石的重要来源；二是热液型铁矿床，该类铁矿最大的特点是矿床严格受构造控制，以断裂构造控矿为常见，特别是大断裂的交叉部位或大断裂的次级断裂发育部位或火山构造发育部位是成矿的有利场所。主要分布于内蒙古、吉林、山东、湖北、广东、贵州和云南等省份。

（4）与火山－侵入活动有关的铁矿床。这类铁矿床是指与火山岩、次火山岩有成因联系的铁矿床。成矿作用与富钠质的中性（偏基性或偏酸性）、基性火山岩侵入活动有关。该类铁矿的查明资源总量约占全国的3.9%。以成矿地质背景为基础，按火山喷发环境，可分为陆相火山－侵入型铁矿床和海相火山－侵入型铁矿床。主要分布于江苏－安徽的宁（南京）芜（芜湖）地区以及甘肃、青海、新疆等地。

（5）沉积型铁矿床。它是出露地表的含铁岩石、矿物或铁矿体，在风化作用下，被破碎、分解，搬运到低洼盆地中，有的经过机械沉积，有的经过沉积分异作用（包括化学分异作用）沉积形成的铁矿床。该类铁矿的查明资源总量约占全国的9.3%。根据铁矿床形成的沉积环境，可分为浅海相沉积铁矿床和海陆交互－湖相沉积铁矿床。主要分布于冀北（宣龙式）、鄂西－湘西北（宁乡式）等地。

（6）风化淋滤型铁矿床。该类矿床是指原生铁矿体、玄武岩和含铁质岩石或硫化矿体，经风化淋滤、残坡积堆积形成的铁矿床，主要分布于我国两广、福建、贵州、江西等省份。

（7）其他类型铁矿床。主要是内蒙古白云鄂博和海南石碌铁矿，其查明资源总量约占全国的1.8%。

2. 铁矿的时空分布

不同的地质时期，在类似的地质条件下，可以形成同类型的铁矿床；但在不同的地质时期和构造运动期，占主导地位的铁矿床类型则是不同的，显示了铁矿床形成与地壳演化密切相关的特点。我国主要铁矿床类型的时空分布如下：

（1）太古宙。铁矿主要分布于华北地台北缘的吉林东南部、鞍山—本溪、冀东—北京、内蒙古南部和地台南缘的许昌—霍邱、鲁中地区。以受变质沉积型铁硅质建造矿床为主。多为大型矿床，铁矿床主要赋存于鞍山群、迁西群、密云群、乌拉山群、泰山群、登封群、霍邱群等。该时代查明资源总量约占全国的41.4%。

（2）元古代。①古元古代：铁矿主要分布于华北地台中部北东向五台燕辽地槽区。矿床仍以受变质沉积型铁硅质建造为主，赋存于五台群、吕梁群变质岩中。在南方地区有伴随海相火山岩、碳酸盐岩的火山岩型矿床，以云南大红山铁铜矿床为代表，矿体产于大红山群钠质凝灰岩、凝灰质白云质大理岩中。②新元古代（含震旦纪）：铁矿床类型较多。在北方地区，有产于浅海－海滨相以泥砂质为主沉积型赤铁矿床，分布于河北龙关—宣化一带和产于斜长岩体中的承德大庙一带的岩浆型钒钛磁铁矿床；在内蒙古地轴北缘有产于白云鄂博群白云岩中的白云鄂博铁、稀土、铌综合矿床；还有赋存细碎屑岩－泥灰岩－碳酸盐建造中的酒泉镜铁山沉积变质型铁矿（铜、重晶石）。在南方地区，除分布于湘、赣两省的板溪群、松山群浅变质岩系中的沉积变质型铁矿，还有产于新元古界澜沧群中基性火山岩中的云南惠民大型火山－沉积型铁矿。

该时代查明资源总量约占全国的22.8%。

（3）古生代。除志留纪铁矿较少外，其他各时代都有铁矿。以沉积型和岩浆型矿床为主，也有接触交代－热液型铁矿。如沉积型铁矿，分布于南方（湘、桂、赣、鄂、川）泥盆系中的海相沉积赤铁矿床；岩浆晚期型矿床以钒钛磁铁矿最为重要。该时代查明资源总量约占全国的22.4%。

（4）中生代。是陆相火山－侵入活动有关的铁矿床和接触交代－热液型铁矿形成的主要时代。陆相火山－侵入型，主要分布于宁（南京）—芜（湖）地区。接触交代－热液型铁矿床，分布于鄂东（大冶式）、邯邢、鲁中、晋南、豫北和闽南等地区。该时代查明资源总量约占全国的12.4%。

（5）新生代。以风化淋滤及残、坡积型为主，次为陆相沉积的菱铁矿、针铁矿，还有海滨砂铁矿。该时代查明资源总量约占全国的1.0%。

二、中国铁矿资源特点

我国铁矿资源具有分布广泛，矿床类型齐全，贫矿多富矿少，矿石类型复杂，伴（共）生组分多等特点。

1. 分布广泛，但又相对集中

目前，已查明铁矿产地分布遍及全国29个省（市、区）660多个县（市、区、旗），但又成群、成带产出，显示相对集中分布的特点。仅河北、四川和辽宁三省的铁矿总量约占全国总量的45%。我国铁矿资源主要分布在鞍本、攀西、北京－冀东、五台－吕梁、宁芜－庐枞、包头－白云鄂博、山东鲁中、河北邯邢、湖北鄂东、甘肃酒泉、新疆东疆、河南舞阳、海南等地区。按矿区储量规模，全国大型矿区有101处，查明资源总量占全国的 68.1%；中型矿区 470 处，查明资源总量占全国的 27.3%；小型矿区 1263 处，查明资源总量仅占全国的 4.6%。

2. 矿床类型齐全，矿石类型复杂

目前，世界上已发现的铁矿成因类型在我国均有发现。具有工业价值的矿床类型主要是沉积变质型铁矿，其次是接触交代 - 热液型、岩浆晚期型、沉积型、与火山 - 侵入活动有关型、风化淋滤型铁矿等。主要矿石类型有：磁铁矿矿石，保有储量占全国总量的 55.4%，矿石易选，是目前开采的主要矿石类型；钒钛磁铁矿矿石，保有储量占全国总量的 14.1%，成分相对复杂，是目前开采的重要矿石类型之一；"红矿"，即赤铁矿、菱铁矿、褐铁矿、镜铁矿和混合矿的统称，这类铁矿石一般难选，目前部分选矿技术有所突破，但总体来说，选别工艺流程复杂，精矿生产成本较高。

3. 储量大，品位低，贫矿多

按铁矿储量，我国列澳大利亚、巴西和俄罗斯之后，居世界第四位。但矿石含铁品位平均只有33%，远低于巴西和澳大利亚等国的水平，也低于世界平均水平。贫矿石占全部铁矿石储量的 97.5%，绝大部分铁矿石须经过选矿富集后才能使用。含铁平均品位在55%左右能直接入炉的富铁矿，仅占全国储量的 2.5%，而形成一定开采规模，能单独开采的富铁矿就更少了。

4. 伴（共）生有益组分多

据统计，我国具伴（共）生有益组分的铁矿石储量约占全国储量的1/3，涉及一批大、中型铁矿区，如攀枝花、红格、白马、太和、大庙、大冶、大顶、黄冈、翠宏山、金岭、大宝山、桦树沟、马鞍山、庐江、龙岩和海南石碌等铁矿区。伴（共）生有益组分主要有钒、钛、铜、铅、锌、锡、钨、钼、钴、镍、锑、金、银、镉、镓、铀、钍、硼、锗、硫、铬、稀土、铌、氟、石膏、石灰石和煤等 30 余种。这是我国铁矿资源的一个突出特点。

5. 暂难利用铁矿多，限制了国内铁矿石的供给

据统计，全国暂难利用铁矿工业储量约 57 亿 t。这些铁矿一般是难采、难选，伴（共）生组分难以综合利用，铁矿品位低，矿体厚度薄，矿山开采技术条件和水文地质条件复杂，矿区交通不便，矿体分散难以规划，开采经济指标不合理，矿产地属自然环境保护区等。

三、中国主要铁矿区概况

按全国铁矿产地集中程度，可划分出 10 大矿区，其查明资源总量约占全国的 64.8%。

1. 鞍山 - 本溪铁矿区

铁矿分布于辽宁鞍山、本溪和辽阳三市，东西长 85 km，南北宽 60 km，面积约 5 000 km²，几乎全为"鞍山式"沉积变质型。该区查明资源总量占全国的 23.5%。

2. 冀东 - 北京密云铁矿区

铁矿分布于河北迁安、迁西、遵化、宽城、青龙、滦县、抚宁和北京密云、怀柔等

县，几乎全为"鞍山式"沉积变质型。该区查明资源总量占全国的 11.8%。

3. 攀枝花－西昌铁矿区

铁矿分布于攀枝花市和西昌地区的米易、德昌、会理、会东、盐边、盐源、冕宁和喜德等县，主要为岩浆型的钒钛磁铁矿矿床，其次有接触交代－热液型和沉积型铁矿床。该区查明资源总量占全国的 11.5%。

4. 五台－吕梁铁矿区

铁矿分布于山西五台、繁峙、代县、原平、灵丘、岚县、娄烦等县，几乎全为"鞍山式"沉积变质型。该区查明资源总量占全国的 6.2%。

5. 宁芜—庐枞铁矿区

铁矿分布于江苏南京、江宁、六合和安徽马鞍山、繁昌、当涂、庐江、和县以及铜陵等县（市），主要为"玢岩式"火山－次火山岩型铁矿床，其次为接触交代－热液型铁（铜）矿床。该区查明资源总量占全国的 4.12%。

6. 包头－白云鄂博铁矿区

主要分布于内蒙古的包头地区，是我国独特类型的铁矿床，为含有铁、稀土、铌等多种元素的大型共生矿床，其中的稀土储量居世界首位。该区查明铁矿资源总量占全国的 2.2%。

7. 鲁中铁矿区

铁矿分布于济南、淄博、莱芜等地，属接触交代夕卡岩型铁矿。该区查明资源总量占全国的 1.74%。

8. 邯郸—邢台铁矿区

铁矿主要分布于河北省宣化、迁安和邯郸、邢台地区的武安、矿山村等地。是我国重要的夕卡岩型铁矿成矿区之一，不仅品位高，而且储量可观。该区查明资源总量占全国的 1.6%。

9. 鄂东铁矿区

铁矿主要分布于湖北黄石、鄂州、大冶、黄冈等地，以接触交代型、热液型铁矿床为主，还有石炭－二叠纪地层中的黄梅式沉积变质型铁矿床。该区查明资源总量占全国的 1.34%。

10. 海南铁矿区

铁矿主要分布于海南昌江、三亚等地，为沉积变质型铁矿床，该区查明资源总量占全国的 0.8%。

第二章 锰 矿

第一节 概 述

一、锰的性质与用途

锰（Mn）是最重要的冶金工业原料之一，当前 90%～95% 的锰矿石用于炼钢及有色冶金工业，其他主要用于化工。

锰元素发现于 1771 年。金属锰质硬性脆，呈银白色，密度 7.3 g/cm^3，熔点 1 244℃，为一种难熔金属。其化学性质活泼，易溶于稀酸中；在高温下能与许多非金属元素化合，生成相应的化合物。在冶金工业中，主要是作为炼制合金和脱氧剂。

二、含锰矿物与锰矿石类型

已知含锰矿物多达 150 种，主要有：软锰矿（MnO_2），硬锰矿（$mMnO \cdot MnO_2 \cdot nH_2O$），水锰矿 $Mn_2O_3 \cdot H_2O$，褐锰矿（Mn_2O_3），黑锰矿（Mn_3O_4），菱锰矿（$MnCO_3$），锰方解石 $[(Ca, Mn)CO_3]$；锰菱铁矿 $[(FeMn)CO_3]$，偏锰酸矿（$MnO_2 \cdot nH_2O$），蔷薇辉石 $(Mn, Fe, Ca)_5 [Si_5O_{15}]$，硫锰矿（MnS），锰土（$MnO_2 \cdot nH_2O$）。

目前工业上利用的主要锰矿物为锰的氧化物、氢氧化物、硫化物、碳酸盐及锰的硅酸盐矿物。

锰矿石自然类型根据矿物成分和结构构造划分。根据矿石中主要锰矿物划分为：氧化锰矿石；硅酸锰矿石；硼酸锰矿石；铁锰多金属矿石及由上述两种或两种以上类型的矿物构成的复合矿石。根据矿石结构构造划分：块状矿石、条带状矿石、多孔状矿石、肾状矿石、豆状矿石、粉状矿石、钟乳状矿石等。

锰矿石工业类型根据用途划分为冶金用锰矿石、电池用锰矿石和化工用锰矿石。

按矿产资源储量规模划分标准，锰矿床的规模分级是：大型锰矿床，锰矿石储量 > 2 000万 t；中型锰矿床，锰矿石储量 200～2 000 万 t；小型锰矿床，锰矿石储量 <200 万 t。

第二节 锰矿床主要类型及特征

锰矿床成因类型比较简单，有以下 5 个类型：海相沉积型、火山沉积型，热液型、变质型和风化型。

一、海相沉积锰矿床

是锰矿床中最重要的类型。这类锰矿床分布广泛、规模巨大、矿床数量多，有的矿石储量可达 10 亿 t，经济价值大大高于其他类型锰矿床。全世界三处特大型锰矿床（南非卡拉哈里、墨西哥莫兰戈、乌克兰大托克马克）以及 10 个大型锰矿中的 7 个（摩洛哥伊米尼，保加利亚瓦尔纳，匈牙利乌尔库特，苏联尼科波尔、恰图拉、乌萨，澳大利亚格鲁特）均为海相沉积型。根据含矿建造的岩性不同，又可分为两个亚类。

1. 碎屑岩建造型

多产于地盾、地台和褶皱带的中间地块边缘或地槽的边缘拗陷中，具有一定层位，多位于海进岩系的底部，与碎屑岩、泥质岩伴生，有时与碎屑岩、碳酸盐岩伴生。苏联早第三纪的尼科波尔、大托克马克、奇阿图拉等锰矿床，澳大利亚早白垩世格鲁特岛锰矿床，我国震旦系南沱砂岩中的湖南湘潭锰矿、中奥陶统泥质岩中的湖南桃江响涛源锰矿、二叠系龙潭组海陆交互相中的贵州遵义锰矿都是典型代表。其中，苏联大托克马克锰矿，位于南乌克兰结晶地盾的南坡，矿石储量大于 10.3 亿 t，为世界级巨型锰矿床。

2. 碳酸盐岩建造型

产于地台区的凹陷带内，为浅海、陆缘海相，矿层位于海进岩系的中上部，即碎屑岩沉积减少，为化学沉积的过渡地带。南非卡拉哈里、墨西哥莫兰戈、中国辽宁瓦房子、苏联乌萨等矿床是典型矿床。其中南非卡拉哈里是世界上目前已知陆地上最大的锰矿田，矿石储量 136.13 亿 t；墨西哥莫兰戈矿床，矿石储量 15 亿 t，是世界第二大锰矿。

二、火山沉积型

这类矿床是由海底火山活动带来的成矿物质在盆地中经沉积形成的。矿床分布广泛，成矿时代从前寒武纪到第四纪都有产出。这类矿床往往与正常的海相沉积锰矿床不易区别，或二者有时共生在一起。但工业意义不如海相沉积型矿床。

火山沉积型锰矿床主要与酸性和基性海底火山喷发作用有关，因此含锰岩系主要有粗面流纹岩、细碧角斑岩。锰矿层形成于离火山口不同的距离内，但通常比火山沉积铁矿床距火山口更远。矿体可以产在熔岩、凝灰岩中，也可以产在与火山岩系共生的碧玉岩、硅质页岩、硅质碳酸盐岩中。

火山沉积型锰矿床在环太平洋地区的火山岩带中广泛产出，如日本东海岸，美国华盛顿州、加州，墨西哥，古巴，哈萨克斯坦等地。其中工业价值较大的是加蓬莫安达、加纳恩苏塔、哈萨克斯坦卡拉扎尔、我国新疆莫托沙拉等地的锰矿床。

莫安达锰矿位于加蓬弗朗斯维尔盆地内，是西非最大的锰矿床，矿石储量 2.2 亿 t。哈萨克斯坦卡拉扎尔矿田由若干矿区构成，锰矿石总储量达 4 亿多吨。

三、热液型锰矿床

这类锰矿床与岩浆热液、火山热液及地下水热液的活动有成因联系，是含矿热液在有利的围岩和构造中进行交代、充填作用形成的。矿体大多成脉状产出，为后生矿床。矿脉围岩种类较多，但以流纹质、玄武岩质层状火山岩为主，其次为碳酸盐岩。含锰矿物主要有氧化锰、碳酸锰、硅酸锰和硫化物，常与 Pb、Zn、Ba、Ag、Sr、Be 等共生。成矿温度变化大，为 $140 \sim 375℃$，往往形成各种高、中、低温以及石灰华、热泉型锰矿。

这类矿床一般规模较小，工业意义不大。我国湖南玛瑙山锰矿床为典型代表，为锰多金属矿床，锰矿石储量约为几百万吨。

四、变质型锰矿床

这类锰矿床多是原生沉积型或火山沉积型锰矿床经过变质作用改造后的产物，因此其工业意义往往取决于原生锰矿的规模、品位及其受变质作用的程度。通常情况下，轻微变质作用可使大型海相沉积型锰矿床矿石变富，相反地深变质作用会使原生氧化锰、碳酸锰矿物变成硅酸锰，从而使锰矿石质量降低。

变质锰矿床大部分分布于前寒武纪地盾区，如巴西、圭亚那、印度、南非等地盾区，世界上许多著名的前寒武纪铁矿区都有这类锰矿床伴生。

含锰岩系经变质作用后形成绿片岩相和角闪岩相，少数达麻粒岩相。受变质作用后，原生沉积的氧化物矿石（软锰矿、水锰矿）经脱水作用形成褐锰矿、黑锰矿，变质作用强烈时，可形成锰石榴石、蔷薇辉石。因此，浅变质矿床的矿石质量较好。这类矿床一般规模较大，多在中型以上，在世界广泛分布。

五、风化型锰矿床

风化型锰矿床是各种原生锰矿床或含锰岩石，经过地表氧化、淋滤等风化作用后富集而形成的。这类矿床最明显的特点是矿石品位高、质量好。尽管矿床规模大小不一，由于暴露于地表，易探易采，是当前世界开采的主要对象。这类锰矿石占可采锰资源总量的 40.4%。

这类锰矿床按照形成方式和产出部位不同，可以分为锰帽型、淋积型、残积型，其中以锰帽型矿床的工业价值最大。

1. 锰帽型

是各种锰矿石或含锰岩石经风化后形成的，矿床多产于氧化带的上部，主要矿物为软锰矿、硬锰矿。由原生的巨型沉积型或变质型锰矿床风化形成的锰帽工业价值最大，这类矿床多分布于炎热潮湿的地区，如巴西、印度、加纳、南非、我国南方。印度孟买 - 比哈尔地区风化壳型锰矿床矿石的储量 1.5 亿 t，Mn 品位 44% ~ 52%，是著名的优质锰矿产地。

2. 淋积型

原生锰矿石及含锰岩石经风化淋滤作用后，锰质富集于底部围岩的构造裂隙或喀斯特洞穴内，矿床多为中小型，如我国广西等地的淋积型锰矿。

3. 残积型

位于古近纪或第四纪残坡积层内，原生锰矿物或新生的次生锰矿物在地表堆积而成，常分布于锰矿体或含锰岩石的顶部或附近，矿体大小不等。我国广西、湖南、广东、福建等地均有分布。

第三节　世界锰矿资源

一、世界主要锰矿床分布

世界锰矿资源分布极不平衡，主要集中在南非、乌克兰、加蓬、澳大利亚、巴西、印度 6 个国家，上述 6 国再加上中国、墨西哥、加纳、摩洛哥共 10 国，其锰矿资源储量约占世界总储量的 98%。除印度有数百个锰矿床外，大多数锰矿资源国都是只有少数几个或一个大型矿床，即锰矿床往往是储量巨大，但只集中在有限的地区范围内。

二、世界锰矿资源储量

南非和乌克兰是世界上锰矿资源最丰富的两个国家，南非锰矿资源约占世界探明锰矿资源量的 75%，乌克兰占 10%。2011 年世界陆地锰矿石储量 6.3 亿 t（表 11 - 2 - 1）。

表 11 - 2 - 1　　　　　　　　2010 年世界锰矿储量　　　　　单位：万 t（金属量）

国家或地区	储量	国家或地区	储量
南非	15 000	印度	5 600
乌 克 兰	14 000	巴西	11 000
加蓬	2 100	墨 西 哥	400
中国	4 400	其他	很少
澳大利亚	9 300	世界总计	63 000

资料来源：国土资源部信息中心《世界矿产资源年评》(2011~2012)，2012。

世界海底锰结核及钴结核资源也非常丰富，是锰矿重要的潜在资源。锰结核是沉淀在大洋底的铁、锰氧化物的集合体（矿石）。它含有 30 多种金属元素，其中锰、铜、钴、镍等金属具有巨大的商业经济价值。锰结核广泛地分布于世界海洋 2 000 ~ 6 000 m 水深海底的表层，深海海底锰结核约为 4 400 t/ km^2。太平洋、印度洋和大西洋都有丰富的海底锰结核资源，但最有开发前景的地区是太平洋夏威夷群岛的东南部海域。

第四节　中国锰矿资源

一、中国锰矿床类型及基本特征

1. 海相沉积锰矿床

海相沉积型是我国锰矿床中最重要的类型。产出层位有：中元古界长城系高于庄组和蓟县系铁岭组，新元古界震旦系下统南沱组（大塘坡组、湘锰组）、上统陡山沱组，奥陶系中统磨刀溪组、上统五峰组，泥盆系上统榴江组、五指山组，石炭系下统大塘阶阿克沙克组、中统黄龙群，二叠系下统孤峰组、上统龙潭组，三叠系下统菠茨沟组和北泗组、中统大茅组及上统松桂组等。按含矿岩系和锰矿层特征，分为 5 个亚类。

（1）产于硅质岩、泥质灰岩、硅质灰岩中的碳酸锰矿床：分布于台盆或台槽区，含矿岩系以富含硅质、泥质，以及出现硅质岩段或夹层的不纯的碳酸盐岩为特征。锰矿层主要产出于含矿岩系的泥质、硅质灰岩段内，呈层状、似层状、透镜状；长数百米至数千米，厚一至数米；矿石具泥晶结构，结核状、豆状、微层状构造；矿石类型有菱锰矿型、钙菱锰矿—锰方解石型、锰方解石型；有的矿床局部出现锰的硅酸盐—菱锰矿型；脉石矿物主要为石英、玉髓、方解石；大多数属酸性矿石；矿层浅部发育次生氧化带；矿床规模多属中、大型。矿床实例：下雷锰矿、龙头锰矿、大通锰矿。

（2）产于黑色岩系中的碳酸锰矿床：含矿岩系或含矿岩段为黑色含炭页岩、黏土岩，具水平层理或线理。矿体呈层状、似层状、透镜状，长数百至数千米，厚一至数米。矿石具泥晶结构、球粒结构及少量鲕状结构，块状、条带状构造。矿石类型最普遍的是菱锰矿型，次有钙菱锰矿—锰方解石型、锰方解石型。脉石矿物主要为石英、方解石及黏土矿物，常见伴有星散状的黄铁矿。以酸性矿石为主。近地表部分不同程度地发育次生氧化带。矿床规模以大中型居多。典型矿床有湘潭锰矿、民乐锰矿、松桃锰矿、铜锣井锰矿和高燕锰矿。

（3）产于细碎屑岩中的氧化锰、碳酸锰矿床：含矿岩系为杂色粉砂质页岩、粉砂岩，常夹有泥质灰岩、灰岩。矿体常呈透镜状，可有数层矿。矿石具细粒集合体及鲕状、球粒状结构，条带状、块状构造。原生矿石有氧化锰类型和碳酸锰类型。氧化锰类型主要为水锰矿型，碳酸锰类型有菱锰矿型、钙菱锰矿—锰方解石型。脉石矿物以石英、玉髓或方解石为主。矿石有的属酸性矿石，也有属自熔性或碱性，近地表有发育程度不等的氧化矿石。矿床规模一般较大。矿床实例：瓦房子锰矿、斗南锰矿。

（4）产于白云岩、白云质灰岩中的氧化锰、碳酸锰矿床：含矿岩系或含矿段为白云岩、粉砂质白云岩、白云质灰岩。矿体呈层状、似层状、透镜状。矿石有菱锰矿型，锰方解石—菱锰矿型，呈晶粒或隐晶结构，鲕状、豆状、块状、条带状构造。脉石矿物有石英、白云石、方解石，属酸性矿石。次生氧化带以软锰矿和水羟锰矿型矿石为主。矿床规模大、中、小型都有。矿床实例：白显锰矿。

（5）产于火山—沉积岩系中的氧化锰、碳酸锰矿床：含矿岩系属火山喷发期后或火山喷发间歇期的正常海相沉积碎屑岩与碳酸盐岩，矿层产在碎屑岩中或碎屑岩向碳酸盐岩过渡处。矿体呈层状，似层状，厚数米，长可达数千米，矿床规模中型。矿石呈晶粒状、球粒状结构，块状、条带状、网脉状构造。主要为菱锰矿型矿石，含褐锰矿和锰的硅酸盐，并有微弱的方铅矿、闪锌矿化。脉石矿物多为硅质矿物，属酸性矿石。矿床实例：莫托沙拉锰矿。

2. 沉积变质锰矿床

（1）产于热变质或区域变质岩系中的氧化锰矿床：为海相沉积矿床经受变质作用而成。矿石具变晶或变鲕结构，条带状构造。矿石类型主要为菱锰矿—褐锰矿型、褐锰矿—黑锰矿型，一般有锰的硅酸盐出现。脉石矿物除石英、方解石外，出现少量钠—奥长石、闪石、辉石、石榴子石、云母等。围岩多属千枚岩、绿片岩类。矿床规模属中小型。矿床实例：黎家营锰矿、龙田沟锰矿。

（2）产于热变质或区域变质岩系中的硫锰矿、碳酸锰矿床：为海相沉积矿床受接触变质或其他变质作用而成。原生矿石变成硫锰矿—菱锰矿型或硫锰矿—锰白云石型矿石，具变晶及球粒状结构，条带状构造，也出现少量的锰的硅酸盐。脉石矿物除石英、方解石、白云石外，出现少量变质硅酸盐矿物。围岩属板岩或绿片岩类。矿床规模属中型。矿床实例：棠甘山锰矿、天台山锰矿。

3. 层控铅锌铁锰矿床

矿床常产于某些比较固定的层位内，明显受到后期改造作用。矿石组分复杂含铁铅锌等多种元素。矿体大多呈透镜状产出，产状与围岩近似，但不完全整合。围岩蚀变有白云石化、铁锰碳酸盐化。原生矿石有方铅矿—菱锰矿型、硫锰矿—磁铁矿型和闪锌矿—锰菱铁矿型，呈粒状、球粒状结构，块状、浸染状、细脉状构造。次生氧化后锰显著富集，有软锰矿—硬锰矿型的锰矿石和软锰矿、硬锰矿—褐铁矿型的铁锰矿石。铅锌矿物在半氧化带有白铅矿、铅矾等，在氧化带有铅硬锰矿、黑锌锰矿等。矿床规模大中小型都有，矿床实例：后江桥锰矿、玛瑙山锰矿。

4. 风化锰矿床

（1）沉积含锰岩层的锰帽矿床：为原生沉积含锰岩层，经次生富集而形成有工业价值的矿床。矿体保持原来含锰岩层的产状，沿走向延续较长，沿倾向延续深浅受氧化带发育深度控制，可由数米至数十米，个别上百米。当含锰岩层产状平缓且大面积赋存在氧化带内时，矿体才有很大的延伸。矿石主要由各种次生锰的氧化物、氢氧化物组成，具次生结构和构造。矿床规模多属中小型。矿床实例：河间锰矿、东平锰矿、芦寨锰矿。

（2）热液或层控锰矿形成的锰帽矿床：常产于层控矿床产出的地层的风化带内。矿体呈透镜状、脉状、囊状。矿石由各种次生的锰的氧化物、氢氧化物组成，常见铅硬锰矿、黑锌锰矿、水锌锰矿、黑银锰矿，含铅锌常较高，具次生结构、构造；矿床规模多属中、小型。矿床实例：高鹤锰矿、塔山锰矿。

（3）与热液贵金属、多金属矿床有关的铁锰帽矿床：矿石呈土状、角砾状，含大量黏土或岩屑，其铁、锰含量只达一般指标的边界品味，但尚含可综合利用的金、银、铅、锌、铜等多种有用金属。矿床实例：七宝山铁锰矿、连州铁锰矿。

（4）淋滤锰矿床：矿体常产于含锰沉积岩层的构造破碎带、层间剥离带、裂隙、溶洞中，是锰质在地下水运动中被溶解、携带至适合部位积聚而生成的。矿体呈脉状、透镜状、囊状。矿石主要由次生氧化锰、氢氧化锰矿物组成，具胶状、网脉状、空洞状、土状构造。矿床规模多属中、小型。矿床实例：兰桥锰矿、汾水锰矿。

（5）第四系中的堆积锰矿：由含锰岩层或锰矿层经次生氧化富集、破碎、短距离搬运、堆积而成。矿石由各种锰的次生氧化物、氢氧化物组成，呈角砾状、次角砾状、豆粒状，积聚于松散的砂质土壤之中。矿体呈层状、似层状，产状与地面坡度基本一致，受含锰层的出露和地貌形态的控制。矿床规模多属中、小型。矿床实例：思荣锰矿、凤凰锰矿、木圭锰矿、平乐锰矿、东湘桥锰矿。

二、中国锰矿床成矿时代和成矿区

中国的大、中、小型锰矿床及矿点共60余个，主要集中于东部。重要锰矿床在大地构造位置上，主要分布于地台边缘地带（包括增生台缘），在台缘和增生台缘部位成矿，而在广阔的台内最稳定的腹地却无工业锰矿床的形成。

从元古宙以来，各地质时期均有锰矿床产出。主要成矿期为晚古生代和晚前寒武纪，其中震旦纪和泥盆纪占最重要地位。

1. 中国锰矿床的成矿时代和元素组合演化

中国锰矿床的成矿期可分5期，不同地质时代矿床的含矿系及元素组合不尽相同，它们既反映了这些矿床形成的沉积地质、地球化学条件的差异，又反映了成矿物质来源的不同；同时还展现了古气候、古大气、古海洋、古生物的地史演化。重要成矿期的特征概述如下：

（1）晚前寒武纪成矿期：本成矿期为中国锰矿床形成、聚集的重要时期，其工业意义仅次于晚古生代成矿期，以矿床类型多、矿物及元素组合复杂为特点。

形成的矿床有中元古代高于庄组蓟县式硼锰矿床及铁岭组瓦房子式铁锰矿床，震旦纪早期的湘潭式锰矿床和晚期的高燕式磷锰矿床及中元古代黎家营式锰矿床等大、中型矿床，它们分属碳酸盐岩型、泥质岩型、黑色岩系型沉积矿床及受变质火山－沉积矿床。其中黑色岩系型矿床产出层位多、规模大、分布广、元素组合复杂，其总储量占本期锰储量的3/4，为主要矿床类型。

矿床的元素组合以 Ca－Mg－Mn 为主，与这个时期内全球碳酸盐岩演化规律一致。另外还形成 B－Mn，Fe－Mn，S－Si－Mn 及 P－Mn 等较特殊的元素组合类型，以及在后期岩浆作用影响下形成的复杂多样的变质矿物组合。

（2）早古生代成矿期：本期有寒武纪、奥陶纪锰矿床，虽非中国的重要成矿期，但奥陶纪锰矿床多属小富矿（如桃江）并伴生钴（如轿顶山），具一定工业意义。含矿系以黑色岩系为主，元素组合以 Ca－Mn 为主，并有较特殊的 Fe－Co－Ca－Mn 组合。

（3）晚古生代成矿期：本期是中国锰矿床形成的鼎盛时期，有泥盆、石炭、二叠纪的各类锰矿床，总储量约占全国锰储量的43%，其中泥盆纪锰矿床最重要（占1/4）。期内不仅形成大型沉积（含热水沉积）和火山 – 沉积矿床（如下雷、遵义、莫托沙拉等），而且集中了全国最大的热液改造矿床（玛瑙山、后江桥），同时还为大型表生锰矿床提供胚胎矿（木圭等）。含矿系以硅、泥、灰岩型及碳酸盐岩型为主，黑色岩系型及火山 – 沉积型居次。

矿床的元素组合简单，主要是 Si – Ca – Mn 组合（热液改造型例外）。矿床中大量硅岩层、硅质条带及透镜体和硅酸锰矿石的出现说明火山活动及热水溶液等的巨大影响。至于镁质的减少则反映了碳酸盐岩演化的基本趋势（由 Ca，Mg→Ca）。

（4）中生代成矿期：本期内有早三叠世东平锰矿床，中三叠世斗南、白显锰矿床和虎牙铁锰矿床及晚二叠世鹤庆锰矿床。特别是斗南锰矿床以其规模巨大和独特的矿物组合（褐锰矿、菱锰矿共生）而著称。含矿系为泥质岩型及灰岩型，并为简单的 Ca – Mn 组合，反映了碳酸盐岩地史演化的最终阶段。

（5）新生代成矿期：主要有产于华南第四纪红壤、黄壤区的锰帽型、淋滤型、堆积型表生氧化矿床，其储量约占全国锰储量的16%，也是较为重要的成矿期。元素组合以锰为主，矿物以水羟锰矿、软锰矿、硬锰矿等为主，是我国具高价态锰的氧化物、氢氧化物矿床类型，

总之，中国锰矿的重要成矿时代为晚古生代、晚前寒武纪及新生代。矿床的演化特点（由老至新）为：元素组合类型由复杂到简单，黑色岩系型锰矿床由多到少，碳酸盐岩型矿床的元素组合由 Ca – Mg – Mn 演化为 Si – Ca – Mn 及 Ca – Mn。

2. 中国锰矿床主要成矿区

成矿区是相近似的岩相古地埋和地球化学环境中形成的矿床聚集区，它受控于大地构造的演化与发展。中国锰矿床的重要成矿区有：

（1）燕辽成矿区：本区位于华北地台北部边缘裂陷带内，具一定活动性，曾称"燕辽沉降带"。中元古代期间经历了三个发展阶段：最初（1 850 ~ 1 700 Ma）沉降幅度大，呈很窄的狭长状裂陷海。其后（1 700 ~ 1 000 Ma）周围边缘海抬升为山地，燕辽海范围大大缩小而形成一个近北北东向的浅海盆地；蓟县式硼锰矿床和瓦房子式铁锰矿床就形成于这个浅海盆地内，最后（1 000 ~ 850 Ma）海侵范围扩大形成大面积陆表海。

蓟县式硼锰矿床分布于蓟县、平谷、兴隆一带，为小型矿床或矿化点。虽规模小、质量差、工业意义不大，但却是世界罕见的锰矿床类型。瓦房子式铁锰矿床分布于延庆至朝阳的狭长带中。东部以铁锰矿床为主、有大型矿床1个、中型矿床5个、小型及矿点10余个；西部以铁矿床为主，规模、数量、质量均较差。瓦房子铁锰矿床是我国北方唯一的大型矿床，因受接触变质，矿石内形成复杂的矿物组合。

（2）湘黔川鄂成矿区：成矿区位于扬子地台南缘，是黑色岩系型沉积锰矿床的密集区（其大、中型矿床储量占全国锰储量的25.5%），也是重要层控矿床和表生矿床的分布区（其大、中型矿床储量占全国的7.4%），具有十分重要的工业意义。

早震旦世间冰期黑色岩系型湘潭式锰矿床是本区的主要矿床类型，有湘潭、民乐、

大塘坡等大中型矿床 11 个，在成因上与冰川的消融关系密切，由于碳酸锰矿石品位较低、含磷较高，故目前仅在湘潭、棠甘山建立矿山。

中奥陶统黑色岩系型桃江式锰矿床分布于湘中江南古岛群中部的南缘，为中小型富矿。

在本成矿区东南边缘还分布有大、中型热液改造矿床（道县后江桥，郴州玛瑙山）和第四纪堆积型锰矿床（零陵东湘挢）。

（3）陕南—川东北成矿区：成矿位于扬子地台北部大陆边缘带，分布有晚震旦世高燕式黑色岩系型矿床及中元古代受变质火山－沉积矿床（黎家营式），其大、中型矿床总储量约占全国锰储量的 4%，且部分矿石质优，具一定工业意义。

（4）桂西南成矿区：桂西南成矿区以下雷、湖润为中心构成向南突出的弧形带，绵延 60 km 以上，为封闭条件较好的狭长形高热场台沟，其中聚集了全国锰储量的 20%，是我国储量最大的锰成矿区。目前主要开采锰帽型富矿石。

（5）新疆成矿区：成矿区内锰矿床储量仅占全国锰储量的 2%，分布有两个早石炭世矿床，火山－沉积型莫托沙拉铁锰矿床处于东天山褶皱区中天山隆起带南缘的莫托沙拉晚古生代断陷盆地中，沉积型昭苏矿床分布于南天山哈雷克套山西段北麓，属天山地槽北天山褶皱带内其格台一卡普沙梁坳褶束。两者均为中型矿床。

（6）黔中滇东成矿区：区内分布有二叠纪遵义、泰来和格学等锰矿床。计有大型矿床 1 个，中型矿床数个，储量占全国总储量的 10% 左右。遵义锰矿床的铜锣井式位于龙潭组底部，属黑色岩系型；其共青湖式锰矿床与宣威格学锰矿床均为硅、泥、灰岩型，层位属下二叠统孤峰组。成矿区分布与黔中—滇东台沟或其继承性半局限环境有关。

（7）滇东南成矿区：区内分布有中二叠世晚期的同期异相斗南式泥质岩型和白显式碳酸盐岩型锰矿床，共有大、中型 4 个及较多小型和矿点，其总量占全国锰储量的 5%。斗南矿床规模大、质量好，并已建立矿山。

（8）湘、桂、粤、闽成矿区：区内主要分布有锰帽型、淋滤型、堆积型表生锰矿床，虽然规模较小（多为中、小型），但数量很多（达百余个），质量较好，总储量占全国锰储量的近 16%，仅次于沉积锰矿床而居第二位，在中国锰业上具重要意义。它们分布于北纬 26° 线以南的中低山及丘陵地区和山坡低平谷地等，并赋存于红壤、黄壤内。

三、中国锰矿基本特点

1. 锰矿资源分布不平衡

虽然我国有 21 个省、市、自治区查明有锰矿，但大多分布在南方地区，尤以广西和湖南两省最多，占全国锰矿储量的 56%，因而在锰矿资源开采方面形成了以广西和湖南为主的格局。

2. 矿床规模多为中、小型

我国已发现 213 处锰矿区中，大型只有 7 处，其余均为中、小型矿床，这就难以充分利用现代化工业技术进行开采，历年来，80% 以上锰矿产量来自地方中、小矿山及民采矿山。

3. 矿石质量较差，且以贫矿为主

我国锰矿储量中，符合国际商品级的富矿石（Mn≥48%）几乎没有，富锰矿（氧化锰矿含锰 >30%、碳酸锰矿含锰 >25%）储量只占 6.4%，而且有部分富锰矿石在利用时仍需要加工。贫锰矿储量占全国总储量的 93.6%。由于锰矿石品位低、含杂质高、粒度细，技术加工性能不理想。

4. 矿石物质组分复杂

高磷、高铁锰矿石，以及含有伴（共）生金属和其他杂质的锰矿石，在我国锰矿储量中占有很大的比例，如南方震旦纪"湘潭式"锰矿约有 1×10^8 t 以上的储量属于高磷难用锰矿。

5. 矿石结构复杂、粒度细

经对我国锰矿主要产区湖南、广西、贵州、福建、云南的一些锰矿进行工艺矿物学研究，结果表明，绝大多数锰矿床属细粒或微细粒嵌布，从而增加了选冶难度。

6. 矿床多属沉积或沉积变质型，开采条件复杂

我国近 80% 的锰矿属于沉积或沉积变质型，矿体是缓倾斜，矿层薄，埋藏深，需要进行地下开采，开采技术条件差。适宜露天开采的矿山只占总量的 6%。

截至 2012 年底，我国查明锰矿资源储量总量约 9 亿 t。另据统计，2012 年度，我国生产消费锰矿石量已达 4 400 万 t，如按矿山开采实际资源利用率 50% 计，国内年消耗锰矿资源储量达 8 800 万 t，以现有查明锰矿资源储量计算，静态保障程度仅为 10 年。

第三章 铬 矿

第一节 概 述

一、铬的性质与用途

铬元素符号 Cr，在元素周期表中属 VIB 族，铬的原子序数24，原子量51.996，体心立方晶体，常见化合价为 +3、+6 和 +2。铬是一种银白色金属，熔点1 800℃，常温下铬在空气中、水中十分稳定，有较强的抗氧化和抗腐蚀能力。铬是一种重要的战略资源。

由于铬合金性脆，作为金属材料使用还在研究中，铬主要以铁合金形式用于生产不锈钢及各种合金钢。金属铬用作铝合金、钴合金、钛合金及高温合金、电阻发热合金等的添加剂。氧化铬用作耐光、耐热的涂料，也可用作磨料，玻璃、陶瓷的着色剂，化学合成的催化剂。铬矾、重铬酸盐用作皮革的鞣料，织物染色的媒染剂、浸渍剂及各种颜料。镀铬和渗铬可使钢铁和铜、铝等金属形成抗腐蚀的表层，并且光亮美观，大量用于家具、汽车、建筑等工业。此外，铬矿石还大量用于制作耐火材料。

二、含铬矿物与铬矿石类型

含铬的矿物四十余种，但只有尖晶石族铬铁矿系列（铬尖晶石）的矿物具工业价值。铬铁矿系列（铬尖晶石）主要包括：铬铁矿 $FeCr_2O_4$；镁铬铁矿 [（Mg、Fe）] Cr_2O_4；铝铬铁矿 [（Fe、Mg）（Cr、Al）$_2O_4$]。

根据《铁、锰、铬矿地质勘查规范》（DZ/T 0200 - 2002）铬矿石的自然类型见表 11 - 3 - 1。矿石工业类型划分为：冶金用铬矿石、耐火材料用铬矿石、化工用铬矿石、铸石用铬矿石。矿床规模为：大型铬矿床，矿石 > 500 万 t；中型铬矿床，矿石 100 ~ 500 万 t；小型铬矿床，矿石 < 100 万 t。

表 11 - 3 - 1 铬矿石自然类型

矿石类型		铬矿物密集程度	铬矿物质量分数/%	Cr_2O_3 估计质量分数/%
致密块状矿石		极密集	>80	>40
浸染状矿石	稠密浸染	较密集	50 ~ 80	25 ~ 40
	中等浸染	中等程度密集	30 ~ 50	15 ~ 25
	稀疏浸染	稀疏	10 ~ 30	5 ~ 15

第二节　铬矿床主要类型及特征

除少数砂矿床外，铬铁矿矿床均为与基性、超基性岩有关的岩浆型矿床。即使是砂矿床，其来源仍然是岩浆型矿床。

根据基性–超基性岩的岩性特征、岩石组合、分异程度及产状等特征，人们习惯上将岩浆型铬铁矿矿床划分为 3 种类型。

一、基性–超基性层状杂岩体中的铬铁矿矿床

组成层状杂岩体的岩石大致可分为两大岩石系列，即下部以超镁铁质岩石为主，如辉石岩、辉橄岩、纯橄岩等；上部以镁铁质岩为主：苏长岩、辉长岩、斜长岩等。不同岩相呈韵律式交互产出。层状铬铁矿体无例外地只赋存在层状杂岩体内，呈层状，具有层位性和多层韵律性等特点，矿层薄、延伸稳定、矿床规模巨大，是世界上最主要的铬铁矿资源类型，占铬矿资源总储量的 87.2%。

典型矿床实例有：南非阿扎尼亚布什维尔德杂岩体中的铬铁矿矿床，矿石储量 4.31 亿 t，推定资源量 63 亿 t；芬兰埃尔加威区凯莱矿床，矿石储量 5 000 万 t；印度奥里萨邦苏金达河谷奥里萨矿床，矿石储量 7 870 万 t；津巴布韦纵贯南北全境的大岩墙，矿石储量 1.5 亿 t，推定资源量 18.8 亿 t；西格陵兰菲斯克内塞特，矿石储量 1.380 亿 t。

二、豆荚状铬铁矿矿床

矿床在空间分布上具有明显的区带性，与蛇绿岩带的分布一致，与蛇绿岩带的超镁铁质岩关系密切，也是一类重要的铬矿类型，占铬矿资源总储量的 11.7%（其中豆荚状 5.2%，豆荚状—层状矿床 6.5%）。主要代表有：俄罗斯南乌拉尔地区肯皮尔赛，矿石储量 4.2 亿 t；俄罗斯西乌拉尔彼尔姆区萨拉诺夫，矿石储量 16 亿 t；阿尔巴尼亚东部布尔奇泽，矿石储量 2 150 万 t；土耳其东部古里曼，矿石储量 6 130 万 t；菲律宾吕宋岛三描礼士，矿石储量 2 515 万 t。

我国西藏罗布莎、东巧、内蒙古锡林郭勒盟赫根山和乌盟索伦山也是世界上重要的铬矿资源产地。

三、红土型铬铁矿矿床和砂矿

前者主要发育于热带地区，与含铬超基性岩的风化淋滤作用有关，后者有残积型和冲积型两种；后者主要分布在河道及海边，形成河流砂矿和滨海砂矿。但这两种铬矿资源的经济意义不如上述种类重要，仅占次要地位。其中有代表性的矿产有：菲律宾萨与岛萨马，矿石储量 280 万 t；巴布亚新几内亚拉穆河，矿石储量 12.8 万 t。

第三节　世界铬矿资源

一、世界主要铬铁矿床分布

世界铬铁矿可分为 12 个较大的成矿区（带），分别为：

（1）南非层状铬铁矿成矿区：南非地盾集中了全世界 90% 以上的铬铁矿资源，分布于太古代至早元古代的 3 个大型层状杂岩体中：马沙巴、大岩墙和布什维尔德。

（2）北美斯梯尔沃特成矿区：位于美国蒙大拿州斯梯尔沃特。

（3）南美坎波 – 莫索成矿区：位于巴西伊亚洲的坎波 – 莫索地区。

（4）印度奥里萨邦成矿区：位于印度地盾东北部奥里萨邦的库塔克、凯翁贾尔和登卡纳尔等。

（5）北欧凯米成矿区：位于芬兰波罗的海地盾的凯米地区。

（6）津巴布韦塞卢奎成矿区：位于津巴布韦西部的塞卢奎地区。

（7）北非成矿区：埃及、苏丹和沙特阿拉伯晚元古代蛇绿岩套。

（8）北美阿巴拉契亚成矿区：沿北美东海岸阿巴拉契亚山脉分布有含铬蛇绿岩带。

（9）乌拉尔成矿带：苏联乌拉尔地区，其中有著名的肯皮尔赛和萨拉诺夫铬铁矿矿床。

（10）特提斯成矿带：阿尔卑斯 – 喜马拉雅造山带的特提斯蛇绿岩带东西延伸数千千米，包括西段阿尔卑斯、中段中东和东段喜马拉雅三个蛇绿岩段，我国罗布莎岩体即位于东段。

（11）西太平洋岛弧成矿带：包括印尼 – 新西兰、堪察加、日本、菲律宾。为一系列岛弧蛇绿岩带。

（12）加勒比海成矿带：沿古巴北部海岸分布。

二、世界铬矿资源储量

2011 年世界铬铁矿探明储量约为 4.8 亿 t。世界铬铁矿资源总量超过 120 亿 t，可以满足世界几百年的需求。世界上铬铁矿资源丰富的国家主要有：哈萨克斯坦、南非、印度、土耳其、巴西等（表 11 – 3 – 2）。哈萨克斯坦、南非和印度是世界上 3 个铬铁矿资源最丰富的国家，其铬铁矿资源量约占世界铬铁矿资源量的 98%。

表 11 – 3 – 2　　　　　**2011 年世界铬铁矿储量（商品级矿石）**　　　　　单位：万 t

国家或地区	储量	国家或地区	储量
哈萨克斯坦	22 000.0	阿尔巴尼亚	—
南非	20 000.0	土耳其	2 500.0
印度	5 400.0	津巴布韦	—
美国	62.0	其他国家	—
巴西	—	世界总计	48 000.0

资料来源：国土资源部信息中心《世界矿产资源年评》（2011～2012），2012。

据国际铬发展协会（International Chromium Development Association）报道，南非是世界上铬铁矿资源最丰富的国家，铬铁矿资源量约有 55 亿 t。津巴布韦也是一个铬铁矿资源较丰富的国家，铬铁矿资源量 10 亿 t。津巴布韦铬铁矿矿床既呈层状产出，也呈透镜状产出，层状铬铁矿矿床产在长 550 km，宽 11 km 的大岩脉中，而透镜状的铬铁矿矿床产在塞卢奎（Selukwe）地区和贝林圭（Belingwe）地区。印度透镜状的铬铁矿矿床产自奥里萨邦东海岸，铬铁矿资源量有 6 700 万 t。在芬兰北部的凯米（Kemi）附近产有透镜状的铬铁矿矿床，虽然其 Cr_2O_3 含量很低，但其铬铁矿已被成功地采出、选矿、冶炼成铬铁合金，芬兰铬铁矿资源量约为 1.2 亿 t。巴西铬铁矿主要产自巴伊亚州和米纳斯吉拉斯州，其他州也有一些铬铁矿资源，巴西铬铁矿资源量约为 1 700 万 t。中国的铬铁矿资源主要分布在西藏地区，资源量不大。俄罗斯铬铁矿资源主要分布在乌拉尔地区。其他国家包括阿曼、伊朗、土耳其、阿尔巴尼亚等也有一些铬铁矿资源，铬铁矿资源总量约为 5 亿 t。美国的铬铁矿资源主要分布在蒙大拿州斯蒂尔沃特杂岩体中。

第四节　中国铬矿资源

一、中国铬铁矿矿床的分布及类型

世界铬铁矿矿床主要分布在东非大裂谷矿带、欧亚界山乌拉尔矿带、阿尔卑斯－喜马拉雅矿带和环太平洋矿带。中国西藏地处阿尔卑斯－喜马拉雅矿带上。

中国铬铁矿矿床主要赋存于蛇绿岩中，主要矿床分布于下列蛇绿岩带内：雅鲁藏布江——象泉河蛇绿岩带；藏北班公湖——怒江蛇绿岩带；准噶尔蛇绿岩带；祁连山蛇绿岩带；内蒙古蛇绿岩带。

铬铁矿矿床按其围岩（容矿岩石）组合、侵位方式、形态产状、岩石和矿石的结构和构造等特征，可分为蛇绿岩（非层状、豆荚状）型、层状型和同心型三种。其中以层状型的工业价值最大，如南非、津巴布韦、美国、俄罗斯和哈萨克斯坦的一些大型矿床都是层状的，但是我国绝大多数铬铁矿矿床属于蛇绿岩型，尚未发现层状型铬铁矿矿床，同心型也只是小型矿床。蛇绿岩型铬铁矿矿体主要赋存于蛇绿岩套下部层位的斜辉辉橄岩相中，个别在斜辉辉橄岩相上部的纯橄岩相内，铬铁矿矿体形态复杂（以豆荚状为主）、规模大小悬殊、铬矿物铬尖晶石化学成分变化较大，是该类型矿床的特点。

中国同心型铬铁矿矿床产于古老变质岩组成的克拉通区，镁铁质—超镁铁质岩杂岩体具同心式或对称式岩相分带，面积一般只有几 km^2 或更小。铬铁矿矿体为小型不规则矿体，铬尖晶石含铁高。

除内生铬铁矿矿床之外，我国海南岛尚形成表生的砂铬矿（滨海砂铬矿、河床砂铬矿和残坡积砂铬矿），但规模不大。

我国铬铁矿矿床绝大多数属于蛇绿岩（非层状）型。具有代表性的矿床有西藏罗布莎铬铁矿矿床、甘肃大道尔吉铬铁矿矿床、内蒙古贺根山铬铁矿矿床和新疆萨尔托海铬铁矿矿床。

二、铬铁矿矿体分布及产出特征

中国的铬铁矿矿床产于不同的镁铁质岩、超镁铁质岩建造（组合）中，主要特征为：

1. 蛇绿岩建造及豆荚状铬铁矿矿体

蛇绿岩一般被认为是代表古洋壳和上地幔的一部分，是古大洋环境的产物，其基本层序可与现代洋壳层序相对比。

我国的铬铁矿矿床大都与蛇绿岩有关。含矿岩相主要为含有大量纯橄岩透镜体和纯橄岩岩脉的斜辉辉橄岩相，其次为堆积杂岩相中的纯橄岩。前者工业意义较大，矿石质量较好。

斜辉辉橄岩相中矿体多成群出现，数个矿群又组成矿带。矿体和矿带的产状与含矿岩相带产状基本一致。矿体在平面上呈雁行排列，在剖面上呈叠瓦状；较大的矿体侧伏现象比较明显。矿体的近矿围岩多为纯橄岩，常呈薄壳状包裹矿体；矿体有时也直接产于斜辉辉橄岩中，而无纯橄岩外壳。矿体内部沿倾向和走向都有褶曲现象，显示矿体曾处于塑性状态；矿体多分布在大致相同的水平高程，处于斜辉辉橄岩相的中下部，也是岩体的中下部；有时有一层以上的矿体。矿石以块状、中等至稠密浸染状为主，块状矿石中的铬尖晶石颗粒粗大，有时可达 1 cm。在矿体边部或矿体尖灭处常见豆状或瘤状矿石。

含矿的斜辉辉橄岩具以下特征：辉石含量不超过 15%，主要为斜方辉石，单斜辉石含量小于 5%；岩石的镁铁比值大于 7.0，属镁质超镁铁质岩。其中含有大量纯橄岩透镜体（或岩脉与斜辉辉橄岩呈速变过渡关系，接触带无热蚀变现象）。

与上述情况相反，当斜辉辉橄岩（或二辉辉橄岩、斜辉橄榄岩）中的辉石含量大于 15%，其中的单斜辉石含量大于 5% 时，即使这些岩石形成巨大岩相，它们也不含工业铬铁矿矿床，有时甚至不具矿化现象，此外，产状与斜辉辉橄岩叶理不一致的，或单独由豆状、瘤状矿石组成的矿体，一般规模甚小，不具工业意义。

产于堆积杂岩相纯橄岩中的矿体，工业意义较小或不具工业意义。矿石品位一般较低，多由中等至稀疏浸染条带状矿石组成，从未见到豆状或瘤状矿石。矿体呈透镜状、似层状产于纯橄岩中，二者产状基本一致，矿体与围岩一般为渐变关系，造矿矿物及副矿物铬尖晶石成分基本一致。

中国与蛇绿岩有关的豆荚状铬铁矿矿床的分布表明，铬铁矿矿床主要位于堆积岩相下部界面以下 2 km 的范围内以及堆积岩相带的下部过渡带内。

2. 同心式镁铁质 - 超镁铁质岩建造

由镁铁质岩和超镁铁质岩组成的杂岩体，具有明显的同心环状岩相分带，即杂岩体中央部位由超镁铁质岩（多为纯橄岩）组成，向外依次为单辉辉橄岩、辉石岩、角闪石岩乃至辉长岩所环绕。杂岩体主要产于古老的隆起区（如中国的燕山）或古老的褶皱带（如俄罗斯的乌拉尔和美国的阿拉斯加）。我国与同心式镁铁质 - 超镁铁质岩建造有关的铬铁矿矿床有河北的高寺台、北京的平顶山等。

　　铬铁矿矿化主要集中于岩体中央部位的超镁铁质岩相内,该岩相主要由纯橄岩组成。河北高寺台岩体的纯橄岩相按其粒度从内向外大致又可分为粗粒、中粒、中－细粒和细粒几个亚带,铬铁矿矿化一般仅发育在粗粒纯橄岩亚带内。纯橄岩的岩石化学成分变化较大。有的岩体,其纯橄岩的镁铁比值在 8 ~ 11 左右;有的岩体,如北京平顶山,仅为 2 ~ 3 左右,属铁质超镁铁质岩。矿体呈小矿囊、矿巢、不规则状或按工业指标圈定的板状。矿体主要由浸染状矿石组成,偶见块状、角砾斑杂状矿石。矿体与围岩无明显界线。造矿矿物铬尖晶石均以高铁为特征,故矿石品位低,质量差,工业意义较小。

三、中国铬铁矿资源条件

　　中国铬铁矿资源主要分布在西藏地区,资源量不大,铬铁矿资源不但十分匮乏,而且矿石质量差。至 2011 年,中国铬铁矿保有矿石资源量 1 161.1 万 t,与世界探明储量约 4.8 亿 t 相比,占世界总储量的 2.4% 。而中国是世界上不锈钢最大产出国,铬资源消耗量居世界首位。铬矿资源短缺是短期难以解决的问题。

第四章　铜　矿

第一节　概　述

一、铜的性质与用途

铜的化学符号是 Cu，原子序数 29，是一种过渡金属。铜是呈紫红色光泽的金属，密度 8.92 g/cm^2。熔点（1 083.4 ±0.2）℃，沸点 2 567℃。常见化合价 +1 和 +2。电离能 7.726 电子伏特。铜是一种存在于地壳和海洋中的金属。铜在地壳中的含量约为 0.01%，在个别铜矿床中，铜的含量可以达到 3% ~ 5%。自然界中的铜多数以化合物即铜矿物存在。

铜是人类最早使用的金属。早在史前时代，人们就开始采掘露天铜矿，并用获取的铜制造武器、工具和其他器皿，铜的使用对早期人类文明的进步影响深远。当今世界，铜是国民经济建设中重要的金属材料之一。它以导电、导热、抗张、耐磨、易铸造、机械性能好、易制成合金等性能，被广泛应用于电气工业、机械制造、运输、建筑、电子信息、能源、军事等各工业领域。在中国有色金属材料的消费中仅次于铝。据《世界矿产资源年评》（2011 ~ 2012）统计，2011 年世界精炼铜消费量为 1 947.19 万 t。世界消费最多的国家是中国、美国、日本和德国，2011 年四国的消费量合计 1 192.83 万 t，占世界总消费量的 61.3%。韩国、俄罗斯、意大利等国家消费量在 500 万 ~100 万 t 之间，其消费量合计 202.47 万 t，占世界总消费量的 10.4%。

二、含铜矿物与铜矿石类型

自然界中含铜的矿物达 280 余种，其中工业利用的仅有 12 种：自然铜 Cu，黄铜矿 $CuFeS_2$，斑铜矿 Cu_5FeS_4，辉铜矿 Cu_2S，铜蓝 CuS，黝铜矿（$CuFe$）$_{12}Sb_4S_{13}$，硫砷铜矿 Cu_3AsS_4，赤铜矿 Cu_2O，黑铜矿 CuO，孔雀石 $CuCO_3 \cdot Cu(OH)_2$，蓝铜矿 $2CuCO_3 \cdot Cu(OH)_2$，硅孔雀石 $CuSiO_3 \cdot 2H_2O$。

《矿产资源储量规模划分标准》（国土资发〔2000〕133 号）规定，铜金属量 ≥50 万 t 属大型矿床、10 ~50 万 t 属中型矿床，<10 万 t 属小型矿床。

第二节　铜矿床主要类型及特征

铜矿床的主要成因类型有：斑岩型，占铜矿总储量的 53.5%；沉积变质型，占31%；火山岩型（黄铁矿型），占 9%；基性 – 超基性岩型（铜镍硫化物型），占 5%；热液型（脉状铜矿），占 1%；夕卡岩型，占 0.5%。

一、斑岩型（细脉浸染型）铜矿床

产于中、新生代火山岩区，与中 – 酸性次火山岩或浅成岩—花岗斑岩、石英二长斑岩、花岗闪长斑岩、石英闪长斑岩等有成因及空间联系。

矿体呈等轴状、筒状产于斑岩小岩体的内部及其接触带附近。蚀变分带明显，有钾长石化、绢云母化、青磐岩化。主要金属矿物有黄铁矿、黄铜矿、斑铜矿及辉铜矿。

矿床规模巨大，铜的储量一般有几百万吨、几千万吨。矿石呈细脉浸染状，铜品位低，一般为 0.3% ~ 1.5%。矿体埋藏浅，呈面型分布，可作大型机械化露天开采。这类矿床不仅是大型铜矿，同时又是大型金、银、钼、铼和硫矿，经济意义巨大，各国都很重视寻找和开发。

世界斑岩铜矿大致可分为三个大的成矿带：环太平洋成矿带，地中海 – 亚洲成矿带（阿尔卑斯 – 喜马拉雅带），哈萨克斯坦 – 蒙古成矿带（中亚 – 蒙古带）。

我国斑岩型铜矿床主要有：江西德兴铜矿，西藏江达县玉龙铜矿，山西中条山铜矿峪铜矿，这几个矿床均有几百万吨铜金属储量。

二、沉积（变质）型铜矿床

指与火山活动无直接联系、产于沉积岩中的层状铜矿床，其分布的时间及空间相当广泛，产于一定时代的沉积岩相中，具有一定层位，矿体呈层状或透镜状，与含矿岩系呈整合接触关系。矿床主要在两个时期形成：晚元古代和晚古生代。

根据其形成环境可分成两大类：

1. 海相沉积铜矿床

形成于浅海环境，分布广泛，矿石中含 Cu 较富，一般品位为 2.4%，铜金属储量常在几百万 ~ 千万吨以上，构成巨大的铜矿成矿带。这类矿床含矿岩石主要有页岩、砂岩、砾岩、灰岩、白云岩等，故按含矿岩石类型可分为以下几个组合：

含铜页岩组合：如赞比亚铜矿带中的铜矿床，美国 White Pine、德国曼斯费尔德；

含铜砂岩组合：如赞比亚铜矿带中的矿床，波兰前苏台德区、苏联哲兹卡兹甘；

含铜砾岩组合：如赞比亚铜矿带中的矿床；

含铜灰岩 – 白云岩组合：如扎伊尔加丹加铜矿带，我国云南东川铜矿。

世界上有两个巨大的沉积型铜矿带，中非铜矿带和中欧铜矿带：

中非铜矿带即赞比亚 – 扎伊尔铜矿带，是全球最大的铜矿带之一。其中著名的矿床有恩昌加铜矿，产于晚元古代加丹加系黑色页岩中，铜金属储量 1 537.1 万 t，铜品位 4.11%；穆富利拉铜矿，矿床产于晚元古代加丹加系变质砂岩中，铜金属储量为 978.6 万 t，铜品位 3.47%；扎伊尔藤凯 - 方古鲁梅铜矿，产于晚元古代上罗安组砂岩 - 白云岩组中，铜金属储量 275 万 t，铜品位 5.5%；基普希铜矿，铜金属储量 500 万 t，铜品位 2.5%。

中欧含铜页岩铜矿带即英 - 荷 - 德 - 波铜矿带，东西长 1 500 km，面积可达 60 万 km²，为世界最大的铜矿带，矿床产于上二叠统海相沥青质泥灰岩和页岩中。著名的矿床有波兰卢宾铜矿，产于晚二叠世白云岩 - 砂页岩中，铜储量为 1 500 万 t，铜品位 2%，最富 17.46%，还有铅 60 万 t；东德曼斯费尔德矿床，产于晚二叠世炭质泥灰岩中，铜储量 217.5 万 t，铜品位 2.9%，锌 139 万 t，锌品位 1.8%。

另外，苏联的乌多坎铜矿，铜储量 1 800 万 t，铜品位 1.5%，产于早元古代砂岩中。杰兹卡兹甘铜矿，铜储量 375 万 t，铜品位 1.6%，产于石炭纪灰岩中。

我国云南东川铜矿产于元古界昆阳群紫色板岩、粉砂岩与白云岩的过渡部位及含藻白云岩中，铜硫化物沿藻类生长线分布形成"马尾丝铜矿"。安徽新桥黄铁矿型铜矿，产于中、上石炭统黄龙组、船山组灰岩及三叠纪青龙灰岩中。

美国蒙大拿州西部 - 加拿大南部的贝尔特也是世界著名的海相沉积型铜矿带。

2. 陆相沉积型铜矿床

形成于陆相盆地沉积型红色砂岩中，故又称"红层铜矿"、"砂岩铜矿"，是一个分布面积很广的铜矿类型，美国科罗拉多高原的铜矿，玻利维亚科罗科罗矿床，俄罗斯乌拉尔西部及我国云南中部的铜矿（滇中砂岩铜矿）都是其中的典型代表。

澳大利亚奥林匹克坝（Olympic Dam）世界级超大型铜 - 铀 - 金矿床是世界上少见的超级铜矿床之一，共有铜储量 3 200 万 t（Cu 1.6%），U_3O_8 储量 120 万 t（U_3O_8 0.06%），金储量 1 200 t（Au 0.6×10^{-6}），含可回收 Ag 及稀土元素，矿体产于花岗质角砾岩、复合角砾岩及长英质火山岩中，呈层状产出。主要矿物有沥青铀矿、黄铜矿、斑铜矿、辉铜矿、自然金、黄铁矿、赤铁矿及氟碳铈矿、长石、石英、绿泥石、绢云母等。矿石呈浸染状，成矿时代为前寒武纪。

3. 火山岩型含铜黄铁矿床

又称"黄铁矿型铜矿"，西方多称"块状硫化物矿床"，即指与海底火山作用有关的、含大量黄铁矿和一定数量铜、铅、锌硫化物的矿床。

矿床主要产于地槽发育早期的细碧 - 角斑岩建造和绿色凝灰岩建造中，或相应的绿岩等变质岩内，成矿时代较广泛，从前寒武纪到第三纪各个时期都有。但主要是古生代，矿源来自上地幔，即海底火山喷气喷液活动创造了矿床形成的环境，并提供了成矿物质和搬运介质及能量，并且也为成矿活动及矿石沉淀提供了渗透性良好的容矿岩石。

矿石品位一般较富，Cu 为 0.8% ～ 2%，有的可达 12% 以上，如俄罗斯乌拉尔块状硫化物矿床平均含 Cu 4%，个别地段 11% ～ 12%。塞浦路斯平均含 Cu 3.4% ～ 4.5%，加拿大怀特矿床平均达 7.11%。

矿体呈层状、似层状或透镜状，产于层状火山岩中，与围岩整合接触，矿体下盘为火山碎屑岩，上盘为未蚀变的火山岩和硅质及富 Fe 的沉积岩。矿体厚度较大，侧向延伸较小。

矿石中含大量硫化物矿物，可达 80% 以上，常称"块状硫化物矿石"。在这些硫化物中，黄铁矿含量占绝大多数，占硫化物的 95% 以上，其次有黄铜矿、斑铜矿、黝铜矿以及方铅矿、闪锌矿，脉石矿物为硅酸盐类矿物。

这类矿床 Cu 品位高。除 Cu 外、尚伴生有 Pb、Zn、Au、Ag、S、重晶石、Se、Te、Bi、Cd、Co、Ni、Hg、Sb、Sn、As 等可综合利用，并且构成巨型矿床，因此亦是铜矿资源的一个重要工业类型，世界铜矿资源的 9% 来自这种类型，居铜矿资源的第三位。在某些国家甚至更为重要，例如苏联占 21.5%。代表性的矿床有：加拿大地盾诺兰达矿床，铜储量 244 万 t（Cu 2.14%），锌 156 万 t（Zn 1.37%），金 210 t（Au 3.7 × 10^{-6}），银 500 t（Ag 18 × 10^{-6}）；加拿大基德克里克铜矿床，铜储量 388 万 t（Cu 2.46%），锌 859 万 t（Zn 6%）。

我国白银厂及澳大利亚、北美和苏联乌拉尔某些矿床成矿时间为古生代。

4. 基性 – 超基性岩浆岩型铜矿床（铜镍硫化物型）

这类矿床均与基性 – 超基性岩浆岩有关，主要产于苏长岩、橄榄辉长 – 辉绿岩、橄榄岩和辉石岩中。含矿岩体多为深成侵入体，多为岩盆状或岩床，岩体分异良好者对成矿有利。其形成原因是岩浆在向地壳方向运移的过程中，由于物、化条件的改变发生岩浆分异作用，使岩浆分异成完好的超基性、基性和中性等各种岩相，同时其中携带的 Cu、Ni 等组分亦被熔离分异，结果在岩浆岩体的底部或接触带附近的裂隙中形成铜 – 镍硫化物型矿床。

有用组分有 Cu 和 Ni，另外还有 Pt 族金属、Co、Au、Ag、Se、Te、S、Fe 等可综合利用。矿物组成有磁黄铁矿、镍黄铁矿、黄铜矿，其次有斑铜矿、磁铁矿、铬铁矿、紫硫镍铁矿等。矿体的规模、形态、产状和矿化均受岩体规模、产状、分异程度的控制。

这种类型的铜矿也是较为重要的铜矿工业类型，全世界有 5% 的铜来自岩浆岩型，苏联则更是高达 28.2%，是 Ni、Cu、Co 和 Pt 族元素的重要来源，尤其是世界上有 90% 的镍来自这种类型。加拿大肖德贝里是这类矿床的典型代表，铜储量 1 000 万 t（Cu 1.3%），镍 1 200 万 t（Ni 1.5%），还有钴 5 万 t，铂 720 t，是世界上最大的铜镍产区；苏联诺里尔斯克地区铜镍硫化物矿床，铜储量 545 万 t，镍储量 360 万 t，也是世界上重要的铜镍硫化物矿床。

我国著名的铜镍硫化物矿床有四川力马河，吉林红旗岭，甘肃白家咀子等。

另外，热液脉状型、夕卡岩型和自然铜型等三类铜矿床在铜矿资源中只占很少的一部分，是一些不太重要的矿床类型，并且往往还与前四种伴生，或者与其他矿种伴生，如夕卡岩铜矿常与其他夕卡岩矿床相伴生。矿床规模多为中、小型。世界上这类矿床对少数国家如日本及苏联相对重要，如夕卡岩型铜矿是苏联和日本的一种较重要的铜矿类型。

在我国，这些矿床也具有一定的工业意义，尤其是夕卡岩型铜矿，是较为重要的铜矿来源，代表性的矿床有安徽铜官山，湖北铜绿山、封山洞、大冶，江西武山、城门山，辽宁华铜等铜（或铁铜）矿床。

第三节　世界铜矿资源

一、世界主要铜矿床分布

世界铜矿相对比较集中，主要有智利、秘鲁、澳大利亚、美国等世界产铜大国。

智利：铜储量世界第一，被称为"铜矿之王"，斑岩型铜矿占本国总量的95%。铜矿床分布于安第斯山脉中段，最主要的铜矿床有：丘基卡马塔斑岩型铜矿，储量世界第一，铜6 935万 t（Cu 0.99% ~ 1.38%）；埃尔特尼恩特斑岩型铜矿，储量世界第二，铜6 776万 t（Cu 0.90% ~ 1.16%）；埃尔阿夫拉斑岩型铜矿，铜780万 t（Cu 0.59%）；迪斯普塔达斑岩型铜矿：铜800万 t（Cu 0.9%）；拉埃斯康迪达斑岩型铜矿，铜733.4万 t（Cu 1.92%）；埃尔萨尔瓦多斑岩型铜矿，铜365万 t（Cu 1.5% ~ 1.6%）。

美国：铜储量中约有85%为斑岩铜矿。最主要的铜矿床有：犹他州宾厄姆峡谷斑岩型铜矿床，铜1 145万 t（Cu 0.9%）；亚利桑那州圣马纽埃 - 克拉马祖斑岩型铜矿床，铜760万 t（Cu 0.7%）；怀特派恩砂岩型铜矿床，铜598万 t（Cu 1.09%）。另外，美国还有12个铜储量大于300万 t的斑岩型铜矿。

赞比亚：以沉积型铜矿为主，其中穆富利拉砂岩型铜矿床，铜978.6万 t（Cu 3.47%）；恩昌加黑色页岩型铜矿床，铜1 537.1万 t（Cu 4.11%）；罗卡纳沉积型铜矿床，铜876.7万 t（Cu 2.81%）；巴卢巴沉积型铜矿床，铜895.7万 t（Cu 2.82%）。

扎伊尔：最主要的铜矿床有：滕凯 - 方古鲁梅沉积型铜矿床，铜275万 t（Cu 5.5%）；金森达沉积型铜矿床，铜400万 t（Cu 5.5%）；基普布沉积型铜矿床，铜500万 t（Cu 2.5%）；利卡西沉积型铜矿床，铜600万 t（Cu 5.0%），钴25万 t；卢本巴西沉积型铜矿床，铜800万 t（Cu 5.5%）。

俄罗斯：矿床类型齐全，以岩浆型铜镍矿床最重要，占该国总量的33.1%。此外还有含铜页岩（占27%），含铜黄铁矿型（占21.8%），斑岩型（占13.9%）。主要的铜矿床有：乌多坎砂岩型铜矿床，铜700万 t（Cu 1.5%）；诺里尔斯克岩浆型铜矿床，铜545万 t，镍360万 t。

墨西哥：主要的铜矿床有：卡纳内阿斑岩型铜矿床，铜1 190万 t（Cu 0.7%）；波莱奥沉积型铜矿床，铜1 360万 t（Cu 4.81%）。

加拿大：斑岩型占一半，主要的铜矿床有肖德贝里岩浆型铜矿床，铜1 000万 t（Cu 1.3%），镍1 200万 t（Ni 1.5%）；基德克里克火山岩型铜矿床，铜335.9万 t，锌816.6万 t；温迪克拉基火山岩型铜矿床，铜500万 t，钴27万 t。

秘鲁：97%为斑岩型。主要的铜矿床有：塞贝罗尔德斑岩型铜矿床，铜990万 t；夸霍内斑岩型铜矿床，铜470万 t（Cu 1%）；托克帕拉斑岩型铜矿床，铜510万 t（Cu

0.9% ~1.28%)。

菲律宾：97% 为斑岩型。共有 18 个大型斑岩铜矿，是该国举足轻重的矿床类型，1963 年该国仅 190 万 t 铜储量，后来由于斑岩铜矿的发现，其铜储量迅速增长。铜矿床主要分布于宿务岛、内格罗斯岛、吕宋岛、马林杜克岛等地，矿石富含金（Au 0.6 ~ 0.7×10^{-6}）和银（Ag 2 ~16×10^{-6}）。

澳大利亚：芒特艾萨沉积型铜矿床，铜 425.6 万 t（Cu 3.2%）。新近发现的奥林匹克坝沉积型铜矿床，铜储量 3 200 万 t（Cu 1.6%），U$_3$O$_8$ 120 万 t（品位 0.06%），金 1 200 t（Au 0.6×10^{-6}），还含有银和稀土，是世界特大型铜矿之一。

波兰：主要是砂岩型，其次是斑岩型和热液脉型，卢宾是波兰最大产铜区，也是世界晚古生代沉积型铜矿中最大的铜矿之一，铜 150 万 t（Cu 0.1 ~17.46%）。

巴布亚新几内亚：均为斑岩型。共有 4 个大型矿床，其中潘古纳铜 424 万 t。

南非：大部为前寒武纪火山沉积变质型铜矿床和岩浆型铜矿床。

除此以外，世界上还有其他 500 万 t 以上的特大型矿床，如瑞典艾迪克火山沉积变质型铜矿床，铜 1 200 万 t（Cu 0.4%），银 1 500 t，金 90 t；西班牙里奥庭托火山岩型铜矿床，铜 1 020 万 t，锌 120 万 t；巴西萨洛博沉积变质型铜矿床，铜 935 万 t（Cu 0.85%）；巴拿马塞罗科罗拉多斑岩型铜矿床，铜 1 800 万 t（Cu 0.6%）。

世界铜矿石的主要出口国是智利、赞比亚、扎伊尔、加拿大、秘鲁、澳大利亚、菲律宾、巴布亚新几内亚、波兰、南非等。

二、世界铜矿资源储量

2011 年，世界铜储量 69 000 万 t，同比增长 9.5%，智利和澳大利亚铜储量增长较多（表 11 -4 -1）。

表 11 -4 -1　　　　　　　　　世界铜储量和基础储量　　　　　　　单位：万 t（铜）

国家或地区	2010 年储量	2011 年储量	国家或地区	2010 年储量	2011 年储量
澳大利亚	8 000	8 600	秘鲁	9 000	9 000
加拿大	800	700	波兰	2 600	2 600
智利	15 000	19 000	俄罗斯	3 000	3 000
中国	3 000	3 000	赞比亚	2 000	2 000
刚果（金）	NA	2 000	美国	3 500	3 500
印度尼西亚	3 000	2 800	其他	8 000	8 000
哈萨克斯坦	1 800	700	世界总计	63 000	69 000
墨西哥	3 800	3 800			

注：世界总计取整数，NA 表示没有数据。

资料来源：国土资源部信息中心《世界矿产资源年评》(2011 ~2012)，2012。

铜储量广泛分布在世界各地，其中储量最多的国家是智利、秘鲁和澳大利亚，2011年三国合计占世界铜储量的 53.0%。其他储量较多的国家还有美国、墨西哥、印度尼西亚、中国、波兰、赞比亚、俄罗斯、加拿大和哈萨克斯坦等。

　　据美国地质调查局估计，2011 年世界陆地铜资源量为 30 亿 t，深海底和海山区的锰结核及锰结壳中的铜资源量为 7 亿 t，它们主要分布在太平洋。另外，洋底或海底热泉形成的金属硫化物矿床中也含有大量的铜资源。

　　世界上铜矿类型繁多，目前已发现和查明的主要类型有斑岩型、砂页岩型、黄铁矿型和铜镍硫化物型等四大类，它们分别占世界总储量的 55.3%、29.2%、8.8% 和 3.1%，合计占世界总储量的 96.4%，其他次要类型占 3.6%。

第四节　中国铜矿资源

一、中国铜矿资源储量分布及特点

（一）中国铜矿资源储量及分布

　　目前，我国已建成国有铜矿山 100 多个，形成了以矿山为主体的七大铜业生产基地：江西铜基地、云南铜基地、白银铜基地、东北铜基地、铜陵铜基地、大冶铜基地和中条山铜基地。截至 2011 年底，我国铜矿查明金属资源储量 8 612.1 万 t，2012 年铜矿新增查明金属资源储量 319.2 万 t。

　　中国铜矿分布广泛，除天津外的其他省、自治区、直辖市，均有不同程度分布。其中，江西、西藏和云南等 3 个省区的储量占全国铜矿储量的 47.1%（以 1996 年底保有储量统计，下同）。铜储量较多的还有甘肃、安徽、内蒙古、山西、湖北、黑龙江等 6 省区，占全国铜矿储量的 32.3%。以上 9 省区的储量合计占全国铜矿总储量的 80%。

　　从六大行政区分布来看，铜矿储量分布最多的是华东区、西南区，两大行政区的储量占全国铜矿总储量的 60.9%，各大行政区的铜矿储量分布的比例：华北区 11.4%、东北区 6%、华东区 31.4%、中南区 9.8%、西南区 29.5%、西北区 11.9%。从三大经济地带来看，中国铜矿分布具有明显的地域差异。三大经济地带按《中国大百科全书·中国地理》卷（1993）划分：东部沿海地带包括辽宁、河北、北京、天津、山东、江苏、上海、浙江、福建、广东、广西、海南等 12 个省区市（未包括台湾省）；中部地带包括黑龙江、吉林、内蒙古、山西、河南、安徽、江西、湖北、湖南等 9 省区；西部地带包括西北地区的陕西、甘肃、宁夏、青海和新疆，西南地区的四川、贵州、云南和西藏，共 9 个省区。

　　三大经济地带的储量分布比例：东部沿海地带 9.1%，中部地带 49.6%，西部地带 41.3%。

（二）中国铜矿资源特点

　　中国铜矿资源从矿床规模、品位、矿床物质成分和地域分布、开采条件来看具有以下特点：

1. 中小型矿床多，大型、超大型矿床少

据国土资源部颁布的"矿床规模划分标准"，大型铜矿床的储量 > 50 万 t，中型矿床 10 ~ 50 万 t，小型矿床 < 10 万 t。超大型矿床，国内一般都按涂光炽的主张，将五倍于大型矿床储量的矿床称为超大型矿床。按上述标准划分，铜矿储量大于 250 万 t 以上的矿床仅有江西德兴铜矿田（铜厂矿床 524 万 t）、西藏玉龙铜矿床（650 万 t）、金川铜镍矿田（铜 340 万 t）、东川铜矿田（500 万 t），包括原有探获储量和近年新增未上表的储量。在探明的矿产地中，大型、超大型仅占 3%，中型占 9%，小型占 88%。

2. 贫矿多，富矿少

中国铜矿平均品位为 0.87%，品位 > 1% 的铜储量约占全国铜矿总储量的 35.9%。在大型铜矿中，品位 > 1% 的铜储量仅占 13.2%。

3. 共伴生矿多，单一矿少

在 900 多个矿床中单一矿仅占 27.1%，综合矿占 72.9%，具有较大综合利用价值。许多铜矿山生产的铜精矿含有可观的金、银、铂族元素和铟、镓、锗、铊、铼、硒、碲以及大量的硫、铅、锌、镍、钴、铋、砷等元素，它们赋存在各类铜及多金属矿床中。在斑岩型铜矿床中，多数矿床共生钼，伴生金、银、铟、锗、铊、铼、镉、硒以及铂族元素；岩浆型铜镍硫化物矿床，铜镍共生，伴生钴、铂族、金、银、镓、锗、铊、硒、碲等；夕卡岩型铜及多金属矿床，铜、铁、铅、锌、钨等常共生在一个矿床中，并伴生钴、锡、钼、金、银、镓、锗、铼、镉、硒、碲等；海相火山岩型铜多金属矿床，铜、铅、锌和黄铁矿常共生产出，并伴生金、银、硒、镉、铟、铊、钼、钴等；沉积岩中层状铜矿床常伴生铅、锌、钛、钒、镍、钴、锡、金、银、汞、镓、锗、镉、铊、铀、钍、硒等。

在铜矿床中共伴生组分颇有综合利用价值。铜矿石在选冶过程中回收的金、银、铅、锌、硫以及铟、镓、镉、锗、硒、碲等共伴生元素的价值，占原料总产值的 44%。中国伴生金占全国金储量 35% 以上，多数是在铜多金属矿床中，伴生金的产量 76% 来自铜矿，32.5% 的银产量也来自于铜矿。全国有色金属矿山副产品的硫精矿，80% 来自于铜矿山，铂族金属几乎全部取之于铜镍矿床。不少铜矿山选厂还选出铅、锌、钨、钼、铁、硫等精矿产品。

4. 坑采矿多，露采矿少

目前，国营矿山的大中型矿床，多数是地下采矿，而露天开采的矿床很少，仅有甘肃白银厂矿田的火焰山、折腰山两个矿床，而且露天采矿已闭坑转入地下开采，露采的还有湖北大冶铜山口、湖南宝山、广东石骎、德兴矿田的铜厂矿床南山区和云南东川矿田的汤丹马柱硐矿区。

二、矿床类型及成矿规律

中国铜矿具有重要经济意义、有开采价值的主要是铜镍硫化物型矿床、斑岩型铜矿床、夕卡岩型铜矿床、火山岩型铜矿床、沉积岩中层状铜矿床、陆相砂岩型铜矿床（表 11 - 4 - 2）。其中，前 4 类矿床的储量合计占全国铜矿储量的 90%。这些类型矿床的成矿环境各异，有其各自的成矿特征。根据芮宗瑶（1993）、王之田（1994）等的研究成果，按各类型矿床占有储量比例依次简述如下：

中国铜矿床分类

表11-4-2

矿床类型	容矿岩石	矿石建造	矿体形态	成矿作用及条件	矿质来源	成矿环境	实例
与镁铁质-超镁铁质岩石有关的铜矿床:铜镍硫化物型	拉斑玄武岩系(铁质基性-超基性岩,少部分为科马提岩系)	Cu-Ni型	席状体,贯入脉	深部岩浆熔离-贯入,少部分就地熔离,成矿温度1 100~300℃	地幔岩浆	陆块边缘的断裂带	金川、红旗岭
与长英质岩石有关的铜矿床 (1)夕卡岩型	夕卡岩,花岗岩质岩与碳酸盐岩接触带	Cu型、Cu-Mo型、Cu-Fe型、Cu-多金属型	不规则形状,似层状	高温热液体-中温热液交代-充填,成矿温度750~150℃,盐度3%~70% NaCl	同熔岩浆及围岩热液萃取	活化拗陷带及褶皱带(区)构造-岩浆活动带	铜录山、寿王坟
(2)斑岩型	中-中酸性花岗质岩及长英质围岩等	Cu型、Cu-Mo型、Cu-多金属型	脉状、透镜状、板状	高-中温热流交代-充填,成矿温度750~180℃,盐度3%~60% NaCl	同熔岩浆及围岩热液萃取	活化隆起(区)褶皱带-岩浆活动带	玉龙、德兴
(3)其他热液型	各种性质的围岩	Cu型、Cu-Au型、Cu-Mo型	脉状	岩浆水-天水混合热液,成矿温度420~120℃,盐度3%~37% NaCl	围岩萃取	活化区	铜牛井
与火山岩有关的铜矿床 (1)海相火山岩型	细碧-角斑岩系,拉斑玄武岩-钙碱性安山岩-流纹岩,碎屑岩,少量碳酸盐	Cu-Zn型、Cu-Co型、Cu-多金属型	层状、透镜状	海底热水沉积,补给带具有明显的热液交代-充填,成矿温度400~80℃,盐度4%~16%NaCl	海底岩浆萃取	扩张大洋中脊、岛弧、弧后盆地及大陆边缘裂陷槽	白银厂、阿舍勒
(2)陆相火山岩型	中酸性火山岩为主,少部分为基性火山岩	Cu-Au型、Cu-多金属型	脉状、席状	地热泉交代-充填,成矿温度370~100℃,盐度2%~30% NaCl	围岩萃取	活动大陆边缘火山岩带	紫金山
与沉积岩有关的铜矿床 (1)海相杂色岩系型	海相杂色岩系	Cu型	层状、似层状	热水交代-充填,成矿温度330~100℃	下部紫红色岩系及基底岩萃取	裂谷、裂陷槽	东川、易门
(2)陆相杂色岩系型	陆相杂色岩系	Cu型、Cu-U型、Cu-Ag型	似层状、透镜状	地下水淋滤交代-充填,120℃至常温	紫红色岩带萃取	陆相红盆	六苴、郝家河
(3)海相黑色岩系型	海相细碎屑岩-黏土岩-白云岩,通常黑色	Cu型、Cu-多金属型	层状、似层状	海相热水沉积,补给带有明显的热液交代-充填,成矿温度400~120℃,盐度3%~12% NaCl	海底岩石和基底岩萃取	扩张陆缘-陆内裂谷-裂陷槽	胡家峪、霍各气
与变质岩有关的铜矿床:变质岩型	花岗绿岩带,片麻岩	Cu型	脉状	变质热液分异,脉状充填	围岩萃取	活化基底岩区	东荒峪

（一）斑岩型铜（钼）矿

该类型是我国最重要的铜矿类型，占全国铜矿储量的45.5%，矿床规模巨大，矿体成群成带出现，而且埋藏浅，适于露天开采，矿石可选性能好，又共伴生钼、金、银和多种稀有元素，可综合开发、综合利用。其成矿特点：

1. 成岩成矿时代较新

东部地区的斑岩铜矿属于滨太平洋成矿域的一部分，成岩成矿时代以燕山期为主。如位于环太平洋西带外带的赣东北大断裂西北侧德兴超大型斑岩铜矿成岩成矿时代199～112 Ma。北部地区的斑岩铜矿属于古亚洲成矿域的一部分，成岩成矿时代主要为海西期和燕山期。如位于大兴安岭隆起带与松辽沉降带衔接部位的黑龙江多宝山斑岩铜矿的成岩成矿时代292～245 Ma；位于额尔古纳褶皱系的内蒙古东部乌奴格吐山斑岩铜矿的成岩成矿时代188～182 Ma。西南部地区的斑岩铜矿属于特提斯－喜马拉雅成矿域的一部分，成岩成矿时代以喜马拉雅期为主。如西藏东部地区玉龙超大型斑岩铜矿55～35 Ma，马拉松多斑岩铜矿33.2 Ma，多霞松多斑岩铜矿30.9 Ma。

2. 成矿岩体基本特征

多数矿床的成矿岩体以多期次高位侵位的复式小斑岩体为主。与矿化有关的花岗质岩石主要为钙碱性系列，其次是碱钙性系列。其中包括花岗闪长斑岩、二长花岗斑岩、花岗斑岩和其他花岗质岩石。与矿化有关的花岗质岩石的化学成分以 SiO_2 62%～68%的成矿最佳。岩石化学从中性→中酸性→酸性，相应的矿石建造为 Cu（Fe）→ Cu（Au）→Cu（Mo）→Cu（Sn），岩浆分异指数对应从60%变为92%。

3. 围岩蚀变分早、中、晚期

早期蚀变包括钾硅酸盐交代岩、钾质角岩和部分镁－钙夕卡岩；中期蚀变包括绢英岩、黄铁绢英岩、青磐岩和湿夕卡岩；晚期蚀变包括中度－深度泥英岩、浊沸石－硫酸盐交代岩等。

4. 次生作用不发育

次生富集作用，可使斑岩铜矿石品位得到进一步富集而成为具有重大经济意义的富矿。次生富集带多数是形成高品位的辉铜矿矿层，开采经济价值巨大。然而，中国斑岩型铜矿多数矿床未能形成厚大的次生富集带，可谓先天不足，因而多数矿床是大型贫矿，铜品位一般在0.5%左右。

（二）夕卡岩型铜矿

中国夕卡岩型铜矿与国外大不相同，其储量国外夕卡岩型铜矿占的比例很小，而中国却占较大的比例，现已探明夕卡岩型铜矿储量占全国铜矿储量的30%，成为我国铜业矿物原料重要来源之一，仅次于斑岩型铜矿，而且以富矿为主，并共伴生铁、铅、锌、钨、钼、锡、金、银以及稀有元素等，颇有综合利用价值。其特点：

（1）时空分布与斑岩铜（钼）矿相似。夕卡岩型铜矿的成岩成矿时代，主要为燕山期和喜马拉雅期，其次是印支期、海西期。矿化集中于170～110 Ma，其次为110～70 Ma。矿床空间分布，主要产于中国东部活化拗陷带，并常与中生代断陷盆地伴随而分布。大型夕卡岩型铜矿主要分布于下扬子拗陷带的湖北铁山、铜绿山，江西城门山、武山，安徽的铜官山、狮子山、凤凰山、大团山等矿区；其次是滇东拗陷带的个旧锡铜多金属矿田和广西钦甲、湖南宝山；燕山拗陷带的寿王坟；辽东台隆的垣仁；吉黑褶皱带的弓棚子等矿区。

（2）成矿岩体主要为中酸性花岗质岩类，如石英闪长岩、石英二长岩和花岗闪长岩的中深成相和浅成相。岩石系列属于钙碱性－碱钙性系列。大型夕卡岩铜矿床的形成与小岩体及其形态有关。其岩体形态与成矿的重要性依次为蘑菇状、箱状、锥状、枝杈状和层间岩墙状等。

（3）围岩岩性是形成夕卡岩铜矿床的重要条件。有利于形成大型夕卡岩铜矿床的围岩多为泥质岩、白云质灰岩或碳质灰岩。如中国南方大型夕卡岩铜矿围岩为石炭系－三叠系白云质灰岩。在膏盐层和高硫层存在地区更有利于成矿，如长江中下游地区的一些夕卡岩型铜矿床。

（4）交代岩系列主要是钙夕卡岩，其次是镁夕卡岩。

（5）在浅成环境中，夕卡岩型铜矿常与斑岩型铜矿共生产出，在斑岩体内部为斑岩型细脉浸染状铜矿化，在接触带为夕卡岩型块状矿石，形成"多位一体"矿化。如江西城门山和湖北封山洞等铜矿床。

（三）火山岩型铜矿

该类型也是我国铜矿重要类型之一，探明的铜矿储量占全国铜矿储量的8%，其中海相火山岩型铜矿储量占7%，陆相火山岩型铜矿占1%。

过去海相火山岩型铜矿又称黄铁矿型铜矿，并常与铅、锌共生，还伴生有丰富的金、银、钴以及稀散元素，有很大的综合利用价值。其成矿特点：成矿时代较广，从新太古代至三叠纪均有不同程度的分布，成矿环境在大洋中脊、火山岛弧、弧后盆地、大陆边缘裂陷槽及陆内裂谷等环境均有产出。

新太古代海相火山岩型铜矿，通常产于新太古代深变质岩系地层中，容矿岩石包括辉石斜长角闪岩、黑云母角闪斜长片麻岩、含石榴石角闪黑云斜长片麻岩夹阳起石岩、角闪岩等，恢复其原岩为拉斑玄武岩－钙碱性长英质火山岩系。故通常称这类矿床为与太古宙绿岩带有关的海底火山喷发沉积变质矿床，辽宁红透山铜锌矿床即是其中的一例。

元古宙是我国海相火山岩型铜矿的重要成矿期之一。主要分布在扬子陆块的西缘和北缘。西部边缘成矿时代以古元古代为主，有代表性的矿床为云南大红山铜铁矿床、四川拉拉厂铜钴矿床；北部边缘和西北部边缘成矿时代，以中－新元古代为主，有代表性的矿床是四川彭州市铜锌矿床，陕西刘家坪铜锌矿床和浙江西裘铜锌矿床等。这些矿床的火山岩系主要是细碧角斑岩系，构造环境属于陆块边缘裂陷火山盆地。

早古生代为我国海相火山岩型铜矿最重要的成矿期，多为大型铜多金属矿床，主要分布在祁连山优地槽系，其中有代表性的矿床是甘肃白银厂大型矿田的折腰山铜锌矿床、火焰山铜锌矿床、小铁山铜铅锌矿床以及青海红沟富铜矿床等。火山岩系主要是细碧角斑岩系，构造环境属于火山岛弧和弧后裂谷。

晚古生代海相火山岩型铜矿成矿环境差别较大，矿床分布分散。如产于青海堆积山石炭系－二叠系的混杂岩带蛇绿岩套的玛沁德尔尼铜锌钴大型矿床；产于新疆阿尔泰南缘的克兰火山岩盆地早－中泥盆世石英角斑岩－角斑质火山碎屑岩的阿舍勒铜锌大型矿床等。

中生代海相火山岩型铜矿产于我国西南部特提斯－喜马拉雅海盆。已查明德格－乡城晚三叠世昌台火山盆地成矿前景看好，呷村铜－多金属矿床已具大型规模即为一例。

陆相火山岩型铜矿，目前发现的矿床无论规模还是储量都比上述几个类型要小，因而长期以来未被重视。近年来由于发现了福建紫金山大型铜金矿床，因此引起了地勘和矿业部门的重视。该类型铜矿主要产于各时代陆相火山活动带，尤其是中－新生代滨太平洋陆相火山岩地热水活动区。现今勘查、开采的陆相火山岩型铜矿有以下几种情况：

产于镁铁质火山岩的峨眉山玄武岩中的铜矿虽然矿点（或小型矿床）不少，但至今尚未发现大中型矿床，只有二峨山龙门铜矿已由地方开采。该矿床产于二叠纪峨眉山玄武岩喷发的间隙期，矿体呈透镜状，在玄武岩和杂色砂岩中呈夹层。

产于中性长英质火山岩中铜矿，目前已发现并勘查的有宁芜火山盆地的娘娘山、大平山及庐枞火山岩盆地的井边、石门庵、毛狗笼等。其中娘娘山铜金矿床产于破火山口周围的裂隙中，容矿岩石为碱性粗面岩、熔结角砾岩和黝方石响岩等，主矿体呈大脉和雁行排列的复脉群，铜、金、银品位高，均为富矿。

与中酸性火山岩有关的铜矿，有产于会昌－上杭火山岩盆地的紫金山、五子骑龙等铜金矿床。紫金山大型铜金矿床，容矿岩石为燕山早期花岗岩、燕山晚期英安玢岩及火山隐爆角砾岩等。矿体和热液角砾岩主要受北西向密集裂隙带和网脉裂隙带控制。水热爆发角砾岩、石英－明矾石化和石英－迪开石化的广泛发育构成这类矿床的显著特点。蚀变岩具有分带性，即由上而下分别为硅化→石英－明矾石化→石英－迪开石化→石英－绢云母化。矿化分带：上部为金银矿化带，下部为铜铅锌矿化带。矿床规模大、品位富。

（四）铜镍硫化物型铜矿

镁铁质－超镁铁质岩中铜镍矿床既是我国镍矿资源的最主要类型，也是铜矿重要类型之一。铜矿储量占全国铜矿储量的 7.5%。

该类型矿床成矿环境主要产于拉张构造环境，受古大陆边缘或微陆块之间拉张裂陷带控制，在拉张应力支配下，岩石圈变薄甚至破裂，引起地幔上涌，而导致镁铁质－超镁铁质岩石在地壳浅成环境侵位。赋矿岩石系列主要是超镁铁质－镁铁质杂岩，如吉林红旗岭 1 号岩体铜镍矿、新疆黄山铜镍矿、四川力马河铜镍矿；超镁铁质岩，如甘肃金川铜镍矿、吉林红旗岭 7 号岩体铜镍矿；镁铁质岩，如新疆喀拉通克铜镍矿。

成矿时代，主要是古、中元古代和中、晚古生代。如吉林赤柏松铜镍矿床为古元古代 2 242.5 Ma；甘肃金川铜镍矿为中元古代 1 509～1 526 Ma；吉林红旗岭 7 号岩体铜镍矿床为晚古生代 231～350 Ma、四川力马河铜镍矿床 322～353 Ma、新疆喀拉通克 306～284 Ma；新疆黄山铜镍矿为中晚古生代 270～390 Ma。

中国铜镍硫化物矿床的成矿作用以深部熔离－贯入成矿为主，与国外同类型或类似类型铜矿不同。岩体小，含矿率高。

（五）沉积岩中层状铜矿床

这类矿床是指以沉积岩或沉积变质岩为容矿围岩的层状铜矿床，容矿岩石既有完全正常的沉积岩建造，也包括有凝灰岩和火山凝灰物质（火山物质含量一般不高于50%）的喷出沉积建造。

1. 命名及分类

对该类型矿床的命名和亚类划分以及若干矿床归类在我国矿床地质界尚不一致。如在层控矿床分类中，涂光炽等（1984）将我国沉积岩铜矿分两类：

（1）沉积－变质型：如古元古代的横岭关、中元古代的篦子沟等铜矿，早古生代的李伍铜矿；

（2）沉积改造型：如中（新）元古代的霍各乞、东川－易门等铜矿，白垩纪的滇中砂岩铜矿。

王之田（1988）以容矿建造结合矿床成因分类原则划分中国铜矿类型，将该类型铜矿命名为"海相沉积（变质）岩型"（包括中、新元古代冒地槽环境成矿的东川、易门、通安、霍各乞、炭窑口、胡家峪、篦子沟）。《中国矿床》（1989）提出的中国铜矿床分类，将该类型矿床命名为"沉积岩中层状铜矿床"，并按容矿围岩性质划分为三个亚类：①含凝灰质细碎屑岩建造型铜矿床；②碳酸盐岩建造型铜矿床；③陆相含铜砂岩型铜矿床。

芮宗瑶等（1993）以容矿岩石为基础，兼顾成矿环境、矿床成因等，提出的中国铜矿床分类，将该类型矿床划为"与沉积岩有关的铜矿床"，并分为三个亚类：①海相杂色岩型铜矿床；②陆相杂色岩型铜矿床；③海相黑色岩系型铜矿床。

上述各家的分类，尽管亚类划分和命名尚不一致，但对这类矿床总体上都划归是沉积岩容矿，或称之为与沉积岩有关的铜矿床，即以前通称的"沉积（变质）岩型"铜矿。这类矿床从国内外若干矿床实例来看，一般规模较大，品位较富，伴生组分亦多，矿床经济价值巨大，也是我国铜矿主要类型之一，探明的储量占全国铜矿储量的8%。其中，海相杂色岩型铜矿占4%，海相黑色岩系型铜矿占2.5%，陆相杂色岩型铜矿占1.5%。

2. 主要地质特征

（1）海相杂色岩型铜矿床（《中国矿床》称碳酸盐岩建造型铜矿床）：主要产于康滇中元古代昆阳裂谷环境，有代表性的矿床为云南东川、易门等铜矿床。这类矿床主要地质特征是，矿床产于特定的层位，矿体呈层状、似层状和透镜状，矿石构造主要呈马尾丝状、浸染状和团块状，矿床规模巨大，典型矿床东川铜矿田。

（2）海相黑色岩系型铜矿床（《中国矿床》称含凝灰质细碎屑岩建造型铜矿床）：所谓海相黑色岩系主要是指黑色细碎屑岩、黏土质岩、白云质岩组成的岩系，含有丰富黄铁矿及其他金属硫化物和有机质等。其中有一部分岩层和矿层是直接通过海底流出来的热水化学沉积形成的，称之热水化学沉积岩（喷气岩）。这类矿床主要成矿特征是：成矿时代主要为中元古代，成矿环境主要为裂谷或裂陷槽；容矿岩石为海相细碎屑岩－黏土岩－白云岩，通常为黑色；矿体形态多为层状、似层状，产于较固定的层位；矿石建造主要是铜和铜多金属矿组合。代表性的矿床有山西中条山篦子沟、胡家峪铜矿床和内蒙古狼山地区的霍各乞、炭窑口等铜铅锌矿床。

（六）陆相杂色岩型铜矿床

《中国矿床》称陆相含铜砂岩型铜矿床。这类矿床通常称为红层铜矿。该类型铜矿，目前虽然探明的储量不多，仅占全国铜矿储量的 1.5%，但铜品位较高，以富矿为主，铜品位 1.11%～1.81%，并伴生富银、富硒等元素，有的矿床可圈出独立的银矿体和硒矿体，具有开采经济价值，而且还有一定的找矿前景，值得重视勘查与开发。目前发现的矿床主要分布于我国西南部和南部中－新生代陆相红色盆地（简称红盆地）。主要成矿地质特征：

（1）陆相含矿杂色岩建造具有独特的结构，通常下部为含煤建造，中部为含铜建造，上部为膏盐建造；

（2）矿床分布于供给矿源的陆源剥蚀区一侧的红层盆地边缘；

（3）矿体产于紫浅交互带浅色带一侧；

（4）矿体呈似层状、透镜状；

（5）矿体中金属矿物具有明显的分带性，从紫色一侧到浅色一侧矿物的变化为自然铜矿带→辉铜矿（硒铜矿）带→斑铜矿带→黄铜矿带→黄铁矿带；

（6）含矿层迁移特征，向盆地沉降中心方向逐渐抬高；

（7）工业矿床的成矿时代主要集中于白垩纪和第三纪。

代表性的矿床有：四川会理大同厂中生代红盆地接受来自康滇地轴富铜陆源剥蚀区带来的碎屑补给，在白垩纪河床相砾岩和砂岩层中形成大中型沙砾岩型铜矿。云南滇中中生代红盆地的北部边缘由于得到康滇地轴富铜陆源碎屑物的补给，因此形成了许多的砂岩铜矿，如大姚县六苴铜矿（中型）、大村铜矿（中型），牟定县郝家河铜矿（中型）以及清水河、杨家山、青龙厂等铜矿床。湖南衡阳中－新生代红盆地的南缘由于得到来自南岭富铜富铀陆源剥蚀区的补给，在第三系杂色砂岩中形成车江铜矿。

第五章　铅锌矿

第一节　概　述

一、铅锌的性质及用途

铅和锌很早就被人类发现和利用，公元前 3800 年埃及人即用铅铸成神像，我国在 4 000 年前就用铅制作货币。锌的使用要晚得多，在公元前 500 年被用作装饰品，至今也有 2 000 余年的历史。

铅和锌在人民生活中的经济地位，如果按其产量计算，它们均列于金属生产的前列，仅次于铁、铝和铜，是人类经济生活中不可缺少的金属。

铅是一种灰白色金属，具有良好的延展性和化学稳定性，密度大，抗腐蚀性强，熔点低，柔软易加工。铅的最大用途是制造蓄电池，这种用途约占世界铅总耗量的 50%，此外铅还可用作电缆包皮、化工、合金、汽油防爆剂、焊料、弹药、电力工业、机械设备，核能装置及核辐射防护等。现代工业既可以制造纯铅，也可以用它与 Sb、Cu、As、Sn 等制成合金。

锌是一种蓝灰色的金属，较软，在常温下可辊成薄片，易与其他金属熔制成合金。锌化学性质活泼，在空气中能在表面形成一层不易渗透的氧化薄膜，有较强的抗腐蚀性，所以锌的最大用途是用来镀锌，这占锌总耗量的 40 ~ 50%，日本约为 60%，所以发达国家锌的消耗量与产量有明显的关系。此外，锌的合金可以广泛用于运输、建筑、机械制造、电气工业、纺织、颜料、防腐剂等。锌是一种具有发展前途的金属，锌和铝的超塑料合金、薄板锌压铸工艺等都会给锌带来新的用途。

根据《矿产资源储量规模划分标准》（国土资发〔2000〕133 号），铅金属量 ≥50 万 t 为大型矿床、50 万 t ~ 10 万 t 为中型矿床、<10 万 t 为小型矿床。锌金属量 ≥50 万 t 大型矿床、50 万 t ~ 10 万 t 为中型矿床、<10 万 t 为小型矿床。

二、含铅锌矿物

在自然界中，铅和锌的矿物较多，但能被大规模工业利用的仅有以下几种：方铅矿（PbS）、硫锑铅矿（$Pb_5Sb_4S_{11}$）、脆硫锑铅矿（$Pb_4FeSb_5S_{14}$）、车轮矿（$CuPbSbS_3$）、白铅矿（$PbCO_3$）、铅矾（$PbSO_4$）、闪锌矿（ZnS）、纤维锌矿（ZnS）、硅锌矿（$ZnSiO_4$）、菱锌矿（$ZnCO_3$）、水锌矿（$ZnCO_3 \cdot 2Zn(OH)_2$）、异极矿（$ZnSiO_4 \cdot H_2O$）、红锌矿（ZnO）。

在内生成矿条件下，铅和锌元素的地球化学性质十分相近，铅和锌常常密切共生在一起，形成铅锌矿床，因此人们常将这两种金属矿产放在一起，称"铅锌矿床"。

第二节　铅锌矿床主要类型及特征

一、沉积型层状铅锌矿床

或称"同生沉积型矿床"，它是铅和锌的重要来源之一，国外铅的32%和锌的20%储量均来自这种类型。矿体的围岩为砂岩、粉砂岩、页岩、泥灰岩、白云质碳酸盐岩；矿体形态一般较简单，多呈层状、透镜状，极少为脉状；矿体层数为1~2层，多数可达十余层，矿层分布范围广、层位稳定；矿体与围岩整合产出，并具有明显分带性，铜、铅、锌共生且铅含量最高，铜最少；矿石为浸染状、条带状、层纹状、角砾状、揉皱状和块状；主要矿物有闪锌矿和方铅矿，次为斑铜矿、辉铜矿、黝铜矿、黄铜矿、黄铁矿以及方解石、长石、石英、重晶石等；成矿时代较广泛，但以中－新元古代及古生代为最重要；常为大型、特大型。

元古代典型矿床有澳大利亚的布洛肯希尔、希尔顿，芒特艾萨、麦克阿瑟河，朝鲜检德和加拿大沙利文等大型铅锌矿床。

古生代矿床有在欧洲形成的沉积页岩、砂岩、碳酸盐岩中以铅为主，伴生铜，或铜矿伴生铅、锌的层状铜、铅、锌矿床（"含铜砂、页岩型"），其中典型矿床有：瑞典莱斯瓦尔，德国曼斯费尔德、梅根、兰梅尔斯贝格，法国拉让蒂埃，加拿大霍华兹山口，美国雷德道格等都是世界著名的沉积型铅锌矿床。

二、热液型层状铅锌矿床

又称密西西比河谷型（MVT：Mississippi Valley Type），为一种沉积后期改造的"层控型"多成因矿床，是铅和锌的重要来源之一，其铅和锌的储量分别占世界总量的32%和20%。矿床容矿岩石为地台型碳酸盐岩、浅海相灰岩、白云岩或白云质灰岩。矿体成群出现，常呈规则层状、似透镜状、大透镜状以及不规则的筒、管、裂隙、网脉等形状。矿体多受断裂带、裂隙带、角砾岩带、层间破碎带控制，矿石浸染状和致密块状，具充填和交代特征。矿物共生组合有方铅矿、闪锌矿、重晶石、方解石、石英、白云石、萤石，还有黄铜矿及银、锑等矿物。近矿围岩常见白云岩化、黄铁矿化、硅化和黏土化等中低温热液蚀变特征。成矿温度在120~170℃，可达220℃，与火成岩关系不密切。

这类矿床分布范围广、规模大、成群出现，埋藏较浅。成矿作用从新元古代开始，以下古生代早期为主。这类矿床又可细分为：密西西比河谷型，阿尔卑斯型，阿巴拉契亚型等三个亚类。

　　主要的代表性矿床实例有：美国密西西比河流域的三州地区、维伯纳姆矿带、老铅矿带，西班牙雷奥辛，爱尔兰锡尔弗迈恩斯，波兰西里西亚，加拿大波拉里斯和派恩波特，巴西瓦赞蒂等。

三、火山岩型铅锌矿床

　　或称"火山岩熔矿的海底喷流（气液）矿床"，与火山岩有关的多金属型和含铜黄铁矿型都属于这一类型，亦为铅、锌的一个重要来源，其储量分别占铅、锌总量的24%和42%。矿床多为大、中型，分布范围广，中小型矿床则品位富。

　　矿床分布于古陆缘拗陷带，与地槽沉积和海底火山喷发的富钾、钠的玄武岩、流纹岩关系密切，矿体产于火山岩或火山沉积岩中，矿体为透镜状、层状、脉状、网脉状或浸染状，与容矿岩石呈整合接触。围岩具绿泥石化、黄铁矿化和绢云母化等。成矿时代从太古代至第三纪，但中、新元古代最多。

　　世界著名的矿床有：葡萄牙埃斯塔桑和费泰斯，西班牙里奥庭托，哈萨克斯坦列宁诺哥尔斯克，印度兰布尔－阿古恰，日本北鹿地区（"黑矿型"），南非甘斯贝格，澳大利亚埃卢拉、伍德朗，加拿大基德克里克、布伦瑞克等。

四、热液型脉状铅锌矿床

　　即中温岩浆热液型铅锌矿床，这类矿床多分布于中酸性侵入岩出露的地区及火山岩中。矿体受围岩的断裂、节理、裂隙控制，为交代及充填两种成因。矿体呈各种简单的，或复杂的脉状产于岩体附近的构造裂隙中，其围岩常为砂页岩、碳酸盐岩等，以及各类火成岩、变质岩。围岩蚀变明显，为硅化、绿泥石化、绢云母化、碳酸盐化、萤石化、黄玉化以及明矾石化、高岭石化、冰长石化等典型中温热液矿床的蚀变特征。

　　矿石中矿物组成简单，由方铅矿、闪锌矿组成，伴生黄铜矿、黄铁矿、辉银矿以及石英、方解石、重晶石、萤石等典型中温热液矿物组合。这类矿床的成因主要与火成活动有关，是岩浆或火山的热液在有利的物、化条件下通过充填和交代作用而成。

　　这类铅锌矿床分布广泛，多为中、小型铅锌矿床，少数为大型，是一种较为重要的铅锌矿床类型。有代表性的矿床有：南斯拉夫特雷普查，加拿大柯伦达，秘鲁塞罗德帕斯科，我国江西银山、湖南桃林等。我国铅锌矿床总数的一半以上为热液型脉状矿床。

五、夕卡岩型铅锌矿床

　　矿床产于中酸性小型侵入体（石英斑岩、花岗斑岩、花岗闪长岩等）与碳酸盐岩类岩石接触带的夕卡岩中或附近的围岩中，岩体一般规模不大。矿床分布十分广泛，多为中、小型，少数大型。矿体形态复杂，有似层状、凸镜状、脉状、巢状、瘤状、柱状、筒状等不规则形态。

　　矿石中矿物组合较复杂，除方铅矿和闪锌矿外，银矿物是重要的伴生组分，此外还有毒砂、辉铋矿、辉钼矿、锡石、白钨矿、黄铁矿、黄铜矿以及夕卡岩矿物。矿石中

Pb、Zn 含量可达 10%～20%，除 Pb、Zn、Ag 外，伴生 Cu、Bi、W、Ga、Ge、Cd、In、Tl 等元素可综合利用。

　　世界上主要的夕卡岩型铅锌矿床有：泰国帕达因，美国宾厄姆，阿根廷阿吉拉尔，我国湖南水口山。

　　除上述 5 种类型的铅锌矿床外，在一些国家因适宜的气候条件，还有风化残余型铅锌矿床，亦称"浅生富集型"或"红土化型"。这种矿床的形成是在风化循环期基岩中硫化物分解而成，锌主要呈碳酸盐、硅酸盐或氧化物，如硅锌矿（$ZnSiO_4$）、菱锌矿（$ZnCO_3$）、异极矿（$ZnSiO_4 \cdot H_2O$）等。典型的矿床有巴西米纳斯吉拉斯瓦赞特，赞比亚布罗肯希尔，美国弗里登斯维尔和奥斯汀维尔等。泰国夜税和美国富兰克林也是重要的风化残余型铅锌矿床。

第三节　世界铅锌矿资源

一、世界主要铅锌矿床分布

　　世界主要铅锌矿床有美国密苏里州东南部以及位于堪萨斯、密苏里、俄克拉荷马三州交界处的"三州区式"。澳大利亚的铅锌矿主要有昆士兰州芒特艾萨多金属铅锌矿床。哈萨克斯坦剂良诺夫、捷克列的铅锌矿床、秘鲁的帕斯科矿区以及新发现的戈尔戈里铅锌矿床都属世界级的铅锌矿床，锌储量大于 500 万 t，铅储量大于 150 万 t。

　　从矿床类型上看，海相碳酸盐型和砂泥页岩沉积型矿床是铅锌矿主要类型，具有规模巨大、品位高的特点。

　　近年来，不断发现和探明新的大型、特大型铅锌矿，如美国阿拉斯加的特大型铅锌矿附近又发现了阿纳拉阿克矿床。哈萨克斯坦剂良诺夫、马列耶夫特大型铅锌矿床等，所以，世界铅锌矿床的探明储量处在不断变化中。

　　澳大利亚矿床规模大、品位高、矿石质量好，是重要的铅锌矿床产出国。著名的矿床有昆士兰州芒特艾萨，新南威尔士布罗肯希尔和埃卢拉、伍德朗，塔斯马尼亚州罗斯伯里，北澳麦克阿瑟河等。

　　中国铅锌矿床类型齐全，代表性矿床有：湖南常宁水口山夕卡岩型铅锌矿床，江西银山中温热液脉型铅锌矿床，江西冷水坑斑岩型铅锌矿床，广东凡口 MVT 型（密西西比河谷型）铅锌矿床，广东泗顶 MVT 型铅锌矿床，河北高板河 MVT 型铅锌矿床，陕西银硐子 MVT 型铅锌矿床，云南兰坪金项 MVT 型铅锌矿床等。

　　从矿床规模上看，我国云南兰坪金顶铅锌矿床、青海锡铁山铅锌矿床、广东凡口等规模为大型和特大型。我国北方内蒙古白音诺尔铅锌成矿带拥有 163 条矿体，是我国北方目前发现的最大的铅锌矿田。近年在湖南湘西境内的龙山、保靖一带发现的铅锌矿规模均达到大型。

　　我国铅锌矿床总的特点是"类型多、分布广、储量大、远景好、研究程度高、贫矿多、综合利用差"。

俄罗斯的铅锌矿资源十分丰富，铅锌矿床主要分布在阿尔泰、乌拉尔以及哈萨克斯坦南部。代表性的有列宁诺哥尔斯克、杰兹卡兹甘、阿奇赛、戈烈夫斯克等。

秘鲁是 20 世纪 70 年代新兴的铅锌矿产资源大国，也是重要的铅锌生产国和出口国。主要矿床有中部的东、西安第斯山脉之间的塞罗德帕斯科特以及莫罗科查等。

美国是世界上铅锌矿产资源、生产和消费的主要国家之一。著名的铅锌矿产地有密苏里东南区、密西西比河谷区、三州成矿区、雷德道格地区，这些都是世界重要的铅锌矿产地和生产地。

加拿大铅锌矿床主要分布在地盾区的新不伦瑞克省、不列颠哥伦比亚省和育空地区，大型矿床有沙利文、不伦瑞克、霍华兹山口、基德克里克、法鲁安维尔及派恩波特等，这些矿山的产量几乎占全国的 80%。

南非铅锌矿主要分布于开普省布洛肯希尔、甘斯贝格、普里斯卡等地。

二、世界铅锌矿资源储量

1. 世界铅矿资源

2011 年世界已查明的铅资源量超过 15 亿 t，铅储量 8 500 万 t（表 11 - 5 - 1）。储量较多的国家有：澳大利亚、中国、俄罗斯、秘鲁、美国和墨西哥，合计占世界铅储量的 84.5%。其他储量较多的国家还有印度、波兰、玻利维亚和瑞典等。按 2010 年世界铅矿山产量 424.38 万 t 计，现有铅储量的静态保证年限为 18 年。

表 11 - 5 - 1　　　　　　　　2011 年铅储量和储量基础　　　　　　单位：万 t（铅）

国家或地区	储量	国家或地区	储量
世界总计①	8 500	印度	260
澳大利亚	2900	波兰	170
中国	1400	玻利维亚	160
俄罗斯	920	瑞典	110
秘鲁	790	加拿大	45
美国	610	爱尔兰	60
墨西哥	560	其他	530

注：①原数据取整。资料来源：国土资源部信息中心《世界矿产资源年评》（2011～2012），2012。

现有铅储量只占铅查明资源量的 5.7%，说明全球铅的勘查潜力仍很大，近年来的勘查成果已证实了这一点。

2. 世界锌矿资源

世界锌资源较为丰富，地理分布广泛。据美国地调局资料，2011 年世界锌储量为 25 000 万 t（表 11 - 5 - 2），按照 2010 年世界锌矿山产量 1 223.79 万 t 计算，现有锌储量的静态保证年限为 20 年。目前，铅、锌储量较多的国家有：澳大利亚、中国、秘鲁、墨西哥、哈萨克斯坦、美国和印度等。

表 11 - 5 - 2　　　　　　　2011 年锌储量和储量基础　　　　　　单位：万 t（锌）

国家或地区	储量	国家或地区	储量
世界总计①	25 000	美国	1 200
澳大利亚	5 600	印度	1 200
中国	4 300	玻利维亚	500
秘鲁	1 900	加拿大	420
墨西哥	1 700	爱尔兰	200
哈萨克斯坦	1 200	其他	6 800

注：①原数据取整。资料来源：国土资源部信息中心《世界矿产资源年评》（2011~2012），2012。

澳大利亚、中国、秘鲁、墨西哥、哈萨克斯坦和美国 6 个国家的储量合计占世界锌储量的 68.4% 左右。世界现有锌储量占锌资源量的 10.5%，说明全球锌矿勘查潜力仍较大。

第四节　中国铅锌矿资源

一、中国铅锌矿资源量及分布

中国铅锌矿资源比较丰富，全国除上海、天津、香港外，均有铅锌矿产出，产地有 700 多处。截至 2011 年底，我国铅矿查明金属资源储量 5 602.8 万 t，2012 年，铅矿新增查明金属资源储量 338.7 万 t。2011 年底，我国锌矿查明金属资源储量 11 568.0 万 t，2012 年，锌矿新增查明金属资源储量 642.7 万 t。2012 年中国铅储量为 1 400 万 t，仅次于澳大利亚，居世界第二位，占世界的比例为 16%；锌基础储量 4 300 万 t 仅次于澳大利亚，居世界第二位，占世界的比例约为 17%。从省际比较来看，云南铅储量占全国总储量 17%，位居全国榜首；广东、内蒙古、甘肃、江西、湖南、四川次之，探明储量均在 200 万 t 以上。全国锌储量以云南为最，占全国 21.8%；内蒙古次之，占 13.5%；其他如甘肃、广东、广西、湖南等省（区）的锌矿资源也较丰富，均在 600 万 t 以上。铅锌矿主要分布在滇西兰坪地区、滇川地区、南岭地区、秦岭 - 祁连山地区以及内蒙古狼山 - 渣尔泰地区。从矿床类型来看，有与花岗岩有关的花岗岩型（广东连平）、夕卡岩型（湖南水口山）、斑岩型（云南姚安）矿床，有与海相火山有关的矿床（青海锡铁山），有产于陆相火山岩中的矿床（江西冷水坑和浙江五部铅锌矿），有产于海相碳酸盐（广东凡口）、泥岩 - 碎屑岩系中的铅锌矿（甘肃西成铅锌矿），有产于海相或陆相砂岩和砾岩中的铅锌矿（云南金顶）等。铅锌矿成矿时代从太古宙到新生代皆有，以古生代铅锌矿资源最为丰富。

二、中国铅锌资源的主要特征

1. 资源丰富，分布地区广，但相对集中

目前已有 29 个省、区、市发现并勘查了铅锌矿床。从矿床富集程度来看，主要集中于云南、内蒙古、甘肃、广东、湖南、四川、广西壮族自治区（区），其铅锌资源量占全国总查明资源储量66%。超大型、大中型铅锌矿床和铅锌成矿区带，主要集中分布在扬子地台周缘地区、三江地区及其西延部分（特别是滇西兰坪）、冈底斯地区、秦岭—祁连山地区、内蒙古狼山—渣尔泰地区、大兴安岭区带以及南岭等地区；从三大经济地区分布来看，主要集中于中西部地区。

2. 探明资源储量大，贫矿多，富矿少

截至2011年底，中国铅、锌矿保有资源储量均居全球第二位。但铅平均品位仅为1.40%，锌平均品位2.69%，铅矿石品位主要集中在1.0%～5.0%，大于5.0%的资源储量仅占总量的10.8%，锌矿石品位主要集中在1.0%～8.0%，大于8.0%的资源储量仅占总量的16.9%。

3. 铅锌矿床物质成分复杂，共伴生组分多，综合利用价值大

大多数矿床普遍共伴生Cu、Fe、S、Ag、Au、Sn、Sb、Mo、W、Hg、Co、Cd、In、Ga、Se、Tl、Sc等元素。有些矿床开采的矿石，伴生元素达50多种。特别是银、锗在许多铅锌矿床中含量高，成为铅锌银矿床、银铅锌或锌锗矿床，其银储量占全国银矿总储量的60%以上，其综合回收银的产量，占全国银产量的70%～80%，锗的储量和产量也相当可观。

4. 现有资源形势不容乐观

铅矿查明资源储量自2006年以来逐年增加，但铅、锌矿储量2004年以后却逐年降低，截至2007年底，中国铅、锌矿储量仅为2004年储量的0.91倍和0.90倍。且铅、锌金属产量有着逐年增长趋势，2011年铅产量同比增长12.5%，锌同比增长3.8%，未来铅、锌缺口将会更大。

5. 成矿条件优越，找矿潜力大

中国存在数十个铅锌成矿密集区，新近在东部老矿区深部和外围、西部工作程度低的地区不断取得突破，显示出中国铅锌资源潜力巨大。目前，中国已查明的储量远低于预测的资源量，据全国主要省区铅锌资源总量预测结果，未查明的资源量为5亿多t，已探明资源储量仅占到29%。中国西部地区成矿地质条件优越，但目前由于工作程度低，已探明单位面积资源储量却低于全国平均水平，找矿潜力大，近期国土资源大调查取得的显著成果证明了这一点。

三、中国铅锌矿床主要成因类型

1989年涂光炽等在《中国矿床》专著中对中国铅锌矿床进行综合因素的分类（表11-5-3），这个分类方案是根据中国地质条件，在全面考虑铅锌矿床产出的地质背景、成矿环境、含矿岩系、物质组成、成矿物理化学条件的基础上，以含矿岩系和主导成矿作用命名的方式，划分出了8个类型，即花岗岩型、夕卡岩型、斑岩型、海相火山岩型、陆相火山岩型、碳酸盐岩型、泥岩-细碎屑岩型、砂砾岩型。该分类的优点在于含矿岩系集中地反映了地质背景、成矿环境和形成方式等，是对过去以矿床围岩命名的发展。

1. 花岗岩型铅锌矿床

这类矿床因成矿物质来自花岗岩类，故通常称之为与花岗岩类有关的铅锌矿床。它们可能是花岗岩类结晶分异的气液产物，但也可能是成岩后在另一次地质事件或地壳运动中受到地下热水（大气降水成因为主）的活化淋滤，使花岗岩类中的分散成矿物质富集起来形成的矿床。

2. 夕卡岩型铅锌矿床

这类矿床可与中性、中酸性、酸性或碱性侵入岩有关。岩体可大可小。一般的情况，如果铅锌矿床是地下热水淋滤成因，它们常赋存于面积较大的岩基中；如果是岩浆气液成因，则常与小岩株、岩瘤有关。矿床多产于岩体内，或内外接触带，或距岩体一定距离。矿床围岩蚀变通常较为强烈。

表 11 – 5 – 3　　　　　　　　　中国铅锌矿床类型及特征

类型简称	地质背景	含矿围岩	物质组成（除 Pb、Zn 外）	围岩蚀变	铅同位素	硫同位素（$\delta^{23}S$ 值）	国内矿床实例
花岗岩型	活化地台	花岗岩及碎屑质围岩	可含 W、Sn 或 Cu	强烈	多正常铅	多为正值	锯板坑、新华、东坡
夕卡岩型	活化地台	花岗岩类及外接触带碳酸盐岩	可含 Cu、W、Sn	强烈	多正常铅	多为正值	水口山、桓仁、黄沙坪、大硐、夏山、拉么
斑岩型	活化地台大断裂带	各种斑岩及外接触带岩石		强烈	多正常铅	多为正值	姚安、北衡、香夼、冷水
海相火山岩型	优地槽岛弧	凝灰岩、熔岩、潜火山岩	多黄铁矿、常含较高 Au、Ag	强烈	多正常铅	多为正值	小铁山、锡铁山、麻邪呷
陆相火山岩型	火山断陷盆地	凝灰岩、清火山岩、熔岩	部分含 Cu、Ag 较高	较强烈		多为正值	五部、大岭口、银山
碳酸盐岩型①	地台、大陆架、浅海	白云岩、石灰岩、不纯碳酸盐岩	部分含黄铁矿及 Cu，一般低 Ag	微弱，少数较强	正常铅（紫河）、异常铅、混合铅	多为正值，也有负值	凡口、会泽、杉权林、栖霞山、柴河、渔塘、东梅、泗顶
泥岩-细碎屑岩型	冒地槽、浅海	混岩、粉砂岩、含碳酸盐质岩石	黄铁矿含量高，部分 Cu 高，常富 Ag	微弱	多正常铅	弥散，变质后渐均一化	高板河、东升庙、西榆皮、乌香厂坝、银硐子
砂砾岩型	滨海、三角洲、河流相	砂岩、长石砂岩、砾岩浅色层	较多富铅、单铅矿床、部分 Ag 高	微弱	正常铅（金顶）、异常铅	弥散，陆相者多负值	金顶，保安

①为统一起见，本书将主要由碳酸盐类矿物组成的沉积岩称为碳酸盐岩（carbonate rock）。

3. 斑岩型铅锌矿床

这类矿床矿石物质成分复杂，除铅锌外，还共伴生钨、锡、钼、铋、铜等元素。从赋矿岩石类型来看，与铅锌钨锡矿床有关的花岗岩，属壳源花岗岩类；与铅锌铜矿床有关的花岗岩，属壳幔源花岗岩类。地下热水成因的铅锌矿床常伴生金、银等元素。

这类矿床国内典型实例：花岗岩型铅锌矿床有广西新华铅锌银矿床、广东锯板坑钨锡铅锌多金属矿床、湖南东坡钨锡铅锌多金属矿床等；夕卡岩型铅锌矿床有湖南水口山铅锌矿床、黄沙坪铅锌矿床和辽宁桓仁铜锌矿床等；斑岩型铅锌矿床有江西冷水坑铅锌银矿床、云南姚安铅矿床、山东香夼铅锌矿床。

4. 海相火山岩型铅锌矿床

这类矿床的含矿岩系中火山岩及火山沉积岩很发育，特别是下盘岩石常是火山熔岩和凝灰岩。成矿物质来源与海底火山岩系有关。国外称这类矿床为块状硫化物铅锌矿床或黄铁矿型铅锌矿床。矿床物质成分复杂，常与铜矿共生或伴生大量的金、银和稀散元素，综合利用价值巨大。我国产于海相火山岩中的铅锌矿床，普遍受到不同程度的区域变质作用，如甘肃白银厂铜铅锌矿床等，有的还受到混合岩化作用，如辽宁红透山铜锌矿床等。属于海相火山岩型铅锌矿床典型实例有白银厂小铁山矿床、青海锡铁山铅锌矿床等。

5. 陆相火山岩型铅锌矿床

这类矿床常分布在火山断陷盆地边缘，受断裂控制。含矿岩系多为凝灰岩、酸性熔岩和次火山岩等。矿体呈脉状或透镜状，多产于蚀变凝灰岩中。矿石物质组成类似海相火山岩型铅锌矿床，但有些矿床与铅共生，伴生的金、银等含量也高，有的矿床上部以铅锌为主，下部以铜金银为主，综合开发经济价值巨大。代表性矿床有江西银山、浙江五部等铅锌矿床。

6. 碳酸盐岩型铅锌矿床

这类矿床是我国铅锌矿床中的重要类型，规模巨大，探明的储量占全国铅锌总储量的50%以上，开发经济价值巨大。矿床产于海相碳酸盐岩系中，多数赋存于白云岩或不纯白云岩中，有的产于石灰岩或不纯石灰岩中，受一定层位控制，属层控性矿床，多为沉积改造型，少数为沉积变质型矿床。矿石组成较简单，以铅锌为主，但也有的共伴生铜、黄铁矿，一般含镉较高。典型矿床有广东凡口、辽宁青城子、云南会泽、贵州杉树林、南京栖霞山等铅锌矿床。

7. 泥岩－细碎屑岩型铅锌矿床

这类矿床产于海相泥岩－细碎屑岩系中，含矿岩系为泥岩、粉砂岩、细砂岩，常含有较多的碳酸盐岩石，有机质和黄铁矿也较常见。含矿岩系不含或含少量火山物质，主要是凝灰质夹层。矿床的成矿作用常以沉积（特别是热水沉积）作用为主，多为沉积－轻微改造或沉积变质型，受一定层位控制，属层控型矿床。矿体多呈层状、似层状整合产出。矿石组成除铅锌外还有较多黄铁矿，组成块状硫化物，有的含银较高。矿床围岩蚀变一般较弱，但也有个别的较强。这类矿床普遍规模巨大，是我国重要铅锌矿床类型，具有巨大开发经济价值。典型矿床有甘肃西成铅锌矿田、内蒙古东升庙硫锌

（铅、铜）矿床、河北高板河等铅锌矿床。

8．砂砾岩型铅锌矿床

这类矿床产于海相或陆相砂岩、长石砂岩和砾岩中的铅锌矿床。矿石组成简单，铅锌品位较高，围岩蚀变微弱，成矿温度低。这类矿床虽然在我国分布不广，但出现的却是大型、超大型矿床，开发经济价值巨大，典型矿床为云南兰坪金顶铅锌矿床。

第六章 锑 矿

第一节 概 述

一、锑的性质及用途

锑是一种银白色金属，元素符号为 Sb，原子序数为 51。密度为 6.69 g/cm^3，摩氏硬度 3，熔点 630.5℃，沸点 1 580℃，性脆，不具延展性，是电和热的不良导体（导电率为银的 4.2%），在常温下不易氧化，耐酸，抗腐蚀。锑的最大特征是热缩冷胀和具同素异形现象。

在工业上，锑金属用量很少，但含锑合金及化合物的用途十分广泛。锑能与铅形成用途广泛的合金，大部分使用铅的场合都加入数量不等的锑来制成合金。含锑、铅的合金耐腐蚀，是生产蓄电池极板、化工管道、电缆包皮的首选材料；锑与锡、铅、铜的合金强度高、极耐磨，是制造轴承、齿轮的好材料，高纯度锑及其他金属的复合物（如银锑、镓锑）是生产半导体和电热装置的理想材料。锑化物可阻燃，所以常应用在各式塑料和防火材料中。锑的化合物锑白是优良的白色颜料，常用在陶瓷、橡胶、油漆、玻璃、纺织及化工产业。高纯度锑金属（99.99%）作为硅、锗的掺杂元素或铋、硒、碲的掺杂元素以及锑的金属互化物（铟锑、铝锑、镓锑）可制成半导体晶体元件，用于通信器材、医疗器材、国防武器、军工仪表、电视机、收录机等方面。

锑的化合物用途也很广泛。天然硫化锑用于制成火柴，将其加入炮弹有利于射击校准。三氧化锑是制造珐琅亮漆和耐火漆的重要原料。五硫化锑是橡胶生产的红色颜料及硬化剂。锑酸铅是一种耐火涂料。硫酸三氟锑酸铵是染剂，用于织物的染色。目前，生产各种阻燃剂是锑的主要市场需求。

二、含锑矿物

锑和砷、铋有密切的地球化学关系和相似的化学性质，同属亲铜元素，被称为"半金属族"。故砷、锑、铋、汞常组成各种硫盐矿物和复硫化物，如黝铜矿—砷铜黝矿、硫锑汞矿等。

在岩浆作用初期阶段，因低硫低氧，Sb^{3+} 可与铁族元素结合形成锑钯矿（Pd_3Sb）。Sb^{3+} 还部分地替代 Y^{3+}、Ce^{3+}、U^{4+}、Th^{4+} 使一些铌钽矿物不但含微量锑，而且有时形成钽锑矿、铌钽锑矿、锑铌矿等。

中温热液阶段，随硫的浓度增加，锑与亲铁、亲铜元素共同与硫结合形成复硫化物和硫盐矿物（如硫锑铅矿、脆硫锑铅矿、车轮矿等）；低温热液是锑主要浓集成矿期，Sb^{3+} 与硫结合形成辉锑矿，常出现砷、汞、银等低温元素组合。

辉锑矿在表生作用下，在弱酸性溶液中溶解成 $Sb(OH)_3$，或 $Sb_2(SO_4)_3$ 发生迁移。然而，锑硫酸盐很不稳定，将很快水解，在极强氧化条件下形成锑华、黄锑华、锑赭石，有时构成残积或坡积矿床。有的则迁移到水体沉积形成"矿源层"，成岩后期又活化迁移到有利构造（破碎带、裂隙）中充填成矿。

第二节　锑矿床主要类型及特征

世界工业价值较大的锑矿床为层状和脉状矿床。我国锑矿资源极为丰富，矿床类型多，储量及产量均居世界之首，因此，以我国的矿床类型划分为主，分为以下 6 种矿床类型：

一、低温热液碳酸盐地层中辉锑矿及汞锑矿床

是我国重要的锑矿类型，占世界锑矿储量的 30%～50%。我国主要分布在湖南、云南、贵州、甘肃等省，国外主要分布在苏联中亚地区，以及南斯拉夫和中美洲墨西哥。

矿床一般远离大岩体（岩基），受一定层位及岩性控制，矿床产于大断层附近，硅化是最主要的蚀变特征。矿体形态一般为似层状，产状与围岩基本一致，矿化与围岩界线不甚清楚。矿物共生组合简单，常为单一的辉锑矿石或汞–锑矿石。矿床规模大，锑金属储量可达几十万吨，品位一般从百分之几到百分之几十，我国锡矿山为世界著名的矿床。

此外，我国陕西旬阳公馆汞–锑矿床是我国唯一汞和锑分别达到大型和中型规模的汞–锑矿床，该矿床位处南秦岭汞锑成矿带，成矿地质条件好，远景较好，有望成为我国西部地区主要汞、锑生产基地。

二、中、低温热液辉锑矿–石英脉型矿床

矿床产于石灰岩以及板岩、千枚岩及砂岩、花岗岩中。控制矿床的成矿构造，均为隆起带中主干断裂及其旁侧的低序次断裂，走向破碎带及节理裂隙。根据赋矿构造与围岩产状的关系又可分为整合型充填石英脉和非整合型的不规则脉状锑矿床。该类锑矿是我国的重要类型，探明储量占全国总储量的 24.02%，也是世界上开采锑较多的矿床类型，其产量占世界产量的 30%～40%。

充填石英脉型辉锑矿床中锑的规模一般为中小型，个别可达大型，具有较大的工业意义，常与金、钨、汞共生，如我国湖南沃溪、板溪，美国爱达荷州耶洛派恩，澳大利

亚东部卡什捷尔非尔德等金－锑－钨共生矿床。

不规则脉状辉锑矿床为区域构造变形强烈处的断层和节理裂隙含矿，矿体与围岩产状常呈大角度相交。矿体多呈透镜状、扁豆状、细脉状，少数呈凸镜状、囊状。矿石建造组合较多，有单一锑矿床，主要分布在我国湖南、贵州等省区，国外有苏联叶尼塞和雅库特地区、地中海周围的捷克和斯洛伐克、法国、摩洛哥，亚洲的日本、缅甸、泰国也有分布；金－锑型矿床分布在我国湖南、玻利维亚拉巴斯－波托西一带。汞－锑型及锑－钨型矿床工业意义较小。

三、中温热液充填－交代锑－铅硫盐－多金属矿床

该类矿床锑一般为伴生矿，品位低，储量以小型为主，个别可达大型规模，矿床的赋矿空间为背斜轴部断层破碎带、节理、裂隙。矿体呈似层状、透镜状、脉状，其产状与围岩有一致的也有不一致的。主要围岩为碳酸盐岩，少数为碎屑岩。围岩蚀变强烈而普遍，种类多，有硅化、绢云母化、碳酸盐化、夕卡岩化等。主要矿床有我国广西（多为锡铅锌锑型）和湖南（铅锌锑型）、苏联阿扎捷克、缅甸包德温、秘鲁塞罗德帕斯科矿床等。

广西南丹大厂锡铅锌锑矿田，矿石一般品位锑为 0.18% ~ 5%，伴生锑探明储量为 22.69 万 t，伴生锑规模之大是世界少有的。

四、火山岩层中似层状、脉状锑矿床

这类矿床在世界上数量较少，但储量占一定比重。矿床含矿围岩为火山沉积变质岩或火山沉积蚀变岩，如硅质碳酸盐岩、绿泥石—碳酸盐片岩、硅化凝灰质黏土岩等。矿体有似层状、也有透镜状、脉状及网脉状。矿石矿物成分较简单，金属矿物以辉锑矿为主，少量黄铁矿、毒砂、自然金，脉石矿物主要为石英、次为方解石、重晶石等。围岩蚀变以硅化为主，次为黄铁矿化、高岭石化，碳酸盐化、绿泥石化、萤石化、方解石化。

世界上最富和最古老的锑金成矿带—南非穆奇森矿带，矿化局限于陆源—火山组合的岩石中，其火成岩已变质成绢云母绿泥石片岩、绿泥石碳酸盐片岩、云母石英片岩，分布有九个矿床，其储量锑达 50 多万 t。

我国贵州晴隆大厂锑矿田区内出露地层为二叠系、三叠系，锑矿产于二叠系峨眉山玄武岩与下二叠统茅口组灰岩侵蚀面之间的火山沉积的"大厂层"中。"大厂层"为一套强烈硅化蚀变的岩石，主要成分为玄武砾岩、玄武岩屑砂岩、火山凝灰物质。矿石矿物以辉锑矿为主，次为黄铁矿、萤石、石英、方解石、石膏等。矿石中锑的含量变化较大，0.71% ~ 12.3%，辉锑矿中含硒 0.01% ~ 0.14%，一般在 0.02% 以上，已达综合利用要求，两者正相关关系。围岩蚀变广泛发育，最主要是硅化、黏土化、萤石化、角砾化，与锑矿化关系较为密切，矿床锑储量 26 万 t。

五、砂锑矿床

工业意义较小，砂锑矿床一般为风化矿床，产于第四系喀斯特、洼地、坡谷的残积

及洪积层中，呈层状、漏斗状等。主要矿物有锡石、锑赭石、红锑矿、锑钙石、自然金，含少量或微量锆石、金红石、辰砂、钛铁矿、褐铁矿。锑品位中等，矿床一般较小，如我国洪塘、那甲、镇圩等以及泰国中部拉德日别地区克朗克提塞锑矿等残积锑矿床。

六、温泉沉淀型锑矿

目前尚未见有工业意义的矿床，仅具锑矿床成因研究价值，主要分布在美国内华达州，以及南美玻利维亚锡矿带。

第三节　世界锑矿资源

一、世界主要锑矿床分布

1. 成矿时代

主要是中生代，其次是古生代，其他时代不占主要地位。我国锑矿床各成矿时代所占的储量比例如下：前寒武纪占总储量的 10%，古生代占 25%，中生代占 60%，新生代占 5%。前寒武纪锑矿仅南非穆奇森矿带中的锑矿，其储量占世界储量的十分之一。

古生代的锑矿床主要分布在地中海一带，其次为苏联中亚地区，这类矿床约占世界锑矿储量的 25%。

中生代的锑矿床居世界首位，为锑矿的主要成矿时期，我国绝大部分锑矿床的成矿时间属于这一时代，此外，俄罗斯、玻利维亚、法国也有分布。

新生代锑矿床主要分布在日本、俄罗斯东部滨海地区、美国西部、墨西哥、玻利维亚以及土耳其，矿床的工业价值一般不大。

2. 地理分布

锑矿床在世界六大洲都有分布，但极不平衡，几乎分布在两大成矿带上。

（1）地中海成矿带，包括了西班牙、意大利、南斯拉夫、捷克和斯洛伐克、匈牙利、罗马尼亚、摩洛哥、阿尔及利亚、土耳其、爱尔兰以及苏联的外贝加尔地区。

（2）环太平洋成矿带，包括加拿大、美国、墨西哥、委内瑞拉、哥伦比亚、苏联亚洲部分、中国、日本、缅甸、泰国等。

我国锑矿的地理分布可划分为东南部、西南部和秦巴地区，集中分布在湖南省中西部、广西西北部、贵州大部分地区、云南省东南部及中西部、陕西、甘肃省南部，其空间分布相对集中，储量分布极不平衡，湖南省锑矿探明储量占全国总储量的 45.6%，占保有储量的 31.51%。

二、世界锑矿资源储量

2011 年世界锑储量 180 万 t，世界查明的锑资源量约有 510 万 t，主要分布在中国、玻利维亚、俄罗斯、塔吉克斯坦、南非和墨西哥等几个国家（表 11 – 6 – 1）。

表 11 – 6 – 1　　　　　　　　　　　2011 年世界锑储量和基础储量　　　　　　单位：万 t（锑）

国家或地区	储量	国家或地区	储量
中国	95	南非	2.1
俄罗斯	35	其他国家	15
玻利维亚	31	世界总计	180
塔吉克斯坦	5.0		

注：表中未列出墨西哥的储量数据，但据"Mineral commodity Summaries"，1995 年版，墨西哥的锑储量为 18 万 t，基础储量为 23 万 t，2006 年版和 2009 年版的文中也把墨西哥列为世界主要锑资源国之一。

资料来源：国土资源部信息中心《世界矿产资源年评》（2011～2012），2012 年。

已知的锑矿床多集中分布在环太平洋构造成矿带、地中海构造成矿带、中亚天山构造成矿带。特别是环太平洋构造成矿带，集中了世界 77% 的锑储量，经济意义最大。

世界锑矿床最重要的工业类型是热液层状锑矿床和热液脉状矿床，分别占世界储量的 50% 和 40%，分别提供世界锑矿山产量的 60% 和 30%。另外，美国中东部密西西比河谷型铅锌矿床中也伴生有锑资源。

中国是世界上最大的锑资源国，锑储量占世界总量的 52.8%。2010 年已探明储量的矿区有 174 处，分布于全国 19 个省（区），以湖南锑储量为最多，其次为广西、西藏、贵州、甘肃、云南和广东等省（区）。锑矿矿床类型有碳酸盐岩型、碎屑岩型、浅变质岩型、海相火山岩型、陆相火山岩型、岩浆期后型和外生堆积型 7 类，以碳酸盐岩型锑矿为最重要。世界著名的湖南锡矿山锑矿和广西大厂锡、锑多金属矿皆属此类型。从成矿时代来看，除侏罗纪和白垩纪地层中尚未发现有工业矿床外，从震旦纪到第四纪都有锑矿分布，但其改造成矿的时代主要集中在中生代的燕山期。

俄罗斯为世界第二大锑资源国，其锑矿资源主要集中在雅库特地区；玻利维亚是世界第三大锑资源国，其锑矿资源主要集中在西部地区的拉巴斯—波托西成矿带中；此外，南非、吉尔吉斯斯坦和塔吉克斯坦均有大型锑矿床产出。越南近年在广宁省发现锦普（Cam Pha）大型锑矿床，矿化面积达 30 km^2，是一个由 30 几条含锑石英脉组成的大型富锑矿床，矿床已知有锑储量 3.5 万 t，平均含锑品位 7%～12%。在各国锑矿产地中，中国锑矿勘查程度最高，开发条件最好。

第四节　中国锑矿资源

一、中国锑矿资源概况

中国是世界最大的锑资源国，同时也是世界最大的锑矿生产国和重要的出口国。

二、中国锑矿主要成因类型及特征

1. 热液层带型

该类型矿床主要产于地台区，沉积盖层较厚，可达数千米，而岩浆活动极其微弱，几乎没有岩体出露。矿区内除少数区域性断裂外，褶皱构造比较发育。矿化作用主要沿一定层位进行，如贵州万山地区主要在中寒武统；湖南沃溪地区在中元古界板溪群。矿化大多集中在透水性较差的泥质岩石之下一定距离的脆性岩石中。矿化以细小的含矿石英脉、含矿白云石脉出现，其长短不一，断续延长数百米至千余米，产状与岩层基本一致，并随之变化而变化。矿化体多呈似层状、层状或带状，少数为透镜状与囊状，近矿围岩蚀变较弱而单调，并以硅化、碳酸盐化（方解石化、白云石化）与矿化最密切。有时可见到黄铁矿化、萤石化、重晶石化、黏土化以及较少见的沥青化等。矿石矿物比较简单，以辰砂、辉锑矿为主，呈浸染状产于脉体与围岩中。该类型较典型矿床如甘肃崖湾锑矿床和湖南锡矿山锑矿床。

2. 热液脉带型

该类型矿床主要产于造山带。其区域构造活动比较强烈，除复式褶皱外，断裂构造比较发育，并往往伴有不同规模的岩浆活动。成矿作用多发生在一定层位的断裂中，但又受岩性影响，如陕西公馆汞锑矿床，含矿体主要于下泥盆统的白云岩断裂中，在白云岩层岩性差异变化较大部位矿化则富集，所以矿化体与围岩均呈不整合接触，显示了成矿作用受岩性与构造双重控制。该类型矿床的围岩蚀变范围较广，基本上围绕成矿断裂带分布，但强度较弱，主要以硅化、碳酸盐岩化为主，其次为黄铁矿化、萤石化、重晶石化等。矿化体均局限在蚀变带内，呈脉状、透镜状产出，少数为似层状。矿脉多成组平行分布，长可达数千米，厚 2~3 m。矿石矿物成分比热液层带型矿床略多，除辰砂、辉锑矿外，经常与其共生的还有闪锌矿、方铅矿、黄铁矿以及白钨矿、脆硫锑铅矿、辉钼矿等。该类型较典型矿床有：陕西公馆汞锑矿床、贵州半坡锑矿床、湖南龙山金锑矿床等。

3. 岩浆热液型

该类型矿床主要产于火山活动带或构造岩浆带内，与成矿有关的直接围岩主要有三种：一是花岗岩类；二是中、基性脉岩；三是火山岩和火山碎屑岩。矿化作用均产于上述三类火成岩中，并受其各类构造控制。如湖南高挂山锑矿产于花岗岩类破碎带中；江西宝山锑矿产于辉绿岩脉和云斜煌斑岩脉及其接触带中；贵州晴隆锑矿产于火山岩边缘及其次级裂隙中。

4. 砂矿型

该类型矿床包括冲洪积砂矿、岩溶堆积砂矿和尾砂堆积。冲洪积砂矿与岩溶堆积砂矿为原生小而分散且不具工业意义的矿化体经风化、搬运而重新堆积形成的矿床。这类型矿床在我国为数较少，大多出现在含矿岩层分布区或中生代花岗岩与火山岩出露区附近的河谷阶地、河漫滩和岩溶洼地中。矿体埋存浅，矿石矿物成分简单，常与金矿相伴，但矿床规模一般较小，如广东茶排岩溶堆积砂矿床、贵州车路坪尾砂堆积砂矿、广西镇圩冲洪积砂矿等。

三、中国锑矿床分布

我国锑矿床分布范围广，其中成型矿床114个，分属于全国18个省（区），主要集中于湖南（20处）、贵州（20处）、广西（18处）、云南（13处）、广东（7处）、陕西（7处）、甘肃（5处）、河南（5处）等8个省（区），占全国锑矿床数的83.2%。此外在湖北、安徽、江西、青海、吉林、浙江、四川、内蒙古、黑龙江和西藏等10个省亦有产出。

我国锑矿床按其产出地质构造与成矿特征可划分为如下6个成矿带。其中藏北成矿带为新近发现的有一定成矿远景的区带，工作程度较低，故仅介绍如下5个成矿带：

1. 扬子地台南缘成矿带（简称扬子成矿带）

扬子成矿带包括贵州东北部、湖南西部、重庆东南部、湖北南部、江西北部、安徽南部以及浙江西部等地，主要沿着雪峰山脉西侧，向北经九岭山脉北侧至浙西的白际山，基本上沿扬子地台的南缘分布。该成矿带锑矿资源丰富，已发现41个锑矿，占全国锑矿床数36%，其中大型3个、中型17个，累计探明储量98.3543万t，占全国的23%；保有储量49.6125万t，占全国的18%。该成矿带是我国重要的锑成矿带。

该带锑矿床分布较广，自黔西南的晴隆、独山经黔东至湘西的叙浦、安化，向东延至鄂东南的通山、赣北的德安、皖南的休宁以及浙西的淳安，大体上沿扬子地台的西南缘向东北缘，并于江南古陆西侧与北侧产出。该成矿带锑矿以热液脉带型为主，其次为热液层带型与岩浆热液型。其产出特点各处有所差别。黔南一带锑矿床产于下二叠统碳酸盐岩与上二叠统火山岩之间，即所谓"大厂层"中，以热液层带型独立锑矿床为主，如贵州晴隆大厂、小井湾等矿床，矿床规模以中型居多。黔东－湘西一带主要产于中元古界板溪群浅变质岩系中，少数产于中寒武统、下震旦统与上泥盆统中，矿床大多属于热液脉带型共伴生矿床。最常见是钨－锑－金组合，其次为锑－铅－锌组合，矿床规模多为中、小型，如安化符竹溪、桃江西冲等。在鄂东南至浙西一带除产于上震旦统或寒武系灰岩中热液脉带型矿床外，还出现岩浆热液型矿床，后者大多产于中基性或中酸性岩脉及其边缘，以独立锑矿床为主，如江西的宝山、安徽的花山等，矿床多为小型。

2. 秦岭成矿带

该成矿带包括陕西南部、甘肃东南部与青海东部，东延至陕西与河南、湖北交界处，呈近东西向展布。目前，带内已发现锑矿16个，占全国锑矿床数的16%，其中大型1个、中型5个，累计探明储量31.6823万t，占全国的7.5%，保有储量28.4564万t，占全国的10.2%。

秦岭成矿带自新元古代至中三叠世处于相对活动时期，具有自北向南演化的特点，并依次形成了北秦岭造山带，礼县啡水海西冒地槽造山带和南秦岭印支冒地槽造山带，同时出现了东西分异现象，东部海相火山喷发作用相对较弱，而以碳酸盐岩沉积为主；西部海相火山作用相对发育，并以碎屑岩与碳酸盐岩沉积为特征。东部泥盆系，特别是中、下泥盆统广泛出露，而西部则以石炭系—三叠系，特别是中、下三叠系最发育，厚度可达数万米。印支运动后结束了海侵历史，褶皱上升，并形成近东西向展布的复式构造和大型走向断裂，同时伴有不同程度的岩浆侵入。秦岭成矿带的锑矿床即在此背景下形成，并主要产于南秦岭印支冒地槽造山带中。

秦岭成矿带锑矿床赋存比较集中，均产出在隆起区边缘、近东西向区域性大断裂带附近，主要有两个集中区：陕南集中区与甘南（包括青海东部）集中区。前者成矿类型比较单一，均为热液脉带型。容矿岩石均为白云岩或大理岩，但其产出层位与特征各有所不同。在北部（相当北秦岭）赋矿地层为中元古界，其矿石成分简单，以独立锑矿床为主，规模均在中 - 小型，如陕西的蔡凹、河南的洞沟等。而南部（相当南秦岭）赋矿地层主要为中、下泥盆统，少数为下石炭统，其矿石成分较多，除辰砂、辉锑矿外，常伴有雄黄、雌黄、闪锌矿、方铅矿等，形成以汞、锑为主的共伴生矿床，规模可达大型，如陕西公馆、青硐沟、湖北的高桥坡等。甘南集中区成矿类型也以热液脉带型为主，少数为热液层带型。赋矿地层以中、下三叠统为主，其次为下二叠统与中、下泥盆统，赋矿地层比陕南集中区多并且层位高。容矿岩石以千枚岩、板岩和砂岩为主、碳酸盐岩较少。矿石矿物也比东部陕南集中区复杂，除辰砂、辉锑矿、方铅矿、闪锌矿外，有的还出现白钨矿、锡石等，所以该集中区矿床除少数由单一辉锑矿（甘肃崖湾）组成独立矿床外，其余大多是以汞、锑为主的共伴生矿床，规模一般为中、小型。

3. 华南成矿带

华南成矿带包括云南东部、广西东部、湖南中部以及广东北部地区，基本上沿华南造山带西缘呈 NE 向展布。该带目前发现锑矿 42 处，占全国矿床数的 37.1%，其中大型矿床 8 处，中型 15 处，累计探明储量 272.434 8 万 t，占全国的 63%；保有储量 181.511 8 万 t，占全国的 65.2%。该成矿带是我国以锑矿为主的重要成矿带。

华南成矿带下古生界为冒地槽沉积，晚加里东构造运动后结束了地槽历史，并与扬子地台连成一片，为一陆表海，沉积了较厚的碳酸盐岩与碎屑岩。这期间虽有频繁的振荡运动（特别是在晚古生代），但没有大规模岩浆侵入活动与海相火山喷发活动。中三叠世后受印支运动影响结束了海侵，以陆相沉积为主，并置于中国东部构造 - 岩浆活动带范畴之中，发生了丰富多彩的成矿作用。

华南成矿带锑矿床分布比较集中，基本上沿着雪峰古陆边缘分布，并可分出桂北与湘中两个集中区。桂北集中区位于雪峰古陆的南缘，晚古生代地层发育，呈 NE—EW 向展布，构成宽缓的隔挡式褶皱构造。锑矿化主要产于中、下泥盆统海沟相沉积层中的断裂带中。矿床以热液脉带型为主、热液层带型次之、少数为砂矿型。矿石成分较多，大多为共伴生矿床，形成了比较特征的锡 - 多金属 - 锑组合和锑 - 铅 - 锌组合，如南丹 - 河池地区。湘中集中区位于雪峰古陆的东侧，向南可沿至粤北，该处晚古生代台地相与海滩相沉积发育，呈 NE—NNE 向分布，组成隆、坳相间的构造。赋矿地层比桂北地区多，除以中、下泥盆统为主外，还有下石炭统、中和下寒武统及下震旦统。成矿作用与桂北集中区也有所差别，大多位于短轴褶皱构造中，受层间构造控制，形成规模较大的热液层带矿床，少数位于断裂带中，形成热液脉带型矿床。并且矿化作用均以锑为主，汞矿化较弱。矿石矿物相对比桂北集中区简单，既有大型独立的锑矿床，如锡矿山矿田，也有以锑－金组合和锑－钨组合的共伴生矿床。

4. 三江成矿带

三江成矿带包括云南西部、四川西部、西藏东部，向北可延至青海中部，基本上沿澜沧江、怒江和金砂江流域呈近南北向展布。

三江成矿带通过"八五"和"九五"科技攻关，发现了许多锑矿床，以及矿化异常点。在全国储量平衡表上有5处，占全国锑矿床数4.4%，累计探明储量9.369 1万t，占全国的2.22%，保有储量9.369 1万t，占全国的3.4%。三江成矿带虽然在矿产储量平衡表上锑矿床数与储量所占全国的比例都不大，但它有大量矿化点与异常点还没有开展工作，并且矿床开发程度很低。所以，该成矿带是今后找矿与开发均具较大前景的成矿带。

5. 沿海成矿带

沿海成矿带包括辽宁、吉林、浙江、福建和台湾等地。锑矿床分布比较分散，规模有限，基本上呈NNE向展布。

该带发现的锑矿床有3处，其中达中型规模1处，累计探明储量2.46万t，仅占全国的0.5%（台湾矿床储量不详，不计在内）。虽然沿海成矿带目前还不是我国重要锑矿成矿带，但是据区调资料不完全统计，沿海各省有重砂异常点或矿化点多，因此它仍具有很大的找矿前景。

第七章　铝土矿

第一节　概　述

一、铝的性质及用途

铝是银白色轻金属，有延展性，相对密度2.70，熔点660℃。沸点2 327℃。铝元素在地壳中的含量仅次于氧和硅，居第三位，是地壳中含量最丰富的金属元素。

重量轻和耐腐蚀是铝性能的两大突出特点。虽然铝金属比较软，但可制成各种铝合金，如硬铝、超硬铝、防锈铝、铸铝等。这些铝合金广泛应用于飞机、汽车、火车、船舶等制造工业。此外，宇宙飞船、航天飞机、人造卫星也使用大量的铝及其合金。铝的导电性仅次于银、铜和金，虽然它的导电率只有铜的2/3，但密度只有铜的1/3，所以输送同量的电，铝线的质量只有铜线的一半。铝表面的氧化膜不仅有耐腐蚀的能力，而且有一定的绝缘性，所以铝在电器制造工业、电线电缆工业和无线电工业中有广泛的用途。铝是热的良导体，它的导热能力比铁大3倍，工业上可用铝制造各种热交换器、散热材料和炊具等。铝有较好的延展性（它的延展性仅次于金和银），在100～150℃时可制成薄为0.01 mm的铝箔。这些铝箔广泛用于包装香烟、糖果等，还可制成铝丝、铝条，并能轧制各种铝制品。铝板对光的反射性能也很好，反射紫外线比银强，铝越纯，其反射能力越好，因此常用来制造高质量的反射镜，如太阳灶反射镜等。铝具有吸音性能，音响效果也较好，所以广播室、现代化大型建筑室内的天花板等也采用铝。铝在温度低时的强度反而增加而无脆性，因此它是理想的用于低温装置材料，如冷藏库、冷冻库、南极雪上车辆的生产装置。

铝及铝合金是当前用途十分广泛的、最经济适用的材料之一。世界铝产量从1956年开始超过铜产量，至今一直居有色金属产量之首。当前铝的产量和用量（按吨计算）仅次于钢材，成为人类应用的第二大金属。

二、铝土矿

铝土矿是指工业上能利用的，以三水铝石、一水软铝石或一水硬铝石为主要矿物所组成的矿石的统称。它的应用领域有金属和非金属两个方面。

铝土矿是生产金属铝的最佳原料，也是最主要的应用领域，其用量占世界铝土矿总产量的90%以上。铝土矿的非金属用途主要是作耐火材料、研磨材料、化学制品及高铝水泥的原料。铝土矿在非金属方面的用量所占比重虽小，但用途却十分广泛。例如：硫酸盐、三水合物及氯化铝等产品可应用于造纸、净化水、陶瓷及石油精炼方面；活性氧化铝在化学、炼油、制药工业上可作催化剂、触媒载体及脱色、脱水、脱气、脱酸、干燥等物理吸附剂；用 r – Al_2O_3 生产的氯化铝可供染料、橡胶、医药、石油等有机合成应用；玻璃组成中有 3% ~ 5% Al_2O_3 可提高熔点、黏度、强度；研磨材料是高级砂轮、抛光粉的主要原料；耐火材料是工业部门不可缺少的筑炉材料。

第二节　铝土矿床主要类型及特征

一、铝土矿的主要类型

铝土矿是在外生地质作用下形成的，根据铝土矿床赋存状态，以其下伏基岩性质大体可分为三种类型：红土型、岩溶型（喀斯特型）和沉积型（齐赫文型）。

1. 红土型铝土矿床

是由下伏铝硅酸盐岩（如玄武岩、花岗岩、粒玄岩、长石砂岩、麻粒岩等），在热带和亚热带气候条件下，经深度化学风化（即红土化）作用而形成的与基岩呈渐变过渡关系的残积矿床（包括就近搬移沉积的铝土矿）。此类型矿床储量占世界总储量的86%左右。其矿石产量占世界铝土矿产量的65%。

2. 岩溶型铝土矿床

是覆盖在灰岩、白云岩等碳酸盐岩凹凸不平岩溶面上的铝土矿床。此类矿床与基岩呈不整合或假整合关系，其矿体系古红土风化壳被剥蚀、长距离（30 ~ 40 km）搬运、沉积于岩溶地形中的产物。此类矿床储量占世界总储量的13%左右。

3. 沉积型（齐赫文型）铝土矿床

是覆盖在铝硅酸盐岩剥蚀面上的碎屑沉积铝土矿床。矿床与下伏基岩一般呈不整合接触，没有直接成因关系，成矿物质是从远方红土风化壳搬运来的。此类矿床赋存于温带，典型的沉积型铝土矿床产于俄罗斯齐赫文市附近，故由此而得名。

二、铝土矿床赋存时代

铝土矿自晚元古代以来的各地史时期都有产出，但主要在晚古生代、中生代和新生代三个成矿期。红土型铝土矿床主要产于新生代，多为近代地表红土风化壳矿床；齐赫文型铝土矿床，绝大多数为古生代隐伏矿床；岩溶型铝土矿床，在三个成矿期均有产出，且地表浅部矿约占此类矿床储量的40%，多半矿体处于隐伏状态。

三、铝土矿的质量状况

铝土矿的矿石类型，按主要有用矿物成分大致可分为：三水铝石型、一水软铝石型、一水硬铝石型三种基本类型，此外还有三水铝石－一水软铝石型、一水软铝石－一水硬铝石型等混合型铝土矿。三水铝石型铝土矿，主要是新生代的产物；一水软铝石型铝土矿，主要是中生代的产物；一水硬铝石型铝土矿，主要产于古生代。红土型铝土矿床，主要由三水铝石型和三水铝石－一水软铝石混合型铝土矿组成，矿石以高铁、中铝、低硅、高铝硅比为特征，是铝工业易采易溶的优质原料。适宜流程简单，能耗低的拜耳法生产氧化铝。

沉积型铝土矿床，主要由一水硬铝石型和一水硬铝石－一水软铝石混合型铝土矿组成，矿石质量较差，工业意义次要。

岩溶型铝土矿床，因成矿时代和地域不同，而其矿石类型呈多样性，如我国古岩溶铝土矿床以一水硬铝石型为主，矿石以高铝、高硅、低铁、中等铝硅比为特征；而地中海和加勒比海地区的岩溶型铝土矿床，既有中生代一水软铝石型，又有新生代三水铝石型及各种混合型，多为良好的铝工业原料。

第三节　　世界铝土矿资源

一、世界铝土矿资源分布

世界铝土矿资源极其丰富，遍及五大洲40多个国家。

1. 红土型铝土矿

在地理上，主要赋存于南、北纬30°线间（热带亚热带）范围内的大陆边缘的近海平原、中低高地、台地和岛屿上。据G·巴尔多西意见，全世界红土型铝土矿床可划分为8个成矿省（I级成矿单元）：L_1南美地台成矿省，L_2巴西东南部成矿省，L_3西非成矿省，L_4东南非成矿省，L_5印度成矿省，L_6东南亚成矿省，L_7西澳及北澳成矿省，L_8东南澳成矿省。储量规模大于10亿t的六大红土型铝土矿区分布于澳大利亚、几内亚、巴西、喀麦隆、越南和印度，均为易采的露天矿。

2. 岩溶型铝土矿

主要赋存于红土型铝土矿带的北面北纬30°~60°之间及附近的温带地区，主要分布于南欧和加勒比海地区，我国的大部分铝土矿床属于此类。北半球分布着6个I级成矿单元（G·巴尔多西称为成矿带）：Y_1地中海成矿带，Y_2乌拉尔—西伯利亚—中亚成矿带，Y_3伊朗—喜马拉雅成矿带，Y_4东亚成矿带（中国），Y_5加勒比海成矿带，Y_6北美洲成矿带（美国）。而赤道以南仅有少数几个岩溶型铝土矿床分布，如所罗门、洛亚尔提、汤加和斐济等群岛，形成Y，太平洋西南成矿带。

3. 沉积型铝土矿

常见于俄罗斯地台、乌拉尔山脉，中国、美国也有分布。这类矿床一般规模较小。工业意义较次要，其储量仅占世界总储量的1%左右。此类矿床有三个I级成矿单元：T_1东欧成矿省，T_2中朝成矿省，T_3北美成矿省。

二、世界铝土矿资源量

世界铝土矿储量是第二次世界大战后，随着铝工业的发展和铝土矿勘查活动全球性开展而大幅度增长起来的。据美国矿业局统计，1945 年世界铝土矿探明储量约 10 亿 t，1955 年增加到 30 亿 t，1965 年增加到 60 亿 t，20 世纪 70 年代增加幅度最大，到 1985 年高达 210 亿 t。1992～1996 年五年间，世界铝土矿探明储量一直停滞在 230 亿 t 水平上。2011 年，世界铝矿探明储量为 280 亿 t（表 11-7-1）。几内亚、澳大利亚、巴西、越南、牙买加、印度和圭亚那的储量居世界前 7 位，储量合计 230.5 亿 t，约占世界总储量的 82.3%。

表 11-7-1 世界铝土矿储量和基础储量（干基） 单位：亿 t

国家或地区	储量 2011 年	基础储量 2008 年	国家或地区	储量 2011 年	基础储量 2008 年
几内亚	74	86	希腊	6	6.5
澳大利亚	62	79	苏里南	5.8	6
巴西	36	25	委内瑞拉	3.2	3.5
越南	21	54	俄罗斯	2	2.5
牙买加	20	25	哈萨克斯坦	1.6	4.5
印度	9	14	美国	0.2	0.4
圭亚那	8.5	9	其他	34.8	38
中国	8.3	23	世界合计	280	380

红土型和岩溶型铝土矿床中的三水铝石型和三水铝石－一水软铝石混合型铝土矿合计储量占世界总储量的 90% 以上。

第四节　中国铝土矿资源

一、中国铝土矿资源分布及特点

1. 中国铝土矿资源分布

中国铝土矿资源丰度属中等水平，产地 500 余处，分布于 19 个省（区）。总保有储量矿石 22.7 亿 t，居世界第 7 位。山西铝资源最多，保有储量占全国储量 41%；河南、贵州、广西次之，各占 17% 左右；其余拥有铝土矿的 15 个省、自治区、直辖市的储量合计仅占全国总储量的 9.1%。

山西的铝土矿床（点）主要分布在孝义、交口、汾阳、阳泉、盂县、宁武、原平、兴县、保德、平陆等 5 大片 42 个县境内，面积约 6.7 万 km^2，探明铝土矿储量居全国第一，该区的资源总量估计可达 20 亿 t。

河南的铝土矿集中分布在黄河以南、京广线以西的巩义市、登封、偃师、新安、三门峡、陕县、宝丰、鲁山、临汝、禹县等三大片 10 多个县境内，面积 3 万多 km^2，探明铝土矿储量居全国第 2 位，预测资源总量可达 10 亿 t。

贵州的铝土矿床主要分布在"黔中隆起"南北两侧的遵义、息烽、开阳、瓮安、正安、道真、修文、清镇、贵阳、平坝、织金、荀江、黄平等十几个县境内，面积 2 400 km^2，探明铝土矿储量居全国第 3 位。预测资源总量逾 10 亿 t。

广西的铝土矿集中分布在平果、田东、田阳、德保、靖西、桂县、那坡、果化、隆安、邕宁、崇左等县境内，探明铝土矿储量居全国第 4 位，预测铝土矿储量在 8 亿 t 以上。

山东的铝土矿主要分布在淄博、泰安等市境内，探明铝土矿储量占全国总储量的 3%。

此外，在海南、广东、福建、云南、江西、湖北、湖南、陕西、四川、新疆、宁夏、河北等省（区），也有铝土矿矿床产出。

2. 中国铝土矿资源特点

（1）分布高度集中，以大、中型矿床居多：中国铝土矿分布高度集中，山西、贵州、河南和广西四省区的已探明资源储量占全国的 87%。除了分布集中外，铝土矿以大、中型矿床居多。截至 2008 年底，全国已发现铝土矿区 410 个，其中大、中型矿床已探明资源储量合计占全国的 86% 以上。

（2）以古风化壳沉积型为主，共、伴生多种元素：中国铝土矿以古风化壳沉积型为主，其次为堆积型，红土型最少。中国的古风化壳型铝土矿常共生和伴生有多种矿产，铝土矿中的镓、钒、钪等都具有回收价值。

（3）开发、冶炼难度大：中国适合露采的铝土矿矿床不多，据统计只占全国的 1/3。有用矿物组成主要为一水硬铝石，绝大部分铝土矿开采和冶炼难度大，限制了产能的扩大。

二、中国铝土矿矿床类型及成矿规律

目前，国外铝土矿床划分为红土型、岩溶型（喀斯特型）和沉积型（齐赫文型）三类。中国铝土矿成矿地质作用独特，矿床类型划分分歧较大。2002 年制订的《铝土矿、冶镁菱镁矿地质勘查规范》（DZ/0202－2002）将铝土矿床划分为沉积型、堆积型及红土型 3 类；刘长龄将其划分为残余型（红土型）、沉积型（岩溶型）、变质型和其他型 4 种类型；李启津将其划分为红土—沉积—红土型、红土—沉积型、钙红土型、岩溶堆积型和红土型 5 大类；廖士范将铝土矿床划归为风化矿床，进而分为红土型和古风化壳型（古红土型）2 类 6 个亚型。

1. 红土型铝土矿

矿石类型主要为三水铝石和一水软铝石，矿石特点是低铝、低硅、高铁、铝硅比较高，一水硬铝石也多是高铁的。发育完善、成熟度高的红土风化壳具有明显的垂直分带，自上而下可分为表层红土、含铝土矿层、密高岭土层或杂色层以及风化或半风化基岩等4层。如果基岩为玄武岩、花岗岩、片麻岩等铝硅酸盐岩时，在含铝土矿层之下为高岭土层和风化或半风化基岩，彼此之间过渡关系清楚。若基岩为可溶性的碳酸盐岩时则含矿层之下多为杂色黏土层，通常缺乏风化或半风化基岩层。该矿床类型为国外铝土矿的主要类型，规模多为大型。红土型铝土矿含矿富集带位于风化壳的中上部，与上、下两带为过渡关系，由红土与块砾状铝土矿组成。

2. 沉积型铝土矿

是中国铝土矿的主要类型。矿石成分基本属于一水硬铝石型，矿石特点是高铝、高硅、低铁、低铝硅，大部分属中等品位，高品位富矿较少，常与煤、硫铁矿、耐火黏土、石灰岩共生。沉积型铝土矿床主要以碳酸盐岩为母岩，多产于碳酸盐岩侵蚀面上，储量约占全国总储量的76%；少数以硅酸盐岩为母岩，产于砂岩、页岩、玄武岩等的侵蚀面上或由其组成的岩系中，以中、高铁型铝土矿居多，储量约占全国总储量的10%。

3. 堆积型铝土矿

堆积型铝土矿是由原生的沉积铝土矿在适宜的构造条件下暴露地表，后经剥蚀就地残积或搬运、堆积在其附近的岩溶洼地、坡地中，再风化淋滤掉有害组分富铝而成的。矿石呈大小不等的块砾及碎屑夹于松散红土（基质）中构成含矿层，基底为碳酸盐岩。矿石中矿物成分以一水硬铝石为主，只在红土和铝土矿块砾的裂隙中有少量三水铝石，高铁型，成矿时代为新近纪。中国桂西相当多的堆积铝土矿是三水铝石（基质）与硬水铝石（砾石）共生的矿床，二者均达到大型规模，且以硬水铝石、三水铝石矿石矿物组合与世界典型的堆积型铝土矿相区别。该类型铝土矿较少见。目前，证实桂西等地堆积铝土矿是该类型的大型矿床，其砾石（碎屑）是高品位硬水铝石，基质（或红土）富含三水铝石。

三、中国铝土矿资源储量

我国已形成了河南、山西、贵州、广西和山东五大铝土矿生产基地，建成了6大铝厂：长城铝业公司的郑州铝厂和中州铝厂、山东铝业公司、山西铝厂、贵州铝厂、平果铝业公司。此外还有辽宁抚顺铝厂、青海铝厂、青铜峡铝厂等许多中小型铝厂。

至2012年底，铝土矿查明基础储量（矿石）73 514万t，主要集中在山西、河南、广西、贵州四省（区），合计约占全国查明资源储量的90%。据预测，中国铝土矿资源（小于500 m垂深）的潜力大于19亿t，成矿远景区域主要分布在河南、山西、广西、四川等省（区）。

第八章 钨 矿

第一节 概 述

一、钨的性质及用途

钨金属呈银白色，质量密度大（单晶钨为 19.3 g/cm³），熔点高（3 400℃），高硬度和高强度，耐磨、耐腐蚀性强。在高温条件下的拉张强度超过任何金属，并有良好的高温导电、导热性能，膨胀系数小。常温下钨在空气中是稳定的，在 400℃时开始氧化，失去光泽。高于 600℃的水蒸气使钨迅速氧化，生成 WO_3 和 WO_2。不加热时，任何浓度的单一盐酸、硫酸、硝酸、氢氟酸以及王水对钨都不起作用。当温度升至80～100℃时，上述各种酸中除氢氟酸外，对钨发生微弱作用。在常温条件下钨可以迅速溶于氢氟酸和浓硝酸的混合液中，但在碱溶液中不起作用。在有空气存在条件下，熔融碱可以把钨氧化成钨酸盐，在有氧化剂（$NaNO_3$、$NaNO_2$、$KClO_3$、PbO_2）存在的情况下，生成钨酸盐的反应更猛烈。高温下，钨与氯、溴、碘、一氧化碳、二氧化碳和硫等起反应，但不与氢反应。

钨是一种战略金属，具有极为重要的用途。它是当代高科技新材料的重要组成部分，一系列电子光学材料、特殊合金、新型功能材料及有机金属化合物等均需使用独特性能的钨。用量虽说不大，但至关重要，缺之不可。因而广泛用于当代通信技术、电子计算机、宇航开发、医药卫生、感光材料、光电材料、能源材料和催化剂材料等。

目前世界上开采出的钨矿，约 50% 用于优质钢的冶炼，约 35% 用于生产硬质钢，约 10% 用于制钨丝，约 5% 用于其他用途。钨可以制造枪械、火箭推进器的喷嘴、切削金属的刀片、钻头、超硬模具、拉丝模等，钨的用途十分广泛，涉及矿山、冶金、机械、建筑、交通、电子、化工、轻工、纺织、军工、航天、科技、各个工业领域。

二、含钨矿物

钨在自然界是一种分布较广泛的元素，几乎见于各类岩石中。钨在元素周期表中属于第 6 周期第ⅥB族，原子序数为 74，原子量为 183.85。钨在地壳中的平均含量为 1.3×10^{-6}，在自然界主要呈六价阳离子，其离子半径为 0.65×10^{-6} m，电价高，有极强的极化能力，是亲石元素，与氧、氟、氯亲和力强，而形成络阴离子，主要形式是

$[WO_4]^{2-}$。它与溶液中 Fe^{2+}、Mn^{2+}、Ca^{2+} 等阳离子结合形成黑钨矿或白钨矿而沉淀富集。

钨在热液中的迁移形式是多样的。钨矿液进入不同围岩时，往往产生不同反应，进入硅铝质围岩时，易形成黑钨矿；而进入碳酸盐岩围岩时，易交代形成白钨矿。

在表生条件下，钨矿物较稳定，可形成砂矿。但在酸性介质条件下，含钨矿物可被分解，并以 WO_3 形式溶于地表水中，在一定条件下形成某些钨的次生矿物。有时以矿物微粒或离子形式被黏土或铁锰氧化物吸附而聚集于页岩、泥质细砂岩及铁锰矿层中。近年来在古老变质岩系中发现有层状钨矿床和钨的矿源层，说明变质作用对钨也能起富集作用。

钨的重要矿物均为钨酸盐。在成矿过程中与 $[WO_4]^{2-}$ 络阴离子结合的阳离子仅有 Ca^{2+}、Fe^{2+}、Mn^{2+}、Pb^{2+} 和 Cu^{2+}、Zn^{2+}、Al^{3+}、Fe^{3+}、Y^{3+} 等，因而形成矿物有限。目前在地壳中仅发现有 20 余种钨矿物，但具有开采价值的只有黑钨矿和白钨矿。

根据《钨、锡、汞、锑矿产地质勘查规范》（DZ/T 0201 - 2002），我国钨矿床规模根据钨氧化物（WO_3）划分：大型，>5 万 t；中型，1 万 ~5 万 t；小型，<1 万 t。

第二节　钨矿床主要类型及特征

按照矿床成因，世界地质学家将钨矿床分类为：脉/网脉型、夕卡岩型、斑岩型、层控型、浸染型、角砾岩性、岩筒型、砂积型、冲积砂矿型、伟晶岩型及热泉型矿床、卤水/蒸发盐型。

多数钨矿石来源于脉/网脉型、夕卡岩型、斑岩型和层控型矿床，少量钨矿石来源于浸染型、角砾岩型、岩筒型、砂积型和冲积砂矿型矿床、岩筒型和伟晶岩型矿床，但很少从含有钨矿物质的热泉型及卤水/蒸发盐型矿床中回收出钨来。

一、脉/网脉型矿床

该类型矿床主要由花岗岩浸入岩接触带中的含钨石英脉以及周围的网脉型钨矿石构成，如 Verkhne Kayrakty 钨矿（俄罗斯）。在开采一些脉/网脉型矿床时，可从邻近矿脉的蚀变围岩中开采钨矿石，但此区域能开采出钨矿石的范围通常比较小。一些处在碳酸盐岩围岩中的钨矿层例外，如 Morocoha 钨矿（秘鲁）。此类钨矿主要开采黑钨矿石，但一些黑钨矿床中也混杂着少量的白钨矿石。一些网脉型钨矿中还混有锡、铜、钼和铋等矿物。

在网脉型钨矿床中，一系列相互平行或近乎平行的钨矿脉，通常是相互连接的脉和细脉钨矿层。此矿层容易形成适合于大规模开采的席状脉或网脉钨矿床，这类钨矿床可拥有几千万至几亿吨的钨矿石量，但一般品位较低，如 MountCarbine 钨矿（澳大利亚）。

二、夕卡岩型钨矿床

该类型钨矿床主要开采白钨矿石，矿石多以浸染粒状发育于细脉或裂隙以及花岗岩接触带中的碳酸盐岩中。夕卡岩型钨矿床主要在巴西、加拿大、俄罗斯、澳大利亚、中国、韩国、土耳其和美国境内。一些含钨的夕卡岩型矿床里也混有铜、钼、铋矿物，如 Mactung 钨矿（加拿大），Tymgauz 钨矿（俄罗斯）。

三、斑岩型钨矿床

该类型钨矿床由近地表矿物层到次火山长英质花岗岩矿物层之间的侵入体，附近的巨大的等轴状矿物带到不规则状的含钨的脉以及细脉的网状脉矿带组成。斑岩型钨矿床也可能出现在不规则的筒状矿化角砾岩带中。有些矿床中，黑钨矿和白钨矿可能会混合出现。少量的钨矿物也可能混在斑岩型钼矿和斑岩型锡矿床中，如 Climax 矿（美国）。此类矿床也同时开采钨矿石。典型的斑岩型钨矿床宽几百米，厚几十至几百米，矿石量有几千万至几亿吨。因为其规模大，斑岩型矿床是重要的钨资源，如 Mountpleasant 钨矿（加拿大），此钨矿床中还混合有钼、锡和其他金属矿石。如莲花山矿床和阳储岭矿床（中国）、Logtune 矿床（加拿大），这些矿床都混合钨矿石。

四、层控型钨矿床

该类型钨矿床开采出的钨矿石仅占世界产量的很少部分，层控指那些钨成矿物质的分布严格地受围岩的层理控制，并可推测是同生成因。多数层控型矿床呈现出后期活化和再富集，规模从一百万至几千万吨的矿石量不等，如 Mttersill 钨矿（奥地利）。

五、浸染型钨矿床

此类矿床开采量较小，大多数浸染型矿床由散布在蚀变花岗岩中的钨矿物组成。一般形成黑钨矿床。一些矿床中也开采白钨矿石。浸染型矿床包含几千万吨含矿物质，但品位较低，平均品位为百分之零点几。

六、砂积型钨矿床

该类型钨矿床由白钨矿或钨锰铁矿的沉积矿物质组成，这些矿物质存在于冲积的、残积的，有时存在于海底沉积物里，由于风化作用和侵蚀作用从含钨原岩矿床演变产生钨矿层，并与原钨矿床有些轻微位移。

七、冲积砂矿型钨矿床

该类型钨矿床较大，构成白钨矿或锰铁矿的沉积细粒状含钨物质，如 Heinze Basin 矿床（缅甸），Dzhida 矿床（俄罗斯），但大多数冲积砂矿型钨矿规模较小。

八、角砾岩型钨矿床

角砾岩矿带由不同形状与不同大小的岩石碎块组成，这些碎块形成很多脉/网脉型和斑岩型矿床的混合部分。一些脉/网脉型和斑岩型矿床含钨角砾岩体，许多都是筒状型的，形成了与其他矿床类型独立的矿床，如 Sonora 角砾岩筒状型钨矿（墨西哥），这里的钨（白钨矿形式）是与铜、钼矿相共生的。

九、岩筒型钨矿床

该类型矿床处在花岗岩侵入体边缘区域，矿层从几近完美的圆柱形到不规则的、拉长的、球状形石英块不等，存在于花岗岩侵入岩中。黑钨矿物与钼矿物和天然铋矿物混在一起，不规则地分布于富矿脉或分布于富矿囊里。但这种矿床较小，如 Woffram Camp 钨矿（昆士兰）。

十、热泉型矿床

含钙质凝灰岩或钙质泉华的热泉型矿床中存在大量钨矿物质，热泉型矿床通常与基岩型钨矿床共生，通过地下水热循环形成，这类矿床较小。但这类热水型含钨矿层代表着未来的一个重要的钨资源供应源，如 Golconda（美国内华达）和 LlIncia 矿（玻利维亚）。

十一、卤水/蒸发型钨矿床

含钨的卤水/蒸发盐矿床存在于湖水中，这类卤水型矿床层代表了一个重要的资源供应源，如 searle 湖矿床（加利福尼亚）。

十二、伟晶岩型钨矿床

伟晶岩型钨矿床是钨矿稀缺品种，成矿机遇很少，开采量也小，如 Okbang 钨矿（韩国）。

第三节　世界钨矿资源

一、世界钨矿床分布及成矿时代

1. 世界钨矿床的空间分布

世界上的钨矿床主要分布在环太平洋成矿带（加拿大、美国、玻利维亚、朝鲜、中国东南沿海）、地中海北岸（土耳其、法国、奥地利、德国等）、南乌拉尔、中亚西亚及中国新疆、甘肃等地，其中环太平洋成矿带的钨矿总量占世界钨矿总量的一半以上，我国的南岭钨锡成矿带就位于环太平洋成矿带的西岸。国外特大型钨矿床主要有加拿大马克通（Mactung）、坎通（Cantung）夕卡岩型白钨矿床，美国派恩克里克（Pine Creek）夕卡岩型白钨矿床和克莱梅克斯（climax）斑岩型钨锰矿床，朝鲜上洞（Sangdong）夕卡岩型白钨矿床，澳大利亚金岛（Kilg Islond）夕卡岩型白钨矿床，土耳其乌卢达格（U ludag）夕卡岩型白钨矿床等。国外特大型白钨矿床的类型多为夕卡岩型，显示了夕卡岩型白钨矿床的重要性。我国著名的三个超大型钨矿床为湖南柿竹园和新田岭钨锡铋钼多金属矿床、豫西栾川三道庄钨铝矿床和闽西清流行洛坑黑钨矿、白钨矿共生矿床。

　　2. 钨矿床的成矿时代

　　从国外资料来看，钨矿床的成矿时代跨度大，从太古代到第四纪都有产出，但主要集中在古生代和中生代，其次为新生代。我国钨矿的成矿时期主要集中在燕山期，尤其是燕山早期，约有83%的钨矿是在这个时期富集成矿。从国内外资料总结来看，各个时代产出的钨矿类型有如下规律：前寒武纪的钨矿床主要为（热液）石英脉型，其次为夕卡岩型，也有少量的沉积变质型及伟晶岩型；古生代的钨矿床以石英脉型为主，其次为夕卡岩型，也有少许伟晶岩型产出；中生代以石英脉型钨矿与夕卡岩型钨矿为主，还有斑岩型钨矿的发育；新生代钨矿床主要为（热液）石英脉型、残积冲积型、斑岩型及新发现的盐湖型钨矿床。

二、世界钨矿资源储量

　　据美国地调局资料，2011 年世界钨储量为 310 万 t，主要集中在中国、加拿大、俄罗斯、美国和玻利维亚。五国合计占世界总储量的 79.5%（表 11 - 8 - 1）。其他国家还有哈萨克斯坦、澳大利亚、泰国、葡萄牙、巴西、缅甸、奥地利、朝鲜、乌兹别克斯坦等。

表 11 - 8 - 1　　　　　　　　　　　世界钨矿储量　　　　　　　　单位：万 t（金属量）

国家或地区	储量	国家或地区	储量
中国	190.0	奥 地 利	1.0
俄 罗 斯	25.0	葡 萄 牙	0.4
美国	14.0	其他	60.0
加 拿 大	12.0	世界总计	310.0
玻利维亚	5.3		

　　资料来源：国土资源部信息中心《世界矿产资源年评》（2011～2012），2012。

　　中国是世界钨资源最丰富的国家，储量 190.0 万 t，占世界资源量的 61.3%。俄罗斯钨储量 25 万 t，其重要地位仅次于中国，列世界第二，占世界钨储量的 8.1%。

第四节　中国钨矿资源

一、中国钨矿资源储量及分布

　　钨矿是我国的优势矿产资源。现已发现并探明有储量的矿区 252 处（截止到 1996

年统计），主要是江西省西华山、漂塘、大吉山、盘古山、画眉坳、浒坑、下桐岭、岿美山；福建省行洛坑；湖南省柿竹园、新田岭、瑶岗仙；广东省锯板坑、莲花山；广西壮族自治区大明山、珊瑚；甘肃省塔儿沟等钨矿。

我国钨矿资源丰富，钨矿床（点）大多数分布在相邻构造带的边界附近。

截至 2011 年底，我国钨矿查明 WO_3 资源储量 620.4 万 t，2012 年，钨矿新增查明 WO_3 资源储量 84.1 万 t。

从全国大行政区分布来看，中南区占全国钨储量的 58.2%，居首位，其次是华东区占 28%、西北区占 4.3%、西南占 4.1%、东北区占 3.2%、华北区占 2.2%。

在三大经济地区钨矿储量分布的比例为：东部沿海地区占 17.1%、中部地区占75.1%、西部地区占 7.8%。

二、中国钨矿资源特点

1. 储量十分丰富，分布高度集中

我国已累计探明钨储量达 600 多万 t，而且还有很大的找矿潜力，资源前景甚为可观。近 20 年来，在南岭成矿区、东秦岭成矿带、西秦岭 - 祁连山成矿带的钨和钨多金属成矿集中区里不断发现大型、超大型矿床。尤其是在南岭成矿区的湘南、赣南、粤北等生产矿山的深部及其外围又勘查了一些大型、特大型矿床、矿段和矿体。

储量和矿区分布高度集中，是中国钨矿资源一大特点。钨矿储量主要集中分布于湖南、江西、河南、福建、广西、广东等 6 省区，合计占全国钨储量的 83.4%（其中湖南、江西、河南三省占 66.7%）。六省区的钨矿区占全国已探明有储量矿区的 71.4%（其中湖南、江西、河南三省占 47.2%，而且大型、超大型矿床主要分布在这三个省内）。

2. 矿床类型较全，成矿作用多样

目前，除现代热泉沉积矿床和含钨卤水 - 蒸发岩矿床外，几乎世界上所有已知钨矿床成因类型在中国均有发现。按成矿温度，有汽化高温至低温的热液矿床；按成矿物质来源，有层源的层控钨矿床与来自岩源的岩控钨矿床以及多源复合矿床；按矿床产状形态类型，有各种形式的脉型，整合于沉积建造的层型，沿花岗岩体与碳酸盐质围岩接触带产出的不规则带型（夕卡岩），沿成矿花岗岩产状形态产出的细脉 - 浸染岩体型等矿床；按矿物元素组合，有 W -（Sn、Bi、Mo）、W - Be、W -（Cu、Pb、Zn、Ag）、W - Nb - Ta、W - Au - Sb、W - Li、W - Cu - Fe、W - REE 等矿床。由于中国钨矿成矿作用多样又普遍交替出现，因而不仅形成复杂多样的矿床类型，而且常在同一矿田或矿床中，呈现多型矿床（矿体）共生的特点。此外，还有现代表生钨矿床（氧化淋滤型、冲积砂矿型）。

3. 矿床伴生组分多，综合利用价值大

中国许多钨矿床伴共生有益组分多达 30 多种。主要有锡、钼、铋、铜、铅、锌、金、银等；其次为硫、铍、锂、铌、钽、稀土、镉、铟、镓、铊、铼、砷、萤石等。在采、选、冶过程中综合回收这些有益组分，不仅是合理开发利用好矿产资源，也是提高矿山开采经济效益的重要途径。

4. 伴生在其他矿床中的钨储量可观

全国伴生钨储量约占总储量的 25%，大部分随主矿产开发而综合回收。如云南个旧锡矿，湖北大冶有色金属公司所属铜矿山（如大冶龙角山、铜绿山、封山洞等），江西铜业公司所属的铜矿山（如永平铜矿、东乡铜矿、德兴铜矿等）以及一些钼矿山等，在选矿过程中均已综合回收钨精矿，成为矿山各种精矿产品之一。

5. 富矿少，贫矿多，品位低

在保有储量中，钨品位（WO_3）大于 0.5% 的仅占 20%（主要是石英脉型黑钨矿）；而在白钨矿的工业储量中，品位大于 0.5% 的仅占 2% 左右。与国外相比，中国白钨矿质量处于劣势，而黑钨矿品位富、矿床大、易采易选处于优势。

6. 开发利用以黑钨矿为主，白钨矿次之

黑钨矿是中国长期以来的开采对象，但储量组成却是白钨矿居多，黑钨矿较少。据统计，截止 2011 年底钨保有储量 624 万 t，其中白钨矿约占 70%，黑钨矿约占 25%，其他为混合钨矿。白钨矿虽然储量多，但富矿少，品位低，难选矿石多，仅占钨矿产量的 10% 左右；而黑钨矿虽然储量比白钨矿少，但富矿多，且易采易选，占钨矿产量的 90% 以上。近年来采选品位（WO_3），坑采出矿品位为 0.2% ~ 0.32%，选矿原矿品位为 0.26% ~ 0.31%。目前，许多钨矿山由于采选矿石品位低，采选成本高，因此致使矿山经济效益差，是矿山目前亏损大的一个主要原因。

三、中国钨矿床主要成因类型及特征

我国地质学者对钨矿床进行了较为系统的划分，将钨矿床分为层控钨矿床、岩控钨矿床和现代表生钨矿床 3 大类。在此基础上，又分为壳幔混源同熔花岗岩亚类、壳源改造花岗岩亚类、层控叠加亚类和层控再造亚类 4 个亚类，并进一步以成矿作用和成矿条件为依据，划分出 20 个钨矿类型，建立了类、亚类、型三级划分体系（表 11 - 8 - 2）。

表 11 - 8 - 2　　　　　　　　　中国钨矿床成因类型综合

类	亚类	型	典型矿床
岩控钨矿床	壳源改造花岗岩成矿亚类	花岗岩细脉浸染型	福建行洛坑、江西下桐岭
		钠长花岗岩型	江西大吉山（69 号岩体）
		云英岩型	江西洪水寨
		花岗伟晶岩型	广东白石岗
		夕卡岩型	江西宝山、湖南新田岭
		石英 - 萤石型	湖南香花铺
		石英（长石）脉型	广东铜板坑、江西西华山
		蚀变角砾岩型	广西八步岭、江西虎家尖
		角砾岩筒型	江西大湖塘狮子崖
	壳幔混源同熔花岗（闪长）岩成矿亚类	斑岩型	广东莲花山、江西阳储岭
		角砾岩筒型	江西胎子崟、李公岭
		火山岩型	福建广坪

（续表）

类	亚类	型	典型矿床
层控钨矿床	层控再造（改造）成矿亚类	似夕卡岩型	江西高湖、和尚滩
		沉积再造型	湖南沃溪
	层控叠加成矿亚类	混合岩 - 似夕卡岩型	江西永平、云南南秧田
		石英脉 - 似夕卡岩型	江西岗鼓山、甘肃塔儿沟
		云英岩 - 复合夕卡岩型	湖南柿竹园
		石英脉 - 交代岩型	广西大明山、江西隘上
现代表生钨矿床		氧化淋滤型	广东大宝山、江西塔前
		冲积砂矿型	江西丰田

1．石英脉型黑钨矿床

此类型矿床是我国钨矿主要类型之一，以开发之早，产量之多，矿床规模之大而驰名中外。矿床主要分布在赣南、粤北、湘南成矿区带里。成矿与壳源改造花岗岩类侵入体的关系密切，矿体多产于岩体内外接触带，以岩体内为主，受岩体内构造裂隙控制，沿裂隙充填呈脉状、似脉状，有的产在岩体顶部顶板的围岩中。矿体围岩蚀变主要有云英岩化、硅化、钾化、绢云母化等。矿石主要由石英和黑钨矿所组成，并含有锡石、辉钼矿、辉铋矿、白钨矿、毒砂、磁黄铁矿、黄铁矿、闪锌矿、黄铜矿等。具有代表性的矿床有江西西华山、大吉山，广东锯板坑、梅子窝、石人嶂等石英脉型黑钨矿床。

2．夕卡岩型白钨矿床

该类型也是我国钨矿床主要类型之一。20 世纪 70 年代以前，我国勘探的主要是石英脉型黑钨矿和斑岩型黑钨矿等。当时储量组成主要是黑钨矿，约占储量的 50% 以上，白钨矿约占 20%，混合钨矿（黑钨矿、白钨矿）约占 30% 左右。20 世纪 70 年代以来，白钨矿储量有较大幅度增长，改变了我国钨储量结构，白钨矿占 70% 以上，而储量主要来自夕卡岩型白钨矿床，但大部分是贫矿。这类矿床的生成和分布主要与中深 - 浅成的中酸性岩浆岩有关。矿床产在岩浆岩体与碳酸盐类岩石接触带及其附近的围岩中。围岩蚀变主要是夕卡岩化，一般在晚期复杂夕卡岩阶段富集成矿。矿体形态复杂，多为不规则囊状、扁豆状、透镜状，也有的呈层状、似层状或形态简单的透镜状。有的夕卡岩钨矿的围岩尚有大理岩化、硅化、斜长石化、钾长石化、白云母化、叶蜡石化、黄铁矿化等。矿石矿物主要是白钨矿、辉钼矿、辉铋矿、锡石、方铅矿、闪锌矿、黄铜矿、黄铁矿、磁黄铁矿、毒砂、磁铁矿等。具有代表性的矿床：湖南瑶岗仙钨矿床、新田岭白钨矿床、柿竹园钨（锡铋钼）矿床，江西修水香炉山白钨矿床、甘肃塔儿沟似夕卡岩型白钨矿床。

3．斑岩型钨矿

该类型矿床的形成主要与火山 - 次火山作用晚期的弱酸性钙碱系列的浅成 - 超浅成侵入体有成因联系。与钨矿化有关的斑岩主要是花岗闪长斑岩、二长花斑岩、花岗斑岩、石英斑岩等。矿化主要分布在岩体内，有的产在斑岩体与围岩接触带，个别的产在围岩中。矿化呈细脉浸染状，品位低，规模大，常有辉钼矿伴生，矿体产出浅，围岩蚀变具有分带现象。矿化呈浸染状、网脉状和细脉状，矿体常呈似层状、透镜状、不规则状，与围岩无明显界线。矿石矿物主要有白钨矿、黑钨矿、辉钼矿，其次有黄铜矿、闪锌矿、辉铋矿、黄铁矿等。代表性矿床为广东莲花山钨矿床、江西阳储岭钨矿床等。

4. 爆破角砾岩型钨矿床

在斑岩型钨矿区内，常伴生有含钨爆破角砾岩，其矿石成分主要是黑钨矿、辉钼矿，其次有黄铁矿、黄铜矿、闪锌矿等，主要以胶结构形式存在。矿体主要产在爆破砾岩体内，也有的产在角砾岩体围岩构造裂隙中，形成钨矿脉。角砾岩体内的矿常分布在角砾岩体上部及接触带附近。这类矿床品位较富，但规模较小，多为中小型富矿。

中国钨矿类型，由于成矿作用复杂，成矿物质来源具有多源性、成矿作用多期、多阶段，因而形成多型共生复杂的矿田、矿床。如江西大湖塘钨矿，岩体内浸染型（Sn－W－Mo）－角砾岩筒型（W－Sn－Be）；又如湖南柿竹园钨矿田，岩体内云英岩型－夕卡岩型－叠加于夕卡岩的网脉型、云英岩－大理岩中的网脉型－石英脉型；瑶岗仙钨矿床，花岗岩内浸染型－石英大脉型－细网脉型－云英岩－花岗伟晶岩型－夕卡岩型等。

第九章 锡 矿

第一节 概 述

一、锡的性质及用途

锡是一种银白色金属，强光泽，密度大（7.31 g/cm³），熔点低（231.968℃），质软（摩氏硬度3.75），展性好，延性很差，不能拉成细丝。化学性质稳定，锡盐无毒。随温度变化锡有三种同位素异性体：α - 锡，或称灰锡（等轴晶系）；β - 锡，或称白锡（正方晶系）；r - 锡，或称脆锡（斜方晶系）。由于锡延展性好，化学性质稳定，无毒，易溶、抗腐蚀、摩擦系数小等特点，广泛用于人类生活、现代工业、国防工业、尖端科学诸方面。

镀锡板（马口铁），占锡消费量的40%左右，用作食品和饮料的容器、各种包装材料、家庭用具和干电池外壳等。锡铅和少量锑组成低熔点合金即焊锡，占锡消费量的20%。锡与一些金属（铜、铅、镍、铋、锆、银、金等）制成合金，如青铜、巴比特合金、活字合金、钛基合金、铌锡合金等用于轴承工业、印刷工业、原子能工业和航空工业等领域。锡的有机化合物主要用作木材防腐剂、农药等；锡的无机化合物主要用作催化剂、稳定剂、添加剂和陶瓷工业的乳化剂等。

地壳中锡的丰度约 2×10^{-6}，原子序数为50，原子量是118.71，位于元素周期表第5周期ⅣA族，离子半径：Sn^{2+} 为 1.02×10^{-10} m，Sn^{4+} 为 0.74×10^{-10} m。

锡属于亲铁铜元素组，但在岩石圈上部又具有亲氧和亲硫两重特性。锡与硫化合，形成一硫化锡和二硫化锡，在高温条件下具有较强的挥发性。锡与氧化合，生成一氧化锡和二氧化锡，其中四价化合物——二氧化锡（锡石）在自然界是最稳定的化合物之一。

由于离子半径、电负性的相近似，离子 Sn^{2+} 可与 Ca^{2+}、Cd^{2+}、In^{2+}、Te^{2+} 等类质同象置换；而 Sn^{4+} 则与 Fe^{3+}、Mg^{2+}、Sc^{3+}、In^{3+}、Nb^{5+}、Ti^{4+} 等类质同象置换。

二、含锡矿物

据研究，锡在岩浆演化成岩早期，锡以分散状态分布于云母、角闪石、榍石等造岩矿物中，或以锡石副矿物产出；热液作用阶段，锡一方面生成氧化物（锡石）和含

$[SnO_3]^{2-}$、$[SnO_3]^{4-}$ 等络离子的锡酸盐，另一方面又可生成硫化物（硫化锡）和含 $[SnS]^{2-}$、$[SnS_4]^{4-}$、$[SnS_6]^{8-}$ 等络离子的硫锡盐酸。由于锡酸盐和硫锡酸盐均易于水解，生成锡的氢氧化物，经脱水作用生成 SnO_2（锡石）。

锡石在表生条件下极稳定，可富集于锡石硫化物矿床的氧化带和砂矿床中，锡的硫化物、硫盐和硅酸盐矿物，在氧化带可形成木锡和水锡石。

自然界中含锡的矿物较多，主要含锡的矿物见表 11 - 9 - 1。

表 11 - 9 - 1　　　　　　　　　　　　锡的主要矿物

汉字名称	英文名称	化学分子式	金属锡质量分数/%
锡石	Cassiterite	SnO_2	78.8
黑锡矿（亚锡石）	Romarchite	SnO	88.1
三方硫锡矿	Berndtite	SnS_2	64.9
黄锡矿	Stannite	Cu_2FeSnS_4	27.6
硫锡矿	Herzenbergite	SnS	78.7
硫锡铅矿	Teallite	$PbSnS_2$	30.5
圆柱锡矿	Cylindrite	$Pb_3Sb_2Sn_4S_{14}$	26.5
辉锑锡铅矿	Franckeite	$Pb_5Sb_2Sn_3S_{14}$	17.09
马来亚石（钙硅锡矿）	Malayaite	$CaSn[SiO_4]O$	44.5
水锡石（锡酸矿）	Hydrocassiterite	$(Sn \cdot Fe)(OH)_2$	62.2
硫银锡矿	Canfieldite	Ag_8SnS_6	10.1
硫钼锡铜矿	Hemusite	$Cu_6SnM_0S_8$	13.9
银黄锡矿	Hocartite	Ag_2FeSnS_4	22.9
锌黄锡矿	Isostannite	$Cu_2(Zn \cdot Fe)SnS_4$	31.8
硫锡铁铜矿	Mawsonite	$Cu_6Fe_2SnS_8$	13.7
斜方硫锡矿	Ottemannite	Sn_2S_3	71.2

根据《钨、锡、汞、锑矿产地质勘查规范》（DZ/T 0201 - 2002），我国锡矿床规模根据锡金属量（Sn）划分：大型：>4 万 t，中型：0.5 万 ~4 万 t，小型：<0.5 万 t。

第二节　锡矿床主要类型及特征

锡矿床的分类尚无统一意见。按矿床的地质成因，可分为伟晶岩型岩浆矿床，气成矿床和热液矿床。

按地球化学和岩石学，可分为硅—碱类和硫化物—铁类。前者还可分为含锡花岗岩、含锡伟晶岩和锡石—石英 3 类；后者可分为夕卡岩、锡石硅酸盐—硫化物、锡石—硫化物和锡石碳酸盐 4 类。

从矿物加工工艺和工艺矿物学的角度，选矿工作者更习惯于采用如下分类方法，即按矿床形成过程来分为：原生矿床（原生脉锡矿）和次生（或氧化）矿床（氧化脉锡矿）；后又经深度风化成为残坡积砂矿，继续风化再通过风力和水流的搬运就形成了冲积砂矿和海滨砂矿。

《钨、锡、汞、锑矿产地质勘查规范》（DZ/T 0201 - 2002），将锡矿床分为夕卡岩型锡矿床、斑岩型锡矿床、锡石硅酸盐脉锡矿床、锡石硫化物脉锡矿床、石英脉及石英LU 石锡矿、花岗岩风化干冗锡矿等 6 类。各类型矿床特征见表 11 - 9 - 2。

表 11 - 9 - 2　　　　　　　　　　　　锡矿床主要工业类型

矿床类型	地质特征	成矿时代	矿体形态及规模	矿石类型及结构构造	主要金属矿物	矿石质量		矿床规模	类型相对重要性	矿床实例
						Sn 质量分数/%	伴生组分			
夕卡岩锡矿	产于花岗岩类岩体与碳酸盐岩石内外接触带，远离岩体出现各种成分似层状、沿层透镜状、脉状矿床	中生代为主	似层状、透镜状、囊状、脉状、厚数米到数十米、延深数十米到数百米	原生锡石矿；浸染状、块状、网脉状	锡石，伴生磁黄铁矿、闪锌矿、黄铁矿、毒砂、方铅矿	0.3 ~ 1.0	Fe Cu Pb Zn	小、中、大型、特大型	重要	云南个旧，广西大厂
斑岩锡矿	于浅成—超浅成酸性斑岩岩体内接触带，具黄玉绢英岩化、云英岩化、绿泥石化、硅化	中生代和新生代为主	筒状、复杂形态，平面面积一般小于 1 km²，延深达数百米	原生锡石矿；网脉状	锡石，伴生黑钨矿、辉钼矿、辉铋矿、黄铁矿、黄铜矿、闪锌矿、方铅矿	0.1 ~ 0.6	W Mo	中、大型	重要	广东银岩、西岭
锡石硅酸盐脉锡矿	产于花岗岩类岩体外接触带的硅铝质岩石中，近岩体常以电气石为主，远岩体以绿泥石为主	中生代为主，次为古生代	脉状、带状矿化体、镶柱状网脉体，矿化深达数百米	原生锡石矿；浸染状、带状、角砾状	锡石，伴生有铜和锌的硫化物，有时有黑钨矿	0.4 ~ 3.0	W Cu Bi Ln Pb Zn	小、中、大型、特大型	重要	云南铁厂
锡石硫化物脉锡矿	产于花岗岩类岩体外接触带的硅铝质岩石中	中生代为主，其次为第三纪	脉状、带状矿化体、柱状、似层状、透镜状	原生锡石矿；浸染状、角砾状	锡石为主，伴生磁黄铁矿黄铜矿、方铅矿、闪锌矿黄铁矿	0.2 ~ 2.0	Cu Zn Pb Ln W Ag	小、中、大型	次要	内蒙古大井

（续表）

矿床类型	地质特征	成矿时代	矿体形态及规模	矿石类型及结构构造	主要金属矿物	矿石质量		矿床规模	类型相对重要性	矿床实例
						Sn 质量分数%	伴生组分			
石英脉及石英LU石锡矿	产于中深成花岗岩类岩体与硅铝质岩石内外接触带附近，具云英岩化、浅色云母化、电气石化	中生代为主	脉状、脉带、镶柱状网脉体或呈不规则状，从岩体内100 m至上部围岩中600 m为矿化区间	原生锡石矿；块状、浸染状、少量为角砾状集合体	锡石为主，常伴黑钨矿、辉铋矿、铌钽铁矿、辉钼矿、绿柱石、锂云母	0.3～0.8	W Bi Ta Nb Sc Be Li	小、中、大型	次要	广西栗木
花岗岩风化干冗锡矿	产于含锡石的花岗岩或具锡石蚀变（钠长石化、云英岩化、硅化、电气石化等）带的花岗岩的顶部风化壳中	中生代、新生代	层状、似层状、透镜状、带状，长宽一般数百米直至千米以上，厚数米至数十米直至百米以上	风化壳锡石矿；土状、半松散状	锡石，伴生黑钨矿、白钨矿、铌钽铁矿、磷钇矿钛铁矿、金红石	锡石含量为0.15 kg/m³～0.4 kg/m³	W Nb Ta TR Ti	小、中、大型	重要	云南云龙

第三节　世界锡矿资源

一、世界锡矿床产出时代

原生锡矿床的成矿时期从前寒武纪一直延续到第三纪，但以燕山期为主。从工业储量看，世界锡储量所占总时期储量的比例：古元古代为4.1%，新元古代为8.7%，海西早期为3.3%，海西晚期为11.2%，印支期为17.7%，燕山期为41.4%，喜马拉雅期为13.7%。前寒武纪的锡矿与显生宙的锡矿比较起来显得不很重要，就储量而言，前寒武纪的锡储量仅占世界总储量的12.8%。

二、世界锡矿床分布

从世界范围来看，锡矿床的分布是很不均匀的，主要集中于两个环带状地区。第一个地区为地中海以北的环形地区，主要产锡地区有摩洛哥、葡萄牙、英国的康沃尔，再经捷克、德国向东延至高加索、中亚细亚和天山、阿尔泰山地区。第二个地区为环太平洋地区，该地区南起澳大利亚的塔斯马尼亚岛（澳大利亚成矿区），经印尼邦加岛、马来西亚、泰国、缅甸到我国西南地区（东南亚成矿区），再经我国华南地区（广西、广东、江西、福建），隔海经日本达俄罗斯的远东地区（远东成矿区），然后经阿拉斯加、加拿大直达南美洲（玻利维亚成矿区）。后一个锡矿带占锡储量的大部分，是目前主要的产锡地区。

三、世界锡矿资源储量

世界锡资源较为丰富。2011 年世界锡储量为 480 万 t（表 11 - 9 - 3），比 2010 年减少 40 万 t。锡资源比较丰富的国家主要有中国、印度尼西亚、秘鲁、巴西、玻利维亚、俄罗斯、马来西亚、澳大利亚和泰国等。2011 年，中国锡储量占世界的 31.3%。按 2010 年世界锡矿山产量 31.8 万 t 计，现有锡储量的静态保证年限为 15 年，资源保证程度不高。

表 11 - 9 - 3　　　　　　　　　2011 年世界锡储量　　　　　　　单位：万 t（锡）

国家或地区	储量	国家或地区	储量
中国	150	马来西亚	25
印度尼西亚	80	澳大利亚	18
秘鲁	31	泰国	17
巴西	59	葡萄牙	7
玻利维亚	40	其他	18
俄罗斯	35	世界合计	480

资料来源：国土资源部信息中心《世界矿产资源年评》（2011～2012），2012。

目前，世界上已开采的锡矿有两类：原生锡矿和砂矿。

原生锡的矿床主要类型有：

1. 含锡伟晶岩矿床

以中小型为主，锡品位低，但矿石易选，回收率高。主要分布在非洲、巴西、澳大利亚等地。世界锡产量大约 10% 来自这类矿床。

2. 锡石 - 石英脉矿床

以中小型为主，少数大型，个别特大型。矿石品位高，易选，回收率 70%～80%。多数矿床可露天开采，主要分布于东南亚和欧洲，是形成砂锡矿的主要物质来源。

3. 锡石 - 硫化物矿床

多为大型，少数特大型。矿石含锡 0.2%～1.5%，多数为地下开采，选矿流程复杂，回收率低（30%～60%）。这类矿床主要分布在中国、玻利维亚和俄罗斯东北沿海地区。

4. 砂锡矿床

一般为中小型，也有大型和特大型，矿石含锡 0.05%～0.3%，多为露天开采，选矿流程简单，回收率一般为 50%～95%。主要分布在东南亚、中南非洲、西澳大利亚等地。

第四节　中国锡矿资源

一、锡矿资源分布及特点

1. 中国锡矿资源分布

我国锡矿分布于 15 个省、区，其中云南保有储量 128.00 万 t，占全国总保有储量的 31.4%；广西保有储量 134.04 万 t，占保有储量的 32.9%；广东保有储量 40.82 万 t，占总保有储量的 10.0%；湖南保有储量 36.25 万 t，占总保有储量的 8.9%；内蒙古保有储量 32.87 万 t，占总保有储量的 8.1%；江西保有储量 26.04 万 t，占总保有储量 6.4%。以上 6 个省、区保有储量就占了全国总保有储量的 97.7%。

2. 中国锡矿资源特点

（1）储量高度集中：我国锡矿主要集中在云南、广西、广东、湖南、内蒙古、江西 6 个省、区。而云南又主要集中在个旧，广西集中在大厂，个旧和大厂二个地区的储量就占了全国总储量的 40% 左右。

（2）以原生锡矿为主：中国锡矿的另一个特点是以原生锡矿为主，砂锡矿居次要地位。在全国总储量中，原生锡矿占 80%，砂锡矿仅占 16%。

（3）共伴生组分多：我国锡矿作为单一矿产形式出现的只占 12%，作为主矿产的锡矿占全国总储量的 66%，作为共伴生组分的锡矿占全国总储量的 22%。共生及伴生的矿产有铜、铅、锌、钨、锑、钼、铋、银、铌、钽、铍、铟、镓、锗、镉，以及铁、硫、砷、萤石等。

（4）大、中型矿床多：我国锡矿大、中型矿床多，尤以云南个旧和广西大厂最为著名，是世界级的多金属超大型锡矿区。

（5）勘探程度高：我国锡矿勘探程度是比较高的，我国锡矿达到勘探工作程度的保有储量占总储量的 51.6%，达详查工作程度的占 44.8%，二者合计占到全国总储量的 95.6%。

二、中国原生锡矿床主要成因分类

我国锡矿产资源丰富，原生矿床类型多，分类研究获得了明显的进展。程裕淇、陈毓川等（1979，1983）通过系统研究，提出矿床成矿系列概念，建立了"矿床成矿系列组合"、"系列"、"亚系列"、"矿床类型"四级分类方案。施琳等（1986）以成矿作用为依据，将锡矿床划分为三大"系列"，并且指出与中深—中浅成陆壳改造型岩浆侵入花岗岩类有关的是主要成矿系列；成矿流体运移和沉淀的地球化学障类型的差异，影响着矿石矿物组合类型。

为了反映中国原生锡矿床的全貌和研究程度，宋叔和等广采博收，致力反映各家的见解和成果。对于原生锡矿床，首先在成矿地质环境基础上，以三大基本成矿作用为依据，将其划分为三大类别，然后以成矿流体演化的不同阶段区分型别，具体分类见表 11 - 9 - 4。

表 11 - 9 - 4　　　　　　　　　　中国原生锡矿床类型总表

类别		型别	矿床产出特征	经济意义	矿床实例
与花岗质岩类有关的	封闭体系（内岩体）	锡石 - 稀有金属变花岗岩型	Nb、Ta、REE、Sn 共生组合矿床，多具似层（壳）状的交代分带待征，矿化主要与钠长石化有关	小、中	老虎头、新岐、牛岭坳
		锡石 - 内云英岩型	Sn（W）矿床产于岩体顶部，呈细脉、网脉带，矿化主要与云英岩带相关	小、中	小龙河、洪水寨、锡山
		锡石 - 内电英岩型	Sn（w）矿床产于岩体内部，呈细脉、网脉带，常有晚期硫化物叠加	中	云龙、铁厂、锡山
	相对开放体系	酸性障：锡石 - 伟晶岩型	含 Sn、Nb、Ta、Li、Be、Zr（Hf）伟晶岩脉，主要产于岩体外带，矿化与钠长石化有关	小	西坑、甲基卡、茅坪
		酸性障：锡石 - 外云英岩型	Sn 矿床一般产于岩体之云英岩化长英质围岩中	中	来利山
		酸性障：锡石 - 外电英岩型	Sn - W（多金属）矿床产于岩体外酸性障相对开放构造体系中，脉群密集延展较远，多期次叠加	中、大	珊瑚、漂塘、锯板坑、九曲岭、宝坛、西盟等
		碱性障：含锡夕卡岩型	Sn、Fe（Zn）矿床产于夕卡岩体中及其附近，一般锡石颗粒极细，还有含锡磁铁矿/硼镁铁矿、含锶硅酸盐矿物、富锡硼酸盐矿物和黝锡矿等	小、中、大	黄冈、大顶、泸沽、打磨山
		碱性障：锡石 - 云英岩化夕卡岩型	Sn、W、Mo、Bi 共生，矿床产于岩体顶上夕卡岩及其中的网状云英岩脉内，皆以锡石及含锡硅酸盐形式产出。云英岩化使锡石比率增加	小、中、大	柿竹园、老平山
		碱性障：锡石 - 电气石、绿泥石 - 硫化物型	Sn - W 多金属矿床产于岩体外碱性障有利构造带中，锡矿化主要与晚期硫化物的叠加有关	中、大	弯子街、岔河、沙坪
		碱性障：锡石 - 多金属硫化物（硫盐）型	Sn/Cu/Zn/Pb/Sb……等共生矿床，产于岩体外碱性障环境中，其成矿机制有"岩控"和"层控"两种，前者受再造岩浆控制，后者成矿与沉积（矿源层）- 改造或沉积（岩浆）热液叠加作用有关	小、中、大、特大	个旧、大厂、都龙、香花岭、德堡、石门、曾家垅、紫金、
与中、酸性火山 - 潜火山岩有关的		斑岩型	Sn、W、Mo 矿床组合产于斑岩体顶部交代蚀变带中，锡矿化主要与绢英岩带有关	小、中、大	银岩、锡坪、红土坡
		火山 - 潜火山岩热液型	Sn 矿床产于英安质 - 流纹质凝灰熔岩的密集裂隙中	小	西岭、风地山
与沉积再造及变质作用有关的		沉积 - 变质型	Sn 矿床产于同生沉积的高值层中，成矿与变质分异作用有关，矿体顺层呈同步变形	小	九毛、牛首山
		沉积 - 热液再造型	Sn 矿床产于特定矿源层的构造破碎带中，受相邻花岗岩体影响，但不一定有直接的成因联系	小	菇坝地

三、中国原生锡矿床基本特征

1. 与花岗质岩类有关的锡矿床

我国原生锡矿床多数都是与中深—中浅层的改造型或同熔型岩浆侵入花岗岩类有关的气成－热液矿床。借鉴滇西锡矿床的研究成果，将成矿岩体侵位环境区分为封闭和相对开放两个体系，后者再以围岩性质分成酸性和碱性地球化学障，每个类别中型别的排列，都考虑了岩浆晚期、气成－热液（高温、中温、低温）含矿溶液的演化顺序。

相对封闭条件下的亚类主要包括：岩浆晚期碱交代阶段形成的锡石－稀有金属变花岗岩型、气成－高温热液阶段形成的锡石－内云英岩型和锡石－内电英岩型矿床，常与高度分异演化的花岗岩有关，产于侵入体顶部。岩体围岩封闭性较好，贯穿性断裂构造不发育，酸性淋滤或岩浆期后气液作用直接叠加于碱交代花岗岩之上，形成酸碱同位的岩石蚀变以及成矿作用的共生。

相对开放体系中岩体外酸性地球化学障亚类主要有：锡石－伟晶岩型、锡石－外云英岩型以及锡石－外电英岩型矿床。在不同的区域地球化学背景下，一般沿贯穿性断裂、裂隙系统产于花岗岩体的长英质围岩酸性障中。

相对开放系统中岩体外碱性地球化学障亚类主要有：含锡夕卡岩型，锡石－云英岩化夕卡岩型，锡石－电气石、绿泥石－硫化物型以及锡石－多金属硫化物（硫盐）型矿床。这些矿床产于碳酸盐岩、夕卡岩或其他中基性岩类等碱性障中。矿石中相对富含多金属硫化物。锡石中锡占有比率跳跃幅度大，部分锡分散在各类硅酸盐、硫化物及硫盐中。这是我国锡矿床产出的主要亚类。

与花岗质岩类有关的锡矿床，都不同程度地表现了多种成矿作用、多种物质来源以及多期形成的特征，可能受到变质作用、岩浆活动及其有关成矿活动等的叠加、再造，但是凡属以花岗质岩浆有关的成矿作用占据主导地位者，包括某些具有层控特征产出的矿床，都归纳为这个大类。在岩浆期后热液晚期的碳酸盐阶段，锡矿化仍可能延续活动，形成局部工业矿化，如个旧老厂凉山（100 号坑），白色方解石脉内侧脉壁有锡石晶体（簇）嵌布，然而矿化一般规模小，矿化不均匀，工业意义不大。

2. 与中、酸性火山－潜火山岩有关的锡矿床

这类矿床一般与英安岩－流纹岩类中酸性火山岩套、石英斑岩－花岗斑岩等浅成岩套的产出有直接成因关系。并与钨、钼、铜、铅、锌、银等形成各类矿床组合的火山岩型、斑岩型锡矿床。火山岩型与斑岩型既可以独立产出，也可以紧密共生，但在很多带中两者构成火山－潜火山完整系列。

我国此种锡矿床在东南沿海晚侏罗世火山岩地区，粤西吴川—四会大断裂旁侧之火山岩区以及东北二叠纪火山岩中皆有发育。目前已知的类型可归纳为斑岩型和火山－潜火山热液型。

3. 与沉积再造或变质作用有关的锡矿床

（1）沉积－变质型矿床：这类矿床一般与区域变质作用同时发生，矿石和围岩矿物组合基本相同，处于同一变质相中，矿质来源于矿化地层自身，成矿与变质分异作用

有关。如广西九毛沉积－变质锡矿床属此类型。

（2）沉积－热液再造型矿床：这种类型矿床往往发育在频繁强烈活动的构造环境，矿床与变质－超变质作用有关，受各种断裂、破碎构造控制，矿质来源有多源性，可能有原始矿源层。成矿作用有多期性，与构造活动相伴随，矿石具构造岩类特征。云南菇坝地锡矿床属此类型。

四、中国表生锡矿床资源情况及类型

中国的表生锡矿床即第四纪松散层砂锡矿床，主要分布在云南、广西、湖南、广东等省（区），是我国开采最早，也是新中国成立后首先大规模系统勘探的锡矿床。全国已探明的砂锡储量与原生矿锡储量之比约为1∶2，其中云南约为2∶3，湖南约为3∶2，广西约为1∶4，广东约为1∶5。

砂锡矿床有易探、易采、易选、投资少、见效快、经济效益高的优点。然而，砂锡矿床的形成机理和分布规律却未被人们所重视，以至于许多砂锡矿床快采完了，还不能确定其主要矿源和类型，更缺少地球化学、黏土矿物学、沉积学、磁性（年代）地层学、同位素和生物（年代、气候）地层学及古地理、古水文地质的研究，以致对其成因类型的划分，一般仍以成矿堆积环境为主，对自然堆积的砂矿一般分为残积、坡积、洪积和冲积类型，滨海砂锡矿床有待进一步评价。

第十章 钼 矿

第一节 概 述

一、钼的性质

钼是发现得比较晚的一种金属元素，1792 年才由瑞典化学家从辉钼矿中提炼出来。由于金属钼具有高强度、高熔点、耐腐蚀、耐磨研等优点，因此在工业上得到了广泛的利用。

钼在地壳中的元素丰度约为 1×10^{-6}，在岩浆岩中以花岗岩类含钼最高，达 2×10^{-6}。钼在地球化学分类中，属于过渡性的亲铁元素。在内生成矿作用中，钼主要与硫结合，生成辉钼矿。其他较常见的含钼矿物还有钼酸钙矿（$CaMoO_4$），彩钼铅矿（$Pb\text{-}MoO_4$），胶硫钼矿（MoS_2），蓝钼矿（$Mo_3O_8 \cdot nH_2O$）等。辉钼矿（MoS_2）是自然界中已知的 30 余种含钼矿物中分布最广并具有现实工业价值的钼矿物。

二、钼的用途

在冶金工业中，钼作为生产各种合金钢的添加剂，或与钨、镍、钴、锆、钛、钒、铼等组成高级合金，以提高其高温强度、耐磨性和抗腐性。含钼合金钢用来制造运输装置、机车、工业机械，以及各种仪器。某些含钼 4% ~5% 的不锈钢用于生产精密化工仪表和在海水环境中使用的设备。含钼 4% ~9.5% 的高速钢可制造高速切削工具。钼和镍、铬的合金用于制造飞机的金属构件、机车和汽车上的耐蚀零件。钼和钨、铬、钒的合金用于制造军舰、坦克、枪炮、火箭、卫星的合金构件和零部件。

金属钼还大量用作高温电炉的发热材料和结构材料、真空管的大型电极和栅极、半导体及电光源材料。因钼的热中子俘获截面小和具高持久强度，还可用作核反应堆的结构材料。

在化学工业中，钼主要用于润滑剂、催化剂和颜料。二硫化钼由于其纹层状晶体结构及其表面化学性质，在高温高压下具良好的润滑性能，广泛用作油及油脂的添加剂。钼是氢制法脱硫作用及其他石油精炼过程中的催化剂组分，用于制造乙醇、甲醛及油基化学品的氧化还原反应中。钼橘色是重要的颜料色素。钼的化学制品被广泛地用于染料、墨水、彩色沉淀染料、防腐底漆中。

第二节　钼矿床主要类型及特征

　　中国人民武装警察部队黄金地质研究所于 2008 年 12 月编制出版的《钼矿床》（战略地质调查系列成果）中，将钼矿床分为斑岩型、夕卡岩型、热液型、伟晶岩型和其他类型。其中中国钼矿床包括斑岩型、夕卡岩型、石英脉型和其他类型。

　　《钨、锡、汞、锑矿产地质勘查规范》（DZ/T 0201 - 2002），将钼矿床分为斑岩型、夕卡岩型、脉型和沉积型。各类型基本特征见表 11 - 10 - 1。

表 11 - 10 - 1　　　　　　　　　　　钼矿床主要工业类型

矿床工业类型	成矿地质特征	常见金属矿物	矿体形状	规模及品位（质量分数）	伴生组分	矿床实例
斑岩型	产于花岗岩及花岗斑岩体内部及其周围岩石中，矿化与硅化、钾化关系密切	以黄铁矿、辉钼矿、黄铜矿为主	层状、似层状、筒状、巨大透镜状	中、大型至巨大型，品位偏低	铜、钨、金、银、铼、铅、锌、钴、硫	陕西金堆城，吉林大黑山，山西繁峙后峪
夕卡岩型	产于花岗岩类岩体与碳酸盐围岩接触带，以及外接触带沿层发育	以黄铁矿、辉钼矿为主，次为黄铜矿、磁黄铁矿、黑钨矿、白钨矿、方铅矿、闪锌矿	透镜状、扁豆状、似层状、囊状、筒状、脉状等	大、中、小型均有，品位较富	铜、钨、铅、锌、金、铼、硫	辽宁杨家杖子，黑龙江五道岭，江苏句容铜山，湖南柿竹园
脉型	产于各种岩石（侵入岩、喷出岩、变质岩、沉积岩）的断裂带中，倾斜，常陡	以黄铁矿、辉钼矿为主，次为黄铜矿、磁黄铁矿、黑钨矿、斑铜矿、方铅矿、闪锌矿	脉状、复脉状、扁豆状	中、小型常见，品位中等	铜、钨、铅、铼、硫、金、银	浙江青田石坪川，安徽太平萌坑、铜牛井，广东五华白石嶂，陕西大石沟
沉积型	砂岩型分为两种：①钼铜矿床；②钼铀矿床，黑色页岩型，类似沉积型镍矿	辉铜矿、黄铁矿、辉铜矿及含铀钼矿物、镍的硫化物等	层状、似层状、透镜状、扁豆状	中、小型，品位偏低	铜、铀、镍、钒、铅、锌、钴、锗、硒	云南广通鹿子湾，贵州兴义大际山

第三节　世界钼矿资源

一、世界钼矿成矿时代和资源分布

就全世界而言，钼矿床的成矿时代主要为中生代和新生代，这两个时期形成的钼矿床约占世界上已探明钼总储量的90%左右。

世界上钼主要以金属硫化物的形式产于巨大的斑岩型钼矿床中，少量共伴生在夕卡岩型和石英脉型矿床中。前者主要产于环太平洋（中－新生代）、特提斯（中－新生代）和中亚－蒙古（古生代）的巨大斑岩铜钼成矿带中，最著名的莫过于美洲的科迪勒拉山脉。该山脉有大量的斑岩型钼矿和斑岩型铜矿，如美国的克莱梅克斯、亨德逊石英斑岩钼矿，智利的楚基卡马塔、第斯皮达塔等斑岩型铜钼矿，加拿大的恩达科斑岩钼矿和海兰瓦利斑岩型铜钼矿等。中国是钼资源大国，其中钼金属量大于或接近100万t的特大型斑岩钼矿有河南栾川、吉林大黑山和陕西金堆城。俄罗斯最大的钼矿位于北高加索的特尔内奥兹的夕卡岩型钨钼矿。

二、世界钼矿资源储量

世界钼储量主要分布在中国、美国、智利、秘鲁、俄罗斯和加拿大等国家。这六个国家的储量占世界钼总储量的91.2%。2011年，世界钼储量为1 000万t（表11－10－2）。

表11－10－2　　　　　　　　　　世界钼储量　　　　　　　　　　单位：万t（钼）

国家或地区	储量 2011 年	国家或地区	储量 2011 年
美国	270	哈萨克斯坦	13
智利	120	乌兹别克斯坦	6
中国	430	伊朗	5
加拿大	22	蒙古	16
俄罗斯	25	亚美尼亚	20
秘鲁	45	吉尔吉斯斯坦	10
墨西哥	13	世界总计	1 000

第四节　中国钼矿资源

一、中国钼矿资源储量及成矿规律

1. 中国钼矿资源储量

中国是世界钼矿资源大国。截至2011年底，我国钼矿查明金属资源储量1935.9万t，

2012 年，钼矿新增查明金属资源储量 171.0 万 t。

2. 中国钼矿成矿带

中国东部的钼、铜－钼、钼－钨等矿床归属于环太平洋成矿带，西部在三江地区的铜－钼矿床隶属三江褶皱系铜－钼成矿带（属古地中海成矿带）。根据钼矿床与大地构造单元的关系及特点，把东部环太平洋钼成矿带进一步划分为四个成矿省：中朝准地台成矿省；东北华力西褶皱系铜－钼成矿省；扬子准地台铜－钼成矿省；华南褶皱系钨－铜－钼成矿省。其中最引人注目的是中朝准地台钼成矿省。业已查明，北缘的燕辽钼成矿带和南缘的东秦岭钼成矿带，是中国重要的 2 个钼成矿带，它们约占全国探明储量的60% 以上，尤其是东秦岭钼矿带，钼矿总储量达 360 万 t，共有钼（钨）矿床（点）46个，其中大型矿床 4 个：大石沟钼（铼）矿、石家湾钼矿、夜长坪钼－钨矿、雷门沟钼矿；中型矿床：南台钼－钨矿、银家沟钼矿、秋树湾铜－钼矿，等等。区内 EW 向构造具有一级控制意义；不同构造体系的联合、复合部位控制着岩群及矿带的分布，具有二级控制意义，成矿带内的大矿田或矿区等均处在新华夏系或弧形构造与纬向构造斜接叠加部位，像金堆城、黄龙铺等矿区处于纬向构造与祁吕贺兰山字形构造前狐东翼复合部位，栾川南泥湖矿田处在纬向构造与伏牛—大别弧形构造叠加部位；低次序构造变动或构造交接复合部位控制着小岩体或矿体，具有三级控制意义。

西部三江印支褶皱系铜－钼成矿带。该区沿深断裂带的构造－岩浆活动强烈，燕山－喜马拉雅早期的中酸性岩浆活动频繁，在喜马拉雅期形成玉龙斑岩型铜（钼）矿床和马厂箐斑岩－夕卡岩型钼（铜）矿床。

中国绝大多数钼矿床和铜（钼）矿床为燕山期的产物，少数铜（钼）矿床形成于古生代华力西期和新生代的喜马拉雅期外，这是由于中国东部广大地区燕山期断裂和花岗岩类侵入活动广泛发育所致。

二、中国钼矿资源分布及特点

我国钼矿分布就大区来看，中南占全国钼储量的 35.7%，居首位。其次是东北占19.5%、西北占 14.9%、华东占 13.9%、华北占 12%，而西南仅占 4%。就各省（区）来看，河南储量最多，占全国钼矿总储量的 29.9%，其次陕西占 13.6%，吉林占 13%。另外储量较多的省（区）还有：山东占 6.7%、河北占 6.6%、江西占 4%、辽宁占3.7%、内蒙古占 3.6%。以上 8 个省（区）合计储量占全国钼矿总保有储量的 81.1%，其中前三位的河南、陕西、吉林三省就占 56.5%。

我国钼矿资源的特点是：

1. 探明储量多，品位低，多属低品位矿床

矿区平均品位小于 0.1% 的低品位矿床，其储量占总储量的 65%，其中小于 0.05% 的占 10%。中等品位（0.1% ~0.2%）矿床的储量占总储量的 30%，品位较富的（0.2% ~0.3%）矿床的储量占总储量的 4%，而品位大于 0.3% 的富矿储量只占总储量的 1%。

2. 伴生有益组分多，经济价值高

据统计，钼作为单一矿产的矿床，其储量只占全国总储量的 14%。作为主矿产，

还伴生有其他有用组分的矿床，其储量占全国总储量的64%。与铜、钨、锡等金属共生和伴生的钼储量占全国钼储量的22%。

3. 规模大，并且多适合于露采

据统计，储量大于10万t的大型钼矿，其储量占全国总储量的76%，储量在1~10万t的中型矿床，其储量占全国总储量的20%。适合于露采的钼矿床储量占全国总储量的64%。大型矿床大多可以露采，而且辉钼矿的颗粒往往比较粗大，属于易采易选型。

4. 以便于利用的硫化钼矿石为主

其储量约占钼矿总保有储量的99%，而不便利用的氧化钼矿石，混合钼矿石及类型不明的钼矿石只占全国总保有储量的1%。

5. 地质工作程度比较高

经过地质工作达到勘探程度的储量占总保有储量的50.5%，达到详查程度的储量占41.8%，二者合计，达到详查以上工作程度的储量占到我国钼矿总保有储量的92.3%。

三、中国钼矿床主要成因类型及特征

中国钼矿床不仅规模大，而且类型多。已探明的矿床包括有斑岩型、斑岩－夕卡岩型、夕卡岩型、脉型、沉积型等5种类型。

1. 斑岩型钼矿床

该类矿床又称细脉浸染型钼矿床，呈网脉状产在花岗斑岩体内部及其近旁的围岩中。钼的主要成矿作用明显地晚于岩体的成矿作用，即在主要成矿作用时岩体一般作为容矿岩石存在。矿床的容矿岩石可以是岩体，如吉林大黑山钼矿，矿化主要赋存于燕山期斜长花岗岩体内，有的矿床容矿岩石既可以是岩体，也包括近旁的围岩，如陕西金堆城钼矿，钼矿化发育于燕山期的斑岩体及其外接触带的黑云母化和角闪岩化的细碧岩内；还有的矿床，其容矿岩石可以是爆破角砾岩筒，如北京大科庄钼矿。

2. 斑岩－夕卡岩型钼矿床

花岗岩类侵入体形成过程中，由于围岩性质不同，产生不同的接触热变质和接触交代作用，结果铝硅酸盐围岩发育有角岩化，碳酸盐围岩发育了夕卡岩化。随之而来的成矿热流体活动，导致矿化叠加花岗岩类岩石、角岩化围岩和夕卡岩之上。典型代表有河南栾川的上房沟、三道庄等矿床。斑岩型和斑岩－夕卡岩型钼矿在我国占有重要的地位，这两类矿床合计储量占到了全国钼矿总储量的71%。

3. 夕卡岩型钼矿床

这类矿床主要产于花岗岩类岩体与碳酸盐岩的接触带，以及在外接触带沿层发育。硫化物的主要成矿作用一般晚于夕卡岩的形成，夕卡岩既可与钼成矿作用有一定的生成联系，而在主要成矿作用时又是作为容矿岩石存在。矿床中除夕卡岩化外，还经常发育一系列的热液蚀变。矿体形态多样。如辽宁锦西杨家杖子钼矿，矿体大部分位于夕卡岩内。河南卢氏夜长坪、河北涞源大湾等也属于这种类型。该类矿床在我国居次要地位，其储量占全国总储量的24%。

4．脉型钼矿床

这是由产在各种地质体裂隙中的含辉钼矿脉状矿体组成的矿床。脉旁经常发育有线型蚀变，矿脉可以是较宽的含矿脉体，也可以是细脉状矿石组成的脉带，脉旁蚀变岩经常形成浸染状矿石。矿脉的主要脉石矿物多种多样，最常见的是石英脉，次为伟晶岩或石英岩脉及硫酸盐脉等。此类矿床意义不大，在已探明储量中仅占2.2%。典型矿床有：浙江青田石坪川、江西大余大龙山、河南嵩县黄水庵等。

5．沉积型钼矿床

按其产出地质体的岩石性质不同，可分为砂岩型及黑色（硫质、沥青质）页岩型两类。该类矿床意义不大，仅占已探明储量的0.68%。

第十一章 金 矿

第一节 概 述

一、自然界中金的含量及含金矿物

金在地壳中的平均含量极低，在地壳中 $3.5 \sim 4 \times 10^{-9}$，地幔中 5×10^{-9}，地核中 $2\,600 \times 10^{-9}$。自然界中金矿物和含金矿物98种以上，常见者47种，具工业意义者仅有十余种（表11-11-1）。

表11-11-1 　　　　　　　　　自然界中的主要金矿物

矿物名称	矿物分子式	主要化学成分/%
自然金	Au	Au > 95，Ag < 5
含银自然金	Au、Ag	Au > 80，Ag < 20
银金矿	Au、Ag	Au80 - 50，Ag20 - 50
金银矿	Au、Ag	Au50 - 20，Ag50 - 80
含金自然银	Ag、Au	Au5 - 20，Ag95 - 80
汞金矿	(Au、Ag)$_3$Hg$_2$	Au56.91，Ag3.17，Hg39.92
碲金矿	AuTe	Au43.59，Te56.41
针碲金矿	AuAgTe$_4$	Au24.19，Ag13.22，Te62.59
碲金银矿	Ag$_3$AuTe$_2$	Au25.42，Ag41.71，Te32.87
含铜自然金	Au、Cu	Cu20.4，Au 不等
含汞自然金	Au、Hg	Au76.63，Hg2.9 - 14.8

二、金的赋存状态

金在自然界中的赋存状态按其形态可分为以下几种情况：

1. 独立金矿物或含金矿物

指金在矿物的晶体结构中占有一定位置，在化学成分上金含量较高（ > 5% ），由一定地质作用形成的单质或化合物，粒度一般 > 0.2 mm。由于这些金矿物肉眼可辨，因此常称为"明金"或"可见金"。这种金在原生金矿床中含量较少，一般含量 < 5%。

2. 显微包裹体

指颗粒极细，作为机械混入物的形式被包裹在其他矿物（载金矿物）中的金矿物和含金矿物。这实质上也是金呈独立矿物的形式赋存，只是它们粒度极细小（≤0.2 mm），肉眼不易分出，有时在一般显微镜下也难以辨认。这种类型的金多分布于硫化物矿物中，如黄铁矿、磁黄铁矿、黄铜矿、黝铜矿、方铅矿、闪锌矿、毒砂等，它们也可以分布于磁铁矿、白钨矿、黑钨矿、石英、碳酸盐等矿物中。

3. 类质同象（固溶体）

指金以原子或离子状态存在于矿物晶格中，占据晶格结点位置，形成类质同象置换，故又可称"晶格金"或"固溶体金"。金可以呈原子形式置换黄铁矿、磁黄铁矿、毒砂、闪锌矿、方铅矿中的部分金属原子，形成类质同象混入物。

4. 胶体吸附

指粒径 <0.1 μm 超显微状的金，被黏土矿物、褐铁矿、SiO_2、有机质、炭等物质吸附的微细金粒，它们不进入载体矿物的晶格中，而主要被黏附在各矿物的表面或裂隙面上。

5. 呈悬浮体、胶体及络阴离子

指呈络阴离子、悬浮体或胶体等形式赋存于各种水溶液中的金。

金在自然界中有多种赋存状态，但具有工业意义的还仅仅是前两种，即以显微包裹体形式和独立矿物形式赋存的金。

三、金的性质及用途

金是自然界中化学性质最稳定的贵重金属，化学元素符号 Au，英文名称 gold。金黄色为主，弱金属光泽。金的密度较大，纯金密度为 19.37 g/cm^3。金具有极强的延展性，一克纯金可拉制成直径 0.004 34 mm、长 3.5 km 的细丝。用纯金可压成厚度仅 0.23×10^{-6} mm 的金箔，或用一盎司金（31.10 g）可压成面积为 27.87 m^2 的薄片。金有极稳定的化学性，它在空气中不被氧化、不潮解，在常温下不溶于酸和碱，真金用火烧后，金黄色不变。

黄金最重要的用途之一是货币，所以黄金在国际经济中具有重要的地位，促使各国把黄金的储备作为本国政府的重大经济政策。由于黄金所具有的绚丽颜色、耀眼光泽、美观外表，古今中外都用它制作精美珍贵的装饰品。金易与 Ag、Cu、Pt 族金属形成合金，以及极强的韧性和良好的导电、导热性能，在电子工业、化学工业、航空航天工业及超导工业等都有广泛的应用。

第二节　金矿床主要类型及特征

金矿床可划分为岩金矿床和砂金矿床，但按地质成因类型则可分为变质砾岩型、变质热液型、沉积变质型、火山热液型、热水溶滤型、砂金矿、伴生金等 7 种。这几种金矿床类型在目前世界金储量的重要性方面，又各有不同。

一、变质砾岩型金矿

这类金矿是经济价值最大的一种金矿类型。近半个世纪以来，这类矿床的金储量和产量均占世界总量的 60% 以上。有工业价值的矿床成矿时代主要为前寒武纪，尤以元古代为主。含矿的石英砾岩呈薄夹层和透镜体状产于巨厚的石英岩－粗砂岩等碎屑沉积岩系内。含金矿层厚度变化很大，大部分仅 1～2 m 厚，大于 3 m 者少见，最富的砾岩层厚仅几十厘米，矿层层位稳定，可延伸几十千米～几百千米。

在含矿砾岩中，砾石主要是石英，次为燧石和石英岩。砾石磨圆程度较高，说明经历了长距离搬运和充分磨蚀作用，这是一种古冲积扇沉积相。金呈微小颗粒与绢云母等一起产于石英质砾岩的填隙物中。矿石中除有金外，还见有大量贱金属硫化物、晶质铀矿、钛铀矿、固态碳氢化合物及铂族元素等，显示后期热液叠加改造的特征，又可称为"金－铀砾岩型矿床"。有人认为其成矿物质来源于附近太古界绿岩带中含金石英脉。著名的实例有南非维特瓦特斯兰德 Witwatersrand 金－铀矿床，这个矿床自 1866 年被发现以来，总共采出了三万余吨黄金，目前尚有 18 660 t，品位 $6～25×10^{-6}$，总计储量 5 万余 t。目前，在加拿大地盾、巴西地盾、非洲－阿拉伯地盾、印度地盾、芬兰地盾、俄罗斯地盾均有发现，并有大矿、富矿，是各国的重点找金目标。

二、变质热液型金矿

这类矿床的金矿化与古老的 Fe－Mg 质火山岩变质而成的绿岩有密切成因联系，即含矿岩石为一套普遍绿泥石化的超基性－基性－中性－酸性火山岩和沉积岩，主要发育于古老的地盾区。该类矿床占世界黄金总储量的 13%，亦是一种重要的金矿工业类型，广泛分布于世界各地。由于大多呈含金石英脉产出，故称"含金石英脉型金矿床"。也有呈网脉状、复脉状、透镜状岩。脉石矿物以石英为主，次有长石、碳酸盐矿物、Cu－Fe－Pb－Zn 的硫化物。含金品位高，为 $10～20×10^{-6}$，著名实例有加拿大波丘潘（已产黄金 1 600 t），澳大利亚卡尔古利（已产黄金 1 200 t），印度科拉尔（已产黄金 800 t）。这种类型又分三种形式：

1. 绿岩带中的含金石英脉

含金石英脉陡倾或直立，延深大，与侵入体有空间上的伴生关系，金产于石英脉中。

2. 绿岩带中条带状含铁层金矿

矿体呈层状。条带状含铁层由富含一种或多种氧化硅（石英、燧石）、毒砂、磁黄铁矿、富铁碳酸盐矿物（铁白云石、菱铁矿）组成，金多呈细小包裹体产于毒砂晶体中，可能属海底喷液喷气成因。

3. 绿岩带中的浸染型金矿

1981 年在加拿大安大略省发现的特大型赫姆洛金矿床，是绿岩带中一种新的金矿类型，金呈层控浸染状产于绢云母化片岩中。这个矿床金储量达 590 t 以上，品位 4～

16×10^{-6}，金矿床产于东西向新元古代（26~28亿年）变质的沉积岩和火山岩带（绿岩带）中。矿化范围很大，长近40 km，矿体呈层状，较稳定，产状较陡，一般宽数米至二三十米，延深大于1 000 m，受地层控制明显，矿体的直接围岩为凝灰质地层。矿化由浸染状黄铁矿、自然金、辉铜矿等。

20世纪80年代世界范围内发现的特大型金矿床，其规模称得上世界级（100 t以上者）的矿床仅有6个，其中金的储量最大、影响最广的是加拿大安大略省赫姆洛金矿。

三、沉积变质型金矿

这类矿床主要产于太古代古老地块周围、元古代或古生代沉降带内，或在地台边缘的拗陷区。含金沉积岩（或含金火山沉积岩）经过区域变质作用和以后的改选作用富集成矿，矿体呈层状或似层状产出。根据矿床产出地层的不同时代，这类矿床又有两类主要的典型代表：

1. 古生代穆龙套型金矿床

穆龙套金矿床位于乌兹别克斯坦共和国的克齐尔库姆沙漠中部，发现于1958年，目前是世界上黄金生产能力最大的金矿山之一，年产黄金70~80 t。矿床位于南天山海西地槽带内，产于早古生代薄层粉砂岩、砂岩和千枚状片岩互层的复理石状岩系中，含金最高的部分是由一系列彼此平行呈雁行状排列的石英脉、石英细脉、石英-硫化物细脉、石英-电气石细脉、碳酸盐细脉带组成。这些成分不同的细脉合在一起形成厚度很大的矿带，自然金呈浸染状的形式赋存于中-粗粒石英-硫化物脉和细脉中，与黄铁矿、毒砂、黄铜矿、闪锌矿、辉铋矿、自然铋及银的硫盐共生。这种金矿床实际上是一种产于古生代沉积岩系地层中的含金石英-硫化物脉型金矿。

这种类型的金矿在加拿大戈登维尔、澳大利亚巴拉特和本迪果等地均有发现。

2. 元古代合铁硅质岩建造中的金矿（霍姆斯塔克型）

金矿床产于元古代镁铁闪石片岩或镁菱铁矿片岩中的高度绿泥石化部分，矿体呈层状，含有大量石英脉、石英块及少量磁黄铁矿、黄铁矿和毒砂，金呈浸染状，与毒砂伴生。这种金矿床实际上是产于元古代铁硅质岩中的含金石英脉型金矿床。

这类金矿以美国南达科地州霍姆斯塔克金矿为代表。该矿目前是北美最大的金矿山，也是美国最大的产金区。该矿山已生产了100余年，共产金1 000 t以上，平均品位9×10^{-6}，目前年产量占美国总产量的30%以上，采深2 700多米，尚有保有储量200 t，此水平以下还有矿量。

四、火山热液型金矿床

即与中-新生代火山岩、次火山岩有关的金矿。

这类金矿床产于时代较年轻的褶皱带中，包括金银矿、近地表金矿、浅成热液囊状金矿床和斑岩型金矿等。矿体多呈脉状-囊状、透镜状赋存于中性、中酸性火山岩、火山碎屑岩的构造断裂、破碎带及火山机构中以及中酸性、酸性的浅成和超浅成小侵入体的顶部或接触带附近，其成因与火山—次火山热液有关。

区域上，这类矿床分布与环太平洋带、地中海 – 喜马拉雅带、蒙古 – 鄂霍次克海带的火山岩、次火山岩带的分布位置一致。主要的金矿床分布地区有的巴列依、卡扎科夫、达拉松、克柳切夫，中国黑龙江下游的多峰、美国和加拿大西部地区、墨西哥、智利、秘鲁、日本、印尼、巴布亚新几内亚、新西兰等地。

这类金矿床中，银往往含量较高，有的甚至为含金的银矿床。金矿物主要为自然金、辉银矿、银金矿、金和银的碲化物及各种硫化物。围岩蚀变常为青磐岩化、硅化、绢云母化、碳酸盐化、黄铁矿化、高岭土化、冰长石化和钠长石化。其中冰长石化和钠长石化的部位一般较接近金矿脉，所以几乎在发现这种围岩蚀变的同时也可能找到了金矿脉本身。矿床中金的品位变化较大，有的矿石品位达 $500 \sim 600 \times 10^{-6}$，如美国科迪勒拉矿床，但大部分含金 $15 \sim 30 \times 10^{-6}$。

五、热水溶滤型金矿

该类金矿以美国内华达州卡林（Carlin）金矿为最典型而得名为卡林型金矿。此类矿床以自然金的金粒十分细小（从显微金到次显微金，小于 $10~\mu m$）为其特征。金粒多分布于石英、白云石、重晶石、伊利石、黄铁矿及炭质物的接触面上，伴生矿物还有毒砂、雄黄、雌黄、辉锑矿等。矿体呈层状、似层状产于古生代粉砂岩、含炭白云质灰岩中。矿床成因被认为是各种成因的热卤水使围岩中的 Au 溶滤、活化，并在层间构造、破碎带、裂隙迁移而富集成矿。矿体平均品位 10×10^{-6} 左右，特征微量元素有 As、Sb、Hg 等。此外，矿床储量十分巨大，而且埋藏浅、可露采，开发前景较大。

在美国继 20 世纪 60 年代发现卡林金矿后，又于 1980 年 2 月在加利福尼亚发现麦克劳林特大型金矿床。该矿床金储量 110 余 t，品位平均 5×10^{-6}，矿床位于加利福尼亚汞矿区内，为一综合性的 Au – Hg 矿床。矿体产于火山岩和沉积岩中，矿石呈网脉浸染状，金呈分散的细小微粒，肉眼难以辨认。此后不久，又于 1980 年的 12 月初，在美国内华达州上述金矿带又发现了另一个特大型卡林型金矿——美国金坑金矿床，储量达 127 t，品位 4.35×10^{-6}，这是 20 世纪 80 年代发现的又一个世界级特大型金矿床，也是在美国内华达州这个金矿带上发现的第二个特大型卡林型金矿床，说明这个金矿带的找矿潜力巨大。

六、砂金矿

砂金矿自古代至今仍然是金的重要来源，目前仍占世界金总产量的 5% ~ 10%。砂金矿的成因类型可分为残积、坡积、洪积、冲积、滨湖、滨海、冰积等，其形成原理主要是各种类型的原生金矿在地表经风化后，金便转入重砂，在流水、风等搬运下，在有利的地方沉淀下来集中便形成砂金矿床。这类矿床易找、易采、投资小、收效快，因此仍是一些国家找金的重点。尤其是国土面积较大，或开发程度不高的国家，砂金仍是金的重要来源。

砂金矿中金的品位变化很大，一般 $1 \sim 2~g/m^3$，高者可达 $4~g/m^3$ 或更高，有时可发现"明金"，有的明金十分巨大，俗称"狗头金"。

七、伴生金矿

金是有色金属矿石中一种常见的伴生组分，开采和冶炼这些矿石时可以回收金。而且伴生金储量大、回收简便，因而在黄金生产中占有重要地位。除南非外，许多重要产金国伴生金的产量都占有很大比例，如巴布亚新几内亚尽管在 20 世纪 80 年代发现了两个世界级金矿，但大部金产量仍来自伴生金。

伴生金的成因类型很多，几乎各种类型的铜矿床，特别是斑岩铜矿床、夕卡岩型铜矿床、黄铁矿型铜矿床、黄铁矿型多金属矿床、铜镍硫化物矿床等，以及铅锌等有色金属矿床中都伴有金。

斑岩铜矿是伴生金的最重要来源，约占世界伴生金总量的 80%，伴生金大部分为自然金。

第三节　世界金矿资源

据美国地调局统计，2011 年世界黄金储量 51 000 t，主要分布在澳大利亚、南非、俄罗斯、智利、印度尼西亚和美国等（表 11 - 11 - 2）。按 2011 年世界黄金矿山产量 2 818 t 计，现有世界黄金储量的静态保证年限为 18 年。

表 11 - 11 - 2　　　　　　　　2011 年世界黄金储量　　　　　　　　单位：t（Au）

国家或地区	储量	国家或地区	储量
澳大利亚	7 400	乌兹别克斯坦	1 700
俄 罗 斯	5 000	加纳	1 400
南非	6 000	墨 西 哥	1 400
印度尼西亚	3 000	秘鲁	2 000
美国	3 000	巴布亚新几内亚	1 200
加 拿 大	920	中国	1 900
智利	3 400	其他	10 000
巴西	2 400	世界总计	51 000

资料来源：国土资源部信息中心《世界矿产资源年评》（2011～2012），2012。

2010 年全球金矿勘查有较大进展，值得注意的与金有关的重要勘查区有：

加拿大西北地区 Courageous Lake 金勘查区，已探获金资源量 130.6 t；

加拿大安大略省 Hammond Reef 金勘查区，已探获金资源量 208 t；

加拿大安大略省 Phoenix 金勘查区，已探获金资源量 124.4 t；

加拿大育空地区 Casino 铜、金、钼、银勘查区，已探获资源量：金 280 t，银 1 990 t，铜 210 万 t 和钼 25 万 t；

美国阿拉斯加州 Livengood 金勘查区，已探获金资源量 498 t；

智利 Caspiehe 金、银、铜勘查区，已探获资源量：金 653 t，银 1 493 t、铜 240

万 t；

　　智利 Volcan 金勘查区，已探获 305 t 金资源量；

　　哥伦比亚 Marmato 金银矿勘查区，已探获资源量：金 233 t，银 1 493 t；

　　厄瓜多尔 Condor 金银勘查区，已探获资源量：金 177 t，银 277 t；

　　土耳其 Kisladag 金勘查区，已探获金资源量 243 t；

　　俄罗斯 Kupol 金银勘查区，已探获资源量：金 106 t，银 1 368 t；

　　芬兰：Kittila 金勘查区，已探获金资源量 124 t；

　　埃及 Sukari 金勘查区，已探获金资源量 283 t；

　　毛里塔尼亚 Tasiast 金勘查区，已探获金资源量 155.5 t。

第四节　中国金矿资源

一、中国金矿资源分布及资源特点

1. 中国金矿资源分布

　　中国金矿资源丰富，分布广泛，除上海市、香港特别行政区外，在全国各个省（区、市）都有金矿产出。已探明储量的矿区有 1 265 处。2011 年各类金矿的构成是：岩金、砂金和伴生金分别占 76.8%、6.8% 和 16.4%。其中岩金查明资源储量以山东最丰富，之后依次为甘肃、河南、内蒙古、贵州、陕西、云南、吉林、广西、河北、黑龙江、江西、青海、新疆、安徽和四川等省（区）。砂金查明资源储量以黑龙江最多，之后依次为四川、甘肃、江西、青海、吉林、湖南、陕西、西藏和广东等省。伴生金查明资源储量以江西最多，之后依次为安徽、云南、黑龙江、湖北、甘肃、青海、湖南和内蒙古等省（区）。

　　我国黄金资源在地区分布上是不平衡的，东部地区金矿分布广、类型多。砂金较为集中的地区是东北地区的北东部边缘地带，中国大陆三个巨型深断裂体系控制着岩金矿的总体分布格局，长江中下游有色金属集中区是伴（共）生金的主要产地。

2. 中国金矿资源特点

　　（1）矿床类型多，但缺少世界级大型矿床：我国金矿类型繁多，其金矿床的工业类型主要有：石英脉型、破碎带蚀变岩型、细脉浸染型（花岗岩型）、构造蚀变岩型、铁帽型、火山 - 次火山热液型、微细粒浸染型等矿床。其中主要为破碎带蚀变岩型、石英脉型及火山 - 次火山热液型，三者约占金矿总储量的 94%。

　　尽管我国金矿类型较多，找矿地质条件较优越，但至今还未发现像南非的兰德型、原苏联的穆龙套型、美国的霍姆斯塔克和卡林型，加拿大霍姆洛型以及日本与巴布亚新几内亚的火山岩型等超大型的金矿类型。

　　（2）资源分布广泛，储量相对集中：我国金矿分布广泛，据统计，全国有 1 000 多个县（旗）有金矿资源。但是，已探明的金矿储量却相对集中于我国的东部和中部地区，其储量约占总储量的 75% 以上，其中山东、河南、陕西、河北四省保有储量约占岩金储量的 46% 以上；其他储量超过百吨的省（区）有辽宁、吉林、湖北、贵州、云南；山东省岩金储量达 593.61 t，接近岩金总储量的 1/4，居全国第 1 位。砂金主要分布于黑龙江，占 27.7%，次为四川，占 21.8%，两省合计几乎占砂金保有储量的一半。

（3）金矿床中富矿少，中等品位多，品位变化大，贫富悬殊：以 1996 年黄金工业统计年鉴为依据，目前全国岩金出矿品位 4.14 g/t，砂金出矿品位 0.169 g/m^3；在岩金矿床中 <3 g/t 占 27%、3~6 g/t 占 56%、6~10 g/t 占 13%、10~20 g/t 占 4%。6 g/t 以下的中低品位矿床占 83% 以上，而且呈逐年递降趋势。沙金矿床 <0.15 g/m^3 占 38%，0.15~0.25 g/m^3 之间占 26%，>0.25 g/m^3 占 34%。总起来看，我国岩金矿、砂金矿品位偏低，富矿储量极少。

（4）伴生金储量占有重要位置：我国伴生金储量占全国金矿总储量的 27.9%，绝大部分来自铜矿石，少量来自铅锌矿石，主要集中于江西、甘肃、安徽、湖北、湖南五省约占伴生金储量的 67%，其中江西居第 1 位。

伴生金在我国占有重要地位，其储量所占比例，大于世界伴生金的平均数，所以伴生金是中国金矿资源的一大特点。

（5）金矿成矿时代广泛，可以形成于各个地质时期：根据我国已知金矿成矿研究资料，可分为太古宙、元古宙、古生代、中生代和新生代五个成矿时期。根据原地质矿产部沈阳地质矿产研究所统计，前寒武纪金矿储量占 56.4%，中新生代占 35.9%，古生代占 7.4%。

二、中国金矿床主要成因类型及特征

我国对金矿分类方法的研究，近年提出的论述较多。以金矿容矿岩系与矿化体产出形式为基础的分类方案，将我国金矿床分为 10 类 22 个亚类（表 11-11-3）。

表 11-11-3　　　　　　　　　　中国金矿床主要类型

序	类型	实例
1	产于太古宙—古元古代变中基性火山沉积杂岩（一般称为绿岩带）中的金矿，即绿岩带型金矿 （1）石英脉型（包括石英—钾长石脉型） （2）复脉带型（或片理化带型）	夹皮沟、小秦岭文峪、杨砦峪、哈达门沟、金厂峪、诸暨
2	产于元古宙变碎屑岩，混质岩，碳酸盐岩中的金矿 （1）脉型 （2）构造核变岩型	湘西、四道沟、银洞坡金山、猫岭、河台
3	产于震旦纪—三叠纪粉砂岩、混质岩、碳酸盐岩中的金矿 （1）微细浸染型 （2）脉型 （3）构造角砾岩型	云桂黔三角区、高笼、川西东北寨、盖叫曼、双王、二台子

（续表）

序	类型	实例
4	产于花岗岩侵入体中（包括岩体内带和外带）的金矿 （1）石英脉型 （2）破碎带蚀变岩型 （3）淋滤浸染型 （4）夕卡岩型	玲珑、峪耳崖 焦家 界河 鸡冠咀
5	产于碱性侵入体中的金矿 （1）石英脉型 （2）石英脉—蚀变岩型	后沟、马厂、东坪
6	产于显生宙基性、超基性岩（包括蛇绿岩套）中的金矿 （1）产于基性、超基性岩体中的石英脉—蚀变岩型 （2）产于显生宙海相基性火山杂岩中的构造蚀变岩型	墨江金厂、金家庄、煎茶岭、小松树南沟、托里
7	产于中、新生代陆相火山岩（包括次火山岩）中的金矿 A. 产于火山岩中的金矿床 （1）脉型 （2）断裂破碎带型 （3）构造角砾岩型 B. 产于次火山岩中的金矿床 （1）脉岩型 （2）隐爆角砾岩型	奈林沟 洪山 红石 团结沟 祁雨沟
8	产于风化壳中的金矿 （1）铁帽型 （2）红土型	新桥 墨江
9	产于砾岩中的金矿 砾岩型金矿	春化、小金山
10	产于第四纪的现代砂金矿	月河

1. 产于太古宙——古元古代变中基性火山 - 沉积杂岩（绿岩带）中的金矿（绿岩带型金矿）

本类金矿系指赋存于变中基性火山岩系和部分沉积岩系中的金矿床。主要分布在我国华北老地台区，如乌拉山—大青山、燕辽、清原—桦甸、小秦岭与胶东地区。容矿岩系是一套中深变质的斜长角闪岩、斜长角闪片麻岩，原岩为变中基性火山 - 沉积杂岩（一般称为绿岩带）。

它是中国金矿床主要类型之一，极具经济意义，分布点多面广，储量与产量都很大。已知该类金矿床（点）100多处，约占全国岩金矿床总数的22%，储量约占岩金总储量的29%，矿床平均规模约为5.5 t/个。

据矿体产出形式，可将该类型金矿分为石英脉（包括石英 - 钾长石脉）型和复脉带（或片理化带）型 2 个亚类。其中石英脉型有吉林夹皮沟、河北小营盘、河南小秦岭、内蒙古包头金矿；复脉带型有河北金厂峪、浙江诸暨金矿床。本类金矿主要地质特征是：

（1）金矿化主要赋存于太古宙古老基底隆起区，基底的地球化学场与金矿成矿作用关系十分密切。大多数金矿分布于深大断裂系统中。

（2）金矿化与古老中基性火山岩类变质而成的绿岩密切相关。容矿层位在夹皮沟地区为鞍山群三道沟组、杨家店组，燕辽地区为建平群小塔子沟组，迁西群上川组，乌拉山—大青山地区为乌拉山群、集宁群，小秦岭为太华群下部岩组，岩石变质较深，普遍遭受混合岩化作用。

（3）该类金矿赋存区多有岩浆活动，矿床距中酸性侵入体一般 0.5～5 km，常见矿脉与岩脉伴生。

（4）围岩蚀变主要有硅化、黄铁矿化、绢云母化，其次为碳酸盐化、钠化、绿泥石化等。

（5）矿化体主要呈脉状，矿脉延伸较大，且延伸大于延长。

（6）矿石矿物主要为黄铁矿，不等量的方铅矿、闪锌矿、黄铜矿，脉石矿物为石英、绢云母、钠长石、绿泥石及碳酸盐类等。

2. 产于元古宙变碎屑岩、泥质岩、碳酸盐岩中的金矿

泛指与元古宙变碎屑岩、千枚岩、板岩及片岩类有空间关系的金矿床，主要分布在江南古陆，辽东、内蒙古白云、阿尔泰及广东云开等地。容矿岩系为变碎屑岩、千枚岩、板岩及片岩类，原岩为碎屑岩、泥质-半泥质岩石。据统计，已知该类金矿床（点）200 多处，占全国岩金矿床总数 20%，探获储量占岩金总储量 14%，矿床平均规模 4.3 t/个，找矿远景较大。

根据矿化体产出形式划分为两个亚类：脉型金矿，如湘西、黄金洞、四道沟、银洞坡等金矿床；构造蚀变岩型金矿，如猫岭、金山、河台金矿床。本类金矿地质特征是：

（1）区域性大断裂的次级断裂或层间断裂是控矿重要条件。

（2）容矿层主要是辽河群、白云鄂博群、阿尔泰群、双桥山群、板溪群等。容矿岩系为中浅变质岩类的变碎屑岩、板岩、云英片岩类，并含中基、中酸性火山岩。

（3）矿体多与层理一致，呈脉状、交错脉状，矿化集中在背斜轴部或其附近。

（4）围岩蚀变主要有硅化、黄铁矿化，次为绢云母化、碳酸盐化等。

（5）矿石矿物主要有自然金、黄铁矿、毒矿、辉锑矿、白钨矿等，脉石矿物有石英、绢云母和绿泥石等。

3. 产于震旦纪-三叠纪粉砂岩、泥质岩、碳酸盐岩中的金矿

这是我国金矿中的一个新类型。自 20 世纪 80 年代以来，在广西田林、隆林、凌云、凤山、乐业、天峨及百色，贵州望谟、册亨、兴仁、兴义、安龙及云南文山等地，陆续找到一批不同规模的矿床，构成了滇桂黔"金三角"区。另在川西北、秦岭、湘中、鄂西南、赣西北等地也找到一批类似的金矿床（点）。这类金矿一般品位低、矿物颗粒细，但矿化均匀，储量大，埋藏浅，适于露采，因此，是一种具有重要工业意义和

广阔开发远景的金矿类型。

据统计，我国已知这类金矿床约 150 个，探获储量占岩金总储量的 13%，矿床平均规模 3.4 t/个。

根据矿化体产出形式可分为 3 个亚类：微细浸染型金矿，如广西凤山、金牙，贵州板其、丫他、戈塘、紫木凼，四川东北寨、丘洛、毛儿盖，湖南高家坳等金矿床；脉型金矿，如广西叫曼金矿床；构造角砾岩型金矿，如陕西双王、二台子金矿床。该类金矿具有以下特征：

（1）金矿主要分布于显生宙褶皱带中，具有明显层控性，其容矿岩系为沉积–浅变质沉积岩，如粉砂岩、泥质岩及碳酸盐岩。这些地层大多含有碳质、泥质。矿化富集常产出在两种不同岩性的层间破碎带、层间裂隙、层间滑动带、背斜轴部或近轴部的有利部位。

（2）含金地质体大致分为两类，一类是破碎–蚀变岩体，本身就是矿体，矿化呈微细浸染状，品位低，规模大；另一类是脉型（含金石英–方解石脉和含金黄铁矿脉），为可见金，品位较高，规模小。

（3）围岩蚀变以硅化、黄铁矿化为主，其次为重晶石化、碳酸盐化等。其中硅化、黄铁矿化与金关系密切。

（4）常见矿石矿物有黄铁矿、毒砂、雄黄和辉锑矿，还有少量黄铜矿、雌黄、辰砂，偶见铜、铅、锌硫化物，脉石矿物主要有石英、碳酸盐矿物和泥质矿物。

（5）金多呈微粒和显微粒状，矿体与围岩没有明显界线，黄铁矿和黏土类矿物为载金矿物。

（6）矿区发育有中–基性、超基性岩脉，在空间上与金矿化关系密切。

（7）矿床（点）或其附近往往有锑、砷、汞、黄铁矿等矿床（矿物）伴生，并有一定的成因联系。

4. 产于花岗岩侵入体中的金矿

指古生代以来，与岩浆热液作用有关，产于花岗岩类侵入体（包括内带和外带）中的金矿床。该类金矿床（点），无论在我国北方和南方均分布很广，尤以燕辽及胶辽地区为多。据统计，已知该类矿床（点）200 余处，探获储量占岩金总储量的 37%，矿床平均规模 7.9 t/个。

根据矿体产出形式划分为 4 个亚类：石英脉型金矿，如玲珑、峪耳崖、龙水金矿床；破碎蚀变岩型金矿，如焦家、新城金矿床；细脉浸染型（也称花岗岩型）金矿，如界河金矿床；夕卡岩型金矿，如鸡冠咀、鸡笼山金矿床。本类金矿的主要地质特征是：

（1）主要分布在基底隆起区的构造–岩浆活动带中，区域性深大断裂为控岩导矿构造，次级断裂为控矿构造。

（2）成矿作用与重熔、同熔岩浆侵入活动有关，成矿时代有加里东期、海西期和燕山期，燕山期是主要的。复式岩体与成矿的关系十分密切。

（3）金矿化带内通常有数条平行矿体。矿体与矿化带、矿化带与围岩呈渐变过渡，唯石英脉型与围岩界线清楚。

（4）矿化类型主要是石英脉型和破碎蚀变岩型。前者规模较小，但品位富；后者规模大，品位偏低。

（5）围岩蚀变以硅化、黄铁矿化、绢云母化、钾化为主，碳酸盐化及绿泥石化等次之。

（6）矿石矿物组合较简单，金属矿物为黄铁矿、黄铜矿、方铅矿、闪锌矿等，脉石矿物主要是石英。

（7）金矿物有自然金、银金矿、碲金矿等。金矿成色波动较大（454‰～950‰）。

5. 产于碱性侵入岩中的金矿

指产于碱性侵入岩体内部或近矿围岩裂隙中的金矿床。矿化类型一般为石英脉－蚀变岩型。

这类金矿 1985 年首先发现于河北东坪，之后在邻区后沟及滇西也发现类似的矿床，矿床规模较大。

本类金矿地质特征（以东坪金矿为例）简介如下：

（1）碱性侵入岩为金矿直接围岩。岩体长 33 km，宽 5.5～7.7 km，面积 215 km^2。岩性复杂，主要由二长岩－石英二长岩系列、正长岩系列组成。岩体时代为燕山期。

（2）岩体受区域性深大断裂控制，次级断裂构造控制矿化空间展布。岩体的围岩为太古宇变质岩系。

（3）围岩蚀变主要有硅化、钾长石化、绢英岩化、碳酸盐化、重晶石化及绿泥石化等。其中硅化、钾长石化、绢英岩化与金矿化关系最密切。

（4）矿体呈脉状，已发现数条。脉带长数百至千余米，矿体长数十到数百米，厚 0～5 m，延深数十至数百米。呈边幕式排列产出。

（5）矿体由石英单脉及其上下盘石英复脉，钾长石化带及矿化钾长石化二长岩、石英二长岩组成。金品位以石英脉为中心，向钾长石化带、矿化围岩逐渐降低。

（6）矿石组分复杂，金属矿物主要为黄铁矿、磁铁矿、方铅矿、闪锌矿、碲铋矿、自然银等。脉石矿物主要为石英、钾长石、斜长石、绢云母等。

（7）金矿物以自然金为主，其次为碲金矿。金矿物一般较粗，常见明金。金成色为 934‰～969‰。成矿温度 270～380℃。

6. 产于显生宙基性、超基性岩（包括蛇绿岩套）中的金矿

指金的成矿作用与基性、超基性岩有一定关系，并赋存于基性、超基性岩中或构造接触破碎带内的金矿床（蛇绿岩套型金矿）。

这类金矿于 20 世纪 70 年代首先发现于云南墨江金厂，以后相继在新疆托里、青海小松树南沟、陕西煎茶岭、河北金家庄等地也发现类似金矿。全国已知有 23 条蛇绿岩带，过去对其中的金矿调查研究不够。

根据容矿岩系产生特点划分为两个亚类：产于基性、超基性岩体中的石英脉－蚀变岩型金矿，如云南墨江金厂、冀北金家庄、陕西煎茶岭金矿床。产于显生宙海相基性火山杂岩中的构造蚀变岩型金矿，如青海小松树南沟、新疆托里金矿床。本类金矿主要地

质特征是：

（1）主要分布于板块构造边缘深大断裂的次级断裂构造中。

（2）金矿化产出形式有石英脉－蚀变岩型、蚀变岩型。含金石英脉呈单脉或网脉状产出。

（3）围岩蚀变主要有硅化、黄铁矿化、铁锰碳酸盐化、铬水云母化、滑石及绿泥石化，其中硅化和黄铁矿化与金矿关系最为密切。

（4）矿化以 Au、Ag 为主，常含有 Pb、Zn、Cu、Ni、Pt、Se 等。金常呈自然金、银金矿、硒金矿、铂金矿等微粒包裹于硫化物中。

（5）矿区内常有花岗岩类侵入体。矿化富集地段一般为强硅化带、破碎带及晚期脉岩发育地段。

7. 产于中、新生代陆相火山岩（包括次火山岩）中的金矿

该类矿床指在成因上与中、新生代的火山作用有关，矿体直接产于火山岩及次火山岩体内或其附近的浅成热液金矿床。

这类金矿主要分布于我国东部地区，属环太平洋成矿带的外带。该带广泛发育中生代火山岩系，按其分布特点分为 3 个岩带：即大兴安岭－燕山火山岩带、东北东部－胶东火山岩带、东南沿海火山岩带。岩性为酸性、中酸性，部分为中基性及碱性火山岩类。时代为侏罗纪—白垩纪。

这类金矿分布很广，与上述火山岩、次火山岩带分布一致。目前已探明的有团结沟、五凤、赤卫沟、红石、奈林沟、义兴寨、洪山、祁雨沟、赵家沟、霍山、八宝山等金矿床。探获储量约占岩金总储量 7%，矿床平均规模 5.5 t/个。

根据矿化围岩特征及矿体的产出形式分两类 5 个亚类（表 11－11－4）：

表 11－11－4　　产于中、新生代陆相火山岩（包括次火山岩）中的金矿分类

矿床类型	亚类型	矿床实例
产于火山岩中的金矿床	脉型金矿	赤卫沟、奈林沟金矿床
	构造蚀变岩型金矿	洪山金矿床
	构造角砾岩型金矿	红石金矿床
产于次火山岩中的金矿	斑岩型金矿	团结沟金矿床
	隐爆角砾岩型金矿	祁雨沟金矿床

本类矿床主要地质特征是：

（1）这类金矿主要分布于中生代断陷盆地边缘。深大断裂既控制着断陷盆地，也控制着火山岩的展布。矿体受火山岩（次火山岩）构造控制。

（2）基底地层含矿性是成矿的重要因素之一，矿床下部或其附近一般均有含金丰度较高的矿源层存在。容矿围岩为中－中酸性火山岩、火山碎屑岩、碱性火山岩以及中酸－酸性的浅成和超浅成次火山岩。矿体对岩体而言是后成的。

（3）矿体赋存的主要部位：一是火山穹隆、破火山口周围的环状、放射状断裂系统，二是浅成－超浅成次火山岩的顶部或接触带附近。

（4）围岩蚀变一般为硅化、黄铁矿化、绢云母化、碳酸盐化、冰长石化和钠长石化，其中硅化和钠长石化一般接近矿脉。矿床往往含银较高，延伸较小。

（5）矿石矿物主要有自然金、银金矿、辉银矿、碲金矿、黄铁矿及少量金属矿物。脉石矿物主要有石英、方解石、绿泥石及玉髓状石英等。

（6）成矿温度为 160～330℃，金的成色为 500‰～780‰，一般为 600‰。

（7）矿床往往有分带现象，一般上部以 Ag、Pb、Zn 矿为主，下部以 Au、Cu 矿为主。

8. 产于风化壳中的金矿

指在地表或近地表含金地质体、含金多金属的硫化物，经表生风化淋滤作用形成的金矿床。

该类金矿多为近代形成的，其分布范围与含金地质体的出露范围基本一致。该类金矿按其形成条件和组分特征，划分两个亚类：

（1）铁帽型金矿，如安徽新桥金矿床；

（2）红土型金矿，如云南墨江、广西上林镇墟金矿床。

据不完全统计，我国已知铁帽型金矿床（点）50 多处，其中中小型矿床 20 余处，探获储量 20 多 t。如鄂乐、铜陵地区、江西武山、四川木里耳泽、宁夏金场子及湖南大坊等。

铁帽型金矿的主要地质特征：

①矿床的分布与原生含金地质体范围基本一致。金矿的发育程度与原生含金地质体所处构造部位、地貌条件、地下水情况有密切关系。

②矿体呈透镜状、扁豆状、囊状，常赋存在铁帽的下部。矿床可分出氧化带、次生富集带和原生带。

③金呈独立矿物出现，主要有自然金、银金矿及金银矿等。金的粒度较细，一般为 0.002 4～0.036 mm，金的成色为 700‰～900‰。金矿物主要赋存于褐铁矿的晶隙或裂隙中，少数分布于石英晶隙中。

④寻找铁帽型金矿，首先应区别"真假"铁帽，由围岩中铁质经风化淋滤作用形成的假铁帽一般不含金，或不能形成金。

⑤铁帽中 Cu、Pb、Zn、As、Ag、Sb、Mo 与 Au 正相关。

9. 产于砾岩中的金矿（砾岩型金矿）

指同生碎屑沉积，产于砾岩中的金矿床，即砾岩型金矿或古砂金矿。

这类金矿分布较广，成矿时期从古元古代至第三纪均有产出。它们是：

（1）古元古代二道沟群底部砾岩。

（2）中—新元古代滹沱群四集庄组、长城系底部砾岩，马家店群底部与白云鄂博群层间砾岩，震旦纪南沱砂岩组、南沱冰积层底部砾岩。

（3）侏罗纪大青山组底沙砾岩。

（4）白垩纪固阳组（内蒙古），东井组（湘）底部砾岩。

（5）第三纪土门组底部砾岩层。

　　其中第三纪与侏罗纪砾岩较有工业意义。如吉林春化砾岩金矿、黑龙江小金山、内蒙古余庆沟与乌兰板申砾岩型金矿。

　　主要金矿特征如下：

　　（1）金矿床主要分布于中、新生代断陷盆地边缘，山麓河流冲积相。

　　（2）含金砾岩常产于巨厚沉积岩系中，一般出现在地层底部的砾岩中，但也富集在层间砾岩或其沉积岩中的也有。

　　（3）矿体呈似层状、透镜状。矿石品位变化较大。

　　（4）矿化类型为单一金矿。金以自然金赋存于胶结物中。金矿物粒度较细，一般为 0.03～0.08 mm。金的成色较高，多在 900‰以上。

　　10．现代砂金矿

　　砂金是金的重要来源之一。中国砂金矿点多、面广，北起黑龙江，南至珠江和海南岛，西自阿勒泰与雅鲁藏布江，东至胶东、皖南、福建，许多江河水系都有砂金，都有前人淘金的踪迹。

　　砂金具有生产成本低、收效快、易采易选，便于群采等优点。同时通过砂金往往可以找到岩金矿床。因此开展沙金地质工作，努力扩大金矿资源，对我国黄金生产建设具有重要意义。

第十二章 银 矿

第一节 概 述

一、银的性质及用途

纯银是一种美丽的白色金属，银的化学元素符号 Ag，来自它的拉丁文名称 Argentum，是"浅色、明亮"的意思。它的英文名称是 Silver。

人类发现和使用银的历史至少已有两千年了。我国考古学者从出土的春秋时代的青铜器当中就发现镶嵌在器具表面的"金银错"（一种用金、银丝镶嵌的图案）。从汉代古墓中出土的银器已经十分精美。在古代，银的最大用处是充当商品交换的媒介——货币。

银有很强的杀菌能力。银在水中能分解出极微量的银离子，这种银离子能吸附水中的微生物，使微生物赖以呼吸的酶失去作用，从而杀死微生物。银离子的杀菌能力十分惊人，十亿分之几毫克的银就能净化 1 千克水。

银还是一种可为人类食用的金属，在我国和印度均有用银箔包裹食品和丸药服用的记载。同时银还是某些生物的食物。

纯银具有很好的延展性，其导电性和传热性在所有的金属中都是最高的。银常用来制作灵敏度极高的物理仪器元件，各种自动化装置、火箭、潜水艇、计算机、核装置以及通信系统，所有这些设备中的大量的接触点都是用银制作的。在使用期间，每个接触点要工作上百万次，必须耐磨且性能可靠，能承受严格的工作要求，银完全能满足种种要求。如果在银中加入稀土元素，性能就更加优良。用这种加稀土元素的银制作的接触点，寿命可以延长好几倍。

银的最重要的化合物是硝酸银。在医疗上，常用硝酸银的水溶液作眼药水，因为银离子能强烈地杀死病菌。

二、银矿物

地壳中含银矿物较多，主要工业矿物见表 11 – 12 – 1。

表 11 - 12 - 1　　　　　　　　　　主要含银矿物

矿物名称	英文名称	化学分子式	金属质量分数/%
自然银	Native Silver	Ag	（Ag）100
银金矿	Electrum	（Ag、Au）	>50
锑银矿	Dyscrasite	Ag_3Sb	72.66
辉银矿	Argentite	Ag_2S	87.06
螺硫银矿	Acanthite	Ag_2S	87.06
深红银矿	Pyrargyrite	$Ag_3Sb\,S_3$	59.76
淡红银矿	Proustite	$Ag_3As\,S_3$	65.42
脆银矿	Stephanite	$Ag_5Sb\,S_4$	68.33
辉锑银矿	Miargyrite	$Ag\,Sb\,S_2$	36.72
辉硒银矿	Aguilarite	$Ag_4Se\,S$	79.95
硫银锗矿	Argyrodite	$Ag_4Ge\,S_6$	76.51
硫锑铜银矿	Polybasite	（Ag, Cu）$_{16}Sb_2S_{11}$	74.32
硫铜银矿	Stromeyerite	$Ag\,Cu\,S$	53.01
硫银锡矿	Canfieldite	$Ag_8Sn\,S_6$	73.49
辉锑铅银矿	Diaphorite	$Pb_2Ag_3Sb_3S_8 / Ag_3Pb_2Sb_3S_8$	23.78
黝锑银矿	Freibergite	（Ag, Cu）$_{12}Sb_4S_{13}$	36.0
碲银矿	Hesibergite	Ag_2Te	62.86
碲银钯矿	Telargpalite	（Pd, Ag）$_{4+x}Te$	28.2~31.2
硒银矿	Naumannite	Ag_2Se	73.15
氯角银矿	Chlorargyrite	$Ag\,CI$	75.3
溴角银矿	Bromargyrite	$Ag\,Br$	57.44
黄碘银矿	Miersite	$Ag\,I$	45.94

据：铜、铅、锌、银、镍、钼矿地质勘查规范（DZ/T 0214—2002）。

第二节　银矿床主要类型及特征

锌矿床是银最重要的来源。美国矿业局曾对主要产银国的矿山（矿床）进行分析，发现约有45%的银储量来自于锌矿床。其中澳大利亚约有94%的银储量产于锌矿床中，加拿大为64%，墨西哥、秘鲁各为35%，美国为22%。此外，葡萄牙、印度、日本、希腊等国所生产的银也大部分来自锌矿山。这类矿床的银品位为1.1~330 g/t。墨西哥、澳大利亚、秘鲁、加拿大产银锌矿山所回收的银的加权平均品位（g/t）分别为

108、103、75、48。美国产银锌矿床银的平均品位为 299 g/t。这些矿床绝大多数还没有开发利用。

独立的银矿床是银的第 2 大来源。国外约有 1/3 的银储量来源于独立的银矿床。其中墨西哥约有 45% 的银产于独立的银矿床，美国为 38% 、秘鲁为 34% 、加拿大为 7% 。此外，西班牙、摩洛哥、法国、南非等国（或地区）所生产的银有很大一部分来自独立的银矿床。

含银铜矿床是银的第 3 大来源。该类矿床中可回收的银储量占美国可回收银总量的 33% ，占秘鲁的 31% 、占加拿大的 28% 。而智利、阿根廷、巴拿马、巴布亚新几内亚、菲律宾、南斯拉夫、波兰等国所回收的银几乎都来自铜矿床。这类矿床银品位普遍较低。国外 28 个大型产银铜矿山中，只有加拿大的基德克里克银品位超过 50 g/t。

含银铅矿床中可回收银的数量不大，且品位较低。该类矿床主要分布在南非、美国，其次是墨西哥、澳大利亚和摩洛哥。

含银金矿床中银储量所占的比重不大。这类矿床主要分布在南非、智利、美国和苏联等国（或地区）。美国矿业局曾对国外 108 个含银金矿床进行统计，其平均品位为 6.29/t。近几年来，该类矿床中的银储量和产量都有所增加，但银矿资源要取得较大突破，主要取决于能否找到大型或特大型的含银贱金属矿床。

世界银矿床类型很多，但经济意义较大的只有 5 类：①与中 – 新生代火山岩、次火山岩有关的浅成热液脉状银矿床；②斑岩银矿床；③火山岩中的含银块状硫化物矿床；④沉积型银多金属矿床；⑤碳酸盐岩中沉积 – 改造型含银多金属矿床。

第三节　世界银矿资源

一、世界银矿资源分布

全球重要的银资源集中分布在环太平洋构造 – 成矿带、古亚洲构造 – 成矿带、特提斯 – 喜马拉雅构造 – 成矿带，以及北美地块、中欧地块和澳大利亚地块中，其中环太平洋成矿带最为重要。

世界银矿资源主要分布在苏联、墨西哥、加拿大、美国、澳大利亚和秘鲁等国，重要银矿床类型是与中 – 新生代火山岩、次火山岩有关的浅成热液脉状银矿床，斑岩银矿床，火山岩中的含银块状硫化物矿床，沉积型银多金属矿床，碳酸盐岩中的沉积 – 改造型含银多金属矿床。

二、世界银矿资源储量

据美国地调局统计，2011 年世界银储量为 53 万 t。储量主要分布在秘鲁、波兰、智利、澳大利亚、中国、墨西哥、美国、玻利维亚和加拿大等国（表 11 – 12 – 2）。其中秘鲁的储量居世界首位，有 12 万 t，占世界银储量的 22.64% 。

表 11 - 12 - 2   2011 年世界银储量   单位：t

国家或地区	储量	占世界的比例 /%	国家或地区	储量	占世界的比例 /%
秘鲁	120 000	22. 64	美国	25 000	4. 72
波兰	85 000	16. 04	玻利维亚	22 000	4. 15
智利	70 000	13. 21	加拿大	7 000	1. 32
澳大利亚	69 000	13. 02	其他	50 000	9. 43
中国	43 000	8. 11	世界合计	530 000	100
墨西哥	37 000	6. 98			

资料来源：国土资源部信息中心《世界矿产资源年评》（2011 ~ 2012），2012。

其实，未列入统计表中的俄罗斯、哈萨克斯坦、乌兹别克斯坦和塔吉克斯坦等国也有不少银资源。按 2011 年世界银矿山产量计，现保有的世界银储量静态保证年限为 24 年，可见，世界白银储量保证程度并不高。

第四节　中国银矿资源

一、中国银矿床成矿时代

我国银矿地质工作在 20 世纪 80 年代以前基本未独立开展，只作有色金属矿石中的伴生组分予以评价，80 年代开始对破山、银洞沟等一批独立银矿床进行勘查评价，特别是 1989 年白银地质勘查基金的建立，更促进了银矿地质工作的开展，发现和勘查了一批独立和共生大中型银矿床。

银矿床的形成时代从太古宙到新生代都有，但不同时代在强度上有差异，不同地区在疏密上有区别。

1. 元古宙银矿床

该期银矿床的产出明显增多，如中条山地区的斑岩型含银铜矿，赋存于绛县群中，矿床的成矿时间为 2 000 ~ 1 600 Ma。辽东古元古代辽河群大石桥组中，赋存有层控型青城子式矿床群及北瓦沟喷气 - 沉积型层状铅锌矿床。

2. 加里东期银矿床

主要分布在三个地区：一是小兴安岭地区的翠宏山、小西林和二股西山的夕卡岩型 As - Pb - Zn 矿床，赋矿围岩属寒武系，侵入体是加里东期，同位素年龄为 407 ~ 451 Ma；二是祁连加里东期造山带的白银厂、小铁山、锡铁山等海相火山岩型 Cu - Pb - Zn - Ag 矿床；三是雪峰古陆区产于寒武系中的沉积型含银铅锌矿床，如鱼塘、牛塘界等。

3. 海西期银矿床

海西期银矿床主要分布在塔里木 - 华北地台以北的海西期造山带内，自西向东有阿舍勒、喀拉通克、黄山、玉西、公婆泉、南金山、老硐沟、多宝山、民主屯、放牛沟等矿床；西秦岭地区的什多龙、德尔尼，中秦岭地区的西成、凤太、山柞矿田；三江地区的丹巴杨柳坪和澜沧老厂矿床。他们多产于造山带，矿床类型以海相火山－沉积和喷气－沉积为主，其次是岩浆型和夕卡岩型。

4. 印支期银矿床

三江地区是印支期银矿床主要分布区，由北而南有赵卡隆、嘎衣穷、胜莫隆、呷村等海相火山沉积型银多金属矿床。在鄂拉山地区有赛什塘、铜峪沟、索拉沟、老藏沟等层夕卡岩矿床，其他地区受印支期岩浆作用影响的矿床有辽东青城子、兴安盟孟恩套力盖、苏州迁里、吴宅、浦北新华等热液型、夕卡岩型银矿床。

5. 燕山期银矿床

此时期的银矿床最多，占统计总数的 64%，比其他各期之和还多，有人称之是成矿大爆炸期。燕山成矿期的矿床主要分布在中国东部，北区如额仁陶勒盖、白音诺、大井、山门、八家子、蔡家营、支家地、皇城山等；长江中下游地区如铜绿山、城门山、许桥、鸡冠石、新桥、凤凰山、栖霞山等；赣东北区如银山、冷水坑、铜厂；南岭地区如柳木坑、焦里、大厂、个旧等；东南沿海如后岸、大岭口、银坑山、下溪底、厚婆坳、嵩溪等；康滇黔地区如天宝山、茂租、麒麟厂、乐马厂、大铜厂、六苴等。矿床类型以热液型、夕卡岩型、陆相火山次火山岩型为主。

6. 喜马拉雅期银矿床

三江地区以含银斑岩铜矿（玉龙等）和兰坪盆地杂色砂砾岩中的热液型（金顶、白秧坪）为主。还有新生代形成的散布各地的铁锰帽型银矿。云南姚安老街斑岩型金银矿床、粤中富湾矿床和新疆玉西矿床，也有部分同位素资料属喜马拉雅期。

二、中国银矿床的成因类型

目前，国内外对银矿床的成因类型分类还没有形成统一的意见。《矿区找矿效果潜力评价与成矿规律及矿床定位预测实务全书》中，按成因将中国银矿床分为以下 6 个类型。

1. 海相火山岩型及沉积变质型银矿床

海相火山岩型银矿床指矿体主要赋存在海相火山岩系内，火山岩变质程度浅，基本上保存了原有火山岩的结构构造。有些银矿床，矿体虽呈层状或似层状，其围岩成分按岩石化学成分及微量元素投影，可能属火山岩类，但因已失去火山岩结构构造的，则划归沉积变质岩型，如破山、水吉、铁砂街等矿床，或层控夕卡岩型矿床，如青海铜峪沟、赛什塘和浙江建德铜矿等。

2. 陆相火山岩型与次火山岩（斑岩）型银矿床

陆相火山岩型矿床指矿体赋存在火山岩中；斑岩型矿床指矿体赋存在斑状超浅成侵入体中的矿床。以铜为主的含银斑岩矿床，多赋存在变质岩中，而斑岩型独立银矿床，多赋存在火山盆地内，如冷水坑、红石碰子等。这两类矿床有许多共同点，故将其合并叙述。

陆相火山次火山岩型银矿，在世界上是最重要的银矿床类型，在我国也很重要，这一类型的矿床数目占统计矿床数的 16% 左右，而资源量占总资源量的 19% 左右。

中国已查明的最老的陆相火山岩是在西天山地区，为海西期岛弧型中酸性钙碱性岩石。燕山期和喜马拉雅期陆相火山岩在中国东部广布，以燕山期强度最大，银矿化较多，该期火山岩的分布主要有三大片：①由张广才岭经吉南辽东到山东地区；②由浙江经福建到粤东的东南沿海火山岩带，以上两带又合称外带；③从大兴安岭经太行山到小秦岭和大别山岩带，又称内带。此外还有宁芜地区，赣东北地区、赣南地区、桂西南等地区。

3. 夕卡岩型银矿床和产于碳酸盐岩中的热液型银矿床

两类矿床中的主岩都是碳酸盐岩，夕卡岩型接触变质深，碳酸盐岩型变质程度弱。除康滇黔三角区外，这两类矿床常相伴出现，其赋矿地层和成矿时代大都相同，故合并叙述。

两类银矿床的数量最多，分别占 22% 和 17%，夕卡岩型银矿床高品级的少，低品级含银矿床占一半，且以中小型为主。产于碳酸盐岩中热液型银矿，巨型大型矿床多，且多是独立和共生矿床，居各类型之首。

4. 产于变质岩和碎屑岩中的热液型银矿床

产于前寒武系变质岩中的银矿床多分布在地台边缘及古老地块区，产于古生界浅变质岩中的银矿床多分布在造山带，产于碎屑岩中的银矿床多分布在中新生代断陷盆地内。产于变质岩中的银矿床多呈脉状，所占比例近 16%，大型矿床很少，中小型较多。矿石工业类型可分 Pb–Zn–Ag 型，Ag–Au 型，Au–（Pb/Ag）型和 Au–（Ag）型 4种。变质岩中热液型银矿床的物质来源有与陆相火山热液有关的浙江银坑山、辽西金厂沟梁，有与斑岩热液有关的蔡家营、柳木坑，有与构造热液有关的八台岭，有与岩浆热液、构造热液双重有关的庞西洞、金山。

5. 岩浆型和产于侵入体中的热液脉型银矿床

岩浆型银矿床主要是赋存在基性和超基性岩中与铜镍硫化物伴生的银矿床。我国已发现十多处。铜镍硫化物矿床的银品位都很低，他们属岩浆熔离矿床，仅新疆喀拉通克一号矿体中富镍高铜矿石中银品位达 150 g/t，其他矿石类型银品位只在 2~18 g/t。

产于侵入体中的后期热液型银矿床的赋矿岩体多是酸性和中酸性岩基或大岩体，银矿体以石英脉型为多，爆破角砾岩型次之。矿石工业类型有 Ag（Au）型、Ag（Pb/Zn）、Ag–Pb/Zn 型、Au–Ag–Cu–Pb–Zn 型。仅粤东博罗 525 矿产于含锡的铌钽花岗岩株顶部，发育钠长石化、云英岩化，硫化矿物增加，方铅矿中含银高而构成共生中型银矿体。

6. 沉积型和风化淋积型银矿床

（1）沉积型银矿床：按矿石建造可分成产于震旦系顶部黑色页岩中的银—钒矿床，赋存于红盆中的伴共生砂岩铜矿和赋存于同生断陷盆地中细碎屑岩灰岩中的含银铅锌矿床。

沉积型银钒矿床主要分布在湖北宜昌、湖南安化等地，已查明了六个矿床，大型 1

个，中型 3 个，小型 2 个。含矿地层为震旦系上部陡山沱组的炭硅泥岩建造，

沉积型铜银矿即通称的似层状红色砂岩型铜矿。在我国以康滇地区产出较多，规模多中小型：中型 4 个，小型 7 个，其中会理大铜厂和大姚六苴两矿区的部分矿段银品位达 A 级，规模中等。矿床赋存在中生代上叠式断陷盆地中白垩系砂砾岩层中，其下为含煤岩系，其上为含石膏岩系，基底为元古宙变质岩。含矿岩系古地理环境由河流 – 三角洲 – 滨湖相组成，盆地附近古陆提供了铜源，初始沉积形成低品级银矿层，后期构造活化改造形成富银矿段。中新生代的含银砂岩铜矿还见于湖南车江、湘西麻源。古砂岩铜矿见于江西彭泽县震旦系中，有小型共生银矿，滇中地区也有古砂岩铜矿的报道。

沉积型铅锌（银）矿床，本书仅指那些矿层与地层基本同生的矿床，在我国其主要分布区有三片：一是华北地台北缘中段的狼山 – 渣尔泰山地区和燕山地区，成岩成矿为元古宙，矿石工业类型为含银的铅锌铜硫矿床，即霍各乞、炭窑口、甲生番、高板河等；二是雪峰古陆区震旦系（董家河）和寒武系（鱼塘、松桃、牛角塘）内的层状含银铅锌矿床；三是南秦岭地区泥盆系含银铅锌矿床和共生银的银洞子铜铅锌矿床。上述三区以秦岭地区铅锌矿质佳量大，研究较详细。他们的共同特点是：①均产于地台边缘；②均位于受大断裂影响形成的断陷盆地中；③均呈带状分布，带长达 250 ~ 500 km；④矿带中分布的同类矿床的矿层和岩层特征基本相似，成岩成矿时代相同或略晚，但都属同一构造期。研究最详的秦岭地区，地学界公认属海相喷气 – 沉积矿床，如厂坝、李家沟等，属型超大型优质铅锌矿床，但含银低，一般只 10 ~ 30 g/t。秦岭地区只有银洞子矿床是一个受构造活动和火山活动影响较强的铜铅锌共生银的大型矿床。

（2）风化淋积型银矿床：铁锰帽型银矿床是矿体含有易风化的铁锰矿物（黄铁矿、菱铁矿、磁铁矿、菱锰矿、蔷薇辉石等）和富银硫化物经风化淋积，在原生矿体顶部形成高银铁锰帽。原生矿成因类型以火山岩型、夕卡岩型及产于碳酸盐岩中热液型为多。铁锰帽矿石的银品位，一般比原生矿石提高 1 ~ 3 倍，有些原生矿石属伴生品位的，其风化壳矿石品位可提升为独立矿品级，如新桥、七宝山等矿床。

第十三章 稀有与稀土金属及分散元素矿产

第一节 稀有金属矿产资源

一、概述

稀有金属矿产包括锂（Li）、铷（Rb）、铯（Cs）、铍（Be）、铌（Nb）、钽（Ta）、锆（Zr）、铪（Hf）和锶（Sr）等矿种，这部分矿产资源的共性是在地壳中的丰度低，分布也很分散，从矿石中提取的难度较大。

（一）稀有金属的性质和用途

1. 锂

锂是最轻的碱土金属，原子序数 3，原子密度为 0.534 g/cm³，熔点为 179℃，沸点 1 317℃。锂在干燥的空气中呈银白色，比铅软，富延展性。锂的同位素 ^6Li 是制造氢弹不可缺少的原料，在核反应堆中锂可作铀、钍的熔剂。锂及其化合物做成的高能燃料，具有燃烧温度高、速度快等优点，常用作飞机、火箭、潜艇的燃料。锂在高空飞机、载人飞船、潜艇密封舱中作为 CO_2 的吸附剂；在冶金工业上制造轻合金，耐磨合金，生产稀有金属的还原剂和精炼金属的除气剂。铝电解槽中加入锂盐，可以大大降低熔点，提高电流效率；在石油工业、电器电子工业，也有广泛的用途；还可制作润滑剂、锂电池、玻璃、陶瓷、烟火和炸药等。

2. 铷

铷是银白色轻金属。原子序数 37，原子密度 1.532 g/cm³，熔点 38.89℃，沸点 688℃。质软，在空气中能自燃，遇水激烈燃烧甚至爆炸。具有较高的正电性和最大的光电效应。铷可用于制造电子器件（光电倍增管、光电管）、分光光度计、自动控制、光谱测定、彩色电影、彩色电视、雷达、激光器，以及玻璃、陶瓷、电子钟等；在空间技术方面，离子推进器和热离子能转换器需要大量的铷；铷的氢化物和硼化物可作高能固体燃料；放射性铷可测定矿物年龄，此外铷的化合物还可应用于制药、造纸业。

3. 铯

铯是银白色的轻金属。原子序数 55，原子密度 1.878 5 g/cm³，熔点 28.5℃，沸点 690℃，其特性与铷相似。铯的用途除与铷相同外，铯的氧化物亦可作高能固体燃料，铯可制造人工铯离子云、铯离子加速器以及反作用系统材料与烟火制造材料。铯是制造原子钟和全球卫星定位系统不可缺少的材料。用铯的化合物制成的红外辐射灯可发现夜间不易发现的讯号，放射性铯用于辐射化学、医学、食品和药品的照射等，铯还可作化工催化剂、特种玻璃原料。

4. 铍

铍原子序数 4，原子密度 1.85 g/cm^3，熔点 1 278 ±5℃，沸点 2 970℃，属于轻金属。致密的铍呈浅灰色，粉状为深灰色，有良好的耐腐蚀性和高温强度，导热率大，具有良好的辐射透过性和对中子慢化、反射及红外线的反射性能。铍是国防工业上的重要材料，被用作原子能反应堆的防护材料和制备中子源。在宇航和航空工业用于制造火箭、导弹、宇宙飞船的转接壳体和蒙皮，大型飞船的结构材料，制作飞机制动器和飞机、飞船、导弹的导航部件，火箭、导弹、喷气飞机的高能燃料的添加剂。在冶金工业是合金钢的添加剂，制作铍铜、铍镍、铍铝等合金，还可用作耐火材料。铍还可用于陶瓷、特种玻璃、集成电路、天线等。

5. 铌、钽

铌是银白色，原子序数 41，原子密度 8.57 g/cm^3，熔点 2 468 ±10℃，沸点 4 927℃。钽是深灰色的耐熔金属，原子序数 73，原子密度 16.6 g/cm^3，沸点 5 427℃，熔点 2 996℃。铌、钽具有强度高、抗疲劳、抗变形、抗腐蚀、导热、超导、单极导电及吸收气体等优良特性，广泛应用在电子、宇航、机械工业及原子反应堆中。

6. 锆

锆有银灰色致密状及深灰色到黑色的粉末状两种。锆的原子序数 40，原子密度 6.49 g/cm^3，熔点 1 852℃，沸点 3 578℃。锆耐高温，抗腐蚀、易加工，机械加工性能好，是原子能工业的重要材料。锆的热中子捕获截面小，广泛用于原子反应堆、核潜艇和铀棒保护外壳的结构材料。在无线电、电气工业中生产 X—光管、电子管、回转加速器及特种电子仪器等；机械工业制造耐腐的化工机械和一般机械，冶金工业生产各种合金，国防上生产武器、特种用途的火药和照明弹；锆在耐火材料、陶瓷、搪瓷和玻璃生产中用量很大，如生产冶金耐火材料、绝缘陶瓷和铸造型砂等。在轻化工业中用以制革、有机合成催化剂，锆的玻璃纤维用于生产强化水泥；其他还用于医疗、纺织等工业。

7. 铪

铪是光亮的银白色金属，原子序数 72，原子密度 13.31 g/cm^3，熔点 2 150℃，沸点 5 400℃。纯铪具可塑性、易加工、耐高温抗腐蚀，是原子能工业重要材料。铪的热中子捕获截面大，是较理想的中子吸收体，可作原子反应堆的控制棒和保护装置；铪粉可作火箭的推进器。在电器工业上可制造 X 射线管的阴极，电灯丝和电子管内的吸气剂。铪的合金可作火箭喷嘴和滑翔式重返大气层的飞行器的前沿保护层，铪－钽合金可制造工具钢及电阻材料。铪还应用于冶金、化工、火药及特种耐火材料。

8. 锶

金属锶呈银白色，性质活泼，在自然界中不能以单质形态存在，只能以化合物形式出现。锶元素有 4 个同位素，^{84}MSr、^{86}Sr、^{87}Sr、^{88}Sr，其中 ^{87}Sr 是 ^{87}Rb 天然衰变的产物。质量数为 90 的锶是铀 235 的裂变产物，半衰期为 28.1 年。锶的密度 2.54 g/cm³，熔点 691℃，沸点 1 384℃。

锶在钢铁工业中可作为脱硫、脱磷剂；在硅铁生产中提高硅钢质量。锶还可以用作难溶金属的还原剂和电解锌生产中的脱铅剂及冶炼特种合金，以及耐久的原子电池。锶的化合物：碳酸锶主要用于生产彩色电视机和计算机显像管的荧光屏玻璃，可防止 X 射线辐射，提高图像清晰度和色调的真实性；铁酸锶可制造锶铁氧体的磁性材料；硝酸锶和硫酸锶的是生产信号弹、曳光弹、照明弹和礼花焰火的材料。用在陶瓷和玻璃工业中可提尚产品的质量；铬酸锶、硫化锶可作为各种颜料的配色和主色，添加到涂料中可防腐、防锈、耐高温；氯化锶用于牙膏和电焊条生产；钛酸锶是电业的重要原料；硫酸锶在造纸、制碱、塑料加工中起漂白、提纯和黏结作用。此外，锶化物在制糖、制药、石油钻井泥浆和橡胶工业中都有应用。近年来，锶与谰、铜的氧化物可作为组成超导陶瓷的重要金属。锶元素广泛存在于矿泉水中，是一种人体必需的微量元素，具有防止动脉硬化，防止血栓形成的功能。

（二）稀有金属在自然界赋存状态及主要工业矿物

1. 锂

锂常与氧形成氧化物赋存于硅酸盐类矿物中。在自然界中有两个锂的同位素：即 ^6Li 与 ^7Li。锂常与钾、铀、铷、铯发生置换，并与铍、硼密切共生。锂主要聚集于岩浆结晶分异的晚期，伟晶作用阶段和气成热液阶段，尤其是伟晶作用晚期，常形成有价值的锂矿床。在富硼镁的盐湖里，锂以离子状态赋存于卤水中，形成规模巨大的锂矿床。锂的主要工业矿物见表 11 - 13 - 1。

表 11 - 13 - 1　　　　　　　　　　　　锂的主要工业矿物

矿物名称	英文名称	化 学 式	质量分数/%
锂辉石	Spodumene	LiAl [Si$_2$O$_6$]	5.8 ~ 8.1
锂冰晶石	Cryolithionite	Na$_3$Li$_3$lAl$_2$F$_{12}$	5.6
硼锂铍矿	Rhodizite	(K, Cs)$_2$ (Al, Li)$_8$ [Be$_3$B$_{10}$O$_{27}$]	7.81
粒硅铝锂石	Bikitaite	LiAl [SiO$_3$]$_2$H$_2$O	6.55
锂云母	Lepidolite	K$_2$ (Li, Al)$_{5-6}$ [Si$_{6-7}$Al$_{2-1}$O$_{20}$] (OH, F)$_4$	3.2 ~ 6.45
多硅锂云母	Polylithionite	K$_2$Li, Al [Si$_4$O$_{10}$] (F, OH)$_2$	7.68
铁锂云母	Zinnwaldite	KLiFeAl [AlSi$_3$O$_{10}$] (F, OM)$_2$	3.62
透锂长石	Petalite	Li [AlSi$_4$O$_{10}$]	4.90
锂霞石	Eucryptite	Li [AlSiO$_4$]	11.88
锂铍石	Liberite	Li$_2$ [BeSiO$_4$]	23.43
磷铁锂矿	Triphylinte	Li (Fe, Mn) [PO$_4$]	6.83
磷锰锂矿	Lithiophilrte	Li (Mn, Fe) [PO$_4$]	6.06
块磷锂矿	Lithiophosphate	Li$_3$ [PO$_4$]	37.07
锂磷铝石	Amblygonite	LiAl [PO$_4$] F	10.10

2. 铷

因铷与钾的地球化学性质相近，常参与钾矿物的晶格中，一般含在云母与长石中（在锂云母可高达4.5%），迄今为止尚未发现铷的独立矿物。铷和铯由于化学性质相近而密切共生。

3. 铯

铯除了形成铯榴石矿物外，还参加到锂、铍、钾的矿物晶格中（在红柱石中含量达3%），有时在伟晶岩的围岩中形成铯云母（含氧化铯3%～10%）。铯和铷都富集在岩浆作用晚期，尤其是在伟晶作用期。铯的主要工业矿物见表11-13-2。

表11-13-2　　　　　　　　　　　　铯的主要工业矿物

矿物名称	英文名称	化 学 式	质量分数/%
铯沸石	Pollucite	$Cs\,[AlSi_2O_6]\cdot nH_2O$	42.53
氟硼钾石	Avogadrite	$(K,\,Cs)\,[BF_4]$	7.0

4. 铍

铍与硅的地球化学性质近似而置换硅氧四面体中的硅。在碱性岩中，铍的含量虽然很高，因其中的钛、锆、稀土的丰度高，碱性环境有利于铍形成络离子，故铍大量分散。在花岗岩结晶的早期，铍因缺乏高价的氧离子而很少富集。在碱性岩浆期后气成热液作用时，由于铍重新聚合，才能形成独立矿物。而绿柱石产于钠长石花岗岩、花岗伟晶岩及气成热液矿床的整个形成过程中。铍的主要工业矿物见表11-13-3。

表11-13-3　　　　　　　　　　　　铍的主要工业矿物

矿物名称	英文名称	化 学 式	质量分数/%
绿柱石	Beryl	$Be_3Al_2[Si_6O_{18}]$	9.26～14.4
蓝柱石	Euclase	$Al[BeSiO_4](OH)$	17.28
金绿宝石	Chrysoberyl	Al_2BeO_4	21.15
硅铍石	Phenakite	$Be_2[SiO_4]$	43.82
铍石	Bromellitc	BeO	98.02
羟铍石	Behoite	$Be(OH)_2$	58.15
羟硅铍石	Bertrandite	$Be_4[Si_2O_7](OH)_2$	42.77
日光榴石	Helvite	$Mn_4[BeSiO_4]_3S$	13.52
铍榴石	Danalite	$Fe_4[BeSiO_4]_3S$	13.43
锑钠铍矿	Swedenborgite	$NaSbBe_4O_7$	34.18
水硅铍石	Beryllite	$Be_3[SiO_4](OH)_2\cdot H_2O$	40.0
锌日光榴石	Genthelvite	$Zn_2[BeSiO_4]_3S$	12.58
香花石	Hsianghualite	$Li_2Ca_3[BeSiO_4]_3F_2$	15.70
顾家石	Gugiaite	$Ca_2[BeSi_2O_7]$	9.49
硼铍石	Hambergite	$Be_2[BO_3](OH)$	53.25
磷铍钠石	Beryllonite	$Na\{Be[PO_4]\}$	24.41
磷钙铍石	Hurlbutite	$CaBe_2[PO_4]2$	21.30

5. 铌、钽

铌和钽具有完全相同的外层电子分布，相近的原子半径、离子半径因而密切共生，并形成极完全的类质同象系列（如铌铁矿—钽铁矿族）。两者常与钛、锆、钨、锡、铀、钍等共生。其中铌和钛的关系最为密切。铌和钽虽然密切共生，但因其地球化学性质尚有差异之处，所以各有其富集机制，从超基性岩至酸性岩或碱性岩，铌含量渐增，在霞石正长岩中达到最大富集。钽多富集于碱性长石花岗岩中。在花岗岩和伟晶岩中，随着岩浆的演化，钽和铌相对富集而形成矿床。在表生作用中，钽、铌矿物比重大，抗腐蚀、耐风化等特点，易形成风化壳矿床及各类砂矿矿床。自然界中，含铌、钽的矿物较多，主要工业矿物见表 11 - 13 - 4。

表 11 - 13 - 4　　　　　　　　　　铌、钽的主要工业矿物

矿物名称	英文名称	化 学 式	质量分数/%	
			Nb_2O_5	Ta_2O_5
铌铁矿	Columbite	$FeNb_2O_6$	>63.77	<14.55
钽铁矿	Tantalite	$FeTa_2O_6$	<10.33	>72.18
铌锰矿	Maganocolumbite	$MnNb_2O_6$	75.17	2.43
钽锰矿	Maganotantalite	$MnTa_2O_6$	10.33	72.18
重钽铁矿	Tapiolite	$FeTa_2O_6$	1.37	82.55~86
重铌铁矿	Mossite	$Fe(Nb,Ta)_2O_6$	31.00	52.00
细晶石	Microlite	$(Ca,Na)_2(Ta,Nb)_2O_6(O,OH,F)$	7.74	68.63
钽铝石	Simpsonlte	$AlTaO_4$	0.33	72.31
黄钇钽矿	Formanite	$YTaO_4$	9.15	49.38
钽锡矿	Thoreaulite	$Sn(Ta,Nb)_2O_7$	痕	72.83~74
钽钇矿	Yttrotantalitc	$(Y,Fe)_5[(Ta,Nb)_2O_7]_3$	12.32	46.25
钽钠石	Rankamaite	$(Na,K)_6(Ta,Nb,Al)_{22}(O,OH)_{60}$	17.40	69.47
钽黑稀金矿	Tanteuxenitc	$(Y,Ca,U)(Ta,Ti)_2O_6$	3.83	47.31
钽铋矿	Bismutotantalite	$Bi(Ta,Nb)O_4$	1.26	46.54
钽锑矿	Stibiotantalite	$Sb(Ta,Nb)O_4$	1.79	57.29
钽铁金红石	Strueverite	$(Ti,Ta,Nb,Fe)O_2$	13.41	38.20
铌铁金红石	Ilmenorutilc	$(Ti,Nb,Fe)O_2$	23.67	0.13
钠铌矿	Natroniobite	$NaNbO_3$	74.06	0.83
褐钇铌矿	Fcrgusonitc	$YNbO_4$	42.90	2.50
铌锑矿	Stibiocolumbite	$Sb(Nb,Ta)O_4$	39.14	11.16
铌镁矿	Magnoniobite	$(Mg,Fe)(Nb,Ta)_2O_6$	70.59	10.45
黑稀金矿	Euxenite	$(Y,U)(Nb,Ti)_2O_6$	33.70	
复稀金矿	Polycrase	$(Y,U,Th)(Ti,Nb)_2O_6$	17.99	0.89
铌钙矿	Fersmite	$CaNb_2O_6$	75.04	0.15
易解石	Aeschynite	$(Ce,Th,Y)(Ti,Nb)zO_6$	23.59	0.26
烧绿石	Pyrochlore	$(Ca,Na)_2Nb_2O_6(OH,F)$	57.84	1.44
贝塔石	Betafite	$(U,Ca)_2(Nb,Ti)_2O_6(OH)$	34.80	痕
钽贝塔石	Tantalbetafirte	$(Ca,U,Y)_2(Ti,Ta,Nb)_2O_6(OH)$	8.70	39.00
铌钇矿	Samarskite	$(Y,U,Fe)_2(Nb,Ti,Fe)_2O_7$	51.35	3.27

6. 锆、铪

锆和铪具有完全相同的外层电子结构，相近的原子半径、离子半径、氧化价而密切共生。在自然界中，锆主要形成独立矿物而很少分散，而铪却很少形成独立矿物，多分散在锆矿物内，在花岗岩中，锆、铪形成锆石及其变种。在花岗伟晶岩中，锆和铪也较富集，尤其是铪，在花岗伟晶岩结晶的晚期可形成富铪锆石，甚至铪锆石，无论在花岗岩或花岗伟晶岩矿床中，从早期向晚期演化时，随着铪的含量逐渐增高，锆、铪比值逐渐降低。在表生作用中，锆石和斜锆石因耐风化而常形成风化壳矿床和各种砂矿矿床。锆和铪的主要工业矿物见表 11 – 13 – 5。

表 11 – 13 – 5　　　　　　　　　　　　　锆和铪的主要工业矿物

锆石（锆英石）	Zircon	$Zr[SiO_4]$	$(ZrHf)O_2$：65.50
铪锆石	Hafnon zircon	$(Zr, Hf)[SiO_4]$	ZrO_2：39.2 HfO_2：31.0
水钛锆矿	Olivelraite	$Zr_3Ti_2O_{10} \cdot 2H_2O$	ZrO_2：63.36
等轴钙锆钛矿	Tageranite	$(Zr, Ca, Ti)_4O_7$	ZrO_2：72.48
钙锆钛矿	Calzirtite	$Ca(Zr, Ca)_2Zr_4(Ti, Nb, Fe)_2O_{16}$	ZrO_2：70.56
斜锆石	Baddeleyite	ZrO_2	ZrO_2：98.90
钛锆钍矿	Zirkelite	$(Zr, Ca, Ti, Fe^{2+}, Th)_3O_5$	ZrO_2：52.89
胶锆石	gelzircon	$Zr[SiO_4] \cdot nH_2O$	ZrO_2：47.60 HfO_2：1.3~4
钙钛锆石	Zirconolite	$CaZrTi_2O_7$	ZrO_2：36.33

7. 锶

世界上已知的含锶矿物有 10 多种，提取锶的主要矿物有天青石和菱锶矿（表 11 – 13 – 6）

表 11 – 13 – 6　　　　　　　　　　　　　锶的主要工业矿物

矿物名称	化学式	含量 SrO/%
天青石	$SrSO_4$	45 – 47
菱锶矿	$SrCO_3$	55 – 60

二、世界稀有金属矿资源

（一）世界稀有金属矿床类型及分布

稀有金属矿床主要与酸性（花岗岩、伟晶岩）及碱性岩浆作用有关，大部分矿化作用发生在热液阶段。该类矿床分类方案繁多。根据中国选矿网提供，稀有及稀土金属矿床类型包括：

1. 花岗岩型稀有及稀土金属矿床

典型矿床有中国江西雅山花岗岩型细晶石、铌钽铁矿矿床。

2. 霞石正长岩型稀有及稀土金属矿床

典型矿床见中国辽宁凤城赛马碱性正长岩型稀有及稀土金属矿床、苏联樱桃山碱性岩型稀有金属矿床。

3. 碱性花岗岩型稀有及稀土金属矿床

典型矿床见中国内蒙古巴尔哲碱性花岗岩型稀有及稀土金属矿床。

4. 火成碳酸岩型稀有及稀土金属矿床

典型矿床见巴西阿拉克萨火成碳酸岩（Araxa carbonatite）矿床。

5. 花岗伟晶岩型稀有金属矿床

典型矿床见中国新疆富蕴县可可托海伟晶岩型稀有金属矿床、挪威奥斯陆地区（Oslo Region）的正长岩伟晶岩矿床。

6. 云英岩型稀有金属矿床

典型矿床见中国广东万峰山云英岩型绿柱石－日光榴石铍矿床。

7. 风化壳型稀有及稀土金属矿床

奈及利亚焦斯高原（Jos Plateau）上的花岗岩风化壳中的铌铁矿是这类矿床的典型代表，是世界铌铁矿的主要产地之一。

8. 海滨砂矿型稀有及稀土金属矿床

澳大利亚、印度、巴西及中国沿海地区皆有此类矿床分布。

9. 复合成因稀有、稀土矿床

该类矿床指成矿物质具有多种来源、成矿阶段多期次和成矿作用多成因的矿床，典型矿床为内蒙古白云鄂博铁铌稀土矿床。

世界稀有金属矿床在时间上的分布规律表现为，从前寒武纪到第四纪皆有分布，但不均匀。内生矿床以前寒武纪、海西期与印支—燕山期为主，加里东期与阿尔卑斯期次之。外生矿床主要为第三纪和第四纪。

世界稀有金属矿床在空间上的分布与大地构造特征有关，主要分布在地台区。无论是花岗伟晶岩、稀有金属碳酸岩，还是碱性岩多分布在地台或地盾中，仅部分稀有金属花岗岩产于地槽褶皱带内。而中国的情况则明显不同，各类稀有金属矿床以产于地槽带中为主。带状分布是稀有金属矿床的一个重要特征，区域性的成矿带常与某些构造单元相吻合，其成矿规律受该区的构造岩浆活动所制约。而在大的成矿带内，次级构造单元性质的差异又影响到稀有金属矿化强弱、矿化类型和矿种的变化，也呈一定的带状分布规律。

此外，稀有金属矿化常具有一定的继承与发展关系。如一定的地区内，当某种稀有金属主要富集在岩浆阶段时，则伟晶岩、气成热液和热液阶段中富集程度就比较差。

（二）世界稀有金属矿资源概况

1. 锂

世界锂资源极为丰富，已探明锂储量410万t，基础储量1 100万t，主要分布在智利、中国、巴西、加拿大、澳大利亚、美国和津巴布韦。

2. 铷

据统计，世界铷保有储储量达1995 t，基础储量2 268 t，其中约65%的铷是从花岗伟晶岩中开采的，25%采自光卤石和盐类矿床，如德国、俄罗斯、美国、加拿大等国家的矿床。

3．铯

据美国矿业局资料，世界保有铯储量1万t，基础储量11万t，主要分布在加拿大、津巴布韦、纳米比亚。目前前95%的铯是从花岗伟晶岩中开采的铯榴石和锂云母中提取。伟晶岩的铯含量在0.3%~0.5%，个别矿脉可达0.7%以上，形成工业富集的稀有金属多达5~6种，常形成综合性稀有金属矿床。

4．铍

世界已探明铍金属储量44.1万t，主要分布在巴西、印度、俄罗斯、中国、阿根廷、美国。花岗伟晶岩型铍矿床是铍的主要来源，占铍总储量的82.3%，其余产于接触交代型铍矿床（占7.4%）、火山热液型铍矿床（占5.9%）、云英岩型铍矿床及石英脉型铍矿床（占4.4%）。

5．铌、钽

世界探明铌储量达350万t，基础储量420万t，主要分布在巴西，加拿大、尼日利亚，可充分满足世界工业发展的需求。20世纪60年代以前，世界铌主要来自尼日利亚焦斯高原的含铌铁矿花岗岩及其砂矿。自挪威首次从烧绿石中提取铌获得成功后，碳酸盐岩烧绿石矿床成为铌的主要来源。

据美国矿业局的统计，世界钽探明储量2.2万t，基础储量3.5万t，主要分布在泰国、澳大利亚、尼日利亚、扎伊尔、加拿大、巴西等国。世界钽资源的前景较好，在世界十分丰富的铌矿床中，伴生有大量的钽资源，其中格陵兰南部加达尔铌、钽矿的钽资源量达100万t。目前，西方国家已开始大最利用含Ta_2O_5 3%以下的锡炉渣提取钽。与此同时，代用品的研究和利用也有了很快的发展，如在电容器领域用铝和陶瓷代替钽，用硅、锗、铯代替钽制造整流器等。

6．锆、铪

世界探明锆石储量4 900万t，基础储量5 800万t，主要分布在澳大利亚、南非、美国、印度。锆矿床包括内生矿床和外生矿床两大类，其中以砂矿床最为重要，它集中了世界上50%以上的锆储量。世界95%以上的锆精矿都来自砂矿床。锆的内生矿床赋存在前寒武纪中间地块内，锆矿床储量一般达几十万吨，而地台区锆矿床储量可达几百万吨。世界锆资源可充分保证21世纪的需求。

铪在自然界中与锆密切共生，是典型的共生元素对之一，所有含锆的矿物毫无例外地都含有铪。铪与锆成类质同象。铪主要赋存在锆英石中。目前，世界上有许多不同的铪矿资源量的统计数字，很难确定其准确程度。

7．锶

据美国地质调查局资料，世界锶储量约680万t，基础储量约1 200万t，主要分布在巴基斯坦、美国和中国。

三、中国稀有金属矿资源

（一）中国稀有金属矿床类型及特征

1. 中国稀有金属矿床类型

中国稀有金属矿床分类方案较多，本文采用《稀有金属矿产地质勘查规范》中的分类方案，见表 11 – 13 – 7。

表 11 – 13 – 7　　　　　　　　　中国稀有金属矿床分类方案

序号	基本类型	亚类型
1	碱性长石花岗岩型矿床	钠长石、锂云母花岗岩型钽、铌、锂、铷、铯矿床 钠长石、铁锂云母花岗岩型钽、铌矿床 钠长石、白云母花岗岩型钽、铌（钨、锡）矿床 钠长石、锂白云母花岗岩型钽、铌 – 稀土矿床 钠长石、黑鳞云母花岗岩型铌铁矿床
2	碱性花岗岩型铌 – 稀土矿床	
3	碱性岩—碳酸岩型铌 – 稀土矿床	
4	伟晶岩型矿床	花岗伟晶岩型钽、铌、锂、铷、铯、铍矿床 碱性伟晶岩型铌 – 钍、铀矿床
5	气成热液型矿床	氟硼镁石 – 电气石 – 萤石组合类铍矿床（含铍条纹岩） 矽卡岩型铍矿床 云英岩型铍矿床 石英脉型绿柱石、黑钨矿、锡石矿床
6	火山岩型矿床	
7	白云鄂博型铌 – 稀土矿床	
8	风化壳型铌铁矿矿床	

2. 中国稀有金属矿床的基本特征

（1）钠长石、锂云母花岗岩型钽、铌、锂、铷、铯矿床：矿床产于燕山中晚期花岗岩侵入体内，矿体赋存于侵入体顶部，围岩有早期岩浆岩类或沉积变质岩类，含矿岩体富含钠长石、锂云母，在空间上具有明显的垂直分带现象，自上而下可分为五带：①似伟晶岩带，一般含矿品位低；②富钠长石、锂云母花岗岩带，为富矿体；③中钠长石、锂云母花岗岩带，为工业矿体；④少钠长石、锂白云母花岗岩带，常为贫矿体；⑤中粒二云母花岗岩带。矿体形态呈似层状、透镜状。主要稀有金属矿物及主要共生矿物有：锰铌钽铁矿、细晶石、含钽锡石、锂云母、富铪锆石、含铯石榴子石、少量绿柱石、锡石、磷铁锰矿、萤石。伴（共）生组分有：锂、铷、铯；伴生铍、锆、铪。矿床规模属特大型或大型。代表性矿床为江西宜春钽、铌矿。

（2）钠长石、铁锂云母花岗岩型钽铌矿床：含矿花岗岩体呈小岩瘤、岩株状产出，属于黑磷云母花岗岩，顶部富含钠长石和铁锂云母。垂直剖面上，从上到下，可划分为似伟晶岩、云英岩带；富钠长石、铁锂云母花岗岩带；钠长石、铁锂云母花岗岩带；钠长石、铁锂云母—黑鳞云母花岗岩带，本类型矿床锂、铷、铯含量较前类型低，并伴随有稀土矿物出现。矿体形态呈透镜状、扁豆状。主要稀有金属矿物及主要共生矿物有铌钽铁矿、富铪锆石、锡石、钍石，其次有钽铌铁矿、细晶石、磷钇矿、白钨、黑钨矿、独居石。伴（共）生组分有：锂、铷、铯、锆、铪。矿床规模以中型为主。代表性矿床为江西石城姜坑里铌钽矿。

（3）钠长石、白云母花岗岩型钽、铌矿床：白云母花岗岩分布于岩体顶部，向下演化为二云母花岗岩、黑云母花岗岩，赋矿岩体具有钠长石化、黄玉化、云英岩化特征，以富钠长石、白云母花岗岩含矿最富，或者以富钠长石化、黄玉化含矿较富。本类型锂、铷、铯含量低，钨或锡矿化较强，均可综合回收。矿体形态简单，以透镜状、扁豆状为主。主要稀有金属矿物及主要共生矿物有：细晶石、铌钽锰矿、钽铁矿、钛钽铌矿，黑钨矿、白钨矿、锡石，有的矿区有方解石、硅铍石、绿柱石。伴（共）生组分有：钨、锡（铍）。矿床规模为中型。代表性矿床为广西恭城栗木，江西大吉山等钽、铌矿床。

（4）钠长石、锂白云母花岗岩型钽、铌、稀土矿床：含矿岩体为钠长石、锂白云母细粒花岗岩，自上而下，分为似伟晶岩、云英岩；富钠长石、锂白云母花岗岩；钠长石、锂白云母花岗岩；少钠长石、白云母花岗岩。以富钠长石、锂白云母花岗岩矿化最强，矿种最复杂，铌、钽、稀土、锡等含量较高。矿体形态简单，以透镜状为主。稀有金属矿物及主要共生矿物有铌钽矿物、黄钇钽矿、钇钽矿、铌钽铁矿、细晶石、褐钇铌矿、含钽锡石、含铌、钽、黑钨矿等；稀土矿物有氟碳钙钇矿、硅铍钇矿、磷钇矿、独居石、钍石以及富铪锆石。伴生有锆、铪、锂、铷、铯。矿床规模属中小型。代表性矿床为江西牛岭坳钽、铌稀土矿床。

（5）钠长石、黑磷云母花岗岩型铌钽矿床：一般含矿岩体具有垂直分带特征，自上而下，呈现富钠长石、黑磷云母花岗岩带；钠长石、黑磷云母花岗岩带；微斜长石、黑云母花岗岩带。矿体主要赋存在富钠长石、黑磷云母花岗岩中，以铌矿为主，伴生稀土矿物。矿体形态简单，主要为透镜状、扁豆状。稀有金属矿物及主要共生矿物有铌铁矿，少量铌钽铁矿，伴生褐钇铌矿、磷钇矿、烧绿石、钍石、含铪锆石，独居石。伴（共）生组分有：锆、铪、钇、钍。矿床规模属中小型。代表性矿床有江西会昌旱叫山、江西葛源灵山，广东博罗525、524等。

（6）钠长石、钠闪石、花岗岩型铌、稀土矿床：含矿岩体富含钠的深色矿物有钠闪石、霓辉石、霓石等，矿床产于钠闪石、钠长石花岗侵入体的顶部，岩体侵入于中侏罗统火山碎屑岩及火山熔岩内，呈岩株状产出，钠长石自上向下逐渐减少，稀有金属矿化逐渐减弱。形态简单呈似层状、透镜状。稀有金属矿物有铌铁矿、烧绿石、锆石、硅铍钇矿；稀土矿物有氟碳铈矿、铈铀钛铁矿、独居石、日光榴石、黑稀金矿、钍石。伴生有锆、稀土。矿床规模属大－巨大型铌、稀土矿床，品位中等。代表性矿床为八〇一矿。

（7）碱性岩—碳酸岩铌、稀土矿床：矿床由碳酸岩类杂岩体与碱性长石类杂岩体组成，岩体侵入于下震旦统耀岭河群一下志留统梅子垭组，其中碳酸岩类杂岩体，包括黑云母碳酸岩，含碳质方解石碳酸岩、铁白云石碳酸岩。碱性岩杂岩体包括正长岩、混杂正长岩、正长斑岩、混杂钠质正长斑岩等，呈中细粒花岗变晶，变余斑状结构。矿体形态简单，呈透镜状、脉状。稀有金属矿物有铌金红石、烧绿石、铌铁矿、锆石；稀土矿物有独居石、氟碳铈矿、氟碳钙铈矿、褐帘石。伴生有锆、钽、锶。矿床规模属大型铌、稀土矿床。代表性矿床为庙垭碱性岩—碳酸岩铌、稀土矿床。

（8）花岗伟晶岩型钽、铌、锂、铷、铯、铍矿床：花岗伟晶岩矿床，常由数条至数十条伟晶岩脉组成，大小差异悬殊，长由数十米至数百米，少数达千米以上，宽由几米至数十米，少数达数百米以上。由斜长石、微斜长石、钠长石、石英、黑云母、白云母等矿物组成，按矿物组合特征可分为以下几种：①斜长石-微斜长石型花岗伟晶岩，含铍或稀土；②微斜长石-钠长石型花岗伟晶岩脉含：铍、铌、钽；③钠长石型伟晶岩脉常含钽、铌、锂、铍、铷、铯、锆、铪；④锂辉石-钠长石型花岗伟晶岩脉含：锂、钽、铌、铍、铯、铷、锆、铪。矿体形态复杂，有脉状、透镜状、巢状、舌状及不规则状、串珠状、网状等。主要矿物有锂辉石、锂云母、锂磷铝石、磷锰锂矿、透锂长石、铯榴石、绿柱石、金绿宝石、锆石、富铪锆石、铌钽铁矿—钽铁矿、锰铌铁矿、锰钽矿、重钽矿、细晶石等；次要矿物有锡石、钨锰铁矿、多色电气石等。矿床中、小型规模，含矿品位变化大，不同的岩相带常含不同的稀有金属组分，以薄片状钠长石—锂云母带含矿品位最富。伴（共）生组分及矿产有锆、铪、宝石、玉石、彩石。代表性矿床有新疆阿勒泰，内蒙古大青山，湖北幕阜山，四川康定、会理，江西石城等矿床。

（9）碱性伟晶岩型铌—钍铀矿床：碱性伟晶岩多产于大理岩、白云岩内或其接触处，常成群、成组产出。一般规模小，长由几十米至百米，宽由几米至几十米。内部由不同的矿物组合形成的相带构成。组成伟晶岩脉的主要矿物有微斜长石、条纹长石、钠长石、钠更长石、金云母、钠闪石、霓辉石、霞石等。矿体形态复杂，有脉状、透镜状、串珠状、囊状、浑圆状、网状。稀有金属矿物及主要共生矿物主要有锆石、烧绿石、异性石、钍石、铀钍石。矿床规模为中、小型。矿石品位变化大。伴（共）生组分有铀、钍。代表性矿床有新疆拜城、四川会理等矿床。

（10）含铍条纹岩矿床：矿体赋存于花岗岩侵入体的内外接触带的白云岩、大理岩的断裂带内及侵入体顶部凹陷处，由氟硼镁石—电气石—萤石组合呈含铍条纹岩，以密集的小脉、细脉、微脉、条纹状产出。矿体长数百米至数千米，宽数十米至数百米。矿体呈复杂的脉体产出及不规则的团块状。主要铍矿物有金绿宝石、塔非石、香花石、硅铍石、日光榴石、双晶石、钽铍石。伴生有锡石。矿床规模大，品位富，BeO 0.062 ~ 0.6 矿物粒度小，选矿成本高。代表性矿床为湖南香花岭矿床。

（11）云英岩型铍矿床：矿体主要产于花岗岩中或火山岩中，铍矿物赋存于石英、白云母或黑磷云母组成的云英岩中，长数十米至数百米，宽数十厘米至数米。矿体呈脉状、板状、不规则巢状产出。主要矿石矿物为绿柱石、硅铍石。伴生钨、钼。以小型矿床为主，BeO 品位较高，可手选。代表性矿床有广东惠阳杓麻山、潮安万峰山，湖南临湘虎形山江西星子枭木山等矿床。

（12）石英脉型矿床：矿脉产于变质砂岩、粉砂岩、花岗岩中，矿脉成组成带产出，长数十米至数百米，绿柱石常与黑钨矿、锡石共生，分布不均匀，个别矿脉的局部地段较富。矿体形态呈脉状。主要矿石矿物为绿柱石，共生有黑钨矿、锡石。矿床规模属小型，BeO 品位变化大，可供手选。代表性矿床有江西荡平、画眉坳等矿床。

（13）白云鄂博型铌、稀土矿床：矿床产于前寒武系白云鄂博群的白云岩、板岩及石英岩带中，铌、稀土分布于铁矿体、白云岩及板岩中，主要的工业矿石类型有磁铁矿石型铌－稀土矿石、白云岩型铌－稀土矿石、板岩型铌－稀土矿石。矿体形态简单，矿体呈厚大的层状、似层状产出，与地层产状基本一致。稀有金属矿物有铌铁矿、黄绿石、易解石、钛易解石、铌铁金红石、铌铅矿、包头矿。稀土矿物有氟碳铈矿、独居石、黄河石、氟碳钙铈矿、褐铈铌矿、硅钛铈矿、铈磷灰石、褐帘石。矿床规模属特大型。共生资源为铁矿和稀土。代表性矿床为内蒙古白云鄂博矿。

（14）风化壳型铌铁矿床：矿床是钠长石化花岗岩经风化作用形成，原岩中细粒钠长石花岗岩含矿性较好，风化形成的矿石类型有全风化 a 和半风化 b 两类，从上到下呈似层状叠置，厚度 10～20 m。矿体形态简单，有似层状等轴状、长条状。主要矿石矿物为铌铁矿、锆石、含铪锆石，伴生锆石。矿床规模为中小型。代表性矿床有广东博罗 524、525 等矿床。

（二）中国稀有金属资源概况

中国锂资源丰富，至 2008 年底，查明的锂矿（Li_2O）资源 70% 以上为含锂卤水（LiCl），分布在青海、西藏、四川、湖北、湖南和江西等省（区）；矿物型锂砂（锂辉石）主要分布在新疆、四川、湖南和江西等省（区）。中国矿物型锂矿主要分布在新疆、四川、湖南和江西。截至 2008 年底，中国已查明的矿石锂矿区（多数为锂、铍、铌、钽综合性的内生矿床）有 42 处，查明资源储量约为 241.2 万 t，其中基础储量约为 101.8 万 t（包括储量 81 万 t），分布在 9 个省区，其中资源储量排序较前的依次为四川（占 52.8%）、江西（占 24.1%）、湖南（占 15.0%）、贵州（占 2.9%）。新疆原为矿石锂资源大省，但因主要矿区经 40 多年的大规模开采，保有储量大量减少，目前保有资源储量仅占全国 2.4%，以上 5 省区合计占 97.2%。已查明锂辉石矿区有 6 处，保有资源储量约为 5.49 万 t，其中基础储量为 2.24 万 t，占 40.8%。分布在 3 个省区，其中江西占 53.0%、新疆占 45.5%。

中国铷资源主要赋存于锂云母和盐湖卤水中，20 世纪 80 年代中期探明氧化铷储量 61.3 万 t，主要分布在江西、湖南、青海、河南、山西五省；江西宜春是目前我国铷矿产品的主要来源。湖南、四川的锂云母矿中也含有铷。据《国土资源报》报道，2011 年内蒙古地矿局矿产实验研究所在锡林郭勒盟白音锡勒牧场东北约 15 公里处初步探明一处超大型铷矿，氧化铷储量达 87.36 万 t。据《南方日报》2013 年 7 月 19 日报道，经过近 3 年的努力，广东省相继在武夷成矿带广东南段的紫金县、蕉岭县发现罕见的巨型铷矿矿床，两处估算铷资源量 360 万 t 以上，而此前全国查明的铷资源量也仅 185 万 t。青海、西藏的盐湖卤水中含有极为丰富的铷，是有待于开发的未来资源。

我国的铯资源主要存储于锂云母和盐湖卤水中。江西宜春的锂云母储量极为丰富。新疆产锂云母。此外，四川、湖北、湖南、河南、广东等地也有这类矿物存在。盐湖卤水分布于青海、西藏、四川和湖北等的地下卤水中，藏北高原和柴达木盐湖卤水中，铯储量也较大。另外，自贡盐卤中含锂、铷和铯。我国青藏高原发现了大量的富含铷和铯的水热矿床，铯–硅华石。赵平等人报道羊八井的地热水中含有铯 55.1×10^{-6}，地热水每年流出的铯就达 199 t。

我国铌、钽资源丰富。根据以往资料，铌、钽资源主要分布在内蒙古、湖北、江西、广东、福建、新疆、广西、湖南等省（区），以内蒙古白云鄂博铌钽矿、新疆阿勒泰伟晶岩铌钽矿和江西宜春铌钽矿等最为重要。近几年来，中国铌、钽找矿成果丰硕。据《现代矿业》2009 年 9 月第 9 期报道，经过中国地质科技人员近 3 年的勘查，埋藏在新疆南部拜城县境内的一座特大型稀有金属铌钽矿床被探明，预测铌矿资源储量超过 10 万 t，钽矿资源储量超过 1 万 t，另外还有铪等其他稀有的稀土金属。另据《现代矿业》2011 年 8 月第 8 期报道，内蒙古地矿局地勘一院在呼和浩特市武川县赵井沟探明一处大型稀有金属铌钽矿床，铌、钽矿资源量超过 2 000 t。据介绍，赵井沟铌钽矿目前的控制长度超过 800 m。经论证，其深部仍有较大的找矿空间。从地质背景、矿床类型等方面来看，赵井沟铌钽矿具有成为大型或特大型稀有金属矿床的可能性。

铍矿资源量较多的省（区）主要有新疆、内蒙古、江西、四川、云南、甘肃、湖南等。近几年来，我国铍矿找矿工作出现了突破性进展。据《山东国土资源》2010 年第 8 期报道，我国在新疆和布克赛尔探明亚洲最大的铍矿床。另据《中国国土资源报》网 2013 年 1 月 28 日报道，由核工业二一六大队实施的《新疆和布克赛尔蒙古自治县白杨河矿区铍铀钼详查》项目提交铍矿资源量 4.7 万余 t，成为亚洲最大的大型铍矿床。

中国锆石查明资源主要分布在内蒙古、海南、广东、云南、山东和广西等省（区），其储量占全国总储量的 98% 以上。锆石砂矿广布于东部和东南沿海一带，以海滨砂矿为主，其中海南和广东两省锆石储量之和占砂矿总量的 76%。此外，中国尚有潜在锆石资源，均属砂矿，主要分布在海南、广东，四川、广西和云南等省（区）。中国是锆英砂消耗大国。2005 年，中国锆英砂消耗量占世界总消耗量的 35%，2005 年，中国锆英砂进口量 34.09 t，2006 年 37.46 t、2007 年 46.68 t、2008 年 51.19 t、2009 年 47.00 t。中国自采自选的锆英砂量仅占进口总量的 10% 左右。我国锆资源特点是：①资源分布不均匀，储量相对集中；②富矿少，伴生矿产多；③矿床类型较齐全，分布具有一定规律；④大多数易采选，可综合开发利用；⑤放射性强度偏高，对环境产生污染。

铪资源主要是从锆石中提取的。我国锆石分布在山东、广西、湖南等省（区）。在锆石中，按含铪量 1% 计算，中国现有锆石储量中伴生铪资源约数万吨。迄今已探明铪储量的仅 4 处，其含铪的锆矿床以砂矿为主，品位较富，其中广西北流锆石风化壳型砂矿和山东荣成石岛海滨砂矿，占全国铪储量的 95%。

中国锶矿资源丰富，是世界主要的碳酸锶生产国。至 2008 年底，中国查明天青石资源主要分布在青海、陕西、云南、湖北、重庆和江苏。中国锶矿资源可以满足国内需求，锶产品还出口日本、韩国等国家。根据《中国矿产资源报告》（2012），2011 年，我国锶矿保有资源储量（天青石）4 549.3 万 t。另据《国土资源报》报道（2013 年 11 月 1 日），重庆市地勘局 205 地质队承担的大足区兴隆矿区锶矿延伸普查找矿取得突破性进展。发现矿体厚度大，质量好，平均厚度 4.45 m，平均品位 45.09%。经初步估算，预计可获锶矿资源量 1 015 万 t（矿物量 458 万 t），其中 333 类资源量 280 万 t（矿物量 137 万 t），属特大型锶矿床。

第二节　稀土金属矿产资源

一、概述

稀土元素是元素周期表中第ⅢB 族的 16 个元素的总称，即 La – Lu 镧系元素（57 ~ 71）和钇（Y，39）。稀土元素分组有如下两种。

二分组：将稀土元素分为铈组和钇组。铈组稀土（La—Eu），用 ΣCe 表示，称轻稀土（组）或铈族稀土（组）；钇组稀土（Gd—Lu + Y）用 ΣY 表示，称重稀土（组）或钇族稀土（组）。

三分组：将稀土元素分为轻稀土组、中稀土组和重稀土组。

轻稀土组：La ~ Nd，用 LREE 表示；

中稀土组：Sm ~ Ho，用 MREE 表示；

重稀土组：Er ~ Lu + Y，用 HREE 表示。

（一）稀土金属的性质和用途

1. 稀土的性质

稀土是典型的金属，银白色或灰色，金属光泽，硬度较大，导电性不良，具延展性。稀土元素化学性质活泼，其活泼性仅次于碱土金属。常温下，稀土金属需保存在煤油中。按稀土金属的活泼性次序排列，由镧—镥递减，即镧最活泼。

轻稀土金属燃点很低，如铈为 165℃，镨为 290°C，钕为 270°C，并在燃烧时放出大量的热。

稀土能与许多元素化合。当和氧作用时，一般生成稳定性很高的 RE_2O_3 型氧化物，与水作用可放出氢气，与酸作用反应更激烈，但与碱几乎不发生反应。

稀土及其合金具有大量吸氢的能力，如镧镍合金（$LaNi_5$）是良好的储氢材料。

2. 稀土的用途

稀土最早的应用局限于汽灯纱罩、打火石、电弧碳棒、玻璃着色等。随着科学技术的发展，人们逐渐认识了稀土的性质，使其应用领域日益广泛，用量逐渐扩大，以至成为现代工业的重要物质。

（1）冶金工业：稀土元素可作合金剂、还原剂、去硫脱氧剂等，在冶炼钢铁时加入少量稀土氧化物可净化钢铁中的杂质，改变其物理、化学性能。

（2）石油化工工业：催化裂化是炼油工业中重要的加工方法，原油直接蒸馏仅得 15% ~ 20% 汽油，而稀土裂化取得的汽油可达原油的 80%，还可产出丙烯、丁烯等重要化工原料。

（3）玻璃陶瓷工业：近年来，稀土在玻璃、陶瓷工业中的应用发展较快。铈、镨、钕、铒等可做玻璃的脱色剂和着色剂，制成的玻璃器具，具有透明度高，色彩鲜艳的特点。在陶瓷制作中可作釉料，使陶瓷产品具有呈色均匀、光泽明亮、鲜艳柔和的特点。稀土还可用以制作特种陶瓷，如热敏电阻器、光电陶瓷等。

（4）电气工业：钇、铽、铥等可制造最新式电子计算机中存储数码的记忆装置。铕、钇、钆、铽等稀土氧化物具有发光效率高、色彩鲜艳、稳定性好的特性，既是制造探照灯、弧光灯、电机等零件的重要原料，也是制造彩色电视机、高强度照明用红色荧光粉、投影电视白色荧光粉的荧光材料。在目前研究开发利用的超导领域，稀土也是重要的材料之一，如钇钡铜氧系、镧铜系超导材料都离不开稀土。

（5）原子能工业：钇具有中子俘获截面小、密度小等特点，可做核反应堆的结构材料；而钐、铕、钆的中子俘获截面大，可做核反应堆的控制棒或停堆棒，还可做屏蔽材料。

此外，稀土在农业、医药、轻纺、环保等领域也有广泛用途。

（二）稀土元素的地球化学特征

镧系元素在地壳中的分布量从镧到镥呈波浪式下降的趋势，这与它们的稳定性大小有关。镧系元素还有一特殊现象——"镧系收缩"，即随原子序数的增加，三价离子半径从镧到镥随之缩小，这为镧系元素的分离工艺提供了依据。镧系元素的碱性从镧到镥也逐渐降低，这是其在自然条件下发生分馏作用的主要原因。

稀土元素在地壳中的平均丰度值约为 0.015 3% 。在各类岩石中的分布见表 11 – 13 – 8。花岗岩和碱性岩是稀土的主要母岩，各类稀土矿床均与其密切相关。稀土是典型的亲石元素，与其地球化学性质相近的元素有 Ca^{2+}、Mn^{2+}、Fe^{2+}、Th^{4+}、U^{4+}、Zr^{4+}、Hf^{4+}、Sr^{2+}、Ba^{2+} 等，它们常发生类质同象置换。

表 11 – 13 – 8　　　　　　　　　稀土在各类岩石中的丰度

岩石类型	ω（RE_2O_3）/%
碱性岩	0.021
花岗岩	0.025
中性岩	0.013
基性岩	0.085
超基性岩	0.000 45

在自然条件下，稀土元素多呈三价状态，形成 RE_2O_3 型化合物。钐、铕、镱可还原呈二价状态，它们可置换钙、铅、锶而存在于斜长石、萤石、磷氯铅矿和菱锶矿中。铈、铽、镨在表生条件下可氧化呈四价状态，形成方铈石等配合物是稀土元素迁移的最主要形式。

稀土元素在地壳中主要以参加矿物的晶格和类质同象置换形式赋存于岩石、矿（石）物中。在岩浆作用中，稀土元素趋向于晚期富集。在伟晶作用中，不同成因类型的伟晶岩、稀土元素的富集特点不同。在气成热液阶段，稀土元素主要聚集于钠长岩和碳酸岩中，形成重要的稀土矿床。在热液作用阶段，稀土主要呈复杂的碳酸盐配合物被碱性溶液搬运。在表生作用下，稀土元素一般不太容易被较长距离迁移，多为就地富集。在某些沉积岩中稀土含量偏高，但未见稀土独立矿物，稀土含量与磷具同步消长关系，稀土可能呈类质同象置换胶磷矿中的钙而赋存在胶磷矿的晶格中。在变质作用中，稀土也可能富集成矿。

（三）稀土元素在自然界中的存在形式及主要矿物

稀土元素在自然界中的存在形式有下列三种：独立矿物、类质同象、离子状态。三种存在形式都有可能富集成具有工业价值的矿床。

1. 主要矿物

自然界的稀土矿物种类繁多。据统计，稀土独立矿物约170种，加上含稀土矿物，合计超过250种。在我国各类稀土矿床中，主要的稀土矿物20余种，共分4类（表11-13-9）。

表11-13-9　　　　我国稀土矿床中主要稀土矿物

分类	矿物名称	英文名称	化学分子式	ω（RE_2O_3）/%	
				分析值	理论值
碳酸盐、氟碳酸盐	氟碳铈矿	Bastnaesite	$Ce[(CO_3)F]$	74.89	4.77
	氟碳钙铈矿[b]	parisite	$Ce_2Ca[(CO_3)_3F_2]$	60.30~63.37	60.89
	氟碳钡铈矿[b]	Cordylite	$Ba(Ce、La)_2(CO_3)_3F_2$	47.31~52.19	51.55
	直氟碳钙钇矿[a]	Synchysite-（y）	$(Y、Dy)(Ca(CO_3)_2F)$	35.35	
	黄河矿[b]	HuanghOite	$Ba(Ce、La、Nd)(CO_3)_2F$	35.40~39.71	39.39
	澜石	Lanthanite	$Ce_2(CO_3)_3\cdot 8H_2O$	54.65	54.21
	碳钙铈矿[c]	Calcioancylite	$Ce(Ca、Sr)[(CO_3)_2(OH)]\cdot H_2O$	48.72	
	碳铈钠石[b]	Carbocernaite	$(Sr、RE、Ba)(Ca、Na)(CO_3)_2$	21.98	
磷酸盐	独居石	Monazite	$Ce[PO_4]$	65.13	69.73
	磷钇矿	Xenotime	$Y[PO_4]$	62.02	61.40
	水磷铈石	Rhabdophane	$Ce[PO_4]H_2O$	63.68	64.88
氧化物	褐钇铌矿	Fergusonite	$YnbO_4$	39.94	
	易解石	Aeschynite	$(Ce、Th、Y)(Ti、Nb)_2O_6$	29.36	
	黑稀金矿	Euxenite	$(Y、U)(Nb、Ti)_2O_6$	20.82	
	铈铌钙钛矿	Loparite	$(Na、Ce、Ca)(Ti、Nb)O_3$	28.71	
硅酸盐	褐帘石	Orthite	$(Ca、Ce)_2(Al、Fe)_3[SiO_4][Si_2O_7]O(OH)$	23.12	
	硅钛铈矿	Chevkinite	$Ce_4Fe_2Ti_3[Si_2O_7]_2O_8$	46.24	
	硅铍钇矿	Gad01inite	$Y_2FeBe_2[SiO_4]_2O_2$	51.51	55.40
	羟硅铈钙石	Brithoite	$Ce_3Ca_2[(SiO_4、PO_4)_3](F、OH)$	61.91	62.00
	绿层硅铈钛矿	Rink01ite	$CeNa_2Ca_4Ti[Si_4O_{15}F_3]$	18.55	
	羟硅铍钇矿[d]	Yberisilite	$(\Sigma Ce,\Sigma Y)_2Be_2Si_2O_8(OH)_2$	54.574	

a：《赣南×××型稀土成矿规律研究报告》。

b：《白云鄂博矿物学》科学出版社，1986年。

c：《地质地球化学》1985年增刊（总139期）。

d：《稀有元素地质概论》地质出版社，1982年；其余为《稀有元素矿物鉴定手册》科学出版社，1972年。

2. 类质同象

自然界中大量稀土元素是呈类质同象赋存于其他矿物中,尤其是分散在含钙的造岩矿物中。稀土元素的类质同象多是不等价置换的。值得注意的是部分矿物中含有较高的稀土元素并非都是类质同象,而是可能含有稀土独立矿物的细微包裹体。分散在某些工业矿物中的稀土元素具有综合利用的价值。

3. 离子状态

在风化壳中,稀土元素可以被胶体矿物——蒙脱石、多水高岭石、铁和锰的氢氧化物所吸附,在风化壳中富集。当它们被吸附在黏土中时,可以用 EDTA 或 HCC 将大部分稀土元素淋洗出来,pH 对黏土吸附稀土元素有明显的影响。同时,稀土元素被黏土矿物吸附的能力随原子序数的增加和半径的减小而减弱,即 ΣCe 被吸附的能力大于 ΣY。

呈离子状态被黏土矿物吸附的稀土元素,可以富集成规模巨大的离子吸附型矿床。

二、世界稀土资源

(一)世界稀土矿床类型及特征

重要内生稀土矿床类型有三大类:与碱性岩－碱性超基性岩有关的稀土矿床、与碳酸岩有关的稀土矿床、与花岗岩有关的稀土矿床。每大类中都有多种不同的矿床类型。内生稀土矿床常与碱性岩、碱性超基性岩、碳酸岩、碱性花岗岩有关。这些岩石大多分布在裂谷构造带内或板块边缘的区域性深大断裂内及其附近,呈由多种岩石组成的复合岩体产出,岩体内部不同类型岩石呈环带状分布。稀土富集地段多在复合岩体的晚期岩石内。在这些岩体中有大量碱性矿物产出及大量含氟、磷、硫、碳酸等挥发分的矿物存在,是有利的矿化地段。

主要外生矿床有砂矿和风化壳稀土矿床。

以稀土为主要开采对象的独立稀土矿床类型的数量较少,而以稀土作为副产品加以回收利用的矿床类型则数量较多。内生稀土矿床中最重要的是与碱性岩和碳酸岩有关的矿床;外生稀土矿床中最重要的是海滨砂矿。

1. 与碱性岩－碱性超基性岩有关的稀土矿床

(1)铈铌钙钛霞石正长岩和磷霞岩型:主要工业矿物有铈铌钙钛矿、炉甘石、磷灰石,著名的产地有俄罗斯的希宾、洛伏泽尔、格林兰。

(2)层硅铈钛矿霓霞正长岩型:主要工业矿物有层硅钛铈矿、烧绿石、独居石、异性石,重要的矿产地有格林兰的伊利毛沙克、中国辽宁赛马等。

(3)硅铍钇矿－氟碳铈矿、铌铁矿正长岩型:其主要工业矿物有硅铍钇矿、磷钇矿、氟碳铈矿、铌铁矿、锆石、锰钽铁矿,为重要的大型矿床,著名的产地是加拿大的雷神湖。

(4)氟碳铈矿－天青石－重晶石－菱铁矿型:主要工业矿物有氟碳铈矿、氟碳钙铈矿、独居石、菱铁矿、重晶石、钇萤石等,一般为中型矿床,重要的产地有俄罗斯的西伯利亚、美国的新墨西哥。

2．与碱性岩–碳酸岩有关的矿床

（1）氟碳铈矿–独居石–重晶石碳酸岩型：是非常重要的稀土矿床类型，常形成大型的工业矿床，主要工业矿物有氟碳铈矿、氟碳钙铈矿、独居石、重晶石，著名的矿床有美国的芒廷帕斯矿床，稀土氧化物的总储量为500万t，品位8%～10%。

（2）烧绿石–氟碳铈矿–铌铁矿碳酸岩型：常形成具有重要工业价值的大型矿床，主要工业矿物有烧绿石、氟碳铈矿、铌铁矿、磷灰石、锆石、重晶石等，重要的矿产地有澳大利亚韦尔德山、巴西阿拉沙、加拿大奥卡。

（3）氟碳铈矿–独居石–磷灰石白云岩型：常形成具有重要工业价值的矿床，主要工业矿物有独居石、氟碳铈矿、磷灰石、铌铁矿、烧绿石，著名的矿床为中国白云鄂博白云岩型稀土矿床。

3．与花岗岩类有关的矿床

（1）磷钇矿–独居石–铌铁矿–黑云母花岗岩型：现主要开采其风化产物和冲积物，花岗岩体本身是潜在的大型矿床，工业矿物有铌铁矿、磷钇矿、独居石、黑稀金矿等，重要的矿产地有中国的西姑婆山、尼日利亚卓斯高原。

（2）新奇钙钇矿–磷钇矿–磁铁矿矿体：主要工业矿物有磁铁矿、赤铁矿、氟碳钙钇矿、磷钇矿、氟碳铈矿、氟碳钙铈矿、稀土磷灰石，重要矿产地是美国斯克鲁布奥克斯。

（3）铜–铀–金–稀土角砾岩型：是铜、铀、金的大型矿床，稀土作为伴生矿，主要工业矿物有斑铜矿、黄铜矿、辉铜矿、沥青铀矿、晶质铀矿、氟碳铈矿、独居石、磷钇矿等，重要矿产地是澳大利亚奥林匹克坝。

4．砂矿床

（1）独居石海滨砂矿：是具有极大经济价值的大型矿床，主要工业矿物有钛铁矿、金红石、锆石、独居石等，重要的矿产地有澳大利亚及印度的东西海岸。

（2）独居石–磷钇矿冲积矿床：一般为中小型矿床，主要工业矿物有独居石、磷钇矿、钛铁矿、金红石、锆石，有时为褐钇铌矿、黑稀金矿等。主要矿产地由美国、巴西、印尼、马来西亚、尼尔利亚、缅甸和中国等。

稀土矿床和矿化产地广泛分布于世界各地，但稀土资源和稀土储量相对集中在中国、美国、印度、澳大利亚、俄罗斯和巴西6个国家。稀土内生矿床主要集中分布在中国的白云鄂博、美国的芒廷帕斯及澳大利亚韦尔德山几个矿床内，据1990年产量统计，这3个矿山占世界稀土总储量的90%以上。稀土的外生矿床主要沿非洲东海岸、印度东西海岸、中国东南沿海、马来亚半岛、印度尼西亚、澳大利亚东西海岸及巴西海岸带分布。

（二）世界稀土矿资源概况

除中国外，俄罗斯、美国、澳大利亚、印度等地都有较丰富的稀土资源。自2002年开始，由于中国和巴西公布的稀土资源数据与以往相比有较大的变动，致使美国地调局估计的全球稀土储量由10 000万t调整为8 800万t；2010年，由于中国稀土储量的增长又将全球稀土储量调整为11 000万t，2011年与上年持平（表11–13–10）。世界稀土资源丰富，可长期满足世界的需求。

表 11 – 13 – 10　　　　　　　　　　　2011 年世界稀土储量　　　　　　　单位：万 t（REE）

国家或地区	储量	国家或地区	储量
中国	5 500	巴西	4.8
俄罗斯	1 900	马来西亚	3.0
美国	1 300	泰国	—
澳大利亚	160	其他	2 200
印度	310	世界总计	11 000

资料来源：国土资源部信息中心《世界矿产资源年评》（2011～2012），2012。

全球稀土金属资源丰富，但分布不均匀而且勘查程度总体不高。美国和世界的稀土资源主要为铈矿与独居石矿。世界上大部分经济可采的铈矿集中在中国和美国，独居石矿主要分布在中国、美国、印度、马来西亚、澳大利亚、巴西、斯里兰卡和泰国（表 11 – 13 – 11）。稀土资源还包括磷灰石、富钍独居石、异性石、次生独居石、铈铌钙钛矿、含吸附离子稀土的黏土矿和磷钇矿等。稀土的资源潜力巨大，在未来足以满足全球需求。

表 11 – 13 – 11　　　　　　　　　　2011 年世界独居石储量　　　　　　　单位：t（Y_2O_3）

国家或地区	储量	国家或地区	储量
中国	220 000	马来西亚	13 000
美国	120 000	巴西	2 200
澳大利亚	100 000	斯里兰卡	240
印度	72 000	世界总计	540 000

资料来源：国土资源部信息中心《世界矿产资源年评》（2011～2012），2012。

三、中国稀土资源

（一）中国稀土资源分布

中国是世界上稀土资源最丰富的国家，有"稀土王国"之称，总保有储量 TR_2O_3 约 9 000 万 t，居世界第 1 位。全国稀土矿探明储量的矿区有 60 多处，分布于 16 个省（区），以内蒙古为最，占全国的 95%，湖北、贵州、江西、广东等省次之。我国稀土矿产不仅储量大，而且品种多、质量好，矿床类型独特，如内蒙古白云鄂博沉积变质 – 热液交代型铌 – 稀土矿床和南岭地区的风化壳型矿床，在世界上均居独特地位。我国稀土矿产多与其他矿产共生，南方以重稀土为主，北方以轻稀土为主。稀土矿自元古宙至新生代均有矿床形成，尤以中生代的燕山期为盛。

（二）中国稀土资源特点

1. 储量分布高度集中（主要是轻稀土）

我国稀土矿产虽然在华北、东北、华东、中南、西南、西北等六大区均有分布，但主要集中在华北区的内蒙古白云鄂博铁－铌、稀土矿区，其稀土储量占全国稀土总储量的95％，是我国轻稀土主要生产基地。

2. 轻、重稀土储量在地理分布上呈现出"北轻南重"的特点

轻稀土主要分布在北方地区，重稀土则主要分布在南方地区，尤其是在南岭地区分布可观的离子吸附型中稀土、重稀土矿，易采、易提取，已成为我国重要的中、重稀土生产基地。此外，在南方地区还有风化壳型和海滨沉积型砂矿，有的富含磷钇矿（重稀土矿物原料）；在赣南一些脉钨矿床（如西华山、荡坪等）伴生磷钇矿、硅铍钇矿、钇萤石、氟碳钙钇矿、褐钇铌矿等重稀土矿物，在钨矿选冶过程中可综合回收，综合利用。

3. 共伴生稀土矿床多，综合利用价值大

在已发现的数百处矿产地中，2/3以上为共伴生矿产，颇有综合利用价值。但多数矿床物质成分复杂，矿石嵌布粒度细，多为难选矿石，如白云鄂博矿床中有70余种元素、170多种矿物，其中稀土、铌钽储量巨大，为世界罕见的大型稀土、稀有金属矿床。在铁矿石中共生的独居石、氟碳铈矿、氟碳钡铈矿、黄河矿等稀土矿物，虽然矿石结构复杂，嵌布粒度细微，但经过不断选冶试验研究，精矿品位和冶炼提取及回收率已有很大提高，成为我国轻稀土主要原料基地。

4. 稀土矿产资源储量多、品种全

现已探明的稀土储量达1亿t以上，而且还有较大的资源潜力。品种全，17种稀土元素除钷尚未发现天然矿物，其余16种稀土元素均已发现矿物、矿石。在所勘查和开发的矿床中，通过选冶工艺从矿石矿物中提取出16种稀土金属，现已生产出几百个品种和上千个规格的稀土产品，不仅满足了国内需求，而且大量出口，成为我国出口创汇的主要矿产品及加工产品之一。

（三）中国稀土矿床主要类型及特征

因稀土元素常与稀有元素共生在一起，故矿床分类都以稀有、稀土矿床表示。如《中国矿床》（中册）推出的稀有、稀土矿床分类方案。现将以稀土为主并具有工业意义的矿床类型简介如下：

1. 白云鄂博型铁－铌、稀土矿床

这是一种特殊类型，也是迄今独一无二的超大型稀土矿床，以其规模巨大，储量丰富，铈族稀土品位高而著称于世，具有巨大的经济价值，是我国稀土矿物原料最大的生产基地。对其成因类型划分至今众说纷纭，诸如特种高温热液说、沉积变质－热液交代说、岩浆碳酸岩说、火山碳酸岩沉积说、层控说、热卤水沉积说以及复合成因说等。

2. 花岗岩型铌、稀土矿床

该类型是与花岗岩类岩石有关的岩浆矿床，主要分布在赣南、粤北及湘南、桂东一带，如姑婆山含褐钇铌矿花岗岩。碱性花岗岩型稀土矿床主要分布在川西和内蒙古的东部地区，如内蒙古巴尔哲碱性花岗岩铌、稀土矿床。花岗岩型稀土矿床的特点是储量大、品位稳定，但品位较低，矿物粒度较细，目前尚未大规模开采利用。而在其上发育的风化壳矿床和形成的冲积砂矿、海滨砂矿，易采易选，具有重要的工业意义，20世

纪五六十年代已开采这些砂矿，从中选取独居石、磷钇矿、铌钽铁矿和锆英石等。

3. 花岗伟晶岩型稀土矿床

我国花岗伟晶岩主要富含锂、铍、钽等稀有元素，富含稀土元素并不多见，仅在江西发现有稀土 - 铌钽 - 锂伟晶岩型矿床。这类矿床的特点是稀土品位较高、矿物粒度较大、易采易选，但规模有限，适于地方开采。

4. 含稀土氟碳酸盐热液脉状型矿床

该类型是独立的轻稀土矿床，经济价值巨大，为国外稀土矿的主要类型之一，如美国著名的芒廷帕斯特大型氟碳铈矿即属此类。我国目前已勘查出四川冕宁牦牛坪稀土矿床（大型）和山东微山湖郗山稀土矿床（中型）。这类矿床的形成常与碱性侵入岩有关，规模较大，稀土品位富，主要矿石矿物为氟碳铈矿，富含镧、铈、镨、钕等元素，矿石嵌布粒度大，属易选矿石类型。这两个矿床已开发利用，经济、社会效益十分可观。

5. 含铌、稀土正长岩 - 碳酸岩型矿床

这种类型矿床也是稀土矿床主要类型之一，具有规模大、共伴生组分多的特点，综合利用价值高。主要矿石矿物以铈族稀土为主，有独居石、氟碳铈矿、氟碳铈钙矿等，铌矿物有烧绿石、铌铁矿、铌铁金红石等。在秦岭东段南坡鄂陕交界处已勘查的湖北竹山庙垭大型铌稀土矿床属此类型，探明轻稀土氧化物 121.5 万 t，五氧化二铌 92.95 万 t，尚待开发利用。

6. 化学沉积型含稀土磷块岩矿床

在化学沉积型矿床中，目前在国内尚未发现独立的稀土矿床。稀土元素只是作为伴生组分富集在某些磷矿床、铝土矿床和铁矿床中，具有综合回收利用价值。其中在磷块岩中的稀土元素主要呈类质同象形式赋存于胶磷矿或微晶磷灰石中，稀土含量与主元素磷的含量有密切的相关关系，最高含量可达 0.3%，且钇族稀土往往有较高的比例。20世纪 70 年代初勘探的贵州织金县新华磷矿床属此类型，探明的稀土氧化物储量已达大型矿床规模，其中氧化钇的储量占总储量的 1/3。

7. 沉积变质型铌、稀土、磷矿床

该类型是近年来发现的一种变质矿床，分布于甘肃北部和内蒙古西部。矿床产于前寒武系大理岩中。矿石矿物主要有铌铁矿、铌易解石、铌铁金红石、独居石、磷灰石等。矿床规模较大，以铌为主，稀土和磷可综合回收利用，具有潜在的工业意义。

8. 混合岩型稀土矿床

这种稀土矿床是含独居石、磷钇矿的混合岩或混合岩化花岗岩。20 世纪 70 年代以来在广东、辽宁、内蒙古陆续发现矿化区和矿床。如广东的五和含稀土混合岩矿床，辽宁的翁泉沟混合岩化交代型硼铁稀土矿床，内蒙古乌拉山—集宁一带的花岗片麻岩或混合岩中稀土元素含量很高，有可能找到混合岩型稀土矿床。这种矿床的矿石矿物主要是独居石、磷钇矿、褐帘石和锆石等，辽宁的混合岩中还有铈硼硅石等。混合岩型稀土矿床，一般规模较大，特别是在南方由混合岩型稀土矿床形成的风化壳矿床和海滨砂矿具有重要开采价值。

9. 风化壳稀土矿床

这类矿床广泛分布于南岭和福建一带的花岗岩型、混合岩型稀土矿床和个别含稀土火山岩发育的地区，多呈面型分布。根据稀土元素的赋存状态，风化壳矿床分为单矿物型和离子吸附型两类。

单矿物型风化壳矿床的稀土元素主要以稀土矿物形式出现，其工业矿物种类，视其原岩而定。有的以褐钇铌矿为主，如湖南和广西富贺钟三县的风化壳花岗岩；有的则以磷钇矿和独居石为主，其含矿母岩为含矿花岗岩和混合岩。这类矿床采选简易，已成为稀土特别是重稀土的主要矿物原料来源。

离子吸附型风化壳稀土矿床是一种新类型稀土矿床。稀土元素呈离子状态吸附于黏土矿物表面，提取工艺简便，加之规模大，开采容易，已成为我国重稀土、中稀土提取的主要来源。这类矿床在我国南方有较广泛的分布，开发这类矿床经济、社会效益十分显著。

10. 独居石、磷钇矿冲积砂矿和海滨砂矿

在华东、中南、滇西南等地区第四系冲积层中遍布独居石和磷钇矿砂矿，其原岩为含矿花岗岩和混合岩。砂矿富集程度、品位随地貌单元趋新而渐富。该类矿床规模较小，但易采易选，适于边采边探，易于发挥经济效益。海滨砂矿比冲积砂矿规模大，也易采易选，经济价值巨大。主要分布在广东、海南、台湾省等沿海一带。矿体赋于第四纪滨海相细粒石英砂中，主要矿物为钛铁矿、金红石、锆石、独居石和磷钇矿等，均可综合开发、综合回收利用。

（四）中国稀土资源储量

据《世界矿产资源年评》（2011～2012），截至2011年底，中国稀土金属储量5 500万 t，居世界第一位。

2012年启动三稀金属资源战略调查，初步提出我国三稀资源找矿方向和重点地区，新疆、甘肃等省（自治区）三稀金属共探获资源量氧化铷29.6万 t，铌钽10.5万 t，钪96 t，氧化锂10万余 t，发现具有大型 - 超大型资源潜力的稀有、稀土金属矿6处，重要找矿线索15处。山西平朔和内蒙古准格尔煤田发现了共（伴）生的锂资源。

第三节　分散元素矿产资源

通常所指的分散元素包括镓、锗、铟、铊、镉、铼、硒和碲8种元素。分散元素在地壳中极其分散，其地球化学性质有两个重要的特点：一是既表现有亲氧性（Sc）也表现有亲硫性（Re、Cd、Se、Te）或亲氧、亲硫性（Ga、In、Tl、Ge）；二是其地化性质与广泛分布的造岩或造矿元素十分相似，因而呈类质同象高度分散在上述元素组成的矿物中，很少形成独立的矿物和矿床，其工业来源主要是在开采提取主要金属矿产的同时，把它们作为副产品加以回收。一般镓主要是铝的副产品，锗、铟、铊和镉主要是锌的副产品，铼是钼的副产品，硒和碲是铜的副产品。

在内生地质作用过程中，分散元素趋于在晚期阶段聚集，热液矿床是提取分散元素的主要源泉。分散元素资源除主要赋存在有色金属矿产中外，还大量赋存在煤和洋底锰结核中。煤中锗、铊、硒、碲、镓的资源量以及洋底锰结核中碲、铊的资源量都远超过有色金属矿产中的资源量，是分散元素的巨大潜在资源。

一、锗

1. 性质
锗（Ge），为银灰色性脆的金属，熔点937.4℃，沸点2 830℃，密度5.323 g/cm³。

2. 用途
锗主要用于电子工业中，用来生产低功率半导体二极管、三极管。锗在红外器件、γ辐射探测器方面有着重要的用途，金属锗能让2～15微米的红外线通过，又和玻璃一样易被抛光，能有效地抵制大气的腐蚀，可用以制造红外窗口、三棱镜和红外光学透镜材料。锗还与铌形成化合物，用作超导材料。二氧化锗（GeO_2）是聚合反应的催化剂。用二氧化锗制造的玻璃有较高的折射率和色散性能，可用于广角照相镜头和显微镜。锗在空间技术上可用于保护超灵敏的红外探测器。锗还可用来制造药品，

锗的消费领域：红外光学设备占总消费量的65%，光导纤维占15%，宇宙空间探测器占5%，半导体占5%，其他（催化剂、磷光剂、冶金、化工等）占10%。20世纪80年代，美国宣布把锗列为战略储备矿产资源（战备目标为30 t）。由于新用途的开辟，世界上锗已出现供不应求的局面。

3. 主要矿物
锗通常以分散状态存在于闪锌矿、硫砷铜矿等矿物中，煤中也常含有元素锗，独立的矿物很少。工业上主要是在处理硫化矿时作为副产品回收，或从炼焦烟尘中回收。主要的含锗矿物见表11-13-12。

表11-13-12　　　　　主要含锗矿物

矿物名称	化学式	含量 Ge/%
锗石	$(GeC)_2$	10
硫锗铁铜矿	$(Cu, Zn)_{11}(Ge, As)_2Fe_4S_{16}$	7.7
硫银锗矿	Ag_8CeS_6	6.7
黑硫银锡矿	$Ag_8(Sn, Ge)S_6$	1.82
灰锗矿	$Cu_2(Fe, Zn)GeS_4$	16.9
硫银锗矿	Ag_8GeS_6	6.93

4. 矿床类型
锗在地壳中是一种典型的稀散元素，与锗矿相关的矿床类型主要有：①含锗中低温热液硫化物矿床，其中锗主要含在银、锡及铜的硫砷化物和硫锑化物中；在铜-多金属矿床、铜-钼矿床、铜-黄铁矿矿床、银-锡矿床及钴矿床中也常有含锗的矿物，可作为综合利用的对象。②含锗的沉积铁矿床和铝土矿床。③含锗的有机岩矿床，如煤、油

页岩、黑色页岩及石油等也是锗的重要来源。在热液成因的铁矿床（包括矽卡岩铁矿床）中，锗的含量有时可达综合利用的要求。在中国云南出现了异常性的锗富集，其富集开始于元古宙（如大红山铁铜矿床），在古生代－中生代的铅锌矿床中大量伴生（如会泽铅锌矿），到了新生代则出现大型的独立锗矿床，其代表就是位于云南临沧的帮卖锗矿床，是中国乃至世界罕见的含煤地层中的独立锗矿床。

5. 资源概况

锗是一种典型稀散元素，作为资源一般主要赋存于其他矿床中（煤矿含锗丰富），个别的可成为独立的锗矿床。世界锗资源比较缺乏，据英国统计，北美洲，欧洲、非洲三大地区共有锗储量 2 150 t，哈萨克斯坦阿塔苏河铁矿石中伴生锗储量 1 500 t。锗主要赋存在煤矿床和多金属矿床中，世界煤中所含锗资源量估计有 4 500 t。另外，在含锗的铅－多金属矿床中，仅刚果（金）的基普希和纳米比亚的楚梅市矿床总的锗储量就达4 500 t。

中国锗矿资源比较丰富，至 2008 年底，查明锗资源主要分布在内蒙古、广东、云南、甘肃、四川、山西、吉林、贵州等省（区），以上 8 省（区）资源储量合计占全国总量的 96%。中国铅锌矿伴生的锗约占总储量的 70%，主要来自热液交代型铅锌矿床（湖南水口山），沉积改造型铅锌矿床（广东凡口），砂铅矿床（云南会泽、贵州赫章）。此外，中国云南临沧地区古近－新近纪褐煤中伴生有丰富的锗资源，品位高达 0.01% ~ 0.09%，已成为重要锗资源基地之一。

二、镓

1. 性质

镓（Ga）是一种银白色的软金属，是在人体温度下（37℃）能熔化成液体的金属之一。镓在常温空气中稳定，因为表面覆有一层薄的氧化膜，即使在烧红加热时也不再被空气所氧化。镓的熔点低，沸点高，是液态范围最大的金属。熔点 29.78℃，沸点 2 403℃，密度（29.6℃时）5.904 g/cm³。

2. 用途

镓的主要用途是制备新型半导体的材料（占99%），在微波器件领域内，砷化镓是最有希望的半导体材料，用它制造光电器件，如镓砷磷、镓铝砷，可作固体激光器材料，广泛用于光导纤维通信系统；还有可能用作太阳能电池的材料以及制作大规模高速集成电路。钇镓石榴子石用作磁泡存储器。钒镓化合物可用作超导材料。

镓具有很高的光反射能力，可把它挤在两块加热的玻璃板之间制成镜子。镓制造的低熔点合金可用作防火信号和熔断器。镓能提高某些合金的硬度、强度，并能提高镁合金的耐腐蚀能力。镓化合物还可用于分析化学，医药和有机合成中的催化剂。镓在荧光材料、核反应堆的热交换介质、特殊应变计、催化剂、焊料、镶牙、补牙方面也有广泛用途。用氮化镓（GaN）制成的发光二极管能把给它的全部能量转换成光。氮化镓灯泡比传统灯泡的寿命至少多100倍，能耗仅为传统灯泡的百分之一。

3. 赋存状态

镓主要赋存在闪锌矿、霞石、白云母、锂辉石、铝土矿及煤矿中。然界中仅发现灰镓矿 [硫镓铜矿（$CuGaS_2$）]，含镓 35.4%，水镓石 [$Ca(OH)_3 \cdot Ge_2O_3$] 含镓 66.8%。工业上没有直接使用的镓矿物。一般镓都是作为副产品在含铝矿物（铝土矿、铝硅酸盐）及锌矿冶炼过程中和从煤焦化烟尘中进行回收。当前制取镓的主要来源是在铝生产中顺便回收。

4. 矿床类型

镓是一种稀散元素，与其相关的矿床类型有：①含镓的热液矿床，在各种热液矿床中，以铅锌矿床中赋存的镓最有意义，主要含镓矿物是闪锌矿，含镓一般为 0.001% ~ 0.1%。在明矾石矿床中，镓的含量也相对较高。②含镓铝土矿床，是镓的重要来源。此外，某些沉积铁矿和沉积变质铁矿以及煤矿中含镓 0.003% ~ 0.005%。

5. 资源概况

据美国报道，世界铝土矿储量中伴生镓储量 10 万 t，闪锌矿中伴生镓储量 6 500 t，合计镓储量 10.65 万 t。据估计，世界铝土矿中的镓资源量超过 100 万 t。

中国有丰富的镓资源。产于铝土矿的伴生镓占资源总量的 50% 以上，其次为钼、煤、铜、铅锌和铁矿中的伴生镓。镓资源储量主要集中在广西、河南、山西、贵州、云南等省（区）。沉积型铝土矿是中国伴生镓的主要资源类型，代表性的矿床有广西的平果铝土矿、山西的阳泉铝土矿、孝义铝土矿等。镓还可以在生产氧化铝的过程中回收。

三、铟

1. 性质

铟（In）是一种银白色金属，化学性质与铁相似。常温下纯铟不被空气或硫氧化，加热到超过熔点时，可迅速与氧和硫化合。铟的可塑性强，有延展性，可压成极薄的铟片，很软，能用指甲刻痕。铟的熔点 156.61℃，沸点 2 080℃，密度（20℃时）7.31 g/cm³。

2. 用途

铟广泛用于电子、电器工业，是制造半导体、焊料、合金、整流器、热电偶、电子元器件、高速传感器与光伏电池、电脑芯片的重要材料。铟锡氧化物靶材是制造液晶显示器、液晶电视、手机屏幕、等离子电视等多种电子、电信产品不可缺少、不可替代的材料。纯度为 99.97% 的铟是制作高速航空发动机银铅铟轴承的材料。低熔点合金，如伍德合金中每 1% 的铟可降低熔点 1.45℃，当加到 19.1% 时，熔点可降到 47℃。铟与锡的合金（各 50%）可作真空密封之用，能使玻璃与玻璃或玻璃与金属粘接。金、钯、银、铜同铟的合金常用来制作假牙和装饰品。锑化铟（InSb）可用作红外线检波器的材料。磷化铟（InP）可以制作微波振荡器。70% 以上的铟用于制造纳米铟锡金氧化物（ITO）靶材。铟的另一个重要用途是作焊料和合金，约占总用量的 11%。

中国已成为铟的主要生产国之一，年产量的 80% 以上供出口。

3. 赋存状态

铟主要呈类质同象存在于铁闪锌矿、赤铁矿、方铅矿以及其他多金属硫化物矿石中。已知铟矿物有：硫铟铜矿（$CuInS_2$），含铟 47.4%；硫铟铁矿（$FeIn_2S_4$），含铟 59.30%；水铟矿［$In(OH)_3$］，含铟 61.59%；硫铟铜锌矿［$(Cu, Zn, Fe)_3(In, Sn)S_4$］，含铟 17%。此外，锡石、黑钨矿、普通角闪石中也含铟。目前，工业上尚未直接从铟矿物中提炼铟，铟的主要来源是从闪锌矿（含量为 0.000 1% ~ 0.1%，有时达 1%）、赤铁矿、钨铁矿冶炼的过程中作为副产品回收获得。

4. 矿床类型

铟很少有独立矿床，与其伴生的矿床主要类型有：①含铟的各种类型锡石 - 硫化物矿床，其中铟含量一般为 0.01% ~ 0.1%；②含铟的铅锌矿床，主要赋存于闪锌矿中。

由于铟具有强的亲硫性，所以铟主要聚集于硫化物矿床的硫化物中，如闪锌矿中通常含铟 0.004%，高的可达千分之几；黄铜矿中一般为 0.002% 左右，高可达 0.1%；锡石和黝锡矿中一般为 0.002% ~ 0.05%。

5. 资源概况

据美国矿业局估计，世界铟储量仅 1 692 t，基础储量 3 012 t，主要分布在加拿大、美国、秘鲁和俄罗斯。铟在自然界多见于闪锌矿中，也富集在其他硫化物矿中，如锡、铅、铜矿石。铟主要来源于精炼锌的副产品。20 世纪 90 年代，全球从锌等主矿产冶炼的炉渣、滤渣、残渣和烟尘中提取的铟及再生铟，年产量约 120 ~ 140 t。

中国铟矿资源较为丰富，主要分布在云南、广西、湖南、青海、内蒙古、广东、黑龙江和福建等省（区）。铟主要与锌伴生，约占总储量的 50%；其次与铜、铁、铅锌等多金属矿共生，约占 30%；少量与汞、钼矿和铁、锡矿伴生。

四、铊

1. 性质

铊（Tl）是银白色金属，具延展性。铊的密度（20℃ 时）11.85 g/cm^3，熔点 303.5℃，沸点（1 457 ± 10）℃。铊的氧化物（Tl_2O_2）、特别是一氧化铊（Tl_2O）和氯化铊（$TlCl_3$）挥发性强。铊盐具有毒性。

2. 用途

铊主要用于制造化学药剂。在电子工业中用铊激活碘化钠晶体可用作光电倍增管。铊可制造低熔点合金，光学玻璃和密封电子元件的玻璃。在许多金属中加入适量的铊，能大大改善金属的性能。铊可以改进不锈钢的力学性能，增加铅的硬度。铅铊合金有很好的抗腐蚀性，很高的电导率、热导率。铊与铝、锌或铅、锡的合金，可以增加轴承的耐磨性。这些特性适于在航天技术上使用。炼铝材料中加入铊，可以延长炉子的寿命。铊与铟、汞、金一起用于陶瓷及作半导体的焊料。在电子工业中，铊用于制造光电管及爆破表，感知红外射线。闪光光谱仪的主要部件中需要用铊。在阴极管中使用硒铊合金，可以改进整流管的性能。铊也用于电阻和超异体中。水银蒸气灯中加入铊，可以增加使用寿命及亮度。硫化铊（TlS）和硫氧化铊可以制造对红外线很灵敏的光电管。溴化铊（$TlBr_3$）和碘化铊（TlI_3）的固熔体单晶能透过红外线辐射，可用于红外线通讯。由 72% 铅、15% 锑、5% 锡和 8% 铊组成的合金可以制造轴承。含铊 8.5% 的汞铊合金，

其冰点为 -60℃，比汞的冰点低 20℃，可用于低温仪表。铊还用于炸药、医药、农药等方面。

铊是一种需求量极少的稀散金属。目前，世界的年消费量不过 1 t。美国为铊的最大消费国，年消费量 950 kg，其中三分之二用于电子工业，其他用于药剂、合金和玻璃制造。

3. 赋存状态

铊大部分赋存在伟晶岩和气成矿床的天河石、钾长石及云母中，它以类质同象置换钾。铊具有显著的亲硫性，所以在白铁矿、黄铜矿、方铅矿、闪锌矿及雄黄等硫化矿物中也有分布。目前已发现铊的工业矿物有：红铊矿〔TlAsS₂〕，含铊 59% ~ 60%；硒铊银铜矿〔Cu₇（Tl，Ag）Se₄〕，含铊 16% ~ 19%，硫砷铊铅矿〔（Pb，Tl）2As6S9〕，含铊 18% ~ 25%；辉铊锑矿〔Tl（As，Sb）₂S₅〕，含铊 32%。

4. 矿床类型

独立的铊矿床很少见，仅见贵州某中低温热液铊矿床一个。含铊的相关矿床类型很多，主要有：①天河石花岗岩矿床，铊赋存在天河石及云母中，可以同铷、铯一同提取；②稀有金属花岗伟晶岩矿床，铊主要存在于晚期形成的矿物中，如锂云母、铯沸石、天河石；③含锂的锡、钨云英岩矿床，铊主要集中在含锂的云母中；④某些热液矿床，如黄铁矿矿床、黄铁矿 - 多金属矿床，铅锌矿床及锑 - 砷 - 汞矿床等有铊的相对富集，主要属于中低温热液矿床；⑤外生矿床，某些钾盐矿床以及沉积或风化成因的锰矿石中也常含铊。

5. 资源概况

铊主要来自锌的精炼副产品和从有色金属硫化矿冶炼的烟尘中回收的副产品。据美国矿业局估计，世界铊的储量 377 t，基础储量 644 t，主要分布在美国。此外，世界煤灰中的铊，估计有 64 万 t。中国的铊资源丰富，主要分布在云南、广东、安徽、湖北、广西和辽宁等省（区），其中 50% 的资源储量集中在云南。代表性的矿区有云南兰坪金顶铅锌矿，伴生铊十分丰富。

五、铼

1. 性质

铼（Re）为银白色难熔金属，熔点 3 180℃，沸点 5 627℃，密度（20℃时）21.0 g/cm²，常温下在空气中稳定，300℃时开始氧化。铼不溶于盐酸，但溶于硝酸和热浓硫酸中，可生成铼酸（H₂ReO₄）。铼可生成一价至七价的化合物。

2. 用途

铼主要用作石油工业的催化剂，世界年消费量仅数十吨，75% 用于催化剂。铼具有很高的电子发射性能，广泛应用于无线电、电视和真空技术。铼具有很高的熔点，是一种主要的高温仪表材料。

铼及其合金还可作电子管元件和超高温加热器以蒸发金属钨。铼热电偶在 3 100℃也不软化，钨或钼合金中加 25% 的铼可增加延展性能。铼在火箭、导弹上作高温涂层用。宇宙飞船用的仪器和高温部件，如热屏蔽、电弧放电、电接触器等都需要铼。

3. 赋存状态

铼的矿物很少，多以微量伴生于钼、铜、铅、锌、铂、钯等矿物中，主要集中于辉钼矿中，辉铜矿及斑铜矿也含少量铼。迄今只有俄罗斯发现了一种铜铼硫化矿物——辉铜铼矿（$CuReS_4$）。目前，工业上生产铼的主要原料是钼冶炼过程的副产品，也从某些铜矿的冶炼烟尘和处理低品位钼矿的废液中回收铼。

4. 矿床类型

铼主要集于于辉钼矿中，重要的含铼矿床类型为：①斑岩铜矿和斑岩钼矿；②热液成因的铀－钼矿床；③含钼、钒的含铜页岩及硫质－硅质页岩矿床。目前，铼主要是从钼精矿中提取。

5. 资源概况

世界铼的资源很丰富。世界铼储量共计 1.3 万 t，其中伴生于铜的约 9 500 t，伴生于钼的 3 500 t，主要分布在美国、智利、加拿大、墨西哥和秘鲁。含铼矿床的主要类型：斑岩铜－钼和钼矿床，大多数铼产自这种类型；其次则产于砂页岩铜矿（如哈萨克斯坦杰兹卡兹甘砂 S 岩铜矿）和砂岩型铀矿床，如美国科罗拉多高原含铀（钪）砂岩矿床。

中国也是铼的主要资源国之一，主要分布在陕西、黑龙江、河南、湖南、广东、福建等省。中国铼矿几乎全部伴生于钼矿中，分钼－铼、钼－铜－铼、钼－铀－铼三种，分别占总量的 68%、31% 和 1%。

六、镉

1. 性质

镉（Cd）银白色带蓝色光泽的金属。镉的熔点 320.9℃，沸点 765℃，密度（20℃时）65 g/cm^3，是显著的亲硫元素。镉在湿空气中缓慢氧化并失去光泽，加热时生成棕色的氧化层。镉蒸气燃烧产生棕色的镉烟雾。镉不溶于碱液，与硫酸、盐酸和硝酸作用生成相应的镉盐。

2. 用途

镉主要用于生产镍－镉电池，其次用于生产耐磨合金、低熔点合金、电镀、颜料和化学稳定剂等。镉合金在国防工业中有重要的用途，美国将镉列为战略储备物资。镉可以制造轴承合金、特殊易熔合金、焊锡。镉对盐水和碱液有良好的抗腐蚀性能，可以用作钢构件的电镀防腐层，但近年来因镉的毒性，此项用途有减缩的趋势。

镍－镉和银－镉电池具有体积小、容量大的优点，因而镉在电池制造中用量日增。镉是制造钎焊合金和低熔点合金的主要成分之一。镉具有较大的热中子俘获截面，因此，含银 80%、铟 15% 和镉 15% 的合金可用作原子反应堆的控制棒。在铜中加入 0.05% ~1.3% 的镉可改进机械性能，尤其是冷加工性能，而电导率则下降很少。此外，镉的化合物曾经广泛用于制造颜料、塑料稳定剂、荧光粉。硫化镉（CdS）、硒化镉（CdSe）、碲化镉（CdTe）具有较强的光电效应，用于制造光电池。

3. 赋存状态

镉的主要矿物有：硫镉矿（CdS），含镉77%，菱镉矿（CdCO$_3$），含镉74.5%；方镉矿（CdO），含镉87.54%，但均不形成独立矿床。工业上未直接从镉矿物中提取镉。镉主要赋存于锌矿、铅锌矿和铜铅锌矿石中，尤其是在浅色的闪锌矿中含量较高，一般为0.1%~0.5%，最高可达5%。镉在浮选时主要进入锌精矿，在焙烧过程中富集于烟尘中，在湿法炼锌厂的硫酸锌溶液净化过程中产出的铜镉渣（含Cd 4%~20%），火法炼锌厂的粗锌精馏过程中产出的镉灰（含Cd 10%~30%）和某些生产铜、铅冶炼厂的富镉灰尘中均可提炼镉。

4. 矿床类型

镉未见独立矿床，主要富集于热液成因的铅、锌等硫化物矿床的闪锌矿中。通常随着成矿温度的降低，镉的含量逐渐增高。因此，中低温热液成因的闪锌矿含镉最富，是镉的主要工业矿物。目前，世界上镉主要是从加工锌精矿中取得。

5. 资源概况

镉主要伴生在锌矿中。据美国矿业局估计，世界锌储量中伴生镉约53.5万t，基础储量97万t。美国、澳大利亚、加拿大、日本、墨西哥等国是镉的主要资源国。世界锌资源中伴生的镉资源量总计600万t。

中国的镉资源丰富，主要集中在云南、四川、广东、广西、湖南、甘肃、内蒙古、青海、江西等省（区）。在已探明的伴生镉矿山中，大中型矿床占60%，所占资源储量为总储量的98%。代表性的矿山有：广西南丹大厂、河池、江西大余漂塘。云南兰坪金顶铅锌矿是中国特大型的伴生镉矿床。

七、硒

1. 性质

硒（Se）是半金属，性质与硫相似，但金属性比硫强。硒的最显著特征是在光照下的导电性比在黑暗中成千倍地增加。硒密度9.81 g/cm^3，熔点220℃，沸点685℃，是典型的半导体，性脆，常温下硒不与氧作用，在空气中加热会着火燃烧成二氧化硒（SeO$_2$），在一定温度下（灰晒约为71℃）可被水氧化，硒溶解于强碱溶液中形成硒化物，也形成硒酸盐和亚硒酸盐。

2. 用途

硒主要用于玻璃、电子、光学及冶金工业。纯硒用作玻璃的着色和脱色颜料。发射高质量信号用的透镜玻璃含硒2%，加入硒的平板玻璃用作太阳能的热传输板和激光器窗口红外过滤器。硒可以改善碳素钢、不锈钢和铜的切削加工性能。大约30%的硒以高纯形式（99.99%）与其他元素制成合金，用以制造低压整流器、光电池、热电材料以及各种复印、复写的光接收器。硒以化合物形式用作有机合成的氧化剂、催化剂、医药、动物饲料微量元素添加剂。硒加入橡胶中可增加橡胶的耐磨性能。硒及硒化物加入润滑脂中，可用于超高压润滑。

20世纪80年代以来，世界硒的消费量增长很快，90年代初已达年消费量2 000 t，其中，电子和光学领域约占 30% ，玻璃制造占 35% ，冶金和颜料各占 10% ，农业和生物学占 5% 。

3. 赋存状态

硒主要赋存在黄铜矿、黄铁矿、方铅矿中，有时也存在于辉钼矿、铀矿中，一般不形成单独矿床。工业上主要是在冶炼硫化矿物时综合回收。

主要的硒矿物有：硒铜矿（Cu_2Se），含硒 39.22% ；硒铋矿（Bi_2Se_3），含硒 22.02% ；硒铜银矿［$CuAgSe$］，含硒 31.60% ；红硒铜矿（Cu_3Se_2），含硒 43.3% ；硒银矿（Ag_2Se），含硒 22.92% ；硒银铅矿［（Ag_2Pb）Se］；硒汞矿（$HgSe$）等。

4. 矿床类型

独立的硒矿床少见。含硒相关的矿床类型有：①铜 – 镍硫化物矿床，硒存在于硫化物中；②火山及火山沉积成因的矿床，很多火山成因的硫矿床中常含有硒，有时可达百分之几，黄铁矿型矿床也是提取硒的来源之一；③各种含硒的热液矿床，如锡石 – 硫化物矿床、斑岩铜矿、铅 – 锌矿床、含硒和碲的金银矿床以及含硒化物的沥青铀矿矿床等；④含硒的沉积矿床，如钒钾铀矿矿床及含铀磷块岩矿床等也含有硒。工业上生产硒的主要原料是冶炼铜矿石、多金属矿石及镍矿石时的副产物，近 20% 的硒由硫酸工业所供给。

八、碲

1. 性质

碲（Te）有两种同素异形体，一种为六方晶系，原子排列呈螺旋形，具有银白色金属光泽；另一种为无定形，呈黑色粉末。碲熔点 449.8℃ ，沸点 1390℃ ，在 20℃ 时，结晶碲的密度为 6.24 g/cm^3 ，无定形碲的密度为 6.015 g/cm^3 。碲在空气或氧气中燃烧生成二氧化碲（TeO_2），并发出蓝色火焰。碲可同卤族元素发生强烈反应，生成碲的卤化物。和硒相反，在高温下碲几乎不同氢发生反应。

2. 用途

碲与硒的用途相似，主要用于冶金工业，加入少量碲，可以改善低碳钢、不锈钢和铜的切削加工性能。在白口铸铁中用作碳化物稳定剂，使表面坚固耐磨。在铅中添加碲可提高材料的抗腐蚀性能，用作海底电缆的护套；也能增加铅的硬度，用来制作电极板。工业上碲可用作石油裂解催化剂的添加剂以及制取乙二醇（$C_2H_6O_2$）的催化剂。氧化碲用作玻璃的着色剂。高纯碲可用作温差电材料的合金组分，其中碲化铋（Bi_2Te_3）为最好的制冷材料。化合物半导体（$As_{32}Te_{48}Si_{20}$）是制作电子计算机存储器的材料。超纯碲单晶是一种新型的红外材料。

3. 赋存状态

碲主要赋存于黄铁矿、黄铜矿、闪锌矿、金银矿、铜 – 镍硫化物矿、锡石硫化物矿中，含量仅 0.001% ~ 0.1% 。主要碲矿物有碲铅矿（$PbTe$），含碲 38% ；碲铋矿（Bi_2Te_3），含碲 36.18% ；辉碲铋矿（Bi_2Te_2），含碲 47.89% ；碲金矿（$AuTe_2$），含碲 56.41% ；碲铜矿（$Cu_{2-x}Te_2$），含碲 59.21% ；碲银矿（Ag_2Te），含碲 37.14% ；针碲

金银矿（$AgAuTe_4$），含碲 60.61% 等。以上矿物很少见，均无工业价值。工业上主要从电解精炼铜和铅的阳极泥及处理金、银矿时回收碲。

4. 矿床类型

独立碲矿床仅见于四川石棉大水沟以辉碲铋矿为主的独立碲矿床。相关含碲的矿床类型有：①铜－镍硫化物矿床；②黄铁矿型矿床③火山成因硫矿床；④含硒碲的金－银矿床；⑤热液成因铅锌矿床；⑥锡石硫化物矿床。自然界中碲虽可形成多种独立矿物，如自然碲、硒碲矿、碲金矿、碲铋矿等，但一般不具独立开采的工业意义。碲主要是铜、铅、锌、镍及黄铁矿等矿石加工和提炼过程中提取的。

5. 资源概况

碲在自然界与硒共生，但碲资源远比硒资源少。世界铜矿床中伴生碲储量 2.2 万 t，基础储量 3.8 万 t，主要分布在美国、加拿大、秘鲁、日本。此外，碲还伴生于铅矿、煤矿和金矿中。

中国碲资源丰富，查明碲资源主要集中在广东、江西，甘肃三省。中国碲资源多集中在热液型多金属矿床、夕卡岩型铜矿床和岩浆铜镍硫化物型矿床中。这三种类型的矿床分别占中国碲储量的 44.77%、43.89% 和 11.34%。广东曲江大宝山、江西九江城门山和甘肃金川白家嘴子为中国 3 个大型－特大型伴生碲矿床，占全国总储量的 94%。此外，碲还见于斑岩型铜矿床、夕卡岩型铅锌－多金属矿床、火山沉积型铁矿床及热液型石英－金矿床和汞－锑矿床中。

第十二篇

非金属矿产资源

非金属矿产是具有经济价值的岩石、矿物或矿物集合体

非金属矿产是人类最早利用的矿产资源

人类所利用的非金属矿产达二百种以上

非金属矿产种类繁多，分布广泛

非金属矿产是直接利用其物化性质和工艺特性的矿产资源

非金属矿产广泛用于工农业和人类生产生活各个方面

非金属矿产资源开发利用程度反映一个国家国民经济的发展水平

第一章 金刚石

第一节 概　述

一、金刚石的概念

金刚石是一种极稀有、贵重的非金属矿物，属等轴晶系，常见晶形为八面体和菱形十二面体及其聚形。化学成分为碳（C），其晶体中有少量的氮原子以类质同相代替碳原子，另外常含有 Si、Mg、Ca、Ti、Fe 等元素。纯净者无色透明，多数呈黄、绿、棕、黑等不同颜色；透明 – 半透明；金刚光泽；金刚石是自然界最硬的矿物，摩氏硬度为10，绝对硬度大于石英 1 000 倍，大于刚玉 150 倍；相对密度 3.15 ~ 3.52；金刚石热导率一般为 138.16 W/（m·K），热膨胀系数在 30℃ 时为 9.97×10^{-7}，耐热性在空气中为 850 ~ 1 000℃，电导率为 0.211×10^{-12} ~ 0.309×10^{-11} s/m，耐酸耐碱，化学性质稳定。

根据金刚石杂质含量及物理性质的差异，将金刚石分为 Ⅰ 型和 Ⅱ 型两类（表 12 - 1 - 1）：

表 12 - 1 - 1　　　　　　　　Ⅰ 型和 Ⅱ 型金刚石特征

类别	Ⅰ 型		Ⅱ 型	
	Ⅰa 型	Ⅰb 型	Ⅱa 型	Ⅱb 型
含氮量	0.1% ~ 0.2%，呈小片状，天然金刚石中98%属此类	少量，以分散顺磁性氮存在，人造金刚石属此类	极少，呈游离态	几乎不含氮
导热性	较好，热导率为 Ⅱa 型的 1/3		极好	较好
导电性	不良导体		不良导体	P 型导体
导光性	差		好	
双折率	能观察到		观察不到	

据胡兆扬《非金属矿工业手册》，1992 年。

金刚石按用途可分为两类：宝石金刚石和工业用金刚石。

金刚石在工业上的应用是利用其特殊的硬度性能，如用于机械、电气、航空、钻探、精密仪表和国防等工业，可制成硬度压痕器、拉丝模、岩石钻头、仪表的零部件等；利用Ⅱa型金刚石的导热性，可做固体微波器件和固体激光器的散热片；利用Ⅱb型金刚石的半导体性质，制作金刚石整流器。

二、金刚石成因类型及分布

自然界原生金刚石产于金伯利岩中，金伯利岩是一种很稀少的含钾超基性混杂火成岩，呈小岩筒或规模不大的岩墙、岩脉和岩床产出。主要形成于海西期—阿尔卑斯期。根据金伯利岩含有金刚石、铬镁铝榴石、铬镁钛铁矿和柯石英等形成于高压的标型矿物以及橄榄岩类和榴辉岩类等上地幔岩石的包体，推测金伯利岩的产出与深大断裂有关。金伯利岩通常产于前寒武纪古老的地台区。具重要工业价值的岩筒，主要产于南部非洲和西伯利亚的雅库特地区。其他地台区如巴西地台、北美地台、澳洲地台、印度地台和中朝地台等，均有具工业价值的含金刚石金伯利岩产出。

金刚石按成因可分为原生矿和砂矿两大类型：

1. 原生金刚石矿床

原生金刚石矿床有金伯利岩型和钾镁黄斑岩型两种，其中金伯利岩筒和岩脉的金刚石矿床现占世界金刚石总产量的75%左右，在20世纪70~80年代则占20%~30%。较重要的矿产地有：

(1) 坦桑尼亚的姆瓦杜伊金伯利岩筒，岩筒表面积1.46 hm^2，岩筒金刚石品位较稳定，介于 (20.11~22.54 ct) /100 t之间。

(2) 南非的阿扎尼亚金伯利岩筒群，其中著名的岩筒有：普列米尔岩筒，出露面积0.32 km^2，品位0.34 ct/m^3；菲什岩筒，地表出露面积0.173 hm^2，品位0.74 ct/m^3。

(3) 博茨瓦纳的奥拉帕金伯利岩筒，地表出露面积1.06 hm^2，金刚石品位0.89 ct/m^3。

(4) 俄罗斯的雅库特原生金刚石矿床等。

(5) 中国山东省临沂市蒙阴县内拥有全国最大的金刚石原生矿，已探明储量为2 000万 ct，曾发现重119.01 ct的"蒙山一号"钻石。

2. 金刚石砂矿床

可分为坡积砂矿床、冲积砂矿床、洪积砂矿床、残积砂矿床和滨海砂矿床等。砂矿床的金刚石来源于原生金伯利岩风化剥蚀的产物，或来自于砂矿的风化剥蚀再沉积。砂矿床的金刚石质优者较多，具有矿床分布广、易采、易选、投资少、见效快等特点，是非常重要的金刚石矿床类型。世界砂矿床金刚石的产量约占金刚石总产量的25%左右，在20世纪70~80年代可占70%~80%。

(1) 坡积砂矿床：重要的有刚果（金）的柳比拉什区和象牙海岸的托尔齐亚地区，多分布于岩筒火山口或附近的岩溶溶洞中，砂矿中金刚石平均品位为2.75~3.02 ct/m^3，金刚石多为细粒级，质量较差，宝石级金刚石占其总产量的2%左右。

(2) 冲积砂矿床：此类砂矿分布较广，约占金刚石总产量的30%。重要的矿产地有：加纳比利姆和加什地区的金刚石砂矿床，平均品位约为2.5 ct/m^3；刚果（金）西南部开赛河流域的切卡帕地区冲积砂矿床，金刚石品位 0.5 ~ 0.6 ct/m³，宝石级金刚石占该地区总产量的 30% ~ 35%；南非沿奥兰治河和瓦尔河及其支流的金刚石砂矿，金刚石质量较高；塞拉利昂的莫阿、特伊和塞瓦等河流域有冲积砂矿产出，平均品位可达 1.01 ~ 1.18 ct/m³。此外，在南美、亚洲和澳大利亚等地区也有冲积砂矿床。

（3）滨海砂矿床：此类矿床分布较少，仅有纳米比亚和南非开采此类矿床，约占金刚石总产量的 5.4%。纳米比亚在奥兰治河口到库内内河口之间的大西洋沿岸开采滨海砂矿，平均品位 0.26 ct/m³，晶粒平均重 0.88 ct。

洪积沙矿床和残坡积沙矿床产量较小，工业意义不大。

世界大型和特大型金刚石矿床有澳大利亚的阿盖尔（Agyle），俄罗斯的"成功"（Udachnaya）、"朱比利"（Jubiliee），博茨瓦纳的奥拉帕（Orapa）、朱瓦能（Jwaneng）、刚果（金）的"布依 - 马基"（Mbuyi - Maji），南非对"韦内沙"（Venetia）、加拿大的"埃卡蒂"（Ekati）。

第二节　世界金刚石资源

世界上至少有 35 个国家或地区发现了天然金刚石资源。据美国地质调查局估计，世界工业级金刚石储量 5.8 亿 ct，基础储量 13.0 亿 ct（表 12 - 1 - 2）。宝石级（包括近宝石级）金刚石基础储量估计有 3 亿 ct。世界金刚石主要集中在南非、俄罗斯、博茨瓦纳、民主刚果和澳大利亚等国。

表 12 - 1 - 2　　　　世界工业级金刚石储量和基础储量　　　　单位：亿 ct

国家或地区	储量	基础储量	国家或地区	储量	基础储量
世界总计	5.80	13.00	南非	0.70	1.50
民主刚果	1.50	3.50	俄罗斯	0.40	0.65
博茨瓦纳	1.30	2.30	中国	0.10	0.20
澳大利亚	0.95	2.30	其他	0.85	2.10

资料来源：国土资源部信息中心《世界矿产资源年评》（2011 ~ 2012），2012。

20 世纪 90 年代以来，世界金刚石勘查和开发掀起一轮高潮，在俄罗斯、加拿大、澳大利亚、巴西、委内瑞拉和非洲的许多国家探明了一批金刚石资源远景地区，相继发现了一批含金刚石金伯利岩筒，有的已证明有工业价值。

目前，金刚石的勘查活动集中在北美和非洲，其勘查投入占全球金刚石勘查投入的 70% 以上。一类是加拿大和格陵兰，其成矿条件好，金刚石质量高，经济价值大。二类是近年出现良好找矿线索，政局基本稳定、法治环境有所改善的非洲国家，比如津巴布韦、安哥拉和民主刚果。

第三节　中国金刚石资源

一、中国金刚石资源分布及特点

1. 中国金刚石资源分布

中国已探明的金刚石储量分布在辽宁、山东、湖南和江苏 4 省，主要集中在辽宁和山东两省。中国 1996 年金刚石保有矿物储量中：辽宁省 2 204.17 kg，占总量的 52.74%，山东省 1 863.31 kg，占总量的 44.58%，两者合计占总量的 97.32%；湖南和江苏 2 省合计保有 112.08 kg，占总量的 2.68%。中国金刚石矿产地索引见表 12－1－3。

表 12－1－3　　　　　　　　　中国金刚石矿产地索引

产地编号	矿产地名称	矿床规模	矿床类型	利用情况
1	辽宁瓦房店市头道沟金刚石矿区（50、51、68、74 号岩管）	大型	原生矿	已利用
2	辽宁瓦房店市瓦房店金刚石矿区（42 号岩管）	大型	原生矿	可利用
3	山东蒙阴县王村金刚石矿区	大型	原生矿	已利用
4	山东蒙阴县西峪金刚石矿区	大型	原生矿	可利用
5	湖南常德市丁家港金刚石矿区	中型	砂矿	已利用
6	辽宁瓦房店市头道沟金刚石砂矿区	中型	砂矿	已利用

资料来源：中国矿业网《中国矿产资源》。

辽宁省是中国金刚石矿资源第一大省，保有金刚石矿产地 9 处，均位于瓦房店市（复县），其中 6 处为原生矿产地（大型 3 处、中型 2 处、小型 1 处），砂矿产地 3 处（中型 1 处、小型 2 处）。

山东省是中国金刚石矿资源第二大省，也是最早发现金刚石原生矿床的产地。山东共保有金刚石矿产地 9 处，其中原生矿产地 5 处（大型 2 处、小型 3 处），均分布于蒙阴县；砂矿产地 4 处，均为小型产地，分布于郯城县。

湖南省金刚石开发较早，共保有 4 处产地，均为砂矿，其中常德丁家港矿和桃源县桃源矿为中型产地，另 2 处均为小型矿。

江苏省仅在新沂市王圩普查了一个金刚石砂矿产地，探明储量甚微，仅 0.089 kg，可供进一步工作。

2. 金刚石资源特点

中国金刚石矿产资源具有资源贫乏、分布集中、原生矿为主、品位偏低，质量较好等特点。

（1）资源贫乏、分布集中：中国金刚石矿床规模以中、小型为主，规模最大的山东蒙阴王村大型矿保有矿物储量仅 65.79 kg，与世界大型矿床无法对比。中国保有金刚石矿物储量总量仅相当于世界金刚石储量基础的 0.1%，人均金刚石储量占有量甚微，探明储量只分布在辽宁、山东、湖南、江苏少数省份，大部分省（区）尚无探明储量。长期以来，由于探明储量少，可供开发利用的产地不足，金刚石一直是中国的短缺矿产之一。

（2）矿床类型以金伯利岩型原生矿为主：在保有储量中，金伯利岩型金刚石原生矿床储量占总量的95%以上，金刚石砂矿仅占近5%。

（3）矿石品位偏低：中国金刚石砂矿产地矿石地质平均品位多在 4~8 mg/m^3 区间内，唯辽宁省瓦房店市头道沟砂矿矿石平均品位达 14.6~16.5 mg/m^3。金刚石原生矿的金刚石品位山东产地较辽宁产地高，山东蒙阴金刚石矿产地矿石平均品位为 53.57~672.313 mg/m^3，其中王村矿平均品位最高；辽宁瓦房店金刚石原生矿产地保有矿石平均品位为 29.8~462 mg/m^3，最高的为头道沟 68 号岩管。

（4）产品质量较好：中国金刚石产品质量总体较好。特别是辽宁所产金刚石质地优异，宝石级金刚石按地质品位统计，虽仅占30%，而对开采年度产量统计，宝石级金刚石最高占年度产量的70%以上，为世界称赞。山东省金刚石产品中，宝石级约占15%~20%。金刚石砂矿的宝石级含量和粒度均明显高于金刚石原生矿床。湖南、辽宁、山东金刚石砂矿的宝石级金刚石依次占总量的60%、50%和30%，但著名大颗粒金刚石却多发现于山东，且晶体完整度相对较好。

中国金刚石矿中，Ⅱ型金刚石占有一定的比重。据对部分金刚石矿体金刚石样初步测试结果：山东省蒙阴县王村矿区胜利 1 号岩管Ⅱ型金刚石含量占金刚石样品总量的18.67%，其中Ⅱb 型占Ⅱ型全量的24.67%；辽宁瓦房店头道沟矿区50、51、68、74号矿体中Ⅱ型金刚石含量占金刚石样品总量的3.86%，其中Ⅱb 型又占Ⅱ型全量的5%；湖南省常德丁家港砂矿Ⅱ型金刚石含量占金刚石样品总量的2.6%，全为Ⅱa 型。

二、矿床类型及成矿规律

1. 矿床类型

已知含金刚石的岩浆岩有金伯利岩、钾镁煌斑岩和橄榄岩 3 种，其中金伯利岩型和钾镁煌斑岩型具有工业意义。

按其成因，金刚石矿床分原生矿床和砂矿床两大类。

原生矿床，分布于地台区，受区域性深断裂控制。成矿的金伯利岩和钾镁煌斑岩是富含碱和挥发分的超基性岩，呈岩筒状和岩脉状，多呈爆发型的火山颈产出。岩筒直径为几十米，少数为几百米，个别达千米。深度很大，含较多的地幔熔融物质。有的岩筒向深部渐变为脉状体。其岩管形成时代，南非的是前寒武纪，中国山东沂蒙山和辽宁南部的是奥陶纪，贵州东部的是泥盆纪，巴西的是中生代，美国科罗拉多州的是新近纪，坦桑尼亚的是第四纪，具有经济价值的金刚石不是金伯利岩和钾镁煌斑岩岩浆结晶的产物，而是捕虏晶。捕虏晶，属橄榄岩型金刚石的，又称 P 型金刚石；属榴辉岩型金刚石的，又称 E 型金刚石。但有些工业级的微粒金刚石是与寄主岩浆同期结晶的。

金刚石在地表条件下十分稳定，故可形成各种砂矿床，包括残积、坡积、冲积、滨海沉积、冰川沉积、风积砂矿床，以前三者为主。河成金刚石砂矿床的矿体产于层状的阶地中，长几千米，宽几百米，厚几十厘米至 8 米。中国已知的有山东沂沭河、辽南复州河、湘南沅水三个河砂矿床。金刚石是最贵重、最坚硬的晶体。矿山产出的金刚石有两大级别：宝石级金刚石称钻石，是宝石之王，数量稀少；工业级的小粒级金刚石，一般占总产量的75%以上。含氮极少的Ⅱ型金刚石（Ⅰ型含氮量0.01% ~ 0.25%，是绝缘体；Ⅱ型含氮量小于0.001%），因其良好的导热和导光性，是用于高科技的战略物资。

2. 成矿规律

中国金刚石砂矿床在华北地台、扬子地台和塔里木地台等均有发现。具有工业意义的矿床为产于华北地台和扬子地台的第四纪金刚石砂矿。

中国已知具工业价值的金刚石原生矿床均为含金刚石金伯利岩型，其时空分布与成矿规律是：

（1）含矿金伯利岩体多出露于地台区，地台与地槽衔接的深大断裂地带，如华北地台的郯庐断裂带。

（2）侵入地质时代为新元古代—古生代，以古生代为主，同位素年龄约为1 800 ~ 370 Ma。

（3）沿深断裂带含矿金伯利岩体呈岩管（筒）、岩脉、岩墙（床）状产出，常含深源捕房体（超基性岩和暗色矿物等）。在空间分布上，岩体附近常分布有超基性、基性岩体和碳酸盐岩。

（4）金伯利岩属超浅成偏碱性超基性岩。岩体分异程度较弱，岩体化学成分除常见于超基性和基性岩中的Ni、Co、Cr、Sc、Cu、Pb、Rb、Ca外，常富含Nb、Ta、Ba、Sr和稀土元素，且H_2O和CO_2含量偏高。Sc和Nb含量对金刚石找矿具有特别意义。

（5）含矿金伯利岩矿物构成中，主要矿物为橄榄石和金云母；指示矿物有铬镁铝榴石、镁铬铁矿、镁钛铁矿、铬透辉石；副矿物有磁铁矿、钸钙钛矿、碳硅石、金红石、榍石、锆石、磷灰石和金刚石等；次生蚀变矿物以蛇纹石、碳酸盐类矿物为主；另外，还含有捕房体矿物如橄榄石、透辉石和角闪石等，以及其他围岩矿物。

（6）金伯利岩结构有块状、斑状和角砾状三种主要类型。

（7）金伯利岩的含矿性差异：岩管状岩体含矿富，粗斑多斑结构含矿高，富铬、富镁、高温高压矿物多的岩体含矿性强；第一代（原生的）富镁贫铁的橄榄石与金刚石呈正消长关系，高铬镁铝榴石含量与金刚石呈正消长关系，金云母含量及金云母富铁量与金刚石呈反消长关系。

三、中国金刚石矿资源储量

中国的金刚石探明储量和产量均居世界第6名左右，年产量在20万克拉，钻石主要在辽宁瓦房店、山东蒙阴和湖南沅江流域，其中辽宁瓦房店是目前亚洲最大的金刚石矿山。

目前，中国钻石主要产地有辽宁瓦房店、山东蒙阴—临沭、湖南沅江流域，都是金伯利岩型，但湖南尚未找到原生矿。其中辽宁的质量好，山东的个头较大。中国现存发现的最大钻石为常林钻石，于1977年12月21日发现于山东，由常林大队魏振芳发现，故而得名"常林钻石"，现藏银行国库中。常林钻石重158.786 ct，呈八面体，质地洁净、透明，淡黄色。

第二章 石 墨

第一节 概 述

一、石墨的概念

石墨的成分为碳（C），是一种黑色有光泽的矿物，属六方晶系；晶体呈六边形片状，具有极完全的 {0001} 底面解理；不透明，结晶完好的石墨片呈金属—半金属光泽；非晶质石墨由致密的微晶组成，土状光泽；石墨片有油脂感；硬度1；相对密度2.1～2.3。

石墨是热和电的良导体。热稳定性好，热膨胀系数小；熔点3 850℃，4 500℃左右升华。有氧条件下，620～670℃燃烧，但在常温下化学性质不活泼，并耐酸、碱侵蚀。

天然石墨可分为三类：鳞片石墨、结晶脉状石墨（纤维状或柱状）及非晶质石墨。鳞片状石墨产于大理岩、片麻岩、片岩等变质岩中。结晶脉状石墨呈脉状或囊状聚集体沿伟晶岩和石灰岩的侵入接触带分布。非晶质石墨通常呈细小的微晶粒，均匀程度不同的分布于浅变质岩，如板岩和页岩中，为含碳的蚀变沉积岩；或全由石墨组成的变质煤层中，含石墨碳高达80%～85%。

石墨矿产品用于冶金、机械、电气、化工、轻工、原子能和国防等工业部门，鳞片状石墨用途尤为广泛（表12-2-1）。

表 12-2-1　　　　　　　　　　　　　石墨的用途

产品种类	主要用途
鳞片状石墨	冶金工业中制造石墨坩埚和铸模面的涂料，炼钢炉的衬里；电气工业用作电极、电刷等导电材料；化学工业用作耐酸碱制品和生产化肥的催化剂及耐高温、高压的密封件等；原子能反应堆的中子减速剂及宇航工业中的抗腐剂等；还可作润滑剂、颜料、火药等。
无定形石墨	用于铸造涂料、电池碳棒、电池正极中的导电材料，铅笔芯、焊条的配料及炼钢增碳，耐火材料等。

注：据胡兆扬《非金属矿工业手册》，1992年。

二、石墨矿床的类型及分布

石墨产于多种类型的火成岩、沉积岩和变质岩中，然而具有经济意义的不多。较重要的石墨矿床是热液交代矿床以及遭受区域变质或热液变质的沉积岩中的矿床。世界绝大部分鳞片和晶质石墨矿床产在前寒武纪变质岩中。大理岩、片麻岩和片岩是鳞片石墨工业矿床最常见的岩石类型。主要石墨矿床类型有以下五种：

（一）浸染在富含二氧化硅的沉积变质岩中的鳞片石墨矿床

世界石墨总产量的一大半是来自石英云母片岩、长石石英岩、云母石英岩和片麻岩之类的岩石中。该类石墨矿床呈透镜状或层状。石墨含量变化较大，平均含量约25%。这类矿床较重要的有：

1. 美国亚拉巴马州东北部石英云母片岩中的石墨矿床，得克萨斯州产在前寒武纪片岩中的鳞片石墨矿床。

2. 德国巴伐利亚州东部片麻岩中的鳞片石墨矿床。

3. 马达加斯加岛是世界优质晶质石墨的最大储矿产地之一，石墨矿床产在云母片麻岩和片岩带内，位于岛的东半部延绵500多英里，共十几个生产矿山，石墨含量最高可达60%，是世界著名的高质量鳞片石墨。

（二）浸染在大理岩中的鳞片石墨矿床

鳞片石墨呈浸染状产在大理岩中，一般石墨含量不到岩石的1%，局部地区可达5%。这类矿床变化很大，矿体结构较复杂，对世界石墨生产的影响较小。

（三）变质煤层中的石墨矿床

该类矿床产于含煤岩系中，是煤或富碳层经变质作用形成，矿体为层状或透镜状，规模大；石墨含量变化大，一般为60%～80%，最高可达95%以上；世界生产的非晶质石墨大部分来自这类矿床。重要的矿床和产地有：

1. 美国罗得岛纳拉甘西特盆地的非晶质石墨矿床；新墨西哥州拉顿西南部白垩纪煤层变质的非晶质石墨矿床；

2. 墨西哥索诺拉州埃莫西略非晶质石墨矿床，优质石墨平均含碳85%，最高95%；

3. 意大利都灵附近细晶质石墨矿床，石墨含量40%～70%；

4. 奥地利东南部施蒂利亚州阿尔卑斯地区沉积变质岩褶皱带中的石墨矿床，原矿含碳平均50%～60%；

5. 韩国金恩上（Kyeng - Ssng）地区呈不规则透镜状产在沉积变质的片岩或千枚岩中。

（四）裂隙和空隙充填脉状矿床

脉状石墨矿床充填在围岩的裂隙中，矿脉通常呈特有的层状或带状。主要的矿床和产地有：

1. 美国马萨诸塞州脉状石墨矿床是最早开采的石墨矿山；纽约州狄龙附近有较大的脉状石墨矿床，褶皱倾伏端的片麻岩和伟晶岩的裂隙网中；

2. 斯里兰卡脉状石墨主要分布在该国南方、西部和萨拉加穆瓦省，产在太古界粒变岩、石英岩、石榴石硅线石片麻岩及大理岩等杂岩中；

3．脉状石墨矿床也产于印度、马达加斯加及巴西等国。

（五）夕卡岩中的石墨矿床

该类矿床产于侵入岩体与碳酸盐岩的接触带上。其特点是矿体规模不大，形态不规则，鳞片石墨大小和含量变化很大，仅占世界石墨总量的一小部分。主要产地有：美国的安德路达克；加拿大魁北克省西南部和安大略省东南部和朝鲜等。

世界石墨矿床分布很广，主要生产石墨的国家有乌克兰、俄罗斯、朝鲜、斯里兰卡、墨西哥、奥地利、捷克、马达加斯加、美国和中国等。乌克兰有大量的石墨矿床，主要分布在乌克兰结晶岩带的克什堤姆－穆尔津片麻岩中；俄罗斯东部的波托果尔及伯力边境也有石墨矿床分布；在西伯利亚西部的石炭纪地层中有隐晶质石墨产出。斯里兰卡和马达加斯加主要产晶质块状和鳞片状石墨，石墨质量高。德国、奥地利、捷克的石墨，产在巨大的结晶片岩、片麻岩及石灰岩带中，是世界上重要的石墨矿区之一。朝鲜和墨西哥主要产隐晶质石墨。

第二节　世界石墨资源

已发现的大、中型石墨矿床主要分别在中国、印度、巴西、捷克、加拿大和墨西哥。中国特大型石墨矿在黑龙江省萝北县，优质大鳞片石墨主要赋存在内蒙古兴和石墨矿和山东南墅石墨矿。巴西石墨矿分布在米纳斯吉拉斯州、塞阿拉州和巴伊亚州，最好的石墨分布在米纳斯吉拉斯州派德拉亚朱尔（Pedra Azul），探明矿石储量 2.5 亿 t。印度石墨矿主要分布在奥瑞萨邦和拉贾斯坦邦。加拿大石墨矿床分布在安大略省、不列颠哥伦比亚省和魁北克省，比塞特克里克（Bissett Creek）石墨矿是北美洲最大的石墨矿床。斯里兰卡脉状石墨矿床世界闻名，是世界上唯一的高度石墨化的脉状石墨矿床，位于斯里兰卡岛的西部和西南部。

2010 年世界石墨储量 7 100 万 t（表 12 - 2 - 2），中国石墨储量 5 500 万 t，占世界的 77%。按中国矿产资源储量分级标准，中国石墨储量 3 000 万 t。印度矿业年报公布，印度石墨储量 1 075 万 t，资源量 15 802.5 万 t。

表 12 - 2 - 2　　　　　　　2010 年世界石墨储量和储量基础　　　　单位：万 t（矿物）

国家或地区	储量	储量基础	国家或地区	储量	储量基础
世界合计	7 100	22 000	印度	520	1 100
中国	5 500	14 000	巴西	36	100
捷克	—	1 400	美国	—	100
墨西哥	310	310	其他	640	4 400
马达加斯加	94	96			

资料来源：国土资源部信息中心《世界矿产资源年评》（2011～2012），2012。

第三节　中国石墨资源

一、中国石墨资源的分布及特点

（一）石墨资源分布

中国已知石墨矿产有 100 多处。已探明储量的矿床有 50 多个，其中大部分为大、中型矿床，并有如柳毛矿床这样的世界罕见的特大型矿床。石墨矿床分布面广，绝大多数省、市、自治区都有发现，其中 16 个省、市、自治区已探明了相当多的储量。我国石墨矿床分布的特点是既广泛而又相对集中。表现在大部分矿床，尤其是大、中型矿床，集中分布于东部，尤以东北地区居多，拥有的储量为全国的 69%，其中黑龙江省拥有储量居全国之冠；其次为华东、华北及中南三地区，拥有储量占全国的 15%、13% 及 2%。相对侧重于山东、内蒙古、河北、山西、湖北、湖南、河南、江西及福建等省、自治区；而西北和西南地区的储量很少。就晶质鳞片状石墨来说，黑龙江、山东及内蒙古是我国的三大产地，分布有柳毛、南墅及兴和等著名的石墨矿床；而隐晶石墨矿床，则主要有湖南鲁塘和吉林磐石等著名矿床。这些占全国矿床总数 20% 的大、中型矿床，集中了全国 95% 以上储量，这是我国石墨资源相对集中的又一表现。

（二）石墨资源特点

中国石墨矿石质量优良。晶质石墨矿石品位虽然总体属于中等，但也不乏富矿石，矿石中石墨呈鳞片状，结晶程度较高，杂质含量较少，易于选别；隐晶质石墨矿石品位高、杂质含量少。无论是用晶质石墨矿石生产的鳞片石墨产品，还是用隐晶质石墨矿石生产的微晶石墨产品，工艺性能均较好，在国际市场中久享盛誉。

晶质石墨矿石品位相差悬殊，各矿床矿石中固定碳含量为 2.34% ~ 34.55%，平均 7.4% 左右。矿床平均品位较富的（矿石固定碳含量平均大于 10%）有 15 处，其中大型矿 5 处、中型矿 4 处、小型矿 6 处，共计保有储量占晶质石墨总保有矿物储量的 46%，主要分布于黑龙江、江西、湖北、四川及海南等地的矿床中。矿床平均品位中等的（矿石固定碳含量为 5% ~ 10%）有 30 处，其中大型矿 10 处、中型矿 13 处、小型矿 7 处，共计保有储量占晶质石墨总保有矿物储量的 37%，主要分布于黑龙江、四川、河南、陕西等地的矿床中。矿床平均品位较低的（矿石固定碳含量平均为 2% ~ 5%）有 45 处，其中：大型矿 8 处、中型矿 23 处、小型矿 14 处，共计保有储量占晶质石墨总保有矿物储量的 17%，主要分布于山东、内蒙古、山西、河北等地的矿床中。

晶质石墨矿床矿石中主要有害杂质铁、硫、磷的含量，各个矿床由于矿床类型和矿石类型的区别而不尽相同，一般含量为：Fe_2O_3 3% ~ 10%，S 1% ~ 4%，P_2O_5 0.02% ~ 0.55%，总体来说，有害杂质含量不高，且通过选矿后一般即可基本脱除。

晶质石墨矿石中石墨鳞片片径多在 0.05 ~ 1.5 mm 之间，有的可达 5 ~ 10 mm，总体以中等鳞片居多。矿石中含有大鳞片石墨（ +100 目、0.147 mm）比例高的矿床约占晶质石墨矿产地的 1/3，保有储量约占晶质石墨保有矿物储量的 10% 以上，主要分布于山东、内蒙古及湖北等地的矿床中；其余大多数矿床矿石中含大鳞片石墨的比例不高，以中等鳞片（ +200 目、0.074 mm）石墨为主，只有少数矿床矿石中石墨以细小鳞片（0.074 ~ 0.01 mm）为主。

隐晶质石墨矿石品位相差也很悬殊，各矿床矿石中固定碳平均含量 12.17% ~ 85.39%，平均为 70.8% 左右。矿床平均品位富的（矿石固定碳含量为 71% ~ 86%）有 5 处，其中大型矿 1 处，中型矿 2 处，小型矿 2 处，共计保有储量占隐晶质石墨总保有矿石储量的 76%，主要分布于湖南、广东等地的矿床中。矿床平均品位中等的（矿石固定碳含量为 60% ~ 70%）3 处，其中中型矿 1 处，小型矿 2 处，保有储量占隐晶质石墨总保有矿石储量的 13%。矿床平均品位低贫的（矿石固定碳含量为 12% ~ 56%）5 处，其中中型矿 2 处，小型矿 3 处，共计保有储量占隐晶质石墨总保有矿石储量 11%，分布于广东、陕西、吉林、北京等地的矿床中。隐晶质石墨矿石中主要有害杂质硫的含量一般较低，一般为 0.26% ~ 1.16%。

二、中国石墨矿床的类型及成矿规律

（一）矿床类型

中国已知的具有工业价值的石墨矿床按其成因可分为：区域变质型石墨矿床、接触变质型石墨矿床及岩浆热液型石墨矿床三种类型。其中以区域变质型晶质石墨矿床最多，其次为接触变质型隐晶质石墨矿床，岩浆热液型晶质石墨矿床较少。

1. 区域变质型石墨矿床

此类型矿床占中国已知石墨矿床的 84%，储量占石墨探明储量的 77%，是中国石墨矿床中主要的工业类型。矿床赋存于前寒武纪的中、深变质岩系中，主要岩性有片麻岩、片岩、透辉（透闪）岩、大理岩、变粒岩、石英岩、斜长角闪岩等，原岩建造多属黏土岩 - 碳酸盐岩 - 基性火山岩，沉积于近陆源浅海区，石墨矿层往往赋存在其上部富碳酸盐部位，含矿岩系的变质程度普遍达到角闪岩相至麻粒岩相。矿床褶皱、断裂构造发育，常伴有晚期花岗岩、伟晶岩类侵入，混合岩化作用普遍，多期变质作用叠加影响较明显。矿体受沉积变质作用控制，有一定的层位，产状多与围岩产状一致，呈层状、似层状或透镜状，长度一般为几十至数百米，有的可达千米以上，倾角陡—中等。一个矿床中一般有多层矿体，常受断层或岩体的破坏而使矿体形态复杂化。常见的矿石类型有石墨片麻岩和石墨片岩，其次为石墨透辉岩，少数矿床有石墨变粒岩、石墨混合岩及石墨大理岩等。矿石中与石墨共生的矿物多达 30 余种，主要有长石、石英、云母、方解石、白云石，含多种变质矿物如透辉石、透闪石、红柱石、夕线石、石榴子石、黝帘石、蛇纹石、金云母等，伴生有黄铁矿、金红石、钒云母、钒榴石等。石墨呈鳞片状结晶，聚片状或星散状较均匀分布，具定向构造或浸染构造。石墨鳞片片径 0.1 mm 至数毫米不等，混合岩化作用常使石墨粗化或相对富集。矿石品位一般不高，固定碳含量低的为 3% ~ 10%，较高的为 10% ~ 16%，有的可达 30% 以上。矿石的可选性好，精矿质量也好。由于原岩沉积环境还原条件良好，含矿建造中常富含硫、钛、钒、磷物质，有的矿床中伴生的金红石、黄铁矿及钒等可供综合回收利用。矿床规模多为中—大型（有的规模特大）。属于此类型的矿床有：黑龙江鸡西、柳毛，山东莱西南墅及北墅，内蒙古兴和，湖北宜昌三岔垭等石墨矿床。

2. 接触变质型石墨矿床

此类型矿床占中国已知石墨矿床的14%，储量占石墨探明储量的22%，是中国石墨矿床中较主要的工业类型。此类矿床是由于岩体侵入煤系地层引起煤层接触变质而成。侵入岩体一般为酸性或中、酸性花岗岩、闪长岩，岩体常沿背斜轴部或倾伏端等构造有利部位侵入，上有盖层，封闭条件良好。变质的煤层一般为优质无烟煤，煤岩性质多属镜煤质亮煤型。接触变质晕宽一般可达2~3 km，含煤岩系原岩为黏土质岩、砂岩、碳酸盐岩等，变质成为板岩、千枚岩、片岩、大理岩等，以板岩最为广泛，变质程度一般为绿片岩相或角闪岩相。无烟煤变质为隐晶质石墨，从接触带向外渐次出现石墨—半石墨—无烟煤的渐变过渡带。矿体呈层状、似层状、带状及透镜状分布，长度几百米至数千米，常见多层矿体，单层厚度几十厘米至数米，有的可达十余米，一般为1~3 m，倾角有的陡，有的呈缓倾斜。由于矿床多生成于褶皱、断裂发育且有岩体侵入的地质环境中，矿体形态一般复杂。矿石自然类型可分软质、硬质两种。矿石外观呈土状、致密块状，由隐晶、微晶及细晶石墨鳞片构成集合体，以隐晶石墨为主，共生矿物有石英、黏土矿物、黄铁矿及红柱石、堇青石、夕线石、黑云母等。矿石品位一般较高，固定碳含量多为60%~80%，高者可达90%以上，少数矿床低于60%。矿石精选困难，一般手选加工后可提供工业利用。矿床规模以中、小型为主。属于此类型的矿床有湖南郴州鲁塘、吉林磐石烟筒山等石墨矿床。

3. 岩浆热液型石墨矿床

此类型矿床较为少见，仅占中国已知石墨矿床的2%，储量占石墨探明储量的1%，目前只在中国西部新疆、西藏等地有所发现。与岩浆有关的石墨矿床见于新疆奇台等地，产于花岗岩的接触带，矿体即为含石墨花岗岩，常成群分布，呈透镜状、囊状，形态与产状均较复杂，单矿体直径长十至数百米，厚度几十至200 m，石墨呈团块状或鳞片状分布于花岗岩中，矿石品位（固定碳含量）3%~6%，矿床规模一般为中、小型。与热液有关的石墨矿可见于新疆托克布拉克等地，石墨产于库尔勒群下部大理岩与花岗伟晶岩的节理裂隙中，规模小、品位低，目前尚未探明具有工业价值的矿床。

（二）成矿规律

中国石墨矿床常产出于大地构造隆起区或断裂岩浆带上，较集中的分布于中国的东部环太平洋构造带、康滇—龙门大巴—黄陵、祁连—秦岭—淮阳、天山—阴山以及金沙江—哀牢山5个成矿地带。区域变质型石墨矿床分布于中朝准地台和扬子准地台以及吉黑、秦岭、祁连、华南、三江等褶皱系的隆起区，例如：在佳木斯隆起、胶辽断隆、内蒙古地轴、豫西断隆、山西断隆及康滇地轴等隆起区，分布较多的晶质石墨矿床，规模多为大、中型矿；在黄陵背斜、龙门—大巴台缘褶带、秦岭地轴、淮阳地轴及武夷隆起区，也分布有较多的以中、小型矿为主的晶质石墨矿床。接触变质型隐晶质石墨矿床大多分布于中国东部环太平洋构造带，尤其是郯庐断裂系（包括依兰—依通断裂在内）

以东地区，西部某些断裂带也有分布。岩浆热液型晶质石墨矿床则分布于中国西部的一些断裂岩浆带间。

区域变质型石墨矿床含矿岩系的时代从新太古代到早寒武世，其中以新元古代最为重要，北方多为新太古代至新元古代，南方多为新元古代至早寒武世，北方早于南方，其含矿层位有华北的桑干群、胶东的粉子山群、豫西的太华群、龙门—大巴山的火地垭群、黄陵背斜的崆岭群、康滇地轴的昆阳群、南天山的库尔勒群和兴凯湖的麻山群、武夷山的建瓯群及罗峰溪群等变质岩系；接触变质型隐晶质石墨矿床含矿岩系的时代从晚古生代石炭纪、二叠纪至中生代侏罗纪，其中最重要的是晚二叠世及早侏罗世和晚侏罗世，北方以晚、早侏罗世及石炭纪的较多，南方以二叠纪为主，其主要含矿层位北方有石盒子组、二道梁子组、鸡西群，南方有斗岭组、龙潭组及梨山组等煤系地层，产生接触变质作用的岩浆热源体的侵入时代大多为印支期—燕山期，但北方也有的为海西期；岩浆热液型晶质石墨矿床的形成则多与海西期的中、酸性岩浆岩的侵入有关。

中国石墨矿床的成矿作用发生于一定的大地构造发展阶段，有三个重要的成矿期，包括一次接触变质及岩浆热液成矿期和两次区域变质成矿期。

1. 接触变质及岩浆热液成矿期

该期时代为印支期—喜马拉雅期（T - K，67 ~ 230 Ma）属于海西—燕山构造旋回。成矿作用发生于古欧亚大陆基本形成至开始部分解体，滨太平洋及特提斯喜马拉雅构造强烈活动阶段。在中国东部环太平洋构造域等地，由中酸性岩体侵入含煤地层引起接触变质作用，煤层变质形成隐晶质石墨矿床；而在新疆、西藏等地，由于与中、酸性岩体活动有关的岩浆热液作用，形成成因独特的晶质石墨矿床。

2. 区域变质第Ⅱ成矿期

该期时代为扬子—加里东期（Pt_2—Pt_1，400 ~ 1 100 Ma），属于扬子—加里东构造旋回。成矿作用发生于中国地台基本形成并开始解体的早期阶段，多见于褶皱隆起区，如佳木斯隆起、哀牢山褶皱带、金沙江褶皱带、武夷山褶皱区，云开大山褶皱区等地，以麻山群、昆阳群、罗峰溪群、陀烈群等为代表，由于区域变质作用形成晶质石墨矿床。

3. 区域变质第Ⅰ成矿期

该期时代为中条期以前（Ar—Pt，1 700 Ma 以前），属于中条旋回以前的构造旋回。成矿作用发生于中国地台逐步形成阶段的陆核区及地台发展过程中的一些残块，如河淮、鄂尔多斯、武当—淮阳地盾、黄陵背斜古基底、祁连中间隆起区等地，以桑干群、粉子山群、太华群、登封群、三道洼群、崆岭群为代表，由于区域变质作用形成晶质石墨矿床。

三、资源储量

中国石墨矿资源相当丰富，全国20个省（区）有石墨矿产出。探明储量的矿区有91处，截至2010年底，全国保有石墨储量0.55亿 t，居世界第1位（《世界矿产资源年评》2012）。

　　从地区分布看，以黑龙江省为最多，储量占全国的 64.1%，四川和山东石墨矿也较丰富。石墨矿床类型有区域变质型（黑龙江柳毛、内蒙古黄土窑、山东南墅、四川攀枝花扎壁石墨矿等）、接触变质型（如湖南鲁塘、广东连平石墨矿等）和岩浆热液型（新疆奇台苏吉泉矿等）3 种，以区域变质型为最重要，不仅矿床规模大、储量多，而且质量好。石墨矿成矿时代有太古宙、元古宙、古生代和中生代，以元古宙石墨矿为最重要。

第三章 磷

第一节 概　述

一、磷矿的概念

磷矿是指在经济上能被利用的磷酸盐类矿物的总称，是一种重要的化工矿物原料。用它可以制取磷肥，制造黄磷、磷酸、磷化物及其他磷酸盐类，也可以用于医药、食品、火柴、染料、制糖、陶瓷、国防等工业部门。磷矿在工业上的应用已有一百多年的历史。

磷主要是以磷酸盐的形式存在于火成岩和沉积岩中。岩石中 P_2O_5 的平均含量为 $0.1\% \sim 0.2\%$，自然界约有 200 多种矿物 P_2O_5 含量大于 1%。但是，按其质和量都能达到开采利用的含磷矿物则主要为氟磷灰石和细晶磷灰石两种，都属于磷灰石矿物族（表 12-3-1）。

磷灰石：成分 $Ca_5[PO_4]_3$（F、Cl、OH），六方晶系，常呈六方柱状，集合体呈粒状、致密块状或结核状；无杂质者无色透明，常见浅绿、黄绿、褐红、浅紫色；玻璃光泽，硬度 5，相对密度 $3.18 \sim 3.21$。磷元素约有 95% 以磷灰石矿物的形式存在于自然界中。

表 12-3-1　　　　　　　　　　　磷灰石矿物种类

矿物种类	化学成分	P_2O_5 含量/%
氟磷灰石	$Ca_5[PO_4]_3$（OHF）	42.06
绿磷灰石	$Ca_5[PO_4]_3Cl$	40.56
羟磷灰石	$Ca_5[PO_4]_3$（OH）	42.05
细晶磷灰石	$Ca_{10}P_{5.2}C_{0.8}O_{22.2}F_{1.8}$（OH）	37.14
独居石	（La，Ce）$[PO_4]$	$24.8 \sim 26.35$

按其成因，磷矿石的类型有三种：

（1）磷块岩：指由外生作用形成的，由隐晶质或显微隐晶质磷灰石及脉石矿物组成的堆积体。

（2）磷灰岩：指原含磷岩石经变质作用形成的含磷灰石的磷矿石。

（3）磷灰石岩：是由内生作用形成的含磷灰石的矿石。

二、磷矿的主要成因类型及分布

（一）沉积型磷块岩矿床

该类磷矿床具有分布广、规模大、品位高等特点。这类磷矿床按矿石成分和结构构造特点可分为层状磷块岩矿床、砾（砂）状磷块岩矿床和结核状磷块岩矿床三种类型。据资料《工业矿物和岩石》（［美］S. J. 莱方德，1984）显示，沉积型磷矿床提供世界磷矿资源需求量的80%以上。重要的磷块岩矿床分布区有：美国的田纳西、佛罗里达、北卡罗来纳和西部磷矿；澳大利亚的昆士兰；北非的摩洛哥、阿尔及利亚、突尼斯；西非的撒哈拉、塞内加尔、多哥；中东的埃及、以色列、约旦、叙利亚；吉尔吉斯斯坦的卡拉塔乌、哈萨克斯坦等。我国扬子地台西缘（云南、贵州、湖南、湖北一带）拥有较丰富的磷块岩矿床，是我国磷矿的主要产地。

（二）岩浆型磷灰（石）岩矿床

该类矿床的形成主要与基性岩、碱性岩、伟晶岩和碳酸岩有关，其中碱性岩中的矿床工业意义最大。全世界约有15%的磷矿石资源来自于岩浆型磷灰岩矿床。世界上最著名的有苏联科拉磷灰石矿床和南非的帕拉博尔磷灰石矿床；巴西、乌干达、挪威、芬兰、朝鲜也具有工业开采价值的磷灰石矿床。我国储量较大的磷灰石矿床分布在东北、华北和西北地区。

（三）变质型磷灰石矿床

矿床产于前寒武纪变质岩系中，含矿岩系主要由白云质大理岩、云母片岩、磷灰石岩等组成，多属中、小型磷矿床。矿石呈现晶质结构，品位较低且变化大，但较易选矿，可作优质磷肥利用。国外著名的有越南的老街、朝鲜永柔等。我国江苏海州有该类磷矿床产出。

另外还有生物堆积型磷矿床，是珊瑚石灰岩遭受鸟粪沉积物所渗出的磷酸盐溶液的长期作用，逐渐堆积形成。其矿石类型称为岛屿磷矿型矿石，多产于太平洋、印度洋、加勒比海等岛屿上。世界著名的有太平洋的瑙鲁、大洋岛、马加蒂加；印度洋的圣诞岛；加勒比海的库拉萨俄岛。

世界上沉积型磷矿工业意义最大，但该类矿床的时空分布极不平衡。主要集中在几个地质时代中，即前寒武纪、寒武纪、二叠纪、白垩纪及第三纪。磷矿储量在整个地质历史过程中形成四个明显高峰，随着地质历史的发展，磷的堆积强度均有显著的增长。

第二节　世界磷矿资源

世界磷矿资源分布十分广泛，几乎所有国家都有，但分布不平衡，具有工业开采和商业开发价值的优质磷矿床很少。据美国地质调查局统计，截至 2011 年底世界磷矿石储量为 710 亿 t（表 12 - 3 - 2）。世界磷矿资源主要分布在非洲、北美、亚洲、中东、南美等 60 多个国家和地区，其中非洲是世界上磷矿最富集的地区，集中了世界上 75% 以上的磷矿。磷矿储量在 10 亿 t 以上的国家或地区有 9 个：摩洛哥和西撒哈拉、伊拉克、中国、阿尔及利亚、叙利亚、约旦、南非、美国和俄罗斯，占世界储量的比重合计为 97.5%。由于磷矿资源缺乏相应的替代品种，目前世界可供经济开采的磷矿资源够使用 400 年左右。

表 12 - 3 - 2　　　　　　　　2011 年世界磷矿石储量　　　　　　　　单位：亿 t

国家或地区	储量	国家或地区	储量	国家或地区	储量
摩洛哥和西撒哈拉	500	南非	15	以色列	1.8
伊拉克	58	美国	14	塞内加尔	1.8
中国	37	俄罗斯	13	埃及	1
阿尔及利亚	22	巴西	3.1	突尼斯	1
叙利亚	18	澳大利亚	2.5	其他	4.4
约旦	15	秘鲁	2.4	世界总计	710

资料来源：国土资源部信息中心《世界矿产资源年评》(2011~2012)，2012。

摩洛哥和西撒哈拉 2011 年储量为 500 亿 t，占世界总量的 70.6%。摩洛哥和西撒哈拉磷矿资源主要分布在摩洛哥的西部。品位（以 P_2O_5 计）基本在 34% 以上，属于优质矿。摩洛哥有四大磷矿区，分别是乌拉德·阿布顿高原（Oulad Abdoun，在胡里卜盖地区）磷矿区、甘图尔高原（Gantour，在本杰里尔—优素菲耶地区）磷矿区、梅斯卡拉（Meskala，在马拉喀什地区）磷矿区、Oued Eddahab（在达赫拉—黄金谷地地区）磷矿区。按照目前的开采速度，摩洛哥磷矿可供开采 200 年以上。

中国磷矿石 2011 年储量为 37 亿 t，占世界总量的 5.2%。主要分布在中西部地区，其中云南、贵州、四川、湖北和湖南 5 省磷矿的查明资源储量占全国的 75% 以上，P_2O_5 品位 30% 以上的富矿石储量几乎全都集中在这 5 个省内，所以磷矿资源区域集中度很高。

第三节　中国磷矿资源

一、磷矿资源分布及特点

我国磷矿资源储量丰富，目前每年的磷矿石产量在 6 000 万 t 以上，但高品位磷矿储量低。云南、贵州、四川、湖北和湖南是我国磷矿最为丰富的五个省份。以下是磷矿资源分布及特点：

（一）资源丰富，但分布过于集中

磷矿是中国的优势矿产之一，蕴藏量相当丰富。随着地质工作的深入发展，储量还会有新的增长。但中国磷矿资源分布极不平衡，保有储量的 78% 集中分布于西南的云南、贵州、四川及中南的湖北和湖南。除去四川产磷大部分自给外，全国大部分地区所需磷矿均依赖云、贵、鄂三省供应，从而造成了中国"南磷北运，西磷东调"的局面，给交通运输、磷肥企业的原料供给、成本带来较大的影响。

（二）富矿少，贫矿多

中国磷矿富矿少，贫矿多。中国磷矿保有储量中 P_2O_5 大于 30% 的富矿仅为 11.2 亿 t，占探明总储量的 7%，矿石 P_2O_5 平均品位仅为 16.85%，品位低于 18% 的储量约一半，且品位大于 30% 的富矿几乎全部集中于云南、贵州、湖北和四川。

（三）难选矿多，易选矿少

全国保有储量中磷块岩储量占 85%，且大部分为中低品位矿石，除少数富矿可直接作为生产高效磷肥的原料以外，大部分矿石需经选矿才能为工业部门所利用。这类矿石中有害杂质的含量一般较高，矿石颗粒细，嵌布紧密，选别比较困难。

（四）较难开采的倾斜至缓倾斜、薄至中厚矿体多，适宜于大规模高强度开采的少

中国磷矿床大部分成矿时代久远，岩化作用强，矿石胶结致密，且约有 75% 以上的矿层呈倾斜至缓倾斜产出，为薄至中厚层。这种产出特征给无论是露天还是地下开采，带来一系列技术难题，往往造成损失率高、贫化率高和资源回收率低等问题。

二、中国磷矿床的分类

国内外磷矿地质学者对世界磷矿床类型曾提出许多划分方案。莎茨基（1956）主要根据沉积建造进行分类，段承敬（1958）的分类是在前者分类的基础上增加成矿时代及沉积变质磷矿床的内容。叶连俊（1959）的磷矿床分类包括了磷矿的形成条件、形成时代、产状、矿石矿物组成及矿石化学组分等内容，是较为详尽的分类。

20 世纪 70 年代以来，对磷块岩的分类主要是根据结构与成因的联系进行分类的，主要有何起祥（1978）、孟祥化（1979）、东野脉兴（1980，1985）、刘魁梧（1985）的分类。这些关于海相磷块岩的结构成因分类，反映了磷块岩的形成环境、形成阶段、形成作用与成因。

本文所用的磷矿床分类是在已有分类的基础上，结合迄今为止获得的地质资料和研究成果而提出的综合概略的分类。本分类主要依据磷矿的成因问题划分为 2 大类 7 个亚类（表 12 - 3 - 3）。

表 12 - 3 - 3　　　　　　　　　　　　中国磷矿床分类

矿床类型			地质时代	矿体形态	主要矿物成分	矿石结构	含矿围岩	矿床规模	矿床实例
原生磷矿床	内生	岩浆型磷矿床	第三纪	层状透镜状扁豆状	氟磷灰石、磁铁矿、角闪石、长石等	致密块状状浸染状	辉石岩、辉长岩、斜长岩、角闪辉石岩	大中型	河北涿鹿县矾山磷矿床
	外生	浅海沉积型磷矿床	晚震旦纪	层状扁豆状	碳磷灰石、石英、方解石等	致密块状条带状团块状粒状等	黑色页岩白云岩燧石岩粉砂岩页岩	大型	贵州开阳磷矿床湖北荆襄磷矿床
			早寒武世	似层状	碳磷灰石、石英、方解石、海绿石等				云南昆阳磷矿床四川马边磷矿床
		生物沉积磷矿床	第四纪	层状透镜状	胶磷矿、方解石、鸟粪黏土等	土状、块状、团粒状、结核状	海滩岩	小型	海南西沙群岛磷矿床
	沉积变质	磷灰石矿床	前震旦纪	层状透镜状	氟磷灰石、方解石、白云石、云母、石英等	片状、条带状、粒状	结晶片岩大理岩板岩千枚岩	中型	江苏海州磷矿床
次生磷矿床		风化 - 沉积磷矿床	泥盆纪	层状透镜状	碳氟磷灰石、硫磷铝锶矿	砾状、致密状、粒状	白云岩	大中型	四川什邡磷矿床
		风化淋滤残积磷矿床	第四纪	透镜状巢状	胶磷矿、磷灰石、银星石、磷铝石	胶状、砾状、土状、块状、皮壳状	白云岩	中型	湖南湘潭荆评磷矿床
		洞穴堆积磷矿床		巢状筒状	胶磷矿、磷灰石、银星石、磷铝石	胶状、砾状、土状、块状	白云岩	极小型或矿点	广西邑隆、百色和广东翁源磷矿床

　　内生岩浆岩型磷矿床在世界磷矿总储量中约占 20% 左右，在中国也已发现这类矿床，且求得了一些工业储量，变质磷矿床和次生磷矿床在中国已发现多处。鸟粪磷矿床在中国也是具特色的类型。在已探明的工业磷矿储量中，沉积型磷块岩矿床占 78% 以上。

三、中国磷矿床的成矿规律

（一）内生磷灰石矿床的主要成矿规律

　　内生磷灰石矿床主要与幔源岩浆活动密切相关，含矿母岩一般为幔源岩浆岩岩体。如超基性 - 碱性 - 碳酸岩杂岩体，含钒、钛、铁基性 - 超基性杂岩体等。此类岩浆岩体一般含磷较高。由于地幔物质的选择性熔融，使磷质在幔源岩浆中富集，而后地辟上升侵入地壳，这是形成磷灰石矿床的基本条件之一。含磷的幔源岩浆，在地台或地盾地区上升到稳定的地壳内，有可能充分地进行岩浆分异作用而形成大型的岩浆杂岩体，这是工业磷灰石矿床产出的重要因素。当硅酸盐岩浆中 FeO、Na_2O 和 SiO_2 的含量达到一定比例时，P_2O_5 的存在又是有利于岩浆分异作用进行的因素。碳酸岩－镁铁质碱性岩浆侵入地壳后，由于碳酸岩浆首先形成不混熔体分离出来，其结晶温度很低，可以低达 600℃，最后在杂岩体的中心部位形成碳酸岩核，富铁（FeO）、钠（Na_2O）、二氧化硅（SiO_2）的熔浆。在 P_2O_5 的作用下，同样继续分异成超基性岩、碱性岩和磁铁－磷灰石岩等杂岩体。这样形成的磷灰石矿床，一般 P_2O_5 含量较高，规模也比较大，是主要的岩浆岩磷矿类型。许多含铁（FeO）、钠（Na_2O）较低的偏碱性镁铁质岩，一般规模小，岩浆的分异作用也不完全或完全没有进行，岩体即为磷灰石矿床的矿体。这类矿床中，P_2O_5 含量很低，经济意义比较小。

（二）沉积磷块岩矿床的成矿规律

1. 震旦纪磷矿床成矿规律

中国陡山沱期磷块岩的沉积域，属冈瓦纳北缘的陆表海，它是扬子古板块内被岛弧、残余岛弧围限的一个沉积盆地。

由岛弧、残余岛弧及板块内褶断隆起、坳陷组构的扬子古板块的古构造格局制约了陡山沱期的成磷环境和沉积相——弧后为碎屑岩相，板内为化学岩相。

碎屑岩相呈环带状分布于沉积域周边，为岛弧后缘斜坡及其弧后坳陷沉积的陆缘碎屑岩。沉积域西及北缘，滇东、川西、陕南、鄂北等地的陡山沱组，厚数十米至几百米，主要为石英砂岩类碳酸盐岩及火山碎屑岩，微含磷，属广海型的潮坪－浅滩沉积，称为碎屑岩、碳酸盐岩亚相；沉积域东南缘，赣南、湘南等地的陡山沱组沉积，为粗碎屑岩、黏土岩亚相。

化学岩相分布于沉积域内，占沉积域近 70%，板内浅海沉积的碳酸盐岩、黏土岩普遍含磷。

依附于板内残余岛弧或褶断隆起之水下高地的陡山沱组，主要为浅色碳酸盐岩、磷块岩和黏土岩，称浅海台地碳酸盐岩、磷块岩（黏土岩）亚相。浅海波浪作用带的层礁相、浅滩相、台盆相和砂坪相是陡山沱期磷块岩的主要聚集相带，特别是其中藻礁及其围限的礁后浅滩地带，更是优质厚层磷块岩的主要沉积区。著名的开阳磷矿床、瓮福磷矿床、东山峰磷矿床、宜昌磷矿床、荆襄磷矿床、保康磷矿床和朝阳磷矿床等，均位于这些相带内。

2. 寒武纪磷矿床成矿规律

（1）磷块岩特征及其形成的古地理环境：寒武纪磷块岩相，根据其矿物的共生组合可以划分为：①碳酸盐型磷块岩相；②硅质型磷块岩相；③碳酸盐硅质型磷块岩相；④硅泥质型磷块岩相；⑤粗粒陆源碎屑型磷块岩相；⑥含炭泥质细粒陆源碎屑型磷块岩相；⑦硅炭泥质型磷块岩相；⑧炭泥质型磷块岩相。这些磷块岩相在其空间上具有明显的分布规律。

（2）生物与磷的富集：中国寒武纪磷块岩中，含磷酸盐质壳体的生物化石十分丰富，无论是位于最低层位的早寒武世梅树村组初期的磷块岩，还是处于较高层位的中寒武世大茅期的磷块岩，均能见到由磷质生物壳体堆积而成的生物碎屑磷块岩。重要成磷期的中谊村段—大海段是小壳动物发展演化的显盛时期，根据云南省东部下寒武统梅树村磷块岩层中小壳动物化石种属含量丰度值的分布特点，小壳动物群的高丰度区正好与几个富磷区相吻合。

（3）震旦纪—寒武纪磷矿床共同成矿规律：根据以上叙述，兹将震旦纪与寒武纪总的成矿规律概括为如下几方面：

①时间规律：震旦纪—寒武纪，是中国海相磷块岩矿床的主要成矿期。

②空间分布：根据中国海相磷块岩矿床的成矿背景及矿床特征等，将其划分为三大成磷区。

扬子成磷区（震旦—寒武纪）：湘黔成磷带、陕鄂成磷带、浙贵成磷带、上扬子成磷带、下扬子成磷带；华北成磷区（寒武纪）：南缘成磷带、西缘成磷带；天山成磷区（寒武纪）：北麓成磷带、南麓成磷带。

中国震旦纪–寒武纪的磷矿床，都是在稳定的地台边缘沉积的，著名的扬子成磷区是冈瓦纳古陆北缘的微板块；华北成磷区与朝鲜北部成磷区相连，属中朝地块边缘；天山成磷区与前哈萨克斯坦卡拉套（KapTay）等地的一些磷矿相毗邻，属于哈萨克斯坦板块的一部分，它们都是磷矿沉积前期即已硬化了的地台或准地台。

③物质组合规律：中国震旦—寒武纪海相磷块岩矿床，在物质组合上的主要规律是：含磷岩组和磷块岩矿层，在纵横两个方向上均处于碎屑岩至碳酸盐岩之间，并且磷块岩与白云岩密切共生。

（三）变质磷矿成矿规律

变质磷矿由于其成因类型、成矿地质构造背景、时代层位等不同，其成矿规律又有较大差异。中国变质磷矿床有四个层位的四种类型：

（1）新太古代绿岩带型磷矿床（丰宁式磷矿床）。

（2）古元古代早期优地槽型磷矿床（鸡西式磷矿床）。

（3）古元古代晚期冒地槽型磷矿床，其中中朝地块东缘有与含碳、锰岩系及镁质碳酸盐有关的磷矿床（海州式磷矿床）；中朝地块北缘有产于复理石建造中的磷矿床（布龙土式磷矿床），中朝地块内部滹沱—中条古海槽中的拗拉槽型陆屑—碳酸盐岩层中的矿床（白家山式磷矿床）；

（4）古元古代末期准地台型磷矿床（罗屯式磷矿床）。丰宁式磷矿床为太古宙矿床，主要分布在中朝地块的太古宙陆核区，即华北陆核、辽吉南部–朝鲜北部陆核、山东陆核等，其中中朝地块北部内蒙古地轴中段与东段构成两个东西向的成矿带，山东半岛为一成矿区，鸡西式磷矿床为古元古代早期矿床，主要分布于微型古陆（佳木斯中间地块）及古板块边缘优地槽型建造中，其中佳木斯中间地块老爷岭隆起为一成矿区。海州式磷矿床为古元古代晚期矿床，主要分布在中朝地块东缘含碳、锰岩系与镁质碳酸岩型建造中，在吉南–辽东、苏北、皖东–鄂东北构成三个有重要工业意义的成矿带。白家山式磷矿床，主要分布于中朝地块内部滹沱—中条古海槽区，在鄂尔多斯与华北陆核之间构成一个成矿区。布龙土式磷矿床主要分布于中朝地块北缘，由内蒙古乌拉特中后联合旗向东经达茂明安联合旗，再向东经商都到河北境内，为一东西向成矿带。罗屯式磷矿床为古元古代末期磷矿床，零星分布于中朝地块吕梁运动主幕之后形成的山间盆地中。这些山间盆地本身没有规律性的分布，故与之有关的磷矿床规律性不明显。

（四）次生磷矿床主要成矿规律

（1）次生磷矿床的生成，必须具有物源层。

（2）温暖潮湿的气候有利于磷质的次生富集。

（3）一般来说，构造比较复杂的地区、节理、褶皱、断裂较为发育，岩石容易破碎、崩塌，氧化作用易于进行，对磷溶液的渗透起了良好的通道作用。在背斜、向斜近轴部和穹隆产状比较平缓处，对容矿提供了有利场所。

（4）地下水的水化学条件是磷质次生富集的重要因素。

（5）平坦和低洼地形，低山和丘陵区的缓坡地形，喀斯特化形成的洼地、溶洞，都有利于岩石溶解作用的进行。

（五）鸟粪磷矿形成条件

鸟粪磷矿床的形成，首先要具备热带海洋条件，其次是岛屿及其类型。沙洲和岛两类中，只有岛才可能有植被和海鸟存活，控制着鸟粪磷矿的有无和发育程度。建设型（稳定型）灰砂岛上，磷矿最为发育。第三是大气水下成岩作用与成土化作用。这种作用主要表现为磷质的淋滤、淀积与富集。风暴潮过后，暴露在大气之下的先期堆积物，经过蒸发，饱和碳酸盐的孔隙水浓缩，在粒间和粒内孔腔中发生沉淀，胶结成岩。由其上面鸟粪淋溶下来的磷酸盐使之磷酸盐化，胶磷矿围绕颗粒外缘发生再胶结，提高了岩石的固结度或交代原生的胶结物和碎屑颗粒，形成块状鸟粪磷矿。这种作用实际上是一种成土化作用，即在高温多雨条件下，鸟粪迅速分解，而枯枝落叶腐解产生腐殖酸，更加有利于鸟粪的分解，释放出大量磷酸盐，并与腐殖酸一起，向下层淋滤、淀积、富集。先期鸟粪之上，继续堆积鸟粪，实际上是在大气条件下的一种浅埋藏作用。新堆积的鸟粪与枯枝落叶再分解，向下淋溶、淀积与富集磷酸盐，同时碳酸盐淋失，磷质更加富集，因此形成品位较高的磷矿。经过这样长期的成土化作用，形成了西沙群岛特征性的高磷土壤剖面或鸟粪磷矿剖面的分异。

四、中国磷矿资源储量

中国磷矿有三大类型：岩浆岩型磷灰石，沉积岩型磷块岩，沉积变质岩型磷灰岩。

岩浆岩型磷灰石：贮量只占总储量的7%，主要分布在北方。其特点是磷品位低，一般小于10%，低者仅为2%～3%。由于结晶较粗、嵌布粒度较粗，属易选磷矿，选矿工艺简单，选矿指标较高。还伴生有钒、钛、铁、钴等元素，可综合回收，因此这类矿石经济效益较好。

沉积变质岩型磷灰岩：占总储量的23%，主要分布在江苏、安徽、湖北等省。一般情况下，由于风化，矿石松散、含泥高，采用擦洗、脱泥工艺即可获得合格磷精矿，有时也加上浮选工艺。云南滇池地区有许多矿山均采用此工艺，生产成本较低。此类矿是工业价值最大的磷矿。

沉积岩型磷块岩：是世界各国中的主要类型，我国此类型矿石储量占总储量的70%，主要分布在中南和西南。而云、贵、川、鄂、湘五省又占该类型储量的78%，可说是磷矿之乡。

　　由于磷矿石资源已经具有一定的稀缺性，同时国内存在较为严重的乱采现象，小磷矿资源利用率仅有15%～30%，而大矿的利用率可以达到60%～80%左右。据《世界矿产资源年评》（2012），我国磷矿石2011年储量37亿t，P_2O_5含量≥30%的富磷矿资源储量16.6亿t（2013－2017年中国磷矿行业产销需求与投资预测分析报告），主要分布在云南、贵州、四川、湖北和湖南5省，约占全国查明资源储量的75%。如果仍按照目前"采富弃贫"的开采模式进行下去，20年后我国磷矿石开采殆尽。

第四章　硫

第一节　概　述

一、硫的概念

硫是自然界广泛分布的一种非金属元素，占地壳组成的 0.06%，但只有其中很少的部分富集成矿。在自然界中，硫以单质硫及硫的化合物的形式存在。天然形成的自然硫、天然气中的硫化氢、金属硫化物与硫酸盐（石膏、明矾等）是硫的主要来源。

单质硫为黄色斜方晶系透明体，相对密度为 2.05 ~ 2.08，硬度为 1 ~ 2，性脆，对热及电的传导率极低，不溶于水，易溶于二硫化碳、四氯化碳和石油等有机溶剂中。在 112.8℃时可熔成黄色液体。

自然界中的硫以元素的形式出现于地下矿床中，与盐穹、蒸发岩盆地的沉积层中的石膏和硬石膏伴生。还见于与火山和矿泉有关的硫喷气型矿床。

组成硫铁矿的金属硫化物有黄铁矿、白铁矿和磁黄铁矿三种含硫矿物。

黄铁矿：成分 FeS_2，含 S 53.4%，属等轴晶系，浅黄铜色，金属光泽，硬度 6 ~ 6.5，相对密度 4.9 ~ 5.2。

白铁矿：成分与黄铁矿相同，属斜方晶系，板状晶形，浅黄铜色，金属光泽，硬度 5 ~ 6，相对密度 4.6 ~ 4.9。

磁黄铁矿：成分 $Fe_{(1-X)}S$，式中 X 通常为 0.1 ~ 0.2，含 S 39% ~ 40%，属六方晶系，青铜色，金属光泽，硬度 4，相对密度 4.58 ~ 4.65。

二、硫矿床的成因类型

硫矿床分为自然硫、硫铁矿及气体硫矿床 3 大类。

1. 自然硫矿床

有 3 种类型：盐穹顶盖矿床；蒸发岩盆地矿床；火山喷气型矿床。

2. 硫铁矿矿床

可分为五种类型：沉积变质硫铁矿矿床；火山岩型黄铁矿矿床；沉积和沉积改造型硫铁矿矿床；热液充填交代硫铁矿矿床；夕卡岩型硫铁矿矿床。

第二节　世界硫矿资源

一、世界硫矿床分布概况

世界自然硫矿床形成的时代主要有二叠纪、侏罗纪、白垩纪、第三纪及寒武纪。世界自然硫储量的90%和外生自然硫矿床储量的98%形成于二叠纪与第三纪。

（1）与火山活动有关的自然硫矿床主要分布在智利和秘鲁等国的安第斯含硫区，以及亚洲东部太平洋中的诸岛内。

（2）产于蒸发盆地内的自然硫矿床主要分布在以下几个地区：①前客尔巴阡区，如波兰的塔尔布热克；②地中海区，如意大利西西里岛自然硫矿床；③美索不达尼亚区，如伊拉克的米什拉克自然硫矿床；④墨西哥湾区，如分布在墨西哥的丰腊克斯以及美国路易斯安那地区的盐穹形硫矿产地；⑤西德克萨斯区，如美国的福特斯托顿矿床。

（3）含硫化氢天然气回收硫气田分布较广，主要有：西加拿大盆地、法国的阿坤廷盆地、美国的二叠纪盆地、墨西哥湾盆地和伊朗—伊拉克盆地等。

（4）黄铁矿矿床分布很广，在西班牙、俄罗斯、挪威和中国都有巨大的含铜黄铁矿矿床。世界上可供综合利用的块状硫化物矿床分布也很广，著名的有加拿大杜福特湖、日本的黑矿、塞浦路斯特罗多斯等矿床。

二、世界硫资源储量

硫以自然硫、硫化氢、金属硫化物、硫酸盐等多种形式存在于地壳中，资源十分丰富。目前可经济利用的硫资源有如下5种来源：一是从石油、天然气中回收的硫；二是金属硫化物矿床共生、伴生的硫；三是煤、油页岩和富含有机质的页岩中所含的硫；四是硫铁矿；五是自然硫矿。其中，以前两种来源的硫最有工业和商业利用价值，是世界工业用硫的主要来源，所占比重逐年提高。中国目前虽然还是以硫铁矿为主要工业硫源，但其比重已呈现逐年下降趋势。在可以预见的未来，仅依靠油气和金属硫化物矿床中的硫就可保障世界工业的需求。

第三节　中国硫矿资源

一、中国硫矿资源的特点

1. 中国硫资源构成以硫铁矿为主

中国硫资源构成与世界硫资源比例有较大差别。在世界硫资源构成中，石油与自然气中硫占较大比例，是硫的主要来源。与世界硫资源相比，中国石油多数为低硫油，酸性自然气主要产于四川威远一带的气田中，油气中硫资源量合计占中国硫资源量的0.12%。而中国的硫铁矿资源在世界上的丰硕程度却居首位，遥遥领先于世界其他所有国家；除单独的硫铁矿、伴生硫铁矿外，煤系中的硫资源也主要是以硫铁矿的形式存在，仅这三部分硫铁矿资源量就占中国硫资源量的83.4%。

从中国硫储量来看，目前硫储量由硫铁矿硫、伴生硫铁矿硫和自然硫构成。而自然硫因采选技术尚处于试验阶段，短期内还难以开发利用。所以硫铁矿和伴生硫铁矿是中国当前乃至今后相当长一段时期的主要硫源。

2. 中国硫资源富矿少、贫矿多

截止1996年底，中国硫铁矿矿石储量达46.34亿t。而硫品位大于35%的 I 级品仅占硫铁矿储量的3.7%，有96.3的硫铁矿矿石属于含硫12%～35%的中、低品位矿石，而以含硫在12%～20%的贫矿所占比重较大。硫铁矿矿石含硫平均品位在20%以下。中国伴生硫铁矿品位相差很大，最低的含硫在1.5%～3.0%，最高的达42.78%，一般为10%～30%，平均品位为3.67%。

中国自然硫矿床硫含量大多较低，目前仅有青海硫磺山在小规模开采，其余尚未利用。

3. 共生和伴生有多种有益组分

中国硫铁矿床中大多数都伴生、共生有多种有益组分，如夕卡岩型、热液型、火山岩型矿床都伴生有铜、铅、锌、钼、金、银、钴、镓、硒、碲、镉、锗、铊等有色、贵金属及稀有分散元素；沉积型矿床伴生和共生有铁、锰、煤、铝土矿和黏土矿等矿产，有利于综合开发和回收利用。有些矿石中含有偏高的对硫酸生产有害的砷和汞等杂质。

4. 开采条件差

中国绝大多数硫铁矿矿床需要进行地下开采，适合地下开采的矿石储量约占硫铁矿总储量的65%；而开采条件较好，适合露采的矿石储量仅占硫铁矿总储量的15%左右。目前，仅有广东云浮大降坪、广东英德红岩、安徽马山等少数矿区的浅部资源可露采。伴生硫铁矿资源适合露采和地下开采的各占一半左右。

5. 矿石可选性好

目前中国采用的硫铁矿选矿方法主要是浮选法，少数采用重选法。根据沉积变质型、煤系地层沉积型和热液充填交代型矿床的硫铁矿矿石选矿试验结果来看，把硫铁矿选至含硫大于或等于35%的硫精矿，技术上是可行的，社会经济效益好，同时还可以综合回收铜、金、银等有用元素，减少运输成本。

二、硫铁矿资源分布及特点

中国硫铁矿储量分布于28个省、自治区和直辖市。截止1996年底，硫铁矿矿区数有493个。保有矿石储量46.34亿t，折硫量8.42亿t。中国硫铁矿保有储量相对集中于西南、中南和华东三大区，三大区储量约占硫铁矿总储量的80%。从分布的省份来看，主要集中于四川、安徽、广东、内蒙古、云南、贵州、江西、山西、河南和湖南等省（区）。从硫铁矿资源的质量来看，含S＞35%的硫铁矿富矿仅占总量的3.3%，绝大多数集中在广东省和安徽省，其中近66%在广东，30%在安徽，只有约4%的富矿分布在其他省份。

伴生硫铁矿分布于中国的27个省、自治区和直辖市。截止1996年底，中国伴生硫铁矿矿区数有260个，硫储量3.3亿t。主要集中于江西、陕西、甘肃、吉林、安徽、云南等省。其中，江西伴生硫铁矿硫储量居全国之首，占总伴生硫储量的27.69%。

中国自然硫储量主要分布在山东、西藏、青海和新疆。截止1996年底，自然硫矿矿区共有10个，其中：山东2个，西藏1个，青海6个，新疆1个；硫储量有3.21亿t，主要集中在山东泰安朱家庄和山东大汶口两个矿区，硫储量3.11亿t，占中国自然硫储量的99.62%。青海、西藏、新疆三省（区）储量合计仅占0.38%。

截止1996年底，中国除上海外，其余省、市、自治区都有硫矿产地，共查明硫矿产地763处（未统计台湾）。

1. 硫铁矿

硫铁矿包括黄铁矿、磁黄铁矿、白铁矿。硫铁矿是一种重要的化学矿物原料，主要用于制造硫酸。部分用于化工原料以生产硫黄及各种含硫化合物等。在橡胶、造纸、纺织、食品、火柴等工业以及农业中均有重要用途。特别是国防工业上用以制造各种炸药、发烟剂等。以硫铁矿为原料制取硫酸，其矿渣可用来炼铁、炼钢。若炉渣含硫量较高，含铁量不高时，可以用作水泥的附属原料－混合料。另外，硫铁矿又常与铜、铅、锌、钼等硫化矿床共生，并含有金、钴、钼及稀有元素硒等，能综合回收利用。

中国硫铁矿储量分布于28个省、自治区和直辖市。中国硫铁矿保有储量相对集中于西南、中南和华东三大区，三大区储量约占硫铁矿总储量的80%。从分布的省份来看，主要集中于四川、安徽、广东、内蒙古、云南、贵州、江西、山西、河南和湖南等省（区）。从硫铁矿资源的质量来看，含S>35%的富矿仅占总量的3.3%，绝大多数集中在广东省和安徽省，其中近66%在广东，30%在安徽，只有约4%的富矿分布在其他省份。

2. 伴生硫铁矿

伴生硫铁矿分布于中国的27个省、自治区和直辖市。主要集中于江西、陕西、甘肃、吉林、安徽、云南等省。其中，江西伴生硫铁矿硫储量居全国之首，占总伴生硫储量的27.69%。

3. 自然硫

中国自然硫储量主要分布在山东、西藏、青海和新疆。

三、成矿规律及矿床类型

1. 成矿规律

硫铁矿矿床主要是在内生作用下形成的。此外，煤硫沉积形成的黄硫矿矿床也值得利用。地球深处尚未凝固的岩浆中含有大量的硫，当岩浆侵入到地壳时，由于压力减小了，因此岩浆内所含的硫就分离出来。这些硫与各种金属化合生成了不同的硫化、矿物。当岩浆中含有大量的硫，且氧也很充足时，就生成硫铁矿；否则，就生成磁黄铁矿。

2. 矿床类型

硫矿床的成因类型之一是由黄铁矿矿体构成的矿床。当黄铁矿与其同质多象变体——白铁矿、磁黄铁矿伴生产出时，又称硫铁矿矿床。黄铁矿矿床可在多种地质条件下形成。中国的矿床成因类型有七种：

（1）碳酸盐岩—碎屑岩建造中的沉积型黄铁矿矿床：矿层赋存于前震旦系、震旦系、下寒武统、中泥盆统棋子桥组中，如广东英德西牛黄铁矿矿床。

（2）含煤建造沉积型黄铁矿矿床：产于各时代的煤系中，中国南方以上二叠统龙潭组为主，北方以中石炭系本溪统为主，是中国最多的一种硫矿矿床类型，如川南二叠纪煤系中的黄铁矿矿床。

（3）沉积变质型黄铁矿矿床：主要产于前泥盆系的浅变质岩中，含矿岩系以含黑色页岩为特征，矿体似层状，透镜状顺层产出，与围岩同步褶皱。矿石含硫一般为20%～35%。矿床规模巨大，如广东大降坪、内蒙古东升庙黄铁矿矿床。

（4）热液充填型黄铁矿矿床：多产于硅铝质岩石中，少数以碳酸盐岩为围岩，为受断裂构造控制的脉状矿床，如浙江龙游黄铁矿矿床。

（5）夕卡岩型黄铁矿矿床：如河南银家沟硫铁矿矿床。

（6）陆相岩浆喷发热液型黄铁矿矿床：产于中生代陆相火山岩中，如安徽马鞍山黄铁矿矿床。

（7）海相岩浆喷流沉积型黄铁矿型铜矿床：又称块状硫化物矿床，其中大量黄铁矿与金属硫化物共生，如甘肃白银厂含铜黄铁矿矿床。

四、中国硫矿资源储量

中国硫资源十分丰富。硫资源总量包括硫储量和硫资源量两部分。硫储量是指硫铁矿、伴生硫铁矿和自然硫经地质勘探工作获得的储量；硫资源量包括石油、自然气、有色金属硫化物、煤、油页岩、石膏、硬石膏、明矾石和砷矿中的硫及硫铁矿资源量。

截止 1996 年底，中国硫矿区总数达 763 个，保有硫资源储量达 130 亿 t，其中基础储量 14.93 亿 t，占资源储量总量的 11.4%，约 88% 以上是硫内蕴经济资源量（参考资料：据国内外市场调查统计得来的数据）。中国煤和石膏中硫资源量巨大，单是煤中硫一项就占资源量的 74% 以上，其次为石膏中的硫占总量的 11.3% 左右，有色金属、石油、自然气、明矾石中的硫和硫铁矿等的表外储量共占 3.3%。

763 个硫矿区中，硫铁矿矿区 493 个，保有硫资源储量 8.42 亿 t，占总量的56.4%；伴生硫铁矿矿区 260 个，硫资源储量 3.3 亿 t，占总量的 22.1%；自然硫矿矿区 10 个，其中山东 2 个、西藏 1 个、青海 6 个、新疆 1 个，硫资源储量 3.21 亿 t，占总量的 21.5%。世界硫资源相对丰硕，据美国《Mineral Commodity Summaries 1996》报道，世界硫储量基础为 35 亿 t。据研究知，以我国 A + B + C 级储量与世界储量基础大致可进行对比。中国 1996 年底保有 A + B + C 级硫储量为 3.7 亿 t，位于伊拉克之后，居世界第 2 位。

从中国硫储量来看，目前硫储量由硫铁矿硫、伴生硫铁矿硫和自然硫构成。而自然硫因采选技术尚处于试验阶段，短期内还难以开发利用。所以硫铁矿和伴生硫铁矿是中国当前以至今后相当一段时期的主要硫源。

第五章　钾　盐

第一节　概　述

一、性质

钾盐是可溶性含钾（K）的盐类矿物。钾为亲石元素，性质活泼，常与阴离子、阳离子组成单盐和复盐化合物，主要有氯化物型、硫酸盐型和氯化物—硫酸盐型，钾的碳酸盐矿物极少。含钾盐类化合物大多数为非色素离子，一般为无色、白、灰或染成红、橘红、棕褐、浅黄、浅绿色，玻璃光泽，透明—半透明，密度小（$1.68 \sim 2.83 \ g/cm^3$），硬度 $2 \sim 4$，易溶于水，有苦辣味，火焰呈紫色。含钾溶液中加入二硝基苯胺和三硝基苯胺以后可生成微细结晶的橘红色沉淀。

二、主要矿物

含钾盐类主要矿物是成盐作用的晚期产物，多数是钾与钠、镁、锶等组成的复盐矿物，少数是含钾单盐矿物，常见的含钾盐类矿物见表 12 - 5 - 1，其中除钾石岩、光卤石属卤化物矿物外，其他都属硫酸盐矿物。

表 12 - 5 - 1　　　　　　　　　　含钾盐类矿物简表

矿物名称	化学式	主要组分含量/%
钾石岩	KCl	K　52.4
光卤石	$KCl \cdot MgCl_2 \cdot 6H_2O$	KCl　26.8
钾盐镁矾	$KCl \cdot MgSO_4 \cdot 3H_2O$	KCl　16.0
无水钾镁矾	$K_2SO_4 \cdot 2MgSO_4$	K_2SO_4　42.0
杂卤石	$K_2SO_4 \cdot 2CaSO_4 \cdot MgSO_4 \cdot 2H_2O$	K_2SO_4　28.9
钾镁矾	$K_2SO_4 \cdot MgSO_4 \cdot 4H_2O$	K_2SO_4　47.5
软钾镁矾	$K_2SO_4 \cdot MgSO_4 \cdot 6H_2O$	K_2SO_4　43.3
钾芒硝	$3K_2SO_4 \cdot NaSO_4$	K_2SO_4　78.6
钾石膏	$K_2SO_4 \cdot CaSO_4 \cdot H_2O$	K_2SO_4　53.0

在含钾盐类矿物中，以钾石岩最为重要，其次为混合钾盐、光卤石、杂卤石和液态钾（主要是现代盐湖的表层卤水和晶间卤水）。此外，含钾较低的还有含钾砂页岩、绿豆岩等。

杂卤石可以单独形成与石膏共生的固体矿床；杂卤石是一种含钾的硫酸盐矿物，化学式为 $K_2Ca_2Mg[SO_4]_4 \cdot 2H_2O$，三斜晶系，晶体细小板状，集合体呈粒状、块状或纤维状，白或灰色，常因含铁的氧化物而带棕、红、黄色，玻璃—蜡状光泽，部分溶于水而无味，硬度 3.5，密度 2.78 g/cm^3。

三、用途

全球开采出来的钾盐 93% 都是用于制造钾肥，7% 用作工业用钾。在加工中还可综合回收氯及其衍生物、镁化合物、工业用盐以及碘、溴、硼、锂、铯、铷等。

钾肥是农作物不可缺少的肥料，它不但能够促进作物根系发育，穗杆粗壮，不易倒伏，分蘖多，抽穗齐，成熟早，颗粒饱满，而且增强抗旱、抗寒、抗病虫害能力。钾肥主要为氯化钾和硫酸钾，属酸性肥料。氯化钾用量最大，适合粮食作物和棉花等。硫酸钾为无氯钾肥，主要施用于烟草、麻类、甘蔗、甜菜、水果等经济作物；此外，钾镁硫酸盐肥料适用于土豆等作物。

氯化钾在工业上可制取 100 多种钾的化合物，广泛用于玻璃、陶瓷、纺织、染料、制革、肥皂及洗涤剂、合成橡胶、电池、印刷、农药、医药、照相、电视显像管、火柴、烟火、黑色炸药等工业；此外，还用于航空汽油和钢铁、铝合金的热处理。

第二节　世界钾盐资源

一、矿床类型

根据成矿地质特征，世界钾盐矿床划分为现代盐湖矿床和古代盐类矿床两大类，见表 12 - 5 - 2。

表 12 - 5 - 2 　　　　　　　　　　　　钾盐矿床类型

矿床类型	成矿地质特征	矿体形态规模	矿石矿物结构、构造特征	伴生组分	矿床价值	典型矿床实例
1	2	3	4	5	6	7
现代盐湖矿床（大陆型盐湖，固液相并存）	产于第四纪至当代，盐湖形成于干旱、半干旱气候带，其带大致位于 10°～15° 至 40°～50° 之间，形成盐湖的条件是内陆不潟湖和海滨半封闭的	固相：层状，似层状、透镜状扁豆状等	固相：主要矿石矿物是光卤石，具有层状及条带状构造，其结构以半自形晶为主，呈镶嵌结构，液	除主要 KCl、NaCl 外尚有：	除产钾外，其他伴生组分均可利用，故经	察尔汗、达布逊盐湖，巴勒斯坦死海、美国犹他州

（续表）

矿床类型		成矿地质特征	矿体形态规模	矿石矿物结构、构造特征	伴生组分	矿床价值	典型矿床实例
		海滨，其形成过程就是水体含盐浓度不断增加的过程，由碱水到卤水最后达到饱和而堆积成盐类矿床	液相：（指地下卤水）一般为层状或似层状，其储量由几百吨到几千吨，大的可达几亿吨到几十亿吨	相盐湖水体，按其赋存条件，主要类型可分为：地表卤水，底部卤水、晶间卤水、湖下水及边缘水	$MgCl_2$、$MgSO_4$、$CaSO_4$、B_2O_3、$LiCl$、Br、I 等	济价值较大	大盐湖
古代盐类矿床	岩盐－光卤石、杂卤石钾矿床	矿床产于潟湖相沉积岩系中，由于是在海滨潟湖，其总成分与海水相似，由于海水蒸发较完全，故大部分盐类，依不同溶解度按一定次序沉淀而形成，最后为钾盐与镁盐	矿层为层状，石盐、光卤石、杂卤石成互层沿走向延长数公里，总厚度数十米到数百米	带状、层状构造、结晶粒状等结构	硫、锶、镁、硼、溴、铷、铯	系规模巨大的钾盐矿床	德国斯孚特钾矿床
	岩盐－钾盐－光卤石钾矿床	产于石灰岩、白云岩、黏土岩、砂页岩中，成因与上述岩盐—光卤石—杂卤石矿床一致，由于没有钾的硫酸盐类，它在沉积过程中海水有了变化	不同矿层成带状分布，各种矿层成互层或是多层出现。厚度由几米到几十米，出露面积上千平方公里	呈砾状、块状、层状、侵染状、条带状、脉状等构造，形细粒、球粒、半自形粒状。镶边状结构	硫、锶、溴、镁、铯、铷等	规模大，是钾盐矿床重要类型之一	孟野井钾矿床，苏联上卡姆钾盐矿床
	天然卤水矿床	是蕴藏地下的盐类溶液。一部分是原生的即古代残余卤水保存在地层中，一部分是次生的即固相盐类矿床被地下水溶解而形成。这类矿床的规模大小不一，成分变化很大	卤水赋存于有封闭条件的地层中，受构造控制	卤水成分：锂、钠、钾、铷、铯、镁、钙、溴、碘、硼、锶等		规模大小不一	自贡一带的黑卤可提钾。美国安纳达科盆地的地下卤水

二、世界钾盐资源储量

世界钾盐资源极为丰富。目前，已发现的成钾盆地达 30 余个，绝大部分为地下固体钾盐，少部分为含钾卤水。据美国地调局统计，当前世界探明钾盐储量约为 95.42 亿 t（储量基础自 2010 年起不再报告，表 12 - 5 - 3）。估计全球各种钾资源总量约为 2 500 亿 t（以 K_2O 计），按目前世界生产水平，现有探明储量可供世界开采 240 年以上。

　　但从空间分布来看，世界钾盐资源分布极度不平衡，加拿大、俄罗斯、白俄罗斯合计储量占据全球钾盐资源总储量的85%以上，其次为巴西、中国、德国和美国，但占比均很低。

表 12 - 5 - 3　　　　　　　　　　2011 年世界钾盐储量　　　　　　　　　　单位：万 t

国家或地区	储量	国家或地区	储量	国家或地区	储量
世界合计	954 200	中国	21 000	以色列	4 000
加拿大	440 000	德国	15 000	乌克兰	—
俄罗斯	330 000	美国	13 000	英国	2 200
白俄罗斯	75 000	智利	13 000	西班牙	2 000
巴西	30 000	约旦	4 000	其他	5 000

资料来源：国土资源部信息中心《世界矿产资源年评》(2011~2012)，2012。

　　加拿大是世界上最大的钾盐资源国。钾盐矿主要分布在中南部的萨斯喀彻温省和东南部的新不伦瑞克省，均为固体钾矿，所开采的矿石为钾石盐。萨斯喀彻温省（简称萨省，下同）的钾盐矿床是世界最大的钾盐矿床，位于萨斯喀彻温南部平原。

　　俄罗斯和白俄罗斯是世界钾盐第二大集中区。主要含钾盆地和地区有 6 个：前乌拉尔边缘拗陷带、第聂泊尔 - 顿涅兹盆地（乌克兰 - 白俄罗斯）、前喀尔巴阡拗陷带、滨里海盆地、中亚含钾盆地和东西伯利亚涅帕盆地。现在开采的俄罗斯乌拉尔地区的上卡姆矿山和白俄罗斯的斯塔罗宾矿山，都是世界级的巨型矿床。

　　俄罗斯钾盐储量（A、B、C_1 级）32.19 亿 t（K_2O），占世界总量的 34% 以上，排在世界的第二位。C_2 级储量 157.45 亿 t（K_2O）。俄罗斯还有较多的钾盐预测资源量，但都属于 P_1 和 P_2 级，其总量为 126.5 亿 t（K_2O）。预测资源中最多的是氯化钾，主要集中在伊尔库茨克州，占总预测资源量的 2/3；亚硫酸氯化钾盐和亚硫酸钾盐占 1/3〔折 40.15 亿 t（K_2O）〕，其大部分位于俄罗斯南部的农业地区。

　　俄罗斯已探明的钾盐储量大部分（83% 即 27 亿 t）集中在维尔赫涅卡姆斯克氯化钾矿床（位于俄罗斯别尔姆斯克边区），此矿床矿石品位高（K_2O 含量平均 17.39%），钾盐层埋藏较浅，350~450 m。俄罗斯涅普（Nepa）钾盐矿床是与维尔赫涅卡姆斯克矿床并列的，属未开发的另一个超大型钾盐矿床。位于俄罗斯西伯利亚伊尔库茨克州北部，面积 2.2 万 km^2。品位富（KCl 含量 25%~55%），以钾石盐和光卤石为主，预测光卤石资源量超过 4 500 亿 t，钾石盐资源量 700 亿 t，是世界富优钾矿之一，此矿距离我国较近。

　　白俄罗斯探明钾盐储量 2.75 亿 t，包括 C_1 和 C_2 级钾石岩储量 2 亿 t，光卤石 0.75 亿 t。在明斯克和戈梅利州有 3 个钾矿，目前只在明斯克的斯达洛宾地区开采，约 54 亿 t。

　　据美国地调局估计，美国国内钾盐总资源量约 70 亿 t，多数在地下 1 800~3 100 m，分布在蒙大拿州和北达科他州 3 110 km^2 范围内，作为加拿大萨斯喀彻温威利斯顿盆地矿床的延伸。在犹他州的帕拉多克斯盆地矿约有钾盐资源 20 亿 t，多数在 1 200 m 以下。亚利桑那州的霍尔布鲁克盆地矿约有钾盐资源 10 亿 t。还有一个大钾盐矿在密歇根州中部 2 100 m 以下，大约有 4 000 万 t 钾盐资源储量。

德国的钾资源分布在北部地区，著名的有韦拉—富尔达、南哈茨、施塔斯富特、马格德堡、下莱因和汉诺威等。今年德国的钾盐储量降低较多，可能是原来勘查程度较低，预测的成分较大，经过进一步勘查实际储量大大缩小。另外，还有法国北部的阿尔萨斯的下莱茵地堑，英格兰东部的约克郡，开采的也都是钾石盐。

在亚洲、非洲及南美洲许多发展中国家，通过钾盐普查也找到了一些钾矿床。如泰国东北部呵力高原发现了晚白垩世的大型钾盐矿床，矿石为钾石盐一光卤石。老挝的钾盐矿床是从泰国延伸过来的，分布在万象平原。南美洲的巴西、智利、秘鲁也有一定的钾盐储量。在阿根廷内乌肯省和门多萨省南部发现了一个大型钾石盐矿床。

我国是一个相对缺钾的国家。新中国成立以来政府就很重视钾盐的找矿工作，投入了较大的人力和物力，虽然也找到和探明了一些资源，但难以取得新的突破。探明的钾盐储量主要分布在现代盐湖中，已探明地质储量约 10 亿 t，另据地质构造分析，我国有多个时代大型海相蒸发盆地，已发现一些古代固体钾盐苗头，如兰坪—思茅盆地、陕北奥陶系盐盆地、新近系和湖北江陵盆地古、新近系发现深层富钾卤水。全国 9 省区共查明钾盐产地 56 处，查明资源储量 106 930.29 万 t（KCl），其中基础储量 60 800.03 万 t，占 56.86%。

第三节　中国钾盐资源

一、中国钾盐的成矿特征及成矿规律

（一）矿床特征

我国盐湖型钾盐矿床以液态钾盐矿为主，液体矿主要赋存盐湖盐类沉积层的晶间卤水中，在部分盐湖中湖表卤水及碎屑沉积物的孔隙卤水中也为富钾卤水，以晶间卤水为主要工业类型。固体钾盐只在察尔汗等少数盐湖中成矿，目前，大部分固体钾盐尚不能直接利用，经固液转化后可综合利用。

1. 液体钾盐矿床

（1）含卤层特征：含钾卤水主要赋存于盐湖盐类沉积的晶隙间，据统计，我国现代含钾盐湖盐类沉积以石盐为主，下部有少量芒硝、石膏等沉积，少数盐湖中有硼酸盐沉积，只有新疆罗布泊盐湖以钙芒硝沉积为主，夹石盐和石膏沉积。大型盐湖的含卤层厚度一般在 20～50 m，最厚可达 136.86 m，最多可达 7 层盐类沉积，每层盐层中均赋存有晶间卤水，期间被碎屑层所分隔，可分为上部潜卤水含水层和下部承压卤水含水层；小型盐湖的含卤层一般厚数米至十余米，为潜卤水含水层，含卤层一般呈层状、似层状或透镜状，中部厚，向边部变薄。潜卤水含水层埋深一般小于 1 m，埋深大者为 1.75 m。结构较松散，富水性强，孔隙度在 10%～30%，给水度一般在 8%～20%，单位涌水量在 50～80 L/s·m，渗透系数 79～704 m/d，为各盐湖的主要钾矿层。

　　深部孔隙卤水中的钾为重要的潜在钾盐资源，特别是在柴达木盆地和罗布泊盐湖的更新世盐类沉积层位中具有较好的找钾潜力。但在大部分地区，深部含水层结构比较致密，赋水性较差，孔隙度一般较小，单位涌水量不大，为次要含卤层。

　　（2）含卤层水化学特征：晶间卤水为高矿化度卤水，矿化度一般在 300～400 g/L，水化学组成主要阴离子为 Cl^-，SO_4^{2-} 次之，主要阳离子为 Na^+，其次为 Mg^{2+} 和 K^+，卤水中 Ca、CO_3^{2-}、HCO_3^- 含量很低。卤水中 KCl 含量多在 12.64～29.17 g/L 之间。

　　卤水矿化度与主要化学组分之间关系密切，随着卤水矿化度的不断增加，石盐大量析出，卤水中 Na^+ 含量迅速减少，而 K^+、Mg^{2+} 含量随之增高。当 K^+ 含量的增加矿化度达到 370 g/L 时，K^+ 达到饱和，开始析出光卤石，此后 K^+ 含量逐渐减少，Na^+ 含量也缓慢降低。而 Mg^{2+} 的含量一直上升，直到析出水氯镁石。

　　晶间卤水中一般含有 Li、Br、I、Rb、Sr、Cs、B_2O_3 等微量元素，由于盐湖的物质来源及演化程度不同，这些微量元素的富集程度不同，盐湖中一般 Li、B_2O_3 及 Sr 富集程度较高，达到综合利用品位，在大、小柴旦等盐湖中沉积有硼酸盐矿物，并形成矿床，具有较高的经济价值。

　　在大型盐湖中，由于补给水源的多元性，晶间卤水中可存在不同类型的卤水，如察尔汗盐湖晶间卤水中存在硫酸盐型和氯化物型卤水。而其他盐湖中一般只有一种水化学类型，以氯化物型、硫酸盐型为主，西藏扎布耶式盐湖湖表卤水化学类型为碳酸钠型。

　　（3）晶间卤水的分异作用：含钾盐湖中晶间卤水具有水平和垂直分异，表现为卤水矿化度、水化学类型以及化学组分的变化，引起卤水发生分异的原因主要有地下水及地表水的补给、卤水埋深以及湖表卤水等多种因素的影响。在平面上，靠近地下水及地表水补给的一侧，卤水矿化度低，远离补给区卤水矿化度升高。在补给条件较差的盐湖中，由盐湖边缘向盐湖内部，有卤水有矿化度升高，钾的含量增加的趋势。

　　卤水的垂直分异，在卤水层厚度较大的盐湖中，均有不同程度的反映，在同一盐湖中，不同部位，卤水的变化趋势也不同。综合不同盐湖卤水垂向变化趋势，卤水垂直分异自上而下可划分出：缓变型：卤水浓度自上而下逐渐增高，且变化幅度较小；剧变型：卤水浓度自上而下突然增大，呈跳跃式变化，且变化幅度较大。多变型：卤水浓度由低变高—变低—变低。这种变化主要受卤水的重力分异作用、地表径流的影响、地下径流的影响以及不同层位含钾矿物的析出沉淀等多种因素的影响。1967 年，西宁盐湖研究室水化学组曾在察尔汗盐湖现场进行了模拟试验，针对地下潜流的影响进行了模拟，与实际情况相符。

　　2. 固体钾盐矿床

　　现代盐湖中有察尔汗盐湖、察汗斯图拉盐湖及大浪滩盐湖等产固体钾盐。一般规模小、品位低，为次要钾盐类型。

　　（1）含盐系特征：固体钾盐矿一般赋存于石盐层中，少数沉积于盐湖表层或风积层中。含盐系由石盐层和夹于其间的碎屑层组成，以察尔汗含盐系厚度最大。

　　含盐系盐类沉积中盐类矿物种类多。可分为氯化物、硫酸盐和碳酸盐三类：其中石盐是盐层中分布最广的矿物，形成最多五层石盐沉积，含钾矿物主要为光卤石，其次还有钾石盐、钾石膏、钾芒硝、钾盐镁矾、钾镁矾等。石膏分布较为广泛，在盐层的下部和边部较多，芒硝盐湖的盐沼区也有分布；碳酸盐类主要产于碎屑岩层中。

（2）钾盐矿层的特征：固体钾盐矿层是在盐类沉积的后期沉积的，一般赋存于石盐层的上部，在有的盐层中也可出现多层固体钾盐矿层，反映了当时沉积环境的相对干湿变化，即在总的干冷的条件下，出现了气候的相对波动，可沉积多层钾盐矿层。盐湖中自下而上，固体钾石盐的厚度增加、分布面积变大，KCl 含量升高。

以察尔汗为例，盐湖共沉积了 8 层钾盐层，其中 1～3 层分布面积小，矿层多呈透镜状或小扁豆状，一般厚 1.5 m 左右，主要有石盐、光卤石和粉砂组成，局部见有钾石盐，KCl 含量多在 2.52%～5.23% 之间。4、5、7、8 层钾盐层为主要固体钾盐矿层层，钾盐层面积为 50～274.3 km²，但 KCl 含量不高，一般在 3% 左右，高者在 8% 左右，其中第 8 层为析出于达布逊湖北岸的最新沉积的钾盐层，KCl 含量在 2.05%～14.72%。矿层厚度除局部较厚外，一般在 1～2 m；矿物成分以石盐、光卤石为主。还有其他钾镁硫酸盐矿物，如软钾镁矾等。光卤石一般呈微晶状、星点状分布于石盐的晶间孔隙中，局部呈薄层状与泥沙石盐互层产出，单层厚度几厘米至十几厘米。

固体钾盐层大部分属于低品位的贫矿，与围岩没有明显的界限。根据钾盐层的产状和构造特点，可明显划分为层状和浸染状两类。

在马海、昆特依等盐湖中，固体钾盐矿只有 1～3 层，而同一层矿又有 6～17 个矿体组成，矿体面积多在 1～6.7 km²，个别可达 76 km²，矿体形态多数呈透镜状、少数呈层状，矿层厚度一般为 0.5～2 m，少数达 4 m。

（3）矿石类型及化学组分：矿石类型可分为 3 种。粉砂钾矿，呈粉砂状结构、孔洞状构造，仅见于地表。矿石矿物主要为光卤石，局部含钾石盐；石盐钾盐：粒状结构、镶嵌结构、残余结构、交代结构，块状构造，矿石矿物为钾石盐和光卤石，偶见少量无水钾镁矾及钾盐镁矾；砂钾矿，为砂状结构，半松散状构造。矿石矿物为光卤石，个别为钾石盐；黏土钾矿，泥质结构，块状构造。矿石矿物为钾石盐。前两种类型为各矿体的主要矿石类型。矿石中 KCl 含在 8.5% 左右。其他化学组分 MgCl 含量在 5% 左右，达到综合利用品位；NaCl 在 50% 左右，达到工业品位，为多元素共生的盐类矿床。

固体钾盐矿不能单独开采利用，可通过固液转化等方式提高其经济价值。

（二）控矿因素

调查表明，现代盐湖中均不同程度地出现钾的富集，在那些盐湖规模较大、演化时间较长以及成钾物质来源丰富的盐湖区，钾的成矿作用强烈，钾以固体的形式沉积，大多数情况是以离子的形式富集于盐湖后期的高矿化度卤水中，形成液态钾盐矿床。

1. 构造对成钾盆地的控制

构造是控制和影响钾盐成矿与分布的首要因素，尤其是新构造运动所形成的大型中新生代构造断陷盆地或山间盆地以及众多的凹陷，是现代盐湖型钾盐矿床形成的有利场所。而盆地内部发育的次级拗陷，往往是盐湖盐类沉积和卤水富集的最后场所，盆地的规模越大，盐湖演化时间越长、钾盐成矿物质来源越丰富，形成的钾盐矿床的规模也就越大。目前，我国的大型和多数中型现代盐湖型钾盐矿床均分布于柴达木盆地和塔里木盆地中。

2. 古地理环境因素

由于地质构造的控制，形成了封闭的古湖盆地。该种古湖盆地发展演化时间长。含钾盆地常位于大湖盆地的最低汇水盆地即多级盆地中的最低一级盆地。在大型内陆盆地中，有的盆地内存在多个次级拗陷，可能形成多处相对独立的古湖盆，也就可以形成多个钾盐矿床，如柴达木盆地，已形成十余处含钾盐湖。而在有的盆地中，只有少数几个或一个汇水中心，只形成一个规模很大的古湖盆，如塔里木盆地的罗布泊古湖盆。

3. 气候条件

我国内陆盐类和钾盐矿产的形成和保存与干旱的气候条件密不可分。成钾盆地地处大陆腹地，喜山运动使青藏高原隆起，阻挡了来自印度洋的潮湿海洋季风，使水汽的输入大大减少，并使气候逐渐变得干燥。据沈镇枢对青海柴达木几个含盐盆地的研究，察汗斯拉图最早成盐时间为 11.2 万年，相当于中新世中期，昆特依为 7.3 万年，相当于中新世晚期，大浪滩为 3.7～4 万年，相当于上新世早期，察尔汗在 3.1 万年，相当于上新世中期。罗布泊最早盐类沉积为中更新世。由此可见，最早自中新世中期以后，古气候已经出现了干旱期，自此以后古气候发生多次周期性干湿的变化，但总的趋势是向干燥的方向发展，在盐湖演化的后期，没有开始沉积薄层光卤石，但多数钾以离子的形式富存于晶间卤水中，形成液相矿床。

盐湖型钾盐矿床分布区现代的气候均属典型的大陆性干旱气候，在察尔汗地区，年平均气温 5.2℃，年均降水量 24.1 mm，蒸发量 3 549.3 mm，蒸发量为降水量的 150 倍。罗布泊地区，年平均气温 13.4℃，最高气温 48℃，年均降水量 38.5 mm，蒸发量 3 776.5 mm，蒸发量为降水量的 98 倍。

4. 成矿物质来源

研究表明，我国盐湖型钾盐矿床成矿物质是多来源的，既有周围山体的风化盐（特别是周边山区大面积分布的富钾长石的中酸性岩浆岩），也有第三纪的再熔盐，还有湖区边缘含钾的深循环水（油田水和岩浆来源水）的局部掺杂。正因为物质来源是复杂的，所以在大的成钾盆地，其不同地区的水化学类型也是不同的。例如，察尔汗盐湖，其南部和西南部主要分布硫酸盐型水，其北部和东北部主要分布氯化物型水，在盐湖中部常分布过渡型水（硫酸盐向氯化物型过渡）。当然，实际情况还相当复杂。

（三）成矿规律

1. 成矿时代

我国现代盐湖型钾盐矿床的成矿时代为早更新世晚期到全新世。成矿强度随着时间推移越来越大，以全新世最为强烈。

根据含矿地层的时代，青海柴达木盆地的钾盐矿的成矿时代最早，昆特依盐湖和察尔汗盐湖最早含卤层时代为早更新世晚期地层，马海盐湖最早含卤层时代为中更新世晚期地层，多数盐湖的钾盐成矿时代为晚更新世晚期至全新世。如察尔汗、大柴旦、一里坪、东西台吉乃尔等盐湖钾盐成矿时代为晚更新世晚期至全新世。

新疆和西藏盐湖的成盐成钾期晚。其中新疆最早成盐期为晚更新世末期，成钾期多在全新世中期以后，如罗布泊盐湖的钾盐成矿时代为全新世中晚期。

西藏盐湖的成盐期为晚更新世末至全新世初和全新世末期以后，其中后一个成盐作用最为强烈，也为主要钾盐成矿期次。

2. 空间分布

我国盐湖型钾盐矿床的分布明显受中新生代成盐盆地的控制，大中型钾盐矿床均分布于大型断陷盆地中，并沉积于盆地相对低洼处，有的盆地中次级构造分异明显，形成多个沉积区，如察尔汗盆地有三个次级拗陷区，在盆地的中部及西北部形成三个钾盐矿床分布区；有的成盐盆地只有一个沉积中心，如准噶尔盆地和塔里木盆地，形成一个钾盐矿集中分布区。

总体看，我国现代盐湖型钾盐矿床集中分布于青海柴达木盆地中，有矿床 33 处，为我国最大的钾盐矿床分布区，在其他断陷盆地及山间盆地中分布数量少，也有集中分布的特点。

在准噶尔盆地，钾盐矿集中分布于盆地西侧于玛纳斯拗陷中。在塔里木盆地，钾盐矿资源集中分布于盆地东端罗布泊湖区。

在东天山山间盆地、凹陷及西藏高原冈底斯山构造盆地中形成钾盐矿床的集中分布区。

3. 矿物及化学组分

现代盐湖型钾盐矿床均分布于内陆封闭的沉积盆地内，形成区域的汇水中心，物源区成盐成矿物质组分影响了盐湖中钾盐矿有益元素的共生组合。

在准噶尔盆地钾盐成矿区，钾盐矿以伴生硼为特征，卤水中 B_2O_3 为 747.49 mg/L。在塔里木盆地成矿区，钾盐矿伴生硼、锂，在罗北凹地，深层卤水中 LiCl 平均含量为 208.9 mg/L，B_2O_3 为 437.33 mg/L。在柴达木盆地中，盆地北缘盐湖为硼 – 钾 – 锂共生，在盆地中部西端有单一钾盐矿床，有钾伴生硼矿床，有锂伴生钾、硼矿床，有钾伴生硼、镁、锂、铷、铯等矿床。柴达木盆地钾盐矿床中矿物共生组合复杂，反映了物质来源的多样性和卤水分异充分。

西藏钾盐矿床以硼 – 锂 – 钾共生为特点，形成共生矿床，这与本区强烈的热水活动有密切联系。

二、中国钾盐矿床的类型划分

1. 按成矿时代划分

按成矿时代划分，我国可溶性钾盐矿床可分为：第四纪以前形成的古代钾盐矿床（包括中新生代陆相碎屑岩型钾盐矿床）；第四纪形成的现代钾盐矿床（盐湖型钾盐矿床）。

2. 按赋存状态划分

按赋存状态划分，我国可溶性钾盐矿床可分为：固体层状矿床；液体矿床。

3. 按矿石化学组成划分

按矿石化学组成划分，我国可溶性钾盐矿床可分为：氯化物型矿床：察尔汗盐湖钾镁盐矿床和勐野井钾盐矿床均属此类型；硫酸盐型：大浪滩钾盐矿床属此类型；混合型矿床：既有氯化物又有硫酸盐的矿床；硝酸盐型：新疆鄯善地区的钾硝石矿属此类型。

4. 按矿床成因分类

按矿床成因划分，我国可溶性钾盐矿床可分为：海相成因；陆相成因；深层卤水补给三种类型。

5. 钾盐矿床工业类型分类

我国以现代盐湖钾盐矿为主，另有少量古代沉积矿床、地下卤水钾盐矿，钾盐矿床工业类型主要分为四类：杂卤石—石盐岩类；钾芒硝—石盐岩类；光卤石—岩盐岩类；泥砾质石盐—钾盐岩类。

三、中国钾盐资源的分布及特点

（一）中国钾盐矿产资源的分布

现代盐湖型钾盐矿床主要分布于我国西北大型内陆干旱盆地中，即柴达木盆地、塔里木盆地等，盆地的规模越大、物源越丰富、气候越干旱，形成的矿床数量越多、规模越大。在规模较小的山间盆地、洼地中也能形成中小型现代盐湖型钾盐矿床。

青海柴达木盆地钾盐矿床数量多、规模大，为现代盐湖型钾盐矿床的主要聚集区，盆地内有含钾盐湖13处，其分布严格受盆地内次级构造的控制，可分为盆地北部山间盆地盐湖带，盆地中部西段盐湖带和盆地中部东段盐湖带。

新疆钾盐资源主要分布在塔里木盆地东部罗布泊地区，在准噶尔盆地及天山山间盆地内也有分布。

西藏地区盐湖数量众多，多为卤水湖，主要分布于青藏高原的西南部，即冈底斯山北麓，形成钾盐矿床两处，分别为扎布耶盐湖（大型）和扎仓茶卡Ⅱ湖（小型）。

在甘肃、内蒙古的干盐湖中，有多处钾盐矿点、矿化点，部分形成小型钾盐矿床，其中以河西走廊北侧和腾格里沙漠地区较为集中。

（二）中国钾盐矿产资源的特点

1. 储量少

截至2011年底，全国查明钾盐矿产地56处，资源储量106 930.29万t（KCl）。

2. 以液体资源为主

国外钾盐资源储量的主要部分是古代固体层状矿床，占总储量的绝大部分，而我国的钾盐资源储量主要是液体卤水矿床。已查明的56处钾盐矿产地中有42处为现代盐湖型钾盐矿床，占我国查明钾盐矿床总数的75.0%，占查明资源储量的97.74%。

3. 矿石品位低

已探明的现代盐湖层状固体矿层普遍为贫矿，96%是表外矿，KCl含量仅2%～6%。古钾盐层状矿床KCl含量平均为8.81%。国外固体钾盐层状矿床矿石晶位一般为15%～35%的K_2O。

4. 质量差

我国古代钾盐矿石中，固体难溶物和不溶物比较多，选矿和加工难度大。

5. 共生组分多

盐湖卤水和地下卤水中与钾共生有大量的镁、钠、硼、锂、溴、碘、铷、铯等元素，有很高的综合利用价值。

6. 埋藏浅

盐湖资源出露地表，固体层状钾盐矿一般埋深 25~700 m，易开采。

7. 可选性差

云南勐野井钾盐矿含泥沙水不溶物比较多，品位低，难以选矿，成本高；盐湖卤水需经日晒光卤石后才能浮选，增加了盐田投资。

（三）中国钾盐矿产资源储量

我国已查明的钾盐资源储量不大，尚难满足农业对钾肥的需求。钾盐矿被国家列为紧缺矿种之一。截至 2011 年底，我国 9 省区共查明钾盐矿产地 56 处，主要分布在我国西部和西南的边远省份，查明资源储量 106 930.29 万 t（KCl），其中基础储量 60 800.03 万 t，占 56.86%。现代盐湖型钾盐为我国重要的钾盐矿床类型，占钾盐矿床总数量的 75.0%，主要分布在我国西北地区和西南地区，其中青海省有钾盐矿床 33 处，新疆 6 处，西藏 2 处，甘肃 1 处。

另外，我国不溶性钾资源比较丰富，如钾长石、明矾石、含钾岩石、含钾砂页岩和伊利石等。这类矿产分布广泛，可在一定程度上弥补国内钾盐资源的不足。明矾石含 K_2O 约 10%，除可用于提取明矾外，也可用于制取钾肥。截至 2005 年底，我国明矾石查明资源储量 1.92 亿 t。用于制作钾肥的含钾岩石和含钾砂页岩，K_2O 含量一般要求大于 9%。截至 2005 年底，我国含钾岩石查明资源储量 5.57 亿 t（矿石），含钾砂页岩查明资源储量 40.84 亿 t（矿石）。

第六章 石 膏

第一节 概 述

一、石膏的概念及用途

石膏是单斜晶系矿物，主要化学成分是硫酸钙（$CaSO_4$）。石膏是一种用途广泛的工业材料和建筑材料。可用于水泥缓凝剂、石膏建筑制品、模型制作、医用食品添加剂、硫酸生产、纸张填料、油漆填料等。

建筑材料行业石膏消费量占 90%，其中 60% 用于水泥的缓凝剂，30% 用于建筑石膏制品。农业、陶瓷模具、医疗、塑料填料、造纸和食品加工等行业消费占 10%。

水泥中加入石膏，可使其凝结时间合理，避免快凝现象，并可提高强度和抗冻性，降低干缩率，但其掺入量一般不超过 3.5%。用石膏制作的板材、墙体构件等建筑制品，具有质轻、抗震、隔音、隔热、阻燃、装饰性能好，便于高效机械化生产，提高施工速度等诸多优点，已成为一种发展迅速的新型建筑材料，需求量日益增长。用石膏作建筑胶结材料，用于建筑砂浆和隔热混凝土，制作屋面、瓦及天花板等。石膏在造纸、油漆、橡胶、化工、塑料、纺织工业中用作填料。缺硫地区可用来制硫酸，但不经济。在农业上用石膏做钙、硫养料，可提高农作物产量。此外，石膏还广泛应用于医药、食品、制作模型及艺术品等诸多方面。目前，石膏已成为我们生产生活中不可或缺的矿物原料之一。

二、石膏矿床的类型及分布

石膏矿床按其成矿作用分为热液交代型矿床、沉积型矿床和风化型矿床三大类。其中最具开采价值的是沉积型矿床。沉积型矿床包括海相沉积型矿床和湖相沉积型矿床。

世界石膏资源丰富，分布广，已有 100 多个国家和地区勘查探明了石膏储量，俄罗斯石膏储量 32 亿 t，伊朗 24 亿 t，巴西 13 亿 t，美国 7 亿 t，加拿大 4.5 亿 t。其他石膏丰富的国家还有墨西哥、西班牙、法国、泰国、澳大利亚、印度和英国等。中国已查明石膏资源储量 704 亿 t。

第二节　中国石膏矿资源

一、石膏资源的分布及特点

（一）石膏资源的分布

1. 华北地区

分布石膏矿产地 24 处（大型矿 10 处、中型矿 9 处、小型矿 5 处），共计保有石膏矿石储量 B + C + D 级 49 亿 t，除近期难以利用的以外，保有储量 45 亿 t。已利用矿产地 9 处（大型矿 3 处、中型矿 4 处、小型矿 2 处），共计保有石膏矿石储量 9 亿 t，主要分布于山西与河北。山西省是中国石膏矿的主要产区之一，太原、灵石等大、中型矿已开采五六十年，河北邢台、隆尧和内蒙古杭锦等矿也已利用。可供近期利用的矿产地 9 处（大型矿 3 处、中型矿 4 处、小型矿 2 处），共计保有石膏矿石储量 36 亿 t，主要是分布于内蒙古鄂托克旗规模特大的苏级矿中，保有储量 32 亿 t，其次是分布于山西襄汾、临汾及潞城等地的大、中型矿中。

2. 东北地区

分布石膏矿产地 6 处（大型矿 2 处、中型矿 3 处、小型矿 1 处），共计保有石膏矿石储量 B + C + D 级 2 亿 t，除近期难以利用的以外，保有储量 1.6 亿 t，分布于吉林通化至辽宁灯塔一带。吉林江源大阳岔大型矿和通化东热及辽宁灯塔荣官中型矿均已利用，共计保有石膏矿石储量 1.3 亿 t。可供近期利用的有吉林通化下四平的中、小型矿各 1 处，共计保有石膏矿石储量 0.3 亿 t。

3. 华东地区

分布石膏矿产地 26 处（大型矿 20 处、中型矿 3 处、小型矿 3 处），共计保有石膏矿石储量 B + C + D 级 397 亿 t，除近期难以利用的以外，保有储量 27 亿 t。山东和江苏两省都是中国石膏矿的主要产区之一，安徽省石膏矿产量也日益增长。山东泰安大汶口北西遥及平邑卞桥、江苏南京周村及邳州市四户董家、安徽定远 5 处大型矿已利用，共计保有石膏矿石储量 18 亿 t，其中大汶口、卞桥及周村 3 处矿规模特大，保有储量 2.7 ~ 6.5 亿 t。可供近期利用的矿产地 13 处（大型矿 10 处、中型矿 3 处），共计保有石膏矿石储量 9 亿 t。分布于山东枣庄、江苏邳州市、安徽定远及江西永新等地。

4. 中南地区

分布石膏矿产地 48 处（大型 24 处、中型 9 处、小型 15 处），共计保有石膏矿石储量 B + C + D 级 52 亿 t，除近期难以利用的以外，保有储量 48 亿 t。已利用矿产地 24 处（大型 10 处、中型 2 处、小型 12 处），共计保有石膏矿石储量 B + C + D 级 13 亿 t，主要分布于湖北、湖南及广东。湖北、湖南两省都是中国石膏矿的主要产区之一，广东省石膏矿产量正在增长。湖北应城石膏矿是中国石膏企业中历史悠久的老矿，早在 400 年前明代嘉庆年间就已开采，至今仍是中国纤维石膏优质产品的主要产地，湖南邵东、双峰、临澧、石门，广东四会、兴宁等地一批大、中型矿均已利用，其中湖北荆门 2 个规模特大的石膏矿，保有储量 3～5 亿 t。可供近期利用的矿产地 19 处（大型矿 11 处、中型矿 6 处、小型矿 2 处），共计保有石膏矿石储量 35 亿 t。主要分布于湖南临澧合口（保有储量 18 亿 t）及湖南邵东常乐和广西合浦大岭头（保有储量 3～2 亿 t）3 处规模特大矿中，其余分布于湖南澧县、石门、湘潭、湘乡、邵东、衡阳，广东三水及河南鲁山、桐柏等地的矿床中。

5. 西南地区

分布石膏矿产地 36 处（大型矿 15 处、中型矿 3 处、小型矿 18 处），共计保有石膏矿石储量 30 亿 t，除近期难以利用的以外，只保有储量 5.3 亿 t。已利用矿产地 10 处（大型矿 4 处、中型矿 1 处、小型矿 5 处），共计保有石膏矿石储量 B＋C＋D 级 2.3 亿 t。四川省是中国石膏矿主要产区之一，渠县龙门峡和农乐石膏矿已开采五六十年，峨眉大为矿也已采四五十年，云南武定、红河等矿也已利用。可供近期利用的矿产地 12 处（大型矿 2 处、中型矿 1 处、小型矿 9 处），共计保有石膏矿石储量 3 亿 t，主要分布于云南弥渡（保有储量 2 亿 t）及贵州普定、盘县等地。

6. 西北地区

分布石膏矿产地 29 处（大型矿 9 处、中型矿 6 处、小型矿 14 处），共计保有石膏矿石储量 B＋C＋D 级 46 亿 t，除近期难以利用的以外，保有储量 42 亿 t。已利用矿产地 16 处（大型矿 4 处、中型矿 6 处、小型矿 6 处），共计保有石膏矿石储量 28 亿 t，主要分布于青海西宁矿（保有储量 22 亿 t）及陕西西乡矿（保有储量 4.5 亿 t）两处规模特大的石膏矿中，甘肃省与宁夏回族自治区是中国石膏矿主要产区之一，甘肃天祝与宁夏中卫石膏矿均已开采四五十年。可供近期利用的矿产地 12 处（大型矿 4 处、小型矿 8 处），共计保有石膏矿石储量 14 亿 t。主要分布于规模特大的宁夏同心贺家口子矿（保有储量 12.3 亿 t），以及甘肃临泽、青海西宁及民和等地的矿床中。

（二）石膏资源的特点

天然二水石膏（$CaSO_4 \cdot 2H_2O$）又称为生石膏，经过煅烧、磨细可得熟石膏。石膏是重要的工业原材料。石膏亦称蒲阳玉，性寒，使用石膏磨制而成的蒲阳玉石枕能以寒克热控制血压升高，坚持使用能将血压逐步降低至正常水平。

中国石膏矿的规模以大、中型为主，保有储量的矿产地中，大型矿占 47%、中型矿占 20%、小型矿占 33%。总保有储量的 98% 以上分布于大型矿中，而中、小型矿的储量只占近 2%。在大型矿中，有 26 处规模特大（储量大于 2 亿 t），其中规模最大的是山东大汶口盆地，与盐类矿共生的硬石膏矿石储量近 300 亿 t。在已利用和可供近期利用的矿产地中，大型矿占 43%，中型矿占 22%，小型矿占 35%，保有储量 94% 以上集中于大型矿，中、小型矿只占 5%。在已利用和可供近期利用的大型矿中，储量大于 2 亿 t 规模的特大矿有 16 处，集中了总保有储量的 71%，规模最大的是内蒙古鄂托克旗苏级矿，保有 D 级储量 32 亿 t，保有 B＋C 级储量最多的是江苏南京市周村硬石膏矿，B＋C 级保有储量 3.4 亿 t。

中国石膏矿石类型齐全，但优质矿石（纤维石膏）少。保有储量中，硬石膏类矿床矿石储量占60%，石膏类矿床矿石储量占40%（其中：纤维石膏占2%、普通石膏占20%，其余为泥质石膏、硬石膏及碳酸盐质石膏，占18%）；但在已利用和可供近期利用的矿产地中，则以石膏类矿床为主，占其保有储量的80%，硬石膏类矿床矿石储量只占其保有储量的20%。

中国石膏矿石除纤维石膏和部分巨－伟晶石膏须经选矿外，其他类型矿石一般不经选矿，即可利用。矿石品位总体属于中、高品位，已有探明储量的矿产地矿石平均品位（Ca [SO$_4$]·2H$_2$O + Ca [SO$_4$]）一般均大于55%，符合作水泥缓凝剂的质量要求，其中已利用和可供近期利用的石膏类矿床中，平均品位大于75%的保有储量有50多亿t。

中国石膏矿床中占88%的为单一矿产，也有近20处矿产地石膏与盐类矿及硫、铁、铜、铅锌等矿共生。与盐类矿产共生规模最大的是山东大汶口盆地硬石膏矿，其次与钙芒硝共生的石膏或硬石膏矿分布于青海西宁、互助、平安和湖南衡阳、衡南及云南禄劝等地，四川农乐石膏矿共生杂卤石，与铁矿共生的硬石膏矿分布于河北武安、沙河和安徽庐江、马鞍山、濉溪及新疆哈密市库姆塔格等地，山东泰安朱家庄自然硫与石膏共生，安徽贵池东湖硬石膏与铜矿共生，云南兰坪石膏与铅锌矿共生，这些与其他矿产共生的石膏矿，已利用的很少。

中国已利用和可供近期利用的石膏矿产地，交通运输条件一般较好，只有少数矿产地距铁路或水运线较远，矿区水文地质、工程地质条件多为复杂，部分矿床较复杂。一些矿产地由于交通不便或矿区水文地质、工程地质条件复杂，近期难以利用。

中国西部石膏矿一般矿层厚，埋藏浅，如甘肃、宁夏、青海的一些矿山宜露天开采，云南、四川的一些矿山可以先露天开采，再转入地下开采；而中国中部和东部的石膏矿，一般埋藏较深，且多为薄层矿，需要地下开采，开采难度较大。

二、矿床类型及成矿规律

（一）矿床类型

全国矿产储量委员会《石膏矿床地质勘探规范（试行）》将中国石膏矿床按成因分为如下3类：

1. 沉积石膏矿床

此类型矿床是最主要的矿床类型，约占已有探明储量的矿产地的87%，保有矿石储量占总保有矿石储量的99%。按其沉积环境又可分为两个亚类。

（1）海相沉积石膏矿床：此亚类矿床占已有探明储量的矿产地的49%，保有储量占总保有矿石储量的14%。石膏矿的赋存层位有三叠系下中统、二叠系、石炭系下统、奥陶系中统、寒武系下统。含矿岩系主要为碳酸盐岩，也有碎屑岩，如泥灰岩、石灰岩、白云质灰岩、白云岩以及砂岩、黏土岩、砂质泥岩等。矿体形态呈层状、似层状及透镜状，单层或多层产出，矿层延长几百米至几千米以上。厚度由几米至百米以上。矿石类型有石膏、黏土质石膏、硬石膏、白云质硬石膏、黏土质硬石膏。矿石矿物组分为石膏、硬石膏、碳酸盐和黏土矿物，有的含天青石、黄铁矿，个别含杂卤石等。矿石品位65%～95%。矿床规模以大、中型为主。属于此亚类的矿床有江苏南京、四川渠县、山西太原和灵石、江西永新等地赋存于碳酸盐岩建造中的石膏、硬石膏矿床；还有甘肃天祝和景泰、宁夏中卫、辽宁辽阳、吉林通化等地赋存于碎屑岩－碳酸盐岩建造中的石膏、硬石膏矿床，以及新疆和田等地赋存于碎屑岩建造中的石膏、硬石膏矿床。

（2）湖相沉积石膏矿床：此亚类矿床占已有探明储量的矿产地的38%，保有储量占总保有矿石储量的85%。石膏矿赋存层位主要是第三系及白垩系下统。含矿岩系为碎屑岩－碳酸盐岩，如砂岩、粉砂岩、泥灰岩、黏土岩、白云质灰岩、白云岩、石灰岩等。矿体形态呈层状、似层状，长度几十米至几千米，常多层产出，单层厚几十厘米至几十米，呈单层产出的厚度可达几十米至几百米。矿石类型有石膏、白云质石膏、巨－伟晶石膏、硬石膏、黏土质硬石膏、白云质硬石膏。矿石矿物组分为石膏、硬石膏、碳酸盐和黏土矿物、石英、长石，有的含芒硝、钙芒硝、黄铁矿、自然硫、磁铁矿、菱铁矿、沥青等。矿石品位55%～90%。属于此亚类的矿床有：湖北应城云梦、内蒙古鄂托克、宁夏同心等地赋存于碎屑岩建造中的石膏、硬石膏矿床；有湖南邵东、山东泰安、湖北荆门等地赋存于碎屑岩－碳酸盐建造中的石膏、硬石膏矿床；还有云南红河等地赋存于碳酸盐建造中的石膏、硬石膏矿床。

2. 后生石膏矿床

此类型矿床是由于原生矿被溶解或随石灰岩的次生变化后，运移、沉积、充填于含矿岩层的裂隙或洞穴中而成，分布于湖北、湖南、广西、云南、贵州等地。矿床数量和储量都不多，仅占已有探明储量矿产地的6%，保有储量占总保有矿石储量的0.6%。按其充填形式又可分为层间裂隙充填，斜交层理裂隙充填和洞穴充填3个亚类。其中产于湖北应城云梦、湖南澧县、广西钦州等地的层间裂隙充填石膏矿床规模可达大、中型，赋存于下第三系碎屑岩－黏土岩建造中。矿石类型以纤维石膏为主。含矿层延长可达几千米，厚数十至数百米。层中顺层纤维石膏成群出现，单脉长几百米至几千米，脉厚几厘米至几十厘米。矿石矿物组分为纤维石膏、黏土矿物、石英等。矿石品位90%～99%。斜交层理的裂隙充填的石膏矿床和洞穴充填石膏矿床为数极少，仅见于贵州黄平与绥阳，规模极小，缺乏工业开采价值。

3. 热液交代石膏矿床

此类型矿床占已有探明储量的矿产地的7%，保有储量占总保有矿石储量的0.4%。可分为与中性侵入岩有关的石膏矿床、与中性喷出岩有关的石膏矿床和与区域变质岩有关的石膏矿床3个亚类。与中性侵入岩有关的有湖北鄂城、大冶、黄石等地的硬石膏矿床。矿体赋存于燕山期中性侵入岩与三叠系下统石灰岩的接触带中，含矿岩系为角页岩、白云质大理岩、大理岩、闪长岩、石英闪长岩或长石斑岩、蚀变闪长岩、蚀变花岗岩、石英二长岩、夕卡岩。矿体呈透镜状，常呈多矿体产出，单矿体走向长几十至几百米，厚几米至几十米。矿石自然类型为硬石膏、白云质硬石膏、石膏。矿石矿物组分有硬石膏、石膏、白云石，微量磁铁矿、黄铁矿、绿泥石、含镁方解石等。矿石品位50%～95%。矿床规模可达中、小型。与中性喷出岩有关的有安徽马鞍山和庐江等地的硬石膏矿床。含矿岩系为燕山期早期的中性喷出岩（安山岩、安山质凝灰岩、凝灰质页岩、凝灰质角砾岩或粗面岩、粗安岩、石英岩）。矿体呈透镜状单矿体或多矿体产出，走向长几百米，厚几十米。矿石类型为硬石膏、含黄铁矿硬石膏、含明矾石高岭石硬石膏、石膏。矿石矿物组分为硬石膏、黄铁矿、明矾石、高岭石、石膏、微量石英、重晶石、磁铁矿、自然硫、赤铁矿等。矿石品位 53% ~ 90%。矿床规模一般较小，有的可达大、中型。与区域变质岩有关的仅见于辽宁凤城石膏矿，规模极小，缺乏工业开采价值。

（二）成矿规律

中国石膏矿床类型多，形成时代及分布范围广泛。几乎各个地质时期均有石膏产出，其主要成矿期有早中寒武世、中奥陶世、早石炭世、早中三叠世和白垩纪—早第三纪，这 5 个成矿期形成了中国最主要的石膏矿床——沉积类型矿床，它们具有明显的成矿规律与分布规律：海相沉积矿床形成于早中三叠世及其以前的时代，侏罗纪开始直到第四纪形成的则主要为湖相沉积矿床。其他时代形成的或其他类型的石膏矿分布零散，只在局部地点具有工业价值。

从寒武纪至三叠纪，随着中国大陆的逐渐扩大与陆缘海的南移，海成石膏矿的分布位置也逐渐自北而南移，分布范围愈来愈大，成矿带的连续性也愈来愈好。早、中寒武世石膏矿主要分布在辽宁东部与吉林南部、西藏东部、四川东南部与云南东北部，在贵州、湖北、湖南、山东及新疆等地，也零星见有矿化现象。属滨海堆积碳酸盐岩碎屑岩建造石膏、硬石膏矿床，系海湾或湖中的产物，矿层不厚、连续性差，品位也低，但这一成矿期对缺膏的东北地区具有重要意义。中奥陶世石膏矿较集中的分布于山西和河北南部，在河南、陕西、山东等地也有发现，属海积碳酸盐建造石膏、硬石膏矿床，矿层厚度大，连续性较好，质量也好，是华北地区主要的开采对象。早石炭世石膏矿在北方为滨海堆积碳酸盐岩碎屑岩建造石膏、硬石膏矿床，主要分布于新疆、青海、甘肃、宁夏及内蒙古，含膏岩系呈带状分布，矿层厚度大，质量好，是西北地区主要开采对象；在南方早石炭世沉积的为海积碳酸盐建造石膏、硬石膏矿床，主要分布于江西西部、湖南、贵州、广西北部及云南东部。早、中三叠世是重要的成矿期，石膏矿形成于当时华北大陆的陆缘海中，在江苏、安徽、湖北、湖南、贵州、四川、云南、西藏连续分布有海积碳酸盐岩建造含膏岩系，矿床多，矿层厚，质量较好，但在陆缘海的边缘，如青海西部、四川南部、云南西部、湖北西部、湖南西北部则形成滨海堆积碳酸盐岩碎屑岩建造石膏、硬石膏矿床，其工业价值较小。

白垩纪—早第三纪也是重要的成矿期，湖相沉积石膏矿分布十分广泛，几乎所有产石膏的省份多有该期形成的矿点，但集中分布于中国东部和西北地区。石膏矿产于内陆小型湖盆中，属湖积碎屑岩建造石膏、硬石膏矿床，大部分成膏的断陷湖盆受北北东向分布的郯庐、大兴安太行雪峰、银昆 3 条深大断裂带的控制。郯庐断裂带西侧分布有大汶口、枣庄、定远、浏阳、邵东、衡阳等含膏盆地；大兴安太行雪峰断裂带分布着三门峡、泌阳、淅川、均县、房县、枣阳、余庆、黄平等一系列含膏盆地；银昆断裂带分布有杭锦、同心、大邑、邛崃、眉山、天全、新津、喜德、弥勒、红河等含膏盆地，这些含膏盆地都是位于断裂带内或靠近断裂带，含膏岩系下部基本上都有火山岩，而离断裂带较远的大型盆地中则不含膏。此外，还有一些含膏盆地为受褶皱带控制的山前断陷或断坳盆地，如荆门、应城云梦、三水等分布较星散的含膏盆地。白垩—早第三纪石膏的成矿特点是：矿床规模相差悬殊，矿石类型复杂，质量变化较大，矿层厚度较小，由于矿体埋藏不深，因而是中国中、东部地区的主要开采对象。

三、中国石膏矿资源储量

中国石膏矿资源非常丰富，分布广泛，已发现矿产地 600 多处。据国家建筑材料工业局地质研究所预测，中国石膏矿 E 级储量资源 6 658 亿 t，F 级储量资源可达 76 492 亿 t。截止 1996 年底，在 23 个省、自治区中，已有探明储量的矿产地共有 169 处，其中：大型矿 79 处、中型矿 34 处、小型矿 56 处；累计探明石膏矿石资源储量 579 亿 t，除历年消耗矿石储量近 3 亿 t 左右外，全国保有石膏矿石资源储量 576 亿 t，居世界第 1 位。

储量最多的为山东省，保有石膏矿石储量 375 亿 t，占全国石膏矿石总保有储量 65%；其次为内蒙古、青海、湖南、湖北、宁夏、西藏、安徽、江苏和四川等 10 个省、自治区，保有石膏矿石储量 10~35 亿 t，共计保有储量 160 亿 t，占全国石膏矿石总保有储量的 27%；河北、云南、广西、山西、陕西、河南、甘肃、广东、吉林等 9 省、自治区保有石膏矿石储量 1~10 亿 t，共计保有 40 亿 t，占全国石膏矿石总保有储量的 7%；贵州、江西、辽宁、新疆 4 省、自治区保有石膏矿石储量各为 0.4~1 亿 t，共计保有 3 亿 t，为全国石膏矿石总保有储量的 1%。

在保有储量的矿产地中，有 34 处（大型矿 22 处、中型矿 4 处、小型矿 8 处）近期难以利用，共计保有石膏矿石储量 407 亿 t，占全国石膏矿石总保有储量的 71%。主要分布于山东省与盐共生的大汶口盆地石膏矿区，与自然硫共生的泰安市朱家庄石膏矿区及平邑盆地石膏矿区，这 3 处规模特大的石膏矿区保有近期难以利用的石膏矿石储量 360 多亿 t，其次分布于西藏、四川、安徽、广西、内蒙古、云南、河北等省、自治区。这些矿产地近期难以利用的原因是由于矿体埋藏深，或矿石品位低，或矿区地质与水文地质条件复杂，或矿区交通运输条件差，或矿山采选难度大等，以致近期利用其经济效益差。

已经开采利用的矿产地有 67 处（大型矿 27 处、中型矿 15 处、小型矿 25 处），共计保有石膏矿石储量 72 亿 t，主要分布于青海、江苏、山东、河北、陕西等省。可供近期利用的矿产地 68 处（大型矿 30 处、中型矿 15 处、小型矿 23 处），保有储量 97 亿 t，主要分布于内蒙古和宁夏，其次为河北、青海、安徽、河南、山西、广西、山东、湖南、云南等省、自治区。已利用和可供近期利用的矿产地共计有 135 处（大型矿 57 处、中型矿 30 处、小型矿 48 处），共计保有石膏矿石储量 169 亿 t，主要分布于内蒙古、青海、湖南、湖北、宁夏、山东、江苏等 7 省、自治区，保有储量 10~32 亿 t；其次为河北、陕西、河南、安徽、云南、广西、甘肃、广东、吉林、四川、贵州等 12 个省、自治区，保有储量 1~8 亿 t，此外，江西、辽宁、新疆 3 省、自治区保有储量 0.1~0.7 亿 t。

总的来说，中国石膏矿石保有储量充足，可以满足相当一段时期工业生产的需要。资源的优势在于储量大，相对集中，有利于大规模开采，形成石膏及其制品生产基地。但地理分布不均衡，新疆、辽宁、江西、贵州、吉林等省区可供近期利用的储量少，浙江、福建、海南、黑龙江等省尚无保有储量。

第七章 石 棉

第一节 概 述

一、石棉的概念及用途

石棉是天然纤维状硅酸盐类矿物的总称。按其成分和内部结构可分为两大类。一类为蛇纹石石棉，又称温石棉，是纤维石棉的一个亚种。其理论化学成分为$Mg_6[Si_4O_{10}]\cdot(OH)_8$，含$SiO_2$ 41%，MgO_4 3%，H_2O 12.9%。另一类为角闪石石棉，包括直闪石石棉$(Mg,Fe)_7[Si_8O_{22}](OH)_2$，含$SiO_2$ 56%~58%，MgO_2 8%~32%；蓝石棉，又称青石棉Na_2，$Fe_5[(OH)Si_4O_{11}]_2$，含SiO_2 51.94%，MgO 1.37%；铁石棉，$(Mg,Fe^{2+})_3$-$Fe_2^{3+}Si_7O_{20}\cdot 10H_2O$，含$SiO_2$ 5%~33%，MgO 15.31%；透闪石石棉，$Ca_2Mg_5[Si_4O_{11}]_2\cdot(OH)_2$，含$SiO_2$ 53%~62%，MgO 0~30%。

各类石棉均能劈分成很细的纤维，具可纺性，并有较好的隔热、低温、耐酸、耐碱、绝缘、防腐性。温石棉的工艺性能最好，纤维柔软，抗张强度高，优质者大于300 kg/mm²，具最好的纺织性；具有很高的耐热性，低于500℃时石棉性能基本稳定；导热性、导电性和传声性都很低，抗碱性强，抗酸性低。而蓝石棉具有优良的吸附性能，具防化学毒物和净化放射性微粒污染空气的特性。

石棉具有多种物理、化学性质，广泛应用于建筑、机械、石油、化工、冶金交通、电力等现代工业中。利用石棉制成的产品和含石棉的制品有3 000种之多。国外石棉的主要消费领域是水泥工业，在俄罗斯占其总需求量60%，美国占22%。其他用在生产石棉纺织品、石棉制动制品、石棉橡胶制品、石棉保温制品等工业产品中，用作传动、制动、密封、耐热、防火、保温、绝缘及防腐材料。蓝石棉由于具有极高的抗酸性和机械强度，以及良好的吸附特性，在国防和尖端技术领域有些特殊用途。如蓝石棉与环氧树脂和酚醛树脂制成的合成材料，广泛用于机械工业、飞机、大型雷达的折射望远镜、导弹和空间飞行器上。

二、石棉矿床的类型及分布

蛇纹石石棉（温石棉）大约占世界石棉产量的94%，大部分采自超基性岩的温石棉矿床，小部分则是从蛇纹岩化白云岩石棉矿床中开采。其他各类石棉中，铁石棉和青石棉变质岩的含铁沉积岩中，这两种石棉共占世界石棉产量的 5.3% 左右。透闪石石棉和直闪石石棉产于变质的超基性岩中，其产量较少。各类石棉矿床的主要工业类型有：

1. 超基性岩中纤维蛇纹石石棉矿床（国外称魁北克型）

成矿超基性岩体分布于优地槽褶皱带内，并受深断裂控制。矿床赋存在蛇纹岩化超基性岩体中，矿体中石棉脉由纤维状蛇纹石石棉组成。世界大型温石棉矿床均属这一类型。较重要的矿床和产地有：

（1）加拿大魁北克石棉矿带，总长达 240 km，宽 10 km，单个矿体储量在 0.1～2 亿 t 不等；

（2）俄罗斯巴热诺夫石棉矿床是一个巨大的典型超基性岩中的石棉矿床，矿体长约 30 km，宽约 1.5 km，产出深度 100～400 m，矿石纤维含量 2.14%～3.10%；

（3）加拿大不列颠哥伦比亚省北部的卡西阿石棉矿床，矿石储量 2 500 万 t，品位 8%～9%（1980 年资料）；

（4）津巴布韦的沙巴尼温石棉矿床，石棉纤维储量为 200 万 t，品位 4%。

2. 变质基性火山岩及铁质岩石中的蓝石棉矿床

矿床分布于地槽褶皱带内，产于细碧岩、角斑岩中；有的矿床产于前寒武纪变质碧玉铁质岩层中，受构造裂隙控制。此类矿床有：南非的德兰士瓦蓝石棉矿床，产于前寒武纪德兰士瓦系沉积变质含铁岩层内，含矿石棉带长达 400 多 km；澳大利亚蓝石棉矿床分布于澳大利亚哈默斯利山脉的前寒武纪碧玉铁质岩层内，石棉矿化分布区长 480 km，宽约 160 km，较大的矿床有乌特卢姆和雅姆巴依尔蓝石棉矿床。

3. 超基性岩中的角闪石石棉矿床

产于蛇纹石化超基性岩的裂隙或节理中，矿体规模小，质量较差。如俄罗斯乌拉尔的塞谢尔奇直闪石石棉矿床；意大利科莫透闪石石棉矿床；芬兰库奥皮欧地区的直闪石石棉矿床。

第二节　世界石棉资源储量

世界已探明石棉储量超过 2 亿 t，石棉矿产地有 150 处，分布于 40 多个国家或地区。俄罗斯、哈萨克斯坦、加拿大、中国、巴西、南非和津巴布韦石棉资源比较丰富。

俄罗斯乌拉尔地区和加拿大魁北克地区的石棉资源量占世界的一半以上。加拿大魁北克温石棉矿石证实储量 2 亿 t，石棉纤维含量 6%。美国有石棉资源，但大部分是短纤维石棉。中国已查明石棉资源储量超过 1 亿 t，保有可采储量 2 500 万 t，西部地区四川、云南、陕西、甘肃、青海和新疆 6 个省（自治区）石棉资源储量占全国的 99%，中国石棉主要是短纤维石棉。印度石棉储量 604 万 t，资源量 1 569 万 t。巴西石棉储量 1 126 万 t，足以满足巴西中期需求，位于戈亚斯（Goias）州的卡纳布拉瓦石棉矿石棉含量 5.2%。

第三节　中国石棉资源

一、中国石棉矿床的类型及分布

中国石棉矿床的工业类型齐全，有超基性岩型和碳酸盐岩型 2 大类。根据中国实际情况细分成：富镁质超基性岩横纤维石棉矿床、镁铁质超基性岩纵纤维石棉矿床，与酸性、基性岩有关的富镁质碳酸盐岩石棉矿床，与超变质作用或区域变质作用有关的碳酸盐岩石棉矿床等 4 个亚类。

在分布上，除上海、天津两直辖市外，各省、市，自治区均有石棉矿点出露。如果以东经 105°线为界，西部以超基性岩型矿床为主，东部以碳酸盐岩型矿床居多。如以探明的资源量来分析，西部蕴藏了全国 79% 的石棉资源量，东部仅占全国石棉资源量的 21%。

根据我国地质构造特征，以龙门山等深大断裂带长期作用结果而形成的龙门山 – 六盘山一线来作为我国东西部的地质分界，东部（相当于前寒武纪褶皱区及加里东地槽褶皱区，主要有华北、扬子等准地台，次要有内蒙古、大兴安岭、吉黑、祁连、秦岭、台湾地区等地槽褶皱区）以碳酸盐岩型石棉矿床为主；西部（相当于华力西地槽褶皱区及阿尔卑斯褶皱区，主要有天山、阿尔泰、昆仑、松潘、甘孜、滇藏等地槽褶皱区及次要的塔里木地台边缘）以超基性岩型石棉矿床为主。其总的特点同地理位置的分布情况基本吻合。

二、中国石棉矿床的基本特征

（一）超基性岩型石棉矿床

在我国石棉矿产资源中，超基性岩型石棉矿床占有相当重要的地位。论储量，约占蛇纹石石棉总储量的 96%，论矿床数，约占总数的 65%，而且还具有矿床规模大、品位高、纤维质量好及矿体成带断续分布等特点。成矿母岩属富镁质和镁铁质超基性岩，镁、铁比一般大于 10，多为斜方辉橄岩、辉石橄榄岩、橄榄岩等。

在我国，超基性岩型石棉矿床以茫崖石棉矿为代表。矿区位于东昆仑褶皱系祁曼塔格地槽褶皱带的阿特滩复背斜北翼，北为阿尔金山大断裂，南与柴达木坳陷毗邻。区内元古宇、古生界从沉积建造到构造形态颇具地槽型特征：有大量的火山碎屑沉积、紧密的线性褶曲、密集发育的区域性走向断裂、广泛的岩浆侵入。中生界的沉积也明显地受基底构造的影响，表现出地堑式的带状沉积特征。

茫崖石棉矿床是我国规模最大的石棉矿床，区内自东至西分布有 4 个含棉超基性岩体，出露全长 14 km，东端倾没 4.5 km。岩体原岩是以辉橄岩、橄榄岩为主的富镁质超基性岩，镁、铁比 $MgO/FeO = 14$。岩体已几乎完全蛇纹石化。主要的造岩矿物有蛇纹石、绢石、辉石、橄榄石、磁铁矿、少量的菱镁矿、滑石等。岩体顶底板与围岩均以断层接触，沿倾向可分为两侧边缘的橄榄岩夹橄辉岩析离体带和中间的纯橄岩、辉橄岩带，各带之间呈过渡关系。整个岩体矿化比较普遍，含棉系数平均为 60% 左右，但矿化不均匀，富棉带中局部含棉率高达 22.46%，中间带矿化比边缘带强。

石棉的富集与断裂有关，岩体矿化受岩性、构造和蚀变作用的控制。在两组断裂交汇处，滑石菱镁片岩比较发育，矿化较好。矿体平均厚度 26 m 左右，最大 78.4 m，薄仅几米。矿体沿走向和倾向都不稳定，自东向西、自上到下有变薄的趋势；矿体产状与岩体产状基本相同。

矿区的横纤维石棉以网状脉为主，其次是细脉、涂敷状脉。网状棉脉的纤维一般长5～12 mm，多数为 3～7 mm，棉脉长度大于 0.5 m，含棉率一般为 5%～8%，最高大于20%；细脉状棉脉呈单式密集分布，纤维长度为 1～1.5 mm，棉脉长度小于 0.1 m，含棉率高，一般为 6%～12%，在涂敷状棉脉中，纤维涂敷在矿石的叶理面上，以斜纤维形态产出，纤维短，含棉贫。

茫崖石棉的矿物为结晶良好的斜纤维蛇纹石。纤维中还有利蛇纹石、叶蛇纹石；不含水镁石，共生矿物有滑石、菱镁矿、磁铁矿、碳酸盐矿物等。

本矿床含棉率高，矿体形态简单，矿化连续，品位变化较小；纤维的主要化学成分接近理论值，各项物理技术性能良好。矿床规模巨大，储量丰富，为我国主要石棉矿产地之一。

（二）碳酸盐岩型石棉矿床

碳酸盐岩型石棉矿床的围岩多为白云岩、白云质灰岩等，故又称为白云岩型石棉矿床。虽然此类矿床规模较小，其资源量仅占全国的 3%，但是，由于它主要分布在东北、华北等交通、经济发达地区，可以改变我国石棉矿产分布不均衡的局面，并考虑到此类石棉矿床品位、厚度较稳定，棉质较好，适于地方开发。故根据我国的实际情况而肯定了此类型的石棉矿床的工业价值，并加以充分利用，就目前产量而言，列为八大石棉矿山的金州、涞源、朝阳等 3 个矿山均属这一类型。

金州矿区石棉产于下震旦统甘井子组下部的条带状白云质灰岩中；矿体位于辉绿岩床的下盘，呈单斜层状产出，含矿层厚 8～14 m，总体走向 NW220°，倾向 NE，倾角50～70°，全长 4 800 m，延深大于 530 m，矿体平均厚度 1.98 m，平均品位 4.5%。

金州矿区石棉成矿的控制因素，传统的看法认为，主要是具有成矿专属性的基性岩浆和具有一定层位的富含镁质的碳酸盐岩层。构造因素是次要的。矿床赋存的层间裂隙是由于具条带状构造的白云质灰岩在构造应力作用下形成的。与石棉成矿作用关系密切的围岩蛇纹石化。本矿床一般认为属中温热液裂隙交代矿床。

三、中国石棉矿床的成矿规律

（一）成矿期的划分及分布特点

1. 超基性岩型石棉矿床的成矿时代与分布特点

超基性岩型石棉矿床的成矿时代，实际上指其母岩 - 超基性岩侵入的时代。我国此类石棉矿床的成矿时代有前寒武纪期，加里东期，华力西期及燕山期，印支期，喜马拉雅期。前寒武纪期矿床主要分布在川陕古岛弧前缘，并以纵棉为主，如四川石棉县石棉矿床；郯庐深断裂两侧的矿床属中小型。加里东期矿床主要分布在中祁连山。而华力西期是我国此类石棉矿床最重要的成矿时代，矿床分布广泛，规模较大，如青海茫崖石棉矿床等。燕山期成矿时代的矿床仅见于云南，且大、中型矿床均有，纵横棉兼备。喜马拉雅成矿期仅发现有小型矿床或矿化点。

2. 碳酸盐岩型石棉矿床的成矿时代与分布特点

碳酸盐岩型石棉矿床的成矿时代，指矿床围岩（即石棉形成以前的原岩）形成的时代以及促使围岩蛇纹石化和石棉矿化的侵入岩的时代。

根据统计分析，我国碳酸盐岩型石棉矿床围岩的生成时代主要有：一是震旦纪，是本类石棉矿床的主要成矿时代，矿床主要分布在辽宁、河北、北京等地，如金州石棉矿床，涞源石棉矿床等。即华北准地台内部及近边缘。这一时期形成的矿床，其热液来自华力西期和燕山期的酸性或基性岩浆。二是太古宙－元古宙，矿床主要分布在内蒙古、吉林，即中朝地台的边缘地带，以及山西、河北，即准地台内部。这一成矿期的矿床，为区域变质或超变质作用形成。以上二期，统归隐生宙。三是晚震旦世（统归显生宙）这一时期的矿床，分布在扬子准地台北部和西部边缘，均为小型矿床及矿化点。矿床的形成与华力西期和燕山期酸性岩或基性岩有关。如云南武定县石棉矿床等。

（二）成矿区（带）划分及空间分布特点

1. 超基性岩型石棉矿床成矿带划分及其空间分布

我国超基性岩型石棉矿床均产于不同时期的超基性岩中，超基性岩是板块俯冲或逆冲产物蛇绿岩套的一个不可缺少的组成部分。因此，板块俯冲带或逆冲带一侧的蛇绿岩带也就是此类石棉矿床可能的成矿带。据此将我国此类石棉矿床划分为 10 个主要成矿带。

（1）川陕古岛弧前缘成矿带：分布于火山岛弧前缘，矿床产于蛇绿岩套的超基性岩体中，呈弧形分布，属前寒武纪成矿期。主要矿床有川康石棉矿、陕西略阳煎茶岭石棉矿、宁强大安石棉矿、杨家山石棉矿，四川彭州市红岩石棉矿和水晶坡石棉矿等。

（2）阿尔金山成矿带：位于阿尔金晚古生代板块俯冲带（或转换断层）之北侧。蛇绿岩分布长达 1 000 km，其东段矿床比较集中，规模巨大，储量占全国石棉总储量的 43%，成矿带分布与构造方向大体一致，成矿期属华力西期。

（3）西准噶尔成矿带：位于准噶尔晚古生代板块俯冲带西支，仅有少数矿床和一批矿化点成带状分布，其方向与区域构造方向相同，矿床位于晚古生代褶皱带中，属华力西成矿期。

（4）南天山成矿带：位于天山晚古生代板块俯冲带南支，蛇绿岩断续出露，呈近东西向略偏南分布，成矿时代为华力西期，矿床位于晚古生代褶皱带中。

（5）中祁连成矿带：位于祁连－秦岭早古生代褶皱带中部的板块俯冲带北侧，本成矿矿带处于构造运动复杂地带，除了蛇绿岩之外还有沿深断裂产出的混杂堆积。主要矿床有青海祁连县玉石沟、小八宝石棉矿床；超基性岩的分布与区域构造方向大致一致，呈北西－南东向。成矿时代属加里东期。

（6）柴达木－秦岭成矿带：位于青海－秦岭早中生代板块俯冲带北侧，自青海大柴旦起，至陕西蓝田一带，蛇绿岩断续出露，呈北西－南东向，与区域构造方向大体一致。主要矿床有青海大柴旦缘梁山石棉矿床，鱼卡东－西石棉矿床，陕西蓝田石棉矿床。

（7）景东－墨江成矿带：位于金沙江早中生代板块俯冲带南段南侧，蛇绿岩沿点苍山、哀牢山一带分布，长达 800 km。此带矿床较多，规模可观，成矿时代为燕山期，矿床位于早中生代褶皱带中。

（8）澜沧江成矿带：位于藏北－滇西晚中生代板块俯冲带南段澜沧江东侧，超基性岩自德钦至维西一带近南北向分布，长达 200 km。矿床规模较小，成矿期为燕山期。

（9）赣北－桂北成矿带：位于扬子地块与浙赣桂早古生代褶皱带间板块俯冲带南侧，矿床以小型居多，呈弧形分布。成矿时代属前寒武纪。

（10）郯城－庐江成矿带：产于郯城庐江深断裂两侧，矿床规模均属中小型，成矿时代属前寒武纪。

综上所述，我国超基性岩型石棉矿床成矿带的分布主要与板块俯冲带（或逆冲带）相关，受蛇绿岩套制约。深断裂附近的成矿带是次要的。另有一些大型矿床是赋存于地质构造复杂地带；成矿带的分布均与构造方向基本一致。

2. 碳酸盐岩型石棉矿床成矿区划分及其空间分布

根据矿床的分布和成矿时代，我国碳酸盐岩型石棉矿床可划分 4 个成矿区（带）。

（1）河北－辽宁－内蒙古成矿区：位于华北准地台北部，包括河北北部、北京、辽宁西部和南部，内蒙古中部从乌拉特前旗经包头、武川至察哈尔右翼中旗，矿床矿点断续成带分布，长约 400 km，有中、小型矿床各 2 处，矿化点 39 处，呈近东西向延伸，与区域构造方向一致，受构造控制的现象比较明显。本成矿区内的矿床都与花岗岩或辉绿岩、辉长岩有关；辉绿岩成为矿床的顶板或底板。

（2）山西－河北成矿带：这一成矿带位于中朝地块（台）内部，山西吕梁山至河北西部一带。矿带受 NNE 向构造的控制。主要矿床有山西方山县横尖石棉矿床和新民石棉矿床，河北井陉县金柱村石棉矿床，均为中小型规模。成矿时代为太古宙－元古宙，且与同期花岗岩或辉长岩有关。

（3）吉林－辽东成矿区：本成矿区位于中朝地台东北部边缘，矿床规模小，但矿化点多，其分布近东西向，与区域构造方向一致。本区石棉为太古宙的超变质作用成因矿床，同岩浆侵入无关。

（4）川－滇成矿带：本带位于扬子准地台边缘，从四川北部南江经大邑、德昌至云南武定、马关，大致呈弧形带状断续分布，矿床全属小型规模及矿化点。矿床的形成与华力西期和燕山期酸性、基性侵入岩有关。

四、中国石棉资源储量情况

根据《中国矿产资源报告》（2012），2011 年，我国石棉保有矿物资源储量 9 064.4 万 t，较 2010 年增长 1.0 万 t。根据《世界矿产资源年评》（2011～2012）提供，2010 年，我国石棉产量 40 万 t，比 2009 年 44 万 t 下降 4 万 t。由此推断，中国石棉保有资源储量对国民经济的保证程度较高。

第八章 高岭土

第一节 概 述

一、高岭土的概念

"高岭土（Kaolin）"一词来源于中国江西景德镇高岭村产的一种可以制瓷的白色黏土而得名。高岭土矿是高岭石亚族黏土矿物达到可利用含量的黏土或黏土岩。

高岭土因具有许多优良的工艺性能，广泛用于造纸、陶瓷、橡胶、塑料、耐火材料、化工、农药、医药、纺织、石油、建材及国防等部门。随着工业技术的发展和科技迅速提高，陶瓷制品的种类愈来愈多，它不仅与人们日常生活密切相关，而且在国防尖端技术的应用也很广泛，如电气、原子能、喷气式飞机、火箭、人造卫星、半导体、微波技术、集成电路、广播、电视及雷达等方面几乎都需要陶瓷制品。由此可见高岭土矿产在国民经济和国防建设中所占的重要地位。

二、高岭土的矿物原料特点

高岭土的岩石学特征与矿物学特征相同，具有松散土状和坚硬岩石状两种外貌，其矿物成分、化学成分和粒度变化都较大。

（一）矿物组成

高岭土的矿物成分由黏土矿物和非黏土矿物组成，前者主要包括高岭石、迪开石、珍珠陶土、变高岭石（1.0 nm 和 0.7 nm 埃洛石）、水云母和蒙脱石；后者主要是石英、长石、云母等碎屑矿物，少量的重矿物及一些自生和次生的矿物，如磁铁矿、金红石、褐（针）铁矿、明矾石、三水铝石、一水硬铝石和一水软铝石等。

高岭石及其多型矿物迪开石和珍珠陶土同属 1:1 型二八面体的层状硅酸盐，结构单元层完全相同，单位构造高度为 0.7 nm，层间以氢键相联结，无水分子和离子。它们的理想结构式为 $Al_4[Si_4O_{10}](OH)_8$，理论化学成分为 SiO_2 46.54%、Al_2O_3 39.50%、H_2O 13.96%，它们之间的区别在于单元层间堆叠方式不同。高岭石为三斜晶系，一般为无色至白色的细小鳞片，单晶呈假六方板状或书册状，平行连生的集合体往往呈蠕虫状或手风琴状，粒径以 0.5~2 nm 为主，个别蠕虫状可达数毫米。自然界高岭土中高岭石常见，迪开石少见，珍珠陶土罕见。

变高岭石（也称埃洛石）包括 1.0 nm 和 0.7 nm 两种。1.0 nm 埃洛石的结构特征是结构单元层，与高岭石相同，但层间有一层水分子。结构单元层高度为 1.6 nm，结构式为 $Al_4[Si_4O_{10}](OH)_8 \cdot 4H_2O$，其形态为小于几微米的管状和球粒状。1.0 nm 埃洛石不稳定，层间水在室温下就可脱出，结构单元层高度减为 0.76~0.73 nm，而且这种变化是不可逆的。失水后形成 0.7 nm 埃洛石，在自然界比较稳定。由于失水管状和球粒状被破坏，呈破裂管状和球粒状。高岭石亚族成分特征见表 12-8-1。

表 12-8-1　　　　　　　　　　　高岭石亚族矿物典型特征

矿物名称	结构式	化学成分			莫氏硬度	密度/(g/cm^3)	颜色	其他特征
		Al_2O_3	SiO_2	H_2O				
高岭石	$Al_4[Si_4O_{10}](OH)_8$	39.50	46.54	13.96	2~2.5	2.609	白、灰白、带黄、带红	X：0.715　0.357　0.149　0.234　0.113　约600℃脱羟
迪开石	$Al_4[Si_4O_{10}](OH)_8$	39.50	46.54	13.96	2.5~3	2.589	白	X：0.715　0.359　0.235　0.166　0.137　0.199　0.192　约700℃脱羟
珍珠陶土	$Al_4[Si_4O_{10}](OH)_8$	39.50	46.54	13.96	2.5~3	2.581	蓝白、黄白	X：0.715　0.359　0.242　0.149　0.137
1.0 nm 埃洛石(水合多水高岭石埃洛石、四水型埃洛石、高水化埃洛石、叙水石、安谭石)	$Al_4[Si_4O_{10}](OH)_8 \cdot 4H_2O$	34.70	40.80	23.50	1~2	<2	白、灰绿等	X:0.9~1.0　110℃脱层间水　约500~550℃脱羟
0.7 nm 埃洛石(多水高岭石、埃洛石、二水型高岭石、脱水埃洛石、准埃洛石、变埃洛石等)	$Al_4[Si_4O_{20}](OH)_8$	39.50	46.54	13.96	1~22		白、灰绿、蓝、黄、红等	约600℃脱羟

水云母：基本结构与白云母相似，为二八面体 2∶1 型层状硅酸盐，矿物结构单元层高度为 1.0 nm 左右。与白云母不同的是颗粒细小，层间阳离子钾和钠减少，层间水增加，四面体中铝代硅减少，结构无序程度高，其形态呈不规则薄片或长条状，粒径一般比高岭石大。

蒙脱石在高岭土中常有少量存在，易与埃洛石共生，晶粒极细小，具有很强的膨胀性和吸水性。

绿泥石和叶蜡石在蜡石型高岭土矿床中有时出现，常为铝绿泥石。

水铝英石为非晶质黏土矿物，是氧化铝和氧化硅的凝胶体，一般为球粒状，不稳定。

（二）化学成分

高岭土的化学成分主要是 SiO_2、Al_2O_3 和 H_2O，纯净的高岭土成分接近于高岭石或埃洛石的理论成分，由于各种杂质的影响，往往含有害组分 Fe_2O_3、TiO_2、CaO、MgO、K_2O、Na_2O、SO_3 等。有害组分 Fe_2O_3、TiO_2 一般在沉积矿床较高，其次是风化型高岭土，蚀变型矿床中铁质最少。高岭土的 K_2O、Na_2O 含量在风化型矿床中较多，一般在 2% ~ 7%，随深度增加而增加。另外，含明矾石的高岭土矿床中 SO_3 含量相当可观，也属有害杂质。

（三）物理性质

高岭土的粒度成分以黏土级和粉砂级的颗粒居多。根据粒度成分可将高岭土划分为：土状高岭土，绝大部分由小于 10 μm 的泥粒组成；含砂高岭土，含 5% ~ 25% 的砂和粉砂级颗粒组成。

高岭土中常见的结构有凝胶状结构，颗粒极细而致密；泥质结构，矿石中小于 0.01 mm 以下颗粒占绝大多数；粉砂泥质或砂泥质结构，指矿石中含 25% ~ 50% 的砂或粉砂；植物泥质结构，指矿石中含有机质植物残体等；变余结构，指蚀变高岭土中常有变余凝灰或变余斑状等结构。高岭土中常见的构造有皱纹状或条纹状构造、角砾状和斑点构造等。

质纯的高岭土具有白度高，质软易分散悬浮于水中，良好的可塑性和高的黏结性，优良的电绝缘性能，具有良好的抗酸溶性、很低的阳离子交换量，较高的耐火度等物理化学性能，见表 12 – 8 – 2。

表 12 – 8 – 2　　　　　　　高岭土的物理、化学性能

项目		指标
物理性能	颜色	白色或近于白色，最高白度大于 95%
	硬度	1 ~ 2，有时达 3 ~ 4
	可塑性	良好的成型、干燥和烧结性能
	分散性	易分散、悬浮
	电绝缘性能	200℃时电阻率大于 10^{10} $\Omega \cdot cm$，频率 50 Hz 时击穿电压大于 25 $kV \cdot mm^{-1}$
化学性能	化学稳定性	抗酸溶性好
	阳离子交换量	一般 3 ~ 5 mg/100 g
	耐火量	1 770 ~ 1 790℃

高岭土的矿石类型可根据高岭土矿石的质地、可塑性和砂质的含量划分为硬质高岭土、软质高岭土和砂质高岭土 3 种类型：

硬质高岭土：质硬，无可塑性，粉碎、细磨后具可塑性；

软质高岭土：质软，可塑性一般较强，砂质含量小于 50%；

砂质高岭土：质松散，可塑性一般较弱，除砂后较强，砂质含量大于 50%。

根据影响工业利用的有害杂质种类，冠"含"字（其含量允许小于 5%）划分亚类型。如含黄铁矿硬质高岭土、含有机质软质高岭土、含褐铁矿砂质高岭土等。

三、高岭土的用途

高岭土因具有分散性、可塑性、黏结性、烧结性、耐火性、离子交换性和物理化学上的稳定性，应用范围颇广。

高岭土的应用领域不同，对其质量要求截然不同。按工业用途可分为造纸工业用高岭土、搪瓷工业用高岭土、橡胶工业用高岭土和陶瓷工业用高岭土等。在化学成分方面，对造纸涂料、无线电瓷、耐火坩埚等，要求高岭土的 Al_2O_3 和 SiO_2 接近高岭石的理论值；日用陶瓷，建筑卫生陶瓷、白水泥原料、橡胶和塑料的填充剂，对高岭土的 Al_2O_3 含量要求可适当放低，SiO_2 含量可酌情高些。对 Fe_2O_3、TiO_2、SO_3 等有害成分，亦有不同允许含量。对 CaO、MgO、K_2O、Na_2O 含量的允许值，不同的用途中也不相同。在工艺性能方面，各应用领域要求的侧重点更为明显。如造纸涂料主要要求高的白度、低的黏浓度及细的粒度；陶瓷工业要求有良好的可塑性、成型性能和烧成白度；耐火材料要求有高的耐火度；搪瓷工业要求有良好的悬浮性等。

凝灰岩蚀变形成的高岭土的矿石有时还可作工艺雕刻用的彩石，如浙江的青田石和福建的寿山石、内蒙古的巴林石。寿山石与巴林石中有的因含赤红色的辰砂（HgS）而称为"鸡血石"；其中还可偶尔找到田黄，为一种名贵的制印玉石，状似胶冻，脂莹如凝膏，润泽而透黄，其价格相传有一两田黄一两金的说法。

第二节　世界高岭土矿资源

一、世界高岭土资源及分布

世界高岭土资源比较丰富，分布比较广泛，五大洲 60 多个国家和地区均有分布，但主要集中在欧洲、北美洲、亚洲和大洋洲。目前，世界高岭土的探明储量约为 262.66 亿 t（表 12 - 8 - 3）。

表 12 - 8 - 3　　　　　　世界部分国家或地区高岭土查明资源量　　　　　　单位：亿 t

国家或地区	储量	国家或地区	储量	国家或地区	储量
世界合计	262.66	英国	18.15	南非	2.55
		俄罗斯	14.00	西班牙	1.50

（续表）

国家或地区	储量	国家或地区	储量	国家或地区	储量
美国①	81.75	巴西	13.00	加拿大	1.50
印度	25.96	保加利亚	7.00	坦桑尼亚	1.00
中国	22.70	澳大利亚	4.55	其他	69.0

资料来源：国土资源部信息中心《世界矿产资源年评》（2011~2012），2012；

①美国数据来源：《中国非金属矿工业导刊》（2008 年第 2 期）之《世界高岭土市场研究》，王怀宇、张仲利等。

全世界已发现的大型优质高岭土矿床只分布在美国、印度、英国、巴西和中国等少数国家。世界闻名的大型高岭土矿床分布在美国佐治亚州、巴西亚马孙盆地、英国康沃尔和德文郡、中国江西景德镇、广东茂名、福建龙岩和广西合浦。此外，还有俄罗斯、捷克、德国和韩国等，上述国家总储量约占世界总储量的 68%，现按国别简述如下：

美国高岭土矿产资源十分丰富，居世界首位，主要分布于佐治亚州、南卡罗来纳州、亚拉巴马州、阿肯色州、加利福尼亚州，佛罗里达州、北卡罗来纳州及德克萨斯州等 130 多个矿山。佐治亚州高岭土矿床是世界最大的高岭土矿床，储量达 79 亿 t。

英国高岭土矿资源较为丰富，主要集中分布在康沃尔半岛圣奥斯特尔花岗岩体的西部和中部，达特摩尔花岗岩体西南部，波德明花岗岩体西部和南部。经选矿后用于造纸填料和涂料。

乌克兰高岭土矿产资源十分丰富，乌克兰格鲁霍维茨矿床是乌克兰开采的最大矿床之一。属风化壳型优质高岭土矿床，系由花岗岩风化形成。

哈萨克斯坦地区分布有大型沉积型高岭土矿床，所产高岭土主要供国内造纸涂料、填料及陶瓷。

俄罗斯第聂伯罗彼得罗夫斯克附近的高岭土亦为风化壳型，估计储量 1.6 亿 t。

捷克高岭土资源较丰富，是东欧主要的生产国，主要分布在卡罗维发利、比尔森、卡丹及斯卡尔纳，优质高岭土产于城堡山等矿床。属残积型矿床，质量较好，主要用于造纸及陶瓷工业。

德国高岭土最大的产地在巴伐利亚州的慕尼黑附近，此外尚有法兰克福、黑森、威斯特法利亚、莱茵兰等地。高岭土属沉积型，产量不能满足国内需要，还需从美国、英国、捷克等国进口。高岭土主要用于造纸涂料及填料。

澳大利亚高岭土储量较大，品位也较高。主要分布在南部和东部地区，澳大利亚居布克高岭土矿位于科瑞吉西西南 10 km，Berth 市西 200 km。高岭土石英矿平均厚度 10 m，用于造纸涂料和填料。另外，澳大利亚还有威克平高岭土矿，可用作高白度造纸涂料。

巴西高岭土矿床主要分布在亚马孙盆地，已查明储量达 13 亿 t，在世界高岭土矿物储量方面，将取代英国的地位。矿床大多为残积型，产于风化的花岗岩、伟晶岩及其他结晶岩中，有价值的矿床是沿帕腊（亚马孙河支流）的费利佩高岭土矿，矿床产于上新世巴雷拉斯统，后来在沿雅里河地区又发现大规模的次生矿床，绵延几公里，储量较大。主要用于造纸及陶瓷工业。

日本高岭土矿床在全岛普遍分布，主要在木宫、柿野、御作等矿区，大部分用于国内陶瓷、耐火材料和填料、涂料。

墨西哥高岭土矿床主要为热液型，机会每个州都有分布。系由流纹岩、流纹质凝灰岩等火山岩经热液蚀变而成矿。高岭土一般是无序的，常呈管状晶体，颗粒较粗，一般小于 15 μm，5 μm 以下的颗粒含量较低。墨西哥高岭土主要用于陶瓷及造纸工业。

欧洲较早的康沃尔郡和德文的高岭土矿，是花岗岩内长石的岩浆和热液分解而成，其高岭土含量在变质花岗岩含量不超过 20%，但高岭土化作用深度在许多地方超过 300 m，目前，该矿床由于开采多年，高岭土的储量已接近枯竭。

二、高岭土产量

据《世界矿产资源年评》，世界高岭土年产量 3 900 万 t（精选高岭土产量约 2 600 万 t）。全球高岭土的消费结构是：填料和涂料占 45%、耐火材料占 16%、陶瓷占 15%、玻璃纤维占 6%、水泥占 6%、橡胶和塑料占 5%、油漆涂料占 3%、其他占 4%。中国的高岭土主要用途是作为陶瓷原料和各种填料，其用量约占总产量的 85% 以上。

第三节　中国高岭土矿资源

一、中国高岭土矿床的成因类型及典型矿床

（一）成因类型

以高岭土矿床成因为基础，根据不同成矿作用所体现的成矿地质、地理条件、矿床规模、矿体形态和赋存特征、矿石物质组分等方面的差异，《高岭土矿地质勘查规范》将中国高岭土矿床划分为 3 种类型、6 个亚类（表 12 – 8 – 4）。

（二）典型矿床

1. 风化残积亚型高岭土矿床

该类矿床在中国南方广泛分布，是中国目前陶瓷原料的主要来源。

湖南衡阳界牌高岭土矿床是该类型的典型矿床，是中国著名的制瓷用高岭土产地之一。该矿床处在衡阳县与衡山县交界处，由衡山县的望峰、东湖、马迹，衡阳县的界牌、国清、温家坳、坪田丘、小台岭、大力湾、大鹅山、大排岭、江柏堰等一系列矿床组成。这些矿床沿一条大断裂带分布，位于燕山早期白石峰二云母花岗岩与前震旦系板溪群五强组凝灰质板岩、泥质粉砂岩的接触带上，在这里见有条纹条带状钠化混合岩、绢云母斜长片麻岩、白云母片岩、石英钠长岩，并有伟晶岩脉穿插，这些遭受了蚀变的岩石，又遭受了强烈的风化，具有明显的风化壳垂直分带，形成了巨大的高岭土矿床。

根据高介伍、方邺森的研究资料（1987），界牌高岭土的成矿母岩为五强溪组变质形成条纹条带状钠化混合岩。后期 Na、K 交代将原岩中的硅质（SiO_2）大量析离带出，Al_2O_3 含量相应提高，给高岭土矿的形成创造了物质前提。后期热液蚀变 – 云英岩化、黄铁矿化、绢云母化、高岭土化普遍发育，尤其在硅化岩发育地段更为明显，因此，该区高岭土矿成因应为热液蚀变 – 风化双重作用的结果。

高岭土矿床类型

表12-8-4

矿床成因类型	主要成矿原岩	成矿作用	主要成矿条件	矿床规模	矿体形状	矿体厚度	主要黏土矿物	主要伴生矿物	其他特征	矿床实例
风化型 — 风化残积亚化型	富含长石的岩石、黏土质岩石	原地风化	湿热气候，低山地形，稳定的区域构造，原岩中发育的小构造	一般为中、小型，少数大型，个别特大型	似层状、槽状、透镜状、不规则状	15~35 m	高岭石、埃洛石	石英、长石、云母、水云母、褐铁矿	矿床区域性分布，产于浅气部，产状近水平，厚度稳定，向下过渡到原岩，黏土矿物垂直分布	江西：高岭、星子、余干、贵溪、临川；湖南：醴陵、衡阳；广西：平乐、岑阳；四川：合理、德昌；广东：湛江、高州、惠阳；辽宁：东沟；福建：漳浦、龙岩、闽清；云南：龙陵、周宁；河北：徐水五香水坡等矿床。
风化淋积亚化型	含黄铁矿黏土质岩石	风化淋积	同风化残积亚型，原岩为较纯、较厚的碳酸盐岩	小型	囊状、不规则状	一般数米	埃洛石	有机质三水铝石、明矾石、水铝石、英、褐铁矿	产于浅部，厚度与剩余原岩厚度负相关，不稳定，褐铁矿有机质普遍存在	四川：叙永、威远；贵州：习水；山西：阳泉等矿床。
热液蚀变型 — 热液蚀变亚化型	富含长石的岩石、黏土质岩石	中、低温热液蚀变	构造发育，中、低温酸性水介质	一般小型，个别大或特大型	似层状、脉状、透镜状、不规则状	数米至数十米	高岭石、迪开石	石英、绢云母、明矾石、叶蜡石、蒙脱石	呈脉状分布，埋藏浅，产状陡、厚度不稳定，横向由浅到过渡到原岩	吉林：长白；江苏：苏州关山；江西：宜春；浙江：瑞安、永嘉；福建：德化；河北：宣化；内蒙古：宁城；云南：安宁等矿床。
现代热泉蚀变亚化型	富含长石的岩石、黏土质岩石	低温热泉蚀变，蚀变温度<200℃	构造发育，低温酸性热泉、气泉	一般小型，个别大型	似层状、脉状、透镜状、不规则状	数米至数十米	高岭石	蛋白石、石英、明矾石、自然硫、蒙脱石	矿床受热泉构造控制，带状分布，厚度不稳定，横向余原岩/残余原岩结构	西藏：羊八井；云南：腾冲等矿床。
沉积型 — 沉积和沉积风化亚化型	主要物质来源于已形成的高岭土	沉积	陆相水洼地及滨海	小到大型，特大型	层状、透镜状	一般小于十米，特大型可达数十米至一百多米	高岭石	石英、绢云母、水云母、蒙脱石、有机质	矿床位于河湖、海湾、滨海矿层及湖底板，常见砂层，具各类沉积特征	广东：清远、花都区、从化、茂名；湖南：郴县；广西：合浦；南宁：福建：宁德、莆田；吉林：安图永吉等矿床。
含煤地层之中高岭石黏土岩亚化型	主要物质来源于已形成的高岭石的火成硅铝的火山碎屑物等	沉积	陆相成煤盆地及洪积湖、滨海	小到大型	层状、透镜状	一般小于5m	高岭石	水铝石、勃姆石、石英、有机质	矿床区域性分布，主要产于石炭系、二叠系，依罗系稳定，煤碎屑岩中，厚度稳定，矿石一般坚硬，有机质普遍存在	山西：大同、平定；河北：邯郸；河南：焦作；陕西：铜川；江苏：徐州；内蒙古：准格尔旗、海勃湾；山东：淄博山等矿床。

摘自矿秘书网《中国高岭土矿床类型和典型矿床（图表）》。

2. 风化淋积亚型高岭土矿床

四川叙永埃洛石矿床分布在四川台向斜南缘的叙永台凹内，矿体产于龙潭煤系与茅口灰岩之间的不整合面上。

龙潭组含黄铁矿高岭石黏土岩是叙永式埃洛石矿的主要成矿物质来源。

埃洛石主要分布在风化淋积剖面的下部，矿石在外观上呈各种颜色，主要为白色。其次为浅蓝色、黄白色、黄棕色及杂色。空间分布上，黄棕色矿石主要分布在矿体上部，白色或浅蓝色在下部，常呈似层状，矿体底部常为黑色或黑白相间。

各种矿石的主要矿物成分为 1.0 nm 埃洛石，其次有三水铝石、伊利石、石膏、方解、水锆石英和石英，有时见三羟铝石。

叙永式埃洛石矿床的风化淋积剖面，自上而下可划分为 5 个带：

（1）弱风化淋滤带：该带一般出露于地表，呈平缓残丘状。高岭石黏土岩经地表水洗发生褪色而呈灰白色。黄铁矿部分氧化，黏土岩出现褐斑。高岭石矿物的结晶度降低。

（2）淋滤氧化带：黏土岩疏松，黄铁矿消失，出现较多的褐铁矿，有些形成铁盘，高岭石已部分解体。

（3）淋滤淀积带：为叙永式埃洛石的主矿体黏土岩中高岭石消失，该带的埃洛石不由高岭石转变而成，而是通过中间的铝、硅胶体凝聚而成。

（4）淋滤脱硅带：形成了三水铝石或三羟铝石，埃洛石脱硅所排出的 SiO_2 在附近沉淀，形成了次生石英和玉髓。

（5）灰岩风化溶蚀带：该带位于岩溶发育面上。它是由含强酸性硫酸溶液的地下水长期对灰岩侵蚀的结果，残留的方解石碎块和黏土物质组成了这层薄的风化残积带，黏土矿物以高岭石、埃洛石、三水铝石、伊利石和蒙脱石混层矿物为特征。该带发育程度控制埃洛石矿体的形态和厚度。

这种埃洛石矿体不规则，埋藏深，不便开采，但质地纯净，常为比较纯的 10 nm 埃洛，可用于高压电瓷、高档陶瓷和石油催化等。

3. 热液蚀变亚型高岭土矿床

江苏苏州高岭土矿是中国规模最大的高岭土生产基地。主要包括阳西、阳东、观山三大矿区，其中观山高岭土矿床规模又居首位。苏州高岭土矿成矿作用复杂，主要是热液蚀变成矿作用的结果。

观山高岭土矿区内中、低温热液蚀变活动普遍，主要与火山活动后期热液活动有关，晚期岩脉侵入又有叠加蚀变作用形成各种蚀变矿物组合。蚀变分带特征如下：

（1）大理岩化带：位于矿体下部，多为矿体的底板，在剥蚀面或破碎带附近常为硅化理岩。

（2）菱铁矿化带：呈孤立透镜体断续产于大理岩化带与高岭土化带之间，有时直接为矿体的底板，含少量黄铁矿、菱锰矿、闪锌矿、方解石和石英等。地表处常为褐铁矿。

（3）高岭土化带：呈不规则似层状、透镜状或脉状产出，厚度平均为 20 m。主要矿物为高岭石和埃洛石，少量绢云母、明矾石、黄铁矿、石英。下部因淋滤改造作用形成较多的 1.0 nm 埃洛石和三水铝石。高岭石有序度较高，常为完好的六方片状，大多在 1 μm 左右，也有较大的蠕虫状叠片。在富水条件下，易生成 1.0 nm 埃洛石。

（4）明矾石化带：常呈继续似层状或透镜状，厚度变化不一，有时与高岭土化带呈互层或合并，主要矿物为明矾石，含高岭石、埃洛石、黄铁矿和石英。

（5）绢云母、硅化带：该带为矿体顶板，矿物以次生石英为主，绢云母次之，伴有少黄铁矿、明矾石。局部有少量氯黄晶。该带下部绢云母有所增多，并有少量高岭石。

不同蚀变带中，主要特征蚀变矿物分布则具有明显的指带意义。

明矾石在高岭土和火山岩中均大量出现，常呈自形菱形晶体，大小在 15 ~ 20 μm 之间，以钾明矾石为主，K_2O 含量可达 9.28%，在高岭土中呈团块状或条带状。另一种则呈细粒状产出。

4. 现代热泉蚀变亚型高岭土矿床

本亚型矿床典型代表为云南腾冲和西藏羊八井矿。蚀变温度一般不超过 200℃，主要矿物成分为高岭石、埃洛石、明矾石、蛋白石等。云南腾冲高岭土矿床位于腾冲地热区以热泉为中心约 100 km² 区域内。主要包括硫黄塘、澡塘河、黄瓜菁、襄宋热水塘等数十个泉群，区内出露的地层自下而上为：下古生界高黎贡山群绢云母千枚岩、片岩、片麻岩等变质岩。石炭系勐洪群的泥岩、板岩、含砾杂砂岩、角岩和白云岩组合。上第三系分两个组：南林组为花岗质沙砾岩，砂页岩夹少量煤层，为主要含矿层；芒棒组为灰黑色致密状玄武岩直覆于南林组之上。第四系以火山堆积和河湖相堆积为主。

地热区内岩浆活动频繁，持续时间长，从燕山期至近代的整个地史时期，形成了一套由深成—中深成—浅成侵入直至喷出的岩浆旋回。尤其是新生代以来强烈的基性—中性的火山喷发，形成了宏伟壮观的火山地貌和千姿百态的地热景观。

区内基底岩石由燕山期花岗岩组成。被南北断裂带切割，以硫黄塘—魁阁坡断裂和杏塘—热水塘断裂为主，近南北向分布。地热区内分布着许多低温、中温、中高温和高温热泉、沸泉、喷气孔等。大都呈东西向和南北向，与区域构造方向一致。热水区水热蚀变强烈，主要为硅化、高岭土化和泥化作用，出现了以高岭土矿物为主的一系列中、低温蚀变矿物，以及石膏、磷钙铝石、菱磷铝锶石和磷铝铈矿及沸石类矿物。

上述蚀变矿物中能指示水热溶液化学性质的（pH）有氧化硅矿物、明矾石、高岭石和迪开石，2:1 型黏土矿物（主要为蒙脱石和绿泥石）及规则混层矿物。

5. 沉积和沉积 - 风化亚型高岭土矿床

该类矿床其矿石呈泥沙状块体，松软而未压实板结。

矿石类型分为软质黏土和砂性高岭土，前者含砂量低，有较多无序高岭石，晶片呈破裂状，矿层透水性差，铁质不易淋滤迁移。一般含铁、钛较高，如广东清源、吉林水曲柳的高岭土矿床属此类，大部作耐火黏土使用。后者大都是含高岭土的长石、石英砂层或沙砾层。透水性好，沉积于盆地之后，又遭受进一步风化淋滤。若有腐殖质造成的酸性还原环境，则可生成结晶度好的片状高岭石，含铁、钛低，白度高，是优质造纸涂料。如广东茂名、广西合浦的高岭土矿床属此类。

6. 含煤地层中的高岭石黏土岩亚型矿床

此类矿床的典型例子为大同含煤建造沉积型高岭土矿床，为沉积成岩所形成的硬质高岭土（又称高岭岩）矿床，也是我国北方瓷用和耐火材料用高岭土的重要基地。矿区与大同煤矿一致，位于山西省大同市西南，呈北东－南西向分布，横跨云岗、怀仁、浑源、山阴、平鲁、朔县等地，面积约 2 000 km²，构造位置属云岗—平鲁构造盆地。结晶基底为太古宇桑干群的变质岩系，上覆自古生代到新生代以来的大部分地层。含矿岩系与含煤岩系完全一致，主要是石炭系上统的太原组，其次是二叠系下统山西组。高岭石矿层与煤层紧密共生，一般为煤层夹矸，并有产于顶底板中者。太原组分布着 9 层煤，其间夹有 11 层高岭土。其中：4 号矿层在北部的同家梁、口泉一带最为发育，矿层有时分叉和合并，单层厚度一般近 1 m，最大厚度可达 2 m，矿石为粗晶和细晶高岭岩，层位稳定，质量好；5 号矿层在煤田中部峙峰山至鹅毛口一带发育，平均厚度 2.25 m，矿石为深灰到黑色的胶状高岭岩，常含少量一水软铝石，故烧失量和 Al_2O_3 含量偏高，而 SiO_2 偏低；6 号矿层质量好，层位、厚度稳定，分布面积广，从山阴、马营、怀仁、峙峰山、吴家窑直至大同口泉一带均有发现，为本区主要的制瓷高岭土矿层，矿层分两层，上层为细晶高岭石岩（俗称黄瓜石），下层为粗晶高岭岩（俗称砂石、黑砂石），单层厚度 0.2 ~ 0.5 m；8 号矿层广泛分布全区，矿石为胶状高岭石平均厚度 0.34 m，矿石质量好；其余矿层经济意义不大。

本区矿石自然类型可分粗晶高岭岩、细晶高岭岩、隐晶质及隐晶质含一水铝石的高岭岩、碎屑状高岭岩等 4 种。矿石化学成分为硅低铝高型。其中 6 号矿层的矿石最接近高岭石的理论值。

大同煤田中的高岭土矿，烧成白度高，热稳定性及结合性好，已被许多厂、矿用来生产日用瓷和面砖。雁北陶瓷研究所还用怀仁县峙峰山的粗晶高岭石矿配以石英、长石、滑石、软质黏土，试验生产白度为 85% 高白瓷。其中高岭石矿石用量坯料为 40%，釉料 7% ~ 9%。

二、矿床时空分布及成矿规律

中国高岭土分布广泛，遍布全国六大区 21 个省（市、区），但又相对集中，广东省是探明高岭土储量最多的省份，陕西次之，其他还有福建、广西、江西、湖南和江苏等。

中国高岭土矿床类型多，其中风化淋积亚型、热泉蚀变亚型、高岭石黏土岩亚型都能形成规模大而质地优良的高岭土矿，这在世界上是比较少见的，是中国高岭土矿床的特点。各类型高岭土矿床时空分布及成矿规律如下：

（一）风化残积亚型高岭土矿床

该类型矿床与大面积中生代（燕山期）花岗岩及有关脉岩分布区相吻合，在中国

南方广泛分布。中国南方大部分地区属于热带和亚热带气候区，年平均温度为 15 ~
25℃，年平均降雨量为 1 000 ~ 2 000 mm，干湿气候为母岩的风化淋滤带来良好的条件。
从地形上看，风化残积矿床往往保存在丘陵、台地或山间盆地的残丘上，风化深度一般
为 50 m 左右，深者可达 100 m 以上。

　　热带和亚热带气候虽然是酸性、中酸性岩强烈风化的非常重要的条件，但当仔细研
究高岭土矿和岩体的关系时，往往会发现只在岩体边部或在断裂带发育的地区，特别是
经过花岗岩自身后期的气化－热液作用下所产生的自变质，或受后期伟晶岩脉及其他脉
岩穿插的部位；或发现有绢云母化、纳长石化、硅化或其他热液蚀变作用影响的地带，
加上有利风化的气候、雨量、构造、地形等条件，才是寻找该类矿床最有利的地带，也
就是说，先期的蚀变作用叠加了后期的风化作用才是最有利的成矿条件。

　　（二）风化淋积亚型高岭土矿床

　　在川、黔、滇交界处该类型的高岭土矿俗称"叙永石"，产于二叠系乐平统龙潭煤
系和早二叠世阳新统茅口灰岩的岩溶侵蚀面间。山西阳泉高岭土矿产于上石炭统本溪组
和中奥陶统马家沟灰岩的岩溶发育面之间。苏州阳东淋滤型高岭土矿产于下二叠统栖霞
组大理岩化灰岩的岩溶溶洞内。就现有资料看，中国西南各省，特别是川、黔、滇交界
处，二叠纪煤系发育地区有广泛分布，也是寻找该矿床的有利地带。

　　该类矿床的上部都有遭受风化的富含黄铁矿的高岭石黏土岩的层位存在，由于地表
水及地下水的淋滤活动，以及黄铁矿氧化所形成的酸性水溶液作用于铝硅酸盐矿物（母
岩）生成硅和铝的氧化物溶胶。这些溶胶向下运移，灰岩溶洞部位形成管状的 1.0 nm
埃洛石沉淀。因此，首先必须有黄铁矿，而且必须遭受风化，矿体之上残留的蜂窝状、
炉渣状多孔岩层，即黄铁矿风化后流失的证据，矿层之上有时可见有褐铁矿硬壳（铁
盘），而且矿层底部灰岩形成岩溶溶洞。使黄铁矿风化和灰岩发育岩溶的有利条件是地
层隆起形成背斜。

　　（三）热液蚀变亚型高岭土矿床

　　该类矿床在中国东部主要与中生代中—晚期火山活动有关。大多数矿床赋存于侏罗
系上统的火山岩中。该类型矿床在中国分布较广，主要沿中国东部环太平洋西带和华北
地台北缘侏罗纪—白垩纪火山岩带分布。较著名的矿床有江苏苏州观山、浙江瑞安仙岩
和松阳峰洞岩、福建德化金竹坑、吉林长白马鹿沟、河北宣化沙岭子等高岭土矿。

　　该类矿床大多赋存于中生代火山岩发育地区，断裂构造和较多的岩脉穿插是有利的
成矿因素。蚀变分带明显，坚硬的次生石英岩在地形上形成突起的陡崖。迪开石作为较
高温度的蚀变矿物，有时出现在矿床之中；有时高岭土矿与叶蜡石矿、明矾石矿相伴
生；有时作为内生金属矿床的外蚀变带存在。中国东部从粤、闽直至辽、吉，以及华北
地台北缘是寻找该类矿床的有利地区。

　　（四）热泉蚀变亚型高岭土矿床

　　该类矿床多与第四纪火山活动及地热活动有关，并多沿断裂带分布，现代火山及地
热活动带西起新疆、西藏边陲，沿狮泉河—雅鲁藏布江两侧展布，到日喀则以东向东北
方面扩展，再沿怒江、澜沧江、金沙江转向东南。整个青藏高原及横断山区有大量水热

区分布（廖志杰等，1985；张知非，1985）。典型矿床有云南腾冲和西藏羊八井高岭土矿。

该类矿床的蚀变分带由强至弱。由热泉出露点向两侧依次为：硅化、明矾石化、高岭土化和泥化（泥化即以蒙脱石、绿泥石等黏土矿物为主的蚀变带）。热泉周围形成了厚层的以硅化为主的泉华。硫质喷气孔周围有较多的明矾石沉淀。以花岗质沙砾岩为母岩，在热水作用下所进行的碱质淋滤作用，要比常温下风化作用快得多。高岭土及硫、锂、铯、硼皆可为找矿标志。

（五）沉积和沉积风化亚型高岭土矿床

该类高岭土矿床多属第三纪或第四纪河、湖、海湾沉积，它们多沉积于断陷盆地、河谷洼地或邻近海湾，时代较老的如第三系吉林水曲柳矿床，沉积于松辽拗陷中部舒兰盆地。时代较新的如广东清远高岭土矿床，沉积于北江下游。福建同安、莆田等地的高岭土，沉积于现代河口、海湾地区。有的属现代沉积，有的属早、晚更新世沉积。

这类矿床的物质来源，大多为沉积盆地周围的花岗岩石，遭受风化剥蚀，搬运距离不远，剖面上见水平层理或交错层理，石英颗粒磨圆度低，分选性差，矿石矿物以石英、岭石类矿物为主，它的找矿标志是花岗岩风化壳附近的沉积盆地。因此，东南沿海各省花岗岩类岩浆岩广泛分布，风化强烈，河谷海湾众多，是找矿的有利地带。

（六）含煤地层中的高岭石黏土岩亚型高岭土矿床

该类矿床的分布有一定层位，常位于沉积旋回的上部，有明显的沉积韵律。中国北方石炭纪—二叠纪煤系中夹有许多层高岭石黏土岩，在山西雁北地区一般厚 30～45 cm，在内蒙古准格尔旗煤田中厚者可达数米。在山西大同、浑源、怀仁、山阴、朔县；内蒙古乌达、海渤湾；山东新汶；陕西铜川等地石炭纪—二叠纪煤系中都发现了可供工业利用的高岭土岩。过去它们只用作耐火材料，通过最近工艺实验研究，该类高岭土矿床是熔制光学玻璃坩埚的高级耐火材料，在熔模精铸工业中可逐步代替电熔刚玉等昂贵的壳型材料、人工合成莫来石的主要原料。这种高岭石黏土岩（硬质黏土）常见到的都很薄，厚仅数厘米至 10 cm，达数米的比较少见，大都用作含煤地层中煤层和岩层的对比体系。

在中国北方，凡是石炭纪—二叠纪煤系分布的地区，都有找到高岭石黏土岩型（"高岭岩"）矿床的可能。据成矿条件，对侏罗纪和第三纪煤系也有必要进行地质找矿工作。

三、中国高岭土资源特点

中国高岭土的矿石类型以砂质高岭土为主，大约占总储量的 60% 以上；软质高岭土和硬质高岭土分别占总储量的 6% 和 5% 左右；其他未划分类型的高岭土占总储量的 27% 左右。

从矿石质量来看，中国高岭土矿石大多为陶瓷用土，Al_2O_3 含量一般为 20% 左右，最高可达 38% 以上，最低不低于 10%。过去，中国造纸涂料和填料级的高岭土比较短缺，1989 年探明的广东茂名高岭土矿不仅储量巨大，而且矿石质量优良，达刮刀涂布级质量标准。它的发现使中国进入拥有优质高岭土资源的大国之列。在全国高岭土储量中，造纸级高岭土占41.06%，陶瓷级高岭土占48.35%，其他如白水泥级、橡胶级和电磁用高岭土合计仅占10.59%。

中国高岭土矿床以中、小型为主。在保有的208个矿产地中，矿石储量大于2 000万t的特大型矿有江苏苏州观山矿（3 421.1万t）、福建龙岩东宫下西矿区（5 172万t）、江西贵溪市上祝矿（2 843.7万t）、江西兴国县上垄矿（2 167.4万t）、广东茂名山阁矿（28 633.3万t）、广东茂名大同矿（5 661万t）、广西合浦县十字路北风塘矿（5 294.1万t）、广西十字路区庞屋矿（2 578.1万t）和陕西府谷县海则庙段寨矿（35 105万t）、陕西府谷县沙川沟矿（2012.7万t）共10处，矿石储量2 000～500万t的大型矿有25处；矿石储量500～100万t的中型矿有62处；矿石储量小于100万t的小型矿111处。在大型矿床中已进行勘探地质工作的10处，详查的16处，普查的9处，中型矿床中进行勘探工作的9处，详查的29处，普查的24处；小型矿床中进行勘探地质工作的9处，详查的53处，普查的42处。

中国高岭土矿以单一矿产为主，共生矿产有明矾石、黄铁矿、叶蜡石、膨润土、钾长石、瓷石、石英岩、铝土矿、煤、贵金属、稀有分散元素等，在选矿中尽可能回收利用伴生矿物（如用振动筛回收云母、综合利用明矾石）和选矿后的尾砂（石英砂、长石石英砂、钾长石砂）以及尾矿中的副矿物（如铌铁矿、锆石、磷灰石）。

四、中国高岭土资源储量

中国高岭土矿产资源储量居世界第三位，据中国国土资源部《矿产资源储量通报》（2012），中国已有高岭土矿床点318处，基础储量6.36亿t，储量2.31亿t，已查明资源储量22.70亿t。中国非煤系高岭土资源以广东最多，据广东省地质部门勘查，广东西部的茂名盆地高岭土储量居中国探明同类高岭土储量的第一位，高岭土基础储量达2.8亿t，特别是茂名盆地南部，查明的高岭土资源量达4.7亿t，储量大、结晶好、粒度细、纯度高、白度高、黏度低等优点，是世界上比较优质的高岭土矿。陕西次之，其他省份还有福建、广西、江西、湖南和江苏等。中国煤系高岭土资源丰富，大型煤矿基本上都伴生有煤系高岭土，已探明储量可达28亿t，主要分布在我国的东北和内蒙古。

据地质矿产部、国家建材局《我国建材非金属矿产资源对2010年国民经济建设保证程度论证报告》（1995年），1992～2000年全国高岭土矿石累计需求量与可石可采储量之比为1:6.9，1992年～2020年矿石累计需求量与可采储量之比为1:3.7。这表明我国高岭土矿石可采储量到2020年可满足需要。

第十三篇

特种矿产资源

宝玉石、观赏石是满足人类物质和精神文化需求的矿产资源

宝石、玉石，美观、耐久、稀少，石石珍贵

"石之美者，玉也"

奇石、怪石、雅石、玩石、巧石、珍石……，都是观赏石

我国石文化源远流长

把于掌指，置于案头，设于庭院，造就园奇室雅

药石——人类健康的矿物类中药

第一章　特种矿产资源概述

第一节　特种矿产资源的基本概念

一、基本概念

特种矿产资源是按其用途从传统矿产资源分类中进一步细分出来的一类具有特殊用途的矿产资源，主要指那些用于满足人们精神文化需求的矿产资源和用于入药的矿物和岩石（简称药石）。这类矿产资源不能够直接当作原料用于工业的加工再生产，但在当今社会仍然具有广泛的需求，如：宝石、玉石、观赏石、砚石、药石等。这类矿产资源多数并不是直接用来创造工业价值，而是用来满足人民群众日益提高的物质、文化、精神需求。

矿产资源一直以来被誉为国民经济和社会发展的物质基础，而这其中的特种矿产资源就是国民经济和社会发展的"维生素"。特种矿产资源的储量和产量远远少于传统矿产资源，但却不可或缺。因此，特种矿产资源可以说是国民经济和社会发展的"晴雨表"。如：宝石、玉石、观赏石产业的发展在一定程度上反映了社会的文明程度；药石的产生与发展则更是社会发展的必然产物。

二、主要特点

特种矿产资源因其用途的特殊性主要具有以下几个特点：

1. 具有一定的经济价值

用于满足人们精神文化需求的特种矿产资源，其并非必需品，而是奢侈品，因此具有相当的经济价值；用于入药的矿产资源因其属生活必需品，故亦具有一定的经济价值。

2. 具有一定实用价值

用于入药的矿产资源的实用价值不需赘述。随着人们生活水平的提高，人们对于精神方面的需求也日益提高，而特种矿产资源恰恰就能够满足此项需求，如用于装饰、装扮的宝石、玉石和观赏石制品等。

3. 具有一定的文化内涵

如被人们寄予特殊象征意义的十二生肖、十二星座的幸运石等。

第二节　特种矿产资源分类

　　按照用途和应用领域将特种矿产资源分为以下五类，即宝石类、玉石类、观赏石类、砚石类和药石类（表13 - 1 - 1）。

表 13 - 1 - 1　　　　　　　　　　　　特种矿产资源分类表

类别	基本概念	主要种类
宝石类	主要指用于制作首饰、饰品等用途的天然矿物晶体，如钻石、水晶等。另外，如琥珀、珍珠等，也包括在广义的宝石之内，为天然有机宝石	钻石、水晶、红宝石、蓝宝石、祖母绿、猫眼石、锆石、托帕石、石榴石、珊瑚、琥珀、珍珠、象牙、煤精、硅化木等
玉石类	泛指一切美丽的石头。主要指用于制作首饰、饰品等用途的天然矿物集合体，如翡翠、和田玉、岫玉、独山玉、绿松石、泰山玉等	翡翠、和田玉、岫玉、独山玉、绿松石、泰山玉、欧泊、玉髓、青金石、孔雀石、葡萄石、蓝田玉、鸡血石、寿山石等
观赏石类	天然产出具有观赏价值和商品价格的石质艺术品	太湖石、灵璧石、昆石、英石、菊花石、泰山石、木纹石、砣矶石、长岛球石、崂山绿石、上水石、千层石、古生物化石等
砚石类	可用于制作砚台的岩石	端砚石、歙砚石、洮砚石、金星石、红丝石、砣矶石、紫金石、燕子石、徐公石等
药石类	用于制药或制作中药方剂的矿物或岩石	石膏、方解石、滑石、雄黄、生石灰、硫黄、阳起石、麦饭石、沸石、膨润土、蒙脱石等

第二章 宝 石

第一节 宝石概述

一、宝石的概念

从宝石学看，广义概念的宝石和玉石不分，统称珠宝玉石，简称宝石，泛指色彩瑰丽、坚硬耐久、稀少，并可琢磨、雕刻成首饰和工艺品的矿物或岩石，包括天然的和人工合成的，也包括部分有机材料。狭义的宝石即天然宝石的简称，限指自然界产出的，具有美观、耐久、稀少性，可加工成首饰等装饰品的矿物的单晶（可含双晶）。绝大部分宝石为单晶体，如钻石、红宝石、蓝宝石、祖母绿等等，还有少数为非晶体，如欧泊。我国发布的国标《珠宝玉石名称》（GB/T 16552-2003），将珠宝玉石（简称宝石）定义为天然珠宝玉石（包括天然宝石、天然玉石和天然有机宝石）和人工宝石（包括合成宝石、人造宝石、拼合宝石和再造宝石）的统称。

二、宝石的主要分类

本书根据宝石的成因类型和组成成分，将宝石分为天然宝石、人工宝石和仿宝石三类。常见的宝石有：钻石、红宝石和蓝宝石、碧玺、水晶、锆石、托帕石。另外，琥珀、珍珠、珊瑚、象牙等有机物也归属于宝石类。

（一）天然宝石

天然宝石可分为天然矿物类宝石和天然有机宝石。

1. 天然矿物类宝石

天然矿物类宝石在此特指自然界产出的矿物单晶，这些产出稀少、晶莹美丽的晶体，经人工琢磨后即构成了天然矿物类宝石。

天然宝石的品种很多。为了对众多的品种进行深入研究，宝石科研鉴定工作者往往用矿物学的分类方法对宝石进行族、种、亚种的细分；而宝石贸易界往往又习惯按照价值规律对宝石进行高档、中低档的划分；还有的根据宝石的稀缺程度将其分为常见和稀少两类。

（1）按天然宝石的族、种、亚种划分

①族：指化学组成类似、晶体结构相同的一组类质同象系列宝石。如石榴子石族、

电气石族、长石族、辉石族。同一族宝石由若干个宝石品种组成。

②种：指化学组成和晶体结构都相同的宝石。宝石种是分类的基本单位，每一个宝石种都有相对固定的化学组成和确定的晶体结构，例如石榴子石族矿物中包括了铁铝榴石和镁铝榴石等种。

③亚种：是种的进一步细分。指同一个种的宝石，因化学组成中的微量组分不同，从而在晶形、物理性质（如颜色、透明度）等外部特征上有较明显的变化者。如蓝宝石中的黄色蓝宝石、绿色蓝宝石、黑色蓝宝石；绿柱石宝石中的黄色绿柱石、红色绿柱石、紫色绿柱石、无色绿柱石；水晶中的紫晶、黄晶、烟晶等。

宝石的种和亚种划分有其特殊性，即其种和亚种的划分还可能涉及其社会属性或价值规律。如刚玉宝石中的红宝石、蓝宝石，绿柱石宝石中的祖母绿、海蓝宝石，都被作为重要的单一宝石种。

（2）按天然宝石的价值和稀缺程度划分：

①高档宝石：指那些颜色、透明度、硬度（一般摩氏硬度 HM 大于 7）等物理性质都属于宝石之冠的宝石。根据传统习惯和价值规律，目前国际珠宝界公认的高档宝石品种有钻石、祖母绿、红宝石、蓝宝石、金绿宝石（变石、猫眼）。

②中低档宝石：也称为常见宝石，指那些虽具有美丽、耐久和稀少等特点，但与高档宝石品种相比较为逊色的宝石。这类宝石品种繁多，价值相对较低。主要包括电气石、绿柱石、石榴子石、尖晶石、水晶等。

③稀少宝石：指某些宝石品种，它们往往由于产量低，不足以在市场上广为流通，仅能作为一个宝石品种在宝石试验室或陈列室中出现，其价值要视产品的具体情况而定。如塔菲石，产自斯里兰卡，可有粉色、淡紫色、淡红色等颜色，最早发现的一块原石仅 1.41 ct。

2. 天然有机宝石

天然有机宝石指自然界生物成因的固体，它们部分或全部由有机物质组成，其中的一些品种本身就是生物体的一部分，如象牙、龟壳、砗磲等。这些生物成因的固体以其美丽的颜色、特殊的光泽和柔韧的质地，成为天然宝石家族成员之一。人工养殖珍珠，由于其养殖过程的仿自然性及产品的仿真性，本书将其划归为天然有机宝石。

（二）人工宝石

人工宝石指完全或部分由人工生产或制造的、用于制作首饰及装饰品的材料。根据人为因素的差异以及产品的具体特点，可划分为合成宝石、人造宝石、拼合宝石及再造宝石。

1. 合成宝石

合成宝石指部分或完全由人工制造的晶质或非晶质材料，这些材料的物理性质、化学成分及晶体结构和与其相对应的天然宝石基本相同。如合成红宝石与天然红宝石化学成分均为 Al_2O_3（含微量元素 Cr），它们具有相同的折射率和硬度等。

2. 人造宝石

人造宝石指由人工制造的晶质和非晶质材料，然而这些材料没有天然对应物，如人造钛酸锶、立方氧化锆等，迄今为止自然界中还未发现此种产品。

3. 拼合宝石

拼合宝石指由两种或两种以上材料经人工方法拼合在一起，在外形上给人以整体琢型印象的宝石，称为拼合宝石。如澳大利亚欧泊，即有二层石、三层石等。再如国际市场上流行的一种蓝色刻面琢型的拼合宝石，常常上部为合成蓝宝石，下部为天然蓝宝石，二者之间用树脂黏合，看上去似一个完整的刻面宝石。

4. 再造宝石

将一些天然宝石的碎块、碎屑经人工熔结后制成再造宝石。常见的有再造琥珀、再造绿松石等。

（三）仿宝石

仿宝石是指模仿某种天然珠宝玉石的颜色、外观和特殊光学效应的人工宝石。"仿宝石"一词不能单独作为珠宝玉石名称。

三、世界主要宝石分布

宝石和玉石作为一种十分珍贵的矿产资源，其分布是极不均匀的。世界上宝石、玉石资源主要分布在非洲南部、东南亚、俄罗斯、澳大利亚和南美洲的部分地区，有些宝石或玉石甚至集中在某一个国家或地区内，如南非的钻石、东南亚的海蓝宝石、缅甸的翡翠和澳大利亚的欧泊等。亚洲是世界优质宝石、玉石重要产地。其中最有代表性的是缅甸翡翠和红宝石、斯里兰卡蓝宝石、阿富汗青金石。在亚洲，我国的宝玉石资源也非常丰富，如传统的四大玉石，和田玉、岫岩玉、独山玉、绿松石等，另外，钻石、红宝石、蓝宝石在我国也均有分布。非洲被誉为地球上最丰富的宝石仓库。其中最有代表性的是非洲南部（尤其是南非）各国的钻石、马达加斯加的各类宝石、津巴布韦的祖母绿、埃及的绿松石等。美洲的宝玉石集中产在西部，产出国相对较少，其中最有代表性的是巴西产的各类宝石、哥伦比亚的祖母绿、加拿大的软玉等。欧洲是宝玉石产出较少的一个洲，比较著名的有俄罗斯玉。大洋洲澳大利亚的宝玉石的蕴藏量和质量均世界著名，如钻石、欧泊、绿玉髓等。

第二节　宝石的属性及价值

一、宝石的属性

宝石的属性主要包括4个方面：化学成分、光学性质、颜色和物理性质等。

（一）宝石的化学成分

宝石矿物多属于氧化物类或自然元素类。

大部分宝石矿物属于含氧盐类，其中又以硅酸盐类矿物居多。据统计，达到宝石级的矿物中硅酸盐类矿物约占一半。

1. 氧化物类

氧化物是一系列金属和非金属元素与氧阴离子 O^{2-} 化合（以离子键为主）形成的化合物，其中包括含水氧化物。这些金属和非金属元素主要有 Si、Al、Fe、Me、Ti、Cr 等。属于简单氧化物的宝石有刚玉矿物（Al_2O_3）的红宝石、蓝宝石，石英矿物（SiO_2）的紫晶、黄晶、水晶等。

2. 自然元素类

有些金属和元素可呈单质独立出现。属于此类的宝石有钻石（成分为 C）等。

（二）宝石的光学性质

宝石的光学性质主要包括宝石的多色性、吸收性、光泽、透明度、发光性和特殊光学效应等方面。

1. 宝石的多色性、吸收性

非均质体宝石的光学性质随方向而异，对光波的选择性吸收及吸收总强度随光波在晶体中的振动方向不同而发生改变。因此在单偏光镜下转动宝石时，可以发现非均质体宝石的颜色及颜色深浅会发生变化，这种颜色随光波在晶体中的振动方向不同而改变的现象称为宝石的多色性。

宝石晶体中，颜色深浅随光波振动方向而改变的现象称为吸收性。

2. 宝石的光泽

宝石的光泽是指宝石表面反射光的能力，光泽的强弱由多种因素决定。根据光泽的强弱可以将光泽分为金属光泽、半金属光泽、金刚光泽和玻璃光泽等。对于宝石矿物来讲，绝大部分为玻璃光泽，金属光泽和半金属光泽者极少。另外，由于反射光受到宝石矿物颜色、表面平坦程度、集合体结合方式等的影响，还可以产生一些特殊的光泽，如油脂光泽、树脂光泽、蜡质光泽、丝绢光泽等。

3. 宝石的透明度

宝石的透明度是指宝石允许可见光透过的程度。宝石矿物的透明度范围跨越很大，无色宝石可以达到透明，给人以清澈如冰的感觉，而完全不透明宝石则较少。在肉眼鉴定宝石过程中，通常将宝石的透明度划分为：透明、亚透明、半透明、亚半透明、不透明五个级别。

4. 宝石的发光性

宝石的发光性是指矿物在外来能量的激发下，发出可见光的性质。能激发矿物发光的因素很多，如摩擦、加热、阴极射线、紫外线、X 射线都可使某些矿物发光。在宝石学中经常遇到的是紫外线激发下的荧光和磷光。

（1）荧光：矿物在受外界能量激发时发光，激发源撤除后发光立即停止，这种发光现象称为荧光。

（2）磷光：矿物在受外界能量激发时发光，激发源撤除后仍能在较短的一定时期内继续发光的现象称为磷光。

在实验室中，宝石荧光特点可作为宝石鉴定的依据之一。

5．宝石的特殊光学效应

光的折射、反射、干涉、衍射等作用可在宝石中引起一些特殊的光学效应，其中主要的光学效应有猫眼效应、星光效应、变彩效应、变色效应等。

（1）猫眼效应：光照下一些弧面形宝石的表面呈现一条闪亮的光带，犹如猫的眼睛，故而得名。随着光源或宝石的摆动，光带在宝石表面也作平行移动。

（2）星光效应：一些弧面形宝石的表面呈现一组放射状闪动的亮线，形如夜空中闪烁的星星，称为星光效应。其中每条亮线称为星线。随着宝石的转动或光源的转动，星光将围绕宝石或灯光作反方向转动。

（3）变彩效应：由于宝石的特殊结构对光的干涉、衍射作用产生的颜色，颜色随着光源或观察角度的变化而变化，这种现象称为变彩。

（4）变色效应：宝石矿物的颜色随入射光光谱能量分布或入射光波长的改变而改变的现象称为变色效应。

（三）宝石的颜色

1．决定宝石颜色的因素

宝石的颜色取决于构成宝石的矿物本身的颜色和宝石对不同波长的可见光相互作用的结果。

矿物本身的颜色包括白色、他色和假色 3 类。

（1）白色：矿物本身固有的颜色，如自然铜的铜红色，橄榄石的绿色，黄铁矿的铜黄色。

（2）他色：因外来带色杂质的混入或含有气液包裹体等引起的颜色。

（3）假色：由物理光学效应引起，与矿物本身无关。

2．宝石颜色的分类

由于不同波长可见光作用方式的不同，宝石的颜色可分为非彩色和彩色两类。

（1）非彩色系列：非彩色系列也称白黑系列。该系列包括了白色、黑色及深浅不同的灰色。非彩色系列的宝石有无色钻石、无色水晶、无色长石，还有黑玛瑙、黑曜岩等。

（2）彩色系列：是指非彩色系列以外的所有颜色。当宝石对不同波长的可见光选择性吸收时，宝石就有了各种颜色，所呈现的颜色是剩余光中各色光的混合色，在剩余光中所占比例最大的色光决定了宝石颜色的主色调，次要波段的光决定了宝石的辅色调。绝大部分宝石属彩色系列。

（四）宝石的物理性质

宝石的物理性质是宝石特征的重要表现，它主要包括密度、硬度、节理和熔点等方面。

除以上特征外，宝石的特征还包括热学性质和电学性质等方面。

二、宝石的价值

在价值方面，宝石和玉石基本相同，具体有装饰价值、交换价值、储备价值、收藏价值、投资价值、人文价值、物用价值、医用价值、研究价值和信用价值等。

（1）装饰价值：宝石虽然不是人们物质生活方面（衣、食、住、行）的必需品，但它是人们精神生活方面（美感、情感）的需求品。

（2）交换价值：宝石是一类特殊人文价值的商品，可以在社会上广泛流通，因而具有商品的交换价值。在一般情况下，也同样符合一般商品的价值规律。

（3）储备价值：宝石有较强的保值功能，可以作为财产储存。宝石首饰品还具有体积小、质轻而易于携带保存的优点。

（4）收藏价值：许多宝石首饰和工艺品还具有很高的艺术价值，石之美和工艺美都可能成为世界少有的乃至唯一的珍品，作为珍宝收藏。

（5）投资价值：鉴于宝石的保值、增值性较好，因此宝石具有很好的投资价值。

（6）人文价值：自古以来宝石就被人们赋予了丰富的文化内涵，如驱邪避凶、安室镇院、吉祥如意、招财进宝等内涵。宝石的人文价值可直观地反映在如生肖、星座的幸运石等（表13 - 2 - 1）。

表13 - 2 - 1   生肖、星座幸运石一览

生肖	生肖幸运石	星座	星座幸运石
鼠	白水晶、发晶、黑水晶	水瓶座	紫水晶、蓝宝石、石榴石、粉晶
牛	红发晶、芙蓉石、紫水晶	双鱼座	海蓝宝石、绿色碧玺、水晶、蓝宝石、祖母绿、紫水晶、钻石
虎	黑水晶、绿幽灵水晶	白羊座	白水晶、黄玉、紫水晶、石榴石、琥珀、红宝石
兔	黑水晶、绿幽灵水晶	金牛座	黄晶、祖母绿、海蓝宝、粉晶、翡翠
龙	红发晶、紫水晶、黄水晶	双子座	水晶、黄玛瑙、黄晶、紫水晶、琥珀、橄榄石、海蓝宝
蛇	绿幽灵水晶、红发晶、紫水晶	巨蟹座	红宝石、粉红碧玺、石榴石
马	绿幽灵水晶、红发晶	狮子座	橄榄石、碧玺、黄玉、紫水晶、蓝宝石、琥珀、钻石
羊	红发晶、紫水晶、黄水晶	处女座	蓝黄玉、蓝宝石、黄水晶、琥珀、翡翠
猴	黄水晶、白水晶、金发晶	天秤座	海蓝宝石、祖母绿、碧玺、粉晶、橄榄石
鸡	黄水晶、金发晶	天蝎座	紫水晶、石榴石、绿碧玺、黄玉、海蓝宝石
狗	红发晶、紫水晶、黄水晶	射手座	海蓝宝石、蓝黄玉、紫水晶、粉红碧玺、红宝石
猪	金发晶、黑水晶、白水晶	摩羯座	石榴石、黄玉、红玛瑙、粉红碧玺、钻石

（7）物用价值：广泛用于生活的各类日常用品，如钻头、玉杯、玉碗、玉酒具等。

（8）医用价值：如古埃及人将青金石作为治疗忧郁病的良药，希腊人和罗马人将其作为补药和泻药；珍珠可用作高档的化妆品和保健品等。

（9）研究价值：如研究宝石成因、形成环境，为寻找新的宝石资源、人工合成宝石、优化处理等提供理论依据。

（10）信用价值：一般来讲，佩戴宝石的人均为有一定经济实力或社会地位的人，也就是传统意义上的"非富即贵"，因此，他们在购买物品时，即使身无分文，也可用宝石来抵押，或暂时替代货币，这充分体现了宝石的信用价值。

影响宝石价值的因素主要有宝石的种类、品质、重量和工艺水平等方面。

第三节　主要宝石分述

一、钻石

钻石是世界上公认的最珍贵的宝石，素有"宝石之王"的美称。

（一）金刚石与钻石概述

1. 金刚石的概念

金刚石：由单一化学元素碳（C）在特殊地质环境下形成的硬度最大的晶体矿物，也是唯一由单元素组成的宝石矿物（钻石）。金刚石中多含微量 Si、Al、Ca、Mg、Mn 和 Na、Ba、B、Fe、Cr、Ti 等杂质。金刚石中同位素比值变化范围很小，$^{12}C/^{13}C$ 比值在 89.24~89.78 之间。等轴晶系。粒状，晶体多呈八面体，实际为 {111} 和 {110} 两个四面体的聚形或菱形十二面体，较少呈立方体；晶面常弯曲。纯净时无色，含少量石墨时现黑色，含微量铬、铝、硅等杂质时可呈蓝、黄、褐等色。标准金刚石光泽。摩氏硬度为 10。密度 $3.47~3.56g/cm^3$。折光率为 2.40~2.48。性脆。色散 0.044，反光色彩晶莹高雅。热导性极强。金刚石可分为Ⅰ型和Ⅱ型；自然界绝大部分为Ⅰ型。金刚石是岩浆作用的产物，原生金刚石仅见于超基性岩金伯利岩（即角砾云母橄榄岩）的岩管（火山颈）和岩墙中。金刚石形成于地壳深部的高温高压作用下，是岩浆最早结晶出的矿物之一；橄榄石、镁铝榴石、铬透辉石、钛铁矿、磷灰石、尖晶石等为其共生矿物，也是金伯利岩的标识矿物组合。由于高硬度、稳定的化学性质和较大的相对密度，故金刚石还常形成次生砂矿。鉴于特殊的物理和化学性质，金刚石在机械加工和工业上有越来越广泛的用途。

宝石级金刚石又称工艺品用金刚石，专指未经琢磨的、质量达到切磨成钻石要求的金刚石。在《金刚石工业分类分级标准（草案）》中，归入宝石级的几个条件是：①重量：不小于 0.6 克拉的单晶，或最小径长与最大径长之比为 1:2 的碎片或双晶；②颜色：为均匀的无色、天蓝色、浅绿色、粉红色、浅黄色、浅粉红色，以及红、蓝、鲜绿、金黄、紫、黑等深色而又透明的罕见品种；③透明度：要求透明或半透明；④净度：要求无裂纹、允许有色斑和集中分布于小范围的包裹体，其分布不得超过晶体或晶块最小径长的五分之一。近年粒级规格已降到 0.1 克拉；只要能琢磨出直径约 1 毫米的小钻石，就应列入宝石级（表 13-2-2）。

表 13-2-2　　　　世界最大的宝石级金刚石

名称	质量/ct	颜色	发现时间	产地	备注
库利南	3 106	无色微蓝	1905.1.25	南非普列米尔矿	为一个大晶体的一半
第二库利南	1 640	无色微蓝	1919.10	南非普列米尔矿	被认为是"库利南"的另一半
高贵无比	995.2	无色蔚蓝	1893.6.30	南非亚格斯丰坦矿	当时其重量是世界第一
塞拉利昂之星	968.8	无色	1972.2.14	塞拉利昂迪明戈矿	砂矿中发现的最大宝石级金刚石

（续表）

名称	质量/ct	颜色	发现时间	产地	备注
大莫卧儿	787.5	无色	1650	印度南部	
沃耶河	770	无色	1945	塞拉利昂沃耶河	
金色五十周年	755.5	金褐	1986	南非普列米尔矿	
瓦加斯总统	726.6	无色微蓝	1938.7	巴西	
琼克尔	726	无色	1934.1	南非普列米尔矿附近的砂矿中	
雷兹	650.8	无色	1895	南非亚格斯丰坦矿	

注：据《地球科学大辞典》地质出版社，2005。

　　山东是我国大金刚石最主要的产出省份，其沂沭河流域是宝石级金刚石的"摇篮"。据统计，我国已发现的大金刚石见表13-2-3。

表 13-2-3　　　　　　　　　　　　　山东宝石级金刚石

发现日期	钻石名称	质量/ct	主要特征	产地与下落
1940. 秋	金鸡钻石	281.25	淡黄色	郯城金鸡岭，被日本人掠走，下落不明
1977.12.21	常林钻石	158.786	淡黄色、透明，立方体与菱形十二面体聚形，体积：36.3×29.6×17.3（mm^3）	临沭岌山，中国现存最大，现存于中国人民银行
1981.8.15	陈埠一号	124.27	棕黄色、透明，具较强的金刚光泽。立方体与菱形十二面体聚形，体积：32.0×31.5×15.0（mm^3）	郯城陈家埠
1982.8.27	陈埠二号	96.94	无色透明，多个曲面菱形十二面体的不规则连生体。曲面上发育叠瓦状蚀象，体积：25.0×25.0×23.0（mm^3）	郯城陈家埠
1983.5.23	陈埠三号	92.86	棕黄色、强金刚光泽，立方体与菱形十二面体的不规则连生体	郯城陈家埠
1983.11.14	蒙山一号	119.01	淡黄色、透明，金刚光泽，晶形完整，八面体与曲面六八面体聚形，体积：30.3×30.1×27.3（mm^3）	蒙阴常马庄金刚石原生矿

注：克拉为宝石质量单位。1克拉等于200毫克。

2. 钻石的概念

　　钻石原石、半成品（钻胚）、成品（裸石或称琢件）都称为钻石，不明确指它们是首饰业用的还是工业用的。

　　中国钻石分级标准将钻石这个术语规定为：钻石是主要由碳元素组成的等轴晶系天然矿物。摩氏硬度10，密度3.52（+0.01）g/cm³，折射率2.40~2.48，色散0.044，使用"钻石"一词不考虑产地（G/T16554-2003）。

　　钻石原石，即没有劈开（锯开）、未经琢磨加工的金刚石。有晶体，也有晶体的碎片，只要它们有加工价值。

钻石半成品，即已劈（锯）钻、切钻、粗磨或琢磨一部分的钻石。

成品钻石，即完成琢磨和抛光的钻石。它们中用于首饰业的如圆钻型钻石等，用于工业的如钻石车刀、拉丝模等也须经过加工成型（表13-2-4）。

一般来讲，凡不加形容词时，钻石是指用于首饰业的成品钻石。如已镶嵌，则称镶嵌钻石。

表13-2-4 世界最著名的成品钻石

名称	质量/ct	颜色	原石产地	最近一次的切磨年代	备注
金色五十周年	545.7	金褐	南非普列米尔矿	1988~1990	世界最大的成品钻石，现为泰国国王所有
非洲之星Ⅰ	530.2	无色微蓝	南非普列米尔矿	1908	库利南的一部分，镶在英国国王的权杖上
非洲之星Ⅱ	317.4	无色微蓝	南非普列米尔矿	1908	库利南的一部分，镶在英帝国王冠上
奥尔洛夫	189.6	淡蓝绿	古印度		镶在俄国沙皇的权杖上
摄政王	140.0	无色	古印度戈尔康达地区	约18世纪	原为印度神像眼睛，现陈列于巴黎罗浮宫国家博物院中
光明之山	108.8	无色微蓝	古印度戈尔康达地区	1852	镶在英国伊丽莎白王后的王冠上
印度之梨	90.4	无色	古印度	约20世纪	八百年前，英国狮心王理查曾佩戴过
沙赫	88.7	黄色	古印度戈尔康达地区	未切磨的原石	现藏于莫斯科克里姆林宫
光明之眼	约60	粉红	古印度戈尔康达地区	1958	镶在伊朗国王的王冠上
霍普	45.5	深蓝	古印度	约18世纪末	著名的噩运之钻。现陈列于华盛顿的史密森博物馆中

注：据《地质科学大辞典》，地质出版社，2005年。

钻石常见外形有圆形、椭圆形、心形、梨形、方形和三角形等。圆钻，是最常见的形状。

（二）钻石产地

目前世界上已发现有钻石资源的国家有30多个，年产量1亿克拉左右。产量前五位的国家是澳大利亚、扎伊尔、博茨瓦纳、俄罗斯和南非。这五个国家的钻石产量占全世界钻石产量的90%左右。其他产钻石的国家有刚果（金）、巴西、圭亚那、委内瑞拉、安哥拉、中非、加纳、几内亚、象牙海岸、利比里亚、纳米比亚、塞拉利昂、坦桑尼亚、津巴布韦、印度尼西亚、印度、中国、加拿大等。其中中国的金刚石探明储量和产量均居世界第10名左右，年产量在20万克拉左右，钻石主要在辽宁瓦房店、山东蒙阴和湖南沅江流域，其中辽宁瓦房店是目前亚洲最大的金刚石矿山。

目前世界主要的钻石切磨中心有：比利时安特卫普，以色列特拉维夫，美国纽约，印度孟买，泰国曼谷。安特卫普素有"世界钻石之都"的美誉，全世界钻石交易有一半左右在这里完成，"安特卫普切工"是完美切工的代名词。

（三）钻石质量的判别

判别钻石质量主要从克拉重（carat）、颜色（colour）、净度（clarity）和切工（cut）考虑。因为 4 个英文单词的第一个字母均为 C，故名 4C 标准。

1. 钻石颜色

钻石的颜色可分为 4 个系列：无色透明或浅黄色系列、茶色及褐色系列、灰色系列和彩色系列。绝大多数首饰用钻石属于无色透明或浅黄色系列。

不同国家和地区分别采用不同的颜色分级体系，美国宝石学院的分级为 23 个级别，分别用英文字母 D - Z 来表示。其中 D - N 这 11 个级别是最常用的。欧洲的颜色级别体系 CIBJO 为代表。中国 1996 年新制定的国家标准综合了 GIA、CIBJO，该标准将颜色划分为 12 个级别，并用英文字母 D - N 和 < N 依次代表每一个级别。与之相应的传统百分制法和文字描述并用，见表 13 - 2 - 5。

表 13 - 2 - 5　　　　　　　　　　钻石色级系列

D	E	F	G	H	I	J	K	L	M	N	< N
100	99	98	97	96	95	94	93	92	91	90	< 90
极白	优白		白	微黄（褐、灰）白		浅黄（褐、灰）白		浅黄（褐、灰）		黄（褐、灰）	

注：表中"白"指无色透明，即对白光无选择性吸收。

2. 钻石的净度

钻石净度分级：未镶嵌钻石的净度分级。钻石的净度等级是根据 10 倍放大镜下及肉眼直接观察到的瑕疵之大小、数量、所在部位及其颜色、形状等的差别来划分的。中国珠宝玉石国家标准将钻石分为五个净度级别，一些级别又可再细分为几个级，见表 13 - 2 - 6。

表 13 - 2 - 6　　　　　　　　　　钻石净度分级表

净度级（代号）	瑕疵特征及易见性
镜下无瑕级 LC	10 倍放大镜下，钻石内部和外部无瑕疵
极微瑕级 VVS	10 倍放大镜下，钻石具极微小的瑕疵；极难观察到时定为 VVS$_1$ 级，很难观察到时定为 VVS$_2$ 级
微瑕疵级 VS	10 倍放大镜下，钻石具细小的瑕疵，难以观察到时，定为 VS$_1$ 级；比较容易观察到时，定为 VS$_2$ 级
瑕疵级 SI	10 倍放大镜下，钻石具明显的瑕疵。容易观察到时定为 SI$_1$ 级；很容易观察到时定为 SI$_2$ 级
重瑕疵级 P	从冠部观察，肉眼可见瑕疵。肉眼可见明显的瑕疵，定为 P$_1$；肉眼易看见明显的瑕疵，定为 P$_2$；肉眼极易见明显的瑕疵定为 P$_3$

3. 钻石的切工

钻石的切工又称车工、批工。专指加工钻石采取的琢型、琢形或款式，与之相对应的各部分的比例、角度以及对称程度和抛光性好坏等有关修饰度方面的内容。切工分为切割比例、抛光、修饰度三项。每一项都有五个级别，由高到低依次是 EXCELLENT、VERY GOOD、GOOD、FAIR、POOR。见表13-2-7。一般所见钻石都是标准圆钻型切工。顶级切工的钻石，对于光线反射可以达到一个最接近完美的比例，也就是三项 EX（EXCELLENT）切工。但三项 EX 的钻石色彩绝对是最绚丽的。

标准圆钻切工有58个小面分两部分，冠顶33个面，包括1个八角星面和周围的8个三角形星面，8个四边形弯面，16个三角形上环面；底部25个面，包括一个非常小的八角形底面和周围的8个四边形亭面，16个三角形下环面。一些小钻无底面则为57个面，如图13-2-2所示。

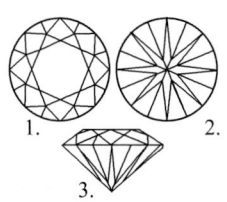

图 13-2-2 标准圆钻切工

上左：台面；上右：底面；下图：侧视

其他几种常见切割形式有圆形、祖母绿型、椭圆形、梨形、公主方型、枕形、心形和八心八箭（丘比特）切工等。

表 13-2-7 钻石切工比率及角度分级表

	一般	好	很好	好	一般
台宽比	≤50	51～52	53～66	67～70	≥71
冠高比	≤8.5	9～10.5	11～16	16.5～18	≥18.5
腰厚比	0～0.5	1～1.5	2～4.5	5～7.5	≥8
亭深化	≤39.5	40～41	41.5～45	45.5～46.5	≥47
底尖化			<2	2～4	>4
全深化	≤52.5	53.0～55.5	56～63.5	64.0～66.5	≥67.0
冠角	≤26.9°	27.0°～30.6°	30.7°～37.7°	37.8°～40.6°	≥40.7°

二、红宝石和蓝宝石

红宝石和蓝宝石都属于刚玉矿物，它们是世界上公认的两大珍贵彩色宝石品种。

刚玉（Corundum），其化学成分为铝的氧化物 Al_2O_3，可含有微量的杂质元素 Fe、Ti、Cr、Mn、V 等。含有金属铬的刚玉颜色鲜红，一般称之为红宝石；除红宝石以外的刚玉，均被归入蓝宝石的类别。刚玉具有玻璃光泽，其硬度为9，密度约 $4g/cm^3$。

（一）红宝石

红宝石（Ruby）是指颜色呈红色、粉红色的刚玉，它是刚玉的一种，红色来自金属铬（Cr）。天然红宝石大多来自亚洲（缅甸、泰国和斯里兰卡）、非洲和澳大利亚，美国蒙大拿州和南卡罗莱那州也有产出。天然红宝石少而珍贵，但是人造并非太难，所以工业用红宝石都是人造的。

1. 红宝石简介

红宝石的英文名称为 Ruby，源自拉丁文，意思是红色。属于刚玉族矿物，三方晶系。因其成分中含铬而呈红到粉红色，含量越高颜色越鲜艳。血红色的红宝石最受人们珍爱，俗称"鸽血红"。红宝石摩氏硬度为 9，相对密度为 3.99 ~ 4.00，其折射率为：1.762 ~ 1.770，无解理，透明至半透明，有亮玻璃光泽至亚金刚光泽，二色性明显，常表现为：紫红/褐红，深红/红，红/橙红，玫瑰红/粉红，在光线的照射下会反射出迷人的六射星光或十二射星光，具有变色效应，红宝石在长、短波紫外线照射下发红色及暗红色荧光。

红宝石一般象征着高尚、爱情、仁爱。世界上最大的星光红宝石是印度拉贾拉那星光红宝石。该宝石重达 2 457 ct，具有六射星光，圆顶平底琢型。1991 年，中国山东省昌乐县发现一颗红、蓝宝石连生体，重量 67.5 ct，被称为"鸳鸯宝石"，称得上是世界罕见的奇迹。国际宝石市场上把鲜红色的红宝石称为"男性红宝石"，把淡红色的称为"女性红宝石"。缅甸曼德勒市东北部的抹谷（Mogok）附近地区是优质红宝石的主要产区。

2. 红宝石产地

红宝石的产地大多被发现于冲积矿床小范围内。其主要产地有缅甸、泰国、斯里兰卡、越南、印度、坦桑尼亚和中国等地。

世界上的红宝石既珍贵又稀少，越珍贵的东西其生长环境也就越苛刻，同样，红蓝宝石的开采条件也十分艰苦，比如产于缅甸的红宝石，通常需要剥去厚达 4 ~ 6 m 的覆盖层才能达到含宝石的砾石层。然后才能真正进行采矿。

中国红宝石主要发现于云南、安徽、青海等地，其中云南红宝石稍好。云南红宝石产于滇西哀牢山变质岩分布区的金云母大理岩中，但有开采价值的则是次生砂矿，其中开采出的红宝石粒度多在 1 ~ 10 mm，颜色呈玫瑰红色和红色，浓艳且均匀。但是裂理发育，包体和杂质含量较高，绝大多数只能用做弧面宝石，具刻面宝石质量的原石少见。

3. 红宝石分级标准

红宝石的分级标准主要是依据 1 T 和 4 C：即透明度、颜色、净度、切工、克拉质量来衡量。

（1）透明度：是指宝石允许可见光透过的程度。在红宝石的肉眼鉴定中，一般将透明度分为：透明、亚透明、半透明、亚半透明和不透明五个级别。

①透明：能允许绝大部分光透过，当隔着宝石观察其后面的物体时，可以看到清晰的轮廓和细节。

②亚透明：能允许较多的光透过，当隔着宝石观察其后面的物体时，可以看到物体的轮廓，但细节模糊。

③半透明：能允许部分光透过，当隔着宝石观察其后面的物体时，仅能看到物体的轮廓阴影，看不到细节。

④亚半透明：仅在宝石的边缘棱角处可有少量的光透过，但隔着宝石已无法看清其后面的物体。

⑤不透明：基本上不允许光透过，光线被物体全部吸收或反射。

（2）颜色：是指宝石在自然光下所呈现的色彩。

由于光源会对红、蓝宝石的颜色产生很大的影响，因此对红、蓝宝石分级的观察方法明确要求如下：a. 将宝石置于白色背景下；b. 从宝石台面进行观察；c. 在自然光下观察红宝石。

通常红宝石色彩越纯正、越浓艳，品质越好，价值也就越高。在综合影响红、蓝宝石颜色的各种因素之后，我们分别将红、蓝宝石分成 5 个级别，其中红宝石分为深红色、红色、中等红色、浅红色和淡红色 5 级。消费者只需对比红宝石的 5 个级别，就可以对红宝石的颜色进行简单的分级。

在进行颜色分级时，需要考虑颜色分布均匀程度、反火（切工造成的内反射光）对红宝石颜色分级的影响，通常它们可以使红、蓝宝石的颜色等级上升或者下降一个亚级。

（3）净度：是指宝石中所含内含物的多少。

红、蓝宝石里面通常会含有一定数量的内含物，内含物的大小、数量、鲜明程度、位置对红、蓝宝石价值有着重要影响。

在日光光源下，距离宝石 20 cm 处进行肉眼观察，根据观察结果将净度分为八个级别，见表 13 - 2 - 8。

表 13 - 2 - 8　　　　　　　　　　　　红蓝宝石净度分级

	净度分级	净度特点	观察程度
1	纯净	总体观察宝石无表面缺陷、无包裹体	
2	极小包裹体 I LI$_1$	极小包裹体及表面缺陷对宝石透明度和外观无明显影响	肉眼极难见
3	极小包裹体 II LI$_2$	小包体及表面缺陷对宝石透明度和外观无明显影响	肉眼难见
4	极小包裹体 I MI$_1$	包裹体及表面缺陷对宝石透明度和外观无明显影响	肉眼易见
5	极小包裹体 II MI$_1$	包裹体及表面缺陷对宝石透明度和外观有小的影响	肉眼很易见
6	可见包裹体 I（VI$_1$）	包裹体及表面缺陷对宝石的透明度和外观有影响	肉眼极易见
7	可见包裹体 II（VI$_1$）	包裹体及表面缺陷对透明度和外观有明显的影响	肉眼极易见
8	严重包裹体（HI）	包裹体及表面缺陷对透明度和外观有极明显影响	肉眼极易见

（4）切工：包括切磨的定向、类型、比例、对称、抛光程度等。

①切磨的定向：红、蓝宝石的矿物晶体一般呈桶状、柱状和板状。把红、蓝宝石的矿物晶体竖直方向称为 C 轴，假设一颗刻面宝石可以切割成刻面 X 和刻面 Z，其中 X 的

台面是垂直于 C 轴的，Z 的台面平行于 C 轴，从右图中我们就可以看出刻面 X 和刻面 Z 的区别：刻面 Z 明显具有二色性。因此，我们在切磨原石的时候要尽量使宝石的台面垂直于 C 轴，因为不具二色性的宝石价值要明显高于有二色性的宝石。

②切工的类型：红、蓝宝石的切工包括刻面形宝石和素面形宝石。较大颗粒的红蓝宝石一般采用的是混合切工，通常它的冠部是采用明亮形切工，使宝石呈现出迷人的反火，亭部采用梯形切工，在使宝石保重的同时获得更好的颜色。

③切工的比例和对称：红、蓝宝石的颜色是其价值的体现，为了达到鲜艳的色彩，红、蓝宝石的切磨角度并没有一个定性的说法，但是以下几点问题确会对红、蓝宝石切工的比例和对称造成不小的负面影响：

a. 很明显的不对称：虽然说红、蓝宝石的不对称性是不可避免的，但是很明显的不对称会使红、蓝宝石的亮光受到严重的影响。

b. 底尖偏心：刻面严重偏离中心会影响光线从亭部均匀地反射出来，也会对红、蓝宝石的反火产生不利的影响。

c. 亭部过深：一些颜色较浅的刻面红、蓝宝石的亭部通常会被切割得比较深，以便加深宝石的颜色，这是可以理解的。但是，一些颜色较深的宝石为了保重也采取这种切割方式，却对颜色产生了较大的影响，而且在大多数的情况下宝石的价格还是以其质量乘以每克拉单价来计算的，所以购买时在考虑宝石价格的同时也应该考虑一下它们的亭深。

d. 亭部过薄：过薄的亭部，会使光线进入宝石后，不能反射出来，从而形成较大的窗口区，也就是通常所说的"漏光"，也会对红、蓝宝石的价值产生较大的影响。

e. 抛光程度：抛光程度的好坏影响红、蓝宝石的光泽和反火，因此其也是切工评价不可或缺的因素。

（二）蓝宝石

蓝宝石是刚玉宝石中除红色的红宝石之外，其他颜色刚玉宝石的通称。

1. 蓝宝石简介

蓝宝石（Sapphire）是指自然界中的宝石级刚玉除红色的称红宝石外，其余各种颜色如蓝色、淡蓝色、绿色、黄色、灰色、无色等，均称为蓝宝石。蓝宝石的化学成分为 Al_2O_3，主要以 Fe、Ti 致色。蓝宝石属于三方晶系，具有六方结构，折射率为 1.762 ~ 1.770，呈亮玻璃光泽至亚金刚光泽。有色蓝宝石具有二色性，一般有：深蓝色/蓝色、蓝色/浅蓝色、蓝绿色、蓝灰色；黄色蓝宝石有：金黄色/黄色、橙黄色/浅黄色、浅黄色/无色等。

2. 蓝宝石产地

世界蓝宝石主要产于缅甸、斯里兰卡、泰国、澳大利亚、丹麦、中国等地，但就宝石质量而言，以缅甸、斯里兰卡质量最佳，泰国次之。20 世纪 80 年代在中国东部沿海一带的玄武岩中，相继发现了许多蓝宝石矿床，其中以山东省昌乐县的蓝宝石质量最佳。

我国山东省昌乐地区的蓝宝石在储量和质量方面均居国内首位。昌乐是储量最大的世界 4 大蓝宝石产地之一。另外，我国在新疆天山地区发掘出一种稀有的天然蓝宝石具有变色效应，在日光下呈紫色，在灯光下呈黄色，属天然蓝宝石的新品种，也是蓝宝石的最佳品质之一。缅甸曼德勒市东北部的抹谷（Mogok）附近地区是优质蓝宝石的主要产区。

蓝宝石的分级可参考红宝石的分级标准。

三、碧玺（电气石）

碧玺谐音"辟邪"。在清代，碧玺被视为权力的象征，是一、二品官员的顶戴花翎的材料之一，也用来制作他们佩戴的朝珠。同时，碧玺也是慈禧太后的最爱。据传，慈禧太后的殉葬品中就有很多碧玺首饰，其中不乏西瓜碧玺这样的珍贵品种。

（一）碧玺简介

碧玺（Tourmaline）矿物名为电气石，其化学成分为：$(Ca, K, Na)(Al, Fe, Li, Mg, Mn)_3(Al, Cr, Fe, V)_6(BO_3)3Si_6O_{18}(OH, F)_4$，是极为复杂的硼硅酸盐，以含 B 为特征。它的化学成分基本上由三个端点组分构成：锂电气石、黑电气石（Fe）和镁电气石（富 Mg）。三者之间均可形成类质同象置换。碧玺的结晶状态为晶质体，晶系为三方晶系，呈玻璃光泽，摩氏硬度为 7 ~ 8，密度约为 3.06 g/cm^3。

碧玺颜色随成分而异，富含铁的碧玺呈暗绿、深蓝、暗褐或黑色，富含镁的碧玺为黄色或褐色，富含锂和锰的碧玺呈玫瑰红色，亦可呈淡蓝色；富含铬的碧玺呈深绿色。

（二）碧玺产地

碧玺的主要产地有巴西、斯里兰卡、马达加斯加、中国等。其中，巴西以盛产红色碧玺、绿色碧玺和猫眼碧玺而著称于世。巴西发现了罕见的紫罗兰色、蓝色碧玺。巴西所产的彩色碧玺占世界总产量的 50% ~ 70%。美国则以优质的粉红色碧玺而著称。意大利则以无色碧玺而闻名。

我国碧玺的主要产地是新疆阿尔泰和云南哀牢山和内蒙古，所产碧玺的颜色十分丰富，但质量略逊于巴西。新疆是我国碧玺最为重要的产地，绝大多数产于阿勒泰、富蕴等地的花岗伟晶岩型矿床中，其次为昆仑山地区和南天山腹地。新疆碧玺色泽鲜艳，红色、绿色、蓝色、多色碧玺均有产出，晶体较大，质量比较好。内蒙古产地分布于乌拉特中旗角力格太等地。云南碧玺大多以单晶体的形式产出，部分碧玺呈棒状、放射状、块状集合体出现。

（三）碧玺种类

对宝石而言，碧玺是族群的名称，但若以 GIA（Gemological Institute of American）的分类，碧玺可分为：红色碧玺（Rubellite）、绿色碧玺（Verdelite）、蔚蓝碧玺（Indicolite）、黑碧玺（Schorl）、紫碧玺（Siberite）、无色碧玺（Achroite）、双色碧玺（Bi - Colored）、西瓜碧玺（Watermelon）、猫眼碧玺（Cat's eye）、钠镁碧玺（Dravite）、亚历山大变色碧玺（Color - change）、钙锂碧玺（Liddicoatite）、含铬碧玺（Chrome）和帕拉依巴碧玺（Paraiba）等 14 种。

（四）碧玺的质量评价

对于碧玺的评价可从质量、颜色、净度、切工几个方面来进行，在评价中颜色是最重要的因素。另外，碧玺的特殊光学效应亦可提高它的价值。

1. 质量

碧玺中透明度好，块度大者是碧玺中的上品。

2. 颜色

优质碧玺的颜色为玫瑰红、紫红色，它们价格很昂贵，粉红的价值较低。绿色碧玺以祖母绿色最好，黄绿色次之。因纯蓝色和深蓝色碧玺少见，因此它们的价值亦很高。好的红色碧玺的价格可比相同大小的绿色碧玺高出三分之二。所有颜色碧玺都是以色泽亮、纯正者价值为高。

3. 净度

要求内部瑕疵尽量少，晶莹无瑕的碧玺价格最高，含有许多裂隙和气液包裹体的碧玺通常用作玉雕材料。

4. 切工

切工应规整，比例对称，抛光好。碧玺可切磨成各种形状：祖母绿型、椭圆形、圆钻型和混合型。其中祖母绿型最能体现碧玺美丽的颜色，是最佳切工，相对价格亦最高。

四、水晶

水晶（Rock crystal）是宝石的一种，SiO_2 的结晶体。纯净时形成无色透明的晶体，当含微量元素 Al、Fe 等时呈紫色、黄色、茶色等。水晶文化历史悠久，特别是用水晶项链作为饰品已经有着久远的历史。无论是从北京周口店猿人洞内发现的由水晶砾石、狐齿连缀的项串来看，还是从意大利古里马鲁提洞穴或从日本绳文时代的新石器文化遗址发现的用水晶石磨成齿形、穿成月牙形的项链来看，水晶项链的诞生，远远早于人类的文字历史。

（一）水晶简介

水晶（Rock Crystal）是一种石英（Quartz）结晶体，它的主要化学成分是 SiO_2。当 SiO_2 结晶完美时就是水晶；结晶不完美的就是石英；SiO_2 胶化脱水后就是玛瑙；SiO_2 含水的胶体凝固后就成为蛋白石；SiO_2 晶粒小于几微米时，就形成玉髓、燧石等。

水晶由于含有不同的混入物而呈现多种颜色。水晶晶体属三方晶系，常呈六棱柱状晶体，柱面横纹发育，柱体为一头尖或两头尖，多条长柱体联结在一块，通称晶簇，美丽、壮观。水晶晶簇形状可谓是千姿百态。水晶的颜色有无色、紫色、黄色、粉红色、绿色、蓝色及不同程度的褐色直到黑色。水晶具有玻璃光泽，断口可具油脂光泽、无解理，贝壳状断口，其摩氏硬度为7，密度约为 $2.66 \, g/cm^3$，熔点为 1 713℃，具有其受热易碎的特性。将水晶放在喷焰器的烈焰燃烤，晶体容易碎裂。

（二）水晶分类

水晶通常可分为显晶类、隐晶类和特别类三类。平时我们见到的由多条六角形水晶柱（六方晶系）生成一簇的水晶簇，属于显晶类，如白水晶、紫水晶、黄水晶、粉晶、发晶等皆属此类。隐晶类水晶外观是一块块的，不是成六角水晶簇状，但他们却也是属六方晶系的。但我们不能以肉眼观察到他们的六角形结晶，需以显微镜协助下才能看到六角形结晶。而此类水晶非常平滑，因为结晶之间有"水化硅石"填补，玛瑙便属于此类。特别类水晶难以归为显晶类或隐晶类，例如结晶古怪嶙峋的骨干水晶、水晶内的山水星像。

另外，根据水晶的成因可以分为天然水晶、合成水晶、熔融水晶和 K9 玻璃仿水晶四类。

（三）评价标准

水晶的评价标准和高端宝石有所不同。多数高端宝石把颜色放在评价的第一位，而对水晶来说，颜色和净度（水晶行业称作晶体）是近乎同等重要的因素：

1. 颜色

如果水晶晶体是有颜色的，如粉水晶、黄水晶、紫水晶等，其颜色评价的最高标准则是明艳动人，不带有灰色、黑色、褐色等其他色调。如粉水晶，颜色以粉红为佳；紫水晶，要求颜色为鲜紫，纯净不发黑；黄水晶，要求颜色不含绿色、柠檬色调，以金橘色为佳。对于发晶来说，晶体的颜色也是很重要的。相同发丝的金发晶，晶体完全无色（白水晶）价格会更高。

2. 净度

由于水晶的产量大，所以通常人们会要求水晶净度越高越好，尽量避免有较明显的内涵杂质的水晶。

3. 杂质

如果水晶内部杂质中有传说中人物的造型，如佛、星座、生肖等，价值可能要高于同等颜色和净度的水晶。

（四）水晶的产地

水晶的产地很多，世界上高质量紫水晶的主要产地分布在巴西、乌拉圭以及乌拉尔山脉。又以乌拉圭水晶为贵，颜色呈深蓝紫色，很罕见，水晶大部分产自巴西、乌拉圭、南非等地，主要是巴西。中国著名的就有江苏东海水晶，以为毛主席做的水晶棺而著名。

五、锆石

锆石（Zircon）是一种硅酸盐矿物，它是提炼金属锆的主要矿石。锆石广泛存在于酸性火成岩，也产于变质岩和其他沉积物中。锆石的化学性质很稳定，所以在河流的沙砾中也可以见到宝石级的锆石。锆石有很多种，不同的锆石会有不同的颜色，如红、黄、橙、褐、绿或无色透明等等。经过切割后的宝石级锆石很像是钻石。锆石可耐受 3 000℃以上的高温，因此可用作航天器的绝热材料。

（一）锆石简介

锆石（Zircon）又称锆英石，日本称之为"风信子石"，是地球上形成最古老的矿物之一。因其稳定性好，而成为同位素地质年代学最重要的定年矿物，已测定出的最老的锆石形成于 43 亿年以前。锆石的化学成分为硅酸锆；化学组成为 $Zr[SiO_4]$，晶体属四方晶系的岛状硅酸盐矿物。晶体呈短柱状，通常为四方柱、四方双锥或复四方双锥的聚形。锆石颜色多样，有无色、紫红、金黄色、淡黄色、石榴红、橄榄绿、香槟、粉红、紫蓝、苹果绿等，一般有无色、蓝色和红色品种。色散高，金刚光泽。无解理。摩氏硬度 7.5 ~ 8，密度大，达 4.4 ~ 4.8 g/cm³。

（二）锆石分类

1. 根据结晶程度分类

锆石根据其结晶程度分为高型、中型和低型三种。

（1）高型锆石：为受辐射少，晶格没有或很少发生变化的锆石，属四方晶系，具较高的折射率、双折射率、密度和硬度，适于做宝石。也是锆石中最重要的宝石品种。常呈四方柱状晶形，颜色多呈深黄色、褐色、深红褐色，经热处理变成无色、蓝色或金黄色的锆石。主要产于柬埔寨、泰国等地。

（2）中型锆石：结晶程度介于高型和低型之间的锆石，其物理光学性质也介于高型和低型锆石之间。目前，中型锆石仅出产于斯里兰卡，常呈黄绿色、绿黄色、褐绿色、绿褐色，深浅不一，主要呈现黄色和褐色的色调。中型锆石在加热至 1 450℃ 时，可向高型锆石转化，部分可具有高型锆石的物理光学特征，但处理后的中型锆石，常呈混浊、不透明状，不太美观，所以市场上很少出现这类锆石，仅供收藏而已。

（3）低型锆石：即指结晶程度低，晶格变化大的锆石，折射率、双折射率、密度和硬度均较低。由不定型的氧化硅和氧化锆的非晶质混合物组成，低型锆石经一段时间的高温加热，重新获得高型锆石的特征，宝石级的低型锆石只产于斯里兰卡，内部有大量的云雾状包裹体，常见颜色有绿色、灰黄色、褐色等。

2. 根据颜色分类

商贸中常根据锆石的颜色划分品种：

（1）无色锆石：锆石中常见品种，为高型锆石，可带一些灰色调，主要产于泰国、越南和斯里兰卡。有天然产出的，也有经热处理转变的。无色锆石主要采用圆钻型切磨，但一般在亭部多出 8 个面，常称为锆石型切工，可得到很好的火彩效果。因而曾一度被作为钻石的天然仿制品，流行一时。

（2）蓝色锆石：常是经热处理而成。可有铁蓝色、天蓝色、浅蓝色、稍带绿的浅蓝色。以铁蓝色为最好，这是其他宝石中所没有的颜色，但不常见，常见的有纯蓝色、浅蓝色、蓝绿色等。热处理的主要产于柬埔寨与越南的交界处。

（3）红色锆石：主要呈红色、橙红、褐红等不同色调的红色。其中以纯正的红色为最佳。红色锆石称为"风信子石"，常是碱性玄武岩中的深源矿物包裹体或片麻岩中的变质矿物，主要产于斯里兰卡、泰国、柬埔寨、法国等地，中国海南文昌也有红色锆石产出，具高型锆石的特征。

（4）金黄色锆石：与蓝色锆石一样，同属于热处理产生的颜色。其他色调的黄色可有浅黄、绿黄等。常切成圆形、椭圆形或混合形。具高型锆石的特征。

（5）绿色锆石：常为结晶程度较低的锆石，低型锆石常见有绿色，中型锆石可具绿黄、黄色、褐绿、绿褐等不同色调的绿色。有些热处理锆石，由于技术上控制不当，可以产生带绿色色调的产品。

（三）锆石产地

锆石在世界上分布范围很广，但宝石级的锆石主要产于以下几个地方。斯里兰卡的宝石矿中普遍都有宝石级的锆石产出；缅甸抹谷宝石矿中也发现有宝石级锆石；此外还有法国艾克斯派利产红锆石；挪威产有晶形完好的褐色晶体；英国已有多处发现宝石级锆石；乌拉尔南部山脉发现晶形好、光泽强的锆石。坦桑尼亚爱马利产出近于无色卵石形锆石。此外，越南与泰国交界的区域是最重要的产地之一，因为这里是唯一产出适于热处理形成蓝色、金黄色和无色锆石的原料产地。

（四）锆石鉴评

锆石的鉴评一般从颜色、净度、切工和质量四个方面进行。

1. 颜色

锆石的颜色最主要是观察锆石颜色的纯度、透明度、亮度和均匀度。色纯、透明又均匀的最好，色调发暗、亮度差、颜色不均匀的锆石价值就不会太高。

锆石中最流行的颜色是无色和蓝色，其中以蓝色的价值最高。蓝色锆石常带有绿色色调，比较接近海蓝宝石。无色锆石应是不带任何杂色的，它能与钻石一样透明。除无色和蓝色外，纯正明亮的绿色、黄绿色、黄色等锆石，由于其高折射率，比橄榄石、金绿宝石、黄晶等更具有光泽，所以倍受人们的喜爱。

此外，颜色评价中应注意热处理产生颜色的稳定性。有些锆石在热处理后的短时间内，有较强的色散和光泽，但不久就会恢复到原来状态。

2. 净度

锆石的鉴评中对内部净度的要求也很高。无色和蓝色的锆石评价要求是：肉眼观察样品无瑕疵。特别要观察样品刻面棱线有无磨损，有磨损的锆石因为要重新抛光价值要下降很多。

3. 切工

锆石的切工评价应考虑其切磨比例和切割方向。

（1）因锆石具有高折射率、高色散的特性，所以锆石切磨的比例、抛光程度和本身的光泽直接影响其成品的美观程度。因此切磨时应注意整体的明亮效果，稍有任何一点偏离，都会影响其价值。如斯里兰卡的锆石有时颜色和质地都非常好，但由于切工差，购买时一定要重新计算重切后的重量，再算出其应有的价格。

（2）由于锆石的高折射率和高双折射率，光轴平行或近于平行台面时，很容易产生双折射造成的重影，而使样品出现模糊感觉。因此切割时光轴应垂直台面。观察时应从台面看下去，如果在这个方向上无双折射现象，就比较理想。

（3）锆石的切割方向还直接影响着蓝色锆石的蓝色效果。蓝色锆石的多色性比较强，最纯正的蓝色只有从平行光轴的方向才能观察到。因此切磨时光轴垂直台面，才能获得最佳效果。

4. 质量

市场上供应的蓝色和无色锆石多为 10 ct 以内，超过 10 ct 的则不多见，特别是颜色好的大颗粒则很少见。

六、托帕石

托帕石（Topaz）的矿物名称为黄玉或黄晶。在我国，黄色的和田玉（软玉）长期被称为黄玉，尤其是在考古界；而黄晶又和水晶中的黄水晶容易相混，因此消费者容易将黄玉与黄色玉石、黄晶的名称相互混淆，故商业上多采用英文音译名称"托帕石"来标注宝石级的黄玉。

（一）托帕石简介

托帕石是一种硅酸盐矿物，由岩浆岩结晶化过程的最后阶段散发出的含氟蒸气所形成。托帕石的化学成分为 Al_2SiO_4（F^-，OH^-）$_2$，其特征是含有附加阴离子 F^-，F^- 可部分地被 OH^- 所替代，F^-：OH^- 约为3：1～1，其比值随生成条件（产出的温度）而异，一般来讲，形成温度越高，则 F 含量越高。伟晶岩中托帕石 OH^- 含量很低，F^- 含量接近于理论值（20.7%）；云英岩中的托帕石 OH^- 含量增加到5%～7%；热液成因的托帕石 F^- 与 OH^- 的含量接近相等。值得一提的是，托帕石的 F^-：OH^- 比值的变化影响着其物理性质。此外，托帕石还含有一些微量的 Li、Be、Ga、Ti、Nb、Ta、Cs、Fe、Co、Mg、Mn 等元素。

托帕石属正交晶系，密度为 $3.49～3.57\ g/cm^3$，莫氏硬度为5～8，玻璃光泽，颜色一般呈黄棕色—褐黄色、浅蓝色—蓝色、红色—粉红色及无色，极少数呈绿色。

（二）托帕石产地

世界上绝大部分托帕石产于巴西花岗伟晶岩中。另外在斯里兰卡、俄罗斯乌拉尔山、美国、缅甸和澳大利亚等地也有发现。我国内蒙古、江西和云南等地也产托帕石。内蒙古的托帕石产于白云母型和二云母型岗伟晶岩中，与绿柱石、独居石等矿物共生。江西的托帕石属气成高温热液成因，多富集于矿脉较细的支脉内，与石英、白云母、长石、黑钨矿、绿柱石等共生。产于云英岩化花岗岩中的托帕石常与萤石共生，有时则聚集成脉。

（三）托帕石质量评价

从颜色来看，深红色的托帕石价值最高，其次是粉红色、蓝色和黄色。相比之下无色托帕石价值最低。托帕石中常含气－液包裹体和裂隙，含包裹体多者则价格低。优质的托帕石应具有明亮的玻璃光泽，若因加工不当而导致光泽暗淡，则会影响宝石的价格。

七、其他宝石

（一）猫眼石

猫眼石（Cat's eye），即"猫儿眼"、"猫睛"、"猫精"。猫眼石又称东方猫眼，是珠宝中稀有而名贵的品种。由于猫眼石表现出的光学现象与猫的眼睛一样，灵活明亮，能够随着光线的强弱而变化，因此而得名。这种光学效应，称为"猫眼效应"。

正是因为"猫眼效应"，猫眼石才成了珠宝中稀有而名贵的品种，和它的孪生姐妹木变石（具有变色效应）同被誉为"珍贵奇异之石"，与宝石之王——钻石、绿色宝石之王——祖母绿、华贵吉祥之石——红宝石、庄重高雅之石——蓝宝石并称为世界 5 大高档珍贵宝石。

在矿物学上猫眼石是金绿宝石中的一种，属尖晶石族矿物。金绿宝石含铍铝氧化物，化学分子式为 $BeAl_2O_4$。属斜方晶系。晶体形态常呈短柱状或板状。猫眼石有各种各样的颜色，如蜜黄、褐黄、酒黄、棕黄、黄绿、黄褐、灰绿色等，其中以蜜黄色最为名贵。透明至半透明。玻璃至油脂光泽。折光率 1.746 ~ 1.755，双折射率 0.008 ~ 0.010。二色性明显，色散 0.015，非均质体。硬度 8.5，密度 3.71 ~ 3.75 g/cm^3。贝壳状断口。

（二）祖母绿

祖母绿（Emerald）属于绿柱石族宝石，是最著名和珍贵的宝石品种，祖母绿呈翠绿色，它是由铬和钒的氧化物致色的，是最名贵的 5 大宝石之一。

祖母绿是铍铝硅酸盐，化学式为 $Be_3Al_2Si_6O_{18}$，含有 Cr、V、Fe、Na 等微量元素，其中 Cr 是主要的致色元素。祖母绿属六方晶系，六方柱状晶体，柱面发育有平等柱状的条纹。在柱状体端发育有六方双锥和平行双面等晶形。摩氏硬度为 7.25 ~ 7.75。韧性较差，有脆性。相对密度为 2.67 ~ 2.78。祖母绿通常呈翠绿色，可略带黄色或蓝色色调，其颜色柔和而鲜亮，具有玻璃光泽。宝石级祖母绿通常为透明至半透明。折射率通常为 1.57 ~ 1.58。双折射率通常为 0.005 ~ 0.009。祖母绿多色性明显，呈蓝绿、黄绿色，有时呈绿、黄绿色。

（三）石榴石

石榴石（Garnet）又称石榴子石。因其晶体与石榴籽的形状、颜色十分相似，故名"石榴石"。色泽好而且透明的石榴子石可以成为宝石。常见的石榴石为红色，但其颜色的种类十分广阔，足以涵盖整个光谱的颜色。常见的石榴石因其化学成分而确认为 6 种，分别为镁铝石榴石、铁铝石榴石、锰铝石榴石、钙铁石榴石、钙铝石榴石及钙铬石榴石。

石榴石属硅酸盐类石榴石族矿物。化学分子式为 $A_3B_2(SiO_4)_3$。其种 A 表示二价阳离子，以 Mg^{2+}、Fe^{2+}、Mn^{2+}、Ca^{2+} 等离子；B 代表三价阳离子，多为 Al^{3+}、Cr^{3+}、Fe^{3+}、Ti^{3+}、V^{3+}、Zr^{3+} 等。石榴石具有玻璃光泽。折射率较高品种可呈亚金刚光泽，断口油脂光泽，透明，集合体常呈半透明 – 不透明。石榴石解理不发育，断口呈参差状。其摩氏硬度与类质同象替代有关，不同品种的石榴石摩氏硬度略有不同，在 7 ~ 8 之间变化。其不同品种的密度值变化较明显，在 3.50 ~ 4.30 g/cm^3 之间变化。

第三章　玉　石

第一节　玉石概述

一、玉石的概念

玉石一般泛指美丽的石头。《说文解字》关于玉的解释为："石之美者，玉也"。《辞海》将玉定义为"温润而有光泽的美石"。天然玉石是指由自然界产出的，具有美观、耐久、稀少性和工艺价值的矿物集合体，少数为非晶质体。玉石琢磨后，可显示出抛光面细腻、柔和、有油脂感等特色，玉石均具有美丽、稀缺和耐久 3 个特性。

依据亚洲宝石协会（GIG）的研究，软玉狭义上是指和田玉，广义上包括岫岩玉、泰山玉、南阳玉、酒泉玉等 10 多种软玉。很多软玉历史同样悠久，如岫岩玉、蓝田玉等。而硬玉一般单指翡翠。

"玉"在中国古代文献中指一切温润而有光泽的美石。因此，广义上的玉泛指美丽的石头，包括翡翠、和田玉、岫岩玉、独山玉、玛瑙、绿松石、青金石、孔雀石等。

19 世纪中叶，中国玉器大量流入欧洲，特别是 1860 年，英、法从圆明园劫得大量玉器。法国矿物学家德穆尔对这些中国玉器的玉质进行了矿物学研究，于 1863 年把和田玉和翡翠的成分、性质公之于世，他发现传统的中国玉包括两种：一种是由极小的纤维状角闪石组成的"角闪石玉"，另一种是由极细粒碱性辉石组成的"辉石玉"。按摩氏硬度的差别，前者低于后者，故而前者被称为"软玉"（Nerhrite），后者被称为"硬玉"（Jadeite），因此国外传统意义上的玉石主要指"软玉"和"硬玉"。我国地质学创始者章鸿钊在《石雅》（1927）中说："一即通称之玉，东方谓之软玉，泰西谓之纳夫拉德（Nephrite）；二即翡翠，东方谓之硬玉，泰西谓之桀特以德（Jadeite）。"这两种玉名称流传至今，在我国 2003 年新版的《珠宝玉石》国家标准中仍采用"软玉"名称。

玉分为软玉和硬玉。其软硬之分是以玉石的摩氏硬度来分别，软玉的硬度一般为 5.6 ~ 6.5，硬玉的硬度为 6.5 ~ 7。通俗地讲就是翡翠为硬玉，其余的玉石一般均为软玉。

二、玉石文化

玉文化的发展可以说成是中国几千年文明史的一个缩影。据考古证明，我国制造和使用玉器的历史源远流长。自新石器时代以来，玉器作为一种重要的物质文化遗物，不仅在中华大地上有着广泛的分布，而且在各个历史时期扮演着不同的角色，同时在社会生产和社会生活的各个方面发挥着重要作用，从而在中华文明史上形成了经久不衰的玉文化。

出土玉器考证，七千年前南方河姆渡文化的先民们，在选石制器过程中，有意识地把拣到的美石制成装饰品，打扮自己、美化生活，揭开了中国玉文化的序幕。在距今四五千年历史的新石器时代中晚期，辽河流域，黄河上下，长江南北，中国玉文化的曙光到处闪耀。以太湖流域良渚文化、辽河流域红山文化的出土玉器，最为引人注目。我国是世界上用玉时间最早，最悠久的国家，素有"玉石之国"的美誉。

我国自进入阶级社会后，玉被神化，逐渐形成了中国独有的玉器文化。在长达数千年的中国文明史中，玉器文化完美地契合了中国古代文明史的发展进程，极大地丰富了中国文明史的内涵。古往今来，关于玉的诗词是数不胜数。例如玉女、玉色、玉貌、玉体、玉人等都用来形容美女或其某一特征；玉楼、玉虚、玉京等用来形容古代仙宫或者皇帝居住之地；《诗经》中有"言念君子，温其如玉"之说。另外玉更是出现于文学著作中，尤其是《红楼梦》这一部恢宏的巨著本身写的就是一块"玉"，曹雪芹用浪漫主义的手法描写了一块通灵宝玉。这块玉大如雀卵可大可小、灿若明霞、莹润如酥、五色花纹缠护，这正是玉典型的特征。把玉的形、色、质、美表现得淋漓尽致。

中国玉石不但历史悠久，而且影响深远，玉和中华民族的历史、政治、文化和艺术的产生和发展存在着密切关系，它融合了中华民族世世代代人们的观念和习俗，影响了中国历史上各朝各代的典章制度，影响着一大批文学、历史著作。中国古玉器的产出与积累，与时俱进的玉器生产技艺，以及与中国玉器相关的思想、文化、制度，这一切物质的、文化的、精神的东西，构成了中国独特的玉文化，成为中华民族文明宝库中一颗璀璨的明珠。

第二节　玉石的分类及主要特征

一、玉石的分类

近年来，随着人们生活水平的提高，玉石越来越被寻常百姓所熟知，有越来越多的人开始研究玉石，收藏玉石。

一般来说，玉石分为软玉和硬玉。硬玉专指翡翠，软玉狭义上是指和田玉，广义上是指除翡翠之外的其他玉石。

根据玉石的矿物组成成分还可分为以下几类：

1. 石灰岩类

此类玉石的主要矿物成分为碳酸钙，主要包括大理石、汉白玉等。

2. 石英岩类

此类玉石的主要矿物成分为二氧化硅，主要包括黄龙玉、玉髓、东陵玉、密玉等。

3. 透闪石类

此类玉石的主要矿物成分为钙镁硅酸盐，代表种类为和田玉（有新疆料、青海料、俄料、韩料、阿富汗料之分）。

4. 蛇纹岩类

此类玉石的主要矿物成分为富镁硅酸盐，主要包括岫玉、泰山玉、蓝田玉等。

5. 长石类

此类玉石的主要矿物成分为钙铝硅酸盐，代表种类为独山玉。

6. 辉石类

此类玉石的主要矿物成分为钠铝硅酸盐，代表种类为翡翠。

二、我国主要玉石分布及特征

我国许多地方均有玉石资源分布，主要出产玉石的地区包括：

（一）辽宁玉石

1. 岫玉

代表我国岫岩玉鼻祖的岫岩县玉石，简称岫玉。岫岩玉呈碧绿色、绿色、淡绿色、灰色、白色、黑灰色、花色、黄色，透明度较好。可分为5个档次：纯白色、白绿色、翠绿色、暗绿色和微黄色。

2. 玛瑙玉

玛瑙产于阜新老河土甄家窝卜和梅力板地方。多呈红、白、黑绿、灰、瓷白、酱紫、黄色等。其中，鸡血玛瑙最为著名；次之为山水、人物玛瑙；中品中有柏枝玛瑙、合子玛瑙、截子玛瑙（红白相间）、缠丝玛瑙（红白杂色如丝）、苔藓玛瑙、碧玉玛瑙、珊瑚玛瑙、锦红玛瑙、曲蟮玛瑙；下品为淡水色的浆水（中生黑线）玛瑙，色如海蜇色的鬼石花玛瑙。

3. 海城玉石

海城玉石产于海城，玉石呈微透明状，灰绿色。

（二）新疆玉石

分为和田羊脂白玉、青玉、青白玉、碧玉、墨玉、黄玉、哈密玉、哈密翠、玛纳斯碧玉、蛇纹石玉、玉髓、芙蓉石、紫丁香玉、萤石玉、新疆独山玉、岫玉、特斯翠玉等。

上品羊脂玉有两种色泽：①以无瑕、点、绺的仔玉为贵。羊脂白玉呈蜡质光泽，有羊油脂白状，温润宜人，多出产在新疆和田的玉龙喀什河和喀拉喀什河流域。②略带青灰色的羊脂玉，温润可人，有强烈的蜡质感。青玉多呈碧青色且略带灰色；青白玉青白色相间；碧玉色如深色湖蓝水；墨玉带有墨绿、深灰黑点和晕带，以深墨绿色为珍品；黄玉灰青色中泛黄，质地坚硬；玉髓是玛瑙的另一个分支，多泛黄色或白色；新发现的新品哈密翠颜色接近孔雀石；芙蓉石呈蔷薇花的粉红色，实属水晶的一个品种。

新疆所产的上等玉石分别在南疆的昆仑山区，东起且末西至塔什库尔干，共有玉矿点20多处，玉石带全长1200余公里。新疆玉石集散地有莎车、塔什库尔干、和田、且末；中部有天山地区的玛纳斯以及北疆的阿尔金山等地。

（三）湖北玉石

有绿松石、硅化孔雀石、百鹤玉石和玛瑙等。绿松石产于郧县、郧西县和竹山县，硅化孔雀石产于大冶铜绿山。前者多呈鱼白绿色、绿色、天蓝色；后者呈绿色、翠绿色，色彩鲜艳。百鹤玉石产于鹤峰县呈霞红、果绿、奶白三色交融色。

（四）河南玉石

有独山玉、密玉、梅花玉、黑绿玉和西峡玉。独山玉又称南阳玉，产于南阳市东北郊的独山，色彩丰富，呈紫、黑、褐、蓝、绿、青、红、白及各色混合色彩。分为红芙蓉玉、绿玉、绿白玉、天玉、翠玉、青独山、黑独山、紫独山。其中以翠、绿、红三色为上品，水白玉次之，以上四品色玉俗称南阳翡翠。南阳玉石除翠玉呈半透明或透明外，其余均不透明。密玉产于密县西部山区，质地较细，呈肉红、翠绿、橙黄、烟灰、黑褐等色。西峡县还产一种叫西峡的玉石，为透明或不透明状体，为乳白色，质地略微细润，玉石外有黄褐微红的石皮。

（五）山东玉石

有玛瑙、泰山玉。玛瑙产于临沂地区的莒南、莒县、费县、沂水、临沂等市县。玛瑙质地不佳，半透明，多呈灰、白、红三色，石上有苔纹和胡桃纹理。泰山玉产于泰安市和泰安与济南交界的长清区境内，玉石坚硬，透明度好，以绿色、深绿色为主。

（六）陕西玉石

有绿松石、绿帘玉石、桃花玉石、丁香紫玉、商洛翠玉、洛翠玉、碧玉、蓝田玉和墨玉等。绿松石产于白河、安康、平利县，呈鱼白绿色、绿色、天蓝色、黄蓝色。绿帘玉玉石透明或半透明，呈绿色、红色、红褐色，玉石上常有裂绺纹。桃花玉石透明或半透明，无绺纹，色彩纯正，以玫瑰红为主，次为深红、粉红。丁香紫玉产于商南山中，成团块状，浅红色与粉红色，半透明状。商洛翠玉产于商南县赵川窟窿。呈绿色，微透明，质地较细。玉石中稍带裂绺和白色杂质。洛翠玉产于洛南县黄花丈，呈嫩蓝色，蓝绿色，微透明，绺纹较多。碧玉产于商南县双庙岭、大苇园一带。呈蓝灰色，微透明或不透明。蓝田玉产于蓝田县玉川乡，呈灰、黄、绿、黑，中有花纹，质地较细，光洁晶莹。墨玉产于富平县和尚南县松树沟，玉石呈黑棕色，不透明，较好的品种为水草翠与乌龙睛。

（七）内蒙古玉石

有玛瑙、芙蓉石、佘太翠与德岭红玉石。玛瑙产量极大，西从阿拉善盟济纳旗至东边的呼伦贝尔市的莫力达瓦达翰尔大戈壁中，唾手可得。

第三节　主要玉石分述

一、翡翠

（一）翡翠的概念

自中国近代以来，翡翠就逐渐成为最受人们喜爱的玉石之一。翡翠的广泛兴起可以追溯到清代中期，由于皇宫贵族对翡翠的喜爱，使翡翠身价飞速上涨。长久以来，翡翠作为深受大众喜爱的玉石，素来被冠以"玉石之王"的美誉。

翡翠（jadeite）也称翡翠玉、翠玉、硬玉、缅甸玉，是玉的一种，是在地质作用下形成的达到玉级的石质多晶集合体，它是以硬玉为主，由多种细小矿物组成的矿物集合体，它的主要组成矿物是硬玉，其次有钠铬辉石、透闪石、透辉石、钠长石等，其中钠铬辉石在有些情况下会成为主要组成矿物。

（二）翡翠的理化性质

1. 矿物成分

以硬玉为主，其次为绿辉石、钠铬辉石、霓石、角闪石、钠长石等。

2. 化学成分

铝钠硅酸盐—$NaAl[Si_2O_6]$，常含 Ca、Cr、Ni、Mn、Mg、Fe 等微量元素。

3. 物理性质

硬玉属单斜晶系，常呈柱状、纤维状、毡状致密集合体，原料呈块状，次生料为砾石状。

（1）硬度：摩氏硬度 6.5~7。

（2）相对密度：3.28~3.40，平均 3.32。

（3）解理：细粒集合体无解理；粗大颗粒在断面上可见闪闪发亮的"蝇翅"。

（4）光泽：油脂光泽 – 玻璃光泽。

（5）折射率：1.66（点测法）。

（6）吸收光谱：·白色 – 浅绿色翡翠常见 437 nm 吸收窄带，绿色翡翠具有 Cr^{3+} 的吸收光谱。

（7）紫外荧光：一般没有荧光。

（8）透明度：半透明至不透明。

（三）翡翠的种类

1. 目前市场上翡翠分为：A、B、C 3 类

A 类：俗称 A 货，指用翡翠原料，直接设计打磨而成，即纯天然的。这种翡翠可以永久佩戴，而且时间越长其越润泽，色正不邪，长期佩戴不变色。

B 类：俗称 B 货，指用杂质多，原料很差的翡翠，经强酸漂洗，去灰、蓝、褐、黄等杂质后，保留绿色、紫色，提高其透明度，又有注胶的产物，其结构遭到严重的破

坏，这种翡翠久而会褪色。

C 类：俗称 C 货，专指人工染色的翡翠，许多染色剂中含有重金属离子，贴皮肤戴会有副作用，有的透明无瑕疵的好原料，经染色，假冒 A 货翡翠出售，有很大的欺骗性，但其颜色很快就会褪色。

2．翡翠还可以按颜色分类

翡翠常见的颜色为绿色、黄色、白色、红色、紫色等，其中以绿色品种最优，如果一件翡翠中既有绿色，又有黄色和紫罗兰色，那也是一件非常难得的玉，俗称"福禄寿"。由于绿色在颜色中具有最重要的商业价值，因此主要对绿色加以介绍：

绿色翡翠的评价标准可用"正、浓、阳、匀"四个字来描述。"正"，指的是颜色的色彩（色调），如翠绿、黄绿、深绿、墨绿、灰绿等等。"浓"，指的是颜色的饱和度（深度），即颜色的深浅浓淡。"阳"，指的是颜色要鲜艳明亮，受颜色的色调和浓度的控制。"匀"，也称为"和"，指的是均匀程度，所以颜色（绿色）的好坏取决于色彩、浓度和匀度三个要素。

（四）翡翠评鉴

评鉴翡翠优劣的标准主要是色调、透明度、质地、种和瑕疵 5 项。具体为：

1．色调

（1）祖母绿、翠绿：绿色鲜艳、纯正、饱和、不含任何偏色，分布均匀，质地细腻，其中祖母绿比翠绿饱和度更高，是翡翠中的极品。

（2）苹果绿、秧苗绿：颜色浓绿中稍显一点点黄色，几乎看不出来，色饱和度略低于上者，也是翡翠中的难得的佳品。

（3）黄阳绿：绿色鲜艳，略带微黄，如初春的黄杨树叶一般。

（4）葱心绿：绿色象娇嫩的葱心，略带黄色。

（5）鹦鹉绿：绿色如同鹦鹉的绿色羽毛一样鲜艳，微透明或不透明。

（6）豆绿、豆青：绿如豆色，是翡翠中常见的品种，玉质稍粗，微透明，含青色者为"豆青"。

（7）蓝水绿：透明至半透明，绿色中略带蓝色，玉质细腻，也是高档翡翠。

（8）菠菜绿：半透明，绿色中带蓝灰色调，如同菠菜的绿色。

（9）瓜皮绿：半透明－不透明，绿色不均匀，并且绿色中含有青色调。

（10）蓝绿：蓝色调明显，绿色偏暗。

（11）墨绿：半透明－不透明，色浓，偏蓝黑色，质地纯净者为翡翠中的佳品。

（12）油青绿：透明度较好，绿色较暗，有蓝灰色调，为中低档品种。

（13）蛤蟆绿：半透明－不透明，带蓝色、灰黑色调。

（14）灰绿：透明度差，绿中带灰，分布均匀。

2．透明度

透明度即视觉感官上的通透程度，是翡翠评价的重要因素，行内俗称"水头"。透明度高的即为水头足，这样的翡翠显得晶莹透亮，给人以水汪汪的感觉；而透明度差的翡翠干涩、呆板，给人以干巴巴的感觉，即为水头差、水不足。用聚光电筒观察翡翠的透明度，并且用光线照入的深浅来衡量水头的长短，如 3 mm 的深度为一分水，6 mm 的深度为二分水，9 mm 的深度为三分水。翡翠的透明程度可大致分为透明、较透明、半透明、微透明、不透明，翡翠越透明，则其价值越高。

3. 质地

质地指翡翠的结构，也称底子、地子。由于翡翠是多种矿物的集合体，其结构多为纤维状结构和粒状结构，翡翠质地的细腻和粗糙程度是由晶粒的大小决定的，晶粒大，则质地粗糙，表现为半透明至不透明，晶粒小，则质地细腻，表现为透明至半透明。按照粒度大小，可将质地分为致密级、细粒级、中粒级和粗粒级，达到致密级的翡翠在放大观察时几乎看不到颗粒，透明度极高。

4. 种

翡翠的种是指翡翠的绿色与透明度的总称。种是评价翡翠好坏的一个重要标志，其重要性不亚于颜色，故有"外行看色，内行看种"的说法。在挑选翡翠的时候，不怕没有色，就怕没有种。这样的说法，并非绿色不重要，而是只有绿色的翡翠给人一种干巴巴的感觉，缺少一种灵性，因此有种的翡翠不仅可使颜色浅的翡翠显得温润晶莹，更使绿色均匀、饱满的翡翠水淋明澈，充满灵气。

传统上将翡翠的种分为老坑种和新坑种，主要是指翡翠的出身。所谓老坑种多是指绿色纯正、分布均匀、质地细腻、透明度好的翡翠，新坑种是指透明度差、玉质粗糙的翡翠。现在的分类方法可将翡翠的种分为以下几类：

（1）老坑种：指颜色浓绿，分布均匀，质地细腻，如为玻璃底，则可称为老坑玻璃种，是翡翠中的极品。

（2）冰种：晶莹剔透，冰底，无色，因此水头极好，属高档品种。

（3）芙蓉种：呈清淡绿色，玉质细腻，水头好，属中高档品种。

（4）金丝种：绿色不均匀，呈丝状断断续续，水头好，底也很好。

（5）干青种：绿色浓且纯正，但水头差，底干，玉质较粗。

（6）花青种：绿色分布不均匀，呈脉状或斑点状，属中低档品种。

（7）豆种：玉质较粗糙，不透明，颗粒较粗大，带绿色者称为豆绿，属低档品种。

（8）油青种：玉质细腻，透明度较好，表面具有油润感，绿色较暗，颜色不正。

（9）马牙种：质地粗糙，透明度差，呈白色粒状。

5. 瑕疵

翡翠的瑕疵是指含有的一些杂质矿物，其颜色、形状对整体产生不协调的视觉效果，常为一些斑点状的黑色、黄褐色的矿物颗粒、呈丝絮状、云雾状的白色的石花夹杂在整体一色的翡翠原料或成品上，这些瑕疵的存在将会影响翡翠的价值，尤其对高档翡翠的影响更大。

（五）翡翠产地

珠宝玉石市场上优质的翡翠大多来自缅甸雾露河（江）流域第四纪和第三纪砾岩层次生翡翠矿床中。它们主要分布在缅甸北部的山地，南北长约 240 km，东西宽 170 km。1871 年，缅甸雾露（又作乌九、乌龙、乌鲁）河流域发现了翡翠的原生矿，其中最著名的矿床有 4 个，它们分别是度冒、缅冒、潘冒和南奈冒。原生矿翡翠岩主要是白色和分散有各种绿色色调及褐黄、浅紫色的硬玉岩组成，除硬玉矿物外还有透辉石、角闪石、霓石及钠长石等矿物，达到宝石级的绿色翡翠很少。翡翠原生矿床自发现起至今已经开采了一百多年，产出了所有颜色的翡翠品种，但至今仍然很有活力。

除了缅甸出产翡翠外，世界上有翡翠出产的国家还有危地马拉、日本、美国、哈萨克斯坦、墨西哥和哥伦比亚。这些国家翡翠的特点是达到宝石级的很少，大多为一些粗雕级的工艺原料。

二、和田玉

（一）和田玉的概念

和田玉（Nephrite）古名昆仑玉，属于软玉的一种，分布于新疆莎车—喀什库尔干、和田—于阗、且末县绵延 1 500 公里的昆仑山北坡。和田玉的发现已有数千年的历史。和田玉是一种由微晶体集合体构成的单矿物岩，含极少的杂质矿物，主要成分为透闪石。现代意义上的和田玉是由透闪石成分较高的玉石的统称，不再是以所产地域命名。狭义上的和田玉仅指新疆和田玉。

和田玉是闪石类中某些（如透闪石、阳起石等矿物）具有宝石价值的硅酸盐矿物组成的集合体，化学成分是含水的钙镁硅酸盐。它是由细小的闪石矿物晶体呈纤维状交织在一起构成致密状集合体，质地细腻，韧性好，主要产自中国新疆和田地区。2003年，和田玉被定为"中国国玉"。

（二）和田玉的理化性质

和田玉的主要颜色有白、糖白、青白、黄、糖、碧、青、墨、烟青、翠青、青花等；硬度为 6 ~ 6.5；相对密度为 2.90 ~ 3.10；光泽一般以蜡状油脂光泽为主；透明度为透明至半透明、不透明；折射率用点测法常为 1.60 ~ 1.61。

（三）和田玉的种类

1. 按产地分类

和田玉按照产出地的不同，可分为籽料、山流水和山料 3 种类型。

（1）籽料：又名子玉，是指原生矿剥蚀被冲刷搬运到河流中的玉石。它分布于河床及两侧的河滩中，玉石裸露地表或埋于地下。它的特点是块度较小，表面光滑常为卵型。因为它年代久远，长期受水的冲刷、搬运、分选，或深埋于土下，几异其坑，饱吸了大地之精华。子玉一般持质地较好，因它吸饱喝足，温润无比。子玉又分为裸体子玉和皮色子玉。裸体子玉一般采自河水中，皮色子玉一般采自河床的泥土中。所以皮色子玉的年代更为久远，一些名贵的子玉品种，如枣皮红、黑皮子、秋梨黄、黄蜡皮、洒金黄、虎皮子等等，均出自皮色子玉。

（2）山流水：名称是由采玉和琢玉艺人命名的。它是指原生玉矿石经风化崩落，并由河水冲击至河流中上游而形成的玉石。山流水的特点是距原生矿近，块度较大，棱角稍有磨圆，表面较光滑，年代稍久远，比子玉年青。

（3）山料：又称山玉，或叫盖宝玉，指产于山上的原生矿。山料的特点是块度不一，呈棱角状，良莠不齐，质量常不如山流水和子玉。

2. 按颜色分类

和田玉按颜色的不同又可分为以下几种：

（1）白玉：颜色洁白，细腻，滋润，微透明，宛如羊脂者称羊脂白玉；不透明，光泽较差者为白玉。

（2）青玉和青白玉：青玉色呈深灰绿至蓝绿色，不透明；青白玉是青玉与白玉之间的过渡类型，呈灰绿色。

（3）碧玉：深绿色（菠菜绿色），质地较粗。碧玉除新疆所产外，我国玉器工艺界把国内外所产相似颜色质地的软玉也统称为碧玉。

（4）黑玉：主要含分散的碳质或石墨而呈灰黑色或灰黑与白色相间的条带。如果完全是黑色的，称墨玉。

（5）黄玉：是地表水中褐铁矿渗入白玉中造成的，米黄至黄色。

（四）和田玉与其他玉石的区分与鉴别

1. 和田玉与岫玉的辨别

和田玉的质地、硬度和密度都有一定的指标，而产于辽宁岫岩县的岫玉，其质地、硬度和密度都不及和田玉。岫玉由于质地细腻，水头较足，所以常常把它做旧来冒充老的和田玉。区分和田玉与岫玉的最好办法是用普通小刀刻几下，吃刀者为岫玉，纹丝不入者为和田玉。如果身边没有带刀，只能细看雕刻时的受刀处，和田玉受刀处不会起毛，而岫玉则有起毛。此外，手感岫玉也较轻，敲击时声音沉闷喑哑，不像和田玉清脆。除了岫玉，还有其他普通玉石用来冒充和田玉，其鉴别方法大致同上。

2. 和田玉与俄罗斯玉、青海玉的辨别

我国青海和俄罗斯中亚地区，现在也出产一种玉，俗称青海玉和俄罗斯玉，其矿石成分相似。这种玉多为白色，看上去也似蜡状油脂光泽，因此很容易冒充白玉。而且它的硬度和白玉一样，故而不能用小刀刮刻来鉴别其真伪。但这种玉所含石英质成分偏高，因此与白玉相比，质粗涩，性粳，脆性高，透明性强；经常日晒雨淋，容易起膈、开裂和变色。特别是将和田玉与俄罗斯玉放在一起加以比较，一个糯，一个粳；一个白得滋润，一个则是"死白"，其高下之别不言自明。同时，敲击时一个声音清脆，一个沉闷，也不难分辨。

俄罗斯所产的透闪石质白玉在新疆和田白玉资源相对枯竭的情况下，其质地目前被广泛认可，成了和田玉爱好者的新宠。目前市场上较好的白玉多数产于俄罗斯。

三、岫玉

（一）岫玉的概念

岫玉又称岫岩玉（Xiuyan jade），以产于辽宁省鞍山市岫岩满族自治县而得名，为中国历史上的四大名玉之一。岫玉广义上可以分为两类，一类是老玉（亦称黄白老玉），老玉中的籽料称作河磨玉，属于透闪石类和田玉，其质地朴实、凝重、色泽淡黄偏白，是一种珍贵的璞玉；另一类是岫岩碧玉（亦称瓦沟玉引），属蛇纹石类矿石，其质地坚实而温润，细腻而圆融，多呈绿色至湖水绿，其中以深绿、通透少瑕为珍品。

岫岩玉不是一个单一的玉种，其矿物成分复杂，物理性质、工艺美术特征等亦多有差别。按矿物成分的不同，可将岫岩玉分为蛇纹石玉、透闪石玉、蛇纹石玉和透闪石玉混合体三种，其中以蛇纹石玉为主。另外，河磨玉中透闪石成分较高的也称为"和田玉"。

（二）岫玉的理化性质

1. 矿物组成

岫玉有蛇纹石、方解石、滑石、磁铁矿、白云石、菱镁矿、绿泥石、透闪石、透辉石、铬铁矿等；其化学成分为含水镁硅酸盐矿物。

2. 结构构造

岫玉均匀致密，块状构造，部分毛矿中可见脉状、片状、碎裂状构造。

3. 颜色

常见的蛇纹石玉主要有黄绿色、深绿色、绿色、灰黄色、白色、棕色、黑色及多种颜色的组合。

4. 光泽及透明度

岫玉呈蜡状光泽至玻璃光泽，半透明至不透明。

5. 光性

岫玉为非均质矿物的集合体，在正交偏光下表现为集合消光，折射率为 $1.56 \sim 1.57$。

6. 解理

岫玉无解理，断口呈平坦状。

7. 硬度

受组成矿物的影响，岫玉摩氏硬度变化于 $4.8 \sim 5.5$ 之间。

8. 相对密度

$2.45 \sim 2.48$。

（三）岫玉的历史

1983 年，在海城小孤山仙人洞人类洞穴遗址中，出土了距今 1.2 万年前的 3 件岫岩透闪石玉砍砸器，为迄今人类最早制作使用的玉制品。《中国古代玉器》一书记载："中国最早玉器出现于东北距今约 7 500 年的辽宁阜新查海的新石器时代早期遗址内"、"作为岫岩玉的故乡，辽宁阜新查海和内蒙古兴隆洼率先揭开了中国古玉文明的篇章。"岫岩玉远古开发利用的顶峰是在距今 5 000 ~ 6 000 年的红山文化时期，其中最著名的内蒙古三星他拉玉龙，被称为"中华第一玉龙"。《中国文物鉴赏·玉器卷》记载："几千年来，我国人民使用岫岩玉，从没间断过，最具代表的辽西出土新石器近期红山文化玉器用料全部为岫岩玉。从商周、春秋、战国到西汉，一直到今天，岫岩玉制品已随处可见。"新中国成立后，国家于 1957 年在岫岩县北瓦沟一带建立了国营矿山。在生产过程中，北瓦沟露天采区于 1964 年自动滑落出一块体积为 2.77 m × 5.6 m × 6.4 m，重约

260.76 t，以草绿色为主，透明度较高，有一半被滑石包裹着的巨大而完整的岫岩玉块，其制品"玉王岫岩玉大佛"现陈列于辽宁鞍山市玉佛苑。

据统计，迄今岫岩玉的年产量约占全国玉石总产量的 50% ~ 70%，供应全国 20 多个省、市、区约 200 个玉雕厂使用。用岫岩玉制作的各种首饰和玉器不但销售于全国各地，而且在国际市场上也有良好的销路。

（四）岫玉的质量评价

岫玉的质量评价主要依据以下 8 项基本要素和标准。

1. 颜色

岫玉的颜色种类繁多，深浅不一，按色类和深浅大致可划分如下。

（1）绿色系列：深绿、碧绿、绿、草绿、浅绿。

（2）黄色系列：橙黄、柠檬黄、黄、淡黄。

（3）黑色系列：墨、黑、青、深灰、灰、浅灰。

（4）白色系列：乳白、白、无色。

（5）混色系列：墨绿、黄绿、绿黄、黄白、白黄、灰白。

（6）花玉系列：红色纹理、棕色纹理、橙色纹理、黄色纹理。

在各种颜色系列中，以绿色系列最佳，其次是黄色。

在具体评价颜色好与差时应从四个方面进行观察分析，即浓度、纯度、鲜艳度和均匀度。

浓度是指颜色的深浅，一般来讲以中等浓度最好，太深或太浅较差。纯度是指色调的纯正程度，当混入其他色调时，就不纯正了，或叫偏色了，显然，色调越纯正越好，混色时较差。鲜艳度是指颜色的明亮程度，也称色阳，当然，鲜艳程度越高越好。均匀度是指颜色分布的均匀程度，一般来讲，颜色越均匀越好，不均匀则差，但对某些岫玉品种则不然，如花玉，各种红、褐、橙、黄色调与变化多端的花纹，往往构成奇特美丽的画面，反而更加珍贵。

2. 透明度

透明度对岫玉的质量评价的重要性更加突出。大多数为不透明、微透明或半透明，少数为透明或亚透明，因此，透明度好显得更为珍贵。岫岩蛇纹石玉的一个突出特点是透明度较高，大多数为亚透明或半透明，少数为透明和微透明，不透明者很少。岫玉之所以被称为我国四大名玉之一，透明度好起了关键性作用。

3. 质地

玉石的质地越细越好，越均匀越好。玉石是多晶集合体，晶体颗粒的大小决定了玉质的细腻和粗糙程度，即晶体颗粒度越小则玉质越细腻，晶体颗粒度越大则玉质越粗糙。一般用肉眼观察，如有明显的颗粒感，则玉质较粗，如无颗粒感，则玉质比较细腻，如在 10 倍放大镜下也无颗粒感，则玉质就非常细腻了。总体来讲，岫玉的质地大多数是比较细腻的，少数稍显粗糙。

质地与透明度和抛光性有直接关系，即质地越细腻，其透明度越高，抛光性越好，表面反光也越强，增加了岫玉的美感，提高了岫玉的质量。反之，质地越粗、透明度越差，抛光性越差，降低了岫玉的质量。

4．净度

净度是指宝玉石内部的干净程度，即含杂质和瑕疵的多少。

岫玉由于透明度较好，肉眼观察即可看到内部的杂质和瑕疵，易于判断其净度的好坏。通常岫玉中的杂质有以下几种：

（1）白色絮状物杂质：是岫玉中含量最多的杂质，如呈斑状形态时，通常称为"脑"，如呈不定型飘洒状时，称为"棉"或"绺"。这些白色的"脑"或"棉"是由第二期重结晶的粗粒蛇纹石构成的。

（2）白色米状杂质：也是岫玉中常见到的一种杂质，呈粒状星点状分布，因其很像白色的小米粒，故当地人称为"小米粥"。这些白色粒状物为早期残留的碳酸盐即白云石矿物组成的。

（3）黑色杂质：岫玉中还常见到一些呈点状、斑块状、条状或不规则形状的黑色杂质，不透明，当地人称其为"黑脏"，是对岫玉质量影响最不利的因素。这些黑色杂质主要是由石墨构成的。

（4）黄色杂质：岫玉中偶尔可见到一些呈斑点状或斑块状的黄色杂质，不透明，呈金属光泽。它们是由黄铁矿或磁黄铁矿构成的。一般来说，玉中的杂质都是不利的，降低了玉石的质量，但这种杂质不同，由于它有金光闪闪的光泽，可以为岫玉增添新的光彩，因此在岫玉雕件中特别是在手镯上出现时，人们给了一个很好听的名称，称为"金镶玉"，因其稀少，往往成为收藏品。

5．跑色程度

经常可以发现岫玉雕件经过一段时间后，其颜色明显变浅、透明度变差，其中的"棉"、"脑"等杂质由模糊变清楚的现象，当地人称此现象为"跑色"。经初步研究，这是由于岫玉失水所造成的。跑色实质上是跑水现象，对岫玉的质量影响很大。水是导致岫玉颜色鲜艳和透明度高的重要因素，失水则会造成岫玉颜色变浅、透明度变差。

6．裂隙

裂隙对岫玉的质量有明显的负面影响，沿裂隙可使岫玉的透明度降低，次生杂质充填，降低了岫玉的美感，影响了岫玉的耐久性，裂隙越多越大，岫玉的质量越差，裂隙越少越小则岫玉的质量越高。

7．块度

对于同等质量的岫玉，其块度越大则价值就越高。

8．工艺水平

俗话说，"玉不琢不成器"。有了好玉料，还必须以高水平的工艺加工才能成为一件好的玉器。工艺包括造型和雕工，行内有"远看造型、近看雕工"之说。

岫玉雕件的造型应简练生动、比例合适、体态均衡，给人以和谐逼真的感觉，如果上下左右比例失调，则会给人别扭不舒服的感觉。

雕工应是精雕细刻，表现在纹饰图案的线条流畅、琢刻细腻、抛光良好，包括细微及凹浅处，甚至镂空内部，都雕刻细致及抛光到位，而无多余刀痕或废刀痕，看上去和谐美观、光亮鉴人。若刀法凌乱，棱棱角角，光泽暗淡，则这样的玉器多是粗制滥造的，不仅影响美观和玉器的价值，更是对天然资源的一种极大浪费。

根据岫玉的颜色、质地、透明度、裂隙、杂质和块度等综合因素，把岫玉原料分成四级：

（1）特级：碧绿色，质地细腻，无绺无絮无杂质，无裂，透明度好，块度大于50 kg；

（2）一级：绿色、深绿色，质地细腻，无绺无絮无杂质，无裂，透明度好，块度大于10 kg；

（3）二级：不分色泽，少绺少絮少杂质，少裂纹，透明度中等，块度大于5 kg；

（4）三级：不分色泽，有绺有絮有杂质，有裂纹，透明差，块度小于5 kg。

由于岫玉前些年开材量较大，市场占有率极高且工艺雕刻水平受限，使得岫玉的价值不高，社会认可度较低，没有实现其应有的价值。

四、独山玉

（一）独山玉的概念

独山玉（Dushan jade）是我国特有的玉石品种，因产于河南南阳的独山而得名，也称"南阳玉"或"河南玉"，也有简称为"独玉"的。独山玉是中国四大名玉之一。

独山玉质地坚韧细腻，色泽温润绚丽，有绿、白、蓝、黄、紫、红、青、黑等颜色以及数十种混合色和过渡色，是工艺美术雕件的重要玉石原料。

（二）独山玉的理化性质

1. 矿物成分

独山玉是一种辉长岩，其组成矿物较多，主要矿物是斜长石（20% ~90%）和黝帘石（5% ~70%），其次为翠绿色铬云母（5% ~15%）、浅绿色透辉石（1% ~5%）、黄绿色角闪石、黑云母，还有少量蜡石、金红石、绿帘石、阳起石、白色沸石、葡萄石、绿色电气石、褐铁矿、绢云母等。

2. 结构构造

独山玉具细粒（粒度 <0.05 mm）状结构，其中斜长石、黝帘石、绿帘石、黑云母、铬云母和透辉石等矿物呈他形-半自形晶紧密镶嵌，集合体为致密块状。

3. 光学性质

独山玉具有玻璃光泽至油脂光泽；微透明至半透明。正交偏光镜下没有消光位。独山玉的折射率大小受组成矿物影响，在宝石试验室用点测法测到的折射率值变化于1.56 ~1.70 之间。未见特征吸收谱。在紫外灯下，独山玉表现为荧光惰性。有的品种可有微弱的蓝白、褐黄、褐红色荧光。

4. 物理性质

独山玉无解理，密度为2.73 ~3.18 g/cm^3，莫氏硬度为6 ~6.5。因其硬度几乎可与翡翠媲美，故国外有地质学家也将其称为"南阳翡翠"。

（三）独山玉的品种

独山玉是一种多色玉石，按颜色可分为8个品种：

1. 白独玉

色呈白或灰白色，质地细腻，具有油脂般的光泽。其品种包括奶油白玉、透水白玉等。

2. 绿独玉

绿至翠绿色，半透明，质地细腻，近似翡翠，具有玻璃光泽。

3. 紫独玉

色呈暗紫色，透明度较差。

4. 黄独玉

呈黄绿色或橄榄绿色。

5. 红独玉

又称"芙蓉玉"。色呈浅红至红色，质地细腻，光泽好。

6. 青独玉

色呈青绿色，透明度较差。

7. 墨独玉

呈黑、墨绿色。

8. 杂色独玉

呈白、绿、黄、紫相间的条纹、条带以及绿豆花、菜花和黑花等。

（四）独山玉的鉴评

独山玉的鉴评依据颜色、裂纹、杂质及块度大小4个方面。

优质独山玉为白色和绿色，白色玉为油脂光泽，绿色者为翠绿、微透明、质地细腻、无裂纹、无杂质。颜色杂、色调暗、不透明、有裂纹和杂质的独山玉为下等品。毛矿交易中，依据质量，独山玉可分为特级、一级、二级、三级四个等级。

1. 特级料

颜色纯正，翠绿、蓝绿、淡蓝绿、白中带绿，结构致密，质地细腻，无白筋，无杂质，无裂纹，块度在 20 kg 以上者。

2. 一级料

颜色均匀，白色，乳白色，绿白浸染，质地细腻，无杂质，无裂纹，块度在 20 kg 以上者。

3. 二级料

颜色均匀，白色，绿中带杂色，质地细腻，无杂质，无裂纹，块度在 3 kg 以上者。

4. 三级料

杂色，但色泽较鲜明，质地细腻，有杂质和裂纹，单色块度可达 1 kg 以上，杂色部分块度在 2 kg 以上者。

（五）独山玉的历史

独山玉雕，历史悠久，考古推算，早在 5 000 多年前先民们就已认识和使用了独山玉。据史料记载，独山玉雕始于夏商，盛于汉唐，精于明清，新中国成立后走向全盛时期，并成为驰名中外的艺苑奇葩。据传历史有名的和氏璧即为独山玉，在它流传的数百年间，被奉为"无价之宝"的"天下所共传之宝"。

五、泰山玉

（一）泰山玉的概念

泰山玉（Taishan jade），产于山东省泰安市泰山山麓，主要分布在石腊村、界首村一带，素有"镇山玉"和"避邪玉"之称。由泰山玉石材料雕刻成的作品有镇宅辟邪、平安富贵、健身养生等诸多功效，而其色泽凝重、典雅，与泰山石敢当的阳刚之气又一脉相承，故泰山玉不仅具有极高的艺术价值，还具有相当的精神文化内涵。

泰山玉为蛇纹石质玉，致密块状，质地细腻温润。颜色以绿色为主，有碧绿、暗绿、墨黑等色，石中夹杂白色或黑色不规则的斑点。不透明至半透明，油脂、蜡状光泽，硬度 4.8~5.5。其矿物成分以蛇纹石为主，其次为绿泥石，伴有少量的滑石、石棉、碳酸盐矿物、黏土矿物、磁铁矿等。根据玉石的颜色、杂质成分和显微结构等特征，其种类可分为泰山墨玉、泰山翠斑玉和泰山碧玉 3 类。其中以泰山墨玉为主，而泰山碧玉质量最优，翠斑玉和墨玉次之。泰山墨玉质密细腻，光滑乌亮；花斑玉五彩相间，斑斑驳驳；碧玉晶莹剔透，绿如夏荷。

"泰山玉"矿物由于颗粒细小，分布均匀，结构致密，比较适合于打磨抛光，且易于钻、锯、切磨、雕琢等，是制作较好的观赏石、雕刻工艺品或饰品的玉质矿物原料。

（二）泰山玉的历史

早在 2 500 年之前，春秋名著《山海经》里就有一篇文章提到泰山玉。据《山海经》中《山经》第四卷《东山经》记载："泰山其上多玉……环水出焉，东流注于河，其中多水玉。"由此可见"泰山玉"自两千多年前就已经被人所了解。据考证，5 000 年前的大汶口先民们，就已经用泰山玉制作碧玉铲、臂环、佩饰等艺术品。

20 世纪 80 年代初，在泰安市与济南市交界处的界首、石蜡村附近，泰山玉又被重新发现。最早，泰山玉被包裹在一种叫作蛇纹岩的岩石里面，因为富含磷、钙、镁等元素，所以当时就被当成一种制造化肥的原料加以利用。后来，在挖掘过程中，经常会发现这些蛇纹岩里面夹杂着一些破碎的泰山玉。发现蛇纹岩中包含玉石以后，济南长清地区开始挖掘泰山玉，挖出了体积较大的泰山玉。至 20 世纪 90 年代才逐渐把泰山玉引入市场，引起各方面的重视。

近年来，泰山玉越来越被人们所认可。2010 年以后，受利益驱动，泰安与济南交界处一处山谷中曾一度有村民抢挖泰山玉石。2011 年以来，为有效保护泰山玉资源，济南市政府和泰安市政府分别大力整治泰山玉矿区勘查开发秩序，有效打击了非法开采泰山玉的行为，有效地保护了资源。

六、欧泊

（一）欧泊的概念

欧泊（Opal），源于拉丁文 Opalus，意思是"集宝石之美于一身"。它是一种贵蛋白石，故又被称为蛋白石、闪山云等，主要出产于澳大利亚。

欧泊主要由非晶质体的蛋白石 $SiO_2 \cdot nH_2O$ 组成，含水量不定，一般为 4%～9%，最高可达 20%，另有少量石英、黄铁矿等次要矿物。宝石级的欧泊多有变彩，随着不同的观察角度可看到不同的颜色，所以，欧泊又被称为具有一千种颜色的宝石。

（二）欧泊的理化性质

1. 颜色

欧泊的颜色可有白色、黑色、深灰色、蓝色、绿色、棕色、橙色、橙红色、红色等多种颜色。

2. 光泽和透明度

玻璃光泽至油脂光泽，透明至不透明。

3. 光性与折射率

欧泊为均质体，火欧泊常见异常消光。折射率为 1.45 左右，通常为 1.42～1.43，火欧泊可低达 1.37。

4. 解理、硬度与相对密度

欧泊无解理，具贝壳状断口。摩氏硬度为 5～6。相对密度为 2.15。

5. 多色性与紫外荧光

无多色性。荧光：无至中等强度的白色、浅蓝色、浅绿色和黄色，火欧泊可有中等强度的绿褐色荧光。有时有磷光，并且持续时间较长。

6. 特殊光学效应

欧泊具有典型的变彩效应，在光源下转动欧泊，可以看到五颜六色的色斑。极少数欧泊具有猫眼效应。

（三）欧泊的种类

欧泊的品种主要有三大类，即黑欧泊、白欧泊和火欧泊。

1. 黑欧泊

体色为黑色或深蓝、深灰、深绿、褐色等，以黑色最理想，由于黑色体色的变彩更加鲜明、夺目，显得雍容华贵，最为著名的黑欧泊发现于澳大利亚新南威尔士。

2. 白欧泊

在白色或浅灰色基底上出现变彩的欧泊，它给人以清丽宜人之感。

3. 火欧泊

无变彩或少量变彩的半透明-透明品种，一般呈橙色、橙红色、红色，由于其色调热烈，有动感，所以被大多数美国人所喜爱。

（四）欧泊的鉴评

欧泊价值的评估应重点考虑下列因素：

1. 颜色

一般来说，颜色深的欧泊价值较高，黑欧泊比白欧泊或浅色欧泊价值更高。

2. 变彩

质量上乘的欧泊应该是明亮的，有一定透明度的欧泊。整个欧泊应变彩均匀，没有无色的死角。变彩的颜色和价值最高的欧泊，应出现可见光光谱中的各种颜色，即它依次出现红色、紫色、橙色、黄色、绿色和蓝色。

3. 净度

优质欧泊不应有明显的裂痕和其他杂色包体，否则其评价等级就应下降。

4. 大小

欧泊的体积越大越好。

对于欧泊，不同地区和国家的人们就其色调有着不同的讲究。美国人大多数喜欢红色，因为它色调强烈，有动感。日本人及韩国人喜欢蓝色和绿色的欧泊，因为这种欧泊给人一种平静之感，中国人一向喜爱暖色色调，因此红色色调的品种很容易在中国推开。

（五）欧泊的产地

欧泊是在表生环境下由硅酸盐矿物风化后产生的二氧化硅胶体溶液凝聚而成，也可由热水中的二氧化硅沉淀而成。其主要的矿床类型有风化壳型和热液型。

澳大利亚是世界上最重要的欧泊产出国，主要产区在新南威尔士、南澳大利亚和昆士兰，其中新南威尔士所产的优质黑欧泊最为著名。墨西哥以其产出的火欧泊和玻璃欧泊而闻名，主要产出于硅质火山熔岩溶洞中。巴西北部的皮奥伊州是除澳大利亚外最重要的欧泊产地之一。其他的产地还有洪都拉斯，马达加斯加，新西兰，委内瑞拉等。

七、绿松石

（一）绿松石的概念

绿松石（Turquoise），意为土耳其石（但土耳其并不产绿松石，传说古代波斯产的绿松石是经土耳其运进欧洲而得名），工艺名称为"松石"，又名"绿宝石"，在中国属广义的玉的范畴，因其形似松球且色近松绿而得名。绿松石是世界上稀有的贵宝石品种之一。

绿松石，中国"四大名玉"之一，又称松石、土耳其玉、突厥玉。绿松石质地不很均匀，颜色有深有浅，甚至含浅色条纹、斑点以及褐黑色的铁线。致密程度也有较大差别，孔隙多者疏松，少则致密坚硬。抛光后具柔和的玻璃光泽至蜡状光泽。优质品经抛光后好似上了釉的瓷器，故称为"瓷松石"。绿松石受热易褪色，容易受强酸腐蚀变色。此外，硬度越低的绿松石孔隙越发育，越具有吸水性和易碎的缺陷，因而油渍、污渍、汗渍、化妆品、茶水、铁锈等均有可能顺孔隙进入，导致难以去除的色变。

（二）绿松石的理化性质

1. 矿物组成

绿松石玉的主要组成矿物是绿松石，常与埃洛石、高岭石、石英、云母、褐铁矿、磷铝石等共生，高岭石、石英和铁矿等加入的比例将直接影响绿松石的品质。

2. 化学组成

绿松石为一种含水的铜铝磷酸盐，化学式为 $CuAl_6(PO_4)_4(OH)_8 \cdot 4H_2O$。绿松石的结构及 Cu^{2+} 离子决定了它的基本颜色为天蓝色，如被 Fe、Zn 等替代，则呈现绿色、黄绿色。另外，绿松石中水的含量也影响着蓝色的色调。随着结晶水、结构水的含量逐渐降低，Cu^{2+}逐渐流失，绿松石的颜色有蔚蓝色变成淡灰绿色。

3. 颜色

绿松石的颜色可分为蓝色、绿色和杂色三大类。蓝色包括蔚蓝、蓝，色泽鲜艳；绿色包括深蓝绿、灰蓝绿、绿、浅绿以至黄绿，深蓝绿者仍然美丽；杂色包括黄色、土黄色、月白色、灰白色。在宝石业中，以蔚蓝、蓝、深蓝绿色为上品，绿色较为纯净的也可做首饰，而浅蓝绿色只有大块才能使用，可做雕刻用石。杂色绿松石则需人工优化后才能使用。

4. 光学性质

（1）晶体二轴晶正光性，$2V = 40$。由于绿松石通常不透明，所以不能提供宝石学测试数据。

（2）光泽与透明度：蜡状光泽、油脂光泽，抛光好的平面可达到玻璃光泽。一些浅灰白的绿松石具土状光泽。

（3）光性特征：非均质集合体。

（4）折射率：点测法常为1.62，变化范围1.61～1.65。

（5）多色性：无。

（6）发光性：在长波紫外线下，绿松石一般无荧光或荧光很弱，呈现一种黄绿色弱荧光。而短波紫外线下绿松石无荧光。

（7）吸收光谱：在强的反射光下，在蓝区420 nm处有一条不清晰的吸收带，432 nm处有一条可见的吸收带，有时于460 nm处有模糊的吸收带。

5. 物理性质

（1）解理：绿松石多为块状集合体、结核状集合体，无解理。

（2）硬度：5～6。硬度与品质有一定的关系，高品质的绿松石硬度较高，而灰白色、灰黄色绿松石的硬度较低，最低在3左右。

（3）相对密度：绿松石的相对密度为2.76（+0.14，-0.36）。高品质的绿松石，其相对密度在2.8～2.9之间。多孔绿松石的相对密度有时可降到2.4。

（三）绿松石的品种

绿松石属优质玉材，中国清代称之为天国宝石，视为吉祥幸福的圣物。绿松石因所含元素的不同，颜色也各有差异，氧化物中含铜时呈蓝色，含铁时呈绿色。其中以蓝色、深蓝色不透明或微透明，颜色均一，光泽柔和，无褐色铁线者质量最好。

绿松石质地细腻、柔和，硬度适中，色彩娇艳柔媚，但颜色、硬度、品质差异较大。通常分为四个品种，即瓷松、绿松、泡（面）松及铁线松等。

1. 瓷松

是质地最硬的绿松石，硬度为5.5～6。因打出的断口近似贝壳状，抛光后的光泽质感均很似瓷器，故得名。通常颜色为纯正的天蓝色，是绿松石中最上品。

2. 绿松

颜色从蓝绿到豆绿色，硬度在4.5～5.5，比瓷松略低，是一种中等质量的绿松石。

3．泡松

又称面松，呈淡蓝色到月白色，硬度在 4.5 以下，用小刀能刻画。因为这种绿松石软而疏松，只有较大块才有使用价值，为质量最次的绿松石。

4．铁线松

绿松石中有黑色褐铁矿细脉呈网状分布，使蓝色或绿色绿松石呈现有黑色龟背纹、网纹或脉状纹的绿松石品种，被称为铁线松。其上的褐铁矿细脉被称为"铁线"。铁线纤细，黏结牢固，质坚硬，和松石形成一体，使松石上有如墨线勾画的自然图案，美观而独具一格。具美丽蜘蛛网纹的绿松石也可成为佳品。但若网纹为黏土质细脉组成，则称为泥线绿松石。泥线松石胶结不牢固，质地较软，基本上没有使用价值。

（四）国内绿松石的等级

根据颜色、光泽、质地和块度，中国工艺美术界一般将绿松石划分为 3 个等级：

1．一级绿松石

呈鲜艳的天蓝色，颜色纯正、均匀，光泽强，半透明至微透明，表面有玻璃感。质地致密、细腻、坚韧，无铁线或其他缺陷，块度大。

2．二级绿松石

呈深蓝、蓝绿、翠绿色，光泽较强，微透明。质地坚韧，铁线或其他缺陷很少，块度中等。

3．三级绿松石

呈浅蓝或蓝白，浅黄绿等色，光泽较差，质地比较僵硬，铁线明显，或白脑、筋、糠心等缺陷较多，块度大小不等。

（五）绿松石的鉴评

绿松石的鉴评应从以下几方面综合考虑：

1．颜色

高档绿松石即首饰用绿松石要求具标准的天蓝色，其次为深蓝色、蓝绿色，且要求颜色均匀，那些浅蓝色、灰蓝色的绿松石只能用做雕件，而黄褐色绿松石工艺价值相对较低。

2．相对密度及硬度

高档绿松石要求具有较高的密度和硬度，即密度约在 2.7 g/cm^3 左右，摩氏硬度在 6 左右。因为密度值直接反映绿松石受风化的程度，随着风化程度的加深，绿松石相对密度降低，硬度降低，颜色质量也明显降低。相对密度低于 2.4 g/cm^3，摩氏硬度低于 4 的绿松石，一般要经稳定化处理才可使用。

3．纯净度

绿松石内常含黏土矿物和方解石等杂质，这些杂质多呈白色，在玉器行里称为白脑。白脑发育的绿松石加工时易炸裂，质量明显降低。

4．特殊花纹

绿松石是唯一一种可与围岩共同磨制的玉石，当围岩与绿松石构成的图案具有一定的象征意义时，产品将受到好评。

5. 块度

在绿松石原矿的销售中，对块度有一定的要求，总的原则是颜色质量高的绿松石，块度要求可以低些。

（六）绿松石的产地

1. 中国

绿松石产地主要有湖北、陕西、青海等地，其中湖北产的优质绿松石中外著名。

湖北绿松石产自鄂西北，古称"荆州石"或"襄阳甸子"。湖北绿松石产量大，质量优，享誉中外，主要分布在鄂西北的郧县、竹山、郧西等地，矿山位于武当山脉的西端、汉水以南的部分区域内。

2. 伊朗

产自伊朗东北部阿里米塞尔山上的尼沙普尔地区。

3. 埃及

西奈半岛有世界最古老的绿松石矿山。

4. 美国

产自美国西南各州，特别是亚利桑那州最为丰富。

5. 澳大利亚

在一些大的矿床中发现致密而优美的蓝色绿松石，颜色均匀，质硬，呈结核状产出。

6. 其他产地

智利、乌兹别克斯坦、墨西哥、巴西等。

八、青金石

（一）青金石的概念

青金石（Lapis lazuli），在中国古代称为璆琳、金精、瑾瑜、青黛等。佛教称为吠努离或璧琉璃，属于佛教七宝之一。

青金石是一种使用历史悠久的玉石。它的体色呈蓝紫色，粗粒材料可呈蓝白斑杂色，通过放大检查，可以看到内部具有黄铁矿斑点和白色方解石团块。青金石的品级是根据颜色、所含方解石、黄铁矿含量的多少而定的。最珍贵的青金石应该为紫蓝色，且颜色均匀，完全没有方解石和黄铁矿包裹体，并有较好的光泽。

（二）青金石的理化性质

1. 矿物组成

青金石的主要组成矿物是青金石，另外还含有方解石、黄铁矿、方钠石、透辉石、云母、角闪石等矿物。青金石的化学成分为 $(Na, Ca)_8 (AlSiO_4)_6 (SO_4, Cl, S)_2$。但青金石的化学成分还受次要组成矿物的影响，如当青金石中方解石、透辉石等矿物增加时其化学组成中的 Ca 含量便会提高。

2. 晶系及结晶习性

青金石的主要组成矿物青金石为等轴晶系，晶形为菱形十二面体，而青金石为一种粒状矿物集合体。

3. 光学性质

青金石有玻璃光泽到树脂光泽，不透明到半透明，其颜色为深蓝色、紫蓝色、天蓝色、绿蓝色等。折射率约为 1.50。青金石在短波紫外线下可发绿色或白色荧光，青金岩内的方解石在长波紫外线下发褐红色荧光。

4. 物理性质

青金石无解理，可具粒状，不平坦断口；其硬度为 5~6，密度为 2.5~2.9 g/cm^3，一般为 2.75 g/cm^3，取决于黄铁矿的含量。

（三）青金石的鉴评

青金石的品质评价可以依据颜色、质地、裂纹、切工与做工和体积（块度）等方面进行。

1. 颜色

青金石一般呈蓝色，其颜色是由所含青金石矿物含量的多少所决定的，好的青金石颜色深蓝纯正，无裂纹、质地细腻，无方解石杂质，可以做成首饰等。如交织有白石线或白斑，就会降低颜色的浓度、纯正度和均匀度，首饰的质量就会下降。

2. 质地

青金石的质地应致密、细腻，没有裂纹，黄铁矿分布均匀似闪闪星光为上品。黄铁矿局部成片分布，则将影响到青金石玉石的质地，同时，裂纹越明显质量等级也越低。

3. 体

就是体积，即指青金石块体积的大小。在同等质量条件下，青金石块体积越大其价值也就越高。

由于青金石具有美丽纯正的蓝色，因此优质、没有裂纹的青金石常可用作首饰石。用作首饰的青金石常被切磨成扁平形琢型和弧面形琢型。切磨成扁平型的青金石一般都是最优质的青金石玉石，而切磨成弧面型的青金石玉石与其相比较而言，品质要差一些，因此，根据青金石切磨的琢型，也可以大致区分青金石的品质。

在对扁平型青金石评价其切工时，应注意成品的轮廓和成品的厚度，一般厚度应不小于 2.5 mm，小于这一厚度，则品质等级将降低。对于用青金石琢成的玉器，应注意观察玉器的线条是否流畅，弯转是否圆润，还要评价整件玉器的比例是否适当，是否能产生整体和谐的美感。

（四）青金石的产地

所有青金石矿床均属接触交代的矽卡岩型矿床。

阿富汗东北部地区的青金石颜色很好，呈略带紫的蓝色，少有黄铁矿，一般没有方解石脉，是比较难得的高品质青金石。俄罗斯贝加尔地区的青金石以不同色调的蓝色出现，通常含有黄铁矿，质量较好。智利安第斯山脉的青金石一般含有较多的白色方解石并常带有绿色色调，价格较便宜。另外，缅甸、美国加州等地也有青金石产出。

九、孔雀石

（一）孔雀石的概念

孔雀石（Malachite）在我国古代称为"石绿"、"铜绿"、"大绿"、"绿青"等。孔雀石由于颜色酷似孔雀羽毛上斑点的绿色而获得如此美丽的名字。

孔雀石是一种古老的玉料。孔雀石产于铜的硫化物矿床氧化带中，常与其他含铜矿物（蓝铜矿、辉铜矿、赤铜矿、自然铜等）共生。世界著名产地有赞比亚、澳大利亚、纳米比亚、俄罗斯、扎伊尔、美国等国家。中国主要产于广东阳春、湖北黄石和赣西北等地。

孔雀石是一种脆弱但漂亮的石头，有"妻子幸福"的寓意。绿是最正、最浓的绿。绿的孔雀石，虽然不具备珠宝的光泽，却有种独一无二的高雅气质。孔雀石一般呈不透明的深绿色，具有色彩浓淡的条状花纹，这种独一无二的美丽是其他任何宝石所没有的，因此几乎没有仿冒品。

（二）孔雀石的理化性质

孔雀石是含铜的碳酸盐矿物，化学式为 $Cu_2CO_3(OH)_2$，一般呈绿色，有浅绿、艳绿、孔雀绿、深绿和墨绿，以孔雀绿为佳。具有玻璃光泽，丝绢光泽。半透明，微透明至不透明。其折射率为 1.66～1.91，在紫外线下有荧光惰性。孔雀石为单斜晶系，单晶体多呈细长柱状、针状，十分稀少。常呈纤维状集合体，通常为具条纹状、放射状、同心环带状的块状、钟乳状、皮壳状、结核状、葡萄状、肾状等。孔雀石通常不见解理，其集合体具参差状断口，其硬度为 3.5～4.0，密度为 3.25～4.20 g/cm^3，通常 3.95 g/cm^3。

（三）孔雀石的鉴评

孔雀石的品质评价可从颜色、花纹和质地 3 方面考虑。

1. 颜色

一般以颜色鲜艳为好，以孔雀绿色为最佳，且花纹要清晰、美观。如广东阳春所产的孔雀石绿色炫丽，犹如色彩艳丽的孔雀羽毛，十分珍贵。

2. 质地

质地以结构致密，质地细腻，无孔洞，且硬度和密度较大为好。

3. 块度

块度要求越大越好。不过，孔雀石用做首饰、玉雕和图章料，大小均可，且价值随着质量的增加而增加。

另外，孔雀石的鉴定可以通过其特有的孔雀绿色，典型的条带、同心环带构造，遇盐酸起泡等特征来识别。

（四）孔雀石与相似玉石的区别

孔雀石一般不容易与相似玉石相混淆，但是与绿松石、硅孔雀石相似，较易混淆。

1. 与硅孔雀石的区别

与孔雀石相比，硅孔雀石硬度小，为 2～4；密度小，为 2.0～2.4 g/cm^3；折射率低，为 1.461～1.570，点测法 1.50 左右。

2. 与绿松石的区别

与孔雀石相比，绿松石硬度大，为 5 ~ 6；密度小，2.4 ~ 2.9 g/cm³；折射率小，为 1.61 左右。而且绿松石也没有同心环带状花纹。

十、中国四大印章石

在中国，印章石具有悠久的历史。长久以来，随着印章石的传承与发展，其料日益丰富，载体多样，形式各异。这其中尤以寿山石、青田石、昌化石和巴林石最优，它们被誉为"中国四大印章石"。

（一）寿山石

1. 寿山石概述

寿山石（shoushan stone）为中国传统"四大印章石"品种之一。分布在福州市北郊晋安区与连江县、罗源县交界处的"金三角"地带。因主要产于福建寿山而得名。若以矿脉走向，可分为高山、旗山和月洋三系。按其产状可分为"田坑、水坑、山坑" 3 大类。

寿山石矿床分布于福建省福州市北郊寿山村周围群峦、溪野之间，西自旗山，东至连江县隔界，北起墩洋，南达月洋，约有十几公里方圆。寿山石属热液交代（充填）型叶蜡石矿床。根据地质研究，距今 1.4 亿年的侏罗纪，由于岩浆作用引起火山喷发，形成火山岩、火山碎屑岩。其后，在火山喷发的间隙或喷发后期，伴有大量的酸性气、热液活动，交代分解围岩中的长石类矿物，将 K、Na、Ca、Mg 和 Fe 等杂质淋失，而残留下来的较稳定的 Al、Si 等元素，或重新结晶成矿或由岩石中溶离出来的 Al、Si 质溶胶体，沿周围岩石的裂隙沉淀晶化而成矿。

2. 寿山石的理化性质

（1）寿山石主要由地开石组成，其次是珍珠陶石、高岭石、伊利石、叶蜡石、滑石和石英，另含少量硬水铝石、红柱石、绿帘石和黄铁矿等。

（2）寿山石的化学成分（以田黄石为例）有 SiO_2、Ak_2O_3、FeO、CaO、MgO、K_2O 和 Na_2O 等。寿山石的实测化学组成与高岭石族矿物的理论化学组成较为接近。寿山石的颜色深浅主要决定于含铁量的有无和多少。

（3）寿山石主要呈显微鳞片变晶结构，或变余凝灰结构及变余角砾结构等，并具有团粒状超微结构。寿山石主要呈致密块状构造，其次为角砾状构造、墙纹构造。另外，田坑石和某些水坑石还具有特殊的条纹构造，俗称"萝卜纹"。

（4）物理性质：寿山石的密度介于 2.5 ~ 2.7 g/cm³ 之间。其摩氏硬度介于 2 ~ 3 之间。寿山石具有极致密的结构，因而韧度较高，适于雕刻。寿山石的断口多呈贝壳状，断面较光滑。

（5）光学性质：

①颜色：寿山石通常呈白、乳白、黄白、灰白、红、粉红、紫红、褐红、黄、淡黄、深黄、金黄、黄灰、褐黄、浅黄绿、绿、黑褐、黄褐、棕、黑和无色等。寿山石的颜色是因含有一定量的色素离子或有机质所致。如田黄石和红田石因含三价铁（Fe^{3+}）

而呈黄色和红色；黑田石则因含有机质而呈黑色。但这并非是寿山石所有颜色呈色的全部原因。如田黄石那特有的黄色，不仅是由于含有铁（$Fe^{2+} + Fe^{3+}$），而且还由于其内部所具有的特殊团粒状超微结构发生混溶作用而成。

②光泽：由于寿山石的折射率较低，硬度较小，因而光泽较弱，一般呈蜡状光泽。其原石一般无光泽或呈土状光泽，个别透明度好者呈蜡状光泽或油脂光泽。而其抛光面一般均呈蜡状光泽或油脂光泽，个别可呈玻璃光泽。

③透明度：寿山石呈不透明至亚透明，多呈不透明至微透明，个别"晶地"寿山石近于透明，如水晶冻和鱼脑冻等。"冻地"寿山石多呈半透明状；而"彩石地"寿山石则多不透明。

④折射率：寿山石主要由地开石组成，因而地开石的折射率（$n = 1.560 \sim 1.569$）可代表寿山石的折射率。寿山石的实测折射率为1.56（点测法）。

⑤发光性：寿山石在长波紫外光照射下，发弱的乳白色荧光。

⑥吸收光谱：寿山石的吸收光谱不明显。

3．寿山石的种类

寿山石一般分为田坑石、水坑石和山坑石3类。

（1）田坑石：是指散布于寿山溪的坑头支流，即坑头至碓下约4 km溪岸的水田沙砾层中的寿山石，简称"田石"。

田坑石按产出位置可划分为上板田坑石、中板田坑石、下板田坑石和碓下板田坑石4类，其中以中板田坑石的石质最佳，并可作为田坑石的标准。

田坑石按其颜色可划分为4类，即黄色田坑石、白色田坑石、红色田坑石和黑色田坑石，其中以黄色田坑石和红色田坑石为佳。

①黄色田坑石：简称"田黄石"或"田黄"。按矿物成分和透明度可细分为田黄冻、田黄石和银裹金3种。所谓"田黄冻"，是指主要由珍珠石组成的半透明至亚透明的黄色田坑石；"田黄石"，是指由地开石和珍珠石组成的不透明至半透明的黄色田坑石；"银裹金"，是指外壳呈白色，而内部呈纯黄色者，即由一层纯白色半透明的地开石包裹着金黄色半透明的珍珠石而组成的白色田坑石。

②白色田坑石：是指主要产于上板田和中板田中，并呈白色的田坑石，简称"白田石"或"白田"。当白田石外包裹一黄色薄层时，俗称"金裹银"。所谓"金裹银"，是指外壳金黄色，而内部纯白色者，即由一层金黄色半透明的珍珠石包裹着纯白色半透明的地开石而组成的白色田坑石。

③红色田坑石：指产于上板田和中板田中，并呈红色的田坑石，简称"红田石"或"红田"，有正红田和煨红田之分。"正红田"是因含三价铁（Fe^{3+}）而呈红色者，分枣红田、橘皮红田和黄红田。枣红田是指色如丹枣，即纯正的红色田坑石；橘皮红田是指色泽鲜艳浓红，带赤黄色，犹如熟透的橘子皮，且透明度较高的红色田坑石；黄红田是指红色较淡，带黄色色调的红色田坑石。而"煨红田"是指由烧草积肥等人为因素，使埋藏于田中的田坑石受热，其表皮中的二价铁氧化成三价铁（$Fe^{2+} \rightarrow Fe^{3+}$），从而形成红色薄层，但肌里仍保持原色，俗称"红田"。

④黑色田坑石：是指产于上板田和中板田中，因含炭质或有机质而呈黑色的田坑石，即"黑田石"，简称"黑田"。黑田有纯黑田、灰黑田和黑皮田三种。纯黑田是指通体呈黑色、带起色色调的田坑石；灰黑田是指通体呈灰黑色的田坑石；黑皮田是指外表包裹微透明的黑色石皮，且黑色深浅、浓淡变化莫测，状如瞻蛛皮的田坑石，俗称"乌鸦皮"或"蟾蜍皮"。黑皮面积较小者，不属于"黑田"之列。

（2）水坑石：水坑石是指产于寿山乡东南面浸入溪流的坑头矿脉中的寿山石。水坑石按透明度可划分为坑头晶、坑头冻、冻油石和坑头石四类，尤以坑头晶、坑头冻为佳。

（3）山坑石：山坑石是指寿山乡周围矿山即寿山矿区和月洋矿区中所产出的寿山石，共15类。其中以高山石、都成坑石的石质最佳。

4. 寿山石的鉴评

寿山石以田坑石最佳，水坑石次之，山坑石最次。而每一大类寿山石又按质地、色泽、净度和块度四个方面划分为三个品级。

（1）质地：寿山石若具备细、洁、润、腻、温、凝六德，称得上"极品"；若石质粗糙、不透明，则失宝石之用。寿山石根据石质的粗细程度、透明度好坏、石性纯洁与否分为三级。一级，石质细腻温润，亚透明至半透明，石性纯洁的晶冻；二级，石质较细腻温润，半透明至微透明，石性较纯洁者；三级，石质不够细润，微透明至不透明，石性不够纯洁者。各色寿山石，透明度好，蜡状光泽或油脂光泽，有滑腻感，工艺上称之为"润"或"透"；而白色或灰色的寿山石，不透明，无光泽，无油性，则称为"燥"。

（2）色泽：寿山石以色泽鲜艳纯正为佳。寿山石有单色和杂色之分，并以单色为佳。以田坑石为例，田坑石中以田黄石最普遍，红田石最珍奇，白田石最罕见，而黑田石多粗劣。田黄石以黄金黄为佳，红田石以橘皮红或丹枣红为最上品，白田石以纯白为好，而黑田石则以纯黑为妙。然而，红田石的产量比田黄石更稀少。

鉴别寿山石的色泽，特别是评价晶、冻地寿山石的色泽，最好在晴天室内的自然光下或宝石灯下，利用漫射光观察，否则会给人造成视觉误差，从而导致严重的经济损失。

（3）净度：净度是指寿山石所含瑕疵的程度。瑕疵有裂纹和杂质两类。"裂纹"，行话为"格"，并有"粉格"、"色格"和"震格"之分。"粉格"，俗称"黄土格"，寿山石因地质作用而产生的较大原生裂纹，后被黄色砂土等杂质充填而成；"色格"，寿山石因地质作用而产生的细小原生裂纹，后被铁质等杂质充填而成，且多呈暗红色，故名"红格"；"震格"，寿山石在开采或搬运过程中，因震动而形成的隐裂，很难发现，可用清水或油脂进行检查，若有类似瓷釉上的微细裂痕或遇有水痕湿现处，即为"震格"之所在。"砂隔"，实为"杂质"的别称，有"绵砂"、"砂钉"和"砂团"之别。"绵砂"，为寿山石中未完全地开石化的部分，硬度较低（$H_M < 3$），呈筋络状或不规则团块状散布于其中，雕刻时不必清除，偶可作俏色利用；"砂钉"，是指夹杂于寿山石中的石英细砂粒或金属微粒（黄铁矿等），硬度高（$H_M = 6 \sim 7$），很难受刀，雕刻时必

须剔除；"砂团"，为寿山石中成团成片、质坚色杂的砂质，雕刻时整块凿除，偶可巧妙利用。

寿山石以纯净无根、无裂纹、无砂针为佳。根据含瑕疵的程度分为三级：一级，纯净无根、无裂纹、无杂质；二级，少瑕，即偶见裂纹，含少量杂质；三级，多瑕，即常见裂纹，含较多杂质。

（4）块度：寿山石的块度越大越好，一般要求能雕刻一方印章即可。田坑石的体积一般不大，30 g 谓之成材；250 g 为大型材；500 g 以上为超级型材，十分罕见。

（二）青田石

青田石（Qingtian stone）产于浙江省青田县，其色彩丰富，花纹奇特，是中国著名的印章石之一。青田石有黄、白、青、绿、黑、灰等多种颜色，但与寿山石强调色彩的浓郁相比，更偏重清淡、雅逸。青田石的最大特点是一块石头有多种颜色，甚至多达十几种颜色，天然色彩十分丰富。青田石是一种变质的中酸性火山岩，蚀变为流纹岩质凝灰岩，主要矿物成分为叶蜡石，还有石英、绢云母、硅线石、绿帘石和一水硬铝石等，其主要化学成分是 Al_2O_3 和 SiO_2，摩氏硬度为 2.5～3，密度约 2.6～2.7 g/cm^3。折射率 1.545～1.599。呈腊状、油脂状或玻璃光泽。

据统计，青田石的种类有上百种之多。其中名品包括微透明而淡青中略带黄的封门青、晶莹如玉而"照之璨如灯辉"的灯光冻、色如幽兰而通灵微透的兰花青等。此外，还有黄金耀、竹叶青、芥菜绿、金玉冻、白果青田、红青田（美人红）、紫檀、蓝花钉、封门三彩（三色）、水藻花、煨冰纹、皮蛋冻、酱油冻等，均与实物名称相类，较易辨别。其中备受赞誉的"封门青"，矿量奇少，色泽高雅，质地温润，以清新见长，带有隐逸淡泊的意蕴，被誉为"石中之君子"。青田石中的名贵品种首推灯光冻，其次为蓝花青田、封门青、竹叶青、芥菜绿、金玉冻、黄金耀，奇石者有龙蛋、封门三彩、夹板冻、紫檀花冻等。灯光冻为青色微黄，莹洁如玉，细腻纯净，半透明，产于青田的山口封门，且洪一带者为正宗。

（三）昌化石

昌化石（Changhua stone）产于浙江省临安昌化镇，产于侏罗纪蚀变流纹岩和流纹凝灰岩中的地开石－高岭石中。昌化石具油脂光泽，微透明至半透明，极少数透明，其主要矿物成分为叶蜡石。昌化石石质相对多砂，一般都比寿山石和青田石稍硬，且硬度变化较大。质地也不如二者细润。但也有质地细嫩者及各种颜色冻石。

昌化石品种很多，大部色泽沉着，性韧涩，明显带有团片状细白粉点。按颜色分有白冻（透明，或称鱼脑冻）、田黄冻、桃花冻、牛角冻、砂冻、藕粉冻（为主）等，均为优良品种。色纯无杂者稀贵，质地纤密，韧而涩刀，少含砂丁及杂质。

昌化石的颜色有白、黑、红、黄、灰等各种颜色，品种也细分成很多种，多以颜色区分清楚。如白的颜色者称"白昌化"，黑色的子上夹杂紫黑色块者称"黑昌化"，多色颜色相间者则称"花昌化"。而昌化石中，最负盛名的便是"昌化鸡血石"。

鸡血石实际是朱砂矿物以浸染状或者是细脉状分布于地开石基质之上，或浓或淡，或斑或片，艳红如鸡血，与基质相映，给人以强烈的视物感觉效验。鸡血石以血的分布、血色鲜艳及底色纯净温润来决定品质。昌化鸡血石现产量相当有限，所以尤为珍贵。鸡血石含有辰砂、朱砂、石英、方解石、辉锑矿、地开石、高岭石、白云石等矿物，且大部分含硫化汞等多种成分的硅酸盐矿物。鸡血石的颜色有鲜红、淡红、紫红、暗红等，最可贵的是带有活性的鲜红血形。昌化鸡血石的硬度一般为 2.5~3，密度约为 2.7~3.0 g/cm^3，折射率 1.561~1.564，呈蜡状光泽、油脂光泽，微透明至半透明的为石中精华，具有鲜红艳丽、晶莹剔透的特点，历来跟玛瑙、翡翠、钻石一样被人们所珍视，被誉为中华国宝。

（四）巴林石

巴林石又称林面石（Balin stone），主要产于内蒙古自治区巴林右旗的雅玛吐山北面的大、小化石山一带。巴林石为侏罗纪蚀变流纹岩中的地开石 - 高岭石或地开石 - 叶蜡石质岩石中。含辰砂的即著名的巴林鸡血石，按血量和血形分为全红、条带红、斑杂红、星点红、云雾红等品种。巴林石以红、黑、黄或者红黄白色最为著名。属铝硅酸盐类，是以高岭石、叶开石为主的多种矿物质组成，因矿床坐落于内蒙古巴林右旗草原而得名。巴林石学名叶蜡石。巴林石早在 1 000 多年前就已发现，并作为贡品进奉朝廷，被一代天骄成吉思汗称为"天赐之石"。巴林石除了硅和铝以外，还含有钙、镁、硫、钾、钠、锰、铁、钛等多种元素，各种元素在比例上的变化造就了巴林石丰富的色彩。如铁元素较多的会使石头呈黄、红色；锰元素的侵入，就出现了石中有水草花的现象；铝元素多了，石材一般就会呈现灰色和白色。

巴林石质细腻，温润柔和，透明度较高，硬度却比寿山石、青田石、昌化石软，宜于治印或雕刻精细工艺品，为上乘石料，稍显不足的是色素成分不够稳定，比如其中的鸡血石，巴林鸡血石较易氧化、褪色，尤其是在阳光和紫外线的照射下，汞极易分解，从而导致部分鸡血石有不同程度的褪色现象。再细看两者的质地，巴林石多花纹，昌化石较纯粹。

巴林石有福黄石、鸡血石、彩石、冻石、图案石五大类。福黄石因长期受地下水浸泡，显油、洁、润、腻、温、凝特点。其他巴林石主要有朱红、橙、黄、紫、白、灰、黑色等颜色，多呈不透明或微透明，质地细腻润滑，晶莹如玉，是名贵的石雕材料。巴林石雕最适合塑造鸟羽、马鬃、牛蹄、羊眼、草坪、花瓣等，是一石一题雕刻而成。巴林鸡血石刻出的图章，被行家们称作是各类印章中的珍品。

第四章　观赏石

第一节　观赏石概述

一、观赏石的基本概念

观赏石是人们为满足精神、物质上的需求，对大自然鬼斧神工的石质产物或经过加工的石质产品，从文化艺术方面审美或从经济方面经营的社会活动。观赏石有广义、狭义之分。本节所述的观赏石是指天然形成，具有观赏价值、收藏价值、科学研究价值和经济价值的石质艺术品。它蕴含了自然奥秘和人文积淀，并以天然的美观性、奇特性和稀有性为其特点。

我国主要的观赏石有太湖石、灵璧石、昆石、英石、菊花石、雨花石、泰山石、古生物化石、矿物晶体与晶簇、陨石、钟乳石等。

二、观赏石文化

观赏石文化是人类文明当中的一个重要部分。它是人们以观赏石为载体在采集、加工、陈列、观赏、收藏、品评及研究的过程中所创造的实物产品和精神产品的总和；是人类的各种审美需要和精神寄托；是需要充分以石为媒介的展示和流露。从古到今，基于人类共同的生活需要和精神需求，社会文明发展过程中逐渐衍生了一种独特的文化——观赏石文化。石本无意、人意赋之。观赏石文化从采石、藏石、赏石、玩石，发展到构建人类生活文化和生产文化的层面，处处表明了人类在历史和文明传承中代代相传的一种精神文明。在中国历史上，观赏石主要是封建统治阶级的玩物，历史上的观赏石文化在本质上是一种狭隘的封建贵族文化。新中国的观赏石文化则是最广泛群众基础的大众文化。如今，在调查中显示出爱好藏石者不分男女老幼，遍及了各个地方、各行各业、各个阶层，其中老年人、知识层面的人占多数。

中国的石文化历史悠久，丰富多彩。而观赏石一直以其具有的观赏价值、装饰价值及经济价值在整个石文化中表现得尤为突出。因其在自然界存在最广，形态各异，色彩缤纷，故体积大至广场石、庭院石，小到掌中石样样俱全。可以这样讲，它一直伴随了人类的进化过程和人类走向文明的过程。人们对于观赏石赏析、把玩或经营，无一不体现了人们在感观、想象、情感上的相互融合与渗透，并逐渐升华为一种具有浓郁审美艺术的精神文化。观赏石在我国历史上又称为奇石、怪石、雅石、供石、案石、几石、玩石、巧石、丑石、趣石、珍石、异石、孤赏石等。

我国观赏石历史最早可以追溯到新石器时代初期。距今 7 000 年出土有石珠和简单加工的玉器；辽宁和内蒙古东部地区的红山文化层中，出土的琢形玉饰和猪龙，可说是观赏石的鼻祖。商周时代，曾一度出现过一定规模的石玩市场，据历史文献记载，周武王灭商时得旧宝石一万四千，佩玉有八万。

唐代（公元 618 ~ 907 年），由于经济繁荣，建筑业特别是庭院建筑的发展，相应促进了石艺事业的发展，在民间开始广泛收集，赏玩奇花异石，同时流入宫廷府邸，成为宫苑装饰、观赏珍品。当时，士大夫以玩石为时尚，许多文人雅士爱石成癖，四处搜罗奇峰异石，大者放置庭院，小者置几案作供石，以领略自然之趣。

到了宋徽宗时代（北宋末年），奇花、怪石已身价百倍，宋徽宗为了建造艮岳，下令在苏州设立苏杭应奉局，广泛收罗奇花异石，运往京供皇亲贵族、文人雅士观赏，现合并的江南三大奇石（上海玉玲珑、苏州冠云峰、杭州绉云峰）及现今保存于开封大相国寺内的艮岳遗石都是当年花石纲的遗物。

明末清初的著名画家石涛，不仅喜爱玩石，而且是一位出众的叠石名手。他在扬州曾用娴熟的技巧，把一万块太湖石叠成一个章法奇妙的万石园，可惜今已不存。

民国以来，我国观赏石事业日趋衰落，基本上无正式文献可查。新中国成立后，由于各种原因，我国的观赏石事业经历了曲折的发展历程。改革开放后，特别是 20 世纪 80 年代后期，随着人民物质文化生活水平的提高，我国的观赏石事业得到空前发展，观赏石新品种被不断挖掘，玩石范围已不再是四大名石（太湖石、灵璧石、英石、昆石）、四大印章石（福建寿山石、浙江青田石、昌化鸡血石、内蒙古巴林石）和四大名玉（新疆和田玉、辽宁岫岩玉、河南独山玉、湖北绿松石），而是涉及造型石、纹理石、古生物化石、矿物晶体、事件石、纪念石等多个领域。近年来，随着观赏石文化的发展与繁荣，一些省市相继成立了观赏石协会，或观赏石标本公司，举办全国性的观赏石学术讨论会，出版观赏石杂志及书刊。目前，观赏石已经逐步发展成一项为了满足人们日益增长的精神文化需求的产业。

观赏石在经过大自然雕琢、洗炼后，一般具有石形独特，石色鲜艳，石质细腻，纹理图案优美，有一定观赏性和经济价值。在绚丽多彩的观赏石世界里，赏评观赏石的优劣，目前尚无统一标准，一般凭自身的文化素养、艺术积累来明断每块观赏石的优劣。当今社会，观赏石收藏已成为中国艺术品投资领域的新宠。自然天成的种种观赏石，无一不蕴含着大自然的鬼斧神工和新奇唯美的神奇魅力。各类观赏石千奇百怪、千姿百态、光怪陆离、五彩斑斓，除了直接带给人类以美的享受和满足人类的科研需求外，还由于它的天然性、稀有性、唯一性，随着追逐者日盛，它的经济价值也在逐日攀升。因此，不少精明的投资者开始将目光聚焦在观赏石艺术品的收藏上。

第二节　观赏石的分类及主要特征

一、观赏石的分类

我国地域辽阔，地质构造复杂，形成了品种繁多的观赏石，全国各地都有各具特色的观赏石资源。据文字记载，我国观赏石大的门类有 120 多种，如山东的泰山石、江苏的太湖石，南京的雨花石，安徽的灵璧石，湖北的菊花石，广东的英石等。近几年来，全国各地掀起赏石热潮，一批新老石种被发现或受到追宠：如广西的彩霞石、红河石，湖北宜昌的三峡石，山东青岛的崂山绿石、博山的文石、费县的齐鲁太湖石、临朐的五彩石，兰州的黄河石，青海的丹玛石，内蒙古的木文石，西北几省的戈壁石等等。一般来讲，观赏石根据其岩性可分为岩石类、矿物晶体类和古生物化石类 3 种。按岩石的成因，岩石类观赏石又可分为沉积岩岩石类、岩浆岩岩石类和变质岩岩石类 3 种。

（一）岩石类

1. 沉积岩类

沉积岩类岩石是由成层沉积的松散沉积物固结而成的岩石。有的是原有岩石经破碎成砾石、砂、粉砂等不同大小的颗粒，又经过流水和大气及冰的搬运沉积形成的碎屑岩，如砂岩、砾岩等；有的是从溶液中沉淀形成的化学岩，如某些灰岩、石膏和岩盐；有的是古生物遗体或其分泌物形成的生物岩，如煤和生物灰岩、硅藻土等。这种岩石的形成多与水的作用密切相关，因此也将沉积岩称为水成岩。常见的沉积岩类观赏石有山东的红丝石、金星石、木纹石，广东的英石，江苏的太湖石等。

2. 岩浆岩类

岩浆岩是来自地壳深部岩浆上升至地下或喷出地面形成的岩石，包括未露出地表的侵入岩和溢出地表或喷发而出所形成的火山岩。由于岩浆岩来自地壳以下，深浅不一，物质成分不同，因而将岩浆岩分为超基性岩、基性岩、中性岩、酸性岩和碱性岩等不同种类。常见的岩浆岩类观赏石有山东崂山的绿石、金钱石等。

3. 变质岩类

变质岩是由原来形成的沉积岩和岩浆岩经变质作用而成的一类岩石。由于变质作用产生的高温使岩石原有的化学成分进行重新分配、组合和交换，使岩石原来的矿物成分部分或大部分消失，而产生出若干新的矿物，相应使岩石颜色、结构、构造和矿物成分变得千差万别。变质岩类观赏石正是取材于这些经过变质作用而形成的变质岩石。常见的变质岩类观赏石有泰山石、崂山绿石等。

（二）矿物晶体类

矿物晶体以完美的晶型、晶簇、美丽的色泽，晶莹的透明度，以及产量较少不易获得而早已受到国内外人士的喜爱。常见的有：湖南的辰砂、辉锑矿、雄黄，新疆、内蒙古的绿柱石、绿帘石，贵州的辰砂、文石、冰洲石，江苏、四川、广西的水晶，浙江、福建的萤石，广东、湖南的黄铁矿等。

（三）古生物化石类

古生物化石是由自然作用保存于地层中的地史时期的古生物遗体和遗迹，主要产于各有关地层中。动植物化石种类颇丰，世界各地均有产出。对观赏石的观赏主要看其形态是否清晰美观，图案是否明显完美，是否有收藏价值等。如山东、辽宁、河北、陕西、北京等地的鱼化石；西南诸省的直角石；湖南、山东等地的三叶虫；河南、内蒙古等地的恐龙蛋；山东、贵州、湖南等地的恐龙化石；新疆、内蒙古、河北等地的硅化木；广西、湖北、云南的珊瑚；陕西、山西等地的芦木、轮木、封印木等，都有程度不同的观赏价值。

依据观赏石的质地、用途、产状等还可分为造型石、纹理石、事件石、纪念石等。造型石，一般造型奇特，如江苏太湖石、安徽灵璧石、桂林钟乳石、淄博文石；纹理石，具有清晰美丽的纹理、层理或平面图案，如南京雨花石、临朐五彩石；事件石，是指外星物质坠落，火山、地震等重大事件遗留下来的特殊岩石或在某件历史事件中有特殊意义的矿物与岩石；纪念石，具有特殊纪念意义的矿物与岩石，或者名人雅士曾收藏过的矿物与石质品。

二、我国主要观赏石的分布与类型

我国各地均有观赏石分布，具体见表 13 – 4 – 1。

表 13 – 4 – 1　　　　　　　　　　中国主要观赏石与类型分布

产地	主要石种
北京	金海石、轩辕石、燕山石、房山太湖石、京西菊花石、木化石、汉白玉石、上水石、京密石、拒马河石、西山石
河北	唐尧石、模树石、兴隆菊花石、雪浪石、曲阳雪浪石、太行豹皮石、竹叶石、涞水云纹石、千层石、上水石、邢石、沧州石
山西	历山梅花石、大寨石、垣曲石、河曲黄河石、临县黄河石、绛州石、石州石、上水石、乌石
内蒙古	葡萄玛瑙石、巴林石、戈壁石
辽宁	釉岩玉、玛瑙石、金刚石、锦川石、宽甸石、绿冻石、太子河石、龙珠石、石鱼
吉林	松花石、长白石、橄榄石、安绿石、松风石、夫余国火玉、水浮石、柏子玛瑙石
黑龙江	火山弹、逊克玛瑙石、方正彩石、江石
江苏	太湖石、昆石、雨花石、栖霞石、黄太湖石、溧阳石、吕梁石、徐州菊花石、岘山石、茅山石、宜兴石、龙潭石、青龙山石、玛瑙石、宜兴锦川石、石笋、竹叶石、湖山石、涟水怪石、斧劈石、镇江石
浙江	青田石、昌化鸡血石、水冲硅化木、新昌黄蜡石、宁海蜡石、瓯江石、弁山太湖石、金华松石、桃花石、天竺石、武康石、常山石、仙居木鱼石、石笋石、常山假山石、萧山石、永康鱼化石、宝华石、金华石、数珠石、紫石、千层石、石树、思石、涵碧石、临安石、奉化石、方华石、琅玕石、杭石、越石、青溪石、西石、开化石、华严石、排衙石、苏氏排衙石

（续表）

产地	主要石种
安徽	灵璧石、景文石、紫金石、褚兰石、巢湖石、宣石、无为军石、泗州石
福建	九龙壁、寿山石、莆田蜡石、怀安石、将乐石、建州石、南剑石
江西	庐山菊花石、潦河石、永丰菊花石、彩纹石、雪花石、钟山石、江州石、石笋石、上犹石、南安石、树化石、袁石、袁州石、芦溪石、吉州石、何君石、蜀潭石、洪岩石、萍乡石、石绿、龙尾石、螺纹石、修口石、吉州石（砚石）、玉山石、分宜石
山东	泰山石、崂山绿石、长岛球石、博山文石、临朐五彩石、费县天景石、平邑金钱石、齐鲁太湖石、竹叶石、沂蒙青石、娑罗绿石、红花石、彩霞石、冰雪石、彩云石、金刚石、杏山石、艾山石、黄花石、绿花石、龟纹石、红丝石、徐公石、莱州石、青州石、金钱石、木纹石、北海石、阳起石、燕子石、枣花石、细白石、上水石、沂山石、木鱼石、旋花石、济南青石、临朐青石、龟石、土玛瑙、弹子涡石、松石、鱼石、文石、泰黄石、乌刚石、蒙阴绿石、济南绿石、连理石、泰山玉石、兖州石、峄山石、袭庆石、密石、登州石
河南	河洛石、洛阳牡丹石、梅花石、黄河日月石、恐龙蛋化石、嵩山画石、南阳石、灵铟石、天黄石、白玛瑙、雪花石、虢石、汝州石、上水石、木变石、浮光石、花蕊石、密石、灵青石、黄磐石、伊水石、林虑石、相州石、白马寺石、方城石
湖北	襄阳石、汉江石、汉江水墨石、黄石孔雀石、玛瑙石、清江云锦石、湖北菊花石、三峡石、黄州石、堵河石、荆山类太湖石、南河石、震旦角石、青龙山恐龙蛋、绿松石、松滋石、石棋子、穿天石、香溪石、龙马石、丰宝石、雷石、大沱石、石燕、渔洋石
湖南	沅江石、武陵穿孔石、武陵龙骨石、武陵石、渠水石、安化奇石、浏阳菊花石、桃源石、桃花石、道州石、江华石、龟纹石、耒阳碧彩石、湖南水冲彩硅石、梅花石、石燕、辰砂、金刚石、里耶白水石、九疑山杨梅石、黄蜡石、彩硅石、郴州方解石、澧州石、耒阳石、钟乳石、石鱼石、燕子石、上水石、墨晶石、溧水石、邵石、永州石、祈阊石、辰州石、祁阳石、花鹊石、花石、衡州石、龙牙石
广东	英石、潮州蜡石、台山蜡石、阳春孔雀石、花都菊花石、河源菊石、彩硅石、石骨石、青石、乐昌青花石、乳源彩石、韶石、桃花石、钟乳石、清溪石、端石、仇池石、高凉南山彩玉
广西	大化石、马安彩陶石、八步蜡石、柳州草花石、柳州墨石、三江彩卵石、三江黄蜡石、来宾水冲石、石胆、百色彩玉石、天峨卵石、邕江石、浔江石、运江石、大湾石、灵山花石、柳州彩霞石、钟山黄蜡石、广西菊花石、幽兰石、类太湖石、空心石、藻卵石、桂平太湖石、黑珍珠石、卷纹石、钟乳石、桂川石、石梅、石柏、融石、马山石、恭城墨石、叠层石、木纹石、来宾石、桂林石、武宣石、象江怪石、全州石、柳砚石
海南	孔雀石、黄蜡石、卷纹石、黑卵石、七彩石
重庆	夔门千层石、龙骨石、重庆花卵石、重庆乌江石、龟纹石、溶洞石、宁河石、海宝玉、长江卵石
四川	四川绿泥石、泸州空石、涪江石、泸州画石、泸州浮雕石、长江星辰石、长江石、岷江石、四川金沙江石、泸州雨花石、纳溪文石、葡萄石、西蜀石、菩萨石、青衣江卵石、松林石、三峡石、中江花石、千层石、川石、石笋石、墨石、大渡河石、永康石、菜叶石
贵州	贵州青、乌江石、紫袍玉带石、盘江石、马场石、清水江绿石、黔太湖石、黔墨石、朱砂石、红梅石、黑麻石、夜郎铜石、国画石、贵翠、酒泉黑鹰石

（续表）

产地	主要石种
云南	云南金沙江石、怒江石、澜沧江石、大理石、云南石胆、水富玛瑙石、锡石、乌蒙山石、绥江卵石、菊花石
西藏	菊石、红玉髓、玛瑙石、仁布玉石、果日阿玉石、象牙玉石
陕西	汉江石、汉江金钱石、嘉陵江石、黑河石、汉中香石、洛河源头石、秦岭石、泾河石、菊花石、陕西石菊、略阳五花石、梁山石燕、汉中金带石、汉中竹叶石、蓝田玉、石笋、石鱼、平泉石
甘肃	兰州石、庞公石、风砺石、酒泉玉石、甸山太湖石、噶巴石、黄蜡石、阶石、通远石、巩石、洮河石、洮河绿石
青海	河源石、江源石、丹麻石、青海星辰石、青海桃花石、松多石、昆仑风砺石、湟水石、乌金石、昆仑玉石、祁连玉石、彩卵石、黑白彩石、青海石胆
宁夏	宁夏黄河石、贺兰石、玛瑙石、戈壁石、集骨石
新疆	大漠石、硅化木、玛瑙石、新疆碧玉、和田玉石、额河石、玛河石、戈壁泥石、塔格石、和田石、于阗石、乌尔禾卵石、梅花石、锂蓝闪石菊花石
香港	千层石
台湾	龟甲石、油罗溪石、绿泥石、台东西瓜石、澎湖黑石、玫瑰石、关西黑石、花莲金瓜石、埔里黑胆石、高雄砂积石、硬砂岩、铁丸石、龙纹石、风棱石、鳖溪黑石、蜂巢石、澎湖文石、石心石、图案石、冬山石、黑奇石、猫公石、云母石、红石、竹叶石、风化石、青石、梨皮石、铁钉石、试金石、河蜡石、黄褐铁石、玉彩石、鱼卵石、海胆化石、菊花石、红碧玉、蓝玉髓、东海岸玉石、台湾玉、花鹿石、蛤蟆皮石、台东黑石、橄榄石、玛瑙石

第三节　主要观赏石分述

我国观赏石种类繁多，各具特色。本节主要介绍中国著名的观赏石太湖石、灵璧石、昆石、英石和泰山石。

一、园林奇葩——太湖石

狭义的太湖石是指产于太湖地区的古生代碳酸盐岩石，经风化作用主要是岩溶作用形成千姿百态、剔透玲珑的石头。太湖石是中国园林的一朵奇葩，具有悠久的历史和极高的观赏价值，在北京、苏州、杭州、上海、南京等地园林庭院都有太湖石装点。中国其他地区的太湖石均属此类。据白居易所著的《太湖石记》，说明至少在唐代太湖石已被广泛开采利用。

二、玉质金声——灵璧石

灵璧县位于安徽省乐北部，古称"零璧"，后因盛产"灵光闪烁，色如璧玉"的佳石，于宁代政和七年（公元 1117 年）更名为灵璧，其所产观赏石亦称灵璧石。"玉质金声"，"金声玉振"的灵璧磬石，早在3 000年前的殷代，即成为当时重要的乐器——特磬。据宋朝杜绾《云林石谱》记载：灵璧石"或成物状盛成佛像，或成山峦峰崖，透空多孔，有婉转之势，可成云气，日月佛像或状四时之景。"

三、雄奇陡峭——英石

英石，又称英德石，产于广东省英德市。广东英德地区岩溶地貌发育，英德石实为裸露的石灰岩，经长时间的风化溶蚀作用而形成形态奇异、千姿百态的石体。英德石园林与英德石盆景是英德石传统开发的两大拳头产品，品种繁多的英德石及其丰富的蕴藏量，已成为英德市的一棵巨大的摇钱树。

四、玲珑秀骨——昆石

"孤根立雪依琴荐，小朵生云润笔床"，这是元朝诗人张雨在《得昆山石》诗中对昆石的赞美。昆石，因产于江苏昆山而得名。主要出自于城外玉峰山（古称马鞍山）。它与灵璧石、太湖石、英石同被誉为"中国四大名石"，又与太湖石、雨花石一起被称为"江苏三大名石"，在观赏石中占据着重要的地位。另有诗赞曰："亭亭壁立一孤峰，眼底冰凌浸石中，造化天工成秀骨，万千洞壑锁玲珑"。昆石属于历史悠久、独特珍贵、稀有、存世量小、流传范围小、不能再开采的石种，所以喜欢的石友最好赶早收藏几块。

五、庄重典雅——泰山石

泰山石是鲁西同一品种观赏石的统称，包括泰山石、蒙山石、沂山石。

巍巍泰山，驰名中外，泰山奇石，古朴珍惜。泰山是稳固的象征，自秦始皇后，历朝帝王均拜谒封禅泰山，以求其王朝长治久安。泰山石代表庄重和久远，许多重要建筑物基石均取材于泰山石，哪怕距离遥远也在所不惜。泰山石又是震慑邪气之石，"泰山石敢当"见于古今中外多地。泰山石也是吉祥、纪念、友谊和观赏之石。置其石于庭院、厅堂，有吉祥如意、返璞归真之感。

泰山石的主要特点有：石体为自然形体，无人工雕琢的痕迹；块体千奇百怪、图案优美、逼真。泰山石主要为变质岩类，广义泰山石包括岩浆岩类，主要为片状麻花岗岩、混合岩类。形成时代为太古代，距今有25亿年左右。

第五章 砚 石

第一节 砚石概述

一、砚石简介

(一) 砚石的概念

砚台 (ink – stone) 是一种研墨和搎笔的文房器具，是中华传统文化的产物。我们把用来制作砚台的"石头"称作砚石。好的砚台除具有很好的实用价值之外，还具有不可多得的艺术和文化价值。砚石为制作砚台的石材。可分为粉砂质泥岩、泥质板岩、泥灰岩、微晶灰岩及生物灰岩等。砚石的颜色以灰黑色调为主，有灰、黑、黝黑、灰褐、紫红、淡绿、绿灰、灰黄等色。组成矿物粒细均匀，粒径常在 0.05 mm 以下。岩石结构紧密、细腻。硬度一般在 3 ~ 4。其工艺要求是发墨快、不损笔且贮墨（加盖后）不易干涸。色泽、纹彩美丽，粒度和相应的造型则因砚石品种而异。

(二) 砚石的分布

世界上仅有中国、日本、朝鲜等几个国家产砚石。中国盛产砚石，且其产量最大、质量最佳、工艺最精。据不完全统计，我国古今砚石有 100 余种之多，如今正在生产的砚石有 50 余种，遍及 22 个省、4 个自治区和 2 个直辖市。我国砚石主要集中于华东、华南和西南三大区，其次是西北、华北和东北三大区及台湾省。

1. 华东

华东有 45 种砚石，现正在生产的砚石有 21 种之多，它们分别是峪村石、越石、青溪石、西砚石、乐石、磐石、紫云石、朗石、寿山石、龙岩石、闽石、龙尾石、螺纹石、金星家石、石城石、贡砚石、红丝石、淄石、徐公石、燕子石、尼山石，其中以歙石、龙尾石、红丝石最为著名。

2. 华南

华南有 28 种砚石，现正在生产的砚石有 8 种，它们分别是天坛石、方城石、冰河石、菊花石、三叶虫石、水冲石、端石、柳石，其中以端石和天坛石最为名贵。

3. 西南

西南有 17 种砚石，现正在生产的砚石有 9 种，它们分别是直却石、蒲石、北泉石、嘉陵峡石、金音石、白花石、思州石、织金石、仁布石，其中以直却石最佳。

4. 西北

西北有 8 种砚石，现正在生产的砚石有 5 种，它们分别是菊花石、金星石、贺兰石、洮河石、嘉峪石，其中以洮河石最为出名。

5. 华北

华北有 7 种砚石，现正在生产的砚石有 4 种，它们分别是斑马石、潭柘紫石、易水石、五台石，其中以易水石最为有名，且是历史上最古老的砚石。

6. 东北

东北仅有松花石 1 种，现正在生产。台湾有 2 种砚石，其中螺溪石正在生产。

二、砚石的分类

从岩石角度出发，砚石可划分为沉积岩和变质岩两大类。沉积岩大类砚石又有泥岩类、凝灰岩类和石灰岩类；变质岩大类砚石又有板岩类、千枚岩类和大理岩类砚石之分。从实用性观点看，能做砚石的岩石以板岩类居多，石灰岩类次之，大理岩类、千枚岩类、凝灰岩类和泥岩类较少。名扬天下的"四大名砚"（端、歙、洮、红丝）中的前三者（端石、歙石、洮河石）主要均为板岩，红丝石为石灰岩，也有部分端石为泥岩，而部分歙石为千枚岩。

（一）沉积岩类砚石

1. 泥岩类砚石

泥岩类砚石是指主要由黏土矿物、细碎屑及少量粉砂碎屑组成，并具泥质结构、层理构造的沉积岩。如广东的部分端石、贵州思石、湖南菊花石、浙江西石、江苏峪村石、山东田横石和温石等，其中以广东的端石最为著名。

2. 石灰岩类砚石

石灰岩类砚石主要由方解石（＞50%）组成，另含少量陆源碎屑或黏土矿物、具隐晶质结构、层理构造的碳酸盐岩，包括泥灰岩、含泥灰岩、云灰岩及微晶灰岩。如山东的红丝石、尼山石、淄石、徐公石和燕子石等十余种，吉林的松花石，内蒙古的斑马石，安徽的乐石和磬石以及湖南等省的菊花石，其中以山东红丝石最负盛名。

（二）凝灰岩类砚石

凝灰岩类砚石主要由粒度 <2 mm 的火山碎屑物（约 77.0%），且以 0.0625~2 mm 的火山灰为主组成的火山沉积岩，其中以绢云母化凝灰岩为主。如浙江的越石和广东的部分端石。

（三）变质岩类砚石

1. 板岩类砚石

板岩类砚石是指泥质或粉砂质及部分中酸性凝灰质岩石中的矿物成分经初步重结晶形成的、颗粒极细并具隐晶质结构、板状构造，且是由绿泥石或云母等矿物组成的非常低级的变质岩，按其矿物组分的百分含量划分为六个亚类：板岩、含粉砂板岩、斑点含粉砂板岩、粉砂质板岩、含砂粉砂质板岩和含粉砂质板岩类砚石。如广东端石、安徽歙石、江西龙尾石、甘肃洮石、宁夏贺兰石、河南天坛石、四川宜却石等。

2. 千枚岩类砚石

千枚岩类砚石是指泥质或粉砂质及部分中酸性凝灰质岩石中的矿物成分经较强重结晶后形成的、粒度稍粗，具隐晶质结构和千枚状构造，且是由绿泥石、云母、长石和石英组成的一种类似于板岩的变质岩，如砣矶石和部分歙石。

3. 大理岩类砚石

大理岩类砚石是指灰岩或泥灰岩经变质而成的碳酸盐（方解石、白云石）岩石，并具粒状变晶结构、块状构造及条带状构造，因产于云南大理而得名。其中具细粒变晶——显微变晶结构者，如白色大理岩（蔡州白石）及黑色大理岩（织金石）等均可用于制砚。

（四）人造砚石

我国的传统名砚之一的澄泥砚即为人造砚石。典型代表为澄泥砚和鲁来石砚，澄泥砚属陶瓷砚的一种非石砚材。其制作方法是：以过滤的细泥为材料，掺进黄丹团后用力搓，再放入模具成型，用竹刀雕琢，待其干燥后放进窑内烧，最后裹上黑腊烧制而成。因烧制过程及时间不同，可以是多种颜色，有的一砚多色。澄泥砚尤其讲究雕刻技术，有浮雕、半起胎、立体、过通等品种。澄泥砚由于使用经过澄洗的细泥作为原料加工烧制而成，因此澄泥砚质地细腻，犹如婴儿皮肤一般，而且具有贮水不涸，历寒不冰，发墨而不损毫，滋润胜水可与石质佳砚相媲美的特点，因此前人多有赞誉。

第二节　主要砚石分述

可制砚的石材种类很多，砚石的种类也非常多，最著名的有端砚、歙砚、洮砚和红丝砚，并称中国四大名砚。

一、端砚石

端砚始于唐朝武德年间，已逾 1 300 余年，其石质柔润、发墨不滞，三日不涸。被誉为四大名砚之首。用于制作端砚的砚石产于广东肇庆（古称端州）。

端砚石原石属于泥盆纪桂头群，含凝灰粉砂质泥岩、水云母泥质岩、泥质岩、板岩或绢云母千枚岩等，显微鳞片结构，致密块状构造，硬度为 3～4，质地细腻，抛光后成油脂光泽。端砚石一般呈紫红、紫黑、青绿、青灰、深灰、紫蓝、紫等色，花纹数十种，较著名的有猪肝冻、鱼脑冻、蕉叶白、胭脂晕、青花、火捺、石眼、冰纹、金银线等。

端石最大的特点是温润，具有发墨效果好，不损伤毛笔的优点。端砚的主要品种有老坑、坑仔岩、麻子坑、朝天岩、宣德岩、古塔岩和绿端石等。端砚石制作的砚台素来有石质优良，细腻嫩滑、滋润，具有发墨不伤笔头、呵气可研墨的特色。为此，古人评价端砚："体重而轻，质刚而柔、磨之寂寂无纤响、按之如小儿肌肤、温软嫩而不滑"。

二、歙砚石

歙砚又称"龙尾砚"、"婺源砚"。因产于江西省婺源县溪头乡境内，因古属歙州，故而得名。

歙砚石属华南纪止溪群海相泥砂质沉积的浅变质板岩、千枚岩。矿物组分主要为多硅白云母、绿泥石，含少量石英、碳质微粒黄铁矿，具显微鳞片变晶结构，板状构造。颜色多样，硬度为 $3 \sim 4$，密度为 $2.89 \sim 2.94$ g/cm^3。

歙砚中著名的品种有：龙尾砚、歙绿刷丝、雁湖眉子、鳝肚眉纹、青绿晕石、仙人眉等。歙砚石所制砚台具有质地苍劲、色如碧云，声如金石，湿润如玉，墨峦浮艳的特点。其石坚润，抚之如肌，磨之有锋，涩水留笔，滑不拒墨，墨小易干，涤之立净。自唐以来，一直保持其名砚地位。苏东坡赞其"涩不留笔，滑不据墨。瓜肤而谷理，金声而玉德。厚而坚，朴而重"。

三、洮砚石

洮砚石产于甘肃省南部洮河中游与岷县、临潭县交界的卓尼县喇嘛崖一带的峡谷中，又名洮河砚石。它已有 1 000 多年的历史。因具有优良的发墨性能和动人的颜色与花纹，是宋代以来的名砚，与端、歙砚石齐名。

洮石为下石炭系浅变质的板岩，主要矿物组分是叶绿泥石、多硅白云母，含少量石英、长石。洮砚石具显微鳞片变晶结构，板状构造。硬度为 $3 \sim 4$，颜色主要有赤紫、青绿，少量为黑色。

洮河砚取材于深水之中，非常难得，是珍贵的砚材之一。洮河石质地细密晶莹，石纹如丝，似浪滚云涌，清丽动人。洮石主要有绿洮、红洮两种，其中尤以绿洮为贵。洮砚适用于雕刻大面积的图意，雕刻手法有浮雕、透雕、高浮雕等，其雕工质朴，清晰感强。

第三节　鲁砚石

鲁砚石（Luink - stone）指山东境内出产的砚石的总称。鲁砚石质地细腻、嫩润，坚而不顽，细而不滑，发墨快而细，不损豪。鲁砚石种类繁多，纹理丰富，颜色也是五颜六色。其中最具代表性的为红丝砚，其制砚用石为红丝石。红丝石产于潍坊境内，有很细的丝状弯曲纹理和变形缟状纹理萦绕石上，变换多端，十分绚丽。再经能工巧匠精心制作，使红丝砚奇美传神。鲁砚石是我国制砚业的重要原料。鲁砚石的主要品种有：红丝石、砣矶石、紫金石、燕子石、徐公石等。

一、红丝石

红丝石产于青州黑山和临朐老崖崮，砚石为奥陶纪浅滨海潮坪陆台区沉积的砖红地灰黄色粉晶泥质灰岩。三国时代开始用于制砚。红丝砚为历代书画家所褒扬。西晋张华称："天下名砚四十有一，以青州石为第一"。唐柳公权："蓄石以青州石为第一，绛州次之。"宋代欧阳修："青州红丝石第一"。苏易简："天下之砚四十余品，青州红丝石第一，端州柯山石第二，歙州龙尾山石第三。"唐彦猷："红丝石华缛密致，皆有其研，自得此石，端歙诸砚皆置于衍中不复视矣。"清代沈心、唐洵等都对红丝石砚情有独钟。乾隆皇帝为青州进贡的两方红丝石砚，一方赐名"凤字砚"，并题写了砚名；一方取名"鹦鹉砚"，并在砚台北面题诗一首："鸿渐不羡用为仪，石亦能言制亦奇，疑是祢衡成赋后，镂干吐出一丝丝"。

自北宋以来，米芾《砚史》、《苏轼帖》、《蔡襄帖》，李之彦《砚谱》，王辟之《水燕谈录》，王士贞《宛委余编》，归庄《红丝砚铭》和李良年诗自注等等，都对红丝石砚赞扬有加，中国地质事业的奠基人之一章鸿钊先生在其所著《石雅》中云："若砚台之最著称者，有如青州红丝石、绛州石、歙石与端石是也。古人慎重青州红丝砚，尤以苏易简、唐彦猷为最，以为歙、端所不及。……其在益都西者，地质皆属寒武纪之灰石，而红丝石适产于是。（注：现已查明，属奥陶纪灰岩）此外，还有青州蕴玉石、紫金石、砣矶岛石、淄州金雀石"。当代已故大书法家赵朴初先生写了《临江仙》一词赞美红丝石砚："彩笔昔曾歌鲁砚，良材异彩多姿，眼明今更遇红丝，护毫欣玉润，发墨喜油滋"。红丝石砚同样也受到外国友人的喜爱，日本著名书法家，中日友协副会长梅舒适先生到临朐参观红丝砚后，欣然命笔："临朐红丝天下砚"。

时至今日，红丝砚依然是备受中外知名人士和书画家争求竞取的上品。因红丝石产地在我国仅见于青州和临朐两处。因此，随着红丝石资源的日趋紧缺，红丝石及其砚台等制品具有极高的收藏价值。

二、砣矶石

砣矶石产于长岛县砣矶岛。用砣矶石制砚，始于宋朝熙宁年间。岩石为形成于6亿~7亿年前的含有白钛矿、硬绿泥石、绢云母的千枚岩，属浅变质岩。砣矶石一般呈青灰色，石质细润，纹理妍丽，具有发墨、益毫、坚而润、不吸水等特点。天然纹饰有金星、雪浪纹、金星雪浪、罗纹、刷丝纹等。有的因含有微量的自然铜，犹如金屑洒在石上，闪耀发光，即所谓金星。有明度不同的雪浪纹在石表面，小如秋水微波，大如雪浪滚滚，着水似浮动，映日泛光，故又名金星雪浪。加工雕刻成砚后，其色泽如漆，如金星闪烁，似雪浪腾涌，油润细腻，柔刚相间，敲之清脆仿佛钢声。砣矶砚发墨类歙、质坚而不顽，发墨而不损毫、不吃墨，不起沫，不渗水，泼墨如油，为砚中尤物，亦堪与端砚媲美，且时有金星入墨，妙笔字画顿生异彩。为历代文人墨客乃至帝王所喜爱。清代乾隆皇帝曾为进贡的一方砣矶砚赋诗以颂之："砣矶石刻五螭蟠，受墨何须夸马肝。设以诗中例小品，谓同岛瘦与郊寒"。

砣矶砚石主要产于砣矶岛西海岸，在砣矶岛周边皆有所见。

三、紫金石

紫金石产于临朐县三阳山、二郎庙一带，是寒武纪时期浅滨海沉积的白云质泥质粉晶灰岩。既是制砚良材，又可加工为高品位观赏石及其他工艺品。宋代杜绾《云林石谱》称之为"青州石"。

早在东晋时期，书圣王羲之就特别喜爱临朐紫金石砚。唐代更是"竟取为砚"视为珍品。唐询《砚录》："紫金石出临朐，色紫润泽，姿殊"。《米芾帖》："紫金石与右军（王羲之）砚无异，唐端（砚）出其下"。宋《李廌帖》："晚唐竟取紫金石，芒润清响。国初（指北宋初年）已乏"。清代沈心《怪石录》："紫金石，产临朐沂山下土中，色紫如端溪东洞石，质坚，作砚颇佳"。北京故宫博物院珍藏一方由宋代著名画家米芾题跋的紫金石砚。"此琅琊紫金石制，在诸砚之上，皆以为端（砚），非也"。乾隆皇帝也曾为用紫金石所制之"太平有象砚"题诗一首："紫金石砚临朐产，发墨护毫略次端。刻作太平称有象，斯之未信敢心宽"。

自宋朝以后，紫金石曾被淹没近千年，直至1994年重新被发现。

四、燕子石

燕子石是寒武纪时期在海洋中沉积而成的含有三叶虫化石的薄层泥灰岩或灰岩。它是含有三叶虫一纲的一属——蝙蝠虫尾巴化石的岩石，化石有一对尾巴大刺向后斜伸，形如展开的燕子翅，故名燕子石。主产于莱芜圣井、桑梓峪、口镇以及泰安大汶口、南博山、济南港沟等地。用其制砚历史悠久，据史料载，2 000多年前的齐人就用燕子石制砚，明清以来更多采用。用含有"蝙蝠虫"化石的"蝙蝠石"所制之砚，因蝠与福同音，而称为"多福砚"，具有象征意义。所以燕子石砚，既是文房用具，又被视为吉祥之物。

五、徐公石

徐公砚也是鲁砚名品之一。砚石为元古代震旦纪浅海沉积而成的含粉砂微晶灰岩，产于沂南县徐公店。

徐公砚因一传奇故事而名声远扬。相传唐代有位名叫徐晦的举子进京赶考，路过沂蒙山一丘壑之地，见有一种色艳形奇的扁平石块，随捡一块请当地石工立琢为砚，只开堂作为砚池，未及修边，即赴京带入考场。时值隆冬，诸举子所磨之墨汁皆冻结成冰，唯徐生用所带之砚磨墨未冻结，润笔答卷，书写流畅，一气呵成，金榜题名。徐晦为官多年，辞官隐退。因感怀当年"神砚"之助，随定居于取石之地。此后当地村民将其所居村庄定名为"徐公店"至今未改。相应将用当地之砚石所制之砚称作"徐公砚"。

第六章 药 石

第一节 药石概述

特种矿产资源中有一类用来做医疗原料或成分的矿产资源，包括药用矿物及药用岩石，简称药石。

一、药石的概念

自然界中的矿物种类众多，储量丰富，应用广泛。药用矿产资源作为不可缺少的一部分，为治疗人类疾病，保障人体健康发挥了重要的作用。在我国以矿物入药起源较早，时至今日，历史悠久。本章所述药石具体是指可用来制作中成药或中药方剂的天然矿物及岩石，具体包括可供药用的天然矿物（如朱砂、雄黄、自然铜等）、动物化石（如龙骨等）、医用地下热水和以无机化合物为主要成分的一类重要药物（如石膏、明矾、雄黄、阳起石、硫黄、蒙脱石、芒硝、朱砂、麦饭石等）。通过内服或外用，起到了清热、解毒、止血、消肿、保健等药理作用，能够很好地治疗疾病，增进健康、延年益寿。

矿物类中药的应用由来已久，最早起源于炼丹术。公元前2世纪，已能从丹砂中提炼出水银，北宋年间（11世纪）能从尿液中制备"秋石"。最早的本草学专著《神农本草经》收载矿物药46种，明代李时珍所著《本草纲目》中，仅金石部就收载矿物药161种，另附录72种，书中对每一种矿物的来源、产地、形态、功效都做了详细记述。矿物药在我国因药源常备、疗效显著，历代医药业者均非常重视其临床应用，其在医疗、养生和保健等方面发挥着重大的作用。常见的有石膏、雄黄、砒霜、芒硝等。

二、药石的分类

药石的主要分类有中医药学分类和矿物岩石学分类两种。

（一）中医药学分类

在中医药学上，按照药石的药理功能可分为内服、外用和保健三大类。内服用药石较多，如石膏、方解石、滑石、云母、磁石等；外用药用矿物有：雄黄、生（熟）石灰、胆矾、硫黄、硼砂等；保健类药用矿物或岩石有：麦饭石、沸石、膨润土、硅藻土等。

（二）矿物岩石学分类

按照地质成因，药石可以分为四类：矿物类、岩石类、化石类和泉水类。

第二节　主要药石分述

一、石膏

石膏一般指天然二水石膏（$CaSO_4 \cdot 2H_2O$），又称为生石膏，经过煅烧、磨细可得熟石膏。石膏是重要的工业原材料。石膏亦称蒲阳玉，性寒，使用石膏磨制而成的蒲阳玉石枕能以寒克热控制血压升高，坚持使用能将血压逐步降低至正常水平。

【来源】本品为硫酸盐类石膏族矿物石膏。主含含水硫酸钙（$CaSO_4 \cdot 2H_2O$）。

【采收与加工】采挖后，除去泥沙、杂石。

【成品性状】

生石膏：为不规则块状或粉末。白色、灰色或淡黄色，有的半透明。体重，质软，纵断面呈纤维状或板状，并有丝绢样光泽。无臭，味淡。

煅石膏：为不规则疏松碎块或粉白色的粉末，表面透出微红色的光泽，不透明。体较轻，质软，易碎，捏之成粉。无臭，味淡。

【性味与归经】甘、辛，大寒。归肺、胃经。

【功能与主治】

清热泻火，除烦止渴。用于外感热病，高热烦渴，肺热喘咳，胃火亢盛，头痛，牙痛。

煅石膏：敛疮生肌，收湿，止血。用于溃疡不敛，湿疹瘙痒，水火烫伤，外伤出血。

【贮藏】贮干燥容器内，置干燥处，防尘。

二、明矾

为十二水合硫酸铝钾（Alum），又称明矾、白矾、钾矾、钾铝矾、钾明矾，是含有结晶水的硫酸钾和硫酸铝的复盐。

【来源】本品为硫酸盐类明矾石族矿物明矾石经加工提炼制成。主含含水硫酸铝钾 $[KAl(SO_4)_2 \cdot 12H_2O]$。

【产地与加工】

中国产地有安徽省庐江矾矿等。中国最大的明矾产地应该是浙江省温州市苍南县矾山镇矾矿（占世界总储量的89%）。

采收原矿物，打碎，加水溶解，过滤，滤液加热蒸发浓缩，放冷后析出结晶，干燥。

【成品性状】

白矾：为不规则的块状或粒状。无色或淡黄白色，透明或半透明。表面略平滑或凹凸不平，具细密纵棱，有玻璃样光泽。质硬而脆。气微，味酸、微甘而极涩。

枯矾：为不透明、白色、蜂窝状或海绵状固体块状物或细粉。体轻质松，手捻易碎，有颗粒感。味酸涩。

【鉴别】本品的水溶液显铝盐、钾盐与硫酸盐的鉴别反应。

【性味与归经】酸、涩，寒。归肺、脾、肝、大肠经。

【功能与主治】止血止泻，祛除风痰。用于久泻不止，便血崩漏，癫痫发狂；外用解毒杀虫，燥湿止痒。用于湿疹，疥癣，聤耳流脓，阴痒带下，鼻衄齿衄，鼻息肉。

【用法】外用适量，研末敷或化水洗患处。

【贮藏】贮干燥容器内，置干燥处，防尘。

三、雄黄

雄黄又称作石黄、黄金石、鸡冠石，是一种含硫和砷的矿石。质软，性脆，通常为粒状，紧密状块，或者粉末，条痕呈浅橘红色。雄黄主要产于低温热液矿床中，常与雌黄（As_2S_3）、辉锑矿、辰砂共生；产于温泉沉积物和硫质火山喷气孔内沉积物的雄黄，则常与雌黄共生。不溶于水和盐酸，可溶于硝酸，溶液呈黄色。置于阳光下曝晒，会变为黄色的雌黄和砷华，所以保存应避光，以免受风化。加热到一定温度后在空气中可以被氧化为剧毒成分三氧化二砷，即砒霜。

【来源】本品为简单硫化物类雄黄族矿物雄黄。主含二硫化二砷（As_2S_2）。

【产地与加工】雄黄主要分布于我国的贵州、湖南、湖北、甘肃、云南、四川、安徽、陕西、广西等地。采挖后，除去泥沙、杂石。

【成品性状】雄黄为极细的粉末，橙红色或橙黄色，质重，气特异而刺鼻，味淡。

【性味与归经】辛、苦，温；有毒。归肝、大肠经。

【功能与主治】解毒，杀虫，燥湿，祛痰。用于痈疽疔疮，走马牙疳，疥癣，蛇虫咬伤，虫积腹痛，惊痫，疟疾，哮喘。

【注意事项】孕妇禁用；雄黄配方时按毒性中药管理规定执行；忌用火烤。

【贮藏】贮干燥容器内，密闭，置阴凉干燥处。

四、阳起石

阳起石为硅酸盐类矿物，它是闪石系列中的一员，这类矿物常被称为闪石石棉。阳起石的晶体为长柱状、针状或毛发样。颜色由带浅绿色的灰色至暗绿色。具玻璃光泽。透明至不透明。晶体的集合体为不规则块状、扁长条状或短柱状。大小不一。白色、浅灰白色或淡绿白色，具有绢丝一样的光泽。比较硬脆，也有的略疏松。折断后的断面不平整，断面可见纤维状或细柱状。

【来源】本品为硅酸盐类角闪石族矿物透闪石及其异种透闪石石棉。主含碱式硅酸镁钙 $[Ca_2Mg_5(Si_4O_{11})_2 \cdot (OH)_2]$。

【产地与加工】主要分布于湖北、河南、山西等地。采挖后，除去泥沙、杂石。

【成品性状】

阳起石：为不规则碎块状，大小不一。白色、浅灰白色或淡绿白色，有时具浅黄棕色条纹或花纹，具丝绢样光泽。体重，质较硬脆，有的略疏松。断面不整齐，纵面呈纤维状或细柱状。气无，味淡。

煅阳起石：为不规则颗粒或纤维状粉末。青灰色，质酥脆，无光泽。

酒阳起石：为灰白色或灰黄色碎粒或粉末。质松，无光泽，略有酒气。

【性味与归经】咸，微温。归肾经。

【功能与主治】温肾壮阳。用于肾阳虚衰，腰膝冷痹，男子阳痿遗精，女子宫冷不孕。

【注意事项】阴虚火旺者禁服，不宜久服。

【贮藏】贮干燥容器内，置干燥处，防尘。

五、硫黄

硫黄别名硫、胶体硫、硫黄块。外观为淡黄色脆性结晶或粉末，有特殊臭味。硫黄不溶于水，微溶于乙醇、醚，易溶于二硫化碳。作为易燃固体，硫黄主要用于制造染料、农药、火柴、火药、橡胶、人造丝等。

【来源】本品为自然元素硫黄族矿物自然硫，主要用含硫物质或含硫矿物经炼制升华的结晶体。主含硫（S）。

【产地与加工】常见于温泉口壁、喷泉及火山口域；有时在沉积岩中。主要分布在山西、陕西、甘肃、河南、山东、湖北、湖南、江苏、四川、广东、台湾等地。采挖自然硫后，加热熔化，除去杂质。或用含硫矿经加工制得。

【成品性状】

硫黄：为不规则的小块。黄色或略呈绿黄色，表面不平坦，呈脂肪光泽，常有多数小孔。用手握紧置于耳旁，可闻轻微的爆裂声。体轻，质松，易碎，断面常呈粗针状结晶形。有特异的臭气，味淡。

制硫黄：形同硫黄，黄褐色或黄绿色，臭气不明显。

鱼子硫：为细小颗粒状，黄色或绿黄色。

【鉴别】硫黄燃烧时易熔融，火焰为蓝色，并有二氧化硫的刺激性臭气。

【性味与归经】酸，温；有毒。归肾、大肠经。

【功能与主治】外用解毒杀虫疗疮；内服补火助阳通便。外用于疥癣，秃疮，阴疽恶疮；内服用于阳痿足冷，虚喘冷哮，虚寒便秘。

【注意事项】孕妇慎用。

【贮藏】贮干燥容器内，置干燥处，防火。

六、芒硝

芒硝，别名硫酸钠。芒硝是一种分布很广泛的硫酸盐矿物，是硫酸盐类矿物芒硝经加工精制而成的结晶体。

【来源】硫酸盐类矿物芒硝的提纯品。主含含水硫酸钠（$Na_2SO_4 \cdot 10H_2O$）。

【产地与加工】分布于内蒙古、河北、天津、山西、陕西、青海、新疆、山东、江苏、安徽、河南、湖北、福建、四川、贵州、云南等地。取天然产品加热溶化，过滤，滤液加热，放冷后析出结晶，取出，晾干。

【成品性状】芒硝为棱柱状、长方体或不规则块状及粒状。无色透明或类白色半透明。质脆，易碎，断面呈玻璃样光泽。无臭，味咸。

【性味与归经】咸、苦，寒。归胃、大肠经。

【功能与主治】泻热通便，润燥软坚，清火消肿。用于实热便秘，大便燥结，积滞腹痛，肠痈肿痛；外治乳痈，痔疮肿痛。

【注意事项】孕妇禁用；不宜与三棱同用。

【贮藏】贮干燥容器内，密封，在30℃以下保存，防风化。

七、朱砂

朱砂又称辰砂、丹砂、赤丹、汞沙，是硫化汞（化学品名称：HgS）的天然矿石，大红色，有金刚光泽至金属光泽，属三方晶系。朱砂主要成分为硫化汞，但常夹杂雄黄、磷灰石、沥青质等。

【来源】本品为硫化物类辰砂族矿物辰砂。主含硫化汞（HgS）。

【产地与加工】主要产区在湖南、贵州、四川、云南。采挖后，除去泥沙、杂石，洗净，干燥，用磁铁吸尽含铁的杂质。

【成品性状】朱砂为朱红色极细粉末。体轻，以手指撮之无粒状物，以磁铁吸之，无铁末。无臭，无味。

【性味与归经】甘，凉；有毒。归心经。

【功能与主治】安神定惊，明目解毒。用于心烦，失眠，惊悸，癫狂，目昏，疮疡肿毒。

【注意事项】本品有毒，不宜久服、多服，以免慢性汞中毒；肝肾功能不全者禁服；忌用火煅，一般不宜入煎剂。

【贮藏】贮干燥容器内，置干燥处，防尘。

八、麦饭石

麦饭石是一种对生物无毒、无害并具有一定生物活性的复合矿物或药用岩石。麦饭石的主要化学成分是无机的硅铝酸盐。

【来源】本品为中酸性火成岩类岩石石英二长斑岩。主含二氧化硅（SiO_2）等多种氧化物。

【产地与加工】我国麦饭石资源极为丰富，几乎各省、市、自治区均有分布，比较著名并已开发应用的有山东蒙阴、内蒙古奈曼旗、天津蓟县、辽宁阜新、浙江四明山、江西赣南、台湾地区台东等。采挖后，除去泥沙、杂石。

【成品性状】麦饭石为不规则团块状，似由大小不等、颜色不同的颗粒聚集而成，略似麦饭团。有斑点状花纹，呈灰白、淡褐肉红、黄白、黑等色，表面粗糙不平。体较重，质疏松程度不同，砸碎后，断面不整齐，可见小鳞片分布于其间，并呈闪星样光泽，其他斑点的光泽不明显。气微或近于无，味淡。

【性味与归经】甘，温。归肝、肾、胃经。

【功能与主治】解毒散结，去腐生肌，除寒祛湿，益肝健胃，活血化瘀，利尿化石，延年益寿。用于痈疽发背，痤疮，湿疹，脚气，牙痛，口腔溃疡，风湿痹病，腰背痛，慢性肝炎，胃炎，糖尿病，神经衰弱，外伤红肿，高血压，肿瘤，尿路结石。一般可作保健药品。

【贮藏】贮干燥容器内，防尘。

九、医用地下热水

区别于以上的固体类药用矿物，医用地下热水（也称温泉）在医用领域的应用同样比较广泛，医疗及保健效果同样也十分理想。

温泉浴就是用具有一定温度的泉水沐浴。在我国用温泉浴治病已有两千余年的历史。汉代张衡所著的《温泉赋》中就说："有疾病兮，温泉泊焉。"《水经注》中载道："大融山后出温汤，疗治百病。"温泉浴不但能治病去疾，而且还有独到的养生保健功用，备受海内外养生爱好者的青睐。但是温泉浴疗法是一项较为复杂的养生活动，其选泉、治疗时间、温度等，都要因人而异。因此，事先应经医生全面检查，然后针对不同情况选择泉水，才能获得满意的效果。

（一）单纯温泉

水温在25℃以上，含可溶性固体成分1 000 mg/L以下的地热水。这种泉水主要靠热产生医疗作用。温泉浴有镇痛和加快新陈代谢、促进血液循环、通经活络等作用。温泉浴可治疗风湿性关节炎、类风湿性关节炎、慢性支气管炎、慢性咽炎、便秘、脑血栓形成后遗症及神经性皮炎等疾患。

（二）碳酸泉

碳酸泉一般是指含游离二氧化碳在1 000 mg/L以上，含可溶性固体成分1 000 mg/L以下的地热水。此水无色透明，洗浴之后可使毛细血管扩张，血压下降，对增强心脏功能有较好效果，可治疗心肌衰弱、肺气肿、动脉硬化、坐骨神经痛等。

（三）食盐泉

地热水中含食盐量在1 000 mg/L以上，主要成分为氯离子和钠离子，根据其含量多少可分为弱盐泉、食盐泉、强盐泉。此泉浴后温暖感很强。这是由于钠、钙、镁等的氯化物附着在皮肤上形成一保护层，可减少体温发散。食盐刺激皮肤可使皮肤血管扩张，从而增进体表血液循环，加速汗和皮脂腺的分泌。食盐泉可治疗神经痛、风湿病等，并具有较好的减肥功效。

（四）硫黄泉

泉水中主要含游离硫化氢，硫黄总量在1 mg/L以上。当硫的成分碰到皮肤后即变为硫化碱。它能溶解角质、软化皮肤，并有消炎杀菌、通经活络、祛寒止痛等作用。洗浴可治疗糖尿病、风湿病、类风湿性关节炎、坐骨神经痛、神经性皮炎、慢性湿疹等。

（五）放射能泉

泉水中含放射性元素称为放射能泉。放射能泉对细胞分裂旺盛的组织具有控制作用。当人体浸浴在含适量氡的温泉中时，由于氡的电离辐射，能调节和改善神经系统的功能，平衡中枢神经系统兴奋和抑制过程，从而促进睡眠，减轻疼痛，并使血压降低。洗浴可用来防治癌症、贫血、支气管哮喘、白细胞减少症、心肌炎、心肌衰弱、静脉炎、神经衰弱、偏瘫等。糖尿病患者通过这种温浴可降低血糖和尿糖。

（六）温泉的医疗保健作用

温泉浴对人体的医疗保健作用，主要包括物理和生物化学作用两个方面：

1. 温泉的物理作用

温度、压力、浮力等属物理作用。温泉热浴可使肌肉、关节松弛，达到消除疲劳功能。

（1）温度作用：池水温度在 37~40℃时，对人体有镇静作用，对于神经衰弱、失眠、精神病及高血压、心脏病、脑溢血后遗症的患者有很好的疗效。池水温度在 40~43℃时，称高温浴，此时对人体具有兴奋刺激的作用，对心脏、血管有较好作用，对减轻疼痛、治疗神经痛、风湿病、肠胃病均有疗效。同时，还可改善体质、增强抵抗力、预防疾病的作用。

（2）水压和浮力的作用：入浴温泉时，水对人体产生了压力，胸腔和腹腔受到压迫，影响到循环器官和呼吸机能，有利尿和治疗浮肿的作用。水对人体产生的浮力作用，使人的体重减轻。在地下不能行走的人，在水中活动比较方便，泡温泉对半身不遂、运动麻痹和风湿病患者进行运动训练，对恢复健康作用很大。

2. 温泉的生物化学作用

大多数温泉中都含有丰富的化学物质，对人体有一定的帮助。比如，温泉中的碳酸钙对改善体质、恢复体力有相当的作用；而温泉所含丰富的钙、钾、氡等成分对调整心脑血管疾病，治疗糖尿病、痛风、神经痛、关节炎等均有一定效果；而硫磺泉则可软化角质，含钠元素的碳酸水有漂白软化肌肤的效果。

（七）温泉对人体的影响

1. 对心血管、呼吸系统的影响

能使心跳加快、血管扩张，血压波动。呼吸加快加深。从而加重心肺的负担，对有高血压、低血压、心脏病、心律失常以及有肺病的人影响大。

2. 对人体新陈代谢的影响

泡温泉非常消耗体力，加快体内血糖的燃烧，体质差的人容易出现低血糖反应（心慌、心悸、饥饿、手足颤抖、皮肤苍白、出汗、心率增加），严重时出现晕厥。

3. 对消化系统的影响

饭后立即泡温泉容易引起不适。

第十四篇

非传统矿产资源

社会进步、技术进步，矿产资源的概念悄然扩大

新类型、新领域、新深度、新工艺、新用途的矿产资源不断发现

传统矿产资源形势严峻

非传统矿产资源国外研究已取得重大进展

极地、大深度、海洋和太空是主要研究领域

非传统矿产资源探索研究任重道远

第一章　非传统矿产资源概述

第一节　非传统矿产资源的基本含义

一、非传统矿产资源的概念

非传统矿产资源（Nontraditional mineral resources）是指受目前经济、技术以及环境因素的限制，尚难发现和尚难工业利用的矿产资源，以及尚未被看作矿产和尚未发现其用途的潜在矿产资源。其研究领域涵盖：①非传统矿产（包括新类型、新深度、新领域、新工艺和新用途矿产）；②矿产勘查的非传统理论及方法（包括"三联式"成矿预测理论、非线性理论及方法等）；③非传统矿业（包括无废环保型、高新技术型、深精加工型、综合服务型矿业等）；④非传统矿业经济（包括两种资源比较经济学、矿业与安全经济学、矿业与生态经济学、矿地产经济学等）。这 4 个方面构成非传统矿产资源的完整体系，它们之间又是相互关联、相辅相成的。

二、非传统矿产资源的内涵

非传统矿产资源包括各种新类型、新领域、新深度、新工艺、新用途的矿产资源。同时，非传统矿产资源可以转化为传统矿产资源。

以斑岩铜矿为例，在 1917 年报道当时钻探出来的铜品位达 1.2% 的斑岩铜矿原生带矿石时，因矿石品位太低不能开发利用而被称为"胚胎矿"。这一昔日的非传统矿产，已成今日的"当家"铜矿类型。"斑岩型铜矿"是现今世界上最重要的铜矿工业类型，占铜矿总储量的 60%、产量的 50%。这是非传统矿产转化为传统矿产资源的典型实例。

非传统矿产资源的发现与开发是矿产资源可持续供给的重要保障。近数十年来的找矿与开发生产实践证明，非传统矿产资源发现和开发的潜力很大。在新类型方面，如红土型金矿、黑色页岩中的铂族矿产、超高压变质带中的金刚石等，都是当今非传统矿产新类型的典例。在新领域方面，如深海铁锰结核、深海金属软泥、深海钴结壳以及天然气水合物等资源潜力巨大。在新深度方面，据报道，南非兰德金矿盆地一采金竖井将加深至 4 117 m，这将是世界最深的矿井，要开发的新矿层是世界级的矿体。在我国，埋深大于 500 m 的矿床被称为大深度矿床，目前还很少勘查和评价。在新工艺方面，如微生物浸矿工艺、天然纳米矿物开发利用技术等都有巨大的发展潜力，并将使那些低品位、难选冶、低价值的"呆滞型"非传统矿产资源潜力予以充分体现。在新用途方面，近年来稀土矿产、非金属矿产的新用途层出不穷。资源替代和矿产品的消费结构日新月异。此外，近年来人们正在探索开发利用过去采矿和选矿废弃的废石堆和尾矿库，这类"人工矿床"的二次开发，对延长矿山寿命、提高经济效益和保护环境等，从某种意义上讲，比建设一座新矿山的经济与社会效益更为重大。

三、矿产勘查的非传统理论与方法

为确保矿产资源的可持续供给，特别是面对难识别、难发现、难勘探、难开发的找矿对象，积极探索矿产资源勘查的非传统理论和方法具有重要意义。如具有"点型分布"的超大型矿床，传统研究方法是以"相似类比"为基础的"模式预测"，这对于"鹤立鸡群"且"异常分布"的研究对象而言显然是不适用的。根据"对立统一"的哲学思想，以"求异理论"为基础的"地质异常致矿"的新思路为找矿勘探和资源预测评价研究提供了新的途径。

在成矿多样性与成矿谱系等理论指导下，开展多期、多位、多源、多因、多型成矿作用以及不同类型矿床的共伴生组合特征与矿化空间分带规律研究，对进行深部找矿常可起关键性作用。如美国西南部发现的红山深部斑岩铜矿，即位于近地表产出的低温热液型贵金属矿脉和硫砷铜矿脉之下；类似地，1987 年在菲律宾发现的"远东南"大型富金斑岩铜矿，矿床埋深达 650 m，其上火山岩中产有早年发现的勒班陀含硫砷铜矿——金矿脉；英国矿床学家西利托通过对美国、菲律宾、巴布亚新几内亚、塞尔维亚和黑山（现名）、匈牙利等地矿床的研究，总结了含硫砷铜矿块状硫化物矿床深部的隐伏斑岩铜矿床的成矿——找矿模式，提供了矿下找矿的新途径。

针对深部隐伏矿的探测，新的物化探技术方法的研究与应用也更趋重要。如地球气深穿透理论与地气测量技术等。20 世纪 80 年代后期发展起来的地气法（Geogas prospecting）是一种不同于传统的气体地球化学方法的深部隐伏矿找矿新方法，该方法是捕集并测定地下上升气流中痕量金属和非金属元素来揭示地下深部矿产资源体的信息。国内外已有研究成果表明（童纯菡等，1996、1999）：地气测量可以探测埋深 300 ~ 400 m 以下的金属矿和埋深 4 000 m 以下的含油气环形构造，地气异常所反映的是深部矿化信息，而与地表土壤元素异常分布截然不同。近些年来，大深度的地球物理探测技术也迅猛发展，它们都将在深部隐伏矿找矿预测研究中发挥重要作用。

我国开展的大深度地球物理探测技术已取得了一系列的重大进展。通过深部地质（岩石圈）研究，即深部探测与实验研究，对研究矿产资源、地质环境、地质灾害和地球科学发展都具有重要意义。

第二节　非传统矿产资源研究的紧迫性

矿产资源是极其宝贵的自然财富，是人类赖以生存和发展的物质基础。目前，我国

95%的能源和80%的工业原料都取自矿产资源。简而言之，整个人类的发展史，从某种角度来说，就是人类开发利用天然岩矿材料的历史。从原始人类利用坚硬岩石制造石刀、石斧、石箭开始，乃至后来不断发现和利用各种金属、非金属矿产，直至今日人们可以利用300种以上天然矿物和数十种岩石制造他们的生产和生活必需品。可以说，人们不能一日不利用矿产。正因为如此，历史学家不无道理地将人类利用天然岩矿材料的历史，作为划分人类进步和时代的标志：如石器时代、铜器时代、铁器时代、原子能时代等等。由于当今人类利用非金属矿产的强度和广度极大，有人甚至提出了"新石器时代"的概念来表述当今时代的特征。

一、传统矿产资源形势严峻

一些矿产资源大国，其矿业部门或资源工业对国家发展和社会进步起着更为突出的作用。以澳大利亚为例，矿产及石油工业是使国家财富持续增长的最重要因素。它们为国家经济增长、出口、就业、区域发展及提高生活水平做出了不可替代的贡献。当今澳大利亚是世界第二大煤出口国、世界第三大金出口国，其矿产及石油部门出口产值达365亿美元，占商品出口总数的60%。直接在这两个部门（包括服务部门）就业的人数为8.8万人，占劳动力的1.1%，而由这些工业产生的下游制造业岗位则达33.8万个，占劳动力的4.2%。自1967年以来，澳大利亚通过发展矿业新建了25座城市、12个新港口、20个空港及1 900 km铁路。另一个世界矿业大国南非，其情况与澳大利亚相似，国家和政府制定了一系列政策和措施，以保证作为国家经济命脉的矿业具有更强的国际竞争力。在矿产资源大国美国，矿产在国民经济中也发挥着巨大作用。据美国全国矿业协会（NMA）西方经济分析中心进行的一项题为"万事从矿业开始——矿业与美国经济"的研究表明，美国本国固体矿产矿业对1995年美国国民经济收入做出了5 240亿美元的直接和间接双重贡献。该报告编写人利明说："1995年美国本国固体矿产矿业为美国国民经济直接产生了484亿美元。研究还表明：加利福尼亚州从固体矿产矿业获得的经济利益最大，1995年矿业对加州经济贡献逾520亿美元和49.6万个职位。其次是纽约州，逾310亿美元和22.7万个职位。资料还表明，在矿业所占份额很小的州，许多居民及商界和政府能够从其他州的矿业中获得大量经济利益。例如由矿业产生的个人总收入足以支持近500万个美国工人的工资，而其中只有6%实际上在矿业界就业"。美国矿业协会主席劳森说："美国的繁荣多半是由于矿产资源的充足供应"。利明还说："如果没有矿业，美国国民经济满足人民需要和保持其全球地位的能力就会受到严重的削弱"。俄罗斯学者斯塔夫斯基（1998）在"论固体矿物原料生产国的排序"一文中对世界6个矿业生产大国20种矿产的矿业产值（美元）的排序为：①美国（578.56亿美元），②中国（328.49亿美元），③澳大利亚（185.87亿美元），④南非（170.00亿美元），⑤俄罗斯（126.79亿美元），⑥加拿大（114.21亿美元）。由此排序可以看出这些矿产资源大国对世界矿业开发所作出的贡献及矿业的重要性。应该指出的是，我国作为经济建设速度最快的发展中国家，对各类矿产资源的需求和消费量也是巨大的。截至2011年底，我国已发现矿种172种，其中页岩气为新发现矿种。具有查明资源储量的

160 种，其中能源矿产 10 种，金属矿产 54 种，非金属矿产 93 种，水气矿产 3 种。中国已探明的矿产资源总量很大，约占世界的 12%，仅次于美国和俄罗斯，居此界第 3 位，但人均占有量远低于世界平均占有量。2011 年，中国石油、天然气人均储量分别相当于世界平均水平的 6.1% 和 7.9%，铝土矿、铜矿、铁矿储量分别相当于世界平均水平的 14.9%、22.7% 和 70.5%；镍矿、金矿分别相当于世界平均水平的 19.5%、19.4%；煤矿人均占有量为世界平均水平的 70.9%。如图 14 – 1 – 1 所示。

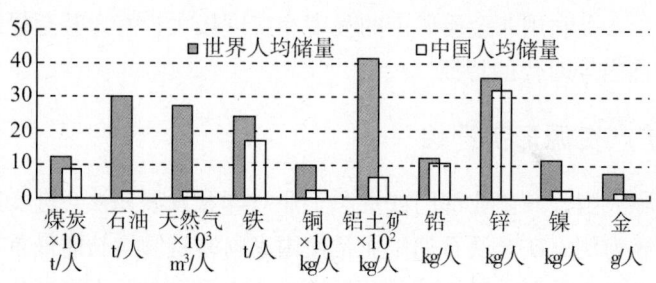

图 14 – 1 – 1　主要矿产资源人均储量对比

面向 21 世纪，无论是发达国家或是发展中国家，对矿产资源的需求都将是有增无减，矿产资源开发和矿物原料采掘业都仍将是其经济的重要组成部分。但是，作为不可再生资源的矿产，其形势是严峻的。联合国经济委员会 1981 年曾发表一份报告预测，如果发展中国家对矿物原料的需求达到美国的消费水平，则现有的铝土矿储量在 18 年后、铜在 9 年后、石油在 7 年后、天然气在 5 年后、铅在 6 年后、而锌在 6 个月后将消耗殆尽。当然，像美国这种大量资源消费型的发展模式是不可取的，尤其像我国这种人口众多的国家，必须走一条资源节约型的发展道路。另一方面，随着地质勘查工作的开展，还将有新的矿产发现和新的储量增长，但它仍从一个侧面说明了矿产资源问题的紧迫性。

二、传统矿产资源面临的主要问题

从世界范围看或是从我国自身角度看，传统矿产资源面临的问题主要有以下几个方面。

（一）矿产探明储量增长速度低于矿产消费量增长速度，矿产品消费量超过矿产品产量

尽管在近 20 年来世界上有许多重要的矿床发现，如铜、金、铬、金刚石等探明储量都有了很大增长，但由于矿产资源分布的不均匀性，从总的趋势看，仍然是矿产品消费的增长大于探明储量的增长。在我国，这一问题尤为突出。据统计，1986～1996 年，我国石油、铁、锰、铬、铜等矿产品消费量的增长速度是探明储量增长速度的 10 倍以上。近些年世界矿产品消费增长速度也明显加快，据统计，1995 年和 1996 年铜、铅、锌、铝、镍等矿产的消费量均超过产量，造成市场供不应求、库存急剧下降和价格上扬的局面。尽管 1996 年以后又有所回落，但总趋势也是不容乐观的。

（二）矿产资源量向矿产储量转化的速度不快

由于找矿对象逐步向难发现、难识别、难勘查和难开发的隐伏矿及复杂类型矿床方

面转化，而且由于地质勘查资金的缩减，动用的勘查工作量不足以及成矿理论和找矿勘探理论研究的滞后等原因，矿产资源量向储量方面的转化和升级速度很慢。不仅如此，由于一些地区在进行矿产资源量评价时未能充分考虑环境、技术等因素，使得所估算的资源量严重失真，致使在进行勘探时扣除因有关因素影响而不能利用的资源量后，使真正可用于开采设计的储量大大减少。如美国煤炭过去计算其资源量为 4 750 亿 t，按现在的消费水平可供 200 年之用，然而传统计算未考虑环境及工艺限制，因而传统资源量估计不能作为制定政策的依据。美国矿业局根据 15 项煤可利用性研究，在原始资源量中仅有 5% 最终可进入市场。

（三）现有生产矿山后备资源不足，产能消失严重

据有关资料介绍，我国在 10 年内将有 10% 以上的矿山陆续闭坑。在 195 个大中型铁矿山中，已有 15 座国有重点铁矿山、23 座地方铁矿山闭坑。我国现有大、中、小型铬矿山 20 座，在 2010 年消失 9 座。铜矿山后备资源保有情况也很差，有 21.97% 的矿山可采年限在 10 年以内，2.8% 的矿山将在 5 年内闭坑。

另据介绍，占全国锑产量将近一半的锡矿山的保有储量最多只可采 7 年左右。我国现有 147 座大型矿山，到 2020 年将消失 80%。

（四）我国多数矿产，特别是需求量大的支柱性矿产储量保证程度低，形势严峻

据估计，在我国现已探明的 45 种主要矿产资源中，到 2020 年将仅剩 6 种。主要靠进口的矿产有铬、钴、铂、钾盐、金刚石等 5 种；需要长期进口补缺的矿产有石油、天然气、铁、锰、铜、镍、金、银、硫、硼等 10 种；需要国内进一步找矿或进口解决的矿产有铀、铝、锶、耐火黏土、磷及石棉等 6 种。我国大量短缺的进口矿产品将耗费大量资金和外汇。2011 年我国铜对外依存度达 71.4%，铜精矿进口达 637.5 万 t，耗资超过 155 亿美元；进口铁矿石 6.86 亿 t，耗资超过 1 123 亿美元。

（五）因技术、管理及资金等造成资源开发不合理，利用不充分并且严重污染环境

我国矿产资源的特点之一是复杂的共生伴生矿产多、贫矿及难选矿产多。如中国的铁矿石平均品位仅为 33.5%，比世界平均水平低 10% 以上；锰矿平均品位只有 22%，不及世界商品矿石工业标准 48% 的一半，而且不少矿区含有较高的杂质磷；铝土矿几乎全为一水硬铝石型，用其生产氧化铝的成本很高；铜矿品位大于 1% 的储量只占总量的 35% 左右，平均品位仅 0.87%，远低于智利、赞比亚等国的铜矿石品位；磷矿富矿少，平均品位仅为 16.95%，我国中低及低品位磷矿石（$P_2O_5 < 24\%$ 及 20%）占磷矿总储量的 75%，且胶磷矿多，选矿难度大。在这种情况下，矿产资源的充分合理及有效综合利用问题是十分突出的。近些年来虽然取得不小成绩，但仍存在着不少问题。如中国的单位资源消耗量远高于世界平均水平。据统计，钢、铜、铝、铅、锌的消耗分别是世界平均水平的 3.6 倍、3.7 倍、2.4 倍、2.7 倍及 2.2 倍。能源对 GNP 产出率仅为世界平均水平的 1/7。此外，在矿床开采、选冶、加工及消费过程中，所排放的废水、废气、固体废物造成严重的环境污染。1995 年，我国主要矿业及原材料工业的能耗占工

业能耗总量的 39.97%，占产生工业废水、废气、固体废弃物的 31%、44.5% 及 66.7%。仅在采煤过程中煤矸石以废石形式每年产出 1.5 ~ 1.8 亿 t，2000 年达到 33 亿 t。据不完全统计，中国金属矿山积存的尾矿已达 40 亿 t 以上，并以每年 3 亿 ~5 亿 t 的排放量增长，至 1995 年累积量约为 53.8 亿 t，2000 年达到 60 亿 t 以上，侵占农田 45 ~ 75 万 hm^2。如在山西大同煤矿就有煤矸石山 61 座，矸石堆放 7 000 多万 t，侵占农田 3 万 hm^2，每年用于矸石治理的费用达 500 余万元，而且随原煤入选比的增加，矸石产量还将继续增加。

非传统矿产资源发现与开发研究，对解决危机矿山的后备资源不足、延长矿山寿命具有重要的现实意义。通过对已有矿山新类型、新深度、新工艺和新用途矿产包括"人工矿产"的研究与开发，可以扩大资源储量、提高资源效益、促进资源—环境—经济的可持续协调发展。充分依托新理论、新技术和新方法的创新探索，在已知矿山或危机矿山发现与开发新资源的潜力仍然很大。以新深度找矿为例，俄罗斯远东的列宁诺戈斯克块状硫化物矿床，矿床已基本采尽，但在其深部发现了矿床规模大（延长大于 100 m，延深大于 500 m）、后期叠加而成的大脉型金矿。在美国卡林金矿带中又陆续发现了深部的隐伏型大金矿；卡林矿带长约 65 km，宽 8 km，原勘查深度一般为 100 ~ 300 m，已发现有 20 余个矿床，但多为低品位；1986 年则在矿区 550 m 深部首次发现了高品位、大吨位的波斯特—贝茨硫化物金矿床；其后又有米克尔、派普莱恩等深部矿床的相继发现。

三、非传统矿产资源研究在国外已取得重大进展

1982 年，美国经济地质学家协会召开了"非常规矿床"学术讨论会，研究对象是现今人类尚不能利用但在未来可能是矿产重要来源的矿床。在这次会议上，2 篇综述性论文具有重要意义：巴顿的"非常规矿床：面向地球化学的挑战"及范任斯堡的"非常规矿产资源勘查与世界经济"。巴顿指出，新类型矿床的发现迄今为止都带有偶然性，但"地球化学循环"的概念将为未来勘查提供目的性基础。范任斯堡则讨论了促进或阻碍非常规资源向常规资源转化的技术、经济、政治及社会等各种因素，而且认为只有在这些因素达到平衡时才能使新矿产资源成为可利用资源。在各种成矿系统中，有两个成矿系统最为重要，一个是斑岩成矿系统，其不仅是铜、钼矿床的主要来源，而且对于提供锡、钨等金属也有很大潜力。另一个是低温热液金银成矿系统，近年来有很大突破。该会议主席卡梅隆教授认为，海洋矿产资源是展现在我们面前的新世界，迄今为止我们所发现的深海矿产资源都属于非常规资源类，虽然我们在大陆上已认知的丰富多样的成矿系统未必在深海盆地都能找到，但同样不能说在对海盆矿产勘查尚很不充分的现阶段已发现了所有可能存在的成矿系统。

当时在美国有 4 种金属属于战略和紧缺矿产，因而与这 4 种金属有关的非常规矿床也倍受关注，即太古宇地体中的低品位镍矿；由太古宇到第三界与火山活动相关联的低品位锰资源和第三界及白垩系沉积建造中的含锰层位；铁镍红土型矿床中的低品位铬矿以及可利用的非常规铝资源。与会专家期盼加大对非常规矿产研究的支持力度，显著的

技术创新，更高和更稳定的矿产价格以及有利于矿产资源发现与开发的政治和社会气候。

1987 年，美国地调局在俄勒冈州召开"非常规矿床找矿研讨会"，斯宾塞等探讨了"与核杂岩、拆离断层及相关现象相关联的矿床"，这表明在基础地质构造研究方面的新发现，也可以导致非传统新类型矿床的发现。

在 1989 年的第 28 届国际地质大会上，美国丹佛地质调查所格劳奇发表"早中元古代不整合：非传统铂族元素及贵金属的来源"一文。同一作者 1991 年以美国地调局公报形式发表了"黑色页岩中的非传统铂族元素资源前景：中国华南与加拿大育空地区实例及对美国资源的启示"一文。1992 年，丹佛地调所："非传统资源：它是我们的未来吗？"显示了对未来资源的关注。

在俄罗斯，非传统资源问题不断有所报道。在非金属方面："非传统镁硅酸盐陶瓷原料矿床的成因分类"（罗曼诺维奇，1991），"粗片状石墨：吉尔吉斯天山的非传统矿物原料"（金属矿床地质，1992），"砂矿非传统找矿方法"（舒尔科夫等，1993）。有色及贵金属方面："中西伯利亚非传统铂矿化"（少佐诺夫等，1997），"有色及稀有金属非传统类型：潜力及发现前景"（科奇涅夫等，1999），"低品位和非传统矿物原料开发前景"（拉特金等，1997）。其他如澳大利亚，加拿大，西班牙，波兰，捷克等国也都有关于非传统矿产资源的某些论述。如加拿大地调所列菲贝里等的"火山弧之非传统金属矿床"（1998），"与环境工程及农业相关的非传统非金属矿物原料"（吉兹瓦尔特，捷克资源地质专辑，1993）等。

近些年来，国内外地学界对于非传统矿产资源发现与开发的研究越来越给予重视。美国矿业局（现并入能源部）在俄勒冈州阿尔巴尼市建立了规模可观的研究院，专门研究目前在经济上尚不具备工业价值、尚不能开采或加工利用的矿床和矿石类型，为的是一旦传统矿产资源枯竭，则有可能立即有新类型资源接替。俄罗斯自然资源部下属的"有色及贵金属地质勘查研究所"研究领域包括"金刚石、贵金属及有色金属非传统资源"研究。

（一）在非传统新理论方面

俄罗斯学者布加耶茨（1973）认为："最重要的矿床赋存于地壳中具有最大异常地质结构性质组合的地段"。俄罗斯学者加利列夫（1982）也认为："大多数重要工业矿床与相邻地区相比具有特殊和异常的地质特征"。"非传统矿床类型研究需要对数据资料和原理进行创新性解释，从而形成新的成矿理论和预测可能赋存矿床的新的地质环境类型（美国资源调查子项目，1998）。

（二）在矿产资源新类型方面

美国矿产资源调查计划的"前缘领域"明确写道："发展新的和非传统矿床形成理论，用以查明新的特别是非传统矿床的远景区。……通过发展和检查矿床形成和产出状况的新理论来查明新的矿床类型，特别是非传统矿床类型，以及通过新矿床理论对矿区（区域）研究和检验来查明新的矿床远景区"。"地质和地球化学研究表明，还有许多另外的、迄今尚未被识别的矿床类型"（1998）。近年来，俄罗斯专家发现在碳质页岩中的 Au - Pt - 硫化物 - 碲化物 - 滑石菱镁片岩建造（干谷矿床）及 Au - Pt 族 - 石英 - 硫化物黄铁细晶岩建造（伊罗京达矿床等）中的非传统大型金铂矿床已引起广泛重视并有一系列新发现。

（三）在天然气水合物方面

自从 1810 年 Davy 在实验室中首次合成氯气水合物后，科学家对水合物进行了广泛的研究。至今两个世纪的调查和研究工作，大体分为三个阶段：第一阶段从 1810 年至 20 世纪 30 年代，科学家本着科学的好奇，研究一种气体和水如何形成固体物质，他们发现除了氯气外，甲烷、乙烷、丙烷、氧化氮、二氧化碳等均可形成水合物。第二阶段从 20 世纪 30 年代至 50 年代，苏联在研究消除远东输油管道被天然气水合物阻塞过程中，集中精力研究了极区天然气水合物产生的机理和过程。第三阶段从 20 世纪 60 年代至今，是水合物的发现时期。这期间在极地和大陆边缘地区勘探石油和深海钻探（DSDP 和 ODP）中发现大量地带存在天然气水合物，同时也发现地球气圈外的环境中也存在水合物。至今，已在各大洋和边缘海的大陆边缘及内陆湖泊中发现了 32 处存在水合物。

（四）在海底锰结核的认知和研究方面

这方面大体分为三个阶段（柯林斯基等）：第一阶段为认识阶段（1872～1965）；第二阶段为勘查分析阶段（1965～1974），包括研究存在条件及作为 Mn、Ni、Cu 及 Co 金属潜在来源的结核分布；第三阶段为资料积累阶段（从 1974 年起至今），发现了第一批矿床并开始研究对它的开发利用问题。1873 年，英国舰船"挑战者"号在对北大西洋进行调查时，在从海底挖取到的试样中，除了淤泥以外，"还有许多看上去很奇怪的卵形物体，长度约 1 英寸"。John Young Buchanan 对它进行研究后断定，它的主要成分是 Mn 的氧化物，这可以说是对大洋锰结核的首次认知，直至 20 世纪 70 年代初在太平洋研究结核开采所获得的结果才使这一发现具有工业意义。

上述种种情况说明，探索非传统矿产资源问题，涉及国家安全、社会发展、人们生活及环境保护等一系列重大问题。面向 21 世纪，为保证国家和社会的可持续发展，解决好矿产资源问题具有重要的现实意义。

第三节　非传统矿产资源分类

一、非传统矿产资源的分类原则

对非传统矿产资源而言，由于其所研究的对象主要是尚未发现和尚未开发利用的矿产资源，人们对它们的认识程度、研究程度和利用程度均较低，因此，非传统矿产资源（矿床）的分类比现行的传统矿床分类具有更大的"预测性"和"潜在性"。据此，在非传统矿产资源（矿床）的分类中应考虑以下原则。

（一）潜在的工业意义或找矿意义

矿床的工业意义主要在于两个方面，一是在质的方面，含矿地质体中有用组分的含量及其分布能够保证在当前的技术经济条件下加以分选和利用；二是在量的方面，即有用组分的储量可以保障在一定时期内进行工业化生产。

对非传统矿床而言，在其"质"和"量"两方面尽管难以用传统的矿床工业指标进行衡量，但也应有一定的宏观尺度，正如地壳所有岩石都含一定丰度的 Au，但不都是 Au 矿。因此，在非传统矿床现行分类方案中，主要考虑近些年来已经发现的矿床新类型和极具找矿潜力的或综合开发利用潜力的"潜力型矿床"，即在当前或近期的技术经济条件下，能够和有望得以工业利用的，具有现实的或潜在的工业意义，以及在新技术、新工艺下极具找矿与开发潜力的矿床类型。

（二）易于识别的矿床（找矿）标志

矿床分类的目的是利于指导找矿勘探与预测评价。而矿床的表部特征是人们最易于认识和易于掌握的直观标志。这对认识程度和研究程度均较低的非传统矿床而言，采用易于识别的分类标志尤显重要。根据非传统矿产资源的概念与内涵，以及研究现状，非传统矿床的表部特征主要有：天然产出的还是人为的；海洋的、陆地的或极地的（地理分布区）；矿床赋存和产出的地质体特征（含矿岩系或矿石建造类型等）。

（三）具有较强的动态意识

随着非传统矿产资源勘查工作的不断发展，分类方案在一定的原则下自身也要有所发展，矿床类型将不断被丰富。尤其随着现代采、选、冶技术工艺的提高，对不同时期的矿床工业要求是有所变化的，这就要求进行非传统矿床的分类应具有较强的动态意识。传统与非传统是相对的，因此，在非传统矿床类型——新的或特殊的矿床类型中，主要指近一二十年来新发现和新认识到的矿床类型，它们或未被开发利用，或尚未引人重视，或因发现历史短和其他原因而对它们的研究程度、认识水平与找矿力度方面均很低。随着已知矿、传统矿的渐趋枯竭，它们将成为新一轮找矿与开发的重要目标。

（四）应明确与"非传统矿床"的区别

"非传统矿床"与"非传统矿产资源"是两个既紧密联系但又有差异的概念。在非传统矿床类型划分中，非传统矿床是指把某种（或几种）矿产作为主体开发利用对象的非传统含矿地质体（包括人工的）。它们不包括如下两类非传统矿产资源研究对象：作为副产品综合回收利用的，它们多属传统矿床中的共伴生组分；开拓新用途的传统矿产和传统矿床类型。

二、非传统矿产的分类现状与不足

（一）非传统矿产资源的分类现状

对非传统矿产资源的发现和开发的基础研究在 20 世纪 80 年代就已开始，特别在工业发达国家开始得更早些，但迄今国内外尚无系统的、统一的分类原则与分类方案。

2001 年，赵鹏大、张寿庭基于非传统矿产资源为主要研究对象，提出非传统矿产资源战略目标性分类方案，见表 14 - 1 - 1。除本方案外，还有其他分类方案，但都未能很好解决非传统矿产资源的分类问题。

表 14 - 1 - 1　　　　　　　　　　　　非传统矿产资源战略目标性分类

潜力分类		目标分类
非传统矿产资源	新类型	1. 传统矿产非传统矿床新类型 2. 矿产（矿种）新类型
	新领域与新深度	1. 宇宙矿产资源 2. 海洋（及海底）矿产资源 3. 极地矿产资源 4. 大深度矿产资源 5. 常规勘探领域"无矿区"资源
	新工艺	1. 难采、选、冶，难提纯型（传统"呆矿"型及未综合利用者） 2. 再生型（尾矿库型） 3. 传统"非矿"型（低于传统矿床边界品位的"矿化围岩"和"矿化岩体"） 4. 再造型（人工合成、改性类）
	新用途	传统矿产（非传统利用方向）
	新要求	1. 环保型 2. 节能型 3. 高效型 4. 保健型 5. 农用型 6. 新兴高科技产业型 7. 其他特殊功用性

注：据赵鹏大、张寿庭，2001 年。

（二）本书采用的分类体系

基于以上认识和原则，本书根据空间分布将非传统矿产资源分为陆地非传统矿产资源、海洋矿产资源和太空矿产资源三大类。

第二章　陆地非传统矿产资源

第一节　传统矿产的非传统矿床新类型

矿产资源的新类型主要包括两方面含义：（1）新的矿产种类（矿产新类型），是指从前不认识以及原先认识但不知其性能和用途的矿物和岩石，根据其化学成分和其他质量指标，在现有的和新的工艺流程下成为可以利用的矿产资源新类型，在此称其为"狭义的非传统矿产资源"。（2）传统矿产资源的非传统矿床类型（矿床新类型），专指传统的矿产种类，但在成矿环境、矿床成因、矿石类型乃至矿石性能等方面均与传统的矿床类型相差异，由此也相应决定了非传统的找矿方向乃至非传统的开发利用方案（赵鹏大）。此类矿床可分为火山岩中的矿床亚类；砂岩中的矿床亚类；黑色岩系中的矿床亚类；铝、铁、锰质岩中的矿床亚类；磷质岩及磷块岩中的矿床亚类；硅质岩（喷流岩）中的贵金属 – 金属矿床亚类；可燃性有机岩中的矿床亚类；变质岩中的矿床亚类；风化壳型矿床亚类；温泉型矿床亚类和卤水型矿床亚类等。又可细分为冻土型砂金矿、红土型金矿、黑色页岩建造中的贵金属矿产、超高压变质带中的金刚石、煤系中的贵金属矿（Au、Pt、Pd 等）等数十种类型，现简要介绍其中比较有代表性的几个矿种。

一、红土型金矿

红土型金矿是产于红土风化壳剖面一定位置的表生金矿床，它是由含金较高的地质体在红土化作用下，使所含的金发生活化、迁移、沉淀富集所形成的。它是 20 世纪 80 年代新发现的金矿类型，具有品位低（一般为 $1.0 \times 10^{-6} \sim 5.0 \times 10^{-6}$）、规模大（中、大型至超大型）、易采（矿层松散、露采）、易选冶（池浸及堆浸、选冶工艺简单）、回收率高（>75%）、见效快（当年可见效）及效益高等特点。

红土化作用剖面是发育在花岗岩类、镁铁质和超镁铁质岩、沉积岩（如灰岩、钙泥质粉砂岩）及变质岩之上，具有铁质壳或硅质壳，并可能出现三水铝石富集的高岭土化剖面。典型的红土剖面由上至下一般由表层红土 – 硬（铁）壳带 – 斑点带（铝土矿带）– 杂色黏土带 – 腐泥岩带 – 基岩组成。在红土化过程中，酸性含盐（氯化物）地下水使岩石中或其他地质体中的金溶解、迁移，而当与二价铁相遇，并在二价铁氧化成三价铁的氧化物时，金就被还原并与铁的氧化物同时沉淀在红土层中，其反应式为：$(AuCl_4)^- + 3Fe^{2+} + 6H_2O = Au + 3FeO(OH) + 4Cl^- + 9H^+$，或者被含水氧化铝胶体、

MnO_2 胶体及黏土等吸附而富集成矿，从而形成红土型金矿床。

世界上第一个大型红土型金矿是 1980 年在澳大利亚发现的博丁顿金矿，其金的平均品位为 1.8×10^{-6}，储量 81 t。1985 年，在巴西找到了巴依尔金矿，其金的平均品位为 5.0×10^{-6}，储量 70 t。此外，在澳大利亚和巴西的其他地方，以及印度、越南、马里、几内亚、尼日利亚、喀麦隆、加纳、加蓬、美国等国也发现了这类矿床。在国内，从 20 世纪 80 年代末期至 90 年代初期也陆续有红土型金矿的发现，其中湖北蛇屋山金矿是我国发现的第一个大型红土型金矿，此外在湖南、江西、贵州、广东、广西、云南等省区也陆续发现了红土型金矿的线索，有的地区已经开发并获得了明显的经济效益。

（一）矿床类型

红土型金矿作为一种新的金矿类型，其研究程度较低，分类工作还很少。一般认为，一方面可按成矿时代的不同而分为古风化壳红土型金矿和新生代红土型金矿两类。另一方面可以根据为成矿提供矿源的地质体的特征及成矿作用的不同而分成两种类型：一类为初生红土型金矿，给该类矿床提供金源的地质体为含金丰度较高的各类岩石，其含金丰度为金克拉克值的 10 ~ 30 倍，其成矿作用仅与红土化作用有关，使岩石中的金富集成矿，即经历了一次成矿作用，如粤西某地红土型金矿就是由含金较高的花岗闪长岩经红土化作用而形成的，博丁顿金矿有部分矿化也属这种类型；另一类为改造红土型金矿，该类矿床的金来源于红土化作用前已经经历过一次或多次成矿作用而形成的金矿体或矿化体，这些矿体、矿化体在后来的红土化作用中受到改造，并使金得到进一步富集而形成的金矿床。这类矿床是红土型金矿的主体，也是找矿的主要对象，如博丁顿金矿、巴依尔金矿、湖北蛇屋山金矿、江西王家坊金矿等均是该类型。

（二）矿床地质特征

1. 含金风化壳剖面

前已述及，红土风化壳剖面一般由表层红土—硬（铁）壳带—斑点带（铝土矿带）—杂色黏土带—腐泥岩带—基岩组成。国内外几个红土型金矿区的红土风化剖面见表 14 – 2 – 1。

表 14 – 2 – 1　　　　　　　　　　　红土型金矿剖面分带

金矿名称	澳大利亚博丁顿	巴西巴依尔	中国蛇屋山
表层红土	表土层（松散豆石及红棕色铁质土壤）	红色腐殖土层	腐殖土层，湖积层亚砂土
硬（铁）壳带	硬帽（带铁质外壳的残留岩石碎块、铁质碎块、富铁铝的基质胶结）	硬壳层（铁质带，由铁氧化物结核、豆粒、铁质碎块及富铁红土组成）硬壳或硅帽（硅化岩、砂岩碎块、砾石及红土）	

（续表）

金矿名称	澳大利亚博丁顿	巴西巴依尔	中国蛇屋山
斑点带（铝土矿带）	B 层（铝土矿带，由弱至中等固结的结核和碎块状黏土组成，含少量层状铁质碎块）	混合层（斑点带，风化残留的破碎岩石及松散物质组成，具斑点及块状构造，含 Al_2O_3 高）红色网纹状黏土（网纹状构造发育）	
杂色黏土带	黏土带（纯白至杂色黏土，具斑点和块状构造，含有铁帽物质，而三水铝石很少）	泥质层（纯白至杂色高岭石黏土为特征）	黏土带（上部为浅色黏土亚带，下部为棕色黏土亚带）
腐泥岩带	腐泥土层（土黄色、黏土矿物及残余原生矿物组成）	腐岩带（黏土矿物及残余原生矿物组成）	灰色黏土带（局部有风化残余结构）
基岩	太古界安山岩、粗玄岩、花岗闪长岩（基岩中的硅质脉、网脉中有金、铜、钼、钨矿化）	太古界基性火山杂岩（基岩中有含金硫化物石英脉产出，并有热液蚀变）	下古生界及中生界碳酸盐岩及碎屑岩（有卡林型金矿）

注：据陈大经、杨明寿，1996 年。

2. 矿体产状、形态、规模

金矿体在剖面中产出的位置有一定规律，一般都产在硬（铁）壳带、斑点带及杂色黏土带中。如博丁顿金矿有三层矿体，第一层矿体主要产于铁质带中，少部分发育于表土层（山脊处）和黏土层（浅谷和山坡）中；第二层矿体产于黏土层中；第三层矿体则产于黏土层底部及腐泥土层中。巴依尔金矿则在硬壳层、混合层及泥质层中均含金矿，但主要在硬壳带富金。蛇屋山金矿的主矿体产于红色网纹状黏土层与棕色黏土层界面上下，主要在棕色黏土层中，其顶板往往是高岭土层，底板是棕色黏土层或灰色黏土层。而各个矿区在表层红土中含金很低，不构成工业矿体，即使有，也仅为次要矿体。另外，各矿区腐泥岩带含金量一般也较低，在蛇屋山金矿一般不构成工业矿化。对改造红土型金矿床而言，有的矿区在腐泥岩带也有工业矿化，如在巴依尔金矿即有金矿体产出。

矿体一般呈层状、似层状、透镜状。产状均较平缓，近于水平，并受风化壳不整合面形态控制，使其底板产状有起伏变化。矿床规模一般较大，常可达中大型乃至特大型。如博丁顿金矿，矿体长大于 2 000 m，厚一般 4 ~ 8 m，最厚 20 m，具三层矿；巴依尔金矿体已控制长 1 600 m，延深 100 m，宽 60 ~ 80 m；蛇屋山金矿矿体长约 1 300 m，宽 350 m，厚 1.20 ~ 41.20 m，规模达大型。

3. 矿石特征

（1）矿石的矿物成分：矿石矿物成分分为黏土矿物、铝矿物、铁矿物、锰矿物、石英及硅酸盐矿物、贵金属矿物等几大类。黏土矿物主要为高岭石，次为伊利石、多水高岭石、蒙脱石；铝矿物主要为三水铝石；铁矿物主要为褐铁矿（针铁矿），次为赤铁矿、磁赤铁矿；锰矿物为软锰矿和硬锰矿；石英类为粉状石英及玉髓；硅酸盐矿物为白云母、绿泥石等基岩残留矿物；贵金属矿物主要为自然金，次为微量银金矿；此外还有微量重晶石、金红石、钛铁矿、白钛石、锆石、碳质、自然铅、黄铁矿、辉锑矿、孔雀石、硅孔雀石、辉铜矿、赤铜矿及胶磷矿等。

（2）矿石的化学成分：矿石中化学成分主要为 Al_2O_3、Fe_2O_3 及 SiO_2，含量可达 83% ~ 92%，次为 MnO_2 及 TiO_2，其他成分很低，一般小于 1%。矿石中有用组分主要为金，含量较低，如博丁顿金矿含 Au 1.28×10^{-6} ~ 8.92×10^{-6}，平均 1.8×10^{-6}；巴依尔金矿含 Au 1.0×10^{-6} ~ 6.8×10^{-6}，平均 5.0×10^{-6}；蛇屋山金矿含 Au 1.1×10^{-6} ~ 7.6×10^{-6}，平均 2.0×10^{-6}。矿石中一般伴生银，但含量不均，如博丁顿金矿含银微量；巴依尔金矿含银一般 1×10^{-6} ~ 5×10^{-6}，少量高者可达 52.5×10^{-6} ~ 141.7×10^{-6}，但未见到自然银，推测为锰矿物所吸附；蛇屋山金矿含银 0.72×10^{-6} ~ 12.99×10^{-6}，有害元素 S、C、As、Cu、Sb 等一般含量很低。

（3）矿石结构构造：矿石松散。矿石结构有泥状、含粉砂泥状、粉砂状及残余结构。矿石构造有土状、网纹状、絮状、皮壳状、角砾状、条带状、斑点状、结核豆粒状、结核状和块状。

（4）金矿物特征：金粒形态可分为圆粒状、不规则状及少量半自形 - 自形金。一般圆粒金产于风化层的上部，呈似球形、卵形、水滴状等，球粒表面有许多蚀斑或腐蚀孔洞，光泽暗淡，这种圆粒金被认为是原生金受到化学风蚀作用形成的，如在印度南部尼伦布尔地区即有这种金粒产出。有的圆粒金是次生的金，产于铁氧化物结核的空洞中或与胶状针铁矿伴生于收缩裂隙中，如巴依尔金矿；博丁顿金矿则见有小水滴状金产出。多数金粒呈不规则状产出，如细丝状、树枝状、似海绵状、丛束状、花瓣状、片状及粒状。少量金呈半自形 - 自形的规则外形，为多边形、六边形或八面体金，如西澳的南汉南金矿及巴西巴依尔金矿。金的粒度一般很细，多呈次显微金，粒度一般 < 10 μm，少量金粒可达 100 μm ~ 3 mm，甚至呈块金产出。

金的赋存状态：主要呈次显微状或微粒状的游离自然金存在，产于针铁矿结核及豆粒中，或产于褐铁矿裂缝中；或者吸附在红土中的铁、铝氢氧化物上，或者吸附于黏土矿物晶体边缘。呈包体金者极微；少数呈小板状金甚至块金产出。

金的成色：金矿物的成色较高，为红土型金矿的重要特征，其金的成色多大于 900。如巴依尔金矿自然金的成色为 987 ~ 1 000，采自铁质带下部的金几乎均为纯金（成色 >998），而铁质带上部的金粒含较多的 Ag，银金矿中含 Ag 达 21.37%，在所有金粒中含 Cu 可达 0.41%，还含 Hg（最高 1.04%）、Pt（最高 0.08%）、Pd（最高 0.07%）；在西澳巴多克金矿的金粒中，含 Ag < 0.07%；博丁顿金矿的自然金含 Au 98.62% ~ 98.94%，Cu 1.45% ~ 1.75%，仅含微量的 Ag、Fe；印度尼伦布尔地区红土中的金为高纯度金；马里康加巴金矿的金粒没检测到 Ag。研究认为，该类矿床中金矿物成色高与地表水中的氯淋失银导致金的纯化有关。

二、黑色页岩建造中的贵金属矿产

(一) 黑色页岩建造中的贵金属矿产评价研究现状

黑色页岩建造系指形成于特定地质时期、特殊地质环境中的以富含碳质和有机质为特征的泥岩、粉砂岩和页岩的岩石共生组合。其中赋存许多已知有色金属 (Pb、Zn、Cu、Sb)、稀有金属 (V、Mo、W、Hg) 和贵金属 (Au、Ag、Pt、Pd 等)，以及某些分散元素 (Ge、Re、Se、B、Cd、Tl)、放射性元素 (U、Ra) 和碱 - 稀土元素等矿产，并且有层控化的特点。不管对层控化的解释如何多样化 (正常火山成因、热液 - 沉积成因、后生的、内生和外生成因或变质成因)，也不管矿质和碳质的来源如何，都可以发现碳质与某种成矿元素或一组金属的富集状态有明显的共生和成因关系 (У. АсаналИев，1984)。这类矿床大致经历了沉积同生初始富集和沉积后生矿质叠加成矿两个相互联系的过程和机制。

近年来，矿化黑色页岩经济上的重要性日益引起人们重视，在世界许多地方都发现与黑色页岩建造有关的工业矿床和潜在金属堆积，它们代表了诸如 U、Mo、Ni、Mn、V、Hg、Sb、W、Pt、Pd 和 Au 等金属矿产的一个重要来源。随着对黑色页岩日益增长的重要性的认识，《国际地质对比计划》第254项 "含金属黑色页岩" 于1987年1月启动，其主要目标是建立黑色页岩建造的一般特征，描述与黑色页岩有关的具有重要经济意义的矿床定位的成矿过程 (Jan Pasava，1996)。

1. 黑色页岩建造的时空分布

Y Alexander 等 (1996) 从区域上研究了不同时代含碳岩石中贵金属定位的地质特征。在这些建造中，有机碳含量 ($C_{有机}$) 变化范围自 0.N% 至 N×10%。乌克兰地盾西部前寒武纪黑石墨成因地层以富 Au (约2 μg/g)、Pd (约5 μg/g) 为特征。北哈萨克斯坦文德 - 里菲期 (Vendian - Riphean) 碳质石英页岩柱剖面研究表明，其贵金属质量分数：Au 0.02~0.8 μg/g、Pd 和 Pt 0.000 1~0.03 μg/g。在阿尔泰 Djnngarsky 地区，里菲期碳质页岩剖面里的里菲多金属矿床中观察到 Pt 和 Pd 含量的增加。在西乌兹别克斯坦早古生代黑色页岩矿田边界具热液蚀变岩的构造位错带内发现 Pd (几乎没有 Pt、Ir) 的局部异常。在北勘察斯 (Caucasus) 下侏罗统碳质燧石泥质页岩中发现 PGE (主要是 Pd) 和 Zn、Cu 以及 Au 的浓集异常，浓集带位于溶液通过的辉绿岩带侵入接触带部分。东 Carpathians 黑色页岩建造带 (早白垩世和渐新世) 以 Au 和 Pd 的背景含量增加到 N×0.01 μg/g 为特征，岩石中黄铁矿化煤 - 燧石相部分具有 Au 和 Pd (0.1~1.0 μg/g) 浓集异常。在黑海大陆架某些泥质黏土中发现 Pd 和 Au 的高含量。贵金属元素组 (PGE) 初始 (沉积成因的) 异常浓度出现在古成因煤和未成岩的现代沉积物中，这一事实表明贵金属元素组初始堆积的沉积机制可能是主要的。进入沉积盆地的贵金属元素组和每个特殊区域过去沉积迁移的机制决定了地球化学组合的差异：Pd、Pt - Pd，Pd - Pt - Ir 等与 U - V、U - Cu - Ni、Cr、Au 等。不能排除由区域金属专属性来确定这些特殊参数。Y·S·Polekhovsky (1996) 发现波罗的海前寒武纪地盾黑色页岩建造异常富集 V、U、Au、Ag、Pd、Pt、Cu、Mo、Pb、Zn、Cr、Ni 和 Re。中北欧 Kupferschiefer 和中非巨型含 Cu 砂页岩成矿带中也发现贵金属矿化。

在我国，富含 Ni、Mo、V、Cu、U、Ba、Pt、Pd、Au 和 Ag 的黑色页岩含矿建造广泛分布于扬子地台下寒武统底部至震旦系陡山沱组上部。地理分布包括滇东、川西、川黔桂邻接区、粤北、湘（中、西、北）、鄂西（三峡地区）、皖浙赣等地区（Fan Delian, et al, 1987；R M Coveney, et al, Li Shengrong, et al, 2 000）。在华南海相三叠纪黑色页岩中发育金矿化（Zhang Aiyun, 1996）。华南中元古代双桥山群、早寒武世水口群组和泥盆纪佘田桥组属于含 Au 黑色页岩建造。在这些建造中，C$_{有机}$与 Au 含量呈正相关关系。据报道，贵州遵义钼矿床是世界上唯一一个从黑色页岩中开采 Mo 的矿床。该矿山年产 1 000 tMo，平均品位 4%，此外，还含有高达 4% 的 Ni，2% 的 Zn，0.7 μg/g 的 Au，0.3 μg/g 的 Pt，0.4 μg/g 的 Pd 和 30 ng/g 的 Ir；类似的矿化亦产在加拿大育空地区的 Selwyn 盆地和美国中部地区泥盆纪密西西比黑色页岩系中。

中国泛滥平原沉积物 Pt、Pd 地球化学填图结果（成杭新等，1998）表明，在我国存在三个 Pt、Pd 地球化学省：滇黔 Pt、Pd 地球化学省；新疆天山 Pt、Pd 地球化学省；西藏雅鲁藏布江 Pt、Pd 地球化学省。其中滇黔 Pt、Pd 地球化学省规模巨大，分布在 9 个超级汇水盆地内，Pt、Pd 最高含量分别达到 5.2 ng/g 和 4.2 ng/g，面积近 10 万 km^2。

2. 黑色页岩建造贵金属矿化特征

В·В·季斯特列尔等（1996）根据形态特征将黑色页岩建造贵金属矿床分成两类：一类是矿化厚度几十米至几百米，长度可达数千米的矿带，如俄罗斯干谷 Au – Pt 矿床；另一类是矿体厚度小（1～2 cm），长度大，金属含量高，如波兰 Kupferschiefer 矿床和加拿大尼克 Ni – Zn – Pt 矿床等。此外，德国哈茨山脉曼斯费尔德铜矿床铜矿石含 Pt 0.02～4.5 g/t，同时，还含 Au，Pd 和 Ni 等。这类含贵金属的黑色页岩，是属有远景的铂族矿床新类型。下面以俄罗斯干谷特大型 Au – Pt 矿床和波兰 Kupferschiefer 矿床为例分别阐明这两类矿床的矿化特征。

（1）干谷（Сухойпот）型 Au – Pt 矿床矿化特征：

干谷矿床作为特大型金矿床发现于 20 世纪 60 年代（2.79 g/t，Au 1 350～1 620 t），它被确认为特大型 Pt 矿则是近些年的事。由于矿床即将进行工业开发，加之发现含金矿石样品中 PGE 含量偏高，故对该矿床的含 Pt 性进行了评估。结果表明，该矿床从一个特大而"较贫"的金矿床一跃成为特大而"较富"的 Au – Pt 矿。

该矿床属于产在含碳沉积变质黑色页岩组合的层状贵金属和有色金属矿床类型，产于新元古代内陆裂谷陆源和陆源 – 碳酸盐沉积变质岩中。Pt 的含量通常大于 0.1 g/t，局部大于 1 g/t，最高可达 3～5 g/t。铂矿化一部分与金矿化地段重合，部分超出了金矿化的范围，容矿岩中有机碳含量 2%～7%。

矿石矿物多达 75 种，分别属于自然金属、金属固溶体和金属互化物、硫化物和砷化物等；但 Pt 的主要存在形式是自然铂和 Pt – Fe – Cu 金属固溶体。

Pt 族金属和有机质存在下列关系：①矿床金矿带中的 C 有机含量与贵金属总含量之间没有相关关系；C$_{有机}$平均含量约为 0.7%，变化范围为 0.2%～5%。②在有机质中以干酪根为主，它是原始沉积有机质遭受变质改造的产物。③C 有机成分中含可溶性有机质，有机质成分中存在气相。④高溶性有机质（沥青类）作为具有有机配位体贵金属化合物的可能"富集者"有极大意义。⑤X 射线光电子能谱显示出金在碳质中以不带电状态（Au^0）存在；这意味着碳粒富集呈金属（自然）状态的 Au，但金粒可能极细，被碳粒活化表面吸附，不排除 Pt 族元素亦属类似情况。

（2）Kupferschiefer 型矿床矿化特征：

Kupferschiefer 型 Cu – Ag 矿床位于波兰西南部，二叠纪沉积盆地的南缘，基底主要有元古代片麻岩、片岩、千枚岩和花岗岩类组成；其上盖层为石炭系和二叠系，盖层与基底为不整合接触。

矿床包括 Lubin，Polkowice，Rudna 和 Sieroszowice 4 个正在开采的矿山。年产40 万 t Cu，1.2 万 t Pb，1 000 t Ag，300 t Ni，600 kg Au，150 kg Pt + Pd，V、Mo 和 Co 在矿石中的品位类似于 Ag 的品位，但目前无法回收。具经济品位 Cu 矿石，在白砂岩中占储量的 50%，在黑色页岩中占 20%，暗色白云岩中占 30%，平均矿化厚度 4 m。Lubin 矿区北部的 Rotliegendes 群含有天然气矿床，且以富含 Hg 为特征。

含贵金属页岩最发育地段通常对应最强烈的 γ 异常，其出露厚度几 cm 至 50 cm，页岩直接与红色砂岩接触，且氧化还原界面直接位于还原黑色页岩与氧化的红色砂岩接触带，页岩底部存在几 cm 厚并引起强烈 γ 异常的碳铀钍矿页岩。对贵金属元素，每个元素具有不同的垂直分带。

①金（Au）：金形成两处最大值。一是直接对应于碳铀钍矿页岩之下，与 Au 一起形成组合异常，Au 含量可达 150 μg/g，存在于连续 Ag – Cu 固溶体系列或有机质中；二是位于氧化还原界面之下的红色砂岩中，Au 含量可达 90 μg/g，但仅有几 μg/g 的 Ag，Au 含量受高成色金控制，而很少见两相金。

②铂（Pt）：铂形成一个浓集最大值，可高达 300 μg/g，直接位于氧化还原界面之上，除有机质中的铂之外，至今没有发现独立铂矿物。

③钯（Pd）：钯在黑色岩系的底部形成一个宽广的浓集最大值，并在氧化还原界面之下的氧化带中急剧减低到几 μg/g。在氧化还原界面还原带之上，Pd 的平衡受几种砷化物、硫化物—砷化物、Ni – Co 砷化物和有机质控制。在氧化还原界面氧化带之下，Pd 的丰度取决于钯砷酸盐、铋钯矿（PdBi）和金属钯。钯砷酸盐常常通过交代已存在的钯砷化物而形成。

④银（Ag）：银形成 3 个极大值。一是位于碳铀钍矿页岩之上，Ag 的平衡被银硫化物控制，伴随 Pt 含量的增加；二是直接位于碳铀钍矿页岩之下，与第一个 Au 极大值相对应，Ag 的浓度受控于 Ag – Au 固溶体系列；三是直接位于氧化还原界面上，与 Au 的亏损相对应。Ag 的平衡受控于 Au – Ag 化合物，少量角银矿（AgCl）。氧化还原界面以下单氧化带，Ag 含量下降至几 μg/g 水平。

目前，该矿床成因存在三种观点：一是同生沉积模型。根据这种模型，金属沉淀于厘米或米级海水沉积物界面上，金属来自于异常的海水。二是成矿模型。根据成矿模型，金属来自下伏地层（Rotliegendes），且在早期成岩作用过程中沉淀于 Zechstein 接触带附近的氧化还原界面上。三是最新模式建议。金属沉淀沿上升的氧化流和来自上覆的 Zechstein 蒸发岩的下降流界面发生；贵金属元素组（PGE）和 Au 的高值来自于与铀矿床有关的不整合，在那儿 PGE 可达到 1 μg/g 级，金可达到几 μg/g 级。

3. 几点基本认识

（1）含金属黑色页岩的分布具全球性，但据目前的报道主要分布于北半球，譬如东亚、中亚、中北欧、北美、南美等地，时代从元古代到中生代。

（2）成矿环境包括：离散裂谷作用；与汇聚状态相伴随的离散裂谷作用；坳拉槽；由火山和构造活动导致的具有有限海水循环的孤立和半孤立的缺氧盆地，其盆地形成与特定的地质时期内陆裂谷演化相联系。

（3）成矿物质具多源性特征，围绕火山中心发育于含金属黑色页岩中的 PGE 异常很可能受控于火山－热液作用地球化学和排泄中心及其附近的有机质还原作用。

（4）成矿作用具典型的同生沉积和后生叠加的特征。

（5）大型矿床形成的必要条件是：①存在含有与内陆裂谷发育相联系的红色沉积物的巨大沉积岩盆地。②存在大范围的地球化学障。③长期和单向的成矿作用过程。大型和特大型的含铜砂页岩矿床与大范围的海洋成因障有关，其矿化规模与有用组分浓集过程的长期性具有直接关系。④世界上大多数特大型矿床产于新元古代，因为这一时期地球上出现了与富含有机质蓝绿藻有关的特大型同生障。

总之，国内外研究现状分析还表明：①黑色页岩建造中蕴藏着丰富的贵金属矿产，具备形成大型、超大型矿床的成矿条件。②国外，尤其是俄罗斯，在这一领域开展了较为系统深入的研究工作，并在找矿上取得重大突破，发现了干谷超大型 Au－Pt 矿床，研究经验值得我们借鉴。③我国黑色页岩建造广泛发育于扬子地台、西南三江、藏南和天山等区域，初步研究表明在上述地区存在 3 个面积约达 10 万 km^2 的 Pt、Pd 地球化学省。自 1999 开展新一轮地质大调查以来，在我国西部地区发现新的含铜砂页岩成矿带。这表明我国具备形成该类矿床的成矿条件，并显示了贵金属矿产资源巨大的潜力。从地质异常继承演化的角度分析，昆阳裂谷、攀西裂谷和中条裂谷亦是值得注意的找矿远景地段。

三、碱性岩中的金矿

近年来，在俄罗斯远东地区、日本、南太平洋诸岛国、美国、加拿大和我国陆续发现了一大批与碱性岩有关的大型－特大型金矿床。碱性岩与金矿的密切关系及碱性岩型金矿床备受重视。

（一）碱性岩型金矿床的概念

20 世纪 80 年代初期，Bonham 和 Giles 以及 Mutscheler 在研究北美科迪勒拉造山带中金矿床时，首先注意到富金－碲浅成热液矿床与碱性火成岩的成因联系。Mutschler 把该类金矿床命名为与碱性岩有关的浅成热液金矿床，与 Bonham 提出的石英－萤石－冰长石为特征的浅成热液金矿床的含义基本一致。之后，Bonham 又把该类金矿命名为碱质类浅成热液金矿床，而 Cox 和 Bagby 把它命名为与碱性浅成岩－喷出岩有关的金－

银－碲脉状矿床，Jaireth 则把该类金矿床称之为含碲浅成热液金－银矿床。康斯坦丁诺夫的 Au－Te 型和 Dennis PCox 等的石英－冰长石型中很大一部分主要与碱性岩有关。H F Bonham 将浅成热液金矿床划分为高硫型（酸性硫酸盐型或明矾石－高岭土型）、低硫型（水长石－绢云母型）、碱质型 3 类，其中碱质型即与碱性岩有关。

碱性岩型（或碱质类）金矿床是指与碱性火成岩浆活动有关的一类金矿床，通常具有以下几个共同特点：

（1）与高碱质（$Na_2O + K_2O$）和富挥发性组分的碱性岩（或碱性流体）有关热液金矿床。

（2）含 Au－Ag 碲化物。

（3）高成色自然金，矿石 Au/Ag 比值高。

（4）具典型的石英＋钾长石碳酸盐±萤石±冰长石±钒云母蚀变矿物组合。

（5）矿床硫和贱金属元素（Cu－Pb－Zn）含量相对较低，常含硫盐（天青石、重晶石等）及氧化物矿物（赤铁矿、磁铁矿及镜铁矿等）。

（二）与金矿床有关的碱性岩

国内外与金矿化有关的碱性岩，岩性变化很大，包括从基性（超基性）到酸性，从中（深）成到浅成（地表）的碱性、过碱性火成岩，如碱性花岗岩－碱性流纹岩、碱流岩类，霞石正长岩－响岩类，碱性辉长岩－碱性玄武岩类，霓霞石－霞石岩类，碳酸岩类；碱性岩同钙碱性岩的过渡类型，或称亚碱性岩，如正长岩－粗面岩类、二长岩－安粗岩类；另外还有一些特殊的脉岩，如煌斑岩和碱性伟晶岩脉等。

与金矿质有直接关系的碱性侵入岩常呈孤立状浅成－超浅成小岩体（斑岩体）、岩株、岩脉或岩墙产出，成群分布，或呈角砾筒状和管状分布于破火山口。在我国东坪金矿区出现岩基状正长岩－二长岩水泉沟杂岩体，其与金矿的关系越来越受到质疑，大量的资料表明，成岩时代为海西期（288～305 Ma），而成矿在燕山期（157～177 Ma），成岩和成矿是两次不同地质事件的产物。可以认为，与金矿化有直接关联的碱性岩体（脉）的特点是规模较小。至于大规模碱性岩浆作用形成的岩基－岩席状碱性侵入－喷出岩的含矿（成矿）能力大小及其原因，尚待进一步研究来回答。

上述碱性岩常出现特征的碱性暗色矿物，如角闪石、富镁黑云母，副矿物以富磁铁矿、榍石、锆石为特征。岩石化学成分总体特点是 K_2O、Na_2O 含量高，$Na_2O > K_2O$，氧化性较强，Fe_2O_3/FeO 高，准铝、贫钙，与石原舜三所定义的磁铁矿系列（或 I 型）火成岩相当。可见，与金矿床有关的碱性岩主要是指那些钾、钠含量与硅、铝含量比相对过剩的一套从基性（超基性）到酸性，从（中）浅成侵入岩（次火山岩）到喷出岩的碱性系列岩石。过去碱性岩定义采用了许多方法，主要是以矿物成分变化为依据，导致局面混乱。目前，多数学者赞同 F·E·Mutschler 给碱性岩下的定义：（$Na_2O + K_2O$）重量% > 0.371 8（SiO_2 重量%）－14.5；Na_2O（mol）＋K_2O（mol）≥ Al_2O_3（mol），为过碱性的，而二氧化硅饱和度——副长石类矿物是否出现不是判断碱性岩的标准。碱性岩岩石微量元素特点是明显富集不相容程度高的大离子亲石元素（LIL），如 K、Rb、Sr、Ba、U、Th、Pb、Ce，尤以 Sr、Ba 含量高为特点，贫 Tb、Nb、Hf、Zr、Sm、Y、

Yb 等高场强元素和过渡族元素 Cr、Co、Ni 等。岩石中富含 H_2O、CO_2、F、Cl 等挥发性组分；岩石中出现晶洞和一些结晶较好的造岩矿物。稀土元素总量偏低，富轻稀土，而贫重稀土，$(La/Tb)_N$ 大，LREE/HREE 值较大，无明显的 δ_{Eu} 异常或弱的正异常，稀土配分曲线为平滑的右倾直线型。岩体 $\delta^{18}O$ 值多小于 10‰，$^{87}Sr/^{86}Sr$ 初始值小于 0.710；$\delta^{34}S$ 值较均一，接近陨石硫；全岩和长石铅同位素均落在地幔演化线附近或地幔与造山带演化线间。

大多数学者认为碱性岩来源于富碱和碱稀土地幔，Werle 等认为碱质岩浆起源于碱性玄武岩浆（硅不饱和），碱性玄武岩浆很可能是各类碱性火成岩杂岩体的母岩浆。其中镁铁质岩浆是在地幔深部高压下经低熔融度分熔形成的，而富挥发分长英质碱性岩（如正长岩、粗面岩）等则可能是原始镁铁质碱性岩浆在深部储源中分离结晶的产物。林景仟等认为与归来庄金矿有关的铜石次火山杂岩体富镁铁质的母岩浆是交代地幔较低程度熔融的产物。也有部分学者认为碱性岩浆起源于壳幔混合源区，强调了壳幔物质交换与位移，导致碱性玄武质岩石的部分熔融而形成富含成矿流体的碱性岩浆。葛良胜等在研究滇西北与金矿有关的碱性岩特征后，提出了深部地幔（富碱）流体上升至壳幔区致使该区源岩部分熔融形成岩浆的机制。

在分析碱性岩起源演化时，还要充分注意以下事实：

（1）碱性岩（系列）与钙碱性岩（系列）的密切共生；部分地区还出现岩基状钙碱性中酸性岩石。如山东平邑归来庄金矿区铜石杂岩体出现高钾钙碱性二长闪长质岩和钾玄岩系列的二长质正长岩，俄罗斯远东与金矿化有关的阿尔丹杂岩体由火山成因安山-闪长岩系列、二长岩系列和碱性岩系列 3 个岩系组成。

（2）相对钙碱性岩而言，碱性岩一般多在晚期晚阶段形成。

（3）钙碱性岩形成于相对挤压的环境，而碱性岩形成于相对张性构造的环境，控岩（矿）张性断裂周期性由浅入深的下切。考虑上述事实，我们认为碱性岩型金矿碱性母岩浆和同熔型钙碱母岩浆均来自地幔，是交代地幔较低程度熔融的产物，首先形成钙碱性岩浆，富碱的岩浆却并不是在产生钙碱性岩浆的亏损源区生成的，而是由更富含低熔组分及不相容元素以及较高的 K_2O，可能来源于熔融层更深的富钾交代源区，较高的压力条件下有利于富碱岩浆的产生。至于岩基状产出的重熔型岩浆，则形成更早，为挤压构造环境下地壳物质重熔的产物。

由于深断裂切割深度不断加深、物化条件变化（压力增大）及构造环境由挤压向张性演化以及源岩部分熔融程度不断减弱，在地壳、壳幔、地幔不同深度（层位）形成重熔型钙碱性母岩浆、同熔型钙碱性母岩浆和碱性母岩浆。虽然晚期岩浆都不同程度遭受到早期（上层）岩浆的混染（表现在氧、锶、铅同位素上），但其本质属性却基本保持不变。

（三）碱性岩及其有关金矿床形成的地球动力学环境

与碱性岩有关的金矿床，和与其有关的碱性岩，大都位于扩张的构造环境之中，主要出现在大陆裂谷区、俯冲带发育晚期松弛阶段的靠大陆一侧以及大洋和大陆板块内部深大断裂中。如弧后、板块俯冲期后、弧-弧碰撞带、裂谷、区域性深大断裂。J·R·

Richards 和 R·Kerrich 等认为，广阔的聚敛格架内发生构造性质转变的地区（碰撞、俯冲后应力再调整），可能导致产生小体积的异常的幔源岩浆体。我国与碱性岩有关的金矿床亦多位于俯冲带后弧（远弧）环境，如内蒙古包头 – 张宣地区，位于海西 – 印支期西伯利亚板块与华北板块的碰撞拼贴作用以后的拉伸作用，及燕山期太平洋板块向欧亚板块俯冲碰撞作用后的伸展作用期间形成的后弧环境；豫西、江苏溧水等碱性岩型金矿区则位于华南板块和华北板块碰撞拼贴晚期陆内俯冲作用由挤压向伸展作用转换时期的前弧或后弧环境。

含金碱性岩体多起源于地幔，沿高渗透性构造带穿过岩石圈，然后上升到地壳浅部。因此，构造通道，也就是说，可渗透性区域性地壳横推断层或线性构造的生成、演化、活动是成岩、成矿的一个非常重要的地球动力学条件。如内蒙古包头 – 张宣地区乌拉山 – 尚义 – 赤城深大断裂。这条古老深大断裂，在地质历史中，由于地球动力学环境的改变，经历过多次的压性和张性及其过渡类型活动，沿此深大断裂带分布着 ξ_{1-2}、ξ_3（ρ_3）、ξ_4、ξ_5 等众多的多期碱性岩体，同时也指示着可能存在多期次的矿化作用。菲律宾群岛菲律宾 NE – NNE 向深大断裂由一系列平行碰撞俯冲带的构造，控制了菲律宾碱性岩及其有关矿床的空间分布。许多学者已经注意到，俯冲碰撞造山与碱性岩浆起源的密切关系，俯冲碰撞包括弧 – 弧、弧 – 洋底高原或弧 – 陆之间的碰撞。F·E·Mutschler 等考虑到碱性岩浆作用在时间、空间上的分布，结合主要构造特征和地球物理特征分析认为，碱性岩都发育在与软流圈上升有关的地幔异常区（热点）。在克拉通内部，被动克拉通边缘及弧后板块边缘中，热点上部或线性地幔异常区往往发生下述事件：

（1）区域性地壳穹顶或穹隆作用。

（2）地壳拉伸和裂谷断裂作用。

（3）岩石圈和软流圈地幔因降压熔融发生的碱性岩浆上升及高层位侵入作用。

（4）局部地区发育由壳下玄武岩底侵作用引起的地壳部分熔融所产生的钙碱性岩浆岩。

（四）碱性岩型金矿床地质特征

聂风军等系统总结了美国科罗拉多科里普柯里克（Cripple creek）金矿床、科罗拉多（Colorado）金 – 碲成矿带、蒙大拿（Montana）中部碱质类金矿区、巴布亚新几内亚波格尔（Porgera）和卡尔山（Mt Kare）金矿床、利黑尔（Lihir）岛上的拉杜拉姆（Ladolam）金矿床和斐济恩派尔（Emperor）金矿床等国外著名的碱质类金矿床地质特征。综合起来，国外碱性岩型金矿床均具有如下几点标志型特征：

（1）金矿和碱性岩浆岩具有密切的空间关系，碱性火成岩多以中、浅成小侵入体、岩脉为主，并多伴有喷出岩，金矿多发生在碱性岩浆作用晚期，与最晚期的具斑状特征的侵入相有关。

（2）与岩浆活动有关的金矿化多有两期，即深部斑岩型金或铜金矿化，浅部为浅成含金碲石英脉。一般来讲，此类矿床的早期矿化与岩浆热液流体有关，晚期矿化则与岩浆热液与大气降水混合热液有关。

（3）成矿虽比成岩时间略晚（时差＜1Ma），但应属同一期构造）金砂成矿是岩浆热事件不同阶段的产物。

（4）具特征的石英－萤石－碳酸盐－冰长石－钒云母蚀变矿物组合。

（5）矿石矿物贫硫化物，发育特征的金－碲化物，自然金成色高。

（6）矿石特征微量元素组合为：Au、Ag、Te、V、F、As、Sb、Hg、Cu、Pb、Zn、Mo。

国外学者强调了该类型金矿床浅成、富碲的特征，认为碱质类浅成热液金矿床在其深部过渡为斑岩型铜－贵金属矿床。我国典型的碱性岩型金矿床，以中、新生代与大陆拉伸断裂、裂谷碱性火山－次火山岩有关的金矿床最为常见，可划分为两个亚类：一类是与大陆拉伸断裂碱性火山－次火山岩侵入岩（中浅成）有关的浅成热液型，如江苏溧水、铜井，山东平邑归来庄，云南姚安、北衙，冀南黑山门等金矿床；另一类与中深成二长岩－正长岩组合、碱性正长岩脉、碱性伟晶岩脉群有关的中深成脉型，如冀北张宣地区东坪、后沟、黄土梁金矿床，内蒙古包头市哈达门沟、乌兰不浪沟金矿床等。

中国两类碱性岩型金矿床，在成矿环境、围岩蚀变、矿物组合和元素组合、同位素地球化学等多方面有相似之处，不同之处是浅成热液型亚类矿物组合相对复杂，出现较多的浅成、低温指示矿物，而中深脉状亚类则以强烈的钾长石化蚀变为特征，其差异性原因是成矿深度不同。中国浅成热液碱性岩型金矿床和国外典型的碱质类金矿床特征相似，而中深脉状碱性岩型金矿下部并不发育斑岩型矿化，而以其强烈的钾长石化蚀变、特殊的矿化类型、形成于中深环境等特征而独具中国特色。

第二节　难采、难选、难冶、难提纯型矿产资源

一、低品位矿产资源

低品位矿也是俗称的贫矿，是相对于高品位的富矿而言的，世界各国并没有统一的划分标准。在市场经济条件下，矿山企业为了追求投资回报及延长矿山企业寿命，在经济品位以上的资源都能得到正常开采；经济品位以下的资源，由于它们的开采处于亏损状态，矿山企业对它们的关注程度偏低，除非矿产品价格大幅上升或矿山企业成本大幅下降，或政府大力扶持，它才具备开发的可行性。很明显，低品位矿是指在当前技术经济条件下，由于主组分品位较低而单独开采经济亏损的矿体，按品位级别划分，人们把经济品位以下、边界品位以上的资源统称为低品位矿产资源，如图14－2－1所示。

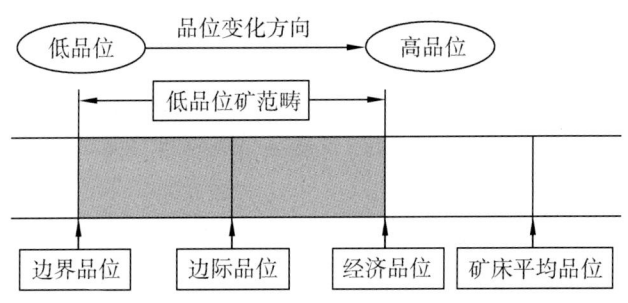

图 14 - 2 - 1　低品位矿产资源储量范畴

我国矿产资源的显著特点之一就是品位低。如我国铜矿的平均品位仅为 0.87%，大于 200 万 t 级的超大型铜矿品位基本上都低于 1%；镍钴贫矿占到总储量的 30% ~ 40%；铁矿贫矿占到总储量的 95%；锰矿贫矿占到总储量的 93%。此外，我国资源总回收率低，矿产固体废弃物排放量大，其中含有不少有用成分，据统计，目前我国金属矿山产生的尾矿堆存量已达 50 余亿 t，并且以每年 2 亿 ~ 3 亿 t 的速度递增。例如，德兴铜矿祝家废石场自 1994 年开始排放废石以来，现已排放废石约 7 000 万 t，设计最终排放量达 6.8 亿 t，废石中铜金属量估算将超过 60 万 t。

（一）低品位矿床传统开采技术进展

从现今国内外矿山生产实践来看，低品位矿床的传统采矿方法应用中，主要存在以下问题：

（1）回采工艺比较复杂，回采工效较低，回采经济效益较差，而且随着矿石品位的下降，回采经济效益也随之急剧下降，这是促使不少矿山将大量低品位矿脉或矿体弃而不采的根本原因；

（2）矿损贫化率大小也直接影响矿山的经济效益，尤其是矿石贫化率影响更大。如果低品位矿脉或矿体的开采技术条件复杂，更增加了开采难度，势必使回采工艺更加复杂，回采工效更低，回采经济效益更差，这就是导致大量低品位矿脉或矿体损失的其他重要原因。

近十几年以来，为了充分利用低品位资源，不断地改变传统低品位矿脉或矿体开采时的大量浪费或损失，我国有色金属矿山进一步研究、试验和寻求更佳的新型采矿方法，主要是：①大力提高采矿工效和采场生产能力，使矿石成本进一步降低；②大力降低采掘比和各项材料消耗，使回采成本进一步降低；③大力降低矿石贫化率，使矿石运输和选矿费用进一步降低。

总之，大力降低采选成本，应是充分利用低品位矿脉或矿产资源的主攻方向或科研方向。也就是说，应该根据各类不同的矿脉或矿体特征，因地制宜或"因矿创法"地研究试验和应用相应的新型采矿方法。我国有色金属矿山改进传统采矿工艺技术，进行低品位矿床开采，主要取得了以下几方面的进展：

（1）在缓倾斜极薄、薄低品位矿脉（矿层）中，因地制宜地改变传统采矿法的回采方法及其工艺，合理选取分采和混采方法，充分利用上盘围岩的稳定性，合理改变采场结构要素，提供空场下出矿条件，并采取相应的装运设备，以进一步简化回采工序，降低各项材料消耗、降低采矿成本和降低矿石贫化率；

（2）在缓倾斜中厚低品位矿体中，已逐步改变传统底盘漏斗采准布置，简化采切工程，充分利用上盘围岩的稳定性，合理改变了采场结构要素，合理选取回采顺序，提供空场下出矿条件，推广应用了相应的高效采、装运设备，以进一步降低采场工程量及其各项材料消耗，降低矿石贫化率和降低采矿成本以及提高采场生产能力；

（3）在缓倾斜厚、极厚低品位矿体中，充分利用岩矿的稳定性，改变传统凿岩巷道布置及其崩矿方式，合理改变了采场结构因素，大力降低大块产出率，提供空场下出矿条件，推广应用了相应的高效采、装运设备，进一步提高采场生产能力、降低采切工程量、降低采矿成本以及降低矿石贫化率；

（4）在急倾斜极薄、薄和中厚低品位矿脉或矿体中，合理选取分采或合采方法，合理简化采切布置，充分利用围岩的稳定性，提供空场下出矿或留矿出矿条件，以进一步降低采切工程量、降低矿石贫化率以及降低采矿成本；

（5）在急倾斜厚、极厚低品位矿体中，从岩矿稳定性出发，合理改变采场结构要素和巷道崩矿方式，简化采准布置，为推广应用高效采、装运设备提供条件，正确选取回采顺序，有效控制岩矿地压，减少岩矿接触面，以进一步提高采场生产能力和回采工效，降低矿石贫化率和采矿成本。

（二）低品位矿床开采的先进技术方法

1. 溶浸采矿技术

溶浸采矿是根据物理化学原理和化学工艺，利用某些化学溶剂及微生物，有选择性地溶解、浸出和回收矿床、矿石或废石中有用组分的一种采矿方法，它是一门涉及地质学、采矿学、湿法冶金学、物理化学、流体力学等多学科交叉的边缘学科。按浸出工艺和方法不同，溶浸采矿可分为原地浸矿法、堆浸法和就地破碎浸矿法等3种主要方法。

原地浸矿法简称"地浸"，其显著特点是用溶浸液直接从天然埋藏条件下的非均质矿石中选择性地浸出有用组分的地、采、选、冶联合开采矿石的方法；堆浸法指用传统采矿方法将矿石采出，运出原地后堆置于井下空场或巷道中，或运到地表堆场或废石场，然后进行浸出和加工成商用产品的方法；就地破碎浸矿法是利用露天或井下碎胀补偿空间，通过爆破或地压手段将矿石就地进行破碎，然后进行淋浸，并通过集液系统将浸出液送往提取车间，制成合格产品的方法。

随着现代化建设的发展，中国激增的矿石需求量与中国大多表现为"一贫二杂三差"的矿产资源之间的矛盾愈发突出。溶浸采矿因能较好地回收常规开采方法不能回收的低品位矿石、难采矿体、难选矿石和废石中的有用成分，拓宽了地下矿产资源的利用范围，增加了矿石储量，为满足中国工业对矿石产品日益增长的需求开辟了新途径。而且，与传统的采矿方法相比，溶浸采矿具有环境污染小、生产成本低等显著优势，故溶浸采矿技术在低品位矿床开采中显示出了广阔的应用前景。

长期以来，国内外学者对溶浸采矿的理论和实践给予了极大关注。特别是20世纪70年代以后，美国、加拿大、苏联、澳大利亚等国在溶浸采矿领域开展了大量的研究。

据不完全统计，目前，国外采用溶浸法生产的铜金属占总产量的30%左右，铀金属量占总产量的20%，金产量占到25%左右。

目前，国内外溶浸采矿技术已日趋成熟，在几种主要金属如铀、铜、金、银的生产中，溶浸采矿技术生产量所占比例逐年增加。在理论和技术方面也不断取得创新、突破，主要表现在以下几个方面：

（1）工艺技术经过多年实践，不断改革，已日趋完善。如钻孔工程的改善；溶浸范围的控制及生态环境的保护与复原；溶浸液的最佳选择与配制；钻孔网度的数值模拟；各种控制和监测系统的形成；细菌的培养与菌液的制备；布液和集液工艺；流程设施和输送与抽注液管道的防腐；防止渗漏的技术；爆破块度的控制；浸出与提取工艺的改进等方面均积累了丰富的经验。

（2）已将多学科的最新成就紧密结合起来。如矿床成因新理论、湿法冶金的离子交换、溶剂萃取；石油开采的钻井、固井、完井技术；水文地质学中水动力学和渗流理论等。溶浸采矿是在矿床学、地质学、地球化学、水文地质学、采油工艺学、湿法冶金学、选矿学及常规采矿学等相互渗透、相互影响下迅速发展的。

（3）溶浸采矿理论的研究，在浸矿热力学条件和动力学机理、细菌浸矿机理、多孔介质流体动力学、计算机模拟等方面取得了大量成果。

2. 溶浸采矿关键技术

（1）地下浸出矿石块度控制的挤压爆破技术：在地下破碎浸出工艺中，矿石的爆破破碎效果将直接影响到地下浸出率。如何根据具体的情况和条件，研究设计一种切实有效的爆破技术对浸矿块度进行控制是地下溶浸的关键之一。采用自拉槽小补偿空间一次挤压综合崩矿技术，成功地实现了数万吨级爆破的矿石块度控制，满足了地下浸矿工艺对爆岩块度的要求。起爆方案是：毫秒微差非电导爆管与导爆索复式起爆。具体的爆破网络设计方案是：双排同段多排微差一次挤压爆破。

（2）孔网布液与静态液流系统控制技术：设计下向垂直扇形孔进行静态渗透布液，确保了布液均匀，不留死角。设计全新的地下浸出液流系统模拟试验方法，考察不同布液方式、不同布液强度、不同喷淋制度、不同矿石块度等因素对浸矿液流的影响，最终为工业化浸出生产的各项工艺参数的确定提供设计依据。工业化生产表明，设计的布液方案正确，液流系统均衡，没有形成浸矿径流，浸出效果好，浸出液浓度最高达5.6 g/L。

（3）注浆防渗与疏导结合的综合集液技术：集液是地下溶浸的关键环节，如果浸出的富液没有得到有效收集，不但造成铜金属的损失，而且将对地下水造成污染。一方面通过导流孔进行浸出液的疏导汇集，另一方面通过注浆孔进行防渗注浆。注浆采用孔口循环的半循环式注浆工艺。工业化生产表明，该项技术应用效果良好，集液率达92.18%。地下水环境监测数据也证实，地下浸出生产以来，地下水的pH、SO_4^{2-}、Cu^{2+}、Fe^{3+}浓度均符合地下水环境评价（GB/T14848-93）"地下水质量标准"的三类标准。

3. 溶浸采矿在低品位矿床开发的应用

(1) 低品位铜矿:

为了开发利用铜矿峪铜矿赋存的大量难采难选低品位氧化矿资源,1997～2000 年,北京矿冶研究总院、中条山有色金属公司和长沙矿山研究院合作,进行了国家"九五"重点科技项目"难采难选低品位铜矿地下溶浸试验研究"的攻关,形成了"孔网布液,静态渗透,注浆封底,综合收液"技术特色的成套地下浸出提铜技术,首次成功地实现了原地破碎浸出采矿技术在我国有色矿山的应用,取得了良好的经济效益和显著的社会效益。

1997～2001 年,经北京矿冶研究总院和寿王坟铜矿共同努力,完成了国家财政部资源补偿费资助项目"寿王坟铜矿空区存窿矿石就地细菌浸出技术研究及工业化",对于低品位的混合铜矿,浸出率达 68.11%,集液率达 93.48%,已属于优异指标。实现了国内第一家铜矿资源数万吨级就地细菌浸出工业化生产,取得了 914.32 万元的年直接经济效益和显著的社会效益。此外,黑龙江省多宝山铜矿对地下低品位氧化铜矿首次实现了国内首家寒冷地区的堆浸。在防冻方面采用埋入矿堆的滴管布液法,效果非常好。

紫金山铜矿生物提铜技术研究在完成试验室小型试验和扩大试验基础上,进行了现场 300 t·Cu/a 和 1 000 t·Cu/a 级工业试验。入浸铜品位0.42%～0.88%,浸出周期180～240 天,铜浸出率75.68%～80.84%。电铜质量达到国家 A 级铜标准。技术创新点包括:①改良与应用了本土微生物,得到驯化菌与诱变菌,提高了耐酸性和浸出效率;②研究成功了适合于高 S/Cu 比铜矿特点的生物堆浸工程技术、酸铁平衡技术和除杂技术;③成功开发了高温多雨地区生物堆浸过程水平衡技术。针对紫金山含砷低品位铜矿特点,与传统的选矿——火法炼铜工艺相比,该技术较好地解决了砷的污染问题。所开发的技术及其指标居国内领先,达到国际先进水平。紫金山铜矿已形成国内第一条地下采矿－生物堆浸－萃取－电积千吨级生产线,累计生产阴极铜 3 209 t,获得经济效益 2 590 万元。应用该技术成果建设的紫金山万吨级生物提铜矿山基本建成,使铜储量达146 万 t的紫金山大型低品位硫化铜矿得到大规模开发,预计年经济效益可达 1.84 亿元。该技术成本低、对环境友好,经济效益显著,可推广应用于我国低品位及偏远地区铜资源开发。

(2) 离子型稀土:

采用就地控速淋浸采矿方法开采离子型稀土矿,基本上不破坏矿山植被,不产生剥离物及尾矿污染。由于浸出电解质溶液从风化矿层上部注入,进入风化层下部后,还可渗入到半风化层、微风化层直到花岗岩基岩,大大提高了稀土资源的利用率。就地浸出采场面积小则数千平方米,大则数万平方米,参加浸出矿量几万吨至几十万吨,稀土产量几十吨到几百吨,矿山生产能力比池浸成倍增长,不但使工人劳动条件大为改善,而且生产费用大大降低。由于采用碳铵沉淀,上清液经回收处理,闭路循环使用后,浸出电解质耗量比池浸工艺要低,加上无须建造一系列造价较高的浸析池,因而吨稀土成本比池浸工艺有大幅度降低。寻乌稀土原矿生产公司近十年来一直在探索用溶浸采矿法来开发离子型稀土矿床，其中部分矿区已经取得了一定的成功。

（三）低品位矿床开采面临的形势

近年来，中国有色行业虽然在低品位矿利用方面取得了一定的成绩，但也还存在许多问题。首先，低品位矿利用发展不平衡。有色矿山低品位矿利用工作，在绝大多数矿山已开展，但发展缓慢且不平衡。开展低品位矿利用往往是社会效益大于经济效益，是"功在当代，利及千秋"的事业。其次，开展低品位矿利用的相关试验研究深度、广度不够。很多矿山对低品位矿利用没有形成系统的科学管理体系，使利用工作上不了档次，上不了规模。因此在矿石采选过程中，在回收主产品的同时应加强改进工艺流程以提高综合利用率。第三，低品位矿利用回收率低。据报道，目前中国共、伴生组分综合回收率达 70% 以上的企业不足 40%，有色矿山伴生金的选矿回收率一般只有 50% ~ 60%，伴生银的回收率 60% ~ 70%，与国外的指标相比分别相差 10% 左右。第四，中国的现行矿业税费过重。1994 年 1 月以来，实行新的税费制度，有色矿山企业的税费增加了 15% 左右，这使得大多数企业必然采富弃贫以暂时减轻过重的税赋。

二、难选冶难提纯矿产资源

（一）我国低品位、难选冶难提纯矿产资源概况

我国矿产资源储量丰富、种类齐全，在已查明资源储量的 172 种矿产资源中，一些重要矿产往往是低品位和难选冶、难利用矿产。铁矿、铜矿、铝土矿、磷矿、锰矿等大宗矿产已经探明储量的矿床大多数是贫矿，其资源储量状况为：

（1）截至 2011 年底，我国已查明的铁矿资源储量为 743.9 亿吨，平均品位为 33.5%，比世界平均水平低 11% 以上，其中 97.2% 为贫矿，品位大于 48% 可直接入炉冶炼的富矿保有储量仅占全部铁矿查明资源储量的 1.6%，绝大多数铁矿品位在 25% ~ 40% 之间，占我国铁矿查明资源储量的 81.2%，易选冶的磁铁矿矿石仅占 51%，矿石处理技术难度大，精矿成本较高，钒钛磁铁矿、含稀土铌铁矿、锡铁矿、硼铁矿等多组分共生矿占 1/3，混合矿占 3.5%。

（2）2011 年底，我国已查明铜矿资源储量为 8 612.1 万 t，平均品位仅为 0.87%，不及世界主要生产贸易大国的铜矿石品位的 1/3，铜矿石品位大于 1% 的富铜矿仅占我国查明铜矿资源储量的 30.5%，另外 69.5% 是低品位矿，目前国内许多开采品位降到 0.5% ~ 0.4%，个别大型露采矿山的边界品位为 0.2%。

（3）截至 2011 年底，累计查明铝土矿资源储量 37.5 亿吨，平均硅铝比（A/S）仅 6.01，A/S > 10 仅占 6.97%，98.4% 的铝资源为一水型铝土矿，而三水型铝土矿资源储量仅占全国总储量的 1.6%，80% 以上属中低品位矿石，贫多富少，且多为伴生矿产，开采难度大。

（4）我国是世界磷矿资源大国。截至 2011 年底，我国查明磷矿资源储量为 193.6 亿 t，磷矿 P_2O_5 平均品位仅 16.95%，富矿少，且胶磷矿多，选矿难度大。大、中型磷矿床多赋存于震旦纪、寒武纪和泥盆纪等古老地层中，岩石坚硬，开采困难，矿石品位极低，中、低品位磷矿约占资源总量的 92%，需经过选冶才能被利用。

（5）截至 2011 年底，我国锰矿矿石查明资源储量 7.70 亿 t，大部分已处于开发利用状态。锰矿平均品位仅 22%，还不及世界商品矿石工业标准（48%）的一半，品位大于 30% 的富锰矿石查明储量仅 4 297 万 t。锰银氧化矿是一种公认的难选冶矿石，其中银金属总探明资源储量已达数千吨，由于锰银分离一直没有找到合理的工艺，我国的这类银矿石未得到有效的开发和利用。

（二）我国低品位、难选冶难提纯矿产资源勘查和综合利用现状

目前，我国已探明矿产资源储量仅次于美国和俄罗斯，居世界第 3 位。2011 年 11 月国土资源部发布的《中国矿产资源报告（2011）》显示，我国铁、铜、铝等重要矿产资源的贫富状况如图 14-2-2 所示，总体查明率如图 14-2-3 所示，待查明矿产资源仍有巨大潜力。随着找矿勘查技术和分析测试技术的进步，近年在内蒙古、辽宁、河北等地不断有地质找矿重大突破，显示我国的低品位、难选冶矿产资源具有巨大的找矿及利用潜力。我国复杂共伴生矿多，选冶难度大，综合利用效率低。我国已探明矿产储量中，共、伴生矿床占 80% 左右，全国 25% 的铁矿、40% 金矿、80% 有色金属矿及大多数煤矿都有共、伴生矿产。难选矿多、易选矿少，使得我国矿产资源开发和综合利用难度较大、成本较高、效率较低。如鄂西高磷铁矿，已查明资源储量超过 30 亿 t，远景储量在百亿 t 以上，但铁、磷分离困难；我国菱铁矿资源储量居世界前列，已探明资源储量约 18.34 亿 t，但菱铁矿的理论铁品位较低，且常与 Mg、Ca、Mn 呈类质同象共生，因此采用物理选矿方法很难将铁精矿品位达到 45% 以上；东北多宝山铜钼矿是一个特大型、低品位斑岩型铜钼矿床，该矿床已探明铜金属量为 237 万 t，由于矿体中铜钼品位较低，至今尚未解决选冶技术问题；我国铝土矿利用率为 23%，98% 以上是加工能耗很大的一水硬铝石型资源，如山西保德的高铁铝土矿，一水硬铝石含量 60% ~ 80%，目前尚未得到有效利用；我国北方的低品位磷矿储量巨大，但杂质元素较多，现有技术条件下，难以综合利用。

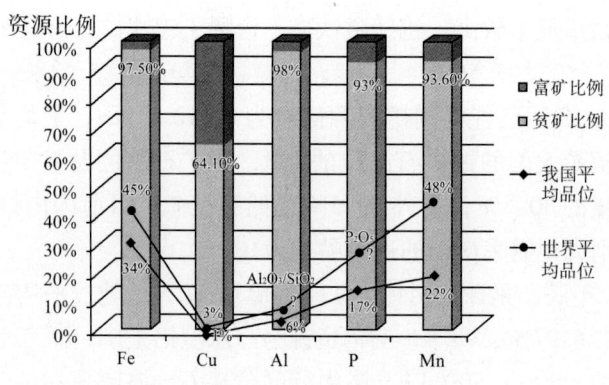

图 14-2-2　我国铁、铜、铝等矿产资源贫富比例及品位

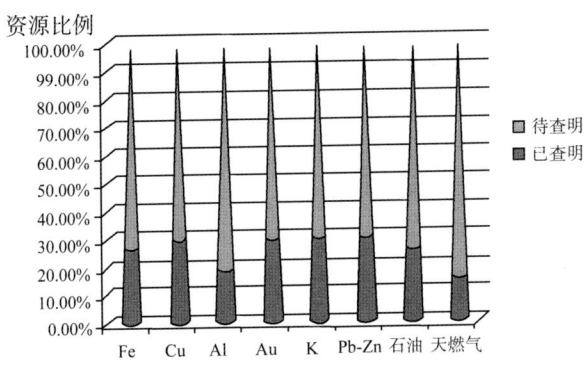

图 14-2-3　我国铁、铜、铝等矿产资源查明率

第三节　再生再造型矿产资源

一、尾矿库型

（一）我国尾矿处置现状

根据《中国环境统计年鉴—2011》统计，全国黑色金属、有色金属、非金属及其他采矿业 2010 年产生的工业固体废弃物量达 63 160.07 万 t，其中得到处置的废弃物为 33 196.96 万 t，占总量的 52.6%，综合利用的废弃物为 19 224.05 万 t，仅占总量的 30.4%，而对于尾矿的综合利用，其数值更低。在以往的矿山开采过程中，由于矿石自然品位较低、采选和加工技术及设备落后等原因，导致大量具有可回收资源的尾矿废弃。近年来，虽然企业开始逐步重视尾矿的综合利用，但仍存在以下问题：其一，尾矿产生量巨大，但利用率极低；其二，尾矿综合利用的技术装备水平有限，尚需加大技术资金的投入；其三，对尾矿综合利用的重要性虽有一定认识，但认识程度不够；其四，政策法规不够完善，现有政策对尾矿综合利用支持力度不够；其五，缺乏关于尾矿综合利用的基础数据统计，相关基础工作仍很薄弱。由此可见，我国尾矿综合利用仍任重道远。

（二）尾矿资源具有巨大的开发潜力

由于早期矿石资源开采技术有限，开采模式单一，以及开采过程中存在的采富弃贫、采易弃难现象严重，直接导致了矿石开采尾矿残存的矿石品位依然处于较高水平，甚至有部分尾矿品质高于国家的工业品位。如此大量有用组分残留在尾矿之中，必然造成了尾矿资源的严重浪费。在矿石资源需求量不断增大的今天，尾矿资源的进一步综合利用有着广阔的市场，特别是对于那些早期由于技术条件限制残留下来的具有一定品位的尾矿，其再开采、再利用价值不可估量。因此，随着技术进步，尾矿资源开发潜力将会得到更深层次的挖掘。

矿石开采中有很大一部分的矿产资源是共伴生矿，由于选矿技术差异和目标矿石的不同，大量有价值资源遗留在尾矿中。因此，尾矿的再选实际上是实现尾矿资源的充分利用。以金矿为例，我国早期建成的黄金矿山由于工艺水平落后，导致金的回收率较低，在黄金尾矿中金的品位仍具有较高水平。如河南银洞坡金矿在 1996 年开始对原老尾矿库进行再选，采用全泥氰化—炭浆提金工艺回收老尾矿中的金、银，以金浸出率 86.5% 和银浸出率 48% 计算，该尾矿库可回收金 760 kg、银 5 t，再创造的产值逾 7 000 多万元。此外，除贵金属具有较高再选价值外，尾矿中的其余金属也可进行再选利用，如攀枝花铁矿每年从铁尾矿中回收 V、Ti、Co、Sc 等多种有色金属和稀有金属，其回收产品的价值占矿石总价值的 60% 以上。江西德兴铜矿通过尾矿再选，年回收硫精矿 1 000 t、Cu912t、Au3 314 kg，产值达 1 300 多万元。

（三）尾矿综合回收实例

1. 铜尾矿再选回收

湖北铜绿山铜矿选矿采用浮选 - 弱磁选 - 强磁选工艺流程，生产出的尾矿品位：铜 0.8%、金 0.83 g/t、银 6 g/t、铁 22%，经再选回收获得含铜 15.4%、金 18.5 g/t、银 109 g/t 的铜精矿，含铁 55.24% 的铁精矿，铜、金、银、铁的回收率分别为 70.56%、79.33%、69.34%、56.68%。按日处理 900 t 强磁尾矿，年生产 300 天计算，每年综合回收铜 1 435.75t、金 171.26 kg、银 1 055.92 kg、铁 33 757 t。

湖北赤马山铜矿于 1960 年投产至 1991 年共排出尾矿 357 万 t，平均品位：铜 0.096%、金 0.1 g/t、银 1.8 g/t、铁 6.84%，其金属含量约为铜 3 427 t、金 357 kg、银 6 424 kg、铁 24 276 t，还含石榴子石 24.5%。经再选综合回收试验可以获得含铜 27.74%、金 8.47 g/t 的铜精矿，含铁 68.52% 的铁精矿，含石榴子石 97.5% 的石榴子石精矿，其铜、金、铁、石榴子石的回收率分别为 39.45%、9.93%、21.37%、36.36%。

湖北丰山铜矿于 1971 年投产至 1991 年共排出尾矿 780 万 t，尾矿平均品位：铜 0.143%、金 0.1 g/t、银 3.6 g/t、铁 7.2%、硫 2.58%、WO_3 0.031%。经重选 - 浮选 - 磁选 - 重选联合工艺流程试验，获得含铜 20.5% 的铜精矿、含硫 43.61% 的硫精矿、含铁 55.61% 的铁精矿、含 WO_3 8.27% 的钨粗精矿，其铜、硫、铁、WO_3 的回收率分别为 45.39%、38.39%、19.04%、20.25%。

安徽铜官山铜矿是最早开发利用尾矿的矿山，该矿响水冲尾矿库从 1952 年至 1967 年共堆存老尾矿 860 万 t，其中可回采利用的有 620 万 t，平均品位：硫 5.82%、铁 28.73%，采用先选硫后选铁工艺；1975 年至 1988 年共处理尾矿 459 万 t，总产硫精矿 61.1 万 t、总产铁精矿 83.5 万 t，实现利润总额 2 500 万元。

安徽新桥硫铁矿尾矿平均品位：金 0.5~0.8 g/t、银 8.21 g/t、铜 0.43%~0.46%，经阶段磨矿阶段浮选试验，获得品位为铜 6.32%、金 6.4 g/t 的金铜精矿，其铜、金回收率分别为 43.7%、23.1%。

2. 铅锌尾矿再选回收

辽宁八家子铅锌矿从 1969 年投产至 1990 年已堆存老尾矿 260 万 t，尾矿品位：银 69.94 g/t、硫 2.335%、铅 0.19%、锌 0.187%、铜 0.027%，经小型浮选试验，获得银精矿品位 1 193.85 g/t，回收率为 67.34%。按尾矿处理量 800 t/d，年生产天数 250

天计，每年可综合回收金属银 8.92 t。

辽宁柴河铅锌矿至 1990 年已堆存老尾矿 260 万 t，采用螺旋溜槽重选、精矿浮选，获得了合格的锌、铅、硫精矿，并使银得到综合回收。按年处理尾矿 85 万 t 计，浮选的重选精矿 15 万 t，每年可综合回收品位为 46% 的铅精矿 1 890 t，含硫 35% 的硫精矿 10 542 t，含锌 45% 的硫化锌精矿 5 840 t，含锌 35% 的氧化锌精矿 18 991 t。铅精矿中含银 3 212 kg。总产值 1 227 万元（不含硫精矿价值），利润 330 万元。

3. 金尾矿再选回收

南非从金尾矿再选回收工艺比较先进。在南非，估计有 34 亿 t 含金品位在 0.2 ~ 2 g/t 的金矿尾矿，同时每年还产出约 8 000 万 t 的尾矿。目前南非的 19 个浮选厂中有 12 个处理尾矿，其中 6 个处理回收老尾矿，6 个处理生产过程中的尾矿，从中回收金。

河南灵宝市有十几座采用混汞—浮选工艺的金矿选矿厂，每年排出大量尾矿，平均含金品位 1.2 g/t，相当于一个中型金矿。根据对其中三个选矿厂尾矿的再选回收试验，均获得了金品位为 30 g/t 以上的金精矿，金回收率 43% 以上。

河南三门峡市安底金矿对混汞—浮选尾矿进行小型堆浸试验，共堆浸 1 640 t 尾矿，尾矿含金品位为 4 ~ 5 g/t，堆浸后取得了最终尾渣含金品位 0.7 g/t，浸出率 80.56%，炭吸附率 99.30%，解吸率 99.30%，总回收率为 79.44% 的技术指标。

山东龙头旺金矿于 1990 年起从最终尾矿中回收铁，每年多回收含铁品位为 60% 的铁精矿 1 076 t。

4. 钨矿伴生硫化矿尾矿

我国石英脉黑钨矿中伴生银品位很低，一般为 1 ~ 2 g/t，高者也只有 10 g/t 多，虽品位很低，但大部分银随硫化矿物进入混合硫化矿精矿中，分离时有近 50% 的银丢失于硫化矿浮选尾矿中。铁山垅钨矿对这部分硫化矿尾矿进行浮选回收银试验，可获得含银品位 808 g/t，回收率为 76.05% 的含铋银精矿，采用三氯化铁盐酸溶液浸出，最终获得海绵铋和富银渣。

5. 黄铁矿烧渣回收金银

乳山化工厂于 1985 年建成我国第一座大型硫酸渣提金车间，黄铁矿焙烧制酸后，经水淬、磨矿、浸前浓缩脱水，然后氰化浸出、洗涤、锌粉置换沉淀，浸渣经磁选回收铁。金浸出率 67.97%、洗涤率 97.3%、置换率 98.87%、冶炼回收率 97.6%，金总回收率 63.82%。年产金 62.5 kg，银 134 kg。

二、人工合成改进型

人工合成矿物（Synthetic Minerals）是指人工模仿自然界矿物制造而成者，譬如合成宝石；人造矿物（Artifical Minerals）指的是在实验室中，透过置换原子或改变排列而创造出的非自然矿物。

某些矿物在自然界的产出较少，但工业上的需求却极高，供需无法平衡的结果使得人们致力于人工合成矿物与人造矿物的研究。

目前，许多人造矿物的性能早已超过相对应的天然矿物，有些人造矿物可以代替某些天然矿物，不仅能够降低开采成本，还可以控制矿物的质量与大小。所以人造矿物的研究和生产发展很快。

石英与金刚石是合成与人造矿物中最重要的两种。石英由于具有压电效应，按晶体一定方向切割的薄片广泛应用于电子工业上，如雷达上就需要这种切片，但要想获得这种薄片，必须是透明、无缺陷的石英晶体，大小还有一定要求。虽然石英在自然界普遍分布，但符合要求的石英晶体却很少，即使有这种晶体，在开采过程中也很容易将晶体震裂，影响使用价值。自从 1947 年实验室培养出人工晶体后，为工业生产提供了大量透明可用的晶体，现在光学和电子工业上所用的石英晶体都是人造石英晶体。20 世纪 80 年代末，全世界人造石英生产能力已近 2 000 t。

金刚石以其最大硬度、半导体性质以及光彩夺目的光泽，分别应用于钻头切割、电子工业和宝石工业上。从 1955 年开始在实验室合成人造钻石，但颗粒较小，只有 1 克拉左右，这种钻石不够透明，故多用于切割工业。而用于首饰上的金刚石只有少数是人工合成的，大多数是以其他人工合成的矿物作为金刚石的代用品。人造立方氧化锆（ZrO_2）、人造金红石（TiO_2）、人造尖晶石（$MgAl_2O_4$）等，这些矿物都具有高的折射率和色散，经过加工后均能出现闪闪发光的色散效应，可代替金刚石用于首饰工业，镶嵌在戒指上，而人工合成的金刚石中含有硼、铍、铝等杂质，使其半导体性能强于天然金刚石。

近年来，随着生活物质环境的改善，人们对于宝石饰品的喜好也不断增长，为了满足大量的需求，人工合成宝石逐渐代替了天然宝石。例如人造祖母绿、人造刚玉、人造绿松石等，在市场上都已拥有一定的销售量。外观近似的程度几可乱真，非专业人士无法轻易辨认。

由于天然矿物中的杂质含量一般较高，再加之当前矿物开采基础条件较差，开采设施还不完善，随着一些产业对特种陶瓷产品和耐火材料制品各项性能要求的不断提高，完全采用天然矿物原料制备特种陶瓷和耐火材料已很难满足其性能要求，而特种陶瓷和耐火材料中广泛使用的碳化硅、碳化硼、镁铬尖晶石、铬镁尖晶石和锆莫来石等原料在自然界中根本不存在。因此，可通过合成熔融氧化铝、碳化硅、莫来石、锆莫来石、铬镁尖晶石、镁铬尖晶石和氧化锆等人造矿物，并把它们推广应用到陶瓷、耐火材料和玻璃工业生产中很有意义。

（一）合成矿物的主要特征

1. 合成矿物的突出优点

由于合成矿物有很多突出的物理化学性能，从而提升了它们在陶瓷、耐火材料中的应用价值。在物理性能方面，通常采用合成矿物加工而成的陶瓷材料具有较低的气孔率和较大的体密度，从而可使材料具备很高的荷重软化温度，材料所特有的硬度也可使其具备良好的耐磨性。在化学性能方面，采用合成矿物制备而成的陶瓷材料不易与熔融物发生反应，可使其保持良好的抗侵蚀性。例如：用氧化铝、氧化锆和氧化硅合成的 AZS 对高温玻璃熔体具有很强的抗侵蚀性；合成镁铬尖晶石对熔渣等高温侵蚀性成分也呈惰性；氧化铝、氧化锆等其他一些合成矿物即使在达到甚至超过其自身熔融温度时也不会受到氧化作用的影响；碳化硅、碳化硼等合成矿物即使在温度高达 1 400℃时也能够保持良好的抗氧化性；硅酸盐类合成矿物莫来石、硅酸锆等即使在超过其熔融温度时也具有抗氧化性能。

由于采用电炉进行矿物合成具有可调节性和灵活性的特点，这样可确保合成矿物能够严格按照人们的意图得到制备。在尖晶石合成过程中，可通过合理控制氧化镁和氧化铝的最佳含量得到理想的合成尖晶石矿物；同样通过灵活、准确地调节氧化镁或氧化铬的含量可分别得到以镁为主体成分的镁铬尖晶石和以铬为主体成分的铬镁尖晶石。合成矿物的纯度远高于天然矿物。例如，在熔融莫来石中莫来石的含量可高达 99%，而从自然界中得到的天然莫来石矿物中的莫来石含量一般仅为 93% ~ 94%；熔融氧化铝中的氧化铝含量也可高达 98%，而从自然界中得到的高铝矿物——天然刚玉的氧化铝含量一般仅为 70% ~ 95%。

2. 合成矿物的质量特征

质量稳定是合成矿物所具有的另一个显著特征。如果我们把经过加工处理后的高纯度氧化铝和高纯度的氧化硅置入电炉内，通过合成的方式可获得质量稳定的高纯度莫来石；通过对高纯度氧化铝进行加工处理，同样也可得到纯度高达 99.5% 以上的氧化铝。如果采用铝矾土加工制备氧化铝，通过三种或多种铝矾土相混合，可减小天然矿物在纯度上的差异。通常铝矾土中的主体成分是氧化铝和氧化钛，除此之外还有氧化铁和氧化硅等。在高温熔融阶段，焦炭、铁屑等添加剂的引入有助于杂质成分的排出，可得到含量为 96% 左右的氧化铝。

（二）人工合成金刚石的主要方法

1. 高温高压法（HPHT）合成金刚石

1796 年，S. Tennant 将金刚石燃烧成 CO_2，证明金刚石是由碳组成的。后来又知道天然金刚石是碳在深层地幔经高温高压转变而来的，因此人们一直想通过碳的另一同素异形体石墨来合成金刚石。从热力学角度看，在室温常压下，石墨是碳的稳定相，金刚石是碳的不稳定相；而且金刚石与石墨之间存在着巨大的能量势垒。要将石墨转化为金刚石，必须克服这个能量势垒。根据热力学数据以及天然金刚石存在的事实，人们开始模仿大自然的高温高压条件将石墨转化为金刚石的研究，即所谓的高温高压（HPHT）技术。

早期合成金刚石的想法始于 1832 年法国的 Cagniard 及后来英国的 Hanney 和 Henry Moisson。但直到 1953 年，瑞典的 Liander 等才通过 HPHT 技术首次成功合成了金刚石，接着，美国 GE 公司的 Bundy 等人就利用此法得到了人造金刚石。他们把石墨与金属催化剂相混合，通常使用 Fe、Ni、Co 等金属作催化剂，在约 1 300 ~ 1 500 K 和 6 ~ 8 GPa 的压强下得到了金刚石，并于 20 世纪 60 年代将 HPHT 金刚石应用于工具加工领域。

不用催化剂得到金刚石的实验在 1961 年获得成功。用爆炸的冲击波提供高压和高温条件，估计压强为 30 GPa，温度约 1 500 K，得到的金刚石尺寸为 10 μm。1963 年又在静压下得到了金刚石，压强为 13 GPa，温度高于 3 300 K，历时数秒钟得到的金刚石尺寸为 20 ~ 50 μm。

目前，使用 HPHT 生长技术一般只能合成小颗粒的金刚石。在合成大颗粒金刚石单晶方面，主要使用晶种法：在较高压力和较高温度下（6 000 MPa，1 800 K），几天时间内使晶种长成粒度为几个毫米。重达几个克拉的宝石级人造金刚石，较长时间的高温高压使得生产成本昂贵，设备要求苛刻，而且 HPHT 金刚石由于使用了金属催化剂，使得金刚石中残留有微量的金属粒子，因此，要想完全代替天然金刚石还有相当长的距离。而且，用目前的技术生产的 HTHP 金刚石的尺寸只能从数微米到几个毫米，这也限制了金刚石的大规模应用。

2. 低压法合成金刚石

（1）简单热分解化学气相沉积法：

在 20 世纪 50 年代末，用简单热分解化学气相沉积法合成金刚石分别在苏联科学院物理化学研究所和美国联合碳化物公司获得成功。具体做法是：直接把含碳的气体，比如 CBr_4、CI_4、CCl_4、CH_4 或 CO 或简单的金属有机化合物，在约 900 ~ 1 500 K 时进行分解。由于气相的温度与衬底的温度相同，金刚石的生长速率很低，约 0.01 μmh^{-1}，而且通常有石墨同时沉积。

（2）激活低压金刚石生长：

1958 年，美国 Eversole 等采用循环反应法，第一个在大气压下利用碳氢化合物成功地合成了金刚石薄膜，随后，苏联的 Derjagin 等也用热解方法制备出了金刚石薄膜。这项创新成果一直没有引起人们的重视，甚至受到嘲笑，因为人们普遍受到"高温高压合成金刚石"框框的限制。直到 20 世纪 80 年代初，日本科学家 Setaka 和 Matsumoto 等人发表一系列金刚合成研究论文，他们分别采用热丝活化技术、直流放电和微波等离子体技术，在非金刚石基体上得到了每小时数微米的金刚石生长速率，从而使低压气相生长金刚石薄膜技术取得了突破性的进展。正是这些等离子体增强化学气相沉积（CVD）技术及其后来相关技术的发展，为金刚石薄膜的生长提供了基础，并使之商业化应用成为可能。

CVD 是通过含有碳元素的挥发性化合物与其他气相物质的化学反应，产生非挥发性的固相物质，并使之以原子态沉积在置于适当位置的衬底上，从而形成所要求的材料。CVD 法目前已成功地发展了许多种，如热丝 CVD 法、直流电弧等离子体 CVD 法、射频等离子体 CVD 法、微波等离子体 CVD 法、电子回旋共振 CVD 法、化学运输反应法、激光激发法、燃烧火焰法等。激活 CVD 法一般用来生长薄膜，现在已发展成生长厚膜和单晶金刚石外延膜技术，在多晶膜中，金刚石晶粒尺寸可达 100 ~ 300 μm。2002 年，瑞典科学家 Isberg 等人用等离子体 CVD 技术在金刚石基底上外延生长了金刚石单晶，它有很高的电荷迁移率，展现出碳芯片的前景。金刚石芯片首先要求晶体是扁平状的单晶，普通的 CVD 金刚石薄膜是由很多晶粒组成的，晶界对电子的散射决定了这种材料不能用作芯片。金刚石的结晶习性是八面体，四面体，十二面体或它们的聚形也经常出现，天然金刚石通常在 {111} 面上生长，{100} 面很少见，而在合成金刚石中经常能见到立方面。但扁平状的金刚石很少见，它是金刚石的例外外形，只是在非洲的天然金刚石矿中有很少的这种金刚石，但它仍不能作芯片用，因为天然金刚石总是含有大量杂质，而芯片用金刚石要求很纯。因此，目前的制备方法是在金刚石单晶上用 CVD 技术外延生长。金刚石芯片能使计算机在接近 1 000℃ 的高温条件下工作，而硅芯片在高于150℃就会瘫痪，由于绝好的导热性能，使得金刚石器件可以做得更小，集成度进一步提高。目前，金刚石晶体管和发光二极管已在实验室实现，但离工业化还有一段时间，要解决的问题很多，其中包括片状金刚石的生长和掺杂问题。

3. 水热、溶剂热等其他合成技术

1996年，Ting–zhong Zhao、Rustum Roy等人用玻璃碳为原料，镍作催化剂，在金刚石晶种存在的条件下，通过水热方法合成出了平均粒径为0.25 μm的金刚石。1998年，钱逸泰院士和李亚栋博士以CCl_4为碳源成功地合成了纳米金刚石。2001年，Yury Gogotsi等人用SiC作碳源，在1 000℃也合成了金刚石。这些合成的一个共同特征是在选择碳源上，要求碳原子必须采取sp^3杂化，与金刚石中的碳一样，这样向金刚石的转化会容易一些。事实上，CVD低压合成金刚石工艺中碳源的选择也是遵循这一原则的，该工艺中碳源一般是CH_4，其中碳原子是sp^3杂化的，CH_4分子是四面体结构，与金刚石中碳—碳四面体连接很类似，如果将CH_4中的4个氢原子拿掉，让剩下的骨架在三维空间重复，就得到了金刚石结构。

第四节　极地大深度矿产资源

一、多年冻土中天然气水合物

天然气水合物是在高压低温下由水与小客体气体分子组成的类冰、非化学计量、笼形固体化合物，俗称"可燃冰"。在高压低温条件下，天然气水合物主要有sI、sII和sH型3种结构类型。

地球上天然气水合物蕴藏量十分丰富，天然气水合物广泛分布于多年冻土区、大陆架边缘的深海沉积物和深湖泊沉积物中，估计全球天然气水合物中的碳储量为2×10^{16} m^3，相当于全球已探明常规化石燃料总碳量的两倍以上。天然气水合物的一些重要属性决定了其在工业和环境领域中具有重要意义。首先，天然气水合物是一种潜在的新的洁净能源，其资源储量极为丰富，已经引起了各国极大的兴趣；第二，由于蕴含在自然界中大量甲烷气水合物中的甲烷气体是一种特殊的潜在温室气体，且温室效应相当于同等重量CO_2的20倍，因此，甲烷气水合物被认为在过去和未来的全球气候变化起着重要作用；第三，由于浅层气体释放和海底不稳定，特别是在极地和深水水合物稳定带内天然气水合物的分解具有较大的危害性；第四，天然气水合物的存在对输气（油）管道流动安全产生重大影响。

分布于多年冻土区的天然气水合物与多年冻土热状态、多年冻土厚度等有密切的关系。目前，在多年冻土区已经发现有大量的天然气水合物，如加拿大马更些三角洲、美国阿拉斯加北坡和俄罗斯西伯利亚等。近年来，我国在青海省祁连山南缘永久冻土带成功钻获天然气水合物实物样品，使我国成为世界上第一次在中低纬度冻土区发现天然气水合物（可燃冰）的国家。

（一）多年冻土与天然气水合物间的关系

对于多年冻土区天然气水合物的形成，最重要的因素是地热梯度、气体组分、孔隙流体盐度、孔隙压力等，其中地热梯度和气体组分最为重要。这两个因素决定了多年冻土区天然气水合物形成的温压条件和储藏量。地热梯度越小，天然气水合物可以在更大深度的地质环境条件下形成；气体组分决定了天然气水合物的相平衡状态，比如甲烷水合物形成时的温压条件要比丙烷水合物形成条件苛刻得多。多年冻土区天然气水合物的形成需要充足的烃类气源、地下水、适合的温度和压力4个基本条件。烃类气源和地下水也许与多年冻土无关；但温度和压力条件与多年冻土有密切的关系，受到了多年冻土热状态、多年冻土厚度以及多年冻土层下地热梯度等的控制和影响。

1. 多年冻土条件控制天然气水合物形成的温压条件

多年冻土区天然气水合物稳定带如图14-2-4所示。由图可知，多年冻土地温梯度与多年冻土层下地热梯度与气水合物的相平衡边界共同构成了天然气水合物的稳定带，灰色区域内为天然气水合物的稳定带，理论上天然气水合物均可以在这一区域内形成。多年冻土地温梯度越小，多年冻土厚度越大，温度和压力条件就越有利于形成天然气水合物，其稳定带厚度也越大。由于多年冻土底板处温度为0℃，所以多年冻土底板深度越大，多年冻土层下天然水合物稳定带的下界深度越大。一旦多年冻土发生退化，多年冻土底板变浅，多年冻土减薄，温度升高可能导致气水合物分解。从图中可以看出，控制多年冻土区天然气水合物形成的主要因素为多年冻土地温梯度和年平均地温，以及多年冻土层下融土的地热梯度，前两者控制多年冻土厚度，后者控制天然气水合物的底板深度。

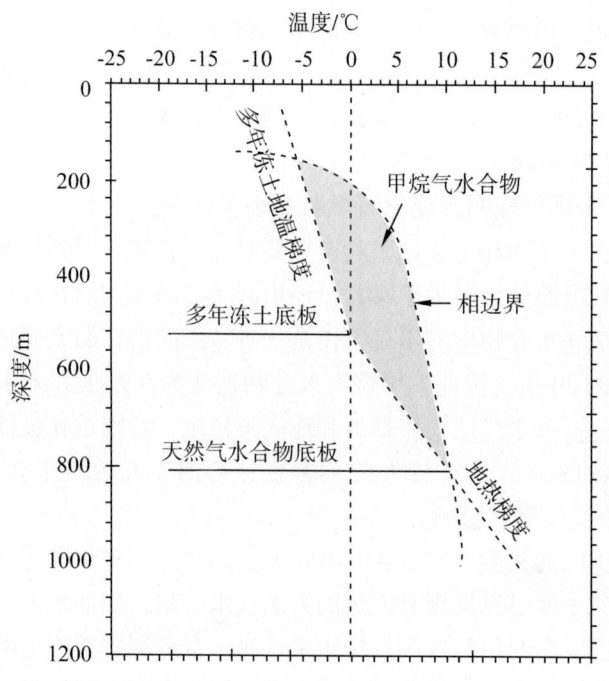

图14-2-4　多年冻土与气水合物关系示意图（据吴青柏等）

2. 多年冻土影响气体的聚积和迁移

由于多年冻土是渗透性极低的地质体，被认为是很好的隔水层。因此，多年冻土层可有效地阻止其下部游离气体向上迁移和聚集，多年冻土层构成了水合物形成时必要的圈闭条件。如图 14 - 2 - 5 所示。多年冻土层的存在有利于其下部分散性沉积物中天然气在一定深度处聚集和迁移，在温度和压力条件适宜的深度处形成天然气水合物。多孔介质土体中常见有分散状、小块状、层状和大块状气水合物结构，与冻土中地下冰结构类型极为相似。多年冻土区多孔介质中形成的天然气水合物结构多为层状和大块状，主要与气体聚集和迁移等有关。然而，在某些多年冻土区，游离气体会通过断裂带等地质构造迁移至地表。

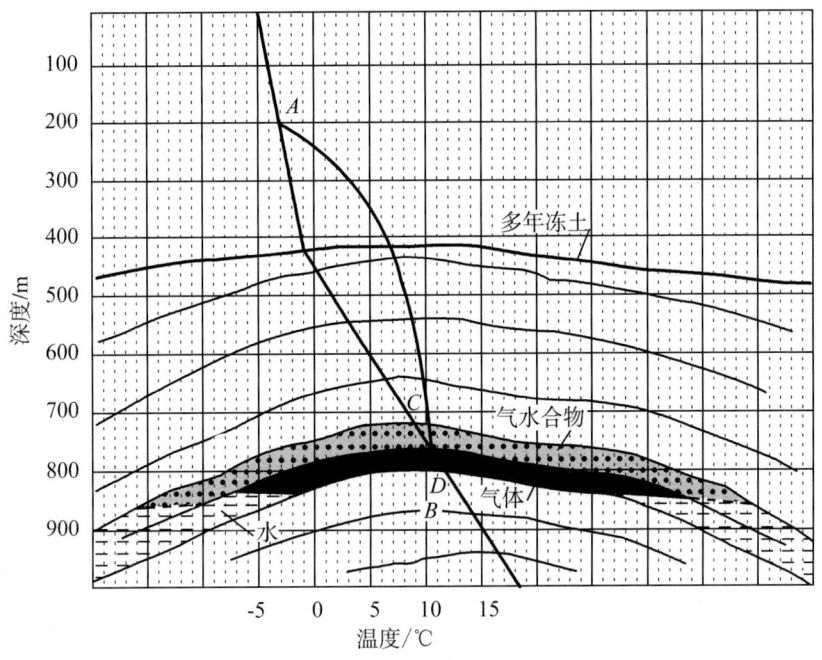

图 14 - 2 - 5 多年冻土层下气水合物形成（据吴青柏等）

3. 多年冻土融化将提高孔隙压力

多年冻土区天然气水合物在较为狭窄的压力范围内是稳定的，但压力受到沉积速率、地应力历史和构造影响会产生波动。极地多年冻土区天然气水合物研究表明，多年冻土对其层间和层下土体产生非平衡态的压缩过程。马更些三角洲冻土区深部（30 ~ 386 m）岩芯样品的融化固结实验表明，多年冻土能够阻止土体的正常固结过程。多年冻土融化或升温使得融化带和层间融区深度范围内易产生孔隙水压力升高，在钻孔穿越充满气体的多年冻土层间融区时发现了这一现象的存在，有 4 个钻孔资料显示多年冻土底部具有异常的超高压力。

4. 多年冻土层间天然气水合物

迄今为止，在美国阿拉斯加北坡、俄罗斯西伯利亚以及加拿大的马更些三角洲的多年冻土区都发现并获取了天然气水合物样品，且多发育在多年冻土层下 300 ~ 600 m 深处。其中多年冻土层间也发现有天然气水合物层，这一发现证实了天然气水合物自保护效应在自然界存在。

位于 Mallik 天然气水合物探井西侧 20 km 处，地质孔钻探时，在 130 m 深度处发现了多年冻土层间天然气水合物。在俄罗斯西伯利亚西北部雅马尔半岛多年冻土区，通过气体释放、地球化学等，发现在多年冻土层中气体释放异常，释放出的气体量大约超过了岩芯孔隙率的 10 倍，证实了多年冻土层间存在天然气水合物，但并未采集到天然气水合物实物样品。广大的西伯利亚多年冻土区 200 ~ 300 m 深处均发现有这种异常现象的存在。北极多年冻土区天然气水合物研究表明甲烷气水合物存在于浅层深度为 130 m 到深部 2 000 m 内，推测多年冻土层内天然气水合物最浅的深度大约为 90 m。实际上，这一深度范围内天然气水合物远远低于水合物相平衡稳定带深度，这一深度气水合物存在主要是天然气水合物在负温下自保护效应引起的，减缓了天然气水合物的进一步分解，使多年冻土层间气水合物处于亚稳定状态。因此，在多年冻土层间的天然气水合物也被称为"残余型气水合物"。

（二）多年冻土区天然气水合物的蕴藏状况

1946 年，苏联学者 N. H. 斯特里若夫从理论上做出结论：自然界可能存在气水合物藏。1967 年，苏联首次在多年冻土区发现天然气水合物。20 世纪 70 年代初，美国在阿拉斯加北部普拉德霍见（Prudhoe Bay）首次获取天然气水合物实物样品。20 世纪 70 年代末实施 DSDP 计划，首次从海域钻探的 20 个海底钻孔中发现其中 9 个钻孔中含有天然气水合物。根据地球物理方法、地球化学、钻探等研究，全世界共发现 116 处有天然气水合物存在的标志，其中陆地 38 处（皆在多年冻土区），海洋 78 处。据最新估算结果，海洋天然气水合物资源大约为 2×10^{16} m^3，多年冻土区大约为 7.4×10^{14} m^3。

由于多年冻土区天然气水合物资源评估较为复杂，迄今为止尚无一个国家对本国多年冻土区的天然气水合物资源进行完整的评估。目前仅美国、俄罗斯和加拿大证实在多年冻土区含有天然气水合物，并对多年冻土区天然气水合物资源量进行了评估。美国 USGS 在 1995 年系统地评估了美国能源现状，这次评估包含了海洋和陆地的天然气水合物资源。但是陆地的天然气水合物仅评估了阿拉斯加北坡地区的天然气水合物，总量约为 1.0×10^{12} ~ 1.2×10^{12} m^3。加拿大在北极地区开展了大量的天然气水合物研究，马更些三角洲多年冻土区钻取了大量的天然气水合物，初步估计马更些三角洲博福特（Beaufort）海地区也许会有 1.6×10^{13} m^3 的天然气水合物储量。俄罗斯西西伯利亚盆地多年冻土区存在有大量天然气水合物，包括季曼 – 伯朝拉（Timan – Pechora）省、西西伯利亚 Craton 和西伯利亚西北部以及堪察加（Kamchatka）地区。但俄罗斯仅对 250 m 多年冻土层内残余型天然气水合物资源进行了评估，预测多年冻土层内天然气水合物的总资源量可达 1.7×10^{13} m^3。

（三）多年冻土区典型区域天然气水合物研究

自多年冻土区发现天然气水合物以来，在多年冻土区就开始对天然气水合物的地质成因、地球物理和化学勘探方法、资源评估、对气候变化和环境的影响和天然气水合物开采进行了研究。目前，在美国阿拉斯加北坡、加拿大马更些三角洲 Mallik 井和俄罗斯麦索雅哈获得了大量极宝贵的数据和资料，为多年冻土区天然气水合物开采打下了良好的基础。下面分别介绍多年冻土区典型研究区的天然气水合物的研究历史和现状。

1. 马更些三角洲地区天然气水合物

加拿大马更些三角洲多年冻土区 Mallik 研究井位于加拿大西北部博福特海沿岸，是目前世界上天然气水合物研究井最密集的研究区，天然气水合物研究历史超过 30 年。早在 1970 ~ 1972 年通过 Mallik L-38 探测井的井记录和钻孔堵塞证实和发现了天然气水合物存在的证据。1980 ~ 1990 年间对该地区天然气水合物资源进行调查和评估，开展了 145 个钻孔调查，其中 25 个钻孔证实了天然气水合物的存在，天然气水合物主要发育在多年冻土层下 300 ~ 700 m 深度范围内，92GSCTaglu 地质孔发现了多年冻土层间发育有天然气水合物。1998 年，加拿大、美国和日本在 Mallik L-38 研究井场地开展了科学与工程的联合研究，并钻取了 Mallik 2L-38 研究井，主要研究了多年冻土层内和层下烃类气体的来源和组成，分析了 3 个主要研究井的烃类气体的地球化学特征。研究表明，多年冻土层内含有大量微生物成因的甲烷气体，是在原地形成的；多年冻土层下气体主要为热成因的，是从下部迁移并聚集的。

2002 年，加拿大、日本、德国、美国和印度联合在 Mallik L-38 场地开展了天然气水合物开采和经济比选的试验研究，评价了天然气水合物对区域环境、地质灾害和气候变化的影响。为此，在 2001 ~ 2002 年间完成了 Mallik 3L-38、4L-38 和 5L-38 三个天然气水合物探测井的研究工作。开展了小尺度的减压和热模拟开采试验，分别在多年冻土层下天然气水合物稳定带内测量减压时的压力、温度、水和气体流量等参数，证实了通过减压和热模拟方法开采天然气水合物的可行性，获得了极为重要的研究成果：

（1）开采试验中研制并应用了新工具和新程序；从一系列限制性和控制性开采试验中获得了大量的气体，研究了现场天然气水合物对压力或温度变化的响应、不同沉积物类型、气水合物饱和度、气水合物的相平衡等对气水合物开采的影响。

（2）现场和实验室内获得了天然气水合物开采模型所需要的重要参数，包括沉积物渗透性、热流、导热系数、气体水合物相平衡资料、地质力学性质和天然气水合物的结构和物理性质。

（3）开采试验结果和其他项目结果检验了天然气水合物开采模拟，并用该模拟器模拟了 Mallik 5L-38 天然气水合物热模拟开采试验。

2. 阿拉斯加北坡天然气水合物

1972 年，在阿拉斯加北坡普拉德霍见西北部 Eileen State-2 井中证实了多年冻土区天然气水合物的存在，随即开展了保压岩芯取样、测井和开采试验，证实了该处有 3 层天然气水合物存在，天然气水合物岩芯和测井记录都充分显示在普拉德霍见和库帕勒克（Kuparuk）河油田地区存在有大量的天然气水合物。1995 年，美国对阿拉斯加地区天然气水合物分布和资源量进行评估，给出了阿拉斯加多年冻土区天然气水合物的资源量。

1998 年，美国政府支持开展天然气水合物研究井和开采试验计划研究，项目由 USGS、加拿大地质调查局以及日本国家石油公司联合开展。主要开展地质、地球物理、地球化学、钻探、开采等研究，评价现场天然气水合物的特征，测试一系列天然气水合物开采的新工程技术。2003~2004 年，美国能源部资助开展了"Hot ice - 1"项目研究，主要开展多年冻土区的天然气水合物的室内和现场试验研究，证实极地天然气水合物发生的地质、地球物理和地球化学模型的有效性。同时，美国能源部和 BP 勘测公司也开展了定量评价天然气水合物开采的经济价值的相关研究，目前该研究正在进行中。

3. 西伯利亚天然气水合物

俄罗斯西伯利亚盆地多年冻土区天然气水合物并不为人所知，主要是因为气田钻探过程中要求迅速通过多年冻土层，从而忽视了多年冻土层内天然气水合物存在的证据。然而，通过对西伯利亚的杨堡（Yamburg）和 Bovanenkovo 气田多年冻土层内气体释放的研究发现，多年冻土层内存在大量的天然气水合物。因此，俄罗斯在西伯利亚广泛地开展了多年冻土层内天然气水合物研究，研究区主要集中在西伯利亚北部的杨堡和 Bovanenkovo 等地区。通过对西伯利亚多年冻土层内气体释放的研究，初步划定了多年冻土区天然气水合物的区域，给出了多年冻土区内天然气水合物的储量估算。全球范围内只有俄罗斯西伯利亚麦索雅哈天然气水合物矿藏开始了工业性开采，其常被当作现场开采天然气水合物的一个例子，至今已有近 40 年历史。麦索雅哈气田开采期间，先后完成了地球物理调查、气体动力学、温度测量、物理 - 化学的调查。麦索雅哈天然气水合物矿藏开采历史证实，多年冻土区天然气水合物是可以通过常规方法进行开采的，且可以通过简单的减压方法获得长期开采量。然而，从麦索雅哈气田的开采历史也可以看出，不是所有开采的游离气体均来自于天然气水合物，据估计大约只有 36% 的气体来自于天然气水合物。在天然气水合物下部含有大量的可开采的气体，这对于资源利用是极有价值的。麦索雅哈气田开采说明天然气水合物存在可作为油气资源重要指示，对天然气矿藏探测具有非常重要的意义。

二、干热岩

（一）干热岩的概念

地球是个巨大的热库，其内核（地核）的温度高达约 6 000℃。地核与地表巨大的温差使得地球不断地向外（大气层）散发着热量，同时地壳内部放射性衰变热、势能转换热、摩擦热等也在不断生成与供给。而位于地壳上部，人类可以经济采出的那部分地热能被称之为地热资源。地热资源作为一种极具竞争力的清洁和可再生能源，与其他能源相比优势显著，大规模开发利用是应对全球气候变化和节能减排的需要，且其巨大的资源储量决定了地热能必然成为人类未来的重要替代新能源之一。

地热资源按其成因和产出条件分为水热型地热资源和干热岩型地热资源。其中水热型（Hydrothermal）地热资源赋存于高渗透型的孔隙或裂隙介质中，与年轻火山活动或高热流背景相伴生形成高温水热系统，而处于正常或偏低热流背景下的地下水循环通常形成的是中 - 低温水热系统，通过对水热系统中流体的开采即可获取其地热能；而干热岩（Hot Dry Rock，HDR）则是指地下高温但由于低孔隙度和渗透性而缺少流体的岩石（体），储存于干热岩中的热量需要通过人工压裂形成增强型地热系统（Enhanced Geothermal System）才能得以开采，赋存于干热岩中可以开采的地热能称之为干热岩型地热资源。

出于经济效益考量，早期狭义的干热岩地热资源通常是指赋存于高温（＞200℃）干热岩中的可采地热能，但随着干热岩开发技术，尤其是压裂技术的进步和成本的下降，今后必然会过渡到广义的干热岩地热资源，即不再有温度的限制，且干热岩系统会类似于水热系统地演进为高温、中－低温系统。在中国大陆地区，高温水热系统主要分布在欧亚板块与印度板块于新生代碰撞形成的喜马拉雅造山带，其他地区以中－低温水热系统为主，干热岩型地热资源以其分布的普遍性和可以获得更高热储温度而更具开发潜力和前景。

（二）　干热岩的开发利用价值

地热资源的利用分为两端：高端地热发电和低端直接利用（如供暖、洗浴、温室、烘干等）。中国地热利用历史悠久，目前中国地热资源的直接利用规模达到世界第一，但地热发电多年徘徊不前。中国是地热资源大国，但高温水热型地热资源主要分布于经济欠发达且人口稀少地区。

地热能要想在未来国家能源格局中占据一席之地，服务于国家节能减排战略，就必须在目前直接利用的同时，着力推进地热发电，而国内地热资源的类型与状态及其区域分布决定了大规模地热发电必须依靠干热岩地热资源的开发。

目前，人们对干热岩的开发利用，主要是发电。干热岩发电是 20 世纪 70 年代由美国加州大学洛斯阿拉莫斯实验室提出来的。干热岩发电的基本原理是：注入井将低温水输入热储水库中，经过高温岩体加热后，在临界状态下以高温水、汽的形式通过生产井回收发电。发电后将冷却水排至注入井中，重新循环，反复利用，如图 14－2－6 所示。

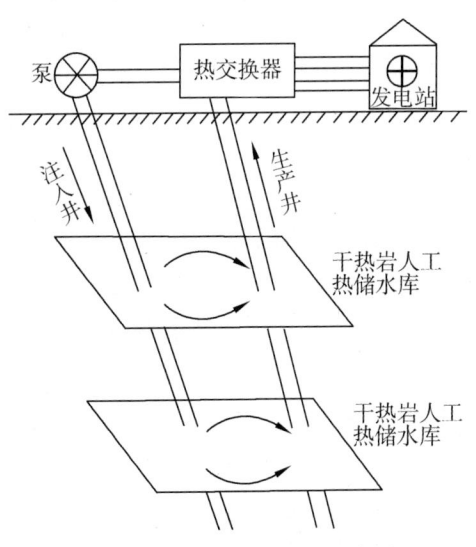

图 14－2－6　干热岩发电示意图

30 多年来，发达国家如美国（1973 年）、日本（1980 年）、法国（1997 年）、德国（1987 年）和澳大利亚（2003 年）等先后投入巨资进行干热岩发电试验研究，结果表明，干热岩开发在技术上可行。2006 年，美麻省理工学院联合美国国家实验室 18 位专家，历时两年，完成了科技发展战略报告："地热能的未来——增强地热系统对 21 世纪美国的影响"，该报告首次对美国本土干热岩地热资源量和干热岩开采技术做出了系统评价。

　　鉴于现阶段钻探技术水平和地热资源的经济开采深度，目前干热岩的评价深度限于地壳浅部10 km以内。通常在一个独立的水文地质单元内，地形起伏的相对高差在3 km左右，于是天然水热型地热系统中地下水的循环深度在3 km左右，亦即地壳浅部水热型地热资源主要存在于3 km以浅，此外，在以热传导为主的非火山活动区，3 km以浅的地壳表层不可能具有较高温的干热岩，因此，通常将干热岩评价的深度范围限定在3～10 km。

（三）我国干热岩开发利用前景

　　1. 我国深部温度分布格局我国西部的滇西地区及东部台湾中央山脉两侧，分别处于印度板块与欧亚板块、欧亚板块与菲律宾板块的边界及其相邻地区，都是当今世界上构造活动最强烈的地区之一，具有产生强烈水热活动和孕育温水热系统必要的地质构造条件和热背景。我国西南部的地热活动呈南强北弱、西强东弱；东部区的地热活动呈东强西弱之势，明显地反映了这一特点。根据我国区域地质背景，高热流区均处于板块构造带或构造活动带，在藏南、滇西、琼北、长白山等地区分布有范围较大的火山岩体，说明我国具备干热岩地热资源形成的区域构造条件。

　　基于现有地热测量数据计算结果显示，在2.5 km深度上，除藏南部分地区温度达到100～150℃外，其他地区温度均低于100℃。至4.5 km深度上，藏南部分地区温度超过200℃，云贵及东部大部分地区温度超过100℃。在6.5 km深度上，藏南大部分地区温度已达250～300℃，其他热异常区，包括云贵、东南沿海、华北（渤海湾盆地）、鄂尔多斯盆地东南部（汾渭地堑）、东北（松辽盆地）等地温度达到150～200℃。在8.5 km深度上，藏南大部分地区温度超过200℃，高温中心温度达到400℃，其他热异常区温度超过200℃。总体上看，中国大陆地区以藏南地区地壳温度最高，云南西部和整个东部（华南、华北、东北）地区温度相对较高，准噶尔盆地、塔里木盆地、柴达木盆地及内蒙古阴山一带的温度相对较低。

　　2. 我国干热岩资源量及其分布

　　汪集旸院士根据所获得的深部温度结果，采取体积法计算了中国大陆地区（未含台湾）干热岩地热资源量。计算时，垂向上以1 km厚度的板片为单位，分别计算3～10 km深度段的干热岩地热资源量。结果显示中国大陆3～10 km深处干热岩资源总计为 20.9×10^6 EJ（同年，中国地质调查局的评价结果为 25.0×10^6 EJ），合 714.9×10^{12} t标准煤（表14－2－2），高于美国本土（不包括黄石公园）干热岩地热资源量（ 14×10^6 EJ）。若按2%的可开采资源量计算，相当于中国大陆2010年能源消耗总量的4 400倍（2010年中国能源消费总量32.5亿t标准煤）。

表14－2－2　　　　　　　　　　　中国大陆干热岩地热资源量

资源类型	资源基数总量（100%）		可采资源量上限（40%）		可采资源量中值（20%）		可采资源量下限（2%）	
	热能/10^6 EJ	折合标准煤/10^{12} t	热能/10^6 EJ	折合标准煤/10^{12} t	热能/10^6 EJ	折合标准煤/10^{12} t	热能/10^6 EJ	折合标准煤/10^{12} t
干热岩型	21.0	714.9	8.4	286.0	4.2	143.0	0.42	14.3
水热型							0.025	0.085 2

（据汪集旸，2012年）

从干热岩地热资源的温度上看，3~10 km 深度内，<75℃ 的干热岩资源总量为 0.4×10^6 EJ，占总资源量 2%；75~150℃ 资源总量为 8.9×10^6 EJ，占 43%；>150℃ 资源总量为 11.7×10^6 EJ，占 55%。由于深部温度随深度增加而增高，资源量也与深度呈正比。在中国大陆地区的热状态和干热岩开发的经济性以及以发电为目的的考量下，现阶段的开采深度在 4~7 km 比较适宜，这一深度段可开采（2%）资源量为 7.9×10^6 EJ，热储温度目标是 150~250℃。

从干热岩地热资源区域分布上看，青藏高原南部占中国大陆地区干热岩总资源量的 20.5%（表 14-2-3），温度亦最高；其次是华北（含鄂尔多斯盆地东南缘的汾渭地堑）和东南沿海中生代岩浆活动区（浙江-福建-广东），分别占总资源量的 8.6% 和 8.2%；东北（松辽盆地）占 5.2%；云南西部干热岩温度较高，但面积有限，占总资源量的 3.9%。

表 14-2-3　　　　　　　　中国大陆主要干热岩分布区干热岩资源量

地热区	资源基数总量（100%）		可采资源量上限（40%）		可采资源量中值（20%）		可采资源量下限（2%）		占资源总量百分比
	热能/ 10^6 EJ	折合标煤/ 10^{12} t	热能/ 10^6 EJ	折合标煤/ 10^{12} t	热能/ 10^6 EJ	折合标煤/ 10^{12} t	热能/ 10^6 EJ	折合标煤/ 10^{12} t	
青藏	4.30	146.8	1.72	58.7	0.86	29.4	0.09	2.94	20.5
华北	1.81	61.7	0.72	24.7	0.36	12.3	0.04	1.23	8.6
东南	1.73	58.9	0.69	23.6	0.35	11.8	0.03	1.18	8.2
东北	1.08	37.0	0.43	14.8	0.22	7.4	0.02	0.74	5.2
云南	0.82	28.1	0.33	11.2	0.16	5.6	0.02	0.56	3.9

（据汪集暘，2012 年）

（四）我国干热岩勘查开发目标及现阶段任务

前不久，中国地调局地热资源调查研究中心编制了《全国干热岩勘查与开发示范实施方案》，标志着中国的干热岩开发利用之旅开始启程。按照该方案，我国将评价全国干热岩资源与潜力，找出优先开发靶区，建立干热岩勘查示范基地，形成我国干热岩勘查开发的关键技术体系，推进我国干热岩技术商业化。这些目标将分三个阶段完成，即分三步走。

第一个阶段为 2013~2015 年。这个阶段将评价重点地区干热岩资源数量与品级，圈定干热岩靶区，初步建立干热岩勘查开发试验研究基地。

第二阶段为"十三五"的 5 年。在这 5 年间，要评价出全国干热岩资源的潜力，圈定出一批勘查开发利用靶区，实现干热岩示范工程发电，并形成我国干热岩勘查开发指导方案。

第三个阶段为"十三五"之后。目标是能够实现干热岩发电的商业性运营，不仅发电成本降低，还建立起一套自有的干热岩开发方法体系。

为达到上述发展目标，现阶段干热岩研究的主要任务包括：（1）展开全国性深井地热测量，尤其是地热测量空白区和重点远景区，进一步明确干热岩资源分布与赋存条件，圈定更经济的优先开发区；（2）着手干热岩科学钻探、人工压裂试验、回灌试验、热储模拟技术开发以及干热岩地热发电等干热岩开发利用关键技术研究；（3）建立以地热发电为主兼顾综合利用的中国干热岩开发利用示范平台，加快中国干热岩开发利用步伐，为节能减排服务；（4）整合国土资源部、中国科学院、高等院校和大型国企（中石油、中石化等）的力量，在国家能源局的领导下，建立干热岩开发利用国家研发中心。

三、大深度矿产资源

目前，矿床开采的深度是很有限的。据报道，南非兰德金矿盆地一采金竖井将加深至 4 117 m，这将是世界最深的矿井，要开发的新矿层是世界级的矿体。在俄罗斯，黑色金属矿石平均采矿深度为 600 m，有色金属矿石平均开采深度为 500 m，但许多已超过 1 000 m，将来可达到 1 500 ~ 2 000 m。已探明的 1/3 以上的铜储量，几乎所有的镍、钴，大部分铝土矿，金刚石、金、优质铁矿及磷矿的开采深度将大于 1 000 m。其他国家的采矿深度：加拿大 2 000 m，美国 3 000 m，印度 3 500 m，而我国绝大多数金属矿床开采深度不足 500 m。在我国，埋深大于 500 m 的矿床被称为大深度矿床，目前很少勘查和评价。系统地规划并有重点地开展深部地质 - 地球物理 - 地球化学 - 矿床地质 - 勘查地质 - 采矿方法的综合研究，揭示地质及矿化垂向变化规律，评价深部矿产资源潜力，而不是简单地从地表向下外推，可使深部找矿及评价建筑在科学基础及充分信息基础之上。

（一）我国深部找矿的地质成矿理论研究进展

受传统技术水平所限，现有的勘查技术手段对深部矿勘查的有效性非常有限，因此，利用地质成矿理论指导深部矿勘查受到了业内人士的高度重视。

1. 关于对矿床形成深度和产出深度厘定的探讨

翟裕生等认为，矿床的形成深度和产出深度是两个概念，不能混淆。深部矿是指目前埋藏于深部的矿床，但其原始形成时并非一定形成于深部，因为后期的地壳升降或大的构造活动都可以使原先形成于地表附近的矿床下降到深部；反之也可以使原先形成于地下深部的矿床上升到浅部或地表。

矿床的原始成矿深度，即垂向上的成矿范围大小，是一个影响到深部找矿前景大小的先天条件。这是由于不同类型的成矿作用的原始成矿深度是不同的（表 14 - 2 - 4），因而与其直接相关的矿产资源量大小也是有差别的。从表 14 - 2 - 4 中可以看出，在不考虑后期改造的前提下，几乎所有内生成矿作用的成矿深度都比较大，都可以形成所谓的深部矿床。矿床原始成矿深度的确定是成矿学研究的主要内容之一。一般可以根据矿床类型来判定矿床（或矿化）的原始成矿深度，例如与基性、超基性有关的岩浆矿床以及与花岗伟晶岩有关的稀有金属矿化的原始成矿深度一般都比较大。与热液成矿作用有关的稀有金属及多金属等矿化，由于有所谓的高、中、低温热液成矿之分，因而成矿深度范围变化较大，需要作进一步的判定研究。张德会等认为，目前一般多采用流体地球化学方法来确定热液矿床的形成深度，吕古贤通过构造校正的途径来测算具体热液矿床的成矿深度。

表 14 - 2 - 4　　　　　　　　　　　不同成矿作用的形成深度

成矿作用或矿床类型	形成深度/km
与超基性岩有关的铬铁矿产	20 ~ 30
与基性、超基性岩有关的硫化铜镍矿床	10 左右
与热液成矿作用有关的稀有金属及多金属等矿化	从近地表 ~ 8
与花岗伟晶岩有关的稀有金属矿化	2 ~ 20
夕卡岩化和斑岩型矿化	4 ~ 5
火山岩型（包括次火山岩型）	小于 2
热卤水成矿作用	一般小于 2
沉积成矿作用	和沉积盆地深度有关
与韧性剪切带有关的成矿作用	一般为 3 ~ 5

（据张德会、叶天竺等）

不同类型矿床目前的产出深度因受后期地质构造改造作用的不同而不同。矿床目前产出深度的确定对深部矿勘查工作有着直接的指导作用，它是当前深部矿勘查和研究中的热点和难点所在，深部矿勘查和研究的核心任务之一就是界定深部矿可能的赋存位置。但是，到目前为止，深部矿产出深度的界定并没有得到较好的解决，有关认识多是通过具体的勘查工程实施后的后验判定所得到。有必要指出，深部矿床目前产出深度的界定将是今后相当长时期内深部矿勘查和研究的重点难题之一。

2. 成矿系统研究现状及其在深部矿勘查中的意义

成矿系统是指在一定的时空域中，控制矿床形成和保存的全部地质要素和成矿作用动力过程，以及所形成的矿床系列、异常系列构成的整体，是具有成矿功能的一个自然系统。成矿系统是一种自然历史过程，绝大多数成矿系统不能直接观察到，但各种信息被保存在现存矿床及有关的异常中，成矿系统研究是通过从现在的矿床特征和现存的地质环境入手，反推其原来的成矿环境和成矿过程，并强调把矿床形成过程和产物以及形成后的改造过程作为一个必然的有机整体进行分析，从而为深部找矿的前景评价以及深部找矿中非常重要的矿床当前可能产出状态的厘定提供参考依据。

成矿系统一词自提出以来，众多学者就成矿系统开展了系统的研究并取得了大量的研究成果。近些年，翟裕生等一直致力于成矿系统在深部预测找矿工作中指导作用的研究，明确提出通过研究成矿系统的发育完整程度、发育深度（图 14 - 2 - 7）以及建立成矿系统网络的三维结构与矿床分带（图 14 - 2 - 8），可以在深部找矿中起到由已知到未知、由此及彼、由浅入深的指导作用。正是由于成矿系统理论对于深部预测找矿工作可以起到较直接的指导作用，因而在当前的深部找矿工作中日益受到人们的重视。

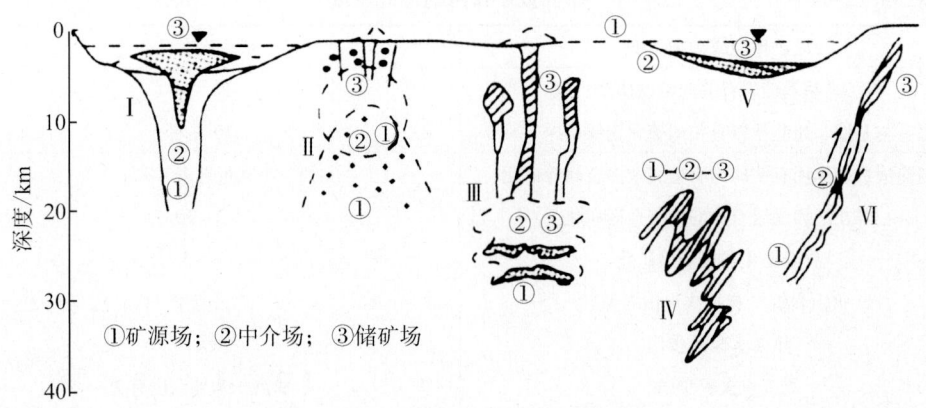

图 14 - 2 - 7　主要成矿系统的发育深度

Ⅰ. VMS、SEDEX 成矿系统；Ⅱ. 花岗岩类岩浆热液成矿系统；Ⅲ. 镁铁 - 超镁铁质岩浆成矿系统；Ⅳ. 变质 -
受变质成矿系统；Ⅴ. 沉积成矿系统；Ⅵ. 韧性剪切带有关成矿系统

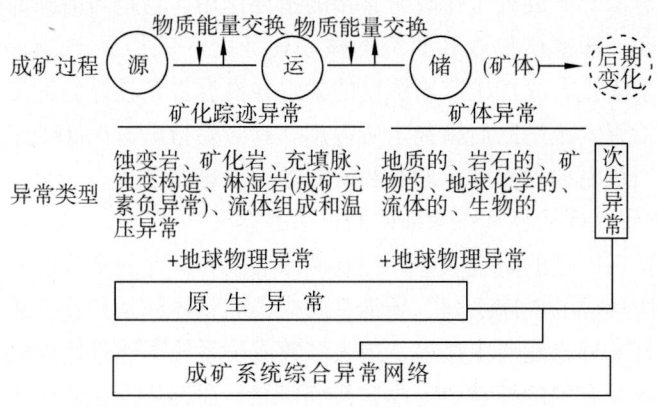

图 14 - 2 - 8　成矿系统及综合异常网络图解

3. 第二矿化富集带研究现状及其在深部矿勘查中的意义

迄今为止，学术界对所谓的第二矿化富集带尚无明确的定义。曹新志等认为，所谓
的 "第二矿化富集带" 应是指在已知矿集区的深部或已知矿区深部的新的矿化富集空
间，其与上部矿化富集带，即第一矿化富集带之间由所谓的无矿（或贫矿）带所分隔。
腾吉文称之为 "第二成矿空间" 或 "第二找矿空间"。常印佛等认为长江中、下游矿集
区的深部可能存在第二矿化富集带；翟裕生认为小秦岭金矿带深部可能存在第二矿化富
集带；吕古贤等认为胶东金矿区的深部可能存在第二矿化富集带等。

进入 21 世纪以来，随着深部找矿工作的普及和理论研究工作的深入，第二矿化富
集带对深部找矿工作的指导作用重新受到人们的高度重视，在论及深部找矿的有关文献
中几乎不可回避地都要论及第二矿化富集带的有关问题。

第二矿化富集带的研究始于隐伏矿床找矿的研究，发展于深部找矿研究热潮之中。
"第二矿化富集带" 的提出对区域及矿区深部找矿前景的评价以及具体勘查工程的实施
都可以起到较好的指导作用，它为开拓第二找矿空间或 "矿下找矿" 或 "矿外找矿"

提供了重要的理论依据。在针对第二矿化富集带的理论研究中，翟裕生认为对深部第二矿化富集带的研究应结合第一矿化富集带的已知成矿特征进行。在具体的地质研究中，应从深部的围岩、构造情况、矿床（矿体）类型、成矿时代是否与浅部一致、是否出现新的矿种和矿床类型，浅部带与深部带的划分标志等方面入手。常印佛等认为，可用构造物理化学方法在长江中、下游矿集区寻找金属矿床深部的第二矿化富集带。但迄今为止，第二矿化富集带的理论研究程度仍非常有限。例如，目前第二矿化富集带的含义在学术界尚无明确的界定，第二矿化富集带的形成机制、划分标志、与第一矿化富集带成矿特征的差异性对比以及由于第二矿化富集带自身的产出特征（埋藏深、矿化信息少、矿化信息弱等）对矿产勘查技术方法的影响等方面尚缺少深入全面的研究和总结。这些都有待研究工作的进一步开展和深入。

4. 深部矿勘查中的综合地质研究现状

大量的勘查工作实践证明，综合地质研究程度的高低是影响矿产勘查工作成败的先决条件，这在深部矿勘查中尤为突出。由于深部找矿工作具有高度的探索性，需要从多学科进行综合研究，其中包括地质、矿产、勘查技术等相关学科的全部内容。但单就地质、矿产来说，它涉及成矿地质背景、矿床地质、成矿规律等方面的研究内容。针对深部矿勘查中的综合地质研究内容，一些国家重视开展深部地壳演化、壳幔相互作用、地壳结构与成分类型、岩浆与成矿作用的响应、地壳深部动力学特征与成矿等理论问题的研究。2003 年，由俄罗斯沃龙涅日国立大学出版的《新世纪之交矿床预测、普查及研究问题》一书就发表了一系列有关深部地质成矿问题的论文。

国内有关的专家学者分别从成矿地质作用、矿床成矿规律、地壳深部结构研究等不同的侧面提出了自己的认识和见解。例如，叶天竺等提出深部矿勘查中的综合地质研究应从成矿地质作用特征研究入手，研究内容包括成矿作用的深度、与成矿作用有关的控矿因素、矿田构造、成矿作用标志等，并对上述有关内容的研究意义、研究要点、注意事项和应用实例进行了阐述；翟裕生等认为"进行深部找矿的关键是要深入研究区域和矿区的成矿规律，重点是成矿环境、成矿系统和成矿演化，以便全面认识矿床之所以产在某一深度空间的原因及其制约因素，运用适当手段发现深部矿床"；赵鹏大认为深部找矿中要加强地壳深部结构的研究，要重视深部找矿的经济"回报率"和勘查项目的"转化率"，并强调以"求异"准则为指导的成矿定量预测的重要性。曹新志认为深部矿勘查中的综合地质研究要点应根据区域性深部找矿和矿区深部找矿的不同而不同。对于区域性深部找矿工作，综合地质研究首先要判定与深部成矿有关的地质背景，进而确定主要的控矿因素组合种类及其控矿作用的相互关系，在此基础上结合区域内已知矿床的成矿作用和成矿特征，总结区域成矿规律，最终建立矿床成因模型，从而指导区域内具体的深部矿勘查工作，在整个勘查系统中起到地质研究的先行、指导作用。对于矿区深部找矿工作，综合地质研究则应首先侧重于查明主要控矿地质条件的局部化变化特征，特别是查明直接的赋矿地质部位，进而总结矿体（床）空间定位的规律，最终建立矿体（床）产状定位模型，以指导矿区深部矿勘查工程的具体实施。

　　总体来看，由于受现有地质成矿理论研究本身的探索性和不完善性、地质成矿事件的复杂性和变化性以及研究手段的技术水平所限，目前在深部矿勘查中综合地质研究的程度非常有限。与深部矿勘查有关的深部成矿地质环境、深部成矿特征、深部成矿规律的研究急待加强和提高。

第三章　海洋矿产资源

海洋占地球总面积的 70.8%，拥有极其丰富的矿产资源和突出的战略地位。海洋是地球上人类能够开发的最后领域，谁能最好地开发利用海洋，谁就能获得最大的利益。美国等西方国家早在 20 世纪 60 年代就纷纷制定了开发海洋的长远计划，并投巨资发展海洋地质调查技术来获得开发利用海洋的优先权。1986 年，美国制定的"全球海洋科学发展规划"更加引起大家对海洋重要性的认识。美国的一些军事战略家认为，21世纪，谁控制了海洋，谁就能称霸世界。在世界性的人口膨胀、资源短缺、环境恶化的今天，海洋地质调查研究更加受到各国的高度重视。海洋是一座巨大的矿产资源宝库，从滨岸浅海至深海大洋分布着众多的矿产资源，种类繁多、储量可观的海洋资源越来越成为人类生产的重要的原料基地和人类未来矿产资源需求的希望所在。

人类早就认识到了海洋对自身发展的重要性，早在 1842 年，达尔文就随"猎犬"号在太平洋、印度洋对珊瑚礁进行研究和考察，并指出了研究海底将有远大的前途。到了 21 世纪初期的今天，人类早已开发利用海洋矿产资源中的一部分，例如海洋油气资源及部分滨海砂矿资源，严格意义上说，这部分已经不属于非传统矿产资源范畴，但由于海洋矿产资源对人类未来发展的重要意义，以及对海洋矿产资源研究仍处于初级阶段，已开发利用的资源只是一小部分，本文中仍将这部分资源归于非传统矿产资源中，以期让读者能更系统地了解海洋矿产资源。

第一节　海洋地质调查的发展历史及态势

一、国外海洋地质调查的发展历史及态势

19 世纪中叶，在北美和欧洲之间，远距离通信手段的海底电缆敷设变得十分重要。为了在大西洋铺设海底电缆，就必须对海底地形和沉积物进行详细调查。因此，美国海洋学家莫莱绘制了第一幅大西洋深度图。而早在 1842 年，达尔文就随"猎犬"号在太平洋、印度洋对珊瑚礁进行研究和考察，并指出了研究海底将有远大的前途。不久，英国的"挑战者"号在 1872 ~ 1876 年开展了深海调查，巡航三大洋近 11.27 万 km^2，带回了大量的基本资料，经过分析整理，在 1895 年出版了"挑战者"号报告 50 卷，奠定了近代海洋学的基础。这次航行采集到大量底质样品，由伦纳和莫莱整理并编制了第一幅世界大洋沉积物分布图，写出《深海沉积》一书。美国渔轮"信天翁"号在 1888 ~

1920 年间的调查也带回来一些地质资料,所取得的资料由劳德贝克、特拉斯克等加以研究。在 1899 年和 1900 年,荷兰"西博加"号在印尼近海采集底质,其中东印度群岛区的样品由地质学家莫伦格拉夫和别基尔德进行研究。20 世纪初,德国"行星"号和"埃迪·斯蒂芬"号在欧洲海区的取样结果由安德雷写成《海底地质学》一书,是继莫莱以后海洋沉积方面先驱性著作。此外,德国南极考察队在 1901～1903 年采得了大量柱状样品并由菲利彼进行研究。1916 年,别基尔德发表了"西博加"号船考察报告,对德国学者在海洋地质方面的研究有重要作用。一战结束后,德国"流星"号在南大西洋精心考察,用回声测深首次揭示了洋底地形的起伏,发现了大西洋中部的海底山脊,并且用柱状采泥器采集底样。考伦斯对所取得的样品进行了研究。同时,还有荷兰"斯内吕斯"号在印尼近海调查。根据这次调查资料,奎年绘出海底地形图,并论述了印度尼西亚群岛周围海域的地质构造。维宁·曼奈兹在潜水艇中进行重力测定,对海洋地壳构造做了研究。美国的海洋地质计划是在 20 世纪 30 年代开始的。1930 年,美国的伍兹霍尔海洋研究所对北美东岸沉积物开始调查,并利用爆破式取样管采集底质柱状样品。其后,斯克里普斯海洋研究所对美国西岸的海底峡谷及深海底作了调查,用岩心取样管在加利福尼亚湾取得了 5.6 米长的软泥,为地史研究开辟了新途径。

第二次世界大战后,海洋地质调查的发展有了很大的进步。受战争的影响,航海仪器和声呐技术的发明,使海洋地质调查技术提高很快。赫斯在太平洋服役期间,获得了平顶海山和太平洋西北部构造资料,在战后发表。瑞典的"信天翁"号在 1947～1948 年环球探险中确定海底地壳构造。海上考察装备了自动记录的回声探测仪,定位方法也不断改进,人们对洋底的认识大大增加。海上石油的勘探也是二战后到 20 世纪 50 年代初大大的发展了,而 1937 年美国在墨西哥湾发现的浅海陆架油田只处于试验阶段,到二战后才真正发展起来的,勘探地点已由美国增加到波斯湾、里海等地。随着对海洋地质认识的不断深入,一些著作也由此产生。有克莲诺娃的《海洋地质学》、谢帕德的《海洋地质学》、奎年的《海洋地质学》,海洋地质真正成为一门学科发展起来。这一时期古地磁等也有所发展。布莱克特通过对岩石剩余磁性的研究,证明了各大陆发生过漂移,对"大陆漂移学说"的证明有巨大的帮助。大洋综合考察活动也随之展开,如"国际印度洋考察"、"国际热带大西洋合作调查",各国家联合起来的考察活动,证实了已发现的大西洋中部有洋中脊,又新发现太平洋、印度洋有连续的隆脊。

20 世纪 60 年代,国际联合考察的增加,使海洋地质的资料不断丰富,一些革命性的理论随之提出。1961 年,迪茨和赫斯提出"海底扩张学说"。之后,威尔逊、勒皮雄、摩根等人又提出了"转换断层理论"和"板块构造理论"。这些理论的提出对整个世界的地质学界都产生了很大的影响。1965 年,美国又开始了"深海钻探计划",从 1968 年"格洛玛·挑战者"号正式投入使用起到 1975 年历时 7 年,遍及三大洋及其边缘海和南极水域,钻取了大洋底沉积层和玄武岩样品,另外还获得了洋壳结构、年龄、组成及海底矿产资源等有价值的资料,使海洋地质的调查工作有了跨越式的发展。美国单方面调查结束后,前联邦德国、英国、法国、日本、苏联等国家又相继参加了这一活动。从 1975 年 9 月正式成为一项国际性深海钻探计划,称为"国际大洋钻探阶段计划"。该计划主要是尽可能穿过洋底地壳进行取样分析，来确定大洋地壳的结构和沉积层序、地层厚度及时代等，了解和研究大洋古环境等，进一步丰富了"板块构造"证据，论证了古地中海和古大西洋的发育史。

除了深海钻探外，海洋地质学家还利用各种深潜设备直接下海底观察研究地质现象。如"法美大洋中部海下研究计划"，共用了三年时间，1974 年到亚速尔群岛西南的大洋中脊处考察，得到了大量的海底照片及岩石样品，对研究缓慢扩张板块边界具有重要意义。20 世纪 80 年代，大洋钻探计划开始，它总结了深海钻探计划的成果，是深海钻探计划的后续。1981 年，在美国德克萨斯州举行了国际海洋科学钻探会议，提出了为期 10 年的钻探计划，于 1985 年开始实施。该计划使用的"决心"号钻探船设备更加现代化，能适应各种海况的能力。它的目标是通过对大洋底盆地、海脊、岛弧等不同海区的钻探，特别是对玄武岩的钻探，调查研究大洋盆地的形成、地球与海洋的起源、洋壳结构及物质组成，大陆架边缘的构造、海底沉积物的层序、沉积模式、沉积动力，中生代以来海洋古环境、古气候、古地磁的演变等。该计划于 2003 年结束。大洋钻探计划结束后，进入整合大洋钻探计划阶段。与以前各个计划相比，该计划规模和目标都有很大的扩展，调查船增加到 2 艘以上，投入增加，将进入过去无法进入的海区，在海底矿产资源、古环境、海洋平面变化等方面的研究将有所突破。这项计划目前还在进行中。

二、国内海洋地质调查的发展历史及态势

新中国成立前，我国在海洋地质方面没有开展过大规模的调查。只是个别热心海洋地质科学的学者，在近岸开展了海岸地貌或滨海砂矿调查，如 1917 年丁文江等人对长江三角洲成陆过程做过调查。1920 年赵汝钧等人对上海金山区海岛地质做过调查，1928 年沈鹏飞等人对西沙群岛地质地理进行综合调查。

中国真正的海洋地质工作是在新中国成立后开展起来的。1956 年，李四光、竺可桢、赵九章、童第周等专家编制了 12 年海洋科学远景发展规划，其规划总任务是"中国近海综合调查及其开发"。1958 年，国家科委成立了海洋专业组，组织了全国海洋综合调查，共 60 多个单位参加，到 1960 年结束，调查了中国近海的全部海区，取得样品 1 000 多件、报表 9.2 万多份、图表 3 万多幅，并编写了报告 8 册和第一套海洋图集，包括海底地形、海底沉积物等内容。1960 年，海洋专业组又组织了中国海岸带调查活动，目标为岸边陆地部分的地质构造、地貌特征、地球物理场等。该计划分批施行。而后国家科委又编制"海洋科学十年长远规划"，主要任务是继续进行中国近海的调查，为深海远洋考察做准备工作。1964 年，海洋地质科学研究所在南京成立。1965 年，海洋勘探指挥部在天津市塘沽成立。但我国的海洋地质调查计划实施不久，"文革"开始了，扰乱了海洋地质调查的进行。在当时非常艰难的情况下，我国的海洋地质工作者排除干扰，继续工作，在南海、黄海、东海开展综合地质地球物理调查工作。但在这一时期，世界各海洋国家在开发方面都有很大的进展，致使我国与国际先进水平有很大差距。20 世纪 70 年代以后，我国海洋事业从近海走向远洋。1976 年，"向阳五号"远洋考察船第一次抓到多金属结核。1977 年，"查清中国海、进军三大洋、登上南极洲"的

宏伟目标被提出。1978 年，又制定了"全国 1978 – 1985 年海洋综合调查和基础理论研究规划"。1989 年，长达 8 年的海岛综合资源调查被展开，了解我国海岸带和海岛资源的状况。我国还进行了南极南大洋的考察。1983 年，我国首次派出了南极考察队，目前已进行了 30 次南极科学考察，在南极建立长城站、中山站、昆仑站和泰山站 4 个科研基地。为摸清海洋资源的"家底"，我国加大对海洋勘查的研究力度，自 1986 年起，一些重大项目，如"珠江口盆地海洋工程地质调查，大陆架及邻近海域勘查与资源远景评价，南沙群岛及周边海域综合科学考察"陆续展开。从 20 世纪 90 年代开始的 1:50 万大连幅海洋地质编图，到我国 1:50 万海洋地质调查编图规范，再到由青岛海洋地质研究所负责的《我国海域 1:100 万海洋区域地质调查示范》项目，真正拉开了我国由自由分幅迈向按国际标准分幅进行海洋地质调查的序幕。1996 年起，"863"计划海洋领域也针对"海洋探查与资源开发技术和我国专属经济区和大陆架勘测"设置了专项研究。2001 年，我国开始 1:100 万海洋区域地质调查工作。首先启动了南通幅和永署礁幅的试点工作，在此基础上，先后又启动了上海幅、海南岛幅、大连幅和中沙群岛幅的调查工作。直至 2008 年，我国全面实施海域 1:100 万区域地质调查，并将于 2015 年完成。

第二节　海洋矿产资源概况

一、海洋矿产资源的种类及分布概况

海洋是巨大的资源宝库，海底和滨海地区蕴藏着丰富的矿产资源。海洋矿产资源是海洋中产出矿物原料的总称。在广义上，海洋矿产资源应包括海底矿产资源和海水矿产资源两大部分，但一般仅指海底的矿产资源，而把海水中的矿产资源归为海洋化学资源。海底矿产资源按其产出区域划分为滨海砂矿资源、海底矿产资源和深海大洋矿产资源。海滨砂矿资源和海底矿产资源皆分布在沿海各国的领海、大陆架和专属经济区内；大洋矿产资源则主要分布于国际公海区域内，部分位于各国的专属经济区内。

海岸带分布的矿产资源主要有钛铁矿、磁铁矿、金红石、锆英石、沙金、金刚石、石英砂等各类滨海砂矿；大陆架和大陆坡分布的矿产有煤、铁、铜、稀土、金、金刚石以及丰富的石油、天然气和天然气水合物等；大洋盆底则分布有多金属结核（锰结核）、富钴结壳、大量的镍、钴、铜等金属元素，详见表 14 – 3 – 1。

表 14 – 3 – 1　　　　　　　　　　　海洋矿产资源分布

海洋地貌	海洋矿产资源
海岸带	钛铁矿、磁铁矿、金红石、锆英石、独居石、磷钇矿、褐钇铌矿、沙金、砂锡、铂砂、金刚石、石英砂等各类滨海砂矿
大陆架和大陆坡	煤、铁、铜、铅、锌、锡、钛、磷钙石、稀土、金、金刚石以及丰富的石油、天然气和天然气水合物等
洋盆	多金属结核（锰结核）、富钴结壳、大量的镍、钴、铜、铅、锌等金属元素

（一）滨海砂矿资源

滨海砂矿是一类在滨海环境下形成的具有重要工业或经济价值的矿砂。已探明的滨海砂矿达数十种，其中金属矿物中的钛铁矿、金红石、锆石、磁铁矿（钛磁铁矿）对于航天工业及核工业具有重要意义；稀有金属矿物中的锡石、铌钽铁矿亦在航天工业或核工业中发挥着重要作用；稀土矿物中的独居石、磷钇矿所含稀土资源在高新技术工业领域应用广泛；贵金属矿物中的砂金、金刚石、银、铂等具有极高的经济价值；非金属矿物中的石英砂、贝壳、琥珀等亦含有一定价值。在当前的海底矿产资源开发利用中，其产值仅次于海底石油和天然气。世界上已有30多个国家或地区正在进行滨海砂矿的勘探和开采工作。据统计，世界上96%的锆石、90%的金刚石和金红石、80%的独居石和30%的钛铁矿都来自滨海砂矿。

海砂是一种重要的海洋生态环境要素，它与海水、岩石、生物以及地形、地貌等要素一起构成了海洋生态的平衡。合理地开发利用海砂能够使其服务于经济建设，促进海洋经济的发展，但盲目地、非科学地开采则会导致资源的枯竭，破坏生态环境，乃至影响整个海洋资源的可持续利用。

（二）海底矿产资源

海底矿产资源实际上是指蕴藏在大陆架和部分陆坡上的矿产。海底矿产资源主要是海底油气、海底煤矿、铁矿、磷灰石矿等固体矿产及天然气水合物等。其中，石油和天然气占首要地位，二者的价值占海洋矿产资源的90%以上。已探明的海洋石油、天然气储量约占世界总储量的1/4，它们几乎遍布世界各大陆架和部分陆坡深水区。

（三）深海大洋矿产资源

1. 多金属结核

多金属结核也称锰结核，是20世纪70年代才大量发现的一种深海矿产。它几乎已成为深海的一种标志性矿产，分布于80%的深海盆地表面或浅层，分布的典型水深为5 000 m。它是一种铁、锰氧化物的集合体，含有锰、铁、镍、钴、铜等20余种元素，颜色常为黑色或褐黑色。

世界各大洋底储藏的多金属结核约有3万亿t。其中，锰的产量可供世界用1.8万年，镍可用2.5万年，其经济价值很高。

2. 富钴结壳

富钴结壳是裸露生长于洋底硬质基岩（玄武岩或其他火山碎屑岩等）之上的多金属壳状沉积物。它是一种多金属矿物原料，成分与多金属结核相近，含钴、镍、锰、铁、铜、铂等，并含有其他有色金属、贵金属以及稀有金属和稀土金属。它一般分布在400~4 000 m深的洋底的海山和洋中脊上。据估计，一个海山的一个矿点钴的产量就可达每年全球钴需求量的25%。

在南海的海山上也发现有富钴结壳。由于富钴结壳分布水深较浅，所以相对容易开采，越来越引起人们的关注，美国、日本等国已设计了一些开采系统。

3. 海底热液矿床

海底热液矿床是20世纪60年代中期发现的一种海洋矿产，它一般位于2 000~

3 000 m水深的大洋中脊区，是一种重要的海底金属矿床资源，由于这种热液矿中含有金、银、铂、铜、锡等多种金属，所以又被称为"海底金银矿"。由于它的埋藏水深相对较浅，且热液喷口周围存在独特的生物群落，已逐渐引起各国的广泛关注。

二、海洋矿产资源的开发利用前景

世界海底矿产资源的开发与航空航天技术、原子能、宇宙、激光、计算机等一样，正处于文明社会发展过程中的重要阶段。海洋中蕴藏着取之不尽的矿产资源，部分海底矿产资源的潜在资源量见表 14 - 3 - 2。关于海洋的深度，是人类必须面对并克服的问题，如此才能实施海底采掘并将矿石提升输送至陆地。更何况，21 世纪陆地上大量的矿产资源也将从深度约几千米的矿井和深度约 500 ~ 600 m 的露天矿中采出。

目前，海底矿床有前景的地质工业类型有多金属结核（锰结核）、富钴结壳、热液硫化物和气水合物（可燃冰）等。

表 14 - 3 - 2　　　　海底和陆地的推测资源量与矿石中金属品位的比较

海洋矿物的主要类型	金属种类	海底		陆地		海底与陆地的推测资源之比
		品位	推测资源量	品位	推测资源量	
氧化钴锰生成物：结核和结壳	Ni	0.6% ~ 1.4%	56 950 万 t	0.3% ~ 2.44%	8 770 万 t	6.5
	Cu	0.4% ~ 1.2%	34 850 万 t	0.6% ~ 4.0%	61 900 万 t	0.56
	Co	0.2% ~ 0.8%	33 920 万 t	0.1% ~ 0.6%	614 万 t	55.2
	Mn	20% ~ 42%	181 530 万 t	20% ~ 44%	1 557 100 万 t	1.2
	Pt	0.5 ~ 0.8 g/t	11 100 t	3.9 ~ 4.2 g/t	24 000 t	0.47
	Mo	0.04% ~ 0.06%	30 200 t	0.01% ~ 0.12%	11 600 t	2.6
氧化铁锰生成物：结核和结壳	Cu	3.73%	527 万 t	0.6% ~ 4.0%	61 900 万 t	0.08
	Zn	8.93%	12 630 万 t	4% ~ 10%	30 300 万 t	0.4
	Pb	4.14%	3 190 万 t	0.5% ~ 12.0%	12 380 万 t	0.23
	Ag	186 g/t	45.24 万 t	10 ~ 400 g/t	50.50 万 t	0.9
	Au	2.38 g/t	2 270 t	2 ~ 15 g/t	6.18 万 t	0.04

由表 14 - 3 - 2 的数据对比可以看出，钴在海底的推测资源储量是其在陆地推测资源储量的许多倍（55.2 倍）；镍和钼的储量也远超过其在陆地的推测资源储量（分别达到 6.5 倍和 2.6 倍）；而锰和银在海底与陆地的推测资源储量大致相等（分别为 1.2 倍和 0.9 倍）；海底中铜、铂和锌的推测资源储量仅是其在陆地的二分之一左右（分别为 0.56 倍、0.47 倍、0.40 倍）；铅约占陆地资源储量的 20% 左右，而金的资源储量更为有限（0.04 倍）。

由于海洋的自然环境与地质基础条件和陆地相似，同样具备地球化学循环与富集成矿的基本条件，从理论和部分实践证明，海洋矿产资源的品种与陆地同样丰富，而且种类之多、范围之广、储量之大都是陆地所不及的，基本上涵括了自然陆地上分布的 100 多种元素，尤其是石油与天然气资源已成为现在新发现资源储量的主要来源。

海洋蕴藏着丰富的矿产资源，为人类可取之用之的矿产资源。在经济社会的不断发展过程中，矿产资源对社会经济的支撑度越来越高，随着陆地的矿产资源日益枯竭，海洋矿产资源的勘查、开发已迫在眉睫。

第三节　滨海砂矿分布与勘查开发

海洋砂矿主要分布于各大洲的沿海近岸大陆架区。近几十年来，随着各国对矿产资源需求的增长，砂矿成为商业价值极高的资源之一。一些沿海国家，如美国、日本、澳大利亚、俄罗斯、加拿大等都有海洋砂矿分布。目前，各国主要开采的是滨海地带的矿床，但随着采矿技术的逐步改进，对水下采矿的方法也有所进步，主要的开发对象有金、铂、锡、钛、钽、锆、金刚石等砂矿。例如，斯里兰卡和印度沿岸具有大量的锆石、钛铁矿砂矿，泰国、印度尼西亚有锡矿，日本和加拿大蕴藏着磁铁矿，这些国家的矿床都极具开发前景。1990 年，美国菲尔莫尔与埃尔尼撰写了《海洋矿产资源》一书，着重论述了海洋砂矿资源的分布。滨海及陆架砂矿资源按工业矿物分为金属和非金属重矿物砂矿、磁铁矿 – 钛磁铁矿、金刚石、金、铂、锡、琥珀、石英砂 – 砾石、贝壳等多种类型，见表 14 – 3 – 3。

表 14 – 3 – 3　　　　　　　　　滨海砂矿资源及主产地

滨海砂矿资源	滨海砂矿主产地
重矿物砂矿（钛铁矿 – 金红石 – 锆石 – 独居石砂矿）	澳大利亚、新西兰、印度、斯里兰卡、塞内加尔、美国、毛里塔尼亚、冈比亚、南非、莫桑比克、埃及、巴西以及欧洲沿海国家
磁铁矿 – 钛磁铁矿	日本、新西兰、加拿大、德国、挪威
锡砂矿	美国、英国、缅甸、菲律宾、泰国、马来西亚和印度尼西亚
砂金 – 铂金砂矿	美国、俄罗斯、加拿大、智利、新西兰、澳大利亚、菲律宾、南非
金刚石砂	矿纳米比亚、南非、利比里亚、安哥拉
稀有、稀土矿物矿产	泰国、澳大利亚、印度、巴西
宝石砂矿	俄罗斯、波兰、德国、新西兰、南非北岸、科特迪瓦、越南、泰国、柬埔寨
石英砂、砾石	日本、英国、加拿大、美国

重矿物砂矿包括锆石、金红石、钛铁矿和独居石等。这种类型是海洋砂矿中分布最广、开发也最多的一种类型。目前，世界上从事这类砂矿开采的国家有澳大利亚、印度、斯里兰卡、美国、塞内加尔、毛里塔尼亚、南非、欧洲等的沿海国家。其中印度、澳大利亚、新西兰、巴西、美国产量最多。印度是钛铁矿重要的生产和出口国。印度西海岸的钛铁矿有 1 亿 t，独居石有 1 500 万 t，占世界的 40% ~ 45%，钛铁矿年产量达45 ~ 50 万 t。在北美洲，美国有几个滨外海域，如阿拉斯加西沃德半岛的南岸，南加利福尼亚、墨西哥湾沿岸和佛罗里达东北部等的大西洋沿岸海域含有大量的钛铁矿。美国年产钛铁矿 20 ~ 25 万 t，金红石 5 000 t，独居石 2 500 t。加拿大纽芬兰东北部南岸也有

一些钛砂矿。

从事磁铁矿和钛磁铁矿开采的国家有日本、新西兰、德国、加拿大、挪威等国。日本的铁矿产量中有五分之一来源于滨海砂矿，磁铁砂矿储量有 1.6 亿 t，生产的最大水深为 60 ~ 90 m。新西兰钛铁矿储量为 1 000 ~ 2 000 万 t。

锡砂矿是海洋砂矿中最重要的类型，它是唯一具有重要商业价值的资源，分布于美国、泰国、马来西亚、印度尼西亚等国。泰国、印度尼西亚和马来西亚是世界上海洋锡砂矿的主要产地。1977 年的开采量占世界锡矿产产量的 70%，其中马来西亚占 36%，印度尼西亚占 13%，泰国占 11%。马来西亚的船采效率比泰国、印度尼西亚的都高。

金刚石砂矿主要产在非洲南部的纳米比亚、利比里亚、南非、安哥拉等国家和地区。南非奥兰治河河口两侧的奥兰杰蒙德和沙梅斯海湾之间的沿海地带是主要的富集区。纳米比亚是金刚石砂矿的主要生产国，每年产 180 万克拉，水下采矿开始于 19 世纪 60 年代。纳米比亚在 1965 年开采金刚石 21.9 万克拉，最多时每昼夜采 2 万多克拉，利比里亚次之，每年产约 10 万克拉。

铂金和砂金矿分布较广。许多国家在大陆架区能提取和回收铂金和砂金矿，如美国、加拿大、俄罗斯、澳大利亚等国。但美国和俄罗斯的金更有商业价值。其中美国是开采铂砂矿最主要的国家，大多分布在阿拉斯加的白令海沿岸。1985 年，美国公司用 400 万美元购了一艘 14 层楼高的"比马"号船来采金矿，并计划每年产 900 kg 金。1792 ~ 1977 年，美国在俄勒冈和阿拉斯加州沿海采砂金矿 364 多吨，并已延伸到 10 m 水深的浅海区。

目前开采滨海琥珀砂矿的有俄罗斯、德国、新西兰、波兰和非洲北岸等地区，俄罗斯在东波罗的海开采最早。另外，北冰洋沿岸的伯朝拉河口、库页岛等都有滨海琥珀砂矿的分布。

独居石和磷钇石为稀土矿物，铌铁石和钽铁石为稀有矿物，多伴生在其他矿床中，主要作为副产品回收，在采重矿物砂矿或从锡渣中回收。1977 年，国外从锡矿渣中回收了 150 多吨的铌，泰国的钽 90% 都来自锡矿渣。

目前，世界上开采海砂的主要国家有美国、日本、加拿大、英国。1995 年，日本年产海砂量为 5 800 万 t，日本在生产范围上能达到水深 45 ~ 50 m 的浅海区，英国能在 35 m 以内。主要是由于这些国家拥有广阔的海域，开采技术也比较先进，并且特别重视海洋资源的利用。

第四节　　海洋油气资源的勘查与开发

随着全球经济的不断增长，国际原油价格越来越高，给石油工业带来了机遇，但油气勘探开发面临更严峻的挑战。近几年来，陆上油气勘探规模较大，发现油气田规模变小，而海洋油气勘探却获得重大发现。海洋油气的勘探开发延续了陆地油气的开发工作，它的发展过程是从浅水到深海、简易到复杂的，而且所发现的油气田规模大、产能高，占油气总产量的比例也不断加大。海洋油气勘探开发的历程始于 1887 年，世界上第一口海上探井在美国加利福尼亚海岸 6 m 水深的海域勘探出来，由此拉开了海洋石油工业序幕。20 世纪 30 ~ 40 年代的海洋油气勘探首先集中在马拉开波湖和墨西哥湾等地区。20 世纪 50 ~ 60 年代，海洋油气勘探则在波斯湾、里海等海区初具规模，海洋油气勘探开发发展迅速，出现了移动式钻井装置、浮式生产系统和海底生产系统，水深不断加大，到 60 年代末，已超过 200 m，勘探领域向大陆架深水区延伸。20 世纪 70 年代是油气勘探最为活跃的时期，成果最显著的地区是北海含油气区，陆续发现了一系列大中型油气田，如格罗宁根气田。20 世纪 80 年代，巴西、法国等国率先研制出最先进的深水钻探技术、远程监控的水下自动生产系统，钻井的水深从 1965 年的 193 m 达到 1983 年的 2 384 m。20 世纪 90 年代，发达国家的海洋油气勘探已由大陆架区向深水大陆架区推进，不断有新的油气田被发现，并且解决了温带海域油气开采面临的钻井、采油、集输和存储等问题。到 1999 年，作业水深已达 2 000 m，范围也从北海、墨西哥湾扩展到西非、澳大利亚大陆架等海域。目前在海洋进行油气勘探的国家越来越多，海洋钻井遍布世界各个海区。在全球水深 200 m 以上的水域中，有 300 多处发现油气，美国就有 120 多处，而巴西海域主要分布大油田，挪威海域有大气田分布。

海洋油气的储量不断增大，目前已有 2 000 多个海上油气田被发现。1995 年，世界海上剩余原油探明可采储量 389.45 亿 t，占世界原油总剩余探明可采储量的 22%，年均增长 2.6%，剩余天然气为 39.26 亿 t，占世界剩余的 40%，年均增长 2.2%。据美国 HIS 国际能源公司调查，至 2010 年 11 月，世界共获得油气发现 390 个，比 2009 年增加 25 个，其中重大的油气发现有 76 个，以海域为主，为 55 个，陆上发现为 21 个。深水发现主要分布在美国墨西哥湾，中南美洲的巴西，西非的安哥拉、加蓬。2010 年，巴西深水勘探获得重大突破，共获得 8 个油气发现，其中 5 个排名世界前 5 位，新发现的 Libra 油田为南美 34 年来发现的最大油田，预测石油储量达 150 亿桶，发现井位于里约热内卢 183 km 的海域，水深 1 964 m，钻探深度为 5 410 m，Libra 油田和之前发现的图皮（Tupi）油田一样为盐下油田，位于图皮油田附近。

随着石油勘探向深水区发展，海上石油产量也不断增加。20 世纪 40 年代末期，海上石油仅产 4 000 万 t，但到 50 年代末，产量达到 1.1 亿 t，60 年代末，达到 3.29 亿 t。1980 年达 6.5 亿 t，1990 年达 8.7 亿 t。海洋油气产量飞速发展，总产量所占的比例不断增大，北海海域在石油产量增长速率上居于首位，2000 年达到 3.2 亿 t，到达最高峰，以后逐渐下降。波斯湾石油产量增长缓慢，年均产量在 2.1 ~ 2.3 亿 t。巴西、墨西哥湾和西非等增长较快，年均增长多于 5.0%。由于受开采难度和市场等条件的限制，海上天然气的开采比较缓慢。20 世纪 80 年代之前，海上天然气主要在墨西哥湾浅海区和欧洲开采，因为那些地方的能源市场和设施较完善。近 20 年来，能源价格上涨和海上管输技术的成熟，海上天然气开采发展迅速。1985 年，产量为 3 524 亿 m^3，占世界天然气总产量的 20%。2004 年，达到 7 500 亿 m^3，占世界天然气总产量的 28%。北海和墨西哥湾是海上天然气开采的重点区域，年产量占世界总产量的 55%。美国部分的墨西哥湾到目前已发现 5 000 多个油气田，可采石油储量 98 亿 t，天然气有 19 万亿 m^3。许多国家的专家预测，如果以后年产油量以 3.5% ~6% 的速度递增，产气量以 1.5% ~ 3% 的速度递增，将来陆上和海上的油气产量将各占 50%，海上油气有很大的潜力，后备力量很充足。目前，海上油气勘探正逐步向着深水区发展。长期以来，水深超过 200 m 的大陆架海域被称为深水区，但随着技术的不断进步，深水区的范围不断扩大。20 世纪 90 年代末，深水区是水深超过 300 m 的海域，现在，大于 500 m 的为深水区，超过 1 500 m 的为超深水区。从勘探的实践表明，深水区的勘探前景较好。海上 44% 的油气都在 300 m 以下的水深。墨西哥湾的深水油气量达 400 亿 ~500 亿桶油当量，大约占该地区大陆架油气总资源的 40% 以上。

由于水深超过 500 m 的开采条件更加艰难，至今只有 1/5 的已发现深海油气田得到开发。美国的壳牌石油公司和巴西国家石油公司都在建造深水石油平台，其间，1994 年美国壳牌石油公司建造了水深为 872 m 的奥杰钻井平台。1996 年美国壳牌石油公司建造了水深为 894 m 的另一座平台。1998 年，该公司又在墨西哥湾的海域中造了水深为 981 m 的平台。但英国方面的专家认为要建超过 1 000 m 的平台，仍有很多困难。墨西哥湾的石油平台能打几百口井，石油产量将满足美国 10% 的需要。目前，世界深水油气开发已超过 1 000 m，勘探的深度超过 2 000 m，未来的目标是 3 000 m。20 世纪 90 年代以来，一些大石油公司在各海区已打了 2 000 多口深水井，井深为 3 000 ~5 000 m 的占 90%，超深井占 10%。从区域分布看，深水开发活动主要集中在巴西、北海、墨西哥湾和西非海域，对深海油气勘探起主导作用。巴西东部的海域深水区为开发重点，已经发现马林、若克多尔等多个巨型油气田。巴西有 64% 的原油产量来自深水油气田。由于深水油气的开发，巴西石油自给率从 1980 年的 16% 增加到 2004 年的 91%。墨西哥湾外大陆架深水开发迅速。到 2 000 年，在墨西哥湾深海区先后发现了 112 个油气田，其中 30 多个已经生产。西非深水主要在安哥拉和尼日利亚海域。墨西哥湾目前已发现深水油气田 140 个（水深大于 300 m），年产原油 8 600 万 t。目前在开采深水油气田有 44 个，16 个油气田在建设中。20 世纪 90 年代中后期，全球八大深水油气发现有 5 个分布在此地区。2004 年，世界 20 个储量超过亿桶的深水油气有 7 个分布在西非海域。在亚太、地中海地区深水油气发展也较迅速。例如，在新西兰、澳大利亚大陆架深水区获得了发现，在埃及地中海深水区成功钻探了探井，日产天然气大概 124.5 万 m³。深海油气勘探的特点整体就是风险大，技术要求较高，投入大，一般是陆地油气勘探投资的 3 ~5 倍。油气发现规模大，产量高，开发周期短，钻探成功率较大，单位储量成本低，回报较高。随着世界经济的发展，各国对能源的需求的不断增加，未来全球海洋石油勘探开发将会继续较快地发展，勘探深度会不断扩大，海上油气产量也会增长。许多国家都有新发现和新的油气田投产。北极地区石油储量占全球未开采石油的 13%，天然气资源占全球 30%。北极地区拥有的 800 亿桶原油产量，能够供给接下来几十年世界市场的需要。海底蕴藏着丰富的油气资源。据法国的石油研究机构估计，全球石油资源的极限储量为 1 万亿 t，可采的为 3 000 亿 t，其中海洋石油储量就占 45%，可采储量为 1 350 亿 t。美国和墨西哥之间的墨西哥湾、中东地区的波斯湾、英国和挪威之间的北海还将继续引领全球海洋油气开发潮流。许多前景好的海上新区将继续勘探，如东南亚、孟加拉湾、里海等地区，深水区和超深水区潜力较大，资源丰富，将继续成为勘探热点。

国外海上油气勘探开发历史悠久，经验丰富。首先，其重视基础地质的研究、调查工作，重视区域间的对比。例如，美国、英国等国在开采墨西哥湾、北海油气过程中特别注重基础地质的研究和远景调查，并开展了区域性油气地质特征的调查研究工作。其次，国外注重新科技的应用，积极开发新方法、先进的钻井技术。美国就曾投资到墨西哥湾外大陆架的勘探开发技术项目中，促进了该地区的油气勘探开采。另外，国外还鼓励引入外资和各国合作勘探，并制定了各种政策进行改革。由于海上油气开采成本高、投入大，很多国家都通过对外开放政策进行深水勘探。例如，美国在1995年使用矿区使用费方案，其规定勘探水深逐步增加，矿区使用费减少。这项措施促进了墨西哥湾的深水勘探。另外，加蓬、安哥拉、尼日利亚等国家也通过各种政策吸引技术和资金，促进了西非海上油气勘探开发的。

第五节　深海大洋矿产的研究现状与开发前景

深海大洋矿产种类较多，主要包括：大洋多金属结核（锰结核，富含铜、镍、钴多种微量元素）、富钴结壳（主要由铁锰氧化物构成，富含锰、铁、钴、铂等金属元素）、热液硫化物矿床（包括块状硫化物、多金属软泥和金属沉积物自生沉积矿床，富含铜、钴、锌、金、银、锰、铁等多种金属元素）以及天然气水合物等海洋矿产资源，见表14-3-4。

表14-3-4　　　　　　　　深海大洋矿产资源及其主要分布

海洋矿产资源种类	主要分布区
大洋多金属结核（锰结核）	中生代或年轻的深海盆地表层，包括太平洋（东北太平洋海盆区、中太平洋海盆区、西南太平洋海盆区和东南太平洋海盆区）、印度洋（中印度洋海盆、天顿海盆、南澳大利亚盆地和厄加勒斯海台）及部分大西洋海盆
富钴结壳	主要产于水深800~3 000 m的海山、海台及海岭的顶部和斜坡上
热液硫化物矿床	主要产于水深1 500~5 000 m的高热流区的洋中脊、海底裂谷带和湖后边缘盆地的构造带内，即东太平洋海隆、大西洋中脊、印度洋中脊、红海、北斐济海盆、马里亚纳海槽及东海冲绳海槽轴部等处
天然气水合物	极地永冻带、大陆架、深水大陆坡区

一、大洋多金属结核

大洋多金属结核是一种含有铁、镍、锰、钴等有用金属元素的洋底自生沉积矿物集合体，又叫锰结核，主要由氢氧化物和铁锰氧化物组成，形状一般从小颗粒状到菜花状、土豆状和瘤块状，极具经济价值，特别引人注目。1873年，英国"挑战者"号考察船在大西洋的加纳利群岛海底首次采到多金属结核，Renard和Murroy对所采集的样品进行研究，并提出了"火山成因说"。之后美国、苏联、日本、德国等国也相继进行了调查研究，也提出了结核形成的种种假说。但当时各国都没有认识到其真正的经济价值，只是进行单纯的科学研究。直到 20 世纪 60 年代，美国科学家 Mero 根据样品的检测结果，证明其具有很大的商业价值，这才得到大家的重视。

深海多金属结核分布的调查难度较大，一些国家曾投入巨额的资金和人力做过专门调查。据已有调查资料表明，世界各大海洋中金属结核大约覆盖 15% 的海底。由于地质、水文环境等方面的差异，各大洋中多金属结核的分布很不均匀。其中太平洋分布最广，约有 2 300 万 km^2，主要分布在东北太平洋海盆、南太平洋海盆、中太平洋海盆、中东北太平洋的克拉里昂 – 克里伯顿断裂带之间（CC 区）和东南太平洋海盆等 5 个区。全世界洋底有 3 万亿 t 的多金属结核，太平洋就有 1.7 万亿 t。多金属结核资源量位列第二的是印度洋，约为 1 500 万 km^2，主要分布在印度洋海盆、南澳大利亚海盆、沃顿海盆、厄加勒斯海台和塞舌耳海区 5 个区。大西洋的多金属结核分布最少，约有 850 万 km^2，分布在南大西洋和北大西洋等较少的几个区。世界大洋底已发现 500 多处多金属结核产地，经过探测，有开采价值的产地有 16 个。最有前景的一个是夏威夷以南和新西兰东北范围内南北伸展的海域，另一个也极具远景的地区是克拉里昂 – 克里帕顿断裂带之间的 15 个富集地段。锰结核的分布类型也与地形环境有关，在水深浅于 4 800 m 处锰结核呈现碎屑状、板状和连生体状；在 5 000 ~ 5 200 m 之间的锰结核呈菜花状；水深大于 5 400 m 则主要为连生状和碎屑状。多金属结核是在结构稳定、海水深度在碳酸盐补偿深度线下、低沉积速率和底层水强烈活动的条件下形成的。如果想长时间保存，一是不能被沉积物掩埋，二是要一直处在成矿反应场中。如果多金属结核埋藏在沉积物中，就会造成元素的扩散，结核被溶解，结果会造成在古老的深海相地层中没有多金属结核存在。促使多金属结核保存的因素很多，其中最主要的有结核粒径的大小、沉积物成岩的静压作用、生物活动、构造环境和沉积速率等多种因素。

美国是各国中开始调查多金属结核较早的国家。自 20 世纪 60 年代开始，美国就一直对其进行研究，深海探险公司就是进行多金属结核调查的公司之一。它在太平洋海域进行过大约 50 个航次的调查。1970 年，该公司使用水力提升法在布莱克海台开采成功，1974 年，又提出向夏威夷群岛的海底进军，并进行了多次的采矿和冶炼的试验工作。美国也实施了许多计划来完善多金属结核的开采计划，例如大学间锰结核研究计划、锰结核计划和深海采矿环境研究计划，并出版了《太平洋锰结核地质学和海洋学》、《中太平洋铁锰沉积物的研究》等著作。到 20 世纪 80 年代，因为海上采矿风险很大，各公司又担心得不到法律保障，多金属结核的开采热情有所下降，但美国并没有完全放弃海洋多金属矿产的开采。1982 年，美国又与法国、英国、前联邦德国等国签订了《关于深海洋底多金属结核临时措施的协议》。美国调查的太平洋海域在 6°30′ ~ 20°N、110° ~ 180°W 之间。该海域是结核密度最大的海域，最富集区富集度可达 100 kg/m^2，其平均富集度约为 10 kg/m^2。据专家估计，中东北太平洋的克拉里昂 – 克里伯顿断裂带之间的多金属结核资源量在 340 亿 t 左右，在太平洋基里巴斯群岛、库克群岛和图瓦卢群岛的专属经济区资源量大约有 98 亿 t。

日本由于有色金属主要依靠进口，也是积极调查多金属结核的国家。1968 年，日本在太平洋海域完成"连续链斗状"采矿实验，并接着实施了"深海矿物资源开发基础研究”、“深海底矿物资源基础研究”、“深海底矿物资源地质学研究”等一系列研究海底多金属结核的计划，又在 1982 年制定了《深海底矿业临时措施法》，用法律来规范调查项目。在 1974 ~ 1983 年间，日本地质调查所在中太平洋海盆进行了 10 年的调查。调查结束后，在 1983 年编制了《1: 200 万的锰结核分布图》，为以后的调查工作奠定了基础。日本已进行了太平洋东部和中部的海底多次多金属结核调查，并一直把该项目作为海底矿产资源调查的三大课题之一。

二、富钴结壳

富钴结壳是以水化成岩作用的形式并生长在海山硬质基岩上的一种壳状沉积物，富含锰、铁、铂、钴等金属元素，主要由铁锰氧化物组成。其中钴的含量特别高，平均 0.5%，最高达 1.8% ~ 2.5%。钴结壳是人们在发现锰结核后被发现的另一种海底矿产资源。主要分布在各个大洋盆地的平顶山顶部、海山斜坡和海台处。调查表明，钴结壳最富集的海域为中太平洋海山、夏威夷海岭、约翰斯顿岛、莱恩海岭；大西洋的中大西洋海隆区、凯尔温火山区、南大西洋里奥格兰德海隆等。其中中太平洋和中南太平洋海山区的富钴结壳分布较广、较厚，钴含量较高，极具经济价值。富钴结壳一般形成于 400 ~ 4 000 m 的水下，较厚和含钴较多的结壳分布于 800 ~ 2 500 m 的大洋底部。海底有 635 万 km^2 是由钴结壳覆盖的，大约可产 10 亿 t 的钴。富钴结壳中的元素如钴、镍、锰等主要用于钢铁的生产中，来增加钢铁的硬度、抗腐蚀和强度，还可用于生产化学和高科技产品，如超导体、激光系统等。由于其商业价值大，一些发达国家如美国、日本、德国等国较早的对其进行了调查研究。

发达国家对钴等金属的利用率高量大，另外，其本身科技比较发达、资金充足，因此对大洋钴结壳展开勘探的时间较早。1981 年，德国的克劳斯塔尔 - 策勒费尔德工业大学（TUC）的皮特·哈尔巴赫带领“德国中太平洋一号”勘探船对夏威夷南部的莱恩群岛进行了首次详细的调查。这次调查使用了地震剖面测量、大型挖泥机、深海摄影等先进技术和仪器，取得了很大的进展。调查结果表明富钴结壳富含钴、铁、磷、钛、铅、铂等多种元素。但是和铁锰结核相比起来，锰、铜、镍、锌的含量较少。之后德国又对大西洋和太平洋中的海底进行了多次调查。

美国是勘探钴结壳的另一大发达国家。美国国内没有生产钴，只能依靠进口，而美国又是钴的最大消耗国，其使用量占世界的 35%。因此，美国很早就成立了勘探钴资源的公司。1983 年，200 海里专属经济区的成立加快了美国勘探钴资源的步伐。1983 ~ 1989 年，美国地质勘探局（USGS）和夏威夷大学等机构对夏威夷、马绍尔群岛、加利福尼亚、中太平洋的海山区等海域进行了 8 个航次的调查。结果显示太平洋的马绍尔群岛专属经济区、莱恩群岛、大西洋的布莱克海底高原、约翰斯顿岛最具铁锰结壳的开发前景，而莱恩群岛的钴含量达 1%。美国专属经济区内富含 3 亿余 t 的钴结壳，其中含有 270 万 t 的钴。如果按 1986 年钴消费量 7 000 t 来看，在专属经济区富含的钴能供美国消费 400 年。美国在法定延伸大陆架内拥有世界上最大结壳资源潜力，其总量约 18.6 亿 t。

日本对于钴结壳的勘探也起步较早，早在 20 世纪 80 年代就成立了深海资源开发公司，以便更深入地调查海底资源。自 1988 年开始，日本每年进行一次钴结壳调查，主要范围是中太平洋海山区的 50 座海山。之后，日本国家资源与环境研究所的 Sharma 和 Yamazaki 对调查成果进行了总结。1985 年，日本政府和南太平洋应用地学委员会（SOPAC）开始了合作项目，历时 5 年。该项目由日本金属矿业事业团执行，海洋工程开发公司和深海资源开发公司参与，目的是为了确定 SOPAC 各成员国专属经济区的深海矿产资源，如锰结核、钴结壳等。1985 年，日本海洋资源委员会在夏威夷群岛东南用开采多金属结核的连续绳斗法进行了富钴结壳开采试验，其海域水深 4 300～4 900 m。1987 年，深海资源开发公司在国际海底管理局注册为先驱投资者。

三、热液硫化物

海底热液硫化物是一种具有重要经济价值的矿产资源。海底热液矿主要元素为铁、铜、锌、铅、银、金、镍、钴、铂等，在各大洋水深数百米至 3 500 m 处都有分布，主要出现在 2 000 m 水深处的大洋中脊和地层断裂活动带。当前，海底热液矿的开采日益受到各国的关注。1948 年，瑞典科学家使用"信天翁"号调查船在红海中部发现了热液多金属软泥，揭开了海底热液活动研究的序幕。1970 年，海底热液活动的研究主要集中在大洋中脊。1972 年，美国科学家在加拉帕戈斯群岛附近海底还发现了喷涌热流的海底热泉和形如烟囱冒出高达数十米滚滚浓烟的巨大石管。这种热液中含有丰富的矿物。1979 年，生物学家们第一次勘查到了"黑烟囱"。人类对热液硫化物的认识是逐步深入发展的过程。在东太平洋海隆发现了黑烟囱不久，又在快速扩张洋中脊发现了热液硫化物矿床。1985 年在大西洋中脊发现大型热液矿床，说明了慢速扩张的洋中脊也可能存在矿床（Rona，etal，1986）。另外，1991 年和 1996 年胡安·德富卡对洋脊的两次航行调查表明有沉积物覆盖的洋脊区也存在热液硫化物（Mottl，Davis，Fisher，1991）。截止到 2005 年，已发现的热液活动区有 215 个。

热液硫化物按其化学成分分为 4 类：①主要富含铜、银、钙，分布在东太平洋的加拉帕戈斯海岭；②富含铜、锌；③主要含金和锌；④含锌和银，分布在瓜马斯海盆、胡安德富卡海岭。按产状分为两类，一类是泥土状的松散的多金属沉积物，例如红海的多金属软泥；另一类是块状硫化物，如东太平洋海隆的热液块状硫化物矿床。

随着人类对热液硫化物矿床的认识，发现其具有以下几个特点。首先是分布较广泛并且易于被发现，规律较明显。海底热液硫化物分布在大洋的火山、大洋中脊和断裂构造活动带等特定海区。由于其与热液和海底火山活动关系密切，并且在地球化学特征、热流值方面表现异常，在底栖生物组合中又表现出热液场的特殊环境，使其特征鲜明，对人们的吸引力较大，加大了开采的决心。其次是容易开采、冶炼。热液硫化物的主要成分为结晶矿物，存在水下数十米到 3 500 m 之间，在 2 500 m 附近居多，其存在浅的特点使其易于开采和冶炼。另外，它包含多种贵金属和有用矿物。海底热液硫化物的成分有铁、锰、铜、锌、银、金、镍等，足够构成可采的矿床。最后是其成矿速度快、形成时间短。硫化物矿产每 5 天就能堆积 40 cm，在东太平洋的加拉帕戈斯断裂带中，硫化物矿床仅形成 100 年，因此，有人称其为"矿床制造厂"和"海底金库"。1997 年，在新西兰海域 2 500 m 的海底发现的"热液金矿"直径 3.7 m，是 20 多年来海洋科学调查中最让人兴奋的发现。目前世界对海底热液硫化物的研究，从各方面来看，都属东太平洋海隆的研究程度高。而美国在此领域中优势很大。美国已在调查大洋多金属结核的基础上，把调查重点转到热液硫化物矿床上来了。

四、天然气水合物

（一）国外天然气水合物勘查

天然气水合物也叫"可燃冰"，主要由甲烷分子和固态冰构成，其具有分布广、埋藏浅、能量高和规模大等特点，是 20 世纪发现的一种新型后备能源。专家普遍认为天然气水合物是 21 世纪石油和天然气的理想替代能源。据估算，全球的天然气水合物的总量是石油、天然气和煤炭的 2 倍，可供人类使用 1 000 多年。正因为如此，全球多个国家都在不遗余力地开发这种资源。

天然气水合物大多分布在板块聚合边缘大陆坡、离散边缘大陆坡、边缘海和内陆海，尤其是与盐泥底辟、泥火山和大型断裂构造有关的深海盆地中。目前调查表明，有天然气水合物的地区主要分布在东太平洋海域的中美海槽、北加利福尼亚—俄勒冈滨外、秘鲁海槽；西太平洋海域的千岛海沟、冲绳海槽、南海海槽、鄂霍茨克海等；大西洋海域的美国东海岸外布莱克海台、墨西哥湾等；印度洋的阿曼海湾；南极的威德尔海、罗斯海；北极的波弗特海、巴伦支海；里海的南部和中部海域；黑海的图阿普谢凹陷和索罗基凹陷。在这些区域内，已发现 220 多个天然气水合物矿点。

20 世纪 60 年代初，天然气水合物被苏联第一次在西伯利亚永冻层中发现。之后，美国和加拿大在阿拉斯加北坡三角洲冻土带也先后发现了大量的水合物矿藏。20 世纪 70 年代初，英国科学家利用地震探测，对美国东海岸大陆边缘进行调查并发现了"似海底反射层"（Bottom Similating Reflector，BSR）。20 世纪 70 年代和 80 年代，深海钻探计划和大洋钻探计划（ODP）相继实施，结果在世界的多处海底都发现了天然气水合物。此后各国研究天然气水合物和全面普查勘探工作进入了全面发展阶段。1991 年，美国召开了"美国国家天然气水合物学术讨论会"；1995 年，美国加利福尼亚州的蒙特雷海湾海洋馆研究所的科学家查尔斯·波尔带领了 ODP164 航次前往卡罗来纳州近海布莱克海台进行了天然气水合物调查，首次证明天然气水合物广泛存在，肯定了它的经济价值。

近几年，世界天然气水合物的研究取得了一系列进展。新方法、新技术的快速发展使天然气水合物的研究向更广、更深的方向发展。美、德、英、加、日、俄、印、韩等发达国家先后开展了海底天然气水合物的调查研究，取得了很大进展。目前，天然气水合物的研究工作主要集中在天然气水合物基础物理化学性质、天然气水合物资源的勘测与评估、天然气水合物开采模拟与环境评价等方面。目前，天然气水合物研究最积极的国家有日本、美国、加拿大、印度、德国等。日本由于油气资源贫乏的国家，在开发天然气水合物方面表现尤为积极。美国一直对天然气水合物气开发的能源战略目标和科学目标均很重视；加拿大的陆上基地很适合试验性开采；德国主要靠技术优势在国际合作和未来水合物气开发中获得好处，因为德国也是油气资源贫乏的国家。根据近年来各国试验性的开采成果和技术的进步，2015 ～2020 年，发达国家实现工业规模开采水合物气在技术上是可行的，但实现商业开采还有待技术进一步发展。

（二）我国天然气水合物研究进展

我国海洋天然气水合物研究起步较晚，直到 20 世纪 90 年代初期我国学者才开始对海域天然气水合物进行调研性的研究工作，主要是介绍国外天然气水合物调查和研究的进展。我国南海天然气水合物的研究源于似海底反射层（BSR）的识别。1992 年，Reed 等最早报道了在台湾南部海域鉴别出 BSR。1998 年，姚伯初报道了在南海东沙群岛和西沙海槽存在水合物发育的地球物理证据—BSR，首次根据勘探实践提出南海北部可能存在天然气水合物，开启了我国南海天然气水合物调查和研究的新篇章。2001 年，国家 863 计划设立了重大项目，开展天然气水合物地震识别技术、地球化学探测技术、保真取样技术的研究。其后启动了"我国海域天然气水合物资源调查与评价"的国家专项，对南海北部的天然气水合物资源进行全面调查。同时，中国科学院于 2004 年组建了"广州天然气水合物研究中心"，先后设立了与天然气水合物有关的知识创新重要方向项目、百人项目等，研究内容涉及天然气水合物合成、物性测试、开采模拟、成藏机理、资源评价等领域。此外，国家自然科学基金委设立的与水合物有关的项目也基本逐年在增加，主要开展水合物物性、资源、储运、开采、环境等方面的基础研究。在上述几大部委以及其他部门的大力资助下，我国先后在南海北部的西沙海槽、东沙群岛南部、台西南海域等地开展了地质、地球物理以及地球化学调查，初步圈定了南海 BSR 的分布情况，发现了与天然气水合物有关的各种地质、地球物理和地球化学异常。2004 年，中德合作的 SO－177 航次在台西南海域发现了冷泉喷溢形成的分布面积达 430 km² 的碳酸盐岩，是目前世界上发现的最大的自生碳酸盐岩区，同时也发现大面积的细菌席和双壳类等冷泉生物。其后，中国地质调查局于 2007 年 5 月在南海北部神狐海域实施了海底钻探，采集到了天然气水合物实物样品，成为继美国、日本、印度之后第 4 个采集到海洋天然气水合物实物样品的国家。2013 年 6 月至 9 月，中国海洋地质科技人员在广东珠江口盆地东部海域首次发现高纯度可燃冰样品，并通过钻探发现高达 1 000 亿～1 500 亿立方米的控制储量，展示了我国南海北部巨大的天然气水合物资源前景。

1. 南海天然气水合物成矿条件

初步研究结果显示，南海具备良好的天然气水合物成矿条件，这里有宽阔的大陆坡、巨厚的沉积物、丰富的有机质和适宜的温压条件，其成矿条件可与一些著名的天然气水合物产地相媲美。

（1）区域成矿背景：

作为太平洋板块向欧亚板块的俯冲带，西太平洋发育有一系列的海沟－岛弧－弧后盆地，是典型的汇聚型大陆边缘。区内沉积物巨厚，油气田广布，是天然气水合物产出的理想部位。西太平洋是全球三大天然气水合物成矿带之一，从最北端的阿拉斯加大陆坡开始，经阿留申海槽、白令海、千岛海沟、鄂霍茨克海、日本海、南海海槽、苏拉威西海、帝汶海槽，到澳大利亚的豪海岭，直至新西兰近海均已发现天然气水合物或良好的模拟海底反射层（BSR）。

南海是西太平洋最大的边缘海，面积约 350 万 km^2，是西太平洋天然气水合物成矿带的重要组成部分，具备良好的区域成矿地质背景。

（2）地质构造条件：

南海是西太平洋沟 - 弧 - 盆体系的重要组成部分，是几次扩张后形成的海盆。中生代末期的全球构造运动导致亚洲大陆边缘裂解，42 ~ 36 Ma 期间的海底扩张形成南海的西南海盆，32 ~ 17 Ma 期间的扩张形成中央海盆。与此同时，在大陆架、大陆坡和大型走滑断层（如红河巨型走滑断裂）的两侧，陆续形成了一系列沉积盆地、海槽、海沟等地貌单元。

南海大陆坡极为宽阔，面积约 136 万 km^2，且存在汇聚型板块边缘大陆坡、离散型板块边缘大陆坡等。在陆坡上存在一系列的次级地貌单元，如沉积盆地、深水阶地、海山、海丘、海岭、海槽、海沟等。这样的构造条件和地貌环境有利于形成天然气水合物。

（3）物源条件：

要形成天然气水合物，必须有充足的烃类气体。烃类气体可分成有机成因和非有机成因两类，其中有机气体又可细分成微生物气和热解气两种。微生物气是指沉积物中的有机质在细菌作用下转化而成的气体，热解气则是指有机质演化到成油阶段后，受深成热解作用所形成的气体。根据甲烷的碳同位素值及其与乙烷和丙烷的比值，可判断气体的成因和来源。若甲烷的 $\delta^{13}C$ 小于 60‰，$CH_4/(C_2H_6 + C_3H_8)$ 之比大于 1 000，则为微生物气；反之，则为热解气。

南海大陆坡及其沉积盆地内沉积物巨厚，最厚可达 12 000 余米。新生代沉积物中含有丰富的有机质，能提供充足的有机气体，有利于天然气水合物形成。同时，南海已发现众多的油气田，这也说明南海沉积物中有丰富的气源。通过对 ODP - 184 航次 1146 站位顶空气中烃类组分及其甲烷碳同位素分析，发现东沙群岛南部陆坡的气体以热解气为主。德国"太阳号"调查船发现，西沙海槽附近浅层沉积物中的气体也为热解气，而南海南部陆坡区的气体则以微生物气为主。

（4）温压条件：

要形成天然气水合物，还必须有适宜的温压条件。水合物一般形成于低温高压环境，最佳的形成温度是 0 ~ 10℃，压力应大于 10 MPa。但在海底沉积物中，因为上覆沉积物和海水的重量可使得压力相应增加，故可在较高的温度下形成水合物。一般说来，在水深 500 ~ 4 000 m 处（即压力为 5 ~ 40 MPa），就能满足形成水合物的温压条件。南海大陆坡的水深及上覆沉积物的压力能符合水合物形成所需的温压条件。

2. 南海水合物分布特征及资源量

天然气水合物只能稳定存在于海底以下的特定区域，在该区域内的温度和压力处于天然气水合物形成的热力学稳定范围 - 水合物稳定带。天然气水合物稳定带厚度的确定有助于了解水合物的分布特征及范围。同时，水合物稳定带厚度是进行水合物资源量估算的重要参数，因此，较为精确的限定水合物稳定带厚度成为把握水合物发育特征及进行资源量估算的基础。

水合物稳定带厚度的确定主要采用相平衡法，即由地温梯度确立的深度－温度关系曲线和水合物相边界曲线共同界定的水合物稳定带底界与海底之间的区域。研究发现，随着天然气重烃含量的增加，孔隙水盐度的降低，水合物稳定带的厚度越来越大，且气体组成的影响要比孔隙水盐度的大；同时，水合物稳定带的厚度与热流呈一定的负相关关系；在南海 2 000 m 水深范围内，水合物稳定带厚度与水深呈明显的正相关关系。陈多福等利用天然气水合物的热力学稳定带预测方法及可能的变化参数，推测琼东南盆地热成因和生物成因天然气水合物分别分布于水深大于 450 m 和 600 m 的海区，水合物稳定带最大厚度分别约为 410 m 和 314 m。龚建明等对神狐海域不同成因的水合物稳定带底界深度模拟也得到类似的结果：热成因水合物稳定带厚度比生物成因水合物稳定带厚度更大，且随着水深增大，相同成因水合物稳定带底界埋深变大，但不同成因水合物稳定带厚度有所减小。有学者着重从水深、海底温度和地温梯度三个方面考虑，计算南海天然气水合物稳定带最大厚度约为 400 m。王淑红等在计算南海南部天然气水合物稳定带厚度时，也主要考虑这三个重要参数，认为南海南部天然气水合物稳定带厚度都在 67 m 以上，平均为 233 m。整体上看，南海大部分海域的水合物稳定带厚度均超过 100 m，水合物稳定带厚度较大的区域主要呈条带状分别分布在南海中部和东部。此外，根据珠江口和琼东南盆地气田不同的天然气组成，在海底温度 2 ~ 16℃ 范围内，各天然气样品之间形成的水合物的压力均是不一致的。结合南海海水平均盐度（3.4%）和海底温度与水深变化资料，陈多福等认为珠江口盆地小于 230 m 水深的海区没有天然气水合物的形成，在 230 ~ 760 m 水深的海区可能有天然气水合物的存在，天然气水合物稳定分布区应该在大于 860 m 水深的深水区；在琼东南盆地水深小于 320 m 的海区不可能形成天然气水合物，在 320 ~ 650 m 水深的海区可能有天然气水合物的存在，大于 650 m 水深的海区是天然气水合物的稳定分布区。

然而，天然气水合物稳定带厚度仅是水合物厚度的理论值，地层中实际的水合物发育厚度和分布特征还受到气源、构造、沉积等因素的影响，因此有必要结合勘探实践和钻孔取样测试资料，来了解水合物的分布特征。吴能友等根据钻探、测井、取心、原位温度测量和孔隙水取样测试等资料，详细分析了神狐海域天然气水合物的分布特征：含天然气水合物层段位于海底以下 153 ~ 225 m，厚度为 10 ~ 43 m，水合物饱和度最高达 48%。纵向上，天然气水合物赋存深度较大，且恰好位于水合物稳定带底界（BSR 表征）以上一定深度内；平面上，尽管并非所有 BSR 区块都有天然气水合物，但那些具有强烈 BSR 反射特征的区块都钻获了天然气水合物；此外，天然气水合物以均匀分散状分布在细粒的有孔虫黏土或有孔虫粉砂质黏土沉积物中。

对天然气水合物中 CH_4 资源量的估算一般从天然气水合物分布范围、水合物稳定带厚度，沉积层的孔隙度、水合物在孔隙中的饱和度以及水合物分解 CH_4 的膨胀系数等方面考虑。采用的基本方法包括"体积法"和"概率统计法"。对南海天然气水合物资源量的估算较多的是采用"体积法"（表 14 - 3 - 5）。

姚伯初早在 2001 年就对南海天然气水合物中 CH_4 总量及下伏游离气资源量进行估

算，认为南海天然气水合物矿藏的总资源量有 643.5×10^{11} m^3。随后，有学者对南海各地区水合物资源量进行计算，南海北部天然气水合物资源量约为 150×10^{11} m^3；南海南部天然气水合物资源量约为 232×10^{11} m^3；琼东南盆地水合物天然气远景约为 16×10^{11} m^3。梁金强等利用"概率统计法"对南海天然气水合物资源前景进行了初步预测：在 50% 概率条件下，南海水合物资源量约 649.68×10^{11} m^3，此结果与前人用"体积法"的预测结果基本相当；吴能友等根据神狐海域有钻孔确定的含水合物区的各种参数（水合物分布面积 15 km^2，含水合物层厚度 10 ~ 40 m，沉积物孔隙度 55% ~ 65% 以及水合物饱和度 20% ~ 48% 等），认为在概率为 50% 条件下，该区水合物资源量约为 160×10^8 m^3。还有学者根据海底天然气渗漏系统沉淀水合物的动力模型，结合渗漏系统天然气渗漏流量和活动时间，建立海底天然气渗漏系统水合物成藏动力学及资源评价方法。南海北部陆坡是南海海底天然气渗漏系统发育的主要场所，该方法为水合物的资源评价提供了一种新的途径。

表 14 - 3 - 5　　　　　　　　　　南海天然气水合物资源量预测

地区	资源量/m^3	估算方法	预测者
整个南海	643.5×10^{11}	体积法	姚伯初
整个南海	649.68×10^{11}	50% 概率	梁金强、吴能友等
南海北部	150×10^{11}	体积法	杨睿、张媛等
南海南部	232×10^{11}	体积法	王淑红、宋海斌等
琼东南盆地	16×10^{11}	体积法	陈多福、李绪宣等
台西南海域	$23 ~ 138.5 \times 10^{11}$	体积法	毕海波、马立杰等
白云凹陷及周边	87×10^{11}	体积法	张树林
神狐海域	160×10^8	50% 概率	吴能友等

第四章 太空矿产资源

地球人口目前已超过了 60 亿，地球上的不可再生矿产资源迟早会枯竭，人类自古以来就渴望探索地外的未知世界。星际航行的先驱者康斯坦丁·齐奥尔科夫斯基多年前就曾预言：人类的命运将置于星球之中。因此，走出地球是人类发展的必然。美国宇航员阿姆斯特朗 1969 年 7 月 20 日代表人类首次登上了月球。自此以来，人类的航天活动不断取得新的突破，不仅登上了月球而且实现了宇宙飞船对木星、金星、火星等的探测，甚至计划在月球上建立月球基地，并可能将首批探险队员送上火星。同时，地外矿产资源探测也不断取得重大发现。宇航高科技，尤其是开发工具（如机器人）、高频宽带星际通信系统、空间探索微机电系统、核动力源、电子仪器防辐射、稳定天线和反射镜这未来太空探索六大关键技术的发展，使开发宇宙矿产资源（空间开采）不再仅是人类的梦想，而是具有了可行的现实基础。某些科学家甚至预言，将月球变成人类的原料基地、加工基地和能源基地，也许在 22 世纪到来之前就会实现。换言之，空间开采的时代在 21 世纪就有可能到来。

第一节 太空资源的研究历史和进展

太空资源勘查与研究同太空探测活动的进程具有紧密联系。1961 年，苏联首次实现载人航天飞行，美国紧接着开始实施"阿波罗"登月计划。美、苏在 20 世纪六七十年代展开了激烈的航天技术竞赛。1969 年，美国宇航员成功地登上月球；1974 年，苏联"火星 6 号"和"火星 7 号"在火星上登陆；1976 年，美国"海盗 1 号"和"海盗 2 号"也成功地在火星上着陆。这是人类历史上第一次太空探测高潮。早在太空探测活动的初期，就有人提出了开发太空资源的设想。最初认为，水是月球上最有用的资源。进一步的研究表明，月球上拥有能源、燃料（如火箭推进剂）、建筑原料和生命所需物资（氧、水）等丰富资源。1969 年登月成功，使太空资源利用与开发似乎更加接近现实，Johnson（1970）甚至提出了月球资源勘测、开采、开发和利用计划，这可能是最早的太空资源开发计划。

首轮太空探测高潮过后，进入一段相对平静的时期（20 世纪 70 年代末至 80 年代）。开展了对月球与小行星资源的比较，火星大气资源和表面物质的化学成分等方面的研究。这一时期最大的进展是关于太阳风矿床（即太阳风粒子注入星球表面风化层所形成的矿床）和火山碎屑矿床的发现。太阳风矿床是地球上所没有的矿床，它是一种很独特的太空资源。月球和火星上都有这种太阳风矿床。火山碎屑矿床是另一种重要的太空矿产资源，它可能是月球上最主要的矿产资源。因为月球上不太可能存在水成（沉积型矿床）或热液型矿床，除极地区以外，其他地方目前都还没找到存在水和热液活动的证据。这两种矿床类型的提出，对于进一步划分太空资源类型有重要意义。

文献统计结果表明，1992 年有关太空资源的文献首次突破了 25 篇，以往一般都在 10 篇以下。这个高峰期的出现有两个原因：一是 20 世纪 80 年代中后期以来，重返月球的呼声越来越高，而太空资源正是要求重返月球乃至宇宙空间的必然理由之一。二是保护地球环境的呼声也越来越高，1992 年世界环境发展大会的召开就是一个明证。为了实现人类社会可持续发展，在地球资源日益枯竭的时候，开发太空资源成为一种必然趋势。如 Carter（1992）对月球与地球资源进行了比较，提出月球资源是地球资源的重要储备。美国在 10 多年的停滞后，从 1992 年开始，再次陆续发射了几个火星探测器，其中"火星探路者"号（1997）和"奥德赛"火星探测器成功着陆火星。日本、欧盟也先后加入到火星探测的行列中。另外，2005 年 1 月 12 日，美国"深度撞击号"飞船升空，它所搭载的撞击器将直接撞向"坦普尔 1 号"彗星的彗核，为人类迎击小天体撞击地球时"转守为攻"积累数据。2 天后，美国、欧盟和意大利联合发射的"惠更斯号"探测器历经 7 年的长途跋涉，成功着陆土卫六，它是人类探测器有史以来到达最远的地外天体。上述两个事件标志着人类探测太空的热情和技术力量都达到了一个新的顶峰。

为了实现人类对太空资源的和平利用，1999 年在美国科罗拉多州召开了首届太空资源利用圆桌会议（简称 SRR），之后，每年一届，共举办了 6 届。这六次 SRR 就太空资源利用与开发的计划、所需技术问题及相关的法律问题等都进行了全方位的深入探讨，表明近年来太空资源利用与开发已经正式提上国际议事日程。最近 10 年，"就地资源利用（简称 ISRU）"成为一个重要关键词。所谓 ISRU，就是指利用太空中某个星球上的本土资源，进行原地开发和利用，而不需要从地球上运送原料到别的星球或者反过来，从别的星球将资源搬运回地球。因为这样成本十分昂贵，而且假如人类移民太空，也没必要将所有资源搬回地球。ISRU 反映了人们对太空资源认识上的深化和进步，它是人类建立月球乃至火星基地、进而深入太空的前提条件。其研究内容包括太阳能转化、物资运输、太空建筑、推进剂的生产、原地矿物生产和加工等多个方面。

第二节　太空矿产资源的重点研究对象

浩瀚的宇宙中，近期最有可能开发利用的太空资源主要是月球、火星和近地小行星及彗星资源。其他星体如金星、水星等可以作为下一步勘查和开发的对象。

一、月球

月球是目前人类探测与研究程度最高的地外天体。人类通过对月球的探测获得了极其丰富的数据，对月球的形状、大小、轨道参数，近月空间环境，月表结构与特征，月球的岩石类型与化学组成，月球的资源与能源，月球的内部结构与演化历史等的研究取得了一系列突破性进展，对月球的起源和地月系统的相互作用与影响也获得了新的认识。

（一）月球地质概况

月球表面包括月海、月陆两大地貌单元。月海主要被月海玄武岩所充填，月海玄武岩主要由辉石、长石、橄榄石和不透明矿物4部分组成，其中的不透明矿物主要是钛铁矿。

克里普岩对研究月球的形成、演化具有极为重要的意义。以月坑（环形山）和月海（熔岩盆地）形成先后作为划分标准，一般将月球的地质演化史由老到新划分为前雨海纪、雨海纪、风暴洋纪、爱拉托逊纪和哥白尼纪［据《地质辞典》（一）］。其中前雨海纪和风暴洋纪构造岩浆活动发育，而雨海纪和爱拉托逊纪陨击作用发育，自爱拉托逊纪以来，月球内部构造相对稳定，只是不断遭受小天体频繁撞击和太阳的辐射，形成数米厚的几乎覆盖整个月球表面的月壤。在月球的两极存在永久性阴影区，推测那里含有大量水冰，但还需要作进一步的探索。月球没有大气层，而且重力场只有地球上的1/6。

（二）月球上的矿产资源

1. 月球上的核燃料

目前，已在月球岩石中发现蕴藏丰富的氦－3，这种在地球天然产物中非常稀少的物质正是一种没有辐射的核动力资源，是用来进行核聚变的理想矿物原料。据初步估计，月球氦－3的资源量在100万～500万t。相比之下，地球上的氦－3只有20 t左右。

2. 太阳能

月球上大气层稀薄，太阳光基本上没有因大气吸收等引起的损耗，使太阳能的利用效率极高。利用太阳能在月球上发电，并将电能转换成微波传输至地球，再将接收到的微波转换成电能。这种太空能源新技术，将是取代地球矿物能源的一个理想途径。

3. 金属矿产资源

组成月球的化学元素与地球是相同的，但月球更富含难熔元素，缺乏挥发性元素。迄今为止，已在月球岩石中发现了100多种矿物，不仅有铁、铝、钙等常见金属矿藏，而且有锆、钡、铌等稀有金属矿藏。月球上绝大多数矿物的结构和成分与地球相同，仅有静海石等5种矿物是地球上未发现的。月表的岩石类型比较简单，组成月陆的岩石为富含斜长石的深成岩，组成月海的岩石主要是富含铁、钛、镁的玄武岩，有的月海玄武岩，钛铁矿的体积含量可高达25%，是月球上提炼铁、钛和水的重要矿物资源。

二、火星

（一）火星地质概况

相对于月球，火星是一个适于居住的理想的类地行星。它拥有比地球稀薄的大气层（主要成分为CO_2），重力场约为地球上的1/3。火星探测器传回的高分辨率照片研究表明，火星上流水地貌发育，包括冲沟、冲积扇、冲积平原和碎屑流堆积物等。火星表面高山、峡谷、河道和平原等地貌特征均跟地球上的十分相似。另外，风积地貌（如沙丘）和风蚀地貌也比较发育。因为目前火星上大气压力低，表面温度低于冰点，故一般认为这些水都以地冰和地下水的形式存在。美国"勇气"号和"机遇"号火星车对火星的探测表明，火星上曾经温暖而湿润，在数十亿年前有着能够维持生命存在的环境，最重要的是火星上曾经有水存在。其主要证据是发现了一块针铁矿，找到了大量的硫酸盐和一些圆滑的火星岩（鹅卵石），而且还拍摄到了酷似地球上经常出现的卷须云（指积雨云）的照片。火星地质年代表由于缺乏绝对年龄而存在很大误差，目前使用的都是火星表面相对年龄。一般将火星的演化史由老到新划分为诺亚（Noachian）纪、西班牙（Hesperian）纪和亚马孙（Amazonian）纪。在火星南部高地发现有清晰的磁异常条带（>3.5Gy），推断火星演化初期构造作用强烈。Sleep（1994）提出火星演化初期可能存在板块构造，火星北部低洼地区就是海底扩张造成的，因此那些洼地的基底应当属于古老的海洋地壳。

Zhong and Zuber（2001）认为北部平原在形成过程中存在不寻常的地幔对流。故目前许多学者都赞同火星从诺亚纪早期至诺亚纪中期有过板块活动的观点。尽管如此，但还是缺乏十分有力的证据，也有人认为地球上所建立的板块构造理论可能并不适用于火星和月球。文献中对火星西半球的研究程度较高，其中塞尔锡斯（Tharsis）隆起可能是由一个超级地幔柱所引起的，奥林匹斯山（Olympus Mons）是一个比较年轻的亚马孙纪火山。与月球另一点不同的地方是，火星上构造活动、岩浆活动等地质作用一直持续至今，存在多期次的构造－岩浆活动幕，但因为缺乏年龄数据，对构造、岩浆和陨击作用的相互叠加和改造关系并不清楚。

（二）火星上的金属矿产资源

火星"探测者"和"漫游者"号探测器上 α 质子 X 射线光谱仪发回的大量数据显示：在火星岩石和土壤中已发现了钠、镁、铝、钾、钙、钛、铬、钼、铁、镍等 10 余种金属元素，其中铁含量的重量百分比为 10.7% ~ 15.2%；探测区岩石主要为玄武岩和安山岩，化学成分上属于基性—中性的火山岩；与地球相比，火星土壤和岩石除 FeO 明显较高外，其他金属的氧化物含量均与地球大致相当，表明火星的地质环境与地球相差不大。探测者号观察到，火星赤道附近有大面积的磁铁矿聚集，分布面积约 500 km^2。

三、近地行星及彗星

近地小行星富含修建"太空基地"所必需的金属和矿物，而彗星富含生命所需的水和碳基分子。小行星是早期太阳系形成后的剩余物质，因其体积太小而得名；其中能够接近地球的小行星称为近地小行星。2001 年，美国发射的无人宇宙探测器 NEAR－苏梅克号首次成功登陆"爱神"小行星。小行星一般有 3 种，即金属型、石质型和混合型。金属型小行星上有丰富的铁、镍和铜等金属，有的还有金和铂等贵金属及稀土元素。例如，最小的越地小行星 3 554 Amun 是一个宽约 2 000 m，由铁、钴、镍、铂和其他金属所组成的块状物体，其含量是人类有史以来所开采过的金属矿的 30 倍。而它仅仅是许多已知金属质小行星中最小的一个。目前，在大量近地小行星（即 LL 球粒状陨石）中已经识别出了高品位的铂族金属元素矿床。有两类小行星含有很高浓度的铂族金属（PGMs）：金属质小行星和 LL 群球粒陨石。在与 LL 群球粒陨石有关的陨石中发现，铂、铑、铱、钯和金都有很高的含量（总 PGM 含量超过了 50 g/t）。在其他某些类型的小行星中也具有很高的品位。彗星是绕转太阳或行经太阳附近的云雾状天体。接近太阳时，分为彗头和彗尾；彗头又分为彗核、彗发和彗晕。彗星每次接近太阳都要丢失一部分挥发性物质。最终它将成为太阳系中的又一颗岩石天体。因此许多科学家认为有些小行星就是已熄灭的彗核。彗星上的水冰可被转化成液态氢和氧，它们是火箭燃料的两种主要成分。

第三节　太空矿产资源的前景展望

月球是人类探测与研究程度最高的地外天体，它还是人类飞向深空、开发深空的首选目标和中转站。

21 世纪的前 20 年将是月球探测的另一个高潮：欧洲空间局（ESA）1994 年就提出重返月球建立月球基地的计划，已在 2003 年发射了 SMART－1 月球卫星，对月球进行资源调查和成像分析。美国预计在 2020 年前实现重新载人登上月球，在月球上建立适于居住的前哨站，逐步建立第 1 个具有生命保障系统的受控生态环境的月球基地，进行月面建筑、运输、采矿、材料加工和各项科学研究。日本也制定了雄心勃勃的探月计划，在 2007 年成功完成了第一颗探月卫星"月亮女神"的探测工程后，进一步提出在月球表面实现载人软着陆的登月计划。至 2015 年将发射月球轨道卫星系列探月器，进一步探讨月球的全球性演化；2015 年后，拟建立一个采用大型太阳阵和红外干涉仪的月球极区定位观测站，对月球开展系统而深入的研究。俄罗斯也制定了月球探测和建立月球基地的长远规划，通过月球轨道卫星、月球车月面软着陆等探测，确定氦－3 开采区和建立月球基地的位置。印度、德国、英国、乌克兰、奥地利等国也提出了各自的月球探测计划。

经长期研究，证明月球内部的地质构造活动历史集中在距今 $46 \times 10^8 \sim 31.5 \times 10^8$ a 间，主要的演化事件如图 14－4－1 所示：（1）前雨海纪（$40 \times 10^8 \sim 40.5 \times 10^8$ a），月球早期熔融，全球性岩浆洋的发育，岩浆分异形成斜长岩、富镁结晶岩套和克里普岩（KREEP 岩——富含 K、REE 和 P 的岩石）的月壳（月陆）；（2）雨海纪（$40.5 \times 10^8 \sim 39 \times 10^8$ a），大量小天体撞击月球，开掘形成大型月海盆地；（3）风暴洋纪（$39 \times 10^8 \sim 31.5 \times 10^8$ a），在月海盆地内大面积月海玄武岩喷发，形成月海充填事件；（4）爱拉托逊纪（$31.5 \times 10^8 \sim 8 \times 10^8$ a），小天体不断撞击月球，在月陆和月海表面形成大小不等的撞击坑；（5）哥白尼纪（8×10^8 a 至今），小天体撞击月球，形成有辐射纹的撞击坑。自距今 31.5×10^8 a 以来，月球只是一个固化的岩石躯壳在围绕地球旋转。月表的岩石受到小天体频繁撞击、破碎、溅射和太阳的辐射，形成厚达 3～20 m 覆盖月表的月壤层。

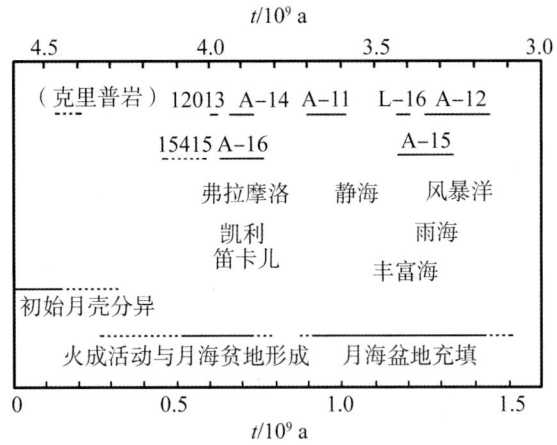

图 14 - 4 - 1　月球主要演化事件年代分布

实线为已测定的事件年龄；虚线为推测的事件年龄；12013 及 15415 为阿波罗 12 与 15 的样品编号；A - 11，A - 12，A - 14，A - 15 及 A - 16 为阿波罗样品；L - 16 为月球 16 号样品

1. 月海玄武岩与钛铁矿

对阿波罗 6 次登月取回的样品及 3 次月球号探测器所带回的月壤样品的分析表明，月海玄武岩含 TiO_2 的范围为 0.5% ~ 13%。根据 TiO_2 的质量分数，月海玄武岩分为高钛玄武岩、中钛玄武岩、低钛玄武岩和高铝玄武岩。各类月海玄武岩的矿物组成主要由辉石、长石、橄榄石和钛铁矿组成。高钛月海玄武岩中 TiO_2 的质量分数大于 7.5%，中钛玄武岩为 4.5% ~ 7.5%，低钛玄武岩和高铝玄武岩中 TiO_2 的质量分数均小于 4.5%。

上述分析结果也可从"克莱门汀"（Clementine）和"月球勘探者"（Lunarprospector）的探测结果中得到证实。高 Fe、Ti 区域主要分布于月海玄武岩的分布区域。月面上有 22 个月海，除东海、莫斯科海和智海位于月球的背面外，其他 19 个月海都分布在月球的正面，为粗略估算月海玄武岩中钛铁矿的资源量，过去只能根据撞击坑（或盆地）的形貌、地层与地形的关系和有关的地球物理参数来估算玄武岩的厚度，目前较为通用的计算方法是根据撞击坑（盆地）周边溅射物的多光谱成像数据来判断月海物质（玄武岩）和高地物质（斜长岩）的分布特征，再利用上述成坑模式推算出月海盆地玄武岩的延伸深度，进而计算出玄武岩的体积。Head 等和 Budney 等依据克莱门汀多光谱成像数据对直径约 425 km 的湿海中的玄武岩厚度进行了定量模式计算，并推算出其对应玄武岩的体积约 4 万 km^3。据此模式，我们对月表上其他月海的玄武岩的体积也进行了粗略估算，月球上 22 个月海中所充填的玄武岩总体积约 106 万 km^3。

若以钛铁矿质量分数超过 8%，即 TiO_2 的质量分数大于 4.2% 的月海玄武岩进行估算，通过多光谱成像数据分析，玄武岩中 TiO_2 质量分数大于 4.2% 的月海玄武岩占月海玄武岩总体积的 30% 左右，则钛铁矿（$FeTiO_3$）的总资源量约为 150 万亿 t。根据月球正面月海玄武岩厚度，估算玄武岩总体积和钛铁矿的总资源量分别为 80 万 ~ 160 万 km^3

和 100 万亿 ~ 200 万亿 t。根据月球正面玄武岩中 TiO_2 质量分数分布，估算 TiO_2 质量分数大于 4.5% 的月海玄武岩中 TiO_2 的总资源量为 70 万亿 ~ 100 万亿 t，钛铁矿的总资源量为 130 万亿 ~ 190 万亿 t。尽管上述估算带有很大的推测性与不确定性，但可以肯定月海玄武岩中蕴藏有丰富的钛铁矿。钛铁矿不仅是生产金属铁、钛的原料，还是生产水和火箭燃料液氧的主要原料，是未来月球开发利用的最重要的矿产资源之一。

2. 克里普岩与稀土元素、钍、铀等资源

克里普岩最早在阿波罗 - 12 样品（12013 号样品）中发现，实际上克里普岩在月球上分布很广泛。阿波罗 - 12，14，15，16，17 所采集的克里普岩中稀土元素的配分模式相近似，以及 ω（Sm）/ ω（Nd）和 ω（143Nd）/ ω（147Nd）的比值都比较接近，说明了所有的克里普岩属同源的，是岩浆分异或残余熔浆结晶形成的富含挥发组分元素的岩石。根据克里普岩中钾质量分数的高低，又可分为高钾 [ω（K）> 0.7%] 克里普岩、中钾 [ω（K）= 0.35% ~ 0.7%] 克里普岩和低钾 [ω（K）< 0.35%] 克里普岩。

根据 Clementine 和 Lunar prospector 的探测结果，发现在月球正面风暴洋区域的 Th 的质量分数大于 3.5×10^{-6}（有些甚至高达 9×10^{-6}）。进一步分析发现，这一区域可能就是克里普岩分布区：即由于克里普岩被该区月海玄武岩所覆盖，加之更晚期的撞击作用挖掘、掀起下覆的克里普岩，使克里普岩与月海玄武岩混合并形成了所谓的高 Th 物质区。根据这一看法，Haskin 等对其形成演化进行了模式推导，认为风暴洋区月海玄武岩覆盖着一层比月海玄武岩厚得多的克里普岩，其厚度估计有 10 ~ 20 km。可见，风暴洋区克里普岩的体积是相当巨大的，也就是说，克里普岩中含有巨量的稀土元素乃至铀、钍和钾。尽管对克里普岩分布区域的争论，以及目前还无法估算出克里普岩的总体积，会对评估克里普岩中的稀土元素乃至钍、铀等重要资源性元素的资源量产生影响，但克里普岩中所蕴藏的丰富的稀土元素及放射性元素钍、铀是未来人类开发利用月球资源的重要矿产资源之一，为未来月球资源开发与利用提供了广阔的探测与研究前景。

3. 月壤与核聚变原料——氦 - 3

根据已有的探测结果分析，除了极少数非常陡峭的撞击坑和火山通道的峭壁可能有裸露的基岩外，整个月球表面都覆盖着一层由岩石碎屑、粉末、角砾、撞击熔融玻璃物质组成的、结构松散的、厚度为 1 ~ 20 m 的混合物，即月壤。月海区月壤厚度平均为 4 ~ 5 m，高地区平均约 10 m。

月壤中绝大部分物质是就地及邻近地区物质提供的，大约 50% 以上来自附近 3 km 范围，有 5% 左右来自 100 km 以外的溅射物，而来自 1 000 km 以外的溅射物仅占 0.5%。"阿波罗 - 15 号"探测器钻取的 243 cm 的土壤岩心钻孔的分析与研究表明，月壤结构松散，可划分出 42 层不同的月壤结构单元，每个单元从几 mm 到 13 cm 不等，这是由于长期受陨石冲击及其溅射物的堆积所造成。对月壤的形成机制与过程的研究表明，月壤的粒度以小于 90 μm 的颗粒含量最高。

月壤的成分极为复杂，加上由于月球几乎没有大气层，月球表面长期受到微陨石的冲击及太阳风粒子的注入，使月球表面的挥发性元素，如 Ag、Br、Cd、Ga、Ge、Hg、

In、Pb、Sb、Te 和 Sn 等产生迁移并富集于月壤颗粒表面,特别是太阳风粒子的注入使月壤富含稀有气体组分。月壤中稀有气体质量体积很高,达 $10 \sim 128 \ cm^3/g$(标准状态下)。

　　研究表明,月壤颗粒吸附的稀有气体质量体积不但与月壤颗粒大小有关,也与月壤中的矿物组成、元素成分与结构特征有关。月壤中的稀有气体质量体积与颗粒粒度呈线性反相关关系,即稀有气体的质量体积随粒度的增大而减少;所有的返月样品分析都表明,钛铁矿捕获的稀有气体的质量体积是最高的。钛铁矿捕获的稀有气体质量体积明显比辉石高得多,而且随着颗粒变小稀有气体的质量体积增加。特别需要强调的一点是,在整个月球演化史中,由于外来物体对月球表面的频繁撞击,使月球表面物质完全混合,在深达数 m 的月壤中这些亲气元素含量较均匀,但由于太阳风离子注入物体暴露表面的深度一般小于 $0.2 \ \mu m$,因此这些元素在细粒月壤中平均含量最高,有些月壤细粒粉末中稀有气体质量体积高达 $0.1 \sim 1 \ cm^3/g$(标准状态下),相当于原子数 1 019 ~ 1 020 cm^{-3}。氦 -3 在月壤中的平均质量分数为 $(3 \sim 4) \times 10^{-9}$,对于成熟月壤而言,氦 -3 的质量分数较为稳定。以 Apollo 和 Luna 的实测结果为参考标准计算,月壤中氦 -3 的资源总量可达 100 ~ 500 万 t。地球上天然气中可提取的氦 -3 是非常少的,只有 15 ~ 20 t。建设一个 500 MW 的 D - 氦 -3 核聚变发电站,每年消耗的氦 -3 仅需 50 kg。美国如果全部采用 D - 氦 -3 核聚变发电,年发电总量仅需消耗 25 t 的氦 -3,而中国需 8 t 的氦 -3,全世界年总用电约需 100 t 的氦 -3。也就是说,月壤中的氦 -3 可供地球用于核聚变发电近万年。因此,开发月壤中所蕴含的丰富的氦 -3 对人类未来能源的可持续发展具有重要而深远的意义。随着科技的发展和进步,核聚变发电装置的商业化和航天运输成本的日益降低,地 - 月之间的运输成本将降低到可以接受的程度,并且随着人们生活水平的进一步提高,人们环保意识将逐渐增强,因此氦 -3 作为一种清洁、高效、安全的核聚变发电燃料是有广阔前景的。月壤中蕴藏有丰富的气体资源,人类要开发月球,建立月球基地,必然要在月球上获取维持生命系统的各种气体,如 O_2、H_2、^4He、N_2 等,从月壤中提取 1 t 的氦 -3 可同时获得 3 125 t 的 ^4He、6 000 t H_2、700 t N_2 等,同时氦 -3 可作为副产品来进行开发,将会进一步降低成本。

　　综上所述,月海玄武岩中蕴涵着极为丰富的钛铁矿,克里普岩所含的大量的 REE、铀、钍是月球重要的矿产资源,而赋存于月壤中的大量氦 -3 则是重要的能源资源,这些月球资源可为人类社会的可持续发展提供重要的保障。未来的月球基地应考虑建立在月球正面、地形开阔、资源富集区。

第四节　我国应采取的太空资源勘查对策

　　我国的探月工程起步较晚,但在科技工作者的努力下取得了飞快地进展,随着探月工程的进展,不仅欧洲空间局、美国等都提出在月球建立月球基地的计划,中国也提出了月球开发的计划。根据国外太空资源勘查的进展,我国开展太空矿产资源勘查应采取以下对策：

1. 要尽快建立相应研究机构，组织人员充分收集国际上太空研究信息和动态，开展跟踪研究

太空资源勘查是一项高风险、高投入工程，前期基础研究十分重要。譬如对月球和火星等星体的组成成分、演化历史和动力作用过程进行仔细的分析研究，并开展与地球的对比研究。

2. 与航天部门合作，制定周密的太空资源勘查行动计划，使国家航天计划科学目标更加明确和完善

2003 年 2 月，美国总统布什宣布的"太空探测计划"计划对太空资源进行大规模探测。其实太空资源利用的提议已经纳入到美国国家航空与航天管理局（NASA）的"人类与机器人技术计划"。俄罗斯航空航天局副局长莫伊谢耶夫 2004 年 11 月 22 日在华盛顿参加美国航空航天局组织的国际空间站项目问题研讨会时宣布，俄罗斯不排除近期在月球建设基地的可能性。除美国、俄罗斯、欧盟外，在亚洲，中国、韩国、朝鲜和马来西亚等国都制定了空间技术发展计划。除印度和中国外，日本也在积极准备登月计划。我国于 2004 年开始开展探月工程，并命名为"嫦娥工程"，分为"绕"、"落"，"回" 3 个阶段。目前已进行到第二阶段，"嫦娥三号"卫星成功将"玉兔"号月球车送上月球。第三步为"回"，时间在 2014 ~ 2020 年之间，即发射月球软着陆器，突破自地外天体返回地球的技术，进行月球自动取样并返回地球。对此，我国矿产资源部门应当积极做出反应，并尽快拿出周密的太空资源勘查计划，并注意加强国际合作。

3. 制定太空矿产资源新的分类方案

这对在月球和火星上寻找矿床具有指导意义。首先要认识到太空矿产资源的定义与地球上存在着差异。不同的成矿作用过程形成不同的矿床。例如，月球极为干燥的性质（除极地可能有水以外）减少了所有与热液成因矿床存在的可能性。月球和火星都缺乏存在板块构造的有力证据，就使得地球上取得的理论在别的星体上无效。反过来，在月球和火星上存在的成矿作用，可能地球上还没有，而这将在别的星体上形成矿石。例如，太阳风（氢、氦、碳和氮）在月球表面的风化层中（月球表面数米深）形成的沉积矿床。因此，建立月球和火星的新的矿床分类方案非常重要。

4. 开展月球和火星矿产资源评价

目前已经对月球的部分资源作了评估，如月壤中氦 - 3 的资源总量可达 100 万 ~ 500 万 t；月海玄武岩中可开发利用的钛铁矿的总资源量约为 1 500 万亿 t；克里普岩中稀土元素的资源量约为 225 亿 ~ 450 亿 t；月球极地水冰资源量约 66 亿 t。这项工作基于对月球和火星等外星体成矿条件的研究结果，故仍需进一步深入。

5. 应当着手开始进行太空资源勘查技术研究

利用现有可用的大量遥感资料和陨石分析结果，圈定已经识别出的具体类型的矿床（如月球火山碎屑和位于火星 Sinus Meridiani 的赤铁矿），并寻找其他可能成矿或发现另外的具有经济价值矿床的背景区。

6. 抓紧太空钻井、取芯、取样技术及相关太空矿产开采机械设备等的预行研究

这是近年来国外，尤其是太空资源圆桌会议（SRR）的主要议题之一。我国采矿部门应当积极收集有关方面的资料，为研制设备打好基础。由于太空开发大多涉及机器人技术，应当与机械和电子部门合作，因为即便是在国外（如在勘探与采矿技术上居世界领先的加拿大），其太空开采工具也仅处于样机和测试阶段。

7. 逐步开始太空资源勘查人才的培养

到其他行星上开展有效而综合的资源勘查，需要特殊的行星经济地质学的专业知识。可以在研究生教育中开设行星经济地质学课程，设置本科生行星矿床和经济地质学课程，对中小学生进行太空资源开发与利用兴趣教育。太空资源圆桌会议（SRR）每一次会议都对人才培养问题十分重视。

8. 探讨太空资源所有权、采矿权等问题，为太空资源的和平利用建立国际法律制度

这也是太空资源圆桌会议（SRR）历届会议的主题之一。我国应积极跟踪研究，以便在将来颁布《太空采矿法》时能够提出自己的主张。

9. 重视对太空采矿环境的控制与保护，包括矿山关闭工作等

在 SRR II 上提出的近地小行星资源勘查规划中，包含了矿山环境保护及矿山关闭。应该说，这是人类和平利用太空、保证可持续发展的重要内容。

第十五篇

山东地质

山东地质年代分为太古宙、元古宙、古生代、中生代和新生代

山东地处华北板块、扬子板块相接部位

华北坳陷、鲁西隆起、胶辽隆起和胶南－威海隆起构成山东四大构造单元

纵贯山东的大裂缝——沂沭断裂带

山东岩石"二寿星"是沂水岩群和唐家庄岩群

山东大地演化已有30亿年的沧桑历史

第一章　山东地层

第一节　概　述

　　在全国地层区划中，山东省总体属华北－柴达木地层大区（Ⅲ）华北地层区（Ⅲ$_4$），据综合地层区划原则可分为4个三级地层分区：华北平原地层分区（Ⅲ$_4^8$）、鲁西地层分区（Ⅲ$_4^{10}$）、鲁东地层分区（Ⅲ$_4^{11}$）和胶南—威海地层分区（Ⅲ$_4^{12}$）。在日照市平岛、达山岛、车牛山岛及其海域有少量地层露头，属扬子－华南地层大区（Ⅳ）扬子地层区（Ⅳ$_5$）连云港地层分区（Ⅳ$_5^1$）。山东省地层综合区划见图15－1－1。

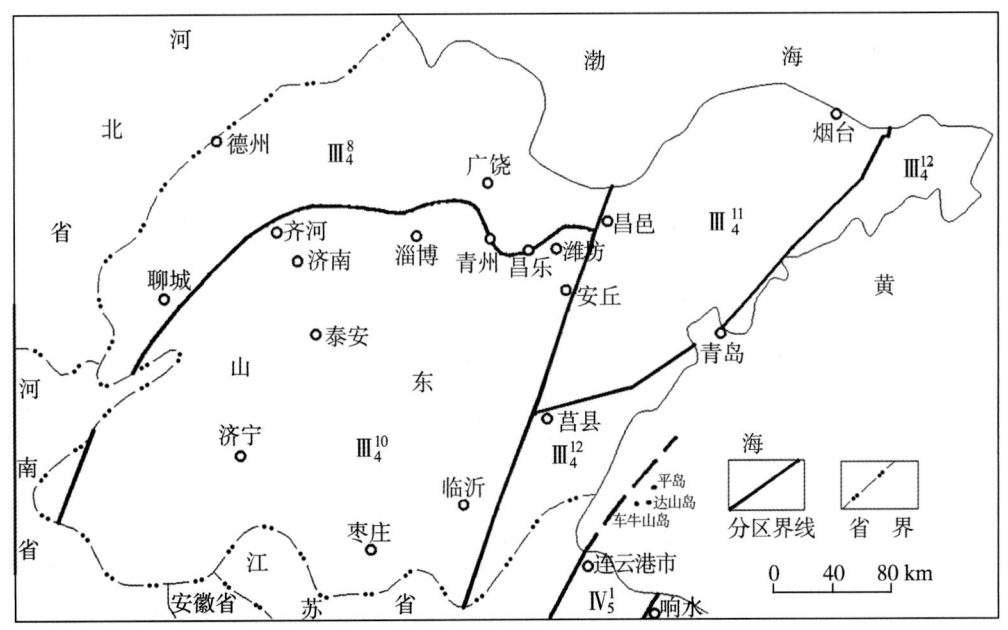

Ⅲ$_4$ 华北-柴达木地层大区华北地层区　　Ⅲ$_4^8$ 华北平原地层分区　　Ⅲ$_4^{10}$ 鲁西地层分区

Ⅲ$_4^{11}$ 鲁东地层分区 Ⅲ$_4^{12}$ 胶南-威海地层分区 Ⅳ$_5$扬子-华南地层大区扬子地层区　　Ⅳ$_5^1$ 连云港地层分区

图15-1-1　山东省地层综合区划

　　华北平原地层分区（Ⅲ$_4^8$），是指聊城－兰考断裂以西和齐河－广饶断裂以北的广大第四系覆盖区，以发育巨厚的新生代地层并含石油、天然气等矿产为特征。

　　鲁西地层分区（Ⅲ$_4^{10}$），是指华北平原地层分区以南，安丘-莒县断裂以西的区域，以古生代地层发育为特征。寒武纪地层层序清楚，露头良好，为我国北方寒武纪地层划分对比之标准。中、新生代地层只发育在小型断陷盆地中，含煤、石膏及岩盐等沉积矿产。

鲁东地层分区（$Ⅲ_4^{11}$），西以安丘-莒县断裂为界，东南以五莲断裂和牟平-即墨断裂为界。以前寒武纪地层和中生代白垩纪地层发育为特征。

胶南-威海地层分区（$Ⅲ_4^{12}$），五莲断裂以南，牟平-即墨断裂以东为胶南-威海榴辉岩相超高压变质带。含金、石墨、滑石等矿产。

连云港地层分区（$Ⅳ_5^1$），北东以近岸断裂和连云港（海州）-泗阳断裂为界，东南以淮阴-响水断裂为界。以出露新元古代地层，并发育榴辉岩相和蓝片岩相高压变质带为特征。含磷矿。

各地层分区岩石地层划分和对比情况见表15 – 1 – 1。

表 15 - 1 - 1 　　　　　　　　　　　山东省地层划分对比

（山东省地层划分对比表：中国年代地层与山东岩石地层（华北-柴达木地层大区）划分对比表，含第四系Q、新近系N、古近系E、白垩系K、侏罗系J、三叠系T等地层单位的分区对比。）

（续表）

中国年代地层						山东岩石地层			
宇	界	系	统	阶	地质年龄(Ma)	华北-柴达木地层大区（华北地层区）			鲁东及胶南-威海地层分区
						华北平原地层分区	鲁西地层分区		

中国年代地层（左侧）

宇	界	系	统	阶	地质年龄(Ma)
显生宇 PH	古生界 Pz	二叠系 P	乐平统 P₃	长兴阶	254.14
				吴家坪阶	260.4
			阳新统 P₂	冷坞阶	
				孤峰阶	
				祥播阶	
				罗甸阶	
		船山统 P₁	隆林阶		
			紫松阶	299.0	
		石炭系 C	上石炭统 C₂	逍遥阶	
				达拉阶	
				滑石板阶	
				罗苏阶	318.1±1.3
		下石炭统 C₁	德坞阶		
			维宪阶		
			杜内阶	359.58	
	泥盆系 D	上泥盆统 D₃			385.3
		中泥盆统 D₂			397.5
		下泥盆统 D₁			416.0
	志留系 S	普里道利统 S₄			418.7
		拉德洛统 S₃			422.9
		文洛克统 S₂			438.2
		兰多弗里统 S₁			443.8
	奥陶系 O	上奥陶统 O₃	赫南特阶		445.6
			钱塘江阶		
			艾家山阶	458.4	
		中奥陶统 O₂	达瑞威尔阶		467.3
			大坪阶	470.0	
		下奥陶统 O₁	益阳阶	477.7	
			新厂阶	485.4	
	寒武系 ∈	芙蓉统 ∈₄	牛车河阶/江山阶 / 排碧阶 / 古丈阶	凤山阶 / 长山阶 / 崮山阶	497.0
		第三统 ∈₃	王村阶 / 台江阶	张夏阶 / 徐庄阶 / 毛庄阶	509.0
		第二统 ∈₂	都匀阶 / 南皋阶	龙王庙阶 / 沧浪铺阶	
		纽芬兰统 ∈₁	梅树村阶/晋宁阶	筇竹寺阶 / 梅树村阶	521.0 / 541.0

山东岩石地层（右侧）

华北平原地层分区

石盒子群 P₂₋₃ŝ	孝妇河组 P₃x
	奎山组 P₂k
	万山组 P₂w
	黑山组 P₂h
月门沟群	山西组 P₁₋₂ŝ
	太原组 C₂P₁ŝ
C₁₋P₂Y 本溪组 C₂b	湖田铁铝岩段 C₂bʰ
马家沟群 O₂₋₃M	八陡组 O₂₋₃b
	阁庄组 O₂g
	五阳山组 O₂w
	土峪组 O₂t
	北庵庄组 O₂b
	东黄山组 O₂d
九龙群 ∈₄-O₁	三山子组 ∈₄O₁s
	炒米店组 ∈₄O₁c
	崮山组 ∈₃₋₄g
长清群 ∈₂₋₃q	张夏组 ∈₃z：上灰岩段 ∈₃zᵃ / 盘车沟段 ∈₃zᵇ / 下灰岩段 ∈₃zᵍ
	馒头组 ∈₂₋₃m：上页岩段 ∈₃mᵍ / 洪河段 ∈₃mᵏ / 下页岩段 ∈₂₋₃mˡ / 石店段 ∈₂mˢ
	朱砂洞组 ∈₂z / 李官组 ∈₂l

鲁西地层分区

石盒子群 P₂₋₃ŝ	孝妇河组 P₃x
	奎山组 P₂k
	万山组 P₂w
	黑山组 P₂h
月门沟群	山西组 P₁₋₂ŝ
	太原组 C₂P₁t
C₂₋P₂Y 本溪组 C₂b	湖田铁铝岩段 C₂bʰ
马家沟群 O₂₋₃M	八陡组 O₂₋₃g
	阁庄组 O₂g
	五阳山组 O₂w
	土峪组 O₂t
	北庵庄组 O₂b
	东黄山组 O₂d
九龙群	三山子组 ∈₄O₁s（a段 O₁sᵃ / b段 O₁sᵇ / c段 ∈₄sᶜ，亮甲山组 O₁l）
	炒米店组 ∈₄O₁c
	崮山组 ∈₃₋₄g
长清群 ∈₂₋₃q	张夏组 ∈₃z：上灰岩段 ∈₃zᵃ / 盘车沟段 ∈₃zᵇ / 下灰岩段 ∈₃zᵍ
	馒头组 ∈₂₋₃m：上页岩段 ∈₃mᵍ / 洪河段 ∈₃mᵏ / 下页岩段 ∈₂₋₃mˡ / 石店段 ∈₂mˢ
	朱砂洞组 ∈₂z（丁家庄段 上灰岩段 ∈₂zᵃ / 余粮村段 ∈₂zᵍ / 下灰岩段 ∈₂zˡ）
	李官组 ∈₂l（泥岩段 ∈₂lᵐ / 砂岩段 ∈₂lˢ）

（续表）

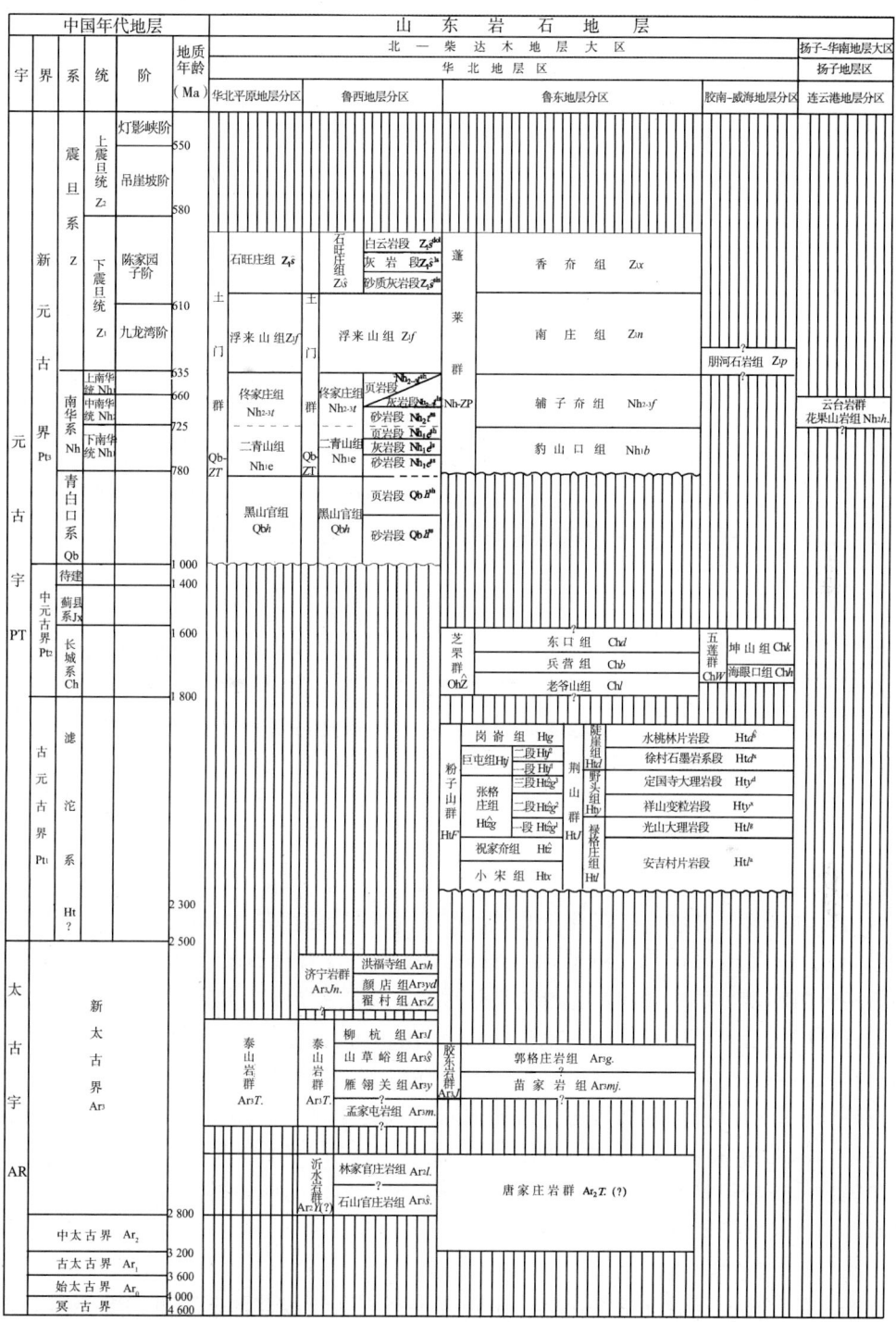

注：①为已确立的金钉子；②"中国年代地层"一栏采用第四届全国地层会议 2013 年方案（试用稿），但为了对
　　比应用方便，在寒武系部分同时保留了原三统划分方案；③2013 年国际地层表分为显生宇（宙）、元古宇
　　（宙）和冥古宇（宙），但 2013 年中国地层表将太古宇（宙）分为新太古界（代）、中太古界（代）、始太古
　　界（代）和冥古界（代）。

第二节　太古宙地层

山东省太古宙地层在鲁西地区有中太古代沂水岩群、新太古代泰山岩群和济宁群；在鲁东地区有中太古代唐家庄岩群、新太古代胶东岩群。

一、中太古代地层

（一）唐家庄岩群

唐家庄岩群主要分布于莱西唐家庄和马连庄、莱阳谭格庄及栖霞鸡冠山等地，呈零星的包体状残存于新太古代栖霞序列新太古代英云闪长岩体中。出露范围很小，单体（包体）一般长数米至数十米。主要岩性为磁铁石英岩、黑云（角闪）变粒岩、磁铁紫苏斜长麻粒岩、石榴二辉麻粒岩、斜长角闪岩、磁铁二辉麻粒岩等，控制厚度 24 m。原岩为一套基性-中酸性火山碎屑沉积岩的硅铁建造，变质程度达麻粒岩相。

（二）沂水岩群

沂水岩群总厚 1 729 m。1989 年建群后，据同位素年龄在 2 800 Ma，推断原岩形成为 2 900 ~ 3 000 Ma。但最近锆石 SHRIMPU-Pb 年龄 2 719 Ma，锆石 Lu-Hf 模式年龄定年其最大值为 2 760 Ma，故有人建议将沂水岩群置于新太古代早期。笔者目前仍将沂水岩群置于中太古代晚期，待与鲁东地区唐家庄岩群和栖霞地区麻粒岩详细研究后，一并讨论其时代归属。

二、新太古代地层

（一）泰山岩群

泰山岩群分若干区域，指广布于鲁西地区的角闪岩相变质火山-沉积岩系，沂源韩旺、苍峄、东平等变质沉积型铁矿床（鞍山式铁矿）发育在这套变质岩系中。其主要岩性为斜长角闪岩、黑云变粒岩、透闪阳起片岩、变质砾岩、石榴石英岩等。在华北平原地层分区内古潜山局部钻孔中，原揭露的所谓泰山群变质岩系，现经鉴定实际是变质变形花岗质岩体，少量变质地层可以与泰山岩群对比。自下而上可以四分为：孟家屯岩组、雁翎关组、山草峪组和柳杭组。孟家屯岩组残留于 2 700 Ma 的条带状英云闪长质片麻岩中，未见与泰山岩群其他各组的接触关系。泰山岩群厚度 2 886 ~ 4 486 m。雁翎关组角闪黑云变粒岩锆石 SHRIMP U – Pb 年龄 2 747 Ma；山草峪组黑云变粒岩碎屑锆石 SHRIMP U – Pb 年龄 2 544 Ma。

（二）胶东岩群

胶东岩群仅分布于胶北地层小区，呈包体形态展布于胶北隆起范围内的栖霞观里、苏家店及招远齐山、蓬莱虎路线等地，"漂浮"于新太古代英云闪长岩体中。

其岩性为成层性明显、韵律性清楚的一套黑云变粒岩、斜长角闪岩、角闪变粒岩夹磁铁石英岩组合。出露面积不足 4 km。自下而上分为苗家岩组和郭格庄岩组。该岩群总厚度为 212 ~ 272 m。其划分沿革见表 15 – 1 – 2。

表 15 - 1 - 2　　　　　　　　　　山东省胶东岩群划分沿革

郭文魁 1950 招远、莱州	长春地质学院 1960 莱阳、烟台幅	长春地质学院 1961	山东省地质局805队 1967 莱阳、蓬莱幅	山东省地质局805队 1968 烟台幅	山东省区域地层表编写组 1978 蓬莱山区北部	1978	1978 荣成小区	山东地矿局区调队 1987 莱阳、潍坊幅	山东省区域地质志 1991 鲁东	张增奇、刘明渭等 1996 鲁东胶北	宋明春、王沛成等 2004 本文 2014 鲁东
前震旦系；太古杂岩（前寒武系，胶东岩群）	粉子山群；栖霞县组；旌旗山组；日庄组（胶东岩群，太古界）	张格庄-巨屯组；祝家夼组；化山群（化山组）	元古-太古界；粉子山岩群；祝家夼组；富阳岩组；民山岩组；蓬夼岩组；富阳岩组（胶东岩群，下元古界-太古界）	元古界；旌旗山组；祝家夼组；东园岩组；王官庄岩组；马格村岩组；鲁家夼岩组（胶东岩群）	旌旗山组；粉子山群；富阳组；民山组；蓬夼组；富阳组（下元古-太古界）	粉子山群；富阳组；民山组；蓬夼组	祝家夼组；王官庄组；马格村组；鲁家夼组；富阳组（下元古-太古界，胶东岩群）	下元古界；荆山群；禄格庄组（一段、二段）；林家寨组；齐山组；英庄夼组；唐家庄组（太古界，胶东岩群）	下元古界；粉子山群；祝家夼组；富阳组；民山组；蓬夼组（下元古界-太古界，胶东岩群）	早元古代；粉子山群；祝家夼组；林家寨（岩）组（二段、一段）；齐山（岩）组（二段、一段）；民山组；蓬夼组；晚太古代片麻状英云闪长岩；唐家庄（岩）组（晚太古代，胶东（岩）群）	古元古代；粉子山群；祝家夼组；郭格庄岩组；苗家岩组；唐家庄岩群（新太古代，中太古代，胶东岩群）

（三）济宁群

济宁群局限分布于济宁市城东至兖州之间滋阳山一带的千米盖层之下，南北长 20 km，东西宽 10 km。其上部为碳质千枚岩、千枚岩，夹变质细砂岩、粉砂岩，局部夹变英安质火山碎屑岩、火山熔岩；中部为条纹-条带状赤铁矿化绿泥千枚岩和磁（赤）铁石英岩互层；下部为绿泥千枚岩夹砂岩、粉砂岩及变英安质火山碎屑岩、火山熔岩。自下而上分为：翟村组、颜店组和洪福寺组。根据获得的碎屑锆石 SHRIMP U - Pb 年龄为 2 610 ± 1 Ma，变质长英质火山岩结晶锆石 SHRIMP U - Pb 年龄为 2 561 ± 15 Ma，认为其时代为新太古代晚期。该群地层控制厚度为 1 580 m。

第三节　元古宙地层

山东省元古宙地层包括分布于鲁东地区的古元古代荆山群、粉子山群，中元古代芝罘群、五莲群，新元古代南华纪—震旦纪蓬莱群和震旦纪朋河石岩组；分布于鲁西地区的新元古代青白口纪—南华纪—震旦纪土门群以及日照东南车牛山岛、达山岛、平山岛等地的新元古代南华纪的云台岩群花果山岩组。

一、古元古代地层

(一)荆山群

荆山群主要分布于胶北地区的莱阳荆山、旌旗山、莱西南墅、平度祝沟、明村、海阳晶山、牟平祥山及昌邑岞山和安丘赵戈庄等地。总体呈北东东向的带状展布，角闪麻粒岩相-角闪岩相变质。其在胶南及威海地区呈大小不等的包体形式存在，一般显示角闪岩相变质。荆山群的主要岩性为石榴夕线黑云片岩，大理岩、透辉岩、石墨片麻岩、长石石英岩、黑云变粒岩、麻粒岩等。自下而上划分为禄格庄组、野头组、陡崖组，每个组又可二分。含优质石墨矿。荆山群总厚 1 977 ～2 856 m。其划分沿革见表 15 - 1 - 3。

表 15 - 1 - 3　　　　　　　　　　山东省荆山群划分沿革

北京地质学院		长春地质学院	山东省地质局805队	山东省区域地层表编写组	邓幼华等	山东省区域地质志		山东地矿局区调队	张增奇、刘明渭等	本文
1959	1961	1961	1968	1978	1982	1991		1987	1996	2014
平度	莱阳	莱阳	平度-莱阳	莱阳	平度	莱阳	平度	莱阳	鲁东	鲁东
								粉子山群 / 祝家夼组	芝罘群	中元古代 / 芝罘群 ?
									老爷山组 ?	老爷山组
太古界	五个庄组	粉子山组	元古界	明村组	明村组	蓬夼组	灰埠组	陡崖组（二段、一段）	陡崖组（水桃林段、徐村段、定国寺段）	陡崖组（水桃林段、徐村段、定国寺段）
粉子山系	明村组	旌旗山组	胶东群	粉子山岩群	粉子山组	粉子山岩群下亚群	粉子山群下亚群	野头组	野头组（祥山段、光山段、安吉村段）	野头组（祥山段、光山段、安吉村段）
明村埠组		太古界	太古界	下元古界	下元古-太古界	民山组	矿山组	禄格庄组	禄格庄组	禄格庄组
								荆山群 / 早元古代	荆山群 / 古元古代	荆山群 / 古元古代
山张家组	山张家组	化山组	山张家组	富阳岩组	山张家组 ? / 富阳组	富阳组	福禄山组	上太古界 / 胶东群 / 齐山组	晚太古代 / 胶东（岩）群 / 齐山（岩）组	新太古代 / 胶东岩群

(二)粉子山群

粉子山群主要分布在莱州粉子山、平度灰埠、蓬莱金果山、福山张格庄及五莲坤山等地。达高绿片岩相-低角闪岩相变质。粉子山群的主要岩性为大理岩、黑云变粒岩、透闪岩、石墨透闪岩、浅粒岩、斜长角闪岩、磁铁石英岩、夕线黑云片岩等。其自下而上划分为小宋组、祝家夼组、张格庄组、巨屯组、岗嵛组。粉子山群总厚 2 537 ～ 5 031 m。其划分沿革见表 15 - 1 -4。

表15-1-4

山东省粉子山群、芝罘群划分沿革

	本文 2014	张增奇、刘明渭等 1996	山东省区域地质志 1991	邓幼华等 1984	山东省地矿局区调队 1982	山东省区域地层表 1978	山东省地质局805队 1968	长春地质学院 1960	北京地质学院 1961	北京地质学院 1959	掖县地质队 1956	中国区域地层表（草案）1956	杨博泉 1949
	烟台	烟台	烟台	烟台-蓬莱	五莲	烟台	烟台	烟台				鲁东	莱州
	莱州-平度	莱州-平度	莱州-平度	莱州-平度		莱州-平度	莱州-平度		莱州-平度	莱州-平度	莱州		莱州

东口组 / 兵营组 / 老爷山组 / 岗前组 / 巨屯组（二段・一段）/ 张格庄组（二段・一段）/ 祝家夼组 / 小宋组（二段・一段）

芝罘群（中元古代） / 粉子山群（古元古代） / 胶东岩群（新太古代）

（注：此表为旋转排版的地层划分对比表，各栏目自左至右列有：芝罘组、岗前组、巨屯组、张格庄组、祝家夼组、富阳组、民山组等组名及元古界、太古界的划分沿革）

二、中元古代地层

（一）芝罘群

芝罘群局限分布于芝罘岛及其邻近的崆峒岛等大、小岛屿，出露总面积 10 km²。其主要岩性为石英岩、钾长石英岩夹磁铁矿层。据其岩性特征可以三分：下部老爷山组，中部兵营组，上部东口组。其原岩为陆源碎屑岩夹碳酸盐岩沉积建造，变质程度为低角闪岩相。该群地层厚度为 1 719 m。其划分沿革见表 15 – 1 – 4。

（二）五莲群

分布于五莲县城北海眼口村、孙家岭-南院、山王家庄-福禄并等地，呈北东向条带状展布，为一套经受了角闪岩相变质作用的陆缘碎屑岩、火山岩-浅海碳酸盐岩沉积建造。按岩性、建造特征划分为 2 个组，下部为海眼口组，上部为坤山组。海眼口组一段以斜长角闪岩为主，二段以云母变粒岩、片岩为主；坤山组主要为白云石大理岩、方解石大理岩，下部夹石英岩、云母片岩。根据海眼口组电气石石英岩与黑云变粒岩最年轻的碎屑锆石 MC – ICPMS U – Pb 年龄数据为 1 685 ~ 1 727 Ma，确定五莲群原岩沉积时代属中元古代。

三、新元古代地层

（一）青白口纪—南华纪—震旦纪土门群

土门群为一套浅海相沉积岩系，由砂岩、页岩和灰岩等组成。分布局限，主要集中分布在沂沭断裂带及其西侧地区的昌乐、苍山、莒县、沂水、安丘、枣庄等地。土门群由老到新划分为黑山官组、二青山组、佟家庄组、浮来山组和石旺庄组，其中下部的黑山官组归属于青白口纪；二青山组和佟家庄组归属于南华纪；浮来山组和石旺庄组归属于震旦纪。土门群总厚 243 ~ 880 m。

（二）南华纪—震旦纪蓬莱群

蓬莱群主要分布于栖霞豹山口、辅子夼、福山东龙夼一带，在龙口屺岛、黄城附近、蓬莱丹崖山、长岛等地也有分布。主要岩性为千枚岩、板岩、石英岩、结晶灰岩及大理岩等，为一套延伸稳定的浅变质岩系。自下而上可分为豹山口组、辅子夼组、南庄组、香夼组 4 个组。蓬莱群总厚 878 ~ 4 507 m。

（三）南华纪云台岩群

云台岩群主要分布于造山带南侧连云港云台山一带，自下而上分为竹岛岩组和花果山岩组。山东省东南沿海日照市平岛、达山岛及车牛山岛等几个小岛上只发育上部的花果山岩组，主要岩性为浅粒岩夹白云变粒岩、白云母石英片岩及变质熔结凝灰岩等。

（四）震旦纪朋河石岩组

该组主要分布于莒南县朋河石、王家道村峪等地，主要岩性为变质砂砾岩夹变质石英砂岩夹千枚岩、黑云绢云片岩，厚 8 m。

第四节　古生代地层

　　山东省古生代地层在华北地层区内发育比较齐全且具典型性，有早古生代寒武纪—奥陶纪地层和晚古生代石炭纪—二叠纪地层。

一、寒武纪—奥陶纪地层

　　山东寒武纪—奥陶纪地层分布在沂沭断裂带内的安丘-莒县断裂以西的鲁西地区。其分属于华北平原地层分区（III_4^8）和鲁西地层分区（III_4^{10}）内。这套地层主要由一套1 800余 m 厚的海相碳酸盐岩系组成，其岩石地层可划分为3群14组、16段。其划分沿革见表15 – 1 –5、表15 – 1 –6。

表15-1-5

山东省寒武纪-早奥陶世地层划分沿革

B. Willis & E.Blackwelder 1907 张夏 新泰	谭锡畴 1924 北京 济南幅	孙云铸 1924 1937 张夏 泰安	卢衍豪 董南庭 1953 张夏	中国区域地层表(草案)1956 济南-临沂	山东地质厅 北京地质学院 1961 济南-临沂	山东区域地层表 1978 鲁西	山东区域地质志 1991 鲁西	山东省地质二队 一队 1985-1990 济南 新泰	张增奇 张智礼 杨智濮等 1993 鲁西	张增奇、刘明渭等 1996 鲁西	张增奇、刘书才等(2011)本文 2014 鲁

山东省寒武纪-早奥陶世地层划分沿革对比表

表15-1-6

山东省马家沟群划分沿革

B.Willis & E.Blackwelder 1907 济南、新泰	谭锡畴 1924 北京、济南编	中国区域地层表（草案）1956 鲁西	山东地质厅北京地质学院 1961 鲁西	山东省地质局805队 1963 鲁西	陈均远、邹西平 1975 淄博、新泰	山东省区域地层表编写组 1978 鲁西	陈均远等 1984 汶南	梁宗伟1987 山东省区域地质志 1991 鲁西	张增奇等 1992 鲁西	张增奇、刘明渭 1996 鲁西	张增奇、刘书才等（2011）本文 2014 鲁西
上石炭统	济南石灰岩（珠角石灰岩）P-C纪	中石炭统 本溪组	中石炭统 本溪组	本溪组 六段	中石炭统 本溪组	中石炭统 本溪组	中石炭统 本溪组	上石炭统 本溪组	上石炭统 本溪组	本溪组 湖田段	本溪组 湖田段
奥陶系	奥陶纪	中下奥陶统 济南白云岩（济南层）	中奥陶统 马家沟组	五段 四段 三段 马家沟组	马家沟组 中上部 底部	中奥陶统 马家沟组 上段 下段	中奥陶统 马家沟组 八陡组 阁庄组	中奥陶统 八陡组 阁庄组 五阳山组 土峪组 北庵庄组 东黄山组	八陡组 阁庄组 五阳山组 土峪组 北庵庄组 东黄山组	八陡段 阁庄段 五阳山段 土峪段 北庵庄段 东黄山段	八陡段 阁庄组 五阳山组 土峪组 北庵庄组 东黄山组 马家沟群
寒武纪 震旦	寒武纪	下奥陶统	下奥陶统 亮甲山冶里组	二段 一段 亮甲山冶里组	下奥陶统 纸坊庄组 北庵庄组	下奥陶统 纸坊庄组	下奥陶统 纸坊庄组 二段 一段	下奥陶统 纸坊庄组 二段 一段	三山子组	a段 b段 c段 三山子组	a段 b段 c段 三山子组
九龙群 博山层	九龙石灰岩	上寒武统 炒米店统	上寒武统 凤山组	凤山组	凤山组	上寒武统 凤山组	上寒武统 凤山组	上寒武统 凤山组	炒米店组	炒米店组	炒米店组

（一）寒武纪第二世—第三世长清群

长清群处于寒武系下部，与震旦纪土门群平行不整合接触，由东向西超覆于前寒武纪变质基底岩系之上；其上与九龙群为整合接触。长清群属陆表海碎屑岩-碳酸盐岩沉积岩系，依其岩石组合特征由下而上划分为李官组、朱砂洞组及馒头组。该群中发育有玻璃用石英砂岩、石膏等非金属矿产。总厚 433～731 m。

（二）寒武纪第三世—芙蓉世—早奥陶世九龙群

九龙群是跨纪的岩石地层单位，属寒武纪第三世—早奥陶世。九龙群与上覆马家沟组平行不整合接触（怀远间断），与下伏长清群整合接触。主要由碳酸盐岩组成，地层厚度一般在 600 m 左右。九龙群由下而上划分为张夏组、崮山组、炒米店组、三山子组及亮甲山组。

（三）奥陶纪马家沟群

马家沟群在山东省分布较广泛。马家沟群由相间分布的灰岩、白云岩组成，其由下而上划分为东黄山组、北庵庄组、土峪白组、五阳山组、阁庄组、八陡组等 6 个组。马家沟群是山东省优质石灰岩矿的重要产出层位，并发育石膏矿层；该组总厚 561～1 267 m。该群 6 个组在 1994 年华北地层大区会议上曾降为 6 个段。2011 年，张增奇、刘书才、张成基、王世进等人在广泛征求意见后，恢复 6 个组，并 6 个组为马家沟群。其划分沿革见表 15－1－6。

二、石炭纪—二叠纪地层

石炭纪-二叠纪地层仅分布于安丘-莒县断裂以西地区，主要分布鲁西南潜隆起区济阳坳陷和一些断陷盆地内。由早到晚划分为月门沟群和石盒子群。月门沟群包括本溪组、太原组和山西组；石盒子群包括黑山组、万山组、奎山组和孝妇河组（本文采用山东省 1993 年以前及张增奇、刘书才等 2011 年划分方案）。其划分沿革见表 15－1－7。

表15-1-7

山东省石炭纪—二叠纪—三叠纪地层划分沿革

作者/年代	B.WMls E.Black welder 1907	谭锡畴 1992	赵亚曾 1926	小贯义男 1944	关士聪、李星学等 1952	中国区域地层（草案）1956	全国地层委员会 1964	山东省区域地层表编写组 1978	山东区调二分队 1990	山东省区域地质志 1991	张增奇、刘明渭等 1996	本义 2014
地区	鲁西 新泰	博山	章丘	鲁西	鲁西	鲁西	淄博	鲁西	鲁西	聊城 鲁西	聊城 鲁西	鲁西
	博山统	煤系 J	山西系	昆仑统 凤凰山统	煤系 J 凤凰山统	坊子系 J₁₋₂ 凤凰山系	坊子组 J 凤凰山组	坊子组 J₁₋₂ 石千峰组	坊子组 J₁₋₂ 凤凰山组	坊子组 聊城组 J₁₋₂	坊子组 J₁₋₂ 孙家沟组 刘家沟组 石千峰群	坊子组 刘家沟组 孙家沟组（石千峰群） 孝妇河组
		红色砂岩层 T-P		南定统 孝妇河层 大奎山层 万山层	孝妇河层 大奎山层 万山层 黑山层	孝妇河组 大奎山组 万山组	孝妇河组 大奎山组 万山组	孝妇河段 奎山段 万山段 （上下石盒子组）	孝妇河组 奎山组 万山组	孝妇河段 奎山段 万山段	孝妇河组 奎山段 万山段（石盒子组）	奎山组 万山组 黑山组（石盒子群）
		石英砂岩层 P-C	太原系 C₃	黑山层 淄川统	黑山层 淄川统	黑山层 淄川层 P₁	黑山组 淄川组 P₁	下石盒子组 山西组 P₁	黑山组 淄川组 P₁	山西组 P₁	黑山组 山西组 P₁	山西组 太原组（月门沟群）
		洪山统 C₁		博山统	博山统	太原统 C₃	太原群 C₃	太原组 C₃	太原组 C₃	太原组	太原组	
		博山统 C₁	本溪系 C₂	尊疆沟灰岩 章丘统 C₂	尊丘统 湖田统 C₂	本溪统 C₂	木溪群 C₂	木溪群 C₂	木溪组 C₂	木溪组 C₂	本溪组 C₂	本溪组（湖田段）
	济南石灰岩 O	济南灰岩 O	徐家庄灰岩 O	济南系 O	济南灰岩 O	济南灰岩 O	济南群 O	八陡组 O₂	八陡组 O₂	马家沟组 八陡组 O₂	马家沟组 八陡组 湖田段 O₂	马家沟群 八陡组

阶段（本义 2014）：瑞纳斯阶 J₁、石浦涧阶、渥瑞谢阶 T₂、印度阶（殷坑阶）T₁、长兴阶 P₃、吴家坪阶、冷坞阶 P₂、孤峰阶、祥播阶、罗甸阶 P₁、隆林阶、紫松阶、逍遥阶 C₂、达拉阶 O₃、艾家山阶

（一）晚石炭世—二叠纪船山世—二叠纪阳新世月门沟群

月门沟群为一套海陆交互相的含煤岩系，自下而上划分为本溪组、太原组和山西组。月门沟群岩性以铝土岩、泥岩、粉砂岩、细砂岩及煤层为主，发育煤层是该套地层的主要特征。山东主要可采煤层发育在该群山西组和太原组中；并发育有铝土矿及耐火黏土矿。该群总厚 184～475 m。

（二）二叠纪阳新世—乐平世石盒子群

该群整体上为一套陆相沉积的由黄绿色、灰绿色砂岩、紫红、灰紫色泥岩夹铝土岩、灰黑色页岩组成的岩石构成，自下而上划分为黑山组（砂岩）、万山组（泥岩）、奎山组（砂岩）和孝妇河组（泥岩）4 个组。石盒子群是玻璃硅质原料、耐火黏土矿产出层位；总厚为 155～713 m。

原中国煤炭地质总局（1993）总结了华北晚古生代聚煤规律，对煤系地层标志层进行了划分对比。其划分对比见图 15 - 1 - 2。

第五节　中生代地层

山东省内发育的中生代地层为三叠纪、侏罗纪和白垩纪地层。三叠纪地层分布范围较小；侏罗纪和白垩纪地层分布较广泛，在华北平原、鲁西及鲁东地层分区内均有分布。

一、三叠纪地层

（一）早三叠世石千峰群

石千峰群在省内分布局限，主要分布于济南-淄博地层小区，据钻孔资料显示在华北平原地层分区的聊城堂邑宋家、莘县一带也有沉积。该群岩性以紫红或鲜红色砂岩和泥岩为标志。其自下而上划分为孙家沟组、刘家沟组。该群厚 219～613 m。

（二）中三叠世二马营组

二马营组仅见于聊城堂邑乡陈庄钻孔中，揭露厚度为 1 245.5 m，岩性主要为棕色、浅灰色钙质细砂岩夹紫色泥岩及少量砂砾岩，近下部泥岩中见脉状石膏层。其上覆地层为新近纪黄骅群馆陶组，下伏为石千峰群。

二、侏罗纪地层

山东淄博群为中晚侏罗世至早白垩世地层，其分布比较局限，主要发育于鲁西北部地区，在济阳坳陷区发育较好，厚度也较大。该群为内陆浅湖及河流相沉积，下部为含煤建造，称坊子组，含可采煤层；上部为红色砂岩建造，称三台组。该群总厚 367～1 429 m。

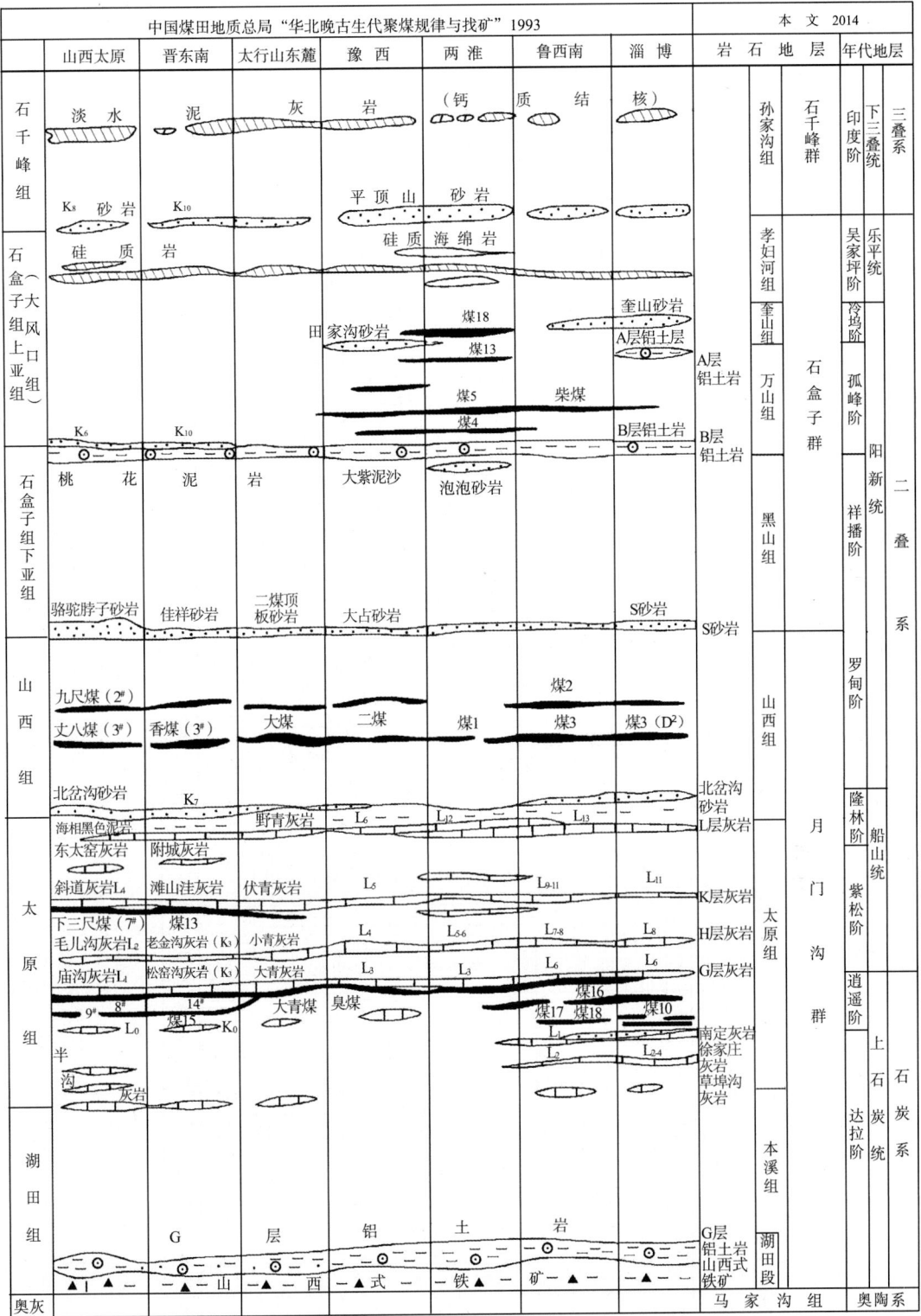

图 15 - 1 - 2　山东省石炭纪—三叠纪地层划分与煤田系统划分对比

三、白垩纪地层

山东省白垩纪地层分布比较广泛,已建立和厘定了4个群级地层单位,即自下而上的莱阳群、青山群、大盛群和王氏群。山东省侏罗纪—白垩纪地层划分沿革见表15 - 1 - 8。

表15-1-8　山东省侏罗纪—白垩纪岩石地层划分沿革

（一）早白垩世莱阳群

莱阳群主要分布于鲁东地区，鲁西地区仅见于蒙阴、沂源等几个断陷盆地内。莱阳群是一套河湖相沉积，中下部主要岩性为粉砂岩、砂岩、砂砾岩、砾岩、页岩、黑色页岩、微晶灰岩等；上部为火山碎屑岩夹熔岩、流纹质凝灰岩等。该群厚度为 7 996～14 373 m。莱阳群自下而上划分为瓦屋夼组、林寺山组、止凤庄组、水南组、龙旺庄组、杨家庄组、曲格庄组、杜村组、城山后组、马连坡组和法家茔组共 11 个组。其年代属早白垩世。

（二）早白垩世青山群

青山群是火山喷发形成的一套火山岩系，几乎分布于全省的各个中生代盆地中。自下而上分为后夼组、八亩地组、石前庄组和方戈庄组；主要岩性为中-酸性及中-基性火山岩和河湖相碎屑岩，总厚 896～9 350 m。青山群又是山东省内重要的含矿岩系，其中发育着膨润土、沸石岩、珍珠岩、明矾石、硫铁矿、金、铜等多种矿产。

（三）早白垩世大盛群

大盛群为发育在青山群之上的一套河湖相沉积。主要岩性为紫红色砾岩、砂砾岩、砂岩、粉砂岩及页岩等，厚 1 486～5 556 m，其自下而上划分为小店组、大土岭组、马郎沟组、田家楼组、寺前村组和孟疃 6 个组。

（四）晚白垩世—古新世王氏群

王氏群主要发育在鲁东地区及沂沭断裂带内，鲁西地区和华北平原区仅局部见到。该群以红色碎屑岩为主（砂砾岩、砾岩等），间有黄绿、灰绿等色的碎屑岩组合（砂岩、钙质含砾细砂岩、粉砂岩、泥岩等），局部有淡水灰岩、泥灰岩，有时见石膏薄层及扁豆体。自下而上划分为林家庄组、辛格庄组、红土崖组、金岗口组、胶州组（$K_2 - E_1$）。该群厚度为 1 814～6 944 m。王氏群红土崖组中产有丰富的鸭嘴龙科化石及恐龙蛋化石。

第六节　新生代地层

山东省新生代地层非常发育，分布广泛。包括古近纪、新近纪和第四纪地层，其中发育着较丰富的能源、金属、非金属和水汽矿产。

一、古近纪地层

山东省古近纪地层分布广泛，主要分布在鲁西地区。在华北平原地层区济阳群呈大面积连续分布；在鲁西地层分区官庄群（主要为山东丘陵区）零星分布在山间盆地中。

古近纪地层是山东省内一个重要含矿层位，其中发育有石油、煤、石膏、石盐、钾盐、自然硫等矿产。按沉积环境差异划分为官庄群、济阳群和五图群 3 个群及 11 个组。

（一）官庄群

官庄群是跨白垩纪和古近纪的地层单位，仅发育在鲁西丘陵区内的一些盆地中，为一套含膏盐的红色、灰色山麓洪积-河湖相碎屑岩系，其中发育着石膏、石盐、钾盐、自然硫等矿产。该群自下而上划分为固城组、卞桥组、常路组、朱家沟组和大汶口组5

个组，其中固城组和卞桥组底部时代分为白垩纪，其上为古近纪。总厚 1 215 ~ 3 844 m。其划分沿革见表15-1-9。

表15-1-9　山东省官庄群划分沿革

作者	年代	地区	划分
谭锡畴	1923	泰安、平邑	官庄系 E₂（上、中、下）；蒙阴 官庄系 E₂（上、中、下）
山东省煤炭局121队	1959	泰安、蒙阴	大汶口组 E₂₋₃；官庄组 E₂
北京地质学院局121队	1961	平邑、蒙阴	三 官庄组 E₂-E₃；三 官庄组 E₂-E₃
地质部第一石油普查勘探大队	1961	蒙阴	朵尾山组 N；朱家沟组、官庄组、常路组 官庄统 E；中生界
华东石油学院胜利油田	1975	鲁西	汶口组 E₂₋₃（汶上段、汶中段、汶下段）；官庄组 E₁（上段砾岩层、中段、下段）
山东省区域地层表编写组	1978	泰安、平邑	大汶口组 E₂₋₃；蒙阴 三 官庄组 E₂；大汶口组 E₂₋₃；官庄组 E₁
徐宝政	1986	平邑	官庄组 E₂（上、中、下）；上部蒸发岩段、下部蒸发岩段 卞桥组 E₁；王氏组 K₂
山东省区域地质志 张增奇、刘明渭等	1991/1996	泰安、平邑、蒙阴/鲁西	官庄组 E₂-E₃；大汶口组（上E₃、中E₃、下E₃）；朱家沟组 E₂；官庄群 E（上 E₁、下）；卞桥组 E₁；固城组 E₁
卢辉楠	2005	鲁西	大汶口组 E₃（上段、中段、下段）；朱家沟组 E₂；官庄群 K-E（常路组 E₁）；卞桥组 K-E₁；固城组 K₂
本文	2014	鲁西	大汶口组 E₃（上 E₃、中 E₃、下 E₃）；朱家沟组 E₂；官庄群 K-E（常路组 K-E₁）；卞桥组 K-E₁；固城组 K₂

（二）五图群

五图群主要分布于鲁西地区的昌乐县五图、小楼、北岩、北郿郜和临朐县牛山、罗家树以及安丘市李家埠一带；在鲁东地区主要分布于龙口-蓬莱及平度市香店一带。总体上为一套含煤、油页岩的碎屑沉积，自下而上划分为朱壁店组、李家崖组、小楼组。该群总厚298~1 372 m。

（三）济阳群

济阳群主要分布于华北平原区的潍北、东营、济阳、临清及德州、东明一带，自下而上划分为孔店组、沙河街组、东营组。岩性为一套色调、成分都很复杂的碎屑岩系，含有丰富石油和天然气，有时夹石膏、岩盐、薄层煤及中基性火山岩，地表未见出露。该群总厚1 202~4 990 m。

二、新近纪地层

山东省新近纪地层包括临朐群、黄骅群、巴漏河组和白彦组。

（一）临朐群

临朐群在鲁西地区主要分布在临朐、昌乐、安丘、沂水等地，在莱芜、周村、淄博等地也有少量分布；在鲁东地区主要分布于栖霞、蓬莱等地。岩性主要为玄武岩夹砂砾岩、黏土岩及硅藻土。自下而上分为牛山组、山旺组、尧山组，其中山旺组分布局限，大部分地区为牛山组、尧山组。该群中含有硅藻土矿及蓝宝石原生矿。总厚217~598 m。

（二）黄骅群

黄骅群主要分布于华北平原地层分区内，岩性为泥岩、砂岩及砂砾岩；自下而上划分为馆陶组和明化镇组；总厚439~1 500 m。

（三）巴漏河组及白彦组

巴漏河组岩性主要为一套淡水结晶灰岩、泥岩及砂砾岩，为山麓边缘河湖相沉积。厚6~17 m。巴漏河组地层分布局限，主要见于西巴漏河、青杨河沿岸。白彦组主要见于鲁西地区早古生代碳酸盐岩出露区的高中级夷平面上（裂隙或溶洞中）。岩性主要为燧石质砾岩。在鲁南地区该组可见金刚石。

三、第四纪地层

山东省第四纪地层依据其发育特征、岩石组合、接触关系及序列特征等，可分为山地丘陵区（包括山前平原）和华北平原区2个地层分区，共划分为20个组，其中更新世地层有：平原组、沂源组、大埠组、于泉组、大站组、柳亣组、羊栏河组、史家沟组、小埠岭组；更新世至全新世地层有山前组；全新世地层有：黑土湖组、临沂组、旭口组、潍北组、寒亭组、沂河组、白云湖组、泰安组、小坨子组、黄河组。其中黄河组分为巨野段、鱼台段和单县段，这些"段"只在填图中使用，在具体钻孔剖面上可根据岩性变化只划分岩性层。

第四纪地层是山东一个重要的含矿岩系，在其某些层位中发育有金刚石砂矿、砂金矿、蓝宝石砂矿、玻璃用石英砂矿、型砂、锆英石及金红石砂矿等多种矿产。

第二章　山东岩浆岩

第一节　概　述

山东省岩浆活动十分频繁，从太古宙至新生代都有发现，可划分出中太古代晚期、新太古代早期、中期、晚期及古元古代吕梁期、中元古代四堡期、新元古代南华期、古生代加里东期、中生代印支期、燕山期、新生代喜马拉雅期等各岩浆活动期。除新太古代早期、燕山期及喜马拉雅期有较多火山活动外，其他岩浆活动期均以岩浆侵入活动为主。新太古代早期岩浆活动在山东境内较为强烈，新太古代晚期在鲁西地区最强烈，燕山期在鲁东地区最强烈。每个岩浆活动期大体构成了一个完整的构造岩浆旋回，每个岩浆旋回的基本趋势是从基性向酸性演化。岩浆侵入活动与火山喷发活动密切相关，火山活动往往在先，侵入活动随后。侵入岩出露面积约 30 976 km^2，约占全省陆地面积的 20%，以燕山期侵入岩出露面积最大，其次为新太古代晚期及新元古代侵入岩。

第二节　侵入岩

山东省侵入岩发育，出露广泛。

鲁西地区以新太古代侵入岩最为发育，多呈岩基、岩株状产出；新太古代早期侵入岩经受了区域变质作用，形成一套花岗质片麻岩。自元古宙及其之后的侵入活动较弱，出露少而规模小，呈岩株、岩瘤、岩墙、岩脉状产出。

鲁东地区侵入岩集中出露于半岛北部和东南沿海一带，呈岩基、岩株及岩瘤和岩墙状产出。该区岩浆活动始于中太古代，止于新生代新近纪；以新元古代南华纪和中生代白垩纪侵入岩最发育，其次为新太古代和中生代三叠纪、侏罗纪侵入岩，其他则规模小而分散。新元古代南华期及其之前者均遭受不同程度的区域变质和韧性剪切带的改造，形成一套花岗质片麻岩类。

根据侵入岩的形成时间及其岩性组合特征，全省共划出 277 个单元（侵入体），归并为 45 个序列（超单元），另有 3 个独立单元（侵入体）及 3 个脉岩群带。其划分方案见表 15 - 2 - 1。

表 15-2-1　　　　　　　　　　　　　　　　山东省侵入岩划分

地质时代及构造旋回						鲁西隆起区和华北坳陷区						胶辽隆起区						胶南-威海隆起区				
代	纪	世	构造旋回 期	地质年龄(Ma)	阶段	序列	单元	岩性	代号	同位素年龄(Ma)		序列	单元	岩性	代号	同位素年龄(Ma)		序列	单元	岩性	代号	同位素年龄(Ma)
新生代 Cz	新近纪 N		喜马拉雅期 γ^6	23.03			八单庄	橄榄玄武玢岩	$N_2\beta B$					玻基辉橄玢岩、辉绿玢岩脉	$N_2\beta$					橄榄玄武玢岩、玻基辉橄玢岩、辉绿岩脉	N_2u	
中生代 Mz	白垩纪 K	早白垩世 K_1	燕山晚期 γ_5^3	99.6								崂山-大珠山脉岩带（$K_2\eta\pi$、$K_2\rho o\pi$、$K_2\delta\mu$、$K_2\xi o\pi$、$K_2\gamma o\pi$、$K_2\eta\gamma\pi$）							孤山	晶洞碱长花岗斑岩	$K_1\kappa\gamma\pi Lg$	
																			玉皇山	晶洞斑状细粒碱长正长岩	$K_1\xi o Ly$	
						卧福山 K_1Wf	刘鲁庄	晶洞细粒二长花岗岩	$K_1\eta\gamma Wl$										小平兰	晶洞细粒碱长花岗岩	$K_1\kappa\gamma Lx$	
							水牛山	晶洞中粒二长花岗岩	$K_1\eta\gamma Ws$										大平兰	晶洞斑状中细粒碱长花岗岩	$K_1\kappa\gamma Ld$	
							兴隆山	晶洞粗粒二长花岗岩	$K_1\eta\gamma Wx$									崂山 K_1L	上清宫	晶洞中细粒碱长花岗岩	$K_1\kappa\gamma LS$	114
						沙沟 K_1S	郝山	细粒含霓辉石英正长岩	$K_1\xi o Sc$										八水河	晶洞中粗粒碱长花岗岩	$K_1\kappa\gamma Lb$	
							沙沟	细粒含黑云辉石正长岩	$K_1\xi Ss$										大清谷	晶洞中粒碱长花岗斑岩	$K_1\kappa\gamma Lq$	
							关帝庙	细粒含磷灰石黑云母透辉岩	$K_1\upsilon Sg$	115									石兰沟	晶洞细粒正长花岗斑岩	$K_1\xi\gamma\pi LS$	
						雪野 K_1X	鹿野	碳酸岩	$K_1\rho c Xl$										牛山	晶洞细粒正长花岗岩	$K_1\xi\gamma Ly$	
							腰关	斑状蚀变石化含磷灰石云母岩	$K_1\beta Xy$										北大圈	晶洞中细粒正长花岗岩	$K_1\xi\gamma Lb$	
																			下书院	晶洞中粒正长花岗岩	$K_1\xi\gamma Lx$	
						苍山 K_1C	辉家庄	二长花岗斑岩	$K_1\eta\gamma Ch$				望海楼	晶洞细粒二长花岗岩	$K_1\eta\gamma Lw$				石板河	晶洞中粗粒正长花岗岩	$K_1\xi\gamma LS$	
							千山	中细粒斑二长花岗斑岩	$K_1\eta\gamma\pi Cy$	112		崂山 K_1L	浮山	晶洞中细粒二长花岗岩	$K_1\eta\gamma LF$				望海楼	晶洞细粒二长花岗岩	$K_1\eta\gamma Lw$	120
													盘古城	晶洞斑状中细粒二长花岗岩	$K_1\eta\gamma LP$				浮山	晶洞中细粒二长花岗岩	$K_1\eta\gamma LF$	
													会稽山	晶洞中粗粒二长花岗岩	$K_1\eta\gamma Lh$				盘古城	晶洞斑状中细粒二长花岗岩	$K_1\eta\gamma LP$	121
													青台山	晶洞中粒二长花岗岩	$K_1\eta\gamma Lq$				会稽山	晶洞中粗粒二长花岗岩	$K_1\eta\gamma Lh$	
																			青台山	晶洞中粒二长花岗岩	$K_1\eta\gamma Lq$	
																			白龛	石英正长斑岩	$K_1\xi o\pi Db$	
																		大店 K_1D	老山	斑状细粒石英正长岩	$K_1\xi o Dl$	
																			桃花洞	中粗粒石英正长岩	$K_1\xi o Dt$	120
																			独单山后	中粗粒石英正长岩	$K_1\xi o Dd$	
																			前横山	中粒黑云角闪石英正长岩	$K_1\xi o Dq$	
																			辛福村	斑状细粒角闪石英正长岩	$K_1\xi o Dx$	
																			王家野疃	斑状细粒闪长正长岩	$K_1\xi Dw$	

*序列,相当于超单元、岩套;侵入岩组合—单元,相当于典型堂体、侵入体。

（续表）

地质时代及构造旋回						鲁西隆起区和华北拗陷区					胶辽隆起区					胶南-威海隆起区				
代	纪	世	地质年龄(Ma)	阶段	期	序列	单元	岩性	代号	同位素年龄(Ma)	序列	单元	岩性	代号	同位素年龄(Ma)	序列	单元	岩性	代号	同位素年龄(Ma)
中生代 Mz	白垩纪 K K₁	早白垩世		二	燕山晚期 γ³	老山 K₁C	铁铜沟	斑状中细粒二长花岗岩	K₁ηγCt	112			招虎山岩体带（γδχ、ηγχ、γσπ、γ细晶花岗岩、煌斑岩） 巨山-老门口、招虎山花岗岩、煌斑岩							
							磨坊	粗粒花岗岩闪长斑岩	K₁γοCm	124	雨	贺家沟	二长花岗斑岩	K₁ηγYh			贺家沟	二长花岗斑岩	K₁ηγYh	
							莲子汪	中粒含黑云花岗闪长岩	K₁γοCl	121		水尭	花岗闪长斑岩	K₁γδYŝ		雨	水尭	花岗闪长斑岩	K₁γδπYŝ	
							柳河	中斑含英角闪石英闪长玢岩	K₁δομCl	125								护家大山	花岗闪长岩	K₁ηραYy	
							栗园	中粗斑状角闪石英二长闪长玢岩	K₁ηγCl	124	山 K₁Yŝ	王家庄	石英闪长玢岩	K₁δομYw		山 K₁Yŝ	王家庄	石英二长斑岩	K₁δομYw	
							嵩山	巨斑闪长石英二长花岗岩	K₁ηρσCs											
							王家庄	斑状中粒石英二长岩	K₁γσCw	128										
							北寺	中粗粒含辉石英二长岩	K₁ηρoCb	124										
											伟德山	虎头石	细粒二长花岗岩	K₁ηγWht		伟德山	虎头石	细粒二长花岗岩	K₁ηγWht	
												营盘	含斑中细粒二长花岗岩	K₁ηγWvp			营盘	含斑中细粒二长花岗岩	K₁ηγWvp	
																	古楼	中粒二长花岗岩	K₁ηγWg	108
												通天岭	中粗粒二长花岗岩	K₁ηγWt			通天岭	中粒二长花岗岩	K₁ηγWt	113
												抓鸡山	密斑状粗中粒二长花岗岩	K₁ηγWz			抓鸡山	密斑状粗中粒二长花岗岩	K₁ηγWz	
												任家沟	斑状粗中粒二长花岗岩	K₁ηγWr			任家沟	斑状粗中粒二长花岗岩	K₁ηγWr	102
											德	西上寨	含巨斑细中粒二长花岗岩	K₁ηγWx		德	西上寨	含巨斑细中粒二长花岗岩	K₁ηγWx	127
												后野	巨斑状中粒含角闪二长花岗岩	K₁ηγWh			后野	巨斑状中粒含角闪二长花岗岩	K₁ηγWh	
											山	崔西	斑状中粒含角闪二长花岗岩	K₁ηγWy	117	山	崔西	斑状中粒含角闪二长花岗岩	K₁ηγWy	
																	马圈南	含斑中细粒花岗闪长岩	K₁γδWm	
											崔南 K₁W	东南	含斑中细粒含黑云花岗闪长岩	K₁γδWd		崔南 K₁W	东南	含斑中细粒含黑云花岗闪长岩	K₁γδWd	
																	蓬花顶	含斑微晶花岗闪长岩	K₁γδWl	
																埠柳	黄山屯	聚斑微晶含角闪石英二长岩	K₁ηρoBh	109
																	凤凰山	斑状细粒含辉石角闪石英二长岩	K₁ηρoBf	120
																	不落稠	斑状中粗粒含辉石角闪石英二长岩	K₁ηρoBb	121
																	大水泊	斑状中粗粒含角闪石英二长岩	K₁ηρoBd	120
											埠	不夜	巨斑状中粒含辉石英二长岩	K₁ηρoBb			洛西头	斑状中粗粒含黑云石英二长岩	K₁ηρoBl	124
																	岐阳	中粗粒含角闪石英二长岩	K₁ηρoBq	
											柳	菌庄	中粒含辉石角闪石英二长岩	K₁ηρoBg		柳	西啕水	中粒含角闪石英二长岩	K₁ηδoBx	112
																	单柳	中粗粒含角闪石英二长岩	K₁ηδoBb	124
		沂 南 K₁Y		一		沂南 K₁Y	大朝阳	中细斑二长花岗玢岩	K₁ηδμYd	126							菌庄	中粒含辉石角闪石英二长岩	K₁ηρoBg	124
							铜汉庄	石英闪长玢岩	K₁δομYt	129							横山	中粗粒含角闪石英二长岩	K₁ηρoBh	
							核桃园	细粒含角闪闪长岩	K₁δoYh		K₁B	菌庄	中粒含辉石角闪闪长岩	K₁ηρoBg		K₁B	上口	细粒细粒角闪石闪长岩	K₁δBŝ	128
							靳家桥	角闪闪长玢岩	K₁δYj	128		上口	细粒细粒角闪石闪长岩	K₁δBŝ						
							邱家庄	斑状细粒角闪闪长岩	K₁δYq											

（续表）

鲁西隆起区和华北坳陷区

序列	单元	岩性	代号	同位素年龄(Ma)
沂南 KY	上水河	细粒角闪闪长岩	K₁δοYŝ	128
	大有	中细粒含黑云角闪闪长岩	K₁δοYdy	
	西杜	中粒含黑云辉石闪长岩	K₁δοYx	129
	东明生	中细粒黑云辉石闪长岩	K₁δοYd	132
	凤凰岭	中粒角闪石岩	K₁ψοYf	
济南 KJ	马鞍山	中粒辉石二长岩	K₁ηJm	
	燕翅山	细粒辉长岩	K₁νJy	
	金牛山	中细粒辉长岩	K₁νJj	
	药山	中粒苏长辉长岩	K₁νJy	130
	黍中山	中细粒苏长辉长岩	K₁νJz	131
	无影山	中细粒含橄榄辉长岩	K₁σνJw	
	萌山	细粒橄榄辉长岩	K₁σνJm	

胶北隆起区

序列	单元	岩性	代号	同位素年龄(Ma)
郭家岭 K₁G	罗家	斑状中细粒含黑云二长花岗岩	K₁ηγGl	128
	大草屋	斑状粗中粒含黑云闪长岩	K₁γδGd	
	上庄	巨斑状中粒二长岩	K₁ηGs	126
	赵家	斑状中粒角闪石英二长岩	K₁ηδGz	129
	圈杨家	含斑中粒角闪石英二长闪长岩	K₁ηδGq	
	北下庄	细粒含黑云闪长岩	K₁δGb	

胶南—威海隆起区

序列	单元	岩性	代号	同位素年龄(Ma)
郭家岭	双山	中细粒二长花岗岩	K₁ηγGŝ	
	卧龙	斑状中粗粒二长花岗岩	K₁ηγGWl	
	万家口	粗中粒二长花岗岩	K₁ηγGw	
	凤山口	斑状中细粒含黑云角闪闪长岩	K₁γδGf	
	大草屋	斑状粗中粒含黑云角闪闪长岩	K₁γδGd	128
	虎口窑	中细粒含黑云角闪云英二长闪长岩	K₁ηδοGh	
	鹁鸽崖	中细粒黑云角闪二长闪长岩	K₁ηδGb	

玲珑—招风顶岩浆带（δh、δn、yn、x）

序列	单元	岩性	代号	同位素年龄(Ma)
玲珑	笔架山	伟晶状不等粒花岗岩	J₃ηγLb	
	郭家店	中粗粒二长花岗岩	J₃ηγLg	144
	大庄子	含斑粗中粒二长花岗岩	J₃ηγLd	145
	崔召	中粒含黑云二长花岗岩	J₃ηγLc	158
珑 J.L	罗山	弱片麻状中细粒含石榴二长花岗岩	J₃ηγLl	157
	九曲	弱片麻状细中粒含石榴二长花岗岩	J₃ηγLj	
	云山	弱片麻状细粒含黑云二长花岗岩	J₃ηγLy	

序列	单元	岩性	代号	同位素年龄(Ma)
玲珑	笔架山	不等粒斑晶花岗岩	J₃ηγLb	
	北黄	细粒二长花岗岩	J₃ηγLb	
	郭家店	中粗粒二长花岗岩	J₃ηγLg	153
	大庄子	含斑粗中粒二长花岗岩	J₃ηγLd	
	崔召	中粒含黑云二长花岗岩	J₃ηγLc	
珑 J.L	罗山	弱片麻状中细粒含石榴二长花岗岩	J₃ηγLl	
	九曲	弱片麻状细中粒含石榴二长花岗岩	J₃ηγLj	153
	云山	弱片麻状细粒含黑云二长花岗岩	J₃ηγLy	160

地质时代及构造旋回：中生代 Mz，白垩纪 K，早白垩世 K₁，晚侏罗世 J₃，侏罗纪 J；燕山旋回 燕山早期 γ₂²；年龄界限 145。

（续表）

地质时代及构造旋回						鲁西隆起区和华北坳陷区					胶莱隆起区					胶南-威海隆起区				
代	纪	世	地质年龄(Ma)	期	阶段	序列	单元	岩性	代号	同位素年龄(Ma)	序列	单元	岩性	代号	同位素年龄(Ma)	序列	单元	岩性	代号	同位素年龄(Ma)
中生代 Mz	侏罗纪 J	中侏罗世 J2	174.1※	燕山早期 γ5²	二	铜石 J2T	崔家峪	中细斑残晖二长斑岩	J5ηπTc							文登 J2W	草庙子	巨斑中粒二长花岗岩	J5ηγWc	157
							东马山	中细斑残石英正长斑岩	J5ζoπTd								石门顶	斑状中粒二长花岗岩	J5ηγWs	
					一		吴家沟	中斑角闪正长斑岩	J5ζπTw	174							小七顶	含斑细中粒二长花岗岩	J5ηγWx	167
							十字庄	粗斑二长斑岩	J5πTs	188							冶口	含斑中粗粒二长花岗岩	J5ηγWy	
							李家寨	中斑含辉石角闪二长斑岩	J5πTl								扒山	含斑中粒含白云二长花岗岩	J5ηγWb	
					三		麻窝	细斑含辉石二长斑岩	J5πTm	188							姑娘坟	细粒二长花岗岩	J5ηγWg	
							南旦	中粗斑石英二长闪长斑岩	J5ηδμTn	189						柴山 J2D	大孤山	斑状中细粒含黑云花岗闪长岩	J2γδDd	163
							榆林	中细斑含角闪二长闪长斑岩	J5ηδμTy	189							老虎窝	弱片麻状中细粒含黑云花岗闪长岩	J2γδD1	
							阴阳寨	辉石闪长玢岩	J5δμTy								留鸽山	弱片麻状中粒含黑云花岗闪长岩	J2γδDc	
	三叠纪 T	晚三叠世 T3	199.6	印支期 γ5¹	一		西封山	斑状细粒闪闪长岩	J5δTx	175						槎山 T3C	寨东	细粒正长花岗岩	T3ζCz	205
																	葛篁	含斑中细粒正长花岗岩	T3ζCg	
																	西北海	斑状中粗粒含黑云正长花岗岩	T3ζCx	
																	人和	粗粒正长花岗岩	T3ζCr	205
																	院疥	中粒正长花岗岩	T3ζCy	
																	南窑	中粗粒正长花岗岩	T3ζCn	
																宁津所 T3N	码头	斑状粗中粒石英正长岩	T3ζoNm	
																	红门石	中粒石英正长岩	T3ζNh	205
																	一登山	多斑中细粒含黑云辉石正长岩	T3ζNd	209
																	东山	斑状中粗粒含黑云辉石正长岩	T3ζNd	220
																	朝阳洞	斑状中粗粒含黑云辉石正长岩	T3ζNc	
																	小庄	中粒含角闪正长岩	T3ζNx	
																	峨石山	中粒含角闪闪长岩	T3ζNe	

※174.1Ma为2013年国际地层表中侏罗世下限年龄。

（续表）

地质时代及构造旋回					鲁西隆起区和华北坳陷区					胶辽隆起区					胶南-威海隆起区				
代	纪	世	期	阶段	序列	单元	岩性	代号	同位素年龄(Ma)	序列	单元	岩性	代号	同位素年龄(Ma)	序列	单元	岩性	代号	同位素年龄(Ma)
中生代 MZ	三叠纪 T	晚三叠世 T₃	印支期 γ_5^1	一											柳林	天水峪	中粒含角闪石英二长岩	$T_3\eta oLt$	
																屋脊顶	含斑中粒黑云二长岩	$T_3\eta oLw$	
																三瓣石	中粒含角闪黑云石英二长闪长岩	$T_3\eta\delta oLs$	
																大坡	中细粒角闪黑云石英二长闪长岩	$T_3\eta\delta oLd$	
																月庄	中细粒角闪黑云二长闪长岩	$T_3\delta oLy$	
															林	响水河	中细粒黑云角闪闪长岩	$T_3\delta Lc$	
																丛家山	中粒黑云角闪闪长岩	$T_3\delta Lx$	226
															庄	夏河城	斑杂状中细粒角闪闪长岩	$T_3\delta Lf$	213
		235※														樊家岭	细粒含辉石角闪黑云二长闪长岩	$T_3\eta oLx$	200
															T₃L	小岭子	辉斑状细粒含角长黑云闪长岩	$T_3\psi oLy$	
																岳宅	粗粒含长云辉角闪岩	$T_3\psi oL\hat{s}$	
																竖旗岭			
古生代 Pz	奥陶纪 O	中奥陶世 O₂	加里东期 γ_5^2	四		常马庄	金伯利岩	$O_2\chi\sigma\hat{\Lambda}$	457 465						铁山	御驾山	细粒含霓石碱性花岗质片麻岩	$Nhb\zeta Ty$	759
		458.4													山	官山	中细粒含霓长霓石碱长花岗质片麻岩	$Nhb\zeta Tg$	818
		470													NhT	老爷顶	中粒含霓长碱长花岗质片麻岩	$Nhb\zeta Tl$	818
																海青	中粗粒正长花岗质片麻岩	$Nhb\xi Th$	
																前山沟	条纹状中粒含正长花岗质片麻岩	$Nhb\xi Tq$	802
		635														曹界前	条痕状中粒中细粒铁镁矿条磁铁矿正长花岗质片麻岩	$Nhb\zeta Tc$	
																郑家庙	条痕状中粒石英正长质片麻岩	$Nhb\zeta T\hat{\zeta}$	
新元古代 Pt₃	南华纪 Nh		γ_5^3	三											月季山	汪家村	中细粒二长花岗质片麻岩	$Nh\Pi\gamma Yw$	744
																木子岭	细粒中细粒含角黑云二长花岗质片麻岩	$Nh\Pi\gamma Yz$	788
																苏家村	条纹状中粒黑云二长花岗质片麻岩	$Nh\Pi\gamma Ys$	759
															季	冠山	条纹含角闪黑云二长花岗质片麻岩	$Nh\Pi\gamma Yg$	791
															山	小河西	条痕中粒二长花岗质片麻岩	$Nh\Pi\gamma Yx$	
															NhY	后石沟	中粗粒含黑云二长花岗质片麻岩	$Nh\Pi\gamma Yh$	
																麻姑馆	延纹状二长花岗质片麻岩	$Nh\Pi\gamma Ym$	862
																贤潴	延纹状含黑云二长花岗闪长质片麻岩	$Nh\Pi\gamma Yq$	723
																石灰窑	斑状含黑云英云二长质片麻岩	$NhY\hat{s}$	755
																清平峪	中细粒含辉角闪石二长质片麻岩	$NhYq$	747

※235Ma为2013年国际地层表晚三叠世三叠世下限年龄。

（续表）

地质时代及构造旋回						鲁西隆起区和华北坳陷区					胶北隆起区					胶南-威海隆起区				
代	纪	世	地质年龄(Ma)	期	阶段	序列	单元	岩性	代号	同位素年龄(Ma)	序列	单元	岩性	代号	同位素年龄(Ma)	序列	单元	岩性	代号	同位素年龄(Ma)
新元古代	南华纪 Nh		780	γ^3	三											荣成 NhR	邱家	细粒二长花岗质片麻岩	NhηγRq	772
																	和徐疃	含斑中粒二长花岗质片麻岩	NhηγRh	
																	玉林店	细粒含黑云二长花岗质片麻岩	NhηγRy	783
																	宝山	中粒含黑云二长花岗质片麻岩	NhηγRb	798
																	甄家沟	细粒含黑云二长花岗质片麻岩	NhηγRẑ	786
					二											成 NhR	威海	条带状中细粒含黑云二长花岗闪长质片麻岩	NhηγRw	797
																	滕家	条带状中粒含黑云二长花岗闪长质片麻岩	NhηγRt	
																	泊子	斑纹含黑云二长花岗闪长质片麻岩	NhδRp	
																	中村	中细粒含黑云二长花岗闪长质片麻岩	NhγoRr	787
					一												小屯	中细粒奥长花岗质片麻岩	NhγoRx	
																	东孤山	中粒石英云闪长质片麻岩	NhγδRd	780
																	花林	条带状中细粒含黑云角闪石英二长花岗闪长质片麻岩	NhγδRĝ	
																	大张八	细粒角闪石英二长花岗质片麻岩	NhδoRh	
中元古代 Pt₂			1600	γ^2	二		牛岚	辉绿岩脉	Chβμn	1621						俚岛 NhS		中细粒变辉长岩(斜长角闪岩)	NhvSd	741
																		仰口	变辉石橄榄岩(蛇纹岩)	NhvSy	785
																		胡家林	变辉长岩(斜长角闪岩)	NhroSh	784
古元古代 Pt₁			1800	γ^1	二						莱州 HrL	鄂家埠	中细粒变角闪辉长岩	HrvLg	1852	海阳所 ChH	老黄山	中细粒变辉长岩(斜长角闪岩)	ChvoHl	1719
												西水府	细粒变辉长岩(斜长角闪岩)	HrvLx	1865		烟墩山	中细粒变辉长岩(斜长角闪岩)	ChγoHy	1718
												彭家疃	中粗粒变辉石角闪岩	HtvoLp						
					一							五佛蒋家	中细粒含磷灰石变角闪闪辉岩	HtγoLw			通海	变辉石橄榄岩(滑石化蛇纹岩)	ChoHt	1742
												苏家庄子	变纯橄榄岩(蛇纹岩)	HtoLs						
新太古代 Ar₃		晚期	2500	γ^3	五	红门 AnHm	王山	细粒含黑云花岗闪长岩	AnηγoHw		大柳行 HrD	顾家亚	片麻状中粒含角闪二长花岗岩	HηγDg	2095					
							房庄	中粒含黑云闪长岩	AnγoHx			燕子亦	片麻状细粒含黑云二长花岗岩	HηγDy						
							大寺	中细粒黑云二长花岗岩	AnηγoHd	2518										

（续表）

地质时代及构造旋回 代	纪	世	阶段	地质年龄(Ma)	鲁西隆起区和华北坳陷区 序列	单元	岩性	代号	同位素年龄(Ma)	胶辽隆起区 序列	单元	岩性	代号	同位素年龄(Ma)	胶南-威海隆起区 序列	单元	岩性	代号	同位素年龄(Ma)
新太古代 An		晚期	五	γ_1^3	红门 AnHm	何家硼瞳	中细粒黑云石英二长岩	AnρoHh											
						魏家沟	细粒黑云英闪长岩	AnδoHw											
						中天门	中粒含角闪黑云石英闪长岩	AnδoHz	2 505										
						三皇庙	中细粒墨云角闪石英闪长岩	AnδoHs											
						马家洼子	中粗粒角闪黑云闪长岩	AnδHm											
						普照寺	细粒含角闪黑云闪长岩	AnδHp	2 481										
						西南岭	细粒正长花岗岩	AnξSx											
			四		四海山 AnS	北庄	中粒含斑正长花岗岩	AnξSb											
						柴棘岭	中细粒正长花岗岩	AnξSt	2 525										
						狼窝顶	弱片麻状中粗粒含黑云正长花岗岩	AnξSl	2 533										
			三		徕山 AnA	兔耳山	含斑中细粒含黑云二长花岗岩	AnηγAte	2 503	官道 AnG									
						调军顶	细粒二长花岗岩	AnηγAdj	2 504		北照	片麻状细粒二长花岗岩	AnηγGb	2 468					
						孙家峪	中细粒二长花岗岩	AnηγAsj	2 530		婆婆石	片麻状中粒二长花岗岩	AnηγGp	2 476					
						松山	中粒二长花岗岩	AnηγAs	2 516										
						望母山	斑状中粒二长花岗岩	AnηγAw											
						虎山	斑状中粗粒二长花岗岩	AnηγAh	2 508										
						邱子峪	巨斑状细粒含黑云二长花岗岩	AnηγAq											
						条花峪(杜家岔河)	弱片麻状中粗粒含黑云(角闪)二长花岗岩	AnηγAt	2 525										
						蒋峪	条带状中粗粒黑云二长花岗岩	An ηγAj	2 516										
					沂水 AnYs	牛心官庄	中细粒含紫苏奥长花岗岩	AnγoYx											
						蔡峪	中粗粒石榴紫苏花岗岩	AnδYc	2 562										
						雪山	中粒紫苏花岗闪长岩	AnδYxs	2 532										
						马山	中粒紫苏二长花岗岩	Anηγm	2 538										
						横岭	斑状二辉石花岗闪长岩	AnδoYh											
			二		峄山 AnY	下西峪	含斑中细粒含黑云花岗岩	AnYx											
						金斗庄	中细粒含黑云二长花岗岩	AnYj											
						望子山	斑状粗粒花岗闪长岩	AnγδYw	2 514										
						宁子洞	斑状中细粒含黑云二长花岗岩	AnγδYn	2 526										

（续表）

地质时代及构造旋回					鲁西隆起区及华北地层区					胶江隆起区					胶南-威海隆起区			
代	纪	世	地质年龄(Ma)	阶段	序列	单元	岩性	代号	同位素年龄(Ma)	序列	单元	岩性	代号	同位素年龄(Ma)	单元	岩性	代号	同位素年龄(Ma)
新太古代		晚期		γ₁³	峄山 AₙY	布山	细粒含黑云花岗闪长岩	AnγoYb		谭格庄 AₙTg	蓝霹所	片麻状细粒含黑云黑云花岗闪长岩	AnγoTl	2 577				
					二	大平顶	片麻状中细粒含黑云花岗闪长岩	AnγoYt	2 539		牟家	片麻状细粒奥长花岗岩	AnγoTm	2 509				
						龟蒙顶	片麻状中粒含黑云花岗闪长岩	AnγoYg	2 539		枣园	片麻状细粒黑云英云闪长岩	AnγoTz	2 539				
						马家河	片麻状相中粒黑云花岗闪长岩	AnγoYm	2 532									
						彩山	片麻状中细粒含黑云奥长花岗岩	AnγoYc										
						系桃园	片麻状中粒含黑云奥长花岗岩	AnγoYd										
						屋山	含斑细粒黑云闪英云闪长岩	AnγoYws										
						后峪	斑粒黑云英云闪长岩	AnγoYh										
						东南峪	含斑粒黑云英云闪长岩	AnγoYd										
					一	资铺	中粒黑云英云闪长岩	AnγoYwp	2 557									
						卧牛石	弱片麻状中粗粒含角闪黑云英云闪长岩	AnγoYw	2 523									
						水牛	条带状细粒黑云英云闪长岩	AnγoYs										
						周公地	弱片麻状中细粒含黑云角闪石英二长闪长岩	AnγoYz										
						黑石洼	弱片麻状巨斑状中粒含黑云英二长闪长岩	AnγoYh										
						姚营	弱片麻状中粗粒含角闪黑云英云闪长岩	AnγoYy										
						王家沟	细粒黑云石英闪长岩	AnγoYw										
						大众桥	中粒黑云石英闪长岩	AnγoYd	2 530									
						巩冢山	细粒含角闪黑云石英闪长岩	AnγoYg										
						桃科	斑状细粒含黑云角闪石英闪长岩	AnγoYt										
				南泗坡 AₙN		南盐店	细粒变辉长岩(辉长闪岩)	AnvNn										
						余粮店	斑状细粒变角闪辉长岩	AnvNy	2 531									
						百草房	中粗粒变角闪辉长岩	AnvNb										
			2 600	新甫山 AₙX	二	任家庄	片状状中细粒花岗闪长岩	AnγoXr	2 613									
						上港	片麻状中粒含黑云奥长花岗岩	AnγoXs	2 623									
						老牛沟	片麻状中细粒黑云长花岗岩	AnγoXl										
					一	北官庄	片麻状中粒含黑云英长花岗岩	AnγoXb										
		中期		黄前 AₙH γ₁³	一	竹子园	中细粒变角闪闪辉长岩	AnvHz	2 624									
						刘家沟	斑状中粗粒变角闪闪辉长岩	AnvH										
			2 700			麻塔	粗粒变角闪闪石岩	AnγoHm	2 600									
						西店子	变辉石橄榄岩(蛇纹岩、透闪阳起片岩)	AnσHx										

（续表）

代	纪	世	阶段	期	地质年龄(Ma)	鲁西隆起区和华北坳陷区 序列	单元	岩性	代号	同位素年龄(Ma)	胶辽隆起区 序列	单元	岩性	代号	同位素年龄(Ma)	胶南-威海隆起区 序列	单元	岩性	代号	同位素年龄(Ma)
新太古代 Ar_3		早期		γ_1^3		秦山 Ar_3T	扫帚岭	细粒含黑云英云闪质片麻岩	$Ar_3\gamma\delta oTs$	2712	栖霞 Ar_3Q	新庄	中细粒含角闪黑云英云闪长质片麻岩	$Ar_3\gamma\delta oQx$	2726					
							李家楼	中粒含黑云英云闪片质片麻岩	$Ar_3\gamma\delta oTl$	2714										
							西官庄	中粒含黑云角闪英云闪长质质片麻岩	$Ar_3\gamma\delta oTx$	2694		回龙峙	条带状细粒含角闪黑云英云闪长质片麻岩	$Ar_3\gamma\delta oQh$	2716					
							望府山	条带状细粒含黑云英云闪长质片麻岩	$Ar_3\gamma\delta oTw$	2711										
							贾村	中粒角闪云石英闪长质片麻岩	$Ar_3\delta oTj$											
					2800		白马庄	细粒含角闪黑云英云闪长质片麻岩												
			二			万山庄 Ar_3W	南官庄	中细粒变辉长岩(斜长角闪岩)	Ar_3VWn		马连庄 Ar_3M	荣家寨	中细粒变辉长岩(斜长角闪岩)	Ar_3VMl						
							赵家庄	斑状细粒变角闪辉长岩	$Ar_3VW\hat{z}$											
							张家庄	中粒变角闪辉石岩	$Ar3VWz$			大吴家	中粗粒变角闪辉石岩	$Ar_3\gamma oMd$						
							安子沟	中粗粒变角闪辉石岩	$Ar_3\gamma oWa$	2678										
			一				前麻岭	变辉石橄榄岩(蛇纹石岩、透闪阳起片岩)	$Ar_3\sigma Wq$			南岚	变辉石橄榄岩(辉石蛇纹岩)	$Ar_3\sigma Mn$						
中太古代 Ar_2		晚期		γ_1^2							十八盘 $Ar_2S(?)$	周家沟	细粒奥长花岗质片麻岩	$Ar_2\gamma oSz$	2902					
												西朱崔	中细粒含紫苏英云闪长质片麻岩	$Ar_2\gamma\delta oSx$	2858					
												黄燕底	中细粒变英云闪长质片麻岩	$Ar_2\gamma\delta oSh$	2906					
											官地洼 Ar_2G	管家	中细粒变辉长岩(二辉角闪麻粒岩)	$Ar_2\gamma VGg$						
												福山后	中细粒变橄榄辉石岩	$Ar_2\psi fGf$						
					3200							黎儿埠	细粒变辉石橄榄岩	$Ar_2\sigma Gl$						

一、太古宙侵入岩

（一）中太古代侵入岩

该期侵入岩仅分布在胶北隆起，分为两个阶段：第一阶段侵入岩为官地洼超基性—基性侵入序列，主要岩性有辉橄岩、变橄榄辉石岩、变辉长岩等，分布于莱西市唐家庄、马连庄、官地洼及莱阳市谭格庄等地。第二阶段侵入岩为英云闪长质片麻岩，分布于莱西唐家庄、栖霞市宋家、曲家和黄燕底村等地。

（二）新太古代侵入岩

1. 鲁西地区新太古代侵入岩

（1）早期侵入岩：广布于鲁西地区的泰山、徂徕山、蒙山一带，另外在夅丹山以南亦有出露。第一阶段为超基性—基性侵入岩类（称万山庄序列），散布于鲁西地区的新泰、泰安、长清等地。第二阶段为中性—中酸性灰色片麻岩（称泰山片麻序列）。

（2）中期侵入岩：主要分布于鲁西地区的泰山东侧上港—新甫山一带。第一阶段为超基性—基性侵入岩类（称黄前序列），包括变辉石橄榄岩（蛇纹岩、透闪阳起片岩）—角闪石岩—变角闪辉长岩。第二阶段为新甫山序列，主要有片麻状花岗闪长岩、片麻状奥长花岗岩。

（3）晚期侵入岩：鲁西地区分布较广，由 4 个阶段（序列）侵入岩岩石系列组成。

第一阶段为超基性、基性岩类，规模小而分散，归并于南涝泊序列。散布于寨山、蒙山中段，泰山东部和北部及沂沭断裂带内。

第二阶段为 TTG 花岗岩系列，归并于峄山序列，广布于鲁中、鲁南地区的尼山、峄山、连子山、昙山及告山-风仙山的南北两侧、蒙山龟蒙顶一带广大地区。

第三阶段为中酸性钾质花岗岩系列和紫苏花岗岩系列，分别归并于傲徕山序列和沂水序列。

第四阶段侵入岩（称四海山序列）系一套偏碱性的正长花岗岩系列，主要分布于平邑县四海山、连子山和沂源县璞丘、薛庄一带。

第五阶段侵入岩（称红门序列），集中分布于泰山、徂徕山、蒙山、四海山一带，由角闪辉长岩—闪长岩—石英闪长岩—石英二长岩—英云闪长岩—花岗闪长岩组成。

2. 鲁东地区新太古代侵入岩

（1）早期侵入岩：广布于鲁东地区的莱西唐家庄—马连庄，栖霞以西和东南部，招远和莱州南部一带。第一阶段为马连庄序列超基性—基性侵入岩；第二阶段为栖霞序列灰色片麻岩系。

（2）晚期侵入岩：在莱阳市谭格庄-莱西市马连庄一带出露规模大，为一套片麻状细粒奥长花岗岩和片麻状细粒含黑云花岗闪长岩，称为谭格庄序列。

二、元古代侵入岩

（一）古元古代侵入岩

胶辽地区古元古代早期侵入岩：

第一阶段侵入岩为大柳行序列，局限分布于栖霞北部，蓬莱东南等一带，规模较小。为一套片麻状含黑云和角闪石的二长花岗岩。

第二阶段侵入岩为莱州序列超基性—基性岩，零散出露于鲁东地区的栖霞、招远、莱阳、莱西、平度、莱州等一带的变质基底岩系内。

（二）中元古代侵入岩

中元古代侵入岩不发育，鲁西地区仅出露牛岚辉绿岩单元；鲁东地区为海阳所序列，岩性包括变辉石橄榄岩（滑石化蛇纹岩）、变辉石角闪石岩、变辉长岩（斜长角闪岩）。

（三）新元古代侵入岩

新元古代南华纪侵入岩广泛发育于鲁东地区东南沿海、半岛东部和西北部一带地区。

1. 南华纪第一阶段侵入岩——梭罗树序列

该序列出露在胡家林、仰口、大张八等地，为一套变辉石橄榄岩（蛇纹岩）、变辉长岩、变角闪辉长岩。

2. 南华纪第二阶段侵入岩——荣成序列

荣成序列广泛出露于桃村-东陡山断裂以东的荣成、威海、文登、牟平和沿海一带的胶南、日照、莒南、临沭等地。早期岩性为闪长质片麻岩；中期为TTG质片麻岩类；晚期为二长花岗质片麻岩类。

3. 南华纪第三阶段侵入岩——月季山序列

月季山序列广泛出露于胶南，诸城东南、五莲以西、日照、莒南东部及南部地区。早期岩性为含角闪二长质片麻岩类；晚期为含角闪、黑云二长花岗质片麻岩。

4. 南华纪第四阶段侵入岩——铁山序列

铁山序列出露于胶南的铁山、海青，诸城石河头，五莲杜家沟、日照黄墩、巨峰和岚山及荣成、文登、莒南、临沭等地区，规模相对较小。早期岩性为正长质-正长花岗质片麻岩类；晚期为含霓石碱长花岗质片麻岩类。

三、古生代侵入岩

早古生代奥陶纪侵入岩

该时期侵入岩仅为常马庄单元金伯利岩，出露于蒙阴县境内，呈管状或脉状产出，集中成群分常马庄、西峪、坡里3个岩带。

四、中生代侵入岩

（一）中生代三叠纪侵入岩（印支期）

该时期侵入岩只见于鲁东地区。系一套由基性-中性-酸性-偏碱性的侵入岩岩石系列，自早到晚划分为3个阶段。

1. 第一阶段侵入岩——柳林庄序列

该序列广泛而分散地出露于胶南-威海造山带上，系一套由超基性-基性-中性-中酸性侵入岩组成的岩石系列。

2. 第二阶段侵入岩——宁津所序列

局限分布于半岛东部荣成市宁津所、石岛一带，主要岩性为角闪正长岩-辉石正长岩-石英正长岩。

3. 第三阶段侵入岩——槎山序列

局限出露于荣成市之南的槎山、人和、文登西庄和张家产一带，主要岩性是一套不同粒度的正长花岗岩类。

（二）中生代侏罗纪侵入岩（燕山早期）

侵入岩鲁东、鲁西两地区均有出露，鲁西出露规模小，呈不规则状岩株、岩墙、岩脉状散布，归并于铜石序列，属中侏罗世第一阶段侵入岩。鲁东地区规模较大，出露于半岛中北部和东部，为一套中酸性、酸性侵入岩类，划分为垛崮山、文登、玲珑序列，属中－晚侏罗世第二段侵入岩。

1. 鲁西地区中生代侏罗纪侵入岩

鲁西地区中生代侏罗纪侵入岩主要为铜石序列杂岩体，分布于平邑、蒙阴、费县、苍山、邹城、枣庄及薛城等地，主要为中性-酸性深成和浅成侵入岩类。

2. 鲁东地区中生代侏罗纪侵入岩

垛崮山序列局限出露于乳山东部的大孤山、垛崮山一带，是一套含黑云花岗闪长岩类。

文登序列集中出露于半岛东部文登市的文登营、汪疃，威海市冶口-篙泊及半岛北部招远市埠山、潘家店一带地区，系一套酸性二长花岗岩系列。

玲珑序列出露规模大，分布广，其包括西部玲珑和东部昆嵛山两大复式岩基，为一套酸性二长花岗岩类，早期经受绿片岩相和动力变质，局部被韧性剪切带叠加而具弱片麻状构造。早期岩浆侵入活动形成片麻状细粒花岗闪长岩，中期岩浆侵入活动形成一套具弱片麻状构造的含石榴石二长花岗岩类，晚期岩浆侵入活动形成一套不同粒度的二长花岗岩类。

（三）中生代白垩纪侵入岩（燕山晚期）

鲁西地区白垩纪侵入岩散布于断陷盆地边缘、断裂旁侧及交汇处，规模小，呈不规则岩株和长条形岩墙、岩脉状产出，岩石类型较杂，从基性-中性-酸性及云母岩、碳酸盐岩均可见及，自早到晚共划分 2 个侵入阶段，分别为济南、沂南、苍山、雪野、沙沟、卧福山等 6 个序列，均系早白垩世产物。

胶辽以及胶南-威海地区早白垩纪侵入岩发育，出露规模大，划分为 2 个侵入阶段，分别归并于郭家岭、埠柳、伟德山、雨山、大店和崂山等 6 个序列，主要系一套中性-中酸性-酸性-碱性的侵入岩类。

1. 鲁西地区中生代白垩纪侵入岩

（1）第一阶段侵入岩——济南、沂南序列：

济南序列集中分布于济南市区周围的无影山、凤凰山、标山、药山、金牛山、燕翅山、马鞍山、鹊山等地，系一套基性辉长岩类侵入岩组合，包括橄榄辉长岩、苏长辉长岩、辉长岩、辉石二长岩。

沂南序列是鲁西地区早白垩世出露最广的杂岩体，集中分布于莱芜市矿山、口镇、邹平县茶叶山，济南市历城区埠村和章丘市以南一带，以及临朐县铁寨、沂源县金星头和沂南县铜井等地，为系一套角闪闪长岩、闪长玢岩、二长闪长玢岩组成的中性侵入岩类组合。

（2）第二阶段侵入岩——苍山、雪野、沙沟、卧福山序列：

苍山序列各侵入体零星散布于邹平、蒙阴、苍山、滕州、沂水等地区一带，系一套中酸性-酸性的浅成侵入岩类，岩性组合为二长岩-石英二长岩-石英二长斑岩-石英闪长玢岩-花岗闪长岩-花岗闪长斑岩-二长花岗岩-二长花岗斑岩-二长花岗细晶岩。

雪野序列侵入体规模少，主要由淄博、莱芜一带碳酸盐岩、云母岩、枣庄袁家寨和井子峪一带的云母岩、沙沟细粒含黑云辉石正长岩、郗山细粒含霓辉石英正长岩等富钾火成岩组成。

沙沟序列侵入体规模少，局限分布于关帝庙、沙沟等地，为含黑云辉石、含磷灰石黑云母透辉岩和含霓辉石英正长岩。

卧福山序列局限出露于鲁西地区宁阳县的卧福山一带，自早到晚划分3个侵入体，系一套含晶洞二长花岗岩类。与鲁东地区崂山序列含晶洞二长花岗岩类相似。

2. 胶辽以及胶南——威海地区中生代早白垩世侵入岩

（1）第一阶段侵入岩——郭家岭、埠柳序列：

郭家岭序列分布于招远、蓬莱、文登等地，为一套中性-酸性侵入岩类的岩石组合。早期岩浆侵入活动形成一套二长闪长岩-石英二长岩类的岩石组合；中期岩浆侵入活动形成一套花岗闪长岩系列；晚期岩浆侵入活动形成一套二长花岗岩系列。

埠柳序列分布于荣成埠柳一带，为一套闪长岩-二长闪长岩-石英二长岩类的岩石组合。

（2）第二阶段侵入岩——伟德山、雨山、大店、崂山序列：

伟德山序列是鲁东地区早燕山晚期最强烈的岩浆侵入活动，广布于荣成伟德山，文登三佛山，牟平院格庄，栖霞牙山、艾山，海阳招虎山、龙王山，胶南藏马山、寨里，五莲户部岭、石场，日照石臼、莒县龙山，莒南大山和临沭上石河等地一带。主要是一套中性、中酸性和酸性侵入岩的岩石组合。

雨山序列不发育，散布于蓬莱雨山、抓鸡山，烟台福山，栖霞铁口及胶南尹家大山等地。系一套二次结构的中性-中酸性浅成侵入岩，由石英闪长玢岩-角闪石英二长斑岩-花岗闪长斑岩-二长花岗斑岩的岩类组成。

大店序列集中出露于莒南县大店-陡山水库一带，另外在莒县、黄岛及海阳一些地区有少量出露。系一套正长岩、石英正长岩等偏碱性的酸性岩类。

崂山序列规模大，广布于鲁东地区东南沿海一带的荣成龙须岛、海阳招虎山、青岛崂山、胶南珠山、五莲五莲山、九仙山及日照会稽山、河山等地，另外在平度大泽山、莒南马鬐山亦有出露。其为一套酸性-碱性的晶洞花岗岩类的侵入岩组合。

五、新生代侵入岩

喜马拉雅期侵入岩

该期侵入岩鲁西、鲁东两地区均有所见，其规模微小而分散，新近纪所出。其在鲁西地区者称八埠庄单元，出露于平邑县西部的八埠庄和肥城狼山及临朐西官庄等地。岩性为橄榄玄武玢岩、粗玄岩和玻基辉石玄武岩。在鲁东地区未归单元，主要岩性为橄榄玄武岩、玻基辉橄玢岩、苦橄玢岩、辉绿岩等。零散见于崂山劈石口、胶南王台、胶州赵家岭、荣成玄镇、栖霞臧家庄等地。

六、区域脉岩

区域脉岩发育程度以鲁东地区为最，鲁西地区仅有中元古代牛岚单元（侵入体）岩墙（脉）群。鲁东地区脉岩极为发育，受断裂构造制约，以燕山晚期者最多。主要有玲珑-招风顶、巨山-龙门口和大珠山-崂山三大脉岩群带，前者为燕山早期产物，后二者燕山晚期形成。

第三节　喷出岩

山东中-新生代火山岩广泛出露于胶莱盆地、沂沭断裂带内及鲁西地区各断凹盆地之中。火山活动始于早白垩世早期，止于第四纪早中更新世；以早白垩世中期最强烈。发育有超基性、基性、中性、酸性及偏碱性各类型火山岩，其分别置于鲁东中生代火山喷发带、潍坊-沂水-郯城中生代火山喷发带、鲁西中生代火山喷发带和临朐-昌乐-蓬莱新生代火山喷发带等4个Ⅲ级火山构造中。火山岩的形成和发展受沂沭断裂带、脆性断裂、隆坳和断块构造制约。火山岩分布区赋存有膨润土、沸石、珍珠岩等非金属矿产及蓝宝石矿等。

一、临朐—昌乐—蓬莱新生代火山喷发带

南起沂水下山，向北经安丘太平山，留山，越沂沭断裂带至北部蓬莱马格庄及栖霞大方山、唐山棚一带，西起于临朐牛山，东经昌乐方山、潍坊望留，至昌邑朱里，断续长近300 km，西部宽达20 km，东最宽1 km。总体呈北东向展布。发育有新近纪临朐群牛山组、尧山组和第四纪更新世史家沟组一套喷溢相的碱钙性-钙性被状基性橄榄玄武岩、碱性橄榄玄武岩和超基性橄榄霞石岩、霞石苦榄岩等复式岩流。

二、鲁西中生代火山喷发带

指分布于沂沭断裂带以西的火山岩出露地区。自南而北包括平邑、蒙阴、莱芜、沂源、临朐、邹平等火山洼地、喷发盆地。其内发育有早白垩世早期爆发-沉积相安山质火山碎屑沉积岩和碎屑沉积岩的莱阳群城山后组及马连坡组；早白垩世中期爆发相、喷

溢相和少数地区（邹平、平邑）的潜火山岩相的安山质火山碎屑岩及其熔岩和潜安山岩的青山群八亩地组；而早白垩世中后期的偏碱性的粗安质火山碎屑岩、熔岩及潜火山岩仅发育于邹平火山洼地；而莱芜火山喷发盆地仅发育了中期的安山质火山碎屑岩。该火山喷发带以早白垩纪中期火山活动最强烈。

三、潍坊-沂水-郯城中生代火山喷发带

该火山喷发带呈北北东向展布于沂沭断裂带内，自北部潍坊涌泉庄，向南经安丘凌河、牛沐，沂水官庄、马站、高桥，沂南苏村、河阳，临沂汤头至郯城李庄以南等地区一带，西部以鄌郚-葛沟断裂为界与鲁西中生代火山喷发带为邻；东部的安丘-莒县断裂将其与鲁东中生代火山喷发带隔开；北部和中部部分地段被临朐-昌乐-蓬莱新生代火山喷发带不整合掩盖。火山岩则发育于鄌郚-葛沟与沂水-汤头断裂间和其与安丘-莒县断裂之间的断陷盆地中，断续延伸约250 km。各火山构造发育不均衡，李庄-郯城喷发盆地发育有早白垩世早期爆发沉积相的火山碎屑沉积岩和火山碎屑岩，而凌河-雹泉-官庄喷发盆地却有晚白垩世潜火山岩相钙性橄榄玄武岩，涌泉庄-坊子喷发盆地中后期酸性火山喷发活动最强烈。火山活动始于早白垩世早期，结束于晚白垩世晚期，裂隙式和中心式火山喷发。

四、鲁东中生代火山喷发带

省内规模最大的Ⅲ级火山构造，总体呈北东-北东东向的环状沿胶莱盆地周缘展布于诸城、五莲、即墨、莱西、莱阳及海阳西部地区，南延至临沭芦庄，北到龙口水亭，东达荣成俚岛。西与潍坊—沂水—郯城中生代火山喷发带为邻，北部与临朐—昌乐—蓬莱新生代火山喷发带相接，该喷发带除深受胶莱断陷和沂沭断裂带制约外，亦受山相家—郝官庄断裂、瓦店-栓园断裂及牟平-即墨断裂带等北东向断裂控制。该火山岩带无论从岩性，还是喷发活动，都显示有规律的变化特点，并兼有频繁的潜火山岩的侵位活动。

第三章　山东地质构造

第一节　构造单元划分

山东省大地构造位置处于全国Ⅰ级构造单元柴达木－华北板块东南缘，南临羌塘－扬子－华南板块。山东地质构造划分为2个Ⅰ级构造单元，5个Ⅱ级构造单元，10个Ⅲ级构造单元，Ⅳ、Ⅴ级构造单元若干，具体划分方案见图15－3－1、表15－3－1。

一、Ⅰ级构造单元

以五莲断裂带和牟平－即墨断裂带及沂沭断裂带的昌邑－大店断裂为界，分为2个Ⅰ级构造单元，断裂西北为华北板块（陆块），断裂东南为苏鲁造山带。

二、Ⅱ级构造单元

Ⅱ级构造单元以分划性断裂聊考断裂、齐广断裂、沂沭断裂带的昌邑－大店断裂、五莲断裂及牟平－即墨断裂带为界，自西向东划分为华北坳陷区、鲁西隆起区、胶辽隆起区，再以近海岸断裂和连云港（海州）－泗阳－嘉山断裂为界，分为胶南－威海隆起区和苏北隆起区，共计为5个Ⅱ级构造单元。

三、Ⅲ级构造单元

Ⅲ级构造单元为各隆起、坳陷、坳陷内的（潜）隆起、断裂带和盆地，共划分为济阳坳陷、临清坳陷、鲁中隆起、鲁西南潜隆起、沂沭断裂带、胶北隆起、胶莱盆地、威海隆起、胶南隆起和苏北隆起10个Ⅲ构造单元。

四、Ⅳ、Ⅴ级构造单元

Ⅴ级构造单元为（潜）凹陷和（潜）凸起。鉴于山东省掀斜式断块构造发育特点，两相伴随的（潜）凹陷和（潜）凸起常组成一个更高级别的Ⅳ级构造单元。

表 15 – 3 – 1　　　　　　　　　　　山东省大地构造单元划分

I	II	III	IV	V
华北板块※	华北坳陷区 I	济阳坳陷 I_a	埕子口-宁津潜断隆 I_{a1}	埕子口潜凸起 I_{a1}^1、寨子潜凸起 I_{a1}^2、长官潜凹陷 I_{a1}^3、宁津潜凸起 I_{a1}^4
			无棣潜断隆 I_{a2}	柴胡庄潜凹陷 I_{a2}^1、大山潜凹陷 I_{a2}^2、无棣潜凸起 I_{a2}^3
			车镇潜断隆 I_{a3}	车镇潜凹陷 I_{a3}^1、刁口潜凸起 I_{a3}^2、义和庄潜凸起 I_{a3}^3
			惠民潜断陷 I_{a4}	临邑潜凹陷 I_{a4}^1、惠民潜凹陷 I_{a4}^2、高青潜凸起 I_{a4}^3
			沾化潜断陷 I_{a5}	沾化潜凹陷 I_{a5}^1、孤岛潜凸起 I_{a5}^2、陈庄潜凸起 I_{a5}^3、滨州潜凸起 I_{a5}^4
			东营潜断陷 I_{a6}	青坨潜凸起 I_{a6}^1、东营潜凹陷 I_{a6}^2
			博兴潜断陷 I_{a7}	博兴潜凹陷 I_{a7}^1
			牛头-维北潜断陷 I_{a8}	广饶潜凸起 I_{a8}^1、牛头潜凹陷 I_{a8}^2、潍北潜凹陷 I_{a8}^3、寿光潜凸起 I_{a8}^4
			昌乐县断陷 I_{a9}	昌乐凹陷 I_{a9}^1
		临清坳陷 I_b	故城-馆陶潜断隆 I_{b1}	老城潜凸起 I_{b1}^1、馆陶潜凹陷 I_{b1}^2、北馆陶潜凸起 I_{b1}^3
			德州潜断陷 I_{b2}	德州潜凹陷 I_{b2}^1
			高唐潜断隆 I_{b3}	高唐潜凸起 I_{b3}^1、贾镇潜凹陷 I_{b3}^2、魏庄潜凸起 I_{b3}^3
			东明-莘县潜断陷 I_{b4}	莘县潜凹陷 I_{b4}^1、东明潜凹陷 I_{b4}^2

（续表）

I	II	III	IV	V
华北板块※	鲁西隆起区 II	鲁中隆起 II_a	泰山-济南断隆 II_{a1}	阳谷潜凸起II_{a1}^1、安乐潜凹陷II_{a1}^2、荏平潜凸起II_{a1}^3、乐平铺潜凹陷II_{a1}^4、齐河潜凸起II_{a1}^5、泰山凸起II_{a1}^6
			鲁山-邹平断隆 II_{a2}	邹平-周村凹陷II_{a2}^1、博山凸起II_{a2}^2、鲁山凸起II_{a2}^3
			柳山-昌乐断隆 II_{a3}	郑母凹陷II_{a3}^1、柳山凸起II_{a3}^2
			东平-肥城断隆 II_{a4}	肥城凹陷II_{a4}^1、东平凸起II_{a4}^2
			蒙山-蒙阴断隆 II_{a5}	布山凸起II_{a5}^1、汶东凹陷II_{a5}^2、蒙阴凹陷II_{a5}^3、汶口凹陷II_{a5}^4、蒙山凸起II_{a5}^5
			新甫山-莱芜断隆 II_{a6}	泰莱凹陷II_{a6}^1、新甫山凸起II_{a6}^2、孟良崮凸起II_{a6}^3
			马牧池-沂源断隆 II_{a7}	沂源凹陷II_{a7}^1、鲁村凹陷II_{a7}^2、马牧池凸起II_{a7}^3
			沂山-临朐断隆 II_{a8}	临朐凹陷II_{a8}^1、沂山凸起II_{a8}^2
			尼山-平邑断隆 II_{a9}	泗水凹陷II_{a9}^1、平邑凹陷II_{a9}^2、尼山凸起II_{a9}^3、临沂凸起II_{a9}^4
			枣庄断隆 II_{a10}	峄城凸起II_{a10}^1、磨山凸起II_{a10}^2、马头凹陷II_{a10}^3、韩庄凹陷II_{a10}^4、河头集凸起II_{a10}^5
		鲁西南潜隆起 II_b	菏泽-兖州潜断隆 II_{b1}	菏泽潜凸起II_{b1}^1、成武潜凹陷II_{b1}^2、汶上-宁阳潜凹陷II_{b1}^3、嘉祥潜凸起II_{b1}^4、济宁潜凹陷II_{b1}^5、兖州潜凸起II_{b1}^6、金乡潜凹陷II_{b1}^7、时楼潜凹陷II_{b1}^8、青崮集潜凸起II_{b1}^9、黄岗潜凹陷II_{b1}^{10}、龙王庙潜凸起II_{b1}^{11}、鱼台潜凹陷II_{b1}^{12}、滕州潜凹陷II_{b1}^{13}
		沂沭断裂带 II_c	潍坊断陷 II_{c1}	寒亭凸起II_{c1}^1、坊子凹陷II_{c1}^2、马宋-荆山洼凸起II_{c1}^3
			汞丹山断隆 II_{c2}	汞丹山凸起II_{c2}^1、夏庄凹陷II_{c2}^2
			马站-苏村断陷 II_{c3}	大盛-马站凹陷II_{c3}^1、沂水凸起II_{c3}^2、苏村凹陷II_{c3}^3
			安丘-莒县断陷 II_{c4}	朱里潜凹陷II_{c4}^1、金冢子凹陷II_{c4}^2、莒县凹陷II_{c4}^3、南古凹陷II_{c4}^4
			郯城断陷 II_{c5}	曲坊-大哨凸起II_{c5}^1、郯城凹陷II_{c5}^2

（续表）

I	II	III	IV	V
华北板块※	胶辽隆起区Ⅲ	胶北隆起III_a	胶北断隆III_{a1}	龙口凹陷III_{a1}^1、明村-但山凸起III_{a1}^2、胶北凸起III_{a1}^3、臧格庄凹陷III_{a1}^4、烟台凸起III_{a1}^5、栖霞-马连庄凸起III_{a1}^6、南墅－云山凸起III_{a1}^7
			回里-养马岛断隆III_{a2}	莱山凹陷III_{a2}^1、牟平凹陷III_{a2}^2、冶头凹陷III_{a2}^3、王格庄凸起III_{a2}^4
		胶莱盆地 — 西部III_b	高密-诸城断陷III_{b1}	赵戈庄凸起III_{b1}^1、高密-景芝凹陷III_{b1}^2、诸城凹陷III_{b1}^3
			平度-胶州断陷III_{b2}	三堤凹陷III_{b2}^1、平度凹陷III_{b2}^2、胶州-兰底凹陷III_{b2}^3
			莱西-即墨断陷III_{b3}	荆山凸起III_{b3}^1、夏格庄凹陷III_{b3}^2、即墨凹陷IV_{a3}^3
			莱阳断陷III_{b4}	莱阳凹陷III_{b4}^1、桃村凹陷IV_{b4}^2、晶山凸起IV_{b4}^3、发城凹陷IV_{b4}^4
苏鲁造山带	胶南－威海隆起区Ⅳ	胶莱盆地 — 东部IV_a	海阳-青岛断陷IV_{a1}	留格庄凹陷IV_{a1}^1、王村凹陷IV_{a1}^2、崂山凹陷IV_{a1}^3、黄岛凹陷IV_{a1}^4
			五莲-莒南断陷IV_{a2}	桃林-马耳山凹陷IV_{a2}^1、桑园凸起IV_{a2}^2、中楼凹陷IV_{a2}^3、莒南凹陷IV_{a2}^4
		威海隆起IV_b	成山卫断隆IV_{b1}	成山卫凸起IV_{b1}^1、俚岛凹陷IV_{b1}^2
			乳山-荣城断隆IV_{b2}	威海-荣成凸起IV_{b2}^1、昆嵛山-乳山凸起IV_{b2}^2、豹山凹陷IV_{b2}^3
		胶南隆起IV_c	胶南断隆IV_{c1}	灵珠山凸起IV_{c1}^1、六汪凸起IV_{c1}^2、岚山凸起IV_{c1}^3、洙边凸起IV_{c1}^4、板泉凸起IV_{c1}^5、五莲山凸起IV_{c1}^6
			临沭断隆IV_{c2}	临沭凹陷IV_{c2}^1、店头凸起IV_{c2}^2
	苏北隆起区Ⅴ	海州隆起V_a	连云港断隆V_{a1}	车牛山岛-达山岛凸起V_{a1}^1

注：※华北板块，即华北陆块，属柴达木—华北板块。

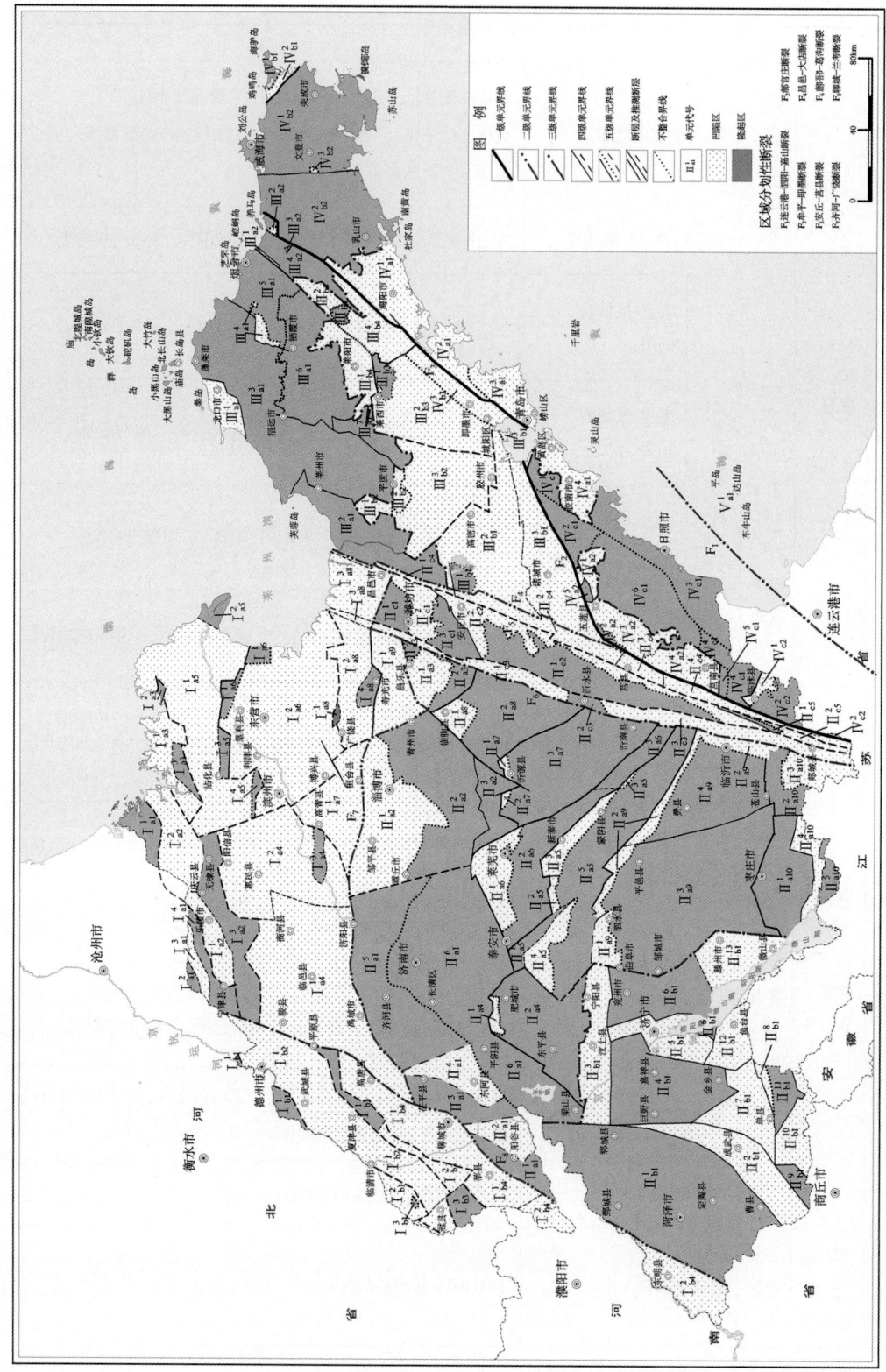

图 15 - 3 - 1　山东省大地构造单元划分

第二节　表层构造

山东的地表构造格局总体显示为以沂沭断裂带为主干，两侧构造线向沂沭断裂带逐渐收敛，并大致以沂沭断裂带南部为收敛端，两侧则向 NW 及 NE 方向辐射的"树枝状"或"扇形"构造格局，张成基先生曾称其为"业"字形辐射状格局。

一、华北坳陷区内的表层构造

坳陷区内表层构造由以 NNE、NE 向的相间分布的凸起带和凹陷带组成，反映了中、新生代的伸展构造背景。

二、鲁西隆起区表层构造

区内基岩露头断裂构造以北西向展布为主，同时存在以泰山、新甫山、蒙山一线为"轴线"，南北两侧分别向 NNW 和 NWW 向的发散偏转。结晶基底岩系的片麻理或其他构造线展布多与 NW 向断裂趋于平行。沉积盖层产状主要受基底隆起和区域断裂控制，产状一般较平缓，表现为由西向东靠近沂沭断裂带，其倾向由 NW – NNW – N – NE 倾斜的较连续变化。地层走向总体呈连续的向北突出的"弧形"弯曲，近沂沭断裂带则趋于与其展布方向一致。断陷内的中、新生代盆地多呈三角形或不等宽的长条形，为构造"掀斜式"盆地。构造线近沂沭断裂带渐趋收敛，主要控盆断裂远离沂沭带呈弧形弯曲，这些断裂一般不切过沂沭断裂带，也许反映了二者的序次关系。

三、沂沭断裂带内表生构造

沂沭断裂带呈 NE18°左右展布，总体构成"两堑夹一垒"的地质构造格局。汞丹山地垒区为一透镜状地质块体。在沂水附近显示同心环状放射状构造影像。基底构造线展布方向在沂水附近主要为 NEE 向展布，向南、北两侧渐变为 NE – NNE 向。汞丹山以北主要呈 NNE 向展布。带内沉积盖层展布方向与沂沭断裂带一致或近于一致，沉积盖层的褶皱构造主要为沂沭断裂带活动相关的伴生牵引褶皱。

四、胶辽隆起区内的表生构造

胶北隆起区基底构造线以近东西向展布为主，但靠近沂沭断裂带则呈 NNE – NE 向弯转。牟平-即墨断裂西侧则为 NW – NWW 向展布。基底褶皱轴向与区域构造线方向基本协调。局部区段见有弧形及环状构造，反映了基底变形的复杂性。断裂构造以 NE – NNE 向为主，其他方向的断裂一般不发育。

胶莱坳陷为处于鲁东整体构造"隆升"背景上的中生代盆地，带内地层走向与目前盆地边缘平行展布，由向盆地中心缓倾斜的中生代地层组成。坳陷内发育北西向及北东向两组断裂，一般规模较小。但内部有时隐时现的近东西向线性构造，卫片影像显示为东西向隐伏的堑、垒格局。近沂沭断裂带有与之平行的多组断面，盆地边缘发育有与之平行展布的断面。

五、苏鲁造山带的表生构造

苏鲁造山带具有复杂的演化历史，并以产出榴辉岩超高压变质地质体为标志，是柴达木-华北板块与羌塘-扬子-华南板块的结合带。结晶基底构造线总体以 NE 及 NNE 向展布为主，个别区块呈弧形或环形弯曲，片麻岩穹隆构造较发育。断裂构造则以 NE – NNE 向占优势，这些断裂近沂沭断裂带者与后者趋于近平行展布，远离沂沭断裂带则向 NE 向偏转。与沂沭断裂带相交切的断裂带，在交结点上或其附近往往发育火山活动和岩浆侵位。

第三节　深部构造

一、区域重力场特征

山东省区域重力场大致以沂沭断裂带为界，胶北及胶南隆起地区为重力高值区，鲁西地区为以泰安、沂源为中心的重力低值区，沂沭断裂带总体处于鲁东重力高和鲁西重力低的交接部位。

对重力异常进行反演的结果表明，重力场在沂沭断裂带两侧的差异，主要是由 20 km 以浅的地壳密度分布不均所引起，莫霍面虽有变化，但不是主要因素。

二、莫霍面特征

莫霍面是地壳与地幔的分界面。地球表面的最高点与海洋最低点的莫霍面差异很大。山东省莫霍面埋深一般在 33 ~ 35 km。其中胶辽隆起区为 32 ~ 34 km；鲁西隆起区为 34 ~ 38 km（沂沭断裂带为 33 ~ 34 km）；华北坳陷区则为 30 ~ 34 km。

苏鲁造山带所在区域莫霍面等深线显示为 NE 向的莒南、胶南、威海一线的几个幔坳区；胶北地块显示为诸城-莱阳一线的幔隆区，二者相差约 2 km。鲁西隆起区显示为以沂源、济南、肥城、枣庄、曹县等几个幔坳异常区，整体显示为幔坳背景上的几个幔隆区。莫霍面埋深肥城可达 40 km，其他地区一般 37 ~ 38 km。郓城、泗水一线的幔隆异常位置，莫霍面埋深最浅为 33 km。华北坳陷区的莫霍面变化较大。一般幔坳区标志了潜凸所在位置，幔隆区则为坳陷生油盆地所在区域，反映了裂谷盆地的"热沉降"模式，显示的盆地沉降中心沿聊城西、临邑、惠民、东营一线呈弧形展布。莫霍面最浅为 30 km。

第四节　区域分划性断裂

一、沂沭断裂带

沂沭断裂带是郯庐断裂带的一部分，是一条结构复杂、规模巨大、发展历史漫长的断裂带。南起郯城以南山东与江苏省省界处，北入渤海。大体沿沂河、沭河及潍河河谷展布。该断裂带主要由 4 条断层组成，自东向西为：昌邑-大店断裂、安丘-莒县断裂、沂水-汤头断裂、郚郘-葛沟断裂。其中，以昌邑-大店断裂为界，将山东地块划分为鲁东、鲁西两大地块。4 条断层切割形成中间地垒两侧地堑的"两堑夹一垒"的构造格局。需要指出，4 条断层中安丘-莒县断裂规模较大，其西侧分布有新太古代泰山岩群和寒武系-奥陶系，东侧则未见及，反而在钻孔中见到鲁东和胶南地区分布的大理岩。故常以安丘-莒县断裂作为鲁东与鲁西的分界断裂。断裂带南、北两端为中、新生代凹陷。断裂带内部褶皱少见，但发育韧性剪切构造、推覆构造。主干断裂常被 EW、NW、NE 向断裂错断，在平面上呈折线状。

二、齐河－广饶断裂

齐河-广饶断裂简称"齐广断裂"，是鲁中隆起与济阳坳陷分划性断裂，是一条被第四系覆盖的隐伏断裂。西端与聊考断裂相连，大体从茌平县博平北向东经齐河县城、济阳、邹平至周村凹陷北部边界，到青州城北再往东。东西长约 300 km，宽 5～10 km，由 2～3 条断裂组成，为阶梯状断裂组合。断裂带总体走向 80°左右，N 倾，倾角 60°～80°。断裂带两侧新生代地层发育和厚度差异较大，断距达 1 200～2 000 m。

三、聊城-兰考断裂

聊城-兰考断裂简称"聊考断裂"，是济阳凹陷和鲁西南潜隆起与临清坳陷分划性断裂带。为第四系掩盖的隐伏断裂（有认为至今仍在活动，切割了第四系），由聊城向西经鄄城西，过东明县李门庄附近入河南省兰考县境内，其在聊城以北与齐广断裂相交；再往聊城以北延伸状况不明。该断裂与齐广断裂一起构成了鲁西隆起区与华北坳陷区的分划性断裂。聊城-兰考断裂带活动主要在喜马拉雅期，或始于燕山末期。断裂构造主要控制了两侧的古近纪生油盆地的巨厚沉积建造。

四、五莲断裂及牟平-即墨断裂带

五莲断裂及牟平-即墨断裂带是胶辽隆起区与苏鲁造山带的分划性断裂。

五莲断裂带：也称五莲-青岛断裂带，其在五莲以西大体作 SW 向展布，经尚庄、郝官庄、山相家至胶州湾。断裂东段发生在荆山群、莱阳群和新元古代及中生代侵入岩中，断裂破碎带宽 50～250 m。五莲断裂带伴有与之平行的韧性剪切带。

牟平-即墨断裂带：北起牟平，经栖霞桃村、海阳郭城、朱吴，向南至即墨、青岛，全长 100 余 km，宽达 40 ~ 50 km。断裂带走向 35° ~ 45°，倾向以 SE 为主，亦有直立及向 NW 倾者，倾角一般为 60° ~ 80°。其主要由自西向东的桃村断裂、郭城断裂、牟平-即墨断裂、海阳断裂 4 条主干断裂构成，断裂间距 10 km 左右，单断裂带宽几十米至数百米。该断裂带最早形成于中生代晚期，新生代以来，断裂仍有一定的活动性，带内的硅化等热液蚀变和脉岩的挤压破碎及附近温泉的出现都与该断裂带的活动有关。

五、近岸断裂和连云港-嘉山断裂

分布于苏鲁造山带中间及连云港-泗阳-嘉山一线，被海水及第四系覆盖，地球物理资料显示明显，呈 NE 向延伸，叠加于造山带南带和北带之间。

六、淮阴-响水断裂

淮阴-响水断裂被第四系覆盖，总体走向为 N40° ~ 50°E，是扬子克拉通北缘深断裂。在布格重力异常图上，淮阴-响水断裂表现为西南-北东向的密集梯度带，在梯度带两侧表现为不同的布格重力异常，西北侧为北东向串珠状重力高，东南侧为洪泽、楚州及涟水北等重力低。重、磁延拓结果反映，淮阴-响水断裂切割深度可达 30 ~ 40 km，属规模较大的岩石圈断裂。区域钻探成果揭露沿断裂有新近纪玄武岩分布。

第四章　山东地质演化

第一节　陆核形成阶段（中太古代）

包括 2 800 Ma 之前的构造—岩浆活动期，为陆块初始凝固期。

中太古代（在 3 000 Ma 前后），由于火山喷发，沉积了一套基性-中酸性火山碎屑沉积岩硅铁建造的唐家庄岩群和沂水岩群，形成了山东最早的表壳岩。其是活动带构造环境下的原始壳幔杂岩，是在热流质高，岩石圈尚是漂浮状态下移动的硅铝壳；表壳岩形成后，地壳下沉，遭受了低压角闪麻粒岩相的区域高温变质作用，此后地下幔源岩浆上涌，早期有超镁铁质-镁铁质官地洼序列，2 900 Ma 有十八盘序列黄燕底及西朱崔等英云闪长质片麻岩的侵入事件，从而使小陆片增生、加厚，扩大陆核范围。

第二节　大陆壳形成阶段（新太古代-古元古代）

包括新太古代和古元古代（2 800 ~ 1 800 Ma）：陆壳形成，向刚性深化最终克拉通化。华北陆块重要造壳期，大致可分新太古代花岗岩—绿岩带和古元古代孔兹岩系形成二个亚阶段。

一、新太古代绿岩带形成和 TTG 侵入亚阶段

（一）新太古代早中期（2 800 ~ 2 600 Ma）

地处南、北向拉张环境下，早期（2 800 ~ 2 740 Ma）在岛弧环境下产生裂陷作用，诱发了基性火山喷发，形成一套以超镁铁质-镁铁质火山岩，之后有陆源碎屑岩和硅铁质岩沉积，形成泰山岩群（鲁西地区）和胶东岩群（鲁东地区）。沉积建造形成后，因南北向挤压，地壳缩短增厚，致使其经受了中压相系角闪岩相区域动力热流变质作用；2 740 ~ 2 700 Ma，南北向拉张活动下，首先有幔源超铁镁质-镁铁质岩浆侵入事件——万山庄序列和马连庄序列，之后因洋壳俯冲发生深部重熔，同时受南北向不均衡挤压，沿北西向左行走滑韧性剪切空腔，泰山序列和栖霞序列英云闪长岩侵入定位。中期（2 650 ~ 2 600 Ma）鲁西地区先后有幔源超铁镁质-镁铁质岩浆侵入事件——黄前序列和新甫山 TTG 序列侵入，形成半成熟的大陆壳，同时发生的右行走滑韧性剪切使其发生

区域动力热流变质。

（二）新太古代晚期（2 600～2 500 Ma）

2 600～2 530 Ma，地壳在东西向拉张环境下，地壳仍处于较强活动期，岩浆侵入颇为活跃，鲁西地区幔源超铁镁质-铁镁质岩浆侵入，形成南涝泊序列，之后在泰山-蒙山西南侧，由于洋壳再次俯冲产生深部重熔，大规模岩浆侵入形成鲁西峄山序列 TTG 花岗岩，鲁东地区谭家庄序列的奥长花岗岩、花岗闪长岩侵入定位，产生了中压相系低角闪岩相区域变质，形成一套片麻状花岗质岩系，伴随有半塑状态的固态流变横弯和纵弯褶皱。鲁西地区因处弱活动部位，变质轻微，同时在局部海盆沉积了含铁、钙质细碎屑岩、火山岩的济宁（岩）群。

（三）2 530～2 500 Ma

鲁西地区处南北向挤压环境下，岩浆侵入活动颇为强烈，在泰山-蒙山的东北侧，大面积分布的二长花岗岩序列的傲徕山序列和其之后的小规模的正长花岗岩序列的四海山序列的侵入定位，是洋壳俯冲消减消失后，地壳再一次侧向增生，华北陆壳克拉通化形成成熟的陆壳，此时的鲁东地区则处弱活动带而相对宁静。

二、古元古代花岗岩侵入和孔兹岩系形成

（一）古元古代早期（2 500～2 400 Ma）

鲁西地区有少量岩浆侵入活动，形成泰山红门序列闪长岩-花岗闪长岩类及摩天岭序列二长花岗岩。

（二）古元古代中晚期（2 200～1 900 Ma）

在鲁东地区莱州—栖霞太古宙花岗岩-绿岩带的南北两侧，形成东西向裂陷槽海盆或被动大陆边缘海盆，在半稳定构造条件下沉积了含高碳、铝为特征的陆源碎屑-富镁碳酸盐陆棚滨浅海相的沉积，局部夹基性火山岩和硅镁质岩的荆山群、粉子山群等一套孔兹岩系。

（三）古元古代晚期（1 900～1 800 Ma）

主要是岩浆侵入事件，形成了鲁东地区的幔源超镁铁质-镁铁质（鲁西有壳源物质混入）岩浆侵入岩——莱州序列，之后局部地区有少量二长花岗岩侵入。

受吕梁运动影响，地处活动带的鲁东地区，在近幔隆区的荆山群和莱州基性-超基性岩石组合发生了低压相系角闪麻粒岩相-高角闪岩相区域变质；在荆山群、粉子山群内部发生了中浅构造相的顺层滑脱韧性剪切带；同时变质地层形成紧闭线型纵弯褶皱。鲁西地区北西向韧性剪切带继承性的右行走滑（泰蒙断隆）或北东向左行走滑（汶丹山断凸）中、浅构造相的韧性剪切带构造。

吕梁运动末期，地壳活动强烈，沂沭断裂带已成雏形，发生了韧性剪切构造变形，北西向张剪断裂和东西向断裂均开始形成。

吕梁运动结束后，华北陆块历经多次增生扩展，至古元古代末最终稳定，形成了统一的大陆壳。

第三节　华北陆块与扬子陆块陆-陆碰撞造山阶段
（中元古代-新元古代）

　　包括中元古代四堡期、新元古代的晋宁、南华和震旦期（1 800～543 Ma），稳定的大陆壳进入了一个新的活动期，统一的大陆壳发生裂解并碰撞造山。鲁西地区处于板内稳定地块，鲁东地区则处于裂解的华北和扬子两陆块结合带及其毗邻区，属碰撞造山的构造岩浆活动带。

一、古元古代四堡期

　　克拉通化的华北陆壳，受四堡运动影响，在拉张应力作用下，鲁西地区仅发育了北北西和近南北向牛岚（侵入体）单元基性辉绿岩墙群的侵入，基本处于隆升剥蚀状态。鲁东地区局部沉积了富钾、铁硼的长英质、石英质碎屑岩夹黏土岩，富镁碳酸盐滨浅海相沉积的芝罘群。

　　在鲁东地区胶南-威海断隆带上，处于拉张环境下陆块发生裂解，在华北和扬子陆块之间的裂陷带上，海阳所序列超镁铁质-镁铁质-闪长质序列的幔源岩浆侵入定位，并将深部已形成的榴辉岩（部分）带至浅处，是快速夭折的裂谷型岩浆侵入产物，此即碰撞造山前期的幔源岩浆侵入事件。该阶段亦是罗迪尼亚超大陆（Rodinia）形成和裂解时期。

二、新元古代青白口纪-南华纪

　　华北与扬子陆块陆-陆碰撞造山时期，主要显示于鲁东地区的胶南-威海断隆之上。

　　受晋宁运动的影响，在南东-北西挤压应力制约下，扬子陆块向华北陆块对接俯冲，导致下地壳发生重熔与壳幔岩浆混合同熔，形成了同造山期花岗闪长质-二长花岗质序列的岩浆，携带深部榴辉岩、海阳所序列等沿北东向构造侵入，此即荣成序列形成；继晋宁运动板块碰撞后的持续俯冲作用，造山后期的月季山序列的二长质-石英二长质-二长花岗质序列的壳幔混合同熔型花岗岩浆侵入定位；稍后，造山期后的铁山序列的石英正长质-正长花岗质-碱长花岗质岩石序列的壳幔型花岗岩浆侵入定位。此正是罗迪尼亚超大陆裂解的产物。

　　伴随各个岩浆侵入事件之后，由于碰撞造山作用特别强烈，使其发生了韧性剪切构造作用，形成了分布广泛，规模宏大，平行造山带的自南东向北西推覆韧性剪切带，并被后期走滑型剪切带所叠加。与此同时伴随的变质事件有榴辉岩及部分围岩的高压或超高压榴辉岩相变质事件和其后中压角闪岩相动力变质事件。随着运动的持续，造山带内的侵入岩因变质变形而成为花岗质片麻岩系，并与胶北隆起区太古宙-古元古代变质地层、变质变形侵入岩形成了较开阔的纵弯褶皱和片麻岩穹隆构造。

　　青白口纪-南华纪，鲁东地区在古地壳边缘海水入侵，接受了一套石英砂岩为主的滨浅海相沉积，形成蓬莱群下部地层豹山口组和辅子夼组。在鲁西地区靠近近沂沭断裂带局部坳陷，接受了一套页岩夹碳酸盐岩和石英砂岩的滨浅海相沉积，形成土门群黑山官组、二青山组和佟官庄组，拉开了盖层沉积的序幕。南华纪在苏鲁造山带南部地段形成了云台群花果山组中酸性火山岩。

三、新元古代震旦纪

华北与扬子陆块再次成为统一陆壳后，在经历了短暂地壳隆升剥蚀后，于震旦纪随全球冰期的结束，海平面上升，在鲁西地区东部近沂沭断裂带地段，海水北侵，形成土门群上部的浮莱山和石旺庄组的滨浅海相碎屑岩-碳酸盐沉积。鲁东地区则出现滨浅海相的碎屑岩-碳酸盐沉积，形成蓬莱群南庄组和香夼组。在上述的石旺庄组和香夼组碳酸盐沉积期间，因郯庐断裂带再次活动，诱发地震事件，形成震积层。与此同时在胶南-胶北隆起区局部地段形成了朋河石组深水浊积碎屑岩沉积。

在造山带边缘和蓬莱群底部、内部，产生浅构造相左行走滑韧性剪切带，并叠加于前期的逆掩推覆韧性剪切带之上。亦发生了浅构造相绿片岩相动力变质。

上述的沉积、岩浆侵入事件发生之后，由于张广才岭（兴凯）构造运动的影响，地壳遭受到挤压，华北陆块隆升，造成了鲁东地区处于漫长的隆升剥蚀阶段。同时形成了近东西向开阔宽缓的纵弯褶皱，并叠加于此前所形成的褶皱之上而为复式褶皱构造。

第四节　陆缘海稳定发展阶段（古生代）

包括加里东和华力西两个构造—岩浆活动期（543～250 Ma）在南东-北西向挤压应力制约下，地壳多以差异升降活动为主，岩浆侵入活动十分微弱，显示台地特征，沂沭断裂带显示张剪活动，致使鲁东地区持续稳定地隆升，而鲁西地区由隆升转为非均衡性沉降，加之处于被动大陆边缘，海水几经进退，沉积了早古生代以碳酸盐为主的海相地层和晚古生代海陆交互相的地层，该阶段进一步分为早古生代陆表海沉积和晚古生代海陆交互相-陆相沉积两个亚阶段。

一、古生代陆表海沉积亚阶段

隆升后的鲁西古陆，直至早寒武世（按原三分观点，下同）沧浪铺期中期，自东南临沂地区向西北济南地区方向海侵逐步扩展，形成东南厚西北薄之长清群陆地边缘-台地相的滨浅海陆源碎屑-碳酸盐沉积，超覆不整合盖于古陆壳或不整合盖于震旦纪土门群之上。自中寒武纪张夏期海水扩大加深，直至早奥陶世益阳期，形成一套以碳酸盐岩为主夹页岩等陆源碎屑岩的台地边缘相开阔浅海-深海相沉积的九龙群，其间在龙王庙期发生了古地震事件，在馒头组石店段和下页岩段形成了震积层。在长山期、凤山期经历了多次风暴事件，形成了炒米店组砾屑灰岩等风暴岩沉积。

受怀远运动的影响，自中寒武世张夏末期开始，华北陆壳由南而北逐步海退成泻湖，形成了穿时的地层单位——三山子组白云岩。鲁西地区则是从早凤山期开始由东南向西北逐步海退，直至早奥陶世益阳期末，全部隆起成陆，经受了短暂剥蚀。

受加里东前期运动的影响，从中奥陶纪大坪早期地壳沉降，海水入侵，直至晚奥陶世期间，形成了白云岩与灰岩相间出现的泻湖-开阔浅海的三个明显的海侵沉积旋回的马家沟群。此时地壳相对平静，仅在中晚奥陶纪期间，幔源低碱偏钾镁质超镁铁质岩浆在泰山-蒙山断隆的蒙阴地区侵爆而形成了含金刚石的常马庄金伯利岩（侵入体）单元。奥陶纪末，加里东运动中期活动强烈，鲁西地区隆升为陆，海水尽退，遭受长期风化剥蚀。

二、晚古生代海陆交互相-陆相沉积亚阶段

陆源海发展阶段的后期——华力西期（410~250Ma），潘基亚（Pangea）联合古陆形成的顶峰时期。

泥盆纪-早石炭世期间，鲁西地区仍处隆起环境，遭受剥蚀，缺失沉积。在北西-南东向挤压应力制约下，北西向断裂继承性活动，形成一系列北西向山间盆地雏形。晚石炭世早期，受华力西运动影响，地壳再度沉降，海水沿陆缘山前盆地由东向西逐步海侵，并逐步向东南方向海退，至早二叠世结束，此时地壳震荡频繁，海水进退无常，沉积了陆棚滨海-陆相的海陆交互相的含铝、煤夹碳酸盐岩的月门沟群；早二叠世晚期，华力西运动迫使鲁西地区隆升为陆，海水退出，仅在陆源山前盆地内形成中晚二叠世石盒子群一套湖泊-河流相含铝碎屑沉积岩，二叠纪末，受华力西构造运动影响，地壳隆升，遭受短暂的剥蚀，陆缘海稳定发展阶段结束。

第五节　大陆边缘活化阶段（中生代）

中生代时期（250~65 Ma）：包括印支期、燕山期，潘基亚超级大陆裂解、漂移并达到高潮期。受太平洋板块向库拉板块俯冲影响，在北西-南东向张应力的制约下，沂沭断裂带强烈活动并发生左行平移，先期形成的断裂和新生各方位断裂强烈活动，滨太平洋东南沿海一带岩浆侵入和火山活动十分活跃，隆坳构造形成，盆地接受陆相碎屑沉积，盆岭构造基本形成。

一、印支期

弱活化亚阶段：鲁西地区由于差异升降活动，形成山前内陆盆地，沉积了三叠纪石千峰群陆相河湖碎屑沉积，受周围地区火山事件影响，而夹安山质凝灰岩沉积。应提及的是三叠纪初期有陨星撞击纪实：在其底部不整合面上存在着陨星撞击产生的铱异常。

三叠纪早期在鲁西隆起北缘幔源辉长岩类的济南序列沿张性空间侵入定位；经历了长期隆起遭受剥蚀的鲁东地区，在印支运动和太平洋板块向大陆板块俯冲的侧向应力双重影响的制约下，北北东、北东向断裂（部分）生成活动，沿其形成的裂隙空间内，

晚三叠世早期先后有柳林庄序列的角闪石岩-闪长岩-二长闪长岩-石英二长岩岩浆和东部石岛附近的宁津所序列正长岩-石英正长岩岩浆、槎山正长花岗岩岩浆等侵入定位。

受印支构造运动影响，鲁西地区缺失晚三叠世沉积，鲁东地区则完全处隆起状态，沂沭断裂带左行剪切活动，形成了徐宿弧形断褶带并控制鲁东地区和鲁西地区差异性发展。

二、燕山期

弱活化和盆岭构造亚阶段：受太平洋板块向库拉板块俯冲过程中的滨太平洋构造活动的影响下，在南东-北西向压应力场的控制下，各方位脆性断裂强烈活动，沂沭断裂带巨大的左行平移和之后的张性活动，聊兰断裂和齐广断裂等东西向断裂的张性活动等导致断陷盆地形成、构成盆岭构造格局，东南沿海一带的岩浆侵入活动和由东向西的大规模火山喷发活动等等，均显示大陆边缘活化主要特色。

1. 燕山早期（侏罗纪）（199～145 Ma）

鲁西地区前述内陆盆地又继续坳陷，于早中期沉积了含煤和耐火黏土等碎屑沉积的淄博群坊子组，其后遭受短暂剥蚀，于中晚期沉积了河流相为主的红色碎屑沉积的淄博群三台子组。与此同时，幔源岩浆侵入，形成了透辉石岩-闪长（玢）岩-二长闪长玢岩-二长斑岩-正长斑岩-含霓石正（二）长斑岩序列的铜石序列；鲁东地区在胶北隆起区和威海隆起区，先后有垛崮山序列花岗闪长岩、文登序列二长花岗岩、玲珑序列二长花岗岩、郭家岭序列闪长岩-石英二长岩-花岗闪长岩-二长花岗岩侵入并强力定位。后两个序列与山东省金成矿密切相关。稍后，鲁东地区形成了成分复杂的玲珑-招风顶脉岩群。

该期内断裂活动频繁，鲁西地区北西向断裂继承性活动，使隆起突出，坳陷沉降，形成北西向排列的单斜式盆岭构造雏形，鲁西南菏泽-兖州断坳一带隐伏的东西向断裂与南北断裂交切形成初步的断块局面，鲁西北地区的济阳坳陷区、临清坳陷区（濮阳坳陷区）断裂活动制造了北北东和北北东向垒堑相间盆岭构造雏形。鲁东地区主要表现为北北东向断裂与少数北东向断裂的频繁活动。侏罗纪末期，燕山构造运动加剧，致使沂沭断裂带自安丘-莒县断裂以西的三条断裂最终完成了左行平移活动，从而使处于华北陆块与扬子陆块接合部位的鲁东地区从南部移至当今位置。至此，鲁东、鲁西地区拼合于一体，处相对统一的地质发展时期。沂沭断裂带左行平移导致胶北隆起区南前缘和胶南隆起区北前缘地带处引张体制下，山相家-郝官庄断裂活动的影响，形成了胶莱盆地雏形，加之末期形成并活动的牟-即断裂带等四条断裂，其活动强度虽较弱，但对胶莱盆地沉积环境等各方面无不起着制约作用。

2. 燕山晚期（白垩纪）（145～65 Ma）

早白垩世早期，差异升降活动使鲁东地区胶莱盆地和各山间盆地迅速下沉并接受沉积，形成了莱阳群自东向西、自边缘向中心扩展的山麓洪积相、河流相、浅湖相、冲积扇相的一套杂色陆相碎屑沉积岩，并伴有较弱的中性、中酸性火山喷发碎屑沉积。莱阳群形成的中晚期在胶南-威海断隆的西部（近沂沭断裂带）和鲁西地区，在沉积河湖相碎屑岩的同时，伴有较强安山质火山喷发事件，形成了莱阳群城山后组安山质火山碎屑岩和曲格庄组、马连坡组内的火山碎屑沉积物。莱阳群沉积后，沉积盆地隆起，遭受短暂剥蚀。

早白垩世中期：在太平洋板块急速向库拉板块俯冲的强大侧应力作用下，北东向断层和沂沭断裂带相继出现强烈的张性活动，从而引发了自东向西的大规模的火山喷发活动，初时强度小，时间短，在胶莱盆地内缘及西部断凹内中酸性火山喷发，形成了青山群后夼组中酸性爆发相火山岩；此后强度大增，并蔓延到沂沭断裂带的断陷盆地和鲁西各断凹之内，火山活动达到鼎盛时期，形成广泛分布的青山群八亩地组溢流相基性-中基性，基偏碱性和爆发溢流相及潜火山相的中性或中偏碱性火山岩系。此后鲁西地区除邹平地区外，其他断凹盆地火山活动基本结束，处稳定的隆升；后阶段火山活动强度相对较小，并迁移至沂沭断裂带内北部的坊子半潜单斜断凹，胶莱断陷等盆地内，形成青山群石前庄子组爆发相，潜火山相酸性火山岩系，此时沂沭断裂带内各单斜断凹处间歇期，形成了大盛群下部夹酸性火山岩，中部含凝灰质的河流相、河湖相碎屑沉积。早白垩世晚期火山活动收敛，仅在沂沭断裂带北部和胶莱断陷东缘、南缘一带活动，形成了青山群方戈组一套偏碱性的爆发相、溢流相、潜火山相的火山岩系，大规模火山活动结束，火山盆地消亡，处于短暂的隆升。

伴随青山群强烈火山喷发沉积的尾声至结束时，岩浆侵入活动则十分频繁而强烈，鲁西地区规模小而零散，先后有济南序列辉长岩、沂南序列闪长玢岩-二长闪长玢岩序列、苍山序列石英闪长玢岩-石英二长岩-石英二长闪长玢岩-花岗闪长斑岩-二长花岗斑岩序列、卧福山序列二长花岗岩序列和黑云母岩-碳酸盐序列的雪野序列侵入定位；鲁东地区规模大，分布广，沿北东、北北东向断裂有伟德山序列闪长岩-二长闪长岩-石英二长岩-花岗闪长岩-二长花岗岩序列，雨山序列石英闪长玢岩-石英二长斑岩-花岗闪长斑岩-二长花岗斑岩序列、大店序列正长岩和崂山序列二长花岗岩-长花岗岩-碱长花岗岩序列先后侵入定位。其后有巨山—龙门脉岩群带侵入其间。

早白垩世末期—晚白垩世—早古新世时期：在火山喷发、地壳缓慢隆升后，受燕山运动影响在胶莱盆地，朱里、莒县-南古断陷盆地和安丘-夏庄断凹内，盆地下沉，形成一套河流相、河湖相红色碎屑沉积的王氏群，中后期伴有基性火山岩溢流（红土崖组史家屯段）和潜玄武岩的贯入，在盆地周缘则有大珠山-崂山脉岩带侵入。

由于坳陷盆地不断下沉，接受陆相碎屑-火山碎屑、火山岩沉积，而在盆地周边相对隆起有大量花岗质岩浆侵入，形成了在地壳升降机制下的隆坳构造。

受燕山运动影响，在南北向左行力偶应力作用下，沂沭断裂带和其两侧的断裂的活动表现较强，尤以鲁东地区的北东和北北东向断裂为甚。燕山运动后，大陆边缘活化阶段的陆内造山结束，地壳隆升，盆地消亡，地壳进入更稳定时期。

第六节　断块构造发展阶段（新生代）

包括古近纪、新近纪和第四纪的喜马拉雅期（65 Ma 至现代）。

一、古近纪

在东西向引张力的环境下，由于聊考断裂和齐广断裂等近东西向断裂的张性活动，在中生代盆地的基础上于古近纪早期，发生了继承性的坳陷沉降，在华北坳陷沉积了济阳群一套巨厚的含石油、天然气和少量膏盐的河湖相、沼泽相的杂色碎屑岩沉积；在鲁西地区的部分断陷盆地则发育了山麓洪积-浅湖-河流相一套含石膏（局部含油页岩和自然硫）为特征的官庄群，在鲁西隆起区东北缘和胶北隆起区北缘的断凹盆地内侧沉积了五图群一套含褐煤、油页岩的河流、湖沼相的碎屑岩沉积。

古近纪末期，受喜马拉雅运动影响，沂沭断裂带左行压扭活动及两侧不同方位断裂的活动，导致并形成了掀斜式的断块构造，为山东构造格局奠定了基础。

二、新近纪

喜马拉雅运动再次强烈活动，致使整个华北坳陷区和围绕鲁西隆起北部的阳谷潜凸起-齐河潜凸起（含沂沭断裂带北端），西部的菏泽-兖州潜断隆，西南部边缘的成武潜凹陷、黄岗潜凹陷（断陷）、青堌集潜凸起等构造单元地区，再度急速沉降，沉积了黄骅群一套河流相-河湖相碎屑岩夹碳酸盐岩沉积。其他地区则处隆升环境。受太平洋板块自南东向北西的俯冲作用，诱发了基性玄武岩的喷溢，在鲁西隆起与胶北-胶莱断隆两构造单元北部隆坳分界线的临朐、昌乐、沂水、安丘、潍坊地区，形成了临朐群牛山组被状玄武岩，中期处间歇，在临朐形成了山旺组一套硅藻土岩沉积。晚期基性玄武岩再次喷发，规模较小，并向东迁移至东部的栖霞、蓬莱地区，形成临朐群尧山组的被状玄武岩溢流。与基性火山溢流相关联的有火山颈相八埠庄（侵入体）单元潜橄榄玄武玢岩侵入及鲁东地区橄榄玄武岩、玻基辉橄玢岩、苦橄玢岩、辉绿岩等岩脉侵入。同时，在章丘附近的近山区沉积了砂砾岩夹核形石灰岩的巴漏河组及泰山-蒙山断隆南部早古生代地层中灰岩岩溶洞穴充填沉积的含金刚石砾岩的白彦组。

新近纪末期，受喜马拉雅运动的影响，使鲁东和鲁西隆起进一步隆升，断裂活动加剧，导致阳谷-齐河潜单斜断凹、菏泽-兖州断坳，连同华北断陷同时下沉成为统一的坳陷盆地。同时加速了古近纪末所形成的倾斜断块的差异升降活动，沂沭断裂带呈现右行压扭活动。

三、第四纪

差异升降活动，使华北坳陷、菏泽-兖州潜断隆等鲁西南、鲁西、鲁西北平原区保持较大的沉降速率，沉积了厚度大的由黑土湖组及其之下的平原组和其上的黄河洪泛的黄河组的冲洪积的松散堆积；在鲁中南、鲁东丘陵山区的山间盆地、河谷地段，山前坡缘及沿海岸及低洼处沉积了残坡积、冲洪积，河流、湖泊、湖沼、滨海、河海交互、岩溶堆积、风积等成因类型的松散碎屑（个别生物碎屑）物沉积组成的岩石地层单位。另外在华北坳陷的无棣大山和鲁东蓬莱等地有中更新世形成的史家沟组碱性超基性-基性火山岩的喷溢。受新构造运动影响，包括沂沭断裂在内的很多断裂构造都在活动，第四纪沉积物错断和构造活动引发的历史上和现今的地震事件等均反映新构造活动仍未曾终止。地质构造发展史至此基本结束，尽管如此，运动是永恒的，地质构造历史将随岁月流逝而继续之。

第十六篇

山东矿产资源

山东矿产资源丰富、种类繁多、配套齐全

山东矿床成因类型多样

不同的大地构造单元形成了不同种类的矿产资源

山东已发现150余种矿产

山东地质找矿成就全国领先

山东矿产资源勘查程度高,开发强度大

山东矿产资源支撑了全省经济社会的可持续发展

山东矿产资源勘查开发前景广阔

第一章　山东矿产资源基本特征

第一节　山东矿产种类及矿产资源开发利用概况

一、矿产种类

截至2012年底，山东现已发现150种矿产资源（贝壳砂、球石、彩石不在全国统计范围内），查明资源储量的有81种，其中石油、天然气、煤、地热等能源矿产7种；金、铁、铜、铝、锌等金属矿产25种；石墨、石膏、滑石、金刚石、蓝宝石等非金属矿产46种；地下水、矿泉水等水气矿产3种（表16-1-1）。查明资源储量的矿产地2 678处（不含共伴生矿产地数）。山东现已发现的矿产资源占全国发现矿产资源（172种）的87.2%；查明资源储量的矿产资源种类占全国查明资源储量的矿产资源种类（159种）的50.9%。

山东查明的矿产资源储量较丰富，资源储量在全国占有较重要的地位。列全国前5位的有45种，列全国前10位的有77种，以非金属矿产居多。据2012年底全国保有资源总量统计，山东列全国第1位的矿产资源有金、铪、自然硫、石膏等9种；列全国第2位的有石油、菱镁矿、金刚石等13种；列第3位的有锆、片云母等12种；列第4位的有铁矿、滑石、钴矿等6种；列第5位的有熔剂用灰岩、建筑用辉绿岩等5种；列第6位的有钾盐、油页岩等9种；列第7位的有铝土矿、红柱石等10种；列第8位的有重晶石、方解石等3种；列第9位的有煤炭、石棉等7种；列第10位的有银矿、钼矿等3种（表16-1-2）。

表 16 - 1 - 1　　　　　　　　　　　　山东矿产种类

矿产大类	查明储量的矿种		已发现尚无查明储量的矿种		尚未发现的矿种	
	矿种数	名　称	矿种数	名　称	矿种数	名　称
能源矿产	7	煤、石油、天然气、油页岩、铀、钍、地热	4	石煤、煤成气、油砂、天然沥青		
金属矿产	25	铁、钛、铜、铅、锌、铝土矿、镍、钴、钨、钼、金、银、铌、钽、锆、铈、镧、镨、钕、镓、铪、镉、硒、碲、铍	19	锰、钒、铬、镁、铋、铂、钯、锂、钪、铕、铟、铼、钇、铽、镝、铒、镱、汞、锶	14	锡、锑、铱、铑、锇、铥、铷、铯、镥、铊、锗、钪钌、钬
非金属矿产	46	金刚石、石墨、自然硫、硫铁矿、红柱石、滑石、石棉、云母、长石、石榴子石、透辉石、蓝晶石、沸石、明矾石、石膏、重晶石、菱镁矿、萤石、白云岩、石灰岩、泥灰岩、石英岩、石英砂岩、石英砂、脉石英、页岩、硅藻土、高岭土、陶瓷土、耐火黏土、膨润土、其他、玄武岩、蛇纹岩、花岗岩、大理岩、矿盐（岩盐、天然卤水）、溴、钾盐、磷、蓝宝石、辉绿岩、辉长岩、凝灰岩、珍珠岩、电气石	45	水晶、刚玉、硅线石、硅灰石、钠硝石、叶蜡石、蛭石、透闪石、芒硝、方解石、冰洲石、玉石、玛瑙、颜料矿物、天然油石、白垩、粉石英、含钾岩石、铁矾土、橄榄岩、辉石岩、安山岩、闪长岩、角闪岩、正长岩、浮石、粗面岩、片麻岩、镁盐、碘、霞石正长岩、松脂岩、黑曜岩、泥炭、火山渣、球石、贝壳砂、伊利石黏土、海泡石黏土、板岩、麦饭石、含钾砂页岩、彩石、火山灰	8	蓝石棉、毒重石、天然碱、凹凸棒石黏土、累托石、砷、硼、黄玉
水气矿产	3	地下水、矿泉水、二氧化碳气	1	硫化氢气	2	氦气、氢气
合计	81		69		24	

注：贝壳砂、球石、彩石不包括在全国已发现的172种矿产内（据山东省国土资源厅《山东省矿产资源年报》，2012年）。

表 16 - 1 - 2　　　　　　　　　山东省列全国前十位的矿产资源种类

在全国排序	矿　种	矿种数
1	金矿、铪矿、自然硫、石膏、玻璃用砂岩、饰面用花岗岩、陶瓷土、水泥配料用红土、陶粒用黏土	9
2	石油、菱镁矿、金刚石、石榴子石、钛（金红石）、玉石、透辉石、建筑用辉石岩、饰面用玄武岩、建筑用闪长岩、建筑用角闪岩、水泥用灰岩、电气石	13
3	锆、片云母、铸型用砂、熔剂用蛇纹岩、晶质石墨、制碱用灰岩、化工用白云岩、陶瓷用砂岩、耐火黏土、饰面用辉长岩、饰面用角闪岩、建筑用大理岩	12
4	铁矿、滑石、钴、明矾石、建筑用花岗岩、溴	6
5	熔剂用灰岩、建筑用辉绿岩、玻璃用石英岩、隐晶质石墨、水泥配料用泥岩	5
6	钾盐、油页岩、化肥用蛇纹岩、宝石、二氧化碳气、水泥用凝灰岩、珍珠岩、水泥用大理岩、磷矿	9
7	铝土矿、红柱石、镓矿、铸型用砂岩、硫铁矿、水泥用大理岩、水泥配料用黄土、盐矿、冶金用白云岩、泥灰岩	10
8	重晶石、方解石、水泥配料用页岩	3
9	煤炭、石棉、饰面用辉绿岩、沸石、天然气、长石、膨润土	7
10	银矿、钼矿、玻璃用砂	3

据山东省国土资源厅《山东省矿产资源年报》，2012 年。

虽然山东个别矿产资源储量位居全国前列，但占全国同类矿产资源储量的比例却甚低，如宝石、钾盐、溴分别占全国总量的 0.09%、0.12%、1.02%，远低于河北、青海、湖北等省区。资源储量位居全国前列的矿产资源大多为价值较低的非金属矿产。

二、矿产资源开发利用概况

截至 2012 年底，在山东已发现的 150 种矿产中，查明资源储量的有 81 种，其中能源矿产 7 种；金属矿产 25 种；非金属矿产 46 种；水气矿产 3 种。

2012 年全省共有各类矿山 3 835 个（油气按 1 个企业统计），其中非油气矿产矿山 3 834 个，居全国第 14 位。全省矿山总数比 2011 年度减少 543 个，减少 12.40%。按出资人统计，内资企业 3 809 个，港澳台商投资企业 10 个，外商投资企业 16 个。按矿山企业规模统计，大型企业 200 个，占矿山总数的 5.22%；中型企业 433 个，占矿山总数的 11.29%；小型企业 3 019 个，占矿山总数的 78.72%；小矿 183 个，占矿山总数的 4.77%。

2012 年度开发利用的矿产有 80 种，年开采矿石总量（原矿量）47 022.75 万 t，天然气 52 000 万 m³；其中非油气矿石产量 4 4220.14 万 t，居全国第 6 位。2012 年开采煤矿 14 700.31 万 t，金矿石 1940.84 万 t，铁矿石 2 641.58 万 t，石油 2 802.61 万吨，地下热水 722 万 t，矿泉水 72.72 万 t。

2012 年全省矿业工业总产值 27 180 133.91 万元，其中非油气矿产工业总产值 14 208 807.91 万元，居全国第 4 位。全省矿业工业总产值比上年度减少 1 063 681.9 万元，减少 3.77%。其中油气工业总产值 12 971 326 万元，比上年度增加 178 426 万元，增加了 1.39%；煤炭工业总产值 9 374 126.22 万元，比上年度减少 1 165 450.02 万元，减少了 11.06%；铁矿工业总产值 1 054 097.82 万元，比上年度减少 247 127.98 万元，减少了 18.99%；金矿工业总产值 1 901 471.97 万元，比上年度增加 434 872.18 万元，增长了 29.65%；水泥用灰岩工业总产值 857 032.62 万元，比上年度减少 77 676.95 万元，减少了 8.31%；矿泉水工业总产值 86 570.12 万元，比上年度增加 136.82 万元，增加了 0.16%。

2012 年全省矿产资源开发利用利润总额 6 395 758.11 万元，其中非油气矿产利润总额 2 525 043.84 万元，居全国第 4 位。全省矿产资源开发利用利润总额比上年度减少 1 419 632.75 万元，减少了 18.16%。其中，油气矿产利润总额减少 246 749.73 万元，减少 5.99%；煤炭利润总额减少 982 918.59 万元，减少 336.72%；金矿利润总额增加 80 899.34 万元，增长 17.60%；铁矿利润总额减少 176 195.16 万元，减少 52.82%。

2012 年度全省矿山企业从业人员 635 473 人，其中非油气矿产从业人员 553 375 人，居全国第 2 位。全省矿山企业从业人员比上年度减少 22 566 人，减少了 3.43%。其中油气从业人员 82 098 人，煤矿从业人员 359 114 人，铁矿从业人员 35 325 人，金矿从业人员 44 763 人。2012 年山东省矿业人均产值 42.77 万元，比 2011 年度减少了 0.35%。

第二节　山东矿产资源特点

一、基本特点

山东省居于中国东部沿海的中北段，处于华北板块东南缘与扬子板块相接部位上，其东部又靠近太平洋板块与欧亚板块相接地带，地壳演化历程较为复杂。在这个 15 万余 km² 的省域内存在着多种沉积岩系、侵入岩系和复杂的地质事件。岩石建造的多样性和地质构造的复杂性，决定了山东省金属矿床和非金属矿床成矿物质的多源性、成矿作用的多期性和成矿类型的多型性。由于山东省各类矿床及其含矿建造和成矿系列的形成与分布受地壳发展演化的控制，因此各类矿产分布是很有规律的，从矿产种类及资源来看，山东省的矿产资源具有如下几个方面的基本特点：

第一，种类齐全、类型多，资源较丰富。山东地处华北板块与扬子板块相接地带，成矿地质条件有利，形成了种类齐全和具有一定特色、优势矿产资源。目前，全省已发现矿产150种，其中石油、煤、地热、金、铁、金刚石、石盐、钾盐、石膏、石墨、滑石、石灰岩、饰面石材等优势和特色矿产资源在全国总量中居于前列（如石油、金、金刚石、石膏等），或占有相当比例，在山东省经济社会发展中占有重要地位。

山东已发现的矿产类型多，包括沉积型、岩浆型、热液型、变质型等大类及30余个亚类型，有的成因类型是山东的特色类型，矿床具有重大经济效益，如破碎带蚀变岩型金矿（"焦家式"金矿）、金伯利岩型金刚石矿等。

第二，成矿时代多，成矿专属性强。山东省域在地壳演化过程中至少经历了长达30亿年的地质历史，在各个地质历史时期中都形成了一些矿产资源。

第三，分布范围广，区域特色明显。山东省域的鲁东、鲁中、鲁西北等不同区块内均分布着各具特色的矿产资源。鲁东地区（主要是胶北地区）是山东省也是我国金矿的重要分布区，同时又是变质矿产（石墨、滑石、菱镁矿等）的分布区；鲁中地区是煤、铁等能源及黑色金属矿产分布区；鲁西北地区是石油、天然气及层状地热资源分布区。矿产资源的区域分布特点，为不同地区形成各具特色的矿业经济布局奠定了物质基础。

第四，人均占有量较少，中小型矿床居多，贫矿所占比例较大。山东省矿产资源总量虽然较大，但因人口多，人均占有量较少，只相当于全国人均值的49%，居全国第11位。

在已查明的矿产地中，能源、金属及非金属矿产都有大型及超大型矿床，但按矿种数统计，其所占份额较少；中型及小型矿床居多，占80%以上。查明的铜、铅、锌、银、锆、钛、钴、镓等金属矿产，多为共、伴生矿床，60%以上的铁和大多数有色金属矿产为贫矿，硫铁矿及自然硫、钾盐等矿产属于贫矿及开采条件较差的矿产。

第五，成矿地质条件优越，矿产资源远景良好。山东省地质工作程度高，金、铁、煤、石油等重要矿产资源多已查明，由于开采强度大，部分矿种保有程度不高。但由于勘查和开发经济技术条件改善，以及成矿预测和找矿理论的深入研究，近几年深部找矿不断取得重大进展。如胶北地区"焦家式"金矿部分矿区深部新矿体的发现，-1 200～-1 500 m煤炭资源预测评价，近海油田的发现，济宁磁异常验证钻孔发现铁矿层等。由此表明，山东省金、铁、煤、石油等重要矿产的后备资源依然存在着很大的补充空间，具有良好的资源远景。

二、分布特点

（一）不同的大地构造单元内分布着各具特色的矿产

在鲁东地块（包括胶北地块、胶南造山带）、鲁西地块及华北坳陷（山东部分）内，由于各自地壳演化历程的差异，决定其岩石建造和含矿建造的差异，从而导致了各大地构造单元内分布着各具特色的矿产。

1. 鲁东地块内分布的主要矿产

在鲁东地块（包括胶北地块和胶南造山带）内，发育着许多与这个地块地壳演化历程密切相关而又独具特点的一些矿产，使该地块成为山东省、也是我国一个重要的成矿地质构造单元。如：①在该地块内（尤其是胶北地块内）的碳硅泥岩系-孔兹岩系（刘浩龙等，1995 年；姜继圣，1996 年）（荆山群及粉子山群）发育区，分布着晶质石墨矿、菱镁矿、滑石矿、蓝晶石矿、透辉石矿、玻璃用石英岩矿、饰面大理石矿、铁矿、金红石矿、硫铁矿等。②在胶北地块内发育的金的背景较高的新太古代变质火山沉积岩系（胶东岩群）和新元古代花岗质侵入岩（玲珑岩体）及中生代岩浆活动比较强烈的地区，分布着众多的大型和超大型金矿床。③在该地块内发育的中生代中酸性火山岩系（青山群）中（如胶莱坳陷及俚岛凹陷、莒南凹陷等）分布着金、硫铁矿、铜（五莲七宝山）及膨润土、沸石岩、珍珠岩、明矾石等金属和非金属矿产。④在胶北隆起、胶莱坳陷、胶南隆起内的燕山晚期侵入岩分布区及其近侧（蓬莱-栖霞-招远-莱州-平度一带和五莲-日照-临沭一带）及胶莱坳陷内分布着与热液活动有关的萤石、重晶石及铅矿。

2. 鲁西地块内分布的主要矿产

在鲁西地块内发育的与这个地块地壳演化历程相关而又独具特点的矿产较多。如：①在新太古代花岗绿岩带发育区分布着变质沉积型条带状铁矿、金矿、蛇纹岩矿、玉石矿（泰山玉）、硫铁矿等矿产。②在震旦纪-寒武纪-奥陶纪地层发育区，分布着玻璃用石英砂岩矿、水泥、化工和冶金用灰岩矿、石膏矿（海相）、白云岩矿、天青石矿、木鱼石等矿产。③在该地块靠近沂沭断裂带的蒙阴地区发育的古生代金伯利岩体中分布着金刚石原生矿。④在石炭二叠纪地层发育区，分布着煤矿、铝土矿、煤层气、耐火黏土矿、高岭土矿等矿产，使发育这套地层的鲁西南及鲁中地区成为我省和我国的一个重要产煤区。⑤在中生代侵入岩与早古生代碳酸盐岩接触带发育区及中生代小侵入体发育区，常分布有接触交代型铁矿（如济南、莱芜等）、铁铜金矿（如沂南铜井等）及热液型金矿（平邑归来庄等）、铜矿、稀土矿、磷矿等。⑥在该地块中东部的汶口及汶东凹陷、泗水平邑凹陷及韩庄（底阁）四户凹陷内的古近纪官庄群下桥组及大汶口组中分布着石膏（陆相）、石盐、钾盐、自然硫等矿产，使该区成为目前山东省石膏、石盐矿的主要产区。

3. 华北坳陷（山东部分）分布的主要矿产

在华北坳陷（山东部分）内（包括济阳坳陷和临清坳陷）发育的古近纪济阳群（孔店组、沙河街组、东营组）中，分布着石油、天然气及石膏、石盐等矿产，使该区成为山东及我国的一个重要石油产区。

（二）各个地质历史时期中形成的岩系都分布着一定的矿产

在山东的各个地质历史时期中都有一定矿产资源形成，除花岗石矿外，许多矿产的形成，大体具有地质年代的"专属性"，同时在鲁西和鲁东这两个不同地域内，分布的矿产种类也各有其特点：

太古宙形成的工业矿床，目前所知主要为变质沉积型铁矿，分布在鲁西地区。元古宙形成的工业矿床，有沉积变质型石墨矿、菱镁矿、滑石矿、透辉石矿、蓝晶石矿、（玻璃用）石英岩矿、饰面大理石矿及各种类型的金红石矿（与晶质石墨矿伴生的沉积变质型矿床及榴辉岩中的金红石矿床）、铁矿（与碳酸盐岩有关的变质沉积型铁矿，如昌邑东辛庄塔连营、莒南坪上等铁矿；与基性岩浆活动有关的铁矿床，如牟平祥山、昌邑高戈庄等铁矿）。古元古代形成的工业矿床主要分布鲁东地区，发育在鲁西地区济宁岩群中的条带状赤铁矿层因伏于千米之下，其工业价值尚不清楚。

古生代形成的工业矿床，除金刚石矿为与岩浆作用有关的矿床外，均为沉积矿床，主要有煤矿（石炭纪-二叠纪煤矿）、铝土矿、耐火黏土矿、石灰岩矿、白云岩矿、玻璃用石英砂岩矿、石膏矿等。古生代形成的矿产主要分布在鲁西地区。

中生代形成的工业矿床较多。在鲁东地区主要有金矿、铜矿、钼砂、铅锌矿、萤石矿、重晶石矿、膨润土矿、沸石矿、珍珠岩矿、明矾石矿、硫铁矿等；在鲁西地区主要有铁矿、金矿、铜矿、煤矿（侏罗纪煤矿）、耐火黏土矿等。新生代形成的工业矿床较多。在鲁西地区主要有石油、天然气、油页岩、煤矿（古近纪煤矿）、石膏矿、石盐矿、钾盐矿、自然硫矿、蓝宝石矿（原生矿及砂矿）、硅藻土矿、金刚石矿（砂矿）、金矿（砂矿）等；在鲁东地区主要有金矿（砂矿）、煤矿（古近纪煤矿）、玻璃用石英砂矿、铸型砂矿、锆英石砂矿等。

综上所述，从太古宙（主要在鲁西）-元古宙（鲁东）-古生代（鲁西）-中生代（鲁东及鲁西）-新生代（鲁西及鲁东）的5个大的成矿期，在一个省域内连续了起来，形成和分布着多种多样的能源、金属、非金属和水气等矿产。正是这样一个得天独厚的地质构造背景，为山东经济发展提供了良好的矿产资源条件。

第三节 山东主要矿床成因类型

由于山东所属特殊的大地构造背景和复杂的地壳演化历程所造成的多样性的岩石建造特点，决定了成矿物质的多源性、成矿作用的多期性和成矿类型的多型性。在山东，从中太古代到新生代第四纪的近30亿年的各个地质历史时期中，几乎都有工业矿床形成；与岩浆作用有关的岩浆矿床、岩浆期后热液矿床、接触交代（矽卡岩）矿床，与沉积作用有关的海相沉积矿床、陆相沉积矿床、海陆交互相沉积矿床、河湖相沉积矿床和变质矿床等都有发育，并且这三大类矿床在山东以及全国均占有重要地位（表16-1-3）。

表 16 – 1 – 3　　　　　　　　　　　　　山东主要矿床成因类型

矿 种	主要成因类型	含（赋）矿岩系	成矿时代	典型（代表性）矿床
石油天然气	生物化学沉积型	古近纪济阳群孔店组、沙河街组及东营组	古近纪	孤岛、埕东、商河、潍北、文明寨、桥口
煤 矿	生物化学沉积 – 变质型	石炭系、侏罗系、古近系	石炭纪、侏罗纪、古近纪	巨野、兖州、济宁、坊子、龙口
油页岩	生物化学沉积-变质型	石炭-二叠系、古近系	石炭-二叠纪、古近纪	安丘周家营子、坊子、龙口、邹城南屯
地 热	地热（梯度）增温型	各类岩系	第四纪	招远、威海、聊城、德州
煤层气	热变质型	石炭-二叠系、侏罗系	中生代	黄河北煤田
金刚石	金伯利岩岩浆型	新太古代变质岩系、寒武系	中奥陶世	蒙阴王村、常马庄、西峪
	河流碎屑沉积型	第四纪于泉组	第四纪	郯城陈埠、于泉
金 矿	岩浆期后热液破碎带蚀变岩型(焦家式)	燕山早期花岗岩	中生代	莱州焦家、新城、三山岛
	岩浆期后热液含金石英脉型（玲珑式）	燕山早期花岗岩	中生代	招远玲珑、牟平金牛山
	岩浆期后热液隐爆角砾岩型	早古生代碳酸盐岩型	中生代	平邑归来庄
	河流相冲积型	新近系、第四系	新近纪、第四纪	栖霞唐山棚、招远诸流河
铁 矿	沉积变质型（条带状磁铁矿床）	新太古代泰山岩群雁翎关组、山草峪组	新太古代	沂源韩旺、苍峄、东平-汶上
	接触交代（矽卡岩）型	下古生界碳酸盐岩及中生代侵入岩接触带	中生代	莱芜西尚庄、淄博金岭
	热液交代充填-风化淋滤型	寒武纪三山子组	中生代	青州店子、淄博黑旺

（续表）

矿种	主要成因类型	含（赋）矿岩系	成矿时代	典型（代表性）矿床
铜矿	接触交代（矽卡岩）型	下古生界碳酸盐岩与中生代侵入岩接触带	中生代	沂南铜井
	斑岩（细脉浸染）型	中生代中基性侵入岩	中生代	邹平王家庄、栖霞香夼
	（似层状）热液交代型	古元古代粉子山群巨屯组、岗嵛组及燕山期侵入岩	中生代	福山王家庄
	热液裂隙充填脉型	变质岩、火山岩、花岗岩	中生代	莱芜胡家庄、邹平大临池
铝土矿	滨海沉积型	中石炭世本溪组湖田段	中石炭世	淄博湖田、沣水
	陆相湖沼沉积型	二叠纪石盒子组黑山段	晚二叠世	淄博万山、新泰黄泥庄
银矿	中低温热液裂隙充填石英脉型	燕山早期花岗岩	燕山期	招远十里堡、栖霞虎鹿夼
铅锌矿	斑岩（细脉浸染）型	燕山晚期侵入岩与蓬莱群香夼组灰岩接触带	燕山晚期	栖霞香夼
	热液裂隙充填脉型	变质岩、花岗岩、火山岩	燕山晚期	安丘宋官疃、龙口凤凰山
钼矿	接触交代（矽卡岩）型	燕山期侵入岩与粉子山群张格庄组大理岩接触带	燕山晚期	福山邢家山
	斑岩（细脉浸染）型	燕山晚期酸性浅成岩	燕山晚期	栖霞尚家庄、福山王家庄
钨矿	接触交代（矽卡岩）型	燕山期侵入岩与粉子山群张格庄组大理岩接触带	燕山晚期	福山邢家山（钼矿共生矿）
	热液裂隙充填型	燕山期花岗岩	燕山晚期	牟平八甲（硫铁矿伴生矿）
镍矿	岩浆熔离型	新太古代五台期桃科辉长岩	新太古代五台期	泗水北孙徐、历城桃科（铜矿伴生矿）
钴矿	接触交代（矽卡岩）型	下古生界碳酸盐岩与中生代侵入岩接触带	中生代	莱芜顾家台、金岭王旺庄（铁矿伴生矿）

（续表）

矿　种	主要成因类型	含（赋）矿岩系	成矿时代	典型（代表性）矿床
铂钯矿	岩浆熔离型	新太古代五台期桃科花岗岩	新太古代五台期	历城桃科红洞沟（铜镍矿伴生矿）
钛矿（金红石）	变质沉积型	古元古代荆山群陡崖组	古元古代	莱西南墅刘家庄、文登臧格庄（石墨矿伴生矿）
	超高压变质榴辉岩型	古、中元古代榴辉岩	古-中元古代	诸城上崔家沟、日照宫山
	河床相沉积型	第四纪全新世冲积层	第四纪全新世	平度郑家
	滨海相沉积型	第四纪全新世旭口组	第四纪全新世	荣成石岛
锰　矿	沉积变质型	古元古代荆山群、震旦纪蓬莱群豹山口组	古元古代震旦纪	诸城炭井、福山洪钧
钒　矿	滨海相沉积型	石炭纪本溪组	石炭-二叠纪	枣庄沣官庄
轻稀土（铈镧钕镨）矿	热液裂隙充填交代型	中生代碱性岩、花岗岩等	燕山晚期	微山郗山
	伟晶岩型	新元古代花岗岩	新元古代晚期	莱西塔埠头
锆铪铌钽铍矿	滨海沉积型	第四纪全新世旭口组	第四纪全新世	荣成石岛
	伟晶岩型	新太古代变质岩系	新太古代	新泰石棚
锶	海相沉积型	寒武纪长清群朱砂洞组	早寒武世	枣庄抱犊崮
镓	滨海相沉积型	石炭二叠纪本溪组石盒子组黑山段	中石炭世、晚二叠世	淄博沣水（铝土矿伴生矿）
镉碲硒铟	热液充填交代及岩浆型	变质岩系及浅成侵入岩	主要为中生代燕山期	福山王家庄（铜矿伴生矿）

（续表）

矿　种	主要成因类型	含（赋）矿岩系	成矿时代	典型（代表性）矿床
石　膏	陆相碎屑岩系沉积型	古近纪官庄群大汶口组、卞桥组及沙河街组四段、二段	古近纪始新世-渐新世	泰安大汶口盆地、枣庄底阁
	海相碳酸盐岩系沉积型	寒武纪馒头组、奥陶纪马家沟组东黄山段、土峪段、阁庄段	寒武纪奥陶纪	博山、薛城、长清
石　盐钾　盐	陆相碎屑岩系中化学沉积型	古近纪官庄群大汶口组、济阳群沙河街组四段	古近纪	泰安汶口盆地、东营凹陷
地　下卤　水	浅层卤水：海水潮滩成卤型	第四纪更新世海积层	更新-全新世	莱州湾沿岸
	深层卤水：咸化泻湖相原生卤水型	古近纪济阳群沙河街组四段	更新-全新世	东营盆地、临邑盆地
自然硫	陆相碎屑岩系沉积型	古近纪官庄群大汶口组二段	古近纪	泰安朱家庄、汶口盆地
硫铁矿	火山热液充填交代型	早白垩世青山群八亩地组	白垩纪	五莲七宝山钓鱼台
	中低温热液充填交代型	花岗岩、变质岩等岩石	燕山期	乳山唐家沟、牟平八甲
沸石岩	陆相火山岩水解蚀变形	早白垩世青山群石前庄组、后夼组	早白垩世	潍坊涌泉庄、莱阳白藤口
膨润土	陆相火山岩水解蚀变形	晚白垩世青山群石前庄组、后夼组	早白垩世	潍坊涌泉庄、莱阳白藤口
	河湖相正常沉积型	晚白垩世王氏群、新近纪临朐群牛山组	晚白垩世、新近纪	潍坊于家庄、安丘曹家楼、高密谭家营
珍珠岩	陆相火山喷发岩浆型	早白垩世青山群石前庄组	早白垩世	潍坊涌泉庄、莱阳白藤口
萤　石	低温热液裂隙充填型	花岗质岩石及其他各类岩石	晚白垩世	蓬莱巨山沟、莱州三元
重晶石	低温热液裂隙充填型	碎屑岩及其他各类岩石	晚白垩世	安丘宋官疃、胶州铺集

（续表）

矿　种	主要成因类型	含（赋）矿岩系	成矿时代	典型（代表性）矿床
石灰岩	浅海相化学/生物化学沉积型		寒武-奥陶纪	淄博柳泉、滕州马山
石英砂矿	现代滨海沉积型	第四纪全新世旭口组	第四纪全新世	荣成旭口、牟平邹家疃
石英砂岩矿	滨海陆屑滩相沉积型	寒武纪长清群李官组下段	中寒武世	沂南蛮山、孙祖，临沂李官
	河湖相沉积型	二叠纪石盒子组奎山段	晚二叠世	淄博黑山、西冲山
石英岩	沉积变质型	古元古代粉子山群小宋组	古元古代	昌邑山阳、五莲坤山
石墨矿	角闪麻粒岩相沉积变质型	古元古代荆山群陡崖组	古元古代	莱西南墅、平度刘戈庄
滑石矿	富镁碳酸盐岩系热液交代型	古元古代粉子山群张格庄组、荆山群野头组	古元古代	栖霞李博士奔、平度芝坊
菱镁矿	富镁碳酸盐岩系中沉积变质型	古元古代粉子山群张格庄组	古元古代	莱州粉子山优游山
耐火黏土矿	陆相湖沼沉积型	二叠纪石盒子组万山段	晚二叠世	淄博洪山、小口山
硅藻土矿	淡水湖相生物化学沉积型	新近纪临朐群山旺组	新近纪中新世	临朐解家河、青山
明矾石矿	火山岩系中热液蚀变型	早白垩世青山群八亩地组	早白垩世	莒南将军山、诸城石屋子沟
透辉石矿	钙镁硅酸盐系沉积变质型	古元古代荆山群野头组祥山段	古元古代	平度长乐、罗头
	硅质富镁碳酸盐岩系沉积变质型	古元古代粉子山群巨屯组下部	古元古代	福山老官庄、蓬莱战山
蓝晶石矿	高铝岩系中沉积变质型	古元古代粉子山群祝家夼组	古元古代	五莲小庄（九凤村）

第二章　山东能源矿产

山东省是我国能源矿产比较丰富的省份，已发现的该类矿产有石油、天然气、煤、油页岩、铀、钍、地热、石煤、油砂、天然沥青、煤层气，共11种。

在已发现的11种能源矿产中，其资源状况、勘查及开发利用程度差别很大。①煤和石油（含天然气）分布广泛，工作程度高，开发历史较长，已在山东经济发展中发挥了巨大作用。②油页岩矿，分布较局限，资源已基本查明。③铀、钍矿资源分布极为局限，主要作为稀土矿或铁矿等矿产的伴生矿产出。④石煤、油砂、天然沥青资源，分布局限，见于含煤及含油岩系中，基本未进行专门性的地质勘查工作。⑤地热资源在山东省分布相对较多，具有较久的开发历史。近年来，山东省在平原地区地热的勘查和开发中又有一些新的进展。⑥煤层气资源在鲁西地区有一定分布，近年来在煤矿及油气勘查工作中又获得一些较好的矿化显示，作为一种新型清洁能源的找矿和勘查工作，其前景是十分可观的。

第一节　山东石油及天然气

山东省是中国石油、天然气主要生产基地之一，山东省的油气资源条件比较好，油气资源主要集中在鲁北和鲁西南地区，按地质构造区划，山东省境内可供找油找气的勘探区域属于渤海盆地，主要有济阳、昌潍、胶莱、临清、鲁南等5个坳陷，总面积6.53万 km²，分属于胜利油田和中原油田，其中济阳坳陷和浅海地区是胜利油田的主战场。

2012 年全省油气石油、天然气开发企业 1 个（胜利油田），从业人员 82 098 人，采出原油 2 802.61 万 t、天然气 52 000 万 m³，工业总产值 12 971 326 万元，销售收入 13 469 289.47 万元，利润总额 3 870 714.27 万元。

一、济阳坳陷区石油及天然气

济阳坳陷区内的油气田，属于胜利油田。

（一）勘查及资源概况

济阳坳陷位于山东省北部，属于中朝地台渤海湾盆地，勘探面积为 35 696 km²，包括东营、沾化、车镇、惠民 4 个凹陷及滩海地区，发现 73 个油气田。济阳坳陷自 1961 年华 8 井获得工业油流以来，至今已有五十多年的勘探历史。至 2008 年末，三维地震的覆盖程度达到 50.4%，探井和预探井密度分别为 0.22 口/km² 和 0.07 口/km²。根据

2005 年新一轮资源评价结果，石油资源量的探明程度为 46.9%，预测、控制、探明三级储量的资源发现率达到 59.5%。到目前为止，济阳坳陷已经连续 20 多年新增探明储量超过 1×10^8 t，到 2010 年累计探明石油地质储量 50.3×10^8 t，且仍然保持了较强的储量增长能力，为国家能源战略安全做出了重要贡献（图 16 – 2 – 1）。

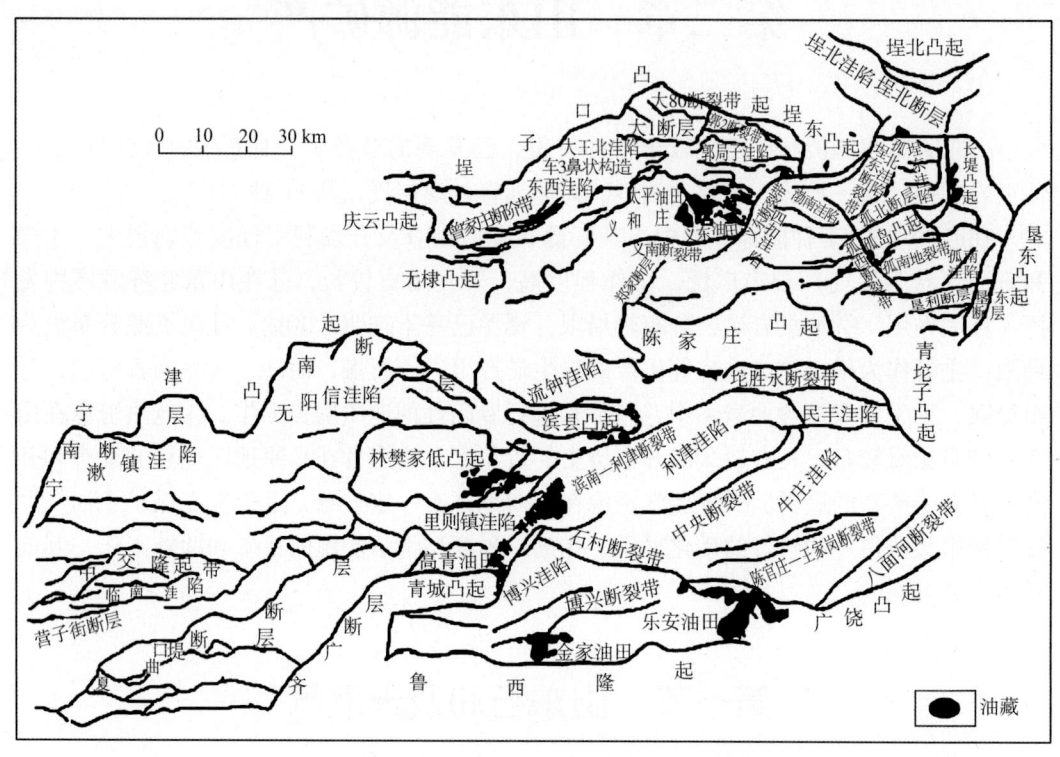

图 16 – 2 – 1　济阳坳陷盆缘地层油藏分布略图

（据伍松柏、王学军等）

（二）油气田地质特征

1. 生油岩系

济阳坳陷在古近纪时，处在欧亚古大陆东部边缘温热、湿润的环境中，由于断陷活动加剧，该区沦为大面积汇水区（东西长约 200 km，南北宽约 120 km，面积约 24 000 km²。）在这样古构造和古地理背景上形成了湖山环绕的特殊沉积环境，在较大面积内沉积了巨厚的富含有机质的生油岩系——古近纪济阳群。济阳坳陷内沉积岩总体积约 1.58×10^4 km³，其中生油岩系体积约 0.85×10^4 km³，占 53.8%。在这套含油气地层中可分为 6 套生油岩系，由下而上为：①古近纪济阳群孔店组二段（简称"孔二段"）；②济阳群沙河街组四段（简称"沙四段"）；③沙河街组三段（简称"沙三段"）；④沙河街组二段（简称"沙二段"）；⑤沙河街组一段（简称"沙一段"）；⑥济阳群东营组。其中以沙三段为主。

在上述这几套生油岩系中均富含有机质，尤其是其中的暗色泥岩中有机质含量比较丰富。例如，有机碳含量沙四段为 0.70% ~ 1.50%，沙三段为 1.40% ~ 2.17%，沙二段为 0.70% ~ 1.10%，沙一段为 1.10% ~ 2.20%，东营组为 0.26% ~ 1.40%。沙三段有机碳含量最高，暗色泥岩最大厚度达 1 000 m，有机碳总量达 1 565 × 10^8 t；氯仿沥青"A"为 0.1% ~ 0.4%。各岩系中如此较高的有机质，为油气的生成奠定了物质基础。

据胜利油田地质科学研究院研究认为，济阳坳陷陆相生油岩干酪根的有机颗粒组成比较混杂，从高等植物碎屑的孢子花粉、木质素树脂、角质体、丝质体，到低等的藻类、细胞软组织、菌核体等应有尽有。但大部分样品都以类脂体的无定形藻类、孢子为主要成分。大部分样品的 H/C 原子数比值在 1.2 ~ 1.5 之间，说明本区有机质类型以腐殖型和腐泥型的混合型为主体，含有部分腐泥型。

沙三段是本区主要生油层，其大部分样品的干酪根中都富含类脂质体的无定型组分（葡萄球藻），这种低等藻类可能是贡献最大的油母物质，具有较高的产烃率。

2. 储集层特征及分布特点

济阳坳陷内，从新太古代变质岩系（变质地层及片麻状花岗岩），到古生代和中生代地层及古近纪济阳群中均已获得了高产油气流，表明本区新太古代侵入岩、变质岩及古生界、中生界和古近系的沉积岩都具有油气储集性能，但沉积地层中的砂岩和碳酸盐岩是济阳坳陷内的主要储集层，在其中探明的石油储量占探明总储量的 99% 以上；而火成岩和变质岩储集层中探明的储量还不到 1%。

在济阳坳陷内发育有 14 套储集层，自下而上为：①新太古代变质岩系（泰山岩群或变质花岗质侵入岩）；②寒武系；③奥陶系；④石炭系-二叠系；⑤中生界；⑥古近纪济阳群孔店组二段；⑦孔店组一段；⑧济阳群沙河街组四段；⑨沙河街组三段；⑩沙河街组二段；⑪沙河街组一段；⑫济阳群东营组；⑬新近纪黄骅群馆陶组；⑭黄骅群明化镇组。由于济阳坳陷内储集层系多、储集岩类型多，因此造就了坳陷内储集层在垂向上上下叠置，平面上连片分布的格局。

3. 油气藏特征

济阳坳陷内的油气藏类型有构造油气藏、潜山油气藏及地层和岩性油气藏 3 种类型，以构造油气藏为主体。已经探明的石油地质储量的 71.0%、天然气地质储量的 84.7% 分布在构造油气藏内；10.1% 的石油地质储量分布在潜山油气藏内；18.9% 的石油地质储量和 15.3% 的天然气地质储量分布在地层和岩性油气藏内。这些油气藏呈带状-环带状分布在主要生油气区的周围。

济阳坳陷区内的油气岩层埋藏较深，主要在 628 ~ 5 007 m 深度范围内。该区探明和控制的石油地质储量的 90% 分布在 900 ~ 3 200 m 深度范围内，其余的 10% 分布在 3 200 m 以下，只有极少量石油分布在 900 m 以上；探明的天然气地质储量几乎全部分布在 735 ~ 2 000 m 深度范围内。

在层系上，济阳坳陷内的油气资源主要分布在古近纪储集层内，所探明的石油和天然气地质储量的 90% 和 100% 分布在其内。其中又以沙四段、沙三段和沙二段储集层为主（其内探明的石油地质储量占总探明储量的 49.6%，探明天然气地质储量占总储量的 14.8%），其次是馆陶组（探明的石油地质储量占总储量的 28.4%；探明的天然气地质储量占总储量的 44.6%）。

4. 生储盖组合特征

区内主要存在着 3 种生储盖组合类型。

（1）自生自储组合：是指生油层与储油层分布在相同空间，且在同一时间形成。如沙一段湖相泥岩、油页岩及东营组上部泥岩段均为区域性盖层，亦是生油层，其中发育的砂岩则是有利的储集层，形成了自生自储的油气藏。

（2）下生上储组合：是指古近系为生油岩系，新近系为储集层。如孔店组生油，沙河街组储盖；沙三段生油，沙二段或沙一段储盖。其为济阳坳陷内一种重要的成油组合。

（3）新生古储组合：是指古近系生油，前古近系储集层储油。如区内的古潜山。

5. 济阳坳陷内石油与天然气资源的配套特点

济阳坳陷内探明的石油地质储量丰富，而探明的天然气地质储量很少，二者的比例为 1∶0.066，显示出该坳陷内明显的富油贫气的特点。

6. 原油物理特征

济阳坳陷内探明油田的原油以重质油为主，属中、低等成熟度原油或受到一定次生降解作用的原油。原油比重 0.810 ~ 1.026kg/L，黏度 4.9×10^{-3} ~ $33\ 462 \times 10^{-3}$ Pa·s，含蜡 5.0% ~ 29.3%，含硫 0.02% ~ 7.62%。

二、临清坳陷区石油及天然气

临清坳陷山东境内油田分为南北两部分，南部油田分布在东濮凹陷中（山东习惯称东明凹陷），北部油田主要分布在莘县凹陷内。该区油田属于中原油田范围。

（一）勘查及资源概况

临清坳陷区石油及天然气勘查工作始于 1955 年，至 1975 年前主要进行区域性的地质调查及重力、磁力（地磁、航磁）、地震等物探工作及钻井工作，到 1975 年在东明凹陷内的一个钻井首喷工业油气流，又开始了较系统的勘探评价工作。到 2000 年底共完成钻井近 4 000口；发现油田 7 处、气田 1 处；探明石油地质储量约 0.85×10^8 t，天然气地质储量约 107×10^8 m³；开发利用油气田 7 个，累计生产原油 0.17×10^8 t、天然气 0.27×10^8 m³。

（二）油气田地质特征

1. 生油岩系

临清凹陷（山东部分包括东明凹陷、莘县凹陷及德州凹陷）内的生油岩系，由下而上为侏罗系-白垩系、孔店组-沙四段、沙三段和沙一段。其中沙三段是主要生油岩系，具有暗色泥岩厚度大、有机质丰度中等、成熟度高、转化程度高等特点。

生油岩系中有机碳含量（%）：以沙三段和沙一段最高，为 1.16 ~ 1.26；孔店组-沙四组为 1.09；沙二段为 0.3 ~ 0.7；侏罗纪为 0.3 ~ 0.5。氯仿沥青"A"含量（%）以沙三段和孔店组-沙四段上部最高，为 0.047 ~ 0.10；沙一段 0.03 ~ 0.05；最低为侏罗系-白垩系，为 0.025 左右。总烃含量（10^{-6}）：孔店组-沙四段、沙三段及沙一段变化在 273 ~ 800 之间；侏罗系-白垩系为 165。从有机碳含量分析，沙三段属好生油岩系；孔店组-沙四段、沙一段属中等生油岩系；侏罗系-白垩系属较差生油岩系。

生油岩系中的干酪根，孔店组-沙四段、沙三段、沙一段以腐泥型-腐殖型的过渡型为主；侏罗系-白垩系为过渡型-腐殖型。

2. 储集层类型及分布

该坳陷内储集层由下而上有侏罗系-白垩系、孔店组-沙四段、沙三段、沙二段、沙一段，储集层主要岩性为粉砂岩和细砂岩，部分为中砂岩和粗砂岩，为碎屑岩储集层。埋藏深度在东明凹陷多在 1 500 ~ 3 200 m 之间；莘县凹陷多在 2 500 ~ 3 200 m 之间。临清坳陷内储集层，除碎屑岩外，尚有少部分碳酸盐岩储集层和火山岩储集层。

3. 生储盖组合特征

临清坳陷内沙三段至沙一段呈区域性分布，泥岩厚度大，且多含石膏，是临清坳陷内以泥质岩为主的良好盖层。除此而外，古近系济阳群中的泥页岩也为良好的盖层。

该坳陷形成的生盖储组合类型有：①沙四段和沙三段属自生、自储、自盖组合；②沙二段储集层与沙三段生油层和沙一段盖层形成下生上盖组合；③侏罗系-白垩系生油层与古近系济阳群储量层和盖层形成古生新储组合。

4. 原油物理特征

东明凹陷内原油以重质油为主，属中等性质原油，地面比重为 0.9 kg/L 左右，地下原油黏度为 9.28×10^{-3} Pa·s。

第二节　山东煤矿

一、煤炭资源分布及勘查与开发概况

（一）煤炭资源及其分布特点

山东省煤炭资源丰富，开发历史悠久，地质勘查程度较高。山东是我国重要的煤炭基地之一。截至 2011 年底，全省累计查明煤炭资源储量 318.67 亿 t，保有资源储量 277.60 亿 t；2012 年底，全省累计查明资源储量 332.05 亿 t，保有资源储量 289.44 亿 t。2011 年山东省原煤产量为 16 113.6 万 t。2012 年 1 ~ 11 月份，全省累计煤炭产量 1.34 亿 t，同比下降 4.6%；商品煤销量 1.29 亿 t，同比下降 2.8%。11 月末，全省煤矿库存 116 万 t，环比减少 33 万 t，同比下降 27.3%。山东省煤炭开发强度大，后备储量不足。未来数年内山东省以煤为主的能源消费结构不会有大的变化，供需缺口将继续扩大，煤炭自给程度还将进一步降低。

山东省的煤炭资源主要分布在鲁西地区（占 97.5%），鲁东地区分布很少（占 2.5%）。在鲁西地区，煤炭资源主要分布在鲁西南地区，该区已成为当前山东省煤炭资源最为富集的地区，其中滕州、兖州、济宁、巨野四大煤田的资源储量均在 30×10^8 t 以上；特别是巨野煤田，是山东省目前发现的规模巨大、整装全隐蔽的石炭二叠纪煤田，具有很大的资源潜力和开发前景。此外，煤炭资源还分布在鲁中、胶济铁路（鲁西段）沿线、济南以西的黄河北岸及鲁北的沾化-河口地区。鲁东地区的煤炭资源分布在龙口、莱州、平度等地。在蓬莱-青岛以东地区还未发现煤炭资源（图 16 - 2 - 2）。

（二）煤炭资源勘查及开发概况

山东省煤炭资源勘查程度较高。早期的煤炭地质调查工作，始于 19 世纪中后期德国人李希霍芬对临沂、章丘、博山等煤矿的调查工作。20 世纪初至新中国成立前先后有王道昌、丁文江、谭锡畴、张会若、王竹泉等中国学者和一些日本人对山东一些煤矿进行一定的调查工作。新中国成立前所进行的煤矿地质工作，基本上是点上的概略调查，形成的地质资料多欠详细和系统。山东省正规的煤炭地质勘查评价工作始于 1953 年，到 2012 年底全省累计完成各类勘查成果资料 500 多份。基本查清了陶枣、官桥、新汶、淄博、坊子等老煤田的煤炭资源；完成了兖州、藤县、济宁、肥城、巨野、曹县、黄河北、黄县等地区煤炭资源的总体详查。通过三次煤田预测和晚古生代聚煤规律研究 650 多年的勘查工作，全省的煤炭资源现状及远景已基本查清。

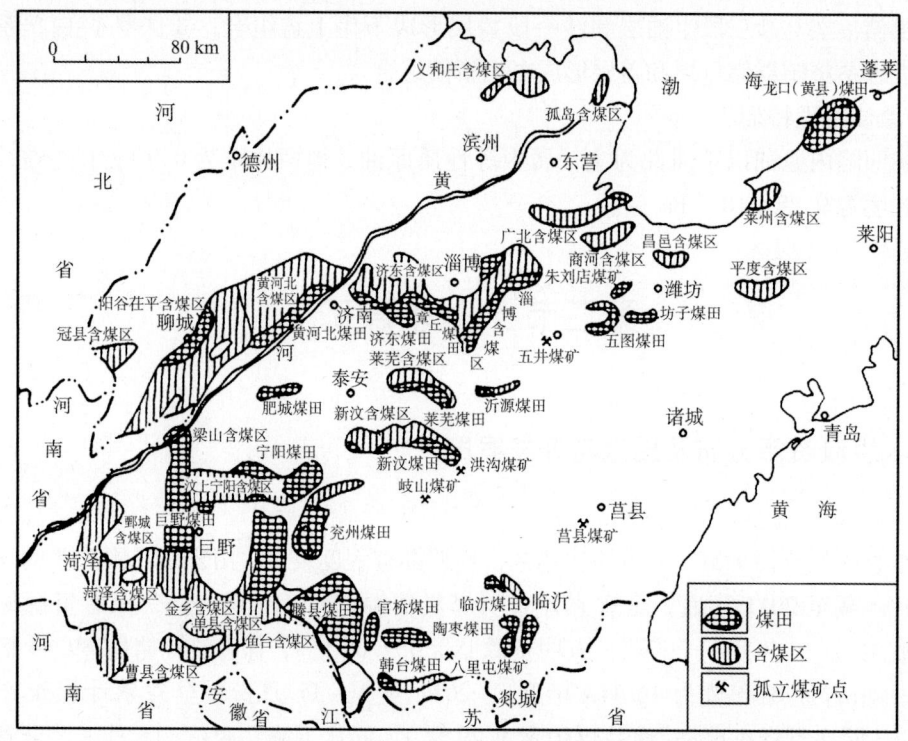

图 16 - 2 - 2　山东省主要煤田和含煤区分布简图

[据《山东省地质矿产志》和《中国主要煤矿资源图集》（山东分册）修编]

在山东省 20 个煤田及其他含煤区中，陶枣、官桥、兖州、临沂、沂源、肥城、坊子、五图 8 个煤田和五井、朱刘店、岐山、洪沟、莒县、八里屯等煤井点，勘探工作已基本完成，探明储量已被开采，在建矿井全部利用；巨野和阳谷-荏平 2 个在 20 世纪 80 年代发现的新煤田，也已进入无开发利用；韩台、滕州、济宁、汶上-宁阳、新汶、莱芜、黄河北、章丘、淄博、龙口（黄县）10 个煤田，已做过程度较高的普查工作，并分别建有开发利用矿井；单县、梁山、鲁西斜坡带、潍坊 4 个含煤区仅开展过程度较低的找煤工作。

山东省既是煤炭资源大省，又是产煤大省。2012 年全省共有煤炭开采企业 221 个，从业人员 359 114 人；采出原煤 14 700.31 万 t，居全国第 4 位；工业总产值 9 374 126.22 万元，销售收入 8 672 907.82 万元，利润总额 1 694 205.58 万元，均居全国第 4 位。与 2011 年相比，全省煤矿企业总数与上年持平，其中中型增加 7 个，小型减少 6 个，小矿减少 1 个；原煤产量减少 508.15 万 t；工业总产值减少 1 165 450.02 万元；销售收入减少 774 220.37 万元；利润总额减少 982 918.59 万元。

二、含煤岩系及煤质特征

（一）含煤岩系特征

山东省内主要发育 3 套含煤岩系，即：石炭-二叠纪月门沟群本溪组、太原组和山西组，早-中侏罗纪淄博群坊子组，古近纪五图群李家崖组。

1. 石炭二叠纪含煤地层（月门沟群）

石炭二叠纪含煤地层，自下而上包括 3 套岩系：晚石炭世本溪组、晚石炭世-早二叠世太原组、早二叠世山西组。这套含煤地层（月门沟群）总厚约 810 m，广泛分布于鲁西地区，是山东主要含煤地层，为海陆交互相-陆相沉积岩系。

（1）晚石炭世本溪组：本溪组厚 30 ~ 50 m。该组底部为一层铁铝质岩，其上为紫色灰岩及泥岩和黏土岩，含石灰岩 2 ~ 4 层和 1 ~ 3 层薄煤。除济东煤田发育的 2 层煤局部达可采厚度外，其余地区所见均无工业价值。

（2）晚石炭世-早二叠世太原组：为鲁西地区主要含煤地层之一，厚 170 m 左右。该组由灰-灰白色泥岩、粉砂岩及灰-灰白色中-细粒砂岩等组成。含灰岩 4 ~ 11 层、煤 8 ~ 20 层。北部（淄博、济东、黄河北煤田）和中部（莱芜、新汶、肥城煤田）含煤性较好，含可采煤 5 ~ 8 层，总厚 2.50 ~ 8.00 m；南部（汶上-宁阳煤田以南各煤田）含可采煤 3 ~ 6 层，总厚 2 ~ 4 m。灰岩和煤层层数，由北向南增多，但煤层渐薄。

（3）晚二叠世山西组：为鲁西地区主要含煤地层之一，厚约 90 m。该组由灰-灰白色砂岩和灰-灰黑色粉砂岩、泥岩组成。含煤 3 ~ 6 层，其中可采煤 1 ~ 4 层，总厚 2 ~ 10 m。以鲁西南和鲁中地区煤层发育最好。

2. 早-中侏罗世淄博群坊子组：坊子组分布十分局限，除坊子煤田外，在淄博、章丘煤田也有零星分布。坊子组厚 370 m。为陆相砂、泥岩建造，含煤 1 ~ 3 层（总厚 1.15 ~ 11.60 m）。在坊子组煤田内含可采煤 3 层，厚 4 ~ 6 m。

3. 古近纪五图群李家崖组

主要分布在龙口（黄县）、昌邑五图等地。该组厚 120 ~ 170 m。其由紫、灰绿、灰色砂岩、泥岩、黏土岩夹泥灰岩和钙质泥岩组成，含煤 1 ~ 4 层（组），一般可采厚度 3 ~ 8 m，共生有油页岩。

（二）煤质特征

1. 石炭二叠纪（太原组和山西组）煤田煤质特征

（1）煤种：山东省石炭二叠纪煤田的煤种有气煤、肥煤、气肥煤、无烟煤、1/3 焦煤、天然焦等，煤种较全，以气煤和肥煤为主。

（2）煤岩类型：石炭二叠纪主要含煤岩系中的煤的成因类型和煤岩类型不尽相同。

①太原组煤的成因类型以腐殖煤为主，并有少许过渡性的腐殖腐泥煤和腐泥煤；煤岩类型以亮煤和暗煤为主。②山西组煤的成因类型以腐殖煤为主，在腐殖煤层中杂有少量的过渡型煤；煤岩类型以亮暗煤和暗亮型煤为主。

（3）煤岩的化学性质及成分：太原组及山西组中煤岩的化学性质及成分基本相近，但有一定差别。①挥发分：在一般情况下山西组为32%～38%；太原组在42%左右。在受到岩浆影响的情况下，煤层挥发分含量变化在7%～38%之间。②灰分：山西组一般在15%～17%之间；太原组一般在11%～12%之间。受岩浆岩破坏的煤层，灰分普遍增多，但一般不超过35%。山西组和太原组两煤层的灰分可熔性介于1 000～1 350℃之间，一般在1 250℃以下，以中等可熔性者居多。③硫分：山西组煤层中含量一般低于1%；太原组煤层中含硫量较高，一般为2%～3.5%，大部分在3%～4%之间，个别>4%。山西组煤层中的硫由有机硫和硫化铁组成，二者近于均等；太原组煤层则以硫化铁为主，而有机硫也相对于山西组煤层为高。两煤层中硫酸盐硫均很少。太原组煤层中的硫脱硫情况一般较好，脱硫系数一般为0.3～0.45。④磷分：山西组和太原组中的磷的含量均不高，一般小于0.01%。⑤发热量：山西组和太原组煤层中煤的发热量一般为21～36MJ/kg。⑥有机元素含量：山西组和太原组煤层中的煤的有机元素含量基本接近，碳含量在78%～82%，氢在4.5%～5.5%之间，氮<1.5%，氧在7%～11%之间。⑦含油率：山西组和太原组煤层中煤的含油率普遍较高，均在10%～20%之间。

2. 早-中侏罗世（临朐群坊子组）煤田煤质特征

山东早-中侏罗世煤田（坊子煤田），煤层因受岩浆岩侵入影响，煤种主要为无烟煤，次为弱黏结煤。煤的成因类型以腐殖煤为主；煤岩类型以亮煤为主。挥发分一般在13%～22%之间；灰分高，达30%～40%；全硫含量一般为1%～2%，磷含量一般<0.01%；发热量为19～33MJ/kg；碳和氢含量分别为75%和6%左右；含油率较低，在0～7%之间（多<5%）。

3. 古近纪（临朐群李家崖组）煤田煤质特征

古近纪煤田煤种以褐煤为主体（99%～100%），龙口煤田中含有少量长焰煤；煤的成因类型为腐殖煤和腐泥质腐殖煤；煤岩类型以亮煤为主，次为暗亮煤或亮暗煤。古近纪煤田煤的变质程度低，挥发分高，一般为42%～52%；灰分在10%～25%之间，灰分熔点为1 100～1 200℃；全硫含量一般<1%，个别煤层在1%～2%之间；磷含量为0.01%～0.1%；发热量一般为16～24M J/kg；碳和氢含量分别为75%和6%；含油率为5%～15%。

三、山东石炭纪-二叠纪典型煤田地质特征

巨野煤田

巨野煤田位于山东省西南部，主体居于巨野县和郓城县内，向南跨入成武县北部。该煤田北起汶泗断裂，南至成武县汶上县一带的石炭系底界与田桥断裂相交处；东起田桥断裂，西至石炭系与奥陶系交界处。普查区南北长约70 km，东西平均宽为13 km，控制含煤区面积533 km²。该煤田全区为新生代地层覆盖（厚500～600 m），是迄今山东省发现并探明的最大的全隐蔽整装石炭二叠纪煤田（图16－2－3）。

巨野煤田含煤地层为石炭二叠纪月门沟群太原组和山西组，总平均厚度 226 m，共含煤 26 层（可采煤 6 层），其中山西组含煤 4 层（可采煤 2 层）；太原组含煤 22 层（可采煤 4 层）；可采煤层在局部地区发育为 8 层，即 3$_上$ 煤、3 煤、3$_下$ 煤、15$_上$ 煤、16$_上$ 煤、16$_下$ 煤、17 煤和 18 煤（表 16 – 2 – 1）。3 煤（3$_上$ 煤、3 煤、3$_下$ 煤）为主要可采煤层，煤质好，煤层厚，分布稳定，其在北部平均厚为 5.96 m，南部平均厚为 7.58 m。可采煤层及局部可采煤层总厚平均为 8.62 m，含煤系数为 3.8%。煤层埋深在 800～1 000 m 之间，最大埋深为 1 200 m。探明的储量约 50×10^8 t，其中 –1 000 m 以浅约为 43×10^8 t，其余在 –1 000 m 以深。巨野煤田煤的类型比较复杂，以肥煤、气煤为主，伴有少量的 1/3 焦煤。由于燕山期岩浆侵入活动影响，使局部煤层变质为无烟煤和天然焦，同时使煤层厚度和结构遭到一定破坏。3 煤层（3$_上$ 煤、3 煤、3$_下$ 煤）属低灰、

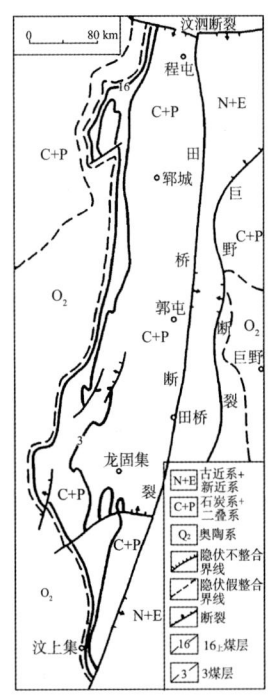

图 16 – 2 – 3　巨野煤田基岩地质略图
（据山东省地质环境总站《京九沿线·山东段
地质矿产资源开发与经济发展研究》，1999 年）

特低硫煤；15$_上$、16$_上$、16$_下$、17 和 18 煤属低灰—中灰富硫煤；除 15$_上$、16$_上$ 煤层属高发热量煤外，其他煤层属中—高发热量煤（表 16 – 2 – 1）。

表 16 – 2 – 1　　　　　　　　　　巨野煤田可采煤层及煤质特征

煤系		山 西 组		太 原 组					
煤层名称		3$_上$ 煤	3 煤	3$_下$ 煤	15$_上$ 煤	10$_上$ 煤	16$_下$ 煤	17 煤	18 煤
煤层特征	两极厚度（m） 一般厚度（m）	$\dfrac{0-4.32}{1.96}$	$\dfrac{0-10.43}{5.18}$	$\dfrac{0-4.34}{1.54}$	$\dfrac{0-1.07}{0.66}$	$\dfrac{0-2.23}{0.77}$	$\dfrac{0-1.14}{0.52}$	$\dfrac{0-1.27}{0.62}$	$\dfrac{0-1.74}{0.73}$
	煤层间距（m）		18.02	124.79		25.95	6.13	2.22	11.78
	煤层结构	较简单	较简单	较简单	简单	简单	简单	简单	简单
	煤层稳定性	较稳定	稳定—较稳定	较稳定	较稳定	较稳定	稳定	不稳定	较稳定
煤质特征	原煤灰分（%）	13.13		14.68	10.14	8.97	15.09	15.57	13.67
	挥发分（%）	35.67		36.68	37.44	33.90	34.15	33.52	33.92
	原煤全硫（%）	0.54		0.53	3.15	2.96	3.98	3.90	4.06
	发热量（MJ/kg）	29.91		29.44	31.94	32.37	29.99	28.82	29.75
	煤类	肥煤、气煤、1/3 焦煤		肥煤气煤	肥煤气煤	肥煤气煤	肥煤气煤	肥煤气煤	肥煤气煤

注：据纪兆发等，2000 年。

第三节　山东地热

地热，是地热资源的简称；是指能够经济地为人类所利用的地球内部的热资源。目前人们所讨论和所利用的地热资源主要是指温泉和人工揭露的地下热水。

一、地热资源分布及勘查和开发利用现状

（一）地热资源的分布

山东地热资源分布较为普遍，在鲁东、鲁西山区、鲁西南和鲁北平原区均有地热自然出露点（温泉）和揭露点（热水钻孔）分布。①在胶东半岛有 14 处温泉出露，分布在招远、蓬莱、牟平、威海、文登、即墨等地。热水露头大多出露在溪谷或山坳处的构造裂隙带附近。温泉水自然出流（温泉附近钻井热水也自流）。②沂沭断裂带内的地热见于中南段的沂水—临沭一带，分布的 4 个地热点均在断裂带处，其中的沂南铜井的一个地热井处在中生代石英闪长岩与古生界石灰岩的接触带处。③鲁西山区分布的 3 处温泉及十几处地热井均分布在 NW 向与近 SN 向、NE 向或近 EW 向断裂交汇部位或中生代侵入岩与古生界石灰岩的接触带上。例如，泰安桥沟及平邑王家坡 2 处温泉出露在 NW 向的蒙山断裂与近 SN 向断裂交汇部位，地貌上处于溪谷中；齐河桑梓店油房赵热水井位于中生代侵入体之断裂破碎带处；历城鸭旺口 58 号热水井位于中生代闪长岩与古生界石灰岩（大理岩）接触带处。④鲁西北及鲁西南平原区，即鲁西南潜隆起区及临清坳陷区和济阳坳陷区内的地热，发育在次级凹陷或凸起内的新生代巨厚层之下的古潜山部位上（如菏泽、鄄城、陵县、庆云等地的一些地热井）及济阳坳陷区东北部具有高地热梯度的车镇凹陷和沾化凹陷区内（如无棣、沾化、河口、东营等地的一些地热井）。

（二）地质勘查工作现状

有关山东温泉，在《山东通志》及招远、栖霞等地的历代一些县志多有记载。在 20 世纪初至 30 年代，章鸿钊等一些中外地质学家对出露于即墨、栖霞、牟平、蓬莱、招远、威海、文登、沂水等地的一些温泉做过调查和著文评述。

山东地热资源正规的地质勘查始于 1958 年。当时的山东省地质局 801 队在招远、文登、威海、即墨等地进行了地热勘查，在原有温泉出露点的基础上又发现一些新的热水点。这一时期勘查的地热类型主要是出露于花岗岩地区的构造裂隙型地下热水，多以温泉形式出露。自 1975 年以来，山东地矿部门先后在济南、德州、聊城、菏泽等地开展深层地热资源勘查。

到 1995 年前后，已在鲁西南和鲁西北的第四系大面积覆盖区的菏泽、聊城、德州等地，发现了一批地热田。这些地区的地热属于层状热储，为分布面积及涌水量较大的地热田。经过多年地质勘查工作，山东省内已发现地下热水出水点 48 处，其中温泉 18 处，钻孔揭露 30 处（图 16－2－4）。据不完全统计全省已查明地热资源量为 2 577 PJ。相当于标准煤 0.88×10^8 t。

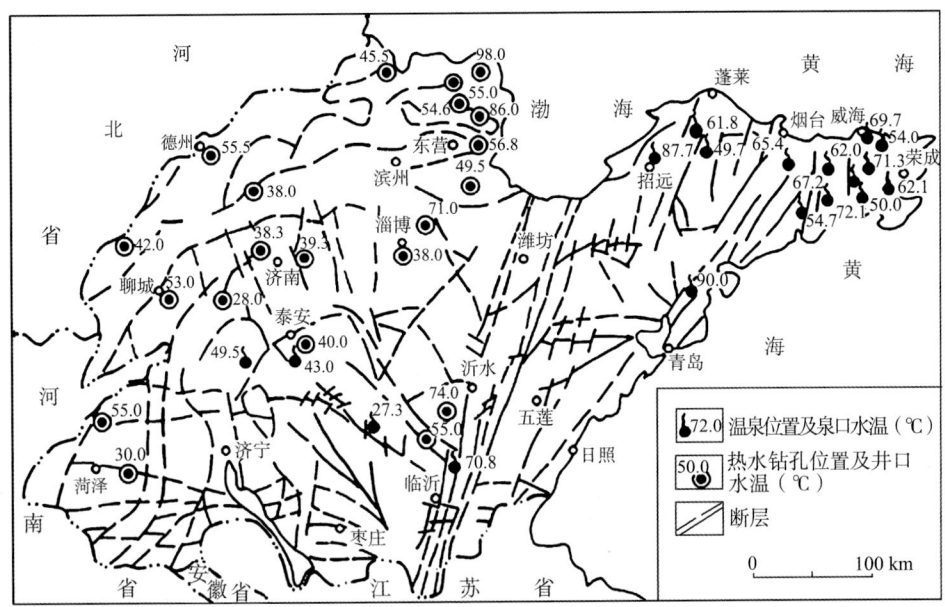

图 16 - 2 - 4　山东省主要地热点分布简图

(据刘善军原图修编，1997 年)

（三）开发利用概况

山东地热资源开发利用历史悠久。如文登城西的七里汤（温泉），在元代就有开发利用的记载，明代建有男女浴池，清代康熙及道光年间又重修。栖霞艾山汤、蓬莱温石汤、牟平龙泉及沂水等地的温泉在明、清时期都已开采利用。

近年来，山东省地热资源开发利用取得很大进展。2012 年全省地下热水开发企业71 个，从业人员 2 223 人，采出地下热水 722 万 t，工业总产值 7 094.52 万元，销售收入 6 693.94 万元，利润总额 461.45 万元。

二、地热资源地质特征

（一）胶北隆起及威海隆起地热资源特征

该区已发现的地热资源大体分布在招远-青岛一线以东的胶东半岛地区。分布有 14处温泉及几眼温泉近处的热水井。其热储类型为带状热储，热储岩性主要为裂隙发育的中生代花岗质岩石及早前寒武纪变质长英质类岩石，热储层厚度为 180 ~ 280 m。各热储多为各自独立的热水构造系统，相互之间无明显的水力联系；各不相同热储岩性条件下的相邻热储中的热水化学成分大体相近，但水温及化学组分含量等，依然存在一定差别。地下热水以温泉的形式出露溪谷或山坳等地势相对低洼处的构造裂隙发育部位。水化学类型多为 Cl – Na·Ca 型，与第四系中潜水混合时为 HCO·SO_4- Na 型；矿化度为0.50 ~ 16.91 g/L；热矿水类型以氟·硅型为主。泉口水温在 49.7 ~ 90.0℃之间，多为中高温温泉（60 ~ 80℃）、有 4 处属中温温泉（40 ~ 60℃），2 处属高温温泉（80 ~100℃）。该区内地下热水最高水温见于招 5 号孔，在孔深 340 m 处达 100.5℃。

（二） 沂沭断裂带地热资源特征

沂沭断裂带是一个地壳薄、上地幔高、电导层浅为背景的高温地热带。目前已发现（揭露）的 4 个地热点分布在其南段的沂水-临沂一带。其热储类型为带状热储，热储岩性主要为早前寒武纪变质花岗质岩石及中生代花岗岩，热储层厚度为 150 ~ 250 m。地下热水出露于近断裂带处的裂隙发育的花岗质岩体内或空隙较多的中生代花岗岩与古生界石灰岩接触带处的虚脱部位（如沂南铜井地热井）。水化学类型为 Cl – Na 型，Cl – SO_4 - Na·Ca 型；矿化度为 1.29 ~ 2.49 g/L；热矿水类型为氟·硅型。井口温度为 50 ~ 74℃，属中温-中高温热水。

（三） 鲁西山区地热资源特征

鲁西山区大体指齐广断裂以南、微山湖-济宁-平阴一线以东的鲁西隆起区的山丘部分。该区内分布有 3 处温泉及十几处地热井。热储类型为带状热储及寒武奥陶系碳酸盐岩岩溶裂隙层状热储；热储岩性，前者主要为早前寒武纪变质花岗质岩石和中生代花岗岩，热储层厚大体在 150 ~ 260 m 之间；后者主要为石灰岩，热储层厚在 120 ~ 200 m 之间。温泉及地下热水井多分布在 NW 向与近 SN 向、NE 向或近 E 向断裂交汇部位上或中生代岩体与古生界灰岩接触带上（温泉则出露在这些地质构造部位的溪谷地势低洼处）。该区地下热水的水化学特征因各地热点所处地质背景不同而有所差别。水化学类型为 Cl – Na 型及 Cl·SO_4 - Ca·Na 型。矿化度为 4.62 ~ 16.52 g/L；热矿水类型为氟·硅型（如平邑王家坡温泉）、氟·锶型（如泰安桥沟温泉）、氟·锶·硅·硫化氢型（如济南鸭旺口地热水）、氟·锶·硅型（如淄博地热水）。地热水井口温度在 27.3 ~ 71.0℃之间。

（四） 鲁西及鲁北平原区地热资源特征

该区是指齐广断裂以北、微山湖-济宁-平阴一线以西的鲁西隆起区内的鲁西南潜隆起区、临清坳陷区及济阳坳陷区。在这个地区内，目前已有 20 余处钻井打出地下热水。是山东省地热资源很有开发前景的一个区域。

鲁西及鲁北平原区的地温及地热梯度都高于其东部的鲁西地区和沂沭断裂带及鲁东地区。济阳坳陷西部及临清坳陷的地热梯度为 3.14℃/100 m，1 500 m 深度地温为 61.6 ~ 63.0℃；鲁西南潜隆起区内的地温梯度为 3.06℃/100 m，1 500 m 深度地温为 59.5℃。而济阳坳陷区的中部及东部地温及地温梯度高于西部，特别是车镇凹陷及沾化凹陷，东部地区地温特别高，2 000 m 深度地温达 114℃，地温梯度达 6.2℃/100 m。

此区地下热水主要赋存在孔隙度较大的沉积地层中。热储类型为层状热储，其可分为 2 个亚类型。①孔隙热储层：以新近纪明化镇组和馆陶组为主，主要岩性为砂岩和泥岩。热储层厚度多在 80 ~ 200 m 之间，热储层顶板埋深一般为 500 ~ 1 000 m。由于该套热储层为泥质岩类和砂岩类交互沉积建造，所以热储层具有叠加特征，且下层热储温度高于上层热储温度。热水出口水温为 38.0 ~ 56.8℃；水化学类型为 SO_4 - Na 型，矿化度为 2.24 ~ 20.67 g/L；热矿水类型以氟·锶型为主。②岩溶裂隙（洞缝）型热储层：以奥陶系马家沟组石灰岩为主，热储层厚度为 25 ~ 240 m，在济阳坳陷内该储集层埋深一般为 1 000 ~ 3 200 m，其内岩溶发育，水量丰富。在这套地层构成的古潜山区，往往出现高于周围的地温异常（如聊城东郊军王屯聊古1地热井）。该类热储层内热水的水化学类型为 Cl - Ca 型或 HCO_3 - Na 型，矿化度一般为 8 ~ 16 g/L。热矿水类型为氟·锶型。热水水温与热储层埋深成正比，一般为 49.5 ~ 98.0℃。

三、代表性地热井地质特征

聊城市东郊军王屯聊古 1 号地热井

聊古 1 号地热井位于聊城城东南约 5 km 的军王屯。区内为第四系覆盖，在地质构造上处于聊考断裂东侧（下盘）；大体在鲁西隆起与临清坳陷相接地带的鲁西隆起一侧的荏平（齐河）阳谷（潜）凸起（古潜山）内。该地热井为 20 世纪 70 年代胜利油田施工的一个油气普查钻孔，由于其自流热水而被保留利用，并用于地震监测。井口水温为 53 ~ 57℃，自溢流量据 1976 ~ 1977 年统计，平均每天在 400 m^3 左右。

该地热井孔深 2 337.72 m，钻遇地层有第四纪平原组、新近纪明化镇组和馆陶组、奥陶系、寒武系及新太古代变质岩系（泰山岩群）。该井区内新近纪地层直接覆于奥陶系之上，为新生代盖层发育区内的奥陶系古潜山构造。因此井区内的地温变化及地热生成条件明显地反映出正向构造上的一些特点（图 16 - 2 - 5）。

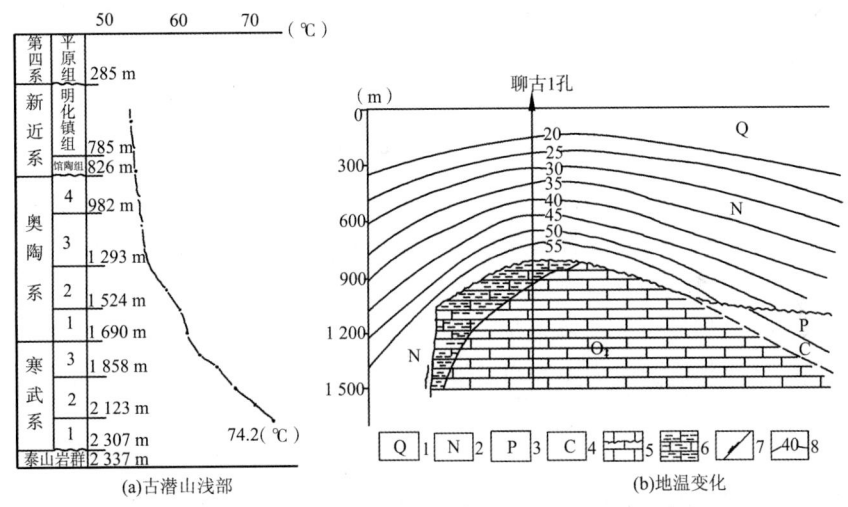

(a)古潜山浅部　　　　　　　　　(b)地温变化

图 16 - 2 - 5　聊城东郊军王屯聊古 1 号热水井地层剖面图

[据《京九铁路（山东段）地质矿产资源开发与经济发展研究》，1999 年]

（a）寒武系：1—朱砂洞组＋馒头组；2—张夏组；3—崮山组＋炒米店组。奥陶系：1—三山子组；2—马家沟组东黄山段＋北庵庄段；3—马家沟组土峪段＋五阳山段；4—马家沟组阁庄段＋八陡段

（b）1—第四系；2—新近系；3—二叠系；4—石炭系；5—奥陶纪马家沟组；6—地下热水深部对流带；7—断裂；8—地温等值线（℃）

此地热井的热储类型为层状热储，热储岩系有 3 套：①新近纪明化镇组，岩性为砂岩和泥岩，厚 500 m；②新近纪馆陶组，岩性为砂岩、砂砾岩夹泥岩，厚 41 m；③奥陶纪马家沟组，岩性为灰岩及豹皮灰岩，厚 100 m。

据聊古 1 号地热井温测量资料，在井深 500 m 处（明化镇组），水温为 53.7℃；在 800 m 处（馆陶组），水温为 54.0℃；在 1 300 m 处（奥陶系马家沟组中下部），水温在

57℃左右；在 2 000 m 处（寒武系下统），水温为 74.2℃。由地表到井深 800 m 段（新生代地层区段）内的地温梯度值变化在 5.00~7.94℃/100 m 之间，地热梯度值较大；在井深 800~1 700 m 段（奥陶纪地层区段）内，地热梯度值较小，仅为 0.82℃/100 m。整个钻孔由地表到井深 2 200 m 处（寒武系下统），平均地热梯度值为 2.74℃/100 m。由上述统计数据看出，奥陶系古潜山上覆的新近纪馆陶组和明化镇组的地温梯度较下伏的奥陶系的地温梯度显著增高，在奥陶纪隆起（古潜山）处形成的地热异常，主要与隆起上的热流值增高有关。由于隆起处的奥陶系灰岩热导率较大，而盖层（新近系）热导率较小，通过断裂及岩石传导，由深部上来的热流重新分配，致使隆起（古潜山）上部热流值增大，并有上覆厚大的盖层使热量得以保存，而形成可供利用的地下热水资源。

此外，在古潜山顶部的奥陶系灰岩，由于长期遭受风化剥蚀，在孔深 828~928 m 的 100 m 区段内形成的古风化壳内，岩溶裂隙十分发育，为地下富水带。其西侧的聊考断裂带沟通了第四系之下的各岩系，形成地下水深循环，导致热对流。这些都是该区地下热水形成和富集的重要因素。

聊古 1 号地热井热水的水化学类型为 Cl·SO$_4$-Na 型；热矿水类型为氟·锶型。

据地震及区域重磁测量成果推测，聊城东部局部隆起（古潜山）分布面积约 30 km^2，在聊古 1 号地热井外围可形成一定规模的地热田，具有良好的地热资源远景。

第四节　山东煤层气

煤层气，俗称瓦斯，是一种与煤化过程相关的物理和化学反应的副产物，是未经运移、赋存于煤层中的甲烷气。煤层气是煤矿安全事故的主要构成因素，也是破坏大气环境的源体。然而，其作为一种新能源，越来越引起人们的重视。在当今世界上，煤层气作为一种高效洁净新能源成为能源开发领域中一个重要的新兴产业。

一、煤层气分布

煤层气产于煤层中，煤层既是源岩，又是储层。因此，煤层气属典型的自生自储式天然气藏，所以有"一个大煤田就是一个大的煤气田"的说法。

山东省存在着石炭二叠纪、早-中侏罗纪和古近纪 3 个大的聚煤期，煤田多、分布广，煤炭资源较丰富。几乎在山东所有煤田中都发育有煤层气，但可以作为一种资源进行研究、勘查和进一步开发利用的主要为石炭二叠纪煤矿中的煤层气（位于济阳坳陷东部凹陷内的侏罗纪煤层气资源也很丰富，但其埋藏过深）。然而，山东大多数石炭二叠纪煤田以孔隙大的砂岩（山西组顶板）和灰岩（太原组顶板）为顶板，煤层气极易逸散，因此鲁中南地区石炭二叠纪煤田中的煤层气含量低；只有以泥岩为煤层顶板或厚大的新生代地层为盖层的煤田中，其煤层中的甲烷气才能得到最多的保存，才能形成具有工业价值的煤层气。目前所知，具有这样煤层气气藏条件的煤田，主要分布在①鲁西隆起北缘、齐广断裂以南的荏平-齐河-章丘-淄博一带；②济阳坳陷东部的东营、惠民和沾化凹陷内；③鲁西隆起西缘的阳谷－鄄城－曹县一带。

二、主要储气煤田煤层气资源地质特征

（一）黄河北－章丘－淄博煤田储气特征

黄河北煤田、章丘煤田及淄博煤田分布在齐广断裂以南、鲁西隆起北缘的山前平原区，大体呈近 EW 向（NEE 向）的带状展布（图 16－2－6）。这 3 个煤田区的含煤地层为石炭二叠纪月门沟群，其上覆地层有三叠纪、侏罗纪、白垩纪、古近纪及第四纪地层。区内除存在齐广断裂外，受鲁西隆起北部边缘一带较大断裂控制的 NNE、近 SN 及 NNW 向展布的中生代燕山晚期侵入岩活动强烈，由东而西分布有金岭闪长岩体、普集茶叶山辉长岩体、伏虎山和大临池二长岩体及沙沟－济南－齐河一带的中基性杂岩体。这些岩体都分布在煤田周围及其外围，并在各煤田区内分布有辉绿岩、辉长岩、闪长岩、花岗斑岩、煌斑岩等岩床或岩脉穿插（侵入）到山西组和太原组上下煤层中。煤层受岩浆热叠加变质或侵入接触变质作用，加深了煤的变质程度或局部吞蚀、破坏煤层，使煤级由原来的气煤、肥煤演化到焦煤、瘦煤和高变质的贫煤、无烟煤，部分煤层变为天然焦和混合煤。

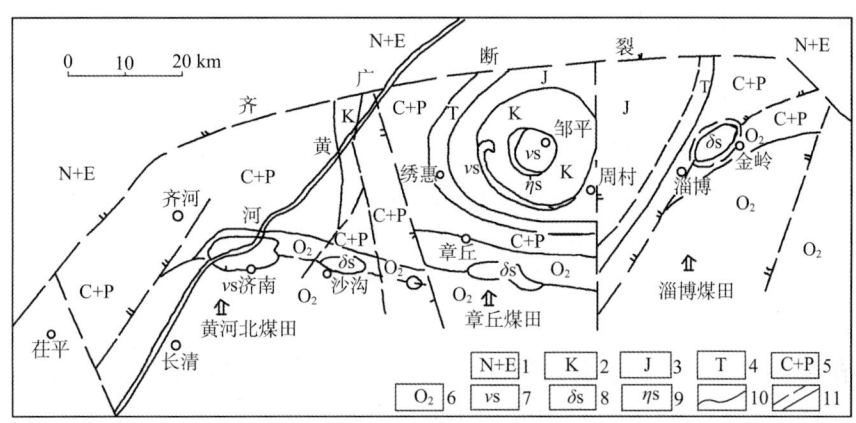

图 16－2－6　黄河北－章丘－淄博煤田分布及岩浆岩与煤系地层分布关系略图

（据山东省地质科学实验研究院原图修编，2000 年）

1—新近系＋古近系；2—白垩系；3—侏罗系；4—三叠系；5—石炭系＋二叠系；6—奥陶系马家沟组；7—中生代燕山辉长岩；8—燕山期闪长岩；9—燕山期二长岩；10—地质界线；11—断层

黄河北、章丘和淄博煤田都是以高变质作用为主形成的多煤种分布区。煤级的提高，既增强了煤层甲烷的吸附能力，又增加了新的气源。在封盖保存良好的局部地段，煤层气含量增高，甲烷含量高达 11.78～19.33 m³/t，有利于煤层气藏的形成。该带的部分含煤区，如黄河北煤田的赵官镇区和长清区及章丘煤田岭子区等井田，均具有良好的煤层气资源潜力，是山东省煤层气勘查和开发研究的重要靶区。

（二）黄河北煤田煤层气资源特征

黄河北煤田位于鲁西隆起西北边缘，在齐广断裂带之南，黄河之北。为石炭二叠纪的隐伏煤田。煤田内的长清及赵官镇区煤层甲烷含量相对高于省内其他煤田，是很有价

值的煤层气资源。

1. 煤层气的基本特征

(1) 煤层气成因类型及碳同位素特征：黄河北煤田的煤层气主要是在泥炭转化成褐煤，再从褐煤转化到无烟煤的整个煤化过程中生成的。由于燕山期岩浆活动强烈，使煤系地层普遍遭受岩浆侵入影响，对煤田温度的普遍增高起了决定性的作用，又使煤层产生强烈的热力变质成气作用。借鉴于邻区的章丘煤田和淄博煤田中甲烷碳同位素值特征（章丘煤田的埠村、东风、岭子煤矿的甲烷炭同位素值为 $-18.9 \times 10^{-3} \sim -38.3 \times 10^{-3}$，淄博煤田的西河、龙泉煤矿甲烷炭同位素值为 $-30.6 \times 10^{-3} \sim -34.5 \times 10^{-3}$）判断，黄河北煤田的煤层气主要为热变质成因；可能存在少部分晚期生物成因的煤层气（甲烷碳同位素值为 $-60.1 \times 10^{-3} \sim -89.1 \times 10^{-3}$）。

(2) 煤层气的存在状态及吸附特性：黄河北煤田煤层气绝大部分以吸附状态存在于煤层微孔隙之中，占总气体体积的 49% ~ 99%，游离气体占总气体体积的 1% ~ 51%，多数小于 10%。

(3) 煤层气组分特征：深部井点煤层气组分中以甲烷以主，在 90% 以上，最高达 99.05%，其次是 N_2 和 CO_2，并含微量重烃气。浅部煤层气组分中 N_2 含量较高，平均为 63.79%，CO_2 平均含量 8.55%。长清和赵官镇区有 12 个点煤层气甲烷含量大于 4 ml/g，其中有 6 个层点甲烷含量变化于 8 ~ 16 ml/g，表明本区深部甲烷含量较高，达到了煤层气藏商业开采的标准。

2. 煤层气有利烃源条件

黄河北煤田已揭露煤系地层总厚 260 m，山西组及太原组发育煤层共 14 层，其中可采煤层 7 层，主要分布于太原组中，煤层累计厚度 10 ~ 30 m，最大单层厚度 6.46 m。煤层厚度是煤层气形成的基础，煤层厚度越大，煤层气含量越高。

该区煤系上覆盖层和煤层之上的岩床，对后期生成的煤层气起一定的封闭保存作用；而断层附近煤层发育的微裂缝系统，有利于煤层气呈游离状态运移富集，对煤层气的储集起到积极作用。该区除 11 煤层顶板多为石灰岩外，5、7、10、13 煤层顶板主要为泥岩、粉砂质泥岩和粉砂岩，以泥岩为主的顶板有利于煤层气的保存。

本区石炭二叠纪煤田煤岩有机质丰度高，有机碳含量 50% 以上，氯仿沥青 "A" 含量在 0.6% 以上，总烃含量 40% 以上，属于好的生气源岩。有机质类型以腐殖型干酪根为主。干酪根镜下鉴定分析：有机显微组分中以镜质组含量最高，为 64% ~ 72.1%，惰性组含量为 11.4% ~ 16%，壳质组含量为 4.3% ~ 11.7%。黄河北煤田石炭二叠纪煤层生烃潜力较高。该煤田煤岩镜质体反射率在 0.6% ~ 5.55% 之间，反映了各煤层均具有低变质烟煤到高变质无烟煤的煤岩成熟度特征；岩浆岩体分布区煤岩镜质体反射率大于 1%，而远离岩浆岩体的镜质体反射率在 0.6% ~ 1% 之间，表明该区煤岩既有低成熟阶段的成岩变质作用，也有高成熟到过成熟阶段的岩浆热变质作用。由此，决定了该区煤岩在煤化作用中能生成多种类型的煤层气。

第五节　山东油页岩及铀钍矿

一、山东油页岩

（一）分布及类型

山东油页岩资源比较丰富，多为煤矿的伴生矿。到 2012 年底，全省探明储量的矿区有 9 处，累计探明储量近 7×10^8 t。主要产地分布在昌乐、龙口、兖州、安丘等地。其中龙口（黄县）煤田和昌乐五图煤田中伴生油页岩储量约占全省总储量的 80%。

山东油页岩矿主要形成于两个地质时期的沉积岩系中：①古近纪五图群李家崖组煤矿中伴生的湖相沉积型油页岩，为山东主要油页岩类型，省内大部分油页岩发育于这套含煤岩系中。此外，在济阳坳陷内古近纪济阳群沙河街组及潍北凹陷内古近纪孔店组内也赋存有内陆湖相沉积型油页岩。②石炭二叠纪月门沟群太原组中海相生物化学沉积变质型油页岩。

（二）古近纪五图群李家崖组煤层中伴生油页岩

古近纪五图群李家崖组煤层中伴生油页岩主要分布在龙口、昌乐等地。龙口（黄县）煤田中油页岩主要分布在龙口洼里、雁口、北皂、梁家等煤矿（井田）区。煤田内有 3~5 层油页岩，其单层厚 1.00~7.27 m，一般在 6.5 m 左右。油页岩中灰分平均含量为 50.25%，挥发分平均为 29.36%，含油率平均为 16.05%，发热量平均为 13.8 kJ/g。龙口煤田中累计探明油页岩储量 2.5×10^8 t 左右。

昌东五图煤田中主要油页岩层分布在中煤段与下煤段之间，分布稳定，厚度大（78~85 m）。油页岩中灰分平均含量为 12.96%~76.82%（平均为 61%），挥发分平均为 51%~57%，含油率为 4.01%~17.02%，发热量平均为 10.1 kJ/g。五图煤田中累计探明油页岩储量近 3×10^8 t。

除龙口和五图两处煤层中伴生的油页岩而外，安丘周家营子油页岩为赋存于古近纪五图群李家崖组中独立油页岩矿，分布面积约 4 km²，主要矿体平均厚度为 10.28 m。油页岩平均含油率为 8.08%，平均发热量为 5.7 kJ/g。矿石质量差。

（三）石炭－二叠纪月门沟群本溪组煤层中伴生油页岩

本溪组煤层中伴生的油页岩见于兖州煤田的南屯煤矿和鲍家井田，其为 $15_\text{上}$ 煤层的相变产物。油页岩层厚 0.7~2.5 m，灰分为 37.75%~46.39%，挥发分为 52.47%~54.74%，含油率为 11.89%~17.23%，发热量为 21 kJ/g。兖州煤田中累计探明油页岩储量约 0.54×10^8 t。

山东油页岩除上述层位外，在莱阳北泊子及诸城皇华店等地的早白垩世莱阳群中也见有油页岩，只是分布范围太小。

山东油页岩矿，只龙口（黄县）洼里煤矿的伴生油页岩曾经开采过。但因其与煤混采时影响煤的质量，而分采又影响经济效益，故也已停采。

二、山东铀钍矿

山东铀矿和钍矿资源缺乏，尽管在 20 世纪 50 ~ 80 年代几乎所有的地质调查和矿产勘查过程中都部署过相应的放射性矿产资源普查评价（顺便普查）工作，但迄今还没有发现可供工业利用的矿产地，不过发现许多放射性异常及铀钍矿化线索。其中铀钍矿化比较好的为莱西塔埠头和五莲大珠子稀土矿中伴生的铀钍矿化。

莱西塔埠头稀土矿为查证航空放射性异常时发现的伟晶岩型轻稀土矿。U，Th 元素作为伴生组分赋存于稀土矿石中。矿石中 U 平均品位为 0.018 0%，最高为 0.023 3%；Th 平均品位为 0.567 4%，最高为 1.225 0%。

五莲大珠子稀土矿是 1977 年进行 1:20 万区查证航空放射性异常时发现的发育于古元古代地层中与伟晶岩作用有关的稀土 – 铀钍矿化，含矿的黑云片岩、黑云斜长片麻岩、花岗伟晶质碎裂岩具有很高的放射性伽马强度（地质体上达 1 500 ~ 2 000γ）。铀钍及稀土组分主要存在于独居石中。矿石中 U 含量一般为 0.001% ~ 0.002%，最高为 0.007%；ThO_2含量为 0.01% ~ 0.09%。独居石中 U 含量为 0.142%；ThO_2 为 11.91%。矿石中 TR_2O_3 平均含量为 0.441%。稀土矿石（矿化岩石）中的 U，Th 组分达到了工业综合利用要求。

除上述稀土矿床中伴生的 U，Th 矿化外，在山东有关铁矿、铝土矿中也发现一些 U，Th 矿化显示：①在新太古代沉积变质型的沂源韩旺铁矿层及其近处构造裂隙中发现过孤立的铀高含量点。如 CK_2 孔出现 U 含量为 0.288% 和 0.098% 的样品。②在中石炭世滨海相沉积型的淄博湖田铝土矿铁冶矿段的 G 层铝土矿内发现 U，Th 高含量点，其 U 含量为 0.004%；Th 为 0.007%。

第三章　山东金属矿产

山东金属矿产种类较多（主要矿种有 30 余种），几乎各大类金属矿产都有分布。这些金属矿产包括：①黑色金属矿产：铁、钛、钒、锰。②有色金属矿产：铜、铝土矿、钼、铅锌、钨、钴、镍。③稀土金属矿产：铈、镧、钕、镨。④稀有金属矿产：锆、铪、铌钽、铍、锶。⑤稀散金属矿产：镓、镉碲硒铟。⑥放射性金属矿产：铀、钍。⑦贵金属矿产：金、银、铂、钯。

山东省内上述矿种规模、矿石质量及开发利用状况等差异很大。主要为金矿和铁矿，其次为铝土矿、钼矿、银矿、锆矿、铅锌矿、稀土矿等。其他一些矿种多属伴生矿，或属规模小、矿石质量不高，或开发利用不足的金属矿产。

第一节　山东金矿

金矿是山东的优势矿产，开发历史悠久，资源丰富，保有储量和产量均居全国第一位。金矿在山东经济发展中占有重要地位。

一、金矿分布及勘查与开发概况

（一）金矿分布概况

山东省金矿分布广泛。在全省 17 个地级市中有 13 个市分布有金矿床、矿点或矿化点，但集中分布在烟台、威海和青岛 3 个市的招远、莱州、龙口、蓬莱、栖霞、牟平、乳山、平度等胶北地区的一些县（市、区）内；全省岩金基础储量的 92.86% 集中分布在胶北地区内。此外，在鲁东南地区的五莲、莒南及鲁中地区的沂水、沂南、平邑、苍山、新泰、邹平等县（市）也有少量分布；这些地区岩金基础储量占全省岩金总基础储量不足 7.5%，且主要集中分布在平邑一带（占全省总量的 6.05%）。

山东金矿资源由岩金、砂金及铜和硫铁矿等矿产中的伴生金这 3 种类型金矿构成，而以岩金为主体，占全省各类金矿基础储量的 98.75%；砂金占 0.38%；伴生金占 0.87%。

（二）金矿勘查概况

在 20 世纪 30～40 年代，冯景兰、王植等中国地质学家对招远玲珑金矿做过地质调查；40 年代日本人松尾敏臣、矢部茂等对招远玲珑、九曲金矿进行了掠夺性地质调查。20 世纪 50 年代初期我国地质学家马俊之、严坤元、郭文魁、刘国昌等多次对招远玲珑、九曲、灵山沟等金矿进行地质调查。新中国成立初期和新中国成立以前中外学者在招远地区所从事的这些地质调查工作均属概略性的资源调查。

山东省正规的金矿地质勘查工作是从 1958 年山东省专业金矿地质队——山东省地质局胶东四队（即此后的胶东一队、807 队、第六地质队）组建后开始的。在 1958 ~ 1964 年间 807 队对招远九曲和灵山沟等金矿进行了普查和勘探及 1:5 万金矿地质调查工作。

1965 ~ 1967 年间，807 队先后发现莱州三山岛和焦家 2 个特大型破碎带蚀变岩型金矿（"焦家式"金矿），取得了山东及我国金矿找矿的重大突破。

在 20 世纪 80 年代中期以前，山东地矿部门及冶金、武警等多支地质队伍在胶北地区进行金矿地质勘查工作，发现和评价了一大批特大型、大型和中型金矿床。建立了"焦家式"和"玲珑式"金矿成矿模式。使胶东成为我国一个重要的黄金产区。

20 世纪 80 年代中期至 90 年代初，鲁西地区金矿勘查工作取得突破性进展，山东省地矿局第二地质队发现和评价了平邑归来庄金矿。这个新类型的大型金矿的发现，推动了山东金矿勘查工作的进展。1998 年以来，在实施国土资源大调查项目中，在胶莱盆地北缘早白垩世莱阳群砾岩中（宋家沟）及平邑归来庄地区早寒武世灰岩层位中（东大湾 - 梨方沟）又发现了新的就位空间的金矿床。扩展了山东找矿空间，显示了良好的勘查前景。自 20 世纪 60 年代起，到 1999 年底的 40 年间，山东省共发现金矿床（点）341 处，探明金矿产地 66 处（其中特大型金矿 5 处，大型金矿 8 处，中型金矿 16 处，小型金矿 37 处）。截至 2011 年底，全省岩金累计查明资源储量 2 445 823 kg（其中基础储量 1 238 674 kg），保有资源储量 1 544 694 kg（其中基础储量 353 940 kg）。

截至 2012 年底，全省岩金累计查明资源储量 2 585 376 kg（其中基础储量 1 249 413 kg），保有资源储量 1 637 949 kg（其中基础储量 321 461 kg）。近年来，山东省鲁东地区已累计探明 3 个超千吨的世界级金矿田即三山岛、焦家和玲珑金矿田，山东省金矿新增查明资源储量成效显著，有效保障了黄金生产对金矿储量的需求。

（三）金矿开发历史与现状

山东金矿开采历史悠久。商周时期，山东境内已有淘金活动，并用黄金制作器物了。春秋时期，齐相管仲《管子·地数》中总结的"上有丹砂者，下有黄金；上有慈石者，下有铜金"等人们在采金活动中对金矿上下分布规律的认识，表明在当时的采金业已有一定规模。较早记载山东采金活动的见于《史记》；此后，在唐、宋、元、明、清及民国时期都有金矿开采活动记载。

新中国成立后，山东省黄金开发产业得到快速发展，特别是"六五"期间，黄金采矿业发展迅速。近几十年来，山东黄金开发取得快速发展，2012 年山东省共有金矿开采企业 184 个，其中大型企业 14 个，中型企业 28 个，小型企业 142 个；金矿从业人员 44 763 人，采出矿石 1 940.84 万 t，居全国第 2 位；工业总产值 1 901 471.97 万元，销售收入 1 576 385.77 万元，年利润总额 540 553.49 万元，均居全国第 1 位。

二、金矿床类型及主要类型金矿床地质特征

依据矿床地质特征、成矿物质来源、成矿作用和赋矿岩石建造等因素对山东金矿床类型的划分，不同的时期内曾出现一些大体相近但又各具特点的方案。表 16 - 3 - 1 列出的是当前具有一定倾向性的方案。

表 16 - 3 - 1　　　　　　　　　　　　　　　　山东主要金矿床类型

矿床类型		占全省基础 储量百分比（%）	典型矿床或主要产地
深源重熔岩浆期后热液型	破碎带蚀变岩型（焦家式）	74.27	莱州焦家、新城
	含金石英脉型（玲珑式）	12.92	招远玲珑、牟平金牛山
	含金硫化物石英脉型	5.48	牟平邓格庄
幔源岩浆期后热液型	接触交代（矽卡岩）型	1.17	沂南铜井金厂
	隐爆角砾岩型	6.05	平邑归来庄
	碳酸盐岩中层状微细浸染型		平邑磨坊沟
	含金石英脉型		苍山龙宝山
早前寒武纪变质热液型	绿岩带变质热液 - 构造蚀变岩型	<0.2	新泰化马湾
	含金石英脉型		沂水南小尧
新生代冲积型（砂矿）	新近纪砂砾岩（冲积）型		栖霞唐山棚
	第四纪砂砾（冲积）型		招远诸流河

从表 16 - 3 - 1 中所列的山东金矿的 4 个大类型和 11 个亚类型矿床的基础储量所占百分比来看，早前寒武纪变质热液型及新生代冲积型金矿的资源量非常小（前者尚未发现具一定规模的工业矿床）；资源量及产量基本来自中生代岩浆期后热液型金矿，而其中又以分布于鲁东地区的深源重熔岩浆期后热液型金矿为主体（占全省基础储量的 92.67%）。

深源重熔岩浆期后热液型中的破碎带蚀变岩型（焦家式）金矿床和含金石英脉型（玲珑式）金矿床，是山东也是我国重要的金矿类型，其主要分布在胶北地区，而又集中分布在胶西北地区。胶西北地区的金矿产地星罗棋布，金矿基础储量占全省总量的 85% 以上（图 16 - 3 - 1）。为此，此部分只对焦家式和玲珑式两类金矿床的地质特征做概要叙述。对于山东省占有比较重要位置的新类型金矿——平邑县归来庄金矿的地质特征，在矿床实例中叙述。

（一）破碎带蚀变岩型——（焦家式）金矿床地质特征

1. 区域分布特征

焦家式金矿集中分布在胶西北的莱州、招远地区。在区域分布上与中生代燕山早期玲珑黑云母花岗岩和郭家岭斑状花岗闪长岩具有密切关系，严格受控于断裂构造。①从空间关系上，绝大部分金矿直接产在玲珑黑云母花岗岩和郭家岭斑状花岗闪长岩中，或其边缘及外接触带处。②目前已经发现并评价的焦家式金矿，在三山岛断裂带

上有 2 个特大型金矿床；焦家断裂带及派生的低序次断裂内有 5 个大型以上及一些中小型金矿床；招平断裂带内有 3 个大型以上及一些中小型金矿床；西林陡崖断裂至目前仅发现 1 处中型金矿床。这些断裂带内金矿床总的展布特点显示出北东成串、东西对应成带的分布规律（图 16 - 3 - 1）。

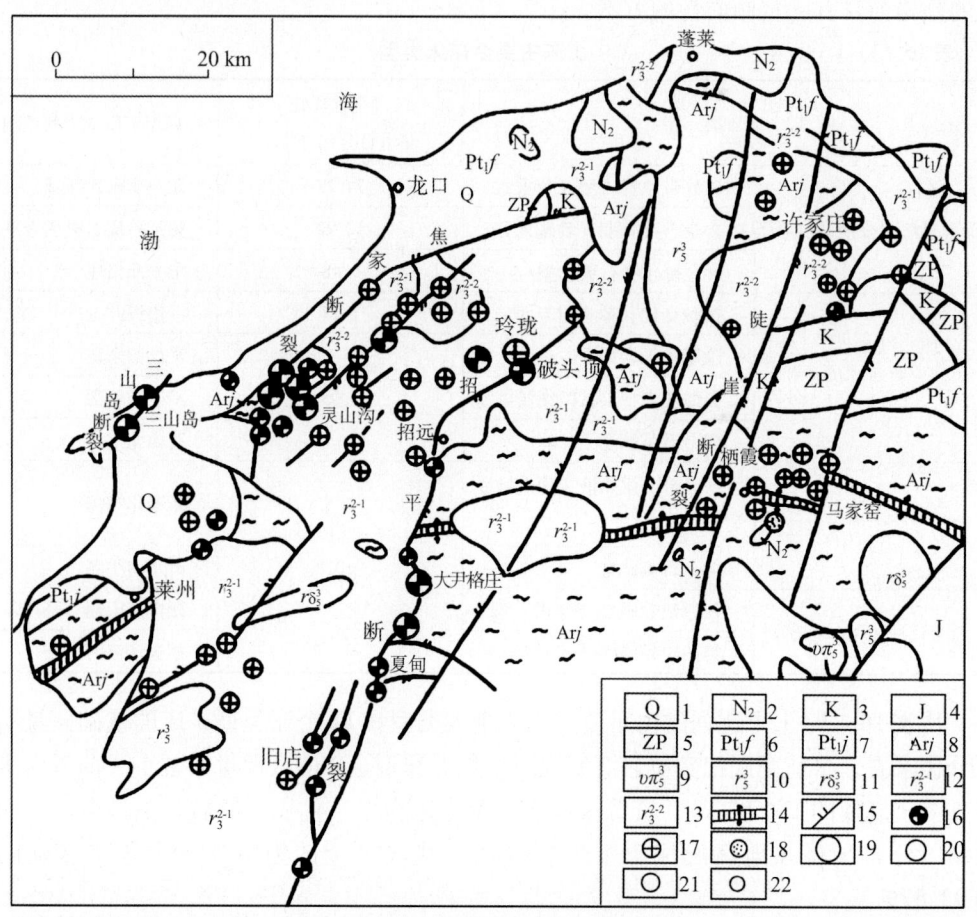

图 16 - 3 - 1　胶西北地区主要金矿产地分布简图

(据常乃焕原图修编，1996 年)

1—第四系；2—新近系；3—白垩系；4—侏罗系；5—新元古代蓬莱群；6—古元古代粉子山群；7—古元古代荆山群；8—新太古代胶东岩群；9—中生代燕山期霏细岩；10—燕山期花岗岩；11—燕山期花岗闪长岩；12—燕山期斑状花岗闪长岩；13—燕山期斑状花岗岩；14—栖霞复背斜轴；15—压扭性断裂；16—焦家式金矿；17—玲珑式金矿；18—砂金矿；19—大型金矿；20—中型金矿；21—小型金矿；22—金矿点

断裂构造控制着矿体的空间展布形态。胶西北地区分布的 4 条大的 S 形断裂（自西向东依次为三山岛断裂、焦家断裂、招平断裂、西林陡崖断裂）。焦家式金矿主要受这 4 条大的 S 形断裂控制。矿化连续的工业矿体，集中富集于主裂面下盘的花岗质碎裂岩带内（仅个别矿床在上盘富集）。矿化强度、蚀变强度、矿化特征及结构构造等，严格地受矿化地段的构造岩的规模、特征制约（图 16 - 3 - 2）。

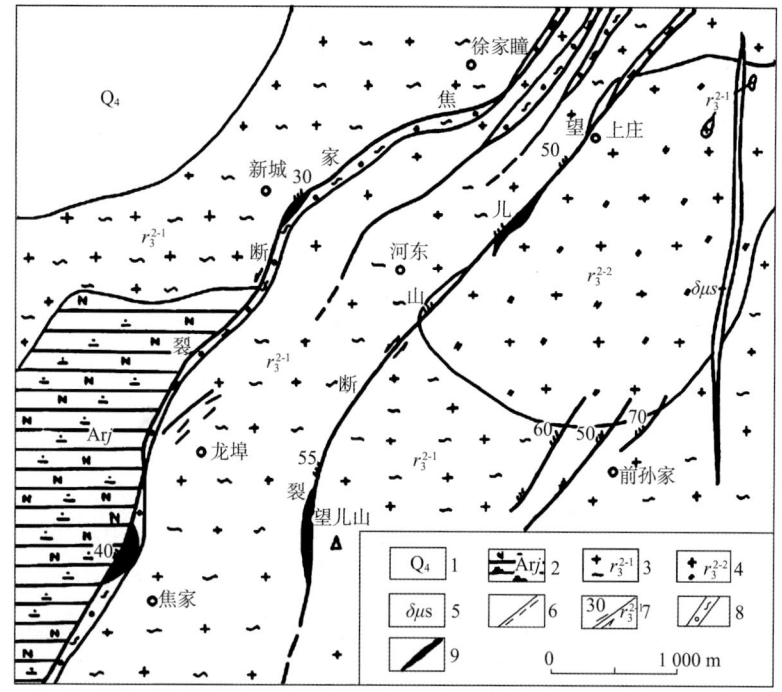

图16－3－2　莱州焦家－新城地区焦家式金矿矿体展布与S形断裂构造关系地质简图

(据《山东省地质矿产科学技术志》简化，1990年)

1—第四系；2—新太古代胶东岩群斜长角闪岩；3—燕山早期玲珑黑云母花岗岩；4—燕山早期郭家岭斑状花岗闪长岩；5—燕山晚期闪长玢岩；6—地质界线；7—压扭性断裂；8—挤压破碎岩带；9—金矿体

2. 矿体特征

焦家式金矿矿体形态较简单，一般呈较大的透镜状或脉状，多作NNE向或NE向延伸，倾角一般为25°～45°。矿体长1 000～1 200 m，延深300～1 500 m，厚3～10 m（多为4～7 m）；矿体规模大，一般形成大、中型矿床。山东省内一些大型、超大型金矿床多为焦家式金矿床。

3. 矿石特征

焦家式金矿的矿石矿物中，金银系列矿物主要为银金矿和自然金，次要矿物为自然银和金银矿（金矿物以裂隙金、晶隙金为主，包体金少量）；其他矿石矿物以黄铁矿为主，其次为闪锌矿、黄铜矿和方铅矿等。脉石矿物以石英、绢云母为主，次为长石和碳酸盐矿物。黄铁矿和石英是主要载金矿物；闪锌矿、黄铜矿和方铅矿等金属硫化物与黄铁矿、石英等组成多金属硫化物石英脉充填蚀变岩石裂隙，并形成富矿地段。

矿石金平均品位为5×10^{-6}～10×10^{-6}。矿石中有益组分除Au外，尚含有Ag，S，Pb，Zn，Cu等。金的成色：自然金为841～861，银金矿为736～797。矿石结构主要为半自形晶粒状结构、自形晶粒状结构、他形晶粒状结构和碎裂状半自形晶粒状结构及压碎结构；矿石构造主要为浸染状构造、细脉浸染状构造、细脉或网脉状构造、致密块状构造、角砾状构造。矿石的成因类型主要为浸染状黄铁绢英岩型、黄铁绢英岩化糜棱岩型、细脉浸染状黄铁绢英岩化碎裂岩型、细脉浸染状黄铁绢英岩化角砾岩型、网脉状黄铁绢英岩化花岗质碎裂岩型；其工业类型属低硫金矿石。

4. 蚀变及蚀变岩分带特征

焦家式金矿控矿断裂一般为宽大的碎裂岩、碎裂状花岗岩带，沿断裂发育有 10～30 cm 的断层泥为标志的主裂面连续稳定。主裂面两侧的构造岩均遭受了不同程度的蚀变与矿化，一般下盘较上盘发育，形成了矿化蚀变岩带。蚀变类型主要有钾长石化及红化、黄铁绢英岩化、碳酸盐化，同时伴有金属硫化物和金银矿化。根据蚀变岩的空间分布、类型及强度的差异，自蚀变带中心向外可依次为黄铁绢英岩化碎裂岩带、黄铁绢英岩化花岗质碎裂岩带、黄铁绢英岩化花岗岩带和钾长石化花岗岩带。

（二）含金石英脉型（玲珑式）金矿床地质特征

1. 区域分布特征

玲珑式金矿分布广泛，遍及胶北的招远、栖霞、牟平、乳山、蓬莱、平度等县（市、区）。含金石英脉主要发育在中生代燕山期玲珑黑云母花岗岩和郭家岭斑状花岗闪长岩中，少部分分布在早前寒武纪变质岩系中。矿体展布受控于断裂构造，主要赋存在 NE，NNE 或 NNW 向的压扭性断裂中。

2. 矿体特征

该类型金矿矿体形态简单、规则，以含金石英单脉为主，复式脉及网状脉次之。矿脉规模一般较小，一般长数十米至 300 m，个别长者达千米以上。其产状与控矿断裂一致。个别矿区内含金石英脉成群出现，个体大，分布密集，构成规模巨大的金矿田（如招远玲珑金矿田）。但该类型金矿规模一般均较小，多为中、小型矿床。

3. 矿石特征

矿石矿物以银金矿、自然金、黄铁矿、黄铜矿为主，其次为磁黄铁矿、方铅矿、自然银、斑铜矿等；脉石矿物以石英为主，其次为绢云母、方解石、长石、绿泥石等。矿石中金品位较高，一般为 $6.44 \times 10^{-6} \sim 19.82 \times 10^{-6}$（牟平金牛山地区略低），高者达 37×10^{-6}。部分矿体伴生银（$8.02 \times 10^{-6} \sim 52.97 \times 10^{-6}$）、硫（一般为 3.76%～8.77%；金牛山地区含量高，为 11.77%～22.10%）、铜（0.15%～0.65%）。矿石中金矿物主要为裂隙金和包体金。

矿石自然类型主要为含金黄铁矿石英脉型。

4. 围岩蚀变特征

主要为黄铁绢英岩化，其次为碳酸盐化和绿泥石化。其主要发育在石英脉旁侧及尖灭端。围岩蚀变程度因地而异，蚀变带宽一般为 1～2 m，个别宽者达 10 余 m。

三、典型金矿床地质特征

（一）破碎带蚀变岩型（焦家式）金矿床——莱州市焦家金矿

1. 矿区位置及矿区地质特征

焦家金矿位于莱州市城东北约 30 km 处；在地质构造部位上居于胶北隆起西缘。

NNE 向的焦家断裂从矿区中部通过。焦家断裂带之西分布着新太古代胶东岩群，断裂带之东分布着中生代燕山期玲珑黑云母花岗岩。焦家断裂带西倾，下盘的100 余 m 范围内为由花岗质（玲珑黑云母花岗岩）碎裂岩、糜棱岩、角砾岩等组成的黄铁绢英岩化碎裂岩带，金矿体赋存于其中。

2. 矿体特征

焦家金矿区共圈出 5 个矿体，以 1 号矿体和 2 号矿体为主；3 号、4 号、5 号矿体均为隐伏矿体，规模小（图 16 – 3 – 3）。

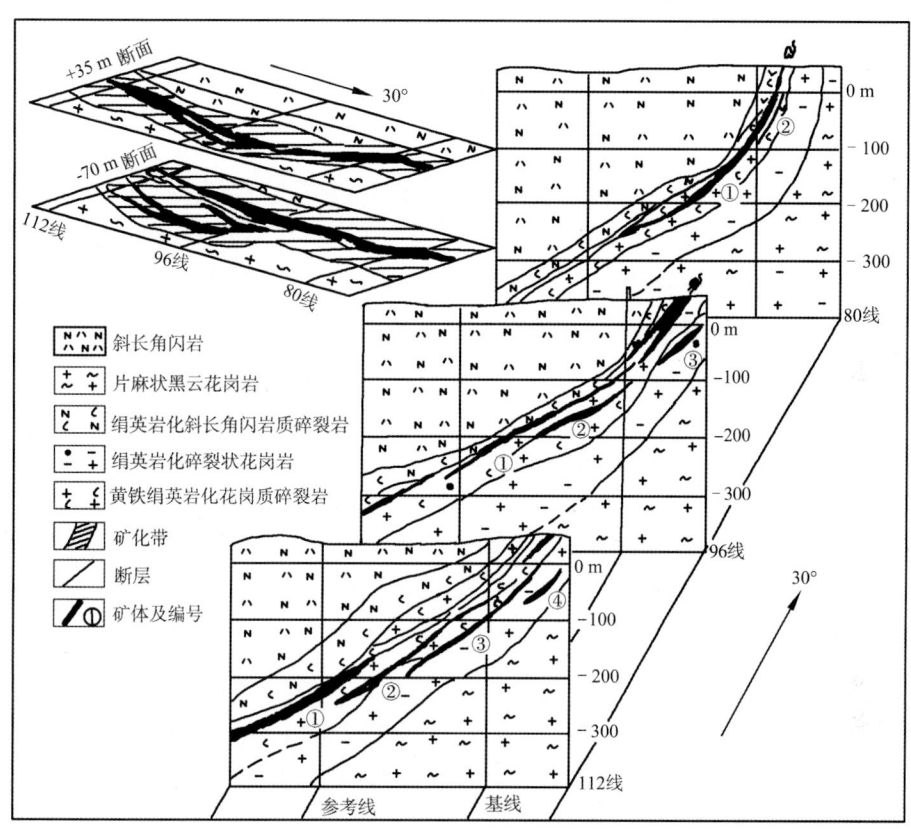

图 16 – 3 – 3　莱州市焦家金矿区矿体联合剖面断面图

（据《山东省区域矿产总结》，1989 年）

（1）1 号矿体：为主矿体，占矿床总储量的69.49%。矿体主要分布在焦家断裂主裂面下盘 0 ~ 43 m 范围内的黄铁绢英岩化碎裂岩带内，局部地段紧靠主裂面分居两侧。整个矿体出露长 1 050 m，向深部增长到 1 100 m。矿体以 35°角向 SW 方向侧伏，一般斜深 540 ~ 780 m，最大斜深 925 m。矿体形态为似层状，呈舒缓波状延伸。一般走向 10° ~ 40°，总体走向 30°，倾向 NW，倾角 25° ~ 50°，局部地段为 50° ~ 70°。矿体沿走向和倾向有分支复合和膨胀收缩变化。矿体平均厚度 2.80 m，平均 Au 品位 7.62×10^{-6}。

（2）2 号矿体：与 1 号矿体近于平行分布，地表出露断续长 340 m，向深部增长到 1 020 m。矿体呈脉状产出，走向 30° ~ 35°，倾向 NW，倾角 30° ~ 40°。矿体平均厚度

3.05 m，平均 Au 品位 8.25 × 10⁻⁶。

3. 矿石特征

矿石矿物主要有银金矿、黄铁矿；次有黄铜矿、闪锌矿、方铅矿、磁黄铁矿、磁铁矿、褐铁矿；少量自然金、自然银、自然铜、斑铜矿、镜铁矿等。脉石矿物主要为石英、绢云母；次为长石、方解石；少量绿泥石、绿帘石等。矿石中 Au 平均品位 7.62 × 10⁻⁶ ~ 8.25 × 10⁻⁶；伴生 Ag 为 10.05 × 10⁻⁶，Cu 为 0.02%，Pb 为 0.26%，Zn 为 0.05%，S 为 4.05%。

矿石结构以晶粒结构为主；其次有碎裂结构、压碎结构、填隙结构等。矿石构造以脉状构造、细脉状构造、浸染状构造为主；其次为角砾状构造、斑点状构造、网脉状构造等。

矿石自然类型主要为浸染状黄铁绢英岩型、细脉浸染状黄铁绢英岩质角砾岩型、网脉状黄铁绢英岩化花岗质碎裂岩型及网脉状绢英岩化碎裂状花岗岩型。矿石工业类型为低硫银金矿石。矿石中金矿物呈单体存在，以银金矿为主，次为金银矿。金矿物主要充填于黄铁矿及石英等矿物晶隙中（占 65.77%），次为裂隙金（占 24.63%），少量呈包体存在。银与金大致呈 1:1 关系，银主要以单矿物银金矿赋存于硫化物中。

4. 围岩蚀变特征

焦家金矿主要围岩蚀变有绢云母化、硅化、黄铁矿化、钾化；其次有高岭土化、碳酸盐化、绿泥石化等。主要蚀变岩石有黄铁绢英岩、黄铁绢英岩质碎裂岩、黄铁绢英岩化花岗质碎裂岩、黄铁绢英岩化花岗岩等，分别构成矿体及其围岩。

5. 勘查工作程度及矿床规模

莱州市焦家金矿床是山东省地矿局第六地质队在 20 世纪 60 年代末至 70 年代初发现的破碎带蚀变岩型金矿床，在 70 ~ 80 年代进行了浅部及深部的勘查评价，累计探明黄金储量 50 余 t，为一大型破碎带蚀变岩型金矿床。成矿时代应为中生代燕山期。

（二）含金石英脉型（玲珑式）金矿床——招远市玲珑金矿

1. 矿区位置及矿区地质特征

玲珑金矿床位于招远市城东北约 17 km 处。在地质构造部位上居于胶北隆起西部。矿田包括玲珑西山、九曲、欧家夼、东风、破头青、108、双顶、大开头及大秦家等矿段，矿田面积约 42 km²。

玲珑金矿田发育在招远断裂北东端延伸部位上，矿区内发育着其派生的 NE 向压扭性断裂，早期 NE 向断裂既是含矿热液运移的通道，又是矿液赋存的场所。矿区内出露岩石为中生代燕山期玲珑黑云母花岗岩，矿体赋存于其中。

2. 矿体特征

矿区内含金石英脉分布密集，共有 300 余条，其中具工业价值者 42 条（图 16 - 3 - 4）。含金石英脉形态较简单，局部有分支现象，沿倾向尖灭端往往由单一脉体变成网脉体。主断裂中的含金石英脉长千余米，宽 10 ~ 20 m，最宽 40 m。矿脉走向 NE，倾向 NW，倾角 60° ~ 75°；分支断裂中的含金石英脉，一般长百余米至千余米，倾向 SE，倾角 75°~85°。二者沿倾向呈"入"字形相交。

含金石英脉内无矿段较多，故圈定的金矿体形态较复杂，主要呈脉状、透镜状、扁豆状、囊状、串珠状或不规则状。单个矿体一般规模较小，长十至二三百米，厚 0.2~2 m，延深数十米至三百余米。矿体产状与含金石英脉产状基本一致。

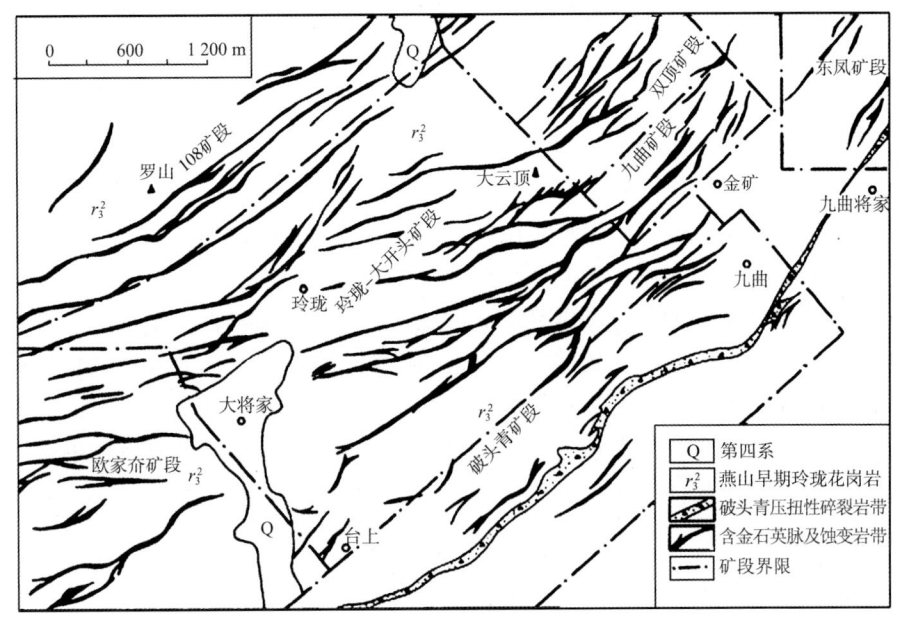

图 16-3-4　招远市玲珑金矿田中主要含金石英脉分布图

（据《山东省区域矿产总结》，1989 年）

3. 矿石特征

矿石矿物以银金矿、自然金、黄铁矿、黄铜矿为主；其次为磁黄铁矿、方铅矿、闪锌矿、磁铁矿、褐铁矿、镜铁矿；少量为自然铜、自然银、毒砂、斑铜矿、斜方辉铅铋矿、白铁矿、赤铁矿等。脉石矿物以石英为主；其次为绢云母、方解石、长石、重晶石、绿泥石等。矿石中 Au 平均品位为 6.41×10^{-6}~20.15×10^{-6}；部分矿体内伴生 Ag，含量为 8.02×10^{-6}~58.03×10^{-6}，S 为 7.84%~13.18%，Cu 为 0.15%~0.65%。

矿石结构主要为晶粒结构、骸晶结构、网格结构、乳滴结构、镶嵌结构等。矿石构造以致密块状构造为主；次为条带状构造、浸染状构造、细脉状构造等。矿石自然类型以含金黄铁矿石英脉型为主，部分为含金蚀变花岗岩型。矿石中金矿物以粒状为主；片状、柱状和不规则状次之。一般粒径 0.007 5~0.03 mm，主要赋存于黄铁矿裂隙中（占 50%）或呈包体赋存于黄铁矿、黄铜矿及石英中（占 40%），少量嵌于矿物晶隙内。

4. 围岩蚀变特征

玲珑金矿床矿体围岩为黑云母花岗岩。围岩蚀变以黄铁绢英岩化为主，次有碳酸盐化、绿泥石化等。其发育在矿脉两侧及尖灭端，与含金石英脉同时构成工业矿体。主要蚀变岩为黄铁绢英岩及黄铁绢英岩化花岗岩。

5. 勘查工作程度及矿床规模

招远市玲珑金矿开采历史悠久，是我国重要的黄金产地。自宋朝景德四年（1007年）玲珑金矿有采金史以来，已采出的黄金在 200 t 左右。玲珑金矿地质调查历史较久，但正规系统的地质勘查评价是从 20 世纪 50 年代后期开始的，从那时起到 20 世纪 90 年代初的 30 年间，山东省地矿局第六地质队及山东冶金勘探公司等一些地质队先后对玲珑金矿田一些矿段投入了详查或勘探工作，累计探明 120 余 t 黄金储量，为一特大型含金石英脉型金矿床。成矿时代应为中生代燕山早期。

（三）隐爆角砾岩型金矿床——平邑县归来庄金矿

1. 矿区位置及矿区地质特征

平邑县归来庄金矿位于平邑县城东南约 25 km 处；在地质构造部位上居于鲁西隆起区南部的尼山凸起东北缘与平邑凹陷南缘相接地带的尼山凸起一侧。

矿区内出露地层由早而晚分布着晚寒武世炒米店组、早奥陶世三山子组、奥陶纪马家沟组及东黄山组，为一套海相碳酸盐岩为主的沉积岩系，金矿体发育在这套沉积岩系内的近 EW 向碎裂岩带中。矿区内分布的侵入岩为呈小岩株、岩枝状的中生代燕山早期正长斑岩、二长斑岩、二长闪长玢岩，这些浅成侵入岩与金矿形成具有密切关系。矿区内主要断裂构造为近 EW 向断裂，其为燕甘断裂的次级分支构造。以归来庄 F1 断裂为代表，出露长度 2 200 m，总体走向 85°，倾向南，倾角 45° ~ 68°。为正断层，从其平面展布特点（图 16 - 3 - 5）来看，显示出继承和追踪 NEE 向和 NWW 向两组构造的特性。该断裂是归来庄金矿的导矿和储矿构造，受区域应力及次火山穹隆的叠加作用，表现出先压后张的活动特点，在后期的张性活动过程中有隐爆 - 侵入角砾岩充填其中，并伴有强烈的热液蚀变及金矿化，形成矿体。

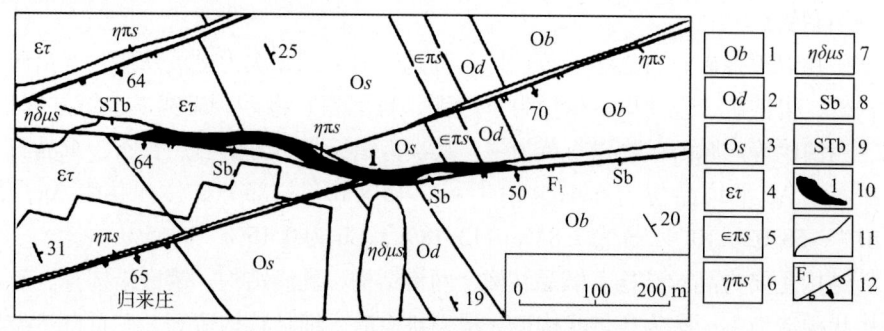

图 16 - 3 - 5　平邑县归来庄金矿地质略图

（据于学峰等，1996 年）

1—奥陶纪马家沟组北庵庄段；2—奥陶纪东黄山组；3—早奥陶世三山子组；4—晚寒武世炒米店组；5—中生代燕山早期正长斑岩；6—中生代燕山早期二长斑岩；7—中生代燕山早期二长闪长玢岩；8—中生代燕山早期隐爆角砾岩；9—碎裂硅化白云质灰岩；10—矿体及编号；11—地质界线；12—断裂及编号

矿体赋存于构造隐爆角砾岩带内，隐爆角砾岩受 F1 断裂控制，出露长度 2 200 m，宽 0.60 ~ 29.30 m，斜深大于 650 m，产状与 F1 基本一致。受区域应力及次火山隐爆的叠加作用，带内角砾岩发育，并具分带现象，一般由中心至边部依次为：隐爆侵入角砾岩－震碎角砾岩－围岩碎裂岩。沿走向角砾岩发育程度不一,西段发育较完整,是主矿体的产出地段;东段往往缺失震碎角砾岩。

2. 矿体特征

矿区内有大小矿体 12 个,以 1 号矿体规模最大,其余均为零星小矿体。矿体赋存于构造隐爆角砾岩带内或其顶板的碳酸盐岩中。1 号矿体占已探明储量的 99% 以上。矿体长 550 m,斜深大于 650 m,呈脉状产出,沿走向及倾向呈舒缓波状延展,具膨胀收缩、分支复合现象。矿体西段分为近于平行的上下两支,分别靠近蚀变带顶底板展布。矿体产状与 F1 基本一致,走向近 EW,倾向 S,倾角 45°～48°,自上而下倾角有变缓的趋势。矿体厚度 2.0～15.0 m,最大 36.5 m,平均 5.62 m;矿体中部厚度大,向两端及深部渐薄,为厚度较稳定矿体。

3. 矿石特征

矿石中金矿物有自然金、银金矿、碲铜金矿;银矿物有自然银、辉银矿。其他矿石矿物以褐铁矿为主;次为黄铁矿、赤铁矿、磁铁矿、黄铜矿、方铅矿、锌锑黝铜矿等;少量碲镍矿、碲铅矿、碲汞矿、孔雀石、铜蓝等,矿石中金属硫化物仅占 0.5%。脉石矿物主要有石英、白云石、方解石、正长石、斜长石;次为绢云母、萤石、黑云母、重晶石等。载金矿物以石英、方解石、白云石等脉石矿物为主(占 90% 以上);少量为黄铁矿、褐铁矿。矿石中 Au 品位一般为 3.50×10^{-6}～12.00×10^{-6},平均品位为 8.10×10^{-6};伴生 Ag 平均品位 14.21×10^{-6};Cu,Pb,Zn,Te,S 等含量均较低(S 含量仅 0.06%)。

矿石结构主要有晶粒结构、填隙结构、假象结构、侵蚀结构、交代残余结构、星状结构等;矿石构造主要有角砾状构造、浸染状构造、脉状构造、网脉状构造、土状构造、蜂窝状构造。矿石自然类型以氧化矿石为主,占 96%,少量原生矿石。矿床氧化带深度 300 m 左右。矿石成因类型有角砾岩型金矿石(70%)、石灰岩白云岩型金矿石(27%)及玢(斑)岩型金矿石(3%)。矿石的金矿物中,自然金占 55%,银金矿占 16%,碲铜金矿占 29%。其成色,自然金为 979、银金矿为 714。金矿物形态主要有角粒状(65.14%)、浑圆状(11.41%)、长角粒状(9.31%)、麦粒状(11.79%),少量枝杈状、针状等;粒度以细粒－微粒级为主,小于 0.009mm 者占 85% 以上。金矿物的赋存形式主要有粒间金(69.85%),次为包体金(25.18%),少量裂隙金(4.98%)。

4. 围岩蚀变特征

矿区内由于构造－岩浆活动的多阶段性,导致了多次的热液蚀变作用。①在二长闪长质岩浆侵入阶段的晚期,在岩体与石灰岩接触处,发育以矽卡岩化为主的蚀变,伴有铁矿化。②在二长正长质岩浆侵入阶段末期,形成钾硅酸盐蚀变,以黑云母化、冰长石化、绢云母化、水白云母化及高岭土化为主的钾质蚀变,遍布于整个次火山岩体中。③在控矿构造隐爆角砾岩形成阶段,发育有与金矿化关系密切的硅化、泥化(水白云母化)、萤石化、碳酸盐化、黄铁矿化、绢云母化等蚀变。

5. 勘查工作程度及矿床规模

平邑县归来庄金矿是山东省地矿局第二地质队在 1988 年发现的。在 1988～1994

年，山东地质二队通过普查、勘探及科研，基本查明了矿床地质特征。共探明黄金储量35 t，为一大型隐爆角砾岩型金矿床。成矿时代为中生代燕山早期。

第二节　山东铁矿

一、铁矿分布及勘查与开发概况

（一）铁矿分布

山东铁矿分布较为广泛，现已发现和探明的铁矿床（点）在济南、淄博、莱芜、泰安、济宁、临沂、枣庄、潍坊、青岛、烟台、威海、日照和菏泽等 13 个地市的 43 个县（市、区）均有分布。探明的工业矿床分布在济南、淄博、莱芜、泰安、济宁、枣庄、临沂、青岛、烟台、潍坊、威海等 11 个市的 20 个县（市、区）中，其地理分布不是很均匀。其中鲁西地区探明 67 处矿区，山东省大、中型铁矿床几乎都分布在鲁西地区，截止到 2000 年底，该区铁矿保有储量占全省总储量的 90.5%；鲁东地区仅探明 12 处矿区，保有储量占总储量的 9.5%。就分布特点看，鲁西地区铁矿产地多集中分布，大、中型矿床多；鲁东地区铁矿产地多分散分布，矿床规模一般也较小。山东贫铁矿主要分布在沂源 - 沂水、苍山 - 峄山、东平 - 汶上；富铁矿主要分布在莱芜、淄博、济南等地，占总储量的 41.5%，是山东省铁矿山开发建设的主要对象。

受成矿地质条件控制，不同类型的铁矿床产出的大地构造部位也不同。例如，接触交代型铁矿床主要赋存在鲁西隆起北部边缘地带，山东此类大、中型铁矿床主要产在这个构造部位上；沉积变质型铁矿床虽然分布范围较广，但是 97% 的蕴藏量主要集中分布在鲁西隆起的中部及南部边缘；中低温热液交代充填 - 风化淋滤型铁矿床，主要分布在鲁西隆起北部的淄河断裂带附近（图 16 - 3 - 6）。

（二）铁矿勘查概况

山东近代的铁矿资源调查始于 19 世纪 60 年代。自那时起至 20 世纪 40 年代，一些欧美、日本及中国学者先后对济南、章丘、历城、淄博金岭、莱芜、烟台、临沂、即墨等地铁矿进行调查，并编著有调查报告。1949 年新中国成立之前的铁矿地质调查，多是概略性的点上观察，形成的资料多很简略。

中华人民共和国成立后的 60 余年来山东地矿系统和冶金系统开展了大量的铁矿地质调查、普查勘探和科学研究工作，积累了丰富的铁矿地质资料，探明了一大批铁矿床，使山东铁矿储量迅速增长，为山东钢铁工业的发展和合理布局提供了资源和依据。

1949～1957 年间，在普遍对鲁西和鲁东地区的铁矿资源进行概略性调查的基础上，先后勘探了临淄金岭的铁山、北金召、辛庄、南金召、肖家庄、济南东风和果园及沂源韩旺铁矿，探明铁矿储量约 2×10^8 t。

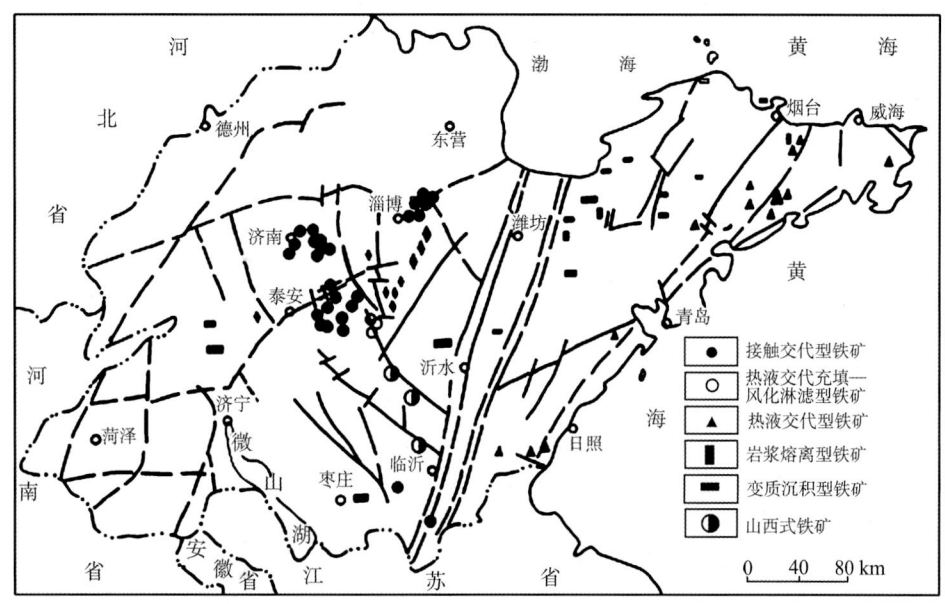

图 16 - 3 - 6 山东省各类型铁矿产地分布略图

（据《山东铁矿地质》，1998 年）

1958～1962 年间，开展了大面积 1:100 万～1:20 万的航空磁测和一定范围的地面磁法找矿；勘探了临淄金岭的南北岭、四宝山、侯家庄铁矿，莱芜的马庄、赵庄、顾家台、业庄、曹村、杜官庄、温石埠、铁铜沟、孤山和山嵧峪铁矿，济南的张马屯、农科所、王舍人、徐家庄和虞山铁矿以及苍峄铁矿。此外还对淄博黑旺、沂源芦芽店、海阳马陵、牟平祥山、平度于埠和昌邑高戈庄等低温热液、高温热液和岩浆熔离型铁矿进行了普查勘探工作。此期探明铁矿储量约 5×10^8 t。

1963～1970 年间，主要对临淄金岭的东召口和北金召北，莱芜的刘家庙、石门官庄、山子后北和西尚庄及济南郭店地区的铁矿进行普查勘探工作，8 年探明储量约 1×10^8 t。

1971～1975 年间，开展了 1:5 万～1:2.5 万航磁和地磁工作；对莱芜张家洼、港里、小官庄、西尚庄、顾家台、山嵧峪、金牛山和山子后北铁矿，临淄金岭的王旺庄铁矿，济南机床四厂、郭店和南屯丘铁矿，莱州大涅河和西铁埠铁矿，东平铁矿，昌邑东辛庄铁矿，以及郯城马家屯铁矿等矿区进行了普查勘探和进一步的普查勘探工作，探明储量约 7×10^8 t。

1976～1985 年间，先后开展了沂源韩旺和苍峄沉积变质型铁矿的补充勘探，提高了这两个铁矿床的研究程度；对几个大磁异常的验证及重点铁矿床（如淄河店子、文登及金岭王旺庄等）的普查勘探工作。在此期间的 1976～1983 年先后开展了铁矿的 V 级、IV 级及 III 级的成矿区划工作；1983～1985 年，利用全省积累的大量的地质、物探、化探等综合信息，开展了山东省铁矿资源总量预测工作，建立了主要类型铁矿床的找矿模型和定量预测模型，圈定了进一步找矿的靶区，计算了 F 级和 G 级资源量，以及资源总量和潜在资源量，为制定铁矿地质工作规划提供了依据。

新中国成立的 50 多年间的勘查与专题研究，基本查清了全省铁矿资源的赋存状态及分布特点。截止到 2000 年底，已发现各类铁矿床（点）382 处，其中 78 处矿区的资源状况已经基本查清，累计探明储量近 20×10^8 t；保有储量约 18×10^8 t。通过对资源潜力较大的鲁西主要成因类型铁矿资源量的预测，全省铁矿资源总量为 50.64×10^8 t，其中潜在资源量为 34.62×10^8 t，表明山东铁矿尚具有一定的找矿潜力。截至 2012 年底，在鲁西南地区铁矿勘查获得重大突破。

（三）铁矿开发历史与现状

山东铁矿开发历史悠久。在临淄发现的 4 处春秋时冶铁遗址及春秋时期古墓出土的铁制武器、工具、生活器具等表明春秋时期山东就已有冶铁业，当时的山东人（齐国人）已经在使用铁器农具和其他器物了。自春秋起，到唐、宋、元、明、清各朝代的铁矿开采和冶炼业兴旺不衰，并已在金岭、郭店、兖州、莱芜等地形成当时的冶铁中心。

鸦片战争后，德、日帝国主义入侵山东时期，使山东铁矿资源遭到掠夺和破坏。新中国成立后，已有的铁矿山得到恢复和重建，并新建了一大批铁矿山，发展了钢铁工业，使山东成为华北地区一个比较重要的铁矿石产区和钢铁基地。①1949～1957 年间，山东全省主要是金岭和郭店铁矿山在开采，年产铁矿石 10×10^4～50×10^4 t。②20 世纪 50～60 年代前期，山东铁矿山发展迅速，目前已知的一些铁矿在那个时期都曾被开采过，如莱芜马庄、温石埠、赵庄、铁铜沟和山峪峪，淄博黑旺，牟平祥山，海阳马陵，莱西南墅，昌邑高戈庄，益都朱崖，日照高旺，济南东风及沂源芦芽店等铁矿。但那个时期铁矿生产不稳定，并有部分不能利用的条带状贫铁矿被开采出来。③20 世纪 60 年代后期至 80 年代前期，一些铁矿山时开时辍，铁矿石产量不稳定。1966～1970 年间全省共采出铁矿石 847×10^4 t；1971～1975 年间共采出铁矿石约 $1\ 200 \times 10^4$ t；1976～1980 年间共采出铁矿石 $1\ 727 \times 10^4$ t；1981～1985 年间因一些铁矿山停产和限产，全省采出的铁矿石总量下降到 $1\ 244 \times 10^4$ t。④20 世纪 80 年代后期由于淄博金岭侯家庄、沂源韩旺、莱芜张家洼和小官庄等一批重要矿山恢复生产或建矿投产及一些县、乡镇办小型矿山生产，使全省铁矿石产量大增。此期山东省铁矿石总产量达 $2\ 551 \times 10^4$ t，当时排在全国第 9 位。

铁矿是山东的重要矿产资源，探明和保有的储量较多，但由于一半以上的铁矿储量为沉积变质型贫铁矿，因此，从总体看，山东铁矿开发利用程度不高。截至 2012 年底，全省累计查明资源储量 536 805 万 t（其中基础储量 116 144 万 t），保有资源储量 507 519 万 t（其中基础储量 89 006 万 t）。2011 年铁矿石产量为 1 926 万 t，同比 2010 年增长 6.6%，2011 年下降 13.2%。据《山东统计年鉴》，2011 年全省生铁产量 5 609 万 t，需消耗铁矿石 10 583 万 t，当年铁矿石产量仅占消耗量的 18.2%，供需缺口约 80%。短缺矿石需靠外省调入或进口解决。近年来山东省铁矿资源储量虽然增长约 29 亿 t，但铁矿石质量较差，对富铁矿的依存度依然较高。新中国成立后的 50 余年间，山东铁矿开发取得快速进展，通过多年的建设已经形成了淄博和莱芜 2 个主要的铁矿石生产基地，其产量在华东沿海地区乃至全国均占有比较重要的位置。

二、铁矿床类型及主要类型铁矿床地质特征

（一）铁矿床类型

从矿床产出地质环境、矿床地质特征、主要成矿作用及成矿物质来源等主要因

素考虑，山东铁矿床被划分为 4 个大类、8 个亚类（曾广湘等，1998 年），见表 16 - 3 - 2。

（二）主要类型铁矿床地质特征

表 16 - 3 -2 中所列的 8 个亚类的铁矿床，其分布状况、规模差别很大。①新太古代沉积变质型铁矿床，规模大，虽然矿石贫，目前工业利用困难较大，但其潜在价值大；②与中生代燕山期岩浆活动有关的接触交代型铁矿床（矽卡岩型）及中生代燕山期岩浆期后热液交代充填风化淋滤型铁矿床（朱崖式），矿床和单矿体规模均较大，矿石富，是当前省内重点开发利用矿床；③古元古代沉积变质型铁矿床、中元古代四堡期岩浆熔离型铁矿床、新元古代震旦期及中生代燕山期岩浆期后热液型矿床，其矿床和单矿体规模较小；④分布于中奥陶统风化蚀变面上的晚石炭世沉积残积型（山西式）铁矿，分布范围小，矿体连续性差，工业价值小。

表 16 -3 -2　　　　　　　　　　**山东省铁矿类型划分**

成因大类	成因亚类		全铁品位与伴生元素（%）	典型矿床或代表性产地
与区域变质作用有关的沉积变质型铁矿床	新太古代（绿岩带中的）沉积变质型铁矿床（条带状磁铁矿）	与泰山岩群雁翎关组角闪质岩石有关的变质火山沉积型磁铁矿矿床	TFe 30 ~ 39，平均 36；SFe 25 ~37，平均 29；硅酸铁 29；S <0.5；P 0.093	沂源韩旺
		与泰山岩群山草峪组变粒岩、斜长片麻岩有关的沉积变质型磁铁矿矿床	TFe 20 ~ 40，平均 33；SFe 24.97 ~ 26.26；硅酸铁 7.89；S 0.007 ~7.63；P 0.002 ~0.965	枣庄、苍峄、东平一带
	古元古代沉积变质型铁矿床	与碳酸盐岩有关的变质火山沉积型磁铁矿矿床	TFe 20 ~ 36；S 0.38；P 0.043；硅酸铁 1.25	昌邑东辛庄 - 搭连营
与岩浆活动有关的铁矿床	中元古代四堡期熔离型铁矿床	与角闪岩、辉石岩有关的磁铁矿矿床	TFe 30 ~45，最高 60 ~70；S 0.03 ~ 0.29，最高 29；P 0.03 ~ 0.48；V_2O_5 0.004 ~ 0.15；TiO_2 0.06 ~1.53；少量 Th，Ga，U	牟平祥山、昌邑高戈庄及于埠
	新元古代震旦期岩浆期后热液型铁矿床	与花岗闪长斑岩有关的高 - 中温热液交代型含铜、金、磁铁矿矿床	TFe 30 ~ 40，最高 60；Cu 0.03 ~0.9；Au 1.10 ~ 1.53 g/t；S 百分之几，P 微量	日照高旺、莒南坪上
	中生代燕山期岩浆期后热液型铁矿床	与斑状花岗岩、花岗闪长斑岩有关的高 - 中温热液交代型磁铁矿矿床	TFe 35 ~ 38，最高 63.5；S 0.16 ~0.3；P <0.3	乳山马陵、莱州西铁埠及大涴河
	与中生代燕山期岩浆活动有关的接触交代（矽卡岩）型铁矿床	与中 - 基性侵入岩、浅成岩有关的接触交代 - 高温热液交代型磁铁矿矿床	TFe 30 ~50，最高 70；S 0.013 ~ 0.0181，最高 0.4 ~ 4.5；F 0.026 ~ 0.195；Co 0.01 ~ 0.037；Cu 0.032 ~0.074	济南、莱芜、金岭等地
		与中 - 酸性侵入岩、浅成岩有关的接触交代 - 高温热液交代型磁铁矿矿床	TFe 40 ±，最高 61.25；S 0.4 ~ 0.7；P 微量；Cu 0.3 ~ 0.98	平邑铜石、苍山莲子汪等地

（续表）

成因大类	成因亚类		全铁品位与伴生元素（%）	典型矿床或代表性产地
与岩浆期后热液及风化淋滤作用有关的铁矿床	与中生代燕山期岩浆期后热液风化淋滤型（朱崖式）褐（菱）铁矿矿床	中低温热液交代充填风化淋滤型（朱崖式）褐（菱）铁矿矿床	TFe 30 ~ 40，最高 61.35；Cu 0.01 ~ 0.04，Mn 0.54 ~ 2.99；S < 0.1；P < 0.1	淄河一带的黑旺、朱崖等地
与沉积作用有关的沉积型铁矿床	晚石炭世沉积残积型（山西式）铁矿床	铁铝建造中的赤铁矿 – 褐铁矿矿床	赤铁矿 TFe 25 ~ 40；褐铁矿 TFe 20 ~ 53，S 0.04；P 0.18 ~ 0.05	淄博八块石、蒙阴小张疃

注：据曾广湘等原表简化，1998 年。

由上述可知，山东省主要类型铁矿床为新太古代绿岩带中沉积型铁矿床、中生代燕山期接触交代型铁矿床及热液充填风化淋滤型铁矿床，3 个类型铁矿床预测资源总量达50 余亿 t。

1. 新太古代绿岩带中沉积变质型条带状磁铁矿矿床地质特征

（1）含矿建造特征：新太古代泰山岩群是山东沉积变质型铁矿床的重要含矿层位，其自下而上的雁翎关组、山草峪组和柳杭组中均含有铁矿层，但具有一定规模的矿床主要产在雁翎关组和山草峪组中（图 16 – 3 – 7）。①与雁翎关组角闪质岩石有关的变质火山沉积条带状角闪石型磁铁矿建造：主要是以角闪石岩、斜长角闪岩夹黑云变粒岩、绿片岩为主要岩石组合的条带状角闪石型磁铁矿建造，是一套原岩为超基性 – 基性熔岩为主的火山喷出相岩石组合。此类含铁建造中的铁矿床有沂源韩旺等铁矿。②与山草峪组变粒岩有关的变质沉积条带状石英型磁铁矿建造：主要是以黑云变粒岩及黑云变粒岩夹斜长角闪岩为主要岩石组合的条带状石英型磁铁矿建造，是一套原岩为超基性 – 基性岩群顶部的凝灰岩 – 泥砂质沉积岩为主夹基性火山岩相的岩石组合。此类含铁建造中的铁矿床有苍峄、东平铁矿。

在鲁西地区除新太古代泰山岩群中发育条带状含铁建造而外，在沂水石山官庄一带的中太古代沂水岩群中也发育一套条带状磁铁石英岩建造，其全铁含量低，尚未发现工业矿带。此外，在鲁西地区还分布着古元古代济宁岩群中与板岩千枚岩有关的条带状石英假象赤铁矿建造，其主要是由钙质、铁质板岩，绢云母、绿泥石、硅质、铁质千枚岩夹假象赤铁石英岩的岩石组合，是一套浅变质的含铁（硅铁）沉积火山岩系建造。此类含铁建造中的赤铁矿层见于济阳滋阳山一带的钻孔中，伏于千米之下。

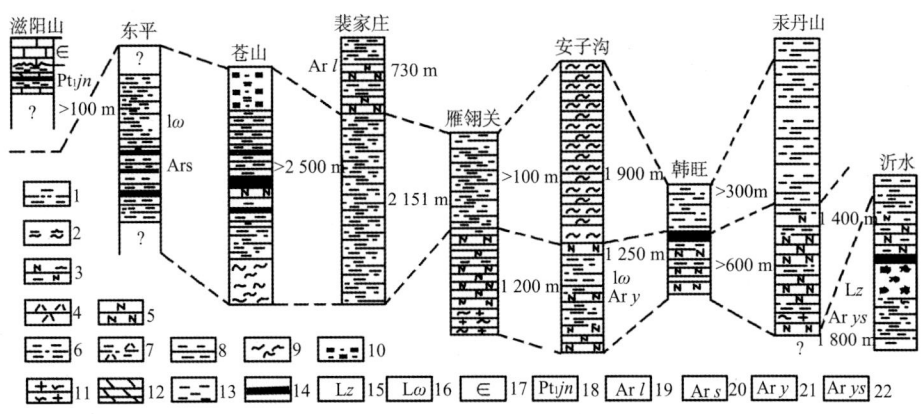

图 16 - 3 - 7　鲁西地区早前寒武纪条带状含铁建造层位对比示意图

（据曹国权等《鲁西早前寒武纪地质》，1996 年）

1—二辉麻粒岩；2—紫苏黑云条纹状混合岩；3—紫苏斜长角闪岩；4—角闪片岩；5—斜长角闪岩；6—黑云变粒岩；7—角闪黑云变粒岩；8—黑云片岩；9—黑云斜长（二长）片麻岩；10—绢云石英片岩；11—绿片岩；12—板岩类；13—千枚岩类；14—条带状含铁建造；15—太古宙早期绿岩带；16—太古宙晚期绿岩带；17—寒武系；18—古元古代济宁岩群；19—新太古代泰山岩群柳杭组；20—泰山岩群山草峪组；21—泰山岩群雁翎关组；22—中太古代沂水岩群

（2）矿体特征：矿体为似层状、层状、透镜状，一般呈单斜状产出，亦有呈向形状产出，呈单斜产出的矿层倾角 50°~70°；呈向形产出的矿层倾角为 50°~85°，矿层轴部倾斜平缓。矿体长度为 500~3 000 m，韩旺铁矿矿体断续长度达 7 000 m；矿体宽度均 >400 m；矿体厚度 4~84 m，最大厚度达 190 m，一般由单层到多层矿组成一个矿带（如苍峄铁矿）。

（3）矿石特征：矿石的结构为细粒半自形 - 他形变晶结构；磁铁矿颗粒一般为 0.015~0.073 mm，最大为 0.3 mm。矿石构造以磁（赤）铁矿与硅酸盐暗色矿物或石英组成的平行条带为特征，与斜长角闪岩有关的磁铁矿矿床为磁（赤）铁矿与硅酸盐暗色矿物为主组成的条带状构造；与变粒岩有关的磁铁矿矿床为磁（赤）铁矿与石英为主组成的条带状构造；部分矿石为块状构造。

矿石矿物以磁铁矿、假象赤铁矿为主，有少量赤铁矿、褐铁矿、白铁矿、黄铁矿、磁黄铁矿，以及黄铜矿、钛铁矿。脉石矿物为石英、铁闪石、普通角闪石，次为黑云母、透辉石、石榴子石。矿石中主要有益组分铁含量比较稳定，稀有分散元素为微量的 Ti，Cr，V，Ga 等。有害组分 P，S 一般很低，P 平均含量为 0.09%~0.12%，S 平均含量为 0.01%~0.27%，个别为 1%~3%。TFe 含量一般为 32.86%~39%，SFe 为 25%~37%，角闪石型矿石多比石英型矿石品位高。氧化带矿石比原生矿石品位高 2%~4%。沿倾斜延深接近向斜轴部部位品位有增高趋势。在构造交汇部位因受后期热液作用品位局部有所增高，TFe 可达到 49.29%。矿石中硅酸铁一般含量为 7%~7.89%，具有硅酸铁高的特点。

2. 与中 - 基性侵入岩有关的接触交代（矽卡岩）型磁铁矿矿床地质特征

（1）控矿侵入岩及地层岩性特征：此类铁矿床主要分布在莱芜、淄博金岭和济南地区，其与该区分布的中生代燕山期莱芜岩体、金岭岩体和济南岩体具有极为密切的关系；岩体岩石组分、侵位、产状等，对铁矿体形成具有重要的控制作用。这些岩体一般是由一些小岩体组成的，其岩性主要为闪长岩类和辉长岩类岩石，呈岩株、岩盖、岩床或岩墙产出。岩体侵入时代为中生代印支期－燕山晚期。控矿的地层岩性为奥陶纪马家沟组北庵庄段、五阳山段和八陡段的厚层石灰岩。此类石灰岩层厚质纯，CaO 含量高，一般为 45.77% ~ 54.48%，特别是五阳山段和八陡段，CaO 平均含量分别为 52.23% 和 54.48%，SiO_2 含量又低（分别为 2.38% 和 0.94%），易于交代成矿。已经探明的铁矿床，特别是大型铁矿床，主要赋存于五阳山段和八陡段中，其次为北庵庄段；在阁庄段中亦有少量铁矿床分布。

控制因素除上述的侵入岩和碳酸盐岩地层外，断裂构造对成矿也起着一定作用。但主要因素还是前二者。当中生代中－基性岩浆侵入到奥陶纪马家沟组石灰岩中时，发生强烈的接触交代作用，产生矽卡岩化和磁铁矿化，形成铁矿床（图 16 - 3 - 8，图 16 - 3 - 9）。

（2）矿体特征：接触交代型铁矿矿体主要发育在外接触带部位。矿体的形态、产状和规模，与接触带的构造形式密切相关。简单接触带中的矿体，一般呈单层似层状；复杂接触带中的矿体，呈不规则扁豆状、囊状、透镜体状；弯曲接触带中的矿体，呈扁豆体、透镜状、鞍状、镰刀状等。矿体长度由数十米至数千米（30 ~ 4 200 m），一般为 80 ~ 500 m，少数为 1 350 ~ 4 200 m；矿体延深长度 20 ~ 2 000 m，一般 100 ~ 320 m，少数 500 ~ 2 000 m；矿体厚度 2 ~ 131 m，一般 4 ~ 30 m，少数 40 ~ 60 m，个别 131 m。矿石储量规模，由几万吨至上亿吨，一般由几十万吨至数百万吨，少数为数千万吨，个别矿床矿石储量 >1 亿 t。

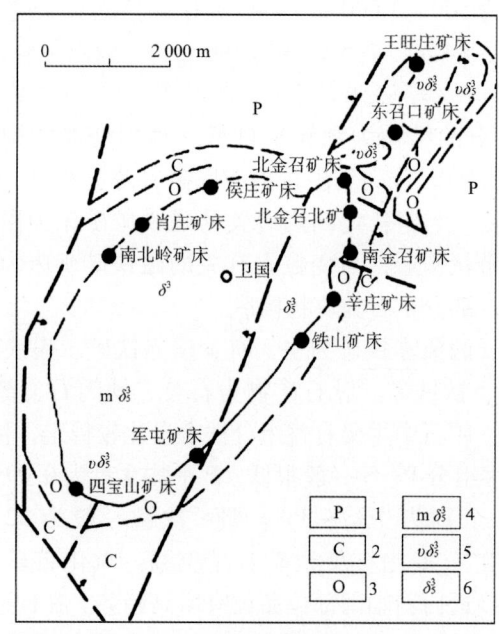

图 16 - 3 - 8　金岭岩体与铁矿床分布示意图

（据山东冶金地质勘探公司资料）

1—二叠系；2—石炭系；3—奥陶系；4—中生代燕山晚期辉石闪长岩；5—燕山晚期黑云母闪长岩；6—燕山晚期闪长岩

（3）矿石特征：矿石中的金属矿物主要为磁铁矿、镁磁铁矿；其次为赤铁矿、假象赤铁矿、褐铁矿、黄铁矿；少量为镜铁矿、自然铜、黄铜矿、斑铜矿、菱铁矿、磁黄铁矿、白铁矿、闪锌矿；局部见有硬锰矿、镍黄铁矿、针镍矿、碲铜矿、自然金；次生矿物有孔雀石、蓝铜矿、赤铜矿等。脉石矿物主要为蛇纹石、绿泥石、金云母、方解石，其次为尖晶石、镁橄榄石、透辉石、白云石、磷灰石、石英、玉髓等。矿石中 TFe 含量一般在 30% ~ 50%，最高可达 70%。伴生组分中 Cu 含量一般为 0.008% ~ 0.05%；Co 含量一般为 0.007% ~ 0.020%，S 含量一般为 0.01% ~ 0.1%；P 含量一般为 0.01% ~ 0.04%；V，Ni，Ga，Ti，Au，Ag 含量较低。CaO 一般含量为 1% ~ 10%；MgO 含量一般为 1% ~ 8%；SiO_2 含量一般为 5% ~ 12%；Al_2O_3 含量一般为 1% ~ 5%。矿石的（CaO + MgO）/（SiO_2 + Al_2O_3）的比值为 0.7 ~ 1.5，多为自熔性矿石，部分为偏碱性或偏酸性矿石。

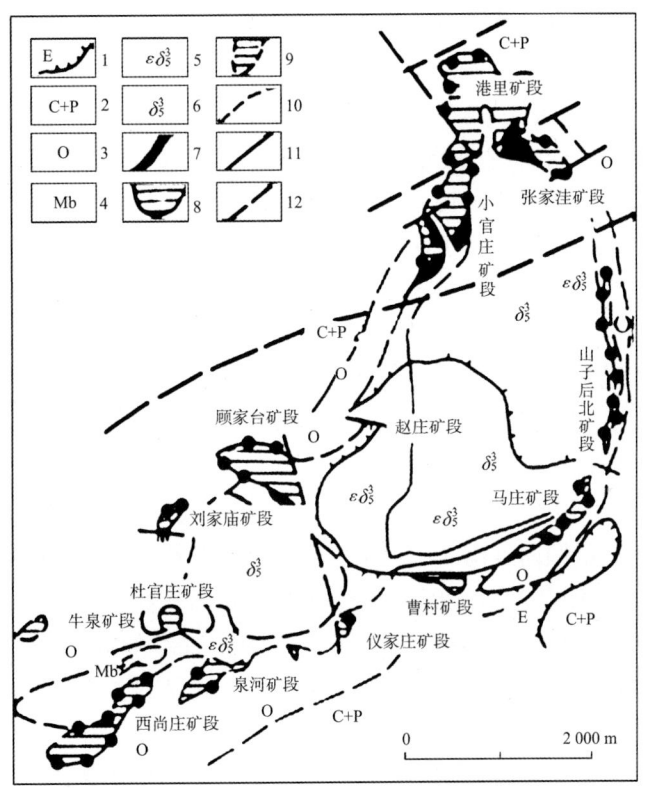

图 16 - 3 - 9　莱芜市铁矿矿山弧形背斜矿床分布简图

（据山东省地质局第一地质队，1980 年）

1—古近系；2—石炭系 + 二叠系；3—奥陶系；4—大理岩；5—燕山期正长闪长岩；6—燕山期闪长岩；7—矿体；8—矿体延伸范围；9—推测矿体范围；10—推测地质界线；11—压扭性断层；12 - 张性断层

矿石的主要结构为半自形 - 他形粒状结构，其次为自形 - 半自形粒状结构、交代残余结构、压碎结构、似文象结构、填隙结构等。矿石中磁铁矿颗粒一般在 0.05 ~ 0.3 mm，最大者为 0.5 ~ 1 mm。矿石的构造主要为致密块状构造和条带状构造；其次为角砾状构造、浸染状构造、粉状构造；少见斑杂状构造、蜂窝状构造。矿石的自然类型主要有 4 种：磁铁矿矿石、赤铁矿－磁铁矿矿石、黄铜矿－磁铁矿矿石、黄铁矿－磁铁矿矿石。

（4）蚀变交代作用特征：接触交代型铁矿床的蚀变交代作用具有明显的阶段性，而不同阶段的蚀变作用，生成不同的蚀变矿物共生组合。①热变质作用阶段（期）生成以橄榄石、透辉石、尖晶石为主的矿物组合；②钠质交代作用阶段（期）生成钠长石矿物；③矽卡岩化作用阶段（期）生成以透辉石、方柱石、石榴子石、金云母、磁铁矿为主的矿物组合；④钙质交代作用阶段（期）生成绿帘石、透辉石、阳起石、葡萄石为主的矿物组合；⑤热液蚀变作用阶段（期）生成以蛇纹石、绿泥石、方解石及金属硫化物为主的矿物组合。

3. 中低温热液交代充填风化淋滤型（朱崖式）铁矿床地质特征

热液交代充填风化淋滤型铁矿床分布在鲁西隆起的中北部，大体沿淄河断裂带展布。北起辛店，经青州文登、朱崖、淄川太河、南至莱芜颜庄南，总体呈 NNE 向展布，长约 70 km 的带状。由北而南可分为辛店－太河区段（是本类铁矿床成矿条件最好的区段，有文登、店子和朱崖 3 个大型铁矿床）；太河－寄姆山区段和颜庄南区段。

（1）成矿地质背景：朱崖式铁矿的形成明显地受控于淄河断裂及其后期断裂构造、早古生代地层及燕山期中偏基性侵入岩。①NNE 向的淄河断裂与次级 NW 向断裂的交汇处是含矿热液富集成矿的有利构造部位。如黑山－河东坡断裂交汇处的文登铁矿，兴旺村－南术店子断裂交汇处的店子铁矿，黄鹿井葫芦台断裂交汇处的黑旺铁矿。②晚寒武世炒米店组和奥陶纪马家沟组北庵庄段、五阳山段是 3 个主要赋矿层位；其次为中寒武世张夏组。泰山岩群中的铁矿体规模小、品位低。③铁矿体近处发育有燕山晚期闪长岩体及碳酸岩脉或碳酸岩体，表明其具有一定成因联系。

（2）矿体特征：主要为层状、似层状和脉状；另外有囊状、团块状、不规则状等。①层状、似层状矿体往往形成规模大的工业矿体，以店子矿区矿体规模最大，已控制长度达 8 400 m，宽度 1 500 m，累计最大厚度 111.4 m，沿走向存在着膨胀收缩，并为横向断裂切割等现象；沿倾向远离断层很快变薄，以至尖灭。②脉状矿体分布很广，主要受 $10° \sim 20°$，$350°$ 和 $330°$ 这 3 组断裂控制，矿体沿走向长数十至数千米，宽几十厘米至数米，延深多在数十米以内。有些矿区（如芦芽店、文字岭等）经常可见脉状矿体和层状、似层状矿体联结并存。③囊状、团块状矿体一般都很小，矿体的形态与规模，受溶洞裂隙空间形态和规模所制约。

（3）矿石特征：矿石的矿物成分比较简单。矿石矿物主要为褐铁矿（针铁矿）、菱铁矿；次要为水赤铁矿、赤铁矿、镜铁矿、软锰矿；少量为硬锰矿、黄铁矿、黄铜矿、磁铁矿。脉石矿物主要为方解石、铁白云石、铁方解石；次要为重晶石、石英；少量为磷灰石、碳硅石。矿石中 TFe 含量一般为 $43\% \sim 50\%$，最高为 61.63%。

矿石结构：褐铁矿矿石以交代残余状、菱形网格状为主；其次有同心放射状、叶片状结构，以及竹叶状自形晶粒；菱铁矿矿石以自形－半自形镶嵌、细－微粒结构为主；其次有他形不等粒和不规则网脉状结构。矿石构造：褐铁矿矿石构造以致密块状、蜂窝状、粉末状构造为主；其次有网脉状、葡萄状、同心环带状、晶洞状构造；菱铁矿矿石为块状构造。矿石的自然类型主要为褐铁矿型和菱铁矿型；其次为褐铁矿－赤铁矿－水赤铁矿型、赤铁矿－水赤铁矿－褐铁矿型、镜铁矿－赤铁矿型。

三、典型铁矿床地质特征

（一）新太古代变质沉积型铁矿床——沂源韩旺铁矿

1. 矿区位置及矿区地质特征

沂源韩旺铁矿床位于沂源县东南端，跨沂源、沂水两县。矿区北起沂源县东里镇院峪村，南到沂水县新民官庄乡张耿村，呈 NW－SE 向分布，向南伸展，横跨沂河，长约 11 km，宽约 4 km。矿区划分为 5 个区段，自北向南分为：西北区段、卧虎山区段、上河区段、王峪区段和张耿区段。在地质构造位置上，矿区位于鲁西隆起区泰山沂山隆起之东端沂山凸起上，韩旺石桥断裂自 NW－SE 向纵贯矿区；矿区北部广泛裸露新太古代泰山岩群雁翎关组及早前寒武纪花岗质岩石，南侧广泛分布着古生代沉积地层。铁矿层赋存于泰山岩群雁翎关组顶部。

2. 矿体特征

赋存于雁翎关组中的铁矿体呈似层状、透镜状。自西北部的东长旺村，至东南的崔家王峪村，矿体断续相连，全长约 7 000 余 m。在中部的明光山一带，矿层略向南西突出，构成一舒缓的弧形（图 16－3－10）；主矿层东南段西侧有铁矿层隐伏于沂河河床之下。铁矿体与围岩产状一致，总体走向 330°，倾向 SW，倾角 31°～65°，一般 50°左右，受构造影响，矿体沿走向、倾向均有波状弯曲现象。

由含铁角闪石英片岩及铁矿体组成的含矿带形态沿走向、倾向均有一定变化。出露在卧虎山区段和上河区段的矿带是本矿区厚度最大、延深最深、延长较稳定的地段，长约 3 540 m。此段矿带的形态变化比较大；沿走向、倾向矿体分层多、单层矿较薄，矿体分支、复合、尖灭现象明显。该区段矿带厚度最小为 14.5 m，最大 190 m，平均 80 m 左右。矿带中的矿层一般 4～11 层，单层矿的厚度一般为 1～25 m，最厚 55 m；此外，数十厘米的薄矿层亦较多。

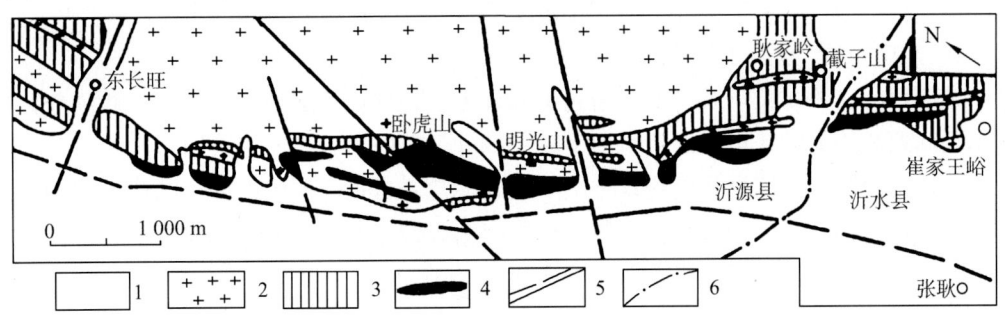

图 16－3－10　沂源县韩旺铁矿地质简图

（据《山东铁矿地质》修编，1998 年）

1—第四系；2—早前寒武纪花岗质岩石；3—新太古代泰山岩群雁翎关组；4—铁矿体；5—实、推测断层；6—县界

3. 矿石特征

矿石矿物以磁铁矿为主；其次为赤铁矿、假象赤铁矿、褐铁矿等；此外尚有少量黄铁矿、黄铜矿、磁黄铁矿等。含铁硅酸盐矿物主要有铁闪石、普通角闪石，其次是黑云母、透闪石、阳起石以及少量绿泥石、绿帘石。不含铁的硅酸盐矿物主要有石英，其次是长石、绢云母等。矿石中的铁组分分布较稳定，TFe 含量一般为 30% ~39%，平均为36%；SFe 含量一般在 25% ~37% 之间，平均 29%。矿石尚含微量的 Ti，Cr，Ni，Co，Ga 等。矿石中有害元素 P 含量低而稳定，平均 0.093%；S 含量一般为 0.01% ~0.5%；SiO_2 含量一般为 38% ~ 43%；Al_2O_3，CaO，MgO 含量均较低，平均含量分别为1.092%，2.075%，1.497%。

矿石主要呈细粒变晶结构（又分为纤状变晶结构、纤状花岗变晶结构和花岗变晶结构 3 种主要类型）；少数为变斑状结构和不等粒交代残余结构。矿石构造为条带状构造（又分为条带状、条纹状、片状波纹状、条痕状以及似肠状等构造类型。）主要矿石类型为石英磁铁矿矿石和角闪磁铁矿矿石；氧化矿石少量。矿区内的原生矿石（石英磁铁矿矿石、角闪磁铁矿矿石及部分夹石混合后，TFe 含量为31.61%，SFe 含量为 26.84%）样品经阶段磨矿阶段磁选、一次磨矿、一次磨选等 3 个不同流程方案的试验；经一次粗选、三次精选后获得精矿品位 SFe 为61.00%，回收率为 80.92%；经一次粗选、两次精选后获得精矿品位 SFe 为57.52%，回收率为 81.59%。表明原生矿石的可选性能良好，选用比较经济的磁选方法可以获得满足工业要求的效果。

4. 勘查工作程度及矿床规模

沂源韩旺铁矿的西北区段、张耿区段在 1957 ~1958 年间，当时的地质部山东省办事处曾进行过初步勘探工作；卧虎山区段、王峪区段及上河区段在 1976 年，山东省韩旺铁矿地质勘探会战指挥部进行了补充勘探。经过 2 轮的勘查工作，基本查清了矿床特征，累计探明铁矿石储量 1.29×10^8 t，为一大型变质沉积型铁矿床。成矿时代为新太古代。

（二）接触交代（矽卡岩）型铁矿床——莱芜西尚庄铁矿

1. 矿区位置及矿区地质特征

莱芜西尚庄铁矿位于莱芜城西南约 12 km 处；在地质构造部位上居于鲁西隆起区内鲁山凸起西南缘处的矿山弧形背斜西南转折端处。矿区内为大面积第四系覆盖。矿区内地层主要为古近纪官庄群及奥陶系中、下统碳酸盐岩岩系。矿区内分布的侵入岩为呈岩株状的燕山期闪长岩，为控矿侵入体。矿区内断裂构造发育，北部为杜官庄断裂，西侧为茂圣堂断裂，矿区以南为塔子石门官庄断裂（图 16 –3 –11）。

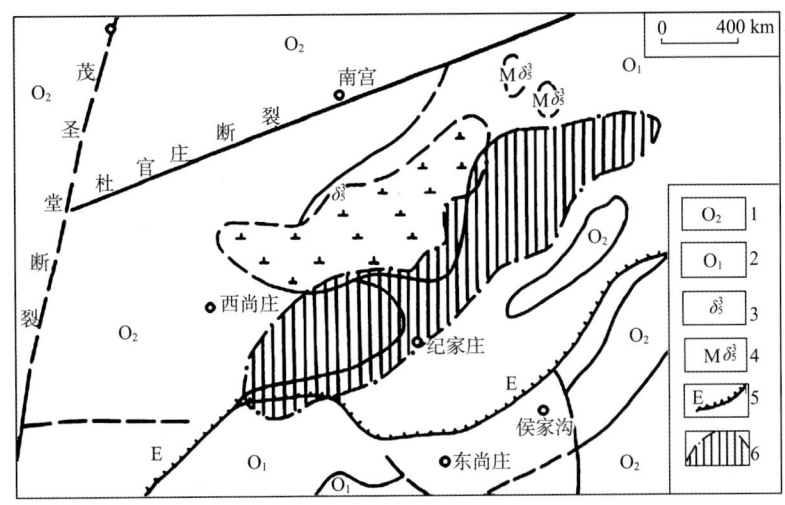

图 16 - 3 - 11　莱芜西尚庄铁矿基岩地质略图

（据《山东铁矿地质》修编，1998 年）

1—中奥陶统；2—下奥陶统；3—燕山期闪长岩；4—燕山期蚀变闪长玢岩；5—古近系界线；6—铁矿体投影边界

2. 矿体特征

铁矿体发育在中生代燕山期闪长岩与奥陶纪马家沟组灰岩的接触带处（主要为外接触带处）。矿体赋存空间严格受构造控制，矿体的形态、产状则严格受接触构造形式的控制。由于矿区处于矿山弧形背斜和东西向构造的复合部位，导致岩体与围岩的接触构造形式比较复杂，因而矿体形态也较为复杂。有的赋存于大理岩与闪长岩的正常接触带上；有的赋存于大理岩层状捕虏体的整合接触带上；有的则赋存于半岛状残留的大理岩不整合接触带上，或者近接触带的岩体中（大理岩捕虏体完全被交代成矿）。

矿体总体全长 2 414 m。可分 6 个矿带，16 个矿体。矿体呈似层状、扁豆状；长 112 ~ 1 336 m，延深宽 70 ~ 618 m，厚 2 ~ 115 m。矿体埋深 172 ~ 734 m。矿区内最大的 2 个矿体为（Ⅳ -1，Ⅰ -2），矿体长 1 146 ~ 1 336 m，延深宽 356 ~ 482 m，厚度一般为 10 ~ 40 m，最大厚度为 91 ~ 115 m。

3. 矿石特征

矿石矿物主要为磁铁矿；其次为假象赤铁矿、赤铁矿、褐铁矿、黄铁矿、黄铜矿、斑铜矿、胶黄铁矿、辉铜矿、磁黄铁矿、铜蓝、蓝辉铜矿、白铁矿、硫铜钴矿、自然铜等。脉石矿物主要为蛇纹石、方解石、金云母、绿泥石；次要为透辉石、斜长石、磷灰石、绿帘石、石英、阳起石、水镁石等。矿石中 TFe 的含量最高达 66.87%，平均为 45.04%。伴生元素 Cu 的含量普遍较低，平均含量为 0.062%；Co 最高含量达 0.107%，平均含量为 0.016%，达到综合利用指标要求。有害元素 S 的含量普遍较高，最高含量达 11.90%，平均含量 1.407%，属高硫矿石。P 平均含量为 0.074%。矿石中造渣组分 MgO 含量较高（0.93% ~ 3.80%），构成高镁矿石；但试验样铁精矿中 MgO 含量不高

（＜1.5%）。全矿区矿石自熔比为 0.92，属中偏酸性矿石。

矿石结构主要为全晶质他形－半自形晶粒状结构、填隙结构、变余全晶质半自形晶粒状结构；次要为包含结构、交代文象结构、碎裂结构、乳滴结构、胶结结构等。矿石构造主要为块状构造、浸染状构造；其次为条带状构造、角砾状构造、蜂窝状构造、粉状构造。矿石自然类型为致密块状矿石、浸染状矿石、条带状矿石、角砾状矿石、蜂窝状矿石、粉状矿石。矿区内的矿石多为原生矿石，氧化矿石少，仅占矿区工业储量的 0.88%。

4. 成矿阶段

依据矿床蚀变带内矿物生成顺序，该矿床形成经历了先后 3 个阶段：①矽卡岩成矿阶段（是本矿床的主要成矿阶段，多形成致密块状和粉末状富矿石）；②中低温热液成矿阶段（为本矿床次要成矿阶段，多形成 TFe 含量较低的贫矿石和小矿体）；③表生成矿阶段（主要使矿石遭受氧化）。

5. 勘查工作程度及矿床规模

莱芜西尚庄接触交代型铁矿是 20 世纪 60 年代中后期山东省地质局第一地质队在研究验证低缓磁异常基础上，于 1970~1980 年间经过初勘、详勘发现和评价的铁矿床，探明的铁矿石储量 $4\,409 \times 10^4$ t，为一中型接触交代型富铁矿床。成矿时代为中生代燕山期。

（三）中低温热液充代充填风化淋滤型（朱崖式）铁矿床——青州店子铁矿

1. 矿区位置及矿区地质特征

青州店子铁矿床位于青州市与淄博市淄川区交界处的青州境内（淄河东岸）；东距青州城约 22 km。在地质构造部位上位于鲁西隆起区内的鲁山凸起北部。

矿区处于淄河东侧二级阶地区，为大面积第四系覆盖，仅有小范围的寒武奥陶纪地层出露。NNE 向的淄河断裂带纵贯矿区，其中的 F_9 断裂为控矿的主干断裂；矿区内近 EW 向和近 SN 向断裂构造也较发育。矿区处于区域的经向与纬向构造的复合部位。矿区内中生代燕山晚期辉长闪长岩－闪长岩类呈岩床分布在寒武奥陶纪地层中。

2. 矿体特征

铁矿体主要赋存（就位）于晚寒武世凤山组（即三山子组 C 段/炒米店组中上部，下同）；晚寒武世长山组（即炒米店组上部，下同）和奥陶纪马家沟组东黄山段和北庵庄段中亦有一些小矿体分布（图 16-3-12）。矿区内共有 11 个铁矿体，以 F_9 为界，其东有铁矿体 10 个，其西有铁矿体 1 个。矿体总体走向 NNE，倾向 NW，总长约 3 500 m（主矿体长 2 500 m），宽 300~1 500 m。矿体形态受控于断裂构造和寒武－奥陶纪地层之层间构造，主要为似层状，少部分为扁豆状或囊状。矿体厚一般为 10.68~33.02 m，最厚达 48.13 m。矿体埋深为 70~560 m。

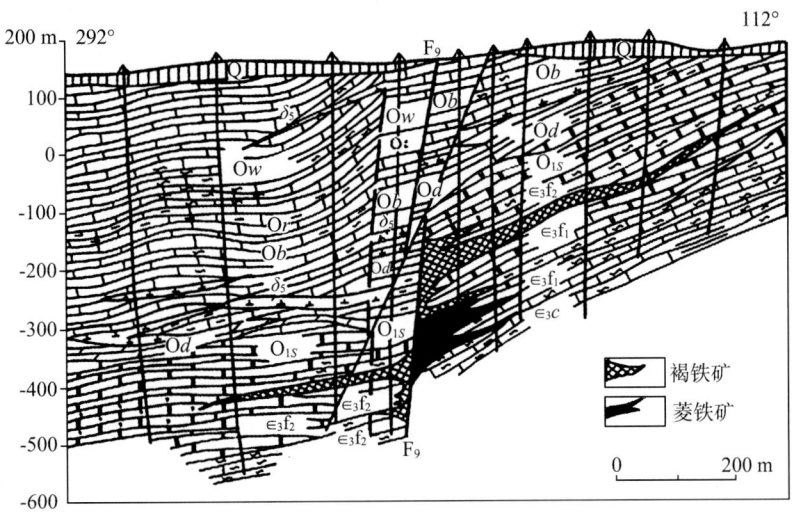

图 16 - 3 - 12　青州店子铁矿 10 线地质剖面图

(据《山东铁矿地质》, 1998 年)

Q—第四系; Ow—奥陶纪马家沟组五阳山段; Ot—奥陶纪马家沟组土峪段; Ob—奥陶纪马家沟组北庵庄段; Od—奥陶纪马家沟组东黄山段; O_1s—早奥陶世三山子 a + b 段; $\in_3f_2$—晚寒武世凤山组二段 (三山子组 C 段/炒米店组上部); $\in_3f_1$—凤山组一段 (炒米店组中部); $\in_3c$—晚寒武世长山组 (炒米店组下部); δ_5—燕山期闪长岩

3. 矿石特征

(1) 矿石类型及结构构造: 店子铁矿床的矿石包括褐铁矿矿石和菱铁矿矿石 2 个自然类型; 另外还有介于二者之间的过渡类型矿石。按其各自的结构构造特点, 褐铁矿矿石又可分为致密块状、蜂窝状、粉粒状、条带状、葡萄状、网格状等几种构造类型。其中以致密块状、蜂窝状、粉粒状、网格状几种矿石较普遍, 是组成褐铁矿矿体的主要矿石类型。菱铁矿矿石分为粗粒菱铁矿矿石和细粒菱铁矿矿石 2 种。

(2) 矿石的矿物成分: 褐铁矿矿石中矿石矿物主要有褐铁矿、针铁矿; 其次是纤铁矿、赤铁矿、水赤铁矿及少量软锰矿 - 黝锰矿、硬锰矿、镜铁矿、黄铁矿、黄铜矿以及磁铁矿、锐钛矿等。脉石矿物有方解石、白云石、石英及少量重晶石、橄榄石、黑云母、透辉石、阳起石、磷灰石、碳硅石、锆石等。

菱铁矿矿石中矿石矿物有菱铁矿、黄铁矿、黄铜矿、镜铁矿及磁铁矿; 脉石矿物有石英、铁白云石、绿泥石、重晶石及黑云母、透辉石、碳硅石、磷灰石、锆石等。

(3) 矿石化学成分: 褐铁矿矿石 TFe 含量多在 35% ~55% 之间, 平均 45.52%, 最高 61.70%, 以富矿为主 (占 71%)。菱铁矿矿石 TFe 含量一般为 25% ~30%, 平均 29.70%, 最高 30.74%, 均为贫矿。矿石中 Mn 含量一般为 0.8% ~1.5%; S, P, Cu 含量 <0.2%。CaO 含量变化大, 从 <1% 到 >20%; MgO 含量为 1% ~4%; SiO_2 含量一般为 5% ~15%; Al_2O_3 含量多为 1% ~3%。矿石之 $(CaO + MgO) / (SiO_2 + Al_2O_3)$ 比值, 褐铁矿富矿为 0.57%, 属半自熔性矿石; 褐铁矿贫矿为 1.74, 属碱性矿石; 菱铁矿为 0.64, 属半自熔性矿石。

(4) 矿石可选性: 店子矿区矿体以褐铁矿为主, 占矿区总储量的 95.73%, TFe 平均品位为 45.52%; 菱铁矿占总储量的 4.27%, TFe 平均品位为 29.7%。褐铁矿属自熔半自熔性矿石。一个原矿品位 28.88%，重量 300 kg 的样品，采用焙烧－磁选的选别流程进行矿石可选性试验，试验结果为精矿品位 TFe57.25%，回收率 80.22%，表明矿石的可选性能良好。

4. 矿体围岩及围岩蚀变特征

近矿围岩主要为晚寒武世三山子组（为主）及炒米店组中的石灰岩和白云岩。矿体顶板为条带状灰岩、碎屑灰岩、白云质灰岩、白云质泥质灰岩，底板为中细粒白云岩、灰质白云岩、白云质灰岩、条带状灰岩等。围岩蚀变有褐铁矿化、菱铁矿化、铁白云石化、碳酸盐化、大理岩化。近矿围岩有明显的褪色、重结晶现象，围岩蚀变比较微弱。

5. 勘查工作程度及矿床规模

青州店子铁矿是 1976 年由山东省地质局第一地质队发现并于 1983 年完成初步勘探的中低温热液交代充填风化淋滤型（朱崖式）以褐铁矿为主的富铁矿床，探明铁矿石储量 $6\ 559 \times 10^4$ t，为一大型铁矿床。成矿时代为中生代燕山期。

第三节　山东铜矿

一、铜矿分布

山东铜矿矿床及矿点较多，已知铜矿点有 230 处左右，但其规模一般比较小。经过地质勘查工作探明一定储量的铜矿床有 57 处（包括：①单独铜矿床；②以铜为主的铜矿床；③金、铁、多金属及硫铁矿中伴生的铜矿床）；其中中型矿床 3 处（1 处为以铜为主的福山王家庄铜矿；另 2 处为栖霞香夼多金属矿区和莱芜张家洼铁矿港里矿区的伴生铜矿），约占 5%；小型矿床 54 处，约占 95%。这 57 处铜矿床中单独及以铜为主的铜矿床有 16 处，占 28%；铁、金等矿床中伴生的铜矿床有 41 处，占 72%。

山东铜矿矿床及矿点分布范围较广，在鲁东和鲁西地区都有分布；较集中分布在：①海阳－荣成地区（多为热液充填脉型的矿点）；②福山－栖霞地区（多为多金属矿伴生的铜矿床）；③五莲七宝山地区（与金伴生的火山岩－热液交代型铜矿床）；④邹平地区（与火山机构有关的斑岩型及热液型铜矿床）；⑤金岭－莱芜地区（为铁矿伴生的铜矿床）；⑥沂南及苍山地区（为金矿、多金属矿伴生的铜矿床）。

二、铜矿床类型及主要类型铜矿床地质特征

（一）铜矿床类型

山东铜矿虽然资源不多，但产地多，分布在多种地质背景下，成因类型较多。可归纳为 3 类。

1. 岩浆熔离型铜矿床

此类矿床为产于早前寒武纪变质基性岩中的岩浆晚期铜镍矿床，目前所知只有历城桃科和泗水北孙徐 2 处；矿床规模小，储量只有千余吨，无工业意义。

2. 接触交代（矽卡岩）型铜矿床

此类矿床为发育于中生代燕山期中基性－中酸性侵入岩与早古生代碳酸盐岩系接触带处的铁矿、金铁矿床中的伴生铜矿床。如，莱芜－金岭一带的接触交代（矽卡岩）型铁矿中伴生的铜矿床；沂南铜井、牟平孔辛头、荣成夼北等地的接触交代（矽卡岩）型金、铁矿床中伴生的铜矿床。此类伴生铜矿床有 20 余处，是当前山东主要的一种产铜矿床类型。

3. 岩浆期后热液充填交代型铜矿

此类矿床产地多，分布范围广。可分为 3 个亚类型。

（1）斑岩（细脉浸染）型铜矿床：此类矿床形成与火山活动的晚期侵入岩（潜火山岩）有关。主要产地有邹平王家庄和五莲七宝山 2 处以铜为主的小型铜矿床和栖霞香夼及尚家庄 2 处伴生铜矿床。其中邹平王家庄是当前省内唯一一处开采以铜为主的铜矿床。

（2）似层状热液交代铜矿床：此类矿床呈似层状赋存于层状岩系（主要为变质层状岩系）中，主要矿床为省内唯一一处以铜为主的中型铜矿床——福山王家庄铜矿。此外，莱芜铜冶店铜矿也属于该类型，但其规模很小。

（3）热液裂隙充填脉型铜矿床：此类矿床以热液充填作用为主、交代作用为辅形成的脉状铜矿床，其发育在变质岩、火山岩、砂砾岩、花岗岩等各类岩石的构造裂隙中。此类矿床（点）很多，较大的有莱芜胡家庄、枣庄下道沟、乳山寨前、邹平大临池、昌乐青上等。此类矿床大多数规模很小，储量多在百吨以下，工业价值不大。

（二）主要类型铜矿床地质特征

山东各类型铜矿从目前已探明的储量来看，主要为接触交代（矽卡岩）型伴生铜矿、斑岩型铜矿和似层状交代型铜矿。接触交代（矽卡岩）型伴生铜矿的地质特征，在铁矿、金矿的有关部分已做了叙述。这里主要对斑岩型和似层状热液交代型铜矿地质特征做一概要叙述。

1. 斑岩型铜矿床地质特征

（1）斑岩型铜矿产出的区域地质特征：山东省内产于不同地区的斑岩型铜矿，其具有大体相近的区域地质特征。①在地质构造部位上均产于早白垩世青山群火山盆地中或其边缘与早前寒武纪古隆起的相接地带处。火山岩建造具有多旋回演化特点，以基性火山岩为主，中酸性火山岩次之。邹平地区以基性岩为主；五莲地区以中基性岩为主；香夼地区以酸性岩为主。②斑岩型铜矿在时间上、空间上及成因上均与潜火山岩或晚期侵入体有关，其岩性一般为花岗闪长斑岩、石英正长斑岩等中酸性岩。③斑岩侵位部位断裂构造发育。④成矿斑岩体本身往往具有明显的热液蚀变和金属硫化物矿化及较高的含铜丰度。

（2）矿体特征：矿体一般产于斑岩体内，部分赋存在外接触带中（如香夼）；矿体规模较大，长与宽达数百米至千余米，矿体厚度较大，厚者达十余米。矿体形态一般较简单，有透镜状、筒状、似层状等，其产状一般较陡。

（3）矿石特征：矿石自然类型主要为含铜斑岩型。主要金属矿物有黄铁矿、镜铁矿、黄铜矿、白铁矿、黝铜矿、斑铜矿、辉铜矿、方铅矿、闪锌矿、磁铁矿、磁黄铁矿等；脉石矿物以石英、长石、黑云母等原岩矿物为主，其次为热液期矿物，如方解石、重晶石、绿泥石、绿帘石等。矿物构造以浸染状、细脉浸染状为主。矿石中 Cu 品位多在1%以上。伴生有 Mo，Au，Ag 等。

（4）蚀变特征：此类矿床具有钾化、硅化、绢云母化、绿泥石化、碳酸盐化、高岭土化等面型蚀变，并具有大体的蚀变分带现象。

2. 似层状热液交代型铜矿床地质特征

此类矿床主要为福山王家庄铜矿，其特征在后文（典型铜矿床地质特征）中叙述，故此处从略。

三、典型铜矿床地质特征

（一）斑岩型铜矿床——邹平王家庄铜矿

1. 矿区位置及矿区地质特征

邹平王家庄铜矿位于邹平县城西约 3 km 处；在大地构造位置上居于沂沭断裂带西侧、鲁西隆起北缘的邹平火山岩盆地的北部边缘地带。

矿区内为大片第四系覆盖，分布的基岩地层主要为早白垩世青山群中基性火山岩系；主要侵入岩为早白垩世晚期中基性 – 中偏碱性潜火山杂岩，其 Cu，Mo，Ag，Pb，Zn 等丰度较高，与成矿关系密切。矿区内断裂构造发育，其对火山机构、侵入杂岩及矿体的发育与分布具有重要控制作用。

2. 矿体特征

矿区内发现的44个矿体赋存于石英闪长质 – 正长闪长质潜火山杂岩体内。按其产出空间，分为下部矿体和上部矿体。①下部矿体分布在岩体中部的钾硅化 – 强钾硅化蚀变带内（图16 – 3 – 13），呈透镜状、楔状、脉状。矿体规模比较小，长一般为50 ~ 115 m，较长者在280 m左右；矿体斜深往往大于长度；矿体厚一般为1.20 ~ 2.70 m。②上部矿体分布在岩体北部矿化中心隐爆角砾岩体的上部剖面上，呈透镜状；水平断面呈椭圆状，覆于下部陡倾斜矿体之上。矿床中钼矿体与铜矿体重合；由矿体中心向外侧，钼矿化减弱，依次递变为铜钼矿体→含钼铜矿体→铜矿体。

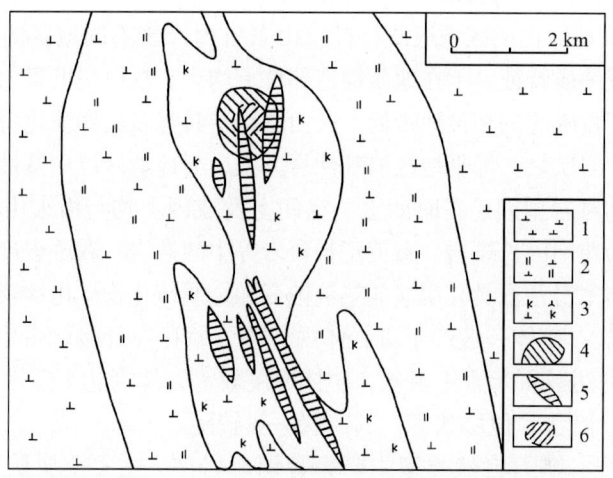

图16 – 3 – 13　邹平王家庄铜矿 –200 m 水平断面略图
（据山东省地矿局第一地质队编绘，1984 年）

1—燕山期石英闪长岩；2—石英正长闪长岩；3—钾化硅化石英正长闪长岩；4—辉铜矿体；5—铜矿体；6—钼矿体

3. 矿石特征

矿石中金属矿物主要为黄铜矿、黄铁矿、斑铜矿、辉钼矿等；其次有方铅矿、闪锌矿、砷黝铜矿等。脉石矿物以石英、长石、绿泥石、方解石等为主。矿石中 Cu 平均品位为 3.99%，属富铜矿；S 平均品位为 7.22%；Mo 分布不均匀，在富矿地段含量 0.1%；Au 平均品位为 0.95×10^{-6}。矿石为晶粒结构、交代结构、碎斑结构等；矿石构造以浸染状构造和细脉浸染状构造为主。矿石自然类型以含铜石英正长闪长岩为主，次为含铜蚀变岩型及含铜角砾岩型。

4. 蚀变特征

矿区蚀变作用仅见于含矿岩体内部，具有中心式分带特征。由中心向外大致分布着强钾硅化带→钾硅化带→钾化带，矿体主要发育在强钾硅化带内。

5. 勘查工作程度及矿床规模

邹平王家庄铜矿是 20 世纪 80 年代初山东省地矿局第一地质队在验证物探异常时发现的。之后开展了邹平火山岩盆地铜矿成矿条件和找矿方向等研究工作及对该铜矿的详查评价工作，于 1987 年提交了详查报告。探明铜储量 4.615×10^4 t，为一小型铜矿床。成矿时代为中生代燕山期。

（二）似层状热液交代型铜矿床——福山王家庄铜矿

1. 矿区位置及矿区地质特征

矿区位于烟台市福山区西南，距烟台市区约 21 km。在大地构造位置上居于胶北隆起北缘。矿区出露地层为古元古代粉子山群巨屯组（片岩、变粒岩、条带状石墨大理岩）及岗嵛组一段（片岩夹透闪大理岩）。矿区内 EW 向断裂构造发育，是区内主要控矿构造。主要侵入岩为呈岩枝状的中生代燕山期石英闪长玢岩及闪长岩。

2. 矿体特征

矿区内含铜矿化带长约 2 300 m，宽约 1 400 m。其中含有 40 个矿体（组），由 226 个单矿体组成。

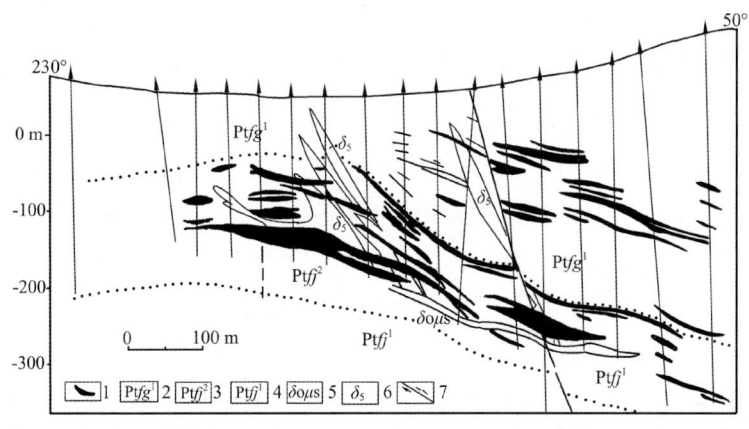

图 16-3-14　福山王家庄铜矿 18 线地质剖面图

（据山东省地矿局第三地质队，1977 年）

1—铜矿体；2—古元古代粉子山群岗嵛组一段；3—粉子山群巨屯组二段；4—巨屯组一段；5—中生代燕山期石英闪长玢岩；6—燕山期闪长岩；7—断层

矿体主要赋存在巨屯组二段和岗嵛组一段中（图 16 – 3 – 14）。矿体长及宽为几十米至几百米，最长者 1 300 m，最宽 110 m；厚一般 1 ~ 5 m，最厚达 30 余 m。矿体呈似层状、透镜状，常有分支、膨缩现象。

3. 矿石特征

矿石矿物主要为黄铜矿、黄铁矿、铁闪锌矿；次为磁黄铁矿、白铁矿、方铅矿、毒砂、辉铜矿、斑铜矿等。脉石矿物主要为石英、方解石、绢云母、黑云母、斜长石、透闪石等。矿石中 Cu 含量为 0.3% ~ 1.30%，最高为 14.07%，全矿区平均为 0.85%。伴生 Zn 平均品位为 1.02%；Ag 平均品位为 13.89×10^{-6}。

矿石为粒状结构、包含结构、乳滴结构；矿石构造因矿体围岩不同而有一定差别。硅质石墨大理岩中的矿石以条带状构造为主；闪长岩中的矿石以细脉状构造和浸染状构造为主。矿石的自然类型主要为硅质石墨大理岩型、透闪岩（透闪大理岩）型和闪长岩型。

4. 围岩蚀变特征

近矿围岩普遍发生蚀变。主要有硅化、钾化、绢云母化、绿泥石化、碳酸盐化等。矿化与硅化、钾化关系密切。

5. 矿床地质勘查程度及规模

福山王家庄铜矿是 1966 年山东省地质局 805 队在 1∶20 万区调的化探异常查证过程中发现的。1968 ~ 1977 年间 805 队、803 队及综合三队先后投入普查及勘探工作，于 1977 年 10 月山东省地质局第三地质队完成矿床勘探评价，探明铜储量 22.67×10^4 t，为一中型铜矿床，也是山东省内迄今发现最大的以铜为主的铜矿床；同时探明伴生锌储量 22.38×10^4 t。成矿时代为中生代燕山期。

第四节　山东铝土矿

一、铝土矿分布

山东铝土矿分布在鲁西地区，主要分布在鲁西隆起区北缘的淄博盆地内，在全省已探明储量的 23 个矿区中，有 19 个矿区分布在淄博盆地内（占探明总储量的 91%）；有少数矿区分布在陶枣、宁阳和新泰盆地内（共 4 个矿区，占探明总储量的 9%）。

山东铝土矿为产于石炭 – 二叠纪地层中的海相及陆相沉积铝土矿床，即 A 层和 G 层铝土矿。以 G 层铝土矿为主体，有 15 处矿床（占总储量的 80%）；其次为 A 层铝土矿，有 8 处矿床（占总储量的 20%）。

淄博盆地内的 G 层铝土矿集中分布在盆地的东北边缘，南起邹家庄，往北经田庄（沣水）、湖田，至铁冶，断续长 44 km，构成一个分布较稳定的带状。在该带内分布有中型矿床 3 处、小型矿床 9 处。在淄博盆地南部的八陡和西部的巩家坞 – 明水一带以及鲁中地区其他一些含煤盆地内，虽然也有 G 层层位分布，但其绝大部分为铝土岩；仅陶枣盆地、宁阳盆地内零星分布有小的铝土矿体，矿石铝硅比值低（一般为 2.1 ~ 3.5）、矿石质量较差，尚未开采利用。A 层铝土矿主要分布在淄博盆地西部，其次见于新泰盆地，均为硬质耐火黏土矿的伴生矿。

二、铝土矿床类型及其地质特征

与华北板块区一样，山东石炭二叠纪地层中铝（黏）土矿层较多，自上而下分布着 A，B，C，D，E，F 及 G 层 7 层之多，其中以 G 层铝土矿工业意义最大，其次为 A 层铝土矿。这 2 层铝土矿根据其产出环境可划分为 2 种类型。

（一）滨海相沉积型（G 层）铝土矿

此类铝土矿分布在中奥陶世顶部碳酸盐岩侵蚀面上的中石炭世本溪组湖田段的一水硬铝石沉积矿床，即 G 层铝土矿，其大类应属古风壳型矿床。在石炭纪煤系地层分布区都有该层位出现，分布相对较稳定。G 层内一般只有一层矿，矿体呈厚薄不一的层状或透镜状，产状平缓，矿体倾角一般为 8°～15°。矿体长一般为数百米至 2 500 m，最长达 3 400 m；宽一般为 100～800 m，最宽达 1 100 m；厚一般为 1.5～2.5 m，最厚达 7.5 m。矿体沿走向或倾向多呈楔形尖灭，递变为铝土岩。

G 层铝土矿矿石为致密块状，其主要矿石矿物为一水硬铝石（一般含量为 40%～50%）；其次为高岭石（含量为 40%～10%）及少量勃姆石（多在深部见到）、绿泥石、黄铁矿、菱铁矿、褐铁矿、赤铁矿、针铁矿、水云母、方解石，另有微量碎屑矿物金红石、电气石、锆石、白钛石、石英、长石、辉石等。此铝土矿层主要化学组分 Al_2O_3，SiO_2，Fe_2O_3 之总量较为稳定，一般达 80%～87%。Al_2O_3 含量在 41%～78.0% 之间，一般为 55%～60%；SiO_2 在 1%～25% 之间，一般为 10%～15%；Fe_2O_3 在 1%～27% 之间，一般为 5%～15%。Al_2O_3/SiO_2 比值（铝硅比）一般为 3.4～4。质量较佳之矿石常赋存于地表或浅部，如在湖田、北焦宋矿区，铝硅比一般为 10～20，最高者达 73.4；Al_2O_3 含量常达 65%～75%。而矿层深部 Al_2O_3 含量有所降低，一般为 50%～58%，往深部矿石质量有降低趋势。淄博地区 G 层铝土矿石中普遍含镓，其在生产氧化铝时回收利用。铝土矿的矿石类型比较简单，为水铝石铝土矿、高岭石水铝石铝土矿。

（二）陆相湖沼沉积型（A 层）铝土矿

此类铝土矿为产于二叠纪石盒子组黑山段顶部的一水硬铝石沉积矿床。在山东凡有二叠纪石盒子组黑山段分布地区，都有 A 层存在，层位厚度较为稳定，一般为 6～10 m，沿走向分布达千米，如淄博盆地最南部的东黑山，向西至明水浅井庄基本上是连续的。A 层呈层状产出，倾角一般为 10°～20°。A 层内大致可分为铝土矿、硬质耐火黏土矿、黏土岩 3 种层状地质体，它们相互间没有清晰的界线。在 A 层的中部或上部，局部有铝土矿体出现，但不稳定，呈层状、透镜状，长 100～1 300 m，宽 100～1 000 m。矿层最大厚度为 3.16 m，一般为 1～2 m。当铝土矿尖灭时则递变为铝土岩。

铝土矿矿石呈致密块状、鲕状、豆状构造。主要矿物成分为一水硬铝石和高岭石；次要矿物为勃姆石；少量矿物有黄铁矿、褐铁矿、菱铁矿、绢云母、白云石、方解石。碎屑矿物有石英、长石、磁铁矿、电气石、辉石、锆英石、金红石等。矿石中 Al_2O_3 含量在 47%～71% 之间，一般为 55%；SiO_2 在 5%～25% 之间，一般为 15%～20%；

Fe_2O_3 在 5% ~ 10% 之间；Al_2O_3/SiO_2 为 2.8 ~ 4，最高者达 13。矿石类型为高岭石水铝石铝土矿和高岭石勃姆石铝土矿。

三、典型矿床地质特征

滨海相沉积型（G 层）铝土矿床——淄博张店湖田铝土矿

张店湖田铝土矿位于张店城东 7 ~ 10 km，包括湖田南部、湖田北部和湖田铁冶 3 个矿区。在地质构造部位上居于鲁西隆起区北部的淄博凹陷东南部的湖田向斜南翼。矿区内出露的地层岩性自下而上为：①奥陶纪马家沟组八陡段厚层石灰岩；②中石炭世太原组湖田段灰色黏土岩（厚 0 ~ 1.5 m）、紫色铁质灰岩（厚 0 ~ 7 m）、G 层铝土矿（厚 0.25 ~ 7 m）、紫灰色铝土岩（厚 2 ~ 6 m）、灰白色黏土岩（厚 0.5 ~ 3.5 m）。

矿区地表断续分布着 8 段矿体，每段长 100 ~ 2 600 m。最大的矿体呈层状，长 2 600 m，宽 200 ~ 400 m，厚 0.3 ~ 7 m，一般厚 2 ~ 3 m，中部比较稳定。矿体在剖面上为一较稳定的层状，浅部倾角较大，深部平缓；局部具有分支现象（图 16 - 3 - 15）。

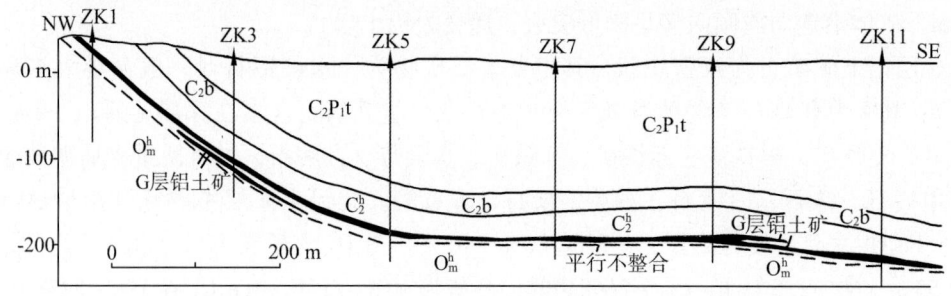

图 16 - 3 - 15　淄博张店湖田铝土矿铁冶矿区 63 线地质剖面图

（据山东省地矿局第一地质大队《山东省鲁西地区铝土矿硬质黏土矿资源预测总结报告》编绘，1989 年）

C_2P_{1t} – 石炭 – 二叠纪月门沟群太原组；C_2b – 月门沟群本溪组；C_2^h – 本溪组湖田段；O_m^b 奥陶纪马家沟组八陡段

矿石主要矿物成分为一水硬铝石，其次为高岭石，少量勃姆石、绿泥石、黄铁矿、赤铁矿、水云母、方解石等。矿石中 Al_2O_3 平均含量为 55.72%；SiO_2 为 14.72%；Al_2O_3/SiO_2 为 3.78；$Fe_2O_3$10.41% ~ 12.30%；S 0.056% ~ 1.456%；Ga 0.002 9% ~ 0.007 3%。矿石类型为水铝石铝土矿和高岭石水铝石铝土矿。

张店湖田铝土矿是省内开展地质调查和开发利用最早的矿区，新中国成立前中外地质学者曾多次进行过地质调查。其中的湖田南部矿区（勘探）、北部矿区（勘探）、铁冶矿区（普查）在 1956 年、1964 年和 1978 年山东省冶金地质勘探公司第一勘探队先后完成勘探和普查评价工作，探明铝土矿矿石储量：湖田南部矿区 1 123 × 10^4 t（中型矿床）、湖田北部矿区 256 × 10^4 t（小型矿床）、湖田铁冶矿区 664 × 10^4 t（中型矿床）。

第五节　山东银矿及铂钯矿

一、山东银矿

（一）分布

山东银矿以伴生银矿为主，只有少部分为以银为主的银矿床。截至 2011 年底，已探明储量的银矿区有 166 处，累计查明资源储量 28 383.92 t。在伴生银矿床中：①与金矿伴生的银矿床最多，主要分布在招远、莱州、栖霞、牟平、乳山、五莲、沂南等地；②与铅锌矿伴生的银矿床主要分布在龙口、栖霞；③与以铜为主的多金属矿伴生的银矿床主要分布在福山、栖霞、平度等地。以银为主矿的银矿床只有招远十里堡和栖霞虎鹿夼 2 处。

（二）主要银矿床类型及典型银矿床地质特征

1. 矿床类型

以银为主矿的招远十里堡和栖霞虎鹿夼银矿床均为赋存于花岗岩体中、受断裂构造控制的热液裂隙充填石英脉型银矿床。

2. 招远十里堡银矿

招远十里堡银矿位于招远城西北约 4 km，在大地构造位置上居于胶北隆起中西部的招远断块上。矿区除第四系外，大面积分布着中生代燕山期末期玲珑片麻状黑云母花岗岩，其中 NNE 向中生代燕山晚期石英闪长玢岩脉成群分布。矿区内断裂构造发育，矿床处于招平断裂的急转弯部位。银矿床总体呈脉状赋存于玲珑花岗岩中，并切穿石英闪长玢岩脉。

矿区内分布着金矿化蚀变带 4 条（无工业矿体）、银矿化蚀变带 8 条。有 3 条银矿化蚀变带含有工业矿体，其中以一号银矿化蚀变带规模最大，长约 1 100 m，宽 1～10 m。银矿化蚀变带由黄铁绢英岩化碎裂岩和不纯质石英脉组成（图 16-3-16）。矿区内共圈出 5 个工业矿体、3 个表外矿体，主要赋存在一号蚀变带中。矿体呈脉状、透镜状、豆荚状、楔状等。单矿体长 125～300 m，斜深 85～360 m，厚 0.70～2.97 m。

矿石中含银矿物有自然银、辉银矿、金银矿、银金矿、角银矿、硫铜银矿等；其他金属矿物主要有闪锌矿、方铅矿、黄铜矿、黄铁矿等；脉石矿物有石英、长石、重晶石等。银矿物赋存于矿物晶隙（占 66%）和裂隙（占 34%）中。矿石中 Ag 平均品位为 317.38×10^{-6}，Au 为 0.51×10^{-6}，Zn 为 0.62%，Pb 为 0.33%，Cu 为 0.04%。矿石类型为含银多金属细脉浸染状石英脉型。

矿体围岩蚀变以硅化、多金属硫化物矿化最强烈；其次为绢云母化、重晶石化、碳酸盐化等。矿床具有明显的中低温热液成矿特征，属中低温热液裂隙充填石英脉型银矿床。招远十里堡银矿为山东省地矿局第六地质队发现并于 1983 年完成初步勘探的矿床。共探明银金属储量 208 t；伴生金属储量 0.3 t；铅金属储量 0.21×10^4 t；锌金属储量 0.40×10^4 t。为一中型银矿床。成矿时代为中生代燕山晚期。

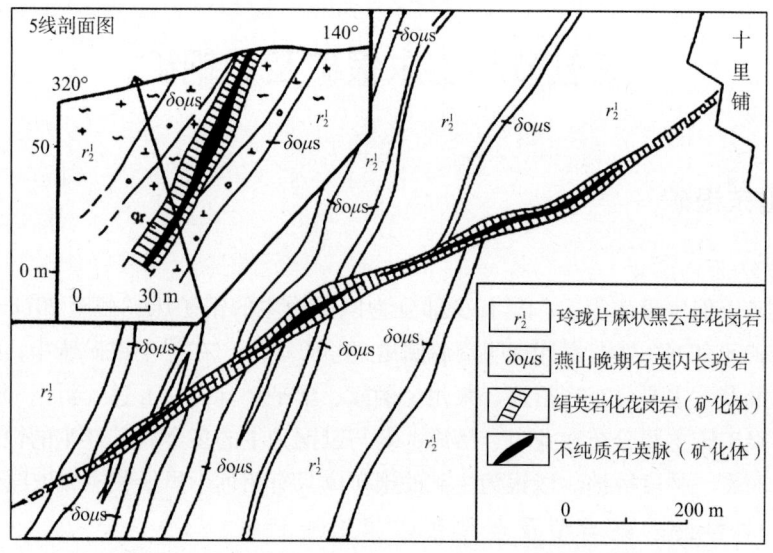

图 16 - 3 - 16　招远十里铺银矿一号矿体地质略图
(据《山东省区域矿产志》，1989 年)

二、山东铂、钯矿

山东铂矿和钯矿这 2 种贵金属矿产，作为伴生矿赋存于济南历城桃科红洞沟铜镍矿床中。该铜镍矿为产于新太古代五台期桃科辉长岩中的岩浆型矿床。在铜镍矿石中含有 Pt（铂）、Pd（钯）、Rh（铑）、Ir（铱）、Os（锇）和 Ru（钌）6 种铂族元素，但只有 Pt，Pd 含量较高。济南历城桃科铜镍矿床中，Pt 含量一般为 $0.1 \times 10^{-6} \sim 0.3 \times 10^{-6}$（特高样品达 15.35×10^{-6}）；Pd 含量一般为 $0.1 \times 10^{-6} \sim 0.5 \times 10^{-6}$（特高样品达 3.99×10^{-6}）。主要含 Pt，Pd 矿物有铋碲铂钯矿（"桃科矿"）、砷铂矿、碲铂矿等。该矿床中 Pt，Pd 含量虽已达到综合利用要求，但规模太小（铂金属储量为 12 kg，钯为 21 kg），尚不能开发利用（《山东省地质矿产科学技术志》，1990 年）。

第六节　山东铅锌矿

一、铅锌矿分布

山东铅锌矿主要分布在鲁东的安丘、胶南、栖霞、龙口、荣成、乳山、牟平、招远等地；在鲁西地区主要见于邹平、沂水、汶上等地。在地质构造部位上，伴生铅锌矿主要分布在胶北隆起内；而以铅锌（及铜等）为主的多金属矿床主要分布在胶莱坳陷周缘及其他中生代火山凹陷内（如臧格庄凹陷、邹平凹陷）。

二、铅锌矿床成因类型及主要类型铅锌矿床地质特征

在山东省矿产储量表上铅、锌矿是分别上表的，但是二者无论是作为独立的矿床，还是伴生的矿床，在绝大多数情况下，它们是密切伴生的，在同一产地具有相同的成矿环境、矿床特征和成矿因素。

山东省目前查明的铅锌矿资源虽然较少，但其成因类型较多。大致包括 4 种成因类型：①斑岩型铅锌矿床：矿化主要发生在斑岩体及斑岩与震旦纪蓬莱群香夼组灰岩接触带内，如栖霞香夼铅锌矿；②热液裂隙充填脉型铅锌矿床：矿化以裂隙充填形式为主，如安丘宋官疃、安丘白石岭、沂水夏蔚、龙口凤凰山等铅锌矿；③与碳酸盐岩有关的热液交代型铅锌矿：矿化发生在早前寒武纪变质岩系内的碳酸盐岩岩层中，如安丘担山、蓬莱解宋营、福山花崖等铅锌矿；④变质热液型铅锌矿：矿体呈层状、似层状赋存于古元古代变质地层中，如平度谢格庄铅矿。上述 4 种类型中，就其资源量来看，主要类型为斑岩型和热液裂隙充填脉型。

（一）斑岩型铅锌矿床——栖霞香夼铅锌矿

此类型铅锌矿在省内目前发现的只有栖霞香夼一处。其位于胶北隆起臧格庄火山盆地（凹陷）南缘。矿区出露地层主要为震旦纪蓬莱群香夼组（灰岩）；中生代燕山晚期花岗闪长斑岩就位于香夼组灰岩中，该岩体呈岩株状，Pb，Zn，Cu 等元素丰度值较高。铅锌矿体主要赋存在花岗闪长斑岩与香夼灰岩的内接触带处，少量分布在接触带两侧的围岩中。据矿体就位空间，有人认为该矿床应属于斑岩型和矽卡岩型的复合矿床。

香夼铅锌矿床矿体具有明显分带现象，浅部为铅锌矿体，中部为铜硫矿体，深部为铜钼矿化体（图 16 – 3 – 17）。①铅锌矿体多分布在浅部接触带及灰岩捕房体边缘，少部分充填于灰岩裂隙中。矿体常呈透镜状、脉状、囊状、似层状，形态复杂，规模较小，长及斜深为十米至百余米。②铜硫矿体主要赋存于接触带中部，呈似层状，主矿体长 1 500 m，斜深 200～300 m，厚 10～30 m。③铜钼矿化体发育在深部的花岗闪长斑岩中，埋深在 500 m 以下，Cu 品位 0.1%～0.3%，Mo 0.002%～0.005%。矿石类型有铅锌矿石、黄铁矿黄铜矿石、细脉浸染状黄铁矿黄铜矿石：①铅锌矿石：主要金属矿物为方铅矿、闪锌矿、黄铁矿；其次是黄铜矿。脉石矿物以矽卡岩矿物和绿泥石为主。②黄铁矿黄铜矿矿石：主要金属矿物为黄铁矿、黄铜矿；次要为闪锌矿、方铅矿。脉石矿物以矽卡岩矿物为主。③细脉浸染状矿石：主要金属矿物为黄铁矿、黄铜矿；其次为磁黄铁矿、辉钼矿。脉石矿物以长石、石英、黑云母等矿物为主。矿石平均品位：Pb 1.48%，Zn 1.70%，Cu 0.16%～0.23%，S 12.41%。

矿床内围岩蚀变发育，自花岗闪长斑岩岩体中心向外至灰岩，大致分为强硅化带 – 绢云母化带 – 钾长石化带 – 矽卡岩化带 – 弱绿帘石化带 – 绿泥石化带。

栖霞香夼铅锌矿先后（1975 年、1980 年）经山东冶金一队和冶金三队勘探评价共探明铅金属储量 9.50×10^4 t（接近于中型矿床）、锌金属储量 15.35×10^4 t（中型）矿床。成矿时代为中生代燕山晚期。

（二）热液裂隙充填脉型铅锌矿床

山东多数铅锌矿（床）点，为热液裂隙充填脉型，所探明的储量占全省铅锌总储

量的 22% 左右。但这类铅锌矿床规模小，每个矿床铅、锌储量一般为几百吨至千数吨。相对较大一点的矿床有安丘白石岭（铅金属量 5.32×10^4 t、锌金属量 1.51×10^4 t）、安丘宋官瞳（铅金属量 1.24×10^4 t）、沂水夏蔚（铅金属量 1.24×10^4 t）、龙口凤凰山（铅金属量 1.42×10^4 t，锌金属量 0.71×10^4 t）。该类铅锌矿床浅部以铅矿为主，锌矿较少；其对围岩没有明显的选择性，可以分布在各类岩石中。矿体主要赋存在构造裂隙带内，其形状、产状、规模明显受控于断裂构造。矿体多呈脉状、复脉状产出。主要有含铅重晶石石英脉、含铅萤石石英脉、含铅重晶石萤石石英脉、含铅重晶石萤石脉、含铅方解石萤石石英脉等矿脉类型。一些规模相对较大的矿床（如安丘宋官瞳），多由数个至数十个单矿体组成，形成矿带，长度可达 3～5 km，宽度跨 1 km。单矿体规模较小，长几十米至几百米，宽几十厘米至几米；延伸不很稳定，多见尖灭再现、分支复合现象。

矿石自然类型决定于各矿床的矿脉类型。有方铅矿重晶石石英型、方铅矿萤石石英型、方铅矿重晶石萤石型、方铅矿萤石方解石型等。矿石矿物主要为方铅矿、闪锌矿；其次为黄铁矿、黄铜矿。脉石矿物主要为重晶石、萤石、石英；其次为方解石。矿石矿物组合比较简单。矿石品位一般不高，铅、锌品位一般为 1%～2%，属低品位矿石；有的矿床铅、锌品位较高，可达 5% 以上。矿石中萤石、重晶石都可综合利用。

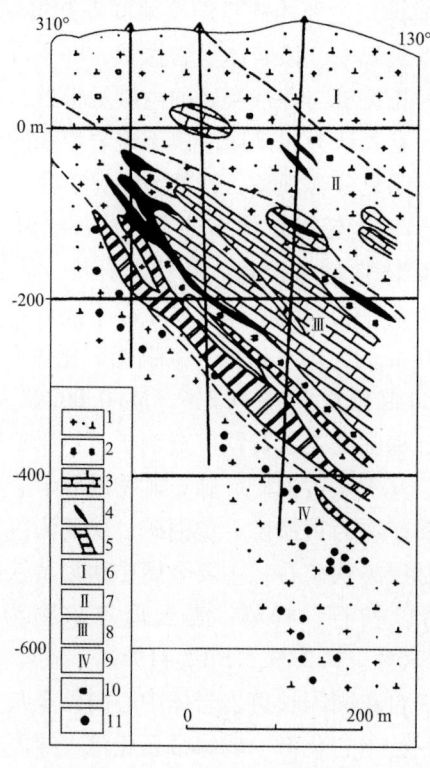

图 16－3－17　栖霞香夼斑岩型铅锌矿床围岩蚀变和矿化垂直分带剖面图

（据《山东冶金地质勘探公司第三勘探队成果资料》编绘，1980 年）

1—中生代燕山晚期花岗闪长斑岩；2—矽卡岩；3—震旦纪蓬莱群香夼组灰岩；4—铅锌矿矿体；5—黄铁矿黄铜矿矿体；6—碳酸盐化绢云母化带；7—弱绿泥石化绿帘石化带；8—矽卡岩化带；9—弱钾长石化强硅化绢云母化碳酸盐化带；10—铅锌矿化；11—铜钼矿化

热液裂隙充填脉型铅锌矿床形成于低温环境，热源不足，成矿作用以充填为主，交代作用轻微，致使围岩没有明显的热液蚀变现象。近矿围岩一般具有轻微的碳酸盐化、硅化、绢云母化、绿泥石化、高岭土化等。

此类矿床多为20世纪50年代末至60年代勘查评价的矿床，70年代以后投入工作很少，地质工作程度较低，深部揭露控制不足，对该类矿床前景还缺少很有依据的评价。

自2001年起山东省地质调查院实施国土资源大调查项目中，在胶莱坳陷南缘与胶南隆起相接地带的隆起区一侧的胶南七宝山地区发现含铅萤石（方解石）石英脉型铅矿。

矿体由含铅萤石石英脉和含铅碎裂蚀变石英二长岩构成，赋存在中生代燕山晚期石英二长岩中，呈NNE向展布。钻孔所见金属矿物有方铅矿、黄铜矿、黄铁矿、孔雀石、铅矾等；脉石矿物有萤石、石英、方解石等。矿石中Pb含量在0.3% ~12%之间，一般为1.5% ~6%；Ag为30×10^{-6}左右；Cu为0.01% ~0.5%；CaF为30%左右。从上述金属矿物组合来看，矿体仍在氧化带中，但矿化显示良好，是迄今所知山东同类矿床中深部矿化发育最好的地段之一。

第七节　山东钼矿及钨镍钴矿

一、山东钼矿

（一）钼矿分布

山东钼矿资源比较丰富，已探明储量的矿产地有6处，其中特大型矿床1处，中型矿床1处，小型矿床4处。此外，尚有矿点5处，矿化点11处。到2000年底，全省累计探明钼金属储量56.98×10^4 t，居全国第4位。这些钼矿储量有99.5%分布在福山（邢家山）、栖霞（尚家庄）、牟平（孔辛庄、冶头）地区，只有不足0.5%的储量分布在邹平和沂南地区。

（二）主要钼矿床类型及典型钼矿床地质特征

1. 主要钼矿床类型

山东钼矿主要有3种类型：①接触交代（矽卡岩）型钼矿床：矿体产于中生代燕山晚期酸性侵入岩与古元古界或下古生界碳酸盐岩接触带处。代表性产地有福山邢家山、牟平冶头、牟平孔辛头及沂南金厂治官墓等以铜为主的钼矿床及铜金矿等伴生钼矿床。②斑岩（细脉浸染）型钼矿床：矿体产于中生代燕山晚期斑岩体内。代表性矿床有栖霞尚家庄、邹平王家庄等以钼为主的钼矿床及铜矿伴生的钼矿床。③热液充填型钼矿：主要为受控于断裂构造、以热液充填作用为主形成的脉状或筒状钼矿化。这类矿化有莱州唐家、荣成西山后等钼矿（化）点。上述这3种类型钼矿以接触交代（矽卡岩）型和斑岩（细脉浸染）型为主体，形成工业矿床。

2. 接触交代（矽卡岩）斑岩（细脉浸染）型钼（钨）矿床——福山邢家山钼矿

福山邢家山钼矿为山东省地矿局第三地质队在1976年发现并于1980年完成详查评价

的特大型接触交代（矽卡岩）斑岩（细脉浸染）型钼矿床，探明钼金属储量 52.73×10^4 t，占全省钼矿总储量的 92.5%，同时探明共生钨矿（WO）3.75×10^4 t（中型矿床）。

（1）矿区位置及矿区地质特征：该矿床位于福山城西约 3.5 km；在大地构造位置上居于胶北隆起北缘。①矿区分布地层除第四系外，为古元古代粉子山群张格庄组和巨屯组，碳酸盐岩建造发育，钼矿体主要赋存在张格庄组中。②矿区内主要侵入岩为出露于东部呈岩株状产出的中生代燕山晚期斑状花岗闪长岩——幸福山岩体，该岩体 Mo，W，Cu，Pb，Zn，As，Ag 丰度值较高，尤其是 Mo，W 丰度值高于中国花岗闪长岩丰度值的 10 倍以上。该岩体与张格庄组大理岩接触带处，发育有交代作用形成的矽卡岩带，其中赋存有钼矿体。③矿区内近 EW 向 – NEE 向短轴背向斜褶皱和断裂构造发育。背向斜核部及翼部的层间构造是有利的容矿空间，控制着矿体的形态、产状及规模。矿区南部的近 EW 向的吴阳泉断裂，是重要的导矿构造（图 16 – 3 – 18）。

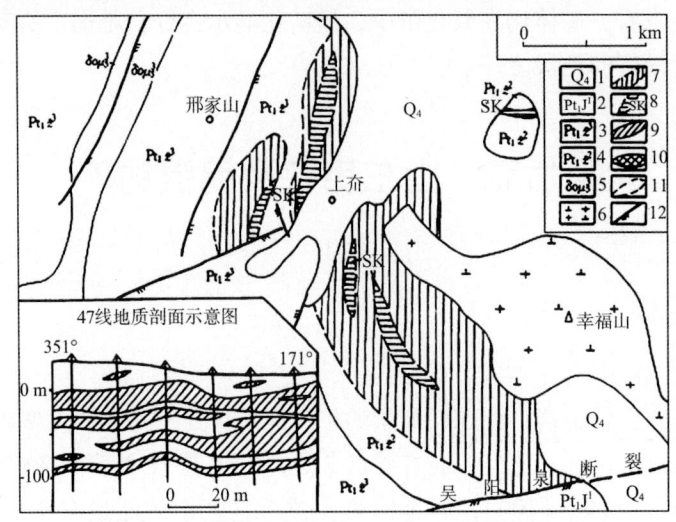

图 16 – 3 – 18　福山邢家山钼（钨）矿区地质略图

（据《山东省地质矿产科学技术志》编绘，1990 年）

1—第四系；2—古元古代粉子山群巨屯组一段（石墨黑云片岩、变粒岩）；3—粉子山群张格庄组三段（白云石大理岩）；4—张格庄组二段（透闪岩）；5—中生代燕山晚期石英闪长玢岩；6—燕山晚期斑状花岗闪长岩；7—透闪透辉石岩；8—石榴透辉矽卡岩；9—钼矿体；10—钨矿体；11—蚀变界线；12—断裂

（2）矿体特征：福山邢家山钼（钨）矿的矿化范围较大，约为 13 km²。主矿体主要分布在幸福山斑状花岗闪长岩体西北缘与张格庄组三段白云石大理岩接触部位的外接触带（矽卡岩）中和矽卡岩化蚀变岩中（上夼一带），面积约为 5 km²。全矿区钼矿体 107 个、钨矿体 48 个，多为盲矿体，主矿体顶面距地表 20~100 m（图 16 – 3 – 18 之剖面示意图）。单矿体规模大小悬殊，长 200~2 200 m，宽 75~1 750 m，厚 1.17~185.47 m。钨矿体规模多较小。

（3）矿石特征：矿石的矿物成分较复杂。矿石矿物主要有辉钼矿、磁黄铁矿、黄铁矿、白钨矿；次要有黄铜矿、赤铁矿、方铅矿、闪锌矿等。脉石矿物主要有透辉石、石英、方解石、透闪石；次要有石榴子石、符山石、绿泥石、绢云母、绿帘石等。矿体中 Mo 含量一般为 0.03% ~ 0.3%，最高为 1.51%，全矿区平均品位为 0.08%；W（WO₃）含量一般为 0.2% ~ 0.4%，最高为 1.875%，全矿区平均为 0.234%。此外，矿石中含 Cu 0.009%，Sn 0.003%，Bi 0.06%，这些元素均无综合利用价值。

矿石结构主要为粒状结构、填隙结构、包含结构等；矿石构造主要为浸染状构造、脉状构造、细脉状构造，少量为条带状构造、块状构造等。矿石类型：①按脉石矿物组合划分有透闪透辉岩型、石榴透辉矽卡岩型、大理岩型、白云片岩型及斑状花岗闪长岩型，以前 2 种为主；②按金属矿物组合划分有钼矿石、钨矿石及钨钼矿石。

（4）围岩蚀变特征：矿体围岩蚀变强烈，种类多。在岩体内部以钾化、石英 - 绢云母化为主；在接触带内以矽卡岩化为主。此外，硅化、碳酸盐化也很强烈。

该矿床具有较典型的接触交代特征，而斑状花岗闪长岩体中的金属矿化与接触带中的金属矿化是一个整体，又具有斑岩型矿床的一些特点。因此，此矿床成因可称之为接触交代（矽卡岩）斑岩（细脉浸染）型复合矿床。成矿时代为中生代燕山晚期。

二、山东钨、镍、钴矿

（一）钨矿

山东钨矿只有 2 处，均为伴生钨矿。

1. 福山邢家山钨矿

该钨矿为超大型的接触交代（矽卡岩）斑岩（细脉浸染）型的福山邢家山钼矿的共（伴）生矿。矿区内共有钨矿体 48 个；均为隐伏矿，埋深 20 ~ 100 m。矿体为似层状、透镜状。其中主要矿体（18 号）为似层状，长 1 165 m，宽 740 m，厚 2.85 m。含钨矿物为白钨矿，矿石类型为钨钼矿。全矿区 WO₃ 平均品位为 0.124%。该钨矿是 1984 年山东省地矿 4 局第三地质队在进行钼矿详查时进行综合评价的，WO₃ 探明储量 3.75×10^4 t，为一中型矿床。成矿时代为中生代燕山晚期。

2. 牟平八甲钨矿

该钨矿为热液裂隙充填型的牟平八甲硫铁矿的伴生矿。矿区内共有 3 个矿体。矿体呈脉状，主要矿体长 450 m，宽 180 m，厚 1.5 ~ 2.0 m。含钨矿物为白钨矿。矿石中 WO₃ 平均品位为 0.128%。该矿规模小，WO₃ 储量仅有 448 t。成矿时代为中生代燕山晚期。

（二）镍矿

山东镍矿化线索较多，但形成具有工业价值的矿床很少。泗水北孙徐和历城桃科 2 处铜矿床中伴生的镍矿已经勘查评价，其规模很小。此外，在长清、日照、乳山、威海等地也发现一些镍矿化线索。如长清界首蛇纹岩矿中发现有含 Ni 为 0.21% ~ 0.23% 的地段；在日照梭罗树、乳山唐家、威海羊亭等地的蛇纹岩体中多见镍矿物存在，乳山唐家沟蛇纹岩中有含 Ni 0.1% ~ 0.6% 的样品。这些镍矿化均发育在新太古代五台期及中元古代四堡期变辉石橄榄岩（滑石化蛇纹岩）中。

查明的泗水北孙徐和历城桃科镍矿床，均为产于新太古代五台期桃科中细粒角闪辉长岩体中铜矿中的伴生镍矿。其中泗水北孙徐矿区探明镍金属储量 279 t，历城桃科矿区探明镍金属储量 154 t，均为规模很小的矿床。

泗水北孙徐铜镍矿区的新太古代五台期桃科中细粒角闪辉长岩体中发育有几个铜镍矿化体，其中 8 个矿化体具有开采价值。矿体长度在 40～200 m 之间，一般在 100 m 左右；宽 52～98 m；厚度一般为 1～2 m，最厚为 3.14 m。矿体呈脉状、透镜状。矿石中金属矿物除黄铜矿、斑铜矿等含铜矿物外，主要含镍矿物为镍黄铁矿、含镍磁黄铁矿和紫硫镍铁矿、针镍矿等。矿石类型为硫化铜镍矿石。矿石中镍作为铜的伴生组分，含量在 0.2%～0.4% 之间，矿区 Ni 总平均品位为 0.275%，属于贫镍矿石。其可以作为铜矿的伴生组分综合利用。

（三）钴矿

山东钴矿资源比较丰富，到 2000 年底全省共查明钴矿产地 23 处，累计探明钴金属储量 5.72×10^4 t，居全国第 2 位。但山东这些钴矿均为分布在鲁西地区的燕山期中基性侵入岩与下古生界碳酸盐岩接触交代作用生成的矽卡岩型铁矿床中；主要分布在莱芜铁矿（钴金属储量 2.44×10^4 t）、金岭铁矿（2.36×10^4 t）和济南铁矿（钴 0.92×10^4 t）中。在探明储量的 23 处钴矿床中，有 10 处为中型矿床（以莱芜铁矿顾家台矿区伴生钴矿最大，钴金属储量为 0.81×10^4 t），其余均为小型钴矿床。

鲁西地区接触交代型铁矿床中伴生的钴矿，Co 元素绝大部分以类质同象赋存在铁矿体之黄铁矿磁铁矿矿石的黄铁矿中，仅有少量存在于硫钴镍矿的晶格中；因此，一般在 S 含量高的铁矿石中 Co 含量亦高（曾广湘等，1998 年）。各矿床中 Co 含量多在 0.015%～0.036% 之间，达到综合利用要求。济南铁矿矿石经过浮磁流程选矿试验，Co 的回收率达 66.4%，精矿 Co 品位为 0.305%。

第八节　山东钛锰钒矿

一、山东钛矿

（一）钛矿床类型与分布

山东可供利用的钛矿物为金红石，其产出有原生矿和砂矿 2 种类型。这 2 种类型金红石矿床都分布在鲁东地区。金红石原生矿是山东金红石矿的主要产出类型，分布广、规模较大。分为 2 种类型：①产于古元古代沉积变质型晶质石墨矿床中的伴生金红石矿，主要分布于胶北地区的莱西、平度、文登等地。②产于胶南超高压变质带中的榴辉岩型金红石矿，主要分布于日照 – 胶南 – 荣成 – 威海一带。

金红石砂矿分布范围窄，矿床规模小。分为 2 种产出类型。①第四纪河床相冲积型金红石砂矿：此类砂矿中的金红石主要来自于晶质石墨矿床，目前省内只查明平度郑家一处，其位于莱西南墅石墨矿之南约 18 km 处，小沽河自南墅向南流经矿区。矿体为层状，矿砂中 TiO_2 平均品位为 1.557 kg/m，探明金红石矿物储量 146 t，规模很小。②第四纪滨海相沉积型金红石砂矿：此类砂矿分布于胶东半岛东部海岸地带，为锆英石砂矿的伴生矿。勘查评价的荣成石岛锆英石砂矿呈顺海岸展布的带形层状；矿砂中金红石平均品位为 1. 553 kg/m³，探明金红石矿物储量 0. 54 × 10⁴ t，矿床规模很小。

（二）金红石原生矿地质特征

1. 古元古代变质沉积型晶质石墨矿床中伴生金红石矿床

此类金红石矿较普遍地见于鲁东地区古元古代荆山群陡崖组晶质石墨矿床中，主要分布在莱西、平度、文登、莱阳、五莲等地。矿体为较稳定的层状，长一般 300 ~ 1 000 m，厚 20 ~ 50 m。金红石作为石墨矿的伴生矿物主要赋存在片麻岩 – 变粒岩型石墨矿石中。

具有代表性的莱西南墅刘家庄石墨矿矿石中 TiO_2 平均品位为 1. 96 kg/t；探明金红石矿物储量 11. 47 × 10⁴ t，为一中型矿床。文登臧格庄石墨矿矿石中 TiO_2 平均品位较高，为 4. 23 kg/t；探明金红石矿物储量 5. 96 × 10⁴ t，为一中型矿床。

2. 古/中元古代超高压变质带榴辉岩型金红石矿床

此类含矿榴辉岩主要分布在南起莒南、北至威海的胶南造山带内，其大致分为 3 个分布较密集的榴辉岩带：板泉岚山头榴辉岩带、桃林尚庄榴辉岩带、荣成威海榴辉岩带。含矿榴辉岩包于变质花岗岩体内，规模不等，形态各异，但以透镜状者多见。榴辉岩的主要矿物成分为绿辉石、石榴子石、金红石。据威海、仰口、尚庄、石河头、岚山头、梭罗树、洙边、王家道村峪等榴辉岩岩石化学分析资料统计，这些产地榴辉岩的 TiO_2 含量多在 0. 96% ~ 3. 57% 之间。此外，该类矿床中富含的石榴子石和绿辉石，在金红石开发时可综合利用。具有代表性的诸城上崔家沟榴辉岩型金红石矿区，有矿体 5 个，主矿体为透镜状，长 530 m，宽 3 ~ 69 m，厚 29 m。矿石中 TiO_2 平均品位为 1. 53%。探明金红石矿物储量 1. 24 × 10⁴ t，为小型矿床。日照宫山胡家林榴辉岩型金红石矿区由十数个透镜状榴辉岩体组成。矿石中 TiO_2 平均品位为 1. 73%（最高为 3. 14%）；为大型矿床。

二、山东锰矿

山东锰矿资源缺乏，锰矿（化）主要分布在诸城、福山、青岛、淄博、泰安、新泰等地，但多为矿点或矿化点，仅诸城炭井和福山洪钧锰矿为达到工业要求的小型矿床。

诸城炭井锰矿位于胶南隆起北缘。矿体赋存于古元古代荆山群（原划胶南群于家岭组）片岩、大理岩、变粒岩中。矿体呈似层状；矿石主要矿石矿物为软锰矿，Mn 平均品位为 11. 94%。其为矿石品位低（贫锰矿）、矿体规模较小的变质沉积型小型锰矿床。该矿早已停采。

福山洪钧锰矿位于胶北隆起中北部。矿化赋存在震旦纪蓬莱群豹山口组大理岩中。矿体呈透镜状或扁豆状，矿体规模小，长数米至数十米。矿石主要矿石矿物为软锰矿和硬锰矿，矿石 Mn 平均品位为 11. 34%。该矿床为品位低（贫锰矿）、规模小（小型）的变质沉积型锰矿床。

三、山东钒矿

山东钒矿资源缺乏。已知钒矿化只有枣庄泔官庄石炭二叠纪铝土矿层中伴生的钒矿。矿石中 V_2O_5 含量为 0. 39%，达到综合利用要求。该类钒矿化找矿评价在区域上还有相当空间，在淄博盆地的石炭二叠纪铝土矿层中存在着一定找矿远景。

第九节　山东稀土稀有及稀散金属矿

一、山东稀土金属（铈、镧、钕、镨）矿

（一）稀土矿分布与矿床类型

山东含稀土金属元素的地质体，其稀土总量（TR_2O_3）达到工业要求的有铈（Ce）、镧（La）、钕（Nd）、镨（Pr）等轻稀土；钇（Y）、钆（Gd）、镝（Dy）等重稀土虽然亦发现矿化显示（如微山郗山），但达不到工业要求。

山东发现的轻稀土矿分布零星，主要见于鲁西地区的微山郗山、苍山吴沟、莱芜胡家庄及鲁东地区的莱西塔埠头、五莲大珠子等地。此外，在蒙阴金刚石原生矿中含有铈钙钛矿，稀土总量为 2.50% ~ 4.40%，具有综合利用价值；在胶东滨海地区有轻稀土砂矿（化）（独居石）分布。

山东这几处轻稀土矿产出的地质背景不同，成因各异。微山郗山及苍山吴沟轻稀土矿为与燕山期碱性岩有关的岩浆热液型矿床（中型和小型矿床）；莱西塔埠头轻稀土矿为与新元古代震旦末期玲珑花岗岩有关的伟晶岩型矿床（小型矿床）；莱芜胡家庄轻稀土矿为与燕山晚期碳酸岩有关的岩浆型矿化（矿点）；五莲大珠子轻稀土矿为与古元古代变质岩系和伟晶岩化作用有关的变质沉积型矿化（矿点）。山东这几处轻稀土矿床以微山郗山轻稀土矿规模最大，经过正规的地质勘查评价，探明轻稀土总量近十余万吨（占全省探明总储量的90%）。

莱西塔埠头稀土矿规模较小（小型矿床），但也投入较多勘查评价工作。含稀土伟晶岩长 120 ~ 150 m。含稀土矿物为氟碳铈镧矿。矿石中 TR_2O_3 平均为 2.47%（最高为 4.35%）；伴生有 U，Th，Nb，Ta，Zr 等组分，其含量达到工业综合利用要求。五莲大珠子稀土矿为分布在胶南隆起西北边缘五莲凸起上、发育在古元古代变质地层之片岩、片麻岩中受伟晶岩化作用影响形成的面型矿化，分布范围大、矿化普遍。主要含稀土矿物为独居石（占81%）；其次为锆石（占11%）和金红石（占8%）。TR_2O_3 平均含量为 0.512%，最高为 1.396%。矿石中伴生 U，Th 组分达到工业利用要求。

（二）微山郗山轻稀土矿床地质特征

微山郗山轻稀土矿位于微山县城东南约 16 km 处的微山湖东岸。矿区四周为第四系覆盖。出露基岩为新太古代变质岩系（黑云斜长片麻岩）及中生代燕山晚期石英正长岩、霓石石英斑岩、碱性花岗岩和闪长玢岩。轻稀土矿体呈脉状赋存在上述的新太古代变质岩系及燕山晚期侵入岩中（图 16 - 3 - 19）。

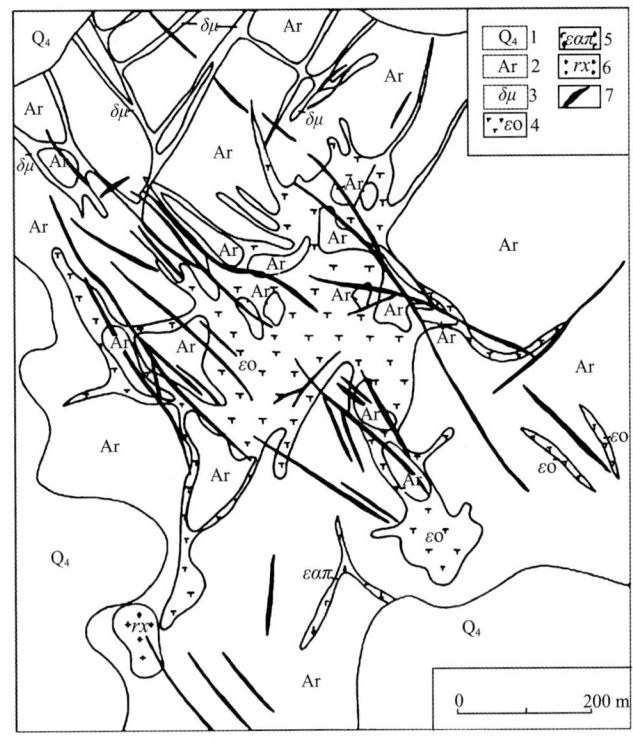

图 16 – 3 – 19　微山郗山稀土矿区地质简图

(据《山东省区域矿产总结》,1989 年)

1—第四系;2—新太古代变质岩系;3—中生代燕山晚期闪长玢岩;4—燕山晚期石英正长岩;5—燕山晚期霓石石英正长斑岩;6—燕山晚期碱性花岗岩;7—轻稀土矿体

微山郗山轻稀土矿是与石英正长岩、霓石石英正长斑岩等碱性岩有关的中低温热液充填交代型矿床。矿体呈脉状,由含稀土重晶石碳酸岩脉及含稀土细脉浸染状的黑云斜长片麻岩、正长岩等组成。矿区内共有矿脉 60 余条。单脉长一般为 200～300 m,最长者 >600 m,脉宽一般为 0.2～0.6 m,最宽达 16 m。其又可分为含稀土石英重晶石碳酸岩脉(为主体)、含稀土霓辉石脉、铈磷灰岩脉、含稀土霓辉花斑岩脉。矿石中稀土矿物主要有氟碳铈矿、氟碳钙铈矿;次要有碳酸铈钠矿、菱锶钙矿和铈磷矿。矿石中主要轻稀土组分为铈;其次为镧、钕;少量为镨、钐、铕。主要矿体 TR_2O_3 平均品位为 2.27%～5.49%,最高品位达 59.14%。矿区平均品位为 3.25%。矿石中除轻稀土组分外,尚含有钇、钆、镝等重稀土组分,但其含量甚微。此外,矿石中含铌(Nb_2O_3 含量多在 0.01% 及 0.02% 以上),具有综合利用价值。

微山郗山稀土矿是验证航空放射性异常时发现的。山东地矿系统自 1958～1975 年间相继进行了普查、详查及勘探评价工作,探明稀土总量近 12×10^4 t,为一中型矿床。成矿时代为中生代燕山晚期。

郗山稀土矿自 20 世纪 70 年代初就开始开发利用,目前仍在生产。是山东省内唯一一处稀土生产矿山。

二、山东稀有金属（锆、铪、铌、钽、铍、锶）矿

（一）锆矿与铪矿

山东达到工业利用要求的锆矿和铪矿为第四纪海积型含铪锆英石砂矿，分布在胶东半岛东部黄海沿岸的荣成、海阳、即墨等地。而探明储量的含铪锆英石砂矿床只有荣成石岛一处。荣成石岛含铪锆英石砂矿区位于荣成石岛镇东北的东山宁津半岛沿海地带。该含铪锆英石砂矿在 1956 ~ 1963 年间冶金地勘部门（主要是山东省冶金局第五勘探队）进行了普查、详查和勘探工作，投入了大量的工作量。查明了包括从东北起的褚岛、西南到桃园的 7 个矿区的锆英石资源特征；探明了储量，为一中型锆矿床和中型铪矿床。

石岛含铪锆英石砂矿区及其西部山地丘陵区广泛分布着新元古代二长花岗岩及燕山期正长岩等酸性及酸偏碱性侵入岩，这些岩石含有较多的锆英石，成为滨海地区锆英石砂矿的物源。石岛含铪锆英石砂矿床按成因大致可分为 4 种类型：海积砂矿、冲积砂矿、残积砂矿和坡积砂矿，以海积和冲积砂矿为主。①海积砂矿：分布在海岸地带，发育在沙嘴、沙洲及泻湖边缘的砂质堆积物中。矿层连续，厚度稳定，品位变化不大，矿层平均厚度 1.92 m，锆英石平均品位 $5.81 kg/m^3$。褚岛和桃园砂矿是海积砂矿中的 2 个主要矿区，桃园矿区最大，锆英石储量约 2×10^4 t；褚岛矿区锆英石平均品位最高，为 $9.72 kg/m^3$。②冲积砂矿：主要分布在河床、河漫滩地带，矿层平均厚度 1.88 m，锆石平均品位 $3 kg/m^3$。除此而外，矿区内还有分布在河床及浅海砂层下部 3 ~ 10 m 深的埋藏冲积砂矿，矿层平均厚 2.4 m，锆英石平均品位 $2 ~ 5 kg/m^3$，局部高达 $20 kg/m^3$。南港头、固山、谭村林家、小店、十里夏家等为该类砂矿较大的产地。③残积砂矿：分布在海积和冲积砂矿底部或出露于地表，矿体呈透镜状，平均厚 2 m，锆石平均品位 $3.6 kg/m^3$。④坡积砂矿：分布较广泛，但锆英石含量低，无工业意义。石岛含铪锆英石砂矿床中含有金红石、钛铁矿等矿物，可以综合利用。

荣成石岛含铪锆英石砂矿在 20 世纪 50 年代至 60 年代初就已开采，到 1973 年开采最为旺盛，到 1986 年闭坑。从建矿到矿山闭坑转产的 30 余年间采出的锆英石总量仅占探明储量的 6.5%，大量的含铪锆英石资源尚未得到开发利用。

（二）铌钽矿及铍矿

1. 铌钽矿

山东以铌钽为主的矿点只有新泰石棚 1 处，为伟晶岩型铌钽矿化。含矿伟晶岩带发育在新太古代泰山岩群雁翎关组中，分东西 2 个带，西带矿化发育较好，分布在石棚、石河庄、梨园沟一带。在西带的伟晶岩带中赋存有 9 个铌钽工业矿体，其呈脉状或透镜状，长度一般为 170 ~ 245 m，平均厚 1.71 ~ 3.63 m。矿石矿物主要为铌铁矿；其次为铌钙矿、烧绿石、锂辉石、硅铍石、独居石、铁锂云母、锂电气石等。矿石 Nb_2O_5 品位为 0.011 5% ~ 0.043%，Ta_2O_5 品位为 0.003 6% ~ 0.021 0%，达到工业要求。此外，矿石中还伴生有铷、锂、铍等元素，有的达到综合利用要求。该铌钽矿点规模较小，尚未开发利用。

除新泰石棚铌钽矿点而外，在蒙阴金刚石原生矿区及微山郗山、莱西塔埠头稀土矿区都伴生有稀土组分。如，郗山稀土矿中 Nb_2O_5 含量多在 0.01% 或 0.02% 以上；塔埠

头稀土矿中 Nb_2O_3 平均含量为 0.13%，Ta_2O_3 平均含量为 0.011 2%。这些矿床中伴生的铌钽组分都可综合利用。

2. 铍矿

已知铍矿点只有荣成槎山和新泰天宝黄花岭 2 处。①荣成槎山铍矿点位于槎山花岗岩体南端，矿化发育在含铍绢云母蚀变岩中，为热液蚀变型铍矿化。含铍矿物为羟硅铍石。绢云母蚀变岩 BeO 含量为 0.093 6% ~ 0.212 0%，达到工业要求。该矿点规模小，尚未开发利用。②新泰天宝黄花岭铍矿化发育在新太古代伟晶岩脉中，含铍矿物为绿柱石，为伟晶岩型铍矿化。含绿柱石伟晶岩脉赋存于新太古代变质岩系中，主要岩脉 1 条，岩脉宽 1 ~ 3 m，绿柱石呈较大的晶体分布在伟晶岩中。

（三）锶矿

山东锶矿目前只发现枣庄市山亭区抱犊崮 1 处，为海相沉积型层状锶（天青石）矿。该锶（天青石）矿赋存在寒武纪长清群朱砂洞组上部的丁家庄（白云岩）段内，为层状。含矿岩石组合为白云质灰岩 - 白云岩 - 天青石岩；天青石岩即为矿体，为层状，分布稳定，厚 0.5 ~ 2.5 m，平均厚 1.8 m。矿石中 $SrSO_4$ 含量平均为 25.7%，最高达 50%，达到工业要求。该锶矿尚未投入较详细的地质工作。

三、山东稀散金属（镓、镉、碲、硒、铟）矿

（一）镓矿

山东镓矿分布在鲁西地区，为石炭 - 二叠纪铝土矿的伴生矿，主要赋存在淄博盆地的铝土矿中，其次赋存在枣庄盆地的铝土矿中。已查明的主要产地有 4 处（中型 2 处，小型 2 处），探明的镓金属储量约 2 850 × 10^4 t，主要分布在滨海相沉积型的 G 层铝土矿层中，其次分布在陆相湖沼沉积型的 A 层铝土矿层中。

在淄博铝土矿含镓铝土矿石中，Ga 含量一般为 0.003% ~ 0.008%，淄博沣水含镓铝土矿 Ga 平均含量为 0.093%，达到工业利用要求，可综合利用。

对于铝土矿中伴生的镓矿，山东在 20 世纪 50 年代起就开始回收利用；到 80 年代中期，山东铝厂仍是国内金属镓的唯一生产厂家。

（二）镉、碲、硒、铟矿

山东尚未发现以镉（Cd）、碲（Te）、硒（Se）、铟（In）等稀散元素为主的矿床，但在已勘查评价的一些有色金属矿床中，发现了一些良好的稀散金属元素矿化显示，有的则达到综合利用要求。如福山王家庄铜矿床第一矿段中 Se 平均含量为 0.001%，Te 为 0.001 02%；第二矿段中 Cd 平均含量为 0.008 9%，Te 为 0.000 99%，In 为 0.000 15%。此外，在栖霞香夼铅锌矿中出现过 Cd 含量为 0.008% ~ 0.030% 的样品；在历城桃科铜镍矿床及沂南铜井金厂铜金矿床中也发现过含 Se，Te 组分较高的样品。上述这些稀散元素组分主要赋存在黄铜矿、黄铁矿、闪锌矿等矿物中；这些伴生组分都可以在主矿开发中得到综合回收利用。

第四章　山东非金属矿产

非金属矿是山东的优势矿产，种类多（主要矿种有80余种）、分布广，在鲁西和鲁东地区都分布有一些独具特色的非金属矿产。这些非金属矿产包括：①冶金辅助原料非金属矿产：菱镁矿、耐火黏土、蓝晶石类、白云岩、白云石大理岩、硅石、熔剂用石灰岩、萤石、型砂、铁矾土等；②化工原料非金属矿产：硫铁矿、自然硫、化工用石灰岩、磷、石盐、天然卤水、钾盐、溴、含钾岩石、蛇纹岩、重晶石、明矾石等；③工业制造原料非金属矿产：石墨、滑石、石膏、金刚石、膨润土、沸石岩、珍珠岩、重晶石、硅藻土等；④玻璃及陶瓷非金属矿产：石英砂、石英砂岩、石英岩、脉石英、透辉石等；⑤工艺美术类非金属矿产：宝石（金刚石、蓝宝石）、玉石（泰山玉、崂山绿）、玛瑙、水晶、观赏石（矿物晶体、沉积岩、岩浆岩、变质岩、古生物化石）、砚石等；⑥建筑材料及其他非金属矿产：云母、石棉、建筑用石灰岩、水泥用黏土、凝灰岩、泥灰岩、水泥及砖瓦用页岩、高岭石、陶瓷土、钾长石、硅灰石、砖瓦黏土、大理石、花岗石、辉长岩、膨润土、沸石岩、黑曜岩、松脂岩、贝壳岩、白垩、蛭石、石榴子石、刚玉、电气石、透辉石、方解石、玄武岩、麦饭石、建筑石料、建筑砂等。

上述这些非金属矿产，除建筑石料、砖瓦用原料等矿产外，在山东省资源量较大、分布面较广、地质工作程度较高或具有某些特殊性能或特殊用途的非金属矿产主要有石膏、金刚石、蓝宝石、岩盐、天然卤水、玻璃用硅质原料、石灰岩、花岗石、沸石岩、膨润土、珍珠岩、萤石、重晶石、硫铁矿、滑石、菱镁矿、石墨、耐火黏土、明矾石等矿产。

第一节　山东石膏矿

一、石膏矿的分布

山东是石膏资源丰富的省份，储量居全国首位。自显生宙以来，在山东每个大的地质历史时期中都有石膏（矿体/矿化）形成的记录。在古生代，有寒武奥陶纪石膏矿（见于博山、沂源、长清、薛城、聊城等地）；在中生代，有晚白垩世王氏期的石膏矿化（见于安丘南流一带）；在新生代，有古近纪石膏矿（见于鲁西隆起区内的汶口凹陷、平邑凹陷、韩庄底阁凹陷、鱼台凹陷等及鲁西北的济阳坳陷－临清坳陷）；此外，在第四纪也有石膏矿化的形成（如高青里寨一带）。如前所述，尽管在山东几个地质历史时期中都发育有石膏矿/矿化，但作为成型的石膏矿层，主要为产于古近纪的陆相碎屑岩系型石膏矿及产于寒武纪和奥陶纪的海相碳酸盐岩系石膏矿，这其中又以古近纪陆相碎屑岩系型石膏矿为主体。

就山东全省范围来看，石膏矿的地理分布很不均衡，其主要含矿层及石膏矿床主要分布在鲁西地区，而鲁东地区只发现有石膏矿化线索。作为古近纪内陆湖相石膏矿，就资源量来看，以济阳坳陷中最为丰富；就目前开发利用的工业矿床来说，主要集中分布在鲁西隆起区内的新生代盆地中。从古近纪石膏矿的埋藏深度看，鲁北地区（济阳坳陷区）的石膏矿埋深最大（一般在 1 000 m 以上，最深达 2 000 m）；鲁中地区的石膏矿埋深较浅（一般 < 200 m）。从纬向分布来看，西部的石膏矿埋深较深，东部的石膏矿埋深相对较浅。

二、石膏矿床类型及其地质特征

山东省内的石膏矿床按含矿建造特点可分为陆相碎屑岩系型和海相碳酸盐岩系型。

（一）碎屑岩系型石膏矿床

该类型是山东石膏矿床主要类型。石膏矿床赋存于古近纪含石膏、自然硫、石盐、钾盐湖相碎屑岩 – 碳酸岩盐 – 蒸发岩沉积建造中。该建造广泛分布在鲁西隆起区内的凹陷中（如汶口凹陷、汶东凹陷、蒙阴凹陷、平邑凹陷、莱芜凹陷、鱼台凹陷）及沉降区内的济阳坳陷、临清坳陷中。主要岩石组合为泥岩、泥灰岩、砂质泥岩夹石膏岩、石盐、钾盐、石油层。层位在隆起区相当于古近纪官庄群大汶口组和卞桥组，在沉降区相应层位为古近纪官庄群沙河街组四段。此建造形成于内陆淡 – 咸水湖、浅 – 深水交替环境下，无论是隆起区还是沉降区，这套建造中普遍含有石膏、石盐，是山东重要含膏盐建造。自然硫矿见于汶口凹陷和莱芜凹陷，钾盐仅见于汶口凹陷中心部位。据研究，该建造以咸化湖盆演化程度和含矿特点又可以分为含钾镁盐建造类型、含自然硫建造类型和含石膏建造类型（图 16 – 4 – 1）。此类建造的内部结构较简单：底部（A）以砾岩、泥灰岩和泥岩为主；中部（B）为石膏矿带，包括钙质、钙泥质和泥质岩石膏；上部（C）以灰岩、泥灰岩、泥岩、粉砂岩、砾岩为主。

（二）碳酸盐岩系型石膏矿床

此类型石膏矿床赋存于寒武纪 – 奥陶纪含石膏矿海相碳酸岩盐沉积建造中。

1. 早寒武世碳酸盐岩 – 硫酸盐岩沉积建造中的石膏矿床

该建造广泛出露于鲁西山区，主要分布在长清、历城、博山、新泰等地。其相应层位为寒武纪长清群馒头组。主要岩石组合为薄层泥灰岩、白云质灰岩、杂色页岩、石膏层。该建造中的石膏层见于淄河南段、长清胡同店、平阴刁山坡等地。在淄河南段的口头 – 南邢一带，该建造中的含石膏矿呈层状产出，共有 3 层含膏带。下部含膏带厚 35 m，层位稳定，其中的 2 个石膏矿层厚度分别为 11.0 m 和 7.5 m；中部含膏带较下部差，厚度 < 10 m，其中所含 2 层石膏厚度分别为 1.8 m 和 3.6 m；上部含膏带厚 < 5 m，所含石膏层厚 1 m 左右。石膏矿石之主要矿物成分为硬石膏、石膏、白云石等。矿石的平均品位为 58.63%（$CaSO_4 \cdot 2H_2O + CaSO_4$）。

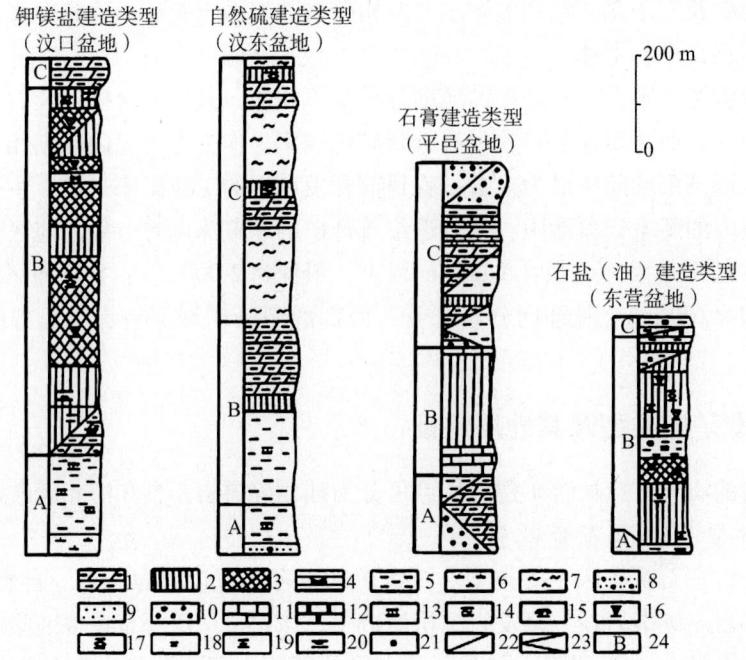

图 16 – 4 – 1　鲁西地区古近纪官庄群（大汶口组/卞桥组）及济阳群（沙河街组四段）含石膏、盐、自然硫沉积建造对比图

（据王万奎等，1996 年）

1—泥质灰岩；2—硬石膏岩；3—石盐矿层；4—无水钾镁矾岩；5—黏土岩；6—砂质黏土岩；7—自然硫矿带；8—含砾砂岩；9—砂岩；10—砾岩；11—灰岩；12—白云岩；13—砂岩夹层；14—自然硫夹层；15—泥灰岩夹层；16—杂卤石岩夹层；17—钙芒硝岩夹层；18—页岩夹层；19—钙质泥岩夹层；20—泥岩夹层；21—黄铁矿晶体；22—二者互层；23—三者互层；24—建造分层号

2. 奥陶纪碳酸盐岩 - 硫酸盐岩沉积建造中的石膏矿床

该建造在鲁西地区广泛出露，主要岩石组合为白云岩、泥灰质白云岩、泥灰岩、白云质泥灰岩、石膏层。层位相当于奥陶纪马家沟组东黄山段、土峪段及阁庄段。此建造中最好的石膏层见于长清、薛城张范及聊城等地。在长清的 ZKX 钻孔内（阁庄组中），见有 4 层石膏，厚度分别为 8 m，2.23 m，1.48 m，3.21 m，其中最厚一层石膏见于孔深 749.88 m 处，为白色块状晶质石膏，半透明，粒状结构，有后生的脉状纤维石膏穿插。$CaSO_4 \cdot 2H_2O$ 平均含量为 66.62%，单样最高为 79.52%。

三、典型石膏矿床地质特征

古近纪陆相碎屑岩系型石膏矿床泰安大汶口盆地石膏 - 石盐 - 钾盐矿床

1. 矿区位置

泰安汶口盆地石膏矿床位于泰安城南的汶口盆地内。汶口盆地为一个北断南超的新生代断陷盆地。盆地在平面上呈向北凸出的箕形。石膏矿分布在盆地的中东部地区。因其赋存着丰富的石膏矿及伴生的石盐、钾盐和自然硫 3 种重要矿产，而为地质界所注目。有北西遥、临汶两个矿区，为特大型石膏矿床。

2．矿区地质特征

（1）地层：汶口盆地周缘地区分布着新太古代变质岩系及寒武纪和奥陶纪地层。盆地内分布着古近纪官庄群大汶口组（大部分为第四系覆盖），其自下而上分为3段，石膏矿主要产于二段中。

（2）构造：控制汶口盆地边界的南留弧形断层及几组 NW – NNW 向和 NE – NNE 向断层，是以升降运动为主要活动方式的同生断层，其控制着盆地的生成与发展，形成北断南超、边断边陷的单断箕形盆地及石膏、石盐、钾盐和自然硫矿的形成。汶口盆地内为由古近纪官庄群大汶口组构成一轴向50°左右的不对称向斜构造。

（3）蒸发岩相特征：汶口盆地古近纪始新世 – 渐新世蒸发岩岩相在平面上从盆地边缘至中心可以划分为6个相区（图16 – 4 – 2）：①砂岩、砾岩相区；②泥岩、泥质碳酸盐岩相区；③石膏岩相区；④石盐相区；⑤钠镁岩相区；⑥钾镁岩相区。上述各相区，由外向内大致呈同心椭圆状分布，各相区分布面积逐一缩小，反映了成盐期含盐卤水渐趋浓缩、高浓度卤水面积逐渐缩小的特点。

3．矿带及矿体特征

（1）矿带形态及产状：汶口盆地石膏矿为隐伏矿床，赋存在古近纪官庄群大汶口组三段和二段的上、下2个矿带中。矿带在平面上呈椭圆形分布，东西长约18 km，南北宽约12 km，面积约150 km²。矿带产状与地层产状一致，因受控于盆地形态，矿带由盆地边缘向盆地中心倾斜，倾角一般为3°～7°。①第1矿带：赋存于大汶口组三段中部的泥灰岩中，分布面积为136 km²。该矿带埋深45～555 m，厚1.19～56.47 m。单孔见石膏层1～6层，单层厚1.01～7.15 m；各矿层累计厚度为1.26～17.18 m。②第2矿带：赋存于大汶口组二段上部，分布面积为150 km²。该矿带矿层多、厚度大、矿石品位高，是汶口盆地中的主要矿带，也是具有工业价值的矿带。该矿带顶板埋深26～1 220 m，底板埋深66～1 762 m。矿带厚度为2.71～545.70 m，由1～46层矿层组成，单矿层厚1.00～112.16 m，各矿层累计最大厚度达390 m。在该矿带顶板含硫泥灰岩、硫矿层；在东向洼地中见硬石膏层与石盐层互层产出；在东向洼地含矿带见黏土岩＋泥灰岩＋硬石膏岩＋石盐岩＋钠镁盐岩＋钾镁盐（无水钾镁矾）岩的岩石组合。

（2）矿体形态及产状：石膏矿层多与泥灰岩互层产出（只东向洼地第2矿带中部见石膏层与石盐层互层产出），矿带中的矿体多呈层状、似层状、透镜状，其在横向和纵向上变化均较大。在构造洼地之间及同一洼地各钻孔之间的矿层层数和矿体厚度差异悬殊。赋存于矿带中的石膏矿体产状受控于盆地形态，由盆地边缘到中心，矿带厚度及第1、2矿带之间距逐渐增大，矿层层数逐渐增多。

4．矿石特征

汶口盆地石膏矿矿石类型主要为块状石膏，其次为条带状石膏及少量雪花状石膏、角砾状石膏及纤维状石膏。矿石主要由石膏组成（＞75%），含有少量硬石膏（3%～5%）及黏土矿物、白云石、菱镁矿、自然硫、钙芒硝、石盐、沥青、石英、天青石、方解石等。石膏＋硬石膏平均品位为72.00%。其各洼地矿石平均品位都有一定变化：临汶洼地为84.55%，北西遥洼地为70.58%，满庄洼地为67.48%，东向洼地为63.59%。

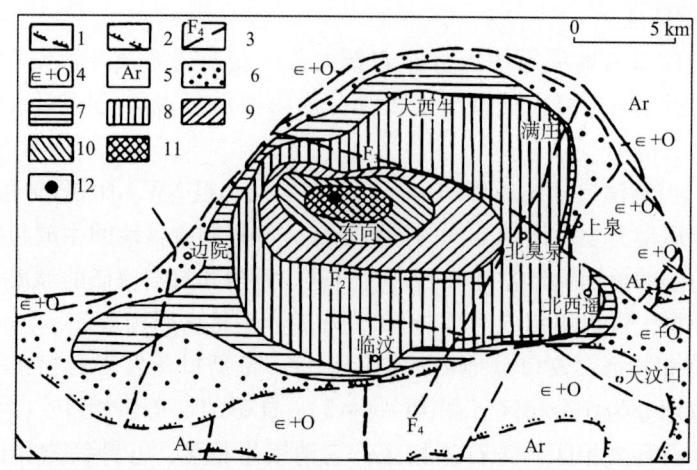

图 16-4-2 汶口盆地古近纪始新世-渐新世蒸发岩沉积相略图

(据刘鸣皋等 1981 年及赵鹏等 1982 年资料编绘)

1—剥蚀区边界线；2—推测不整合界限；3—推测断层；4—寒武系+奥陶系；5—早前寒武纪变质岩系；古近纪始新世沉积岩相：6—砂岩、砾岩相区；7—泥岩、泥质碳酸盐岩相区；8—石膏岩相区；9—石盐相区；10—钠镁岩相区；11—钾镁岩相区；12—见钾盐矿区钻孔

5. 矿床地质工作程度及规模

汶口盆地石膏矿床的临汶和北西遥矿区在 1961 和 1965 年由济南地质二队和山东地质综合一队先后进行过地质勘探；1977～1982 年山东省地矿局第一地质队对汶口盆地石膏、石盐、钾盐矿进行了详查，投入了大量的工作量，基本查明了矿床。探明石膏矿石储量近 300×10^8 t，为一特大型石膏矿床；石盐储量（氯化钠）65.26×10^8 t，为特大型；硫（S）0.28×10^4 t，为小型。

第二节 山东石盐、钾盐矿及卤水矿

一、山东石盐及钾盐矿

（一）石盐和钾盐矿的分布

1. 石盐和钾盐矿的分布概况

山东目前发现的石盐和钾盐矿床（矿层）主要分布在：①泰安市的泰安郊区和肥城（为产于汶口盆地中的大型石盐矿床和钾盐矿层）；②东营市的东营-河口一带（为产于东营凹陷中的石盐和杂卤石矿层）；③东明县（为产于东明凹陷中的石盐矿层）。

（二）石盐和钾盐矿床类型及其地质特征

产于鲁西隆起区断陷盆地内及济阳坳陷和临清坳陷中次级凹陷（盆地）内的石盐及钾盐矿床均属于碎屑岩系沉积型矿床。与该类型的石膏矿床一样，其赋存在古近纪官庄群大汶口组（/卞桥组）及济阳群沙河街组四段（/二段）中，严格受控于层位。发育于隆起区断陷盆地（汶口盆地）内的钾盐矿层与石盐矿层、石膏矿层、自然硫矿层共生，矿体呈层状、似层状，规模较大，延伸较稳定。发育于济阳坳陷和临清坳陷中的次级凹陷（东营盆地、东明盆地）内的杂卤石矿层与石膏矿层共生，其分布在区域上具有可比性。

根据石盐和钾盐矿层产出的地质构造环境，可将矿床分为产于隆起区内山间断陷盆地碎屑岩系型沉积矿床和产于坳陷区内山前坳（断）陷盆地碎屑岩系型沉积矿床。根据矿石建造和矿体结构特点，又可将钾盐矿床分为石膏石盐钾盐（无水钾镁矾）型沉积矿床（如汶口盆地钾盐矿床）和石膏石盐杂卤石型沉积矿床（如东营盆地杂卤石矿床）。

产于古近纪地层的陆相碎屑岩系沉积型石盐矿床，含矿层分布稳定、矿床规模巨大。如汶口盆地石盐矿床储量达 65×10^8 t；而发育于东营凹陷内的石盐含矿层分布面积约 600 km^2，矿层厚 5 ~ 360 m（埋深 3 000 ~ 4 400 m），石盐质量好，总资源量约 $1 000 \times 10^8$ t。

（三）典型石盐及钾盐矿床——泰安汶口盆地石盐及钾盐矿床

1. 矿区位置及矿区地质特征

石盐矿区分布在泰安市岱岳区大汶口镇西北 10 ~ 20 km 的漕河涯 – 东向一带；钾盐矿层含在其中，其中心位置约在东向村北 2 km 处。在地质构造位置上，居于鲁西隆起西部的汶口盆地内的东向洼地中。

汶口盆地为汶蒙盆（凹陷）带西部的一个古近纪内陆湖相盆地。盆地周缘分布着早前寒武纪变质岩系及寒武系和奥陶系。盆地内分布着古近纪官庄群大汶口组（含盐岩系），其自下而上分为 3 段，石盐和钾盐矿层主要分布在二段内（详见本章第一节山东石膏矿）。

2. 石盐矿地质特征

（1）含矿岩段及矿体特征：石盐矿是汶口盆地盐类矿产的主体，矿层层数多、延伸长而稳定、品位高、盐质好、埋藏浅、易于开采。已圈定的石盐矿层分布面积为 36.44 km^2。在平面上，其形态呈似蚕茧状的椭圆形；在剖面上，含盐岩段（包括各层石盐矿及其夹层，下同），总体呈向 NW 缓倾斜的透镜状（图 16 – 4 – 3），而每个单一石盐矿体均呈层状。

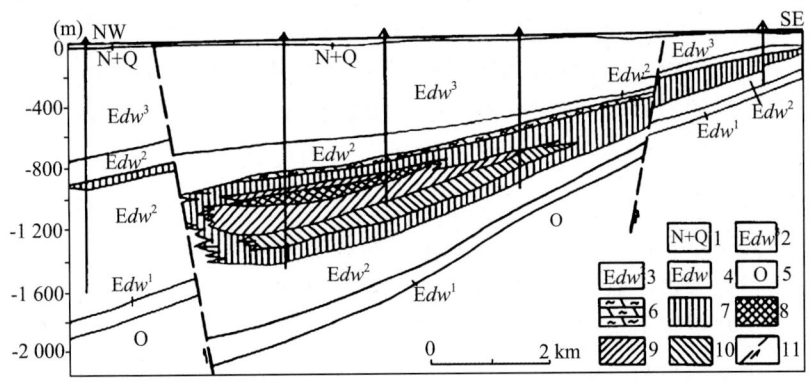

图 16 – 4 – 3　汶口盆地石盐矿床 64 线地质剖面图

（据山东省地矿局第一地质队 1982 年原图简化）

1—新近系 + 第四系；2—古近纪官庄群大汶口组三段；3—大汶口组二段；4—大汶口组一段；5—奥陶系；6—含自然硫泥灰岩层；7—石膏岩层；8—钠镁岩层；9—含杂卤石钙芒硝石盐层；10—含石膏石盐层；11—断层

含盐岩段顶面埋深一般为 800 ~ 1 000 m。含盐岩段总厚一般为 100 ~ 300 m，最大厚度为 345.68 m。石盐矿层倾斜平缓，一般为 4° ~ 5°。据 14 个钻孔统计，矿区内石盐矿层层数为 4 ~ 32 层，单层厚度 0.68 ~ 14.98 m（一般为 3 ~ 5 m）；各含盐钻孔内石盐矿层累计厚度为 4.69 ~ 165.04 m（平均厚度为 95.11 m）。各钻孔所见石盐层在含盐岩段中的累计厚度比（即含盐率）为 19.97% ~ 52.67%。

（2）矿石特征：含盐岩段各石盐层，在垂直方向上由下而上、在水平方向上由石盐相区（石盐分布区）边缘至中心（见图 17 - 4 - 2），石盐矿层中的石盐矿石依次出现下列主要矿物组合：①石盐 + 硬石膏；②石盐 + 硬石膏 + 钙芒硝；③石盐 + 硬石膏 + 钙芒硝 + 杂卤石；④石盐 + 杂卤石；⑤石盐 + 杂卤石 + 硫酸钠镁盐（钠镁矾 + 白钠镁矾 + 无水钠镁矾）+ 盐镁芒硝 + 无水芒硝；⑥石盐 + 杂卤石 + 硫酸钠镁盐（钠镁矾 + 白钠镁矾 + 无水钠镁矾）+ 钾盐镁矾 + 无水钾镁矾 + 硫酸矾。上述石盐矿层矿石矿物组合清晰地显示了成盐时期卤水逐步蒸发、浓缩，盐类矿物按溶解度由小到大的顺序依次结晶析出的演化规律。

石盐矿石矿物成分以石盐（NaCl）为主（一般占 80% ~ 90%），常含有杂卤石、菱镁矿、泥质碳酸盐、钙芒硝、无水芒硝、硫镁钒、无水钠镁矾、白钠镁矾、硬石膏等矿物。矿石中杂质成分较为复杂。

矿石中主要化学成分为 NaCl，其含量高、变化小。各矿层 NaCl 平均品位（%）变化在 50.77 ~ 94.49 之间；矿区 NaCl 总平均品位为 86.76。此外，尚含有少量（%）K_2SO_4（0 ~ 1.5），$MgSO_4$（< 0.7 ~ 1.0），Na_2SO_4（0 ~ 22.66），$CaSO_4$（0.55 ~ 20.72）及 $CaCO_3$，$MgCO_3$，SiO_2，Al_2O_3，Fe_2O_3 等。

3. 钾盐矿层地质特征

汶口盆地岩盐矿床中的钾盐矿层目前仅见于 1 个钻孔，其产于大汶口组二段上部的含盐岩段内，赋存于该含盐岩段靠上部的层位中；分布在汶口盆地蒸发岩相区的钾镁岩相区内（见图 16 - 4 - 2）。其顶、底板均为薄层含杂卤石石盐岩。矿层顶板埋深为 1 085.65 m，矿层厚 1.18 m。

钾盐矿层由两部分组成：①上部为含无水钾镁矾石盐岩，具微层理构造。无水钾镁矾呈团块状、条带状产于石盐中，厚 0.58 m。K_2O 含量为 5.22%。②下部为致密块状、含少量石盐的含石盐无水钾镁矾岩，厚 0.60 m。K_2O 含量为 16.62%。其下盘 0.35 m 厚的石盐岩也含少量呈浸染状的钾镁矾。自下而上形成微含无水钾镁矾及杂卤石石盐岩 - 含石盐无水钾镁矾岩 - 含团块状、条带状无水钾镁矾石盐岩的变化趋势。

钾盐矿石类型分为含石盐无水钾镁矾盐岩和含无水钾矾石盐岩，其主要矿石矿物为无水钾镁矾；少量为含钾盐镁矾、软钾镁矾、杂卤石等；一般盐类矿物为石盐、钠镁岩、硫镁矾等。其中以无水钾镁矾、钠镁矾、石盐、杂卤石、硫镁矾等矿物含量较多。这两类矿石的化学成分有一定差异：①含石盐无水钾镁矾盐岩中（%）：K_2SO_4 30.75，$MgSO_4$ 43.34，Na_2O 0.53，$CaSO_4$ 0.24，NaCl 23.23；②含无水钾镁矾石盐岩中（%）：K_2SO_4 9.65，$MgSO_4$ 12.98%，Na_2SO_4 0.13%，$CaSO_4$ 1.29%，NaCl 73.80%。

二、山东卤水矿

（一）卤水矿的分布及勘查与开发概况

卤水矿的分布概况：

山东地下卤水矿分布在渤海湾沿岸的莱州、昌邑、寒亭、寿光、广饶、东营、无棣等县（市、区）。山东地下卤水矿分为浅层卤水和深层卤水。浅层卤水呈平行海岸的带状（带宽10~20 km）分布，主体位于莱州湾沿岸，赋存在第四纪海相地层中，总面积近2 200 km^2，埋深一般10~40 m。深层地下卤水主要分布在黄河三角洲一带的地下2 500~3 000 m处，赋存在古近纪地层中，总面积约1 300 km^2。

（二）浅层地下卤水矿床地质特征

1. 赋矿层位

浅层地下卤水分布在莱州湾沿岸地带，呈一近东西向展布、向南微凸的半环状（图16-4-4）。地下卤水赋存在莱州湾沿岸的第四纪更新世海积层中，属海水潮滩成卤型。含卤水层岩性以粉砂为主，其次为中粒砂、黏砂等。区内自下而上有3层含卤水海积沙层：①下部含卤水层厚6~12 m，埋深20~50 m（局部深者达百余米）；②中部含卤水层厚1~16 m，埋深5~32 m；③上部含卤水层厚0~18 m，埋深0~22 m。这3个含卤水层之间为由黏土、粉砂质黏土构成的隔水层所隔。区内含浅层卤水层以莱州湾南侧中部厚度最大、卤水浓度最高。

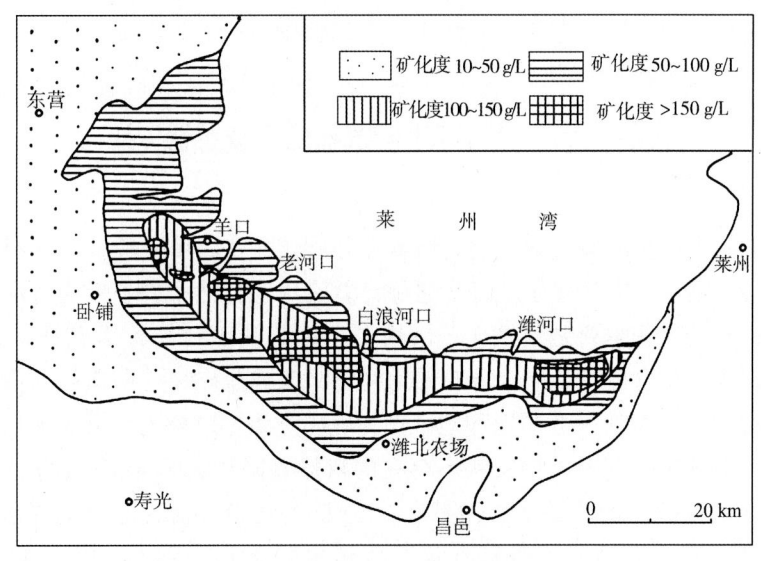

图16-4-4 莱州湾沿岸浅层地下卤水分布简图

（据李春山等编绘，1996年）

2. 浅层卤水水质类型

浅层地下卤水水质类型为 Cl-Na 型，矿化度140~187 g/L，总矿化度为1 150~1 639，pH 值为6.67~7.62。

3. 浅层卤水化学成分

浅层卤水中有关化学物质含量为（g/L）：$CaSO_4$ 11.80 ~ 18.12，$MgCl$ 22.51 ~ 3.46，KCl 1.87 ~ 3.11，$NaCl$ 91.92 ~ 161.22；总盐量 119.59 ~ 205.27；I 0.42，Br 350，Li 0.20，Sr 11.77，B 5.34。

（三）深层地下卤水矿床地质特征

1. 赋矿层位

深层地下卤水，目前所知其赋存在东营凹陷和临邑凹陷内的古近纪济阳群沙河街组四段石盐层上部，含卤水层厚 4 ~ 30 m，埋深一般为 2 500 ~ 3 000 m。属咸化潟湖相原生卤水型。

2. 卤水水质类型

东营凹陷内深层地下卤水水质类型为 $CaCl_2$ 型，矿化度高，一般为 100 ~ 200 g/L；临邑凹陷内深层地下卤水水质类型为 Cl – Na · Ca 型，矿化度为 50 ~ 90 g/L。

3. 深层卤水化学成分

有关深层地下卤水的化学成分资料主要是从东营凹陷内的一些石油勘查钻孔中获得的。该凹陷内的深层卤水中有关化学物质含量为（g/L）：K 0.98 ~ 1.24，Na 45.14 ~ 79.54，Mg 1.11 ~ 7.03，Cl 90.83 ~ 195.60，Br 0.13 ~ 0.31。此外，还含有一定量的 Sr，Li，I，B 等。山东省分布在渤海湾沿岸的浅层和深层地下卤水资源非常丰富，卤水中除盐外，所含的 Br，I，Li，B，Sr 等元素均具有很高的综合开发价值。该地区卤水资源开发兴旺，已成为我国一个重要的盐化工生产基地。

第三节　山东自然硫矿及硫铁矿

硫在自然界中以单质硫、硫化物、硫酸盐等形式存在。单质硫有 3 种同质多象变体（α硫，β硫，γ硫），其中只有 α 硫（通称自然硫）在自然条件下最为稳定。硫化物中能够作为硫矿石的矿物主要是黄铁矿、白铁矿和磁黄铁矿（统称为硫铁矿）等硫化铁矿物，其中以黄铁矿含硫量最高，分布最为稳定。硫酸盐矿物（明矾石、重晶石、石膏等）仅在某些缺乏硫源的少数国家和地区作为硫矿资源加以利用。上述这几种含硫矿物在山东省内均有分布，其中以单质状态存在的自然硫矿，资源丰富，储量居全国首位；硫化铁矿物（黄铁矿、磁黄铁矿、白铁矿）分布也较为广泛，是当前主要开发对象；硫酸盐矿物（石膏、重晶石、明矾石等）资源也较丰富（石膏矿资源量居全国第1位），但鉴于山东其他富硫矿物资源多，此类矿物尚未作为硫矿资源利用。

一、山东自然硫矿

（一）自然硫矿的分布

山东目前所评价的自然硫矿床有 2 处——泰安汶口盆地自然硫矿和泰安朱家庄自然硫矿，其位于鲁西隆起西部的古近纪汶蒙盆（凹陷）带的汶口盆地和汶东盆地中，此外，在济阳坳陷内的石油勘查过程中，在古近纪济阳群沙河街组四段中也发现有自然硫矿层。

（二）自然硫矿床类型及其分布特征

目前所知，产于汶东盆地（也有称新泰盆地、磁新盆地）的泰安朱家庄自然硫矿床和产于汶口盆地中的泰安臭泉-小河崖和南淳于两矿段自然硫矿床及见于济阳坳陷中的自然硫矿层，均为赋存于古近纪含石膏、硬石膏蒸发岩系中的沉积型自然硫矿床。其主要特点是：①不同地质构造部位上的自然硫矿层赋存于古近纪官庄群大汶口组二段及济阳群沙河街组四段蒸发岩中；矿体产出严格受控于层位。②自然硫矿层在空间上严格受硫酸盐岩层控制，其赋存于原生沉积的石膏层/硬石膏层的顶部或上部。③自然硫矿一般分布在盆地内的隆起部位或盆地隆起与坳陷的过渡地带。含自然硫盆地中部都含有石油、天然气；自然硫与石油、天然气具有密切的共生关系。④在构造的复合部位，特别是在盆地内断裂处易形成自然硫富集区（如汶东盆地内的朱家庄断层的两侧）。⑤沉积型自然硫矿床的矿体主要呈层状、似层状和透镜状产出，自然硫以各种不规则的形态充填于层间、岩石的孔隙、空洞或裂隙中。

对于山东沉积型自然硫的成因，多数持后生说或后生说为主的观点，即硫酸盐矿物（石膏、硬石膏）在细菌参与下与碳氢化合物（油、气）发生反应生成硫化氢，硫化氢与地表水发生淋滤作用，氧化成自然硫。

（三）典型自然硫矿床地质特征——泰安朱家庄自然硫矿床

1. 矿区位置及矿区地质特征

矿床位于泰安市郊区的南部，以朱家庄为中心，东起凤凰庄，西至大汶口，北起茅茨，南至东良父。矿区（田）面积约 160 km²。在地质构造部位上居于鲁西隆起中西部的汶东凹陷（盆地）西半部。

赋存自然硫矿床的汶东凹陷（西半部）的东北和西北以蒙山断层和颜谢断层为边界与早前寒武纪变质花岗质侵入岩系（为主）接触，其西南和东南超覆于古生界之上，为一个较为完整的箕形盆地。盆地内发育着含矿的古近纪碎屑岩泥质碳酸盐硫酸盐沉积建造——官庄群大汶口组。

汶东凹陷内的官庄群大汶口组自下而上分为 3 段，自然硫矿层赋存在大汶口组二段中。大汶口组下部为含石膏层位，上部为含自然硫层位。

2. 矿带及矿体特征

赋存于汶东盆地西半部的朱家庄自然硫矿床沿走向（近 EW 向）延伸达 11.25 km，延倾向延伸达 5.65 km，分布面积约 44 km²。自然硫矿层埋深 49~937 m（一般为 300~500 m），矿层产状与地层产状一致，倾角多在 5°左右。自然硫矿体呈层状、似层状、透镜状产出，在不同地段内矿层层数多寡悬殊，厚薄不一，沿走向及倾向变化均较大。矿层间为厚度不一的泥质碳酸盐岩、石膏岩或黏土岩构成的夹层，夹层厚度由数十厘米至 10 m 以上。矿区内的自然硫矿层自下而上分为 3 个矿带，矿带间为泥质灰岩所隔（图 16-4-5）。①Ⅰ矿带：为矿区内规模最大的一个矿带，其由自然硫矿层、泥灰岩、含自然硫泥灰岩、油页岩和含膏泥灰岩等组成。赋存于大汶口组二段下部。矿带埋深一般为 300 ~ 500 m；厚度一般为 100 ~ 150 m。矿带中所含自然硫矿层一般为 15 层，单矿层厚一般为 1 ~ 2 m，矿层累计厚度平均为 21.80 m。②Ⅱ矿带：由自然硫矿层、泥灰岩、油页岩、砂岩、含膏泥灰岩组成。矿带埋深一般为 200 ~ 300 m；厚度一般为 50 ~ 100 m。矿带中含自然硫矿层一般为 10 层，单矿层厚度一般为 1 ~ 2 m，矿层累计厚度平均在 10 m 左右。③Ⅲ矿带：赋存在大汶口组二段顶部、三段底部砂砾岩之下，该矿带规模小，分布零星。其由自然硫矿层、泥灰岩等组成。矿带埋深一般在 250 m 左右；厚度为 1.00 ~ 12.78 m。矿带中含有自然硫矿层 1 ~ 3 层，单矿层厚 0.50 ~ 2.86 m，矿层累计厚度在 0.54 ~ 3.22 m 之间。

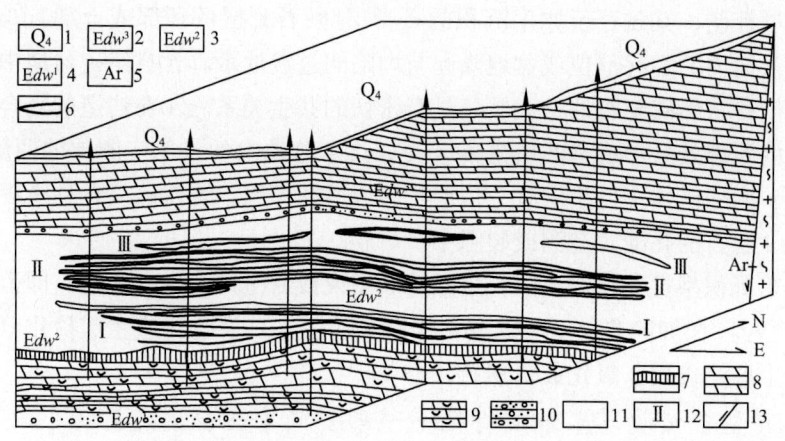

图 16 - 4 - 5　泰安朱家庄自然硫矿带（体）空间分布示意图
（据《山东省区域矿产总结》，1989 年）

1—第四系；2—古近纪官庄群大汶口组三段；3—大汶口组二段；4—大汶口组一段；5—早前寒武纪变质岩系；6—自然硫矿体；7—石膏矿体；8—泥灰岩；9—含膏泥灰岩；10—砂砾岩；11—官庄组二段上部含自然硫矿体之泥灰岩（夹层）；12—自然硫矿带编号；13—断层

3. 矿石特征

矿石的主要矿物成分为自然硫（分为隐晶质自然硫和晶质自然硫）；此外，尚含有石膏、硬石膏、钙芒硝、地蜡、沥青、原油等。脉石矿物主要有方解石、白云石及黏土矿物等。矿石品位（S 含量）一般在 6% ~ 15% 之间。Ⅰ矿带矿石平均品位为 10.19%；Ⅱ矿带矿石平均品位为 9.15%；Ⅲ矿带矿石平均品位为 9.27%。3 个矿带矿石平均品位接近，Ⅰ矿带略高些。

矿石主要结构为隐晶质结构、显晶质结构、粒状及碎屑结构等。主要构造为页片状构造、块状构造及脉状构造等。自然硫矿石自然类型有自然硫页状泥灰岩型、自然硫泥灰岩型、自然硫石膏岩型、自然硫油页岩型和自然硫砂岩型 5 种类型，分布广泛和具有工业价值的主要为前 2 种类型；根据矿石中自然硫的产出状态又可分为顺层型、准顺层型和不顺层（脉）型 3 种类型。

泰安朱家庄及汶口盆地中自然硫矿床，规模巨大，其在我国自然硫总探明储量中占有相当比例。待适合于当前我国经济、技术条件下的硫与油的分离技术得到解决后，其开发前景是非常广阔的。

二、山东硫铁矿

（一）硫铁矿的分布

硫铁矿是黄铁矿、磁黄铁矿和白铁矿的统称，它们在山东都有分布，而以黄铁矿为主体。山东硫铁矿床分为单独硫铁矿床（即以硫铁矿为主的硫铁矿床）和伴生硫铁矿床。已查明的单独硫矿床有9处，探明的储量占全省硫铁矿总储量的54%；伴生硫铁矿有32处，探明的储量占全省硫铁矿总储量的46%。这些硫铁矿主要分布在鲁东地区，鲁西地区只有几处小型矿床，所探明的储量不足全省总储量的1%。

鲁东地区的硫铁矿床主要集中分布在2个地区：①胶南隆起西北边界地区的五莲、诸城等地，为产于早白垩世火山岩中的硫铁矿床（点），五莲七宝山大型硫铁矿床（其储量占全省硫铁矿总储量的52%）就产于该区。②胶北隆起内的招远、莱州、牟平、乳山、莱西、平度、安丘等地，主要为金矿及石墨矿的伴生矿床，少部分为单独硫铁矿床。

鲁西地区的硫铁矿床主要分布在新泰、莱芜、蒙阴等地，为产于新太古代基性火山 – 沉积建造中的硫铁矿床。此外，在淄博、枣庄、新泰等地的石炭 – 二叠纪含煤岩系（太原组）中含有硫铁矿集合体，可以综合回收利用。

（二）硫铁矿矿床类型

1. 单独硫铁矿矿床类型

单独硫铁矿床主要有2种类型：①火山热液充填交代型硫铁矿床：为赋存于早白垩世青山群中基性火山岩中的低品位硫铁矿床，矿床规模巨大，如五莲七宝山钓鱼台硫铁矿床。②中低温热液充填交代型硫铁矿床：主要为与断裂构造关系密切而与围岩关系不大的一些脉状硫铁矿床，如牟平八甲、乳山唐家沟、蓬莱小杨家、安丘敖山等硫铁矿。此类矿床规模很小，储量多为几十至几百万吨的小型矿床。

2. 伴生硫铁矿床类型

由于伴生于金属和非金属矿床中的硫铁矿多可综合利用，因此其成因类型多样。主要有4种类型：①中生代壳源重熔热液型金矿床中伴生硫铁矿，如招远玲珑金矿等。②中生代铅锌铜多金属矿床中伴生硫铁矿，如栖霞香夼铅锌、邹平王家庄铜矿等。③中生代接触交代型铁矿床中伴生硫铁矿，如莱芜铁矿等。④古元古代变质沉积型晶质石墨矿床中伴生硫铁矿，如平度刘戈庄和文登臧格庄石墨等。这些伴生矿床中以晶质石墨矿床中伴生硫铁矿规模较大；其次为多金属矿床中的硫铁矿；金矿及铁矿床中伴生的硫铁矿规模多较小。

（三）火山热液充填交代型典型硫铁矿床地质特征——五莲七宝山钓鱼台硫铁矿

1. 矿区位置及矿区地质特征

五莲七宝山钓鱼台硫铁矿矿区位于五莲县城西北约15 km的七宝山北侧至钓鱼台附近。在地质构造部位上处于沂沭断裂带之景芝大店断裂东侧，胶莱坳陷西南缘。居于由 NE 与 NW 向的次一级断裂构造复合部所控制形成的七宝山火山机构的东北部。

矿区内出露地层自下而上为早白垩世青山群八亩地组、石前庄组。硫铁矿化分布在八亩地组中。八亩地组主要岩性为安山质火山碎屑岩及安山质熔岩，硫铁矿化主要发育在安山质火山碎屑岩中。矿区西南部为七宝山火山机构中心地段，分布着基性－中性－中酸性火山侵入体。处于该火山机构东北部外围的本矿区内的八亩地组安山质火山岩内绢英岩化、青盘岩化及黄铁矿化蚀变发育。

2. 矿体特征

七宝山钓鱼台硫铁矿矿体规模较大，矿体平面上呈椭圆状，剖面上为似层状。矿体长度为 1 000 m，最大宽度为 800 m，平均厚度为 93 m，最大控制厚度为 338 m，为一大型矿床。矿体产状与八亩地组火山岩层基本一致（图 16 – 4 – 6）。

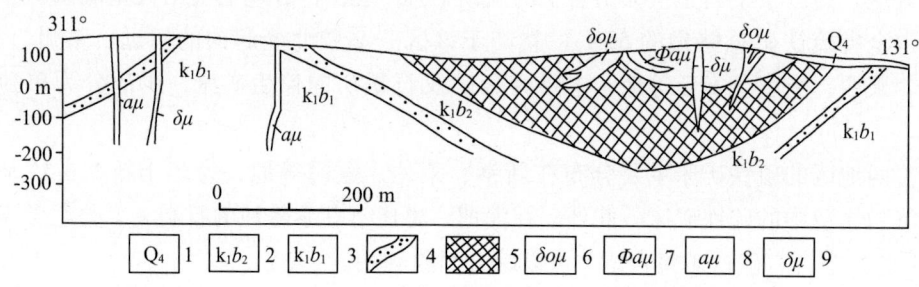

图 16 – 4 – 6　五莲七宝山钓鱼台硫铁矿矿体剖面图

(据山东省地矿局第四地质队，1979 年)

1—第四系；2—早白垩纪青山群八亩地组二段；3—八亩地组一段；4—早白垩纪青山群安山玢岩；5—硫铁矿体；6—青山期石英闪长玢岩；7—青山期角闪安山玢岩；8—青山期安山玢岩；9—青山期闪长玢岩

3. 矿石特征

矿石中主要矿石矿物为黄铁矿，偶见磁铁矿；脉石矿物主要为石英、绢云母、方解石及少量长石、磷灰石、黄玉等。黄铁矿主要为半自形 – 他形粒状结构，少量呈自形晶粒状结构。矿石多呈浸染状、稠密浸染条带状、斑点状、"镶边"状、细脉浸染状构造。矿石主要类型有火山碎屑岩型、凝灰岩型、火山角砾岩型、次火山岩型及脉状型。S 品位一般为 3% ~ 10%，平均品位为 5% 左右。伴生有益组分有 Au，Ag，Cu，Co 等，但含量低，达不到综合利用要求。有害组分除 F 含量偏高外，Pb，Zn，As 等含量均很低，未超过工业允许范围要求。五莲七宝山钓鱼台硫铁矿为低品位硫铁矿，但硫铁矿石易碎、易磨、易选。用简单的一次粗选、一次扫选，就可以从含 S 为 5.86% 的原矿中，获得含 S 为 38.34% 的硫精矿，S 回收率达 94.8%，技术指标良好。

4. 蚀变特征

五莲七宝山钓鱼台硫铁矿属于火山热液充填交代型矿床，围岩蚀变作用较发育。与硫铁矿体有直接联系的蚀变为早期面型绢英岩化，蚀变范围及强度与黄铁矿化范围及强度呈正相关；而晚期脉型绢英岩化和黄铁矿化是叠加在面形蚀变及矿化之上的蚀变。由于矿化叠加使硫铁矿更加富集，常形成富矿段。

第四节　山东沸石岩、膨润土及珍珠岩矿

山东沸石岩、膨润土和珍珠岩，主要为受早白垩世青山群中酸性火山岩控制的层状矿床（膨润土矿有少部分产于其他层位），它们往往组成共生矿床。

一、沸石岩膨润土珍珠岩矿分布

沸石岩、膨润土及珍珠岩矿的分布概况

目前所知，山东省内所发现的 40 余处沸石岩、膨润土和珍珠岩矿床（点）分布在潍坊－郯城一线以东地区，主要分布在潍坊、诸城、胶州、莱阳、莱西、荣成、莒县、莒南等地；在地质构造位置上，则居于沂沭断裂带及其以东的胶北和胶南隆起内，而主要产于胶北隆起之胶莱坳陷边缘及沂沭断裂带北段的次级构造单元中（表 16－4－1）。这 3 种矿产的产出，明显受地层层位和岩性控制，具有工业价值的矿床主要产于早白垩世青山群石前庄组（为主）和后夼组（酸性火山熔岩－火山碎屑岩）中（图 16－4－7）；只有少数几处膨润土矿产于晚白垩世王氏群中部层位中（高密谭家营）、古近纪五图群小楼组及新近纪临朐群牛山组中（潍坊于家庄、安丘曹家楼）。

表 16－4－1　　　　　**山东省沸石岩、膨润土、珍珠岩矿分布简图**

地理位置			鲁东地区		
地质构造位置	鲁西隆起区	沂沭断裂带	坊子凹陷	安丘莒县凹陷	
			潍坊涌泉庄、新庄、上房及于家庄（P）等	安丘胡峪菩萨峪张解，沂水官庄、莒县后葛杭及安丘曹家楼（P）等	
	胶北隆起区	胶莱坳陷	诸城及高密凹陷	即墨凹陷	莱阳凹陷
			胶州李子行石前庄、铺集，诸城青墩凤凰山、指挥庄，五莲王家车村及高密谭家营（P）等	崂山东大洋西大洋、东大山等	莱阳白藤口、北官庄，莱西福山、日庄、于家洼等
	胶南隆起区	威海隆起	俚岛凹陷		
			荣成龙家大岚头		
		胶南隆起	莒南凹陷		
			莒南侍家宅子		

注：表内矿产地后加"（P）"者为单独膨润土矿床；其他产地多为沸石岩、膨润土和珍珠岩 3 种矿产的复合矿床或其中的 2 种矿产的复合矿床。

二、沸石岩矿地质特征

（一）沸石岩矿床类型

山东省沸石岩矿床赋存在早白垩世青山群中酸性火山岩系中（以石前庄组为主，其次为后夼组），成矿受地层层位和岩性控制；形成沸石岩矿床的主导因素是火山喷发作用，矿床是在火山物质蚀变成岩作用下形成的。尽管一些矿床的原岩类型（熔岩、碎屑岩）和产状类型（沉积相、爆发堆积相、溢流相、火山颈相）并不一致，但其成因类型均可划归为陆相火山岩淡水湖水解蚀变形沸石岩矿床。按成矿原岩类型又可分为火山碎屑堆积和火山熔岩流堆积2个亚类型。

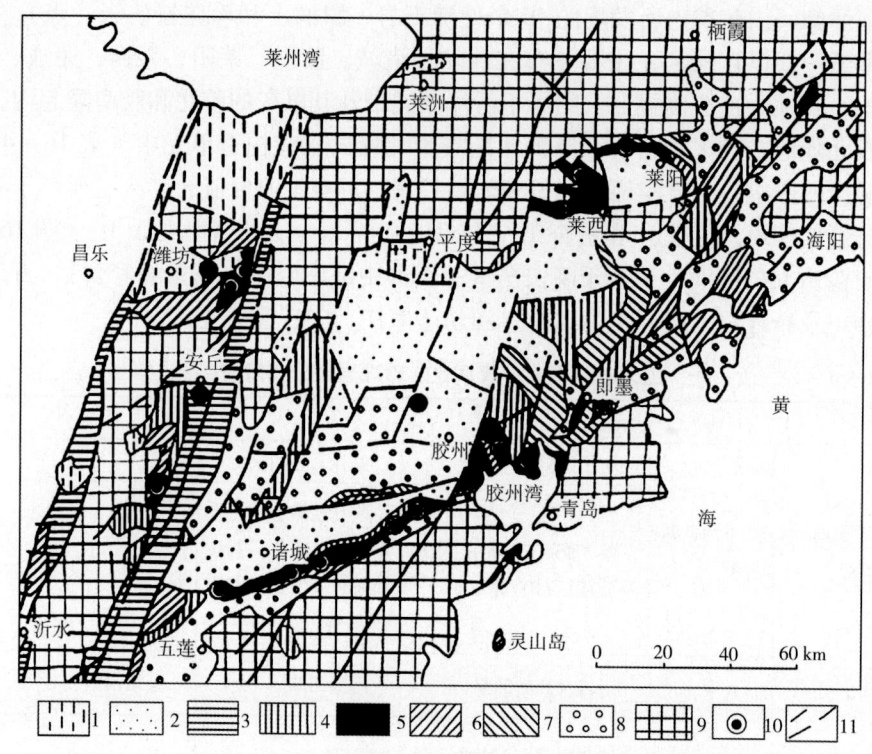

图16-4-7　山东主要沸石岩、膨润土、珍珠岩矿分布简图

（据《山东非金属矿地质》，1998年）

1—古近系＋新近系；2—晚白垩世王氏群；3—早白垩世大盛群；4—早白垩世青山群方戈庄组：偏碱中基性熔岩火山碎屑岩建造；5—青山群石前庄组（含矿层位）：酸性熔岩火山碎屑岩建造；6—青山群八亩地组：中基性熔岩火山碎屑岩建造；7—青山群后夼组：酸性火山碎屑岩建造（含矿层位）；8—早白垩世莱阳群；9—前白垩世及侵入岩；10—沸石岩、膨润土或珍珠岩矿床（点）；11—断裂

1. 与陆相火山碎屑岩堆积有关的水解蚀变亚型沸石岩矿床

该类型矿床的主要特点是：①矿体分布在距火山通道不远的中酸性火山碎屑岩中。②矿体多呈层状、似层状、透镜状；矿层多，矿化好；矿体规模一般较大，长宽达数百至千米以上，厚数米至10余米，最大厚度达30余米。③矿石矿物组分以斜发沸石、丝光沸石为主，常有蒙脱石等自变质矿物共生。④矿石一般保留原岩结构构造。潍坊涌泉

庄、诸城青墩－芦山、胶州李子行、莱西于家洼等地沸石岩矿床均属此类型。这是山东沸石岩矿床的主要成因类型。

2．陆相火山熔岩流堆积有关的水解蚀变亚型沸石岩矿床

该类型矿床主要特点是：①矿床分布在距火山通道较近的火山熔岩中（如珍珠岩、松脂岩、黑曜岩）。②矿体常呈规模较小的透镜状、团块状、囊状等形态。矿体不均匀，矿石质量一般不稳定。矿石常保持火山熔岩原岩残余玻璃结构和残留团块。③矿石矿物组分以丝光沸石、斜发沸石为主，有蒙脱石、绿泥石等矿物伴生。荣成龙家－大岚头沸石岩矿床属于此类型；胶州李子行－黑山前、莱阳白藤口及潍坊涌泉庄等矿区也见有属于此亚类型的矿体。

（二）典型沸石岩、膨润土、珍珠岩矿床地质特征——潍坊涌泉庄沸石岩、膨润土、珍珠岩矿

1．矿区位置及矿区地质特征

矿区位于潍坊市潍城之东 20 km 之坊子区境内。矿区主要地段在涌泉庄东部一带，戴家庄居矿区中心部位。在地质构造部位上其处于沂沭断裂带北段的坊子凹陷中。矿区地质及含矿岩系矿区出露地层包含两部分：早白垩世青山群（为一套中基性及酸性火山熔岩和火山碎屑岩建造）、新近纪临朐群牛山组（为基性火山岩与正常碎屑沉积建造）。青山群为含矿岩系。矿区断裂构造发育，东部的安丘莒县断裂对矿区构造起着控制作用；矿区内褶皱构造控制着矿体的形态和赋存部位；断裂构造则多对矿体产生破坏作用。

矿区出露的早白垩世青山群自下而上包括八亩地组、石前庄组和方戈庄组。石前庄组主要岩性为流纹质火山熔岩－火山碎屑岩类，由沸石岩、膨润土和珍珠岩组成的上、下两个复合矿层赋存在该组中，该组主要分布在矿区中部（图 16 - 4 - 8）。

2．矿体特征

涌泉庄矿区分布有呈层状、似层状、透镜状的沸石岩（丝光沸石岩、斜发沸石岩）矿体 10 余个、膨润土矿体 50 余个、珍珠岩矿体 10 余个。由沸石岩、膨润土和珍珠岩共同组成上、下两个复合矿层。

（1）下复合矿层中的矿体：下复合矿层呈层状、似层状产出，沿走向长约 1 800 m，沿倾向宽约 2 300 m。复合矿层倾斜平缓，分支复合现象明显。沸石岩、膨润土、珍珠岩 3 者多呈渐变过渡关系，自上而下一般具有由膨润土层（或珍珠岩层）→沸石岩层（或珍珠岩层）→膨润土层的规律性变化（图 16 - 4 - 9）。该复合矿层中有 5 个丝光沸石岩和 2 个斜发沸石岩单矿体，2 个主要膨润土矿体，2 个珍珠岩矿体。

（2）上复合矿层中的矿体：上复合矿层呈层状、似层状产出，沿走向长约 1 400 m，沿倾向宽约 1 100 m。上复合矿层自上而下有膨润土（或沸石岩）→沸石岩（或珍珠岩、脱玻化珍珠岩）→膨润土（或珍珠岩）的变化规律（图 16 - 4 - 9）。该复合矿层中含 1 个丝光沸石岩矿体，5 个斜发沸石岩矿体，1 个主要膨润土矿体，3 个珍珠岩矿体。

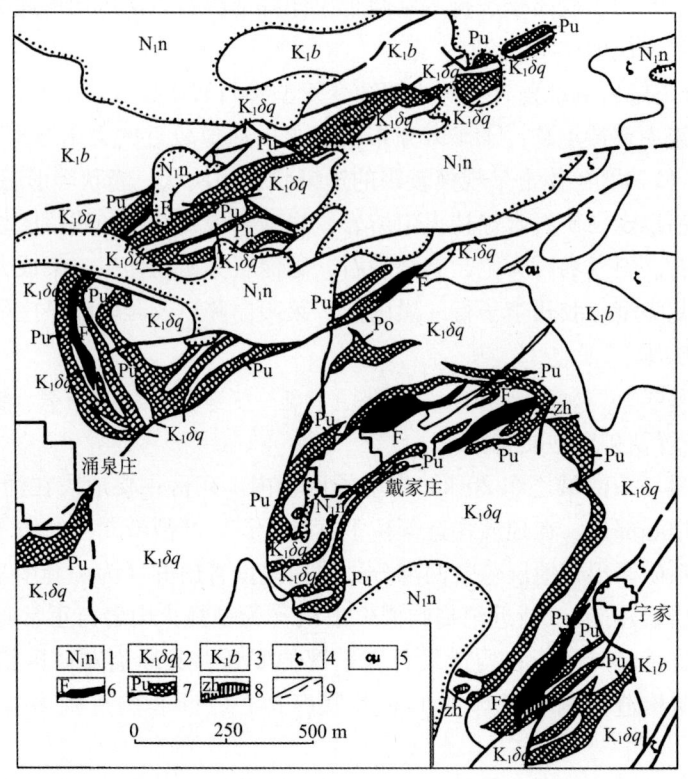

图 16 - 4 - 8　潍坊涌泉庄沸石岩矿、膨润土矿、珍珠岩矿矿区地质简图
(据山东省地矿局第四地质队 1981 年资料编绘)

1—新近纪临朐群牛山组；2—早白垩世青山群石前庄组（含矿层位）；3—青山群八亩地组；4—早白垩世青山期英安岩；5—青山期安山玢岩；6—沸石岩矿体；7—膨润土矿体；8—珍珠岩体；9—断层

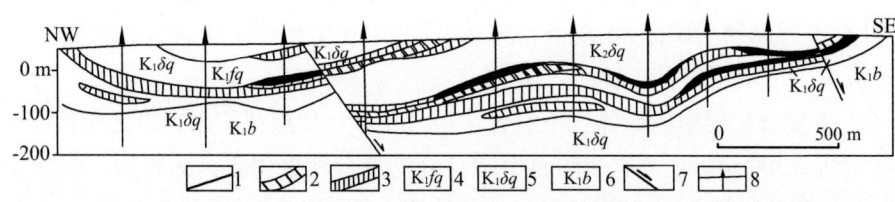

图 16 - 4 - 9　潍坊涌泉庄沸石岩、膨润土、珍珠岩矿体空间分布剖面图
(据山东省地矿局第四地质队 1981 年资料编绘)

1—珍珠岩矿体；2—沸石岩矿体；3—膨润土矿体；4—早白垩世青山群方戈庄组；5—青山群石前庄组（含矿层位）；6—青山群八亩地组；7—断层；8—钻孔位置

3. 沸石岩矿石特征

（1）沸石岩矿石的一般特征：潍坊涌泉庄沸石岩的主要矿石矿物为丝光沸石和斜发沸石，极少见片沸石和辉沸石；伴生矿物有少量蒙脱石、石英、方英石、玉髓，极少量水白云母、绿鳞石、绿泥石等。主要矿石类型有角砾型和凝灰角砾型，珍珠岩质和流纹岩质块状型较少。丝光沸石岩和斜发沸石岩均具有高硅、富铝、富钾、低钠的特点。两种沸石岩的化学成分略有差异，丝光沸石岩属钙钾型，斜发沸石岩属钾钙型，它们均

属高硅沸石。

（2）沸石岩矿石的物理性能：潍坊涌泉庄矿区斜发沸石岩和丝光沸石岩二者物理性能极相近，又存在一定差别。①NH_4^+ 交换总量平均值（$10 \sim 3$ mol/g）：斜发沸石岩为 121，丝光沸石岩为 106。②比表面积平均值（m^2/g）：斜发沸石岩为 30.1，丝光沸石岩为 29.6。③两种沸石岩灼烧到 300℃ 时吸水量最大，达 10%。④丝光沸石岩热稳定性能好于斜发沸石岩。⑤两种沸石岩均具有较强的耐酸性能，在 100℃，$4 \sim 10$ N 浓盐酸条件下，煮 2 h，其晶格均未受到破坏。

三、膨润土矿地质特征

（一）膨润土矿床类型

山东省膨润土矿床成因均可归属于沉积型，但由于产出时代及地质环境不同，各矿床特征也不尽相同。总体上可以将山东膨润土矿床分为 2 种类型；①早白垩世陆相（火山）沉积水解蚀变形膨润土矿床。此类型广泛分布在沂沭断裂带及其以东的胶莱坳陷内，矿床规模大，资源量丰富，是山东膨润土资源的主体。②晚白垩世及新近纪河湖相正常沉积型膨润土矿床。此类型矿床分布局限，只见于沂沭断裂带北段及胶莱坳陷的局部地区，矿床规模小，总资源量也少。

1. 陆相（火山）沉积水解蚀变形膨润土矿床

此类膨润土矿床主要赋存在早白垩世青山群中，其中多数矿床产于青山群石前庄组，少数产于后夼组。与酸性－中酸性火山岩关系密切。在许多矿床中，膨润土往往与沸石岩、珍珠岩伴生，其产出特点与沸石岩、珍珠岩基本一致，这些在前面的沸石岩部分已有较详细叙述。

2. 河湖相正常沉积型膨润土矿床

山东河湖相正常沉积型膨润土矿床多产在晚白垩世及新近纪地层中，主要分布在晚白垩世王氏群中部的细碎屑岩、泥岩和泥灰岩地段及新近纪临朐群牛山组的玄武岩喷发间歇期的砂岩和泥岩地段。矿体呈层状产出，厚度一般数米，局部地段 $10 \sim 30$ m，长数百米至数千米。多为中小型矿床。

（二）膨润土矿石特征

1. 膨润土矿石的一般特征

矿石的主要矿物成分为蒙脱石类矿物，含量一般在 50% $\sim$ 80%，高者达 90% 以上；其次有少量石英、方英石、长石、云母、伊利石、丝光沸石、斜发沸石以及火山玻璃、晶屑、岩屑等，含量一般为 20% $\sim$ 50%。据省内几处主要膨润土矿区样品统计，矿石中蒙脱石平均含量为 72.0%，以青山群中膨润土中蒙脱石平均含量最高（75.0%），其次为牛山组中膨润土（74.0%）和王氏群中膨润土（63.0%）。

山东膨润土矿石按碱性系数划分有钙基膨润土和钠基膨润土 2 种；前者广泛分布于地表，后者发育于地下。矿石的自然类型主要有 4 种：块状（珍珠岩）型、凝灰角砾型、凝灰型、集块型。这些不同类型的膨润土矿石 SiO_2 含量偏高（67.78% $\sim$ 71.12%），Al_2O_3 偏低（13.20% $\sim$ 15.01%），具有硅铝比率高的特点。

2. 膨润土矿石的物理性能

山东主要产地膨润土矿石具有较好的物理性能：①阳离子总交换容量较高，为 0.827 ~ 0.922 mol/g。②较强的吸湿性，吸水率一般在 150% ~ 170%，潍坊涌泉庄膨润土最高吸水率达 249.6%。③较高的膨胀倍，一般在 7 ~ 10 ml/g，潍坊涌泉庄 Na 基膨润土最高膨胀倍达 31.4 ml/g；④较强的脱色力，脱色率一般为 70 ~ 120，最高达 186；⑤较高的耐火度，一般为 1 338 ~ 1 500℃；⑥较强的抗压、抗拉等力学性能，湿压强度一般为 0.021 ~ 0.054 MPa，干压强度为 0.32 ~ 0.52 MPa 等。山东膨润土所具有的这些良好的物理性能，可以广泛地应用于化工、钻探、环境保护、食品、建筑、冶金等工业部门。

四、珍珠岩矿的地质特征

（一）珍珠岩矿床类型

山东珍珠岩矿床为产于早白垩世青山群石前组中的陆相火山喷发岩浆型矿床。这种矿床由于火山作用方式不同，珍珠岩矿体产状也有所不同。一般讲，与火山溢出相及喷发相有关的珍珠岩矿体多呈层状、似层状或透镜状；与火山颈相或超浅成相有关的珍珠岩矿体多呈脉状。①层状、似层状或透镜状矿体是山东珍珠岩矿体的一种主要产状类型。潍坊涌泉庄、诸城青墩、胶州西石等矿区的珍珠岩主要为层状、似层状矿体，矿体规模较大，长一般为 300 ~ 1 000 m，宽 300 ~ 800 m，厚 6 m 左右。②脉状矿体是山东部分珍珠岩矿体的产状类型。莱阳白藤口、崂山东大山、莱西于家洼等地发育有脉状珍珠岩矿体，矿体规模较小，长一般 200 ~ 400 m，厚 2 ~ 4 m。

（二）珍珠岩矿石特征

1. 珍珠岩矿石的一般特征

根据玻璃岩石含水量（H_2O^+）的多少，可将山东珍珠岩矿石分为松脂岩型、珍珠岩型和黑曜岩型 3 种类型。这 3 种类型矿石在某一个矿区有时是其中的一种类型；而在相当多的情况下，往往是其中的 2 种类型共存。例如，潍坊矿区为珍珠岩和松脂岩约各占一半；莱阳白藤口矿区多数为松脂岩，少部分为珍珠岩；潍坊翟家埠及诸城大土山矿区为松脂岩；崂山东大山矿区为珍珠岩；荣成龙家 - 大岚头矿区为珍珠岩和松脂岩；莱西于家洼矿区呈脉状产出的玻璃质岩石为黑曜岩。山东火山玻璃质岩石绝大多数属珍珠岩和松脂岩，松脂岩多于珍珠岩。山东主要产地珍珠岩类岩石的 SiO_2 含量为 68.96% ~ 72.52%，Al_2O_3 为 12.24% ~ 13.96%，Na_2O 为 2.31% ~ 4.32%，K_2O 为 1.62% ~ 2.58%，H_2O^+ 为 3.51% ~ 8.07%；硅铝比为 8.51 ~ 10.04，具有高硅特点。

2. 珍珠岩矿石物理性能

山东主要矿区珍珠岩矿石生产膨胀倍 K_0 为 9.4 ~ 22.55。其中松脂岩的 K_0 值大于珍珠岩的 K_0 值；颜色深矿石的 K_0 值一般大于颜色浅的矿石 K_0 值。

第五节　山东萤石矿及重晶石矿

山东萤石矿和重晶石矿产出的地质环境、成矿作用、矿体产状等地质特征基本一致。在许多矿床中，或以萤石矿为主，或以重晶石矿为主，二者往往相伴产出。

一、萤石矿和重晶石矿分布

山东萤石矿主要分布在鲁东地区的蓬莱、龙口、莱州、平度、招远、海阳、莱阳、乳山、胶州、胶南、诸城、五莲、安丘、日照、莒南、郯城、临沭等地。其中以萤石为主体的矿床多分布在鲁东地区的隆起区内；以重晶石为主的矿床多分布在胶莱坳陷及沂沭断裂带内。

二、萤石矿和重晶石矿的矿床类型及其地质特征

山东萤石和重晶石矿床均为严格受断裂构造控制的低温热液裂隙充填脉型矿床，成因类型单一。矿体类型有萤石石英脉型、重晶石石英脉型、萤石重晶石石英脉型、萤石方解石脉型及含铅重晶石石英脉型、含铅萤石石英脉型等。

（一）矿体特征

该类矿床中矿石类型较简单，化学组分变化较稳定，围岩蚀变不发育，矿体与围岩界线清晰。矿体形态受控于断层、裂隙构造的形态，以脉状为主，其次为透镜状、串珠状、"人"字状和网脉状、树枝状等。这些矿体形态在一个矿区内往往同时存在，但就多数矿区来说，矿体形态主要为脉状和透镜状。矿体因受控于断层、裂隙，变化较稳定，但一些单矿体沿走向及倾向多出现分支复合及膨胀收缩现象。此外，在一些矿区内可以见到处于断裂破碎带处往往形成较宽的萤石（重晶石）主矿脉，而在断层的上盘或下盘的岩石裂隙发育部位则形成宽度较小的支矿脉，使矿体在横向上呈现出萤石/重晶石细脉－网状脉带－萤石/重晶石主矿脉带－萤石/重晶石细脉－网脉带的矿化分带现象。矿体规模不等，其长度一般为几十米至几百米，最长者达 $2\,500\sim3\,000$ m（如蓬莱巨山沟萤石矿脉、莱阳岭后重晶石矿脉），最短者只有十几米；厚度一般为 $0.5\sim1$ m，最厚可达 15 m；延深一般为几十米至二三百米，最深可达 350 m。矿体产状与控矿断裂带产状基本一致。

（二）矿石特征

萤石矿和重晶石矿的矿物成分比较简单。矿石矿物主要为萤石和重晶石；伴生金属矿物有方铅矿、闪锌矿、黄铜矿等。脉石矿物有石英、石髓、蛋白石、高岭石、方解石、叶蜡石等。矿石自然类型有块状矿石、角砾状矿石、条带状矿石、钟乳状矿石、皮壳状矿石及晶簇状矿石等，以块状矿石居多，其次为条带状及角砾状矿石。

矿石中主要有益组分 CaF_2 和 $BaSO_4$ 因矿体（脉）类型和产地不同而有较大差别。以萤石矿为主的矿石，CaF_2 含量一般在 $50\%\sim70\%$ 之间；以重晶石为主的矿石，$BaSO_4$

含量一般在 55% ~ 75% 之间。矿石中 SiO_2 含量变化较大，多为 15% ~ 50%。含方铅矿等金属矿物的矿石多见于胶莱坳陷南部及南缘与隆起区相接地带的一些重晶石或萤石矿床中，其可综合利用。

三、典型萤石矿床和重晶石矿床地质特征

（一）蓬莱巨山沟萤石矿

1. 矿区位置及矿区地质特征

蓬莱巨山沟萤石矿床北距蓬莱城 16 km，为位于胶北隆起区艾山－雨山萤石矿成矿带中部的一个中型萤石矿床。矿区地层出露较少。在东部巨山沟村四周出露有第四系；在东北部出露早白垩世青山群砂砾岩；矿区西部邢庄附近出露有呈捕虏体状的古元古代粉子山群。矿区内大面积分布着中生代燕山期似斑状花岗闪长岩、花岗闪长玢岩等侵入岩，萤石矿体赋存于其中。矿区内 NW 向及近 EW 向张扭性断裂构造发育，对萤石矿体的形成和分布起着重要的控制作用（图 16 - 4 - 10）。

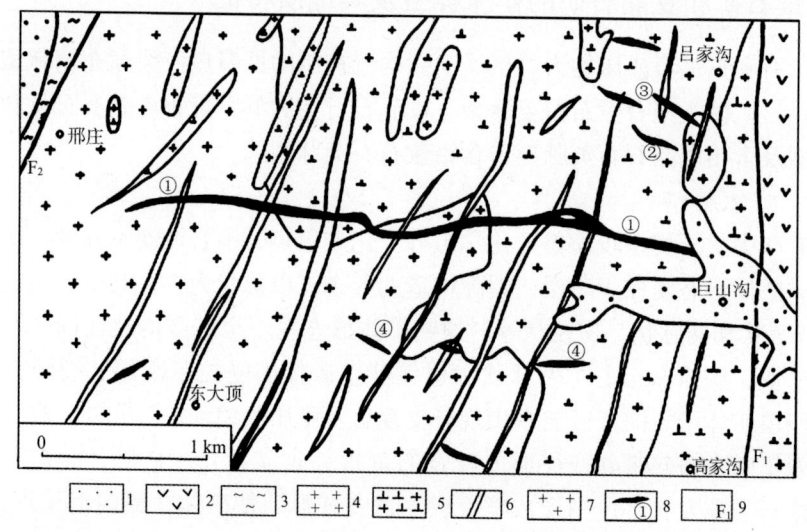

图 16 - 4 - 10　蓬莱巨山沟萤石矿区地质略图

（据山东省地质局第六地质队 1973 年资料编绘）

1—第四系；2—早白垩世青山群；3—古元古代粉子山群；4—燕山期似斑状花岗闪长岩；5—燕山期闪长玢岩；6—石英闪长玢岩、花岗斑岩；7—燕山期黑云母花岗岩；8—萤石矿体及编号；9—断层及编号（F_1 为巨山沟断裂，F_2 为邢庄断裂）

2. 矿体特征

由萤石石英脉构成的矿体主要有 4 条，分布在近 SN 向的巨山沟断裂（F_1）和 NNE 向的邢庄断裂（F_2）之间。矿体呈较稳定的脉状，但具有明显的分支、复合、膨胀、收缩现象。1 号矿脉为主矿脉，长约 3 000 m，延深 300 m 左右，中段平均厚 2.24 m。2 号、3 号、4 号矿脉长 248 ~ 800 m，厚 0.2 ~ 3.2 m。

3. 矿石特征

矿石的矿物成分主要为萤石、石英和钾长石；其次为方解石、重晶石、白云母、绢

云母和绿泥石及褐铁矿、闪锌矿和方铅矿等。矿石的主要化学成分：1号矿脉C_aF_2为34.57%，2号、3号和4号矿脉为50.18%；$SiO_2$54.11%，$Fe_2O_3$1.62%，Pb 0.28%，Zn 0.013%。矿石结构以自形－半自形晶粒状结构为主，柱状结构、残余结构次之。矿石构造以块状构造为主，其次为条带状构造、环带状构造、交错脉状构造、角砾状构造等。

（二）安丘宋官疃含铅重晶石矿

1. 矿区位置及矿区地质特征

矿区位于安丘县城南约35 km；沂沭断裂带东侧，胶莱坳陷西缘。为一个中型矿床。矿区出露地层有古元古代荆山群、早白垩世大盛群及第四系。重晶石矿体赋存于大盛群中。矿区内岩浆岩不发育，仅有中生代燕山期中酸性小岩体分布。矿区靠近沂沭断裂带，成矿前的NNW向断裂露地层有古元古代荆山群、早白垩世大盛群及第四系。重晶石矿体赋存于大盛群中。矿区内岩浆岩不发育，仅有中生代燕山期中酸性小岩体分布。矿区靠近沂沭断裂带，成矿前的NNW向断裂构造发育，成为含矿热液运移通道和沉淀空间（图16－4－11）。

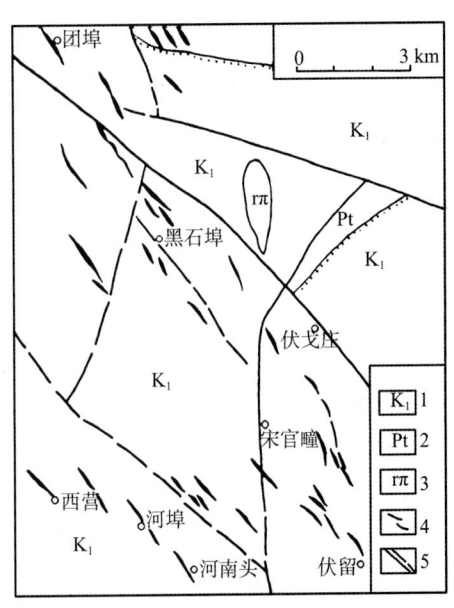

图16－4－11 安丘宋官疃重晶石矿矿区地质略图

（据1961年山东省昌潍地质二队及1982年山东省化学矿地质队资料编绘）

1—早白垩世大盛群；2—古元古代粉子山群；3—燕山期花岗斑岩；4—重晶石矿脉；5—断层

2. 矿体特征

安丘宋官疃含铅重晶石矿床明显地受断裂构造控制，所有含铅重晶石矿脉均产于沂沭断裂带旁侧的NW－NNW向的断裂构造中，其在平面上呈首尾相衔的尖灭再现或呈侧向斜列的雁阵形式。区内共发现重晶石矿脉38条，单矿脉长100～643 m，厚0.51～12 m。倾向SW，倾角>55°，多为70°左右。有的矿脉含铅较高，可以达到工业要求。以黑石埠矿段和河南头矿段最具代表性。

3. 矿石特征

矿石的矿物成分简单，主要为重晶石、石英和方铅矿；含有少量黄铜矿、闪锌矿、黄铁矿、方解石、蛋白石、玉髓、孔雀石等。矿石主要结构为粒状结构、板片状结构；主要构造为条带状构造、块状构造、星点状构造。矿区主要矿段矿石$BaSO_4$一般含量为63.98%～87.44%；Pb一般为1%～4%，达到综合利用要求。

第六节　山东石灰岩矿

一、石灰岩矿的分布

山东省各类石灰岩矿床（水泥、熔剂、化工用石灰岩矿床）广泛分布于鲁西地区，但出露地表的仅限于沂沭断裂带内及其以西的鲁西隆起区内的山区。其出露范围大体在北起济南 - 淄博 - 昌乐，南到枣庄 - 临沂，西到肥城 - 梁山，在嘉祥一带仅有零星出露。鲁西地区的石灰岩主要产于寒武系 - 奥陶系中，其出露面积约为 17 000 km²。此外在胶北隆起中北部的栖霞、蓬莱、龙口等地还有零星出露的震旦纪蓬莱群中的石灰岩矿。

二、石灰岩矿床类型及主要含矿层位特征

（一）石灰岩矿床类型

山东石灰岩矿床（及岩层）产在震旦纪 - 寒武纪 - 奥陶纪和石炭纪 - 二叠纪地层中，但作为资源远景、矿石产量和开发利用价值大的石灰岩矿床，主要赋存在寒武纪及奥陶纪地层中。这些矿床统归于浅海相化学/生物化学沉积矿床，其又可以按石灰岩组构特征分为一些亚类型。产在鲁西地区的奥陶纪和寒武纪地层内及鲁东地区的震旦纪蓬莱群内的石灰岩矿床中的块状（泥晶）、鲕粒状、豹皮状、竹叶状、条带状、角砾状和叠层石状等各种矿石多数都在开发利用，但以产在奥陶纪马家沟组北庵庄段、五阳山段和八陡段中的石灰岩矿石质量最好，这 3 个岩段是山东省内最重要的含矿层位。

（二）奥陶纪马家沟组北庵庄段、五阳山段及八陡段含矿特征

奥陶纪马家沟组北庵庄段、五阳山段及八陡段在鲁西地区分布较为广泛，主要岩石组合为深灰色中厚层石灰岩及豹皮状石灰岩，夹薄层泥灰岩和白云岩（表 16 - 4 - 2）。这 3 个段都是浅海水动力条件下，以低能为特征的广海陆棚环境下形成的含石灰岩矿层位，厚度和岩性变化稳定、含矿率高（50% ~ 70%）、矿层厚度大（单层厚 20 ~ 50 m）、矿石类型简单（主要块状泥晶石灰岩）、矿物成分单一、有用组分高（CaO 含量一般为 50% ~ 54%）、有害成分或杂质少，符合水泥、熔剂、制碱和电石用石灰岩质量要求，是省内质量最佳的石灰岩矿石。被誉为"万能石灰岩"类型。从表中可以看出，从最下部的北庵庄段起往上至八陡段，矿石质量越往上越好，CaO 含量逐渐增高，MgO 含量逐渐降低，尤其是八陡段内的石灰岩矿石 CaO 含量最高达 56%，已接近方解石的理论成分。

表 16 - 4 - 2　　　　鲁西地区奥陶纪马家沟组各石灰岩矿层位的含矿特征

层位	北庵庄段	五阳山段	八陡段
地层厚度（m）	济南 226.44，淄博 280.31，其他地区 90～276	济南 216.98，淄博 318.80，其他地区 115～326	济南 121.09，淄博 113.75～147，其他地区 24～238
岩性	深灰色中厚层石灰岩与豹皮状石灰岩组成，夹薄层白云岩和泥灰岩	深灰色中厚层石灰岩与豹皮状石灰岩，夹薄层泥灰岩与白云岩	深灰色中厚层至厚层石灰岩，夹薄层泥灰岩及豹皮状石灰岩、白云岩
含矿率（%）	50～60	50～60	60～70
矿层厚度（m）	2～3 层矿，每层矿厚 20～30，有些厚达 40～50	3～6 层矿，单层厚 20～50	3～4 层矿，单层矿厚 15～25，有的厚达 35～50
矿石类型	主要为块状（泥晶）石灰岩，少量豹皮状石灰岩	主要为块状（泥晶）石灰岩，少量豹皮状石灰岩	主要为块状（泥晶）石灰岩，少量豹皮状石灰岩
矿物成分（%）	方解石 95 以上	方解石 95 以上	方解石 95 以上
化学成分（%）	CaO 48～54，一般 51；MgO 0.5～1.5；SiO_2 1.7～2.8；Al_2O_3 0.46～0.09；Fe_2O_3 0.21～0.6；SO_3 0.02～0.7；（K_2O＋Na_2O）0.19～0.41	CaO 50～54，最高 55，一般 51～52；MgO 0.3～1.5；SiO_2 2.99～3.5；Al_2O_3 0.64～0.91；Fe_2O_3 0.29～0.46	CaO 53～55，最高 56；MgO 0.1～1.3；SiO_2 0.2～1.9，一般小于 1；（Al_2O_3＋Fe_2O_3）0.1～0.67；SO_3 0.038～0.07

注：据汤立成，1996 年。

三、典型石灰岩矿床地质特征

淄博柳泉龙泉石灰岩矿

1. 矿区位置及矿区地质特征

淄博柳泉龙泉石灰岩矿床位于淄川南 12 km；在地质构造位置上居于鲁西隆起北缘的淄博凹陷的东翼，为海相化学沉积作用形成的大型石灰岩矿床。矿区出露地层为奥陶纪马家沟组八陡段和阁庄段及中石炭世本溪组。矿区为一轴向 NE 的背斜和向斜构造，成矿后的 NE 和 NW 向断层较发育，在某些地段对矿体连续性稍有破坏。

2. 矿区特征

矿区自下而上有 3 个矿层赋存于八陡段中。第Ⅰ矿层出露长 2 100 m，平均厚 17.81 m（分为上、下两层，中间为泥灰岩所隔）；第Ⅱ矿层出露长 2 100 m，平均厚 19.49 m；第Ⅲ矿层出露长 2 400 m，平均厚 17.78 m。3 个矿层中间为泥灰岩隔开（图 16 - 4 - 12）。

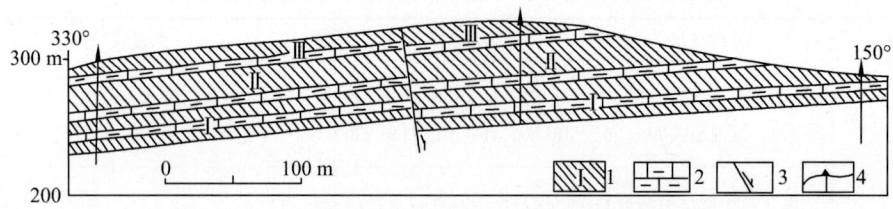

图 16 - 4 - 12　淄博柳泉龙泉石灰岩矿区 2 线地质剖面图

(据汤立成，1996 年)

1—石灰岩矿层（八陡段深灰色厚层石灰岩）及编号（Ⅰ、Ⅱ、Ⅲ矿层）；2—八陡段镁质泥灰岩；3—断层；4—钻孔位置

3．矿石特征

矿石类型主要有两种：①块状（泥晶）石灰岩：深灰色，粉晶－泥晶结构，块状构造。矿物成分以方解石为主，占 95% 以上，含少量白云石、褐铁矿、泥质等。②豹皮状石灰岩：灰色－灰黄色，粉晶－泥晶结构，豹皮状构造。矿物成分以方解石为主，其次为白云石，含少量铁质物。3 个矿层的主要化学成分基本一致，第Ⅰ矿层 CaO 54.19%，MgO 0.68%；第Ⅱ矿层 CaO 54.56%，MgO 0.44%；第Ⅲ矿层 CaO 54.14%，MgO 0.87%。矿区 CaO 平均含量为 54.28%，MgO 为 0.67%，$SiO_2 + Al_2O_3 + Fe_2O_3$ 为 1.34%。矿区内的矿石可以用于制碱、电石、熔剂及水泥，为优质石灰岩矿床。

第七节　山东饰面石材矿

一、饰面石材矿分布

山东省域内山地丘陵面积为 $5.34 \times 10^4 \ km^2$，占全省总面积的 34%，土层较薄，各类饰面石材资源广泛出露。其中，花岗石饰面石材资源广泛地出露于鲁西及鲁东山地丘陵区，各类花岗石饰面石材花色品种有 125 个，已开发利用的花岗石饰面石材达 119 种。大理石饰面石材资源主要分布在鲁东元古宙变质地层发育区。此外，还零星分布在鲁西山区的莱芜、淄博等地的中生代侵入岩与奥陶系石灰岩的接触带地区，以及分布在鲁西山区、具有某些特殊结构构造的寒武系灰岩分布区。现已发现大理石品种有 37 个。

二、山东饰面石材矿床类型

山东饰面石材品种繁多，其中花岗石类饰面石材已发现的品种达 125 种（其中同名、不同花纹者 32 种）。根据花色，基本上可分为红、白、青 3 大系列。花岗石类饰材的优秀品种有柳埠红、将军红、五莲红、峻山白、五莲白、昆仑白、温泉青、太河青、泰山花等，其中"济南青"、"乳山白"、沂南青（又称中国蓝）等品种享有盛名。大理石类饰面石材已发现 37 个品种，有雪花白、条灰、云灰、莱阳绿、莱阳黑、海浪玉、隐花墨玉、竹叶青、墨玉，其中雪花白、条灰、莱阳绿等大理石品种较好。

山东饰面石材虽然自然品种繁多，但矿床类型却较为简单，可分为6类：①侵入岩型花岗石矿床；②火山岩型花岗石矿床；③区域变质岩型花岗石矿床；④区域变质重结晶型大理石矿床；⑤接触变质重结晶型大理石矿床；⑥沉积结晶型大理石矿床。

三、山东饰面花岗石矿床基本特征

（一）侵入岩型花岗石矿床基本特征

1. 分布

广泛地出露在鲁中南隆起、胶南造山带及胶北隆起内。此类花岗石矿在鲁中南隆起区主要产于新太古代－新元古代侵入岩体中；在胶南造山带内主要产于中生代及中－新元古代侵入岩体中；在胶北隆起区主要产于中生代侵入岩体中。此类型花岗石矿体规模大，多呈岩基、岩株产出，部分呈岩墙、岩脉产出。

2. 花色品种

山东侵入岩型花岗石矿床岩石多样，构成多个花色品种。此类花岗石矿床可归为2大类岩石类型：花岗岩－花岗闪长岩类和辉长岩－闪长岩类，而每类中又含有多个花色品种。

花岗岩－花岗闪长岩类的主要饰材品种有柳埠红、将军红、石岛红、平邑红、五莲红、五莲花、泰山花、胶南樱花、宁阳白等。

辉长岩－闪长岩类的主要饰材品种有济南青、莱芜黑、莱州青、乳山青、五莲灰、太河青、章丘墨玉、长白花、沂南青（中国蓝）等。

3. 矿石物理及技术加工性能

（1）花岗岩－花岗闪长岩类花岗石：矿石物理性能：抗压强度多为91～198 MPa，抗折强度多为23～39 MPa，吸水率多为0.16%～0.49%，密度在2.8 g/cm^{3}左右，肖氏硬度多为80～90度，磨耗量在0.60 g/cm^{2}左右，耐酸率多为97%～99%，耐碱率多为98%～99%。

荒料率：岩石地表风化裂隙发育，理论成荒率多为50%～70%；下部成荒率较高，一般可达70%以上，能采2 m^{3}以上的任意大块荒料。

矿石加工技术性能：矿石硬度较大，出材率、成材率高，板材抛光后，光泽度可达90～110度。

（2）辉长岩－闪长岩类花岗石：矿石物理性能：抗压强度多为160～250 MPa，抗折强度多为16～38 MPa，密度多为2.99～3.07 g/cm^3，肖氏硬度多为80～83度，磨耗量多为0.93～1.14 g/cm^2，吸水率多为0.21%～0.65%、耐酸率多为95%～98%，耐碱率多为97%～98%。

荒料率：地表岩石风化裂隙发育，一般出成率低，块度小；下部块度大，可开采1～2 m^{3}大规格荒料。此类花岗石理论成荒率多在50%～70%之间。

矿石加工技术性能：矿石加工性能良好，易锯、易磨；抛光后，板材面平滑、光亮，光泽度可达110度，出材率（毛板）多为25～30 m^2/m^3，成材率多为70%～75%。

（二）火山岩型花岗石矿床基本特征

1. 分布

山东省内可作为饰面石材的火山岩主要有玄武岩、安山（玢）岩等；花色品种主要有邹平绿玉、昌乐黑、即墨马山翠玉等。主要分布在鲁西地区的邹平、昌乐及鲁东地区的即墨等地。

2. 矿石物理及加工性能

矿石物理性能：抗压强度多为 110～290 MPa，抗折强度多为 29～78 MPa，耐酸率在 94% 左右，耐碱率在 96% 左在，肖氏硬度在 57 度左右。

荒料率：岩石柱状节理发育、块度小，成荒率低，理论成荒率在 35% 左右。

矿石加工技术性能：矿石切割成板材抛光后，板面平整、光亮，质润如玉，色如鸭蛋绿色，微显波纹，装饰效果好。

（三）区域变质岩型花岗石矿体

1. 分布

此类花岗石，主要指新太古代泰山岩群中遭受区域变质变形的长英质、角闪长英质等变质岩石。主要分布在鲁西地区的泰山、徂徕山、沂山等地。

2. 花色品种

山东省内目前开发利用的此类花岗石，主要有灰色、灰白色、灰黑色等块状及条纹 - 条带状变质岩石；主要花色品种有泰山及徂徕山海浪石、泗水条灰、曲阜条灰、莱芜小花、徂徕花等。

3. 矿石物理及技术加工性能

矿石物理性能：抗压强度多为 130～140 MPa，抗折强度多为 17～28 MPa，普氏硬度为 14 度左右，磨耗量在 0.73 g/cm^2 左右，耐酸率近 100%，耐碱率近 100%，吸水率在 0.40% 左右。

荒料率：泰山海浪石、新泰浪石花等品种，理论成荒率多在 5%～50% 之间。加工板材率为 23% 左右。此类岩石裂隙较少，成荒率高（高者达 87.1%）。板材抛光后平滑、光亮，光泽度 >90 度。

四、山东饰面大理石矿床基本特征

山东饰而大理石矿床按原岩成因可分为沉积变质型、接触交代型及沉积型 3 类。

（一）沉积变质型饰面大理石矿床

1. 分布及主要花色品种

沉积变质型饰面大理石矿床分布在鲁东地区的胶北隆起内的莱阳、莱州、平度、海阳以及胶南隆起内的莒南、五莲等地。其为产于古元古代荆山群和粉子山群中的区域变质型矿床。主要花色品种有：莱阳绿、莱阳黑、竹叶青、莱阳红、雪花白、条灰、云灰、海浪玉、翠绿、秋景玉等。

2. 矿体特征

此类矿床的矿床为层状，分布稳定，规模大，长宽可达数百米至数千米，厚几米至二三十米。

3. 主要品种矿石特征

莱阳绿：主要产于莱阳、海阳地区，岩石为含金云母蛇纹石化大理岩。颜色为黄绿色、深绿色等；鳞片花岗变晶结构，致密块状构造。主要矿物成分为方解石（50%）、蛇纹石（橄榄石）（45%），其次为金云母（5%），蛇纹石化橄榄石分布不均匀，形成各种形状美丽的花纹，如竹叶状、花瓣状、斑杂状、条纹状等。光泽度在100度左右。抗压强度在90 MPa左右，抗折强度在15 MPa左右，密度在2.6 g/cm^{3}左右。磨耗量在19 g/cm^2，肖氏硬度在44度左右。

莱阳黑（荆山黑）：主要产于莱阳地区。岩石为金云母蛇纹石化大理岩。颜色为灰黑色、黑色；半自形粒状变晶结构，块状构造。主要矿物成分有方解石（50%）、橄榄石（45%），其次为金云母（5%）、绿泥石、透闪石、石榴子石等。橄榄石蚀变为蛇纹石的过程中析出了铁质，呈粉点状，或聚集成小团块，不均匀地分布在蛇纹石的表面，与方解石黑白相间形成条带状、斑杂状、豹皮状等各种花纹，色泽花纹庄重、典雅、大方，光泽度可达90度以上。抗压强度在51 MPa左右，抗折强度在20 MPa左右。

莱阳红：主要产于莱阳市地区。岩石为含角闪石大理岩。颜色为肉红色，略带灰红色；粗粒花岗变晶结构，块状构造。主要矿物成分为方解石（80%）、角闪石（5%），以及少量石英、钾长石、榍石、磷灰石等。暗色矿物呈带状和小斑点状分布在其中，大理石中矿物颗粒较粗。切割磨光后，光泽度可达80~90度。

雪花白：主要产于莱州、平度、乳山等地区。雪花白有莱州雪花白、平度雪花白、乳山雪花白及牟平雪花白等品种。岩石为透闪石白云质大理岩。纯白色、中细粒花岗变晶结构，块状构造。主要矿物成分为白云石（60%~70%）、方解石（5%~25%）、透闪石（1%~5%），以及少量白云母、金云母等。切板抛光后似雪花、白如玉，故名"雪花白"。该品种雪白细腻、高雅素洁。以莱州雪花白为例，其抗压强度为104.66 MPa，抗折强度为7.70 MPa，密度为2.60 g/cm^3，肖氏硬度45.4度，磨耗量24 g/cm^2，光泽度110度左右。

条灰：主要产于莱州、平度等地区。岩石为条带状白云石大理岩。灰、白两色相间排列；中粒花岗变晶结构、块状构造。发育有明显的均匀灰色、浅灰色和白色相间的条纹。垂直条纹（层理）切板为条灰、斜交条纹（层理）切板，具有云彩般的花纹，称为云灰。云灰可拼成各种"山水"、"云涛"图案。主要矿物成分为方解石（60%）、透闪石（30%）、白云石（7%），以及少量白云母、石墨、蛇纹石等。以莱州条灰为例，其抗压强度为117.5 MPa，抗折强度为7.7 MPa。

（二）接触变代型饰面大理石矿床

此类饰面大理石矿床分布局限，目前作为饰面石材者主要见于枣庄市峄城区关山口村一带。饰材品种称为关山玉，或称奶油、条灰。

峄城关山口接触交代型饰面大理石矿床，为中生代黑云二长花岗岩浆侵入交代寒武系下统石灰岩，使石灰岩变质重结晶形成的。矿体呈似层状，长数百米至千米，宽几十米至百米，厚几米至十余米。

（三）沉积型饰面大理石矿床

已经开发利用的沉积型大理石，主要见于枣庄峄城及临沂苍山等地。其岩石为寒武纪馒头组灰黑色厚层灰岩及深灰色厚层豹皮状白云质灰岩。矿体呈层状，延伸稳定，长及宽可达千米至几千米，厚几米至十几米。主要花色品种有墨玉、隐花墨玉等。

墨玉：岩石为灰黑色厚层状灰岩。细晶－泥晶结构，块状构造。主要矿物成分为方解石（80%），次为白云石（13%）、有机质（8%），以及少量的碎屑物和泥质矿物。该岩石经切割抛光后，色黑如墨，质润如玉，光鉴照明，称之为"墨玉"大理石。以峄城墨玉为例，其抗压强度为 80.23 MPa，抗折强度为 32.32 MPa；肖氏硬度为 49.7 度；磨耗量为 13.25 g/cm^2；密度为 2.71 g/cm^3，吸水率为 0.03%。

隐花墨玉：岩石为深灰色－灰黑色厚层豹皮状白云质灰岩。主要矿物成分为方解石（65% ~ 80%）及白云石（20% ~ 30%）。豹斑在岩石中约占 35%，豹斑中含白云石较高，基质中含白云石较少。在岩石的新鲜面上，豹斑呈深灰－灰黑色，形成隐形花纹，故称"隐花墨玉"大理石。光泽度可达 100 度以上。以峄城为例，其抗压强度为 60.16 MPa，抗折强度为 28.62 MPa；肖氏硬度为 49.7 度，磨耗量为 13.25 g/cm^2，密度 2.71g/cm^3，吸水率为 0.03%。

墨玉和隐花墨玉大理石板材易拼接，不仅单独由墨玉装饰效果良好，而且也易于与其他品种拼接，装饰效果好。

第八节　山东硅质原料矿

山东（玻璃用）硅质原料矿产分为层状和脉状 2 大类，以层状为主体，脉状主要为脉石英，其规模均较小。层状硅质原料产出层位多，从元古宙到新生代都发育有含矿层位；分布广，鲁东和鲁西地区都有分布；资源丰富。山东层状硅质原料矿产包括石英砂、石英砂岩和石英岩 3 种。

一、石英砂矿

（一）石英砂矿的分布

山东省内可作为玻璃硅质原料的石英砂，目前所知，只有现代滨海沉积型，主要分布在胶东半岛的北海岸地带，其为我国玻璃石英砂矿主要产区之一。

在胶东半岛北部，东起荣成，经威海、牟平、烟台、龙口，西至莱州长达 250 km 的海岸地带，断续分布着第四纪全更新世滨海沉积物——旭口组，发育着质量优良的玻璃用石英砂矿床（点）。其中的大、中型矿床有荣成旭口和仙人桥、威海后双岛、牟平邹家疃及龙口屺山母岛；主要矿点有威海前双岛、莱州土山及文登俚岛（图 16 - 4 - 13）。此外，在崂山、胶南、日照等胶东半岛东海岸地带也有石英砂矿分布，但其多为型砂或含锆英石砂矿等。

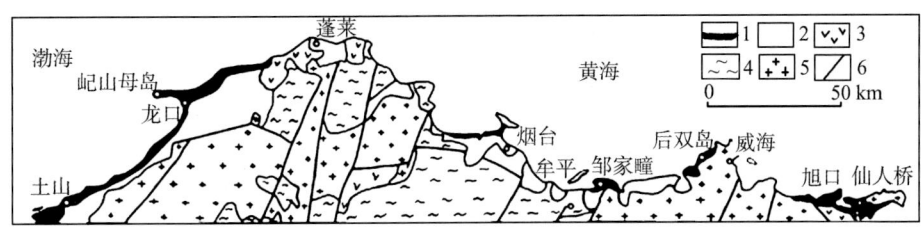

图16-4-13　荣成旭口-龙口屺姆岛石英砂矿分布简图

(据《山东非金属矿地质》，1998年)

1—第四纪全新世旭口组（含矿层位）；2—第四纪其他沉积物；3—中生代中、基性火山岩；4—早前寒武纪变质地层；5—各时代花岗岩类岩石；6—断层

（二）矿床类型及其地质特征

分布于胶东半岛北海岸带的玻璃用石英砂矿为产于第四纪全新世旭口组中的滨海相沉积矿床。石英砂来源于胶北隆起内广泛出露的中生代和元古宙花岗质岩石及早前寒武纪变质地层。

1. 矿层特征

胶东半岛北部沿海岸地带石英砂矿主要赋存在滨海沉积层中，但在滨海沉积层之上的滨海风积层（如牟平邹家疃）及滨海沉积层之下的滨海冲积层（如荣成旭口）中也有少量石英砂矿分布。

（1）滨海沉积矿层特征：滨海沉积石英砂矿层在各矿区内均有分布，可分为上部矿层和下部矿层。①上部矿层：矿层分布在海积一级阶地上，直接出露于地表。主要呈层状，少部分呈透镜状。矿层顶部海拔一般为1~3 m（最大者5 m）。矿层长2 600~5 500 m，宽300~2 400 m，厚一般为2.50~3.0 m。上矿层主要由细粒石英砂组成，以浅黄色、黄色、黄褐色为主，其次为灰色。矿层中夹有1~2层呈薄层状或透镜状的腐殖质泥以及贝壳及贝壳碎片。②下部矿层：矿层总体呈近水平的层状、个别呈透镜状产出，埋深2~5 m。矿层长1 650~4 350 m，宽一般1 250~2 250 m（窄者300~700 m），厚3~5 m。下部矿层主要由灰色-白色细粒石英砂组成，含有薄层或透镜状软泥及贝壳碎片。

（2）滨海风积矿层特征：滨海风积矿层主要见于牟平邹家疃及威海后双岛。矿体形态为新月形、椭圆形或浑圆形的砂丘。呈砂丘状的石英砂矿体中间（顶）最厚，四周薄。矿层主要由浅黄色细粒石英砂组成，矿层厚度一般为5~7 m，薄者0.3 m（荣成旭口），厚者17.0 m（牟平邹家疃）。

（3）滨海冲积矿层特征：滨海冲积矿层出现在河口三角洲地带，只见于荣成旭口，分布在滨海沉积砂矿层之下（埋深5 m）。矿层厚2.8~5.5 m（未见底）。主要由白色-浅黄色中粒石英砂组成。此类矿层矿砂 SiO_2 含量最高，但矿体规模较小。

2. 矿砂特征

与区内3个成因砂矿层一样，区内石英矿砂大体可划分为滨海沉积型、滨海风积型及滨海冲积型3种产出类型。这3种类型石英矿砂以中细粒砂和细粒砂为主，分选好，粒度较均匀，除滨海冲积型矿砂外，粒级在 0.74 ~ 0.10 mm 之间者一般占 90% 以上。矿砂矿物成分以石英为主，含量多在 85% ~ 95% 之间，其次为长石、岩屑及少量黏土、磁铁矿、钛铁矿、褐铁矿、角闪石、云母、石榴子石，以及微量锆石、榍石、电气石、金红石、黄玉、铬尖晶石等。

胶东半岛海岸地带的石英砂矿，质地较纯，SiO_2 含量较高，各地各矿层 SiO_2 平均含量为 86.19% ~ 93.27%；Al_2O_3 含量因各矿区矿砂中的长石含量多少而异，多在 3.32% ~ 7.75% 之间；Fe_2O_3，TiO_2 含量比较低，分别为 0.12% ~ 0.52% 和 0.05% ~ 0.12%。

（三）典型矿床地质特征——荣成旭口石英砂矿

1. 矿区位置及矿区地质特征

荣成旭口石英砂矿区位于胶东半岛东端，荣成市城北 25 km 的旭口村之北的海岸地带，北临黄海，东靠朝阳湾。矿区处于胶南造山带东北段的威海隆起东北缘的俚岛凹陷北端。矿区之东、西及南部山区出露燕山期及元古宙花岗质岩石；近矿区的南及东部低丘处出露早白垩世青山群流纹质及英安质熔岩及碎屑岩，为矿床中石英砂提供物源。矿区出露的第四纪沉积物主要为全新世旭口组，其为一套以滨海沉积为主的砂、砾及黏土等物质的松散沉积物组合，石英砂矿层含存其中。

2. 矿层特征

旭口石英砂矿床主要由分布稳定的滨海沉积砂矿层（上部）和滨海冲积砂矿层（下部）构成。滨海风成砂矿层，分布规模小，厚度变化较大。滨海沉积砂矿层出露于地表，分布在潜水面上下；滨海冲积砂矿层伏于滨海沉积砂矿层之下，部分砂体在海水面之下。这两类砂矿层延伸稳定，长度约 5 000 m（工程控制长 3 700 m），宽度多在 1 250 ~ 1 500 m 之间，为一大型矿床。

3. 矿砂特征

矿砂主要矿物为石英（占 87% ~ 95%），少量及微量矿物有长石（占 2% ~ 9%）、角闪石、绿帘石、石榴子石、褐铁矿、磁铁矿、钛铁矿、赤铁矿、电气石、黄玉、锆石、金红石及铬尖晶石等。矿砂颗粒较均匀，粒级在 0.742 ~ 0.1 mm 者占 85%，其中 0.6 ~ 0.3 mm 者占矿砂总砂粒的 79% ~ 83%。

旭口石英砂矿为 SiO_2 含量较高、化学成分变化比较稳定的矿砂类型。SiO_2 含量一般为 92.58% ~ 93.96%；Al_2O_3 含量一般为 3.20% ~ 3.43%；Fe_2O_3 含量一般为 0.12% ~ 0.18%。矿砂以 Ⅰ 级品为主，Ⅱ 级品矿砂仅见于单钻孔中。

二、石英砂岩矿

（一）石英砂岩矿的分布

石英砂岩矿是山东省内一种重要的玻璃硅质原料，分布在鲁西地区。主要产于早寒武世李官组（原称五山组）内；其次为二叠纪石盒子组奎山段。

早寒武世李官庄组主要分布在沂沭断裂带最西边的郯郡葛沟断裂西侧的安丘、莒县、沂水、沂南、临沂及苍山一带，李官组中的石英砂岩矿层的层位稳定，厚度大，质量好。

主要有沂南蛮山和孙祖及临沂李官、苍山尖顶山等大型矿床和院东头、北大山、鼻子山、黄崖顶、石磨山、胡子山等多处矿（床）点（图16－4－14）。是山东省玻璃硅质原料用石英砂岩的主要产出层位。

二叠纪石盒子组奎山段在鲁西地区较发育，主要出露于鲁西隆起区北缘的淄博凹陷的南西缘，有黑山、大奎山、冲山、小口山、宝山等石英砂岩矿床和矿点。

（二）矿床类型及其地质特征

山东玻璃硅质原料石英砂岩矿床可分为2类，即产于早寒武纪李官组中的滨海陆屑滩相沉积型石英砂岩矿床和产于二叠纪石盒子奎山段中的河湖相沉积型石英砂岩矿床，二者形成的地质环境不同，矿床地质特征也存在着一定差异。

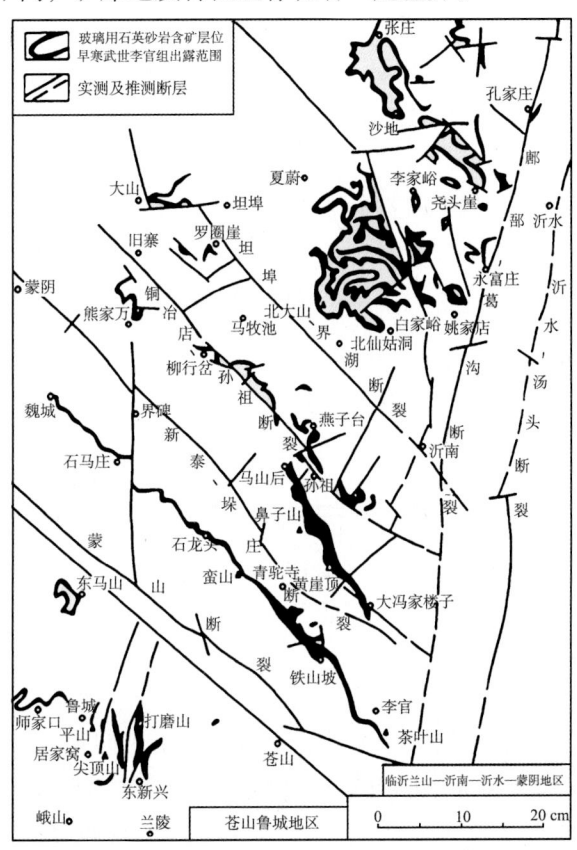

图16－4－14　鲁南地区玻璃用石英砂岩含矿层位——早寒武世李官组分布（出露范围）图
（据《鲁南经济带地质矿产资源开发及加快经济发展对策研究》，2000年）

1. 早寒武世李官组中的滨海陆屑滩相沉积型石英砂岩矿床

此类石英砂岩矿床产于早寒武纪（长清群）李官组下段中。该段由灰色中厚层含砾中细粒石英砂岩及灰色中厚层含海绿石石英砂岩组成，厚20～50 m。李官组中的玻璃用石英砂岩矿为延伸稳定的层状，倾斜平缓（6°～12°）。主矿层为一层，沿走向长自1 500 m至数千米，沿倾向宽300～800 m，矿层厚度各地略有不同，最大为33 m，最小为5.02 m，一般厚度为十几米。矿石主要矿物成分为分选较好的中细粒石英，其含量在95%以上。胶结物主要为硅质，极少量为钙、铁质。矿石 SiO_2 含量较高，一般为96%～98%。全区所见各矿区的石英砂岩矿层均裸露于小山顶，形成一层盖帽。矿区水文地质条件简单，适于露天开采。

2. 二叠纪石盒子组奎山段中河湖相沉积型石英砂岩矿床

此类石英砂岩矿床产于二叠纪石盒子组奎山段中。该段主要由 2 ~ 3 层的黄白色 – 灰白色的厚 – 巨厚层粗粒石英砂岩及泥质砂岩、长石石英砂岩和泥岩组成，总厚一般为 40 ~ 60 m，其中粗粒石英砂岩层总厚 20 ~ 27 m。石英砂岩矿体呈层状，长数百米至一二千米，出露宽 200 ~ 1 500 m，厚度一般为 5 ~ 8 m，最厚 20 m 左右。石英砂岩矿石中 SiO_2 含量为 94% ~ 98%，Al_2O_3 为 0.5% ~ 1.5%，Fe_2O_3 为 0.66% ~ 1%，经水洗选矿 Fe_2O_3 含量可以大大降低，达到工业指标要求。

（三）典型石英砂岩矿床地质特征——沂南蛮山石英砂岩矿

矿区位于沂南县城西南约 27 km 处；在大地构造位置上居于新甫山隆起南部的孟良崮凸起内。为赋存于 NW 向的蒙山断裂与新泰垛庄断裂之间的寒武纪长清群李官庄组中的大型石英砂岩矿床。

矿区内出露有新太古代变质岩系、新元古代土门群佟家庄组、寒武纪长清群及第四系。玻璃用石英砂岩矿体产于李官庄组下（砂岩）段中。矿区内岩浆岩不发育，构造简单，总体为一倾斜平缓（9°~12°）、倾向 NE 的单斜构造（图 16 – 4 – 15）。

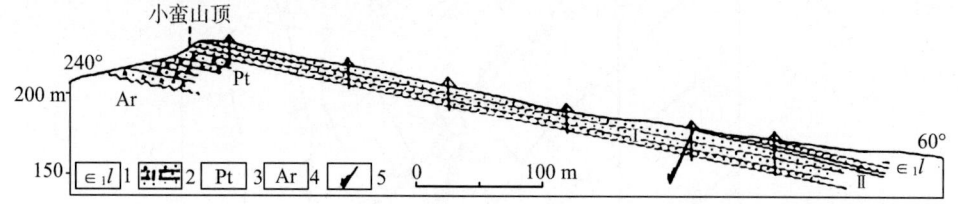

图 16 – 4 – 15　沂南蛮山石英砂岩矿区 8 线地质剖面图

（据汤立成，1996 年）

　　1—早寒武世李官组二段；2—李官组一段石英砂岩矿体及编号；3—新元古代土门群；4—新太古代变质岩系；5—断层

矿体为层状，自下而上有 2 个矿体，Ⅰ号矿体沿走向长 1 500 m，沿倾向宽 300 ~ 800 m，厚度 5.02 ~ 23.78 m，平均厚 11.29 m。Ⅰ号矿体为主矿体，其储量占矿区总储量的 98%。矿石为中细粒砂状结构，块状构造，以Ⅰ级品为主，SiO_2 平均含量为 98.49%，Al_2O_3 为 0.70%，Fe_2O_3 为 0.09%。Ⅱ号矿体长 >500 m，倾向宽 200 m，厚度 3.15 ~ 6.13 m，平均厚 4.25 m。矿石 SiO_2 含量为 98.43%，Al_2O_3 为 0.77%，Fe_2O_3 为 0.14%，属Ⅱ级品矿石。

三、石英岩矿

（一）石英岩矿的分布

山东玻璃用石英岩矿发育于古元古代粉子山群小宋组、祝家夼组和张格庄组及胶南岩群于家岭组中；出露于鲁东地区；主要分布在胶北隆起西南边缘的平度灰埠和昌邑山阳、胶南隆起西北边缘的五莲坤山和小庄及中南部的莒南于家岭和阚家沙土旺等地。石英岩层在层位上出现在粉子山群小宋组下部层位（一段）、祝家夼组下部及上部、张格庄组中下部（一、二段）、胶南岩群于家岭岩组下部，含矿层位区域分布稳定。

山东省涉及玻璃石英岩矿的地质工作始于 1958 年。在 1958 ~ 1968 年和 1976 ~ 1993 年间，原长春地质学院、北京地质学院、山东省地质局 805 队及山东省地矿局区调队在鲁东地区开展的前后 2 轮 1∶20 万区调工作中，对发育于该区古元古代变质地层中的石英岩层的区域分布、石英岩质量状况进行了调查，为鲁东地区玻璃石英岩矿的找矿评价，提供了基础资料。作为石英岩矿的勘查评价工作，到 2000 年底止已评价了 2 处（其中共生矿床 1 处），大型矿床 1 处；累计探明储量 0.38×10^8 t。

山东玻璃用石英岩在 1974 年就已有开采（昌邑山阳），用于制造玻璃。

（二）石英岩矿床类型及其地质特征

石英岩矿床成因类型单一，为赋存于古元古代变质地层中的变质沉积型矿床。其主要特点是：①石英岩矿床一般发育在每一个组级地层单元的下部，层位稳定。如昌邑山阳石英岩矿床赋存于古元古代粉子山群小宋组的一段；五莲坤山及小庄石英岩赋存于粉子山群张格庄组的一段（原称五莲群坤山组的下部）；莒南于家岭和阚家沙土旺石英岩赋存在古元古代胶南岩群于家岭组的下部。②矿体呈层状，延伸较稳定。矿体长度一般在 500 ~ 5 000 m 之间，厚度 8 ~ 80 m 不等。矿体形态规整，矿床规模较大，多属大型矿床。③矿石中矿物成分简单，石英含量在 95% ~ 98% 之间，其余矿物（白云母、黑云母、金红石、锆石及铁矿物等）总计 2% ~ 5%。④矿石的硅质含量高，铁质及铝质含量低。矿石属于质量优良的硅质原料，可用于冶金熔剂及玻璃、硅铁、硅砖等原料。

（三）典型石英矿床地质特征——昌邑山阳石英岩矿

1. 矿区位置及矿区地质特征

矿区位于昌邑市城南约 22 km 处；在地质构造位置上，矿区居于胶北隆起西南缘，其西侧与昌邑大店断裂（沂沭断裂带最东的一条主干断裂）毗邻。矿区出露地层除第四系外，还有新近纪临朐群牛山组（玄武岩）及古元古代粉子山群小宋组（矿体产于其中）。小宋组主要岩性为黑云石英片岩及白云石英片岩夹大理岩、石英岩（矿体）。矿区内分布的主要侵入岩为新元古代晋宁期二长花岗岩；主要构造为 NE 向及近 SN 向断裂，其将矿区内矿体分割为几个矿段（图 16 - 4 - 16）。

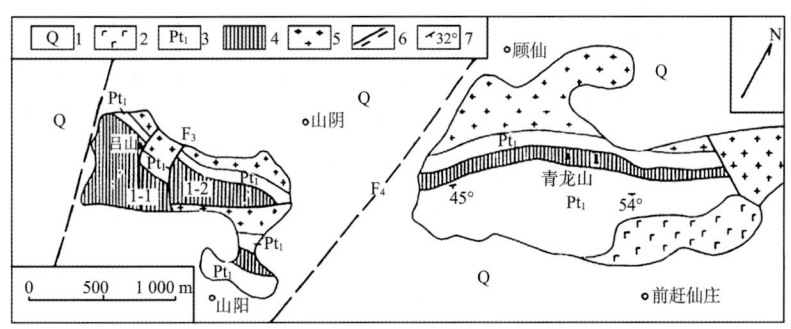

图 16 - 4 - 16　昌邑山阳石英岩矿区地质略图

（据《山东非金属矿地质》，1998 年）

1—第四系；2—新近纪牛山组（玄武岩）；3—古元古代粉子山群小宋组一段；4—石英岩矿体（层）；5—新元古代晋宁期片麻状细粒二长花岗岩；6—断层；7—地层产状

2. 矿体特征

矿区分为吕山和青龙山 2 个矿段。石英岩矿体呈延伸稳定的层状，在吕山矿段矿体长 1 300 m，厚 36 ~ 57 m，矿层倾角 20° ~ 30°。吕山矿段又分为东、西 2 个块段（见图 16 - 4 - 16）。

青龙山矿段矿体长 2 000 m，厚 400 ~ 500 m，矿层倾角 45° ~ 54°。

3. 矿石特征

昌邑山阳石英岩矿石主要矿物为石英，含量 >97%；含少量有黑云母和白云母及微量磁铁矿、金红石、锆石、电气石等。矿石中 SiO_2 含量为 96.18% ~ 98.84%（平均为 97.81%），Al_2O_3 为 0.33% ~ 1.90%，Fe_2O_3 为 0.05% ~ 0.34%。矿石自然类型以块状型石英岩为主（占矿区总储量的 98% 以上），有少量碎裂石英岩型矿石。昌邑山阳石英岩矿石 SiO_2 含量高，有害组分含量低，可以满足 I 级硅砖和硅铁、三类玻璃以及熔剂用要求，为质量优良的硅质原料。

第九节　山东石墨矿

一、石墨矿的分布

山东是我国晶质石墨矿床典型产区之一，资源丰富，所探明的储量居全国第 3 位。山东晶质石墨矿发育于鲁东隆起区内。主要矿床分布在莱西、莱阳、平度、牟平、文登等地。此外，在威海环翠区田村、荣成泊于、乳山午极、海阳晶山 - 牧牛山、莱州夏邱及安丘高家庄、胶南七宝山 - 从家屯、五莲南窑沟、临沂陡沟等地也有晶质石墨矿点分布。这些晶质石墨矿床及矿点总体上分布在胶北隆起南缘及威海隆起南缘和胶南隆起北缘至西缘。

二、石墨矿床类型及其地质特征

鲁东地区晶质石墨矿床主要产于栖霞古陆核边缘的古元古代孔兹岩系中；这套碳硅泥岩系经历了角闪岩相 - 角闪麻粒岩相的中高级变质作用，为沉积变质型矿床。

鲁东地区沉积变质型晶质石墨矿床主要特征是：①石墨矿床主要产于古元古代荆山群陡崖组徐村石墨岩系段中，晶质石墨矿的产出严格受控于地层层位。②赋矿岩石主要为片麻岩和变粒岩，因此，此类含石墨建造可称为变粒岩 - 片麻岩变质沉积建造。③石墨矿体的产出部位多有大理岩层分布，反映出石墨矿的碳质沉积环境与碳酸盐岩沉积环境的密切联系性。④石墨矿床多分布在褶皱构造发育部位。⑤石墨矿床中的矿体多呈层状、似层状、透镜状等形态成群成带分布，其产状与地层产状一致；石墨矿体规模不等，但多出现规模大的矿体。矿体一般长 300 ~ 1 000 m，厚 20 ~ 50 m，延伸几十米至几百米。⑥石墨矿石类型以片麻岩型居多，其次为透闪透辉（变粒）岩型；石墨鳞片片径一般为 0.1 ~ 1.5 mm；矿石中固定碳含量一般为 3.0% ~ 5.6%。⑦石墨矿床中多含黄铁矿/磁黄铁矿及金红石，可供综合利用。⑧一些矿床围岩中混合岩化作用较发育，使部分石墨重结晶，石墨鳞片增大。

三、典型石墨矿床地质特征

莱西南墅石墨矿刘家庄矿区（段）

1. 矿区位置及矿区地质特征

刘家庄为莱西南墅石墨矿的一个矿区，其位于莱西城西北约 29 km；在地质构造部位上居于胶北隆起南缘。矿区内分布着古元古代荆山群野头组和陡崖组徐村石墨岩系段及新元古代变辉绿岩。矿区为一个轴向近 EW 的背斜构造（刘家庄背斜），石墨矿体分布在背斜的核部及北翼（图 16 – 4 – 17）。刘家庄石墨矿区为一个大型晶质石墨矿床。

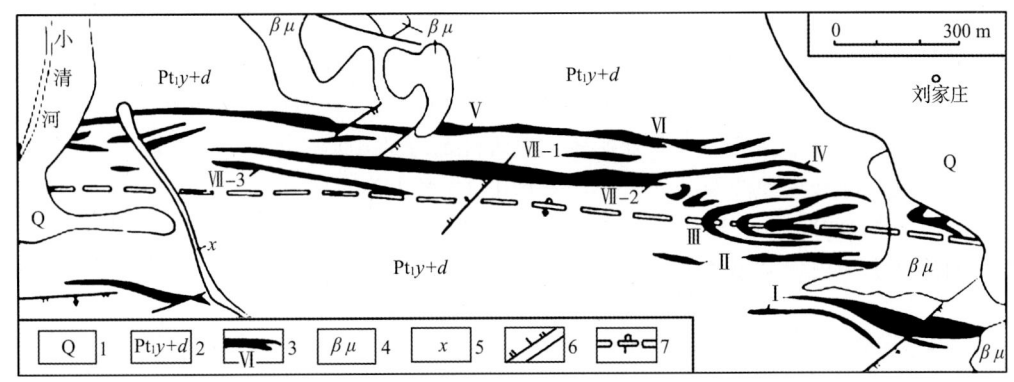

图 16 – 4 – 17　莱西南墅石墨矿刘家庄矿区石墨矿体分布简图

（据山东省地质局综合三队 1966 年资料编绘）

1—第四系；2—古元古代荆山群野头组及陡崖组徐村石墨岩系段；3—晶质石墨矿体及编号；4—新元古代变辉绿岩；5—煌斑岩；6—断层；7—背斜、倒转背斜

2. 矿体特征

石墨矿体呈似层状、透镜状，总体上分布较为稳定，但矿体局部有膨胀收缩、分支复合或直立倒转现象。矿体沿走向延长数百米至 1 600 m，沿倾向延深数十米至 >400 m；矿体厚数米至 >50 m。主要矿体有 7 个，以 I，V，Ⅶ矿体规模较大（尤其是Ⅶ号矿体规模最大），约占总储量的 93%。7 个矿体长度在 280 ~ 1 100 m 之间，斜深 100 ~ 400 m，厚 2 ~ 53 m 不等。

3. 矿石特征

刘家庄矿段矿石自然类型以石榴斜长片麻岩型为主，透辉岩型和大理岩型次之。矿石主要结构为鳞片粒状变晶结构，其次为填隙结构、压碎结构；主要构造为片麻状构造，其次为浸染状构造、碎裂状构造。石墨鳞片片径一般为 0.1 ~ 0.6 mm，局部地段石墨鳞片较大。矿石中晶质石墨占 95% 以上，出现在走向断裂带中的压碎土状石墨所占比例 <5%。矿石中固定碳含量一般为 3% ~ 5%，最高达 8%；Fe_2O_3 含量较高，一般在 7% ~ 13% 之间（平均为 9.21%）；S 含量平均为 2.72%（主要来自呈粒状、细脉状及

薄膜状分布的黄铁矿）。矿石中伴生金红石含量平均为 1.96 kg/t。矿区风化深度为 20 ~ 25 m，风化矿石质地疏松，含硫量大为降低，利于采选。选矿后能获品位 92.65% 、回收率为 93.02% 的石墨精矿，矿石可选性能好。

第十节　山东滑石矿

滑石矿是山东省内一种优势矿产资源。产于胶北地区的滑石矿床为我国富镁质碳酸盐岩系中滑石矿床的三大集中产区之一（辽南地区、广西龙胜地区、胶北地区），滑石矿开采历史较久，矿床产地较多、资源较丰富，所探明的储量居于全国第 5 位。

一、滑石矿的分布

山东具有工业价值的滑石矿床产于古元古代富镁质碳酸盐岩系中。其均分布在胶北隆起区内，已探明储量的有栖霞李博士夼、莱州粉子山、优游山、大原家－山刘家、上疃、海阳徐家店、平度芝坊等 6 处矿床。此外还有蓬莱山后李家、牟平马山寨、莱阳西北岩、文登汪疃和黑龙洼及威海、福山等地的 16 个小型矿床（点）。

除胶北隆起区外，在胶南隆起及鲁西隆起区内还分布着一些古元古代/新太古代蛇纹岩型或角闪片岩型的滑石矿化，但其矿石质量普遍较差。

二、滑石矿床类型及其地质特征

山东滑石矿床按产出地质环境及主要成岩、成矿地质作用特点可分为 2 个大类，即富镁质碳酸盐岩型和超基性岩蚀变形，尚未发现沉积型滑石矿床。

山东超基性岩蚀变形滑石矿化，矿体规模小，矿石质量较差。例如，见于栖霞雀刘家滑石矿化为古元古代吕梁期变橄榄岩（蛇纹岩）经自变质作用和热液蚀变作用形成的滑石矿化，矿体呈脉状，脉宽几厘米至几十厘米，断续延长达千米以上。在鲁西地区新太古代蛇纹岩（原岩为橄榄岩）体中也见有滑石矿化（如莱芜房干、蒙阴白杨庄）。鲁东和鲁西地区所见的这些超基性岩蚀变形滑石矿化，矿化规模小，矿石质量差。山东产于区域变质作用背景下的古元古代变质岩地层中的富镁质碳酸盐岩系热液交代型滑石矿床，在中国同类滑石矿床中具有代表性，是山东滑石矿床的主体，这类矿床主要是由含 SiO_2 的热液交代白云岩、大理岩或菱镁岩等形成的。其分布广，规模大。这类滑石矿床按产出的地质环境及矿床主要岩石组合（矿体围岩及矿化岩石）特点可划分为白云石大理岩型、白云石大理岩－菱镁岩型、白云石大理岩－石英片岩－菱镁岩型、白云石大理岩－斜长角闪岩型 4 种主要亚类型（表 16 - 4 - 3）。还可以分出几个次要亚类型，如滑石矿化发生在花岗质岩石中的（白云石大理岩－）花岗岩型（海阳徐家店矿区台上矿段、牟平马山寨）；滑石矿化发生在变粒岩中的（白云石大理岩－）变粒岩型（海阳徐家店矿区台上矿段）；滑石矿化发生在透闪岩中的（白云石大理岩－）透闪岩型（莱阳西北岩、文登黑龙洼）等。

表 16 - 4 - 3　　　胶北地区富镁质碳酸盐岩系热液交代滑石矿床主要亚类型

类　型	Ⅰ 型	Ⅱ 型	Ⅲ 型	Ⅳ 型
	白云石大理岩型	白云石大理岩 – 菱镁岩型	白云石大理岩 – 石英片岩 – 菱镁岩型	白云石大理岩 – 斜长角闪岩型
岩石组合	白云石大理岩、透闪片岩	白云石大理岩、菱镁矿大理岩、绿泥片岩	白云石大理岩、绿泥石英片岩、菱镁矿大理岩	白云石大理岩、斜长角闪岩
矿石类型	片状滑石为主，块状滑石次之	块状滑石为主，片状滑石次之	块状滑石为主，片状滑石次之	以块状和片状滑石为主，粉状滑石少量
主要共生矿物	滑石、透闪石、蛇纹石、白云石、方解石	滑石、绿泥石、菱镁矿、金云母、白云石	滑石、绿泥石、菱镁矿、石英	滑石、白云石、角闪石、绿泥石
滑石含量 白度（%）	85 ~ 90 75 ~ 80	67 ~ 80 60 ~ 85	80 ~ 90 42 ~ 85	60 ~ 95 64 ~ 77
矿体形态	似层状、透镜状	似层状、透镜状	似层状、透镜状	似层状、透镜状
矿体规模	长几百米至 1 500 m；延深几十米至 >500 m，厚几米至 >20 m	长 200 ~ 980 m；厚 6 ~ 14 m	长几十米至 550 m；延深几十米至 >350 m；厚几十厘米至十几米	长几十米至 230 m，延深几十米至 150 m；厚几十厘米至几十米
赋矿地质体（古元古代）	粉子山群张格庄组三段	粉子山群张格庄组三段	荆山群野头组定国寺大理岩段	荆山群野头组定国寺大理岩段
典型产地	栖霞李博士夼	莱州优游山	海阳徐家店	平度芝坊

表 16 - 4 - 3 所列的 4 个亚类型的区域分布和资源量差别是很大的。Ⅰ 型分布广、矿床产地多、资源量大，以已探明的储量估算，Ⅰ 型储量约占山东滑石矿总储量的 90% 以上；Ⅲ 型、Ⅳ 型各占 3% ~ 5%；Ⅱ 型所占的比例就很小了。显然 Ⅰ 型——白云石大理岩型滑石矿床是富镁质碳酸盐岩型滑石矿床的主体。Ⅱ，Ⅲ，Ⅳ 型矿床尽管其资源量少，但其依然是当前开发对象之一，其成矿作用具有一定代表性。

三、典型滑石矿床地质特征

栖霞李博士夼滑石矿

栖霞李博士夼滑石矿为产于古元古代变质地层中的富镁质碳酸盐岩系热液交代型矿床。知名国内外，为一特大型矿床。

1. 矿区位置及矿区地质特征

矿区位于栖霞县城东北约 25 km 处，其自西向东包括老庙顶、李博士夼、杨家夼 3 个矿段，东西长约 6 km，南北宽约 1.1 km；李博士夼矿段东西长约 2.3 km。矿区在地质构造部位上居于胶北隆起北部、栖霞复背斜的北翼。

矿区出露地层为古元古代粉子山群张格庄组、新元古代震旦纪蓬莱群豹山口组及第四系。粉子山群张格庄组自下而上分为 3 个岩段：一段（也称下白云石大理岩段）、二段（也称透闪岩群）、三段（也称上白云石大理岩段）。滑石矿赋存于张格庄组三段中（图 16 - 4 - 18）。矿区内近 EW 向断裂构造发育。

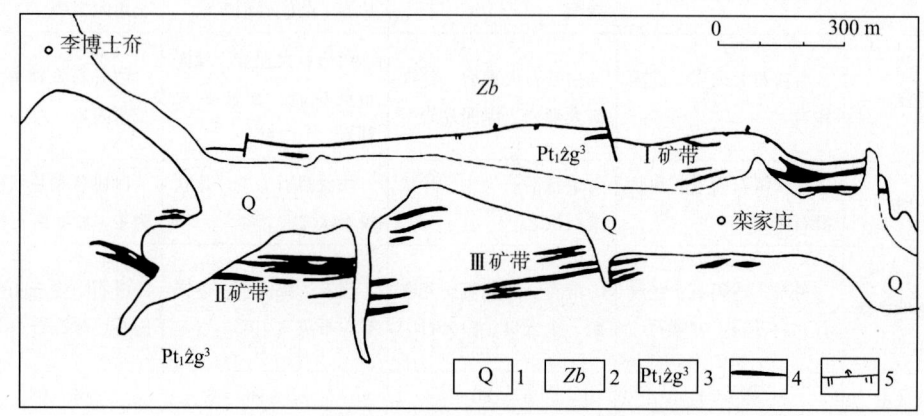

图 16 - 4 - 18　栖霞李博士夼滑石矿地质简图

（据山东省地矿局第三地质队，1987 年）

1—第四系；2—新元古代震旦纪蓬莱群豹山口组（板岩、绿泥石大理岩）；3—古元古代粉子山群张格庄组三段（白云石大理岩）；4—滑石矿体；5—断层

2. 矿带及矿体特征

矿体赋存于粉子山群张格庄组三段（上白云石大理岩段）中，受 EW 向褶皱和断裂构造控制。矿体倾角与地层倾角斜交。西部矿体出露地表，东部矿体被蓬莱群覆盖。矿区内可分为 3 个矿带，矿带中的矿体成群出现，主要矿体有 38 个。矿体呈似层状、透镜状、脉状等。矿体分布比较稳定，但沿走向、倾向存在着分支复合现象。单矿体长 200 ~ 1 800 m，一般 800 ~ 1 500 m；最大延深 546 m；最大厚度为 20.5 m，一般为 3.1 ~ 6.4 m，厚度变化较稳定。矿体走向 EW，倾向 S，倾角 75° ~ 80°。矿体在平面上和剖面上成群分布，群体间距一般为 10 ~ 50 m，群体内矿体间距为 1 ~ 5 m（图 16 - 4 - 19）。

3. 矿石特征

矿石以块状白滑石为主，其次为黑滑石。白滑石占储量的 71.2%，多分布在矿区的中、东部。白滑石矿石中滑石含量平均为 79.43%，白度为 87.6%。有 4 个矿体为黑滑石矿石，矿石中滑石矿石中平均含量为 82.4%，白度为 62.3%。全矿区滑石品位变化不大，滑石平均含量为 80.29%，白度为 80.3%。矿石主要由滑石组成（含量一般在 80% 以上），其次含有少量透闪石、蛇纹石、白云石、方解石等，副矿物有石墨、磷灰石、黄铁矿、绿泥石等。矿石中 SiO_2 含量一般为 55% ~ 60%，MgO 为 17.0% ~ 29.5%，CaO 为 0.05% ~ 1.50%，Fe_2O_3 为 0.15% ~ 0.22%。

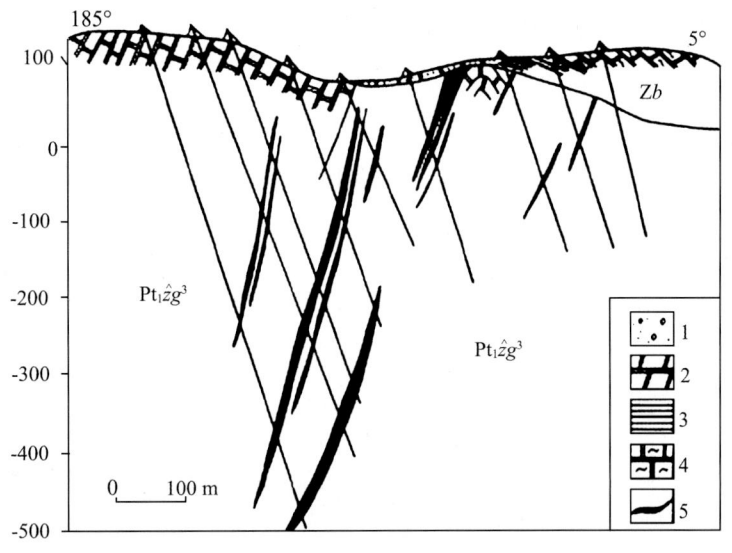

图 16 – 4 – 19　栖霞李博士夼滑石矿 45 线地质剖面图

(据李殿河，1990 年)

1—第四系；2—白云石大理岩；3—板岩；4—绿泥石大理岩；5—滑石矿体；Zb—蓬莱群豹山口组；$Pt_1\hat{z}g^3$—粉子山群张格庄组三段

4. 变质及蚀变作用

矿区含矿岩系经受中 – 低级区域变质作用，属于绿片岩相 – 铁铝榴石角闪岩相。矿化热液蚀变主要发生在 EW 向断裂带内。蚀变作用有滑石化、透闪石化、蛇纹石化、硅化等。生成蚀变岩石有透闪蚀变岩、蛇纹蚀变岩、蛇纹石化透闪蚀变岩、滑石化透闪蚀变岩、滑石化蛇纹蚀变岩及滑石岩等。蚀变岩呈似层状、透镜状、脉状，沿栾家庄断裂呈带状分布，形成长达 4 km，宽 300 ~ 400 m 的蚀变带，滑石矿床就赋存在这个蚀变带中。

第十一节　山东菱镁矿

菱镁矿是山东的特色矿产之一，资源丰富，所探明的储量居全国第 2 位，在我国占有重要地位。

一、菱镁矿的分布

山东菱镁矿矿床分布于胶北隆起西北部、栖霞复背斜西端北翼的古元古代粉子山群张格庄组中。矿床集中分布在莱州城西的粉子山 – 过埠山 – 优游山一带，构成一个东西向展布的长约 10 km 的菱镁矿矿带。除莱州粉子山 – 优游山矿区处，在蓬莱山后李家、平度芝坊、海阳徐家店等地也发现菱镁矿矿化，但尚构不成矿床。

二、菱镁矿床类型及其地质特征

山东（莱州）菱镁矿为产于富镁质碳酸盐岩系中的以变质沉积作用为主形成的大型菱镁矿矿床，其矿床类型与辽南大石桥菱镁矿基本相似，矿床具有如下特征：①矿床分布在胶北隆起古元古代变质岩系中。矿体产于古元古代粉子山群张格庄组三段（上白云石大理岩段）内，矿床形成与白云石大理岩具有极为密切的关系。菱镁矿矿体产状与围岩产状基本一致，沿走向、倾向延伸稳定，有时可过渡到白云质岩层，由矿体中心向外，常可见到菱镁矿矿体–菱镁岩–白云石大理岩的过渡现象。②矿体成群出现，主要矿体有 11 层之多，单矿体规模大，长 1 000 ~ 2 500 m，厚 20 ~ 1 00 m（局部厚度可达120 ~ 130 m），资源量可以亿 t 计。③矿床发育于近 EW 向的粉子山–优游山向斜中，向斜南、北两翼分布的矿体可以对应（图 16 – 4 – 20）。④菱镁矿床与滑石矿床伴生（称为滑石菱镁矿）；此外，在部分地段并伴生有绿冻石矿（隐晶质绿泥石）。⑤矿石类型简单，品位高（MgO 含量为 38% ~ 46%），有害组分低。菱镁矿具粒状变晶结构。根据区内几处菱镁矿矿床所具有的上述一些特征，将其归为变质沉积型菱镁矿矿床。

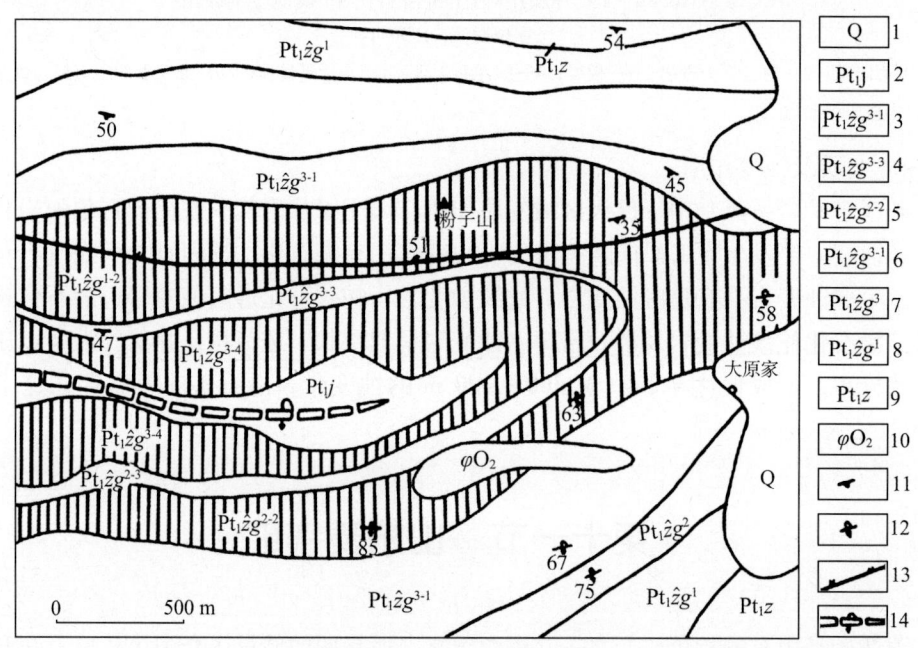

图 16 – 4 – 20 莱州粉子山菱镁矿（含滑石绿冻石）矿区地质略图

（据山东省地矿局第三地质队 1984 年资料编绘）

1—第四系；2—古元古代粉子山群巨屯组；3—粉子山群张格庄组三段第四岩带（菱镁矿、滑石矿主要含矿层位）；4—张格庄组三段第三岩带；5—张格庄组三段第二岩带（菱镁矿、滑石矿、绿冻石含层位）；6—张格庄组三段第一岩带；7—张格庄组二段；8—张格庄组一段；9—粉子山群祝家夼组；10—元古宙角闪石岩；11—片理产状；12—倒转片理产状；13—断层；14—倒转向斜轴部

三、典型菱镁矿矿床地质特征

莱州优游山菱镁矿

1. 矿区位置及矿区地质特征

莱州优游山菱镁矿矿床位于莱州城西约 11 km 的优游山一带。在地质构造位置上，居于胶北隆起西北部，栖霞复背斜西端北翼的粉子山 – 优游山向斜构造的西部。矿区内分布着古元古代粉子山群祝家夼组、张格庄组、巨屯组，菱镁矿及其共（伴）生的滑石矿、绿冻石矿产于张格庄组三段中。为一大型菱镁矿床。

矿区内的粉子山群张格庄组三段自下而上可分为 4 个岩带：①第一岩带：薄层状白云石大理岩，厚 112～155 m。②第二岩带：菱镁岩/菱镁矿夹滑石绿泥石片岩、绢云绿泥片岩、滑石片岩、滑石矿、绿冻石矿，厚 225～639 m。此带是菱镁矿、滑石矿、绿冻石矿的含矿层位之一。③第三岩带：厚层黑云斜长角闪岩，厚 96～109 m。④第四岩带：以绢云片岩、绿泥绢云片岩、滑石绿泥片岩、滑石片岩、疙瘩状二云片岩为主，夹滑石矿、菱镁矿、白云石大理岩、方解石大理岩，厚 210 m。此带是区内菱镁矿、滑石矿的主要含矿层位。各个岩带在近向斜（粉子山 – 优游山向斜南翼的一个次向斜构造）核部的两翼对称分布。

2. 矿体特征

矿区内菱镁矿矿体主要有 11 个，呈层状、似层状、透镜状，长 100～1 000 m，厚 2～50 m，延深 100～200 m。规模较大的矿体有 3 个，矿层稳定，位于矿区中部和北部；矿区南部矿体规模较小，变化较大。

优游山矿区菱镁矿矿体总体呈层状分布在向斜的两翼，基本以向斜轴为中心，呈对称分布（图 16 – 4 – 21）。矿体与围岩产状基本一致，围岩多为菱镁岩、白云石大理岩和绿泥石片岩。矿体与围岩呈渐变过渡关系，由矿体至围岩依次为：菱镁矿 – 菱镁岩（含白云石的高钙菱镁矿）– 白云石大理岩。近矿围岩蚀变有菱镁矿化、硅化、滑石化和白云石化等。

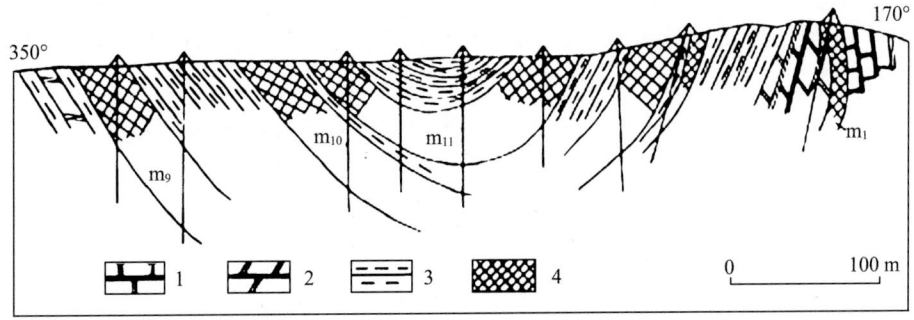

图 16 – 4 – 21　莱州优游山菱镁矿矿区 7 线地质剖面图

（据《山东省地质矿产科学技术志》，1990 年）

古元古代粉子山群张格庄组三段：1—方解石大理岩；2—白云石大理岩；3—绿泥片岩；4—菱镁矿矿体及编号（m_1，m_9，m_{10}，m_{11}）

3. 矿石特征

矿石为白色、灰白色，块状构造，不等粒他形粒状变晶结构为主。主要矿物为菱镁矿，其次为白云石，少量绿泥石、滑石、蛇纹石、云母等。矿石成分简单。矿石中 MgO 平均含量为 45.13%，CaO 为 1.36%，SiO_2 为 2.34%。矿石中滑石含量增多，SiO_2 增高；白云石含量增多，CaO 增高。从矿体中心向外，CaO，SiO_2 有增高、矿石质量有变差趋势。

第十二节　山东金刚石矿

一、金刚石矿分布

金刚石是山东的特色和优势矿产资源，其储量和产量居于全国第 2 位。

山东金刚石矿包括原生矿和砂矿 2 种类型。金刚石原生矿分布在蒙阴地区，砂矿分布在郯城地区。

山东金刚石砂矿出土历史悠久，据称在明朝时期郯城地区就有金刚石出土。近百年来，沂河流域几乎年年有金刚石出土。

金刚石资源调查工作始于 19 世纪后期德国人对郯城砂矿的调查。在 20 世纪 20～30 年代日本人在临沂和郯城等地进行过金刚石砂矿调查；50 年代初地质部曾几次派员在临沂、蒙阴等地进行过金刚石砂矿调查。上述这些工作均属概略性的资源调查工作。

山东省卓有成效的金刚石地质勘查工作是 1957 年组建的金刚石专业队——沂沭队（即后来的 809 队、第七地质队、第七地矿勘查院）后开始的。在 20 世纪 50 年代末至 60 年代中期，这个队完成了郯城陈家埠、于泉、邵家湖、小埠岭和柳沟 5 处金刚石砂矿勘探工作。60 年代中期以来开始金刚石原生矿找矿工作，于 1965 年 8 月 24 日在蒙阴地区发现我国第一个具有工业价值的金伯利岩型金刚石原生矿，此后又相继发现并确定了蒙阴常马庄、西峪、坡里 3 个金伯利岩带。自 1965～1979 年的十几年内共找到了金伯利岩管 10 个、金伯利岩脉 47 条、金伯利岩床 1 个；经过勘探评价有 25 个金伯利岩体中金刚石含量达到工业要求，探明大型原生矿 2 处（王村、西峪）、小型矿床 3 处。自 1957～1979 年的 20 余年间，山东省内共探明金刚石原生矿储量约 2 121 余 kg，砂矿储量 28 余 kg。

自 20 世纪 80 年代起到目前，山东地质七队先后与国内外（英、澳）有关机构合作在鲁中南的费县、平邑、郯城、枣庄等地区开展金刚石原生矿普查找矿、航空物探测量、金刚石原生矿风险地质勘查等工作。通过这些地质勘查工作，到目前虽然还未发现新的金刚石原生矿，但已取得了一些新的有关金刚石矿的地质信息，为进一步的找矿部署提供了新的依据。

二、金刚石矿床类型及主要类型金刚石矿床地质特征

山东金刚石矿床根据含矿建造特点可分为 2 种类型：①产于古生代含金刚石金伯利

岩建造中的金刚石原生矿床；②产于第四纪含金刚石河床相砂质碎屑建造中的金刚石砂矿床。

（一）产于奥陶纪含金刚石金伯利岩建造中的金刚石原生矿床的主要地质特征

1. 含金刚石金伯利岩建造产出的大地构造环境

山东目前所发现的含金刚石金伯利岩建造分布在鲁南的蒙阴地区。金伯利岩建造以NNE向的岩管、岩脉群陡倾斜产于以太古宙陆核为基底的稳定克拉通内的变质岩系（新太古代泰山岩群或变质变形侵入岩）或部分寒武纪地层中。含金刚石金伯利岩形成（侵位）的同位素年龄数据多数在 460～490Ma 之间，生成年代属晚奥陶世。

2. 金伯利岩带的展布特征

已发现的蒙阴常马庄、西峪和坡里 3 个金伯利岩带，总体走向为 55°左右；全长约 55 km，宽 15 km。3 个岩带由南向北逐渐向东偏转；从平面上看有向北撒开、向南收敛之势（图 16 – 4 – 22）。其方向性、等距性及侧列式展布规律比较明显。

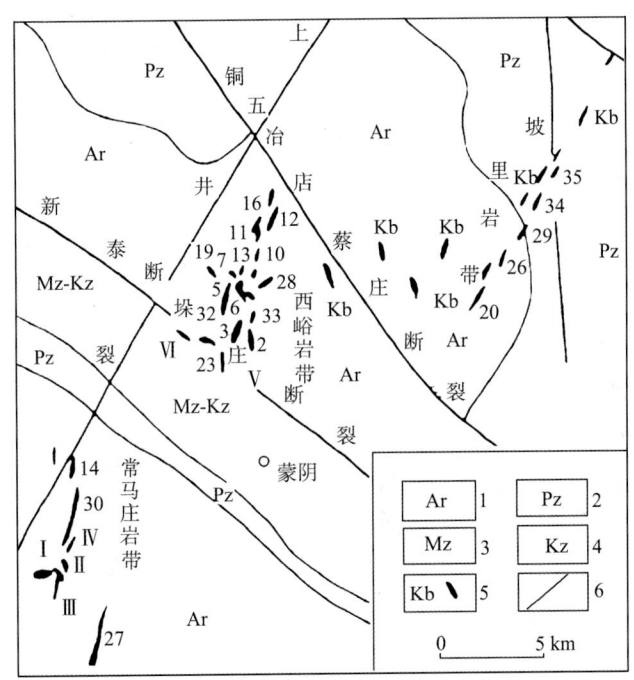

图 16 – 4 – 22　蒙阴含金伯利岩带分布略图

（据《山东金刚石地质》，1999 年）

1—新太古代变质岩系；2—古生代地层；3—中生代地层；4—新生代地层；5—金伯利岩及编号；6—断层

（1）常马庄岩带：由 8 组岩脉和 2 个岩管组成。总体走向（展布方向）345°，长约 14 km，宽 2.5 km。各岩脉之间呈右列式排列，走向 15°～35°，与岩带总体走向构成 30°～50°的夹角。岩带中部岩体分布比较集中，在王村有 2 个岩管产出（胜利 1 号大、小岩管）；向南、北两端岩脉分布变稀。

（2）西峪岩带：按岩脉展布方向可分 NNE 向岩带和 NW 向岩带两部分。①NNE 向岩带长12 km,宽0.5～1 km，由10组岩脉和8个岩管所组成，总体走向15°左右。岩脉断续分布在两条互相平行的NNE向断裂内，其走向基本与岩带走向一致。岩管则集中分布在岩带中部的西峪村附近，称"西峪岩管群"。②NW向岩带位于NE向岩带的南侧，总体走向300°左右，断续长4.5 km，宽100 m；由5个岩体组成，以岩脉和岩床为主。岩脉走向与岩带一致；岩床产状与围岩产状基本一致。

（3）坡里岩带：由25个岩脉组成，未见岩管。岩带总体走向36°左右，长约18 km，宽约0.6 km。岩脉走向与岩带基本一致，多呈断续或侧列式排列。

3. 金伯利岩体形态及产状特征

蒙阴地区发现的3个金伯利岩带共有岩管（岩筒）10个，岩脉47条（组），岩床1个。这些不同形态的金伯利岩体形成时处在火山机构的各个相带中，但由于鲁西太古宙克拉通在中、新生代时期不断抬升，使金伯利岩管的火山口相和大部分火山道相被剥蚀（其中的金刚石形成砂矿），目前见到的是残留下来的、以根部相为主的浅成相岩管和岩脉（墙）。见图16-4-23。

（1）金伯利岩岩脉：蒙阴地区绝大多数金伯利岩脉赋存在NNE向压扭性节理、裂隙或规模较小的破碎带中。岩脉长度一般为300 m～800 m，最长者在1 000 m以上；岩脉厚度为几厘米到3.35 m，一般中间厚（0.2～0.6m）。岩脉走向多为NNE向，个别NW向，倾角一般在85°左右。

在垂向上呈上宽下窄的扇形。每条（组）金伯利岩脉多由几条至20余条小岩脉组成；小岩脉的长度从几米、几十米到百米；最长者可达400 m，最短的只有几厘米。

（2）金伯利岩岩管：岩管在地表呈圆形、椭圆形或不规则形状。岩管在平面上的长轴方向主要有NNE，NW，NWW和NEE4个方向；长40～260 m，宽10～60 m。①NNE向岩管倾向不稳定，倾角80°～85°；向下收缩，到一定深度变成岩脉。此方向岩

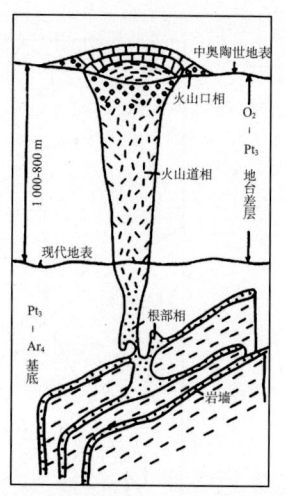

图16-4-23　辽鲁太古宙克拉通（Archon）金伯利岩相带分布模式图（据张安棣等，1995年）

O_2 - Pt_3 为中奥陶世 - 新元古代；Pt_3 - Ar_4 为新元古代 - 新太古代

管一般规模较小。②NW向岩管倾向SW或NE，倾角近于90°；延深到一定深度后逐渐归并到NNE向岩管中。规模一般较大。③NEE与NWW向岩管倾向北或南，倾角65°～85°。该方向岩管规模中等，到一定深度后也归并到NNE向岩管中。

（3）金伯利岩岩床：金伯利岩岩床一般产于沉积盖层地区，其产状与岩层层理基本一致。此类岩体规模较小，品位低，出露地表的只有红旗23号，工业价值不大。

4．金伯利岩的岩石类型

山东省内已发现的金伯利岩多数为火山道像和浅成像产物，火山口相金伯利岩保留很少。主要岩石类型有粗晶金伯利岩、细晶金伯利岩、金伯利角砾岩、凝灰状金伯利岩等。其中的粗晶金伯利岩是构成岩管和岩脉的主要岩石类型；细晶金伯利岩多分布在主岩脉的尖灭端及其旁侧细脉中，其与粗晶金伯利岩多呈渐变关系；金伯利角砾岩（灰岩角砾或片麻岩角砾）主要分布在部分岩管的一定深度内；凝灰状金伯利岩分布局限，仅见于西峪岩带之红旗 23 号岩床中。这些金伯利岩 SiO_2 含量一般 <40％，属于硅酸不饱和的偏碱性超基性岩。

5．金伯利岩的蚀变特征

蒙阴地区的金伯利岩普遍遭受了较强烈的热液蚀变作用，发育有从高温到低温的金云母化、蛇纹石化、滑石化、碳酸盐化、硅化等几个阶段的蚀变作用。其中以金云母化和蛇纹石化最为普遍，构成寻找金伯利岩的一个重要标志。

6．金伯利岩的矿物组合及指示矿物

山东金伯利岩含有四五十种矿物，包括幔源矿物、围岩矿物、岩浆矿物和蚀变矿物。主要有橄榄石、金云母、石榴子石类矿物、金刚石、滑石、尖晶石类矿物、方解石及金属矿物等。主要指示矿物有含铬镁铝榴石、铬铁矿、铬透辉石、镁钛铁矿、沂蒙矿、蒙山矿等。

（二）产于第四纪河床相砂质碎屑建造中的金刚石砂矿床的主要地质特征

目前所知山东省内产于第四纪河床相砂质碎屑建造中具有工业价值的金刚石砂矿只分布在沂河中下游的郯城地区，已发现并评价的矿床有郯城县陈家埠、于泉、柳沟、邵家湖和小埠岭 5 处，另有矿点 8 处。

1．金刚石砂矿产区——郯城地区的第四纪含金刚石地层特征

郯城地区第四纪地层主要发育有中更新世小埠岭组和于泉组，晚更新世大埠组、山前组和黑土湖组，全新世临沂组和沂河组。其中小埠岭组和于泉组为含矿层位。

（1）中更新世小埠岭组：分布在沂河及其支流Ⅱ级阶地的基岩侵蚀面之上，是区内最老的第四纪冲积层。为一套灰白、浅棕色含黏土砂质砾石层，局部夹砂和砂质黏土透镜体。小埠岭组是区内最主要的含金刚石层位，也可能是本区金刚石工业砂矿床的直接供源体。

（2）中更新世于泉组：主要分布在沂河Ⅱ级阶地残丘顶、缓坡及坳谷上；有的覆于小埠岭组或基岩面之上。其物质组成分为 2 类：一类为含黏土砂质砾石层，一类为就近的基岩碎屑。该组厚度甚小，最厚处不过几十厘米，但富含金刚石，并在郯城县于泉 - 陈家埠一带形成工业砂矿。

2．金刚石砂矿产区——郯城地区地貌特征

区内地貌可分为 3 种类型：①构造剥蚀低丘：为以马陵山、七级山为主的低丘，由白垩纪地层（砂岩、页岩）构成。在丘顶及斜坡的平缓低洼部位可见残存的河床相砾石或砾石层，其中含有金刚石。②侵蚀堆积Ⅱ级阶地：由于受新构造活动的影响，阶地被破坏、抬升，遭受强烈剥蚀，形成残余Ⅱ级阶地。郯城地区的金刚石工业砂矿均分布

在残余变形的Ⅱ级阶地内。③侵蚀堆积Ⅰ级阶地：分布在沂河两岸，形成较广阔的（Ⅰ级阶地）平原地貌，沉积层厚度变化大。

3. 含矿层特征

郯城地区金刚石砂矿含矿层包括中更新世小埠岭组和于泉组，但只有于泉组中的金刚石才富集成为工业砂矿。砂矿层分布在西起沂河，东到马陵山 – 七级山范围内的残余Ⅱ级阶地上的于泉、岭红埠、陈家埠、柳沟、神泉院、邵家湖、龙泉寺、小埠岭、尚庄、南泉、大官庄等地；具有工业价值的矿体主要集中于陈家埠和于泉两个矿区。

构成工业砂矿的于泉组与富含金刚石的小埠岭组，虽然都是Ⅱ级阶地上的堆积物，但其物理特征存在明显差异。根据岩性、分布、产状、含矿性等方面分析对比，于泉组乃是小埠组遭受地表风化剥蚀作用形成的残坡积物。达到工业品位要求的于泉组砂矿，顶板暴露在地表或只有很薄（<20 cm）耕作层覆盖，底板与基岩直接接触，产状平缓，矿层薄，无夹层。根据砂矿层分布状态可分为原始产状被破坏的砂矿层及坳谷 – 洼地砂矿层两种矿层类型。

三、典型金刚石原生矿矿床地质特征

蒙阴县王村胜利一号大小岩管金刚石原生矿

1. 矿区位置及矿床产出地质条件

矿区位于蒙阴县西南约15 km处的常马庄乡王村西南。在大地构造位置上居于沂沭断裂带西侧、鲁西隆起中南部的蒙山凸起上。矿体围岩为新太古代中粗粒片麻状英云闪长岩。区内NNW向断裂构造发育，主要分布在矿区中部，为压扭性断裂（与其相伴生的NNE向张扭性断裂为储矿构造，规模较小）；其次为NE向断裂，主要分布在矿区的中部和东侧（与其相伴生的NW向断裂通常也是很好的储矿构造）。胜利一号大小岩管及胜利二号岩脉即受控于这些断裂构造（图16 – 4 – 24）。

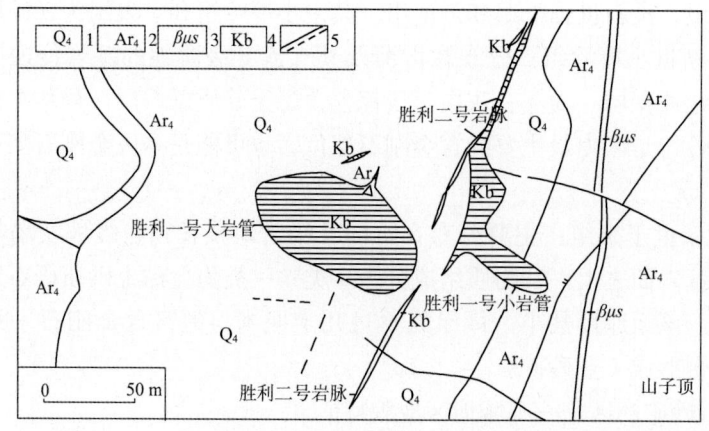

图16 – 4 – 24　蒙阴王村胜利一号大小岩管金刚石矿区地质简图

（据《鲁南经济带地质矿产资源开发及加快经济发展对策研究》原图简化，2000年）

1—第四系；2—新太古代变质岩系；3—中生代燕山晚期辉绿玢岩；4—含金刚石金伯利岩管（矿体）及岩脉；5—断层

2. 矿体特征

蒙阴王村胜利一号大岩管矿体形态在平面上呈椭圆形，长轴走向 300° 左右，长约 100 m；短轴长约 50 m，东西两侧向中间收缩，总体向 SW 倾斜，倾角 85° 左右。大岩管从上到下随着深度的增加，矿体在总体变化趋势上是由大变小。

胜利一号小岩管位于大岩管之东，地表呈 "L" 形（手枪状），有两个长轴，南部长轴方向与大岩管长轴方向一致；西部长轴方向为 NNE 向。小岩管南北长 65 m，东西宽 15 m。其南北两端与胜利二号岩脉相连；在垂深 300～450 m 时，大小岩管相连，呈向 NE 凸出的牛轭形，长 130～160 m，宽 10～24 m。

3. 矿石特征

含金刚石金伯利岩，为斑状结构、碎裂结构，块状及角砾状构造。按其结构构造及矿物成分特点，分为斑状镁铝榴石金伯利岩、斑状金伯利岩、蛇纹石化碎裂岩及含围岩角砾的金伯利岩等矿石类型。

矿石的矿物成分：①造岩矿物有橄榄石和金云母，其占组成岩石矿物总量的 50%～90%；②标型矿物有含铬镁铝榴石、铬尖晶石类、镁钛铁矿、铬透辉石等，它们是寻找金伯利岩的标型矿物；③副矿物有钙钛矿、锐钛矿、锆石、磷灰石、碳硅石等。

矿石中金刚石平均品位：胜利一号大岩管为 32.00～1 909.53 mg/m^3（平均为 392.98 mg/m^3），小岩管为 200.00～2 000.00 mg/m^3（平均为 768.40 mg/m^3）。

第十三节　山东蓝宝石矿

一、蓝宝石矿的分布

山东蓝宝石矿（原生矿及砂矿）分布在鲁西隆起东北缘、沂沭断裂带两侧的昌乐临朐凹陷中。蓝宝石原生矿产在昌乐县东南五图乡方山，蓝宝石砂矿则多见于方山附近的第四纪洪冲积物中，主要分布在昌乐县境内，其次为潍坊城区境内。此外，在临朐县和坊子区境内也发现蓝宝石砂矿，但尚构不成一定规模。

二、蓝宝石矿床类型及其地质特征

山东昌乐蓝宝石矿床依其产出形式分为原生矿床和砂矿床两类。原生矿产于五图镇西南方山的新近纪临朐群尧山组玄武岩中；砂矿则产于方山东部及西部的第四纪中更新统－全新统的残坡积及冲积、洪积层中（图 16－4－25）。已经投入地质工作最多、探明储量和开发规模最大的蓝宝石矿均为砂矿床。昌乐蓝宝石砂矿产出类型可分为残坡积砂矿和洪冲积砂矿 2 类（朱而勤，1997 年）。

1. 残坡积砂矿

该类砂矿多见于原生矿附近的残坡积层中，矿体形态随山体轮廓展布。矿层厚 1～8 m，由山顶至山脚矿层厚度由薄而厚。矿层由棱角发育的含矿橄榄玄武岩及其风化物组成，有时含寒武系石灰岩风化碎块，未经搬运和胶结。在五图辛旺村北部的残坡积层中采选的 2 个砂矿样，蓝宝石含量分别为 825.8 mg/m³ 和 100 mg/m³，有一定的储量。

2. 洪冲积砂矿

该类型砂矿床主要分布在区内白浪河和丹河等大小 11 条河流流域内沉积的第四纪更新世洪冲积物（第四系大站组）中，是区内主要矿床类型。其含矿层主要特点是：①属近源砂矿，刚玉富集区沿水系源头、山溪和支流分布，距矿源数千米至十余千米。在近原生矿的山溪、小河上游常形成较富矿层。②含矿层为较粗的砂砾层，厚 0.5 ~ 2.5 m。砾石成分主要为玄武岩，其次为砂岩及钙质结核。③河流规模决定着含矿层层数、厚度和埋深。如大柳树矿区砂矿层系在白浪河主流堆积段形成的矿层，埋深达 7 ~ 10 m，有 2~4 个矿层；而近源的小河中的富矿层多埋深小、矿层薄。

三、典型蓝宝石砂矿床地质特征

昌乐五图矿区辛旺矿段蓝宝石矿

1. 矿区位置及矿区第四系特征

昌乐五图矿区辛旺矿段蓝宝石砂矿床位于昌乐县东南五图镇东之辛旺村 – 东上瞳村之间。矿段面积 1.4 km²。在地质构造位置上，矿区居于沂沭断裂带西侧的昌乐临朐凹陷东北部，除其北部和西部外围有寒武系及新近纪临朐群牛山组、尧山组出露外，均为第四系（图 16 – 4 – 25）。

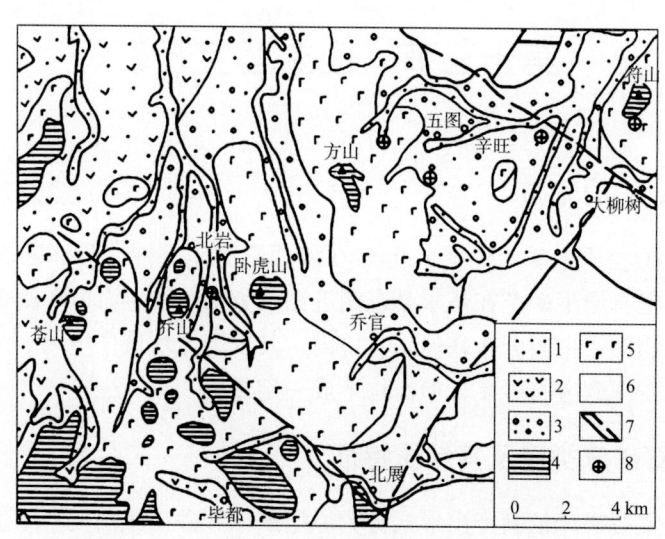

图 16 – 4 – 25　昌乐蓝宝石矿区域地质简图

（据山东省地矿局区调队，1:20 万临朐幅区调报告，1996 年）

1—第四纪全新世沂河组；2—第四纪更新世 – 全新世山前组；3—第四纪更新世大站组；4—新近纪临朐群尧山组（含蓝宝石矿）；5—临朐群牛山组；6—前新近纪地层及岩体（五图群 + 大盛群 + 寒武系 + 泰山岩群 + 元古宙侵入岩）；7—断层；8—蓝宝石砂矿产地

矿区内第四纪地层包括：①第四纪全新世沂河组：为由黏土粉砂（上部，厚 0.2 ~ 1.5 m）及砂砾（下部，厚 0.5 ~ 2.5 m）组成的河床相堆积层。该层含有刚玉及蓝宝石。②更新世晚期大站组：为由含砂黏土（上部，厚2.9～9.0 m）及结核质黏土和砂砾（下部，厚1 m左右）组成的洪积、冲积物。该层含有刚玉及蓝宝石，是区内主要含矿层。③更新世中期－全新世山前组：为由黏土、碎石等组成的残坡积层。该层中含有蓝宝石。矿区地貌为以火山作用形成的火山地貌为基本格架，总体为西高、东低的低丘地势。大汶河和小汶河由蓝宝石原生矿产地——方山的南、北两侧，自西而东流经矿区。

2. 矿体特征

辛旺矿段圈定出蓝宝石砂矿体2个，即Ⅰ号和Ⅱ号矿体。①Ⅰ号矿体：为主矿体，其由洪冲积－洪坡积平台上的含蓝宝石结核质黏土构成。呈似层状，分布在古近纪五图群（砂页岩、泥岩等）侵蚀面上。矿体长1 350 m，平均厚1.10 m。矿体埋深一般为0.5～1.5 m（最大埋深5.3 m），局部露出地表；剥离比为1.8∶1。②Ⅱ号矿体：为Ⅰ号矿体上部的夹层矿体，由含蓝宝石黏土质结核构成。矿体呈似层状，长250 m，宽210～308 m，厚1.19 m。矿体埋深2.8 m；剥离比为3∶1。

3. 矿石（砂）特征

辛旺矿段内蓝宝石矿石（砂）有2种类型：①结核型黏土型矿石（砂）：矿石（砂）由25%～35%的钙质结核和65%～75%的黏土构成，其中蓝宝石平均品位为0.939 g/m^3，蓝宝石与刚玉含量之比为1∶6.25。②黏土质结核型矿石（砂）：矿石（砂）由50%～60%的钙质结核和40%～50%的黏土构成，其中蓝宝石平均品位为1.103 g/m^3，蓝宝石与刚玉含量之比为1∶5.07。辛旺矿段蓝宝石平均品位为0.936 g/m^3。

昌乐五图矿区辛旺矿段蓝宝石储量大（蓝宝石储量为1 000 kg），富集程度高，所产的蓝宝石颜色好、特异宝石多，环带构造发育。矿石（砂）中除一般蓝宝石外，常见有黑星光蓝宝石；棕红色与蓝色呈互层环带的复色蓝宝石亦多见于区内。

第十四节　山东耐火黏土矿

一、耐火黏土矿的分布

山东的耐火黏土矿有硬质黏土和软质黏土两种，以硬质黏土为主体（占探明总储量的96.2%），软质和半软质黏土所占比例很小（占3.8%）。这些黏土矿，分布在鲁西的淄博、章丘、枣庄、新泰、临沂和潍坊等地，主要产于二叠系中（占97.7%），少数产于石炭系（占1.0%）和侏罗系（占1.3%）中。

硬质黏土主要产于二叠纪石盒子组万山段（A层）中，集中分布在鲁西隆起北缘的淄博盆地一带，在这个盆地中，大体以SN向的周村博山断裂为界分为2个带（图16－4－26），断裂以东，分布着淄博的博山西山、万山、万山西、小店、洪山西、罗村、唐庄等矿床，其总体呈NNE向展布的带状，长约35 km；断裂以西，分布着淄博东冲山、王村、小口山、东宝山、宝山及章丘的白云院、王伯庄、吕家庄、浅井庄等矿床，其总体呈 SWW 向展布的带状，长约 40 km。在淄博盆地中，集中分布着大型耐火黏土矿床 4 处、中型矿床 11 处、小型矿床 6 处，该盆地中探明的 A 层硬质黏土储量约占全省耐火黏土总储量的 88%。A 层硬质黏土除分布在淄博盆地而外，在枣庄（中型矿床 1 处）、新泰黄泥庄（中型矿床 1 处）及临沂罗庄（中型矿床 1 处）等地也有零星分布。软质及半软质黏土仅在淄博、潍坊等地零星分布，产于石炭系和侏罗系中，矿床规模均很小。

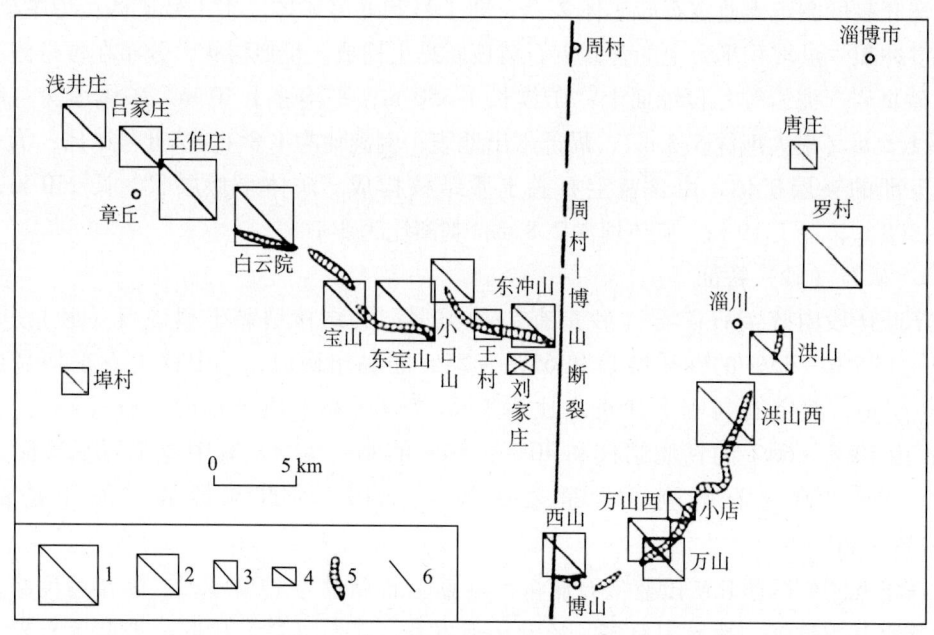

图 16 – 4 – 26　　淄博盆地耐火黏土矿分布略图

1—大型硬质耐火黏土矿床；2—中型硬质耐火黏土矿床；3—小型硬质耐火黏土矿床；4—小型软质耐火黏土矿床；5—A 层硬质耐火黏土层露头；6—断层

二、耐火黏土矿床类型及其地质特征

山东耐火黏土均为沉积型，产出层位较多，自下而上有：①产于中石炭统底部、中奥陶统风化侵蚀面上的浅海相沉积型硬质黏土“（G 层）”，矿体为透镜状，厚度一般为 0.3 ~ 1.5 m，规模小，变化大，通常不具工业价值；②产于石炭纪本溪组中部的浅海相沉积型软质黏土“（F）层”，厚 0.5 m，其资源量占山东耐火黏土资源量的 1.0%；③产于石炭纪太原组中的海陆交替相沉积型硬质黏土（夹矸高岭岩，俗称“大同土”），矿层一般较薄，厚十几厘米至几十厘米；④产于二叠纪石盒子组万山段中的陆相湖沼沉积型硬质黏土“（A 层）”，呈连续较好的层状，厚一般为 2 ~ 3 m。该层位中的硬质黏土资源量占山东耐火黏土资源总量的 96% 以上；⑤产于侏罗纪坊子组中的陆相湖沼沉积型软质黏土，矿体为层状、似层状，厚 0.3 ~ 6 m，其资源量占山东耐火黏土资源总量的 1.3% 左右；⑥产于古近纪五图群中的陆相湖沼沉积型软质黏土，矿体为似层状、透

镜状，单层厚一般 0.2 ~ 0.4 m，一般为 3 层，矿体规模小，不能单独开采。上述不同层
位中耐火黏土矿以产于二叠纪石盒子组万山段中的硬质黏土为主体，产于侏罗纪坊子组
中的软质黏土只是省内软质黏土矿床类型的一个代表性产出层位。

（一）二叠纪石盒子组万山段中硬质耐火黏土矿床地质特征

二叠纪石盒子组万山段中的硬质黏土矿床主要分布在鲁西地区的淄博盆地和枣庄盆
地。主要岩石组合为暗紫色页岩及 A 层铝土矿和硬质耐火黏土、含铁页岩、砂岩，为内
陆河湖相环境生成。A 层硬质耐火黏土矿层分布稳定，其与 A 层内的铝土矿、铝土岩层
为过渡关系。A 层硬质耐火黏土矿，一般为单层矿，在淄博盆地，多分布于 A 层的下
部，一般厚 2 ~ 3 m，沿走向一般长 1 500 ~ 2 000 m，沿倾向宽 600 ~ 1 200 m，常常形成
大中型矿床。A 层的上部则变为铝土岩，但不稳定。A 层在明水一带变为两层耐火黏土
矿，上、下两层矿厚度相近，一般为 1.2 ~ 4.5 m；在枣庄，也为两层硬质耐火黏土矿，
在临沂罗庄 A 层含有 3 层硬质耐火黏土矿，中间亦为铝土岩分离。硬质耐火黏土矿的成
分主要为高岭石，次要为硬水铝石和软水铝石。矿石中 Al_2O_3 含量一般为 40%，SiO_2 一
般为 43% ~ 45%，Fe_2O_3 一般为 1% ~ 1.5%，烧失量为 14%，$CaO < 0.3\%$，TiO_2 为
0.6% ~ 0.7%，可塑性指标为 1.77（kg - cm），属低塑性原料。耐火度很高，绝大部分
矿石的耐火度 ≥ 1 770℃，为优质矿石。

（二）侏罗纪坊子组中软质耐火黏土矿地质特征

侏罗纪坊子组煤系地层中普遍含有软质耐火黏土，在坊子、淄博、章丘、济阳、蒙
阴等凹陷盆地中部都有分布，赋存在坊子组下部的煤层之间。以潍坊坊子和淄博贾黄等
地发育较好，有可供开采的软质黏土矿层，但均为小型矿床。

坊子软质黏土矿床主要分布在坊子南部的杨家埠和荆山洼，为坊子组下层煤中的软
质黏土。矿体长度一般为 250 ~ 550 m，沿倾向宽 50 ~ 295 m，厚度一般为 0.8 ~ 2.6 m。
矿石主要矿物成分为高岭石，其次为伊利石，含少量石英砂颗粒。矿石化学成分不稳
定，主要化学成分含量变化大，Al_2O_3 含量为 17.23% ~ 31.97%，TiO_2 为 0.52% ~
1.25%，Fe_2O_3 为 0.65% ~ 2.67%，烧失量为 5.11% ~ 19.25%。矿石的可塑性指标一
般在 3.16 ~ 4.91（kg - cm）之间，属中 - 高可塑性矿石。矿区矿石中的 Ⅰ，Ⅱ 级品供
制作耐火砖用，Ⅲ，Ⅳ 级品供制陶瓷用。

淄博贾黄软质黏土矿床亦属坊子组下层煤中的软质黏土，含有 5 层软质黏土，其中
只有 1 层规模较大（长 1 230 m，宽 50 ~ 225 m，平均厚 1.30 m），可供开采利用。

三、典型耐火黏土矿床地质特征

淄博周村小口山硬质耐火黏土矿

1. 矿区位置及矿区地质特征

小口山硬质耐火黏土矿床位于淄博市周村区城西南约 17 km；在地质构造部位上居
于淄博凹陷西南缘。为一中型矿床。

矿区出露地层有二叠系和第四系。二叠系自下而上有石盒子组黑山段、万山段、奎
山段和孝妇河段。含硬质耐火黏土矿的 A 层赋存在万山段底部；硬质黏土层居于 A 层

的下部（图 16 - 4 - 27）。

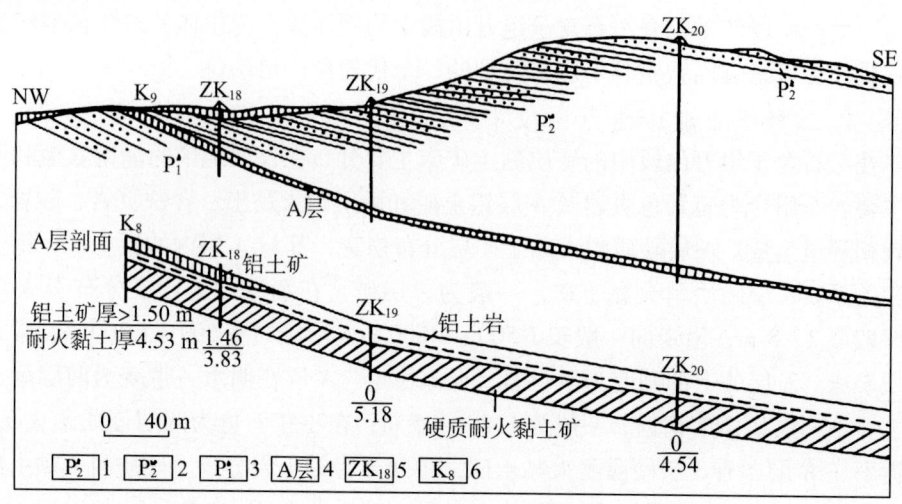

图 16 - 4 - 27　淄博小口山硬质黏土矿区 10 线地质剖面图

（据《山东矿床》，1996 年）

1—二叠纪石盒子组奎山段；2—石盒子组万山段；3—石盒子组黑山段；4—A 层硬质耐火黏土矿＋铝土矿＋铝土岩；5—钻孔及编号；6—探槽及编号

2．矿体特征

硬质黏土在矿区呈缓倾斜的层状（倾角 12°～14°），厚一般为 4～5 m，最厚 5.5 m，矿层向西北及向深部延伸变薄，最薄处仅 1 m 左右；矿体长 1 800 m，沿倾向宽 700 m 左右。矿层连续性好，其与上覆的铝土岩/铝土矿没有明显界线。

3．矿石特征

矿石为单一的硬质黏土，主要组成矿物为高岭石，有少量一水铝石。化学成分稳定，矿石煅烧后，$Al_2O_3 + TiO_2$ 含量为 42%～59%，平均为 46%；Fe_2O_3 为 0.2%～3.4%，平均为 1.59%；SiO_2 在煅烧前为 36%～46%。矿石耐火度很高，绝大部分 ≥ 1 770℃，仅少量为 1 730～1 750℃。工业品级为 I 级（占矿区储量的 51.9%）和特级品（占矿区储量的 48.1%）。

第十五节　山东硅藻土矿

一、硅藻土矿的分布

山东省内目前发现的硅藻土矿产地仅有 3 处，即临朐解家河（亦称山旺）、青山及包家河。其中前二者为小型矿床，后者为矿点，均产于鲁西隆起东北缘、沂沭断裂带西侧的昌乐临朐凹陷内的新近纪临朐群山旺组中（图 16 - 4 - 28）。

二、硅藻土矿床类型及其地质特征

山东目前发现的临朐硅藻土矿床为产于新近纪中新世淡水湖泊相生物化学沉积矿床，几处矿床（点）具有基本一致的特征：①矿床发育在新近纪临朐群牛山组玄武岩之上的山间较浅的淡水湖盆中，硅藻土矿产于新近纪临朐群山旺组二段内，含矿层位稳定；盆地周缘发育较厚的玄武质砂砾岩，湖水中硅藻土所需的 SiO_2 火山物源丰富。②矿体形态、规模、厚度及其变化均受盆地形态控制；矿体为向盆地中心倾斜的层状，倾斜平缓（10°~15°），边缘薄，中心厚，规模较小，但延伸较稳定。在一个矿区内，因为夹层可分为上下几个（层）矿体，如解家河矿区可分为 4 层矿、青山矿区可分为 2 层矿。③矿石自然类型简单，以书页状为主，层状居次；硅藻种属以直链藻为主；矿石物理性能优异，应用效果好。

三、典型硅藻土矿床地质特征

临朐解家河硅藻土矿

1. 地理位置及矿区地质特征

矿区位于临朐县城东北约 19 km 的解家河村至山旺村一带，面积约 0.2 km²；在地质构造部位上，矿区居于鲁西隆起东北缘、沂沭断裂带西侧的昌乐临朐新生代凹陷的次级凹陷（山旺凹陷）中（图 16-4-28）。

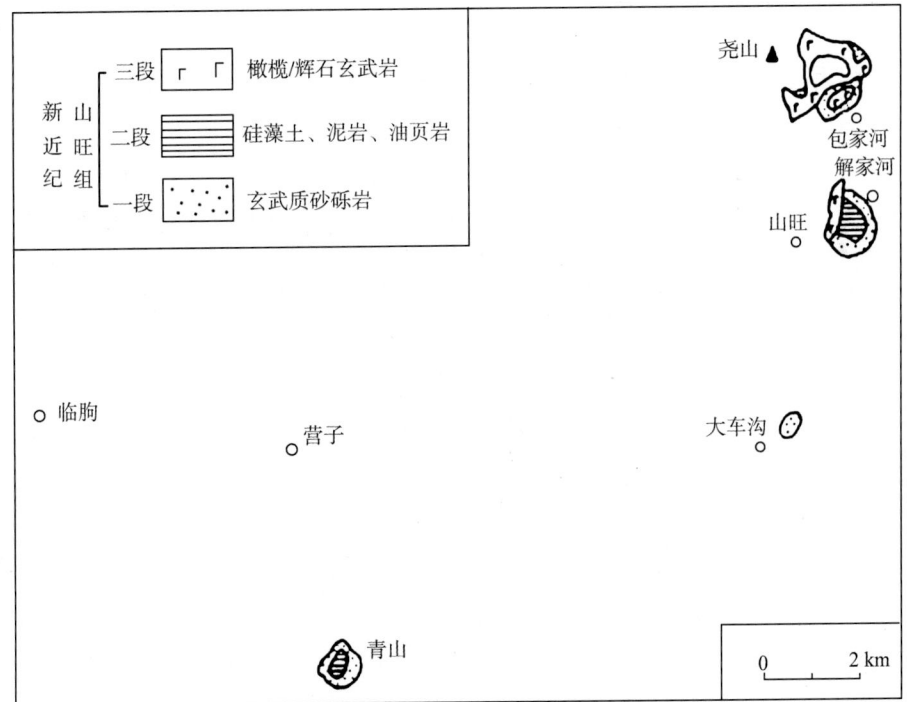

图 16-4-28 临朐凹陷新近纪临朐群山旺组及硅藻土矿分布略图

（据山东省地矿局第四地质队 1986 年资料编绘）

　　矿区内出露地层为新近纪临朐群牛山组和山旺组。硅藻土矿产于山旺组二段中（图16-4-29）。为一小型硅藻土矿床。

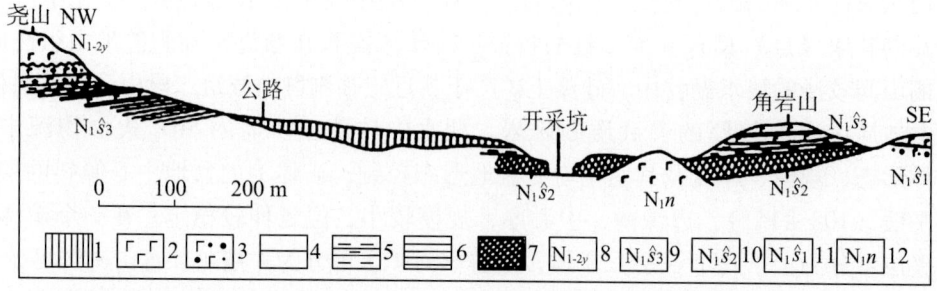

图16-4-29　临朐解家河硅藻土矿区角岩山-尧山地质剖面图

1—第四系黄土；2—玄武岩；3—玄武质砂砾岩；4—煤层；5—泥岩；6—页岩；7—硅藻土页岩；8—新近纪临朐群尧山组；9—临朐群山旺组三段；10—山旺组二段；11—山旺组一段；12—临朐群牛山组

　　解家河硅藻土矿分布在一个西北部及东北部已被破坏、大体呈圆形的残留盆地中。含矿层厚度受盆地形态的控制，边缘薄，盆心厚（最厚达28 m）。产状一般平缓（倾角10°~15°），盆地边缘陡些（25°左右）。作为含矿层的山旺组二段，在矿区内分为上、中、下三部分。①上部：以含硅藻粉砂质泥岩为主。含硅藻10%左右、黏土矿物65%以上。②中部：以硅藻土矿为主，含硅藻70%、黏土矿物15%~20%。矿层中夹磷质结核及薄层硅藻页岩。③下部：为褐黑色页岩、碳质页岩及硅藻页岩夹硅藻土矿层。

　　2. 矿体特征

　　含矿层内自下而上包含4个矿体，单矿体长400~800 m。Ⅰ号矿体厚度一般为1.9~2.4 m，在湖盆边缘骤减，仅0.2 m左右；Ⅱ号矿体分布较为稳定，厚度变化不大，一般在2.3 m左右，在盆地边缘减薄至0.6 m左右；Ⅲ号矿体分布较为稳定，厚度变化不大，一般在0.55 m左右；Ⅳ号矿体是矿区中规模最大的矿体，厚度一般为4.3~5.5 m，在西部边缘矿体虽变薄，厚度亦在1.4 m左右。

　　硅藻土矿体的顶板岩性为黏土页岩，有时过渡为油页岩，局部地段为玄武岩；底板岩性主要为玄武岩。

　　3. 矿石特征

　　矿石类型以书页状者为主，其次为层状矿石。矿石主要物质成分为硅藻遗骸，含量一般为65%~80%（主要为冰岛直链藻，含量占99%左右），硅藻壳体为蛋白石；次要成分为黏土矿物集合体（蒙脱石、伊利石或高岭石），含量一般为15%~20%。矿石中硅藻及SiO_2含量在盆地中心处含量较高，矿石质量较好；边缘部分含量稍低，质量亦稍差些。但总体来说，解家河矿区硅藻矿石质量好，利用领域较宽，应用效果好。

　　解家河硅藻土矿床中共生有磷矿、油页岩及柴煤等，其规模小，不具开采价值。

第十六节　山东明矾石矿

一、明矾石矿的分布

山东省内目前发现的2处明矾石矿床（诸城石屋子沟和莒南将军山）均分布在胶南隆起西北及西部边缘的中生代火山岩盆地中，皆属小型矿床。

二、明矾石矿床类型及其地质特征

山东目前所发现的2处明矾石矿床分布在近沂沭断裂带东侧的早白垩世青山群火山岩盆地中，矿化发生在青山群八亩地组安山质火山岩内。矿体为层状、似层状、透镜状。层状、似层状矿体与围岩产状一致；矿体与围岩呈渐变关系。矿体规模大小不一、变化较大。单矿体最长580 m，最短50 m，大多在100～150 m；最宽（延深）70 m，最窄19 m，一般为30～40 m；最厚40 m，最薄3 m，大多在10 m左右。

明矾石矿床围岩蚀变发育，在空间上具有较为明显的分带现象，大体可分为上、中、下3个带。①上带：明矾石化次生石英岩带（形成明显的蚀变带盖帽）；②中带：明矾石化绢云母硅化带（位于蚀变带中部，以明矾石化为主要特征，主要蚀变为明矾石化、高岭土化、绢云母化、硅化等，矿体赋存在其中）；③下带：黄铁绢英岩化青盘岩化带（面广厚度大，主要蚀变有黄铁矿化、绢云母化、绿泥石化、绿帘石化和碳酸盐化等）。

上述的明矾石矿床特征表明，山东产于青山期火山岩系中的明矾石矿床的成矿作用过程基本是热水溶液对火山岩系的改造过程，其可归属于大陆边缘火山带上热液蚀变型明矾石矿床（祝有海等，1995年），或可称火山岩系中热液蚀变型明矾石矿床，其成矿模式可与矿床成因类型相似的安徽庐江矾山明矾石矿床相对比。

三、典型明矾石矿床地质特征

莒南将军山明矾石矿床

1. 矿区位置及矿区地质特征

矿区位于莒南县城西北14～17 km的将军山至庙山一带，自西而东包括将军山、大凹、万羊山和庙山4个矿段。矿区在地质构造部位上，居于景芝大店断裂东侧（毗邻）、莒南凹陷的西北部（图16-4-30）。为一小型明矾石矿床。

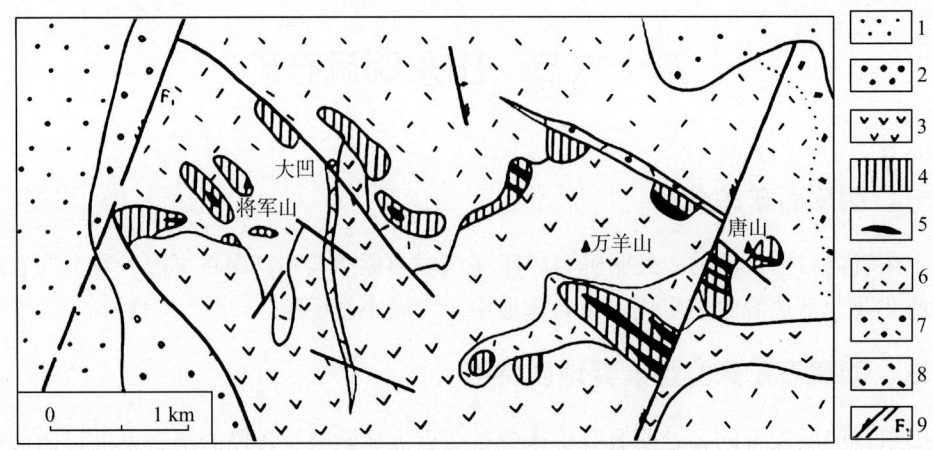

图 16 - 4 - 30　莒南将军山明矾石矿地质简图

(据山东省地矿局第八地质队资料编绘，1984 年)

1—第四系；2—晚白垩世王氏群；3—早白垩世青山群八亩地组安粗岩；4—八亩地组明矾石化熔结角砾凝灰岩；5—明矾石矿体；6—燕山晚期正长岩；7—燕山晚期石英正长岩；8—燕山晚期二长岩；9—断层（F_1 为景芝 – 大店断裂）

　　矿区内出露的含矿地层为早白垩世青山群八亩地组，主要岩性为安粗岩及安粗质熔结角砾凝灰岩（明矾石矿化发生在其中）。矿区内侵入岩发育，燕山晚期正长岩及部分二长岩广泛分布在区内北半部（部分出露于中部），侵入于青山群八亩地组中，对八亩地组及明矾石矿体分布的连续性产生一定的破坏作用。矿区西靠景芝大店断裂（沂沭断裂带中最东边的一条主干断裂），因此 NNE 及 NW 向 2 组断裂构造发育。NNE 向断裂多次活动，常切割错断矿化层及明矾石矿体；平行于矿化带分布的 NW 向的部分断裂则造成了第 2 期明矾石矿化的叠加和矿化的富化。

　　2. 矿体特征

　　明矾石赋存于青山群八亩地组安粗质熔结角砾凝灰岩中。安粗质熔结角砾凝灰岩既是矿化岩石又是矿体围岩。被燕山晚期正长岩及断裂分割的将军山、大凹、万羊山和庙山 4 个矿段中的 28 个矿体的形态为层状、似层状或透镜状，其产状与围岩产状基本一致，各矿段矿体倾斜较缓，倾角在 35° 左右（图 16 - 4 - 31）。

　　将军山明矾石矿区内，庙山矿段共有 11 个矿体，其中规模较大的矿体有Ⅰ号（长 190 m，厚 12 m）、Ⅴ号（长 119 m，厚 21 m）和北Ⅳ号（长 155 m，厚 22 m）。万羊山矿段有 6 个矿体，其中规模较大的矿体有Ⅰ号（长 454 m，厚 17 m）和Ⅳ号（长 580 m，厚 12 m）。大凹矿段有 6 个矿体，其中Ⅵ号矿体规模较大（长 152 m，厚 40 m）。将军山矿段有 5 个矿体，其中Ⅲ号矿体规模较大（长 175 m，厚 10 m）。各矿段矿体厚度最大者达 40 m，最薄者 3 m（庙山矿段Ⅲ号矿体），平均 11.3 m；矿延深最深者 70 m（万羊山矿段Ⅰ号矿体），延深浅者仅 19 m（大凹矿段Ⅳ号矿体），平均延深 34.8 m。各矿段矿体的空间分布除将军山矿段变化较大外，多数矿体沿走向及倾向变化较小，分布稳定。

3. 矿石特征

矿石的矿物成分主要为明矾石和次生石英，含有少量绿帘石、绿泥石、水铝石、钠长石、叶蜡石、高岭石等。矿石中有益组分 SO_3 含量变化较稳定，各矿段的平均含量接近：庙山矿段为 12.70%（明矾石含量相当于 32.89%）、万羊山矿段为 12.76%（明矾石含量相当于 33.05%）、大凹矿段为 12.69%（明矾石含量相当于 32.87%）、将军山矿段为 13.78%（明矾石含量相当于 35.71%）。

矿石结构主要为变余角砾凝灰结构，次为粒状变晶结构。矿石构造以块状为主，次为细脉状构造和角砾状构造。将军山矿区明矾石的矿石自然类型为单一的石英明矾石型，工业类型为钾明矾石型。矿石品级只有将军山矿段Ⅳ号矿体为Ⅱ级品（SO_3 的平均品位为 18.03%，相当于明矾石含量为 46.71%）；其余矿体的矿石皆为Ⅲ级品（SO_3 的品位为 11%~14% 之间，相当于明矾石含量为 28.50%~36.27%）。

矿体与围岩的界线不明显，其是依据 SO_3 的含量来划分的。次生石英岩化是该矿床的主要围岩蚀变类型，与明矾石密切相关，绿帘石化、高岭石化局限在个别地段。蚀变矿物的大致生成顺序由早到晚为：次生石英－明矾石－钠长石－绿帘石、水铝石－高岭石－叶蜡石－绿泥石。

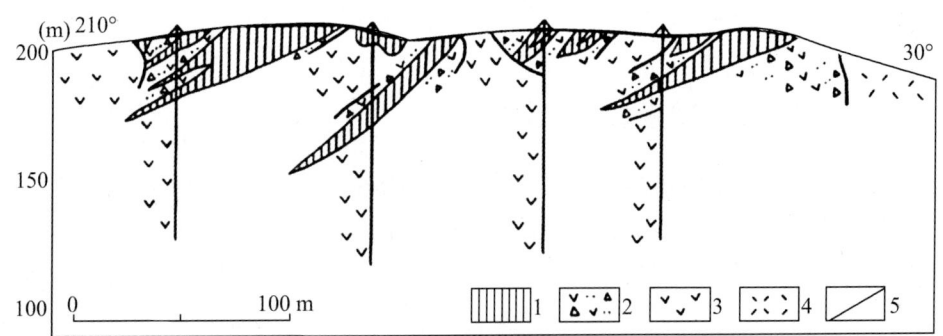

图 16-4-31　莒南将军山明矾石矿万羊山矿段 1 线地质剖面图

（据山东省地矿局第八地质队资料编绘，1984 年）

1—明矾石矿体；2—早白垩世八亩地组安粗质熔结角砾凝灰岩；3—八亩地组安粗岩；4—燕山晚期正长岩；5—断层

第十七节　山东透辉石矿

一、透辉石矿的分布

山东透辉石矿主要分布在鲁东地区的胶北隆起区内的古元古代荆山群野头组一（下）段和粉子山群巨屯组一（下）段中，前者构成了含透辉岩富镁硅酸盐变质沉积建造，后者为含透辉岩富镁碳酸盐岩变质沉积建造，其大体分布在近 EW 向的栖霞复背斜的南北两翼（图 16-4-32）。

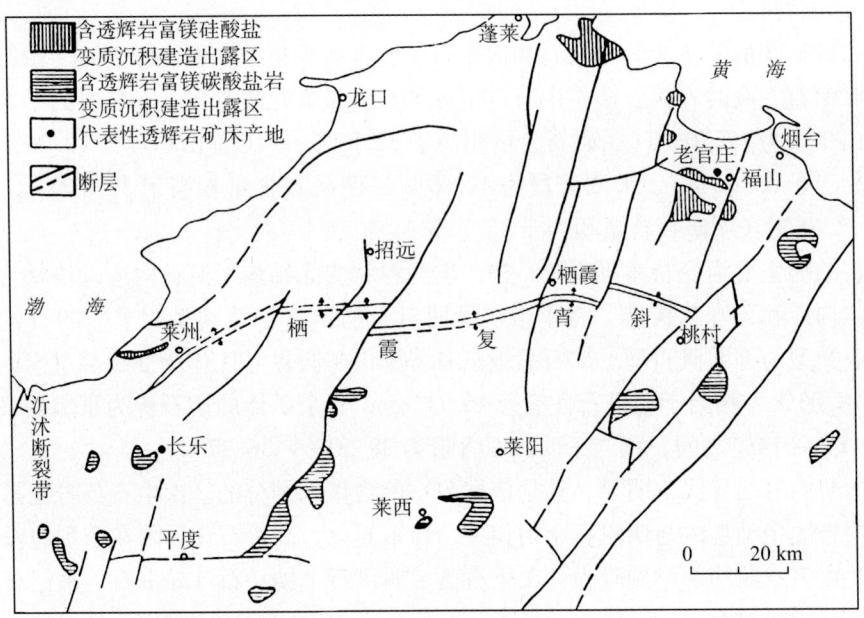

图 16 - 4 - 32　胶东地区透辉石含矿建造分布略图

(据王沛成提供资料编绘，1996 年)

二、透辉石矿床类型及其地质特征

山东透辉石矿床是正常沉积的钙镁硅酸盐物质或硅镁质碳酸盐物质经区域变质作用形成的，其成因类型属于变质沉积型。依据原岩及变质岩石组合特点可分为钙镁硅酸盐系变质沉积型透辉石矿床和硅质富镁碳酸盐岩系变质沉积型透辉石矿床 2 个亚类型。

（一）钙镁硅酸盐变质沉积型透辉石矿床

此类型矿床的主要赋矿地层为古元古代荆山群野头组祥山段。该类型矿床主要特点是：①矿体呈层状、似层状，延伸变化稳定，单矿体长一般在 1 500 m 左右，单矿层厚 5 ~ 25 m；②矿石的矿物成分较简单，矿石矿物含量高（透辉石含量一般 > 85%）；③矿石自然类型为单一的透辉石型；④矿石中 Fe_2O_3 含量一般 < 5%，矿石中杂质少，质量好。

（二）硅质富镁碳酸盐岩变质沉积型透辉石矿床

此类型矿床赋矿地层主要为古元古代粉子山群巨屯组下部层位。此外，粉子山群张格庄组也赋存此类型矿床。该类型矿床主要特点是：①矿体呈层状、似层状，延伸变化稳定，矿体长 1 200 m 左右，矿层厚度较大，一般在 10 ~ 30 m 之间；②矿体矿物成分相对较复杂，矿石矿物含量变化较大（透辉石或透闪石含量一般为 50% ~ 90%）；③矿石自然类型有石英透闪透辉石型、透辉石型、钾长透闪石型等；④矿石中 Fe_2O_3 含量一般在 1.1% ~ 2.5% 之间。

三、典型透辉石矿床地质特征

平度长乐透辉石矿

1. 矿区位置及矿区地质特征

长乐透辉石矿床位于平度市西北约 25 km 处长乐村东南。在地质构造位置上居于胶北隆起西南部。该矿床是钙镁硅酸盐沉积变质型矿床的代表性产地之一，为一大型矿床。

长乐透辉石矿区出露地层有第四系、晚白垩世王氏群和古元古代荆山群野头组。矿区出露的野头组主要岩石有蛇纹大理岩、透辉石英岩、斜长角闪岩、黑云斜长片麻岩等，其为野头组下部层位，透辉岩矿产于其中。矿区内由于 NW 和 NE 向两组断裂构造发育，对含矿地层及矿体连续性受到不同程度影响。矿区内侵入岩不发育。

2. 矿体特征

长乐透辉石矿床的矿体分布于一向南凸出，向 NE 和 NW 延伸，呈 "V" 字形展布的含透辉石矿带中，含矿带主要由透辉变粒岩、透辉石英岩组成。该含矿带出露长 2 350 m，平均宽 100 m。含矿带内自下而上（自北而南）圈定出 4 个矿体（编号为 1，2，3，4）。矿体总体呈较规整的层状、似层状，具有分支复合现象。单矿体规模较大，1 号矿体长 1 523 m，平均厚 5.63 m；2 号矿体长 1 873 m，平均厚 6.55 m；3 号矿体长 1 557 m，平均厚 9.05 m；4 号矿体长 1 220 m，平均厚 24.49 m（图 16 - 4 - 33）。

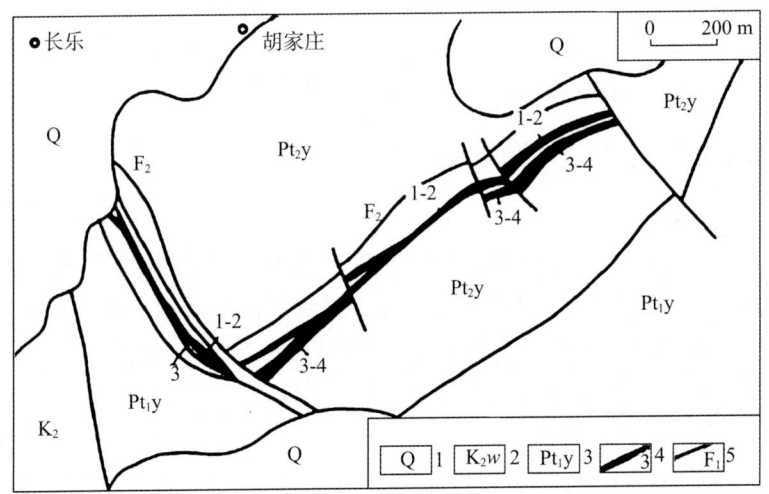

图 16 - 4 - 33　平度长乐透辉石矿区地质略图

（据山东省地矿局第四地质队资料编绘，1988 年）

1—第四系；2—晚白垩世王氏群；3—古元古代荆山群野头组；4—透辉石矿体及编号；5—断层及编号

3. 矿石特征

矿石基本由透辉石组成，含少量石英、透闪石、微斜长石、钾长石，偶见磁铁矿、磷灰石等。矿石中透辉石平均含量 91.56%，高者达 95% ~ 98%。矿石自然类型单一，均为透辉石类型，且均属原生矿石。矿石自然白度 69.2% ~ 87.9%，平均为 82.27%。矿石中主要氧化物含量为：SiO_2 为 54.50%，Al_2O_3 为 1.04%，MgO 为 18.22%，CaO

为 24.24%；有害组分含量低，$Fe_2O_3 + TiO_2$ 平均含量为 0.38%。

平度长乐透辉岩矿石质纯，有害组分含量低，不需选矿就可以直接用于陶瓷原料的优质透辉石矿石。据安丘建陶厂生产试验（1987～1998 年），原生产釉面砖（用黏土 + 叶蜡石），素烧温度为 1 230℃，烧成时间为 70 h；釉烧温度为 1 110℃，烧成时间为 50 h。而用透辉岩质生产釉面砖，素烧温度为 1 080℃，烧成时间为 19 h；釉烧温度为 1 010℃，烧成时间 12～13 h。二者相比，后者比前者素烧温度降低 150℃，烧成时间减少 60% 左右；釉烧温度后者比前者降低 90℃，烧成时间减少 60% 以上。用长乐透辉岩烧制釉面砖节能效果显著。

第十八节　山东蓝晶石矿

一、蓝晶石矿的分布

目前所知，山东省内蓝晶石类矿产只见于鲁东地区。而具有一定规模和具有工业利用价值的蓝晶石矿产地有分布在胶南隆起西北缘的五莲凸起上的五莲小庄（九凤村）及胶南隆起东南部的日照焦家庄子。以五莲小庄蓝晶矿规模最大（中型矿床）。此外，在胶北隆起南缘古元古代荆山群禄格庄组分布区，发育着蓝晶石矿化，其一段（安吉村段）为一套富铝变质岩石组合，其中的石榴夕线黑云片（麻）岩的 Al_2O_3 含量多在 20% 左右，分布稳定，是蓝晶石矿（夕线石）富集层位。

二、蓝晶石矿床类型及典型蓝晶石矿床地质特征

（一）蓝晶石矿床类型

山东目前所发现的五莲小庄和日照焦家庄子蓝晶石矿均为产于古元古代变质地层中、受高铝质原岩建造和区域变质作用控制的变质沉积型矿床。矿体呈层状、似层状，延伸较稳定。主要蓝晶石类矿物为红柱石及蓝晶石。

（二）典型蓝晶石矿床地质特征——五莲小庄蓝晶石矿

1. 矿区位置及矿区地质特征

小庄蓝晶石矿位于五莲县城东北约 17 km；在地质构造部位上，其在胶南隆起西北边缘的五莲凸起上，北与胶莱坳陷南缘的枳沟凹陷交界，西近沂沭断裂带。

蓝晶石矿含在古元古代粉子山群下部变质地层中，其原岩为浅海相富铝系列的泥质、泥砂质、钙质的沉积岩石。分布在五莲凸起上的这套变质岩石组合，山东省地矿局区调队 1978～1982 年进行 1:20 万日照幅区调中将其命名为五莲群，自下而上划分为海眼口组和坤山组。1994～1995 年山东省地矿局地层清理时，将其自下而上厘定为祝家夼组和张格庄组，祝家夼组为含矿层位。

矿区内发现的 3 个蓝晶石矿化层分布在五莲小珠子山 – 小庄 – 南窑沟一带，基本分布在大珠子贺家岭背斜之两翼上（图 16 – 4 – 34）。

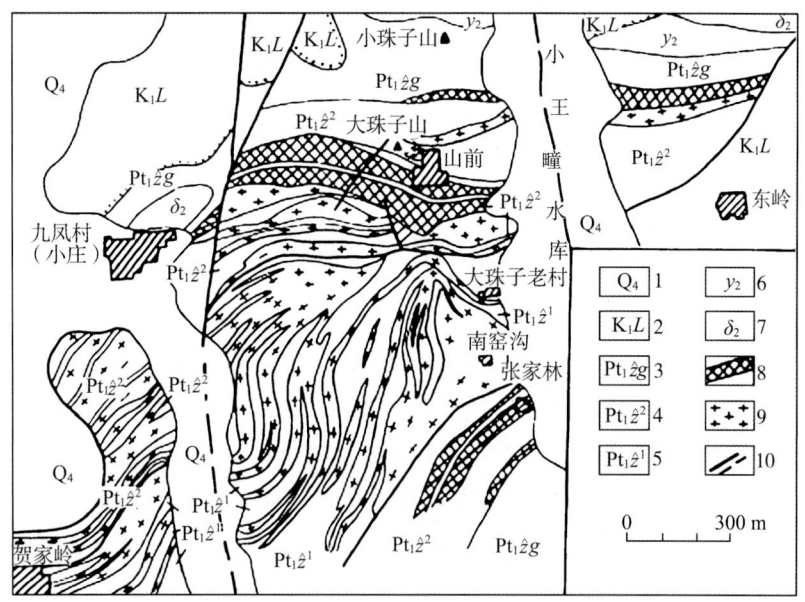

图 16 - 4 - 34　五莲蓝晶石矿含矿层分布图

（据 1:20 万日照幅区调报告）

1—第四系；2—早白垩世莱阳群；3—古元古代粉子山群张格庄组；4—粉子山群祝家夼组上部（含矿层位）；5—祝家夼组下部；6—元古宙片麻状花岗岩；7—元古宙闪长岩；8—含红柱石蓝晶石黑云片岩、黑云变粒岩（含矿层）；9—元古宙含稀土花岗伟晶质碎裂岩；10—断层

2. 矿体特征

矿区共圈定 4 个蓝晶石矿体（Ⅰ，Ⅱ，Ⅲ，Ⅳ号），为层状、似层状或透镜状。其中：①Ⅰ，Ⅱ，Ⅳ号矿体规模较小，矿体长 60 ~ 120 m，厚 3.6 ~ 10.7 m。矿体中矿石平均品位（红柱石 + 蓝晶石）为 6.10% ~ 7.30%。②Ⅲ号矿体为主要矿体，矿体呈层状和似层状，与围岩产状一致，倾角一般在 35°~50°之间；矿体底板为金云母大理岩，顶板为方解大理岩或石英片岩。圈定的工业矿体中间肥厚，向东西延伸具分支现象。矿体长 950 m，厚度 17.4 ~ 95.4 m，平均厚度 52.2 m。矿体平均品位（红柱石 + 蓝晶石）为 9.90%，氧化带平均深度 30 m（图 16 - 4 - 35）。

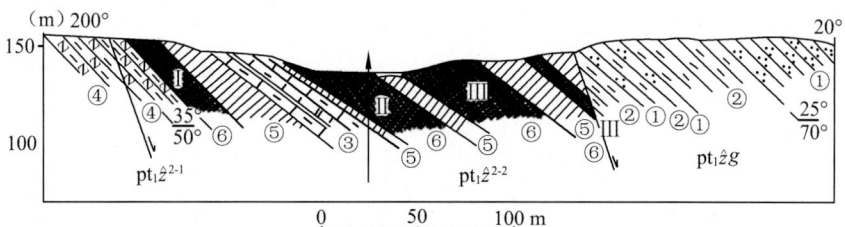

图 16 - 4 - 35　五莲小庄红柱石·蓝晶石矿区 4 线剖面图

（据山东省地矿局第四地质队资料编绘，1988 年）

1—石英片岩；2—黑云片岩；3—金云母大理岩；4—黑云斜长片麻岩；5—含红柱石蓝晶石黑云片岩、黑云变粒岩；6—红柱石·蓝晶石矿体，Ⅰ、Ⅱ、Ⅲ为矿体编号；$Pt_1\hat{z}g$—古元古代粉子山群张格庄组；$Pt_1\hat{z}^{2-2}$—粉子山群祝家夼组上部层位第 2 岩段；$Pt_1\hat{z}^{2-1}$—祝家夼组上部层位第 1 岩段

3．矿石特征

（1）矿石的一般特征：矿石中矿石矿物为红柱石和蓝晶石（占 5% ～25%）；脉石矿物以黑云母（30% ～50%）和石英（20% ～30%）为主，其次为斜长石、石墨和绢云母及少量的电气石、十字石、锆石、磷灰石、磁铁矿、钛铁矿和石榴子石等。矿石中红柱石和蓝晶石的含量在 5% ～25% 之间，个别样品含量在 30% 以上。以Ⅲ号矿体的矿石品位较高，一般在 8.53% ～11.20% 之间，平均品位为 9.90%；Ⅰ，Ⅱ，Ⅳ号矿体平均品位为 6.10%，7.01%，7.30%。矿石（蓝晶石化红柱石黑云片岩）中有益组分 Al_2O_3 含量较高，在 19.35% ～25.83% 之间，平均值 23.77%。

矿石自然类型以蓝晶石化红柱石黑云片岩型（或称为红柱石蓝晶石黑云片岩型）为主，其次为蓝晶石化红柱石黑云变粒岩型、蓝晶石黑云片岩型等。矿石自然类型也可以矿石矿物含量多少划分为蓝晶石矿石及蓝晶石红柱石矿石（杨子亭，1991 年）。

（2）矿石的物理性能：五莲小庄蓝晶石矿具有良好的可选性能、高的耐火度和较高的高温体积膨胀率。①采用"自磨脱泥 - 破碎筛选"的简易分选工艺流程试验，可使群采的蓝晶石化红柱石单晶体和集合体，获得 Al_2O_3 含量达 54%、Fe_2O_3 含量 <3.5%、耐火度 >1 790℃、1 500℃ 时的线膨胀率为 6% 左右的红柱石粗精矿。②采用"重选 - 自磨脱泥 - 磁选"的扩大分选工艺流程试验，可使群采的蓝晶石化红柱石单晶体和集合体，获得 Al_2O_3 含量 >54%、Fe_2O_3 含量 <2%、耐火度 >1 790℃、1 500℃ 时的线膨胀率达 7.31% ～8.28% 的红柱石精矿。具有良好的应用效能。

第五章　山东水气矿产

山东已知的水气矿产包括地下水、矿泉水、二氧化碳气和硫化氢气 4 种，其中前 3 种矿产已经过不同程度的地质工作，对资源状况有一定了解，并已得到开发利用；硫化氢气资源尚未投入专门勘查评价工作，其资源状况还不很清楚。山东地下水及矿泉水分布较广泛，投入地质工作较多，在本章中专门叙述。

山东二氧化碳气矿床，目前只查明淄博市高青县黑里寨 1 处。该二氧化碳气矿床在地质构造位置上居于东营坳陷内的平方王青城潜山带北部的一个断块山处，为奥陶系气顶气藏。含气面积约 4.4 km^2，气层埋深 1 000 ~ 1 500 m，CO_2 含量为 97%，气体压缩系数为 0.609。经勘查该矿床二氧化碳气储量为 9.05×10^8 m^3，按 70% 开采比率，可采储量为 6.3×10^8 m^3。

第一节　山东地下水

一、山东省地下水资源分布及地质工作研究程度

（一）地下水资源状况及分布特点

地下水资源主要补给来源是大气降水，山东省多年平均降水量为 1 083.6 $\times 10^8$ m^3，地下水总天然资源量仅为 193 $\times 10^8$ m^3/a，综合补给资源量为 210 $\times 10^8$ m^3/a。山东省各地区地下水天然资源量及综合补给资源量，由于受地形、岩性等因素制约，变化较大。

在山地丘陵区，地下水补给来源主要接受大气降水的渗入补给，综合补给量等于天然资源量。由于基岩裸露，地形坡度大，易形成表流，地下水补给模数小于河谷盆地区。鲁东山区与鲁中南山区，由于地貌、岩性等因素影响，地下水天然资源分布亦不一致。鲁东地区，各类基岩出露良好，河谷第四系分布狭窄，地下水天然资源补给条件较差，补给模数一般为 7×10^4 ~ 10×10^4 $m^3/$（$km^2 \cdot a$）。鲁中南山区，碳酸盐岩分布广泛，裂隙岩溶发育，一系列开阔的断陷盆地、谷地中广泛分布着第四系砂砾石层，有利于大气降水渗入。因此，鲁中南地区地下水补给条件好于鲁东地区，补给模数一般 $>10 \times 10^4$ $m^3/$（$km^2 \cdot a$）。

山前冲洪积平原区，地面微倾斜，含水砂层颗粒粗，地下水水位埋藏较深，沟渠纵横，有利于大气降水及地表水补给，加之山区侧向补给和井灌回渗补给，地下水综合补给模数大于天然补给模数，一般为 17×10^4 ~ 28×10^4 $m^3/$（$km^2 \cdot a$），部分地区达 30 $\times$

$10^4 \sim 40 \times 10^4 \ m^3 / \ (\ km^2 \cdot a)$。

鲁西北黄河冲积平原区，地面平坦，有利于大气降水渗入，沿黄地区又得到黄河侧渗补给，地下水综合补给模数大于山区而小于山前平原区，一般为 $17 \times 10^4 \sim 24 \times 10^4 \ m^3 / \ (km^2 \cdot a)$。引黄灌溉区，由于引黄灌溉产生的大量渗入补给和井灌回渗补给，补给模数为 $20 \times 10^4 \sim 35 \times 10^4 \ m^3 / \ (\ km^2 \cdot a)$。

（二）地质工作研究程度

山东省水文地质调查工作始于 20 世纪 50 年代。山东省地质局在 50 年代初期，首先在全省范围内开展了水文地质基础研究工作，相继完成了济南、青岛、德州等地 1:20 万综合水文地质测绘 20 多幅图；60 年代，开展了以工农业供水勘查为重点的多项水文地质研究工作；70 年代，进行了 1:10 万鲁西北平原农田供水勘察、1:20 万全省综合水文地质调查；80 年代，开展了重点城市环境水文地质调查及全省地下水资源评价等各项水文地质工作；"八五"（1991~1995 年）期间，主要进行了重点建设项目水源地勘查、城市的供水水文地质勘查、重要城市的地下水保证程度论证；"九五"（1996~2000年）期间，山东省水文地质勘查工作重点转移到以地下水资源合理开发利用和水环境问题研究为主，并建立了相应的图形和数据库，突出了信息在地下水资源研究中的应用。

二、地下水资源特征

山东省地质及水文地质条件较复杂，地下水资源形成和分布受气候、地貌、岩性、构造等多种自然因素的制约，不同水文地质单元及各单元不同部位，地下水补给、径流、排泄、富集特征均有显著差异。因此，地下水资源，特别是地下水开采资源的分布具有明显不均匀性。

（一）鲁西北平原松散岩类水文地质区

该区是由巨厚第四纪松散堆积物形成的广阔平原，地面平坦，坡降小，由西南向东北缓倾。含水层为冲积、洪积、海积、湖积粉细砂、中细砂及中粗砂砾石层。垂向上一般由浅、中、深 3 个含水岩组成，深度一般为 60 m 以上、60~140 m 及 140 m 以下。除山前冲洪积平原为地下水全淡水区、黄河三角洲和滨海海积平原为全咸水区外，其他地区一般呈淡-咸、淡-咸-淡的水质分带。深层含水层补给条件差，透水性弱，不宜大规模开采。

浅层地下淡水相对易采易补，是本区主要开采目的层。山前冲洪积平原浅层潜水微承压水，一般埋深在 50 m 以上，含水层岩性以中粗砂为主，厚 5~30 m，地下水位埋深一般为 4~8 m，含水层单井出水量 500~1 000 m^3/d，局部可达 1 000~3 000 m^3/d，除可作为农田灌溉用水外，在古河道带的有利部位可形成大、中型水源地。黄河冲积平原浅层潜水——微承压水，一般埋深在 60 m 以上，除接受大气降水补给外，还接受黄河侧渗补给，含水层岩性以粉细砂及中细砂为主，厚 5~25 m，地下水位埋深 2~4 m，在古河道间带有岛状咸水分布，含水层单井涌水量一般小于 500 m^3/d，除大面积用于农田灌溉用水外，在古河道带适宜部位可形成中、小型水源地。

（二）鲁中南中低山丘陵碳酸盐岩类为主水文地质区

该区主要由 29 个岩溶水系统组成，主要含水层为奥陶系及寒武系灰岩、白云质灰岩、泥质灰岩等。该区是山东省大型、特大型集中供水水源地和大泉的主要分布区。

大气降水是岩溶水系统最主要补给来源。岩溶水系统规模较大，一般由数百平方千米到数千平方千米；巨厚的岩溶含水层在汇集区，形成巨大的调蓄功能很强的储水空间——岩溶地下水库。在岩溶水系统汇集排泄区内的裂隙和水文网发育及溶隙和溶孔密集地段，常形成岩溶水强径流带。强径流带与其他富水构造复合、联合成富水地段。岩溶水系统汇集排泄区强径流带下游常出露众多岩溶泉（包括大泉），如著名的济南泉群。岩溶水系统岩溶水的自然排泄多呈集中性的和常年性的，以泉呈点状排泄，以补给地表水呈线状排泄。岩溶水与系统内其他类型地下水和地表水联系密切，具有互相转化、多次转化、动态相似的特点。由于接受降水补给的补给区面积大、包气带厚，在储存量巨大的汇集排泄区，岩溶水多年调节性强，水量、水位动态较稳定，变化幅度较小。由于岩溶水系统规模大，补给条件好，调蓄功能强，汇集排泄区的富水地段，常可开发为集中供水的大型、特大型水源地，开采条件好，开发利用率高。

（三）鲁东低山丘陵松散岩、碎屑岩、变质岩类水文地质区

该区广泛分布变质岩、岩浆岩和碎屑岩类裂隙含水岩组。裂隙水主要分布于风化裂隙中，裂隙发育深度一般十几米至几十米，地下水具有降水补给、浅部循环、短途排泄的特点。该含水岩组富水性较弱，单井出水量 100 m^3/d 左右，难以形成大、中型集中供水水源地。松散岩类孔隙水主要赋存于山前冲洪积平原和山间谷地中的砂层中，砂层厚 3～10 m，水位埋深 1～5 m，单井出水量 1 000 m^3/d。由于地表水与地下水水力联系密切，加之中下游地形平缓，在河谷中、下游及山前冲洪积平原中的古河道带形成局部富水地段，可建中、小型水源地；局部河谷宽阔、砂层厚、河水水源充足的地段可形成大型甚至特大型集中供水水源地。

三、地下水资源开发利用现状及前景分析

（一）地下水资源开发利用现状

地下水以其易采易补、调节能力强、水质好和动态稳定等优势，因而成为工农业生产、城镇建设和生活饮用的主要供水水源。据地矿部门调查统计，近十年，山东省年均地下水实际开采量为 $120×10^8$ m^3 左右。

近年来，随着山东经济社会的持续发展，人民生活水平的逐年提高，对水资源的需求亦日益增加。据调查，20 世纪 80 年代初，全省每年开采地下水约 $90.45×10^8$ m^3，1989 年开采约 $105×10^8$ m^3，1997 年则达到 $130.59×10^8$ m^3，2000 年达到 $131.04×10^8$ m^3。从时间上看，全省地下水的开采量呈现逐年升高的趋势。1989～1999 年全省年均降水量 670.9 mm，年均开采量为 $116.52×10^8$ m^3。

从区域上讲，由于水资源分布不均一，经济发展水平不平衡，各市（地）地下水的开采量也不均衡。济宁、潍坊、泰安、聊城、济南 5 个市开采水平较高，年开采量均在 $10×10^8$ m^3 以上；莱芜、日照、威海、东营、滨州 5 个市开采量较小，年开采量小于

3×10^8 m³；其他市（地）年开采量在 $5 \times 10^8 \sim 9 \times 10^8$ m³。依 1998 年实际开采模数分析，淄博市开采模数最大，达 15×10^4 m³/（km² · a）；其次为泰安、聊城、枣庄、济南、济宁，开采模数在 10×10^4 m³/（km² · a）左右；其他市（地）均小于 10×10^4 m³/（km² · a），其中东营最小，为 1.4×10^4 m³/（km² · a）。

（二）地下水开发前景

对山东省 135 个县（市、区）地下水开采潜力指数进行计算分区可分为有开采潜力区、采补平衡区、超采区、严重超采区。

1. 有开采潜力区

山东省地下水仍具开采潜力的地区基本呈 4 大块分布于鲁北、鲁西南、鲁中及胶东半岛的部分地区，其范围包括菏泽全部、德州、滨州、临沂、淄博、烟台、威海的部分地区，共计 72 个县（市、区），国土总面积约 9.1×10^4 km²，占全省县（市、区）总数的 51.8%，占全省国土总面积的 57.96%，即全省一半地区地下水还有开采潜力。

该区地下水开采资源量 106.22×10^8 m³/a，1998 年实际开采量 51.87×10^8 m³/a，目前仍有剩余资源量 54.75×10^8 m³/a，具有广阔的开发前景。鲁北、鲁西南地区地下水类型为松散岩类孔隙水，不宜建立集中开采水源地，可采取分散开采的方式，鲁中南地区多为岩溶裂隙水，开采方式宜集中与分散相结合。

2. 采补平衡区

主要分布于山前地带，包括枣庄、济宁、泰安、聊城市及潍坊东北部、烟台、青岛的大部分地区，临沂、日照的南部地区亦有分布，共有 41 个县（市、区），占全省县（市、区）的 29.50%，国土面积 4 518 km²，占全省总数的 28.78%。

该区地下水可采资源量 47.00×10^8 m³/a，1998 年实际开采量 46.96×10^8 m³/a，总剩余资源量 0.04×10^8 m³/a。本区地下水总体上处于采补平衡状态，不宜再扩大开采，应维持现状开采量，以利于地下水的可持续开发。

3. 超采区

该区零星分布于淄博北部的高青、桓台县及潍坊东北部的昌邑县、济宁市市中区、泰安市的肥城市及烟台市的龙口等地，共计 15 个县（市、区），占全省县（市、区）总数的 10.8%，占全省国土总面积的 7.73%。

该区开采资源量 15.02×10^8 m³/a，1998 年实际开采量 21.82×10^8 m³，总体上已经处于超采状态，年超采量 6.80×10^8 m³，应限制开采。

4. 严重超采区

零星分布于泰安、青岛、德州等市的市区，呈现严重超采的县（市、区）共有 7 个，占全省县（市、区）总数的 5.04%，占全省国土总面积的 0.71%。

该区地下水总的开采资源量 0.95×10^8 m³/a，1998 年实际开采量 2.22×10^8 m³，年超采量 1.27×10^8 m³。严重超采区多分布于城市的市区及郊区，人口比较密集，厂矿企业集中，多分布有大中型水源地。由于开采较为集中，产生的问题较多，危害较大，因此应严格限制开采。

第二节　山东矿泉水

一、矿泉水资源状况及分布与研究程度

（一）矿泉水资源状况

山东是全国勘查评价饮用天然矿泉水较多的省份之一，也是全国已查明矿泉水资源最多的省份。

山东矿泉水资源十分丰富，但分布不均。已查明的矿泉水允许开采资源总量较多的城市有潍坊市、济南市和济宁市。查明资源量最少的是日照市。

（二）矿泉水资源分布

山东矿泉水点的区域分布很不均匀，全省17市（地）中，矿泉水最多的是青岛市，达104处，占全省总点数的28.8%；居第二位的是烟台市，共41处，占总点数的11.4%；居第三位的是济南市，共39处，占总点数的10.8%。矿泉水点数最少的是东营市，仅2处，占总点数的0.6%。目前尚有30余个县未进行矿泉水的勘查与评价工作。

（三）矿泉水资源勘查研究程度

饮用天然矿泉水的正规勘查评价工作始于1986年山东省环境水文地质总站对郯城县清泉寺林场大口井地下水作为饮料矿泉水所进行的评价，提交了山东省第一份饮用天然矿泉水调查评价报告；并于1986年10月，通过了山东省科学技术委员会组织的评审鉴定，这是山东省第一份通过正式技术鉴定的矿泉水评价报告。

从勘查评价的矿泉水类型分析1988年以前仅评价锶型矿泉水。1988年，山东省地矿局第三地质队在蓬莱市草店村首次发现锶偏硅酸复合型矿泉水；1992年，山东省地矿局中心实验室在乳山市埠村发现锶偏硅酸碘型矿泉水，其中碘为省内首次发现的达标元素；1997年，山东矿泉水勘查鉴定中心在东平县州城镇发现锶、偏硅酸、溴、锌多元素达标的饮用天然矿泉水，其中溴、锌为省内首次发现的达标元素。上述饮用天然矿泉水的勘查评价成果，为山东饮用天然矿泉水的开发利用提供了丰富的资源。

（四）矿泉水开发利用概况

山东省饮用矿泉水开发历史较早，1905年崂山矿泉水的发现，揭开了我国瓶装矿泉水开发的序幕，但当时产量很小。新中国成立后逐步扩大生产规模，在国际市场上占领了一席之地，主要销往东南亚、日本、美国、英国等地。1971年，其销量占香港市场的75.3%，但并没有保住其优势，现在在香港市场上的销量已变得很小了。

1986年《矿产资源法》颁布，将矿泉水确定为矿产资源，使矿泉水开发得到快速发展。2013年，全省矿泉水开发企业89个，从业人员3 217人，采出矿泉水48.7万t，工业总产值21 599.79万元，销售收入16 554.01万元，利润总额1 080.16万元。

二、矿泉水的基本特征

山东矿泉水具有类型较多、水化学类型复杂、矿化程度较低、赋存岩类及矿泉水含水岩组齐全、岩性复杂、受构造控制明显、单井出水量差异大等特点。

1. 矿泉水类型较多，但达标元素比较单一

山东已鉴定的 361 处矿泉水，可归纳为 13 种类型，其中锶偏硅酸型的最多，达 151 处，占总点数的 41.8%；锶型 118 处，占总点数的 32.7%；偏硅酸型的 64 处，占总点数的 17.7%；此外尚有碘型、碘锶型、偏硅酸锌型、锶偏硅酸溴锌型以及锶偏硅酸碘型等 10 种类型，共 28 处，仅占总点数的 7.8%。

2. 不同类型矿泉水的单井出水量差异较大

据对已评价的 361 处矿泉水点单井出水量的统计，锶型矿泉水平均单井出水量最大，达 1 200 m^3/d；偏硅酸型矿泉水平均单井出水量最小，仅 160 m^3/d；前者相当后者的 7.5 倍，锶偏硅酸型和其他类型矿泉水平均单井出水量界于上述二者之间。

3. 矿泉水类型与含水岩组类型密切相关

根据山东主要含水岩组所赋存的矿泉水情况分析，不同类型矿泉水的分布与含水岩组类型的相关性十分密切。

（1）块状岩类含水岩组：据对赋存于块状岩类含水岩组中的 97 处矿泉水点统计，锶偏硅酸型矿泉水点为 55 处，占 56.7%；偏硅酸型为 36 处，占 37.1%；锶型为 6 处，占 6.2%；未发现含碘等其他类型的矿泉水。

（2）碳酸盐岩类裂隙岩溶含水岩组：赋存在该含水岩组的 50 处矿泉水中，锶型为 45 处，占 90.0%；锶偏硅酸型为 3 处，占 6.0%；偏硅酸型和含碘等其他类型矿泉水点为 2 处，仅占 4.0%。

（3）碎屑岩类孔隙裂隙含水岩组和松散岩类孔隙含水岩组：此 2 类岩组内所发现的 30 处矿泉水点中，含碘等其他类型的矿泉水点为 21 处，占 70.0%；锶偏硅酸型为 6 处，占 20.0%；锶型为 3 处，占总体的 10.0%；尚未发现偏硅酸型的矿泉水。

（4）其他含水岩组：主要包括：①碳酸盐岩夹碎屑岩含水岩组，以赋存锶型矿泉水为主；②基岩裂隙含水岩组和喷出岩孔隙裂隙含水岩组，均以赋存锶偏硅酸矿泉水为主。

4. 矿泉水水化学类型复杂

山东矿泉水水化学类型十分复杂，按舒卡列夫分类，山东已通过鉴定的 361 处矿泉水的水化学类型多达 40 余种，其中分布比较广的为 HCO_3 – Ca 型、HCO_3 – Ca·Mg 型、HCO_3 – Ca·Na 型、HCO_3·Cl – Ca 型，共 226 处，占总点数的 62.6%；其他 135 处矿泉水分属 30 多种不同的水化学类型，可见水化学类型之复杂。

5. 矿泉水的矿化程度较低

矿化度值是反映矿泉水矿化程度的特征值。在 361 处矿泉水中，94% 属于淡矿泉水（矿化度 < 1 g/L）。其中，属低矿化水（矿化度 < 0.5 g/L）的达 232 处，占总点数的 64.3%。

6. 矿泉水点的分布受断裂构造控制比较明显

在已评价的 361 处矿泉水点中，与断裂构造有关的达 216 处，占总点数的 59.8%。尤以沿 NE，NNE，NW，NNW 向断裂分布者居多，共 175 处，占断裂控泉总点数的 81.0%。

矿泉水的类型与断裂构造的方向性虽然没有明显的关系，但各类型矿泉水受断裂构造的控制程度却有所不同。64 处偏硅酸型矿泉水中，有 47 处与断裂构造有关，占 73.4%；28 处含碘等其他类型矿泉水点，仅有 4 处与断裂构造有关，占 14.3%。锶偏硅酸型和锶型矿泉水点受断裂构造的控制程度分别占相关类型点数的 66.2% 和 55.1%。从以上统计不难看出，受断裂控制程度最高的是偏硅酸型，最低的是含碘等其他类型矿泉水。

第十七篇

山东地质遗迹资源

地球内外力作用塑造了山东丰富珍贵的地质遗迹资源

山东地质遗迹类型丰富多样

不同类型的地质遗迹组合成各具特色的地质公园

山东已有地质公园 56 处

泰山是山东唯一的世界地质公园

地质遗迹具有重要的美学、科研和社会价值

保护地质遗迹资源是人类崇尚文明的共同意识

第一章　地质遗迹概述

地质遗迹是地球馈赠给人类的宝贵地质资源。它是通过内、外力地质作用形成并以地质遗迹现象反映、表达出来。人们通过各种地质遗迹现象，可以追溯地质演化历史以及各地质历史时期的古地理、古气候、古生态环境状况，在科研、教学、科普教育和旅游观赏等方面具有极为重要的意义。认识地质遗迹、研究地质遗迹、保护地质遗迹、合理开发地质遗迹，是全人类共同的责任和义务

第一节　地质遗迹概念

地质遗迹是指在地球演化的漫长地质历史时期，由于内外动力的地质作用，形成、发展并遗留下来的珍贵的、不可再生的地质自然遗产。依据不同的分类原则，地质遗迹有不同的分类。

1. 按照规模大小、要素组合和地质科学意义、美学观赏价值以及与其他自然景观与人文景观要素包含状况，地质遗迹可分为地质景点、地质遗迹保护区、地质公园等。

2. 地质遗迹依其形成原因、自然属性等主要有下列 6 种类型：

（1）标准地质剖面；

（2）著名古生物化石遗址；

（3）地质构造形迹；

（4）典型地质与地貌景观；

（5）特大型矿床；

（6）地质灾害遗迹。

第二节　地质遗迹分类

山东地质遗迹资源丰富，类型多样，依据国土资源部发布的《重要地质遗迹资源调查技术要求》（2010 年 10 月试行稿）地质遗迹分类标准，将山东省地质遗迹资源划分为 3 个大类 12 个类 40 个亚类，见表 17 - 1 - 1。

表 17 – 1 – 1　　　　　　　　　　　　山东地质遗迹类型划分及分布

大类	类	亚类	典型代表
基础地质类地质遗迹	地层剖面	区域层型（典型）剖面	长清张夏崮山华北寒武系标准剖面，山东白垩纪地层剖面，平邑卞桥官庄群剖面
	岩石剖面	侵入岩剖面	泰安黄前水库、泗水龙门山花岗岩剖面
		火山岩剖面	泰山中天门、沂南铜井典型中性岩体剖面
		变质岩剖面	章丘官营地壳深融形成二长花岗岩剖面
	构造剖面	断裂（带）构造	即墨—牟平断裂为华北板块与苏鲁造山带（扬子板块北缘）边界，沂沭断裂带
		褶皱（变形）构造	各类规模不等的、在不同应力条件下形成的褶曲构造
		不整合面	章丘普集二叠和三叠纪不整合接触面
	重要化石产地（保存地）	古人类活动遗址	大汶口文化遗迹，沂源古人类遗迹
		古生物群集中产地	临朐山旺化石
		古生物化石保存地	诸城恐龙化石
		古生物活动形迹	诸城皇华、莒南等地恐龙足印
	重要岩矿石产地	典型矿床类露头	平邑、招远、莱州、牟平等地金矿
		典型矿物岩石命名地	蒙山金刚石，昌乐蓝宝石
		采矿遗址	枣庄中兴煤矿，临沂归来庄金矿
		陨石坑和陨石体	莒南铁牛（铁陨石）
地貌景观类地质遗迹	岩土体地貌	碳酸盐岩地貌	鲁西山区崮形地貌
		花岗岩地貌	峄山、崂山高山断崖绝壁型地貌
		变质岩地貌	泰山高山尖峰深谷型地貌
		碎屑岩地貌	长岛—蓬莱石英砂岩地貌
		黄土地貌	临淄四女坟黄土沟、蓬莱西朱潘黄土塬、平阴黄土柱等地
	水体地貌	河流	黄河，小清河
		湖泊、潭	南四湖，东平湖
		湿地—沼泽	枣庄微山湖湿地，东营黄河入海口湿地
		瀑布	山丘型瀑布，河道型瀑布
		泉	济南泉群，泗水泉林
	构造地貌	飞来峰	枣庄飞来峰
		构造窗	蒙阴城西褶皱山
		峡谷	沂水地下大峡谷

（续表）

大类	类	亚类	典型代表
地貌景观类地质遗迹	火山地貌	火山机构	昌乐北岩火山口，邹平仰天山破火山口
		火山岩地貌	蓬莱熔岩台地，栖霞方山熔岩台地，无棣大山熔岩流，昌乐牛山柱状节理群，即墨马山柱状节理群
	冰川地貌	冰蚀地貌	角峰、刃脊、冰斗、冰川 U 形谷、冰川刻痕、冰溜面、羊背石
		冰川堆积地貌	侧碛垄、中碛垄、终碛垄、漂砾、蛇形丘、鼓丘
	海岸地貌	海蚀地貌	胶南琅琊台、崂山、成山头、长岛九丈崖、蓬莱阁等地
		海积地貌	青岛仰口、日照石臼所、海阳凤城、乳山银滩等地的海积沙滩、海积卵石滩、三角洲、沙咀、连皇沙坝等
地质灾害类地质遗迹	地震遗迹	地裂缝	五莲构造地裂缝
		地面变形	地下矿床开采区地面变形
	其他地质灾害	崩塌、滑坡	熊耳山崩塌，五峰山滑坡体，峄县凤仙山滑坡体
		泥石流	泥石流堆积扇、泥石流龚岗
		地面塌陷	济宁采煤塌陷区
		地面沉降	德州、滨州、东营等地

第三节　地质遗迹保护

一、地质遗迹保护的意义

地质遗迹保护的主要意义：

1. 地质遗迹的形成要经过漫长的地质历史时期，具有独特性、典型性和不可再生特点，有的地质遗迹在世界上是独一无二的，一旦被破坏，将不可恢复，人类就会永远失去这笔财富。因此，保护地质遗迹，是一项艰巨而紧迫的任务。

2. 地质遗迹是科学研究特别是地质学研究的证据，是地球演变的遗存，只有地质遗迹得到有效保护，今天和将来的科学家才有可能依据这些遗迹研究地质环境和地球演化。

3. 地质遗迹是地质科普教育的标本，是地质学、地理学野外实践教学的主要对象，保护地质遗迹，有利于地质基础知识的普及和民众素质的提高。

4. 千姿百态的地质遗迹景观是地质旅游赖以发展的基础，保护地质遗迹景观，是提升旅游品味、促进地质旅游事业可持续发展的必要条件。

总之，地质遗迹是大自然对人类的恩赐，保护地质遗迹，为子孙后代留下这笔财富，是全人类的共同责任。

二、地质遗迹在经济社会发展中的地位和作用

近年来，随着人们对地质遗迹资源的认识和开发，地质遗迹在我国社会经济发展中发挥着越来越突出的作用。主要表现在：

1. 地质遗迹的开发利用成为我国第三产业发展的新动力。地质遗迹资源是一种不可再生的地质自然遗产，是地质旅游资源的重要组成部分，而地质旅游资源又是自然旅游资源的主体，地质遗迹资源的开发利用，目前在第三产业中已占绝大部分比例，地质旅游的蓬勃兴起，成为推进我国第三产业发展的新动力。

2. 地质遗迹资源产业是资源节约型和可持续发展型的产业。地质遗迹资源与基础产业相比，不需要专门的原料消耗，资源可以持续利用。地质遗迹资源产业发展本身就是以自然生态和环境保护为方针，在开发资源，保护自然生态环境方面起着重要作用，这也决定了地质遗迹资源产业将成为引导我国产业绿色化的前锋。

3. 地质遗迹资源产业为第一、第二产业的发展提供了新市场。地质旅游产业具有独特的关联功能，形成了新的市场推动，带动了一大批相关产业的发展，并将成为永不衰弱的"朝阳产业"。

4. 开发利用地质遗迹资源，带动贫困地区群众走上脱贫致富之路。地质旅游是开发扶贫的一种特殊形式，为贫困落后的地区带来了向往新生活的希望。地质旅游扶持旅游资源地区发展旅游业，不但是帮助这些地区尽快脱贫致富的需要，而且是帮助这些地区奔小康的需要，是具有重大战略意义和深远意义影响的举措。

5. 地质遗迹资源开发利用对文化发展具有促进作用。地质旅游对于人们来说，可以丰富地理知识、地质知识、文史知识、风俗民情知识等。旅游活动的所见、所思、所闻，成为每一位旅游者积累知识财富的过程。

6. 改善投资环境促进对外开放交流。地质旅游业的发展进程在一定程度上取决于国际直接交流的进程，从而也会进一步推进国际经贸、科技、文化等各方面的双向交流，为经济联合构筑基础。

第二章 山东典型地质剖面

典型地质剖面是具有重要科学研究、科学考察和教学意义的地质遗迹。通过对地层剖面中各地质时代所形成的岩石的结构、颜色、粒度和成分的观察研究,可以恢复各地质历史时期的古地理、古气候和古环境;通过地层剖面的结构、沉积构造特点等可以恢复当时介质的运移过程及相关的海陆演变。地质剖面中所含有丰富的古生物化石是反映当时生态环境最重要的标志,也是确定时代和进行地层对比的重要依据。山东的地层从太古宙至新生代都较为发育,地质工作者在全省共建立了100多条典型的地质剖面。这些典型剖面记录了近30亿年以来的地质发展历史,这些剖面在国内外具有代表性、典型性,对追溯地壳演化历史具有重大科学研究价值。比如,山东长清张夏崮山寒武系标准剖面,因其剖面露头完整,地层接触关系清楚,岩石类型、层面及层理结构极为丰富,三叶虫化石富集且保存完整,被作为层序地层学研究和进行多重地层划分对比的理想剖面,既是地质教学、科研的最为有利的地区,也是不可多得的"地学实验室"和地学科普教育的极好基地。

第一节 山东重要地层剖面

山东省在国内外具有代表性、典型性的地层剖面主要有莒县浮来山震旦纪土门群地质剖面、济南市长清区张夏—崮山华北寒武系国际对比标准剖面、淄川—青州第四纪黄土剖面等,对追溯地壳演化历史具有重大科学研究价值。

一、莒县浮来山震旦纪土门群地质剖面

莒县浮来山地处沂沭断裂带中部,地质构造独特,是胶南隆起区和鲁西隆起区的地质分界线,发育有4亿~6亿年前形成的震旦纪、寒武纪、奥陶纪地层剖面。尤其是浮来峰西震旦纪土门群标准地层剖面,是地质学上一处完整的震旦纪土门群典型剖面,是"浮来山组"的诞生地。

震旦纪土门群为一套浅海相沉积,由砂岩、页岩和灰岩等组成,自下而上为:上黑山官组、二青山组、佟家庄组、石旺庄组,均出露完整,地层剖面连续,是山东新元古代土门群地层目前发现唯一最完整的地层,为区域地质历史演化阶段的研究提供了重要地质依据。同时,土门群上部地层石旺庄组砂灰岩中发现距今6.5亿~6亿年前发生的地震留下的痕迹——地震液化脉。这些树枝状、蠕虫状的碳酸盐泥晶岩脉很发育,一般脉

宽 1~3 cm，高 3~10 cm，其顶部为上部地层覆盖，下部为不同灰岩成分层，且参差不齐，在平面上多为平行分布，形成地震事件层，具有区域对比意义。另外，该段地层产状较陡，倾角在 45°~75°之间，便于野外观察，具有较重要的科研、教学价值。

震旦纪是新元古代以来的最大一次海侵，南北两支海侵在佟家庄中期汇合，沉积盆地南北贯通，海域扩大，盆地沉降速率增大，形成了佟家庄组黄绿色页岩的"饥饿期"沉积，此后，海域逐渐缩小，海退缓慢进行，水体变浅，形成了浮来山组及石旺庄组的沉积，最后海水退出沉积区，地壳上升遭受剥蚀。

震旦纪土门群下伏地层为距今 25 亿~23 亿年的古元古代中细粒黑云石英闪长岩，上覆地层为距今 6 亿~5 亿年的古生代寒武纪地层，再往上为距今 5 亿~4.5 亿年的古生代奥陶纪地层，地层剖面连续完整，各不同时代沉积层之间的接触关系清楚。其中土门群底部地层黑山官组角度不整合于古元古代中细粒黑云石英闪长岩上，土门群各组之间均为整合接触。寒武纪长清群朱砂洞组平行不整合于土门群石旺庄组之上，奥陶纪地层整合于寒武纪地层之上。

二、济南张夏—崮山华北寒武系标准剖面

济南市长清区张夏—崮山地区寒武纪地层发育，出露完好，接触关系清楚，岩石类型和沉积构造现象丰富，古生物化石富集，保存完整，备受国内外地质学家瞩目。这里早已被确定为"华北寒武系标准剖面"，并已列入我国地学教科书。2001 年 1 月，国土资源部批准了全国地层委员会确定的"中国区域年代地层表"中在该地建立毛庄阶、徐庄阶、张夏阶和崮山阶。主要地质遗迹有：华北寒武系标准剖面、古生物化石、沉积构造、石灰岩地貌景观及溶洞、崩塌地质灾害遗迹等，是进行层序地层学、多重地层划分对比和研究的理想地区，是进行地质科学教育的良好基地，是不可多得的"地学实验室"。主要特征是：

（一）地层剖面层序完整

张夏—崮山地区的寒武纪地层剖面，张夏镇馒头山剖面出露张夏组石灰岩以下的页岩、云泥岩为主的地层（即馒头页岩）。崮山火车站东侧虎头崖到黄草顶剖面张夏组（张夏阶）石灰岩层出露完整，剖面顶底界线明显，化石丰富。崮山镇东北的唐王寨剖面，崮山阶、长山阶出露齐全，化石富集易采，是研究崮山阶顶底界线、长山阶顶底界线和它们内部生物带划分的有利剖面。崮山镇东北的范家庄剖面，凤山阶各层出露完整，除三叶虫化石是凤山阶特有的种属外，在剖面的西北端点处的奥陶系底部含有丰富角石。张夏崮山地区发育完整的寒武纪地层，其与 25 亿年前所形成的变质基底岩系之间为不整合接触。馒头山北坡出露的不整合现象清晰而典型，为省内外所罕见。该处地层出露完好，界线未被掩盖；在不整合面之上的寒武系底部底砾岩，其砾石成分中所包含的下伏变质花岗质岩石清楚可见；不整合面之下可见到早前寒武纪基底岩系顶面古风化裂隙中，沉积"倒贯"形成垂直贯入的沉积"脉"。在范家庄剖面上，寒武系顶与奥陶系之间为整合接触，但是其岩石界线十分明显，其上为白云岩，含时代属早奥陶世的角石类化石；其下为灰岩或白云质灰岩，时代为晚寒武世。就整个山东寒武、奥陶系之

界线来说，它是岩石地层界线与年代地层界线相一致的典型出露地。

张夏—崮山地区的寒武纪地层总厚度 570.38 m，记录了大约 3 000 万年的海相沉积历史，自下而上分为朱砂洞组、馒头组、张夏组、崮山组和炒米店组。朱砂洞组只发育丁家庄白云岩段，主要由燧石结核白云岩组成。馒头组为一套紫红色砂质页岩、砂岩夹泥质白云岩、灰岩和鲕粒灰岩的岩石组合，反映了海岸线潮坪环境的沉积特点。张夏组下部为厚层鲕粒灰岩，为碳酸盐台地鲕粒滩沉积；上部为藻屑藻凝块灰岩，反映了藻泥丘环境的沉积特点。崮山组以黄绿色薄层泥灰岩、页岩、砾屑灰岩为主，为海盆环境的沉积。炒米店组下部为砾屑灰岩、鲕粒灰岩、藻礁灰岩，上部以云斑灰岩为主，发育虫迹构造，同时夹有砾屑灰岩、鲕粒灰岩，反映了当时海水加深的变化过程，即由浅海斜坡—浅海盆—中深浅海—浅海的变化特点。

（二）沉积构造现象丰富多彩

张夏—崮山地区寒武纪地层剖面上，可以观察到各式各样、丰富多彩的沉积构造现象，它们是分析追溯古沉积环境的最可靠的标志。大型斜层理是滨海沙滩沉积环境留下的地质遗迹；波状或水平微细层理反映了潮下低能沉积环境；馒头组薄层砂岩中保留清楚的波痕对于分析当时海水深度、海岸线方向具有重要意义；馒头组石店段和下页岩段中常见有泥裂、"帐篷"、"鸟眼"、"鸡笼铁丝"等构造现象。这些都说明该地区在早寒武世和中寒武世早期处于潮坪环境，海平面震荡，沉积物表面多次暴露出水面。毛庄阶顶部有一层核形石灰岩，是潮间—潮下环境海水动荡条件下藻类生物活动与沉积共同作用下的产物。炒米店组下部发育厚层叠层石灰岩、藻礁灰岩，叠层石呈柱状，柱体间填隙物多为藻屑灰岩、鲕粒灰岩和泥晶灰岩，大量藻体形成反映了该地处在浅海盆地，气候温暖，阳光充足。在唐王寨剖面上，炒米店组下部的藻礁灰岩较厚，沿走向向剖面两侧变薄，礁体形态清晰，礁体生长的末期，海水变浅，水动力条件发生较大变化，使藻礁削顶。崮山组和炒米店组下部碎屑灰岩发育，特别是长山阶之底部，竹叶状砾屑灰岩更具特色，"竹叶"多具紫红色氧化圈常直立状，具醒目的涡卷状和倒"小"字形结构。张夏组鲕粒灰岩中常见由内碎屑形成的粒序层构造构成，形式多样和副层序类型，每个副层序界面均显示有水下间断和冲刷遗迹。

（三）古生物化石丰富完整

赋存丰富且保存完整的古生物化石，是张夏崮山地区寒武纪地层剖面的主要特色，也正因如此，使该剖面成为华北乃至全国寒武系对比的标准，受到中外地质学家的高度重视。尤其是该地层剖面所赋存的三叶虫化石，数量多，垂向分布连续性好，在一些重要层位富集，化石保存完整，特征明显，易采并利于鉴定，具有地质时代的阶段性特征。在该剖面上所建立起来的三叶虫化石带，在划分对比寒武纪地层中具有重要意义。到目前为止，在张夏崮山寒武纪地层剖面上所发现的三叶虫化石近百种。其中有的种属是在张夏、崮山地区首次发现和命名，如徐庄虫、馒头裸壳虫等。张夏—崮山寒武系剖面上的三叶虫化石为年代地层划分提供了可靠依据，该剖面岩层中所产的大量球接子类化石对于寒武纪年代地层"阶"的厘定具重要意义。除三叶虫化石外，瓣鳃类、腕足类、藻类以及牙形石等也出现于该剖面上，同样对分析古生态及古环境具有重要意义。

在张夏崮山寒武系剖面上，还有大量的古生物遗迹化石出现，如爬痕、觅食痕、虫孔以及形式多样的虫迹构造，这些都是生态环境分析的重要地质遗迹现象。

（四）崮型地貌地质景观

张夏—崮山寒武系厚层石灰岩，由于岩石坚硬，岩层近水平，其下又是馒头组较松软易风化的碎屑岩层，所以极易形成"崮"型地貌景观。如该区的馒头山及其西北不远处的馍馍顶，气势雄伟，形态奇特。此外，张夏组所分的上、下灰岩段，在地貌上形成大陡坎带，形如石长墙，其间出现一个缓坡带，植被发育，它与崮山组软岩层形成缓坡带，构成两条宏伟的绿色环山带，成为该区一大自然景观。

三、山东白垩纪地层剖面

山东莱阳白垩纪地层是我国最早研究白垩系的地区。莱阳白垩系记录了地球自 1.4 亿～6500 万年前的历史，自下而上分为莱阳群、青山群和王氏群。

（一）莱阳群剖面

莱阳群一名源于谭锡畴 1923 年命名的"莱阳组"，命名地位于山东莱阳瓦屋夼一带。莱阳群具有以下特征：①莱阳群为陆源碎屑沉积建造，属典型的陆内盆地沉积，与下伏基底为异岩不整合接触，与上覆青山群呈喷发不整合接触。早白垩世早期受燕山期构造运动影响，隆起与拗陷加剧，发育有倒石堆相和洪积扇相沉积（林寺山组、止凤庄组），盆内积水成湖，形成具水平层理的页岩、粉砂岩沉积（水南组），其间生物极为繁盛，保存有大量生物化石。同时由于火山活动，后期河流相沉积中包含有大量中酸性火山碎屑（曲格庄组）。②从莱阳群的岩性及岩相特征看，由下向上明显表现为 3 个大的由粗至细的沉积旋回：下旋回的下部为瓦屋夼组底砾岩，上部为瓦屋夼组湖湘粉砂岩、页岩及灰岩等；中旋回的下部为林寺山组、止凤庄组以紫色调为主的砾岩、砂岩，上部为水南组及龙旺庄组的湖相杂色粉砂岩、页岩，沉积环境由氧化向还原环境演化；上旋回下部为曲格庄组下部河流相的紫色调砂岩、砾岩，上部为曲格庄组上部局部的浅湖相砂岩及粉砂岩沉积，分布范围相对较小。③莱阳群中化石丰富，主要产于水南组及曲格庄组。计有植物、孢粉、轮藻、叶肢介、介形虫、昆虫、鱼、瓣鳃、腹足及爬行类 10 个门类，并可与辽西的热河群、冀北的大北沟组、浙西的建德群及苏、皖一带的黑石渡组对比。

莱阳群为一套河湖相沉积，其沉积物记录了盆地发育初期、湖泛、衰退、消亡的完整过程，自下而上发育了 6 个组级岩石地层单位，分别为瓦屋夼组、林寺山组、止凤庄组、水南组、龙旺庄组及曲格庄组，命名地均在莱阳。

（二）青山群剖面

青山群源于谭锡畴 1923 年命名的"青山层"，命名地位于山东莱阳沐浴店青山后。青山群岩性组合主要分为中性—中基性火山岩、酸性火山岩及沉积岩 3 类。早期形成酸性火山岩，晚期形成中基性（偏碱性）火山岩。中基性火山岩多为溢流相，中性及酸性火山岩地层以爆发相为主，少量喷溢相。以火山机构为中心，向外出现爆发相或喷溢相、喷发—沉积相的有规律组合，岩层厚度也趋于变薄。

青山群是位于莱阳群之上、王氏群之下的一套火山岩系，间夹正常沉积岩层，为中—基性火山岩夹酸性岩，自下而上划分为后夼组、八亩地组，分别对应两个火山喷发旋回。

（三）王氏群剖面

王氏群源于谭锡畴1923年命名"王氏组"，命名地位于山东莱阳城西南"望市村"。王氏群由下而上主体颜色呈现出灰紫—灰绿—棕红色（紫红）—灰绿色的规律性变化，岩石粒度总体由粗至细。王氏群为一套河流相—湖相红色碎屑岩沉积，局部夹泥石流沉积。呈现出粗—细两个沉积旋回，林家庄组—辛格庄组构成下部旋回，红土崖组—金岗口组构成上部旋回。每一旋回呈现底部泥石流、向上为河流相—湖相变化，旋回下部横向上厚度变化较大，局部尖灭，上部层位较稳定，可作为划分对比标志。王氏群主要分布于中生代盆地内部，分布广泛。区域上岩性、岩相变化不大，反映了王氏群形成过程中具有比较稳定的沉积环境，形成统一的沉积盆地，盆地消亡于古新世以后。王氏群自下而上划分为：林家庄组、辛格庄组、红土崖组、金岗口组。

四、淄川—青州第四纪地质剖面

羊栏河组是山东最老的黄土堆积，青州市西南傅家庄黄土剖面由上而下：第1、2层黄土为粉砂质黏土，热释光年龄分别为22.7±1.8万年和31.3±2.5万年；第2~8层黄土为黏土质粉砂，其中第4、5层黄土热释光年龄分别为44.1±3.5万年和58.5±4.6万年；最底层黄土热释光年龄为79.3±6.4万年。

大站组热释光法年龄：在临淄一带最大为112 927±1 1293 a；往南到青州傅家庄一带其中部热释光法年龄为68 000±5 000年；往西到章丘茶叶山附近黄土年龄为74 900±4 700年，绣惠北黄土年龄为11 000±700年。可见该组年龄在11万~1万年间，属晚更新世。

全新世早期发育有古湖沼沉积，划为黑土湖组。在青州市石家庄和刘早村对黑土湖组灰黑色亚黏土测得的^{14}C年龄数据（底部地层为7 863±90年，7 775±160年；上部地层为5 527±124年，4 046±67年），结合区域资料，确定该组形成时代为全新世早—中期。

第二节　山东重要岩石剖面

从太古宙到新生代，山东各地质时代的岩浆岩发育，岩石类型各种各样。这些岩体经历了漫长地质时代的内、外力地质作用，被大自然这位"能工巧匠"雕琢成千姿百态的异石、名山和奇峰，为人类留下了多姿多彩的珍贵的地质遗迹资源。

一、山东太古宙变质岩剖面

（一）新泰市雁翎关—山草峪—柳杭一带新太古代泰山岩群剖面

泰山岩群是中国保存最好，发育最完整的典型新太古代绿岩带，新泰市雁翎关—山草峪—柳杭一带为泰山岩群建群剖面，自下而上分为雁翎关岩组、山草峪岩组和柳杭岩组。泰山岩群中的科马提岩是迄今中国唯一公认的具有鬣刺结构的太古宙超基性喷出岩。在 20 世纪 60 年代初期，程裕淇、沈其韩、王泽九等人即作了深入研究。80 年代中期以来，我国地质学家程裕淇、徐惠芬等在多次工作中发现和证实了雁翎关组出露的透闪阳起片岩、滑石蛇纹岩等一系列超镁铁质岩石属科马提岩，它们最厚约 380 m，出露在新泰市石河庄附近，其中还发现了科马提熔岩的喷发冷凝单元（旋回）。科马提岩和拉斑玄武岩密切共生，伴随有中酸性火山—沉积岩。在新泰石河庄雁翎关组剖面，按火山喷发旋回分为 3 个亚组，共 10 大层，厚 1 230 m。绿岩的原岩层序显示下亚组以巨厚的科马提岩和拉斑玄武岩为主，中亚组为中—基性火山凝灰—沉积岩，并含砾岩，上亚组以拉斑玄武岩为主间夹科马提岩。其中，第二大层厚 382 m，为巨厚层科马提岩，程裕淇等研究了本大层 1.8 m 厚的一层科马提岩流，有冷凝分层现象：自顶而下，有 <0.5 cm 的绿泥岩，其下为数厘米厚的鬣刺结构假象带，为绿泥透闪岩，透闪石保留辉石假象。下部含滑石，10 cm 以下出现斑点，渐向斑点状蛇纹绿泥透闪滑石岩过渡，其中滑石及蛇纹石具橄榄石假象，岩石进入堆晶岩相。万渝生等在新泰市雁翎关村北雁翎关组下部角闪变粒岩测得岩浆结晶锆石 SHRIMP U – Pb 年龄（2747 ± 7）Ma，新泰市天井峪村东南侵入该组组底部透闪阳起片岩的片麻状石英闪长岩锆石内核 SHRIMP U – Pb 年龄（2740 ± 6）Ma，证明雁翎关岩组形成时代为新太古代早期。雁翎关村南该组上部具变余枕状构造的斜长角闪岩的枕状体周围为变余杏仁状气孔充填构造；石棚水库坝东端该组上部斜长角闪岩保留变余红顶绿底或熔渣状的火山构造。

泰山岩群山草峪岩组建组剖面：新泰市二涝峪村南山草峪组黑云变粒岩保留韵律层理，万渝生等测得碎屑锆石 SHRIMP U – Pb 年龄（2 544 ± 6）Ma；在新泰市万家庄锆石 SHRIMP U – Pb 年龄（2 523 ± 11）Ma 的石英闪长岩侵入山草峪岩组黑云变粒岩。

泰山岩群柳杭岩组建组剖面：泰安西南峪柳杭岩组变质砾岩往东南延伸到新泰市裴家庄水库溢洪道一带，砾石成分主要为奥长花岗岩，来源于其西侧的富山奥长花岗岩体。西南峪柳杭岩组变质砾岩胶结物为黑云变粒岩，万渝生等测得碎屑锆石 SHRIMP U – Pb 年龄（2 524 ± 7）Ma，奥长花岗岩砾石锆石 SHRIMP U – Pb（2 553 ± 10）Ma，奥长花岗岩砾石的源岩—富山奥长花岗岩体 SHRIMP U – Pb（2612 ± 20）Ma。

（二）新泰市孟家屯一带泰山岩群孟家屯岩组剖面

新泰市孟家屯村西南孟家屯岩组石榴石英岩、十字石黑云石榴石英岩及石榴石英岩，杜利林等测得石榴石英岩碎屑锆石内核 SHRIMP U – Pb 年龄（2 717 ± 33）Ma，石榴黑云母片岩碎屑锆石内核 SHRIMP U – Pb 年龄（2 742 ± 23）Ma，该组被锆石内核 SHRIMP U – Pb 年龄（2 695 ± 14）Ma 的条带状英云闪长质片麻岩侵入，它限制了该组形成时代不晚于 2 700 Ma。

（三）济南历城区团员沟—章丘市官营泰山岩群剖面

济南历城区团员沟—章丘市官营泰山岩群雁翎关岩组和山草峪岩组出露较好，两个岩组呈构造挤压平行接触关系。

泰山岩群雁翎关岩组剖面：历城区枣林村村东出现多层具变余枕状构造的斜长角闪

岩，被锆石 SHRIMPU – Pb 年龄（2 706 ±9）Ma 的片麻状奥长花岗岩脉侵入。火贯村西锆石 SHRIMPU – Pb 年龄（2 707 ±9）Ma 的片麻状奥长花岗岩侵入雁翎关组斜长角闪岩。

　　泰山岩群山草峪岩组剖面：章丘市团圆沟—火贯—官营一带的山草峪组出露较好，保留韵律层理，万渝生等测得黑云变粒岩碎屑锆石 SHRIMPU – Pb 年龄值在 2 731 Ma ~ 2 524 Ma，最年轻碎屑锆石年龄（2 524 ±16）Ma。

　　（四）胶北地区新太古代胶东岩群变质地层剖面

　　胶东岩群苗家岩组建组剖面在栖霞市苏家店镇林家村西水库坝北端，主要岩性为细粒斜长角闪岩、黑云变粒岩，被粗粒斜长角闪岩（变辉长岩）侵入。据万渝生等测年结果（未发表资料，2012 年），黑云变粒岩锆石 SHRIMPU – Pb 年龄 2 520 Ma，粗粒斜长角闪岩（变辉长岩）锆石 SHRIMPU – Pb 年龄 2 500 Ma；蓬莱市大柳行镇沟刘家村出露的胶东岩群苗家岩组黑云变粒岩和角闪黑云变粒岩，锆石 SHRIMPU – Pb 年龄均 2 500 Ma。说明胶东岩群苗家岩组形成时代与鲁西地区泰山岩群山草峪岩组形成时代均属于新太古代晚期。

二、山东太古宙岩浆岩剖面

　　山东省岩浆侵入活动频繁，所形成的侵入岩类型较多，广泛出露于东部沿海，半岛北部，沂沭断裂带内及鲁中、鲁南等广大地区，在不同时代的侵入岩系中发育着比较丰富的地质遗迹资源。其中，中太古代侵入岩，在栖霞市黄岩底村西出露较好，为英云闪长质片麻岩，形成年龄为 29 亿年，是山东最古老的岩石；新太古代侵入岩，形成山东省海拔 1 000 m 以上的泰山、徂徕山、蒙山、鲁山和沂山等典型的花岗岩地貌。泰山有国内著名的早前寒武纪侵入岩（新太古代早期—晚期花岗岩）典型剖面，还有新太古代早期条带状英云闪长质片麻岩形成的泰山石等地质遗迹资源；沂山有新太古代晚期地壳深融作用形成的花岗岩典型剖面。

　　（一）胶北地区中太古代花岗岩剖面

　　出露于栖霞市黄岩底—周家沟—河西夼一带和招远市马庄河村一带，岩性为条带状英云闪长质片麻岩、片麻状奥长花岗岩。

　　据万渝生等测年结果（未发表资料，2012 年），招远市马庄河村南条带状英云闪长质片麻岩，锆石内核 SHRIMPU – Pb 年龄 2 900 Ma，锆石变质增生边年龄 2 500 Ma；该村东北出露的奥长花岗岩侵入条带状英云闪长质片麻岩，奥长花岗岩锆石内核 SHRIMPU – Pb年龄 2 918 ±18Ma，锆石变质增生边年龄 2 495 ±8Ma。

　　栖霞市黄岩底条带状英云闪长质片麻岩锆石内核 SHRIMP 年龄（2 906 ±12）Ma，代表了岩浆结晶年龄；锆石变质增生边年龄 2 500 Ma，代表变质年龄。据万渝生等测年结果（未发表资料，2012 年），周家沟条带状英云闪长质片麻岩锆石内核 SHRIMP U-Pb 年龄（2 901 ±5）Ma，代表了岩浆结晶年龄；锆石变质增生边年龄（2 475 ±8）Ma，代表变质年龄；侵入条带状英云闪长质片麻岩的奥长花岗岩锆石内核 SHRIMPU – Pb 年龄（2 902 ±7）Ma。河西夼 3 件条带状英云闪长质片麻岩样品，锆石内核 SHRIMP U – Pb 年

龄分别为 (2 914 ±12) Ma、(2 909 ±7) Ma、(2 900 ±8) Ma，代表了岩浆结晶年龄；其中前后两件样品锆石变质增生边年龄分别为 (2 490 ±5) Ma、(2 479 ±6) Ma，代表变质年龄。

（二）胶北地区新太古代早期花岗岩剖面

栖霞岩套是鲁东地区的变质基底岩系主要组分，主要由回龙夼条带状细粒含角闪黑云英云闪长岩、新庄中细粒含角闪黑云英云闪长岩（含芦家片麻状中细粒黑云角闪英云闪长岩）组成。刘建辉等（2010 年）测得栖霞市榆林村条带状英云闪长质片麻岩锆石 SHRIMPU – Pb 年龄（2 738 ±23）Ma；江博明等（2008）栖霞市大埠后村条带状细粒含角闪黑云英云闪长质片麻岩锆石 SHRIMPU – Pb 年龄为（2 707 ±4）Ma，栖霞市朱留村北英云闪长质片麻岩锆石 SHRIMPU – Pb 年龄（2 726 ±12）Ma，马家窑村南英云闪长质片麻岩锆石 SHRIMPU – Pb 年龄（2 718 ±18）Ma，被锆石 SHRIMPU – Pb 年龄 2 500 Ma 的片麻状奥长花岗岩侵入。

（三）胶北地区新太古代晚期花岗岩剖面

胶北地区新太古代晚期侵入岩包括谭格庄岩套 TTG 质花岗岩和北照岩套二长花岗岩。谭格庄岩套包括牟家片麻状细粒奥长花岗岩（含乐土夼片麻状细粒含角闪奥长花岗岩）、蓝蔚夼片麻状细粒含黑云花岗闪长岩，主要分布于招远—栖霞—莱西北部—莱阳西北地区。牟家片麻状细粒奥长花岗岩锆石 SHRIMPU – Pb 年龄（2 509 ±12）Ma。

北照岩套包括北照片麻状细粒二长花岗岩、燕子夼片麻状细粒含黑云二长花岗岩、婆婆石片麻状细粒白云母二长花岗岩等 3 个岩石单位。该岩套同位素年龄值集中于 2 468 ~ 2 495 Ma 之间，上覆中元古代芝罘群石英岩，被新元古代侵入岩侵入。栖霞市北照村该岩体锆石 U – Pb 年龄 2 468 Ma（王为聪等，1991 年）。

（四）泰安泰山桃花峪—黄前—上港新太古代花岗岩剖面

泰山以其丰富的文化内涵和秀丽的自然风光著称于世，这里不仅有日出东海、晚霞夕照的壮丽景观，而且还有丰富多彩的地质现象。山东省侵入岩岩石谱系序列中，"红门超单元"、"傲徕山超单元"、"普照寺单元"、"大众桥单元"、"望府山单元"、"虎山单元"等都在泰山命名。泰山岩群是华北地区最古老的地层，记录了自新太古代以来 28 亿年漫长而复杂的演化历史。分布在新泰雁翎关附近的科马提岩，是迄今中国唯一公认的具有鬣刺（鱼骨状或羽状）结构的太古宙超基性喷出岩，在世界上只有南非、澳大利亚、加拿大和我国有分布，科马提岩的发现对证实超基性岩的岩浆成因具有重要意义。

1. 新太古代早期花岗岩剖面：万渝生等测得泰山彩石溪条带状英云闪长质片麻岩锆石 SHRIMPU – Pb 年龄（2 714 ±13）Ma，有锆石 ICP – MS U – Pb 年龄（2 678 ±26）Ma 斜长角闪岩包体，被锆石 SHRIMPU – Pb 年龄（2 626 ±13）Ma 的浅色奥长花岗岩脉穿插。泰安市大津口镇梨杭村东北条带状英云闪长质片麻岩锆石 SHRIMPU – Pb 年龄（2 729 ± 37）Ma，被锆石 SHRIMPU – Pb 年龄（2 611 ±19）Ma 的片麻状奥长花岗岩侵入。泰安市大津口镇钟秀山庄细粒英云闪长质片麻岩锆石 SHRIMPU – Pb 年龄（2 712 ±7）Ma，侵入锆石 U – Pb 年龄 2 714 Ma 的中粗粒英云闪长质片麻岩。

2. 新太古代中期花岗岩剖面：万渝生等测得泰安与莱芜市交界处的石河村北片麻

状奥长花岗岩锆石 SHRIMPU – Pb 年龄（2 623 ±9）Ma；新泰市与莱芜市交界处的新甫山片麻状花岗闪长岩锆石 SHRIMPU – Pb 年龄（2 613 ±12）Ma。

3. 新太古代晚期花岗岩剖面：陆松年等测得黄前水库坝东端英云闪长岩锆石 SHRIMPU – Pb 年龄（2 557 ± 20）Ma；万渝生等测得泰山桃花峪石英闪长岩锆石 SHRIMPU – Pb 年龄（2 505 ±7）Ma 侵入锆石 SHRIMPU – Pb 年龄（2 507 ±27）Ma 的傲徕山岩套中粒二长花岗岩。

（五）章丘官营—新泰龙庭—蒙阴孟良崮新太古代晚期花岗岩深融剖面

1. 官营村南条带状深融二长花岗岩带，有大量黑云变粒岩残留体，东侧被章丘西麦腰村锆石 SHRIMPU – Pb 年龄（2 516 ±10）Ma 的中粒二长花岗岩侵入。

2. 新泰龙庭镇上豹峪条带状二长花岗岩，有大量斜长角闪岩、黑云变粒岩包体，黑云变粒岩包体含有刚玉矿（红宝石）。

3. 蒙阴孟良崮为傲徕山岩套蒋峪单元条带状中粒黑云母二长花岗岩，万渝生等测得锆石 SHRIMPU – Pb 年龄（2 516 ±9.5）Ma，含有大量的英云闪长质片麻岩、斜长角闪岩、角闪石岩、变闪长岩、黑云变粒岩残留体，

（六）临朐九山—沂山新太古代晚期花岗岩深融剖面

沂山山体主要为新太古代晚期傲徕山岩套蒋峪单元条带状中粒黑云母二长花岗岩，含有大量的新太古代早期英云闪长质片麻岩、斜长角闪岩、角闪石岩、变闪长岩残留体，被斜峪细粒二长花岗岩穿插侵入，形成了新太古代晚期花岗岩深融剖面。

据万渝生等测年结果（未发表资料，2012 年），沂山百丈崖西条带状黑云二长花岗岩锆石 SHRIMPU – Pb 年龄（2 517 ±9）Ma；英云闪长质片麻岩包体锆石 SHRIMPU – Pb 年龄（2 666 ±9）Ma。沂山歪头崮、百丈崖等地细粒二长花岗岩侵入条带状黑云二长花岗岩，歪头崮细粒二长花岗岩锆石 SHRIMPU – Pb 年龄（2 504 ±55）Ma。

第三节　山东典型构造剖面

山东与构造有关的地质遗迹资源丰富。断裂和褶皱形迹本身就是重要的地质遗迹资源，大者如中国东部地区重要的分划性的沂沭断裂带，作为华北板块与扬子板块边界的即墨—牟平断裂带；小者如断裂构造形成的台地、单面山，在不同地质体中还会保留有诸如断层面、滑动构造、牵引褶皱、摩擦镜面等等各种构造形迹。

一、沂沭断裂带

郯城—庐江断裂带简称郯庐断裂带，1957 年，地球物理工作者在航磁图上首先发现了山东郯城至安徽庐江段断裂的存在，因而得名。该断裂带是纵贯我国东部地区的巨型断裂构造带，对我国东部地区的地质发展起着重要的控制作用。沂沭断裂带是郯庐断裂带通过山东境内的部分，也是构造形迹出露最好、新构造活动最强烈的一段。它北起渤海莱州湾，南至江苏省新沂，总体走向 10° ~25°，长约 360 km，主要由 4 条主干断裂

组成，自东向西为：昌邑—大店断裂（F_1）、安丘—莒县断裂（F_2）、沂水—汤头断裂
（F_3）、郯郚—葛沟断裂（F_4）（图 17 – 2 – 1）。这 4 条断裂在中生代活动强烈并形成了
宽 20 ~ 60 km，中央为地垒、两侧为地堑的"两堑夹一垒"的构造格局。安丘—莒县断
裂位于东地堑内，其现代活动强烈，新构造运动特别是全新世以来的活动遗迹丰富，
1668 年郯城 8.5 级大地震的地震断层沿这条断裂展布。在沂沭断裂带的东西两侧，一系
列规模不等的 NE 和 NW、NWW 向断裂，与沂沭断裂带一起构成了区内活动断裂的主
体，特别是一些 NW 向断裂，活动时期在晚更新世末、全新世初，与沂沭断裂带强烈活
动时期有一致性。沂沭断裂带具有多期次活动特点，而且各时代活动极其复杂。

认识沂沭断裂带的活动、平面和垂向分布特征、地质结构、冲断层系统、断层相关
褶皱、纵弯褶皱及伴生断裂、调节构造、新构造运动的科研价值，利于揭示中国东部大
地构造演化、盆地的形成演化以及中国东部板块汇聚过程与地球动力学的演变过程，利
于公众对地质基本构造的了解和普及。沂沭断裂带在山东境内最佳观赏和科研地带位于
临沂市郯城县马陵山一带，马陵山区则是沂沭断裂带出露最好、各种构造形迹齐全的地
段，规模壮观，内容丰富，保护完好。同时，沿沂沭断裂带出露的地热、温泉遗迹也是
其地表露头的有力佐证。

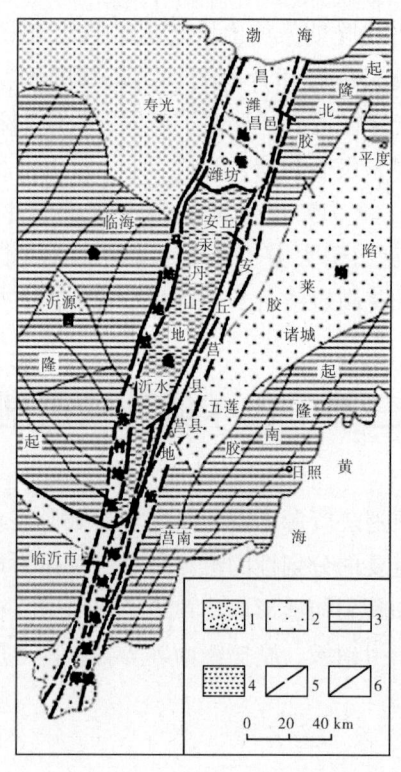

图 17 – 2 – 1　沂沭断裂带平面图

1. 昌邑—大店断裂构造变形遗迹

为沂沭断裂带 4 条主干断裂之一。在马陵山中段东侧大贤庄、新金家一带可见其出
露，断裂走向北东 10° ~ 20°，倾向西，倾角 65° ~ 80°，断裂带宽十几至近百米。断裂带

内发育有破碎再胶结的构造砾岩、构造透镜体，局部可见纹层状断层泥和擦痕，指示东盘抬升。断裂西盘马朗沟组地层因此而拖拽变陡。

（1）马陵山西坡断裂

位于马陵山西坡，北段从窑上向北经纪庄、尚寺，延伸至区外，南段自山南头向南经后贤、麦坡东94高地、固疃、大尚庄延出区外。该断裂为区域上的安丘—莒县断裂在马陵山一带的延伸。马陵山一带出露较好，为两条相距200 m左右的断面构成。断裂东侧是马陵山剥蚀丘陵，西侧为沂河阶地，成为郯城县东部的地貌分界线。

（2）麦坡断裂构造变形遗迹

为马陵山西坡断裂的出露点之一。位于麦坡东约1 000 m。断裂走向北东15°，断面倾向南东东，倾角约80°。东西两盘均为白垩系大盛群孟疃组地层，东盘为孟疃组一段，紫红、暗紫红色交替为其宏观颜色标志，岩性以紫红、暗紫红色泥质粉砂岩为主，次为细砂岩、粉砂岩夹中粒砂岩及少量页岩、含砾砂岩；西盘为孟疃组二段，岩性以砖红色色调为其主要宏观外貌。岩性以泥质粉砂岩为主，次为细砂岩、中细砂岩和粉砂岩。粉砂岩中浪成小型交错层理发育。地层中可见近南北向宽1～2 m的辉绿岩脉，长约数十米。

麦坡断裂两侧岩石均为中生代白垩纪河湖相氧化沉积环境，由于沉积速率、氧化程度的不同而产生差异。西侧砖红色的粉砂岩为沉积速率缓慢、氧化彻底的环境条件下所形成，易风化；而东侧紫红色砂页岩是在沉积速率相对较快氧化不彻底的环境条件下所形成的沉积物。两者颜色的反差以及西盘浅红色粉砂岩在风化、流水等外力地质作用影响下形成的壮观的丹霞地貌，构成了区内又一道亮丽的风景线。

（3）地震遗迹

马陵山位于我国东部构造活动最强烈的地震构造带—郯庐断裂带上，属环太平洋地震带的一部分。在最近一个地质时期内，本区地质构造运动和地震活动一直比较活跃。沂沭断裂带内的许多地方，都留下了古地震的形迹。1668年7月25日的郯城8.5级地震，是我国东部历史记录中最强烈的一次地震，破坏严重，其震迹至今历历在目。

2. 地热温泉遗迹

临沂市境内温泉的出露均源于沂沭断裂带。汤头温泉正处于沂沭断裂带的郯郚—葛沟断裂和沂水—汤头断裂之间的苏村凹陷中，沂南铜井和松山两处温泉以及平邑汪家坡温泉也均处于沂沭断裂带的次级断裂发育部位。

温泉热水水温一般在52～80℃之间，平均61.5℃。热水中以氟、偏硅酸含量高为主要特征，另外，热水中含有锂、锶、溴、碘、锌、偏硼酸等多种微量元素和镭、氡等放射性元素，具有较高的医疗和保健价值。

汤头地热田恰是沂沭断裂带与北西向蒙山断裂、汶泗断裂的交汇处，岩浆岩分布广泛，新构造运动强烈，因此，该区具备地热形成的地质与构造条件（图17-2-2）。该温泉属新生代岩浆热源型地热田，是一个远程补给、深部缓慢径流、通过构造裂隙上升的地下热水系统，地表水和大气降水沿节理裂隙、断裂裂隙渗入地层深部，沿构造破碎带深部向汤头方向径流，并沿途加热，进入地热田后，在汤头—郑家庄断裂阻隔下，沿断裂带水位迅速抬升并于有利部位出露排泄，形成了古老的汤头温泉。该热矿水从补给源至排泄点所需时间为 30 ~ 50 年。在漫长的地下水流动过程中，地热水沿途对岩石的溶滤作用，使得水中矿物质含量丰富。

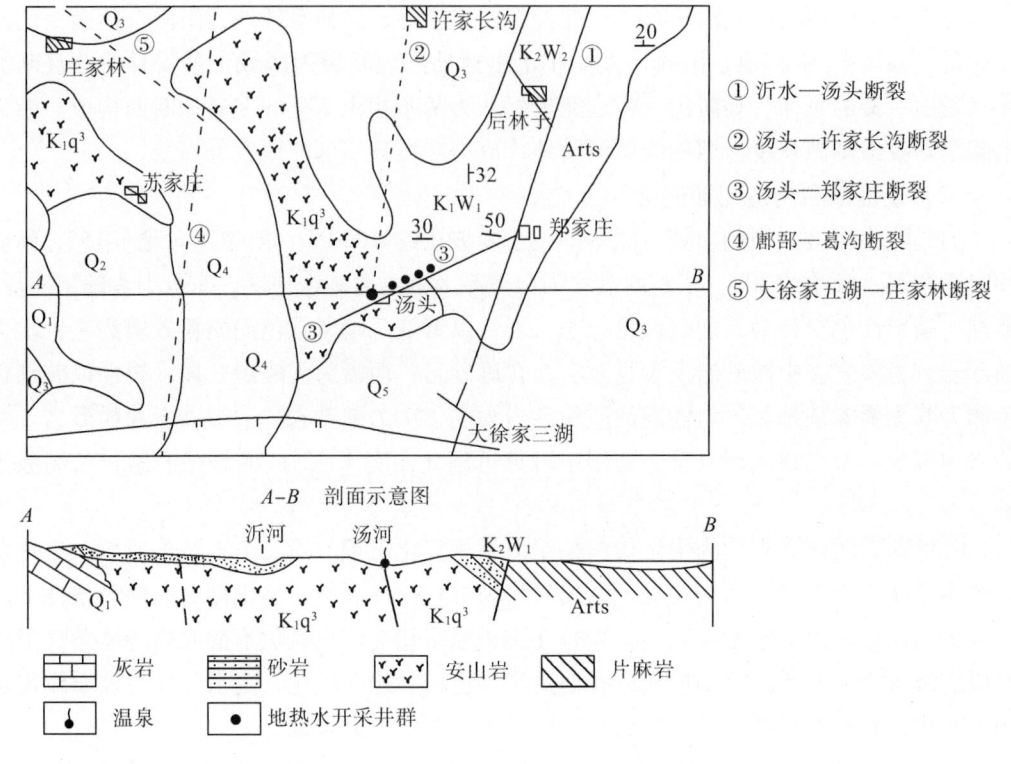

① 沂水—汤头断裂
② 汤头—许家长沟断裂
③ 汤头—郑家庄断裂
④ 郎部—葛沟断裂
⑤ 大徐家五湖—庄家林断裂

图 17 – 2 – 2　汤头地热田地质构造略图

汤头温泉历史悠久，有 2 100 多年的历史。目前，地热资源的开发利用方式由原来单一的洗浴扩展为医疗保健、休闲娱乐、旅游度假、工业加工、养殖、花卉种植等多种途径，尤其是利用地热资源开展的医疗保健已成为临沂市的一大特色。

二、苏鲁造山带地质遗迹

牟平—即墨—五莲断裂为华北板块与扬子板块的分划性断裂，是具有重大科学研究和观赏价值的地质构造形迹。在该断裂的东南侧为苏鲁造山带，即扬子板块的东北缘，出露大量的新元古代南华纪变质变形花岗岩和强烈的构造变形带。青岛仰口、乳山龙角山水库溢洪道、威海小石岛等地出露最好。

仰口湾造山带地质遗迹：

该遗迹位于仰口湾一带，出露面积为 7 ~ 8 km²，西面为中生代燕山晚期崂山超单元所侵，南部被中生代白垩纪莱阳群所覆，北、东两面则位于黄海海底，从出露部分看，其物质组成十分复杂，主要有 4 类，即：中元古代超基性岩、斜长角闪岩，晚元古代变质变形的深成花岗质侵入岩，糜棱岩和榴辉岩。

1. 仰口湾造山带内榴辉岩

该遗迹分布在仰口、野鸡山的晚元古代侵入岩内。

沿黄海的西海岸分布，从南向北主要有泉岭榴辉岩体（群）、仰口北岸榴辉岩体、峰山村北榴辉岩体和野鸡山榴辉岩体等，组成一条长约 7 km，宽约 1 km 的榴辉岩带。单个榴辉岩体的规模大小不等，相差悬殊，泉岭一带的榴辉岩呈群出现，单个榴辉岩体长数厘米至数百厘米，宽约数厘米至十几厘米。仰口湾北岸榴辉岩体位于糜棱面理的转折核部，平面上呈不规则状、浑圆状，在峰山北部野鸡山一带的榴辉岩体多呈条带状，一般长约数米至数十米，宽约数米至不足 1 m，边部多退变为斜长角闪岩或含石榴斜长角闪岩仰口湾北岸的榴辉岩位于胶南造山带中部，规模较大，出露完整并与蛇纹石化橄榄岩、斜长角闪岩、变晶糜棱岩等一起产出，引起了国内外地质学家的极大兴趣，先后在榴辉岩内发现了柯石英、蓝晶石、3T 型白云母等高压、超高压变质矿物，确定该处为一套高压、超高压变质岩组合。据马宝林（岩石学报，1992 年）等研究认为，仰口一带的变质变形岩石—榴辉岩、蛇纹岩、构造片岩、长英质糜棱岩、超糜棱岩，其变形变质环境相当于下地壳麻粒岩相变质环境，据其变形时新晶（NE）和残斑（RE）二辉温度计估算的变形时温度 $TNE = 789 \sim 797℃$，变质时温度 $TZE = 800 \sim 810℃$，相应的成岩压力大致为 $0.8 \sim 0.9GPa$。

2. 韧性动力变质作用形成的糜棱岩体

该遗迹主要分布在仰口、朱顶山、野鸡山等地，在刁龙嘴、黄石头等地也有分布，一般均零星出露，按其形成时的环境可分为浅部层次初糜棱岩、糜棱岩、超糜棱岩、中深部层次变晶糜棱岩。

（1）初糜棱岩。主要分布在野鸡山一带，是由新元古代晋宁期荣成岩套二长花岗质片麻岩经韧性变质而形成的。从宏观上看，岩石变形较弱，具初糜棱岩结构，定向构造。镜下岩石经塑性变形，定向分布，碎基含量约占 25%。石英集合体多呈网脉状、透镜状、条痕状，单个颗粒呈不规则粒状，平均粒径 0.1 mm 左右，具变形纹、波状消光。长石为残斑，呈透镜状、不规则粒状，长轴定向排列，平均粒径 1 mm ±，具机械双晶，波状消光。

（2）花岗质糜棱岩。主要分布在峰山北部、朱顶山等地，是由新元古代晋宁期荣成岩套二长花岗质片麻岩经韧性变形而成的。岩石具糜棱结构，碎基粒度在 0.05 ~ 0.5 mm 之间，碎基含量大于 50%，糜棱岩中的颗粒呈不规则粒状，多定向及半定向状排列，长石碎晶具边缘圆滑或透镜状、拉长状，具变形纹和波状消光。石英多呈集合体状，部分呈分散状，平均粒径 0.25 mm，具有变形纹和波状消化。碎斑具透镜状，定向排列，可见不对称旋转、托尾、应力影等应变现象。

（3）超糜棱岩。主要分布在仰口湾北岸，呈带状发育，是新元古代晋宁期荣成岩套二长花岗质片麻岩经韧性变形而成的。岩石具糜棱结构、显微粒状变晶结构，定向构造，碎基粒度多小于 0.05 mm，表现出较强的塑性流变特征和流状构造，长英质矿物均经过了动态重结晶作用，具变形纹和波状消光，新生应力矿物有多硅白云母、绢云母，颗粒极细小，沿叶理定向分布，磁铁矿尾细小不规则粒状，沿叶理方向分布，表明亦经受了韧性变形作用的改造。

（4）变晶糜棱岩。主要分布在仰口湾的南北两侧，出露面积 1 km^2 左右，变晶糜棱岩普遍发育叶理构造。单矿物拔丝条带状构造，宏观上表现为矿物的拉伸线理构造，在镜下，石英呈透镜状、条带状多晶集合体存在，长一般 2~6 mm，宽一般 0.5~1 mm，石英颗粒间多呈稳定的三边结构，彼此齿状相接，单个矿物颗粒粒径多在 0.01~0.04 mm 范围内。

第三章　山东重要古生物化石遗迹

化石是生物演化历史的见证，它是由于自然作用保存在地层中的地史时期的生物遗体、遗迹和残留的有机组分，它们为生命起源、演化研究提供了直接证据，是生物演化的历史见证。在漫长的地质年代里，地球上曾经生活过无数的生物，然而只有少量生物能成为化石流传到今天。由于化石的形成条件不同，保存在岩层中的化石也有不同类型。按化石保存特点划分为实体化石、模铸化石、遗迹化石和化学化石 4 种类型。

山东省古生物化石资源类型丰富、分布广泛，是研究我国古生代、中生代及新生代古生物化石的重要地区。山东境内化石已知属种有上千之多，如古生代的三叶虫、鹦鹉螺、腕足、海百合、蕨类植物；中生代的恐龙、昆虫、叶肢介、瓣鳃、腹足、鱼、裸子植物；新生代的哺乳、爬行、两栖、鱼、鸟、昆虫、蜘蛛及被子植物等化石均已被发现。山东的化石产地很多，如名扬海内外的山旺化石"宝库"，保存有极其丰富的精美的枝、叶、花、果、虫、鸟、鱼、兽化石；莱阳、诸城等地的恐龙化石、恐龙蛋化石、恐龙足迹化石等。

截至 2012 年底，山东省已发现古生物化石典型产地 133 处，其中已建保护区（地质公园）15 处（其中国家级 4 处、省级 4 处、地市级 7 处），未建保护区 118 处，主要有恐龙化石及恐龙遗迹化石、临朐山旺化石及三叶虫化石。

第一节　山东恐龙化石

山东省的莱阳、诸城白垩纪恐龙化石遗迹驰名中外。诸城市拥有世界面积最大的恐龙化石群、世界规模最大的恐龙足迹群、世界最大规模的恐龙化石埋藏地、世界最丰富的恐龙属种产地之一等多个世界之最，联合国教科文组织世界地质公园执行局专家称赞诸城的恐龙化石资源是世所罕见的自然地质奇观，堪称"世界恐龙化石宝库"，被中国地质调查局地层与古生物中心命名为"中国龙城"。2009 年，被国土资源部授予国家地质公园资格，2012 年正式命名为山东诸城恐龙国家地质公园。

莱阳自古以来就是龙的故乡，最早发现了恐龙化石，是世界上第一具完整棘鼻龙化石的发掘地，被中国古生物化石保护基金会、中国地质调查局地层与古生物中心授予"中国恐龙之乡"称号。自 20 世纪 20 年代以来，就吸引了国内外大量著名的科学家、学者、科研团队、高等院校等来这里进行科学考察研究，并形成了大量宝贵的科研成果，成为中国最重要的白垩纪科学研究基地。2011 年，被国土资源部授予国家地质公园资格。

一、诸城白垩纪恐龙化石

（一）概况

诸城地处胶莱盆地的西南，湖相沉积及河流相沉积地层发育，是我国重要的以大型鸭嘴龙类为代表的晚白垩世恐龙化石产地，发现了举世闻名的恐龙化石群和恐龙足迹化石群两大化石群及恐龙蛋化石。恐龙化石以鸭嘴龙类为主，包括暴龙类、角龙类、甲龙类、虚骨龙类等 10 多个属种化石。其中 20 世纪 60 年代发现的巨型山东龙长 15 m、高 8 m，是当时世界最高大的鸟臀类恐龙个体，填补了晚白垩世早期鸭嘴龙化石的世界空白；保存于诸城博物馆的巨大华夏龙高 11.3 m、长 18.7 m，是目前世界上最高大的鸭嘴龙。角龙化石属于亚洲首次发现，填补了角龙化石在亚洲的空白。巨型诸城暴龙是新发现的属种，是中国发掘到的最大型的食肉类恐龙化石。此外，诸城还发现了数量较多的恐龙足迹化石、恐龙蛋化石以及纤角龙。

（二）诸城恐龙化石的分布

诸城恐龙化石埋藏量大，分布广泛，种类繁多，门类复杂，现已查明的化石点有 30 余处，分布于 4 个大区。以潍河为界，大致为：潍河南岸以龙骨涧为中心的化石区；扶淇河东岸以三里庄水库为中心的化石区；潍河北岸以枳沟镇侯家屯为中心的化石区；潍河北岸以舜王街道常旺铺为中心的化石区。其中，尤以龙骨涧、库沟、臧家庄的化石最为集中、丰富。目前已发掘化石暴露区 22 700 m²，化石 12 000 余块。据调查分析，诸城恐龙至少有蜥脚类、霸王龙类、虚骨龙类、鸭嘴龙类、鹦鹉嘴龙类等。典型代表恐龙化石有巨型山东龙（已成功装架 4 架，分藏于中国地质博物馆、山东省博物馆、诸城恐龙博物馆，均产于龙骨涧）、诸城霸王龙、恐龙骨骼及恐龙蛋化石等（图 17 - 3 - 1 ~ 图 17 - 3 - 3）。

图 17 - 3 - 1　巨型山东龙骨架（中国地质博物馆）

图 17 – 3 – 2　鹦鹉嘴龙化石骨架

图 17 – 3 – 3　挖掘修复的恐龙蛋

（三）恐龙化石的形成

据研究，鸭嘴龙是恐龙大家族中的晚辈，生活在距今 7 000 万年前的白垩纪晚期，活动于湖泊沼泽地带，以岸边的植物和水中的蚌类为食，是一种以植物为主的素食恐龙，生物学属种为鸟臀类。它因嘴宽而扁，类似鸭嘴而得名。鸭嘴龙体型庞大，前肢短小，后肢粗壮有力，主要靠后肢行走，尾巴扁平有力，用来保持身体平衡，站立时后肢与尾巴支成稳定的三角形架。诸城龙骨涧恐龙化石产于中生代白垩系王氏群红土崖组一段地层中，岩性显示为紫红—砖红色砂砾岩、灰白—紫灰色凝灰质砂砾岩。恐龙化石与凝灰质砂砾岩埋藏在一起，说明鸭嘴龙生存的当时曾有过大规模的火山喷发活动，火山喷发出的有害气体或引燃的大火烧毁了大片森林植被，直接威胁了恐龙的生存条件和食物来源，最终导致恐龙的灭绝；而发掘现场数只恐龙大大小小的骨骼堆叠在一起，身首异处，所有笨重的大腿骨都基本朝着一个方向排列，说明只有巨大山洪才能冲散恐龙的巨大尸骨并使之定向排列，同时大量的泥沙又快速地将这些尸骨掩埋，而突如其来的巨大洪水又与红土崖组一段紫红色砂砾岩、含砾砂岩等地层成因相吻合。

二、莱阳恐龙化石

自古以来，莱阳就是恐龙的故乡，被誉为"中国恐龙之乡"。莱阳恐龙化石包括举世闻名的棘鼻青岛龙、完整的中国鹦鹉嘴龙、巨型山东龙、翼龙类、兽脚类、钟头龙类、剑龙类等恐龙化石和大量的恐龙蛋及恐龙足迹化石。发现和研究命名了 8 属 9 种恐龙化石，5 属 11 种恐龙蛋化石，2 类恐龙足迹化石。这些化石极大地推动和丰富了地层古生物的研究，对于研究胶莱盆地的地质年代、古地理、古气候、古环境变迁、古生物进化、火山活动等地质内容提供了珍贵的实物材料，对于研究恐龙的生殖繁衍和生活习性，探讨恐龙灭绝的原因具有重要意义。

（一）恐龙化石种类及其分布

莱阳恐龙类化石包括恐龙化石、恐龙蛋化石、恐龙脚印化石等。根据发掘和研究分析，恐龙类化石主要分布在莱阳市金岗口和将军顶地区。

根据研究资料，在区内发现的恐龙化石目前已达 8 属 11 种。其中，王氏群发现了①鸟脚类：棘鼻青岛龙（1958 年），中国谭氏龙（1929 年），金岗口谭氏龙（1958年），莱阳谭氏龙（1958 年），巨型山东龙（1973 年）；②甲龙类：似格氏绘龙（1995年）；③肿头龙类：红土崖小肿头龙（1978 年）；④兽脚类：似甘氏四川龙（1958 年），破碎金岗口龙（1958 年）。青山群中发现了角龙类：中国鹦鹉嘴龙（1958 年）杨氏鹦鹉嘴龙（1962 年）。

1. 完整的棘鼻青岛龙化石

1952 年，杨钟健等人于金岗口恐龙谷景区冲沟内发现，是新中国发现的第一具完整的棘鼻龙化石。该恐龙化石骨架高 5 m，长 9.8 m，重 10 t，当时被命名为棘鼻青岛龙，现珍藏于中国科学院古生物博物馆（图 17 - 3 - 4），被誉为"中华第一龙"。

图 17 - 3 - 4　棘鼻青岛龙及其骨架图

2. 中国鹦鹉嘴龙化石

1958 年，在青山群地层中发现了完整的鹦鹉嘴龙化石，长 675 mm，现保存于中国科学院古脊椎动物和古人类研究所（图 17-3-5）。有完整的头骨，大部的脊椎骨，前肢只有部分露出。大部分骨骼在头背面一面可以看出，尾部向右侧作卷曲状。头部保存完整，与蒙古鹦鹉嘴龙的头相比较，有以下区别：莱阳恐龙比蒙古恐龙小，约为蒙古恐龙的 1/4；颧骨旁向侧面所伸出的"角"特别突出；没有蒙古龙前颜面骨侧所特有的沿边的"棱"。

图 17-3-5　中国鹦鹉嘴龙化石

3. 红土崖小肿头龙化石

小肿头龙，是一属鸟臀目恐龙，它只有约 1 m 长，是最小的恐龙之一。红土崖小肿头龙化石采集于 1972 年莱阳红土崖村附近的王氏群地层中。小肿头龙的模式种红土崖小肿头龙（M. hongtuyanensis），是由董枝明于 1978 年根据下颌及头颅骨的碎片来描述及命名的，并归类于厚头龙下目。

4. 中国谭氏龙化石

中国谭氏龙是我国学者发现的第一具恐龙化石。1923 年 4 月，地质学家谭锡畴在莱阳将军顶白垩纪王氏群红层中发现，标本主要包括头骨、脊椎骨及四肢骨，现存瑞典乌普萨拉大学。1929 年，瑞典人卡尔·维曼（Carl Wiman）研究后认为是一种新发现的鸭嘴龙，为纪念标本的采集者，命名为中国谭氏龙。中国谭氏龙身长 4~5 m，头骨顶部平坦，无饰物荐椎包括 9~11 个愈合脊椎和片状神经棘，荐椎腹面有深沟，坐骨末端略扩大。

5. 金岗口谭氏龙

金岗口谭氏龙发现于莱阳金岗口白垩纪王氏群红层中，只发现了部分头后骨骼，包括 10 块颈椎骨、一部分背脊椎和荐椎、四肢骨等。杨钟健研究认为这些标本不一定归属一个个体，就一些特征来看可能属于谭氏属的一新种，以发现地命名为金岗口谭氏龙。

6. 莱阳谭氏龙

莱阳谭氏龙化石最早 1959 年发现于莱阳金岗口村西沟的白垩纪王氏群地层中。标本包括一个完整的荐部脊椎、一个不完整的右肠骨。荐部脊椎有 9 个脊椎骨组成，腹面有较深的直沟。研究认为其是谭氏龙的一个新种，命名为莱阳谭氏龙。

7. 肉食恐龙牙齿

金岗口西沟发掘有肉食恐龙的牙齿化石。牙齿相当扁平（有的一边较平，一边较突出）微有弯曲，前后均有极均匀之锯齿状。从牙齿来看，该肉食恐龙与四川龙颇为相近。

8. 剑龙尾

发掘出一个剑龙类的尾部刺，虽有损坏，但大体完整。根部呈三角形而中凹，后部的下半段呈槽状，前边突凸而没有棱，在整个根部上收缩不显著，外侧较凸起而内侧较扁平，为此判定当代表一左侧的刺。全长保存部 197 mm，估计全长应在 250～300 mm 之间，根部左右与前后为 83 mm×88 mm。这是剑龙的背尾刺在山东的第二次发现。这一标本表示在王氏系中，除了各种鸭嘴龙、肉食恐龙外，显然有剑龙存在。

（二）恐龙蛋化石

恐龙蛋化石主要分布在金岗口和将军顶丹霞谷地貌中（图 17 - 3 - 6、图 17 - 3 - 7），莱阳恐龙蛋化石的研究建立了目前国际公认和通用的恐龙蛋分类和命名系统。截至目前，莱阳发现的恐龙蛋化石分为长形蛋类、圆形蛋类、椭圆形蛋类和网形蛋 4 个蛋科、5 个蛋属、11 个蛋种。

图 17 - 3 - 6　金岗口长形类恐龙蛋　　　　图 17 - 3 - 7　将军顶圆形恐龙蛋

莱阳恐龙蛋化石的研究始于 1950 年。1951 年，中国科学院古脊椎动物与古人类研究所杨钟健、刘东生和王存义等在金岗口采集到了一批恐龙蛋化石。1954 年，杨钟健对发现于莱阳的恐龙蛋化石进行了研究，提出了初步的恐龙蛋化石分类方法。随着研究技术方法的改进，赵资奎和蒋元凯于 1974 年对莱阳恐龙蛋化石的显微结构进行了观察，并于 1975 年提出了对于恐龙蛋化石分类和命名需要综合恐龙蛋化石的宏观形态和蛋壳的显微结构特征，包括蛋的形状、大小，蛋壳的厚度、外表面饰纹特征、基本结构及气孔特征等。这一提法成为目前国际通用的恐龙蛋化石分类和命名标准。

2003 年，刘金远和赵资奎报道了发现于山东莱阳将军顶的一种恐龙蛋化石新类型：蒋氏网形蛋（Dictyoolithus jiangi），丰富了山东莱阳恐龙蛋化石的类型。

（三）恐龙足迹遗迹

公园内的恐龙足迹化石最早是 1960 年杨钟健在北泊子发现的，研究并命名为刘氏莱阳足迹。2000 年，李日辉等报道了凤凰山园区龙旺庄附近发现的恐龙足迹化石，并命名为杨氏拟跷脚龙足迹。2010 年莱阳恐龙化石试发掘以来也发现了恐龙脚印化石。

（四）翼龙化石

1951 年，杨钟健、刘东生、王存义等在莱阳陡山村进行的化石发掘时采集到了保存完好的翼龙骨骼化石，这是我国首次发现的翼龙化石。当时描述这些化石"它们都比较细而长，中空隙特大，骨皮特薄。所有各骨都显得特别直，特别是股骨没有鸟骨那么弯曲……就这些股骨所表示的性质看，如以之归于飞龙，特别是翼手龙亚目"。

第二节　山东山旺化石群

山旺古构造化石群位于山东临朐县城东 20 km 的山旺村地区。山旺古生物化石群保存着 1 800 万年前各种动植物化石。这些化石，种类繁多，精美完好，印痕清晰，栩栩如生，被誉为"化石宝库"、"万卷书"，是一座古生物化石天然博物馆，被列为世界遗产之最。1980 年国务院将山旺化石产区批准为国家重点自然保护区，2001 年 12 月 10 日被国土资源部批准为首批国家地质公园之一。

一、山东山旺化石的地质特征

山旺盆地是形成于距今 2 400 万 ~ 1 400 万年新生代新近纪中新世古盆地。盆地中沉积了以含硅藻土为主的泥页岩和沙砾岩、玄武岩、火山碎屑岩等，总厚 50.10 ~ 137.09 m，称山旺组；山旺丰富的动植物化石即赋存于其中。含硅藻土泥页岩集中分布于山旺组的中部，是动植物化石的主要产出层位；砂砾岩及玄武岩、火山碎屑岩主要分布于山旺组的底部和顶部，产少量的哺乳动物化石。盆地基底岩石为中新世牛山组灰黑色粗粒辉石橄榄玄武岩。硅藻土是硅藻死亡之后遗骸累积而形成的土状沉积物。硅藻是藻类植物的一个门类，多为单细胞或集成群体，个体很小，一般小于 1 mm，细胞壁充满果胶及硅质而成坚硬的外壳，故称硅藻。硅藻土页岩其色黑白相间，层薄如纸，稍经风化即层层翘起，宛若张张翻起的书页，被形象地称为"万卷书"。硅藻土质轻多孔，具有优良的吸收、吸附性、过滤性和漂白作用，是一种十分难得的重要非金属矿产；其中保存的各种精美的动植物化石，记录了大自然的沧桑巨变。

二、山东山旺化石种类及特征

（一）化石种类

山旺古生物化石主要保存于中新世山旺组硅藻土层中（距今约 14Ma），其种类之多、保存之完整为世界罕见，目前已发现的化石有十几个门类 600 多种属。动物化石包括昆虫、鱼、蜘蛛、两栖、爬行、鸟及哺乳动物（图 17 - 3 - 8 ~ 图 17 - 3 - 15）。昆虫化石翅脉清晰，保存完整，有的还保留绚丽的色彩，已研究鉴定的有 11 目 46 科 100 属 182 种。山旺鸟类化石是我国迄今为止发现完整鸟化石最丰富的产地。三角原古鹿化石和东方祖熊化石是世界上中新世该化石保存最完整的标本。

图 17 - 3 - 8　青蛙化石标本

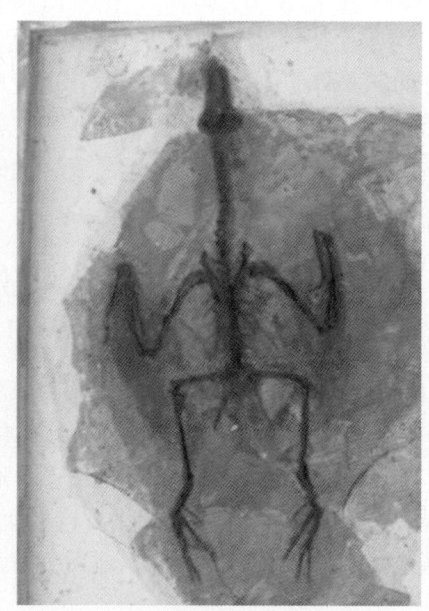
图 17 - 3 - 9　鸟类化石标本

图 17 - 3 - 10　树叶化石（1）

图 17 - 3 - 11　树叶化石（2）

图 17 - 3 - 12　水生植物

图 17 - 3 - 13　鱼类化石

　　图 17 – 3 – 14　怀胎母犀牛化石　　　　　图 17 – 3 – 15　柯氏柄杯鹿化石

　　植物化石有苔藓、蕨类、裸子植物、被子植物及藻类。除近 100 种藻类外，其他各种植物约 145 种，分属 46 科 98 属；其中苔藓、蕨类各 1 种，裸子植物 4 种，被子植物 139 种；有典型的热带、亚热带常绿阔叶和落叶阔叶树种如樟、榕、山胡椒等，也有温带植物如桦木科、蔷薇科等。藻类主要有硅藻、尾金鱼藻、中新水毛茛等。

　　动物化石门类众多，有数量可观的无脊椎动物，也有纲目齐全的脊椎动物。在无脊椎动物中，昆虫是山旺古动植物园内的望族，其化石种类最丰、数量最多，绝大多数属膜翅目、鞘翅目，其次为双翅目、异翅目、蜻蜓目、同翅目、革翅目等类别。此外，还有蝎类、蜘蛛、介形、腹足等无脊椎动物。脊椎动物化石计有鱼类、两栖类、爬行类、鸟类、哺乳类。①鱼类是脊椎动物中最繁盛的家族，化石在硅藻土页岩中相当普遍，分鲤形目和鲈形目两大类，大部分为鲤科鱼类，分属驹鲤亚科、雅罗鱼亚科和担尼亚科，常见的有临朐鲅、司氏鲅、中新雅罗鱼、大头麦穗鱼等。②两栖类包括有尾类蝾螈科、无尾类锄足蟾科、蟾蜍科、雨蛙科、蛙科、姬蛙科及树蛙科等十几个属种，无尾类除成蛙以外，还有大量蝌蚪和正处于变态过程中的蛙化石。③爬行类有蛇、鳖、鳄等现存种类罕见的化石。鸟类化石有山旺山东鸟、硅藻中华河鸭、临朐鸟及秀丽杨氏鸟等。④鸟类因适应飞翔的生活方式，骨壁薄而中空，赖以生存的森林环境更是难以将其保存为化石；而山旺硅藻土页岩中有完整而较为丰富的鸟类化石赋存，是迄今我国最主要的鸟化石产地之一。⑤哺乳动物化石包括 17 个属 18 个种，主要有犬、柄杯鹿、三角原古鹿、细近无角犀、亚洲梅氏飞松鼠、硅藻鼠、山河狸、古貘、古猪、猪兽、东方熊、山东蝙蝠等。以草食性的偶蹄类最多，保存最好，特别是柄杯鹿目前已发现 40 多幅完整的骨架，肉食类以熊科动物为主。

　　（二）化石特点

　　山旺化石最大的特点是种类繁多、数量丰富、个体完整、结构清晰、形态自然生动，有些动物化石甚至保留着死亡之前挣扎的态势。较小的如鱼类化石，常常成群地埋藏在一起，好似往来嬉戏，翱翔浅底，栩栩如生；大的化石如柄杯鹿、三角原古鹿和东方熊等，四肢躯干的骨架大部分完整无损，有些内脏残留物还保留在腹内，足可辨认；细微之处如叶之脉络、昆虫之翅纹、蝙蝠之膜翼、鼠之须毛均清晰可辨，甚至保存绚丽的色彩、闪耀的光泽，宛若实体标本。山旺化石不仅是地学科研的珍贵素材，而且也是很好的天然艺术观赏品，具很高的珍藏价值；不论植物还是动物化石，或植株、根茎、枝叶、果实，或动物个体、碎片、骨骼等等，只要相对完好美观、可以用来判断鉴别其所属种类，均为至宝。

三、山东山旺化石形成的古地理环境

根据山旺化石产出的地质条件及其动植物群落特征，可以判定中新世时山旺地区的古地理环境为森林—沼泽间湖泊环境。在 2 400 万～1 400 万年间的中新世早—中期，山旺地区火山喷发活动剧烈，较大面积的火山群陆续喷溢出厚度 80 m 以上的玄武岩流（牛山组）。至 1 400 万～1 200 万年的中新世中—晚期，火山活动变得相对平静与微弱，处于火山活动间歇期。或许由于长期的火山活动和深部岩浆的热力作用，使得山旺地区的古气候条件温暖、潮湿且雨量充沛，植被迅速生长，亚热带常绿阔叶混交林逐步繁盛，在山旺及周围地区形成了较为广阔的森林—沼泽间淡水湖泊环境，各种依赖森林生存的飞虫、鸟兽及水中的鱼、鳖等动物，在此繁衍生息，构成了中新世山旺地区繁茂兴盛的植物和动物群体。由于水质清洁，且靠近森林，富含营养，硅藻大量生长。死亡的硅藻遗体沉积于湖中，形成了厚厚的硅藻土页岩。伴随硅藻土沉积，周缘植物的枝、叶、花、果会落入湖中沉于湖底；湖水是附近森林动物赖以生存的最根本条件，它们每天来此吸取生命所必需的水分，由于火山间歇期频繁的地震活动或暴雨袭击，它们也会溺身水中、沉于湖底。所有沉入湖底的动植物遗体均被细小的硅藻迅速掩埋。素有"万卷书"之称的硅藻土页岩就是这样封存了浩瀚的中新世生物遗迹。至 1 200 万年前后的上新世，火山喷发活动再次活跃，喷溢出玄武岩流（尧山组）覆于山旺组之上，使含化石的硅藻土页岩得以保存至今。

第三节　山东三叶虫化石

山东寒武纪三叶虫极其繁盛，已发现的三叶虫化石共有 36 科 113 属，据其在地层上的分布规律和演化特点可划分为 21 个化石带，常见于莱芜、泰安、临沂、济南等地寒武纪地层中。

一、山东三叶虫化石及特点

三叶虫是早已灭绝了的早古生代海相无脊椎动物，属于节肢动物门三叶虫纲。三叶虫很像现代的鲎，身体呈椭圆形，身长 30～100 mm，宽 10～30 mm。三叶虫背壳纵横都可分为三部分：横向上中间部分称为中轴，左右两侧称为肋叶，纵向上分为头部、胸部和尾部。正因为这个缘故，它被古生物学家取名为三叶虫。

三叶虫主要生活在距今 6 亿～4 亿年间的海洋中，是早古生代尤其是寒武纪是海洋中的主角，约占寒武纪动物界的 60%。全世界有 1 万多种，仅中国就有 1 000 多种。三叶虫死亡后，动荡的海水破坏了他们的肢体，因此完整的三叶虫个体不易找到，常见的是头部和尾部。由于大规模的地壳运动和环境变迁，大量的三叶虫被掩埋进钙质或泥沙

质的地层中，经过亿万年的沧桑巨变，就形成了万古长存的三叶虫化石。

山东三叶虫化石因其石面上有天然生成的形似燕子，又称燕子石。山东是中国燕子石的故乡。整个鲁中南山区早古生代寒武纪地层发育齐全，层序稳定，是中国燕子石的最大产区，是三叶虫化石的宝库。

二、山东三叶虫生物带划分

山东省寒武纪时期，三叶虫极其繁盛，已发现的三叶虫化石共有 36 科 113 属，据其在地层上的分布规律和演化特点可划分为 21 个化石带，自上而下为：

1. Megapalaeolenus 延限带

卢衍豪等（1941 年）依据滇东早寒武世三叶虫在地层中分布特征始建 Megapalaeolenus 带，北京地质学院区测一大队（1961 年）在山东省临沂市侯家窝—石屯下寒武统实测剖面上首次采到了"Palaeolenus"，确定了山东省沧浪铺期地层的存在。山东省地质矿产局地质综合研究队（1986 年）建立了 Megapalaeolenus 带，其属种变化不大，故将其定为延限带，为沧浪铺阶顶界，该带特征分子为 Megapalaeolenus fengynagensis，共生分子为 Redlichiasp，局限于沂沭断裂带及西侧潍坊—临沂地层小区朱砂洞组下灰岩段中，厚度小于 14 m。

2. Redlichiasp chinensis 延限带

Blackwelder 和 Walcott（1907 年）最早在张夏馒头山馒头组发现 Redlichiasp hinensis，卢衍豪等（1941 年）在滇东建立 Redlichiasp chinensis 带，其后（1953 年）又与董南庭一起在山东省张夏组馒头山发现该带。张文堂（1957 年）在淄博也发现此带，该带以 Redlichia 繁盛为特征，以 R. chinensis 为特征分子。相当的地层为朱砂洞组余粮村页岩段底部至馒头组下页岩段下部鲜红色易碎页岩之顶。该带东厚（219 m）西薄（107 m）。

3. Yaojiayuella 延限带

张文堂等（1980 年）根据 1957 年山东省博山姚家峪工作资料和 1976 年在山西省芮城中条山所采寒武纪地层标本命名为 Yaojiayuella 带，作为"毛庄组"的第一个化石带。卢衍豪、朱兆玲等（1988 年）通过重新整理 1952 年卢衍豪等采集于馒头山剖面三叶虫化石资料，也在"毛庄组"底部发现该带。该带三叶虫数量较多，但属种较为单调。带化石 Yaojiayuella 是个垂直分布窄但分布地区广泛的属，在山东省馒头山、莱芜九龙山、沂源县平地庄等地均发现该带。该带为毛庄阶之底，多产出于馒头组中部下页岩段下部暗紫色含云母粉砂岩、灰色中薄层—凸镜状生物碎屑灰岩中，厚 7.5 ~ 13 m，共生分子有 Plesiagraulos sp，Jiumenia ziboensis。

4. Shantungaspis 顶峰带

卢衍豪、董南庭（1953 年）在山东省馒头山原"毛庄组"建立 Ptychoparia 带，张文堂（1957 年）将其中部分 Ptychoparia 改定为 Shantungaspis，并建立 Shantungaspis 带。卢衍豪（1962 年）在《中国的寒武系》一书中，将 Ptychoparia 带修订为 Shantungaspis 带，山东省地质矿产局地质综合研究队（1986 年）在山东省新泰盘车沟、莱芜九龙山、莒县鸡山等地均发现该化石带，该地层定位顶峰带。Shantungaspis 在毛庄阶下部开始出现，至上部繁盛，Psilostracus mantouensis，P. impar，Solenoparia 等与其共生，产生于馒头组下页岩段暗紫色粉砂质页岩夹海绿石粉砂岩及生物碎屑灰岩，厚 20～30 m。

5. Hsuchuangia – Ruichengella 共存延限带

卢衍豪、董南庭（1953 年）在张夏组馒头山建立 Kochaspis 带。张文堂（1980 年）在研究山西省芮城水峪寒武纪三叶虫标本时，创名 Ruichengella，该属在华北地区与 Kochaspis 共生。山东省地质局地质综合研究队（1980 年）根据淄河地区及张夏馒头山的三叶虫资料，建立 Hsuchuangia – Ruichengella 带。该带在山东省张夏组馒头山、莱芜九龙山、新泰盘车沟等地广布，产出岩性为馒头组下页岩段顶部至洪河砂岩段底部的紫色粉砂质页岩夹饼状或凸镜状砂质灰岩，厚 12～20 m。除带化石外，Zhongtiaohanaspis 是该带的重要化石，该带底界即为徐庄阶的底界。

6. Ruichengaspis 延限带

山东省地质矿产局地质综合研究队（1986 年）在山东省张夏组馒头山、莱芜九龙山等地也发现该带的带化石并建立此带。主要化石有：Ruichengaspis，Jinnania，Plesisolenoparia，Fujinnania 等，相当于馒头组洪河砂岩段及上页岩段的暗紫色含云母粉砂质页岩夹鲕粒砂屑灰岩凸镜体，厚 6～26 m。

7. Sunaspis 延限带

卢衍豪、董南庭（1953 年）在馒头山建立 Sunaspis laevi 带，该带属种单调，仅在张夏地区发现。该带岩性为紫色页岩夹中厚层生物碎屑灰岩，厚 8.1 m，相当于馒头组上页岩段下部。

8. Poriagraulos 延限带

卢衍豪、董南庭（1953 年）曾在张夏馒头山建立 Metagraulos abrota 带，张文堂（1957 年）在博山寒武纪地层中也发现此带，全国地层委员会（1964 年）引用该带作为"徐庄组"的一个化石带。山东省地质局地质综合研究队在山东建 Poriagraulos 带。该带主要岩性为灰色厚层鲕粒灰岩或夹黄绿色页岩，相当于馒头组馒头山组上页岩段上部或新泰市盘车沟地区张夏组下灰岩段下部，厚 3.8～31 m，以 Poriagraulos、Honanaspis、Inouyia、Porilorenzalla 等为主要分子。

9. Bailiella 延限带

卢衍豪和董南庭在山东省张夏组馒头山建立 Bailiella 带，该带广布鲁西地层分区，位于馒头山上页岩段的紫色页岩（馒头山）和张夏组厚层鲕粒灰岩中，厚 5～10 m，以 B. lantenosis 为特征，属种单调，该带顶界即为徐庄阶的顶界。

10. Lioparia 延限带

该带的岩石为张夏组灰色薄层含海绿石鲕粒灰岩（张夏组馒头山）、厚层泥质条带鲕粒灰岩及盘车沟段底部黄绿色页岩夹薄层泥晶灰岩（莒县鸡山），厚 2～5 m。该化石带属种偏少，但分布广，其底界面即为张夏阶的底界。

11. Crepicephalina 顶峰带

位于张夏组上灰岩段上部含海绿石生物碎屑灰岩，厚度 40～60 m，但在潍坊—临沂地层小区尚未发现该带，以 Crepicephalina 繁盛为特征，Mantunia semipectia，Koptura 等与其共生。

12. Amphoton – taitzuia 组合带

该带产出岩性为张夏组上灰岩段下部云质条带藻凝块灰岩夹生物碎屑灰岩和盘车沟段中部黄绿色页岩夹薄层泥质灰岩（新泰盘车沟及莒县鸡山），厚度约 60 m，Anomocarella，Fuchouia 等为该带常见分子。

13. Yabeia 延限带

该带顶界为张夏阶顶界，其岩性为张夏组上灰岩段顶部灰色薄层泥晶灰岩及生物碎屑灰岩，厚度约为 5 m。

14. Balckwelderia – damesella 组合带

该带位于崮山组中下部黄绿色页岩与薄层灰岩中，厚度 17～75 m，Liaoningaspis，Stephanocare 是该带主要分子，该带为组合带，为崮山阶第一个化石带。

15. Drepanura 延限带

该带的顶界即为崮山阶的顶界，Diceratocephalus，Shantungia，Liostracina 是该带的主要分子。该带位于崮山组上部薄层泥质灰岩、竹叶状灰岩夹页岩地层中，厚度 2.5～18 m。

16. Chuangia 延限带

位于崮山组上部或炒米店组下部褐灰色中厚层含海绿石生物碎屑鲕粒灰岩中，厚 1.4～8 m，该带属种单调但丰度高，该带底界即为长山阶的底界。

17. Changshania – irvingella 共存延限带

广布于鲁西长山阶下部，该带岩性为崮山组顶部至炒米店组底部黄灰色薄层—薄板状泥质灰岩、瘤状灰岩、竹叶状灰岩夹页岩，厚 14～60 m，除带化石外，尚有 Prochuangia，Maladioidella，Lioparia 与其共存。

18. Kaolishania 延限带

其顶界为长山阶顶界，位于炒米店组下部浅灰色至灰白色厚层灰岩中，厚 3～12 m，Shirakiella，Kaolishaniella，Ampullatocephalina，Taishania 等是该带主要分子。

19. Ptychaspis – tsinania 共存延限带

该带岩性为炒米店组下部藻球粒灰岩、灰色中厚层生物碎屑鲕粒灰岩，厚 30～50 m，除带化石外，尚有 Prosaukia 等与其共生，该带底界即为凤山阶的底界。

20. Quadraticephalus 顶峰带

位于炒米店组上部条带状灰岩和云斑灰岩中，厚约 17 m，以 Quadraticephalus 最丰富，Calvinela、Haniwa 与其共生。

21. Mictosaukia 延限带

位于炒米店组上部云斑灰岩中，厚 24～36 m，Calvinella，Changia 等与 Mictosaukia 共生，该带顶界即为凤山阶顶界。

第四节　山东古人类活动遗迹

人类化石是研究人类起源与演化最直接的证据。山东地区目前发现的人类化石有沂源猿人和新泰乌珠台人，分别属于人类演化历史的直立人和晚期智人阶段，时代上为第四纪更新世的中期和晚期。

一、沂源猿人遗址

沂源是国内最早的古人类发现地之一，1981 年沂源猿人的发现，使沂源成为黄河中下游和中国东部最早的古猿人发源地，是迄今发现的最早的山东人。继沂源猿人遗址发现后，又相继发现了上崖洞遗址、千人洞遗址等。

（一）"沂源猿人"遗址分布及特点

沂源县是"沂源猿人"的发现地，已发现沂源猿人（图 17 – 3 – 16）及古脊椎动物化石遗址 4 处，均位于沂源猿人遗址溶洞群景区内。

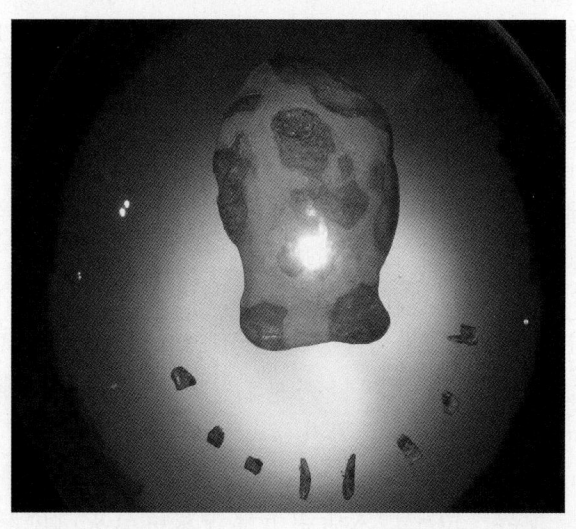

图 17 – 3 – 16　沂源猿人化石

1981 年 9 月 18 日，沂源县文物普查人员在土门镇九会村东北 1 km 处，骑子鞍山根，发现猿人头盖骨化石一块。后由北京大学考古系教授吕遵谔与山东大学、省博物馆、县图书馆等单位组成发掘队发掘，又获猿人头骨 1 块，眉古 2 块、牙齿 8 颗、肱骨、股骨、肋骨 1 段及伴生动物骨骼化石 10 余种。专家们从化石的颜色、牙齿的磨损程度和不同的出土地点判断，认为是两个成年猿人（20 岁左右、40 岁左右）遗存的骨骼，媚骨的粗壮程度与牙齿的原始性质与北京猿人相似，经中国科学院古人类研究所及北京大学等专家鉴定，确系旧石器时代（更新世中期，50 万年前）的猿人遗骸，化石数量仅次于周口店北京猿人化石点。被命名为"沂源猿人"、"沂源人"，从而使沂源成为黄河中下游和中国东部最早的古猿人发源地，是迄今发现的最早的山东人。

沂源猿人化石的发现，是国内古人类考古工作上的一次重大发现，填补了国内猿人地理分布的空白，对于研究古地理、古气候及古人类的发展进化、史前文化等领域，提供了可靠的佐证。沂源猿人遗址被国务院确定为全国重点文物保护单位。

（二）上崖洞遗址

位于沂源县九会村东北 1.1 km 处，洞高 10 m，宽 7 m，深约 1 000 m。1982 年局部发掘，采集物有人类使用过的石英片岩及动物骨骸化石等，主要有圣水牛（Bubalus mephistopheles）、殷羊（Ouis shangi）、野猪、普氏野马（Equus prezewalsl Kyi）、野牛、肿骨鹿、大象等，属于旧石器时代中晚期文化。

（三）千人洞（山东 1 号洞）遗址

位于沂源县土门镇黄崖村西北。洞高 10 m，宽 10 ~20 m，深 90 m，为石灰岩洞穴遗址。1965 年发掘出打制石器 38 件，有削刮器石片和核灰石器，动物化石有野猪、野马、野驴的臼齿及鹿骨等，还有大量烧土及灰烬等。属于石器时代晚期文化。

二、新泰乌珠台人

1966 年 4 月，新泰市刘杜公社乌珠台村农民为寻找水源在村南约 700 m 的中寒武纪致密鲕状灰岩形成的溶洞中发现了化石，并报告山东省博物馆。省博物馆孟振亚在这些化石中辨认出一颗人类牙齿。中国科学院古脊椎动物与古人类研究所闻讯后即派吴新智和宗冠福与省博物馆的工作人员赴现场勘察，又发现了一些哺乳动物化石。所有标本由孟振亚送到中科院古脊椎所进行研究。1973 年吴新智、宗冠福研究认为：人牙化石为左下第一或第二臼齿，咬合面有 5 个齿尖，齿沟呈"丫"形排列，磨蚀 1 度，远中面无接触痕迹，尺寸不大，可能属于一个女孩。牙齿没有齿带，颊面基部不鼓出，咬合面副脊不发达，齿前部宽小于后部宽，牙齿不粗壮，形态比较接近于智人。动物化石属于虎、马、猪、鹿、牛和披毛犀。该动物组合中，除披毛犀限于生活在更新世外，其他种类都可以延续到全新世，因此时代应为晚更新世。

新泰乌珠台晚期智人的材料仅有 1 枚牙齿化石，能提供的研究信息有限，但是作为山东地区人类化石的首次发现，它开启了在该地区寻找和研究古人类的先河。

第四章　山东典型地貌景观

地貌景观是在成因上彼此相关的各种地表形态的组合，是构造运动、风化剥蚀等综合地质作用的产物。山东省地形条件复杂，地貌类型多样，中山、低山、丘陵、平原（山间平原、山前平原、黄河冲积平原）均有分布，由于各种类型地貌成因及其岩性组成各不相同，因而形成了多姿多彩且具有重要科学研究价值的地貌景观。根据全国重要地质遗迹分类说明表，山东省地貌景观类地质遗迹可分为岩土体地貌、水体地貌、构造地貌、火山地貌和海岸地貌等5类。构造地貌在山东分布少、不典型，在此不再叙述。

岩土体地貌景观：山东省以岩石地貌景观为主，包括花岗岩地貌和崮形地貌两个亚类。其中，花岗岩地貌主要分布于中山区。山体由混合花岗岩、侵入岩及部分碎屑岩夹碳酸盐岩构成，山势挺拔陡峻，主峰海拔高逾800 m。分为强切割构造侵蚀中山、中切割剥蚀构造中山、侵蚀溶蚀中山等，切割深度大于500 m。主要有泰山、沂山、鲁山、蒙山、崂山等12座。崮形地貌主要分布于鲁中南低山区，山势低缓，海拔400~800 m。以侵蚀溶蚀作用为主，切割深度200~400 m。山体下部以碎屑岩类为主，上部则以厚层碳酸盐岩为主，组成单面山或方山地形。

水体地貌景观：包括河流、湖泊、湿地、泉等以下4个主要亚类。

（1）河流：以黄河为代表，被视为中国母亲河，全长约5 464 km，流域面积约79.5万 km²。山东境内自鲁西南东明县后双楼入境，向东北斜贯鲁西北平原，至垦利县入渤海，省内河段长571 km，流域面积13 531 km²。黄河在入海口沉积了大量泥沙，久而久之，形成了广阔的现代黄河三角洲湿地平原。

（2）湖泊：主要分布于鲁西南及小清河低洼地带，同时也是山东省重要的湖泊型湿地分布区。如鲁西南地区的南四湖、东平湖等，小清河沿线则主要有白云湖、马踏湖等。

（3）湿地：是指陆地上常年或季节性积水和过湿的土地。山东是长江以北湿地面积最多的省份之一，分为近海及海岸带、湖泊、河流、沼泽等4类17种亚类。

（4）泉为地下水的天然露头。地下水沿含水层运动过程中，通过岩石节理、裂隙、岩溶等各种通道溢出或涌出地表而形成。按泉水温度划分，可分为冷（常温）泉和温泉两种类型。其中，冷泉在全省中低山丘陵区广泛分布，泉水流量、成因具有很大差异。具备地质遗迹研究价值的泉当属分布于鲁中南山区的36处岩溶大泉。温泉则主要分布于鲁东地区，全省18处温泉中，鲁中南中低山丘陵区仅占4处，其余14处均分布于鲁东低山丘陵区。

　　火山地貌景观：火山地貌为地壳内部岩浆喷出地表而形成，包括火山机构和火山岩地貌等两个亚类。山东地处中国东部沿海，与太平洋沿岸火山带之间存在着密切联系。新生代以来的火山活动遗留下了许多遗迹，较为知名的火山遗迹达 10 余处，主要分布在昌乐、临朐、青州、即墨、蓬莱、无棣等地。

　　海岸地貌景观：海岸地貌景观包括海蚀地貌和海积地貌两个亚类，广泛分布在鲁东沿海。

第一节　山东岩石地貌

一、崮形地貌

　　"崮"即指四周陡峭、山顶较平的山，在地貌学上称为方山。崮形地貌在山东较为典型，具有代表性。

　　（一）崮形地貌形态及地层岩性特征

　　崮形地貌最典型的形态特征为山体顶部平展开阔，周围峭壁如削，峭壁之下坡面坡度由陡到缓，一般 20°～35°。峭壁高度 10～100 m 不等，放眼望去，酷似一座座高山城堡，成群耸立，雄伟峻拔。

　　山东省崮形地貌主要形成于古生代寒武纪长清群—九龙群张夏组分布的中低山区。由张夏组厚层碳酸盐岩构成"崮"顶，下部为馒头组碎屑岩夹薄层碳酸盐岩，地层缓倾斜，倾角大多小于 10°。

　　（二）崮形地貌区域分布

　　"崮"主要分布在鲁中南低山丘陵区的蒙阴、沂水、沂南、沂源、平邑、费县、枣庄市山亭区等 7 个县区境内，较为知名的"崮"超百余座。以沂蒙山区分布的崮形地貌为代表，素有"沂蒙 72 崮奇观"之称，组成了壮美的沂蒙崮群。其中，又以蒙阴岱崮镇分布最为典型，其数量之多、地域之集中、形态之壮美，为世界之罕见。

　　1. 蒙阴岱崮群

　　"岱崮"地貌因蒙阴县岱崮镇集中分布的"崮"形山而得名，是我国继"张家界地貌"、"喀斯特地貌"、"嶂石岩地貌"、"丹霞地貌"之后的第五大岩石造型地貌。在方圆不足百平方公里的范围内，知名的崮就有 30 座，仅岱崮镇即有 16 座（表 17 - 4 - 1），几乎每个崮都有美丽的传说和悠久的人文历史遗迹。

表 17 - 4 - 1　　　　　　　　蒙阴县岱崮地貌基本情况

序号	名称	位置	基本情况
1	卧龙崮	镇西北 1.2 km	海拔480 m，狭长，极似卧龙而得名。顶部平坦，崮顶面积1.6 km²。峭壁高度20～23 m，周长达 3 km。崮顶中部为古山寨遗址，房屋残址60 余处
2	拨锤子崮	位于镇区西北4.2 km	海拔575 m。崮顶面积1.2 万 m²，南北长，两头宽，而中间狭窄，形似民间捻线用的拨锤子，故名拨锤子崮。该崮峭壁高度20～3 m，周长达1 km。崮顶为古寨遗址

（续表）

序号	名称	位置	基本情况
3	北岱崮	距镇区 9.1 km	海拔 679 m，与南岱崮对峙而立，相距仅 1.8 km，因称北岱崮。岩层厚度 25～32 m，周长约 1.5 km。该崮是岱崮地貌群红色旅游资源重点之一，与南岱崮同时被列为两次著名抗日保卫战遗址，现存遗迹 40 余处
4	南岱崮	镇区西北 8.3 km	海拔 705 m。该崮岩层厚度 23～31 m，周长约 0.75 km。该崮是抗日战争和解放战争时期著名的两次保卫战的主战场，植被条件较好
5	玉泉崮	镇西北 4.9 km	海拔 558 m，因崮下有清泉，泉水如碧而得名。岩层厚度 17～26 m，崮顶为古寨遗址，中有岗楼残迹及居住遗址多处，南侧有围墙，墙北端有寨门残址。崮顶总面积约 2 万 m²，上有花椒林及农田，属于典型的崮上乡村，极具旅游开发价值
6	龙须崮	镇西北 7.2 km	海拔 709.1 m，崮顶极似龙须而得名。崮四周峭壁高度 20～23 m，崮顶周长达 1.5 km，总面积 1.5 km²。也是红色旅游的重点
7	大崮	镇西南 3.5 km	海拔 628 m，因山体庞大得名。崮四周峭壁高度 13～25 m，周长达 5 km，崮顶总面积 2.3 km²。为古寨遗址，有金、元时期残垣断壁，同时也是红色旅游的重点
8	团圆崮	镇西北 7.5 km	海拔 510 m。因两座圆崮相连而得名，又称对崮。两座圆崮，一东一西，东大而西小，崮四周峭壁高度厚度 20～26 m。其中，东崮顶直径 400 m，悬崖周长 1.3 km，崮顶面积约 2.7 万 m²。西崮顶直径 100 m，悬崖周长 0.7 km，崮顶面积约 1.4 万 m²。原为军事基地，现存有古寨遗迹
9	小崮	镇西 3.2 km	南邻大崮，北与獐子崮对峙，海拔 584 m，因崮小而得名。崮四周峭壁高度 23～25 m，周长 0.5 km，崮顶面积约 5 300 m²，该崮现存有古碑刻一座，古柏一株
10	卢崮	镇西北 5 km	海拔 610 m，因鲁王曾登临此山，得名鲁王崮，后称鲁崮，今演绎为卢崮。崮四周峭壁高度 20～25 m，周长 9.7 km，崮顶总面积 1 km²，植被条件较好
11	石人崮	镇西北 5 km	南邻玉泉崮，北邻梭子崮，海拔高度 511m，因似石人群而得名。崮四周峭壁高度 4～12 m。非物质文化资源丰富，有很多的历史传说，植被条件较好
12	梭子崮	镇西北 5.6 km	海拔 526.7 m，南邻石人崮，北邻三宝山，因形似织布梭子而得名。崮四周峭壁高度 20～23m，崮顶面积约 3.3 万 m²，植被条件良好
13	瓮崮	镇西 7.1 km	海拔 670 m，形似倒扣之瓮，故名瓮崮。崮四周峭壁高度 24～28 m，周长 400 m，植被依地势而生，富有层次感
14	油篓崮	镇西 7.1 km	海拔 658 m，崮形极似油篓而得名。崮顶分上下 2 层，上层为岩层厚度 3～4 m，周长 250 m，面积约 2 000 m²，下层岩层厚度达 20 m，周长 500 m，与瓮崮相距 2.05 km，与板崮相距 1.68 km

（续表）

序号	名称	位置	基本情况
15	板崮	镇西 6.5 km	海拔 655 m。该崮像两层厚厚的石板摞在一起，故名板崮。分为上下 2 层，上层高度 20～29 m，周长达 1.8 km；下层高度 4～5 m，周长达 1 km。崮顶为古山寨遗址
16	獐子崮	镇西北 3.5 km	海拔 571 m。南与小崮对峙，北距拨锤子崮 0.63 km。因明末清初时獐子群居崮顶而得名。崮四周峭壁高度 20～25 m，周长 700 m，崮顶总面积 1 km²

2. 抱犊崮

抱犊崮位于枣庄市山亭区东南 10 km 处，其主峰位于苍山县下村乡境内。海拔 584 m，为鲁南第一高峰，被誉为"天下第一崮"。自古以其独有的"雄"、"奇"、"险"、"秀"而著称于鲁南 72 崮之首，被誉为"鲁南小泰山"。崮顶岩石为厚层海相鲕粒灰岩，生物碎屑灰岩等，岩石坚硬，厚度达百米。

抱犊崮历史悠久，原名君山，汉称楼山，魏称仙台山。相传，东晋道家葛洪（号抱朴子）曾投簪弃官，抱一牛犊上山隐居，"浩气清醇"，"名闻帝阙"，皇帝敕封为抱朴真人，抱犊崮故名。

抱犊崮为国家级森林公园，森林覆盖率为 97%，是山东省罕见的自然生杂木林汇集区，国内亦属少有。景区内有各种植物 165 科 627 种，有鸟兽类 138 种，其中属国家级保护的 14 种，有昆虫 10 目 82 科 295 种。抱犊崮属暖温带大陆型气候，含氧量高、负离子多、湿度大、空气质量优，为天然氧吧。春夏秋冬四季分明，山光各异。"春报桃李争艳放，夏暑浓荫不侵肌，秋染红叶醉扉芳，冬雪绽玉松梅奇。"抱犊崮不仅自然景观优美，而且人文景观品位较高。特别是震惊中外的民国大劫案就发生在抱犊崮。抱犊崮现已成为休闲、健身、科学观察、探险、旅游的好去处。

（三）崮形地貌形成过程

根据构造作用、岩浆作用、沉积作用、变质作用和各种内外营力的相互作用，山东省岱崮地貌的形成过程可划分为 4 个阶段。

1. 晚太古代—元古代发展时期：晚太古代，受迁西运动的影响，本区地壳下降，形成比较广泛的沉积盆地，同时在硅铝质的地壳中形成一系列张性裂谷，在 2 600～2 700 Ma，基性—超基性岩浆喷出地表（海底火山喷发），沉积了区内的泰山岩群地层。随后由于阜平运动的影响，发生了区域变质作用，伴随着鲁西隆起上升，逐步固结为稳定的地块。五台期大规模的幔源岩浆侵入形成了本区主要的基底岩性。这些古老的侵入岩又都经历了后期不同程度的区域变质、变形作用，形成弱片麻状构造。

早元古代吕梁期，中酸性岩浆沿北西向构造薄弱带上侵，形成傲徕山超单元侵入体。内基底出露的中细粒二长花岗岩，即为此时岩浆上侵的产物，随后发生了区域性的绿片岩相变质作用。至晚元古代，泰山陆核在南北向挤压下发生了纵张，形成了沂沭海峡，并和江苏、安徽一带的青白口期海盆逐渐沟通，继而内沉积了土门群。在元古代末期，本区地壳再次抬升，遭受风化剥蚀。

2. 古生代发展时期：古生代早期，地壳缓慢平稳下降，海侵由南往北渐渐推进。早寒武世沧浪铺晚期，本区为滨海陆屑滩砂砾岩相，沉积了李官组。随后海侵不断扩大，沉积了一套滨海—浅海陆源碎屑岩—碳酸盐岩建造。即沉积了长清群、九龙群和马家沟组等地层。至中奥陶世末，受加里东运动影响，地壳平稳抬升，海水退却，再次遭受剥蚀。缺失上奥陶统、泥盆系、志留系、下石炭统。晚石炭世时，由于受海西运动的影响，本区再次下沉接受沉积。其晚期地层（太原组）有重要煤层。二叠纪时，由于海西运动晚期影响，本区上升为陆，二叠纪早期（山西组）为湖泊相沉积，中期（石盒子组）以河流相为主。晚期开始遭受剥蚀。

3. 中生代发展时期：进入中生代之后，中国东部大陆相对太平洋底向南滑动，形成了"多字型"排列的3个隆起带和沉降带。本区处于第二隆起带和沉隆带的交汇处，与古生代相比，这一时期的沉积建造、岩浆活动、构造作用较为复杂。三叠纪时，受印支运动影响，北北东向的巨型坳陷和隆起开始形成，本区处于上升剥蚀状态，缺失三叠纪沉积。早中侏罗世，即燕山运动初始阶段，由于沂沭断裂的左行扭动，使本区西部近南北向的峄山断裂活动加剧，该断裂以东继续处于隆起和剥蚀状态。侏罗系末期，区内局部沉积了河流相三台组砾岩，同时有少量燕山期中偏碱性岩浆侵入，主要为闪长玢岩，多以岩床、岩脉的形式侵入于寒武系地层中。此后区内一直处于隆起状态，并遭受了强烈的风化剥蚀。

4. 新生代发展和形成时期：新生代鲁西地区以差异升降为主，本区继续以剥蚀为主。喜山运动时期，本区再次上升，区域断裂活动加剧，碳酸盐岩地层遭受强烈风化剥蚀，并生成大量次一级断裂构造。为地表水的渗入和地下水的长期作用下形成了有利条件，岩溶极其发育。进入第四纪，本区趋于稳定，以强烈的风化剥蚀为主，寒武系崮山组上部的所有沉积地层已被剥蚀殆尽。由于下部地层继续遭受剥蚀，差异性的风化剥蚀形成了区内的中低山丘陵地貌，沟谷纵横，山峦起伏。在之后的漫长地质历史演化过程中，遭受长期的地表水的侵蚀、渗入溶蚀、酸雨、冰劈、河流切割、冲刷及风化剥蚀和重力崩塌等多重地质作用，岩石分裂。鲕状灰岩层理、节理、微裂隙发育，既是含水层又是透水层，其下部砂岩、页岩为隔水层，形成崮、溶洞、裂谷、泉等地貌景观。上部张夏组厚层鲕粒灰岩坚硬，节理裂隙发育，长期的雨水侵蚀及风化剥蚀往往形成陡立状或刀砍状特有地貌，下部馒头组粉砂质泥灰岩及页岩软弱，易遭受风化剥蚀，水土流失严重，上部灰岩的临空面逐渐扩大，在重力作用下导致坠落，或经过地壳运动及内外地质应力作用，加速了上部岩石的倾倒、坠落，最后形成崮形地貌。

二、花岗岩地貌

花岗岩是地面上最常见的酸性侵入体。其质地坚硬，岩性较均一。垂直节理发育，多构成山地的核心，成为显著的隆起地形。在流水侵蚀和重力崩塌作用下，常形成挺拔险峻、峭壁耸立的雄奇景观。表层岩石球状风化显著，还可形成各种造型逼真的怪石，具较高的观赏价值。山东省的花岗岩地貌景观分布较广泛，其中以泰山、崂山地学内容最为深广。

（一）泰山

1. 主要地貌景观

泰山地处华北平原的东缘，凌驾于齐鲁山地之上，与四周平原和低山丘陵形成强烈的对照。主峰玉皇顶海拔高度 1 545 m，在不到 10 km 的水平距离内，与其山前平原相对高差达 1 400 m 左右。大有通天拔地、雄风盖世的气魄，成为万里原野上的"东天一柱"。主要花岗岩地貌景观有仙人桥、拱北石、后石坞、天烛峰、扇子崖、阴阳界、桃花峪、傲徕峰等。

（1）仙人桥。位于瞻鲁台西侧，是岱顶的重要景点之一。该桥呈近东西方向，横架在两个峭壁之间，长约 5 m，由 3 块巨石巧接而成。相互抵撑的 3 块巨石，略呈长方形，大小为 2 ~ 3 m³。桥下为一深涧，南侧面临万丈深渊，地势十分险要，集险、奇、峻于一体，令人望而生畏。明末萧协中曾赋诗赞曰："三石两崖断若连，空漾似结翠微烟。猿探雁过应回步，始信危桥只渡仙。"

（2）拱北石。拱北石又称"探海石"。位于岱顶日观峰下面，是岱顶著名景点之一和泰山的象征。拱北石长 10 m，宽 3.2 m，厚 1.5 m 左右，颇像一把带鞘的利剑斜刺苍天。因其向北探伸，故而得名。拱北石及其周围的岩石均为粗斑片麻状二长花岗岩。岩体垂直节理十分发育，将岩石切割成许多厚薄不一的直立板状岩块，在风化剥蚀过程中，由于重力作用的影响，常发生崩塌和倾倒。拱北石就是原来的直立板状岩块在重力影响下发生折断和倾倒而形成的。

（3）后石坞。在泰山之阴，与岱顶相距 1.5 km。自丈人峰顺坡北去，至山坳处的北天门石坊南侧，再沿步游路顺谷东去约 0.5 km，便是以幽、奥著称的后石坞。顺石阶登上高台，便是摩空托云的遥观顶，山前有元君庙，庙前为一深涧，地势险要，庙后有"黄花洞"和"莲花洞"。后石坞一带的地形，颇像一个勺把朝东的汤勺。这里峭壁林立，峰险涧深，因背阴天寒，云雾缭绕，成为松林的世界。千姿百态的古松到处可见，它们有的侧身绝壁，有的屈居深壑，有的直刺云天，有的横空欲飞。

（4）天烛峰。在后石坞九龙岗南山崖，有孤峰凌空，其峰从谷底豁然拔起，直插云霄，秀峰如削，高如巨烛，故名"天烛峰"。岩性属傲徕山岩体，以中粒片麻状黑云母二长花岗岩为主，垂直节理发育。峰端横生怪松，俯临万丈深渊，风采奕奕。东又有一峰，更加高大雄伟，名大天烛峰。两峰旧称大、小牛心石，又似双凤同翔，又名"双凤岭"，前者高约 100 m，后者高约 80 m，酷似两支欲燃的巨型蜡烛。

（5）扇子崖。傲徕峰及其东侧的扇子崖，位于泰山西南麓的险要幽绝之处，是观察深沟峡谷、悬崖峭壁、奇峰峻岭的侵蚀切割地貌最佳地点之一，也是泰山的著名旅游景点。从长寿桥经无极庙，向西北走约 2 km，即到扇子崖山口，向里走便是西汉末年赤眉军天胜寨的遗址。其西有一高峰，形似雄狮，名为狮子峰；再向西就是高耸峻峭、丹壁如削、形如巨扇的扇子崖。明代文学家杨博曾在扇上题书"仙人掌"。清代孙宝僮在诗中惊叹："剑峰怒刺天，积铁拔千仞。"

　　扇子崖之所以如扇似刀、丹壁如削，是因为它与东侧的狮子峰及其西侧的傲徕峰是一个整体。后来被两条北西向断裂错切，将其分割成 3 个山峰。而扇子又被北东东向断裂切割，形成一系列密集而直立的板状块体，加上二长花岗岩水平节理发育，岩石十分破碎，在重力作用下，不断发生大规模坍塌。久而久之，逐渐形成目前犹如半壁残垣、状如扇形的扇子崖。

　　（6）阴阳界。在长寿桥南面的石坪上，东百丈崖的顶端，有一横跨两岸垂直河谷的浅白色岩带，好像一条白色纹带绣于峭壁边缘。因长年流水的冲刷，表面光滑如镜，色调鲜明，十分醒目。越过时稍有不慎，就会失足跌落，坠谷身亡，故名之为"阴阳界"。桥下的石坪为傲徕山中粒片麻状二长花岗岩，质地坚硬，抗风化剥蚀能力比较强，经长期风化剥蚀和溪水的冲刷，形成了这样宽大而平滑的大石坪。石坪之上浅色岩带为一条由长石和石英组成的花岗质岩脉，表面呈灰白色，脉宽 1～1.2 m，沿南东 130°方向延伸，近于直立产出在二长花岗岩中，与围岩的界线十分清晰，产状稳定，直线状展布，色调鲜明，又位于东百丈崖的峭壁边缘，地势甚为险峻。

　　（7）桃花峪。桃花峪位于岱顶西北，是泰山近几年开辟的旅游新区，并有索道缆车直通岱顶。此处奇峰垒列，峭壁林立，沟深涧曲，溪水长流，青松密布，兼有险、奇、秀、幽的自然景观特色。由于此处气候适宜，水质清净，故又成为泰山赤鳞鱼繁衍之处。

　　在索道站周围出露的岩石，主要是傲徕山中粒片麻状二长花岗岩。其东侧有北西向龙角山断裂通过，断裂两旁发育有与其基本平行的伴生断裂。其中一条伴生断裂切过一个山头，生成约 5 m 宽的节理密集带，节理面近于直立，将二长花岗岩切割成许多薄板状岩块，在重力作用下岩块沿直立节理面不断坍塌，最后形成两峰对峙的一条几米宽的大裂缝，这就是有名的桃花峪一线天。置身其中，只见两壁峭如刀削，俯瞰脚下巨石垒垒，仰望上空，仅看到一线蓝天，无比惊险。

　　（8）傲徕峰。扇子崖之西是傲徕峰，因巍峨突起，有与泰山主峰争雄之势，古有民谚："傲徕高，傲徕高，近看与岱齐，远看在山腰。"傲徕峰与扇子崖结合处为山口，在山口之后是青桐涧，其深莫测，涧北为壶瓶崖，危崖千仞。站在山口，东看扇子崖，如半壁残垣，摇摇欲坠，让人心惊目眩，西望傲徕峰，似与天庭相接，北眺壶瓶崖，绝壁入云。扇子崖和傲徕峰一带出露的岩石，均为傲徕山中粒片麻状二长花岗岩。

　　2. 泰山形成及演化

　　（1）泰山形成年代与阶段。泰山作为地壳发展某一阶段的产物，经历了一个漫长而复杂的演变过程，大体上可分为古泰山形成、海陆演变、今日泰山形成等 3 个阶段（图 17 - 4 - 1）。

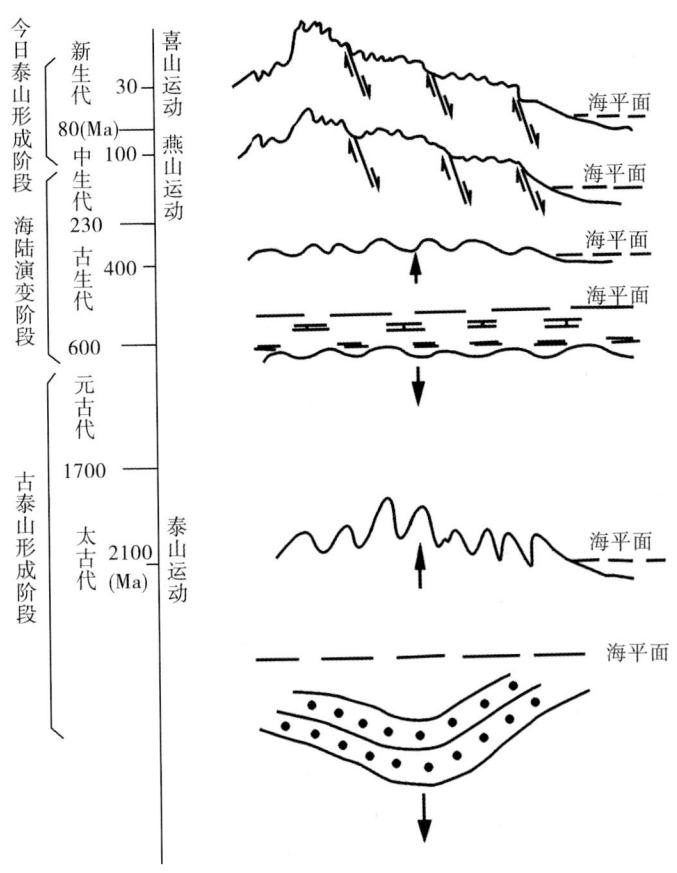

图 17-4-1 泰山形成演变阶段示意图（据吕朋菊等，2002 年）

①古泰山形成阶段（距今 2 500 Ma 以前）。大约在新太古代初期，即距今 2 800 Ma 前，古老陆台裂开，形成巨大的凹陷带（海槽），沉积了巨厚的超基性—基性火山岩和杂砂质火山碎屑岩（泰山岩群）。在距今 2 500 Ma 前后，鲁西地区发生过一次强烈的造山运动（泰山运动），先沉积的岩层褶皱隆起形成巨大的山系，古泰山就是这些山系的一部分，耸立在海平面之上，同时伴随着岩层的褶皱隆起，产生了一系列断裂以及大量中酸性岩浆的侵位和区域变质作用，从而逐渐形成了今日见到的表壳变质岩系和分布广泛的闪长岩、花岗岩类的古老侵入杂岩体。同位素年龄为 2 500 ~ 3 000 Ma。

②海陆演变阶段（距今 600 ~ 200 Ma）。随后，经过 1 800 ~ 1 900 Ma 的长期风化剥蚀，山地地势渐趋平缓。古生代初期，华北广大地区大幅度下降，海水侵入，古泰山也随之沉没到海平面以下。于是在古泰山的"泰山杂岩"风化剥蚀面上，沉积了一套近 2 000 m 厚的海相地层，即寒武—奥陶系的石灰岩和页岩。

中奥陶世末，在加里东运动影响下，鲁西和整个华北又缓慢地整体上升为陆地，缺失了晚奥陶世、志留纪、泥盆纪、早石炭世的沉积。至中石炭世初，发生过短暂的升降交替，鲁西处于时陆时海的环境，在中奥陶统的风化剥蚀面上，沉积了中、晚石炭纪的海陆交互相含煤地层。而后鲁西又持续上升，进入大陆发展阶段。在此段时间，泰山地区的地势高差不大，基本上是丘陵地形。

③今日泰山形成阶段（100~30 Ma）。中生代晚期（距今 100 Ma 左右），在燕山运动影响下，泰山南麓产生了数条 NEE 向高角度正断层，其中最南面一条，就是泰前断裂。处于断裂北盘的古泰山，一方面不断掀斜抬升隆起，另一方面又遭受各种风化剥蚀，最后在山体的高处，把原来覆盖在古老泰山杂岩上的 2 000 m 厚的沉积盖层全部剥蚀掉，先前形成的"泰山杂岩"才又得以重新出露于地面，从而开始形成今日泰山的雏形。

新生代期间（距今 60~70 Ma），在喜马拉雅运动的影响下，泰山沿泰前断裂继续大幅度抬升，到新生代中期（距今 30 Ma 左右），今日泰山的总体轮廓基本形成。经过后来的长期风化剥蚀，以及各种外力地质作用的改造，才逐渐地形成今日泰山的面貌景观。

（2）泰山形成演化。泰山作为一个年轻的断块山系，是泰山山前断裂北盘于新生代不断掀斜抬升的结果。其雏形始于中生代末或新生代初，基本轮廓形成于新生代中期，年龄仅 30 Ma 左右，是新生代构造运动的产物。新构造运动对在泰山的形成过程中起着决定性作用，与泰山的各种地貌景观有着密切的成生联系。

中生代末期，在燕山运动的影响下，在泰山南麓产生数条 NEE 向断裂，其中最南面的一条就是泰山山前断裂。泰山山前断裂北盘的古泰山，一面不断隆起抬升，一面遭受风化剥蚀，最后把原来覆盖在山体高处的古老变质岩之上的寒武—奥陶系沉积盖层全部剥蚀掉，使 2 000 Ma 以前形成的变质杂岩得以出露地表，从而开始形成今日泰山的雏形。新生代期间，在喜马拉雅构造运动的影响下，泰山沿泰山山前断裂带继续大幅度抬升，直至新生代中期，即距今 30 Ma 左右，今日泰山的轮廓才基本形成。后来在各种外营力作用下，不断遭受侵蚀、切割和风化，才逐渐塑造成今日雄伟壮丽的泰山地貌景观。

综上所述，泰山在长期的演变过程中，经受了泰山运动、加里东运动、华里西运动、燕山运动和喜马拉雅山运动等 5 次大地壳运动的强烈变革，经历了地壳发展历史太古代、元古代、古生代、中生代和新生代等 5 个主要阶段的改造，真可谓几度沉浮、几经沧桑。今日的泰山不是太古代的古老隆起，而是一个中新生代的倾斜断块凸起，燕山运动奠定了山体的基础，喜马拉雅山运动改造了山体的基本轮廓，著名的泰山山前断裂活动塑造了泰山今天的自然景观面貌。

（二）崂山

1. 主要地貌景观

崂山位于山东省青岛市崂山区境内，是山东半岛的主要山脉。最高峰崂顶海拔 1 133 m，是我国海岸线第一高峰，有着海上第一名山之称。古语云："泰山云虽高，不如东海崂。"崂山主要地貌景观有花岗岩奇峰、悬崖绝壁、象形石及花岗岩洞穴等。

（1）花岗岩奇峰。崂山山体巍峨高耸，雄峙黄海之滨。其主体岩性为崂山超单元花岗岩。山势雄奇突兀，沟谷深邃，岩壁陡峭。崂山峻山奇峰随处可观，巨峰、五指峰、天门峰、比高崮、秋千崮、虔女峰、丹炉峰、骆驼峰、狮子峰、万年船等，可谓鬼斧神工、造化神奇，具有极高的观赏价值。

（2）悬崖绝壁。由于地壳运动和断裂构造作用形成近于直立、相对高度较大的山崖。悬崖高度上百米，山崖石壁伟岸耸立，犹如刀削，如棋盘石、锦帆嶂、鱼鳞峡、飞凤崖等。

棋盘石位于海拔近800 m高的花岗岩巨石上，底部悬空，顶部平坦，上刻双钩十字形棋盘。据传南斗星君、北斗星君曾在此对弈。站在棋盘石上环顾，脚下是万丈深渊，四周为奇峰异起，心旷神怡之感油然而生。

（3）象形石。崂山象形石众多，形态千奇百怪，惟妙惟肖，主要由二长花岗岩、正长花岗岩、碱长花岗岩长期风化剥蚀而成。主要象形石有自然碑、孔雀石、龟驮石、王母仙桃、马首是瞻、绵羊石等。

出太平宫东院门，即是崂山著名异石"绵羊石"。绵羊石由几块冰碛巨石叠成，经数十万年的风化剥蚀，仿佛是人工雕琢的一只绵羊伏在山坡上，在特定的角度和光线条件下看去，不但外形酷似绵羊，而且口眼皆备，为崂山象形石中的一绝。

（4）花岗岩洞穴。崂山花岗岩洞穴主要是由山体崩塌巨石堆叠而成，如犹龙洞、觅天洞等；而那罗延窟，现代科学研究认为是一处特殊的古冰川遗迹。第四纪时期，崂山为深厚的冰川所覆盖，冰雪融水顺冰缝自高向下流动，经长期流渗冲刷，在洞的顶部形成了一个浑圆形的冰臼，恰好该处的花岗岩有几条比较大的裂隙，经过冰水反复冻融而松动，在冰川运动时，当中的巨石被拖出，形成了今天的石窟。

《华严经》载："东海有处，名那罗延窟，是菩萨聚居处。"（"那罗延"，梵语为金铜坚牢之意）那罗延窟即为华严寺的开山祖洞，素有"神窟仙宅"之称。窟内，由螺旋上升的石纹构成窟壁和窟顶，高约15 m，宽约7.8 m，窟顶圆孔可透天光，可沿石级攀登。

2．崂山及其地貌景观形成过程

崂山山体从震旦纪吕梁运动时期已成为复背褶皱，而崂山这块巨大的花岗岩体是从白垩纪开始形成的。距今6 800万年至1.3亿年的燕山运动晚期，由地壳深处上涌的炽热熔融的岩浆，在地面以下几千米的地方冷凝。新生代以来，地壳抬升，上覆盖着的岩石在漫长的风化剥蚀作用下逐渐裸露至地表。新生代中期（约200万年）以来，才开始呈现为现在的轮廓。而今我们看到的崂山面貌是第四纪末期，亦即在近几万年的沧桑变化中，大自然雕琢而成的秀丽景色。

崂山奇峰由中生代燕山晚期崂山超单元浮山亚超单元二长花岗岩、石门山亚超单元正长花岗岩、崂顶亚超单元碱长花岗岩组成，三者构成崂山之主体。浮山亚超单元形成于造山晚期，石门山亚超单元形成于造山晚期—非造山期过渡期，崂顶亚超单元形成于非造山期。中生代侵入岩形成环境具活动—稳定—活动—稳定的旋回性特点，从应力场特征看，则具有从挤压到拉张环境的变化过程。

奇峰海拔都在500 m以上，在燕山运动所形成的断块山基本骨架的基础上发展隆起而成的，花岗岩体裸露地表，垂直节理发育，在一定的气候条件下，经外力剥蚀后形成沟谷深切，壁立千仞的奇峰。

巨峰，俗称"崂顶"，由崂顶亚超单元碱长花岗岩体构成，形成于距今 1.2 亿年前后的燕山晚期。巨峰一带剑锋千仞、山峦巍峨，为典型的燕山运动晚期花岗侵入岩峰林地貌。峰顶系一块约 300 m^2 的方形花岗岩裸岩，名曰"盖顶"，三面峭壁，仅西南面可攀登，路极险奇。

第二节　山东新生代火山地貌

山东省新生代火山主要发生在距今 1 800 万年的第三纪。其火山岩属碱性系列，火山岩相主要为喷溢相，局部出现爆发相及火山通道相。火山作用可划分出 4 个火山旋回（沙河街、牛山、尧山、史家沟）。火山构造可划分为圈里—昌乐、方山、蓬莱 3 个火山台地。火山岩的分布深刻揭示了构造运动、岩浆活动、火山活动及演化规律，对追索地质历史具有重要的科研价值。

一、碣石山火山地貌

（一）主要地质遗迹及分布

碣石山位于无棣县城北 30 km 处的碣石山镇境内。碣石山，又名无棣山、盐山、马谷山、大山。海拔范围 6.5 ~ 63.4 m，系 73 万年前火山爆发喷出而形成的锥形复合火山堆，是我国最年轻的火山，也是华北平原地区唯一露头的火山，被誉为"京南第一山"。属一中心式喷发形成的火山锥状地形。碣石山的历史非常悠久。据旧县志记载，古时该山近河傍海，距海口仅十余里，为导航标识之山，称为碣石山。

碣石山是新生代晚期形成的火山，由强碱性玄武岩组成。碣石山是一座天然的火山博物馆，保存有各式各样的火山地质遗迹：中心式喷发的火山机构、"红顶绿底"的玄武岩层、含有大量新鲜的橄榄岩捕虏体的玄武岩、气孔状构造发育的玄武岩、保留岩浆流动时形成的绳状、火焰状构造的玄武岩、由火山弹、火山豆、火山灰组成火山岩层、典型的火山遗迹等。

碣石山熔岩为暗褐色，含有大量新鲜的橄榄岩捕虏体，捕虏体直径在 1 ~ 3 cm 之间。熔岩在镜下为斑状结构，斑晶主要是自形—半自形的橄榄石斑晶（占 15% ~ 20%）和他形的钛磁铁矿。基质由微粒矿物（橄榄石、辉石及钛磁铁矿、斜长石）和玻璃组成。主要矿物成分为钛辉石（63.44%）、橄榄石（15.34）、磁铁矿（14.95）、霞石（4.65%）、沸石（1.58）。

据金隆裕、陈道公和彭子成（1985 年）、王慧芬等（1988 年）对大山霞石岩的 K - Ar 测定年结果，形成年龄分别为 55 万 ~ 88 万年（平均为 73 万年，为山东地层划分所采用）和 33 万年，是山东最年轻的火山岩。

（二）碣石山火山地貌形成演化过程

碣石山地质遗迹的形成主要源于火山活动。本区先后经历了古生代、中生代和新生代的构造运动，不同地质时期的不同阶段具有不同的地质特征及地壳构造演化形式。

古生代寒武纪—奥陶纪，包括碣石山在内的华北地区地壳下降，大规模海水入侵，形成厚度巨大的碳酸盐岩沉积。

中生代，强烈的燕山运动在中国东部地区造成大规模岩浆侵入和断裂活动，奠定了山东境内地形地貌框架，在碣石山形成一些断裂构造。

新生代早期，受喜马拉雅山运动的影响，鲁西地区发生褶皱断裂，形成了一些断陷盆地，沉积了官庄群砂岩、页岩和石膏等泻湖相沉积物。进入第四纪，鲁中山地处上升状态，华北平原继续下降，黄河多次泛滥，形成了平坦的华北平原。无棣碣石山属于中心式喷发形成的火山锥状地形，是鲁北平原唯一的一座山体。

二、昌乐火山地貌

（一）主要地质遗迹及分布

昌乐是山东东部新生代火山岩的主要分布区，存在较多典型的古火山机构地质遗迹，在乔官—北岩一带尤为集中，是山东省规模最大、保存最完整、特征最典型的古火山口群。

古火山群共有大小火山200余座，以锥状火山和盾状火山为主，或数峰相连，成群出现，或孤立一处、拔地而起，总体上具有浑圆的外貌，少陡崖峭壁，少见分明的棱角。由于岩浆喷出地表时由高温到低温的骤然变化及岩浆的结晶分异作用，形成柱状节理，记录着当年熔岩喷发的壮烈气势，有垂直状、倾斜状、弯曲状等，柱状节理景观典型形态典型，更具有科研和观光价值。

乔山、苍山是典型的新生代火山机构的代表。乔山是昌乐地区的最高峰，海拔359.5 m。外形为锥状，孤立一处，拔地而起，乔山山顶人工揭露直立状六棱柱状玄武岩，直径可达20~30 cm。

北岩古火山口位于蝎子山东坡，玄武岩柱状节理发育。柱状节理构成的扇形造型优美，宛如一把倒置的大折扇。北岩古火山口保存有火山两次喷发的熔岩相互交切遗迹，右面第一次斜喷喷溢的岩浆形成的扇形柱状节理，被左面第二次直喷喷溢岩浆形成的垂直柱状节理明显切断，对研究火山喷发地质过程具有极高的科研价值，为国内罕见。北岩古火山口玄武岩中含有大量的源自地幔的包体，以俘虏体的形式存在，主要为尖晶石二辉橄榄岩。

团山子古火山口是火山筒内充填的玄武岩栓，经过200多万年的长期风化剥蚀，被剥露出地面。火山口深约20 m，直径约60 m，岩栓柱状节理发育，东壁喷发纹理最清晰，红褐色的六棱柱石象被一高强磁极所吸引，呈辐射状，向上收敛，向下散开，像一把倒置的折扇，形象地记录了火山喷发时的壮观景象。

蝎子山、黑山均发现几种不同角度、不同方位的玄武岩柱体相交汇，玄武岩柱沿节理风化剥蚀后形成整齐的横切面，六棱柱横向节理特征明显，形态多样。

1. 火山熔岩地貌

昌乐一带熔岩地貌主要有熔岩垄岗和熔岩盖两种类型。荆山和方山顶发育熔岩垄岗，其中方山顶有多层气孔玄武岩相互叠加的熔岩地貌，并且能清晰地看到两层熔岩流流动时形成的擦痕。团山子古火山口周围发育喷发相和平流相两种形式的火山岩相接触的景观。

2. 火山碎屑堆积地貌

团山子火山口南侧 20 m 处，有完整火山颈围岩的剖面，从上至下依次为第四系、火山熔岩、火山灰、火山角砾岩、火山集块岩。火山熔岩在火山喷发后期势头减弱，熔岩流层覆盖在火山集块岩、火山角砾岩、火山灰之上，真实再现了火山喷发时喷出物体的先后顺序。火山集块岩中包含砾岩、泥岩、砂岩等多种岩性，且所含岩块大小不一，形态各异。

（二）火山地貌形成演化过程

自新生代开始，区内受到东西向挤压应力场的影响，形成了较多北西向及东西向的张扭性断裂。到了新近纪，构造活动趋于强烈，从而引发了玄武岩岩浆喷发。玄武岩浆以郯庐断裂带为中心，沿北西向断裂喷发，在北西向与北东向断裂交汇处，火山活动尤为强烈。由于郯庐断裂活动深达上地幔，使其周围压力骤然降低，促使上地幔物质部分熔融，玄武岩浆携带未熔融的深源组分，顺断裂上升，喷发溢出，形成区内大面积临朐群牛山组玄武岩熔岩台地。因构造活动具有多期性，岩浆喷发具有间歇的特点，在间歇期盆地中形成山旺组沉积地层，内含大量动植物化石。山旺组上覆地层尧山组即是岩浆第二次大规模喷发的产物，在原有熔岩台地之上多形成锥状或盾状火山，并富含蓝宝石。

三、即墨马山火山地貌

马山位于青岛市城区蓝鳌路北侧。地貌上属丘陵，是城区西部剥蚀平原上的一座孤丘，由 5 个小山头组成，分别为马山、大山、宝安山、团山、长岭。因形如马鞍得名"马鞍山"。最高点海拔 231 m，最低海拔 30 m，相对高差 201 m。马山山体圆凸，坡度 20° ~ 25°。

（一）地貌景观类型及分布

马山主要火山地貌景观为岩石柱状节理。马山面积仅 7.74 km²，岩体由中生代中酸性火山岩—安山玢岩组成。为 1 亿年前岩浆涌现地表冷凝而成。山之西南部呈现四方柱状节理，株体截面直径约 1 m，高度约 30 m，笔直挺拔，排列紧密，宛如一片密林，蔚为壮观，故名"马山石林"。岩石柱状节理多发育于玄武岩中，一般呈六棱或五棱柱状，而马山石林发育于安山岩中，且呈四方形，在地质学中较为罕见。

（二）地貌景观成因

即墨地区白垩纪时期岩浆活动强烈，以城区为中心形成了一个巨大的破火山口，晚期形成的许多火山锥。浆喷发过程中，由于收缩作用均匀，在冷却岩石中形成了众多垂直节理。马山位于胶莱断陷盆地中部，白垩纪早期沉积了巨厚的河流相堆积物。后期受牟平—即墨断裂带控制，使岩浆沿断裂带上升侵位，遂形成潜火山构造。后期，在构造运动和差异风化等综合作用下，将岩体不断剥蚀、抬升，从而露出地表形成现在的马山。

第三节　山东海蚀地貌

海蚀地貌是指海水运动对沿岸陆地侵蚀破坏所形成的地貌。由于波浪对岩岸岸坡进行机械性的撞击和冲刷，岩缝中的空气被海浪压缩而对岩石产生巨大的压力，波浪挟带的碎屑物质对岩岸进行研磨，以及海水对岩石的溶蚀作用等，统称海蚀作用。海蚀多发生在基岩海岸。海蚀的程度与当地波浪的强度、海岸原始地形有关，组成海岸的岩性及地质构造特征，亦有重要影响。所形成的海蚀地貌有海蚀崖、海蚀台、海蚀穴、海蚀拱桥、海蚀柱等。

一、海蚀地貌分布

山东的海蚀地貌主要分布于山东半岛基岩海岸分布区。山东省具有约 3 000 km 黄金海岸，占全国海岸线的 1/6，居全国第二位。近海海域中散布着 299 个岛屿，岸线总长 668.6 km。基岩海岸形态复杂多变，从平面上看，岸线曲折且曲率大，岬角（突入海中的尖形陆地）与海湾相间分布；岬角向海突出，海湾深入陆地。海湾奇形怪状，数量多，但通常狭小。一般岬角处以侵蚀为主，海湾内以堆积为主。由于波浪和海流的作用，岬角处侵蚀下来的物质和海底坡上的物质被带到海湾内来堆积。从垂向上看，由于陆地的山地丘陵的被海侵入，使岸边的山峦起伏，奇峰林立，怪石峥嵘，海水直逼崖壁。有的海岸向海一侧是陡峭的断崖，称海蚀崖；有的海蚀崖前面有一个相对比较平坦的沙滩，称为海蚀滩；有的海蚀崖前面有一个相对比较平坦的石阶，称为海蚀平台；有的在岸边、海上竖立着孤独的石柱子或高耸岩体，称为海蚀柱，如青岛海滨的石老人、芝岛的石公公、屺姆岛的将军石等。

（一）长岛海蚀地貌

长岛即长山列岛，历称庙岛群岛，古称沙门岛。位于渤海、黄海交汇处，胶东半岛和辽东半岛之间。由 32 个岛屿组成，岛陆面积约 56 km²，海岸线长 146 km，主要岛屿是南岛和北岛。典型海蚀地貌主要有海蚀崖、海蚀洞、海蚀柱、海蚀拱桥、海蚀平台、石礁等。

（1）海蚀崖有九丈崖、大黑山岛的龙爪山、老黑山海蚀崖、九门海石崖、侯矶岛石崖、高山岛石崖、小黑山岛石崖、林海石崖、仙境源石崖等百余处，高 5～200 m 不等，崖高壁险、斑驳皱裂，明显地残留着造山运动时断裂、切割、拗陷的痕迹。由于千万年来海浪的淘涤，使危崖根底洼凹，多近 90°垂直海面，凹进处更增其险峻、巍峨的雄姿。

（2）海蚀洞有大黑山岛的聚仙洞、怪蛇洞、地下洞、九门洞，九丈崖的七仙洞、三元洞、吕祖洞、仙姑洞、虾精洞，南长山岛的水晶洞等 40 余处上百个石洞，最大深度约 200 m。位于龙爪山大顶山下的聚仙洞深 83 m，与旁洞深邃毗连、串廊迂回，置身其中，闻涛声阵阵，十分壮观。

（3）海蚀柱景观在区内也十分丰富，共计有 50 余处，如九叠石、仙境源海蚀柱、龙爪山假楼、望夫礁、螳螂岛、宝塔礁等。宝塔礁位于长山水道与宝塔门水道交汇处，高 21 m，宽 5 m，塔身由石英岩与板岩互层叠压，长年被风剥浪蚀，造型似塔如帆，《登州府志》载："岛外一石，突立波中，酷肖浮屠，为舟行出入门户。"，如今这座海上的天然航标已成为长岛的象征，是长岛奇礁异石的"石徽"。南五岛区内的象形礁资源也相当丰富，为海蚀柱的一种，多被拟人化、动物化，这些奇石或突兀群聚或孑然孤立，抹紫浮翠，千姿百态。有的亭亭玉立在滩岸之上，有的匍匐在碧波之中，老头石、老婆石、将军石、狮子石、香炉礁、佛石礁、佛爷礁等均为海蚀作用形成的人间奇观。

此外，长岛境内独特的岩石组合及内外动力地质作用，形成了众多形态类型的微地质遗迹景观。主要有象形石、彩石岸、球石等：①象形石资源丰富，全区各岛均有分布。林海的邂逅石、狮子石、金兔石，龙爪山的人猿石，钓鱼岛（挡浪岛）的思鹅石，仙境源的孔雀石等等，或人形或兽象或景观或物状，栩栩如生，各具神韵。沧桑几经巨变，海水有进有退，有的奇石美礁从水中"走"上岸来。南砣子岛南岸距海水 10 m 处，有一狮子石，从海上看，很像一位披蓑衣的老翁，立滩把竿垂钓；从岸上看，又似一头凶狮坐卧滩头，在振鬣狂吼。这种一石多姿的奇观令人叹为观止。众多的象形石增添了海岛景色的无穷神韵。②彩石岸：石英岩、板岩微地貌景观是长岛特有的国内外罕见的地质遗迹，主要分布在九丈崖、龙爪山、犁铧把岛、仙境源、砣矶岛等处的海蚀崖、海蚀柱等处，它反映了地质历史时期岩石形成演变的过程，俗称彩石岸。它是以自身的质地和颜色与周边环境相互结合，自然搭配，用参差之美昭示于人，五光十色、漏透瘦皱，千奇百怪，巧夺天工，有的蓝白石纹双色重叠，有的红绿石堆砌罗列，有的如模特衣裙飘飘，有的如古木年轮圈圈点点。既有粗犷的气质美，又有裸露的自然美。③长岛的球石资源十分丰富，玲珑、剔透、球度很高。不仅有光滑圆润的形体，还有五颜六色的纹理及栩栩如生的貌相，有的白肤洒蓝点，有的橘黄托红光，有的紫色配绿颜，像镏金，似赋彩，各具千秋，五彩斑斓。球石的形成经历了石英岩岩石的形成、铁锰质浸染变质、碎裂破碎成块、千古海浪打磨等过程，才有今天的圆熟和顽韧，每一枚球石都凝聚了地质作用的坚韧持久，是珍贵的地质遗迹。

（二）芝罘岛海蚀地貌

芝罘岛横亘于烟台市区北部的海面上，又称芝罘山，主峰高 298 m。三面环海一径南通，为我国最大、世界最典型的陆连岛。芝罘岛阳坡苍翠欲滴，风景如画，背面怪石嶙峋，崖壁陡峭，像怒目的金刚，所以芝罘山又有老爷山的俗称。

从整个地形看，芝罘岛是烟台港湾的一道天然的防波堤，像一把雨伞伸向黄海，宛若一棵灵芝草，生长在碧波万顷的黄海之中。在山后澎湃的浪涛中，有一块怪石形似老婆婆盘坐在水中，人称"婆婆石"；在芝罘岛的海面上，偶尔还会出现"海市蜃楼"奇景。芝罘岛为石英岩、片麻岩组成的基岩岛，状如长梭，东西长 9.2 km，南北宽 1.5 km，面积约 10 km²。北岸峭壁悬崖，悬崖高达 70 m，迎击着北黄海的急流险浪，每当风急浪高之时，身临其境，大有排山倒海之势。悬崖前有突兀海面之上的海蚀柱，高出海面 15 m 左右，像一座海上的袖珍"金字塔。"

据《史记》记载，秦始皇统一中国后，曾3次东巡，3次登临芝罘，在这里留下许多珍贵史料。

二、海蚀地貌形成条件和形成过程

（一）形成条件

在29亿~26亿年前，是早期陆核形成阶段，是迄今所知的山东省内最古老地质历史时期，这一时期该区与周围地区是连在一起的古老陆壳；在距今26亿~8亿年期间，区内以拉张作用为主，形成海槽，接受沉积；在距今8亿~2.5亿年前的新元古代晚期—二叠纪期间早期，即距今8亿~5.43亿年的震旦期，区内形成海盆。沉积了复理石组合即蓬莱群地层，形成了长岛地地区的主体岩性，在其后的加里东期、华力西期，该区以隆升状态为主；中生代—新生代时期（2.5亿年至今）是长岛地质公园主体区形成发展的重要地质历史时期，该时期为滨太平洋发展阶段，断块构造发育。在燕山期（2.05亿~0.65亿年）构造运动和喜马拉雅（0.65亿~0.233亿年）造山运动中，区内先后发生了一系列的北东东向、北西西向、北北东向和北东向的断裂活动，从此古老的陆块断陷分离成区内各岛的雏形，从而形成渤海海峡。第四纪时期，该时期又分4个阶段：①早更新世：该时期庙岛群岛与胶辽两半岛同属古陆范围，渤海与华北平原构成统一的内陆盆地，本群岛地势较高，基岩裸露，地表遭受风化剥蚀。早更新世晚期，由于断裂活动剧烈，发生大规模火山喷发和玄武岩溢流，形成大片玄武岩分布于大黑山岛和蓬莱地区，伴随这次火山活动的同时发生了一次海侵，在河北平原地下发现了这次海侵的海相层，其时代距今100万~73万年。至此本群岛雏形开始出现。②中更新世：初期发生了大规模海退，本群岛又与渤海连成一体变为陆地。当时渤海盆地处于森林草原环境，河流纵横交错，携带大量泥沙沉积。中更新世中期，气候向干寒方向发展，季风气候更加明显，风力作用增强，渤海盆地的大量物质被风起动挟裹到本群岛，与西北高空气流携带的粉尘一起堆积下来，形成了离石黄土。③晚更新世：最后一次间冰期已经到来，全球海面上升，渤黄海发生了大规模海侵，群岛矗立于大海之中，成为胶辽两半岛之间的陆桥。在晚更新世以来的数万年期间，随着海面的剧烈变化，渤海盆地数次海陆更替，本群岛时隐时现。约在距今3.9万年前开始的海侵，于距今3.5万年前左右海侵范围达到最大，本区被海水包围成为海岛，与现今岛屿轮廓基本类似。由于新构造抬升，区内出现海蚀阶地。晚更新世晚期，玉木冰期的晚冰期阶段，海水退出渤黄海，本群岛耸立于平原之中，此时气候向干冷方向迅速变化，冬季西北风强劲，夏季风萎缩。尤其在距今1.5万~1.8万年前的盛冰期阶段，渤海平原处于这种干旱寒冷、风力又特别强盛的气候控制下，植物不易生存，植被覆盖率较低，强大的西北风极易将渤海平原上的海相物质起动搬运，连同高空气流携带的少量粉尘一起沉降到本群岛与蓬莱沿岸，形成了马兰黄土。④冰后期：海水入侵渤海，于距今8 590±170年前发生了最后一次规模较大的海侵。在距今5 000~6 000年前，海面上升到最大高度，超过现今海面5 m左右，此时本群岛格局正式奠定。后来海面又有所下降，达到现今海面位置。

（二）形成过程

海蚀地貌景观主要是由于断裂构造和新构造活动与海洋外动力地质作用相互作用形成的，断裂构造使岩体断裂，在新构造抬升和海浪潮汐等长期侵蚀条件下形成了高陡的海蚀崖；由于断裂、裂隙发育及新构造抬升，受海浪作用形成了海蚀柱景观；由于构造破碎，导致岩体的破碎程度不一，形成软弱部位，受海洋动力作用侵蚀，造成岩体差异风化，形成海蚀洞穴地貌景观。由于地质作用的动力和形成过程复杂性，形成的海蚀地貌景观也千奇百态，景象万千。崖、礁、柱、洞、石的完美组合地貌，集中体现了地质作用的坚韧和无穷神韵。

区内的象形石、彩石岸、球石等地质遗迹景观的形成与所处的地层岩性、地质构造、岩浆活动及各种外动力地质作用相关，它们经过漫长的沉积、变质、风化、剥蚀、海浪侵蚀、搬运等过程，形成了如今这五彩斑斓的微地貌景观。象形石的形成是由于地壳抬升过程中岩体受海洋侵蚀，产生差异风化而形成。彩石岸是岩层沉积过程气候变迁或物质成分不同而形成的岩石组合经后期海洋侵蚀而形成的。球石是区内广泛分布的石英岩被裂隙切割破碎后，被海浪长期侵蚀打磨而形成。

此外，作为陆连岛的芝罘岛，在 5 000 万 ~ 6 000 万年之前，是个远离陆地的海中孤岛。后因海浪携带的泥沙在岛陆之间沉积。日久天长，渐渐堆积了两条沙坝，即连岛沙坝，将芝罘岛与大陆连接了起来。两坝之内有一个小小海域，即是泻湖，堆积了灰黑色的粉砂质淤泥，富有贝壳和有机质。芝罘岛是我国漫长海岸线上，众多岛屿之中，一个最为典型和著名的陆连岛。

第四节　　山东水体地貌景观

一、山东岩溶大泉

（一）岩溶大泉区域分布

岩溶大泉是指日均流量大于 1 万 m^3 的岩溶泉或泉群，是典型的水体景观类地质遗迹。具有很强的可观赏性和旅游开发价值，尤其在区域水文地质单元划分和地下水均衡研究、岩溶环境研究等方面具有重要意义。

岩溶泉是碳酸盐岩类裂隙岩溶水运动过程中，在水头压力的作用下，经岩石节理、裂隙、岩溶等多种通道出露地表而形成的。鲁中南地区碳酸盐岩分布广泛，面积约 2 万 km^2，是中国北方岩溶水资源分布面积最大的地区之一。岩溶泉水广布，据不完全统计有 308 处，正常喷涌年份总流量约 5.18 亿 m^3/a。其中，历史上日均流量大于 1 万 m^3 的岩溶大泉有 36 处（图 17 - 4 - 2、表 17 - 4 - 2），多以面状或带状成群喷涌。出露位置具有一定的规律性，一是分布于单斜构造边缘的山麓地带，属泉域边界的最低处，如济南泉群、明水泉群、临朐县老龙湾泉及泗水县泉林泉等；二是分布于排泄区下游低洼的沟谷或河谷中，在构造和地貌上属构造盆地边缘及腹部，如滕州羊庄泉群、魏庄泉群、泗水黑虎泉及枣庄十里泉等；三是分布于断层带之上，地下水沿断层破碎带上升成泉，如淄博市源泉镇的龙湾泉。

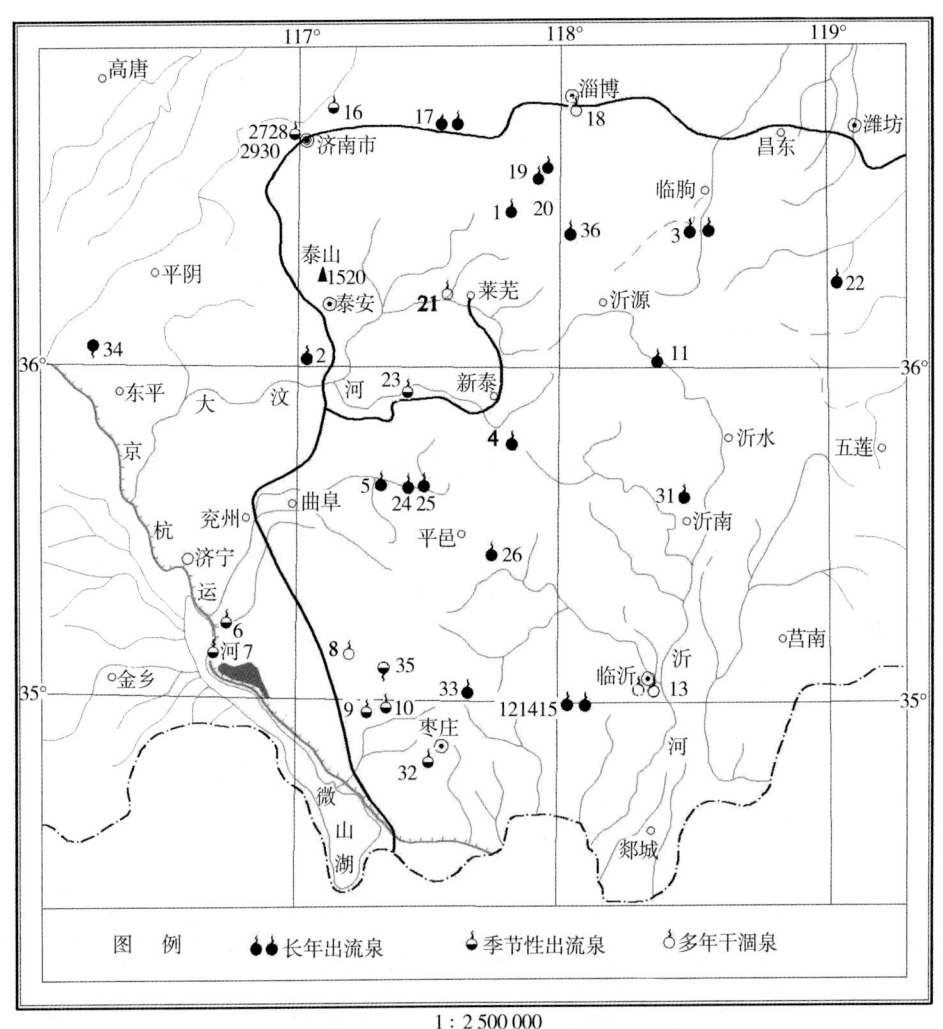

1 : 2 500 000

图 17 - 4 - 2　山东省岩溶大泉分布

岩溶大泉流量明显受控于大气降水和人类工程活动，其动态特征大致可分为两类。一类是自然动态变化型，区域地下水开采量小，开发利用程度低，地下水的排泄形式以泉和沿含水层向下游自然径流为主。岩溶大泉水位、流量受降水控制显著，丰水期水位高，流量大，枯水期水位降低，流量逐渐减小，多数泉水基本常年出流；另一类是以人为因素和自然因素为主的复合动态变化型，泉域岩溶水开采量大，地下水位和泉流量动态变化显著，岩溶泉仅在丰水季节出流，其他时间大部处于长期断流状态。目前，长年基本处于连续喷涌状态的有 17 处。受人为大量开采地下水影响而长期干涸的有 3 处，其他多在汛期出流，年内出流时间一般 6 ~ 9 个月。

在全省出露的 36 处岩溶大泉中，以济南趵突泉为代表的济南泉群、章丘百脉泉群、济宁泗水泉群、临朐老龙湾泉群，观赏性及研究价值较高。

表 17 - 4 - 2　　　　　　　　　　　鲁中南岩溶大泉出流情况

编号	泉名	位置	丰水期流量 (m³/d)	监测时间 (年月日)	枯水期流量 (m³/d)	监测时间 (年月日)	成因类型
1	神头泉	淄博博山	8 802.4	2004.8.17	3 877.6	2004.5.6	侵蚀—断层泉
2	上泉	泰安大汶口	1 608.0	2004.7.16	1 056.4	2004.5.8	侵蚀—断层泉
3	老龙湾泉	临朐冶源	89 760	2004.8.20	44 333	2004.11.28	侵蚀—断层泉
4	南泉	蒙阴常路	2 481.6	2004.7.22	870	2004.3.26	侵蚀—断层泉
5	黑虎泉	泗水苗馆	21 509.4	2004.8.7	4 921.4	2004.3.28	侵蚀—断层泉
6	渊源泉	微山马坡	干涸		干涸		侵蚀—断层泉
7	两城泉	微山两城	干涸		干涸		侵蚀—断层泉
8	荆泉	滕州俞寨	干涸		干涸		侵蚀—断层泉
9	魏庄泉群	滕州木石	17 500.4	2005.8.19	干涸		侵蚀—断层泉
10	羊庄泉群	滕州羊庄	91 037.82	2005.8.19	干涸		侵蚀—断层泉
11	大汪泉	沂源西长旺	18 549.4	2003.8.7	10 333.5	2003.4.10	侵蚀—断层泉
12	泉汪泉	苍山仲村	7 665	2004.8.17	3 427.7	2004.11.2	侵蚀—断层泉
13	大泉	临沂后盛庄	干涸		干涸		侵蚀—断层泉
14	涝波泉	苍山仲村	3 409.7	2004.8.17	1 408	2004.11.12	侵蚀—断层泉
15	西城子泉	苍山仲村	5 500	2004.8.17	2 277	2004.11.12	侵蚀—断层泉
16	白泉	济南历城	8 320.7	2005.8.15	干涸		侵蚀—接触泉
17	东麻湾	章丘明水	280 760.0	2004.7.26	173 049.17	2004.1.2	侵蚀—接触泉
18	沣水泉	淄博沣水	干涸		干涸		侵蚀—接触泉
19	龙口泉	淄博龙口镇	4 724.45	2004.8.16	近干涸	2004.5.3	侵蚀—接触泉
20	渭河头泉	淄博渭河头	2 036.8	2004.8.16	近干涸	2004.5.3	侵蚀—接触泉
21	郭娘泉	莱芜高庄	干涸		干涸		侵蚀—接触泉
22	雹泉	安丘雹泉	18 523.5	2004.7.22	9 722.8	2003.3.26	侵蚀—接触泉
23	宫里泉	新泰宫里	2 448.0	2005.8.21	未测		侵蚀—接触泉
24	石缝泉	泗水泉林	62 199.3	2004.8.7	39 594.0	2004.12.5	侵蚀—接触泉
25	泉林泉	泗水泉林	174 729.3	2004.8.7	106 410.2	2004.3.28	侵蚀—接触泉

（续表）

编号	泉名	位置	丰水期流量（m³/d）	监测时间（年月日）	枯水期流量（m³/d）	监测时间（年月日）	成因类型
26	葫芦套泉	平邑铜石	44 478.0	2005.8.17	未测		侵蚀—接触泉
27	趵突泉	济南市	89 100	2004.9.22	33 800	2004.11.18	火山岩体接触泉
28	五龙泉	济南市	74 300	2004.9.22	28 200	2004.11.18	火山岩体接触泉
29	珍珠泉	济南市	52 000	2004.9.22	19 700	2004.11.18	火山岩体接触泉
30	黑虎泉	济南市	81 700	2004.9.22	31 000	2004.11.18	火山岩体接触泉
31	铜井泉	沂南铜井	5 509	2004.9.2	2 566	2004.12.1	火山岩体接触泉
32	十里泉	枣庄十里泉	8 355.8	2004.7.23	未测		火山岩体接触泉
33	大泉	枣庄齐村	14 308.67	2005.8.19	未测		火山岩体接触泉
34	书院泉	平阴洪范	2 226.6	2005.8.20	2 480.98	2005.11.22	侵蚀泉
35	王家庄泉	滕州桑村	18 790.1	2005.8.15	未测		侵蚀泉
36	龙湾泉	淄博源泉	25 370.7	2005.8.20	10 370.0	2004.4.7	侵蚀泉

1. 济南泉群

济南泉群是我国乃至世界罕见的特大石灰岩岩溶泉群，以其典型性、类型的多样性、规模的集群性、分布的集中性而特色鲜明。具有独特的旅游地貌学研究价值和地质学、构造学和地层学的研究价值。据统计，老城区 2.6 km² 范围内就有天然泉池 136处，其中尤以趵突泉泉群、五龙潭泉群、黑虎泉泉群和珍珠泉泉群四大泉群最负盛名。

（1）趵突泉泉群。此泉群位于济南市中心繁华地段，北至共青团路，南至泺源大街，东至趵突泉南路，西至饮虎池街。趵突泉泉群以趵突泉为主要代表。

趵突泉泉群泉池众多，共有 28 处名泉，其中列新七十二名泉的为：趵突泉、金线泉、皇华泉、卧牛泉、柳絮泉、漱玉泉、马跑泉、无忧泉、石湾泉、湛露泉、满井泉、登州泉、杜康泉（北煮糠泉）、望水泉等 14 处，其他名泉 14 处。正常年份该泉群日喷涌量为 10.45 万 m³，泉群周边名胜古迹众多，有泺源堂、娥英祠、望鹤亭、观澜亭、尚志堂、白雪楼、李清照纪念馆、万竹园（李苦禅纪念馆）、沧园（王雪涛纪念馆）等景点。

（2）黑虎泉泉群。此泉群位于济南古城东南隅，以南护城河东端为中心，分布面积约 7 hm²，有泉水 16 处，其中列新七十二名泉的为：黑虎泉、琵琶泉、玛瑙泉、白石泉、九女泉等 5 处，其他名泉 11 处。正常年份泉群日喷涌量为 16 万 m³。

（3）珍珠泉泉群。此泉群地处济南历史文化名城的中心区域，自古以来就是风景旅游胜地。泉群周围有市级文物保护单位清巡抚援署大堂，以及府学文庙、钟楼寺、曲水亭、百花洲等。芙蓉街是济南最古老的民俗街巷之一，王府池子一带民居独具一格，粉墙灰瓦，泉水穿墙过院，水边垂柳低拂，《老残游记》中描绘的"家家泉水，户户垂杨"即指此处，"白云雪霁"是历史上著名的历城八景之一。

（4）五龙潭泉群。此泉群以五龙潭公园为中心，位于济南旧城西门外以北，西护城河两侧，分布面积 5.44 hm²，其中水面 0.8 hm²，有泉水 28 处，其中列新七十二名泉的为五龙潭、古温泉、贤清泉、天镜泉、月牙泉、西蜜脂泉、官家池、回马泉、虬溪泉、玉泉、濂泉等 11 处，其余名泉 17 处。正常年份该泉群日喷涌量为 3 万 m^3。

五龙潭传说为唐代秦琼故居，泉池占地面积约 1 300 m^2，水面宽阔，澄澈如镜，水深莫测。潭边曲栏画桥，亭台楼阁，倒映潭中，恍如仙境。泉群周围有中共山东省委秘书处革命旧址，当代著名书法家武中奇纪念馆等。

2. 章丘百脉泉群

该泉群位于济南市东部章丘市龙泉寺泉内，为济南五大泉群之一。"百脉沸腾，状若贯珠，历落可数"，故名。因泉水众多而有"小泉城"之称。百脉泉是章丘诸泉之冠，绣江河源头，是济南东部最大的泉群。由 18 处名泉组成，其中以百脉泉、东麻湾、西麻湾、墨泉、梅花泉最为著名，泉群正常年日总涌水量约 40 万 m^3。

百脉泉泉池长 26 m，宽 14.5 m，池底泉眼众多，水泡串串奔突而出，似滚动的珍珠，与济南市区珍珠泉十分相似。东麻湾在百脉泉东侧，湾内泉眼涌密密麻麻分布而得名。原为自然塘湾洼地，1958 年清挖扩建，面积达 10 万 m^2，又称明水湖；西麻湾位于百脉泉西南，与东麻湾遥相呼应，是章丘泉群的集中喷涌地带，泉流量居诸泉之最，正常年份日泉流量 4.3 万 m^3。墨泉位于百脉泉西南约 30 m 处，为一人工钻孔喷泉，1966年成井，因泉井深幽，水色苍苍如墨而得名，正常年份日泉流量 2.6 万 m^3，盛时地下水自井口喷出高度约 70 cm，直径达 100 cm，如墨球而翻滚，气势恢宏，状如趵突，声如隐雷，滚滚之声不绝于耳。梅花泉位于百脉公园北侧，由 5 个人工钻（1979 年钻探成井）孔形成，泉水自钻孔中喷涌而出，宛如盛开的梅花而得名，水花四溅，气势汹涌，正常年份日涌水量 4.3 万 m^3。

3. 泗水泉林泉群

泉林泉群为泗河之源头，因名泉荟萃，泉多如林而得名。主泉区地处泗水县泉林镇泉林风景名胜区，景区面积 3.49 km^2。分布有泉水溢出、喷涌点数十处，泉群多年平均日流量 9.6 万 m^3，最大日流量 17.4 万 m^3（1984 年 9 月 18 日）。

泉林泉群开发历史久远，北魏地理学家郦道元在《水经注》中誉之为"海岱名川"。至圣孔子曾在泉林设坛讲学，站在源头发出"逝者如斯夫，不舍昼夜"的感叹。1684 年冬，康熙南巡，登泰山，祭圣人，观泉林，留下了不朽篇章——《泉林记》。乾隆皇帝对泉林情有独钟，先后 9 次驻跸，并建有行宫，留下赞美泉林的诗文达 150 多篇。

4. 临朐老龙湾

老龙湾原名熏冶水，有"北国之江南"之称。位于临朐县城南 12.5 km 处的冶源村前，海浮山北麓。老龙湾历史悠久，其西尽头主泉——熏冶泉，在战国时期的史书《齐乘》中已有记载。据传：老龙湾内有泉眼直通东海，深不可测，有神龙潜居其中，故得名"老龙湾"。现水面面积约 3.4 hm^2，水深盈丈，清澈见底。老龙湾内泉数不胜数，主要有铸剑池、秦池、洪湖窟、善息泉、濯马潭、万宝泉、放生池等。正常年份泉群日总流量 8.6 万 m^3。

（二）岩溶大泉成因类型

山东省岩溶大泉按成因类型可分为：侵蚀—断层泉、侵蚀—接触泉、岩浆岩体接触泉及侵蚀泉等。

1. 侵蚀—断层泉

由于断层切割使岩溶含水层直接与弱透水层接触，或同一含水层被断层垂直切断，在地表侵蚀下切作用下，使受阻的地下水在地形低洼处出露成泉（图17-4-3）。区内岩溶大泉大多属此类型。

2. 侵蚀—接触泉

含水层上覆隔水层，当水文网侵蚀隔水层时，岩溶地下水即在隔水层较薄且低洼处溢出成泉（图17-4-4）。如章丘明水东麻湾泉、淄博沣水泉等。

3. 岩浆岩体接触泉

岩溶地下水运动至山前或山间盆地腹部，受岩浆岩体或岩脉阻挡，使地下水位抬高，在上覆地层较薄弱处溢出地表成泉（图17-4-5）。如济南趵突泉、黑虎泉、沂南铜井泉等。

4. 侵蚀泉

由于侵蚀切割作用，岩溶含水层裸露使地下水出流成泉，该类泉多分布于沟谷或沟坡之上，一般为下降泉（图17-4-6）。如平阴县书院泉、滕州市王家庄泉等。

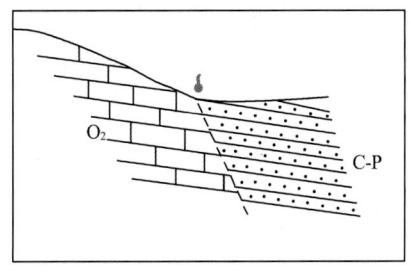

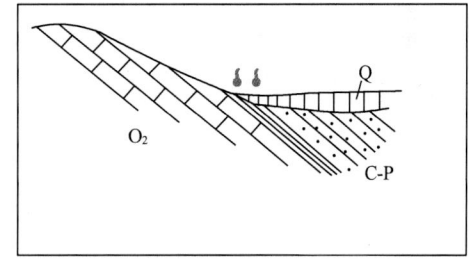

图 17 - 4 - 3　侵蚀断层泉成因示意图　　　图 17 - 4 - 4　侵蚀接触泉成因示意图

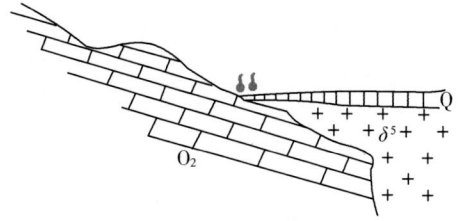

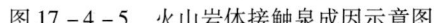

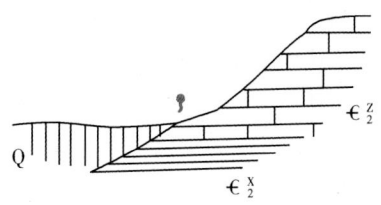

图 17 - 4 - 5　火山岩体接触泉成因示意图　　　图 17 - 4 - 6　侵蚀泉成因示意图

（三）岩溶大泉形成条件

1. 岩溶水系统

鲁中南地区岩溶水系统一般具有明确的水文地质边界，具有以溶隙、溶孔为主，少量洞穴、管道组成的网络型导水通道和蓄水系统。含水介质导水、富水程度各向异性十分明显，各系统单元具有相对独立和基本统一的水动力场、水化学场，输水功能、水动力条件分带、分区性强，一般分区与分带呈相互对应状态。即：间接补给区—外源带，直接补给区—入渗带，汇集区—径流排泄带。汇集区及与其相邻的部分直接补给区之间具有连续、统一的区域水位。岩溶水系统规模较大，一般由数百平方千米到数千平方千米，在地下水汇集区通常形成储水空间巨大、调蓄功能很强的岩溶地下水库。岩溶水汇集排泄区裂隙、水文网发育，在溶隙、溶孔发育地段形成岩溶水的强径流带，并与其他富水构造复合、联合形成富水地段，强径流带下游常出露众多的岩溶大泉。

2. 地下水运动规律

低山丘陵区基岩裸露，碳酸盐岩分布面积广，岩溶地下水的补给形式主要有两种：一是大气降水直接通过裸露岩溶裂隙产生入渗（直接补给区）；二是通过基岩裂隙水的地下径流和浅覆盖区第四系松散层间接入渗。其中，大气降水直接入渗补给量占总补给量的80%以上。

本区地形坡降大，地下水接受大气降水入渗补给后，容易快速转为水平径流。汛期（6~9月份）降水入渗量大，地下水位普遍上升，岩溶泉流量迅速增加。枯水期（3~6月份）降水入渗量减少，地下水位下降明显，其涌水量亦随之而减少。因此，裸露区岩溶地下水动态变化均显示气候水动型（图17-4-7），地下水位、水量动态与降水量基本呈同步变化。

中低山丘陵区碳酸盐岩裸露区，地下水接受补给后，沿含水层浅部风化裂隙或岩溶裂隙由高向低处运移，其直接补给区与径流区基本相同（图17-4-8）。在包气带和季节变幅带中，地下水以垂直运动为主，而浅层包气带中则以水平运动为主，水力坡度较陡。在径流过程中，遇阻水构造、岩体、弱透水地层或沟谷切割，在有利地带则以泉的形式溢出地表而形成泉。

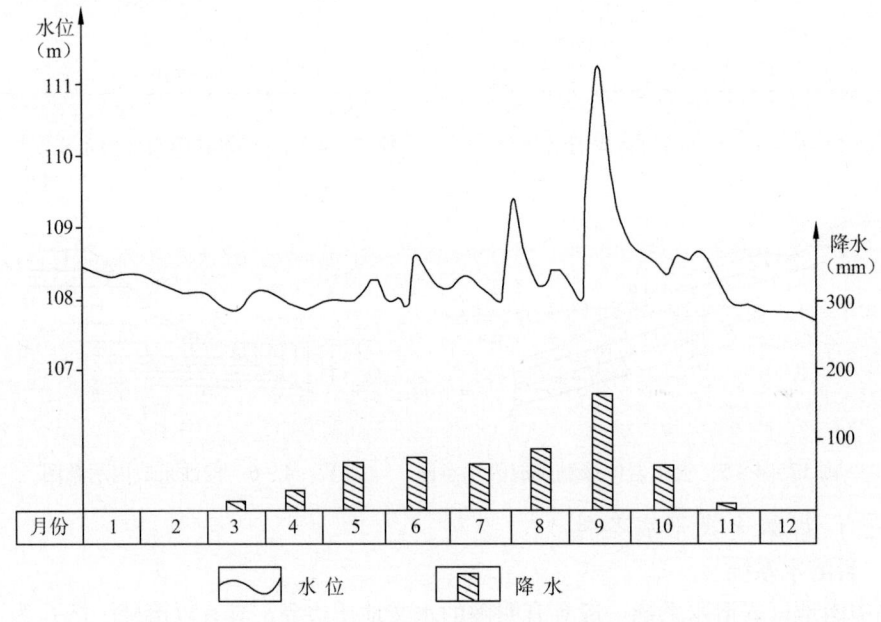

图 17 - 4 - 7　岩溶地下水位动态曲线图

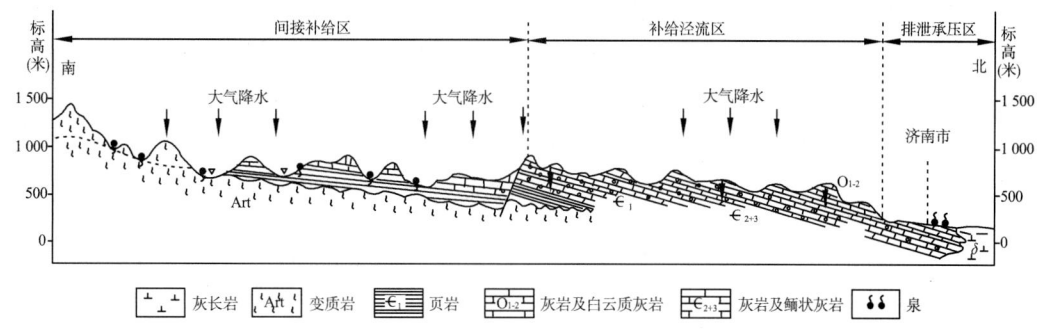

图 17 - 4 - 8　济南泉域岩溶地下水运动规律

二、山东湖泊

(一)南四湖

1. 南四湖概况

南四湖是中国十大淡水湖之一。由著名的微山湖、南阳湖、独山湖和昭阳湖组成。位于淮河流域北部、山东省西南部的济宁以南故名。四湖略呈南北向排列,无清楚界线。南北长 120 km,东西宽 5 ~ 30 km,面积 1226 km²。其中,微山湖南北长 120 km,东西宽 6 ~ 25 km,周长 130 km,面积 531.71 km²;昭阳湖周长 121 km,面积 337.12 km²;独山湖周长 62 km,面积 144.61 km²;南阳湖周长 80 km,面积 220.1 km²。湖区最大水深 6 m,平均水深 1.5 m,库容 63.7 亿 m³,蓄水量 19.3 亿 m³,是中国华北平原上面积最大的淡水湖泊。1958 ~ 1973 年,在微山湖和昭阳湖之间,兴建了一座由拦湖坝、滚水坝、电站、船闸组成的全长 6 582 m 的二级坝枢纽工程,把南四湖拦腰截断,分成上下二级湖。上级湖包括昭阳湖、独山湖和南阳湖,湖水面面积 664 km²,高程 31.5 m,容积 8.55 m³,正常蓄水位 34.5 m,蓄水面积 600 km²,相应容积 23.1 m³;下级湖仅微山湖,湖水面积 602 km²,高程 29.50 m,容积 7.78 亿 m³,正常蓄水位 32.5 m,蓄水面积 585 km²,设计洪水位 36.0 m,相应容积 30.1 亿 m³。水位北高南低,相差约 3 m。

南四湖湖区自然环境独特,生物资源多样,素称"生态宝库"之称。有各种植物 195 种,其中杨、柳、泡桐等 48 种,芦苇、篾草等水生植物 147 种,国家级保护植物 5 种,在《濒危野生动植物国际贸易公约》中受保护的有 30 种;野生动物有鸟类 201 种,兽类 13 种,两栖、爬行类 16 种,其中国家级保护动物 24 种,山东省重点保护动物 44 种。在中日保护候鸟及其栖息环境协定 227 种中有 98 种,中澳候鸟及其栖息环境协定 81 种中有 25 种。形成了良好的生态链,是国家级自然保护区。

2. 南四湖形成及演化

南四湖成因属河迹洼地湖。据有关考证资料,其形成与元代、明代时期大规模开发南北向大运河以及黄河夺泗等人为及自然作用密切相关。

元代以前,它是古泗水流经的一片平原洼地,后经泥沙淤塞逐渐形成河迹洼地湖。再经黄河南泛夺泗、夺淮以及京杭大运河开挖,遂使湖盆呈现北西—南东向延伸,南、北两端较开阔，中段略狭窄，状如哑铃的现今南四湖形态。1128 年，黄河夺淮，泗入海，历时达 700 余年，期间黄河多次泛滥成灾。1289 年，元开挖会通河（南段亦称济州渠），开始了这里运河行船的历史。1411 年，为解决运河部分河段因地势高而缺水的问题，在今昭阳湖所在地筑坝围堰潴水，出现了今天的昭阳湖。这里便成为明朝的运河四大水柜之一。1567 年，运河改道，昭阳湖水柜的作用消失而独山湖的水柜作用应运而生。在这个时候，南部的微山湖（狭义）也逐渐由一系列小的湖泊合并成统一的水面。1827 年，黄河大决于东明，运河堤防被毁，统一的微山湖（广义）形成。

随着历代政治中心北移，元、明、清相继建都北京，为"漕运江淮这漂，供京师之需"，于是放弃了隋代建成的以洛阳为中心的运河航道。从元代开始，沟通南北运河，于公元 1289 年（至元二十六年）和公元 1293 年（至元三十年）相继开挖了会通河和通惠河。此时，济宁至徐州之间利用泗水天然河道为运河。为了保持航运水深，在泗水河道上建闸，河东山水在东岸停蓄，开始形成了昭阳湖和独山湖。明代，黄河不断泛滥，黄强泗弱，泗水出路受阻，使昭阳、独山不断扩大，在微山附近出现了赤山、微山、吕孟、张庄等相连的小湖。明代嘉靖年间开挖了南阳新河，使运道脱离泗水由昭阳湖西移到湖东，东部沙河等山水引入独山湖，薛河水引入吕孟湖。公元 1640 年（明万历三十二年），大开洄河（今韩庄运河），运河再次东移，奠定了京杭大运河的基础。至此，赤山、微山、吕孟、张庄四湖湖面迅速扩大，合为微山湖。随着运河的开发，为蓄湖东山水济运，昭阳等湖成为运河水柜，至此，南阳、独山、昭阳、微山等湖相连，初步形成了今日的南四湖。

新中国成立后，在筑湖西大堤、二级坝、湖腰扩大等一系列控制性工程实施后，南四湖由天然湖泊演变为现今的水库型湖泊。

（二）东平湖

1. 东平湖概况

东平湖古时称蓼儿洼、大野泽、巨野泽、梁山泊、安山湖，到清朝咸丰年间才称东平湖。东平湖是《水浒传》中八百里水泊唯一遗存水域，1985 年被山东省人民政府公布为省级风景名胜区，同时也是山东省推出的水浒旅游线路中的重要景区。

东平湖是水泊梁山的遗存水域，山东省第二大淡水湖泊，湖区总面积 627 km²，其中一级湖常年蓄水，面积 209 km²，平均水位高程 40.75 m，南水北调东线一期工程完成后，东平湖平均水位高程将达 41.5 m，东平湖蓄水面积将达到 167 km²。

东平湖，三面环山，景色优美，素有"小洞庭"之称。水质肥沃，无污染，湖产资源丰富，生长的鲤鱼、鳜鱼、甲鱼、鲫鱼、鲶鱼、大青虾、田螺等 50 多种名贵鱼类、贝类，菱角、鸡斗米、莲藕等十几种水生植物。麻鸭蛋、松花蛋、菱米、芡实等水产品畅销国内外市场，各种类的鱼都是餐桌上美味可口的佳肴，味道鲜美的全鱼宴、全湖宴是东平湖特有的地方名吃。

2. 东平湖形成及演化

东平湖由大野泽、梁山泊、安山湖演化而来。通过对东平湖演化与黄河决口和改道关系的分析与对比，指出历史时期东平湖演化历程与黄河关系密切，经历了多次黄河决

口注入和多次改道流经湖区。河水注入、湖面扩大，河徙水退、湖面萎缩。黄河第一次
大改道期间注入和一次改道流经大野泽。黄河第二次大改道期间两次注入、其中一次改
道流经大野泽，水面北侵形成梁山泊。黄河第三次大改道期间3次决口注入，两次改道
流经梁山泊，湖面进一步扩大成"八百里梁山泊"，之后黄河仅数次决入，水源短缺，
湖面萎缩。黄河第四次大改道期间未流入梁山泊，湖面进一步缩小。黄河第五次大改道
期间曾两次注入梁山泊，湖面又扩大成为一片泽国，而后断绝黄河水源，被分成安山湖
等北五湖，梁山泊岁久填淤，变湖为陆。

黄河第六次大改道期间黄河水源断绝，北五湖水面北移，逐渐萎缩消失，仅安山湖
经历一次黄河决入，并淤塞而成东平湖，黄河水断绝时湖底干涸，黄河大汛期曾倒灌入
湖（图 17 - 4 - 9）。

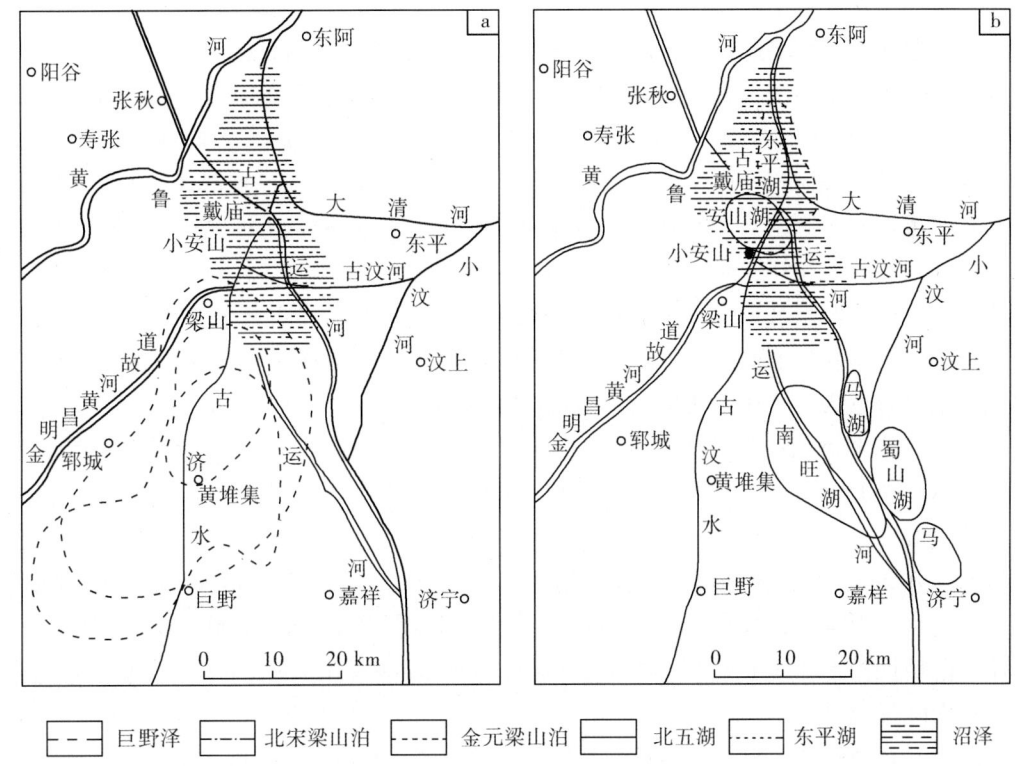

图 17 - 4 - 9　东平湖历史演变示意图（据东平湖志编纂委员会，1993 年）

a—金世宗大定八年；b—清咸丰时期

三、山东湿地

湿地是指陆地上常年或者季节性积水（水深2 m 以内，积水期长达4 个月以上）和
过湿的土地。能被人类利用的湿地称为湿地资源，1971 年《拉姆萨尔公约》将湿地定
义为天然或人工、长久或暂时性的沼泽地、湿源、泥炭地或水域地带，带有静止或流
动，或为淡水、半咸水、咸水水体者，包括海岸低潮时水深不超过6 m 的水域。湿地包
括自然湿地和人工湿地两类。湿地是重要的自然资源，具有调节气候、调蓄水源、净化

环境、保护物种、提供生产产量、提供旅游等多种功能。湿地是地球上一种重要的、独特的、多功能的生态系统，有着"地球之肾"之称。

山东省湿地分布较多，总面积17 122 km²，占全省陆地总面积的7.58%，是长江以北湿地面积最多的省份之一。山东省湿地资源分为近海及海岸带、湖泊、河流、沼泽等4类17种亚类。其中，近海及海岸湿地面积9 941 km²，占全省湿地资源面积的58%。其次是以黄河为代表的河流湿地和以南四湖为代表的湖泊湿地，面积分别为2 867 km²和1 435 km²。

（一）黄河三角洲湿地

1. 湿地分布概况

黄河三角洲湿地是世界少有的河口湿地生态系统，位于山东省东北部的渤海之滨。黄河三角洲湿地类型丰富，景观类型多样，由天然湿地和人工湿地两大类组成。天然湿地面积比重较大，占湿地总面积的68.4%左右；人工湿地占总面积的31.6%。在天然湿地中，淡水生态系统（河流、湖泊）占6.51%，陆地生态系统（湿草甸、灌丛、疏林、芦苇、盐碱化湿地）占48.12%；人工湿地以坑塘、水库为主，占该区人工湿地的57.69%。黄河三角洲上河流纵横交错，形成明显的网状结构，各种湿地景观呈斑块状分布。在湿地存在形态上，黄河三角洲湿地以常年积水湿地（河流、湖泊、河口水域、坑塘、水库、盐池和虾蟹池以及滩涂）为主，占总面积的63%，且滩涂湿地在其中占优势地位；季节性积水湿地（潮上带重盐碱化湿地、芦苇沼泽、其他沼泽、疏林沼泽、灌丛沼泽、湿草甸和水稻田）占湿地总面积的37%。该湿地被《中国国家地理》"选美中国"活动评选为"中国最美的六大湿地"第四名。

黄河三角洲湿地保护区地处黄河入海口，位于山东省东北部的渤海之滨，地理坐标在东经118°33′~119°20′，北纬37°35′~38°12′之间，包括黄河入海口和1976年以前引洪的黄河故道两部分，总面积15.3万hm²，其中核心区7.9万hm²，缓冲区1.1万hm²，实验区6.3万hm²。区内土地资源是黄河近百年来携带大量泥沙填充渤海凹陷成陆的沉积平原，地势平坦宽广，东西比降1:10 000左右，潜水位小于2 m，矿化度10~20 mg/L，土壤为隐域性潮土和盐土土类，降水量551.6 mm，蒸发量1 928.2 mm，气候为暖温带季风型大陆性气候。

黄河三角洲是中国及至世界暖温带唯——块保存最完整，最典型，最年轻的湿地生态系统。其独特的生态环境，得天独厚的自然条件，使得区内的生物资源非常丰富。经科学考察认定，区内有各种生物1 917种，其中鸟类271种，属国家一级重点保护的鸟类有丹顶鹤、白头鹤、白鹳、中华秋沙鸭、金雕、白尾海雕、大鸨7种，属国家二级重点保护的鸟类有大天鹅等34种。这里是丹顶鹤越冬的最北界，也是世界稀有鸟类黑嘴鸥的重要繁殖地。黄河三角洲湿地以其优越的地理位置、独特生态类型，成为东北亚内陆和环西太平洋鸟类迁徙的重要中转站，越冬栖息地和繁殖地，是生态系统天然的"本底"和"物种基因库"，是科学研究的天然实验室和进行科普宣传教育的博物馆。

2. 黄河三角洲湿地的形成及演化

近代黄河三角洲通常是指黄河1855年至今，在垦利县境内流入渤海期间形成的三角洲，其以垦利县宁海为顶点，南至淄脉沟，西至徒骇河。黄河三角洲包括两部分：一部分是 1855 年以前已是陆地，1855 年以后分流河道经过，其上堆积了现代黄河三角洲沉积物（分流河道、天然堤、决口扇和泛滥平原沉积物）；另一部分则是 1855 年以后堆积成陆的（包括潮间带）。

自 1855 年以来，黄河三角洲分流河道多次改道，每一次改道则形成新的三角洲叶瓣。现代黄河三角洲共形成 8 个叶瓣。考虑到现今的活动叶瓣活动期还没有结束，从 1855 年至 1976 年形成的 7 个叶瓣，平均活动期为 16 年，可见活动期是相当短的。黄河三角洲叶瓣一般均有 3 个活动期阶段和一个非活动期阶段的演化过程：

第一阶段：分流改道初，河水通过决口漫流入海，随后形成频繁变动的短命分流河道。这一时期海岸向前推进较快，从决口点至潮间带都发育有决口扇和短命河道充填物，局部地区在水流缓慢时形成类似泛滥平原的泥质沉积物，大量泥沙堆积在陆上三角洲，是各个阶段中陆上泥沙堆积最多阶段；变动着的河口外分布着厚度不大但分布较广的席状粉砂体。

第二阶段：分流河道稳定，侧向摆动不大，河口附近海岸推进迅速，两侧缓慢。这一时期分流河道大都是一条，也可以是数条，如 1934～1938 年和 1947～1953 年有 3 条稳定的分流河道。由于分流河道位置稳定，无论是陆上还是水下沉积环境分化明显，在上三角洲平原，除了分流河道外，天然堤和泛滥平原已明显存在。在下三角洲平原，分流河口附近形成。向海凸伸的宽阔的决口扇，两侧发育类似潮滩性质的泥质沉积物。水下部分，河口外中部形成厚的三角洲前缘（以粉砂为主，下部夹有黏土质粉砂）；两侧则是三角洲侧缘（烂泥湾）黏土质粉砂沉积区；前方为前三角洲黏土质粉砂。

第三阶段：由河口区及河床淤泥增多逐渐影响河水流势，流水不畅，河流于分流河道下段开始决口改道，接着决口点逐渐上移。分流河道趋于三角洲侧缘入海，因此在叶瓣的侧部海岸推进较快。此时水上三角洲平原决口扇很发育，随着决口点的上移，决口扇的分布向陆方向扩大，在水下形成分布广但厚度不大的河口粉砂体，它们与第二阶段形成的河口粉砂体相连共同构成三角洲前缘及侧缘沉积物。

改造阶段：分流河道最后在三角洲顶点附近改道，该路迁移，原分流河道及叶瓣废弃，叶瓣受到改造。在废弃河口外，三角洲前缘受到侵蚀。由于沉积物压实下沉和海岸侵蚀导致海岸后退。在废弃河口附近，即有明显的侵蚀，也存在着沉积物的压实下沉；河口侧部则因压实下沉海岸后退，形成了退积垒潮滩沉积物，直到分流河道再次从这里入海后，新的叶瓣覆盖了老的叶瓣，改造作用停止。

（二）滕州红荷湿地

红荷湿地位于滕州市西部滨湖镇，微山湖东岸，是微山湖流域的一部分。总面积 90 km^2，是我国北方地区面积最大、自然生态最原始、景观最美的湖区湿地之一，被誉为中国最美的湿地。景区内水生植物众多，以野生荷花尤为繁盛，品种多达 500 余种，面积约 6.7 km^2，而且集中连片分布，气势恢宏。盛夏时节，野生红荷连天齐放，如霞似火，风光旖旎，美不胜收，形成一道靓丽而独特的风景线，是我国最大的野生红荷观赏地。

红荷湿地生物资源丰富，分布有各种脊椎动物 325 种。其中：鱼类 85 种，两栖类 8 种，爬行类 9 种，鸟类 207 种，兽类 16 种；藻类植物 8 门、11 纲、19 目、46 科、115 属；维管植物 108 科、333 属、538 种（含 25 变种、2 变形、69 个栽培种）。

红荷湿地成因包括很多方面，首先地质构造运动形成了鲁西低洼平原，是湿地形成的基础条件。其次，黄河多次改道为本区带了丰富的水源和大量泥沙，是湿地形成的重要物质条件。再次，人工开挖运河为湿地提供了丰富而稳定的水量。因此，红荷湿地成因与微山湖形成与演化有着密切联系。

第五章 山东地质公园

联合国教科文组织对地质公园（Geopark）的定义为：以具有特殊的科学意义，稀有的自然属性，优雅的美学观赏价值，具有一定规模和分布范围的地质遗迹景观为主体，融合自然景观与人文景观并具有生态、历史和文化价值；以地质遗迹保护，支持当地经济、文化和环境的可持续发展为宗旨；为人们提供具有较高科学品位的观光游览、度假休闲、保健疗养、科学教育、文化娱乐的场所。

地质公园根据所保护的地质遗迹景观不同，划分为 6 种类型：①典型地质剖面和构造形迹；②古人类和古生物化石及重要古生物活动遗迹；③典型地质与地貌景观；④有特殊意义的矿物、岩石及典型产地；⑤温矿泉及有特殊地质意义的瀑布、湖泊和奇泉等典型水体资源；⑥典型地质灾害遗迹。

根据批准机构的级别可分为：世界地质公园、国家地质公园、省级地质公园、县（市）级地质公园 4 个等级。

国土资源部于 2000 年 9 月启动国家地质公园申报，山东省国土资源厅于 2002 年 8 月启动省级地质公园申报，至 2013 年底，山东共拥有世界地质公园 1 处，国家地质公园 10 处，省级地质公园 45 处。尚未开展市、县级地质公园申报、建设。

第一节 山东世界地质公园

山东省目前仅有世界地质公园 1 处，即中国泰山世界地质公园。该公园 2005 年 8 月被国土资源部批准为国家（第四批）地质公园，2006 年 9 月联合国教科文组织批准为世界地质公园。

泰山世界地质公园地处我国东部大陆边缘构造活动带的西部，位于华北地区鲁西地块鲁中隆断区内，是华北地台的一个次级构造单元，拥有发育年龄长达 21 亿~27 亿年之久的古老岩石，泰山岩群是华北地区最古老的地层，是研究我国太古宙—古元古代地质的典型地区，也是当前国际地学早前寒武纪、新构造运动地质研究前缘热点和焦点的经典地区和知名地区，是探索地球早期历史奥秘的天然实验室。中元古代辉绿玢岩中的"桶状构造"，泰山节理发育形成众多壮观的陡崖、绝壁，三叠瀑布、三级阶地以及石海、石河奇特怪异，向人们充分展示了新构造运动间歇性抬升的鬼斧神工。泰山对于岩石学、地层学与古生物学、沉积学、构造学、地貌学以及地球历史等地质科学具有重要的科学研究价值。

一、地质公园规模

泰山地质公园主体泰山位于华北大平原东侧的山东省中部，拔起于山东丘陵之上，有如鹤立鸡群，十分雄伟。主峰玉皇顶海拔 1 545 m，方位东经 117°6′，北纬 36°16′。泰山南高北低，南麓始自泰安城，北麓止于济南市，相距约 60 km。

公园博物馆设 2 厅 7 室，分别是名人与泰山、地质基础知识、5 个园区介绍、历史文化、动植物展示、影视厅和科普走廊，展示了 60 余块地质标本，25 件动植物标本。

泰山地质公园内容丰富，地质遗迹类型多样。根据地质遗迹的分布特点和区域上的组合特点，共划分为 5 个地质遗迹园区，分别是红门地质遗迹园区、中天门地质遗迹园区、南天门地质遗迹园区、桃花峪地质遗迹园区和后石坞地质遗迹园区以及一系列外围科学考察点。公园总面积 129.63 km^2，其中核心区面积 0.67 km^2，一级保护区面积 3.37 km^2，二级保护区面积 107.51 km^2，三级保护区面积 18.08 km^2（表 17 – 5 – 1）。

表 17 – 5 – 1　　　　　　泰山地质公园各地质遗迹园区及各级保护区面积

地质遗迹园区	园区面积（km^2）	核心区面积（km^2）	一级保护区面积（km^2）	二级保护区面积（km^2）	三级保护区面积（km^2）
红门	15.51	0.28	1.08	10.72	3.43
中天门	30.02	0.15	0.52	27.50	1.85
南天门	3.06	0.24	0.73	2.06	0.03
桃花峪	33.14		0.29	27.26	5.39
后石坞	47.90		0.75	39.97	7.18
合计	129.63	0.67	3.37	107.51	18.08

泰山是中国传统名山的典型代表，是一座历史悠久千古不衰具有特殊历史地位的名山。1982 年被列入国家重点风景名胜区，1987 年被联合国教科文组织世界遗产委员会正式列入世界自然文化遗产目录，成为全人类的珍贵遗产。

二、地质公园科学意义

（一）地学意义

泰山的地学内容极为深广，特别是在早前寒武纪地质方面，以及寒武系标准剖面、新构造运动与地貌等方面，都具有国内和国际意义的巨大地学价值，是一个天然的地学博物馆。

泰山地区是中国早前寒武纪地质研究的经典地区之一，地质研究历史悠久、地质现象丰富，是建立区域早前寒武纪地质演化框架的标准地区。因此，泰山早前寒武纪地质演化的研究对揭示花岗岩—绿岩带的形成演化历史，查明中国东部早前寒武纪陆壳裂解、拼合、焊接的机制以及地球动力学过程都有着十分重要的科学意义。

泰山北侧的张夏寒武纪标准地层剖面的建立在地质学史上占有重要地位，至今仍是国内外进行相关对比的经典剖面，具有极高的科学价值。

泰山因其独特的大地构造位置，在新构造运动的影响下，形成众多典型而奇特的地质地貌遗迹，历来为中外地质学家所关注。它更是被赋予了中国独一无二的精神和文化生命，成为人类宝贵的双遗产（自然遗产和文化遗产）。而其中的自然遗产的物质基础是亿万年来留下来的众多地质地貌遗迹。

（二）岩石学（沉积、火山、变质岩）

构成泰山主体的早前寒武纪结晶基底岩系，是由新太古代早期形成的变质表壳岩系泰山岩群和大量新太古代至古元古代侵入岩两部分组成。

泰山岩群主要岩性为细粒片状斜长角闪岩，其次为角闪变粒岩、黑云变粒岩、透闪片岩、阳起片岩，为经角闪岩相—绿片岩相变质作用形成的变质岩系。

早前寒武纪的侵入岩是泰山分布最广的地质体，占泰山主体面积的95%以上。侵入岩的岩性以中酸性为主，岩石类型以英云闪长岩类、二长花岗岩类和闪长岩类为主。它们都不同程度地遭受后期构造变形作用的改造。侵入岩的形成演化机制复杂，岩浆成因类型有幔源型、壳源型、幔壳源混合型3种，岩浆活动具明显多旋回性和多期次性的演化特征。根据岩石类型、分布特点和同位素年龄资料，可划分出六期侵入岩和15个主要岩体。

它们各自的形成演化特征，以及最后组建的泰山早前寒武纪地壳形成演化基本框架，在全国有广泛的代表性，对研究早前寒武纪地壳形成演化有着普遍的指导意义。

（三）地层学

泰山出露的地层主要有新太古代的变质表壳岩系泰山岩群，以及其北侧张夏—崮山一带的古生界寒武系、山南盆地中的新生界等沉积地层。

泰山岩群因受后期多期岩浆侵入活动和变形作用的改造，岩层出露支离破碎，往往作为残留地质体赋存在众多新太古代和古元古代的侵入岩中，具有原始层状和残余包体状两种产出类型。原岩为超基性、基性火山岩和凝灰岩，属于一种科马提质绿岩建造。该绿岩建造在国内少见而典型，是窥视地球早前寒武纪的窗口，是我国研究绿岩带的理想对象。

泰山的古生代地层，以其北侧的张夏寒武纪地层标准剖面为代表，在1959年全国地层会议上正式定为华北寒武系标准剖面，是我国区域地层划分对比和国际寒武纪地层对比的主要依据，是我国乃至世界有关寒武纪研究的重要地区，对我国华北地区的寒武纪地层划分对比有重要的指导作用，在地质学史上占有重要的地位。

（四）构造学

构造作用对塑造泰山的地质地貌景观发挥了独特作用。泰山的地质构造十分复杂，以断裂为主，其构造特点为断块掀斜抬升。既有早前寒武纪形成的构造，又有中新生代发育的构造。

泰山的早前寒武纪地质构造以发育有多期的褶皱、断裂以及韧性剪切带为主要特征。它们彼此叠加，相互改造，构成了极其复杂的构造面貌，对它们的成因机制研究是早前寒武纪地质研究的重要内容之一。另外，中元古代辉绿玢岩中发育的国内外罕见的"桶状构造"，具有很高的科学价值。

从区域构造看，新生代以来，太平洋板块以近东西方向对欧亚板块的强烈俯冲，使泰山地区在近南北向伸展作用下，北东东向泰山山前断裂发生强烈掀斜活动，泰山大幅度抬升，致使泰山的新构造运动表现得十分普遍和强烈，它们对泰山的形成及地貌格局起着主导性的控制作用。泰山周围的下古生界和早前寒武纪结晶基底不整合面上形成的重力滑动构造也与新构造运动有密切的关系。

（五）古生物学

泰山北侧张夏—崮山地区，寒武纪地层发育和出露良好，含有丰富的三叶虫等化石，是馒头裸壳虫（*Psilostracus mantoensis*（Walcott））、中华莱德利基虫（*Redlichia chinensis*Walcott）、蒿里山虫（*Kaolishania* sp.）等不少生物化石的原产地和命名地。

早在 19 世纪末，美国、日本等国家的地质学家曾在张夏—崮山一带进行过寒武系的地质考察，测量了剖面，采集过化石，并对地层进行了初步划分。我国的地质学家孙云铸教授，自 1923 年起对张夏寒武系进行了长达 20 多年的研究。1953 年卢衍豪、董南庭教授对该剖面作了进一步划分，将寒武系划分为 7 个地层单位和 17 个三叶虫化石带。

因此，它对于研究华北早古生代地古气候变迁、生物演化和古生态变化都具有重要意义。

（六）沉积学

泰山地区是中国华北陆台上较典型的新太古代花岗岩—绿岩区，绿岩带模式具有多旋回火山—沉积旋回特征。据地球化学特征判断，形成于新太古代早期，距今约 2 800 Ma，绿岩形成在大洋—大陆之间的过渡性古构造环境，属于弧后盆地和岛弧环境。因此对研究我国古老陆台形成演化，揭示和探索地球早期演化历史，均具有重要的科学意义。

古生界寒武系—奥陶系的沉积地层以灰岩、页岩为主，南侧的泰安—莱芜盆地边缘有零星分布。其中以北侧张夏—崮山一带地层出露好，地层发育齐全，它是研究华北早古生代地壳演化、地壳升降、海平面变化以及层序划分和层序特征的理想地区，也是研究华北早古生代岩相古地理、沉积环境和沉积作用过程的经典地区。

（七）地貌学

泰山的各种地貌类型和地貌景观，记录着各种内外地质作用（地壳升降、断裂活动、流水侵蚀作用、风化剥蚀作用）共同综合作用的发展历史。

特别是在新构造运动的影响下，泰山的垂直侵蚀切割作用十分强烈，地势差异显著，造就了泰山拔地通天的雄伟山姿，形成了不同类型的侵蚀地貌以及许多深沟峡谷、悬崖峭壁和奇峰异境，塑造了众多奇特的微型地貌景观，如三迭瀑布、谷中谷等。因此，泰山是研究新构造运动及其形成地貌景观的理想地区。

泰山北侧的馒头山及崮山一带，发育有典型的崮形地貌（方山地貌），主要受区域构造抬升、侵蚀切割以及山体岩层构成等因素影响，显现出构造地貌的明显特征。因此，它既具有较高的构造地貌研究价值，又具有独特的景观地貌观赏价值。

（八）水文地质学

泰山山泉密布，河溪纵横，河溪以玉皇顶为分水岭，河溪在主峰周围呈辐射状分布。由于泰山地形高峻，河流短小流急，侵蚀力强，河道多受断层控制，因而多跌水、瀑布，谷底基岩被流水侵蚀多呈穴状，积水成潭，容易形成潭瀑交替的景观。

泰山地区的地下水类型为裂隙水、岩溶水、孔隙水，由于山体为花岗片麻岩类，蓄水性和透水性弱，故地下水量很少，主要富水岩层为半风化的花岗片麻岩及断层破碎带和后期侵入的岩浆岩脉状裂隙水，地下水无统一的水力坡度。因裂隙构造发育，所以裂隙泉分布极广，形成具有医疗价值和饮用价值的矿泉水，被誉为泰山三美（白菜、豆腐、水）之一。本区地热水主要为岩溶裂隙水，不同的断块热储层不同，含水层为寒武系上、中、下统的灰岩。

泰山水文地质条件的研究，有助于加深对泰山地区的构造演化特征及其地貌的发育过程的认识，对于深入研究泰山地区地热资源具有重要意义。

（九）地史学

泰山的形成经历了一个漫长而复杂的演化过程，经受了泰山运动、加里东运动、华里西运动、燕山运动和喜马拉雅运动等 5 次大地壳运动的强烈变革，经历了太古代、元古代、古生代、中生代和新生代等 5 个主要地质历史阶段的改造。中生代的燕山运动奠定了山体的基础，新生代的喜马拉雅运动建造了山体的基本轮廓，新构造运动及地球的内外地质动力又进一步塑造了泰山今日的自然景观面貌。

在泰山的形成演变过程中，保留下来的"泰山杂岩"、寒武纪地层等众多典型的地质遗迹和地貌景观，是地壳发展五大历史阶段的缩影和最好例证，通过对它的研究可以加深对华北地壳演化历史的认识。同时，泰山的形成演变模式对研究类似情况的山系形成也有极大的指导意义。

三、地质公园其他资源价值

泰山文化昌盛，与其地质地貌特点有着极其重要的关系。泰山突兀于平原之上，相对海拔高度 1 400 m 以上，古代的帝王及文人雅士均以为此乃天下最高峰也，后为历代传承。另外，构成泰山 95% 以上的变质岩系，由于地质历史复杂，构造作用明显，其断裂、断层、节理面非常发育，成为历代文人墨客纵情书画、题词抒情的对象，从而孕育了独特的泰山文化，被郭沫若先生誉为"中华文化史的缩影"。

（一）人文历史价值

泰山历史悠久，精神崇高，文化灿烂，泰山的历史文化是整个中华民族历史文化的缩影。这是泰山区别于中国乃至世界上任何名山的特质所在。

大汶口文化、龙山文化的发现证明泰山及其周围地区是中国古文化的摇篮之一。历代帝王封禅和朝拜泰山，载入史册的是从秦始皇开始，先后有 12 位皇帝到泰山登封告祭，这是世界上独一无二的精神文化现象。帝王封禅大典的兴起，促使泰山宗教相继发祥，更是融道教、佛教、儒教于一体。与此同时，文人雅士观光览胜，吟诗作文。从春秋时期的孔子到建安七子之一的曹植，再到李白、杜甫、苏轼，近现代的元好问、党怀英、萧协中、姚鼐、郭沫若、徐志摩等，他们登临泰山，吟诗作赋，留下大量传世佳作，成为中华民族文化宝库的重要组成部分。泰山的古建筑融绘画、雕刻、山石、林木为一体，具有特殊的艺术魅力，是顺应自然之建筑典范，以及代表中国历代最高书法艺术的石刻等，是任何名山无可比拟的，都是中国乃至世界历史文化不可多得的瑰宝。

（二）景观及其美学价值

泰山，这座古老的圣山，我们的祖先世世代代从美的角度理解，按美的需求塑造着泰山，给后人留下美的财富。

泰山美离不开它的自然特征。泰山自然景观的主要特征是形体高大、雄伟，有一种"壮美"、"阳刚之美"，与海拔很低的齐鲁平原丘陵的高低大小对比之下，显示一种"拔地通天"的气势。同时，由于泰山体形高大，气候垂直变化明显，随季节天气变化，自然景色千姿百态，幻象丛生，形成旭日东升、云海玉盘、碧霞金光、盛夏冰洞等十大自然景观。

泰山不是纯自然的存在，不同于一般的自然风光，作为历代帝王的登临胜地，经过历代精心营造，泰山大量的人文景观进一步烘托和渲染了泰山本身的万千气象。

美在于整体。中国古代美学思想中很早就提出"和"这个美学范畴，所谓"和"就是多样统一所形成的整体和谐。泰山美充分显示了"中和美"，其主要表现是人文景观与泰山的气势、地貌、风度、格调极其和谐一致，具有高度的内在统一性。

（三）旅游价值

泰山，古称岱山、岱宗，以自然景观和人文景观有机地融为一体而著称于世，素有"五岳独尊，雄镇天下"、"天下名山第一"之美誉。

泰山自然山体高大，基础宽大，厚重安稳，景观优美，民族文化灿烂，更富含崇高而博大的精神内涵。所以自古有"重如泰山"、"稳如泰山"之说。古往今来，一直为人们赞誉和向往，它被看做是中华民族求实进取精神的象征。

泰山在中国名山中具有特殊地位，1982年，首批列入国家重点风景名胜区，是中国第一个被联合国教科文组织接纳为"世界文化与自然遗产"的风景名胜区（1987年），成为人类宝贵的"双遗产"，泰山的地位和影响已经从东方走向世界，已经成为中外游人向往的旅游胜地。现在每年接待游客已达250万人次，其中外宾和华侨2万多人次，旅游业已经成为当地的主要支柱产业。

（四）生态学价值

泰山地处暖温带半湿润季风气候区，具有独特的地理位置和气候条件，泰山海拔1 545 m，垂直梯度变化明显，其相对高度达1 300 m以上，使山麓到山顶的气候以及在它影响下的其他生态因子具有明显的垂直变化，自然条件较好，野生动植物资源丰富。

泰山生物多样，丰富多彩，生态系统类型多样，结构复杂，过渡性强，互补依赖性强。同时，泰山土壤环境、大气环境、水文环境状况良好。植被覆盖率高达90%，其中森林覆盖率为80%，在植被的组成上，以森林为主，种类丰富，区系古老，古树名木众多，植被类型多种多样，构成了泰山自然生态环境的基础和主体，发挥着净化空气、保持水土、保护物种等功能，同时又是自然景观的主要组成部分，与其他景观有机结合，使泰山雄中显秀，增加了景观色彩与层次。

（五）教学与研究价值

泰山因其所处的特殊大地构造位置，漫长的地质演化历史，复杂的地质构造，保留有许多重要而典型的地质遗迹，分布有众多奇特的地质地貌景观，历来为中外地质学家及地质部门所瞩目，其科研工作从1868年起到现在，拥有140多年的地质研究历史。

1868年德国地质学家李希霍芬考察泰山，将泰山地区的古老结晶岩系命名为"泰山系"，之后，美国的维里斯、布莱克威尔德、古生物学家毕可脱，我国的地质学家孙云铸、冯景兰、王植等相继对泰山地区进行考察研究。

1949年新中国成立后，泰山的地质研究工作进入了全面系统的研究阶段，中科院、地科院、北京大学、北京地质学院、山东科技大学、山东省地质局、山东区调队、山东地矿局、地质矿产部地质研究所等一批科研、教育和生产单位在该区均做了大量的工作，取得了许多重要的研究成果，泰山已经成为国内外重要的教学研究基地。

（六）受保护或濒危物种

泰山自然条件优越，野生动植物资源丰富。

泰山植物种类丰富，具有较高的植物多样性。现有植物1 858种，有国家级保护植物22种，其中属国家一级保护的2种，二级保护的15种；三级保护的5种。在丰富的泰山原生植物种质资源中，中国种子植物区系的15种类型在泰山均有分布，其中有稀有植物6种，受威胁植物5种，渐危植物26种，有青檀、泰山花楸、响毛杨、泰山谷精草等13个物种属于濒危物种，保护这些物种具有重要意义。

泰山植被茂盛，水资源丰富，地势复杂，为野生动物提供了优良的栖息环境。现有哺乳类动物25种，鸟类155种，爬行类12种，两栖类6种，鱼类共有45种，昆虫种类多达900余种。其中国家一级保护动物1种，二级保护动物15种；山东省重点保护动物24种，体现了保护和研究泰山野生动物的重要价值。

第二节　山东国家地质公园

山东省主要地质遗迹大多数都建立了地质公园，对省内重要的地质遗迹得以合理开发并有效保护，这些地质公园已成为地质科学知识宣传教育的重要场所，对提高公众的知识文化水平、科学素质，促进社会文明与进步，促进地质与旅游结合，提高旅游价值其起到了很好的作用。至2013年底，山东已被批准国家地质公园10处（表17－5－2）。分述如下：

表17－5－2　　　　　　　　　　山东省国家地质公园一览表

	所在地市	地质公园名称	批准命名时间及申报批次	所在行政区及面积（km²）	公园类型	主要地质遗迹
1	潍坊市	山东山旺国家地质公园	2002年3月（第二批）	临朐县8.4	古生物化石	闻名世界的山旺古生物化石，火山地质、火山喷发地貌等

（续表）

	所在地市	地质公园名称	批准命名时间及申报批次	所在行政区及面积（km²）	公园类型	主要地质遗迹
2	枣庄市	山东熊耳山—狱崮国家地质公园	2002 年 3 月（第二批）	枣庄市山亭区 98	地质灾害遗迹	崮群、大型张裂隙、溶洞群、岩崩地质灾害遗迹等
3	东营市	山东黄河三角洲国家地质公园	2004 年 1 月（第三批）	垦利县、河口区 1 530	河流三角洲	河成高地、边滩、心滩、黄河各期流路、天然堤、决口扇、沉积层序剖面，沉积构造以及古海陆交互线遗迹等
4	烟台市	山东长山列岛国家地质公园	2005 年 8 月（第四批）	烟台市长岛县 56.08	海岛型	海蚀地貌、海积地貌、火山岩地貌、黄土地貌、天然岩画、彩石等
5	临沂市	山东沂蒙山国家地质公园	2005 年 8 月（第四批）	蒙山区、蒙阴县、沂水县、307	侵蚀地貌遗迹	花岗岩地貌景观、泰山岩群变质表壳岩、沂水溶洞群、汤头温泉等
6	潍坊市	山东诸城恐龙国家地质公园	2009 年 8 月（第五批）	潍坊市诸城市 9.45	恐龙化石	恐龙化石群、恐龙足迹群、鸭嘴龙骨架群、恐龙蛋等
7	潍坊市	山东青州国家地质公园	2009 年 8 月（第五批）	青州市 70.7	地质地貌遗迹	岩溶地质地貌遗迹、岩溶洞穴遗迹、封闭洼地、构造形迹、岩溶水体景观等
8	淄博市	山东鲁山国家地质公园	2012 年 4 月（第六批）	沂源县 123	地质地貌景观	鲁山太古宙基底花岗质岩、堆积洞廊等

（续表）

所在地市	地质公园名称	批准命名时间及申报批次	所在行政区及面积（km²）	公园类型	主要地质遗迹
9	烟台市	山东莱阳白垩纪国家地质公园	2012 年 4 月（第六批）	莱阳市	古生物化石、标准地质剖面	白垩纪地质剖面、恐龙化石群和莱阳古生物群等
10	潍坊市	山东昌乐火山国家地质公园	2013 年 12 月（第七批）	昌乐县 37	火山地貌景观	柱状节理、蓝宝石原生矿、新构造运动遗迹等

一、山东山旺国家地质公园

系国土资源部 2002 年批准的（第二批）国家地质公园。位于临朐县城东约 22 km，面积约 8.4 km²。地处鲁中隆起区中的临朐凹陷，最高峰尧山，海拔高度为 405.5 m，公园内总体由两个次级小盆地组成，即解家河盆地和包家河盆地，其外围均为由玄武岩组成的低山丘陵，地形起伏较大。

（一）公园概况

该公园属古生物化石类，以闻名世界的山旺古生物化石聚集为主要特色：是目前世界上发现种类最多、门类最齐全、保存最完整的古生物化石群产地之一，有"第三纪动植物园"和"万卷书"之称。迄今为止，已发现动植物化石达 10 多个门类 600 余种。其中，植物化石包括真菌、硅藻、苔藓、蕨类、裸子植物和被子植物以及孢粉化石；动物化石有昆虫类、鱼类、两栖类、爬行类、鸟类和哺乳类等。昆虫化石翅脉清晰，保存完整，有的还保留绚丽的色彩，已研究鉴定的有 11 目 46 科 100 属 182 种。山旺鸟类化石是中国迄今为止发现完整鸟化石最丰富的产地。

山旺地层富含古生物化石的硅藻土是我国少有的几个产地之一，独具"万卷书"之称，具有较高的研究和观赏价值。古生物化石产地周边的火山地质、火山喷发地貌亦为该地质公园重要的地质遗迹，主要分布于盆地外围黄山、尧山、灵山、擦马山等地。目前可观察到的有古火山口地质景观、玛尔式火山盆地地貌、火山熔岩典型结构构造等，是研究华北新生代火山活动、火山盆地形成与演化的重要基地。同时该地亦是山东新生代临朐群层型剖面所在地，对于研究地质历史具有重大科研价值。

山旺地区文化底蕴丰厚，且年代久远，据其四周出土的古遗址和文物考证，早在五帝时代（约 5000 年前）即有人类在此繁衍生息定居。古老的尧山，是以尧帝的名字而命名，上有纪念尧帝在此活动的尧帝祠。尧山、尧河、尧沟，这些以远古尧帝而命名的山地川谷，加之周围（临朐、青州、昌乐三县交界地区）的大汶口、龙山文化的数十处原始社会遗址，足以证明，这里是尧帝的重要活动之区。

山旺东南数里的纪山，由于历史上黄帝的登临和尧帝父子的活动，不断引起国内历代学者的重视，它和东镇沂山一样，是中华东方的一座历史名山。《史记·五帝本记》中就有"黄帝东至于海登丸山（纪山的别称）"的记载。丸山，据考在《史记》封禅书中称"凡山"。

根据公园内的各种地质结构，进行了总体规划，按照地质遗迹的重要性划分为一、二、三级地质遗迹保护区；按照设置的功能不同，划分为9个区：地质遗迹保护与游览区、休闲疗养区、游乐区、接待服务区、行政管理区、生产经营区、野营区、居民生活区、生态保护区。

（二）地质遗迹特点

公园内各种地质遗迹丰富，公园内地层从时间先后顺序上可分为牛山组、山旺组、尧山组。山旺古生物化石主要保存于中新世山旺组硅藻土层中（距今约1400万年），其种类之多、保存之完整为世界罕见。其重要地质遗迹特点如下：

1. 第三纪中新世时期距今1 800万年山旺玛珥湖沉积岩层（科学上划分为山旺组地层—硅藻土），沉积厚度25 m左右，具有标准的层型剖面，现已成为国际上中新世生物建阶的重要依据。由于层薄如纸，稍加风化即层层翘起，宛若书页，被古人形象地比喻为"万卷书"。大量古生物化石含在其中。尤其是山旺地层层型剖面所处位置，是由早期的牛山组玄武岩、第三纪中新世时期湖相沉积岩（山旺组）、第四纪黄土和晚期的火山岩浸入等地质现象组合而成，在国内外少有，引起专家学者和游客的关注，具有极高的综合研究、旅游价值。

2. 新生代时期（距今2 000万年）火山作用形成的古火山锥、熔岩流动特征等各种火山地质现象，如黄山、尧山、擦马山、灵山等都是典型的古火山口，因此亦是研究新生代火山岩区的理想场所。特别是擦马山玄武岩柱状节理，直径近于80 cm，规模宏大，气势壮观。尧山西侧，火山作用形成了高高的台地，经长时间风化剥蚀，形成了自然景观，人们称之为"石楼"。

3. 三角原古鹿化石和东方祖熊化石是世界上中新世该化石保存最完整的标本。植物化石有苔藓、蕨类、裸子植物、被子植物及藻类。除100种藻类外，其他植物有46科98属143种。它们在世界上研究古生态、古气候、动植物演化等方面有着重要的地位。被中外专家誉为研究中新世的"综合实验室"。

4. 山旺山东鸟、齐鲁泰山鸟等鸟类化石的发现，填补了中新世时期的空白，山旺成为我国鸟化石丰富的产地之一，也是目前世界上发现鹿类化石最多、保存最完好的化石产地。新发现的带胚胎的犀牛化石是世界上唯一的，在国际学术界引起了轰动。

二、山东熊耳山国家地质公园

系国土资源部2002年批准的（第二批）国家地质公园。位于枣庄市山亭区，是泰沂山脉南部的崮形山群体。以熊耳山为主体，集崮群、大型张裂隙（俗称"双龙大裂谷")、溶洞群、岩崩地质灾害遗迹等自然景观为一体，自然状态原始，生态环境优美。

（一）地质特征

区内出露地层为古生代寒武纪长清群李官组、朱砂洞组、馒头组，九龙群张夏组、崮山组、炒米店组。其中九龙群张夏组为崮形地貌的主要层位。寒武纪地层为一套滨浅海相碳酸盐岩建造，局部夹砂页岩、砂岩岩石组合，它不整合于新太古代泰山岩群之上。主要发育 NW，NWW 向及近 SN 向断裂，其中 NWW 向的长龙断裂从公园北部通过。新太古代黑云母花岗闪长岩、石英闪长岩侵位于泰山岩群地层中，经历了一系列区域变质变形作用，形成区内结晶基底。抱犊崮地区属低山区，沟谷发育，地形切割深度大，山体陡峭，裂隙发育，岩石破碎且在岩性组合上具上硬下软的差异陡崖，是崩塌易发部位。抱犊崮国家地质公园内的"龙抓崖"，就是典型的由崩塌形成的自然地质景观。由于该区岩石节理裂隙发育，节理、裂隙、风化变松的岩石及山坡、沟谷风化碎屑堆积有利于地下水的赋存与运移。由于地表水的渗入溶蚀、冰劈及风化剥蚀和重力地质作用，上部灰岩岩石节理裂隙发育多形成溶洞，又因下部岩石组合多为页岩、泥灰岩（隔水层），即易于在低洼处接触带附近裂隙发育处外涌成泉，遂构成洞泉相依的地貌景观。

（二）抱犊崮地貌形态

抱犊崮山体顶部主要由古生代寒武纪九龙群张夏组灰岩组成，其下分布由长清群馒头组砂岩、砂质页岩、泥质灰岩、薄层灰岩及朱砂洞组灰岩、泥质灰岩等。"崮"的成因主要是古生代寒武纪灰岩经受了强烈的地壳切割和抬升运动，并遭受长期的侵蚀、溶蚀、重力崩塌和风化剥蚀等多重地质作用而形成抱犊崮所具有的岱崮地貌。

抱犊崮的地貌形态十分奇特，整个山体地势陡峭，坡度均匀似日本的富士山，一般在 20°～35°之间，接近崮顶基部可达 45°以上，高近百米的崖壁，仿佛刀削斧砍一般峭立，立峭壁下仰瞻崮顶，犹如一座威武雄壮的万仞山城。崮顶岩石为九龙群张夏组厚层鲕粒灰岩，下部为长清群馒头组砂岩、泥质灰岩、粉砂质泥灰岩及页岩。两组岩石接触界面明显，界面以上巨石覆盖，岩石裸露，垂直节理发育，四周峭壁如削。界面以下的山坡中段，坡度由陡到缓，一般在 20°～35°以上，岩石松软，为粉砂质泥灰岩、页岩，易风化剥蚀，水土流失严重；山坡下段，坡度显著减小，一般 8°～10°，岩石为砂质页岩。

（三）崮形地貌的成因及演化

该区在古生代海侵期形成了巨厚的沉积盖层：灰岩—砂质页岩夹灰岩—厚层鲕状灰岩、生物碎屑灰岩等特征的地层剖面。由于受印支、燕山运动的影响，形成郯城庐江左行走滑断层，鲁西地区形成一系列近 EW 向的隆起和凹陷，鲁西地块发生 NW 向张裂作用，形成一系列 NNE 向断裂构造。新生代由于受喜马拉雅运动的影响，地壳活动加强，该区遭受风化剥蚀至暴露地表。上部张夏组厚层鲕粒灰岩坚硬，节理裂隙发育，长期的雨水侵蚀及风化剥蚀往往形成陡立状或刀砍状特有地貌，下部馒头组粉砂质泥灰岩及页岩软弱，易遭受风化剥蚀，水土流失严重，上部灰岩的临空面逐渐扩大，形成桌状山或方山，外形似崮。在重力作用下易导致坠落，或经过地壳运动及内外地质应力作用，加速了上部岩石的倾倒、坠落，形成崩塌、滑坡。

崮顶岩石为九龙群张夏组厚层鲕粒灰岩，下部为长清群馒头组砂岩、泥质灰岩、粉砂质泥灰岩和页岩，崮顶四周形成峭壁，峭壁下面坡度由陡到缓。其演化过程是喜马拉雅运动抬升地壳，上部灰岩主要遭受化学风化作用，下部山坡主要由于风化剥蚀，水土大量流失，崮顶灰岩的崩塌、坠落，最后形成现在的崮形地貌。

三、山东黄河三角洲国家地质公园

系国土资源部 2004 年批准的（第三批）国家地质公园。公园行政区划属今黄河入海口的垦利县和东营市河口区，分黄河南、北两大景区，属水体景观中河流及地貌景观地质公园，总面积 1 530 km²。黄河三角洲国家地质公园是我国少有的以河口地貌景观、沉积构造以及古海陆交互沉积遗迹为主要内容的地质公园，填补了"河流三角洲"类型国家地质公园的空白。地质遗迹主要为各种河流地貌景观、沉积构造以及古海陆交互线遗迹等。河流地貌景观主要有河成高地、边滩、心滩、黄河各期流路、天然堤、决口扇、沉积层序剖面等；沉积构造主要由流水作用形成的波痕、流痕、水位痕；冲刷作用形成的冲坑、冲槽；风化作用形成的风成构造；生物作用形成的虫迹泥球以及其他作用形成的干裂、气胀气泄、喷出构造。此外，平原区内还分布着两条重要的古海陆交互线（5 000 ~ 6 000 年以前和 1855 年以前形成）——贝壳堤。

现代黄河三角洲是黄河自 1855 年至今，在垦利县境内流入渤海，经过多次泛滥改道而冲积形成的 8 个叶瓣相互叠加形成的以垦利县宁海为顶点的扇形区域，是"河控型三角洲"中另一形态—"朵状"三角洲的典型代表，它拥有全世界暖温带最年轻、最广阔、保存最完整和面积最大的新生湿地生态系统，已于 1992 年步入国家自然保护区行列，并被列为联合国环境署重点保护的全球 13 处湿地之一。黄河三角洲国家地质公园与黄河三角洲国家级自然保护区范围一致。

自然保护区内分布各种野生动物达 1 524 种，其中，海洋性水生动物 418 种，属国家重点保护的有江豚、宽吻海豚、斑海豹、小须鲸、伪虎鲸 5 种；淡水鱼类 108 种，属国家重点保护的有达氏鲟、白鲟、松江鲈 3 种；鸟类 265 种，属国家一级保护的有丹顶鹤、白头鹤、白鹳、金雕、大鸨、中华秋沙鸭、白尾海雕等 7 种；属国家二级保护的有灰鹤、大天鹅、鸳鸯等 33 种。世界上存量极少的稀有鸟类黑嘴鸥，在自然保护区内有较多分布，并做巢、产卵、繁衍生息于此。

自然保护区内植物 393 种，属国家二级重点保护的濒危植物野大豆分布广泛，天然苇荡 32 772 hm²，天然草场 18 143 hm²，天然实生树林 675 hm²，天然柽柳灌木林 8 126 hm²，人工刺槐林 5 603 hm²。自然保护区内建有瞭望塔，可以登塔远眺浩荡芦苇、莽莽林海、"黄龙"入海、河口日出、长河落日等景观，体验"大漠孤烟直，长河落日圆"的雄浑壮美的意境。

黄河三角洲是世界上增长速度最快的三角洲。由于黄河特有的高泥沙含量以及河道的频繁变迁，黄河三角洲成为目前世界上发展速度最快的三角洲，据多年实测资料，黄河年均携带 10 亿吨泥沙入海。其中约 55% 沉积在河口附近的海域，约 15% 沉积在河道内和三角洲面上，约30%被海流卷至15 m水深的海域。由于携带大量泥沙入海，使黄河每年向海延伸平均达2.2 km，年均造陆32.4 km²，人类有幸亲眼看见三角洲发展演化的过程以及由此引起地质、地貌、生物等一系列景观的变化。黄河三角洲自身就是一个演示三角洲变化发展最好的"实物活体模型"，是一座研究、展示三角洲各种沉积相和沉积构造的天然的"研究实验室"和"博物馆"，黄河三角洲在演化过程中形成了许多有科学研究和观赏价值的地质遗迹。

四、山东长山列岛国家地质公园

系国土资源部2005年批准的（第四批）国家地质公园。是目前全国唯一的海岛型国家地质公园。公园位于山东省长岛县，由长岛县所辖的32座岛屿组成。占据渤海海峡3/5的海面，陆地面积56.08 km²，海岸线总长146.14 km。公园地理位置特殊，地层古老，断裂构造发育，岛屿林立（沿郯庐断裂呈雁行排列），岩石多赤裸袒露，海蚀、海积地貌广泛发育，地质遗迹类型非常丰富。主要地质遗迹可分为海蚀地貌、海积地貌、火山岩地貌、黄土地貌、天然岩画、彩石等多达11种。

（一）主要地质遗迹特征

1. 海蚀地质地貌特征

海蚀地貌遗迹类型在公园区内各岛屿均有分布，主要有海蚀崖、海蚀洞、海蚀柱、海蚀拱桥、海蚀平台、海蚀礁等。海蚀地貌不仅是研究海岸带环境变迁、新构造运动的重要依据，同时也是旅游资源的重要组成部分，具有很高的观赏价值。

（1）海蚀崖：该区较强的海流和波浪的长期侵蚀作用，加之岩层中断裂构造的发育和新构造运动的抬升作用，形成了威武壮观的海蚀崖，这是长山列岛最主要的地貌景观。海蚀崖有北长山岛的九丈崖，大黑山岛的龙爪山、老黑山、堡矶岛、高山岛、小黑山岛海蚀崖，南长山的林海海蚀崖、仙境源海蚀崖，南隍城岛棋盘山海蚀崖等百余处，高5～200 m不等，崖高壁险、斑驳皲裂，崖壁多垂直海面，近于直立，崖壁时而凹进、时而凸出，险峻巍峨、壮观多姿。

（2）龙爪山海蚀栈道：位于大黑山岛北端龙爪山的海蚀陡崖上，长大约1.5 km，高3 m左右，上（顶）下（底）面平坦微向西北倾斜，宽0.8～1.0 m，地质遗迹与现代海洋作用共同塑造了独特的地貌奇观，是目前世界上发现最长的海蚀栈道。该栈道陡崖岩层为新元古代蓬莱群，为石英岩夹千枚状板岩或绢云母化页岩。岩层产状相对较平，垂直节理裂隙相当发育。

（3）海蚀柱：发育于多个岛屿的海岸带，十分丰富，共计有50余处，形象千姿百态，景象万千，体现了海洋地质作用的坚韧和无穷魅力。南长山岛望夫礁，高山岛的姊妹礁，北长山岛的九叠石，大黑山岛龙爪山的石楼，小黑山岛的宝塔礁等，多被拟人化、动物化，富有传奇色彩。这些奇石或突兀群聚或孑然孤立，抹紫浮翠，千姿百态。有的亭亭玉立在滩岸之上，有的匍匐在碧波之中，老头石、老婆石、将军石、狮子石、香炉礁、佛石礁、佛爷礁等均为海蚀作用形成的人间奇观。区内有众多形态各异的象形石资源，分布于全区各岛，且大多是海蚀成因，可归入海蚀柱类。林海的邂逅石、狮子石、金兔石，龙爪山的人猿石，钓鱼岛（挡浪岛）的思鹅石，仙境源的孔雀石等等，或人形或兽象或景观或物状，栩栩如生，独具神韵。

（4）海蚀洞：受海洋动力的侵蚀作用，形成多处海蚀洞穴地貌景观。海蚀洞有大黑山岛的聚仙洞、九门洞、怪蛇洞、地下洞，九丈崖的七仙洞、三元洞、吕祖洞、仙姑洞、虾精洞，南长山岛的水晶洞等 40 余处上百个石洞，海蚀洞深浅不一，最大深度约 200 m。其中，大黑山的聚仙洞深 83 m，宽 4~5 m，洞口高出水面 20 m，可划船入洞至 40 m。该洞系海浪沿石英岩裂隙掏蚀及岩石自身垮塌而成，是目前世界上发现的最长的石英岩海蚀洞。

2. 海积地质地貌特征

长山列岛海岸线长 136. 16 km，除岩岸段外，尚有 99 处海湾。在海岛凹进的海岸线段，形成了多处海湾的海洋堆积地貌景观。海积形成的地貌有砾石滩、连岛砾石坝、砾石坝等。较著名的有南长山岛南端黄渤海分界线砾脊，北长山岛月亮湾和九丈崖的鸥翅湾，大钦岛的彩石湾，大黑山岛南砣子砾石坝，南北长山岛之间的玉石街连岛砾石坝，庙岛与牛、羊坨子连岛砾石坝等。

在大黑山与南砣子岛之间，有一连接两岛之间的天然连岛坝，主要由砾石堆积而成，非常壮观。在南长山岛和北长山岛之间，有一条连岛公路，这是在水下连岛砂砾坝的基础上人工修筑而成的。

3. 火山地貌特征

大黑山岛西部高 189 m 的老黑山山峰有黑色玄武岩，覆盖于蓬莱群石英岩和风化壳之上，远观半山腰二者黑白分明。火山弹、火山岩球状风化发育，具有较高的地学观赏价值。

4. 黄土地貌特征

区内各岛屿几乎所有沟谷和低洼处都被黄土填充或覆盖，经外力地质作用形成了本区独特的黄土地貌景观，主要有沟、台地、崖、坡等几种地貌形态。黄土地貌对研究我国东部第四纪气候变化和海陆环境变迁有很高的科研价值。该区的黄土可能是中国最东部的黄土，进行科学研究和地质遗迹的保存都具有重要意义。

（二）地质遗迹评价

长山列岛国家地质公园是我国目前唯一的一个海岛国家地质公园，因独特的地理位置和长期的地质作用，广泛呈现出黄渤海天然分界线、连接胶辽二半岛的生物交通线、多种海蚀、海积等地质遗迹景观。多样性的地质资源分布于诸岛陆地上，完美的地质组合，在国内外独一无二，海蚀、海积、火山、黄土形成的纷繁丰富的地质地貌景观，在国内也实属罕见。随处可遇的海蚀崖、洞、柱、石、象形礁、象形石、彩石岸、球石等惟妙惟肖，叹为观止，被地质专家称为东方奇观。特别是地质地貌、自然景观及清晰的黄渤海分界线，保存极其完好，在国内甚至世界都是具有典型性和稀有性，不仅具有极高的观赏价值，而且具有极高的科学研究价值。岛内的蓬莱群地层、玄武岩堆积物、下更新统至全新统松散堆积物，以及所含的古生物化石、古人类遗址等为我国东部渤海地区和胶辽半岛的区域地质历史演化变迁提供珍贵的证据。

长岛是闻名遐迩的"海上仙山",蓬莱仙境之源在长岛,岛内的山、洞、柱、石、滩等海岸风光独特且丰富,有"海上盆景"之称,在我国各类旅游风景区体系中占有特殊的位置。长岛有源远流长的历史文化,拥有一批古人类活动特征的古村落、古墓群、古墩台等遗址,仅目前发掘整理的已达 40 多处,出土文物有旧石器的打制石器、新石器的彩陶、龙山时期的蛋壳陶、商周时期的青铜器、汉代的漆器、唐代的三彩、宋代的陶瓷及明清文物,其中不乏珍品,更加强了旅游的文化内涵和科学考察价值;目前,长岛是"国家地质公园"、"国家级自然保护区"、"国家级森林公园"、"国家级旅游名胜风景区"、"省级海豹自然保护区",加上世界地质奇观—黄渤海分界线、世界规模最大的石英岩海蚀洞—聚仙洞(83 m)、世界最长的海蚀栈道——龙爪山栈道(1.5 km)和举世闻名的海市蜃楼出没地,旅游资源十分丰富,是旅游度假的胜地。已被国务院列为国家级重点风景名胜区和海洋特别保护区。有布满秀色灿烂球石的月牙湾,依山傍海、叠峰耸立的九丈崖和宝塔礁,九门洞、陀佛山、万鸟岛、望夫(福)礁、龙爪山等自然景观以及候鸟标本展览馆、庙岛显应宫、博物馆、航海博物院等人文景观是进行探险、科学考察、科普宣传教育、休闲度假、旅游观光、生态考察的理想之地。

五、山东沂蒙山国家地质公园

系国土资源部 2005 年批准的(第四批)国家地质公园。位于临沂市(蒙山区、蒙阴、沂南、沂水)境内,总面积 307 km^2,共规划 3 个园区 7 个景区,主要园区和景点沿蒙山山脉和沂沭断裂带展布。沂蒙山国家地质公园以蒙山为主体,是华北乃至全国太古代花岗岩系出露最好的地区之一,也是名副其实的中国钻石之乡。同时还包括了沿沂沭断裂分布的沂水溶洞群、莒南恐龙足迹化石、汤头温泉等地质遗迹等,是一个多种地质遗迹资源并存、综合性的地质公园。

蒙山素有"亚岱"之称,其地质构造发展史可追溯到 28 亿年前后,位于世界上仅有的几个古陆核之一———鲁西古陆核之中,广泛分布着距今 27.5 亿~23 亿间三期大规模岩浆侵入活动形成的岩石:片麻状英云闪长岩、片麻状花岗闪长岩、二长花岗岩,共同构成了蒙山的主体。蒙山并由此成为蒙山岩套的命名地,是华北地区乃至全国太古代 TTG 质花岗岩系出露最好的地区之一。这里有中国发现最早的原生金刚石矿,其颗粒之大、品位之高,均居全国首位,蒙山是名副其实的中国钻石之乡。

(一)主要地质遗迹资源

1. 重要地质剖面和构造形迹

新太古代泰山岩群变质表壳岩遗迹,在龟蒙、天蒙、孟良崮景区分布较多,出露明显。多呈残余包体或断片状分布于新太古代变质变形花岗闪长质及英云闪长质侵入体中,呈 NW 向展布,规模较小,岩性为斜长角闪岩、黑云变粒。

2. 新太古代泰山岩套与峄山岩套 TTG 质花岗岩。新太古代片麻状花岗闪长岩是构成蒙山主峰的主体岩石,是山东省建立的侵入岩岩石填图单位新太古代泰山岩套龟蒙顶单元的命名地。形成年龄为 2 539 Ma。

3. 新太古代晚期傲徕山岩套二长花岗岩。主体岩性为二长花岗岩，早期形成条带状黑云母二长花岗岩，含较多新太古代泰山岩群变质表壳岩、侵入岩岩体的包体，颜色杂。大片范围分布于孟良崮园区，形成年龄在 2 518 Ma。

4. 蒙山大断裂带构造形迹，横贯蒙山西南边缘上百千米、呈 NW 向展布对蒙阴断陷、平邑断陷及蒙山凸起的形成、发展及后期改造起着主导作用，是蒙山断凸和平邑凹陷的控制性断裂。受其影响，蒙山总的构造形迹表现为南断北超的特征。

5. 新太古代下港—化马湾—南涝坡—龟蒙顶—马头崖条带状（岩石）构造变形遗迹。该构造变形遗迹是鲁西地区规模最大的古构造带，NW—SE 方向延伸上百千米，宽 2 ~ 9 km，贯穿龟蒙和天蒙 2 个景区，为一条形成时期约在 2 600 Ma 前后的构造变形带，经历长期多次岩浆活动和构造挤压作用。

6. 金刚石典型产地遗迹

古生代加里东期，蒙山地区沿近 SN 向断裂带有幔源岩浆侵入，形成金刚石矿母岩—常马庄金伯利岩。目前山东发现的 3 个金伯利岩带均在该区。金伯利岩的围岩主要为新太古代泰山岩套片麻状英云闪长岩。常马金伯利岩带位于蒙阴城西南的常马庄西，由 8 组岩脉和 2 个岩管组成。

7. 构造侵蚀地貌遗迹

蒙山为山东省第二高峰，主峰海拔 1 156 m。蒙山海拔千米以上的山峰 14 座，300 m 以上 300 余座，悬崖峭壁、山谷陡涧、峻山奇峰随处可观，龟蒙顶、摩天崮、天蒙顶、云蒙峰、玉皇顶、望海楼、鹰窝峰、伟人峰、睡美人、中华巨龙、雄狮峰、葫芦峰等可谓鬼斧神工、造化神奇，具有极高的观赏价值。悬崖绝壁，由于地壳运动和断裂构造作用形成近于直立、相对高度较大的山崖，高度上百米，石壁伟岸耸立，犹如刀削，如蒙山鹰窝峰、刀山、望海楼、大汪等。

8. 风化剥蚀及溶蚀地貌遗迹

蒙山象形石众多，形态千奇百怪，惟妙惟肖，主要由花岗闪长岩、二长花岗岩、英云闪长岩长期风化剥蚀而成。主要象形石有神龟探海、神龟石、毛公石、试刀石、寿桃石、母猪石、神龟驮猴、葫芦石、指动石、蜘蛛石等。蒙山南面溶蚀作用形成的费县园林石被有关专家誉为"在世纪之交中国发现的最伟大的自然奇迹"，古生代碳酸盐岩地表岩溶形成的园林石，造型奇特、规模巨大，为我国北方地区所罕见。

9. 洞穴遗迹

园区内花岗岩洞穴主要是由山体崩塌巨石堆叠而成，如云蒙景区的朝阳洞、孙膑洞，天蒙景区的乾元洞、太乙洞，龟蒙景区鬼谷子洞，孟良崮园区水洞等。

碳酸盐岩岩溶洞穴主要为沂水地下大峡谷、地下画廊、四门洞溶洞群，形成于新元古代土门群佟家庄组藻灰岩以及古生代寒武纪朱砂洞组灰岩中，拥有我国江北地区规模最大的地下大峡谷，发育有钟乳石、地下暗河、冲蚀溶蚀地貌，洞体规模之大，洞穴次生化学沉积物种类之全、数量之多，在我国北方地区实属罕见。杏山溶洞系古生代石灰岩溶洞，地处蒙山北侧，洞内石柱、石笋、石幔、石花发育。费县方城溶洞发育在古近纪石灰质砾岩中，这在国内极为少见。

（二）地质遗迹评价

沂蒙山国家地质公园地质遗迹资源典型特点：

（1）沂蒙山的古老：沂蒙山地区位于世界上仅有的几个古陆核之一——鲁西古陆核之中，形成于新太古代的侵入岩，划分单元多、出露齐全，侵入接触关系清楚。

（2）多种反映郯庐断裂带构造活动的地质遗迹：比如，在孟良崮包体带中发现的包体；沿断裂带分布的汤头、张庄、铜井等地热温泉；以及蒙山南断北超的构造形迹，超覆现象造成寒武纪与早前寒武纪地层直接接触，沉积间断长达 17 亿年。

（3）典型的古构造变形带和牛岚辉绿岩：形成于距今 26 亿年前后的古构造带，具有国际对比意义；牛岚辉绿岩的侵位，标志着华北稳定陆块的固结。

（4）珍稀的矿产资源：沂蒙山金刚石，颗粒大、品位高，居全国首位，在这里还发现了 3 种世界首次发现的新矿物——沂蒙矿、蒙山矿和利马矿；在平邑归来庄发现的大型隐爆角砾岩型金矿，是我国金矿找矿史上的一次重大突破。

（5）恐龙足迹化石：公园内的恐龙足迹化石，形态保存完好，其数量之多，种类之全，被有关专家鉴定为国内罕见。

（6）降水量最多：沂蒙山是山东省降水量最多的地区，森林覆盖率 85%，局部高达 95% 以上，茂密的森林和原始的生态环境，使这里成为名副其实的"天然氧吧"，是开展生态学研究的良好场所。

（7）蒙山为历代名人登临胜地："孔子登东山而小鲁"，东山即指蒙山。李白、杜甫结伴登蒙山，留下了"醉眠秋共被，携手日同行"的不朽诗篇。苏轼也曾来蒙山观光并赋诗称颂。康熙、乾隆二帝曾游历蒙山，留下了"奄有海邦为鲁镇"，"敦俗户多淳朴风"的赞颂。抗日战争和解放战争时期，沂蒙山区是著名的革命根据地。许多老一辈无产阶级革命家曾在这里战斗工作过。著名的孟良崮战役使华东战局发生了根本变化。这里是著名山东民歌《沂蒙山小调》、著名电影《红日》的诞生地。

六、山东诸城恐龙国家地质公园

系国土资源部 2009 年批准的（第五批）国家地质公园。位于"中国龙城"——山东诸城市，面积 9.45 km²。诸城市境内具有极为丰富的恐龙化石资源，是罕见的同时拥有恐龙骨骼化石、恐龙蛋化石和恐龙脚印化石的地区。经中外专家证实，至少已具有 5 个世界之最：①世界最大规模恐龙化石埋藏地；②世界曝露面积最大的恐龙化石群；③世界规模最大的恐龙足迹群；④世界最大的鸭嘴龙骨架群；⑤世界最丰富的恐龙属种产出地之一。

该公园拥有恐龙化石长廊和化石隆起带等极具代表性的世界规模最大恐龙化石群，被恐龙专家形象誉为"恐龙集会世界"，被联合国教科文组织世界地质公园执行局专家誉为无与伦比的世界地质奇观。在这里发掘的鸭嘴龙化石骨架，一直保持着世界最大记录。目前有 4 具诸城出土的恐龙化石，分别在北京、天津、济南和诸城长期展出，其中，1990 年发掘出土的"巨大诸城龙"，高 9.1 m、长 16.6 m。前不久，中国科学院古脊椎动物与古人类研究所在这里举行第三次大规模科学考察，又发掘出土了身长超过

20 m 的"中国龙王"——"巨大中国龙"鸭嘴龙化石，这具"龙王"装架后，高度相当于 4 层楼房，一根股骨就有 1.7 m，竖立起来如同中等身材的男子。诸城恐龙化石核心区域是一条名为"龙骨涧"的冲沟，在沟谷两侧的白垩系砂岩中，分布着大规模的恐龙化石群，被专家誉为"恐龙化石的宝库"，具有典型性、稀有性、代表性。从化石产出状态判断，在距今 650 万年前，这里曾经洪水肆虐，大量恐龙尸骨随水流搬运到低洼处，最终沉积下来，形成了今天看到的化石群。

（一）地质特征

恐龙化石出露区属于胶莱盆地南部的诸城断陷盆地，盆地内主要发育白垩纪至新生代地层。白垩系由下至上为下白垩统莱阳群河流和湖相碎屑岩，青山群中、酸性火山岩与火山碎屑岩以及产于青山群之中由河湖相沉积组成的大盛群；上白垩统王氏群包括辛格庄组和红土崖组，以紫、杂色洪、冲积相沉积为主。辛格庄组顶部为滨湖湘砂岩、粉砂岩及似古土壤的韵律，红土崖组下部、中部为冲积扇—辫状河相砂岩、砾岩互层，顶部夹零星出露的玄武岩，Ar - Ar 年龄为 73.5 Ma。诸城盆地恐龙化石主要产于上白垩统王氏群红土崖组底部和辛格庄组顶部，即位于下部湖相砂岩、粉砂岩—似古土壤韵律与上部冲积扇—辫状河流相过渡部位，由下至上发育有多个化石层位，且以诸城库沟—龙骨涧与臧家庄等地化石埋藏巨大，为迄今国内最大规模的恐龙化石埋藏地质奇观，仅恐龙类就包括鸭嘴龙、角龙、霸王龙、甲龙、虚骨龙、秃顶龙和鹦鹉嘴龙，还包括鳄类牙齿和甲片、龟鳖类甲片等。其中恐龙化石中又主要以鸭嘴龙占绝大多数（90% 以上），包括股骨、肱骨、肋骨、胫骨和肩胛骨等，最大者数米长，小者十余厘米，更有无数的细小骨骼化石残片。

（二）恐龙化石

鸭嘴恐龙之最——"巨型诸城龙"，鸭嘴恐龙因嘴扁宽，类似鸭嘴而得名。近几年来，出土、装架起的鸭嘴恐龙分布在世界各地，有许许多多。我国是盛产鸭嘴恐龙的大国。山东、黑龙江、内蒙古等地都出土过，并装架起十余具鸭嘴恐龙骨架。其中陈列在山东省诸城市恐龙博物馆的"巨型诸城龙"为世界之最，它高 9.1 m，长 16.6 m，是世界上已经发现的最高大的鸭嘴龙。巨型诸城龙发掘、出土于 1989 年春天的龙骨涧。龙骨涧，位于诸城市城区西南的昌标镇库沟村北岭。这儿是一条东西走向的大冲沟，它深约 20 m，宽约 300 m，长约 8 000 m，这里恐龙化石埋藏非常丰富，且种类齐全，保存完好，被中外专家称之为"恐龙化石宝库"。

山东诸城恐龙化石群重大发现接连不断。自 2008 年 1 月开始至今的第三次大规模挖掘中，由中国科学院古脊椎动物与古人类研究所与诸城市联合组建的科考队，在库沟村恐龙涧发掘出一条长 500 m，深 26 m 的恐龙化石长廊，发现恐龙化石 7 000 多块，包括大型鸭嘴龙、角龙、暴龙、甲龙、虚骨龙等至少 10 个恐龙属种。截至目前已发现恐龙化石 15 000 多块，不但发现了目前世界上最大的鸭嘴恐龙化石，还首次发现了大型角龙类化石。在最近的发掘中，恐龙涧发现了世界上最大的鸭嘴龙骨骼化石，专家初步将其命名为"巨大华夏龙"。它体长超过 21 m，比"世界龙王"巨大诸城龙长近 4 m。恐龙涧是由多个化石密集区构成的化石集群，化石暴露面积 23 000 m²。其中库沟恐龙化石长廊，长500 m，深26 m，呈45°斜坡分布。形形色色的巨型恐龙遗骸不规则地镶嵌在灰褐色的岩石中，化石密布的坡面像一面巨幅浮雕。恐龙涧化石隆起带，长300 m，宽约20 m，发现化石3 000多块。臧家庄化石层叠区，3 000多块恐龙化石高低错落，层层叠叠，蔚为壮观。

考古人员2011年对恐龙涧化石隆起带进行研究性发掘时，发现一块长5 m、宽3 m、高近2 m，重逾30 t，镶满恐龙身体各个部位化石的砾岩，被形象地称为"龙立方"。"龙立方"中清晰分辨出恐龙的肋骨、脊椎骨、荐椎、肩胛骨、尾椎骨等骨骼化石，各个部位相互交错、叠压，不规则地镶嵌其中。更为珍贵的是，他们还发现了罕见的恐龙头骨化石。专家初步推断，这可能是一具较为完整的鸭嘴恐龙化石骨架。从现场的情况来看，恐龙在死亡后受到河流冲刷、搬运，被冲到河谷的低洼漩涡处被泥沙迅速掩埋，此后未受地质运动等外力作用的破坏。如此完好的恐龙化石为晚白垩世诸城地区大规模恐龙群繁衍生息提供了有力的佐证。

（三）恐龙蛋

恐龙蛋是恐龙所产的蛋而形成的化石，是非常珍贵的古生物化石。蛋形各异，大小不同。恐龙蛋具有坚实的外壳，使其在地史埋藏过程中变身为化石而得以保存。中生代的恐龙蛋化石既稀奇又特殊，极具科研价值，同时也有很高的收藏和观赏价值。恐龙蛋大小不一，形态各异，通常成窝保存。蛋壳厚1～4 mm，表面常见虫状刻纹、蜂窝状刻纹、楔状或不规则状的凹槽。蛋具硬壳成分为方解石质。蛋壳表面有的具纹饰，有的光滑。蛋壳显微构造一般分为3种基本类型：离散型、扩展型、融合型。蛋排列方式有随机型、嵌入型、辐射型等。恐龙蛋化石的形态有圆形、卵圆形、椭圆形、长椭圆形和橄榄形等多种形状。恐龙蛋化石的大小悬殊，小的与鸭蛋差不多，最大直径不足10 cm；大者的长径超过50 cm。山东恐龙蛋化石埋藏丰富，主要在诸城和莱阳出露。

诸城恐龙蛋化石，恐龙蛋分为原角龙蛋和兽角类长形蛋。这种长形蛋是非常少见的，只有肉食性的恐龙才下这种蛋。恐龙虽是庞然大物，但它下的蛋很小。这是因为恐龙属爬行类动物，远古爬行动物的一个显著特点就是无限生长，恐龙是一直到去世都在生长的，所以它长得如此高大。

（四）恐龙足迹

恐龙足迹广泛分布于莱阳、诸城、莒南及山东省与江苏省交界的马陵山等地的王氏群地层中，恐龙足迹颇具神秘感，根据足印的形态，可以判断恐龙的个体大小、四肢类型。行动方式等。面对成群的具方向性的行迹，或许是成群结队的恐龙在漫步或行进；若是部分有序、部分凌乱的成群相聚的足迹，或许是恐龙在漫步、寻食或是奔跑搏斗。

山东诸城张祝河湾村发现了罕见的足迹群，这批恐龙足迹由蜥脚类恐龙、鸟脚类恐龙与古鸟类足迹组成，其中以古鸟类足迹尤为珍贵。足迹化石显示，诸城的蜥脚类恐龙臀高能达2 m，体长约10 m，它们走得很慢，此地的蜥脚类恐龙足迹很可能是巨龙类恐龙留下来的。

七、山东青州国家地质公园

系国土资源部 2009 年批准的（第五批）国家地质公园。该公园位于青州市的西南部，包括云驼、仰天山—黄花溪两个园区，总面积70.7 km²，是一个岩溶地质特色鲜明，包含岩溶地质地貌遗迹、岩溶洞穴遗迹、典型地质剖面、构造形迹、岩溶水体景观、地质灾害遗迹和古生物化石等内容的综合性中型地质公园。

（一）岩溶地貌景观地质遗迹

1. 常态山

常态山是主要的宏观岩溶地貌类型之一，它是在干旱、半干旱气候条件下形成的。公园内峭峦峻峰众多，典型的常态山有三县顶、反个崖、仰天山等十余处。三县顶位于仰天山园区，是位于青州市与临朐县、博山区之界的山脉，山顶岩石为奥陶纪马家沟组北庵庄段厚层灰岩，最高峰海拔 953.9 m。反个崖位于仰天山园区反个崖景区，山脉连绵，山势高峻，悬崖峭壁，山顶岩石为奥陶纪马家沟组北庵庄段厚层灰岩、云斑灰岩，最高峰海拔 925 m。仰天山位于仰天山园区仰天寺景区，山顶岩石为奥陶纪三山子组燧石结核条带状白云岩，山脉蔓延连续，最高峰海拔 834 m。

2. 岩溶地貌景观

峰林地貌，峰林是具有共同基座的一些石峰，其形成环境通常是热带或亚热带潮湿的气候条件，在华北地区极为罕见。公园的卸石山景区的"七峰叠翠"，一连 7 座山峰，沿共同的基座一字排开，排列成阵，海拔均在 630 m 以上，山峰岩性为奥陶纪马家沟组灰岩。

石林是由多个石芽组成的一种地貌景观，常见于我国南方岩溶地区。北方常见单个石芽景观，成规模的石林景观极为少见。仰天山园区石道人石林景观位于石道人山山顶，由 13 根石芽组成，分为 5 组。

3. 负岩溶地貌类型

公园内发育岩溶洼地按其成因类型分为塌陷洼地和溶蚀洼地，属于典型的负地貌类型。塌陷洼地以仰天山园区内的仰天槽为代表，位于海拔 750 ~ 840 m 的仰天山山顶，周围为山丘包围，洼地位于山顶内侧，外测山坡陡峻，洼地底部相对平坦，形状酷似马槽。仰天槽堆积厚度为 0 ~ 27.5 m 不等的褐色泥土，在其底部和边坡存在大量漏斗和落水洞，地表水通过漏斗和落水洞排泄到溶洞或地下河，面积约 1.5 km²。溶蚀洼地发育规模较小，一般几百到上千平方米，以黄姑顶景区的饮马湾为代表。

漏斗和落水洞是公园内最为发育的岩溶地貌类型之一，主要集中在仰天山园区，成群状分布，规模大小不一。其中仰天槽内落水洞和漏斗群有 100 多个，呈碟盘状、漏斗状，直径大的超过 50 m，漏斗深达 12 m 不等，落水洞深的可达百余米，是地表水消解的主要通道。

4. 岩溶洞穴群遗迹

岩溶洞穴一般都记录着典型地质事件，具有较高的科学研究价值和一定的美学观赏价值。公园内发育北方罕见的溶洞群，据初步统计，云驼园区和仰天山园区内发育 75

处，其中 35 处溶洞中发育石钟乳、石笋、石幔、石柱、鹅管等次生化学堆积物，有的溶洞内还发育地下暗河。各个溶洞规模不等。发育层位马家沟组、三山子组、炒米店组。

（二）典型的地质剖面

1. 寒武纪—奥陶纪冶里组和亮甲山组典型地层剖面

位于云驼园区尧王山一带，地层出露良好且连续。鲁西地区的晚寒武世—早奥陶世地层，由于发生了较强烈的白云岩化作用，地层中的沉积构造和生物化石几乎消失殆尽，地层划分对比困难，较难确定寒武系与奥陶系的界线。尧王山一带该时期的地层发育齐全，白云岩化程度较弱，牙形石化石丰富，是山东地区完善地层划分和确定寒武系与奥陶系界线的理想地区之一。

2. 第四纪黑土湖组典型剖面

位于云驼园区五里镇石家庄村西，时代属全新世，岩性主要为黑灰、灰黑色亚黏土，多夹褐灰色亚黏土，偶见小螺类化石。主要为洼地、沼泽相沉积，反映该区在全新世早期地壳运动曾一度处于相对稳定阶段。该地层剖面出露完好，是山东典型的黑土湖剖面之一。

（三）地质遗迹综合评价

公园以岩溶地貌遗迹为鲜明特色，无论从地表还是到地下，从宏观到微小，其岩溶地貌形态类型齐全、内容完整，具有典型性。据初步物探工作显示，仰天山园区的灵泽洞垂向上，在不同深度仍分布着规模相当的 2 个溶洞群，这反映了该区地质历史上的地下潜水位的变迁。仰天山山顶海拔 750 m 以上的 1.5 km² 的封闭洼地，是我国北方地区最大的岩溶洼地，仰天槽也是山东地区海拔最高的一级夷平面。天生桥、峰林等一些岩溶形态在同类地貌中也较为典型。此外，公园内的许多地质剖面，虽然规模不大，但相当典型，是教学科普的理想实物教材。

佛光崖是华北地区最大的岩溶坍塌崖。云门山"寿"字明朝嘉靖年间始刻于中厚层灰岩中，高 7.5 m，宽 3.7 m，是全国最大的"寿"字灰岩石刻，素有中华第一寿的美誉。

八、山东鲁山国家地质公园

系国土资源部 2012 年批准的（第六批）国家地质公园。位于淄博市沂源县境内，总面积 123 km²。园区内地质构造发育，太古代至新生代地层发育齐全，地质遗迹丰富、类型多样，拥有获"中国北方溶洞之乡"美称的沂源溶洞群，古岩溶洼地及其丰富多彩的洞穴沉积物，古人类及脊椎动物化石遗迹，花岗岩及石灰岩山岳景观遗迹等。

鲁山是山东省第四高峰，现为国家森林公园，位于山东的中心，是淄、汶、弥、沂四河发源地，主峰观云峰海拔 1 108.3 m，为鲁中最高峰。鲁山群峰耸立，沟壑纵横，飞瀑流泉，森林茂密，是典型的山岳风景区。鲁山主峰高 1 108 m，是山东 5 座海拔超过千米的名山之一。该山南北两侧早古生代盖层上伏于鲁山太古宙基底花岗质岩石之上，基底壳源花岗岩主要由粗粒钾长花岗岩、中—粗粒二长花岗岩和斑状二长花岗岩组成，较老的表壳岩和 TTG 质岩石为大小不等的包体残存于其中。粗粒钾长花岗岩主要分布于沂源县璞丘村西，呈北窄南宽的扇形展布，东西宽 1~4 km，南北长约 5 km，在其他地区可见其侵入中—细粒二长花岗岩中，局部有大小不等的闪长质或角闪质包体存在。中—细粒二长花岗岩体大面积分布于鲁山及周边地区。鲁山地区粗粒钾长花岗岩的时代为 25.25 亿年，中—细粒二长花岗岩和斑状二长花岗岩的时代分别为 25.17 亿年、25.08 亿年。虽然野外可见中—细粒二长花岗岩侵入斑状二长花岗岩，个别地点可见粗粒钾长花岗岩侵入中—细粒二长花岗岩，形成于 25.1 亿 ~ 25.3 亿年期间。

鲁山万石迷宫是一个由巨石相互支撑而形成的堆积洞廊，浑圆的"石蛋"层层相嵌，形成天然的支架洞。鲁山台阶状的地貌特征和良好的水源涵养，使鲁山遍布溪流瀑布、高山平湖，走进鲁山，仿佛进入了山清水秀的江南水乡。超千米的高度，茂密的森林，远离城市、村庄，使鲁山空气清新、气候温凉。公园分为植物园、观云峰、鸣石崖、花林、东海、北海六大景区和天云观日、天市神音、天人合一、补天石海等 140 多处景点，旅游干线 50 km。其中云海日出、四雄竞秀、月上听涛、夏日鸟会、万石迷宫、一线天、百里看花、天市神音、云梯险境、枣树峪与登天沟瀑布、玉笛峰石林、驼禅寺、道沟森林浴场、北坪江南水乡等景观具有较高的旅游品位。

丰富的自然景观是鲁山吸引游客的主体资源。这里四季景色多姿多彩。春天，百花齐放、清香四溢；盛夏，浓荫蔽日、凉爽宜人；金秋，红叶似火、野果飘香；严冬，苍松翠竹、冰雕玉挂。走进鲁山仿佛走进了一个天然的聚宝盆，动植物资源十分丰富，森林覆盖率 95%，植物 1 300 多种，鸟类 168 种，兽类 22 种，昆虫 561 种，堪称鲁中动植物王国。

九、山东莱阳国家地质公园

系国土资源部 2012 年批准的（第六批）国家地质公园。该地质公园是一处以白垩纪地质剖面、恐龙化石群和莱阳古生物群为鲜明特色的综合性地质公园，包括金岗口园区、凤凰山园区两个园区，总面积 104.63 km²。该公园是我国最早发现恐龙化石和翼龙化石的地方，发掘了世界唯一完整的棘鼻青岛龙化石；也是我国最早研究恐龙蛋化石、最早发现和研究昆虫化石的地方，发现了以昆虫、叶肢介和狼鳍鱼为代表的"莱阳生物群"；还拥有独一无二的红层峡谷群地貌奇观，可以说这里是白垩纪地史的大观园。2010 年，中国古生物化石保护基金会和中国地质调查局地层与古生物中心正式授予莱阳"中国恐龙之乡"称号。

（一）莱阳恐龙化石

莱阳是我国著名的恐龙化石产地之一，是我国地质古生物学家最早发现恐龙化石的地区，出土的棘鼻龙化石是我国第一具完整的大型恐龙化石。现有吕格庄镇金岗口省级地质公园一号馆和二号馆，团旺镇昆虫化石地点，将军顶王氏群恐龙蛋化石地点。1952年，莱阳市出土了新中国成立以来第一具完整的恐龙骨架化石。2010 年 4 月以来，由中国科学院古脊椎动物与古人类研究所等组成的联合科考队，在莱阳市金岗口恐龙地质遗迹保护区内，发现了从1.3亿年到大约7000万年之间保存完整的多层恐龙化石和恐龙蛋化石层位，恐龙骨骼、恐龙蛋、恐龙脚印"三位一体"的化石群以及十几条国际罕见的"平原峡谷"奇特地貌，莱阳被专家称为名副其实的"白垩纪公园"。

公园内地质遗迹保存完好，几乎没有受到人类活动的破坏，大都处于自然状态。"恐龙谷"蜿蜒隐藏于一马平川的沃野之中，被专家誉为世界最美的"平原峡谷群"。在该地质公园已经保护开发的42处地质遗迹群（点）中，20处在全国范围内具有对比意义，31处具有极高的科普价值。作为我国最早发现恐龙化石、翼龙化石的地方，和我国唯一一具完整的棘鼻龙出土地，公园内有完整的白垩纪地层剖面和丰富的化石佐证。截至目前，在莱阳发现和以莱阳命名的恐龙达8属11种，恐龙蛋化石5属11种。

（二）莱阳恐龙蛋化石

山东莱阳是中国最早发现的含有丰富的晚白垩世恐龙及恐龙蛋化石产地。20世纪50~60年代，周明镇（1951年、1954年）及杨钟健（1954年、1959年、1965年）对莱阳首次发现的恐龙蛋化石进行了研究。1974年，赵资奎、蒋元凯将莱阳地区已发现的恐龙蛋分别归入圆形蛋科、椭圆形蛋和长形蛋科等3个科，共5个属12个种。大连自然博物馆在整理馆存的化石标本时，发现有4枚形状为扁圆形的恐龙蛋化石是1973年10月从山东莱阳将军顶采集到的，蛋化石呈扁卵圆形或扁圆形。蛋壳层由形状很不规则的基本结构单元重叠一起构成，排列松散。将山东莱阳蛋化石定为一新种，命名为蒋氏网形蛋。

莱阳恐龙蛋主要产于莱阳市金刚口一带的晚白垩世王氏群红土崖组棕红色含砾细砂质粉砂岩中，无论是数量还是种类都极为惊人。这些化石以鸭嘴龙类为主，还有多枚孤立的植食性恐龙牙齿以及一些不同类型的保存完整的恐龙蛋化石。莱阳恐龙蛋化石颜色为灰黑色，完整，外形椭圆，一端较钝，一端较尖，最大长径98 mm，最大横径70 mm，最小横径60 mm。蛋壳表面粗糙，有少量裂纹，发掘过程中，有少量蛋壳脱落，蛋壳表面粘有少量褐红色粉砂质泥岩。蛋壳厚度为2~3 mm。莱阳冯格庄镇恐龙自然保护区附近将军顶村与天桥屯村之间一处工地取土时发现了大量的恐龙蛋化石。1981年，莱阳将军顶一名小学生在村西南山沟捡到一个比较完整的恐龙蛋化石，蛋呈扁圆形，平均直径9 cm，外壳厚约1 mm，呈红褐色，内为鸭蛋皮绿色。

十、山东昌乐火山国家地质公园

系国土资源部2013年批准的（第七批）国家地质公园，是一处以火山地貌特征为主题，集柱状节理景观、蓝宝石原生矿、新构造运动遗迹于一体的综合性地质公园。其火山地质遗迹资源为距今1 800万年前第三纪玄武岩火山群，是山东省迄今为止规模最大、保存最完整、特征最典型的古火山地质遗迹。该公园共一个园区——远古火山口园区，包含荆山景区、郝家沟景区、乔山景区和团山子景区4个景区，总面积37 km²。主要地质遗迹资源如下：

（一）火山机构地貌景观

自新生代开始，在新构造阶段构造应力场的影响下，地质公园所在的昌乐区域受到东西向挤压应力场的影响，形成了较多北西向及东西向的张扭性断裂，到了新近纪，构造活动趋于强烈，燕山期形成的郯庐断裂带重新活动，变成右行走滑逆断层，垂直断距 2 ~ 3 m，右行水平走滑断距 100 ~ 200 m，从而引发了玄武岩岩浆喷发。玄武岩浆以郯庐断裂带为中心，沿北西向断裂喷发，在北西向与北东向断裂交汇处，火山活动尤为强烈。由于郯庐断裂活动深达上地幔，使其周围压力骤然降低，促使上地幔物质部分熔融，玄武岩浆携带未熔融的深源部分，顺断裂上升，喷发溢出，形成由整齐规则的五棱或六棱型黑色玄武岩石柱组成的大小、形状各异的火山机构，昌乐县共有火山 84 座，以锥状火山和盾状火山为主，或数峰相连，成群出现，或孤立一处、拔地而起，总体上具有浑圆的外貌，少陡崖峭壁，少见分明的棱角。由于岩浆喷出地表时由高温到低温的骤然变化及岩浆的结晶分异作用，形成柱状节理，记录着当年熔岩喷发的壮烈气势。公园内柱状节理景观典型，有垂直状、倾斜状、弯曲状等，形态万千，柱体随所处位置不同而异，粗细不同，其内含大量的橄榄岩包体及透长石巨晶，使岩石更具有科研和观光价值。

乔山、方山是典型的新生代火山机构的代表。乔山是昌乐地区的最高峰，海拔 359.5 m。外形为锥状，孤立一处，拔地而起，乔山山顶人工揭露直立状六棱柱状玄武岩，直径可达 20 ~ 30 cm。

方山，因其"顶平如砥，四望皆方"而得名，为一处典型的火山颈相及火山喷溢相熔岩台地，是新生代盾状火山的典型代表。

北岩古火山口位于蝎子山东坡，玄武岩柱状节理发育。柱状节理构成的扇形造型优美，宛如一把倒置的大折扇。

团山子古火山口是火山筒内充填的玄武岩栓，经过 200 多万年的长期风化剥蚀，被剥露出地面。火山口深约 20 m，直径约 60 m，岩栓柱状节理发育，东壁喷发纹理最清晰，红褐色的六棱柱石象被一高强磁极所吸引，呈辐射状，向上收敛，向下散开，亦如一把倒置的折扇，形象地记录了火山喷发时的壮观景象。

北岩古火山口保存有火山两次喷发的熔岩相互交切遗迹，右面第一次斜喷喷溢的岩浆形成的扇形柱状节理，被左面第二次直喷喷溢岩浆形成的垂直柱状节理明显切断，对研究火山喷发地质过程具有极高的科研价值，为国内罕见。

（二）火山熔岩地貌

地质公园内熔岩地貌主要有熔岩垄岗和熔岩盖两种类型。荆山和方山顶发育熔岩垄岗，其中方山顶有多层气孔玄武岩相互叠加的熔岩地貌，并且能清晰地看到两层熔岩流流动时形成的擦痕。团山子古火山口周围发育喷发相和平流相两种形式的火山岩相接触的景观。

（三）火山碎屑堆积地貌

团山子火山口南侧 20 m 处，有完整火山颈围岩的剖面，从上至下依次为第四系、火山熔岩、火山灰、火山角砾岩、火山集块岩。火山熔岩在火山喷发后期势头减弱，熔岩流层覆盖在火山集块岩、火山角砾岩、火山灰之上，真实再现了火山喷发时喷出物体的先后顺序。火山集块岩中包含砾岩、泥岩、砂岩等多种岩性，且所含岩块大小不一，形态各异。

（四）典型矿床遗迹

昌乐蓝宝石矿分布面积 450 km²，资源储量大于 10 亿 CT，占全国已探明蓝宝石总资源储量的 90%，是目前国内已发现的最大蓝宝石矿，也是世界上罕见的大型蓝宝石富矿区。昌乐蓝宝石主要产于新征代新近纪玄武岩中，分为原生矿和砂矿，原生矿主要分布在乔山、方山等火山机构的玄武岩中，砂矿主要分布在五图街道、乔官镇和城南、朱刘街道及营丘镇的冲积层中。乔山以出产艳色奇异蓝宝石著称，矿体赋存于临朐群尧山组碱性橄榄玄武岩中，储量丰富，颜色纯正、颗粒大、净度高、裂绺少，以其特异宝石多和出成率高而闻名于世。矿体南北长 1.2 km，东西宽 1.1 km，立体形态似正立的圆锥形，品位 25 ~ 35 CT/m³，资源储量约 2 300 万 CT，属大型矿床。

昌乐蓝宝石可分为普通蓝宝石和特异蓝宝石两类。按宝石学主要特征又可划分为蓝色蓝宝石、彩色蓝宝石、星光蓝宝石、黑色蓝宝石及画意蓝宝石 5 个系列，约 20 个石种。

第三节　山东国家矿山公园

矿山公园是以展示人类矿业活动遗迹景观为主体，体现矿业发展历史内涵，具备研究价值和教育功能，可供人们游览观赏、进行科学考察与科学知识普及的特定的空间地域。

目前我国仅设置国家和省两级矿山公园。其中国家级应具备的条件：①国际、国内著名的矿山或独具特色的矿山；②拥有一处以上珍稀级或多处重要级矿业遗迹；③区位条件优越，自然景观与人文景观优美；④基础资料扎实、丰富，土地使用权属清楚，基础设施完善，具有吸引大量公众关注的潜在能力。山东尚未开展省级矿山公园的申报工作。

我国首批 28 处国家矿山公园于 2005 年由评审通过，山东沂蒙钻石国家矿山公园成为山东省首个国家矿山公园。2010 年，经国家矿山公园评审委员会评审通过，国家矿山公园领导小组研究批准，授予第二批 33 个国家矿山公园资格单位，山东有山东临沂归来庄金矿、山东枣庄中兴煤矿、山东威海金州三家矿山入围。

一、山东临沂蒙阴钻石国家矿山公园

山东沂蒙钻石国家矿山公园是 2005 年 8 月国土资源部审查批准的全国唯一一家钻

石矿山公园，也是山东省第一家国家矿山公园。

公园位于风景秀丽的蒙山北麓白马关下，蒙山区联城镇境内。公园依托具有 42 年历史、文明全国的建材"七〇一"矿建设（是我国第一个金刚石原生矿，曾产出一枚重 20.293 9 g 特大金刚石），分综合服务区、钻石博览区、矿坑探秘区、钻石小镇休息区、钻石游乐区、宝石加工区、矿山游览区 7 大区域。

沂蒙钻石科普基地具备内容丰富的钻石博物馆、大量的地质遗迹和矿业遗迹、完整的野外地质考察剖面等基础条件，其中包括我国乃至亚洲规模最大、品位最高的金刚石原生矿露天采矿坑——胜利 1 号金伯利岩管露天采矿坑占地约 7.3 万 m^2、深 110 m，我国最早的金刚石采矿旧址——红旗 1 号矿坑，各种探矿设备以及琳琅满目的金刚石制品等。

二、山东临沂归来庄金矿国家矿山公园

属第二批授予的国家矿山公园。归来庄金矿始建于 1992 年，是"八五"期间建设和发展起来的集采、选、冶为一体的现代化黄金矿山，属国有大中型企业。该金矿是一种新类型的金矿，即爆破角砾岩型金矿，它的探明在世界找矿史上也是一个重大突破，有着极高的科学研究、科普教育和旅游开发价值。拥有露天和井下两个采矿区，3 条选矿生产线，日处理矿石能力为 1 000 t，从达产伊始即跨入了全国重点产金大户行列。

九龙柱广场是鸟瞰矿山公园全貌的最佳平台。凭栏东眺，由采矿废石堆积而成的高达 70 m 的假山也十分壮观；露天采矿坑边，以高耸的竖井井架为中心，三面青山环绕，四周绿树怀抱。

天下奇石一条街，犹如一条珠光宝气的玉带，串起一块块泰山奇石，连接一处处楼台亭榭。1 000 多块各类奇石沿主要道路和景点依次布设：当地盛产的园林石，鬼斧神工；重金得来的泰山石，大气磅礴。一块巨石，一个名字，一篇故事，一段传奇，既凸显地质景观，又彰显文化品位，成为公园里一道靓丽的风景线。

金矿露天开采形成的矿坑规模宏大，金矿地质原貌读景壁蔚为壮观，井下巷道构成的"地下时空隧道"深邃奇妙。

2003 年 8 月该矿开始兴建天宇自然博物馆，2005 年国庆节前建成并向社会开放。该馆展厅面积近 3 万 m^2，馆藏标本 39 万余件，总投资约 3 亿元，系目前世界上最大的自然博物馆，先后被批准为"山东省青少年科普教育基地"、"山东省关心下一代科普教育基地"和"中国古生物协会全国科普教育基地"等。

三、枣庄中兴煤矿国家矿山公园

属第二批授予的国家矿山公园。中兴煤矿国家矿山公园位于枣庄市市中区城北，中兴煤矿国家矿山公园规划面积约 21.3 km^2，在包括保存完好 100 多年历史的办公楼、金

库、绞车房、南井口、十里泉、白骨塔、大坟子、日军电光楼，日本宪兵营遗址，民国铁道门等28处老遗迹组成，在充分保护矿业遗迹，维护生态环境的基础上，将合理开发利用人文资源开展工业旅游和生态旅游，并将以中兴煤矿博物馆为中心，以爱国主义教育基地为导入点，建成一座集学术研究、科研考古、生态园林、红色旅游为主题的矿山公园。

据文献记载，该煤矿最早开采于1308年。中兴矿局是中国历史上最早的完全由中国人自办的民族资本独立经营的大型煤矿，1936年原煤产量达到182万t，堪称"中兴"极盛时期，1938年日本侵占枣庄，对枣庄煤矿进行大规模掠夺性开采，煤炭资源遭到严重破坏。新中国成立后，中兴矿局更名为枣庄煤矿，随着资源的枯竭，1999年6月10日经山东省煤炭管理局批准，枣庄煤矿执行关井、重组，成立新中兴公司，开始发展非煤产业。

四、山东威海金州国家矿山公园

属第二批授予的国家矿山公园。金州国家矿山公园位于山东省威海市乳山市下初镇境内，总面积2.76 km^2。金州国家矿山公园地处山东省两大金矿成矿带之一的牟平—乳山成矿带的中部，是中低温热液石英脉充填型金矿的矿产地。公园存留了完整的找矿标志和典型的地质剖面遗迹、地质构造遗迹、珍贵的地质景观遗迹、矿山地质灾害遗迹。金州金矿开采历史悠久，可以追溯至隋唐时期，至今已有1 400多年的历史，公园内保存有明朝采矿坑一处，这在全国乃至世界上都是极为罕见的。金州金矿区是山东冶金勘探公司第三勘探队在1967年普查过程中发现的，自1967年开始正规勘探找矿以来，各级各类地质队伍、科研机构、高等院校在此开展了大量的探矿、找矿、采矿、选矿和冶炼深加工以及矿山公园建设规划等方面的工作，形成成果报告200余个，发表学术论文50余篇，8项研究成果获得省部级以上奖励。目前这些矿业开发史料均保存完好，对研究牟平—乳山成矿带的成因具有重要意义，是珍贵的史籍资料。

金州金矿是全国最大的单脉硫化物石英脉型矿山，其矿脉连续性好，延伸长度之大，全国少见。矿区主井井口标高+112 m，井底中段-780 m，是20世纪90年代黄金行业最深的竖井，目前开采深度约900 m，是全国开采深度最深的金矿矿山之一。

深部找矿遗迹是公园内的亮点之一，设计2 200 m的钻探创下了国产钻机金属矿山钻探之最，成为全国最深的金矿山勘探孔，也将彻底改写国产钻探设备的钻探历史，成为金属矿山钻探史上的创举。

矿山平硐花岗岩中生长的钟乳石，遍布硐顶及两侧，晶莹剔透、洁白如玉，并且是平硐开凿完后生长发育的，这在全国同类金矿矿山中是唯一的。

第四节　山东省级地质公园

　　目前，山东省有各类省级地质公园 45 家，分布于全省除德州市以外的其余 16 个市。各省级地质公园按市地排列的基本情况见表 17 - 5 - 3。

表 17 - 5 - 3　　　　　　　　山东省省级地质公园一览表

序号	所在地市	地质公园名称	批准命名时间及申报批次	所在行政区及面积（km²）	主要地质遗迹
1	济南市	长清张夏—崮山省级地质公园	2004 年 1 月批准（第二批）	济南市长清区 102.0	华北寒武系标准剖面、古生物化石、沉积构造、石灰岩地貌景观
2		历城蟠龙山省级地质公园	2006 年 9 月批准（第四批）	济南市历城区 23.5	岩溶奇峰、溶洞、崩塌地质灾害遗迹
3		华山省级地质公园	2007 年 4 月批准（第五批）	济南市历城区 60.81	岩浆岩奇石、奇峰和峡谷地貌，崩塌遗迹和水体景观
4		历城水帘峡省级地质公园	2010 年 1 月批准（第六批）	济南市历城区 3.9	岩浆岩奇石、奇峰和峡谷地貌及水体景观
5		章丘百脉泉省级地质公园	2011 年 7 月批准（第七批）	章丘市 0.866 7	泉水景观
6		济南泉水省级地质公园	2012 年 7 月批准（第八批）	济南市 3.10	泉水景观
7	青岛市	即墨马山省级地质公园	2002 年 12 月批准（第一批）	即墨市 3.17	潜粗面火山岩柱状节理石柱群（马山石林）、硅化木、沉积构造

（续表）

序号	所在地市	地质公园名称	批准命名时间及申报批次	所在行政区及面积（km²）	主要地质遗迹
8	淄博市	桓台马踏湖省级地质公园	2011年7月批准（第七批）	桓台县 10.21	湖泊、沼泽、湿地、湖岗、湖沟、河流
9		淄川潭溪山省级地质公园	2011年7月批准（第七批）	淄博市淄川区 9.0	岩溶大峡谷、奇石、象形山，溶洞，地层剖面，泉水景观
10	枣庄市	滕州莲青山省级地质公园	2002年12月批准（第一批）	滕州市 84.0	花岗岩奇峰、奇石、球状风化、构造形迹
11		枣庄龟山省级地质公园	2004年1月批准（第二批）	枣庄市市中区 10.8	崮形山、崩塌地质灾害遗迹、断裂构造带、象形石、溶洞
12		滕州红河湿地省级地质公园	2011年7月批准（第七批）	滕州市 47.73	堰塞湖水体景观、湿地景观
13	烟台市	栖霞牙山省级地质公园	2004年1月批准（第二批）	栖霞市 25.03	花岗岩奇峰、奇石、岩洞，泉、溪、瀑水体景观
14		栖霞艾山省级地质公园	2006年9月批准（第四批）	栖霞市 64.15	花岗岩地貌景观、水体景观
15		招远罗山省级地质公园	2006年9月批准（第四批）	招远市 33.65	花岗岩奇石、奇峰和峡谷地貌，玲珑式金矿矿床遗迹
16		烟台磁山省级地质公园	2007年4月批准（第五批）	福山区、蓬莱市 36.1	花岗岩奇峰、象形石、构造形迹及黄金明金矿床

（续表）

序号	所在地市	地质公园名称	批准命名时间及申报批次	所在行政区及面积（km²）	主要地质遗迹
17	烟台市	山东昆嵛山省级地质公园	2010 年 1 月批准（第六批）	烟台昆嵛区、威海文登市 158.0	岩浆岩奇峰和峡谷地貌、构造形迹、奇石、洞穴和山泉、溪流、瀑布
18		牟平养马岛省级地质公园	2011 年 7 月批准（第七批）	烟台市牟平区 3.03	海蚀海积地貌遗迹、地质构造遗迹，崩塌地质灾害遗迹，岛礁地貌景观
19		海阳招虎山省级地质公园	2012 年 7 月批准（第八批）	海阳县 9.0	晶洞花岗岩奇石、险峰、深谷和溪流
20	潍坊市	临朐沂山省级地质公园	2011 年 7 月批准（第七批）	临朐县 40.8	岩浆岩奇峰、构造形迹、地质灾害遗迹、水体景观
21	济宁市	邹城峄山省级地质公园	2004 年 1 月批准（第二批）	邹城市 12.86	花岗岩地貌景观、构造地貌景观、水体景观、山体崩塌遗迹
22		金乡羊山省级地质公园	2010 年 1 月批准（第六批）	金乡县 3.0	岩溶地貌、溶洞、古生物化石及矿山开采遗迹
23		梁山省级地质公园	2010 年 1 月批准（第六批）	梁山县 3.33	岩溶地貌景观、沉积岩相剖面、构造形迹
24		泗水龙门山省级地质公园	2010 年 1 月批准（第六批）	泗水县 5.52	花岗岩地貌、侵入岩剖面、水体景观、地质灾害遗迹
25		嘉祥青山省级地质公园	2011 年 7 月批准（第七批）	嘉祥县 3.75	岩溶地貌、地质剖面、沉积岩原生构造及断裂构造
26		曲阜尼山省级地质公园	2012 年 7 月批准（第八批）	曲阜市 12.45	花岗岩、石灰岩地质地貌景观，中小型构造，采矿遗迹

（续表）

序号	所在地市	地质公园名称	批准命名时间及申报批次	所在行政区及面积（km²）	主要地质遗迹
27	泰安市	新泰青云山省级地质公园	2002年12月批准（第一批）	新泰市32.5	花岗岩奇峰、球状风化，断裂构造及崩塌地质灾害遗迹
28		泰安长城岭省级地质公园	2004年1月批准（第二批）	泰安市岱岳区155.0	变质岩奇峰、象形石，崩塌、泥石流地质灾害遗迹，山泉、瀑布水体景观
29		肥城牛山省级地质公园	2007年4月批准（第五批）	肥城市38.0	地质地貌景观、崩塌地质灾害遗迹、泉瀑景观
30		宁阳神童山省级地质公园	2010年1月批准（第六批）	宁阳县6.29	花岗岩奇峰、象形石，地质界限，崩塌地质灾害遗迹，水体景观
31		泰安宁阳鹤山省级地质公园	2011年7月批准（第七批）	宁阳县9.86	崮形地貌、竹叶状灰岩、断层、溶洞
32		东平县东平湖省级地质公园	2012年7月批准（第八批）	东平县82.66	岩溶谷地、洞穴、湖泊、流水堆积地貌
33		新泰寺山省级地质公园	2012年7月批准（第八批）	新泰市4.01	岩溶地质地貌、水体景观、沉积岩原生构造
34	威海市	荣成槎山省级地质公园	2002年12月批准（第一批）	荣成市24.1	花岗岩地貌、海蚀海积地貌景观
35	日照市	五莲县五莲山—九仙山省级地质公园	2012年7月批准（第八批）	五莲县37.58	花岗岩峰林地貌、地质剖面、地质构造形迹、地质灾害遗迹
37	莱芜市	莱芜九龙大峡谷省级地质公园	2010年1月批准（第六批）	莱芜市12.54	岩浆岩奇峰、峡谷、奇石、构造形迹、溪流、泉水

（续表）

序号	所在地市	地质公园名称	批准命名时间及申报批次	所在行政区及面积（km²）	主要地质遗迹
37		莒南恐龙遗迹省级地质公园	2004 年 1 月批准（第二批）	莒南县 60.0	恐龙足迹地质遗迹、花岗岩峰林地质地貌景观
38		郯城马陵山省级地质公园	2007 年 4 月批准（第五批）	郯城县 25.0	构造形迹、地质剖面、丹霞地貌、金刚石产地、恐龙足迹化石、地质灾害遗迹
39	临沂市	苍山文峰山省级地质公园	2010 年 1 月批准（第六批）	苍山县 6.23	构造形迹、地质灾害遗迹、植物岩溶、奇泉、溶洞
40		临沭岌山省级地质公园	2012 年 7 月批准（第八批）	临沭县 59.94	金刚石矿物产地、丹霞地貌、构造形迹、恐龙足迹化石、沭河古道
41		蒙阴岱崮省级地质公园	2012 年 7 月批准（第八批）	蒙阴县 31.76	岱崮地貌、地层剖面
42	滨州市	无棣碣石山省级地质公园	2012 年 7 月批准（第八批）	无棣县 0.133	火山地貌、水体景观、海蚀海积地貌
43	聊城市	临清黄河故道省级地质公园	2010 年 1 月批准（第六批）	临清市 6.7	鲁西北地区原始风貌保存最好的黄河故道遗迹
44		东阿鱼山省级地质公园	2011 年 7 月批准（第七批）	东阿县 1.29	九龙群三山子组地层剖面、构造、溶洞、象形石
45	菏泽市	巨野金山省级地质公园	2012 年 7 月批准（第八批）	巨野县 0.54	白云岩溶洞、地质剖面、山泉、三叶虫化石、采矿遗迹

第十八篇

世界主要矿业国矿业法律制度与政策

矿业是全球矿业国家经济社会发展的主要产业之一

世界主要矿业国均已建立了相对完备的矿业法律体系

保护矿产资源国家利益是世界各国共同的价值取向

了解和熟悉矿业法律制度与政策是"走出去"的基本前提

实施"走出去"战略要把握"为我所用"的基本原则

走出去、找出来、开发好、利用好是资源战略的重要环节

全世界矿产资源互补是永恒的课题

第一章 亚洲主要矿业国

第一节 巴基斯坦

一、矿产资源概况

巴基斯坦伊斯兰共和国，简称巴基斯坦，国名意为"圣洁的土地"、"清真之国"。巴基斯坦位于南亚，南濒阿拉伯海，东接印度，东北毗邻中国，西北与阿富汗交界，西邻伊朗。除南部属热带气候，其余属亚热带气候。

巴基斯坦是一个矿产资源较丰富的国家，目前全国已找到 44 种矿产，探明储量的矿产在 25 种以上。但是，由于地质研究和勘查工作程度低，目前已发现的重大矿床不多。不过从其成矿地质环境看，找矿潜力非常大。目前，已知的主要矿产有石油、天然气、煤、铬铁矿、铜、铁矿石、金、铅、锌、铝土矿、宝石、石膏、磷矿石、重晶石、高岭土和盐等。

巴基斯坦铁矿石成因有沉积型、火山型、热液型，矿石品位一般不高，但矿石储量丰富，据称在 6 亿 t 以上。矿床主要分布在旁遮普省和裨路支省，其他两省也有少量分布。最大的矿床是位于旁遮普省的卡拉巴赫·赤查里铁矿，矿石储量约 3.5 亿 t，含铁 30%～34%，另含 21%～24% 的硅。第二大铁矿是位于裨路支省的迪尔邦德铁矿，矿石储量约 2 亿 t，含铁 35%～40%，含硅 20%。该矿地处卡拉奇以北 640 km^2 的地方，属于沉积型，主要由赤铁矿和褐铁矿构成。第三个重要矿床是位于裨路支省的诺昆迪铁矿，矿石储量 5 000 万 t，含铁 45%～49%。另外还有一些小型铁矿一般认为开采价值不大。

巴基斯坦铬铁矿主要分布在裨路支省、西北边境省，其中裨路支省的穆斯林巴赫矿区最为重要，估计矿石储量 400 万 t，其次是西北边境省的马拉坎矿区，矿石储量约 67.7 万 t，科希斯坦矿区，储量约 37.2 万 t。

2010 年巴基斯坦石油剩余探明储量 4288.10 万 t，天然气剩余探明可采储量 8 401.94 亿 m^3，主要集中在两个沉积相盆地，即北部旁遮普省的波特瓦盆地和南部的印度河盆地。此外，巴基斯坦海域的油气前景也较好。据 2003 年资料，巴共有油田 92 个、气田 73 个，但规模都不大。

巴基斯坦煤炭资源比较丰富，截止 2010 年，探明可开采储量 20.70 亿 t，主要分布在信德省，以及裨路支省、旁遮普省和西北边境省，其中信德省占全国总量的99.5％。

巴基斯坦铜矿石储量约5亿t，主要集中在裨路支省西部查盖地区的山达克、雷克迪克和西部斑岩杂岩体，对这些地方的资源情况评估也进行得最为详细。

巴基斯坦铅锌矿矿石资源量在5 000万t以上，主要分布在杜达、苏迈、贡嘎、顿格4个地区，其中以裨路支省南部的杜达铅锌矿最具开采价值和最为著名，该矿发现于1988年，铅锌矿矿脉长1 100m，矿层厚度在6.5m以上，资源量约5 000万t。经过详细勘探的地段，探明矿石储量1 431万t，平均品位锌8.6％、铅3.2％。

巴基斯坦金矿资源潜力较大，重要地区是北部山区和裨路支省西部查盖地区。在北部山区，沿喀喇昆仑山脉延伸带不规则地分布有金矿资源。在西北边境省的契特拉地区，已经确定了13处不规则的含金地带。另外，在迪尔、斯瓦特和马拉坎地区还确定了9处含金地段。在裨路支省，有与铜矿共生的大量的黄金资源，如山达克铜金矿和雷克迪克铜金矿，其后者的金资源量估计在600t以上。此外，在印度河等部分河流的冲积砂里发现多处砂金，有一定的潜力。

巴基斯坦宝石资源丰富，其北部地区有宝石王国之称，西北边境省和巴控克什米尔地区由于得天独厚的地理条件，成为宝石的主要产地，主要包括：绿宝石、红宝石、黄玉、橄榄石、绿电石、绿玉、紫晶石以及各种石榴石。

二、基本矿业法律

巴基斯坦政府于1995年9月首次颁布国家矿产政策，其中包括矿权保障及对勘查的鼓励措施。近几年来，巴政府还在已有政策基础上不断进行修订和补充。

三、矿业权政策

巴基斯坦主要矿业权政策如下：

1. 在矿业开发领域的小规模投资（投入资本额小于3亿卢比），其投资者仅限于巴基斯坦国民。

2. 鼓励小规模开采者进行合并或兼并。

3. 巴石油资源部下属的巴基斯坦地质数据中心负责收集、保存、管理、更新全国地质数据资料。

4. 对于在优先开发矿物或优先开发地区作促进性投资的相应企业，联邦政府和省政府将提供矿物开采的优惠政策。

5. 矿业开采特许权涵盖了对矿物开采的4种权限，即初步探测许可证、勘探许可证、矿藏持有许可证和矿物开采许可证。

（1）初步探测：申请在某一指定地区进行初步矿物勘探，此许可证可由矿藏地区所在省政府或联邦石油资源部颁发。

（2）勘探：申请在上述地区由专业地质测量人员进行详细勘探，此许可证根据矿物种类的不同可分别由省政府或地质勘探部。

（3）矿藏持有：在地质勘探结束后，申请已开采出矿物的所有权。该许可证一般由巴基斯坦石油资源部颁发。

（4）矿物开采：对已知矿物进行大规模的商业开采。

金属类矿物的所有许可证一般由石油资源部颁发，而非金属类（如煤、石灰和石英等）则可由省政府颁发。

6. 建立冶炼厂无须经过政府许可。

四、税收政策

1. 税收体制

巴基斯坦税收分为联邦税收（国税）和省级税收（地税）两大体系，其中联邦税收收入约占全国税收总收入的90%左右。

巴联邦税收分为直接税和间接税两大类：一是直接税，包括所得税、劳工福利税、劳工参与基金和资本税；二是间接税，包括关税、销售税、联邦消费税、机场税和其他税费。

省级税主要包括财产税、车辆税、消费税、印花税等，由各省财政部门负责征收，除少部分上缴联邦政府外，其余作为各省自有发展资金。

2. 巴联邦税收的主要税目

（1）所得税：课税范围包括工资收入、经营收入、商业收入、版税和开采收入、投资红利、存贷款收益、债权利息、中奖所得、获赠礼品、拍卖物品所得等。巴所得税可分为个人所得税和企业所得税两大类。巴政府根据个人收入的高低，将个人所得税划分为20个征税等级，税率自0.5%起递增，最高为20%。企业所得税，可细分为营业所得税、最终税等，一般税率为35%。为保护本地产业、吸引外资和促进行业发展，巴政府对部分行业和企业给予一定程度的所得税减免。

（2）资本税：对购买商用或非商用财产、居住房屋、公司股权和有价证券交易等活动所征收的税。

（3）关税：是巴政府调节进出口和国际收支平衡的重要工具。巴政府在每个财年的预算报告中都会对部分商品的关税进行调整。巴关税总体水平不高，目前普遍为5%~35%。中巴两国已签署双边自由贸易协定，并自2007年7月1日起实施，两国之间的进出口商品的关税可享受优惠税率。

（4）联邦消费税：对本国生产的产品、进口商品、在巴保税区生产但销往巴非保税区的产品以及服务业所征收的税，税率一般为15%左右。

3. 矿产相关税目

（1）除矿区特许使用费外，没有任何省和地方的额外税赋。

（2）矿物出口免征销售税。

第二节　菲律宾

一、矿产资源概况

菲律宾共和国简称菲律宾，是东南亚一个群岛国家，位于西太平洋，北隔吕宋海峡与台湾相望，南隔西里伯斯海与印尼相望，西隔南海与越南相望，东边则为菲律宾海。由西太平洋的菲律宾群岛（7 107 个岛屿）所组成的国家。

菲律宾矿产资源在世界矿产资源储量中占有重要的地位。根据菲律宾国家地质矿业局的数据，以单位面积矿产储量计算，菲律宾金矿储量居世界第三位、铜矿储量居世界第四位、镍矿储量居世界第五位、铬矿储量居世界第六位。仅目前已探明储量中，就有13 种金属矿和29 种非金属矿。

菲律宾矿产资源分类：菲律宾矿产资源主要分为贵金属矿、铁合金矿、贱金属矿、肥料矿、工业矿、宝石和装饰石矿等六类。根据经济发展的需要和受开采条件等因素的限制，目前只有选择地开采了金属矿中的金、铬、镍、铜矿和非金属矿中的磷酸盐矿、海鸟粪、黏土、白云石、长石、石灰石、大理石、珍珠岩、硅石、石料、砂、盐、闪长岩、蛇纹岩等。

菲律宾铜矿以斑岩铜矿为主，全国各地均有分布。主要的铜矿产区在北吕宋山区的Zambales，banguet，Nueva Viscaya 和南部 Surigao del Norte，Davao，Davao Oriental。地质勘探工作显示，菲律宾仍存在大量的铜矿床和铜矿远景点。金矿是菲律宾的主要矿产之一，主要矿区在 Baguio，Paracale，Masbate，Surigao 和 Masara。菲律宾镍矿资源丰富，2011 年镍矿总储量约为 110 万 t（金属量），居世界第 11 位。镍矿多为含量高的铁矾土，大部分处在浅土层，易于开采且成本低。镍矿集中分布在 Davao Oriental 和 Palawan。铬铁矿主要存在于 Zambales 省和 Surigao del Norte 省的 Dinagat 岛。铬铁矿的规模大小不等，较大规模的铬铁矿储量在几百万 t。此外，菲律宾的铝土资源也非常丰富。铝土矿的资源主要集中在东维萨亚的 SAMAR 地区，估计地质储量为 2.42 亿 t，平均 Al_2O_3 含量为 40.80%，总价值约 210 亿美元。

二、基本矿业法律法规

菲律宾现行的矿业法规是 1995 年《菲律宾矿业法》（Republic Act No. 7942）及其相关的执行规章制度。该矿业法以亲民、亲环境为宗旨，以政府和私人部门共同促进合理勘探、开发、利用、保护矿业资源为目标，提倡共同参与管理与合作，共享利益，注重环境与社会安全。矿业法颁布以来，菲律宾的矿业开发有所恢复，地质勘探也有了新的进展。

《菲律宾国家矿业政策》是保证菲律宾矿业复兴和可持续发展的综合性政策框架，为菲律宾政府制定矿业发展规划、进行矿业发展战略决策、实施矿业项目管理提供指导和依据。菲律宾政府希望借助该政策框架的实施，建立一个具有广泛社会和政治支持的，全社会性的繁荣、经济、环保的矿业体系，使矿业部门在帮助政府减少贫困，促进国家经济良性增长方面发挥更积极、有效的作用。

《菲律宾国家矿业政策》将最有效、尽责地保护和恢复环境作为所有矿业开发者的共同责任。要求关注采矿生产每一环节的环境、安全和卫生等方面的生态环境管理，以最优方案保护环境。对被采矿活动破坏的地区，要最终恢复成为物理和化学上稳定，能自我维持的生态系统，保持其生产能力与原始土地相当；《菲律宾国家矿业政策》强调尊重矿区当地社会的需求、价值和决定，促进社会的稳定。要求所有矿业开发者共同参与采矿管理与合作，发挥矿业发展所带来的社会效应，通过直接就业和主动提供社会服务，如卫生、教育、娱乐等，公平分享采矿利益，支持地方发展。

三、矿业权政策

《菲律宾矿业法》规定，菲律宾所有矿山资源归国家所有，任何勘探、开发、利用和矿产品加工活动都要受到政府的监督与控制。菲律宾政府设有多级矿业管理机构，国家环境和自然资源部作为主管部门，负责管理、开发和合理利用矿产资源，以及发布相应的法规。环境和自然资源部部长可以代表政府签署矿山开采合同；国家环境和自然资源部下属的地质矿业局，直接负责矿区和矿产资源的管理、配置，进行地质、采矿的研究，以及矿山的地质勘探等工作。此外，还负责推荐矿山合同及承包商，以供部长批准，并监督承包商合同执行情况；地质矿业局设有地区办公室，负责授权事项的处理。

菲律宾矿山勘探和开采的许可、协议和合同主要包括：勘探许可、矿产品分享协议、合作矿产品分享协议、合资协议、金融和技术援助、采石场许可、砂开采许可、小型矿开采许可、矿产品加工许可、原矿运输许可。

1. 勘探许可

勘探许可由地质矿业局局长或地区办公室主任签发。允许任何有资质的菲律宾公民或菲方控股公司（菲方股份占60%以上）或外资占100%股份的公司在规定时间内进行矿产勘探活动，但是并不附带采矿的权力。如果被许可者经过勘探成功地发现了矿藏，有权申请将许可升级为矿产合同和融资或技术援助协议，以进入下一步的实际开采。勘探期限为2年，每次延期为2年，整个期限不得超过6年。勘探许可面积：①陆地，在任何一个省，个人允许面积1 620 hm²、公司允许面积16 200 hm²；在全国范围内，个人允许面积3 240 hm²、公司允许面积32 400 hm²。②海洋，个人允许面积8 100 hm²、公司允许面积81 000 hm²。

2. 矿产品享有协议

其由环境和自然资源部部长签发。允许任何有资质的菲律宾公民或菲方控股公司（菲方股份占60%以上）享有勘探、开发和开采的专有权，承包商应提供必要的融资、技术、管理和人才。合作矿产品分享协议和合资协议均为政府执股参与，目前政府只向承包商提供矿产品享有协议。通常，政府与资质合格的当地承包商签订矿产合同，合同期限不能超过25年，可以继延，延期不得超过25年。采矿许可面积：（1）陆地，在任何一个省，个人允许面积 810 hm^2、公司允许面积 8 100 hm^2；在全国范围内，个人允许面积 1 620 hm^2、公司允许面积 16 200 hm^2；（2）海洋，个人允许面积 4 050 hm^2、公司允许面积 40 500 hm^2。

3. 融资或技术援助合同

由总统签发。允许任何有资质的菲律宾公民或菲方控股公司（菲方股份占 60% 以上）或外资占 100% 股份的公司大规模勘探、开发和利用矿产资源。合同的条款以及政府股份可以协商，合同期限不能超过 25 年，可以继延，延期不得超过 25 年。采矿许可面积：①陆地 81 000 hm^2；②海洋 324 000 hm^2。

4. 矿产加工许可

由环境和自然资源部部长签发。允许任何有资质的菲律宾公民或菲方控股公司（菲方股份占 60% 以上）以及外资占 100% 股份的公司建立和运营矿产品加工厂。为期 5 年，可以延期但不能超过 25 年。

四、税收政策

1. 矿业税种、收费

（1）所得税：在 1987 年综合投资法规定的优惠期以外，承包商须根据菲律宾国内税收法交纳所得税，通常为 32%。

（2）矿产品消费税：承包商将依照国内税收法交纳矿产品消费税。通常依据矿产品实际总产值征收 2%。

（3）占用费：承包商占用土地，如果是在矿储藏区内，按每年每公顷 100 比索征收。如果是在矿储藏区以外，勘探按每年每公顷 10 比索征收，采矿按每年每公顷 50 比索征收。环境和自然资源部可以根据情况提高该项费用。

（4）矿业残渣和废弃物费：由环境和自然资源部确定，并可以根据情况提高该项费用。

（5）地方税：有公共税、不动产税和当地营业税等。

（6）关税：在进口机器和资本物资时需要支付 3% 税率。

（7）增值税：进口除交纳关税外，还要交纳 10% 的增值税，出口产品可免收增值税等。

2. 优惠政策

（1）根据菲律宾综合投资法，对于天然资源的勘探、开发和利用，外资所占比例不能超过 40%。投资矿山可享受菲律宾宪法所规定的基本权利和保障，同时菲政府保障投资者享受以下基本权利：①投资遣返权，投资者可将投资所得按当日汇率折成投资者原币现金汇出；②汇出收益权，投资者可根据当日的外汇比价，将清算后的全部投资收入以现金方式遣返；③外贷权，为支付融资或技术援助合同产生的外币贷款和利息，投资者可按还款当日汇率折汇并汇出外汇；④免于征用权，政府和任何个人不得擅自征用外国投资者的财产和企业，在由于公共用途、国家利益、国防而征用的情况下，外国投资者和企业有权根据当日汇价等值索赔。

（2）根据《菲律宾矿业法》第 90 条，承包商与代表菲政府的环境和自然资源部签订矿山合同和融资、技术援助合同后，即可适用《综合投资法》中规定的各项财政和非财政鼓励政策。菲律宾的采矿活动一直被列在投资优先计划中，根据投资优先计划，在贸工部投资署注册的企业，享有以下鼓励政策：免缴所得税，投资先锋领域，自注册之日起，6 年免缴所得税；投资优先领域，自注册之日起，4 年免缴所得税。

3.《菲律宾矿业法》规定

（1）用于污染处理的设备、建筑和设施不计入固定资产，不征收税费。

（2）在采矿前 10 年内任何一年出现的经营亏损，可在亏损发生当年后的 5 年内从应税收入中扣除。

（3）采用加速折旧法回收投资，折旧率不超过通常折旧率的 2 倍（回收期小于 10 年的按通常折旧率）。折旧年限超过 5 年，而剩余年限超过 10 年的，折旧可从应税收入中扣除。对于应税收入的计算，承包商可将勘探和开发的前期投入从净收入中扣除，但每年不超过净收入的 25%。

4.《矿区发展和采矿科学与技术计划》

《菲律宾矿业法》要求承包商执行《矿区发展和采矿科学与技术计划》，每年支出直接采矿和矿产品加工成本的 1%，用于帮助矿区发展，提高当地居民福利，促进采矿科学与技术的提高。具体措施包括：

（1）通过修建社区学校、医院、教堂、道路、桥梁、供水供电系统、社区住房、培训设施等公共设施，增强矿区及临近社区的发展。

（2）通过为研究院校提供设备和资金；向菲律宾人推广矿业加工技术、环保措施和社区发展计划；出版科技刊物普及矿业知识等手段，促进当地采矿科学与技术的提高。

（3）优先雇佣菲律宾人参与采矿生产，并制定和实施有效的培训计划，鼓励菲律宾人参与采矿生产各环节的实习和管理。

（4）在质量相同的情况下，优先使用当地的产品、服务和技术。

（5）在合同终止前 1 年内，向地方政府移交基础设施和设备，保证矿业持续生产。

第三节　哈萨克斯坦

一、矿产资源概况

哈萨克斯坦是世界少有的矿产资源丰富而又矿业较发达的国家之一。矿产资源种类多而齐全，储量和资源量较大，尤其是对国计民生有重大意义的矿产，如石油、煤炭和铀等能源矿产，铁、铬、锰、镍等铁及铁合金属，铜、铅、锌、铝等有色金属，硫、磷、钾、重晶石、石棉等非金属矿产，钽、铼、镓、锗、镉、铋等稀有分散金属，哈萨克斯坦不仅储量大，产量也较高，在世界上处在靠前位置。

截至 2011 年底，哈萨克斯坦石油剩余探明储量、天然气探明可采储量分别为 41.1 亿 t 和 2.4 万亿 m³，分别占世界总量的 1.97% 和 1.26%。2011 年生产原油（估计）8 000 万 t，生产天然气 192.7 亿 m³，分别占世界产量的 2.21% 和 0.61%。

哈萨克斯坦铀资源非常丰富，2011 年回收成本 ≤80 美元/kg（铀）资源量 24.49 万 t，≤130 美元/kg（铀）资源量 31.99 万 t，仅次于澳大利亚，居世界第 2 位。

哈萨克斯坦的铜矿储量集中在一些大型的斑岩铜矿、砂岩铜矿、矽卡岩型铜矿及黄铁矿型铜矿中。2010 年，保有铜储量 1 800 万 t，居世界第 11 位。

2011 年，哈萨克斯坦铝土矿保有储量 1.6 亿 t，基础储量 4.5 亿 t；铁矿石储量 30 亿 t。

根据《世界矿情》（独联体卷，2010 年 12 月出版），哈萨克斯坦铅矿储量 500 万 t，居世界第 4 位；锌矿储量 1 400 万 t，与美国并列第 4；铬铁矿矿石 610 万 t、锰矿石 4.29 亿 t，均居世界第 3 位。

在非金属矿产中，储量最丰富的有钾盐、钠盐、硫酸钡、磷钙土、萤石和重晶石。其中：钾盐总预测储量为 458 亿 t；重晶石的基础储量 1.2 亿 t，居世界第 2 位。

二、基本矿业法律

1992 年，哈萨克斯坦颁布了《哈萨克斯坦共和国矿产资源法》，旨在调整矿产资源的所有权及开采、加工、利用和矿产资源的地质研究及其保护的权利，以保护企业、组织、团体和公民的权利。

1995 年 6 月，哈萨克斯坦颁布《石油法》。该法全面规定石油作业权、许可、合同、管道建设以及国家管理等内容。1997 年还通过了石油税收修改条例。1999 年 8 月 11 日，颁布了对 1995 年出台的《石油法》的修正案（第 467 号）。《石油法》与后来 1996 年颁布的《哈萨克斯坦共和国地下资源及地下资源利用法》并行不悖，成为调整石油资源开发利用的专门法。该法的实施使哈萨克斯坦在吸引外资、开发本国丰富的油气资源方面迈出了一大步，也为外国公司在哈石油工业领域投资提供了法律保障。

在哈萨克斯坦现行的矿产资源法律体系中，最为重要的是 1996 年 1 月 27 日颁布的《地下资源及地下资源利用法》。该法取代了 1992 年的《矿产资源法》，于 1999 年 9 月 1 日生效。该法以总统令的形式发布实施，共有 10 章 76 条。哈国分别与 2004 年、2005 年和 2007 年对该法进行了修改和补充。

1. 2004 年的修订强化了资源及产业的国有化地位

2004 年 12 月 8 日，经修订的《哈萨克斯坦共和国地下资源及地下资源利用法》发布实施，主要修改补充了两方面的内容：增加了"国家优先权"的表述，即国家对于合同的其他方、法人的创立者和其他收购方及投资人，均拥有优先的购买权（转让权）。这在一定程度上增加了国家对地下资源及其利用的控制力。《哈萨克斯坦共和国石油法》修订后，赋予哈国国家油气公司一系列的权力，强化了国家油气公司垄断和集中。如在政府规定哈油气必须参股的招标区块中，中标者要与哈油气公司共同作业，后者代表国家利益，是此类合同中地下资源利用权的共同拥有者，同时，哈油气在作业注册资本中所占的股份比例不少于 50% 。

2．2005 年的修订引入了"集权"术语，对资源类资产赋予限制性条件

2005 年 9 月 8 日，哈对《哈萨克斯坦共和国地下资源及地下资源利用法》进行了修订。在资源类资产的收购和转让方面赋予国家主管机关更大的权力，并通过引入"集权"的术语加大了对外国公司并购哈国境内资源类资产的限制。所谓"集权"，即如果一个国家的一个公司和几个公司在地下资源利用合同中所拥有的股份比例，或在地下资源利用公司中所拥有的注册资本比例对哈萨克斯坦共和国的经济利益可能构成或已经构成威胁。如果地下资源利用权的转让（含发生"集权"的情况下）不符合保障国家民族安全的要求，国家主管机构有权拒绝签发资源利用权转让许可。根据修订后的法律，如果这种转让会导致一个国家的一个公司和几个公司从事石油业务过度集中。国家主管机构有权拒绝向地下资源利用者签发将其资源使用权部分或全部转让的许可，这一规定也适用于地下资源利用者与其他关联公司进行的交易。

3．2007 年矿法修订，加大对哈国具有战略意义矿床的控制

2007 年 11 月 24 日，新修订的《哈萨克斯坦共和国地下资源及地下资源利用法》规定：如果资源利用者的开采活动影响到哈国的经济利益，对国家安全构成威胁，或开发哈国政府所确定的具有战略意义的矿床，哈国政府有权单方面解除合同。

尽管哈国矿法的修订对外国公司投资矿业开发赋予了限制条件。总体看，哈萨克斯坦已建立起比较清晰、透明、相对稳定的矿产资源法律体系，结合其投资法律，哈萨克斯坦为外资对矿产资源的开发和利用提供坚实的法律保障。

此外，2012 年 1 月，哈萨克斯坦共和国出台了《天然气及天然气供应法》，目的是保障哈国能源和生态安全，优先向哈国内市场供应商品气和液化天然气，并为进一步利用石油伴生气创造条件。该法规定国家对拟转让的天然气供应体系设施以及原料气和商品气拥有优先购买权。优先购买权限制了哈萨克斯坦矿产资源利用者的自主经营权。

三、矿业权政策

2010 年生效的《地下资源及其利用法》是在 1996 年第 1 次颁布基础上，经过多次修改，到目前为止的最新版本。修订后的《地下资源及其利用法》全面贯彻"最大限度保护本国利益"。投资者须经政府特许才可获得混合矿业权，且特许授予的机会相对较小。

在亚洲各国中，矿业权设置有混合矿业权的出现。需要强调的是，这种混合矿业权的出现，是基于绝对优势的战略意义和复杂地质条件下的矿藏，需要经过哈萨克斯坦政府的特殊批准，可以签署"勘探和开发统一合同"。在哈萨克斯坦矿业权面积的范围都是以合同签约为准，是事实上的合同约束或合同规定，所以混合矿业权的基础还是合同约束。在混合矿业权中矿业权面积的范围大小仍然受到合同具体条款的约束，这样的约束具有较强的法律效力，投资者在经过哈萨克斯坦政府的特许后才可以获得这种混合权。尽管在矿业权设置的明细中提到这种混合矿业权，但一般情况下需要国家的特许。换言之，尽管设置了这种混合权，但国家特许授予的机会相对较小，这也是最大限度保

护本国利益背景下哈萨克斯坦《资源法》的贯彻。

四、税收政策

1. 目前哈萨克斯坦的主要税种

（1）企业所得税：按照年度总收入减去税法规定的扣除项目后的金额的 30% 的比例纳税。

（2）财产税：财产税的对象是除交通工具以外的基本生产性和非生产性资产，使率为 1%。

（3）增值税：2007 年为 14%，2008 年降为 13%，2009 年降为 12%。

（4）个人所得税：目前为 10%。

（5）社会税：工资额的 7%～20%。从 2008 年起社会税将平均降低 30%。

（6）社会保障费：工资额的 1.5%。

（7）职工社会义务保险税：工资的 15%～20%。其中 85% 用于退休基金。

（8）红利税：所得红利的 30%。

（9）利息税：所得利息的 15%。

（10）养老费：工资额的 10%。

2. 哈萨克斯坦出台多项税收改革措施

（1）增值税方面：对纳税人利用金矿生产成品黄金出售给国家银行用于黄金储备的，实行零税率。该政策从 2012 年 1 月 1 日起实施。同时需要提供纳税人与哈萨克斯坦国家银行销售成品黄金以补充银行黄金储备的协议，黄金价值的档副本，以及哈萨克斯坦国家银行接收黄金和黄金数量的档副本。

增值税销售时间的规定。销售产品和服务的时间确定采用以下几个标准：货物按照合同规定的地点交付给消费者或其代理人的时间；或者货物在合同规定的出售货物的地点交付给消费者或其代理人的时间。

出口货物的规定。从 2012 年 1 月 1 日起，税法简化了出口货物的确认程序，纳税人只需要提供海关出具的出口报关单的副本，以前需要提供原件。

（2）鼓励研发的税收优惠政策：所得税加计扣除优惠政策。对教育和科学部认定的有关研发活动支出可以在所得税前加计扣除 50%。并且还要满足纳税人已经获得工业产品的专利、上述活动产生的创新结果在哈萨克斯坦运用的条件。该政策于 2013 年 1 月 1 日到期。

采掘企业研发所必需的支出。要求在 2012 年 2 月 5 日以前，采掘企业至少将承包合同规定的平均年收入的 1% 用于研发、科学研究、工程设计和实验活动。这一规定不适用于以下合同：地下水勘探生产合同、常见矿物资源勘探生产合同、治疗用泥浆勘探生产合同、与勘探生产无关的地下设施合同。

（3）风险投资基金红利的税收减免政策：在 2013 年 1 月 1 日以前，个人投资股票风险投资基金获得的红利满足以下条件的，免征所得税。一是纳税人从投资基金中获得收益超过 3 年；二是国家科技发展研究所拥有该基金的份额在 25% 以上。

（4）减免执行战略投资项目纳税人的土地和财产税：在 2013 年 1 月 1 日以前，对按照合同规定执行战略投资项目企业，用于战略投资项目的土地自项目实施之日起 7 年内免征土地税。该企业用于战略投资项目的不动产自投入项目之日起免征财产税。

另外，符合以下条件的工业园区企业适用 0.1% 的土地税和免征财产税。一是该工业园区是国家批准成立的从事工业和创新活动的园区；二是国家技术发展研究所拥有该工业园区的股份在 50% 以上。

（5）进口产品间接税政策：关于进口货物的增值税纳税最后期限的规定。从 2012 年 1 月 1 日起，对以下情况允许推迟最后纳税期限：进口货物用于工业生产的、进口货物是水、气或电力的。申请延期的档包括：标准申请表、货物供应合同复印件、海关关于该进口货物用于工业生产的证明。为确保该进口货物用于工业生产，税务部门有权利到纳税人的生产地进行检查。

撤销进口货物申请和间接税的交纳。从 2012 年 1 月 1 日起，如果纳税人的进口货物申请表填写错误，必须撤销并按照当时的时间重新填写，并以之确定纳税人间接税的纳税时间。

第四节　蒙　古

一、矿产资源概况

蒙古国现已发现 80 多种矿产，共计有 6 000 多个矿床（矿点）。主要有石棉、黏土、煤、铜、金刚石、萤石、金、石墨、石膏、铁、铅、石灰石、镁、铝、镍、石油、磷酸盐、铂、稀土、盐、沙砾、硅、银、锡、钨、铀、沸石和锌等。

蒙古的铜矿资源较丰富，主要有铜－钼斑岩型、含铜矽卡岩型、自然铜型等。主要矿床有位于乌兰巴托西北 365 km 的额尔登特斑岩大铜（钼）矿，矿石储量为 2.2~2.4 亿 t。察干苏布尔加斑岩铜（钼）矿位于蒙古东南部的东戈壁省曼达赫县，矿石储量为 2.2~2.4 亿 t，目前尚未进行开采。

蒙古的铅、锌矿主要分布在蒙古东部地区，较为重要的矿床有图木廷鄂博锌矿和乌兰多金属矿。前者有锌矿石储量 770 万 t，含锌 11.5%；后者矿石储量为 6 800 万 t，含锌 2%，铅 1.2%，银 53 g/t，金 0.2 g/t，但尚未开采。

蒙古的萤石资源十分丰富，萤石主要分布在蒙古的北部、克鲁伦河南部流域。目前已发现矿点 500 多处，经过勘探的约 30 个。博尔温都尔萤石矿是蒙古最重要的萤石生产基地，以此为依托蒙古成为世界上最大的萤石生产国。

蒙古在石油勘查方面工作不多，所发现的石油资源比较少。蒙古已在东部探明大约 4 亿 t 的远景储量，还确定了朱温巴彦和查干埃尔斯两个石油远景区。

为吸引国内外资金以及尽快开发利用本国矿产资源，蒙古国家大呼拉尔陆续颁布了《蒙古国外国投资法》（1993 年 7 月 1 日起执行，2002 年 1 月 3 日进行了补充修改）、

《矿产资源法》（1997 年），鼓励投资开发。

二、基本矿业法律

1.《蒙古矿产法》

2006 年 7 月正式生效的《蒙古矿产法》，是目前蒙古国矿业管理法律体系的主要框架，适用于除水、石油、天然气外的其他矿产资源勘查勘探、开采关系的协调。

该法规定蒙古国对矿产资源的勘探、开发实行特别许可制度，分别为勘探特别许可和开采特别许可。

在环境保护方面，矿产法规定，在没有取得自然环境机关书面批准之前，禁止开始进行勘探和开采活动。

勘探特别许可持有者应在获得许可后 30 天内，同勘探场地所在县、区行政长官及环境监督机关协商制定环保计划，并按期提交自然环境保护计划年度报告以及环保保证金。

开采特别许可持有者应按规定将自然环境影响状况评估和自然环境保护计划送交主管自然环境问题的国家中央行政机关，并将其复印件送交该矿所在地所属省、县、区行政长官和自然环境监督机关，交纳相应的环保保证金。

2. 蒙古国其他相关法律

1991 年，蒙古国颁布了第一部《石油法》和《石油法实施细则》。根据该法规定，开发石油的技术设施，应具有开采地下石油储量 20% 以上的生产能力，并须在蒙古建立和发展石油加工工业。勘测、工作的期限为 5 年，可延长 2 次、每次期限为 2 年。利用油田的年限为自石油管理机构作出决议同意开采石油之日起 20 年。开采者如果建立加工厂、油气运输管道等新的基础设施，则利用油田的年限经石油管理机构同意可延长两次，每次不超过 5 年。合同当事人在石油开采有赢利的条件下，有权补偿其开采石油过程中的开支，补偿额可占全年石油总开采量的 40% 以内。并在特定情况下可免征关税。

2009 年 8 月 15 日，蒙古国首部《核能法》正式生效，增加了以下几项要求：①立即撤销全部现有铀矿勘查和采矿许可证，并要求所有持证者到核管制局注册，以收取相关费用；②要求投资者承认该国有权无偿获取即将开发铀矿山的公司 51% 的股份；③建立专门针对铀矿的发证和管理制度，该制度独立于现有矿产和金属资源开发规章和法律框架。

2009 年蒙古国议会通过了一部在该国汇水盆地和林区开采矿产的相关法律，旨在减轻因林区和集水区砂金开采活动对环境的损害。该项法律对矿产勘查和采矿权提出了以下限制条件：①撤销或修改距水源地或林地至少 200 m 以内的所有矿产勘查和开采许可证；②要求政府对许可证持有者已发生的勘查支出或因实际采矿作业而造成的收入损失进行补偿；③授权当地官员确定可进行采矿的实际区段。

三、矿业权政策

依据《蒙古国矿产法》，特别许可只授予依据蒙古国法律法规建立并正在从事经营活动、向蒙古国纳税的法人，同时该法人在许可有效期内必须保持其法人资格。一个特别许可只能授予一个法人，可批准的勘探场地面积为 25 hm^2 ~ 40 万 hm^2。授予特别许可遵循先申请原则，即如同时存在多个申请人，颁发给最先提出申请并符合要求的法人。

勘探特别许可的有效期限为 3 年，可延期 2 次，每次为 3 年。持有者应在该许可期限终止前 1 个月向有关机关提出延期申请，并提交规定的档材料。开采特别许可的有效期限为 30 年，根据矿产储量可对其进行 20 年的延期。持有者应在该许可期限结束至少 2 年以前，向有关机关提出延期申请，并提交规定的档材料。

四、矿业税收政策

蒙古国现行的税收法则允许公司扣除多项正当营业支出，包括业务旅行、食堂费用等。特别是，该法还把差别税和节假日排除在外，这对国际投资者格外有利。另外，以往公司只能把所受损失延后 2 年。虽然多数行业同意这一条款，但也有许多公司特别是那些需要长期开发大型基础设施的行业注意到，2 年的延后期限对规划长期开发项目是不够的，其中典型项目是大型采矿项目。为此，蒙古国议会打算把公司损失后延期限延长到 8 年。

大多数仲裁结果承认矿山在投产前需要很长的研制周期，因此宣布取消对这类进口的税收。但蒙古国议会在没有与投资者、国际捐赠组织的顾问甚至本国税务官员进行磋商的情况下决定征收增值税，这使得蒙古国的采矿成本提高了 10%，因而削弱了该国的竞争力。

《蒙古国矿产法》引入了"有战略意义的矿"，国家可将有重大影响或者年产量占国内生产总值 5% 以上的矿纳入有战略意义的矿。对这些矿的开发，国家参股最高可达到 50% 或者 34%，其比例参照国家投入的资金以开矿合同确定。同时相关法人 10% 以上的股份必须通过蒙古资本交易所进行。

开采特别许可持有者有义务保障蒙古公民就业。该企业法人的外国公民不得高于总员工数量的 10%。如果特别许可持有者录用外国公民的比例超出该比例，每个工作岗位每月须交纳相当于最低劳动工资 10 倍的费用。

第五节　缅　甸

一、矿产资源概况

缅甸联邦共和国简称缅甸，是一个位于东南亚的国家，西南临安达曼海，西北与印度和孟加拉国为邻，东北靠中华人民共和国，东南接泰国与老挝。

缅甸矿产资源种类繁多，储量丰富，主要有石油、钨、锡、锑、铅、锌、铜、锰、金、银以及煤等。

石油储量丰富，全面的地质普查工作尚待进行。产油区集中在伊洛瓦底江中游地区。此外，亲敦江下游的因多，班达地区，若开沿海的巴嘎岛，延别岛以及莫达能上能下马湾的大陆架一带也蕴藏有丰富的石油。主要有仁安羌油田、稍埠油田、兰濑油田、仁安佳油田、曼油田、卑当丹油田、仁安马油田以及苗旺油田等油田。产油区储有丰富的天然气。

缅甸钨和锡的藏量极为丰富。目前，已知钨锡矿点 120 个，开采的矿山近 20 处。主要分布在缅甸南部的丹那沙地区和掸邦的西部，即：德林达依省、孟邦、克伦邦、克耶邦以及掸邦南部、其中以德林达依省的储量最富。著名的矿区有德林达依省哈敏技矿亨达矿、甘报矿、叫麦当矿、罗德那榜矿及克耶邦的摩奇矿等。自缅甸南端向北延展长达 1 200 多公里的一条狭窄带内。带向东南延伸，穿过马来半岛及印度尼西亚的产锡区，带的东缘分布有泰国的钨锡矿床，整个带属于班卡—勿里洞——西马来西亚—泰国锡矿带的一部分，后者长达 300 公里，是世界上最大的钨锡矿带。缅甸产出的钨、锡矿床密切共生，并且表现出从上述狭窄带的南部向北部钨的数量越来越多的特点，罗德那榜矿及掸邦的大小矿区以产钨为主，其他矿区产锡和钨。原生钨锡矿床类型主要有：1. 热液脉型钨锡矿床，2. 砂锡矿床又分为：（1）海滨砂锡矿，（2）残积砂矿，（3）冲积砂矿。原生钨锡矿体多形成于花岗岩气成热液作用阶段。花岗岩侵入体时代多属第三纪，围岩为墨吉统碎尼岩。矿石矿物为黑钨矿、锡石及白钨矿。

缅甸目前已知的辉锑矿和其他含锑矿物矿点超过 31 个。辉锑矿以细小的裂隙充填或分散的矿束状见于变质岩中。矿石矿物主要有辉锑矿，此外，还有块硫锑铅矿，深红银矿和黝铜矿、黄锑华（见于露头）缅甸上世界 70 年代锑矿年产量（金属量）并不太高，大约 100 t，1980 年锑金属产量有所提高，达到 440 t。

铜、铅、锌矿：已知的铜矿点共计 45 处之多、其中最重要的是位于曼得勒西 105 km 处的望濑非典型斑岩铜矿，该矿床的开采，打破了缅甸无铜产量的记录，并成为铜矿生产国。缅甸绝大多数铜矿点集中于东部高原带，该带延入泰国，带内大部分铜矿与沉积岩有关，少数几个为火山颈中的硫化铜矿点，有些矿点与掸邦西部的小斑岩铜矿体类似，由于勘探程度太低，至今未在带内发现有意义的斑岩铜矿。除东部高原带外，铜矿与火成岩密切相关，最典型的矿床就是望濑黑矿——浸染状过渡型矿床。原生铜矿床类型主要为介于黑矿型与浸染状矿体之间的一种非典型斑岩铜矿。矿化与中新世—上新世时代的火山活动有关。主要矿石矿物为辉铜矿。伴有少量的黄铁矿和斑铜矿。

铅锌银矿主要产于掸邦北部的包德温，莫隆附近的亚达那登台和东枝的波赛。这三个地方的铅锌银矿储量达到中—大型，但采矿规模不大。目前每年大约生产铅和锌各 6 000 t，银超过 12 450 kg。

原生金和砂金遍布缅甸各地，目前，已发现 7 处金矿，矿点多处。金矿床主要分布于缅甸那加山—阿拉干新生代褶皱带及泰国西部一带，砂金主要分布于克钦邦的户拱盆地。密支那附近的伊洛耳底江一带。矿床与晚第三纪安山岩、凝灰岩和石英闪长岩类岩石有关，矿床规模属小型到大型。据记载，1903 ~ 1918 年间，缅甸金矿在密支那区伊洛瓦底江上段共回收 56 624 盎司金。缅甸战前金产量合计超过 275 027 盎司。典型矿床培昂塘金矿位于曼德勒的北边，规模属大型，已探明矿石储量为 318 万 t，平均含金4.8 g/t。

煤的分布较广，但多为低质煤。实皆省加列瓦附近的迪俏地区有储量丰富的优质煤，这里有全国最重要的煤田。此外，掸邦的垒安以及克耶邦的垒固附近也分布有优质煤。

宝（玉）石缅甸以盛产宝石和珍珠而蜚声全球。缅甸的宝石品种多、质地好、储量丰富。主要有红宝石、蓝宝石、水晶、钻石、黄玉翡翠、玉石以及琥珀等。

二、基本矿业法律

缅甸矿业相关的法律法规有：《缅甸矿业法》、《矿业法实施细则》等。

个人或团体如欲经营以下业务，应按规定向矿业部申请：对宝石进行勘查、测量、大量或小量生产；对金属矿进行勘查、测量、大量或小量生产；大量生产工业原料矿物；大量开采石料。

个人或团体如欲经营以下业务，应按规定向局申请：对工业原料矿物的勘查、测量或小量生产；对石矿的勘查、测量或小量生产。

如愿经营由矿业部通告规定的宝石、金属、工业原料矿物或石料手工作坊业，不论个人或团体都应按规定向有关矿业公司或向矿业部授权之官员，申请许可证。

矿业部经政府同意后，可以为以下企业颁布许可证：有外国投资的宝石、金属、工业原料矿物或石料的勘查、测量、大量或小量生产等；用国内资金从事的宝石之勘查、测量、大量或小量生产等；用国内资金从事的金属之勘查、测量、大量或小量生产等。

矿业部有权给下列企业颁布许可证：以国内资金从事工业原料矿物或石料的大量生产；以国内资金对工业矿物原料或石料的勘查、测量、大量或小量生产或三种业务兼之。

本局经矿业部同意后可为下列企业颁布许可证：以国内资金从事工业原料的勘查、测量或小量生产；以国内资金从事石料的勘查、测量或小量生产。

有关矿业公司或矿业部所授权的官员，有权向经营矿业部通告规定的宝石、金属、工业原料矿物或石料的手工劳动业颁布许可证。

矿业部应按第二条11～13款的规定将企业分类为大量生产、小量生产或手工劳动生产。

取得许可证者：应遵守此法规定和依此法颁布的条例、命令或指示；遵守许可证中的规定；按条例规定的租率交纳与许可证有关的地租税；按许可证分别交纳地租税；交纳保险金或预订金或两种都交纳；按规定以缅币或外币或以两种货币交纳适当的金属税或其他税收。

取得许可证者应依此法颁布的条例去进行以下事宜：规定矿业职员、矿工的委任、聘用、年龄、工资、月薪与其他费用；规定矿业地上地下的工作天数和时间；矿井的安全措施；制定关于矿井职工、矿工的福利、健康、卫生和纪律的计划并加以实行；应采取必要的措施使矿山企业不影响环保；要向上报告矿业的意外事件和因此造成的人员伤亡；接受总检查官和检查官的调查。

生产金属而利用土地和使用水的权利：第十四条取得许可证如要在政府划定的矿区和宝石区以外进行金属生产，就应与该地有种植权、拥有权、使用权、享受权、继承权、移交权的人士或团体进行协商，经过同意后，方可进行开采。

矿业部在依法将可发展的土地予以收归时，应和有关部门进行协商。

取得开矿许可证者，在开矿过程中如有必要使用公共用水，按规定应首先向本局报告。

本局按第十六条款，审查取得许可证者是否确实需要使用公共用水，如属实就应按现行法律同有关政府部门或机构协商后给予安排。

三、矿业权政策

根据缅甸政府规定，外资企业有意向与缅开展矿业合作，需按程序直接与缅矿业部接洽，提出申请并取得相关许可证后才能视为合法。为了便于相关企业在缅开展工作，现将缅甸矿业开发管理体制、政策及法规简介如下：缅甸矿业由矿业部负责，下设 2 个司、6 个公司。其中，矿业司的主要职能是制订矿业发展的法律、法规、计划等，以及监督各矿业公司执行政策情况；地质调查与矿产勘探司的主要职能是负责地质调查、矿产勘探及执行地质科学事务；第一矿业公司主要负责银、铅、锌、铜矿的采选冶及销售；第二矿业公司主要负责金、锡、钨矿的采选冶及销售；第三矿业公司主要负责钢、铁、镍、锑、铬、锰及工业原料矿物（碳石、石灰石、石膏、煤等）的采选冶及销售；珠宝公司主要负责珠宝的开采、加工及贸易；珍珠公司主要负责珍珠的养殖、加工及贸易；盐业公司主要负责盐的生产及销售。缅甸对外资开发矿产的程序和规定：

1. 外资在缅的矿业开发程序：提出项目建议→勘探→实验→提交可行性研究报告→提交项目建议书→缅方安排与有关矿业公司合作。

2. 合同期限根据不同的矿种，由双方谈判确定。

3. 每个项目都有具体的地域划分。

4. 以上程序不适用珠宝矿，缅珠宝矿目前不允许外国公司实验、开采，只允许加工。

四、税收政策

在缅取得开矿许可证者视开采后出售的金属价值，按以下税率向矿业部交纳税款：

1. 宝石税率为 5% ~7.5%。

2. 金、银、铂、铱、锇、钯、钌、钶、铌、铀、钍以及矿业部经政府同意并适时颁布的通令中规定的价值高的矿产税率为 4% ~5%。

3. 铁、锌、铜、铅、锡、镍、锑、铝、砷、铋、镉、铬、钴、锰以及经政府同意后规定的金属税率为 3% ~4%。

4. 工业原料矿物或石料税率为 1% ~3%。

缅甸矿业部近来规定，将原来定为 3 年的风险勘探期改为 1 年，风险勘探期间缅方按每平方公里至少 16 美元的标准收取土地租赁费。如果风险勘探的时间需要延长，则每年按双倍的标准递增，且划分的勘探地域要逐年减半，勘探费用均由外方负责。勘探后的可行性研究，规定时间也是 1 年。如果发现矿藏并具有开采价值，则双方要以产品分成的形式签订合同，缅方以矿区作为投入，外方投入设备和技术，一般情况下，产品的 30% ~35% 归缅方，65% ~70% 归外方，主要根据双方协议而定。如果系高价值的矿产，则按 40% ~ 60% 的比例分成，外方所得产品，可以运回本国，也可以出口其他国家。

第六节　沙　特

一、矿产资源概况

沙特最主要的矿产资源就是石油和天然气。2011 年石油可采储量位居世界第 1 位，天然气可采储量位居世界第 4 位。此外，沙特还发现了一些铁、铜、煤、硫、磷、金、银、锌、锰、盐、石膏、石棉、锑、长石等 30 多种矿产，但与油气相比，则显得微不足道。石油开采业一直在沙特国内生产总值中占主导地位。

沙特是世界上最大的淡化海水生产国，其海水淡化量占世界总量的 21% 左右。沙特境内气候炎热，约有 1/2 的国土面积被沙漠覆盖，境内没有常年有水的河流或湖泊，水资源以地下水为主，地下水总储量为 36 万亿 m^2。

二、基本矿业法律

2004 年 8 月 23 日，内阁最高经济委员会决定批准呈报的矿产投资法，并附上为此拟定的国王谕令草案。

沙特石油和矿产资源部负责矿产企业的审批和颁发经营执照工作，并且负责依照 2004 年颁布的矿产投资法及相关法律法规监督矿产企业的生产和经营情况，并依据情况对相关法律法规进行修改和补充。

三、矿业权政策

《矿产投资法》规定，一切矿产资源归国家所有，无论组成结构如何，无论地表或地下。包括国家所有的领土、领海和无限制经济海域。获许可人根据此法律在许可限定的时间和地点开采出矿产，则矿产归个人所有；除此之外，国家对矿产资源的所有权不因任何其他法律条文而转予其他主体。此法律不适用于以下矿产物质：①石油、天然气及其派生物；②珍珠、珊瑚和类似的海洋有机物。

为了保证此法的落实，矿产资源部将会采取如下行动：①为此法的实施制定相关的决议和规定，在需要对此法进行修改和补充时提出意见并报送相关部门。②详细指明依据本法可以给予许可的领土和领海。③具体要求依据本法可以获得许可者的必要资质条件。④讨论研究本法授予许可的权限。⑤为投资者提供计划、各种测量数据和研究结果。⑥与政府其他部门配合提供建立矿场所必需的道路、管线和能源供应等。⑦与沙特地质测量局合作指明开采区位置。⑧在本法的规定下监督和控制一切技术和财务活动。⑨在本法规定下为矿产资源部所提供的服务制定和征收费用。⑩在本法规定下为开采和土地租赁制定和征收费用。⑪征收依据本法规定的费用和罚金。⑫为勘探和开采许可投标者指定条件要求和投标程序。⑬依据本法实施必要的控制手段来保护土地不被破坏。⑭为本法的实施制定必要的文件表格和办事程序。⑮依据本法制定研究报告的形式和内容。⑯为相关人或部门提供许可证的副本。获得许可证的必要性和例外情况

在获得许可之前，任何自然人和团体无权私自进行勘测、分析、开采和收集矿产资源。石油和矿产资源部有权决定保留任何一片土地或海域做开采之用，并阻止任何未经批准的开采性活动，以保护这片土地或海域在将来某一适当时间依据本法进行开采。在许可证持有者完全按照本法律履行许可证所赋予的权利和义务的情况下，许可证不能被吊销。除非由于以下原因：①矿石开采证或建材开采证持有者延迟交款 90 天以上者。②发现权证或开采权证持有者延迟交款 150 天以上者。③许可证持有者向石油和矿产资源部提供虚假信息。④许可证持有者在接到书面通知的 60 天内仍拒不执行许可证和本法所要求执行的义务。⑤许可证持有者在接到通知 60 天内仍拒不执行石油和矿产资源部的整改决定，对雇员或他人的健康和财产安全造成威胁或对矿场结构造成破坏。⑥许可证持有者在接到书面通知 60 天内拒不执行石油和矿产资源部的决定，采取必要措施保护环境、野生动物、地质区域和旅游景点。

依本法规定所颁发之许可证下实施的工程须置于许可证许可的责任范围之下，并受其监督和管理。鉴于相关规定，如果许可证持有人有意进行航空勘测，须获得石油矿产部之书面许可，方可进行航空勘测活动。

许可证持有人，或采矿场许可证持有人，或小型采矿许可证持有人，均须遵从以下条例：①在收到由气象和环境保护署署长批准的环境研究报告 30 天内提交该项环境保护报告，须始终负责采取一切必要措施保护和爱护水资源以及野生动物免受危险性垃圾或任何其他不良环境的伤害。②要对施工地区予以整理恢复，即许可证中所列明的主要事项，按照规定对其予以保存，保持其安全和状况完好。③对在许可证载明的施工区内发现的古迹予以保护，如建筑、绘画、字迹、图画或任何其他类古迹文物，并通知石油和矿产资源部。

依规定中所载明的支配和条件，许可证可以全部转让或转让其中某些部分。

在任何国有土地上和许可证载明的地区外，许可证持有人具有终止许可证的一切权利。倘该项终止对许可证持有人能够实施其业务是必要的。在与政府有关部门达成协议，在相关地域内不与他人之权利发生冲突的情况下，获得由大臣签发的许可后，许可证即可终止。材料开采许可证将会在完全履行所有要求后，30 个工作日内颁发给自然人或企业法人，对于期限不超过 2 年的采石场。许可证的适用范围在材料或适当材料样品或装饰材料或类似情况得以限制。The Acquired 材料禁止出售。政府部门可根据规则中的一定的管理及条件，有权将期限延长或更新为另一相同的期限或周期。

部长拥有采矿许可证的更换或延期权，采矿场许可证和根据条件总开采期限不足于

更换或延期的小型采矿场的许可证，经营许可人须根据条件和规章制度阐明的管理条例，在许可证过期日提前 180 天递交更换或延期申请。按照本条规定的条件无论何时提出，部委都将对建筑材料矿场的执照进行更新或延期。

依规定所阐明，许可证持有人须遵守下列之规定：①发现作业的最小限额开支；②采取一切之必要措施，防止发生发现作业过程中可能的风险；③通知石油和矿产资源部发现作业队所处地点位置；④提交说明工作进展和许可证终止的半年报告；⑤提交技术记录、从许可证许可区域内提取的钻探样品和实物。

如果许可证持有人无意于许可证的更新或延期，而需使用许可证所列区域内的采矿区作为采矿作业补充措施，该作业区又处于其他许可证所辖范围时，石油和矿产资源部有权按照规定确定的条件和控制管理条例，允许许可证持有人进行这样的作业。

四、税收政策

近日，海湾国家工商联合会建议将金饰品关税从 5% 降至 2%，即进口关税降低至 1 500 里亚尔/千克（约合 400 美元/千克），而原料金进口仍保持零关税。

任何在得到许可证的项目的实施所必需的进口设备及配件，根据政府部门认可和保证的声明，都可获得依法免除海关税。

法规中附加表格指定必须交纳的费用如下：①递交申请表费用；②许可证的颁发、更换或延期费；③许可证的过户费。部门立法委员会有权对任何此法规中规定的附加费用进行修改。

地表租金和使用的财政返还。①对于所有矿业许可证的股东，国家不征收收入所得税，而是按其年净收入（相当于扣除了宗教税以后的收入）的 25% 收取财政返还。②规则规定其他开采许可证的财政返还要根据其与石油和矿产资源部及财政部的协议执行。并且，规则规定有关私有地产的租金中的地表租金和免税数额。

第七节　印　度

一、矿产资源概况

印度是印度共和国的简称，位于亚洲南部，是南亚次大陆最大的国家，与孟加拉国、缅甸、中国、不丹、尼泊尔和巴基斯坦等国家接壤。

印度煤炭、铁矿、铝土矿、锰矿、铬铁矿、云母、重晶石、滑石、叶蜡石资源比较丰富，印度开发利用的矿产资源种类有 89 种，其中能源矿产 4 种、金属矿产 33 种、非金属矿产 52 种。近年来，随着印度矿业政策的调整，印度矿产勘查活跃，主要矿产储量逐渐增加。

印度是世界上煤炭资源丰富的国家，埋藏深度 1 200 m 以内煤炭探明储量 2 551.72 亿 t。印度煤炭绝大部分属于晚石炭世—侏罗纪的冈瓦拉煤系，煤炭储量 2 542.30 亿 t，占印度全部煤炭储量的 99.6%；在西部古近纪盆地中还富存有褐煤，煤炭储量 9.42 亿 t，占 0.4%。

2011 年，印度剩余探明石油储量 12.24 亿 t，其中半数以上在海上；天然气剩余探明储量 11 537.76 亿 m³。印度油气资源主要分布在西部海区的 Mumbai（Bombay）High 盆地、东部的孟加拉湾海区、安得拉邦、古吉拉特邦、奥里萨邦和阿萨姆邦等地。Mum - bai High 油气田是印度最大的海上油气田，位于印度西部大陆架上。Mumbai High 盆地长 75 km、宽 25 km，距孟买海岸 160 km，位于印度东南部安德拉邦东海岸克里希纳。戈达瓦里盆地的天然气田是目前印度已经发现的最大的天然气田，天然气资源量估计多达 0.57 万亿 m³，在奥里萨邦有 6 处发现天然气，资源量约 0.23 万亿 m³。

印度拥有丰富的铁矿资源，多为优质铁矿，2011 年印度铁矿储量 70 亿 t，主要分布于中央邦、奥里萨邦、卡纳塔克邦和比哈尔邦。印度铁矿主要为赤铁矿和磁铁矿，赤铁矿矿石品位均在 58% 以上，磁铁矿矿石品位较低，一般为 30% ~ 40%。印度较大型的赤铁矿矿床主要分布在以下 5 个地区：伯拉杰姆达地区、比哈尔邦—奥里萨邦、达利—拉杰哈拉—拜拉迪拉地区中央邦、贝拉里霍斯佩特地区、卡纳塔克地区、拉特纳吉里地区、马哈拉施拉邦、果阿地区。

印度锰矿资源丰富，锰矿石储量基础为 24 041.8 万 t。2011 年，保有锰矿金属储量 5 600 万 t。印度锰矿资源主要有三类：①红土型富锰矿床，著名的贾姆达—科伊拉锰矿床即为此类矿床；②石英锰榴岩型锰矿床，那格浦尔—巴拉加特弧形矿带为此类矿床的代表，也是印度的主要锰矿产地；③与钾长锰榴岩有关的锰矿床，此类矿床一般工业意义不大。

印度铬铁矿资源比较丰富，2011 年，印度铬铁矿储量（商品级矿石）5 400.0 万 t，居世界第 3 位。印度 90% 以上的已知铬铁矿集中在奥里萨邦。重要矿床为苏金达—瑙萨希（Sukinda Nausashi）铬铁矿矿床，位于奥里萨邦东部的克塔县和盖翁切尔县境内，矿床储量 1 140 万 t。

印度铝土矿资源比较丰富，2011 年铝土矿储量 9 亿 t，基础储量 14 亿 t，居世界第 6 位。印度铝土矿属于风化残积型，分布十分广泛，主要集中于东海岸奥里萨邦和安得拉邦，矿带总面积 2.5 万 km²，占印度全国铝土矿探明储量的 60% 以上，主要是三水型铝土矿石，Al_2O_3 含量为 45% ~ 55%。另外以德干玄武岩为原岩的铝土矿也有重要意义，主要分布在中印度地盾上。

二、基本矿业法律

印度现行的矿产法为 1957 年实施的《矿山与矿产（管理与开发）法》，此后经过多次修订，最近的两次重要修订是在 1999 年和 2010 年。虽经多次修订，但有些内容已明显不能满足国家矿业发展的需要，例如矿产特许权申请的处理过于烦琐和滞后、邦政府权力受限、矿产的开发利用不够科学等，为此印度矿业部起草了新法案《2011 矿山与矿产（发展与管理）》草案以取代现有矿法。

三、矿业权政策

印度矿业政策长期强调自给为主的资源政策，发展矿业首先着眼于满足国内需要。尽管其矿产资源较为丰富，但在国际矿产品市场中并不是一个出口大国。印度人口多，国内消耗大，人均占有矿产资源量少，也是影响其矿产品出口贸易的原因之一。另外，经济发展水平和矿业贸易政策，也决定了其矿产品的进口也不大。主要进口短缺和能源矿产品，如原油。虽然印度矿产品贸易在国际市场上比重不大，但仍占印度出口贸易总量的30%。

印度推行的是"混合经济"政策，在工业上引进外国资本和技术，但坚持国家工业化方针，积极推行计划经济。其矿山企业以公营为主，公营占整个矿业的90%，其中燃料矿产占99%，核能矿产占100%。

在印度的联邦制度中，邦政府拥有其各自司法管辖区领土上矿产的所有权，但由中央政府行使行政管理权，而近海岸地区、领海、大陆架、经济特区和其他海域的矿产所有权归中央政府。矿业部是印度矿业管理的机构，负责管理除能源矿产以外的所有矿产的地质调查和勘探工作，以及这些矿产的开采、冶炼，负责《矿山与矿产（管理与开发）法》的修订。任何矿产的开发均需取得矿产特许权，矿产特许权的获得须向邦政府或中央政府提出申请，并交纳规定的费用，政府依据相关规定把矿产特许权授予符合条件的申请者。

矿产特许权分为勘查许可证、探矿许可证和采矿租约三种类型。勘查许可证授予期限为3年，年限不可更新，面积小于5 000 km^2，一个邦内不得超过10 000 km^2，申请处理期限为6个月；探矿许可证授予期限为3年，最大更新年限为2年，面积小于25 km^2，申请处理期限为9个月；采矿租约授予期限20~30年，最大更新年限小于20年，面积小于10 km^2，申请处理期限为12个月。

四、税收政策

印度税收分中央政府、邦政府和地方政府三级。中央政府征收的主要是所得税（不含邦政府征收的农业所得税）、关税、中央消费税、销售税及服务税。邦政府主要负责征收销售税（邦内货物销售税）、印花税（财产转让税）、邦消费税（酒精生产税）、土地税（农业及非农业用地税）、娱乐消费税和职业税。地方政府主要征收财产税（建筑物等）、货物入市税（入市后在本地区内使用、消费的货物）、市场税、供水及污水排放等公共设施使用税（费）。

1. 所得税（个人所得税和法人所得税）

个人年收入5万卢比以下，免征所得税。年收入5万~6万卢比，征收10%。年收入6~15万卢比，征收20%。年收入超过15万卢比，征收30%所得税。印度公司交纳35%法人所得税加5%附加税，外国公司（含分公司和项目办事处）交纳40%加5%附加税。印度注册的外国公司子公司按印度公司对待。非印度居民扣交税率以议会历年通过财政预演算法案为准。现行通用税率如下：利息税为20%；红利税为10%；版税为

20%；技术服务税为 20%；其他服务税，个人为净收入的 30%，公司则为净收入的40%。印度已与包括我国在内的 65 个国家签署了避免双重征税协议。对于中国公民，红利、利息和版税均为 10%。

2. 销售税（中央税和地方税）

制成品中央销售税为 4%。在邦内从事的销售活动，需要交纳地方销售税，一般为 15%。

3. 消费税

多数商品的消费税率为 0 ~ 16%，但摩托车、轮胎、汽水、空调、聚酯长丝纱线及咀嚼烟草制品等七种商品消费税为 32%。汽油消费税 30%，另外每升加收 7 卢比消费税。小型企业每年价值 1 000 万卢比以内的产品免交消费税。

4. 关税

印度关税制度的依据是《WTO 关税估价协议》及《1962 年海关法》。一般采用从价税，以货物 CIF 价计算。

5. 税收优惠措施

印度从 20 世纪 60 年代初吸引和利用外资以来，共颁布了 4 部投资法，为外商投资创造了比较良好的法律环境。外资审批的主要规定，国外在印度的直接投资非常自由。铁、锰、矾土、铜、铅、锌等采矿业的 50% 外资股份无须经过审批；从事与采矿有关的诸如钻探和绘图等服务性企业的 74% 外资股份无须经过审批；不居于上述条件（如全、银、钻石和各类宝石）采矿企业的外资申请由国家外资促进局视工程规模、有关公司采矿记录和财力、技术水平以及印度合法伙伴的持股情况而酌情审批。同时，外商在印度设立分支机构也无须政府批准，只要在当地有关机构注册即可。

外资保护的主要规定，印度几乎所有的外资法都明确规定了保护外资的法律条款，规定政府不建立新的国有企业来与外资企业竞争；政府不垄断与外资企业生产的产品相关的产品交易；政府禁止进口对外资企业的产品构成激烈竞争的产品；外资企业具有充分的生产经营自主权；政府保证不将已获批准的外资企业国有化。

第八节　印　尼

一、矿产资源概况

印度尼西亚共和国位于亚洲东南部，地跨赤道，与巴布亚新几内亚、东帝汶、马来西亚接壤，与泰国、新加坡、菲律宾、澳大利亚等国隔海相望，是世界上最大的群岛国家，陆地面积 1 904 443 km^2。海岸线长 54 716 km，人口 2.4 亿（2007 年初）。

印尼拥有丰富的矿产资源，主要矿产有：石油、天然气、煤、镍、锡、铅、铜、金、银、铬、铝土矿、硫和高岭土等。此外，还有锰、铀、长石、大理石、花岗岩、石英砂、黏土、白云石等。

2010 年统计，印度尼西亚的石油剩余探明储量为 5.47 亿 t，天然气剩余探明可采储量 30 016 亿 m³，煤探明可采储量 55.29 亿 t。石油主要分布在苏门答腊、爪哇、加里曼丹、斯兰等岛和巴布亚。印尼大部分天然气资源位于北苏门答腊省的 Aceh 和 Arun 天然气田、东加里曼丹陆上和海上气田、东爪哇 Kangean 海洋区块、巴布亚的一些区块。煤炭主要分布在苏门答腊西部和南部以及加里曼丹东部和南部，在巴布亚和苏拉威西地区也有少量分布，印尼的煤几乎都赋存在古近纪地层中。

截至 2011 年，印度尼西亚锡矿资源储量 80 万 t（锡），仅次于中国，居世界第二位。2010 年镍矿储量 390 万 t（金属量）。铜矿储量 3 000 万 t（铜）。金矿储量 3 000 万 t，与美国并列居世界第 4 位。锡储量主要分布在苏门答腊东海岸外的廖内群岛，特别是邦加岛、勿里洞岛和新格乌，与我国滇西锡矿和缅甸、泰国、马来西亚同属一个锡成矿带。该矿带长达 2 500 km 以上，其中印尼境内锡矿带长约 750 km。砂锡矿有河流冲积砂锡矿和滨海砂锡矿两种；原生锡矿也有两种，产于燕山期花岗岩中的锡石—石英脉型和产于花岗岩体内云英岩化带上的锡石—硫化物型。镍矿平均矿石品位 1.5% ~ 2.5%。主要为基性和超基性岩体风化壳中的红土镍矿，分布在群岛的东部，矿带可以从中苏拉威西追踪到哈尔马赫拉、奥比、格贝、加格、瓦伊格奥群岛，以及巴布亚的鸟头半岛和塔纳梅拉地区等。铜矿大部分分布在巴布亚省的艾斯伯格山和格拉斯贝格、少量分布在苏拉威西、苏门答腊和爪哇。以斑岩型为主。主要矿床有巴布亚省的艾斯伯格、格拉斯贝格、松巴哇岛的巴图希贾乌等铜、金矿床，还有北苏拉威西和巴占岛上的一些铜矿。金矿多为与古近纪火山岩有关的浅成热液型金矿床和矽卡岩—斑岩型铜金矿床。几乎在所有的岛屿都有金矿的分布。巴布亚省的格拉斯贝格铜 - 金矿是印尼最大的金矿，这是世界上已公布的矿山中金储量最大的矿山。

二、基本矿业法律

印尼 1967 颁布了基本矿业法（1967 年 11 号法），以后还陆续颁布了一系列与矿业有关的法律法规。但总体看，印尼矿业的法律体系并不健全。管理条例不够清晰。有些法规还相互矛盾。近两年来，制定和修改的一些有关法律法规对矿业界产生较大影响。

2000 年关于权利金的 13 号法，提高了权利金的标准。有色金属和贵金属的权利金为 3% ~ 4.5%，使印尼成该类矿产权利金较高的国家之一。关于有害废弃物管理的 1999 年 18 号法，其管理标准过于严格，矿产开发成本大幅度提高。

1999 年议会通过了两项法律，有关地方自治的 1999 年 22 号法和关于财政分配的 1999 年 25 号法律。两项法律于 2001 年 5 月实施。22 号法将中央政府的一些权力下放到了地方政府。包括国内贸易、投资和工业政策。25 号法至少将 25% 的国内收入通过中央分配基金转移到地方政府。另外，矿山所在的省政府和其他地方政府将从征收的税后石油权利金中得到 15% 的份额，天然气中的 30%，其他矿产的 80%。

2001 年 10 月末，印尼众议院通过了一项新的石油和天然气法案，以取代针对石油和天然气工业的 1960 年 44 号法律，以及关于国家石油和天然气公司的 1971 年 8 号法律。放宽该部门的限制，结束 1971 年以来 Pertamina 所享有的垄断局面。

　　2009 年，印尼国会批准了新的《矿产煤炭法草案》，取代施行了 41 年的 1967 年第 11 号《基本矿业法》。新法最本质的改革在于将旧法的矿产及煤炭工作合同制度改变为政府颁发准字的制度，新法一共有 3 种矿业煤炭经营方式：一般矿产经营准字、人民矿产准字和特别矿产经营准字。在新法第 170 条中，规定原有的矿产或煤炭工作合同将继续得到尊重并在其期限内继续有效实行，但同时又表示，在新法实施最多 1 年后，工作合同中的除涉及国家收入（目前工作合同企业的所得税为 30% ~ 45%，而新法的所得税为 28%）的条款都需适应新法规定。新法的一项重要变化是要求获得 IUP 和 PUP 的已生产的企业需建设矿产冶炼加工厂。而已生产的原有工作合同的企业则最迟在新法实施后 5 年内要建立上述冶炼厂。新法对新申请准字企业矿区的大小范围和期限有了新的限制，即金属矿 IUP 准字在勘探期间的矿区面积不得超过 10 万 hm^2；生产期间则不得超过 2.5 万 hm^2。煤炭 IUP 准字则勘探期不得超过 5 万 hm^2，生产期间不得超过 1 万 5 000 hm^2。生产准字的期限由原来的 70 年缩短为 20 年，但可有 2 次延长，每次 10 年。新法被认为不利于吸引新的投资者的一条是，在企业交纳正常的所得税和矿产税（Royalty）之外，新法还增加了一项附加税，税率为 10%，其中中央政府得 4%，地方政府得 6%。这种附加税的政策并不是一种国际通行的做法，显然将增加在印尼投资矿业的成本。

三、矿业权政策

　　《矿产煤炭法草案》规定中央政府和省政府具有管理矿产开采的权限，县市政府具有管理矿产经营的权限。矿区由中央政府与国会及地方政府咨询和协商后决定，中央及地方政府有义务在准备矿区规划期间进行调查研究，具体关于矿区边界、面积和机制的规定将由政府条例来安排。矿区分 3 种：一般开采矿区、人民开采矿区和国家储备矿区。决定人民开采矿区的标准包括：最深矿层不超过 25 m；面积最大 25 hm^2；已经由人民开采至少 15 年以上的矿区等。关于决定人民开采矿区的细则由县市政府条例规定。国家储备矿区在经国会同意后可变为特别开采矿区。

　　矿产经营准字分 3 种：一般矿产经营准字、人民矿产经营准字（IPR）和特殊矿产经营准字（IUPK）。一般矿产经营准字（IUP）分两个阶段：一是勘探 IUP，包括普查、勘探和可行性研究阶段；二是生产运营 IUP，包括建筑、开采、加工、冶炼、运输及销售阶段。

　　金属勘探 IUP 有效期最多 8 年；非金属勘探 IUP 最长 3 年；非特别种类金属勘探 IUP 最长 7 年。在勘探期开采得到的矿产需报告颁证方；勘探 IUP 方需申请临时准字来运输和销售开采所得矿产品。

　　勘探 IUP 持有者将被保证获得生产运营 IUP。金属生产运营 IUP 期限 20 年，可延 2 次，每次 10 年；非金属矿产生产运营 IUP 期限 10 年，可延 2 次，每次 5 年；非特别金属生产运营 IUP 期限 20 年，可延 2 次，每次 10 年；石料生产运营 IUP 期限 5 年，可延 2 次，每次 5 年；煤炭生产运营 IUP 期限 20 年，可延 2 次，每次 10 年。

　　金属勘探 IUP 持有者可获得的 WIUP 面积最小 5 000 hm^2，最大 10 万 hm^2，金属生产经营 IUP 持有者可获得的 WIUP 面积最大 25 000 hm²。非金属矿产勘探 IUP 持有者可获得的 WIUP 面积最小 500 hm²，最大 25 000 hm²；非金属矿产生产经营 IUP 持有者可获得的 WIUP 面积最大 5 000 hm²。

四、税收政策

1. 基本税收制度和鼓励措施

印尼的基本税收制度分为个人和企业所得税两种，为累进制，采取自我评估法计算税款。其中，应税收入 2 500 万盾的，税率 10%；应税收入 2 500 ~ 5 000 万盾，税率 15%；应税收入 5 000 万盾以上，税率 30%。

印尼政府出台税收的鼓励措施主要有：①外企自用机械设备、零配件及辅助设备等资本物资免征进口关税和费用；②外企 2 年自用生产原材料免征进口关税和费用；③生产出口产品的原材料可退还进口关税；④位于印尼东部的外企，65% 产品出口，雇用外籍人员不受限制；⑤外企用于研究开发、奖学金、教育和培训以及废物处理的开支可列入成本并从毛收入中提扣；⑥对政府鼓励的重点领域，可提供 8 ~ 10 年亏损结转或提高设备及建筑物折旧率；⑦在印尼东部地区投资，土地和建筑物税在 8 年内减半征收；⑧在开创性行业的投资，企业所得税可由政府承担 10 ~ 12 年；⑨政府对保税区和设在全国 15 个地区的综合开发区的外国投资还给予一些优惠待遇。

2. 印尼政府宣布免税计划以吸引外资

印尼政府于 2011 年 8 月宣布将对特定领域的主要投资者实行免税优惠。免税政策将提供给投资额在 1 万亿盾（合 1.17 亿美元）以上，并投资于基础金属、炼油、石化、可再生能源、机械或电信设备领域的企业，免除其开始商业运行后 5 ~ 10 年的税款。但之前已经享受过减免总投资额 30% 税款政策的企业无法申请免税，而申请了免税的企业也无法申请减免总投资额 30% 税款的政策。

3. 印尼政府对公私合营基建提供免税等优惠

印尼政府计划大力发展基础设施建设，在 2010 ~ 2014 年期间要动用 1 429 万亿盾资金建设基础设施，但国家收支预算案仅能支持其中的 15% 开支，大部分资金需要依靠私营企业。因此，政府决定为公私合伙方式的基建工程给予免税期的优惠，以此吸引大量投资家加入其国家基建工程。印尼政府表示，除了提供免税期优惠之外，也为公私合伙方式基建工程征购地皮，提供政府保证，单一窗口服务，以及涉及建设工程的各项便利。

4. 印尼政府拟颁布新规，调降对油气开发公司征收的所得税

目前的税率为 20%，新规颁布后，对符合条件企业的征税将调降为 5% ~ 7%。此举旨在降低企业的成本，刺激油气领域投资。

5. 印尼政府有意改善投资环境

准投资者可获得政府承担进口税便利，该奖励生效于国内市场没有备用的产品或原材料，以及有限的产品。印尼工业部向准投资者提供一些许诺，使得他们愿意在印尼设生产基地。所提供承诺，其中如通过修订有关获减免税务（税务优惠）法律保障的 62

号政府条例，以致凡投资于钢铁与基本金属工业、资本货品工业、再生能源、天然资源及电信工业领域的准投资者将享有税务优惠奖励便利，不过汽车生产商不能享有这种便利。

6. 印尼财政部推出了一项具有重要意义的财政奖励政策

该项优惠政策旨在大力支持资本和劳动力密集型产业的发展，期限为 5~10 年，主要针对 5 个工业部门，包括原金属、炼油、天然气、有机基础化学、可再生能源和电信设备。但前提条件是，这些部门的投资者在印尼的投资额至少为 1 万亿盾（约合 1.17亿美元）。对于那些投资商业经营不到 1 年的投资者，也可能会享受到此项优惠税收政策。除了此项优惠政策外，印尼政府还将会出台更多的财政奖励政策。

第二章 非洲主要矿业国

第一节 埃及

一、矿产资源概况

埃及，全称阿拉伯埃及共和国。埃及是中东人口最多的国家，也是非洲人口第二大国，埃及是古代四大文明古国之一，曾经是世界上最早的国家。在经济、科技领域方面长期处于非洲领先态势。

埃及跨亚、非两洲，大部分位于非洲东北部。矿藏有石油、天然气、磷灰石、铁、锰等。埃及的非金属矿产比较丰富，主要有天然气、石油、大理石、白砂、黑砂、石膏等。2010 年，埃及石油剩余探明储量 60 280 万 t，天然气剩余探明可采储量21 860 亿 m^3。

埃及的石油产区按地理位置可分为 4 块，即苏伊士湾产区、西奈半岛产区、西部沙漠和东部沙漠产区。其中以苏伊士产区的原油产量最大，占埃及石油总产量的 78%；西奈半岛占 5%；沙漠地区共占 17%。埃及天然气主要集中在地中海深水海域—尼罗河三角洲之间的地区、西部沙漠地区和苏伊士湾地区。

埃及境内大理石资源主要分布在埃及东部和北部，主要产地有苏伊士省的格鲁德山脉、杰拉里山脉，以及西奈半岛的阿利什地区、安弥利亚省的山区和开罗附近的喀特米亚山区。这些地区的大理石原石产量占埃及全国供应量的 85% 以上，其中苏伊士省出产的奶黄色大理石质量最好，被誉为埃及黄。目前，埃及大理石的年生产量基本稳定在 130～140 万 m^3 的水平，花岗岩为 35～40 万 m^3，玄武岩为 300 万 m^3 左右。

埃及白砂纯度比较高，可用于生产平板玻璃、玻璃容器、彩色玻璃和石油、天然气勘探等。东部沙漠的阿斯旺地区、瓦迪吉那地区和瓦迪达克尔地区白砂硅土含量都在 99% 以上，储量约 800 万 t。西奈半岛估计有几亿 t 的白砂可供开采，主要集中在北部、南部和谷纳高地，其中谷纳高地储量最为丰富，岩层最厚处超过 160 m，伴生品高岭土的含量达到 8%，具有较高的经济价值。

埃及黑砂富含丰富的矿物质，如钛铁矿、赤铁矿、磁铁矿、锆石、石榴石、独居石以及硅酸盐等，其中钛铁矿的含量最大，占到 75%。埃及黑砂主要分布在西奈半岛北岸，从 Damietta 一直延伸到 Rafah，已经探明开采的主要在 ElArish 和 Rommana 两个地区，分布面积大约为 36 km^2。地下 1 m 储量为 8 800 万 t，含各种经济矿物质 110 万 t；地下 10 m 储量为 7.6 亿 t，含各种经济矿物质 300 万 t，其中钛铁矿 240 万 t。

埃及石盐广泛用于食品行业与化工行业，主要分布在东部沙漠的红海沿岸，特别是 Shalatein、Mersa Malk ElAud、Ras Abu Soma、AbuShaar 和 RasShuker 等地区的盐湖，可利用太阳能从海水中提取岩盐，可年产 200 万 t。西部沙漠主要集中在 Burg ElArabEl – Hamam 盐湖一带，每年生产纯盐约 35 万 t。西奈半岛的岩盐主要分布在 El Bardaweal 湖周边的 Sibeika 等地区和地中海沿岸地区，其中 Sibeika 地区储量最为丰富。

埃及的石膏储量非常丰富，主要分布在东部沙漠地区的伊斯梅利亚省、红海附近和西奈半岛。伊斯梅利亚省的石膏主要集中在 ElBallah 地区，分布在 17 号采石场、18 号采石场和 GabbasatElCanal3 个地块，其平均 $CaSO_4 \cdot 2H_2O$ 均在 90% 以上。

埃及的金属矿产多数为伴生矿，储量有限，主要有钛、铌、钽、金、铜等。

二、基本矿业法律

埃及与矿业活动有关的法规主要包括：①1956 年第 86 号《矿山和采石场法》。这是对矿床的勘查、勘探和开发所立的法。②1956 年第 151 号《蒸发盐法》。管理从卤水中通过蒸发作用所提取出的盐类矿产。③《特别法协议》。该协议规定，石油和矿产资源部可以有权按照第 86 号《矿山和采石场法》的有关措施与一家公司、团体或企业在特殊条件下签订矿产普查和开发的协议（一般由地质调查和矿业局或石油总公司与具体的企业签订合同）。这种情况下，协议由特别法产生。④1981 年第 27 号有关在矿山和采石场工作的劳工和雇员的法律。埃及 1981 年颁发了第 137 号《劳工法》，再行颁布第 27 号法令的目的是吸引和鼓励从事矿产勘查和开采业的雇工。第 27 号法提供了比第 137 号更优惠的特权，其主旨在于推动矿产勘查和开发。

埃及有关投资法包括：

（1）20 世纪 50 年代的《外国投资法》。当时是纳赛尔政府为了借助西方国家的勘查技术来开发本国石油资源而制订的。

（2）1971 年第 65 号《阿拉伯资本与自由区投资法》。

（3）1974 年第 43 号《阿拉伯资本和外国资本及自由区投资法》。该法令替代了第 65 号法，提供一系列优惠和鼓励措施刺激本国和外国资本投资于矿床的勘查和开发。

（4）1977 年第 32 号《投资法补充条款》。这条法令提供的优惠措施更多。

（5）1981 年《股份公司、合股公司和责任有限公司法》。规定合股公司中外资可以拥有 51% 的股份。

三、矿业权政策

埃及的固体矿产业的政府主管部门是工业和矿业部。其下属的埃及地质调查和矿业局通过矿业法所赋予的权力负责埃及全境固体矿产矿业活动中的勘查和开发许可、监督管理和控制（油气方面负责这项工作的是埃及石油总公司）。管理机构简便（所涉及的政府部门少）是埃及矿业法的一个特征。

1. 鼓励措施

埃及地质调查和矿业局通过以下措施鼓励矿产的勘查和开发活动。

（1）作为一个中央政府机构，埃及地质调查和矿业局遵守在矿业领域内鼓励国内外投资的政策。

（2）地质调查和矿业局鼓励和促进矿产普查、勘查和开发领域内的一切活动：可任意进行普查工作，不附加任何条件和限制因素；勘查工作（包括详细勘探和早期开发）必须有勘查执照或许可证，勘查许可证一般为1年，可延长到4年（可免费申请勘查许可证）；勘查许可证的持有者可优先获得采矿许可证；采矿特许权也几乎是免费申请的，但要征收矿区使用费；对非金属矿产而言矿区使用费是固定的，但金属矿床的矿区使用费是可变的，实际费用、采矿期限以及免税期等有关条款在采矿特许权协议中详加说明。

（3）自1962～1975年（国有化），地质调查和矿业局仅给政府控制的公司颁发采矿许可证，但自1975年以后改变了这一做法，颁发范围也包括外资及埃及私营企业，尤其近几年，条件更加宽松。

（4）对所开发矿种不加限制，没有战略矿产、重要矿产等之分，其矿业法的特点是鼓励所有的人（埃及国民及外国公民，国营、私营或合资企业）勘查和开发所有的矿产。

2. 管理政策

埃及对矿产资源的管理，政策主要内容有：

（1）埃及采矿业的法律规定：埃及1956年制定的第86号法主要针对埃及矿藏的勘探、开发和利用做出的具体规定，并对采矿与采石做了明确的划分。①采矿：勘探矿藏首先须获得埃贸工部签发的专项矿产勘探特许证明，勘探区域不小于1 km²，不大于16 km²，勘探期限为1年，续延期限不得超过4年。每年交纳的勘探特许费应提前交予有关政府部门。矿产开采权也由埃贸工部签发，但只授予拥有勘探特许证明的持有者，开发期限不超过30年，续延期限也不得超过30年。土地租用费按年向政府交付。②采石：根据埃及第43号法，采石场所在省省长签发采石场的出租证明，面积一般为0.5～20 hm²，出租期限不少于1年，不多于30年，续延期限不超过15年，土地租用费提前支付，特许开采费按法律规定的比例交纳。

（2）埃及矿产资源的管理规定：根据埃及法律，埃及境内及大陆架所蕴藏的矿藏都属于国有财产，其开发由国家统一规划并实行归口管理。归口管理机构为埃及贸工部，即原先的埃及工业与矿产资源部，具体勘探、开采、对外合作等业务委托埃及地质勘探与开采管理总局实施。

为促进经济发展，埃及政府通过"利益共享"的合作模式，鼓励外国投资者参与矿产资源的开发。埃及地质勘探与开采管理总局负责与外国勘探公司签署合作开发协议，报埃及人民大会审批。埃方向投资方提供其有意开采区域的所有地质资料，投资方者自己承担勘探、开采的所有费用，所有成本在实际生产后3年内返还。

四、税收政策

埃及除军工生产、烟草工业和在西奈的投资仍需有关部门的审查批准，经营进出口贸易、开垦沙漠地等少数领域必须由埃及人占多数股份外，对投资领域或外资比例基本没有限制。金融、保险、通信、BOT 基础设施建设等领域都已放开。根据埃及投资法和 2000 年 4 月对外投资法补充修订，可享受该法规定的优惠政策的投资领域包括：荒地和沙漠的开垦和种植；畜牧业、家禽饲养和渔业；工业和矿业；宾馆、旅店、饭店、度假村、旅游运输；冷藏运输、农产品、工业产品和食品冷藏库、集装箱站、粮仓；空运及与之有关的服务；海运；石油开采和勘探服务、天然气运输；饮用水、排水、电力、道路和通讯等基础设施；10% 的床位免费的医院和医疗中心；财务租赁；风险投资；计算机软件和系统制作、从事项目评估、信用等级评定等金融机构；工业项目和公共设施项目管理，以及垃圾回收处理等。

埃及与周边国家经贸关系密切，是多个区域性经济组织的成员，对其他成员的贸易享受一定优惠。埃及是大阿拉伯自由贸易区成员，该组织规定成员国间关税从 1997 年起每年降低 10%，现已有包括埃及在内的 14 个成员国执行了降税计划。埃及加入了东南非共同市场（COMESA），2000 年 10 月，包括埃及在内的 9 个成员国宣布互相取消全部关税。2001 年 1 月 26 日，埃及与欧盟达成了新的经济合作协议，在 12 年内逐步降低直至逐步取消双边贸易关税，目前所有埃及工业品进入欧盟免除进口关税。埃及与东南部非洲签订的共同体协议，也使埃及商品可在东南非洲市场无障碍流通。根据埃及本国的规定和埃及参加的区域性组织的规定，在埃及境内增值 40%～50% 可以使用埃及原产地证。

第二节　刚果民主共和国

一、矿产资源概况

刚果民主共和国简称刚果（金）。面积 234.5 万 km^2，在 2011 年 7 月 9 日南苏丹共和国成立后成为非洲面积第二大的国家，仅次于阿尔及利亚。位于非洲中西部，赤道横贯其中北部，东接乌干达、卢旺达、布隆迪、坦桑尼亚，北连南苏丹、中非共和国，西邻刚果共和国，南接安哥拉、赞比亚。海岸线长 37 km。地形分 5 个部分：中部刚果盆地区，东部南非高原大裂谷区，北部阿赞德高原区，西部下几内亚高原区，南部隆达—加丹加高原区。

刚果（金）矿产资源种类繁多，且比较丰富，在非洲仅次于南非。主要矿产资源有：石油、煤、铀、铁、锰、钨、铜、锌、钴、锡、金、铂族金属、银、铌、钽、镉、金刚石、硫、石材等。其中，铜、钴、金刚石、锡、铌、钽等矿产在世界上占有重要地位。据 2003 年 6 月刚果（金）矿业和油气部出版的《刚果（金）矿业和油气投资指南》公布的数字，其主要矿产地质储量为：铜 7 500 万 t、钴 4 500 万 t、锌 700 万 t、锰 700 万 t、铁 100 万 t、锡 45 万 t、黄金 600 t、金刚石 0.38 亿 g。据此前美国地质调查局公布的资料，其他矿产资源储量为：石油 2 500 万 t（已探明 9 270 万桶）、天然气 400 亿 m^3、煤 6 000 万 t。

刚果（金）的矿产资源主要集中在该国的东部和南部，铜类矿产资源，如铜、铅、锌、铀、镍和钴，主要分布在东南部和东北部；锡类矿产资源主要分布在东部和东南部；金刚石矿产资源主要分布在南部，北部也有一小部分金刚石矿产资源；金、银和铂主要分布在南部、北部和东部；锰矿和铁矿主要分布在南部和北部；石油和油页岩主要分布在东部。

刚果（金）是非洲成矿条件好、找矿潜力大的国家之一，对西方矿业公司极有吸引力。近几年由于国内政局动荡，较大程度上影响了外国矿业公司在该国的投资，但刚果（金）矿产勘查和开发仍在继续发展，也有一定数量的外国矿业公司到刚果（金）投资矿产勘探和开发。

二、基本矿业法律

刚果（金）政府为进一步促进本国的矿产资源勘探与开采，2002 年 7 月 11 日颁布了新的矿业法（007/2002 号）取代 81-013 号。至 2012 年该法实施 10 年来，对促进刚矿业领域规模化发展，增加国民收入发挥了积极作用，但也存在许多不足。主要表现在以下方面：①常规关税和普通关税制度长期并存；②对于获得矿权长期不开采企业没有制定相应惩罚措施；③国家在矿业企业资本中参与份额过低；④国家相关部门在受理矿权抵押、出租及移转手续登记时收费率过低；⑤对于矿产品加工出口没有制定相应的优惠关税政策；⑥对于并入企业和分包企业享受《矿业法》优惠政策适用范围没有制定任何先决条件；⑦对于因公司股份转让而引起矿权拥有者解约行为没有相应的制约条款；⑧在与矿业企业签订合约中没有制定企业应向当地民众履行社会责任专项条款；⑨矿业企业在结束项目开采时应交纳的矿区环境恢复费率过低；⑩在计算矿权费时可享受的纳税免扣金额适用范围过宽；⑪一些矿权向自然人颁发。鉴于上述原因，2012 年刚果（金）政府决定重新修订《矿业法》，在新修订的《矿业法》中，刚政府更加注重鼓励企业就地进行矿产品加工，以提高矿产品出口价值和增加就业机会。同时，刚政府继续改善矿区基础设施，并加大打击矿业领域偷漏税和走私现象的力度。

三、矿业权政策

2002 年颁布的矿业法。勘探许可证的主要内容包括：①探矿许可证为期 2 年，不得转让矿权；②宝石勘探许可证期限 4 年，可延期 2 次，每次最多为 2 年；③其他矿产勘探许可证有效期为 5 年，可延期 2 次，每次延期 5 年；④符合下列条件者勘查许可证可续期：证明上一期勘查期间遵守了有关合约；提交上一期勘查工作的技术报告、附详细图件和资料；提交初步的工作及相应的费用计划；负责官员对技术报告和工作计划的批准书；⑤在勘查许可证面积范围内，许可证持有人在履行有关条例后有权获得采矿许可证或出让许可证。

采矿许可证的主要内容是：① 采矿许可证期限 30 年，在前一有效期内履行合法的和规定的义务之后，可延期若干次，每次延期 5 年；②采矿许可证持证人有权在地面面积已定、深度不限的范围内从事许可证所授予的所有普查、勘探和开采所属矿产资源活动；③ 采矿许可证授予持证人以从事选矿、冶炼、加工、化学处理等所有一切与矿产有关活动的权利；④下列诸种情况不授予采矿许可证：不执行勘查许可证，或开采许可证所定范围确定的义务；没有发现可采矿床；未提交与矿床规模相应的生产和投资计划书；未提交就执行委员会所定开发目标的活动计划书；未证实具有实施计划的有效技术手段和资金来源。

新矿业法要求矿业地籍注册局和有关部门要在规定时间内对矿业或采石场的申请做出决定，自递送申请之日起 10 个工作日内应得到地籍说明意见，自申请资料和地籍意见转递之日起 30 个工作日内得到并转发部长的决定，自部长决定之日起 5 个工作日内得到指令、通知和颁布的决定。

四、税收政策

刚果（金）投资法产生于 1986 年。此法于近年进行了修订，该投资法规定了三项优惠制度：①一般优惠制度。凡投资不少于 1 000 万扎币（金额为旧扎币，下同）的企业，如投资者系外国人，投资总额 80% 来源国外，投资借款低于 70%，可申请享受一般优惠制度，可免交注册比例税或固定税，免交股息所得税（免交期为 5 年），免交占用地皮税（免交期为 5 年），免交设备、材料和零配件等进口关税，免交工资税（免税期视雇工人数，1～5 年不等），对帮助实现干部当地化的外籍人员，予以免交个人所得税（免交期为 5 年），对有利于平衡国际收支的出口产品，予以免交出口关税，对设在外省的外商企业，予以免交地方税（免交期为 5 年）。②协议优惠制度。凡符合上述一般优惠制度规定的投资，如系对国家、社会发展具有重大意义，而且投资特别巨大（超过 5 亿扎币），可申请享受协议优惠制度。刚果（金）给予上述一般优惠待遇外，还可予以减免多种直接、间接税和其他附加税，减免期为 10 年。

新的贵重矿物经营法规定：允许外商从事钻石收购和出口贸易，但需注册专门的收购公司，得到批准后方可开展买卖业务。经营者需交纳以下费用：20 万美元特许经营费，5 万美元的银行保证金，7.5 万美元的钻石收购费。

第三节　加　纳

一、矿产资源概况

加纳是非洲西部的一个国家，位于几内亚湾北岸，西邻科特迪瓦，北接布基纳法索，东毗多哥，南濒大西洋，海岸线长约 562 km。地形南北长、东西窄。全境大部地区为平原，东部有阿克瓦皮姆山脉，南部有夸胡高原，北部有甘巴加陡崖。

加纳是非洲大陆矿产资源，是金矿资源最为丰富的国家之一，素有"黄金海岸"之美称。自 20 世纪 80 年代以来，政府致力于经济的恢复和建设，经济发展较快，是非洲经济增长最快的国家之一。

加纳有十分有利的金成矿地质条件。大地构造上加纳位于西非几内亚地块东部，是西非克拉通的重要组成部分，其主要的前寒武纪岩层（古、中元古代）单元有：比里姆系（Birimian）、塔克瓦系（Tarkwaian）、达哈梅系（Dahomeyan）、多哥岩系（Togo Series）和布埃姆建造（Buem Tormation）。位于比里姆系和塔克瓦系地层中的火成岩主要是一些花岗岩体和花岗闪长岩体，同位素年龄主要为 21 亿年和 18 亿年。

构造上最明显的特点是，北东走向的断裂构造带平行分布，每个构造带之间相距约 90 km、宽为 15 ~ 40 km，它们控制着比里姆系和塔克瓦系地层的展布。成矿上，加纳最明显的特点是，在广泛的比里姆系和塔克瓦系地层分布区（约占加纳国土面积 45%），发育着数以百计的金矿床和金矿点，它们大多受断裂构造控制，构成独立的、分布有序的金成矿带。

加纳金成矿带从北向南可划分出 7 个成矿带，它们是劳拉（Lawra）金成矿带、布伊（Bui）金成矿带、塞夫维（Sef wi）金成矿带、阿散克兰戈瓦（Asankrangwa）金成矿带、阿散蒂（Ashanti）金成矿带和基比—温内巴（Kibi – Winneba）金成矿带。在这些金成矿带中，除劳拉金成矿带为南北走向外，其余皆为北东向展布。阿散蒂金成矿带是金储量最为丰富的一个金成矿带。

比里姆系是加纳最主要的原生金矿化地层，在目前已发现的金矿床中，绝大部分产于该套地层单元中。发育于比里姆系地层中的金矿床，矿体主要呈脉状、网脉状，矿体产出在上、下比里姆系之间的接触带和比里姆系与塔克瓦系的接触带附近，或产出在其内的剪切带中，矿石类型主要为石英脉型（包括硫化物脉型），矿物共生组合主要为石英、黄铁矿、毒砂、磁黄铁矿、方铅矿、闪锌矿、自然金等。产于塔克瓦系地层中的金矿床主要为含金砾岩型，金以细粒产出，直径 40 ~ 60 μm，尤其是在含有大砾石和大量赤铁矿的薄层中，金常与赤铁矿、钛铁矿、金红石等伴生。

加纳金矿床，除了产于比里姆系和塔克瓦系地层中的金矿床外，在其境内的一些古代和现代河流流域范围内还广泛分布着砂金矿床，金与锡石、铬铁矿、磁铁矿、金刚石、石榴石等伴生。

2011 年，加纳黄金储量 1 400 t，金探明资源量居非洲前列。从金矿的分布来看，目前加纳所发现的金矿床多集中在南部地区，事实上，其北部地区也有良好的金成矿条件和找矿潜力。

二、基本矿业法律

为鼓励外国投资，规范矿产勘探开发行为，自 20 世纪 20 年代始，加纳先后单独出台了关于钻石开采、矿产、矿业开发、矿区占用费以及黄金交易等相关法律、法规。1986 年，加纳出台 153 号《矿产和矿业法》作为矿业基本法，该法共 11 章 87 个条款。后来为了适应经济改革和吸引外资的需要，1993 年 475 号《矿产和矿业修正案》和 1993 年宪法的有关条款作为其补充，主要是将原来 23 条中规定的所得税率从 45% 降为 35%，并对原 60 条做了修订和大量增补。1984 年的《石油（探测和生产）法》（PNDCL84），制定了政策框架并规定了公共机构参与者的角色。1989 年的《小金矿采矿法》专门阐述了金矿开采规章。2006 年，对 153 号法进行了整体修订，出台了新的 703 号《矿产和矿业法》，作为目前加纳的矿业基本法。其他有关矿业的法律、法案、法律文书还有《额外收益税法》、《贵重金属经营公司法》、《钻石法令》、《钻石法修正案》、《黄金矿产开采保护条例》、《水银法》、《河流条例》、《小型金矿开采法》、《国家金矿企业法令》等，另外还有《投资促进中心法案》等相关法规。

三、矿业权政策

加纳矿业权政策的内容主要有以下几个方面：

（1）所有矿藏归国家所有。没有土地和自然资源部长（现为能源和矿业部长，下同）发的许可证，任何人不得出口、出售或处置任何矿物。

（2）政府对在加纳境内、特别经济区、领海、大陆架范围内所生产的矿物有取得的优先权，对矿业产品拥有优先权。

（3）由于政府拥有矿藏的勘查权、探矿权，在不提供财政支持的情况下，政府有要求获得该矿藏经营的 10% 利润的权力。

（4）对于具有商业开采量的矿藏，政府有拥有 10% 股份的特权（现已停止购买）。对于盐业，政府有拥有 40% 股份的特权。

（5）如未获得土地和自然资源部长颁发的许可证或租约，任何人不得擅自进行矿藏勘探或开采。

（6）土地和自然资源部长可以国家名义进行有关任何矿业权的谈判、授予、撤销、暂缓和更换的工作，但他应在听取矿业委员会建议的基础上行使这些权力。

（7）个人一般不拥有接受矿业权的资格。只有依法在加纳注册或设立的公司，才有资格接受矿业权。

（8）所有要求授予、撤销、暂缓、更换矿业权的申请书，均应按规定送交土地和自然资源部长，还应将申请书的副本分送矿业委员会、土地局、林业局（因采矿涉及森林资源），以及公共协议委员会。

（9）没有土地和自然资源部长的书面批准，矿业权和有关任何权益均不得转让或处理。

（10）没有矿山检查官的书面许可，矿业权持有人不得随意将其在矿业经营中获得的任何矿藏进行处理或毁掉。

（11）没有土地和自然资源部长的许可，任何人不得擅自改变任何水流。

（12）采矿租约持有人须向国家交纳矿区使用费。其比率由土地和自然资源部长决定。按规定，矿区使用费应占矿业总收入的3%～12%。其具体比率将视盈利而定。

（13）采矿租约持有人须交纳35%的所得税（1986年矿业法原规定为45%，1994年矿业法修正案调低为35%）。

（14）采矿租约持有人还须按照1985年《逾限利润税法》（或称《附加税法》）交纳逾限利润税。超过投资回报率35%的逾限利润，须交纳25%的逾限利润税。

（15）采矿租约持有人须具有应付下列折扣的能力：在第一个投资年度75%的折旧费，以后逐年为50%及5%的投资折扣。经政府批准的全部勘查和探矿费可作为资本。

（16）矿业权持有人为开设矿区而进口的机器和配件免交进口关税。矿区开设后还可获得采矿目录中规定的其他税和关税的减免。

（17）经批准国外移民人的数目可获得移民配额。为国外移居人的私人汇款可免交法律规定的兑换外币的税。根据1973年《选择性外国雇佣税法》规定，外国人雇佣税可得到免除。

（18）如矿业权的执行情况良好，财政和经济计划部长可与土地和自然资源部长协商决定，在不超过5年的期限内，全部或部分延缓注册费和印花税。

（19）加纳银行可允许采矿租约持有人在境外账户上保留其所挣外汇的一部分，以购置采矿投入所需要的物资。

（20）财政和经济计划部长可允许采矿租约持有人在其境外账户上保留不少于25%的所挣外汇，以购置机器、设备、备件和新的原材料，以及偿付债务、股息和给国外移居人的汇款。

（21）采矿租约持有人被保证可通过加纳银行自由转账，或通过境外账户进行下列用途的可兑换货币转账；对属于此种可兑换货币的投资所付的股息或纯利润；对采矿租约持有人偿还贷款利息；清算或出售该矿区所获外国股本的汇款，获偿还外国投资的利息。

（22）如政府与矿区租约持有人之间发生争端，应努力协商解决。如解决不了，可按照1961年《仲裁法》进行仲裁。如仍解决不了，可按照《联合国国际贸易法》进行仲裁，或按照双方政府共同签订的投资保护协议进行仲裁，或由当事双方同意的其他国际机构解决争端。

（23）没有勘查许可证，任何人不得在加纳进行矿藏勘查。土地和自然资源部长发放的勘查许可证的有效期不得超过12个月。每次更换勘查许可证的有效期不得超过12个月。只准在规定的地区范围内对特定矿藏进行勘查。

（24）探矿许可证的有效期为3年，可以延长，每次2年。探矿范围一般为150 km^2。

（25）经过特别申请，探矿许可证的有效期可以延长，探矿的范围可以扩大。

（26）探矿许可证持有人应在签发后 3 个月内，或在土地和自然资源部长规定的具体时间内开始探矿工作，并在发现矿物的 30 天内，通过矿业检查官向土地和自然资源部长报告发现有经济价值矿物的情况。

（27）如果探矿许可证持有人在其探矿区内发现具有商业开采量的探查对象矿物，应以书面形式通知土地和自然资源部长，并书面申请那片土地的采矿租约。

（28）采矿租约的期限一般不超过 30 年。采矿租约的面积一般不超过 50 km²，或者总计不得超过 150 km²。但从国家利益考虑，采矿租约的期限和范围的限制均可放宽。

（29）矿业权持有人应对其经营的周围环境负责，应对其矿业生产将会出现的环境污染采取必要的预防措施。

（30）限制性采矿租约的期限不得超过 15 年，每次延期不得超过 15 年。

（31）只有加纳公民可以获得限制性勘查许可证、限制性探矿许可证和限制性采矿租约。从对公共利益考虑，土地和自然资源部长可以考虑将限制性勘查许可证、限制性探矿许可证和限制性采矿租约授予非加纳人。

（32）矿业持有人在其矿业生产、设备购置、建设和安装方面，应优先购买加纳生产的材料和产品；在整个经营方面，应优先录用加纳公民。

四、税收政策

加纳矿产资源丰富，矿产品出口一直是加纳的传统创汇支柱之一，对国民经济的影响举足轻重。加纳目前通过 2006 年颁布的 703 号法规和《2000 年国内收入法》，实行矿业税费制度（表 18 - 2 - 1）。

表 18 - 2 - 1　　　　　　　　　加纳矿权领域税费

税费名目	具体规定
矿权特许费（Mineral Royalty）	所销售矿产市场价格的 3% ~ 6%
矿权申请费（Application Fee）	根据具体法规规定
土地租赁费	按照约定支付给土地所有权人
年度矿权费（Annual Mineral Rights Fees）	按照约定支付给矿业委员会
所得税	
一般比例	一般公司 25%；加纳上市公司 22.5%
资本减免（Capital Allowance）	宽松的减免制度
准予列支损失（Allowable Losses）	最长递延期限 5 年
股息所得预提税（Dividend With holding Tax）	8%
进口关税（Import Duty）	采矿用途的重型设备、机械免税
增值税（VAT）	开采阶段：可退税 勘探阶段：探矿成功后资本化

资料来源：Mining Journal Special Publication - Ghana，Mar2010。

根据现行法律规定，矿产委员会有权在 3% ~ 6% 的范围内决定矿权特许费的具体税率，实践当中几乎所有矿产公司均只支付 3% 的费率。加纳的矿产公司将矿权特许费交纳给加纳税务机关（Internal Revenue Service，简称 IRS）的大额税务处（Large Tax U-nit）。其中，80%将由 IRS 存入联合基金（Consolidated Fund），10%交给酋长土地管理办公室（Office of the Administration of Stool Lands），余下 10%存入矿业发展基金（Mineral Development Fund）。

根据加纳财政部的最新消息，作为加纳财政合理化计划（fiscal rationalization plan）的一部分，加纳财政部将出台针对采矿公司的新政。从 2012 年起，采矿公司的公司所得税率将上升 10 个百分点，至 35%的高位。另外，还将加收 10%的暴利税（windfall tax）。资本减免金（capital allowance）的比例从现行的 80%下降到 20%。

第四节　南　非

一、矿产资源概况

南非地处南半球，有"彩虹之国"之美誉，位于非洲大陆的最南端，陆地面积为 1 219 090 km²，其东、南、西三面被印度洋和大西洋环抱，陆地与纳米比亚、博茨瓦纳、莱索托、津巴布韦、莫桑比克和斯威士兰接壤。东面隔印度洋和澳大利亚相望，西面隔大西洋和巴西、阿根廷相望。

南非是非洲第二大经济体，国民在非洲拥有很高的生活水平，南非的经济相比其他非洲国家是相对稳定性的。南非财经、法律、通讯、能源、交通业发达，拥有完备的硬件基础设施和股票交易市场，深井采矿等技术居于世界领先地位。

南非的矿产资源丰富，储量巨大，唯一缺乏的是石油。国内蕴藏有 60 多种矿产，很多矿产储量都位居世界前列，其铂族金属、锰、铬、金、红柱石、矾矿资源储量居世界第 1 位，分别占世界的 87.7%、80%、72.4%、40.1%、37%、31%，金刚石储量也居世界第 1 位；萤石、钛、蛭石、锆矿资源储量居世界第 2 位，分别占世界的 16.7%、18.3%、40%、19.4%。另外，还有大量的磷酸盐、煤炭、铁矿、铅矿、铀、锑、镍矿资源。南非石油天然气储量很少，主要集中在近海区。

南非的矿产资源分布特点是比较集中：①东北部高地草原地区，有铂族金属、铬、钒、铁、钛、铜等；②白水岭盆地地区，有黄金、铀、白银、黄铁矿等；③普马兰加以及纳塔尔北部区，有煤炭等；④川斯瓦构造体系，有铁、锰、石棉等；⑤北开普金伯利岩筒构造与冲积区，有钻石、重金属砂（钛、铁、锌、铅）等；⑥帕拉伯瓦杂岩，有铜、银、铁、蛭石等。

二、基本矿业法律

南非矿业及能源部是负责规划及执行政策的政府机关，其能源部门负责能源方面的业务，矿业部门则负责管理矿源勘探开采权。南非矿业政策白皮书于 1998 年 10 月公布，该白皮书允许以有效率的方式开采矿产资源，以造福南非人，但它同时也将勘探及开采对环境的冲击降至最低。2002 年 10 月 4 日，南非总统姆贝基签署了新的《矿产和石油资源开采法》，10 月 9 日，南非内阁通过了《南非矿业提高弱势群体社会经济地位基本章程》。2004 年 2 月，南非在开普敦召开的非洲采矿投资大会上，公布了修改后的《采矿法》。南非政府于 2004 年 5 月颁布了新的《矿产和石油资源开发法》。该法是南非新政权制定的规范新时期南非矿业的一部"总法"（umbrella act）和"基本法"（bedrock legislation）。南非内阁又通过了《提高弱势群体在南非矿业领域社会经济地位基本章程》，以其作为新法实施的配套规章（表 18 – 2 – 2）。

表 18 – 2 – 2　　　　　　　　南非与矿产资源勘查开发有关的主要法规

法规名称	生效时间
《矿产和石油资源开发法》	2003 年
《矿山健康和安全法》	1996 年
《土地调查法》	1997 年
《地学法》	1993 年
《国家环境管理法》	1998 年
《土地改革法》	1996 年
《契约登记法》	1937 年
《采矿权登记法》	1967 年，2003 年 11 月修订
《矿产技术法》	1989 年
《国家水法》	1998 年
《天然气法》	2001 年
《信息准入促进法》	2002 年

南非是非洲经济最发达的国家之一，采矿业在国民经济中占主要地位。丰富的矿产资源和大力开发，使南非成为世界矿产品生产大国之一，矿业成为南非国民经济的支柱性产业。为了发展矿业，南非政府采取了以下矿业政策：

（1）限制煤炭出口，努力寻找油气，改善能源矿产供给。尽管南非金属、非金属建材等矿产非常丰富，能源矿产也有丰富的煤矿资源，但油气资源缺乏，全国能源主要依靠煤炭。为了保证能源的供给，南非严格控制煤炭的出口量，同量加强对海上油气资源的勘探开发。

（2）资助黄金矿山，促进黄金的稳产高产。黄金在南非经济起步和发展过程中都起过重要作用，是南非最重要的创汇矿产品。为了保持黄金的稳产高产，防止金矿因成本提高和金价波动而倒闭，南非政府从 1968 年开始实施金矿资助条例，对亏损矿山和边界盈利矿山给予资助，以延长矿山寿命。

（3）调整税收，鼓励开发矿业，提高矿业经济效益，增加就业机会。

（4）国家参与矿产开发，促进矿业发展，一方面通过国有企业进行矿产勘查开发，分担私营公司不愿或不能承担风险的找矿和开发项目，当国家矿山进入无风险的盈利阶段时，则转让给私营或公私合股。

三、矿业权政策

1.《矿产和石油资源开发法》

（1）对原有的矿产资源所有权将采取"使用或放弃"（UseItorLoseIt）原则，将闲置不用的矿区收归国有。

（2）为取得某一矿区的开采权，申请者要提供：①开采计划；②预先制定的社会计划；③用工计划；④增加弱势群体在生产经营中的机会以及改善经济社会福利计划；⑤上述社会和用工计划的财政支持计划。

如企业在实际经营过程中未能严格执行上述计划，有关部门将责令其在规定期限内改正，限期不改的，其开采许可证将被吊销。

（3）矿产资源勘查和开采许可证的转让需经有关部门批准。

（4）就矿区环境保护问题做了严格规定。

新法规定有10类矿业权，矿业权名称以及内容如下：①踏勘许可。有效期为2年，允许踏勘权限人得到地表权人或法定占有者的许可后，进入土地进行踏勘工作。该许可不允许权利人进行任何勘探或采矿活动，同时也没有授予持有人任何排他的申请或被授予勘探权或采矿权的权利。踏勘许可不得转让、中止、出租、转租、让渡、处置或设抵押债权，不得延期。②勘探权。有效期不超过5年，可延期1次，延期时间不超过3年。权利人拥有排他取得勘探权延期和采矿权，同时在法律许可的情况下，有权利移走和处置矿产权。③勘查权（针对石油）。有效期不超过3年。在遵守规定条件的情况下，可以转让和抵押。最多可以延期3次，每次不超过2年。有申请和被授予生产权、延期权的排他权利。④踏勘许可（针对石油）。有效期不超过1年，不得转让，不得延期。⑤采矿权（对石油是生产权）。有效期不超过30年。可延期，但延期不超过30年。有排他申请和被授予采矿权变更的权利。⑥采矿许可证。授予进入土地，进行厂房建设及地下基础设施建设、根据水法使用水、开采矿产的权力。不超过2年。不得转让、中止、出租、转租、留置或处置。但是在得到部长许可的情况下，可以为了融资的目的进行抵押。可延期3次，每次不超过1年。⑦留置许可。有效期不超过3年。不得以任何方式转让、中止、出租、转租、留置或处置、抵押。可延期1次，延期时间不超过2年。有获得相应区域采矿权的排他权利。⑧技术合作许可。技术合作许可主要是授予权利人在权利覆盖地区进行技术合作研究的权利，权利人对于权利所覆盖地区有排他勘查权。该许可有效期不超过1年，不得转让，不能延期。⑨生产权（针对石油）。授予权利人开采和处置在生产期间所发现的石油的权利。有效期不超过30年。在遵守法定条件的前提下，可以转让和抵押。可以延期，每次不超过30年。⑩社区优先勘探或采矿权。该矿业权的权利主体是社区，进行矿产资源勘查开发的目的是社区发展和社区社会地位的提高，项目获得的收益也用于社区。有效期不超过5年。可以延期，每次延期不超过5年。社区优先勘探或采矿权不能在现有的勘探权、采矿权、采矿许可、留置权、生产权、勘查权、技术经营许可或踏勘许可所覆盖的区域内授予。

总的来看，矿业权人的义务同其他国家的规定类似，主要包括如下几个方面：在申请矿业权时，以规定的格式提交申请，并交纳规费；在相应的矿权处登记；在规定的时间内开展工作，并按照被批准的设计进行工作；承担污染以及生态退化等环境方面的责任。根据规定，在部长发放闭坑证书以前，矿业权人将一直承担法定的环境、生态方面的责任；交纳权利金和其他规费；保存记录和信息（财务、产量等方面的记录和信息）并按规定定期或不定期提交报告和数据。此外，采矿权人还需要提交社会和用工计划，需要提交必要的财务担保，以确保矿业权人有能力实施工作计划。

2.《提高弱势群体在南非矿业领域社会经济地位基本章程》

（1）矿业企业所有者将共同采取措施，与教育机构、学术机构联合培养南非资源工业所需要的技术人员，重点对弱势群体进行培训。

（2）矿业企业将根据《平等就业法》（2000年通过并实施）的规定，力争在5年内使弱势群体在企业管理层的比例达到40%，其中妇女的比例达到10%。

（3）矿业企业所有者将和各级政府部门以及工会联合制定"矿区所在地或主要矿业就业人口所在地的综合开发方案"，主要是加强这些地区的基础设施建设，改善矿业工人的居住条件，提高矿业工人的生活水平。

（4）矿业企业的对外采购，包括金融产品服务和消费品的采购，将向弱势群体公司倾斜。

（5）提高弱势群体在矿业经济中的比重使"因历史原因而处于弱势的南非人"在新矿业法颁布实施后10年内（2014年）获得矿业资产的26%。现有矿业企业将在5年内帮助弱势群体企业融资1 000亿兰特，以解决为提高其在矿业经济中的比重而带来的资金问题。

四、税收政策

根据1993年南非共和国宪法和1996年宪法修正案，政府不参与南非矿产资源的开发，政府涉足矿业只是临时性的补充行为。同财政部部长商量，根据人和相关国会法的规定，确定和加征收费或报酬。矿产资源收益包括矿业企业的税收收益和权利金收益。矿产资源收益的分配问题实际上是一个世界性的问题，它涉及多个方面，包括中央地方和赋矿社区间的分配、代际间的分配、矿产资源部门和其他部门之间的分配等。南非宪法规定，要对全国创造的收益在国家和省级政府及地方当局之间公平分配。由于矿产资源的收益涉及各种错综复杂的关系，分配上主要由财政委员会来考虑。根据新的权利金条例提案，权利金的收入将进入国家财政，用于同矿业有关的或者涉及矿业社区的发展和支出。

自1994年以来，南非就通过降低进口关税和降低给国内企业的补贴等方式吸引外国投资。公司税，金矿开采所得税的征收按照公式进行计算，而非金属矿开采所得税依照统一税率交纳。非金矿开采公司按照收入减去扣除额（按《所得税法》）后的28%的基本税率交纳。除了基本税率之外，应根据公司公布的股息净值交纳10%的公司二级所得税（STC）。STC将逐步取消，自2008年起转换为股东的股息税，并依照几个国际税务协定中重新商定的税率交纳。金矿开采公司可选择免交STC，其金矿开采所得税应按下列公式计算：$Y = 45 - 225X$（Y = 税率；X = 收益率），其非开采收入适用 37% 的税率；不免交 STC 的金矿开采公司按 $Y = 35 - 175X$ 计算，其非开采收入适用 28% 的税率。对非南非公民的非金矿开采按 34% 的一般税率交纳，不缴 STC；从事南非境内黄金经营同本国公司一样交纳税费。计算所得收入时扣减所有免税收入和允许减免部分。除了直接税以外，矿业公司还需要交纳间接税及权利金，间接税主要包括增值税、地区服务税、运输税、资本利得税、信托税、关税、货物税和捐赠税等。

第五节 坦桑尼亚

一、矿产资源概况

坦桑尼亚位于非洲东部、赤道以南。英联邦成员国之一。北与肯尼亚和乌干达交界，南与赞比亚、马拉维、莫桑比克接壤，西与卢旺达、布隆迪和刚果（金）为邻，东濒印度洋。大陆海岸线长 840 km。东部沿海地区和内陆部分低地属热带草原气候，西部内陆高原属热带山地气候。大部分地区平均气温 21~25℃。桑给巴尔的 20 多个岛屿属热带海洋性气候，终年湿热，年平均气温 26℃。

坦桑尼亚地质上属由前寒武纪结晶岩组成的非洲古陆一部分，纵贯中西部的两条裂谷是东非大裂谷的一部分。坦桑尼亚矿产资源丰富，现已查明的主要矿产有金、金刚石、铁、镍、磷酸盐、煤，以及各类宝石、铜、锡、铅、铀、钴、石膏、云母、铝土矿等。目前，除天然气、黄金、镍等矿产有较大规模开采外，其他多数仍未得到有效的开发利用。

在历史上，坦桑尼亚没有进行过全面的矿产资源调查工作。有相当部分国土，根本没有进行过地质勘查。且已知矿产的埋深大多在 200 m 之内，还有很多露天矿床。

2010 年统计，坦桑尼亚的金储量为 710 t，资源量 1 300 t，主要分布在维多利亚湖东面和南面的绿岩带中，以及坦桑尼亚南部和西南部地区。

坦桑尼亚是世界上主要金刚石资源国之一。金刚石探明矿石储量 250 t（品位 6.5克拉/吨），主要分布在坦桑尼亚西北部东非裂谷附近的辛杨加省。坦桑尼亚的金刚石属于能够用于饰物的高档品种，被称为坦桑尼亚金刚石。加工后的坦桑尼亚金刚石光彩夺目，颜色透明。只是与完全纯净的南非金刚石相比，颜色略呈微黄，色彩等级偏低。

坦桑尼亚宝石资源丰富，最著名的是坦桑蓝（宝石级黝帘石），主要分布在赤道雪山脚下的阿鲁沙市附近地区。世界上约 2/3 的坦桑蓝矿床集中在 Merlani 矿区的 C 区。

坦桑尼亚煤炭资源较为丰富，估计储量 12 亿 t，探明储量 1.04 亿 t。坦桑尼亚的煤矿品质较高，可与南部非洲各国的优质煤相媲美。

2003 年天然气储量约 450 亿 m^3，主要分布在坦桑尼亚在松戈松戈和姆纳西湾地区，两地天然气储量分别为 300 亿 m^3 和 150 亿 m^3。

坦桑尼亚矿业以金刚石、黄金、宝石和煤炭开采为主，其中金刚石和黄金占矿产品出口总额的66%，其他矿产品占34%。

二、基本矿业法律

坦桑尼亚矿业主管部门是能源和矿产部，总部设在达累斯萨拉姆和多多马。该部负责管理国内的矿产勘探和开发工作，包括发放有关的各类许可证。能源矿产部下设的矿产资源局是政府的主要地质机构，主要从事地质填图、地球化学和地球物理调查工作，并负责管理国家地质矿产信息库，可向从事矿产勘查的公司提供劳务服务。坦桑尼亚管理矿业的法律依据主要是1998年的矿业法和《1980年石油勘探和生产法》，2010年4月23日坦桑尼亚国会通过了新的《矿业法2010》。

三、矿业权政策

1. 固体矿产法律方面

1998年的矿业法规定，一切矿产资源属国家所有，在坦桑尼亚勘查和开发矿产资源必须事先向政府矿业主管部门提出申请，在得到坦桑尼亚能源和矿产部发放的矿业权证后方可开展有关活动。

（1）主要矿业权证包括：①踏勘许可证。有效期1年，可以延长，但延长期不能超过1年。可以是具有独占权的，也可以不具独占权。申请时应当提供工作计划。期满时必须向政府主管部门提供半年报告，包括许可证规定区内的资料、图件和报告。许可证持有者有权申请该区全部或部分地区的勘查许可证。②勘查许可证。最大面积为5 000 km²。期限为3年，可以延期2次，每次2年。但每次延期面积要退回50%。具有独占性。申请者必须具备相应的技术和财务能力，必须向政府提供工作计划、预算、当地人的就业和培训计划。许可证持有人必须提交质量报告，包括各种资料、图件和记录和注释。③采矿许可证。只能授予矿地的勘查许可证持有者。期限为25年，或为矿山寿命期，可以延长，但不能超过15年。最大面积10 km²（宝石采矿许可证最大面积为1 km²），申请人必须提交包括环境和健康安全方面的可行性研究报告，以及当地商品源、公共设施、本地人就业和培训计划。许可证持有人必须按规定提交定期报告。④小矿山开采许可证。主要面向坦桑尼亚人、公司或合作者。许可证持有者可在规定区内进行矿产勘查和开采。期限1年，可以延期，直到矿产采完。⑤保留许可证。勘查许可证持有者确信勘查区内具有潜在商业价值的矿床，只是技术或市场条件暂时还不能能够满足开发，该证持有者可申请保留许可证，保留期限不超过5年。申请人必须交纳1 000美元的申请费。

如果要转让以上矿业权证，必须先提出申请，经过能源和矿产部长批准方可转让。

（2）矿业政策：①鼓励宝石国内加工，尽量限制宝石原矿出口。宝石生产在坦桑尼亚矿业中占有重要地位，出口宝石每年为坦桑尼亚带来可观的外汇收入。但目前该国98%的宝石是以原矿形式出口到国外的，宝石能够产生的利润大多流向国外。为使宝石的附加利润尽量留在国内，2003年6月政府发出了一项禁令，计划到2005年底禁止出口坦桑黝帘石原矿，但到2007年底这项禁令仍未实施。不过2004年8月坦桑尼亚议会将未加工宝石出口税从 3% 增加到 5%，以限制原矿出口，同时取消加工过的坦桑黝帘石出口税以鼓励其在国内加工。另外政府规定宝石经营许可证的申请者必须附带关于其宝石加工能力的陈述。②将大幅度提高矿山企业的税收。坦桑尼亚为吸引外国投资者，曾经采取对矿业投资优惠政策，其中有减免外国投资者进出口关税以及公司税等内容。这一优惠的结果是，矿业虽是坦桑尼亚近几年经济发展中速度最快的领域之一，但是其通过税收向中央财政的支付额却很有限，在 2005～2007 年的 3 年里，矿业税收平均只占坦桑尼亚国内生产总值的 2%～3% 之间。为使坦桑尼亚在其矿业开发中获得更多的利益，2009 年初坦桑政府计划进行矿业税制改革，包括大幅度提高矿山企业的税收，以增加政府的财政收入。矿业税制修改的细则还未出台，但坦桑尼亚财长称，税改的目标之一是政府至少得到矿业产值的 10%。③重新审查矿业合同，推动矿业立法变革。2007 年 9 月，坦桑尼亚政府批准成立一个委员会（矿业合同审查委员会），负责重新审查全部矿业合同。委员会由 11 人组成，委员来自政治家、矿业专家和政府官员。

2008 年 7 月矿业合同审查委员会提交报告建议：政府应当在国内活动的全部矿业公司中拥有 10% 的股份。当地《卫报》报告了建议的细节：一是普通矿产的权利金应当从 3% 提高到 5%；二是金刚石和宝石的权利金应当从 5% 增加到 7%；三是加工的金刚石和宝石特的别税应当从零提高到 3%；四是金矿山免征进口燃料税的规定应当取消；五是矿业公司用于道路建设的燃料也应当征收燃料税；六是矿业公司的权利金应当以总产值征收，而不是现在的以销售净值征收。上述建议对坦桑尼亚矿业立法的变革起到了推动作用。2009 年坦政府修改矿业法，矿业法修改草案在 2009 年 4 月提交议会。2010 年 4 月 23 日坦桑尼亚国会通过了新的《矿业法 2010》。新矿业法规定未来矿业投资要有政府参与，政府会参股所有新开发的矿。且矿业公司应该在达累斯萨拉姆股票交易所上市；坦桑尼亚将不再向外国公司发放新的宝石开采许可证，但与外国矿业公司的现有协议维持不变。新矿业法对探矿、采矿、矿物加工与销售、矿权的批准、续约和终止做出详细规定。

2. 石油勘探和开发方面的法律规定

1969 年成立了坦桑尼亚石油发展公司（TPDC），通过它邀请并参与各国公司来坦勘探和开发石油资源。政府规定坦桑尼亚石油发展公司有权参与石油开发项目，但参与投资的股份不超过 20%。外国投资者必须与政府签订石油产品分成合同。根据《石油勘探和生产法》，一旦发现了石油并投入生产，所产出的石油将分为两部分。一部分称为成本石油，另一部分称为利润石油。成本石油是用于补偿石油公司的勘探和开发费用等前期投入，年产量少于 2 500 万桶，其产量的 60% 划为成本石油，年产量在 2 500～5 000 万桶之间的成本油为 50%，5 000 万桶以上的成本油为 40%，一直到完成成本补偿为止。利润石油部分则是根据日产量的不同，石油开发公司可获得其中的 30%～50%，其余部分为坦桑尼亚石油发展公司所有。

坦桑尼亚是一个贫油国，目前不生产原油，石油产品基本依赖进口。2007 年石油产品进口额达 15.1 亿美元，比上一年增长 31.3%，约占全国商品进口总额的 31%。坦桑尼亚在地质构造上具有一定的油气发现和开发条件，政府希望能够通过开发本国的石油资源来改变这一现状。为此，政府制定了一些优惠政策以吸引更多的外资开发国内石油资源。具体规定如下：①免费提供前期勘探资料。②可协商的开发计划：对于勘探区域中的勘探作业，原则上必须在 4 年内完成，但坦桑政府对具体的作业计划不下指令，石油公司可与其进行协商。③勘探成本补偿无地域限制：石油公司在坦桑购买到一定区域的勘探权后未发现石油，另外又购买勘探区域时，如在新区域内发现石油，则其在未发现石油的勘探区域内产生的勘探费用可计入新区石油开发成本，在销售石油时进行补偿。④所得税和石油产地使用费由坦桑尼亚石油发展公司交纳，即从其应得的比例中交纳。⑤勘探设备免征进口税。

四、税收政策

投资于坦桑尼亚投资法规定的最惠领域，包括农业、采矿业、基础建设、出口加工区等的资本货物免缴进口关税，根据东非（肯尼亚、坦桑尼亚和乌干达）共同体协定，东非建立关税同盟，取消同盟内部关税并对外统一关税。有关各项协议的签署于 2003 年 11 月份完成。

对于年营业额在两千万坦桑尼亚先令以上的企业，从 1998 年 7 月 1 日起必须到公司注册所在地坦桑尼亚税务局登记注册增值税。增值税的标准税率为 20%。增值税的登记者不征收印花税，也不征收娱乐税和宾馆税。增值税的退税在 1 个月内返回。增值税根据公司月度财务报表在随后 30 天交纳。公司所得税为 30%。企业盈利前不交公司所得税。国外投资可凭坦桑尼亚投资中心颁发的投资促进证明，在资本投资回收（即公司利润与资本投资相抵）前，免交所得税。新矿业法规定无论是本地企业还是外国投资者，都要交纳 4% 的开采使用税、30% 的公司税，以及 5%～15% 的预扣税。此外，企业需要交纳服务税，支付 0.3% 的营业额给当地政府。

与矿业开发有关的具体税费如下：

（1）租金和许可证费：①踏勘许可证：许可证准备费 250 美元；年租金每平方公里 10 美元。更新费 200 美元。②勘查许可证：许可证准备费 400 美元；年租金每平方公里 30 美元；更新费 200 美元。③采矿许可证：许可证准备费 600 美元；年租金每平方公里 1 500 美元；更新费 200 美元。④小矿山开采许可证：许可证准备费 5 000 坦先令；年租金每平方公里 6 000 坦先令。

（2）权利金：从价征收，大多数按矿产销售净值的 3% 征收，金刚石和其他宝石为 5%，天然气为 12.5%。

（3）出口税：原生宝石出口交纳 5% 的出口税。

（4）公司所得税：为 30%。

第三章　欧洲主要矿业国

第一节　俄罗斯

一、矿产资源概况

俄罗斯地跨欧亚两大洲，14 个陆上邻国：挪威、芬兰、爱沙尼亚、拉脱维亚、立陶宛、波兰、白俄罗斯、乌克兰、哈萨克斯坦、中国、蒙古等国家，且与日本、美国、加拿大、格陵兰、冰岛、瑞典隔海相望。

俄罗斯被北冰洋和太平洋包围，可经波罗的海和黑海通往大西洋，是世界上面积最大的国家，具有世界储量最丰富的矿产资源。

俄罗斯主要矿藏有煤炭、石油、天然气、油页岩、铁、锰、铬、铜、铅、锌、镍、钛、金、钾盐、石棉等。截至 2011 年底，俄罗斯剩余探明石油储量为 82.2 亿 t，约占世界总量的 3.94%，位于世界第 8 位；天然气剩余探明可采储量为 475 725.6 亿 m³，占世界总量的 24.90%，居世界第 1 位；铜的储量为 3 000 万 t，居世界第 5 位；金的资源储量为 5 000 t，占世界总量 9.80%，居世界第 3 位；钾盐储量为 33 亿 t，占世界总量 34.58%，位居世界第 2 位；铁矿储量 140 亿 t，居世界第 3 位，占世界总储量 17.50%。

俄罗斯铁矿主要集中在南阿尔丹河（萨哈共和国）、结雅河—谢列姆贾河（阿穆尔州）和兴安岭—布列亚山丛（哈巴罗夫斯克边疆区）等地。在南雅库特已发现 30 多个铁矿床，最集中的是阿尔台地的中部和纳戈内村北部，有大型的赤铁矿和磁铁矿。在阿尔丹河和阿姆加河的分水岭还有一些褐铁矿。恰拉—托克和奥科克马—阿姆加铁矿区的预测储量为 400 亿~500 亿 t。此外，还有上杰尼索夫斯克和季特—埃利金斯克等铁矿。

远东地区的多金属矿，埋藏较浅，便于开采。矿石为含锌、铅、锡、银、铜、金、镉、硫等 14 种成分的多金属矿。在这个矿床的基础上，建立了西哈利联合企业。该企业生产精炼铅和锌、铝等制品。滨海边疆区的"东方"矿和莱蒙托夫矿、马加丹州北部楚科奇半岛的伊乌利京等，有重要的钨钼矿。此外，在萨哈共和国境内还发现了铅锌矿床。铜矿目前在远东南部有一些小型铜矿。在勘察加州也发现了 50 多处有明显呈铜矿化现象的地带。

远东地区是俄罗斯最主要的锡矿产地。主要集中在萨哈共和国和马加丹州。在滨海边疆区的锡霍特山区，锡矿的储藏也很丰富。该区的赫鲁斯塔利内矿联合企业是全俄最大的采锡企业之。哈巴罗夫斯克边疆区的锡矿分布在包括共青城在内的兴安岭—鄂霍次克地带，其中有些矿床已经投入开发。

马加丹州的楚科奇半岛是俄罗斯新的重要水银产地。主要矿床普拉缅诺耶和西波粱斯利耶矿床，其储量大，含汞量高。堪亲加州的阿纳夫盖、里亚普加奈、涅普通和奥柳托尔等矿的水银含量很高。

钨矿在远东主要分布在锡霍特—阿林山脉中段。已发现的东方二号大型钨矿床含钨量最高，在此已成立了采矿、选矿联合企业。在阿穆尔州也发现了钨的成矿现象，在马加丹和雅库特也发现了带有多种成分矿石的钨矿床。

俄罗斯的东北部地区是黄金的重要产地。那里的金矿主要分为砂金矿和原生金矿两种。马加丹州是俄罗斯最重要的黄金产区，也是世界最大的黄金产地之一。这里的金矿主要丹布在科累马河中、上游地区和楚科奇民族自治州北冰洋沿岸的阿纽伊—楚科奇地区。雅库特也是俄罗斯重要的黄金产地之一，金产量占俄罗斯的15%。金矿是雅库特最早开采的矿藏之一，该地区金矿主要分布在南部的阿尔丹河流域和北部的亚纳河流域等产金地区。

雅库特是俄罗斯金刚石开采中心，1953年在勒拿河支流维柳伊河流域发现金刚石产地，1959年开始开采。这里已建起了米尔内金刚石生产联合公司，其产量居全俄首位。除米尔内外，在西雅库特北部还建设了艾哈尔—乌达奇内工业枢纽．其原料是艾哈尔和乌达奇内等几个金刚石矿。雅库特金刚石的储量和产量都可与世界上最出名的金刚石产地南非相比。1984年，米尔内金刚石生产联合公司发现了一块宝石，重达71.55 ct（克拉），是一个规则的八面体，被命名为英迪拉·甘地钻石。

南雅库特阿尔丹金云母十分著名，这里的矿区总面积达20万 km^2，储量居全俄第2位。已发现有42个矿床，其中最大的有列格利耶尔、埃梅利贾克等，但由于技术落后，在开采云母时留下大量废料，尚未得到利用，如果这问题得到解决将可使这一地区的云母开采业的效率大大提高。

远东地区的石墨资源也很丰富。位于哈巴罗夫斯克边疆区犹太自治州的联盟矿是远东地区最大的石墨矿。其工业储量为800多万 t。联盟矿矿石的含量高，可进行露天开采，工业价值高，投资效果好。在滨海边疆区也发现了塔姆加和屠格涅夫等石墨矿。此外，石棉、硫、食盐、磷等等，在远东地区都有较丰富的储藏。

二、基本矿业法律

俄罗斯矿产资源的主管部门是自然资源部。其主要职能是直接管理地下资源、水资源及森林资源，并协调管理其他自然资源。自然资源部由7个司组成。该部同时管理3个联邦管理署，即联邦地下资源利用署（该署负责发放矿产资源利用许可证）、联邦林业署和联邦水资源署，以及负责监督各署工作的一个联邦自然资源利用领域监督局。俄罗斯7个联邦大区均设有自然资源利用和环境保护领域国家监督和远景发展司，各联邦主体设自然资源和环境保护总局，由联邦自然资源利用领域监督局领导。同时各联邦主体设有与自然资源部的职能相对应的3个管理局，是联邦自然资源部的派出机构。

俄罗斯联邦颁布的《外商投资法》规定，外商在俄罗斯联邦有权购买土地及其他自然资源的使用权。在俄联邦领土内的外资充分享有该法及其他俄罗斯现行法律法规和国际协定承诺的绝对法律保护。其优惠程度不应少于对俄联邦公民及法人的资产、产权及投资的法律制度。保障外资不被国家机关强行没收，不受官方非法行为损害，在向外商提供自然开发权时，租赁时间不得超过 50 年。

俄罗斯联邦在 1995 年 3 月 3 日、1999 年 2 月 10 日、2000 年 1 月 2 日颁发了 3 个关于矿藏的法规。详细地规定了矿产资源勘查开发行为，例如：矿产许可证制度、矿藏使用权的竞争与拍卖、矿藏使用权的反垄断、矿藏使用者的基本权利和义务、矿藏合理使用和保护、矿藏使用费减免条件等等。

三、矿业权政策

矿产资源开发相关法律规定：

1. 矿产资源所有权

根据《俄罗斯联邦矿产法》（以下简称《矿产法》）的规定，俄罗斯境内的矿产资源属于国家所有，矿区不能进行买卖、赠予、抵押、继承、捐献等形式的流转。

2. 矿产资源使用权

通常情况下，任何企业组织或者个人都可以成为俄罗斯矿产资源的使用者，使用者主要是通过竞标或拍卖获得矿产资源使用权。俄罗斯联邦为保证国防和国家安全，规定部分地下矿床为具有联邦意义的矿区。如对于煤炭资源而言，如果煤矿所属地段属于俄罗斯国防和安全区域内的地段，那么该部分矿床即为具有联邦意义的矿区。如果投资者使用该部分矿床，需要注意以下三点：

（1）《矿产法》规定，如果外国投资者直接或间接持有某俄罗斯企业 10% 以上股权或者其有权决定该企业的重大事项或者有权任命该企业 10% 以上执行权力机构或者董事会（监事会）成员，则禁止将该地段地下矿床权利的使用权转让给该俄罗斯企业。

（2）为了保证国家防御和国家安全，俄罗斯政府可以限制有外国股东的俄罗斯企业参加该地段地下矿床矿产资源使用权的竞标和拍卖程序。

（3）由外国投资者参与的法人或外国投资者作为地矿资源的使用者在该地段进行地质研究过程中，并按照自己的鉴定发现地下矿藏的，俄罗斯联邦政府可以决定拒绝授予其在该地段地下矿床上勘探和开采地矿资源的使用权；前述主体在该地区进行地质研究时威胁到国防和国家安全的，俄罗斯联邦政府可以决定终止其在该地段地下矿床勘探和开采地矿资源的权利。按照俄罗斯联邦政府的规定，由联邦预算向被拒绝授予使用在该地段勘探和发现地下矿产权利的使用者赔偿矿产普查和评估的费用和其已支付的许可证的一次性费用。

3. 矿产资源使用许可制度

俄罗斯实行矿产资源使用许可制度，具体包括地质研究、矿产勘探许可、采矿许可、组合许可（包括地质研究、矿产勘探、开采）等制度，许可程序由俄罗斯联邦立法确定。通常发证机构和相关许可证持有人之间还会签订一个许可证协议，对矿产使用的具体条件进行约定。地质研究、矿产勘探许可期限一般为 5 年；采矿许可及组合许可期限则在合理使用和保护矿产的基础上，按照完成矿产资源开发所需的时间，根据开采矿产的技术经济论证确定。权利到期前，权利人可以申请延期，对于申请延期的次数俄罗斯法律没有限制。除矿产资源使用许可证以外，开发矿产资源还要求许可证持有人或其承包商获得一些其他的授权、运营许可证和执照。主要涉及以下领域：①环境保护；②土地使用权；③为实施各类作业所需的施工相关执照；④运营许可证（例如运营危险和爆炸性工业设备或进行危险废物处理等的许可证）。

4. 在俄罗斯申请矿产资源利用许可证（探矿权证、采矿权证）的具体程序

在俄罗斯，投资者根据俄罗斯自然资源部每年对外公布的公开招标或者拍卖的矿区项目名单，申请参加招标或者拍卖，最终获胜者经俄罗斯自然资源部审批后，获得自然资源部地下资源利用署发放的许可证。具体程序为：

（1）俄联邦相关机构做出招标或者拍卖决定。招标或者拍卖决定，大多数情况下由俄罗斯自然资源部的地区分部做出，对具有俄罗斯联邦意义的地下资源矿产进行招标或者拍卖的决定由俄罗斯联邦政府做出，对含有普通矿藏及对当地有重要意义的地下资源的招标或拍卖决定由地区政府做出。上述决定包括了参加招标或拍卖的条件与要求。招标或者拍卖应在不迟于拟招标日开始前 90 天，或在不迟于拟拍卖日前 45 天通过公共管道（如互联网）进行公告。

（2）投资者申请参加招标或者拍卖。俄罗斯法律规定俄罗斯和外国的公司均可以参加招标及拍卖，但是招标和拍卖的特定条款可以对参加者进行限制。在实践中，最近几年地下资源许可证只授予俄罗斯公司，但是，这些俄罗斯公司可以由外国股东全资持有。申请参加招标或者拍卖的公司必须在招标或者拍卖公告要求的时间内提交申请，申请材料主要包括：①公司名称与注册地；②申请人的高级管理人员及股东的信息；③申请人的财务信息，及完成许可证项下公司能力的信息；④申请人技术潜力的信息；⑤申请人之前经营活动的信息；⑥在招标或拍卖后申请人开发所涉地下资源的计划书。申请人提交的申请材料要经过初步的专家检验，同时，申请人应在递交申请材料时支付许可证费用。下列情况下，申请人的申请会被拒绝：①申请材料不符合招标或者拍卖的要求，包括内容上的要求；②申请人有意提供错误信息；③申请人无法提供证据证明其有人力、财务及技术上的能力，以有效及安全地完成许可证项下的工作；④向申请人授予许可证将违反反垄断法的要求；⑤申请人不符合招标或拍卖条款所列的标准。

（3）完成招投标或者拍卖程序，颁发矿产资源利用许可证。在招标的情况下，将根据申请人提交的开发所涉地下资源矿区的最佳经济和技术计划书选择中标人。在拍卖的情况下，将根据申请人提交的使用所涉地下资源矿区的最高价格选择胜出者。决定进行招标或者拍卖的政府机构应该在进行招标或拍卖之日起 30 天内做出批准招标或拍卖最终结果的决定。矿产资源利用许可证应在自然资源部进行注册（该注册应在向注册机关提交申请后 1 个月内完成），并在注册当日生效。

5. 矿产使用费用

使用矿产主要需要支付的税费有：矿产资源开采税、许可证规定的一次性的矿产资

源使用费（最低不得少于矿产资源开采税的 10%）、矿产使用的经常性费用、有关矿产资源的地质信息费用、参与竞标（拍卖）费、获得许可证费。

6. 企业可以通过与俄罗斯联邦签订《产品分割协议》的形式

在俄罗斯从事矿产资源开发，俄罗斯联邦制定了《产品分割协议法》，该法中的"产品分割协议"是指俄罗斯联邦与投资者签订的包括勘探、开采、分割矿产品的合同，俄罗斯联邦向投资者提供勘探和开采矿产资源的权利，投资者实施前述行为并承担风险，最终开采出的矿产品由投资者和俄联邦根据一定的原则进行分配。该种形式的主要特点有：①该协议一般适用于开采价值不大、开采难度较大、储量较小等法律规定的矿区的开发。②对投资者的经营行为做出了种种限制。③协议双方地位不平等，投资者的合法权益极易受到拥有国家公权力的俄罗斯联邦的侵犯。

7. "在俄罗斯联邦级矿区进行矿产研究或勘探和开采"属于战略性行业

俄罗斯为了限制外资进入涉及国家命脉的行业，专门制定了《外资进入对保障国防和国家安全具有战略意义商业组织程序法》，明确列出了 42 个战略性行业名录，"在联邦级矿区（即前述具有联邦意义的矿区）进行矿产研究或勘探和开采"便是其中之一。该法规定，通常情况下，外资企业对联邦级地下资源公司的持股比例不得超过 5%，对其他战略性公司的持股比例不得超过 25%。若外资企业希望对联邦级地下资源公司的持股比例超过 5%、对其他战略性公司的持股比例超过 25%，或者希望获得控制权（对联邦级地下资源公司持股 10% 以上，对其他战略性公司的持股比例超过 50%），必须提出申请，并经由俄联邦政府总理领导的政府控制外国在俄联邦投资委员会审核。《外资进入对保障国防和国家安全具有战略意义商业组织程序法》没有直接限制外资企业在俄罗斯收购煤炭、铁路及电力（除非涉及核材料）企业的股权，但是在下列情况下，外资企业必须履行相应的审批程序：

（1）获得自然垄断企业的控制权（根据俄罗斯《关于自然垄断的联邦法律》规定，如果企业从事铁路运输、运输终端、港口和机场服务、电力能源传输、电力能源运营及配电管理、热力能源传输、使用内河运输基础设施这些活动之一的，则可能被认定为自然垄断企业）；

（2）被收购的公司被列在俄罗斯联邦反垄断机构的名录中（认定依据为被收购公司持有相关市场超过 35% 的市场份额或被认为是占国内市场垄断地位）；

（3）拟收购的持有地下资源利用许可证的煤炭公司所使用的土地属于俄罗斯国防及国家安全用地。此外，根据《关于保护竞争的联邦法律》的规定，收购双方的若干财务指标（资产负债表体现的资产价值、收购者、目标公司及其集团的年运营额）如果达到一定标准，那么，外资企业直接或间接收购一家俄罗斯公司的控制权将要求获得俄联邦反垄断机构的同意。

四、税收政策

矿产使用费用。使用矿产主要需要支付的税费有：矿产资源开采税、许可证规定的一次性的矿产资源使用费（最低不得少于矿产资源开采税的 10%）、矿产使用的经常性费用、有关矿产资源的地质信息费用、参与竞标（拍卖）费、获得许可证费。

第二节　法　国

一、矿产资源概况

法国，全称法兰西共和国，位于欧洲西部，与比利时、卢森堡、德国、瑞士、意大利、摩纳哥、安道尔、西班牙接壤，隔英吉利海峡与英国相望。

法国是一个工业发达的国家，但国内矿产资源也较贫乏。铁矿资源虽然丰富，有几十亿吨，但多为难采、难选、品位低、难以利用的鲕状赤铁矿（洛林地区的洛林铁矿）。此外，尚有钨、硫、钾盐、重晶石、铀、萤石和硅藻土等其他矿产资源。因此，法国的矿物资源主要依靠进口解决。其中锰和磷全部依赖进口。

法国政府为了确保矿产资源的稳定供应，采取了如下政策：加强国内地质调查和探矿活动；实施国家的政策倾斜，如科技应用、经费投资以及理论研究，对于本国的地质调查和资源开发都极为重视；支持和资助企业在国外进行合作开发矿业；积极推行节约资源的措施；强化矿产资源的战略储备。为了避免因矿产资源的供应中断而造成全国性的经济混乱，制定了相应的矿产储备政策。此外，还积极进行矿产资源的技术开发和情报收集，以及矿山各级领导的教育培训工作。

二、基本矿业法律

矿业法调整的对象是针对探矿企业和采矿企业的社会管理。勘探矿产和开采矿产是企业行为，行为主体属特殊主体。企业设立时，政府依据法定标准实行严格的特别许可制。以行政特许作为探矿与开采企业设立的市场准入制，是世界各国的管理和监督矿山企业的基本方式。《法国矿业法典》第 26 条规定："凡不具备从事开采工作所必需的技术和资金能力的，不能取得特许权"。同时，勘探与采矿企业依特许设立还需要行政机关对其行为进行监督，形成事前控制、事中监督和事后处理的行政管理体系。行政特许及其监管不涉及财产权的归属，与确认矿产归属和占有的采矿权设立不沾边。

其次，矿业法调整的方式是对探矿企业和开采企业的行为进行公法限制。现代财产权理论将所有权分为确认财产归属的静态所有权和限制财产权行使的动态所有权。静态所有权是自由的，不受限制。财产权行使的动态所有权不可能绝对自由，必须根据财产权行使的社会功能和社会联系的大小进行不同程度的限制。勘探行为和开采行为的社会联系相当广，必须依靠法律制度和行政权力直接对其行为进行限制。以公共利益作为开采和勘探行为行使的限制，就是政府直接管制并决定其行为资格的行政特别许可，是防止所有权滥用以实现所有权社会化而限制所有权行使的基本方式。

最后，矿业法调整的目的是内化勘探、开采行为产生的负外部性。设立的勘探企业和采矿企业，是由物权、债权、知识产权等组成的产权束。复杂的企业产权由两大部分组成：一是能排他性支配的产权，如矿产、设备设施、资金与技术等。二是非排他性支配的产权，如地下权、地表权、环境权、运输通行权以及劳力资源使用权等，都是企业与社会他人互相利用的资源。互有资源的不同功能属性由矿山企业与社会他人分别使用。如地下权，矿山企业需要地下土地对矿产的赋存状态，地表权人离不开地下对地表的支撑，同一资源体由不同范围主体分别利用不同使用属性，而且互有资源的地下部分不可分割和处分。但是，矿山企业既是强势群体又属领先使用共有资源属性的，就能比较容易地使用归别人所有的那些属性，或者是影响别人的使用。使用别人的产权属性又没有向他人支付相应费用的侵权行为，在经济学上叫做经济的负外部性形成。开采时造成地陷、空气污染、地下水抽干、矿工健康和安全事故等，很少计入成本。负外性内部化是政府的社会管理职能，市场是无能为力的。调控和监督矿业市场的《矿业法》就是规定和规范政府弥补市场的不足，目的是利用看得见的手去服务市场，防止危害社会的结果发生。

三、矿业权政策

法国矿产法规定的法国矿业权主要有三种。

1. 勘探许可证

勘探许可证分为排他和非排他勘探许可证。排他性勘探许可证根据不同矿种又分为固体矿物燃料、钾盐以及液态或气态碳氢化合物等几种类型许可证；矿产调查工作须向省长申报后，由土地的主人进行勘探，或征得土地主人同意后由他人勘探，如未经同意，可由经济财政工业部部长批准，也可经特许进行调查。

2. 采矿许可证

法国的采矿许可证期限5年，最多可延期2次，每次最长为5年。如果采矿许可证的累计量超过规定，只能依据特许方式申请开采。矿山开采权限经调查，并征得矿业委员会的同意后，由主管经济财政工业部部长授予矿山开采权。政府优先考虑和考察地表主人、矿床调查者及其他人的经营申请。

3. 矿山开采特许权

期限最长50年，每次延期的期限最长25年。国务委员会通过公开调查并根据招标细则要求的条件，以法令的形式授予矿山开采特许权，只授予法国国有矿山企业或国家指定的矿业公司。

四、税收政策

征收税费也是国土资源管理的重要手段之一。对资源的使用和开发，政府要征收相应的税费，矿产勘查、开发要征收权利金、矿地租金，地产要征收地产税（包括建筑地产税、非建筑地产税等）。

第三节　芬　兰

一、矿产资源概况

芬兰位于欧洲北部，与瑞典、挪威、俄罗斯接壤，南临芬兰湾，西濒波的尼亚湾，海岸线长 1 100 km，有"千湖之国"之称。其国土的 1/4 处在北极圈内，但由于受湾流影响而气候温和，在芬兰境内没有冻原或永冻土地区。芬兰矿产资源丰富，并且具有巨大的开发潜力，主要的优势矿产有：铜、镍、锌、金、铬、铁、金刚石、铂族元素、铀等。工业矿物有：碳酸盐、磷灰石、滑石等。目前开采规模较大的主要有金、锌、镍、铜、铬等。现在全国仍有大量矿床未经开发。可以预见在未来的数年间，芬兰矿产业具有相当大的发展潜力。

芬兰金矿主要分布在太古代和元古代造山带及其附近的火山变质地层中，主要的成矿省为芬兰东部的太古代蛇绿岩带、拉普兰地区的古元古代 Karelian 绿岩带，以及位于芬兰中部和南部的古元古代 Svecofennian 片岩带。目前，已知的岩金矿化大约 200 个。

芬兰锌矿可以分为三类：古元古代岩浆岩地层中锌矿、太古代克拉通边缘裂隙中锌矿和太古代蛇绿岩带中的锌矿。主要的锌成矿省位于瑞典—芬兰造山带的中部，主要的矿山有皮海湖铜锌矿和维汉迪矿山。

芬兰镍矿具有悠久的开采历史，希图拉镍矿最初于 1941 年投产，持续开采至今，大约共开采了镍矿石 5 000 万 t，含有 30 万 t 镍。

芬兰铜矿床多形成于古元古代，通常与其他贱金属（锌、钴、镍）或贵金属（金、银）伴生。一些具有经济价值铜的矿床主要为铜锌矿之外，一些镍矿床中也有较高品位的铜。

芬兰最重要的铜矿床位于奥托昆普地区（例如奥托昆普，沃诺斯铜锌矿、鲁康拉赫蒂铜钴锌矿）。这些矿床与 19.6 亿年前形成的奥托昆普岩群有密切关系，该岩群主要为蛇纹岩地块组成，边缘具有白云岩、矽卡岩和石英岩岩化。

根据芬兰奥托昆普公司公布的最新消息，凯米铬矿矿产资源被确定大于以前的估计。依据最新的调研报告显示，这个铬矿床已被证实扩大，深入 2 000 ~ 3 000 m，甚至有可能达到 4 000 m，储量在 3 700 万 t 左右，此外，1 000 m 深度的矿产资源量估计在 8 700万 t。

芬诺斯堪底亚地盾内，目前发现的工业矿床大部分形成于 19.2 亿 ~ 17.8 亿年前，包括火山成因块状硫化物、铜镍、铁氧化物和金矿床。

在北部的卡雷利阿克拉通的 25 亿 ~ 24 亿年前破碎层状基性—超基性侵入杂岩内，产出了铬铁、铜镍和铂族金属等矿床，世界级的凯米铬矿和苏汉克铂族金属矿床是该克拉通的典型矿床。该克拉通内新发现的金伯利岩，使成矿年代从古生代提前到了新元古代，同时把金刚石潜在区域从芬兰中部扩展到科拉半岛。

芬诺斯堪底亚地盾太古代地层中，具经济价值的大型金属矿床明显偏少，也许正反映对这些地区进行的详细勘探总体较少，地质工作程度较低，因而存在未开发的潜力。古元古代克拉通内的超基性—基性岩浆活动，证明其具有存在铬铁矿、铜镍矿和铂族金属矿床的潜力。

在南部的古元古代瑞典—芬兰造山带增生期，其矿床年代复杂，但具有进一步发现VMS、铜镍、铁氧化物和金矿床的前景，同时在其他找矿靶区还有发现沉积盆地内的SEDEX矿床、不整合地层中的铀矿和非造山基性岩中的铜镍矿的可能。

二、基本矿业法律

2011 年 7 月 1 日前，芬兰矿业管理的主要部门是芬兰就业与经济部，2011 年 7 月 1 日之后，芬兰的矿业管理转由芬兰安全与化学品总局具体承担和负责，即芬兰安全与化学品总局负责管理和执行新的芬兰矿业法。但在行政管理上，芬兰安全与化学品总局的工作接受芬兰就业与经济部的指导。芬兰安全与化学品总局的职能与任务是：监督和促进与产品、服务和生产系统相关的技术安全和一致性；监督和促进采矿、消费者安全、化学品安全以及工厂保护产品的安全与质量等。芬兰安全与化学品总局设有 4 个局：产品与设施地质与矿产监测局、工业工厂监督局、化学产品监督局和研发与后勤服务局。其中，工业工厂监督局是矿业管理的具体职能部门，负责受理矿业权申请和矿业许可证的发放等。

2011 年 7 月 1 日生效的新矿业法是目前芬兰矿业管理的最重要法律。与旧矿业法相比，新矿业法的重大变化主要体现在以下方面：

（1）许可证制度。修改的许可证体系建立在三层体系之上，即保留权、勘探许可证和采矿许可证。保留权有效期 2 年，对于某一具体区域，有获得勘探许可证的优先权。勘探许可证有获得采矿许可证的优先权。采矿许可证使持有者有权开发矿产资源，但也明确了采矿作业的相关条件。对于开发矿产的权利，采矿公司有义务对土地所有者支付补偿金。

（2）土地征用权。土地征用权不再包含在采矿许可证中。如果采矿公司和土地所有者之间不能达成协议，则采矿公司必须向政府申请征用许可证。

（3）附属公司。为了申请勘探许可证和采矿许可证，外国公司必须在芬兰建立附属公司。欧洲经济区内国家的公司，至少要在芬兰建立一分支机构。

（4）复垦义务。在勘探和采矿活动停止后，矿业公司恢复原状义务得到强化，包括提交保证金，以确保复垦义务的完成等。

三、矿业权政策

1. 矿业权设置

根据新矿业法，芬兰的矿业权类型主要分为三类：勘探许可证、开发许可证和淘金许可证。

（1）勘探许可证。勘探许可证持有者有权在许可区域范围内查明地质体的结构和成分，并为准备采矿活动而进行相关勘探活动，以及为确定一矿床而进行其他勘探活动，调查其质量、规模和开发可行程度等。勘探许可证持有者有义务将矿产勘探活动限制在找矿活动所必需的范围内和措施上。许可证持有者应认真规划相关措施以便不引发对公共或私人利益的侵犯。勘探许可证不能限制土地所有者使用该地区土地或管理该地区土地的权利。勘探许可证有效期限为 4 年，可续期，每次 3 年，但总期限不能超过 15 年，最大面积为 1 km²，勘探许可证经批准后可转让。

（2）开发许可证。采矿许可证持有者有下列权利：①开发在采矿区内发现的矿产；②开发有机或无机地表物质、额外的岩石和作为采矿活动的副产品而产生的尾矿；③开发属于采矿区基岩和土壤的其他物质，只要该开发活动对采矿区的采矿运作是必需的。此外，采矿许可证也允许其持有者在采矿区内依据相关法律和规定完成进一步的矿产勘探工作。采矿许可证持有者有下列义务：①确保采矿活动不对民众的健康构成损害或对公共安全构成危险；②确保采矿活动不对公共或私人利益造成明显的伤害；③确保在采矿运作的总成本方面，合理地避免侵犯公共或私人利益；④确保挖掘和开发工作不导致明显浪费所开采的矿产资源；⑤确保矿山和矿床潜在未来的使用不被危害或阻碍；⑥向矿业管理部门就矿床开发利用的程度和结果提交年度报告，并通报有关矿产资源信息的任何重大变化。开发许可证最长期限为 10 年，可续期，每次最长为 10 年，相关面积一般在许可证上作出规定。经批准后，开发许可证可转让。

（3）淘金许可证。淘金许可证持有者在许可证规定的区域内有排他性权利：①寻找和调查沉积在土壤中的金；②通过淘洗活动，回收和开发土壤中沉积的金；③回收和利用作为淘洗的副产品——松散土壤中发现的铂金块、宝石和其他珍贵的矿石。一旦淘金许可证期满或被终止，淘金者应立即把淘金区恢复到公共安全所需要的条件，拆除相关建筑物、设施和设备，负责该区域的恢复和清洁，并把该地区尽可能整理到接近其自然状况。在相关措施完成后，淘金者应立即向矿业管理部门和负责该区域的环境管理部门提交书面通知。在一般情况下，通知应在许可证期满的 1 年内提交。淘金许可证不得限制土地所有者使用该区域或管理它的权利。淘金许可证最长有效期限 4 年，可续期，每次最长 3 年，最大面积为 5 hm²（1 平方公里等于 100 公顷），经批准后，淘金许可证可转让。

2. 矿业权管理

芬兰矿业管理与投资的基本原则是：一是矿权人必须要具有开展矿业活动所必需的技术专长，以及矿业活动所必需的各项条件；二是对于矿业活动的影响以及预防和减少这种损害和不利影响的可能性，矿权人必须要有充分明确的认识；三是矿权人必须要采取所要求的各项措施以确保矿业活动的安全性，同时为确保这种安全性，选择合适的开发技术条件；四是矿权人必须要尽可能预防矿业活动所产生的损害和不利影响，去除引发有害影响的矿业活动，并制定危机应对方案；五是对矿业活动造成的任何不便或损害进行补偿。

（1）矿业许可证授予。根据芬兰矿业法，芬兰矿业许可证（勘探许可证、开发许可证和淘金许可证）的获得一般建立在申请的基础上。矿业许可证申请者或持有者必须是未被宣布破产和其行为能力不受限制的自然人或（公司）法人。根据芬兰矿业管理政策和法律，矿业许可证申请要想获得批准需要回答的问题包括以下方面：①申请者满足开展与许可证相对应活动的先决条件；②申请涉及的地区，以及土地规划和有关土地利用的限制等；③相关各方权利与义务；④区域勘探或开采矿产的初步评估，如果是申请勘探许可证的话，则为区域矿产的评估基础；如果是采矿许可证的话，则为矿床开发的适合性等；⑤矿业活动的计划安排；⑥活动所产生的环境影响和其他影响；⑦活动结束后的相关措施以及善后安排等。许可证申请遵循"先提出先服务"的原则。

　　在许可证申请中，通常还需要包含：①证明申请者所提及信息的相应档案；②一份根据芬兰《自然保护法》第65条所要求的评估报告和一份依据《环境影响评估程序法》所进行的环境影响评估报告；③申请书和附件中所述材料的总结等。对勘探许可证和淘金许可证而言，一般要附上所提取废物的废物管理计划等。对采矿许可证而言，授予前提条件则是矿床在规模、矿石含量和技术特点上是可开采的。如果采矿活动对公共安全构成了危险，引发高度有害的环境影响或实质性地弱化了地方的居住和工业条件，且这种危害或影响不能通过许可证条款得到弥补，则采矿许可证不能授予。对于铀矿许可证，除满足普通矿产的相关要求外，还要求：①采矿项目符合全社会的利益；②矿山所在区域地方政府表示了同意；③安全要求已得到了满足。

　　（2）矿产勘探。根据芬兰新的矿业法，勘探工作不能引发：①对民众健康的损害或对公共安全的危害；②对其他工业活动和商业活动构成重大损害或损失；③有意义改变自然环境；④对稀有或珍贵的自然景点产生重大损害；⑤对自然景观的重大损害。

　　（3）矿山环境。根据芬兰环境法，凡对环境污染构成威胁的活动或项目都需要环境许可证。法律规定，采矿或任何可比较活动的环境许可证、选矿厂环境许可证、采石厂或其他采石运作的环境许可证、岩石压碎或泥炭生产环境许可证等，都必须要含有所产生废物的管理条件或其在储存、选矿或加工处理过程中所产生废物的管理条件。环境许可证也必须要包含项目活动伴生所提取（或日产生）废物的管理计划。此外，用作提取废物处理的场地许可证必须要含有有关建立废物厂址、管理、拆除、善后工作的相关条款。在废物场地对人类健康、财产或环境构成明显危害的情况下，场地许可证还必须要含有内部紧急计划条件。在决定用于堆放提取伴生废物的废物场地位置时，必须要说明由废物场地和处理提取废物的来源、成分和持续时间所构成的相关风险等。

　　（4）矿山安全。芬兰的矿山安全建立在为采矿运作方的矿业活动所确立的强制义务上，以及依据矿山安全许可证所开展的预监控上。根据芬兰矿业法，采矿运作商在矿山安全方面有以下职责或义务：

　　第一，采矿运作商有义务确保采矿安全，应特别注意矿山结构和技术安全，防止矿山发生危险情况和事故。矿山运作商应遵循下列运作原则：①鉴别危险因素；②消除危险因素，如果不可能消除危险因素，则应明确限制危险因素的安全目标，并采取措施，限制危险因素引发的有害后果；③实施预防事故所必需的措施，并制定救援措施；④在单个事件前，采取一般有效的措施；⑤考虑技术的发展和该地区使用可行的其他技术方法。

第二，制定矿山内部救援计划。采矿运作商应制定矿山内部救援计划，救援计划应说明以下几点：①可预见的危险情况、事故和潜在的影响；②预防危险情况和控制其后果的措施；③由于危险情况或事故，需要提交给管理部门或其他部门的通知；④与地方救援部门的合作；⑤出口通道和保护可能性，连同救火安排和搜救职责；⑥参与独立救援措施的人员，其岗位的培训；⑦独立救援工作所需要的设备；⑧修复事故造成损害的准备工作和环境的清理等。

第三，应明确在各级组织上，各级相关管理人员的职责和责任区范围。

第四，应指定安全负责人。安全负责人必须熟悉有关采矿技术和采矿安全方面的规章，熟悉采矿安全所要求的措施。在矿业管理部门组织的考试中，安全负责人应证明其熟练性，并获得考试合格证书。

第五，应制作矿山平面图并适时更新。

第六，制定采矿活动终止计划。在规划和建设矿山以及运作矿山时，运作商应注意确保采矿活动可安全终止和矿山可安全关闭。

第四节　英　国

一、矿产资源概况

英国是由不列颠岛（包括英格兰、苏格兰、威尔士）以及爱尔兰岛东北部的北爱尔兰和周围 5 500 个小岛（海外领地）组成。地理位置北纬 50°～58°东经 2°到西经 7°，属温带海洋性气候。英国本土位于欧洲大陆西北面的不列颠群岛，被北海、英吉利海峡、凯尔特海、爱尔兰海和大西洋包围。

英国有丰富的能源资源，一些非金属矿产资源也比较丰富，其他矿产资源比较贫乏。主要矿产包括：石油、天然气、煤、锡、铁、钾盐、重晶石、萤石、石膏、高岭土、球黏土、耐火黏土等。

英国的石油比较丰富，截止到 2010 年底，英国石油剩余探明储量约为 3.9 亿 t。英国绝大部分的探明原油储量位于北海油气盆地。北大西洋也有一些较小的油田。除上述海上油田外，英国还拥有一些陆上油气田，包括欧洲最大的陆上油气田——维奇法姆油气田。

北海是欧洲大西洋的边缘海，位于大不列颠岛和欧洲大陆之间，周围国家有英国、挪威、丹麦、荷兰、德国、比利时和法国。根据各国协商，按中线原则划分了北海的海域归属。北海大陆架的 51% 划归给英国。北海油气盆地的储油层时代从泥盆纪到古近纪。主要是二叠纪，侏罗纪和古近纪砂岩。北海英国属部分又可分为三大沉积盆地：

（1）北部盆地，又称设得兰盆地，位于北纬 59°～61°之间，主要储油气层为侏罗纪的砂岩，油气远景巨大，是英国石油的重要产区。其中重要油田包括著名的布伦特油田，该油田位于盆地中部。储油层为下侏罗纪砂岩，深度为 2 400 m，油层厚度为

465 m。布伦特原油（北海最早期生产的原油品种之一）今天仍然被作为石油定价的参考标准。

（2）中部盆地，位于北纬 55.5°～58.8°之间，主要含油气层是古近纪砂岩和白垩纪灰岩。

（3）南部盆地，位于北纬 54°以南北海盆地中。是英国天然气的主要产地之一。储气层的时代从古生代的泥盆纪到新生代的古近纪。主要为二叠纪砂岩（该区约 50% 的天然气储量产于此类地层）。

英国的天然气资源也比较丰富，截止到 2010 年，英国天然气剩余探明可采储量 2 559.86 亿 m³。英国的探明天然气储量主要位于 3 个海上地区：①北海英国大陆架的伴生天然气田；②临近北海荷兰边界南部油气盆地的天然气田；③爱尔兰海的天然气田。英国的陆上仅有少量天然气产区。

英国是世界煤炭资源较丰富的国家之一，有较大经济价值的煤田，大多产自上石炭系，只少量产于下石炭系（苏格兰），此外侏罗系也产少量煤田。煤田主要分布在苏格兰、英格中部和北部、威尔士南部。煤质总体较好，多炼焦煤；煤层较厚，埋藏浅，易于开采；大多煤田距海较近，便于运输。英国煤炭的变质程度不一，从长焰煤到无烟煤都有，主要是烟煤。

英国的金属矿产资源较为贫乏，只有少量铁、锡、铅、金、银等矿产。英国的铁矿床主要为沉积型，主要分布在北安普敦郡和林肯北面的弗拉丁罕区，但大部分铁含量低，一般为 27%～30%。英国锡矿主要分布在英国西南部康沃尔半岛。康沃尔锡矿区是世界上最早的著名锡矿区，公元前 1000 年就进行了开采。矿床位于海西期花岗岩岩体顶部的内外接触带。矿体呈脉状产出，长数百至一两千米，厚数米。主要物有锡石、黑钨矿、石英和长石，含较多的硫化物。矿区原始金属储量超过 200 万 t。经过 2 000 多年开采，大多储量已经采尽，特别是地表砂矿，目前主要剩下少量地下原生矿。金矿资源不多，主要分布在北爱尔兰和威尔士。位于北爱尔兰奥马东北 15 km² 处的卡拉海纳特是一个正在勘探的金矿，据估计金的推测储量已经超过 80 t。

英国的非金属矿产资源是比较丰富的，主要有钾盐、重晶石、石膏、萤石、高岭土、砂石等。英国钾盐资源丰富，2010 年底，保有储量 2 200 万 t（K₂O），居世界第 10 位。高岭土矿床主要分布在西南部康沃尔半岛的康沃尔郡和德文郡，矿体集中于晚石炭世的圣奥斯花岗岩体及享斯巴罗花岗岩体中，均为残积型矿床，英国高岭土矿床含矿率为 10%～70%，其余为泥沙和花岗岩碎屑，其中含白云母、钠云母、石英及少量的铁、钛、钙、镁氧化物，必须经分选才能使用，英国的高岭土矿体常呈漏斗状，中部质地软，向边缘逐步变硬。矿体离地表近，此地无冰冻期，常采用露天水力开采，开采方便，有利于管道运输选矿成本低，产品质量好；石膏矿床主要分布在英格兰中部的莱斯特郡；重晶石主要分布在北爱尔兰，2011 年储量 10 万 t，基础储量 60 万 t。英国的萤石矿产资源比较丰富，矿床主要为脉状矿床，产在早石炭世灰岩中，分布在奔宁山脉的北部和南部两个大萤石产区。

二、基本矿业法律

1. 英国贸工部

在过去相当长的一个时期，英国能源矿产资源的中央政府主管部门是英国贸工部，2007 年 6 月，在原有贸工部的基础上宣布成立商业、企业和管理改革部。2009 年 6 月 6 日英国政府再次进行调整，重新组建商业改革与技术部。

贸工部是一个综合性的中央政府管理部门，能源矿产资源及产业管理只是该部门职责的部分。具体包括：能源战略、能源政策、能源市场、能源创新、能源供应安全、核安全与出口管制、对能源国有公司的管理、可持续发展与环境等。其他的主要职能包括三个方面：

（1）支持企业成功开展业务。贸工部在政府部门是英国企业的代言人，通过政府与企业伙伴关系、电子商务、支持制造业发展、支持中小企业、扩大出口与吸引外资、与地方当局合作、促进公平与制定相关政策等途径协助英国企业开拓业务，支持英国企业不断走向成功，这是英国经济繁荣的基础。

（2）促进科技与创新。提升英国的科学、工程和技术水平，充分利用其资源；促进基础科学研究能力处于世界领先地位；发挥科学技术产业化的作用，使之推动英国经济发展，提高英国居民生活质量和水平；制定科技政策，促进产业利用科技提升竞争力。

（3）确保市场公平。确保英国消费者受到公平待遇、明确消费者权益并有效保护，建立市场竞争框架，改革公司治理结构，建立弹性劳动力市场，提高工人技术和效率，促进英国经济的平等和多样性。

2. 英国煤炭管理局

英国煤炭局是于 1994 年作为煤炭工业私有化进程的一部分成立的，是一个非部委公共机构。英国煤炭局现有雇员 140 人，总部设在诺丁汉郡的曼斯菲尔德。它不直接经营煤矿，仅代表政府对全国所有煤炭企业行使宏观管理职能。主要职能是：

（1）负责煤炭资源的合理开发、租赁和使用，向采矿经营者颁发煤炭勘探和开采许可证。监督煤炭生产企业按营业范围经营，并对生产矿山和露天采场实施年度监察。

（2）处理地面沉陷（采空区）修复和损害赔偿。

（3）制定矿井水污染治理计划。矿井水经治理并达标后，允许排入河流。

（4）发布采矿信息。向生产者提供开采、地质数据，保证生产者之间的公平竞争和煤炭工业的健康发展。

（5）管理以前煤炭资产。

（6）提供 24 小时地面危害报告服务。此外，为矿工的职业健康与安全制定保护政策，通过有效管理保障矿工和当公众的健康和安全也是英国煤炭局的重要职责之一。

3. 皇家资产（管理局）

皇家资产是英国金、银矿产和大部分海上非能源矿产资源的所有者和管理者。皇家资产设有一个皇家资产管理委员会负责皇家资产的管理工作，委员会成员由白金汉宫和首相办公室指定。

英国矿产的概念与通常意义上的矿产有所不同，其范围更大些，在英国的城乡规划法中对矿产的定义有明确规定，即以露天或地下方式开采或移动地下的一切物质均称作矿产，但不包括非销售挖掘的泥炭。

英国 1938 年《煤炭法》对土地所有权人给予补偿并将所有对煤炭的利益（产生于煤矿租约的利益除外）都被授予煤炭委员会。1946 年颁布煤炭国有化法，在煤炭工业实行国有化，这些利益（包括产生于煤矿租约的利益）后来被先后授予国家煤炭委员会、英国煤炭公司。1994 年煤炭工业法成立煤炭管理局，撤销国内煤炭消费委员会和英国煤炭公司。煤炭的相关权益由煤炭管理局享有。英国矿产资源国有化的最新发展与石油有关。根据 1971 年的城乡规划（矿产）管理法和 1981 年城乡规划（矿产）法对一些能源矿产所有权所有明确规定：如煤、石油和铀的矿产权属于国家。根据英国 1998 年《石油法》第 2 条，位于地层中的处于自然状态下的石油为国家所有。北爱尔兰情况不同，根据 1969 年矿产开发法（北爱尔兰），采矿权属于国家。

另外，根据普通法，在沿海低水位和高水位之间的海床之下的矿产资源属于国家所有（皇家所有），已经表明属于相邻某一所有者的情况除外。根据 1964 年《大陆架法》，在大陆架中发现的全部矿产资源属于国家。

英国的矿产资源由于不同地区和不同矿种的所有权有较大差异，因此在其勘查与开发管理上也有许多不同：

1. 英国海上矿产

英国皇家资产（管理局）拥有英国 55% 的海滩（高水线和低水线之间的部分），河口湾和潮（水）河约一半的河底，领海水域（12 海里）的海床，包括这些地区在内英国大陆架的矿产勘探和开采权（不包括石油、天然气和煤）由英国皇家资产委员会负责管理。目前主要是海沙、砾石、钾盐和盐的开采，贸易和工业部负责英国大陆架地区的油气勘查与开发许可证的审批和发放；煤炭管理局负责煤的勘探与开采许可证的审批和发放。

英国相关法律规定，英国及其殖民地公民、在英国居住的个人和在英国设立的法人均可依法申请在其领海下的底土或任何特定区域的底土中进行石油勘探和生产的许可证，但持证人应在许可期间内按规定的方式交纳矿区使用费及其他费用。

英国于 1971 年颁布的《城乡规划法》也涉及海域使用问题。依据该法，任何开发均须事先得到地方规划局的同意，海域的开发使用也不例外。1974 年颁布的《海上倾废法》也与海域使用有关。依据该法，除非得到许可，禁止从车辆、船舶、飞机、气垫船、海洋或陆地构筑物上向海中或有潮水域永久性地投弃任何物质，以保护海洋环境。

2. 陆上矿产

（1）煤炭的勘查与开采权主要由煤炭管理局负责管理。该局负责向私人部门发放开发许可证，对其规模进行限定，根据其产量征收权利金。

（2）石油和天然气。陆上油气勘查与开发由贸易和工业部负责管理，负责审批和发放许可证。进行油气勘查和开发活动必须首先得到石油勘探和开发许可证。该许可证具有在规定区域内进行油气勘查与开发的专有权，但这些许可证的权力并不包括相关的通行权（准入权）。根据英国现行法律许可证持有者还必须得到其他相关的批准，包括规划许可证。持证人如果计划在钻探时进入或通过含煤气的煤层地区，还必须得到煤炭管理局的许可。

（3）金、银。英国的大多数金、银矿产的所有权属于王室，这些金属矿山被称作皇家矿山。在英国进行金、银矿的勘查与开采活动，必须先得到皇家矿山许可证。皇家资产委员会通过皇家矿产代办机构负责发放该类许可证。位于苏格兰北部以前的萨瑟兰郡的金、银所有权属于萨瑟兰郡公爵领地。

（4）其他金属和工业矿物。英国大多数非能源矿产属于私人所有，少量属于王室和国家。目前英国没有进行全国性的矿产所有权登记，但是在英国土地登记局可能有地表所有权和目前矿产所有权的详细资料。目前英国也没有国家级的非能源矿产勘查和开发的许可证系统。非能源矿产的勘查与开发活动管理主要是通过规划许可制度来完成的，如果要进行相应的勘查和开发活动，必须要先得到矿产规划机构颁发的规划许可证。

（5）北爱尔兰的陆上矿产。根据 1969 年北爱尔兰矿产开发法北爱尔兰的大多数矿产资源管理权属于企业贸易投资部。该部负责北爱尔兰地区矿产勘查和开采许可证的审批和发放。但下列三种情况不包括在内：已经属于皇家的金、银矿；1969 年已经开采的矿产；包括集料矿产、砂、砾等在内普遍存在的矿产。

三、矿业权政策

英国进行矿产勘查和开发活动基本是实行许可证制度，虽然英国的矿产资源所有权分属不同的主体，矿产资源进行分散管理，但进行矿产勘查和开发活动必须领到相关的许可证，而且可能是多个许可证。油气勘查与开发必须得到贸易和工业部颁发的许可证；金、银矿开发必须得到皇家资产委员会颁发的皇家矿山许可证；北爱尔兰的非能源矿产开发必须得到北爱尔兰政府颁发的矿业许可证。下面以油气资源开发和海上非能源矿产开发为例介绍英国矿产开发许可证制度的基本内容。

1. 石油和天然气

在英国，海上石油许可是受 1934 年陆上石油许可的条款和 1964 年的大陆架法制约的。陆上和国家海域，王国政府既拥有石油资源所有权，同时，还拥有排他的勘采权。所以，任何人如果未经许可而勘采不仅侵犯了财产权还侵犯了专有特权。

（1）许可证的种类。石油勘探许可分好多种，陆上区域包括从本土到低潮线及内陆水域，还有围绕 Orkney 与 Shetland 的领海，海上区域包括余下的海域及一些小岛如 FairLsle 岛和 St. Kilda 岛。

1984 年 12 月 18 日以后，陆上许可证受《1984 年（陆上）石油（生产）》条例制约，它规定有三种许可证形式：一是开发许可证，基本上同海上许可证相一致；二是评估许可证，允许对油田评估，开发计划地制定和评估，在开发许可之前就应得到必备的计划上的批准；三是甲烷（沼气）排放许可证。

（2）许可证的申请与授予。关于许可证授予，所有许可证都由贸工部能源国务大臣按 1934 年石油生产法第二部分所赋予的权力去发放。为与上述法令相协调，还要适用 1934 年法令的第六部分，这些法令规定了陆上和海上区域，指出可以申请许可的人员，不同种类许可的申请程序和格式，规定了申请费及每一类许可的标准条款。

按法令规定，任何人都可申请许可证。但申请者需要具有相应的技术能力和财力，并在英国设有公司。

（3）许可证申请和批准方式。申请方式可大致分成两类：非招标式申请和招标式申请。非招标式申请涉及的地区通常是属非竞争性的地区，要么是由于许可证本身是非排他性的（比如说在被水覆盖的区域），或是由于隶属于另一活动行为（如沼气排放许可），或是（评估许可和开发许可）申请和授予都以排他的勘探许可为前提。申请的程序和授予都是非常简易的。招标式申请和授予许可证的程序比较细致。

有三种方式被一直沿用：自由分配方式（目前为止最重要的方式）；自由分配与固定现金保险方式；各种各样的现金投标方式。

在 1971 年、1982 年和 1984 年的三轮招标中，每一轮中都含有一大部分自由分配形式。在 1971 年的第四轮招标中，很大一部分是现金招标方式（其招标资金 3 700 万英镑）。在 1982 年的招标中提供的 15 个区块中有 8 个采用了自由分配形式。工程计划不影响授予许可的区块，也不提供质量标准。在获得许可前，都要事先满足一定的条件。除了支付最初的费用（数目在招标时或在公告时定下来），从第五轮至第十轮，许可证持有者一直被要求得到英国国家石油公司和石油管道局的协议。在第五轮至第六轮政府规定国家石油公司在每个许可证中参股 51%，以便于协议以合资经营的方式出现，把许可授予有国家石油公司参与的合作伙伴。从第七轮至第十轮政府采取的是国家石油公司（1985 年改为石油管道局）有权按市场价格购买 51% 的原油，但国家石油公司参股51% 的规定被取消。

许可证还有退回租地的规定：在第四轮以前规定，6 年后必须退回租地的 1/2；第五轮、第六轮规定，7 年后必须退回租地的 2/3；第七轮规定，6 年后必须退回租地的1/2。另外，申请人必须接受和执行能源大臣同意的工作计划。

许可证持有者每年还必须交纳租费：第七轮规定，前期每平方公里每年的租费为250 英镑，后期的 30 年中，第一年租费每平方公里 300 英镑，以后每年增加 300 英镑，直到每平方公里达 4 500 英镑为止。

颁发许可证就意味着把海上一定区域的油气勘探或开采权授予某个经营者（或公司）。这是开发海上油气区的重要步骤。英国在颁发许可证过程中，考虑到国家的总体目标和石油政策把颁发许可证作为北海油气工作的制约手段，用以控制石油勘探的速度和方向。

2. 海上非能源矿产

英国皇家资产委员会负责管理英国 50% 以上的海域非能源矿产的开发管理工作。如果要在皇家资产所辖的海域进行非能源矿产的开发必须得到皇家资产委员会颁发的许可证。而该委员会发证的主要依据是相关政府的审议。许可证的审批程序如下：

（1）政府审议程序：政府审议程序基本上是一种广泛的协商过程，遵守土地规划程序的原则，它是由环境部的矿物和土地开垦司管理的。共分为三个阶段：①非正式的讨论。皇家资产委员会接到许可证的申请后，马上组织 HR Wallingford 水力研究小组的科学家们进行这种开采对海岸侵蚀潜在影响的研究。如果他们认为存在着不可避免的危险，立即拒绝许可证的申请，不再进一步考虑。如果他们认为可以接受许可证的申请，皇家资产委员会对许可证申请中提出的建议发表公告，与当地的海岸保护机构、渔业团体、近海经营者、运输部、国防部水文司、英国自然委员会和其他环境部门，以及有关矿产规划局进行非正式协商和讨论。在非正式讨论期间，要使开采许可证的申请者知道在他们考虑的海区内同时还有其他持有许可证的开采者，申请有可能被修改。对于寻找新开采区的申请，还需讨论是否让其放弃已被许可开采的其他区域，以便不增加海床的开发面积。之后，正式的申请连同在协商时提出的所有问题一起，提交给政府协调部门去决定。②申请许可证。申请人要正式准备一份开采许可证的申请，同时考虑到在非正式阶段提出的任何问题。如果要求进行环境评价，申请书中也应当包括这部分。③政府审议。政府部门一接到海洋矿物开采许可证的申请书，立即与其他政府部门协商。这些部门共同考虑申请书中的申请内容，对此做出评价，特别是对环境的影响的评价，如从海床到历史沉船、鱼类产卵区、育幼场和经济渔区的环境问题，提出与他们各自部门具体责任有关的看法。如果政府部门同意开采，表示政府审议的结果是赞成的，那么皇家资产委员会将向其发放开采许可证。如果在环境方面对一份申请书有压倒多数的反对意见，政府审议的结果不赞成开采，那么皇家资产委员会将不发放许可证。政府审议程序的非正式阶段需 4 个月时间，正式阶段需要 3 个月时间。

海洋矿物开采许可证规定了允许开采的准确范围，一年中可开采的数量，以及开采期限。政府审议时提出来的任何要求包括保护环境的条件都包括在许可证内。

四、税收政策

英国的矿业税收主要来自石油税。英国 1975 年颁布石油税收法令，石油税制既要保证国家收益也要鼓励公司从事勘探和开发活动。英国政府从石油开采中获得的收益是高的。从直接的石油收益来说，政府所得一般占整个油田勘探开采收入的 70% ~ 90%。主要是权利金、公司税和石油收入税。英国的石油税制根据石油生产和国际市场石油价格的变化而不断修订。

1. 石油收入税

这是对石油和天然气生产征收的一种特别营业税，随油田征收，从各个油田产生的利润中收取，而不是从每个公司拥有的全部油田产生的总利润中收取。石油收入税于 1975 年开始征收，具有特别减免范围。1975 年开始征收时税率为 45%，1979 年提高到 60%，1980 年为 70%，1983 年提高到 75%，1993 年 7 月 1 日起降为 50%。目前的石油收入税为 50%。1993 年 3 月 16 日之后获准开发的公司其所有油田不再收取石油收入税。

2．篱笆圈公司所得税

用于所有公司的标准公司所得税，但设置了"篱笆圈"防止英国和英国大陆架的油气生产中应收税的利润由于其他活动损失或过多地支付利息而被减少。从 1999 年 4 月起公司所得税为 30% 。

3．附加费

按照在英国和英国大陆架上的油气生产的篱笆圈利润的 10% 收取。

4．权利金

按照油气生产总值的 12.5% 收费。1988 年起只对 1982 年以前获准开发的油田收取。2003 年 1 月权利金废止。权利金在计算上述三种应交税费的利润中扣除。

5．目前的边际税率

篱笆圈公司所得税和附加费合计为 40% ，石油收入税、篱笆圈公司所得税和附加费合计为 70% 。

第四章　北美洲主要矿业国

第一节　加拿大

一、矿产资源概况

加拿大位于北美洲北部，东临大西洋，西濒太平洋，西北部邻美国阿拉斯加州，东北与格陵兰（丹）隔戴维斯海峡遥遥相望，南接美国本土，北靠北冰洋达北极圈，海岸线约长 24 万 km^2。

加拿大是一个具有现代化工业科技水平而且能源资源充足的发达国家，经济体制依靠自然资源。加拿大矿产资源丰富，已发现矿产 60 余种，采矿业发达，是世界第三矿业大国。碳酸钾、钴、铀、镍、铜、锌、铝、石棉、钻石、镉、钛精矿、盐、铂族金属、钼、石膏等金属和矿物产量均居世界前列，主要金属矿产包括：镍、铜、银、锌、金、铅、钨、钽、铀等。加拿大约有 300 多座金属、非金属矿和煤矿，3 000 多个采石场和砂石坑道，50 多个有色金属冶炼厂和炼钢厂。矿产品对加拿大的经济贡献率大，矿产品占铁路和其他陆路货物运输量的 60%，为 34 万多人提供就业，并提供相当多的附加就业，如矿产勘探、生产加工、环保、运输、设备保养等。

加拿大是世界上最大的镍出口国，2011 年，镍储量 330 万 t（金属量），居世界第 8 位，矿山产量 21.96 万 t（金属量），产量的 80% 用于出口，美国是其最大的客户。此外，加拿大政府重视再循环经济，其生产的不锈钢，45% 源于回收的废旧产品。

加拿大是世界第三大铝生产国，仅次于中国、俄罗斯。主要储藏地在新不伦瑞克省及魁北克省。铜主要产于安大略省，其产量占总产量的 50%。其次，35% 产自不列颠哥伦比亚、魁北克和曼尼托巴 3 个省。银储量居世界第 9 位，主要产于安大略省和不列颠哥伦比亚省，白银 80% ~90% 用于出口。铁矿石（赤铁矿和磁铁矿）产量居世界第 9 位，出口为世界第 5 位，纽芬兰和拉布拉多半岛是加拿大最大生产地区。其次是魁北克省和不列颠哥伦比亚省，主要出口市场是美国、日本。锌储量居世界第 8 位，2011 年底保有锌储量 420 万 t，主要产地是安大略省、不列颠哥伦比亚省、新不伦瑞克省及育空地区，其中 35% 产自新不伦瑞克省。90% 的锌用于出口，主要出口到美国，其次是日本、印度尼西亚和中国香港、台湾。金主要产自安大略省、纽芬兰省、魁北克省、曼尼托巴省及西北地区，其中 50% 产自安大略省。加拿大是世界第五大铅生产和出口国，近90%的成品出口到美国。育空和西北地区的铅矿产量居加拿大首位。2011年，钨世界储量310万t，加拿大钨的储量12万t，占世界储量的3.87%，保有储量仅次于中国、俄罗斯和美国，居世界第4位。2011年加拿大钨产量420 t，居世界第10位。铀矿是加拿大重要的能源矿，根据2011年数据，加拿大可靠铀资源量居世界首位，主要产地为安大略省，包括休伦湖以北的埃利奥特湖和东部班罗夫特两个矿区，其次是萨斯喀彻温省北部的湖泊区。不列颠哥伦比亚省是钼和铀的集中产地。加拿大的钽储量次于澳洲为世界第2位。

加拿大主要非金属矿产包括钾盐、石棉、硫和钻石。

钾储量和产量居世界第1位，2011年保有钾盐储量440 000万t。95%的钾产于萨斯喀彻温省，也是加拿大主要钾矿开采和钾肥生产基地，其主要的市场在亚洲、非洲和拉丁美洲。石棉是加拿大的优势矿种之一，2010年石棉产量10万t，主要产于魁北克省的圣劳伦斯河以东地区。硫居世界储量第5位，产量居世界第2位。主要产于育空地区。钻石储量世界第3位，仅次于南非及澳洲。加拿大也是世界第三大钻石生产国，阿尔伯塔省、萨斯克彻温省、魁北克省、安大略省、西北地区及努纳武特地区等已发现500多个钻石矿。西北地区的两座大规模钻石矿，约有30个开采项目。钠储量居世界第5位。主要在萨斯喀彻温省、曼尼托巴省及阿尔伯塔省。Breton岛、爱德华王子岛、马德琳岛等地区，以及纽芬兰省、新不伦瑞克省也有发现。

二、基本矿业法律

1. 矿业法

按加拿大现行宪法，采矿业一般由省级政府管理，各省政府对其管辖的矿业负有管理责任，这里所指的矿业包括矿产资源的勘探、开发、开采以及矿址的建设、管理、清理改造和关闭。

加拿大多数省的矿业法规鼓励进行矿产资源勘查和开发活动。在矿业活动被许可的地方，法律承认进入该区寻找矿产资源，获得勘查、开发和生产矿产资源的权利。矿业权人可以从国家获得勘探许可、勘区证、采矿租约以及开发矿产资源的地面权利。

加拿大政府比较重视废弃矿山的恢复治理，各省政府都制定了专门的法律，通常要求经营者必须提交矿山复垦计划，包括矿山闭坑阶段将要采取的恢复治理措施和步骤。为保证复垦方案得以落实，矿业公司从取得第一笔矿产品销售款开始，就要提取复垦基金（或保证金）。此外，为加强废弃矿山的恢复治理，一些省政府还采取其他积极的措施。

2. 外商投资法

加拿大政府积极鼓励外商投资，如果不直接涉及加拿大股票或商业资产获取等问题，外商投资通常不受加拿大投资法的约束。在矿业方面，矿产资源开发中的勘查阶段被认为不是商业获取，因此不受投资法约束。而矿产资源开发的生产则被认为是资产获取，需要经过审查批准后方可进行投资活动。

2012年修订的《投资加拿大法》、《投资加拿大条例》、2011年修订的《加拿大商业公司法》是加拿大管理外国投资的指导性法律依据。《投资加拿大法》适用于任何在加拿大投资行为。该法同时规定，任何一项外国投资都需要向政府备案或者通过政府的审核。

2012 年 12 月 7 日，加拿大颁布了新的外国国有企业投资指南修订版，主要内容有：①未来 4 年内加拿大政府将其对外资的审批门槛提高至 10 亿加元，但外国国有企业的投资审批门槛将维持在 3.3 亿加元不变；②加联邦政府将在外资审查过程中考虑外国国有企业可能对加拿大企业及相关产业的控制程度或影响力；③加政府将考虑外国国有企业所属外国政府可能对该国企收购加拿大企业的控制程度或影响力；④赋予加工业部长对国家安全审查延期的灵活性。

3. 矿业法的实施

（1）矿业管理部门：加拿大矿业法由联邦和省二级实施，二级间是分工、协作关系，除环境和矿山复垦等涉及社会公众利益或省间协调的问题外，分别按各自的立法管理权限履行职责。联邦政府行业管理部门主要是联邦自然资源部，其职责主要是：国有企业有关的矿业活动；国际贸易和国际投资；财政和金融政策；环境保护和保护区；协调联邦与各省在矿业政策问题上的合作；全国矿业活动信息。省级矿业管理部门的职能，包括矿产资源的勘探、开发，以及矿山的建设管理、清理改造和关闭的全过程。

按加拿大现行宪法，联邦政府在一定范围内享有对矿产的直接控制权，如铀矿的勘探、开发管理；西北地区和领海的矿产资源管理。对于全国的矿产资源，联邦政府主要是从科技、劳动和环境保护上管理，通过制定政策和法律，维护经济的可持续发展，控制矿业活动对环境的影响，从宏观上控制加拿大矿业。采矿业一般由省级政府管理。但加拿大三个少数民族地区的矿业活动由联邦政府通过派驻观察员或直接管理的方式行使管理权。

（2）矿业活动申请程序：①第一阶段——申请普查证。18 岁以上的加拿大公民个人或公司均可申请加拿大联邦或省属土地上的探矿权；对私有土地，一般通过协商进入。一旦发现有资源前景的目标靶区，则进入第二阶段。②第二阶段——矿地声明。探矿证持有人对有前景矿地下桩或标定，以圈定需要的范围。评估工作的结果，必须向矿产登记人报告，并视具体情况向社会公布。此时的评估面积一般在 1 000 km² 以内，且要按政府规定完成每年单位面积的最低勘探投入。③第三阶段——开采租约。对经济矿床的采矿租约有转让或者自行开采两种处理方式。此时，必须完成的两项工作是：矿山环境评价和矿山闭坑时的复垦计划，任何一项通不过审查，开采活动均无法进行。

（3）矿业活动监督的资格制度：加拿大的矿业活动监督是从申请探矿开始直到闭坑后的复垦全程制度化、公众化的监督，更从法规上明确监督员、资格人制度。监督员是专业人士（如环境专家），受政府机构委托，同时监督几个矿山，既可经常性检查，亦可临时性抽查，一旦发现有违规矿区，立即提出制止或修正措施，在一定时期内未达到法规要求的，当即下达停产通知，否则交由法庭按法律规定处理。

加拿大证券管理委员会于 2001 年 2 月颁布的《矿业项目资料公布的新标准》，对矿业开采和勘探工业资料签发人的资格要求及责任作了明确规定。资格人是"一个工程师或地质学家，并且在矿业勘探，矿山开发或经营或矿业项目评估或以上某几项工作中有至少5年工作经验，有与矿山项目和技术报告相关的经验，是某个专业协会的较有声望的会员。"资格人的责任是负责准备技术报告以及根据专业和工业标准提供科学和技术方面的建议。

三、矿业权政策

在加拿大开发矿产，必须取得采矿权和地面所有权。采矿权由勘探许可、勘区证和采矿租约组成，反映了取得矿业权的程序。地面所有权即是土地使用权。

1. 采矿权

（1）勘探许可：类似我国的勘查资质，有效期5年。要求低，只收取名义费用。

（2）勘区证：打桩或在地图上确定勘探范围。只有权勘探，但有下一步工作的优先权。勘区证有效期1年，可申请延期。要求最低投入，每年要向政府交勘探工作报告。延期期间，勘探许可证有效。勘区证可转让给其他勘探许可证持有人。费用20～50加元。

（3）采矿租约：为最高租约，赋予采矿权和处置权。一般申请要求：作了足够的工作，进行了地面测量，证明已作了地面所有权补偿（安大略省规定）。一般期限为21年，可延期21年。申请费用低，每公顷1加元或总共75加元。申请采矿租约，申请者不一定向政府出示矿产储量资料。在租约末期，权属收归政府。但如果没复垦完，政府不收回权属，直到矿山企业复垦完。

2. 地面所有权

土地使用权与采矿权可分开处置。如果地面所有权为私人所有，采矿权人进入需经其同意；如果私人不同意，法律规定了采矿权人的程序。如果地面所有权国有，则采矿权人可直接进入，不用花费。

在加拿大，矿业权与地面权是分离的。如果地面权由私人拥有，则矿业权人需经地面权人同意，并给予一定的补偿。当补偿数额不能达成协议时，地面所有权人可按法律规定申请仲裁；如果地面所有权人不同意矿业权人使用土地，按矿业法的规定，矿业权人可通过一系列程序进行申诉。如果地面所有权归省或联邦政府，则矿业权人可无偿使用土地。

3. 矿业权申请程序

（1）采矿权申请：加拿大各省的矿业法都规定了矿业权申请程序。申请者须先申请取得勘探许可，再确定一定范围申请勘区证。经批准的矿区范围有的需要打桩，有的只需到政府有关部门在地图上圈出即可。

获取采矿租约后的开发工作完全由投资者决定，政府只介入矿山开发后的复垦工作。矿山在开采前要提交复垦报告，由矿业公司与政府达成有关协议并交纳足够的复垦保证金，保证金的数额由政府与矿权人商定，并可根据情况变化进行调整。采矿许可证到期后，矿区由政府收回，但如果矿山没有完成复垦，政府将不予收回。政府对矿山的监督工作由政府派出的观察员承担，观察员有权命令关闭矿山。

（2）矿山环境评估制度：矿山环境是采矿许可证的必备部分，在矿山投产前必须提出矿山环保计划和准备采取的环保措施，根据不同的矿山开发项目，运用的评估方式有：①筛选：即对矿山提出的环保计划和措施进行筛选，适于小型矿业项目；②调解：对矿山开发可能产生的环境影响涉及当事人不多的矿业项目，由环境部指定调解人协调；③综合审查：对矿山开发可能产生的环境影响，涉及多个部门或跨几个地区的大型矿业项目，必须联邦组织综合审查；④特别小组审查：适用于任何政府机构或公众，要求必须包括一个独立小组的公众审查项目。

（3）矿山关闭及复垦制度：这是加拿大推行矿业可持续发展战略的侧重点。各省通常要求在颁发采矿许可证前，矿山提出关闭计划，即关闭、复垦及后续的处理或监督费用的估计及实施计划。据了解，安大略省自 2001 年开始，准备 3 年内投资 2 700 万元，用于辖区内 7 000 余座废弃矿山的复垦。

四、税收政策

1. 矿业税

加拿大矿业税包括三级税：联邦企业所得税；省级企业所得税；省级开采税或权利金。联邦税收包括所得税、大公司（资本）税、能源消费税和商品与服务税。省（区）级税收有所得税、采矿税/权利金、能源消费税和零售税等税种。有些地方政府还有财产税派税。在计算联邦所得税时，所有的勘查和开采成本将被扣除。可减免的风险投资税费取决于可觉察的风险程度和政府鼓励投资的类型。如砂、砾石、泥炭和石灰石等普通矿产工业被认为是低风险的，不予以减免税费；对新矿床的勘查投入被认为是高风险投入，予以鼓励，减免率通常为投入当年的 100%；在矿山投产进行生产后的投入被认为是低风险的，每年的减免税率通常为 30%。

加拿大目前实行对新建矿山加速折旧的优惠政策，加速折旧的对象包括：建筑物及其他建筑设施（位于矿山以外的办公楼除外）；采矿机械设备和选矿设备；为矿山运行提供动力的电厂和变电站；直接为矿山生产服务的交通设施。此外，加拿大还对部分矿产的开发实行损耗补贴。损耗概念只适用于层状工业矿床的所得税，层状矿床被认为是可贬值的资产。按照补贴条文，这种损耗可以在税收中折扣。这类矿床主要有：贱金属和贵金属矿床；煤矿；沥青砂矿和沥青页岩矿；管理机构规定的一些矿床。

2. 矿业税收优惠政策

在加拿大从事矿业活动，可享受联邦和省区政府的各种税收优惠政策，包括资本成本补贴、资源补贴、勘查开发税收减免、全部通过股票等。这些政策制度考虑了一般企业和个人的税收，同时也注意到了矿业税收的特殊性，以鼓励投资矿业。这些政策使得矿山企业的税率和应税收入大为降低，从而有效降低风险，保障矿业投资权人的正常获利。计算税基时的优惠包括以下几条。

（1）成本补贴：资本成本补贴实际上就是资本资产的折旧。基于矿业投资的高投资及高风险性，允许新矿山从矿山收入中快速扣除用于矿产开采经营的机器、选厂设施、基础设施及矿山开拓等的投入，主要包括：建筑物及其他建筑设施（位于矿山以外的办公楼除外）；为矿山运行提供动力的电厂和变电站；直接为矿山生产服务的交通设施等。折旧年限一般 4～5 年；这有效地消除了经营一个新矿山需缴的任何联邦所得税，直至经营收入偿付了资本投资。

（2）资源补贴：这是基于资源的有限性的消耗补贴，是一种计算所得收入时的折扣。这项补贴几经修改，1972 年以前按经营利润的 33% 扣除，后来被"投资挣得"所代替；1990 年 1 月 1 日起执行以 25% 的资源利润（矿产品的销售收入 – 经营成本 – 资本成本补贴）作为抵扣额，从矿山开采经营收入中扣除。但在加拿大，对国外金属矿石进行初始加工的收入可以纳入采矿收入，以便获得损耗折扣，但不能纳入资源利润以获得资源补贴。这种收入不可作为制造和加工收入减税。

（3）特殊考虑的税前扣除：允许所有加拿大境内勘探费用及 10% 国外勘探费用税前扣除；在计算税基时，扣除对生产能力达到 60% 且持续生产 6 个月的开采性投资。

根据以上优惠，联邦矿山企业所得税有效税率由 28% 降为 21%。省矿山企业所得税计算税则遵从联邦税制，各省税率有所区别，最低的 8%～9%，最高的 17%。平均 13.15%，扣除优惠后实际有效税率约 10.12%。

（4）开采税和加工补贴优惠：省级开采税除萨斯喀彻温省外，多数是以利润为基础计算的。开采税的优惠主要用于刺激企业优先选择在本省进行深加工，各省开采税一般在 18%～20%。各省对加工补贴优惠水平不同，以安大略省为例，对投入于矿石选冶的投资，具体是：如果仅从事选矿，补贴率为 8%；如果含冶炼，则为 12%；含精炼，则为 16%；如果在安大略省的北部并含精炼、加工，补贴率高达 20%。

第二节　美　国

一、矿产资源概况

美国位于北美大陆中部，东西两侧濒临海洋——大西洋和太平洋。地势东西高，中央低，主要山脉南北走向，西部以山地为主，占总面积的 30%，东部以平原为主。

美国大陆基本上可划分为中部地台区、东部阿巴拉契亚造山褶皱区和西部的科迪勒拉中新生代造山褶皱区三个大地构造单元。

境内矿产资源丰富。不同时期形成的各类矿产资源有：煤、石油、天然气、铁、锰、钼、铜、铅、锌、金、银、钨、锡、稀土、锑、钛、铝土矿、重晶石、石膏、磷酸盐、天然碳酸盐、硅藻土、萤石、硼、滑石、高岭土、钾等。其中，煤炭储量占世界总储量的 27.1%、稀土占 14.8%、铁矿占 4.3%、钼占 31.4%、铅占 12.1%、金占 6.4%、银占 9.3%、硼占 23.5%、硅藻土占 27.2%、天然碳酸钠占 95.8%、重晶石占 12.5%。其中煤、铁、钼、铜、铅、锌、金、硼、铀、芒硝和滑石等矿产均居世界前列，但锰、铬、铝、镍和金刚石资源短缺。

美国的金属矿产资源主要分布在西部地区。重要的金属成矿带有：安第斯山成矿带、阿巴拉契亚成矿带、密西西比河谷区成矿带、苏必利尔湖区成矿区、洛矶山成矿带、Uravan 铀矿带等。主要的金属矿床类型有：斑岩型铜钼矿、斑岩型铜金矿、火山—热液型金银矿、喷气沉积型铅锌矿、密西西比河谷型铅锌矿、块状硫化物型多金属矿、岩浆型铜镍矿、卡林型金矿、BIF 型铁矿等。

目前开采的金属矿产主要有：金、银、铜、铁、铅、锌、钼、铂族金属等，开采的非金属矿产品主要有：石料、石灰岩、磷酸盐、高岭土、盐、苏打灰、斑脱岩、钾岩、硼矿、硅藻土、石膏、宝石等。

在能源矿产方面，煤矿资源主要分布在蒙大拿州和伊力诺斯州。美国有墨西哥湾、北美地台、加利福尼亚、洛矶山和安拉斯加五大油气区，并有以墨西哥湾油气盆地为代表的 30 多个油气盆地。目前，探明的石油储量主要集中在德克萨斯、路易斯安那、阿拉斯加和加利福尼亚这 4 个州。其中，德克萨斯州的石油储量占美国石油总储量的22%，美国的石油和天然气储量分别占世界总储量的 2.5% 和 2.9%，是世界第十一大石油储量国和第六大天然气储量国。

美国是世界上的资源大国，也是世界上最大的矿产资源消费国，大量的消费使美国每年都需要进口大量的矿产品。其中工业所需要的 32 种战略原料中，就有 23 种主要依靠国外供应。约有 1/3 的铁矿、90% 以上的锰、铬、铝需要依赖进口解决。

造成美国矿物原料不能完全自给的原因，除了矿产资源在世界各国分布上的不均衡外，还有美国对矿产资源在探查与开发利用上受到法律上的种种限制有关。例如，为了保护环境，联邦土地的 1/2～1/3 禁止进行矿床勘探和开发活动。另外，对于正在开发的矿床，还实行严格的环境规定，使矿业生产建设的费用大幅度地增多，环保投资占矿业开发总投资的 7%。美国政府为了使战略矿产资源的供应得到保障，采取了重视振兴本国矿业、加强资源储备、争夺国外资源的政策。

美国政府还通过国际地质计划，以及多种投资和贷款方式，鼓励本国采矿公司进行国外资源的勘探和开发，以保障矿产品的稳定进口。例如，美国现已控制了利比里亚石油产量的 87%，扎伊尔钴产量的 100%、铀的 90%、金刚石的 81%、锂的 50%，委内瑞拉铁矿的 100%、石油的 70%，拉丁美洲 64% 的铝土矿、62% 的铁矿、45% 的锰、锌和 40% 的铅。美国在澳大利亚和加拿大采矿业中投入大量资金，以保证铁、铜、铝、锌、钨、锂、铀的供给。

美国政府还积极进行未来资源的勘查，如太平洋深海锰结核、南极洲的多种矿产。同时，积极利用贫矿，发展代用资源，保护和节约资源。

总的说来，美国是一个工业高度发达的国家，尽管国内矿产资源很丰富，采矿技术水平高，但仍然利用国际市场上的矿产品价格较低的现状，更多地从利润和环保出发，不强调矿产品供应上的完全自给，而是根据国外资源的允许程度、必要的矿物储备的基础上，采取积极开发和进口国外矿产品的政策。

二、基本矿业法律

1. 矿业法的种类

美国的矿产资源立法分联邦和州两个层次。为了保证本国经济长期稳定发展对矿物原料的需求，美国100多年来颁布了多部与矿产资源有关的法律法规，有《矿地租借法》、《材料法》、《外大陆架土地法》和《深海底固体矿产资源法》、《采矿法》、《矿产转让法》、《建材矿法》、《征收土地矿产法》、《露天采矿管理土地复垦法》、《地下水保护法》、《环境保护法》、《国家采矿控制法》、《战略物资储备法》等一系列法律法规，使得美国矿业活动有法可依。其中，最重要的有1872年的《通用矿业法》、1920年的《矿产租赁法》、1947年的《建材矿法》、1953年的《外大陆架土地法》、1964年的《荒原法》和1977年的《露天采矿控制和复垦法》。这些在不同时期颁布的法律法规规定了不同的矿业权内容。

2. 主要矿业法的基本规定

（1）矿业法：1872年的矿业法适用于大多数州公有土地上的固体矿产。这个法律的宗旨是为了加速西部各州的开发，使占据并开发该地区的人们可方便地取得联邦土地。而在1849年（加利福尼亚淘金热开始）到1866年（通过第一个矿业法）间，开发时执行的制度是各个州的法律和地方惯例。这个矿业法对位置的确定、市场的销售和申请的评估仅有一个概括的要求，规定每年至少花费100美元的劳务或改良费，在此基础上即可向采矿人转让所有权。

（2）矿地租借法：按1920年国会通过的《矿地租借法》规定，只有凭借勘查许可证和租借证才能获得这些矿床。这个举动主要是改变最初的政策，代替原先的自由进入和自由抉择的处理权制度。与最初采用的政策一样，勘查许可证可以发给第一个合格的、希望到矿产远景未知地区进行勘查工作的申请者。勘查者在发现一个有价值的矿床后，就使他具有开发和生产这些矿产的优先租借权，条件是采矿是该矿地的主要价值已知矿区的出租可以通过登广告、竞争投标或内政部部长选定的其他方法进行。

石油、天然气或煤不再实行勘查特许证制度。含有此类矿产的土地只能通过竞争投标方式才可租借。对油气生产区地质构造已知区以外的土地实行非竞争性的租借制度，即可出租给第一个合格的申请者。内政部长对探采工作、安全、环境保护、租费和矿区使用费等的征税条件有相当大的处决权，以保护美国的利益和公众福利。

（3）外大陆土地法：《外大陆架土地法》是1953年正式通过的，该法案规定了超出各州水域和美国司法权及管理权范围的水下土地中矿产资源的租借条款。该法案的主要目标是石油、天然气和硫，但该法案的第8条授权内政部长有权出租产在外大陆架中的其他矿产。

石油和天然气的租借权可按5年租借计划授予最高的投标者。这种计划的基础是国家能源需求状况，也必须考虑其他资源的出租效益、地区发展和能源需求，特定地区的工业利益，大陆架不同地区的环境敏感性和海洋生产能力。打算租借的面积大小、时间长短和位置，以及承租人提出的开发生产计划都要经有关的州政府和地方政府审查。如果内政部长确认州和当地政府的建议是在国家利益和当地居民福利之间进行了合理的协调，那么就必须采纳他们的建议。还实行一种灵活的投标制度，在这种制度中，矿区使用费率、现金红利、工作承诺、利润分成或这几项的任意组合都是可作为投标的因素。

（4）深海海底固体矿产资源法：《深海海底固体矿产资源法》适用于在超出任何国家大陆架和资源司法权的海底进行旨在商业回收锰结核的勘探工作。在其他法律中，美国资产司法权的基础是对领土的控制，而《深海固体矿产资源法》的司法权则不同、其基础是美国的实力，从而对美国公民在美国领土以外的活动进行管理。

矿产勘探许可证和商业生产执照由国家海洋大气局批准，而其面积大小和位置则由申请人选择。申请人必须证明他在财务上和技术上有能力完成他所申请的工作，同时所设计的地区也必须组成一个"合乎逻辑的采矿单位"。在批准许可证或执照之前，要求局长准备一份环境影响报告。为帮助评价采矿对海洋环境的影响，将通过国际协议的方式，建立一个安定的生产区。执照和许可证都要以保护环境质量和保护矿产资源为条件。

三、矿业权政策

1. 采矿请求权和土地准入权

在美国，采矿请求权和土地准入权分别有两种。

（1）采矿请求权：采矿请求权分为矿脉开采权和砂矿开采权。

①矿脉开采权的范围是在界线分明的岩石地层或裂缝内一个或多个连续的矿床、矿脉或含矿岩层的地带，通常深至地壳深处。矿脉范围描述从矿藏发现处开始至四至界线，包括自然标志物或永久纪念物。联邦法律限制矿脉范围最长为457.2 m、最宽为182.9 m，即矿脉两边各91.4 m。②砂矿开采权是指在公有土地上开采砂矿的权利。砂矿中的有价值矿藏并不固定在岩石中，而是包含在一定范围土地的泥土、沙粒或沙砾中。每块地的最大面积是20英亩（英亩等于4 046.856 平方米），8 人或8 人以上组成的砂矿开采团体根据法律有开采砂矿的权利，开采最大面积为160英亩。在阿拉斯加州，规定采砂团最大面积允许开采为40英亩，每个公司每项砂矿开采权所占地最大面积为20英亩。除非公司和其他勘界人或公司协同组成联合勘界人，否则不可以探测组合砂矿床。这样限制了少数采矿人对矿产进行垄断开采。

（2）土地准入权：土地准入权分为选矿厂用地权和隧道用地权。①选矿厂用地权规定，选矿厂必须在非矿产地选址，而且不能与和它有关联的脉矿与砂矿邻接，其目的是保证脉矿或砂矿开采工作，建设方式有两种：如果建在未测量土地上则用四至法，如果建在测量过的土地上则用法定的土地再分法，最大面积为5英亩。②隧道用地权是一种在联邦土地下的地下通行权，用于通向矿脉开采地或勘探盲脉或未发现的矿脉，其深度可达914.4 m。

1920 年美国颁布的《矿产租赁法》规定，土地管理局授予租赁权，开发公共土地和蕴藏有联邦保留矿产的土地上的煤、磷酸盐、碳酸钾、钠、硫黄和其他可租赁矿产。该法还确立了矿产承租人的资质条件，划定了可以被承租人拥有的某一特定矿产的英亩数，除非通过持有某公司的股权，否则禁止外国人享有租赁物所有权。土地管理局多数种类的租赁条例都规定了最低租金和权利金，在发生新的租赁时和现有租赁被重新调整或续租时，土地管理局可以定期增加租金和权利金。联邦矿物租赁的转让和转租必须得到土地管理局的批准。

美国联邦煤矿实行的是竞争性租赁，由土地管理局进行管理。煤矿租约规定了交纳年租金，不少于从露天矿山开采的煤矿价值的 12% 的权利金，以及从地下矿山开采的煤矿价值的 8% 的权利金。美国联邦煤矿租期首次 20 年，租期到期重新调整，承租人也可申请续租，一般只能一次延期 10 年。美国《煤矿租赁修正案》要求承租人在 10 年内必须具有有生产能力的矿床，否则丧失租赁权，并撤销其追加租赁的资格。不论是联邦土地还是私人土地的煤矿开采作业都由露天采矿局或联邦批准的州露天采矿局依据1977 年《露天采矿控制和复垦法案》进行管理。

1. 矿业权管理体制

（1）管理权限的划分：美国矿产资源的所有权及管理权划分依据是：土地、海域的所有权。联邦政府、州政府和私人分别只对属于各自土地上的矿产开发进行管理，管理权限明确，没有交叉和互相干扰，操作简单易行。领海的矿产资源归属海域相邻的州政府，三海里以外的大陆架矿产资源属于联邦政府。陆上矿产资源权属依土地权的权属分 4 类：联邦政府的公有土地、州属土地、私有土地和印第安保留地，除印第安保留地由联邦政府代为管理外，其余均由所有者管理。但有一条特例是地表土地为私人所有，其地下的矿产资源仍归国家所有，但这部分矿产资源在开发中的许多问题还必须征得土地所有者同意后方可实施。

美国联邦各机构和州机构管理国土资源都有明确的立法依据和法律权限，各机构都在法定的权限和职责范围内依法进行行政管理。各管理机构责任和职权明确。矿产管理局只管理海上矿产，不管理陆上矿产；地表采矿局只负责煤矿山生产和复垦。在联邦与州的关系中，在涉及多部门的协作管理中，在达成共识后各方都要签署协议，以从法律上保证各方履行或承担相应的职责和义务。

（2）按矿种确定出让方式：1872 年美国政府在《通用采矿法》中对所有矿产采取同一种管理模式，即用可标定法出让矿权。美国目前矿业法律法规中规定以下按矿种确定出让方式：①大部分矿产（包括金属矿产）作为可标定矿产，靠申请获得矿权，取得矿权不需交纳费用。②石油、天然气、煤、肥料矿（硫、磷、钾）及沥青，由于矿床面积大、矿石产值高，政府最先将这些矿产从可标定矿产中分离出来，出租出让矿权，又规定一律采用竞标的方式出让矿权，在规范开采活动的同时，确保了政府在开发活动中的利益。③建筑材料矿物原料类矿产一般矿床构造简单，开采技术要求不高，在市场需求量很大的当今，美国政府采取一次性出售出让采矿权，既减少了开采前审批的繁杂手续，保证了开发市场的需求，又降低了管理成本，提高了管理效率。

（3）开矿环境保护制度：无论是海上还是陆地矿产的开发，政府在审批时，最重要的内容是对矿山开发的环境影响及防治措施进行审核。审核方法和程序是：①开发者提交开发海域或地面区域的环境影响报告书。要求对每一阶段的开发活动做出环境影响预测，并提出防治措施。如陆地开发，要提供可能对自然生态、自然景观、土质、水质等的影响预测，如在旅游区，更要提供大量的论证材料和详细的测量数据。②环境影响报告书提交后，政府将按规定向矿区地方政府和民众公布并征集意见。3 个月后，根据反馈的民众意见重新修改报告。修改后的报告再次征求意见，再次修改，反复沟通，力求将因开发造成的破坏降到最低程度，直到报告通过。③环境影响报告书还要在各有关政府部门之间反复征求意见，如农业部、林业部等，由其审查对农业和林业方面的影响，提出意见再做修改。

一般一个环境影响报告书要经 4～5 年的时间才能走完全部程序，直到各方都满意，方可动工开采。对各方意见相持不下时，可提交内政部裁定。在开发活动中，当开发者不按承诺的方案进行环境保护时，当地民众可随时向土地局或者法院提出诉讼。

矿区开发前矿业公司还要向政府交纳大于复垦费用的"复垦保证金"，用于日后矿山闭坑的复垦工作。复垦如期完成的，保证金退还；不按计划复垦的，由政府将保证金用于复垦工作。

四、税收政策

矿产资源税费包括矿产资源收费和矿产资源税。矿产资源收费是矿产资源所有者（或出租者）所取得的各项收益，是矿产资源所有权在经济上的实现。矿产资源收费调节的是所有者与生产者之间的经济利益关系；而矿产资源税是矿产矿业税（矿产矿业税中包括国家和地方政府对其他行业所征收相同性质的税，如产品税、增值税、所得税等）的一部分，它调节的是政府与矿产资源经营者（包括所有者和生产者）之间的经济利益的分配关系。

1. 矿产资源所有者的收费

（1）红利：又称租赁红利或现金红利等，它是承租人付给出租人矿产租约签订的报酬，价格按每英亩支付。其金额大小受矿产资源优越的外部条件（如位置、交通、赋存条件等）、品位等影响变化较大，州和联邦所属矿区租赁采取竞争性招标，红利表现为成功竞购者赢得租约权利的现金数量。

（2）矿地租金：又称之为延期地租。一般情况下，典型的租约在 1 年内终止，而延期地租就是矿产公司为延期勘探、生产等活动、保持合同的有效性而支付给出租者的费用。它不是对矿产生产的赔偿，而是支付延期勘探和生产租赁所有权的开始，没有丧失租约。

（3）权利金（即矿区使用费）：权利金是矿业权人开采和耗竭了矿产资源所有权人的不可再生的矿产资源而支付的费用，它是矿区开始生产后承租者一般按矿产品销售收入（或销售量、利润）一定比例支付给出租者的部分，在生产暂停时，承租者应支付最低权利金。

最低权利金：联邦租约可能更多地包含最低权利金的规定。最小权利金是每年支付的，在每一英亩的基础上，要求保持一个租约的权利，直到产量超过最小值。一旦年产量超过最小价值，最低权利金支付终止。

2. 矿产资源税

（1）资源税：资源税（有的州称为采掘税或矿产税）是由州政府对开采煤炭、石油、天然气和其他矿产资源的行为开征的一种税。目前，有一半以上的州开征资源税。

各州开征的资源税的征税对象和具体名称也是五花八门：阿拉斯加州征收石油和天然气税；路易斯安那州征收天然气税；俄克拉荷马州征收石油和天然气税；得克萨斯州征收原油和天然气税；田纳西州征收天然气税；犹他州征收石油和天然气税；怀俄明州征收矿产税。

（2）暴利税：美国自 1979 年 6 月 1 日起放宽价格管制，针对石油公司所获得的超额利润于 1980 年 2 月 2 日对国内生产原油征收联邦货物税，在 1991 年底取消。近几年美国国会又在考虑征收暴利税。

第三节　墨西哥

一、矿产资源概况

墨西哥国土面积 1 972 550 km^2，是拉美第三大国，领土面积位居世界第 14 位，位于北美洲南部、拉丁美洲西北端，是南美洲、北美洲陆路交通的必经之地，素称"陆上桥梁"。北邻美国，南接危地马拉和伯利兹，东濒墨西哥湾和加勒比海，西临太平洋和加利福尼亚湾。海岸线长 11 122 km。全国面积 5/6 左右为高原和山地。

墨西哥具有丰富的矿产资源，能源矿产资源有石油、天然气、铀和煤；金属矿产有铁、锰、铜、铅、锌、金、银、锑、汞、钨、钼、钒等；非金属矿产有硫、石墨、硅灰石、天然碱和萤石等。其中储量居世界前列的矿产有：银位居世界第 2 位；铜、石墨和天然碱位居世界第 3 位；硫和重晶石位居世界第 6 位；钼、铅和锌位居世界第 7 位；锰位居世界第 8 位，石油位居世界第 17 位。

墨西哥具有丰富的油气资源，据第 14 届世界石油大会估计，其常规石油可采资源量为 128 亿 t，居世界第 8 位，常规天然气可采资源量为 5.96 万亿 m^3，居世界第 13 位。根据《世界矿产资源年评》（2009～2010 年），2010 年，墨西哥石油剩余探明储量 142 754 万 t，天然气剩余探明可采储量 3 388 亿 m^3。据美国地质调查局（USGS）2000 年对全球待发现油气资源所做的评估，墨西哥待发现的石油资源量为 31 亿 t，天然气为 1.39 万亿 m^3。

煤炭资源主要分布在东北部的科阿韦拉州和南部的瓦哈卡州；金矿主要分布在中央高原和西马德雷山脉，最大的金矿是墨西哥州的雷亚尔德奥罗矿。西马德雷山区储藏着铅、铜、锰、锑、钨、锡、铋、汞等有色金属，是墨西哥最重要的有色金属资源分布地区。

二、基本矿业法律

1. 矿业法的颁布

墨西哥法律制度和体系比较健全，《矿业法》及其实施细则及与矿业相关的部门法规和《环境保护法》、《土地法》等组成了较完善的矿业法律体系，使得矿业法具有很强的可操作性。墨西哥现行的《矿业法》是 1992 年颁布的，并于该年的 6 月 26 日在联邦政府公报上发布，1996 年和 2005 年对其中的某些条款进行了修改，对现行的法律内容在 2006 年 6 月 26 日公布了最新修正案。矿业法涉及矿产的勘探、开采和选冶等。矿法规定允许私人资本（包括外国资本）持有矿山企业 100% 的股权。放射性矿种、石油和天然气除外，适用专门的法律，由政府垄断经营，限制外资的参与。

2．矿业法对采矿业的基本定义

《矿业法》规定，矿脉、矿层、矿石或矿床中特性异于土地成分的矿物、由现存的位于陆地表面或地下的海洋海水直接形成的盐湖中的矿物质和盐及盐的副产品的勘探、开采和选矿，都必须遵照本法的规定。并对"勘探"、"开采"和"选矿"进行了定义：

（1）勘探：以发现矿床或矿物质，以及确定和评估矿床储量的经济价值为目的的活动。

（2）开采：矿床所在地的准备、建设和工程，以及矿床所在地矿产品和现存物质的采掘。

（3）选矿：矿产品的准备、处理、初级冶炼和精炼。目的是获取或回收矿物，使有用组分富集和减少杂质。

3．矿业法的实施

墨西哥《矿业法》通过经济部和墨西哥地质调查局共同实施。经济部下属的矿业协调总局负责矿权的授予工作。墨西哥能源部负责全国的油气管理。

（1）经济部的职责包括：规范和促进勘探和采矿活动，监管和促进勘探开采以及矿产资源的合理利用和保护；制定和追踪矿业产业计划，协调促进中小矿业发展和社会发展的制度计划、区域计划和特别计划的制定和评估；颁发矿业特许权证和矿业勘探分配证，解决矿业特许证和矿业勘探分配证无效、撤销或中止和矿权权利取消的事宜；根据本法规定和征用、临时占用进行本法范围内的矿产勘探、开采和选矿必不可少的土地或建立地役权申请的相关规定，起草文档，并做出决议；解决矿业受益人与第三人之间产生的争议；申请和接收关于生产、选矿和矿产用途的信息、矿床的地质信息和矿产储量信息；负责矿业公共登记和矿业填图，进行各种形式的地质测绘，保持矿业填图的更新；与能源部一起，更新与煤矿伴生天然气的回收和利用政策，确保天然气的理性利用，提高利用效率，制定与煤矿伴生天然气的回收和利用的技术管理规定、条款和条件，评估与煤矿伴生天然气的回收和利用项目的可行性及该项目与能源政策的一致性等。

（2）墨西哥地质调查局是非中央的公共机构，具有法人资质和自有资产，与经济部在相关产业中相互协调。其主要职能包括：促进和进行地质、矿业和冶金调查，发现本国的潜藏矿产资源并定量，确定和估算国家的资源矿产潜力，形成其国家矿产信息；编制国家矿床目录；提供国家地质、地球物理、地球化学和矿业信息服务；绘制所需比例尺的墨西哥地质图，并保持其更新；根据国际规则，提供国土内的地球化学信息，制定地球物理特征，并解释；在矿产资源评价、冶金工艺和样品的物理－化学分析方面，为中小矿业和社会领域提供技术支持；参与风险勘探投资基金；提供给经济部关于确定矿物或物质和加入或退出矿业预留地区的理由；提供土地利用规划方面的技术支持，提供土地利用规划所需的地质风险、生态、土地、水文地质和地质技术研究报告；获取和保存土地科学信息；应相关人员申请，证明矿产储量；根据本法实施条例的规定，通过公开招标，签订合同，来进行矿业勘探分配框架下的矿物的工作；确定和调整提供的服务的价格；与州政府机构协调，通过矿业建立博物馆的方式，促进和推广地质、矿业和冶金知识。根据现行法律，遵照与州政府签订的协议，准备预算拨款等。

4. 矿业权和税收的相关定义

根据墨西哥法律规定，企业必须获得联邦政府的授权和许可证，才能从事矿藏的勘探和开采业务。该许可证发放对象为墨西哥企业和个人，而不直接授予外资企业。外资企业须按照墨西哥矿业法的规定，在当地注册成立公司方可有权申请上述授权许可。此外，外资企业可以通过参股的形式开发矿业。石油化工行业和核材料行业的勘探禁止外资参股。

墨西哥矿业权主要有勘探特许权和采矿特许权两种。自 2006 年 1 月 1 日起，墨西哥将两权合一，有效期限为 50 年，对勘探国土范围没有限制，可续期 1 次，续期最长期限为 50 年。

矿法规定了矿业特许权证持有人应履行的义务。特许权证持有人最重要的义务就是在其矿地上完成最低工作量。开采特许权证可以通过费用支出或矿产品销售额来证明。每年 5 月必须提交前一年工作量的报告。如果没有完成最低工作量将会导致特许权的终止，并且不允许向政府付款来代替未完成的最低工作量。迟交报告也会导致特许权终止，除非特许权人在收到未履行通知书的 60 天内能够证明他们的矿产品销售总额至少等于最低投资需求量。矿业管理部门有权审核这些报告，视察矿地，核实最低工作量的完成情况。这种规定也有一个不利方面，就是某些矿业特许权人将重点放在呈交报告这一事宜上，而不是切实做好工作。

矿业特许权证持有人必须依法交纳相关的税费，每年 1 月和 7 月交纳；不交纳会导致矿业特许权的注销；如果在收到未履行通知 60 天内交清全部矿业税费和罚金，也可避免特许权注销。同时要遵照在矿山安全、生态平衡和环境保护方面的一般法律和适用矿业 - 冶金工业的墨西哥官方条例。

外国人享有行业特许权：从 1961 年开始，外国人拥有墨西哥矿业公司的股份就被规定为不能超过 49%，使得墨西哥在引进外资方面不具有很强的吸引力。1996 年 12 月墨西哥公布了《外国投资法》修正案，使得外国人享有矿业特许权在法律上成为可能。现行矿业法在法律上以承认外国投资者在墨西哥不仅可以获得特许权，而且其企业可以持 100% 股权。

三、矿业权政策

墨西哥经济部是金属矿业的政府主管部门，其下属的矿业总局负责相关矿业权的授予工作。墨西哥矿业管理的主要法律依据是 1992 年颁布的矿业法，1996 年和 2005 年又对其中的某些条款进行了修改。矿业法涉及矿产的勘探、开采和选冶等（放射性矿种、石油和天然气除外）。矿法规定允许私人资本（包括外国资本）持有矿山企业100%的股权。

墨西哥国矿业权市场分二级，矿业权一级市场是向国家矿业行政管理部门（即经济部，具体由内设矿业司负责）授予矿业权的市场，矿业权二级市场是已经申请设立的现有矿业权流转的市场。可流转的矿业权必须与具有符合获得采矿特许权资质的法人或自然人签订矿业权转让协议，待转让的矿业权没有第三方可主张的任何权利，矿业权本身没有设置抵押、留置等财产权益，不涉及任何行政处罚程序或法院审判程序，以及对矿业权流转的其他法律法规的限制性规定。矿业权流转需将现有矿业权的地质矿产技术报告提交经济部公共登记处进行登记，矿业权流转双方当事人签订的矿业权转让协议及公证证明，双方当事人到公共登记处进行采矿特许权的转让登记。

矿业权被吊销的情形主要有：未按照法律规定取得的矿业权，获得采矿特许权后365天没有开展工作的，超过矿业权的范围使用土地的，没有按照规定进行矿山生产经营的，不及时向经济部提交地质及财务和统计报告的，不按时交纳矿业权相关税费的，对国家的矿业行政监察工作不配合或弄虚作假的，法院等司法判决，因国家利益需要而进行征收等相关法律规定的矿业权吊销情形。矿业权吊销后必须提交生产经营期间的地质报告，统计报告，以及欠交的相关矿业权税费和土地权益转让等法律法规规定的义务。

矿业权所有人可以向矿业行政管理部门提出申请，经过批准则对该矿业权不再负有任何义务，由墨西哥地质调查局对该矿业权信息进行整理进入公共领域。矿业权期满，则按照规定向矿业行政管理部门提出注销并进行登记，矿业权相关信息进入社会公共系统备查及重新招标或闭坑进入复垦程序。

向矿业行政管理部门提出矿业权放弃申请经过批准的，则没有任何费用，如果被拒绝，则要按照法律规定交纳一定的费用。矿业权期满，没有出现法律规定的需要交纳费用的情形时，是没有相关费用的。但是并不排除在特定情况下，可能面临行政监察或生态环境保护及司法判决产生费用的情况。

1. 矿业权的申请

申请人向墨西哥矿业行政管理部门提交矿业权申请，在符合法律法规等相关规定的条件下，根据申请的先后授予自然人、法人及其他组织唯一的矿业特许权，从勘探转入开采需向政府部门登记备案。其他的矿业权授予方式包括对特定矿产资源授予特许经营权或者或招投标程序等。矿业权申请的面积不能少于1 hm²，即有下限要求，对矿业权面积上限没有规定。

矿业权申请递交至矿业权所所在地的矿业司在各州府的代理机构，然后由矿业司核查，最后经矿业司司长核查，批准或否决。矿业权申请周期短，一般从申请到完成需6个月。

2. 矿业权申请的其他规定

（1）提交的测量工作报告必须由墨西哥国家矿业主管部门认可的专家出具；

（2）同一块地可以提交多份申请，采取抽签的方式决定选择申请人。但每份申请必须交纳申请费；

（3）有些地块不适用于先申请先受理原则，例如取消了矿业储备但还不是自由的地块，海岸或海床地区的地块。这些地块是通过招投标程序授予矿业特许权；

（4）在申请矿业权之前，可能要查询矿权分布图，矿业司把全国分为一个一个格，其中有 1 606 个格需要花钱才可知道是否有矿权，每个格的价格是 2 744 比索，呈现形式可以是电子版的，也可是打印版的。电子版的图件，需要安装 Autocad 或 Arcgis 等软件方可读图。

四、税收政策

墨西哥与矿业有关的税费主要包括企业所得税、利润分享税、矿地费等。

1. 企业所得税

墨西哥现行企业所得税最高税率为 28%，企业所得税在公司层面实行一次课征，税后所得分配后，雇主无须再从职员的薪资中扣缴所得税。2005 年，墨西哥实行了一项重要的改革，即从当年 1 月 1 日起，允许公司将本纳税年度内交纳的利润分享税从其应税所得中扣除。墨西哥政府希望此项改革能和 2007 年所得税率下调为 28% 的政策一起，使得墨西哥对国内外的投资者更具吸引力。

2. 利润分享税

不管公司的组织形式如何，雇员都应从公司的年收益中分享一部分利润，一般情况下，其分享率为公司应纳税所得额的 10%，但新成立的企业可以例外。在特定情况下，为了消除通货膨胀因素对收入的影响，要将应税所得额进行调整。在计算利润分享税时，纳税人不得将其本年度交纳的利润分享税从其应税利润中减除。另外，由于股息收入不包括在应税所得当中，因此，也要根据情况的不同来扣除或增加应税所得额。在雇主或相关团体允许的情况下，雇员从其购买的股份中分得的利润，可以作为员工工资薪金所得，这项规定也适用于国外的居民。

3. 矿地费

勘探和开采特许权证持有者在取得特许权证后必须依法交纳相应的矿地费，其费用标准在不同时间段是不同的，时间越长标准越高，每半年支付 1 次，一般都是在每年的 1 月和 7 月支付。不交纳会导致矿业特许权的注销。如果在收到未履行通知的 60 天内交清全部矿地费和罚金，也可避免特许权注销。

第五章　南美洲主要矿业国

第一节　巴　西

一、矿产资源概况

巴西是拉丁美洲最大的国家，人口数居世界第5位。其国土位于南美洲东部，毗邻大西洋，面积为世界第五大，仅次于俄罗斯、中国、加拿大以及美国。与乌拉圭、阿根廷、巴拉圭、玻利维亚、秘鲁、哥伦比亚、委内瑞拉、圭亚那、苏里南、法属圭亚那接壤。得益于丰厚的自然资源和充足的劳动力，巴西的国内生产总值位居南美洲第1位，世界第6位，西半球第2位，南半球第1位。

巴西的矿产资源十分丰富，量大质优，开采条件好。铌、钽资源探明储量居世界第1位；锡和石墨储量居世界第2位；铀矿、铝矾土和锰矿储量居世界第3位；铁矿探明储量居世界第5位，品位多数在60%以上。煤探明储量101亿t，铜矿探明储量1 740万t铜金属，石油探明储量112.4亿桶，天然气探明储量3 290亿 m^3。此外，还有丰富的铬矿（探明储量1 400万t）、镍矿（探明储量600万t）、黄金（探明储量200 t）、石棉以及优质宝石等矿产。现开发利用矿产70多种，其中金属矿有21种，目前在生产的矿山有1 900多个。非金属矿产主要是一些小型矿山，如花岗岩、装饰用石材和高岭土矿等。近年来，巴西发现了大量铝土矿和铜矿资源，使巴西成为世界上铝和铜的重要供应国。由于国际价格和国际市场需求上升，巴西近几年的矿石与金属矿产品的产值超过了240亿美元。

虽然巴西矿产资源的勘查开发已居世界前列，但从巴西的成矿条件和勘查开发的布局看，其矿产资源的潜力仍十分巨大。巴西铁矿资源丰富，且找矿前景良好，矿石质量好，是巴西矿业的支柱。

巴西矿业的主要问题是石油和煤炭资源不足，每年都需花大量外汇进口石油和煤。根据国家的矿产资源供求情况，政府主要采取了以下措施：①大力加强能源矿产的找矿工作，不断提高能源矿产的自给率；②政府在积极调整能源结构的同时，大力发展水电、核电，积极开展石油、天然气、煤炭和油页岩资源的勘查与开发；③加速边远荒芜地区资源的开发，带动地区经济的发展，尤其重点加强亚马孙地区矿产资源的开发；④执行矿业法典，发展民族矿业，限制外国直接投资矿业，以保护民族矿业的发展，外资只能参加由巴西本国控股的合资企业，防止跨国公司对巴西矿业的控制；⑤发展矿产品的深加工，提高矿业的经济效益。

二、基本矿业资源法律

巴西第一部矿业法典于 1934 年颁布并执行，经过不断的修改，现仍在执行。与之相配套的《矿业法典规章》，更为系统、具体地规定了本国的矿业活动。此外，巴西还颁布了几十个矿业行政规章，这些法典和规章构成了巴西管理的矿业法规体系。

《矿业法》的核心是为所有矿种均建立了勘探许可证和采矿特许权制度，该法对任何投资者均一视同仁，其程序分别是：提出勘探申请；获得 3 年勘探的许可（勘探权授予第一申请人）；结束后提出详细的勘探报告；如果报告是积极的，则可进一步提出开采申请，经国家矿产品管理局批准，获得采矿特许权（只授予勘探许可证持有人）。

1988 年巴西国会对《矿业法》的条款进行了重大调整，对本国公司和国外公司作了区分，规定只有巴西公司才能申请矿产勘探和开采，连合资公司也被看做外国公司，造成国外资本和公司的大规模撤离，限制了巴西矿业的发展。数年来，巴西议会一直在审视该国矿业的法律框架、复审矿业法规和税收制度、放宽贸易制度、增加政府对地质和矿产信息化的投资、改善政府服务质量等方面进行探索，在 1988 年和 1995 年两度修改了这部矿业大法。现行《矿业法》对矿产资源的控制非常严格，主要体现在以下几方面：

（1）矿产资源属国家所有；保证地下可能埋藏有矿产资源的土地所有者具备获得勘探和采矿特许权的权利。

（2）国家独占权包括：石油、天然气和其他液体碳氢化合物；石油提炼的进出口，包括其精炼产品。

（3）石油、天然气及其加工产品的海上运输。

（4）核原料及其加工产品的勘探、开采、选矿、浓集、再处理、工业化生产以及贸易等。

（5）与石油、天然气和其他液体碳氢化合物有关的经济活动均应在政府法律框架的范畴内进行，必须符合国家法律。

（6）对矿产资源的勘探和开采必须得到联邦政府的批准，作在法律允许的范围内进行，但在边境线附近则有只准本国居民经营的限制。

（7）联邦政府、自治区、省政府有权分享在巴西领土、大陆架、海域、经济特区等地区石油、天然气和其他矿产资源勘探和开发的成果。

（8）土地所有者也有权分享上述成果；矿产资源的勘探在时间上有限制，但开采权则没有限制。

三、矿业权政策

1. 巴西矿业政策概况

巴西宪法规定，矿产资源属于国家所有，即联邦政府所有，进行矿业活动必须经政府的授权批准，并实行土地所有权与矿产资源所有权分离的原则。巴西宪法规定，矿业权只授予巴西人或在巴西组成的公司。其矿业权管理分四种情况：①对石油、天然气、核能等实行垄断，只由国家公司开采，目前已开始允许合资公司（外资不能控股）开采，巴西《矿业法》不适用这类矿产；②对砂、石、黏土实行批准制；③对个人及家庭进行的简单矿业活动实行登记注册制；④对大部分矿产及矿业公司实行特许制，即发放勘探许可证或采矿许可证。

　　矿业权由政府的国家矿产管理局负责管理，国家矿产管理局和由其派驻各州的办事机构负责勘探许可证和采矿许可证的受理申请、登记、收费、发证等工作。巴西第一部矿业法典于1934年颁布并执行，经不断修改，现仍在执行。这部矿业法典突出鼓励和保护勘查、开采活动，特别是刺激私人在勘查和采矿业投资，并把矿业放在巴西经济和社会发展的重要地位。与之相配套的是《矿业法典规章》，更为系统、具体地规定了本国的矿业活动。此外，巴西还颁布了几十个矿业行政规章，由此构成了巴西矿业法规体系。目前巴西正在着手修改矿业法典，拟修改的主要内容有：简化现有法律规定的繁杂程序，进一步鼓励外资和私人参与矿业活动，加强环境保护，取消限制在印第安人地区开采矿产资源的规定等。

　　2. 巴西勘探许可政策

　　在巴西，每个探矿权申请人申请勘探许可证的数量不限，勘探矿产资源必须要持有国家矿产管理局颁发的勘探许可证，开采矿产资源必须要有国家矿产管理局授予的特许证。勘探许可证由国家矿产管理局第一负责人依法授予，并指示勘探区内的不动产不妨碍勘探工作。巴西《矿业法》第85条还规定，如果不同的矿层由不同的人勘探，那么具体矿床的勘探深度应由国家矿产管理局决定。每一个勘探权限的范围都要由国家矿产管理局确定。金属、煤、金刚石、沥青、泥炭等矿种的每块勘探区面积不 >2 000 km^3，建筑材料、宝石（金刚石除外）、矿泉水的勘探面积不 >50 hm^3，其他矿种的勘探面积可达 1 000 km^2。巴西《矿业法》规定，要想从事矿产资源勘探，必须要有一份完整的可行性勘探报告。要申请勘探许可证，必须要有勘探计划的支持，而且还要遵守其他一些有关规定。申请书提交国家矿产管理局时按顺序编号并注明日期。

　　申请人提交申请书之后有60天时间内补充国家矿产管理局要求的其他资料。在巴西，勘探许可证的有效期最长为3年，最短为1年，经国家矿产管理局第一负责人批准后可以延续。目前砂、石等建筑材料和宝石（金刚石除外）的勘探许可证的有效期是2年，其他矿如金、银、铜和铌勘探许可证的有效期是3年。勘探权限在政府公报上发布后60天内必须实施勘探，勘探工作的连续中断时不超过3个月，或不连续中断时不超过120天，否则国家矿产管理局有权处罚勘探证持有人。

　　勘探计划要有任何变动都必须向国家矿产管理局报告，其中包括工作暂停以及发现许可证没有涉及的核能矿或任何矿。如果发现的是核能矿，必须立即向国家矿产管理局报告。不论勘探结果如何，矿业公司都必须在勘探许可证有效期内提交工作报告。假使勘探人未能及时提交该报告，国家矿产管理局对勘探人处以罚金。如果矿业公司在下述情形下决定不继续勘探，不用提交上述工作报告：矿业公司还没有占用矿床所在地，不需要为此承担责任；矿业公司在过了 1/3 勘探许可证有效期之前放弃勘探（经过申请）。每个探矿权申请人取得探矿权面积超过 5 万 hm² 以上的，每 18 个月缩减一次面积，持有勘探许可证在 18 个月以上者有权放弃被授权的地区。在空白区申请勘探许可证在先者享有优先权，但空白区需由发证机关确定，并且只有在正式杂志上公布之日起 30 天内才被视为空白区。探矿权每年每公顷交费 0.3 ~ 1 美元，不同地区有所差异。勘探许可证持有人找到矿后，可以直接申请采矿许可证，并享有 3 年优先权，期满不再开采，政府收回采矿权。如因市场条件不好，可向政府报告，暂不开采，待市场条件成熟后，政府将通知其开采，如再不开采，他人可以申请开采，政府可将采矿权授予他人。

3. 巴西采矿许可政策

根据巴西《矿业法》的规定，矿产开采申请必须要有开采计划和经济可行性研究报告。和矿产勘探权限一样，开采特许权也是首先由国家矿产管理局受理，并颁发开采特许证。如果某主体想要成为采矿人，但其又不是原先的勘探人，可以申请从第三方主体处获得采矿特许权，第三方主体可能为地质调查局，它被允许勘探矿产资源，但是不可以开采矿产资源。同时，它还必须向国家矿产管理局提交勘探工作报告，与其他矿产勘探者不同的是，地质调查局的报告被国家矿产管理局审批后，可以出售其申请权。地质调查局是个国有机构，其采矿申请权必须采用招投标方式。通过部长令授予采矿特许权，并且根据巴西《矿业法》的规定在政府公报上发布。自公布之日起 90 天后矿业公司才占有矿床，6 个月后开始实施采矿计划的准备工作。矿业公司要向国家矿产管理局提交采矿活动年度报告，并且报告中发现的采矿特许权原先没有包括的新矿，如果发现的新矿是核能矿，巴西《矿业法》规定，正在开采的矿产价值高于新发现的核能矿价值，则采矿特许权仍然存在，但采矿特许权人不能开采该核能矿。矿业权转让必须经过国家矿产管理局同意。但建筑砂石和黏土除外，可以由地方管理机构授予权利。另外，对于冲积矿床和类似矿床，包括没有法律限制规定的金、金刚石和其他宝石、金属，允许个人或个人通过合作社进行手工作坊式开采，但是要持有国家矿产管理局授予的许可证。

巴西《矿业法》设立了许多采矿责任与义务，尤其是矿床开采的方法、矿工的卫生与安全、环境保护与恢复、污染预防以及加强社区卫生和安全建设。巴西《矿业法》还对矿业公司做出了一些规定，如提交矿业公司议事程序、公司与股东协议变更条款给国家矿产管理局审查等。矿业公司必须在每年的 3 月 15 日或之前提交前一年的工程报告。采矿特许权是赋予相关的矿业公司按照国家矿产管理局批准的计划，采掘、利用、加工蕴藏在矿床内矿产的权利。矿业公司依法取得采矿特许权，享有矿产所有权，有权开采矿床直至其枯竭，一般没有固定期限。任何采矿特许权人在取得巴西政府批准后，有权全部或部分转让矿山。开采特许权与勘探权限一样，不同的矿层可以由不同的主体开采。

在巴西，矿业公司取得开采特许权后，就要求其获得矿山经营许可和地方许可。矿山经营许可必须向国家环保总局申请，并由它授予，而地方许可是由地方政府授予的。在矿山经营许可之前，根据矿床所在地不同，一般还有其他两种许可证，其一是预先许可，包括上文提到的环境影响评估书，在国家矿产管理局授予勘探许可之后必须提交；其二是设备安装许可，申请采矿特许权以及经济用途规划审批之后申请。这两种许可分别应按规划和采矿设施安装的要求而设计。同时，采矿权申请人还应持有由当地州政府颁发的环境许可证，并应对开采过程中的环境损害进行补偿，这是取得采矿许可证的前置条件。采矿许可证可以申请的最大面积为 10 000 km²，采矿许可证不交费，但需交矿产勘探财务补偿费（类似权利金），按矿产品销售收入的 1% ~ 3% 收取，直接交给政府指定银行。其中，65% 交当地政府，23% 交州政府，12% 交联邦政府（其中，10% 分配给矿业生产局，2% 分配给环保部门）。

4. 巴西矿业权流转政策

巴西的矿业权流转制度比较健全、完善，规定了矿业权人的权利和义务。矿业权转让主要是通过谈判确定，具体形式有一次买断，可以分期付款；组成合资公司，将矿业权作价；向矿业权人支付矿业权使用费；矿业权可以用于出租、抵押、继承；矿业权转让收入应交转让税；矿业权转让由双方谈判协商，但需到国家矿产管理局办理批准、登记手续；法律规定，把采矿权纳入采矿企业的资产。

5. 巴西矿山复垦政策

对于资源枯竭矿山的关闭，巴西采取"谁办矿谁关闭"的原则。据了解，国家环保部门会从环境保护的角度，开矿前要求采矿权申请人提供矿区的卫星照片，制定详细的分阶段复垦计划，并督促矿山企业实施，还定期对矿山企业的关闭矿区进行检查，如发现环境治理存在问题，会给企业下达整改通知书，如果整改后仍不符合要求，会对企业进行相应的罚款。

6. 巴西矿业投资壁垒

在投资准入方面，巴西仍旧在很多领域限制外国投资，外资只有得到联邦政府的授权或同意并符合国家利益，同时必须是巴西人或根据巴西法律并在巴西设立总部和管理机构的公司，才能从事矿产资源的勘探和开采。政府垄断碳氢化合物的勘探、开采、提炼、进口和出口以及海洋和管道运输。但是除与核能有关的活动外，政府可以把这些活动外包给国有或私人公司。进入巴西市场的另一条捷径，是获得当地的合作伙伴。

四、税收政策

巴西对所有在其境内的外国独资或合资企业均实行国民待遇。在巴西境内投入外资无须事先经政府批准，只要通过巴西有权经营外汇业务的银行将外汇汇进巴西，即可在巴西投资建厂或并购巴西企业。外资企业的利润支配及汇出限制较少。由于政府实施对外开放政策，大量的外国资本进入巴西矿业领域。投资巴西矿业涉及的主要税费主要包括企业所得税和权利金，以及个人所得税、工业产品税、商品流通服务税、临时金融流通税、法人盈利税、社会安全费、社会一体化计划费和社会保险金等。

1. 矿产开采财务补偿费

矿产开采财务补偿费（CFEM）他相当于通常概念中的权利金。根据巴西宪法和其他相关法律，在巴西开采矿产必须向政府交纳矿产开采财务补偿费，按矿产品销售收入的 1%～3% 交纳。生产企业应交纳的费用直接交给政府指定银行。不同矿种其费率不同，目前的费率是铝土矿、锰矿、钾盐、岩盐为 3%，金为 1%，宝玉石为 0.2%，煤炭、肥料、铁矿及其他矿产为 2%。上述补偿费在地方政府、州政府和联邦政府间分别按 65%、23% 和 12% 的比例进行分配。在联邦政府的份额中，9.8% 分配给矿产生产局，2% 分给巴西国家科学技术发展基金会 FNDCT），0.2% 分配给巴西环保机构（IBAMA）。2010 年巴西政府收取的该项费达到 5.56 亿美元，比 2009 年增长 35%。

2. 巴西每公顷的年度税费

巴西每公顷的年度税费是于 1989 年 11 月 20 日依第 7.886 条法令提出，之后于 1996 年 11 月 14 日通过第 9.314 条法令予以修改，并公开规定了合法的价格。根据官方公报公布的授权（即勘探许可证）持有人名单，每公顷的年度税费由授权的持有人直接交纳给国有矿产部门。根据矿产能源部于 1999 年 12 月 28 日通过的第 503 号条例，规定每公顷的年度税费金额为一个 UFIR（财政参考单位），而勘探许可延期费用为一个半 UFIR。并于 2000 年 10 月终止使用 UFIR 体系，转化为现实货币额，国有矿产部门于 2010 年 4 月 1 号通过的第 112 条条例将金额分别更新为 2.02 雷亚尔和 3.06 雷亚尔。

每公顷的年度税费交纳每年都将遵从以下周期：①对于官方公报于 6 月 1 号到 12 月 31 号之间刊登的有关勘探许可和延期事务的相关人或单位，交纳期限截止到 1 月 31 日。②对于官方公报于 1 月 1 号到 6 月 31 号之间刊登的有关勘探许可和延期事务的相关人或单位，交纳期限截止到 6 月 30 日。

不交纳每公顷的年度税费的惩罚措施：根据采矿守则第二十条第三款中第二项的 a 小项规定，针对勘探许可持有人拖欠每公顷的年度税费费用的情况（包括不交纳、超出期限和交纳金额不够），将被处以 2 036.39 雷亚尔的罚款。在罚款后持有人如继续拖欠税费，将宣布勘探许可无效，将该笔债务登记在债务人在评估中心的主动债务上，并将通过税收执法行动对债务人进行司法债务追回。拖欠税费业主不能获得转让或注册该授权的批准，不能申请发放使用指南，不能延长勘探许可的使用期限，也不能获得勘探最终报告的批准或解除决定。

第二节　厄瓜多尔

一、矿产资源概况

厄瓜多尔共和国位于南美洲西北部。东北同哥伦比亚毗邻，东南与秘鲁接壤，西临太平洋。面积 256 370 km²，海岸线长约 930 km。赤道横贯国境北部，厄瓜多尔就是西班牙语"赤道"的意思。安第斯山脉纵贯国境中部，全国分为西部沿海、中部山地和东部地区三个部分。

厄瓜多尔境内地层主要以白垩系、古近系、新近系和第四系为主。白垩系有巴亚丹嘎组、云古亚组、晚马库奇组等。古近系主要为安卡玛拉卡群出露，新近系为祖巴瓜组，分布于钦博拉索峰西。火山岩分布于钦博拉索峰外围及其中部圣米格尔地区。厄瓜多尔在大地构造上属南美大陆科迪勒拉—安第斯中新生代褶皱系，西部和东部的盆地是油气、煤等沉积矿产的重要成矿区，中部的造山带为环太平洋多金属成矿带的一部分。

厄瓜多尔矿产资源十分丰富，主要有石油、金、银、铜、铁、铅锌等金属矿产和石灰岩、黏土、石膏、重晶石、沥青等非金属矿产。南部的撒鲁玛和沿海地区北部有丰富的金、银、铜等金属矿产，中部及南部的非金属矿产资源主要为始新世石灰岩等。但厄瓜多尔仍有大部分地区特别是东部地区尚未开展过勘探工作，找矿潜力巨大。厄瓜多尔拥有金、银、铜、铅、锌等金属矿产存在的地质条件和蕴藏潜力。在其北部、南部和东南部地区分别有已开发的马瞿奇和拉普拉塔铜矿以及乔恰、胡宁、菲耶罗、乌尔罗和德林贝拉铜矿，还有重要的温泉和金及银硫化物矿脉分布。厄瓜多尔境内出产黄金或金矿石的主要矿区有南彼哈—琪娜比特萨、博尔都维洛、彭斯恩里克斯、塞罗佩拉多—罗斯英格雷斯、德雷斯乔雷拉斯、拉蒂格雷拉和皮基里矿等，出产副金矿脉或冲积金矿脉 5 个，分别为埃斯梅拉达的圣地亚哥、道雷德克韦多、浦阳格的坝烙、萨莫拉秦其佩的乌帕诺及那坡帕斯塔萨的阿瓜里克。另据厄瓜多尔官方统计，大约有 13 000 名矿工在上述 5 个地区的 200 多条河流约 1 万 km 长的出产金矿的河滩从事开采作业，其中 80% 的开采是手工和非正规的。

厄瓜多尔与智利、秘鲁同处在主要安第斯山斑岩铜矿成矿带上，铜矿资源潜力巨大，但勘查程度偏低。在厄瓜多尔东南部与秘鲁交界的孔多尔山脉地区新发现了两个巨大铜矿，其铜储量初步估计在百万 t 以上，矿石的含铜量高达 2.5% 以上。目前因勘查工作程度较低，还不能准确估算矿床的储量，但现有的勘查资料显示，厄瓜多尔东南部有良好的铜矿资源找矿前景。

目前厄瓜多尔大约 15 个省份有储量丰富的水泥原料（石灰石）、制瓷原料（高岭石和长石黏土），其境内安第斯次山脉地区有较大储量的玻璃制品主要原料——硅砂；该地区南部罗哈省的石膏可部分满足其国内制瓷和建筑业需求。

厄瓜多尔当前已探明的磷矿在基多东部，蕴藏了 1.85 亿 t。皮比廉地区是厄瓜多尔重要的煤产区，有已探明 1 500 万 t、17 585 ~ 20 934 J/kg 的可开采煤，储藏 3 000 万 t。泡沫岩石主要集中在厄瓜多尔山区省份，储藏面积较大，可开采量大，其产品出口到美洲和东亚国家。建筑材料占厄瓜多尔非金属资源开采量的 90%，在厄瓜多尔所有的省份均可开采；但装饰石料的用量不大，主要有大理石、石灰华石和花岗岩石。此外，厄瓜多尔还有几种开采量较少的非金属矿产，如硫黄、重晶石以及值得研究的重要矿产珍珠岩和硅藻土。

二、基本矿业法律

厄瓜多尔的矿业活动须遵守《厄瓜多尔宪法》和《矿业法》以及《矿业法实施细则》。其适用的法律、法规还有《矿业安全法》及《实施细则》《矿业活动环境法规》及《实施细则》《矿业特许经营条例》《国家森林遗产区域矿业特许经营》等法律、法规。为建立合适的法律框架以使在厄瓜多尔正确开展矿业活动，于 1991 年 5 月 31 日颁布在 695 号官方公告并通过 2000 年 1 号法令（公布于 2000 年 8 月 18 日官方公告增刊 144 号）修改的矿业法限定性地对矿业义务、权利和每个情况可执行的程序都做出了实质性的和修饰性的规定。这些法规可归纳成以下几点：

1. 法律适用范围

矿业法规定了在获取矿权和进行矿业活动方面国家与国内外自然人和法人之间的关系以及国内外自然人和法人之间的关系。石油和其他碳氢化合物、放射性矿和医用矿泉水不在本例。公益：宣布特许经营内外所有阶段的矿业活动都为公益的。因此，根据矿业法建立必要的地役。

2. 国家所有

在厄瓜多尔境内的所有矿物，无论其成因、形状和物理状态，无论是在地底深处或是在海水里，均不可分割地归国家所有。根据厄瓜多尔共和国宪法第 247 款规定，这些矿物将遵照国家利益开发。其合理的勘探和开发可由国有企业、合资企业和私人企业进行。

3. 矿权

矿权包括：①特许经营：建造、经营开采、熔炼和精炼厂准许。②销售许可：首先提出矿业特许经营申请将能获得矿业特许经营批准优先权。

4. 矿业特许经营

矿业特许经营是一种实际的、不变动的权利，它不同于并独立于土地所有权之外，尽管这两者属于同一个人。矿业特许经营授予其所有者勘察、勘探、开发、提炼、熔炼、精炼和交易实际的、独家权利。矿业特许经营所产生的实际权利是排斥第三者的，可转让、可传承、可抵押，一般将整个业务和合同作抵押，但不能构成家庭财产。特许经营最大能准予 5 000 hm^2 顷整片含矿空地，期限 30 年，并根据矿权所有人要求，可顺延同样的期限。矿业特许经营能在准予的 1 ~ 5 000 hm^2 内可以分割或累加。

5. 矿权主体

矿权主体是国内外有能力的自然人和法人，其社会目标和职能应符合国家现行法律和法规。

6. 外国人居住地

外国的自然人或法人要拥有矿权必须在厄瓜多尔境内有居住地并享有给予厄国自然人或法人同等的待遇。

7. 国内矿业活动

厄国内矿业活动可通过国家经营、合资经营、社区经营或自主经营和私人经营来完成。社区或自主经营活动和私人经营活动享有相应的保障和国家保护。

8. 勘查自由

所有国内外自然人和法人都有在厄进行旨在寻找矿物的勘探自由，但已经授予的矿业特许经营区除外。

9. 矿权拥有者的权利

矿业特许经营权拥有者在转让区内可建设或安装：楼房、营地、仓库、水渠、泵房和动力房、管道系统、车间、电力传输线路、贮水池、通信系统、道路、铁路和其他地方运输系统和设施。

10. 行政保护

在矿权所有者受到入侵、掠夺等指控或其他阻碍其进行矿业活动任何形式的骚扰时，政府将通过国家矿业司向其提供行政保护。该保护还适用于地方当局在司法和行政权之外对矿权所有者进行的骚扰。

矿权拥有者可以要求阻止违反法律授予的保护权的非法矿业活动、占地或其他迫在眉睫的骚扰行为。

11. 矿权拥有者的义务

（1）执行矿业工业安全和卫生法规。

（2）为固定的工作营地房间配备卫生和舒适的条件。

（3）使用合适的方法和技术进行作业，尽量减少环境影响。

（4）在进行商业生产之前，以书面的形式通知相关地区矿业局起始日期。

（5）如果需要，保存界标。

（6）保留账务档并允许国家矿业司授权的官员查账。

（7）在转让经营进入开发阶段后，须提交经审计部门审核的年报，审计部门由矿权者聘请。

12. 环保

矿权特许经营权拥有者应对环境影响进行研究并制订环境管理计划，以预防、减少、控制、恢复和补偿由于矿业活动造成的环境和社会影响。另外，在环保中需考虑废水处理、植树造林、残渣收集、动植物保护、废物处理和生态保护。环境事务管理当局为能矿部环境司。

13. 地役

自矿业特许授予或准许设立选矿、熔炼和精炼厂起，地产将受对进行矿业活动必需的地役支配。

14. 赋税

根据矿业法有关税收的矿业活动需交纳下列赋税：

（1）有兴趣获取矿业特许经营权的人每次办理申请手续时需交纳行政手续费100美元，该税不予退还。

（2）获得矿业转让权人按每公顷矿地交纳土地保留年税。该税的金额随时间由1美元至16美元递增。矿业转让年限及每公顷矿地年税具体税率如下：3年内1美元；4~6年2美元；7~9年4美元；10~12年8美元；13年以上16美元。

（3）在生产阶段，矿业特许经营拥有者按所申报已投入生产的面积每公顷交纳固定的年生产税16美元。矿权拥有者、合伙人、从事矿业活动的合作社、承租人、分承租人、临时公司、矿业操作承包人和准予选矿、熔炼和精炼厂的经营人需向国家交纳25%的所得税或专门法律规定的税。

15. 免税

下列情况可免税：①对矿业活动所有阶段需进口的机器、实验室设备、其他设备、工作用车、零配件和其他物资实行最低税。②除国内有生产此类的产品外，上述条款的设备免征增值税。③矿产品交易免征增值税。矿产品出口除征 FOB 价格基础上 0.5% 出口税外，免征其他所有税。

但该《矿业法》未对批准给予矿权的经营法人或自然人规定强制性的勘探开发责任、义务和时限，导致部分拥有矿权的业主由于资金、人员、环保或矿区周边社区印第安部落抵制矿业开发等各种原因常年不能开发矿业，使厄矿业得不到应有的发展。

三、矿业权政策

1. 获取矿业特许经营权的程序

获取矿业特许经营权的第一步是根据所属管辖和申请原因向地方矿业局提交申请，同时交纳管理手续费 100 美元。

申请须随附：①基本情况表格；②1∶50 000 比例标明申请区域方位的地形图表，周边界线需 100 m 或几百米，另外注明经协商的起始点；③表明承担提交和执行环境保护计划义务的声明；④指定申请人律师所在地和法律事务所，以便发送通知；⑤如是法人，公司成立的章程复印件及企业法人的任命书；⑥所有矿业授权人必须拥有一名地质或矿业技术顾问。

如申请未按要求提供相关资料，地方矿业局将指出其不全部分或遗漏，并责令申请人在 10 天内补齐相关资料。申请摘要和决议将于 24 个工作日内公布在地方矿业局的告示栏和网上。在规定公布后 5 天期限作为公示并解决可能出现的异议。如无异议，特许经营申请人必须制作起始点界标并向地方矿业局提交相关技术报告，由地方局在矿业授权人登记注册后的任何时间调查该起始点。一旦按要求填制的申请被接受，地方矿业局签署相关证书，申请人在 15 天内交纳相应矿地保留税。地方矿业局在签署证书、交纳矿地保留税以及解决可能出现异议后的 2 个工作日内颁发特许经营证书。上述矿业特许经营证书一般须自申请人递交申请之日起最少 20 个工作日内颁发。一旦颁布证书，特许经营者自证书颁布之日起 30 天内将其在公证处公证并在相关司法管辖的城市财产登记处进行矿业登记。特许经营者必须在登记注册的合法期限 10 天内向地方矿业局提交 2 份登记注册的证书复印件。

2. 厄矿业主管机构、行业组织及民间团体

（1）矿业主管机构：厄瓜多尔矿业的主管部门是能矿部。能矿部设专门负责矿业的副部长办公室，下设国家地矿促进司、国家地质司、国家矿业司和国家环境司矿业环保处并通过设在 7 个省的地方矿业局直接管理各地区矿业。

从贫瘠的小矿到技术先进的多金属大矿均须遵守矿业法、实施细则及技术规则。在这一框架下能矿部将保证矿业投资者和社区的矿业与农业、旅游及生态共同生存，创造熟练技术劳动力，为此，每个矿业特许经营者或特许经营集团有义务根据《矿业法》的要求，雇用矿业、地质和环保等方面的专业人员，以便进行矿业技术运作。厄国家矿

业司负责矿权颁发程序、保留和注销的管理，并对矿业登记程序特别重视，旨在使地矿特许经营权审批和管理系统、有序、统一和现代化。

国家矿业司组建地方矿业局为了灵活其职能并为矿业提供便利。各地方矿业局在其指定区域内具有司法管辖权和管理职能。

（2）行业组织及民间团体：①厄瓜多尔矿业商会。该商会于1979年3月19日成立，设在基多市，是一个旨在帮助和促进矿业发展的私营机构。它将国家矿业活动以及与不可再生的自然资源勘探开发有关所有活动及附属活动作为有组织的优先工业，同时还负责监督其会员的权利的有效性。目前，该商会有会员300个，均是在厄瓜多尔境内从事矿业勘查、勘探、开发、提炼、铸造、冶炼和交易的自然人和法人，还是从事矿业代理、技术和法律支持或咨询的自然人和法人合伙人。国内外从事金属和非金属资源开发的主要矿业公司都与该商会有业务联系。厄瓜多尔矿业商会的股东大会是该商会的最高权力机构，由所有的股东成员组成，其执行机构是董事会。②在厄瓜多尔主要城市还有一些矿业专业组织，如矿业及石油地质工程师学会、厄瓜多尔地质学会瓜亚基尔分会、瓜亚基尔矿业及石油地质工程师学会、高等学府矿业教学和研究机构等。

3. 投资优惠政策

为鼓励本国和外国的投资，2010年12月29日厄瓜多尔公布了生产、贸易和投资组织法。厄政府给予新的投资一些优惠，主要有：①对新的投资者前3年减免所得税，每年1%。②享受经济发展特区的优惠。③为鼓励改善生产力、创新和提高经济效益，在计算所得税时可再减免。④如公司为其职工开立社会资金（指给予职工股份），则给予优惠。⑤为出口产品生产过程中发生的税费的交纳提供便利。⑥免除外汇汇出税（2%）。⑦无须预付所得税5年（注：厄税务局规定，各公司年初需交整年的所得税，如多交，下一年抵扣，新投资的公司在年底交所得税。）。

如新投资的领域对改变能源主体、战略产品进口替代、促进出口和全国农业发展做出贡献的能全部免除所得税五年。另外，该法宣布，厄瓜多尔政府给予投资者产权宪法和有关法律规定的保护。对属于外国的产权禁止没收，但可征用，需先行估价并补偿。厄瓜多尔政府和投资者签署的合同有效期最长为15年，只可顺延1次。

四、税收政策

厄瓜多尔现行税法系2001年5月对原有税法进行改革后开始实施。其税收体制以全球为基础，凡居住在厄瓜多尔的个人和企业，在全球范围经营的收入及利润要进行申报并交税，而在外国居住或经营的厄瓜多尔个人和企业，也要进行申报并交税。在厄瓜多尔，负责执行税收政策和征税的部门为国内税务局。厄税务局（SRI）代表中央政府，负责征缴税赋和管理厄瓜多尔的主要税务工作，调查违反国家税务政策的偷逃税案件，并给予处罚。中央政府管辖的税种有：①直接税，向自然人和法人征缴的所得税、资金汇出税、海外资产税、农村土地税、车辆税、遗产税等；②间接税，如增值税、关税、特别消费税等。

第三节　秘　鲁

一、矿产资源概况

秘鲁是南美洲西部的一个国家，北邻厄瓜多尔和哥伦比亚，东与巴西和玻利维亚接壤，南接智利，西濒太平洋。安第斯山纵贯南北，山地占全国面积的1/3。全境从西向东分为三个区域：西部沿海区为狭长的干旱地带，为热带沙漠区，气候干燥而温和，有断续分布的平原，灌溉农业发达，城市人口集中；中部山地高原区主要为安第斯山中段，平均海拔约4 300 m，亚马孙河发源地，气温变化较大，年降水量200~1 000 mm；东部为亚马孙热带雨林区，属亚马孙河上游流域，为山麓地带与冲积平原，终年高温多雨，森林遍布，地广人稀，是秘鲁新开发的石油产区。

秘鲁拥有丰富的矿产资源，特别是金属矿产资源，是拉丁美洲最大的锌、锡、铅和铋资源国。截至2008年底，秘鲁已探明的石油储量为4.16亿桶，天然气100亿 m^3 ；铋和铜储量居世界第2位；锌、锡和银居世界第3位；铅处于世界第5位；钼排世界第7位；黄金居世界第11位。

（1）秘鲁铜储量丰富，几乎全为斑岩型铜矿。秘鲁铜储量6 000万 t，占世界储量的10.9%。储量位于智利之后，居世界第2位。主要分布在安卡什、阿雷基帕、库斯科、胡宁、莫克瓜、塔克纳等省。主要矿床类型是斑岩型铜矿，97%的铜储量赋予该类型矿床。秘鲁斑岩铜矿带属于南北美洲斑岩铜矿带的一部分，北西向长2 000 km、宽150~300 km，该矿带大致又可分为北、中、南三个亚带。其中以南亚带最为重要，向北西延长约1 000 km，产有赛罗贝尔德、夸霍内、托克帕拉等10多个大型斑岩铜矿床。此外秘鲁还有矽卡岩型铜矿和火山岩型铜矿。

（2）秘鲁黄金蕴藏丰富，但储藏地地形复杂，开采成本高。黄金储量1 400 t，占世界储量的3%（不含砂金）。储量位于南非、澳大利亚、俄罗斯、美国等国之后，居世界第11位、拉丁美洲第3位。秘鲁的岩金矿床主要分布在卡哈马卡省、阿雷基帕省、拉利伯塔德省和普诺省等地；砂金矿床主要分布在印加和马里亚特吉区域，以及整个丛林区域的河流和溪涧。此外，在安第斯山脉东南部的伊纳姆巴里河及其支流里有著名的金砂矿。由于金矿大都蕴藏在山腰或山脚，地形和地质结构都非常复杂，因此需要运用现代化技术进行勘探。根据秘鲁矿产勘探预算计划，金矿勘探需要的总投资至少为1亿美元。

（3）铁矿资源十分丰富，矿质好，但运输不便。铁矿石储量8.82亿 t，平均品位在50%以上。秘鲁铁矿属于环太平洋金属成矿带的组成部分，主要分布在伊卡省马尔科纳、阿雷基帕省阿卡里及安第斯山区。大部分矿藏位于安第斯山麓，远离海港，因而开采成本较高。秘鲁中部的阿普利马克铁矿是已探明储量最大的铁矿，含铁量高达64%，但该矿区距离海港300 km，且没有运输铁路，公路状况也比较差。

（4）铅、锌、银多为伴生矿。铅储量为 350 万 t，占世界储量的 4.4%，居澳大利亚、中国、美国和哈萨克斯坦之后，处于世界第 5 位、拉丁美洲第 1 位。锌储量 1 800 万 t，占世界储量的 10%，居澳大利亚和中国之后，居世界第 3 位、拉丁美洲第 1 位。铅锌矿床主要分布在秘鲁中北部胡宁、帕斯科、安卡什、利马、瓦努科等省内的东、西安第斯山脉间。银储量为 3.6 万 t，占世界白银总储量的 13.3%，居波兰和墨西哥之后，居世界第 3 位、拉丁美洲第 2 位，主要分布在秘鲁中部和南部的安第斯山脉。目前，秘鲁国内有 40 多个银矿山，这些矿山大多为银、铅、锌多金属矿和金、银矿。

（5）其他金属矿产。锡储量为 71 万 t，占世界总储量的 12.7%，居中国和印度尼西亚之后，居世界第 3 位、拉丁美洲第 1 位，主要分布在普诺省马里亚特吉地区的圣拉斐尔矿。钼储量 14 万 t，占世界储量的 1.6%，居中国、美国、智利、加拿大、亚美尼亚和俄罗斯之后，排世界第 7 位、拉丁美洲第 2 位。钼是铜矿的副产品，主要分布在铜矿带中，形成铜钼矿。在秘鲁北、中、南 3 个铜矿带中，以南部铜矿带含钼较高。铋储量为 1.1 万 t，占世界储量的 3.4%，储量仅次于中国，居世界第 2 位、拉丁美洲第 1 位。铼储量为 45 t，占世界储量的 1.8%，储量位于智利、美国、俄罗斯、哈萨克斯坦和亚美尼亚之后，居世界第 6 位、拉丁美洲第 2 位。

秘鲁矿业资源十分丰富，据估计已开采的矿产量仅为已探明矿产总量的 4%，勘查开发前景看好。

二、基本矿业法律

秘鲁规范矿业法律主要为 1980 年 12 月 15 日的矿业法，于 1992 年修改，后又增添多个实施法令。该法规定国家享有对矿物质的所有权，但该法并不涉及石油、油气资源、鸟粪堆积、矿物医学用水。1996 年 5 月又颁布了矿业地籍管理条例。

秘鲁能源和矿业部为矿业活动的主管部门，主管特许协议的签订和许可的发放。总的来讲，秘鲁的矿业许可证的申请的限制条件较少，秘鲁的任何公司或个人以及合法持有秘鲁居留证的外国人和在秘鲁正式注册的外国公司，都可以申请取得矿业许可证，其程序也比较简单。许可证持有人有权将许可证转让和抵押，其手续便捷。

秘鲁相关法律规定所有矿产资源包括地热资源归政府所有，若要进行矿产资源勘查与开发活动必须与政府签订特许协议并得到政府颁发的矿业许可证。一般来说，特许协议签约人权利包括：在取得开发土地后，可以自动享受对矿产的所有权和开发权，无须提请额外的要求。土地开发商还有权在不可耕地上向矿业管理机构申请自由进行矿业活动的权利，在不影响其他矿业活动的正常运作下，有权要求在相邻的矿区的地役权，安置入境权、通风权、排水权、矿产运输和工人安全以及相应的补偿。该类权利的补偿如没有涉及各方的同意，可以由矿业管理机构决定。在省级矿业总部的批准下，可以在空地上进行上述作业。如果国家对矿业资产进行征收，则有权向当局要求补偿。

根据矿业法，秘鲁矿产权证分为多种，包括开采、开发、一般服务、矿产加工、精炼、矿产交易和矿产运输等。主要介绍以下几种：

1．勘探特许

勘探特许授予勘探和开采矿床不确定深度的矿产资源的权利（采矿权与地表权相分离），授权面积在陆地为 $100 \sim 1\,000$ hm^2，在海上为 $100 \sim 10\,000$ hm^2。持证人有权自由使用许可范围内的非耕地用于采矿，向矿业主管部门要求自由使用许可边界外的非耕地用于采矿，要求在补偿基础上使用第三方土地建设附属设施。如果不影响或干扰其他许可证持有人的采矿活动，有权要求授权在其他许可证持有人的地表用于采矿或建设附属设施。特许人的义务是按规定支付年租地费，并在规定的时间内进行开采并在许可土地范围内为矿业生产投入必要的资源。勘探许可的期限为 5 年，可续期，每次为 5 年。城市化区域里的废物清理和非金属类矿物勘查可以申请 1 年的期限。许可持有人有权进行矿物开采，并根据作业规则对其分离的矿物进行加工，并且可以随时申请开发许可。但同时，特许人需要支付 0.025% 的矿产税，并向公共矿业注册处交纳相当于 4% 矿产税的注册费。以后逐年增加，第 3 年为 45%，第 4 年为 60%，第 5 年为 75%，但到第 6 年不得少于第 5 年的 2 倍，之后使用同样的税率。

勘探特许人在连续超过两年的时间内没有交纳年费或没有及时做出投资声明，其特许协议可能会被宣布逾期作废。除受国家保护的物质和矿产之外，所有的勘查活动都是可以免除费用的。勘探许可为专有的许可，许可持有人应制定年度每公顷的最低投资计划。

2．开采许可

开采许可：许可持有人有权在许可区域内挖掘矿产，并对这些矿产享有所有权，可以对其进行加工和交易。

金属矿产、碳类矿产和非金属矿产的开采许可持有人都可以申请对该矿产专有的开采和开发权利，但其相互之间的开采区域不得重合。同时该申请也排除秘鲁国家保护的特殊金属和地热资源除外。地热资源的应用另有专门的法律规定，但开采许可持有人可以利用地热资源服务于矿业活动，同时也不得与其他类型矿产的开采许可区域重复。该许可持有人需要支付 0.025% 的矿产税，并向公共矿业注册处交纳相当于 4% 矿产税的注册费。此外，还有对该许可持有人的最低产量要求。每年的 6 月 30 日，该许可持有人必须对上一年度的作业做出年度声明，包括地质平台、矿产作业、生产档和矿业活动的会议记录。开采特许协议签约人如果没有按照日程进行矿业活动、或在 2 年内没有执行矿业活动日程、或在开工后 6 个月内或 2 年内还没有完成最低生产量要求等，将被宣布为逾期无效。

3．一般服务许可

该许可证持有人负责提供矿业作业一般作业服务需求，例如用水许可和污水处理等。

4．获益权许可

获益权指通过机械和冶炼准备，采掘和浓缩矿藏中有价值的一部分。其权益许可持有人必须向公共矿业注册处交纳相当于 4% 矿产税的注册费。

5．矿业运输许可

持证人有权在一个或多个不同的采矿中心和港口、选矿厂或精炼厂之间修建相关设施并实施大宗的、持续的矿产品运输。该许可持有人负责在矿区、港口、加工区或冶炼厂安装和操作大型矿产运输系统。该许可持有人不得同时为矿权特许协议签约人或矿权许可持有人。

许可持有人须按米收取相当于 0.03% 的矿产税的费用，并向公共矿业注册处交纳相当于 4% 矿产税的注册费。

在税收和费用问题上，矿业作业的税收一般包括所得税、货物和服务使用税、销售税、人员服务的酬劳税、国家住房基金、秘鲁社会福利研究所注册费、公共矿业注册处、向城市化区域的市级机关所交纳的费用以及其他税收。对于矿业投资，秘鲁政府提供很多鼓励的优惠政策，包括税收、外汇和行政管理上的便利和优惠。政府对矿业投资经常做出法律稳定性协议，主要用于保持法律和税收的长期适用。

三、矿业权政策

秘鲁相关法律规定所有矿产资源包括地热资源归政府所有，若要进行矿产资源勘查与开发活动必须得到政府颁发的矿业许可证，具体管理工作由能源和矿山部负责。矿业许可证包括 4 种：采矿许可证、矿产加工许可证、一般服务许可证和矿业运输许可证。

1. 采矿许可证

采矿许可证授予持证人勘探和开采矿床不确定深度的矿产资源的权利（采矿权与地表权相分离），授权面积在陆地为 100～1 000 hm^2，在海域为 100～10 000 hm^2。

（1）持证人拥有的权利：①自由使用许可范围内的非耕地用于采矿；②有权向矿业主管部门要求自由使用许可边界外的非耕地用于采矿；③由于开采需要，有权要求在补偿基础上使用第三方土地建设附属设施；④如果不影响或干扰其他许可证持有人的采矿活动，有权要求授权在其他许可证持有人的地表用于采矿或建设附属设施；⑤如果证明由于公共政策方面的考虑，采矿活动优先于某不动产目前的用途，则持证人有权要求在补偿基础上对其征用。

（2）持证人的义务：①按规定支付年租地费。通常按每公顷 2 美元支付年租地费。日生产能力低于 350 t 的小矿山为每公顷 1 美元；②按规定时间进行开采并在许可土地范围内为矿业生产投入必要的资源；如果采矿许可证持有人已经取得了权益，8 年后还没有投入生产或没有再投资以实现生产，则需要支付罚款（加倍征收年租地费）

2. 矿产加工许可证

持证人有权实施各种物理的、化学的和物理化学的加工处理，提取或浓缩矿石的有价值部分，以及提纯、选冶金属材料或矿产。概括起来主要包括下列三个步骤：选矿、冶炼和精炼。

3. 一般服务许可证

该许可证赋予权利人提供采矿辅助性服务的权利，如通风和污水处理等，一般都与矿井或巷道的工作有关。

4. 矿业运输许可证

持证人有权在一个或多个不同的采矿中心和港口、选矿厂或精炼厂之间修建相关设施并实施大宗的、持续的矿产品运输。秘鲁的矿业许可证的申请的限制条件较少，秘鲁的任何公司或个人以及合法持有秘鲁居留证的外国人和在秘鲁正式注册的外国公司，都可以申请取得矿业许可证，其程序也比较简单。许可证持有人有权将许可证转让和抵押，其手续便捷。

5. 矿业优惠政策

政府为鼓励矿业投资者提供以下优惠政策：①税收、外汇和行政管理的稳定性；②仅对矿业公司分配的股息征收所得税；③生产前的勘查费用、可行性研究费用可在所得税的应税收入中扣除；④对向公共服务基础设施的投资或旨在为工人提供住房和福利的资产中投资（由相关部门批准）实行税收扣减；⑤对工人及其家属提供的健康服务的成本可作为社会保险费用；⑥在外汇（包括管理、汇率）或其他经济措施上实行非歧视政策；⑦自由转移利润、红利，自由获得外币；⑧在秘鲁和国外自由销售产品；⑨简化行政管理程序等。

6. 稳定协议的有关规定

矿业投资通常是一项投资期长且风险大的项目，虽然政府对矿业活动有一系列的鼓励政策，但投资者对未来仍会感到有许多不确定性。对此秘鲁政府可签订稳定协议的政策。投资者还可以通过与秘鲁政府签订稳定协议的方式将上述优惠在一个规定期限内保持下来。不过签订稳定协议是有条件的，只有下列企业才有权与秘鲁政府签订稳定协定：①日生产能力在350~5 000 t的新开工项目的许可证持有者，协议期限最长为10年，从投资完成之日起计算；②扩建产量最高达到每日5 000 t，而且比目前产量增加50%以上的许可证持有者。其年限根据增产幅度确定，增产100%时为10年，增产幅度在50%~100%之间的，稳定年限按比例递减；③最低投资额为200万美元或相等的国内货币时，许可证持有者必须向矿业主管部门提交附有投资计划的详细申请，协议年限最多为10年；④新开工或扩建使日生产能力超过5 000 t的许可证持有者，稳定协议年限为15年；⑤新投资2 000万美元或扩建投资5 000万美元的许可证持有者，协议年限为15年；⑥通过私有化方式购买国有矿业企业资产在5 000万美元以上者，但必须向矿业主管部门提交申请。

签署稳定协议对于中、大型矿业活动的优惠条件主要有：①税收稳定，保证自项目可行性研究批准之日起的税收待遇在协议有效期内不变；不对许可证持有人征收新税；不改变征税基础的计算办法。但许可证持有者可以在协议期间决定采用新税制；②在秘鲁或国外自由使用出口产生的外汇；③对于将出口离岸价值或当地销售收益结转使用外汇时，汇率不受歧视；④贸易自由；⑤特别待遇的稳定性，如扣减、临时许可等；⑥协议提供的保证不能进行单方面的修正；⑦经矿业管理部门批准，对利润再投入实行免税处理。

在秘鲁中央银行参与的稳定协议中还可获得下列优惠：①通过合同方出口获得的外汇可以在秘鲁或国外自由储蓄；②合同方在秘鲁销售取得的当地货币可以自由兑换为外币；③在外汇管理和汇率方面享受非歧视性待遇。

对于大型矿业协定，应包含下列内容：①外汇账户，合同方可以要求其账户按美元或投资货币记录，要求该外汇账户保留 5 个财政年度，不按通货膨胀进行调整，按当地货币纳税时采用的汇率对于秘鲁税收管理机构是最有利的。②折旧率，根据项目的具体特点，合同方有权将其固定资产的年度折旧率最高提高到 20%。矿业主管部门在批准项目的可行性研究报告后批准以上确定的最高折旧率。合同方可以在不超过上述界限（除非所得税法授权更高的折旧率）的条件下进行年度调整。

四、税收政策

秘鲁的《促进外国投资法》确定外国投资法的基础框架，确保税收政策和有关法律的稳定、外币的自由流动和外资企业的国民待遇原则。规定外国投资者可以自由将资产、股息和红利汇往国外，并能自由向国内和国际金融机构申请贷款。投资者还可与秘鲁外国投资与技术委员会签订法律稳定协议，国家根据协议在 10 年内保证投资者在关税、税收等方面既得效益不因未来可发生的法律修改而受损失。

秘鲁近年来进行了两项关税改革：①取消进口限制，除极少数商品外，允许一切商品进口，大幅度降低关税，简化税率。对在本国不能生产或者生产不足的商品，以及某些原材料和中间产品，如工业原料、化工原料等，其税率为 15%；制成品、奢侈品以及与本国产品有竞争的商品，税率为 15% 或 25%。据统计，现在税率为 15% 的商品约占全部税目的 82%；税率为 25% 的商品占税目总数的 18%。②对特殊地区，边远地区，一些临时性急需产品实行更低关税。

第四节　智　利

一、矿产资源概况

智利是一个矿产资源丰富的发展中国家，主要矿产有铜、钼、铁、硝石、碘、石油、煤和天然气，其中铜占主导地位，2011 年储量为 19 000 万 t，占世界总储量的 27.54%，居世界第 1 位。智利的丘基卡马塔铜矿、埃尔特尼恩特铜矿和埃斯孔迪达铜矿床的矿石储量分别为 30 亿 t、20 亿 t 和 18 亿 t，品位分别为 1.03%、1.17% 和 1.59%。智利 2011 年的铜产量已达 526.28 万 t，占世界铜产量的 32.4%，居世界第 1。智利大力引进外资，支持企业活动，唤起国内对矿物资源的需求，促进矿业发展。

二、基本矿业法律

1. 智利的矿权和特许权体系

根据宪法，智利国家对其矿藏拥有完全、专有、不可剥夺、不可侵犯的所有权。然而，宪法和法律建立了特许权体系，私人可以申请并获得大部分矿藏的勘探和开采权。授予的特许权是一项真实权利，和地表的地产所有权是不同的，独立的，可以自由交易和转让，可以抵押或和其他真实权利担保，通常，在所有的行为或合同中，在授予过程中的矿产特许权也可以自由交易和转让。

2. 与特许权相关的矿物

根据一般规则，所有矿物都可以纳入勘探或开采特许权，除法律中特别列出的之外，还有液态或气态碳氢化合物、锂、任何存在于国家管辖海域的矿物、全部或部分位于根据法律被定为对国家安全具有重要性的区域内的矿物。不能被授予特许经营特许权的矿物只能直接由国家或其公司，或通过管理经营权或特殊经营合同来勘探和开采。

3. 申请矿产特许权

所有的自然人或法人，智利人或外国人，都可以申请和获得矿产特许权，除法律特别指出的司法或公共管理人员以外。

4. 矿产特许权的不同种类

矿山特许权有矿产勘探特许权和矿产开采特许权两种：①矿产勘探特许权授予的是在特定区域内勘探寻找矿物的权力。拥有矿产勘探特许权的人拥有获得同一区域矿产开采特许权的优先权。矿产勘探特许权开始期限为 2 年，在放弃原特许权中所包括面积一半的条件下可以延续 2 年。②矿产开采特许权授予的是在特定区域内勘探和开采矿物的专有权力。这种特许权的期限是无限的。矿产特许权的表面积须形成一个正方形或长方形。一个矿产勘探特许权的面积不得小于 100 hm^2，最大不得超过 5 000 hm^2；一个矿产开采特许权的面积须在 1 到 10 公顷之间，可以同时申请多个开采权，总面积不得超过 1 000 hm^2。

5. 获得特许权的手续

矿产特许权通过对该地区有管辖权的初级法院的非诉讼司法程序申请，最后通过司法决议授予。勘探特许权不需要测量，手续过程通常为 6~8 个月。开采特许权的申请要求一个测量和划界过程，使用 UTM 坐标，手续办理过程为 18 个月左右。

6. 采矿权（矿业执照）

持有采矿特许权的唯一要求是支付矿业执照的年费，其金额取决于特许权包括区域的面积。根据一般规则，开采特许权执照年费相当于约每公顷 8 美元，勘探特许权执照年费约为每公顷 1.6 美元。

7. 矿业公司

矿的勘探和开发可以通过根据法律设立的各种类型的公司来实行，可以是有限责任股份公司、集体责任公司或有限责任合伙公司。此外还可以根据矿业法设立特殊矿业公司，即矿业法定公司和矿业合同公司。

需要指出的是，矿业法定公司的形成只需要有以下事实：2 人以上共同申请了一个特许权，或者在相应登记处矿业特许权中有一定份额登记在某个人名下，成立公司时不需要合伙人的同意。

三、矿业权政策

1. 签订外资合同

根据智利政府 1974 年第 600 号法令规定，外国投资者欲在智利投资开矿，事先应该与智利政府签订投资合同。而开发矿床则必须符合智利中央银行"国际准则简编"第十四章的有关条件并事先得到中央银行的授权同意。鉴于大部分投资与第 600 号法令有关，下面简述必须遵循的投资程序：

（1）凡是愿将可以自由兑换的外币、投资贷款、资本化的债务和利润、资本化的财产及技术转到智利、并居住在国外的外国人和智利自然人和法人，均可在智利进行矿业投资活动。

（2）根据智利政府第 600 号法令规定，"外国投资委员会"是批准外国投资的法定国家机构，并由其制定外资合同条款。

（3）投资方法定代表应向"外国投资委员会"递交"外国投资申请表"一份，同时交上总额为 25 000 美元或 25 000 美元以上的款额。申请表中要求列明投资者的履历和相关投资项目的特点。

（4）"外国投资委员会"收到申请表后送"智利铜业委员会"技术和专家部门进行研究和评估，并在 15 天内做出评估报告。如果申请表中的方案被采纳，投资额在 500 万美元以下的，由"外资委"行政副主席在 20 天内签批；如投资额超过 500 万美元，或以国家名义或以公共法人身份递交申请的，则由"外资委"在 45 天内集体讨论通过。

（5）申请表一旦获得通过，即着手制定"外国投资合同"。合同签署双方分别为：投资方由其法人代表签署；智方根据合同不同情况，由其国家代表"外国投资委员会"主席（由财政部长兼）或者行政副主席出面签署。合同中包含了智利政府 1974 年颁布的第 600 号法令中的所有不可撤消的权力和义务，故自签署之日起，合同即成为具有法定效力的合同，只有经过双方同意，方可修订。

智利法律赋予外国投资者以下权力：①可以以世界兑换市场上最优惠的条件无期限、无数额控制地将所获利润汇到自己的国家，企业自有收益一年起，可以以同样的条件将资本汇到国内。②现有的 42% 这个所得税率 10 年不变。与此同时，如果进口智利不生产的某些机械设备，还可免交增值税；也可选择智利国内企业现行的 35% 的税率，但选择的机会只有一次，故一旦选择这个税率，即不可更改。③投资额在 5 000 万美元以上者，可以得到比 10 年更长的时期内享受 45% 这个不变的所得税税率、以外币结账和灵活出口所得外汇汇出手续等优惠。④可以自由进入智利商业银行贷款市场。智利法律允许自然人或法人开发矿产，一般都通过成立公司来从事开发活动。此类公司主要有以下几种形式：

（1）法定矿业公司：这种公司不同于其他任何一种公司，它可以以一个法人的名义进行登记注册，也可以由两个或两个以上的法人发表共同声明进行登记注册，还可以在已经以一个法人名义登记注册的矿产开发特许权的一部分进行登记注册。（矿业法第 173 条）

（2）矿业契约公司：由各股东自愿组织，并受矿业法准则约束。成立公司时应发表声明，并在公司籍下的"矿产所有者登记"名下或在"一个或几个矿所有者股东登记"名下进行注册。（矿业法第 105 条）

（3）股份有限公司：是具有法人地位的公司。由各责任股东出资组成的共同基金会组成，由可以被撤换的人员组成的领导机构管理。（600 号法令第 18 章第 046 条）股份有限公司有公开的和匿名的两种形式。那些对其股份进行公开报价的、或拥有 500 股或 500 股以上的、或其每 100 股股金等于至少 10% 的注册资本的公司，为公开的股份有限公司。这类公司应该进行"有价证券登记"注册并受"有价证券和保险总监署"的监督。股份有限公司不履行公开的股份有限公司所履行的手续，也不受"有价证券和保险总监署"的监督。

（4）责任有限公司：属于集体性质的公司。其股东成员不能超过 50 名，对第三者而言，其责任限于每个股东所出的股金或限于公司章程规定的最大额度。

（5）合作经营公司：由两个或多个人员联合签署合同而成立的公司。合同中规定了公司所得的分成。在正式营业前，公司应该从财政部国税局那里得到纳税号和开始营业许可证。

2. 矿产开发手续

所有人员都可以申请购买正在履行手续或已建立好的矿产区开发特许权，也可申请购买矿区的部分开发特许权。此种特许权是一种真实的、不动的权益，与占有地面财富不同，它可以转让、转移、抵押。和其他不动产一样，也受民法的制约。矿产开发特许权是建立在无可争议的法院裁决和无其他当局或个人干预的基础上的，只要每年交纳营业执照费，就可以得到保护。矿产开发特许权分矿产勘探和矿产开发两种。特许权手续要当着愿意进行矿产勘探和或开发的地区的民事法庭办理。

（1）办理勘探特许权手续　首先提出申请，随后一次性交纳一笔税款。法院将命令申请人持申请副本到"矿产所有者发现登记局"注册，并将申请副本在矿业官方日报上公开发表。申请者在交纳勘探执照费后，应该请求裁决勘探特许权的法院对其特许权予以保护。法官根据"国家地质和矿藏服务署"的批准报告裁决勘探特许权。裁决书应摘录发表在"矿业官方日报"上并到"矿产所有者发现登记局"进行注册。

（2）办理开发特许权手续　首先提出申请。申请者应当在申请期内一次性交纳一笔税款。法院将命令申请人将申请副本到"矿产所有者发现登记局"注册，并将申请副本在矿业官方日报上公开发表。申请者应当请求法院对属区进行测量，并将请求书在"矿业官方日报上公开发表。其后可能出现第三者反对开发的现象。如没有发生抗议的现象或给予第三者发表意见的期限已过，就可以请矿业民事工程师或申请方指定的专家进行测量工作。"国家矿业和地质服务局"将从技术角度宣布测量结果。一旦得到该局确认有关测量结果的通知书，法院将予以裁决。裁决书应摘录刊登在"矿业官方日报"上，还应将裁决书和测量证明文件到"矿产所有者财产登记局"进行注册。

3. 其他需要注意的细则

（1）环保问题：有意在智利开发矿产的企业，其开发方案必须符合智利法律规定的环保基数中的相应条件。开发方应按要求向智利"环保委员会"递交"环保影响声明"，环保委在做出评估后有权予以批准或否决。在获得批准后，开发方还应到"国家矿业和地质服务局"、卫生局、卫生服务总监署、农牧业服务局、有关市政府及交通运输部等国家机关办理有关手续，以获取相应的许可证或授权证书。

（2）用水权问题：水资源是智利公用国有财富。只要符合国家水法规定的条件，都可给予私人以用水权。用水权是一种落实在使用水、享用水的现实权益。用户可以依法利用、享用和拥有自己名下的水资源。在智利，用水权通过政府有关部门新颖的授权行为得以实现。用水权在进行注册登记后即生效。

（3）矿工安全与健康问题：智利矿安全法制定了保护采矿工业区工人的生命与健康以及保护矿作业区、矿用机器设备、工具、房产和设施的相应法规。矿安全法由国家矿业和地质服务局制定并监督。法规的主要条款反映在矿业部 1986 年颁布的第 72 号最高法令 - 矿安全法以及国家矿业和地质服务局 1980 年制定的第 3.525 号法规中。另一个需要注意的方面是矿区卫生与基本环境的问题。这些在卫生部 1992 年第 745 号法令中都做出了相关规定。法令规定了体力劳动者和化工人员所处的地区所允许的环境状况限线和危险作业区工作人员生理上能忍受的限度。其他涉及安全与健康问题的法规反映在卫生部颁布的卫生法中。

（4）进出口问题：智利对进出口给予广泛的自由。但铜与铜制品作为特殊产品，进出口商要将出口合同寄给智利铜业委员会备案。国家海关署自 2001 年 3 月 1 日起，将向智利铜业委员会递送铜及其产品的进出口与价格变化的报告，后者应公布智利铜及其产品的进出口价格和条件是否与国际市场相一致。此外，智利铜业委员会是唯一出具产地证书的官方机构。

（5）海关体制：在智利履行关税制准则的职能机构是国家海关署。海关控制着港口、机场货物进出口，并监督所有关口的税收，此种监督也延伸到对那些进口纳税商品人员的监督。据智利 18.634 号法令，进口商品除需交纳 6% 的进口税外，还需交纳 18% 的增值税。

为了鼓励出口，智利还制定了 18.480 号法令和 18.708 号法令，前者简化了出口手续，后者则制定了有利于出口商的一体化关税体制，以刺激出口。

四、税收政策

智利的税收法、收入法（第 824 号法令）以及销售和服务税法（第 825 号法令）中都规定了自然人和法人的纳税准则。收入法规定有工作的人员、资本开发以及任何形式的收入都得交纳所得税。企业为一类纳税对象，其利润税率为 15%。企业股东按其从公司所得交税。居住在智利的个人所得税率根据收入情况在 5% 至 45% 之间。此外，投资商还要交纳 35% 的利润汇出税，如果投资商签署了受第 600 号法令保护的合同，利润汇出税率则增至 45%。值得强调的是，公司股东，不论是智利人还是外国人，在其所在企业如数交纳应交纳的一类税款后，可以得到贷款。所有销售和服务税率一律为 18%。还应该强调的是，矿产品出口可免交增值税。

对矿业公司征收基于公司所获利润的所得税（第一类税）和外国合作方利润汇出税（附加税）。此外，还征收矿业特别税。

2010 年，智利新矿业税法获得议会通过。新法主要内容是从 2018 年起提高大型矿业企业矿业特别税税率 5% ~ 14%，根据企业规模浮动；2010 年至 2012 年为过渡期，税率为 4% ~9%；作为补偿，已经与智利政府签署过合同并选择适用新税制的公司固定税率期限延长 6 年（2018 ~ 2023 年）；创立委员会研究智利外商投资法 600 号法令的修订问题；创建长期性质的地区投资和改革基金，在未来 4 年中每年投入 1 亿美元，之后的资金由国家预算支持，1/3 的资金专门用于支持矿业地区，其他用于全国各区。

第六章　大洋洲主要矿业国

第一节　澳大利亚

一、矿产资源概况

澳大利亚是一个地广人稀、矿产资源非常丰富的国家。在已探明的矿产储量中，居世界第 1 位的有铝土矿、铅、金刚石、钒，居第二的有铁、锌、金红石、铋，其他还有锰、金、煤等，储量也很丰富。

西澳是世界上矿产资源潜力巨大的地区之一，所以又被称作"矿产州"。1890 年发现金矿，至今仍有出产。铁矿储量占全国储量的90%，且多为品位在 60% 以上的富矿。西奥有世界目前最大的金刚石矿山。西澳天然气探明储量为 3.2 万亿 m^3，随着其西北海岸近海大型气田的开发，已成为向北亚提供大量液化石油气的主要供应者之一。西奥的液化天然气占全球7%，到 2015 年，产量可达到 5 000 万 t，油气产量的 70% 出口海外市场。西奥还有一个号称世界最大的钒钛磁铁矿之一的 BallaBalla 矿，矿石储量为 3.03 亿 t。

丰富的矿产资源使澳大利亚的矿业获得了快速的发展，曾被称为"骑在羊背上的国家"，又被称为"坐在矿车上的国家"，变成了矿业大国，每年都向欧洲、美国、日本、中国出口大量的铁、铝、铜、铅、锌、镍、金刚石、煤等。矿业的发展促进了澳大利亚制造业和经济的发展。澳大利亚政府非常重视地区矿产事业的发展，并采取重视矿业的政策，主要措施有：采用新技术重视区调工作；积极引进外资，加速开发矿业；强调矿业利润，优先开发富矿；根据资源条件，制定贸易政策；资源丰富，但国内需求少，劳动力缺乏，故根据国情以出口初级产品为主。

二、基本矿业法律

澳大利亚的矿业法律法规，鼓励外资进行矿产资源勘查及开发的投资，投资环境稳定。是矿业勘查与开发投资的良好国度。

20 世纪 80 年代中期以来，澳大利亚放宽了对外国资本的限制，并实行逐步使外国投资自由化的政策。政府欢迎并鼓励符合本国需要的外国直接投资，包括私人投资，重点是发展出口外向型企业，以提高国际竞争力和创造就业机会。政府希望引进长期性开发资本。

近年来澳大利亚在全球投资自由化趋势影响下，为了更好地吸引外资，在逐步放宽吸引外资政策。

1. 矿业法及投资法

澳大利亚与陆上固体矿产开发利用有关的法律包括《采矿法》、《原住民土地权法》等。海上矿产和能源的勘探和开发，也有专门法律。澳大利亚《采矿法》规定了矿产资源的三种权限：所有权、勘探（包括初步勘探和详细勘探）权和开采权。每个州/领地也有相应的法律。如西澳《采矿法》规定，矿产资源归皇家（联邦政府）所有，1899年前转让的自有土地上的非贵金属除外。

2. 环境保护法

矿山开发将对植被、地表水和地下水系统、生物多样性等产生较大影响。澳大利亚联邦政府依据《环境和生物多样性保护法（1999）》的有关规定，对那些可能造成重大环境影响的活动进行环境评估和审批。该法规定的具有全国意义的环境事件包括：海洋环境，受保护的世界遗产，国家遗产，加入《拉姆萨尔国际公约》的湿地，国家濒危物种，迁徙物种，涉核活动等。如果涉及上述内容，必须经过澳大利亚联邦政府环境部长批准后才能开展矿业活动。项目申请人获得环境许可证，大致分为三个阶段。

（1）提交申请：申请人将开发计划交给澳大利亚联邦政府环境部长，其在20个工作日内决定是否要按照EPBC的规定进行审批。如需要审批则进入第二个阶段，即评估阶段。

（2）评估：澳大利亚联邦政府环境部长可用多种方法评估，如对原始档进行评估、要求编制环境影响说明书，或者开展各种调查。州/领地的评估也可以视项目的不同而采取不同的程序。

（3）批准：分为批准、有条件批准和拒绝批准三种类型。如果没有得到批准，申请人可以在修改开发计划之后重新申请，但要得到州/领地以及地方政府的同意。

在澳大利亚，矿业企业均要依法编制矿山环境保护和关闭规划，将环境保护和生态恢复放在重要位置。澳大利亚还设立了"矿山关闭基金"，资金主要来源于矿山企业的上交，用于矿山关闭后的生态恢复、设施拆除、产业转型等目的。如果企业按照标准完成了闭坑的相关工作，上交资金将被返还。

3. 各州政府管辖情况

在澳大利亚的6个州和北领地，通常由各州及北领地的矿产资源和能源部或者类似部门在各自管辖区内管理与矿产有关的活动。但各州和北领地都有各自的矿产管理法规，这些法规的内容和管理都非常相似。每个辖区都出版了"怎么去做"的小册子，概述其矿产管理法的主要内容。

澳大利亚矿产勘探和所有权管理方面的一个先进特点：通过计算机化，普及的网络信息系统使用户能迅速访问各州及北领地的最新采矿权信息。这样能迅速确定采矿权状态和所有权持有人，快速确定可用的有前景的地区，迅速申请登记新的所有权。信息系统很好地提供了各州及北领地以前勘探活动的信息和有用的数据。

4. 各州、领地立法

各州政府与矿产和石油生产商签订了一系列州政府协议，旨在鼓励开发自然资源。这些协议具备国会法案的效力，通常规定了政府所授予的特许权。各州与领地立法各州与领地政府在各自司法管辖区内管理有关采矿业和石油业的法律法规，其中包括：勘探权和生产权以及这些所有权的批准和登记问题；批准采矿和石油勘探与开采项目（通常分为两个阶段）；对运营状况进行监管，以确保遵守良好的采矿和油田实践，符合健康和安全性要求，保护环境；及征收租金、特许权使用费和其他费用。

各州和北部领地就一般性采矿业制定了法令，其他立法则调整煤矿业。所有州和领地（除塔斯马尼亚州和）分别就陆地和海上（从低水线到三海里界限）的石油勘探和生产制定了立法。各州的立法还调整石油管道的建设和运作，并确立了全国接入原则，以允许第三方接入澳大利亚部分较大的天然气管道。

5. 联邦立法

联邦政府的利益包括确保各州和联邦采矿业政策的协调与发展、针对外国投资的联邦立法、环境保护、原住民权益以及出口批准等，对资源项目具有重要影响力。

海上石油机制受联邦立法的管辖，包括联邦海面（通常超出三海里界限；1 海里 = 1.852 km）。联邦海上机制由覆盖各州海面的各州相同立法加以补充，从低水标到 5.556 km界限，还有针对联邦海面海上矿产的联邦立法。海上机制十分复杂，因为各州或领地的海下石油资源开采由与这些海面（至 5.556 km 界限）相邻的州或领地管辖，而在联邦海面上的部分则由联邦政府以及相邻的州或领地共同管理。

联邦政府的《1993 年原住民权益法》于 1994 年 1 月 1 日生效，该法旨在承认和保护原住民权益。

三、矿业权政策

根据采矿业立法，开采权主要分为两种形式：勘探权，通常是对特定区域实施独家勘探的权利，包括钻井与化验；生产权，对有关矿产进行商业生产所需的权利。同样，根据石油立法，也授予各类的石油开采权，其中包括授予勘探石油的勘探许可以及允许持有人获得石油、执行必要生产运营和工程的生产许可证；建造和运作石油管道须获得石油管道许可证。

1. 澳大利亚各州开采矿产审批程序

（1）初步勘探。

（2）进一步详细的勘探和评估（可能已持有保留许可）。

（3）开采。

2. 初步勘探许可

在多数州和北领地，申请勘探许可（在昆州是许可证）必须包括一份工作计划并陈述详细的勘探方案及预计开支。这份工作必须经审批许可的部长同意，并且可能添加特别所有权条款。

在所有的管辖区都要求发布申请公告，公告通常刊登在政府公报或当地报纸上。在昆州，如果根据原住民土地权快速程序办理勘探许可证，才要求发布公告。

在五个辖区（不包括新州和昆州）都对授予勘探许可前征求公众反馈有相应规定。在西澳和塔斯马尼亚州，由区法庭举行听证会以听取公众意见，然后由区法庭向部长提交建议书。但是在塔斯马尼亚州，反对者必须在相应地带有不动产或利益关系。在塔斯马尼亚州，只有从技术角度上提出对勘探许可的反对意见才可以被采纳，而因其他方面因素提出的反对意见只供管理部门参考。

昆州和新州，没有关于审批申请时听取民众意见的条款。昆州规定在进入批准的地区前必须向土地所有人发布通告，而新规定在持有许可证者开始勘探前需要先与土地所有人达成准入协议（如果需要则安排仲裁或由区长确定准入协议）。

3. 保留许可证

6 个管辖区发放某种形式的保留权许可证。这允许发现矿源的许可证持有人在认为必要的时候推迟开发，直到其在经济上具有可行性。在维多利亚，昆州以及塔斯马尼亚洲，可以直接从勘探许可证转换到采矿租约。但在维多利亚州不存在保留权许可证。

申请保留权许可证，必须包括工作计划以及提供存在有潜力的经济矿藏的证据。

在大部分管辖区申请保留权许可证的程序类似于申请勘探许可证的程序，要求通知公众，土地主人，以及土地占有者。在西澳大利亚以及塔斯马尼亚洲，提出异议的人必须在相关的土地上有地产或者利益关系的人。

通常批准的使用期限为 5 年，附加有可以续订的规定，以及包括优先申请采矿期的权利。在西澳大利亚州，对于非保留土地，可以签订采矿租约。所有权允许许可证持有者进行进一步勘探活动。

关于勘探许可证，对于保留权许可证而言，应当对陆地表面上的损失，与其他土地的分离，地面通过权的限制，对环境改善的损害并且为控制损失应当支付合理的费用给出补偿。在西澳洲、南澳大利亚以及新州，还应当对剥夺土地使用权利，收入的损失以及社区妨害做出赔偿。当双方对赔偿无法达成一致时，赔偿额度通常由区法庭确定（在昆州是土地和资源法院）。在塔州，当保留权许可证包括私有土地时，要求签订私有财产契约。

4. 采矿租约

在大多数管辖区内，任何人都可以提出申请采矿租约，但在勘探或者保留权许可证的持有者具有优先权利。在昆州，申请者必须是适当的，优先条件所有权的持有者。申请人必须提供矿产开采计划的概况或者细节。在 2 个管辖区（西澳洲及昆州），可以随后提供详细情况，但是必须在开采矿产之前。

除了塔州以外，全部管辖区内都要求公告开采申请，通常在政府公报上刊登公告或者在当地发行的报纸上刊登。

一旦提出开采申请，申请者必须通知公众，包括土地所有者以及占有者。

有反对发放采矿租约的规定。在新、西澳、昆、塔以及北部领地，规定在公众反对时举行听证会。但是在塔州，提出异议的人必须在相关的土地上有地产或者利益关系，才能出庭。

在大多数管辖区，对于距离居民和其他私人土地设施 100～200 m（在南澳为 400 m）的范围内从事开采活动，必须首先取得私有土地的所有者或者居住者同意。在某些州也有可以对可终身保有的不动产土地进行否决的具体情况。

5. 矿产勘查与开采的立法－陆地部分

和保留权许可证类似，通常也需要对开采活动给予补偿。当双方对赔偿无法达成一致时，赔偿额度通常由区法庭确定（在昆士兰州是土地和资源法院）。在昆州以及塔州，赔偿协议必须在授予采矿租约前提出。

当计划在地表进行开采时，通常的做法（除了在北领地）是开采人出钱买矿井所在地的地产，但赔偿的范围和类型通常是由土地所有者以及领到许可证的人双方协商的结果。

开采计划要经过环境评估，并且必须在开采活动开始前提供开采计划的详细情况。还必须提供保函或者用于保证符合环境以及修复规定的质押，并且在某些情况下，在发放采矿租约后可增加环境以及修复条款。

除了在昆州，期限由总督决定外，塔州以及北领地，期限由部长决定；其他地方采矿租约的期限最长可以为 25 年，并且还可以延期。开采人需要支付年租金（新州除外）以及需要提交生产报告，并且还需要提供定期的环境报告。在西澳以及北部领地，有最大面积的采矿权限制。在维多利亚，面积超过 260 hm² 的开采许可证需要相关部长审批。

6. 协议法案

在西澳可用协议法案推进开发。协议法案为申请人和该州之间正在进行的项目提供了操作框架。申请人通过该法案可以：

（1）清楚了解有关各方权利和义务。

（2）获得有利于项目推进而不受其他州法律限制的规定。

（3）通过方案机制，使项目在特定时间内获得政府清楚定义和许可，以及加速其他法律要求的相关许可。

（4）在建设或运行期间，保护申请人免受州或者当地政府做出的"球门柱"式规定的困扰，例如重新占用、对项目不利的分区修订或者矿区使用费审查。

（5）有能力顺利进行项目的各个阶段；以及以工业和资源部作为项目促进人、协调人以及协议管理人，公司与西澳政府通过州开发部部长共同协作，以确保项目高效率运行。

这类协议是非强制性的，但双方认为有必要拟订一项协议时可以使用。从州的角度来讲，从项目开始到建设，需要项目申请人及其财务担保人做出承诺。

7. 矿产所有权的分配

矿产所有权的审批是基于"先来先给"的原则。在给定区域的勘探权利分配给第一个申请者，同时提出多个申请由投票来解决。申请者必须提交其使用的技术和财务资源说明，以达到取得许可证的每年最小支出的承诺。所有权申请审批基本步骤如下：

（1）正确划出所要申请的土地（用于探矿许可证以及采矿租约）。

（2）向相关采矿登记主任提交申请表格以及支付规定的费用。

（3）在报纸上刊登申请副本，以及如果涉及私有土地，向有关土地居住者或者所有者，以及市政当局和抵押权人提交申请的副本。

在相关的土地上，勘探或者保留权许可的持有者比任何其他申请者可优先取得采矿约租（许可持有者不符合勘探所有权条件的除外）。

个人或者公司持有勘探许可证的数目没有限制。但勘探许可证的期限一般为 5 年，在第 3 年和第 4 年末，被许可人必须放弃 50% 的授权地区，或者将其转换为采矿租约。如果勘探一直进行良好并需要进一步的勘探，则可以延期。这种放弃规定可以激励许可持有者集中精力进行勘探并且防止"锁定"土地。

四、税收政策

在澳大利亚申请初步勘探权、保留权及采矿权许可都要付费，但费用不高，收取的费用还不足以支付管理成本。在取得勘探权、采矿权后，企业在开始工作前要赔偿地上物品损坏和其他因土地契约终止、通行权受限，损坏的环境改善及合理控制损坏等项费用。在西澳、南澳和新南威尔士，还要赔偿土地使用权损失、收入减少以及其他社会危害等费用。

在澳大利亚采矿，企业要向联邦政府、州政府交矿业税。政府通过法规确定许可证税收制度。矿业税率的形式及税率高低根据矿种、矿山所在地及矿产品分组确定。澳大利亚矿业税收制度，主要有以下几种：

（1）固定费率的许可证税收制度，按单位重量收取。

（2）从价费率的许可证税收制度，按照产值的一定比例计算税率。

（3）与利润挂钩的许可证税收制度，也称为资源税租金。

（4）混合许可证税收制度，按照固定从价制与利润挂钩制相结合的办法征收。

（5）澳大利亚矿产资源许可证收税标准在各州领地不同，如金属矿产，1.5% ~ 7.5% 的从价税率，或最高为 22.5% 的利润税率，并有税收抵扣政策。

（6）澳大利亚公司企业所得税为 30%。

联邦政府对采矿业的协助大多采用税收优惠政策的形式。石油和天然气勘探和生产的资本开支可享受特殊税收减免。

第二节　巴布亚新几内亚

一、矿产资源概况

巴布亚新几内亚矿产资源非常丰富，主要矿产包括铜、金、银、钴、镍、石油和天然气等，其中铜和金矿资源在世界上占有一席地位。巴布亚新几内亚铜矿极其丰富，目前已探明储量在 1 200 万 t 以上，这意味着在巴布亚新几内亚国土上平均每平方公里就有近 26 t 铜的储量。铜矿资源主要集中在布干维尔岛的潘古纳、西部省富比兰山的奥克特迪（奥克泰迪铜矿是世界第八大铜矿）、塞皮克河以南的佛罗里达和俾斯麦山脉的扬德拉四大矿区，均为新生代斑岩—矽卡岩型铜金矿。其中布干维尔岛中部山区的铜矿，估计矿石储量达到 8 亿 t 以上，是世界巨大铜矿区之一。巴布亚新几内亚金矿多为火山岩型和斑岩铜金型，金储量约 1 756 t。金矿主要分布在新爱尔兰省、恩加省、布干维尔省、西部省、米尔恩湾省和中央省等地，最为著名的是波格拉金矿床和利希尔岛热（泉）型金矿，两矿床均在 20 世纪 90 年代发现，规模巨大，均为世界级金矿床。其中，利希尔岛金矿位于新爱尔兰省的利希尔岛，距首都莫尔斯比港东北 700 km，金储量为573 t。波格拉金矿床位于恩加省，距首都莫尔斯比港西北 620 km，金储量为 420 t。另外在布干维尔岛的潘古纳斑岩铜金矿中有金资源量约 500 t。西部省的奥克特迪铜金矿床中金资源也非常丰富。银矿多与金矿共生，主要分布在西部省、布干维尔省、恩加省和中央省。

巴布亚新几内亚的镍、钴资源主要集中在本岛东南的马当省，其中拉穆镍钴矿为世界级大型红土镍矿床，已知资源量约为 144.43 万 t 镍、14.3 万 t 钴。巴布亚新几内亚石油和天然气主要分布在巴布亚盆地的陆上地区，南部高地省最为集中；其次是东部高地省和海湾省，巴布亚湾有较大的油气资源潜力，目前的海洋油气勘探活动主要集中在该区域。2006 年巴布亚新几内亚石油剩余探明储量为 3 288 万 t，天然气储量为3 456.67 亿 m³。主要油气田包括 Central Moran、Kutubu、Gobe、Hides、agogo、Hedinia和 usano 等。

二、基本矿业法律

巴布亚新几内亚 1992 年分别颁布了矿业法和石油法。建立了管理矿产和石油资源的现代特许权制度。法律规定，矿产和石油资源的所有权归国家所有。政府有权授予矿产和石油的勘查和生产的许可证。1992 年矿业法规定了固体矿产矿业权的种类，矿业开发合同的形式，租金、相关费用和权利金的支付，租地权益和交易的登记，对受影响土地占有者的补偿等。

目前该国颁布的主要环境法规有：①环境规划法，要求具有较大环境影响的项目提交环境计划；环境污染法要求环境排污者需要领取许可证；②水资源法对于向水资源所有者支付补偿、正式进入权、取水权和用水许可做出详细规定；③保护区法对于具有特别生物、地貌、地质、历史、科学和社会意义的地区提供保护。海洋废物倾倒法规定向海洋倾倒废物需要领取许可证。

三、矿业权政策

矿业法中对于大规模经营规定的主要矿业权有勘探许可证和特别采矿租约。对于中小规模矿山经营规定的矿业权有采矿租约和砂矿开采租约。此外，还有一些辅助权证，如采矿通行权等。具体规定如下：

（1）勘探许可证：期限不超过 2 年，可以延长 2 年，最大面积不超过 2 500 km^2。拥有在规定地区勘查某些矿产的独占权利。

（2）采矿租约：期限不超过 20 年，可以延长 10 年，该租约通常是针对中小规模矿山和一些砂矿开采。租约持有者必须依据批准的开发建议和其他采矿租约规定的条件行事。

（3）特别采矿租约：期限不超过 40 年，可延长 20 年，该租约通常是针对大规模采矿项目，同时要求签订采矿开发合同，租约持有者必须依据批准的开发建议和其他采矿租约规定的条件行事。

（4）砂矿采矿租约：期限不过超过 5 年，可延长 5 年，最大面积不超过 5 hm^2，该租约必须是拥有土地的公民。

（5）采矿辅助合约：用于采矿项目的基础设施建设。

（6）采矿通行权：道路、电力输入线、排水、管道、桥梁和隧道等设施的建设权。

上述矿业权中除特别采矿租约外均由矿业部长批准。特别采矿租约由政府首脑批准。另外，还要求在适当补偿的基础上同土地占有者达成协议。

1992 年石油法规定了 3 种许可证：①石油勘查许可证，允许持有者在规定区域内进行石油和天然气的勘查活动，石油勘查许可证对规定区内的石油勘查拥有排他权，但许可证持有者还必须与政府签订在该租地内有关石油勘探和开发的协议；②石油开发许可证，持有者有权开发规定区域内的石油，并建设相关的基础设施；③管线许可证，授予持证者对输油管线和相关设施的建设和经营权。按照现行的国家政策，国家有权获得大型矿业项目最高达 30%、石油项目最高达 22.5% 的股权。国家在项目得到开发批准时按照投入成本从开发者手中购买股份。国家不在中小型项目中参股。

四、税收政策

（1）所得税：2000 年政府进行了税收系统调整，将矿业公司所得税率从 35% 下降到 30%，红利预扣税降至 10%。公司被允许在总收入中扣减 25% 的勘探费用。新的税收制度只适合于正进行中的项目，并保证项目财务期内财务制度的稳定性。

石油项目和大型矿业项目还遵守以项目为基础的税收评价。除某些特殊情况外，这类项目的纳税人按照这一项目纳税，其他活动并入该项目一起计算。

（2）超额利润税：当纳税人已经收回投资，并且净现金流超过特定收益率交纳超额利润税。对于石油项目特定收益率为 27%，超过该值，对于净现金收益征收 50% 的超额利润税。对于天然气项目特定收益率为 20%，超过该值部分，按 30% 的超额利润税。对于边远地区的石油项目，特定收益率为 20%，超过该值，对于净现金收益征收 35% 的超额利润税。对于大型矿业项目，特定收益率为 20%，或按当年美国国库券的平均利率加 12%，具体由纳税人选择。超过此特定收益率者，按照 35% 的税率征收超额利润税。2000 年税制调整时将矿业项目的超额利润税的特定收益率（起征点）降至 15%。

（3）权利金：所有项目生产的石油和矿产应按照 2% 的税率向国家交纳权利金。这项收入分配给省政府和土地所有者。对于矿业经营来说，当矿产品不经过精炼出口，按照出口离岸价计算权利金。如果矿产在巴布亚新几内亚精炼，则按照冶炼厂收益计算权利金。对于石油经营，按照井口石油价值计算。在 2% 的权利金中，1.25% 可以从所得税应税收入中扣减，其余 0.75% 享受税收减免。

第三节　新西兰

一、矿产资源概况

新西兰位于太平洋西南部，是一个岛屿国家。新西兰两大岛屿以库克海峡分隔，南岛邻近南极洲，北岛与斐济及汤加相望。首都惠灵顿，最大的城市是奥克兰。新西兰是一个现代、繁荣的发达国家。过去 20 年，新西兰经济成功地从农业为主，转型为具有国际竞争力的工业化自由市场经济。

新西兰矿产资源比较丰富，有 600 多种已识别矿物质，分布在 25 个不同的矿床。金属矿有金、银、铁矿砂，其中金矿产值每年约 2 亿新元，非金属矿（包括煤）近几年产量和产值逐年增加，总产量约 4 000 万 t，产值约 10 亿新元。新西兰矿产资源大多数用来满足国内生产，但也有相当部分出口到国外。主要出口产品有铁矿砂、黏土、石灰石和水泥，还有少量的泥煤、食盐、硫黄和浮石。主要进口产品为农用饲料原料，如磷酸盐、碳酸钾等。

新西兰拥有丰富的非金属矿产资源，包括煤、无定型硅石、斑脱土、硅藻土、白云石、铁矿砂、石灰岩、珍珠岩、浮石、高等级硅砂、沸石和不同类型的黏土，这些资源支撑着新西兰的工业、建筑业和农业生产。

新西兰煤炭资源主要分布在北岛的 Waikato 和 Taranaki 地区，南岛的 Nelson，West Coast，Canterbury，Otago 和 Southland regions。2003 年出口量为 200 万 t，出口创汇 1 亿新币，主要出口到日本、印度、智利、中国、澳大利亚和比利时，向斐济、荷兰、沙特也有少量出口。

多水高岭石黏土主要产于新西兰北岛的 Matauri Bay，位于当地的新西兰中国黏土公司，其产品远销 20 多个国家和地区，用于生产高品质的陶器、瓷器。当地所产的高纯度的多水高岭石黏土使生产出的陶瓷品具有洁白、半透明的光泽，副产品用于本地市场建筑行业和高尔夫球场。

高岭石黏土广泛用于国内普通砖、瓷砖、管道、制陶工业。新西兰最大的生产砖的企业是位于奥克兰的 CSR 建筑材料有限公司。高纯度的高岭石黏土也用于新西兰造纸工业。

硅藻土主要作为一种温和的研磨剂、绝缘、过滤使用。主要产于奥克兰地区、Waikato 和 Rotorua。新西兰硅藻土公司近几年正在开采 Rotorua 南部 Ngakuru 的中高品质的硅藻土矿，年产量约 2 万 m^2。

在过去的几年里，新西兰无定型硅石、沸石、硅藻土的产量不断增加，具有很大的出口潜力。尤其是无定型硅石的品质和凝硬性与其他国家产品相比，具有非常明显的优势。近年来，海外公司也开始希望购买石灰石矿，作为工业化学应用。高品质的黏土可以出口到亚洲、澳大利亚、北美和欧洲市场，用来生产瓷器。另外，南岛西海岸蕴藏有丰富的钛铁矿，作为生产二氧化钛的主要原料，有待于被国际市场进一步认识。

二、基本矿业法律

根据新西兰法律，本国境内储藏的金、银、石油和铀等矿产资源全部属于国家所有，其他矿物品种的所有权由特别指定的土地资源管理局根据不同情况进行鉴别、划分，有的属于国家，有的属于私人财产。矿业管理方面的立法包括 1991 年颁布的《国家矿业法》和《资源管理法》。主要矿业组织有：

（1）新西兰矿业协会：新西兰矿业协会是一个股份制的公司组织，成立于 1981 年。其主要活动是对新西兰矿产资源的勘探、采掘者提供服务。矿协会员由本行业会员和相关行业会员组成。本行业会员是直接从事矿业勘探或矿产开采的公司。相关行业会员是指为矿业提供服务的公司，如承包商会计师，律师和顾问等。矿协的主要工作包括：①协调并代表矿业，对以下带有共性重要的事务表示本行业立场：如环境保护问题；能否进行矿业开发；雇员的健康和安全；在中央、地区、地方政府层次上促进制定政策和法规；做媒体和政府的公关工作。②收集并宣传最新的信息，增强学生和社会公众对矿业的了解和清醒的认识；资助优秀学生的研究课题；鼓励公开讨论敏感问题。③协助矿业改善行为标准，争取达到最佳环保目标。④鼓励并支持矿业投资。此外，新西兰矿协还与国外工业组织保持密切联系，及时交换有价值的信息。在研究与发展上，资助研究并向企业提供统计资料。

（2）地质及原子能科学研究所：该组织为新西兰最主要的地质和同位素科学研究及咨询机构，在地质科学研究方面具有 130 多年的历史。研究所的 9 个部门分别负责地震、火山、动态地形、碳氢化合物、地热和矿物、地下水、地质绘图、地质时期和同位素应用等研究课题。

三、矿业权政策

根据《海外投资管理条例（1995 年）》，在新西兰投资的大部分项目无须审批。只有当海外投资者的投资将会使得该投资者获得或掌握 25% 及以上新西兰某些重要财产、不动产或土地时,该项目需要获得新西兰海外投资委员会的批准。该委员会根据《海外投资法(1973 年)》成立,主要的职能是审批海外投资者在新西兰进行重大投资项目的申请。根据《海外投资管理条例》,海外投资者指的是:

(1) 在新西兰境外成立的公司及其子公司。

(2) 非新西兰公民或未获得新西兰永久居留权的个人。

(3) 25% 及以上的股份或决定权被外国人掌握的新西兰公司。

(4) 下列任何一项情况超过 25% 的信托投资公司:①托管人是外国人;②有权指定托管人的人是外国人;③信托财产是因外国人的利益而被托管。

(5) 合资企业中有 25% 以上的外国人或外国人掌握该企业 25% 以上的决定权。

(6) 信托公司的管理者或托管人是外国人或外国人享有 25% 以上该公司的收益。

(7) 25% 以上被外国人拥有或控制的任何实体。新西兰政府欢迎海外投资者来新西兰投资。在新西兰进行投资所遵循的法规是《外资管理法》。具体由新西兰储备银行、财政部长和食品、纤维与生物安全及边境管理部长监督执行。新西兰没有外汇管制,对在新西兰的外国投资者的资本和收益汇回自己的国家没有限制,对海外借贷、红利、利润、利息、管理费、偿还贷款以及贸易欠款的汇出在换汇方面也没有限制。对违反《海外投资管理条例》的行为,该条例规定:对个人可处以不超过 12 个月的监禁或 3 万新元以下的罚款;对公司则处以不超过 10 万新元的罚款。《管理条例》还规定高等法院有权处置海外投资者因违反该法或不遵守批准条件而获得的财产。

四、税收政策

新西兰政府对内外资企业一视同仁,没有税收、贷款等差别对待政策。

按新西兰有关税法规定,新西兰居民和公司所有利润和所得收入均须纳税,但业务开支、建筑物、厂房、设备折旧可以减税。

(1) 所得税:所有种类的收入都要交纳所得税,包括薪酬、经商或自聘的收入、公共保障金、投资所得的收入、租金、出售资本(非个人财产)所赚得的利润,以及新西兰居民于海外的收入。新西兰现实的所得税率(从 1998 年 7 月 1 日开始执行)为:年收入在 38 000 新元以下的是 19.5%,在 38 000 新元或以上是 33%。做生意和自聘人士的收入是不会被预先自动扣税的。他们所需提交的是"暂定税",通常在 1 年内分 3 次交纳,直至税务年度期满时。已交纳的暂定税则可作抵消尚欠的税款。在 2000 年进行了调整,对年薪超过 60 000 新元的,要交纳 39% 的所得税。

(2) 商品和服务税:所有登记商品和服务税的商业,都会在所有商品和服务上征收销售税。如果你全年的生意营业额超过 30 000 新元,便需要登记商品和服务税,现时的税率为 12.5%。只有登记了的商家才能从顾客中收取商品和服务税,然后每个月、每两个月或每六个月提交给税务局。而商家因向其供应商购买商品及服务而所支付的商品和服务税,可以向税务局索回。然而,如非本地居民不能收回任何的退还款项。

商品和服务税是附加在所有新西兰供应的商品及服务上的税款,但有关居民所租赁的财务服务，如抵押、借贷和投资等，以及生意出售（指完整生意，而且生意会继续进行），则可免交商品和服务税。

（3）居民预扣税：银行或其他同类型的机构会在你的户口或投资利息中扣除"扣缴税"。在报税年度的终期申报时，可以把交过了的"扣交税"抵消投资所得的收入部分。公司可在分发给股东的股息中也扣除"扣交税"。如果某公司把交税后的利润，以股息分发给股东，股东也可在报税时索要减扣，故此公司缴税对其他股东也可以受益。

（4）意外事故赔偿保险金：新西兰意外赔偿制度是用来资助那些意外受伤的受害者的医疗、康复和因意外所损失收入而设。这笔费用是来自所有人和商业必须呈交的意外赔偿税。意外赔偿税会在所得税中扣除，直接由雇主交给税务局。而那些自聘者则要在交其他税项的同时交付意外赔偿税。

（5）附加福利税：所有提供给雇员的非现金福利都要缴交雇员福利税，税款是由雇主负责交付。其他税种还有：赠予税、支票税以及对烟酒、石油制品所征收的国内商品税等。

第十九篇

我国矿产资源法律制度与政策

我国矿业法律制度源远流长

我国已建立了比较完善的矿业法律法规体系

"矿产资源国家所有"是我国的法定原则

矿业权分为探矿权和采矿权

我国实行矿产资源有偿使用制度和矿业权登记制度

国家保护矿业权人的合法权益

节约集约利用矿产资源是我国的基本国策

我国的矿产资源政策是开放、透明和一贯的

第一章 我国矿产资源法律制度的沿革与法律体系

第一节 我国矿产资源法律制度的沿革

根据文献的记载和地下文物的发掘，我国祖先早在夏、商时期，就掌握了青铜的冶炼和铸造技术。关于矿冶法的记载，始见于西周，《周礼·地官》记载表明，当时已设置专司矿冶管理事务的官吏，并有关于矿业方面的禁令。春秋时，《管子》记载齐设有铁官，提出"唯官山海为可耳"，即对矿冶、制盐实行官营政策，并提到私商如要开采，利润"民得其七，君得其三"。可见，当时土地、矿产皆归国家所有。国王对全国的土地、矿产拥有最高和最终的处分权。

在我国漫长的封建社会里，除极少数短暂时期和个别统治者外，历代封建王朝几乎总是推行矿冶官营、禁止或者限制私营的政策。有的朝代对矿冶实行极为严厉的管制，如明代限定金、银等贵重金属矿只能由官府经营；一些与国计民生关系较大的铁、铜、铅、锡等矿，也由官府设局采冶；民间一般只允许开采其他矿藏，并须取得官府的批准，缴纳一定的课税。未经官府许可，私人不得进行采矿活动，否则处以重刑。明律规定，"凡盗掘金、银、铜、锡、水银等项矿砂，每金砂一斤折钞一贯，俱比照盗无人看守物准窃盗论。"

我国矿产资源所有权法律制度形成的标志，应是晚清颁布的《大清矿务章程》。晚清修律借鉴当时资本主义社会诸法分体的立法体制，出现了单行的矿业法规。《大清矿务章程》参照了当时英、美、德、法、奥、日、比利时、西班牙等资本主义国家的矿业法，并结合我国国情，由农工商部负责拟立，于光绪三十三年（1907 年）八月十三日通过御批，并通令于次年三月十三日开始施行。该章程是我国历史上第一部近似现代意义上的矿业法典，从法律上宣布了矿产资源归国家所有。其中，第 6 章第 14 款规定，"各国通例地腹皆为国家所有。凡五金之属及一切贵重矿质非官不得开采。"

民国三年（1914 年），仿照日本的矿业法制定了《"中华民国"矿业条例》；在民国十九年（1930 年）5 月以"大总统令"颁布了《中华民国矿业法》。该法共 9 章 121 条，第一条宣称，"中华民国领域内之矿，均为国有。非依本法取得矿业权，不得探采。"

新中国成立以后，政务院颁布了《中华人民共和国矿业暂行条例》（1951 年），规定全国矿藏均为国有，如无须公营或划作国家保留区时，准许并鼓励私人经营。1965年，国务院批准发布的《中华人民共和国矿产资源保护试行条例》规定，矿产资源是全民所有的宝贵财富，是社会主义建设的重要物质基础。1982年公布的宪法规定，"矿藏、水流、森林、山岭、草原、荒地、滩涂等自然资源，都属于国家所有，即全民所有"。同年，国务院发布的《中华人民共和国对外合作开采海洋石油资源条例》规定，中华人民共和国的内海、领海、大陆架以及其他属于中华人民共和国海洋资源管辖领域的石油资源，都属于中华人民共和国国家所有。

从以上矿产资源所有权法律制度的历史沿革中可以看出，鉴于矿产资源在国民经济和社会发展过程中的特殊地位和重要作用，国家总是以不同手段干预或介入矿产资源的勘查、开发活动，并以立法方式将矿产资源的所有权归于国家或政府。矿产资源所有权法律制度处于矿业法律制度的核心地位。

第二节　我国矿产资源法律体系的建立

一、矿产资源法律体系的建立

矿产资源是人类社会赖以生存发展的重要物质基础，是人类生产和生活资料的源泉，矿业是国民经济的基础产业，矿产资源的开发利用直接关系到国民经济发展的全局和长远，也与人民生活条件和生活质量的改善息息相关。因此，矿产资源勘查、开发业的发展，对于促进社会主义现代化建设、增强综合国力，都具有十分重要的意义。但是多年来，一方面矿产资源未能得到充分开发利用，另一方面由于法制不健全，管理不善，不论在矿产资源的勘查还是开发工作中，都存在不少问题。矿产资源勘查工作缺乏统一的规划和管理，部门之间做了许多不必要的重复工作；不少单位不重视综合勘查、综合开采、综合利用；资源开发利用的采、选、冶回收率不高；一些地方对小矿放开后，没有注意加强对小矿的指导和管理。这些问题，造成了资源的浪费和破坏，影响了资源勘查、开发的速度和效益，与实现党的总任务、总目标的要求不相适应，迫切需要制定矿产资源法。

为了保护矿产资源，充分合理利用矿产资源，体现矿产资源国家所有权的地位，体现全民的意志和利益，满足社会主义建设对矿产资源的需求，加快矿产资源立法，实现矿产资源勘查、开采的法制管理，显得十分迫切和重要。在这种形势下，根据宪法有关规定，矿产资源立法于1979年9月开始了起草工作，历经8年，于1986年3月19日《中华人民共和国矿产资源法》（简称《矿产资源法》，下同），由中华人民共和国第六届全国人民代表大会常务委员会第15次会议通过。中华人民共和国主席李先念签署，中华人民共和国主席令第36号公布，自1986年10月1日起施行。为了贯彻执行《矿产资源法》，国务院根据《矿产资源法》的规定，制定发布了相关的配套法规：①1987年4月29日国务院发布了《矿产资源勘查登记管理暂行办法》、《全民所有制矿山企业采矿登记管理暂行办法》、《矿产资源监督管理暂行办法》；②1988年5月20日国务院批准《全国地质资料汇交管理办法》；③1993年6月29日国务院发布了《矿产资源补偿费征收管理规定》；④1994年3月26日国务院发布了《中华人民共和国矿产资源法实施细则》。

由于《矿产资源法》及其配套法规的发布施行，使我国矿产资源勘查、开发开始进入了法制管理轨道。《矿产资源法》及其配套法规的实施，对有效保护、合理开发利用矿产资源，维护矿业秩序，促进全国地勘业、矿业发展，发挥了重要作用。但是，《矿产资源法》是在我国计划经济时期制定的，无疑的带有计划经济的特色。随着社会主义市场经济体制的逐步确定和政府职能的转变，《矿产资源法》规定的一些原则和法律制度，已不适应形势发展需要，倘若沿用下去，将会阻碍我国经济发展，也不利于与国际矿业市场接轨。因此，1996年8月国家在总结《矿产资源法》实施10年来经验的基础上，借鉴了国外矿产资源法律规定，对《矿产资源法》进行了修改。

修改后的《矿产资源法》由中华人民共和国第八届全国人民代表大会常务委员会第21次会议于1996年8月29日通过。由中华人民共和国主席江泽民签署的主席令第74号公布，自1997年1月1日起施行。国务院根据修改后的《矿产资源法》规定，于1998年2月12日发布了三个办法：即《矿产资源勘查区块登记管理办法》、《矿产资源开采登记管理办法》和《探矿权采矿权转让管理办法》，自颁布之日起施行。国务院于2002年3月19日发布了《地质资料管理条例》，自2002年7月1日起施行。

此外，国务院地质矿产部门及有关部门和省级地方地质矿产主管部门，为了更好贯彻执行矿产资源法律、法规，出台了一系列的规章、规范性文件，制定了具体的管理制度。

上述《矿产资源法》及其配套法规，以及有关矿法规章和规范性文件构成了我国矿产资源法律体系框架（图19-1-1），从而保障了我国矿产资源勘查、开发，在社会主义市场经济中，沿着法制化轨道有序进行。

二、矿产资源法与其他法律的关系

《矿产资源法》及其配套法规的规定，涉及其他法律、法规的规定的地方较多，反过来其他法律、法规涉及矿产资源法律也不少。有的有直接关系，有的有间接或者是辅助关系。

（一）与《中华人民共和国土地管理法》的关系

土地资源主要由土、砂、砾等3种物质组成，或者说是由多种矿物质组成，土地又称土壤或土（砂）层，统称第四纪松散层。它是由地层岩石及岩浆岩地层岩石经长期风化剥蚀、侵蚀，迁移堆积等外力作用形成。从宏观上讲，与矿产资源是同源产物。而且土层土壤中所含的有用矿物组分达到工业指标要求时就构成了矿产。所以，有的土层具双重性，既是土地资源，又是矿产资源，如黏土矿、陶土、瓷土、砂土等；有的土壤作为矿产的载体，如各类残坡积矿、冲洪积砂矿等。从广义上讲，土地资源就是一种特殊的矿产资源。

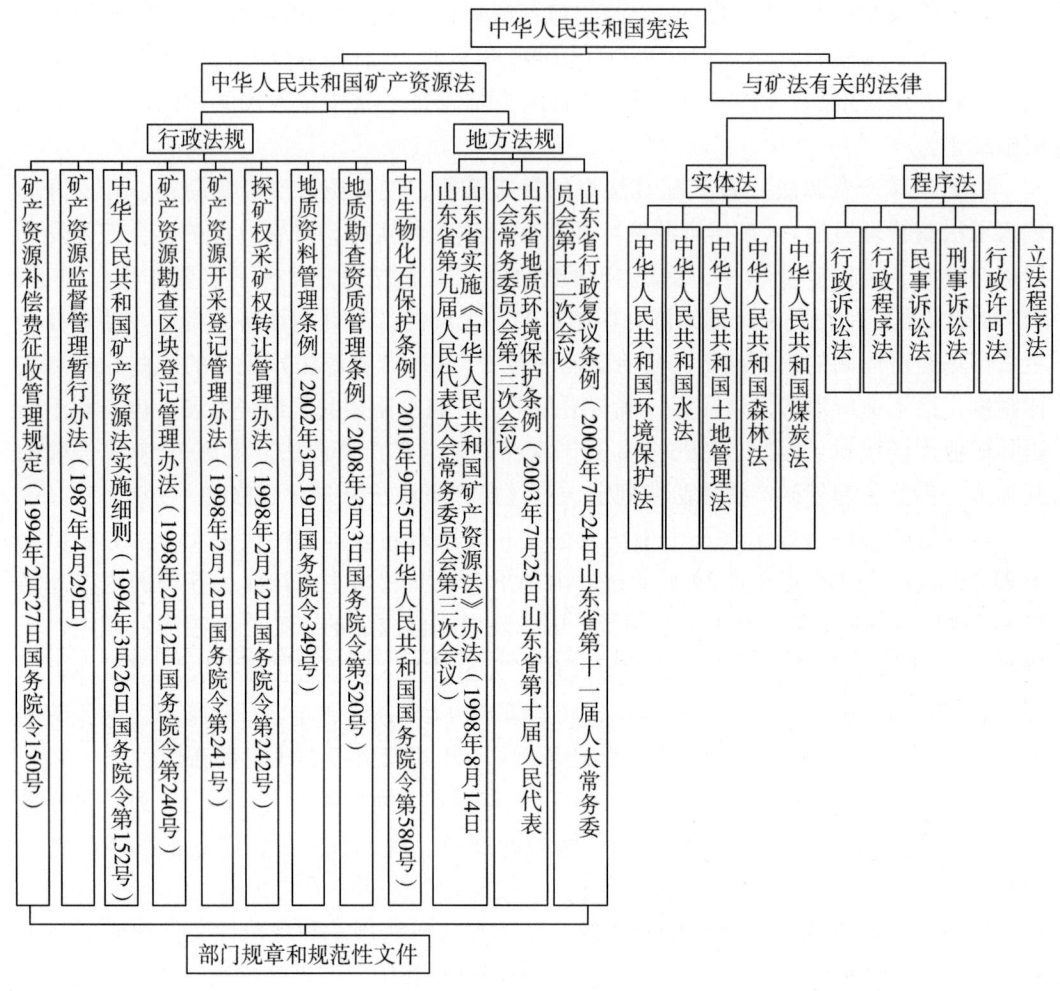

图 19 - 1 - 1 我国矿产资源法律体系框架

两种资源在开发利用和保护方面也可以说为互补的关系，矿产资源的勘查、开采，无不涉及土地资源的使用和保护问题。土地资源在开发使用上，一是土层的结构和矿物组分等涉及地质学范畴（农业地质）；二是土层含某种贵重的具有重要价值的矿产，就涉及矿产资源保护问题了。

由此可见，矿产资源与土地资源具有亲缘关系，而且两种资源都是国家所有，实行有偿使用。因此，国家颁布的《矿产资源法》和《中华人民共和国土地管理法》（简称《土地法》，下同）及其二者配套的法律法规，涉及对方的条款较多。如《矿产资源法》的第三条规定："矿产资源属于国家所有，由国务院行使国家对矿产资源的所有权。地表或者地下的矿产资源的国家所有权，不因其所依附的土地的所有权或者使用权的不同而改变。""国家保障矿产资源的合理开发利用。禁止任何组织或者个人用任何手段侵占或者破坏矿产资源。"

《矿产资源法》第二十一条规定"关闭矿山，必须提出矿山闭坑的报告及有关采掘工程、安全隐患、土地复垦利用、环境保护的资料、并按照国家规定报请审查批准。"

《中华人民共和国矿产资源法实施细则》（简称《矿法实施细则》，下同）的第十六条规定了探矿权人享有"根据工程需要临时使用土地"的权利；第十七条规定了探矿权人履行"遵守土地复垦的规定"义务和第二十一条规定了"探矿权人取得临时使用土地权后，在勘查过程中给他人造成财产损害的，按照规定给予补偿。"

第三十条中规定的采矿权人享有"根据生产建设的需要依法取得土地使用权"，第三十一条中规定了采矿权人应当"遵守国家有关劳动安全、水土保持、土地复垦和环境保护的法律、法规。"

总之，从矿产资源和土地资源的关系到两部法律（矿产资源法律和土地资源法律）的关系来看，二者是密不可分的。因此，国家在1998年将中华人民共和国地质矿产部和国家土地局合并为中华人民共和国国土资源部，对矿产资源和土地资源实行统一管理，是一重大的举措。

（二）与《中华人民共和国水法》的关系

国家有关法律法规和文件已明确规定：水资源包括两大部分，一是地表水，二是地下水，而地下水又是矿产资源。

《矿法实施细则》的第七章第四十四条规定"地下水资源具有水资源和矿产资源的双重属性。地下水资源的勘查，适用《矿产资源法》和本细则；地下水资源的开发、利用、保护和管理，适用《中华人民共和国水法》（简称《水法》，下同）和有关的行政法规。"

这一规定清楚说明了矿法与水法的关系，也就是说，只涉及地下水资源的管理分工的问题，地下水勘查按照《矿产资源法》及其《勘查登记管理办法》的规定管理；地下水开发利用按照《水法》及其配套的行政法规的规定管理。

（三）与《中华人民共和国环境保护法》的关系

人口、资源、环境是当今世界上三大问题，如何处理好这三大关系，解决好人口、资源、环境协调发展，是保证我国经济可持续发展战略的核心问题。所以说，矿产资源勘查、开采与环境保护有着重要而密切的关系。

因此，《矿产资源法》及其配套法规和《中华人民共和国环境保护法》（简称《环保法》，下同）所规定的内容，涉及对方的规定（义务）较多，如《矿产资源法》涉及环境保护的第二十条第五款中规定："非经国务院授权的有关主管部门同意，不得在国家划定的自然保护区、重要风景区，国家重点保护的不能移动的历史文物和名胜古迹所在地开采矿产资源。"第二十一条规定："关闭矿山，必须提出矿山闭坑报告及有关采掘工程、安全隐患、土地复垦利用、环境保护的资料，并按照国家规定报请审查批准。"第二十二条规定："勘查、开采矿产资源时，发现具有重大科学文化价值的罕见地质现象以及文化古迹，应当加以保护并及时报告有关部门。"第二十六条规定："普查、勘探易损坏的特种非金属矿产、流体矿产、易燃易爆易溶矿产和含有放射性元素的矿产，必须采用省级以上人民政府有关主管部门规定的普查、勘探方法，并有必要的技术装备和安全措施。"第三十二条规定："开采矿产资源，必须遵守有关环境保护的法律规定，防止污染环境。"

（四）与《中华人民共和国煤炭法》的关系

煤炭资源是矿产资源中的重要能源矿产之一，因此，煤炭资源的勘查到开采都必须遵守《矿产资源法》及其配套法规的规定，煤炭资源的勘查、开采受矿法调整、制约。

《中华人民共和国煤炭法》（简称《煤炭法》，下同）主要规范煤炭生产、安全和经营行为，而且在第十九条中明确规定："审查批准煤矿企业，须由地质矿产主管部门对其开采范围和资源综合利用方案进行复核并签署意见。""经批准开办的煤矿企业，凭批准文件由地质矿产主管部门颁发采矿许可证。"第二十三条规定，取得煤炭生产许可证，应当"有依法取得的采矿许可证……"

由此看出，矿产资源法律是煤炭资源勘查、开采活动的行为规范，因此煤炭资源勘查、开发必须依法进行，并接受管理。而《煤炭法》只规范煤炭的生产、经营活动，对煤炭矿山企业的生产、经营安全依法进行管理。

（五）与《中华人民共和国森林法》的关系

《矿产资源法》与《中华人民共和国森林法》（简称《森林法》，下同）之间，主要是在进行矿产资源勘查、开采要占用林地或者造成森林、树林的损害时发生关系。

如《矿产资源法》的第三十二条第二款规定："开采矿产资源，应当节约用地。耕地、草原、林地因采矿受到破坏的，矿山企业应当因地制宜地采取复垦利用、植树种草或者其他利用措施。"

在《森林法》中涉及矿产资源勘查、开采的条款有第十八条："进行勘查、开采矿藏和各项建设工程，应当不占或者少占林地；必须占用或者征用林地的，经县级以上人民政府林业主管部门审核同意后，依照有关土地管理的法律，行政法规办理建设用地审批手续，并由用地单位依照国务院有关规定缴纳森林植被恢复费。"

也就是说，勘查、开采矿产资源，除遵守矿产资源法律外，在林区勘查、开采矿产资源的，还必须按照《森林法》规定办理用地有关手续，履行缴纳森林植被恢复费用等义务。

（六）与其他法律法规的关系

与《矿产资源法》相关的法律、法规还很多。

1. 综合性法律

有《中华人民共和国行政处罚法》、《中华人民共和国行政诉讼法》、《中华人民共和国刑法》、《中华人民共和国刑事诉讼法》、《中华人民共和国监察法》、《中华人民共和国档案法》、《中华人民共和国拍卖法》等。

2. 专业性法律法规

有《中华人民共和国草原法》、《中华人民共和国水土保持法》、《中华人民共和国海洋环境保护法》、《中华人民共和国矿山安全法》、《中华人民共和国自然保护区条例》、《山东省陆上石油勘探开发环境保护条例》等。

综上所述，与矿产资源法律体系相关的法律、法规较多，不再一一列举。总之，涉及与矿产资源有关的，《矿产资源法》及其配套法规中有规定的受矿法制约，按照矿法规定管理，矿法没有规定的，从其相关法律、法规规定，受相关法律法规制约，从其管理。但都必须统一在宪法规定的基本原则下，按照各法律、法规的规定，协调管理。

第三节　我国矿产资源法律法规简介

矿产资源法律体系是我国法律体系的重要组成部分之一，是指用来调整对我国领域及管辖海域的矿产资源进行管理、勘查、开发利用、保护等方面法律行为规范的总称。我国目前已经建立了以《宪法》为基础，以《矿产资源法》（简称"矿法"）和相关法律法规为基本内容的矿产资源法律体系。

我国现行的矿产资源法律体系大体可以分为四个层次，即宪法、矿产资源管理单行法律（即《矿产资源法》）、矿产资源行政法规和地方性法规、矿产资源部门规章和地方规章。此外，还应包括对矿产资源法律的立法解释、司法解释、行政解释等。

一、《矿产资源法》简介

新中国成立以来，为了发展矿业，加强矿产资源的勘查、开发利用和保护工作，保障社会主义现代化建设的当前和长远的需要，根据中华人民共和国宪法而制定了我国的第一部《矿产资源法》，成为矿产资源法律体系形成的开端。1986 年 3 月 19 日第六届全国人民代表大会常务委员会第十五次会议通过，1986 年 10 月 1 日起实施。

（一）主要内容

（1）明确矿产资源属于国家所有，并通过探矿权、采矿权许可制度和矿产资源有偿开采制度得以体现；

（2）确定了国家对矿产资源勘查、开采的方针，以及国营、乡镇集体矿山企业和个体采矿的法律地位和管理原则；

（3）规定了各部门、各地方的监督管理职能；

（4）按照矿产资源勘查、开采过程和环节对资源税费、矿产储量、地质资料和矿山监督、安全卫生、环境保护等各项工作做出了相应规定。

1996 年 8 月 29 日《中华人民共和国矿产资源法》修正案颁布，并于 1997 年 1 月 1 日实施。修改后的《中华人民共和国矿产资源法》共分 7 章 53 条。

（二）修改内容

1997 年 1 月 1 日实施的《中华人民共和国矿产资源法》相对于原 1987 年 10 月 1 日实施的做了如下修改：

（1）第三条第一款修改为："矿产资源属于国家所有，由国务院行使国家对矿产资源的所有权。地表或者地下的矿产资源的国家所有权，不因其所依附的土地的所有权或者使用权的不同而改变。"

（2）第三条第三款和第四款修改为："勘查、开采矿产资源，必须依法分别申请、经批准取得探矿权、采矿权，并办理登记；但是，已经依法申请取得采矿权的矿山企业在划定的矿区范围内为本企业的生产而进行的勘查除外。国家保护探矿权和采矿权不受侵犯，保障矿区和勘查作业区的生产秩序、工作秩序不受影响和破坏。"

（3）第四条修改为："国家保障依法设立的矿山企业开采矿产资源的合法权益。""国有矿山企业是开采矿产资源的主体。国家保障国有矿业经济的巩固和发展。"

（4）第五条修改为："国家实行探矿权、采矿权有偿取得的制度；但是，国家对探矿权、采矿权有偿取得的费用，可以根据不同情况规定予以减缴、免缴。具体办法和实施步骤由国务院规定。""开采矿产资源，必须按照国家有关规定缴纳资源税和资源补偿费。"

（5）第十条改为第十二条，修改为："国家对矿产资源勘查实行统一的区块登记管理制度。矿产资源勘查登记工作，由国务院地质矿产主管部门负责；特定矿种的矿产资源勘查登记工作，可以由国务院授权有关主管部门负责。矿产资源勘查区块登记管理办法由国务院制定。"

（6）第三十四条改为第三十五条，增加一款作为第二款："矿产储量规模适宜由矿山企业开采的矿产资源、国家规定实行保护性开采的特定矿种和国家规定禁止个人开采的其他矿产资源，个人不得开采。"

（7）第四十二条第二款修改为："违反本法第六条的规定将探矿权、采矿权倒卖牟利的，吊销勘查许可证、采矿许可证，没收违法所得，处以罚款。"

（8）第四十四条修改为："违反本法规定，采取破坏性的开采方法开采矿产资源的，处以罚款，可以吊销采矿许可证；造成矿产资源严重破坏的，依照刑法第一百五十六条的规定对直接责任人员追究刑事责任。"

（9）将第四十六条修改为："当事人对行政处罚决定不服的，可以依法申请复议，也可以依法直接向人民法院起诉。""当事人逾期不申请复议也不向人民法院起诉，又不履行处罚决定的，由做出处罚决定的机关申请人民法院强制执行。"

（10）增加一条，作为第五十条："外商投资勘查、开采矿产资源，法律、行政法规另有规定的，从其规定。"

（11）将本法中的"国营矿山企业"修改为"国有矿山企业"，"乡镇集体矿山企业"修改为"集体矿山企业"。

二、矿产资源行政法规简介

（一）《矿产资源监督管理暂行办法》（1987 年 4 月 29 日，国务院自发布之日起施行）

1. 适用范围

为了加强对矿山企业的矿产资源开发利用和保护工作的监督管理，根据《矿产资源法》而制定的一项主要配套法规。本办法适用于在中华人民共和国领域及管辖海域从事采矿生产的矿山企业（包括有矿山的单位），该暂行办法对国务院地质矿产主管部门的职责、省级人民政府地质矿产主管部门的职责、国务院和省级人民政府有关主管部门的职责、矿山企业的地质测量机构的内部监督管理职责、矿山企业与选矿场的职责、法律制裁等作了规定。

2．主要内容

《矿产资源监督管理暂行办法》规定：矿山开采设计要求的回采率、采矿贫化率和选矿回收率，应当成为考核矿山企业的重要年度计划指标；在采选主要矿种的同时，对具有工业价值的共生、伴生矿产，在技术可行、经济合理的条件下，必须综合回收；对暂时不能综合利用的矿产，应当采取有效的保护措施；矿山企业应当加强对滞销矿石、粉矿、中矿、尾矿、废石和煤矸石的管理，积极研究其利用途径；暂时不能利用的，应当在节约土地的原则下，妥善堆放保存，防止其流失及污染环境；省级人民政府应制定对乡镇集体矿山企业和个体采矿的矿山资源开发利用与保护工作的监督管理办法，并组织实施。

《矿产资源监督管理暂行办法》共分28条。

（二）《中华人民共和国矿产资源法实施细则》（1994年3月26日国务院令第152号发布）

《中华人民共和国矿产资源法实施细则》（简称《矿产资源法实施细则》）是1994年3月26日国务院令第152号发布实施的。

1．适用范围

《矿产资源法实施细则》明确规定：在中华人民共和国领域及管辖的其他海域，勘查、开采矿产资源，必须遵守《中华人民共和国矿产资源法》和本细则。同时较为详细地规定了矿产资源的概念、国家所有的原则、勘查开采矿产资源实行许可证制度、开办国有矿山企业、申请个体采矿、关闭矿山应具备的条件等。同时特别明确规定探矿权、采矿权。规划矿产、国家实行保护性开采的特定矿种含义，首次列出了矿产资源分类细目。本细则共7章46条。

2．主要内容

（1）第六条　《矿产资源法》及细则中下列用语的含义：①探矿权，是指在依法取得的勘查许可证规定的范围内，勘查矿产资源的权利。取得勘查许可证的单位或者个人称为探矿权人。②采矿权，是指在依法取得的采矿许可证规定的范围内，开采矿产资源和获得所开采的矿产品的权利。取得采矿许可证的单位或者个人称为采矿权人。③国家规定实行保护性开采的特定矿种，是指国务院根据国民经济建设和高科技发展的需要，以及资源稀缺、贵重程度确定的，由国务院有关主管部门按照国家计划批准开采的矿种。④国家规划矿区，是指国家根据建设规划和矿产资源规划，为建设大、中型矿山划定的矿产资源分布区域。⑤对国民经济具有重要价值的矿区，是指国家根据国民经济发展需要划定的，尚未列入国家建设规划的，储量大、质量好、具有开发前景的矿产资源保护区域。

（2）矿产资源分类细目：

①能源矿产，有煤、煤成气、石煤、油页岩、石油、天然气、油砂、天然沥青、铀、钍、地热等。②金属矿产，有铁、锰、铬、钒、钛、铜、铅、锌、铝土矿、镍、钴、钨、锡、铋、钼、汞、锑、镁；铂、钯、钌、锇、铱、铑；金、银；铌、钽、铍、锂、锆、锶、铷、铯；镧、铈、镨、钕、钐、铕、钇、钆、铽、镝、钬、铒、铥、镱、

镥；钪、锗、镓、铟、铊、铪、铼、镉、硒、碲等。③非金属矿产，有金刚石、石墨、磷、自然硫、硫铁矿、钾盐、硼、水晶（压电水晶、熔炼水晶、光学水晶、工艺水晶）、刚玉、蓝晶石、硅线石、红柱石、硅灰石、钠硝石、滑石、石棉、蓝石棉、云母、长石、石榴子石、叶蜡石、透辉石、透闪石、蛭石、沸石、明矾石、芒硝（含钙芒硝）、石膏（含硬石膏）、重晶石、毒重石、天然碱、方解石、冰洲石、菱镁矿、萤石（普通萤石、光学萤石）、宝石、黄玉、玉石、电气石、玛瑙、颜料矿物（赭石、颜料黄土）、石灰岩（电石用灰岩、制碱用灰岩、化肥用灰岩、熔剂用灰岩、玻璃用灰岩、水泥用灰岩、建筑石料用灰岩、制灰用灰岩、饰面用灰岩）、泥灰岩、白垩、含钾岩石、白云岩（冶金用白云岩、化肥用白云岩、玻璃用白云岩、建筑用白云岩）、石英岩（冶金用石英岩、玻璃用石英岩、化肥用石英岩）、砂岩（冶金用砂岩、玻璃用砂岩、水泥配料用砂岩、砖瓦用砂岩、化肥用砂岩、铸型用砂岩、陶瓷用砂岩）、天然石英砂（玻璃用砂、铸型用砂、建筑用砂、水泥配料用砂、水泥标准砂、砖瓦用砂）、脉石英（冶金用脉石英、玻璃用脉石英）、粉石英、天然油石、含钾砂页岩、硅藻土、页岩（陶粒页岩、砖瓦用页岩、水泥配料用页岩）、高岭土、陶瓷土、耐火黏土、凹凸棒石黏土、海泡石黏土、伊利石黏土、累托石黏土、膨润土、铁矾土、其他黏土（铸型用黏土、砖瓦用黏土、陶粒用黏土、水泥配料用黏土、水泥配料用红土、水泥配料用黄土、水泥配料用泥岩、保温材料用黏土）、橄榄岩（化肥用橄榄岩、建筑用橄榄岩）、蛇纹岩（化肥用蛇纹岩、熔剂用蛇纹岩、饰面用蛇纹岩）、玄武岩（铸石用玄武岩、岩棉用玄武岩）、辉绿岩（水泥用辉绿岩、铸石用辉绿岩、饰面用辉绿岩、建筑用辉绿岩）、安山岩（饰面用安山岩、建筑用安山岩、水泥混合材用安山玢岩）、闪长岩（水泥混合材用闪长玢岩、建筑用闪长岩）、花岗岩（建筑用花岗岩、饰面用花岗岩）、麦饭石、珍珠岩、黑曜岩、松脂岩、浮石、粗面岩（水泥用粗面岩、铸石用粗面岩）、霞石正长岩、凝灰岩（玻璃用凝灰岩、水泥用凝灰岩、建筑用凝灰岩）、火山灰、火山渣、大理岩（饰面用大理岩、建筑用大理岩、水泥用大理岩、玻璃用大理岩）、板岩（饰面用板岩、水泥配料用板岩）、片麻岩、角闪岩、泥炭、矿盐（湖盐、岩盐、天然卤水）、镁盐、碘、溴、砷等。④水气矿产，有地下水、矿泉水、二氧化碳气、硫化氢气、氦气、氡气等。

（三）《矿产资源补偿费征收管理规定》（1994 年 2 月 27 日国务院令第 150 号发布）

《矿产资源补偿费征收管理规定》系 1994 年 2 月 27 日国务院令第 150 号发布，自 1994 年 4 月 1 日起施行。根据 1997 年 7 月 13 日国务院第 222 号令发布的《国务院关于修改〈矿产资源补偿费征收管理规定〉的决定》修改。

1. 适用范围

为了保障和促进矿产资源的勘查、保护与合理开发，维护国家对矿产资源的财产权益，根据《中华人民共和国矿产资源法》的有关规定，制定本规定。在中华人民共和国领域和其他管辖海域开采矿产资源，应当依照本规定缴纳矿产资源补偿费。

2．主要内容

（1）第二条　在中华人民共和国领域和其他管辖海域开采矿产资源，应当依照本规定缴纳矿产资源补偿费；法律、行政法规另有规定的，从其规定。

（2）第四条　矿产资源补偿费由采矿权人缴纳。矿产资源补偿费以矿产品销售时使用的货币结算；采矿权人对矿产品自行加工的，以其销售最终产品时使用的货币结算。

（3）第五条　矿产资源补偿费按照下列方式计算：征收矿产资源补偿费金额 = 矿产品销售收入 × 补偿费费率 × 开采回采率系数（开采回采率系数 = 核定开采回采率/实际开采回采率）。核定开采回采率，以按照国家有关规定经批准的矿山设计为准；按照国家有关规定，只要求有开采方案，不要求有矿山设计的矿山企业，其开采回采率由县级以上地方人民政府负责地质矿产管理工作的部门会同同级有关部门核定。

（四）《矿产资源勘查区块登记管理办法》（1998 年 2 月 12 日国务院令第 240 号）

1．适用范围

为了加强对矿产资源勘查的管理，保护探矿权人的合法权益，维护矿产资源勘查秩序，促进矿业发展，根据《中华人民共和国矿产资源法》，制定本办法。在中华人民共和国领域及管辖的其他海域勘查矿产资源，必须遵守本办法。

2．主要内容

（1）第二条　在中华人民共和国领域及管辖的其他海域勘查矿产资源，必须遵守本办法。

（2）第八条　登记管理机关应当自收到申请之日起 40 日内，按照申请在先的原则做出准予登记或者不予登记的决定，并通知探矿权申请人。对申请勘查石油、天然气的，登记管理机关还应当在收到申请后及时予以公告或者提供查询。

准予登记的，探矿权申请人应当自收到通知之日起 30 日内，依照本办法第十二条的规定缴纳探矿权使用费，并依照本办法第十三条的规定缴纳国家出资形成的探矿权价款，办理登记手续，领取勘查许可证，成为探矿权人。

（3）第三十七条　外商投资勘查矿产资源的，依照本办法的规定办理；法律、行政法规另有规定的，从其规定。

（4）第四十条　从事区域地质调查、区域矿产调查、区域地球物理调查、区域地球化学调查、航空遥感地质调查和区域水文地质调查、区域工程地质调查、区域环境地质调查、海洋地质调查等地质调查工作的，应当向登记管理机关备案。

（5）国务院地质矿产主管部门审批发证矿种目录有以下 34 种：

①煤；②石油；③油页岩；④烃类天然气；⑤二氧化碳气；⑥煤成（层）气；⑦地热；⑧放射性矿产；⑨金；⑩银；⑪铂；⑫锰；⑬铬；⑭钴；⑮铁；⑯铜；⑰铅；⑱锌；⑲铝；⑳镍；㉑钨；㉒锡；㉓锑；㉔钼；㉕稀土；㉖磷；㉗钾；㉘硫；㉙锶；㉚金刚石；㉛铌；㉜钽；㉝石棉；㉞矿泉水。

（五）《矿产资源开采登记管理办法》（1998 年 2 月 12 日国务院令第
241 号）

1. 适用范围

为了加强对矿产资源开采的管理，保护采矿权人的合法权益，维护矿产资源开采秩
序，促进矿业发展，根据《中华人民共和国矿产资源法》，制定本办法。在中华人民共
和国领域及管辖的其他海域开采矿产资源，必须遵守本办法。

2. 主要内容

（1）第二条　在中华人民共和国领域及管辖的其他海域开采矿产资源，必须遵守
本办法。

（2）第六条　登记管理机关应当自收到申请之日起 40 日内，做出准予登记或者不
予登记的决定，并通知采矿权申请人。

准予登记的，采矿权申请人应当自收到通知之日起 30 日内，依照本办法第九条的
规定缴纳采矿权使用费，并依照本办法第十条的规定缴纳国家出资勘查形成的采矿权价
款，办理登记手续，领取采矿许可证，成为采矿权人。

不予登记的，登记管理机关应当向采矿权申请人说明理由。

（3）第二十八条　外商投资开采矿产资源，依照本办法的规定办理；法律、行政
法规另有特别规定的，从其规定。

（4）第三十二条　本办法所称矿区范围，是指经登记管理机关依法划定的可供开
采矿产资源的范围、井巷工程设施分布范围或者露天剥离范围的立体空间区域。

（六）《探矿权采矿权转让管理办法》（1998 年 2 月 12 日国务院令第
242 号）

1. 适用范围

为了加强对探矿权、采矿权转让的管理，保护探矿权人、采矿权人的合法权益，促
进矿业发展，根据《中华人民共和国矿产资源法》，制定本办法。在中华人民共和国领
域及管辖的其他海域转让依法取得的探矿权、采矿权的，必须遵守本办法。

2. 主要内容

（1）第二条　在中华人民共和国领域及管辖的其他海域转让依法取得的探矿权、
采矿权的，必须遵守本办法。

（2）第十条　申请转让探矿权、采矿权的，审批管理机关应当自收到转让申请之
日起 40 日内，做出准予转让或者不准转让的决定，并通知转让人和受让人。

准予转让的，转让人和受让人应当自收到批准转让通知之日起 60 日内，到原发证
机关办理变更登记手续；受让人按照国家规定缴纳有关费用后，领取勘查许可证或者采
矿许可证，成为探矿权人或者采矿权人。

（七）《地质资料管理条例》（2002 年 3 月 19 日国务院令 349 号）

1. 适用范围

为加强对地质资料的管理，充分发挥地质资料的作用，保护地质资料汇交人的合法
权益，制定本条例。地质资料的汇交、保管和利用，适用本条例。国务院地质矿产主管

部门负责全国地质资料汇交、保管、利用的监督管理。省、自治区、直辖市人民政府地质矿产主管部门负责本行政区域内地质资料汇交、保管、利用的监督管理。

2. 主要内容

(1) 第二条　地质资料的汇交、保管和利用，适用本条例。

本条例所称地质资料，是指在地质工作中形成的文字、图表、声像、电磁介质等形式的原始地质资料、成果地质资料和岩矿芯、各类标本、光薄片、样品等实物地质资料。

(2) 第七条　在中华人民共和国领域及管辖的其他海域从事矿产资源勘查开发的探矿权人或者采矿权人，为地质资料汇交人。

在中华人民共和国领域及管辖的其他海域从事前款规定以外地质工作项目的，其出资人为地质资料汇交人；但是，由国家出资的，承担有关地质工作项目的单位为地质资料汇交人。

(八)《地质勘查资质管理条例》(2008 年 3 月 3 日国务院令第 520 号)

1. 适用范围

为了加强对地质勘查活动的管理，维护地质勘查市场秩序，保证地质勘查质量，促进地质勘查业的发展，制定本条例。凡从事地质勘查活动的单位，应当依照本条例的规定，取得地质勘查资质证书。国务院国土资源主管部门和省、自治区、直辖市人民政府国土资源主管部门依照本条例的规定，负责地质勘查资质的审批颁发和监督管理工作。市、县人民政府国土资源主管部门依照本条例的规定，负责本行政区域地质勘查资质的有关监督管理工作。

2. 主要内容

(1) 第三条　国务院国土资源主管部门和省、自治区、直辖市人民政府国土资源主管部门依照本条例的规定，负责地质勘查资质的审批颁发和监督管理工作。

市、县人民政府国土资源主管部门依照本条例的规定，负责本行政区域地质勘查资质的有关监督管理工作。

(2) 第四条　地质勘查资质分为综合地质勘查资质和专业地质勘查资质。

综合地质勘查资质包括区域地质调查资质，海洋地质调查资质，石油天然气矿产勘查资质，液体矿产勘查资质 (不含石油)，气体矿产勘查资质 (不含天然气)，煤炭等固体矿产勘查资质和水文地质、工程地质、环境地质调查资质。

专业地质勘查资质包括地球物理勘查资质、地球化学勘查资质、航空地质调查资质、遥感地质调查资质、地质钻 (坑) 探资质和地质实验测试资质。

(3) 第五条　区域地质调查资质、海洋地质调查资质、石油天然气矿产勘查资质、气体矿产勘查资质 (不含天然气)、航空地质调查资质、遥感地质调查资质和地质实验测试资质分为甲级、乙级两级；其他地质勘查资质分为甲级、乙级、丙级三级。

(4) 第七条　申请地质勘查资质的单位，应当具备下列基本条件：①具有企业或者事业单位法人资格；②有与所申请的地质勘查资质类别和资质等级相适应的具有资格的勘查技术人员；③有与所申请的地质勘查资质类别和资质等级相适应的勘查设备、仪器；④有与所申请的地质勘查资质类别和资质等级相适应的质量管理体系和安全生产管理体系。不同地质勘查资质类别和资质等级的具体标准与条件，由国务院国土资源主管部门规定。

（5）第八条　下列地质勘查资质，由国务院国土资源主管部门审批颁发：①海洋地质调查资质、石油天然气矿产勘查资质、航空地质调查资质；②其他甲级地质勘查资质。本条第一款规定之外的地质勘查资质，由省、自治区、直辖市人民政府国土资源主管部门审批颁发。

（6）第九条　申请地质勘查资质的单位，应当向审批机关提交下列材料：①地质勘查资质申请书；②法人资格证明文件；③勘查技术人员名单、身份证明、资格证书和技术负责人的任职文件；④勘查设备、仪器清单和相应证明文件；⑤质量管理体系和安全生产管理体系的有关文件。申请单位应当对申请材料的真实性负责。

（7）第十七条　地质勘查资质证书有效期为 5 年。

三、矿产资源地方性法规简介

（一）《山东省实施〈中华人民共和国矿产资源法〉办法》

1998 年 8 月 14 日经山东省第九届人民代表大会常务委员会第三次会议通过。2004 年 11 月 25 日，山东省第十届人民代表大会常务委员会第十一次会议做了修正。

1. 适用范围

为加强矿产资源管理，合理开发利用和保护矿产资源，根据《中华人民共和国矿产资源法》和有关法律、法规，结合山东省实际制定。在山东省行政区域内勘查、开采矿产资源的单位和个人，必须遵守本办法。

2. 主要内容

（1）第二条　在本省行政区域内勘查、开采矿产资源的单位和个人，必须遵守本办法。

（2）第四条　县级以上人民政府地质矿产行政主管部门负责本行政区域内矿产资源勘查、开发利用和保护的监督管理工作，其他有关部门协助地质矿产行政主管部门进行矿产资源勘查、开采的监督管理工作。

（3）第十一条　开采下列矿产资源，由省地质矿产行政主管部门审批登记，并颁发采矿许可证：①省规划矿区内的矿产资源；②除由国务院地质矿产行政主管部门审批颁发采矿许可证外，可供开采的矿产储量规模为中型以上的矿产资源；③矿区范围跨设区的市行政区域的矿产资源；④国务院地质矿产行政主管部门授权审批登记的矿产资源。

（4）第十二条　开采下列矿产资源，由设区的市［（地）］地质矿产行政主管部门审批登记，并颁发采矿许可证：①本办法第十一条规定以外可供开采的矿产储量规模为小型的矿产资源；②矿区范围跨县级行政区域的矿产资源；③省地质矿产行政主管部门授权审批登记的矿产资源。

以营利为目的开采只能用作普通建筑材料的砂、砖瓦用黏土和矿产储量规模为小型以下的普通建筑石材，由县级地质矿产行政主管部门审批登记，并颁发采矿许可证。

设区的市、县（市、区）地质矿产行政主管部门审批颁发的采矿许可证，由设区的市地质矿产行政主管部门汇总报省地质矿产行政主管部门备案。

个人自采自用砂、石、黏土等普通建筑材料可以不申领采矿许可证。开采地点由县级地质矿产行政主管部门授权村民委员会指定。

（二）《山东省地质环境保护条例》

2003 年 7 月 25 日山东省第十届人民代表大会常务委员会第三次会议通过根据 2004 年 11 月 25 日山东省第十届人民代表大会第 11 次会议《关于修改〈山东省人才市场管理条例〉等十件地方性法规的决定》修正。

1. 适用范围

为保护和改善地质环境，防治地质灾害，保护公共财产和公民生命财产安全，促进经济和社会的可持续发展，根据国家有关法律、法规，结合山东省实际制定。在山东省行政区域内从事矿产资源勘查开采、地质遗迹保护、地质灾害防治以及工程建设等与地质环境有关的活动的，应当遵守本条例。

本条例所称地质环境，是指影响人类生存和发展的各种岩体、土体、地下水、矿藏等地质体及其活动的总和。

2. 主要内容

（1）第二条 在本省行政区域内从事矿产资源勘查开采、地质遗迹保护、地质灾害防治以及工程建设等与地质环境有关的活动的，应当遵守本条例。

（2）第十四条 矿山地质环境治理实行保证金制度。

矿山地质环境治理保证金的收取标准，按照不低于治理费用的原则，根据矿区面积、开采方式以及对矿山自然生态环境影响程度等因素确定。按照治理方案，矿山地质环境分阶段治理的，保证金可以分期交纳。

（3）第二十条 禁止在地质遗迹自然保护区和地质公园内从事下列活动：①擅自采集标本、化石等破坏地质遗迹的；②采矿、取土、爆破；③修建与地质遗迹保护无关的建（构）筑物；④法律、法规禁止的其他行为。

（4）第二十一条 任何单位和个人不得在地质地貌景观保护区、风景名胜区、城市规划区范围内和铁路、高速公路、国道、省道两侧以及海岸线的直观可视范围内露天开采矿产资源。

第二章　矿业权概述

第一节　矿业权的概念与特点

一、矿业权的概念

矿业权是一个比较复杂的概念，要弄清它的确切含义，有必要对其进行解析，其实矿业权是一个权利束，是由一系列相关权利组合而成的。澳大利亚将矿产权分为3类，即探矿权，采矿权和评价权。日本矿业权制度分为钻探权制度和采掘权制度，而且规定取得钻探权的企业在探明勘探区确有矿产并适于开采时，享有所探矿床的采掘优先权。我国是采用了两分法即把矿业权分为探矿权与采矿权，因此，我国的矿业权亦即探矿权和采矿权的合称。

探矿权，是指在依法取得的勘查许可证规定的范围内，勘查矿产资源并优先取得作业区矿产资源采矿权的权利。取得勘查许可证的单位和个人称为探矿权人。

采矿权，是指在依法取得的采矿许可证规定的范围内，开采矿产资源和获得所开采的矿产品的权利。取得采矿许可证的单位或个人称为采矿权人。

二、矿业权的特点

（一）矿业权是具有强烈公法性的私权

矿业权是指探矿人、采矿人依法在已经登记的特定矿区或者工作区内勘查、开采一定的矿产资源，取得矿产品，并排除他人干涉的权利。首先，行使矿业权的目的就是为了获得矿产资源，进而获得矿产品。而获得矿产品是为了交易并获得金钱财富，以满足个体需要。可以说矿业权的行使是为了实现私人利益。但是，如果从全社会的角度来看，开采矿产资源同时也是政府出于国家的利益而开采，并且国家允许这种私权存在的原因也在于最终实现国家或者说全社会的利益。因为矿产资源并非一般的私人资源，它是关涉国计民生的自然资源，国家处于战略意义考虑，是不可能完全将矿产资源置于私人领域的，必然要对其进行国家控制。所以说起具有强烈的公法性。

在我国要着重强调矿业权的私权属性，是具有现实意义的。因为我国传统上仅仅将其看成是"矿"或"产"，将其看成是一种资源，一种关乎国计民生的自然资源。但是却没有注重其"业"与"权"的一面。所谓"业"就是将矿业权作为一种在市场经济中运行的权利，进一步讲应该将行使矿业权的行为定性为一种商业行为，而行使商业行为则要完全遵从市场规则。在这里就逐渐摆脱了其作为一种公权力占统治地位的局面。现代社会是商业社会，一切都要遵从市场经济规则。众所周知，矿产资源是不可再生的资源。但是对其进行不断的开采又是社会发展，国家富强的需要。政府应该利用市场规则，让我们开采出来的矿产资源进行市场配置，发挥其最大价值和效益。所谓"权"就是要注重矿业权的行使过程必须贯彻私法自治，具体说就是要给矿业权利主体更多的自由，让权利主体自己去决定怎样利用这些资源，行使这些权利。

（二）矿业权是财产权

"财产权是以财产为标的，以经济利益为内容的权利。"财产权是与人身权相对应的，是民事权利最基本的分类。"其特点是：①权利直接体现经济价值；②权利可以转移。"矿业权完全符合财产权的特点，首先，矿业权中的探矿权、采矿权的最终目的都是为了获得矿产资源和矿产品，是直接体现其经济价值的。其次，矿业权是可以转移的。2001年出台的《矿业权出让转让管理暂行规定》第三条明确规定，探矿权、采矿权为财产权，统称为矿业权，适用于不动产法律法规的调整原则。还有《矿产资源法》、《探矿权采矿权转让管理办法》等法律法规都对矿业权的出让、转让作了相关规定，都充分体现了法律已经承认矿业权的财产权属性。

（三）矿业权是物权

矿业权是否为物权，在学界多有争议，涉及民法、行政法和环境法等多个法学部门的基本理论，关系到权力体系的建构、适用，必须对其进行辨析。"物权是指公民、法人依法享有的直接支配特定物并对抗第三人的财产权利。"物权具有以下几个特征：①物权具有直接支配性；②物权的客体需为特定物；③物权具有排他性；④物权是财产权。论证矿业权的物权属性就是要说明矿业权符合上述物权的四个特征。

1. 矿业权具有直接支配性的特征

矿业权本质上具有支配性。矿业权是指探矿人、采矿人依法在已经登记的特定矿区或者工作区内勘查、开采一定的矿产资源，取得矿产品，并排除他人干涉的权利。通过这一概念可以看出作为物权人的探矿人、采矿人对特定矿区或者工作区内的矿产资源享有勘查、开采并取得矿产品的权利。这些是物权占有、使用、收益、处分四项权能的具体体现。也正是因为物权支配性赋予了矿业权人探矿、采矿以正当性。

2. 矿业权客体符合物权客体要求

"作为物权客体的物，具有特定的内涵，他通常是指人身之外，为人力所能支配，并且有一定使用价值的物质资料"。"探矿权是指探矿人根据政府颁发的探矿许可证，在特定的工作区内进行勘探，以取得该工作区内地质资料所有权的权利"。用地下构成物来表示探矿权的客体比较恰当，因为地下构成物既有矿藏的可能，也包括不含有矿藏的可能。采矿权的客体是矿产资源毋庸置疑。

3. 矿业权具有排他性

物权需具有排他性，"物权的排他性，有两方面的含义：一方面，物权的内容是物权人对物上之权利排除他人干涉，即任何人不得对物权人支配其物的状态进行干涉和妨碍；另一方面，同一标的物上不能同时存在内容相同的数个物权，已经成立的物权可以排斥内容相同的物权"。从矿业权的概念就可以看出其排他性的特征。而且之所以对特定矿区或者工作区进行登记也是排他性的体现，防止他人的干涉和妨碍。对矿业权的物权属性从立法层面上也得到了认可，《探矿权采矿权出让转让管理办法》第三条就明确规定了"矿业权人依法对其矿业权享有占有、使用、收益和处分权。"从理论和立法两个方面看，矿业权的物权属性毋庸置疑。

4. 矿业权是用益物权

用益物权是指"权利人对他人所有物享有的以使用收益为目的的物权"。用益物权与所有权、担保物权共同构成了物权的三大制度。在界定探矿权和采矿权的用益物权属性时，而这还是有所差别的。"采矿权是指法人或者自然人对依法许可其开采的矿产资源享有的占有、开采和收益的权利"。采矿权是从矿产资源所有权中分离出来的，享有占有、使用、收益和一定的处分权能，是完全的用益物权。

第二节　矿业权的要素

一、矿业权的主体

矿业权的主体是探矿权人和采矿权人。

我国《矿产资源法实施细则》第七条规定，国家允许外国的公司、企业和其他经济组织以及个人依照中华人民共和国有关法律、行政法规的规定，在中华人民共和国领域及管辖的其他海域投资勘查、开采矿产资源。

另外，成为矿业权的主体还要具备民事行为能力和相应的资质条件。《中华人民共和国矿产资源法》第十五条规定，设立矿山企业，必须符合国家规定的资质条件，并依照法律和国家有关规定，由审批机关对其矿区范围、矿山设计或者开采方案、生产技术条件、安全措施和环境保护措施等进行审查；审查合格的，方予批准。我国针对不同的矿业权主体还设定了不同资质条件。《矿产资源法实施细则》第十一条规定开办国有矿山企业，除应当具备有关法律、法规规定的条件外，并应当具备下列条件：①有供矿山建设使用的矿产勘查报告；②有矿山建设项目的可行性研究报告（含资源利用方案和矿山环境影响报告）；③有确定的矿区范围和开采范围；④有矿山设计；⑤有相应的生产技术条件。

二、矿业权的客体

矿业权的客体是矿产资源。把探矿权的客体和采矿权的客体合并起来即是矿业权的客体。又因为地下构成物包括土壤和矿产资源，所以矿业权的客体就是工作区的土壤和矿产资源。矿产资源的种类在人类认识自然的过程中也是不断变化的，所以有必要对其进行界定一下。我国《矿产资源分类细目》把矿产资源分为四大类，即能源矿产、金属矿产、非金属矿产和水气矿产。明确矿业权客体组成部分的矿产资源必须是法定的矿种，既可以确定矿业权是否存在以及存在于何种矿产资源之上，又可以划清土地所有权人和矿业权人各自的权利义务和边界。

三、矿业权的内容

矿业权的内容就是矿业权法律关系指向的对象。矿业权包括探矿权和采矿权，相应的矿业权的内容就表现为探矿权人和采矿权人的权利和义务。对此，我国《矿产资源法实施细则》有明确的规定，对探矿权人的权利主要是勘查权，架设相关管线和设施权，临时用地权，优先采矿权等。

（1）第十六条　探矿权人享有下列权利：①按照勘查许可证规定的区域、期限、工作对象进行勘查；②在勘查作业区及相邻区域架设供电、供水、通讯管线，但是不得影响或者损害原有的供电、供水设施和通讯管线；③在勘查作业区及相邻区域通行；④根据工程需要临时使用土地；⑤优先取得勘查作业区内新发现矿种的探矿权；⑥优先取得勘查作业区内矿产资源的采矿权；⑦自行销售勘查中按照批准的工程设计施工回收的矿产品，但是国务院规定由指定单位统一收购的矿产品除外。

（2）第十七条　探矿权人应当履行下列义务：①在规定的期限内开始施工，并在勘查许可证规定的期限内完成勘查工作；②向勘查登记管理机关报告开工等情况；③按照探矿工程设计施工，不得擅自进行采矿活动；④在查明主要矿种的同时，对共生、伴生矿产资源进行综合勘查、综合评价；⑤编写矿产资源勘查报告，提交有关部门审批；⑥按照国务院有关规定汇交矿产资源勘查成果档案资料；⑦遵守有关法律、法规关于劳动安全、土地复垦和环境保护的规定；⑧勘查作业完毕，及时封、填探矿作业遗留的井、洞或者采取其他措施，消除安全隐患。

（3）第三十条　采矿权人享有下列权利：①按照采矿许可证规定的开采范围和期限从事开采活动；②自行销售矿产品，但是国务院规定由指定的单位统一收购的矿产品除外；③在矿区范围内建设采矿所需的生产和生活设施；④根据生产建设的需要依法取得土地使用权；⑤法律、法规规定的其他权利。

（4）第三十一条　采矿权人应当履行下列义务：①在批准的期限内进行矿山建设或者开采；②有效保护、合理开采、综合利用矿产资源；③依法缴纳资源税和矿产资源补偿费；④遵守国家有关劳动安全、水土保持、土地复垦和环境保护的法律、法规；⑤接受地质矿产主管部门和有关主管部门的监督管理，按照规定填报矿产储量表和矿产资源开发利用情况统计报告。

第三节　矿产资源所有权与矿业权的关系

一、矿产资源所有权与矿业权的相同点

（1）它们同为物权。矿产资源所有权属于自物权，矿业权是他物权。

（2）矿业权是在矿产资源所有权之下所设定的物权，它派生于矿产资源所有权。

（3）它们的权利客体同为矿产资源。

二、矿产资源所有权与矿业权的区别

（1）权利主体不同。矿业权的主体是自然人、法人和其他社会组织，矿产资源所有权的主体是国家。

（2）权利的可流转性不同。矿业权依法可以流转，为限制流通物。而法律规定的矿产资源所有权不允许流通，为禁止流通物。

（3）权利取得的方式不同。矿业权是以申请、审批登记和其他经批准的有偿方式获得的，而矿产资源所有权由《宪法》规定。

（4）权利灭失原因不同，矿业权因行为和事实，如民事法律行为、行政行为和权利期限届满而灭失。而矿产资源所有权只因事实而灭失。

第三章 我国矿产资源法律制度

第一节 矿产资源的国家原则

一、国家所有的法定原则

我国宪法明确规定："矿藏、水流、森林、山岭、草原、荒地、滩涂等自然资源，都属于国家所有，即全民所有。"这是《矿产资源法》的最基本原则。基于这一原则，《矿产资源法》的第三条做了进一步的规定："矿产资源属于国家所有，由国务院行使国家对矿产资源的所有权。地表或者地下的矿产资源的国家所有权，不因其所依附的土地的所有权或者使用的不同而改变。"这就是说，矿产资源无论赋存在地表或者地下，其所有制形式只有一种或者所有权的主体是唯一的，那就是国家。只有国家对矿产资源享有占有、使用、收益和处分的权利。这是矿产资源全民所有在法律上的表现，体现了全体人民的意志和利益。

二、统一规划合理布局综合勘查合理开采和综合利用的原则

《矿产资源法》第七条规定："国家对矿产资源的勘查、开发实行统一规划、合理布局、综合勘查、合理开采和综合利用的方针。"这是从事矿产资源勘查、开采必须遵守的原则，在国家统一规划下，有序地进行。

三、节约集约有效保护的原则

《矿产资源法》赋予政府矿产资源保护与合理利用的管理职能。创建以资源综合效益为指标的现代资源开发利用模式，已成为当前矿业管理的新课题。如，矿产资源补偿费与矿山企业的利用水平挂钩；加强矿产资源开发秩序管理、打击无证勘查开采等违法行为；规范矿业权人勘查开采活动、加强矿业权整合，严格准入制度；严格执行矿产资源规划促进矿山开发合理布局；采取开发利用方案审查、矿业权年度检查等方式，加强合理利用管理；建立资源综合利用基地和示范奖励制度，实施600余项矿产资源节约与综合利用示范，在原有基础上开采回采率提高3%～5%，矿产综合利用率提高5%～8%；建设绿色矿山，颁布《矿产资源节约与综合利用鼓励、限制和淘汰技术目录》等。

四、在开发中保护在保护中开发的原则

在矿产资源的开发利用与保护上，必须认真贯彻执行矿产资源法律法规，坚持在保护中开发，在开发中保护的方针，开源与节流并举，开发与保护并重，把节约放在首位，坚持统筹规划、科学开发、合理利用、依法保护的原则，保障我国矿业持续健康发展和矿产资源长期稳定供应。促进矿产资源勘查和开发利用的合理布局。根据区域矿产资源禀赋条件和地区经济发展的需要，以市场为导向，按照统筹规划、因地制宜、发挥优势、规模开采、集约利用的原则，积极推进优势矿产资源的勘查和开发利用，妥善处理好中央与地方、地方与地方、当前与长远的关系，促进矿产资源勘查、开发利用的合理布局和区域经济的协调发展。

第二节　矿产资源法律制度

矿产资源法律体系的建立为我国矿产资源的依法管理奠定了基础。我国的矿产资源法律体系明确了一系列法律制度，主要包括矿产资源国家所有制度、矿产资源有偿使用制度、矿业权有序流转制度、矿产资源登记统计制度、矿业权登记范围排他制度、资质管理制度、地质资料实行统一汇交制度、矿业权使用费和价款减免制度和其他矿产资源法律制度等。

一、矿产资源有偿使用制度

矿产资源属于国家所有，是国家的财富，国家拥有矿产资源的所有权。探矿权、采矿权作为与财产所有权相关的财产权，都可以给权利人带来经济利益。而矿产资源财产权，本应为国家所有，但国家不能直接探矿、采矿，只有通过授予或者出让他人探矿权、采矿权来实现国家经济利益。勘查、开采矿产资源，必须按照国家有关规定缴纳资源税和资源补偿费。

（一）矿产资源补偿费

《矿产资源补偿费征收管理规定》第二条规定，在中华人民共和国领域和其他管辖海域开采矿产资源，应当依照本规定缴纳矿产资源补偿费。

我国政府自 1994 年起对采矿权人征收矿产资源补偿费，从而结束了无偿开采矿产资源的历史，体现了国家作为矿产资源所有者的权益。无论是征收矿产资源补偿费，还是征收海上和陆上对外合作开采油气资源缴纳矿区使用费，都体现了国家作为矿产资源所有者的应有权益，上述费用的收取有利于建立促进矿产资源保护和合理利用的经济激励机制。

（二）资源税

资源税是对在我国境内开采应税矿产品和生产盐的单位和个人，就其应税数量征收的一种税。在中华人民共和国境内开采《中华人民共和国资源税暂行条例》规定的矿

产品或者生产盐的单位和个人，为资源税的纳税义务人，应缴纳资源税。资源税是对自然资源征税的税种的总称。

1984 年，为了逐步建立和健全我国的资源税体系，我国开始征收资源税。鉴于当时的一些客观原因，资源税税目只有煤炭、石油和天然气 3 种，后来又扩大到对铁矿石征税。

1987 年 4 月和 1988 年 11 月我国相继建立了耕地占用税制度和城镇土地使用税制度。国务院于 1993 年 12 月 25 日重新修订颁布了《中华人民共和国资源税暂行条例》，财政部同年还发布了资源税实施细则，自 1994 年 1 月 1 日起执行。2011 年 9 月 30 日，国务院公布了《国务院关于修改〈中华人民共和国资源税暂行条例〉的决定》，2011 年 10 月 28 日，财政部公布了修改后的《中华人民共和国资源税暂行条例实施细则》，两个文件都于 2011 年 11 月 1 日起施行。

（三）矿业权使用费及价款

自 1998 年起，我国开始对探矿权人、采矿权人收取探矿权使用费、采矿权使用费和国家出资勘查形成的探矿权价款、采矿权价款。

《探矿权采矿权使用费和价款管理办法》第二条规定，在中华人民共和国领域及管辖海域勘查、开采矿产资源，均须按规定交纳探矿权采矿权使用费、价款。

二、矿业权流转制度

1986 年颁布的矿产资源法，严格禁止矿业权流转，由此产生了诸多问题。1996 年矿产资源法修订后，1998 年国务院相继颁布三部重要的行政法规，矿业权从矿产资源所有权中被剥离出来，允许有条件地予以流转，构成了我国矿业权流转市场的主要法律依据。我国矿法对于探矿权和采矿权转让条件有具体规定。除规定情形外，探矿权、采矿权不允许进行转让，不得倒卖牟利。

1998 年，国务院颁布《探矿权采矿权转让管理办法》，标志着我国从此开启了矿业权流转市场的序幕。

（1）第三条　除按照下列规定可以转让外，探矿权、采矿权不得转让：①探矿权人有权在划定的勘查作业区内进行规定的勘查作业，有权优先取得勘查作业区内矿产资源的采矿权。探矿权人在完成规定的最低勘查投入后，经依法批准，可以将探矿权转让他人；②已经取得采矿权的矿山企业，因企业合并、分立，与他人合资、合作经营，或者因企业资产出售以及有其他变更企业资产产权的情形，需要变更采矿权主体的，经依法批准，可以将采矿权转让他人采矿。

（2）第四条　国务院地质矿产主管部门和省、自治区、直辖市人民政府地质矿产主管部门是探矿权、采矿权转让的审批管理机关。

（3）第五条　转让探矿权，应当具备以下条件：①自颁发勘查许可证之日起满 2 年，或者在勘查作业区内发现可供进一步勘查或者开采的矿产资源；②完成规定的最低勘查投入；③探矿权属无争议；④按照国家有关规定已经缴纳探矿权使用费、探矿权价款；⑤国务院地质矿产主管部门规定的其他条件。

（4）第六条　转让采矿权，应当具备下列条件：①矿山企业投入采矿生产满 1 年；②采矿权属无争议；③按照国家有关规定已经缴纳采矿权使用费、采矿权价款、矿产资源补偿费和资源税；④国务院地质矿产主管部门规定的其他条件。国有矿山企业在申请转让采矿权前，应当征得矿山企业主管部门的同意。

（5）第八条　探矿权人或者采矿权人在申请转让探矿权或者采矿权时，应当向审批管理机关提交下列资料：①转让申请书；②转让人与受让人签订的转让合同；③受让人资质条件的证明文件；④转让人具备本办法第五条或者第六条规定的转让条件的证明；⑤矿产资源勘查或者开采情况的报告；⑥审批管理机关要求提交的其他有关资料。

（6）第九条　转让国家出资勘查所形成的探矿权、采矿权的，必须进行评估。

（7）第十二条　探矿权、采矿权转让后，探矿权人、采矿权人的权利、义务随之转移。《探矿权采矿权转让管理办法》第十条规定，申请转让探矿权、采矿权的，审批管理机关应当自收到转让申请之日起 40 日内，做出准予转让或者不准转让的决定，并通知转让人和受让人。准予转让的，转让人和受让人应当自收到批准转让通知之日起 60 日内，到原发证机关办理变更登记手续；受让人按照国家规定缴纳有关费用后，领取勘查许可证或者采矿许可证，成为探矿权人或者采矿权人。

三、矿产资源登记与统计制度

（一）矿产资源登记制度

矿产资源登记制度分为储量登记、勘查区块登记和开采登记。

（1）矿产资源储量登记分为查明、占用、残留和压覆 4 种。归结起来，新的矿产资源储量登记的主要内容有：矿区基本情况、资源储量报告评审情况、可行性评价、矿区外部条件、矿床特征及开采技术条件、主要矿体特征、选矿性能、矿山设计情况、查明、占用、残留、压覆资源储量、区块（矿区）范围和资源储量计算范围的坐标面积及示意图等。

（2）勘查区块登记和开采登记是根据 1998 年颁布的《矿产资源勘查区块登记管理办法》和《矿产资源开采登记管理办法》对矿产资源登记制度做出了细致的规定。1998 年的《探矿权采矿权转让管理办法》和 2003 年的《探矿权采矿权招标拍卖挂牌管理办法（试行）》也有关于登记制度的部分内容。我国现行的矿产资源登记制度虽然已经建立，但仍遗留有许多计划经济背景的痕迹，需要不断完善。

《矿产资源勘查区块登记管理办法》第三条规定，国家对矿产资源勘查实行统一的区块登记管理制度。矿产资源勘查工作区范围以经纬度 $1' \times 1'$ 划分的区块为基本单位区块。

（3）《矿产资源开采登记管理办法》第三条规定，开采下列矿产资源，由国务院地质矿产主管部门审批登记，颁发采矿许可证。

（二）矿产资源统计制度

《矿产资源统计管理办法》于 2004 年 3 月 1 日以国土资源部第 23 号部长令发布实行。该办法以国家统计局批准的《矿产资源统计基础表》为依据进行统计。《矿产资源统计管理办法》和《矿产资源统计基础表》规定，开采石油、天然气、煤层气和放射性矿产的采矿权人，应当分别以油田、气田和采矿许可证划定范围为基本统计填报单元于每年 3 月底前，将填好的统计表一式二份报送国土资源部，由国土资源部实行一级管理。开采其他矿产资源的采矿权人，应当于每年 1 月底前，以年度为统计周期，以采矿许可证划定的矿区范围为基本填报单元，将填写的统计表一式三份，报送矿区所在地的县级国土资源行政主管部门审查、录入和现场抽查，并以矿区为基本统计单元进行汇总。填报单元或统计单元跨行政区域的，报共同的上级国土资源行政主管部门指定的县级国土资源行政主管部门。

为及时掌握矿产资源和矿山开发利用情况，为政府宏观调控和经济形势分析提供基础信息，在矿产资源统计基础表的基础上，国土资源部于 2004 年 11 月又研究制定了《矿产资源及矿山开发统计快报制度》。快报制度明确规定，由县级国土资源主管部门在矿山企业于 1 月底上报《矿产资源统计基础表》后，及时对《快报表》规定的指标进行汇总填报，并逐级审查上报（电子数据），省级国土资源主管部门应于每年 2 月底前将省级汇总快报表和电子数据上报国土资源部。

四、矿业权范围排他制度

探矿权、采矿权是国家授予，有偿取得的财产权，因此，《矿产资源法》第三条第三款中规定了"国家保护探矿权和采矿权不受侵犯，保障矿区和勘查作业区的生产秩序、工作秩序不受影响和破坏。"在第十五条中又规定"禁止任何单位和个人进入他人依法设定的国有矿山企业和其他矿山企业矿区范围采矿。"都明确了矿业权是独占的、排他性的、任何人不得侵犯，从法律上保护了矿业权人的合法权益。

《矿产资源法》规定的是范围排他，因此在其中强调了"国家对矿产资源的勘查、开发实行统一规划，合理布局，综合勘查，合理开发和综合利用的方针"的法律规定。也就是矿业权人对勘查作业区范围或者矿区范围，必须遵循综合勘查、综合评价、综合回收、综合利用的原则，保护矿产资源的源头。

五、资质管理制度

《矿产资源法》第三条第四款所规定的"从事矿产资源勘查和开采的，必须符合规定的资质条件。"即进行探矿、采矿活动，就必须具备相应的能力和资质条件，包括进行勘查、开采矿产资源相适应的资金、生产、技术、设备等条件。有关勘查、开采的资质条件在相应章节已有表达，在此不再赘述。

六、地质资料统一汇交管理制度

地质资料是人们通过劳动对客观地质体和矿产资源进行勘查、开发的成果反映，是国家的重要档案资料。《地质资料管理条例》规定由国家对地质资料实行统一管理。

《中华人民共和国矿产资源法》第十四条规定，我国对矿产资源勘查成果档案资料实行统一管理。

国家设立地质资料汇交管理制度的目的：一是为了维护矿产资源国家所有权益，地质资料作为矿产资源最详细的说明书，国家必须要对其进行统一管理，以实现国家管理矿产资源的需要；二是通过向社会提供借阅使用地质资料，更好地发挥它的经济效益和社会效益；三是对汇交资料的二次开发，为政府管理决策和企业经营决策提供信息和依据。

《地质勘查资质管理条例》第八条规定，国家对地质资料实行统一汇交制度。

七、矿产资源补偿费与矿业权使用费及价款减免制度

（一）矿产资源补偿费减免制度

《矿产资源补偿费征收管理规定》采矿权人有下列情形之一的，经省级人民政府地质矿产主管部门会同同级财政部门批准，可以免缴矿产资源补偿费：①从废石（矸石）中回收矿产品的；②按照国家有关规定经批准开采已关闭矿山的非保安残留矿体的；③国务院地质矿产主管部门会同国务院财政部门认定免缴的其他情形。

第十三条　采矿权人有下列情形之一的，经省级人民政府地质矿产主管部门会同同级财政部门批准，可以减缴矿产资源补偿费：①从尾矿中回收矿产品的；②开采未达到工业品位或者未计算储量的低品位矿产资源的；③依法开采水体下、建筑物下、交通要道下的矿产资源的；④由于执行国家定价而形成政策性亏损的；⑤国务院地质矿产主管部门会同国务院财政部门认定减缴的其他情形。采矿权人减缴的矿产资源补偿费超过应当缴纳的矿产资源补偿费50%的，须经省级人民政府批准。

批准减缴矿产资源补偿费的，应当报国务院地质矿产主管部门和国务院财政部门备案。

（二）探矿权使用费和探矿权价款减免制度

《矿产资源勘查区块登记管理办法》第十五条规定，有下列情形之一的，由探矿权人提出申请，经登记管理机关按照国务院地质矿产主管部门会同国务院财政部门制定的探矿权使用费和探矿权价款的减免办法审查批准，可以减缴、免缴探矿权使用费和探矿权价款：①国家鼓励勘查的矿种；②国家鼓励勘查的区域；③国务院地质矿产主管部门会同国务院财政部门规定的其他情形。

（三）采矿权使用费和采矿权价款减免制度

《矿产资源开采登记管理办法》第十二条规定，有下列情形之一的，由采矿权人提出申请，经省级以上人民政府登记管理机关按照国务院地质矿产主管部门会同国务院财政部门制定的采矿权使用费和采矿权价款的减免办法审查批准，可以减缴、免缴采矿权使用费和采矿权价款：①开采边远贫困地区的矿产资源的；②开采国家紧缺的矿种的；③因自然灾害等不可抗力的原因，造成矿山企业严重亏损或者停产的；④国务院地质矿产主管部门和国务院财政部门规定的其他情形。

八、其他矿产资源法律制度

主要包括矿地使用制度、矿业税费制度、勘探报告审批制度、地质资料统一管理制

度、设立矿山企业的审批制度、分级开采审批制度、有计划开采制度等。总体上，这些制度仍是粗线条的，有待今后立法进行细化和完善。

第三节　矿业权法律制度

一、探矿权法律制度

（一）矿产资源勘查区块登记制度

《勘查登记管理办法》第三条规定，国家对矿产资源勘查实行统一的区块登记管理制度。矿产资源勘查工作区范围以经纬度 $1' \times 1'$ 划分的区块为基本单位区块。

国家对矿产资源勘查实行统一的区块登记管理制度是《矿产资源法》确立的一项基本法律制度。勘查区块登记管理，是以经纬度为坐标系，按照国际统一分幅标准和编号，把我国的领域和管辖的其他海域统一划分成经纬度 $1' \times 1'$ 的基本单位区块，纳入计算机网络。勘查矿产资源，须按照以基本单位区块计算的勘查作业区范围提出申请，经登记管理机关审查批准，交纳探矿权使用费，领取勘查许可证，成为探矿权人后，方可进行矿产资源勘查活动。

（二）最大面积限制制度

《矿产资源勘查区块登记管理办法》第三条规定，国家对矿产资源勘查实行统一的区块登记管理制度。矿产资源勘查工作区范围以经纬度 $1' \times 1'$ 划分的区块为基本单位区块。每个勘查项目允许登记的最大范围：①矿泉水为 10 个基本单位区块，约合 $20.8 \sim 32.4 \text{ km}^2$；②金属矿产、非金属矿产、放射性矿产为 40 个基本单位区块，约合 $83 \sim 129 \text{ km}^2$；③地热、煤、水气矿产为 200 个基本单位区块，约合 $416 \sim 648 \text{ km}^2$；④石油、天然气矿产为 2 500 个基本单位区块，约合 $5 200 \sim 8 100 \text{ km}^2$。

显然，勘查作业区范围最大面积限制制度的立法原意并不要求探矿权申请人必然按照上述要求的面积进行申请登记，探矿权申请人应当根据勘查工作的实际需要向登记管理机关申请勘查作业区范围，实际申请范围不大于最大登记面积。

《矿产资源勘查区块登记管理办法》第六条规定，探矿权申请人申请探矿权时，应当向登记管理机关提交下列资料：①申请登记书和申请的区块范围图；②勘查单位的资格证书复印件；③勘查工作计划、勘查合同或者委托勘查的证明文件；④勘查实施方案及附件；⑤勘查项目资金来源证明；⑥国务院地质矿产主管部门规定提交的其他资料。

申请勘查石油、天然气的，还应当提交国务院批准设立石油公司或者同意进行石油、天然气勘查的批准文件以及勘查单位法人资格证明。

（三）探矿权有偿取得制度

在《矿产资源勘查区块登记管理办法》的第十二条规定了"国家实行探矿权有偿取得的制度。探矿权使用费以勘查年度计算，逐年缴纳。

"探矿权使用费标准：第一个勘查年度至第三个勘查年度，每平方千米每年缴纳

100 元；从第四个勘查年度起，每平方千米每年增加 100 元，但是最高不得超过每平方千米每年 500 元。"

探矿权有偿取得制度是《矿产资源法》确立的一项基本制度。《矿产资源法》第五条规定："国家实行探矿权、采矿权有偿取得制度；但是，国家对探矿权、采矿权有偿取得的费用，可以根据不同情况予以减缴、免缴。"

探矿权有偿取得的含义，从广义上讲，是指任何单位或个人要想成为探矿权人，进行矿产资源勘查活动，都必须支付相当于探矿权价值的费用，包括在设定探矿权时向矿产资源所有者（国家）付费和在探矿权交易过程中的付费。狭义上的探矿权有偿取得，是指在探矿权申请人向国家提出探矿权申请时，申请人向国家支付一定的费用，获得勘查矿产资源的探矿权。

实施探矿权有偿取得制度，是贯彻党中央、国务院关于"实施自然资源有偿使用制度"的重要举措之一，是我国矿产资源管理工作适应社会主义市场经济体制需要的一项重大改革。探矿权有偿取得制度，确立了探矿权的财产权属性，明确了有关当事人的权利义务。

（四）勘查出资人制度

《矿产资源勘查区块登记管理办法》第五条明确规定："勘查出资人为探矿权申请人；但是，国家出资勘查的，国家委托勘查的单位为探矿权申请人。"勘查出资人制度是《勘查登记管理办法》创设的新制度。这项制度体现了市场经济条件下法律保护投资者利益的重要功能。

随着改革开放的深入，市场经济体制的逐步建立，地质勘查投资主体、投资渠道呈现多元化趋势，勘查出资人不一定直接从事勘查活动，可雇佣具有资格的勘查单位从事勘查工作。勘查是为了开采，投资目的是为了获取经济效益。

需要特别指出的是，勘查出资人为探矿权申请人制度实施以后，国家地勘单位不再是唯一的探矿权申请人。

（五）探矿权范围排他制度

《矿产资源勘查区块登记管理办法》在第九条第一款中这样规定："禁止任何单位和个人进入他人依法取得探矿权的勘查作业区内进行勘查或者采矿活动。"

这一规定明确地说明，法律划定的勘查作业区内，禁止任何单位和个人进行勘查或者采矿活动，充分体现了探矿权排他性原则。

探矿权是从矿产资源国家所有权派生出来的、在矿产资源国家所有权上设定的权利，探矿权人享有对矿产资源进行勘查并获得收益的权利。所以，相对于矿产资源的国家所有权，我们说探矿权是他物权，是用益物权；相对于某些设定在能够移动且不损害其价值的动产如家具、书本等上面的物权来说，探矿权设定于具有不动产性质的矿产资源之上，因而探矿权又是一种不动产物权。

（六）最低勘查投入制度

所谓最低勘查投入制度，是指探矿权人在领取勘查许可证后，为持续保有探矿权，必须按规定每年投入一定数量以上的资金进行勘查工作。每年投入的勘查资金数量下限由法律规定，通常是逐年增加的。

《矿产资源勘查区块登记管理办法》第十七条具体规定了最低勘查投入标准。最低勘查投入标准是按勘查年度计算的，每个勘查项目的第一个勘查年度每平方千米需投入不低于2 000元的费用；第二个勘查年度每平方千米不低于5 000元；第三个勘查年度每平方千米不低于10 000元。如勘查还在继续，以后每个勘查年度每平方千米不低于10 000元的标准不变。

（七）探矿权价款制度

探矿权价款，是指勘查出资人（探矿权人）探明矿产地的区块的总价值。

对探矿权价款评估机构的认定和评估结果的确认，《勘查登记管理办法》第十三条又作了规定："国家出资勘查形成的探矿权价款，由国务院地质矿产主管部门会同国务院国有资产管理部门认定的评估机构进行评估；评估结果由国务院地质矿产主管部门确认。"

探矿权价款要经过有关评估机构的评估，评估结果与国家出资的多少没有直接关系，而主要取决于对该已探明矿产地的范围是否有可能升值的认识。由于该探明的矿产地是由国家出资形成的，因而评估结果最终由国家即国务院地质矿产主管部门确认。

评估机构应是独立的中介咨询企业，以保证评估结果的客观、公正与规范，评估机构必须具有国务院地质矿产主管部门会同国务院国有资产管理部门共同认定的资格。关于探矿评估机构和评估结果确认问题，国土资源部已出台了《矿业权评估资格管理办法》、《评估管理办法》、《评估结果确认办法》等一系列矿业权价款评估制度。

（八）探矿权转让制度

根据《矿业权转让管理办法》规定转让探矿权，应当具备下列条件。

1. 时间条件

自领取勘查许可证成为探矿权人之日起，勘查活动必须进行两个勘查年以上，或者在勘查许可证划定的勘查作业区内发现了经地质矿产主管部门审查认定为可供进一步勘查或者开采的矿产资源。转让探矿权，这两个条件必具其一，其转让才有可能被批准。

2. 最低勘查投入条件

探矿权人在勘查许可证有效期内及其划定的勘查作业区范围内，没有发现可供进一步勘查或开采的矿产资源，拟转让探矿权时，在时间上不仅要求自领取勘查许可证之日起必须满两个勘查年，而且在这两个勘查年之内要进行勘查工作，还必须完成《勘查登记管理办法》第17条规定的最低勘查投入。其目的有三：①督促探矿权人尽快投入、尽早施工，防止只占地盘不工作；②防止炒卖探矿权；③鼓励公平竞争。

3. 探矿权权属条件

探矿权作为一项财产权，它应该是无瑕疵的权利，不应有争议。如果探矿权属存在争议，也就是说，谁是该探矿权的持有人或者说探矿权主体还有分歧的话，此时，这项权利是不充分的，不应该允许其转让。认定探矿权属无争议应该由原勘查许可证的颁发机关提供书面证明材料。

4. 履行法定义务条件

按照《勘查登记管理办法》第十二条、第十三条规定，向国家缴纳探矿权使用费、探矿权价款，是探矿权人应履行的一项法定义务。拟转让探矿权的探矿权人，必须全面履行完这一法定义务，否则探矿权转让的申请不予审批。

5. 国务院地质矿产主管部门规定的其他条件

这是对国务院地质矿产主管部门的一种授权，也是一种弹性规定，在探矿权转让审批过程中，可能需要对探矿权的转让条件作进一步规定，比如探矿权人应该按照法律、法规的规定履行有关义务，只有当探矿权人充分履行了规定的义务后，才可以认定探矿权人的权利是充分的，无瑕疵的。转让探矿权必须同时具备上述五个方面的条件，缺一不可。探矿权审批机关对缺少上述 5 个条件中任何一个条件的转让探矿权申请都不得审批，否则要承担法律责任。

（九）探矿权保留制度

《勘查登记管理办法》的第二十一条明确规定："探矿权人在勘查许可证有效期内探明可供开采的矿体后，经登记管理机关批准，可以停止相应区块的最低勘查投入，并可以在勘查许可证有效期届满的 30 日前，申请保留探矿权。"

1. 探矿权保留的目的

是针对探矿权在商品市场中，探明的矿产地不能及时申请采矿，或者探矿权转让他人，使勘查投入得到回报，国家为了进一步保护探矿权人的权益，而设立的一种法定制度。

2. 探矿权保留的内涵

内容包括：①探矿权保留的实体条件，是探矿权人在勘查许可证有效期内探明了可供开采的矿体，并提交探明矿体的矿区勘查报告及储量说明书，以及登记管理机关的复核意见。②探矿权保留的形式要件，即申请探矿权保留的程序，是经登记管理机关审查批准。③探矿权保留的期限和范围，就是第二十一条第二款所规定的："保留探矿权的限期，最长不得超过 2 年，需要延长保留期的，可以申请延长 2 次，每次不得超过 2 年；探矿权保留的范围，仅为可供开采的矿体范围。"

探矿权保留的例外，是国家为了公共利益或者因技术条件暂时难以利用等情况需要延期开采的矿产地的探矿权，不得申请保留。

3. 探矿权保留的法律效力

内容包括：①探矿权保留的法律后果，是指探矿权保留获准后探矿权权利义务变动情况。按照规定，探矿权保留申请被批准后，探矿权人可以停止相应区块范围内的勘查投入，但仍应当缴纳探矿权使用费。②建立探矿权保留制度，是为了保障探矿权人优先取得采矿权的权利的体现，保护探矿权人的合法权益。探矿权人自己需要开采的，在保留期内进行包括融资在内的必要的开采前期准备工作；自己不准备开采的，在保留期内可以寻找受让人，以获得前期投入的回报。

二、采矿权法律制度

（一）划定矿区范围制度

《矿产资源开采登记管理办法》第四条明确规定，采矿权申请人在提出采矿权申请前，应当根据经批准的地质勘查储量报告，向登记管理机关申请划定矿区范围。这是进入采矿权申请审批程序第一步，也就是说，划定的矿区范围是采矿申请立项，设立矿山企业及办理有关手续的依据。

划定矿区范围的条件，必须具有经批准的地质勘查储量报告，这是划定矿区范围的依据，采矿权申请人，应当持地质储量报告，到登记机关申请划定矿区范围，而后按国家规定办理有关手续。

（二）开采许可证制度

采矿许可证是采矿权人行使开采矿产资源权利的法律凭证。由采矿登记管理机关颁发的，授予采矿权申请人开采矿产资源的许可证明。采矿权许可证由国务院国土资源主管部门统一印制，由各级国土资源主管部门按照法定的权限颁发。

采矿许可证的主要内容包括：矿山企业名称、经济性质、开采主矿种及共、伴生矿产、矿区立体范围、有效期限等。采矿许可证不得买卖、涂改、转借他人。采矿许可证可以依法延续、变更和注销。采矿许可证遗失可以向原发证机关申请补办。

按照国家、市和县有关规定，属县级国土资源主管部门颁发采矿许可证权限的矿产资源，一律实行有偿使用，并实行招标拍卖挂牌方式出让其采矿权。

采矿权人向登记管理机关提出申请办理采矿许可证，应提交下列资料：①申请登记书和矿区范围图；②申请资质条件证明；③矿产资源开发利用方案；④批准成立企业的文件；⑤环境影响评价报告；⑥地矿主管部门规定提交的其他资料。

（三）最长有效期限制制度

《矿产资源开采登记管理办法》规定，采矿许可证有效期，按照矿山建设规模确定：大型以上的，采矿许可证有效期最长为30年；中型的，采矿许可证有效期最长为20年；小型的，采矿许可证有效期最长为10年。

采矿许可证有效期满，需要继续采矿的，采矿权人应当在采矿许可证有效期届满的30日前，到登记管理机关办理延续登记手续。采矿权人逾期不办理延续登记手续的，采矿许可证自行废止。

（四）采矿权有偿取得制度

《矿产资源法》第五条明确规定："国家实行探矿权、采矿权有偿取得制度。"《开采登记办法》中，第九条规定的"国家实行采矿权有偿取得的制度。采矿权使用费，按照矿区范围的面积逐年缴纳，标准为每平方千米年1 000元。"这项规定进一步体现了矿产资源属于国家所有，国家作为特殊权利主体，对矿产资源享有占有、使用、收益和处分的权利。采矿权是矿产资源的国家所有权派生出来的一种他物权，它是国家矿产资源所有权权能分离和限制的结果。采矿权并没有改变矿产资源国家所有权的性质，因为国家对矿产资源仍旧享有最终的处分权。国家正是利用了所有权中最关键、最核心的处分权能设置了采矿权，以真正实现其所有权。事实上，我国民法通则早在 20 世纪 80 年代就明确规定采矿权是与所有权有关的财产权。既然采矿权是财产权，那么他就具有经济价值，任何人要取得采矿权就要付出一定的经济代价。

这一制度的确立，彻底改变了以往采矿权无偿取得制度，也就避免了采矿权人空占地盘、采富弃贫，破坏和浪费矿产资源的行为。

采矿权使用费有两个要素组成，一是矿区范围的面积，二是规定缴费标准，即采矿权年度使用费 = 标准（1 000元）×矿区范围面积。

（五）采矿权价款制度

《矿产资源开采登记管理办法》第十条明确规定，申请国家出资勘查并已经探明矿产地的采矿权，必须缴纳国家出资勘查形成的采矿权价款的法定制度。

本规定的采矿权价款，有两个条件，一是国家出资勘查，而且已经探明的矿产地，二是经过评估和确认的采矿权价款。

国家出资勘查并已经探明矿产地，主要是指利用财政出资进行地质勘查活动，所寻找、发现并提交可供开发利用矿产资源储量的矿产资源分布区域。所形成的财产权益属特殊民事主体国家所有。

如国家在设置由自己出资勘查，并已探明矿产地的采矿权时，不对其进行评估并无偿将其权利授让给采矿权人，造成作为特殊民事主体国家的财产权益无偿转移给了一般民事主体采矿权人，这样就会造成大量的国有资产流失，本条的规定旨在避免这种流失，同时通过评估手段来达到国家财产的保值增值。

这项法律制度，也是采矿权人必须向矿产资源所有权人——国家履行的法定义务。

（六）矿产资源补偿费减免制度

根据国务院令第150号《矿产资源补偿费征收管理规定》，经省级人民政府地矿主管部门会同同级财政部门批准，可减、免缴。

（1）采矿权人有下列情形之一的，可以免缴矿产资源补偿费：①从废石（矸石）中回收矿产品的；②按照国家有关规定经批准开采已关闭矿山的非保安残留矿体的；③国务院地质矿产主管部门会同国务院财政部门认定免缴的其他情形。

（2）采矿权人有下列情形之一的，可以减缴矿产资源补偿费：①从尾矿中回收矿产品的；②开采未达到工业品位或者未计算储量的低品位矿产资源的；③依法开采水体下、建筑物下、交通要道下的矿产资源的；④由于执行国家定价而形成政策性亏损的；⑤国务院地质矿产主管部门会同国务院财政部门认定减缴的其他情形。

采矿权人减缴的矿产资源补偿费超过应当缴纳的矿产资源补偿费50%的，须经省级人民政府批准。批准减缴矿产资源补偿费的，应当报国务院地质矿产主管部门和国务院财政部门备案。

（七）采矿权范围排他制度

采矿权是国家授予有偿取得的，是财产权，因此，《矿产资源法》第三条第三款中规定了："国家保护探矿权和采矿权不受侵犯，保障矿区和勘查作业区的生产秩序、工作秩序不受影响和破坏。"在第十五条中又规定："禁止任何单位和个人进入他人依法设定的国有矿山企业和其他矿山企业矿区范围采矿。"都明确了采矿权是独占的，排他性的，任何人不得侵犯，从法律上保护了采矿权的合法权益。

《矿产资源法》规定的是范围排他，因此在其中强调了"国家对矿产资源的勘查、开发实行统一规划，合理布局，综合勘查，合理开发和综合利用的方针"的法律规定。也就是矿业权人对勘查作业区范围或者矿区范围，必须遵循综合勘查、综合评价、综合回收、综合利用的原则，保护矿产资源的源头。

（八）采矿权转让制度

根据《矿业权转让管理办法》的规定，转让采矿权，应当具备下列条件。

1. 时间条件

已取得采矿权的矿山企业，欲转让其采矿权时，必须自领取采矿许可证之日起按照矿山设计和生产规模连续进行采矿生产满 12 个月，否则其采矿权转让申请，审批登记机关不予受理。这是对采矿权转让时间上的一个基本要求。也就是说，任何采矿权的转让都必须满足连续进行采矿生产满一年这一基本条件。

2. 采矿权属条件

欲转让的采矿权必须是无争议的完全的采矿权。采矿权作为一项财产权利，其所有权主体必须明确。如果采矿权所有者主体不明确，归属尚存争议，此类采矿权则不允许转让。

3. 履行法定义务条件

按照《矿产资源法》、《开采登记管理办法》、《矿产资源补偿费征收管理规定》等有关法律法规的规定向国家缴纳采矿权使用费、采矿权价款、矿产资源补偿费和资源税，是已经取得采矿许可证的采矿权人应当履行的法定义务。欲转让采矿权的矿山企业，必须按照上述法律法规规定的期限、数额，不折不扣地缴纳，不得拖欠或拒缴。对法律、法规规定应当缴纳而不缴纳采矿权使用费、采矿权价款、矿产资源补偿费和资源税的采矿权转让申请，审批登记管理机关不予受理和审批。

4. 其他条件

转让采矿权还必须符合国务院地质矿产主管部门规定的其他条件。本项是对国务院地质矿产主管部门一种授权性规定，也是一项兜底的弹性规定。在采矿权转让审批过程中可能会遇到一些预想不到的情况，为了使采矿权转让顺利进行，保护国家利益、保护采矿权转让人和受让人的合法权益，需要规定一些新的其他条件加以限制。

《矿业权转让管理办法》第六条第二款是对国有矿山企业转让采矿权的特殊规定。为保护国家利益，防止国有资产流失，国有矿山企业转让采矿权不得自行做主，必须征得本企业主管部门的同意。因此，作为采矿权审批的管辖机关，在审批国有矿山企业采矿权转让申请时，除要求其必须同时具备规定的四个条件外，还必须要求国有矿山企业出具其上级企业主管部门同意其采矿权转让的批准文件，否则不予受理和审批。

三、矿业权流转制度

矿业权的财产权属性，决定了矿业权可以合法流转，矿业权的流转应当经过依法申请、审批和登记等法定程序。

矿业权属于财产权，这一权利属性是矿业权取得和流转的原动力。其中，探矿权人拥有勘查矿产资源的权利，而且探矿权人可以优先取得勘查作业区内新发现矿种的探矿权，对符合国家边探边采规定要求的复杂类型矿床进行开采，优先取得勘查作业区内矿产资源的采矿权和自行销售勘查中按照批准的工程设计施工回收的矿产品（国务院规定由指定单位统一收购的矿产品除外）；采矿权人有权依法开采矿产资源和获得所开采的矿产品的权利。

矿业权的上述权利内容具有非常强的财产属性，具有使用价值和交换价值，进行流转是必然的。

（一）矿业权流转的形式

矿业权流转的形式包括矿业权的出让、矿业权的转让和矿业权的抵押等形式。

1. 矿业权的出让

矿业权出让是指矿业权登记管理机关向申请矿业权的民事主体授予矿业权的行为，包括探矿权的授予和采矿权的授予。

出让矿业权的范围可以是国家出资勘查并已经探明的矿产地、依法收归国有的矿产地和其他矿业权空白地。

矿业权的出让由矿业权登记管理机关依法采取批准申请（协议转让）和以竞争方式出让（招标、拍卖和挂牌）进行。

（1）批准申请形式的出让（协议出让），是指矿业权登记管理机关通过审查批准矿业权申请人的申请，授予矿业权申请人矿业权的行为。以批准申请形式出让矿业权，必须由矿业权登记管理部门根据审批权限，遵循相关法律法规、部门规章及规范性文件的规定的审查和批准程序进行。

勘查、开采项目出资人已经确定，并经矿业权协议出让审批机关集体会审、属于下列五种情形之一的，准许以协议方式出让探矿权、采矿权：①国务院批准的重点矿产资源开发项目和为国务院批准的重点建设项目提供配套资源的矿产地；②省级人民政府批准的储量规模为大中型的矿产资源开发项目；③为列入国家专项的老矿山（危机矿山）寻找接替资源的找矿项目；④已设采矿权需要整合或利用原有生产系统扩大勘查开采范围的毗邻区；⑤已设探矿权需要整合或因整体勘查扩大勘查范围涉及周边零星资源的。

（2）竞争性方式出让：①招标方式出让，是指矿业权登记管理机关依照有关法律法规的规定，通过招标方式使中标人有偿获得矿业权的行为。具体来讲就是指主管部门发布招标公告，邀请特定或者不特定的投标人参加投标，根据投标结果确定探矿权采矿权中标人的活动。招标形式的矿业权出让必须遵守《中华人民共和国招标投标法》的有关规定。登记管理机关可以作为招标人在其矿业权审批权限内直接组织招标，也可以委托中介机构代理招标。招标标底由有权登记管理机关依法委托有探矿权采矿权评估资质的评估机构或者采取询价、类比等方式进行评估，并根据评估结果和国家产业政策等综合因素集体决定。②拍卖方式出让，是指矿业权登记管理机关遵照有关法律法规的规定的原则和程序，委托拍卖人以公开竞价的形式，向申请矿业权竞价最高者出让矿业权的行为。具体而言就是指主管部门发布拍卖公告，由竞买人在指定的时间、地点进行公开竞价，根据出价结果确定探矿权采矿权竞得人的活动。拍卖形式的矿业权出让必须遵守《中华人民共和国拍卖法》的有关规定。登记管理机关应在其矿业权审批权限内组织矿业权拍卖。拍卖底价，由有权登记管理机关依规定委托有探矿权采矿权评估资质的评估机构或者采取询价、类比等方式进行评估，并根据评估结果和国家产业政策等综合因素集体决定。③挂牌方式出让，是指矿业权登记管理机关发布挂牌公告，在挂牌公告规定的期限和场所接受竞买人的报价申请并更新挂牌价格，根据挂牌期限截止时的出价结果确定矿业权竞得人的行为。挂牌出让矿业权是矿业权出让的一种新形式。挂牌出让矿业权应当依据《探矿权采矿权招标拍卖挂牌管理办法（试行）》的规定执行。登记管理机关应在其矿业权审批权限内组织矿业权挂牌。挂牌底价，由有权登记管理机关依规定委托有探矿权采矿权评估资质的评估机构或者采取询价、类比等方式进行评估，并根据评估结果和国家产业政策等综合因素集体决定。

2. 矿业权的转让

矿业权转让是矿业权流转的主要形式。矿业权转让是指矿业权人之间转移矿业权的行为，主要包括出售、作价出资、合作勘查和开采、重组改制和上市等转让形式。目前，较为通行的还包括通过公司并购的形式实际转让或控制矿业权的间接转让方式。

目前我国实行矿业权登记管理机关对矿业权的转让进行依法审批和登记管理制度，审查范围主要包括：是否符合矿业权转让条件，是否符合转让形式和程序，以及受让人是否具有相应的资质条件等内容。

（1）矿业权出售是指矿业权人依法将矿业权出卖给他人进行勘查、开采矿产资源的行为。以矿业权出售形式转让矿业权是矿业权转让的通常形式。

（2）矿业权作价出资是指矿业权人依法将矿业权作价后，作为资本投入企业，并按出资数额行使相应权利，履行相应义务的行为。矿业权的作价出资必须符合《中华人民共和国公司法》的有关规定。

（3）合作勘查或合作开采经营是指矿业权人引进他人资金、技术、管理等，通过签订合作合同约定权利义务，共同勘查、开采矿产资源的行为。合作勘查和开采导致了矿业权的实际转让。

（4）重组改制和上市是指矿业权人因企业重组、改变经济体制或关联机构上市导致的矿业权转让。

上述4种矿业权转让形式均是法律予以认可的合法转让形式，经依法审查批准后将产生矿业权流转的法律效力。

其他转让形式包括但不限于赠予、继承等形式。

3. 矿业权的抵押

矿业权的抵押同样是矿业权流转的形式之一。矿业权抵押是指矿业权人依照有关法律作为债务人以其拥有的矿业权在不转移占有的前提下，向债权人提供担保的行为。

矿业权是一种财产权利，具有交换价值，因此，在矿业权上设定抵押具有法理基础。根据有关法律规定，办理矿业权抵押，必须向有权登记管理机关办理登记备案手续。

矿业权的抵押应当遵守《中华人民共和国担保法》及其配套法律法规的规定，抵押权人、抵押人依法享有权利并承担相应义务。

在实践中，约定债务不能清偿时直接将矿业权转让给抵押权人的流质抵押情形出现较多，担保法的相关规定是非常明确的，流质抵押条款依法应确认无效。

（二）需要特别注意的问题

矿业权领域的非法承包现象是非常普遍的，具体承包形式多种多样，包括但不限于整体承包，部分承包，巷道承包、作业面承包，劳务承包、名为合作形式的承包、名为出租形式的承包和层层转包等多种承包形式。

矿业权的非法承包具有非常大的社会危害。承包人由于通常没有相应的资质条件，在生产中不注意且也没有能力保证安全生产，导致矿难事故时有发生；承包人往往为了追求经济利益的最大化，不重视环境保护，进行破坏性开采，造成矿产资源遭受无法弥补的损失。

鉴于上述原因，我国相关法律和行政法规对于矿业权的承包是严令禁止的。

第四章 我国的矿产资源政策

第一节 总体要求和目标

一、总体要求

2003年12月，国务院新闻办公室发布了《中国的矿产资源政策》（白皮书）；2006年1月20日，国务院发布了《关于加强地质工作的决定》；2008年12月31日，经国务院批复，国土资源部发布实施了《全国矿产资源规划（2008~2015年)》。这些文件系统阐述了我国在21世纪前20年实行的矿产资源政策。

这些政策总的要求是：21世纪头20年，我国将全面建设小康社会，对矿产资源的需求总量将持续扩大。加强矿产资源的调查、勘查、开发、规划、管理、保护与合理利用，实施可持续发展战略，走新型工业化道路，努力提高矿产资源对经济社会发展的保障能力。我国将继续按照有序有偿、供需平衡、结构优化、集约高效的要求，通过实施有效的矿产资源政策，最大限度地发挥矿产资源的经济效益、社会效益和环境效益。按照以人为本、全面协调可持续发展的要求，统筹地质工作部署与经济社会发展需要，统筹公益性地质调查与商业性地质勘查，统筹矿产地质勘查与环境地质勘查，统筹国内地质事业发展与地质领域对外开放。深化体制改革，大力推进地质勘查管理体制和运行机制转变，加快构建与社会主义市场经济体制相适应的地质工作体系。切实加强重要矿产资源勘查，努力实现地质找矿新的重大突破，为全面建设小康社会提供更加有力的资源保障和基础支撑。

二、总体目标

深入落实科学发展观，切实落实节约资源和保护环境的基本国策，促进我国矿业持续健康发展，提高矿产资源对经济社会可持续发展的保障能力，实现全面建设小康社会宏伟目标。

我国矿产资源潜力很大，具有提高保障程度的有利条件。我国成矿地质条件有利，主要矿产资源总体查明程度约为1/3，多数重要矿产资源勘查开发潜力较大。石油探明程度约33%，储量和产量增长具备资源基础。天然气探明程度约14%，1 000 m以浅的煤炭查明程度约37%，资源前景广阔。煤层气处于勘探初级阶段，将成为我国能源资源的重要组成部分。油页岩资源潜力可观，有望成为可供利用的重要油源。重要金属矿产资源查明程度平均为 35%，铁、铝等大宗矿产查明率为 40% 左右，预测我国 1 000 m 以浅未查明的铁矿石远景资源有 1 000 亿 t 以上。西部新区和中东部隐伏矿床的找矿潜力巨大，危机矿山接替资源找矿成果表明，已知矿床深部和外围大多具有增储挖潜条件。同时，我国矿产资源节约与综合利用潜力巨大，通过加强管理、推进科技进步和发展循环经济，提高矿产资源利用效率有较大的空间。

我国矿产资源勘查开发面临新挑战。矿产资源勘查开发的制约因素增多，增储增产难度加大。目前，我国重要矿产资源储量增长相对缓慢，找矿难度不断增大，隐伏区、深部区等找矿方法尚未有效突破，一大批老矿山可采储量急剧下降，矿产资源勘查开发接续基地严重不足，一些重要矿产储量消耗快于储量增长。由于我国长期形成的粗放型增长方式和结构性矛盾尚未根本改变，矿产资源开发利用粗放浪费，综合利用率较低，矿山布局和结构不尽合理，矿产开发小、散、乱和矿山环境破坏等问题突出，加剧了资源供求紧张状况。我国资源性产品的成本核算尚未与国际接轨，矿产资源所有权益和矿山环境补偿未能在矿产资源开采成本中完全体现，矿产资源勘查开发方面的利益诉求和矛盾纠纷凸显。同时，矿产资源宏观调控体系不尽完善，资源的规划统筹和市场配置缺乏制度性保障，资源配置机制尚不健全，保障经济社会发展的任务十分艰巨。

外部环境复杂多变，矿业合作挑战加大。全球矿业市场活跃，资源配置和矿业全球化趋势明显，为我国利用国外资源和市场提供了难得的机遇。但市场竞争日趋激烈，矿产品价格大幅波动，境外勘查开发矿产资源和进口矿产品成本增大。加之我国资源战略储备能力不足，有效应对资源供应中断和重大突发事件的预警应急能力较弱，矿产资源安全供应面临更大的挑战。

综上所述，在今后一段时期内，我国矿产资源的总体目标是：

（1）提高矿产资源对全面建成小康社会的保障能力：加大矿产资源勘查开发的有效投入，扩大勘查开发的领域和深度，强化对矿产资源的保护，增加矿产资源的供应。扩大对外开放，积极参与国际合作。建立战略资源储备制度，对关系国计民生的战略矿产资源进行必要的储备，确保国家经济安全和矿产品持续安全供应。

（2）坚持科技创新，优化布局，塑造矿产资源勘查开采新格局：加大财政投入，加强人才队伍建设，积极培育具有国际竞争力的矿山企业。落实国家区域发展战略，推动矿产资源开发利用与区域协调发展。落实地质找矿新机制，完善矿业权设置方案，优化矿产资源勘查开采布局，统筹协调，加强管理，实现地质找矿新突破，重塑矿产资源新格局。

（3）创造公平竞争的发展环境：按照建立和完善社会主义市场经济体制的要求和矿产资源勘查开发运行规律，进一步完善矿产资源管理的法律法规，调整和完善矿产资源政策，改善投资环境，提供良好的信息服务，创造市场主体平等竞争和公开、有序、健全统一的市场环境。

第二节　矿产资源政策

据预测，到 2020 年，我国煤炭消费量将超过 35 亿 t，2008 ~ 2020 年累计需求超过 430 亿 t；石油 5 亿 t，累计需求超过 60 亿 t；铁矿石 13 亿 t，累计需求超过 160 亿 t；精炼铜 730 ~ 760 万 t，累计需求将近 1 亿 t；铝 1 300 ~ 1 400 万 t，累计需求超过 1.6 亿 t。如不加强勘查和转变经济发展方式，届时在我国 45 种主要矿产中，有 19 种矿产将出现不同程度的短缺，其中 11 种为国民经济支柱性矿产，石油的对外依存度将上升到 60%，铁矿石的对外依存度在 40% 左右，铜和钾的对外依存度仍将保持在 70% 左右。为此，未来一段时期内，我国的矿产资源政策可概括为以下五方面：

一、坚持市场经济体制改革方向，坚持实施可持续发展战略

在国家产业政策与规划的引导下，充分发挥市场在矿产资源配置中的基础性作用，建立政府宏观调控与市场运作相结合的资源优化配置机制。加强对矿产资源开发总量的调控，培育和规范矿业权市场，促进矿产资源勘查开发投资多元化和经营规范化，切实维护国家所有者和探矿权采矿权人的合法权益。坚持"在保护中开发，在开发中保护"。加强矿产资源勘查，合理开发和节约使用资源，努力提高资源利用效率，走出一条科技含量高、经济效益好、资源消耗低、环境污染少、人力资源优势得到充分发挥的新型工业化道路。

二、加强区域矿产资源调查，全面实施整装勘查，实现找矿重大突破

统筹规划，深挖东部、立足中部、面向西部。推进西部大开发战略，加快西部地区矿产资源特别是优势矿产和国内紧缺矿产的勘查开发，支持矿业城市、老矿山寻找接替资源，促进区域经济协调发展和矿产资源勘查开发的健康发展。

（1）"整装勘查"是指在资源前景明朗的地区，地勘单位和矿业企业联合，找矿着眼开矿，开矿引导找矿，打破传统的评价阶段划分模式，以矿产开发利用为最终目的，将预查、普查、详查、勘探、开发一条龙设计，物、化、电、磁、钻等多工种、多方法整合施工，加快勘查开发速度。

（2）加大能源矿产资源的勘查开发力度，充分利用煤炭资源和水能资源，发展以煤炭洗选加工、液化、气化等为主要内容的煤的洁净技术。煤炭开发在稳定东部地区生产规模的同时，将重点开发山西、陕西、内蒙古，合理开发西南地区，适当开发新疆、甘肃、宁夏、青海的煤炭资源。加大煤层气开发力度。我国石油资源比较丰富，但和需求相比相对不足。解决油气供应不足的问题，将首先立足于开发利用国内的油气资源。西部地区已经发现丰富的油气资源，新疆塔里木、准噶尔，陕西、甘肃、宁夏、内蒙古、山西的鄂尔多斯和青海柴达木等盆地都有良好的开发前景。渤海海域也有重大发现。石油资源勘查开发，在深化东部、发展西部、加快海上的基础上，重点加强老油区

的勘查工作,力争在新层系和地区取得新的发现,增加石油探明储量,保持合理的石油自给率。天然气勘探开发,以西气东输沿线的塔里木、鄂尔多斯、柴达木盆地和四川、重庆地区以及海上的东海盆地为重点,增加储量,提高产量,逐步改善我国能源结构。

(3)加强重要金属矿产资源勘查,促进资源基地建设。加强西南三江、雅鲁藏布江、天山、南岭、大兴安岭等16个重点成矿区带勘查。西部地区以寻找大型、超大型矿床为目标,提交一批可供进一步详查的大型、超大型矿产地;中东部地区主要开展隐伏与深部矿床找矿工作,力争在长江中下游等重点成矿区带取得找矿重大进展。到2015年,初步查明8处以上超大型矿床,形成45处以上可供国家规划和建设的大型重要金属矿产资源基地,为矿业发展提供接替资源保障。

(4)加强重要非金属矿产资源勘查,为化工和建材业发展奠定资源基础。重点开展磷、硫、钾盐、优质高岭土、菱镁矿、晶质石墨、优质叶蜡石、萤石、优质膨润土等矿产资源勘查。加强成矿条件好的贵州、云南、湖北、四川等地区的磷矿勘查,发现一批新的大中型磷矿产地,增加资源储量。加强华北地台北缘、长江中下游、粤桂湘赣成矿区带,四川、内蒙古、云南等西部省区硫资源勘查。有计划有重点地对成盐成钾条件好的油气区加强钾盐勘查,加强对青海、新疆、西藏、四川等省区盐湖型钾盐和富钾卤水的勘查,争取实现找矿新突破,为钾肥基地建设增加资源储量。加强具有地方特色的建材及其他重要非金属矿产的勘查,发现一批可供开发利用的矿产地。

(5)加大深部和矿山外围找矿力度,实现找矿重大突破。以我国短缺、长期依赖进口的大宗矿种为重点,兼顾具有国际市场竞争力的优势矿种,加强深部找矿工作。开展主要成矿区带深部资源潜力评价,重要固体矿产工业矿体勘查深度推进到1 500 m。加强矿山地质工作,扩大资源储量。在成矿地质条件有利、找矿潜力大、市场需求好的矿种的大中型危机矿山深部和外围,实施危机矿山接替资源找矿项目,力争发现一批具有较大规模的隐伏矿床,到2010年,实现120个以上危机矿山接替资源找矿突破,平均延长矿山服务年限10～15年,为资源型城市可持续发展奠定资源基础。

三、积极吸引外资,坚持扩大对外开放与合作

改善投资环境,鼓励和吸引国外投资者勘查开发我国矿产资源。按照世界贸易组织规则和国际通行做法,开展矿产资源的国际合作,实现资源互补互利。坚定不移地实行对外开放政策。在互惠互利的基础上,积极参与矿产资源领域的国际合作,推进国内外资源、资本、信息、技术与市场的交流。

鼓励国内矿山企业与国际矿业公司合作,借鉴国际先进经验,引进先进技术,按照国际惯例经营运作。我国于1999年8月发布《关于当前进一步鼓励外商投资的意见》,2000年6月发布《中西部地区外商投资优势产业目录》,2002年3月发布修改后的《外商投资产业指导目录》,明确加大对外商投资企业的金融支持力度;鼓励外商投资企业技术创新,扩大国内采购;鼓励外商向中西部地区投资;进一步完善对外商投资企业的管理和服务。2000年10月,我国发布了《关于进一步鼓励外商投资勘查开采非油气矿产资源的若干意见》,进一步开放探矿权采矿权市场,允许外商在我国境内以独资或者

与中方合作的方式进行风险勘探；对勘查作业区内发现的具有可采经济价值的矿产资源，保障其享有法定的优先采矿权；外商投资取得的探矿权、采矿权可以依法转让；外商投资开采回收共（伴）生矿、利用尾矿、提高综合利用率、到西部地区勘查开采矿产资源的，可以享受相应的减免矿产资源补偿费优惠政策；外商独资或者与中方合资、合作开采《外商投资产业指导目录》中鼓励类矿产资源的，免缴矿产资源补偿费五年；规定各级政府部门不得参与合资、合作办矿，不得对外商提出不合理的经济要求，不得乱检查、乱摊派，不得在法律、法规规定之外增加收费项目。

四、加快结构调整，坚持节约集约利用

（1）加快矿产资源开发利用结构调整，提高矿产资源综合利用水平。加快矿产资源开发利用结构的调整步伐，增加产能，提高效益。通过矿山企业技术改造和机制转换，鼓励在矿产资源勘查开发中积极推行清洁生产，应用成熟技术和高新技术，提高矿产资源勘查开发水平。实行规模开发，提高集约化水平，淘汰落后、分散的采矿能力。鼓励通过加强矿产资源集中区的基础设施建设，改善矿山建设外部条件，利用高新技术，降低开发成本等措施，使经济可利用性差的资源加快转化为经济可利用的资源。

（2）开展资源综合利用是我国矿产资源勘查、开发的一项重大技术经济政策。对矿产资源实行综合勘查、综合评价、综合开发、综合利用。鼓励和支持矿山企业开发利用低品位难选冶资源、替代资源和二次资源，扩大资源供应来源，降低生产成本。

（3）鼓励矿山企业开展"三废"（废渣、废气、废液）综合利用的科技攻关和技术改造；鼓励对废旧金属及二次资源的回收利用。

（4）积极开发非传统矿产资源。鼓励矿山企业依靠科技进步和创新，提高资源综合利用水平。

五、增强地质科技创新能力，推进地质科技进步

（1）加强新能源、新材料技术和海洋矿产资源开发等高新技术的研究与开发，加强新理论、新方法、新技术等基础研究。

（2）完善地质科技创新体系，编制全国地质科学和技术发展中长期规划，建立健全鼓励创新的机制，营造良好的科研环境。

（3）积极开展重大地质问题科技攻关，突出重点矿种和重点成矿区带地质问题研究，大力推进成矿理论、找矿方法和勘查开发关键技术的自主创新。

（4）要积极发展地质教育。大力发展地质高等教育和中等职业教育。加强地质类学科建设，调整优化地质专业设置和教学内容。有关院校要增设地学综合类课程。积极推进地质类高等院校与行业企业的合作和共建；要加快地质人才开发。建立健全鼓励创新的地质人才开发机制和管理体制。造就一大批品德优良、基础厚实、知识广博、专业精深的地学新人。以重大地质勘查和科技攻关项目为依托，大力培养创新型人才、复合型人才和科技领军人才；项目负责人中要有一定比例的中青年技术骨干。

（5）改善野外地质工作条件，对野外地质工作人员继续实行工资倾斜政策，完善

津贴补贴政策。逐步建立知识、技术、管理等要素按贡献参与勘查开采项目收益分配的新机制，为稳定地质人才队伍创造良好环境。

第三节　保障措施

新中国成立 60 多年来，我国矿产资源管理逐步得到加强，并走上法制化、规范化和科学化轨道。随着改革开放的不断深入，新形势下，我国的矿产资源面临着新的难题，为破解难题，需要不断加强矿产资源管理。

一、加强制度供给，逐步完善矿产资源管理法律法规

（1）完善矿产资源法律法规。我国现已建立了以宪法为基础，由矿产资源法和相关法律法规构成的矿产资源法律体系。1982 年以来，我国立法机关陆续颁布实施了矿产资源法、土地管理法、煤炭法、矿山安全法、环境保护法、海洋环境保护法、海域使用管理法等法律，我国政府发布实施了《矿产资源法实施细则》、《对外合作开采海洋石油资源条例》、《对外合作开采陆上石油资源条例》、《矿产资源勘查区块登记管理办法》、《矿产资源开采登记管理办法》、《探矿权采矿权转让管理办法》、《矿产资源补偿费征收管理规定》、《矿产资源监督管理暂行办法》、《地质资料管理条例》等 20 多项配套法规和规章，各省、自治区、直辖市也制定了相关的地方性法规。这些法律法规确立了我国矿产资源管理的基本法律制度，为实行依法行政、依法管矿、依法办矿提供了法律保障。

（2）改革矿产资源管理体制。为不断适应经济体制改革的要求，我国对矿产资源管理体制进行了改革，转变并加强政府职能，实行政企分开、政事分开。健全矿产资源法律法规体系，完善矿产资源开发利用与保护等方面的相关法律法规和规章。在《矿产资源法》修订中明确矿产资源规划编制、审批、实施以及违反规划的法律责任等规定，完善规划管理制度，强化规划法律地位。

（3）继续完善矿产资源有偿使用制度。深化矿产资源有偿使用制度改革，严格执行矿业权有偿取得制度，健全资源开发成本合理分摊机制，完善反映市场供求关系、资源稀缺程度、环境损害成本的矿产资源价格形成机制，调整矿业权使用费标准，修订矿产资源补偿费征收管理规定，制订国家出资形成的矿业权处置办法，促进资源集约开发和节约利用。

（4）继续完善矿业权管理制度和市场建设。按照分类分级管理要求，完善矿业权审查制度。依据矿产资源规划科学设置探矿权、采矿权，并依法进行管理，促进资源勘查、总量调控、布局优化与结构调整等规划目标的实现。大力培育和规范矿业权市场，明确矿业权市场准入条件，加强监管，实行矿业权信息公开化，营造公平、公正、公开的市场环境，推进矿业资本市场、技术市场的发展，促进市场配置资源和宏观调控的有机结合。

（5）探索完善矿产资源开发收益分配机制。合理调整矿产资源有偿使用收入中央和地方的分配比例关系，向资源原产地倾斜，促进资源开发地区可持续发展。完善矿产资源有偿收益的使用管理，重点用于规划确定的重要矿种和重点地区，加大对矿产资源勘查、矿山地质环境治理投入力度，支持矿产地居民改善生产生活条件。研究制定地质勘查基金项目收益分配的具体办法，促进矿产勘查开采的良性循环。

二、完善《规划》体系建设，不断加强组织领导

（1）加强矿产资源规划管理。矿产资源规划是矿产资源勘查开发利用的指导性文件，是实施宏观调控的依据。我国政府正进一步加强矿产资源规划管理，完善规划体系，严格规划责任、规划审查、规划公告、规划修编、规划监督等制度，加强规划宣传，建立规划实施保障和信息反馈体系，确保规划目标的实现。

（2）加强矿产资源规划体系建设。根据《规划》，组织编制实施省、市、县级矿产资源总体规划，以及矿产资源勘查开发重点矿种、重点领域的专项规划和区域规划，逐级落实规划主要任务、指标、分区和政策。重要矿种、重点矿区、大中型矿产地实行统一规划和管理，充分发挥规划对资源配置的统筹和调控作用。规划编制要与国民经济和社会发展规划、主体功能区规划、土地利用总体规划、环境保护规划等相互衔接。

（3）加强矿产资源规划的统一协调和管理。下级规划必须服从上级规划，专项规划和区域规划的编制、审批和实施，必须以总体规划为依据。下级规划要落实上级规划的要求和内容，对法律法规规定和上级国土资源部门授权管理的矿种统筹规划开发、利用和保护活动，认真做好衔接，维护矿产资源规划的权威性和整体性。

（4）提高地质工作管理水平。加强对地质工作的领导，进一步提高加强地质工作重要性和紧迫性的认识，将地质工作列入重要议事日程。落实规划实施领导责任制。地方各级人民政府应当采取措施，严格执行规划，维护本行政区域内矿产资源勘查开发的正常秩序。将矿产资源开发利用总量调控、勘查开发布局与结构调整、节约与综合利用、矿产资源储备、矿山地质环境恢复治理等重大规划目标纳入管理目标体系进行考核，并将规划执行情况作为主要领导业绩考核的重要依据。建立健全地质勘查法规体系，严格依法行政，依法维护地质工作秩序，为地质调查和矿产资源勘查提供良好的工作环境；要科学编制和实施地质勘查规划，并纳入国家和省级国民经济和社会发展规划，与相关专项规划搞好衔接。建立统一的地质勘查行业统计制度，及时提供信息服务。规范和发展行业协会，发挥好行业自律、中介服务等作用。有关部门和单位要积极配合国土资源管理部门做好行业管理工作；强化矿业权管理。

三、深化行政体制改革，坚持依法严格管理矿产资源

（1）深化行政体制改革。1950～1981年，矿产资源的管理职能由原地质部和有关工业管理部门分别承担，地质部门主要承担组织开展全国地质勘查、矿产资源储量管理和地质资料汇交管理的职能，有关工业管理部门负责管理矿产资源的开采活动。1982年地质部更名为地质矿产部，负责矿产资源开发监督管理和地质勘查行业管理。1988

年和 1993 年政府机构改革时，进一步明确地质矿产部对地质矿产资源进行综合管理，对地质勘查工作进行行业管理，对地质矿产资源的合理开发利用和保护进行监督管理，以及对地质环境进行监测、评价和监督管理等四项基本职能。1996 年 1 月成立全国矿产资源委员会，以加强中央政府对矿产资源的统一管理，维护矿产资源国家所有权益。1998 年政府机构改革，将原国家计委和煤炭、冶金等有关工业部门的矿产资源管理职能转移到国土资源部，实现了全国矿产资源的统一管理。目前，全国 90% 以上的地（市）和 80% 以上的县建立了地矿行政管理机构。

（2）改革探矿权采矿权管理制度。明确了探矿权、采矿权的财产权属性，确立了探矿权、采矿权的有偿取得和依法转让制度。确立了探矿权人优先取得勘查区内采矿权的法律制度，强化了探矿权、采矿权的排他性。改革了勘查、开采矿产资源审批和颁发勘查许可证、采矿许可证的权限。继续按照产权明晰、规则完善、调控有力、运行规范的要求，培育和规范探矿权采矿权市场，加强对市场运行的监管。

四、健全法制，大力推进依法行政，不断提高服务水平

（1）整顿和规范矿产资源管理秩序，促进矿产资源保护与合理利用的法制化、规范化和科学化。良好的矿产资源管理秩序是矿产资源保护与合理利用的前提，继续加大执法监察力度，整顿和规范矿产资源管理秩序，加强安全生产监督，依法维护矿产资源的国家所有权益和探矿权人、采矿权人的合法权益。

（2）改善服务方式，按照公开、透明、规范、高效的要求，实行政务公开。各级矿产资源管理部门的办事制度、审批事项、要件、标准和时限等，要向社会公告，接受社会监督。建立健全内部会审、窗口办文、行政责任追究等制度。

（3）建立公报制度，发布矿产资源储量、勘查开发情况，逐步向全社会公开地质资料信息。

（4）建立信息查询制度，使全社会都能够及时、方便、快捷地查询国家矿产资源规划、政策、法律法规、资源储量分类标准，查询勘查区块登记信息、采矿登记信息、矿产资源补偿费征收费率及缴纳方法等方面的信息。

（5）大力应用信息技术，提高工作效率和服务水平。

五、推进科技创新，扩大合作，加强人才队伍建设

（1）建立完善以企业为主体、市场为导向、产学研相结合的矿产资源开发科技创新体系。加强自主创新和引进消化吸收再创新，鼓励地质勘查新理论、新技术、新方法的研究、推广和应用。积极扶持和引导矿山企业研究开发、引进和应用先进的采选技术，提高解决资源问题的科技支撑能力。积极发展矿山地质环境监测、保护与恢复治理技术。

（2）拓展矿业领域开放广度和深度。制定和完善有效利用外资参与资源勘查开发的相关政策，鼓励引进先进的勘查开发技术、管理经验和高素质人才，促进利用外资质量和水平的提高。鼓励外资参与提高矿山尾矿利用率和矿山生态恢复治理新技术开发应

用项目，引入先进适用的节能降耗的工艺、技术和设备。制定并完善国外矿产资源勘查开发中介、技术和咨询服务公司等在我国执业的管理办法，规范外商投资矿产资源勘查开发的准入条件，建立符合国际惯例的外商勘查开发矿产资源审批通道。推进外商投资管理信息化建设。

（3）推进与其他国家矿产资源勘查开发技术交流与合作。推进全球巨型成矿带研究计划，了解地质成矿条件和圈定找矿靶区，进行油气基础地质综合研究与区域优选，进一步加强与其他国家矿产资源管理机构合作。

（4）强化人才培养和队伍建设。加强教育和管理，培育德才兼备、结构合理、素质优良的规划专业人才队伍，推进科学民主决策。建立健全专家咨询制度、部门联系协调机制和公众参与机制，充分发挥行业协会作用，加强规划协调、咨询和论证，实行规划审批专家论证制度，提高规划决策的科学化和民主化水平。扩大公众参与，加强规划宣传。各级矿产资源规划编制要采取多种方式和渠道扩大公众参与。

第二十篇

矿政管理

矿政管理是国家对矿产资源实施全面管理的重要职能

矿政管理包括矿产资源勘查、储量、开发和地环管理

"找出、管住、用好"是矿政管理的三大任务

矿政管理的基本要求为"依法按程序进行"

节约集约、合理利用和有效保护，是矿政管理的目的

"吃干榨尽"和保护地质环境是矿政管理的出发点和落脚点

第一章　矿产资源规划管理

第一节　矿产资源规划概述

一、矿产资源规划的基本概念

（一）矿产资源规划

矿产资源规划是国家或地区在一定时期内为保障国民经济和社会发展对矿产资源的需求，以有效保护和合理利用矿产资源、保护生态环境为目标，根据全国或地区矿产资源的特点，对矿产资源调查评价、勘查、开采利用与保护、矿山地质环境保护等在时间和空间上做出的总体安排和部署。

矿产资源规划以矿产资源战略为指导、以保障国民经济和社会发展为需求、以矿产资源赋存条件和区位优势为基础、以市场需求形势为前提，通过制定矿产资源调查评价、矿产资源勘查、开发利用与保护，矿山地质环境治理等目标，合理部署在规划期内的具体任务和发展重点，对矿产资源勘查开发与保护进行合理布局，对矿产资源开发利用总量进行有效调控，对矿产资源开发规模结构和矿产品结构进行优化调整，对矿山地质环境进行保护和治理，并提出规划实施的具体保障措施。

（二）矿产资源总体规划

矿产资源总体规划包括国家级、省级、市级、县级矿产资源总体规划，是矿产资源规划体系的核心，是矿产资源管理的纲领性文件，是加强宏观调控、发挥市场配置矿产资源基础性作用的重要前提，是体现国家产业政策、落实矿业权管理制度的基本手段。

（三）矿产资源专项规划

矿产资源专项规划即国土资源行政主管部门编制的各种专项规划、项目规划等统称为专项规划。国土资源行政主管部门以一定区域内矿产资源开发利用与保护、矿产资源管理的某一特定领域为对象编制的规划，是矿产资源总体规划在某一领域的延伸、细化和具体体现，是实施性和操作性规划。专项规划由各级相应的国土资源规划行政主管部门组织编制。

（四）矿产资源区域规划

以跨行政区的特定经济区域或某一具有特定含义的经济区域内的全部矿产资源为对象编制的规划。它是总体规划和相关专项规划在特定空间的落实，是区域内各行政区编制各类规划的依据，具有指导性、约束性和协调性，应由相应的国土资源规划行政主管部门组织编制。

（五）矿产资源规划的层级

按行政级层次，矿产资源规划体系划分为国家规划、省（自治区、直辖市）级规划、市（设区的市、自治州）级规划、县（县级市、自治县、市辖区）级规划。按对象和功能，分为总体规划、专项规划和区域规划。

（六）矿产资源规划的定位和主要特点

1. 矿产资源规划的定位

矿产资源规划是国家规划体系的重要组成部分，国务院明确规定了矿产资源规划在矿产资源管理中的地位和作用，"矿产资源规划是矿产资源勘查、开发利用与保护的指导性文件，是依法审批和监督管理矿产资源勘查和开发利用活动的重要依据"。国土资源部有关文件中明确规定："矿产资源勘查、开发利用与保护，必须遵循矿产资源规划。要严格按照矿产资源规划审查矿产资源调查评价与勘查、开发利用与保护、矿山地质环境恢复治理和矿区土地复垦项目。对不符合矿产资源规划的，不得批准立项，不得审批、颁发勘查许可证和采矿许可证，不得批准用地"。矿产资源规划是实现矿政管理的根本目标和矿产资源战略的主要手段之一，在矿产资源管理中具有政策依据、政策工具和政策准则的作用。矿产资源规划在整个矿产资源管理体系中处于基础和"龙头"地位。

2. 矿产资源规划的主要特点

（1）高度的战略性。矿产资源规划是落实国家矿产资源战略和重大部署的重要手段，从资源国情出发，着眼未来，充分体现国家的战略意图。

（2）突出的政策性。矿产资源规划是实施矿产资源政策的重要载体，不仅体现国家政策的各项要求，而且重点针对矿产资源领域的突出问题，明确完善政策的方向和原则。

（3）很强的可操作性。矿产资源规划是指导矿产资源勘查、开发、管理、保护与合理利用的重要依据，通过科学合理的规划目标和主要任务等，切实有效的指导矿产资源开发利用的各个环节。

二、矿产资源规划体系

（一）矿产资源规划体系建设与发展

1998 年国土资源部开始着手建立矿产资源规划体系，2001 年 4 月国务院批准了全国矿产资源规划。2001 年 5 月省级矿产资源规划编制工作全面启动，全国 31 个省级矿产资源总体规划全部编制完成并发布实施。首轮规划期间，全国绝大部分市县都编制了矿产资源规划，部分县（区）根据上级规划要求编制了规划实施方案。2006 年，国土资源部启动第二轮矿产资源规划编制工作，2009 年 1 月《全国矿产资源规划（2008 ~ 2015 年）》经国务院批复，经国土资源部发布实施。

全国地质勘查规划、矿山环境保护与恢复治理专项规划等相继完成，由国家、省级、地市级、县级矿产资源规划和主要专项规划、区域规划构成的矿产资源规划体系已经建立。

为加强矿产资源规划体系建设，自 1999 年以来国土资源部陆续制定了一系列规范性文件，初步建立了矿产资源规划的编制、审批、实施和体系建设的制度体系。《矿产资源规划管理暂行办法》（国土资发〔1999〕356 号）对矿产资源规划体系、规划编制、审批和实施做出了全面规定；《矿产资源规划实施管理办法》（国土资发〔2002〕388 号）规定了规划实施目标责任、规划公示、规划备案、计划管理、规划审查、规划实施中期评估和规划实施监督检查等制度；《关于进一步加强矿产资源规划实施管理工作的通知》（国土资发〔2004〕29 号）强化了对矿产资源调查评价、勘查、开发利用与保护的规划管理。为了规范省级矿产资源规划审批工作，制定了《省级矿产资源规划会审办法》（国土资发〔2001〕227 号）和《省级矿产资源规划审批办法》（国土资发〔2011〕211 号）。

（二）矿产资源规划在规划体系中的地位

国土资源规划是国家规划体系的重要组成部分，在国民经济和社会发展规划体系中属于专项规划，是政府对未来国土资源调查评价、开发利用与保护进行的超前性安排和部署，是政府履行宏观调控、经济调节和公共服务职责的重要依据。矿产资源规划是从属于国土资源规划的专项性规划。

（三）矿产资源规划体系框架

矿产资源规划体系包括四级、三类规划，如图 20 - 1 - 1 所示。

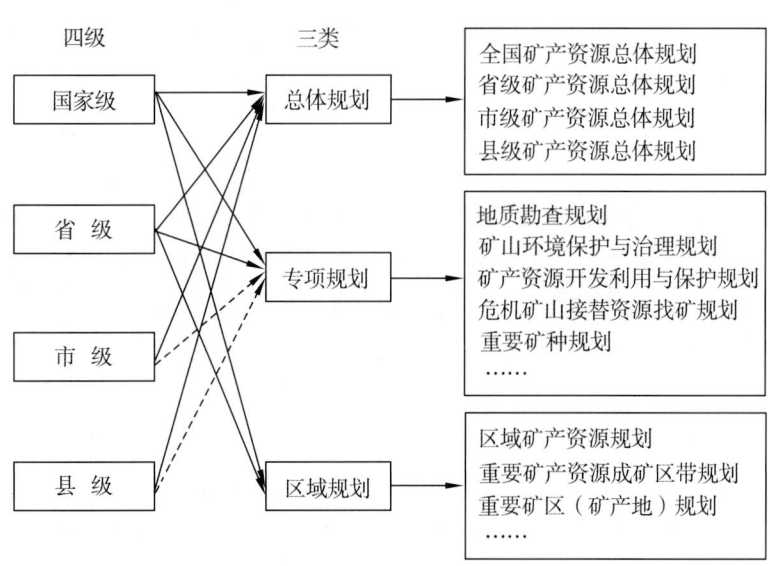

图 20 - 1 - 1　矿产资源规划体系

（四）各层级矿产资源规划的功能

1. 矿产资源总体规划

国家级矿产资源规划以国家宏观经济政策和规划为基础，贯彻国家战略意图，在全面分析矿产资源开发利用状况和面临的形势的基础上，重点解决全国范围内矿产资源供需平衡问题。对开采规模结构、矿产品结构和进出口结构做出安排，对矿产资源勘查、开发利用在区域上的布局做出安排；运用政策工具，制定并管理好规划分区，科学设定矿产资源开采准入条件。规划的主要目标纳入全国国民经济与社会发展规划中实施。

省级矿产资源规划是以保障在规划期内全国和行政区国民经济和社会发展对矿产资源的需求为目标，根据本行政区矿产资源特点，对区域内矿产资源调查评价、勘查、保护和合理利用以及矿山地质环境保护等在时间和空间上进行安排。是省级人民政府及其国土资源行政主管部门依法对本行政区内矿产资源勘查、开发利用与保护进行宏观调控和监督管理的重要依据。其主要目标纳入省级国民经济与社会发展规划中实施。省级矿产资源规划服从全国矿产资源总体规划，贯彻落实全国矿产资源总体规划的目标和任务。

市级矿产资源总体规划具体落实上级矿产资源规划确定的目标和任务，对所涉及的矿产资源保护及勘查、开发利用活动的调查、监测和监督做出统筹安排；对本行政区内矿山地质环境保护与恢复治理做出统筹安排；根据本区域内的资源特点、区位特点、基础设施条件、市场条件和经济社会发展需要，科学合理地确定规划的目标、任务和实施措施。规划的主要目标纳入市级国民经济与社会发展规划中实施。

县级矿产资源总体规划在市级总体规划的基础上，对授权管理的矿产资源进行具体的规划，将各项规划任务在空间上、时间上、数量上和政策上加以最终落实；科学合理的划分各类规划区，进行矿业权设置方案的探索，将最低开采规模、"三率"指标等落实到具体的矿床、矿区或矿山。规划的主要目标纳入县级国民经济与社会发展规划中实施。

2. 矿产资源专项规划

矿产资源专项规划的功能定位是矿产资源总体规划在某一领域的延伸和细化，针对矿产资源调查评价与勘查、开发利用与保护、矿山地质环境保护与恢复治理、矿业活动的调查与监测某一专项而进行的规划。目前，矿产资源专项规划主要包括地质矿产调查评价与勘查规划、矿产资源开发利用与保护规划、矿山地质环境保护与恢复治理规划、重要矿种规划、地下水资源环境保护与合理利用规划、危机矿山接替资源找矿规划等。

从纵向上，矿产资源专项规划分为全国规划、省级规划，省级以下不做具体要求，可根据实际需要编制相应的专项规划。

地质矿产调查评价与勘查规划的主要任务是落实总体规划中关于矿产资源调查评价与勘查所确定的目标、任务，确定矿产资源调查评价与勘查规划具体实施措施和方案，以及相应的保障体系。

矿产资源保护与合理开发利用规划主要任务是以矿产资源总体规划为依据，分析矿产资源保护与合理利用面临的形势，提出具体实施措施和主要任务。

矿山地质环境保护与恢复治理规划主要任务是以矿产资源总体规划为依据，分析矿山地质环境现状及治理成效，提出矿山生态环境保护的具体措施和实施方案，确定重点整治区域和主要任务。

重要矿种规划是指以国家紧缺矿种石油、铜矿、金矿、富铁矿等为重点，以各省、市资源较为丰富的某种或一类矿产资源为对象，在矿产资源调查评价与勘查、保护与合理开发利用、矿山地质环境保护等方面所做的具体安排。其主要任务是依据矿产资源总体规划和专项规划，分析单矿种保护与合理利用面临的形势，提出具体措施和主要任务。

3. 矿产资源区域规划

矿产资源区域规划一般包括国家级区域规划和省级区域规划。国家级区域规划是指以跨省（区、市）级行政区的特定经济区域为空间范围编制的规划；省级区域规划是指以省域内跨县级以上行政区的特定区域为空间范围编制的规划。

区域规划是矿产资源总体规划和专项规划在空间地域范围的展开，是地域范围上进一步落实、更具有操作性的规划，一般更注重空间布局，使经济社会与资源开发、环境保护协调发展。区域规划能从纵横双向协调总体规划和专项规划，与专项规划相比，区域规划还具有综合性、战略性和地域性的特征。区域规划以区域总体规划、专项规划为基础，不仅将总体规划或上层区域规划的总体安排因地制宜地落实到具体区域，更通过区域矿业发展战略、发展重点、发展布局及发展政策，提出区域资源调控的目标和任务。

第二节　矿产资源规划的主要内容

一、矿产资源总体规划

各级矿产资源总体规划的主要内容一般由现状、供需形势、规划指导原则和目标、主要任务、保障措施等构成。

（一）矿产资源勘查开发利用现状与问题

主要包括规划背景分析，包括国家经济社会发展概况及趋势，矿产资源勘查开发利用、矿山环境保护与恢复治理等方面的现状、存在的问题。

（二）矿产资源供需形势

根据经济社会发展需求和矿产资源潜力、开发利用状况，对规划期内矿产资源的需求与供给进行科学预测。影响矿产资源需求的因素主要包括经济社会发展阶段、经济增长情况、产业结构、人口及其增长率、科技进步、可再生资源的回收利用水平、进口依赖程度及资源政策等。影响矿产资源供给的因素主要包括可采储量、生产能力、运输能力、资源政策等。

（三）指导原则与规划目标

根据国家发展战略，结合本地实际，提出规划的指导思想。指导原则与规划目标要以邓小平理论和"三个代表"重要思想为指导，贯彻落实科学发展观，要体现围绕全面建设小康社会、构建和谐社会的要求，体现又好又快发展的理念；要坚持"在保护中开发，在开发中保护"的指导方针，体现建设资源节约型和环境友好型社会的要求；要考虑社会主义市场经济的要求，体现市场配置资源的基础性作用和规划宏观调控作用；要适应经济全球化的发展趋势，突出重点、体现特色，体现立足国内、互利合作、加强勘查、集约开发、节约优先、合理利用、规范管理、促进和谐的思想；要统筹兼顾矿产资源开发利用的经济效益、资源效益、环境效益和社会效益，以矿产资源的可持续开发利用促进和保障经济社会的可持续发展。

要体现有效保护与合理利用统一、资源开发与环境保护并重、市场配置与宏观调控结合、两种资源与两个市场统筹等原则。

规划目标包括总体目标、阶段性目标和指标。要在充分调查研究和论证的基础上，从我国国情、矿情出发，结合供需形势分析和预测，合理制定规划的总体目标、阶段性目标和具体量化指标。量化指标的设置分为预期性和约束性两大类。

（四）主要任务

主要包括矿产资源调查评价与勘查工作总体部署，矿产资源开发利用总量调控和结构调整，矿产资源开发利用优化布局，矿产资源节约与综合利用，矿山环境保护与恢复治理以及矿产资源勘查开发国际交流与合作等。

（五）保障措施

对现行矿产资源规划实施政策进行评价，总结上轮规划实施中存在的主要问题，分析现行矿产资源规划实施的政策环境及其发展趋势，总结国内外的成功经验与教训，分析我国矿产资源行政管理存在的问题，结合我国相应的政策环境等实际情况，科学制定法律、经济、行政和科技等综合措施，研究保障规划有效实施的机制，实现规划既定目标任务。主要包括建立、完善规划实施的制度机制和政策措施，如完善规划体系，健全规划实施制度等。

省级矿产资源总体规划要落实国家级总体规划确定的主要任务，提出本行政区的矿产调查评价与勘查，合理调控矿产资源开发利用总量和结构，优化矿产资源开发利用布局，节约与综合利用矿产资源，环境保护与恢复治理等任务部署。

市、县级矿产资源总体规划要落实国家和省级矿产资源总体规划，对涉及本市县的重要指标、重点区域、重大工程等，按照分类分级管理要求，结合本行政区的矿产资源特点和实际情况，进行具体的分解和落实，合理制定规划目标和任务，并提出相应的措施和计划。如矿产资源开发利用总量调控，要将开采总量控制指标分解落实到所辖县（市）、区和主要矿区，县级规划将开采总量控制指标进一步分解到乡（镇）、主要矿区和矿山；矿产资源开发利用结构调整，市级规划将控制指标分解落实到所辖县（市）、区，县级规划将控制指标进一步分解落实到开采矿种、乡（镇）和主要矿区等。

二、矿产资源专项规划

矿产资源专项规划一般分为国家级专项规划和省级专项规划，省级以下也可根据实际需要编制。专项规划针对的重点领域和矿产资源勘查的工作环节不同，内容也各有侧重。以下简要阐述几种常见专项规划的主要内容。

（一）地质矿产调查评价与勘查规划

包括商业性矿产资源勘查工作重点和基本调控方向，以及引导、鼓励商业性地质勘查工作的具体措施和途径；矿产资源调查评价和勘查工作目标、规划布局；矿产资源勘查准入条件，重大工程项目安排，以及保证规划实施的措施等。

（二）矿产资源保护与合理开发利用规划

包括矿产资源保护与合理利用面临的形势分析、规划主要目标和任务、矿产资源总量调控与结构调整、开发利用布局优化、节约与综合利用、重大工程安排，以及保证规划实施的措施等。

（三）矿山地质环境保护与恢复治理规划

包括矿山地质环境保护与恢复治理现状分析、规划主要目标和任务、新建矿山环境保护准入条件、现有和闭坑矿山环境保护与恢复治理及土地复垦措施、次生地质灾害防治重点和具体方案、矿山地质环境治理目标任务、重大工程安排，以及保证规划实施的措施等。

（四）重要矿种规划

包括重要矿种的勘查开发利用现状分析、供需形势分析、开发利用与保护目标、调查评价与勘查规划、开发利用布局、矿山地质环境保护、重大工程安排，以及保证规划实施的措施等。

（五）重要矿区规划

包括规划区范围内全部或重要矿产资源勘查和开发利用的规模、数量、时序，空间布局和结构调整，勘查开采区块划分，现有矿山的整合和关闭意见；保护和治理矿山地质环境的方案，规划分区管理政策，以及保证规划实施的措施等。

三、矿产资源区域规划

与矿产资源专项规划相比，矿产资源区域规划具有综合性、战略性和地域性的特征。规划内容要落实总体规划和上级区域规划确定的目标和任务。其主要内容包括：区域矿产资源勘查开发利用现状、问题和形势，区域矿产资源勘查开发与利用保护的战略目标和战略任务，保证规划实施的措施等。

各级矿产资源总体规划、各类矿产资源专项规划和矿产资源区域规划，由于本身的类别和层级不同，其内容也应根据需要，进行灵活的选择和科学的确定，才能提高规划的科学性和可操作性，才能充分发挥各级各类规划的功能。国家级规划要突出战略性和指导性；省级规划要以全国规划为指导，结合实际做深做实；市县级规划主要是落实和分解国家和省级规划确定的目标、任务和指标，突出具体的落实和实际的操作性。总体规划要解决矿产资源发展战略中的重大问题，统筹考虑重点矿种、成矿区带和重点矿区的规划任务，对需要由专项规划解决的问题，要留有一定的接口，由专项规划来做好衔接与落实，各类专项规划的编制则要根据规定程序和实际需要统筹安排。此外，与矿产资源开发相关的行业规划也要以矿产资源保障为基础，与矿产资源规划做好衔接。

（一）国家重点开发区域矿产资源规划

配合国家重点区域开发利用规划，如西部大开发规划、东北老工业基地振兴规划等，制定区域矿产资源开发利用总体思路、主要目标和重大任务，在时间、空间上落实上级规划目标和任务措施，提出配套重大工程和有关促进资源开发利用和保护的措施建议，为国家重点区域开发利用规划提供基础支撑。

（二）国家规划矿区、重要矿产资源成矿区带、特大型矿产资源基地矿产资源规划

按照上级规划进行勘查、开采规划，确定矿产资源调查评价与勘查工作重点与方向，提出矿产资源开发利用结构调整要求和布局安排，以及矿产资源开采准入条件。划分勘查、开采规划项目区块制定，分区管理政策，矿区内矿业权设置总数、投放时序等。

（三）重要矿区（矿产地）矿产资源规划

明确矿区范围内矿产资源勘查、开发利用的时间顺序、空间格局，促进矿产资源开发利用的有序开展和合理布局；明确矿区内主要矿种及其共伴生矿种的开发利用条件和方向，引导矿产资源开发利用结构的转型和升级，提高资源利用效率和效益；制定分区管理政策；合理确定矿区"三率"和矿产资源综合合理利用率指标；确定矿山生态环境恢复治理率和土地复垦率指标；提出矿区内现有矿山采选业技术结构调整意见。

四、各级各类矿产资源规划的关系和协调衔接

矿产资源规划编制工作涉及若干个环节，处理好各级各类规划之间的相互关系是保障各级各类规划相互协调、避免矛盾的关键环节。因此，必须高度重视各级各类规划在责任主体、基本原则、主要环节和重点内容等方面的相互衔接。

从层次上看，国家级规划指导省级规划，省级规划指导市县级规划。省级规划要服从于国家级规划，体现国家级规划的意图和要求，市县级规划要服从省级规划，体现省级规划的意图和要求。市县级规划要和省级规划进行衔接，省级规划要和国家级规划进行衔接。

从功能上看，总体规划指导专项规划和区域规划，专项规划是总体规划在某一特定领域的延伸和细化，区域规划是总体规划和专项规划在某一特定区域的落实。因此，专项规划必须服从于总体规划，必须与总体规划进行衔接，区域规划必须服从于总体规划和特定区域内的专项规划，必须与总体规划和相关专项规划进行衔接。

此外，协调好矿产资源规划与其他相关规划之间的关系是维护矿产资源规划权威地位、保障规划有效实施的重要环节。近年来，涉及矿产资源勘查、开发的相关行业规划较多，且功能划分不明确，容易造成内容上重复、遗漏和作用上相互抵消的现象。相关行业规划是有关矿产资源开发行业编制的专项规划，要以矿产资源保障为基础，依据其特点确定重点发展方向和目标，并应当与矿产资源规划做好衔接。此外，各层级矿产资源规划必须与同级国民经济和社会发展规划相衔接，重要规划目标和规划指标要纳入相应的国民经济和社会发展规划之中，还应与土地利用总体规划、城市规划、生态环境保护规划等相衔接。

因此，需要通过建立矿产资源规划与相关规划之间的衔接、协调机制，正确界定矿

产资源规划和相关规划的功能定位、相互关系，避免规划之间交叉重复、针对性不强，在发展目标、政策目标与手段、重大基础设施布局、重要资源开发、区域发展方向等方面做好相互协调，形成合力，维护矿产资源总体规划的权威地位，保障规划的有效实施。

第三节　矿产资源规划编制和实施管理

一、矿产资源规划编制

（一）规划编制基本方法

矿产资源规划编制基本方法的总体要求主要包括以下三个方面：

1. 定量分析与定性分析相结合。在规划中对现状的描述，必须用一些定量指标来描述不足和问题的所在，在规划中对于问题和关键因素的分析，也尽可能采用一些数量指标，尤其是对规划的方向，必须有一定的定量指标对未来的发展目标加以描述。同时，在必要时也应该具有阶段性发展目标。在一些具体的重大工程方面，也应该具有一些数量指标。当然，规划不能仅有数量指标，还应有一些定性描述，在政策建议上、对形势的分析与判断上、发展方向上，必须有清晰而不是模棱两可的判断。

2. 自上而下与自下而上的方式相结合。全国和省级矿产资源规划应当将自上而下与自下而上的方式结合起来，以自上而下的方式为主，但也要应该听取来自基层的意见与建议，作为修改的重要依据或者是必要的补充。

3. 规划研究与实证研究相结合。在矿产资源规划过程中，需要一定的理论分析，既有一些一般经济理论的支持，也要借鉴国外的一些经验。除此而外，还要有一些必要的实证研究。规划的编制必须以事实为依据，进行必要的相关性分析，并用一些基层的调查研究对规划存在的问题和方案进行佐证，必要时需要进行一些实际的调查。规划的编制也要向各个方面征求意见，这样形成的规划才具有可操作性。

（二）规划编制的理念

规划编制的理念是规划编制的思想基础。在不同的规划编制理念下，规划编制的科学性和实施的有效性截然不同。在社会主义市场经济体制下，面对矿产资源的新形势和矿产资源管理工作的新要求，规划的理念必须与时俱进。

1. 以科学发展观为指导

科学发展观是制定战略规划、研究工作思路、政策措施、落实目标任务的思想基础和理论指南。科学发展观具有极为丰富的内涵，涉及经济、政治、文化、社会发展各个领域，既有生产力和经济基础问题，又有生产关系和上层建筑问题；既管当前，又管长远；既是重大的理论问题，又是重大的实践问题。科学发展观对矿产资源规划工作的指导作用主要体现在以下几个方面：

（1）向以人为本的规划转变。以人为本是科学发展观的本质，矿产资源规划的编制要从人民的根本利益出发，更多注重人与资源开发、人与自然的和谐。

（2）向全面、协调和可持续发展的方向转变。全面、协调和可持续发展是科学发展观的基本内容，是经济发展、社会发展和人的全面发展的统一，是经济社会与人口、资源、环境的统一。矿产资源规划的编制要有战略思维和长远眼光，在时间和空间上进行前瞻性部署和展望，协调各方面利益，实现提高矿产资源对经济社会发展的保障能力。

（3）向统筹兼顾各方面关系转变。统筹兼顾是科学发展观的根本要求，矿产资源规划编制要妥善处理好各种利益关系，注重实现区域、经济社会、人与自然、国内与国外等多方面的良性互动。

2. 转变传统认识，适应新的形势

矿产资源赋存及其勘查开采工作的特点决定矿产资源规划工作的复杂性，因此要高度重视规划的编制工作。同时矿产资源规划工作具有一定的动态性，要在当前矿产资源勘查开发的新形势基础上，科学预测规划期内的发展趋势，使规划具有较强的可操作性。

3. 体现改革开放的要求

矿产资源规划要坚持改革、坚持开放、坚持依靠科技进步的思想，要敢于打破常规。将制度创新、技术创新的思想体现在矿产资源规划当中。

（三）规划的基础研究

矿产资源规划基础研究是编制矿产资源规划必需的重要基础工作，基础研究要围绕落实规划编制的总体目标和基本原则，充分利用已有成果，在全面、系统调查和综合分析的基础上，认真核实资源勘查、资源储量、资源开发利用、矿山环境等规划编制的基础数据，按照总量控制、资源配置和优化布局等要求开展重大问题研究、处理好整体与局部、当前与长远的关系，重点解决规划编制中的突出问题和矛盾，做好规划基础调查、资料收集、专题研究以及重大政策论证等工作，为规划编制提供强有力的理论和技术支撑。深入进行资源可供性分析，提高规划的前瞻性。加强规划调控指标和政策措施研究，提高规划的调控能力。研究如何加强矿产资源调查评价，引导商业性矿产资源勘查。研究如何调整和优化矿产资源开发利用结构和布局，提高资源利用效率。研究如何协调资源开发和环境保护，加强矿山环境恢复治理工作。研究如何强化规划管理保障措施，推进规划有效实施等。

基础研究的专题设置一般包括以下几个方面：矿产资源供需形势分析、矿产资源调查评价与勘查研究、矿产资源区划研究、矿产资源开发利用总量调控研究、矿产资源开发利用布局和结构优化研究、勘查开采规划区块与矿业权设置研究、重要矿种矿山最低开采规划标准研究、矿产资源节约与综合利用研究、矿山环境保护与恢复治理研究、矿产资源战略储备研究、海洋矿产资源勘查与开发战略研究、油气矿产资源勘查开发战略研究、矿产资源勘查开发国际合作战略研究、小矿有序发展政策研究、矿产资源规划实施保障措施研究、矿产资源规划环境影响评价研究等。

（四）规划目标和主要指标

规划目标是指以定性的词语或定量的指标定义的规划期内矿产资源调查评价与勘

查、开发利用与保护、矿山环境保护与恢复治理等所要达到的目的，通常由定性的描述和定量的指标组成。

规划指标是指体现规划目标、在规划期间所要实现的定量化的具体任务。可以划分为预期性指标和约束性指标两类。

规划目标和主要指标是矿产资源规划编制的纲领，是经济社会与资源协调发展的综合体现，是规划的核心。在规划基础研究、充分调查研究和论证的基础上，从国情、省情、矿情出发，合理制定矿产资源调查评价与勘查、开发利用与保护、矿山环境保护与恢复治理等规划目标，提出相应的规划预期性和约束性指标，规划指标的确定要以一定的理论和方法为基础，注重统计、预测、评价和比较效益分析，主要采用回归分析法、序列分析法、多方面对比法、主观预测法等，实现从推理到实证、从定性到定量的升华，强化资源利用效率、效益和环境质量指标，弱化产量指标，突出政策性和可操作性，协调好主要矿种开采总量、最低开采规划、采矿权投放数量等指标之间的关系。

预期性指标是期望达到的发展目标，主要依靠市场主体的自主行为实现。政府要创造良好的宏观环境、制度环境和市场环境，并适时调整宏观调控方向和力度，综合运用各种政策引导社会资源配置，努力争取实现。

约束性指标是在预期性基础上进一步明确并强化了政府责任的指标，是政府在公共服务和涉及公众利益领域对政府有关部门提出的工作要求。政府要通过合理配置公共资源和有效运用行政力量，确保实现。

矿产资源规划的目标和主要指标在内容上主要包括四大类：矿产资源调查评价与勘查规划目标，其主要指标为基础地质调查工作量、探矿权投放数量、新发现矿产地、新增资源储量和地质资料开发利用等；矿产资源开发利用与保护规划目标，其主要指标为主要矿种开采总量、最低开采规模、采矿权投放数量、矿山数量、矿山企业规模结构、开采回采率、选矿回收率、综合利用率、矿业产值等主要指标；矿山环境保护与恢复治理规划目标，其主要指标为矿山环境恢复治理率、矿山土地复垦面积等主要指标；矿产资源管理及制度建设规划目标。

（五）规划的公众参与和咨询论证

规划编制中要建立健全规划编制的公众参与和咨询论证制度。编制规划要充分发扬民主，广泛听取意见。各级各类规划应视不同情况，征求本级人民政府有关部门和下一级人民政府以及其他有关单位、个人的意见。规划编制部门应当公布规划草案或者举行听证会，听取公众意见。充分发挥专家的作用，提高规划的科学性。

矿产资源规划编制论证制度是编制矿产资源规划的重要工作环节。是指由规划编制主管部门在规划编制过程中组织有关政府部门、企业界、学术界、中介机构或其他社会团体代表组成的规划论证委员会，对规划内容进行可行性论证的制度。特别是对规划的重要指标、规模和结构布局等的科学论证。

矿产资源规划听证制度是指在编制、调整或修编矿产资源规划时，在做出具体影响相对人权利义务的决定之前，由国土资源行政主管部门组织举行有利害关系人参加的会议，听取其意见，接受其提供的证据材料，并可与之辩论、对质，然后根据合适的材料做出行政决定的一种较正式、严格的程序制度。

国务院或省级国土资源主管部门组建规划咨询审议委员会，委员由政府有关部门、企业界、学术界、中介机构和其他社会团体的代表组成。规划咨询审议委员会受规划主管部门委托，负责组织规划咨询、论证、评估等活动。各级各类规划应当在规划送审前进行论证，并由组织论证的单位提出论证报告。未经论证的规划，批准单位不予批准。

（六）规划的编制和审批

各级各类矿产资源规划在本级人民政府领导和上级国土资源部门指导下进行，由国土资源部门负责组织编制。国土资源部门的规划管理机构负责规划的综合协调和归口管理工作，各相关专业管理机构分工协作，规划管理机构要制订规划编制的年度计划，经批准后执行。全国矿产资源规划由国土资源部组织编制。省级、市级和县级总体规划在各级人民政府领导下，由国土资源部门组织编制。各级国土资源部门可根据本地区资源特点和管理需要，有计划地组织编制相关专项规划和区域规划。遵循下级规划服从上级规划、相关规划协调一致的原则，认真做好规划衔接工作，避免规划之间的相互矛盾。

矿产资源规划编制预审是指为提高矿产资源规划编制成果的质量，在规划编制过程中，由上级主管部门组织有关专家，对规划预审稿进行审查，并提出修改意见的工作程序。

矿产资源规划审批制度是指各级人民政府及国土资源行政主管部门依据管理职能和管理权限，对编制完成的各级矿产资源总体规划、专项规划、区域规划、矿区规划等向国务院或省（区、市）级人民政府提出申报，由国务院（或其授权的主管部门）、省（区、市）人民政府（或其授权的主管部门）进行审查（或组织有关部门会审）、批复的程序性规定。

具体而言，全国矿产资源规划由国务院审批；省级矿产资源总体规划由省级人民政府上报，国务院或国务院授权国土资源部会同有关部委负责审批；市、县级矿产资源总体规划由省级人民政府负责审批。对于关系全局、涉及需要国土资源部审批事项或中央投资的矿产资源专项规划和区域规划由国土资源部负责审批，其他专项规划和区域规划可由同级人民政府审批。提交规划草案审批时，应随同报送规划编制说明、论证报告以及规定的其他有关材料。规划批准后应当及时公布实施，总体规划由同级人民政府发布实施。

（七）规划编制程序与成果要求

1. 矿产资源规划编制程序

组织编制矿产资源规划是政府管理工作的重要组成部分，必须按规定程序进行，避免规划编制工作的随意性。省、市、县级规划由省、市、县级人民政府组织、国土资源行政主管部门负责具体编制工作，由具有规划编制相应资质的单位承担具体编制任务。省级规划以市、县级规划为基础，市、县级规划要以省级规划为依据，自下而上做好预编，自上而下进行审批，主要包括以下基本环节：

（1）制定规划编制工作方案。起动规划编制工作，确定规划编制的基本思路、原则、主要任务和工作阶段，明确规划编制的专门机构和人员，落实规划编制经费和规划管理信息系统与数据库建设等工作经费。其中，项目承担单位应具备以下条件：具有独立法人资质；有与规划编制相适应的地质矿产、经济管理等专业人才；有从事矿产规划编制与研究的经验；对本地区地质情况较为熟悉；原则上应具有地质矿产勘查资质。

（2）开展规划基础（专题）研究。认真进行首轮规划实施评估，系统开展规划的基础调查、资料收集，严格核实资源勘查、矿山数量、资源储量、主要矿产地基本情况、矿山地质环境等规划编制的基础数据。确保所有规划区（包括自然保护区、风景名胜区、文物古迹保护区等）和规划区块的范围坐标化、数字化。围绕落实规划编制的总体目标和基本原则，从促进矿产资源有序勘查、合理开发、优化配置、高效利用、有效保护和保障规划实施等方面，有针对性地开展重大问题和必要的专项规划编制工作研究。深入做好重大项目和政策建议的论证等工作，特别是规划指标的研究论证，夯实规划编制基础。

（3）编制规划预审稿。总结和提炼规划基础研究成果，编制规划预审稿，做好重要指标及区域布局与上级规划的衔接。省级规划报国土资源部预审，市级规划报省级国土资源行政主管部门预审，县级规划的预审由各省（区、市）自行决定。

（4）编制规划送审稿。根据预审意见进行修改完善，形成规划送审稿。省级规划报省级人民政府审核同意后，报国土资源部审批。市级规划报市级人民政府审核同意后，报省级国土资源行政主管部门审批。县级规划由县级人民政府报市级国土资源行政主管部门审核同意后，报省级国土资源行政主管部门审批。

（5）公众参与和专家论证。规划工作政策性和专业性很强，要切实转变观念，创新规划理论和编制方法，既要充分体现科学性，更需要赢得广泛共识。要将科学民主决策贯穿于规划编制全过程，广泛征求各方面的意见，提高社会参与度，凝聚社会共识，科学决策。在确定规划总量调控、最低开采规模等主要指标，划分勘查开采规划区，进行资源配置，安排矿产资源调查等重大工程，提出促进优势资源转化等重大政策措施，必须进行严格的可行性论证，提高规划的科学性和合理性。

2．矿产资源规划成果要求

矿产资源规划成果主要包括规划文本、规划附表、规划图件、规划编制说明、规划基础研究资料和规划数据库等。规划文本、附表、图件原则上要求提供数字化成果。规划成果电子数据的要求可参照《省级矿产资源总体规划成果要求》的相应规定执行。各省（区、市）可根据《省级矿产资源总体规划成果要求》自行制定市、县级规划成果要求。

（1）规划文本。规划文本是规划目标、规划原则、规划思路、规划结果的具体体现。规划文本的文字表述应当简明扼要，层次分明，用语规范，重点突出，有可操作性。文本、附图、附表要相一致。

（2）规划编制说明。应包括以下内容：规划编制的主要依据、原则及指导思想。要着重说明规划的基本思路、重点和特点；规划编制过程、规划研究情况；基础数据的来源与确认过程；规划目标、任务、主要内容的确定过程与依据；规划环境影响评价有关内容；与上级矿产资源规划及其他相关规划的衔接情况；地方人民政府对规划的审核情况；征求地方政府、有关部门、专家意见及采纳修改情况等。

（3）规划图件。规划图件表达的内容应与文本一致。具体内容和格式要求参照《省级矿产资源总体规划成果要求》，可根据实际需要，编制重点矿种、重点矿区、规划区块等专题规划图件。全部由计算机成图。要求要素齐全，图面清晰，重点突出，通俗易懂。

规划基本图件包括矿产资源分布图；矿产资源开发利用现状图；矿产资源调查评价和勘查规划图件；矿产资源开发利用与保护规划图件；矿山地质环境保护与恢复治理规划图等。根据需要，可以编制有关专项规划图。规划图应当突出规划意图，淡化背景条件。

（4）规划附表。规划附表内容应与规划文本一致，具体内容和格式参照《省级矿产资源总体规划成果要求》。在此基础上，可根据需要适当增减相关表格和内容。规划附表主要包括矿产资源储量表；主要矿区（床）资源储量基本情况表；主要矿产开发利用现状表；主要矿山开发利用现状表；主要矿产探矿权现状表；主要矿产采矿权现状表；主要矿产品产量、需求量及其预测表；矿产资源重点调查评价分区表；矿产资源重点调查评价项目表；矿产资源勘查分区表；主要矿产资源勘查规划区块表；矿产资源开采分区表；主要矿产资源开采规划区块表；矿业经济区规划表；主要矿产矿山最低开采规模和最低服务年限规划表；矿山地质环境保护与恢复治理及土地复垦规划表等。

（5）规划基础研究资料。包括规划编制方案、专题研究报告、主要规划指标和重大工程论证材料、基础资料汇编等。专题研究报告论证要充分，分析要有依据，引用资料和数据要注明来源出处。

（6）规划数据库。各级矿产资源规划应当按照《矿产资源规划数据库建设指南》和《矿产资源规划数据库标准》的要求，建设规划数据库。规划数据库要与矿业权管理信息系统建设相协调和衔接，实现数据共享。必须采用全国统一的矿产资源规划数据库标准，使用与国家级和省级矿产资源总体规划管理信息系统相一致或者相兼容的软件。

二、矿产资源规划的实施管理

（一）规划实施责任制度

矿产资源规划实施是指各级人民政府及其国土资源行政主管部门，依据已批准的矿产资源规划，组织开展的落实规划目标、执行规划措施、完成规划任务的活动，包括规划审查、年度计划管理、监督检查、规划评估、查处违反规划的行为等。

为了加强矿产资源规划实施管理，有效运用规划手段对矿产资源调查评价、勘查、开发利用进行宏观调控，保护和合理利用矿产资源，保障经济社会可持续发展，实行规划实施的责任制度。建立规划实施责任制度是矿产资源有效实施的重要制度保障，是提高规划实施可操作性的重要措施。实施责任制度将实施管理纳入管理目标体系中，将各级矿产资源规划的目标和主要指标纳入同级国民经济和社会发展规划中严格执行，并进行考核。严格按照矿产资源规划的要求，强化实施措施，加强对矿产资源勘查开发的监督管理。保障《全国矿产资源规划》在本行政区内贯彻实施，负责组织实施同级矿产资源规划，并对下级矿产资源规划的实施进行监督管理。

各级人民政府国土资源行政主管部门应当建立矿产资源规划实施管理的领导责任制，将实施管理纳入管理目标体系中。将规划执行情况作为主要领导业绩考核的重要依据。在首轮规划中浙江、河北、重庆、广西、西藏、青海等省（区）结合本地规划工作实际，制定了规划实施的目标责任考核制度、目标管理责任制度。擅自修改、调整规划内容的，上级国土资源行政主管部门应当及时予以纠正，并依法追究直接责任人和有关领导的责任。

对违反矿产资源规划勘查、开采矿产资源的，各级人民政府国土资源行政主管部门应当及时予以纠正；造成矿产资源破坏的，要依法查处；构成犯罪的，要依法追究刑事责任。对违反法律、法规和矿产资源规划，审批和颁发勘查许可证、采矿许可证的，上级国土资源行政主管部门应当及时予以纠正，并依法追究直接责任人和有关领导的责任；从重查处在禁止勘查和开采区内审批、颁发勘查许可证、采矿许可证的行为；给当事人造成损失的，由责任单位赔偿相对人的损失。

（二）规划实施审查（许可）制度

矿产资源规划审查（许可）制度是指国土资源行政主管部门依照矿产资源总体规划和各类专项规划，严格审查矿产资源调查评价、勘查、开采、保护项目和矿山环境恢复治理与土地复垦项目等。对不符合规划的项目，不得批准立项，不得审批颁发勘查许可证和采矿许可证，不得批准用地等。也称规划审查制度或规划许可制度。

国土资源部已经实行了探矿权采矿权会审制度，把规划审查作为矿业权审批的重要内容之一，把涉及矿产资源开发项目的用地是否符合矿产资源规划作为审批的重要依据。在地方省（区、市）中，严把准入关，严格进行规划的审查，实行矿业权会审制度，规定凡没有规划会审或会审中不符合规划要求的，一律不授予矿业权。内蒙古自治区制定了《内蒙古自治区人民政府关于建立我区煤炭资源开发利用最低开采规模制度的通知》，对矿产资源的调查评价、勘查及开发项目的审查、矿业权审批、矿业布局等做出了明确的规定。云南省大力推行矿业权审批的集体会审制度，制定并实施了《云南省国土资源行政审批集体审查办法》。湖北省自2002年开始实行矿业权审批集中会审制度，制定并实施了《湖北省国土资源厅行政审批会审办法》、《探矿权规划审查要点》、《采矿权规划审查要点》。新疆维吾尔自治区国土资源厅制定了《新疆维吾尔自治区矿产资源规划审查、审批管理办法》，在指导地（州、市）级矿产资源规划编制的同时，严格按管理办法对地（州、市）级的矿产资源规划进行审查、审批。

矿产资源规划实施审查（许可）制度的主要内容具体包括：

（1）中央财政和地方财政出资以及以其他资金开展的矿产资源调查评价项目和矿产资源保护项目必须符合矿产资源规划。不符合规划要求的，不得批准立项。编制矿产资源调查评价项目年度计划，必须以矿产资源规划为依据。

（2）利用国家财政投资进行的开发利用与保护、矿山地质环境治理和矿区土地复垦项目是否符合规划确定的重点方向、重点区域和重大工程范围；

（3）探矿权和采矿权的设置、申请审批、招标、拍卖、挂牌出让和处置必须符合矿产资源规划的原则和有关要求，服从矿产资源规划的宏观指导和调控。

（4）规划管理机关应当依照矿产资源规划，按照探矿权、采矿权审批会审制度的规定，参与探矿权、采矿权审批会审。

（5）对矿产资源规划和有关政策规定实行开采总量控制的矿产资源，国土资源行政主管部门根据矿产资源规划和政策的要求，结合本地实际，制定本行政区的年度开采总量控制方案。

（6）申请矿山地质环境恢复治理与土地复垦项目，必须向立项审批机关提交项目建议书和项目实施方案。同级规划管理机关应当对项目建议书和项目实施方案是否符合矿产资源规划规定的矿山地质环境恢复治理和土地复垦要求进行审查。不符合规划要求的，不得批准立项。

（7）矿产资源开发利用与保护项目要符合规划合理布局和结构调整的有关要求，达到规划确定的最低开采规模，符合规划在矿种和空间上的鼓励、限制和禁止的调控要求，符合资源保护和环境保护的要求有利于提高矿产资源的规模化开采和综合利用水平。

（8）国务院国土资源行政主管部门认为应当进行审查的其他事项。

各级国土资源行政主管部门应当按照矿产资源规划，审查矿产资源调查评价与勘查、开发利用与保护、矿山地质环境恢复治理与矿区土地复垦项目。对不符合矿产资源规划的，不得批准立项，不得审批、颁发勘查许可证和采矿许可证，不得批准用地。探矿权、采矿权的新立、延续、变更、转让不符合规划要求的，不得审批、颁发勘查许可证和采矿许可证。

涉及矿产资源开发的建设项目必须符合矿产资源规划。保护区的划定，城市规划区范围的划定，建设铁路、公路、工厂、水库、输油管道、输电线路等基础设施和大型建筑物或者建筑群等必须与矿产资源规划衔接，要符合矿产资源开发利用的要求。

探矿权、采矿权申请人在申请探矿权、采矿权前，可以查询拟申请项目是否符合矿产资源规划的要求；查询时，应当提交拟申请勘查、开采的矿种、区域等基本资料。在申请探矿权、采矿权时，应附具规划查询意见。

（三）规划实施的监督与检查制度

矿产资源规划监督检查制度是指各级国土资源行政主管部门依照矿产资源规划，对矿产资源调查评价与勘查、开发利用与保护、矿山环境保护与恢复治理等活动进行监督检查的行政行为，是国土资源执法监察的重要内容。

各级国土资源行政主管部门切实加强了对矿产资源规划执行情况的监督检查，并将其列为国土资源执法监察的重要内容。县级以上国土资源行政主管部门，应当加强对本行政区矿产资源规划执行情况的监督检查，建立定期报告制度。各级国土资源行政主管部门应当对下级矿产资源规划的实施加强监督管理。对违反矿产资源规划进行审批、颁发勘查许可证、采矿许可证的，应当予以纠正，对情节严重的，依法追究直接责任人和有关领导者的责任。对在规划确定的禁止勘查区、禁止开采区内审批、颁发勘查许可证、采矿许可证的，及时进行查处。建立规划实施检查和信息反馈制度，及时向社会公布检查结果与相关信息，及时掌握情况，研究解决实际问题。

矿产资源规划实施监督检查的重点包括开采总量是否按规划得到控制，探矿权采矿权设置是否符合规划要求，矿山数量是否按最低开采规模进行了结构调整，新建矿山是否符合规划设定的开采准入条件，矿产资源开发利用布局是否按照规划分区进行了优化调整，以及规划安排的矿山生态恢复治理项目的进展情况等。

国务院国土资源行政主管部门负责全国矿产资源规划的实施管理，对下级矿产资源规划的实施进行指导和监督。各级国土资源行政主管部门负责组织实施同级矿产资源规划，并对下级矿产资源规划的实施进行监督。地方各级人民政府应当保障矿产资源规划在本行政区内贯彻实施。各级人民政府国土资源行政主管部门应当将矿产资源规划执行情况列为国土资源执法监察的重要内容，严格按照矿产资源规划，充分利用各种手段，对本行政区内矿产资源调查评价与勘查、开发利用和矿山环境恢复治理与矿区土地复垦等活动进行监督检查，及时纠正各种违反规划的行为。在首轮规划中，重庆、四川、青海、广西等省（区、市）实行了规划实施监督检查制度，注重加强事前、事中和事后监督。

（四）矿产资源规划实施评估

矿产资源规划实施评估是指国土资源行政主管部门会同有关部门在规划实施过程中或在规划中期或期末组织开展的对规划目标和任务实现程度、规划管理制度和执行情况、违反规划行为及查处纠正情况等进行系统检查和评价，总结规划实施效果，分析问题产生的原因，并提出有针对性的对策建议的工作程序。

国土资源行政主管部门一般在规划实施过程中和规划结束期末，组织对规划实施情况开展评估，对规划是否调整或修编提出建议。评估工作由规划编制部门自行承担，也可以委托其他机构进行评估。评估结果要形成报告，报同级人民政府和上级国土资源行政主管部门，作为规划调整、修编的重要依据。

1. 规划评估的作用

（1）有利于督促有关部门切实落实规划中的有关任务和政策措施，加大实施力度，保证规划目标的实现。规划中的许多内容是对政府部门提出的要求，需要政府运用公共资源努力完成。有些任务，需要政府采取切实有效的政策措施，创造良好的发展环境，引导市场主体行为方向加以完成。通过规划评估，可以起到对规划主管部门完成各项任务和落实政策措施的情况进行监督检查的作用。

（2）有利于及时调整和修订规划内容，更好地发挥规划的作用。规划要切实发挥作用，规划内容应随形势的变化和规划实施进展情况及时调整和修订。通过规划评估，可以找出规划实施中存在的问题，分析其原因，对不适应形势变化的规划内容及时调整，有针对性地采取新的政策措施。

（3）有利于提高规划编制的科学性。根据以往的经验，规划实施中暴露出的一些问题，有些可能是实施不力造成的，有些可能是因为规划编制的不符合实际造成的。通过规划评估，可以发现规划内容中哪些不切合实际，从而为更科学地编制今后的规划打好基础。

2. 规划评估的主要内容

（1）矿产资源开发利用形势分析，通过对经济社会发展等外部环境以及矿产资源勘查开发状况的分析，对规划是否适应形势发展变化作出判断，为规划调整提供依据。

（2）规划目标与任务实现程度评估，主要对照矿产资源规划确定的矿产资源调查与勘查、总量调控、结构布局调整、资源利用效率、矿山环境保护与恢复治理等目标和任务部署，检查其是否达到预期目标。

（3）规划管理制度建设和执行情况评估，总结和分析矿产资源规划编制、审批和实施等制度的建设和执行情况。

（4）违反规划行为的查处和纠正情况，对违反矿产资源规划进行勘查、开采矿产资源活动，对违反矿产资源规划审批矿产资源勘查、开采活动等行为的查处和纠正情况进行检查和总结等。

（5）对下一步矿产资源规划工作的建议。为加强矿产资源规划管理，进一步发挥矿产资源规划的宏观调控作用，确保矿产资源规划目标、任务的完成，为进一步做好矿产资源规划修编工作奠定基础。

规划评估主要围绕规划提出的主要目标、重点任务和政策措施进行，对规划执行效果和各项政策的落实情况做出分析评价，并针对环境变化和存在的问题，对调整和修订提出意见。原则上都要在规划实施的某一阶段对实施情况进行评估。规划实施期间经评估需做出调整的规划，要由原规划编制部门提出规划调整意见，按规定程序审批。

（五）矿产资源规划调整与修编

矿产资源规划调整是指在矿产资源规划实施过程中，因矿产资源开发利用结构和布局、产业政策、经济技术条件变化等因素，原编制机关按有关原则对规划部分内容（不涉及主要指标和整体布局）进行修改，按照有关程序和规定，提出规划调整方案，并报原审批机关批准的工作。规划调整通常为规划个别内容的非原则性变动。

1. 规划调整

在矿产资源规划实施过程中，出现以下情况的，可根据实际情况对矿产资源规划进行调整。

（1）在规划期内矿产资源勘查有重要发现，经论证需纳入规划或进行调整规划的；

（2）上级矿产资源规划中勘查、开发利用结构和布局的局部发生变化，需要下级规划一并进行调整的；

（3）由于少数矿种的资源需求和市场发生变化或技术经济条件变化，需要对规划进行调整的；

（4）由于突发事件导致国内矿产品供应严重短缺，或者市场条件、技术条件发生改变，对规划设定的储备地和限制、禁止开采区，经论证可以进行开发，需要对规划进行调整的。

申请调整矿产资源规划时一般要提交下列相关资料：①规划调整申请；②规划调整原因、依据及有关论证或证明材料；③规划调整方案和内容说明；④审批机关要求提交的其他材料。

2．规划修编

矿产资源规划修编是指在矿产资源规划实施过程中，根据对矿产资源规划实施情况和新形势对矿产资源规划工作的需要，原编制机关按照矿产资源规划工作的统一部署，按照有关程序和规定，在原规划的基础上开展矿产资源规划编制工作，并按规定程序报审批机关批准的工作。规划修编通常涉及规划主要指标和整体布局等原则性变动。

（1）规划修编的条件。

一般在以下情形下可以对矿产资源规划进行修编：①经评估认为现行规划确已不适应经济社会发展，需要对规划进行修编的；②国务院国土资源行政主管部门统一部署，在原规划基础上开展修编的；③本地区国民经济和社会发展中长期规划有重大调整的；④行政区划做出重大调整的；⑤国家和省（区、市）重大产业政策或重大基础设施建设布局调整的。

（2）申请规划修编应提供的资料。

除统一部署修编矿产资源规划外，凡申请修编规划的应提交下列资料：①规划修编的申请；②规划修编的原因、依据及有关论证或证明材料；③规划修编的方案和内容说明；④原审批机关要求提交的其他材料。

矿产资源规划修编，要严格按照法定的规划编制、审批程序进行。修编后的矿产资源规划，要报原审批机关审批。

第二章 地质勘查管理

第一节 概　述

一、地质勘查的概念

地质勘查是地质勘查工作的简称。广义地说，一般可理解为地质工作的同义词，是根据经济建设、国防建设和科学技术发展的需要，对一定地区内的岩石、地层、构造、矿产、地下水、地貌等地质情况进行重点有所不同的调查研究工作。按不同的目的，有不同的地质勘查工作。例如，以寻找和评价矿产资源为主要目的的矿产地质勘查，以寻找和开发地下水为主要目的的水文地质勘查，为查明铁路、桥梁、水库、坝址等工程地区地质条件的工程地质勘查等等。地质勘查还包括各种比例尺的区域地质调查、海洋地质调查、地热调查与地热田勘探、地震地质调查和环境地质调查等。地质勘查必须以地质观察研究为基础，根据任务要求，本着以较短的时间和较少的工作量，获得较多、较好地质成果的原则，运用必要的技术手段或方法，如测绘、地球物理勘探、地球化学探矿、钻探、坑探、采样测试、地质遥感等等。这些方法和手段的使用或施工过程，也属于地质勘查的范畴。狭义地说，在我国实际地质工作中，还把地质勘查工作划分为5个阶段（即区域地质调查、普查、详查、勘探和开发勘探）。

矿产资源勘查管理是指国土资源行政机关为实现国家矿产资源所有权益和保护探矿权人合法权利，对中华人民共和国领域及管辖的其他海域内所实施的矿产资源勘查活动依法进行统一登记和管理活动。从这一概念可以看出，矿产资源勘查管理的本质特征包括：其一，矿产资源勘查管理是政府行为。中央人民政府和地方各级人民政府授权各级国土资源行政部门，对我国领域及管辖的其他海域内的矿产资源勘查活动实施管理；其二，矿产资源勘查管理是法律行为。政府管理勘查活动必须依法行政。管理机关及其工作人员要对管理中的违法行为承担法律责任；其三，矿产资源勘查实行统一的区块登记管理。这是维护矿产资源国家所有权的客观要求。《中华人民共和国宪法》和《中华人民共和国矿产资源法》明确规定矿产资源属国家所有。国家是中华人民共和国领域及管辖的其他海域内一切矿产资源的所有权主体，享有所有权的矿产资源种类和范围不受任何限制。实行统一的区块登记管理，体现了国家作为所有权主体的意志，有利于对矿产资源的勘查、开发进行统一规划、综合勘查、合理利用和综合利用。

二、矿产资源勘查管理的原则

（1）维护国家矿产资源所有权的原则。国家通过设立探矿权审批登记和勘查许可证制度，授予符合法定资质条件的矿产资源勘查的民事主体以探矿权，从而实现国家对矿产资源的占有、使用、收益、处分的权能；通过建立矿产资源有偿使用制度，对矿业权人征收矿产资源补偿费，从而实现国家对矿产资源的经济收益权。

（2）维护矿产资源勘查秩序的原则。国家相继出台了《矿产资源法》、《矿产资源勘查区块登记管理办法》等勘查管理制度，确立了勘查管理机制。在勘查管理中，要认真贯彻执行这些法律、法规，充分维护社会主义市场经济体制下的矿产资源勘查活动和勘查秩序。

（3）保护勘查主体合法权益的原则。随着矿业经济市场体制的确立，勘查主体的多元化发展，势必要求法律对勘查主体的合法权益给予充分的保护。同时探矿权有偿取得和依法转让，决定了探矿权的排他性，要求侵害探矿权的行为要承担法律责任，对探矿权的合法权益给予严格意义上的法律保护。

三、地质勘查管理的主要内容

矿产资源勘查管理是国家国土资源行政管理机关为实现国家矿产资源所有权益，保护探矿权人合法权利，对探矿权从设立到注销的行政管理。管理内容主要包括地质勘查资质管理、探矿权管理（包括探矿权新立、延续、变更、出让、转让、保留、注销）、地质勘查项目管理、探矿权使用费及价款管理和地质勘查监督管理等。

第二节　地质勘查资质管理

从事地质矿产勘查活动的单位，必须具备规定的资质条件，并取得相应的资质证书。设立地质勘查资质条件的目的是为了加强地质勘查活动管理，严格地质勘查市场准入，维护地质勘查市场秩序，保证地质勘查工作质量，促进地质勘查业发展。

一、地质勘查资质分类分级

（一）地质勘查资质分为综合地质勘查资质和专业地质勘查资质

综合地质勘查资质包括区域地质调查资质，海洋地质调查资质，石油天然气矿产勘查资质，液体矿产勘查资质（不含石油），气体矿产勘查资质（不含天然气），煤炭等固体矿产勘查资质和水文地质、工程地质、环境地质调查资质。

专业地质勘查资质包括地球物理勘查资质、地球化学勘查资质、航空地质调查资质、遥感地质调查资质、地质钻（坑）探资质和地质实验测试资质。

区域地质调查资质、海洋地质调查资质、石油天然气矿产勘查资质、气体矿产勘查资质（不含天然气）、航空地质调查资质、遥感地质调查资质和地质实验测试资质分为甲级、乙级两级；其他地质勘查资质分为甲级、乙级、丙级三级。

（二）地质勘查资格实行分级管理

国务院国土资源主管部门和省、自治区、直辖市人民政府国土资源主管部门是地质勘查资质管理机关。国务院国土资源主管部门负责海洋地质调查资质、石油天然气矿产勘查资质、航空地质调查资质；其他甲级地质勘查资质审批颁发工作；其他地质勘查单位资格证书的审批颁发由省级国土资源主管部门负责管理。设区的市、县人民政府地质矿产主管部门，可以根据授权负责地质勘查单位资质证书监督管理的有关工作。

（三）地质勘查资质证书主要包括的内容

（1）单位名称、住所和法定代表人。

（2）地质勘查资质类别和资质等级。

（3）有效期限。

（4）发证机关、发证日期和证书编号。

地质勘查资质证书式样，由国务院国土资源主管部门统一规定。

（四）按照批准的地质勘查资质类别和资质等级从事相应的地质勘查活动

具有甲级地质勘查资质的地勘单位，可以从事本类别所有的地质勘查活动；具有乙级矿产勘查（不含石油天然气矿产勘查）资质的地勘单位，只能从事本类别预查、普查、详查阶段的矿产勘查工作。具有丙级矿产勘查资质的地勘单位，只能从事本类别预查、普查阶段的矿产勘查工作；具有乙级石油天然气矿产勘查资质的地勘单位，可以从事本类别各个勘查阶段的矿产勘查工作。

二、地质勘查资质管理的要求

（一）申请地质勘查资质的单位，应当具备下列基本条件

（1）具有企业或者事业单位法人资格。

（2）有与所申请的地质勘查资质类别和资质等级相适应的具有资格的勘查技术人员。

（3）有与所申请的地质勘查资质类别和资质等级相适应的勘查设备、仪器。

（4）有与所申请的地质勘查资质类别和资质等级相适应的质量管理体系和安全生产管理体系。不同地质勘查资质类别和资质等级的具体标准与条件，由国务院国土资源主管部门规定。

（二）地质勘查资质审批的基本程序

地质勘查资质审批的基本程序为申请、受理、审查、公示、批准、发证、公告。

1. 申请

申请地质勘查资质的单位，应当向审批机关提交下列材料。①地质勘查资质申请书；②法人资格证明文件；③勘查技术人员名单、身份证明、资格证书和技术负责人的任职文件；④勘查设备、仪器清单和相应证明文件；⑤质量管理体系和安全生产管理体系的有关文件。申请单位应当对申请材料的真实性负责。

2. 受理

依照《中华人民共和国行政许可法》的有关规定办理。提交的资料有效、齐全，填写正确的，受理申请；否则，不予受理，退回申请。

3. 公示

经审查符合条件的，审批机关应当予以公示，公示期不少于10个工作日。公示期满无异议的，予以批准，并在10个工作日内颁发地质勘查资质证书；有异议的，应当在10个工作日内通知申请单位提交相关说明材料。经审查不符合条件的，审批机关应当书面通知申请单位，并说明理由。

4. 公告

审批机关应当将颁发的地质勘查资质证书及时向社会公告，为公众查阅提供便利。公告的主要内容：单位名称、住所和法定代表人；资质类别和资质等级；有效期限；发证机关、发证日期和证书编号。

（三）地质勘查资质证书实行定期监督检查制度

县级以上国土资源主管部门负责地质勘查资质的监督管理工作。国土资源部负责全国地质勘查资质的监督管理工作；负责组织石油天然气矿产勘查资质的监督检查。省级国土资源主管部门负责本行政区域内地质勘查单位的地质勘查资质、地质勘查活动的监督管理工作；负责组织除石油天然气矿产勘查资质以外的其他地质勘查资质的监督检查。市、县级国土资源主管部门协助上级国土资源主管部门开展本行政区域内地质勘查活动的监督管理工作。

地质勘查单位变更单位名称、住所或者法定代表人的，应当自工商变更登记或者事业单位变更登记之日起20个工作日内，到原审批机关办理地质勘查资质证书变更手续。地质勘查单位因合并、分立或者其他原因变更地质勘查资质证书规定的资质类别或者资质等级的，应当依照规定重新申请资质。

监督检查中发现地质勘查单位不再符合地质勘查资质证书规定的资质类别或者资质等级相应条件的，责令其限期整改。逾期不整改或者经整改仍不符合地质勘查资质证书规定的资质类别或者资质等级相应条件的，由原审批机关暂扣或者吊销地质勘查资质证书。

第三节　探矿权许可

《中华人民共和国矿产资源法》（1996年修正案）规定：勘查、开采矿产资源，必须依法分别申请，经批准取得探矿权、采矿权，并办理登记；探矿权登记管理，主要包括探矿权许可（新立、延续、变更、出让、转让、保留、注销）登记，探矿权出让、转让审批等制度。矿产资源勘查登记管理工作，是整个地质勘查管理工作的核心，勘查登记工作的质量，直接影响到整个地质勘查全过程管理，因此，如何严格按照有关法律法规的规定，以规范化、程序化、科学化，准确地做好地质勘查登记管理工作，是管理工作者的重要责任。

国家对矿产资源勘查实行统一的区块登记管理制度。矿产资源勘查登记工作，由国务院地质矿产主管部门负责；特定矿种的矿产资源勘查登记工作，可以由国务院授权有关主管部门负责。矿产资源勘查区块登记管理办法由国务院制定。根据《矿产资源勘查区块登记管理办法》的规定，勘查登记程序是一种法律要式行为。因此，必须按照法律规定的程序和内容，进行探矿权的审批发证工作。

一、探矿权许可程序

矿产资源勘查登记包括新立探矿权登记、探矿权延续登记、探矿权变更登记、探矿权保留登记和探矿权注销登记。根据《矿产资源勘查区块登记管理办法》的规定，其登记审批程序基本相同，可分为 5 个步骤：①探矿权申请人按照规定要求准备申请资料，向登记管理机关提出申请并提交规定的资料；②登记管理机关对申请资料进行审查，符合规定要求的进行受理，不符合申请条件不予受理的当面退回；③对受理的，登记管理机关自收到之日起 40 日内按照申请在先的原则，对申请资格进行审查、审核、审批，做出准予登记或者不予登记的决定，并通知探矿权申请人；④探矿权申请人自收到通知之日起 30 日内依法缴纳费用，办理勘查登记手续，领取勘查许可证，成为探矿权人；不予登记的，说明理由退回探矿权申请人；⑤登记机关对登记的勘查项目的有关内容，定期向社会通报、公告。

（一）探矿权登记审批程序

简单地说，勘查登记审批程序有以下步骤：申请、受理、审查、批准、登记、发证及通报、公告。

1. 申请

申请人按照《矿产资源勘查区块登记管理办法》规定的审批登记权限，及国务院地质矿产主管部门对各省（区、市）地矿主管部门勘查审批登记授权的权限规定，向有管辖权的登记管理机关递交勘查登记申请资料。

2. 受理

登记管理机关经办人清点申请登记资料，资料齐全，予以受理。填写探矿权申请登记一览表，并在有关栏目内记录收到申请时间及收到申请顺序号并由申请人签字；申请资料不齐全的退回申请，不予受理。

3. 审查

审查人按照收到申请的先后顺序进行审查，提出审查人意见，填写探矿权申请审批表；需要修改或补充资料的，登记管理机关应向申请人发出探矿权申请补报资料通知，申请人在规定期限内未能补报资料的，视为自动放弃申请。

4. 批准

审查人将审批表及申请登记资料报送主管领导审批签发。

5. 通知

准予登记的，登记管理机关自领导签发之日向申请人发出领取矿产资源勘查许可证通知，通知探矿权申请人缴纳探矿权使用费，办理勘查许可证手续；不予登记的，登记管理机关向申请人发出矿产资源勘查申请不予登记通知。

6. 领证

申请人自收到领证通知之日起 30 日内，向指定机构缴纳有关费用后，凭领证通知及缴费证明，领取勘查许可证。逾期不办理手续的，视为自动放弃。

7. 发证

申请人领取勘查许可证后，发证登记管理机关应将所发放勘查许可证的内容分别填入矿产资源勘查许可证发证一览表和矿产资源勘查登记项目年检情况一览表。

8. 通报与公告

国务院地质矿产主管部门颁发、注销、吊销勘查许可证之日起 10 日内，通知有关省（区、市）地质矿产主管部门。有关省（区，市）地质矿产主管部门收到通知后，转发给项目所在地的地（市）、县级人民政府负责地质矿产管理工作的部门。

省级勘查登记管理机关颁发、注销、吊销勘查许可证之日起 10 日内，通知国务院地质矿产主管部门和项目所在地的地（市）、县级人民政府负责地质矿产管理工作的部门；省级勘查登记管理机关应在每季度的第一旬内向国务院地质矿产主管部门报送上一季度的矿产资源勘查登记项目通报表。各级登记管理机关对其登记发证情况定期予以公告。

二、探矿权登记

探矿权登记管理包括探矿权新立登记、探矿权延续登记、探矿权变更登记、探矿权保留登记和探矿权注销登记，以及探矿权出让、转让等制度。

（一）探矿权新立登记

勘查矿产资源，必须由地质矿产主管部门审批登记，颁发勘查许可证。

（1）由国务院地质矿产主管部门审批登记，颁发勘查许可证的矿产资源包括：①跨省、自治区、直辖市的矿产资源；②领海及中国管辖的其他海域的矿产资源；③外商投资勘查的矿产资源；④勘查石油、天然气矿产等其他矿产资源。

（2）由省、自治区、直辖市人民政府地质矿产主管部门审批登记，颁发勘查许可证的矿产资源包括：①由国务院地质矿产主管部门审批登记的第一款、第二款规定以外的矿产资源；②国务院地质矿产主管部门授权省、自治区、直辖市人民政府地质矿产主管部门审批登记的矿产资源。

省、自治区、直辖市人民政府地质矿产主管部门应当自发证之日起 10 日内，向国务院地质矿产主管部门备案：

勘查出资人为探矿权申请人；但是，国家出资勘查的，国家委托勘查的单位为探矿权申请人。

按照《矿产资源勘查区块登记管理办法》第六条的规定，除石油、天然气外，探矿权申请人应当提交 6 个方面的资料。即：①申请登记书和申请的区块范围图；②勘查单位的资格证书复印件；③勘查工作计划、勘查合同或者委托勘查的证明文件；④勘查实施方案及附件；⑤勘查项目资金来源证明；⑥国务院地质矿产主管部门规定提交的其他资料。

国土资源部于 2009 年 8 月 18 日下发了《国土资源部关于规范新立和扩大勘查范围探矿权申请资料的通知》（国土资发〔2009〕103 号），文中对探矿权申请资料做出了具体要求：①申请登记书；②申请的区块范围图；③勘查单位的资格证书复印件；④勘查工作计划、勘查合同或者委托勘查的证明文件；⑤勘查实施方案及附件；⑥勘查项目资金来源证明；⑦企业法人营业执照副本复印件或事业单位法人证书复印件；⑧交通位置图；⑨探矿权申请范围核查表；⑩省级国土资源行政主管部门同意设置探矿权的意见；⑪外商投资（含合资合作）的勘查项目还应提交公司章程（合资合作企业还需提交公司合同）、军事部门同意设置探矿权的意见；⑫海域勘查项目还应提交海洋部门同意设置探矿权的意见；⑬扩大勘查范围探矿权申请还应提交勘查工作阶段性总结报告、矿产资源勘查项目年度报告和勘查许可证原件；⑭经登记管理机关批准同意，以协议出让方式申请探矿权的，还应提交同意以协议方式出让探矿权的证明材料；以招标、拍卖、挂牌方式中标（竞得）探矿权的，还应提交成交确认证明材料。

上述报件应同时按《国土资源部关于探矿权、采矿权申请资料实行电子文档申报的公告》（国土资源部公告 2007 年第 12 号）规定提交电子文档。

2009 年 6 月 12 日，国土资源部下发《国土资源部关于调整探矿权、采矿权申请资料有关问题的公告》（2009 年第 17 号）中规定：自 2009 年 7 月 1 日起，新立探矿权登记申请和变更勘查范围登记申请，以及向国土资源部、各省（区、市）国土资源行政主管部门申报的规定要件中，一律提交基于 1980 年西安坐标系测算的经纬度范围拐点坐标，同时需提交所在地县级国土资源主管行政部门签署意见的《探矿权申请范围核查表》。

2007 年 12 月 11 日，国土资源部下发《国土资源部关于实行全国探矿权统一配号的通知》（国土资发〔2007〕294 号）规定：自 2008 年 1 月 1 日起，所有探矿权新立、变更、延续、保留及地质调查等申请项目，探矿权登记管理机关在准予登记后，通过互联网向全国探矿权统一配号系统（以下简称配号系统）提交登记数据，获取系统统一配发的勘查许可证证号。

（二）探矿权延续登记

探矿权延续登记管理制度，是指探矿权人在勘查许可证有效期内，虽然完成规定的设计任务，但由于种种原因，没有完全实现勘查目的，需申请延长时间继续勘查的行为。严格说来探矿权延续登记也属变更登记的范畴，只不过仅改变时间，其他法定的条件均未改变而已。

探矿权延续登记时间法律规定非常严格，对申请延长勘查工作时限的，探矿权人必须在勘查许可证有效期届满的 30 日前，到登记管理机关申请办理延续登记手续；延续登记次数不限，但每次延续时间不得超过 2 年。

审查探矿权延续登记时，要注意审查探矿权人在探矿权延续之日前是否完成了最低勘查投入，探矿权人是否履行了法定的义务。

探矿权延续登记，其探矿权人的权利和义务没有改变。

（三）探矿权变更登记

探矿权人只要勘查许可证有效期内的任何时间，因法定事由，即《矿产资源勘查区块登记管理办法》规定："（一）扩大或者缩小勘查区块范围的；（二）改变勘查工作对象的；（三）经依法批准转让探矿权的；（四）探矿权人改变名称或者地址的。"都可以向登记机关申请探矿权变更登记，登记管理机关依法律程序审批探矿权变更登记。探矿权变更后，探矿权人的权利和义务相应的改变，应严格依法履行自己的权利和义务。

（四）探矿权的保留登记

探矿权保留制度，是指探矿权人探明了可供开采的矿产资源后，在勘查许可证有效期届满30日前，提出探矿权保留的申请，经登记管理机关批准，可以停止勘查区块最低勘查投入，规定时期内保留探矿权的权利。

探矿权保留登记应注意以下几个关键问题：①探矿权人在登记的勘查区块范围内，在勘查许可证有效期内探明了可供开采的矿体，这是法定的实体条件。所谓探明矿体，是指矿体有一定的工程控制，矿石品位、厚度等指标符合工业要求，有一定规模，资源量达到小型矿床上限的1/2标准，有特殊意义的矿产除外。②探矿权保留范围，是保留探明的矿体所涉及的区块范围，不是原登记的勘查区块范围。③申请探矿权保留时间，是在勘查许可证有效期届满的30日前，提出申请保留探矿权。保留探矿权时限最长不得超过2年，可延续保留登记2次，但每次不得超过2年，也就是说保留期限最长为6年。④探矿权保留申请被批准后，探矿权人的权利和义务，除可以停止相应勘查区块范围内的勘查投入外，其他权利和义务仍要依法履行，如缴纳探矿权使用费。

（五）探矿权注销登记

探矿权注销制度，也是一种法律要式行为，是指探矿权人由于一定的法定事由，经登记管理机关批准，放弃探矿权。探矿权注销是导致探矿权人的权利终止的一种形式，终止后的探矿权不再存在，归于消灭。

1. 探矿权注销的事由

有下列情形之一的，可以申请注销探矿权。

（1）因探矿权有效期届满，包括探矿权变更登记期，延续登记期和保留期等有效期届满而注销探矿权。

（2）因探矿权人在探矿权存续期间内，完成规定的勘查工作而申请注销探矿权。

（3）因故需要撤销勘查项目而注销探矿权。

应说明的是，探矿权的注销是探矿权人自愿放弃探矿权，是探矿权人申请注销经登记管理机关审查批准注销探矿权，终止其探矿权人权利的一种形式。与登记管理机关因探矿权人的违法行为吊销其勘查许可证导致探矿权终止的法定形式，是两种截然不同的终止探矿权形式，前者是合法自愿放弃探矿权，后者是违法强制性的剥夺探矿权人行为能力的行政处罚。

2. 探矿权终止日期的确定

（1）探矿权有效期届满注销勘查许可证，探矿权终止期为有效期届满日期；

（2）完成勘查工作或者因故申请注销勘查许可证，探矿权终止日期为登记管理机关批准的注销登记日期；

（3）勘查许可证被吊销的，探矿权终止日期为勘查许可证被吊销之日。

3. 探矿权注销的法律程序

申请探矿权注销，必须是在勘查许可证有效期内。探矿权人向登记管理机关提交勘查许可证注销申请登记书，同时，提交勘查项目完成报告或者勘查项目终止报告；报送资金投入情况报表和有关证明文件；提交原勘查登记资料、勘查许可证，勘查年度项目支出会计核算表、探矿权使用费缴纳情况的证明文件等。

登记管理机关对提交注销探矿权的有关资料和探矿权人履行法定义务的情况，进行审查后，给予办理勘查许可证注销登记手续，使探矿权终止。

以外，还应注意：①勘查项目完成报告或者勘查项目终止报告的主要内容包括：勘查投入情况（工程费用、采矿测试分析费用、交通费、人员工资、编写报告费用），主要工作成果（成果、资料及汇交情况），存在的主要问题等；②注销探矿权的法律后果，在注销后的 90 日内探矿权人无权对其已注销的勘查区块提出新的探矿权申请；③吊销探矿权的法律后果，探矿权人被吊销勘查许可证的，自勘查许可证被吊销之日起 6 个月内不得再申请探矿权。

整个地质勘查登记管理工作，从地质勘查项目申请登记，经批准取得探矿权，到探矿权行使中，经过探矿权变更、延续、保留等法律要式过程，探矿权人完成自己义务，实现自己的利益，最后注销勘查许可证终结自己的权利，这就是勘查登记管理工作的全过程。

三、探矿权转让与出让

（一）探矿权转让

1998 年 2 月 12 日，中华人民共和国国务院令第 242 号发布了《探矿权采矿权转让管理办法》，进一步明确了对探矿权、采矿权转让的管理。探矿权人在完成规定的最低勘查投入后，经依法批准，可以将探矿权转让他人。国务院地质矿产主管部门和省、自治区、直辖市人民政府地质矿产主管部门是探矿权转让的审批管理机关。

1. 转让探矿权的条件

（1）自颁发勘查许可证之日起满 2 年，或者在勘查作业区内发现可供进一步勘查或者开采的矿产资源。

（2）完成规定的最低勘查投入。

（3）探矿权属无争议。

（4）按照国家有关规定已经缴纳探矿权使用费、探矿权价款。

（5）国务院地质矿产主管部门规定的其他条件。

2. 申请转让探矿权应提交的资料

探矿权转让的受让人，应当符合《矿产资源勘查区块登记管理办法》规定的有关探矿权申请人的条件。探矿权人在申请转让探矿权时，应当向审批管理机关提交下列资料：

（1）转让申请书。

（2）转让人与受让人签订的转让合同。

（3）受让人资质条件的证明文件。

（4）转让人具备规定的转让条件的证明。

（5）矿产资源勘查或者开采情况的报告。

（6）审批管理机关要求提交的其他有关资料。

国有矿山企业转让采矿权时，还应当提交有关主管部门同意转让采矿权的批准文件。

转让国家出资勘查所形成的探矿权的，必须进行评估，探矿权转让的评估工作，由国务院地质矿产主管部门会同国务院国有资产管理部门认定的评估机构进行；评估结果由国务院地质矿产主管部门确认。

申请转让探矿权，审批管理机关应当自收到转让申请之日起 40 日内，做出准予转让或者不准转让的决定，并通知转让人和受让人，准予转让的，转让人和受让人应当自收到批准转让通知之日起 60 日内，到原发证机关办理变更登记手续；受让人按照国家规定缴纳有关费用后，领取勘查许可证，成为探矿权人。批准转让的，转让合同自批准之日起生效。不准转让的，审批管理机关应当说明理由。

审批管理机关批准转让探矿权后，应当及时通知原发证机关。探矿权转让后，探矿权人的权利、义务随之转移。探矿权转让后，勘查许可证的有效期限，为原勘查许可证的有效期减去已经进行勘查年限的剩余期限。

（二）探矿权出让

2003 年 6 月 11 日，国土资源部关于印发《探矿权采矿权招标拍卖挂牌管理办法（试行）》的通知（国土资发〔2003〕197 号），规定了探矿权有偿取得制度，规范了探矿权招标拍卖挂牌活动。2006 年 1 月 24 号，国土资源部发布了《国土资源部关于进一步规范矿业权出让管理的通知》（国土资发〔2006〕12 号）规定，按照颁发勘查许可证、采矿许可证的法定权限，矿业权出让由县级以上人民政府国土资源主管部门负责，依法办理。

属于《矿产勘查开采分类目录》规定的第一类矿产的勘查，并在矿产勘查工作空白区或虽进行过矿产勘查但未获可供进一步勘查矿产地的区域内，以申请在先，即先申请者先依法登记的方式出让探矿权。

属于下列情形的，以招标拍卖挂牌方式出让探矿权：

（1）《分类目录》规定的第二类矿产。

（2）《分类目录》规定的第一类矿产，已进行过矿产勘查工作并获可供进一步勘查的矿产地或以往采矿活动显示存在可供进一步勘查的矿产地。

石油、天然气、煤成（层）气、铀、钍矿产资源的勘查开采，按照现行规定进行管理并逐步完善。

以招标拍卖挂牌方式出让探矿权有下列情形之一的，经批准允许以协议方式出让：

（1）国务院批准的重点矿产资源开发项目和为国务院批准的重点建设项目提供配

套资源的矿产地。

（2）已设采矿权需要整合或利用原有生产系统扩大勘查开采范围的毗邻区域。

（3）经省（区、市）人民政府同意，并正式行文报国土资源部批准的大型矿产资源开发项目。

国家出资为危机矿山寻找接替资源的找矿项目。协议出让探矿权，必须通过集体会审，从严掌握。协议出让的探矿权价款不得低于类似条件下的市场价。

有下列情形之一的，应以招标的方式出让探矿权：

（1）根据法律法规、国家政策规定可以新设探矿权采矿权的环境敏感地区和未达到国家规定的环境质量标准的地区。

（2）共伴生组分多、综合开发利用技术水平要求高的矿产地。

（3）矿产资源规划规定的其他情形。

各省（区、市）国土资源主管部门可结合本地区情况，根据当地矿产勘查的深度、地质构造条件等因素，对探矿权出让方式作适当调整，制定具体管理办法，并报国土资源部备案。其他特殊情况需要另作专门规定的，报国土资源部批准后执行。

四、探矿权审批应注意的几个问题

（1）审查申请人提交的资料时，所附资料是否属实，尤其对不是国家出资的资金证明，应调查落实，防止重复利用，空占地盘；对勘查出资人与承担勘查人，不是同一主体的，应按规定对双方资格（质）进行审查，双方都符合规定的资质条件，准予登记发证。

（2）严格遵守申请在先的原则审查、批准制度，但必须是除国家地质勘查计划项目或者国家通过招标投标方式出让探矿权外的申请在先的审批原则。

（3）对勘查申请审批登记中注意几个时限的界定：①收到之日是指登记管理机关收到申请人的书面申请的日期，或者说是受理"申请项目登记表"上的日期，不包括需修改补充与否的日期；②登记管理机关的审查时限（40 日）计算，不包括申请对资料的修改或补充的时间；③申请人收到准予登记通知之日起 30 日内，应到登记管理机关依法办理登记手续。上述是法定时限，任意改变或者不遵守的，要承担法律责任。

（4）探矿权排他性是指范围排他。因此，审查勘查范围，对申请登记的区块范围，各种区块数及区块编号应反复核对，力求准确、无误。

（5）审查探矿权申请时，要搞清申请的勘查区块，是否曾作过工作，若是国家出资形成的勘查区块，则必须按法律程序进行探矿权评估，确认探矿权价款的阶段，决定准予登记的，申请人依法缴纳价款后，方能办理登记手续，领取勘查许可证。

总之，探矿权审批工作，是地质勘查管理工作的关键，是整个管理工作的核心。因此，如何严格按照法律法规的规定和要求，依照法律程序，认真履行法律赋予的职责和义务，做好勘查登记工作，是十分重要的。

五、地质调查

基础性、公益性地质调查工作，按《勘查登记管理办法》第四十条规定，实行备案制度。

（一）地质调查工作的范围

基础性、公益性地质调查工作包括的范围：①区域地质调查；②区域矿产调查；③区域地球物理调查；④区域地球化学调查；⑤航空遥感地质调查；⑥区域水文地质调查；⑦区域工程地质调查；⑧区域环境地质调查；⑨海洋地质调查。

除上述地质调查工作外，还有很多基础性、公益性的地质调查工作。如农业地质调查、旅游地质调查等等。

基础性、公益性地质调查项目，一般由国家或地方政府出资进行，而且该类调查项目范围大，以地表调查为主。调查范围一般按经纬度分幅或者按基本单位区块划分，按工作性质和要求，采取小比例尺、中比例尺和大比例尺（1:50 000）进行。

（二）地质调查登记备案要求

（1）地质调查是大面积的扫面工作，为进一步矿产资源勘查、寻找靶区，提供基础地质资料，供社会所使用。因此，有关法律法规规定，地质调查范围具非排他性，其范围内可依法申请探矿权。

（2）为使各级地质矿产主管部门掌握各地调查情况，便于地质调查地质成果资料无偿提供使用。因此，《勘查登记管理办法》规定基础性、公益性地质调查工作实行登记备案制度，从事上述各类地质调查工作的单位或个人，应当向登记管理机关备案，并申请领取地质调查证。

（3）在调查区内，已设置有勘查区块和矿区范围的，在进行调查工作时，不得损害探矿权人、采矿权人的权利，需利用探、采工程的，要征得探矿权人或者采矿权人的同意，并有协议或合同予以约定。

（三）申请地质调查证的程序

按国土资源部的有关规定要求，申请地质调查证程序如下：

（1）从事地质调查项目的，根据工作性质，一般按图幅区块申请登记，即1:500 000、1:250 000、1:100 000、1:50 000 4种比例尺的标准图幅申请。如果范围较小，可以申请基本单位区块。

（2）申请地质调查项目，应按国土资源部统一印制的《地质调查申请登记书》填写，一式4份；地质调查范围，标有图幅号的示意图4份；地质调查工作方案1份；地质调查计划1份；报送省地质调查登记管理机关。

（3）经省地质调查登记管理机关审查、校对范围，颁发"地质调查证"，办理登记备案手续。

第四节　地质勘查项目管理

根据国务院《关于加强地质工作的决定》要求，国家建立地质勘查基金，着重用于重点矿种和重要成矿区（带）的前期勘查，发挥财政对社会资金的引导作用，建立勘查投入良性循环机制，实现地质找矿重大突破。地质勘查项目主要包括中央地质勘查基金项目和省级地质勘查资金项目。

一、地质勘查资金来源与支持重点

（一）中央地质勘查基金来源与支持重点

中央地质勘查基金是指中央财政在一般预算内安排的着重用于国家确定的重点矿种和重点成矿区（带）前期勘查的财政预算资金以及探矿权采矿权价款（以下称矿业权价款）以折股形式上缴所形成的股权收益。

中央地质勘查基金投资着力发挥政策调控和分担勘查风险的作用，优先支持国家确定的重点矿种、重要成矿区（带）的地质找矿工作，引导和拉动社会资金投入矿产资源勘查。支持的矿产资源勘查工作程度原则上控制到普查，其中煤炭资源勘查工作程度可以控制到必要的详查。对可以全部由企业投资的商业性矿产资源勘查项目，地勘基金原则上不再投资，不与市场争权，不与企业争利。

中央地质勘基金主要用于支持下列矿种的勘查：

（1）煤、铁、铜、铝、铅、锌、钾盐、锰、镍、铀、金等重要矿种。

（2）钨、锡、锑、钼、稀土、高铝黏土、萤石等国家规定实行保护性开采的特定矿种或国家限制开采总量的重要矿种。

（3）按照有关规定应当由地勘资金出资勘查的其他重要矿种。

（二）省级地质勘查资金来源与支持重点

省级地质勘查资金主要来源矿产资源补偿费省级分成部分；探矿权、采矿权使用费及价款收入省级分成部分；省财政其他预算资金。

地质勘查专项资金主要用于以下方面：

（1）对经济社会可持续发展具有重要影响的矿产资源勘查项目。

（2）对全省有重大影响的基础性、公益性地质调查和地质科学研究项目。

（3）适当补助我省国有地勘单位探矿权在省外的矿产资源勘查项目。

二、地质勘查基金管理

（一）中央地质勘查基金管理

中央地质勘查基金由财政部、国土资源部共同管理。财政部、国土资源部共同委托地勘基金管理机构负责地勘基金组织实施及日常管理工作。省级财政主管部门和国土资源主管部门按照各自的职责协助财政部和国土资源部管理地勘基金项目，负责中央地勘基金项目的初审和矿业权核查、协调，协助项目实施日常监督管理和项目成果验收。

（二）省级地质勘查资金管理

省级地质勘查资金由省级财政主管部门、国土资源主管部门共同管理。省财政主管部门主要负责地质勘查专项资金的预算和资金管理。具体为：

（1）确定地质勘查专项资金年度总预算及资金来源；

（2）会同省国土资源主管部门制发地质勘查项目专项资金申报指南；

（3）审核并下达地质勘查项目资金计划；

（4）审核并办理专项资金拨付，并会同省国土资源主管部门对地质勘查项目预算执行和资金使用情况进行监督检查；

（5）审批地质勘查项目竣工决算。

省国土资源主管部门主要负责地质勘查项目的管理。具体为：①会同省财政主管部门组织地质勘查项目的评审、论证；②编制并下达地质勘查项目计划；③组织实施地质勘查项目；④监督检查地质勘查项目执行情况；⑤负责地质勘查项目的成果验收。

市级财政主管部门、国土资源主管部门按照各自的职责协助省财政主管部门、省国土资源主管部门管理地质勘查专项资金和项目管理。

三、省级地质勘查项目管理

（一）项目申报

（1）根据省国民经济发展和矿产资源总体规划、地质勘查规划，省财政主管部门会同省国土资源主管部门制发年度地质勘查项目专项资金申报指南，确定年度地质勘查项目支持方向和重点，明确年度申报具体要求。

（2）申请专项资金的地质勘查单位和国有矿山企业，应根据法规有关规定和项目申报要求，组织编报项目申报材料。拟承担地质勘查项目的单位，应具有相应的乙级以上地质勘查资质。

（3）省直地勘单位或省属企业申报地质勘查专项资金的项目，由其主管部门初审汇总后报送省财政主管部门、省国土资源主管部门；市及市以下企业或事业单位申报地质勘查专项资金的项目，由市国土资源主管部门、市财政主管部门负责初审，并对通过初审的项目进行汇总，由市财政主管部门会同市国土资源主管部门联合行文，报送省财政主管部门、省国土资源主管部门。申报文件主要内容包括：项目名称、起止年份、年度实物工作量及经费预算、预期成果、项目承担单位及参加单位等。

（4）申请地质勘查专项资金的项目应提交以下材料：①申请单位申报地质勘查专项资金项目的正式文件；②地质勘查专项资金项目立项申请书，主要内容包括申报依据、目标任务、施工方案、预期成果、主要实物工作量、经费概算等；③地质勘查单位地质勘查资质证书；④勘查许可证、采矿许可证复印件或其他相关证明材料；⑤省财政主管部门、省国土资源主管部门要求提供的其他材料。

（5）省国土资源主管部门会同省财政主管部门组织有关专家对申报的项目进行评审论证。评审论证费用从矿产资源补偿费征管补助经费中列支。

（二）项目下达

（1）省国土资源主管部门、省财政主管部门审核确认评审论证结果。省财政主管部门根据当年可用资金情况综合平衡后，下达项目资金计划。省国土资源主管部门根据省财政主管部门下达的地质勘查项目资金计划，下达项目计划。

（2）专项资金及项目计划一经下达，原则上不得调整。确需调整的，须按照本办法规定的项目申报程序报省财政厅、省国土资源厅批复。

（三）项目设计

（1）省直有关部门、市国土资源主管部门组织项目承担单位根据下达的专项资金和项目计划，按照国家和行业有关技术规范和标准的要求编写勘查项目设计。

（2）省直地质勘查项目设计由省国土资源主管部门组织有关专家进行审查、批复。各市承担的地质勘查项目设计由各市国土资源主管部门组织有关专家进行审查、批复。

（四）项目实施

（1）项目承担单位按照批复的地质勘查项目设计和有关技术规范、标准施工，建立完善的内部质量监控制度，确保项目的工作质量。地质勘查项目实施中，工作区范围、主要实物工作量等有重大调整的，应重新编写设计（或补充设计），并报原批准机关批准。项目承担单位按照项目隶属关系向国土资源主管部门编报勘查项目季报、半年报和年报。

（2）项目野外工作结束后，项目承担单位应及时向其主管部门申请野外验收。市地质勘查项目由市国土资源主管部门组织野外验收。野外验收合格的，方可转入成果报告编写。

（3）省直地质勘查项目由省国土资源主管部门组织有关专家进行成果验收，各市地质勘查项目由各市国土资源主管部门组织有关专家进行成果验收，报省国土资源主管部门备案。

（4）地质勘查项目成果验收后，项目承担单位应当按《全国地质资料汇交管理办法》的有关规定，及时向省国土资源主管部门汇交成果资料。

（五）省地质勘查项目财务管理

地质勘查项目资金实行项目管理，专账核算，专款专用。地质勘查项目专项资金支出范围包括项目工作经费和组织实施费。

（1）项目工作经费是指项目承担单位用于实施项目的各类费用，主要包括人员费、专用燃料和材料费、水电费、交通费、差旅费、会议费、印刷费、用地补偿费、劳务费、咨询费、委托业务费、租赁费和其他相关费用。

以上各项费用，按照国家和省有关规定标准执行。

（2）组织实施费用是指对项目开展项目审查、论证、招标，进行监督检查、项目验收、矿业权评估以及其他日常管理所发生的各类费用。

年终未完工项目的资金结余，可结转下年度继续使用。项目竣工决算后的结余资金，按原资金来源渠道收回。

地质勘查项目成果验收结束后30日内，项目承担单位按照隶属关系向主管部门报送竣工决算，由主管部门组织对竣工决算进行审查后，向财政部门报送竣工决算和审计报告。

省财政主管部门对省直地质勘查项目竣工决算报告和审计报告审查后，向主管部门批复决算。市以下地质勘查项目由市财政主管部门批复决算。

（六）监督检查

（1）地质勘查项目实行质量评价和资金使用的绩效评价制度。按照分级、专项管理的原则，省直地质勘查项目由省国土资源主管部门负责项目监督管理工作，省财政主管部门负责资金使用情况监督管理。

项目承担单位的上级主管部门要建立健全质量管理体系，对项目立项、设计、施工、成果编制进行全程质量监控。

（2）项目承担单位及评审专家等有关人员在项目论证、评估、评审、招标、管理中弄虚作假、徇私舞弊、玩忽职守和泄露机密的，按有关法律法规的规定处理。

项目承担单位有下列情况之一的，省财政主管部门、省国土资源主管部门将根据《财政违法行为处罚处分条例》等法律法规进行处理、处罚、处分，并依法追究有关责任人的行政责任。即：①弄虚作假，伪造材料的；②虚列项目及虚列支出的；③擅自转包项目、改变项目设计、调整项目经费预算的；④截留、挪用、挤占项目经费的；⑤随意转拨项目资金的；⑥不按照国家和行业有关技术规范、标准施工的；⑦不按规定时间编制设计、提交成果报告或设计审查、成果验收未通过的；⑧未按规定及时汇交地质成果资料的；⑨违反财务会计制度和本办法规定的；⑩其他违反法律、法规、制度规定的。

第五节　探矿权使用费和价款管理

探矿权有偿取得制度是《矿产资源法》确立的一项基本制度。任何单位或个人要想成为探矿权人进行矿产资源勘查活动，都必须支付探矿权使用费，探矿权使用费按勘查年度逐年缴纳。此项制度是国家关于"实施自然资源有偿使用制度"的重要举措之一，是我国矿产资源管理工作适应社会主义市场经济体制需要的一项重大改革。它确立了探矿权的财产权属性，有利于理顺矿产资源勘查开发活动中产生的经济关系，明确有关当事人的权利义务。它有利于改善勘查投资环境，吸引多渠道资金投入矿产资源的勘查，加快勘查进程，提高经济效益，维护探矿权人的合法权益，维护矿产资源的国家所有权。

一、探矿权使用费与价款的内容标准

按照财政部、国土资源部关于印发《探矿权采矿权使用费和价款管理办法》的通知（财综字〔1999〕74号），山东省财政厅、山东省国土资源厅关于印发《山东省探矿权采矿权使用费和价款征收使用管理暂行规定》的通知（鲁财建〔2006〕79号）要求，探矿权使用费和价款内容及标准如下。

（一）探矿权使用费

探矿权使用费是指国家将探矿权出让给探矿权人，按规定向探矿权人收取的使用费。

探矿权使用费以勘查年度计算，按区块面积逐年缴纳，第一个勘查年度至第三个勘查年度，每平方千米每年缴纳100元，从第四个勘查年度起每平方千米每年增加100

元，最高不超过每平方千米每年 500 元。

勘查年度是指自勘查许可证生效之日起，每过 365 日，计为一个勘查年度。

（二）探矿权价款

探矿权价款是指国家中央和地方人民政府探矿权审批登记机关通过招标、拍卖、挂牌等市场方式或以协议方式出让国家出资（包括中央财政出资、地方财政出资、中央财政与地方财政共同出资，下同）勘查形成的以及矿业权灭失地或空白地的探矿权所收取的全部收入，以及国有企业补缴其无偿占有国家出资勘查形成的探矿权的价款。探矿权价款以国土资源主管部门确认的评估价格为依据。

新中国成立以来，国家作为勘查投资人投入了大量资金进行地质勘查工作，形成了勘查工作程度不同的矿产地。为保护国家这一特定出资人的收益，探矿权申请人申请勘查国家出资已经探明矿产地的区块时，不仅要缴纳探矿权使用费，还要缴纳国家出资形成的探矿权价款。从这一意义上把"探矿权价款"理解为有偿取得探矿权的另一组成部分。

"探矿权价款"只有在法规规定的特定情况下才存在。同时国家具有三重身分：①作为矿产资源所有人，对矿产资源行使终极所有权；②作为行使行政管理权的管理者，对矿产资源的勘查开发进行以探矿权管理为核心的行政监督管理；③作为特殊的民事主体，将已投资探明的矿产地的区块的探矿权出让新的探矿权申请人。

二、探矿权使用费和价款收缴

（一）探矿权使用费和价款征收

根据国家有关规定，探矿权使用费和价款收入属政府非税收入，纳入财政预算管理。出让由国家和地方财政出资勘查形成矿产地的探矿权，必须先委托有资质的评估中介机构评估，登记管理机关应依据评估确认或备案的结果确定招标、拍卖和挂牌出让的底价或保留价，成交后登记管理机关按照实际交易额收取探矿权价款。

探矿权使用费和价款实行分级收取，确需委托的，必须经上一级国土资源主管部门同意，并出具委托书。根据山东省财政厅、山东省国土资源厅关于印发《山东省探矿权采矿权使用费和价款征收使用管理暂行规定》的通知（鲁财建〔2006〕79 号）规定，自 2006 年 9 月 1 日起，探矿权价款收入按固定比例进行分成，其中 20% 归中央所有，30% 归省所有，50% 归市、县所有。山东省财政厅、山东省国土资源厅关于征地管理费探矿权采矿权价款收入征缴管理有关问题的通知（鲁财综〔2007〕97 号）要求，自 2007 年 2 月 2 日起，省内煤炭探矿权价款收入比例分成比例进行了调整，其中 20% 归中央所有，40% 归省所有，40% 归市、县所有。国有企业补缴其无偿占有国家出资勘查形成的探矿权采矿权的价款，其分成比例另行制定。市、县分成比例由市级人民政府根据实际情况自行确定，原则上倾斜于矿产资源所在的县（市、区）。

探矿权价款的收取要经过有关评估机构的评估，评估结果与国家投资的多少没有直接关系，而主要取决于对该已探明矿产地的区块是否有可能升值的认识。评估结果最终由国土资源主管部门确认。

评估机构应是独立的中介咨询企业，以保证评估结果的客观、公正与规范。评估机构必须具有国土资源部门认可的矿业权评估资格。国土资源部门选择评估机构时，可采用招标、摇号等公开方式。矿业权价款评估必须按照国土资源部《矿业权评估管理办法（试行）》（国土资发〔2008〕174 号）的规定和《关于规范矿业权出让评估委托有关事项的通知》（国土资发〔2008〕181 号）、《关于规范矿业权评估报告备案有关事项的通知》（国土资发〔2008〕182 号）以及《山东省矿业权评估管理办法（试行）》（鲁国土资发〔2010〕1 号）的要求，采用《中国矿业权评估准则》和《矿业权评估参数确定指导意见》要求的参数和方法进行评估。

（二）探矿权使用费和价款缴纳

1. 探矿权使用费和价款收入的具体缴纳程序

探矿权登记管理机关根据应缴探矿权使用费和价款数额，通知探矿权申请人缴款。各级国土资源主管部门根据登记管理权限，向缴款人开具《非税收入缴款书》，缴款人持缴款书有关凭证到代收银行缴款后，办理领取探矿权有关证件手续。应缴中央的款项，由代收银行通过非税收入征缴系统，按规定办理有关缴库手续。各级财政主管部门应分别对探矿权价款、探矿权使用费编制非税收入项目编码。

根据《关于征地管理费、探矿权采矿权价款收入征缴管理有关问题的通知》（鲁财综〔2007〕97 号）文件，自 2008 年 1 月 1 日起，探矿权价款一律通过非税收入征缴系统缴入国库。中央或省级国土资源部门审批的探矿权，由登记管理机关根据实际出让的探矿权采矿权价款向探矿权申请人开具《缴款通知书》，并抄送市级国土资源部门。探矿权申请人在接到《缴款通知书》7 个工作日内，按《缴款通知书》要求到所在市办理缴款手续；执收部门按其应缴探矿权价款填写《山东省非税收入缴款书》，通过所在市财政部门非税收入征缴系统按规定比例就地缴入财政（探矿权、采矿权跨市行政区域的，其价款由省征收）。探矿权申请人已与国土资源主管部门签订了探矿权出让合同的，按出让合同约定的期限及时缴纳探矿权价款。

2. 探矿权使用费和价款的缴纳数额及期限

探矿权使用费和价款由部、省登记发证的探矿权，其价款在 500 万元以下的，原则上一次缴清。价款数额较大、一次缴纳确有困难的，经探矿权登记管理机关批准，可分期缴纳。探矿权价款缴纳期限最长不得超过 2 年，其首期缴纳的价款数额应占价款总额的 60% 以上。

（1）分期缴纳价款的矿业权人，应在矿业权评估报告备案后两个月内，向国土资源管理部门提交申请和分期缴款方案。国土资源主管部门对分期缴纳价款的期限、金额等进行审核后，发出"缴款通知书"。分期缴纳价款的矿业权人应按中国人民银行发布的同档次银行贷款基准利率水平承担资金占用费。矿业权人缴纳的资金占用费，参照矿业权价款进行管理。国土资源主管部门依据矿业权人的申请、核准的分期缴款方案及本年度缴纳矿业权价款的凭证，办理矿业权的审批登记工作。未经批准，凡未按核准的分期缴款方案足额缴纳矿业权价款的，一律不予办理登记发证和年检手续。实行分期缴款的探矿权人申请采矿权的，必须在申请划定矿区范围前缴清全部的探矿权价款；实行分期缴款的矿业权人申请转让矿权的，必须在缴清剩余探矿权价款之后办理转让手续。

（2）以折股形式缴纳矿业权价款。以折股形式缴纳矿业权价款审批事宜的由财政、国土资源管理部门要严格按照权限办理。对以资金方式缴纳探矿权价款（包括经批准已转增国家资本金的矿业权价款）确有困难，且符合国家和省有关规定的矿业权人，按照探矿权人自愿原则，经批准后，可以将应缴纳的探矿权价款部分或全部以折股方式向国家缴纳。矿业权价款经批准以折股方式缴纳的，其股份按拟折股的价款额占企业净资产的比例进行计算。属中央财政出资勘查形成的矿业权，其价款折股方式缴纳所形成的股权划归中央地质勘查基金持有；属中央财政和有地方财政共同出资勘查形成的矿业权，其价款以折股方式缴纳所形成的股权，由中央地质勘查基金和地方有关机构按中央财政和地方财政各自的出资比例分别持有。

（3）由探矿权转为采矿权后缴纳价款。取得国家出资勘查矿产地的探矿权已转为采矿权，既未缴纳探矿权价款，也未缴纳采矿权价款的，采矿权人应缴纳采矿权价款。对本应设置采矿权却设置了探矿权的，应缴纳采矿权价款，已缴纳过探矿权价款的，可从应缴纳的采矿权价款中扣除。

（4）已转增国家资本金的矿业权价款的处置。财政、国土资源管理部门要加强对已转增国家资本金的矿业权价款的清理，严格按照规定进行有偿处置。已转增国家资本金的矿业权价款的清理处置工作，由原批准转增国家资本金的财政、国土资源主管部门负责。原则上按已转增国家资本金的数额进行处置，不再另行对价款进行评估。矿业权价款已经评估备案但尚未进行有偿处置的，在评估备案的有效期限内，可以按已备案的评估结果缴纳矿业权价款。已将价款转增国家资本金的矿业权，经批准转让给新企业的，由原批准转增国家资本金的财政、国土资源主管部门向价款转增国家资本金的股份持有者追缴价款。申请以折股方式缴纳已转增国家资本金的矿业权价款的，按照以折股形式缴纳矿业权价款办理。

三、探矿权使用费减免

地质勘查工作是一项投资大、风险大、时间长的工作，需要大量的投资。国家鼓励多渠道投资进行勘查，提高勘查程度。为鼓励勘查，国家对探矿权使用费和价款减免做了如下规定：一是勘查国家鼓励勘查的矿种，二是国家鼓励勘查的区域，三是国务院国土资源主管部门和财政部门根据矿产资源勘查的工作实际，而确定予以减免的其他情况。

1. 申请探矿权使用费的减免条件

根据国土资源部、财政部关于印发《探矿权采矿权使用费减免办法》的通知（国土资发〔2000〕174号），在我国西部地区、国务院确定的边远贫困地区和海域从事符合下列条件的矿产资源勘查开采活动，可以依照本规定申请探矿权使用费的减免。

（1）国家紧缺矿产资源的勘查、开发。

（2）大中型矿山企业为寻找接替资源申请的勘查、开发。

（3）运用新技术、新方法提高综合利用水平的（包括低品位、难选冶的矿产资源开发及老矿区尾矿利用）矿产资源开发。

（4）国务院地质矿产主管部门和财政部门认定的其他情况。

2．探矿权使用费的减免办法

《国土资源部办公厅关于国家紧缺矿产资源探矿权采矿权使用费减免办法的通知》（国土资厅发〔2000〕第 76 号）文件，规定了国家紧缺矿产资源探矿权使用费减免办法。

（1）勘查富铁矿 TFe＞50%、铜矿、优质锰矿、铬铁矿、钾盐、铂族金属 6 个矿种（类），以及石油、天然气、煤层气共 9 种（类）矿产资源，可申请探矿权使用费的减免。

（2）在我国西部严重缺水地区为解决人畜饮用水而进行的地下水源地的勘查工作，可申请减免探矿权使用费。

（3）凡开采低渗透、稠油和进行三次采油的，以及从事煤层气勘查、开采的，可参照《探矿权采矿权使用费减免办法》申请减免。

探矿权使用费减免幅度为：第一个勘查年度可以免缴，第二至第三个勘查年度可以减缴 50%；第四至第七个勘查年度可以减缴 25%。另外，在中华人民共和国领域及管辖的其他海域勘查开采矿产资源遇有自然灾害等不可抗力因素的，在不可抗力期间可以申请探矿权使用费减免。

四、探矿权使用费和价款使用与监管

财政部、国土资源部关于印发《探矿权采矿权使用费和价款管理办法》的通知（财综字〔1999〕74 号），国土资源部关于印发《中央所得探矿权采矿权使用费和价款使用管理暂行办法》的通知（国土资发〔2002〕433 号），《关于将矿产资源专项收入统筹安排使用的通知》（财建〔2010〕925 号），山东省财政厅、山东省国土资源厅关于印发《山东省探矿权采矿权使用费和价款征收使用管理暂行规定》的通知（鲁财建〔2006〕79 号）对探矿权使用费和价款使用、监管进行了详细规定。

（一）探矿权使用费和价款的使用

探矿权使用费和价款收入应专项用于矿产资源勘查、保护和管理支出，由国务院国土资源主管部门和省级国土资源主管部门提出使用计划，报同级财政部门审批后，拨付使用。支出范围主要包括：

（1）基础性公益性地质矿产调查评价及管理。

（2）战略性矿产资源勘查。

（3）中央地质勘查基金项目。

（4）国外矿产资源风险勘查。

（5）矿山地质环境恢复治理。

（6）矿产资源节约与综合利用。

（7）国家级地质遗迹保护及地质遗迹标本购置。

（8）矿产资源专项收入征收管理。

（9）对承担中央财政出资探明矿产地有突出贡献的项目承担单位给予奖励。

（10）财政部、国土资源部共同确定的与地质和矿业有关的其他支出。

（二）探矿权使用费和价款的管理

探矿权使用费和价款实行"收支两条线"管理，坚持"以收定支、专款专用、预算控制、超支不补"的原则。探矿权使用费和价款实行预、决算管理。使用费和价款用于矿产资源勘查、保护项目的支出预算，实行"项目管理、专款专用、专项核算"的预算管理办法。项目承担单位要严格按批准的项目预算，规定的开支范围，专款专用。项目完成后，应及时办理项目验收和结算。使用费和价款用于管理性支出预算，实行"预算控制，超支不补"的预算管理办法。

（三）探矿权使用费和价款的监督

各级财政部门、国土资源管理部门负责组织对探矿权使用费和价款经费使用的定期监督检查。对违规减免、不履行收费职责、应收不收、不及时足额缴库，以及截留、坐支、挪用和商业贿赂等违法违纪行为依法从严查处，并追究有关领导和责任人的行政、经济责任；构成犯罪的，依法移送司法机关追究刑事责任。项目承担单位应按照事前审核、事中监控、事后检查的要求，建立健全使用费和价款经费使用的监督检查制度，定期或不定期地开展使用费和价款经费使用的检查。

第六节　　地质勘查监督管理

地质勘查监督管理贯彻整个地质矿产勘查工作的全过程，且管理的内容很多，矿产资源勘查规划、地勘工作从立项到探矿权取得、行使直至终止，在矿产能源法及配套法规的规范与管理下，通过监督管理手段来保障地勘工作依法进行，有序开展，使探矿权人合法权利得以实现。本节主要介绍监督管理机关和实施地质矿产勘查或者探矿权行使中依法监督管理有关内容。

一、地质勘查监督管理机关与监督任务

（一）地质勘查监督管理机关与职责

《矿产资源法》规定："国务院地质矿产主管部门主管全国矿产资源勘查、开发监督管理工作。省、自治区、直辖市人民政府地质矿产主管部门主管本行政区域内矿产资源勘查、开采的监督管理工作。"而矿法实施细则又规定了"设区的市人民政府、自治州人民政府和县级人民政府及其负责管理矿产资源的部门，依法对本级人民政府批准开办的国有矿山企业和在本行政区域内的集体所有制矿山企业、私营矿山企业、个体采矿者以及在本行政区域内从事勘查施工的单位和个人进行监督管理，依法保护探矿权人、采矿权人的合法权益。""上级地质矿产主管部门有权对下级地质矿产主管部门违法的或者不适当的矿产资源勘查、开采管理行政行为予以改变或者撤销。"矿法的配套法规

作了相应的更具体的规定，不再——列举。

由此可见，矿产资源法律、法规对地质矿产勘查监督管理机关和职权做出了明确规定，地质勘查监督管理工作，应在国务院国土资源主管部门统一管理下，省级人民政府国土资源主管部门及设区的市级和县级人民政府的国土资源主管部门认真的做好本行政区内的地质勘查监督管理工作。而且必须依法行使地质勘查监督管理权力，下级地质勘查管理机关的违法或者不适当的行为，上级有权予以改变或者撤销。

（二）地质勘查监督管理的主要任务

地质勘查监督管理作用，主要有两个方面：一是监督地质勘查工作依法进行，对违法者实施处罚；二是保护探矿权人的合法权益不受侵犯，创造良好的勘查环境。地质勘查监督总的目标，是加强地质矿产勘查管理和矿产资源保护工作，最终实现国家对矿产资源所有权的权益和探矿权人的权益，发展地质勘查经济，促进整个矿业经济可持续发展。

二、地质勘查监督管理的主要内容

（一）对矿产资源勘查规划实施进行监督

地方各级人民政府国土资源主管部门具体负责矿产资源勘查规划执行情况的监督管理工作，其内容包括：

（1）审查探矿权申请人申请的矿产资源勘查项目和提交的勘查方案是否符合本地区矿产资源勘查规划的要求，对不符合的登记管理机关不得审批探矿权。

（2）县级人民政府国土资源主管部门应当加强本行政区矿产资源勘查规划执行情况的监督检查，建立定期报告制度；对违反矿产资源勘查规划进行矿产资源勘查的，应责令限期改正，并依照有关规定予以处罚。

（3）上级人民政府国土资源主管部门，应当加强对下级人民政府国土资源主管部门组织实施矿产资源勘查规划情况的监督检查，对违反矿产资源勘查规划审批探矿权，应当及时予以纠正；对情节严重的，依法追究责任人和有关领导的责任。

（4）各级人民政府国土资源主管部门，加强对有关部门（单位）执行矿产资源勘查规划的监督检查，对违反规划要求的，限期改正；对情节严重的，依法追究有关部门或单位领导的责任。

（二）对地质勘查单位资格与探矿权人资质监督

（1）从事地质矿产勘查的单位，是否依法取得"地质勘查资格证书"；进行勘查的工作对象（客体），是否在"地质勘查资格证书"的业务范围内。

（2）取得探矿权的探矿权人，是否符合法定的资质条件（资金、技术）；自己没有勘查技术能力（资格），是否聘请有地质勘查资格的单位承担勘查任务，有无合同或委托书约定双方的责任和义务。

（三）地质勘查工作（项目）的监督管理

地质勘查工作（项目）的监督管理是地质勘查工作监督管理的核心，大致可分为两个方面。

（1）实行持证（勘查许可证和地勘资格证书）勘查制度，具体监督内容有：①是否未取得勘查许可证，擅自进行勘查工作的，或者超越批准的勘查区块范围进行勘查的；②是否未经批准，擅自进行滚动勘探开发的，或者边探边采的，或者进行试采的；③未取得勘查许可证，进行无证乱探的，或者进入他人勘查作业区勘查矿产能源的。

（2）对地质勘查项目实施全程监督管理，主要内容包括：①地勘项目批准后，是否依法登记，取得探矿权；②是否按规定时间开始工作，是否如实报告开工情况和项目实施情况；③是否依法行使探矿权的权利，有无以探矿为名行采矿之实的行为；④有无非法转让探矿权的行为；⑤是否履行法定的纳费及其他义务；⑥地质勘查工作质量是否符合有关规范的标准和设计的要求；⑦勘查资金投入是否达到规定的年度最低标准；⑧勘查项目实施期间，是否按规定办理了有关变更、延续、保留或者注销登记手续。

基于上述监督内容，地质矿产勘查工作实行日常监督检查和地质勘查年检制度。设区的市、县两级国土资源主管部门负责本行政区域内地质勘查工作的日常监督管理。省国土资源主管部门负责全省地质勘查工作的监控，并负责一年一度的地质勘查年检工作的部署、组织和安排工作。

（四）探矿权的保护

保护探矿权人的合法权利，是各级国土资源主管部门的重要职责，也是地勘工作监督管理的重要内容之一。其任务有以下几方面：

（1）保障勘查作业区内的生产、工作正常实施，勘查秩序不受影响和破坏。

（2）保障探矿权不受侵犯，禁止任何单位和个人，进入他人探矿权的勘查范围内进行探矿或者采矿活动。

（3）保护探矿权人的矿产品、勘查设施和其财物不受破坏或者盗窃，维护正常的勘查工作秩序，并积极协助有关部门调查处理。

总之，保护探矿权是各级地矿主管部门的义务，应当严格履行，为探矿权创造良好的勘查环境，是实现地勘工作有序进行的保证。

三、地质勘查成果的检查验收

地质勘查成果资料（简称地勘成果，下同）管理，也是地质勘查监督管理的主要任务，它是探矿权管理的最终结果，是整个地质勘查工作的结晶，而且地勘成果是关系到进一步勘查或者进行矿产资源开发成败的依据。由此可见，加强地质勘查成果管理工作具有十分重要的意义。

（一）地勘成果的内涵

（1）地勘成果的含义。地勘成果，亦称地质勘查工作成果，指探矿权人通过合法的勘查活动，在地质科学理论的指导下，运用地质科学技术方法，对矿产资源进行勘查评价，综合研究，经过科学分类的综合汇集，用文字、数字、图形、表格等形式表示一定时期内某一地区对矿产资源客观情况的一种智力结晶——地勘成果。

地勘成果包括地质勘查报告和有价值的勘查资料。依据地质勘查工作阶段不同分为：调查成果、普查成果、详查成果、勘探成果。按地勘成果的性质可分为：基础性、公益性和商业性的地勘成果。

（2）地勘成果的属性。前面章节中已介绍了探矿权是他物权、是财产权，而地勘成果是探矿权主体通过行使自己的探矿权利形成的结果。它不是探矿权的客体，但是它是探矿权主体对在特定时期和区块范围内的特定的矿产资源的客观表示。也就是说：探矿权的客体（矿产资源），只有通过勘查成果说明某一时间和某一地区所探求的矿产资源的各种特征（分布、形状、规模、品位、厚度等）才能发挥矿产资源的潜在价值。从而看出，实际上地勘成果是矿产资源的说明书或者标签，也就是说地勘成果是探矿权的客体矿产资源的组成部分。它是一种新的民事法律关系的客体，因为地勘成果进入商品化后，在地勘成果之上可以设置一定的民事权利和义务，也会产生相应的民事主体。所有权人可以通过对地勘成果的占有、使用、收益而获得经济利益。但地勘成果并不是探矿权的客体，探矿权客体是特定区域的矿产资源，其地勘成果是探矿权主体对矿产资源（客体）行使权力的结果。所以地勘成果作为民事法律关系的客体，与其他民事法律关系的客体有着不同的特点。

（3）地勘成果的归属。矿山资源属国家所有，国家出资勘查主体形成的地勘成果的所有权属于国家，只有国家对其地勘成果有处分的权利。但探矿权主体有对探矿权区块范围内的矿产资源拥有占有权、使用权、收益权，当然也包括所取得的地勘成果的占有、使用、收益的权利。

（4）地勘成果的使用。依法取得探矿权进行的矿产资源勘查形成的地勘成果，国家实行有偿使用制度；非矿业权或其他非排他性登记的基础性、公益性勘（调）查项目取得的公益性地勘成果均实行公开无偿提供社会利用的制度。

（二）地勘成果检查验收

地勘成果检查验收使地质勘查工作实现了全程管理，可以保障地质勘查工作质量和地勘成果质量，是取得最佳找矿效果的重要手段。

（1）地勘成果检查验收管理机关。省国土资源主管部门负责本行政区域内的地勘成果检（审）查验收管理工作。设区的市级人民政府国土资源主管部门负责本行政区所属地勘项目的地勘成果的检查、验收、管理工作；县（市、区）级人民政府国土资源主管部门按照省国土资源主管部门地勘成果管理的统一部署和要求，负责对本行政区域内的地质勘查项目地勘成果野外（现场）检查验收管理工作。

地勘成果检查验收工作，必须在上一级国土资源主管部门的指导下，组织专家依据国家有关技术标准、技术要求和有关规定进行。并逐渐将地勘成果检查工作纳入质量体系运行机制中，建立严格的质量责任制。

（2）检查验收的方法与内容。地勘成果检查验收以现场（野外）或定期检查验收与室内（会议）最终审查验收相结合，并以现场检查验收为主的方法。

检查验收包括的内容：①地勘成果是否依法取得；②地质勘查投入情况（包括工作安排、资金投向合理性）；③执行有关勘查规范和项目设计情况；④地质勘查工作，包括野外地质工作（地质测量、工程、取样、资料收集等）和室内工作（样品测试化验、资料整理等）的质量情况；⑤控制程度及其收集的资料是否满足达到相应勘查阶段的工作程度；⑥综合勘查评价情况，获得的找矿成果信息的可靠性；⑦编制的地勘成果资料（报告、图件、表），内容是否齐全、翔实、准确、清晰；是否符合有关规范要求；是否全面反映工作成果。

（3）地勘成果检查验收结果的处理。包括：①地勘工作质量或者原始资料存在问题，达不到技术标准及要求的责令限期返工补救；②对勘查对象工程控制程度不够或者收集的资料不全的，限期补充；③经过审查验收，符合有关规定和设计要求，或者经修改、补充后达到要求的，成果管理部门批准复制，按《地质资料管理条例》的规定向地质资料管理机关汇交成果资料，提供利用。

第三章 矿产资源储量管理

第一节 概　述

一、矿产资源储量管理的概念

1998 年，国家机关机构改革，国土资源部内设矿产资源储量司，负责管理全国矿产资源储量、矿业权评估、矿产资源补偿费征收和地质资料，并对矿产资源勘查开采活动实施监督管理。主要任务是：拟订矿产资源储量管理办法、标准、规程；管理矿产资源储量评审、登记、统计；实施矿山储量动态监督管理；承担矿产资源补偿费征收、矿产地储备、压覆矿产资源管理的事项；承担矿业权评估和地质资料汇交管理工作；负责矿产资源勘查、开采活动（石油、天然气、煤层气除外）的监督管理；组织矿产资源供需形势分析和战略研究。

二、矿产资源储量管理及其地位和作用

（一）矿产资源储量管理的内涵

矿产资源储量管理是国土行政主管部门以矿产资源所有权管理和国家行政管理者的身份，依据有关法律、法规和规章，代表国家管理矿产资源的质和量，并进行登记统计，掌握国家矿产资源家底，管理地质资料汇交和矿产资源、信息，分析矿产资源形势，对矿产资源的积累、储备、使用和配置进行政策导向和调整，保障矿产资源开发利用取得最佳经济效益、社会效益、资源效益和环境效益，保障国民经济安全运行和可持续发展对矿产资源总量（包括矿产资源储量和资源量）的需求，管理的相对人是各类地勘单位、矿山企业和个体采矿者，涉及地质勘查的各个阶段和采矿生产的全过程。

（二）储量管理工作的地位和作用

矿产资源储量管理实质上是对地质工作形成的重要成果的管理，是最早实施的地矿行政管理职能。它作为矿政管理工作的一项重要内容，具有重要的基础性作用。主要表现在以下几个方面：

1. 矿产资源储量管理是国民经济及社会发展的重要保障

矿产资源储量是国民经济和社会发展所需要的能源、原材料的物质保证。矿产资源是国民经济建设的基础，我国 92% 以上的一次性能源、80% 以上的工业原材料、30%

以上的生产生活用水来自矿产资源，矿产资源储量保障着我国国民经济和社会的可持续发展。

摸清矿产资源家底，是编制国民经济和社会发展规划的基础。国民经济建设和社会发展是以充足的矿产资源保证为前提的，切实可行的经济发展规划是建立在对资源供给充分了解的基础上，而摸清全国的矿产资源家底是矿产资源储量管理工作的重要任务之一，可以说矿产资源储量管理与国家经济发展规划有密切的联系。

2. 矿产资源储量管理是矿政管理的基础

矿产资源储量管理是矿政管理的一项重要的基础性工作。矿政管理工作要维护矿产资源的国家所有权益，保护和合理利用矿产资源，保证国民经济建设和社会可持续发展。不容置疑，制定保护和合理利用矿产资源的规划是以矿产资源储量作为基础。实施矿业权管理时，矿业权人获得矿业权益的核心就是拥有矿产资源储量，矿业权评估的实质是矿产资源储量评估，对矿产资源开发的监督管理实际上是对矿产资源储量消耗的监督。由此可见，矿产资源储量管理在矿政管理中的基础性重要是不可忽视的，如果把矿政管理作为一个体系，矿产资源储量管理就是这个体系的基础。

3. 矿产资源储量管理贯穿于地质工作的整个过程

地质调查和矿产勘查是对矿产资源的质和量的认识过程，这种认识都要集中体现在矿产资源储量上。在矿产勘查的各个阶段，随着地质工作程度的提高，获取的矿产资源储量可靠程度也相应提高。通过矿产资源开发，又将矿产资源储量潜在的经济价值，变现为实际的经济效益。可以说，在地质工作的诸多工作环节中，获得矿产资源储量是非常重要的工作目的之一。

4. 矿产资源储量管理在矿业面临深化改革、扩大开放的形势下，负有重要的使命

矿产资源储量管理在建国初期起步，在计划经济条件下得到完善，形成了一套严密的管理法规体系，在技术有中国特色社会主义市场经济的今天，矿产资源储量管理本身面临深化改革的任务，以适应其基础性地位，为培养和完善矿业权市场发挥更大作用。通过矿政评审备案制度和统计制定的改革，进一步摸清矿产资源家底，组织矿政矿产资源形势分析，为国家实施宏观调控，提出矿产资源政策建议，向社会提供矿产资源储量信息服务。

第二节　矿产资源储量评审备案

一、矿产资源储量评审

（一）概述

矿产资源储量评审制度的设立是为维护矿产资源的国家所有权益，规划、管理、保护与合理利用矿产资源储量，促进矿业发展，加强矿产资源储量管理，确保矿产资源储量合理、可靠。其意义主要有四个方面：①统一各个矿产地矿产资源储量的评价标准，

确保矿产资源准确、可靠，提高各个矿产地矿产资源储量的可比性，实现国际对比；②维护矿产资源的国家所有权益，监督矿产资源利用的合理性；③代表国家确认矿产资源实物存量，为摸清国家的矿产资源家底提供基础，为国家进行矿产资源的统计、分析和政策制定提供依据；④维护矿业活动中的公平竞争环境，避免筹资、交易过程中储量方面的商业性欺诈行为。

（二）储量评审内容

1. 矿产资源储量评审的法律依据

《中华人民共和国矿产资源法》（以下简称矿产资源法）第13条规定：国务院矿产储量审批机构或者省、自治区、直辖市矿产储量审批机构负责审查批准供矿山建设设计使用的勘探报告，并在规定的期限内批复报送单位。勘探报告未经批准，不得作为矿山建设设计的依据。

《矿产资源法》第21条规定：关闭矿山，必须提出矿山闭坑报告及有关采掘工程、不安全隐患、土地复垦利用、环境保护的资料，并按照国家规定报请审查批准。

《中华人民共和国矿产资源法实施细则》（以下简称《矿产资源法实施细则》）第18条规定：探矿权人可以对符合国家边探边采规定要求的复杂类型矿床进行开采；但是应当向原颁发勘查许可证的机关、矿产储量审批机构和勘查项目主管部门提交论证材料，经审核同意后，按照国务院关于采矿登记管理法规的规定，办理采矿登记；

《矿产资源法实施细则》第19条规定，矿产资源勘查报告按照下列规定审批：①供矿山建设使用的重要大型矿床勘查报告和供大型水源地建设使用的地下水勘查报告，由国务院矿产储量审批机构审批；②供矿山建设使用的一般大型、中型、小型矿床勘查报告和供中型、小型水源地建设使用的地下水勘查报告，由省、自治区、直辖市矿产储量审批机构审批；

《矿产资源法实施细则》第33条规定，企业关闭矿山，应当按照下列程序办理审批手续：①开采活动结束的前一年，向原批准开办矿山的主管部门提出关闭矿山申请，并提交闭坑地质报告；②闭坑地质报告经原批准开办矿山的主管部门审核同意后，报地质矿产主管部门会同矿产储量审批机构批准；③闭坑地质报告批准后，采矿权人应当编写关闭矿山报告，报请原批准开办矿山的主管部门会同同级地质矿产主管部门和有关主管部门按照有关行业规定批准。

2. 矿产资源储量评审的范围

根据《矿产资源储量评审认定办法》第5条规定，下列矿产资源储量必须评审认定：①申请供矿山建设设计使用的采矿权或取水许可证依据的矿产资源储量；②探矿权人或者采矿权人在转让探矿权或者采矿权时应核实的矿产资源储量；③以矿产资源勘查、开发项目公开发行股票及其他方式筹资、融资时依据的矿产资源储量；④停办或关闭矿山时提交的未采尽的和注销的矿产资源储量；⑤矿区内的矿产资源储量发生重大变化，需要重新评审认定的矿产资源储量；⑥国土资源部认为应予评审、认定的其他情形的矿产资源储量。

3. 工业指标的申报与核准

矿床工业指标是指当前技术经济条件下，矿床应达到工业利用的综合标准，是评价矿床工业价值、圈定矿体、估算矿产资源/储量的依据。它是依据合理利用矿产资源的方针，以及国家经济政策、技术水平和经济效益等多方面因素确定的。矿床工业指标的内容可分为矿石质量指标和开采技术条件指标两部分。矿石质量指标包括矿石质量含量指标（指品位）和矿石物理性质指标。品位指标主要为边界品位和工业品位以及某些情况下的块段品位和矿区平均品位，其次为伴生组分品位指标、有害杂质最大允许含量、共生有益组分综合品位指标以及某些矿产所要求的矿石工业类型和品级指标等。在大部分冶金辅助原料矿产和许多非金属矿产中，除有用组分品位和有害杂质含量等矿石质量要求外，还必须增加矿石物理性质指标。

矿床开采技术条件指标主要包括可采厚度、夹石剔除厚度，其次为米百分值或米克/吨值、含矿率或含矿系数、无矿地段剔除长度、剥采比、爆破安全距以及个别情况下的开采最低标高、露天边坡角等。

矿床工业指标依据矿床勘查阶段、开发利用的时间序列应构成如下系统：①普查阶段参考性工业指标；②详查阶段为矿山规划的暂定工业指标；③地质勘查阶段由勘探、矿山设计和基建生产部门共同制定的计划工业指标；④矿山生产初期经生产验证核实的实际生产正式工业指标；⑤矿山生产发展过程中，由矿山企业计划、矿山地质和采选冶部门根据变化了的情况重新研究修订的扩大工业指标。

矿山在基建勘探、生产勘探或开采中，由于技术经济条件及其他因素变化，使原制定工业指标的条件和依据发生质的变化，需变动工业指标时，由矿山企业提出修订工业指标的建议意见和可行性论证报告，报矿山的主管部门审查同意后，报市或省国土资源主管部门备案后执行。

矿山企业对矿产储量的圈定、计算及开采，必须以批准的计算矿产储量的工业指标为依据，不得随意改动。需要变动，应当按规定程序上报实际资料。经主管部门审查同意后，报市或省国土资源主管部门备案后执行。

4. 资源储量的申报

（1）申报时间。凡需要评审矿产资源储量的单位或企业，须提前 20 日向有关矿产资源储量评审机构申报，并按照有关要求提交申报材料。评审机构自收齐送审材料之日起 15 日内应做出是否予以受理的决定，并书面通知申报单位。

（2）申报材料。包括：①矿产资源储量申报表一式 2 份，其中 1 份由评审机构留存，1 份由评审机构转交有关地质矿产主管部门；②有效勘查（或采矿）许可证复印件以及承担勘查工作的勘查单位资格证书复印件，一式 2 份，其中 1 份由评审机构留存，1 份由评审机构转交有关地质矿产主管部门；③探矿权人或采矿权人对提交送审资料真实性的书面承诺，一式 2 份，其中 1 份由评审机构留存，1 份由评审机构转交有关地质矿产主管部门；④正式矿产资源储量报告（包括附图、附表、附件）3～8 份。经评审后，评审机构可保留 1 份经修改的储量报告备案，并按照有关规定予以保密，其余报告返回申报单位；⑤《矿产资源储量评审认定办法》第 11 条要求的其他材料。

（3）申报复核。评审机构收齐申报材料并经审查后，应将申报材料第①，②，③项以及矿产资源储量报告1份连同矿产资源储量评审申报审查表，报有关地质矿产主管部门复核。

评审机构应根据地质矿产主管部门的复核意见在规定时间内回复申报单位。符合受理条件并决定受理的，评审机构应与申报单位签订评审合同。

5. 资源储量的评审

（1）评审分工。在评审机构尚未成为企业性质的中介机构之前，评审工作遵照如下分工原则：

属于国土资源部认定（备案）的矿产资源储量，放射性矿产由国土资源部矿产资源储量评审中心放射性矿产专业办公室组织评审；其余的由国土资源部矿产资源储量评审中心组织评审，或者由国土资源部承认的具有评审资质的中介机构组织评审。

属于省、自治区、直辖市地质矿产主管部门认定（备案）的矿产资源储量，由各省、自治区、直辖市批准设立的矿产资源储量评审机构评审。未设立评审机构的，可由省、自治区、直辖市地质矿产主管部门指定其他具有资格的矿产资源储量评审机构组织评审。

零星分散矿产资源以及只能用作普通建筑材料的砂、石、黏土的矿产资源储量的评审分工原则，由省级地质矿产主管部门自行确定。

（2）评审方式。一般情形的矿产资源储量的评审工作，由评审机构按照《矿产资源储量评审认定办法》第十三条的规定组织矿产储量评估师进行。但对于储量规模大、矿床类型新、意见分歧多，用于矿业权转让或股票上市评估依据的矿产资源储量，应当召开评审会议评审。召开评审会议的，应当邀请各有关方面的代表或专家参加，以便广泛听取意见。

评审工作必须实行严格的回避制度，评审机构不得聘请与矿业权人有直接或间接的利益关系，以及具有行政隶属关系的矿产储量评估师承担评审工作。

有关地质矿产主管部门应当对评审机构组织的评审工作进行监督，必要时，可派代表参加评审会议。

（3）评审文件。评审意见书由评审机构提供。评审意见书应当自申报受理之日起60日内完成，并自签发之日起10日内书面通知矿业权人，20日内送交相应地质矿产主管部门。

个人署名评审意见，由矿产储量评估师提供，由评审机构保存，格式可参照矿产资源储量评审意见书。

二、矿产资源储量的备案

（一）概述

为贯彻执行国务院行政审批改革的精神，国土资源部于2003年发出《关于加强矿产资源储量评审监督管理的通知》，明确了国土资源管理部门对矿产资源储量评审实行评审、备案制度。该项制度以评审备案为切入点，对评审机构、评审专家和评审程序进行合规性检查，对评审工作进行监督。

国家对矿产资源储量的评审、备案实行统一管理，意义如下：

（1）保护国家有限的矿产资源的迫切需要。由于矿产资源是一种极其特殊的、不可再生的自然资源，为了坚决贯彻党中央和国务院关于"在保护中开发，在开发中保护"的总方针，确保矿产资源永续利用，对矿产资源的勘查、开采必须采取严而又严的管理措施，才能保证我国国民经济在 21 世纪的发展后劲。

（2）为了便于贯彻、执行统一的矿产勘查、开发的有关法律、法规和技术标准。如矿产资源储量评审必须执行国家发布的矿产资源储量分类标准；必须执行国家或有关部门发布的矿产资源储量技术标准；必须执行国家和有关部门发布的与矿产资源勘查、矿山生产或水源地建设有关的技术操作规程和要求；必须执行国家发布的合理利用与有效保护矿产资源以及环境保护方面的规定等。

（3）有效防止矿山企业为了短期利益，随意浪费和破坏国家的矿产资源，规范矿业市场，维护矿产开发的正常秩序。

（二）矿产资源储量备案

评审机构对地质报告的评审需依据国家有关法律、法规和技术标准，对各类地质报告提交的矿产资源储量进行质和量的把关；而政府部门实行备案程序，是一种监督职能，是认定在评审过程中，该评审机构是否具有资格，评审专家是否具备资质，评审程序是否合法，评审的依据是否符合国家的有关规定，这是政府部门在机构改革中转变职能、不直接参与企业的经营活动，只实行监督管理的充分体现。备案机关自收到评审单位评审意见书及相关评审材料后，原则上 7 个工作日内出具备案证明文件。

政府部门对评审机构的评审结果进行备案的目的，一是履行国家对矿产资源所有权的职责；二是维护地质市场正常秩序。我国目前的地质市场还处于刚刚起步阶段，很多有关的法律、法规尚未建立和健全，政府对此监督指导是必要的。矿产资源储量有了政府主管部门的备案，一方面对探矿者所提供的矿产资源储量起到了监督、检查的作用，另一方面对维护市场秩序、完善有关法规、监督地质市场的各方执法守法也将起到积极的作用，这也是在社会主义市场经济条件下探矿者和采矿者所迫切需安和十分欢迎的。

（三）矿产资源储量备案程序

矿产资源储量评审备案程序如图 20 - 3 - 1 所示。

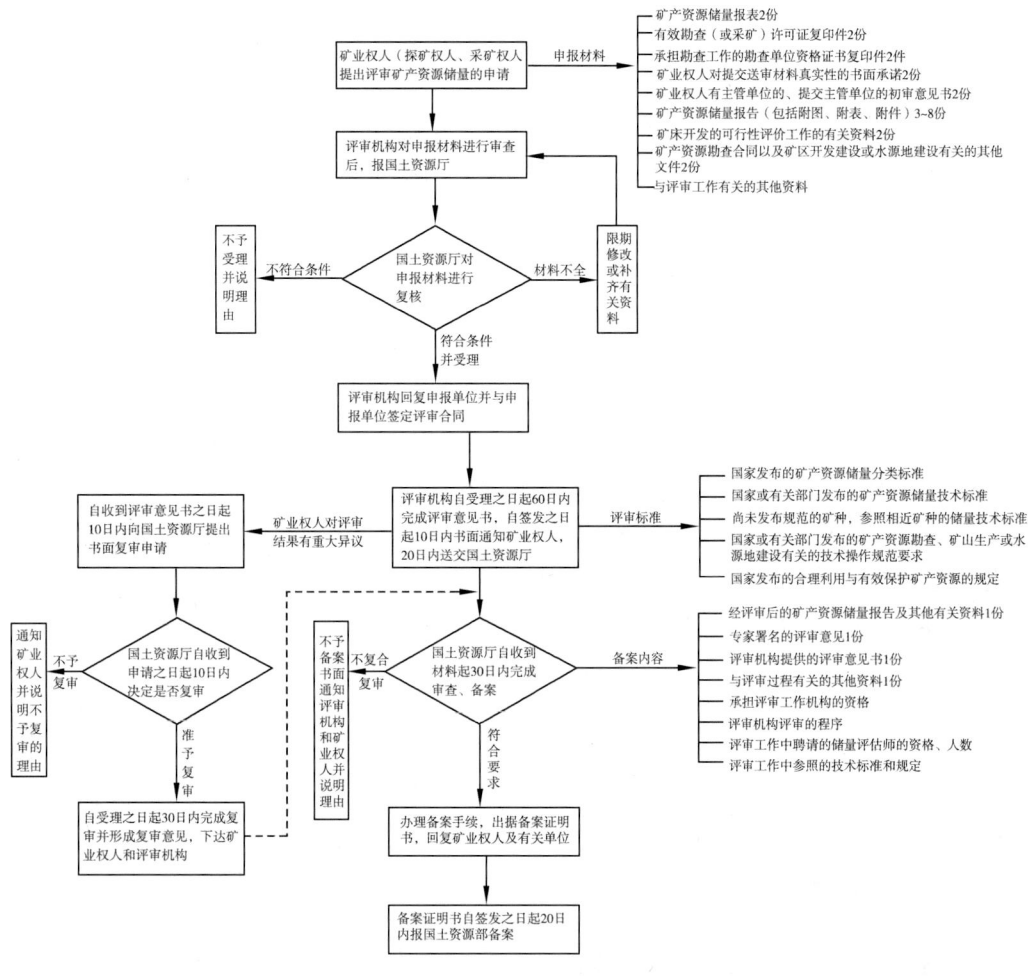

图 20 - 3 - 1

三、矿产资源储量评审的监督管理

（一）储量评审监督管理的目的与依据

矿产资源储量评审备案制度的设立是为了维护矿产资源的国家所有权益，科学的规划、管理、保护与合理利用矿产资源，促进矿业发展，确保矿产资源储量合理可靠。在目前，我国储量评审机构同时并存着事业单位机构、中介组织或企业单位机构。行业自律组织尚不健全，为切实维护矿产资源国家所有权益，规范市场行为，政府加强对储量评审的监督管理尤为必要。2003 年 5 月 6 日国土资源部以国土资发〔2003〕136 号文下发了《关于加强矿产资源储量评审监督管理的通知》，要求矿产资源储量评审机构在受理矿产资源储量评审申请后，须在召开评审会议前 3 个工作日，将评审受理与安排情况表送达国土资源行政主管部门。完成评审后，应及时将评审意见书和相关材料报国土资源行政主管部门备案。国土资源行政主管部门应对评审机构报送的评审意见书和相关材料，就评审机构、评审专家及评审程序等进行合规性检查，对符合要求的，出具备案证明。其目的：

（1）统一本省各个矿产地矿产资源储量的评价标准，确保矿产资源储量准确、可靠，提高各个矿产地矿产资源储量的可比性，便于分析对比；

（2）维护矿产资源的国家所有权益，监督矿产资源利用的合理性；

（3）代表国家确认矿产资源实物量，为摸清本地区的矿产资源家底提供基础，为国家进行矿产资源统计、分析和政策制定提供依据；

（4）有效防止矿山企业为了短期利益，随意浪费和破坏国家的矿产资源；

（5）维护矿业活动中的公平竞争环境，避免交易过程中资源储量方面的商业性欺诈行为。

（二）对评审机构进行监督管理

（1）国土资源部对评审机构实行统一审批、分级管理的原则，并定期公告矿产资源储量评审资格审批情况。国土资源部负责审批、管理、指导和监督全国评审机构的工作，并直接管理和监督中央级的评审机构；省、自治区、直辖市人民政府地质矿产行政主管部门管理和监督省级的评审机构；国土资源部对省、自治区、直辖市人民政府地质矿产行政主管部门在评审机构管理工作中有不符合有关规定的，有权进行纠正。

（2）国土资源部对评审机构的工作进行年检并定期统一公告。

评审机构在每年的第一季度内分别向矿产资源储量评审监督管理机关提交上一年度的评审工作报告，据实提供有关情况和资料，接受年检；各省、自治区、直辖市人民政府矿产主管部门于每年上半年，将其管理监督的省级评审机构年检情况向国土资源部报告。

（3）国土资源部对违反规定的评审机构进行相应的处罚。对于未通过年检或未接受年检的评审机构，国土资源部暂停其矿产资源储量评审资格；对违反有关法律、法规、规定或延误矿产资源储量评审认定，造成严重影响的，由矿产资源储量评审监督管理机关对其进行整顿，情节严重的，取消其资格；被取消矿产资源储量评审资格的评审机构，12个月内国土资源部不再受理其新的矿产资源储量评审资格申请。

（三）对储量评估师的监督管理

为了保证矿产资源储量评审工作质量，加强和规范评审人员管理，提高评审人员素质和执业水平，人事部、国土资源部于1999年3月联合颁发了《矿产资源储量评估师执业资格制度暂行规定》，国土资源部于2000年2月颁布了《矿产储量评估师管理办法》进一步明确了评估师申报、考核、培训、注册、资格授予、监督管理等环节。

1. 评估师应履行的义务

（1）熟悉掌握矿产资源储量评审有关的法律、法规、规定以及标准的要求。

（2）恪守职业道德和行为规范，坚持客观、公正、实事求是原则。对承担评审工作的项目，提出署名评审意见，并对其内容的真实性、合法性负责。

（3）对承担评审项目的有关资料，应严格保守秘密。

（4）与管理部门保持密切联系，并为其提供有关咨询服务。

2．评估师享有的权利

（1）接受聘请，独立地承担评审业务。

（2）按照规定获取相应数额的评审费。

（3）参加国土资源部组织或经其授权组织的有关业务培训。

（4）向有关管理部门提出改进工作的意见。

（四）评估师的考核

《矿产储量评估师管理办法》第11条规定：矿产储量评估师受聘执业期间的考核工作，由相应的矿产资源储量评审机构负责。受聘的评估师应提供年终个人评审工作总结，评审机构提供考核意见，报相应注册机关备案。考核的主要内容有如下。

（1）考核评估师对法律、法规、规范和规定等有关标准的执行情况，在评审过程中有否明显错误或原则错误，有否违法、违规和违纪行为，有否违反技术规范、规定等行为；

（2）考核评估师在评审矿产资源储量报告工作中，是否恪守职业道德和行为规范，是否坚持客观、公正、实事求是的原则，是否按要求提出署名意见，并对其内容的真实性、合法性负责；

（3）考核评估师对承担评审项目的有关资料是否严格保守秘密，有否利用职权之便为个人捞取好处；

（4）考核评估师是否按照规定参加有关的法律、法规和业务培训等。

（五）违规评估师的处罚

《矿产储量评估师执业资格制度暂行规定》第11条及《矿产储量评估师管理办法》第14条规定：矿产储量评估师受聘承担矿产资源储量报告评审工作中，有徇私舞弊、弄虚作假、玩忽职守，构成犯罪的，依法追究刑事责任；取得资格的矿产储量评估师，有下列情形之一，未构成犯罪的，由国土资源部视其情节轻重，给予警告、暂停执业、注销注册、吊销证书等处分：

（1）未经注册，从事矿产资源储量评审工作的；

（2）未经相关评审机构同意，私自为所评审的项目提供咨询服务或参与有关工作的；

（3）准许他人以本人名义承担评审业务的；

（4）玩忽职守，不认真完成个人书面评审意见的；

（5）涂改、转让执业资格证书的；

（6）受聘中，利用职务之便索取、收受不正当的酬金或其他财物的；

（7）评审过程中，弄虚作假，有违反法律、法规、规定行为，损害国家利益，给矿业权人造成经济损失的。

《矿产储量评估师管理办法》第16条规定：根据本办法被吊销资格证书的人员，不得再次申报矿产储量评估师资格。

第三节　建设项目压覆重要矿产资源管理

一、概述

随着国民经济的发展，建设项目压覆矿产资源的现象时有发生，且有加剧的趋势。依法加强建设项目压覆矿产资源的监督管理，对保护好不可再生的矿产资源，促进项目建设，保障国民经济持续稳定发展具有重要的现实和长远意义。

（一）重要矿产资源的概念

重要矿产资源指国家规划区、对国民经济具有重要价值的矿区和《矿产资源开采登记管理办法》附录中34个矿种的矿床规模在中型以上的矿产资源。

（二）建设项目压覆矿产资源的含义

建设项目压覆矿产资源是指建设项目实施后导致矿产资源不能开发利用。大致包括三种情况。

（1）建设项目直接压覆于探明的矿产资源之上。

（2）建设项目未直接压覆于探明矿产资源之上，但其安全矿柱压覆探明矿产资源。

（3）建设项目未直接压覆探明矿产资源，保安矿柱也未压覆探明矿产资源，但因建设项目实施，导致周边一定范围内的矿产资源不能开采。

建设项目与矿区范围重叠而不影响矿产资源正常开采的，不做压覆处理。

二、建设项目压覆重要矿产资源管理内容

（一）建设项目压覆矿产资源管理的基本原则

矿产资源是不可再生的资源，是经济发展的物质基础。审批中必须坚持保护为主的原则。建设项目选址应避免压覆矿产资源。当发现建设项目压覆矿产资源时，尤其是重要矿产资源，首先要考虑调整的可能性，凡有条件调整的均应当调整。

坚持统筹兼顾的原则。对一些项目，尤其是重要的建设项目，经多方案比较分析论证仍难以避免压覆资源的，则应在分析论证基础，尽量减少资源压覆量，或压覆资源质量差、开采技术条件差的资源。做到统筹兼顾，既保护资源，也有利于项目建设。

坚持现场调研审查原则。对压覆矿产资源的建设项目，尤其是重大压矿项目，应到现场进行踏勘调研，在充分了解情况基础上做出决择。

（二）建设项目压覆矿产资源的分级管理与程序

（1）分级管理。根据《矿产资源法》、《矿产资源法实施细则》、国土资源部令第23号《矿产资源登记统计管理办法》、国土资源部《关于规范建设项目压覆矿产资源审批工作的通知》（国土资发〔2000〕386号）文的有关规定及精神，建设项目压覆矿产资源实行国土资源部，省、市、县四级国土资源管理部门管理和国土资源部、省级国土资源管理部门两级审批制度。市、县级国土资源管理部门主要负责向建设单位提供建设

项目所在地区矿产资源分布、开采情况，探矿权、采矿权设置情况，对建设项目压覆矿产资源提出有关意见建议，提出初审意见或压覆矿产资源证明。省级国土资源管理部门主要负责压覆非重要矿产资源的审查审核；以及压覆重要的矿产资源的初审评估工作。国土资源部负责压覆重要矿产资源的审批工作。

（2）管理程序。①建设项目压覆重要矿产资源，在建设项目可行性研究阶段，建设单位提交建设项目压覆矿产资源调查报告，提出压覆重要矿产资源申请，市、县级国土资源部门出具初审意见，由省级国土资源主管部门审查，出具是否压覆重要矿床证明材料或压覆重要矿床报告，报国土资源部批准。②建设项目压覆非重要矿产资源，在建设项目可行性研究阶段，建设单位提交压矿调查报告，提出压覆非重要矿产资源申请，由矿产所在地区的县级以上国土资源主管部门审查，出具是否压覆非重要矿床证明材料或压覆非重要矿床报告，报省级国土资源主管部门批准。

（三）建设单位应履行的义务

（1）在建设项目可行性研究阶段，委托有资质的地勘单位，开展建设项目压覆矿产资源调查工作，编制压矿调查报告。调查工作的重点：调查建设项目选址区域内及周边一定范围内探矿权、采矿权设置情况；压覆探明矿产资源情况；以及建设项目实施后，对建设区域内和周边地区矿产资源开发带来的影响。压矿调查报告是核准建设项目压覆矿产资源，依法监督管理的重要依据，应客观、真实、准确，要满足建设项目压矿登记的需要，满足监督管理需要，要为主管部门决策提供充分依据。

（2）建设项目压覆矿产资源的，在其范围内有探矿权、采矿权的，应按国家有关规定，由建设单位与矿业权人签订补偿协议或有关文字材料，报批准压覆的部门备案，并协助矿业权人及时到原发证机关办理相应的矿区范围变更手续。

（3）国土资源行政主管部门审查和现场调研情况时，建设单位应予配合，如实介绍压覆矿产资源情况，并提供相应资料。

（4）建设项目压覆矿产资源被批准后，建设单位应及时到国土资源行政主管部门办理建设项目压覆矿产资源登记手续。

（四）申请建设项目压覆矿产资源应提交的资料

建设项目压覆重要矿产资源的有关材料经建设项目所在设区的市土资源行政主管部门审核同意后，建设单位将以下材料报省国土资源行政主管部门：

（1）建设项目压覆重要矿产资源审批的申请文件。

（2）建设项目立项及批准文件（项目建议书或初步设计批准文件、备案证明、核准意见、投资计划等）。

（3）建设项目压覆重要矿产资源评估报告。

（4）地质勘查资质证书。

（5）涉及矿业权且有查明资源储量的，需提供与矿业权人的补偿协议或矿业权人同意项目建设的意向书。

（6）建设单位关于资料真实性的书面承诺。

（7）评估报告编制单位关于资料真实性的书面承诺。

（8）县级国土资源行政主管部门的审核意见。

（9）市级国土资源行政主管部门的审核意见。

（10）国土资源行政主管部门要求提交的其他有关材料。

土地利用总体规划编制、修改调整时，建设用地规划范围压覆重要矿产资源的，应向省国土资源行政主管部门提交以下资料：①市、县（市、区）人民政府出具的压覆重要矿产资源申请文件；②土地利用总体规划图；③规划区压覆重要矿产资源的评估报告；④地质勘查资质证书；⑤规划单位关于资料真实性的书面承诺；⑥评估报告编制单位关于资料真实性的书面承诺；⑦涉及矿业权的，提供矿业权人同意项目建设的意向书；⑧省国土资源行政主管部门要求提交的其他有关材料。

（五）建设单位办理建设项目压覆矿产资源登记应提交的资料

批准压覆矿产资源的建设项目，建设单位凭如下资料到国土资源管理部门办理压覆矿产资源登记。

（1）压覆矿产资源储量登记书。

（2）压覆矿产资源储量评审（审查）意见书。

（3）部或省级国土资源行政主管部门同意压覆重要矿产资源的批准文件。

（六）批准压覆矿产资源享有的权利

经批准压覆矿产资源的建设项目，其压覆的矿产资源不再设置采矿权。

第四节　矿产资源储量登记统计管理

一、矿产资源储量登记统计的概念

矿产资源储量登记统计管理是矿产资源管理的重要组成部分。通过矿产资源储量登记和统计，一是可以全面掌握国家的矿产资源家底情况，实现矿产资源储量的动态管理；二是可以建立矿产资源的实物账户和价值账户，为矿产资源核算并纳入国民经济核算体系奠定基础；三是可以为国家和有关部门进行矿产资源利用的规划、计划、调控以及制定有关政策提供服务，为企业勘查开发矿产资源提供信息。

二、矿产资源储量登记统计的内容

（一）矿产资源储量登记管理

1. 矿产资源储量登记的定义及其形式

（1）定义。矿产资源储量登记是指县级以上人民政府国土资源行政主管部门对查明、占用、残留、压覆矿产资源储量的类型、数量、质量特征、产地以及其他相关情况进行登记的活动。

矿产资源储量是指经勘查探明具有利用价值的，呈固态、液固态、液态或气态的能源矿产、金属矿产、非金属矿产和水气矿产的储藏量。

依据《矿产资源登记统计管理办法》的规定，矿产资源储量登记是为了体现国家对矿产资源的所有权，实现国家对矿产资源管理的需要而设立的一项矿产资源储量注册程序。这是国家对矿产资源资产认定的过程，也是探矿权人、采矿权人和压覆矿产资源储量的建设单位必须履行的一项法定义务。

（2）形式。依据《办法》，矿产资源储量登记有4种形式：探矿权人查明的矿产资源储量登记、采矿权人占用的矿产资源储量登记、采矿权人停办或者关闭矿山后有残留或者剩余矿产资源储量登记和建设项目压覆的矿产资源储量登记。

①探矿权人查明的矿产资源储量登记：是指依法取得勘查许可证的探矿权人，在矿产资源储量评审通过后15日内填写相应登记书，与申请办理评审备案的资料同时提交原颁发勘查许可证的国土资源行政主管部门，申报查明的矿产资源储量的登记。未经登记，不予探矿权人办理勘查许可证变更登记、延续登记或保留探矿权，不能据以划定矿区范围。

②采矿权人占用的矿产资源储量登记：是指已取得采矿许可证和正在申请开办的矿山企业在领取采矿证前，应到相应的国土资源行政主管部门申报占用的矿产资源储量的登记。未经登记，不予颁发采矿许可证；变更矿区范围的，不予办理采矿许可证变更登记。

③采矿权人停办或者关闭矿山后有残留或者剩余矿产资源储量登记：是指采矿权人在矿山残留或剩余矿产资源储量评审备案后，填写相应登记书，与申请办理采矿许可证注销登记的资料同时提交原颁发采矿许可证的国土资源行政主管部门，办理残留矿产资源储量的登记。未经登记，不予办理采矿许可证注销登记。

④建设项目压覆的矿产资源储量登记：是指建设单位工程项目压覆矿产资源储量，经评审备案和省级以上国土资源行政主管部门审查同意压覆后，填写相应登记书，与申请办理建设用地审批的资料同时提交受理建设用地审批的国土资源行政主管部门，办理压覆矿产资源储量登记。未经登记，不予办理建设用地审批。

2．矿产资源储量登记的对象与申报条件及登记程序

（1）登记对象。依据《矿产资源登记统计管理办法》规定，下列矿产储量必须登记：探矿权人在不同勘查阶段查明矿产资源储量的；采矿权申请人申请占用矿产资源储量的；采矿权人因变更矿区范围等调整占用矿产资源储量的；停办或者关闭矿山后有残留或者剩余矿产资源储量的；工程建设压覆重要矿产资源储量的。

（2）申报条件。①地质勘查单位申报登记查明的矿产资源储量须具备：本勘查项目的勘查许可证（复印件）；经评审备案或有关主管部门对本勘查项目查明的矿产储量审批文件；矿产资源储量报告及主要附图、附表、附件；地质勘查单位填写的查明矿产资源储量登记书。

②开办矿山企业申报登记矿山占用的矿产资源储量须具备：经采矿登记管理机关复核的矿区范围；有关主管部门对矿山建设项目的批准文件（复印件）；经评审备案或有关主管部门对占用资源储量的审批文件；矿产资源储量报告及主要附图、附表、附件；占用矿产资源储量登记书。

③变更开采范围、开采矿种和企业名称后矿山企业申报登记矿山占用的矿产资源储量须具备：有关主管部门对矿山企业变更开采范围、开采矿种和企业名称的批准文件（复印件）；采矿登记管理机关变更的登记手续；经评审备案或有关主管部门对变更资源储量的审批文件；矿产资源储量报告及主要附图、附表、附件；矿山企业占用矿产资源储量登记书。

④停办（关闭）矿山企业申报残留矿产资源储量须具备：关主管部门对矿山停办（关闭）的批准文件（复印件）；经评审备案或有关主管部门对残留或剩余资源储量的审批文件；矿产资源储量报告及主要附图、附表、附件；停办（关闭）矿山残留矿产资源储量登记书。

⑤建设单位申报压覆矿产储量须具备：部、省国土资源主管部门对建设项目压矿的批复文件（复印件）；该建设项目的批准文件（复印件）；经评审备案或有关主管部门对压覆资源储量的审批文件；矿产资源储量报告及主要附图、附表、附件；建设项目压覆矿产资源储量登记书。

（3）矿产资源储量登记程序。

①探矿权人查明的矿产资源储量，在矿产资源储量评审通过巧日内，由原发证的国土资源行政主管部门办理登记。

②外商独资、中外合资、合作勘查探明的矿产资源储量，由申请勘查登记的一方（或合同中约定的一方），在矿产资源储量评审通过巧日内，负责到原发证的国土资源行政主管部门办理登记。

③跨省、自治区、直辖市和县（市）行政区域的矿区矿产资源储量，由探明该矿区矿产资源储量的勘查单位到领取勘查许可证的省、自治区、直辖市的国土资源行政主管部门办理登记。

④开办矿山企业在主管部门对矿山建设项目批准后，领取采矿许可证时，到发证的国土资源行政主管部门同时办理登记。

⑤跨省、自治区、直辖市和县（市）行政区域的矿山占用矿产资源储量，由矿山企业到批准开办矿山企业的主管部门所在地同级的国土资源行政主管部门办理登记。

⑥办理采矿许可证变更登记手续时同时办理。

⑦采矿权人停办或者关闭矿山残留或者剩余的矿产资源储量，由原发证的国土资源行政主管部门在办理采矿许可证注销手续时同时办理。

⑧工程建设项目压覆的重要矿产资源储量，由批准建设用地的国土资源行政主管部门在办理建设用地审批手续时同时办理。

⑨《办法》实施以前已按原《矿产储量登记统计暂行办法》登记矿产资源储量的，根据《办法》和省国土资源行政主管部门的有关规定进行补充登记；未按原《矿产储量登记统计暂行办法》登记矿产资源储量的，由探矿权人、采矿权人或压覆重要矿产资源的工程建设单位依照《办法》的规定，申请补办矿产资源储量登记手续。

3. 矿产资源储量登记书

（1）矿产资源储量登记书的形式。矿产资源储量登记书有 6 种形式：查明矿产资源储量登记书；占用矿产资源储量登记书；停办（关闭）矿山残留矿产资源储量登记书；压覆矿产资源储量登记书；油气矿产资源储量登记书；地热及矿泉水矿产资源储量登记书。各登记书如下：

（2）登记书的主要内容。6种登记书的主要内容分三部分；第一部分由申报登记单位的信息组成，如单位的名称、性质、勘查许可证编号、发证机关等；第二部分由资源储量的信息组成，主要包括矿产名称、矿产代码、储量计算对象、矿产组合、探明储量、矿区名称及编号、设计生产能力、地理位置、地质勘查报告的审批情况等；第三部分是矿产资源储量登记管理机关的意见。

（二）矿产资源统计管理

1. 矿产资源统计的概念

矿产资源统计是一项重要的年度性地矿行政管理工作。它是指各级国土资源管理部门依据有关法律法规和有关规定，对辖区内查明的、占用的、压覆的及停办矿山残留矿产资源储量变化及开发利用情况进行综合统计的活动。

2. 矿产资源统计要求

《矿产资源登记统计管理办法》第16条规定，填报矿产资源统计基础表应当如实、准确、全面、及时，并符合统计核查、检测和计算等方面的规定，不得虚报、瞒报、迟报、拒报。

本条规定要求基层单位提供（填报）的年度矿产资源统计资料要如实、准确、全面、及时。矿产资源统计是纳入国家统计系列，也是在全国开展最早的、统计数据最具权威性的专业性统计填报工作，经过几十年的实施，已经形成了一套较完整的统计渠道和统计程序，在国民经济建设中，在中央和地方部门规划中发挥了重要作用。因此，规定要求地勘单位、矿山企业提供的统计资料不得虚报、瞒报、拒报、迟报，不得伪造、篡改。

3. 矿产资源统计程序

矿产资源统计，应当使用由国土资源部统一制订并经国务院统计行政主管部门批准的矿产资源统计基础表。开采的矿产资源，以年度为统计周期，以采矿许可证划定的矿区范围为基本统计单元。但油气矿产以油田、气田为基本统计单元。

未列入矿产资源统计基础表的查明矿产资源储量、压覆矿产资源储量、残留矿产资源储量及其变化情况和占用矿产资源储量的相关情况，依据矿产资源储量登记书进行统计。

采矿权人应当于每年1月底前，完成矿产资源统计基础表的填报工作，并将矿产资源统计基础表一式三份，报送矿区所在地的县级国土资源行政主管部门。统计单元跨行政区域的，报共同的上级国土资源行政主管部门指定的县级国土资源行政主管部门。

开采石油、天然气、煤层气和放射性矿产的，采矿权人应当于每年3月底前完成矿产资源统计基础表的填报工作，并将矿产资源统计基础表一式两份报送国土资源部。

上级国土资源行政主管部门负责对下一级国土资源行政主管部门上报的统计资料和采矿权人直接报送的矿产资源统计基础表进行审查、现场抽查和汇总分析。

省级国土资源行政主管部门应当于每年3月底前将审查确定的统计资料上报国土资源部。

第四章　矿产开发管理

第一节　概　述

一、矿产开发管理的概念

矿产资源开发管理是指国土资源行政主管部门为维护矿产资源国家所有权和采矿权人的合法权益，维护矿业秩序，促进矿业发展，对我国领域及管辖的其他海域内开采矿产资源的活动，依法进行管理的行为。具体地说，就是国土资源行政主管部门依据法定的矿产资源开发利用监督权，对采矿权人遵守法律法规，履行义务，执行国家行政机关命令和决定的情况所进行的监督、检查和管理。

二、矿产开发管理的原则

矿产资源开发管理的基本原则是指在矿产资源开发利用和保护过程中，有关权利主体和行为主体必须遵守的原则。

（一）矿产资源国家所有的原则

《宪法》第九条规定，矿藏等自然资源属于国家所有，即全民所有。《中华人民共和国矿产资源法》（以下简称《矿产资源法》）第三条第一款规定，"矿产资源属于国家所有，地表或者地下的矿产资源的国家所有权，不因其所依附的土地的所有权或者使用权的不同而改变。"

（二）矿产资源国家管理的原则

矿产资源属于国家所有，国家通过自己的机关行使矿产资源所有者的权能，这些机关在法定的权限范围内实施对矿产资源合理开发和保护等国家行政管理。在管理的过程中，按照矿产资源所有权与使用权分离的原则，通过建立各项法律制度，实施各项具体行政行为进行管理。

（三）合理开发利用与保护矿产资源的原则

我国对矿产资源的勘查、开发实行统一规划、合理布局、综合勘查、合理开采和综合利用的方针，强调必须"在保护中开发，在开发中保护"矿产资源。同时，法律规定开采矿产资源必须保护环境，节约土地。

（四）节约集约利用矿产资源的原则

人类赖以生存的资源很多是不可再生的，如煤炭、石油、矿石等，不节约使用和有效保护，就会很快枯竭。从我国基本国情看，我国石油和主要矿产资源都大量进口，资源短缺已成为制约发展的重要瓶颈。另一方面，我国资源利用方式粗放、浪费严重，矿产资源总回收率才 30% 左右，资源综合利用率只有 35% 左右，单位国内生产总值资源能源消耗远高于发达国家。因此，必须十分珍惜和节约资源，要坚持节约资源和保护环境的基本国策。从可持续发展的角度来看，我们必须长期坚持节约集约利用矿产资源的原则，提高资源开发利用效率和水平，加快转变矿业发展方式，增强资源保障能力。

（五）采矿权有偿取得和依法转让的原则

1996 年对《矿产资源法》进行修改时，明确了矿业权有偿取得和探矿权、采矿权可以依法转让的原则，并制定了相应的配套法规。

三、矿产开发管理的内容

矿产开发管理是国土资源行政管理机关为实现国家对矿产资源的所有权益，保护采矿权人合法权利的基本要求，对采矿权从有偿设立到注销进行管理的全过程。主要内容有：①界定采矿权的性质、时间和空间限制；②设定取得采矿权的资格、条件和程序；③界定采矿权人的权利和义务；④受理采矿权申请，审批并授予采矿权；⑤征收、管理采矿权使用费、采矿权价款和矿产资源补偿费；⑥采矿权转让、延续、变更和注销管理；⑦保护合法的采矿权等等。

第二节　采矿权许可

采矿权是指具有相应资质条件的法人、公民或其他组织在法律允许的范围内，对国家所有的矿产资源享有的占有、开采和收益的一种特别法上的物权，在物权法概括性规定基础上由《矿产资源法》予以具体明确化。《中华人民共和国矿产资源法实施细则》规定：采矿权，是指在依法取得的采矿许可证规定的范围内，开采矿产资源和获得所开采的矿产品的权利。取得采矿许可证的单位或者个人称为采矿权人。

采矿权许可，是指采矿登记管理机关根据采矿权申请人提出的申请，经过依法审查，通过颁发采矿许可证等形式，准予其在规定时段开采规定空间范围内指定矿种的行政审批行为。

采矿权许可包括划定矿区范围、采矿权新立、采矿权延续、采矿权出让、采矿权转让、采矿权变更、采矿权注销以及采矿权抵押备案等。

一、采矿权出让

采矿权出让是指采矿登记管理机关以批准申请、招标、拍卖或挂牌等方式向采矿权申请人授予采矿权的行为。

（一）采矿权出让有关规定

（1）采矿权的出让由县级以上人民政府地质矿产主管部门根据《矿产资源开采登

记管理办法》及省、自治区、直辖市人民代表大会常务委员会制定的管理办法规定的权限，采取批准申请、招标、拍卖、挂牌等方式进行。

出让采矿权的范围可以是国家出资勘查并已经探明的矿产地、依法收归国有的矿产地和其他矿业权空白地。

（2）各级地质矿产主管部门按照法定管辖权限出让国家出资勘查并已经探明矿产地的采矿权时，应委托具有国务院地质矿产主管部门认定的矿业权评估机构进行采矿权评估。

中央财政出资勘查形成矿产地的采矿权的评估结果，由国务院地质矿产主管部门备案。地方财政出资勘查形成矿产地的采矿权的评估结果，由省级人民政府地质矿产主管部门进行备案。

中央和地方财政共同出资勘查形成矿产地的采矿权的评估结果，经省级人民政府地质矿产主管部门提出审查意见，由国务院地质矿产主管部门备案。

国家与企业或个人等共同出资勘查形成矿产地的采矿权的评估结果，按照国家出资的渠道，分别由国务院地质矿产主管部门或委托省级人民政府地质矿产主管部门进行备案。

（3）采矿权价款经登记管理机关批准可以分期缴纳。申请分期缴纳采矿权价款，应向登记管理机关说明理由，并承诺分期缴纳的额度和期限，经批准后实施。

山东省财政厅、国土资源厅《关于深化探矿权、采矿权有偿取得制度改革有关问题的通知》（鲁财建〔2008〕110 号）要求，由国土资源部登记发证的采矿权价款在 3 000 万元以下的，原则上一次性缴清；由地方（含省级）登记发证的采矿权价款在 1 000 万元以下的，原则上一次性缴清。分期缴纳价款的采矿权人应按中国人民银行发布的同档次银行贷款基准利率水平承担资金占用费。

（二）采矿权出让方式

采矿权出让分为竞争性出让和非竞争性（即协议）出让 2 种方式。

1. 竞争性出让分为招标、拍卖、挂牌 3 种方式

采矿权招标拍卖挂牌活动应当遵循公开、公平、公正和诚实信用的原则。国土资源部负责全国采矿权招标拍卖挂牌活动的监督管理。上级主管部门负责监督下级主管部门的采矿权招标拍卖挂牌活动。

（1）采矿权招标：是指国土资源主管部门发布招标公告，邀请特定或不特定的投标人参加投标，根据投标结果确定采矿权中标人的活动。

（2）采矿权拍卖：是指国土资源主管部门发布拍卖公告，由竞买人在指定的时间、地点进行公开竞价，根据出价结果确定采矿权竞得人的活动。

（3）采矿权挂牌：是指国土资源主管部门发布挂牌公告，在挂牌公告规定的期限和场所接受竞买人的报价申请并更新挂牌价格，根据挂牌期限截止时的出价结果确定采矿权竞得人的活动。

新设采矿权有下列情形之一的，国土资源主管部门应当以招标拍卖挂牌的方式授予：①国家出资勘查并已探明可供开采的矿产地；②采矿权灭失的矿产地（《矿产勘查

开采分类目录》规定的第一类、第二类矿产，采矿权灭失或以往有过采矿活动，经核实存在可供开采矿产资源储量或有经济价值矿产资源的矿产地）；③探矿权灭失的可供开采的矿产地［《矿产勘查开采分类目录》规定的第一类、第二类矿产，探矿权灭失、但矿产勘查工作程度已经达到详查（含）以上程度并符合开采设计要求的矿产地］；④国土资源主管部门规定无须勘查即可直接开采的矿产（《矿产勘查开采分类目录》中规定的第三类矿产）；⑤国土资源部、省级国土资源主管部门规定的其他情形。

2. 非竞争性（即协议）出让

（1）非竞争性（协议）出让的情形。采矿权有下列情形之一的，经批准允许以协议方式出让。①国务院批准的重点矿产资源开发项目和为国务院批准的重点建设项目提供配套资源的矿产地；②为列入国家专项的老矿山（危机矿山）寻找接替资源的找矿项目；③经省（区、市）人民政府同意，并正式行文报国土资源部批准的大中型矿产资源开发项目；④已设采矿权需要整合或利用原有生产系统扩大勘查开采范围的毗邻区域。

（2）协议出让的申请。

①国务院批准的重点矿产资源开发项目和为国务院批准的重点建设项目提供配套资源的矿产地，由项目出资人或者采矿权人持有关批准文件提出申请。

②为列入国家专项的老矿山（危机矿山）寻找接替资源的找矿项目，由采矿权人凭财政下达的项目预算通知或者国土资源部下达的项目计划通知提出申请。异地实施危机矿山接替资源找矿项目的，采矿权人还应提交项目所在地省级人民政府出具的批准文件或者书面意见。

③省级人民政府批准的储量规模为大中型的矿产资源开发项目由国土资源部审批的，由省级人民政府向国土资源部行文，提出协议出让申请。

省级人民政府向国土资源部行文的主要内容包括：协议出让的依据，不宜招标拍卖挂牌的理由，拟协议出让采矿权的开采项目名称、项目出资人、拟设开采区的范围、坐标、面积、勘查程度、资源储量、开发利用情况，是否符合矿业权设置方案等。

④已设采矿权需要整合或利用原有生产系统扩大开采范围的毗邻区域、采矿许可证原由国土资源部颁发的，由采矿权人持省级国土资源主管部门出具的书面意见，向国土资源部提出协议出让申请；其他情况由采矿权人向省级国土资源主管部门提出协议出让申请。

⑤申请协议出让范围超过原采矿权矿区范围面积 25% 的，应由采矿登记管理机关委托具备相应资质的矿山设计单位编制的协议出让扩界论证报告并报省级国土资源主管部门进行论证。市级国土资源主管部门应出具书面意见，主要内容包括：扩大开采范围的理由，协议出让的依据，拟扩大开采范围不足单独另设采矿权的论证情况，拟协议出让采矿权的项目名称、范围、坐标、面积、勘查程度、资源储量、开发利用情况，是否符合矿产资源规划、整合方案和矿业权设置方案等。

⑥采矿权人提出协议出让申请时应附有市级国土资源主管部门出具的初审意见。

（3）协议出让的审批。

①协议出让的采矿权必须通过集体会审，采矿权价款不得低于同类条件下的市场价。

②应当符合矿产资源规划和矿业权设置方案。矿产资源规划和矿业权设置方案未经批准或者备案，不得批准采矿权协议出让申请。

③采矿权协议出让实行国土资源部和省级国土资源主管部门两级审批。《矿产资源开采登记管理办法》附录中所列 34 个重要矿种采矿权的协议出让，由国土资源部审批；34 个重要矿种以外其他矿种采矿权的协议出让，由省级国土资源主管部门审批；国土资源部授权省级国土资源主管部门负责采矿登记的采矿权，因矿业权整合或者扩大开采范围需要协议出让的，由省级国土资源主管部门审批。

④国土资源主管部门在批准协议出让采矿权前，应当将拟批准的开采项目及项目出资人名称、协议出让申请理由等基本情况，在"全国矿业权出让转让公示公开系统"进行为期不少于 7 个工作日的公示。经公示无异议后方予批准。

二、划定矿区范围

是指登记管理机关对采矿权申请人提出的可供开采矿产资源的范围及拟设开采工程分布范围的立体空间区域，依法审批的行政行为。划定矿区范围的批准文件是申请人开展采矿登记各项准备工作的依据。

（一）申请划定矿区范围应符合的条件

（1）申请划定的矿区范围一般为可供开采矿产资源范围。拟设采矿工程分布范围超出探矿权范围的，须提交通过登记管理机关组织的专家论证意见。

（2）大中型煤矿应达到勘探程度；非煤矿山、小型煤矿原则上应达到勘探程度；简单矿床应达到详查程度并符合开采设计要求；《关于进一步规范矿业权出让管理的通知》（国土资发〔2006〕12 号）中规定的第三类矿产应达到矿山建设要求的地质工作程度，具体要求由各省（区、市）国土资源主管部门自行规定。

（3）必须符合矿产资源规划和矿业权设置方案。国家规划矿区内矿业权设置方案未经批准的，原则上不受理新立采矿权申请；国家规划矿区内探矿权人持其探矿权申请采矿权，申请范围与矿产资源规划和矿业权设置方案不符的，原则上应调整到与矿产资源规划和矿业权设置方案一致。

（4）与周边毗邻的采矿权应按设计规范的规定保留安全间距。

（5）已设采矿权利用原有生产系统申请扩大矿区范围的，应符合国家产业政策、矿产资源规划和矿业权设置方案。扩区范围的地质工作程度应满足设立采矿权的要求。满足设立采矿权要求的，申请人应在完成资源储量评审后，申请划定矿区范围。涉及采矿权价款的，应按规定完成采矿价款评估。采矿权扩区范围原则上限于原采矿权深部及周边零星分散且不宜单独另设采矿权的矿产资源。

（6）超出上述规定扩大矿区范围的，登记管理机关应按照矿产资源规划和矿业权设置方案，重新设立矿业权，原采矿权人可以参与竞争。需按协议方式出让的，按《关于进一步规范矿业权出让管理的通知》（国土资发〔2006〕12 号）等规定的省级人民政府正式行文报国土资源部批准的程序和条件办理。

（7）新申请划定的矿区范围内涉及多个矿种的，采矿权申请人应按评审备案的资源储量报告审定的主矿种申请，并对共伴生资源综合利用，对共伴生资源综合利用有限制性规定的，按有关规定办理。

（8）探矿权人申请部分勘查区块采矿权的，应在全部勘查区块地质工作程度达到详查以上并申请探矿权分立后申请。

（9）矿业权在垂直投影范围内原则上不得重叠。涉及和石油、天然气等特定矿种的矿业权重叠的，应当签署互不影响，确保安全生产的协议后申请。

（10）外商投资开采矿产资源，应符合外商投资产业指导目录的有关规定，同时需征求军事部门的意见。

（二）划定矿区范围应提交的材料

（1）下一级采矿登记管理机关初审意见。

（2）划定矿区范围申请表。

（3）申请人的法人营业执照或企业名称核准登记书。

（4）划定矿区范围申请报告，应包括以下内容：①办矿理由及简要论证。②地质工作概况。③矿产资源开发利用初步方案，包括以下内容：拟申请开采矿产资源范围、矿种、位置；拟申请开采矿产资源储量、质量及其可靠程度；拟建矿山生产规模、服务年限、矿产资源综合开发利用方案；当申请范围为整体矿床中的一部分时，应说明与整体矿床的关系以及与矿区总体开发的衔接。④矿山建设投资安排及资金来源。⑤其他需要说明的问题。

（5）与矿山建设相适应的地质报告或相应的地质资料。

（6）储量评审备案证明文件。

（7）矿区范围图（以地质地形图或地质图为底图，坐标系采用1980西安坐标系。一般应标明勘查许可证范围、探矿工程布置、储量估算范围、申请划定范围）。

（8）1:50 000地理位置图（红色线条标注申请矿区范围，黑色线路标注勘查登记范围，1980西安坐标系标注矿体范围）。

（9）采矿权申请范围核查表。

（10）查明矿产资源储量登记书。

（11）地质资料汇交证明。

（12）txt格式电子报盘。

（13）其他要求：①以协议方式出让的，需凭协议出让采矿权的批准文件，编制资源储量核实报告，经评审、备案后，凭相关文件申请划定矿区范围；②按矿产资源开发整合要求设立或变更采矿权的，申请人可凭依照规定批准的矿产资源整合方案、矿产资源储量评审备案文件申请划定矿区范围。

（三）划定矿区范围的审批

1. 初审

下级采矿登记管理机关应对申请人提出的材料进行会审和现场复核，并出具书面初审意见及初审责任表。初审内容包括：

（1）是否符合法律法规要求，申请要件是否齐全，程序是否合法。

（2）是否与已设矿业权交叉重叠，申请矿区范围地面投影及预测地表塌陷区是否影响已设立的矿业权范围。

（3）是否符合矿产资源总体规划、矿业权设置方案。

（4）资源储量是否经评审备案。

（5）是否符合有关地质环境管理的要求。

（6）是否位于《矿产资源法》第二十条规定的区域。

下级采矿登记管理机关的初审意见必须包括上述 6 方面的内容，并提出对新设采矿权的审查意见。

2．审查

采矿登记管理机关在收到申请人报送的申请资料后，应在规定的时限内对申请的矿区范围进行审查。经登记管理机关审查同意开采的，下发划定矿区范围审批意见；不同意开采的，说明理由，退回申请资料。审批划定矿区范围应依据的主要原则：

（1）矿产开发符合统一规划，合理布局、合理开采和综合利用。

（2）矿山建设规模、服务年限要与申请开采的资源储量相适应。

（3）矿山建设体现规模化生产、集约化经营。

3．下达审批意见

审批意见应包括下列主要内容：

（1）开采的矿种、储量及矿区地理位置。

（2）以国家标准坐标标定的矿区范围（标明坐标的拐点数及开采深度）。

（3）矿产资源综合开发利用的意见和要求（包括矿山建设规模，矿山预计服务年限、矿产资源开发综合利用、综合回收等方面的要求）。

（4）矿区范围预留期限。审批意见须及时送申请人，抄送地质矿产主管部门、地方人民政府、其他有关主管部门（如工商行政主管部门）等。

4．矿区范围预留期限

矿区范围预留期为：大型矿山不得超过 3 年，中型矿山不得超过 2 年，小型矿山不得超过 1 年。

（四）划定矿区范围后，申请人应做的主要工作

（1）办理矿山建设项目的立项和企业设立手续（已经设立企业的，应在企业注册登记机关办理经营业务范围的变更手续）。

（2）编制矿产资源开发利用方案、矿山地质环境保护与恢复治理方案、矿山环境影响评价报告、土地复垦方案等采矿登记要件并报批。

（3）到矿产资源储量登记机关办理矿产资源占用储量登记手续。

（4）申请由国家出资探明矿产地的，须由资质的评估机构对采矿权价款进行评估，评估结果由国务院地质矿产主管部门确认。勘查单位与申请开采的国有矿山企业隶属于共同上级（部门、企业、单位）的，可以根据其共同上级的意见，决定是否评估，但

是应按国家关于资产转移的有关规定进行处置。

（5）每半年向采矿登记管理机关报告矿山建设项目和企业设立的有关进展情况。采矿权申请人逾期不办理采矿登记手续、未领取采矿许可证的，视为自动放弃采矿权申请，矿区范围不予保留。

（五）其他规定

（1）探矿权人在取得划定矿区范围批复后，需要变更划定矿区范围持有人的，应在办理完成探矿权转让变更手续后，由探矿权受让人凭转让变更后的勘查许可证，申请办理划定矿区范围持有人的变更手续。

通过招标拍卖挂牌等竞争方式取得划定矿区范围批复的，竞得人需要变更划定矿区范围持有人的，经登记管理机关同意并经公示无异议后，可以变更划定矿区范围持有人。

以协议出让方式划定的矿区范围，除根据企业经营需要设立全资子公司外，不得变更持有人。确需变更持有人的，需提供工商行政管理部门的有关证明。

（2）探矿权人在取得划定矿区范围批复后至取得采矿权前，探矿权有效期届满，可按有关规定申请办理探矿权保留。

（3）非企业自身原因导致无法在规定期限内申请采矿登记的，申请人凭相关证明材料，在划定矿区范围预留期届满 30 日前，申请延续划定矿区范围预留期。延续期间每次不得超过原预留期限。

三、采矿权新立

采矿权申请人在矿区范围预留期内，完成了工商注册登记（或变更）、采矿权申请登记要件的编制及报批、采矿权价款处置及项目立项等有关工作后，应按照《矿产资源开采登记管理办法》规定的审批权限和国土资源主管部门审批的授权，向采矿登记管理机关申请新立采矿权。

（一）采矿权新立需提交的资料

（1）下级采矿登记管理机关初审意见。

（2）采矿权申请登记书。

（3）申请人法人营业执照。

（4）资质证明（验资报告，技术人员、设备情况介绍，下级采矿登记管理机关加盖登记专用章认定）。

（5）矿产资源开发利用方案及批准文件（含安全主管部门审查意见）。

（6）环境影响评价报告及环保部门批准文件。

（7）矿山地质环境保护与恢复治理方案及批准或备案文件。

（8）土地复垦方案及批准或备案文件。

（9）矿区范围批复文件。

（10）有关部门准入证明。

（11）矿区范围图（以拐点标定，并附国家直角坐标和矿区面积）。

（12）占用矿产资源储量登记书。

（13）txt 格式采矿登记电子表格软盘。

（14）法律法规规定的其他资料。

（二）审批

采矿登记管理机关在收到采矿权申请人报送的采矿登记资料和下级采矿登记管理机关的初审调查意见后，应对下列内容进行审查：

（1）申请登记要件是否齐全、真实、有效。

（2）申请范围和面积与登记管理机关批准的划定矿区范围和面积是否相一致。

（3）矿山生产规模是否与设计利用储量相适应；矿山设计规模是否达到最小开采规模标准；是否大矿小开、一矿多开；

（4）矿山设计服务年限是否合理；

（5）矿产资源综合开发、综合利用、综合回收是否合理；

（6）采矿权申请人是否具备必要的资质条件。包括申请采矿权应具有独立企业法人资格，企业注册资本应不少于经审定的矿产资源开发利用方案测算的矿山建设投资总额的 30%，外商投资企业申请限制类矿种采矿权的，应出具有关部门的项目核准文件。

（7）其他需要审查的内容。

采矿登记管理机关应自收到登记资料后在规定的时限内（资料不全或需进行补充和修改的时间除外），做出是否同意办理采矿登记的决定。同意登记的，采矿登记管理机关通知采矿权申请人交纳有关费用后，颁发采矿许可证；不同意登记的，说明理由，将申请登记资料退回。

（三）收费

办理采矿登记应当缴纳采矿权使用费和采矿登记费。

（1）按照《矿产资源开采登记管理办法》（国务院令第 241 号）规定，采矿权使用费收费标准为每平方公里每年 1 000 元。矿区面积或尾数小于等于 0.5 km^2 的按 0.5 km^2 计算，大于 0.5 km^2 小于 1 km^2 的按 1 km^2 计算。

（2）按照地质矿产部、财政部《矿产资源勘查、采矿登记收费标准及其使用范围的暂行规定》（地发〔1987〕289 号）规定，新建、在建、生产矿山采矿登记费收费标准为：大型矿山 500 元，中型矿山 300 元，小型矿山 200 元；矿山企业变更开采范围、矿区面积、开采矿种、开采方式换领采矿许可证，均收费 100 元（财政规定自 2013 年 1 月 1 日至 2014 年 12 月 31 日免征）。

（四）采矿许可证有效期

（1）采矿许可证有效期应与矿产资源开发利用方案中确定的矿山服务年限相适应。当矿山服务年限长于《矿产资源开采登记管理办法》（国务院第 241 号令）第七条规定的上限时，应按法定有效期的上限办理采矿登记；当矿山服务年限不足法规规定的上限时，应按矿山实际可生产年限办理采矿登记。

（2）因特殊原因不能按上述规定的有效期限办理采矿登记的，矿山企业采矿许可证有效期可根据工作需要酌情确定，但原则上不应低于一年，并且应在采矿许可证副本上注明原因。

（五）通知和公告

采矿登记管理机关在颁发采矿许可证后，应通知矿区范围所在地的县级人民政府对矿区范围予以公告。县级人民政府应当自收到通知之日起 90 日内予以公告，并可根据采矿权人的申请，组织埋设界桩或者设置地面标志。

（六）其他规定

（1）外商投资开采矿产资源的，应符合外商投资产业指导目录的有关规定，依照对内资企业发证的权限颁发采矿许可证。

（2）采矿许可证遗失或损毁的，采矿权人应及时在采矿登记机关所在地的主流媒体上刊登遗失声明满 30 日后，持补领申请书及遗失声明登载物原件到原登记管理机关申请补办采矿许可证。

采矿许可证被损坏的，采矿权人应携带能被鉴别为原采矿权许可证的残留件到登记管理机关申请补办采矿许可证。

登记管理机关补办的采矿许可证登记内容应与原证一致，并应注明补领时间。

（3）采矿权人可以在采矿许可证有效期内依法回收利用其尾矿资源和采矿废石，无须另行办理采矿登记；形成尾矿资源和采矿废石的采矿权已经灭失的，登记管理机关应在保障安全和保护环境的前提下，按新立采矿权的程序出让尾矿资源采矿权。

（4）登记管理机关接收采矿权登记申请资料后应出具回执。

需要申请人补正资料的，登记管理机关应书面通知申请人限期补充或者修改。采矿权申请人应在规定的期限内提交补正的资料。

补正资料及听证、鉴定、专家评审、向有关管理机关函调等所需时间不计入审批期限。

四、采矿权延续

按照《矿产资源开采登记管理办法》规定，矿山企业在采矿许可证有效期满，需要继续采矿的，采矿权人应当在采矿许可证有效期届满的 30 日前，到登记管理机关办理延续登记手续。采矿权人逾期不办理延续登记手续的，采矿许可证自行废止，采矿权收归国有。

（一）有关规定及要求

（1）采矿许可证剩余有效期不足 1 年的，负责采矿权年检的国土资源主管部门可以根据当地政府的有关社会服务要求，提醒告知采矿权延续事项。采矿许可证剩余有效期不足 3 个月的，登记管理机关应在本级或上级机关的门户网站上滚动提示采矿权延续事项。

采矿权人在采矿许可证有效期届满前无法完成延续要件准备的，应向登记管理机关书面说明原因，登记管理机关可以在原采矿许可证上加注有效期顺延 3 个月。

（2）因新增审批要件（要求）造成无法按正常规定办理采矿权延续的，登记管理机关可根据实际需要顺延 1 至 2 年，限期要求申请人完成有关工作，并在采矿许可证副本上注明其原因和要求，在相关工作完成后再按《关于进一步规范采矿许可证有效期的通知》（国土资发〔2007〕95 号）要求，办理采矿许可证延续登记。

凡因增加审批条件和程序，要求矿业权人提前补做工作的，应及时通知矿业权人在规定的时间内完成。

（3）申请地热、矿泉水采矿权延续的，需要提供取水许可证。

（4）采矿权人申请采矿权延续登记，应出具经年检合格的采矿许可证，属《矿产资源开采登记管理办法》附录所列的矿种大中型资源储量规模的，凭近 3 年经评审备案的资源储量报告确定剩余查明资源储量；其余的可根据需要凭当年或上一年度经审查合格的矿山储量年报作为剩余查明资源储量的依据。采矿许可证延续的期限应与矿区范围内剩余的可开采利用的查明资源储量相适应，但不得超过国家规定的最长有效期限。采矿权延续申请批准后，其有效期应始于延续采矿许可证原有效期截止之日。

（5）采矿登记管理机关要在规定的时限内完采矿许可证延续登记申请的审批登记工作。凡报件不符合规定，又不按要求补正的，采矿许可证自行废止。凡不具备办理延续登记条件的，应通知申请人办理矿山闭坑或采矿许可证注销登记手续。自行废止或注销的采矿权，登记管理机关应通知相关部门及地方政府，由地方政府监督其停产。

（二）采矿权延续应提交的资料

申请人到登记管理机关办理登记手续时，应出具企业法人执照、法定代表人证明和本人身份证等原件，经核实无误后，方可将复印件作为申报要件；委托他人办理的，被委托人应出具企业法定代表人的书面委托书和本人身份证。

（1）下级采矿登记管理机关初审意见；

（2）采矿权延续申请登记书。

（3）原采矿许可证正、副本。

（4）法人营业执照副本。

（5）安全生产许可证、煤炭生产许可证复印件。

（6）保有资源储量证明。

（7）矿山概况说明（包括历次采矿登记情况、动用资源储量情况，保有可采储量计算依据及对资源开发利用的计划）。

（8）采矿权人的义务（矿产资源补偿费、采矿权使用费缴纳情况、年度报告）履行情况和证明材料。

（9）井上下工程对照图。

（10）法律法规规定的其他材料。

五、采矿权转让

采矿权人因企业合并、分立，与他人合资、合作经营，因企业资产出售以及其他变更资产产权的情形而需要变更采矿权主体时，经依法批准可以将采矿权转让他人采矿。

采矿权人以出售、作价出资，引进他人资金、技术、管理等合作经营，企业重组改制等原因，只要采矿权人的股东、股比发生变化，均属采矿权转让行为。

（一）采矿权转让的条件

（1）矿山企业投入采矿生产满 1 年；采矿权申请人领取采矿许可证后，因与他人合资、合作进行采矿而设立新企业的，可不受投入采矿生产满 1 年的限制。

（2）采矿权属无争议。

（3）按照国家有关规定已经缴纳采矿权使用费、采矿权价款、矿产资源补偿费和资源税。

（4）国务院地质矿产主管部门规定的其他条件。

（二）有关规定

（1）转让采矿权受让人应符合新立采矿权申请人资格条件。

（2）采矿权转让涉及管理权限调整的，原登记管理机关完成转让审批并提出转让意见后，由调整后的登记管理机关办理采矿权变更登记。

（3）国有矿山企业在申请转让采矿权前，应当征得矿山企业主管部门的同意。

（4）不设立合作、合资机构开采矿产资源的，在签订合作或合资合同后，应当将相应的合同报采矿登记管理机关备案。

（5）采矿权价款分期处置的，转让方与受让方必须有承诺缴纳协议，并体现在转让合同中。

（6）采矿权转让审批机关为原采矿许可证发证机关，采矿权转让应首先在矿业权交易机构进行交易鉴证（县级采矿登记管理机关发证的应在设区的市级以上矿业权交易机构进行交易鉴证），并在网上进行一定期限的公示。

（7）有下列情形之一的，采矿权不得转让：①采矿权部分转让的；②被纳入矿产资源开发整合方案的采矿权向非整合主体转让的；③按国家产业政策属于关闭矿山的；④按国家有关规定属于禁止开采区域的；⑤采矿权抵押备案期内未经抵押权人同意的；⑥采矿权处于国土资源行政主管部门立案查处、法院查封、扣押或公安、税务、检察机关等通知立案查处状态的。

除母公司与全资子公司之间的采矿权转让外，以协议出让方式取得的采矿权投产未满 5 年不得转让，确需转让的按原协议出让程序办理。

（8）人民法院将采矿权拍卖或裁定给他人，受让人应依法申请变更登记。申请变更登记的受让人应具备相应的资质条件，登记管理机关凭生效的判决文件，依法予以办理采矿权变更登记。

（9）采矿许可证剩余有效期不足 4 个月，采矿权人申请转让、变更的，受让人应同时向登记管理机关申请办理延续登记。

（三）采矿权转让需提交的材料

（1）下级采矿登记管理机关初审意见。

（2）采矿权转让申请书。

（3）采矿权转让合同（新设立公司的附公司章程）；依据转让方式的不同，转让合同可以是出售转让合同、合资转让合同或者是合作转让合同。合同内容应包括以下内容：①转让人和受让人名称、法定代表人、注册地址；②标的，即采矿权名称；③对标的具体描述，包括采矿许可证证号，发证机关及矿区范围的坐标、采矿许可证有效期限及开发利用情况等；④双方规定的转让价格或收益分配比例；⑤履行合同的期限、地点和方式，买（卖）方要明确一次或分期履行、履行的时间、结果、方式等；⑥受让方对继续履行采矿权人义务的承诺；⑦受让人对继续按经审批的矿产资源开发利用方案进行施工、生产的承诺；⑧违约责任；⑨必要的说明。

（4）依法缴纳矿产资源补偿费缴费证明及票据复印件；依法缴纳资源税完税证明复印件。

（5）受让方资质证明（营业执照复印件及资金、技术、设备等证明材料）。

（6）必须进行评估的，附采矿权评估报告；必须确认的，附国土资源主管部门评估的确认文件。

（7）采矿权价款处置证明文件。

（8）原采矿许可证正、副本及登记资料。

（9）采矿权转让交易鉴证文书。

（10）法律法规规定的其他材料。

（四）审批

采矿登记管理机关在收到采矿权转让申请后，应在规定的时限内，做出准予转让或不准转让的决定，并通知转让人和受让人。对不准转让的，应当说明理由。

采矿权转让合同即发生效力，采矿权受让人即应履行采矿权人法定义务，并应在规定的时间内办理采矿权变更登记手续；逾期未办理的，视为自动放弃转让行为，已批准的转让申请失效。

六、采矿权变更

《矿产资源开采登记管理办法》第15条规定：有下列情形之一的，采矿权人应当在采矿许可证有效期内，向登记管理机关申请变更登记：

（1）变更矿区范围的。

（2）变更主要开采矿种的。

（3）变更开采方式的。

（4）变更矿山企业名称的。

（5）经依法批准转让采矿权的。

（一）采矿权变更有关规定

（1）采矿权原则上不得分立。因开采条件变化等特殊原因确需分立的，应符合矿产资源总体规划和矿业权设置方案，或由省级以上登记管理机关组织专家对分立方案进行论证，论证通过并公示无异议的，经登记管理机关同意后，准予变更登记。

（2）已设采矿权需要整合的，应当首先编制矿产资源整合方案并按规定批准后再申请变更矿区范围。

（3）已设采矿权利用原有生产系统扩大矿区范围的，扩区范围原则上限于原采矿权深部及周边零星分散且不宜单独另设采矿权的资源。扩区面积一般不应超过原矿区范围面积的 25%。若超 25%的，则需编制扩界论证报告。

（4）采矿权扩界的应首先划定矿区范围，并按采矿权新立程序报批。

（5）除《矿产资源开采登记管理办法》第 15 条规定的情形外，凡增加或减少主要开采矿种的、变更生产规模的、变更矿山名称的，采矿权人应当在采矿许可证有效期内，向登记管理机关申请变更登记。

（6）变更主要开采矿种的，应提交相关的储量评审备案文件，并根据需提交经审查批准的矿产资源开发利用方案、环境影响评价报告和矿山安全生产监管部门的审查意见。由高风险矿种变更为低风险矿种的，还应缴纳经评审确定的采矿权价款；变更为国家实行开采总量控制矿种的，还应符合国家有关宏观调控的规定和开采总量控制要求，并需经专家论证通过、公示无异议。

（7）申请扩大生产规模的，应提交经审查批准的矿产资源开发利用方案、环境影响评价报告及矿山安全生产监管部门的审查意见；申请变更矿山名称的，应提交相关的依据性文件。

煤炭采矿权人申请扩大生产规模的，还应当提交有关行业管理部门核定生产能力的文件；实行开采总量控制的矿种申请扩大生产规模的，还应符合开采总量控制指标的有关规定。

（二）采矿权变更应提交的材料

（1）下级采矿登记管理机关初审意见。

（2）采矿权变更申请登记书。

（3）矿山企业法人营业执照复印件。

（4）安全生产许可证，生产许可证（煤炭）。

（5）原采矿许可证正、副本。

（6）开发方案及批准文件。

（7）环评报告及批准文件。

（8）矿山环境保护与恢复治理方案及备案证明文件。

（9）土地复垦方案及批准文件。

（10）下级采矿登记机关对保有储量情况的确认证明材料。

（11）矿山概况说明（包括历次采矿登记情况，动用储量情况，保有可采储量计算依据及对资源开发利用的计划）。

（12）矿区范围图。

（13）采矿权因转让变更矿山名称的，应提交采矿权转让批准文件。

（14）法律法规规定其他资料。

七、采矿权注销

《矿产资源开采登记管理办法》第 16 条规定：采矿权人在采矿许可证有效期内或者有效期届满，停办、关闭矿山的，应当自决定停办或者关闭矿山之日起 30 日内，向原发证机关申请办理采矿许可证注销登记手续。

（一）登记管理机关直接注销采矿权

采矿权人具有下列情形之一的，经公告并已送达采矿许可证注销通知期满 60 个工作日后仍不申请办理注销的，原登记管理机关可以直接注销采矿许可证。

（1）县级以上人民政府因安全生产问题决定关闭且企业法人不再存续的。

（2）企业法人主体资格灭失并且没有合法权利义务承继主体的。

（3）法律法规规定的其他需要直接注销的情形。

（二）采矿权注销需提交的材料

（1）下级采矿登记管理机关初审意见。

（2）原采矿许可证正、副本。

（3）法人营业执照复印件（验原件）。

（4）安全合格证、生产许可证（煤炭）复印件（验原件）。

（5）采矿权注销登记申请表。

（6）闭坑报告或停办矿山的批准文件。

（7）劳动安全、水土保持、土地复垦和环保部门的意见。

（8）矿山概况说明。

（9）井上井下工程对照图。

（10）法规规定的其他资料。

八、采矿权抵押

采矿权抵押是指采矿权人依照有关法律法规的规定作为债务人以其拥有的采矿权在不转移占有的前提下，向债权人提供担保的行为。以采矿权作抵押的债务人为抵押人，债权人为抵押权人，提供担保的采矿权为抵押物。采矿权抵押需要到部、省级国土资源主管部门办理备案手续。

（一）采矿权抵押备案的条件

（1）矿业权价款已处置。

（2）采矿权权属无争议。

（3）采矿权未被法定机关扣压、查封。

（4）采矿权抵押没有超过采矿许可证有效期。

（5）采矿权未处于抵押备案状态或债权人间就受偿关系达成协议。

（二）采矿权抵押备案应提交的材料

（1）下级采矿登记管理机关初审意见。

（2）采矿权抵押备案登记表。

（3）抵押合同（一般为最高额抵押合同）。

（4）借款合同。

（5）采矿权有偿处置证明文件。

（6）采矿许可证复印件。

（7）采矿权评估报告和评估确认。

（8）抵押人和抵押权人工商营业执照。

（9）抵押人和抵押权人法人代表身份证复印件。

（10）办理抵押备案人员的身份证复印件及授权委托书。

（11）法规规定的其他材料。

（三）采矿权抵押备案

符合采矿权抵押备案条件的，登记管理机关出具抵押备案文件，主要内容包括：抵押期限、采矿权转让和抵押实现的条件及抵押备案解除的条件等相关事项；并就抵押双方对标的物价值认定自行承担全部责任、采矿权人因违反矿产资源法律法规受罚后果自负等予以告知。

（四）其他规定

（1）申请采矿权抵押备案的，其采矿权必须是归采矿权人所有，抵押权人原则上为国有银行。

（2）债权人要求抵押人提供抵押物价值的，抵押人应委托评估机构评估抵押物。

（3）采矿权抵押合同解除后20个工作日内，采矿权人应持抵押双方签署的抵押备案解除申请书及原备案文件到原抵押备案机关申请抵押备案解除。

（4）债务人不履行债务时，债权人有权申请实现抵押权，并从处置的采矿权所得中依法受偿。新的采矿权申请人应符合国家规定的资质条件，当事人应依法办理采矿权转让、变更登记手续。

（5）采矿权人被吊销许可证时，由此产生的后果由债务人承担。

第三节 矿产资源税费与采矿权使用费及价款管理

一、资源税

（一）基本概念

资源税是国家对采矿权人征收的税收，是实施矿产资源有偿开采制度的基本形式之一，是针对自然资源的税种。其目的是在于促进国有资源的合理开发、节约使用和有效配置，调节矿山企业因矿产资源赋存状况、开采条件、资源自身优劣以及地理位置等客观存在的差异而产生的级差收益，以保证企业之间的平等竞争。

（二）计算方式

资源税的应纳税额，按照从价定率或者从量定额的办法，分别以应税产品的销售额乘以纳税人具体适用的比例税率或者以应税产品的销售数量乘以纳税人具体适用的定额税率计算。纳税人开采或者生产不同税目应税产品的，应当分别核算不同税目应税产品的销售额或者销售数量；未分别核算或者不能准确提供不同税目应税产品的销售额或者销售数量的，从高适用税率。根据中华人民共和国资源税暂行条例实施细则（中华人民共和国财政部、国家税务总局令第66号）规定，资源税税目税率详见表20-4-1。

　　纳税人申报的应税产品销售额明显偏低并且无正当理由的、有视同销售应税产品行为而无销售额的，除财政部、国家税务总局另有规定外，按下列顺序确定销售额。

　　（1）按纳税人最近时期同类产品的平均销售价格确定。

　　（2）按其他纳税人最近时期同类产品的平均销售价格确定。

　　（3）按组成计税价格确定。组成计税价格为：

　　组成计税价格 = 成本 × （1 + 成本利润率）÷ （1 - 税率）

　　公式中的成本是指应税产品的实际生产成本。公式中的成本利润率由省、自治区、直辖市税务机关确定。

表 20 - 4 - 1　　　　　　　　　　资源税税目税率

税　目		税率（元）	计税单位（t）
1. 原油		5%	
2. 天然气		5%	
3. 煤炭			
（1）焦煤		8	
（2）其他煤炭			
	北京市	2.5	
	河北省	3	
	山西省	3.2	
	内蒙古自治区	3.2	
	辽宁省	2.8	
	吉林省	2.5	
	黑龙江省	2.3	
	江苏省	2.5	
	安徽省	2	
	福建省	2.5	
	江西省	2.5	
	山东省	3.6	
	河南省	4	
	湖北省	3	
	湖南省	2.5	
	广东省	3.6	
	广西壮族自治区	3	
	重庆市	2.5	
	四川省	2.5	
	贵州省	2.5	
	云南省	3	
	陕西省	3.2	

（续表）

税目		税率（元）	计税单位（t）
	甘肃省	3	
	青海省	2.3	
	宁夏回族自治区	2.3	
	新疆维吾尔自治区	3	
4．其他非金属矿原矿			立方米、千克、克拉
（1）玉石、硅藻土、高铝黏土（包括耐火级矾土、研磨级矾土等）、焦宝石、萤石		20	
（2）磷矿石		15	
（3）膨润土、沸石、珍珠岩		10	
（4）宝石、宝石级金刚石		10	克拉
（5）耐火黏土（不含高铝黏土）		6	
（6）石墨、石英砂、重晶石、毒重石、蛭石、长石、滑石、白云石、硅灰石、凹凸棒石黏土、高岭土（瓷土）、云母		3	
（7）菱镁矿、天然碱、石膏、硅线石		2	
（8）工业用金刚石		2	克拉
（9）石棉	一等	2	
	二等	1.7	
	三等	1.4	
	四等	1.1	
	五等	0.8	
	六等	0.5	
（10）硫铁矿、自然硫、磷铁矿		1	
（11）未列举名称的其他非金属矿原矿		0.5～20	立方米、千克、克拉

（续表）

税目		税率（元）	计税单位（t）
5. 黑色金属矿原矿			
	入选露天矿（重点矿山）一等	16.5	
	二等	16	
	三等	15.5	
	四等	15	
	五等	14.5	
	六等	14	
	入选地下矿（重点矿山）二等	15	
	三等	14.5	
	四等	14	
	五等	13.5	
	六等	13	
	入炉露天矿（重点矿山）一等	25	
	二等	24	
	三等	23	
	四等	22	
（1）铁矿石	入炉地下矿（重点矿山）二等	23	
	三等	22	
	四等	21	
	入选露天矿（非重点矿山）二等	16	
	四等	15	
	五等	14.5	
	六等	14	
	入选地下矿（非重点矿山）三等	11.5	
	四等	11	
	五等	10.5	
	六等	10	
	入炉露天矿（非重点矿山）二等	23	
	三等	22	
	四等	21	
	入炉地下矿（非重点矿山）三等	21	
	四等	20	

（续表）

税目		税率（元）	计税单位（t）
（2）锰矿石		6	
（3）铬矿石		3	
6. 有色金属矿原矿			50 m³ 挖出量
（1）稀土矿			
①轻稀土矿（包括氟碳铈矿、独居石矿）		60	
②中重稀土矿（包括磷钇矿、离子型稀土矿）		30	
（2）铜矿石	一等	7	
	二等	6.5	
	三等	6	
	四等	5.5	
	五等	5	
（3）铅锌矿石	一等	20	
	二等	18	
	三等	16	
	四等	13	
	五等	10	
（4）铝土矿	三等	20	
（5）钨矿石	三等	9	
	四等	8	
	五等	7	
（6）锡矿石	一等	1	
	二等	0.9	
	三等	0.8	
	四等	0.7	
	五等	0.6	
（7）锑矿石	一等	1	
	二等	0.9	
	三等	0.8	
	四等	0.7	
	五等	0.6	

（续表）

税目		税率（元）	计税单位（t）
（8）钼矿石	一等	8	
	二等	7	
	三等	6	
	四等	5	
	五等	4	
（9）镍矿石	二等	12	
	三等	11	
	四等	10	
	五等	9	
（10）黄金矿			
①岩金矿石	一等	7	
	二等	6	
	三等	5	
	四等	4	
	五等	3	
	六等	2	
	七等	1.5	
②砂金矿	一等	2	50 m³ 挖出量
	二等	1.8	50 m³ 挖出量
	三等	1.6	50 m³ 挖出量
	四等	1.4	50 m³ 挖出量
	五等	1.2	50 m³ 挖出量
（11）钒矿石		12	
（12）未列举名称的其他有色金属矿原矿		0.4~30 元	
7. 盐			
（1）北方海盐		25	
（2）南方海盐、井矿盐、湖盐		12	
（3）液体盐		3	

注：所列部分税目的征税范围限定如下：原油，是指开采的天然原油，不包括人造石油；天然气，是指专门开采或者与原油同时开采的天然气；煤炭，是指原煤，不包括洗煤、选煤及其他煤炭制品；其他非金属矿原矿，是指上列产品和井矿盐以外的非金属矿原矿；固体盐，是指海盐原盐、湖盐原盐和井矿盐。液体盐，是指卤水。

纳税人具体适用的税率，根据纳税人所开采或者生产应税产品的资源品位、开采条件等情况，由财政部商国务院有关部门确定；财政部未列举名称且未确定具体适用税率的其他非金属矿原矿和有色金属矿原矿，由省（自治区、直辖市）人民政府根据实际情况确定，报财政部和国家税务总局备案。

（三）征收规定

资源税由税务机关征收。纳税人应纳的资源税，应当向应税产品的开采或者生产所在地主管税务机关缴纳。具体征收管理相关规定，依照《中华人民共和国税收征收管理法》和《中华人民共和国资源税暂行条例》等有关规定执行，这里不再赘述。

（四）缴纳方式

纳税人的纳税期限为 1 日、3 日、5 日、10 日、15 日或者 1 个月，由主管税务机关根据实际情况具体核定。不能按固定期限计算纳税的，可以按次计算纳税。

纳税人以 1 个月为一期纳税的，自期满之日起 10 日内申报纳税；以 1 日、3 日、5 日、10 日或者 15 日为一期纳税的，自期满之日起 5 日内预缴税款，于次月 1 日起 10 日内申报纳税并结清上月税款。

（五）减缴、免缴规定

有下列情形之一的，减征或者免征资源税。

（1）开采原油过程中用于加热、修井的原油，免税。

（2）纳税人开采或者生产应税产品过程中，因意外事故或者自然灾害等原因遭受重大损失的，由省、自治区、直辖市人民政府酌情决定减税或者免税。

（3）国务院规定的其他减税、免税项目。

二、矿产资源补偿费

（一）基本概念

根据《中华人民共和国矿产资源法》和《矿产资源补偿费征收管理规定》的有关规定，在中华人民共和国领域和其他管辖海域开采矿产资源，应当依照规定缴纳矿产资源补偿费。

矿产资源补偿费是一种财产性收益，它是矿产资源国家所有权在经济上的实现形式。矿产资源补偿费由中央和地方共享。由地质矿产主管部门会同同级财政主管部门负责征收。

矿产资源补偿费是国家地质矿产主管部门及财政主管部门依据《矿产资源补偿费征收管理规定》，向采矿权人征收的一种费用。目的是维护国家对矿产资源的财产权益，并促进矿产资源的勘查、合理开发和保护。

（二）比例计征

矿产资源补偿费按照矿产品（这里矿产品是指矿产资源经过开采或者采选后，脱离自然赋存状态的产品）销售收入的一定比例计征。企业缴纳的矿产资源补偿费列入管理费用。

（三）计算方式

征收矿产资源补偿费金额＝矿产品销售收入×补偿费费率×开采回采率系数

开采回采率系数＝核定开采回采率/实际开采回采率

矿产资源补偿费依照国务院令第 150 号文附录所规定的费率征收（表 20-4-2）。

表 20 - 4 - 2   矿产资源补偿费费率

矿种	费率（%）
石油	1
天然气	1
煤炭、煤成气	1
铀、钍	3
石煤、油砂	1
天然沥青	2
地热	3
油页岩	2
铁、锰、铬、钒、钛	2
铜、铅、锌、铝土矿、镍、钴、钨、锡、铋、钼、汞、锑、镁	2
金、银、铂、钯、钌、锇、铱、铑	4
铌、钽、铍、锂、锆、锶、铷、铯	3
镧、铈、镨、钕、钐、铕、钇、钆、铽、镝、钬、铒、铥、镱、镥	3
离子型稀土	4
钪、锗、镓、铟、铊、铪、铼、镉、硒、碲	4
宝石、玉石、宝石级金刚石	4
石墨、磷、自然硫、硫铁矿、钾盐、硼、水晶（压电水晶、熔炼水晶、光学水晶、工艺水晶）、刚玉、蓝晶石、硅线石、红柱石、硅灰石、钠硝石、滑石、石棉、蓝石棉、云母、长石、石榴子石、叶蜡石、透辉石、透闪石、蛭石、沸石、明矾石、芒硝（含钙芒硝）、金刚石、石膏、硬石膏、重晶石、毒重石、天然碱、方解石、冰洲石、菱镁矿、萤石（普通萤石、光学萤石）、黄玉、电气石、玛瑙、颜料矿物（赭石、颜料黄土）、石灰岩（电石用灰岩、制碱用灰岩、化肥用灰岩、熔剂用灰岩、玻璃用灰岩、水泥用灰岩、建筑石料用灰岩、制灰用灰岩、饰面用灰岩）、泥灰岩、白垩、含钾岩石、白云岩（冶金用白云岩、化肥用白云岩、玻璃用白云岩、建筑用白云岩）、石英岩（冶金用石英岩、玻璃用石英岩、化肥用石英岩）、砂岩（冶金用砂岩、玻璃用砂岩、水泥配料用砂岩、砖瓦用砂岩、化肥用砂岩、铸型用砂岩、陶瓷用砂岩）、天然石英砂（玻璃用砂、铸型用砂、建筑用砂、水泥配料用砂、水泥标准砂、砖瓦用砂）、脉石英（冶金用脉石英、玻璃用脉石英）、粉石英、天然油石、含钾砂页岩、硅藻土、页岩（陶粒页岩、砖瓦用页岩、水泥配料用页岩）、高岭土、陶瓷土、耐火黏土、凹凸棒石黏土、海泡石黏土、伊利石黏土、累托石黏土、膨润土、铁矾土、其他黏土（铸型用黏土、砖瓦用黏土、陶粒用黏土、水泥配料用黏土、水泥配料用红土、水泥配料用黄土、水泥配料用泥岩、保温材料用黏土）、橄榄岩（化肥用橄榄岩、建筑用橄榄岩）、蛇纹岩（化肥用蛇纹岩、熔剂用蛇纹岩、饰面用蛇纹岩）、玄武岩（铸石用玄武岩、岩棉用玄武岩）、辉绿岩（水泥用辉绿岩、铸石用辉绿岩、饰面用辉绿岩、建筑用辉绿岩）、安山岩（饰面用安山岩、建筑用安山岩、水泥混合材用安山玢岩）、闪长岩（水泥混合材用闪长玢岩、建筑用闪长岩）、花岗岩（建筑用花岗岩、饰面用花岗岩）、麦饭石、珍珠岩、黑曜岩、松脂岩、浮石、粗面岩（水泥用粗面岩、铸石用粗面岩）、霞石正长岩、凝灰岩（玻璃用凝灰岩、水泥用凝灰岩、建筑用凝灰岩）、火山灰、火山渣、大理岩（饰面用大理岩、建筑用大理岩、水泥用大理岩、玻璃用大理岩）、板岩（饰面用板岩、水泥配料用板岩）、片麻岩、角闪岩、泥炭、镁盐、碘、溴、砷	2

（续表）

矿种	费率（%）
湖盐、岩盐、天然卤水	0.5
二氧化碳气、硫化氢气、氦气、氢气	3
矿泉水	4
地下水费率及征收管理办法由国务院另行规定	

　　矿产资源补偿费征收是采矿权人因开采消耗属于国家所有的矿产资源而对国家的经济补偿，是矿产资源有偿开采和维护国家财产权益的重要体现。矿产资源补偿费自1994年开始征收以来，征收额持续增长，管理制度逐步完善，征收水平不断提高，成绩显著，但也存在没有与开采回采率系数挂钩和一些矿产品计征销售收入的核定缺乏统一标准等问题。为解决实际工作中存在的问题，2013年7月10日，国土部发布了《国土资源部关于进一步规范矿产资源补偿费征收管理的通知》国土资发〔2013〕77号文（表20-4-3），进一步推进了矿产资源补偿费征收管理科学化、规范化，切实保护采矿权人合法利益，维护国家财产权益，促进了矿产资源合理开发利用。

表20-4-3　　　　　　　　　锰矿等9种矿产计征销售收入确定方法

矿种	计征对象	适用范围	销售收入计算方法	计征调整系数	说明
锰矿	原矿	无实际或难以确定原矿市场销售价格的	采出矿石量×原矿平均品位×硅锰合金平均销售价格×计征调整系数	0.4	取最近一个季度国内行业公认度较高的矿产品现货交易所硅锰合金平均销售价格乘以计征调整系数核定原矿计征销售价格
铜矿	铜精矿	无铜精矿市场销售价格的	铜精矿产量×铜精矿品位×电解铜平均销售价格×计征调整系数	0.8	取最近一个季度国内行业公认度较高的矿产品现货交易所电解铜平均销售价格乘以计征调整系数核定铜精矿的计征销售价格
钨矿	精矿	采选企业无钨精矿市场销售价格的	钨精矿产量×碳化钨粉平均销售价格×计征调整系数	0.4	取最近一个季度国内行业公认度较高的矿产品现货交易所的碳化钨粉平均销售价格乘以计征调整系数核定钨精矿价格
	精矿	采选冶联合企业，无钨精矿市场销售价格的	钨精矿产量×APT销售价格或氧化钨销售价格或钨粉销售价格或炭化钨粉销售价格×计征调整系数	不同钨矿产品对应的计征调整系数：APT（仲钨酸铵）：0.65；氧化钨：0.55；钨粉或炭化钨精：0.4	取不同钨矿产品的销售价格乘以对应的计征调整系数核定钨精矿的计征销售价格

（续表）

矿种	计征对象	适用范围	销售收入计算方法	计征调整系数	说明
镍矿	原矿	无原矿市场销售价格的	采出矿石量×原矿平均品位×金属镍平均销售价格×计征调整系数	①硫化镍镍品位<1%的贫矿，计征调整系数为0.2；②1%≤硫化镍镍品位<2%的富矿，计征调整系数为0.3；③2%≤硫化镍镍品位<3%的富矿，计征调整系数为0.4；④硫化镍镍品位≥3%的特富矿，计征调整系数为0.5	取最近一个季度国内行业公认度较高的矿产品现货交易所金属镍平均销售价格乘以对应的计征调整系数核定原矿的计征销售价格
	精矿	采选冶一体化企业无镍精矿市场销售价格的	消耗精矿量×精矿品位×金属镍平均销售价格×计征调整系数	①镍精矿品位<10%，计征调整系数为0.6；②镍精矿品位≥10%，计征调整系数为0.7。	取最近一个季度国内行业公认度较高的矿产品现货交易所镍平均销售价格乘以对应的计征调整系数核定镍精矿计征销售价格
	镍硫精矿	生产镍硫的企业、无镍硫精矿市场销售价格的	镍硫精矿量×镍硫品位×金属镍平均销售价格×计征调整系数	①镍硫品位<40%，计征调整系数为0.8；②镍硫品位≥40%，计征调整系数为0.9。	取最近一个季度国内行业公认度较高的矿产品现货交易所金属镍平均销售价格乘以相应的计征调整系数核定镍硫精矿计征销售价格
金矿	原矿或精矿	对于无原矿或精矿市场销售价格或难以确定其市场销售收入的	黄金矿产品销售量（原矿产品产量×原矿平均品位或金精矿产品销量×金精矿品位）×Au99.95的黄金平均销售价格×计征调整系数	矿产品为合质金，0.7；矿产品为金精矿及其他选矿中间产品，0.78；开采共伴生矿床的，0.7；开采砂矿的（砂金、合质金），0.65。	取最近一个季度国内行业公认度较高的黄金现货交易所Au99.95黄金平均销售价格乘以相应的计征调整系数核定计征销售价格。Au99.95指成色不低于99.95%金锭
钾盐	钾盐矿产品（氯化钾、硫酸钾和硫酸钾镁肥等）	开发利用钾盐资源的企业	钾盐矿产品（氯化钾、硫酸钾和硫酸钾镁肥等）销量×出厂价（不含税）×综合利用系数	0.55	钾盐矿产资源补偿费的计征以综合利用系数代替开采回采率系数，计算公式为：综合利用系数＝（W卤水×T卤水）／（W产品×T产品）×100%。其中，W卤水为采取卤水的重量；T卤水为采取卤水所含有用成分的品位；W产品为最终产品的重量；T产品为最终产品所含有用成分的品位

（续表）

矿种	计征对象	适用范围	销售收入计算方法	计征调整系数	说明
石墨	原矿	无原矿市场销售价格的	采出矿石量×石墨精矿粉平均销售价格/吨石墨精矿粉所需的矿石量×计征调整系数	0.5	以石墨精矿粉平均销售价格除以吨石墨精矿粉所需的矿石量再乘以计征调整系数核定原矿销售价格
地热	原矿	开发利用地热资源的企业	地热水开采量×[当地每立方米地下水资源收费标准+每立方米地下水提高一定温度（ΔT）所需当地煤的费用]×回灌系数		收费标准采取"水+热"。其中"水"比照当地水务部门制定的地下水资源费收费标准；"热"的附加值计算按当地标准煤的市场价格，计算出每立方米地下水提高一定温度ΔT（ΔT=开采地热水的最高温度-25℃）所需当地煤的费用。矿产资源补偿费的计征以回灌系数代替开采回采率系数，计算公式为：回灌系数=1-回灌率（回灌量/取水量）。当回灌量大于等于取水量的80%，回灌系数均取0.2。适宜回灌的地区，设置回灌系数，否则会灌系数取1
矿泉水	原矿	开发利用矿泉水的企业	矿泉水及其系列饮料销售收入×计征调整系数		饮用矿泉水桶装取0.5，瓶装取0.25，饮料（含矿泉啤酒）取0.2。西部地区可适当下调5%~10%

（四）减缴和免缴

依据《矿产资源补偿费征收管理规定》第12条及第13条规定，采矿权人可以申请减免缴矿产资源补偿费。相关规定见第十四篇第三章有关内容。

（五）矿产资源补偿费征收统计网络直报系统

（1）为加强矿产资源补偿费征收管理，提高补偿费征收统计水平和效率，国土资源部组织研发并实行了矿产资源补偿费征收统计网络直报系统（以下简称直报系统）。

（2）直报系统已于2011年12月起正式启用。自2012年起，每季度后第一个月的15日前由省级征管部门将本行政区域内各级征管部门填报，并经审核的本季度数据通过直报系统报国土资源部，年度数据随第四季度数据一并报国土资源部。各省级征管部门要组织做好本区域内市（地）、县（市）级征管部门的统计直报工作。

（3）直报系统正式启用后，各省（区、市）国土资源主管部门每年度报送的矿产资源补偿费征收情况年度统计报表，以及涉及补偿费征收的所有数据，均应以直报系统为基础，充分利用直报系统提供的统计功能，确保数据统一性、权威性。

三、采矿权使用费

（一）基本概念

采矿权使用费是国家实行矿业权有偿取得制度的组成部分。即采矿权人，为获取国家所有的矿产资源开采权按矿区面积逐年支付的经济代价。

（二）征收规定

《矿产资源开采登记管理办法》第9条规定，国家实行采矿权有偿取得制度。采矿权使用费，按照矿区范围面积缴纳，标准为每平方公里每年1 000元。第11条规定，采矿权使用费和国家出资勘查形成的采矿权价款由登记管理机关收取，纳入国家预算管理。按照《关于采矿权申请登记书样式的通知》（国土资发〔1998〕14号）规定，采矿权使用费矿区面积或尾数小于等于0.5 km² 的按0.5 km² 计，大于0.5 km² 小于1 km² 的按1 km² 计。

（三）缴纳方式

按照采矿许可证发证权限，发证机关依据矿区面积、矿山生产规模、发证年限等开具缴款通知书，由采矿权人缴入指定账户。按照现行规定，采矿权使用费应逐年缴纳，部分地区按照采矿权人申请，允许采矿权人一次性缴纳采矿权使用费。

（四）减缴、免缴规定

1. 国内减免采矿权使用费和价款的政策

《矿产资源开采登记管理办法》第12条规定，有下列情形之一的，由采矿权人提出申请，经省级以上人民政府登记管理机关按照国务院地质矿产主管部门会同国务院财政部门制定的采矿权使用费和采矿权价款的减免办法审查批准，可以减缴、免缴采矿权使用费。

（1）开采边远贫困地区的矿产资源的。

（2）开采国家紧缺的矿种的。

（3）因自然灾害等不可抗力的原因，造成矿山企业严重亏损或者停产的。

（4）国务院地质矿产主管部门和国务院财政部门规定的其他情形。

2. 国内对西部地区实行减免采矿权使用费的政策

（1）国家紧缺矿产资源的开发。

（2）大中型矿山企业为寻找接替资源的开发。

（3）运用新技术、新方法提高综合利用水平的（包括低品位、难选冶的矿产资源开发及老矿区尾矿利用）矿产资源开发。

（4）国务院地质矿产主管部门和国务院财政部门规定的其他情形。

3. 国内对紧缺矿种实行减免采矿权使用费的政策

（1）开采菱镁矿、钾盐、铜矿的。

（2）凡开采低渗透、稠油和进行三次采油的，以及从事煤层气开采的。

（3）矿区范围大于 100 km² 的煤矿企业和矿区范围大于 30 km² 的金属矿山企业，确有困难的。

4. 外商减免政策

外商到西部地区以独资方式或与中方合资、合作方式开采非油气矿产资源的，除享受国家已实行的有关优惠政策外，还可以享受免交采矿权使用费 1 年，减半缴纳采矿权使用费 2 年的政策。

四、采矿权价款

（一）基本概念

1. 采矿权价款

《矿产资源法》第 5 条规定，国家实行采矿权有偿取得制度。《矿产资源开采登记管理办法》（国务院令第 241 号）第 10 条规定，申请国家出资勘查并已探明矿产地的采矿权的，还应缴纳采矿权价款。采矿权价款是依据矿产资源采矿权有偿使用制度而设立的专项收入。

《财政部国土资源部关于印发〈探矿权采矿权使用费和价款管理办法〉的通知》（财综字〔1999〕74 号）规定，采矿权价款为国家将其出资勘查形成的采矿权出让给采矿权人，按规定向采矿权人收取的价款。《财政部国土资源部关于探矿权采矿权使用费和价款管理办法的补充通知》（财综字〔1999〕183 号）规定，国家出资是指中央财政和地方财政以地质勘探费、矿产资源补偿费、矿业权使用费和价款收入以及各种基金等安排用于矿产资源勘查、开发的拨款。

2. 采矿权价款评估

矿业权评估是指具有矿业权评估师执业资格的人员和矿业权评估资质的机构基于委托关系，对约定矿业权的价值进行评价、估算，并通过评估报告的形式提供咨询意见的市场服务行为。根据评估目的不同，矿业权评估包括为矿业权有偿取得制度涉及的矿业权价款评估，市场交易（二级市场）涉及的矿业权价值评估，证券市场涉及的矿业权价值评估、金融市场涉及的矿业权抵押价值评估、法律诉讼涉及的矿业权补偿（或赔偿）评估等。采矿权价款评估即为有偿取得制度涉及的采矿权价值评估。

（二）确定方式

依据矿产资源法律法规，凡无偿取得国家出资勘查形成的矿产地采矿权、国家拟以招标、拍卖、挂牌等公开竞争方式出让采矿权或符合协议出让条件拟协议出让采矿权的，必须按规定进行评估、确认或备案，并以确认或备案的评估结论为征收采矿权价款的重要依据。

根据国土资源部《关于调整矿业权价款确认（备案）和储量评审备案管理权限的通知》（国土资发〔2006〕166 号），国土资源部负责颁发采矿许可证的，采矿权价款确认（备案）由部负责，其余由省（区、市）国土资源管理部门负责。采矿权价款处置工作由审批颁发采矿许可证的登记机关负责。

采矿权价款评估流程、备案或确认流程应按照国土资源部及地方相关规定办理。

（三）征收规定

采矿权价款缴纳方式一般分为资金方式、折股方式、转增国家资本金方式，以资金方式为主。《矿产资源开采登记管理办法》（国务院令第 241 号）第 10 条规定，申请国家出资勘查并已经探明矿产地的采矿权的，采矿权申请人应当缴纳经评估确认的国家出资勘查形成的采矿权价款；采矿权价款按照国家有关规定，可以一次性缴纳，也可分期缴纳。

《财政部国土资源部关于探矿权采矿权有偿取得制度改革有关问题的通知》（财建〔2006〕694 号）规定，采矿权需进行评估后，由采矿权人按照采矿权审批登记管理机关确认、核准或备案的价款评估结果，应当以资金方式向国家缴纳采矿权价款。对以资金方式一次性缴纳采矿权价款确有困难的，经采矿权审批登记管理机关核准，可在采矿权有效期内分期缴纳。采矿权价款最多可分 10 年缴纳，第一年缴纳比例不应低于 20%。分期缴纳价款的采矿权人应承担不低于同期银行贷款利率水平的资金占用费。

（四）减缴、免缴规定

《矿产资源开采登记管理办法》第 12 条规定，有下列情形之一的，由采矿权人提出申请，经省级以上人民政府登记管理机关按照国务院地质矿产主管部门会同国务院财政部门制定的采矿权使用费和采矿权价款的减免办法审查批准，可以减缴、免缴采矿权使用费和采矿权价款。

（1）开采边远贫困地区的矿产资源的。

（2）开采国家紧缺的矿种的。

（3）因自然灾害等不可抗力的原因，造成矿山企业严重亏损或者停产的。

（4）国务院地质矿产主管部门和国务院财政部门规定的其他情形。

第四节　矿产开发监督管理

一、矿产开发监督管理的含义

矿产资源开发利用监督管理是指作为矿产资源行政监督主体的国家国土资源主管机关，依据法定的矿产资源开发利用监督权，对采矿权人遵守法律法规，履行义务，执行国家行政机关命令和决定的情况所进行的监督检查，依据《矿产资源法》和《矿产资源监督管理暂行办法》的规定，对矿山企业合理开采、利用和保护矿产资源的全过程进行监督管理。

二、矿产开发监督管理的主要内容

根据国土资源部《关于加强矿产资源勘查开采监督管理工作的通知》（国土资发〔2001〕272 号）的规定，矿产开发监督管理主要内容是：

（一）采矿登记管理机关依法行政情况

（1）检查各级地矿行政主管部门是否严格遵守法律法规的规定审批登记采矿权。

（2）是否对违法或不当的采矿登记发证及时纠正。

（3）是否对违法开采矿产资源的行为依法查处。

（4）本行政区正常的矿业秩序是否建立和巩固。

（二）采矿权人履行法定义务情况

督促采矿权人按时缴纳采矿权价款、采矿权使用费、矿产资源补偿费等各种法定费用。

（三）合理开发与利用矿产资源情况

检查采矿权人是否按照批准的开发利用方案和矿山设计进行采矿活动，保证矿产资源得到科学合理的开发利用，监督检查采矿权人是否执行经批准的环境保护计划，是否执行经批准的土地复垦计划。

（四）维护正常矿业秩序情况

监督采矿权人在采矿权赋予的权利范围内从事矿业活动，从严查处无证开采矿产资源、以采代探、越界开采矿产资源，擅自转让采矿权等各种违法行为。

三、矿产开发监督管理的主要方式

（一）开采回采率、选矿回收率和综合利用率（以下简称三率）指标制定与考核

1. "三率"指标的制定

"三率"指标制定与考核主要是衡量、监督矿山企业对矿产资源开发利用水平，是贯彻落实国家征收矿产资源补偿费的一项重要基础技术工作。1987 年，国家地矿部会同国家经济委员会下发了《关于将"开采回采率"、"采矿贫化率"和"选矿回收率"列为考核国营矿山指标的通知》（地发〔1987〕147 号），决定把矿山的"三率"指标列为考核矿山企业资源利用效益的重要指标。

"三率"指标的制定，首先由矿山企业论证提出方案，省级国土资源主管部门确认备案后，即作为各级地矿主管机构监督检查企业"三率"的依据。

"三率"指标是每个矿山开采实际的阶段性指标。每个矿山都有自己的"三率"标准。不可能提出一个适合某矿种各类矿山统一的、趋同的考核标准。即使是针对性很强的矿山设计，也只能推荐一个原则的控制指标或参考指标供矿山生产设计时参考。特别是随着开采技术的进步，采、选技术的改进以及采选人员素质的提高，"三率"指标要相应地变化。因此当矿床开采技术条件发生变化和采矿方法改变时，矿山企业应按照规定程序重新制定"三率"指标，再报地矿主管部门复核、确认、备案。

2. "三率"指标考核的内容

主要包括：

（1）"三率"指标是否已作为本矿山企业法定的考核指标，是否与本企业经营承包责任制挂钩，是否作为矿（局）长目标责任制的重要内容。

（2）制定的"三率"指标是否符合实际，是否列入生产计划并分解到班、组。

（3）"三率"指标的执行和完成情况，其计算是否正确，考核结果是否符合实际，矿山填报的"三率"指标是否与"三率"统计台账相吻合。

（4）监督检查对非正常损失矿量的定性、定量分析情况，监督检查改进措施的落实情况。

（5）监督检查制定和执行"三率"指标有哪些规章、制度和管理措施，是否促进了矿产资源利用水平的提高，有哪些经验、问题和建议等。

（二）矿山企业矿产开发监督年度检查

为加强对矿山企业矿产开发的监督管理，1991年，国家地矿部下发了《关于开展矿山企业矿产开发监督管理年度检查的通知》（地发〔1991〕60号），对年检工作作了具体规定。

（1）在中华人民共和国领域及管辖海域内的各类矿山企业和个体采矿实行年度检查制度。

（2）年检工作要在各级人民政府的领导下，由各省、自治区、直辖市地质矿产主管部门和市（地）、县人民政府负责地质矿产管理工作的部门组织实施。矿山企业主管部门应积极协助同级地质矿产管理机构开展年检工作，督促所属矿山企业按照要求做好有关工作，并接受地质矿产管理机构的监督检查。

（3）年检的主要内容包括：①矿山企业是否依法取得采矿许可证，是否按照采矿许可证批准的内容从事采矿活动，是否按照批准的设计要求进行采矿、选矿作业；②矿山企业开采回采率（油、气田采收率）、采矿贫化率、选矿回收率指标制定、定期考核情况及与企业经营承包责任制挂钩情况；③矿山企业矿产资源开发利用统计年报的填报情况；④矿山企业储量增减情况，损失量的构成、报销情况及存在的问题；⑤对具有工业价值的共生、伴生矿产的综合开采、综合回收和综合利用情况；⑥矿山地质测量机构的建立及地质测量工作规程制度的制定、执行情况；⑦依法缴纳开采矿产资源的有关税、费的情况；⑧无证开采和采富弃贫等破坏性开采的矿产品禁止进入流通领域的执行情况；⑨有无违反矿产资源法律、法规的其他情况。

（4）年检采用书面审查与实地抽样检查相结合的方法。

（三）矿产督察

为了切实加强矿产资源监督管理工作，深入贯彻保护矿产资源，节约、合理利用资源的基本政策，治理矿山环境，依法进行经常性的监督管理，1989年，地质矿产部颁发了《矿产督察员工作暂行办法》，建立了矿产督察制度。矿产督察员是政府部门向企业派出的人员，分为国家级和地方级。国家级督察员负责所在省（区、市）的矿产资源开发利用和保护的监督管理工作，重点是国有大型和中央直属矿山企业，受聘任部门委托可以进行跨省（区、市）巡回督察。地方级矿产督察员负责所在省（区）所属市（地）管辖区内除国有大型和中央直属矿山企业以外的其他矿山企业和个体采矿的监督管理工作。

国务院和省（区、市）地矿主管部门可向同级矿业主管部门聘任兼职矿产督察员。

兼职矿产督察员负责对所在的行业或部门的矿山企业进行矿产督察工作。

矿产督察员的职责主要有：

（1）监督检查采矿权人执行矿产资源开发利用和保护法律、法规的情况。

（2）督促检查矿山企业制定并完善矿产资源开发利用和保护的制度。

（3）有权参加矿山企业有关资源开发利用和保护的会议，进入采矿、选矿工作现场及其他与采选矿有关生产活动的场所，调阅有关的文件、图纸、资料和技术报告。

（4）有权调查、纠正和制止破坏浪费矿产资源的行为，要求矿山企业采取措施加强管理、改进工作、提高矿产资源的利用程度。

（5）有权参与矿山企业非正常储量报销、储量转出和即将关闭矿山的矿产资源开采利用情况报告的审批。

（6）监督检查矿山企业"三率"考核指标及考核管理办法的制定和执行情况。

（7）指导督促矿山企业准确、及时上报矿山企业矿产资源开发利用情况统计年报。

（8）监督检查矿山企业矿产资源综合开发、综合利用的情况。

（9）建议有关部门表扬和奖励保护矿产资源成绩显著的单位和个人。

（10）派出单位授予的为确保矿产资源合理开发利用和保护的其他监督工作。矿产督察员要深入实际，调查研究，定期向聘任部门和有关管理部门报告工作情况。

（四）利用科技手段监管

为了适应矿产开发管理新形势和新要求，加快矿产资源管理方式根本转变，全面提升管理水平，2011年，山东省国土资源厅下发《关于开展全省科技管矿工作的指导意见》（鲁国土资字〔2011〕1085号），明确提出，科技管矿就是要利用现代科技手段加强对矿产资源开发的监督管理，是实现矿产开发管理现代化的重要途径。其目的就是，一方面利用航空、航天的遥感监测手段对露天开采矿山的矿产开发活动进行全天候的动态监测，另一方面利用"井下采掘自动监控系统"、"三维激光扫描系统"以及"震源定位监控系统"等先进技术手段对地下开采的矿产开发行为进行实时监控，全面提高矿产开发监督管理的科技水平，实现对地下矿山开采活动的有效监督，及时发现开采超层越界和破坏浪费资源等违法行为，指导矿山企业依法合理开发利用和有效保护矿产资源，实现矿产资源开发利用"天上看、地上巡、地下控、网上管"的动态监管目标。

（五）动态巡查

为进一步加强矿产开发监督管理工作，维护矿产资源的正常开采秩序，遏制违法行为，有效保护和利用矿产资源，保障矿山安全生产，2011年，山东省国土资源厅下发《关于进一步加强矿产开发监督管理的意见》（鲁国土资字〔2011〕1024号），要求各级国土资源部门要组织强有力的动态巡查队伍，严格落实动态巡查制度，定期和不定期巡查相结合，市、县国土资源部门定期巡查每月不少于1次，汛期要增加巡查次数。乡镇国土资源所对辖区内各类露天采矿活动一周内必须巡查一遍。巡查的重点为依法办矿情况、矿业权人履行义务情况、矿产资源开发利用方案执行情况，是否有超层越界采矿、非法转让采矿权情况等。巡查情况要翔实记录，矿山负责人和检查人要同时签字，巡查部门要对所巡查矿山要逐一造册登记，建立健全巡查台账，督促企业制定整改方案，限期整改。巡查中发现重要安全隐患等重要情况要及时报告当地政府、安监部门和上级国土资源主管部门，确保隐患能够得到及时解决处理。

（六）日常监督管理

矿产开发日常监督管理工作是一种常态化监督管理工作。主要目的是对矿产开发活动进行及时有效监督管理，以保障一个地区正常的矿业开发秩序，促进矿产资源合理开发利用与有效保护的重要手段。日常监督管理工作中，主要是做到与采矿权审批管理、矿产资源开发利用方案审查与实施、矿产资源补偿费和价款征收使用、矿产开发监督管理人员及采矿权人培训等。有时日常监管还涉及采矿权价款评估备案、矿产资源使用费和补偿费减免审批、组织采矿权公开出让、采矿权收储等。同时，还要配合当地政府矿山安全监督管理部门，做好矿山安全监督检查工作。

（七）矿山企业矿产资源开发利用情况统计年报

矿山企业矿产资源开发利用情况统计年报是要矿山企业定期向地矿主管部门上报矿产资源开发利用情况，目的是为了全面掌握矿产资源开发利用情况、基本数据及存在的问题以向国家提出建议，作为制定矿产资源开发政策的基本依据。1986 年，地矿部转发国家统计局《关于国家颁布矿产资源开发利用情况统计年报表的复函》（地发〔1986〕467 号），统计年报正式实行。要求矿山企业填报的内容有：矿种、矿山企业名称、主管机关名称、设计生产能力、核定生产能力、设计服务年限、尚可服务年限、职工人数、地测机构人数、年产矿石量、产品方案、企业年利润、企业现价总产值、矿床开采方法、开拓方式、采矿方法、年度开采矿段位置、矿体赋存状态及开采技术条件、选矿方法及选矿流程、资源开发利用存在的问题及建议、设计利用储量、年末保有储量、开采回采率、采矿贫化率、选矿回收率、原矿品位、入选品位、精矿品位、尾矿品位、年产精矿量、年现价产值等内容。

第五章　地质环境管理

第一节　概　述

一、地质环境管理的概念

地质环境是指影响人类生存和发展的各种岩体、土体、地下水、矿藏等地质体及其活动的总和。地质环境是人类生存发展的基本场所，是具有一定空间概念的客观实体，包括物质组成、地质结构和动力作用三种基本要素。它对人类的作用可分为地质资源开发和地质体的利用两大方面。

地质环境管理，是国土资源部依据有关法律法规，为保护人类赖以生存的地质环境所开展的地质灾害防治、矿山地质环境保护与治理、地质遗迹保护、地质环境监测等一系列工作的总称。

二、地质环境管理的主要内容

根据地质环境的职能，地质环境管理的主要内容：一是矿山地质环境管理；二是地质遗迹保护；三是地质灾害防治；四是地质环境监测。

三、地质环境管理机构及其职能

地质环境管理分为部、省、市、县四级管理。

国土资源部地质环境司是国土资源部负责地质环境保护工作的职能部门。主要职责是：拟订地质环境管理法规和政策，参与编制地质环境保护规划，并组织实施；组织指导地质灾害应急处置，组织、协调、指导和监督地质灾害防治工作，拟订并组织实施突发地质灾害应急预案和应急处置；指导和监督管理矿山地质环境保护与治理工作，拟订矿山地质环境保护治理等技术规范与标准；负责古生物化石等地质遗迹保护和地质公园、矿山公园的监督管理；依法管理水文地质、工程地质、环境地质勘查和评价工作；监测监督防止地下水过量开采和污染，防止地面沉降；负责全国地质环境监测监督管理工作，拟订地质环境监测等技术规范和标准；指导城市地质、农业地质、旅游地质的勘查、评价工作；监督管理地热、矿泉水资源开发利用。

省国土资源主管部门地质环境管理的职能是贯彻实施国家地质遗迹等地质资源和地

质灾害管理办法；组织编制和实施滑坡、崩塌、泥石流、地面沉降与塌陷等地质灾害防治和地质遗迹保护规划并对执行情况进行监督检查；组织协调重大地质灾害防治；指导地质灾害和地下水动态监测、评价和预报；组织认定具有重要价值的古生物化石产地、标准地质剖面等地质遗迹保护区，组织保护地质遗迹和地质灾害防治。

市、县级国土资源主管部门负责本行政区域的地质环境管理工作。主要是贯彻实施国家和省相关法律法规的要求，认真做好本行政区域内的矿山地质环境管理、地质遗迹保护、地质灾害防治和地质环境监测等工作。

第二节　矿山地质环境管理

一、矿山地质环境管理的内涵

矿山地质环境管理，是国土资源行政管理部门为保护矿山生态地质环境、依据和制定有关法律、法规，编制有关规划，设定矿山开采地质环境门槛以最大程度的减轻矿产资源勘查开采活动造成的地质环境破坏，并组织矿山和地方政府开展地质环境恢复治理，以保护人民生命和财产安全，促进矿产资源的合理开发利用和经济社会、资源环境的协调发展的管理行为。勘查、开发矿产资源造成的地质环境破坏，主要是指在矿产资源勘查、开发过程中引起的采空塌陷、崩塌、滑坡、泥石流、地裂缝、地面沉降等地质灾害，地质地貌景观破坏，地下水水位下降、水污染及含水层顶底板结构破坏等矿山地质环境问题。根据有关法律法规规定，矿山开采产生的三废（废气、废水、废渣）、尾矿库安全及涉及土地破坏等问题，不属于矿山地质环境管理范畴。

二、矿山地质环境管理的主要内容

根据采矿的不同阶段，矿山地质环境管理可划分为采矿权、探矿权设置地质环境会审，生产矿山地质环境保护与恢复治理监督管理，历史遗留矿山地质环境治理三部分。主要内容包括：一是矿山开发地质环境保护准入管理；二是矿山地质环境调查、监测；三是生产矿山地质环境保护与治理监督管理；四是历史遗留矿山地质环境问题治理；五是组织申报与建设矿山公园。

三、矿山开发地质环境保护准入管理

（一）概念

矿山开发地质环境保护准入管理，是本着"源头预防"的原则，按照地质环境保护的有关要求，严格探矿权、采矿权的准入门槛，规范探矿权、采矿权的设立区域，防止矿产资源勘探、开发活动对重要基础设施、重要生态环境保护区、重要地质遗迹保护区等国家规定的生态环境保护功能区域可能造成的不良影响；审核矿产资源勘查、开发活动所要采取的地质环境保护、治理措施是否达到相应标准，以最大限度减少或避免因矿产开发引发的矿山地质环境问题。

（二）主要内容

发达国家对矿山开发的环境保护准入管理主要采取矿山环境影响评价的方式，我国目前则主要采取对采矿权、探矿权的设置进行地质环境会审的方式。国土资源主管部门在收到采矿权、探矿权申报材料时，一般由其内设的地质环境管理部门（处、科）进行地质环境保护审查。

（三）探矿权会审

探矿权办理手续，按性质可分为：新立、变更（范围、矿种）、延续、转让。按资金来源可分为：计划、勘查基金、商业勘查。在一般情况下，获得探矿权是取得采矿权的前提。因此合理控制探矿权的设立是从源头预防地质环境破坏的第一关。

1. 探矿权会审的程序

（1）地勘管理部门将通过形式审查的探矿权申请材料送地环管理部门会审。

（2）地环管理部门对探矿权申请材料进行审查。

（3）根据审查情况提出相关意见，交送地勘管理部门。

2. 探矿权会审的主要内容

探矿权会审，主要审查探矿区域是否与有生态环境保护功能的区域重叠。这些区域包括自然保护区、地质遗迹保护区（地质公园）和重点饮用水水源保护区等一定范围内，一般已列入了各级国土资源规划的限制勘查区和禁止勘查区。

若所申报探矿权范围处于这些区域内或与这些区域部分重叠，则应建议其调整探矿区块或禁止设立。由于商业勘查源于个人或社会资金，其后期转为采矿权的可能性较大，如在采矿权设立阶段再依据有关规定提出禁止设立采矿权的建议，无疑将会给探矿权持有人造成较大的经济损失，因此，对属于商业勘查的采矿权会审是探矿权会审的重点，应进行严格审查。

（四）采矿权会审

采矿权办理手续，按性质可分为：划定范围、新立、变更（规模、范围、矿种、开采方式）、转让、延续。合理控制采矿权的设立是从源头预防地质环境破坏的第二关。

1. 采矿权会审的程序

（1）矿管部门将通过形式审查的采矿权申请材料送地环管理部门会审。

（2）地环管理部门对探矿权申请材料进行审查。

（3）根据审查情况提出相关意见，交送矿管部门。

2. 采矿权会审的主要内容

（1）采矿权划定范围阶段，地质环境保护会审主要审查内容包括：①是否在重要基础设施、重大工程设施圈定范围内；②是否在自然保护区、地质遗迹保护区（地质公园）、重要饮用水水源保护区等生态环境保护区域一定范围内；③是否在国家重点保护的历史文物和名胜古迹所在地；④是否在城市规划区、主要交通道路沿线、海岸线直观可视范围内露天开采矿产资源；⑤新建矿产资源开采项目是否对生态环境产生不可恢复的破坏性影响；⑥是否在各级国土资源规划规定的其他禁采区、限采区范围内。

如属于上述情况，则建议不予批准或调整采矿区域。

（2）采矿权新立阶段，地质环境保护会审主要审查内容包括：采矿权手续申请人是否编制了矿山地质环境保护与恢复治理方案，并已审查备案。否则应建议不予批准或责其退回申报材料、补充编制方案，情节严重的要按照44号令规定做出相应处罚。

（3）采矿权变更、延续阶段地质环境保护会审主要审查内容为：①采矿权手续申请人是否编制（修编、重新编制）了矿山地质环境保护与恢复治理方案，并已审查备案；②采矿权手续申请人是否已按照有关规定足额交纳了矿山地质环境治理保证金。

如采矿权手续申请人未开展上述工作，则应建议不予批准或建议其退回补充相关工作，情节严重的要按照44号令规定做出相应处罚。

四、生产矿山地质环境保护与治理监督管理

（一）概念

开展生产矿山矿山地质环境保护与恢复治理监督管理是国土资源主管部门依据"谁破坏、谁治理"的原则，建立、完善生产矿山矿山地质环境保护与治理监管制度，督促采矿权人"边开采、边治理"，落实矿山地质环境保护与恢复治理责任和义务，努力将矿产资源开发利用对环境的影响和破坏降到最低，促进矿产资源开发利用与矿山地质环境保护协调发展。

（二）主要内容

我国现行的生产矿山矿山地质环境保护与治理监督管理措施主要有：一是组织实施矿山地质环境治理保证金制度；二是组织编制、审查矿山地质环境保护与恢复治理方案；三是矿山地质环境保护与恢复治理情况监督检查。

（三）矿山地质环境治理保证金制度

1. 意义及内涵

保证金制度是国土资源部门为督促采矿权人落实矿山地质环境保护与治理责任和义务，对矿山企业按照一定标准收交部分资金作为抵押金，待矿山企业完成国土资源部门规定的矿山地质环境保护与治理工作后重新返还给矿山企业、若矿山企业不履行保护与治理义务则将该部分资金交由地方政府用来对该矿山企业矿山开采所造成的地矿山质环境问题开展治理的矿山地质环境管理制度。保证金制度是督促采矿权人落实主体责任、积极主动开展矿山地质环境治理的重要措施，是防止"企业赚钱、群众受害、政府买单"现象反复发生的重要手段。2006年，财政部、国土资源部、国家环保总局联合下发了《关于逐步建立矿山环境治理和生态恢复责任机制的指导意见》，要求各省建立矿山环境保证金制度。2009年，国土资源部以国土资源部令第44号下发了《矿山地质环境保护规定》，对实施保证金制度作了进一步规定。目前，全国未出台统一的矿山地质环境治理保证金管理办法，各省根据自身情况自行制定保证金收交、管理、返还办法，总的原则是"企业所有、政府监管、专户储存、专款专用"。下面以山东省为例，介绍一下保证金管理的具体内容。

2. 山东省矿山地质环境治理保证金制度

（1）制度的出台：2003 年，山东省人大颁布《山东省地质环境保护条例》（简称《条例》）。《条例》第 14 条规定："矿山地质环境治理实行保证金制度。具体实施办法由省人民政府制定。"《条例》的颁布，为建立矿山地质环境治理保证金制度提供了法规依据。2005 年 11 月，经山东省政府同意，省财政厅、国土资源厅联合下发了《山东省矿山地质环境治理保证金管理暂行办法》（鲁财综〔2005〕81 号），山东省矿山地质环境治理保证金制度初步建立。

（2）收交标准：依据采矿许可证批准面积、采矿许可证有效期、开采矿种、开采方式以及对矿山生态环境影响程度等因素确定。若同一矿区开采两种或两种以上有用组分的，按主要组分所属矿种即主采矿种计算应交纳的保证金数额。计算公式：

应收交的保证金数额＝收交标准×采矿许可证批准面积×采矿许可证有效期年限×影响系数

影响系数根据采矿方法确定，按不同采矿方法设定 0.2、0.5、0.7、0.8、1.0 等 5 个等级。

（3）收交权限：保证金按采矿许可证登记发证权限，由矿区所在地的县级以上国土资源行政主管部门负责征收。

国土资源部、省和设区的市登记发证的，由矿区所在地设区的市国土资源行政主管部门负责收取；国土资源部和省登记发证，并且矿区范围跨设区的市行政区域的，由占矿区面积较大的设区的市国土资源行政主管部门负责收取。县（市）登记发证的，由县（市）国土资源行政主管部门负责收取。设区的市登记发证的，设区的市国土资源行政主管部门可以委托县（市）国土资源行政主管部门收取。

（4）交纳方式：保证金分一次性交纳和分期交纳两种方式。

采矿许可证有效期 3 年（含 3 年）以内的，采矿权人应当一次性全额交纳保证金；采矿许可证有效期超过 3 年的，采矿权人可以分期交纳保证金。首次交纳数额不得低于应交总额的 30%，余额可每 3 年交纳 1 次，每次交纳数额不得低于余额的 50%，但在采矿许可证有效期满 1 年应当全部交清。

（5）交纳流程：对于新办矿山，采矿权人应当在取得采矿许可证后 1 个月内，与负责征收的国土资源行政主管部门签订《矿山地质环境治理责任书》，并交纳保证金。

对于在建和生产矿山的交纳又分 4 种情况：①《山东省矿山地质环境治理保证金管理暂行办法》（简称《办法》）施行前已经取得采矿许可证的采矿权人，应当在《办法》施行后 3 个月内即 2006 年 4 月 1 日前，与负责收取保证金的国土资源行政主管部门签订《矿山地质环境治理责任书》，并交纳保证金；②采矿权人变更矿区范围或主采矿种的，负责收取保证金的国土资源行政主管部门应当按变更后的矿区面积或主采矿种重新核定应交纳的保证金数额，采矿权人应与国土资源行政主管部门重新签订《矿山地质环境治理责任书》，并按重新核定的保证金数额交纳保证金；③采矿权人转让采矿权的，应同时办理保证金本息转移手续，由采矿权受让人与负责收取保证金的国土资源行政主管部门签订《矿山地质环境治理责任书》，并承担相应的矿山地质环境治理义务；

④采矿许可证期满，采矿权人申请延续登记的，应当重新计算应交纳的保证金数额，与负责收取保证金的国土资源主管部门重新签订《矿山地质环境治理责任书》，并交纳保证金。

（6）返还：《办法》规定，矿山停办、关闭或者闭坑前，采矿权人应当完成矿山地质环境治理，并向负责收取保证金的国土资源行政主管部门书面提出验收申请。

经验收符合《条例》第13条要求的，由负责收取保证金的国土资源行政主管部门签发矿山地质环境治理验收合格通知书，并及时将保证金本息返还采矿权人。

矿山环境治理不符合要求的，由负责收取保证金的国土资源行政主管部门责令采矿权人限期进行治理。逾期不治理或者治理仍达不到要求的，由负责收取保证金的国土资源行政主管部门通过向社会公开招标等方式，组织有关单位用保证金进行治理。治理费用超出采矿权人所交保证金（含利息）的部分由采矿权人承担。

（7）使用、管理：保证金的收缴实行"票款分离"，统一纳入同级财政专户，按往来资金核算。

对按规定予以返还采矿权人的保证金，由国土资源行政主管部门向同级财政部门提出申请，财政部门审核同意后，拨付到同级国土资源行政主管部门，财政专户在做会计处理时冲销保证金收入。

对按规定不予返还的保证金，作为同级财政的非税收入，实行"收支两条线"管理，专项用于矿山地质环境治理，由组织实施治理的国土资源行政主管部门编报支出计划，报同级财政部门审批拨付使用。

（四）矿山地质环境保护与恢复治理方案

1. 内涵及意义

矿山地质环境保护与恢复治理方案是采矿权人聘请地质灾害危险性评估或地质灾害治理工程设计专业资质队伍，对本矿山开采矿产资源产生的地质灾害、土地破坏、地下水含水层破坏、地质地貌景观破坏等矿山地质环境问题进行调查、并开展现状评估和预测评估，在此基础上制定矿山地质环境保护与恢复治理措施，采用工程或生物手段使得矿山地质环境得以恢复或重建的技术方案总称，是采矿权人开展矿山环境保护与恢复治理工作的主要依据。

2. 方案主要内容

矿山地质环境保护与治理恢复方案应当包括下列内容：

（1）矿山基本情况。

（2）矿山地质环境现状。

（3）矿山开采可能造成地质环境影响的分析评估（含地质灾害危险性评估）。

（4）矿山地质环境保护与治理恢复措施。

（5）矿山地质环境监测方案。

（6）矿山地质环境保护与治理恢复工程经费概算。

3. 方案编制规范

（1）"方案"编制执行行业标准《矿山地质环境保护与治理恢复方案编制规范》

（DZ/T 0223—2011）。

（2）涉及地质灾害危险性评估的内容，执行地质灾害危险性评估的有关技术文件。

（3）油气、水气及砂石黏土类矿产，按照 DZ/T 0223—2011 附录 I 编制"方案报告表"即可。

4．编制单位要求

（1）具有地质灾害危险性评估资质或者地质灾害治理工程勘查、设计资质和相关工作业绩；方案中涉及地质灾害危险性评估的内容，必须由具备评估资质的单位编写，并对评估结果负责。

（2）属国土资源部发证的，"方案"编制单位应具备符合规定的甲级资质。

属省级国土资源部门发证的，"方案"编制单位应具备符合规定的乙级以上资质。由市县国土资源部门受理发证的，"方案"编制单位应具备符合规定的丙级以上资质。

（3）除资质要求外，编制单位必须具有经过国土资源部组织的矿山地质环境保护和治理恢复方案编制业务培训且考核合格的专业技术人员。"方案"主要编制人员必须经过培训并考核合格。甲级资质单位原则上受培训人员不得低于 5 名。乙、丙级单位不得低于 3 名。国土资源部组织对甲级资质单位进行培训，乙、丙级单位的培训由国土资源部委托各省（区、市）国土资源主管部门组织。省级国土资源部门的培训证书互相认可。

5．编制时间要求

（1）对新立采矿权申请来说，方案的编制时间是在申请办理采矿证之前。

（2）已取得采矿许可证的，"方案"应在 44 号令施行之日起两年内补编，并报发证机关审查。

6．方案编制、审查程序

（1）申请单位提交审查申请。方案送审由采矿权申请人或采矿权人负责。送审要件：审查申请登记表 1 份（矿山企业盖章）、方案"报告文本（或表）及附图、编制单位资质证书及主要编写人培训证书、保证金交存承诺书或交存证明等。

（2）方案审查。分为专家评审和主管部门审核两个环节。专家对方案科学性、合理性进行评审，主管部门对专家结论进行审核。审查最后结论是主管部门盖章的方案评审表。

（五）矿山地质环境保护与恢复治理情况监督检查

1．内涵及意义

开展矿山地质环境保护与恢复治理情况监督检查，是国土资源主管部门对生产矿山的矿山地质环境保护与恢复治理工作情况进行检查、评估、验收等一系列工作的总称，是确保生产矿山履行矿山恢复治理义务的必要管理措施，是开展保证金返还的重要依据。44 号令第十七条规定："采矿权人应当严格执行经批准的矿山地质环境保护与治理恢复方案。矿山地质环境保护与治理恢复工程的设计和施工，应当与矿产资源开采活动同步进行"。第二十六条规定："县级以上国土资源行政主管部门对采矿权人履行矿山地质环境保护与治理恢复义务的情况进行监督检查。相关责任人应当配合县级以上国土资源行政主管部门的监督检查，并提供必要的资料，如实反映情况"。第二十八条规定："县级以上国土资源行政主管部门在履行矿山地质环境保护的监督检查职责时，有权对矿山地质环境保护与治理恢复方案确立的治理恢复措施落实情况和矿山地质环境监测情况进行现场检查，对违反本规定的行为有权制止并依法查处。"

2. 监督检查方式

监督检查可采取定期或不定期方式，一般由县级以上国土资源主管部门组织有关专家，通过查看相关档案和现场对矿山地质环境保护与恢复治理情况进行检查、评估、验收，对于发现的问题向矿山提出整改意见、限期整改，规定期限内仍未改正的，根据相关规定进行查处。

3. 监督检查内容

（1）矿山地质环境保护与恢复治理方案的编制、审查情况。

（2）矿山环境治理保证金缴纳情况。

（3）矿山地质环境保护与恢复治理方案执行情况。

五、历史遗留矿山地质环境治理

（一）主要目的

由于我国在过去几十年的经济发展过程中，只重视矿产资源开发利用，忽略了环境保护与治理，造成了大量历史遗留、责任灭失的地质灾害隐患、土地破坏、地质地貌景观破坏、地下含水层破坏等矿山地质环境问题，给矿区居民的生活、生产环境带来严重负面影响，并引发了一系列社会问题。开展历史遗留矿山地质环境问题治理是国土资源部门使用财政资金对历史遗留、责任灭失、造成严重矿山地质环境问题的废弃矿山开展治理，以达到恢复和改善矿区居民生态和地质环境、促进生态文明及和谐社会建设的目的。

（二）主要措施

目前，我国开展历史遗留矿山地质环境问题治理的措施主要有争取财政资金，组织申报、实施矿山地质环境治理项目和按照"谁投资、谁收益"的原则、鼓励社会资金投入治理两种模式。

（三）使用财政资金实施矿山地质环境治理项目

对于历史遗留矿山地质环境问题，主要由国土资源部门通过使用各级财政资金，以矿山地质环境治理项目的形式组织各级政府开展治理。资金主要源自于各级矿产资源专项收入，包括矿产资源补偿费、探矿权采矿权使用费和价款等。项目级别一般可分为国家级、省级、市级和县级。国家级矿山地质环境治理项目根据项目支持区域和范围的不同，又包含资源枯竭型城市矿山地质环境项目、矿山复绿项目等形式。

1. 项目申报

矿山地质环境治理项目的申报程序一般如下：

（1）根据财政部门、国土资源部门下达的矿山地质环境治理项目申报指南或申报通知要求申报。申报范围一般为国有矿山计划经济时期形成的或责任已经灭失的、因矿山开采活动造成矿山地质环境破坏的恢复和治理。资金使用方向包括矿山地质灾害治理、地形地貌破坏治理、地下含水层破坏治理以及相关的勘察规划设计、工程监理、竣工验收等费用支出等。

（2）项目申报单位将申报材料（包括立项报告或实施方案和申请文件）上报财政部门、国土资源部门。

（3）财政部门、国土资源部门根据申报范围和有关要求，组织有关专家对立项报告或实施方案进行审查，并据此下达补助资金。

2. 项目监督管理

（1）下达项目任务书：根据下达补助资金文件，规定级别的国土资源主管部门在项目下达后应及时向各项目承担单位下达项目任务书，明确项目目的任务、主要实物工作量、工期时限等。

（2）审查项目设计或年度实施方案：项目承担单位应根据项目任务书，委托有资质的单位编制项目设计或年度实施方案，并报规定级别的国土资源主管部门审查批准。国土资源部门在收到项目或年度实施方案时，应组织专家组对其进行审查并出具审查意见及批复意见。

（3）组织项目施工单位、监理单位招投标：项目承担单位应严格按照招投标管理规定，确定项目设计、施工和监理单位。从 2009 年 12 月份下达的中央财政支持项目起，国家矿山地质环境治理项目的设计、施工和监理单位应具有相应的地质灾害防治工程设计、施工、监理资质。

（4）组织项目施工：施工前，项目承担单位应在项目区设立公示牌，公布项目名称、批准部门、资金数额、承担单位、施工期限、项目区现状与治理效果对比图以及设计、施工、监理单位等项目基本情况，接受公众监督。项目承担单位不得擅自变更项目范围区、任务、设计、时限等事项。项目承担单位在实施过程中应注意搜集各阶段图片、影像资料，做好项目批文、任务书、项目中标通知书及合同、设计、总结报告等各阶段各类文件材料的档案管理工作。项目资金应仅用于矿山地质环境治理和地质遗迹保护等任务书规定工程，严禁擅自改变使用方向、截留、挪用。

（5）监督检查：各级国土资源主管部门应对本辖区内实施的矿山地质环境治理项目加强监督检查，督促承担单位严格按照项目设计，保证工程质量并在规定时间内完工。对检查发现存在资金挪用、不能按时验收、工程质量达不到标准等违规行为的，应及时提出处理意见并限期整改。下级国土资源部门及项目承担单位应定期向上级国土资源部门报告本辖区、本项目矿山地质环境治理项目进展情况，及时总结项目实施过程中的经验教训。

（6）项目验收：项目应在规定的实施期限内完成。完成后，承担单位应及时向国土资源主管部门提出验收申请。验收时，应提交的资料：①项目立项批准文件及任务书；②经批准的项目设计；③项目中标通知书及合同；④工程参加单位相应的资质复印件；⑤开工报告、施工日志、工程竣工图、施工总结；⑥工程监理报告；⑦施工质量评定及验收评定表；⑧重大质量事故处理资料；⑨项目成果数据库（包括工程有关的影像图片资料）；⑩工程进度付款凭证复印件及其汇总表，工程费用调整文件及其批准意见，工程决算及审计报告；⑪承担单位对工程验收的意见；⑫其他必须提供的有关文件。

规定级别的国土资源部门在收到验收申请和验收材料后组织专家组对项目开展验收，并出具予以通过验收、整改或不予通过验收的意见。对整改不到位、未通过验收的，暂停其中央财政支持项目的申报，并按照有关规定做出相应处罚。

（四）鼓励社会资金投入治理

对于可以产生明显经济效益的历史遗留、责任灭失的矿山地质环境问题，可以按照"谁投资、谁收益"的原则，制定优惠政策，鼓励社会资金投入治理。

六、矿山公园建设

（一）概念及意义

矿山公园是以展示矿业遗迹景观为主体，体现矿业发展历史内涵，具备研究价值和教育功能，可供人们游览观赏、科学考察的特定的空间地域。矿山公园的建设应以科学发展观为指导，融自然景观与人文景观于一体，采用环境治理、生态恢复和文化重现等手段，达到生态效益、经济效益和社会效益有机统一。

人类开发利用矿产资源形成的矿业遗迹是人类活动的历史见证，是具有重要价值的历史文化遗迹，也是当今世界保护的重要自然和文化遗产。我国矿产资源丰富，类型众多，分布广泛，且具有悠久的矿业开发历史。从殷周的铜矿、春秋战国的铁业和秦汉的井盐，到魏晋的煤矿和天然气，以及隋唐以后一千多年空前的矿业繁荣和新中国成立后五十多年来矿业开发所取得的举世瞩目的成就，无一不充分显示了中华民族认识自然、利用自然的聪明才智和伟大创造力。中国的矿业发展史是中华文明发展的重要组成部分，也是世界矿业史上最辉煌灿烂的篇章之一。但长期以来我国矿产资源开采普遍存在的重资源开发、轻环境保护，重经济效益、轻生态效益的倾向，矿山建设和生产过程也对环境造成了严重破坏，导致环境污染和生态退化，甚至诱发地质灾害，对人民的生产和生活造成极大的危害。许多珍贵矿山遗址和遗迹遭受自然和人为的破坏，甚至荡然无存。建立国家矿山公园，是有效保护和科学利用矿业遗迹资源，弘扬悠久的矿业历史和灿烂文化，促进加强矿山环境保护和恢复治理，树立典范、推动资源枯竭型矿山经济转型和矿山企业走可持续发展的道路的重要措施。

（二）由来及依据

《世界文化和自然遗产保护公约》于 1972 年在巴黎联合国教科文组织总部通过，1975 年正式生效以来，先后已有波兰、法国、玻利维亚、墨西哥、德国等国家的矿山，根据文化遗产遴选标准列入《世界遗产名录》，成为保护对人类文明发展具有普遍价值和重要意义的矿山遗址的典范。为加强对重要矿业遗迹资源的保护，2004 年 11 月，国土资源部下发了《关于申报国家矿山公园的通知》（国土资发〔2004〕256 号），组织开展国家矿山公园申报工作。之后国土资源部先后下发了《关于加强国家矿山公园建设的通知》（国土资厅发〔2006〕号）、《关于进一步加强国家矿山公园建设的通知》（国土资环函〔2008〕号）、《中国国家矿山公园建设工作指南（第 3 版）》，规范国家矿山公园申报、建设工作。

（三）主要内容

1. 国家矿山公园申报

（1）申报条件和要求。矿山公园必须具备以下基本条件：①具备典型、稀有和内容丰富的矿业遗迹；②以矿业遗迹为主体景观，充分融合自然与人文景观；③通过土地复垦等方式所修复的废弃矿山或生产矿山的部分废弃矿段。

矿山公园设置国家级矿山公园和省级矿山公园。国家矿山公园应满足以下要求：①国际、国内著名的矿山或独具特色的矿山；②拥有一处以上稀有的或多处重要的矿业遗迹；③区位优越，自然与人文景观优美；④进行过系统的基础调查研究工作，土地使用权属清楚，基础设施完善，具有吸引大量游客的潜在能力。

（2）申报材料。申报国家矿山矿山公园须提交以下材料：①拟建国家矿山公园申报书；②拟建国家矿山公园综合考察报告及附图、附件；③拟建国家矿山公园总体规划及附图、附件；④批准建立省级矿山公园的文件、土地使用权属证等有关材料；⑤拟建国家矿山公园相关信息的光盘、照片集、图册等。

（3）申报审批程序：①申报国家矿山公园，应由矿山公园所在地人民政府提出申请，省级国土资源管理部门审查同意后，方可申报。国家矿山公园申报材料报送截止时间为当年6月底；②国家矿山公园评审委员会在收到有关部门申请后，委派2名评审委员赴现场考察矿山公园建设情况。

国家矿山公园评审委员会每两年开一次评审会，在评审会上听取申请建立国家矿山公园的主管部门情况汇报和现场考察专家意见后，以记名打分的形式投票表决。经评审委员会全体成员2/3以上表决通过的矿山公园，形成评审意见后，报送国家矿山公园小组审批。

2. 国家矿山公园建设

（1）编制公园规划：国家级矿山公园应参照国家矿山公园编制总体要求和国家《公园设计规范》和《风景名胜区规划规范》的相关条款编制总体规划工作。总体规划应强调多学科参与，由矿业、园林、生态、规划、旅游、环保等不同学科和部门的专家共同合作。制定后的总体规划应由国土资源部组织审查批准，公园所在地人民政府发布实施。总体规划应包含国家矿山公园编制总体要求中要求的各项工作成果，并符合其定义标准和各类专项规划的要求。

已通过评审的国家矿山公园要按照"统一规划、保护与合理开发利用并重、分步实施"的原则，结合地方实际，考虑矿业遗迹的典型性、代表性以及与周围资源、人文景观环境的整合性，结合旅游市场的开发潜力和竞争力，进一步完善矿山公园建设规划。在总体规划的框架下，制定出不同区域和不同阶段的分步建设方案与实施计划。妥善处理开采矿区与矿山公园的关系，保障矿山公园范围安全和环境质量。

（2）成立专门管理机构：已通过评审的国家矿山公园要努力争取各级政府对国家矿山公园建设工作的重视和支持，加强与有关部门通力合作，成立实质性的矿山公园管理机构，管理机构中应当设置负责资源与环境保护、科学研究与规划、旅游开发与营销等方面的分支管理部门，承担对矿业遗迹与矿业景观的保护、公园开发建设项目的实施。在公园具有多重性质（例如世界遗产、国家级自然保护区、国家级风景名胜区等）的情况下，不要求单独成立矿山公园的管理机构，但矿山公园的管理职能必须在管理机构组织中得到体现。

（3）开展国家矿山公园建设：已批准的国家矿山公园应当遵循统一规划、分步实施的原则，在总体规划的框架下，按照《国家矿山公园建设指南》，制定出不同区域和不同阶段的分步建设方案与实施计划。妥善处理开采矿山与矿山公园区的关系。重点开展以下工作：①设计和建立国家矿山公园标志碑；②在公园标志碑处或公园门口建立公园简介和景点导游指南；③在公园内重要的重要矿业遗迹和地质遗迹景点建立相关知识介绍牌；④合理利用当地资源，建立科学内容较丰富、技术水平较高的矿山公园博物馆，普及地学以及矿业开发的相关知识；⑤编辑出版高质量的导游宣传手册，并抓紧培训矿山公园导游队伍；⑥为了更好地宣传国家矿山公园，各矿山公园应建立独立网站；⑦开展矿山地质环境恢复治理工作，消除重大矿山地质灾害隐患，治理恢复地形地貌、被破坏土地和生态环境；⑧开展重要矿山的自然、文化遗迹的保护和相关服务性设施的建设，使矿山环境恢复治理和矿山公园建设有机结合起来，发挥其更大的综合效益。

（4）揭碑开园：国家矿山建设达到规定的揭碑开园标准后，应经省（区、市）国土资源主管部门验收，省（区、市）国土资源主管部门收到验收申请后，应组织验收专家组按照《国家矿山公园建设指南》及揭碑开园有关要求，对矿山公园进行验收，通过验收的验收结果报部备案，并向国土资源部提交揭碑开园申请。对于两年内未完成建设任务的单位，国家矿山公园领导小组办公室将给予为期一年的警告，警告期限到期仍未建成的，将取消其国家矿山公园资格。

第三节　　地质遗迹保护管理

一、地质遗迹的概念

地质遗迹是指在地球演化的漫长地质历史时期由于内外动力的地质作用，形成发展并遗留下来的不可再生的地质自然遗产。重要的地质遗迹是国有的宝贵财富，是生态环境的重要组成部分。

地质遗迹景观包括：

（1）对追溯地质历史具有重大科学研究价值的典型层型剖面（含副层型剖面）、生物化石组合带地层剖面、岩性岩相建造剖面及典型地质构造剖面和构造形迹。

（2）对地球演化和生物进化具有重要科学文化价值的古人类与古脊椎动物、无脊椎动物、微体古生物、古植物等化石与产地以及重要古生物活动遗迹。

（3）具有重大科学研究和观赏价值的岩溶、丹霞、黄土、雅丹、花岗岩奇峰、石英砂岩峰林、火山、冰川、陨石、鸣沙、海岸等奇特地质景观。

（4）具有特殊学科研究和观赏价值的岩石、矿物、宝玉石及其典型产地。

（5）有独特医疗、保健作用或科学研究价值的温泉、矿泉、矿泥、地下水活动痕迹以及有特殊地质意义的瀑布、湖泊、奇泉。

（6）具有科学研究意义的典型地震、地裂、塌陷、沉降、崩塌、滑坡、泥石流等地质灾害遗迹。

（7）需要保护的其他地质遗迹。

二、地质遗迹保护的主要内容

地质遗迹保护主要包括以下几项内容：一是地质遗迹保护区申报与建设；二是地质公园申报与建设；三是古生物化石保护。

三、地质遗迹保护区管理

（一）地质遗迹保护区内涵及意义

地质遗迹保护区是 20 世纪 90 年代，地质矿产部从加强地质遗迹保护的角度提出的，对具有国际、国内和区域性典型意义的地质遗迹，建立的以地质遗迹为主要保护对象的自然保护区。地质遗迹保护区在申报、建设管理上从属于自然保护区管理。地质遗迹保护区的设立在历史上对于加强我国地质遗迹保护起到了重要作用。目前，我国地质遗迹保护区的申报、管理工作，已伴随着"在开发中保护、在保护中开发"这一理念的兴起而逐渐弱化，逐步被地质公园申报、建设工作所替代。

（二）地质遗迹保护区的分级

1. 国家级

（1）能为一个大区域甚至全球演化过程中，某一重大地质历史事件或演化阶段提供重要地质证据的地质遗迹。

（2）具有国际或国内大区域地层（构造）对比意义的典型剖面、化石及产地。

（3）具有国际或国内典型地学意义的地质景观或现象。

2. 省级

（1）能为区域地质历史演化阶段提供重要地质证据的地质遗迹。

（2）有区域地层（构造）对比意义的典型剖面、化石及产地。

（3）在地学分区及分类上，具有代表性或较高历史、文化、旅游价值的地质景观。

3. 县级

（1）在本县（市）的范围内具有科学研究价值的典型剖面、化石及产地。

（2）在小区域内具有特色的地质景观或地质现象。

（三）地质遗迹保护区申报和审批

（1）国家级地质遗迹保护区的建立，由国务院地质矿产行政主管部门或地质遗迹所在地的省、自治区、直辖市人民政府提出申请，经国家级自然保护区评审委员会评审后，由国务院环境保护行政主管部门审查并签署意见，报国务院批准、公布。

（2）对拟列入世界自然遗产名册的国家级地质遗迹保护区，由国务院地质矿产行政主管部门向国务院有关行政主管部门申报。

（3）省级地质遗迹保护区的建立，由地质遗迹所在地的市（地）、县（市）人民政府或同级地质矿产行政主管部门提出申请，经省级自然保护区评审委员会评审后，由省、自治区、直辖市人民政府环境保护行政主管部门审查并签署意见，报省、自治区、直辖市人民政府批准、公布。

（4）县级地质遗迹保护区的建立，由地质遗迹所在地的县级人民政府地质矿产行政主管部门提出申请，经县级自然保护区评审委员会评审后，由县（市）人民政府环境保护行政主管部门审查并签署意见，报县（市）级人民政府批准、公布。

（5）跨两个以上行政区域的地质遗迹保护区的建立，由有关行政区域的人民政府或同级地质矿产行政主管部门协商一致后提出申请，按照前三款规定的程序审批。

（四）地质遗迹保护区的管理

1. 管理职责归属

对于独立存在的地质遗迹保护区，保护区所在人民政府地质矿产行政主管部门应对其进行管理；对于分布在其他类型自然保护区内的地质遗迹保护区，保护区所在地的地质矿产行政主管部门，应根据地质遗迹保护区审批机关提出的保护要求，在原自然保护区管理机构的协助下，对地质遗迹保护区实施管理。

2. 主要管理内容

（1）制定管理制度。管理在保护区内从事的各项活动，包括开展有关科研、教学、旅游等活动。

（2）对保护的内容进行监测、维护，防止遗迹被破坏和污染。保护区内禁止任何单位和个人在保护区内及可能对地质遗迹造成影响的一定范围内开展采石、取土、开矿、放牧、砍伐以及其他对保护对象有损害的活动。未经管理机构批准，不得在保护区范围内采集标本和化石。禁止在保护区内修建与地质遗迹保护无关的厂房或其他建筑设施；对已建成并可能对地质遗迹造成污染或破坏的设施，应限期治理或停业外迁。

（3）开展地质遗迹保护的宣传、教育活动。管理机构可根据地质遗迹的保护程度，批准单位或个人在保护区范围内从事科研、教学及旅游活动。所取得的科研成果应向地质遗迹保护管理机构提交副本存档。

四、地质公园建设

（一）概念及意义

地质公园（geoparks）是以具有特殊的科学意义，稀有的自然属性，优雅的美学观赏价值，具有一定规模和分布范围的地质遗迹景观为主体；融合自然景观与人文景观并具有生态、历史和文化价值；以地质遗迹保护，支持当地经济、文化和环境的可持续发展为宗旨；为人们提供具有较高科学品位的观光游览、度假休息、保健疗养、科学教育、文化娱乐的场所。同时也是地质遗迹景观和生态环境的重点保护区，地质科学研究与普及的基地。

（二）由来

为了更有效地保护地质遗迹，联合国教科文组织第29次大会决定"建立具有特殊地质特色的全球地质景区网络"，156 次执行局会议为了贯彻这一决定，决议启动联合国教科文组织世界地质公园计划（UNESCO Geopark Program）。选择地质上有特色，同时兼顾景观优美，有一定历史文化内涵的地质遗址（区、点）建立地质公园，以期建立全球地质公园自然景观、人文历史紧密结合，强调地质遗迹的保护与地方经济发展紧密结合，强调地质公园的开发与生产资料教育紧密结合，强调地质遗迹的保护与地质研究紧密结合，强调地质公园的发展与当地民众就业特别是残疾人就业紧密结合，强调为了保护地质遗迹应重视开发，以开发来促进保护。

为此，UNESCO 建立了世界地质公园计划秘书处、世界地质公园咨询委员会及世界地质公园专家小组，开展可行性研究，制定计划方案和实施指南。我国被选为首批世界地质公园试点国。

我国早在 1985 年就提出建立国家地质公园的设想，把它作为地质自然保护区的一特殊类型。国土资源部组建后，部领导高度重视地质遗迹保护主作。1999 年 12 月国土资源都在山东威海市召开了全国地质地貌景观保护工作会议。会上提出了建立国家地质公园的设想。此举受到联合国教科文组织驻中国代表的重视。为了更好地推动我国地质遗迹保护工作，国土资源部决定成立国家地质公园领导小组。负责地质公园建设等重大政策决策、审批等。下设国家地质公园办公室，挂靠国土资源部地质环境司，负责拟定有关的地质公园法规、规划，组织实施地质公园建设日常工作。此后，我国国家地质公园、世界地质公园、省级地质公园建设得到了大力推进并取得了良好的经济、社会和环境效益。

（三）国家地质公园申报、建设管理

1. 申报条件

申报国家地质公园内的地质遗迹必须具有国家级代表性，在全国乃至国际上具有独特的科学价值、普及教育价值和美学观赏价值。

（1）地质遗迹资源具有典型性。能为一个大区域乃至全球地质演化过程中的某一重大地质历史事件或演化阶段提供重要地质证据的地质遗迹；具有国际或国内大区域地层（构造）对比意义的典型剖面、化石产地及具有国际或国内典型地学意义的地质地貌景观或现象；国内乃至国际罕见的地质遗迹。

（2）遗迹资源具有一定数量、规模和科普教育价值，其中达到典型性要求的国家级地质遗迹不少于 3 处，可用于科普和教育实习用的地质遗迹不少于 20 处。

（3）遗迹具有重要美学观赏价值，对广大游客有较强的吸引力，公园建成后能够带动当地旅游产业，促进地方社会经济可持续发展。

（4）遗迹已得到有效的保护，正在进行或规划进行的与当地社会经济发展相关的大型交通、水利、采矿等工程不会对地质遗迹造成破坏。

（5）已批准建立省（区、市）级地质公园 2 年以上并已揭碑开园。

2. 审批程序

（1）提出申报申请：拟申报国家地质公园的，由公园所在地县（市、区）人民政府提出申请；跨县（市、区）的由同属市（地、州）人民政府提出申请；跨市（地、州）的由同属省（区、市）人民政府提出申请；跨省（区、市）的由相关省（区、市）人民政府共同提出申请。省（区、市）国土资源行政主管部门负责对本辖区拟申报国家地质公园的单位进行初审，确定推荐名单并按照规定向国土资源部报送申报材料。每个省（区、市）每次推荐原则上不能超过 2 个国家地质公园候选地。国家地质公园采取定期申报的方式，原则上每 2 年申报 1 次，具体时间以国土资源部公告为准。

申报国家地质公园，必须提交的材料：①拟建国家地质公园申报书；②拟建国家地质公园综合考察报告；③地质公园申报画册；④地质公园申报影视片；⑤提出申请的县级以上人民政府承诺书；⑥省级国土资源行政主管部门推荐意见；⑦拟建国家地质公园位置图、地形图、卫片、航片、环境地质图、植被图、规划图及文献等图件资料；⑧批准建立省级地质公园的文件、土地使用权属证等有关资料。

（2）审查与评审：主要包括合规性审查、评审、建设、验收、复核、揭碑开园等。

（四）世界地质公园申报与管理

根据《世界地质公园网络工作指南和标准》，世界地质公园申报与管理介绍如下：

1. 申报条件

联合国教科文组织规定只允许每个国家每年只能申报 2 个世界地质公园。如果这个国家是首次申请，并且还没有参与到这个网络中，则可以允许申请 3 个。我国要求拟申报世界地质公园的单位必须是完成揭碑开园的国家地质公园。地质公园的基础和管理建设应符合国家地质公园要求，地质博物馆、科学考察线路、路线导游解说系统、标识解释牌等的建设应完善，公园总体规划的编制和实施，地学导游队伍的建设，科学研究的开展等应取得较好效果，并符合联合国教科文组织规定的具体申报标准。

2. 申请材料

（1）申请文本。应当包含以下内容：①该地的特定信息；②科学描述（国际地学意义、地质多样性、地质遗址的数量，等）；③该地的总体信息，包括地理位置、经济状况，人口、基础设施、就业状况，自然景观、气候、生物、聚居地，人类活动、文化遗迹、考古等；④管理计划和机构；⑤可持续发展政策战略和旅游在其中的重要性（区域发展行动计划）；提名成为世界地质公园网络成员的论点。

（2）签字部分。①随申请文本，表达自身意愿的信件；②由权威机构签字的官方申请；③国家地质公园网络签署（如果该国家有这个网络）；④附录，向 UNESCO 在该国的国家委员会提交的关于申请事宜的信件的复印件。

3. 申请时间及审批程序

可以在每年的任何时候提交申请，之后将进行室内评估和野外实地考察，然后组织考察提交该候选地质公园的建议。申请及专家考察结论将由一个独立的地质公园局来评估，每年至少进行一次讨论。整个评审过程至少要进行 6 个月以上。评审结束后，UNESCO 将通过正式信件和寄送证明的方式把申请结果通知给申请者和该国的 UNESCO 国家委员会。

3. 世界地质公园的管理

UNESCO 每 4 年对每个地质公园的状态进行定期检查，如果认为地质公园的现状或管理情况自其加入 GGN 以来或者自上次检查以来是令人满意的，则给予正式的认可，该地质公园将继续成为世界地质公园网络中的一员。如果该地质公园在两年内仍没有满足标准，将从世界地质公园网络成员名单中予以除名，停止享受一切与世界地质公园网络成员相关的特别权利，包括世界地质公园网络图标的使用。

五、古生物化石保护

（一）古生物化石概念

古生物化石是重要的地质遗迹，是宝贵的、不可再生的自然遗产。古生物化石是开展地球演变、生物进化等研究的重要资料，是确定地层时代、寻找矿产资源的重要线索，也是研究古代动植物习性、繁殖方式及生态环境的珍贵实物论据。

（二）古生物化石保护管理及主要内容

我国是古生物化石比较丰富的国家之一。种类齐全，数量众多，具有重要的科学研究价值。古生物化石几乎遍及全国各地，特别是近几年发现的一些珍稀古生物化石，受到国际科学界的广泛青睐。为了保护古生物化石，国土资源部早在 2002 年 7 月就发布了《古生物化石管理办法》，2010 年 8 月 25 日，国务院公布《古生物化石保护条例》（国务院令第 580 号），对古生物化石的发掘、收藏和出入境管理予以了全面规范。

古生物化石管理的主要内容包括：一是古生物化石发掘；二是古生物化石收藏；三是古生物化石流通；四是古生物化石出入境。

（三）古生物化石管理机构及职能

1. 部门、政府职责划分

国土资源主管部门主管古生物化石保护工作，负责组织、协调、指导和监督管理。

县级以上地方人民政府国土资源主管部门主管本行政区域古生物化石保护工作。

县级以上人民政府公安、工商行政管理等部门按照各自的职责负责古生物化石保护的有关工作。

2. 古生物化石专家委员会

国家古生物化石专家委员会由国务院有关部门和中国古生物学会推荐的专家组成，主要职责是：

（1）为国家制定古生物化石保护管理的方针政策和技术措施提出建议。

（2）拟定国家重点保护古生物化石名录。

（3）负责建立国家级古生物化石自然保护区的咨询指导工作。

（4）负责古生物化石发掘、出入境申请的评审。

（5）负责国家重点保护古生物化石的鉴定以及分类定级和价值评估工作。

（6）开展学术研究，推广古生物化石保护、管理、鉴定经验，培训、普及化石科学知识。

（四）古生物化石分级

古生物化石分为重点保护古生物化石和一般保护古生物化石。按照科学价值重要程度、保存完整程度和稀少程度，将重点保护古生物化石划分为一级、二级和三级。

重点保护古生物化石分级标准和重点保护古生物化石名录详见《国土资源部关于印发〈国家古生物化石分级标准（试行）〉和〈国家重点保护古生物化石名录（首批）〉的通知》（2012 年 1 月 10 日，国土资发〔2012〕6 号）。

重点保护古生物化石集中产地名录由国家古生物化石专家委员会拟定，由国土资源部批准并公布。

（五）古生物化石发掘管理

1. 发掘条件

因科学研究、教学、科学普及或者对古生物化石进行抢救性保护等需要，方可发掘古生物化石。

零星采集古生物化石标本的，不需要申请批准。零星采集活动的负责人应当在采集活动开始前向古生物化石所在地的省、自治区、直辖市人民政府国土资源主管部门提交零星采集古生物化石告知书。

非零星采集、有一定工作面，使用机械或者其他动力工具挖掘古生物化石的发掘活动需要向国土资源部门申请批准。

2. 发掘申请及审批手续

（1）提交申请：在国家级古生物化石自然保护区内发掘古生物化石，或者在其他区域发掘古生物化石涉及重点保护古生物化石的，应当向国土资源部提出申请并取得批准。其他申请发掘古生物化石的，应当向古生物化石所在地的省、自治区、直辖市人民政府国土资源主管部门提出申请并取得批准。

申请发掘古生物化石的单位，应当符合一定条件，提交的材料：①古生物化石发掘申请表；②申请发掘古生物化石单位的证明材料；③古生物化石发掘方案，包括发掘时间和地点、发掘对象、发掘地的地形地貌、区域地质条件、发掘面积、层位和工作量、发掘技术路线、发掘领队及参加人员情况等；④古生物化石发掘标本保存方案，包括发掘的古生物化石可能的属种、古生物化石标本保存场所及其保存条件、防止化石标本风化、损毁的措施等；⑤古生物化石发掘区自然生态条件恢复方案，包括发掘区自然生态条件现状、发掘后恢复自然生态条件的目标任务和措施、自然生态条件恢复工程量、自然生态条件恢复工程经费概算及筹措情况；⑥法律、法规规定的其他材料。

国务院国土资源主管部门批准古生物化石发掘申请前，应当征求古生物化石所在地省、自治区、直辖市人民政府国土资源主管部门的意见；批准发掘申请后，应当将批准发掘古生物化石的情况通报古生物化石所在地省、自治区、直辖市人民政府国土资源主管部门。

（2）受理申请：国务院国土资源主管部门应当自受理申请之日起 3 个工作日内将申请材料送国家古生物化石专家委员会。国家古生物化石专家委员会应当自收到申请材料之日起 10 个工作日内出具书面评审意见。评审意见应当作为是否批准古生物化石发掘的重要依据。国务院国土资源主管部门应当自受理申请之日起 30 个工作日内完成审查，对申请单位符合《古生物化石保护条例》第 11 条第二款规定条件，同时古生物化石发掘方案、发掘标本保存方案和发掘区自然生态条件恢复方案切实可行的，予以批准；对不符合条件的，书面通知申请单位并说明理由。

（3）发掘管理：发掘古生物化石的单位，应当按照批准的发掘方案进行发掘；改变古生物化石发掘方案、发掘标本保存方案和发掘区自然生态条件恢复方案的，应当报原批准发掘的国土资源主管部门批准。发掘古生物化石的单位，应当自发掘或者科学研究、教学等活动结束之日起 30 日内，对发掘的古生物化石登记造册，做出相应的描述与标注，并移交给批准发掘的国土资源主管部门指定的符合条件的收藏单位收藏。

中外合作开展的科学研究项目，需要在中华人民共和国领域和中华人民共和国管辖的其他海域发掘古生物化石的，发掘申请由中方化石发掘单位向国土资源部提出，发掘领队由中方人员担任，发掘的古生物化石归中方所有。

建设工程选址，应当避开重点保护古生物化石赋存的区域；确实无法避开的，应当采取必要的保护措施，或者依据《条例》的有关规定由县级以上人民政府国土资源主管部门组织实施抢救性发掘。

发掘古生物化石给他人生产、生活造成损失的，发掘单位应当采取必要的补救措施，并承担相应的赔偿责任。

（六）古生物化石收藏管理

1. 收藏方式和条件

（1）收藏方式。古生物化石收藏单位可以通过下列方式合法收藏重点保护古生物化石：①依法发掘；②依法转让、交换、赠予；③接受委托保管、展示；④国土资源主管部门指定收藏；⑤法律、法规规定的其他方式。

（2）收藏条件。古生物化石的收藏单位，应当符合下列条件：①有固定的馆址、专用展室、相应面积的藏品保管场所；②有相应数量的拥有相关研究成果的古生物专业或者相关专业的技术人员；③有防止古生物化石自然损毁的技术、工艺和设备；④有完备的防火、防盗等设施、设备和完善的安全保卫等管理制度；⑤有维持正常运转所需的经费。

2. 收藏单位定级

根据国家对古生物化石收藏单位定级工作的要求，收藏古生物化石模式标本的单位，应当符合甲级古生物化石收藏单位的收藏条件。收藏模式标本以外的一级重点保护古生物化石的单位，应当符合乙级以上古生物化石收藏单位的收藏条件。收藏二级、三级重点保护古生物化石的单位，应当符合丙级以上古生物化石收藏单位的收藏条件。

3. 收藏单位管理

（1）建立化石档案。古生物化石收藏单位应当建立古生物化石档案，并将本单位收藏的重点保护古生物化石档案报所在地的县级以上人民政府国土资源主管部门备案。档案中如实对本单位收藏的古生物化石做出描述和标注，并对本单位的古生物化石档案的真实性负责。

（2）化石失窃和遗失应急处置。重点保护古生物化石失窃或者遗失的，收藏单位应当立即向当地公安机关报案，同时向所在地的县级以上人民政府国土资源主管部门报告。县级以上人民政府国土资源主管部门应当在 24 小时内逐级上报国土资源部。国土资源部应当立即通报海关总署，防止重点保护古生物化石流失境外。

（3）定期报告。古生物化石收藏单位应当在每年 1 月 31 日前向所在地设区的市、县级人民政府国土资源主管部门报送年度报告。年度报告应当包括本单位上一年度藏品、人员和机构的变动情况以及国内外展览、标本安全、科普教育、科学研究、财务管理等情况。县级以上人民政府国土资源主管部门应当对古生物化石收藏单位进行实地抽查。设区的市、县级人民政府国土资源主管部门应当在每年 2 月 28 日前，将上一年度本行政区域内古生物化石收藏单位年度报告逐级上报省、自治区、直辖市人民政府国土资源主管部门。省、自治区、直辖市人民政府国土资源主管部门应当在每年 3 月 31 日前汇总并报送国土资源部。

（4）定期评估。国家古生物化石专家委员会每三年组织专家对古生物化石收藏单位进行一次评估，并根据评估结果，对收藏单位的级别进行调整。收藏单位对级别评定结果和评估结果有异议的，可以申请国家古生物化石专家委员会另行组织专家重新评估。

（七）古生物化石流通管理

1. 流通条件

未经批准，重点保护古生物化石不得流通。国家鼓励单位和个人将其合法收藏的重点保护古生物化石捐赠给符合条件的收藏单位收藏。

收藏单位不得将收藏的重点保护古生物化石转让、交换、赠予给不符合收藏条件的单位和个人。

收藏单位不再收藏的一般保护古生物化石，可以依法流通。国有收藏单位不再收藏一般保护古生物化石的，应当向所在地的省、自治区、直辖市人民政府国土资源主管部门提出古生物化石处置方案，由所在地的省、自治区、直辖市人民政府国土资源主管部门指定的国有收藏单位收藏，或者依法流通。

2. 流通申请、审批

（1）申请。收藏单位之间转让、交换或者赠予重点保护古生物化石的，应当向国土资源部提出申请，并提交下列材料：重点保护古生物化石流通申请表；转让、交换、赠予合同；转让、交换、赠予的古生物化石清单和照片；接收方符合本办法规定的相应古生物化石收藏条件的证明材料。

（2）审批。国土资源部批准转让、交换或者赠予申请前，应当征求有关收藏单位所在地的省、自治区、直辖市人民政府国土资源主管部门的意见；国土资源部应当在收到申请之日起 20 个工作日内做出是否批准的决定。批准申请后，应当将有关情况通报有关收藏单位所在地的省、自治区、直辖市人民政府国土资源主管部门。

3. 买卖监管

买卖一般保护古生物化石的，应当依据省、自治区、直辖市人民政府的规定，在县级以上地方人民政府指定的场所进行。县级以上地方人民政府国土资源主管部门应当加强对本行政区域内一般保护古生物化石买卖的监督管理。

（八）古生物化石进出境管理

1. 进出境条件

命名的古生物化石不得出境。重点保护古生物化石符合下列条件之一，经国务院国土资源主管部门批准，方可出境。

（1）因科学研究需要与国外有关研究机构进行合作的。

（2）因科学、文化交流需要在境外进行展览的。

一般保护古生物化石经所在地省、自治区、直辖市人民政府国土资源主管部门批准，方可出境。

2. 进出境申请应提交材料

（1）重点保护古生物化石出境。申请重点保护古生物化石出境的单位或者个人应当向国土资源部提交下列材料：古生物化石出境申请表；申请出境的古生物化石清单和照片。古生物化石清单内容包括标本编号、标本名称、重点保护级别、产地、发掘时间、发掘层位、标本尺寸和收藏单位等；外方合作单位的基本情况及资信证明；合作研究合同或者展览合同；出境古生物化石的保护措施；出境古生物化石的应急保护预案；出境古生物化石的保险证明；国土资源部规定的其他材料。

（2）一般保护古生物化石出境。申请一般保护古生物化石出境的单位或者个人应当向所在地的省、自治区、直辖市人民政府国土资源主管部门提交下列材料：古生物化石出境申请表；申请出境的古生物化石清单和照片。古生物化石清单内容包括标本名称、产地、标本尺寸及数量等。

（3）临时进境。境外古生物化石临时进境的，境内的合作单位或者个人应当依据《条例》的规定向国土资源部申请核查、登记，提交下列材料：境外古生物化石临时进境核查申请表；合作合同；进境化石的清单和照片。古生物化石清单内容包括标本名称、属种、编号、尺寸、产地等；外方批准古生物化石合法出境的证明材料。

（4）出境后进境。境外古生物化石在境内展览、合作研究或教学等活动结束后，由境内有关单位或者个人向国土资源部申请核查，提交下列材料：境外古生物化石复出境申请表；复出境古生物化石清单及照片。古生物化石清单内容包括标本名称、属种、编号、尺寸、产地等；国土资源部对该批古生物化石进境的核查、登记凭证。

3. 申请、审查

（1）重点保护古生物化石出境审查。申请重点保护古生物化石出境的，国务院国土资源主管部门应当自受理申请之日起3个工作日内将申请材料送国家古生物化石专家委员会。国家古生物化石专家委员会应当自收到申请材料之日起10个工作日内对申请出境的重点保护古生物化石进行鉴定，确认古生物化石的种属、数量和完好程度，并出具书面鉴定意见。鉴定意见应当作为是否批准重点保护古生物化石出境的重要依据。国务院国土资源主管部门应当自受理申请之日起20个工作日内完成审查，符合规定条件的，做出批准出境的决定；不符合规定条件的，书面通知申请人并说明理由。

古生物化石出境批准文件的有效期为 90 日；超过有效期出境的，应当重新提出出境申请。重点古生物化石在境外停留的期限一般不超过 6 个月；因特殊情况确需延长境外停留时间的，应当在境外停留期限届满 60 日前向国务院国土资源主管部门申请延期。延长期限最长不超过 6 个月。

（2）一般保护古生物化石出境审查。申请一般保护古生物化石出境的，省、自治区、直辖市人民政府国土资源主管部门应当自受理申请之日起 20 个工作日内完成审查，同意出境的，做出批准出境的决定；不同意出境的，书面通知申请人并说明理由。

（3）出境后进境审查。经批准出境的重点保护古生物化石出境后进境的，申请人应当自办结进境海关手续之日起 5 日内向国务院国土资源主管部门申请进境核查。国务院国土资源主管部门应当自受理申请之日起 3 个工作日内将申请材料送国家古生物化石专家委员会。国家古生物化石专家委员会应当自收到申请材料之日起 5 个工作日内对出境后进境的重点保护古生物化石进行鉴定，并出具书面鉴定意见。鉴定意见应当作为重点保护古生物化石进境核查结论的重要依据。国务院国土资源主管部门应当自受理申请之日起 15 个工作日内完成核查，做出核查结论；对确认为非原出境重点保护古生物化石的，责令申请人追回原出境重点保护古生物化石。

（4）临时进境审查。境外古生物化石临时进境的，应当交由海关加封，由境内有关单位或者个人自办结进境海关手续之日起 5 日内向国务院国土资源主管部门申请核查、登记。国务院国土资源主管部门核查海关封志完好无损的，逐件进行拍照、登记。临时进境的古生物化石进境后出境的，由境内有关单位或者个人向国务院国土资源主管部门申请核查。国务院国土资源主管部门应当依照本条例第三十一条第二款规定的程序，自受理申请之日起 15 个工作日内完成核查，对确认为原临时进境的古生物化石的，批准出境。境内单位或者个人从境外取得的古生物化石进境的，应当向海关申报，按照海关管理的有关规定办理进境手续。

4. 境外追索

对境外查获的有理由怀疑属于我国古生物化石的物品，国土资源部应当组织国家古生物化石专家委员会进行鉴定。对违法出境的古生物化石，国土资源部应当在国务院外交、公安、海关等部门的支持和配合下进行追索。追回的古生物化石，由国土资源部交符合相应条件的收藏单位收藏。

因科学研究、文化交流等原因合法出境的古生物化石，境外停留期限超过批准期限的，批准出境的国土资源主管部门应当责令境内申请人限期追回出境的古生物化石。逾期未追回的，参照本办法关于违法出境的古生物化石的有关规定处理。

第四节　地质灾害管理

一、概述

地质灾害防治工作是为了保障人民生命和财产安全，按照预防为主、避让与治理相结合和全面规划、突出重点的原则，通过采取调查、监测与预报、群测群防、建设工程项目地质灾害危险性评估、地质灾害应急处置、地质灾害搬迁避让与治理等制度措施，有效防范地质灾害的相关工作的总称。

（一）有关概念及分类

地质灾害是指由自然因素或者人为活动引发的危害人民生命和财产安全的山体崩塌、滑坡、泥石流、地面塌陷、地裂缝、地面沉降等与地质作用有关的灾害。

（1）山体崩塌：是指陡峭斜坡上的岩体或者土体在重力作用下，突然脱离母体，发生崩落、滚动的现象或者过程。

（2）滑坡：是指斜坡上的土体或者岩体，受河流冲刷、地下水活动、地震及人工切坡等因素影响，在重力作用下，沿着一定的软弱面或者软弱带，整体地或者分散地顺坡向下滑动的自然现象。许多山区群众形象地把滑坡称为"走山"。

（3）泥石流：是指山区沟谷或者山地坡面上，由暴雨、冰雪融化等水源激发的、含有大量泥沙石块的、介于挟沙水流和滑坡之间的土、水、气混合流。泥石流大多伴随山区洪水而发生。它与一般洪水的区别是洪流中含有足够数量的泥沙石等固体碎屑物，其体积含量最少为15%，最高可达80%左右，因此比洪水更具有破坏力。

（4）地面塌陷：是指地表岩体或者土体受自然作用或者人为活动影响向下陷落，并在地面形成塌陷坑洞而造成灾害的现象或者过程。引起地面塌陷的动力因素主要有地震、降雨以及地下开挖采空，大量抽水等。地面塌陷又分为岩溶塌陷、采空塌陷及黄土湿陷。

（5）地裂缝：是指在一定地质自然环境下，由于自然或者人为因素，地表岩土体开裂，在地面形成一定长度和宽度的裂缝的一种地质现象。

（6）地面沉降：是指在一定的地表面积内所发生的地面水平面降低的现象。地面沉降又称地面下沉或者地陷。

（7）地质灾害隐患：地质灾害隐患包括可能危害人民生命和财产安全的不稳定斜坡、潜在滑坡、潜在崩塌、潜在泥石流和潜在地面塌陷，以及已经发生但目前还不稳定的滑坡、崩塌、泥石流、地面塌陷等。

（8）灾情：灾情指地质灾害的危害性，包括地质灾害造成的人员伤亡和直接经济损失。

（9）险情：险情指地质灾害隐患的潜在危害性，包括地质灾害隐患威胁的人数和威胁财产数（潜在经济损失）。

（二）地质灾害险情和灾情分级

地质灾害按危害程度和规模大小分为特大型、大型、中型、小型，地质灾害险情和地质灾害灾情 4 级：

（1）特大型地质灾害险情和灾情（Ⅰ级）。受灾害威胁，需搬迁转移人数在 1 000 人以上或潜在可能造成的经济损失 1 亿元以上的地质灾害险情为特大型地质灾害险情。因灾死亡 30 人以上或因灾造成直接经济损失 1 000 万元以上的地质灾害灾情为特大型地质灾害灾情。

（2）大型地质灾害险情和灾情（Ⅱ级）。受灾害威胁，需搬迁转移人数在 500 人以上、1 000 人以下，或潜在经济损失 5 000 万元以上、1 亿元以下的地质灾害险情为大型地质灾害险情。因灾死亡 10 人以上、30 人以下，或因灾造成直接经济损失 500 万元以上、1 000 万元以下的地质灾害灾情为大型地质灾害灾情。

（3）中型地质灾害险情和灾情（Ⅲ级）。受灾害威胁，需搬迁转移人数在 100 人以上、500 人以下，或潜在经济损失 500 万元以上、5 000 万元以下的地质灾害险情为中型地质灾害险情。因灾死亡 3 人以上、10 人以下，或因灾造成直接经济损失 100 万元以上、500 万元以下的地质灾害灾情为中型地质灾害灾情。

（4）小型地质灾害险情和灾情（Ⅳ级）。受灾害威胁，需搬迁转移人数在 100 人以下，或潜在经济损失 500 万元以下的地质灾害险情为小型地质灾害险情。因灾死亡 3 人以下，或因灾造成直接经济损失 100 万元以下的地质灾害灾情为小型地质灾害灾情。

（三）责任分工

地质灾害防治工作是一项社会性非常强的工作，需要调动政府多个部门和有关单位、群众，甚至全社会的力量，因此其责任主体是各级人民政府。县级以上人民政府应当加强对地质灾害防治工作的领导，组织有关部门采取措施，做好地质灾害防治工作，并组织有关部门开展地质灾害防治知识的宣传教育，增强公众的地质灾害防治意识和自救、互救能力。

国务院国土资源主管部门负责全国地质灾害防治的组织、协调、指导和监督工作。国务院其他有关部门按照各自的职责负责有关的地质灾害防治工作。县级以上地方人民政府国土资源主管部门负责本行政区域内地质灾害防治的组织、协调、指导和监督。县级以上地方人民政府其他有关部门按照各自的职责负责有关的地质灾害防治工作。

（四）主要工作内容

地质灾害防治从环节上可以分为：地质灾害调查评价、地质灾害监测预警、地质灾害防治、地质灾害应急。具体业务包括如下：

（1）地质灾害调查。

（2）编制地质灾害防治规划。

（3）建立地质灾害监测与预警体系。

（4）地质灾害应急处置。

（5）地质灾害治理和搬迁避让。

（6）汛期地质灾害防治。

（7）地质灾害危险性评估。

（8）地质灾害资质管理。

二、地质灾害调查

地质灾害调查是为了解地质灾害基本状况、分布规律和发展趋势而进行的工作。主要工作内容包括：调查地质灾害的位置、类型、规模、环境地质条件和发展趋势、影响范围、可能造成的人员伤亡和经济损失，在此基础上，提出防治工作建议。地质灾害调查是制定地质灾害防治规划、建立地质灾害信息系统、划定地质灾害易发区和危险区、编制年度地质灾害防治方案、进行地质灾害监测和预报、组织治理地质灾害所必不可少的前期基础性工作，对地质灾害防治管理具有十分重要的作用。

（一）地质灾害调查分类及分级

按照地质灾害调查的性质，地质灾害调查可分为基础调查和应急调查。基础调查是区域性的常规性调查；应急调查是针对将要发生和业已发生灾害点的专门调查，其目的是针对一个具体灾害点查明其发生的原因、提出具体避让和防治措施。

地质灾害调查分为4级进行，国务院国土资源行政主管部门组织开展特大型地质灾害的应急调查和区域性的地质灾害基础调查，负责制定地质灾害调查技术要求；省、市（地、州）、县国土资源主管部门组织开展大、中、小型地质灾害的应急调查和本省、市（地、州）、县行政区域内的地质灾害基础调查。

（二）地质灾害应急调查

地质灾害应急调查是国土资源部门在本辖区发生造成人员伤亡和重大财产损失的滑坡、崩塌、泥石流、地面塌陷等地质灾害，或者发现重大地质灾害险情时，迅速组织专业技术人员赶赴灾害现场而开展的应急调查。

（三）地质灾害基础调查

地质灾害基础调查是各级国土资源部门为查明本行政区地质灾害隐患，划出地质灾害易发区，建立地质灾害信息系统，健全群专结合的监测网络，有计划地开展地质灾害防治，减少灾害损失，保护人民生命财产安全，针对本辖区地质灾害隐患点的分布、类型、规模、发育条件、威胁程度和发展形势而开展的基础性调查工作。为做好地质灾害基础调查工作，国家出台了县（市）地质灾害调查与区划基本要求、实施细则、空间数据库建设技术要求等，并在2006年对实施细则进行了进一步修订。在此基础上，开展了国家1∶50万环境地质调查信息系统集成与综合研究、重点县（市）1∶50 000地质灾害调查与区划，山东省自2011年开展了全省1∶50 000地质灾害调查与区划工作。中国地质调查院2008年出台了《滑坡崩塌泥石流灾害调查规范（1∶50 000）》（DD 2008—02），中国地质环境监测院2010年编制了《1∶50 000地质灾害调查信息化成果技术要求》。现将1∶50 000地质灾害调查与区划工作有关内容介绍如下：

1. 主要任务

（1）"以人为本"，对城镇、厂矿、村庄、风景名胜区、重要交通干线和重要工程设施分布区不稳定斜坡（变形斜坡）、泥石流潜在发育区以及潜在地面塌陷区进行调查，并对其稳定程度和潜在危害（险情）进行初步评价。

（2）对已发生的滑坡、崩塌、泥石流、地面塌陷、地裂缝、地面沉降等地质灾害点进行调查。查清其分布范围、规模、结构特征、影响因素、引发因素等，并对其稳定性、危害性（灾情）及潜在危害性（险情）进行评价。

（3）划定地质灾害易发区。

（4）协助当地政府建立地质灾害群测群防网络和编制特大型、大型地质灾害隐患点的防灾预案。

（5）结合调查成果，对所属县（市）有关人员进行地质灾害防灾减灾知识培训，指导地质灾害的监测与预警工作。

（6）开展地质灾害防治区划。

（7）建立地质灾害信息系统。

2．基本要求

（1）地质灾害调查应在充分收集、利用已有资料的基础上进行。收集资料内容包括与地质灾害形成条件相关的气象水文、地形地貌、地质构造、区域构造、第四纪地质、水文地质条件、生态环境以及人类活动与社会经济发展计划等。

（2）地质灾害调查的主要内容包括不稳定斜坡、滑坡、崩塌、泥石流、地面塌陷、地裂缝、地面沉降。根据工作区实际情况，可以增加其他种类的地质灾害调查内容。

（3）地质灾害调查应充分发动群众，采取有关部门和群众报险与专业人员调查相结合的方式进行。对于前人文献已有记载的以及当地群众和有关部门报告的地质灾害点，必须逐一进行现场调查；对于主要的居民点，无论有无地质灾害分布，都必须进行现场调查；对于据地质条件判断可能遭受地质灾害威胁的一般居民点，也必须进行现场调查。

（4）地质灾害调查必须做到"一点一卡"。按照卡片要求的内容逐一填写，对地质灾害的主要要素的描述不得遗漏。

（5）地质灾害调查必须按照统一的格式要求建立相应的信息系统。

（6）列入年度计划的县（市），承担调查任务的单位须编制调查设计书。经省、自治区、直辖市国土资源行政主管部门审批后开展调查工作。

（7）县（市）地质灾害调查与区划成果资料（含文字报告、图件、附件、附表和有关原始资料等）均以纸介质和电子文档（光、磁盘）两种形式汇交。所汇交的资料均应严格按照有关规定、标准复制。光（磁）盘数据资料，必须与纸介质成果资料内容一致。

（8）每个县（市）地质灾害调查工作应在一年内完成。

3．组织形式

（1）成立由县（市）政府领导、承担调查任务的地勘单位领导及有关部门成员参加的项目协调领导小组。负责组织和协调项目的实施。

（2）在协调小组领导下，由承担调查任务的地勘单位和县（市）国土资源主管部门组成若干联合调查组开展工作。

（3）每个县（市）调查组专业技术人员不应少于2人。其中，具有中、高级技术职称并且有经验的专业人员不应少于1人。

（4）在开展调查工作前，专业调查组应协助当地政府举办地质灾害调查基层干部培训班。

4. 质量监控

（1）县（市）地质灾害调查与区划项目应由具备地质灾害防治工程勘查资质的单位承担。

（2）项目承担单位必须按照审批后的设计书要求组织实施，如需要对设计进行较大变更、调整，应报原审批部门备案或重新审批。

（3）项目承担单位应按时开展对项目实施阶段的自检、互检、专检的质量控制措施。

（4）在项目实施过程中，省及当地国土资源主管部门应组织有关专家对调查工作进行野外抽查和验收。质量不合格者，必须返工，直至质量合格。

（5）项目承担单位提交的成果报告送审稿，经省（区、市）国土资源行政主管部门组织有关专家评审通过并经审批后，方可提供当地政府使用，并按规定进行资料归档。

5. 工作步骤

（1）设计编制。

（2）野外调查。

（3）室内资料分析整理形成调查报告。

（4）地质灾害信息系统建设。

（5）成果送审及备案。

三、编制地质灾害防治规划

地质灾害防治规划是根据目前地质灾害的现状和面临的形势提出未来一段时期内对地质灾害防灾减灾工作的部署及保障措施。地质灾害防治规划编制的依据是地质环境和地质灾害调查的结果，但要综合考虑国民经济和社会发展计划、生态保护规划、减灾防灾规划的内容等。地质灾害防治规划编制的主体是各级国土资源主管部门和建设、水利、交通等部门。

（一）规划编制内容

1. 地质灾害现状和发展趋势预测

根据经济社会的发展和自然环境因素的变化预测未来一段时期地质灾害的发展变化规律。

2. 地质灾害的防治原则和目标

地质灾害的防治原则是，根据我国社会经济发展水平和地质灾害现状提出的在规划期内指导地质灾害防治工作的基本准则。地质灾害防治总的原则为坚持预防为主，避让与治理相结合，全面规划和突出重点。地质灾害的防治目标，是指在一定期限内地质灾害防治工作所达到的目标。主要包括法律法规体系和行政管理体系建设、地质灾害调查、灾害区划和治理目标等。地质灾害防治目标应当分阶段实施。全国有总体目标，地方有地方目标，总的要求是提高预报成功率，避免经济损失，减少人员伤亡，促进地质环境和经济建设的协调发展。

3．地质灾害易发区、重点防治区

地质灾害易发区是指具备地质灾害发生的地质构造、地形地貌和气候条件，容易或者可能发生地质灾害的区域。不同灾种其易发区范围不同。地质灾害重点防治区，是指根据地质灾害现状和需要保护的对象而提出的应当给予重点防护的区域。如人口集中居住的城市、集镇、村庄以及生命线工程和重要基础设施等都是应当给予重点防护的地质灾害重点防治区。

4．地质灾害防治项目

地质灾害防治项目是指为实现地质灾害防治目标而提出的主要工程和项目。地质灾害防治项目主要包括：

（1）地质灾害防治基础调查和科研项目。这类项目是地质灾害防治的基础工程，主要是查清不断变化的地质灾害的现状和开展科学研究，以科技进步解决地质灾害防治中的问题。

（2）搬迁避让工程。由于在广大农村地区地质灾害点多面广，而且突发性地质灾害分布较多的地区都是老、少、边、穷地区，灾害体规模相对较大，一些地区本来也不适合居住、生活、生产，对所有地质灾害进行工程治理既不可能也不经济，所以，应该把防治地质灾害与山区脱贫致富结合起来，有步骤地实施搬迁避让工程。

（3）地质灾害治理工程。根据灾害的规模和威胁的对象，对危害公共安全、自然因素引发的灾害要由财政出资，对人为活动引发的灾害也要进行经济技术论证，分清责任，实施治理工程。

（4）监测预警工程。对已发现的地质灾害隐患要实施监测预警工程，包括专业监测和群测群防，对其发展趋势进行预测预警预报。

5．地质灾害防治措施

地质灾害防治措施是指为实现地质灾害防治规划预期目标而实施的措施。主要包括：加强法制建设和行政管理工作、加强科普教育宣传工作、建立稳定的资金投入机制、坚持群专结合及采取综合防治的措施等。

县级以上人民政府应当将城镇、人口集中居住区、风景名胜区、大中型工矿企业所在地和交通干线、重点水利电力工程等基础设施作为地质灾害重点防治区中的防护重点。

（二）编制和报批程序

（1）国土资源部门会有关部门组织开展规划编制工作。

（2）织专家论证，然后由同级人民政府批准公布。

（3）报上一级人民政府国土资源主管部门备案。

四、建立地质灾害监测网络和预警体系

地质灾害监测网络与预警体系建设是国土资源主管部门在地质灾害调查评价基础上

开展的，针对辖区内调查出的重点地质灾害隐患点，建立地质灾害专业监测体系、群测群防体系和预报预警系统，是开展地质灾害防治工程的重要依据。

（一）目标

现阶段我国地质灾害监测网络与预警体系是政府领导下的以群测群防为基础、群专紧密结合的防灾预警体系，在此基础上逐步建立起全国、省、市（地）、县四级集数据采集、传输、预报、发布于一体的预警系统。

（二）建立地质灾害监测网络

建立地质灾害监测网络目的是了解和掌握地质灾害体的演变过程，及时捕捉地质灾害的特征信息，为地质灾害的正确分析评价、预测预报及治理工程等提供可靠资料和科学依据。做好地质灾害防治工作的基础和前提，也是预报预警和检验地质灾害分析评价及地质灾害防治工程最基本的手段。

1. 责任划分

自然地质灾害按灾害体危害的大小，分别由省、市、县各级人民政府国土资源行政主管部门委托专业队伍或由灾害体所在政府、单位组织群众监测。对于自然引发的危害公共安全的地质灾害监测，具体工作则应当由国土资源主管部门会同建设、水利、交通等部门进行；对于由建设工程引发的地质灾害，监测责任单位则为建设单位。

2. 监测对象与内容

地质灾害监测的主要对象是列入各级地质灾害防治规划内的重点地质灾害隐患点，包括：

（1）稳定性差，可能造成严重灾害的地质灾害隐患点。

（2）对城镇、学校、村庄、工厂、人口集中居住区，风景名胜区人民生命财产构成威胁的地质灾害隐患点。

（3）威胁铁路、公路、河道等重要交通干线的地质灾害隐患点。

（4）对重要水利水电等基础设施构成威胁的地质灾害点。

监测内容和范围包括：地质灾害隐患点致灾体的变形迹象，以及地质灾害点威胁的对象和可能成灾的范围。

对当前不宜进行治理及暂时不能治理的地质灾害隐患点、危害大、难以进行简易监测、肉眼观察的应建立由专业技术人员及专家指导的、以专门仪器监测为主的专业监测网点；对地质灾害变化趋势明显的、隐患较轻的危险点，应采取以简易监测为主，结合宏观地面变形观察的群测群防方式监测。

3. 地质灾害专业监测方法

地质灾害专业监测，是指专业技术人员在专业调查的基础上借助于专业仪器设备和专业技术，对地质灾害变形动态进行监测、分析和预测预报等一系列专业技术的综合应用。

（1）崩塌、滑坡监测技术方法：①地表变形监测，包括地表相对位移监测，主要方法有机械测缝法、伸缩计法、遥测式位移计监测法和地表倾斜监测法。地表绝对位移监测。主要方法有大地形变测量法、近景摄影测量法、激光微小位移测量法、地表位移

GPS 测量法、激光扫描法、遥感（RS）测量法和合成孔径雷达干涉测量法。②深部位移监测，主要方法有测缝法、钻孔倾斜测量法和钻孔位移计监测法。③地下水动态监测，主要监测法为地下水位监测法、孔隙水压力监测法和水质监测法。④相关因素监测，主要方法有地声监测法、应力监测法、应变监测法、放射性气体测量法和气象监测法（雨量计、融雪计、湿度计和气温计）。

（2）泥石流监测技术方法：主要有地声监测法、龙头高度监测法、泥位监测法、倾斜仪棒监测法、流速监测法、孔隙水压力监测法和降雨量监测法。

4. 地质灾害简易监测方法

所谓地质灾害简易监测，是指借助于简单的测量工具、仪器装置和量测方法，监测灾害体、房屋或构筑物裂缝位移变化的监测方法。该类监测方法具有投入快、操作简便、数据直观等特点，即可以由专业技术人员作为辅助方法使用，也可由非专业技术人员在经培训后使用，是地质灾害群测群防中常用的监测方法。该类监测一般常用监测方法有：

（1）埋桩法。埋桩法适合对崩塌、滑坡体上发生的裂缝进行观测。在斜坡上横跨裂缝两侧埋桩，用钢卷尺测量桩之间的距离，可以了解滑坡变形滑动过程。对于土体裂缝，埋桩不能离裂缝太近。

（2）埋钉法。在建筑物裂缝两侧各钉一颗钉子，通过测量两侧两颗钉子之间的距离变化来判断滑坡的变形滑动。这种方法对于临灾前兆的判断是非常有效的。

（3）上漆法。在建筑物裂缝的两侧用油漆各画上一道标记，与埋钉法原理是相同的，通过测量两侧标记之间的距离来判断裂缝是否存在扩大。

（4）贴片法。横跨建筑物裂缝粘贴水泥砂浆片或纸片，如果砂浆片或纸片被拉断，说明滑坡发生了明显变形，须严加防范。与上面三种方法相比，这种方法不能获得具体数据，但是，可以非常直接地判断滑坡的突然变化情况。

（5）简易仪器观测法。地质灾害群测群防监测方法除了采用埋桩法、贴片法和灾害前兆观察等简单方法外，还可以借助简易、快捷、实用、易于掌握的位移、地声、雨量等群测群防预警装置和简单的声、光、电警报信号发生装置，来提高预警的准确性和临灾的快速反应能力。对于滑坡、崩塌灾害群测群防监测，可以使用裂缝报警器、滑坡预警伸缩仪（量程大、阀值报警，适用于各种滑坡裂缝监测）、简易裂缝位移计（精度高、阀值报警、多通道，适用于岩质滑坡和建筑物裂缝监测）、简易超声波位移计（量程大、非接触、阀值报警，用于各种滑坡裂缝监测）和简易雨量计进行监测预警。对于泥石流灾害群测群防监测，可以使用简易地声监测仪（多通道、阀值报警）、泥石流视频预警仪（震动或视频变化触发工作）和简易雨量计进行监测预警。

5. 地质灾害宏观地质观测法

宏观地质观测法，是用常规地质调查方法，对崩塌、滑坡、泥石流灾害体的宏观变形迹象和与其有关的各种异常现象进行定期的观测、记录，以便随时掌握崩塌、滑坡的变形动态及发展趋势，达到科学预报的目的。该方法具有直观性、动态性、适应性、实用性强的特点，不仅适用于各种类型崩滑体不同变形阶段的监测，而且监测内容比较丰富、面广，获取的前兆信息直观可靠，可信度高。其方法简易经济，便于掌握和普及推广应用。宏观地质观测法可提供崩塌滑坡短临预报的可靠信息，即使是采用先进的仪表观测及自动遥测方法监测崩滑体的变形，该方法仍然是不可缺少的。一般情况下，突发性灾害很难捕捉到斜坡体上的短暂瞬时宏观变形形迹和其他异变现象；而累进性灾害在一定时段内斜坡体上均有明显的宏观变形形迹及其他异变现象，这些宏观变形形迹及异变现象称之为灾害前兆信息。准确捕捉这些信息并进行动态综合分析这些前兆信息（地声、泉水变浑、泉水干涸、裂缝扩张、醉汉林出现等），对灾害的防治和预测预报，减灾防灾有重要的意义。

6. 地质灾害群测群防建设程序和内容

由于中国地质灾害类型和数量特别多、分布特别广，而国家财力有限，所以不可能对所有地质灾害进行全面防治。对一般性地质灾害，则主要通过宣传培训，使当地群众增强减灾意识，掌握防治知识，并依靠当地政府，在地质灾害易发区开展以当地民众为主体的监测、预报、预防工作。地质灾害群测群防是具有中国特色的地质灾害防治体系的重要组成部分，为减轻地质灾害，避免人员伤亡和经济损失发挥了重要作用。地质灾害群测群防工作主要程序和内容如下：

（1）制定地质灾害隐患点群测群防预案，开展群测群防培训。

（2）确定地质灾害隐患点防灾责任人和群测群防员，建立群测群防通讯录，发放防灾工作明白卡。

（3）为监测人员配备、安设简易监测预警工具。

（4）在地质灾害隐患点设置警示牌、招贴宣传画，向地质灾害隐患点威胁群众发送避灾明白卡。

（5）开展汛期地质灾害值班和巡查，安排相关责任人按时收听收看天气预报和地质灾害预报预警信息。

（6）开展地质灾害隐患点应急演练。

（7）遇险情、灾情及时上报、组织避险和救灾。

（三）地质灾害气象预报预警

地质灾害预报预警，是指地质灾害防治过程中，为了避免或者减轻地质灾害给人民生命财产造成损失，国土资源部门根据气象预报信息、地质灾害调查与监测信息等信息，采用一定的预报方法，在致灾因子达到一定的致灾阈值时，或群测群防员发现地质灾害前兆时，对地质灾害实行事先预报的工作制度。它有利于防患于未然，早准备早应对，针对不同的灾害危险采取相应的措施，保护人民生命财产安全。我国目前的地质灾害预报预警，主要包括专业的地质灾害气象预报预警、地质灾害地震预报预警和群测群防预警。地质灾害气象预报预警是以地质环境背景条件为基础，根据前期实际降雨量和未来 24 小时的预报降雨量，对降雨可能诱发的突发性滑坡、泥石流等地质灾害发生的空间和时间范围及其危险程度大小进行预测，并通过电视台、电台、互联网等媒体向社会公众预先发出的报告和警告。2003 年国土资源部和中国气象局联合下发了《关于联合开展汛期地质灾害气象预报预警工作的通知》（国土资发〔2003〕229 号），规定：

从 2003 年开始，每年汛期（5~9月），由国土资源部和中国气象局联合开展地质灾害气象预报预警工作。

1. 责任主体

国家级具体业务工作由国土资源部中国地调局和中国气象局国家气象中心承担。省级及以下各级的具体业务工作，由同级国土资源主管部门和气象主管部门各自授权的业务单位承担。

2. 地质灾害气象预报预警的对象和内容

地质灾害气象预报预警的对象是降雨诱发的区域性群发型滑坡、崩塌、泥石流灾害。预报预警内容主要包括滑坡、崩塌、泥石流灾害可能发生的时间、地点（范围）、危险程度和宜采取的防范措施。

3. 地质灾害气象预报预警等级划分和表达

根据《国土资源部和中国气象局关于联合开展地质灾害气象预报预警工作协议》，地质灾害气象预报预警分为 5 个等级：

Ⅰ级：可能性很小（发生地质灾害的概率 < 20%）。

Ⅱ级：可能性较小（发生地质灾害的概率为 20%~40%）。

Ⅲ级：可能性较大（发生地质灾害的概率为 40%~60%）。

Ⅳ级：可能性大（发生地质灾害的概率为 60%~80%）。

Ⅴ级：可能性很大（发生地质灾害的概率 > 80%）。其中，Ⅲ~Ⅴ级向社会发布预报预警，Ⅰ~Ⅱ级不予发布。

地质灾害气象预报预警等级表达：Ⅴ级为红色；Ⅳ级为橙色；Ⅲ级为黄色；Ⅱ级为绿色；Ⅰ级为蓝色。

4. 地质灾害气象预报预警范围

地质灾害气象预报预警的空间等级范围按行政辖区划分为国家级、省级。国家级预报预警范围覆盖除香港、澳门和台湾地区之外的全国国土面积；省级预报预警范围覆盖其相应的行政辖区面积。

地质灾害气象预报预警工作期为每年的主汛期。国家级预报预警工作期为每年 5~9 月，省级预报预警工作期为当地的主汛期。南方地区在非主汛期期间如果出现连续 1 周以上的较大降雨，也应开展预报预警。地质灾害气象预报预警时段为：当日 20:00 至次日 20:00。

5. 地质灾害气象预报预警系统建立程序

（1）搜集资料。包括地质环境基础资料、地质灾害诱发因素资料、地质灾害造成的损失等。

（2）建立预报预警区划。根据历史地质灾害发生情况、地质环境背景，选定与地质灾害发生相关的评价因子，选取适当的评价方法，对滑坡、泥石流等地质灾害的危险性进行的分区。

（3）分析预报预警区地质灾害与地质环境和降雨关系。对预报预警区内已发生的降雨型突发地质灾害数据进行统计分析，提取诱发地质灾害的临界降雨值、过程降雨量、雨强以及三者之间的关系，确定各预报区的预警判据。

（4）建立预报预警模型。根据各地不同的地质环境条件和气象条件选择不同的区域地质灾害评价模型，同时可根据资料收集的程度选择简单或复杂的模型进行研究。

（5）开发预报预警软件。为了提高地质灾害气象预报预警技术方法、自动化程度和工作效率，需开发研制相应的预报预警软件。预报预警软件的开发，应根据已经设计好的工作方案，选用如 Microsoft Visual C＋＋、Microsoft Visual Basic 或其他开发工具在 MapGIS 或 ArcGIS 平台上进行二次开发。其开发过程应严格遵循软件工程的规定，包括需求分析、总体设计、详细设计、编码、测试及投入使用等全过程。开发的预报预警软件应具备如下基本功能：自动导入导出降雨数据、自动生成初步的预报预警产品、简洁的操作界面和较强的人机交互功能等。

（6）建立预报预警数据库。为了便于地质灾害气象预报预警有关数据的统一管理和查询，以一种高效、统一的方式对信息进行检索和分析，需要建立地质灾害气象预报预警数据库管理系统，借助图形处理和数据处理等功能，对地质灾害气象预报预警的信息进行管理，实现资料共享。

6．地质灾害气象预报预警工作程序

（1）每日接收气象部门的当日实际降雨量数据、当日 20:00 至次日 20:00 未来 24 小时预报降雨量数据以及双方约定的其他数据，如气象部门判定的地质灾害预警区域及预警等级数据等。接收时间一般为当日 15:00～16:00。

（2）利用自行开发的预警软件作分析处理，根据各预警区的判据模型，自动判定未来 24 小时地质灾害可能发生的区域和等级，预报人员绘出地质灾害可能发生的各等级区域，形成初步预警结果。

（3）针对初步预警结果与下一级预报预警业务单位或对应的气象部门进行会商。

（4）综合分析各单位的会商意见，对初步预警结果进行修正，形成最终预警产品。

（5）主管领导审定、签发预警产品。

（6）于当天 16:20 通过适当方式（电缆专线、ftp，E-mail 等）把预警产品发回气象部门。

（7）气象部门接收预警产品，并和天气预报产品统一制作后发送电视台。

（8）当达到预报等级（Ⅲ～Ⅴ级）时，在当地电视台天气预报节目中播出，并可在相关网站、电台、新闻媒体上或以手机短信的形式发布。

五、地质灾害应急

地质灾害应急是指为应付突发性地质灾害而采取的灾前应急准备、临灾应急防范措施和灾后应急救援等应急反应行动。同时，也泛指立即采取超出正常工作程序的行动。地质灾害应急是地质灾害防治工作中的一项重要内容，预防和减轻地质灾害损失和有效防止纠纷的产生，在很大程度上取决于应急工作是否及时、有序和有效。

（一）编制、审批突发性地质灾害应急预案

突发性地质灾害应急预案，是指经一定程序事先制定的应对突发性地质灾害的行动方案。所谓突发性地质灾害，是指崩塌、滑坡、泥石流和地面塌陷灾害等。编制突发性地质灾害应急预案，是贯彻落实地质灾害防治工作以预防为主方针的重要措施。由于上述地质灾害形成、发生的时间短、破坏性大，往往会造成人员伤亡，因此，应急预案的编制和实施，对减轻地质灾害损失特别是减少人员伤亡，具有十分重要的意义。

1. 应急预案的编写内容

（1）应急机构和有关部门的职责分工。

（2）抢险救援人员的组织和应急、救助装备、资金、物资的准备。

（3）地质灾害的等级与影响分析准备。

（4）地质灾害调查与处理程序。

（5）发生地质灾害时的预警信号、应急通讯保障。

（6）人员财产撤离、转移路线、医疗救治、疾病控制等应急行动方案。

2. 编制和审批程序

应急预案的编制分为国家级、省级、市级、县级四个级别的地质灾害预案。国家级突发性地质灾害应急预案，由国务院国土资源主管部门会同国务院建设、水利、铁路、交通等部门编制，由国务院批准后公布。省级、市级、县级突发性地质灾害应急预案，由同级人民政府国土资源主管部门会同同级建设、水利、交通等部门编制，由同级人民政府批准后公布。

（二）成立应急机构

建立地质灾害应急机构（应急指挥部），是为了提高各级政府对地质灾害应急反应能力，尽最大努力将地质灾害造成的损失降低到最低程度，是做好地质灾害防治工作的组织保证。

1. 应急指挥部组成

全国和各级地方地质灾害防治应急指挥部应当由政府主管领导任指挥长或者总指挥，成员由国土资源、公安、民政、财政、交通、商业、卫生、气象、水利、通讯、建设、发改委、武警等相关部门负责人组成。

地质灾害防治应急指挥部下设办公室和应急分队，办公室设在各级国土资源主管部门，具体负责指挥部的日常工作。

2. 应急指挥部成立权限

（1）特大型和大型地质灾害发生后，由有关省人民政府成立抢险救灾指挥机构，组织有关部门实施地质灾害应急预案。

发生特大级和社会影响特大的地质灾害，由国务院成立国家级抢险救灾指挥机构。

（2）发生中型和小型地质灾害或者出现地质灾害险情时，由市、县人民政府成立抢险救灾指挥机构。

（三）开展应急演练

开展应急演练是按照地质灾害应急预案对地质灾害发生后可能采取的各项行动措施进行预演，是全面增强人民群众应对突发性地质灾害的防范、避险意识和自救、互救能力，切实提高各单位应对突发性地质灾害的快速反应和应急处置能力，检验、完善应急方案，以最大限度减轻地质灾害造成的损失的重要措施。

（四）地质灾害应急措施和程序

在发生地质灾害或出现地质灾害险情时，根据《国家突发地质灾害应急预案》，应采取以下措施和步骤

1. 地质灾害报告

（1）速报时限要求：县级人民政府国土资源主管部门接到当地出现特大型、大型、中型地质灾害以及避免10人（含）以上死亡的成功预报实例报告后，速报县级人民政府和市级人民政府国土资源主管部门，同时要按照不同的时限要求上报省级人民政府国土资源主管部门和国务院国土资源主管部门。国土资源部接到特大型、大型地质灾害险情和灾情报告后，应立即向国务院报告。

县级人民政府国土资源主管部门接到当地出现中、小型地质灾害报告后，应在12小时内速报县级人民政府和市级人民政府国土资源主管部门，同时可直接速报省级人民政府国土资源主管部门。成功预报地质灾害避免的人员伤亡和财产损失数量的要按照实际情况确定，以地质灾害实际影响范围测定，如倒塌房屋内居住人员或灾害现场活动人员等。

（2）速报的内容：地质灾害发生后的报告分两类，一类是发现灾害后立即上报的速报报告，负责报告的部门应当根据掌握的灾情信息，尽可能详细说明地质灾害发生的地点、时间、伤亡和失踪的人数、地质灾害类型、灾害体的规模、可能的引发因素、地质成因和发展趋势等，同时提出主管部门采取的对策和措施。对地质灾害灾情的速报，还应包括死亡、失踪和受伤的人数以及造成的直接经济损失。另一类是应急调查后的应急调查报告。地质灾害应急调查结束后，有关部门应当及时提交地质灾害应急调查报告。

（3）速报时限：

1小时报告：对于特大型、大型地质灾害灾情和险情，灾害发生的省级国土资源主管部门要在接到报告后1小时内速报国土资源部。

6小时报告：对于6人（含）以上死亡和失踪的中型地质灾害灾情和避免10人（含）以上死亡的成功预报实例，省级国土资源主管部门要在接到报告后6小时内速报国土资源部。

1日报告：对于6人以下死亡和失踪的中型地质灾害灾情，省级国土资源主管部门应在接到报告后1日内上报国土资源部。

2. 应急响应

地质灾害应急工作按照地质灾害险情和灾情分级启动不同级别的响应程序，根据地质灾害的等级确定相应级别的应急机构，并启动相应级别的应急预案。

（1）特大型地质灾害险情和灾情应急响应（Ⅰ级）。出现特大型地质灾害险情和特大型地质灾害灾情的县（市）、市（地、州）、省（区、市）人民政府立即启动相关的应急防治预案和应急指挥系统，部署本行政区域内的地质灾害应急防治与救灾工作。地质灾害发生地的县级人民政府应当依照群测群防责任制的规定，立即将有关信息通知到

地质灾害危险点的防灾责任人、监测人和该区域内的群众，对是否转移群众和采取的应急措施做出决策；及时划定地质灾害危险区，设立明显的危险区警示标志，确定预警信号和撤离路线，组织群众转移避让或采取排险防治措施，根据险情和灾情具体情况提出应急对策，情况危急时应强制组织受威胁群众避灾疏散。特大型地质灾害险情和灾情的应急防治工作，在本省（区、市）人民政府的领导下，由本省（区、市）地质灾害应急防治指挥部具体指挥、协调、组织财政、建设、交通、水利、民政、气象等有关部门的专家和人员，及时赶赴现场，加强监测，采取应急措施，防止灾害进一步扩大，避免抢险救灾可能造成的二次人员伤亡。国土资源部组织协调有关部门赴灾区现场指导应急防治工作，派出专家组调查地质灾害成因，分析其发展趋势，指导地方制订应急防治措施。

（2）大型地质灾害险情和灾情应急响应（Ⅱ级）。出现大型地质灾害险情和大型地质灾害灾情的县（市）、市（地、州）、省（区、市）人民政府立即启动相关的应急预案和应急指挥系统。地质灾害发生地的县级人民政府应当依照群测群防责任制的规定，立即将有关信息通知到地质灾害危险点的防灾责任人、监测人和该区域内的群众，对是否转移群众和采取的应急措施做出决策；及时划定地质灾害危险区，设立明显的危险区警示标志，确定预警信号和撤离路线，组织群众转移避让或采取排险防治措施，根据险情和灾情具体情况提出应急对策，情况危急时应强制组织受威胁群众避灾疏散。大型地质灾害险情和大型地质灾害灾情的应急工作，在本省（区、市）人民政府的领导下，由本省（区、市）地质灾害应急防治指挥部具体指挥、协调、组织财政、建设、交通、水利、民政、气象等有关部门的专家和人员，及时赶赴现场，加强监测，采取应急措施，防止灾害进一步扩大，避免抢险救灾可能造成的二次人员伤亡。必要时，国土资源部派出工作组协助地方政府做好地质灾害的应急防治工作。

（3）中型地质灾害险情和灾情应急响应（Ⅲ级）。出现中型地质灾害险情和中型地质灾害灾情的县（市）、市（地、州）人民政府立即启动相关的应急预案和应急指挥系统。地质灾害发生地的县级人民政府应当依照群测群防责任制的规定，立即将有关信息通知到地质灾害危险点的防灾责任人、监测人和该区域内的群众，对是否转移群众和采取的应急措施做出决策；及时划定地质灾害危险区，设立明显的危险区警示标志，确定预警信号和撤离路线，组织群众转移避让或采取排险防治措施，根据险情和灾情具体情况提出应急对策，情况危急时应强制组织受威胁群众避灾疏散。中型地质灾害险情和中型地质灾害灾情的应急工作，在本市（地、州）人民政府的领导下，由本市（地、州）地质灾害应急防治指挥部具体指挥、协调、组织建设、交通、水利、民政、气象等有关部门的专家和人员，及时赶赴现场，加强监测，采取应急措施，防止灾害进一步扩大，避免抢险救灾可能造成的二次人员伤亡。必要时，灾害出现地的省（区、市）人民政府派出工作组赶赴灾害现场，协助市（地、州）人民政府做好地质灾害应急工作。

（4）小型地质灾害险情和灾情应急响应（Ⅳ级）。出现小型地质灾害险情和小型地质灾害灾情的县（市）人民政府立即启动相关的应急预案和应急指挥系统，依照群测群防责任制的规定，立即将有关信息通知到地质灾害危险点的防灾责任人、监测人和该区域内的群众，对是否转移群众和采取的应急措施做出决策；及时划定地质灾害危险区，设立明显的危险区警示标志，确定预警信号和撤离路线，组织群众转移避让或采取排险防治措施，根据险情和灾情具体情况提出应急对策，情况危急时应强制组织受威胁群众避灾疏散。小型地质灾害险情和小型地质灾害灾情的应急工作，在本县（市）人民政府的领导下，由本县（市）地质灾害应急指挥部具体指挥、协调、组织建设、交通、水利、民政、气象等有关部门的专家和人员，及时赶赴现场，加强监测，采取应急措施，防止灾害进一步扩大，避免抢险救灾可能造成的二次人员伤亡。必要时，灾害出现地的市（地、州）人民政府派出工作组赶赴灾害现场，协助县（市）人民政府做好地质灾害应急工作。经专家组鉴定地质灾害险情或灾情已消除，或者得到有效控制后，当地县级人民政府撤销划定的地质灾害危险区，应急响应结束。

3．部门分工

地质灾害发生后，地质灾害应急响应责任分工一般如下：

（1）民政部门应当迅速设置灾民避难场所和救济物资供应点，调配、发放救济物品，妥善安排灾民生活，做好灾民的转移和安置工作。

（2）交通、电力、通信、市政部门应当依照职责负责采取有效措施，尽快抢修恢复交通、通信、供电、供水、供气等保障人民基本生活；对灾害体尚存危害部分采取紧急防护措施，避免再次发生灾害。

（3）卫生、医药和其他有关部门应当按照职责及时做好伤员的医疗救护、药品供应和卫生防疫工作，确保人员的救治，有效防止和控制传染病的暴发流行。

（4）公安机关应当按照职责积极维护灾区社会治安和交通秩序，督促检查落实重要场所和救灾物资的安全保卫工作，做好火灾预防以及扑救工作。

（5）气象主管机构应当配合地质灾害的救助，做好气象服务保障工作。

（6）国土资源主管部门应当充分发挥综合职能，在抢险救灾机构的统一指挥下，具体负责灾害信息的调查、收集、整理和上报，进行灾情评估和提出灾后重建总体设想及治理措施等。

4．应急保障

（1）应急队伍、资金、物资、装备保障。加强地质灾害专业应急防治与救灾队伍建设，确保灾害发生后应急防治与救灾力量及时到位。专业应急防治与救灾队伍、武警部队、乡镇（村庄、社区）应急救援志愿者组织等，平时要有针对性地开展应急防治与救灾演练，提高应急防治与救灾能力。地质灾害应急防治与救灾费用按《财政应急保障预案》规定执行。

地方各级人民政府要储备用于灾民安置、医疗卫生、生活必需等必要的抢险救灾专用物资。保证抢险救灾物资的供应。

（2）通信与信息传递。加强地质灾害监测、预报、预警信息系统建设，充分利用现代通信手段，把有线电话、卫星电话、移动手机、无线电台及互联网等有机结合起来，建立覆盖全国的地质灾害应急防治信息网，并实现各部门间的信息共享。

（3）应急技术保障。成立地质灾害应急防治专家组，为地质灾害应急防治和应急工作提供技术咨询服务。

六、地质灾害治理及搬迁避让工程

对严重威胁人民生命和财产安全的地质灾害隐患点，应投入资金进行开展治理或搬迁避让。

（一）责任划分

（1）因自然因素造成的特大型地质灾害，确需治理的，由国务院国土资源主管部门会同灾害发生地的省、自治区、直辖市人民政府组织治理。

（2）因自然因素造成的其他地质灾害，确需治理的，在县级以上地方人民政府的领导下，由本级人民政府国土资源主管部门组织治理。各省、自治区、直辖市可根据具体情况，由省级国土资源主管部门会同同级财政主管部门共同制定大型以下的自然地质灾害治理项目的财政预算管理办法。

（3）因自然因素造成的跨行政区域的地质灾害，确需治理的，由所跨行政区域的地方人民政府国土资源主管部门共同组织治理。

（4）因工程建设等人为活动引发的地质灾害，由责任单位承担治理责任。

（二）项目监督管理

1. 特大型地质灾害防治专项资金项目申报及监督管理

（1）申报条件。专项资金用于因自然因素引发危害公共安全的特大型地质灾害的防治。特大型地质灾害应当符合下列条件之一：①造成人员死亡30人以上；②造成直接经济损失1 000万元以上；③威胁人员超过1 000人；④潜在经济损失超过1亿元。

以下地质灾害防治不纳入专项资金的支持范围：①应由铁路、公路、航道、水利、市政等相关主管部门负责治理的地质灾害；②应由厂矿企业负责治理的地质灾害；③因工程建设等人为活动引发的地质灾害。

（2）资金分配。专项资金采取因素法和项目补助两种分配方式，其中70％部分按照因素法分配给各省、自治区、直辖市（以下简称各省），由各省落实到具体项目；30％部分按照项目补助方式下达给各省。按因素法分配的专项资金主要用于特大型地质灾害的调查评估、监测预警、应急处置、工程施工以及为实施治理工程所需的搬迁等支出。专项资金分配的因素包括：地质灾害现状、地质灾害防治经费投入和工作绩效。各因素所占权重分别为70%、20%、10%。

（3）申报及实施流程

①项目申报。每年9月30日前，各省级财政部门会同国土资源部门将本省特大型地质灾害防治项目情况以及上一年中央财政按项目补助的专项资金执行情况以正式文件上报财政部、国土资源部。申报文件应包括项目名称、灾害规模、威胁对象、主要工作量、总经费及资金来源、项目承担单位等，并附有关预算申报表和可行性研究报告等文本。

②项目评审、下达资金。国土资源部会同财政部对各省申报的项目进行评审。根据项目评审情况，国土资源部提出项目立项建议报送财政部，财政部审核后按预算管理有

关规定下达预算。

③编写项目实施方案。项目承担单位以公开方式确定具备地质灾害治理工程甲级设计资质的单位编写项目实施方案。

④开展项目施工。项目承担单位以公开方式确定具备地质灾害治理工程甲级施工资质的单位开展项目施工。并以公开方式确定具备地质灾害治理工程甲级监理资质的单位开展项目监理。

⑤项目监督管理。财政部、国土资源部对各省上报的有关数据及专项资金使用情况进行稽核和监督检查。对各省上报的有关数据经查实确属弄虚作假或未按有关规定管理使用专项资金的，财政部、国土资源部可视情况扣减或取消该省当年或下一年专项资金预算指标，并按照《财政违法行为处罚处分条例》（国务院令第427号）的规定进行处理。各地应加强对特大型地质灾害治理工作的监督和检查，全面掌握治理工程进展情况。要建立治理情况通报制度，督促承担单位按期保质完成治理工程。在严格按照有关规定报送的相关材料中，要包含每个项目实施的进展情况、工程简介、治理前后对比照片、治理后取得的社会效益和经济效益等情况。每季度初的第3个工作日前向部报送特大型地质灾害治理进展情况。国土资源部会同财政部对各省特大型地质灾害防治专项资金使用情况进行监督检查，建立中央财政特大型地质灾害防治专项资金通报制度，向社会公开资金使用和治理效果等情况。对存在数据弄虚作假、未按有关规定管理使用专项资金、未及时向部报送材料等情况的省份，部将视情扣减或者取消下一年专项资金预算指标。

⑥项目验收。各省级国土资源部门应会同财政部门对治理项目组织验收，并将验收结果及时报部备案。验收时应审阅工程的档案、财务决算报表等资料，实地查验治理工程情况，对经济效益和社会效益等做出全面评价。有受益单位的，由受益单位负责管理和维护，无受益单位的，由工程所在地国土资源部门指定的单位负责管理和维护。

（三）政府投资特大型以下防治资金项目申报及监督管理

1. 资金来源

对大型以下的自然地质灾害治理项目，由各省、自治区、直辖市根据具体情况，由省级国土资源主管部门会同同级财政主管部门共同制定财政预算管理办法，比如大型自然地质灾害的治理可由省级财政出资，中型自然地质灾害的治理由地（市）级财政出资，小型自然地质灾害的治理由县级财政出资等。大型以下的跨行政区的自然地质灾害的治理，由所跨行政区地方人民政府国土资源主管部门共同组织治理，治理经费分担办法由双方协商确定。

2. 编制方案

确需治理的自然地质灾害，负责组织治理的各级国土资源主管部门，必须及时提出治理方案。治理方案应当在地质灾害勘查和可行性研究工作的基础上进行。主要应当包括以下内容：

（1）防治的指导思想、原则和目标。

（2）治理方式（如生物治理、工程治理等）和具体的治理方法。

（3）施工组织（施工条件、方法、设备、进度、管理、监理等）。

（4）工程投资预算。

（5）工程效益（经济效益、社会效益、环境效益）分析。

（6）保证措施（组织、技术、政策措施）等。

最终治理方案的确定，应当经过多方案的比选。比选依据主要是技术的可行性和经济的合理性。

3．项目监督管理

地质灾害治理工程的勘查、设计、施工和监理应当符合国家有关标准和技术规范。国土资源部门应会同财政部门加强对地质灾害治理工程活动全过程，包括对地质灾害进行专门性勘查、针对性设计、按照设计开展工程施工和对以上阶段进行全过程监理等工程行为开展监督管理。地质灾害治理项目的勘查、设计、施工、监理应根据地质灾害规模以公开方式确定由相应级别资质的单位承担。严禁不够级别单位承揽业务，严禁分包转包，严禁设计与施工、施工与监理单位之间有隶属关系。对存在违法违规行为的资质单位，一经发现要及时制止，并严格依法进行处理。

4．项目验收

政府投资的地质灾害治理工程竣工后，由县级以上人民政府国土资源主管部门组织验收。

5．后期维护

政府投资的地质灾害治理工程经验收合格后，由县级以上人民政府国土资源主管部门指定的单位负责管理和维护；

（四）工程建设等人为活动引发地质灾害治理项目

1．责任确定

工程建设等人为活动引发的地质灾害，由责任单位承担治理责任。责任单位由地质灾害发生地的县级以上人民政府国土资源主管部门负责组织专家对地质灾害的成因进行分析论证后认定。对地质灾害的治理责任认定结果有异议的，可以依法申请行政复议或者提起行政诉讼。

2．项目实施流程

（1）提供地质灾害治理所需经费；包括从地质灾害勘查到效果检验全过程的项目费用。

（2）制定或者委托制定地质灾害治理方案；如果责任人（单位和个人）具有国家认可的地质灾害防治工程相应的资质，可以自行制定治理方案，如果没有，则可以委托有资质的单位代为制定。

（3）向主管部门报送地质灾害治理方案；治理责任人拟定的治理方案，应当符合国家有关地质灾害治理的有关标准和技术规范。治理方案必须在规定的时间内，及时向相应的国土资源主管部门提交。

（4）承担或者委托承担地质灾害治理工程。治理责任人如果具有相应的地质灾害防治工程资质，可以自己承担治理工作，否则，就应该委托具有相应地质灾害防治工程资质的单位承担治理工作。

（5）竣工验收。项目竣工后由责任单位组织竣工验收；竣工验收时，应当有国土资源主管部门参加。

（6）后期维护。治理工程经验收合格后由负责治理的责任单位负责管理和维护。

七、汛期地质灾害防治

每年的汛期是一年中地质灾害发生最为集中的时段，也是地质灾害防治任务最为繁重的时段。汛期地质灾害防治，是指国土资源部门在每年的汛期期间，为最大可能的减少可能发生的地质灾害造成人民生命、财产损失所采取的一系列工作措施的总称。汛期地质灾害防治的主要工作措施和流程如下：

（一）编制年度汛期防治方案

各级国土资源部门应在每年汛期前拟定年度汛期地质灾害防治方案。方案应结合本地实际对本年度地质灾害灾情进行预测，并在此基础上，确定重点地质灾害类型、重要隐患点、分布情况、威胁对象、防治责任分工、主要防治措施、保障措施等内容。方案要充分征求各有关政府部门、单位的意见，并以政府文件下发各地、各部门、单位执行。

（二）召开地质灾害防治工作部署会议

各级政府、各级国土资源部门要于每年汛前召开年度地质灾害防治工作会议，部署本年度地质灾害防治重点工作。

（三）开展动态巡查

在汛期要建立健全隐患排查制度，组织对本地区地质灾害隐患点开展经常性巡回检查，对重点防治区域每年开展汛前排查、汛中检查和汛后核查，及时消除灾害隐患，并将排查结果及防灾责任单位及时向社会公布。上级人民政府和相关部门组织检查组对下级人民政府隐患排查工作开展督促指导，对基层难以确定的隐患，要及时组织专业部门进行现场核查确认。

（四）补充、完善专业监测网络和群测群防体系

在动态巡查的基础上，对重大地质灾害隐患点要补充专业监测网络和群测群防体系，特别是完善"工作明白卡"、"避灾明白卡"的发放工作。地质灾害易发区的县、乡两级人民政府要加强群测群防的组织领导，健全以村干部和骨干群众为主体的群测群防队伍。对群测群防员给予适当经费补贴，并配备简便实用的监测预警设备。组织相关部门和专业技术人员加强对群测群防员等的防灾知识技能培训，不断增强其识灾报灾、监测预警和临灾避险应急能力。

（五）开展汛期值班

汛期期间，各级国土资源管理部门、各地质灾害应急反应机构均应建立健全 24 小时专人值班制度及领导带班制度，重要岗位实行主副班制度，国土资源管理部门要配备必要的通信器材，主要负责同志、分管地质灾害防治工作的负责同志以及应急处置人员必须保证手机 24 小时开机，确保通信联络畅通。

（六）开展汛期地质灾害预报预警

各级国土资源部门、气象部门应在每年汛期期间开展地质灾害预报预警工作，方便基层对可能发生的地质灾害充分准备、提前预防。

（七）开展地质灾害月报和速报

各省、自治区、直辖市国土资源厅（局）在每个月的月底以前将本行政区域内上月 26 日至本月 25 日发生的所有地质灾害灾情和地质灾害成功预报实例，按照统一要求报部，同时对次月和下季度地质灾害发展趋势做出简明扼要的预测说明。在发生地质灾害险情时应按有关规定速报同级政府和上级国土资源部门。各级国土资源管理部门要确定专人作为月报联络员，负责月报工作，确保每月月底前按时准确地将当月有关数据和当年的累计数据按时、准确上报。

（八）开展应急演练

对重大地质灾害隐患点，有关政府应组织开展应急演练。

（九）地质灾害应急

在出现地质灾害隐患时，按照应急预案和有关规定及时组织开展应急响应。

（十）总结

汛期地质灾害防治工作总结。

八、地质灾害危险性评估

地质灾害危险性评估是指在地质灾害易发区内进行工程建设和编制城市总体规划、村庄和集镇规划时，对建设工程和规划区遭受山体崩塌、滑坡、泥石流、地面塌陷、地裂缝、地面沉降等地质灾害的可能性和工程建设中、建设后引发地质灾害的可能性做出评估，提出具体预防治理措施的活动。地质灾害危险性评估是规范约束工程活动，从源头上控制、减少地质灾害的重要制度措施。

（一）开展评估的条件

《地质灾害防治条例》第 21 条规定：“在地质灾害易发区进行工程建设应当在可行性研究阶段进行地质灾害危险性评估。编制地质灾害易发区内的城市总体规划、村庄和集镇规划时，应当对规划区进行地质灾害危险性评估。”

（二）评估范围

（1）地质灾害危险性评估范围，不能局限于建设用地和规划用地面积内，应视建设和规划项目的特点、地质环境条件和地质灾害种类予以确定。

（2）若危险性仅限于用地面积内，则按用地范围进行评估。

（3）崩塌、滑坡评估范围应以第一斜坡带为限；泥石流必须以完整的沟道流域面积为评估范围；地面塌陷和地面沉降的评估范围应与初步推测的可能范围一致；地裂缝应与初步推测可能延展、影响范围一致。

（4）建设工程和规划区位于强震区，工程场地内分布有可能产生明显位错或构造性地裂的全新活动断裂或发震断裂，评估范围应尽可能把邻近地区活动断裂的一些特殊构造部位（不同方向的活动断裂的交汇部位、活动断裂的拐弯段、强烈活动部位、端点及断面上不平滑处等）包括其中。

（5）重要的线路工程建设项目，评估范围一般应以相对线路两侧扩展 500～1 000 m 为限。

（6）在已进行地质灾害危险性评估的城市规划区范围内进行工程建设，建设工程处于已划定为危险性大一中等的区段，还应按建设工程项目的重要性与工程特点进行建设工程地质灾害危险性评估。

（7）区域性工程项目的评估范围，应根据区域地质环境条件及工程类型确定。

（三）评估级别

地质灾害危险性评估分级进行，根据地质环境条件复杂程度与建设项目重要性（建设项目重要性和地质环境条件复杂程度的分类，按照国家有关规定执行）分为三级。

1. 一级评估条件

从事下列活动之一的，其地质灾害危险性评估的项目级别属于一级：

（1）进行重要建设项目建设；

（2）在地质环境条件复杂地区进行较重要建设项目建设；

（3）编制城市总体规划、村庄和集镇规划。

2. 二级评估条件

从事下列活动之一的，其地质灾害危险性评估的项目级别属于二级：

（1）在地质环境条件中等复杂地区进行较重要建设项目建设；

（2）在地质环境条件复杂地区进行一般建设项目建设；

3. 三级评估条件

除上述属于一、二级地质灾害危险性评估项目外，其他建设项目地质灾害危险性评估的项目级别属于三级。

（四）技术要求

1. 一级评估技术要求

一级评估应有充足的基础资料，进行充分论证。

（1）必须对评估区内分布的各类地质灾害体的危险性和危害程度逐一进行现状评估；对建设场地和规划区范围内，工程建设可能引发或加剧的和本身可能遭受的各类地质灾害的可能性和危害程度分别进行预测评估。

（2）依据现状评估和预测评估结果，综合评估建设场地和规划区地质灾害危险性程度，分区段划分出危险性等级，说明各区段主要地质灾害种类和危害程度，对建设场地适宜性做出评估，并提出有效防治地质灾害的措施与建议。

2. 二级评估技术要求

二级评估应有足够的基础资料，进行综合分析。

（1）必须对评估区内分布的各类地质灾害的危险性和危害程度逐一进行初步现状评估。

（2）对建设场地范围和规划区内，工程建设可能引发或加剧的和本身可能遭受的各类地质灾害的可能性和危害程度分别进行初步预测评估。

（3）在上述评估的基础上，综合评估其建设场地和规划区地质灾害危险性程度，分区段划分出危险性等级，说明各区段主要地质灾害种类和危害程度，对建设场地适宜性做出评估，并提出可行的防治地质灾害措施与建议。

3. 三级评估技术要求

三级评估应有必要的基础资料进行分析，参照一级评估要求的内容，做出概略评估。

（五）工作流程

（1）接受委托。

（2）开展建设或规划项目初步分析及现场踏勘。包括地质环境基本条件分析和建设或规划项目工程分析。

（3）划定评估级别、确定评估范围及评估编制大纲。

（4）开展地质灾害调查。

（5）确定地质灾害类型、选区评估要素。

（6）开展现状评估、预测评估、综合评估。

（7）制定防治措施。

（8）提出结论与建议。

（9）提交报告或说明书。

（六）监督管理

1. 资质管理

对承担地质灾害危险性评估工作的单位实行资质管理制度。严禁不具备相应资质条件的单位从事地质灾害危险性评估工作。在《地质灾害危险性评估单位资质管理办法》正式颁布之前，一级评估暂由获得国土资源行政主管部门颁发的地质灾害防治工程勘查甲级资质证书的单位进行；二级评估暂由获得国土资源行政主管部门颁发的地质灾害防治工程勘查甲、乙级资质证书的单位进行；三级评估暂由获得国土资源行政主管部门颁发的地质灾害防治工程勘查甲、乙、丙级资质证书的单位进行。

2. 评审管理

评估单位应自行组织具有资格的地质灾害防治专家对拟提交的地质灾害危险性评估报告进行技术审查，并由专家组提出书面审查意见。审查专家应具有水文、工程、环境地质专业高级技术职称；从事相关工作10年以上，同时主持过中型以上地质灾害勘查报告的编制工作或参与过大型地质灾害勘查报告的审查。评估报告的质量，作为评估单位资质升降级的重要依据。

3. 备案管理

对地质灾害危险性评估成果实行备案制度。地质灾害危险性评估报告通过专家组审查后，评估单位应在一个月内到国土资源主管部门备案。备案材料包括地质灾害危险性评估报告、专家组审查意见和备案登记表的文字报告（报表）和电子文档各一式两份。一级评估报告报省级国土资源厅主管部门备案；省级国土资源主管部门应在收到备案材料后5个工作日内将备案登记表一式一份转报国土资源部备查。二级评估报告报市（地）级国土资源主管部门备案，备案登记表抄报省级国土资源厅（局）备查。三级评估报告报县级国土资源行政主管部门备案，备案登记表抄报省级、市（地）级国土资源主管部门备查。备案情况，作为评估单位资质考核的重要内容。

九、地质灾害资质管理

地质灾害资质分为地质灾害危险性评估资质，地质灾害治理工程勘查、设计、施工和监理资质。从事地质灾害危险性评估或地质灾害治理工程的单位，必须按照规定取得相应的资质证书后，方可在资质证书许可范围内承担相关业务。

（一）地质灾害危险性评估资质

1. 资质等级

地质灾害危险性评估资质分甲、乙、丙三级。

（1）甲级地质灾害危险性评估单位资质，应当具备下列条件：①注册资金或者开办资金人民币300万元以上；②具有工程地质、水文地质、环境地质、岩土工程等相关专业的技术人员不少于50名，其中从事地质灾害调查或者地质灾害防治技术工作5年以上且具有高级技术职称的不少于15人、中级技术职称的不少于30人；③近两年内独立承担过不少于15项二级以上地质灾害危险性评估项目，有优良的工作业绩；④具有配套的地质灾害野外调查、测量定位、监测、测试、物探、计算机成图等技术装备。

（2）乙级地质灾害危险性评估单位资质，应当具备下列条件：①注册资金或者开办资金人民币150万元以上；②具有工程地质、水文地质、环境地质和岩土工程等相关专业的技术人员不少于30名，其中从事地质灾害调查或者地质灾害防治技术工作5年以上且具有高级技术职称的不少于8人、中级技术职称的不少于15人；③近两年内独立承担过10项以上地质灾害危险性评估项目，有良好的工作业绩；④具有配套的地质灾害野外调查、测量定位、测试、物探、计算机成图等技术装备。

（3）丙级地质灾害危险性评估单位资质，应当具备下列条件：①注册资金或者开办资金人民币80万元以上；②具有工程地质、水文地质、环境地质和岩土工程等相关专业的技术人员不少于10人，其中从事地质灾害调查或者地质灾害防治技术工作5年以上且具有高级技术职称的不少于两名、中级技术职称的不少于5人；

③具有配套的地质灾害野外调查、测量定位、计算机成图等技术装备。

2. 业务范围

取得甲级地质灾害危险性评估资质的单位，可以承担一、二、三级地质灾害危险性评估项目；取得乙级地质灾害危险性评估资质的单位，可以承担二、三级地质灾害危险性评估项目；取得丙级地质灾害危险性评估资质的单位，可以承担三级地质灾害危险性评估项目。

3. 申请和审批

（1）审批权限和申报时间。地质灾害危险性评估单位资质的审批机关为国土资源部和省、自治区、直辖市国土资源管理部门。申请甲级地质灾害危险性评估单位资质的，向国土资源部申请；申请乙级和丙级地质灾害危险性评估单位资质的，向单位所在地的省、自治区、直辖市国土资源管理部门申请。地质灾害危险性评估单位资质申请的具体受理时间由审批机关确定并公告。

（2）申请材料。申请地质灾害危险性评估资质的单位，应当在审批机关公告确定的受理时限内向审批机关提出申请，并提交以下材料：①资质申报表；②单位法人资格证明文件、设立单位的批准文件；③在当地工商部门注册或者有关部门登记的证明文件；④法定代表人和技术负责人简历以及任命、聘用文件；⑤资质申报表中所列技术人员的专业技术职称证书、毕业证书、身份证；⑥承担地质灾害危险性评估工作的主要业绩以及有关证明文件；高级职称技术人员从事地质灾害危险性评估的业绩以及有关证明文件；⑦管理水平与质量监控体系说明及其证明文件；⑧技术设备清单。

上述材料应当一式三份，并附电子文档一份。资质申报表可从国土资源部门户网站上下载。

（3）审批流程：①资质申请单位上报申请材料。②评审。审批机关在受理资质申请材料后，应当组织专家进行评审。③公示。对经过评审后拟批准的资质单位，审批机关应当在媒体上进行公示，公示时间不得少于 7 日。对公示有异议的，审批机关应当对申请材料予以复核。④批准。公示期满，对公示无异议的，审批机关应当予以批准，并颁发资质证书。地质灾害危险性评估单位资质证书分为正本和副本，正本和副本具有同等法律效力。地质灾害危险性评估单位资质证书，由国土资源部统一监制。地质灾害危险性评估单位资质证书有效期为 3 年。⑤公告。审批机关应当将审批结果在媒体上公告。

审批机关应当自受理资质申请之日起 20 日内完成资质审批工作。逾期不能完成的，经审批机关负责人批准，可以延长 10 日。省、自治区、直辖市国土资源管理部门对乙级和丙级地质灾害危险性评估单位资质的审批结果，应当在批准后 60 日内报国土资源部备案。专家评审所需时间不计算在审批时限内。

（4）延续、升级、补领、变更审批：①延续，有效期届满，需要继续从事地质灾害危险性评估活动的，应当于资质证书有效期届满前 3 个月内，向原审批机关申请延续。审批机关应当对申请延续的资质单位的评估活动进行审核。符合原资质等级条件的，由审批机关换发新的资质证书。有效期从换发之日起计算。经审核达不到原定资质等级的，不予办理延续手续。②升级，符合上一级资质条件的资质单位，可以在获得资质证书两年后或者在申请延续的同时申请升级。③遗失补领，资质证书遗失的，在媒体上声明后，方可申请补领。④注销，资质单位发生合并或者分立的，应当及时到原审批机关办理资质证书注销手续。需要继续从业的，应当重新申请。资质单位破产、歇业或者因其他原因终止业务活动的，应当在办理营业执照注销手续后 15 日内，到原审批机关办理资质证书注销手续。⑤变更资质单位名称、地址、法定代表人、技术负责人等事项发生变更的，应当在变更后 30 日内，到原审批机关办理资质证书变更手续。

（二）地质灾害治理工程勘查、设计、施工、监理资质

1. 资质等级

地质灾害治理工程勘查、设计、施工、监理资质分甲、乙、丙三级。各等级资质条

件见表 20 - 5 - 1。

表 20 - 5 - 1　　　　　　　　地质灾害治理工程勘查、设计和施工资质条件

资质等级	类别	资质条件			
		注册资金（万元）	技术人员	工作业绩	设备
甲级	工程勘查	>500	技术人员≥50 专业技术人员≥30 高级职称人员≥10	近 3 年独立承担 5 项以上中型项目，且业绩优良	具有承担大型项目相适应的设备
	工程设计	>200	技术人员≥30 专业技术人员≥15 高级职称人员≥8	近 3 年承担 5 项以上中型项目，且业绩优良	具有承担大型项目相适应的设备
	工程施工	>1 200	工程人员≥50	近 3 年独立承担 5 项以上中型项目，且业绩优良	具有承担大型项目相适应的设备
	工程监理	>200	技术人员≥30 专业技术人员≥20	近 3 年独立承担 5 项以上中型项目，且业绩优良	无标准
乙级	工程勘查	>300	技术人员≥30 专业技术人员≥15 高级职称人员≥5	近 3 年独立承担 5 项以上小型项目，且业绩优良	具有承担中型项目相适应的设备
	工程设计	>100	技术人员≥20 专业技术人员≥10 高级职称人员≥5	近 3 年独立承担 5 项以上小型项目，且业绩优良	具有承担中型项目相适应的设备
	工程施工	>600	工程人员≥30	近 3 年独立承担 5 项以上小型项目，且业绩优良	具有承担中型项目相适应的设备
	工程监理	>100	技术人员≥20 专业技术人员≥10	近 3 年独立承担 5 项以上小型项目，且业绩优良	无标准
丙级	工程勘查	>100	技术人员≥20 专业技术人员≥10 高级职称人员≥3		具有承担小型项目相适应的设备
	工程设计	>50	技术人员≥10 专业技术人员≥5 高级职称人员≥3		具有承担小型项目相适应的设备
	工程施工	>300	工程人员≥20		具有承担小型项目相适应的设备
	工程监理	>50	技术人员≥10 专业技术人员≥5		无标准

2. 业务范围

甲级地质灾害治理工程勘查、设计和施工、监理资质单位，可以相应承揽大、中、小型地质灾害治理工程的勘查、设计和施工、监理业务。

乙级地质灾害治理工程勘查、设计和施工、监理资质单位，可以相应承揽中、小型地质灾害治理工程的勘查、设计和施工、监理业务。

丙级地质灾害治理工程勘查、设计和施工、监理资质单位，可以相应承揽小型地质灾害治理工程的勘查、设计和施工、监理业务。

（1）大型地质灾害治理工程。符合下列条件之一的，为大型地质灾害治理工程：①治理工程总投资在人民币 2 000 万元以上，或者单独立项的地质灾害勘查项目，项目经费在人民币 50 万元以上；②治理工程所保护的人员在 500 人以上；③治理工程所保护的财产在人民币 5 000 万元以上。

（2）中型地质灾害治理工程。符合下列条件之一的，为中型地质灾害治理工程：①治理工程总投资在人民币 500 万元以上、2 000 万元以下，或者单独立项的地质灾害勘查项目，项目经费在人民币 30 万元以上、50 万元以下；②治理工程所保护的人员在 100 人以上、500 人以下；③治理工程所保护的财产在人民币 500 万元以上、5 000 万元以下。

（3）小型地质灾害治理工程。除上述两种情况之外的，属于小型地质灾害治理工程。

3. 申请及审批

（1）审批权限和申报时间。地质灾害治理工程勘查、设计和施工、监理单位资质的审批机关为部、省两级。国土资源部负责甲级地质灾害治理工程勘查、设计和施工、监理单位资质的审批和管理。省国土资源管理部门负责乙级和丙级地质灾害治理工程勘查、设计和施工、监理单位资质的审批和管理。

（2）申报材料。申请地质灾害治理工程勘查、设计和施工、监理资质的单位，应当在审批机关公告确定的受理时限内向审批机关提出申请，并提交的材料：①资质申请表；②单位法人资格证明文件和设立单位的批准文件；③在当地工商部门注册或者有关部门登记的证明材料；④法定代表人和主要技术负责人任命或者聘任文件；⑤当年在职人员的统计表、中级职称以上的工程技术和经济管理人员名单、身份证明、职称证明；⑥承担过的主要地质灾害治理工程项目有关证明材料，包括任务书、委托书或者合同，工程管理部门验收意见；⑦单位主要机械设备清单；⑧质量管理体系和安全管理的有关材料；⑨近 5 年内无安全、质量事故证明。

上述材料应当一式三份，并附电子文档一份。

资质申请表可从国土资源部门户网站上下载。

（3）审批流程：①资质申请单位上报申请材料。②评审。审批机关在受理资质申请材料后，应当组织专家进行评审。③公示。对经过评审后拟批准的资质单位，审批机关应当在媒体上进行公示，公示时间不得少于七日。对公示有异议的，审批机关应当对申请材料予以复核。④批准。公示期满，对公示无异议的，审批机关应当予以批准，并颁发资质证书。地质灾害危险性评估单位资质证书分为正本和副本，正本和副本具有同等法律效力。地质灾害危险性评估单位资质证书，由国土资源部统一监制。资质证书有效期为 3 年。⑤公告。审批机关应当将审批结果在媒体上公告。

审批机关应当自受理资质申请之日起 20 日内完成资质审批工作。逾期不能完成的，经审批机关负责人批准，可以延长 10 日。省、自治区、直辖市国土资源管理部门对乙级和丙级地质灾害危险性评估单位资质的审批结果，应当在批准后 60 日内报国土资源部备案。专家评审所需时间不计算在审批时限内。

（4）延续、升级、补领、变更审批：①延续。资质证书有效期为 3 年。有效期届满，需要继续从事地质灾害危险性评估活动的，应当于资质证书有效期届满前 3 个月内，向原审批机关申请延续。审批机关应当对申请延续的资质单位的评估活动进行审核。符合原资质等级条件的，由审批机关换发新的资质证书。有效期从换发之日起计算。经审核达不到原定资质等级的，不予办理延续手续。②升级。符合上一级资质条件的资质单位，可以在获得资质证书 2 年后或者在申请延续的同时申请升级。③遗失补领。资质证书遗失的，在媒体上声明后，方可申请补领。④注销。资质单位发生合并或者分立的，应当及时到原审批机关办理资质证书注销手续。需要继续从业的，应当重新申请。资质单位破产、歇业或者因其他原因终止业务活动的，应当在办理营业执照注销手续后 15 日内，到原审批机关办理资质证书注销手续。

⑤变更资质单位名称、地址、法定代表人、技术负责人等事项发生变更的，应当在变更后 30 日内，到原审批机关办理资质证书变更手续。

（三）监督管理

1. 监督检查

国土资源管理部门负责对本行政区域内的地质灾害危险性评估及治理工程勘查、设计和施工活动进行监督检查。县级以上国土资源管理部门在检查中发现资质单位的资质条件与其资质等级不符的，应当报原审批机关对其资质进行重新核定。

2. 图章及证书管理

地质灾害危险性评估及治理工程勘查、设计和施工、监理单位，应当建立严格的技术成果和资质图章管理制度。资质证书的类别和等级编号，应当在有关技术文件上注明。

3. 业务培训

定期组织资质单位的技术负责人或者其他技术人员参加业务培训。

4. 加强管理

禁止地质灾害危险性评估及治理工程勘查、设计和施工、监理单位超越其资质等级许可的范围或者以其他名义承揽其他与其相关的业务。禁止其他单位以本单位的名义承揽其他与其相互业务。禁止任何单位和个人伪造、变造、买卖其他地质灾害危险性评估及治理工程勘查、设计、施工和监理资质证书。

第五节　地质环境监测

一、概述

（一）相关概念

地质环境监测是指对影响人类生存和发展的地球表层因内外力地质作用和人类活动而发生的改变进行监测。通过监测数据信息成果的研究，掌握其形成、发展和致灾规律。为保护和合理利用地质环境，防灾减灾提供科学依据。

地质环境监测工作是指对地质灾害、地下水环境、矿山地质环境、地质遗迹、土地地质环境等各种地质环境要素动态变化实施的监控、分析及预测。为地质环境管理提供技术支撑，为社会公众提供信息服务。因此，地质环境监测是社会公益性地质工作。

地质环境监测管理工作是指对各级地质环境监测网规划、建设、运行的管理。各级国土资源行政主管部门负责地质环境监测规划、建设、成果发布的管理，各级地质环境监测机构负责监测网运行和技术业务的管理。

地质环境监测网是由地质环境监测站网、地质环境专业监测网、地质环境信息网构成。根据社会经济建设和管理的需求不同，实施分级、分网管理。

（二）地质环境监测机构及其职能

地质环境监测机构隶属于各级国土资源行政主管部门，履行地质环境监督管理职责，承担日常地质环境监测工作，负责业务技术管理，并可受政府委托行使部分地质环境监测管理职能。地质环境监测机构是公益性事业单位。

国家级地质环境监测机构，负责全国性地质环境专业监测网、信息网的建设与运行工作，并承担国家级地质环境监测任务；承担全国地质灾害预警预报和相关的调查研究工作；拟编全国地质环境监测规划、计划、工作规范和技术标准；开展科技交流与合作，研究和推广新技术、新方法；承担全国地质环境监测数据、成果报告的汇总、分析、处理、预测预报和综合研究，提出地质灾害防治和地质环境保护的对策建议，为政府决策部门和社会公众提供信息服务；负责对省级地质环境监测业务指导、协调和技术服务。

省级地质环境监测机构，负责省级地质环境专业监测网、信息网的建设与运行工作；承担省级地质灾害的预警预报和相关的调查研究工作；受国家监测机构委托承担国家级地质环境监测任务；编制省级适用的技术要求、实施细则；承担省级地质环境监测数据和报告的汇总、分析、处理、预警预报和综合研究工作，提出地质环境保护和地质灾害防治的对策建议，为政府决策和公众提供信息服务；负责对市（地）级地质环境监测机构业务指导。

市（地）级地质环境监测机构，负责市（地）级地质环境专业监测网和信息网的建设、运行和监测设施维护；承担地质灾害的预警预报和相关调查工作；承担省级地质环境监测机构委托的地质环境监测任务；承担地质环境监测数据和报告的汇集、检查、分析、处理和预警预报工作，为当地政府和社会公众提供服务；负责对县级监测机构以及地质灾害群测群防的技术指导和实地培训。

县级地质环境监测机构，根据地质环境管理需要，特别是地质灾害严重的县（市、旗）以及重点乡（镇），建立监测机构或站点，负责本县的地质环境监测工作。乡（镇）监测站点可配备专、兼职地质环境监测员，负责组织地质灾害群测群防工作；负责监测设施的维护工作。及时完成监测报告和监测数据的上交。

各级地质环境监测机构应建立全程质量保证体系，不断改进监测技术方法，确保监测数据的时效性和准确性，保证各种实地调查和成果报告的质量。

二、地质环境监测主要内容

（一）地质环境专业监测网

地质环境专业监测网，由地质灾害（突发性、缓变性地质灾害）、地下水环境、矿山地质环境、地质遗迹、土地地质环境及其他专项监测网构成。根据国民经济建设、社会需求不同和管理需要，又分为国家级、省级、市（地）级、县级地质环境专业监测网。

1. 国家级地质环境专业监测网

本级监测网主要控制全国区域地质环境、重要城市、交通干线、重要经济区带的地质环境变化状况。为国家宏观决策、防灾减灾提供服务。由国家级地质环境监测机构负责规划、建设、运行管理，日常监测和维护工作可委托省级地质环境监测机构实施。

2. 省级地质环境专业监测网

本级监测网是在国家级地质环境专业监测网基础上，根据本省社会经济发展需要，以控制重点城市、地区和重要地质灾害点为主要内容，为保护地质环境、地质灾害预警预报提供服务。由省级地质环境监测机构负责监测网的规划、建设、运行、维护管理，部分日常监测工作可委托市级地质环境监测机构实施。

3. 市级地质环境专业监测网

本级监测网主要是结合地方经济建设的需要，以重要地质灾害点、工程设施影响地质环境监测为主要内容，为防止地质环境恶化、地质灾害预警预报提供依据。监测网由市级地质环境监测机构负责提出规划建议，并承担建设、运行与维护任务。

4. 县级地质环境专业监测网

本级监测网主要以影响城镇（乡、村）安全的地质灾害隐患监测点、群测群防系统构成。为防灾减灾提供技术支撑和服务。由县级地质环境监测机构负责监测和对群测群防的技术指导工作。

（二）地质环境信息网

1. 全国地质环境信息网

全国地质环境信息网是利用现代信息化技术，集地质环境信息采集、存储、传输、分析、处理和发布为一体的网络系统。依据地质环境管理和地质环境监测需求不同，设置不同功能的网络信息接点。根据管理层次和任务不同，分为全国地质环境信息中心、省级地质环境信息中心、市级地质环境信息站、县级地质环境信息采集站。

2. 全国地质环境信息中心

全国地质环境信息中心是负责建立全国地质环境基础综合、分专业数据库；地质环境动态数据信息分析处理系统；综合地质环境信息发布系统。负责建立以专线到省级地质环境信息中心信息网络以及地质灾害会商系统。承担地质环境信息软件开发，全国地质环境信息标准化的制定。国家级地质环境监测机构负责全国地质环境信息中心的管理。

3. 省级地质环境信息中心

省级地质环境信息中心是负责建立省级地质环境数据库、动态数据库以及地质环境信息查询系统。承担地质环境监测信息的采集、分析处理和发布任务，建立与市地质环境信息中心相连接的信息网络系统。负责各类地质环境信息上下传输以及维护工作。省级地质环境监测机构负责省级地质环境信息中心的管理。

4. 市级地质环境信息站

市级地质环境信息站是负责建立地质环境信息采集与存储系统；建立统一格式的数据库；保证监测数据的及时采集和数据的传输。有条件的应建立预警分析系统。市级地质环境监测机构负责信息中心的管理。

5. 县级地质环境信息采集站

县级地质环境信息采集站是最基本地质环境信息采集接点，应建立及时信息采集和传输系统，维护系统的正常运转。县级地质环境监测机构负责信息采集站的建设与管理。

（三）地质环境监测报告及数据汇交

地质环境监测报告及数据信息资料主要包括：地质灾害、地下水环境、矿山地质环境、地质遗迹、土地地质环境等的监测数据和分析预报数据；地质灾害预警预报、地质环境动态通报预报、地质环境专项报告、地质环境监测工作报告。

1. 地质灾害监测数据资料

国家级地质灾害监测数据（地质灾害易发区动态数据、主要监测点动态数据、预报分析数据）和重要的省级地质灾害监测数据每年分季度、汛期每天监测数据、分析预报和反馈信息逐日，由省级监测机构向国家级监测机构汇交；省级地质灾害监测数据，由市级地质环境监测机构每半个月向省级地质环境监测机构汇交。汛期每天或随时向上级汇交有关数据信息；市级地质灾害监测数据，应及时采集整理入库提供查询服务；县级地质灾害群测群防监测数据信息，要每天上交市级地质环境监测机构。

2. 地下水环境监测数据资料

国家级地下水监测网数据（水位、水量、水质、水温及水质污染）包括重要监测区的数据，按统一技术要求由省级地质环境监测机构每季度向国家级地质环境监测机构汇交；省级地下水监测网数据，每月由市级地质环境监测机构向省级地质环境监测机构汇交；市级地下水监测数据应及时整编入库，作好查询服务工作。

3. 矿山地质环境监测数据资料

国家级矿山地质环境监测数据（重要矿山的地表塌陷、地面沉降、污染、土地破坏）以及因矿山开发造成的重大地质灾害监测数据，由省级地质环境监测机构每半年向国家级地质环境监测机构汇交，对于突发的矿山灾害事件应及时上报；省级矿山地质环境监测数据，由市级地质环境监测机构，每季度向省级地质环境监测机构汇交，遇突发事件必须在二十四小时以内逐级上报。

4. 地质遗迹、土地地质环境监测数据

国家级监测数据由省级地质环境监测机构，每年向国家级地质环境监测机构汇交；省级监测数据由市级地质环境监测机构，每半年向省级地质环境监测机构汇交。遇突发事件必须在 24 小时内逐级上报。

5. 地质灾害预警预报

地质灾害预警预报，主要包括：地质灾害年度预案、地质灾害气象预报和地质灾害专报。全国地质灾害年度预案和地质灾害形势气象预报，由国家级地质环境监测机构负责编制，并于当年一季度完成上交国土资源行政主管部门；省级地质灾害年度预案、地质灾害形势气象预报，由同级地质环境监测机构负责编制，并于每年底以前将第二年预案，上报国家级地质环境监测机构。汛期全国地质灾害气象预报，由国家级地质环境监测机构负责建立与省级地质环境监测机构地质灾害会商系统，每日下午 3 点以前，将省级预报结果上报国家级地质环境监测机构，并将预报反馈信息及时上报。地质灾害专报，如发生地质灾害事件（死伤 1 人以上），在 24 小时以内逐级上报国土资源主管部门和地质环境监测机构。

6. 地质环境动态通报和预报

地质环境动态通报和预报，主要包括：地下水水情、矿山地质环境、地质遗迹、土地利用地质环境影响通报；地下水水情预报、地质环境状况公报。全国地质环境动态通报，由国家级地质环境监测机构负责编制，每年一季度完成上一年的地质环境动态通报及当年预报，并上报国土资源部。省级地质环境动态通报预报，由省级地质环境监测机构负责编制，并于每年年底以前上报国家级地质环境监测机构及同级国土资源主管理部门。

7. 地质环境监测专报和地质环境监测工作报告

地质环境监测专报和地质环境监测工作报告，主要包括：季报、半年报、年度报、五年报）。全国地质环境监测专报，根据需要由国家级地质环境监测机构负责编制。省级以下的地质环境监测专报，由相应的地质环境监测机构负责编制。地质环境监测工作报告，全国地质环境监测工作半年报、年报、五年报，由国家级地质环境监测机构负责编制，并按时上报国土资源主管部门；省级地质环境监测工作报告，按季报（第二个季度上半月）、半年报（7 月 15 日以前）、年报（当年年底以前）、五年报（第二年上半年）的时间，报国家级地质环境监测机构及同级国土资源主管理部门。市（地）级地质环境监测工作报告汇交时间由省级地质环境监测机构制定。

地质环境监测数据、成果报告的汇交采用信息网络传输，需要汇交的纸介质成果报告应附电子文档资料。对于突发性地质灾害等重要地质环境信息，可采用多种通信手段

（电话、传真）迅速上报。

（四）地质环境监测成果发布和社会服务

地质环境监测成果主要有地质环境状况公报、地质灾害通报、汛期地质灾害预警预报、地下水水情通报、地下水水情预报、矿山地质环境通报、地质遗迹通报、土地利用地质环境影响通报和其他地质环境动态信息。

1. 全国性地质环境监测成果和社会服务

全国地质环境状况公报、全国地质灾害通报、全国汛期地质灾害预警预报、全国地下水水情通报、全国地下水水情预报、全国矿山地质环境通报、全国地质遗迹通报和全国土地利用地质环境影响通报，由国家级地质环境监测机构负责编制，报国土资源部批准和发布。

2. 地方性地质环境监测成果发布和社会服务

省及省级以下的地质环境监测发布成果，由各级地质环境监测机构负责编制，并报同级国土资源主管部门批准和发布。

第六章　地质资料管理

第一节　概　述

一、地质资料的含义

地质资料是指在地质工作中形成的文字、图表、声像、电磁介质的等形式的原始地质资料、成果地质资料和岩矿心、各类标本、光薄片、样品等实物地质资料。

（一）成果地质资料

成果地质资料是指在地质工作中直接形成或采集的各类记录资料、实物以及通过各种渠道收集来的相关资料进行分析整理、综合研究，并按一定的规范和格式形成的以文字、图表、声像、电磁介质等形式存在的最终地质工作成果。主要包括：各类地质调查报告、各类勘查（察）地质报告、矿山生产（开发）地质报告、矿山闭坑地质报告、各类地质、矿产科学研究报告、地质图及说明书、地质工作总结、矿产地资料汇编、地质志（史）、矿产表、矿产储量表及通报等。

（二）原始地质资料

原始地质资料是指在进行地质工作时直接形成或采集的各种载体类型的原始记录、记载及中间性解译资料、汇总数据等。主要包括：野外各种记录、编录、手图，各种化验测试结果及汇总资料、各类中间性解译资料等。

（三）实物地质资料

实物地质资料是指在进行地质工作时直接采集的，反映地质现象、岩矿石结构品质和元素组成的自然物质以及经加工形成的实物材料。主要包括：岩矿心、岩屑、各类岩矿标本、古生物化石标本、化验测试样品、光薄片等。

二、地质资料的组成

（一）依据性科技文件材料

（1）地质工作项目立项依据、论证资料、总体设计、计划任务书、合同书、协议书等。

（2）编写设计准备工作形成的科技文件材料。

（3）地质工作设计书及其附图、附表、附件。

（4）设计审批意见书。

（二）原始记录性科技文件材料

（1）野外地质调查工作形成的各种原始记录、地质素描图、实际材料图、地质图、矿产图等的手图及清图。

（2）各种测量记录、计算数据、实测剖面等。

（3）探矿工程观测记录及其地质素描图。

（4）地质照片、底片、录音、录像、地震记录磁带等。

（5）各种实验测试结果表。

（三）中间性科技文件材料

（1）各种草稿、草图。

（2）各种计算方案、演算过程、测试小结。

（3）地质工作阶段小结、年度总结报告以及月报、季报和年报。

（4）地质工作过程中的有关技术指示性文件、工作经验介绍等。

（四）成果性科技文件材料

（1）地质工作成果报告书及其附图、附表、附件。主要包括：原稿、原图、底稿、底图及复制印刷的成品报告和附图、附表、附件等。

（2）对成果报告的审查（批）意见书、决议书、评议书及评审证书、认定书、备案证明等。

（3）成果报告（复制本）和原本档案的验收证书、合格证、请奖和奖励等有关材料。

（五）参考性科技文件材料

在开展地质工作的过程中，为参考目的收集的各种有关地质资料。

第二节　地质资料管理

一、地质资料管理机构

我国地质资料管理机构分二级，即国务院地质矿产主管部门和省、自治区、直辖市人民政府地质矿产主管部门。

国务院地质矿产主管部门的职责：负责全国地质资料汇交、保管、利用的监督管理。

省、自治区、直辖市人民政府地质矿产主管部门的职责：负责本行政区域内地质资料汇交、保管、利用的监督管理。

特殊矿种的汇交：石油、天然气、煤层气和放射性矿产的地质资料；海洋地质资料；国务院地质矿产主管部门规定应当向其汇交的其他地质资料由国务院地质矿产主管部门负责接收。

二、地质资料管理机构的职责

（一）国务院地质矿产主管部门的具体职责

（1）依据国家的法律、法规和政策，研究制定地质资料管理工作的方针政策，制定地质资料管理工作的规章制度及其有关技术标准、规范。

（2）统一管理全国地质资料汇交工作。

（3）管理全国地质资料馆藏机构，指导馆藏机构的业务。

（4）制定地质资料管理工作的综合规划和专项计划并组织实施，负责地质资料的统计和通报工作。

（5）监督检查地质资料管理工作的法律、法规和方针政策的实施；组织全国地质资料管理执法检查，依法查处重大违法行为。

（6）组织建立地质资料信息系统，组织开展地质资料综合研究和地质资料管理干部的培训工作。

（7）组织协调全国地质资料的交流和利用，组织和开展地质资料的国际交流。

（二）省、自治区、直辖市人民政府地质矿产主管部门的具体职责

（1）贯彻执行地质资料管理有关的法律、法规、规章和各项方针政策。

（2）统一管理本行政区内地质资料汇交工作。

（3）管理本行政区内地质资料馆藏机构及其业务。

（4）制定本行政区内地质资料管理工作计划并组织实施，负责本行政区内地质资料统计、通报工作。

（5）组织本行政区内地质资料管理执法检查，依法查处违法行为。

（6）对本行政区内从事地质工作的单位地质资料管理工作进行检查、监督和指导；组织开展地质资料管理人员的业务培训工作。

（7）建立本行政区地质资料信息系统，组织开展本行政区内地质资料综合研究和地质资料的交流。

三、地质资料管理体系

地质资料管理主要依据两个体系，法制体系和技术标准体系。

（一）地质资料管理法制体系

地质资料管理法制体系主要由法规、规章和规范性文件组成。

（1）《地质资料管理条例》。

（2）《地质资料管理条例实施办法》。

（3）《实物地质资料管理办法》。

（4）《地质档案管理办法》。

（5）《地质资料委托管理办法》。

（6）《馆藏地质资料管理规定》。

（7）《汇交地质资料质量规定》。

（8）《国家出资形成的地质资料提供利用规定》。

（9）《保密地质资料提供利用办法》。

（10）《地质资料管理条例释义》。

（二）地质资料管理技术标准体系

地质资料管理技术标准体系主要由技术标准和规范组成。

（1）《地质资料档案著录细则》（DA/T 23—2000）。

（2）《地质资料档案电子目录著录格式》（国土资发〔2001〕257号）。

（3）《实物地质资料、原始地质资料汇交细目》。

（4）《地质资料档案著录主题词表》。

（5）《中国档案分类法地质勘查档案分类表》（DZ/T 0076—93）。

（6）《成果地质资料电子文件汇交格式要求》（国土资发〔2002〕93号）。

（7）《地质资料图文数据存储技术规范》。

（8）地质档案立卷归档标准系列，包括：区域地质、固体矿产地质、石油天然气勘查与开发、地球物理地球化学勘查、水文工程环境灾害地质勘查、地质测绘等地质档案立卷归档规则。

（9）《地质勘查钻探岩矿心管理通则》（DZ/T 0032—92）。

（10）《固体矿产勘查原始地质编录规定》（DZ/T 0078—93）。

（11）《固体矿产勘查地质资料综合整理、综合研究规定》（DZ/T 0079—93）。

（12）《固体矿产勘查/矿山闭坑地质报告编写规范》（DZ/T 0033—2002）。

（13）《固体矿产勘查报告格式规定》（DZ/T 0131—94）。

（14）其他地质矿产报告编写系列规范（制定或引用）。

（15）馆藏实物地质资料管理系列标准。

（16）地质资料馆（库）建设标准。

四、地质资料的保护

与探矿权、采矿权有关的地质资料，在勘查许可证、采矿许可证有效期或存续期内保护，与探矿权、采矿权无关的地质资料，汇交人需要保护的，由汇交人在汇交地质资料时到负责接收地质资料的地质矿产主管部门办理保护登记手续，自办理保护登记手续之日起计算，保护期不得超过5年；需要延期保护的，汇交人应当在保护期届满前的30日内，到原登记机关办理延期保护登记手续，延长期限不得好过5年。

五、违反规定的处罚

未依照《地质资料管理条例》规定的期限汇交地质资料的，由负责接收地质资料的地质矿产主管部门责令限期汇交；逾期不汇交的，处1万元以上5万元以下罚款，并予通报，自发布通报之日起至逾期未汇交的资料全部汇交之日止，该汇交人不得申请新的探矿权、采矿权，不得承担国家出资的地质工作项目。

第三节　地质资料的汇交

地质资料汇交管理主要流程如图 20 - 6 - 1 所示。

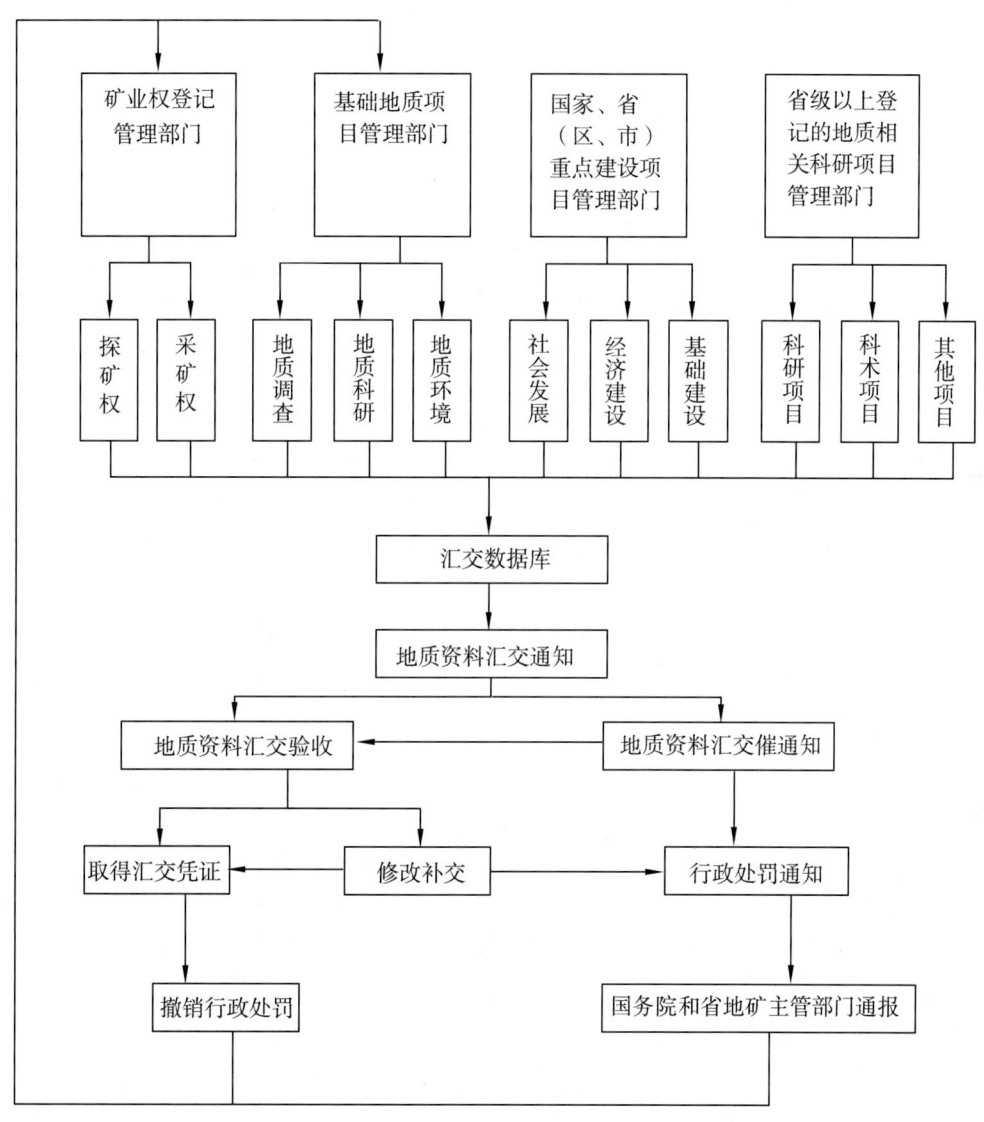

图 20 - 6 - 1　地质资料汇交管理主要流程

一、地质资料汇交人

（一）地质资料汇交人

在中华人民共和国领域及管辖的其他海域从事矿产资源勘查开发的探矿权人或者采

矿权人，为地质资料汇交人。地质资料汇交人在转让探矿权、采矿权后，其汇交义务同时转移，探矿权、采矿权的受让人成为地质资料的汇交人。

在中华人民共和国领域及管辖的其他海域从事矿产资源勘查开发以外的地质工作项目（包括地质研究、地质考察、地质调查、矿产资源评价、水文地质或者工程地质勘查、环境地质调查、地质灾害勘查等）的，其出资人为地质资料汇交人；但是，由国家出资的，承担有关地质工作项目的单位为地质资料汇交人。如果出资人为两个或者两个以上，出资各方对地质资料汇交义务有连带责任；中外合作开展地质工作的，参与合作项目的中方为地质资料汇交人，外方承担汇交地质资料的连带责任。

（二）地质资料汇交人的权利

地质资料汇交人对汇交的地质资料有依法办理保护的权利，在保护期内，地质资料可以有偿提供社会利用。

二、成果地质资料的汇交

（一）成果地质资料汇交范围

（1）区域地质调查资料：各种比例尺的区域地质调查报告及其地质图、矿产图。

（2）矿产地质资料：①矿产勘查地质资料，包括各类矿产勘查地质报告、矿产资源储量报告。②矿产开发地质资料，包括各类矿山生产勘探报告、矿产资源储量报告、矿山闭坑地质报告。

（3）石油、天然气、煤层气地质资料：各类物探、化探成果报告，参数井、区域探井、发现井、评价井的完井地质成果报告和试油（气）成果报告，各类综合地质研究报告，各类储量报告。

（4）海洋地质资料：海洋（含远洋）地质矿产调查、地形地貌调查、海底地质调查、水文地质、工程地质、环境地质调查、地球物理、地球化学调查及海洋钻井（完井）地质报告。

（5）水文地质、工程地质资料：①区域的或国土整治、国土规划区的水文地质、工程地质调查报告和地下水资源评价、地下水动态监测报告；②大中型城市、重要能源和工业基地、港口和县（旗）以上农田（牧区）的重要供水水源地的地质勘查报告；③地质情况复杂的铁路干线，大中型水库、水坝，大型水电站、火电站、核电站、抽水蓄能电站，重点工程的地下储库、洞（硐）室，主要江河的铁路、公路特大桥，地下铁道、六公里以上的长隧道，大中型港口码头、通航建筑物工程等国家重要工程技术设计阶段的水文地质、工程地质勘查报告；④单独编写的矿区水文地质、工程地质报告，地下热水、矿泉水等专门性水文地质报告以及岩溶地质报告；⑤重要的小型水文地质、工程地质勘查报告。

（6）环境地质、灾害地质资料：①地下水污染区域、地下水人工补给、地下水环境背景值、地方病区等水文地质调查报告；②地面沉降、地面塌陷、地面开裂及滑坡崩塌、泥石流等地质灾害调查报告；③建设工程引起的地质环境变化的专题调查报告，重大工程和经济区的环境地质调查评价报告等；④地质环境监测报告；⑤地质灾害防治工程勘查报告。

（7）地震地质工作：地震地质调查报告，地震地质考察报告，地震地质研究报告。

（8）物探、化探地质资料：区域物探、区域化探调查报告；物探、化探普查、详查报告；遥感地质报告及与重要经济建设区、重点工程项目和与大中城市的水文、工程、环境地质工作有关的物探、化探报告。

（9）地质、矿产科学研究及综合分析资料：①经国家和省一级成果登记的各类地质、矿产科研成果报告及各种区域性图件；②矿产产地资料汇编、矿产储量表、成矿远景区划、矿产资源总量预测、矿产资源分析以及地质志、矿产志等综合资料。

（10）其他地质资料，包括：旅游地质、农业地质、天体地质、深部地质、火山地质、极地地质、第四纪地质、新构造运动、冰川地质、黄土地质、冻土地质以及土壤、沼泽调查等地质报告。

（二）汇交原则

汇交的地质资料，应当符合国务院地质矿产主管部门的有关规定及国家有关技术标准。任何单位和个人不得伪造地质资料，不得在地质资料汇交中弄虚作假。

（三）地质报告的质量地质极先的质量

一般分为编写质量、编写格式和复制质量等几个方面，其具体表现为：

（1）汇交的成果地质资料应按国家有关报告编制规范编写。

（2）文字报告、附图、附表、附件编制符合有关格式标准和规范。

（3）汇交的地质资料应完整、齐全，盖有汇交人印章。

（4）汇交的电子文档应与纸质资料相一致，符合国家有关格式规定。

（5）附有探矿许可证、采矿许可证、项目任务书等复制件。

（6）经过认定、评审、鉴定、验收等批准程序的地质资料，应附相应的批准文件。

（7）汇交的地质资料，须制印清晰，着墨牢固，有利于长期保存。

（8）资料内容须真实、符合实际。

（四）汇交形式

目前要求汇交的地质资料是指地质资料中的成果资料。有两种形式，一种是纸质地质资料，一种是数字化地质资料。

（五）汇交份数

（1）向国务院地质矿产主管部门汇交的地质资料需汇交纸质载体及电子文档各一份。

（2）向省级地质矿产主管部门汇交但需向国务院地质矿产主管部门转送的地质资料需汇交纸质载体及电子文档各两份。

（3）向省级地质矿产主管部门汇交但不需向国务院地质矿产主管部门转送的地质资料需汇交纸质载体及电子文档各一份。

（4）地质项目每多跨一省（区、市）的须多汇交成果地质资料纸质载体和电子文档各一份。

（5）中外合作项目如果形成不同文本的地质资料，除了汇交中文文本的地质资料外，还应当汇交其他文本的纸质地质资料、电子文档各一份。

（六）汇交期限

根据《地质资料管理条例》和《地质资料管理条例实施办法》地质资料汇交人应当按照下列规定的期限汇交地质资料。

（1）探矿权人应当在勘查许可证有效期届满的 30 日前汇交。

（2）采矿权人应当在采矿许可证有效期届满的 90 日前汇交。但属于阶段性关闭矿井的，采矿权人自关闭之日起 180 日内汇交；采矿权人开发矿产资源时，发现新矿体、新矿种或者矿产资源储量发生重大变化的，自开发勘探工作结束之日起 180 日内汇交。

（3）因违反探矿权、采矿权管理规定，被吊销勘查许可证或者采矿许可证的，自处罚决定生效之日起 15 日内汇交。

（4）工程建设项目地质资料，自该项目竣工验收之日起 180 日内汇交；工程建设项目分期、分阶段进行竣工验收的，自竣工验收之日起 180 日内汇交地质资料。

（5）探矿权人缩小勘查区范围的，应当在勘查许可证变更前汇交被放弃区块的地质资料。

（6）探矿权人由勘查转入采矿的，应当在办理采矿许可证前汇交该矿区的地质资料

（7）探矿权人、采矿权人在勘查许可证或者采矿许可证有效期内提前终止勘查或者采矿活动的，应当在办理勘查许可证或者采矿许可证注销登记手续前汇交地质资料。

（8）其他地质工作项目形成的地质资料，自该地质项目评审验收之日起 180 日内汇交；无须评审验收的，自野外地质工作结束之日起 180 日内汇交。

因不可抗力，地质资料汇交人需要延期汇交地质资料的，应当在汇交期限届满前 15 日内，向负责接收地质资料的国土资源行政主管部门提出延期汇交申请。负责接收地质资料的国土资源行政主管部门应当自收到延期汇交申请之日起 5 个工作日内，做出是否核准的决定并书面通知申请人。延长期限最多不得超过 180 日。

三、原始地质资料的汇交

（一）原始地质资料汇交的意义

（1）原始地质资料是真实反映地质现象的基础资料，具有考证和查验作用。

（2）成果地质资料是在原始地质资料的基础上进行分析整理和研究后形成的，其成果水平受到研究理论、人员素质等各方面的制约，原始地质资料可以补充其不足。

（3）成果地质资料记录的是主要工作成果，一些有用的潜在信息只体现在原始地质资料中，这些资料对今后地质找矿有重要研究、指示意义。

（4）一些以电磁介质形式存在的原始资料，受技术条件、参数选择水平等限制没有发挥其最大的作用，因而比解译成果有更广泛的再利用性。

（二）原始资料的汇交范围

（1）区域地质调查资料：各种原始测试数据、鉴定结果、测量结果数据汇总表（含数据库），实际材料图，主干剖面实测和修测剖面图，物化探、重砂成果图。

（2）矿产资料：①矿产勘查地质资料，包括：工程布置图、钻孔柱状图，重要槽探、坑探、井探图，各种岩矿测试、分析数据汇总表（或数据库），各类测量结果数据汇总表，有关物探、化探原始地质资料。②矿产开发地质资料，包括：各中段采空区平面图、剖面图，探采对比资料，各类测量结果数据汇总表。

（3）石油、天然气、煤层气地质资料：工程布置图、实际材料图，各类物探、化探原始数据体、成果数据体，参数井、区域探井、发现井、评价井的录井、测井、分析化验原始数据汇总表。

（4）海洋地质资料：各类工程布置图，实际材料图和实测资料，各类野外原始记录，各类原始测试分析数据、各类测量结果数据汇总表，有关的物探、化探、遥感原始资料。

（5）水文地质资料：各类工程布置平面图，所有钻孔柱状图，各类试验、测试、监测原始数据、测量结果数据汇总表，有关物探、化探原始资料。工程地质资料：软土地区钻进基岩钻孔柱状图、不良地质工点控制性钻孔柱状图、深度超过30米的钻孔柱状图，实际材料图，各类工程布置图。

（6）环境地质、灾害地质资料：各类工程布置图、实际材料图、钻孔综合成果图，各种调查、测试、监测原始数据及测量结果数据汇总表。

（7）物探、化探地质资料：各类测量、分析测试原始数据汇总表，实际材料图。

（8）地质科研等其他地质资料：实际材料图、重要的原始测试、分析数据、样品位置的空间数据汇总表。

四、实物地质资料的汇交

（一）实物地质资料的现状

目前，国家没有统一的实物地质资料管理规定，实物资料大部分分散在各生产单位，一部分是企业自主保管，一部分是企业代国家保管，另有一部分地质资料散存在博物馆、陈列馆和个人手中。目前，实物资料散失、损毁严重、大量实物处于自生自灭状态，许多重要的实物地质资料需要抢救保管。为此，国家将实行政府保管和企业保管相结合的管理体制，即具有重要意义的实物资料向国家汇交，由国务院地质矿产主管部门和省（区、市）地质矿产主管部门收藏，并向社会提供公益服务；其余由企业根据自身生产研究的需要，保存所需的实物地质资料，按市场法则向社会提供利用。国家不再要求企业保管国家所需的实物地质资料。

（二）实物地质资料的汇交范围

（1）科学钻探、大洋调查、极地考察、航天考察所取得的实物地质资料。

（2）对我国或者各省、自治区、直辖市具代表性、典型性的反映区域地质现象的实物地质资料。包括反映具有国际性、全国性对比意义的地质剖面，重要古生物化石、地层、构造、岩石等实物资料。

（3）反映我国或者各省、自治区、直辖市重要特殊地质现象的实物地质资料。

（4）对我国或者各省、自治区、直辖市具有典型性的重要矿床实物地质资料。

（5）石油、天然气、煤层气勘查项目的参数井、区域探井、发现井、评价井的实物地质资料。

（6）区域地球化学调查副样。

第四节　地质资料的保管和利用

一、地质资料馆藏机构

（一）地质资料馆藏机构

国务院地质矿产主管部门和省、自治区、直辖市人民政府地质矿产主管部门的地质资料馆。山东省国土资源地质资料档案馆是我省地质资料保管机构。

（二）馆藏机构资质条件

（1）建立、完善适应地质资料管理需要的馆藏机构和管理体系。其馆藏机构分布合理，交通便利、通讯顺畅。

（2）配备专业结构合理、人员业务素质较高的地质资料管理人员和编研人员，中、高级技术人员应占馆藏机构管理人员60%。

（3）建立、健全地质资料的接收、整理、保管、保密和利用等管理制度。

（4）配备符合保管、安全、防护等标准要求的馆藏设施。地质资料库房容积必须满足5年以上的地质资料入库余额。

（5）建立地质资料信息网络系统，提供地质资料社会化网络服务功能。

（6）保证合理的地质资料管理费用预算。

（7）接受汇交管理机关的业务指导、检查和监督。

（三）馆藏机构的职责

国务院地质矿产主管部门和省、自治区、直辖市人民政府地质矿产主管部门的地质资料馆以及受国务院地质矿产主管部门委托的地质资料保管单位承担地质资料的保管和提供利用工作。

地质矿产主管部门所属的地质资料馆和国务院地质矿产主管部门委托的地质资料保管单位，应当建立地质资料的整理、保管制度，配置保存、防护、安全等必要设施，配备专业技术人员，保障地质资料的完整和安全。

二、地质资料的利用

地质资料保管机构应当利用现代信息处理技术，提高地质资料的处理、保管水平，建立地质资料信息服务网络系统，公布地质资料目录，开展对地质资料的综合研究工作，为政府决策提供依据，为社会提供公益性服务。

单位和个人可以持单位证明、身份证等有效证件到地质资料保管机构查阅、复制、摘录已公开的地质资料。复制地质资料的，地质资料保管机构可以收取工本费。

第二十篇　矿政管理　　　· 1129 ·

　　单位和个人需要查阅利用保护期内地质资料的，应当出具汇交人同意的书面证明文件；利用国家出资形成的保护期内的地质资料的，按国家的有关规定办理。

　　利用保密的地质资料的，利用人应按国家有关保密规定申请批准。

　　县级以上人民政府有关部门因公共利益，需要查阅保护期内的地质资料的，应当向国土资源部或者省、自治区、直辖市国土资源行政主管部门提出需要查阅的地质资料范围，经国土资源行政主管部门依法审查后，无偿查阅利用保护期内的地质资料。

　　国家出资开展地质工作形成的具有公益性质的地质资料，自汇交之日起90日内向社会公开，无偿提供全社会利用。具有公益性质的地质资料范围，由国土资源部公告。

　　保护期内的地质资料，只公开资料目录。但是，汇交人书面同意提前公开其汇交的地质资料的除外。

　　保护期内的地质资料可以有偿利用，具体方式由利用人与地质资料汇交人协商确定。但是，利用保护期内国家出资勘查、开发取得的地质资料的，按照国务院地质矿产主管部门的规定执行。

　　因救灾等公共利益需要，政府及其有关部门可以无偿利用保护期内的地质资料。

参考文献

[1]金性春.板块构造学基础.[M].上海:上海科学技术出版社,1984.

[2]翟裕生.成矿系统论.[M].北京:地质出版社,2010.

[3]中华人民共和国国务院新闻办公室,中国的矿产资源政策[M].2003.

[4]雷涯邻.我国矿产资源安全现状与对策 http://www.sina.com.cn.2006年.新浪财经.

[5]汪民.中国矿产资源报告(2012)[M].北京:地质出版社,2012.

[6]奚牲.世界矿产资源年评[M].北京:地质出版社,2012.

[7]胡明安,徐伯骏.世界矿产资源概论[M].中国地质大学(武汉).2005.

[8]宋叔和,康永孚,涂光炽,等.中国矿床[M].北京:地质出版社,1994.

[9]邵厥年,陶维屏.矿产资源工业要求手册.[M].北京:地质出版社,2010.

[10]中华人民共和国国务院新闻办公室,中国的矿产资源政策(白皮书),2013.

[11]邵震杰.煤田地质学[M].北京:煤炭工业出版社,1993.

[12]田山岗,王永康.中国煤田地质[J].中国煤田地质.2001,13(B05):4~84.

[13]中国煤炭资源分布特点[EB OL]. http://wenku. baidu. com/view/642b6e4ffe 4733687e21aa30. html. 2012.

[14]陈昭年.石油与天然气地质学[M].北京:地质出版社,2005.

[15]含油气盆地的类型及特征[EB OL]. http://wenku. baidu. com/view/288189e319e 8b8f67c1 cb90a. html. 2013.

[16]中国油气田分布及其特点[EB OL]. http://wenku. baidu. com/view/ec26870bf7 8a6529647d 53db. html. 2012.

[17]中国油气资源分布[EB OL]. http://wenku. baidu. com/view/acf78126482fb4daa 58d4bb7. html. 2012.

[18]刘光鼎.中国油气资源勘探与可持续发展[J].中国科学院院刊.2012,27(003):326~331.

[19]郑敏.全球地热资源分布与开发利用[J].国土资源.2007,02:56~57.

[20]不详.中国地热资源储量及分布概况[N].矿业人才网. http://www. kyrcw. com/LookNews/Article~4903. html.

[21]金景福,黄广荣.铀矿床学[M].北京:原子能出版社,1991.

[22]闫强,王安建,王高尚,等.铀矿资源概况与2030年需求预测[J].中国矿业. 2011,20(2):1~5.

[23]黄净白,黄世杰.中国铀资源区域成矿特征[J].铀矿地质.2005,21(3):129~138.

[24]黄净白,黄世杰,张金带,等.中国铀成矿带概论[M].核工业地质局;2005.

[25]刘兴忠,周维勋.中国铀矿省及其分布格局[J].铀矿地质.1990,6(06):326~337.

[26]沈锋.中国铀资源特点及找矿方向[J].铀矿地质.1989,5(3):129~133.

[27]钱伯章.世界油页岩资源及开发前景[J]国外石油动态.2008,278(24):11~15.

[28]李学永,等.中国油页岩成矿特征分析[J].煤质技术,2009,15(6):68~70.

[29]朱杰,等.中国油页岩勘查开发现状与展望[J].中国矿业,2012,21(7):1~4.

[30]徐继发,等.世界煤层气产业发展概况[J].中国矿业,2012,2l(9):24.

[31]叶建平,等.中国煤层气聚集区带划分[J].勘探与开发,1999,19(5):9~12.

[32]廖永远,等.中国煤层气开发战略[J].石油学报,2012,33(6):1098~1101.

[33]中华人民共和国国土资源部.中国矿产资源报告[M].北京:地质出版社,2011.

[34]王全明,张大权.中国铜矿资源找矿前景[J].地质通报,2010,29(10):1447.

[35]刘长龄.论高岭石黏土和铝土矿研究的新进展[J]沉积学报,2005,23(3):467~474.

[36]鄢艳.我国铝土矿资源现状[J].有色矿冶,2009,25(5):58~60.

[37]刘平.六论贵州之铝土矿[J].贵州地质,1996,13(1):45~60.

[38]赵一鸣,吴良士等.中国主要金属矿床成矿规律[M].北京:地质出版社,2004. 368~371.

[39]廖士范.中国铝土矿地质学[M].贵阳:贵州科学技术出版社,1991.

[40]刘中凡,世界铝土矿资源综述[J].轻金属,2001(5):7~12.

[41]谌建国,刘云华.铝土矿新类型桂西三水铝石硬水铝石矿床[J].广西地质,1997,10(1):37~44.

[42]孙莉,肖克炎,王全明等.中国铝土矿资源现状和潜力分析[J].地质通报,2011,30(5):725.

[43]国土资源部信息中心.世界矿产资源年评(2011~2012)[M].北京:地质出版社,2012.

[44]金中国,武国辉,黄智龙,等.贵州务川瓦厂坪铝土矿床地球化学特征[J].矿物学报,2009,29(4):458~462.

[45]刘平.八论贵州之铝土矿:黔中-渝南铝土矿成矿背景及成因探讨[J].贵州地质,2001,18(4):238~243.

[46]李景阳.论碳酸盐岩现代风化壳和古风化壳[J].中国岩溶,2004,23(1):56~62.

[47]冯晓宏,王臣兴,崔子良,等.滇东南铝土矿成矿物质来源探讨[J].云南地质,2009,28(3):233~242.

[48]王力,龙永珍,彭省临.桂西铝土矿成矿物质来源的地质地球化学分析[J].桂林理工大学学报,2004,24(1):1~6.

[49]俞缙,李普涛,于航波.靖西三合铝土矿铝矿物特征及成因机制分析[J].东华理工大学学报:自然科学版,2009,32(4):344~349.

[50]赵社生,柴车浩,李国良.山西地块 G 层铝土矿同位素年龄及其地质意义[J].轻金属,2001(8):5~9.

[51]叶连俊.生物成矿作用研究[M].北京:海洋出版社,1993:1~5,176~182.

[52]刘长龄,覃志安.论中国岩溶铝土矿的成因与生物和有机质的成矿作用[J].地质找矿论丛,1999,14(4):24~28.

[53]李莎,李福春,程良娟.生物风化作用研究进展[J].矿产与地质,2006,20(6):577~582.

[54]刘云华.桂西堆积型铝土矿中三水铝石的成矿机理[J].地球科学与环境学报,2004,26(2):27~31.

[55]吴敬琏.中国增长模式抉择[M].上海:上海远东出版社,2009.138~141.

[56]谌建国,刘云华.广西两种三水铝石铝土矿成矿的差异性[J].地学前缘,1999,6(增刊):251~256.

[57]刘平.黔中-川南石炭纪铝土矿的地球化学特征[J].中国区域地质,1999,18(2):210~217.

[58]李中明,赵建敏,冯辉,等.河南省郁山古风化壳型稀土矿层的首次发现及意义[J].矿产与地质,2007,21(2):177~180.

[59]张玉学,何其光,邵树勋,等.铝土矿钪的地球化学特征[J].地质地球化学,1999,27(2):55~62.

[60]刘长龄,覃志安.我国铝土矿中微量元素的地球化学特征[J].沉积学报,1991,9(2):25~33.

[61]鲁方康.黔北务-正-道地区铝土矿镓含量特征与赋存状态初探[J].矿物学报,2009,29(3):373~379.

[62]刘平.贵州铝土矿伴生镓的分布特征及综合利用前景:九论贵州之铝土矿[J].贵州地质,2007,24(2):90~96.

[63]杨军臣,王凤玲,李德胜,等.铝土矿中伴生稀有稀土元素赋存状态及走向查定[J].矿冶,2004,13(2):89~92.

[64]肖克炎,叶天竺,李景朝,等.矿床模型综合地质信息预测资源量的估算方法[J].地质通报,2010,29(10):1404~1412.

[65]叶天竺,肖克炎,严光生.矿床模型综合地质信息预测技术研究[J].地学前缘,2007,4(5):11~19.

[66]陈毓川,裴荣富,宋天锐,等.中国矿床成矿系列初论[M].北京:地质出版社,1998:20~100.

[67]陈毓川,王登红,朱裕生,等.中国成矿体系与区域成矿评价[M].北京:地质出版社,2007:15~175.

[68]肖克炎,丁建华,娄德波.试论成矿系列与矿产资源评价[M].矿床地质,2009,28(3):357~365.

[69]张长青,芮宗瑶,陈毓川等.中国铅锌矿资源潜力和主要战略接续区[J].中国地

质,2013,40(1):251.

[70]国土资源部矿产资源储量司.全国矿产资源储量通报.国土资源部信息中心编制,2009:151~169.

[71]杨应选,管士平,林方成.康滇地轴东缘铅锌矿床成因及成矿规律[M].成都:四川科技大学出版社,1994:1~175.

[72]张长青,李向辉,余金杰,等.四川大梁子铅锌矿床单颗粒闪锌矿铷-锶测年及地质意义[J].地质论评,2008,54(4):532~538.

[73]贺胜辉,荣惠锋,尚卫,等.云南茂租铅-锌矿床地质特征及成因研究[J].矿产与地质,2006,20(4~5):397~402.

[74]张长青,毛景文,吴锁平,等.川滇黔地区MVT铅锌矿床分布、特征及成因[J].矿床地质,2005,24(3):317~324.

[75]张云湘,洛耀南,杨崇喜,等著.攀西裂谷[M].北京:地质出版社,1988:1~320.

[76]徐克勤,程海.中国钨矿形成的大地构造背景.地质找矿论丛,1987,2(3):1~7.

[77]毛景文,谢桂青,郭春丽,等.华南地区中生代主要金属矿床时空分布规律和成矿环境[J].高校地质学报,2008,14(4):510~526.

[78]石洪召,林方成,张林奎.钨矿床的时空分布及研究现状[J],沉积与特提斯地质,2009,29(4):90~95.

[79]徐强.美国的全球资源战略.世界有色金属,2006(3):35~40.

[80]杨建功.我国有色金属矿产资源供需形势分析.中国国土资源经济,2004.17(8):11~13.

[81]杨娴,邵燕敏等.中国有色金属行业发展战略研究.长沙:湖南大学出版社,2009.119~123.

[82]王科强,牛翠伟,张峰等.中国大型-超大型金矿床时空分布及其成矿地质背景[J].矿床地质,2008,27增刊,65.

[83]张承帅,李莉,李厚民.世界铁资源利用现状述评[J].资源与产业,2011,13(3):36~41.

[84]李景春,庞庆邦,李文亢,等.中国金矿工业类型[J].贵金属地质,1998,7(2):114~120.

[85]吕英杰,等.中国砂金矿的分布规律及其找矿方向[M].北京:地质出版社,1992.

[86]韦永福,等.中国金矿床[M].北京:地震出版社,1995.

[87]马启波等,中国热液金矿床含金建造及成矿作用与找矿方向.北京:地质出版社,1994.

[88]李厚民,王瑞江,肖克炎,等.立足国内保障国家铁矿资源需求的可行性分析[J].地质通报,2010,29(1):1~7.

[89]程裕淇,赵一鸣,陆松年.我国几组主要铁矿类型[J].地质科技,1976,(2):8~29.

[90]毛景文,张招崇,杨建民,等.北祁连山西段铜金铁钨多金属矿床成矿系列和找

矿评价[M].北京:地质出版社,2003.

[91]赵太平,陈福坤,翟明国,等.河北大庙斜长岩杂岩体锆石 U – Pb 年龄及其地质意义[J].岩石学报,2004,20:685~690.

[92]翟裕生,万天丰,姚书振.长江中下游地区铁铜(金)成矿规律[M].北京:地质出版社,1992.

[93]赵一鸣,林文蔚,毕承思.中国夕卡岩矿床[M].北京:地质出版社,1990.

[94]王登红,陈毓川,徐志刚,等.阿尔泰成矿省的成矿系列及成矿规律[M].北京:原子能出版社,2002:1~493.

[95]杨富全,毛景文,柴凤梅,等.新疆阿尔泰蒙库铁矿床的成矿流体及成矿作用[J].矿床地质,2008,27(6):659~680.

[96]杨富全,毛景文,闫升好,等.新疆阿尔泰蒙库同造山斜长花岗岩年代学、地球化学及地质意义[J].地质学报,2008,82(4):485~499.

[97]陈毓川,朱裕生.中国矿床成矿模式[M].北京:地质出版社,1993:367.

[98]杜建国等,安徽江南过渡带铜金多金属矿找矿潜力评价报告,安徽省地质调查院,2007.

[99]赵明华.包头稀土产业集群研究.[硕士学位论文].呼和浩特:内蒙古大学出版社,2005.

[100]杨杰,焦海宁等.赣南稀土产业集群化发展对策研究.稀土,2009(5):98~101.

[101]徐光宪.稀土.北京:冶金工业出版社,1995.

[102]香山科学会议办公室.中国稀土资源的高效清洁提取与循环利用——香山科学会议第 377 次学术讨论会.香山科学会议简报 369 期.2010.

[103]稀土资源综合利用及产业化专利战略研究课题组.稀土资源综合利用及产业化专利战略研究报告,2005.

[104]奚洪民.稀土元素资源与应用.[博士学位论文].长春:吉林大学,2007.

[105]赵龙云,找矿效果潜力评价与成矿规律及矿床定位预测实物全书[M].北京:中国矿业大学出版社,2006.576~608.

[106]石洪召等,钨矿床的时空分布及研究现状[J].沉积与特提斯地质,2009,29(4):90~94.

[107]杨秀华,世界银矿资源及主要银矿床特征[J].地质与勘探,1990,26(12):1~4.

[108]尹全七,试论世界锡矿分布规律与成矿[J].桂林冶金地质学院学报,1984(2):31~40.

[109]吴白芦,徐光宪等.稀土的战略意义.中国软科学,1996(4):82~89.

[110]顾薇娜,陈从喜.中国非金属矿产资源与开发利用概况[J].矿产勘查,1995,6.

[111]苏德辰,龙跃,王维.中国非金属矿产资源形势分析[J].中国非金属矿工业导刊,2003,5.

[112]杨荣华.石膏资源的综合利用现状及发展方向探讨[J].无机盐工业,2008,4.

[113]不详,中国钾盐矿资源地质特征[N].中国非金属矿资讯网 2006 – 06 – 13.

http://www.cnma.com.cn/article_view.Asp? id=613.

[114]全国化工矿产资源潜力评价项目组.现代盐湖型钾盐矿预测方法及流程[M].2009.08.

[115]不详.高岭土矿资源概述[N].道客巴巴.2008-04-30.http://www.doc88.com/p-739493348226.html.

[116]不详.中国高岭土矿床类型和典型矿床[N].道客巴巴.2009-01-04.http://www.doc88.com/p-281364023594.html.

[117]不详.中国高岭土矿资源特点和分布[N].道客巴巴.2009-01-04.http://www.doc88.com/p-802573451588.html.

[118]赵鹏大,等.非传统矿产资源概论[M],北京:地质出版社,2003.

[119]于润沧.采矿工程师手册(下册)[M].北京:冶金工业出版社,2009:203~337.

[120]沈远超,邹为雷,曾庆栋,等.矿床地质学研究的发展趋势:深部构造与成矿作用[J].大地构造与成矿学,1999,23(2):180~185.

[121]滕吉文,杨立强,姚敬全,等.金属矿产资源的深部找矿、勘探与成矿的深层动力过程[J],地球物理学进展,2007,22(2):317~334.

[122]牛树银,王君仁.深部地质找矿工作的必要性[J],西部资源,2008.

[123]曹新志,张旺生,孙华山.我国深部找矿研究进展综述[J],地质科技情报,2009,28(2):104~108.

[124]翟裕生,邓军,王建平,等.深部找矿研究问题[J].矿床地质,2004,23(2):142~149.

[125]张德会,周圣华,万天丰.矿床形成深度与深部成矿预测[J].地质通报,2007,26(12):1509~1518.

[126]叶天竺,薛建玲.金属矿床深部找矿中的地质研究[J].中国地质,2007,34(5):855~869.

[127]赵鹏大.成矿定量预测与深部找矿[J].地学前缘,2007,14(5):142~149.

[128]腾吉文.第二度空间金属矿产勘查与东北战略后备基地的建立和可持续发展[J].吉林大学学报:地球科学版,2007,37(4):633~651.

[129]黄力军,徐刚峰.成矿区带深部有色金属矿产资源勘查评价方法技术研究[J],地质学报,2006,80(10):1549~1552.

[130]贾文龙,陈甲斌.低品位铁矿资源开发经济性分析[J],金属矿山,2009,393(3):1~4.

[131]贾文龙,陈甲斌.边界品位调整模型及应用研究[J],中国国土资源经济,2008(6):35~371.

[132]胡明清.边界品位的调整与低品位矿石资源的回收[J],采矿技术,2006(3):594~5961.

[133]尹升华,吴爱祥,等.微生物浸出低品位矿石技术现状与发展趋势[J],矿业研究与开发,2010,30(1):46~49.

[134]温建康,阮仁满,邹来昌,等.紫金山铜矿生物浸出过程酸平衡分析研究[J].稀有金属,2008,32(3):338～343.

[135]吴爱祥,王洪江,杨保华,等.溶浸采矿技术的进展与展望[J].采矿技术,2006,6(3):39～48.

[136]高玉宝,余斌,龙涛.有色矿山低品位矿床开采技术进步与发展方向[J],2010,62(2):4～7.

[137]李红零,吴仲雄.我国金属矿开采技术发展趋势[J].有色金属(矿山部分),2009,61(1):8～10.

[138]方银霞,包更生,金翔龙.21世纪深海资源开发利用的展望[J],海洋通报,2000,19(5):73～78.

[139]潘家华,刘淑琴.西太平洋富钴结壳的分布、组分及元素地球化学[J],地球学报.1999,20(1):47～54.

[140]高亚峰.海洋矿产资源及其分布[J],海洋信息,2009,1:13～14.

[141]王晓民.世界海洋矿产资源研究现状与开发前景[J],世界有色金属,2010.

[142]杨木壮,吴琳,何朝雄,吴能友.国际海洋矿产研究新进展[J],海洋地质动态,2002,18(9):17～20.

[143]刘玉山,吴必豪.海底金属矿产资源的开发——回顾与未来展望[J],矿床地质,2005,24(1):81～83.

[144]张光弟,毛景文,熊群尧.中国铂族金属资源现状与前景[J],地球学报,2001,22(2):107～110.

[145]刘凤山,王登红.中国铂族金属矿床找矿方向初探[J],中国区域地质,2000,19(4):434～439.

[146]刘凤山.北亚克拉通和造山带金属成矿作用及其相关的地球动力学研究[J],地学前缘,1999,(1):129～137.

[147]王燕,谭凯旋,刘顺生,陈梦熊.红土型金矿的成矿机理与成矿模式[J],2002,38(4):12～16,32.

[148]陈大经.红土型金矿床的地质特征、成矿条件及找矿方向[J],矿产与地质,1996(2):73～79.

[149]王砚耕,陈履安,李兴中,等.贵州西南部红土型金矿[M].贵阳:贵州科学技术出版社,2000.

[150]陈大经,杨明寿,张永林.广西镇圩式红土型北金矿床地质特征及成矿模式[J].矿床地质,2001,20(3):251～257.

[151]卿敏,卫万顺,等.碱性岩型金矿床研究述评[J],黄金科学技术,2001,9(5):1～7.

[152]聂风军,张辉旭.碱性火成岩为主岩金矿床研究新进展[J].国外矿床地质,1997,14(3):1～33.

[153]袁忠信,白鸽.中国碱性侵入岩的空间分布及有关金属矿床[J].地质与勘探,

1997,33(1):42~48.

[154]王岩,邢树文,张增杰,马玉波.我国低品位、难选冶矿产资源勘查和综合利用现状述评[J],矿产综合利用,2012,5:7~10.

[155]刘晓明,陈强,汪建,等.低品位铁矿资源利用技术的发展与实践[J].矿业工程,2009,7(1):25.

[156]金鸣.我国低品位铜矿石选矿技术的进展[J].矿业快报,2008,475(11):5~25.

[157]陈乾旺,娄正松,王强,陈昶乐.人工合成金刚石研究进展[J],前沿进展,2005,34(3):199~204.

[158]赵越清,沈金梅.人工合成矿物及其应用初探[J],江苏陶瓷,2005,38(1):10~12.

[159]欧阳自远,邹永廖.月球的地质特征和矿产资源及我国月球探测的科学目标[J].国土资源情报,2004(1):36~39.

[160]欧阳自远,邹永廖,李春来,等.月球某些资源的开发利用前景[J].地球科学——中国地质大学学报,2002,27(5):498~503.

[161]徐琳,邹永廖,刘建忠.月壤中的氦-3[J].矿物学报,2004,23(4):374~378.

[162]李万伦,段怡春,刘秀丽.国外太空资源勘查进展及我国对策[J],资源·产业,2005,7(4):34~38.

[163]张如筠.我国尾矿综合利用现状及展望[J],科技创新导报,2012.

[164]卢颖,孙胜义.我国矿山尾矿生产现状及综合治理利用[J].矿业工程,2007,5(2):53~55.

[165]孟跃辉,倪文,张玉燕.我国尾矿综合利用发展现状及前景[J].中国矿山工程,2010,39(5):4~8.

[166]姚大为,王书民,雷达,等.CSAMT在祁连山永久冻土区天然气水合物调查中的应用[J],工程地球物理学报,2013,10(2):132~137.

[167]祝有海,张永勤,文怀军,等.祁连山冻土区天然气水合物及其基本特征[J].地球学报,2010,31(1):7~16.

[168]张永勤,孙建华,贾志耀,等.中国陆地永久冻土带天然气水合物钻探技术研究与应用[J],探矿工程,2009增刊,22~28.

[169]吴青柏,程国栋.多年冻土区天然气水合物研究综述[J],地球科学进展,2008,23(2),111~118.

[170]吴茂炳,王新民,李在光.天然气水合物的形成分布特征及其开发前景[J],中国石油勘探,2003,8(2):75~78.

[171]罗敏,王宏斌,等.南海天然气水合物研究进展[J],矿物岩石地球化学通报,2013,32(1):56~69.

[172]祝有海,张光学,等.南海天然气水合物成矿条件与找矿前景[J],石油学报,2001,22(5):6~11.

[173]孙振娟. 全球海洋地质调查史[D]. 北京：中国地质大学（北京），2010.

[174]章伟艳，张富元，等. 大洋钴结壳资源评价的基本方法[J]. 海洋通报，2010，29（3）：342～349.

[175]张寿庭，赵鹏大. 斑岩型矿床——非传统矿产资源研究的重要对象[J]，中国地质大学学报，2011，36（2）：247～254.

[176]陈元旭. 从可持续发展看我国非传统矿产资源的开发与利用[J]，北京市经济管理干部学院学报，2005，20（1）：39～41.

[177]杨强. 国内外矿产资源开发利用现状及其发展趋势[J]. 矿冶，2002，（11）：16～18.

[178]何金祥，舒志明. 对芬兰矿业投资环境的认识[M]. 国土资源情报，2013（4）：40～43.

[179]顾锦. 俄罗斯涉外矿业投资相关法律[M]. 重庆理工大学学报（社会科学），2012（26～8）：46～61.

[180]郝献晟，郭义平，王淑玲. 非洲矿产资源勘查开发的机遇[J]. 国土资源情报，2010（05）21.

[181]任泉. 加纳的矿业法[J]. 中国黄金经济，1997，2.

[182]驻加纳使馆经商参处. 加纳矿业开发法律环境及管理体制[J]. 2011，05，30.

[183]E. N. 卡梅伦，王立正译. 美国的矿业法律问题[J]. Mineral Problems of United States，1986：204～212.

[184]刘丽君，王越. 加拿大矿业管理体制及税费政策[J]. 中国矿业，2006，15（5）：14～16.

[185]杨学军. 墨西哥矿业开发管理及政策特点[J]. 矿产保护与利用，1992，2：11～14.

[186]宋国明. 简评拉美国家矿业投资环境[J]. 国土资源情报. 2006，（6）：48～49.

[187]宋国明. 墨西哥矿产资源开发与投资环境[J]. 国土资源情报. 2010，（11）：16～21.

[188]张建仁，李纪平. 巴西矿产资源管理及其借鉴意义[J]. 资源环境与工程，2007，4（21）：359～362.

[189]陈甲斌. 聚焦巴西矿产资源的投资环境[J]. 世界有色金属，2007，2：37～40.

[190]周科平. 巴西的矿业投资环境[J]. 世界采矿快报，1997，13（16）：5～6.

[191]丁锋. 秘鲁的矿业概况[J]. 国外地质勘探技术，1998，5：47～49.

[192]鲍荣华. 南非矿产资源及管理概况[J]. 国土资源情报，2010.12.

[193]王化锐，杨平供. 美国矿产法规的演化特点[J]. 矿产保护与利用，1991，6：9～11.

[194]张雪梅，傅博. 中加矿业税费制度的比较及借鉴[J]. 中国人口·资源与环境（专刊），2012，11：266～269.

[195]李燕花. 美国矿业管理体制及税费政策研究[J]. 中国国土资源经济，2006，06：

31 ~ 33.

[196]陈丽萍.南非矿产资源和石油开发法矿业权简介.国土资源情报,2004,07.

[197]李晓妹.细解美国矿业权[J].中国国土资源报,2005,003.

[198]李晓妹.解读墨西哥矿业权立法[J].中国国土资源报,2005,003.

[199]王正立.刚果(金)矿业投资环境.资源网.国土资源情报,2005,(5).

[200]姚金蕊,任清宇.美国、加拿大矿业管理制度及启示[J].矿业快报,2006,49 (1):1 ~ 4.

[201]王梅.加拿大政府的矿业政策[J].国土资源,2006,554 - 55.

[202]加拿大的矿业政策及其管理.中华人民共和国商务部网.

[203]国别贸易投资环境报告.商务部,加拿大,2013.

[204]宋科余.全球主要国家投资政策.2013.

[205]墨西哥经济部.矿业法.2006.

[206]吴太平.发展中国家矿业投资环境(秘鲁).1997.

[207]骆毅.五矿联合江铜33亿收购加拿大北方秘鲁铜业.新浪网,2007.

[208]厄瓜多尔税收政策,驻厄瓜多尔使馆经商处网站,2003.

[209]厄瓜多尔税收简介,驻厄瓜多尔使馆经商处,2013.

[210]厄瓜多尔矿产业.驻厄瓜多尔使馆经商处,2007.

[211]全球主要国家投资政策—蒙古.安徽矿业协会.

[212]境外矿业投资法律政策环境报告—蒙古国.安徽省矿业协会.

[213]全球主要国家投资政策—哈萨克斯坦.全球矿业网.

[214]哈萨克斯坦税收政策.商务部.

[215]全球主要国家投资政策—印度尼西亚.国土资源部信息中心.

[216]印尼税收制度和政策.商务部.

[217]全球主要国家投资政策—菲律宾.中国矿业网.

[218]菲律宾矿业法规与政策概况.驻菲律宾经商处.

[219]缅甸矿业开发管理体制、政策及法规简介.中国发改委.

[220]全球主要国家投资政策—巴基斯坦.全球矿业网.

[221]巴基斯坦税收体系和制度.商务部.

[222]全球主要国家投资政策—澳大利亚.商务部,国别贸易投资环境报告,2013.

[223]全球主要国家投资政策—印度.全球矿产资源网.

[224]印度新矿业法规的修订特征及投资政策.国土资源情报.

[225]巴布亚新几内亚矿业投资环境.全球矿产资源网.

[226]新西兰矿业.商务部.

[227]加纳将更改矿业税率.新浪微博,2012.

[228]南非矿业政策.中国选矿技术网,2010.

[229]南非新、旧矿业法之间的根本性差别.国土资源部信息中心发布日期:2007 - 9 - 27.

［230］埃及的矿业法.非洲商务网,2011.

［231］埃及对矿产资源的管理,政策.2009.

［232］坦桑尼亚税收有关规定.中华人民共和国驻坦桑尼亚联合共和国经济商务代表处,2011.

［233］宋国明.资源税.资源网,2009.

［234］宋国明.增值税.资源网,2009.

［235］刚果矿业政策.全球矿权,2011.

［236］投资埃及曲线进欧盟.金羊网–民营经济报,2005.

［237］毛里塔尼亚矿业投资指南,2009.

［238］毛里塔尼亚矿业法.2011.

［239］国务院新闻办公室《中国的矿产资源政策》,2003 年 12 月.

［240］国务院《关于加强地质工作的决定》,2006 年 1 月 20 日.

［241］国土资源部发布实施了《全国矿产资源规划(2008～2015 年)》,2008 年 12 月 31 日.

［242］陈建宏.矿产资源经济学.长沙:中南大学出版社,2009.

［243］山东省国土资源厅.国土资源法律法规汇编.2011.

［244］山东省国土资源厅地质勘查处编.地质矿产勘查管理文件汇编.济南泰山出版社,2013.

［245］国土资源部地质勘查司编.地质勘查管理手册.北京:中国大地出版社,2002.

［246］国土资源部矿产开发管理司编.矿产资源开发管理常用法律法规文件汇编.北京:地质出版社,2012.

［247］山东省国土资源厅储量处,山东省国土资源资料档案馆.山东省矿产资源储量报告编制指南[M].济南:山东省地图出版社,2010.

［248］山东省国土资源厅矿管处.山东省矿产资源开发管理实务手册[M].济南:山东省地图出版社,2011.

［249］张增奇,刘明渭等.全国地层多重划分对比研究·山东省岩石地层.武汉:中国地质大学出版社,1996.

［250］山东省地质矿产局.山东省区域地质志[M].北京:地质出版社,1991.

［251］宋明春,王沛成等.山东省区域地质[M].济南:山东省地图出版社,2003.

［252］孔庆友,张天祯,徐军祥等.山东矿床[M].济南:山东科学技术出版社,2006.

［253］张增奇,刘书才,杜圣贤等.山东省地层划分对比厘定意见,山东国土资源,2011,27(9):1～9.

［254］孔庆友,张天祯,于学峰,等.山东矿床[M],济南:山东科学技术出版社,2006.

［255］山东省国土资源档案馆,山东省矿产图及说明书[M],济南.

［256］山东省国土资源厅,山东省矿产资源开发利用统计年报(2012).

［257］山东省国土资源厅,山东省矿产资源年报(2012)(送审稿).

［258］伍松柏,王学军,等.济阳坳陷盆缘地层目标勘探评价方法[J],中国石油资源

勘探,2013,2:13～20.

[259]杨万芹.济阳坳陷石油资源勘探潜力及增储领域分析[J],中国石油资源勘探,2010,4:36～40.

[260]孔庆友.山东地学话锦绣[M].济南.山东科学技术出版社,1991.

[261]王世进,万渝生,张成基,等.山东早前寒武纪变质地层形成年代[J].山东国土资源,2009,25(10):18～24.

[262]杜利林,庄育勋,杨崇辉,等.山东新泰孟家屯岩组锆石特征及其年代学意义[J].地质学报,2003,77(3):359～366.

[263]王伟,杨恩秀,王世进,等.鲁西泰山岩群变质枕状玄武岩岩相学和侵入的奥长花岗岩SHRIMP锆石U-Pb年代学[J].地质论评,2009,55(5):737～744.

[264]江博明,刘敦一,万喻生,等,中国胶东半岛太古代地壳演化-利用锆石SHRIMP地球年代学、元素地球化学和Nd-同位素地球化学,美国科学杂志,2008年3月.308卷:232～269.

[265]刘建辉,刘福来,刘平华,等.胶北早前寒武纪变质基底多期岩浆-变质热事件:来自TTG片麻岩和花岗质片麻岩中锆石U-Pb定年,岩石学报,2011,17(2):177～186.

[266]陆松年,陈志宏,相振群.2008,泰山世界地质公园古老侵入岩年代格架[M].北京:地质出版社,2008:1～88.

[267]王世进,万渝生,杨恩秀,等.鲁西地区新太古代中期岩浆活动[J].山东国土资源,2012,28(4):1～7.

[268]王世进,万渝生,张成基,等.鲁西地区早前寒武纪地质研究新进展[J].山东国土资源,2008,24(1):10～20.

[269]王世进,万渝生,王伟,等.鲁西蒙山龟蒙顶、云蒙峰岩体的锆石SHRIMPU-Pb测年及形成时代[J].山东国土资源,2010,26(5):1～6.

[270]柳永清,旷红伟,彭楠,等.鲁东诸城地区晚白垩世恐龙集群埋藏地沉积相与埋藏学初步研究[J].地质论评,2010,56(4):457～467.

[271]王宗花,张鲁府,陈华.山旺国家地质公园地学特色与现状[J].山东国土资源,2006,22(4):29～31.

[272]王来明,宋明春,王沛成.胶南威海造山带研究进展及重要地质问题讨论[J].山东地质,2002,18(3～4):78～83.

[273]郭士昌,姚春梅,林存来,等.山东沂蒙山国家地质公园遗迹资源特点及保护[J].山东国土资源,2009,25(8):59～64.

[274]王伟,王世进,董春艳,等,山东鲁山地区新太古代壳源花岗岩锆石SHRIMPU-Pb定年.地质通报.2010,7(29).

[275]万兵力.长山列岛国家地质公园主要地质遗迹特征与开发保护措施[J].山东国土资源,2009,25(4):57～59.

[276]安仰生,张旭,陈希武,等.山东枣庄熊耳山崮形地貌成因及地质景观保护[J].山东国土资源,2007,23(6～7):61～63.

［277］杜圣贤,刘书才,张增奇,等.山东省古生物化石保护规划研究［J］.山东国土资源,2013,29(5).

［278］张增奇,刘明渭.山东省岩石地层［M］.武汉:中国地质大学出版社,1996.7.

［279］王继广,司竹君.山东山旺化石宝库［J］,山东地质,2002,18(6).

［280］刘炜金,王经,吕宝平,等.山东诸城白垩纪恐龙国家地质公园综合考察报告,山东省地质环境监测总站、诸城市国土资源局,2009.6.

［281］王元波,张永伟,刘洪亮,等.山东莱阳白垩纪国家地质公园综合考察报告,山东省地质环境监测总站、莱阳市国土资源局,2011.10.

［282］杜圣贤,刘书才,张尚坤,等.莱芜市古生物化石地质调查与保护研究报告,山东省地质科学实验研究院,2005.5.

［283］王荣军,王世进,乔雨等,山东无棣碣石山省级地质公园综合考察报告,山东省地质调查院、无棣县国土资源局,2012.5.

［284］刘瑞峰,刘洪亮,姚英强等,山东蒙阴岱崮省级地质公园综合考察报告,山东省地质环境监测总站、蒙阴县国土资源局,2012.7.

［285］王经,刘炜金,吕宝平等,山东省长岛省级地质公园综合考察报告,山东省地质环境监测总站、长岛县农业水利和国土资源局,2002.11.

［286］高峰,靳丰山,王振涛等,济南泉水省级地质公园综合考察报告,济南市城市园林绿化局、济南市国土资源局、山东省地质环境监测总站,2013.5.

［287］姚春梅等,中国青岛崂山国家地质公园综合考察报告,山东省地质环境监测总站,2009.5.

［288］周金珠,程光锁等,山东东平县东平湖省级地质公园综合考察报告,山东省地质科学实验研究院,2012.8.

［289］刘善军、张景康,山东省鲁中南岩溶山区生态地质环境调查报告,山东省地质环境监测总站,2005.2.